五金手册

第三版

李成栋　刘光启　赵梅　闫芳　编著

·北京·

内 容 简 介

本手册是一部介绍现代五金行业产品规格、用途和性能的大型综合性工具书，内容包括工程材料及制品、五金工具、机械五金、建筑和装潢五金及五金常用技术资料。选用最新最通用的五金产品，重点介绍产品标准、规格尺寸、性能用途和外形。图表结合，图文并茂，简明扼要，查阅方便。完全采用国家和行业现行标准，数据准确可靠。

本手册是五金行业生产、技术、管理和购销人员的必备工具书，也可作为行业设计和相关工科院校师生教学参考书。

图书在版编目（CIP）数据

五金手册 / 李成栋等编著. -- 3 版. -- 北京 ：化学工业出版社，2025. 3. -- ISBN 978-7-122-47049-2

Ⅰ. TS914-62

中国国家版本馆 CIP 数据核字第 20256GT967 号

责任编辑：陈　喆　　　　文字编辑：赵　越
责任校对：李雨晴　　　　装帧设计：王晓宇

出版发行：化学工业出版社
（北京市东城区青年湖南街 13 号　邮政编码 100011）
印　　装：中煤（北京）印务有限公司
850mm×1168mm　1/32　印张 50¾　字数 1482 千字
2025 年 6 月北京第 3 版第 1 次印刷

购书咨询：010-64518888　　　　售后服务：010-64518899
网　　址：http://www.cip.com.cn
凡购买本书，如有缺损质量问题，本社销售中心负责调换。

定　　价：198.00 元

五金手册 WUJIN SHOUCE PREFACE 前言

五金制品是指用机械加工方法制造的材料（如各种板、带材和型材)、五金工具、机械零部件、建筑装饰五金等。它们或为半成品、配套产品，或为生产工具，或为终端消费品，实际上是多个行业交融、相互渗透的领域。因为它的种类繁多，涉及面大，所以从业人员广泛，工作中遇到的问题也多种多样，离不开必要的便查工具书，为此已有多种版本的五金手册问世。

由于我国国民经济的发展和科技的进步，新材料、新技术、新工艺、新设备不断涌现，与五金行业相关的国标和行标在不断地修订、调整；而且随着与国际接轨步伐的加快，参考ISO等国外标准制定的新标准也在不断增加。所以，趁这次修订的机会，我们对原《五金手册》(新版）中采用的标准进行了全面的筛查，补充了200多项近几年最新颁布的标准，增加了很多新品种。另外，在内容上也做了调整和充实，因而更为全面、系统。所以《五金手册》（第三版）不失为一部介绍现代五金行业产品、规格、用途和性能的大型综合性工具书。

本手册内容包括工程材料及制品、五金工具、机械五金、建筑和装潢五金，共4篇32章。第1篇包括钢铁及合金材料、钢铁材料制品、有色金属材料、有色金属材料制品、非金属材料及制品和复合材料6章；第2篇包括测量工具、手工工具、钳工工具、车工工具、铣工工具、磨工工具、管工工具、电工工具、木工工具、建筑工具、电动工具、气动工具、液压工具和园艺工具14章；第3篇包括紧固件、连接件、传动件、轴承、机床附件、起重工具、焊割器材、弹簧和润滑件及密封装置9章；第4篇包括门窗及家具配件、钉和金属网、水暖管路及消防器材3章；书末附有常用技术资料。

本书由李成栋、刘光启、赵梅、闫芳编著，朱瑞景、杨燕任主审。参加本书编写工作的还有薛亮、姚政、戚丽丽、李绪超、赵海霞、周涛、王奎、王晓波、许基清、刘梅、王永全、褚庆明、朱建鑫、于善清、李健、王宪伦、高淑贞、苏德胜、刘丙臣、张旭、王迎夏、徐鹏、孟凡森等。在本手册编写过程中，得到了姜学宁、王定祥、陈升儒高级工程师和孟庆东、孙凤翔教授的指导，以及中国科学院力学研究所朱如曾研究员的大力帮助，也参阅了相关文献，在此谨向他们和相关作者表示衷心的感谢。

感谢您选择了这本手册，能解决您生产中遇到的问题，给您工作带来便利是我们的期望和慰藉。

由于编者水平和时间所限，书中不妥之处仍在所难免，恳请广大读者批评指正。

编著者

五金手册 WUJIN SHOUCE

CONTENTS 篇章目录

第1篇 工程材料及其制品

第2篇 五金工具

第3篇 机械五金

第4篇 建筑和装潢五金

参考文献

五金手册 CONTENTS 目录

第1篇　工程材料及其制品

第2篇 五金工具

第3篇 机械五金

第4篇 建筑和装潢五金

第1篇

工程材料及其制品

本手册中的工程材料包括钢铁、有色金属、非金属和复合材料等4大类。钢铁材料包括铁及其合金（钢、铁）等，有色金属材料包括铝、铜、镍、镁、铅、锌及其合金等，非金属材料包括橡胶、塑料、玻璃、有机玻璃、石棉、石墨、云母和建筑装饰涂料。

第1章 钢铁及合金材料

1.1 钢铁材料的分类和符号

钢铁及其合金材料广泛应用于机械行业，含碳量的多少直接影响到它的性能。含碳量增高，强度和硬度增高，但塑性降低；含碳量降低则相反。一般把含碳量小于0.0218%的称为纯铁，0.0218%～2.11%的称为钢，大于2.11%的称为铸铁。

1.1.1 钢的分类

钢的分类方法繁多，可按冶炼方法、化学成分、用途、金相组织、生产方法等进行分类（其中有的可相互交叉）。

① 按冶炼方法分，有平炉钢、转炉钢和电炉钢；按脱氧程度分，有沸腾钢、镇静钢和半镇静钢。

② 按化学成分分，有碳素钢和合金钢。

a. 碳素钢　又可按含碳量的多少，分为低碳钢、中碳钢和高碳钢；按钢的品质可分为普通碳素钢和优质碳素钢。

b. 合金钢　又可按合金含量的多少，分为低合金钢、中合金钢（含量5%～10%）和高合金钢；按钢中所含主要元素，分为锰钢、钼钢、铬钢、钨钢、镍钢、镍铬钢、铬锰钢、硅锰铬钒钢等。

③ 按用途分，有结构钢、工模具钢、特种钢和专用钢。

a. 结构钢　又可按使用场合，分为机械制造用钢和建筑工程用钢；按所含杂质（S、P等）的高低，分为碳素结构钢、优质碳素结构钢、高级优质碳素结构钢；按合金含量，分为低合金结构钢和合金结构钢；按类型，分为易切削钢、高速工具钢、弹簧钢和轴承钢等。

b. 工模具钢　又可按化学成分，分为碳素工具钢、合金工具钢；按用途，分为量具钢、刃具钢和特殊性能钢。

c. 特种钢　包括不锈钢、耐热钢、耐蚀钢和耐候钢等。

d. 专用钢　包括焊接用钢、电工用钢（软磁钢、永磁钢、无磁钢、热轧硅钢）等。

④ 按金相组织：又可按退火组织，分为亚共析钢、共析钢和过共析钢；按正火组织，分为珠光体钢、贝氏体钢、马氏体钢、铁素体钢、奥氏体钢和莱氏体钢等；按加热过程中相变情况，分为铁素体钢、半铁素体钢、奥氏体钢和半奥氏体钢。

⑤ 按生产方法，可分为铸钢、锻钢、轧钢、冷拔钢、冷镦钢等。

1.1.2　钢铁材料的类别、名称和符号

钢铁及合金材料的类别、名称和符号见表1.1。

表1.1　钢铁材料的名称和符号（GB/T 221—2008，注明者除外）

类别	产品名称	采用汉字及符号		类别	产品名称	采用汉字及符号	
		汉字	字母			汉字	字母
生铁	炼钢用生铁	炼	L	生铁	含钒生铁	钒	F
	铸造用生铁	铸	Z	纯铁	电磁纯铁	电铁	DT
	球墨铸铁用生铁	球	Q		原料纯铁	原铁	YT
	冷铸车辆用生铁	冷	L	铸铁（GB/T 5612—2008）	灰铸铁	灰铁	HT
	耐磨生(粒)铁	耐磨	NM		耐热灰铸铁	灰热铁	HTR
	脱碳低磷粒铁	脱粒	TL		耐蚀灰铸铁	灰热铁	HTS

续表

类别	产品名称	采用汉字及符号 汉字	采用汉字及符号 字母
铸铁(GB/T 5612—2008)	球墨铸铁	球铁	QT
	蠕墨铸铁	蠕铁	RuT
	可锻铸铁	可铁	KT
	白口铸铁	白铁	BT
铸钢(GB/T 5613—2014)	铸造碳钢	铸钢	ZG
	焊接结构用铸钢	铸钢焊	ZGH
	耐热铸钢	铸钢热	ZGR
	耐蚀铸钢	铸钢蚀	ZGS
	耐磨铸钢	铸钢磨	ZGM
碳素结构钢和低合金结构钢	碳素结构钢和低合金结构钢	屈服强度值	Q
	脱氧方式(第三位):		
	沸腾钢	沸	F
	半镇静钢	半镇	b
	镇静钢	镇	Z
	特殊镇静钢	特镇	TZ
	锅炉和压力容器用钢	容	R①
	低温压力容器用钢	低容	DR①
	锅炉用钢(管)	锅	G①
	桥梁用钢	桥	Q①
	耐候钢	耐候	NH①
	高耐候钢	高耐侯	GNH①
	汽车大梁用钢	梁	L①
	高性能建筑结构用钢	高建	GJ①
	低焊接裂纹敏感性钢	—	CF①
	保证淬透性钢	—	H①
	矿用钢	矿	K①
	船用钢	采用国际符号	
易切削钢		易	Y
非调质机械结构钢		非	F
冷镦钢(铆螺钢)		铆螺	ML
焊接用钢		焊	H
工模具钢(GB/T 1299—2014)	刃具模具用非合金钢	碳	T
	量具刃具用钢	—	—
	耐冲击工具用钢	—	—

类别	产品名称	采用汉字及符号 汉字	采用汉字及符号 字母
工模具钢(GB/T 1299—2014)	轧辊用钢	—	—
	冷作模具用钢	—	—
	热作模具用钢	—	—
	塑料模具用钢	—	—
	特殊用途模具用钢	—	—
	高速工具钢	—	C
轴承钢	轴承钢	(滚)	G
	高碳铬轴承钢	(滚)	G
铁道及车轴用钢	钢轨钢	轨	U
	机车车轴用钢	机轴	JZ
	车辆车轴用钢	辆轴	LZ
专用钢	热轧光圆钢筋	—	HPB
	热轧带肋钢筋	—	HRB
	细晶粒热轧带肋钢筋	—	HRBF
	冷轧带肋钢筋	—	CRB
	预应力混凝土用螺纹钢筋	—	PSB
	焊接气瓶用钢	焊瓶	HP
	管线用钢	—	L
	船用锚链钢	船锚	CM
	煤机用钢	煤	M
粉末冶金材料(GB/T 4309—2009)	结构材料类	—	F0
	摩擦材料类和减磨材料类	—	F1
	多孔材料类	—	F2
	工具材料类	—	F3
	难熔材料类	—	F4
	耐蚀材料和耐热材料类	—	F5
	电工材料类	—	F6
	磁性材料类	—	F7
	其他材料类	—	F8
铁合金产品(GB/T 7738—2008)	金属锰(电硅热法)、金属铬	金	J
	金属锰(电渣重熔法)	锰	JC

续表

类别	产品名称	采用汉字及符号	
		汉字	字母
铁合金产品（GB/T 7738—2008）	真空法微碳铬铁	真空	ZK
	电解金属锰	电金	DJ
	钒渣	钒渣	FZ
	氧化钼块	氧	Y
高温合金和金属间化合物高温材料（GB/T 14992—2005）	变形高温合金	高合	GH
	等轴晶铸造高温合金	—	K
	定向凝固柱晶高温合金	定柱	DZ
	单晶高温合金	定单	DD
高温合金和金属间化合物高温材料（GB/T 14992—2005）	焊接用高温合金丝	焊高	HGH
	粉末冶金高温合金	粉高	FGH
	弥散强化高温合金	弥高	MGH
	金属间化合物高温材料	金高	JG
耐蚀合金（GB/T 15007—2017）	变形耐蚀合金	耐蚀	NS
	焊接用变形耐蚀合金丝	焊耐蚀	HNS
	铸造耐蚀合金	铸耐蚀	ZNS

① 表示牌号尾（其余为牌号头）。

1.2 碳素结构钢

这类钢主要保证力学性能，无需进行热处理（对某些零件，也可以进行正火、调质、渗碳等处理，以提高其使用性能）。一般以交货状态使用，通常用于焊接、铆接、栓接工程结构用热轧钢板、钢带、型钢和钢棒。碳素结构钢分通用和专用两大类。

（1）通用碳素结构钢

通用碳素结构钢的牌号前缀，用屈服点的拼音字母“Q”，加屈服点数值，必要时后面可标出表示质量等级、脱氧方法的符号和产品用途、特性和工艺方法（GB/T 700—2006）：

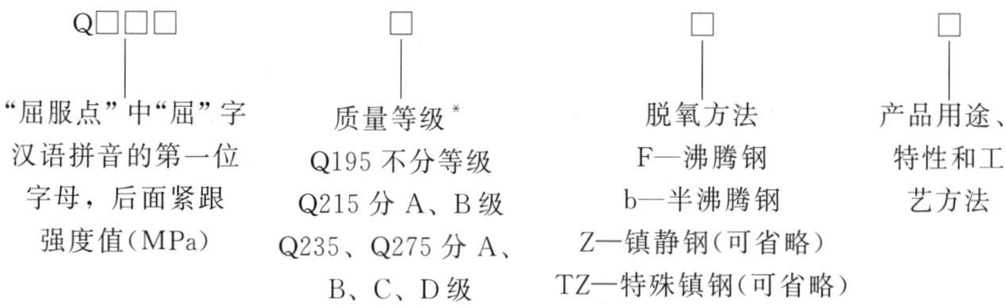

*：A 级只要求保证化学成分和力学性能，B 级还要求做常温冲击试验，C、D 级另外要求做重要焊接结构试验（A、B、C 为普通级，D 为优质级）。

（2）专用碳素结构钢

专用碳素结构钢的前缀表示方法是：热轧光圆钢筋—HPB，热轧带肋钢筋—HRB，细晶粒热轧带肋钢筋—HRBF，冷轧带肋钢筋—CRB，预应力混凝土用螺纹钢筋—PSB，焊接气瓶用钢—HP，管线用钢—L，船用锚链钢—CM，煤机用钢—M。

若要在钢号最后附加表示产品用途、特性和工艺方法，则用汉语拼音首字母（黑体）表示：锅炉和压力容器用钢—R，锅炉用钢(管)—G，低温压力容器用钢—DR，桥梁用钢—Q，耐候钢—NH，高耐候钢—GNH，汽车大梁用钢—L，高性能建筑结构用钢—GJ，低焊接裂纹敏感性钢—CF，保证淬透性钢—H，矿用钢—K，只有船用钢例外，采用国际符号，如 DH36。

1.3　优质碳素结构钢

优质碳素结构钢是含碳量小于 0.8%，含硫、磷及非金属夹杂物比碳素结构钢少的碳素钢，其强度、塑性、韧性优良。

① 用途　主要用于制造较重要的机械零件。

② 牌号组成　用两位数字表示钢中平均含碳量（万分之几计），含锰量较高者（0.70%～1.00%）加注“Mn”；沸腾钢、半镇静钢及专门用途者，应在钢号最后特别标出（如平均碳含量为 0.1%的半镇静钢，其钢号为 10b）。

③ 牌号　08、10、15、20、25、30、35、40、45、50、55、60、65、70、75、80、85、15Mn、20Mn、25Mn、30Mn、35Mn、40Mn、45Mn、50Mn、60Mn、65Mn、70Mn。

1.4　低合金高强度结构钢

低合金高强度结构钢，是在碳素结构钢中加入少量锰，并辅以硅、钒、铬、镍、铜、钼等合金元素（一般合金元素总量＜3%）而制成的，综合力学性能优良。

① 用途　用于制造建筑、桥梁、船舶、车辆、高压容器、锅炉、汽车拖拉机等大型结构件。

② 分类　通常分为通用钢和专用钢两大类。

③ 牌号组成　与碳素结构钢基本相同。

a. 通用钢一般采用代表钢屈服强度的符号“Q”、最小上屈服强度数值、交货状态和质量等级符号（B～F）表示。例如，Q420ND 表示屈服强度为 420MPa 的正火或正火轧制的 D 级低合金结构钢。通用低合金高强度结构钢的钢种见表 1.2。

表 1.2 低合金高强度结构钢的钢种（GB/T 1591—2018）

牌号	Q355	Q390	Q420	Q460	Q500	Q550	Q620	Q690
热轧/AR/WAR	B～D	B～D	B、C	C				
正火/N,正火轧制/N+	B～F	B～E	B～E	C～E				
热机械轧制/M			B～E	C～E	C～E	C～E	C～E	C～E

b. 专用钢则要在牌号后面加上表示用途的符号，如“Q345Bq”（桥梁专用），“Q345BL”（汽车大梁专用），“Q345BR”（压力容器专用），Q345B 即 16Mn。

1.5 合金结构钢

合金结构钢是在优质碳素钢的基础上，加入一种或数种合金元素而成的，用于制造机器结构零部件，强度、韧性和淬透性优异的合金钢。

① 分类　有合金渗碳钢、合金调质钢、合金弹簧钢和滚动轴承钢等。

② 牌号组成　用两位数字表示钢的平均碳含量（万分之几计）作为开头，后面加合金元素符号（可以是一个或多个合金元素）及含量和质量等级（GB/T 3077—2015）。

例如：碳、铬、锰、硅的平均含量分别为 0.30%、0.95%、0.85%、1.05%的合金结构钢，当 S、P 含量分别<0.035%时，其牌号表示为 30CrMnSi。

③ 牌号分组　合金结构钢的牌号有 86 个，这里只列出它们的 23 个钢组：Mn、MnV、SiMn、SiMnMoV、B、MnB、MnMoB、MnVB、MnTiB、CrSi、CrMo、CrMoV、CrMoAl、CrV、CrMn、CrMnSi、CrMnMo、CrMnTi、CrNi、CrNiMo、CrMnNiMo、CrNiMoV 和 CrNiW。

1.6 工模具钢

此钢种是在原先的合金工具钢、碳素工具钢和模具钢的基础上，增加了一些相关钢种而形成的，为此重新制定标准 GB/T 1299—2014（牌号表示方法不变）。

新标准按用途将此钢种分为 8 类共 92 个牌号：刃模具非合金钢用钢（8 个牌号）、量刃具用钢（6 个牌号）、耐冲击工具用钢（6

个牌号)、轧辊用钢（5 个牌号)、冷作模具用钢（19 个牌号)、热作模具用钢（22 个牌号)、塑料模具用钢（21 个牌号）及特殊用途模具用钢（5 个牌号)。

1.6.1 刃具模具用非合金钢

刃具模具用非合金钢，即原先的碳素工具钢（GB/T 1298—2008)。

① 分类　分普通含锰量钢和较高含锰量钢两种。

② 牌号组成　由字母“T”与其后的数字组成，锰含量较高者(0.4%～0.6%)，在钢号最后标出“Mn”。

例：T8 表示平均含碳量 0.8%的一般碳素工具钢；T8Mn 表示平均含碳量 0.8%的含锰量较高碳素工具钢。

③ 牌号　有 T7、T8、T8Mn、T9、T10、T11、T12 和 T13。

1.6.2 量具刃具用钢

量具刃具用钢是用于制造量具和刃具的钢，均为低合金工具钢。

① 牌号组成　用平均含碳量（以其千分数表示，小于 1%时，用一位数字标明，大于 1%时不标)，后面加金属元素符号（可以有多个）及其最高质量百分数表示。铬含量小于 1%者，在含量(以千分之几计）前加数字“0”。

例：含碳量为 0.75%～0.85%，含硅量为 0.30%～0.60%，含锰量为 0.80%～1.10%的量具刃具用钢的牌号为 8MnSi。

② 牌号　有 9SiCr、8MnSi、Cr06、Cr2、9Cr2 和 W。

1.6.3 耐冲击工具用钢

耐冲击工具用钢是淬火硬度高、高温强度大，能承受冲击载荷而又耐磨的工具钢。

① 用途　制造风动工具、凿子和重负荷下工作的模具、冷剪机刀片、空气锤等。

② 牌号组成　采用标准规定的合金元素符号和阿拉伯数字表示（但含钒量达 0.1%以上时，加注“V”)。

例如：含碳量为 0.50%～0.65%，含硅量为 1.75%～2.25%，含锰量为 0.60%～1.00%，含铬量为 0.10%～0.50%，含钼量为 0.20%～1.35%，含钒量为 0.15%～0.35%的该钢种牌号为

5Cr3MnSi2Mo1V。

③ 牌号　有 4CrW2Si、5CrW2Si、6CrW2Si、6CrMnSi2Mo1V、5Cr3MnSi2Mo1V 和 6CrW2SiV。

1.6.4　轧辊用钢

轧辊用钢是生产轧机上使金属产生连续塑性变形的主要工作部件的材料，要求表面具有高而均匀的硬度和足够深的淬硬层，以及良好的耐磨性和耐热裂性。

① 分类

a. 按产品分，有带钢轧辊、型钢轧辊、线材轧辊等；

b. 按功能分，有开坯辊、粗轧辊、精轧辊、穿孔辊、平整辊等；

c. 按材质分，有钢轧辊、铸铁轧辊、硬质合金轧辊等；

d. 按轧材状态分，有热轧辊、冷轧辊。

② 牌号组成　采用标准规定的合金元素符号和阿拉伯数字表示，但含钒量达 0.1%以上时，加注“V”，且不标注硅含量。

例如：含碳量为 0.80%～0.90%，含硅量为 0.15%～0.40%，含锰量为 0.25%～0.55%，含铬量为 1.80%～2.40%，含钼量为 0.20%～0.41%，含钒量为 0.05%～0.15%的该钢种牌号为 9Cr2Mo V。

③ 牌号　有 9Cr2V、9Cr2Mo、9Cr2MoV、8Cr3NiMoV 和 9Cr5NiMoV。

1.6.5　冷作模具用钢

冷作模具用钢是指在常温下使金属变形或成形所使用的模具钢，材料的塑性变形抗力大，工作应力大，工作条件苛刻，所以一般要求具有高的硬度和耐磨性、足够的强度和适当的韧性。

① 牌号组成　与轧辊用钢相同，但当平均含碳量大于 1.00%时不标。

例如：含碳量为 2.00%～2.30%，含硅量和含锰量均≤0.40%，含铬量为 11.50%～13.00%的该钢种牌号为 Cr12。

② 牌号　有 9Mn2V、9CrWMn、CrWMn、MnCrWV、7CrMn2Mo、5Cr8MoVSi、7 CrSiMnMoV、Cr8Mo2SiV、Cr4W2MoV、5Cr4W3Mo2VNb、6 W6Mo5Cr4V、W6Mo5Cr4V2、Cr8、Cr12、Cr12W、7Cr7Mo2V2Si、Cr5Mo-

1V、Cr12MoV 和 Cr12Mo1V。

1.6.6　热作模具用钢

热作模具用钢是指在金属加热状态下使其热变形的模具钢，如热锻模、热挤压模、压铸模、热镦模等用钢。要求具有高的强度、硬度及热稳定性，特别是应有高热强性、热疲劳性、韧性和耐磨性。

① 牌号组成　与冷作模具钢相同。例如：含碳量为 0.75%～0.85%，含硅量和含锰量均≤0.40%，含铬量为 3.20%～3.80% 的该钢种牌号为 8Cr3。

② 牌号　有 5CrMnMo、5CrNiMo、4CrNiMo、4Cr2NiMoV、5CrNi2MoV、5Cr2NiMoVSi、8Cr3、4Cr5W2VSi、3Cr2W8V、4Cr5MoSiV、4Cr5MoSiV1、4Cr3Mo3SiV、5Cr4Mo3SiMnVAl、4CrMnSiMoV、5Cr5WMnSi、4Cr5MoWVSi、3Cr3Mo3W2V、5Cr4W5Mo2V、4Cr5Mo2V、3Cr3Mo3V、4Cr5Mo3V 和 3Cr3Mo3VCo3。

1.6.7　塑料模具用钢

塑料模具用钢是用于生产塑料工件模具的钢材。由于压制塑料的品种不同，以及对塑料制品的尺寸、形状、精度、表面粗糙度等的要求不同，对塑料模具用钢的耐磨性、抗腐蚀性、耐热性、耐压性、磁学性能、微变形和镜面抛光性能等的要求也不同。

① 牌号组成　除碳素塑料模具钢在头部加符号“SM”外，其余表示方法与优质碳素结构钢表示方法相同。

例如：含碳量为 0.42%～0.48% 的碳素塑料模具钢，其牌号表示为 SM45；含碳量为 0.33%～0.45%，含铬量为 15.50%～17.50%，含钼量为 0.80%～1.30% 的合金塑料模具钢，其牌号表示为 3Cr17Mo。

② 牌号　有 SM45、SM50、SM55、3Cr2Mo、3Cr2MnNiMo、4Cr2Mn1MoS、8Cr2MnWMoVS、5CrNiMnMoVSCa、2CrNiMoMnV、2CrNi3MoMn、1Ni3MnCuMoAl、06Ni6CrMoVTiAl、00Ni18Co8Mo6TiAl、2Cr13、4Cr13、4Cr13NiVSi、2Cr17Ni2、3Cr17Mo、3Cr17NiMoV、9Cr18、9Cr18MoV。

1.6.8　特殊用途模具用钢

这一类模具用钢主要用于制造无磁、高耐磨、高耐蚀或高镜面模具的钢材，其牌号有7Mn15Cr2Al3V2WMo、2Cr25Ni20Si2、0Cr17Ni4Cu4Nb、Ni25Cr15Ti2MoMn和Ni53Cr19Mo3TiNb。

7Mn15Cr2Al3V2WMo是无磁钢，用于制造电子工业中的无磁模具，寿命比高锰奥氏体钢模具提高3倍左右，也可制作在700～800℃工作的热作模具。

2Cr25Ni20Si2是奥氏体型耐热钢，具有较好的耐蚀性能，最高使用温度可达1200℃，连续使用最高温度为1150℃，间歇使用最高温度为1050～1100℃，主要用于制造玻璃模具，或加热炉的各种构件等。

0Cr17Ni4Cu4Nb是马氏体沉淀硬化不锈钢，具有高强度、高硬度，有较好的焊接性能和耐腐蚀性能。已经被大量推广运用在阀门、轴类及化纤行业及具有一定耐蚀要求的高强度零部件等。

1.6.9 高速工具钢

高速工具钢是一种具有高硬度、高耐磨性和高耐热性的工具钢，以钨、钼、铬、钒（有时还有钴）为主要合金元素，主要用于制造高效率的切削刀具。由于其具有红硬性高、耐磨性好、强度高等特性，也用于制造性能要求高的模具、轧辊、高温轴承和高温弹簧等。

① 牌号组成　用字母“W”加其平均含钨量（以其百分数表示）打头，后接金属元素符号及其最高质量百分数（可以标多个元素），当含钒量达1.3%以上时，加注“V”，不标明含碳量。

例：W6Mo5Cr4V2表示平均含钨量为6%，含钼量为5%，含铬量为4%，含钒量为2%的高速工具钢。

② 牌号（GB/T 9943—2008）　W3Mo3Cr4V2、W4Mo3Cr4-VSi、W18Cr4V、W2Mo8Cr4V、W2Mo9Cr4V2、W6Mo5Cr4V2、CW6-Mo5Cr4V2、W6Mo6Cr4V2、W9Mo3Cr4V、W6Mo5Cr4V3、CW6-MoSCr4V3、W6Mo5Cr4V4、W6Mo5Cr4V2Al、W12Cr4V5Co5、W6Mo-5Cr4V2Co5、W6Mo5Cr4V3Co8、W7Mn4CrV2Co5、W2Mo9Cr4-VCo8、W10Mo4Cr4V3Co10共19种。

1.6.10 预硬化高速工具钢

预硬化高速工具钢是通过热处理的方法，使材料在制造前达到服役特定硬度状态的工具钢。

其牌号（GB/T 36708—2018）有 W6Mo5Cr4V2、W6Mo5Cr4V2Co5、W2Mo9Cr4VCo8、W6Mo6Cr4V3、W6Mo5Cr4V2Al、W6Mo5Cr4V3Co8。

磨光材料的直径 4.0～15.0mm，冷拉材料的直径 1.0～15.0mm，其长度不小于 2000mm。

1.7 易切削结构钢

易切削结构钢，是在钢中加入一些使其变脆、易断的元素（如 S、Pb、Sn、Ca 等，其中以 S 最常用），从而有利于提高切削速度和延长刀具寿命的一种钢材，可以在自动机床上进行高速切削。

① 牌号组成　由“Y”（“易”字拼音首字母）和表示平均含碳量（以万分之几计）的数字及易切削元素符号组成。S 系不标元素符号；Pb 系、Sn 系、Ca 系要标元素符号；含 Mn 量较高（1.20%～1.55%）时，要标明“Mn”。

例：Y15 表示平均含碳量为 0.15% 的含硫磷易切削钢；Y40Mn 表示平均含碳量为 0.40%，含锰量为 1.20%～1.55%的易切削钢；Y15Pb 表示平均含碳量为 0.15%的含铅易切削钢。

② 牌号组　硫系有 13 种、铅系有 4 种、锡系有 4 种，钙系只有 1 种。

1.8 弹簧钢

弹簧钢是在优质高碳钢中加入硅、锰、铬、钒等元素生成的，用于制造弹簧或弹性元件，弹簧成形后要进行热处理。

弹簧钢按化学成分可分为碳素弹簧钢和合金弹簧钢两类。其牌号的表示方法，前者直接用平均含碳量表示（以万分之几计，含锰量大于 0.9%时加“Mn”），后者基本上与合金结构钢相同。

GB/T 1222—2016 规定的碳素弹簧钢的牌号，有 65、70、80、85、65Mn、70Mn；合金弹簧钢的牌号有 28SiMnB、55SiMnVB、38Si2、60Si2Mn、55CrMn、60CrMn、60CrMnB、60CrMnMo、55SiCr、60Si2Cr、56Si2MnCr、52SiCrMnNi、55SiCrV、60Si2CrV、60Si2MnCrV、50CrV、51CrMnV、52CrMnMoV、30W4Cr2V 等共 28 个。

1.9 滚动轴承钢

滚动轴承钢是用于制造各类滚动轴承套圈和滚动体的钢，除要求材料有较高的抗压强度、接触疲劳强度和耐磨性外，还要有一定的韧性、耐蚀性、良好的尺寸稳定性和工艺性。

通常所说的滚动轴承钢是指高碳铬轴承钢，其牌号表示方法是，用G（“滚”字拼音的首字母）开头，后面接着Cr及其含量数字（以千分之几计），还可加上其他化学元素符号及含量（以百分之几表示）。

滚动轴承钢可分为高碳铬轴承钢、碳素轴承钢、渗碳轴承钢、不锈轴承钢和高温轴承钢等五大类。

1.9.1 高碳铬轴承钢

① 用途　用于制作轴承套圈和滚动体。

② 分类　按冶金质量，分为优质钢、高级优质钢（牌号后加“A”）和特级优质钢（牌号后加“E”）。

③ 牌号　G8Cr15、GCr15、GCr15SiMn、GCr15SiMo、GCr18Mo。

④ 规格　规格见表1.3。

表1.3　高碳铬轴承钢的规格（GB/T 18254—2016）　mm

种类	公称直径	长度
热轧圆钢	5.5～310	3000～8000
锻制圆钢	50～150(间隔5),160～400(间隔10)	2000～6000
冷拉圆钢	3.0、3.2、3.5～6、6.3、7～12(间隔0.5)、13～22(间隔1)、24、25、26～34、35、36～42、45、48、50、52、55、56、60、63、65、67、70、75、80	3000～6000
热轧盘条	5～15.5(间隔0.5)、16～60(间隔1)	①

①一般每卷盘条由一根组成，盘条重量应不小于1000kg。

1.9.2 高碳铬不锈轴承钢

① 用途　用作钢球（GQ）、滚子（GZ）、套圈（T）。

② 种类　热轧圆钢、锻制圆钢、冷拉圆钢和钢丝、热轧圆盘条。

③ 牌号　G95Cr18、G65Cr14Mo、G102Cr18Mo。

④ 规格（GB/T 3086—2019）

热轧（锻）、冷拉、剥皮及磨光圆钢公称直径：5～160mm；

圆盘条公称直径：5～40mm；

圆钢丝公称直径：1～16mm。

1.9.3 高温轴承钢

① 用途　用于制造耐 300～550℃高温轴承的套圈和滚动体。

② 种类　有热轧圆钢、锻制圆钢、冷拉圆钢及钢丝。

③ 牌号　GW9Cr4V2Mo、GW18Cr5V、GCr4Mo4V、GW6Mo5-Cr4V2、GW2 Mo9Cr4VCo8。

④ 规格（GB/T 38886—2020）

热轧圆钢公称直径：10～140mm；长度：2000～7000mm。

锻制圆钢公称直径：55～150mm；长度：2000～6000mm。

冷拉圆钢公称直径：6～40mm；长度：2000～6000mm。

冷拉钢丝公称直径：1～20mm；长度：2000～4000mm。

1.9.4 高温不锈轴承钢

① 用途　制造可耐 300～400℃高温的不锈轴承用零件。

② 种类　热轧或锻制圆钢、冷拉圆钢及钢丝。

③ 牌号　G105Cr14Mo4 和 G115Cr14Mo4V。

④ 规格（GB/T 38884—2020）

热轧圆钢公称直径：10～140mm；长度：2000～7000mm。

锻制圆钢公称直径：55～150mm；长度：2000～6000mm。

冷拉圆钢公称直径：6～40mm；长度：2000～6000mm。

冷拉钢丝公称直径：1～20mm；长度：2000～4000mm。

1.9.5 碳素轴承钢

① 用途　制造汽车轮毂轴承单元。

② 种类　热轧棒材。

③ 牌号（GB/T 28417—2012）　G55、G55Mn、G70Mn。

④ 规格　公称直径 20～150mm，长度 3000～9000mm。

1.9.6 渗碳轴承钢

① 用途　制作轴承套圈及滚动体。

② 分类　按生产方法分，有热轧、锻制、冷拉及银亮圆钢；按质量分，有优质钢和高级优质钢（后面加“E”）；按钢种分：有压力加工用钢和切削加工用钢。

③ 牌号　G20CrMo、G20CrNiMo、G20CrNi2Mo、G20Cr2Ni4、G10CrNi3Mo、G20Cr2Mn2Mo、G23Cr9Ni2Si1Mo。

④ 规格（GB/T 3203—2016）

热轧圆钢公称直径：310mm；长度：3000～12000mm。

锻制圆钢公称直径：100mm；长度：2000～6000mm。

冷拉圆钢公称直径：60mm；长度：3000～6000mm。

银亮圆钢公称直径：120mm；长度：4000～7000mm。

1.10 不锈钢和耐热钢

不锈钢是以不锈、耐蚀为主要特征，且铬含量至少为10.5%，碳含量小于等于1.2%的钢，包括一般不锈钢和耐酸钢；而耐热钢是在高温下具有良好的化学稳定性或较高强度的钢，包括抗氧化钢和热强钢。

① 牌号组成（GB/T 20878—2007） 由表示平均含碳量的数字（以千分之一为单位）与其后带有百分含量的合金元素符号组成(合金元素含量表示方法同合金结构钢)。易切削不锈钢和耐热钢在牌号头部加“Y”。

钢含碳量的表示方法为：平均含碳量≥1.00%时，用三位数字表示，如“108Cr17Mo”（平均含碳量为1.08%）；当平均含碳量在1.0%～0.1%之间时，用两位数字表示，如“68Cr17”（平均含碳量为0.68%）；当含碳量上限≤0.09%时，以“0×”表示，如08Cr13的平均含碳量为0.08%。

当标准中含碳量只规定其上限时，采用比此数值低的数字表示名义含碳量，我们将其归纳成表1.4。

表1.4 标准中无含碳量下限时的平均含碳量标定值

标定名义值	008	015	016	019	022	03	04
标准规定上限/%	0.010	0.020	0.020	0.025	0.030	0.040	0.050
标定名义值	05	06	07	10	12	14	20
标准规定上限/%	0.070	0.080	0.09	0.12	0.15	0.18	0.25

② 牌号 不锈钢和耐热钢的牌号共有143个，这里只能列出它们分别属于的5个型别：奥氏体型（66个牌号）、奥氏体-铁素体型（11个牌号）、铁素体型（18个牌号）、马氏体型（38个牌号）、沉淀硬化型（10个牌号）。

1.11 高温合金

高温合金是指以铁、镍、钴为基，能在600℃以上的高温及一定应力作用下长期工作的一类金属材料。它们能耐较高的高温强度，具有良好的抗氧化和抗腐蚀性能，良好的疲劳性能、断裂韧性等综合性能。

① 牌号表示方法

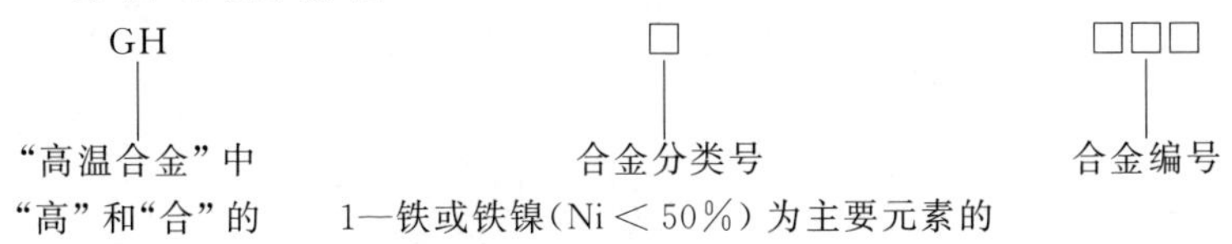

1—铁或铁镍（Ni＜50%）为主要元素的固溶强化型合金类
2—铁或铁镍（Ni＜50%）为主要元素的时效强化型合金类
3—镍为主要元素的固溶强化型合金
4—镍为主要元素的时效强化型合金
5—钴为主要元素的固溶强化型合金
6—钴为主要元素的时效强化型合金
7—铬为主要元素的固溶强化型合金
8—铬为主要元素的时效强化型合金

例：GH2302 表示编号为 302 的时效硬化型铁基高温合金。

② 分类　按形状分，有板材、棒材、管材和丝材；按成形方法分，有冷拉和热轧。

1.11.1　高温合金板材和棒材

高温合金板材和棒材的用途和规格见表 1.5。

表 1.5　高温合金板材和棒材的用途和规格　mm

名称	规　格	用途
热轧钢板（GB/T 14995—2010）	$t=4.00\sim14.00, b=600\sim1000, l=1000\sim2000$	用于制造高温承力部件，按制造方法分有热轧和冷轧两种；按制造精度分有普通精度和较高精度两种
冷轧钢板（GB/T 14996—2010）	$t=0.5\sim<3.0$ 时，$b=600\sim1000, l=1200\sim2100$ $t=3.0\sim4.0$ 时，$b=600\sim1000, l=900\sim1600$	
棒材（GB/T 25828—2010）	1. 一般承力部件用：$d=2000\sim6000$（$d>45\sim100, l=1000\sim6000$） 2. 紧固件用：$d>8, l>2000$ 3. 涡轮零件用：$d\leqslant45, l=1500\sim6000$ $d>45, l=1000\sim6000$	用于制造一般承力部件（热轧和锻制）、紧固件（冷拉）和涡轮零件

1.11.2 高温合金管

高温合金管可分为无缝和焊接两种，其规格见表1.6。

表1.6 高温合金管的规格（GB/T 28295—2012）

公称外径 D /mm	公称壁厚 S/mm											
	0.5	0.75	1.0	1.5	2.0	2.5	3.0	3.5	4.0	4.5	5.0	5.5
4～7	√	√	√	√								
>7～9		√	√	√	√							
>9～15			√	√	√	√						
>15～20			√	√	√	√	√					
>20～30				√	√	√	√	√				
>30～40				√	√	√	√	√	√	√	√	
>40～57					√	√	√	√	√	√	√	√

注：通常长度1000～7000mm。

1.11.3 高温合金丝材

（1）焊接用冷拉丝材

用途：用于制作供电弧焊和气体保护焊等熔化焊丝。

规格：焊丝公称直径≥0.20～10.00mm，以盘状或带轴密排层绕工字轮交货。

焊接用冷拉丝材的盘重见表1.7。

表1.7 焊接用冷拉丝材的盘重（YB/T 5247—2012）

公称直径 /mm	每盘质量 /kg	公称直径 /mm	每盘质量 /kg	公称直径 /mm	每盘质量 /kg
≥0.20～0.80	≥0.3	≥2.00～3.50	≥2.0	>6.00～10.00	≥4.0
≥0.80～2.00	≥1.0	≥3.50～6.00	≥3.0		

（2）冷镦冷拉丝材

用途：用于制作铆钉、紧固件或其他零件。

规格：焊丝公称直径≥0.20～8.00mm，长度一般不小于2000mm，以盘状交货。

冷镦冷拉丝材的盘重见表1.8。

表1.8 冷镦冷拉丝材的盘重（YB/T 5249—2012）

公称直径 /mm	每盘质量 /kg	公称直径 /mm	每盘质量 /kg	公称直径 /mm	每盘质量 /kg
≥0.20～<4.00	≥2.0	≥4.00～6.50	≥3.0	≥6.50～8.00	≥4.0

1.12 耐蚀合金

金属耐蚀合金是一种抵抗外界腐蚀性能优异的合金材料。

(1) 分类

根据合金的基本成形方式，分为变形耐蚀合金和铸造耐蚀合金；根据合金的基本组成元素，分为铁镍基合金、镍基合金、纯镍和镍铜合金。

(2) 牌号

按 GB/T 15007—2017，各类耐蚀合金的表示方法各有不同。

① 变形耐蚀合金牌号，由前缀 NS 和合金分类号组成（共有 52 个）：

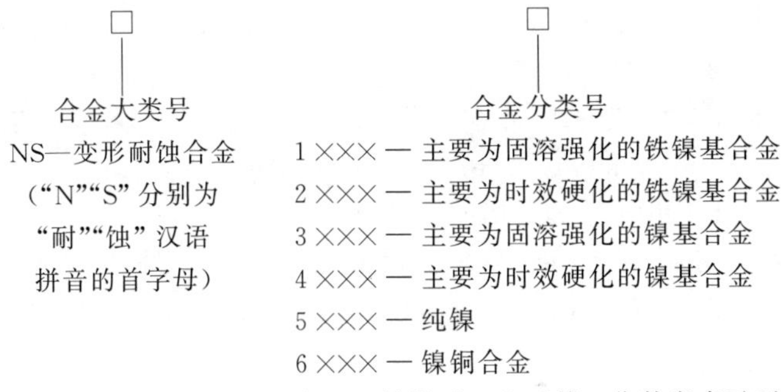

注：1. 铁镍基合金和镍基合金，符号“NS”后第二位数字表示不同合金系列号，第三位和第四位数字表示不同合金牌号顺序号，不足两位的合金编号用数字“0”补齐，“0”放在第二位表示分类号的数字与合金编号之间，第二位数字表示不同合金系列号，即：

NS×1××—表示镍-铬系　　NS×2××—表示镍-钼系

NS×3××—表示镍-铬-钼系　　NS×4××—表示镍-铬-钼-铜系

NS×5××—表示镍-铬-钼-氮系　　NS×6××—表示镍-铬-钼-铜-氮系

2. 纯镍和镍铜合金，符号“NS”后第二位、第三位和第四位数字表示不同合金牌号顺序号。

② 焊接用变形耐蚀合金牌号（共有 14 个牌号）：

牌号采用“HNS”作前缀（“H”为“焊”字汉语拼音的首字母），后接四位阿拉伯数字，各数字表示意义与变形耐蚀合金相同，并沿用变形耐蚀合金牌号的编号。

(3) 铸造耐蚀合金（共有 10 个牌号）

牌号采用“ZNS”作前缀（“Z”为“铸”字汉语拼音的首字母），后接四位阿拉伯数字，各数字表示意义与变形耐蚀合金相同，相同数字的变形耐蚀合金与铸造耐蚀合金没有对应关系。

（4）耐蚀合金复合板（或管）

牌号采用“基层＋复合层”的方式，如 NS1402 和碳钢 Q345 的复-合钢板，写成：Q345＋NS1402。

1.13 焊接用钢盘条

焊接用钢盘条用于生产手工电弧焊、埋弧焊、电渣焊、气焊和气体保护焊等各种焊条，有非合金钢、低合金钢和合金钢等 17 组 79 种产品。

焊接用钢盘条的牌号头部均加字符“H”，其 17 个组分别是（GB/T 3429—2015）：

焊接用非合金钢：分在第 1 组和第 2 组，其牌号有 H04E、H08A、H08E、H08C、H08Mn、H10Mn、H10Mn2、H11Mn、H12Mn、H13Mn2、H15Mn、H15Mn2。

焊接用低合金钢：分在第 3 组，其牌号有 H08MnSi、H08Mn2Si、H09MnSi、H09Mn2Si、H10MnSi、H11MnSi 和 H11Mn2SiA。

焊接用合金钢：分在第 4～17 组，分为锰-镍组、锰-钼组、铬-钼组、锰-铬-钼组、锰-镍-钼组、锰-硅-镍组、锰-硅-钼组、锰-硅-钛组、12 硅-铬-钼组、锰-硅-铬-钼组、锰-钼-钛-硼组、锰-铬-镍-钼组、锰-铬-镍-铜组和其他组。

1.14 铸钢

铸钢是专用于制造强度要求较高铸件的钢材，可分为一般工程用铸造碳钢、合金铸钢和铸造工具钢三类。

1.14.1 一般工程用铸造碳钢

这种钢的碳含量一般为 0.15%～0.6%，可用于制造形状复杂、力学性能要求高的机械零部件，其组织、性能、尺寸精度已接近锻钢件，可经少无切削加工后使用。其最大缺点是铸造性能差，且铸态晶粒粗大，需进行热处理。

① 分类　可分为低碳铸钢、中碳铸钢和高碳铸钢。

② 牌号组成　由“ZG”后面加屈服强度值和抗拉强度最低值组成，例如，ZG270-500 表示最低屈服强度为 270MPa、最低抗拉强度为 500MPa 的铸钢。

③ 牌号（GB/T 11352—2009）　有 ZG200-400、ZG250-400、ZG270-500、ZG310-570 和 ZG340-640。

注：当要表示铸钢的特殊性能时，可用代表铸钢特殊性能的汉语拼音的首字母排列在铸钢代号的后面，如“H”—焊接，“R”—耐热，“S”—耐蚀，“M”—耐磨。

1.14.2　合金铸钢

合金铸钢是在铸造状态直接使用的合金钢。

① 分类　按用途可划分为铸造合金结构钢和特殊用途合金铸钢。前者是低、中合金铸钢，主要用来制作一般机械结构件。后者多为高合金铸钢，如耐磨铸钢、不锈耐酸铸钢、耐热铸钢、铸造合金工具钢等。

② 牌号组成　前缀也是用“ZG”表示，后面加上表示含碳量（以百万分之几计）和所含合金元素的符号、数字（混合稀土元素用符号“RE”表示）：

注：1. 平均碳含量＜0.1％时，其第一位数字为“0”；牌号中名义碳含量用上限表示；碳含量≥0.1％时，牌号中名义碳含量用平均碳含量表示。

2. 合金平均含量＜1.5％者，在牌号中只标出元素符号，不注含量；合金平均含量为 1.5％～2.49％时，相应地标为 2……依此类推。当主要合金化元素多于三种时，可以在牌号中只标注前两种或前三种元素的名义含量值，常规的锰、硅、磷、硫等元素一般在牌号中不标明。

③ 牌号　有 ZGMn13-1、ZGMn13-2、ZGMn13-3、ZGMn13-4、ZGMn13-5、ZGMn13Cr、ZGMn13Cr2、ZGMn13Ni4、ZGMn13Mo、ZGMn13Mo2 等等。

1.14.3　铸造工具钢

① 用途　用来铸造一些要求耐磨性能好的工具，如水泥工业中的磨机衬板，破碎机的锤头、颚板，立磨辊等。

② 材料　多为高碳的锰、铬、钼、钒合金，通常采用电弧炉

加精炼炉精炼的方法生产，退火状态供货。

③ 牌号（GB/T 41160—2022） 有 ZG21MnCr、ZG30W9Cr3V、ZG32Cr3Mo3V、ZG35Cr2Mo、ZG35Cr5MoWV、ZG36Cr5MoV、ZG37-Cr5MoV、ZG38Cr17Mo、ZG38Cr5Mo3V、ZG40Cr2MnNiMo、ZG40Cr-4Co4W4V2、ZG39Cr14、ZG45Ni4CrMo、ZG50Cr3Mo、ZG50W2CrV、ZG55NiCrMoV、ZG58Si2MnMo、ZG60Co2CrV、ZG70Mn2MoCr、ZG83-W6Mo5Cr4V2、ZG90Mn2CrV、ZG93MnCrW、ZG100Cr5MoV、ZG103Cr、ZG105V、ZG148Cr12Co3MoNiV、ZG150Cr12MoCoV、ZG205Cr12、ZG215Cr12W 共 29 种。

1.15 铸铁

铸铁是含碳量大于 2.11%，以铁、碳、硅为主要组成元素，含有较多的锰、硫、磷等杂质的多元合金，可分为灰铸铁、球墨铸铁、蠕墨铸铁、可锻铸铁和特殊性能铸铁等。

1.15.1 铸铁

铸铁名称、代号的表示方法见表 1.9。

表 1.9 铸铁名称、代号表示方法（GB/T 5612—2008）

铸铁名称		代号	牌号示例
灰铸铁		HT	HT100,HT225
球墨铸铁		QT	QT400-17,QT500-7A
蠕墨铸铁		RuT	RuT400,RuT260
可锻铸铁	黑心可锻铸铁	KTH	KTH300-06,TH350-10
	白心可锻铸铁	KTB	KTB350-04,TB450-07
	珠光体可锻铸铁	KTZ	KTZ450-06,KTZ700-02
特殊性能铁	耐磨铸铁	MT	MTCu1PTi-150
	抗磨球墨铸铁	KmTQ	KmTQMn6
	冷硬铸铁	LT	LTCrMoR
	耐蚀铸铁	ST	STSi15R
	耐热铸铁	RT	RTCr2
	耐蚀球墨铸铁	QTS	QTSNi20Cr2
	耐热球墨铸铁	QTR	QTRSi5
	冷硬球墨铸铁	QTL	QTLCrMo
	抗磨球墨铸铁	QTM	QTMMn8-300
	奥氏体球墨铸铁	QTA	QTANi30Cr3
	奥氏体铸铁	AT	L-NiMn137,Ni22(ISO)
	奥氏体灰铸铁	HTA	HTANi20Cr2
	冷硬灰铸铁	HTL	HTLCr1Ni1Mo

续表

铸铁名称		代号	牌号示例
特殊性能铁	耐蚀灰铸铁	HTS	HTSNi2Cr
	耐热灰铸铁	HTR	HTRCr
	耐磨灰铸铁	HTM	HTMCu1CrMo
	抗磨白口铸铁	BTM	BTMCr15Mo
	耐热白口铸铁	BTR	BTRCr16
	耐蚀白口铸铁	BTS	BTSCr28

1.15.2 灰铸铁

灰铸铁中的碳以石墨的形式存在，断口呈黑灰色，铸造性、耐磨性、切削性很好，工艺简便、价格低廉，虽力学性能较低，仍是目前铸铁中使用最多的一种。

① 分类　按基体组织分，有铁素体（HT100）、铁素体＋珠光体（HT150）和珠光体（其余）三种。

② 牌号组成（GB/T 9439—2010）　用“HT”(“灰铁”二字拼音的首字母）开头，后面紧跟其最低抗拉强度值（MPa）。

例：HT300 表示铸试棒最低抗拉强度为 300MPa 的灰铸铁。

③ 牌号　有 HT100、HT150、HT200、HT225、HT250、HT275、HT300、HT350。

1.15.3 球墨铸铁

球墨铸铁是以铁、碳和硅为基本元素，基体组织以铁素体为主，碳主要以球状石墨形式存在的铸铁。其强度、塑性和韧性介于灰铸铁和钢之间，并具有良好的铸造性、热处理性、切削性和减振性，成本也比钢低。

① 用途　不仅广泛代替灰铸铁，而且还可以代替钢材用来制造一些重要零件（如曲轴、连杆、轧辊、齿轮和阀门等)。

② 牌号组成（GB/T 1348—2019）　用“球铁”二字拼音的首字母“QT”开头，后面紧跟其抗拉强度的最低值（MPa)，并用“-”和伸长率的最低值（%）相连。

例：QT500-5 表示最低抗拉强度为 500MPa，最低伸长率为 5%的球墨铸铁。

③ 牌号　有 QT350-22、QT400-18、QT400-15、QT450-10、QT500-7、QT550-5、QT600-3、QT700-2、QT800-2、QT900-2。

1.15.4 蠕墨铸铁

蠕墨铸铁是碳主要以蠕虫状石墨形态析出，存在于金属基体之中的铸造材料，其力学性能介于普通灰口铸铁和球墨铸铁之间。

① 用途 可广泛用来制作钢锭模、排气管、汽车发动机、汽缸和玻璃模具等。

② 牌号组成（GB/T 26655—2022） 用“蠕铁”两字汉语拼音字母“RuT”，加上表示最低抗拉强度值（MPa）的数字。

例：RuT300 表示最低抗拉强度为 300MPa 的蠕墨铸铁。

③ 牌号 有 RuT300、RuT350、RuT400、RuT450、RuT500。

1.15.5 可锻铸铁

可锻铸铁是用一定化学成分的铁水浇注成白口坯件，经过特殊处理而获得的铸铁，它实际上并不能锻造，只是因为石墨的形态改造为团絮状，不如灰铸铁的石墨片分割基体严重，因而强度与韧性比灰铸铁高。此处“可锻”二字只是对其性能的比喻而已。

① 分类 根据化学成分、热处理工艺而导致的性能和金相组织的不同分为两类。第一类：黑心可锻铸铁和珠光体可锻铸铁；第二类：白心可锻铸铁。

② 牌号表示方法（GB/T 9440—2010）

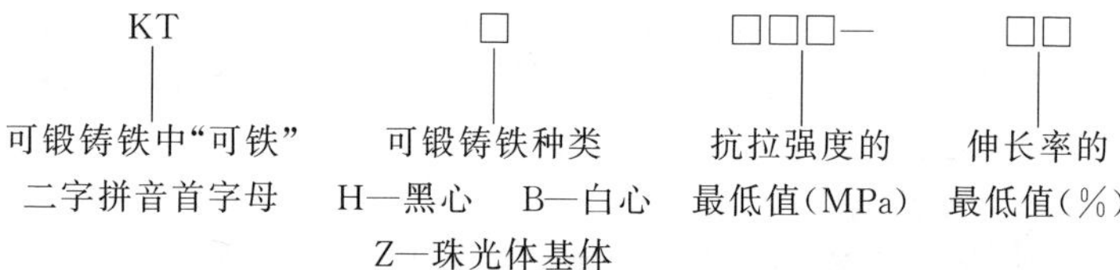

③ 牌号 黑心可锻铸铁类有 KTH275-05、KTH300-06、KTH330-08、KTH350-10、KTH370-12、KTZ450-06、KTZ500-05、KTZ550-04、KTZ600-03、KTZ650-02、KTZ700-02、KTZ800-01。

白心可锻铸铁类的有 KTB350-04、KTB360-12、KTB400-05、KTB450-07、KTB550-04。

1.15.6 特殊性能铸铁

特殊性能铸铁是根据需要在铸铁中加进某些合金元素，以获得某种特殊性能（较高的耐磨性、耐热性、耐蚀性能和高强度）的铸铁。

牌号表示方法是：

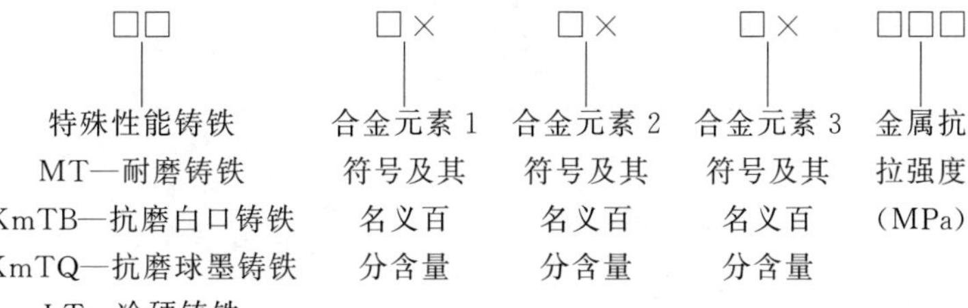

1.16　生铁

生铁是用铁矿石经高炉冶炼得到的产品，含碳量大于 2.11%，也含 Si、Mn、S、P 等元素，质地坚硬、耐磨、铸造性好，但性脆，几乎没有塑性。

① 分类　有炼钢生铁、铸造生铁、球墨铸铁用生铁、耐磨生铁、脱碳低磷粒铁和含钒生铁。

② 牌号　采用规定的符号和阿拉伯数字表示（GB/T 221—2008）：

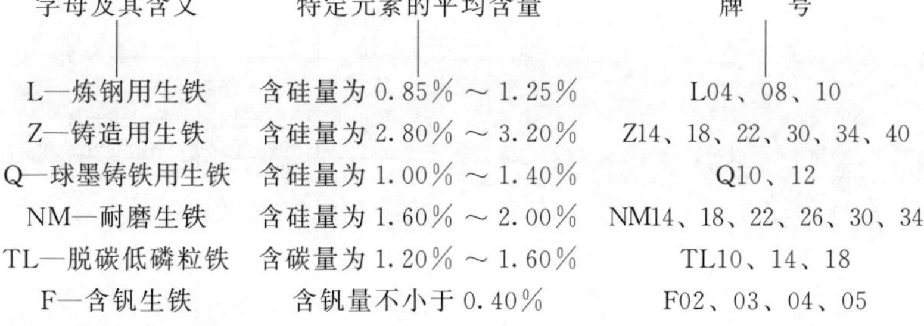

字母及其含义	特定元素的平均含量	牌　号
L—炼钢用生铁	含硅量为 0.85% ～ 1.25%	L04、08、10
Z—铸造用生铁	含硅量为 2.80% ～ 3.20%	Z14、18、22、30、34、40
Q—球墨铸铁用生铁	含硅量为 1.00% ～ 1.40%	Q10、12
NM—耐磨生铁	含硅量为 1.60% ～ 2.00%	NM14、18、22、26、30、34
TL—脱碳低磷粒铁	含碳量为 1.20% ～ 1.60%	TL10、14、18
F—含钒生铁	含钒量不小于 0.40%	F02、03、04、05

1.17　铁合金

铁合金是含硅、锰、镍或其他元素量特别高的生铁，常用作炼钢的原料，以改善钢的某些性能。

① 分类　有钒铁、锰铁、钼铁、钛铁、铬铁、钨铁、铌铁、硼铁、硅铁、磷铁等。

② 牌号　表示方法见表1.10。

表1.10　铁合金的牌号表示方法（GB/T 7738—2008）

产品名称	第一部分（用汉语拼音字母表示产品名称、用途、工艺方法和特性）	第二部分（用“Fe”表示含铁元素的铁合金产品）	第三部分（表示主元素或化合物及其质量分数）	第四部分（表示主要杂质元素及其最高质量分数或组别）	示例
钒铁		Fe	V40	A	FeV40-A
锰铁		Fe	Mn68	C7.0	FeMn68C7.0
金属锰	J		Mn97	A	JMn97-A
	JC		Mn98		JCMn98
钼铁		Fe	Mo60		FeMo60-A
钛铁		Fe	Ti30	A	FeTi30-A
铬铁		Fe	Cr65	C1.0	FeCr65C1.0
	ZK	Fe	Cr65	C0.010	ZKFeCr65C0.010
金属铬	J		Cr99	A	JCr99-A
钨铁		Fe	W78	A	FeW78-A
铌铁		Fe	Nb60	B	FeNb60-B
硅铁		Fe	Si75	Al1.5-A	FeSi75Al1.5-A
	T	Fe	Si75	A	TFeSi75-A
稀土硅铁合金		Fe	SiRE23		FeSiRE23
稀土镁硅铁合金		Fe	SiMg8RE5		FeSiMg8RE5
硅锰合金		Fe	Mn64Si27		FeMn64Si27
硅钡合金		Fe	Ba30Si35		FeBa30Si35
硅铝合金		Fe	Al52Si5		FeAl52Si5
硅钡铝合金		Fe	Al34Ba6Si20		FeAl34Ba6Si20
硅钙合金			Ca31Si60		Ca31Si60
硅钙钡铝合金		Fe	Al16Ba9Ca12Si30		FeAl16Ba9Ca12Si30
硅铬合金		Fe	Cr30Si40	A	FeCr30Si40-A
硼铁		Fe	B23	C0.1	FeB23C0.1
磷铁		Fe	P24		FeP24
五氧化二钒			$V_2O_5$98		$V_2O_5$98
电解金属锰	DJ		Mn	A	DJMn-A
钒渣	FZ		FZ1	1	FZ1
钒氮合金			VN12		VN12
氮化钼铁	Y		Mo55.0	A	YMo55.0-A
氮化金属锰	J		MnN	A	JMnN-A
氮化铬铁		Fe	NCr3	A	FeNCr3-A
氮化锰铁		Fe	MnN	A	FeMnN-A

1.18 钢铁及合金材料的类型与统一数字代号

为了便于钢铁及合金产品的设计、生产、使用、标准化和现代化计算机管理，我国于 1998 年就颁布了 GB/T 17616《钢铁及合金牌号统一数字代号体系》，2013 年又对原版标准做了一些必要的修改。

① 结构形式　统一数字代号由固定的 6 位符号组成，左边首位用大写的拉丁字母作前缀，后接五位阿拉伯数字，字母和数字之间不留间隙。每一个统一数字代号只对应于一个产品牌号，其结构形式如下：

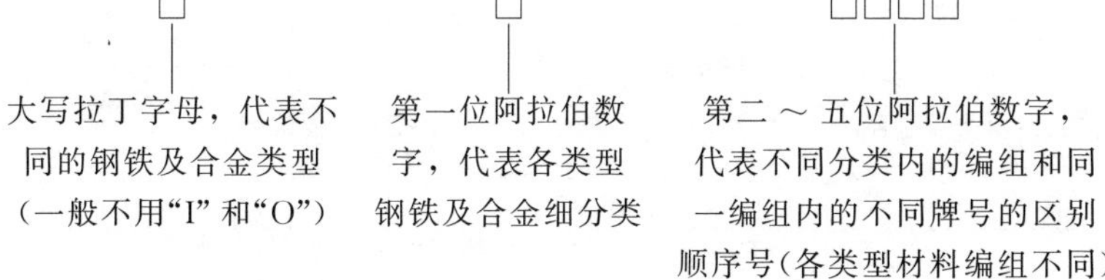

② 类型、种类与统一数字代号　钢铁及合金材料的类型与统一数字代号见表 1.11。

表 1.11　钢铁及合金材料的类型与统一数字代号

类型	主要包含种类	统一数字代号
铁合金和生铁 (ferro alloy and pig iron)	铁合金包括锰铁及合金（包括金属锰）、硅铁及合金、铬铁及合金、钒铁、钛铁、铌铁及合金、稀土铁合金、钼铁、钨铁及合金、硼铁、磷铁及合金等；生铁包括炼钢生铁、铸造用生铁、球墨基体锰较高的铸造生铁、球墨铸造用生铁、铸造用磷铜钛低合金耐磨生铁、脱碳低磷粒铁、低碳铸造生铁、合金生铁等	F×××××
非合金钢 (unalloy steel)	非合金结构钢、非合金铁道用钢、非合金易切削钢（不包括非合金工具钢、电磁纯铁、原料纯铁、焊接用非合金钢、非合金铸钢等）	U×××××
低合金钢 (low alloy steel)	低合金一般结构钢、低合金专用结构钢、低合金钢筋钢、低合金耐候钢等	L×××××
合金结构钢 (alloy structural steel)	合金结构钢和合金弹簧钢（但不包括焊接用合金钢、合金铸钢、粉末冶金合金结构钢）	A×××××
轴承钢 (bearing steel)	高碳铬轴承钢、渗碳轴承钢、高温轴承钢、不锈轴承钢、碳素轴承钢、无磁轴承钢、石墨轴承钢等	B×××××

续表

类型	主要包含种类	统一数字代号
工模具钢 (tool and mould steel)	非合金工模具钢、合金工模具钢、高速工具钢(不包括粉末冶金工具钢)	T×××××
不锈钢和耐热钢 (stainless steel and heat resisting steel)	铁素体型钢、奥氏体-铁素体型钢、奥氏体型钢、马氏体型钢、沉淀硬化型钢五个分类(不包括焊接用不锈钢、不锈钢铸钢、耐热钢铸钢、粉末冶金不锈钢和耐热钢等	S×××××
耐蚀合金和高温合金 (heat resisting and corrosion resisting alloy)	变形耐蚀合金和变形高温合金,不包括铸造高温合金和铸造耐蚀合金、粉末冶金高温合金和耐蚀合金、焊接用高温合金和耐蚀合金、弥散强化高温合金、金属间化合物高温材料	H×××××
电工用钢和纯铁 (electrical steel and iron)	电磁纯铁、冷轧无取向硅钢、冷轧取向硅钢、无磁钢等	E×××××
铸铁、铸钢及铸造合金 (cast iron,cast steel and cast alloy)	铸铁、非合金铸钢、低合金铸钢、合金铸钢、不锈耐热铸钢、铸造永磁钢和合金、铸造高温合金和耐蚀合金等	C×××××
粉末及粉末冶金材料 (powders and powder metallurgy materials)	粉末冶金结构材料,摩擦材料和减摩材料,多孔材料,工具材料,难熔材料,耐蚀材料和耐热材料,电工材料,磁性材料,其他材料和铁、锰等金属粉末等	P×××××
快淬金属及合金 (quick quench metals and alloys)	快淬软磁合金、快淬永磁合金、快淬弹性合金、快淬膨胀合金、快淬热双金属、快淬精密电阻合金、快淬焊接合金、快淬耐蚀耐热合金等	Q×××××
焊接用钢及合金 (steel and alloy for welding)	焊接用非合金钢、焊接用低合金钢、焊接用合金钢、焊接用不锈钢、焊接用高温合金和耐蚀合金、钎焊合金等	W×××××
金属功能材料 (metallic functional materials)	软磁合金、变形永磁合金、弹性合金、膨胀合金、热双金属、电阻合金等(不包括电工用硅钢和纯铁、铸造永磁合金、粉末烧结磁性材料)	J×××××
杂类材料 (miscellaneous materials)	杂类非合金钢(原料纯铁、非合金钢球钢等)、杂类低合金钢、杂类合金钢(锻制轧辊用合金钢、钢轨用合金钢等)、冶金中间产品(五氧化二钒、钒渣、氧化钼等)、杂类铸铁产品用材料(灰口铸铁管、球墨铸铁管、铸铁轧辊、铸铁焊丝、铸铁丸和铸铁砂等)、杂类非合金铸钢产品用材料(一般非合金铸钢、含锰非合金铸钢、非合金铸钢丸等)、杂类合金铸钢产品用材料(合金钢、半钢、石墨钢、高铬钢、高速钢、半高速钢)等	M×××××

注：统一数字代号开头的字符，系其所属型号的英文词汇中的首字母。

第2章 钢铁材料制品

2.1 钢板和钢带

2.1.1 低碳钢冷轧钢板及钢带

① 应用场合　汽车、家电等行业冷成形。

② 分类（GB/T 5213—2019）

a. 按用途（冲压程度），可分为一般用（DC01）、冲压用（DC03）、深冲用（DC04）、特深冲用（DC05）、超深冲用（DC06）和特超深冲用（DC07）。

b. 按表面质量，可分为较高级（FB）、高级（FC）和超高级（FD）；

按表面结构，可分为光亮表面（B）和麻面（D）。

c. 按边缘状态，分为切边（EC）和不切边（EM）。

d. 按尺寸精度，分为普通厚度精度（PT. A）和较高厚度精度（PT. B），普通宽度精度（PW. A）和较高宽度精度（PW. B），普通长度精度（PL. A）和较高长度精度（PL. B）。

e. 按不平度精度：分为普通不平度精度（PF. A）和较高不平度精度（PF. B）。

尺寸和不平度精度分类见表 2.1。

表 2.1　产品形态、边缘状态所对应的尺寸和不平度精度的分类

产品形态	分类及代号								
	边缘状态	厚度精度		宽度精度		长度精度		不平度精度	
		普通	较高	普通	较高	普通	较高	普通	较高
宽钢带	不切边(EM)	PT. A	PT. B	—	—	—	—	—	—
	切边(EC)	PT. A	PT. B	PW. A	PW. B	—	—	—	—
钢板	不切边(EM)	PT. A	PT. B	—	—	PL. A	PL. B	PF. A	PF. B
	切边(EC)	PT. A	PT. B	PW. A	PW. B	PL. A	PL. B	PF. A	PF. B
纵切钢带	切边(EC)	PT. A	PT. B	PW. A	PW. B	—	—	—	—

③ 牌号组成　由三部分组成：第一部分为字母“D”（代表冷成形用钢板及钢带），第二部分为字母“C”（代表冷轧），第三部分为两位数字（对应冲压程度）。例如，DC01 表示 01 号冷轧用钢板及钢带。

④ 牌号　有 DC01、DC02、DC03、DC04、DC05、DC06、DC07。

⑤ 尺寸　公称厚度 0.30～3.5mm，公称宽度不大于 2150mm，公称长度为 1000～6000mm。

a. 推荐的公称宽度：公称厚度小于 1.00mm 时，为 0.05mm 倍数的任何尺寸，否则为 0.10mm 倍数的任何尺寸。

b. 推荐的公称宽度为 10mm 倍数的任何尺寸。

c. 推荐的公称长度为 50mm 倍数的任何尺寸。

2.1.2　碳素结构钢冷轧钢板及钢带

冷轧钢板是以热轧钢板为原料，在常温、再结晶温度以下轧制而成的钢板。

① 用途　在汽车制造、电器产品、机车车辆、航空、精密仪表、食品行业等都有广泛应用。

② 分类　按表面质量分为较高级表面（FB）和高级表面（FC）；

按表面结构分为超平滑表面（b）、光亮表面（B）和麻面（D）；

按用途可分为一般用、冲压级、深冲级、特深冲级及超深冲级。

③ 牌号（GB/T 11253—2019）有 Q195、Q215、Q235、Q275、Q325。

④ 尺寸　厚度不大于 4mm，宽度不小于 600mm（冷轧窄钢带及剪切饰板的宽度范围为 250～<600mm）。其余同 2.1.1 节。

2.1.3　优质碳素结构钢冷轧钢板和钢带

① 用途　用于汽车、航空工业以及其他部门。

② 分类　按表面质量分为较高级表面（FB）、高级表面（FC）和超高级表面（FD）；

按边缘状态分为切边（EC）和不切边（EM）。

③ 牌号（GB/T 13237—2013）　有 08Al、08、10、15、20、25、30、35、40、45，50、55、60、65 和 70。

④ 规格　厚度不大于 4mm，宽度不小于 600mm，其余同 2.1.1 节。

2.1.4　优质碳素结构钢热轧钢板和钢带

① 分类（代号）

a. 按边缘状态，分为切边（EC）和不切边（EM）。

b. 按厚度偏差：分为 N 类偏差（上偏差和下偏差相等）、A 类偏差（按公称厚度规定下偏差）、B 类偏差（固定下偏差为 −0.30mm）、C 类偏差（固定下偏差为 0.00mm）。

c. 按不平度精度：分为普通不平度精度（PF. A）和较高不平度精度（PF. B）。

② 牌号　有 08、08Al、10、15、20、25、30、35、40、45，50、55、20Mn、20Mn、30Mn、35Mn、40Mn、45Mn，50Mn、55Mn（热轧状态或热处理状态交货）；60、65、70、60Mn、65Mn 和 70Mn（热处理状态交货，经供需双方协商后也可热轧状态交货）。

③ 尺寸　见表 2.2。

表 2.2　优质碳素结构钢热轧钢板和钢带的规格（GB/T 709—2019）

mm

产品名称	公称厚度	公称宽度	公称长度	推荐尺寸(在规定范围内)
单轧钢板	3.00～450	600～5300	2000～25000	1. 单轧钢板的厚度小于 30mm 时，按 0.5mm 进级，否则按 1mm 进级；宽度按 10mm 或 50mm 进级 2. 钢带(包括连轧钢板)的厚度按 0.5mm 进级，宽度按 10mm 进级 3. 钢板长度按 50mm 或 100mm 进级
宽钢带	≤25.40	600～2200	—	
连轧钢板	≤25.40	600～2200	2000～25000	
纵切钢带	≤25.40	120～900	—	

2.1.5　碳素结构钢和低合金结构钢热轧钢板和钢带

① 分类（代号）　按边缘状态，分为切边（EC）和不切边（EM）。

② 牌号（GB/T 3274—2017）　碳素结构钢—Q195、Q215（A、B 级）和 Q235、Q275（A、B、C、D 级）。

低合金结构钢—Q355、Q390（B、C、D 级），Q420（B、C

级）和 Q460（C 级）。

③ 尺寸　同 2.1.4 节“优质碳素结构钢热轧钢板和钢带”，厚度不大于 400mm。

2.1.6 热连轧低碳钢板及钢带

① 牌号组成　用“HR”（“热轧”英文的首字母）作为前缀，后接数字代表压延级别。

② 牌号　HR1、HR2、HR3、HR4。

③ 分类（GB/T 25053—2010）

a. 按压延级别分类如表 2.3。

表 2.3　热连轧低碳钢板及钢带按压延级别分类

牌号	公称厚度/mm	压延级别	牌号	公称厚度/mm	压延级别
HR1	1.2～16.0	一般用	HR3	1.2～11.0	深冲用
HR2	1.2～16.0	冲压用	HR4	1.2～11.0	特深冲用

b. 按表面状态分：有热轧和酸洗两种。

④ 尺寸　同表 2.2。

2.1.7 合金结构钢热轧钢板和钢带

① 分类　按厚度精度分为：普通厚度精度（PT.A）和较高厚度精度（PT.B）；按边缘状态分为：切边（EC）和不切边（EM）。

② 牌号（GB/T 11251—2020）　45Mn2，27SiMn，40B，45B，50B，15Cr，20Cr，30Cr，35Cr，40Cr，20CrMnSi，25CrMnSi，30CrMnSi，35CrMnSi。

③ 规格　钢板：厚度为 4～200mm；钢带（包括剪切钢板）：厚度不大于 12mm、宽度小于 600mm。其余同表 2.2。

2.1.8 合金结构钢薄钢板

① 按边缘状态和尺寸精度分类（表 2.4）

表 2.4　按边缘状态和尺寸精度分类

分类		厚度		宽度		长度		不平度	
精度等级		普通	较高	普通	较高	普通	较高	普通	较高
边缘状态	不切边(EM)	PT.A	PT.B	—	—	PL.A	PL.B	PF.A	PF.B
	切边(EC)	PT.A	PT.B	PW.A	PW.B	PL.A	PL.B	PF.A	PF.B

② 材料（YB/T 5132—2007）　为优质钢或高级优质钢。

优质钢：40B，45B，50B，15Cr，20Cr，30Cr，35Cr，40Cr，

50Cr，12CrMo，15CrMo，20CrMo，30CrMo，35CrMo，12Cr1MoV，12CrMoV，20CrNi，40CrNi，20CrMnTi 和 30CrMnSi。

高级优质钢：12Mn2A，16Mn2A，45Mn2A，50BA，15CrA，38CrA，20CrMnSiA，25CrMnSiA，30CrMnSiA 和 35CrMnSiA。

③ 尺寸

冷轧薄钢板：厚度不大于 4mm，宽度不大于 2150mm，长度为 1000～6000mm。

热轧薄钢板：同 2.1.7 节中的钢板部分。

2.1.9　合金结构钢热连轧板及钢带

① 分类

a. 按边缘状态：分为切边（EC）和不切边（EM）。

b. 按厚度偏差：分为普通厚度精度（PT. A）和较高厚度精度（PT. B）。

c. 按表面处理方式：分为轧制表面（SR）和酸洗表面（SA）。

d. 按表面质量等级：分为普通级表面（FA）和较高级表面（FB）。

② 牌号（GB/T 37601—2019）　Mn 组：20Mn2，30Mn2，35Mn2，40Mn2，45Mn2，50Mn2；MnV 组：20MnV，50Mn2V；MnB 组：20MnB，25MnB，35MnB，40MnB，45MnB；MnCrB 组：27MnCrB；Cr 组：15Cr，20Cr，30Cr，35Cr，40Cr，45Cr，50Cr；CrMn 组：15CrMn，20CrMn，40CrMn；CrV 组：40CrV，50CrV；CrMo 组：12CrMo，15CrMo，20CrMo，25CrMo，30CrMo，35CrMo，42CrMo，50CrMo；CrMnTi 组：20CrMnTi，30CrMnTi；CrNiMo 组：20CrNiMo；CrMoV 组：12CrMoV，35CrMoV，12Cr1MoV，25Cr2MoV，25Cr2Mo1V。

③ 公称尺寸　厚度不大于 25.4mm（包括宽度不小于 600mm 的钢带及剪切钢板、纵切钢带和宽度小于 600mm 的热连轧窄钢带及剪切钢板），其余同表 2.2 相关部分。

2.1.10　碳素工具钢热轧钢板

① 牌号（GB/T 3278—2001）　T7、T7A、T8、T8A、T8Mn、T9、T9A、T10、T10A、T11、T11A、T12、T12A、T13、T13A。

② 厚度　0.7～15mm。

③ 硬度　T7～T8Mn 为≤207HBS；T9～T10A 为≤223HBS；T11～T13A 为≤229HBS。厚度≤1.5mm 的钢板，可不检查硬度，但须做拉伸试验。

④ 化学成分　化学成分（熔炼分析）应符合 GB/T 1298 的规定；允许偏差应符合 GB/T 222 中表 2 的规定。

⑤ 交货状态　退火。

2.1.11　弹簧钢热轧钢板和钢带

① 牌号（GB/T 3279—2023）　65、70、80、85、65Mn、70Mn、60Si2Mn、55SiCr、60Si2Cr、55CrMn、60CrMn、55SiCrV、60Si2CrV、50CrV、51CrMnV、60CrMnMo、52CrMnMoV、30W4Cr2V。

② 厚度　不大于 15mm。

③ 尺寸、外形　厚度 3～15mm 钢板应符合 GH/T 709—2006 的规定；厚度小于 3mm 钢板的尺寸见 GB/T 3279—2009 表 1。

④ 化学成分　化学成分（熔炼分析）应符合 GB/T 3279—2023 表 1 的规定。

⑤ 交货状态　通常为热轧或退火状态。

2.1.12　不锈钢冷轧钢板和钢带

① 分类

a. 按形态分，有宽钢带、卷切钢板、纵剪宽钢带、卷切钢带Ⅰ、窄钢带和卷切钢带Ⅱ；

b. 按材料状态分，有低冷作硬化状态（H1/4）、半冷作硬化状态（H1/2）、3/4 冷作硬化状态（H3/4）、冷作硬化状态（H）和特别冷作硬化状态（H2）；

c. 按边缘状态分，有切边钢带（EC）和不切边钢带（EM）；

d. 按尺寸和外形精度等级分，有宽度普通精度（PW.A）、宽度较高精度（PW.B），厚度普通精度（PT.A）、厚度较高精度（PT.B），长度普通精度（PL.A）、长度较高精度（PL.B），不平度普通级（PF.A）、不平度较高级（PF.B）。

② 材料　有奥氏体型钢（39 种）、奥氏体-铁素体型钢（17 种）、铁素体型钢（23 种）、马氏体型钢（10 种）和沉淀硬化型钢（6 种）。

③ 公称尺寸　见表2.5。

表2.5　公称尺寸范围（GB/T 3280—2015）　mm

形态	公称厚度 t	公称宽度 B
宽钢带、卷切钢板	0.10～8.00	600～2100
纵剪宽钢带、卷切钢带Ⅰ	0.10～8.00	＜600
窄钢带、卷切钢带Ⅱ	0.01～3.00	＜600

2.1.13　不锈钢热轧钢板和钢带

① 分类

a. 按边缘状态，分切边（EC）和不切边（EM）。

b. 按厚度精度，分普通厚度精度（PT.A）和较高厚度精度（PT.B）。

c. 按不平度精度，分普通不平度精度（PF.A）和较高不平度精度（PF.B）。

② 材料　有奥氏体型钢（39种）、奥氏体-铁素体型钢（17种）、铁素体型钢（23种）、马氏体型钢（10种）和沉淀硬化型钢（6种）。

③ 公称尺寸　见表2.6。

表2.6　钢板和钢带的公称尺寸范围（GB/T 4237—2015）　mm

名称	公称厚度	公称宽度
厚钢板	＞3.0～≤200	≥600～≤4800
宽钢带、卷切钢板、纵剪宽钢带	≥2.0～≤25.4	≥600～≤2500
窄钢带、卷切钢带	≥2.0～≤13.0	＜600

2.1.14　不锈钢复合钢板和钢带

① 分类　见表2.7。

表2.7　复合钢板（带）的分类、级别及代号（GB/T 8165—2008）

级别	代号			用途
	爆炸法	轧制法	爆炸法轧制法	
Ⅰ级	BⅠ	RⅠ	BRⅠ	用于不允许有未结合区存在的、加工时要求严格的结构件上
Ⅱ级	BⅡ	RⅡ	BRⅡ	用于可允许有少量未结合区存在的结构件上
Ⅲ级	BⅢ	RⅢ	BRⅢ	用于复层材料只作为抗腐蚀要求使用的一般结构件上

② 材料　见表2.8。

表 2.8 复层材料和基层材料（GB/T 8165—2008）

复层材料			基层材料	
标准号	典型钢号		标准号	典型钢号
GB/T 3280	06Cr19Ni10 06Cr17Ni12Mo2 022Cr17Ni12Mo2	06Cr25Ni20 06Cr23Ni13	GB/T 3274	Q235-A、B、C Q345-A、B、C
			GB/T 713	Q245R、Q345R 15CrMoR
GB/T 4237	06Cr13 06Cr13Al 022Cr17Ti 06Cr18Ni11Ti	022Cr25Ni7Mo4N 022Cr22Ni5Mo3N 022Cr19Ni5Mo3Si2N	GB/T 3531	09MnNiDR
			GB/T 710	08Al

③ 尺寸 复合中厚板总公称厚度不小于 6.0mm，轧制复合带及其剪切钢板总公称厚度为 0.8～6.0mm，其他尺寸要求见表 2.9。

表 2.9 其他尺寸要求（GB/T 8165—2008）

项目		要求
公称宽度	复合中厚板 轧制复合带及其剪切钢板	1450～4000mm 900～1200mm
公称长度	复合中厚板	4000～10000mm
	轧制复合带	剪切钢板公称长度为 2000mm 或其他定尺，成卷交货的钢带内径应在合同中注明
厚度	单面复合中厚板	复层公称厚度 1.0～18mm（通常为 2～4mm）
		基层最小厚度 5mm
	用于焊接	单面或双面复合板（带）的复层最小厚度为 0.3mm
	用于非焊接	单面或双面复合板（带）的复层最小厚度为 0.06mm

2.1.15 耐热钢钢板和钢带

① 分类

按形态分，有宽钢带、卷切钢板、纵剪宽钢带、卷切钢带Ⅰ和窄钢带、卷切钢带Ⅱ；

按材料状态分，有低冷作硬化状态（H1/4）、半冷作硬化状态（H1/2）、冷作硬化状态（H）和特别冷作硬化状态（H2）；

按边缘状态分，有切边钢带（EC）和不切边钢带（EM）；

按精度等级分，有宽度较高精度（PW），厚度较高精度

(PT)，长度较高精度（PL），不平度较高级（PF）。

② 牌号（GB/T 4238—2015）

奥氏体型耐热钢，12Cr18Ni9，12Cr18Ni9Si3，06Cr19Ni9，07Cr19Ni10，05Cr19Ni10Si2CeN，06Cr20Ni11，08Cr21Ni11Si2CeN，16Cr23Ni13，20Cr25Ni20，06Cr25Ni20，06Cr17Ni12Mo2，07Cr17-Ni12Mo2，06Cr19Ni13Mo3，06Cr18Ni11Ti，07Cr19Ni11Ti，12Cr16Ni35，06Cr18NiNb，07Cr18NiNb，16Cr25Ni14Si2，16Cr-25Ni20Si2。

铁素体型耐热钢，06Cr13Al，022Cr11Ti，022Cr11NbTi，10Cr17，16Cr25N。

马氏体型耐热钢，12Cr12，12Cr13，22Cr12NiMoWV。

沉淀硬化型耐热钢，022Cr12Ni9Cu2NbTi，05Cr17Ni4Cu4Nb，07Cr17Ni7Al，07Cr15Ni7Mo2Al，06Cr17Ni7AlTi，06Cr15Ni25Ti2MoAlVB。

③ 公称尺寸　见表 2.10 和表 2.11。

表 2.10　冷轧钢板和钢带的公称尺寸（GB/T 3280—2007）

形态	公称厚度/mm	公称宽度/mm
宽钢带、卷切钢板	≥0.10～≤8.00	≥600～<2100
纵剪宽钢带、卷切钢带Ⅰ	≥0.10～≤8.00	<600
窄钢带、卷切钢带Ⅱ	≥0.01～≤3.00	<600

表 2.11　热轧钢板和钢带的公称尺寸（GB/T 4237—2015）

产品名称	公称厚度/mm	公称宽度/mm
厚钢板	3.0～200	600～4800
宽钢带、卷切钢板、纵剪宽钢带	2.0～25.4	600～2500
窄钢带、卷切钢带	2.0～13.0	<600

2.1.16　全工艺冷轧电工钢钢带

全工艺是指生产厂对产品进行过最终退火的工艺。

（1）分类

分晶粒无取向钢带和晶粒取向钢带两种，后者又可按磁性能高低分成普通级、高磁极化强度级和磁畴细化级三类。按交货条件均可分为切边和不切边两类。

（2）牌号表示方法

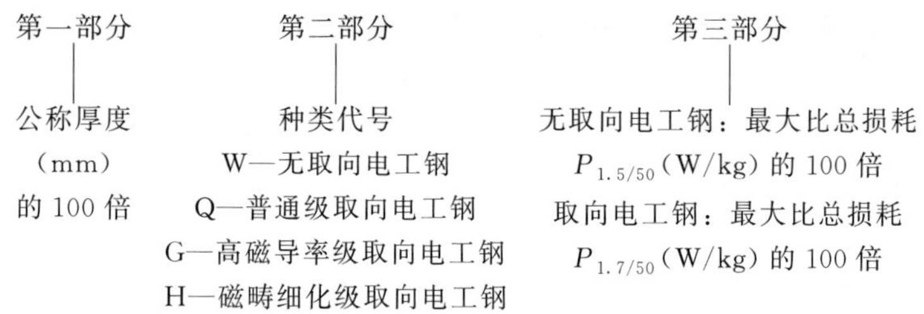

例：50W400表示公称厚度0.50mm、比总损耗$P_{1.50/50}$为4.00W/kg的无取向电工钢。

30QH100表示公称厚度0.30mm、比总损耗$P_{1.50/50}$为1.00W/kg的磁畴细化级取向电工钢。

（3）牌号

① 晶粒无取向钢带（GB/T 2521.1—2016）：35W210，35W230，35W250，35W270，35W300，35W360，35W440，50W230，50W250，50W270，50W280，50W310，50W350，50W400，50W 470，50W600，50W800，50W1000，65W310，65W350，65W470，65W530，65W500，65W800。

② 晶粒取向钢带（GB/T 2521.2—2016）：

a. 普通级，有23Q110，23Q120，27Q120，27Q130，30Q120，30Q130，35Q115，35Q155。

b. 高磁极化强度级，有23QG085，23QG090，23QG095，23QG100，27QG090，27QG095，27QG100，27QG110，30QG105，30QG110，30QG120，35QG115，35QG125，35QG135。

c. 磁畴细化级：有23QH080，23QH085，23QH090，23QH100，27QH085，27QH090，27QH095，27QH100，30QH095，30QH100，30QH110，

（4）尺寸

无取向钢带的公称厚度有0.35mm、0.50mm和0.65mm三种，最大宽度1250mm。卷重一般不小于3t，钢卷内径范围应为500～520mm，推荐钢卷内径为508mm。

取向钢带的公称厚度为0.23mm、0.27mm、0.30mm、0.35mm四种，宽度大小不限。卷重一般为2～5t，钢卷内径范围同无取向钢带。

2.1.17　半工艺冷轧无取向电工钢带

半工艺是生产厂没有进行最终退火，而必须由用户完成退火工艺状态的钢带。

无取向电工钢带是含碳量很低的硅铁软磁合金，可作为电动机和发电机转子的铁芯材料，其晶体组织排列没有一定规律和方向。

① 牌号表示方法（GB/T 17951.2—2014）

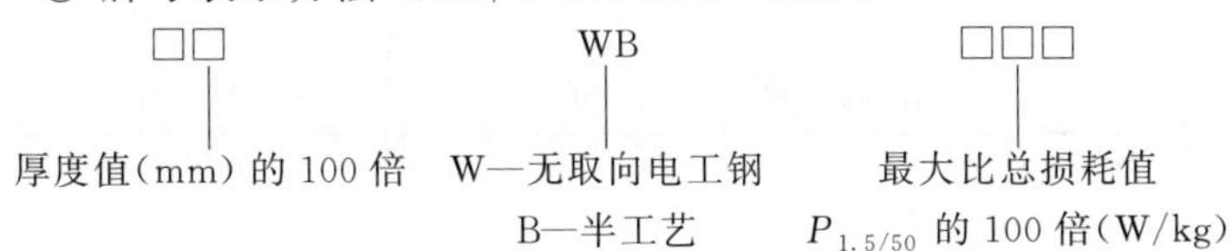

② 牌号　有 50WB340，50WB390，50WB450，50WB560，50WB660，50WB890，50WB1050，65WB390，65WB450，65WB520，65WB630，65WB800，65WB1000，65WB1200。

例：50WB340 表示公称厚度为 0.50mm、最大比总损耗率 $P_{1.5/50}$ 为 3.40W/kg 的半工艺无取向电工钢带。

③ 尺寸　公称厚度为 0.50mm 和 0.65mm，公称宽度为小于等于 1250mm，钢重按订货卷重（一般不小于 3.0t，钢卷内径一般为 510mm±20mm 或 610mm±20mm）。

2.1.18　高磁感冷轧无取向电工钢带

高磁感无取向电工钢是我国电力工业和压缩机等行业节能减排和提升变压器产品能效的重要原材料产品之一。

① 牌号表示方法

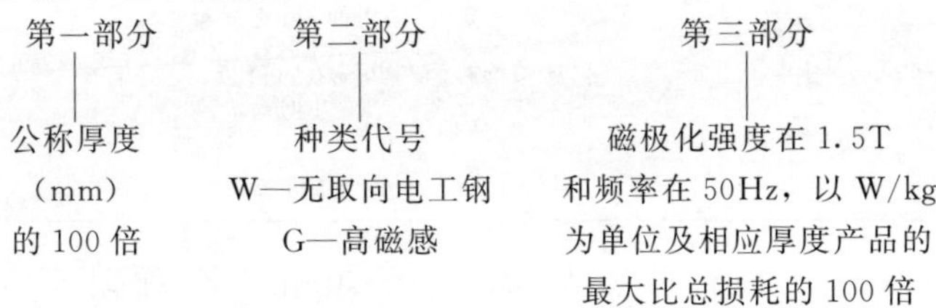

例：50WG400 表示公称厚度为 0.50mm、最大比总损耗 $P_{1.5/50}$ 为 4.0 W/kg 的高磁感冷轧无取向电工钢。

② 牌号　有 35WG230，35WG250，35WG300，35WG360，35WG400，35WG440，50WG250，50WG270，50WG300，50WG350，50WG400，

50WG470，50WG530，50WG600，50WG700，50WG800，50WG1000，50WG1300。

③ 尺寸 公称厚度为 0.35mm 和 0.50mm，公称宽度一般不大于 1300mm，钢重按订货卷重（一般不小于 3.0t，推荐钢卷内径一般为 510mm）。

2.1.19 家电用冷轧钢板和钢带

① 分类 见表 2.12。

表 2.12 家电用冷轧钢板和钢带的分类（GB/T 30068—2013）

按用途	按表面质量	按表面结构
JD1—结构用 JD2——般用 JD3—冲压用 JD4—深冲压用	FB—较高级精整 FC—高级精整 FD—超高级精整	B—光亮 D—麻面
按不平度精度	按涂油种类	
PF. B—较高精度 PF. C—高精度	GL—普通防锈油轻涂油，GM—普通防锈油中涂油 GH—普通防锈油重涂油，LM—高级润滑防锈油中涂油 LH—高级润滑防锈油中涂油， CL—易清洗防锈油轻涂油，UO—不涂油	

② 牌号和用途 牌号由“JD”（“家电”汉语拼音首字母）和数字 1、2、3、4 组成，见表 2.13。

表 2.13 家电用冷轧钢板和钢带的牌号和用途（GB/T 30068—2013）

牌号	用途	用途举例
JD1	结构用	冰箱侧板、冰柜面板、空调器侧板等
JD2	一般用	冰箱面板、背板，洗衣机背板、控制器等
JD3	冲压用	微波炉等小家电、空调器面板等
JD4	深冲压用	深冲压件等

③ 尺寸 公称厚度为 0.30～2.50mm，公称宽度不大于 2150mm，公称长度为 1000～6000mm。钢重按订货卷重（一般不小于 3.0t，钢卷内径为 508mm 或 610mm）。

2.1.20 家电用热轧硅钢薄钢板

① 用途 用于各种电扇、洗衣机、吸尘器、脱排油烟机等家

用电器产品。

② 牌号表示方法

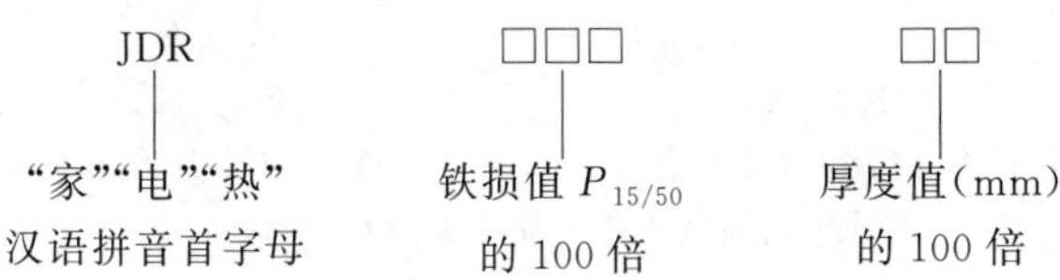

③ 尺寸规格和允许偏差　见表 2.14。

表 2.14　家电用热轧硅钢薄钢板的尺寸规格（YB/T 5287—1999）

mm

厚度	宽度	长度	厚度	宽度	长度
0.5	600	1200	0.5	860	1720
	670	1340		900	1800
	750	1500		1000	2000
	810	1620			

2.1.21　家电用连续热镀锌钢板及钢带

（1）分类

① 按表面质量分，有较高级表面（FB）、高级表面（FC）、超高级表面（FD）。

② 镀层种类：纯锌镀层（Z）。

按镀层表面结构分，有无锌花（F）和压花（E）两种。

按表面处理的分类和代号分，有涂油（O）、三价铬钝化（C3）、三价铬钝化＋涂油（CO3）、无铬钝化（CN）、无铬钝化＋涂油（CON）、三价铬耐指纹（AF3）、无铬耐指纹膜（AFN）、三价铬自润滑膜（SL3）、无铬自润滑膜（SLN）、不处理（U）。

（2）牌号

钢板及钢带的牌号（YB/T 4844—2020）由产品用途代号、钢级代号（或序列号）、钢种特性（如有）、热镀代号（D）、镀层种类代号、"家电"的汉语拼音首字母"JD"和性能等级七部分构成，其中热镀代号（D）和镀层种类代号之间用加号"＋"连接，镀层种类代号与"JD"之间用"-"连接。

产品用途代号

首字母：D—冷成形用扁平钢材
S—结构用钢
H—冷成形用高温度扁平钢材

第二个字母：X—基板的轧制状态不规定
C—冷轧基板
D—热轧基板

钢级代号(或序列号)

51 ～ 54：2 位数字，为钢级序列号
220 ～ 340：3 位数字，为钢级代号
［规定的最小屈服强度(MPa)］

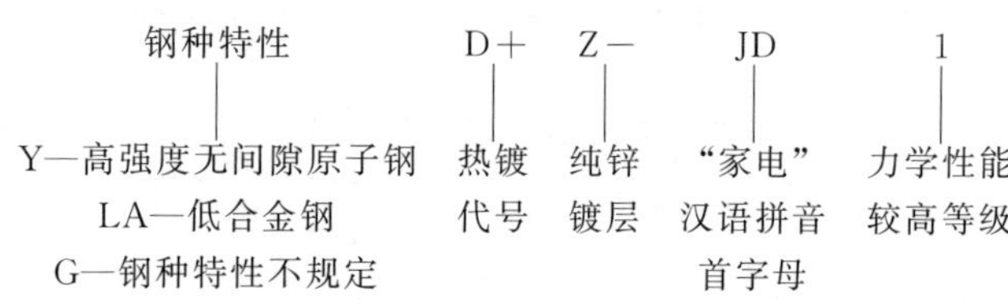

例：DX51D＋Z-JD1 表示产品用途为冷成形用扁平钢材，不规定基板状态，钢级序列号为 51，纯锌热镀镀层，用于家电，力学性能较高等级。

（3）尺寸

公称厚度为 0.20～3.0mm；公称宽度：钢板及钢带为 600～2080mm，纵切钢带小于 600mm；钢板公称长度为 1000～8000mm；钢带及纵切钢带内径 610mm 或 508mm。

2.1.22 连续热镀锌和锌合金镀层钢板及钢带

用途：用于汽车、建筑、家电等行业。

（1）分类

① 按表面质量分，有普通表面（FA）、较高级表面（FB）、高级表面（FC）。

② 按镀层种类分，有纯锌镀层（Z）、锌铁合金镀层（ZF）、锌铝合金镀层（ZA）、铝锌合金镀层（AZ）。

③ 按镀层表面结构，有普通锌花（N）、小锌花（M）、无锌花（F）三种。

④ 按表面处理的分类和代号分，有铬酸钝化（C）、涂油（O）、铬酸钝化＋涂油（CO）、三价铬钝化（C3）、三价铬钝化＋涂油（CO3）、无铬钝化（CN）、无铬钝化＋涂油（CON）、磷化（P）、磷化＋涂油（PO）、耐指纹膜（AF）、三价铬耐指纹膜（AF3）、无铬耐指纹膜（AFN）、自润滑膜（SL）、三价铬自润滑

膜（SL3）、无铬自润滑膜（SLN）、不处理（U）。

⑤ 按钢的种类分见表 2.15。

（2）牌号

钢板及钢带的牌号由产品用途代号、钢级代号（或序列号）、钢种特性（如有）、热镀代号（D）和镀层种类五部分构成，其中热镀代号（D）和镀层种类代号之间用加号“＋”连接。

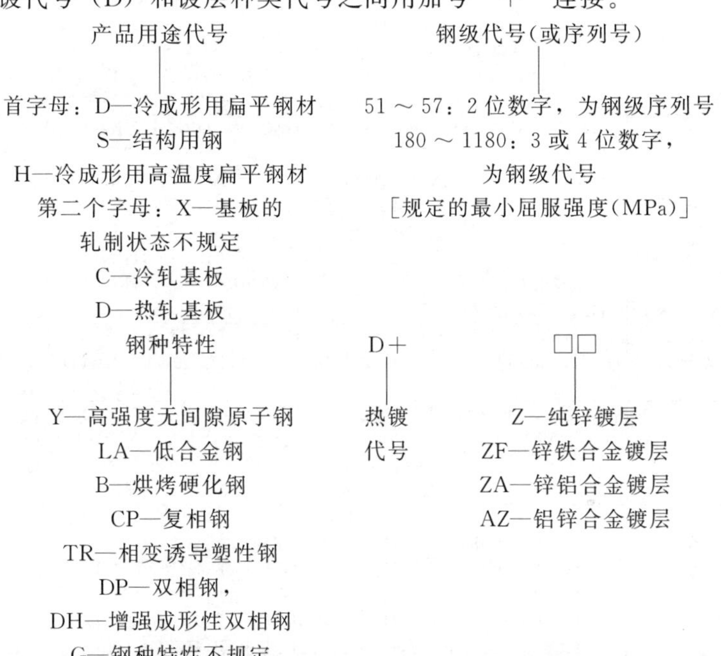

例：HC330/590DPD＋Z，表示用途为冷成形用高强度扁平基材，规定基板为冷轧基板，最小屈服强度值为 330MPa，最小抗拉强度值为 590MPa，钢种类型为双相钢，纯锌镀层热镀产品。

表 2.15　家电用连续热镀锌钢板及钢带钢种和牌号（GB/T 2518—2019）

钢种	牌　号
低碳钢	DX51D＋Z，DX51D＋ZF，DX51D＋ZA，DX51D＋AZ DX52D＋Z，DX52D＋ZF，DX52D＋ZA，DX52D＋AZ
无间隙原子钢	DX53D＋Z，DX53D＋ZF，DX53D＋ZA，DX53D＋AZ DX54D＋Z，DX54D＋ZF，DX54D＋ZA，DX54D＋AZ DX56D＋Z，DX56D＋ZF，DX56D＋ZA，DX56D＋AZ DX57D＋Z，DX57D＋ZF，DX57D＋ZA，DX57D＋AZ

续表

钢种	牌　号
结构钢	S220GD+Z,S220GD+ZF,S220GD+ZA,S220GD+AZ
	S250GD+Z,S250GD+ZF,S250GD+ZA,S250GD+AZ
	S280GD+Z,S280GD+ZF,S280GD+ZA,S280GD+AZ
	S300GD+Z,S300GD+ZF,S300GD+ZA,S300GD+AZ
	S320GD+Z,S320GD+ZF,S320GD+ZA,S320GD+AZ
	S350GD+Z,S350GD+ZF,S350GD+ZA,S350GD+AZ
	S390GD+Z,S390GD+ZF,S390GD+ZA,S39DGD+AZ
	S420GD+Z,S420GD+ZF,S420GD+ZA,S420GD+AZ
	S450CD+Z,S450GD+ZF,S450GD+ZA,S450GD+AZ
	S550GD+Z,S550GD+ZF,S550GD+ZA,S550GD+AZ
低合金钢	HX260LAD+Z,HX260LAD+ZF,HX260LAD+ZA,HX260LAD+AZ
	HX300LAD+Z,HX300LAD+ZF,HX300LAD+ZA,FIX300LAD+AZ
	HX340LAD+Z,HX340LAD+ZF,HX340LAD+ZA,HX340LAD+AZ
	HX380LAD+Z,HX380LAD+ZF,HX380LAD+ZA,HX380LAD+AZ
	HX420LAD+Z,HX420LAD+ZF,HX420LAD+ZA,HX420LAD+AZ
	HX460LAD+Z,HX460LAD+ZF,HX460LAD+ZA,HX460LAD+AZ
	HX500LAD+Z,HX500LAD+ZF,HX500LAD+ZA,HX500LAD+AZ
	HD550LAD+Z,HD550LAD+ZF,HD550LAD+ZA,HD550LAD+AZ
高强度无间隙原子钢	HX180YD+Z,HX180YD+ZF,HX180YD+ZA,HX180YD+AZ
	HX220YD+Z,HX220YD+ZF,HX220YD+ZA,HX220YD+AZ
	HX260YT+Z,HX260YD+ZF,HX260YD+ZA,HX260YD+AZ
烘烤硬化钢	HX180BD+Z,HX180BD+ZF,HX180BD+ZA,HX180BD+AZ
	HX220BD+Z,HX220BD+ZF,HX220BD+ZA,HX220BD+AZ
	HX260BD+Z,HX260BD+ZF,HX260BD+ZA,HX260BD+AZ
	HX300BD+Z,HX300BD+ZF,HX300BD+ZA,HX300BD+AZ
双相钢	HC260/450DPD+Z,HC260/450DPD+ZF,HC260/450DPD+ZA
	HC290/490DPD+Z,HC290/490DPD+ZF,HC290/490DPD+ZA
	HC330/500DPD+Z,HC330/590DPD+ZF,HC330/590DPD+ZA
	HC440/780DPD+Z,HC440/780DPD+ZF,HC440/780DPD+ZA
	HC500/780DPD+Z,HC500/780DPD+ZF,HC500/780DPD+ZA
	HC590/980DPD+Z,HC590/980DPD+ZF,HC590/980DPD+ZA
	HC700/980DPD+Z,HC700/980DPD+ZF,HC700/980DPD+ZA
	HC740/1180DPD+Z,HC740/1180DPD+ZF,HC740/1180DPD+ZA
	HC820/1180DPD+Z,HC820/1180DPD+ZF,HC820/1180DPD+ZA
相变诱导塑性钢	HC380/590TRD+Z,HC380/590TRD+ZF,HC380/590TRD+ZA
	HC400/690TRD+Z,HC400/690TRD+ZF,HC400/690TRD+ZA
	HC450/780TRD+Z,HC450/780TRD+ZF,HC450/780TRD+ZA
复相钢	HC350/600CPD+Z,HC350/600CPD+ZF,HC350/600CPD+ZA
	HC570/780CPD+Z,HC570/780CPD+ZF,HC570/780CPD+ZA
	HC780/980CPD+Z,HC780/980CPD+ZF,HC780/980CPD+ZA
	HD660/760CPD+Z,HD660/760CPD+ZF,HD660/760CPD+ZA
增强成形性双相钢	HC330/590DHD+Z,HC330/590DHD+ZF,HC330/590DHD+ZA
	HC440/780DHD+Z,HC440/780DHD+ZF,HC440/780DHD+ZA
	HC550/980DHD+Z,HC550/980DHD+ZF,HC550/980DHD+ZA
	HC700/980DHD+Z,HC700/980DHD+ZF,HC700/980DHD+ZA

(3) 尺寸

公称厚度为 0.20～6.0mm；公称宽度：钢板及钢带为 600～2050mm，纵切钢带小于 600mm；钢板公称长度为 1000～8000mm；钢带及纵切钢带卷内径：610mm 或 508mm。

2.1.23 连续热镀铝硅合金钢板和钢带

(1) 公称尺寸

公称厚度为 0.4～3.0mm，公称宽度为 600～1500mm。

(2) 标记方法

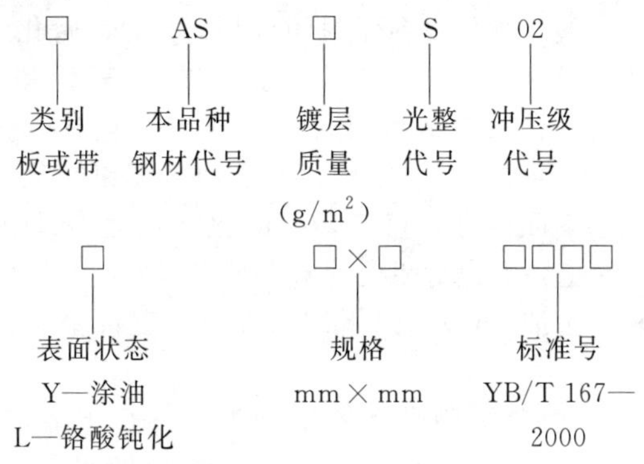

(3) 分类与代号（表 2.16）

表 2.16　产品的分类与代号（YB/T 167—2000）

分类方法	类　别	代号	分类方法	类　别	代号
按加工性能	普通级	01	按镀层质量 (g/m²)	200	200
	冲压级	02		150	150
	深冲级	03		120	120
	超深冲	04		100	100
按表面处理	铬酸钝化	L		80	080
	涂油	Y		60	060
	铬酸钝化加涂油	LY		40	040
按表面状态	光整	S			

(4) 公称尺寸（表 2.17）

表 2.17　钢板和钢带的公称尺寸（YB/T 167—2000）　mm

名称	公称尺寸	名称	公称尺寸
厚度	0.4～3.0	钢板长度	1000～6000
宽度	600～1500	钢带内卷	508～610

2.1.24 连续电镀锌、锌镍合金镀层钢板及钢带

① 分类（GB/T 15675—2020）

a. 按表面质量分，有普通表面（FA）、较高级表面（FB）、高级表面（FC）。

b. 按镀层种类分，有纯锌镀层（ZE）和锌镍合金镀层（ZN）两种。

按镀层形式分，有等厚镀层、差厚镀层和单面镀层三种。

c. 按表面处理的分类和代号分，有铬酸钝化（C）、铬酸钝化＋涂油（CO）、磷化（含铬封闭处理，PC）、磷化（含铬封闭处理）＋涂油（PCO）、三价铬钝化（C3）、三价铬钝化＋涂油（CO3）、磷化（含三价铬封闭处理，PC3）、磷化（含三价铬封闭处理）＋涂油（PCO3）、无铬钝化（CN）、无铬钝化涂油（CON）、磷化（含无铬封闭处理）（PCN）、磷化（含无铬封闭处理）＋涂油（PCON）、磷化（不含封闭处理）（PC）、磷化（不含封闭处理）＋涂油（PO）、涂油（O）、耐指纹（AF）、三价铬耐指纹（ANF）、不处理（U）。

② 牌号　由基板牌号和镀层种类两部分组成，中间用“＋”连接。

例：DC01＋ZE，DC01＋ZN

DC01—基板牌号；ZE、ZN—镀层种类：纯锌镀层、锌镍合金镀层。

③ 尺寸　公称厚度0.30～3.5mm，公称宽度不大于2150mm，公称长度为1000～6000mm。

2.1.25 锅炉和压力容器用钢板

适用于锅炉和中常温压力容器的受压元件用钢板。

① 分类　按交货状态分，有正火，热轧、控轧或正火，正火加回火三种。

② 牌号组成　锅炉和压力容器用钢板的牌号，用屈服强度的“屈”字和压力容器的“容”字汉语拼音首字母“Q”和“R”，分别作为前缀和后缀，中间加屈服强度值表示，如Q345R。

钼钢、铬-钼钢的牌号，用平均含碳量和合金元素字母，加后缀“R”表示，如15CrMoR。

③ 牌号（GB/T 713—2014）　有 Q245R，Q345R，Q370R，18MnMoNbR，13MnNiMoR，15CrMoR，14Cr1MoR，12Cr2Mo1R，12Cr1MoVR。

④ 尺寸　厚度为 3～250mm，宽度为 600～5300mm，长度为 2000～25000mm。

2.1.26　低温压力容器用钢板

① 用途　用于制造－196～＜－20℃低温压力容器。

② 牌号组成：用平均含碳量、合金元素字母和低温压力容器的“低容”汉语拼音首字母“DR”作后缀表示，如 16MnDR。

③ 牌号（GB 3531—2014）　有 16MnDR、15MnNiDR、15MnNiNbDR、09MnNiDR、08Ni3DR、06Ni9DR。

④ 尺寸：厚度为 5～120mm，宽度为 600～5300mm，长度为 2000～25000mm。

2.1.27　搪瓷用热轧钢板和钢带

① 用途：用于轻工、家电、冶金、建筑、化工设备、水处理工业等行业。

② 分类：按用途分，有日用搪瓷钢、化工设备用搪瓷钢和环保设备用搪瓷钢三大类。

③ 牌号组成

a. 搪瓷用超低碳钢：牌号是 TCDS（TC 代表搪瓷用钢，DS 是冲压钢的首位英文字母）。

b. 其他钢种：牌号由代表屈服强度的字母、屈服强度值、搪瓷用钢的类别和质量等级按顺序组成。

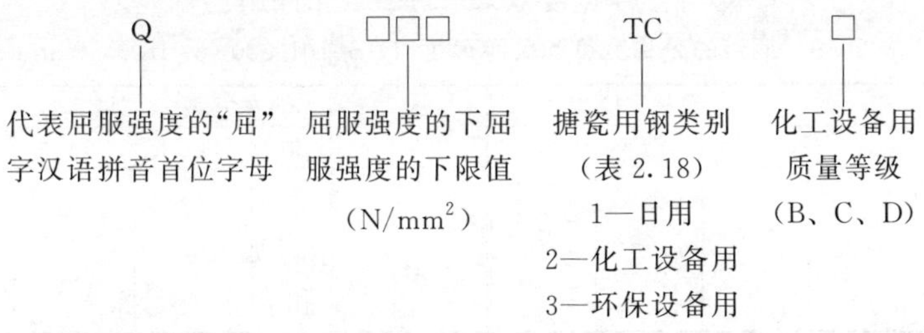

④ 牌号和用途（表 2.18）

表 2.18 牌号的分类、代号及用途（GB/T 25832—2010）

类别	代号	牌　号	用　　途
日用	TC	TCDS	厨具、卫具、建筑面板、电烤箱、炉具等
	TC1	Q210TC1、Q245TC1、Q300TC1、Q330TCI、Q360TC1	热水器内胆等
化工设备用	TC2	Q245TC2B、Q245TC2C、Q245TC2D、Q295TC2B、Q295TC2C、Q295TC2D、Q345TC2B、Q345TC2C、Q345TC2D	化工容器换热器及塔类设备等
环保设备用	TC3	Q245TC3、Q295TC3、Q345TC3	拼装型罐、环保行业罐体、环保水处理工程、自来水工程等

⑤ 尺寸　厚度不大于 40mm，宽度为 600～5300mm，长度为 2000～25000mm。

2.1.28 包装用钢带

① 用途　用于金属材料、玻璃、轻工产品、物流运输等包装捆扎。

② 分类　按强度分有普通捆带 830KD 和 880KD，高强捆带 930KD 和 980KD，超高强捆带 1150KD、1250KD 和 1350KD。

按表面状态分有发蓝（表面为氧化膜和蜡保护层）、涂漆（表面为漆和蜡保护层）、镀锌（表面为锌/锌合金和蜡保护层）。

③ 牌号组成　由最低抗拉强度值（MPa）加后缀“KD”（“捆带”的汉语拼音首字母）组成。

④ 牌号　830KD、880KD、930KD、980KD、1150KD、1250KD、1350KD。

⑤ 公称厚度与公称宽度（表 2.19）

表 2.19 捆带的公称宽度和公称厚度（GB/T 25820—2018）　　mm

公称厚度	公称宽度			公称厚度	公称宽度			
	12.7	16	19		19	25.4(25)	31.75(32)	40
0.4	√	√		0.8	√	√	√	
0.5	√	√	√	0.9	√	√	√	√
0.6	√	√	√	1.0	√	√	√	√
0.7			√	1.2			√	√

注：“√”表示常规生产供应的捆带。

2.1.29 冷弯波形钢板

① 用途　在建筑行业，用于屋面、墙面及其他围护结构和承重结构等；在物流行业，用于集装箱、铁道车辆、船舶等生产部门制作结构件和辅助件等。

② 分类　按截面形状分为 A 和 B 两类，按截面边缘形状分为 K、L、N 和 R 四类（图 2.1）。

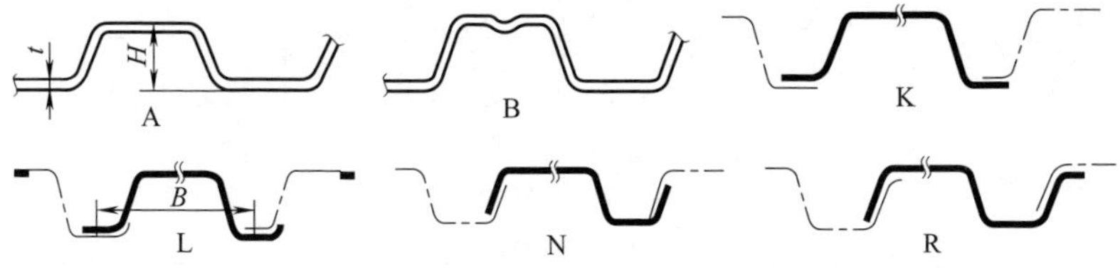

图 2.1　波形钢板的截面形状和边缘形状

③ 材料　原材料为普通碳素钢板、彩色涂层钢板、镀锌钢板、耐候性结构钢板等。

牌号及化学成分：波形钢板采用原料钢带的牌号和化学成分，应符合 GB/T 700《碳素结构钢》和 GB/T 4171《耐候结构钢》及 GB/T 2518《连续热镀锌和锌合金镀层钢板及钢带》的规定。镀锌波形钢板主要采用 JG 镀锌钢带。

④ 型号组成　由三个拼音字母和两位数字组成。第一个“A”表示波形钢板，第二个是截面形状代号（K、L、N、R），第三个是区别截面形状及截面边缘形状相同，而其他各部尺寸不同的字符（A、B、C…）。两位数字是厚度乘以 10 得出的结果。

例如，AKB12 表示 K 型截面厚度为 1.2mm 的波形钢板。

用普通碳素结构钢甲类氧气转炉 3 号钢制成的 AKD12 波形钢板标记为：

$$\text{波形钢板}\frac{\text{AKD12-YB/T 5327—2006}}{\text{AY3-GB/T 700—2006}}$$

⑤ 截面尺寸及质量（表 2.20）

表 2.20　波形钢板截面主要尺寸及质量（YB/T 5327—2006）

代号	高度 H /mm	宽度/mm		厚度 t/mm	质量 /(kg/m)	代号	高度 H /mm	宽度/mm		厚度 t/mm	质量 /(kg/m)
		B	B_0					B	B_0		
AKA15	12	370	—	1.5	4.71	AKD12	15	488	—	1.2	5.17
AKB12	14	488		1.2	4.95	AKD15	15			1.5	6.44
AKC12	15	378		1.2	3.94	AKE05	25	830	—	0.5	4.6

续表

代号	高度 H /mm	宽度/mm B	宽度/mm B_0	厚度 t/mm	质量 /(kg/m)
AKE08	25	830	—	0.8	7.32
AKE10				1.0	8.08
AKE12				1.2	10.83
AKF05	25	650	—	0.5	3.60
AKF08				0.8	5.72
AKF10				1.0	7.10
AKF12				1.2	8.46
AKG10	30	690	—	1.0	7.54
AKG16				1.6	11.81
AKG20				2.0	14.60
ALA08	50	—	800	0.8	7.28
ALA10				1.0	9.07
ALA12				1.2	10.85
ALA18				1.6	14.37
ALB12	50	—	614	1.2	8.21
ALB16				1.6	10.88
ALC08				0.8	5.53
ALC10				1.0	6.88
ALC12				1.2	8.22
ALC16				1.6	10.89
ALD08	50	—	614	0.8	5.53
ALD10				1.0	6.88
ALD12				1.2	8.22
ALD16				1.6	10.89
ALE08	50	—	614	0.8	5.53
ALE10				1.0	6.88
ALE12				1.2	8.22
ALE16				1.6	10.89
ALF12				1.2	8.21
ALF16				1.6	10.88
ALG08	60	—	600	0.8	5.88
ALG10				1.0	7.32
ALG12				1.2	8.77
ALG16				1.6	11.61
ALH08	75	—	600	0.8	6.61
ALH10				1.0	8.23
ALH12				1.2	9.115
ALH16				1.6	13.05
ALI08	75	—	600	0.8	6.58
ALI10				1.0	8.20
ALI12				1.2	9.83
ALI16				1.6	13.03
ALJ08	75	—	600	0.8	6.38
ALJ10				1.0	7.94
ALJ12				1.2	9.51
ALJ16				1.6	12.60
ALJ23				2.3	17.91
ALK08	75	—	600	0.8	6.33
ALK10				1.0	7.87
ALK12				1.2	9.38
ALK16				1.6	12.43
ALK23				2.3	17.69
ALL08	75	—	690	0.8	7.21
ALL10				1.0	8.20
ALL12				1.2	10.75
ALL16				1.6	14.24
ALM08	75	—	690	0.8	7.01
ALM10				1.0	8.73
ALM12				1.2	10.45
ALM16				1.6	13.86
ALM23				2.3	19.70
ALN08	75	—	690	0.8	6.86
ALN10				1.0	8.55
ALN12				1.2	10.23
ALN16				1.6	13.56
ALN23				2.3	19.31
ALO10	80	—	600	1.0	7.99
ALO12				1.2	9.57
ALO16				1.6	12.68
ANA05	25	—	360	0.5	2.07
ANA08				0.8	3.30
ANA10				1.0	4.11
ANA12				1.2	4.91
ANA16				1.6	6.51

续表

代号	高度 H /mm	宽度/mm		厚度 t/mm	质量 /(kg/m)	代号	高度 H /mm	宽度/mm		厚度 t/mm	质量 /(kg/m)
		B	B_0					B	B_0		
ANB08	40	—	600	0.8	5.67	BLB10	75	—	690	1.0	8.93
ANB10				1.0	7.06	BLB12				1.2	10.68
ANB12				1.2	8.40	BLB16				1.6	14.16
ANB16				1.6	11.12	BLC05	75	—	600	0.5	3.96
ANB23				2.3	15.72	BLC08				0.8	6.31
ARA08	50	—	614	0.8	5.53	BLC10				1.0	7.87
ARA10				1.0	6.88	BLC12				1.2	9.41
ARA12				1.2	8.22	BLC16				1.6	12.47
ARA16				1.6	10.89	BLC23				2.3	17.74
BLA05	50	—	614	0.5	3.68	BLD	75	—	690	0.5	4.32
BLA08				0.8	5.86	BLD				0.8	5.88
BLA10				1.0	7.29	BLD				1.0	8.57
BLA12				1.2	8.71	BLD				1.2	10.26
BLA15				1.5	10.82	BLD				1.6	13.60
BLB05	75	—	690	0.5	4.50	BLD				2.3	19.37
BLB08				0.8	7.17						

注：波形钢板的通常长度为 4～12m。

2.1.30　彩色涂层钢板及钢带

彩色涂层钢板及钢带是在经过表面预处理的基板上连续涂覆有机涂料，然后进行烘烤固化而成的产品。

① 用途　用作各类建筑物的外墙板、屋面板、室内的护壁板、吊顶板，还可作为排气管道、通风管道和其他类似的有耐腐蚀要求的构件及设备，也常用作家用电器的外壳。

② 分类及代号　见表 2.21。

表 2.21　分类及代号（GB/T 12754—2019）

分类	项目	代号	分类	项目	代号
用途	建筑外用 建筑内用 家电 其他	JW JN JD QT	基板类型	热镀锌铝合金基板 热镀铝硅合金基板 热镀锌铝镁合金基板 电镀件基板	ZA AS ZM ZE
基板类型	热镀锌基板 热镀锌铁合金基板 热镀锌合金基板	Z ZF AZ	涂层表面状态	涂层板 压花瓶 印花板	TC YA YI

续表

分类	项目	代号	分类	项目	代号
涂层表面状态	网纹板 绒面板 珠光板 磨砂板	WA RO ZH MO	涂层结构	正面2层、反面1层 正面2层、反面2层	2/1 2/2
			热镀锌基板表面结构	光整小锌花 光整无锌花	MS FS
面漆种类	聚酯 硅改性聚酯 高耐久性聚酯 聚偏氟乙烯	PE SMP HDP PVDF	耐中性盐雾性能	1级 2级 3级 4级	S1 S2 S3 S4
面漆功能	普通 自洁 抗静电 抗菌 隔热	— AP AS AB AH	紫外灯加速老化性能	1级 2级 3级 4级	U1 U2 U3 U4

③ 标记组成　彩涂板的牌号由大写英文字母T（“涂”字汉语拼音的首字母）加基板牌号组成。

如TDC01+ZE表示基板牌号为DC01+ZE的彩涂板。

④ 尺寸范围（表2.22）

表2.22　彩涂板的尺寸范围（GB/T 12754—2006）　mm

项目	公称尺寸	项目	公称尺寸
公称厚度	0.20～2.0	钢板公称长度	1000～6000
公称宽度	600～1600	钢卷内径	450、508或610

注：彩涂板的厚度为基板（不含涂层）的厚度。

2.1.31　建筑用彩色涂层钢板及钢带

（1）分类

建筑用彩色涂层钢板及钢带的分类方法有多种：

① 按用途，有建筑外用（JW）、建筑内用（JN）、其他（QT）。

② 按基板类型，有热镀锌基板（Z）、热镀锌铁基板（ZF）、热镀铝锌合金基板（AZ）、热镀锌铝合金基板（ZA）、热镀锌铝镁合金Ⅰ型基板（ZMⅠ）、热镀锌铝镁合金Ⅱ型基板（ZMⅡ）、热镀铝锌镁合金基板（AZM）、热镀铝硅合金基板（AS）。

③ 按涂层表面状态，有普通涂层板（TC）、压花板（YA）、印花板（YI）、网纹板（WA）、绒面板（RO）、珠光板（ZH）、磨砂板（UO）。

④ 按面漆种类，有聚酯（PE）、硅改性聚酯（SMP）、高耐久性聚酯（HDP）、特殊强化聚酯（SRP）、聚偏二氟乙烯（PVDF）、连续封闭聚酯（CSP）。

⑤ 按面漆功能，有普通（—）、自洁（AP）、抗静电（AS）、抗菌（AB）、隔热（AH）。

⑥ 按涂层结构，有正面二层/背面一层（2/1）、正面二层/背面二层（2/2）。

⑦ 按涂覆方法，有辊涂涂层（GT）、粉末喷涂涂层（PD）。

⑧ 按热镀锌基板表面结构，有小锌花（MS）、无锌花（FS）。

⑨ 按耐中性盐雾性能，有一级（S1）、二级（S2）、三级（S3）、四级（S4）。

⑩ 按紫外加速老化性能，有一级（U1）、二级（U2）、三级（U3）、四级（U4）。

⑪ 按耐酸性能，有一级（NS1）、二级（NS2）、三级（NS3）、四级（NS4）。

⑫ 按耐碱性能，有一级（NJ1）、二级（NJ2）、三级（NJ3）、四级（NJ4）。

（2）彩涂钢板的牌号（表 2.23）

表 2.23　彩涂钢板的牌号（YB/T 4456—2022）

热镀锌基板	热镀锌铁合金基板	热镀铝锌合金基板	热镀锌铝合金基板	热镀锌铝镁Ⅰ型合金基板	热镀锌铝镁Ⅱ型合金基板	热镀铝锌镁合金基板	热镀铝硅合金基板	用途
TDC51D+Z	TDC51D+ZF	TDC51D+AZ	TDC51D+ZA	TDC51D+ZMⅠL～ZMⅠH	TDC51D+ZMⅡL～ZMⅡH	TDC51D+AZM L～AZM H	TDC51D+AS	一般用
TDC52D+Z	TDC52D+ZF	TDC52D+AZ	TDC52D+ZA	TDC52D+ZMⅠL～ZMⅠH	TDC52D+ZMⅡL～ZMⅡH	TDC52D+AZM L～AZM H	TDC52D+AS	冲压用
TDC53D+Z	TDC53D+ZF	TDC53D+AZ	TDC53D+ZA	TDC53D+ZMⅠL～ZMⅠH	TDC53D+ZMⅡL～ZMⅡH	TDC53D+AZM L～AZM H	TDC53D+AS	深冲压用
TDC54D+Z	TDC54D+ZF	TDC54D+AZ	TDC54D+ZA	TDC54D+ZMⅠL～ZMⅠH	TDC54D+ZMⅡL～ZMⅡH	TDC54D+AZM L～AZM H	TDC54D+AS	

续表

热镀锌基板	热镀锌铁合金基板	热镀铝锌合金基板	热镀锌铝合金基板	热镀锌铝镁Ⅰ型合金基板	热镀锌铝镁Ⅱ型合金基板	热镀铝锌镁合金基板	热镀铝硅合金基板	用途
TS220GD+Z	TS220GD+ZF	TS220GD+AZ	TS220GD+ZA	TS220GD+ZMⅠL～ZMⅠH	TS220GD+ZMⅡL～ZMⅡH	TS220GD+AZM L～AZM H	TS220GD+AS	普通结构用
TS250GD+Z	TS250GD+ZF	TS250GD+AZ	TS250GD+ZA	TS250GD+ZMⅠL～ZMⅠH	TS250GD+ZMⅡL～ZMⅡH	TS250GD+AZM L～AZM H	TS250GD+AS	
TS280GD+Z	TS280GD+ZF	TS280GD+AZ	TS280GD+ZA	TS280GD+ZMⅠL～ZMⅠH	TS280GD+ZMⅡL～ZMⅡH	TS280GD+AZM L～AZM H	TS280GD+AS	
TS300GD+Z	TS300GD+ZF	TS300GD+AZ	TS300GD+ZA	TS300GD+ZMⅠL～ZMⅠH	TS300GD+ZMⅡL～ZMⅡH	TS300GD+AZM L～AZM H	TS300GD+AS	
TS320GD+Z	TS320GD+ZF	TS320GD+AZ	TS320GD+ZA	TS320GD+ZMⅠL～ZMⅠH	TS320GD+ZMⅡL～ZMⅡH	TS320GD+AZM L～AZM H	TS320GD+AS	
TS350GD+Z	TS350GD+ZF	TS350GD+AZ	TS350GD+ZA	TS350GD+ZMⅠL～ZMⅠH	TS350GD+ZMⅡL～ZMⅡH	TS350GD+AZM L～AZM H	TS350GD+AS	
TS390GD+Z	TS390GD+ZF	TS390GD+AZ	TS390GD+ZA	TS390GD+ZMⅠL～ZMⅠH	TS390GD+ZMⅡL～ZMⅡH	TS390GD+AZM L～AZM H	TS390GD+AS	
TS420GD+Z	TS420GD+ZF	TS420GD+AZ	TS420GD+ZA	TS420GD+ZMⅠL～ZMⅠH	TS420GD+ZMⅡL～ZMⅡH	TS420GD+AZM L～AZM H	TS420GD+AS	
TS450GD+Z	TS450GD+ZF	TS450GD+AZ	TS450GD+ZA	TS450GD+ZMⅠL～ZMⅠH	TS450GD+ZMⅡL～ZMⅡH	TS450GD+AZM L～AZM H	TS450GD+AS	
TS500GD+Z	TS500GD+ZF	TS500GD+AZ	TS500GD+ZA	TS500GD+ZMⅠL～ZMⅠH	TS500GD+ZMⅡL～ZMⅡH	TS500GD+AZM L～AZM H	TS500GD+AS	
THX260LAD+Z	THX260LAD+ZF	THX260LAD+AZ	THX260LAD+ZA	THX260LAD+ZMⅠL～ZMⅠH	THX260LAD+ZMⅡL～ZMⅠH	THX260LAD AZM L～AZM H	THX260LAD+AS	特殊结构用

续表

热镀锌基板	热镀锌铁合金基板	热镀铝锌合金基板	热镀锌铝合金基板	热镀锌铝镁Ⅰ型合金基板	热镀锌铝镁Ⅱ型合金基板	热镀铝锌镁合金基板	热镀铝硅合金基板	用途
THX300 LAD+Z	THX300 LAD+ZF	THX300 LAD+AZ	THX300 LAD+ZA	THX300 LAD +ZMⅠL～ZMⅠH	THX300 LAD +ZMⅡL～ZMⅠH	THX300 LAD AZM L～AZM H	THX300 LAD+AS	特殊结构用
THX340 LAD+Z	THX340 LAD+ZF	THX340 LAD+AZ	THX340 LAD+ZA	THX340 LAD+ZMⅠL～ZMⅠH	THX340 LAD+ZMⅡL～ZMⅠH	THX340 LAD AZM L～AZM H	THX340 LAD+AS	
THX380 LAD+Z	THX380 LAD+ZF	THX380 LAD+AZ	THX380 LAD+ZA	THX380 LAD+ZMⅠL～ZMⅠH	THX380 LAD+ZMⅡL～ZMⅠH	THX380 LAD AZM L～AZM H	THX380 LAD+AS	
THX420 LAD+Z	THX420 LAD+ZF	THX420 LAD+AZ	THX420 LAD+ZA	THX420 LAD+ZMⅠL～ZMⅠH	THX420 LAD+ZMⅡL～ZMⅠH	THX420 LAD AZM L～AZM H	THX420 LAD+AS	
THX460 LAD+Z	THX460 LAD+ZF	THX460 LAD+AZ	THX460 LAD+ZA	THX460 LAD+ZMⅠL～ZMⅠH	THX460 LAD+ZMⅡL～ZMⅠH	THX460 LAD AZM L～AZM H	THX460 LAD+AS	
THX500 LAD+Z	THX500 LAD+ZF	THX500 LAD+AZ	THX500 LAD+ZA	THX500 LAD+ZMⅠL～ZMⅠH	THX500 LAD+ZMⅡL～ZMⅠH	THX500 LAD AZM L～AZM H	THX500 LAD+AS	
THX550 LAD+Z	THX550 LAD+ZF	THX550 LAD+AZ	THX550 LAD+ZA	THX550 LAD+ZMⅠL～ZMⅠH	THX550 LAD+ZMⅡL～ZMⅠH	THX550 LAD AZM L～AZM H	THX550 LAD+AS	

2.1.32 建筑用连续热镀锌钢板及钢带

厚度为 0.20～8.0mm 的含镁镀层、厚度为 0.20～6.0mm 的其他镀层，宽度不超过 2080mm 的连续热镀层钢板及钢带，用作除汽车、家电以外的不要求超深冲压变形的各种零件。

（1）牌号表示方法

钢板及钢带的牌号由产品用途代号、钢级代号（或序列号）、钢种特性（如有）、热镀代号（D）和镀层种类代号五部分构成，其中热镀代号（D）和镀层种类代号之间用加号“＋”连接。

用途代号

D□—冷成形用扁平钢材
DX—基板的轧制状态不规定
DC—冷轧基板
DD—普通热轧基板
DU—双辊铸轧热轧基板
DE—带钢无头连铸连轧（ESP）热轧基板

S□—结构用钢
SX—基板的轧制状态不规定
SC—冷轧基板
SD—普通热轧基板
SU—双辊铸轧热轧基板
SE—带钢无头连铸连轧（ESP）热轧基板

H□—冷成形用高强度扁平钢材
HX—基板的轧制状态不规定
HC—冷轧基板
HD—普通热轧基板
HU—双辊铸轧热轧基板
HE—带钢无头连铸连轧（ESP）热轧基板

钢级代号(序列号)

51～53—用以代表钢级序列号
220～550—钢级代号［根据牌号命名方法的不同，一般为规定的最小屈服强度或最小屈服强度和最小抗拉强度(MPa)］

钢种特性

LA—低合金钢
G—钢种特性不规定(普通钢)
FH—未经再结晶退火的冷轧全硬化结构用钢

D＋

热镀代号

镀层种类代号

Z—纯锌镀层
ZF—锌铁合金镀层
ZA—锌铝合金镀层
AZ—铝锌合金镀层
ZMⅠ—锌铝镁合金镀层Ⅰ型
ZMⅡ—锌铝镁合金镀层Ⅱ型
AZM—铝锌镁合金镀层
AS—铝硅合金镀层

例：SD350GD＋ZMⅠ表示产品用途为结构用钢板或钢带，规定基板为热轧基板，最小屈服强度值为350MPa，钢种特性不规定，锌铝镁合金镀层Ⅰ型热镀产品。

（2）牌号和钢种特性（表2.24）

表2.24　钢板及钢带的牌号和钢种特性（YB/T 4457—2022）

牌号	钢种特性
DX51D＋Z，DX51D＋ZF，DX51D＋ZA，DX51D＋AZ，DX51D＋ZMⅠ，DX51D＋ZMⅡ，DX51D＋AZM，DX51D＋AS	低碳钢
DX52D＋Z，DX52D＋ZF，DX52D＋ZA，DX52D＋AZ，DX52D＋ZMⅠ，DX52D＋ZMⅡ，DX52D＋AZM，DX52D＋AS	
DX53D＋Z，DX53D＋ZF，DX53D＋ZA，DX53D＋AZ，DX53D＋ZMⅠ，DX53D＋ZMⅡ，DX53D＋AZM，DX53D＋AS	无间隙原子钢

续表

牌号	钢种特性
SX220GD＋Z, SX220GD＋ZF, SX220GD＋ZA, SX220GD＋AZ, SX220GD＋ZMⅠ, SX220GD＋ZMⅡ, SX220GD＋AZM, SX220GD＋AS	普通结构钢
SX250GD＋Z, SX250GD＋ZF, SX250GD＋ZA, SX250GD＋AZ, SX250GD＋ZMⅠ, SX250GD＋ZMⅡ, SX250GD＋AZM, SX250GD＋AS	
SX280GD＋Z, SX280GD＋ZF, SX280GD＋ZA, SX280GD＋AZ, SX280GD＋ZMⅠ, SX280GD＋ZMⅡ, SX280GD＋AZM, SX280GD＋AS	
SX300GD＋Z, SX300GD＋ZF, SX300GD＋ZA, SX300GD＋AZ, SX300GD＋ZMⅠ, SX300GD＋ZMⅡ, SX300GD＋AZM, SX300GD＋AS	
SX320GD＋Z, SX320GD＋ZF, SX320GD＋ZA, SX320GD＋AZ, SX320GD＋ZMⅠ, SX320GD＋ZMⅡ, SX320GD＋AZM, SX320GD＋AS	
SX350GD＋Z, SX350GD＋ZF, SX350GD＋ZA, SX350GD＋AZ, SX350GD＋ZMⅠ, SX350GD＋ZMⅡ, SX350GD＋AZM, SX350GD＋AS	
SX390GD＋Z, SX390GD＋ZF, SX390GD＋ZA, SX390GD＋AZ, SX390GD＋ZMⅠ, SX390GD＋ZMⅡ, SX390GD＋AZM, SX390GD＋AS	
SX420GD＋Z, SX420GD＋ZF, SX420GD＋ZA, SX420GD＋AZ, SX420GD＋ZMⅠ, SX420GD＋ZMⅡ, SX420GD＋AZM, SX420GD＋AS	
SX450GD＋Z, SX450GD＋ZF, SX450GD＋ZA, SX450GD＋AZ, SX450GD＋ZMⅠ, SX450GD＋ZMⅡ, SX450GD＋AZM, SX450GD＋AS	
SX500GD＋Z, SX500GD＋ZF, SX500GD＋ZA, SX500GD＋AZ, SX500GD＋ZMⅠ, SX500GD＋ZMⅡ, SX500GD＋AZM, SX500GD＋AS	
SC420FHD＋Z, SC420FHD＋ZF, SC420FHD＋ZA, S420FHD＋AZ, S420FHD＋ZMⅠ, S420FHD＋ZMⅡ, S420FHD＋AZM, S420FHD＋AS	全硬化结构钢
SC450FHD＋Z, SC450FHD＋ZF, SC450FHD＋ZA, S450FHD＋AZ, S450FHD＋ZMⅠ, S450FHD＋ZMⅡ, S450FHD＋AZM, S450FHD＋AS	
SC500FHD＋Z, SC500FHD＋ZF, SC500FHD＋ZA, S500FHD＋AZ, S500FHD＋ZMⅠ, S500FHD＋ZMⅡ, S500FHD＋AZM, S500FHD＋AS	
SC550FHD＋Z, SC550FHD＋ZF, SC550FHD＋ZA, S550FHD＋AZ, S550FHD＋ZMⅠ, S550FHD＋ZMⅡ, S550FHD＋AZM, S550FHD＋AS	
HX260LAD＋Z, HX260LAD＋ZF, HX260LAD＋ZA, HX260LAD＋AZ, HX260LAD＋ZMⅠ, HX260LAD＋ZMⅡ, HX260LAD＋AZM, HX260LAD＋AS	低合金结构钢
HX300LAD＋Z, HX300LAD＋ZF, HX300LAD＋ZA, HX300LAD＋AZ, HX300LAD＋ZMⅠ, HX300LAD＋ZMⅡ, HX300LAD＋AZM, HX300LAD＋AS	
HX340LAD＋Z, HX340LAD＋ZF, HX340LAD＋ZA, HX340LAD＋AZ, HX340LAD＋ZMⅠ, HX340LAD＋ZMⅡ, HX340LAD＋AZM, HX340LAD＋AZ	

续表

牌号	钢种特性
HX380LAD+Z,HX380LAD+ZF,HX380LAD+ZA,HX380LAD+AZ,HX380LAD+ZMⅠ,HX380LAD+ZMⅡ,HX380LAD+AZM,HX380LAD+AS	低合金结构钢
HX420LAD+Z,HX420LAD+ZF,HX420LAD+ZA,HX420LAD+AZ,HX420LAD+ZMⅠ,HX420LAD+ZMⅡ,HX420LAD+AZM,HX420LAD+AS	
HX460LAD+Z,HX460LAD+ZF,HX460LAD+ZA,HX460LAD+AZ,HX460LAD+ZMⅠ,HX460LAD+ZMⅡ,HX460LAD+AZM,HX460LAD+AS	
HX500LAD+Z,HX500LAD+ZF,HX500LAD+ZA,HX500LAD+AZ,HX500LAD+ZMⅠ,HX500LAD+ZMⅡ,HX500LAD+AZM,HX500LAD+AS	
HD550LAD+Z,HD550LAD+ZF,HD550LAD+ZA,HD550LAD+AZ,HD550LAD+ZMⅠ,HD550LAD+ZMⅡ,HD550LAD+AZM,HD550LAD+AS	

2.1.33 焊接气瓶用钢板和钢带

① 分类 有热轧钢板和钢带以及冷轧钢板和钢带两种。

② 牌号组成 钢的牌号由“焊瓶”的汉语拼音首位字母“HP”和下屈服强度下限值两部分组成。例：HP295 表示下屈服强度的下限值为 295MPa 的焊接气瓶用钢。

③ 牌号（GB/T 6653—2017） 有 HP236、HP265、HP295、HP325、HP345。

④ 尺寸 热轧钢板和钢带的厚度为 2.0～14.0mm，宽度为 600～2200mm，长度为 2000～2500mm。

冷轧钢板和钢带的厚度为 1.5～4.0mm，宽度不大于 2150mm，长度为 1000～6000mm。

2.1.34 冷轧电镀锡钢板及钢带

① 用途 主要用于汽车、造船、电力、煤炭、轻工、家电、五金等多个行业。

② 分类及代号（GB/T 2520—2017） 见表 2.25。

表 2.25 冷轧电镀锡钢板及钢带的分类及代号

分类方式	类别	代号
原板钢种	—	MR,L,D

续表

<table>
<tr><th>分类方式</th><th colspan="2">类别</th><th>代号</th></tr>
<tr><td>调质度</td><td colspan="2">一次冷轧钢板及钢带
二次冷轧钢板及钢带</td><td>T-1，T-1.5，T-2，T-2.5，T-3，
T-3.5，T-4，T-5
DR-7M，DR-8，DR-8M，
DR-9，DR-9M，DR-10</td></tr>
<tr><td>退火方式</td><td colspan="2">连续退火
罩式退火</td><td>CA
BA</td></tr>
<tr><td>差厚镀
锡标识</td><td colspan="2">薄面标识方法
厚面标识方法</td><td>D
A</td></tr>
<tr><td rowspan="2">表面状态</td><td colspan="2">光亮表面
粗糙表面
银色表面</td><td>B
R
S</td></tr>
<tr><td colspan="2">无光表面</td><td>M</td></tr>
<tr><td rowspan="2">表面处
理方式</td><td>钝化
方式</td><td>化学钝化
电化学钝化
低铬钝化</td><td>CP
CE
LCr</td></tr>
<tr><td colspan="2">不处理</td><td>U</td></tr>
<tr><td>边部形状</td><td colspan="2">直边
花边</td><td>SL
WL</td></tr>
</table>

③ 牌号组成　由原板钢种代号、调质度代号、退火方式代号，加上附加代号组成，现举例如下。

a. 普通用途的钢板及钢带的牌号例：MR T-2.5 CA，LT-3 BA，MR DR-8 BA（附加代号省略）。

b. 制作二片拉拔罐（DI）的钢板及钢带的牌号例：D T-2.5 CA DI。

c. 制作盛装酸性内容物的素面（镀锡量 5.6/2.8g/m^2 以上）食品罐的钢板及钢带（K 板）的牌号例：L T-2.5 CA K。

d. 制作要求低铬钝化处理食品罐的钢板及钢带的牌号例：MR T-2.5 CA LCr，L T-2.5 CA LCr。

④ 尺寸　一次冷轧的电镀锡钢板及钢带公称厚度为 0.14～0.80mm，二次冷轧的公称厚度为 0.12～0.36mm。

注：1. 钢板及钢带的公称厚度小于 0.50mm 时，按 0.01mm 的倍数进级，否则按 0.05mm 的倍数进级。

2. 如要求标记轧制宽度方向，可在表示轧制宽度的数字后面加上字母 W 表示，如：0.26×832W×760。

3. 钢卷内径可为 406mm、420mm、450mm 或 508mm。

2.1.35 冷轧耐蚀合金薄板及带材

耐蚀合金是指用于耐酸、碱、盐及特殊气体腐蚀的合金。

① 材料　按合金的基体组成元素，分为铁镍基合金（含镍 30%～50%，且镍加铁不小于 60%）和镍基合金（镍不小于 50%）两类。此外，还有纯铜和镍铜基耐蚀合金。

② 牌号表示方法

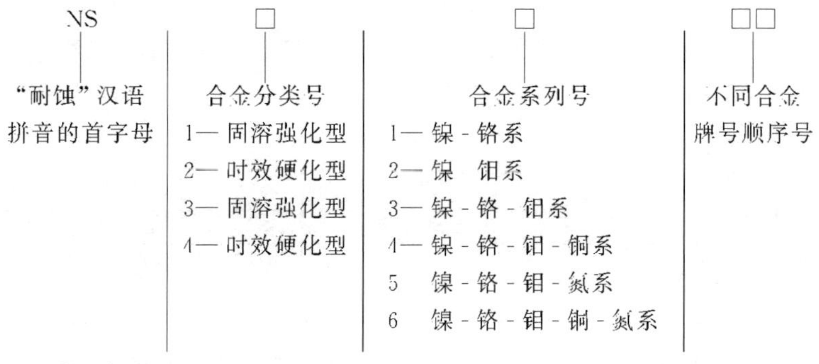

③ 牌号（GB/T 38689—2020）　NS1101、NS1102、NS1103、NS1104、NS1105、NS1106、NS1301、NS1401、NS1402、NS1403、NS1502、NS3101、NS3102、NS3103、NS3104、NS3105、NS3201、NS3202、NS3203、NS3301、NS3303、NS3304、NS3305、NS3306、NS3308、NS3309、NS33011、NS33012、NS3313、NS3402、NS3403、NS3404、NS3405、NS4102、NS4301、NS5200、NS5201、NS6400、NS6500。

④ 尺寸　厚度 0.10～5.00mm；宽度小于等于 1500mm；长度小于等于 2000～12000mm。

2.1.36 热轧耐蚀合金薄板及带材

热轧耐蚀合金板（带）的材质为镍基、铁镍基、纯镍和镍铜基合金。

① 规格　厚度 2.5～8.0mm，公称宽度不大于 1500mm，最大长度 12000mm。

② 牌号（GB/T 38690—2020）　NS1101、NS1102、NS1103、NS1104、NS1105、NS1106、NS1301、NS1401、NS1402、NS1403、NS1404、NS1502、NS3101、NS3102、NS3103、NS3104、NS3105、NS3201、NS3202、NS3203、NS3301、NS3303、NS3304、NS3305、NS3306、NS3308、NS3311、NS3312、NS3313、NS3402、NS3403、NS3404、NS3405、NS4102、NS4301、NS5200、NS5201、NS6400、NS6500。

③ 交货状态　固溶（或退火）加酸洗。

2.1.37　热轧耐蚀合金厚板

① 规格　厚度 3.0～200mm，公称宽度不大于 3000mm，最大长度 15000mm。

② 牌号（GB/T 38688—2020）　NS1101、NS1102、NS1103、NS1104、NS1105、NS1106、NS1301、NS1401、NS1402、NS1403、NS1404、NS1502、NS3101、NS3102、NS3103、NS3104、NS3105、NS3201、NS3202、NS3203、NS3301、NS3303、NS3304、NS3305、NS3306、NS3308、NS3309、NS3311、NS3312、NS3313、NS3314、NS3402、NS3403、NS3404、NS3405、NS4102、NS1301、NS5200、NS5201、NS6400、NS6500。

③ 交货状态　固溶（或退火）加酸洗（或表面抛光）。

2.1.38　热轧花纹钢板和钢带

① 用途　广泛用于造船、锅炉、汽车、拖拉机、火车车厢及建筑等行业，作地板、厂房扶梯、工作架踏板、船舶甲板、汽车底板等，主要起防滑和装饰作用。

② 分类和代号　按 GB/T 33974—2017，边缘状态分为切边（EC）和不切边（EM），按花纹形状分为菱形（LX）、扁豆形（BD）、圆豆形（YD）和组合形（ZH），如图 2.2。

③ 钢的牌号　应符合 GB/T 700《碳素结构钢》、GB/T 712《船舶及海洋工程用结构钢》和 GB/T 4171《耐候结构钢》的规定。

④ 尺寸　见表 2.26。

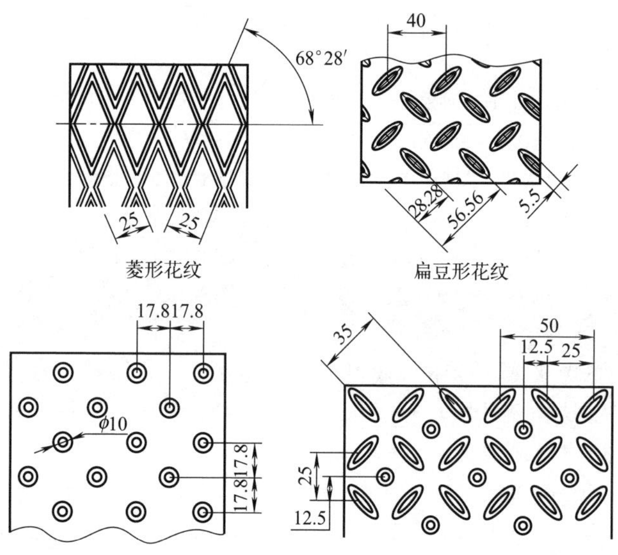

图 2.2 热轧花纹钢板和钢带的花纹

表 2.26 热轧花纹钢板和钢带的尺寸 mm

基本厚度	厚度	宽度	长度	
YB/T 4159—2007	2.0、2.5、3.0、3.5、4.0、4.5、5.0、5.5、6.0、7.0、8.0、10.0	600～1500	钢板 钢带	2000～12000 —
GB/T 33974—2017	1.4～16.0	600～2000	钢板 钢带	2000～16000 —

⑤ 质量 见表 2.27。

表 2.27 热轧花纹钢板每平方米的质量（GB/T 33974—2017）

基本厚度/mm	理论质量/kg				基本厚度/mm	理论质量/kg			
	菱形	圆豆形	扁豆形	组合型		菱形	圆豆形	扁豆形	组合型
1.4	11.9	11.2	11.1	11.1	5.5	46.6	43.8	44.9	44.4
1.5	12.7	11.9	11.9	11.9	6.0	50.5	47.7	48.8	48.4
1.6	13.6	12.7	12.8	12.8	7.0	58.4	55.6	56.7	56.2
1.8	15.1	14.1	14.4	14.4	8.0	67.1	63.6	64.9	64.4
2.0	17.1	16.0	16.2	16.1	10.0	83.2	79.3	80.8	80.2
2.5	21.1	19.9	20.1	20.0	11.0	91.1	87.2	88.7	88.0
3.0	25.6	23.9	24.6	24.3	12.0	98.9	95.0	96.5	95.9
3.5	30.0	27.9	28.8	28.4	13.0	106.8	102.9	104.4	103.7
4.0	34.4	31.9	32.8	32.4	14.0	114.6	110.7	112.2	111.6
4.5	38.3	35.9	36.7	36.4	15.0	122.5	118.6	120.1	119.4
5.0	42.2	39.8	40.7	40.3	16.0	130.3	126.4	127.9	127.3

2.1.39　钢板单位面积质量

钢板单位面积质量见表 2.28。

表 2.28　钢板单位面积质量（密度按 7.85g/cm³）

厚度 /mm	理论质量 /(kg/m²)	厚度 /mm	理论质量 /(kg/m²)	厚度 /mm	理论质量 /(kg/m²)	厚度 /mm	理论质量 /(kg/m²)	厚度 /mm	理论质量 /(kg/m²)
0.20	1.570	1.2	9.420	4.5	35.33	18	141.3	36	382.6
0.25	1.963	1.25	9.813	5.0	39.25	19	149.2	38	298.3
0.30	2.355	1.4	10.99	5.5	43.18	20	157.0	40	314.0
0.35	2.748	1.5	11.78	6.0	47.10	21	164.9	42	329.7
0.40	3.140	1.6	12.56	7.0	54.95	22	172.7	44	345.4
0.45	3.533	1.8	14.13	8.0	62.80	23	180.6	46	361.1
0.50	3.925	2.0	15.70	9.0	70.65	24	188.4	48	376.8
0.55	4.318	2.2	17.27	10	78.50	25	196.3	50	392.5
0.60	4.710	2.5	19.63	11	86.35	26	204.1	52	408.2
0.70	5.495	2.8	21.98	12	94.20	27	212.0	54	423.9
0.75	5.888	3.0	23.55	13	102.1	28	219.8	56	439.6
0.8	6.280	3.2	25.12	14	109.9	29	227.7	58	455.3
0.9	7.065	3.5	27.48	15	117.8	30	235.5	60	471.0
1.0	7.850	3.8	29.83	16	125.6	32	251.2		
1.1	8.635	4.0	31.40	17	133.5	34	266.9		

2.2　型材

钢型材的种类按截面形状分，有钢棒、盘条、扁钢、六角钢、八角钢、等边角钢、不等边角钢、工字钢、槽钢和 Z 形钢等；按材料种类分，有碳钢和不锈钢。

2.2.1　热轧圆钢和方钢

热轧小直径圆钢常用作钢筋、螺栓及各种机械零件；大直径圆钢主要用于制造机械零件或作无缝钢管的管坯；热轧方钢常用于制造各种结构件和机械零件，也可用作轧制其他小型钢材的坯料。规格和线质量见表 2.29。

表 2.29　热轧圆钢和方钢的规格和线质量（GB/T 702—2017）

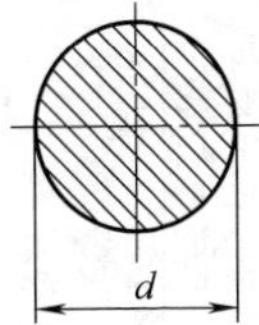

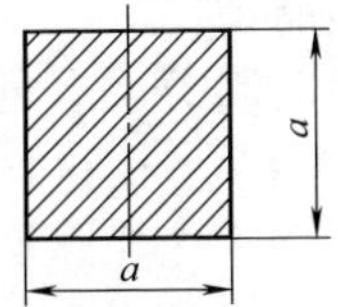

续表

d 或 a /mm	截面积/cm²		线质量/(kg/m)		d 或 a /mm	截面积/cm²		线质量/(kg/m)	
	圆钢	方钢	圆钢	方钢		圆钢	方钢	圆钢	方钢
5.5	0.2376	0.30	0.187	0.237	60	28.274	36.00	22.20	28.26
6.0	0.2827	0.36	0.222	0.283	63	31.172	39.69	24.47	31.16
6.5	0.3318	0.42	0.260	0.332	65	33.183	42.25	26.05	33.17
7	0.3848	0.49	0.302	0.385	68	36.317	46.24	28.51	36.30
8	0.5027	0.64	0.395	0.502	70	38.485	49.00	30.21	38.46
9	0.6362	0.81	0.499	0.636	75	44.179	56.25	34.68	44.16
10	0.7854	1.00	0.617	0.785	80	50.265	64.00	39.46	50.24
11	0.9503	1.21	0.746	0.950	85	56.745	72.25	44.54	56.72
12	1.1310	1.44	0.888	1.130	90	63.617	81.00	49.94	63.58
13	1.3273	1.69	1.042	1.327	95	70.882	90.25	55.64	70.85
14	1.5394	1.96	1.208	1.539	100	78.540	100.0	61.65	78.54
15	1.7671	2.25	1.387	1.766	105	86.590	110.3	67.97	86.59
16	2.0106	2.56	1.578	2.010	110	95.033	121.0	74.60	95.03
17	2.2698	2.89	1.782	2.269	115	103.87	132.3	81.54	103.9
18	2.5447	3.24	1.998	2.543	120	113.10	144.0	88.78	113.1
19	2.8353	3.61	2.226	2.834	125	122.72	156.3	96.33	122.7
20	3.1416	4.00	2.466	3.140	130	132.73	169.0	104.2	132.7
21	3.4636	4.41	2.719	3.462	140	153.94	196.0	120.8	153.9
22	3.8013	4.84	2.984	3.799	150	176.71	225.0	138.7	176.7
23	4.1548	5.29	3.261	4.153	160	201.06	256.0	157.8	201.1
24	4.5239	5.76	3.551	4.522	170	226.98	289.0	178.2	227.0
25	4.9087	6.25	3.853	4.906	180	254.47	324.0	199.8	254.5
26	5.3093	6.76	4.168	5.307	190	283.53	361.0	222.6	283.5
27	5.7256	7.29	4.495	5.723	200	314.16	400.0	246.6	314.2
28	6.1575	7.84	4.834	6.154	210	346.36	441	271.9	346.2
29	6.6052	8.41	5.185	6.602	220	380.13	484	298.4	379.9
30	7.0686	9.00	5.549	7.065	230	415.48	529	326.1	415.3
31	7.5477	9.61	5.925	7.544	240	452.39	576	355.1	452.2
32	8.0425	10.24	6.313	8.038	250	490.87	625	385.3	490.6
33	8.5530	10.89	6.714	8.549	260	530.93	676	416.7	530.7
34	9.0792	11.56	7.127	9.075	270	572.55	729	449.4	572.3
35	9.6211	12.25	7.553	9.616	280	615.75	784	483.4	615.4
36	10.179	12.96	7.990	10.17	290	660.52	841	518.5	660.2
38	11.341	14.44	8.903	11.34	300	706.86	900	554.9	706.5
40	12.566	16.00	9.865	12.56	310	754.77	—	5.925	—
42	13.854	17.64	10.88	13.85	320	804.25	—	6.313	—
45	15.904	20.25	12.48	15.90	330	855.30	—	6.714	—
48	18.096	23.04	14.21	18.09	340	907.92	—	7.127	—
50	19.635	25.00	15.41	19.62	350	962.11	—	7.553	—
52	21.237	27.04	16.67	21.23	360	1017.9	—	7.990	—
55	23.758	30.25	18.65	23.75	370	1075.2	—	844.0	—
58	26.421	33.64	20.74	26.41	380	1134.1	—	890.3	—

注：1. 表中密度按 $\rho=7.85\text{g/cm}^3$ 计算。

2. 通常长度：碳素和合金工具钢 d 或 $a\leqslant75$mm 时，为 2～12m；$a>75$mm 时，为 1～8m。

2.2.2 热轧圆盘条

分类：按材料分，有低碳钢热轧圆盘条和优质碳素钢热轧盘条；按精度分为 A、B 和 C 三个等级。

用途：低碳钢热轧圆盘条用于拉丝等深加工及其他一般用途；优质碳素钢热轧盘条用于制造碳素弹簧钢丝、预应力钢丝、高强度优质碳素结构钢丝、镀层钢丝、镀锌绞线及钢丝绳。

公称直径、横截面积和理论质量见表 2.30。

表 2.30　热轧圆盘条的公称直径、横截面积和理论质量（GB/T 14981—2009）

公称直径/mm	横截面积/mm²	理论质量/(kg/m)	公称直径/mm	横截面积/mm²	理论质量/(kg/m)	公称直径/mm	横截面积/mm²	理论质量/(kg/m)
5	19.63	0.154	16	201.1	1.58	40	1257	9.860
5.5	23.76	0.187	17	227.0	1.78	41	1320	10.36
6	28.27	0.222	18	254.5	2.00	42	1385	10.88
6.5	33.18	0.260	19	283.5	2.23	43	1452	11.40
7	38.48	0.302	20	314.2	2.47	44	1521	11.94
7.5	44.18	0.347	21	346.4	2.72	45	1590	12.48
8	50.26	0.395	22	380.1	2.980	46	1662	13.05
8.5	56.74	0.445	23	415.5	3.260	47	1735	13.62
9	63.62	0.499	24	452.4	3.550	48	1810	14.21
9.5	70.88	0.556	25	490.9	3.850	49	1886	14.80
10	78.54	0.617	26	530.9	4.170	50	1964	15.41
10.5	86.59	0.680	27	572.6	4.490	51	2042	16.03
11	95.03	0.746	28	615.8	4.830	52	2123	16.66
11.5	103.9	0.816	29	660.5	5.180	53	2205	17.31
12	113.1	0.888	30	706.9	5.550	54	2289	17.97
12.5	122.7	0.963	31	754.8	5.920	55	2375	18.64
13	132.7	1.04	32	804.2	6.310	56	2462	19.32
13.5	143.1	1.12	33	855.3	6.710	57	2550	20.02
14	153.9	1.21	34	907.9	7.130	58	2641	20.73
14.5	165.1	1.30	35	962.1	7.550	59	2733	21.45
15	176.7	1.39	36	1018	7.990	60	2826	22.18
15.5	188.7	1.48	38	1134	8.900			

注：计算密度为 7.85g/cm³。

2.2.3　热轧扁钢

分类：有一般用途热轧扁钢和热轧工具钢扁钢。

用途：一般用于制箍铁、工具及机械零件；建筑上用作房架结构件、扶梯等；也可以作焊管的坯料和叠轧薄板用的薄板坯。

规格和质量见表 2.31、表 2.32。

表 2.31　一般用途热轧扁钢的规格和质量（GB/T 702—2017）

公称宽度/mm	厚度/mm												
	3	4	5	6	7	8	9	10	11	12	14	16	18
	理论质量/(kg/m)												
10	0.24	0.31	0.39	0.47	0.55	0.63							
12	0.28	0.38	0.47	0.57	0.66	0.75							
14	0.33	0.44	0.55	0.66	0.77	0.88							
16	0.38	0.50	0.63	0.75	0.88	1.00	1.15	1.26					
18	0.42	0.57	0.71	0.85	0.99	1.13	1.27	1.41					
20	0.47	0.63	0.78	0.94	1.10	1.26	1.41	1.57	1.73	1.88			
22	0.52	0.69	0.86	1.04	1.21	1.38	1.55	1.73	1.90	2.07			
25	0.59	0.78	0.98	1.18	1.37	1.57	1.77	1.96	2.16	2.36	2.75	3.14	
28	0.66	0.88	1.10	1.32	1.54	1.76	1.98	2.20	2.42	2.64	3.08	3.53	
30	0.71	0.94	1.18	1.41	1.65	1.88	2.12	2.36	2.59	2.83	3.30	3.77	4.24
32	0.75	1.00	1.26	1.51	1.76	2.01	2.26	2.55	2.76	3.01	3.52	4.02	4.52
35	0.82	1.10	1.37	1.65	1.92	2.2	2.47	2.75	3.02	3.30	3.85	4.40	4.95

续表

公称宽度/mm	厚度/mm												
	3	4	5	6	7	8	9	10	11	12	14	16	18
	理论质量/(kg/m)												
40	0.94	1.26	1.57	1.88	2.20	2.51	2.83	3.14	3.45	3.77	4.40	5.02	5.65
45	1.06	1.41	1.77	2.12	2.47	2.83	3.18	3.53	3.89	4.24	4.95	5.65	6.36
50	1.18	1.57	1.96	2.36	2.75	3.14	3.53	3.93	4.32	4.71	5.50	6.28	7.06
55		1.73	2.16	2.59	3.02	3.45	3.89	4.32	4.75	5.18	6.04	6.91	7.77
60		1.88	2.36	2.83	3.30	3.77	4.24	4.71	5.18	5.65	6.59	7.54	8.48
65		2.04	2.55	3.06	3.57	4.08	4.59	5.10	5.61	6.12	7.14	8.16	9.18
70		2.20	2.75	3.30	3.85	4.10	4.95	5.50	6.04	6.59	7.69	8.79	9.89
75		2.36	2.94	3.53	4.12	4.71	5.30	5.89	6.48	7.07	8.24	9.42	10.60
80		2.51	3.14	3.77	4.40	5.02	5.65	6.28	6.91	7.54	8.79	10.05	11.30
85			3.34	4.00	4.67	5.34	6.01	6.67	7.34	8.01	9.34	10.68	12.01
90			3.53	4.24	4.95	5.65	6.36	7.07	7.77	8.48	9.89	11.30	12.72
95			3.73	4.47	5.22	5.97	6.71	7.46	8.20	8.95	10.44	11.93	13.42
100			3.92	4.71	5.50	6.28	7.06	7.85	8.64	9.42	10.99	12.56	14.13
105			4.12	4.95	5.77	6.59	7.42	8.24	9.07	9.89	11.54	13.19	14.84
110			4.32	5.18	6.04	6.91	7.77	8.64	9.50	10.36	12.09	13.82	15.54
120			4.71	5.65	6.59	7.54	8.48	9.42	10.36	11.30	13.19	15.07	16.96
125				5.89	6.87	7.85	8.83	9.81	10.79	11.78	13.74	15.70	17.66
130				6.12	7.14	8.16	9.18	10.20	11.23	12.25	14.29	16.33	18.37
140					7.69	8.79	9.89	10.99	12.09	13.19	15.39	17.58	19.78
150					8.24	9.42	10.60	11.78	12.95	14.13	16.48	18.84	21.20
160					8.79	10.05	11.30	12.56	13.82	15.07	17.58	20.10	22.61
180					9.89	11.30	12.72	14.13	15.54	16.96	19.78	22.61	25.43
200					10.99	12.56	14.13	15.70	17.27	18.84	21.98	25.12	28.26

公称宽度/mm	厚度/mm											
	20	22	25	28	30	32	36	40	45	50	56	60
	理论质量/(kg/m)											
30	4.71											
32	5.02											
35	5.50	6.04	6.87	7.69								
40	6.28	6.91	7.85	8.79								
45	7.07	7.77	8.83	9.89	10.60	11.30	12.72					
50	7.85	8.64	9.81	10.99	11.78	12.56	14.13					
55	8.64	9.50	10.79	12.09	12.95	13.82	15.54					
60	9.42	10.36	11.78	13.19	14.13	15.07	16.96	18.84	21.20			
65	10.20	11.23	12.76	14.29	15.31	16.33	18.37	20.41	22.96			
70	10.99	12.09	13.74	15.39	16.49	17.58	19.78	21.98	24.73			
75	11.78	12.95	14.72	16.48	17.66	18.84	21.20	23.55	26.49			
80	12.56	13.82	15.70	17.58	18.84	20.10	22.61	25.12	28.26	31.40	35.17	
85	13.34	14.68	16.68	18.68	20.02	21.35	24.02	26.69	30.03	33.36	37.37	40.04
90	14.13	15.54	17.66	19.78	21.20	22.61	25.43	28.26	31.79	35.32	39.56	42.39
95	14.92	16.41	18.64	20.88	22.37	23.86	26.85	29.83	33.56	37.29	41.76	44.74
100	15.70	17.27	19.62	21.98	23.55	25.12	28.26	31.40	35.32	39.25	43.96	47.10
105	16.48	18.13	20.61	23.08	24.73	26.38	29.67	32.97	37.09	41.21	46.16	49.46
110	17.27	19.00	21.59	24.18	25.90	27.63	31.09	34.54	38.86	43.18	48.36	51.81
120	18.84	20.72	23.55	26.38	28.26	30.14	33.91	37.68	42.39	47.10	52.75	56.52
125	19.62	21.58	24.53	27.48	29.44	31.40	35.32	39.25	44.16	49.06	54.95	58.88
130	20.41	22.45	25.51	28.57	30.62	32.66	36.74	40.82	45.92	51.02	57.15	61.23
140	21.98	24.18	27.48	30.77	32.97	35.17	39.56	43.96	49.46	54.95	61.54	65.94
150	23.55	25.9	29.44	32.97	35.32	37.68	42.39	47.10	52.99	58.88	65.94	70.65
160	25.12	27.63	31.40	35.17	37.68	40.19	45.22	50.24	56.52	62.80	70.34	75.36
180	28.26	31.09	35.32	39.56	42.39	45.22	50.87	56.52	63.58	70.65	79.13	84.78
200	31.40	34.54	39.25	45.96	47.10	50.24	56.52	62.80	70.65	78.50	87.92	94.20

注：1. 按密度 7.85g/m^3 计算。

2. 通常长度 2～12m。

表 2.32　热轧工具钢扁钢的规格和质量（GB/T 702—2017）

公称宽度/mm	扁钢公称厚度/mm																					
	4	6	8	10	13	16	18	20	23	25	28	32	36	40	45	50	56	63	71	80	90	100
	理论质量/(kg/m)																					
10	0.31	0.47	0.63																			
13	0.41	0.61	0.82	1.02																		
16	0.50	0.75	1.00	1.26	1.63																	
20	0.63	0.94	1.26	1.57	2.04	2.51	2.83															
25	0.79	1.18	1.57	1.96	2.55	3.14	3.53	3.93	4.51													
32	1.00	1.51	2.01	2.51	3.27	4.02	4.52	5.02	5.78	6.28	7.03											
40	1.26	1.88	2.51	3.14	4.08	5.02	5.65	6.28	7.22	7.85	8.79	10.05	11.30									
50	1.57	2.36	3.14	3.93	5.10	6.28	7.07	7.85	9.03	9.81	10.99	12.56	14.13	15.70	17.66							
63	1.98	2.97	3.96	4.95	6.43	7.91	8.90	9.89	11.37	12.36	13.85	15.83	17.80	19.78	22.25	24.73	27.69					
71	2.23	3.34	4.46	5.57	7.25	8.92	10.03	11.15	12.82	13.93	15.61	17.84	20.06	22.29	25.08	27.87	31.21	35.11				
80	2.51	3.77	5.02	6.28	8.16	10.05	11.30	12.56	14.44	15.70	17.58	20.10	22.61	25.12	28.26	31.40	35.17	39.56	44.59			
90	2.83	4.24	5.65	7.07	9.18	11.30	12.72	14.13	16.25	17.66	19.78	22.61	25.43	28.26	31.79	35.33	39.56	44.51	50.16	56.52		
100	3.14	4.71	6.28	7.85	10.21	12.56	14.13	15.70	18.06	19.63	21.98	25.12	28.26	31.40	35.33	39.25	43.96	49.46	55.74	62.80	70.65	
112	3.52	5.28	7.03	8.79	11.43	14.07	15.83	17.58	20.22	21.98	24.62	28.13	31.65	35.17	39.56	43.96	49.24	55.39	62.42	70.34	79.13	87.92
125	3.93	5.89	7.85	9.81	12.76	15.70	17.66	19.63	22.57	24.53	27.48	31.40	35.33	39.25	44.16	49.06	54.95	61.82	69.67	78.50	88.31	98.13
140	4.40	6.59	8.79	10.99	14.29	17.58	19.78	21.98	25.28	27.48	30.77	35.17	39.56	43.96	49.46	54.95	61.54	69.24	78.03	87.92	98.91	109.90
160	5.02	7.54	10.05	12.56	16.33	20.10	22.61	25.12	28.89	31.40	35.17	40.19	45.22	50.24	56.52	62.80	70.34	79.13	89.18	100.48	113.04	125.60
180	5.65	8.48	11.30	14.13	18.37	22.61	25.43	28.26	32.50	35.33	39.56	45.22	50.87	56.52	63.59	70.65	79.13	89.02	100.32	113.04	127.17	141.30
200	6.28	9.42	12.56	15.70	20.41	25.12	28.26	31.40	36.11	39.25	43.96	50.24	56.52	62.80	70.65	78.50	87.92	98.91	111.47	125.60	141.30	157.00
224	7.03	10.55	14.07	17.58	22.86	28.13	31.65	35.17	40.44	43.96	49.24	56.27	63.30	70.34	79.13	87.92	98.47	110.78	124.85	140.67	158.26	175.84
250	7.85	11.78	15.70	19.63	25.51	31.40	35.33	39.25	45.14	49.06	54.95	62.80	70.65	78.50	88.31	98.13	109.90	123.64	139.34	157.00	176.63	196.25
280	8.79	13.19	17.58	21.98	28.57	35.17	39.56	43.96	50.55	54.95	61.54	70.34	79.13	87.92	98.91	109.90	123.09	138.47	156.06	175.84	197.82	219.80
310	9.73	14.60	19.47	24.34	31.64	38.94	43.80	48.67	55.97	60.84	68.14	77.87	87.61	97.34	109.51	121.68	136.28	153.31	172.78	194.68	219.02	243.35

注：1. 表中的理论质量按密度 7.85g/m^3 计算，对于高合金钢计算理论质量时，应采用相应牌号的密度进行计算。

2. 通常长度：公称宽度小于等于 70mm 时为大于等于 2000mm，否则为大于等于 1000mm。

2.2.4 热轧六角钢和八角钢

用于制造标准件螺母，广泛地用于各种工程结构和建筑结构等。其截面积和线质量见表 2.33。

表 2.33 热轧六角钢和八角钢的截面积和线质量（GB/T 702—2017）

对边距离 s/mm	六角钢 截面积 /cm²	六角钢 线质量 /(kg/m)	八角钢 截面积 /cm²	八角钢 线质量 /(kg/m)	对边距离 s/mm	六角钢 截面积 /cm²	六角钢 线质量 /(kg/m)	八角钢 截面积 /cm²	八角钢 线质量 /(kg/m)
8	0.5543	0.435	—	—	28	6.790	5.33	5.33	5.10
9	0.7015	0.551	—	—	30	7.794	6.12	6.12	5.85
10	0.8660	0.680	—	—	32	8.868	6.96	6.96	6.66
11	1.048	0.823	—	—	34	10.01	7.86	7.86	7.51
12	1.247	0.979	—	—	36	11.22	8.81	8.81	8.42
13	1.464	1.15	—	—	38	12.50	9.82	9.82	9.39
14	1.697	1.33	—	—	40	13.86	10.88	10.88	10.40
15	1.949	1.53	—	—	42	15.28	11.99	11.99	—
16	2.217	1.74	2.120	1.66	45	17.54	13.77	13.77	—
17	2.503	1.96	—	—	48	19.95	15.66	15.66	—
18	2.806	2.20	2.683	2.16	50	21.65	17.00	17.00	—
19	3.126	2.45	—	—	53	24.33	19.10	19.10	—
20	3.464	2.72	3.312	2.60	56	27.16	21.32	21.32	—
21	3.819	3.00	—	—	58	29.13	22.87	22.87	—
22	4.192	3.29	4.008	3.15	60	31.18	24.50	24.50	—
23	4.581	3.60	—	—	63	34.37	26.98	26.98	—
24	4.988	3.92	—	—	65	36.59	28.72	28.72	
25	5.413	4.25	5.175	4.06	68	40.04	31.43	31.43	—
26	5.854	4.60	—	—	70	42.43	33.30	33.30	—
27	6.314	4.96	—	—					

注：通常长度为 2～6m。

2.2.5 冷拉圆钢、方钢、六角钢

它们广泛应用于木工机械、陶瓷机械、造纸机械、玻璃机械、食品机械、建筑机械设备等。其尺寸、截面积和线质量见表 2.34。

表 2.34 冷拉圆钢、方钢、六角钢的尺寸、截面积和线质量

（GB/T 905—1994）

尺寸 d (a) (s) /mm	圆钢 直径(d) 截面积 /mm²	圆钢 线质量 /(kg/m)	方钢 边长(a) 截面积 /mm²	方钢 线质量 /(kg/m)	六角钢 对边距离(s) 截面积 /mm²	六角钢 线质量 /(kg/m)
3.0	7.069	0.0555	9.000	0.0706	7.794	0.0612
3.2	8.042	0.0631	10.24	0.0804	8.868	0.0696
3.5	9.621	0.0755	12.25	0.0962	10.61	0.0833
4.0	12.57	0.0986	16.00	0.126	13.86	0.109
4.5	15.90	0.125	20.25	0.159	17.54	0.138

续表

尺寸 d (a) (s) /mm	直径(d)		边长(a)		对边距离(s)	
	截面积 /mm²	线质量 /(kg/m)	截面积 /mm²	线质量 /(kg/m)	截面积 /mm²	线质量 /(kg/m)
5.0	19.63	0.154	25.00	0.196	21.65	0.170
5.5	23.76	0.187	30.25	0.237	26.20	0.206
6.0	28.27	0.222	36.00	0.283	31.18	0.245
6.3	31.17	0.245	39.69	0.312	34.37	0.270
7.0	38.48	0.302	49.00	0.385	42.44	0.333
7.5	44.18	0.347	56.25	0.442	—	—
8.0	50.27	0.395	64.00	0.502	55.43	0.435
8.5	56.75	0.445	72.25	0.567	—	—
9.0	63.62	0.499	81.00	0.636	10.15	0.551
9.5	70.88	0.556	90.25	0.708	—	—
10.0	78.54	0.617	100.0	0.785	86.60	0.680
10.5	86.59	0.680	110.2	0.865	—	—
11.0	95.03	0.746	121.0	0.950	104.8	0.823
11.5	103.9	0.815	132.2	1.04	—	—
12.0	113.1	0.888	144.0	1.13	124.7	0.979
13.0	132.7	1.04	169.0	1.33	146.4	I.15
14.0	153.9	1.21	196.0	1.54	169.7	1.33
15.0	176.7	1.39	225.0	1.77	194.9	1.53
16.0	201.1	1.58	256.0	2.01	221.7	1.74
17.0	222.0	1.78	289.0	2.27	250.3	1.96
18.0	254.0	2.00	324.0	2.54	280.6	2.20
19.0	283.5	2.23	361.0	2.83	312.6	2.45
20.0	314.2	2.47	400.0	3.14	346.4	2.72
21.0	346.4	2.72	441.0	3.46	381.9	3.00
22.0	380.1	2.98	484.0	3.80	419.2	3.29
24.0	452.4	3.55	576.0	4.52	498.8	3.92
25.0	490.9	3.85	625.0	4.91	541.3	4.25
26.0	530.9	4.17	676.0	5.31	585.4	4.60
28.0	615.8	4.83	784.0	6.15	679.0	5.33
30.0	706.9	5.55	900.0	7.06	779.4	6.12
32.0	804.2	6.31	1024	8.04	886.8	6.96

续表

尺寸 d (a) (s) /mm	直径(d)		边长(a)		对边距离(s)	
	截面积 /mm²	线质量 /(kg/m)	截面积 /mm²	线质量 /(kg/m)	截面积 /mm²	线质量 /(kg/m)
34.0	907.9	7.13	1156	9.07	1001	7.86
35.0	962.1	7.55	1225	9.62	—	—
36.0	—	—	—	—	1122	8.81
38.0	1134	8.90	1444	11.3	1251	9.82
40.0	1275	9.86	1600	12.6	1386	10.9
42.0	1385	10.9	1764	13.8	1528	12.0
45.0	1590	12.5	2025	15.9	1754	13.8
48.0	1810	14.2	2304	18.1	1995	15.7
50.0	1968	15.4	2500	19.6	2165	17.0
52.0	2206	17.3	2809	22.0	2433	19.1
55.0	—	—	—	—	2620	20.5
56.0	2463	19.3	3136	24.6	—	—
60.0	2827	22.2	3600	28.3	3118	24.5
63.0	3117	24.5	3969	31.2	—	—
65.0	—	—	—	—	3654	28.7
67.0	3526	27.7	4489	35.2	—	—
70.0	3848	30.2	4900	38.5	4244	33.3
75.0	4418	34.7	5625	44.2	4871	38.2
80.0	5027	39.5	6400	50.2	5543	43.5

注：通常长度为 2～6m。

2.2.6 冷拉扁钢

① 分类　有优质碳素结构钢和合金结构钢两种。

② 用途　用于建筑、机械、汽车、船舶等领域，制造构件、扶梯、桥梁及栅栏等。

③ 规格和线质量　见表 2.35。

表 2.35　冷拉扁钢的规格和理论质量（YB/T 037—2005）

扁钢宽度 b/mm	在厚度 t(mm)时扁钢的理论质量/(kg/m)														
	5	6	7	8	9	10	11	12	14	15	16	18	20	25	30
8	0.31	0.38	0.44												
10	0.39	0.47	0.55	0.63	0.71										
12	0.47	0.55	0.66	0.75	0.85	0.94	1.04								
13	0.51	0.61	0.71	0.82	0.92	1.02	1.12								
14	0.55	0.66	0.77	0.88	0.99	1.10	1.21	1.32							
15	0.59	0.71	0.82	0.94	1.06	1.18	1.29	1.41							
16	0.63	0.75	0.88	1.00	1.13	1.26	1.38	1.51	1.76						
18	0.71	0.85	0.99	1.13	1.27	1.41	1.55	1.70	1.96	2.12	2.26				
20	0.78	0.94	1.10	1.26	1.41	1.57	1.73	1.88	2.28	2.36	2.51	2.63			
22	0.86	1.04	1.21	1.38	1.55	1.73	1.90	2.07	2.42	2.69	2.76	3.11	3.45		
24	0.94	1.13	1.32	1.51	1.69	1.88	2.07	2.26	2.64	2.83	3.01	3.39	3.77		
25	0.98	1.18	1.37	1.57	1.77	1.96	2.16	2.36	2.75	2.94	3.14	3.53	3.92		
28	1.10	1.32	1.54	1.76	1.98	2.20	2.42	2.64	3.08	3.28	3.52	3.96	4.40	5.49	
30	1.18	1.41	1.65	1.88	2.12	2.36	2.59	2.83	3.30	3.53	3.77	4.24	4.71	5.59	
32		1.51	1.76	2.01	2.26	2.51	2.76	3.01	3.52	3.77	4.02	4.52	5.02	6.28	7.54
35		1.65	1.92	2.19	2.47	2.75	3.02	3.29	3.85	4.12	4.39	4.95	5.49	6.87	8.24
36		1.70	1.98	2.26	2.54	2.83	3.11	3.39	3.96	4.24	4.52	5.09	5.65	7.06	8.48
38			2.09	2.39	2.68	2.98	3.28	3.58	4.18	4.47	4.77	5.37	5.97	7.46	8.95
40			2.20	2.51	2.83	3.14	3.45	3.77	4.40	4.71	5.02	5.65	6.20	7.85	9.42
45				2.83	3.18	3.53	3.89	4.24	4.95	5.29	5.56	6.36	7.06	8.83	10.60
50					3.53	3.92	4.32	4.71	5.50	5.89	6.28	7.06	7.85	9.81	11.78

注：通常长度为 2～8m。

④ 标记　用 45 号优质碳素结构钢制成尺寸允许偏差为 h11 级，厚度为 10mm，宽度为 30mm 的扁钢，标记为：

$$扁钢\frac{11\text{-}10\times 30\text{-YB/T 037—2005}}{45\text{-GB/T 699}}$$

⑤ 交货状态　冷拉（根据需方要求，也可以退火、正火、回

火等热处理）状态交货。

2.2.7 锻制钢棒

① 分类 锻制钢棒按截面形状分有圆钢、方钢和扁钢；按交货的表面状态分有热锻钢棒、磨光钢棒和机加工钢棒。

② 尺寸

a. 热锻圆钢和方钢：直径或边长 40～1000mm。

b. 热锻扁钢：宽度 40～1500mm；厚度 20～800mm。

c. 磨光圆棒：直径 200～600mm。

d. 机加工钢棒：直径、边长、宽度和厚度不限。

e. 钢棒长度：不应小于 1500mm。

规格和线质量见表 2.36。

表 2.36 锻制钢棒的规格和线质量（GB/T 908—2019）

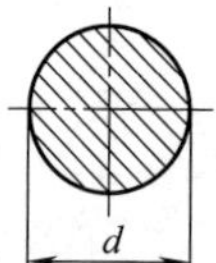

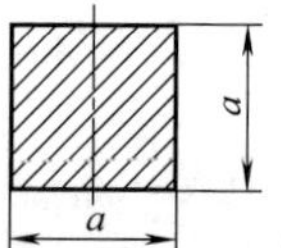

d 或 a /mm	线质量 /(kg/m)		d 或 a /mm	线质量 /(kg/m)		d 或 a /mm	线质量 /(kg/m)		d 或 a /mm	线质量 /(kg/m)	
	圆钢	方钢		圆钢	方钢		圆钢	方钢		圆钢	方钢
40	9.9	12.6	105	68.0	86.5	180	200	254	300	555	707
50	15.1	19.6	110	74.6	95.0	190	223	283	310	592	754
55	18.6	23.7	115	81.5	104	200	247	314	320	631	804
60	22.2	28.3	120	88.8	113	210	272	346	330	571	855
65	26.0	33.2	125	96.3	123	220	298	380	340	712	908
70	30.2	38.5	130	104	133	230	326	415	350	755	962
75	34.7	44.2	135	112	143	240	355	452	360	799	1017
80	39.5	50.2	140	121	154	250	385	491	370	844	1075
85	44.5	56.7	145	130	165	260	417	531	380	890	1134
90	49.9	63.6	150	139	177	270	449	572	390	937	1194
95	55.6	70.8	160	158	201	280	483	615	400	986	1256
100	61.7	78.5	170	178	227	290	518	660			

注：1. 计算密度按 7.85g/cm^3。

2. 通常交货长度不小于 1500mm。

锻制扁钢的尺寸及理论质量见表 2.37。

表 2.37　锻制扁钢的尺寸及理论质量（GB/T 908—2019）　kg/m

宽度	公称厚度 t/mm																				
b/mm	20	25	30	35	40	45	50	55	60	65	70	75	80	85	90	100	110	120	130	140	150	160
40	6.28	7.85	9.42																			
45	7.06	8.83	10.6																			
50	7.85	9.81	11.8	13.7	15.7																	
55	8.64	10.8	13.0	15.1	17.3																	
60	9.42	11.8	14.1	16.5	18.8	21.1	23.6															
65	10.2	12.8	15.3	17.8	20.4	23.0	25.5															
70	11.0	13.7	16.5	19.2	22.0	24.7	27.5	30.2	33.0													
75	11.8	14.7	17.7	20.6	23.6	26.5	29.4	32.4	35.3													
80	12.6	15.7	18.8	22.0	25.1	28.3	31.4	34.5	37.7	40.8	44.0											
90	14.1	17.7	21.2	24.7	28.3	21.8	35.3	38.8	42.4	45.9	49.4											
100	15.7	19.6	23.6	27.5	31.4	35.3	39.2	43.2	47.1	51.0	55.0	58.9	62.8	66.7								
110	17.3	21.6	25.9	30.2	34.5	38.8	43.2	47.5	51.8	56.1	60.4	64.8	69.1	73.4								
120	18.8	23.6	28.3	33.0	37.7	42.4	47.1	51.8	56.5	61.2	65.9	70.6	75.4	80.1								
130	20.4	25.5	30.6	35.7	40.8	45.9	51.0	56.1	61.2	66.3	71.4	76.5	81.6	86.7								
140	22.0	27.5	33.0	38.5	44.0	49.4	55.0	60.4	65.9	71.4	76.9	82.4	87.9	93.4	98.9	110						
150	23.6	29.4	35.3	41.2	47.1	53.0	58.9	64.8	70.7	76.5	82.4	88.3	94.2	100	106	118						
160	25.1	31.4	37.7	44.0	50.2	56.5	62.8	69.1	75.4	81.6	87.9	94.2	100	107	113	126	138	151				
170	26.7	33.4	40.0	46.7	53.4	60.0	66.7	73.4	80.1	86.7	93.4	100	107	113	120	133	147	160				
180	28.3	35.3	42.4	49.4	56.5	63.6	70.6	77.7	84.8	91.8	98.9	106	113	120	127	141	155	170	184	198		
190						67.1	74.6	82	89.5	96.9	104	112	119	127	134	149	164	179	194	209		
200						70.6	78.5	86.4	94.2	102	110	118	127	133	141	157	173	188	204	220		
210						74.2	82.4	90.7	98.9	107	115	124	132	140	148	165	181	198	214	231	247	264
220						77.7	86.4	95.0	103.6	112	121	130	138	147	155	173	190	207	224	242	259	276
230												135	144	153	162	180	199	217	235	253	271	289
240												141	151	160	170	188	207	226	245	264	283	301
250												147	157	167	177	196	216	235	255	275	294	314
260												153	163	173	184	204	224	245	265	286	306	326
280												165	176	187	198	220	242	264	286	308	330	352
300												177	188	200	212	236	259	283	304	330	353	377

注：1. 计算密度按 7.85g/cm^3。

2. 通常长度不小于 1500mm。

2.2.8 不锈钢棒

① 分类

a. 按组织特征分为奥氏体型、奥氏体-铁素体型、铁素体型、马氏体型和沉淀硬化型。

b. 按供货状态不同分为压力加工（热压力加工、热顶锻、冷拔坯料）用钢和切削加工用钢两类。

c. 按棒材的加工方法和形状分为热轧圆钢、热轧扁钢、热轧六角钢和八角钢、锻制圆钢和方钢、锻制扁钢。

② 牌号　见表 2.38。

表 2.38　不锈钢棒的牌号（GB/T 1220—2007）

型别	牌号
奥氏体型	12Cr17Mn6N6Ni5N，12Cr18Mn9Ni5N，12Cr17Ni7，12Cr18Ni9，Y12Cr18Ni9，Y12Cr18Ni9Se，06Cr19Ni10，022Cr19Ni10，06Cr18Ni9Cu3，06Cr19Ni10N，06Cr19Ni9NbN，022Cr19Ni10N，10Cr18Ni12，06Cr23Ni13，06Cr25Ni20，06Cr17Ni12Mo2，022Cr17Ni12Mo2，06Cr17Ni12Mo2Ti，06Cr17Ni12Mo2N，022Cr17Ni12Mo2N，06Cr18Ni12Mo2Cu，022Cr18Ni12Mo2Cu，06Cr19Ni13Mo3，022Cr19Ni13Mo3，03Cr18Ni16Mo5，06Cr18Ni11Ti，06Cr18Ni11Nb，06Cr18Ni13Si4
奥氏体-铁素体型	14Cr18Ni11Si4AlTi，022Cr19Ni5Mo3Si2N，022Cr22Ni5Mo3N，022Cr23Ni5Mo3N，022Cr25Ni6Mo2N，03Cr25Ni6Mo3Cu2N
铁素体型	6Cr13Al，022Cr12，10Cr17，Y10Cr17，10Cr17Mo，008Cr27Mo，008Cr30Mo2
马氏体型	12Cr12，06Cr13，12Cr13，Y12Cr13，20Cr13，30Cr13，Y30Cr13，40Cr13，14Cr17Ni2，17Cr16Ni2，68Cr17，85Cr17，108Cr17，Y108Cr17，95Cr18，13Cr13Mo，32Cr13Mo，102Cr17Mo，90Cr18MoV
沉淀硬化型	05Cr15Ni5Cu4Nb，05Cr17Ni4Cu4Nb，07Cr17Ni7Al，07Cr15Ni7Mo2Al

③ 长度　热轧圆钢和方钢按 GB/T 702—2004 规定，热轧扁钢按 GB/T 704—1988 规定，热轧六角钢和八角钢按 GB/T 705—1985 规定，锻制圆钢和方钢按 GB/T 907—1987 规定，锻制扁钢按 GB/T 16761—1997 规定。

2.2.9 不锈钢冷加工钢棒

（1）分类

① 按截面形状分为圆钢、方钢及六角钢和扁钢。

② 按使用加工方法分为压力加工用钢（热压力加工、冷压力加工、热顶锻用钢和冷顶锻用钢）和切削加工用钢。

③ 按生产制造方法分为冷轧钢棒、冷拉钢棒和银亮钢棒（剥

皮钢棒、磨光钢棒和抛光钢棒）。

（2）牌号

钢的牌号应符合 GB/T 1220—2007 中表 1～表 5 的规定。

（3）公称尺寸（表 2.39、表 2.40）

表 2.39　不锈钢圆钢、方钢及六角钢的公称尺寸（GB/T 4226—2009）

mm

截面形状	公称尺寸(圆钢为直径,方钢为边长,六角钢为对边距离)
圆形	5,6,7,8,9,10,11,12,13,14,15,16,17,18,19,20,22,23,24,25,26,28,30,32,35,36,38,40,42,45,48,50,55,60,65,70,75,80,85,90,95,100
方形	5,6,7,8,9,10,12,13,14,15,16,17,19,20,22,25,28,30,32,35,36,38,40,45,50,55,60
六角	5.5,6,7,8,9,10,11,12,13,14,17,19,21,22,23,24,26,27,29,30,32,35,36,38,41,45,50,55,60,65,70,75,80

注：长度尺寸按 GB/T 905—1994 规定。

表 2.40　不锈钢扁钢公称尺寸（GB/T 4226—2009）　mm

厚度	宽度														
	9	10	12	16	19	20	25	30	32	38	40	50	65	75	100
3	√	√	√	√	√	√	√	√	√	√	√	√			
4			√	√	√	√	√	√	√	√	√	√			
5			√	√	√	√	√	√	√	√	√	√	√		
6			√	√	√	√	√	√	√	√	√	√	√	√	√
9				√	√	√	√	√	√	√	√	√	√	√	√
10				√	√	√	√	√	√	√	√	√	√	√	√
12					√	√	√	√	√	√	√	√	√	√	√
16							√	√	√	√	√	√	√	√	√
19							√	√	√	√	√	√	√	√	√
22							√	√	√	√	√	√	√	√	√
25									√	√	√	√	√	√	√

注："√"表示有此规格；长度尺寸按 GB/T 905—1994 规定。

2.2.10　耐热钢棒

（1）分类

① 按组织特征分为奥氏体型、铁素体型、马氏体型和沉淀硬化型四种。

② 按使用加工方法分为压力加工（热压力加工、热顶锻、冷拔坯料）用钢和切削加工用钢。

（2）牌号（表 2.41）

表 2.41　耐热钢棒的牌号（GB/T 1221—2007）

型别	牌号
奥氏体型	06Cr17Ni12Mo2、06Cr18Ni11Ti、06Cr18Ni11Nb、06Cr18Ni13Si4、06Cr19Ni10、06Cr19Ni13Mo3、06Cr23Ni13、06Cr25Ni20、12Cr16Ni35、16Cr20Ni14Si2、16Cr23-Ni13、16Cr25Ni20Si2、20Cr25Ni20、22Cr20Mn10Ni2Si2N、22Cr21Ni12N、26Cr-18Mn12Si2N、45Cr14Ni14W2Mn、53Cr21Mn9Ni4N
铁素体型	06Cr13Al、022Cr12、10Cr17、16Cr25N
马氏体型	12Cr5Mo、12Cr12Mo、12Cr13、13Cr11Ni2W2MoV、13Cr13Mo、14Cr11MoV、14Cr-17Ni2、15Cr12WMoV、17Cr16Ni2、18Cr11NiMoVNbN、18Cr12MoVNbN、20Cr13、22Cr12NiWMoV、40Cr10Si2Mo、42Cr9Si2、45Cr9Si3、80Cr20Si2Ni
沉淀硬化型	05Cr17Ni4Cu4Nb、06Cr15Ni25Ti2MoAlVB、07Cr17Ni7Al

（3）尺寸（表 2.42）

表 2.42　耐热钢棒的尺寸

种类	尺寸	种类	尺寸
热轧圆、方钢	按 GB/T 702—2017	锻制圆钢和方钢	按 GB/T 908—2019
热轧扁钢	按 GB/T 702—2017	锻制扁钢	按 GB/T 908—2019
热轧六角钢	按 GB/T 702—2017	冷加工钢棒	≥6～120

2.2.11　耐蚀合金棒

① 分类

a. 耐蚀合金按基本组成元素分类为：铁镍基合金（镍含量30%～50%，镍含量与铁含量之和不小于 60%）、镍基合金（镍含量不小于 50%）和镍铜合金（镍含量不小于 50%，镍与铜含量之和不小于 90%）。

b. 棒材按使用加工方法分为：压力加工用钢和切削加工用钢。

② 尺寸、外形　按 GB/T 38589 规定。

③ 牌号（GB/T 15008—2020）　NS1101，NS1102，NS1103，NS1104，NS1105，NS1301，NS1401，NS1402，NS1403，NS2401，NS3101，NS3102，NS3103，NS3104，NS3105，NS3201，NS3202，N53301，NS3302，NS3303，NS3304，NS3305，NS3306，NS3308，NS3401，NS4101，NS4301，NS6400，NS6500。

④ 交货状态　热轧或固溶状态，或热轧或固溶后剥皮、车光、磨光状态。

2.2.12　耐蚀合金锻材

① 分类　按外形可分为锻制棒材（热锻棒材、磨光棒材和机

加棒材）和锻件（轴类、饼类、环类和筒类）。

② 牌号　见表 2.43。

表 2.43　耐蚀合金锻材合金牌号（GB/T 37620—2019）

品种	合金牌号
锻制棒材	NS1101,NS1102,NS1103,NS1104,NS1105,NS1106,NS1301,NS1401, NS1402, NS1403, NS1502, NS3101, NS3102, NS3103, NS3104, NS3105, NS3201, NS3202, NS3301, NS3302, NS3303, NS3304, NS3305, NS3306, NS3401,NS4101
锻件	NS1101,NS1102,NS1301,NS1402,NS1403,NS1601,NS1602,NS3102, NS3203, NS3204, NS3304, NS3305, NS3306, NS3308, NS3309, NS-3311,NS3405

③ 尺寸　圆形或方形锻件：直径或边长为 100～400mm，饼类和环类锻件直径为 65～1000mm，筒类锻件直径为 100～630mm。

2.2.13　热轧工字钢

工字钢是一种截面为工字形的长条状钢材，其规格一般用高度的厘米数表示。若高度相同，则在号数后面加注角码 a 或 b 或 c（a 为普通工字钢，b 为轻型工字钢，c 为宽翼缘工字钢）。

① 用途　广泛应用于国民经济的各个方面，如建筑、桥梁、电站、石油钻井平台、铁路等。

② 标记　“I”与高度×腿宽度×腰厚度。例：I450×150×11.5（简记为 I45a）。

③ 规格和理论质量（表 2.44）

表 2.44　热轧工字钢的规格和理论质量（GB/T 706—2016）

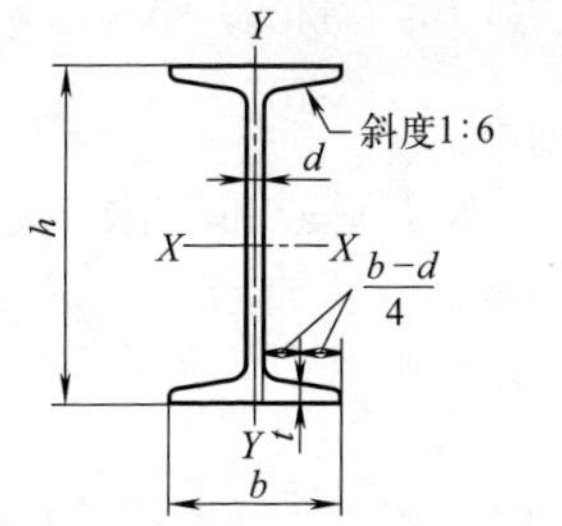

h—高度
b—腿宽
d—腰厚
t—平均腿厚

续表

型号	截面尺寸/mm				截面面积/cm²	理论质量/(kg/m)
	h	b	d	t		
10	100	68	4.5	7.6	14.33	11.3
12	120	74	5.0	8.4	17.80	14.0
12.6	126	74	5.0	8.4	18.10	14.2
14	140	80	5.5	9.1	21.50	16.9
16	160	88	6.0	9.9	26.11	20.5
18	180	94	6.5	10.7	30.74	24.1
20a	200	100	7.0	11.4	35.55	27.9
20b		102	9.0		39.55	31.1
22a	220	110	7.5	12.3	42.10	33.1
22b		112	9.5		46.50	36.5
24a	240	116	8.0	13.0	47.71	37.5
24b		118	10.0		52.51	41.2
25a	250	116	8.0		48.51	38.1
25b		118	10.0		53.51	42.0
27a	270	122	8.5	13.7	54.52	42.8
27b		124	10.5		59.92	47.0
28a	280	122	8.5		55.37	43.5
28b		124	10.5		60.97	47.9
30a	300	126	9.0	14.4	61.22	48.1
30b		128	11.0		67.22	52.8
30c		130	13.0		73.22	57.5
32a	320	130	9.5	15.0	67.12	52.7
32b		132	11.5		73.52	57.7
32c		134	13.5		79.92	62.7

型号	截面尺寸/mm				截面面积/cm²	理论质量/(kg/m)
	h	b	d	t		
36a	360	136	10.0	15.8	76.44	60.0
36b		138	12.0		83.64	65.7
36c		140	14.0		90.84	71.3
40a	400	142	10.5	16.5	86.07	67.6
40b		144	12.5		94.07	73.8
40c		146	14.5		102.1	80.1
45a	450	150	11.5	18.0	102.4	80.4
45b		152	13.5		111.4	87.4
45c		154	15.5		120.4	94.5
50a	500	158	12.0	20.0	119.2	93.6
50b		160	14.0		129.2	101
50c		162	16.0		139.2	109
55a	550	166	12.5	21.0	134.1	105
55b		168	14.5		145.1	114
55c		170	16.5		156.1	123
56a	560	166	12.5		135.4	106
56b		168	14.5		146.6	115
56c		170	16.5		157.8	124
63a	630	176	13.0	22.0	154.6	121
63b		178	15.0		167.2	131
63c		180	17.0		179.8	141

注：热轧工字钢的通常长度为5～19m。

2.2.14 热轧普通槽钢

槽钢是截面为凹槽形的长条钢材。

① 用途　主要用于建筑结构、车辆制造和其他工业部门，如机械、化工、造船、矿山、石油和铁道等，常与工字钢配合使用。

② 标记　“[”与高度×腿宽度×腰厚度，例：[200×75×9（简记为[20b）。

③ 规格和理论质量（表2.45）

表 2.45　热轧普通槽钢规格和线质量（GB/T 706—2016）

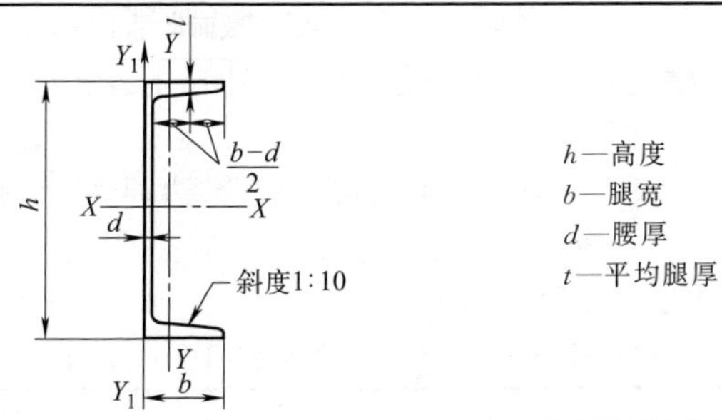

h—高度
b—腿宽
d—腰厚
t—平均腿厚

型号	截面尺寸/mm				截面面积/cm²	理论质量/(kg/m)
	h	b	d	t		
5	50	37	4.5	7.0	6.925	5.44
6.3	63	40	4.8	7.5	8.446	6.63
6.5	65	40	4.3	7.5	8.292	6.51
8	80	43	5.0	8.0	10.24	8.04
10	100	48	5.3	8.5	12.74	10.0
12	120	53	5.5	9.0	15.36	12.1
12.6	126	53	5.5	9.0	15.69	12.3
14a	140	58	6.0	9.5	18.51	14.5
14b		60	8.0		21.31	16.7
16a	160	63	6.5	10.0	21.95	17.2
16b		65	8.5		25.15	19.8
18a	180	68	7.0	10.5	25.69	20.2
18b		70	9.0		29.29	23.0
20a	200	73	7.0	11.0	28.83	22.6
20b		75	9.0		32.83	25.8
22a	220	77	7.0	11.5	31.83	25.0
22b		79	9.0		36.23	28.5
24a	240	78	7.0	12.0	34.21	26.9
24b		80	9.0		39.01	30.6
24c		82	11.0		43.81	34.4

型号	截面尺寸/mm				截面面积/cm²	理论质量/(kg/m)
	h	b	d	t		
25a	250	78	7.0	12.0	34.91	27.4
25b		80	9.0		39.91	31.3
25c		82	11.0		44.91	35.3
27a	270	82	7.5	12.5	39.27	30.8
27b		84	9.5		44.67	35.1
27c		86	11.5		50.07	39.3
28a	280	82	7.5		40.02	31.4
28b		84	9.5		45.62	35.8
28c		86	11.5		51.22	40.2
30a	300	85	7.5	13.5	43.89	34.5
30b		87	9.5		49.89	39.2
30c		89	11.5		55.89	43.9
32a	320	88	8.0	14.0	48.50	38.1
32b		90	10.0		54.90	43.1
32c		92	12.0		61.30	48.1
36a	360	96	9.0	16.0	60.89	47.8
36b		98	11.0		68.09	53.5
36c		100	13.0		75.29	59.1
40a	400	100	10.5	18.0	75.04	58.9
40b		102	12.5		83.04	65.2
40c		104	14.5		91.04	71.5

注：热轧槽钢的通常长度为 5～8m 或 5～19m。

2.2.15　热轧等边角钢

热轧等边角钢是两边互相垂直成角形且边宽相等的热轧长条钢材。

① 用途　角钢可按结构的不同需要组成各种不同的受力构件，也可作构件之间的连接件，广泛用于各种建筑结构和工程结构，如房架、桥梁、输电塔、起重运输机械、船舶、工业炉、反应塔、容器架以及仓库货架等。

② 标记　“∠”与边宽度×边宽度×边厚度，例：∠200×200×24（简记为∠200×24）。

③ 规格和理论质量（表 2.46）

表 2.46　热轧等边角钢规格和理论质量（GB/T 706—2016）

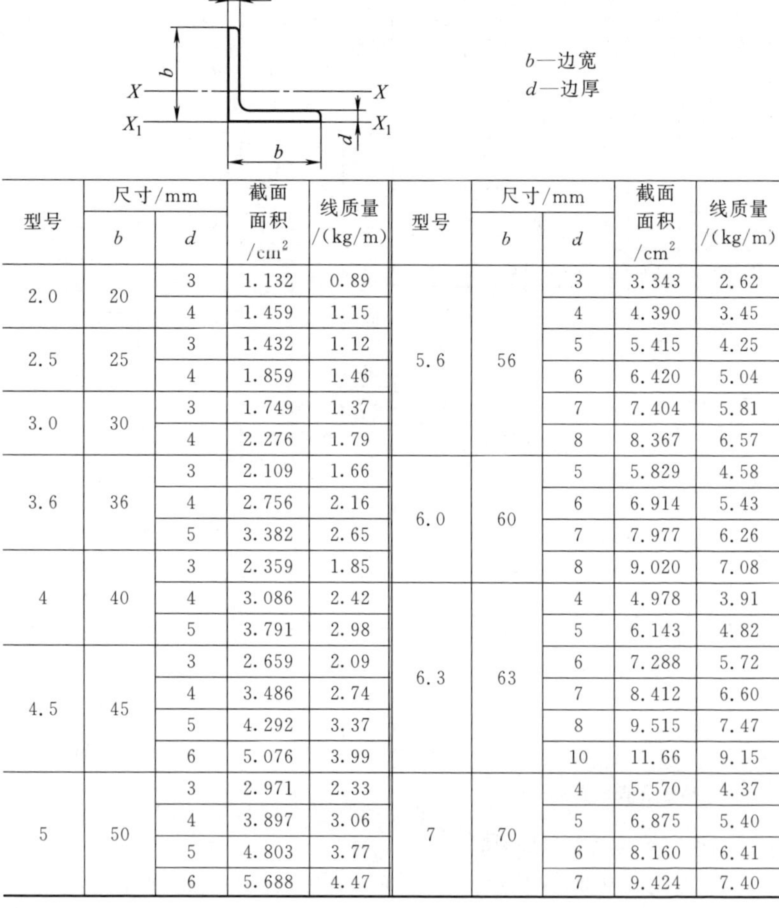

型号	尺寸/mm		截面面积/cm²	线质量/(kg/m)	型号	尺寸/mm		截面面积/cm²	线质量/(kg/m)
	b	d				b	d		
2.0	20	3	1.132	0.89	5.6	56	3	3.343	2.62
		4	1.459	1.15			4	4.390	3.45
2.5	25	3	1.432	1.12			5	5.415	4.25
		4	1.859	1.46			6	6.420	5.04
3.0	30	3	1.749	1.37			7	7.404	5.81
		4	2.276	1.79			8	8.367	6.57
3.6	36	3	2.109	1.66	6.0	60	5	5.829	4.58
		4	2.756	2.16			6	6.914	5.43
		5	3.382	2.65			7	7.977	6.26
4	40	3	2.359	1.85			8	9.020	7.08
		4	3.086	2.42	6.3	63	4	4.978	3.91
		5	3.791	2.98			5	6.143	4.82
4.5	45	3	2.659	2.09			6	7.288	5.72
		4	3.486	2.74			7	8.412	6.60
		5	4.292	3.37			8	9.515	7.47
		6	5.076	3.99			10	11.66	9.15
5	50	3	2.971	2.33	7	70	4	5.570	4.37
		4	3.897	3.06			5	6.875	5.40
		5	4.803	3.77			6	8.160	6.41
		6	5.688	4.47			7	9.424	7.40

续表

型号	尺寸/mm		截面面积/cm^2	线质量/(kg/m)	型号	尺寸/mm		截面面积/cm^2	线质量/(kg/m)
	b	d				b	d		
7	70	8	10.67	8.37	12.5	125	14	33.37	26.2
7.5	75	5	7.412	5.82			16	37.74	29.6
		6	8.797	6.91	14	140	10	27.37	21.5
		7	10.16	7.98			12	32.51	25.5
		8	11.50	9.03			14	37.57	29.5
		9	12.83	10.1			16	42.54	33.4
		10	14.13	11.1	15	150	8	23.75	18.6
8	80	5	7.912	6.21			10	29.37	23.1
		6	9.397	7.38			12	34.91	27.4
		7	10.86	8.53			14	40.37	31.7
		8	12.30	9.66			15	43.06	33.8
		9	13.73	10.8			16	45.74	35.9
		10	15.13	11.9	16	160	10	31.50	24.7
9	90	6	10.64	8.35			12	37.44	29.4
		7	12.30	9.66			14	43.30	34.0
		8	13.94	10.9			16	49.07	38.5
		9	15.57	12.2	18	180	12	42.24	33.2
		10	17.17	13.5			14	48.90	38.4
		12	20.31	15.9			16	55.47	43.5
10	100	6	11.93	9.37			18	61.96	48.6
		7	13.80	10.8	20	200	14	54.64	42.9
		8	15.64	12.3			16	62.01	48.7
		9	17.46	13.7			18	69.30	54.4
		10	19.26	15.1			20	76.51	60.1
		12	22.80	17.1			24	90.66	71.2
		14	26.26	20.6	22	220	16	68.64	53.9
		16	29.63	23.3			18	76.75	60.3
11	110	7	15.20	11.9			20	84.76	66.5
		8	17.24	13.5			22	92.68	72.8
		10	21.26	16.7			24	100.5	78.9
		12	25.20	19.8			26	108.3	85.0
		14	29.06	22.8	25	250	18	87.84	69.0
12.5	125	8	19.75	15.5			20	97.05	76.2
		10	24.37	19.1			22	106.3	83.3
		12	28.91	22.7			24	115.2	90.4
							26	124.2	97.5
							28	133.0	104
							30	141.8	111
							32	150.5	118
							35	163.4	128

2.2.16 热轧不等边角钢

热轧不等边角钢是横截面成 L 形，两边互相垂直成角形但宽度不等的热轧长条钢材。

① 用途　可按结构的不同需要组成各种不同的受力构件，也可作构件之间的连接件，广泛用于各种建筑和工程结构，如房架、桥梁、输电塔、起重运输机械、船舶、工业炉、反应塔、容器架以及仓库货架等。

② 标记　“∠”与长边宽度×短边宽度×边厚度，例：∠160×100×16。

③ 规格和理论质量（通常长度为 4～16m）（表 2.47）

表 2.47　热轧不等边角钢的规格和线质量（GB/T 706—2016）

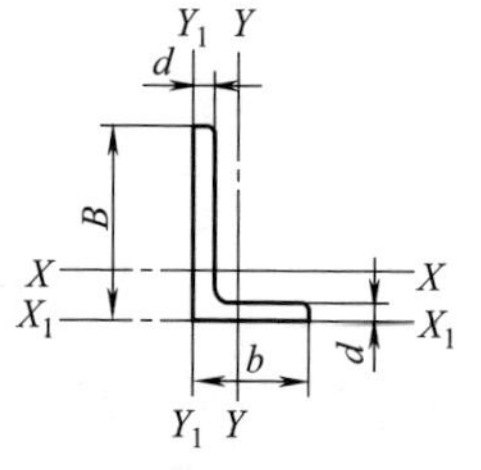

B—长边宽度
b—短边宽度
d—边厚度

型号	尺寸/mm			截面面积/cm²	线质量/(kg/m)	型号	尺寸/mm			截面面积/cm²	线质量/(kg/m)
	B	b	d				B	b	d		
2.5/1.6	25	16	3	1.162	0.91	6.3/4	63	40	6	5.908	4.64
			4	1.499	1.18				7	6.802	5.34
3.2/2	32	20	3	1.492	1.17	7/4.5	70	45	4	4.547	3.57
			4	1.939	1.52				5	5.609	4.40
4/2.5	40	25	3	1.890	1.48				6	6.647	5.22
			4	2.467	1.94				7	7.657	6.01
4.5/2.8	45	28	3	2.149	1.69	7.5/5	75	50	5	6.125	4.81
			4	2.806	2.20				6	7.260	5.70
5/3.2	50	32	3	2.431	1.91				8	9.467	7.43
			4	3.177	2.49				10	11.59	9.10
5.6/3.6	56	36	3	2.743	2.15	8/5	80	50	5	6.375	5.01
			4	3.590	2.82				6	7.560	5.94
			5	4.415	3.47				7	8.724	6.85
6.3/4	63	40	4	4.058	3.19				8	9.867	7.75
			5	4.993	3.92	9/5.6	90	56	5	7.212	5.66

续表

型号	尺寸/mm			截面面积/cm²	线质量/(kg/m)
	B	b	d		
9/5.6	90	56	6	8.557	6.72
			7	9.880	7.76
			8	11.18	8.78
10/6.3	100	63	6	9.62	7.55
			7	11.11	8.72
			8	12.58	9.88
			10	15.47	12.1
10/8	100	80	6	10.64	8.35
			7	12.30	9.66
			8	13.94	10.9
			10	17.17	13.5
11/7	110	70	6	10.64	8.35
			7	12.30	9.66
			8	13.94	10.9
			10	17.17	13.5
12.5/8	125	80	7	14.10	11.1
			8	15.99	12.6
			10	19.71	15.5
			12	23.35	18.3
14/9	140	90	8	18.04	14.2
			10	22.26	17.5
14/9	140	90	12	26.40	20.7
			14	30.46	23.9
15/9	150	90	8	18.84	14.8
			10	23.26	18.3
			12	27.60	21.7
			14	31.86	25.0
			15	33.95	26.7
			16	36.03	28.3
16/10	160	100	10	25.32	19.9
			12	30.05	23.6
			14	34.71	27.2
			16	39.28	30.8
18/11	180	110	10	28.37	22.3
			12	33.71	26.5
			14	38.97	30.6
			16	44.14	34.6
20/12.5	200	125	12	37.91	29.8
			14	43.87	34.4
			16	49.74	39.0
			18	55.53	43.6

2.2.17 冷弯等边角钢

冷弯等边角钢是采用冷轧或热轧钢带，在连续辊式冷弯机组上生产的，两边互相垂直且边宽相等的长条钢材。

① 用途　可按结构的不同需要组成各种不同的受力构件，也可作构件之间的连接件，广泛地用于各种建筑结构和工程结构，如房梁、桥梁、输电塔、起重运输机械、船舶、工业炉、反应塔、容器架以及仓库货架等。

② 标记　以边宽×边宽×边厚的毫米数表示。如“∠30×30×3”，即表示边宽为30mm、边厚为3mm的冷弯等边角钢。也可用型号表示（边宽的cm单位），如∠3#。

③ 规格和理论质量（通常长度为4～16m）（表2.48）

表 2.48 冷弯等边角钢尺寸规格（GB/T 6723—2017）

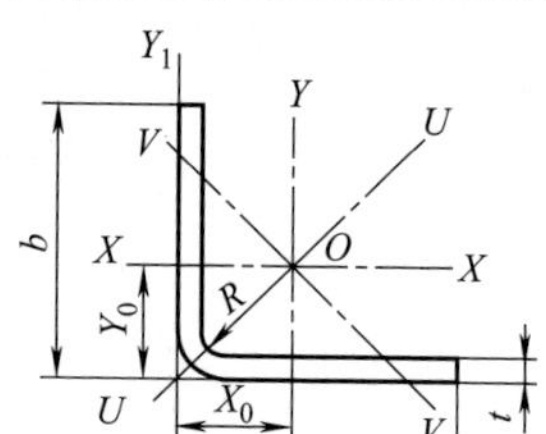

b—宽度
t—厚度

规格 b×b×t	尺寸/mm b	尺寸/mm t	理论质量/(kg/m)	截面面积/cm²	规格 b×b×t	尺寸/mm b	尺寸/mm t	理论质量/(kg/m)	截面面积/cm²
20×20×1.2	20	1.2	0.354	0.451	80×80×4.0	80	4.0	4.778	6.086
20×20×2.0		2.0	0.566	0.721	80×80×5.0		5.0	5.895	7.510
30×30×1.6	30	1.6	0.714	0.909	100×100×4.0	100	4.0	6.034	7.686
30×30×2.0		2.0	0.880	1.121	100×100×5.0		5.0	7.465	9.510
30×30×3.0		3.0	1.274	1.623	150×150×6.0	150	6.0	13.458	17.254
40×40×1.6	40	1.6	0.965	1.229	150×150×8.0		8.0	17.685	22.673
40×40×2.0		2.0	1.194	1.521	150×150×10		10	21.783	27.927
40×40×3.0		3.0	1.745	2.223	200×200×6.0	200	6.0	18.138	23.254
50×50×2.0	50	2.0	1.508	1.921	200×200×8.0		8.0	23.925	30.673
50×50×3.0		3.0	2.216	2.823	200×200×10		10	29.583	37.927
50×50×4.0		4.0	2.894	3.686	250×250×8.0	250	8.0	30.164	38.672
60×60×2.0	60	2.0	1.822	2.321	250×250×10		10	37.383	47.927
60×60×3.0		3.0	2.687	3.423	250×250×12		12	44.472	57.015
60×60×4.0		4.0	3.522	4.486	300×300×10	300	10	45.183	57.927
70×70×3.0	70	3.0	3.158	4.023	300×300×12		12	53.832	69.016
70×70×4.0		4.0	4.150	5.286	300×300×14		14	62.022	79.616
					300×300×16		16	70.312	90.124

2.2.18 冷弯不等边角钢

冷弯不等边角钢是采用冷轧或热轧钢带，在连续辊式冷弯机组上生产的，两边互相垂直但边宽不相等的长条钢材。

① 用途　同冷弯等边角钢。

② 标记　类同冷弯等边角钢。

③ 规格和理论质量（通常长度为 4～16m）（表 2.49）

表 2.49　冷弯不等边角钢尺寸规格（GB/T 6723—2017）

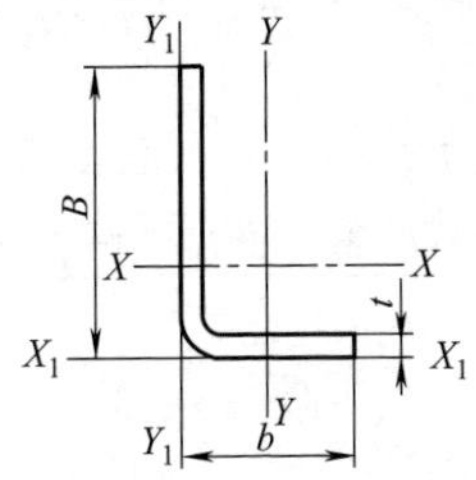

B—长边宽度
b—短边宽度
t—边厚度

规格 B×b×t	尺寸/mm			理论质量 /(kg/m)	截面面积 /cm²
	B	b	t		
30×20×2.0	30	20	2.0	0.723	0.921
30×20×3.0			3.0	1.039	1.323
50×30×2.5	50	30	2.5	1.473	1.877
50×30×4.0			4.0	2.266	2.886
60×40×2.5	60	40	2.5	1.866	2.377
60×40×4.0			4.0	2.894	3.686
70×40×3.0	70	40	3.0	2.452	3.123
70×40×4.0			4.0	3.208	4.086
80×50×3.0	80	50	3.0	2.923	3.723
80×50×4.0			4.0	3.836	4.886
100×60×3.0	100	60	3.0	3.629	4.623
100×60×4.0			4.0	4.778	6.086
100×60×5.0			5.0	5.895	7.510
150×120×6	150	120	6.0	12.05	15.45
150×120×8			8.0	15.81	20.27
150×120×10			10	19.44	24.93
200×160×8	200	160	8.0	21.43	27.47
200×160×10			10	24.46	33.93
200×160×12			12	31.37	40.22
250×220×10	250	220	10	35.04	44.93
250×220×12			12	41.66	53.42
250×220×14			14	47.83	61.32
300×260×12	300	260	12	50.09	64.22
300×260×11			14	57.65	73.92
300×260×16			16	65.32	83.74

2.2.19　冷弯等边槽钢

冷弯等边槽钢是采用冷轧或热轧钢带，在连续辊式冷弯机组上生产的，成凹槽形的两个平行边宽度相等的长条钢材。

① 用途　主要用于建筑结构、幕墙工程、机械设备和车辆制造等。

② 规格和理论质量（通常长度为4～16m）（表2.50）

表2.50　冷弯等边槽钢的规格和理论质量（GB/T 6723—2017）

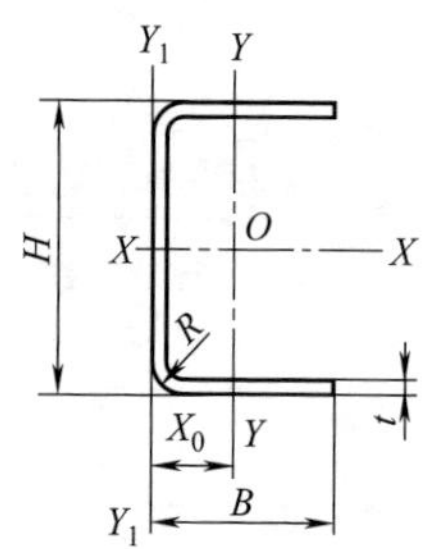

B—边宽度
H—高度
t—边厚度

规格	尺寸/mm			理论质量	截面面积
H×B×t	H	B	t	/(kg/m)	/cm²
20×10×1.5	20	10	1.5	0.401	0.511
20×10×2.0			2.0	0.505	0.643
50×30×2.0	50	30	2.0	1.604	2.043
50×30×3.0			3.0	2.314	2.947
50×50×3.0		50	3.0	3.256	4.147
60×30×2.5	60	30	2.5	2.15	2.74
80×40×2.5	80	40	2.5	2.94	3.74
80×40×3.0			3.0	3.48	4.34
100×40×2.5	100	40	2.5	3.33	4.24
100×40×3.0			3.0	3.95	5.03
100×50×3.0		50	3.0	4.433	5.647
100×50×4.0			4.0	5.788	7.373
120×40×2.5	120	40	2.5	3.72	4.74
120×40×3.0			3.0	4.42	5.63
140×50×3.0	140	50	3.0	5.36	6.83
140×50×3.5			3.5	6.20	7.89
140×60×3.0	140	60	3.0	5.846	7.447
140×60×4.0			4.0	7.672	9.773
140×60×5.0			5.0	9.436	12.021
160×60×3.0	160	60	3.0	6.30	8.03
160×60×3.5			3.5	7.20	9.29

续表

规格	尺寸/mm			理论质量/(kg/m)	截面面积/cm²
$H\times B\times t$	H	B	t		
200×80×4.0	200	80	4.0	10.812	13.773
200×80×5.0			5.0	13.361	17.021
200×80×6.0			6.0	15.849	20.190
250×130×6.0	250	130	6.0	22.703	29.107
250×130×8.0			8.0	29.755	38.147
300×150×6.0	300	150	6.0	26.915	34.507
300×150×8.0			8.0	35.371	45.347
300×150×10			10	43.566	55.854
350×180×8.0	350	180	8.0	42.235	54.147
350×180×10			10	52.146	66.854
350×180×12			12	61.799	79.230
400×200×10	400	200	10	59.166	75.854
400×200×12			12	70.223	90.030
400×200×14			14	80.366	103.033
450×220×10	450	220	10	66.186	84.854
450×220×12			12	78.647	100.830
450×220×14			14	90.194	115.633
500×250×12	500	250	12	88.943	114.030
500×250×14			14	102.206	131.033
550×280×12	550	280	12	99.239	127.230
550×280×14			14	114.218	146.433
600×300×14	600	300	14	124.046	159.033
600×300×16			16	140.624	180.287

2.2.20　冷弯不等边槽钢

冷弯不等边槽钢是采用冷轧或热轧钢带，在连续辊式冷弯机组上生产的，成凹槽形的两个平行边宽度不相等的长条钢材。

① 用途　主要用于建筑结构、幕墙工程、机械设备和车辆制造等。

② 规格和理论质量（通常长度为 4～16m）（表 2.51）

表 2.51 冷弯不等边槽钢的规格和理论质量（GB/T 6723—2017）

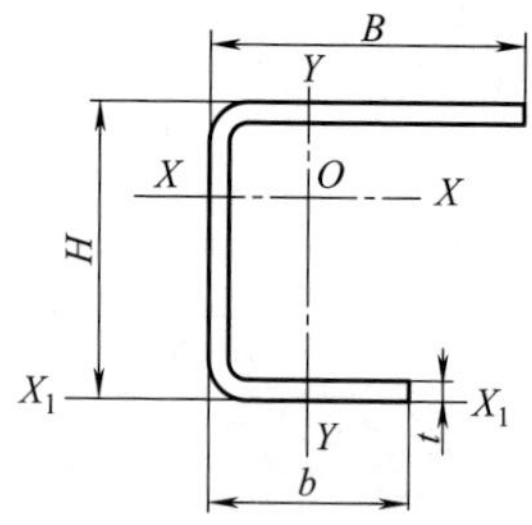

B—长边宽度
b—短边宽度
H—高度
t—边厚度

规格	尺寸/mm				理论质量	截面面积
$H\times B\times b\times t$	H	B	b	t	/(kg/m)	/cm²
50×32×20×2.5	50	32	20	2.5	1.840	2.344
50×32×20×3.0				3.0	2.169	2.764
80×40×20×2.5	80	40	20	2.5	2.586	3.294
80×40×20×3.0				3.0	3.064	3.904
100×60×30×3.0	100	60	30	3.0	4.242	5.404
150×60×50×3.0	150		50		5.890	7.504
200×70×60×4.0	200	70	60	4.0	9.832	12.605
200×70×60×5.0				5.0	12.061	15.463
250×80×70×5.0	250	80	70	5.0	14.791	18.963
250×80×70×6.0				6.0	17.555	22.507
300×90×80×6.0	300	90	80	6.0	20.831	26.707
300×90×80×8.0				8.0	27.259	34.947
350×100×90×6.0	350	100	90	6.0	24.107	30.907
350×100×90×8.0				8.0	31.627	40.547
400×150×100×8.0	400	150	100	8.0	38.491	49.347
400×150×100×10				10	47.466	60.854
450×200×150×10	450	200	150	10	59.166	75.854
450×200×150×12				12	70.223	90.030
500×250×200×12	500	250	200	12	84.263	108.030
500×250×200×14				14	96.745	124.033
550×300×250×14	550	300	250	14	113.126	145.033
550×300×250×16				16	128.144	164.287

2.2.21 冷弯内卷边槽钢

冷弯内卷边槽钢是截面为凹槽形的长条钢材。其规格以腰高（H）×腿宽（B）×卷边高度（C）×腰厚（t）的毫米数表示，如

120×60×20×3.0，或称 12# 内卷边槽钢。

① 用途　主要用于轻钢结构的屋面、墙架或组焊柱子。

② 规格和理论质量（通常长度为 4～16m）（表 2.52）

表 2.52　冷弯内卷边槽钢（GB/T 6723—2017）

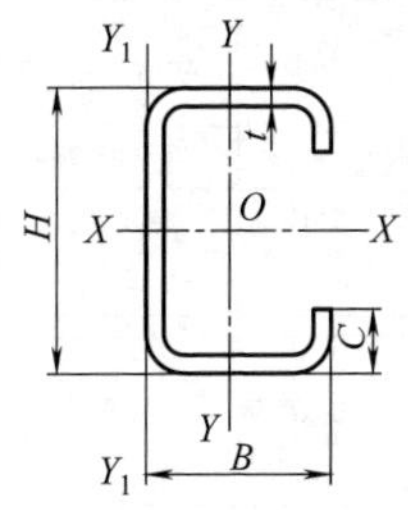

B—边宽度

H—高度

C—内卷边高度

t—边厚度

规格	尺寸/mm				理论质量	截面面积
H×B×C×t	H	B	C	t	/(kg/m)	/cm²
60×30×10×2.5	60	30	10	2.5	2.363	3.010
60×30×10×3.0				3.0	2.743	3.495
80×40×15×2.0	80	40	15	2.0	2.72	3.47
100×50×15×2.5	100	50	15	2.5	4.11	5.23
100×50×20×2.5	100	50	20	2.5	4.325	5.510
100×50×20×3.0				3.0	5.098	6.495
120×50×20×2.5	120	50	20	2.5	4.70	5.98
120×60×20×3.0	120	60	20	3.0	6.01	7.65
140×50×20×2.0	140	50	20	2.0	4.14	5.27
140×50×20×2.5	140	50	20	2.5	5.09	6.48
140×60×20×2.5	140	60	20	2.5	5.503	7.010
140×60×20×3.0				3.0	6.511	8.295
160×60×20×2.0	160	60	20	2.0	4.76	6.07
160×60×20×2.5				2.5	5.87	7.48
160×70×20×3.0	160	70	20	3.0	7.42	9.45
180×60×20×3.0	180	60	20	3.0	7.453	9.495
180×70×20×3.0		70			7.924	10.095
180×70×20×2.0	180	70	20	3.0	5.39	6.87
180×70×20×2.5	180	70	20	2.5	6.66	9.48
200×60×20×3.0	200	60	20	3.0	7.924	10.095
200×70×20×2.0	200	70	20	2.0	5.71	7.27
200×70×20×2.5	200	70	20	2.5	7.05	8.98
200×70×20×3.0	200	70	20	3.0	8.395	10.695

续表

规格	尺寸/mm				理论质量	截面面积
$H\times B\times C\times t$	H	B	C	t	/(kg/m)	/cm²
220×75×20×2.0	220	75	20	2.0	6.18	7.87
220×75×20×2.5	220	75	20	2.5	7.64	9.73
250×40×15×3.0	250	40	15	3.0	7.924	10.095
300×40×15×3.0	300	40			9.102	11.595
400×50×15×3.0	400	50			11.928	15.195
450×70×30×6.0	450	70	30	6.0	28.092	36.015
450×70×30×8.0				8.0	36.421	46.693
500×100×40×6.0	500	100	40	6.0	34.176	43.815
500×100×40×8.0				8.0	44.533	57.093
500×100×40×10				10	54.372	69.708
550×120×50×8.0	550	120	50	8.0	51.397	65.893
550×120×50×10				10	62.952	80.708
550×120×50×12				12	73.990	94.859
600×150×60×12	600	150	60	12	86.158	110.459
600×150×60×14				14	97.395	124.865
600×150×60×16				16	109.025	139.775

2.2.22 冷弯外卷边槽钢

冷弯外卷边槽钢是钢带经连续辊式冷弯机组制成的钢材。

① 用途　主要用于建筑结构、车辆制造和其他工业结构。

② 规格和理论质量（通常长度为4～16m）（表2.53）

表2.53 冷弯外卷边槽钢（GB/T 6723—2017）

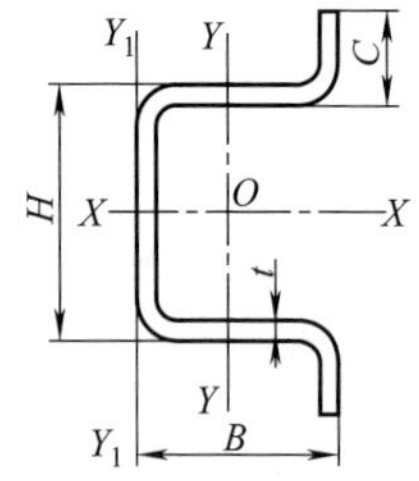

B—边宽度
H—高度
C—外卷边高度
t—边厚度

规格	尺寸/mm				理论质量	截面面积
$H\times B\times C\times t$	H	B	C	t	/(kg/m)	/cm²
30×30×16×2.5	30	30	16	2.5	2.009	2.560
50×20×15×3.0	50	20	15	3.0	2.272	2.895
60×25×32×2.5	60	25	32	2.5	3.030	3.860

续表

规格	尺寸/mm				理论质量	截面面积
$H\times B\times C\times t$	H	B	C	t	/(kg/m)	/cm^2
60×25×32×3.0	60	25	32	3.0	3.544	4.515
80×40×20×4.0	80	40	20	4.0	5.296	6.746
100×30×15×3.0	100	30	15	3.0	3.921	4.995
150×40×20×4.0	150	40	20	4.0	7.497	9.611
150×40×20×5.0				5.0	8.913	11.427
200×50×30×4.0	200	50	30	4.0	10.305	13.211
200×50×30×5.0				5.0	12.423	15.927
250×60×40×5.0	250	60	40	5.0	15.933	20.427
250×60×40×6.0				6.0	18.732	24.015
300×70×50×6.0	300	70	50	6.0	22.944	29.415
300×70×50×8.0				8.0	29.557	37.893
350×80×60×6.0	350	80	60	6.0	27.156	34.815
350×80×60×8.0				8.0	35.173	45.093
400×90×70×8.0	400	90	70	8.0	40.789	52.293
400×90×70×10				10	49.692	63.708
450×100×80×8.0	450	100	80	8.0	46.405	59.493
450×100×80×10				10	56.712	72.708
500×150×90×10	500	150	90	10	69.972	89.708
500×150×90×12				12	82.414	105.659
550×200×100×12	550	200	100	12	98.326	126.059
550×200×100×14				14	111.591	143.065
600×250×150×14	600	250	150	14	138.891	178.065
600×250×150×16				16	156.449	200.575

2.2.23　冷弯 Z 形钢

冷弯 Z 形钢是由 Z 形钢成形机自动冷弯加工而成的长条等壁厚钢材。

① 用途　广泛用于钢结构建筑的檩条、墙梁，也可自行组合成轻量型屋架、托架等建筑构件。此外，还可用于机械轻工制造中的柱、梁和臂等。

② 规格和理论质量（通常长度为 4～16m）（表 2.54）

表 2.54 冷弯 Z 形钢的规格和理论质量（GB/T 6723—2017）

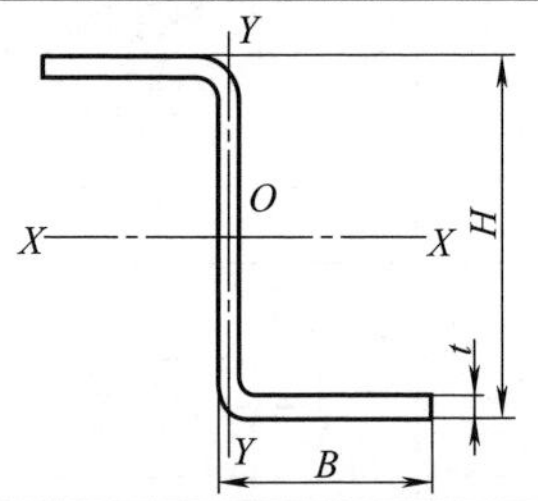

规格 $H\times B\times t$	尺寸/mm			理论质量 /(kg/m)	截面面积 /cm²
	H	B	t		
80×40×2.5	80	40	2.5	2.947	3.755
80×40×3.0			3.0	3.491	4.447
100×50×2.5	100	50	2.5	3.732	4.755
100×50×3.0			3.0	4.433	5.647
140×70×3.0	140	70	3.0	6.291	8.065
140×70×4.0			4.0	8.272	10.605
200×100×3.0	200	100	3.0	9.099	11.665
200×100×4.0			4.0	12.016	15.405
300×120×4.0	300	120	4.0	16.384	21.005
300×120×5.0			5.0	20.251	25.963
400×150×6.0	400	150	6.0	31.595	40.507
400×150×8.0			8.0	41.611	53.347

2.2.24 冷弯卷边 Z 形钢

冷弯卷边 Z 形钢，是由 Z 形钢成形机自动冷弯加工而成的，等壁厚两边带卷边的长条钢材。

① 用途 多用在钢结构厂房中，此外，铁道车辆、交通运输、货架、公路护栏、输电铁塔、导轨、市政建设等领域也有很多用处。

② 规格和理论质量（通常长度为 4～16m）（表 2.55）

表 2.55 冷弯卷边 Z 形钢的规格和理论质量（GB/T 6723—2017）

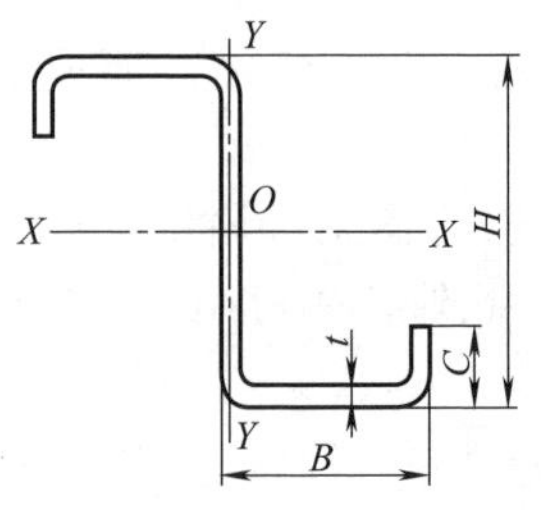

续表

规格	尺寸/mm				理论质量	截面面积
$H\times B\times C\times t$	H	B	C	t	/(kg/m)	/cm^2
100×40×20×2.0	100	40	20	2.0	3.208	4.086
100×40×20×2.5				2.5	3.933	5.010
120×50×20×2.0	120	50	20	2.0	3.82	4.87
120×50×20×2.5				2.5	4.70	5.98
120×50×20×3.0				3.0	5.54	7.05
140×50×20×2.5	140	50	20	2.5	5.110	6.510
140×50×20×3.0				3.0	6.040	7.695
160×60×20×2.5	160	60	20	2.5	5.87	7.48
160×60×20×3.0	160	60	20	3.0	6.95	8.85
160×70×20×2.5	160	70	20	2.5	6.27	7.98
160×70×20×3.0	160	70	20	3.0	7.42	9.45
180×70×20×2.5	180	70	20	2.5	6.680	8.510
180×70×20×3.0				3.0	7.924	10.095
230×75×25×3.0	230	75	25	3.0	9.573	12.195
230×75×25×4.0				4.0	12.518	15.946
250×75×25×3.0	250			3.0	10.044	12.795
250×75×25×4.0				4.0	13.146	16.746
300×100×30×4.0	300	100	30	4.0	16.545	21.211
300×100×30×6.0				6.0	23.880	30.615
400×120×40×8.0	400	120	40	8.0	40.789	52.293
400×120×40×10				10	49.692	63.708

2.3 管材

2.3.1 普通无缝钢管

① 分类　按钢管尺寸精度，分为普通钢管尺寸组和精密钢管尺寸组。

普通无缝钢管的外径分为三个系列：系列 1—(通常长度为 4～16m) 标准化钢管；系列 2—非标准化钢管；系列 3—特殊用途钢管。精密钢管的外径分为系列 2、3。

按钢管材料，分为普通碳素结构钢钢管、低合金结构钢钢管或合金结构钢钢管。

② 用途　主要用作输送流体的管道或结构零件。.

③ 规格（表 2.56）

表 2.56 普通无缝钢管规格（GB/T 17395—2008） mm

外径			壁厚范围	外径			壁厚范围
系列 1	系列 2	系列 3		系列 1	系列 2	系列 3	
—	6	—	0.25～2.0	114	—	—	1.5～30
—	7、8	—	0.25～2.5	—	121	—	1.5～32
—	9	—	0.25～2.8	—	127	—	1.8～32
10	11	—	0.25～3.5	—	133	—	2.5～36
13.5	12、13	14	0.25～4.0	140	133	142	3.0～36
17	16	18	0.25～5.0	—	146	152	3.0～40
—	19、20		0.25～6.0	168	—	159	3.5～45
21	—	22	0.40～6.0	—	—	180,194	3.5～50
27	25,28,32	25.4	0.4～7.0	219	203	—	3.5～55
34	—	30	0.4～8.0	—	—	232,245 267	6.0～65
—	—	35	0.4～9.0				
—	38、40	—	0.4～10	273	—	—	6.5～85
42	—	—	1.0～10	325	299	—	7.5～100
48	51	45	1.0～12	—	340、351	—	8.0～100
—	57	54	1.0～14	356	377	—	9.0～100
60	63,65,68	—	1.0～15	406	402	—	9.0～100
—	70	—	1.0～17	457	426	—	9.0～100
—	—	73	1.0～19	—	450、480	—	9.0～100
76	—	—	1.0～20	508	500	—	9.0～110
—	77、80	—	1.4～20	610	530	560	9.0～120
—	85	83	1.4～22	711	630	660,699	9.0～120
89	95	—	1.4～24	813	720	—	12～120
—	102	—	1.4～28	914	762	788.5	20～120
—	—	108	1.4～30	1016	—	864,965	20～120

注：1. 壁厚系列：0.25mm，0.30mm，0.40mm，0.50mm，0.60mm，0.80mm，1.0mm，1.2mm，1.4mm，1.5mm，1.6mm，1.8mm，2.0mm，2.2mm，2.5mm，2.8mm，3.0mm，3.2mm，3.5mm，4.0mm，4.5mm，5.0mm，5.5mm，6.0mm，6.5mm，7.0mm，7.5mm，8.0mm，8.5mm，9.0mm，9.5mm，10mm，11mm，12mm，13mm，14mm，15mm，16mm，17mm，18mm，19mm，20mm，22mm，24mm，25mm，26mm，28mm，30mm，32mm，34mm，36mm，38mm，40mm，42mm，45mm，48mm，50mm，55mm，60mm，65mm，70mm，75mm，80mm，85mm，90mm，95mm，100mm，110mm，120mm。

2. 一般成品无缝钢管长度小于 12m，在倍尺轧制钢管可达到 80m 或者更长。

2.3.2 结构用无缝钢管

① 用途 用于机械结构和一般工程结构。

② 分类　有热轧（挤压、扩）和冷拔（轧）两种。

③ 材料牌号

a. 优质碳素结构钢、低合金高强度结构钢：Q345、Q390、Q420、Q460、Q500、Q550、Q620、Q690。

b. 合金钢：40Mn2，45Mn2，27SiMn，40MnB，45MnB，20Mn2B，20Cr，30Cr，35Cr，40Cr，45Cr，50Cr，38CrSi，20CrMo，35CrMo，42CrMo，38CrMoAl，50CrVA，20CrMn，20CrMnSi，30CrMnSiA，35CrMnSiA，20CrMnTi，30CrMnTi，12CrNi2，12CrNi3，12Cr2Ni4，40CrNiMoA，45CrNiMoVA。

④ 钢管尺寸　结构用无缝钢管的外径（D）和壁厚（S）应符合 GB/T 17395 的规定。

无缝钢管的规格见表 2.57、表 2.58。

表 2.57　热轧（挤、扩）无缝钢管的规格（GB/T 8162—2018）

mm

外径	壁厚	外径	壁厚	外径	壁厚	外径	壁厚
32	2.5～8	76	3～19	152	4.5～36	377	9～75
38	2.5～8	83	3.5～19	159	4.5～36	402	9～75
42	2.5～10	89	3.5～24	168	5～45	406	9～75
45	2.5～10	95	3.5～24	180	5～45	450	9～75
50	2.5～10	102	3.5～24	194	5～45	(465)	9～75
54	3～11	108	4～28	203	6～50	480	9～75
57	3～13	114	4～28	219	6～50	500	9～75
60	3～14	121	4～28	245	6.5～50	530	9～75
63.5	3～14	127	4～30	273	6.5～50	(550)	9～75
68	3～16	133	4～32	299	7.5～75	560	9～24
70	3～16	140	4.5～36	325	7.5～75	600	9～24
73	3～19	146	4.5～36	351	8～75	630	9～24

注：1. 壁厚系列：2.5mm，3.0mm，3.5mm，4.0mm，4.5mm，5.0mm，5.5mm，6.0mm，6.5mm，7.0mm，7.5mm，8.0mm，8.5mm，9.0mm，9.5mm，10mm，11mm，12mm，13mm，14mm，15mm，16mm，17mm，18mm，19mm，20mm，22mm，(24mm)，25mm，(26mm)，28mm，30mm，32mm，(34mm)，(35mm)，36mm，(38mm)，40mm，(42mm)，(45mm)，(48mm)，(50mm)，56mm，60mm，63mm，(65mm)，70mm，75mm。

2. 通常长度为 3～12m。

表 2.58　冷拔（轧）钢管的规格（GB/T 8162—2018）　mm

外径	壁厚	外径	壁厚	外径	壁厚	外径	壁厚
6	0.25～2.0	(24)	0.40～7.0	53	1.0～12	100	2.0～12
7	0.25～2.5	25	0.40～7.0	54	1.0～12	(102)	2.0～12
8	0.25～2.5	27	0.40～7.0	56	1.0～12	108	2.0～12
9	0.25～2.8	28	0.40～7.0	57	1.0～13	110	2.0～12
10	0.25～3.5	29	0.40～7.5	60	1.0～14	120	2.0～12
11	0.25～3.5	30	0.40～8.0	63	1.0～12	125	2.0～12
12	0.25～4.0	32	0.40～8.0	65	1.0～12	130	2.5～12
(13)	0.25～4.0	34	0.40～8.0	(68)	1.0～14	133	2.5～12
14	0.25～4.0	(35)	0.40～8.0	70	1.0～14	140	3.0～12
(15)	0.25～5.0	36	0.40～8.0	73	1.0～14	150	3.0～12
16	0.25～5.0	38	0.40～9.0	75	1.0～12	160	3.5～12
(17)	0.25～5.0	40	0.40～9.0	76	1.0～14	170	3.5～12
18	0.25～5.0	42	1.0～9.0	80	2.0～12	180	3.5～12
19	0.25～6.0	44.5	1.0～9.0	(83)	2.0～14	190	4.0～12
20	0.25～6.0	45	1.0～10	85	2.0～12	200	4.0～12
(21)	0.40～0.40	48	1.0～10	89	2.0～14		
22	0.40～0.40	50	1.0～12	90	2.0～12		
(23)	0.40～0.40	51	1.0～12	95	2.0～12		

注：1. 壁厚系列：0.25mm，0.30mm，0.40mm，0.50mm，0.60mm，0.80mm，1.0mm，1.2mm，1.4mm，1.5mm，1.6mm，1.8mm，2.0mm，2.2mm，2.5mm，2.8mm，3.0mm，3.2mm，3.5mm，4.0mm，4.5mm，5.0mm，5.5mm，6.0mm，6.5mm，7.0mm，7.5mm，8.0mm，8.5mm，9.0mm，9.5mm，10mm，11mm，12mm，13mm，14mm。

2. 有（　）的不推荐使用。

3. 通常长度为 2～10.5m。

2.3.3　高压锅炉用无缝钢管

（1）分类

按产品制造方式分为热轧（挤压、扩）钢管和冷拔（轧）钢管两类。

（2）用途

制造高压及以上压力的蒸汽锅炉、管道用无缝钢管。

（3）通常长度

4000～12000mm。

（4）材料牌号（GB/T 5310—2017）

① 优质碳素结构钢：20G、20MnG、25MnG。

② 合金结构钢：15MoG，20MoG，12CrMoG，15CrMoG，12Cr2MoG，12Cr1MoVG，12Cr2MoWTiB，07Cr2MoW2VNbB，12Cr3-MoVSiTiB，15Ni1MnMoNbCu，10Cr9Mo1VNbN，10Cr9MoW2VNbBN，10Cr11MoW2VNbCu1BN，11Cr9Mo1W1VNbBN。

③ 不锈（耐热）钢：07Cr19Ni10，10Cr18Ni9NbCu3BN，07Cr25-Ni21，07Cr25Ni21NbN，07Cr19Ni11Ti，07Cr18Ni11Nb，08Cr18Ni11NbFG。

高压锅炉用无缝钢管的规格和质量见表 2.59、表 2.60。

表 2.59 高压锅炉热轧（挤压）用无缝钢管的规格和质量

公称外径/mm	公称壁厚/mm															
	2.0	2.5	2.8	3.0	3.2	3.5	4.0	4.5	5.0	5.5	6.0	(6.5)	7.0	(7.5)	8.0	9.0
	理论质量/(kg/m)															
22	0.99	1.20	1.33	1.41	1.48											
25	1.13	1.39	1.53	1.63	1.72	1.86										
28		1.57	1.74	1.85	1.96	2.11										
32			2.02	2.15	2.27	2.46	2.76	3.05	3.33							
38			2.43	2.59	2.75	2.98	3.35	3.72	4.07	4.41						
42			2.71	2.89	3.06	3.32	3.75	4.16	4.56	4.95	5.83					
48			3.12	3.33	3.54	3.84	4.34	4.83	5.30	5.76	6.21	6.65	7.08			
51			3.33	3.55	3.77	4.10	4.64	5.16	5.67	6.17	6.66	7.13	7.60	8.05	8.48	9.32
57						4.62	5.23	5.83	6.41	6.98	7.55	8.09	8.63	9.16	9.67	10.65
60						4.88	5.52	6.16	6.78	7.89	7.99	8.53	9.15	9.71	10.26	11.32
76						6.26	7.10	7.93	8.75	9.56	10.36	11.14	11.91	12.67	13.42	14.87
83							7.79	8.71	9.62	10.51	11.39	12.26	13.12	13.96	14.80	16.42
89							8.38	9.38	10.36	11.33	12.28	13.22	14.15	15.07	15.98	17.76
102								10.82	11.96	13.09	14.20	15.31	16.40	17.48	18.54	20.64
108								11.49	12.70	13.90	15.09	16.27	17.43	18.59	19.73	21.97
114									13.44	14.72	15.98	17.23	18.47	19.70	20.91	23.30
121									14.30	15.67	17.02	18.35	19.68	20.99	22.29	24.86
133									15.78	17.29	18.79	20.28	21.75	23.21	24.66	27.52
146											20.71	22.36	23.99	25.62	27.22	30.41
159											22.64	24.44	26.24	28.02	29.79	33.29
168												25.89	27.79	29.68	31.56	35.29
194													32.28	34.49	36.69	41.06
219														39.12	41.63	46.61
245																52.38
273																58.59
299																64.36

续表

公称外径/mm	公称壁厚/mm														
	10	11	12	13	14	(15)	16	(17)	18	(19)	20	22	(24)	25	26
	理论质量/(kg/m)														
57	11.59	12.48	13.32												
60	12.33	13.29	14.20												
76	16.28	17.63	18.94	20.20	21.40	22.56	23.67	24.73	25.74	26.00					
83	18.00	19.53	21.01	22.44	23.82	25.15	26.44	27.67	28.85	29.99	31.07				
89	19.48	21.16	22.79	24.36	25.89	27.37	28.80	30.18	31.52	32.80	34.03				
102	22.69	24.68	26.63	28.53	30.38	32.18	33.93	35.63	37.29	38.89	40.44	43.40			
108	24.17	26.31	28.41	30.46	32.45	34.40	36.30	38.15	39.95	41.70	43.40	46.66	49.71	51.17	52.58
114	25.65	27.94	30.18	32.38	34.52	36.62	38.67	40.66	42.61	44.51	46.36	49.91	53.27	54.87	56.42
121	27.37	29.84	32.26	34.62	36.94	39.21	41.43	43.60	45.72	47.79	49.81	53.71	57.41	59.18	60.91
133	30.33	33.09	35.81	38.47	41.08	43.65	46.16	48.63	51.05	53.41	55.73	60.22	64.51	66.58	68.60
146	33.54	36.62	39.65	42.64	45.57	48.46	51.29	54.08	56.82	59.50	62.14	67.27	72.20	74.60	76.94
159	36.74	40.15	43.50	46.80	50.06	53.27	56.42	59.53	62.59	65.60	68.55	74.33	79.90	82.61	85.27
168	38.96	42.59	46.16	49.69	53.17	56.59	59.97	63.30	66.58	69.81	72.99	79.21	85.22	88.16	91.04
194	45.37	49.64	53.86	58.02	62.14	66.21	70.23	74.20	78.12	81.99	85.82	93.31	100.6	104.2	107.7
219	51.54	56.42	61.26	66.04	70.77	75.46	80.10	84.68	89.22	93.71	98.15	106.9	115.4	119.6	123.7
245	57.95	63.47	68.95	74.37	79.75	85.08	90.35	95.58	100.8	105.9	111.0	121.0	130.8	135.6	140.4
273	64.86	71.07	77.24	83.35	89.42	95.43	101.4	107.3	113.2	119.0	124.8	136.2	147.4	152.9	158.4
299	71.27	78.12	84.93	91.69	98.39	105.1	111.7	118.2	124.7	131.2	137.6	150.3	162.8	168.9	175.0
325				100.0	107.4	114.7	121.9	129.1	136.3	143.4	150.4	164.4	178.1	185.0	191.7
351				108.4	116.4	124.3	132.2	140.0	147.8	155.6	163.2	178.5	193.5	201.0	208.4
377				116.7	125.3	133.9	142.4	150.9	159.4	167.7	176.1	192.6	208.9	217.0	225.0
426					142.2	152.0	161.8	171.5	181.1	190.7	200.2	219.2	237.9	247.2	256.5
450					150.5	160.9	171.2	181.5	191.8	201.9	212.1	232.2	252.1	262.0	271.8
480					160.9	172.0	183.1	194.1	205.1	216.0	226.9	248.5	269.9	280.5	291.1
500					167.8	179.4	191.0	202.5	214.0	225.4	236.7	259.3	281.7	292.8	303.9
530					178.1	190.5	202.8	215.1	227.3	239.4	251.5	275.6	299.5	311.3	323.1

续表

公称外径/mm	公称壁厚/mm															
	28	30	32	(34)	36	38	40	(42)	45	(48)	50	56	60	63	(65)	70
	理论质量/(kg/m)															
133	72.50	76.20	79.70													
146	81.48	85.82	89.96	93.91	97.65											
159	90.45	95.43	100.2	104.8	109.2											
168	96.67	102.1	107.3	112.4	117.2	121.8	126.3									
194	114.6	121.3	127.8	134.2	140.3	146.2	151.9	157.4	165.4							
219	131.9	139.8	147.6	155.1	162.5	169.6	176.6	183.3	193.1	202.4	208.4					
245	149.8	159.1	168.1	176.9	185.5	194.0	202.2	210.3	221.9	233.2	240.4					
273	169.2	179.8	190.2	200.4	210.4	220.2	229.8	239.3	253.0	266.3	275.0					
299	187.1	199.0	210.7	222.2	233.5	244.6	255.5	266.2	281.9	297.1	307.0	335.6	353.6			
325	205.1	218.2	231.2	244.0	256.6	268.9	281.1	293.1	310.7	327.9	339.1	371.5	392.1			
351	223.0	237.5	251.7	265.8	279.6	293.3	306.8	320.0	339.6	358.7	371.1	407.4	430.6			
377	241.0	256.7	272.3	287.6	302.7	317.7	332.4	347.0	368.4	389.4	403.2	443.3	469.0	487.8	500.1	529.9
426	274.8	293.0	310.9	328.7	346.2	363.6	380.8	397.7	422.8	447.4	463.6	511.0	541.5	564.0	578.7	614.5
450	291.4	310.7	329.9	348.8	367.5	386.1	404.4	422.6	449.4	475.8	493.2	544.1	577.0	601.2	617.1	656.0
480	312.1	332.9	353.5	373.9	394.2	414.2	434.0	453.7	482.7	511.4	530.2	585.5	621.4	647.8	665.2	707.7
500	325.9	347.7	369.3	390.7	411.9	432.9	453.7	474.4	504.9	535.0	554.9	613.2	651.0	678.9	697.3	742.3
530	346.6	369.9	393.0	415.9	438.6	461.0	483.3	505.4	538.2	570.5	591.8	654.6	695.4	725.5	745.4	794.1

表 2.60 高压锅炉用冷拔（轧）无缝钢管的规格和质量

公称外径/mm	公称壁厚/mm										
	2.0	2.2	2.5	2.8	3.0	3.2	3.5	4.0	4.5	5.0	5.5
	理论质量/(kg/m)										
10	0.395	0.423	0.462								
12	0.493	0.532	0.586	0.635	0.666						
16	0.690	0.749	0.830	0.911	0.962	1.01	1.08	1.18			
22	0.986	1.07	1.20	1.33	1.41	1.48	1.60	1.78	1.94	2.10	2.24
25	1.13	1.24	1.39	1.53	1.63	1.72	1.86	2.07	2.27	2.47	2.64
28	1.28	1.40	1.57	1.74	1.85	1.96	2.11	2.37	2.61	2.84	3.05
32	1.48	1.62	1.82	2.02	2.15	2.27	2.46	2.76	3.05	3.33	3.59
38	1.78	1.94	2.19	2.43	2.59	2.75	2.98	3.35	3.72	4.07	4.41
42			2.44	2.71	2.89	3.06	3.32	3.75	4.16	4.56	4.95
48			2.80	3.12	3.33	3.54	3.84	4.34	4.83	5.30	5.76
51			2.99	3.33	3.55	3.77	4.10	4.64	5.16	5.67	6.17
57			3.36	3.74	3.99	4.25	4.62	5.23	5.83	6.41	6.98
60						4.48	4.88	5.52	6.16	6.78	7.39
63						4.72	5.14	5.82	6.49	7.15	7.80
70						5.27	5.74	6.51	7.27	8.01	8.75
76								7.60	7.93	8.75	9.56
83								7.79	8.71	9.62	10.51
89								8.38	9.38	10.36	11.33
102									10.82	11.96	13.09
108									11.49	12.70	13.90
114									12.15	13.44	14.72

公称外径/mm	公称壁厚/mm									
	6.0	6.5	7.0	7.5	8.0	9.0	10	11	12	13
	理论质量/(kg/m)									
25	2.81									
28	3.26	3.45	3.62							
32	3.85	4.09	4.32	4.53	4.73					
38	4.73	5.05	5.35	5.64	5.92	6.44				
42	5.33	5.69	6.04	6.38	6.71	7.32				
48	6.21	6.65	7.08	7.49	7.89	8.66	9.37			
51	6.66	7.13	7.60	8.05	8.48	9.32	10.11	10.85	11.54	
57	7.55	8.09	8.63	9.16	9.67	10.65	11.59	12.48	13.32	
60	7.99	8.58	9.15	9.71	10.26	11.32	12.33	13.29	14.20	
63	8.43	9.06	9.67	10.26	10.85	11.98	13.07	14.11	15.09	
70	9.47	10.18	10.88	11.56	12.23	13.54	14.80	16.00	17.16	18.27
76	10.36	11.14	11.91	12.67	13.42	14.87	16.28	17.63	18.94	20.20
83	11.39	12.26	13.12	13.96	14.80	16.42	18.00	19.52	21.01	22.44
89	12.28	13.22	14.15	15.07	15.98	17.76	19.48	21.16	22.79	24.36
102	14.20	15.31	16.40	17.48	18.54	20.64	22.69	24.68	26.63	
108	15.09	16.27	17.43	18.59	19.73	21.97	24.17	26.31	28.41	
114	12.15	13.44	14.72	15.98	17.23	18.49	25.65	27.94		

注：钢的密度按 7.85 kg/dm^3。不锈（耐热）钢钢管的理论质量为按 GB/T 17395 规定计算理论质量的 1.015 倍。

2.3.4 冷拔或冷轧精密无缝钢管

① 用途　制造机械结构、液压设备、汽车零部件等有特殊尺寸精度和高表面质量要求的管路。

② 分类　按交货状态分为冷加工/硬状态（+C)、冷加工/软状态（+LC)、消除应力退火状态（+SR)、退火状态（+A）和正火状态（+N)。

③ 规格（通常长度为 3000～12000mm）见表 2.61。

表 2.61　冷拔或冷轧精密无缝钢管的规格（GB/T 3639—2021）

mm

外径(*D*)	壁厚(*S*)													
	0.5	0.8	1.0	1.2	1.5	1.8	2.0	2.2	2.5	2.8	3.0	3.5	4.0	4.5
	内径(*d*)													
4	3	2.4	2	1.6										
5	4	3.4	3	2.6										
6	5	4.4	4	3.6	3	2.4	2							
7	6	5.4	5	4.6	4	3.4	3							
8	7	6.4	6	5.6	5	4.4	4	3.6	3					
9	8	7.4	7	6.6	6	5.5	5	4.6	4	3.4				
10	9	8.4	8	7.6	7	6.4	6	5.6	5	4.4	4			
12	11	10.4	10	9.6	9	84	8	7.6	7	6.4	6	5	4	
14	13	12.4	12	11.6	11	10.4	10	9.6	9	8.4	8	7	6	5
15	14	13.4	13	126	12	11.4	11	10.6	10	9.4	9	8	7	6
16	15	14.4	14	13.6	13	12.4	12	11.6	11	10.4	10	9	8	7
18	17	16.4	16	15.6	15	14.4	14	13.6	13	12.4	12	11	10	9
20	19	18.4	18	17.6	17	16.4	16	15.6	15	14.4	14	13	12	11
22	21	20.4	20	19.6	19	18.4	18	17.6	17	16.4	16	15	14	13
25	24	23.4	23	22.6	22	21.4	21	20.6	20	19.4	19	18	17	16
26	25	24.4	24	23.6	23	22.4	22	21.6	21	20.4	20	19	18	17
28	27	26.4	26	25.6	25	24.4	24	23.6	23	22.4	22	21	20	19
30	29	28.4	28	27.6	27	26.4	26	25.6	25	24.4	24	23	22	21
32	31	30.4	30	29.6	29	28.4	28	27.6	27	26.4	26	25	24	23
35	34	33.4	33	32.6	32	31.4	31	30.6	30	29.4	29	28	27	26
38	37	36.4	36	35.6	35	34.4	34	33.6	33	32.4	32	31	30	29
40	39	38.4	38	37.6	37	36.4	36	35.6	35	34.4	34	33	32	31
42			40	39.6	39	38.4	38	37.6	37	36.4	36	35	33	33
45			43	42.6	42	41.4	41	40.6	40	39.4	37	38	36	36
48			46	45.6	45	44.4	44	43.6	43	42.4	42	41	39	39
50			48	47.6	47	46.4	46	45.6	45	44.4	44	43	42	41
55			53	52.6	52	51.4	51	50.6	50	49.4	49	48	47	46
60			58	57.6	57	56.4	56	55.6	55	54.4	54	53	52	51
65			63	62.6	62	61.4	61	60.6	60	59.4	59	58	57	56
70			68	67.6	67	66.4	66	65.6	65	64.4	64	63	62	61
75			73	72.6	72	71.4	71	70.6	70	69.4	69	68	67	66
80			78	77.6	77	76.4	76	75.6	75	74.4	74	73	72	71

续表

外径(D)	壁厚(S)													
	0.5	0.8	1.0	1.2	1.5	1.8	2.0	2.2	2.5	2.8	3.0	3.5	4.0	4.5
	内径(d)													
85					82	81.4	81	80.6	80	76.4	76	78	77	76
90					87	86.4	86	85.6	85	84.4	84	83	82	81
95							91	90.6	90	89.4	89	88	87	86
100							96	95.6	95	94.4	94	93	92	91
110							106	105.6	105	104.4	104	103	102	101
120							116	115.6	115	114.4	114	113	112	111
130									125	124.4	124	123	122	121
140									135	134.4	134	133	132	131
150											144	143	142	141
160											154	153	152	151
170											164	163	162	161
180												173	172	171
190												183	182	181
200												193	192	191
220														211
240														231

外径(D)	壁厚(S)													
	5.0	5.5	6.0	7.0	8.0	9.0	10.0	12	14	16	18	20	22	25
	内径(d)													
15	5													
16	6	5	4											
18	8	7	6											
20	10	9	8	6										
22	12	11	10	8										
25	15	14	13	11	9									
26	16	15	14	12	10									
28	18	17	16	14	12									
30	20	19	18	16	14	12	10							
32	22	21	20	18	16	14	12							
35	25	24	23	21	19	17	15							
38	28	27	26	24	22	20	18							
40	30	29	28	26	24	22	20							
42	32	31	30	28	26	24	22							
45	35	34	33	31	29	27	25							
48	38	37	36	34	32	30	28							
50	40	39	38	36	34	32	30							
55	45	44	43	41	39	37	35	31						
60	50	49	48	46	44	42	40	36						
65	55	54	53	51	49	47	45	41	37					
70	60	59	58	56	54	52	50	46	42					
75	65	64	63	61	59	57	55	51	47	43				
80	70	69	68	66	64	62	60	56	52	48				
85	75	74	73	71	69	67	65	61	57	53				
90	80	79	78	76	74	72	70	66	62	58				

续表

外径(D)	壁厚(S)													
	5.0	5.5	6.0	7.0	8.0	9.0	10.0	12	14	16	18	20	22	25
	内径(d)													
95	85	84	83	81	79	77	75	71	67	63	59			
100	90	89	88	86	84	82	80	76	72	68	64			
110	100	99	98	96	94	92	90	86	82	78	74			
120	110	109	108	106	104	102	100	96	92	88	84			
130	120	119	118	116	114	112	110	106	102	98	94			
140	130	129	128	126	124	122	120	116	112	108	104			
150	140	139	138	136	134	132	130	126	122	118	114	110		
160	150	149	148	146	144	142	140	136	132	128	124	120		
170	160	159	158	156	154	152	150	146	142	138	134	130		
180	170	169	168	166	164	162	160	156	152	148	144	140		
190	180	179	178	176	174	172	170	166	162	158	154	150		
200	190	189	188	186	184	182	180	176	172	168	164	160		
220	210	209	208	206	204	202	200	196	192	188	184	180	176	170
240	230	229	228	226	224	222	220	216	212	208	204	200	196	190
260	250	249	248	246	244	242	240	236	232	228	224	220	216	210
280		269	268	266	264	262	260	256	252	248	244	240	236	230
300			288	286	284	282	280	276	272	268	264	260	256	250
320			308	306	304	302	300	296	292	288	284	280	276	270
340					324	322	320	316	312	308	304	300	296	290
360					344	342	340	336	332	328	324	320	316	310
380					364	362	360	356	352	348	344	340	336	330

2.3.5　食品工业用无缝钢管

① 用途　用于食品工业中与食品直接接触和其他行业有洁净、卫生要求的钢管。

② 分类　有 A 类（不锈钢无缝钢管）和 B 类（不锈钢焊接钢管）。

③ 材质　应选用 S30408、S30403、S31608 和 S31603 奥氏体型不锈钢；存在腐蚀介质的情况时，可选用 S31703 奥氏体型不锈钢；介质中存在氯离子的情况时，可选用 S22053 等性能相近的奥氏体-铁素体（双相）型不锈钢。

④ 标记　由名称、材料代号、标准代号、外径×壁厚、类别、级别组成（精度为普通级时不标注，较高级时标注代号“H”）。

例：外径 51mm、壁厚 1.2mm，材料为 S31608 的食品工业用直缝焊接不锈钢管，较高级精度，则其标记为：食品工业钢管 S31608　QB/T 2467 51×1.2-BH。

⑤ 规格　见表 2.62。

表 2.62 食品工业用无缝钢管尺寸（QB/T 2467—2017）

外径/mm	壁厚 T/mm		外径/mm	壁厚 T/mm	
	A类	B类		A类	B类
6、8、10	1	—	88.9、101.6、114.3	2	2
12、12.7、17.2、21.3	1	1	139.7	—	2
25、33.7、38、40、51	1.2,1.6	1.2,1.6	168.3、219.1、273、323.9、355.6	—	2.6
63.5、70、76.1	1.6	1.6	406.4	—	3.2

采用DN公称尺寸表示的无缝钢管(DIN 11850—2009)

系列1(ρ=7.97kg/dm^3)				系列2(ρ=7.97kg/dm^3)							
DN公称尺寸	外径/mm	壁厚 t/mm	理论质量/(kg/m^2)	DN公称尺寸	外径/mm	壁厚 t/mm	理论质量/(kg/m^2)	DN公称尺寸	外径/mm	壁厚 t/mm	理论质量/(kg/m^2)
10	12	1	0.27	10	13	1.5	0.43	65	70	2	3.43
15	18		0.42	15	19		0.66	80	85		4.16
20	22		0.51	20	23		0.81	100	104		5.03
25	28		0.66	25	29		1.03	125	129		6.36
32	34		0.82	32	35		1.26	150	154		7.49
40	40		0.97	40	41		1.5	200	204		10.12
50	52		1.26	50	53		1.9				

采用NPS公称尺寸表示的无缝钢管(ASME BPE—2014)

NPS公称尺寸	外径		壁厚		NPS公称尺寸	外径		壁厚	
	in	mm	in	mm		in	mm	in	mm
1/4	0.250	6.35	0.035	0.89	2	2.000	50.80	0.065	1.65
3/8	0.375	9.53	0.035	0.89	2 1/2	2.500	63.50	0.065	1.65
1/2	0.500	12.70	0.065	1.65	3	3.000	76.20	0.065	1.65
3/4	0.750	19.05	0.065	1.65	4	4.000	101.60	0.083	2.11
1	1.000	25.40	0.065	1.65	6	6.000	152.40	0.109	2.77
1 1/2	1.500	38.10	0.065	1.65					

2.3.6 低压流体输送用焊接钢管

① 用途　用于水、空气、采暖蒸汽和燃气等低压流体输送。

② 分类　按焊接方法可分为直缝高频电焊钢管、直缝埋弧焊钢管（SAWL）和螺旋缝埋弧焊钢管（SAWH）。

③ 牌号　Q195、Q215A、Q215B、Q235A、Q235B、Q275A、Q275B 和 Q345A、Q345B。

④ 规格　钢管的外径（D）和壁厚（t）应符合 GB/T 21835 的规定，通常长度为 3000～12000mm。

公称外径不大于 219.1mm 的钢管规格见表 2.63。

表 2.63　公称外径不大于 219.1mm 的钢管规格（GB/T 3091—2015）

公称口径（DN）	外径 D/mm			最小公称壁厚/mm	公称口径（DN）	外径 D/mm			最小公称壁厚/mm
	系列 1	系列 2	系列 3			系列 1	系列 2	系列 3	
6	10.2	10.0	—	2.0	50	60.3	59.5	59.0	3.0
8	13.5	12.7	—	2.0	65	76.1	75.5	75.0	3.0
10	17.2	16.0	—	2.2	80	88.9	88.5	88.0	3.25
15	21.3	20.8	—	2.2	100	114.3	114.0	—	3.25
20	26.9	26.0	—	2.2	125	139.7	141.3	140.0	3.5
25	33.7	33.0	32.5	2.5	150	165.1	168.3	159.0	3.5
32	42.4	42.0	41.5	2.5	200	219.1	219.0	—	4.0
40	48.3	48.0	47.5	2.75					

注：1. 系列 1 是通用系列，属推荐选用系列；系列 2 是非通用系列；系列 3 是少数特殊、专用系列。

2. 表中的公称口径系内径的名义尺寸，不表示公称外径减去两个公称壁厚所得的内径。

3. 外径大于 219.1mm 的钢管的规格，应符合 GB/T 21835 的规定。

4. 钢管的通常长度为 3000～12000mm。

2.3.7 机械结构用不锈钢焊接钢管

① 用途　用于机械、汽车、自行车、家具及其他机械部件与结构件。

② 分类　按尺寸精度分为高级（PA）、较高级（PB）和普通级（PC）三级；按交货状态分为焊接状态（H）、热处理状态（T）、冷拔（轧）状态（WC）和磨（抛）光状态（SP）四类。

③ 尺寸　公称外径（D）和公称壁厚（S）应符合 GB/T 21835 的规定，通常长度为 2～12m。

④ 牌号（GB/T 12770—2012）　12Cr18Ni9，06Cr19Ni10，022-

Cr19Ni10，06Cr25Ni20，05Cr17Ni12Mo2，022Cr17Ni12Mo2，06Cr-18Ni11Ti，06Cr18Ni11Nb（以上为奥氏体型），022Cr22Ni5Mo3N，022Cr23Ni5Mo3N，022Cr25Ni7Mo4N（以上为双相钢），022Cr18Ti，019Cr19Mo2NbTi，06Cr13Al，022Cr11Ti，022Cr12Ni（以上为铁素体型），06Cr13（马氏体型）。

2.3.8 输送流体用不锈钢焊接钢管

（1）用途

输送量大且有清洁要求（如食品行业）或有腐蚀性（如化工行业）的压力较低流体。

（2）分类

① 按制造方法和射线检测分，有Ⅰ（双面自动焊接，焊缝全长射线探伤）、Ⅱ（单面自动焊接，焊缝全长射线探伤）、Ⅲ（双面自动焊接，焊缝局部射线探伤）、Ⅳ（单面自动焊接，焊缝局部射线探伤）、Ⅴ（双面自动焊接，焊缝不做射线探伤）、Ⅵ（单面自动焊接，焊缝不做射线探伤）6类。

② 按交货状态分，有焊接（＋H）、热处理（＋P）和磨（抛）光（＋ST）三种状态。

（3）尺寸

公称外径（D）和公称壁厚（S）应符合GB/T 21835的规定，通常长度为3～12m。

（4）牌号（GB/T 12771—2019）

12Cr18Ni9，022Cr19Ni10，06Cr19Ni10，07Cr19Ni10，022Cr-19Ni10N，06Cr19Ni10N，06Cr23Ni13，06Cr25Ni20，015Cr20Ni-18Mo6CuN，022Cr17Ni12Mo2，06Cr17Ni12Mo2，07Cr17Ni12Mo2，022Cr17Ni12Mo2N，06Cr17Ni12Mo2N，06Cr17Ni12Mo2Ti，015Cr-21Ni26Mo5Cu2，06Cr18Ni11Ti，07Cr19Ni11Ti，06Cr18Ni11Nb，07Cr-18Ni11Nb（以上为奥氏体型）022Cr11Ti，022Cr12N，06Cr13A，022Cr18Ti，019Cr19Mo2NbTi（以上为铁素体型）。

输送流体用不锈钢焊接钢管的规格见表2.64。

表 2.64　输送流体用不锈钢焊接钢管的规格

外径/mm	壁厚/mm																		
	0.3	0.4	0.5	0.6	0.8	1.0	1.2	1.4	1.5	1.8	2.0	2.2	2.5	2.8	3.0	3.2	3.5	3.6	4.0
8	◁	◁	◁	◁	◁	◁													
12	◁	◁	◁	◁	◁	◁	◁	◁	◁										
13				◁	◁	◁	◁	◁	◁										
14				◁	◁	◁	◁	◁	◁	◁									
15				◁	◁	◁	◁	◁	◁	◁	⊙								
18				◁	◁	◁	◁	◁	◁	◁	⊙								
19				◁	◁	◁	◁	◁	◁	◁	⊙								
20				◁	◁	◁	◁	◁	◁	◁	⊙	⊙							
22					◁	◁	◁	◁	◁	◁	⊙	⊙							
25					◁	◁	◁	◁	◁	◁	⊙	⊙	⊙						
28						◁	◁	◁	◁	◁	⊙	⊙	⊙						
30						◁	◁	◁	◁	◁	⊙	⊙	⊙						
32						◁	◁	◁	◁	◁	⊙	⊙	⊙	⊙	⊙				
36						◁	◁	◁	◁	◁	⊙	⊙	⊙	⊙	⊙				
38						◁	◁	◁	◁	◁	⊙	⊙	⊙	⊙	⊙				
40						◁	◁	◁	◁	◁	⊙	⊙	⊙	⊙	⊙				
45						◁	◁	◁	◁	◁	⊙	⊙	⊙	⊙	⊙				
48						◁	◁	◁	◁	◁	⊙	⊙	⊙	⊙	⊙				
57						◁	◁	◁	◁	◁	⊙	⊙	⊙	⊙	⊙	⊙			
76								◁	◁	◁	⊙	⊙	⊙	⊙	⊙	⊙			
89									◁	◁	⊙	⊙	⊙	⊙	⊙	⊙	⊙	⊙	⊙
102									◁	◁	⊙	⊙	⊙	⊙	⊙	⊙	⊙	⊙	⊙
108									◁	◁	⊙	⊙	⊙	⊙	⊙	⊙	⊙	⊙	⊙
114										◁	⊙	⊙	⊙	⊙	⊙	⊙	⊙	⊙	⊙
133											⊙	⊙	⊙	⊙	⊙	⊙	⊙	⊙	⊙

续表

外径/mm	壁厚/mm																		
	2.2	2.5	2.8	3.0	3.2	3.5	3.6	4.0	4.2	4.6	4.8	5.0	5.5	6.0	8.0	10	12	14	16
114	⊙	⊙	⊙	⊙	⊙	⊙	⊙	⊙	○	○	○	○							
133	⊙	⊙	⊙	⊙	⊙	⊙	⊙	⊙	○	○	○	○	○	○					
159	⊙	⊙	⊙	⊙	⊙	⊙	⊙	⊙	○	○	○	○	○	○	○				
219		⊙	⊙	⊙	⊙	⊙	⊙	⊙	○	○	○	○	○	○	○	○	○		
273					⊙	⊙	⊙	⊙	○	○	○	○	○	○	○	○	○		
325					⊙	⊙	⊙	⊙	○	○	○	○	○	○	○	○	○	○	
377												○	○	○	○	○	○	○	
400												○	○	○	○	○	○	○	
426														○	○	○	○	○	
450														○	○	○	○	○	
478														○	○	○	○	○	
500														○	○	○	○	○	
508														○	○	○	○	○	
529														○	○	○	○	○	
550														○	○	○	○	○	
600														○	○	○	○	○	
630														○	○	○	○	○	○

注：△—采用冷轧板（带）制造；⊙—采用冷轧板（带）或热轧板（带）制造；○—采用热轧板（带）制造。

2.3.9　装饰用焊接不锈钢管

（1）用途

用于市政设施、建筑装饰、道桥护栏、汽车、钢结构网架、医疗器械、家具、一般机械结构部件。

（2）分类

① 按表面交货状态分：有未抛光状态（无或 SNB）、抛光状态（SB）、磨光状态（SP）和喷砂状态（SS）。

② 按截面形状分：有圆管（R）、方管（S）、矩形管（RE）。

③ 按尺寸精度分：有普通级（PA）和高级（PC）。

④ 按表面粗糙度分：有普通级（FA）、较高级（FB）和高级（FC）。

（3）牌号

12Cr17Ni7、06Cr19Ni10、06Cr17Ni12Mo2（奥氏体型）、022Cr12、022Cr18Ti（铁素体型）。

（4）尺寸　公称外径（D）和公称壁厚（S）应符合 GB/T 21835 的规定，通常长度为 1～8m。尺寸系列见表 2.65 和表 2.66。

2.3.10　耐蚀合金焊管

① 用途：用于要求耐腐蚀和耐较高温的化工行业等场合。

② 尺寸、外形、重量及允许偏差应符合 GB/T 37792 的规定。

③ 牌号（GB/T 37605—2019）：NS1101、NS1102、NS1104、NS1402、NS1403、NS3102、NS3304、NS3306、NS6400。

④ 交货状态：热处理加酸洗。

2.3.11　耐蚀合金无缝管

（1）用途

用于要求耐腐蚀和耐高温的化工行业等场合。

（2）分类

按合金成分分，有镍基、铁镍基、纯镍和镍铜耐蚀合金；按加工方法分，有冷轧（拔）无缝管和热挤压（轧、扩）无缝管。

（3）尺寸

① 合金管的公称外径为 6～10mm 的无缝管，公称壁厚不小于 0.5mm。

② 冷轧（拔）无缝管的公称外径为 6～610mm；热挤压（轧、

表 2.65　正方管尺寸系列（YB/T 5363—2016）

边长/mm	壁厚/mm																
	0.4	0.5	0.6	0.7	0.8	0.9	1.0	1.2	1.4	1.5	1.6	1.8	2.0	2.2	2.5	2.8	3.0
15	√	√	√	√	√	√	√	√									
20		√	√	√	√	√	√	√	√	√	√	√	√				
25			√	√	√	√	√	√	√	√	√	√	√	√	√		
30					√	√	√	√	√	√	√	√	√	√	√		
40						√	√	√	√	√	√	√	√	√	√		
50							√	√	√	√	√	√	√	√	√		
60								√	√	√	√	√	√	√	√		
70									√	√	√	√	√	√	√		
80										√	√	√	√	√	√	√	
85										√	√	√	√	√	√	√	
90											√	√	√	√	√	√	√
100											√	√	√	√	√	√	√
110												√	√	√	√	√	√
125												√	√	√	√	√	√
130													√	√	√	√	√
140													√	√	√	√	√
170														√	√	√	√

表 2.66　矩形管尺寸系列（YB/T 5363—2016）

边长×边长/mm	壁厚/mm																
	0.4	0.5	0.6	0.7	0.8	0.9	1.0	1.2	1.4	1.5	1.6	1.8	2.0	2.2	2.5	2.8	3.0
20×10		√	√	√	√	√	√	√	√	√							
25×15			√	√	√	√	√	√	√	√	√						
40×20					√	√	√	√	√	√	√	√					
50×30						√	√	√	√	√	√	√					
70×30							√	√	√	√	√	√	√				

续表

边长×边长/mm	壁厚/mm																
	0.4	0.5	0.6	0.7	0.8	0.9	1.0	1.2	1.4	1.5	1.6	1.8	2.0	2.2	2.5	2.8	3.0
80×40							√	√	√	√	√	√	√				
90×30							√	√	√	√	√	√	√	√			
100×40								√	√	√	√	√	√	√			
110×50									√	√	√	√	√	√			
120×40									√	√	√	√	√	√			
120×60										√	√	√	√	√	√		
130×50										√	√	√	√	√	√		
130×70											√	√	√	√	√		
140×60											√	√	√	√	√		
140×80												√	√	√	√		
150×50												√	√	√	√	√	
150×70												√	√	√	√	√	
160×40												√	√	√	√	√	
160×60													√	√	√	√	
160×90													√	√	√	√	
170×50													√	√	√	√	
170×80													√	√	√	√	
180×70													√	√	√	√	
180×80													√	√	√	√	√
180×100													√	√	√	√	√
190×60													√	√	√	√	√
190×70														√	√	√	√
190×90														√	√	√	√
200×60														√	√	√	√
200×80														√	√	√	√
200×140															√	√	√

扩）无缝管的外径为 38～235mm，其公差均应符合 GB/T 37614—2019 表 1 规定。

③ 公称壁厚为 0.5～0.8mm 的合金管，其通常长度为 500～8000mm；公称壁厚大于 0.8mm 合金管的通常长度为 1000～12000mm。

（4）牌号（GB/T 37614—2019）

NS1101、NS1102、NS1103、NS1104、NS1401、NS1402、NS1403、NS1404、NS3101、NS3102、NS3103、NS3105、NS3301、NS3304、NS3306、NS3403、NS5200、NS5201、NS6400。

2.3.12 金属软管

（1）生活饮用水管道用波纹金属软管

① 材料牌号：06Cr19Ni10 和 022Cr17Ni12Mo2。

② 结构：软管一般由波纹管、网套、接管和法兰等组成（图 2.3）。

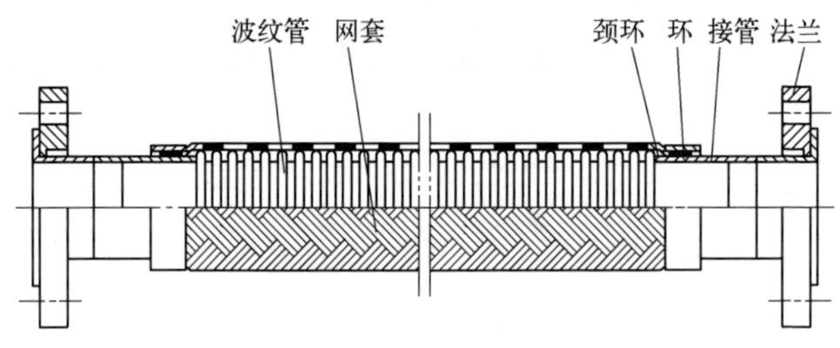

图 2.3 生活饮用水管道用波纹金属软管结构

③ 型号标注：

□	YSJR	□	F	□-	L
压力，以 10 倍的室温下设计压力(MPa)标记	生活饮用水波纹金属软管专用代号	公称尺寸(DN)	法兰代号	波纹管材料牌号简称（见表 2）	软管长度(mm)

④ 软管室温下的设计压力 P_s 范围≤1.6MPa。

⑤ 规格：见表 2.67。

表 2.67　产品常用规格（GB/T 41486—2022）

项目	规格
公称尺寸 DN/mm	50,65,80,100,125,150,200,250,300,350,400
软管长度/mm	500,800,1000,1200,1500,2000,2500,3000,4000,5000

（2）S 型钎焊不锈钢软管

① 用途：可用作电缆的防护套管及非腐蚀性的液压油、燃油、滑油和蒸汽系统的输送管道。

② 使用温度范围：0～400℃

③ 材料：1Cr18Ni9Ti 不锈钢带和不锈钢丝。

④ 外形和尺寸：见表 2.68。

表 2.68　S 型钎焊不锈钢软管的外形和尺寸（YB/T 5307—2006）

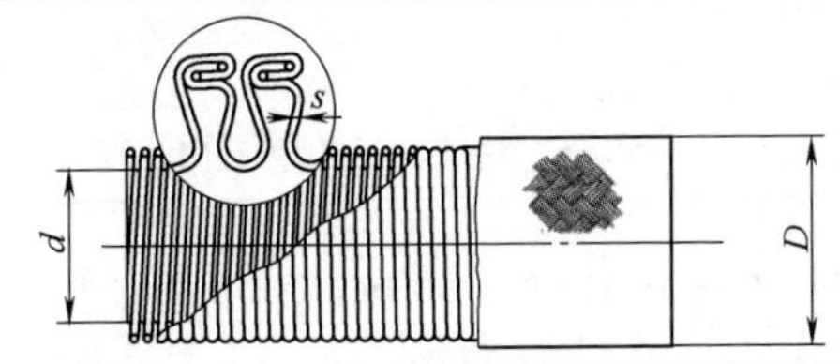

公称内径 d /mm	最小内径 d_{min} /mm	软管外径 D /mm	钢带厚度 s /mm	编织钢丝直径 d_1 /mm	软管性能参数		理论质量 /(kg/m)
					20℃时工作压力 /(kgf/cm²①)	20℃时爆破压力 /(kgf/cm²)	
6	5.9	$10.8_{-0.3}$	0.13	0.3	150	450	0.209
8	7.9	$12.8_{-0.3}$	0.13	0.3	120	360	0.238
10	9.85	$15.6_{-0.3}$	0.16	0.3	100	300	0.367
12	11.85	$18.2_{-0.3}$	0.16	0.3	95	285	0.434
14	13.85	$20.2_{-0.3}$	0.16	0.3	90	270	0.494
(15)	14.85	$21.2_{-0.3}$	0.16	0.3	85	255	0.533
16	15.85	$22.2_{-0.3}$	0.16	0.3	80	240	0.553
(18)	17.85	$24.3_{-0.3}$	0.16	0.3	75	225	0.630
20	19.85	$29.3_{-0.3}$	0.20	0.3	70	210	0.866
(22)	21.85	$31.3_{-0.3}$	0.20	0.3	65	195	0.946
25	24.80	$35.3_{-0.3}$	0.25	0.3	60	180	1.347
30	29.80	$40.3_{-0.3}$	0.25	0.3	50	150	1.555
32	31.80	$44_{-0.3}$	0.30	0.3	45	135	1.864
38	37.75	$50_{-0.3}$	0.30	0.3	40	120	2.142
40	39.75	$52_{-0.3}$	0.30	0.3	35	105	2.207
42	41.75	$54_{-0.3}$	0.30	0.3	35	105	2.342

① 1kgf/cm² ≈ 98.07kPa。

续表

公称内径 d /mm	最小内径 d_{min} /mm	软管外径 D /mm	钢带厚度 s /mm	编织钢丝直径 d_1 /mm	软管性能参数		理论质量 /(kg/m)
					20℃时工作压力 /(kgf/cm²)	20℃时爆破压力 /(kgf/cm²)	
48	47.75	$60_{-0.3}$	0.30	0.3	30	90	2.634
50	49.75	$62_{-0.3}$	0.30	0.3	25	75	2.714
52	51.75	$64_{-0.3}$	0.30	0.3	25	75	2.795

注：1. 软管理论质量不包括接头的质量。理论质量和钢带厚度仅供参考。
2. 表中带括号的规格不推荐使用。

（3）P3 型结构的镀锌金属软管

P3 型结构的镀锌金属软管为镀锌低碳钢带制成的无填料金属软管（右旋卷绕）。

① 用途：用作电线保护管

② 外形和尺寸：见表 2.69。

表 2.69 P3 型结构的镀锌金属软管的外形和尺寸（YB/T 5306—2006）

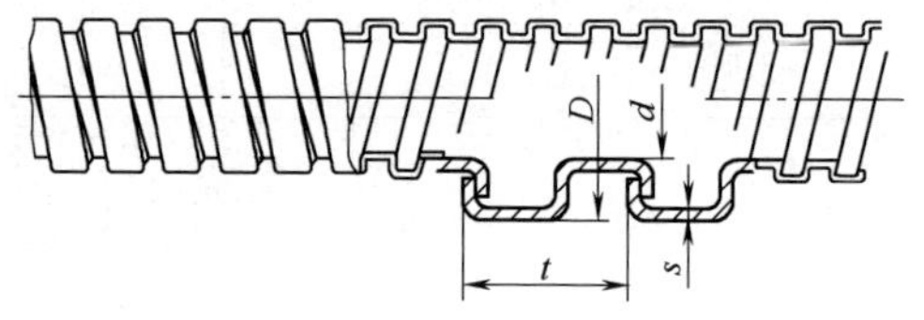

公称内径 d /mm	最小内径 d_{min} /mm	外径及允许偏差 D /mm	节距及允许偏差 t /mm	钢带厚度 s /mm	自然弯曲直径 R /mm	轴向拉力 (≥) /kgf	理论质量 /(g/m)
(4)	3.75	6.20±0.25	2.65±0.40	0.25	30	24	49.6
(6)	5.75	8.2±0.25	2.70±0.4	0.25	40	36	68.6
8	7.70	11.00±0.30	4.00±0.4	0.30	45	48	111.7
10	9.70	13.50±0.30	4.70±0.45	0.30	55	60	139.0
12	11.65	15.50±0.35	4.70±0.45	0.30	60	72	162.3
(13)	12.65	16.50±0.35	4.70±0.45	0.30	65	78	174.0
(15)	14.65	19.00±0.35	5.70±0.45	0.35	80	90	233.8
(16)	15.65	20.00±0.35	5.70±0.45	0.35	85	96	247.4
(19)	18.60	23.30±0.40	6.40±0.50	0.40	95	114	326.7
20	19.60	24.30±0.40	6.40±0.50	0.40	100	120	342.0
(22)	21.55	27.30±0.45	8.70±0.50	0.40	105	132	375.1
25	24.55	30.30±0.45	8.70±0.50	0.40	115	150	420.2

续表

公称内径 d /mm	最小内径 d_{min} /mm	外径及允许偏差 D /mm	节距及允许偏差 t /mm	钢带厚度 s /mm	自然弯曲直径 R /mm	轴向拉力（≥）/kgf	理论质量 /(g/m)
(32)	31.50	38.00±0.50	10.50±0.60	0.45	140	192	585.8
38	37.40	45.00±0.60	11.40±0.60	0.50	160	228	804.3
51	50.00	58.00±1.00	11.40±0.60	0.50	190	306	1054.6
64	62.50	72.50±1.50	14.80±0.60	0.60	280	384	1522.5
75	73.00	83.50±2.00	14.20±0.60	0.60	320	450	1841.2
(80)	78.00	88.50±2.00	14.20±0.60	0.60	330	480	1957.0
100	97.00	108.50±3.00	14.20±0.60	0.60	380	600	2420.4

注：①钢带厚度 s 及理论质量仅供参考。

② 括弧中的规格不推荐使用。

2.4　钢丝

钢丝是用热轧盘条经冷拉制成的再加工产品。

其分类方法很多，按化学成分分，有低碳钢丝、中碳钢丝、高碳钢丝、低合金钢丝、中合金钢丝、高合金钢丝和特殊性能合金钢丝。

按最终热处理方法分：有退火钢丝、正火钢丝、油淬火-回火钢丝、索氏体化钢丝、固溶处理钢丝和稳定化处理钢丝。

按加工方法分：有冷拉钢丝、冷轧钢丝、温控钢丝、直条钢丝、银亮钢丝、磨光钢丝和抛光钢丝。

按抗拉强度分：有低强度钢丝、较低强度钢丝、中等强度钢丝、较高强度钢丝、高强度钢丝和超高强度钢丝。

按用途分：有一般用途钢丝、结构钢丝、弹簧钢丝、工具钢丝、冷顶锻（冷镦）钢丝、不锈钢丝、轴承钢丝、高速工具钢丝和易切削钢丝，还有专用钢丝等等。

2.4.1　一般用途低碳钢丝

一般用途低碳钢丝是用低碳钢盘条拉成的钢丝。

① 用途　主要用于轻工和建筑行业的一般捆绑、制钉、编织及建筑等，如制作钢筋、焊接骨架、焊接网、水泥船织网、小五金等。

② 分类　见表 2.70。

表 2.70 一般用途低碳钢丝的分类

分类	按交货状态			按用途		
名称	冷拉钢丝	退火钢丝	镀锌钢丝	普通用	制钉用	建筑用
代号	WCD	TA	SZ			

③ 原料 Q195、Q215、Q235、Q275 或其他低碳钢盘条。

④ 规格 见表 2.71。

表 2.71 一般用途低碳钢丝的规格（YB/T 5294—2009）

钢丝直径/mm	标准捆			非标准捆
	捆重/kg	每捆根数(≤)	单根最低质量/kg	最低质量/kg
≤0.30	5	6	0.5	0.5
>0.30～0.50	10	5	1	1
>0.50～1.00	25	4	2	2
>1.00～1.20	25	3	3	3
>1.20～3.00	50	3	4	4
>3.00～4.50	50	2	6	10
>4.50～6.00	50	2	6	12

2.4.2 冷拉圆钢丝、方钢丝、六角钢丝

适用于用普通碳素结构钢（如 Q195、Q215、Q235、Q275 和 60、70、80、65Mn）冷拉成形的钢丝。

① 分类 钢丝按截面形状分为圆形（R）、方形（S）和六角形（H）；直条钢丝按长度允许偏差分为Ⅰ、Ⅱ和Ⅲ级。

② 规格 见表 2.72。

表 2.72 冷拉圆钢丝、方钢丝、六角钢丝的尺寸规格（GB/T 342—2017）

公称直径 d/mm	圆形		公称尺寸 d/mm	圆形	
	截面面积/mm²	理论质量/(kg/km)		截面面积/mm²	理论质量/(kg/km)
0.050	0.0020	0.016	0.16	0.0201	0.158
0.055	0.0024	0.019	0.18	0.0254	0.199
0.063	0.0031	0.024	0.20	0.0314	0.246
0.070	0.0038	0.030	0.22	0.0380	0.298
0.080	0.0050	0.039	0.25	0.0491	0.385
0.090	0.0064	0.050	0.28	0.0616	0.484
0.10	0.0079	0.062	0.32	0.0804	0.631
0.11	0.0095	0.075	0.35	0.096	0.7514
0.12	0.0113	0.089	0.40	0.126	0.989
0.14	0.0154	0.121	0.45	0.159	1.248

续表

公称尺寸 d、a、s /mm	圆形		方形		六角形	
	截面面积 /mm^2	理论质量 /(kg/km)	截面面积 /mm^2	理论质量 /(kg/km)	截面面积 /mm^2	理论质量 /(kg/km)
0.50	0.196	1.539	0.250	1.962		
0.55	0.238	1.868	0.302	2.371		
0.63	0.312	2.447	0.397	3.116		
0.70	0.385	3.021	0.490	3.846		
0.80	0.503	3.948	0.640	5.024		
0.90	0.636	4.993	0.810	6.358		
1.00	0.785	6.162	1.000	7.850		
1.12	0.985	7.733	1.254	9.847		
1.25	1.227	9.633	1.563	12.27		
1.40	1.539	12.08	1.960	15.39		
1.60	2.011	15.79	2.560	20.10	2.217	17.40
1.80	2.545	19.98	3.240	25.43	2.806	22.03
2.00	3.142	24.66	4.000	31.40	3.464	27.20
2.24	3.941	30.94	5.018	39.39	4.345	34.11
2.50	4.909	38.54	6.250	49.06	5.413	42.49
2.80	6.158	48.34	7.840	61.54	6.790	53.30
3.15	7.793	61.18	9.923	77.89	8.593	67.46
3.55	9.898	77.70	12.60	98.93	10.91	85.68
4.00	12.57	98.67	16.00	125.6	13.86	108.8
4.50	15.90	124.8	20.25	159.0	17.54	137.7
5.00	19.64	154.2	25.00	196.2	21.65	170.0
5.60	23.76	186.5	30.25	237.5	26.20	205.7
6.30	31.17	244.7	39.69	311.6	34.38	269.9
7.10	38.48	302.1	49.00	384.6	42.44	333.2
8.00	50.27	394.6	64.00	502.4	55.43	435.1
9.00	63.62	499.4	81.00	635.8	70.15	550.7
10.0	78.54	616.5	100.00	785.0	86.61	679.9
11.0	95.03	746.0				
12.0	113.1	887.8				
14.0	153.9	1208.1				
16.0	201.1	1578.6				
18.0	254.5	1997.8				
20.0	314.2	2466.5				

注：理论质量按密度为 7.85g/cm^3 计算；对特殊合金钢丝，在计算理论质量时应采用相应牌号的密度。

2.4.3　冷拉碳素弹簧钢丝

冷拉碳素弹簧钢丝是用 65、70 和 65Mn 等碳素弹簧冷拉成形的钢丝。

(1) 用途

制造静载荷和动载荷应用机械弹簧的圆形冷拉碳素弹簧钢丝

(不适用于制造高疲劳强度弹簧用钢丝)。

（2）分类

① 按强度等级和载荷类型的分类和代号，见表 2.73。

表 2.73 钢丝的抗拉强度水平、分类及代号（GB/T 4357—2022）

钢丝抗拉强度水平	弹簧载荷类型及钢丝代号	
	S 级	D 级
低抗拉强度	SL	—
中等抗拉强度	SM	DM
高抗拉强度	SH	DH

② 钢丝按照表面状态分为磷化（PH）、镀锌（ZN）、镀锌铝合金（ZA）及镀铜（Cu）等。

③ 钢丝按交货形式分为盘卷及直条。

（3）规格和抗拉强度

见表 2.74。

表 2.74 冷拉碳素弹簧钢丝规格和抗拉强度（GB/T 4357—2022）

公称直径①/mm	抗拉强度②/MPa		
	SL 型	DM、SM 型	DH③、SH 型
0.05			2800～3520△
0.06			2800～3520△
0.07			2800～3520△
0.08		2780～3100*	2800～3480△
0.09		2740～3060*	2800～3430△
0.10		2710～3020*	2800～3380△
0.11		2690～3000*	2800～3350△
0.12		2660～2960*	2800～3320△
0.14		2620～2910*	2800～3250△
0.16		2570～2860*	2800～3200△
0.18		2530～2820*	2800～3160△
0.20		2500～2790*	2800～3110△
0.22		2470～2760*	2770～3080△
0.25		2420～2710*	2720～3010△
0.28		2390～2670*	2680～2970△
0.30		2370～2650	2660～2940
0.32		2350～2630	2640～2920
0.34		2330～2600	2610～2890
0.36		2310～2580	2590～2890
0.38		2290～2560	2570～2850
0.40		2270～2550	2560～2830

续表

公称直径①/mm	抗拉强度②/MPa		
	SL 型	DM、SM 型	DH③、SH 型
0.43		2250～2520	2530～2800
0.45		2240～2500	2510～2780
0.48		2220～2480	2490～2760
0.50		2200～2470	2480～2740
0.53		2180～2450	2460～2720
0.56		2170～2430	2440～2700
0.60		2140～2400	2410～2670
0.63		2130～2380	2390～2650
0.65		2120～2370	2380～2640
0.70		2090～2350	2360～2610
0.80		2050～2300	2310～2560
0.85		2030～2280	2290～2530
0.90		2010～2260	2270～2510
0.95		2000～2240	2250～2490
1.00	1720～1970	1980～2220	2230～2470
1.05	1710～1950	1960～2220	2210～2450
1.10	1690～1940	1950～2190	2200～2430
1.20	1670～1910	1920～2160	2170～2400
1.25	1660～1900	1910～2130	2140～2380
1.30	1640～1890	1900～2130	2140～2370
1.40	1620～1860	1870～2100	2110～2340
1.50	1600～1840	1850～2080	2090～2310
1.60	1590～1820	1830～2050	2060～2290
1.70	1570～1800	1810～2030	2040～2260
1.80	1550～1780	1790～2010	2020～2240
1.90	1540～1760	1770～1990	2000～2220
2.00	1520～1750	1760～1970	1980～2200
2.10	1510～1730	1740～1960	1970～2180
2.25	1490～1710	1720～1930	1940～2150
2.40	1740～1690	1700～1910	1920～2130
2.50	1460～1680	1690～1890	1900～2110
2.60	1450～1660	1670～1880	1890～2100
2.80	1420～1640	1650～1850	1860～2070
3.00	1410～1620	1630～1830	1840～2040
3.20	1390～1600	1610～1810	1820～2020
3.40	1370～1580	1590～1780	1790～1990
3.60	1350～1560	1570～1760	1770～1970
3.80	1340～1540	1550～1740	1750～1950
4.00	1320～1520	1530～1730	1740～1930
4.25	1310～1500	1510～1700	1710～1900

续表

公称直径①/mm	抗拉强度②/MPa		
	SL 型	DM、SM 型	DH③、SH 型
4.50	1290～1490	1500～1680	1690～1880
4.75	1270～1470	1480～1670	1680～1840
5.00	1260～1450	1460～1650	1660～1830
5.30	1240～1430	1440～1630	1640～1820
5.60	1230～1420	1430～1610	1620～1800
6.00	1210～1390	1400～1580	1590～1770
6.30	1190～1380	1390～1560	1570～1750
6.50	1180～1370	1380～1550	1560～1740
7.00	1160～1340	1350～1530	1540～1710
7.50	1140～1320	1330～1500	1510～1680
8.00	1120～1300	1310～1480	1490～1660
8.50	1110～1280	1290～1460	1470～1630
9.00	1090～1260	1270～1440	1450～1610
9.50	1070～1250	1260～1420	1430～1590
10.00	1060～1230	1240～1400	1410～1570
10.50		1220～1380	1390～1550
11.00		1210～1370	1380～1530
12.00		1180～1340	1350～1500
12.50		1170～1320	1330～1480
13.00		1160～1310	1320～1470

① 中间尺寸钢丝抗拉强度值按表中相邻较大钢丝的规定执行。

② 对特殊用途的钢丝，可商定其他抗拉强度。

③ 对直径为 0.08～0.18mm 的 DH 型钢丝，经供需双方协商，其抗拉强度波动值范围可规定为 300MPa。

注：1. 直条定尺钢丝的极限强度最多可能低 10%；矫直和切断作业也会降低扭转值。

2. *—SM 型钢丝无此规格；△—SH 型钢丝无此规格。

（4）标记

按公称直径、钢丝分类、表面状态分类和标准编号进行。

例：2.00mm 中等抗拉强度级，适用于动载弹簧的弹簧钢丝，标记为：2.00-DM-PH- GB/T 4357—2022。

2.4.4 重要用途碳素弹簧钢丝

重要用途碳素弹簧钢丝的分类、规格和用途见表 2.75。每盘最小质量见表 2.76，力学性能见表 2.77。

表 2.75　重要用途碳素弹簧钢丝的分类、规格和用途

分类名称	直径范围/mm	主要用途
E 组	0.10～7.00	制造承受中等应力的动载荷的弹簧
F 组	0.10～7.00	制造承受较高应力的动载荷的弹簧
G 组	1.00～7.00	制造承受振动载荷的阀门弹簧

表 2.76　每盘钢丝的最小质量（YB/T 5311—2010）

钢丝直径/mm	最小盘重/kg	钢丝直径/mm	最小盘重/kg
0.10	0.1	>0.80～1.80	2.0
>0.10～0.20	0.2	>1.80～3.00	5.0
>0.20～0.30	0.5	>3.00～7.00	8.0
>0.30～0.80	1.0		

表 2.77　重要用途碳素弹簧钢丝力学性能（YB/T 5311—2010）

直径/mm	抗拉强度 R_m/MPa			直径/mm	抗拉强度 R_m/MPa		
	E 组	F 组	G 组		E 组	F 组	G 组
0.10	2440～2890	2900～3380	—	0.90	2070～2400	2410～2740	—
0.12	2440～2860	2870～3320	—	1.00	2020～2350	2360～2660	1850～2110
0.14	2440～2840	2850～3250	—	1.20	1940～2270	2280～2580	1820～2080
0.16	2440～2840	2850～3200	—	1.40	1880～2200	2210～2510	1780～2040
0.18	2390～2770	2780～3160	—	1.60	1820～2140	2150～2450	1750～2010
0.20	2390～2750	2760～3110	—	1.80	1800～2120	2060～2360	1700～1960
0.22	2370～2720	2730～3080	—	2.00	1790～2090	1970～2250	1670～1910
0.25	2340～2690	2700～3050	—	2.20	1700～2000	1870～2150	1620～1860
0.28	2310～2660	2670～3020	—	2.50	1680～1960	1830～2110	1620～1860
0.30	2290～2640	2650～3000	—	2.80	1630～1910	1810～2070	1570～1810
0.32	2270～2620	2630～2980	—	3.00	1610～1890	1780～2040	1570～1810
0.35	2250～2600	2610～2960	—	3.20	1560～1840	1760～2020	1570～1810
0.40	2250～2580	2590～2940	—	3.50	1500～1760	1710～1970	1470～1710
0.45	2210～2560	2570～2920	—	4.00	1470～1730	1680～1930	1470～1710
0.50	2190～2540	2550～2900	—	4.50	1420～1680	1630～1880	1470～1710
0.55	2170～2520	2530～2880	—	5.00	1400～1650	1580～1830	1420～1660
0.60	2150～2500	2510～2850	—	5.50	1370～1610	1550～1800	1400～1640
0.63	2130～2480	2490～2830	—	6.00	1350～1580	1520～1770	1350～1590
0.70	2100～2460	2470～2800	—	6.50	1320～1550	1490～1740	1350～1590
0.80	2080～2430	2440～2770	—	7.00	1300～1530	1460～1710	1300～1540

2.4.5 优质碳素结构钢丝

优质碳素结构钢丝是指用08、10、15、20、25、30、35、40、45、50、55和60钢制成的钢丝。

（1）用途

用于制造各种机器结构零件和标准件等。

（2）分类

① 按力学性能分为硬态（I）和软态（R）。

② 按截面形状分为圆形（d）、方形（a）和六角形（s）三种。

③ 按表面状态分为冷拉（WCD）和银亮（ZY）两种。

（3）材料

08，10，15，20，25，30，35，40，45，50，55和60。

（4）性能

见表2.78和表2.79。

表2.78 硬态钢丝的抗拉强度和弯曲性能（YB/T 5303—2010）

钢丝公称直径/mm	抗拉强度 R_m(不小于)/MPa					反复弯曲次数(不少于)				
	牌号									
	08、10	15、20	25、30、35	40、45、50	55、60	8～10	15～20	25～35	40～50	55～60
0.3～0.8	750	800	1000	1100	1200	—	—	—	—	—
>0.8～1.0	700	750	900	1000	1100	6	6	6	5	5
>1.0～3.0	650	700	800	900	1000	6	6	5	4	4
>3.0～6.0	600	650	700	800	900	5	5	5	4	4
>6.0～10.0	550	600	650	750	800	5	4	3	2	2

表2.79 软状态钢丝的力学性能

牌号	抗拉强度 R_m /MPa	断后伸长率 A (不小于)/%	断面收缩率(不小于) Z/%	牌号	抗拉强度 R_m /MPa	断后伸长率 A (不小于)/%	断面收缩率(不小于) Z/%
10	450～700	8	50	35	600～850	6.5	35
15	500～750	8	45	40	600～850	6	35
20	500～750	7.5	40	45	650～900	6	30
25	550～800	7	40	50	650～900	6	30
30	550～800	7	35				

（5）盘重

见表 2.80。

表 2.80　钢丝盘重

钢丝直径/mm	最小盘重/kg	钢丝直径/mm	最小盘重/kg
≥0.3～1.0	6	>3.0～6.0	12
>1.0～3.0	10	>6.0～10.0	15

2.4.6　合金结构钢丝

合金结构钢丝是指用 20Cr、20CrMnTi 和 20Cr2Ni4 等制成的钢丝。

（1）分类

按交货状态分为冷拉和退火两种。

（2）尺寸

冷拉圆钢丝直径不大于 10.00mm，冷拉方、六角钢丝直径 2.00～8.00mm，并应符合 GB/T 342 的规定，允差应符合 GB/T 342—1997 表 3 中 11 级的规定。

（3）牌号及化学成分

钢丝用钢的牌号及化学成分（熔炼分析）应符合 GB/T 3077 的规定。

（4）力学性能（表 2.81）

表 2.81　合金结构钢丝的力学性能（YB/T 5301—2010）

交货状态	公称尺寸小于 5.00mm	公称尺寸不小于 5.00mm
	抗拉强度 R_m/MPa	硬度(HBW)
冷拉	≤1080	≤302
退火	≤930	≤296

（5）盘重（表 2.82）

表 2.82　合金结构盘状钢丝盘重（YB/T 5301—2010）

钢丝公称直径/mm	最小盘重/kg	钢丝公称直径/mm	最小盘重/kg
<3.00	10	马氏体及半马氏体钢丝	10
≥3.00	15		

2.4.7　碳素工具钢丝

碳素工具钢丝是指用 T7、T8、T8Mn、T9、T10、T11、T12 和 T13 制成的钢丝。

① 分类：按交货状态分为冷拉、磨光和退火。

② 尺寸：直径范围为1.00～16.00mm。

③ 牌号及化学成分（熔炼分析）应符合GB/T 1298的规定。

④ 钢丝可以盘状或直条交货，其长度和质量分别见表2.83和表2.84。

表2.83 碳素工具钢直条钢丝长度（YB/T 5322—2010） mm

钢丝公称直径	通常长度	短尺	
		长度不小于	数 量
1.00～3.00	1000～2000	800	不超过每批重量的15%
>3.00～6.00	2000～3500	1200	
>6.00～16.00	2000～4000	1500	

表2.84 碳素工具盘状钢丝质量（YB/T 5322—2010）

钢丝公称直径/mm	最小盘重/kg	钢丝公称直径/mm	最小盘重/kg
1.00～1.50	1.50	>3.00～4.50	8.00
>1.50～3.00	5.00	>4.50	10.00

⑤ 抗拉强度见表2.85。

表2.85 钢丝的抗拉强度

牌号	抗拉强度 R_m/(N/mm²)	
	退火	冷拉
T7(A),T8(A),T8Mn(A),T9(A)	490～685	≤1080
T10(A),T11(A),T12(A),T13(A)	540～735	

2.4.8 高速工具钢丝

① 分类 按交货状态有磨光（SP）和退火（A）（可为盘状或直条）。

② 直径范围 1.00～16.00mm。直条钢丝长度见表2.86；盘状钢丝质量见表2.87。

表2.86 高速工具条状钢丝长度（YB/T 5302—2010） mm

钢丝公称直径	通常长度	短尺	
		长度(不小于)	数量
1.00～3.00	1000～3000	800	不超过每批重量的10%
>3.00	2000～4000	1200	

③牌号 W3Mo3Cr4V2，W4Mo3Cr4VSi，W18Cr4V，W2Mo9Cr4V2，W6Mo5Cr4V2，CW6Mo5Cr4V2，W9Mo3Cr4V，W6Mo5Cr4V3，CW6Mo5Cr4V3，W6Mo5Cr4V2Al，W6Mo5Cr4V2Co5和W2Mo9Cr4VCo8。

④ 盘重 见表2.87。

表 2.87　高速工具盘状钢丝质量

钢丝公称直径/mm	最小盘重/kg	钢丝公称直径/mm	最小盘重/kg
<3.00	15	≥3.00	30

2.4.9　合金工具钢丝

① 用途　用于制造工具和机械零件。

② 尺寸　公称直径范围为 1.00～20.0mm，预硬化状态钢丝的公称直径范围为 3.00～13.0mm。

磨光钢丝的直径应符合 GB/T 3207—2008 的规定。

③ 牌号（YB/T 095—2015）　9SiCr、5CrW2Si、5SiMoV、5Cr3-MnSiMo1V、Cr12Mo1V1、Cr12MoV、Cr5Mo1V、CrWMn、9CrWMn、7CrSiMnMoV、3Cr2W8V、4Cr5MoSiV、4Cr5MoSiVS、4Cr5MoSiV1、3Cr2Mo、3Cr2MnNiMo。

④ 硬度　见表 2.88。

表 2.88　合金工具钢丝的硬度

牌号	退火交货状态钢丝硬度(不大于)(HBW)	试样淬火状态		
		淬火温度/℃	冷却剂	淬火硬度(不小于)(HRC)
9SiCr	241	820～860	油	62
5CrW2Si	255	860～900	油	55
5SiMoV	241	840～860	盐水	60
5Cr3MnSiMo1V	235	925～955	空	59
Cr12Mo1V1	255	980～1040	油或(空)	62(59)
Cr12MoV	255	1020～1040	油或(空)	61(58)
Cr5Mo1V	255	925～985	空	62
CrWMn	255	820～840	油	62
9CrWMn	255	820～840	油	62
3Cr2W8V	255	1050～1100	油	52
4Cr5MoSiV	235	1000～1030	油	53
4Cr5MoSiVS	235	1000～1030	油	53
4Cr5MoSiV1	235	1020～1050	油	56

注：直径小于 5.0mm 的钢丝不做退火硬度检验，根据需方要求可做拉伸或其他检验，合格范围由双方协商。

预硬化钢丝的硬度和抗拉强度见表 2.89。

表 2.89 预硬化钢丝的硬度和抗拉强度

级别	1	2	3	4
洛氏硬度(HRC)	35～40	40～45	45～50	50～55
抗拉强度/MPa	1080～1240	1240～1450	1450～1710	1710～2050
维氏硬度(HV)	330～380	380～440	440～510	510～600

注：1. 硬度与抗拉强度按 GB/T 1172—1999 表 1 中铬硅锰钢的规定换算，四舍五入取整。

2. 维氏硬度仅供参考，不作判定依据。

2.4.10 合金弹簧钢丝

合金弹簧钢丝是指用 50CrVA、55CrSiA 和 60Si2MnA 材料制成的钢丝。

① 用途 用于制造承受中、高应力的机械合金弹簧。

② 分类 按交货状态分，有冷拉、退火、正火和银亮四种。

③ 尺寸 直径范围为 0.50～14.00mm。冷拉或热处理钢丝的直径应符合 GB/T 342—2017 的规定；银亮钢丝的直径应符合 GB/T 3207—2008 的规定。

④ 牌号（YB/T 5318—2010） 50CrVA、55CrSiA 和 60Si2MnA。

⑤ 盘重 见表 2.90。

表 2.90 合金弹簧钢丝盘重

钢丝公称直径/mm	最小盘重/kg	钢丝公称直径/mm	最小盘重/kg
0.5～1.00	1.0	＞6.00～9.00	15.0
＞1.00～3.00	5.0	＞9.00～14.00	30.0
＞3.00～6.00	10.0		

⑥ 抗拉强度

a. 对于公称直径大于 5.00mm 的冷拉钢丝，其抗拉强度不大于 1030MPa。经供需双方协商，也可用布氏硬度代替抗拉强度，其硬度值不大于 302HBW。

b. 根据需方要求，公称直径不大于 5.00mm 的冷拉钢丝可检验抗拉强度，合格数值由供需双方协商。对于以其他状态交货的钢丝，其抗拉强度值由供需双方协商确定。

2.4.11 不锈钢丝

不锈钢丝是指用不锈钢材料拉制成的钢丝。

① 用途　多用于要求耐腐蚀场合下的弹簧、焊丝、织网、制绳，也用于一般场合，如清洗球、捆绑线、拉制细丝等。

② 分类　按金属组织分为奥氏体、奥氏体-铁素体、铁素体和马氏体四类；按表面状态可分为雾面、亮面、清洁面和涂（镀）层 4 种。

③ 尺寸　软态钢丝的公称尺寸范围为 0.05～16.0mm；轻拉钢丝的公称尺寸范围为 0.30～16.0mm；冷拉钢丝的公称尺寸范围为 0.10～12.0mm。

④ 牌号　12Cr17Mn6Ni5N、12Cr18Mo9Ni5N、Y06Cr17Mn6-Ni6Cu2、12Cr18Ni9、Y12Cr18Ni9、Y12Cr18Ni9Cu3、06Cr19Ni10、022Cr19Ni10、07Cr19Ni10、10Cr18Ni12、06Cr20Ni11、16Cr23Ni13、06Cr23Ni13、06Cr255Ni20、20Cr25Ni20Si2、06Cr17Ni12Mo2、022Cr-17Ni12Mo2、06Cr17Ni12Mo2Ti、06Cr19Ni13Mo3、06Cr18Ni11Ti（以上为奥氏体，交货状态为软态、轻拉、冷拉），022Cr23Ni5Mo3N（奥氏体-铁素体，交货状态为软态），06Cr13Al、06Cr11Ti、04Cr11Nb、10Cr17、Y10Cr17、10Cr17Mo、10Cr17MoNb、026Cr24（以上为铁素体，交货状态为软态、轻拉、冷拉），06Cr13、12Cr13、Y12Cr13、20Cr13、30Cr13、32Cr13Mo、Y30Cr13、Y16Cr17Ni2（以上为马氏体，交货状态为软态、轻拉），40Cr13、12Cr12Ni2、14Cr17Ni2（以上亦为马氏体，交货状态为软态）。

⑤ 软拉钢丝的力学性能　见表 2.91～表 2.93。

表 2.91　软态钢丝的力学性能（GB/T 4240—2019）

牌号	公称直径/mm	抗拉强度 R_m/MPa	断后伸长率 A/%
12Cr17Mn6Ni5N，12Cr18Mn9Ni5N，12Cr18Ni9，Y12Cr18Ni9，07Cr19Ni10，16Cr23Ni13,20Cr25Ni20Si2	0.05～0.10	700～1000	≥15
	0.10～0.30	600～950	≥20
	0.30～0.60	640～920	≥20
	0.60～1.00	620～900	≥25
	1.00～3.00	620～880	≥30
	3.00～6.00	600～850	≥30
	6.00～10.0	580～830	≥30
	10.0～16.0	550～800	≥30

续表

牌号	公称直径/mm	抗拉强度 R_m/MPa	断后伸长率 A/%
Y06Cr17Mn6Ni6Cu2,06Cr17Ni12Mo2,Y12Cr18Ni9Cu3,06Cr19Ni10,022Cr19Ni10,10Cr18Ni12，06Cr20iNi11，06Cr23Ni13,06Cr25Ni20,022Cr17Ni12Mo2,05Cr17Ni12-Mo2Ti,06Cr19Ni13Mo3,06Cr18Ni11Ti	0.05～0.10	650～930	≥15
	0.10～0.30	620～900	≥20
	0.30～0.60	600～870	≥20
	0.60～1.00	580～850	≥25
	1.00～3.00	570～830	≥30
	3.00～6.00	550～800	≥30
	6.00～10.0	520～770	≥30
	10.0～16.0	500～750	≥30
022Cr23Ni5Mo3N	1.00～3.00	700～1000	≥20
	3.00～16.0	650～950	≥30
0CCr13Al,06Cr11Ti,04Cr11Nb	1.00～3.00	480～700	≥20
	3.00～16.0	460～680	≥20
10Cr17,Y10Cr17,10Cr17Mo,10Cr17MoNb	1.00～3.00	480～650	≥15
	3.00～16.0	450～650	≥15
026Cr24	1.00～3.00	480～680	≥20
	3.00～16.0	450～650	≥30
06Cr13,12Cr13,Y12Cr13	1.00～3.00	470～650	≥20
	3.00～16.0	450～650	≥20
20Cr13	1.00～3.00	500～750	≥15
	3.00～15.0	480～700	≥15
30Cr13,32Cr13Mo,Y30Cr13,40Cr13,12Cr12Ni2,Y16Cr17Ni2,14Cr17Ni2	1.00～2.00	600～850	≥10
	2.00～16.0	600～850	≥15

注：易切削钢丝和公称直径小于1.00mm的钢丝，断后伸长率供参考，不作判定依据。

表2.92 轻拉钢丝的力学性能（GB/T 4240—2019）

牌号	公称直径/mm	抗拉强度 R_m/MPa
12Cr17Mn6Ni5N，12Cr18Mn9Ni5N，Y06Cr17Mn6Ni6-Cu2，12Cr18Ni9，Y12Cr18Ni9，Y12Cr18Ni9Cu3，06Cr19-Ni10，022Cr19Ni10，07Cr19Ni10，10Cr18Ni12，06Cr20-Ni11，16Cr23Ni13，06Cr23Ni13，06Cr25Ni20，20Cr25-Ni20Si2，06Cr17Ni12Mo2，022Cr17Ni12Mo2，06Cr17Ni-12Mo2Ti,06Cr19Ni13Mo3,06Cr18Ni11Ti	0.30～1.00	850～1200
	1.00～3.00	830～1150
	3.00～6.00	800～1100
	6.00～10.0	770～1050
	10.0～16.0	750～1030

续表

牌号	公称直径/mm	抗拉强度 R_m/MPa
06Cr13Al，05Cr11Ti，04Cr11Nb，10Cr17，Y10Cr17，10Cr17Mo，10Cr17MoNb	0.30～3.00 >3.00～6.00 >6.00～16.0	530～780 500～750 480～730
06Cr13，12Cr13，Y12Cr13，20Cr13	1.00～3.00 >3.00～6.00 >6.00～16.0	600～850 580～820 550～800
30Cr13，Y30Cr13，32Cr13Mo，Y16Cr17Ni2	1.00～3.00 >3.00～6.00 >6.00～16.0	650～950 600～900 600～850

表 2.93　冷拉钢丝的力学性能

牌号	公称直径/mm	抗拉强度 R_m/MPa
12Cr17Mn16Ni5N，12Cr18Mn9Ni5N，12Cr18Ni9，06Cr19Nli10，07Cr19Ni10，10Cr18Ni12，06Cr17Ni12Mo2，06Cr18Ni11Ti	0.10～1.00 >1.00～3.00 >3.00～6.00 >6.00～12.0	1200～1500 1150～1450 1100～1400 950～1250

2.4.12　不锈弹簧钢丝

① 用途　用于制造要求美观或耐腐蚀场合下使用的弹簧和弹性元件。

② 分类

a. 按截面形状可分为圆钢丝和矩形钢丝。

b. 按金相组织可分为奥氏体型和沉淀硬化型钢丝。

c. 按表面状态可分为雾面、亮面、清洁面和表面带涂（镀）层 4 种。

d. 按抗拉强度可分为 A、B、C、D 四个组别。

③ 牌号（GB/T 24588—2019）　06Cr19Ni10*，07Cr19Ni10*，12Cr18Ni9*，06Cr17Ni12Mo2*，12Cr18Mn9Ni5N，06Cr18Ni11Ti*，12Cr18Mn12Ni2N*，04Cr12Ni8Cu2TiNb（以上为 A 组）；07Cr19Ni10，12Cr18Ni9，06Cr19Ni10N*，12Cr18Mn9Ni5N*（以上为 B 组）；07Cr17Ni7Al（C 组）；12Cr16Mn8Ni3Cu3N*（D 组）（带*者为奥氏体型）。

④ 直径范围　A 组—0.2～10.0mm；B 组—0.2～12.0mm；C 组—0.2～10.0mm；D 组—0.2～6.0mm。

⑤ 盘重　见表 2.94。

表 2.94　不锈弹簧钢丝盘重

钢丝公称直径/mm	每盘质量(≥)/kg	钢丝公称直径/mm	每盘质量(≥)/kg
0.2～0.3	0.3	>0.6～1.50	3.0
>0.3～0.6	1.0	>1.50	5.0

2.4.13　高碳铬不锈钢丝

① 用途　用于制造有不锈性及腐蚀性要求的量具、刃具、轴类等高强度耐磨零部件。

② 分类　按交货状态分，有退火状态、轻拉状态或磨光状态。

③ 尺寸　退火和轻拉钢丝的公称直径范围为 0.60～8.50mm，长度及允差应符合 GB/T 342—1997 的规定；磨光钢丝的公称直径范围为 1.00～8.50mm，长度及允差应符合 GB/T 3207—2008 的规定。

④ 牌号（YB/T 096—2015）　60Cr13Mo，68Cr17，85Cr17，108Cr17，Y108Cr17，95Cr18，102Cr17Mo，90Cr18MoV

⑤ 力学性能　退火钢丝的抗拉强度应为 600～850MPa，轻拉状态钢丝的抗拉强度应为 850～1100MPa。直条和磨光钢丝的抗拉强度允许有 10%的波动。

⑥ 盘重　见表 2.95。

表 2.95　高碳铬不锈钢丝的盘重

公称直径/mm	最小盘重/kg		公称直径/mm	最小盘重/kg		公称直径/mm	最小盘重/kg	
	正常	较轻		正常	较轻		正常	较轻
≤3.00	5	1.5	>3.00～5.00	10	4	>5.00	15	6

2.4.14　垫圈用冷轧钢丝

① 用途　用于制造标准弹簧垫圈和轻型弹簧垫圈。

② 分类　按交货状态分有轻拉钢丝和退火钢丝两种；按用途分有标准弹簧垫圈钢丝和轻型弹簧垫圈钢丝两种。

③ 牌号　65Mn、65、70。

④ 规格　见表 2.96。

表 2.96　垫圈用冷轧钢丝规格（YB/T 5319—2010）

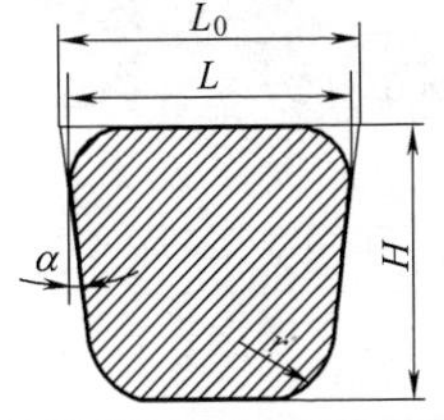

H—公称高度
L_0—梯形大底长
L—可测量底长
r—圆角半径
α—梯形夹角

型号	H	L_0	L	α /(°)	r/H	型号	H	L_0	L	α /(°)	r/H
	/mm						/mm				
标准形垫圈用钢丝											
TD0.8	0.80	0.90	0.85	5.0	0.25	TD5.5	5.55	5.90	5.75	4.0	0.20
TD1.1	1.11	1.20	1.15			TD6.0	6.05	6.45	6.30		
TD1.3	1.31	1.45	1.40			TD6.8	6.86	7.30	7.10		
TD1.6	1.62	1.75	1.70			TD7.5	7.56	8.05	7.85		0.18
TD2.1	2.12	2.30	2.20	4.5	0.25	TD8.5	8.56	9.10	8.90		
TD2.6	2.62	2.80	2.70			TD9.0	9.07	9.65	9.45		
TD3.1	3.13	3.35	3.25		0.20	TD10.0	10.07	10.65	10.45	3.5	0.16
TD3.6	3.63	3.90	3.80			TD10.5	10.57	11.15	10.95		
TD4.1	4.13	4.45	4.30			TD11.0	11.08	11.70	11.45		
TD4.5	4.54	4.85	4.70	4.0	0.20	TD12.0	12.08	12.75	12.50		
TD5.0	5.04	5.35	5.20								
轻形垫圈用钢丝											
TD1.0×0.6	1.01	0.70	0.65	4.0	0.25	TD4.5×3.2	4.53	3.45	3.35	3.0	0.20
TD1.2×0.8	1.21	0.90	0.85			TD5.0×3.6	5.03	3.90	3.75		
TD1.5×1.1	1.52	1.20	1.15			TD5.5×4.0	5.53	4.30	4.15		
TD2.0×1.3	2.02	1.45	1.35	3.5	0.25	TD6.0×4.5	6.05	4.85	4.70		
TD2.5×1.6	2.52	1.75	1.65			TD7.0×5.0	7.10	5.40	5.25	3.0	0.18
TD3.0×2.0	3.02	2.20	2.10			TD8.0×5.5	8.10	5.95	5.75		
TD3.5×2.5	3.52	2.75	2.65		0.20	TD9.0×6.0	9.15	6.50	6.30		
TD4.0×3.0	4.03	3.25	3.15								

2.4.15　耐蚀合金盘条和丝

① 用途　制作耐蚀零件。

② 尺寸　耐蚀合金盘条的公称直径为 4.5～18.0mm，耐蚀合金冷拉（拔）丝的公称直径为 0.10～16.0mm。

③ 牌号（GB/T 37607—2019）　NS1101，NS1102，NS1102，NS1403，NS2401，NS3102，NS3103，NS3201，NS3304，NS3306，NS3312，NS4102，NS1301，NS55200，NS5201，NS6400，NS6500。

④ 交货状态　盘条一般应以热轧或同溶状态交货；表面可以热轧、酸洗或剥皮状态交货。冷拉（拔）丝一般应以冷拉、固溶或固溶＋时效状态交货，表面应以酸洗或剥皮状态交货。

2.4.16　耐蚀合金焊丝

① 用途　制作填充金属的熔化极惰性气体保护电弧焊、钨极惰性气体保护电弧焊、等离子电弧焊和埋弧焊等焊接用镍基和铁镍基耐蚀合金实心光焊丝。

② 公称直径范围　冷拉状态为 0.50～9.00mm；固溶状态为 0.80～10.00mm。

③ 牌号（GB/T 37612—2019）　HNS1401，HNS1402，HNS1403，HNS3301，HNS3103，HN3105，HNS3106，HNS3143，HNS3152，HNS3154，HNS3201，HNS3202，HNS3301，HNS3302，HNS3304，HNS3306，HNS3308，HNS3312，HNS3355，HNS3701，HNS4301，HNS5061，HNS6060。

2.4.17　棉花打包用镀锌钢丝

① 用途　用于棉花打包，也适用于化纤、亚麻等包装捆扎。

② 分类　按镀锌的方法分，有热镀锌棉包丝和电镀锌棉包丝两种；按材料抗拉强度（低碳钢、高碳钢）分，有 A 级（低强度）和 B 级（高强度）两类。

③ 直径　2.50mm、2.80mm、3.00mm、3.20mm、3.40mm、3.80mm、4.00mm、4.50mm。

④ 捆径与捆质　见表 2.97。

表 2.97　棉花打包用镀锌钢丝的捆径与捆质（YB/T 5033—2001）

公称直径 /mm	标准捆			非标准捆
	每捆质量 /kg	每捆根数 (≤)	单根质量 (≥)/kg	最低质量 /kg
2.50、2.80、3.00、3.20	50	2	5	25
3.40、3.80、4.00、4.50			10	50

2.5　钢材的涂色标记

根据 GB/T 2101—2017 规定，热轧、冷拉（轧）、锻制及热处理型钢，在出厂时应做好标记，涂色是其中方法之一，见表 2.98。

表 2.98　钢材的涂色标志

类别	牌号或组别	涂色标记
碳素结构钢	Q215A	白色＋黑色
	Q215B	黄色
	Q235A	红色
	Q235B	黑色
	Q255A	绿色
	Q255B	棕色
	Q275	红色＋棕色
优质碳素结构钢	05～15	白色
	20～25	棕色＋绿色
	30～40	白色＋蓝色
	45～85	白色＋棕色
	15Mn～40Mn	白色 2 条
	45Mn～70Mn	绿色 3 条
合金结构钢	锰钢	黄色＋蓝色
	硅锰钢	红色＋黑色
	锰钒钢	蓝色＋绿色
	铬钢	绿色＋黄色
	铬硅钢	蓝色＋红色
	铬锰钢	蓝色＋黑色
	铬锰硅钢	红色＋紫色
	铬钒钢	绿色＋黑色
	铬锰钛钢	黄色＋黑色
	铬钨钒钢	棕色＋黑色
	钼钢	紫色
	铬钼钢	绿色＋紫色
	铬锰钼钢	绿色＋白色
	铬钼钒钢	紫色＋棕色
	铬硅钼钒钢	紫色＋棕色
	铬铝钢	铝白色
	铬钼铝钢	黄色＋紫色
	铬钨钒铝钢	黄色＋红色
	硼钢	紫色＋蓝色
	铬钼钨钒钢	紫色＋黑色
高速工具钢	W12Cr4V4Mo	棕色 1 条＋黄色 1 条
	W18Cr4V	棕色 1 条＋蓝色 1 条
	W9Cr4V2	棕色 2 条
	W9Cr4V	棕色 1 条
滚珠轴承钢	GCr6	绿色 1 条＋白色 1 条
	GCr9	白色 1 条＋黄色 1 条
	GCr9SiMn	绿色 2 条
	GCr15	蓝色 1 条
	GCr15SiMn	绿色 1 条＋蓝色 1 条
不锈钢耐酸钢	铬钢	铝白色＋黑色
	铬钛钢	铝白色＋黄色
	铬锰钢	铝白色＋绿色
	铬钼钢	铝白色＋白色
	铬镍钢	铝白色＋红色
	铬锰镍钢	铝白色＋棕色
	铬镍钛钢	铝白色＋蓝色
	铬镍铌钢	铝白色＋蓝色
	铬钼钛钢	铝白色＋白色＋黄色
	铬钼钒钢	铝白色＋红色＋黄色
	铬镍钼钛钢	铝白色＋紫色
	铬铝钒钴钢	铝白色＋紫色
	铬镍铜钛钢	铝白色＋蓝色＋白色
	铬镍钼铜钛钢	铝白色＋黄色＋绿色
	铬镍钼铜铌钢	铝白色＋黄色＋绿色
（铝色为宽条，其余为窄色条）		
耐热钢	铬硅钢	红色＋白色
	铬钼钢	红色＋绿色
	铬硅钼钢	红色＋蓝色
	铬钢	铝白色＋黑色
	铬钼钒钢	铝白色＋紫色
	铬镍钛钢	铝白色＋蓝色
	铬铝硅钢	红色＋黑色
	铬硅钛钢	红色＋黄色
	铬硅钼钛钢	红色＋紫色
	铬硅铝钒钢	红色＋紫色
	铬铝钢	红色＋铝白色
	铬镍钨钼钛钢	红色＋棕色
	铬镍钨钼钢	红色＋棕色
	铬镍钨钛钢	铝色＋白色＋红色
	（前为宽色条，后为窄色条）	
热轧钢筋	Ⅰ	红色
	Ⅱ	—
	Ⅲ	白色
	Ⅳ	黄色
	28/50kg 级	绿色
	50/75kg 级	蓝色

第3章 有色金属材料

3.1 有色金属材料的性质

有色金属也称非铁金属及其合金，其耐腐蚀、低温韧性好、熔点和电导率高。本手册中按化学成分分为铝和铝合金、铜及铜合金、铅和铅合金材、镍和镍合金材等。若按形状分类时可分为板、带、箔、管、棒、线等品种。

3.1.1 有色纯金属符号及物理性质

有色纯金属符号及物理性质见表3.1。

表3.1 常用有色纯金属符号及物理性质

名称	符号	密度/(g/cm^3)	熔点/℃	沸点/℃	比热容/[J/(kg·K)]	线胀系数/[μm/(m·K)]	电阻率/nΩ·m	电导率(IACS)/%	热导率/[W/(m·K)]
金	Au	19.302	1064.4	2857	128	14.2	23.5	73.4	317.9
银	Ag	10.49	961.9	2163	235	19.0	14.7	108.4	428
铜	Cu	8.93	1084.9	2595	386	16.7	16.73	103.06	398
锡	Sn	5.765	231.9	2770	205	23.1	110	15.6	62
铝	Al	2.6989	660.4	2494	900	23.6	26.55	64.96	247
镁	Mg	1.738	650	1107	102.5	25.2	44.5	38.6	155.5
钛	Ti	4507	1668	3260	522.3	10.2	420		11.4
钼	Mo	10.22	2610	5560	276	4.0	52	34	142
铅	Pb	11.34	327.4	1750	128.7	29.3	206.43		34
镍	Ni	8.902	1453	2730	471	13.3	68.44	25.2	82.9
铂	Pt	21.45	1769	3800	132	9.1	106	16	71.1
钨	W	19.254	3410	5700	160	127	53		190
锑	Sb	6.697	630.7	1587	207	8～11	370		25.9
锌	Zn	7.133	420	906	382	15	58.9	28.27	113
钴	Co	8.832	1495	2900	414	13.8	52.5	27.6	69.04
汞	Hg	14.193	−38.87	356.6	139.6		958		9.6
镉	Cd	8.642	321.1	767	230	31.3	72.7	25	96.8
铋	Bi	9.808	271.4	1564	122	13.2	1050		8.2

续表

名称	符号	密度 /(g/cm³)	熔点 /℃	沸点 /℃	比热容/[J/(kg·K)]	线胀系数 /[μm/(m·K)]	电阻率 /nΩ·m	电导率 (IACS) /%	热导率 /[W/(m·K)]
铍	Be	1.848	1283	2770	1886	11.6	40	38～43	190
铈	Ce	8.160	798.0	3443	192	6.3	828		11.3
铌	Nb	8.57	2468	4927	270	7.31	25	13.2	53
钯	Pd	12.02	1552	3980	245	11.76	108	16	70
铑	Rh	12.41	1963	3700	247	8.3	45.1		150
钽	Ta	16.6	2996	5427	139.1	6.5	135	13	54.4
钇	Y	4.469	1522	3338	298.4	10.6	596		17.2
锆	Zr	6.505	1852	4377	300	5.85	450	4.1	21.1

3.1.2 有色金属及合金

有色金属产品状态名称、特性及代号见表 3.2。

表 3.2　有色金属产品状态名称、特性及其代号

名称			采用的汉字及拼音		代号
			汉字	拼音	
产品状态代号		热加工	热	re	R
		退火(焖火)	焖(软)	men	M
		淬火	淬	cui	C
		淬火后冷却(冷作硬化)	淬、硬	cuiying	CY
		淬火(自然时效)	淬、自	cuizi	CZ
产品特性代号		优质表面	优	you	O
		涂漆蒙皮板	漆	qi	Q
		加厚包铝者	加	Jia	J
		不包铝者	不	bu	B
		硬质合金表面涂层	涂	tu	U
产品状态特性代号组合举例	不包铝	热轧	不、热	bure	BR
		退火	不、焖	bumen	BM
		淬火、冷作硬化	不、淬、硬	bucuiying	BCY
		淬火、优质表面	不、淬、优	bucuiyou	BCO
		淬火、冷作硬化、优质表面	不、淬、硬、优	bucui yingyou	BCYO

名称		采用的汉字及拼音		代号
		汉字	拼音	
淬火(人工时效)		淬、时	cuishi	CS
硬		硬	ying	Y
3/4 硬、1/2 硬、1/3 硬、1/4 硬		硬	ying	Y_1、Y_2、Y_3、Y_4
特硬		特	te	T
硬质合金	添加碳化钽	钽	tan	A
	添加碳化铌	铌	ni	N
	细颗粒	细	xi	X
	粗颗粒	粗	cu	C
	超细颗粒	超	chao	H
优质表面淬火	自然时效	淬、自、优	cuiziyou	CZO
	自然时效、冷作硬化	淬、自、硬、优	cuiziyi-ngyou	CZYO
	人工时效	淬、时、优	cuishiyou	CSO
优质表面(退火)		焖、优	menyou	MO
淬火后冷轧、人工时效		淬、硬、时	cuiyingshi	CYS
热加工、人工时效		热、时	reshi	RS

有色金属及其合金产品牌号见表 3.3。

表 3.3 有色金属及其合金产品牌号

产品名称	组别	金属或合金牌号举例	
		牌号	代号
铝及铝合金	工业纯铝	四号工业纯铝	1035
	防锈铝	二号防锈铝	5A02
	硬铝	十二号硬铝	2A12
	锻铝	二号锻铝	6A02
	超硬铝	四号超硬铝	7A04
	特殊铝	六十六号特殊铝	1T66
	硬钎焊铝	一号硬钎焊铝	1Q1
镁合金	铸造镁合金	一号镁合金	ZM1
	变形加工用	八号镁合金	MB8
钛及其合金	工业纯钛	一号 α 型钛	TA1
	钛合金	五号 α 型钛合金	TA5
		四号 α+β 型铁合金	TC4
纯铜	纯铜	二号铜	T2
	无氧铜	一号无氧铜	TU1
		磷脱氧铜	TUP
黄铜	普通黄铜	68 黄铜	H68
	铅黄铜	59-1 铅黄铜	HPb59-1
	锡黄铜	90-1 锡黄铜	HSn90-1
	铝黄铜	77-2 铝黄铜	HA177-2
	锰黄铜	58-2 锰黄铜	HMn58-2
	铁黄铜	59-1-1 铁黄铜	HFe59-1-1
	镍黄铜	65-5 镍黄铜	HNi65-5
	硅黄铜	80-3 硅黄铜	HSi80-3
	铸造黄铜	锰黄铜	ZHMn55-3-1
青铜	锡青铜	6.5-0.1 锡青铜	QSn6.5-0.1
	铝青铜	10-3-1.5 铝青铜	QA110-3-1.5
	铍青铜	1.9 铍青铜	QBe1.9
	硅青铜	3-1 硅青铜	QSi3-1
	锰青铜	5 锰青铜	QMn-5
	镉青铜	1 镉青铜	QCd1
	铬青铜	0.5 铬青铜	QCr0.5
	铸造青铜	10-3 铝青铜	ZQA19-4

产品名称	组别	金属或合金牌号举例	
		牌号	代号
白铜	普通白铜	30 白铜	B30
	锰白铜	3-12 锰白铜	BMn3-12
	铁白铜	30-1-1 铁白铜	BFe30-1-1
	锌白铜	15-20 锌白铜	BZn15-20
	铝白铜	13-3 铝白铜	BA113-3
硬质合金	切削工具用硬质合金	长切削加工用	P01-40,5 级
		长或短切削加工用	M10-40,4 级
		短切削加工用	K01-40,5 级
	地矿工具用硬质合金	—	G05、10、20、30、40、50
	耐磨零件用硬质合金	线棒管拉制用	1S10-40,4 级
		冲压模具用	1T10-30,3 级
		高温高压构件用	1Q10-30,3 级
		线材轧制轧辊用	1V10-40,4 级
锡及其合金	纯锡	二号锡	Sn2
	锡铅合金	13.5-2.5 锡铅合金	SnPb13.5-2.5
	锡锑合金	2.5 锡锑合金	SnSb2.5
焊料	铜焊料	64 铜锌焊料	H1CuZn64
	锡焊料	39 锡铅焊料	H1SnPb39
	银焊料	28 银铜焊料	H1AgCu28
	焊料合金	50 银基焊料	H1304
金及其合金	纯金	二号金	Au2
	金银合金	40 金银合金	AuAg40
	金铜合金	20-5 金铜合金	AuCu20-5
	金镍合金	7.5-1.5 金镍合金	AuNi7.5-1.5
	金铂合金	5 金铂合金	AuPt5
	金钯合金	30-10 金钯合金	AuPd30-10
	金镓合金	1 号金镓合金	AuGa1
	金锗合金	12 号金锗合金	AuGe12
银及其合金	纯银	二号银	Ag2
	银铜合金	10 银铜合金	AgCu10
	银镁合金	3 银镁合金	AgMg3
	银铂合金	12 银铂合金	AgPt12
	银钯合金	20 银钯合金	AgPd20

续表

产品名称	组别	金属或合金牌号举例	
		牌号	代号
铂及其合金	纯铂	二号铂	Pt2
	铂铱合金	5 铂依合金	PtIr5
	铂锗合金	7 铂锗合金	PtRh7
	铂银合金	20 铂银合金	PtAg20
	铂钯合金	20 铂钯合金	PtPd20
	铂镍合金	4.5 铂镍合金	PtNi4.5
镍及其合金	纯镍	四号镍	N4
	阳极镍	一号阳极镍	NY1
	镍硅合金	0.19 镍硅合金	NSi0.19
	镍镁合金	0.1 镍镁合金	NMg0.1
	镍锰合金	2-2-1 镍锰合金	NMn2-2-1
	镍铜合金	28-2.5-1.5 镍铜合金	NCu28-2.5-1.5
	镍铬合金	10 镍铬合金	NCr10
	镍钴合金	17-2-21 镍钴合金	NCo17-2-2-1
	镍铝合金	3-1.5-1 镍铝合金	NA13-1.5-1
	镍钨合金	4-0.2 镍钨合金	NW4-0.2
镉	纯镉	二号镉	Cd2
锌及其合金	纯锌	二号锌	Zn2
	锌铜合金	1.5 锌铜合金	ZnCu1.5
铅及其合金	纯铅	三号铅	Pb3
	铅锑合金	二号铅锑合金	PbSb2

产品名称	组别	金属或合金牌号举例	
		牌号	代号
钯及其合金	纯钯	二号钯	Pd2
	钯铱合金	10 钯铱合金	PdIr10
	钯银合金	40 钯银合金	PdAg40
	钯铜合金	40 钯铜合金	PdCu40
轴承合金	锡基轴承合金	2-0.2-0.15 铅锑轴承合金	ChPbSb2-0.2-0.15
		8-3 锡锑轴承合金	ChSnSb8-3
	铅基轴承合金	11-6 锡锑轴承合金	ChSnSb11-6
		0.25 铅锑轴承合金	ChPbSb0.25
粉末	镁粉	一号镁粉	FM1
	喷铝粉	二号喷铝粉	F1P2
	涂料铝粉	二号涂料铝粉	F1U2
	细铝粉	一号细铝粉	F1X1
	特细铝粉	一号特细铝粉	F1T1
	炼钢、化工用铝粉	一号炼钢、化工铝粉	F1G1
其他	电池锌板	锌合金板材	XD
	铅基印刷合金	14-4 铅锑印刷合金	IPbSb14-4
	稀土	钇基重稀土合金	W12RE

3.1.3 有色金属材料的色标

涂在材料的端面或端部，用于表明其牌号、规格等，见表 3.4。

表 3.4　有色金属材料的涂色标志

锭种	牌号	颜色	锭种	牌号	颜色
铝锭(GB/T 1196)	A199.90	红横三条	镍板(GB/T 2057)	特号(Ni-01)	红色
	A199.85	红横二条		一号(Ni-1)	蓝色
	A199.70A	红横一条		二号(Ni-2)	黄色
	A199.70	红竖一条	铸造碳化钨管(GB/T 2967)	二号管	绿色
	A199.60	红竖二条		三号管	黄色
	A199.50	红竖三条		四号管	白色
	A199.70E	绿竖一条		六号管	浅蓝色
	A199.65E	绿竖二条			
锌锭(GB/T 470)	特一号(Zn-0)	红色二条	铅锭(GB/T 469)	一号(Pb-1)	红色二条
	一号(Zn-1)	红色一条		二号(Pb-2)	红色一条
	二号(Zn-2)	黑色二条		三号(Pb-3)	黑色二条
	三号(Zn-3)	黑色一条		四号(Pb-4)	黑色一条
	四号(Zn-4)	绿色二条		五号(Pb-5)	绿色二条
	五号(Zn-5)	绿色一条		六号(Pb-6)	绿色一条

3.2　有色金属材料的编号、牌号

3.2.1　铝及铝合金

（1）铝及铝合金的编号

纯铝编号：1＋顺序号。

依其杂质的含量表示，如11、12、13等，数字越小纯度越高。高纯铝用10、100表示，其后所附顺序数字愈大，纯度愈高，如104的含铝量不小于99.996％。

（2）变形铝及铝合金编号

变形铝及铝合金的编号方法是用四位字符：

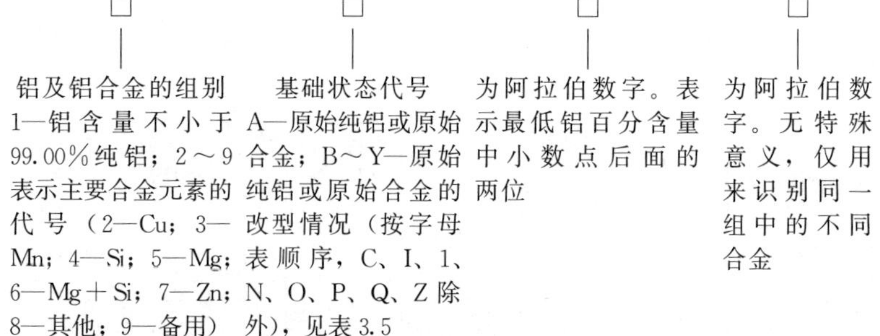

（3）变形铝及铝合金的基础状态代号

表3.5　变形铝及铝合金的基础状态代号

代号	名称	应用	代号	名称	应用
F	自由加工状态	适用于在成形过程中，对于加工硬化和热处理条件无特殊要求的产品，其力学性能不做规定	T	热处理状态（不同于F、O、H状态）	适用于热处理后，经过（或不经过）加工硬化达到稳定状态的产品。T代号后面必须跟有一位或多位阿拉伯数字（如T4—固溶处理后自然时效状态；T5—高温成形过程冷却后人工时效状态；T6—固溶处理后人工时效状态；T7—固溶处理后稳定化；T8—固溶处理冷作后人工时效；T9—固溶处理后人工时效再冷作；T10—从成形温度冷却，人工时效后冷作）
O	退火状态	适用于经完全退火获得最低强度的加工产品			
H	加工硬化状态	适用于通过加工硬化提高强度的产品，产品在加工硬化后可经过（也可不经过）使强度有所降低的附加热处理。H代号后面必须有两位或三位阿拉伯数字（如H112为热作状态）			
W	固溶热处理状态	一种不稳定状态，仅适用于经固溶热处理后，室温下自然时效的合金，该状态代号仅表示产品处于自然时效阶段			

(4) 部分变形铝合金的牌号、用途（表 3.6）

表 3.6　部分变形铝合金的牌号、用途

类别	代号	热处理状态	力学性能			用途
			σ_b/MPa	δ/%	硬度(HB)	
防锈铝合金(Al-Mn 和 A1-Mg 系)	5A05	退火	270	23	70	中载零件、铆钉、焊条、油管、焊接油箱
	3A21		130	23	30	铆钉、焊接油箱、油管、焊条、轻载零件及制品等
硬铝合金(Al-Cu-Mg 系)	2A01	固溶处理+自然时效	300	24	70	中等强度、工作温度不超过 100℃ 的铆钉
	2A11		420	18	100	中等强度构件和零件，如骨架、螺旋桨叶片、整流罩、局部镦粗零件、螺栓、铆钉等
	2A12		480	11	131	高强度的构件及 150℃ 以下工作的零件，如骨架、梁、铆钉
超硬铝合金(Al-Zn-Mg-Cu 系)	7A04	固溶处理+人工时效	600	12	150	主要受力构件及高载荷零件，如飞机大梁、加强框、起落架
	7A09					同 7A04
锻铝合金(Al-Cu-Mg-Si 系和 Al-Cu-Mg-Fe-Ni 系)	2A50	固溶处理+人工时效	420	13	105	形状复杂和中等强度的锻件及模锻件
	2A70①		440	13	120	高温工作的复杂锻件和结构件、内燃机活塞
	2A14		480	10	135	高载荷锻件和模锻件

① Ti 0.02%～0.1%，Ni 0.9%～1.5%，Fe 0.9%～1.5%，Si 0.35%。

(5) 铝合金的品种、状态和典型用途

分别见表 3.7～表 3.13。

表 3.7　1×××系铝合金的品种、状态和典型用途

牌号	主要品种	状态	典型用途
1050	板、带、箔材	O、H12、H14、H16、H18	导电体，食品、化学和酿造工业用挤压盘管，各种软管，船舶配件，小五金件
	管、棒、线材	O、H14、H18	
	挤压管材、粉材	H112	
1060	板、带材	O、H12、H14、H16、H18	要求耐蚀性与成形性均较高而对强度要求不高的零部件，如化工设备、船舶设备、铁道油罐车、导电体材料、仪器仪表材料、焊条等
	箔材	O、H19	
	厚板	O、H12、H14、H112	
	拉伸管	O、H12、H14、H18、H113	
	挤压管、型、棒、线材	O、H112	
	冷加工棒材	H14	

续表

牌号	主要品种	状态	典型用途
1100	板、带材 箔材 厚板 拉伸管 挤压管、型、棒、线材 冷加工棒材 冷加工线材 锻件和锻坯	O、H12、H14、H16、H18 O、H19 O、H12、H14、H112 O、H12、H14、H16、H18、H113 O、H112 O、H12、H14、F O、H12、H14、H16、H18、H112 H112、F	用于需要有良好的成形性和高的抗蚀性，但不要求有高强度的零部件，例如化工设备、食品工业装置与储存容器、炊具、压力罐、薄板加工件、深拉或旋压凹形器皿、焊接零部件、热交换器、印刷版、铭牌、反光器具、卫生设备零件和管道、建筑装饰材料、小五金件等
	散热片坯料	O、H14、H18、H19、H25、H111、H113、H211	
1145	箔材	O、H19	包装及绝热铝箔、热交换器
	散热片坯料	O、H14、H19、H25、H111 H113、H211	
1350	板、带材 厚板 挤压管、型、棒、线材	O、H12、H14、H16、H18 O、H12、H14、H112 H112	电线、导电绞线、汇流排、变压器带材
	冷加工圆棒	O、H12、H14、H16、H22 H24、H26	
	冷加工异型棒	H12、H111	
	冷加工线材	O、H12、H14、H16、H19、H22 H24、H26	
1A90	箔材	O、H19	电解电容器箔、光学反光沉积膜、化工用管道
	挤压管	H112	

表 3.8 2×××系铝合金的品种、状态和典型用途

牌号	主要品种	状态	典型用途
2011	拉伸管 冷加工棒材 冷加工线材	T3、T4511、T8 T3、T4、T451、T8 T3、T8	螺钉及要求有良好切削性能的机械加工产品
2014	板材 厚板 拉伸管	T3、T4、T6 O、T451、T651 O、T4、T6	应用于要求高强度与高硬度（包括高温）的场合，重型锻件、厚板和挤压材料，如用于飞机结构件，多级火箭第一级燃料槽与航天器零件，车轮、卡车构架与悬挂系统零件
	挤压管、棒、型、线材	O、T4、T4510、T4511、T6 T6510、T6511	
	冷加工棒材 冷加工线材 锻件	O、T4、T451、T6、T651 O、T4、T6 F、T4、T6、T652	

续表

牌号	主要品种	状态	典型用途
2017	板材	O、T4	主要应用范围为铆钉、通用机械零件、飞机、船舶、交通、建筑结构件、运输工具结构件、螺旋桨与配件
	挤压型材	O、T4、T4510、T4511	
	冷加工棒材	O、H13、T4、T451	
	冷加工线材	O、H13、T4、T451	
	铆钉线材	T4	
	锻件	F、T4	
2024	板材	O、T3、T361、T4、T72、T81、T861	飞机结构件（蒙皮、骨架、肋梁、隔框等）、铆钉、导弹构件、卡车轮毂、螺旋桨元件及其他各种结构件
	厚板 拉伸管	O、T351、T361、T851、T861 O、T3	
	挤压管、型、棒、线材	O、T3、T3510、T3511、T81、T8510、T8511	
	冷加工棒材 冷加工线材 铆钉线材	O、T13、T351、T4、T6、T851 O、H13、T36、T4、T6 T4	
2036	汽车车身薄板	T4	汽车车身钣金件
2048	板材	T851	航空航天器结构件与兵器结构零件
2117	冷加工棒材和线材 铆钉线材	O、H13、H15、T4	用作工作温度不超过 100℃的结构件铆钉
2124	厚板	O、T851	航空航天器结构件
2218	锻件	F、T61、T71、T72	飞机发动机和柴油发动机活塞，飞机发动机汽缸头，喷气发动机叶轮和压缩机环
	箔材	F、T61、T72	
2219	板材 厚板 箔材	O、T31、T37、T62、T81、T87 O、T351、T37、T62、T851、T87 F、T6、T852	航天火箭焊接氧化剂槽与燃料槽，超声速飞机蒙片与结构零件，工作温度为 −270 ～ 300℃。焊接性好，断裂韧性高，T8 状态有很高的抗应力腐蚀开裂能力
	挤压管、型、棒、线材	O、T31、T3510、T3511、T62、T81、T8510	
	冷加工棒材 锻件	T8511、T851 T6、T852	
2319	线材	O、H13	焊接 2219 合金的焊条和填充焊料

续表

牌号	主要品种	状态	典型用途
2618	厚板 挤压棒材	T651 O、T6	厚板用作飞机蒙皮，棒材、锻件用于制造活塞，航空发动机汽缸、汽缸盖、活塞等零件，以及要求在 150～250℃ 工作的耐热部件
	锻件与锻坯	F、T61	
2A01	冷加工棒材和线材铆钉线材	O、H13、H15、T4	用作工作温度不超过 100℃的结构件铆钉
2A02	棒材	O、H13、T6	工作温度 200～250℃的涡轮喷气发动机的轴向压气机叶片、叶轮和盘等
	锻件	T4、T6、T652	
2A04	铆钉线材	T4	用来制作工作温度为 120～250℃结构件的铆钉
2A06	板材 挤压型材 铆钉线材	O、T3、T351、T4 O、T4 T4	工作温度 150～250℃的飞机结构件及工作温度 125～250℃的航空器结构铆钉
2A10	铆钉线材	T4	强度比 2A01 合金高，用于制造工作温度≤100℃的航空器结构铆钉
2A11	同 2017	同 2017	同 2017
2A12	同 2024	同 2024	同 2024
2A14	同 2014	同 2014	同 2014
2A16	同 2219	同 2219	同 2219
2A17	锻件	T6、T852	工作温度 225～250℃的航空器零件
2A50	锻件、棒材、板材	T6	形状复杂的中等强度零件
2A70	同 2618	同 2618	同 2618
2A80	挤压棒材 锻件与锻坯	O、T6 F、T61	航空器发动机零部件及其他工作温度高的零件，该合金锻件几乎完全被 2A70 取代

续表

牌号	主要品种	状态	典型用途
2A90	挤压棒材 锻件与锻坯	O、T6 F、T61	航空器发动机零部件及其他工作温度高的零件，合金锻件逐渐被 2A70 取代
2B50	锻件	T6	航空器发动机气压机轮、导风轮、风扇、叶轮等

表 3.9　3××× 系铝合金的品种、状态和典型用途

牌号	主要品种	状 态	典型用途
3003	板材 厚板 拉伸管 挤压管、型、棒、线材 冷加工棒材 冷加工线材 锻件 箔材 散热片坯料	O、H12、H14、H16、H18 O、H12、H14、H112 O、H12、H14、H16、H18、H25、H113 O、H112 O、H112、F、H14 O、H14 H112、F O、H19 O、H14、H18、H19、H25、H111、H113、H211	用于加工需要有良好的成形性能、高的抗蚀性或可焊性的零部件，或既要求有这些性能又需要有比 1××× 系合金强度高的工件，如运输液体产品的槽和罐、压力罐、储存装置、热交换器、化工设备、飞机油箱、油路导管、反光板、厨房设备、洗衣机缸体、铆钉、焊丝
3003（包铝）	板材 厚板 拉伸管 挤压管	O、H12、H14、H16、H18 O、H12、H14、H112 O、H12、H18、H25、H113 O、H112	房屋隔断、顶盖、管路等
3004	板材 厚板 拉伸管 挤压管	O、H32、H34、H36、H38 O、H32、H34、H112 O、H32、H36、H38 O	全铝易拉罐罐身，要求有比 3003 合金更高强度的零部件，化工产品生产与储存装置，薄板加工件，建筑挡板、电缆管道等
3004（包铝）	板材 厚板	O、H131、H151、H241、H261、H341、H361、H32、H34、H36、H38 O、H12、H14、H16、H18、H25	房屋隔断、挡板、下水管道、工业厂房屋顶盖
3105	板材	O、H12、H14、H16、H18、H25	房屋隔断、挡板、活动房板，檐槽和落水管，薄板成形加工件，瓶盖和罩帽等
3A21	同 3003	同 3003	同 3003

表 3.10 4×××系铝合金的品种、状态和典型用途

牌号	主要品种	状态	典型用途
4004	板材	F	钎焊板、散热器钎焊板和箔的钎焊层
4032	锻件	F、T6	活塞及耐热零件
4043	线材和板材	O、F、H14、H16、H18	铝合金焊接填料，如焊带、焊条、焊丝
4A11	锻件	F、T6	活塞及耐热零件
4A13	板材	O、F、H14	板状和带状的硬钎焊料，散热器钎焊板和箔的钎焊层
4A17	板材	O、F、H14	板状和带状的硬钎焊料，散热器钎焊板和箔的钎焊层

表 3.11 5×××系铝合金的品种、状态和典型用途

牌号	主要品种	状态	典型用途
5005	板材	O、H12、H16、H18、H32、H36、H38	与 3003 合金相似，具有中等强度与良好的抗蚀性，用作导体、炊具、仪表板、壳与建筑装饰件阳极氧化膜比 3003 合金上的氧化膜更加明亮，并与 6063 合金的色调协调一致
	厚板	O、H12、H14、H32、H34、H12	
	冷加工棒材	O、H12、H14、H16、H22、H24、H26、H32	
	冷加工线材	O、H19、H32	
	铆钉线材	O、H32	
5050	板材	O、H32、H34、H36、H38	薄板可作为制冷机与冰箱的内衬板，汽车气管、油管，建筑小五金、盘管及农业灌溉管
	厚板	O、H112	
	拉伸管	O、H32、H34、H36、H38	
	冷加工棒材	O、F	
	冷加工线材	O、H32、H34、H36、H38	
5052	板材	O、H32、H34、H36、H38	此合金有良好的成形加工性能、抗蚀性、可焊性、疲劳强度与中等的静态强度，用于制造飞机油箱、油管，以及交通车辆、船舶的钣金件、仪表、街灯支架与铆钉线材等
	厚板	O、H32、H34、H112	
	拉伸管	O、H32、H34、H36、H38	
	冷加工棒材	O、F、H32	
	冷加工线材	O、H32、H34、H36、H38	
	铆钉线材	O、H32	
	箔材	O、H19	

续表

牌号	主要品种	状态	典型用途
5056	冷加工棒材	O、F、H32	镁合金与电缆护套、铆接镁的铆钉、拉链、筛网等；包铝的线材广泛用于加工农业虫器罩，以及需要有高抗蚀性的其他场合
	冷加工线材	O、H111、H12、H14、H18、H32、H34、H36、H38、H192、H392	
	铆钉线材	O、H32	
	箔材	H19	
5083	板材	O、H116、H321	用于需要有高抗蚀性、良好的可焊性和中等强度的场合，诸如船舶、汽车和飞机板焊接件；需要严格防火的压力容器、制冷装置、电视塔、钻探设备、交通运输设备、导弹零件、装甲等
	厚板	O、H112、H116、H321	
	挤压管、型、棒、线材	O、H111、H112	
	锻件	H111、H112、F	
5086	板材	O、H112、H116、H32、H34、H36、H38	用于需要有高抗蚀性、良好的可焊性和中等强度的场合，诸如舰艇、汽车、飞机、低温设备、电视塔、钻井设备、运输设备、导弹零部件与甲板等
	厚板	O、H112、H116、H321	
	挤压管、型、棒、线材	O、H111、H112	
5154	板材	O、H32、H34、H36、H38	焊接结构、储槽、压力容器、船舶结构与海上设施、运输槽罐
	厚板	O、H32、H34、H112	
	拉伸管	O、H34、H38	
	挤压管、型、棒、线材	O、H112	
	冷加工棒材	O、H112、F	
	冷加工线材	O、H112、H32、H34、H36、H38	
5182	板材	O、H32、H34、H19	薄板用于加工易拉罐盖、汽车车身板、操纵盘、加强件、运输槽罐
5252	板材	H24、H25、H28	用于制造有较高强度的装饰件，如汽车、仪器等的装饰性零部件，在阳极氧化后具有光亮透明的氧化膜

续表

牌号	主要品种	状态	典型用途
5254	板材	O、H32、H34、H36、H38	过氧化氢及其他化工产品容器
	厚板	O、H32、H34、H112	
5356	线材	O、H12、H14、H16、H18	焊接镁含量大于3%的铝-镁合金焊条及焊丝
5454	板材	O、H32、H34	焊接结构、压力容器、船舶及海洋实施管道
	厚板	O、H32、H34、H112	
	拉伸管	H32、H34	
	挤压管、型、棒、线材	O、H111、H112	
5456	板材	O、H32、H34	装甲板、高强度焊接结构、储槽、压力容器、船舶材料
	厚板	O、H32、H34、H112	
	锻件	H112、F	
5457	板材	O	经抛光与阳极氧化处理的汽车及其他设备的装饰件
5652	板材	O、H32、H34、H36、H48	过氧化氢及其他化工产品储存容器
	厚板	O、H32、H34、H112	
5657	板材	H241、H25、H26、H28	经抛光与阳极氧化处理的汽车及其他设备的装饰件，但在任何情况下必须确保材料具有细的晶粒组织
5A02	同 5052	同 5052	飞机油箱与导管，焊丝、铆钉，船舶结构件
5A03	同 5254	同 5254	中等强度焊接结构件，冷冲压零件，焊接容器，焊丝，可用来代替 5A02 合金
5A05	板材	O、H32、H34、H112	焊接结构件，飞机蒙皮骨架
	挤压型材	O、H111、H112	
	锻件	H112、F	

续表

牌号	主要品种	状态	典型用途
5A06	板材	O、H32、H34	焊接结构，冷模锻零件，焊接容器受力零件，飞机蒙皮骨架部件，铆钉
	厚板	O、H32、H34、H112	
	挤压管、型、棒材	O、H111、H112	
	线材	O、H111、H12、H14、H18、H32、H34、H36、H38	
	铆钉线材	O、H32	
	锻件	H112、F	
5A12	板材	O、H32、H34	焊接结构件，防弹甲板
	厚板	O、H32、H34、H112	
	挤压型、棒材	O、H111、H112	

表 3.12　6×××系铝合金的品种、状态和典型用途

牌号	主要品种	状态	典型用途
6005	挤压管、型、棒、线材	T1、T5	挤压型材与管材，用于要求强度大于 6063 合金的结构件，如梯子、电视天线等
6009 6010	板材	T4、T6	汽车车身板
6061	板材	O、T4、T6	要求有一定强度，可焊性与抗蚀性高的各种工业结构件，如制造卡车、塔式建筑、船舶、电车、铁道车辆、家具等用的管、棒、型材
	厚板	O、T451、T651	
	拉伸管	O、T4、T6、T4510、T4511、	
	挤压管、型、棒、线材	T51、T6、T6510、T6511	
	导管	T6	
	轧制或挤压结构型材	T6	
	冷加工棒材	O、H13、T4、T541、T6、T651	
	冷加工线材	O、H13、T4、T6、T89、T913、T94	
	铆钉线材	T6	
	锻件	F、T6、T652	
6063	拉伸管	O、T4、T6、T83、T831、T832	建筑型材，灌溉管材，供车辆、台架、升降机、栅栏等用的挤压材料，以及飞机、船舶、轻工业部门、建筑物等用的不同颜色的装饰构件
	挤压管、型、棒、线材	O、T1、T4、T5、T52、T6	
	导管	T6	

续表

牌号	主要品种	状态	典型用途
6066	拉伸管	O、T4、T42、T6、T62	焊接结构用锻件及挤压材料
	挤压管、型、棒、线材	O、T4、T4510、T4511、T42、T6、T6510、T6511、T62	
	锻件	F、T6	
6070	挤压管、型、棒、线材	O、T4、T4511、T6、T6511、T62	重载焊接结构与汽车工业用的挤压材料与管材，桥梁、电缆塔、航海元件、机器零件导管等
	锻件	F、T6	
6101	挤压管、型、棒、线材导管，轧制或挤压型材	T6、T61、T63、T64、T65、H111	公共汽车用高强度棒材、高强度母线、导电体与散热装置等
6151	锻件	F、T6、T652	用于模锻曲轴零件、机器零件，具有良好的可锻性能、高强度，有良好抗蚀性
6201	冷加工线材	T81	高强度导电棒材与线材
6205	板材 挤压材料	T1、T5 T1、T5	厚板、踏板与高冲击的挤压件
6262	拉伸管 挤压管、型、棒、线材 冷加工棒材 冷加工线材	T2、T6、T62、T9 T6、T6510、T6511、T62 T6、T651、T62、T9 T6、T9	要求抗蚀性优于2011和2017合金，有螺纹的高应力机械零件（切削性能好）
6351	挤压管、型、棒、线材	T1、T4、T5、T51、T54、T6	车辆的挤压结构件，水、石油等的输送管道，挤压型材
6463	挤压棒、型、线材	T1、T5、T6、T62	建筑与各种器械型材，以及阳极氧化处理后有明亮表面的汽车装饰件
6A02	板材 厚板 管、棒、型材 锻件	O、T4、T6 O、T4、T451、T6、T651 O、T4、T4511、T6、T6511 F、T6	飞机发动机零件，形状复杂的锻件与模锻件，要求有高塑性和高抗蚀性的机械零件

表 3.13　7×××系铝合金的品种、状态和典型用途

牌号	主要品种	状态	典型用途
7005	挤压管、棒、型、线材	T53	挤压材料用于制造要求高的强度高、有韧性的焊接结构与钎焊结构，如交通运输车辆的桁架、容器，大型热交换器，以及焊接后不能进行固溶处理的部件
	板材和厚板	T6、T63、T6351	
7039	板材和厚板	T6、T651	冷冻容器、低温器械与储存箱，消防压力器材，军用器材、装甲板、导弹装置
7049	锻件	F、T6、T652、T73、T7352	用于制造静态强度与 7079、T6 合金相同而又要求高强度、耐腐蚀、不开裂的零件，如飞机与导弹零件的起落架齿轮箱、液压缸和挤压件。零件的疲劳性能大致与 7075-T6 合金的相等，而韧性稍高
	挤压型材	T73511、T76511	
	薄板和厚板	T73	
7050	厚板	T7451、T7651	飞机结构件用中厚板、挤压件、自由锻件与模锻件。制造这类零件对合金的要求是：抗剥落腐蚀、应力腐蚀开裂能力、断裂韧性与疲劳性能都高，如飞机机身框架，机翼蒙皮，舱壁，桁条，加强筋，托架，起落架支承部件，座椅导轨，铆钉
	挤压棒、型、线材	T73510、T73511、T74510、T74511、T76510、T76511	
	冷加工棒材、线材	H13	
	铆钉线材	T73	
	锻件	F、T74、T7452	
	包铝薄板	T76	
7055	厚板	T651、T7751	大型飞机的蒙皮，长桁，水平尾翼，龙骨架，座轨，货运滑轨抗压和抗拉强度比 7150 的高 10%，断裂韧性、耐腐蚀性与 7150 的相似
	挤压件	T77511	
	锻件	T77	

续表

牌号	主要品种	状态	典型用途
7072	散热器片坯料	O、H14、H18、H19、H23、H24、H241、H25、H111、H113、H211	空调器铝箔与特薄带材；2219、3003、3004、5050、5052、5154、6061、7075、7475、7178合金板材与管材的包覆层
7075	板材	O、T6、T73、T76	用于制造飞机结构及其他要求强度高、抗蚀性能强的高应力结构件，如飞机上、下翼面壁板，桁条，隔框等。固溶处理后塑性好，热处理强化效果特别好，在150℃以下有高的强度，并且有特别好的低温强度，焊接性能差，有应力腐蚀开裂倾向，双级时效可提高抗SCC性能
	厚材	O、T651、T7351、T7651	
	拉伸管	O、T6、T173	
	挤压管、型材、棒材、线材	O、T6、T6510、T6511、T73、T73510、T73511、T76、T76510、T76511	
	轧制或冷加工棒材	O、H13、T6、T651、T73、T7351	
	冷加工线材	O、H13、T6、T73	
	铆钉线材	T6、T73	
	锻件	F、T6、T652、T73、T7352	
7150	厚板	T651、T7751	大型客机的机翼、机体结构件。强度高，抗剥落腐蚀良好，断裂韧性和抗疲劳性能好
	挤压件	T6511、T77511	
	锻件	T77	
7175	锻件	F、T74、T7452、T7454、T66	用于锻造航空器用的高强度结构件，如飞机外翼梁，主起落架梁，前起落架动作筒，垂尾接头，火箭喷管结构件。材料有良好的综合性能
	挤压件	T74、T6511	
7178	板材	O、T6、T76	供制造航空航天器用的要求抗压屈服强度的零部件
	厚材	O、T651、T7651	
	挤压管、型、棒、线材	O、T6、T6510、T6511、T76、T76510、T76511	
	冷加工棒材、线材	O、H13	
	铆钉线材	T6	

续表

牌号	主要品种	状态	典型用途
7475	板材	O、T61、T761	机身用的蒙皮和其他要求高强度高韧性零部件，如飞机机身、机翼蒙皮，中央翼结构件，翼梁，桁架，舱壁，隔板，直升机舱板，起落架舱门
	厚材	O、T651、T7351、T7651	
	轧制或冷加工棒材	O	
7A04	板材	O、T6、T73、T76	飞机蒙皮、螺钉以及受力构件，如大梁桁条、隔框、翼肋等
	厚材	O、T651、T7351、T7651	
	拉伸管	O、T6、T173	
	挤压管、型材、棒材、线材	O、T6、T6510、T6511、T73、T73510、T73511、T76、T76510、T76511	
	轧制或冷加工棒材	O、H13、T6、T651、T73、T7351	
	冷加工线材	O、H13、T6、T73	
	铆钉线材	T6、T73	
	锻件	F、T6、T652、T73、T7352	

3.2.2 铜及铜合金

（1）铜及铜合金的代号（表 3.14）

表 3.14　铜及铜合金的代号

分类	代号表示方法	举例	
		名称	代号
纯铜	冶炼产品：化学符号＋顺序号	一号铜	Cu-1
	铜加工产品：字母“T”＋顺序号（数字愈大则纯度愈低）	1 号纯铜　2 号纯铜 3 号纯铜　4 号纯铜	T1　T2 T3　T4
黄铜	普通黄铜用汉语拼音字母 H 加铜的含量，三元以上黄铜用 H 加第二个主添加元素符号及除铜以外的成分数字组表示	68 黄铜 59-1 铅黄铜 77-2 铝黄铜 58-2 锰黄铜 59-1-1 铁黄铜 90-1 锡黄铜 65-5 镍黄铜 80-3 硅黄铜	H68 HPb59-1 HA177-2 HMn58-2 HFe59-1-1 HSn90-1 HNi65-5 HSi80-3
青铜	青铜用“Q”加第一个主添加元素符号及除基元素铜以外的成分数字组表示	4-3 锡青铜 10-3-1.5 铝青铜 1-3 硅青铜	QSn4-3 QA110-3-1.5 QSi1-3

续表

分类	代号表示方法	举例	
		名称	代号
青铜	青铜用“Q”加第一个主添加元素符号及除基元素铜以外的成分数字组表示	5 锰青铜 0.5 铬青铜 1.9 铍青铜 1 镉青铜	QMn5 QGr0.5 QBe1.9 QCd1
白铜	镍合金用“B”加镍含量表示，三元以上的白铜用“B”加第二个主添加元素符号及除基元素铜以外的成分数字组表示	16 白铜、30 白铜 3-12 锰白铜 30-1-1 铁白铜 15-20 锌白铜 13-3 铝白铜	B16、B30 BMn3-12 BFe30-1-1 BZn15-20 BA113-3

（2）铜产品的牌号及用途

常用黄铜、常用青铜、常用白铜、常用铸造铜及铜合金的牌号、特性及用途，分别见表 3.15～表 3.18。

表 3.15　常用黄铜的牌号、特性及用途

分类	组别	代号	主要特性	应用举例
加工铜	纯铜	T1	有良好的导电、导热、耐蚀和加工性能，可以焊接和钎焊。含降低导电、导热性的杂质较少，微量的氧对导电、导热和加工等性能影响不大，但易引起“氢病”，不宜在高温（如>370℃）还原性气氛中加工（退火、焊接等）和使用	用于导电、导热、耐蚀器材，如：电线、电缆、导电螺钉、爆破用雷管、化工用蒸发器、储藏器及各种管道等
		T2		
		T3	有较好的导电、导热、耐蚀和加工性能，可以焊接和钎焊；但含降低导电、导热性的杂质较多，含氧量更高，更易引起“氢病”，不能在高温还原性气氛中加工、使用	用于一般铜材，如电气开关、垫圈、垫片、铆钉、管嘴、油管及其他管道等
	无氧铜	TU1、TU2	纯度高，导电、导热性极好，无“氢病”或极少“氢病”；加工性能和焊接、耐蚀、耐寒性均好	主要用作电真空仪器仪表器件
	磷脱氧铜	TP1	焊接性能和冷弯性能好，一般无“氢病”倾向，可在还原性气氛中加工、使用，但不宜在氧化性气氛中加工、使用。TP1 的残留磷量比 TP2 少，故其导电、导热性较 TP2 高	主要以管材应用，也可以板、带或棒、线供应。用作汽油或气体输送管、排水管、冷凝管、水雷用管、冷凝器、蒸发器、热交换器、火车厢零件
		TP2		
	银铜	TAg0.1	铜中加入少量的银，可显著提高软化温度（再结晶温度）和蠕变强度，而很少降低铜的导电、导热性和塑性。实用的银铜其时效硬化的效果不显著，一般采用冷作硬化来提高强度。它具有很好的耐磨性、电接触性和耐蚀性，如制成电车线时，使用寿命比一般硬铜高 2～4 倍	用于耐热、导电器材，如电机整流子片、发电机转子用导体、点焊电极、通信线、引线、导线、电子管材料等

续表

分类	组别	代号	主要特性	应用举例
加工黄铜	普通黄铜	H96	强度比纯铜高(但在普通黄铜中,它是最低的),导热、导电性好,在大气和淡水中有高的耐蚀性,且有良好的塑性,易于冷、热压力加工,易于焊接、锻造和镀锡,无应力腐蚀破裂倾向	在一般机械制造中用作导管,冷凝管、散热器管、散热片、汽车水箱带以及导电零件等
		H90	性能和 H96 相似,但强度较高,可镀金属及涂敷珐琅	供水及排水管、奖章、艺术品、水箱带以及双金属片
		H85	具有较高的强度,塑性好,能很好地承受冷、热压力加工,焊接和耐蚀性能也都良好	冷凝和散热用管、虹吸管、蛇形管、冷却设备制件
		H80	性能和 H85 近似,但强度较高,塑性也较好,在大气、淡水及海水中有较高的耐蚀性	造纸网、薄壁管、皱纹管及房屋建筑用品
		H70 H68	有极为良好的塑性(是黄铜中最佳者)和较高的强度,可加工性能好,易焊接,对一般腐蚀非常安定,但易产生腐蚀开裂。H68 应用最为广泛	复杂的冷冲件和深冲件,如散热器外壳、导管、波纹管、弹壳、垫片、雷管等
		H65	性能介于 H68 和 H62 之间,价格比 H68 便宜,也有较高的强度和塑性,能良好地承受冷、热压力加工,有腐蚀破裂倾向	小五金、日用品、小弹簧、螺钉、铆钉和机器零件
		H63 H62	有良好的力学性能,热态塑性良好,冷态塑性尚可,可加工性好,易钎焊和焊接,耐蚀,但易产生腐蚀破裂,价格便宜,应用广泛	各种深拉深和弯折制造的受力零件,如销钉、铆钉、垫圈、螺母、导管、气压表弹簧、筛网、散热器零件等
		H59	价格最便宜,强度、硬度高而塑性差,但在热态下仍能很好地压力加工,耐蚀性一般,其他性能同 H62	一般机器零件、焊接件、热冲及热轧零件
	铝黄铜	HAl77-2	典型的铝黄铜,有高的强度和硬度,塑性良好,可在热态及冷态下进行压力加工,对海水及盐水有良好的耐蚀性,并耐冲击腐蚀,但有脱锌及腐蚀破裂倾向	船舶和海滨热电站中用作冷凝管以及其他耐蚀零件
		HAl67-2.5	在冷态、热态下能良好地承受压力加工,耐磨性好,对海水的耐蚀性尚可,对腐蚀破裂敏感,钎焊和镀锡性能不好	海船抗蚀零件
		HAl66-6-3-2	为耐磨合金,具有高的强度、硬度和耐磨性,耐蚀性也较好,但有腐蚀破裂倾向,塑性较差。为铸造黄铜的移植品种	重负荷下工作中固定螺钉的螺母及大型蜗杆;可作铝青铜 QAl10-4-4 的代用品

续表

分类	组别	代号	主要特性	应用举例
加工黄铜	铝黄铜	HAl60-1-1	具有高的强度，在大气、淡水和海水中耐蚀性好，但对腐蚀破裂敏感，在热态下压力加工性好，冷态下可塑性低	要求耐蚀的结构零件，如齿轮、蜗轮、衬套、轴等
		HAl59-3-2	具有高的强度，耐蚀性是所有黄铜中最好的，腐蚀破裂倾向不大，冷态下塑性低，热态下压力加工性好	发动机和船舶业及其他在常温下工作的高强度耐蚀件
	镍黄铜	HNi65-5 HNi56-3	有高的耐蚀性和减摩性，良好的力学性能，在冷态和热态下压力加工性能极好，对脱锌和“季裂”比较稳定，导热导电性低，但因镍的价格较贵，故 HNi65-5 一般用得不多	压力表管、造纸网、船舶用冷凝管等，可作锡磷青铜和德银的代用品
	铁黄铜	HFe59-1-1	具有高的强度、韧性，减摩性能良好，在大气、海水中的耐蚀性高，但有腐蚀破裂倾向，热态下塑性良好	制造在摩擦和受海水腐蚀条件下工作的结构零件
		HFe58-1-1	强度、硬度高，可加工性好，但塑性下降，只能在热态下压力加工，耐蚀性尚好，有腐蚀破裂倾向	适于用热压和切削加工法制作的高强度耐蚀零件
	铅黄铜	HPb63-3	含铅高的铅黄铜，不能热态加工，可加工性极为优良，且有高的减摩性能，其他性能和 HPb59-1 相似	主要用于要求可加工性极高的钟表结构零件及汽车拖拉机零件
		HPb63-0.1 HPb62-0.8	可加工性较 HPb63-3 低，其他性能和 HPb63-3 相同	用于一般机器结构零件
		HPb61-1	可加工性好，强度较高	用于要求高加工性能的一般结构件
		HPb59-1	应用较广的铅黄铜，它的特点是可加工性好，有良好的力学性能，能承受冷、热压力加工，易钎焊和焊接，对一般腐蚀有良好的稳定性，但有腐蚀破裂倾向	适于以热冲压和切削加工制作的各种结构零件，如螺钉、垫圈、垫片、衬套、螺母、喷嘴等

续表

分类	组别	代号	主要特性	应用举例
加工黄铜	锰黄铜	HMn58-2	在海水和过热蒸汽、氯化物中有高的耐蚀性，但有腐蚀破裂倾向；力学性能良好，导热导电性低，易于在热态下进行压力加工，冷态下压力加工性尚可，是应用较广的黄铜品种	腐蚀条件下工作的重要零件和弱电流工业用零件
		HMn57-3-1	强度、硬度高，塑性低，只能在热态下进行压力加工；在大气、海水、过热蒸汽中的耐蚀性比一般黄铜好，但有腐蚀破裂倾向	耐腐蚀结构零件
		HMn55-3-1	性能和 HMn57-3-1 接近，为铸造黄铜的移植品种	耐腐蚀结构零件
	锡黄铜	HSn90-1	力学性能和工艺性能极近似于 H90 普通黄铜，但有高的耐蚀性和减摩性，目前只有这种锡黄铜可作为耐磨合金使用	汽车、拖拉机弹性套管及其他耐蚀减摩零件
		HSn70-1	典型的锡黄铜，在大气、蒸汽、油类和海水中有高的耐蚀性，且有良好的力学性能，可加工性尚可，易焊接和钎焊，在冷、热状态下压力加工性好，有腐蚀破裂倾向	海轮上的耐蚀零件（如冷凝气管），与海水、蒸汽、油类接触的导管，热工设备零件
		HSn62-1	在海水中有高的耐蚀性，有良好的力学性能，冷加工时有冷脆性，只适于热压加工，可加工性好，易焊接和钎焊，但有腐蚀破裂倾向	用作与海水或汽油接触的船舶零件或其他零件
		HSn60-1	性能与 HSn62-1 相似，主要产品为线材	船舶焊接结构用的焊条

表 3.16　常用青铜的牌号、特性及用途

组别	代号	主要特性	应用举例
锡青铜	QSn4-3	为含锌的锡青铜，有高的耐磨性和弹性，抗磁性良好，能很好地承受热态或冷态压力加工；在硬态下，可加工性好，易焊接和钎焊，在大气、淡水和海水中耐蚀性好	制造弹簧（扁弹簧、圆弹簧）及其他弹性元件，化工设备上的耐蚀零件以及耐磨零件（如衬套、圆盘、轴承等）和抗磁零件、造纸工业用的刮刀

续表

组别	代号	主要特性	应用举例
锡青铜	QSn4-4-2.5 QSn4-4-4	为添有锌、铅合金元素的锡青铜，有高的减摩性和良好的可加工性，易于焊接和钎焊，在大气、淡水中具有良好的耐蚀性，只能在冷态下进行压力加工，因含铅，热加工时易引起热脆	制造在摩擦条件下工作的轴承、卷边轴套、衬套、圆盘以及衬套的内垫等。QSn4-4-4 使用温度可达 300℃以下，是一种热强性较好的锡青铜
	QSn6.5-0.1	磷锡青铜，有高的强度、弹性、耐磨性和抗磁性，在热态和冷态下压力加工性良好，对电火花有较高的抗燃性，可焊接和钎焊，可加工性好，在大气和淡水中耐蚀	制造弹簧和导电性好的弹簧接触片，精密仪器中的耐磨零件和抗磁零件，如齿轮、电刷盒、振动片、接触器
	QSn6.5-0.4	磷锡青铜，性能用途和 QSn6.5-0.1 相似，因含磷量较高，其抗疲劳强度较高，弹性和耐磨性较好，但在热加工时有热脆性，只能接受冷压力加工	除用于弹簧和耐磨零件外，主要用于造纸工业制作耐磨的铜网和单位负荷＜981MPa、圆周速度＜3m/s 的条件下工作的零件
	QSn7-0.2	磷锡青铜，强度高，弹性和耐磨性好，易焊接和钎焊，在大气、淡水和海水中耐蚀性好，可加工性良好，适于热压加工	制造中等负荷、中等滑动速度下承受摩擦的零件，如抗磨垫圈、轴承、轴套、蜗轮等，还可用作弹簧、簧片等
铝青铜	QAl5	为不含其他元素的铝青铜，有较高的强度、弹性和耐磨性，在大气、淡水、海水和某些酸中耐蚀性高，可电焊、气焊，不易钎焊，能很好地在冷态或热态下承受压力加工，不能淬火回火强化	制造弹簧和其他要求耐蚀的弹性元件、齿轮摩擦轮、蜗轮传动机构等，可作为 QSn6.5-0.4、QSn4.3 和 QSn4-4-4 的代用品
	QAl7	性能用途和 QAl5 相似，因含铝量稍高，其强度较高	
	QAl9-2	含锰的铝青铜，具有高的强度，在大气、淡水和海水中抗蚀性很好，可以电焊和气焊，不易钎焊，在热态和冷态下压力加工性均好	高强度耐蚀零件以及在 250℃以下蒸汽介质中工作的管配件和海轮上零件

续表

组别	代号	主要特性	应用举例
铝青铜	QAl9-4	为含铁的铝青铜。有高的强度和减摩性，良好的耐蚀性，热态下压力加工性良好，可电焊和气焊，但钎焊性不好，可用作高锡耐磨青铜的代用品	制作在高负荷下工作的抗磨、耐蚀零件，如轴承、轴套、齿轮、蜗轮、阀座等，也用于制作双金属耐磨零件
	QAl9-5-1-1 QAl10-5-5	含有铁、镍元素的铝青铜，属于高强度耐热青铜，高温(400℃)下力学性能稳定，有良好的减摩性，在大气、淡水和海水中耐蚀性好，热态下压力加工性良好，可热处理强化，可焊接，不易钎焊，可加工性尚好 镍含量增加，强度、硬度、高温强度、耐蚀性提高	高强度的耐磨零件和 400～500℃ 工作的零件，如轴衬、轴套、齿轮、球形座、螺母、法兰盘、滑座、坦克用蜗杆等以及其他各种重要的耐蚀耐磨零件
	QAl10-3-1.5	为含有铁、锰元素的铝青铜，有高的强度和耐磨性，经淬火、回火后可提高硬度，有较好的高温耐蚀性和抗氧化性，在大气、淡水和海水中抗蚀性很好，可加工性尚可，可焊接，不易钎焊，热态下压力加工性良好	制造高温条件下工作的耐磨零件和各种标准件，如齿轮、轴承、衬套、圆盘、导向摇臂、飞轮、固定螺母等。可代替高锡青铜制作重要机件
	QAl10-4-4	为含有铁、镍元素的铝青铜，属于高强度耐热青铜，高温(400℃)下力学性能稳定，有良好的减摩性，在大气、淡水和海水中抗蚀性很好，热态下压力加工性良好，可热处理强化，可焊接，不易钎焊，可加工性尚好	高强度的耐磨零件和高温下(400℃)工作的零件，如轴衬、轴套、齿轮、球形座、螺母、法兰盘、滑座等以及其他各种重要的耐蚀耐磨零件
铍青铜	QBe2	为含有少量镍的铍青铜，是力学、物理、化学综合性能良好的一种合金。经淬火调质后，具有高的强度、硬度、弹性、耐磨性、疲劳极限和耐热性；同时还具有高的导电性、导热性和耐寒性，无磁性，磁击时无火花，易于焊接和钎焊，在大气、淡水和海水中抗蚀性极好	制造各种精密仪表、仪器中的弹簧和弹性元件、各种耐磨零件以及在高速、高压和高温下工作的轴承、衬套，矿山和炼油厂用的冲击不生火花的工具以及各种深冲零件

续表

组别	代号	主要特性	应用举例
铍青铜	QBe1.7 QBe1.9	为含有少量镍、钛的铍青铜，具有和 QBe2 相近的特性，但其优点是：弹性迟滞小、疲劳强度高，温度变化时弹性稳定，性能对时效温度变化的敏感性小，价格较低廉，而强度和硬度比 QBe2 降低甚少	制造各种重要用途的弹簧、精密仪表的弹性元件、敏感元件以及承受高变向载荷的弹性元件，可代替 QBe2 牌号的铍青铜
	QBe1.9-0.1	为加有少量 Mg 的铍青铜。性能同 QBe1.9，但因加入微量 Mg，能细化晶粒，并提高强化相（γ_2 相）的弥散度和分布均匀性，从而大大提高合金的力学性能，提高合金时效后的弹性极限和力学性能的稳定性	制造各种重要用途的弹簧、精密仪表的弹性元件、敏感元件以及承受高变向载荷的弹性元件，可代替 QBe2 牌号的铍青铜
硅青铜	QSi3-1	为加有锰的硅青铜，有高的强度、弹性和耐磨性，塑性好，低温下仍不变脆；能良好地与青铜、钢和其他合金焊接，特别是钎焊性好；在大气、淡水和海水中的耐蚀性高；对于苛性钠及氯化物的作用也非常稳定：能很好地承受冷、热压力加工，不能热处理强化，通常在退火和加工硬化状态下使用，此时有高的屈服极限和弹性	用于制造在腐蚀介质中工作的各种零件，弹簧和弹簧零件，以及蜗轮、蜗杆、齿轮、轴套、制动销和杆类耐磨零件，也用于制作焊接结构中的零件，可代替重要的锡青铜，甚至铍青铜
	QSi1-3	为含有锰、镍元素的硅青铜，具有高的强度，相当好的耐磨性，能热处理强化，淬火回火后强度和硬度大大提高，在大气、淡水和海水中有较高的耐蚀性，焊接性和可加工性良好	用于制造在 300℃ 以下，润滑不良、单位压力不大的工作条件下的摩擦零件（如发动机排气和进气门的导向套）以及在腐蚀介质中工作的结构零件
	QSi3.5-3-1.5	为含有锌、锰、铁等元素的硅青铜，性能同 QSi3-1，但耐热性较好，棒材、线材存放时自行开裂的倾向性较小	主要用作在高温工作的轴套材料

续表

组别	代号	主要特性	应用举例
锰青铜	QMn1.5 QMn2	含锰量较 QMn5 低，与 QMn5 比较，强度、硬度较低，但塑性较高，其他性能相似，QMn2 的力学性能稍高于 QMn1.5	用于电子仪表零件，也可作为蒸汽锅炉管配件和接头等
	QMn5	为含锰量较高的锰青铜，有较高的强度、硬度和良好的塑性，能很好地在热态及冷态下承受压力加工，有好的耐蚀性，并有高的热强性，400℃下还能保持其力学性能	用于制作蒸汽机零件和锅炉的各种管接头、蒸汽阀门等高温耐蚀零件

表 3.17　常用白铜的牌号、特性及用途

组别	代号	主要特性	应用举例
普通白铜	B0.6	为电工铜镍合金，其特性是温差电动势小。最大工作温度为 100℃	用于制造特殊温差电偶（铂-铂铑热电偶）的补偿导线
	B5	为结构白铜，它的强度和耐蚀性都比铜高，无腐蚀破裂倾向	用作船舶耐蚀零件
	B19	为结构铜镍合金，有高的耐蚀性和良好的力学性能，在热态及冷态下压力加工性良好，在高温和低温下仍能保持高的强度和塑性，可加工性不好	用于在蒸汽、淡水和海水中工作的精密仪表零件、金属网和抗化学腐蚀的化工机械零件以及医疗器具、钱币
	B25	为结构铜镍合金，具有高的力学性能和抗蚀性，在热态及冷态下压力加工性良好，由于其含镍量较高，故其力学性能和耐蚀性均较 B5、B19 高	用于在蒸汽、海水中工作的抗蚀零件以及在高温高压下工作的金属管和冷凝管等
铁白铜	BFe10-1-11	为含镍较少的结构铁白铜，和 BFe30-1-1 相比，其强度、硬度较低，但塑性较高，耐蚀性相似	主要用于船舶业代替 BFe30-1-1 制作冷凝器及其他抗蚀零件
	BFe30-1-1	为结构铜镍合金，有良好的力学性能，在海水、淡水和蒸汽中具有高的耐蚀性，但可加工性较差	用于海船制造业中制作高温、高压和高速条件下工作的冷凝器和恒温器的管材
锰白铜	BMn3-12	为电工铜镍合金，俗称锰铜，特点是有高的电阻率和低的电阻温度系数，电阻长期稳定性高，对铜的热电动势小	广泛用于制造工作温度在 100℃ 以下的电阻仪器以及精密电工测量仪器
	BMn40-1.5	为电工铜镍合金，通常称为康铜，具有几乎不随温度而改变的高电阻率和高的热电动势，耐热性和抗蚀性好，且有高的力学性能和变形能力	为制造热电偶（900℃以下）的良好材料，工作温度在 500℃ 以下的加热器（电炉的电阻丝）和变阻器

续表

组别	代号	主要特性	应用举例
锰白铜	BMn43-0.5	为电工铜镍合金，通常称为考铜，它的特点是，在电工铜镍合金中具有最大的温差电动势，并有高的电阻率和很低的电阻温度系数，耐热性和抗蚀性也比BMn40-1.5好，同时具有高的力学性能和变形能力	在高温测量中，广泛采用考铜作补偿导线和热电偶的负极以及工作温度不超过600℃的电热仪器
锌白铜	BZn15-20	为结构铜镍合金，因其外表具有美丽的银白色，俗称德银（本来是中国银），这种合金具有高的强度和耐蚀性，可塑性好，在热态及冷态下均能很好地承受压力加工，可加工性不好，焊接性差，弹性优于QSn6.5-0.1	用于潮湿条件下和强腐蚀介质中工作的仪表零件以及医疗器械、工业器皿、艺术品、电信工业零件，蒸汽配件和水道配件、日用品以及弹簧管和簧片等
	BZn15-21-1.8 BZn15-24-1.5	为加有铅的锌白结构合金，性能和BZn15-20相似，但它的可加工性较好，而且只能在冷态下进行压力加工	用于手表工业制作精细零件
铝白铜	BAl13-3	为结构铜镍合金，可以热处理，其特性是：除具有高的强度（是白铜中强度最高的）和耐蚀性外，还具有高的弹性和抗寒性，在低温（90K）下力学性能不但不降低，反而有些提高，这是其他铜合金所没有的性能	用于制作高强度耐蚀零件
	BAl6-1.5	为结构铜镍合金，可以热处理强化，有较高的强度和良好的弹性	制作重要用途的扁弹簧

表3.18 常用铸造铜及铜合金的牌号、特性及用途

类别	合金牌号	主要特征	应用举例
铸造纯铜	ZCu99	很高的导电、传热和延伸性能，在大气、淡水和流动不大的海水中具有良好的耐蚀性；凝固温度范围窄，流动性好，适用于砂型、金属型、连续铸造，适用于氩弧焊接	在黑色金属冶炼中用作高炉风、渣口小套，高炉风、渣中小套，冷却板，冷却壁；电炉炼钢用氧枪喷头、电极夹持器、熔沟：在有色金属冶炼中用作闪速炉冷却用件；大型电机用屏蔽罩、导电连接件；另外还可用于饮用水管道、铜坩埚等

续表

类别	合金牌号	主要特征	应用举例
铸造锡青铜	ZCuSn3Zn8Pb6Ni1	耐磨性能好，易加工，铸造性能好，气密性能较好，耐腐蚀，可在流动海水下工作	在各种液体燃料以及海水、淡水和蒸汽（≤225℃）中工作的零件，压力不大于2.5MPa的阀门和管配件
	ZCuSn3Zn11Pb4	铸造性能好，易加工，耐腐蚀	海水、淡水、蒸汽中，压力不大于2.5MPa的管配件
	ZCuSn5Pb5Zn5	耐磨性和耐蚀性好，易加工，铸造性能和气密性较好	在较高负荷、中等滑动速度下工作的耐磨、耐腐蚀零件，如轴瓦、衬套、缸套、活塞离合器、泵件压盖以及蜗轮等
	ZCuSn10P1	硬度高，耐磨性较好，不易产生咬死现象，有较好的铸造性能和切削性能，在大气和淡水中有良好的耐蚀性	可用于高负荷（20MPa以下）和高滑动速度（8m/s）下工作的耐磨零件，如连杆、衬套、轴瓦、齿轮、蜗轮等
	ZCuSn10Pb5	耐腐蚀，特别是对稀硫酸、盐酸和脂肪酸具有耐腐蚀作用	结构材料，耐蚀、耐酸的配件以及破碎机衬套、轴瓦
	ZCuSn10Zn2	耐蚀性、耐磨性和切削加工性能好，铸造性能好，铸件致密性较高，气密性较好	在中等及较高负荷和小滑动速度下工作的重要管配件，以及阀、旋塞、泵体、齿轮、叶轮和蜗轮等
铸造铅青铜	ZCuPb10Sn5	润滑性、耐磨性能良好，易切削，可焊性良好，软钎焊性、硬钎焊性均良好，不推荐氧燃烧气焊和各种形式的电弧焊	轴承和轴套，汽车用衬管轴承
	ZCuPb10Sn10	润滑性能、耐磨性能和耐蚀性能好，适合用作双金属铸造材料	表面压力高，又存在侧压的滑动轴承，如轧辊、车辆用轴承、负荷峰值60MPa的受冲击零件，最高峰值达100MPa的内燃机双金属轴瓦及活塞销套、摩擦片等
	ZCuPb15Sn8	在缺乏润滑剂和用水质润滑剂条件下，滑动性和自润滑性能好，易切削，铸造性能差，对稀硫酸耐蚀性能好	表面压力高，又有侧压力的轴承，可用来制造冷轧机的铜冷却管、耐冲击负荷达50MPa的零件、内燃机的双金属轴瓦，主要用于最大负荷达70MPa的活塞销套，耐酸配件

续表

类别	合金牌号	主要特征	应用举例
铸造铅青铜	ZCuPb17Sn4Zn4	耐磨性和自润滑性能好，易切削，铸造性能差	一般耐磨件，高滑动速度的轴承等
	ZCuPb20Sn5	有较高滑动性能，在缺乏润滑介质和以水为介质时有特别好的自润滑性能，适用于双金属铸造材料，耐硫酸腐蚀，易切削，铸造性能差	高滑动速度的轴承，以及破碎机、水泵、冷轧机轴承，负荷达 40 MPa 的零件，抗腐蚀零件，双金属轴承，负荷达 70 MPa 的活塞销套
	ZCuPb30	有良好的自润滑性，易切削，铸造性能差，易产生密度偏析	要求高滑动速度的双金属轴承，减摩零件等
铸造铝青铜	ZCuAl8Mn13Fe3	具有很高的强度和硬度，良好的耐磨性能和铸造性能，合金致密性能高，耐蚀性好，作为耐磨件工作温度不大于400℃，可以焊接，不易钎焊	适用于制造重型机械用轴套，以及要求强度高、耐磨、耐压零件，如衬套，法兰、阀体、泵体等
	ZCuAl8Mn13Fe3Ni2	有很高的力学性能，在大气、淡水和海水中均有良好的耐蚀性，腐蚀疲劳强度高，铸造性能好，合金组织致密，气密性好，可以焊接，不易钎焊	要求强度高、耐腐蚀的重要铸件. 如船舶螺旋桨、高压阀体、泵体，以及耐压、耐磨零件，如蜗轮、齿轮、法兰、衬套等
	ZCuAl8Mn14Fe3Ni2	有很高的力学性能，在大气、淡水和海水中具有良好的耐蚀性，腐蚀疲劳强度高，铸造性能好，合金组织致密，气密性好，可以焊接，不易钎焊	要求强度高、耐腐蚀性好的重要铸件，是制造各类船舶螺旋桨的主要材料之一
	ZCuAl9Mn2	有高的力学性能，在大气、淡水和海水中耐蚀性好，铸造性能好，组织致密、气密性高，耐磨性好，可以焊接，不易钎焊	耐蚀、耐磨零件，形状简单的大型铸件，如衬套、齿轮、蜗轮，以及在 250℃以下工作的管配件和要求气密性高的铸件，如增压器内气封
	ZCuAl8Be1Co1	有很高的力学性能，在大气、淡水和海水中具有良好的耐蚀性，腐蚀疲劳强度高，耐空泡腐蚀性能优异，铸造性能好，合金组织致密，可以焊接	要求强度高、耐腐蚀、耐空蚀的重要铸件，主要用于制造小型快艇螺旋桨

续表

类别	合金牌号	主要特征	应用举例
铸造铝青铜	ZCuAl9Fe4Ni4Mn2	有很高的力学性能，在大气、淡水和海水中耐蚀性好，铸造性能好，在400℃以下具有耐热性，可以热处理，焊接性能好，不易钎焊，铸造性能尚好	要求强度高、耐蚀性好的重要铸件，是制造船舶螺旋桨的主要材料之一，也可用作耐磨和400℃以下工作的零件，如轴承、齿轮、蜗轮、螺母、法兰、阀体、导向套筒
	ZCuAl10Fe4Ni4	有很高的力学性能，良好的耐蚀性，高的腐蚀疲劳强度，可以热处理强化，在400℃以下有高的耐热性	高温耐蚀零件，如齿轮、球形座、法兰、阀导管及航空发动机的阀座，抗蚀零件，如轴瓦、蜗杆、酸洗吊钩及酸洗筐、搅拌器等
	ZCuAl10Fe3	具有高的力学性能，耐磨性和耐蚀性能好，可以焊接，不易钎焊，大型铸件700℃空冷可以防止变脆	要求强度高、耐磨、耐蚀的重型铸件，如轴套、螺母，蜗轮以及250℃以下工作的管配件
	ZCuAl10Fe3Mn2	具有高的力学性能和耐磨性，可热处理，高温下耐蚀性和抗氧化性能好，在大气、淡水和海水中耐蚀性好，可以焊接，不易钎焊，大型铸件700℃空冷可以防止变脆	要求强度高、耐磨、耐蚀的零件，如齿轮、轴承、衬套、管嘴以及耐热管配件等
铸造黄铜	ZCuZn38	具有优良的铸造性能和较高的力学性能，切削加工性能好，可以焊接，耐蚀性较好，有应力腐蚀开裂倾向	一般结构件和耐蚀零件，如法兰、阀座、支架、手柄和螺母等
	ZCuZn21Al5Fe2Mn2	有很高的力学性能，铸造性能良好，耐蚀性较好，有应力腐蚀开裂倾向	适用高强、耐磨零件，小型船舶及军舰船螺旋桨
	ZCuZn25Al6Fe3Mn3	有很高的力学性能，铸造性能良好，耐蚀性较好，有应力腐蚀开裂倾向，可以焊接	适用高强、耐磨零件，如桥梁支撑板、螺母、螺杆、耐磨板、滑块和蜗轮等
	ZCuZn26Al4Fe3Mn3	有很高的力学性能，铸造性能良好，在空气、淡水和海水中耐蚀性较好，可以焊接	要求强度高、耐蚀零件

续表

类别	合金牌号	主要特征	应用举例
铸造黄铜	ZCuZn31Al2	铸造性能良好，在空气、淡水、海水中耐蚀性较好，易切屑，可以焊接	适用于压力铸造，如电机、仪表等压力铸件，以及造船和机械制造业的耐蚀零件
	ZCuZn35Al2Mn2Fe1	具有高的力学性能和良好的铸造性能，在大气、淡水、海水中有较好的耐蚀性，切削性能好，可以焊接	管路配件和要求不高的耐磨件
	ZCuZn38Mn2Pb2	有较高的力学性能和耐蚀性，耐磨性较好，切削性能良好	一般用途的结构件，船舶、仪表等使用的外形简单的铸件，如套筒、衬套、轴瓦、滑块等
	ZCuZn40Mn3Fe1	有高的力学性能，良好的铸造性能和切削加工性能，在空气、淡水、海水中耐蚀性能好，有应力腐蚀开裂倾向	耐海水腐蚀的零件，300℃以下工作的管配件、制造船舶螺旋桨等大型铸件
	ZCuZn33Pb2	结构材料，给水温度为90℃时抗氧化性能好，电导率约为10～14MS/m	煤气和给水设备的壳体.机器制造业，电子技术，精密仪器和光学仪器的部分构件和配件
	ZCuZn40Pb2	有好的铸造性能和耐磨性，切削加工性能好，耐蚀性较好，在海水中有应力倾向	一般用途的耐磨、耐蚀零件，如轴套、齿轮等
	ZCuZn16Si4	具有较高的力学性能和良好的耐蚀性，铸造性能好；流动性高，铸件组织致密，气密性好	接触海水工作的管配件以及水泵、叶轮、旋塞和在空气、淡水、油、燃料，以及工作压力4.5MPa，250℃以下蒸汽中工作的铸件
铸造白铜	ZCuNi10Fe1Mn1	具有高的力学性能和良好的耐海水腐蚀性能，铸造性能好，可以焊接	耐海水腐蚀的结构件和压力设备，海水泵、阀和配件
	ZCuNi30Fe1Mn1	具有高的力学性能和良好的耐海水腐蚀性能，铸造性能好，铸件致密，可以焊接	用于需要抗海水腐蚀的阀、泵体、凸轮和弯管等

续表

类别	合金牌号	主要特征	应用举例
压铸铜合金	YZCuZn40Pb	塑性及耐磨性好，切削性及耐蚀性优良，但强度不高	适于制作一般用途的耐磨耐蚀零件，如轴套、齿轮等
	YZCuZn16Si4	塑性、耐蚀性均好，强度高，铸造性能优良，切削性和耐磨性能一般	适于制造普通腐蚀介质中工作的管配件、阀体、盖以及各种形状较复杂的铸件
	YZCuZn30Al3	强度高、耐磨性和铸造性能好，耐大气腐蚀好，耐其他介质一般，切削性能不好	适于制造在空气中工作的各种耐蚀件
	YZCuZn35Al2Mn2Fe	力学性能好，铸造性好。在大气、海水、淡水中有较好的耐蚀性	适于制作管路配件和一般要求的耐磨件

3.2.3 镍和镍合金

镍和镍合金的牌号表示方法是用“N”加第一个主添加元素符号及除基镍元素外的成分数字组表示：

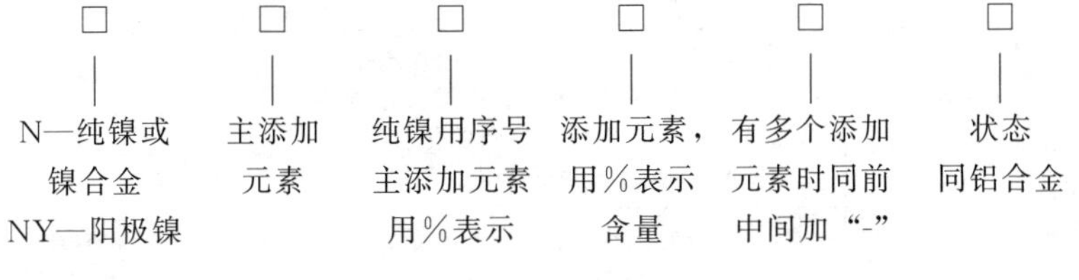

牌号举例见表 3.19。

表 3.19 镍和镍合金牌号示例

名称	代号	名称	代号	名称	代号
一号阳极镍	NY1	2-2-1 镍锰合金	NMn2-2-1	17-2-2 镍钴合金	NCo17-2-2
0.19 镍硅合金	NSi0.19	28-2-1 镍铜合金	NCu28-2-1	3-1.5-1 镍铝合金	NAl3-1.5-1
0.1 镍镁合金	NMg0.1	10 镍铬合金	NCr10	4-0.2 镍钨合金	NW4-0.2

特性及用途见表 3.20。

表 3.20 镍和镍合金的特性及用途

组别	代号	特性	用途
纯镍	N2 N4 N6 N8	熔点高(1455℃)，无毒；力学性能和冷热加工性能好；耐蚀性能优良，在大气、淡水、海水中化学性能稳定，但不耐氧化性酸	用作机械及化工设备耐蚀结构件、电子管和无线电设备零件、医疗器械及食品工业餐器皿等

续表

组别	代号	特性	用途
纯镍	DV	为电真空用镍，除具备纯镍的一般特性外，还有高的电真空性能	用作电子管阴极芯和其他零件
阳极镍	NY1 NY2 NY3	为电解镍，质纯，有去钝化作用	在电镀镍中作为阳极。NY1 适用于 pH 值小，不易钝化的场合；NY2 适于 pH 值范围大，电镀形状复杂的场合；NY3 适于一般的电镀场合
镍锰合金	NMn3 NMn5	室温和高温强度较高，耐热性和耐蚀性好；加工性能优良；在温度较高的含硫气氛中耐蚀性高于纯镍，热稳定性和电阻率也高于纯镍	用作内燃机火花塞电极、电阻灯泡灯丝和电子管的栅极等
镍铜合金	NCu40-2-1	无磁性，耐蚀性强	适用于抗磁性材料
	NCu28-2.5-1.5	在一般情况下，耐蚀性比 NCu40-2-1 更好，尤其是非常耐氢氟酸；其强度和加工工艺性、耐高温性能好；在 750℃以下的大气中稳定	适用于制作高强度、高耐腐蚀零件，以及高压充油电缆、供油槽、加热设备和医疗器械等
电子用镍合金	NMg0.1 NSi0.19	电真空性能和耐蚀性好（但用作电子管氧化物阴极芯材料时，氧化层与芯金属接触面上易产生一层电阻的化合物，降低发射能力，缩短电子管寿命）	主要用于生产中短寿命无线电真空管氧化物阴极芯
	NW4-0.15 NW4-0.1 NW4-0.07	高温强度和耐振强度好；电子发射性能优良，用它制作的电子管氧化物阴极芯，接触面氧化层稳定性好	主要用于做高寿命、高性能的无线电真空管氧化物阴极芯等
热电合金	NSi3	抗蚀性能好；在 600～1250℃时有足够大的热电势和热电势率	用作热电偶负极材料
	NCr10	在 0～1200℃时有足够大的热电势和热电势率，测温灵敏、准确且范围宽；电阻温度系数小，电阻率高；互换性好，辐射效应小，电势稳定；抗氧化，耐腐蚀	用作热电偶正极和高电阻仪器材料

3.2.4 铸造有色金属及其合金

GB/T 8063—2017 规定了铸造有色金属及其合金牌号的表示方法：

铸造有色金属合金牌号由“Z”和基体金属的化学元素符号、主要合金化学元素符号（其中混合稀土元素符号统一用 RE 表示）

以及表明合金化元素名义百分含量的数字组成。当合金化元素多于两个时，合金牌号中应列出足以表明合金主要特性的元素符号及其名义百分含量的数字。

合金化元素符号的排列次序，按其名义百分含量大小。当其值相等时，则按元素符号字母顺序排列。当需要表明决定合金类别的合金化元素时，不论其含量多少，该元素符号均应紧置于基体元素符号之后。

基体元素的名义百分含量不标注；其他合金化元素的名义百分含量均标注于该元素符号之后；合金化元素含量小于 1%时，一般不标注；优质合金在牌号后面标注大写字母“A”；对具有相同主成分，需要控制低间隙元素的合金，在牌号后的圆括弧内标注 E1I。

如优质铸造铝合金：

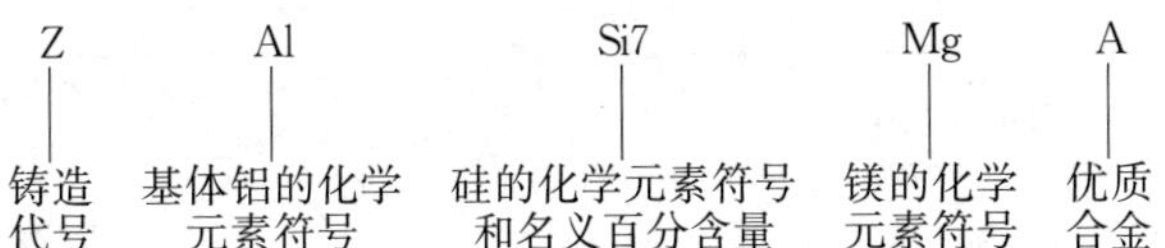

铸造镁合金：

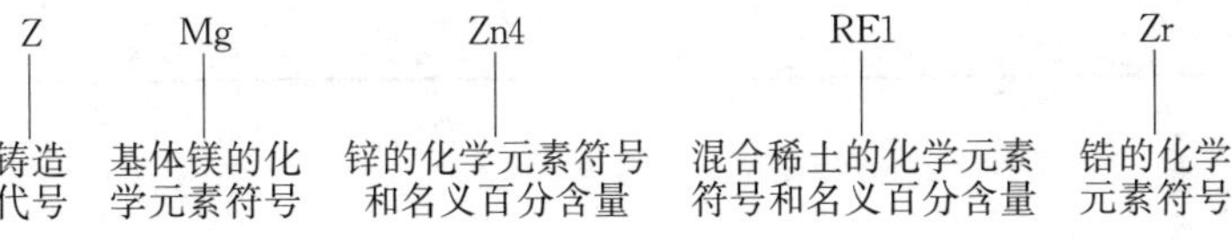

铸造锡青铜：

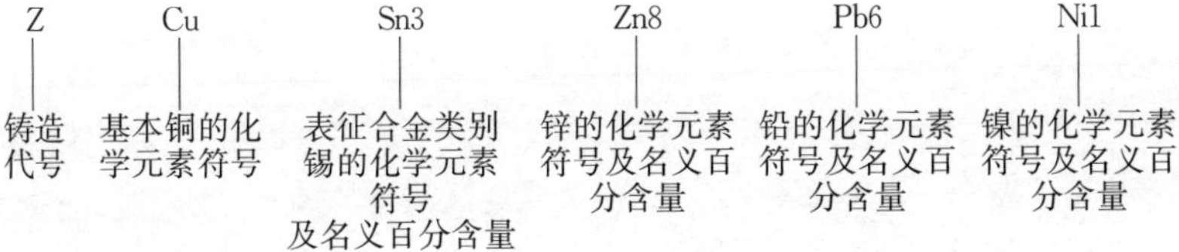

铸造钛合金：

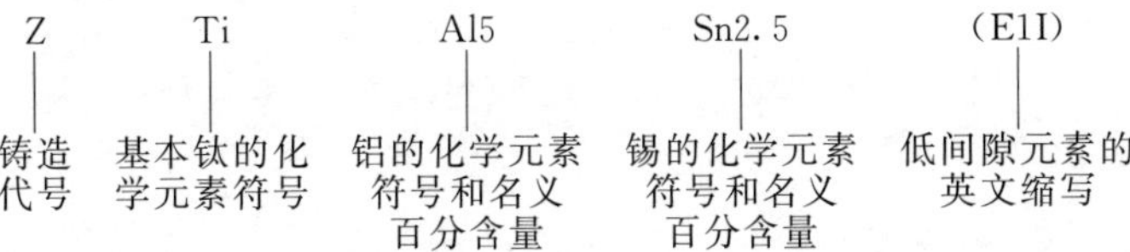

3.2.5 其他有色金属合金

基他有色金属合金的牌号见表 3.21。

表 3.21 其他有色金属合金的牌号

类别	代号表示方法	举例	
		名称	代号
锡合金	用锡元素符号加第一个主添加元素符号及成分数字组表示	2.5 锡锑合金 13-2.5 锡铅合金 四号 α+β 型钛合金	SnSb2.5 SnPb13-2.5 TC4
其他合金	用基元素的化学元素符号中第一个主添加元素符号及除基元素外的成分数字表示	1.5 锌铜合金 20 金镍合金 铜铍中间合金 4	ZnCu1.5 AuN20 CuB4

常用锡基和铅基轴承合金代号及用途见表 3.22。

表 3.22 常用锡基和铅基轴承合金代号及用途

组别	代号	硬度(≥)/HBS	用途举例
锡锑轴承合金	ZSnSb4Cu4	20	具有耐蚀、耐热、耐磨性能，适于制造高速轴承及轴衬
	ZSnSb8Cu4	24	韧性与 ZSnSbCu4 相同，适用于制造一般大型机器轴承及轴衬，负荷压力大
铅锑轴承合金	ZPbSb16Sn16Cu2	30	用于浇注各种机器轴承的上半部
	ZPbSb15Sn5Cu3Cd2	32	用于浇注各种机器的轴承

第4章 有色金属材料制品

4.1 铝及铝合金材料制品

一般工业用铝及铝合金材料制品包括板（带、箔）材、棒材、管材。

4.1.1 板（带、箔）材

（1）牌号和状态

铝及铝合金材料分成两类，8个系列，见表4.1

表4.1 一般工业用铝或铝合金的牌号、类别、状态及厚度（GB/T 3880.1—2012）

牌号	铝或铝合金类别	状态	板材厚度/mm	带材厚度/mm
1×××系				
1A97 1A93 1A90 1A85	A	F	>4.50～150.00	—
		H112	>4.50～80.00	—
1080A	A	O,H111	>0.20～12.50	—
		H12,H22,H14,H24	>0.20～6.00	—
		H16,H26	>0.20～4.00	>0.20～4.00
		H18	>0.20～3.00	>0.20～3.00
		H112	>6.00～25.00	—
		F	>2.50～6.00	—
1070	A	O	>0.20～50.00	>0.20～6.00
		H12,H22,H14,H24	>0.20～6.00	>0.20～6.00
		H16,H26	>0.20～4.00	>0.20～4.00
		H18	>0.20～3.00	>0.20～3.00
		H112	>4.50～75.00	—
		F	>4.50～150.00	>2.50～8.00
1070A	A	O,H111	>0.20～25.00	—
		H12,H22,H14,H24	>0.20～6.00	—

续表

牌号	铝或铝合金类别	状态	板材厚度/mm	带材厚度/mm
1070A	A	H16,H26	>0.20～4.00	—
		H18	>0.20～3.00	—
		H112	>6.00～25.00	—
		F	>4.50～150.00	>2.50～8.00
1060	A	O	>0.20～80.00	>0.20～6.00
		H12,H22	>0.50～6.00	>0.50～6.00
		H14,H24	>0.20～6.00	>0.20～6.00
		H16,H26	>0.20～4.00	>0.20～4.00
		H18	>0.20～3.00	>0.20～3.00
		H112	>4.50～80.00	—
		F	>4.50～150.00	>2.50～8.00
1050	A	O	>0.20～50.00	>0.20～6.00
		H12,H22,H14,H24	>0.20～6.00	>0.20～6.00
		H16,H26	>0.20～4.00	>0.20～4.00
		H18	>0.20～3.00	>0.20～3.00
		H112	>4.50～75.00	—
		F	>4.50～150.00	>2.50～8.00
1050A	A	O	>0.20～80.00	>0.20～6.00
		H111	>0.20～80.00	—
		H12,H22,H14,H24	>0.20～6.00	>0.20～6.00
		H16,H26	>0.20～4.00	>0.20～4.00
		H18,H28,H19	>0.20～3.00	>0.20～3.00
		H112	>6.00～80.00	—
		F	>4.50～150.00	>2.50～8.00
1145	A	O	>0.20～10.00	>0.20～6.00
		H12,H22,H14,H24,H16,H26,H18	>0.20～4.50	>0.20～4.50
		H112	>4.50～25.00	—
		F	>4.50～150.00	>2.50～8.00
1235	A	O	>0.20～1.00	>0.20～1.00
		H12,H22	>0.20～4.50	>0.20～4.50
		H14,H24	>0.20～3.00	>0.20～3.00
		H16,H26	>0.20～4.00	>0.20～4.00
		H18	>0.20～3.00	>0.20～3.00
1100	A	O	>0.20～80.00	>0.20～6.00
		H12,H22,H14,H24	>0.20～6.00	>0.20～6.00

续表

牌号	铝或铝合金类别	状态	板材厚度/mm	带材厚度/mm
1100	A	H16,H26	>0.20～4.00	>0.20～4.00
		H18,H28	>0.20～3.20	>0.20～3.20
		H112	6.00～80.00	—
		F	>4.50～150.00	>2.50～8.00
1200	A	O	>0.20～80.00	>0.20～6.00
		H111	>0.20～80.00	—
		H12,H22,H14,H24	>0.20～6.00	>0.20～6.00
		H16,H26	>0.20～4.00	～0.20～4.00
		H18,H19	>0.20～3.00	>0.20～3.00
		H112	>6.00～80.00	—
		F	>4.50～150.00	>2.50～8.00
2×××系				
2A11、包铝 2A11	B	O	>0.50～10.00	>0.50～6.00
		T1	>4.50～80.00	—
		T3,T4	>0.50～10.00	—
		F	>4.50～150.00	—
2A12、包铝 2A12	B	O	>0.50～10.00	—
		T1	>4.50～80.00	—
		T3,T4	>0.50～10.00	—
		F	>4.50～150.00	—
2A14	B	O	0.50～10.00	—
		T1	>4.50～40.00	—
		T6	0.50～10.00	—
		F	>4.50～150.00	—
2E12，包铝 2E12	B	T3	0.80～6.00	—
2014	B	O	>0.40～25.00	—
		T3	>0.40～6.00	—
		T4	>0.40～100.00	—
		T6	>0.40～160.00	—
		F	>4.50～150.00	—
包铝 2014	B	O	>0.50～25.00	—
		T3	>0.50～6.30	—
		T4	>0.50～6.30	—
		T6	>0.50～6.30	—
		F	>4.50～150.00	—

续表

牌号	铝或铝合金类别	状态	板材厚度/mm	带材厚度/mm
2014A、包铝2014A	B	O	>0.20～6.00	—
		T4	>0.20～80.00	—
		T6	>0.20～140.00	—
2024	B	O	>0.40～25.00	>0.50～6.00
		T3	>0.40～150.00	—
		T4	>0.40～6.00	—
		T8	>0.40～40.00	—
		F	>4.50～80.00	—
包铝2024	B	O	>0.20～45.50	—
		T3	>0.20～6.00	—
		T4	>0.20～3.20	—
		F	>4.50～80.00	—
2017、包铝2017	B	O	>0.40～25.00	>0.50～6.00
		T3,T4	>0.40～6.00	—
		F	>4.50～150.00	—
2017A、包铝2017A	B	O	0.40～25.00	—
		T4	0.40～200.00	—
2219、包铝2219	B	O	>0.50～50.00	—
		T81	>0.50～6.30	—
		T87	>1.00～12.50	—
3×××系				
3A21	A	O	>0.20～10.00	—
		H14	>0.80～4.50	—
		H24,H18	>0.20～4.50	—
		H112	>4.50～80.00	—
		F	>4.50～150.00	—
3102	A	H18	>0.20～3.00	>0.20～3.00
3003	A	O	>0.20～50.00	>0.20～6.00
		H111	>0.20～50.00	—
		H12,H22,H14,H24	>0.20～6.00	>0.20～6.00
		H16,H26	>0.20～4.00	>0.20～4.00
		H18,H28,H19	>0.20～3.00	>0.20～3.00
		H112	>4.50～80.00	—
		F	>4.50～150.00	>2.50～8.00

续表

牌号	铝或铝合金类别	状态	板材厚度/mm	带材厚度/mm
3103	A	O,H111	>0.20～50.00	—
		H12,H22,H14,H24,H16	>0.20～6.00	—
		H26	>0.20～4.00	—
		H18,H28,H19	>0.20～3.00	—
		H112	>4.50～80.00	—
		F	>20.00～80.00	—
3004	B	O	>0.20～50.00	>0.20～6.00
		H111	>0.20～50.00	—
		H12,H22,H32,H14	>0.20～6.00	>0.20～6.00
		H24,H34,H26,H36,H18	>0.20～3.00	>0.20～3.00
		H16	>0.20～4.00	>0.20～4.00
		H28,H38,H19	>0.20～1.50	>0.20～1.50
		H112	>4.50～80.00	—
		F	>6.00～80.00	>2.50～8.00
3103	A	O,H111	>0.20～50.00	—
		H12,H22,H14,H24,H16	>0.20～6.00	—
		H26	>0.20～4.00	—
		H18,H28,H19	>0.20～3.00	—
		H112	>4.50～80.00	—
		F	>20.00～80.00	—
3004	B	O	>0.20～50.00	>0.20～6.00
		H111	>0.20～50.00	—
		H12,H22,H32,H14	>0.20～6.00	>0.20～6.00
		H24,H34,H26,H36,H18	>0.20～3.00	>0.20～3.00
		H16	>0.20～4.00	>0.20～4.00
		H28,H38,H19	>0.20～1.50	>0.20～1.50
		H112	>4.50～80.00	—
		F	>6.00～80.00	>2.50～8.00
4×××系				
4006	A	O	>0.20～6.00	—
		H12,H14	>0.20～3.00	—
		F	2.50～6.00	—

续表

牌号	铝或铝合金类别	状态	板材厚度/mm	带材厚度/mm
4007	A	O,H111	>0.20～12.50	—
		H12	>0.20～3.00	—
		F	2.50～6.00	—
4015	B	OH111	>0.20～3.00	—
		H12,H14,H16,H18	>0.20～3.00	—
5×××系				
5A02	A	O	>0.50～10.00	—
		H14,H24,H34,H18	>0.50～4.50	—
		H112	>4.50～80.00	—
		F	>4.50～150.00	—
5A03	B	O,H14,H24,H34	>0.50～4.50	>0.50～4.50
		H112	>4.50～50.00	—
		F	>4.50～150.00	—
5A05	A	O	>0.50～4.50	>0.50～4.50
		H112	>4.50～50.00	—
		F	>4.50～150.00	—
5A06	B	O	0.50～4.50	>0.50～4.50
		H112	>4.50～50.00	—
		F	>4.50～150.00	—
5005 5005A	A	O	>0.20～50.00	>0.20～6.00
		H111	>0.20～50.00	—
		H12,H22,H32, H14,H24,H34	>0.20～6.00	>0.20～6.00
		H16,H26,H36	>0.20～4.00	>0.20～4.00
		H18,H28,H38,H19	>0.20～3.00	>0.20～3.00
		H112	>6.00～80.00	—
		F	4.50～150.00	>2.50～8.00
5040	B	H24,H34	0.80～1.80	—
		H26,H36	1.00～2.00	—
5049	B	OH111	>0.20～100.00	—
		H12,H22,H32,H14, H24,H34,H6,H26,H36	>0.20～6.00	—
		H18,H28,H38	>0.20～3.00	—
		H112	6.00～80.00	—
5449	B	OH111,H22,H24, H26,H28	>0.50～3.00	—

续表

牌号	铝或铝合金类别	状态	板材厚度/mm	带材厚度/mm
5050	A	O,H111	>0.20～50.00	—
		H12	>0.20～3.00	—
		H22,H32,H14,H24,H34	>0.20～6.00	—
		H16,H26,H36	>0.20～4.00	—
		H18,H28,H38	>0.20～3.00	—
		H112	6.00～80.00	—
		F	2.50～80.00	—
5251	B	O,H111	>0.20～50.00	—
		H12,H22,H32,H14,H24,H34	>0.20～6.00	—
		H16,H26,H36	>0.20～4.00	—
		H18,H28,H38	>0.20～3.00	—
		F	2.50～80.00	—
5052	B	O	≥0.20～80.00	>0.20～6.00
		H111	>0.20～80.00	—
		H12,H22,H32,H14,H24,H34,H16,H26,H36	>0.20～6.00	≥0.20～6.00
		H18,H28,H38	>0.20～3.00	>0.20～3.00
		H112	>6.00～80.00	—
		F	>2.50～150.00	>2.50～8.00
5154A	B	O,H111	>0.20～50.00	—
		H12,H22,H32,H14,H24,H34,H26,H36	>0.20～6.00	>0.20～6.00
		H18,H28,H38	>0.20～3.00	>0.20～3.00
		H19	>0.20～1.50	>0.20～1.50
		H112	6.00～80.00	—
		F	>2.50～80.00	—
5454	B	O,H111	>0.20～80.00	—
		H12,H22,H32,H14,H24,H34,H26,H36	>0.20～6.00	—
		H28,H38	>0.20～3.00	—
		H112	6.00～120.00	—
		F	>4.50～150.00	—
5754	B	O,H111	>0.20～100.00	—
		H12,H22,H32,H14,H24,H34,H16,H26,H36	>0.20～6.00	—

续表

牌号	铝或铝合金类别	状态	板材厚度/mm	带材厚度/mm
5754	B	H18,H28,H38	>0.20～3.00	—
		H112	6.00～80.00	—
		F	>4.50～150.00	—
5082	B	H18,H38,H19,H39	>0.20～0.50	>0.20～0.50
		F	>4.50～150.00	—
5182	B	O	>0.20～3.00	>0.20～3.00
		H111	>0.20～3.00	—
		H19	>0.20～1.50	>0.20～1.50
5083	B	O	0.20～200.00	>0.20～4.00
		H111	>0.20～200.00	—
		H12,H22,H32,H14,H24,H34	>0.20～6.00	>0.20～6.00
		H16,H26,H36	>0.20～4.00	—
		H116,H321	>1.50～80.00	—
		H112	>6.00～120.00	—
		F	>4.50～150.00	—
5383	B	O,H111	>0.20～150.00	—
		H22,H32,H24,H34	>0.20～6.00	—
		H116,H321	>1.50～80.00	—
		H112	>6.00～80.00	—
5086	B	O,H111	>0.20～150.00	—
		H12,H22,H32,H14,H24,H34	>0.20～6.00	—
		H16,H26,H36	>0.20～4.00	—
		H18	>0.20～3.00	—
		H116,H321	>1.50～50.00	—
		H112	>6.00～80.00	—
		F	>4.50～150.00	—
6×××系				
6061	B	O	0.40～25.00	0.40～6.00
		T4	0.40～80.00	—
		T6	0.40～100.00	—
		F	>4.50～150.00	>2.50～8.00
6016	B	T4,T6	0.40～3.00	—
6063	B	O	0.50～20.00	—
		T4,T6	0.50～10.00	—

续表

牌号	铝或铝合金类别	状态	板材厚度/mm	带材厚度/mm
6082	B	O	0.40～25.00	—
		T4	0.40～80.00	—
		T6	0.40～12.50	—
		F	>4.50～150.00	—
7×××系				
7A04,包铝7A04,7A09,包铝7A09	B	O,T6	>0.50～10.00	—
		T1	>4.50～40.00	—
		F	>4.50～150.00	—
7020	B	O,T4	0.40～12.50	—
		T6	0.40～200.00	—
7021	B	T6	1.50～6.00	—
7022	B	T6	3.00～200.00	—
7075	B	O	>0.40～75.00	—
		T6	>0.40～60.00	—
		T76	>1.50～12.50	—
		T73	>1.50～100.00	—
		F	>6.00～50.00	—
包铝 7075	B	O	>0.39～50.00	—
		T6	>0.39～6.30	—
		T76	>3.10～6.30	—
		F	>6.00～100.00	—
7475	B	T6	>0.35～6.00	—
		T76,T761	1.00～6.50	—
包铝 7475	B	O,T761	1.00～6.50	—
8×××系				
8A06	B	O	>0.20～10.00	—
		H14,H24,H18	>0.20～4.50	—
		H112	>4.50～80.00	—
		F	>4.50～150.00	>2.50～8.00
8011	—	H14,H24,H16,H26	>0.20～0.50	>0.20～0.50
		H18	0.20～0.50	0.20～0.50
8011A	A	O	>0.20～12.50	>0.20～6.00
		H111	>0.20～12.50	—
		H22	>0.20～3.00	>0.20～3.00
		H14,H24	>0.20～6.00	>0.20～6.00

续表

牌号	铝或铝合金类别	状态	板材厚度/mm	带材厚度/mm
8011A	A	H16,H26	＞0.20～4.00	＞0.20～4.00
		H18	＞0.20～3.00	＞0.20～3.00
8079	A	H14	＞0.20～0.50	＞0.20～0.50

板、带材厚度/mm	板材的宽度和长度/mm		带材的宽度和内径/mm	
	板材的宽度	板材的长度	带材的宽度	带材的内径
＞0.20～0.50	500.0～1660.0	500～4000	≤1800.0	75、150、200、300、405、505、605、650、750
＞0.50～0.80	500.0～2000.0	500～10000	≤2400.0	
＞0.80～3.00	500.0～2400.0	1000～10000	≤2400.0	
3.00～8.00	500.0～2400.0	1000～15000	≤2400.0	
＞8.00～15.00	500.0～2500.0	1000～15000	—	—
＞15.00～250.00	500.0～3500.0	1000～20000	—	—

（2）板（带、箔）材的理论面质量（表 4.2）

表 4.2 铝及铝合金板（带、箔）材的理论面质量

厚度/mm	板 理论面质量/(kg/m²)	带 理论面质量/(kg/m²)	厚度/mm	板 理论面质量/(kg/m²)	带 理论面质量/(kg/m²)	厚度/mm	板 理论面质量/(kg/m²)	厚度/mm	板 理论面质量/(kg/m²)
0.20	0.570	0.542	1.1	—	2.981	5.0	14.25	30	85.80
0.25	—	0.678	1.2	3.420	3.252	6.0	17.10	35	99.75
0.30	0.855	0.813	1.3	—	3.523	7.0	19.95	40	114.0
0.35	—	0.949	1.4	—	3.794	8.0	22.80	50	142.5
0.40	1.140	1.084	1.5	4.275	4.065	9.0	25.65	60	171.0
0.45	—	1.220	1.8	5.130	4.878	10	28.50	70	199.5
0.50	1.425	1.355	2.0	5.700	5.420	12	34.20	80	228.0
0.55	—	1.491	2.3	6.555	6.233	14	39.90	90	256.5
0.60	1.710	1.626	2.4	—	6.504	15	42.75	100	285.0
0.65	—	1.762	2.5	7.125	6.775	16	45.60	110	313.5
0.70	1.995	1.897	2.8	7.980	7.588	18	51.30	120	342.0
0.75	—	2.033	3.0	8.550	8.130	20	57.00	130	370.5
0.80	2.280	2.168	3.5	9.975	9.485	22	62.70	140	399.0
0.90	2.565	2.439	4.0	11.40	10.84	25	71.25	150	427.5
1.00	2.850	2.710	4.5	—	12.20				

注：铝板的计算密度为 2.85g/cm³；铝带的计算密度为 2.71g/cm³。

4.1.2 棒材

（1）牌号和状态（表 4.3）

表 4.3　铝及铝合金挤压棒材规格和状态（GB/T 3191—2019）

牌号		供应状态
Ⅰ类	Ⅱ类	
1035、1060、1050A 1070A、1200、1350	— —	O、H112 H112
—	2A02、2A06、2A50、2A70、2A80、2A90	T1、T6
— — — —	2A11、2A12、2A13 2A14、2A16 2017A 2017	T1、T4 T1、T6、T6511 T4、T4510、T4511 T4
—	2014、2014A	O、T4、T4510、T4511、T6、6510、T6511
—	2024	O、T3、T3510、T3511、T8、T8510、T8511
—	2219	O、T3、T310、T1、T6
—	2618	T1、T6、T6511、T8、T8511
3A21、3003、3103	—	O、H112
3102	—	H112
4A11、4032	—	T1
5A02、5052、5005、5005A、5251、5154A、5454、5754	5019、5083、5086	O、H112
5A03、5049 6A02	5A05、5A06、5A12 —	H112 T1、T6
6101A、6101B、6082 6005、6005A、6110A 6351 6060、6463、6063A	— — — —	T6 T5、T6 T4、T6 T4、T5、T6
6061	—	T4、T4510、T4511 T6、T65101、T6511
6063	—	O、T4、T5、T6
—	7A04、7A09、7A15	T1、T6
—	7003	T5、T6
—	7005、7020、7021、7022	T6
—	7049A	T6、T6510、T6511

续表

牌号		供应状态
Ⅰ类	Ⅱ类	
—	7075	O、T1、T6、T6510、T6511、T73、T7351、T73511
8A06	—	O、H112

注：1. 圆棒直径：5～350mm；方棒、六角棒对边距离：5～200mm；长度：1～6m。

2. Ⅰ类为1×××系、3×××系、4×××系、6×××、8×××系合金及镁含量平均值小于4%的5×××系合金。

3. Ⅱ类为2×××系、7×××系合金及镁含量平均值大于或等于4%的5×××系合金棒材。

4. 供应状态：可热处理强化合金的挤压状态，按GB/T 16475—2008的规定由原H112状态修改为T1状态。

5. O—退火状态；H112—热加工成形产品（有规定的力学性能要求）。

6. T1—不预先淬火的人工时效；T2—退火；T4—淬火＋自然时效；T42—固溶化热处理，并进行自然时效，用于试验材料，从退火或回火进行固溶化热处理直到显示热处理特性，或用于产品，由用户从任何状态进行热处理的变形产品；T5—淬火后短时间不完全人工时效；T6—淬火后完全时效至最高硬度；T62—固溶化热处理，然后人工时效，用于试验材料，从退火或回火进行固溶化热处理直到显示热处理特性，或用于产品，由用户从任何状态进行热处理的变形产品；T6510—固溶化热处理，并通过一定控制量的拉伸（恒定状态对于挤出的棒、杆、型材和管：1%～3%；对于拉管：0.5%～3%），以消除应力，并人工时效，产品在拉伸后不再做进一步的校直；T6511—除了允许在拉伸后做小量的校直，其余方面均与T6510相同。

（2）理论线质量（表4.4）

表4.4 铝及铝合金棒材理论线质量（$\rho=2.80g/cm^3$）

d(a)/mm	圆棒（d）	方棒（a）	六角棒（a）	d(a)/mm	圆棒（d）	方棒（a）	六角棒（a）
	理论线质量/(kg/m)				理论线质量/(kg/m)		
5	0.0550	0.070	0.061	14	0.4310	0.549	0.475
5.5	0.0665	0.085	0.074	15	0.4948	0.630	0.546
6	0.0792	0.101	0.087	16	0.563	0.717	0.621
6.5	0.0929	0.118	0.102	17	0.6355	0.809	0.701
7	0.1078	0.137	0.119	18	0.7125	0.907	0.786
7.5	0.1237	0.158	0.137	19	0.7999	1.011	0.876
8	0.1407	0.179	0.155	20	0.8796	1.120	0.970
8.5	0.1589	0.202	0.175	21	0.9698	1.235	1.070
9	0.1781	0.227	0.197	22	1.064	1.355	1.174
9.5	0.1985	0.253	0.219	24	1.267	1.613	1.397
10	0.2199	0.280	0.242	25	1.374	1.750	1.516
10.5	0.2425	0.309	0.268	26	1.487	1.893	1.639
11	0.2661	0.339	0.294	27	1.603	2.041	1.768
11.5	0.2908	0.370	0.320	28	1.724	2.195	1.901
12	0.3167	0.403	0.349	30	1.979	2.520	2.182
13	0.3716	0.473	0.410	32	2.252	2.867	2.483

续表

d(a)/mm	d	a	a	d(a)/mm	d	a	a
	理论线质量/(kg/m)				理论线质量/(kg/m)		
34	2.542	3.237	2.803	75	12.37	15.75	13.64
35	2.694	3.430	2.971	80	14.07	17.92	15.52
36	2.850	3.629	3.143	85	15.89	20.23	17.52
38	3.176	4.043	3.502	90	17.81	22.68	19.64
40	3.519	4.480	3.880	95	19.85	25.27	21.89
41	3.697	4.707	4.077	100	21.99	28.00	24.25
42	3.879	4.939	4.278	105	24.25	30.87	26.74
45	4.453	5.670	4.911	110	26.61	33.88	29.34
46	4.653	5.925	5.131	115	29.08	37.03	32.07
48	5.067	6.451	5.587	120	31.67	40.32	34.92
50	5.498	7.000	6.062	125	34.36	43.75	37.89
51	5.720	7.283	6.308	130	37.16	47.32	40.98
52	5.946	7.571	6.557	135	40.08	51.03	44.20
55	6.652	8.470	7.336	140	43.10	54.88	47.53
58	7.398	9.419	8.158	145	46.24	58.87	50.99
59	7.655	—	—	150	49.48	63.00	54.56
60	7.917	10.08	8.730	160	56.30	71.68	62.08
62	8.453	—	—	170	63.55	80.92	70.08
63	8.728	—	—	180	71.25	90.72	78.57
65	9.291	11.83	10.25	190	79.39	101.1	87.56
70	10.78	13.72	11.88	200	(见后续)	112.0	97.00

d/mm	d	d/mm	d	d/mm	d	d/mm	d
(圆棒紧接上面)		230	116.3	270	160.3	320	225.2
200	87.96	240	126.7	280	172.4	330	239.5
210	96.98	250	137.4	290	184.9	340	254.2
220	106.4	260	148.7	300	197.9	350	269.4

注：理论线质量按 2B11、2A11、2A70、2A14 等牌号。铝合金的密度按 2.8 g/cm³ 计算。非此密度的牌号理论线质量，应乘以下表相应的换算系数：

牌号	密度/(g/cm³)	换算系数	牌号	密度/(g/cm³)	换算系数
纯铝	2.71	0.968	5A02	2.68	0.957
2A01	2.76	0.985	5A03	2.67	0.954
2A02	2.75	0.982	5A05	2.65	0.946
2A06	2.76	0.985	5A06	2.64	0.943
2A12	2.78	0.993	5A12	2.63	0.939
2A16	2.84	1.014	6A02	2.70	0.964
2A50	2.75	0.982	6061	2.70	0.964
2A80	2.77	0.989	7A04	2.85	1.018
3A21	2.73	0.975	7A09	2.85	1.018
5083	2.67	0.954			

4.1.3 管材

管材分挤压无缝圆管、冷拉（轧）圆管、冷拉正方形管、冷拉矩形管和冷拉椭圆形管等几种。

（1）挤压无缝圆管（表 4.5）

表 4.5 挤压无缝圆管外形尺寸（GB/T 4436—2012）

mm

外径	壁厚																						
	5.00	6.00	7.00	7.50	8.00	9.00	10.00	12.50	15.00	17.50	20.00	22.50	25.00	27.50	30.00	32.50	35.00	37.50	40.00	42.50	45.00	47.50	50.00
25.00	√																						
28.00	√	√																					
30.00	√	√	√	√	√																		
32.00	√	√	√	√	√																		
34.00	√	√	√	√	√	√	√																
36.00	√	√	√	√	√	√	√																
38.00	√	√	√	√	√	√	√																
40.00	√	√	√	√	√	√	√	√															
42.00	√	√	√	√	√	√	√	√															
45.00	√	√	√	√	√	√	√	√	√														
48.00	√	√	√	√	√	√	√	√	√														
50.00	√	√	√	√	√	√	√	√	√														
52.00	√	√	√	√	√	√	√	√	√														
55.00	√	√	√	√	√	√	√	√	√														
58.00	√	√	√	√	√	√	√	√	√														
60.00	√	√	√	√	√	√	√	√	√	√													
62.00	√	√	√	√	√	√	√	√	√	√													
65.00	√	√	√	√	√	√	√	√	√	√	√												
70.00	√	√	√	√	√	√	√	√	√	√	√												
75.00	√	√	√	√	√	√	√	√	√	√	√	√											
80.00	√	√	√	√	√	√	√	√	√	√	√	√											
85.00	√	√	√	√	√	√	√	√	√	√	√	√	√										

续表

外径	壁厚																						
	5.00	6.00	7.00	7.50	8.00	9.00	10.00	12.50	15.00	17.50	20.00	22.50	25.00	27.50	30.00	32.50	35.00	37.50	40.00	42.50	45.00	47.50	50.00
90.00	√	√	√	√	√	√	√	√	√	√	√	√	√										
95.00	√	√	√	√	√	√	√	√	√	√	√	√	√	√									
100.00	√	√	√	√	√	√	√	√	√	√	√	√	√	√	√								
105.00	√	√	√	√	√	√	√	√	√	√	√	√	√	√	√	√							
110.00	√	√	√	√	√	√	√	√	√	√	√	√	√	√	√	√							
115.00	√	√	√	√	√	√	√	√	√	√	√	√	√	√	√	√							
120.00				√	√	√	√	√	√	√	√	√	√	√	√	√							
125.00				√	√	√	√	√	√	√	√	√	√	√	√	√							
130.00				√	√	√	√	√	√	√	√	√	√	√	√	√							
135.00							√	√	√	√	√	√	√	√	√	√							
140.00							√	√	√	√	√	√	√	√	√	√							
145.00							√	√	√	√	√	√	√	√	√	√							
150.00							√	√	√	√	√	√	√	√	√	√	√						
155.00							√	√	√	√	√	√	√	√	√	√	√						
160.00							√	√	√	√	√	√	√	√	√	√	√	√	√				
165.00							√	√	√	√	√	√	√	√	√	√	√	√	√				
170.00							√	√	√	√	√	√	√	√	√	√	√	√	√				
175.00							√	√	√	√	√	√	√	√	√	√	√	√	√				
180.00							√	√	√	√	√	√	√	√	√	√	√	√	√				
185.00							√	√	√	√	√	√	√	√	√	√	√	√	√				
190.00							√	√	√	√	√	√	√	√	√	√	√	√	√				
195.00							√	√	√	√	√	√	√	√	√	√	√	√	√				
200.00							√	√	√	√	√	√	√	√	√	√	√	√	√				
205.00									√	√	√	√	√	√	√	√	√	√	√	√	√	√	√
210.00									√	√	√	√	√	√	√	√	√	√	√	√	√	√	√
215.00									√	√	√	√	√	√	√	√	√	√	√	√	√	√	√
220.00									√	√	√	√	√	√	√	√	√	√	√	√	√	√	√

续表

外径	壁厚																						
	5.00	6.00	7.00	7.50	8.00	9.00	10.00	12.50	15.00	17.50	20.00	22.50	25.00	27.50	30.00	32.50	35.00	37.50	40.00	42.50	45.00	47.50	50.00
225.00									√	√	√	√	√	√	√	√	√	√	√	√	√	√	√
230.00									√	√	√	√	√	√	√	√	√	√	√	√	√	√	√
235.00									√	√	√	√	√	√	√	√	√	√	√	√	√	√	√
240.00									√	√	√	√	√	√	√	√	√	√	√	√	√	√	√
245.00									√	√	√	√	√	√	√	√	√	√	√	√	√	√	√
250.00									√	√	√	√	√	√	√	√	√	√	√	√	√	√	√
260.00									√	√	√	√	√	√	√	√	√	√	√	√	√	√	√
270.00									√	√	√	√	√	√	√	√	√	√	√	√	√	√	√
280.00									√	√	√	√	√	√	√	√	√	√	√	√	√	√	√
290.00									√	√	√	√	√	√	√	√	√	√	√	√	√	√	√
300.00									√	√	√	√	√	√	√	√	√	√	√	√	√	√	√
310.00									√	√	√	√	√	√	√	√	√	√	√	√	√	√	√
320.00									√	√	√	√	√	√	√	√	√	√	√	√	√	√	√
330.00									√	√	√	√	√	√	√	√	√	√	√	√	√	√	√
340.00									√	√	√	√	√	√	√	√	√	√	√	√	√	√	√
350.00									√	√	√	√	√	√	√	√	√	√	√	√	√	√	√
360.00									√	√	√	√	√	√	√	√	√	√	√	√	√	√	√
370.00									√	√	√	√	√	√	√	√	√	√	√	√	√	√	√
380.00									√	√	√	√	√	√	√	√	√	√	√	√	√	√	√
390.00									√	√	√	√	√	√	√	√	√	√	√	√	√	√	√
400.00									√	√	√	√	√	√	√	√	√	√	√	√	√	√	√
450.00									√	√	√	√	√	√	√	√	√	√	√	√	√	√	√

注：1. “√”处表示可供规格。

2. 挤压有缝圆管、矩形管、正方形管、正六边形管、正八边形管的截面规格由供需双方商定。

3. 外径 270.00～450.00mm、壁厚 5.00～12.50mm 部分，在 GB/T 4436—2012 中表示为可供规格是错误的，已予纠正（得到本标准第一起草人李瑞山先生的确认）。——编者注

（2）冷拉（轧）圆管（表 4.6）

表 4.6　铝及铝合金冷拉（轧）有缝/无缝圆管尺寸规格（GB/T 4436—2012）　mm

外径	壁厚										
	0.5	0.75	1.0	1.5	2.0	2.5	3.0	3.5	4.0	4.5	5.0
6	√	√	√	—	—	—	—	—	—	—	—
8	√	√	√	√	√	—	—	—	—	—	—
10	√	√	√	√	√	√	—	—	—	—	—
12	√	√	√	√	√	√	√	—	—	—	—
14,15	√	√	√	√	√	√	√	—	—	—	—
16,18	√	√	√	√	√	√	√	√	—	—	—
20	√	√	√	√	√	√	√	√	√	—	—
22,24,25	√	√	√	√	√	√	√	√	√	√	√
①	—	√	√	√	√	√	√	√	√	√	√
65,70,75	—	—	—	√	√	√	√	√	√	√	√
80,85,90,95	—	—	—	—	√	√	√	√	√	√	√
100,105,110	—	—	—	—	—	√	√	√	√	√	√
115	—	—	—	—	—	—	√	√	√	√	√
120	—	—	—	—	—	—	—	√	√	√	√

① 此格表示 26，28，30，32，34，35，36，38，40，42，45，48，50，52，55，58，60。

注："√"处表示可供规格。

（3）冷拉正方形管（表 4.7）

表 4.7　冷拉有缝和无缝正方形管的典型规格（GB/T 4436—2012）

mm

边长	壁厚						边长	壁厚					
	1.00	1.50	2.00	2.50	3.00	4.50		1.50	2.00	2.50	3.00	4.50	5.00
10.00	√	√					36.00	√	√	√	√	√	
12.00	√	√					40.00	√	√	√	√	√	
11.00	√	√	√				42.00	√	√	√	√	√	√
16.00	√	√	√				45.00	√	√	√	√	√	√
18.00	√	√	√	√			50.00	√	√	√	√	√	√
20.00	√	√	√	√			55.00		√	√	√	√	√
22.00		√	√	√	√		60.00		√	√	√	√	√
25.00		√	√	√	√		65.00		√	√	√	√	√
28.00		√	√	√	√	√	70.00		√	√	√	√	√
32.00		√	√	√	√	√							

注："√"处表示可供规格。

（4）冷拉矩形管（表 4.8）

表 4.8 冷拉有缝和无缝矩形管的典型规格（GB/T 4436—2012）

mm

边长（宽×高）	壁厚						边长（宽×高）	壁厚						
	1.00	1.50	2.00	2.50	3.00	4.00		1.00	1.50	2.00	2.50	3.00	4.00	5.00
14.00×10.00	√	√	√				32.00×25.00	√	√	√	√	√	√	√
16.00×12.00	√	√	√				36.00×20.00	√	√	√	√	√	√	√
18.00×10.00	√	√	√				36.00×28.00	√	√	√	√	√	√	√
18.00×14.00	√	√	√	√			40.00×25.00		√	√	√	√	√	√
20.00×12.00	√	√	√	√			40.00×30.00		√	√	√	√	√	√
22.00×14.00	√	√	√	√			45.00×30.00		√	√	√	√	√	√
25.00×15.00	√	√	√	√	√		50.00×30.00		√	√	√	√	√	√
28.00×16.00	√	√	√	√	√		55.00×40.00		√	√	√	√	√	√
28.00×22.00	√	√	√	√	√	√	60.00×40.00			√	√	√	√	√
32.00×18.00	√	√	√	√	√	√	70.00×50.00			√	√	√	√	√

注："√"处表示可供规格。

（5）冷拉椭圆形管（表 4.9）

表 4.9 冷拉有缝和无缝椭圆形管的典型规格（GB/T 4436—2012）

mm

长轴	短轴	壁厚	长轴	短轴	壁厚	长轴	短轴	壁厚
27.00	11.50	1.00	60.50	25.50	1.50	87.50	37.00	2.00
33.50	14.50	1.00	60.50	25.50	2.00	87.50	40.00	2.50
40.50	17.00	1.00	67.50	28.50	1.50	94.50	40.00	2.50
40.50	17.00	1.50	67.50	28.50	2.00	101.00	43.00	2.50
47.00	20.00	1.00	74.00	31.50	1.50	108.00	45.50	2.50
47.00	20.00	1.50	74.00	31.50	2.00	114.50	48.50	2.50
54.00	23.00	1.50	81.00	34.00	2.00			
54.00	23.00	2.00	81.00	34.00	2.50			

注："√"处表示可供规格。

4.1.4 热挤压无缝圆管

① 化学成分　5051A、6041、6042、6162、6064、6066、7178 牌号应符合 GB/T 4437.1—2015 表 2 的规定；其他管材的化学成分应符合 GB/T 3190 的规定。

② 外形尺寸　除 O、H111 及淬火状态供货的管材外，其他状态供货的应符合 GB/T 4436 中普通级的规定（需要高精级、超高精级时另议）。

③ 材料牌号　见表 4.10。

表 4.10　铝和铝合金热轧无缝圆管的牌号和状态

(GB/T 4437.1—2015)

牌号	供应状态	牌号	供应状态
1100、1200	O、H112、F	6005、6105	T1、T5
1035	O	6005A	T1、T5、T61①
1050A	O、H111、H112、F	6041	T5、T6511
1060、1070A	O、H112	6042	T5、T5511
2014	O、T1、T4、T4510、T4511、T6、T6510、T6511	6061	O、T1、T4、T4510、T4511、T51、T6、T6510、T6511、F
2017、2A12	O、T1、T4	6351、6082	O、H111、T4、T5
2024	O、T1、T3、T3510、T3511、T4、T81、T8510、T8511	6162	T5、T5510、T5511、T6、T6510、T6511
2219	O、T1、T3、T3510、T3511、T81、T8510、T8511	6262、6064	T6、T6511
2A11	O、T1	6063	O、T1、T4、T5、T52、T6、T66②、F
2A14、2A50	T6	6066	O、T1、T4、T4510、T4511、T6、T6510、T6511
3003、包铝 3003	O、H112、F	6A02	O、T1、T4、T6
3A21	H112	7050	T6510、T73511、T74511
5051A、5083、5086	O、H111、H112、F	7075	O、H111、T1、T6、T6510、T6511、T73、T73510、T73511
5052	O、H112、F	7178	O、T1、T6、T6510、T6511
5154、5A06	O、H112	7A04、7A09、7A15	T1、T6
6454、6466	O、H111、H112		
5A02、5A03、5A05	H112	7B05	O、T4、T6
		8A06	H112

① 固溶热处理后进行欠时效，以提高变形性能的状态。

② 固溶热处理后人工时效，通过工艺控制使力学性能达到本部分要求的特殊状态。

4.1.5　热轧有缝圆管

① 化学成分　应符合 GB/T 3190 的规定。

② 尺寸偏差　应符合 GB/T 4436—2012 的普精级规定（需要高精级时，由供需双方协商）。

③ 牌号和供应状态　见表 4.11。

表 4.11 热轧铝和铝合金有缝圆管的牌号和供应状态（GB/T 4437.2—2017）

牌号	供应状态	牌号	供应状态
1050A、1060、1070A、1035、1100、1200	O、H112	6101B	T6、T7
		6005	T5、T6
2017、2A11、2A12、2024	O、T1、T4	6005A	T1、T5、T6
3003	O、H112	6105、6351	T6
5A02	H112	6060	T5、T6、T66
5052	O、H112	6061	T4、T5、T6
5A03、5A05	H112	6063	T1、T4、T5、T6
5A06、5083、5454、5086	O、H112	6063A	T5、T6
6A02	O、TI、T4、T6	6082	T4、T6
6101	T6	7003	T6

4.1.6 一般工业用挤压型材

铝合金挤压是将原料熔铸、挤压，得到不同截面形状零件的过程，铝挤压型材还要加一道上色工艺。

① 尺寸偏差　应符合 GB/T 14846 的普通级规定，需要高精级或超高精级时另议。

② 化学成分　5051A、6008、6360、6261、6081、7178 牌号应符合 GB/T 6892—2015 表 3 的规定，其他牌号型材应符合 GB/T 3190 的规定。

③ 分类　按成分可分为Ⅰ类和Ⅱ类（表 4.12）；按表面类型可分为未经表面处理和表面处理的型材。表面处理方法有阳极氧化、粉末喷涂、液体喷涂和电泳涂漆等。

表 4.12 型材按成分分类（GB/T 6892—2015）

按成分分类	定义	典型牌号
Ⅰ类	1×××系、3×××系、5×××系、6×××系及镁限量平均值小于4%的5×××系合金型材	1060，1350，1050A，1100，1200，3A21，3003，3103，5A02，5A03，5005，5005A，5051A，5251，5052，5154A，5454，5754，6A02，6101A，6101B，6005，6005A，6106，6008，6351，6060，6360，6061，6261，6063，6063A，6463，6463A，6081，6082
Ⅱ类	2×××系、7×××系及镁限量平均值不小于4%的5×××系合金型材	2A11，2A12，2014，2014A，2024，2017，2017A，5A05，SA06，5019，5083，5086，7A04，7003，7005，7020，7021，7022，7049A，7075，7178

④ 铝型材规格

铝型材有等边角铝、不等边角铝、槽形、工字形、T 形和 Z 形几种，规格见表 4.13～表 4.18

表 4.13　等边角铝型材规格（GB/T 6892—2015）

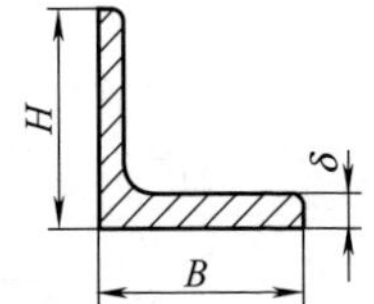

$H=B$—边宽
δ—边厚

主要尺寸/mm		理论质量
$H=B$	δ	G/(kg/m)
12	1	0.065
	2	0.122
12.5	1.6	0.105
15	1	0.082
	1.2	0.098
	1.5	0.121
	2	0.157
	3	0.228
16	1.6	0.137
	2.4	0.202
18	1.5	0.146
	2	0.19
19	1.6	0.163
	2.4	0.239
	3.2	0.313
20	1	0.11
	1.2	0.131
	1.5	0.162
	2	0.212
	3	0.317
	4	0.41
20.5	1.6	0.176
23	2	0.245
25	1.2	0.166

主要尺寸/mm		理论质量
$H=B$	δ	G/(kg/m)
25	1.5	0.204
	1.6	0.216
	2	0.268
	2.5	0.331
	3	0.392
	3.2	0.42
	3.5	0.456
	4	0.516
	5	0.673
27	2	0.289
	2	0.303
30	1.5	0.246
	2	0.324
	2.5	0.4
	3	0.478
	4	0.623
32	2.4	0.415
	3.2	0.544
	3.5	0.592
	6.5	1.036
35	3	0.557
	4	0.739
38	2.4	0.493
38.3	3.5	0.712

主要尺寸/mm		理论质量
$H=B$	δ	G/(kg/m)
38.3	5	0.998
	6.3	1.235
40	2	0.435
	2.5	0.54
	3	0.645
	3.5	0.743
	3.5	0.749
	4	0.85
	5	1.043
45	4	0.961
	5	1.189
50	3	0.812
	4	1.072
	5	1.328
	6	1.572
	6.5	1.699
	12	2.947
60	5	1.606
	6	1.906
75	7	2.783
	8	3.158
	10	3.892
90	5	2.433
	8	3.825

注：计算密度为 2.78g/cm³，下同。

表 4.14 不等边角铝型材规格（GB/T 6892—2015）

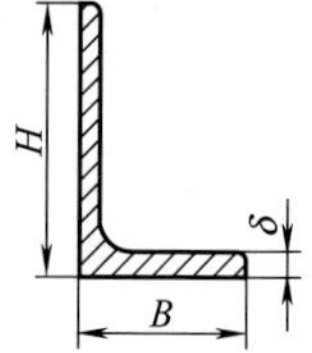

H—长边宽
B—短边宽
δ—边厚

主要尺寸/mm			理论质量 G /(kg/m)	主要尺寸/mm			理论质量 G /(kg/m)	主要尺寸/mm			理论质量 G /(kg/m)
H	B	δ		H	B	δ		H	B	δ	
15	7	1.5	0.086	30	25	3	0.436	44	25	2	0.374
15	8	1.5	0.090	30	27	2.5	0.379	44	32	4.8	0.965
15	12	1.5	0.111	32	19	1.5	0.207	45	25	4	0.734
16	13	1.6	0.123	32	19	2.4	0.326	45	28	2	0.397
18	5	2.5	0.143	32	25	3.5	0.520	45	30	3	0.600
18	8	4	0.245	35	20	2	0.295	45	30	4	0.798
20	8	1.5	0.111	35	20	3	0.434	45	32	3	0.617
20	15	1.5	0.142	35	22	3.5	0.524	45	38	6.5	1.397
20	15	2	0.171	35	25	4	0.623	46	40	2.5	0.598
20	15	3	0.267	35	30	4	0.678	47	23	2.5	0.473
20	18	2	0.200	36	20	1.6	0.244	48	20	2.5	0.461
20	18	1	0.105	36	23	2	0.320	48	25	3	0.593
22	13	5	0.416	36	25	2.5	0.407	50	15	4	0.685
25	15	1.5	0.163	38	16	2	0.290	50	30	3	0.645
25	19	1.8	0.213	38	19	1.5	0.233	50	30	4	0.845
25	18	2.4	0.279	38	25	2.4	0.406	50	35	3	0.684
25	20	1.2	0.148	38	25	3.2	0.537	50	35	5	1.043
25	20	1.5	0.184	38	32	3	0.562	54	25	4	0.839
25	20	2.5	0.298	38	32	5	0.906	55	25	2.5	0.542
27	22	2.5	0.322	38	32	6.5	1.147	56	42	3.2	0.855
27	22	4	0.501	40	20	3	0.475	56	42	3.5	0.931
30	15	3	0.35	40	24	4	0.677	57	38	6.5	1.608
30	20	3	0.394	40	25	3.5	0.601	58	40	2.5	0.667
30	20	5	0.626	40	30	4	0.806	60	25	3.2	0.739
30	24	3	0.439	40	30	5	0.904	60	28	3	0.712
30	25	1.5	0.228	40	36	4	0.805	60	35	6	1.485
30	25	2	0.297	40	36	5	0.987	60	40	2.5	0.681
30	25	2.5	0.370	43	30	2.5	0.493	60	40	4	1.073

表 4.15　槽形铝型材规格（GB/T 6892—2015）

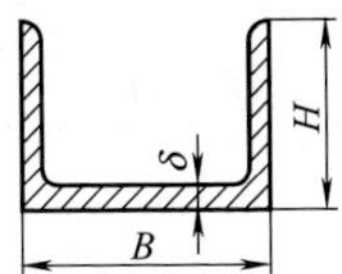

H—高度
B—底宽
δ—底厚

主要尺寸/mm			理论质量 G /(kg/m)	主要尺寸/mm			理论质量 G /(kg/m)	主要尺寸/mm			理论质量 G /(kg/m)
H	B	δ		H	B	δ		H	B	δ	
13	13	1.6	0.156	40	18	2	0.404	63	38.3	4.8	1.744
13	34	3.5	0.717	40	18	2.5	0.499	64	38	4	1.473
20	15	1.3	0.172	40	18	3	0.592	70	25	3	0.959
21	28	4	0.797	40	21	4	0.823	70	25	5	1.529
25	13	2.4	0.315	40	25	2	0.481	70	26	3.2	1.029
25	15	1.5	0.221	40	25	3	0.709	70	30	4	1.371
25	18	1.5	0.242	40	30	3.5	0.904	70	40	5	1.968
25	18	2	0.317	40	32	3	0.828	75	45	5	2.177
25	20	2.5	0.423	40	50	4	1.468	80	30	4.5	1.671
25	20	4	0.634	45	20	3	0.659	80	35	4.5	1.783
25	25	5	0.904	45	40	3	1.011	80	35	6	2.302
30	15	1.5	0.242	46	25	5	1.195	80	40	4	1.704
30	18	1.5	0.267	50	20	4	0.926	80	40	6	2.474
30	20	2	0.371	50	30	2	0.589	80	60	4	2.079
30	22	6	1.045	50	30	4	1.148	90	50	6	2.969
32	25	1.8	0.399	55	25	5	1.340	100	40	6	2.802
32	25	2.5	0.535	55	30	3	0.917	100	48	6.3	3.211
35	20	2.5	0.492	60	25	4	1.148	100	50	5	2.663
35	30	2	0.510	60	35	5	1.668	128	40	9	4.754
38	50	5	1.824	60	40	4	1.245				

表 4.16　工字形铝型材规格（GB/T 6892—2015）

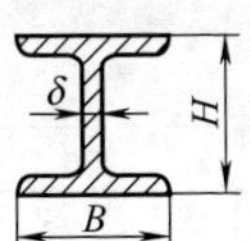

H—高度
B—底宽
δ—腰厚

主要尺寸/mm			理论质量 W/(kg/m)	主要尺寸/mm			理论质量 W/(kg/m)
H	B	δ		H	B	δ	
23	38	1.2	0.327	68	38	2.5	0.796
26	34.5	3.5	0.878	86	60	6	3.225
57	48	8	3.058				

表 4.17　T形铝型材规格（GB/T 6892—2015）

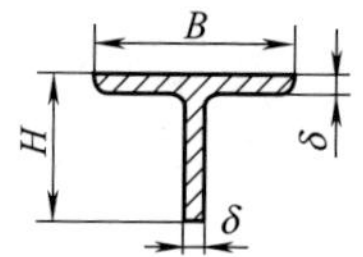

H—高度
B—底宽
δ—腰厚

主要尺寸/mm			理论质量 *G* /(kg/m)	主要尺寸/mm			理论质量 *G* /(kg/m)	主要尺寸/mm			理论质量 *G* /(kg/m)
H	*B*	*δ*		*H*	*B*	*δ*		*H*	*B*	*δ*	
15	25	1	0.113	25	50	2.5	0.515	40	36	5	0.931
19	50	2	0.383	26	38	2.5	0.432	40	45	3	0.689
20	20	2	0.211	27	70	2	0.534	40	45	4	0.910
20	30	1.5	0.206	29	38	1.6	0.293	40	68	3	0.917
20	35	2	0.295	29	58	2.5	0.606	40	130	6	0.736
20	37	2	0.311	29	58	3.5	0.831	42	64	4	1.140
20	40	2	0.334	30	40	1.5	0.289	45	40	2.2	0.517
20	42	2	0.345	30	40	2	0.381	50	70	4	1.300
20	45	3	0.517	30	45	3	0.597	51	51	2.4	0.679
20	90	2	0.600	30	56	4	0.912	54	50	3	0.845
21	53	1.8	0.361	30	68	6.5	1.696	54	68	3	1.003
22	48	1.4	0.267	32	45	3	0.628	64	50	5	1.607
25	29	1.6	0.235	32	48	2.4	0.521	68	50	2	0.645
25	35	1.5	0.247	32	50	3	0.674	70	37	2	0.584
25	38	2.5	0.420	35	32	1.5	0.278	70	55	2	0.684
25	40	2	0.356	35	35	4	0.754	74	66	6	2.246
25	45	2.5	0.480	35	40	2	0.408	75	40	3	0.945
25	45	3	0.561	37	42	2	0.417	80	50	2	0.712
25	45	4	0.753	38	44	5	1.087	80	60	3	1.143
25	48	1.4	0.288	38	50	3.5	0.841	83	50	3	1.099
25	48	1.5	0.301	38	50	4.8	1.109	90	77	10	4.365
25	50	2	0.417	39	75	5	1.532				

表 4.18　Z形铝型材规格（GB/T 6892—2015）

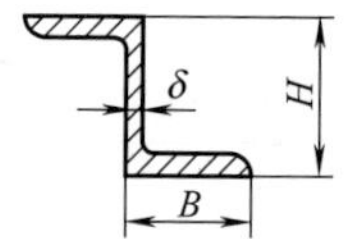

H—高度
B—腿宽
δ—腰厚

主要尺寸/mm			理论质量 *G* /(kg/m)	主要尺寸/mm			理论质量 *G* /(kg/m)	主要尺寸/mm			理论质量 *G* /(kg/m)
H	*B*	*δ*		*H*	*B*	*δ*		*H*	*B*	*δ*	
12.7	15.9	1.6	0.191	34	25	3.5	0.768	80	35	4	1.579
20	15	1.2	0.163	36	26	2.5	0.577	80	40	4	1.690
20	15	1.5	0.200	36	31.5	3.2	0.823	100	30	3	1.284
25	18	1.5	0.246	38	25	3	0.726	100	35	4	1.801
25	23	3.5	0.630	44	25	4	1.001	100	40	4	1.913
31	25	2.5	0.528	50	19	2.5	0.584				
32	14	1.9	0.303	80	30	3	1.118				

4.1.7　建筑用挤压型材

① 用途　用于制造门、窗、幕墙、护栏等。

② 化学成分　化学成分应符合 GB/T 3190 的规定。

③ 截面尺寸　按图纸。

④ 牌号及状态　见表 4.19（订购其他牌号或状态由供需双方商定）。

表 4.19　建筑用挤压型材牌号及状态（GB/T 5237.1—2017）

牌号	状态
6060,6063	T5,T6,T66
6005,6015,6063A,6463,6403A	T5,T6
6061	T4,T6

4.1.8　轨道交通车辆结构用铝合金挤压型材

① 化学成分　6008 牌号的化学成分见表 4.20，其他牌号的化学成分应符合 GB/T 3190 的规定。要求所有牌号型材的 w(Pb)≤0.01%。

表 4.20　6008 铝合金的化学成分（质量分数）

（GB/T 26494—2016）①　%

牌号	Si	Fe	Cu	Mn	Mg	Cr	Ni	Zn	V	Ti	Zr	其他②		Al③
												单个	合计	
6008	0.50～0.9	0.35	0.30	0.30	0.40～0.7	0.30	—	0.20	0.05～0.20	0.10	—	0.05	0.15	余量

① 对单个数者为元素的最高限。

② 指表中未列出或未规定数值的元素。

③ 铝的质最分数为 100.0%与所有含量不小于 0.010%的元素含量总和的差值。求和前各元素值要表示到 0.0×%。

② 牌号、供应状态及型材类别　见表 4.21。

表 4.21　牌号、供应状态及型材类别

牌号	供应状态	型材类别	牌号	供应状态	型材类别
6005、6005A、6008	T4、T6	Ⅰ	5052、5754	H112	Ⅰ
6060	T4、T5,T6	Ⅰ	5083	H112	Ⅱ
6063	T1、T4、T5、T6	Ⅰ	6A01	T4、T5	Ⅰ
6106、6061、6082	T6	Ⅰ	7003	T5	Ⅱ
7805	T4、T5、T6	Ⅱ	7005、7020	T6	Ⅱ

注：类别应符合 GB/T 14846—2014 的规定。

4.1.9 铝及铝合金拉（轧)制管材

① 分类 无缝圆管和有缝圆管两大类。

② 材料牌号和状态 见表 4.22。

表 4.22 铝及铝合金拉（轧）制无缝圆管的牌号和状态

（GB/T 6893—2022）

<table>
<tr><th>牌号</th><th>状态</th><th>牌号</th><th>状态</th><th>牌号</th><th>状态</th></tr>
<tr><td colspan="6">无缝圆管</td></tr>
<tr><td rowspan="4">1035、1050、1050A、1060、1070、1070A、1100、1200</td><td rowspan="4">O、H14</td><td>3003、3A21</td><td>O、H14、H18、H24</td><td>6A02</td><td>O、T4、T6</td></tr>
<tr><td>5A02</td><td>O、H14</td><td>6061</td><td>O、T4、T6、T8</td></tr>
<tr><td>5B02</td><td>O</td><td>6063</td><td>O、T4、T6</td></tr>
<tr><td>5A03</td><td>O、H34</td><td>6082</td><td>T4、T6</td></tr>
<tr><td>2A11</td><td>O、T4</td><td>5A05</td><td>O、H32</td><td>7A04</td><td>O</td></tr>
<tr><td>2A12、2D12</td><td>O、T4</td><td>5A06</td><td>O</td><td>7020</td><td>T6</td></tr>
<tr><td>2A14</td><td>O、T4、T6</td><td>5052</td><td>O、H14</td><td>7A09</td><td>T6</td></tr>
<tr><td>2017A</td><td>O、T3</td><td>5056、5083</td><td>O、H32</td><td>7075</td><td>T6</td></tr>
<tr><td>2024</td><td>O、T3</td><td>5754</td><td>O</td><td>8A06</td><td>O、H14</td></tr>
</table>

有缝圆管

牌号	状态	牌号	状态
1060	O	3003、3A21、3103	O、H12、H14、H24、H18
3026	O	6061、6063	T4、T8

③ 管材的化学成分 应符合 GB/T 3190 的规定。

④ 管材尺寸 应符合 GB/T 4436—2012 的规定或供需双方约定。

⑤ 标记 按产品名称、标准编号和顺序号、牌号、状态、尺寸规格的顺序表示。

例：牌号 3003、O 状态、外径为 10mm、壁厚为 2.0mm、长度为 1500mm 的定尺无缝圆形管材，标记为：无缝圆管 GB/T 6893-3003O-ϕ10×2.0×1500。

4.1.10 铝和铝合金拉制圆线材

① 用途 用于导体、焊接、铆钉、线缆编织及蒸发料。

② 化学成分 4A47、4A54、5087、5154C、5183A、5356A、8017、8030、8076、8130、8176、8177、8C05、8C12、A1-Si1 牌号线材的化学成分，应符合 GB/T 3195—2016 中表 6 的规定，其

他牌号线材的化学成分应符合 GB/T 3190 的规定。

③ 牌号、状态和规格　见表 4.23～表 4.26。

表 4.23　导体用线材的牌号、状态和直径（GB/T 3195—2016）

牌号	供应状态	直径/mm	牌号	供应状态	直径/mm
1350	O	9.50～25.00	1A50	O、H19	0.80～20.00
	H12、H22 H14、H24		8017、8030、8076、8130、8176、8177	O、H19	0.20～17.00
	H16、H26		8C05、8C12	O	0.30～2.50
	H19	1.20～6.50		H14、H18	0.30～2.50

表 4.24　焊接用线材的牌号、供应状态和直径（GB/T 3195—2016）

牌号	供应状态	直径/mm	牌号	供应状态	直径/mm
1035	O、H18	0.80～20.00	4A01、4043、4043A、4047	O、H14、H18	0.80～20.00
	H14	3.00～20.00		H12	7.00～20.00
1050A、1060、1070A、1100、1200	O、H18	0.80～20.00	5A02、5A03、5A05、5A06	O、H14、H18	0.80～20.00
	H14	3.00～20.00		H12	7.00～20.00
2A14、2A16、2A20	O、H14、H18	0.80～20.00	5B05、5A06、5B06、5087、5A33、5183、5183A、5356、5356A、5554、5A56	O	0.80～20.00
	H12	7.00～20.00		H18、H14	0.80～7.00
3A21	O、H14、H18	0.80～20.00		H12	7.00～20.00
	H12	7.00～20.00	4A47、4A54	H14	0.50～8.00

表 4.25　铆钉用线材的牌号、供应状态和直径

（GB/T 3195—2016）

牌号	供应状态	直径/mm	牌号	供应状态	直径/mm
1035	H18	1.60～3.00	5A05	H18	0.80～6.00
	H14	3.00～20.00		O、H14	1.60～20.00
1100	O	1.60～25.00	5B05、5A06	H12	
2A01、2A04、2B11、2B12、2A10	H14、T4	1.60～20.00	5005、5052、5056	O	1.60～25.00
2B16	T6	1.60～10.00	6061		
2017、2024、2117、2219、3003	O、H13 O、H14	1.60～25.00		H18、T6	1.60～20.00
			7A03	H14、T6	
3A21、5A02	H14	1.60～20.00	7050	O、H13、T7	1.60～25.00

表 4.26　其他用线材的牌号、供应状态和直径（GB/T 3195—2016）

线缆编织用线材			蒸发料用线材		
牌号	供应状态	直径/mm	牌号	供应状态	直径/mm
5154、5154A、5154C	O、H38	0.10～0.50	Al-Si1	H14	2.00～8.00

④ 理论线质量　见表 4.27。

表 4.27　铝及铝合金线材的理论线质量

直径/mm	理论线质量/(g/m)	直径/mm	理论线质量/(g/m)	直径/mm	理论线质量/(g/m)	直径/mm	理论线质量/(g/m)
铆钉用线材							
1.60	5.449	3.50	26.07	5.00	53.21	7.50	119.7
2.00	8.514	3.84	31.39	5.10	55.36	7.76	128.2
2.27	10.97	1.98	33.72	5.23	58.22	7.80	129.5
2.30	11.26	4.00	34.05	5.27	59.11	8.00	136.2
2.58	14.17	4.10	35.78	5.50	64.39	8.50	153.8
2.60	14.39	4.35	40.28	5.75	70.37	8.94	170.1
2.90	17.90	4.40	41.21	5.84	72.59	9.00	172.4
3.00	19.16	4.48	42.72	6.00	76.62	950	192.1
3.41	24.75	4.50	43.10	6.50	89.93	9.76	202.7
3.45	25.33	4.75	48.02	7.00	104.3	9.94	210.3
3.48	25.78	4.84	49.86	7.10	107.3	10.00	212.8
焊条用线材							
直径/mm	理论线质量/(g/m)	直径/mm	理论线质量/(g/m)	直径/mm	理论线质量/(g/m)	直径/mm	理论线质量/(g/m)
0.8	1.362	2.5	13.30	5.0	53.21		
1.0	2.128	3.0	19.16	5.5	64.39	9.0	172.4
1.2	3.065	3.5	26.07	6.0	76.62	10.0	212.8
1.5	4.789	4.0	34.05	7.0	104.3		
2.0	8.514	4.5	43.10	8.0	136.2		

注：1035、5A02、5A06、5B05、3A21、2A01、2A04、2B11、2B12、2A0 和 7A03 铆钉用线材，其理论质量按纯铝（密度 2.7g/cm^3）计算。其他牌号理论线质量应乘以相应的换算系数。

4.2 铜及铜合金材料制品

铜及铜合金材料制品有板材、带材、箔材、棒材、管材和线材等。

4.2.1 铜及铜合金板材

① 用途　用于一般场合。

② 牌号、状态和规格　见表 4.28。

表 4.28　铜及铜合金板材的牌号、状态和规格（GB/T 2040—2017）

分类	牌号	代号	状态	规格/mm		
				厚度	宽度	长度
无氧铜 纯铜 磷脱氧铜	TU1、TU2 T2、T3 TP1、TP2	T10150、T10180 T11050、T11090 C12000、C12200	热轧(M20)	4～80	≤3000	≤6000
			软化退火(O60)、1/4 硬(H01)、1/2 硬(H02)、硬(H04)、特硬(H06)	0.2～12	≤3000	≤6000
铁铜	TFe0.1	C19210	软化退火(O60)、1/4 硬(H01)、1/2 硬(H02)、硬(H04)	0.2～5	≤610	≤2000
	TFe2.5	C19400	软化退火(O60)、1/2 硬(H02)、硬(H04)、特硬(H06)	0.2～5	≤610	≤2000
镉铜	TCd1	C16200	硬(H04)	0.5～10	200～300	800～1500
铬铜	TCr0.5	T18140	硬(H04)	0.5～15	≤1000	≤2000
	TCr0.5-0.2-0.1	T18142	硬(H04)	0.5～15	100～600	≥300
普通黄铜	H95	C21000	软化退火(O60)、硬(H04)	0.2～10	≤3000	≤6000
	H80	C24000	软化退火(O60)、硬(H04)			
	H90、H85	C22000、C23000	软化退火(O60)、1/2 硬(H02)、硬(H04)			
	H70、H68	T26100、T26300	热轧(M20)	4～60	≤3000	≤6000
			软化退火(O60)、1/4 硬(H01)、1/2 硬(H02)、硬(H04)、特硬(H06)、弹性(H08)	0.2～10		
	H66、H65	C26800、C27000	软化退火(O60)、1/4 硬(H01)、1/2 硬(H02)、硬(H04)、特硬(H06)、弹性(H08)	0.2～10	≤3000	≤6000

续表

分类	牌号	代号	状态	规格/mm		
				厚度	宽度	长度
普通黄铜	H63、H62	T27300、T27600	热轧(M20)	4～60	≤3000	≤6000
			软化退火(O60)、1/2 硬(H02)、硬(H04)、特硬(H06)	0.2～10		
	H59	T28200	热轧(M20)	4～60		
			软化退火(O60)、硬(H04)	0.2～10		
铅黄铜	HPb59-1	T38100	热轧(M20)	4～60		
			软化退火(O60)、1/2 硬(H02)、硬(H04)	0.2～10		
	HPb60-2	C37700	硬(H04)、特硬(H06)	0.5～10		
锰黄铜	HMn58-2	T67400	软化退火(O60)、1/2 硬(H02)、硬(H04)	0.2～10		
			热轧(M20)	4～60		
锡黄铜	HSn62-1	T46300	软化退火(O60)、1/2 硬(H02)、硬(H04)	0.2～10		
	HSn88-1	C42200	1/2 硬(H02)	0.4～2	≤610	≤2000
锰黄铜	HMn55-3-1 HMn57-3-1	T67320 T67410	热轧(M20)	4～40	≤1000	≤2000
铝黄铜	HAl60-1-1 HAl67-2.5 HAl66-6-3-2	T69240 T68900 T69200				
镍黄铜	HNi65-5	T69900				

续表

分类	牌号	代号	状态	规格/mm		
				厚度	宽度	长度
锡青铜	QSn6. 5-0. 1	T51510	热轧(M20)	9～50	≤610	≤2000
			软化退火(O60)、1/4 硬(H01)、1/2 硬(H02)、硬(H04)、特硬(H06)、弹性(H08)	0. 2～12		
	QSn6. 5-0. 4、Sn4-3、Sn4-0. 3、QSn7-0. 2	T51520、T50800、C5110C、T51530	软化退火(O60)、硬(H04)、特硬(H06)	0. 2～12	≤600	≤2000
	QSn8-0. 3	C52100	软化退火(O60)、1/4 硬(H01)、1/2 硬(H02)、硬(H04)、特硬(H06)	0. 2～5	≤600	≤2000
	QSn4-4-2. 5、QSn4-4-4	T53300、T53500	软化退火(O60)、1/2 硬(H02)、1/4 硬(H01)、硬(H04)	0. 8～5	200～600	800～2000
锰青铜	QMn1. 5	T56100	软化退火(O60)	0. 5～5	100～600	≤1500
	QMn5	T56300	软化退火(O60)、硬(H04)			
铝青铜	QAl5	T60700	软化退火(O60)、硬(H04)	0. 4～12	≤1000	≤2000
	QAl7	C61000	1/2 硬(H02)、硬(H04)			
	QAl9-2	T61700	软化退火(O60)、硬(H04)			
	QAl9-4	T61720	硬(H04)			
硅青铜	QSi3-1	T64730	软化退火(O60)、硬(H04)、特硬(H06)	0. 5～10	100～1000	≥500
普通白铜 铁白铜	B5、B19、BFe10-1-1、BFe30-1-1	T70380、T71050、T70590、T71510	热轧(M20)	7～60	≤2000	≤4000
			软化退火(O60)、硬(H04)	0. 5～10	≤600	≤1500

续表

分类	牌号	代号	状态	规格/mm		
				厚度	宽度	长度
锰白铜	BMn3-12	T71620	软化退火(O60)	0.5～10	100～600	800～1500
	BMn40-1.5	T71660	软化退火(O60)、硬(H04)			
铝白铜	BAl6-1.5	T72400	硬(H04)	0.5～12	≤600	≤1500
	BAl13-3	T72600	固溶热处理+冷加工(硬)+沉淀热处理(TH04)			
锌白铜	BZn15-20	T74600	软化退火(O60)、1/2硬(H02)、硬(H04)、特硬(H06)	0.5～10	≤600	≤1500
	BZn18-17	T75210	软化退火(O60)、1/2硬(H02)、硬(H04)	0.5～5	≤600	≤1500
	BZn18-26	C77000	1/2硬(H02)、硬(H04)	0.25～2.5	≤610	≤1500

③ 化学成分　HSn88-1 板材化学成分（质量分数）为：Cu—86.0%～89.0%，Fe—0.05%，P—0.35%，Pb—0.05%，Sn—0.8%～1.4%，Zn—余量，且铜+所列元素总量最小值应为 99.7%；其余牌号板材化学成分应符合 GB/T 5231 中相应牌号的规定。

④ 外形尺寸　应符合 GB/T 17793 中相应的规定。

4.2.2　铜及铜合金带材

① 用途　用于一般场合。

② 牌号、状态和规格　见表 4.29。

表 4.29　铜及铜合金带材的牌号、状态和规格（GB/T 2059—2017）

分类	牌号	代号	状态	厚度/mm	宽度/mm
无氧铜 纯铜 磷脱氧铜	TU1、TU2 T2、T3 TP1、TP2	T10150、T10180、 T11050、T11090 C12000、C12200	软化退火态(O60)、 1/4 硬(H01)、1/2 硬(H02)、 硬(H04)、特硬(H06)	>0.15～<0.50	≤610
				0.50～5.0	≤1200
镉铜	TCd1	C16200	硬(H04)	>0.15～1.2	≤300
普通黄铜	H95、H80、H59	C21000、C24000、 T28200	软化退火态(O60)、 硬(H04)	>0.15～<0.50	≤610
				0.5～3.0	≤1200
	H85、H90	C23000、C22000	软化退火态(O60)、 1/2 硬(H02)、硬(H04)	>0.15～<0.50	≤610
				0.5～3.0	≤1200
	H70、H68 H66、H65	T26100、T26300 C26800、C27000	软化退火态(O60)、1/4 硬(H01)、 1/2 硬(H02)、硬(H04)、 特硬(H06)、弹硬(H08)	>0.15～<0.50	≤610
				0.50～3.5	≤1200
	H63、H62	T27300、T27600	软化退火态(O60)、1/2 硬(H02)、 硬(H04)、特硬(H06)	>0.15～<0.50	≤610
				0.50～3.0	≤1200
锰黄铜	HMn58-2	T67400	软化退火态(O60)、 1/2 硬(H02)、硬(H04)	>0.15～0.20	≤300
铅黄铜	HPb59-1	T38100		>0.20～2.0	≤550
	HPb59-1	T38100	特硬(H06)	0.32～1.5	≤200
锡黄铜	HSn62-1	T46300	硬(H04)	>0.15～0.20	≤300
				>0.20～2.0	≤550
铝青铜	QAl5	T60700	软化退火态(O60)、硬(H04)	>0.15～1.2	≤300
	QAl7	C61000	1/2 硬(H02)、硬(H04)		
	QAl9-2	T61700	软化退火态(O60)、硬(H04)、特硬(H06)		
	QAl9-4	T61720	硬(H04)		
锡青铜	QSn6.5-0.1	T51510	软化退火态(O60)、1/4 硬(H01)、 1/2 硬(H02)、硬(H04)、 特硬(H06)、弹硬(H08)	>0.15～2.0	≤610

续表

分类	牌号	代号	状态	厚度/mm	宽度/mm
锡青铜	QSn7-0.2、Sn6.5-0.4、QSn4-3、QSn4-0.3	T51530 T51520 T50800 C51100	软化退火态(O60)、硬(H04)、特硬(H06)	>0.15～2.0	≤610
	QSn8-0.3	C52100	软化退火态(O60)、1/4硬(H01)、1/2硬(H02)、硬(H04)、特硬(H06)、弹硬(H08)	>0.15～2.6	≤610
	QSn4-4-2.5、QSn4-4-4	T53300 T53500	软化退火(O60)、1/4硬(H01)、1/2硬(H02)、硬(H04)	0.80～1.2	≤200
锰青铜	QMn1.5	T56100	软化退火(O60)	>0.15～1.2	≤300
	QMn5	T56300	软化退火(O60)、硬(H04)		
硅青铜	QSi3-1	T64730	软化退火态(O60)、硬(H04)、特硬(H06)	>0.15～1.2	≤300
普通白铜	B5、B19	T70380、T71050	软化退火态(O60)、硬(H04)	>0.15～1.2	≤400
铁白铜	BFe10-1-1 BFe30-1-1	T70590 T71510			
锰白铜	BMn40-1.5	T71660			
	BMn3-12	T71620	软化退火态(O60)	>0.15～1.2	≤400
铝白铜	BAl6-1.5	T72400	硬(H04)	>0.15～1.2	≤300
	BAl13-3	T72600	固溶热处理+冷加工(硬)+沉淀热处理(TH04)		
锌白铜	BZn15-20	T74600	软化退火态(O60)、1/2硬(H02)、硬(H04)、特硬(H06)	>0.15～1.2	≤610
	BZn18-18	C75200	软化退火态(O60)、1/4硬(H01)、1/2硬(H02)、硬(H04)	>0.15～1.0	≤400
	BZn18-17	T75210	软化退火态(O60)、1/2硬(H02)、硬(H04)	>0.15～1.2	≤610
	BZn18-26	C77000	1/4硬(H01)、1/2硬(H02)、硬(H04)	>0.15～2.0	≤610

③ 化学成分　应符合 GB/T 5231 中相应牌号的规定。

④ 外形尺寸　应符合 GB/T 17793 中相应的规定。

4.2.3　铜及铜合金箔材

① 用途　用于电子、仪表等工业部门。

② 分类　按精度分为普通级和高精度级。

③ 牌号、代号、状态和规格　见表 4.30。

表 4.30　铜及铜合金箔材的牌号、状态和规格（GB/T 5187—2021）

牌号	代号	状态	规格/mm	
			厚度	宽度
TU1、TU2 TU3、T1 T2、T3	T10150、T10180 C10200、T10900 T11050、T11090	软化退火(O60)、 1/4 硬(H01) 1/2 硬(H02)、硬(H04)	0.009～0.150	≤650
TP2	C12200	软化退火(O60)、 1/2 硬(H02)	0.100～0.150	≤650
TCr1-0.15	C18150	1/2 硬(H02)、硬(H04)、 特硬(H06)	0.070～0.150	≤600
TSn1.5-0.8-0.06	C19040	特硬(H06)	0.100～0.150	≤300
TFe0.1	C19210	1/2 硬(H02)、硬(H04)	0.100～0.150	≤620
TFe2.5	C19400	1/4 硬(H01)、1/2 硬(H02)、 硬(H04) 特硬(H06)、弹硬(H08)、 高弹性(H10)	0.100～0.150	≤620
H68、H66 H65、H62	T26300、C26800 C27000、T27600	软化退火(O60) 1/4 硬(H01)、1/2 硬(H02) 硬(H04)、特硬(H06)、 弹硬(H08)	0.012～<0.025	≤300
			0.025～0.150	≤620
QSn6.5-0.1 QSn7-0.2	T51510 T51530	硬(H04)、特硬(H06)	0.012～<0.025	≤300
			0.025～0.150	≤600
QSn8-0.3	C52100	特硬(H06)、弹硬(H08)	0.012～<0.025	≤300
			0.025～0.150	≤600
QSi3-1	T64730	硬(H04)	0.012～<0.025	≤300
			0.025～0.150	≤600
BSi3.2-0.7	C70250	加工余热淬火＋冷加工 (1/8 硬)(TM00) 加工余热淬火＋冷加工 (1/2 硬)(TM02) 加工余热淬火＋冷加工 (3/4 硬)(TM03) 加工余热淬火＋冷加工 (硬)(TM04)	0.070～0.150	≤580

续表

牌号	代号	状态	规格/mm	
			厚度	宽度
BMn40-1.5	T71660	软化退火(O60) 硬(H04)	0.012～<0.025	≤300
			0.025～0.150	≤600
BZn15-20	T74600	软化退火(O60) 1/2硬(H02)、硬(H04)	0.012～<0.025	≤300
			0.025～0.150	≤600
BZn18-18 BZn18-26	C75200 C77000	1/2硬(H02)、硬(H04)、特硬(H06)	0.012～<0.025	≤300
			0.025～0.150	≤600

④ 产品标记　按产品名称、标准号、牌号（或代号）、状态和规格的顺序表示。

例如，用T2（T11050）制造的、软化退火（O60）、尺寸精度为高精级、厚度为0.05mm、宽度为600mm的箔材标记为：箔GB/T 5187-T2O60 高-0.05×600 或箔 GB/T 5187-T11050O60 高-0.05×600。

4.2.4 铜及铜合金拉制棒材

① 用途　制作一般用途零件。

② 分类　按截面形状分，有圆形、方形、矩形和六角形。

③ 牌号、代号、状态和规格　见表4.31。

表4.31 铜及铜合金拉制棒材的牌号、代号、状态和规格

(GB/T 4423—2020)

分类		牌号	代号	状态	外径(或对边距)/mm		长度/mm
					圆形棒、方形棒、正六角形棒	矩形棒	
铜	无氧铜	TU1 TU2	T10150 T10180	软化退火(O60) 硬(H04)	3～80	3～80	500～6000
	纯铜	T2 T3	T11050 T11090	软化退火(O60) 硬(H04) 半硬(H02)	3～80	3～80	
	磷脱氧铜	TP2	C12200	软化退火(O60) 硬(H04)	3～80	3～80	
	锆铜	TZr0.2 TZr0.4	T15200 T15400	硬(H04)	4～40	—	
	镉铜	TCd1	C16200	软化退火(O60) 硬(H04)	4～60	—	
	铬铜	TCr0.5	T18140	软化退火(O60) 硬(H04)	4～40	—	

续表

<table>
<tr><th colspan="2" rowspan="2">分类</th><th rowspan="2">牌号</th><th rowspan="2">代号</th><th rowspan="2">状态</th><th colspan="2">外径(或对边距)/mm</th><th rowspan="2">长度/mm</th></tr>
<tr><th>圆形棒、方形棒、正六角形棒</th><th>矩形棒</th></tr>
<tr><td rowspan="19">黄铜</td><td rowspan="10">普通黄铜</td><td>H96</td><td>T20800</td><td>软化退火(O60)
硬(H04)</td><td>3～80</td><td>3～80</td><td rowspan="25">500～6000</td></tr>
<tr><td>H95</td><td>C21000</td><td>软化退火(O60)
硬(H04)</td><td>3～80</td><td>3～80</td></tr>
<tr><td>H90</td><td>C22000</td><td>硬(H04)</td><td>3～40</td><td></td></tr>
<tr><td>H80</td><td>C24000</td><td>软化退火(O60)
硬(H04)</td><td>3～40</td><td>—</td></tr>
<tr><td>H70</td><td>T26100</td><td>半硬(H02)</td><td>3～40</td><td></td></tr>
<tr><td>H68</td><td>T26300</td><td>半硬(H02)
软化退火(O60)</td><td>3～80</td><td>—</td></tr>
<tr><td>H65</td><td>C27000</td><td>软化退火(O60)
硬(H04)
半硬(H02)</td><td>3～80</td><td>—</td></tr>
<tr><td>H63</td><td>T27300</td><td>半硬(H02)</td><td>3～50</td><td>—</td></tr>
<tr><td>H62</td><td>T27600</td><td>半硬(H02)</td><td>3～80</td><td>3～80</td></tr>
<tr><td>H59</td><td>T28200</td><td>半硬(H02)</td><td>3～50</td><td>—</td></tr>
<tr><td rowspan="4">铅黄铜</td><td>HPb63-3</td><td>T34700</td><td>软化退火(O60)
1/4 硬(H01)
半硬(H02)
硬(H04)</td><td>3～80</td><td>3～80</td></tr>
<tr><td>HPb63-0.1</td><td>T34900</td><td>半硬(H02)</td><td>3～50</td><td>—</td></tr>
<tr><td>HPb61-1</td><td>C37100</td><td>半硬(H02)</td><td>3～50</td><td>—</td></tr>
<tr><td>HPb59-1</td><td>T38100</td><td>半硬(H02)
硬(H04)</td><td>2～80</td><td>3～80</td></tr>
<tr><td rowspan="2">锡黄铜</td><td>HSn70-1</td><td>T45000</td><td>半硬(H02)</td><td>3～80</td><td>—</td></tr>
<tr><td>HSn62-1</td><td>T46300</td><td>硬(H04)</td><td>4～70</td><td>—</td></tr>
<tr><td>锰黄铜</td><td>HMn58-2</td><td>T67400</td><td>硬(H04)</td><td>4～60</td><td>—</td></tr>
<tr><td>铁黄铜</td><td>HFe59-1-1
HFe58-1-1</td><td>T67600
T67610</td><td>硬(H04)</td><td>4～60</td><td>—</td></tr>
<tr><td>铝黄铜</td><td>HAl61-4-3-1</td><td>T69230</td><td>硬(H04)</td><td>4～40</td><td>—</td></tr>
<tr><td rowspan="2">青铜</td><td rowspan="2">锡青铜</td><td>QSn4-3
QSn4-0.3
QSn6.5-0.1
QSn6.5-0.4</td><td>T50800
C51100
T51510
T51520</td><td>硬(H04)</td><td>4～40</td><td>—</td></tr>
<tr><td>QSn7-0.2</td><td>T51530</td><td>硬(H04)
特硬(H06)</td><td>4～40</td><td>—</td></tr>
</table>

续表

分类		牌号	代号	状态	外径(或对边距)/mm		长度/mm
					圆形棒、方形棒、正六角形棒	矩形棒	
青铜	铝青铜	QAl9-2 QAl9-4 QAl10-3-1.5	T61700 T61720 T61760	硬(H04)	4～40	—	500～6000
	硅青铜	QSi3-1	T64730	硬(H04)	4～40	—	
白铜	铁白铜	BFe30-1-1	T71510	软化退火(O60) 硬(H04)	16～50	—	
	锰白铜	BMn40-1.5	T71660	硬(H04)	7～40	—	
	锌白铜	BZn15-20	T74600	软化退火(O60) 硬(H04)	4～40	—	
		BZn15-24-1.5	T79500	软化退火(O60) 硬(H04) 特硬(H06)	3～18	—	

④ 化学成分　H96 棒材化学成分（质量分数）为：Cu—95.0%～97.0%，Fe—≤0.05%，Pb—≤0.03%，Zn—余量，且铜+所列元素总量最小值应为 99.8%以上；其余牌号板材化学成分应符合 GB/T 5231 中相应牌号的规定。

⑤ 直径范围　铜及黄铜类棒材：直径或对边距离为 2～80mm；青铜及白铜类棒材：直径或对边距离为 3～80mm。

4.2.5 铜及铜合金挤制棒材

① 用途　制作一般用途零件。

② 分类　按截面形状分，有圆形、方形、矩形和六角形。

③ 牌号、代号、状态和规格　见表 4.32。

表 4.32　铜及铜合金挤制棒材的牌号、代号、状态和规格

（YS/T 649—2018）

分类	牌号	代号	直径或对边距/mm		
			圆形棒	矩形棒[①]	方形、六角形棒
铜	T2、T3	T11050、T11090	30～300	20～120	20～120
	TU1、TU2 TU3、TP2	T10150、T10180 C10200、C12200	16～300	—	16～120
高铜	TCd1	C16200	20～120	—	—
	TCr0.5、TCr1	T18140、C18200	18～160	—	—

续表

分类	牌号	代号	直径或对边距/mm		
			圆形棒	矩形棒[①]	方形、六角形棒
普通黄铜	H96	T20800	10～160	—	10～120
	H80、H65、H59	C24000、C27000、T28200	16～120	—	16～120
	H68	T26300	16～165	—	16～120
	H62	T27600	10～260	5～50	10～120
复杂黄铜	HFe58-1-1、HAl60-1-1	T67610、T69240	10～160	—	10～120
	HSn62-1、HMn58-2、HFe59-1-1	T46300、T67400、T67600	10～220	—	10～120
	HPb59-1	T38100	10～260	5～50	10～120
	HPb60-2	C37700	50～60	—	—
	HPb59-2、HPb59-3	T38200、T38300	20～95	—	—
	HPb58-2	T38210	50～100	—	—
	HSn61-0.8-1.8	C48500	50～70	—	—
	HSn70-1、HAl77-2	T45000、C68700	10～160	—	10～120
	HMn55-3-1、HMn57-3-1 HAl66-6-3-2、HAl67-2.5	T67320、T67410 T69200、T68900	10～160	—	10～120
	HSi80-3、HNi56-3	T68310、T69910	10～160	—	—
铝青铜	QAl9-2	T61700	10～240	—	30～60
	QAl9-4	T61720	10～260	—	—
	QAl10-3-1.5、QAl10-4-4、QAl10-5-5	T61760、T61780、T62100	10～200	—	—
	QAl11-6-6	T62200	10～160	—	—
硅青铜	QSi1-3	T64720	20～100	—	—
	QSi3-1	T64730	20～160	—	—
	QSi3.5-3-1.5	T64740	40～120	—	—
锡青铜	QSn4-0.3	C51100	60～180	—	—
	QSn8-0.3	C52100	80～120	—	—
	QSn4-3、QSn7-0.2	T50800、T51530	40～180	—	40～120
	QSn6.5-0.1、QSn6.5-0.4	T51510、T51520	40～180	—	30～120

续表

分类	牌号	代号	直径或对边距/mm		
			圆形棒	矩形棒[①]	方形、六角形棒
白铜	BFe10-1-1、BFe10-1.6-1	T70590、T70620	40～160	—	—
	BFe30-1-1、BAl13-3、BMn40-1.5	T715110、T72600、T71660	40～120	—	—
	BZn15-20	T74600	25～120	—	—

① 矩形棒的对边距指长边。

④ 产品标记　按产品名称、标准编号、牌号或代号、状态、精度、规格的顺序表示。

例如，用 T2（T11050）制造的、M30（热挤压）态、高精级、直径为 40mm、长度为 2000mm 定尺的圆形棒材标记为：圆形棒 YS/T 649-T2 M30 高-ϕ40×2000 或圆形棒 YS/T 649-T11050 M30 高-ϕ40×2000。

⑤ 供应长度　直径或对边边长为 10～50mm、50～75mm、75～120mm、>120mm，供应长度分别为 1000～5000mm、500～5000mm、500～4000mm、300～4000mm。

4.2.6 铜及铜合金无缝管

（1）分类　按成形方法分，有挤制和拉制两种。拉制无缝管可有圆形、矩形和方形管三种截面。

（2）拉制圆形管规格　见表 4.33。

（3）挤制圆形管规格　见表 4.34。

4.2.7 铜及铜合金拉制管材

① 用途　制作一般用途零件。

② 分类　按截面形状分，有圆形、方形和矩形。

③ 牌号、代号、状态和规格　见表 4.35。

④ 管材长度　见表 4.36。

⑤ 化学成分　管材的牌号和化学成分应符合 GB/T 5231 中相应牌号的规定；HAs65-0.04 牌号的 As 含量为 0.03%～0.06%，其他元素的含量同 H65 牌号。

4.2.8 铜及铜合金挤制管

① 用途　制作一般用途零件。

② 牌号、代号、状态和规格　见表 4.37。

表 4.33 铜及铜合金拉制圆形管的规格（GB/T 16866—2006）

公称外径/mm	公称壁厚/mm																									
	0.2	0.3	0.4	0.5	0.6	0.75	1.0	1.25	1.5	2.0	2.5	3.0	3.5	4.0	4.5	5.0	6.0	7.0	8.0	9.0	10.0	11.0	12.0	13.0	14.0	15.0
3,4	√	√	√	√	√	√	√	√																		
5,6,7	√	√	√	√	√	√	√	√	√																	
8～15(间隔 1)	√	√	√	√	√	√	√	√	√	√	√	√														
16～20(间隔 1)		√	√	√	√	√	√	√	√	√	√	√	√	√	√											
21～30(间隔 1)			√	√	√	√	√	√	√	√	√	√	√	√	√	√										
31～40(间隔 1)			√	√	√	√	√	√	√	√	√	√	√	√	√	√										
42,44,45,46,48,49,50						√	√	√	√	√	√	√	√	√	√	√	√									
52,54,55,56,58,60						√	√	√	√	√	√	√	√	√	√	√	√	√	√							
62,64,65,66,68,70							√	√	√	√	√	√	√	√	√	√	√	√	√	√	√	√				
72,74,75,76,78,80										√	√	√	√	√	√	√	√	√	√	√	√	√	√	√		
82,84,85,86,88,90,92,94,96,100										√	√	√	√	√	√	√	√	√	√	√	√	√	√	√	√	√
105～150(间隔 5)										√	√	√	√	√	√	√	√	√	√	√	√	√	√	√	√	√
155～200(间隔 5)												√	√	√	√	√	√	√	√	√	√	√	√	√	√	√
210～250(间隔 10)												√	√	√	√	√	√	√	√	√	√	√	√	√	√	√
260～360(间隔 10)														√	√	√										

注：外径不大于 100mm 的拉制管，供应长度为 1000～7000mm；其他管材供应长度为 500～6000mm。

表 4.34　铜及铜合金挤制圆形管的规格（GB/T 16866—2006）

公称外径/mm	公称壁厚/mm																										
	1.5	2.0	2.5	3.0	3.5	4.0	4.5	5.0	6.0	7.5	9.0	10.0	12.5	15.0	17.5	20.0	22.5	25.0	27.5	30.0	32.5	35.0	37.5	40.0	42.5	45.0	50.0
20,21,22	√	√	√	√		√																					
23,24,25,26	√	√	√	√	√	√																					
27,28,29			√	√	√	√	√	√	√																		
30,32			√	√	√	√	√	√	√																		
34,35,36			√	√	√	√	√	√	√																		
38,40,42,44			√	√	√	√	√	√	√	√	√	√															
45,46,48			√	√	√	√	√	√	√	√	√	√															
50,52,54,55			√	√	√	√	√	√	√	√	√	√	√	√	√												
56,58,60						√	√	√	√	√	√	√	√	√	√												
62,64,65,68,70						√	√	√	√	√	√	√	√	√	√	√											
72,74,75,78,80						√	√	√	√	√	√	√	√	√	√	√	√	√									
85,90										√		√	√	√	√	√	√	√	√	√							
95,100										√		√	√	√	√	√	√	√	√	√							
105,110												√	√	√	√	√	√	√	√	√							
115,120												√	√	√	√	√	√	√	√	√	√	√	√				
125,130												√	√	√	√	√	√	√	√	√	√	√					
135,140												√	√	√	√	√	√	√	√	√	√	√	√				
145,150												√	√	√	√	√	√	√	√	√	√	√					
155,160												√	√	√	√	√	√	√	√	√	√	√	√	√	√		
165,170												√	√	√	√	√	√	√	√	√	√	√	√	√	√		
175,180												√	√	√	√	√	√	√	√	√	√	√	√	√	√		
185,190,195,200												√	√	√	√	√	√	√	√	√	√	√	√	√	√	√	
210,220												√	√	√	√	√	√	√	√	√	√	√	√	√	√	√	
230,240,250												√	√	√		√		√	√	√	√	√	√	√	√	√	√
260,280												√	√	√		√		√	√	√							
290,300																√		√		√							

注：“√”表示推荐规格，需要其他规格产品可由供需双方协商。

表 4.35　铜及铜合金拉制管材的牌号、状态和规格（GB/T 1527—2017）

<table>
<tr><th rowspan="3">分类</th><th rowspan="3">牌号</th><th rowspan="3">代号</th><th rowspan="3">状态</th><th colspan="4">规格/mm</th></tr>
<tr><th colspan="2">圆形</th><th colspan="2">矩(方)形</th></tr>
<tr><th>外径</th><th>壁厚</th><th>对边距</th><th>壁厚</th></tr>
<tr><td rowspan="2">纯铜</td><td rowspan="2">T2、T3
TU1、TU2
TP1、TP2</td><td rowspan="2">T11050、T11090
T10150、T10180
C12000、C12200</td><td>软化退火(O60)、轻退火(O50)、硬(H04)、特硬(H06)</td><td>3～360</td><td rowspan="2">0.3～20</td><td rowspan="2">3～100</td><td rowspan="2">1～10</td></tr>
<tr><td>1/2 硬(H02)</td><td>3～100</td></tr>
<tr><td>高铜</td><td>TCr1</td><td>C18200</td><td>固溶热处理＋冷加工(硬)＋沉淀热处理(TH04)</td><td>40～105</td><td>4～12</td><td>—</td><td>—</td></tr>
<tr><td rowspan="5">黄铜</td><td>H95、H90</td><td>C21000、C22000</td><td rowspan="4">软化退火(O60)、
轻退火(O50)、
退火到 1/2 硬(O82)、
硬＋应力消除(HR04)</td><td rowspan="2">3～200</td><td rowspan="4">0.2～10</td><td rowspan="4">3～100</td><td rowspan="4">0.2～7</td></tr>
<tr><td>H85、H80
HAs85-0.05</td><td>C23000、C24000
T23030</td></tr>
<tr><td>H70、H68
H59、HPb59-1
HSn62-1、HSn70-1
HAs70-0.05
HAs68-0.04</td><td>T26100、T26300
T28200、T38100
T46300、T45000
C26130
T26330</td><td>3～100</td></tr>
<tr><td>H65、H63
H62、HPb66-0.5
HAs65-0.04</td><td>C27000、T27300
T27600、C33000
—</td><td>3～200</td></tr>
<tr><td>HPb63-0.1</td><td>T34900</td><td>退火到 1/2 硬(O82)</td><td>18～31</td><td>6.5～13</td><td>—</td><td>—</td></tr>
<tr><td rowspan="3">白铜</td><td>BZn15-20</td><td>T74600</td><td>软化退火(O60)、退火到 1/2 硬(O82)、硬＋应力消除(HR04)</td><td>4～40</td><td rowspan="3">0.5～8</td><td rowspan="3">—</td><td rowspan="3">—</td></tr>
<tr><td>BFe10-1-1</td><td>T70590</td><td>软化退火(O60)、
退火到 1/2 硬(O82)、硬(H80)</td><td>8～160</td></tr>
<tr><td>BFe30-1-1</td><td>T71510</td><td>软化退火(O60)、
退火到 1/2 硬(O82)</td><td>8～80</td></tr>
</table>

表 4.36 铜及铜合金管材长度

管材形状		管材外径/mm	管材壁厚/mm	管材长度/mm
直管	圆形	≤100	≤20	≤16000
		>100	≤20	≤8000
	矩(方)形	3~100	≤10	≤16000
盘管	圆形	≤30	<3	≥6000
	矩(方)形	周长与壁厚之比≤15		≥6000

表 4.37 铜及铜合金挤制管的牌号、状态和规格（YS/T 662—2018）

分类	牌号	代号	状态	规格/mm		
				外径	壁厚	长度
无氧铜	TU0、TU1 TU2、TU3	T10130、T10150 T10180、C10200	挤制(M30)	30~300	5~65	300~6000
纯铜	T2、T3	T11050、T11090				
磷脱氧铜	TP1、TP2	C12000、C12200				
铬铜	TCr0.5	T18140		100~255	15~37.5	500~3000
黄铜	H96、H62 HPb59-1、HFe59-1-1	T20800、T27600 T38100、T67600	挤制(M30)	20~300	1.5~42.5	300~6000
	H80、H68、H65 HSn62-1、HSi80-3 Hn58-2、HMn57-3-1	C24000、T26300、 C27000 T46300、T68310 T67400、T67410		60~220	7.5~30	
青铜	QAl9-2、QAl9-4、 QAl10-3-1.5、 QAl10-4-4	T61700、T61720 T61760、T61780		20~250	3~50	500~6000
	QSi3.5-3-1.5	T64740		75~200	7.5~30	
白铜	BFe10-1-1	T70590		70~260	10~40	300~3000
	BFe30-1-1	T71500		80~120	10~25	

③ 化学成分　H96 棒材化学成分（质量分数）为 Cu—95.0%~97.0%，Fe—≤0.10%，Pb—≤0.03%，Zn—余量，且铜+所列元素总量最小值应为 99.8%以上；其余牌号板材化学成分应符合 GB/T 5231 中相应牌号的规定。

4.2.9 铜及铜合金线材

① 用途　主要应用领域为拉链制造业、气门芯、条帽线制造业、焊料制造业、眼镜框制造业、接插件制造业、饰件、按钮、钟表制造业及汽车制造业等。

② 分类　按截面形状分，有圆形、方形和六角形。

③ 牌号、代号、状态和规格　见表 4.38。

表 4.38　铜及铜合金线材的牌号、状态和规格（GB/T 21652—2017）

分类	牌号	代号	状态	直径(对边距)/mm
无氧铜	TU0	T10130	软(O60),硬(H04)	0.05～8.0
	TU1	T10150		
	TU2	T10180		
纯铜	T2	T11050	软(O60),1/2 硬(H02),硬(H04)	0.05～8.0
	T3	T11090		
镉铜	TCd1	C16200	软(O60),硬(H04)	0.1～6.0
镁铜	TMg0.2	T18658	硬(H04)	1.5～3.0
	TMg0.5	T18664	硬(H04)	1.5～7.0
普通黄铜	H95	C21000	软(O60),1/2 硬(H02),硬(H04)	0.05～12.0
	H90	C22000		
	H85	C23000		
	H80	C24000		
	H70	T26100	软(O60),1/8 硬(H00),1/4 硬(H01),1/2 硬(H02),3/4 硬(H03),硬(H04),特硬(H06)	0.05～8.5 特硬规格 0.1～6.0 软态规格 0.05～18.0
	H68	T26300		
	H66	C26800		
普通黄铜	H65	C27000	软(O60),1/8 硬(H00),1/4 硬(H01),1/2 硬(H02),3/4 硬(H03),硬(H04),特硬(H06)	0.05～13 特硬规格 0.05～4.0
	H63	T27300		
	H62	T27600		

续表

分类	牌号	代号	状态	直径（对边距）/mm
铅黄铜	HPb63-3	T34700	软（O60），1/2 硬（H02），硬（H04）	0.5～6.0
	HPb62-0.8	T35100	1/2 硬（H02），硬（H04）	0.5～6.0
	HPb61-1	C37100	1/2 硬（H02），硬（H04）	0.5～8.5
	HPb59-1	T38100	软（O60），1/2 硬（H02），硬（H04）	0.5～6.0
	HPb59-3	T38300	1/2 硬（H02），硬（H04）	1.0～10.0
硼黄铜	HB90-0.1	T22130	硬（H04）	1.0～12.0
锡黄铜	HSn62-1	T46300	软（O60），硬（H04）	0.5～6.0
	HSn60-1	T46410		
锰黄铜	HMn62-13	T67310	软（O60），1/4 硬（H01），1/2 硬（H02），3/4 硬（H03），硬（H04）	0.5～6.0
锡青铜	QSn4-3	T50800	软（O60），1/4 硬（H01），1/2 硬（H02），3/4 硬（H03）	0.1～8.5
			硬（H04）	0.1～6.0
	QSn5-0.2	C51000	软（O60），1/4 硬（H01），1/2 硬（H02），3/4 硬（H03），硬（H04）	0.1～8.5
	QSn4-0.3	C51100		
	QSn6.5-0.1	T51510		
	QSn6.5-0.4	T51520		
	QSn7-0.2	T51530		
	QSn8-0.3	C52100		
	QSn15-1-1	T52500	软（O60），1/4 硬（H01），1/2 硬（H02），3/4 硬（H03），硬（H04）	0.5～6.0
	QSn4-4-4	T53500	1/2 硬（H02），硬（H04）	0.1～8.5

续表

分类	牌号	代号	状态	直径(对边距)/mm
铬青铜	QCr4.5-2.5-0.6	T55600	软(O60),固溶热处理+沉淀热处理(TF00) 固溶热处理+冷加工(硬)+沉淀热处理(TH04)	0.5～6.0
铝青铜	QAl7	C61000	1/2 硬(H02),硬(H04)	1.0～6.0
	QAl9-2	T61700	硬(H04)	0.6～6.0
硅青铜	QSi3-1	T64730	1/2 硬(H02),3/4 硬(H03),硬(H04)	0.1～8.5
			软(O60),1/4 硬(H01)	0.1～18.0
普通白铜	B19	T71050	软(O60),硬(H04)	0.1～6.0
铁白铜	BFe10-1-1	T70590	软(O60),硬(H04)	0.1～6.0
	BFe30-1-1	T71510		
锰白铜	BMn3-12	T71620	软(O60),硬(H04)	0.05～6.0
	BMn40-1.5	T71660		
锌白铜	BZn9-29	T76100	软(O60),1/8 硬(H00),1/4 硬(H01),1/2 硬(H02),3/4 硬(H03),硬(H04),特硬(H06)	0.1～8.0 特硬规格 0.5～4.0
	BZn12-24	T76200		
	BZn12-26	T76210		
	BZn15-20	T74600	软(O60),1/8 硬(H00),1/4 硬(H01),1/2 硬(H02),3/4 硬(H03),硬(H04),特硬(H06)	0.1～8.0 特硬规格 0.5～4.0 软态规格 0.1～18.0
	BZn18-20	T76300		
	BZn22-16	T76400	软(O60),1/8 硬(H00),1/4 硬(H01),1/2 硬(H02),3/4 硬(H03),硬(H04),特硬(H06)	0.1～8.0 特硬规格 0.1～4.0
	BZn25-18	T76500		
	BZn40-20	T77500	软(O60),1/4 硬(H01),1/2 硬(H02),3/4 硬(H03),硬(H04)	1.0～6.0
	BZn12-37-1.5	C79860	1/2 硬(H02),硬(H04)	0.5～9.0

④ 线材卷重　见表 4.39。

表 4.39　线材卷重

直径(或对边距)/mm	卷重(不含轴)/kg		直径(或对边距)/mm	卷重(不含轴)/kg	
	标准卷	较轻卷		标准卷	较轻卷
0.05～0.5	5±1	2±1	＞4.0～6.0	35±5	25±5
＞0.5～1.0	12±1	8±1	＞6.0～13.0	200±20	150±20
＞1.0～2.0	25±2	15±2	＞13.0～18.0	500±50	350±50
＞2.0～4.0	30±5	20±5			

4.2.10　热交换器用铜合金管

① 用途　用于火力发电、舰艇船舶、海上石油、机械、化工等工业部门制造热交换器及冷凝器。

② 牌号、状态和规格　见表 4.40。

表 4.40　热交换器用铜及铜合金无缝翅片管的牌号、状态和规格（GB/T 8890—2015）

牌号	代号	供应状态	种类	规格/mm		
				外径	壁厚	长度
BFe10-1-1 BFe10-1.4-1	T70590 C70600	软化退火(O60) 硬(H80)	盘管	3～20	0.3～1.5	—
BFe10-1-1	T70590	软化退火(O60)	直管	4～160	0.5～4.5	＜6000
		退火至 1/2 硬(O82)、硬(H80)		6～76	0.5～4.5	＜18000
BFe30-0.7 BFe30-1-1	C71500 T71510	软化退火(O60) 退火至 1/2 硬(O82)	直管	6～76	0.5～4.5	＜18000
HAl77-2 HSn72-1 HSn70-1 HSn70-1-0.01 HSn70-1-0.01-0.04 HAs68-0.04 HAs70-0.05 HAs85-0.05	C68700 C44300 T45000 T45010 T45020 T26330 C26130 T23030	软化退火(O60) 退火至 1/2 硬(O82)	直管	6～76	0.5～4.5	＜18000

③ 化学成分　BFe10-1.4-1（C70600）牌号的化学成分（质量分数）为 Cu＋Ag—余量，Ni＋Co—9.0%～11.0%，Fe—1.0%～1.8%，Zn—≤1.0%，Pb—≤0.05%，Mn≤1.0%，且铜＋所列元素总量最小值应为 99.5% 以上；其他牌号的化学成分应符合 GB/T 5231 中的相应规定。

4.2.11　热交换器用铜合金无缝翅片管

① 用途　用于热交换器用翅片高度不大于 4 mm 整体外螺旋形翅片及内肋的铜及铜合金无缝管。

② 牌号、状态和规格　见表 4.41。

表 4.41　热交换器用铜及铜合金无缝翅片管的牌号、状态和规格（GB/T 19447—2013）

牌号	代号	成翅前状态	规格/mm	
			无翅段（外径 $D\times$ 壁厚 T）	成翅段［翅高 $H_f\times$ 翅片数 FPI（条/in[①]）$\times$ 底壁厚 T_1］
TU00 TU1 TU2 TP1 TP2	C10100 T10150 T10180 C12000 C12200	软化退火态（O60） 轻拉态(H55) 拉拔态(H80)	(7～30)×(0.6～3.0)	(0.3～3.8)×(11～56)×(0.4～2.5)
BFe5-1.5-0.5 BFe10-1-1 BFe30-1-1	C70400 T70590 T71510	软化退火态（O60）	(10～26)×(0.75～3.0)	
HAl77-2 HSn72-1 HSn70-1 HAs85-0.05	C68700 C44300 T45000 T23030	软化退火态（O60）	(10～26)×(0.75～3.0)	

③ 化学成分　应符合 GB/T 5231 中相应牌号的规定。

4.2.12　铜及铜合金散热管

① 用途　用于坦克、汽车、机车、拖拉机等动力机械散热器。

② 分类　有圆管、扁管和矩形管。

③ 牌号、状态和规格　见表 4.42。

表 4.42　铜及铜合金散热管的牌号、状态和规格（GB/T 8891—2013）

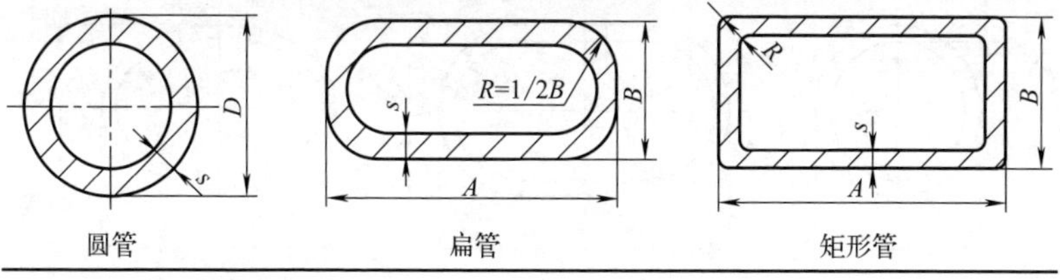

圆管　　扁管　　矩形管

① 英寸，1in=25.4mm。

续表

牌号	代号	状态	规格/mm			
			圆管直径 D ×壁厚 s	扁管宽度 A×高度 B×壁厚 s	矩形管长边 A×短边 B×壁厚 s	长度
TU0	T10130	拉拔、硬(H80) 轻拉(H55)	(4～25)×(0.20～2.00)	—	—	250～4000
T2 H95	T11050 T21000	拉拔 硬(H80)	(10～50)×(0.20～0.80)	(15～25)×(1.9～6.0)×(0.20～0.80)	(15～25)×(5～12)×(0.20～0.80)	
H90 H85 H80	T22000 T23000 T24000	轻拉 (H55)				
H68 HAs68-0.04 H65 H63	T26300 T26330 T27000 T27300	轻软退火 (O50)				
HSn70-1	T45000	软化退火 (O60)				

4.2.13　压力表用铜合金管

① 分类　根据用途，可将产品分为高精级和普通级 2 级。前者用于精密压力表、特种压力表、化工专用压力表等仪表，后者用于普通压力表、耐震压力表、差动远传压力表等仪表以及承压用的铜合金管。

② 牌号、状态和规格　见表 4.43。

表 4.43　压力表用铜合金管牌号、状态和规格（GB/T 8892—2014）

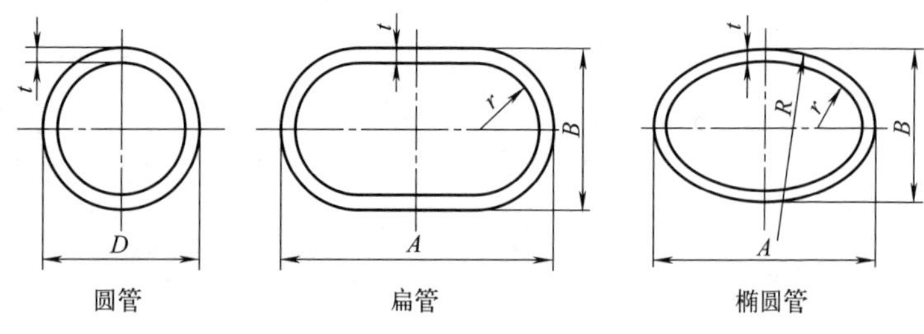

圆管　　扁管　　椭圆管

续表

<table>
<tr><th>牌号</th><th>代号</th><th>状态</th><th>规格/mm</th></tr>
<tr><td rowspan="3">QSn4-0.3
QSn6.5-0.1</td><td rowspan="3">T51010
T51510</td><td>软化退火(O60)</td><td rowspan="7">圆管($D\times t\times l$)
(φ1.5～2.5)×(0.1～1.80)
×≤6000
扁管($A\times B\times t\times l$)
(7.5～20)×(5～7)×(0.15～1.0)
×≤6000
椭圆管($A\times B\times t\times l$)
(5～15)×(2.5～6)×
(0.15～1.0)×≤6000</td></tr>
<tr><td>半硬+应力消除
(HR02)</td></tr>
<tr><td>半硬+应力消除
(HR04)</td></tr>
<tr><td rowspan="2">H68</td><td rowspan="2">T26300</td><td rowspan="4">半硬+应力消除
(HR02)
半硬+应力消除
(HR04)</td></tr>
<tr></tr>
<tr><td rowspan="2">BFe10-1-1</td><td rowspan="2">T70590</td></tr>
<tr></tr>
</table>

③ 化学成分　应符合 GB/T 5231 中相应牌号的规定。

4.2.14　铜板、带、棒、管、线的理论质量

(1) 铜板和黄铜板（带、箔）（表 4.44）

表 4.44　铜板和黄铜板（带、箔）的理论质量

厚度 /mm	理论质量/(kg/m²)		厚度 /mm	理论质量/(kg/m²)		厚度 /mm	理论质量/(kg/m²)	
	铜板	黄铜板		铜板	黄铜板		铜板	黄铜板
0.05	0.445	0.43	0.75	6.68	6.38	5.00	44.50	42.50
0.06	0.534	0.51	0.80	7.12	6.80	5.50	48.95	46.75
0.07	0.623	0.60	0.85	7.57	7.23	6.00	53.40	51.00
0.08	0.712	0.68	0.90	8.01	7.65	6.50	57.85	55.25
0.09	0.801	0.77	0.93	—	7.91	7.00	62.30	59.50
0.10	0.890	0.85	1.00	8.90	8.50	7.50	66.75	63.75
0.12	1.07	1.02	1.10	9.79	9.35	8.00	71.20	68.00
0.15	1.34	1.28	1.13	—	9.61	9.00	80.10	76.50
0.18	1.60	1.53	1.20	10.68	10.20	10.0	89.00	85.00
0.20	1.78	1.70	1.22	—	10.37	11.0	97.90	93.50
0.22	1.96	1.87	1.30	11.57	11.05	12.0	106.8	102.0
0.25	2.23	2.13	1.35	12.02	11.48	13.0	115.7	110.5
0.30	2.67	2.55	1.40	12.46	11.90	14.0	124.6	119.0
0.32	—	2.72	1.45	—	12.33	15.0	133.5	127.5
0.34	—	2.89	1.50	13.35	12.75	16.0	142.4	136.0
0.35	3.12	2.98	1.60	14.24	13.60	17.0	151.3	144.5
0.40	3.56	3.40	1.65	14.69	14.03	18.0	160.2	153.0
0.45	4.01	3.83	1.80	16.02	15.30	19.0	169.1	161.5
0.50	4.45	4.25	2.00	17.80	17.00	20.0	178.0	170.0
0.52	—	4.42	2.25	20.03	19.13	21.0	186.9	178.5
0.55	4.90	4.68	2.50	22.25	21.25	22.0	195.8	187.0
0.57	—	4.85	2.75	24.48	23.38	23.0	204.7	195.5
0.60	5.34	5.10	3.00	26.70	25.50	24.0	213.6	204.0
0.65	5.79	5.53	3.50	31.15	29.75	25.0	222.0	212.5
0.70	6.23	5.95	4.00	35.60	34.00	26.0	231.4	221.0
0.72	—	6.12	4.50	40.05	38.20	28.0	249.2	238.0

注：1. 铜板和紫铜板的计算密度分别为 8.9g/cm³ 和 8.5g/cm³。

2. 本表以外的厚度规格还有 0.005mm，0.008mm，0.010mm，0.012mm，0.015mm，0.02mm，0.03mm，0.04mm 和 30mm，32mm，34mm，35mm，36mm，38mm，40mm，42mm，44mm，45mm，46mm，48mm，50mm，52mm，54mm，55mm，56mm，58mm，60mm。它们的理论质量可以根据表中的数据进行推算，例如 60mm 厚度的板可以用 0.06（或 0.6 或 6.0）mm 的板乘以 1000（或 100 或 10）推算。

(2) 铝青铜（带、箔）(表 4.45)

表 4.45 铝青铜板（带、箔）的理论质量

厚度 /mm	理论质量/(kg/m²)				厚度 /mm	理论质量/(kg/m²)			
	QA15 (8.2 g/cm³)	QA17 (7.8 g/cm³)	QA19-2 (7.6 g/cm³)	QA19-4 (7.5 g/cm³)		QA15 (8.2 g/cm³)	QA17 (7.8 g/cm³)	QA19-2 (7.6 g/cm³)	QA19-4 (7.5 g/cm³)
0.05	0.41	0.39	0.38	0.37	0.95	7.79	7.41	7.13	7.13
0.06	0.49	0.47	0.45	0.45	1	8.20	7.80	7.60	7.50
0.07	0.57	0.54	0.53	0.52	1.1	9.02	9.58	8.36	8.25
0.08	0.66	0.62	0.61	0.6	1.2	9.84	9.36	9.12	9.00
0.09	0.74	0.70	0.68	0.67	1.5	12.3	11.7	11.4	11.25
0.1	0.82	0.78	0.76	0.75	1.8	15.1	14.0	13.7	13.5
0.12	0.98	0.93	0.91	0.90	2	16.4	15.6	15.2	15.0
0.15	1.23	1.17	1.14	1.12	2.5	20.5	19.5	19.0	18.75
0.18	1.47	1.40	1.37	1.35	3	24.6	23.4	22.8	22.5
0.2	1.64	1.56	1.52	1.50	3.5	28.7	27.3	26.6	26.25
0.22	1.80	1.76	1.67	1.65	4	32.8	31.2	30.4	30.0
0.25	2.05	1.95	1.90	1.87	4.5	36.9	35.1	34.2	33.75
0.3	2.46	2.34	2.28	2.25	5	41.0	39.0	38.0	37.0
0.35	2.81	2.73	2.66	2.62	5.5	45.1	42.9	41.8	41.25
0.4	3.28	3.12	3.04	3.00	6	49.2	46.8	45.6	45.0
0.45	3.69	3.51	3.42	3.37	6.5	53.3	50.7	49.4	48.75
0.5	4.10	3.90	3.80	3.70	7	57.4	54.6	53.2	52.5
0.55	4.51	4.29	4.18	4.12	7.5	61.5	58.5	57.0	56.25
0.6	4.92	4.68	4.56	4.50	8	65.0	62.4	60.8	60.0
0.65	5.33	5.07	4.94	4.87	8.5	69.7	66.3	64.6	63.75
0.7	5.74	5.46	5.32	5.25	9	73.8	70.2	68.4	67.5
0.75	6.15	5.85	5.70	5.62	10	82.0	78.0	76.0	75.0
0.8	6.56	6.24	6.08	6.00	11	90.2	85.8	83.6	82.5
0.85	6.97	6.63	6.46	6.37	12	98.4	93.6	91.2	90.0
0.9	7.38	7.02	6.84	6.75					

(3) 锡青铜（表 4.46～表 4.48）

表 4.46 锡青铜板的理论面质量

热轧锡青铜板（宽度 300～500mm，长度 1～2m）				冷轧锡青铜板（宽度 150～600mm，长度≥0.5m）			
厚度 /mm	理论面质量 /(kg/m²)	厚度 /mm	理论面质量 /(kg/m²)	厚度 /mm	理论面质量 /(kg/m²)	厚度 /mm	理论面质量 /(kg/m²)
9	79.2	25	220.0	0.2	1.76	3.5	30.80
10	88.0	26	228.2	0.3	2.64	4.0	35.20
11	96.8	28	246.4	0.4	3.52	4.0	39.50
12	105.6	30	264.0	0.5	4.40	5.0	44.00
13	114.4	32	218.6	0.6	5.28	5.5	48.40
14	123.2	34	299.2	0.7	6.16	6.0	52.80
15	132.0	35	308.0	0.8	7.04	6.5	57.20
16	140.8	36	316.8	0.9	7.92	7.0	61.60
17	149.6	38	334.4	1.0	8.80	7.5	66.00
18	158.4	40	352.0	1.2	10.56	8.0	70.40
19	167.2	42	369.6	1.5	13.20	8.5	74.80
20	176.0	44	387.2	1.8	15.84	9.0	79.20
21	184.8	45	396.0	2.0	17.60	10.0	88.20
22	193.6	46	404.8	2.5	22.60	11.0	98.80
23	202.4	48	422.4	3.0	26.40	12.0	105.60
24	211.2	50	440.0				

注：计算密度为 8.8g/cm³。

表 4.47　锡青铜带的理论面质量

厚度 0.05～0.15mm，宽度≤300mm，长度 10m 厚度 0.18～2.0mm，宽度≤600mm，长度≥7m					
厚度/mm	理论面质量/(kg/m²)	厚度/mm	理论面质量/(kg/m²)	厚度/mm	理论面质量/(kg/m²)
0.05	0.44	0.33	2.90	0.95	8.36
0.06	0.53	0.35	3.08	1.00	8.80
0.07	0.61	0.40	3.52	1.10	9.68
0.08	0.70	0.45	3.96	1.20	10.56
0.09	0.79	0.50	4.40	1.30	11.44
0.10	0.88	0.55	4.84	1.40	12.32
0.12	1.06	0.60	5.28	1.50	13.20
0.15	1.32	0.65	5.72	1.60	14.08
0.18	0.54	0.70	6.16	1.70	14.96
0.20	1.76	0.75	6.60	1.80	15.84
0.22	1.91	0.80	7.04	1.90	16.72
0.25	2.20	0.85	7.48	2.00	17.60
0.30	2.64	0.90	7.92		

表 4.48　锡青铜箔的理论面质量

厚度 0.005、0.008mm，宽度 40～800mm，长度≥5m 厚度 0.010～0.020mm，宽度 40～100mm，长度≥5m 厚度 0.030～0.050mm，宽度 40～200mm，长度≥5m					
厚度/mm	理论面质量/(kg/m²)	厚度/mm	理论面质量/(kg/m²)	厚度/mm	理论面质量/(kg/m²)
0.005	43.97	0.012	105.60	0.030	263.80
0.008	70.35	0.015	131.90	0.040	351.73
0.010	88.00	0.020	175.86	0.050	439.66

（4）白铜板材（表 4.49、表 4.50）

表 4.49　普通白铜板的理论面质量

热轧普通白铜板						冷轧普通白铜板			
厚度/mm	面质量/(kg/m²)	厚度/mm	面质量/(kg/m²)	厚度/mm	面质量/(kg/m²)	厚度/mm	面质量/(kg/m²)	厚度/mm	面质量/(kg/m²)
7	62.30	20	178.0	38	338.2	0.5	4.30	4.0	34.40
8	71.20	21	186.9	40	356.0	0.6	4.73	4.5	38.70
9	80.10	22	195.8	42	373.8	0.7	6.02	5.0	43.00
10	89.0	23	204.7	44	391.6	0.8	6.80	5.5	47.30
11	97.9	24	213.6	46	409.4	0.9	7.74	6.0	51.60
12	106.8	25	222.5	48	427.2	1.0	8.60	6.5	55.90
13	115.7	26	231.4	50	445.0	1.2	10.32	7.0	60.20
14	124.6	28	249.2	52	462.8	1.5	12.90	7.5	64.50
15	133.5	30	267.0	54	480.6	1.8	15.48	8.0	68.80
16	142.4	32	289.8	56	498.4	2.0	17.20	8.5	73.10
17	151.3	34	302.6	58	516.2	2.5	21.50	9.0	77.40
18	160.2	35	311.5	60	534.0	3.0	25.80	10.0	86.00
19	169.1	36	320.4	65	578.5	3.5	30.10		

表 4.50 铝白铜板和锌白铜板的理论面质量

板材种类	厚度/mm	理论面质量/(kg/m²) BAl6-1.5 (8.7g/cm³)	理论面质量/(kg/m²) BAl13-3 (8.5g/cm³)	板材种类	厚度/mm	理论面质量/(kg/m²) BZn15-20 (8.6g/cm³)
铝白铜	0.5	4.35	4.25	锌白铜	0.5	4.30
	0.6	5.22	5.10		0.6	4.73
	0.7	6.09	5.95		0.7	6.02
	0.8	6.96	6.80		0.8	6.80
	0.9	7.83	7.65		0.9	7.74
	1.0	8.70	8.50		1.0	8.60
	1.2	10.44	10.20		1.2	10.32
	1.5	13.05	12.75		1.5	12.90
	1.8	15.60	15.30		1.8	15.48
	2.0	17.40	17.00		2.0	17.20
	2.5	21.75	21.25		2.5	21.50
	3.0	26.10	25.50		3.0	25.80
	3.5	30.45	29.75		3.5	30.10
	4.0	34.80	34.00		4.0	34.40
	4.5	39.15	38.25		4.5	38.70
	5.0	43.50	42.50		5.0	43.00
	5.5	47.85	46.75		5.5	47.30
	6.0	52.20	51.00		6.0	51.60
	6.5	56.55	55.25		6.5	55.90
	7.0	60.90	59.50		7.0	60.20
	7.5	65.25	63.75		7.5	64.50
	8.0	69.60	68.00		8.0	68.80
	8.5	73.95	72.25		8.5	73.10
	9.0	78.30	76.50		9.0	77.40
	10.0	87.00	85.00		10.0	86.00
	12.0	104.40	102.0			

（5）紫铜带和黄铜带（带宽 100mm）（表 4.51）

表 4.51 紫铜带和黄铜带的理论质量

厚度/mm	紫铜带质量/(kg/m)	黄铜带质量/(kg/m)	厚度/mm	紫铜带质量/(kg/m)	黄铜带质量/(kg/m)
0.1	0.0889	0.0853	1.0	0.8890	0.8530
0.2	0.1778	0.1706	1.1	0.9779	0.9383
0.3	0.2667	0.2559	1.2	1.067	1.024
0.4	0.3556	0.3412	1.3	1.156	1.109
0.5	0.4445	0.4265	1.4	1.245	1.194
0.6	0.5334	0.5118	1.5	1.334	1.280
0.7	0.6223	0.5971	2.0	1.778	1.706
0.8	0.7112	0.6824	2.5	2.223	2.133
0.9	0.8001	0.7677	3.0	2.667	2.559

(6) 纯铜棒（表 4. 52）

表 4.52 纯铜棒的规格和理论线质量（ρ=8. 9g/cm^3）

$d(a)$ /mm	d（圆）	a（方）	a（六角）	$d(a)$ /mm	d（圆）	a（方）	a（六角）
	理论线质量/(kg/m)				理论线质量/(kg/m)		
5	0. 17	0. 22	0. 19	30	6. 29	8. 01	6. 94
5. 5	0. 21	0. 27	0. 23	32	7. 16	9. 11	7. 89
6	0. 25	0. 32	0. 28	34	8. 08	10. 29	8. 91
6. 5	0. 30	0. 38	0. 33	35	8. 56	10. 90	9. 44
7	0. 34	0. 44	0. 38	36	9. 06	11. 53	9. 99
7. 5	0. 39	0. 50	0. 43	38	10. 10	12. 85	11. 13
8	0. 45	0. 57	0. 49	40	11. 18	14. 24	12. 33
8. 5	0. 51	0. 64	0. 56	42	12. 33	15. 70	13. 60
9	0. 57	0. 72	0. 62	45	14. 15	18. 02	15. 61
9. 5	0. 63	0. 80	0. 70	46	14. 79	18. 83	16. 30
10	0. 70	0. 89	0. 77	48	16. 11	20. 51	17. 76
11	0. 85	1. 08	0. 93	50	17. 48	22. 25	19. 27
12	1. 01	1. 28	1. 11	52	18. 90	24. 07	20. 84
13	1. 18	1. 50	1. 3	54	20. 38	25. 95	22. 48
14	1. 37	1. 74	1. 51	55	21. 14	26. 92	23. 32
15	1. 57	2. 00	1. 73	56	21. 92	27. 91	24. 17
16	1. 79	2. 28	1. 97	58	23. 51	29. 94	25. 93
17	2. 02	2. 57	2. 23	60	25. 16	32. 04	27. 75
18	2. 26	2. 88	2. 50	65	29. 53	37. 60	32. 56
19	2. 52	3. 21	2. 78	70	34. 25	43. 61	37. 77
20	2. 80	3. 56	3. 08	75	39. 32	50. 06	43. 36
21	3. 08	3. 92	3. 40	80	44. 74	56. 96	49. 33
22	3. 38	4. 31	3. 73	85	50. 50	64. 30	55. 69
23	3. 70	4. 71	4. 08	90	56. 62	72. 09	64. 43
24	4. 03	5. 13	4. 44	95	63. 08	80. 32	69. 56
25	4. 37	5. 56	4. 82	100	69. 90	89. 00	77. 08
26	4. 73	6. 02	5. 21	105	77. 07	98. 12	84. 98
27	5. 10	6. 49	5. 62	110	84. 58	107. 69	93. 26
28	5. 48	6. 98	6. 04	115	92. 44	117. 70	101. 93
29	5. 88	7. 48	6. 48	120	100. 66	128. 16	110. 99

注：T1、T2、T3、T4、TU1、TU2 可直接查此表。材料（密度）改变时应乘以相应的系数：

牌号	系数	牌号	系数	牌号	系数	牌号	系数
BFe30-1-1	0. 966	QA110-4-4	0. 843	QCr0. 5	1. 000	QSn6. 5-0. 1	0. 989
BMn40-1. 5	1. 000	QA111-6-6	0. 843	QSi1-3	0. 966	QSn6. 5-0. 4	0. 989
BZn15-20	0. 966	QBe1. 7	0. 933	QSi3-1	0. 844	QSn7-0. 2	0. 989
QA19-2	0. 853	QBe1. 9	0. 933	QSi3. 5-3-1. 5	0. 989	QZn15-24-1. 5	0. 966
QA19-4	0. 843	QBe2	0. 933	QSn4-0. 3	1. 000		
QA110-3-1. 5	0. 843	QCd1	0. 989	QSn4-3	0. 989		

（7）黄铜棒（表 4.53）

表 4.53 黄铜棒的规格和理论线质量（$\rho=8.5\ g/cm^3$）

d(a) /mm	圆 d	方 a	六角 a	d(a) /mm	圆 d	方 a	六角 a
	理论线质量/(kg/m)				理论线质量/(kg/m)		
5	0.17	0.21	0.18	35	8.18	10.41	9.02
5.5	0.20	0.26	0.22	36	8.65	11.02	9.54
6	0.24	0.31	0.27	38	9.64	12.27	10.63
6.5	0.28	0.36	0.31	40	10.68	13.60	11.78
7	0.33	0.42	0.36	42	11.78	14.99	12.99
7.5	0.38	0.48	0.41	44	12.92	16.46	14.25
8	0.43	0.54	0.47	45	13.52	17.21	14.91
8.5	0.48	0.61	0.53	46	14.13	17.99	15.57
9	0.54	0.69	0.60	48	15.33	19.58	16.96
9.5	0.60	0.77	0.66	50	16.69	21.25	18.40
10	0.67	0.85	0.74	52	18.05	22.98	19.90
11	0.81	1.03	0.89	54	19.47	24.79	21.47
12	0.96	1.22	1.06	55	20.19	25.71	22.27
13	1.13	1.44	1.24	56	20.94	26.66	23.08
14	1.31	1.67	1.44	58	22.46	28.59	24.79
15	1.50	1.91	1.66	60	24.03	30.60	26.50
16	1.71	2.18	1.88	65	28.21	35.91	31.10
17	1.93	2.46	2.13	70	32.71	41.65	36.07
18	2.16	2.75	2.39	75	37.55	47.81	41.40
19	2.41	3.07	2.66	80	42.73	54.40	47.11
20	2.67	3.40	2.94	85	48.23	61.41	53.18
21	2.94	3.75	3.25	90	54.07	68.85	59.63
22	3.23	4.11	3.56	95	60.25	76.71	66.43
23	3.53	4.50	3.89	100	66.76	85.00	73.61
24	3.85	4.90	4.24	105	73.60	86.71	81.16
25	4.17	5.31	4.60	110	80.78	102.85	89.07
26	4.51	5.75	4.98	115	88.29	112.41	97.35
27	4.87	6.20	5.36	120	96.13	122.40	106.00
28	5.23	6.66	6.79	130	112.82	143.65	124.40
29	5.61	7.15	6.19	140	130.85	166.60	144.28
30	6.01	7.65	6.63	150	150.21	191.25	165.63
32	6.84	8.70	7.54	160	170.90	217.60	188.45
34	7.72	9.83	8.51				

注：H62、H63、H65、H68、HA166-6-6、Ha167-2.5、HFe58-1-1、HFe59-1-1、HNi65-5、HPb59-1、HPb63-0.1、HPb63-3、HMn55-3-1、HMn57-3-1、HMn58-2、HSi62-1 可直接用此表计算；密度改变时应乘以相应的系数：H80、HA177-2、HSi80-3，1.012；H96，1.014；HSn70-1，1.005。

(8) 紫铜棒（表 4.54）

表 4.54　紫铜棒的规格和理论线质量（ρ=8.88 g/cm^3）

$d(a)$/mm	d	a	a	$d(a)$/mm	d	a	a
	理论线质量/(kg/m)				理论线质量/(kg/m)		
5	0.17	0.23	0.19	27	—	6.49	5.62
5.5	0.21	0.27	0.23	28	5.48	—	—
6	0.25	0.32	0.28	30	6.29	8.01	6.94
7	0.34	0.44	0.38	32	—	9.11	7.54
8	0.45	0.57	0.49	35	8.56	—	—
9	0.57	0.72	0.62	36	—	11.53	9.99
10	0.70	0.89	0.77	40	11.18	—	—
11	0.85	1.08	0.93	45	14.16	—	—
12	1.01	1.28	1.11	50	17.48	—	—
14	1.37	1.74	1.51	55	21.15	—	—
16	1.79	—	—	60	25.16	—	—
17	—	2.57	2.23	70	34.25	—	—
18	2.27	—	—	80	44.74	—	—
19	—	3.21	2.78	90	56.60	—	—
20	2.80	—	—	100	69.86	—	—
22	3.38	4.31	3.74	110	84.57	—	—
24	—	5.13	4.44	120	100.66	—	—
25	4.37	—	—				

(9) 挤制铝青铜管（表 4.55）

表 4.55　挤制铝青铜管的理论线质量

外径/mm	管厚/mm	理论线质量/(kg/m)	外径/mm	管厚/mm	理论线质量/(kg/m)	外径/mm	管厚/mm	理论线质量/(kg/m)
20	3	1.201	28	4	2.261	41	5	4.239
	4	1.508		5	2.708		7.5	5.917
21	3	1.272	30	4	2.449		10	7.304
	4	1.602		5	2.944	42	5	4.357
22	3	1.342	31	5	3.062		7.5	6.094
	4	1.695	32		3.179		10	7.540
24	4	1.884	33		3.297	43	5	4.475
	5	2.237	34		3.415		7.5	6.270
26	4	2.072	35		3.533		10	7.775
	5	2.473	36		3.650	44	5	4.592
			38		3.886		7.5	6.447
			40		4.121		10	8.011

续表

外径/mm	管厚/mm	理论线质量/(kg/m)
45	5	4.710
	7.5	6.623
	10	8.274
46	5	4.828
	7.5	6.800
	10	8.482
48	5	5.063
	7.5	7.153
	10	8.954
50	5	5.299
	7.5	7.507
	10	9.425
55	7.5	8.390
	10	10.598
	12.5	12.511
	15	14.130
60	7.5	9.273
	10	11.775
	12.5	13.983
	15	15.896
65	7.5	10.156
	10	12.953
	12.5	15.455
	15	17.663
	17.5	19.576
	20	21.195
70	7.5	11.039
	10	14.13
	12.5	16.927
	15	19.429
	17.5	21.637
	20	23.55
75	7.5	11.922
	10	15.308
	12.5	18.398
	15	21.195
	17.5	23.697
	20	25.905
80	7.5	12.805
	10	16.485
	12.5	19.870
	15	22.961
	17.5	25.758
	20	28.260
85	7.5	13.688
	10	17.663
	12.5	21.342
	15	24.728
	17.5	27.818
	20	30.615
	22.5	33.117
	25	35.325
90	7.5	14.572
	10	18.840
	12.5	22.814
	15	26.494
	17.5	29.879
	20	32.970
	22.5	35.767
	25	38.269
95	10	20.018
	12.5	24.286
	15	28.260
	17.5	31.940
	20	35.325
	22.5	38.416
	25.0	41.213
	27.5	43.715
	30	45.923
100	10	21.195
	12.5	25.758
	15	30.026
	17.5	34.000
	20	37.680
	22.5	41.065
	25	44.156
	27.5	46.953
	30	49.455
105	10	22.373
	12.5	27.230
	15.0	31.793
	17.5	36.061
	20	40.035
	22.5	43.715
	25	47.100
	27.5	50.191
	30	52.988
110	10	23.550
	12.5	28.702
	15.0	33.559
	17.5	38.122
	20	42.390
	22.5	46.364
	25	50.044
	27.5	53.429
	30	56.520
	32.5	59.317
	35	61.819
	37.5	64.027
115	10	24.728
	12.5	30.173
	15.0	35.325
	17.5	40.182
	20	44.745
	22.5	49.013
	25	52.988
	27.5	56.667
	30.0	60.053
	32.5	63.143
	35	65.940
	37.5	68.442
120	10	25.905
	12.5	31.645
	15	37.091
	17.5	42.243
	20	47.100
	22.5	51.663
	25	55.931
	27.5	59.905
	30	63.585
	32.5	66.970
	35	70.061
	37.5	72.858

续表

外径/mm	管厚/mm	理论线质量/(kg/m)
125	12.5	33.117
	15	38.858
	17.5	44.303
	20	49.455
	22.5	54.312
	25	58.875
	27.5	63.143
	30	67.118
	32.5	70.797
	35	74.183
130	12.5	34.589
	15	40.624
	17.5	46.364
	20	51.810
	22.5	56.962
	25	61.819
	27.5	66.382
	30	70.650
	32.5	74.624
	35	78.304
135	12.5	36.061
	15	42.390
	17.5	48.425
	20	54.165
	22.5	59.611
	25	64.763
	27.5	69.620
	30	74.183
	32.5	78.451
	35	82.425
	37.5	86.105
140	12.5	37.533
	15	44.156
	17.5	50.485
	20	56.520
	22.5	62.260
	25	67.706
	27.5	72.858
	30	77.715
	32.5	82.278
	35	86.546
	37.5	90.52

外径/mm	管厚/mm	理论线质量/(kg/m)
145	15	45.923
	17.2	52.546
	20	58.875
	22.5	64.910
	22	70.650
	27.5	76.096
	30	81.248
	32.5	86.105
	35	90.668
150	15	47.689
	17.5	54.607
	20	61.230
	22.5	67.559
	25	73.594
	27.5	79.334
	30	84.780
	32.5	89.932
	35	94.789
155	15.0	49.455
	17.5	56.667
	20	63.585
	22.5	70.208
	25	76.538
	27.5	82.572
	30	88.313
	32.5	93.758
	35	98.910
	37.5	103.77
	40.0	108.33
	42.5	112.60
160	15	51.221
	17.5	58.728
	20	65.940
	22.2	72.858
	25	79.481
	27.5	85.810
	30	91.845
	32.5	97.585
	35.0	103.03
	37.5	108.18
	40	113.04
	42.5	117.60

外径/mm	管厚/mm	理论线质量/(kg/m)
165	15	52.988
	17.5	60.788
	20	68.295
	22.5	75.507
	25	82.425
	27.5	89.048
	30.0	95.378
	32.5	101.412
	35	107.153
	37.5	112.598
	40	117.750
	42.5	122.607
170	15	54.754
	17.5	62.849
	20	70.650
	22.5	78.157
	25	85.369
	27.5	92.287
	30	98.910
	32.5	105.239
	35	111.274
	37.5	117.014
	40	122.460
	42.5	127.612
180	15	58.286
	17.5	66.970
	20	75.360
	22.5	83.455
	25	91.256
	27.5	98.763
	30	105.975
	32.5	112.893
	35	119.516
	37.5	125.845
	40	131.880
	42.5	137.690
	45	143.139

续表

外径/mm	管厚/mm	理论线质量/(kg/m)	外径/mm	管厚/mm	理论线质量/(kg/m)	外径/mm	管厚/mm	理论线质量/(kg/m)
190	15	61.819	210	30	127.170	230	30	141.300
	17.5	71.092		32.5	133.802		32.5	151.238
	20	80.070		35	144.244		35	160.729
	22.5	88.754		37.5	152.416		37.5	170.088
	25	97.144		40	160.140		40	178.980
	27.5	105.239		42.5	167.731		42.5	187.759
	30	113.040		45	174.859		45	196.054
	32.5	120.547		50	188.400		50	211.950
	35	127.759	220	30	134.235	240	30	148.365
	37.5	134.677		32.5	143.580		32.5	158.896
	40	141.300		35	152.486		35	168.971
	42.5	147.704		37.5	161.252		37.5	178.923
	45	153.742		40	169.560		40	188.400
200	15	65.351		42.5	177.745	250	30	155.430
	17.5	75.213		45	185.456		32.5	166.553
	20	84.780		50	200.175		35	177.214
	22.5	94.053					37.5	187.759
	25	103.031					40	197.820
	27.5	111.715						
	30	120.105						
	32.5	128.200						
	35	136.001						
	37.5	143.508						
	40	150.720						

注：理论质量对 QA19-4、QA110-3-1.5、QA110-4-4 按密度 7.5g/cm^3 计算。QA9-2 的密度为 7.6g/cm^3，其理论质量应乘以系数 1.0133。

（10）黄铜线（表 4.56）

表 4.56　黄铜线的理论线质量

直径/mm	理论线质量/(kg/km)	直径/mm	理论线质量/(kg/km)	直径/mm	理论线质量/(kg/km)	直径/mm	理论线质量/(kg/km)
圆形线							
0.05	0.017	0.25	0.417	0.80	4.273	2.40	38.45
0.06	0.024	0.26	0.451	0.85	4.823	2.50	41.72
0.07	0.033	0.28	0.523	0.90	5.407	2.60	45.13
0.08	0.043	0.32	0.684	0.95	6.025	2.80	52.34
0.09	0.054	0.34	0.772	1.00	6.676	3.00	60.08
0.10	0.067	0.36	0.865	1.05	7.360	3.20	68.36
0.11	0.081	0.38	0.964	1.10	7.078	3.40	77.17
0.12	0.096	0.40	1.068	1.15	8.829	3.60	86.52
0.13	0.113	0.42	1.178	1.20	9.613	3.80	96.40
0.14	0.131	0.45	1.352	1.30	11.28	4.00	106.8
0.15	0.150	0.48	1.538	1.40	13.08	4.20	117.8
0.16	0.171	0.50	1.669	1.50	15.02	4.50	135.2
0.17	0.193	0.53	1.875	1.60	17.09	4.80	153.8
0.18	0.216	0.56	2.094	1.70	19.29	5.00	166.9
0.19	0.241	0.60	2.403	1.80	21.63	5.30	187.5
0.20	0.267	0.63	2.650	1.90	24.10	5.60	209.4
0.21	0.294	0.67	2.997	2.00	26.70	6.00	240.3
0.22	0.323	0.70	3.271	2.10	29.44		
0.24	0.385	0.75	3.755	2.20	32.31		

续表

直径 /mm	理论线质量 /(kg/km)	直径 /mm	理论线质量 /(kg/km)	直径 /mm	理论线质量 /(kg/km)	直径 /mm	理论线质量 /(kg/km)
方形线(内切圆直径)							
3.00	76.50	4.00	136.0	5.00	212.5	6.00	306.0
3.50	104.1	4.50	172.1	5.50	257.1		
六角形线(内切圆直径)							
3.00	66.25	4.00	117.8	5.00	184.0	6.00	265.0
3.50	90.17	4.50	149.1	5.50	222.7		

注：计算密度为 8.5g/cm^3；当密度为 8.2g/cm^3、8.3g/cm、8.4g/cm^3、8.6g/cm^3、8.7g/cm^3、8.8g/cm^3、8.9g/cm^3 时，应分别乘以系数 0.965、0.976、0.988、1.012、1.024、1.035、1.047。

(11) 青铜线（表 4.57）

表 4.57　青铜线的理论线质量

直径 /mm	理论线质量 /(kg/km)		直径 /mm	理论线质量 /(kg/km)		直径 /mm	理论线质量 /(kg/km)	
	锡青铜 镉青铜	硅青铜		锡青铜 镉青铜	硅青铜		锡青铜 镉青铜	硅青铜
0.10	0.069	0.067	0.75	3.888	3.742	2.30	—	35.19
0.12	0.100	0.096	0.80	4.423	4.257	2.40	—	38.32
0.15	—	0.150	0.85	—	4.806	2.50	43.20	41.58
0.16	0.177	—	0.90	5.598	5.388	2.60	—	44.97
0.18	0.224	0.216	0.95	—	6.004	2.80	54.19	52.15
0.20	0.276	0.266	1.00	6.912	6.652	3.00	62.20	59.87
0.25	0.432	0.416	1.10	8.363	8.049	3.20	70.77	68.12
0.30	0.622	0.599	1.20	9.953	9.579	3.50	84.67	81.49
0.35	0.847	0.815	1.30	11.680	11.242	3.80	—	96.06
0.40	1.106	1.064	1.40	13.547	13.039	4.00	110.6	106.4
0.45	1.400	1.347	1.50	15.551	14.968	4.20	—	117.3
0.50	1.728	1.663	1.60	17.693	17.030	4.50	140.0	134.7
0.55	2.091	2.012	1.70	—	19.225	4.80	—	153.3
0.60	2.488	2.395	1.80	22.393	21.554	5.00	172.8	166.3
0.65	2.920	2.811	2.00	27.646	26.609	5.50	209.1	201.2
0.70	3.387	3.260	2.20	33.452	32.197	6.00	248.8	239.5

4.3 镍和镍合金制品

4.3.1 镍及镍合金板

① 用途　用于仪表、电子通信设备、各种压力容器、耐蚀装置以及其他场合。

② 牌号　制造方法、状态及规格　见表 4.58。

表 4.58 镍及镍合金板的牌号、制造方法、状态及规格

（GB/T 2054—2013）

牌号	制造方法	状态	规格/mm	
			矩形板材（厚×宽×长）	圆形板材（厚度×直径）
N4,N5(NW2201,UNS N02201) N6,N7(NW2200,UNS N02200) NSi0.19,NMg0.1,NW4-0.15 NW4-0.1,NW4-0.07,NCu28-2.5-1.5 DN,NCu30(NW4400,N04400) NS1101(N08800),NS1102(N08810) NS1402(N08820),NS3304(N10276) NS3102(NW6600,N06600) NS3306(N06625)	热轧	热加工态(R) 软态(M) 固溶退火态(ST)①	(4.1～100.0)×(50～3000)×(500～4500)	(4.1～100.0)×(50～3000)
	冷轧	冷加工态(Y) 半硬状态(Y_2) 软态(M) 固溶退火态(ST)①	(0.1～4.0)×(50～1500)×(500～4000)	(0.5～4.0)×(50～1500)

① 固溶退火态仅适用于 NS3304（N10276）和 NS3306（N06625）。

③ 化学成分 NS1101（N08800）、NS1102（N08810）、NS1402（N08825）、NS3304（N10276）、NS3102（NW6600、N06600）、NS3306（N06625）的化学成分应符合 GB/T 15007 的规定，其他牌号的化学成分应符合 GB/T 5235 的规定。

4.3.2 镍及镍合金带

① 用途 用于仪表、通信及电子工业领域。

② 牌号、状态及规格 见表 4.59。

表 4.59 镍及镍合金带的牌号、状态及规格（GB/T 2072—2020）

牌号	品种	状态	规格/mm		
			厚度	宽度	长度
N2、N4、N5、N6、N7、N8	箔材	硬态(Y)	0.01～0.02	20～200	—
		硬态(Y)、软态(M)	>0.02～0.25	20～300	—
N4、N5、N6、N7、NMg0.1、DN、NSi0.19、NCu40-2-1、NCu28-2.5-1.5、NW4-0.15、NW4-0.1、NW4-0.07、NCu30	带材	硬态(Y) 半硬态(Y_2) 软态(M)	>0.25～0.30	20～300	≥3000
			>0.30～0.80	20～1100	≥5000
			>0.80～5.00	20～1350	≥5000

③ 化学成分　产品各牌号应符合 GB/T 5235 的规定。

4.3.3　镍及镍合金管

① 用途　用于化工、仪表、电信、电子、电力等工业部门制造耐蚀或其他重要零部件。

② 牌号、状态及规格　见表 4.60。

表 4.60　镍及镍合金管的牌号、状态及规格（GB/T 2882—2013）

牌号	状态	规格/mm		
		外径	壁厚	长度
N2、N4、DN	软卷(M),硬态(Y)	0.35～18	0.05～0.90	100～15000
N6	软态(M),半硬态(Y_2) 硬态(Y),消除 应力状态(Y_0)	0.35～110	0.05～8.00	
N5(N02201)、 N7(N02200)、N8	软态(M) 消除应力状态(Y_0)	5～110	1.00～8.00	
NCr15-8(N06600)	软态(M)	12～80	1.00～3.00	
NCu30(N04400)	软态(M) 消除应力状态(Y_0)	10～110	1.00～8.00	
NCu28-2.5-1.5	软态(M),硬态(Y)	0.35～110	0.05～6.00	
	半硬态(Y)	0.35～18	0.05～0.90	
NCu40-2-1	软态(M),硬态(Y)	0.35～110	0.05～6.00	
	半硬态(Y_2)	0.35～18	0.05～0.90	
NSi0.19,NMg0.1	软态(M),硬态(Y), 半硬态(Y_2)	0.35～18	0.05～0.90	

③ 公称尺寸　见表 4.61。

④ 化学成分　NCr15-8（N06600）牌号的化学成分（质量分数，/%）为 Ni—≥72.0，Fe—6.0～10.0，Cr—14.0～17.0，Mn≤1.0，Cu—0.5，Si—0.5，C—0.15，S—0.015；其他牌号管的化学成分应符合 GB/T 5235 中的相应规定。

4.3.4　镍及镍合金焊条

① 用途　用于电弧焊接镍和镍合金。

表 4.61 镍及镍合金管的公称尺寸（GB/T 2882—2013） mm

外径	壁厚																					长度
	0.05~0.06	>0.06~0.09	>0.09~0.12	>0.12~0.15	>0.15~0.20	>0.20~0.25	>0.25~0.30	>0.30~0.40	>0.40~0.50	>0.50~0.60	>0.60~0.70	>0.70~0.90	>0.90~1.00	>1.00~1.25	>1.25~1.80	>1.80~3.00	>3.00~4.00	>4.00~5.00	>5.00~6.00	>6.00~7.00	>7.00~8.00	
0.35~0.40	√																					≤3000
>0.40~0.50	√	√																				
>0.50~0.60	√	√	√																			
>0.60~0.70	√	√	√	√																		
>0.70~0.80	√	√	√	√	√																	
>0.80~0.90	√	√	√	√	√	√	√															
>0.90~1.50	√	√	√	√	√	√	√	√														
>1.50~1.75	√	√	√	√	√	√	√	√	√													
>1.75~2.00		√	√	√	√	√	√	√	√													
>2.00~2.25		√	√	√	√	√	√	√	√	√												
>2.25~2.50		√	√	√	√	√	√	√	√	√	√											
>2.50~3.50		√	√	√	√	√	√	√	√	√	√	√										
>3.50~4.20			√	√	√	√	√	√	√	√	√	√										
>4.20~6.00				√	√	√	√	√	√	√	√	√										
>6.00~8.50				√	√	√	√	√	√	√	√	√	√	√								≤15000
>8.50~10						√	√	√	√	√	√	√	√	√	√							
>10~12						√	√	√	√	√	√	√	√	√	√	√						
>12~14								√	√	√	√	√	√	√	√	√	√					
>14~15								√	√	√	√	√	√	√	√	√	√					
>15~18									√	√	√	√	√	√	√	√	√					
>18~20												√	√	√	√	√	√					
>20~30														√	√	√	√					
>30~35														√	√	√	√	√				
>35~40																√	√	√	√			
>40~60																	√	√	√	√		
>60~90																	√	√	√	√	√	
>90~110																	√	√	√	√	√	

注："√"表示有此规格，其他为不推荐。

② 牌号的表示方法

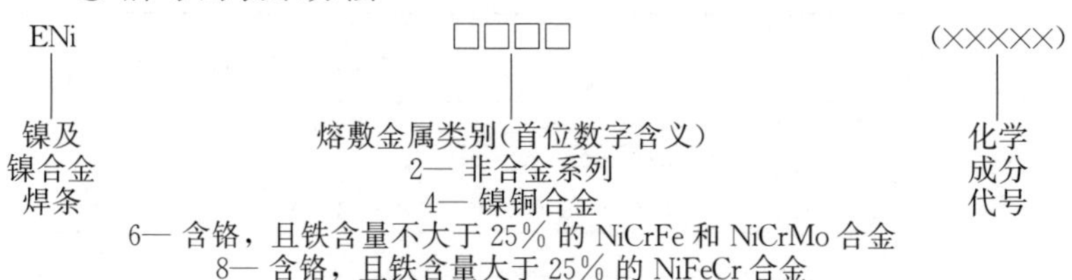

③ 型号　见表 4.62。

表 4.62　镍及镍合金焊条型号（GB/T 13814—2008）

镍焊条	镍铬铁焊条	ENi6333	ENi1008	ENi6022	ENi6455
ENi2061	ENi6025	ENi6701	ENi1009	ENi6024	ENi6620
ENi2061A	ENi6062	ENi6702	EN11062	ENi6030	ENi6625
镍铜焊条	FNi6093	ENi6704	ENi1066	ENi6059	ENi6627
EN14060	ENi6094	ENi8025	ENi1067	ENi6200	ENi6650
ENi4061	ENi6095	ENi8165	ENi1069	ENi6205	ENi6686
镍铬焊条	ENi6133	镍钼焊条	镍铬钼焊条	ENi6275	ENi6985
ENi6082	ENi6152	ENi1001	ENi6002	ENi6276	镍铬钴钼焊条
ENi6231	ENi6182	ENi1004	ENi6012	ENi6452	ENi6117

④ 尺寸　见表 4.63。

表 4.63　镍及镍合金焊条尺寸　　mm

焊条直径		焊条长度		夹持端长度
基本尺寸	极限偏差	基本尺寸	极限偏差	基本尺寸
2.0,2.5	±0.05	230～300	±2	10～20
3.2		250～350		10～20
4.0,5.0				15～25

4.4　镁及镁合金制品

4.4.1　镁及镁合金板、带材

① 分类　有纯镁带材、镁合金热轧或冷轧板材。

② 牌号、状态和规格　见表 4.64。

表 4.64　镁及镁合金板、带的牌号、状态和规格（GB/T 5154—2022）

牌号	状态	尺寸规格/mm		
		厚度	宽度	长度
Mg9995	F	2.00～5.00	≤600	≤1000
M2M	O	0.80～10.00	400～1200	1000～3500
AZ40M	H112、F	>8.00～70.00	400～1200	1000～3500

续表

牌号	状态	尺寸规格/mm		
		厚度	宽度	长度
AZ41M	H18、O	0.40～2.00	≤1000	≤2000
	O	>2.00～10.0	400～1200	1000～3500
	H112、F	>8.00～70.00	400～1200	1000～2000
AZ31B	H24	>0.40～2.00	≤600	≤2000
		>2.00～8.00	≤1000	≤2000
		>8.00～32.00	400～1200	1000～3500
		>32.00～70.00	400～1200	1000～2000
	H26	6.30～50.00	400～1200	1000～2000
	O	0.40～1.00	≤600	—
		>1.00～8.00	≤1000	≤2000
		>8.00～70.00	400～1200	1000～2000
	H112、F	>8.00～70.00	400～1200	1000～2000
ME20M	H18、O	0.40～0.80	≤1000	≤2000
	H24、O	>0.80～10.00	400～1200	1000～3500
	H112、F	>8.00～32.00	400～1200	1000～3500
		>32.00～70.00	400～1200	1000～2000
AZ61A	H112	>0.50～6.00	60～400	≤1200
ZK61M	H112、T5	>8.00～32.00	400～1200	1000～3500
		>32.00～70.00	400～1200	≤2000
LZ91N、LA93M、LA93Z	H112、O	0.40～20.00	400～1200	1000～3500
		>20.00～70.00	400～1200	≤2000

③ 化学成分　牌号 LZ91N、LA93M、LA93Z 化学成分应符合表 4.65 要求，其他牌号应符合 GB/T 3499 和 GB/T 5153 的规定。

表 4.65　化学成分

牌号	化学成分(质量分数)/%										
	Al	Zn	Mn	Li	Si	Fe	Cu	Ni	Mg	其他	
										单个	总计
LZ91N	—	0.5～1.5	0.05	8.5～9.5	0.05	0.01	0.05	0.005	余量	0.05	0.30
LA93M	2.5～3.8	0.5～1.5	0.05	8.0～10.0	0.05	0.01	0.05	0.005	余量	0.02	0.30
LA93Z	2.5～3.5	2.5～3.5	0.05	8.5～10.3	0.05	0.01	0.05	0.005	余量	0.02	0.30

④ 新、旧牌号和状态对照　见表 4.66。

表 4.66　镁合金新、旧牌号和状态对照

牌号				状态			
新	旧	新	旧	新	旧	新	旧
M2M	MB1	ME20M	MB8	T5	RCS	H24	Y2
AZ40M	MB2	ZK61M	MB15	H112	R	H18	Y
AZ41M	MB3			O	M	H26	Y3

4.4.2　镁及镁合金热挤压棒材

① 分类　按外形分有圆形棒、方形棒和六角形棒；按精度等级分有普通级、高精级和超高精级。

② 牌号、状态　见表 4.67。

表 4.67　镁及镁合金热挤压棒材的牌号、状态（GB/T 5155—2022）

牌号	状态
Mg9999、AZ31B、AZ40M、AZ41M、AZ61A、AZ61M、AZ91D、AM91M、ME20M、WN54M、LZ91N、LA93M、LA93Z	H112
ZK61M、ZK61S、VW75M、ZM51M、VW83M、VW93M	T5
AZ80A、VW84M、VW84N、VW94M	H112、T5
AQ80M	H112、T6
VW92M	H112、T5、T6

③ 化学成分　AM91M、VW84N、VW93M、VW94M、VW92M、WN54M、1Z91N、1A93M、1A93Z 九个牌号的化学成分应符合 GB/T 5155—2022 的规定；Mg9999 的化学成分应符合 GB/T 3499 的规定，其他牌号的化学成分应符合 GB/T 5153 的规定。

④ 长度　棒材直径不大于 50mm 时，交货长度应为 1000～6000mm；直径大于 50mm 时，交货长度应为 500～6000mm。

⑤ 新、旧牌号和状态对照　见表 4.68。

表 4.68　镁合金新、旧牌号和状态对照

牌号				状态	
新	旧	新	旧	新	旧
A240M	MB2	ME20M	MB8	H112	R
A241M	MB3	ZK61M	MB15	T5	S
A261M	MB5			T6	CS

4.4.3 镁合金热挤压型材

① 合金牌号、状态　见表 4.69。

表 4.69　合金牌号、状态（GB/T 5156—2013）

牌号	状态
AZ31B,AZ40M,AZ41M,AZ61A,AZ61M,ME20M	H112
AZ80A	H112,T5
ZK61M,ZK61S	T5

② 化学成分　应符合 GB/T 5153 的规定。

③ 长度　不要求定尺交货的型材，交货长度为 1000～6000mm。

4.4.4 镁合金热挤压管材

① 分类　有圆形、方形、矩形、六角形、八角形（尺寸由供需双方确定）。

② 牌号、状态　见表 4.70。

表 4.70　镁合金热挤压管材的牌号、状态和规格（YS/T 495—2005）

牌号	状态	牌号	状态
AZ31B	H112	M2S	H112
AZ61A	H112	ZK61S	H112、T5

③ 化学成分　化学成分应符合 GB/T 5153 的规定。

4.4.5 镁合金热挤压无缝管

① 牌号、状态　见表 4.71。

表 4.71　牌号、状态（YS/T 697—2009）

牌号	状态	牌号	状态	牌号	状态
A231B	F	A261A	F	ZK61S	F、T5

② 规格　由供需双方协商。

③ 化学成分　应符合 GB/T 5153 的规定。

4.5 铅及铅锑合金制品

用于医疗、核工业放射性防护和工业耐腐蚀零部件。

4.5.1 铅及铅锑合金板

① 牌号、规格　见表 4.72。

表 4.72　铅及铅锑合金板的牌号、规格（GB/T 1470—2014）

<table>
<tr><th rowspan="2">牌号</th><th colspan="3">规格/mm</th><th rowspan="2">制造方法</th></tr>
<tr><th>厚度</th><th>宽度</th><th>长度</th></tr>
<tr><td>Pb1,Pb2</td><td>0.3～120.0</td><td rowspan="2">≤2500</td><td rowspan="2">≥1000</td><td rowspan="2">轧制</td></tr>
<tr><td>PbSb0.5,PbSb1,PbSb2,PbSb4,PbSb6,PbSb8,
PbSb1-0.1-0.05,PbSb2-0.1-0.05,
PbSb3-0.1-0.05,PbSb4-0.1-0.05,
PbSb5-0.1-0.05,PbSb6-0.1-0.05,
PbSb7-0.1-0.05,PbSb8-0.1-0.05,
PbSb4-0.2-0.5,PbSb6-0.2-0.5,
PbSb8-0.2-0.5</td><td>1.0～120.0</td></tr>
</table>

注：经供需双方协商，厚度≤6mm、长度≥2000mm 的铅及铅锑合金板可供应卷材。

② 板材部分牌号理论质量　见表 4.73。

表 4.73　板材部分牌号理论质量

厚度/mm	理论质量/(kg/m^2)					
	Pb1,Pb2	PbSb0.5	PbSb2	PbSb4	PbSb6	PbSb8
0.5	5.67	5.66	5.63	5.58	5.53	5.48
1.0	11.34	11.32	11.25	11.15	11.06	10.97
2.0	22.68	22.64	22.50	22.30	22.12	21.94
3.0	34.02	33.96	33.75	33.45	33.18	32.91
4.0	45.36	45.28	45.00	44.60	44.24	43.88
5.0	56.70	56.60	56.25	55.75	55.30	54.85
6.0	68.04	67.90	67.50	66.90	66.36	65.82
7.0	79.38	79.24	78.75	78.05	77.42	76.79
8.0	90.72	90.56	90.00	89.20	88.48	87.76
9.0	102.06	101.88	101.25	100.35	99.54	98.73
10.0	113.40	113.20	112.50	111.50	110.60	109.70
15.0	170.10	169.80	168.75	167.25	165.90	164.55
20.0	226.80	226.40	225.00	223.00	221.20	219.40
25.0	283.50	283.00	281.25	278.75	276.50	274.25
30.0	340.20	339.60	337.50	334.50	331.80	329.10
40.0	453.60	452.80	450.00	446.00	442.40	438.80
50.0	567.00	566.00	562.50	557.50	553.00	548.50
60.0	680.40	679.20	675.00	669.00	663.00	658.20

续表

厚度/mm	理论质量/(kg/m²)					
	Pb1,Pb2	PbSb0.5	PbSb2	PbSb4	PbSb6	PbSb8
70.0	793.80	792.40	787.50	780.50	774.20	767.90
80.0	907.20	905.60	900.00	892.00	884.80	877.60
90.0	1020.60	1018.80	1012.50	1003.50	995.40	987.30
100.0	1134.00	1132.00	1125.00	1115.00	1106.00	1097.00
110.0	1247.40	1245.20	1237.50	1226.50	1216.60	1206.70

4.5.2 铅及铅锑合金管

① 用途 用于化工、制药及其他工业部门作防腐材料。

② 牌号、状态、规格 见表4.74～表4.76。

表4.74 铅及铅锑合金管的牌号、状态、规格（GB/T 1472—2014）

牌号	状态	规格/mm		
		内径	壁厚	长度
Pb1,Pb2	挤制（R）	5～230	2～12	直管≤4000
PbSb0.5,PbSb2,PbSb4,PbSb6,PbSb8		10～200	3～14	卷状管≥2500

表4.75 纯铅管常用尺寸规格（GB/T 1472—2014） mm

公称内径	公称壁厚									
	2	3	4	5	6	7	8	9	10	12
5,6,8,10,13,16,20	√	√	√	√	√	√	√	√	√	√
25,30,35,38,40,45,50		√	√	√	√	√	√	√	√	√
55,60,65,70,75,80,90,100			√	√	√	√	√	√	√	√
110				√	√	√	√	√	√	√
125、150					√	√	√	√	√	√
180,200,230							√	√	√	√

注："√"表示常用规格，下表同。

表4.76 铅锑合金管常用尺寸规格（GB/T 1472—2014） mm

公称内径	公称壁厚									
	3	4	5	6	7	8	9	10	12	14
10,15,17,20,25,30,35,40,45,50	√	√	√	√	√	√	√	√	√	√
55,60,65,70		√	√	√	√	√	√	√	√	√
75,80,90,100			√	√	√	√	√	√	√	√
110				√	√	√	√	√	√	√
125,150					√	√	√	√	√	√
180,200						√	√	√	√	√

③ 理论质量　见表 4.77、表 4.78。

表 4.77　纯铅管的质量（GB/T 1472—2005）

管材内径/mm	管材壁厚/mm										外径椭圆度(≤)/mm
	2	3	4	5	6	7	8	9	10	12	
	理论质量/(kg/m)										
5	0.50	0.86	1.28	1.78	2.35	2.99	3.71	4.49	5.34	7.27	1.5
6	0.57	0.96	1.43	1.96	2.57	3.24	3.99	4.81	5.70	7.70	
8	0.71	1.18	1.71	2.32	2.99	3.74	4.56	5.45	6.41	8.55	
10	0.86	1.39	2.00	2.67	3.42	4.24	5.13	6.09	7.13	9.41	
13	1.07	1.71	2.42	3.21	4.06	4.99	5.99	7.05	8.19	10.69	3.0
16	1.28	2.03	2.85	3.74	4.70	5.74	6.84	8.02	9.26	11.97	
20	1.57	2.46	3.42	4.45	5.56	6.73	7.98	9.30	10.69	13.68	
25	—	2.99	4.13	5.34	6.63	7.98	9.41	10.90	12.47	15.82	4.5
30	—	3.53	4.85	6.23	7.70	9.23	10.83	12.50	14.25	17.96	
35	—	4.06	5.56	7.13	8.76	10.47	12.26	14.11	16.03	20.09	6.0
38	—	4.38	5.99	7.66	9.41	11.22	13.11	15.07	17.10	21.38	
40	—	4.60	6.27	8.02	9.83	11.72	13.68	15.71	17.81	22.23	
45	—	5.13	6.98	8.91	10.90	12.97	15.11	17.31	19.59	24.37	8.0
50	—	5.66	7.70	9.80	11.97	14.21	16.53	18.92	21.38	26.51	
55	—	—	8.41	10.69	13.04	15.46	17.96	20.52	23.16	28.64	
60	—	—	9.12	11.58	14.11	16.71	19.38	22.12	24.94	30.78	10.0
65	—	—	9.83	12.47	15.18	17.96	20.81	23.73	26.72	32.92	
70	—	—	10.55	13.36	16.25	19.20	22.23	25.33	28.50	35.06	
75	—	—	11.26	14.25	17.31	20.45	23.66	26.93	30.28	37.19	
80	—	—	11.97	15.14	18.38	21.70	25.08	28.54	32.06	39.33	
90	—	—	13.40	16.92	20.52	24.19	27.93	31.74	35.63	43.61	
100	—	—	14.82	18.70	22.66	26.68	30.78	34.95	39.19	47.88	
110	—	—	—	20.48	24.80	29.18	33.63	38.16	42.75	52.16	
125	—	—	—	—	28.00	32.92	37.91	42.96	48.09	58.57	15.0
150	—	—	—	—	33.35	39.15	45.03	50.98	57.00	69.26	
180	—	—	—	—	—	—	53.58	60.60	67.69	82.08	20.0
200	—	—	—	—	—	—	59.28	67.01	74.81	90.63	
230	—	—	—	—	—	—	67.83	76.63	85.50	103.5	25.0

注：计算密度 11.34g/cm³。

表 4.78 铅锑合金管的质量

管材内径/mm	管材壁厚/mm										外径椭圆度(≤)/mm
	3	4	5	6	7	8	9	10	12	14	
	理论质量/(kg/m)										
10	1.39	2.00	2.67	3.42	4.24	5.13	6.09	7.13	9.41	11.97	2.9
15	1.92	2.71	3.56	4.49	5.49	6.56	7.70	8.91	11.54	14.46	2.0
17	2.14	2.99	3.92	4.92	5.99	7.13	8.34	9.62	12.40	15.46	
20	2.46	3.42	4.45	5.56	6.73	7.98	9.30	10.69	13.68	16.96	
25	2.99	4.13	5.34	6.63	7.98	9.41	10.90	12.47	15.82	19.45	3.0
30	3.53	4.85	6.23	7.70	9.23	10.83	12.50	14.25	17.96	21.95	
35	4.06	5.56	7.13	8.76	10.47	12.26	14.11	16.03	20.09	24.44	4.0
40	4.60	6.27	8.02	9.83	11.72	13.68	15.71	17.81	22.23	26.93	
45	5.13	6.98	8.91	10.90	12.97	15.11	17.31	19.59	24.37	29.43	5.0
50	5.66	7.70	9.80	11.97	14.21	16.53	18.92	21.38	26.51	31.92	
55		8.41	10.69	13.04	15.46	17.96	20.52	23.16	28.64	34.41	
60		9.12	11.58	14.11	16.71	19.38	22.12	24.94	30.78	36.91	8.0
65		9.83	12.47	15.18	17.96	20.81	23.73	26.72	32.92	39.40	
70		10.55	13.36	16.25	19.20	22.23	25.33	28.50	35.06	41.90	
75			14.25	17.31	20.45	23.66	26.93	30.28	37.19	44.39	
80			15.14	18.38	21.70	25.08	28.54	32.06	39.33	46.88	
90			16.92	20.52	24.19	27.93	31.74	35.63	43.61	51.87	
100			18.70	22.66	26.68	30.78	34.95	39.19	47.88	56.86	
110				24.80	29.18	33.63	38.16	42.75	52.16	61.85	12.0
125					32.92	37.91	42.96	48.09	58.57	69.33	
150					39.15	45.03	50.98	57.00	69.26	81.80	
180						53.58	60.60	67.69	82.08	96.76	18.0
200						59.28	67.01	74.81	90.63	106.7	

4.5.3 铅及铅合金棒和线材

① 牌号、状态和规格　见表 4.79。

表 4.79 棒、线材的牌号、状态和规格（YS/T 636—2007）

牌号	状态	品种	规格/mm	
			直径	长度
Pb1、Pb2 PbSb0.5、PbSb2、PbSb4、PbSb6	挤制(R)	盘线	0.5～6.0	—
		盘棒	>6.0～<20	≥2500
		直棒	20～180	≥1000

② 化学成分　见表 4.80。

表 4.80　棒和线材的化学成分

牌号	主成分（质量分数）/%		杂质含量(质量分数),(不大于)/%								
	Pb	Sb	Ag	Cu	Sb	As	Bi	Sn	Zn	Fe	杂质总和
Pb1	≥99.994	—	0.0005	0.001	0.001	0.0005	0.003	0.001	0.0005	0.0005	0.006
Pb2	≥99.9	—	0.002	0.01	0.05	0.01	0.03	0.005	0.002	0.002	0.10
PbSb0.5	余量	0.3 0.8	—	—	—	0.005	0.06	0.008	0.005	0.005	0.15
PbSb2		1.5 2.5	—	—	—	0.010	0.06	0.008	0.005	0.005	0.2
PbSb4		3.5 4.5	—	—	—	0.010	0.06	0.008	0.005	0.005	0.2
PbSb6		5.5 6.5	—	—	—	0.015	0.08	0.01	0.01	0.01	0.3

注：1. 铅含量由 100%减去表中所列杂质的实测值而得，所得结果不再进行修约。

2. 杂质总和为表中所列杂质的实测值之和。

4.6　锌及锌合金制品

4.6.1　连续热镀锌和锌合金镀层钢板及钢带

① 用途　用于汽车、建筑、家电等行业。

② 牌号构成　由用途代号、钢级代号（或序列号）、钢种特性（如有）、热镀代号（D）和镀层种类代号五部分构成（GB/T 2518—2019）：

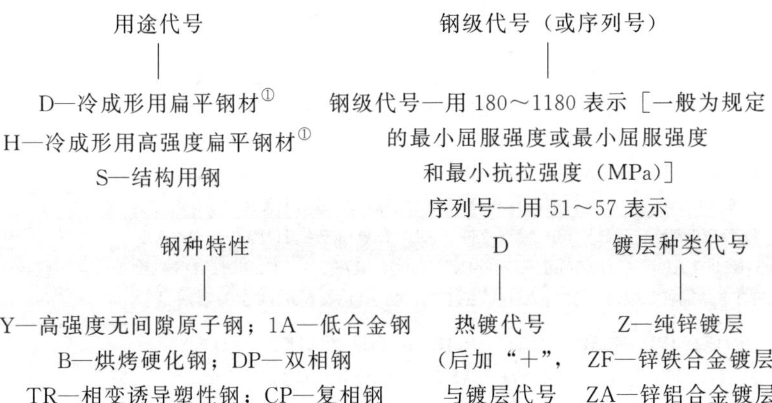

① 若有第二个字母，则 C 表示冷轧基板，D 表示热轧基板，X 表示不限轧制方法。

例：HX3401AD+ZF 表示产品用途为冷成形用高强度扁平钢

材，不规定基板状态，规定的最小屈服强度值为340MPa，钢种类型为低合金钢，锌铁合金镀层热镀产品。

③ 牌号和钢种特性　见表4.81。

表4.81　钢板及钢带牌号和钢种特性（GB/T 2518—2019）

牌号	钢种符性
DX51D+Z,DDX51D+ZF,DX51D+ZA,DX51D+AZ DX52D+Z,DX52D+ZF,DX52D+ZA,DX52D+AZ	低碳钢
DX53D+Z,DX53D+ZH,DX53D+ZA,DX53D+AZ DX54D+Z,DX54D+ZF,DX54D+ZA,DX54D+AZ DX56D+Z,DX56D+Z,DX56D+ZA,DX56D+AZ DX57D+Z,DX57D+ZF,DX57D+ZA,DX57D+AZ	无间隙原子钢
S220GD+Z,S220GD+ZF,S220GD+ZA,S220GD+AZ S250GD+Z,S250GD+ZF,S250GD+ZA,S250GD+AZ S280GD+Z,S280GD+ZF,S280GD+ZA,S280GD+AZ S300GD+Z,S300GD+ZF,S300GD+ZA,S300GD+AZ S320GD+Z,S320GD+ZF,S320GD+ZA,S320GD+AZ S350GD+Z,S350GD+ZF,S350GD+ZA,S350GD+AZ S390GD+Z,S390GD+ZF,S390GD+ZA,S390GD+AZ S420GD+Z,S420GD+ZF,S420GD+ZA,S420GD+AZ S450GD+Z,S450GD+ZF,S450GD+ZA,S450GD+AZ S550GD+Z,S550GD+ZF,S550GD+ZA,S550GD+AZ	结构钢
HX260LAD+Z,HX260LAD+ZF,HX260LAD+ZA,HX260LAD+AZ HX300LAD+Z,HX300LAD+ZF,HX300LAD+ZA,HX300LAD+AZ HX340LAD+Z,HX340LAD+ZF,HX340LAD+ZA,HX340LAD+AZ HX380LAD+Z,HX380LAD+ZF,HX380LAD+ZA,HX380LAD+AZ HX420LAD+Z,HX420LAD+ZF,HX420LAD+ZA,HX420LAD+AZ HX460LAD+Z,HX460LAD+ZF,HX460LAD+ZA,HX460LAD+AZ HX500LAD+Z,HX5O0LAD+ZF,HX500LAD+ZA,HX500LAD+AZ HD550LAD+Z,HD550LAD+ZF,HD550LAD+ZA,HD550LAD+AZ	低合金钢
HX180YD+Z,HX180YD+ZF,HX180YD+ZA,HX180YD+AZ HX220YD+Z,HX220YD+Z,HX220YD+ZA,HX220YD+AZ HX260YD+Z,HX260YD+ZF,HX260YD+ZA,HX260YD+AZ	高强度无间隙原子钢
HX180BD+Z,HX180BD+ZF,HX180BD+ZA,HX180BD+AZ HX220BD+Z,HX220BD+ZF,HX220BD+ZA,HX220BD+AZ HX26OBD+Z,HX260BD+ZF,HX260BD+ZA,HX260BD+AZ HX300BD+Z,HX300BD+ZF,HX300BD+ZA,HX300BD+AZ	烘烤硬化钢

续表

牌号	钢种符性
HC260/450DPD+Z,HC260/450DPD+ZF,HC260/450DPD+ZA HC290/490DPD+Z,HC290/490DPD+ZF,HC290/490DPD+ZA HC330/590DPD+Z,HC330/590DPD+ZF,HC330/590DPD+ZA HC440/780DPD+Z,HC440/780DPD+ZF,HC440/780DPD+ZA HC500/780DPD+Z,HC500/780DPD+ZF,HC500/780DPD+ZA HC590/980DPD+Z,HC590/980DPD+ZF,HC590/980DPD+ZA HC700/980DPD+Z,HC700/980DPD+ZF,HC700/980DPD+ZA HC740/1180DPD+Z,HC740/1180DPD+ZF,HC740/1180DPD+ZA HC820/1180DPD+Z,HC820/1180DPD+ZF,HC820/1180DPD+ZA	双相钢
HC380/590TRD+Z,HC380/590TRD+ZF,HC380/590TRD+ZA HC400/690TRD+Z,HC400/690TRD+ZF,HC400/690TRD+ZA HC450/780TRD+Z,HC450/780TRD+ZF,HC450/780TRD+ZA	相变诱导塑性钢
HC350/600CPD+Z,HC350/600CPD+ZF,HC350/600CPD+ZA HC570/780CPD+Z,HC570/780CPD+Z,HC570/780CPD+ZA HC780/980CPD+Z,HC780/980CPD+ZF,HC780/980CPD+ZA HD660 /760CPD+Z,HD660/760CPD+ZF,HD660 /760CPD+ZA	复相钢
HC330/590DHD+Z,HC330/590DHD+Z,HC330/590DHD+ZA HC440/780DHD+Z,HC440/780DHD+ZF,HC440/780DHD+ZA HC550/980DHD+Z,HC550/980DHD+ZF,HC550/980DHD+ZA HC700/980DHD+Z,HC700/980DHD+ZF,HC700/980DHD+ZA	增强成形性双相钢

④ 分类

a. 按表面质量，有普通级（FA）、较高级（FB）和高级（FC）。

b. 按镀层表面结构，有纯锌镀层（普通锌花 ZN，小锌花 ZM，无锌花 F），锌铁合金镀层（ZF），锌铝合金镀层（ZA），铝锌合金镀层（AZ）；按表面处理方法还可分成若干类。

⑤ 公称尺寸范围　见表 4.82。

表 4.82　公称尺寸范围　mm

项目		公称尺寸
公称厚度		0.20～6.0
公称宽度	钢板及钢带	600～2050
	纵切钢带	<600
公称长度	钢板	1000～8000
公称内径	钢带及纵切钢带	610 或 508

4.6.2 铜镍锡镉和锌阳极板

① 用途　用于电镀。

② 分类　按成形方法，分热轧（R）和冷轧（Y）两种。

③ 牌号、状态和规格　见表 4.83。

表 4.83　铜镍锡镉和锌阳极板的牌号、状态和规格（GB/T 2056—2005）

牌号	状态	规格/mm		
		厚度	宽度	长度
T2、T3	冷轧(Y) 热轧(R)	2.0～15.0 6.0～20.0	100～1000	300～2000
Zn1(Zn99.99),Zn2(Zn99.95)	热轧(R)	6.0～20.0	100～500	
Sn2、Sn3、Cd2、Cd3	冷轧(Y)	0.5～15.0		
NY1	热轧(R)	6～20		
NY2	热轧后淬火(C)	6～20		
NY3	软态(M)	4～20		

4.6.3 电池用锌板和锌带

（1）牌号、型号、规格　见表 4.84。

表 4.84　电池用锌板和锌带的牌号、型号、规格（YS/T 565—2010）

牌号	形状	型号	厚度/mm	宽度/mm	长度/mm
DX	板材	B25	0.25	100～510	750～1200
		B30	0.28～0.35		
		B50	0.40～0.60		
	带材	D25	0.25	91～186	10^3～3×10^3
		D30	0.28～0.35		
		D50	0.40～0.60		

（2）化学成分　见表 4.85。

表 4.85　锌板和锌带的化学成分

牌号	质量分数/%									
DX	Zn	Ti	Mg	Al	Pb	Cd	Fe	Cu	Sn	杂质总和
	余量	0.001～0.05	0.0005～0.0015	0.002～0.02	<0.004	<0.002	≤0.003	≤0.001	≤0.001	0.040

注：1. 元素含量为上下限者为合金元素，元素含量为单个数值者为杂质元素，单个数值者表示最高限量。

2. 杂质总和为表中所列杂质元素实测值总和。

3. 表中用“余量”表示的元素含量为 100%减去表中所列元素实测值所得。

第5章 非金属材料及制品

5.1 橡胶及橡胶制品

5.1.1 橡胶软管

橡胶软管的种类很多，下面介绍 10 种工业上常用的产品。

(1) 压缩空气用橡胶软管

① 用途 用于矿井、土建工程、工业等部门输送压缩空气及惰性气体。

② 分类

a. 根据设计压力，可分为 1 型（低压—设计最大工作压力为 1.0MPa)、2 型（中压—设计最大工作压力为 1.6MPa）和 3 型（高压—设计最大工作压力为 2.5MPa)。

b. 根据耐油性能，可分为 A 级（非耐油性能)、B 级（正常耐油性能）和 C 级（良好耐油性能)。

c. 根据工作温度范围，可分为 N-T 类（常温——25～+70℃）和 L-T 类（低温——40～+70℃)。

③ 规格（内径测量按照 ISO 4671 进行）见表 5.1。

表 5.1 压缩空气用橡胶软管（GB/T 1186—2016） mm

软管规格	最小内径/mm	最大内径/mm	软管规格	最小内径/mm	最大内径/mm	软管规格	最小内径/mm	最大内径/mm
4	3.25	4.75	19	18.25	19.75	63	61.50	64.50
5	4.25	5.75	20	19.25	20.75	76	74.50	77.50
6.3	5.55	7.05	25	23.75	26.25	80	78.00	82.00
8	7.25	8.75	31.5	30.25	32.75	100	98.00	102.00
10	9.25	10.75	38	36.50	30.50	102	100.00	104.00
12.5	11.75	13.25	40	38.50	41.50			
16	15.25	16.75	51	49.50	52.50			

（2）通用输水织物增强橡胶软管

① 用途　温度范围为－25～＋70℃、最大工作压力为2.5MPa的通用输水织物增强橡胶软管。可用于输送降低水的冰点的添加剂，但不适用于输送饮用水、洗衣机进水和专用农业机械，也不可用作消防软管或可折叠式水管。

② 分类　根据其压力等级分为a、b、c、d和e共5个等级，见表5.2。

表5.2　通用输水织物增强橡胶软管（HG/T 2184—2008）

型号	级别	工作压力(≤)/MPa	规格/mm		
			内径(≤)	内胶层	外胶层
1(低压型)	a级 b级 c级	0.3 0.5 0.7	10,12.5,16 19,20,22 25,27,32,38,40	1.5 2.0 2.5	1.5
2(中压型) 3(高压型)	d级 e级	1.0 2.5	50,63,80,100	3.0	2.0

（3）焊接及切割和类似作业用橡胶软管

① 用途　气体焊接和切割、在惰性或活性气体保护下的电弧焊接，以及类似焊接和切割的作业，特别是加热、铜焊和金属喷镀；但不适用于热塑性软管和高压（高于0.3MPa）乙炔软管。

② 分类　按工作压力，可以分成下述两类。

a. 中型的2MPa橡胶软管。

b. 轻型（限于最大工作压力为1MPa，公称内径小于或等于6.3mm）橡胶软管及乙炔软管（最大工作压力0.3MPa）

③ 工作温度　－20～＋60℃。

④ 公称内径　4mm、4.8mm、5mm、6.3mm、7.1mm、8mm、9.5mm、10mm、12.5mm、16mm、20mm、25mm、32mm、40mm、50mm。

⑤ 软管颜色和气体标识　见表5.3。

表5.3　软管颜色和气体标识（GB/T 2550—2016）

气体类别	外覆层颜色和标志
乙炔和其他可燃性气体(除LPG、MPS、天然气、甲烷外)	红色
氧气	蓝色
空气、氮气、氩气、二氧化碳	黑色

续表

气体类别	外覆层颜色和标志
液化石油气(LPG)和甲基乙炔-丙二烯混合物(MPS)、天然气、甲烷	橙色
除焊剂燃气外(本表中包括的)所有燃气	红色/橙色
焊剂燃气	红色-焊剂

(4) 饱和蒸汽用橡胶软管

① 用途　供输送 165～220℃的饱和蒸汽或过热水，适用于蒸汽清扫器、蒸汽锤、平板硫化机及注塑机等热压设备作软性管路。不适用于食品加工（如蒸、煮等）。

② 分类　饱和蒸汽用橡胶软管分两种型别：

1 型：低压蒸汽软管，最大工作压力 0.6MPa，对应温度为 164℃，用于输送热冷凝水。

2 型：高压蒸汽软管，最大工作压力 1.8MPa，对应温度为 210℃，用于输送饱和蒸汽。

每个型别的软管分为 A 级（外覆层不耐油）和 B 级（外覆层耐油）两种。

③ 规格和最小弯曲半径　见表 5.4。

表 5.4　规格和最小弯曲半径（HG/T 3036—2009）　mm

内径	外径	最小弯曲半径	内径	外径	最小弯曲半径	内径	外径	最小弯曲半径
9.5	21.5	120	32	48	320	63	81	630
13	25	130	38	54	380	75	93	750
16	30	160	45	61	450	76	94	750
19	33	190	50	68	500	100	120	1000
25	40	250	51	69	500	102	122	1000

(5) 输送液化石油气和天然气的橡胶管

① 用途　用于输送液态或气态液化石油气和天然气［工作压力介于真空与最大 2.5MPa 之间，温度范围为－30～＋70℃或者低温软管（-LT）为－50～＋70℃］。

② 分类　有下列 5 型。

a. D 型：排放软管。

b. D-LT 型：低温排放软管。

c. SD 型：螺旋线增强的排吸软管。

d. SD-LTR 型：低温（粗糙内壁）螺旋线增强的排吸软管。

e. SD-LTS 型：低温（光滑内壁）螺旋线增强的排吸软管。

③ 规格　见表 5.5、表 5.6。

表 5.5　D、D-LT 型胶管尺寸（GB/T 10546—2013）　mm

公称内径	内径	外径	最小弯曲半径	公称内径	内径	外径	最小弯曲半径
12	12.7	22.7	100	63	63	81	550
15	15	25	120	75	75	93	650
16	15.9	25.9	125	76	76	94	650
19	19	31	160	80	80	98	725
25	25	38	200	100	100	120	800
32	32	45	250	150	150	174	1200
38	38	52	320	200	200	224	1800
50	50	66	400	250	254		2000
51	51	67	400	300	305		2500

表 5.6　SD、SD-LT 型胶管尺寸（GB/T 10546—2013）　mm

公称内径	内径	外径	最小弯曲半径	公称内径	内径	外径	最小弯曲半径
12	12.7	22.7	90	63	63	81	480
15	15	25	95	75	75	93	550
16	15.9	25.9	95	76	76	94	550
19	19	31	100	80	80	98	680
25	25	38	150	100	100	120	720
32	32	45	200	150	150	174	1000
38	38	52	280	200	200	224	1400
50	50	66	350	250	254		1750
51	51	67	350	300	305		2100

（6）耐稀酸、碱液管

① 用途　用于－20～45℃环境中，输送浓度不高于 40％的硫酸溶液、浓度不高于 15％的氢氧化钠溶液，以及与上述浓度相当的酸碱溶液（硝酸除外）。

② 分类　有 A、B、C 三型。

A 型：有增强层不含钢丝螺旋线，用于输送酸碱液体。

B 型：有增强层含钢丝螺旋线，用于吸引酸碱液体。

C 型：有增强层含钢丝螺旋线，用于排吸酸碱液体。

③ 规格　见表 5.7。

表 5.7　耐稀酸、碱液软管的型号和规格（HG/T 2183—2014）

mm

公称内径		内径	内衬厚	外衬厚	公称内径		内径	内衬厚	外衬厚
A 型	B、C 型		(≥)	(≥)	A 型	B、C 型		(≥)	(≥)
12.5		13	2.2	1.2	51	51	51	2.5	1.5
16		16			63.5	63.5	64		
19		19			76	76	76		
22		22			89	89	89	2.8	2.0
25		25			102	102	102	3.5	2.0
31.5	31.5	32	2.5	1.5	127	127	127		
38	38	38			152	152	152		
45	45	45							

（7）钢丝编织增强液压橡胶管

① 用途　供各种工程场合以及系统中输送高压液体和液压传动用，适用介质为液压油、燃料油、润滑油以及水、空气和水基液体（蓖麻油、脂基液体除外）。

② 适用温度

a. 在－40～＋60℃的温度范围内，适用于 GB/T 7631.2 定义的 HFC、HFAE、HFAS 和 HFB 水基液压流体。

b. 在－40～＋100℃温度范围内，适用于 GB/T 7631.2 规定的 HH、HL、HM、HR 和 HV 油基液压流体。

③ 型别　根据结构、工作压力和耐油性能的不同，软管分为六个型别：

1ST 型：具有单层钢丝编织层和厚外覆层的软管。

2ST 型：具有两层钢丝编织层和厚外覆层的软管。

1SN 和 R1ATS 型：具有单层钢丝编织层和薄外覆层的软管。

2SN 和 R2ATS 型：具有两层铜丝编织层和薄外覆层的软管。

④ 规格　见表 5.8。

表 5.8　钢丝编织增强液压橡胶管的规格（GB/T 3683—2023）

公称内径/mm	所有型别		R1ATS，1SN，1ST 型		1ST 型		1SN，R1ATS 型			R2ATS，2SN，2ST 型		2ST 型		2SN，R2ATS 型		
	内径/mm		增强层外径/mm		软管外径/mm		软管外径/mm	外覆层厚度/mm		增强层外径/mm		软管外径/mm		软管外径/mm	外覆层厚度/mm	
	最小	最大	最小	最大	最小	最大	最大	最小	最大	最小	最大	最小	最大	最大	最小	最大
5	4.6	5.4	8.9	10.1	11.9	13.5	12.5	0.8	1.5	10.6	11.7	15.1	16.7	14.1	0.8	1.5
6.3	6.1	7.0	10.6	11.7	15.1	16.7	14.1	0.8	1.5	12.1	13.3	16.7	18.3	15.7	0.8	1.5
8	7.7	8.5	12.1	13.3	16.7	18.3	15.7	0.8	1.5	13.7	14.9	18.3	19.9	17.3	0.8	1.5
10	9.3	10.1	14.5	15.7	19.0	20.6	18.1	0.8	1.5	16.1	17.3	20.6	22.2	19.7	0.8	1.5
12.5	12.3	13.5	17.5	19.1	22.2	23.8	21.5	0.8	1.5	19.0	20.6	23.8	25.4	23.1	0.8	1.5
16	15.5	16.7	20.6	22.2	25.4	27.0	24.7	0.8	1.5	22.2	23.8	27.0	28.6	26.3	0.8	1.5
19	18.6	19.8	24.6	26.2	29.4	31.0	28.6	0.8	1.5	26.2	27.8	31.0	32.6	30.2	0.8	1.5
25	25.0	26.4	32.5	34.1	36.9	39.3	36.6	0.8	1.5	34.1	35.7	38.5	40.9	38.9	0.8	1.5
31.5	31.4	33.0	39.3	41.7	44.4	47.6	44.8	1.0	2.0	43.2	45.7	49.2	52.4	49.6	1.0	2.0
38	37.7	39.3	45.6	48.0	50.8	54.0	52.1	1.3	2.5	49.6	52.0	55.6	58.8	56.0	1.3	2.5
51	50.4	52.0	58.7	61.9	65.1	68.3	65.9	1.3	2.5	62.3	64.7	68.2	71.4	68.6	1.3	2.5
63①	63.1	65.1								74.6	77.8			81.8	1.3	2.5

① 仅适用于 R2ATS。

（8）油基或水基液体用织物增强液压橡胶管

① 适用范围　分三种情况：

a. 在－40～＋100℃的温度范围内，符合 ISO 6743-4 定义的 HH、HL、HM、HR 和 HV 油基液压流体。

b. 在 0～＋60℃的温度范围内，符合 ISO 6743-4 定义的 HFC、HFAE、HFAS 和 HFB 水基液压流体。

c. 在 0～＋60℃的温度范围内的水。

② 分类　根据结构、工作压力和最小弯曲半径的不同，软管分为 6 个型别：

a. 1TE 型：具有单层织物编织层的软管；

b. 2TE 型：具有单层或多层织物编织层的软管；

c. 3TE 型：具有单层或多层织物编织层的软管（较高工作压力）；

d. R3 型：具有两层织物编织层的软管；

e. R6 型：具有单层织物编织层的软管。

③ 规格　见表 5.9。

表 5.9　油基或水基液体用织物增强液压橡胶管规格（GB/T 15329—2019）

公称内径/mm	内径/mm						外径/mm									
	1TE 型，2TE 型，3TE 型①		R6 型		R3 型		1TE 型		2TE 型		3TE 型		R6 型		R3 型	
	最小	最大	最小	最大	最小	最大	最小	最大	最小	最大	最小	最大	最小	最大	最小	最大
5	4.4	5.2	4.2	5.4	4.5	5.4	10.0	11.6	11.0	12.6	12.0	13.6	10.3	11.9	11.9	13.5
6.3	5.9	6.9	5.6	7.2	6.1	7.0	11.6	13.2	12.6	14.2	13.6	15.2	11.9	13.5	13.5	15.1
8	7.4	8.4	7.2	8.8	7.6	8.5	13.1	14.7	14.1	15.7	16.1	17.7	13.5	15.1	16.7	18.3
10	9.0	10.0	8.7	10.3	9.2	10.1	14.7	16.3	15.7	17.3	17.7	19.3	15.1	16.7	18.3	19.8
12.5	12.1	13.3	11.9	13.5	12.4	13.5	17.7	19.7	18.7	20.7	20.7	22.7	19.0	20.6	23.0	24.6
16	15.3	16.5	15.1	16.7	15.6	16.7	21.9	23.9	22.9	24.9	24.9	26.9	22.2	23.8	26.2	27.8
19	18.2	19.8	18.3	19.9	18.7	19.8	—	—	26.0	28.0	28.0	30.0	25.4	27.8	31.0	32.5
25	24.6	26.2	—	—	25.1	26.2	—	—	32.9	35.9	34.4	37.4	—	—	36.9	39.3
31.5	30.8	32.8	—	—	31.4	32.9	—	—	—	—	40.8	43.8	—	—	42.9	46.0
38	37.1	39.1	—	—	—	—	—	—	—	—	47.6	51.6	—	—	—	—
51	49.8	51.8	—	—	—	—	—	—	—	—	60.3	64.3	—	—	—	—
60	58.8	61.2	—	—	—	—	—	—	—	—	70.0	74.0	—	—	—	—
80	78.8	81.2	—	—	—	—	—	—	—	—	91.5	96.5	—	—	—	—
100	98.6	101.4	—	—	—	—	—	—	—	—	113.5	118.5	—	—	—	—

① 公称内径大于 25mm 仅适用于 3TE 型的内径。

（9）油基或水基液体用高压钢丝缠绕外覆层胶管

由内胶层和多层钢丝缠绕层以及外胶层组成。

① 用途　主要用于矿井液压支架、油田开采，适宜于工程建筑、起重运输和各种机床以及各工业部门机械化、自动化液压系统中输送具有一定压力（较高压力）和温度的石油基（如矿物油、可溶性油、液压油、燃油、润滑油）及水基液体（如乳化液、油水乳浊液、水）等和液体传动用，最高耐工作压力可达 70～100MPa。

② 适用范围　分三种情况：

a. ISO 6743-4 定义的 HH、HL、HM、HR 和 HV 油基液压流体，其中 4SP 和 4SH 型适用温度范围为－40～＋100℃，R12、R13 和 R15 型适用温度范围为－40～＋120℃；

b. ISO 6743-4 定义的温度范围为－40～＋70℃的 HFC、

HFAE、HFAS 和 HFB 型水基液压流体；

c. 温度范围为 0～+70℃的水。

③ 型别　按结构、工作压力和耐油性能分为：

a. 4SP 型：4 层钢丝缠绕的中压软管；

b. 4SH 型：4 层钢丝缠绕的高压软管；

c. R12 型：4 层钢丝缠绕的高温中压重型软管；

d. R13 型：多层钢丝缠绕的高温高压重型软管；

e. R15 型：多层钢丝缠绕的高温超高压重型软管。

④ 规格　见表 5.10。

表 5.10　胶管内径规格（GB/T 10544—2022）　mm

公称内径/mm	内径/外径									
	4SP 型		4SH 型		R12 型		R13 型		R15 型	
	最小	最大	最小	最大	最小	最大	最小	最大	最小	最大
6.3	6.2/17.1	7.0/18.7								
10	9.4/20.6	10.1/22.2			9.3/19.5	10.1/21.0			9.3	10.1/23.3
12.5	12.6/23.8	13.5/25.4			12.3/23.0	13.5/24.6			12.3	13.5/26.8
16	15.8/27.4	16.7/29.0			15.5/26.6	16.7/28.2				
19	18.8/31.4	19.8/33.0	19.1/31.4	19.8/33.0	18.6/29.9	19.8/31.5	18.6/31.0	19.8/33.2	18.6	19.8/36.1
25	25.4/38.5	26.4/40.9	25.5/37.5	26.4/39.9	25.0/36.8	26.4/39.2	25.0/37.6	25.4/39.8	25.0	26.4/42.9
31.5	31.8/49.2	33.0/52.4	32.0/43.9	33.0/47.1	31.4/45.4	33.0/48.6	31.4/48.3	33.0/51.3	31.4	33.0/51.5
38	38.0/55.6	39.3/58.8	38.2/51.9	39.3/55.1	37.7/51.9	39.3/55.0	37.7/55.8	39.3/58.8	31.7	39.3/59.6
51	50.6/68.2	52.0/71.4	50.6/66.5	52.0/69.7	50.4/65.1	52.0/68.3	50.4/69.5	52.0/72.7	50.4	52.0/74.0

（10）岸上排吸油胶管

① 用途　用于船只在码头一侧装卸运输在−20～+80℃和常压下的液体的石油基产品。

② 分类

a. 按内壁光滑情况分，有 S 型（平滑内壁）和 R 型（粗糙内壁，螺旋状）。

b. 按输送液体类别分，有 1 类（芳香烃含量不大于 50%的原油和汽油）和 2 类（芳香烃含量大于 50 %的芳烃类产品）。

c. 按工作压力不同分为 A、B、C、D 四个级别，其最高工作压力分别为 0.7MPa、1.0MPa、1.5MPa、2.0MPa。

③ 内径规格　有 50mm、75mm、80mm、100mm、125mm、150mm、160mm、205mm、250mm、255mm、315mm、400mm 和 500mm。

④ 软管弯曲半径　见表 5.11、表 5.12。

表 5.11　S 型（平滑内壁）软管的弯曲半径（HG/T 3038—2023）

公称内径/mm	弯曲半径(内侧)/mm				
	织物增强				铜丝帘线或织物帘线增强
	A 级	B 级	C 级	D 级	所有级别
50	500	600	700	750	350
75	700	800	850	900	450
80	750	850	900	950	500
100	950	1100	1200	1300	600
125	1150	1300	1600	1750	750
150	1400	1600	1900	2300	850
160	1500	1700	2100	2600	900
200	1850	2150	2800	3500	1100
205	1900	2200	2850	3600	1150
250		2700	3500	4350	1350
255		2750	3550	4400	1400
315		3450	4500	5100	1650
400			5000	5900	2100
500			5900	6900	2700

表 5.12　R 型（粗糙内壁）软管的弯曲半径

公称内径/mm	弯曲半径(内侧)/mm				
	织物增强				钢丝帘线或织物帘线增强
	A 级	B 级	C 级	D 级	所有级别
50	600	700	800		500
75	800	1100	1100		600
80	900	1050	1150		650

续表

公称内径/mm	弯曲半径(内侧)/mm				
	织物增强				钢丝帘线或织物帘线增强
	A级	B级	C级	D级	所有级别
100	1100	1250	1450		750
125	1350	1550	1800	2100	900
150	1600	1850	2150	2550	1000
160	1700	1950	2300	2750	1050
200	2150	2500	2850	3250	1250
205	2200	2600	2900	3350	1300
250	2600	3100	3550	4100	1500
255	2650	3150	3600	4150	1550
315	3250	3850	4500	5000	1800

5.1.2 工业用橡胶板

（1）用途：用作橡胶垫圈、密封衬垫、缓冲零件以及铺设地板、工作台。带夹织物的橡胶板，可用于具有一定压力和不允许过度伸长的场合；耐酸碱、耐油和耐热橡胶板，分别适宜在稀酸碱溶液、油类和蒸汽、热空气等介质中使用。

（2）规格和性能（表5.13）

表5.13 工业用橡胶板的规格和性能（GB/T 5574—2008）

规格/mm	厚度	0.5,1,1.5,2,2.5,3,4,5,6,10,12,14,16,18,20,22,25,30,40,50
	宽度	50～2000
性能	耐油性能	A类:不耐油;B类:中等耐油;C类:耐油
	拉伸强度/MPa	1型≥3,2型≥4,3型≥5,4型≥7,5型≥10,6型≥14,7型≥17
	扯断伸长率/%	1级≥100,2级≥150,3级≥200,4级≥250,5级≥300,6级≥350,7级≥400,8级≥500,9级≥600
	国际橡胶硬度(IRHD)	H3:30,H4:40,H5:50,H6:60,H7:70,H8:80,H9:90A(也可以按邵尔A硬度分类)
	耐热性能/℃	Hr1:100,Hr2:125,Hr3:150
	耐低温性能/℃	Tb1:－20,Tb2:－40

5.1.3 普通用途织物芯输送带

① 用途 用于平形或槽形托辊。

② 分类　按材料分有整芯带、单层芯带、双层芯带和多层芯带，按边缘状态分有切边带和包边带。

③ 型号表示方法（GB/T 7984—2013）

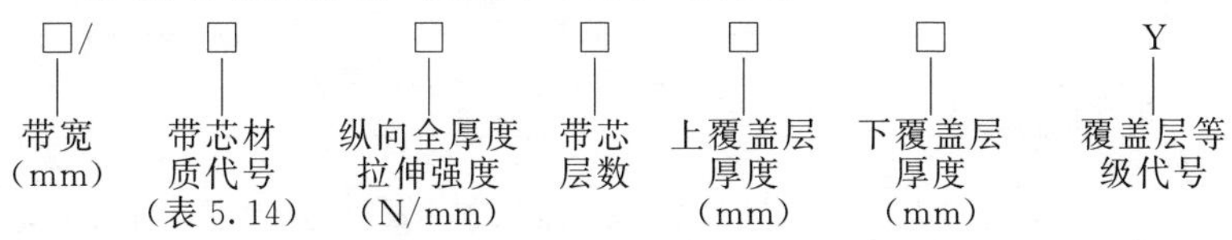

表 5.14　带芯织物材质代号

代号	织物材质	代号	织物材质
CC	棉帆布	PP	聚酯帆布
VV	维纶帆布	PN(EP)	聚酯、聚酰胺交织(或混纺)帆布
VC	维棉交织(或混纺)帆布	ST	钢丝绳芯
NN	聚酰胺帆布	SC	钢丝绳牵引

④ 宽度　300mm，400mm，500mm，600mm，650mm，800mm，1000mm，1200mm，1400mm，1600mm，1800mm，2000mm，2200mm，2400mm，2600mm，2800mm，3000mm，3200mm

5.1.4　石棉橡胶板

石棉橡胶板是以温石棉为增强纤维，以橡胶为黏合剂，经辊压形成的用于制造耐热耐压密封垫片的板材。其推荐使用范围和物理机械性能见表 5.15。

表 5.15　石棉橡胶板推荐使用范围和物理力学性能

等级牌号	表面颜色	推荐使用范围
XB510	墨绿色	温度 510℃以下、压力 7MPa 以下的非油、非酸介质
XB450	紫色	温度 450℃以下、压力 6MPa 以下的非油、非酸介质
XB400	紫色	温度 400℃以下、压力 5MPa 以下的非油、非酸介质
XB350	红色	温度 350℃以下、压力 4MPa 以下的非油、非酸介质
XB300	红色	温度 300℃以下、压力 3MPa 以下的非油、非酸介质
XB200	灰色	温度 200℃以下、压力 1.5MPa 以下的非油、非酸介质
XB150	灰色	温度 150℃以下、压力 0.8MPa 以下的非油、非酸介质

石棉橡胶板的物理力学性能

项目	XB510	XB450	XB400	XB350	XB300	XB200	XB150
横向拉伸强度/MPa　≥	21.0	18.0	15.0	12.0	9.0	6.0	5.0
老化系数　≥	0.9						
烧失量/%　≤	28.0			30.0			

续表

石棉橡胶板的物理力学性能							
项目	XB510	XB450	XB400	XB350	XB300	XB200	XB150
压缩率/%	7～17						
回弹率(≥)/%	45		40		35		
蠕变松弛率(≤)/%	50						
密度/(g/cm³)	1.6～2.0						
常温柔软性	在直径为试样公称厚度12倍的圆棒上弯曲180°，试样不得出现裂纹等破坏迹象						
氮气泄漏率(≤)/[mL/(h·mm)]	500						
耐热耐压性 温度/℃	500～510	440～450	390～400	340～350	290～300	190～200	140～150
耐热耐压性 蒸汽压力/MPa	13～14	11～12	8～9	7～8	4～5	2～3	1.5～2
耐热耐压性 要求	保持30min不被击穿						

注：厚度大于3mm的石棉橡胶板，不做拉伸强度试验。

5.1.5 普通液压系统用O形橡胶密封圈材料

① 分类　有耐石油基液压油和润滑油（脂）用两种。

② 工作温度　普通液压系统耐石油基液压油为－40～＋100℃（Ⅰ类），润滑油（脂）为－25～＋125℃（Ⅱ类）。每类有4个硬度等级。

③ 产品标记

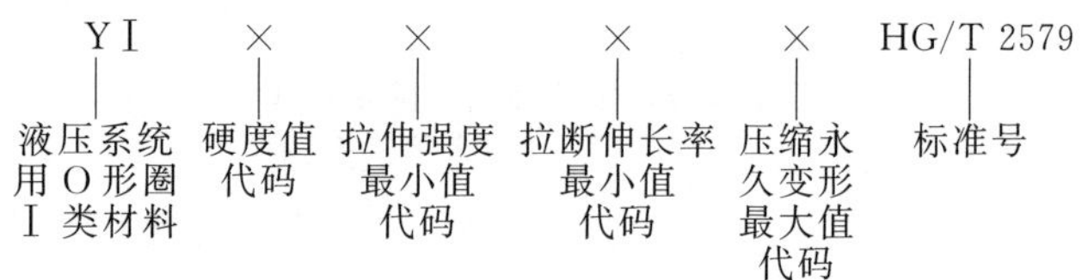

4个代码值分别见表5.16。

表5.16　基本物理性能数字代码（HG/T 2579—2008）

硬度/IRHD		拉伸强度(最小)/MPa		拉断伸长率(最小)/%		压缩永久变形(在类别温度下22h)(最大)/%	
代码	数值	代码	数值	代码	数值	代码	数值
0	不规定	0	不规定	0	不规定	0	不规定
1	10～15	1	3	1	50	1	80
2	16～25	2	5	2	100	2	60
3	26～35	3	7	3	150	3	50
4	36～45	4	10	4	200	4	40

续表

硬度/IRHD		拉伸强度(最小)/MPa		拉断伸长率(最小)/%		压缩永久变形(在类别温度下 22h)(最大)/%	
代码	数值	代码	数值	代码	数值	代码	数值
5	46～55	5	14	5	250	5	30
6	56～65	6	17	6	300	6	25
7	66～75	7	20	7	400	7	20
8	76～85	8	25	8	500	8	10
9	86～95	9	35	9	600	9	5

5.1.6　耐高温润滑油 O 形橡胶密封圈材料

（1）分类

按材料和工作温度的不同，可分成Ⅰ、Ⅱ、Ⅲ、Ⅳ4 类。

① Ⅰ类主体材料是丁腈橡胶（NBR），主要用于密封石油基润滑油，工作温度为－25～＋125℃，短期 150℃。

② Ⅱ类主体材料是氟橡胶（FKM），主要用于密封合成酯类润滑油，工作温度为－15～＋200℃，短期 250℃。

③ Ⅲ类主体材料是丙烯酸酯橡胶（ACM）和乙烯丙烯酸酯橡胶（AEM），主要用于密封石油基润滑油，工作温度为－20～＋150℃，短期 175℃。

④ Ⅳ类主体材料是氢化丁腈橡胶（HNBR），主要用于密封石油基润滑油，工作温度为－25～＋150℃，短期 160℃。

（2）性能要求（表 5.17～表 5.20）

表 5.17　Ⅰ类 O 形圈性能要求（HG/T 2021—2014）

项目		指标			
硬度/IRHD		60±5	70±5	80±5	88±4
拉伸强度(最小)/MPa		10	11	11	11
拉断伸长率(最小)/%		300	250	150	120
压缩永久变形(最大)(125℃,22h)/%		45	40	40	45
1#标准油中(150℃,70h)	硬度变化/IRHD	－5～＋10	－5～＋10	－5～＋10	－5～＋10
	体积变化率/%	－8～＋6	－8～＋6	－8～＋6	－8～＋6
热空气老化(125℃,70h)	硬度变化/IRHD	0～＋10	0～＋10	0～＋10	0～＋10
	拉断伸长率变化率　/%	－15	－15	－15	－15
	拉伸强度变化率(最大)/%	－35	－35	－35	－35
低温脆性(≤)/℃		－25	－25	－25	－25

表 5.18 Ⅱ类 O 形圈性能要求（HG/T 2021—2014）

项目		指标			
硬度/IRHD		60±5	70±5	80±5	88±4
拉伸强度(最小)/MPa		10	10	11	11
拉断伸长率(最小)/%		200	150	125	100
压缩永久变形(200℃,22h)(最大)/%		30	30	35	45
101 工作液中(200℃,70h)	硬度变化/IRHD	−10～+5	−10～+5	−10～+5	−10～+5
	体积变化率/%	0～+20	0～+20	0～+20	0～+20
热空气老化(250℃,70h)	硬度变化/IRHD	−5～+10	−5～+10	−5−+10	−5～+10
	拉断伸长率变化率(最大)/%	−25	−30	−30	−35
	拉伸强度变化率(最大)/%	−25	−20	−20	−20
低温脆性(≤)/℃		−15	−15	−15	−15

表 5.19 Ⅲ类 O 形圈性能要求

项目		指标		
硬度/IRHD		60±5	70±5	80±5
拉伸强度(最小)/MPa		8	8	8
拉断伸长率(最小)/%		150	150	100
压缩永久变形(最大)(175℃,22h)/%		50	50	50
1#标准油中(150℃,70h)	硬度变化/IRHD	−10～+10	−10～+10	−10～+10
	体积变化率/%	−10～+10	−10～+10	−10～+10
热空气老化(175℃,70h)	硬度变化/IRHD	−5～+10	−5～+10	−5～+10
	拉伸强度变化率(最大)/%	−30	−30	−30
	拉断伸长率变化率(最大)/%	−50	−50	−50
低温脆性(≤)/℃		−20	−20	−20

表 5.20 Ⅳ类 O 形圈性能要求

项目		指标			
硬度/IRHD		60±5	70±5	80±5	90±5
拉伸强度(最小)/MPa		13	15	15	15
拉断伸长率(最小)/%		250	200	150	100
压缩永久变形(150℃,22h)(最大)/%		35	35	35	35
1#标准油中(150℃,70h)	硬度变化/IRHD	−5～+10	−5～+10	−5～+10	−5～+10
	体积变化率/%	−8～+6	−8～+6	−8～+6	−8～+6
热空气老化(150℃,70h)	硬度变化/IRHD	−5～+10	−5～+10	−5～+10	−5～+10
	拉伸强度变化率(最大)/%	−25	−25	−25	−25
	拉断伸长率变化率(最大)/%	−30	−30	−30	−30
低温脆性(≤)/℃		−25	−25	−25	−25

5.1.7　耐酸碱橡胶密封件材料

① 用途　制作一般耐硫酸、盐酸、硝酸、氢氧化钠、氢氧化钾的橡胶密封件。

② 分类　按材料的不同，分成 A、B 两类。

③ 标注方法

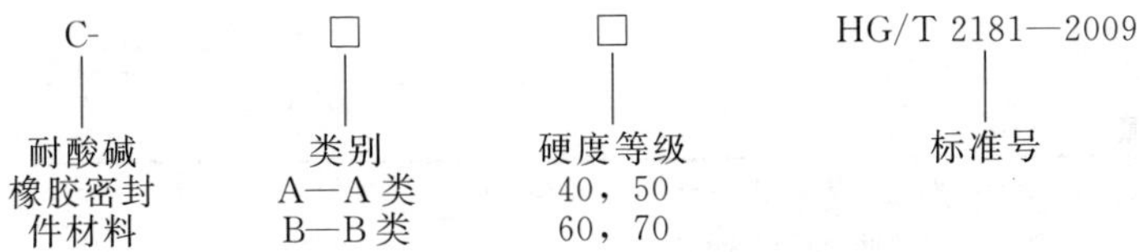

④ 物理性能技术指标　见表 5.21、表 5.22。

表 5.21　A 类橡胶材料物理性能技术指标（HG/T 2181—2009）

项目		指标			
硬度等级		40	50	60	70
硬度(邵尔 A)		36～45	46～55	56～65	66～75
拉伸强度(最小)/MPa		11	11	9	9
拉断伸长率(最小)/%		450	400	300	250
压缩永久变形(B 型试样，70℃[①]×22h，压缩 25%，最大)/%		50	50	45	45
耐热性(70℃[①]×70h)	硬度变化	+10	+10	+10	+10
	拉伸强度变化(最大)/%	−20	−20	−20	−20
	拉断伸长率变化(最大)/%	−25	−25	−25	−25
耐酸性能	20%硫酸[②]，23℃×6d				
	硬度变化	−6～+4	−6～+4	−6～+4	−6～+4
	拉伸强度变化/%	±15	±15	±15	±15
	拉断伸长率变化/%	±15	±15	+15	±15
	体积变化/%	±5	±5	+5	±5
	20%盐酸[②]，23℃×6d				
	硬度变化	−6～+4	−6～+4	−6～+4	−6～+4
	拉伸强度变化/%	±15	±15	+15	±15
	拉断伸长率变化/%	±20	±20	±20	±20
	体积变化/%	±5	±5	±5	±5

续表

项目		指标			
耐碱性能[②]	20%氢氧化钠或氢氧化钾,23℃×6d 硬度变化 拉伸强度变化/% 拉断伸长率变化/% 体积变化/%	 −6～+4 ±15 ±15 ±5	 −6～+4 ±15 ±15 ±5	 −6～+4 ±15 ±15 ±5	 −6～+4 ±15 ±15 ±5
低温脆性(−30℃)		不裂			

① 也可根据所选的胶种采用100℃，一般为70℃。

② 如果密封件接触的介质仅为单纯的酸（或碱），则只需进行本表中的耐酸（或耐碱）性能试验，并应在标记的用途中加以说明。

表 5.22 B类橡胶材料物理性能技术指标（HG/T 2181—2009）

项目		指标	
硬度等级 硬度(邵尔 A) 拉伸强度(最小)/MPa 拉断伸长率(最小)/%		60 56～65 7 250	70 66～75 9 180
压缩永久变形 (B型试样,125℃[①]×22h,压缩25%,最大)/%		40	40
耐热性(125℃[①]×70h)	硬度变化(最大) 拉伸强度变化(最大)/% 拉断伸长率变化(最大)/%	+15 −25 −30	+15 −30 −30
耐酸性能	40%硫酸[②](70℃×6d) 硬度变化 拉伸强度变化(最大)/% 拉断伸长率变化(最大)/% 体积变化/%	 −6～+4 −15 −20 ±5	 −6～+4 −10 −15 ±5
	20%盐酸[②](70℃×6d) 硬度变化 拉伸强度变化(最大)/% 拉断伸长率变化(最大)/% 体积变化/%	 −6～+4 −25 −30 ±15	 −6～+4 −20 −25 ±15
	40%硝酸[②](23℃×6d) 硬度变化 拉伸强度变化(最大)/% 拉断伸长率变化(最大)/% 体积变化/%	 −6～+4 −20 −20 ±5	 −6～+4 −15 −15 ±5

续表

项目		指标	
耐碱性能	40%氢氧化钠或氢氧化钾,70℃×6d 硬度变化 拉伸强度变化(最大)/% 拉断伸长率变化(最大)/% 体积变化/%	 −6～+4 −10 −15 ±5	 −6～+4 −10 −15 ±5
低温脆性[③](−30℃)		不裂	

① 对于氟橡胶采用 200℃。

② 如果密封件接触的介质仅为单纯的酸（或碱），则只需进行本表中的耐酸（或耐碱）性能试验，并应在标记的用途中加以说明。

③ 对于氟橡胶，低温脆性为−20℃不裂。

5.1.8　真空用 O 形橡胶密封圈材料

（1）用途

用于制作真空用 O 形橡胶密封圈。

（2）分类

按橡胶材料在真空状态下放出气体量的大小分为 A、B 两类。

① A 类：用于真空度低于或等于 10^{-3}Pa，使用温度范围一般为−60～250℃，如硅橡胶。

② B 类：用于真空度高于 10^{-3}Pa，并按其耐热、耐油性分为 4 种：

a. B-1：使用温度范围一般为−50～80℃，耐油性较差，如天然橡胶；

b. B-2：使用温度范围一般为−35～100℃，耐油性较好，如丁腈橡胶；

c. B-3：使用温度范围一般为−20～250℃，耐油性好，如氟橡胶；

d. B-4：使用温度范围一般为−30～140℃，耐油性较差，如丁基、乙丙橡胶。

（3）技术指标（表 5.23）

表 5.23　真空用 O 形橡胶密封圈材料的技术指标（HG/T 2333—1992）

项目	A 类指标	B 类			
		B-1	B-2	B-3	B-4
硬度(邵尔 A 型或 IRHD)	50±5	60±5	60±5	70±5	60±5

续表

项目		A类指标	B类			
			B-1	B-2	B-3	B-4
拉伸强度(≥)/MPa		4	12	10	10	10
拉断伸长率(≥)/%		200	300	200	130	300
压缩永久变形(B法，≤)/%	70℃×70h	40	40	—	—	—
	100℃×70h		—	40	—	—
	125℃×70h		—	—	—	40
	200℃×22h		—	—	40	—
密度变化/(mg/m^3)		±0.04	±0.04	±0.04	±0.04	±0.04
低温脆性(不裂温度)/℃		−60	−50	−35	−20	−30
在凡士林中(70℃×24h)体积变化/%		—	—	−2～6	−2～6	—
热空气老化		250℃×70h	70℃×70h	100℃×70h	250℃×70h	125℃×70h
硬度(邵尔A或IRHD)变化		±10	−5～+10	−5～10	0～10	−5～10
拉伸强度变化率降低(≤)/%		30	30	30	25	25
拉断伸长率变化率降低(≤)/%		40	40	40	25	35
出气速率(30min)(≤)/[Pa·L/(s·cm^2)]		4×10^{-3}	1.5×10^{-3}	1.5×10^{-3}	7.5×10^{-4}	2×10^{-4}

5.1.9 燃油用O形橡胶密封圈材料

① 用途　用于制作在石油基燃油系统，−40～100℃下使用的O形橡胶密封圈。

② 标记　由用途和基本物理性能代码组成：

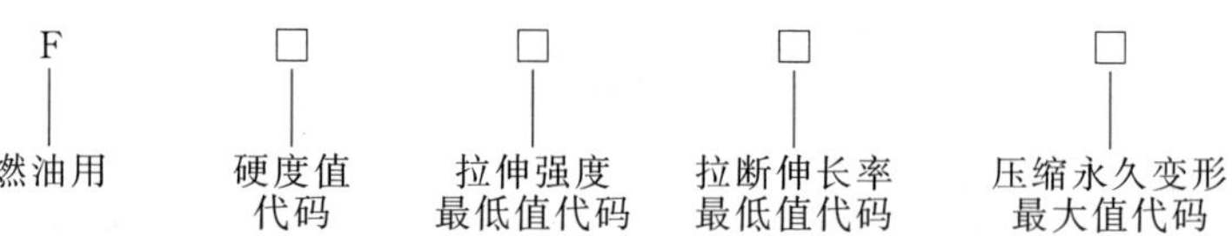

注：上述4个代码值见表5.16。

③ 技术指标　见表5.24。

表5.24　燃油用O形橡胶密封圈材料的技术指标（HG/T 3089—2001）

项目	材料			
	F6364	F7445	F8435	F9424
硬度(IRHD或邵尔A型)	60±5	70±5	80±5	88^{+5}_{-4}

续表

项目	材料			
	F6364	F7445	F8435	F9424
拉伸强度(≥)/MPa	9	10	11	11
拉断伸长率(≥)/%	300	220	150	100
压缩永久变形(B型试样,≤)/%	35	30	30	35
热空气老化 100℃×24h				
硬度(IRHD或邵尔A型)变化	0～10	0～8	0～8	0～8
拉伸强度变化率(≤)/%	－10	－10	－10	－10
拉断伸长率变化率(≤)/%	－30	－30	－30	－30
耐燃油B 常温72h 硬度变化(邵尔A型)	－25～0	－20～0	－20～0	－15～0
耐燃油B 常温72h 体积变化率/%	35	35	30	30
耐燃油B 常温72h 体积变化率①/%	－12	－10	－8	－5
脆性温度(≤)/℃	－40	－40	－35	－30

① 经后处理：100℃×70h干燥。

5.1.10　往复运动橡胶密封圈材料

① 用途　用于制作在普通液压系统耐石油基液压油和润滑油中使用的往复运动橡胶密封圈。

② 分类　根据密封圈材料的不同，分为A、B两类。A类为丁腈橡胶材料，有三个硬度级，五种胶料，工作温度范围为－30～＋100℃；B类为浇注型聚氨酯橡胶材料，有四个硬度等级，四种胶料，工作温度范围－40～＋80℃。

③ 标记方法

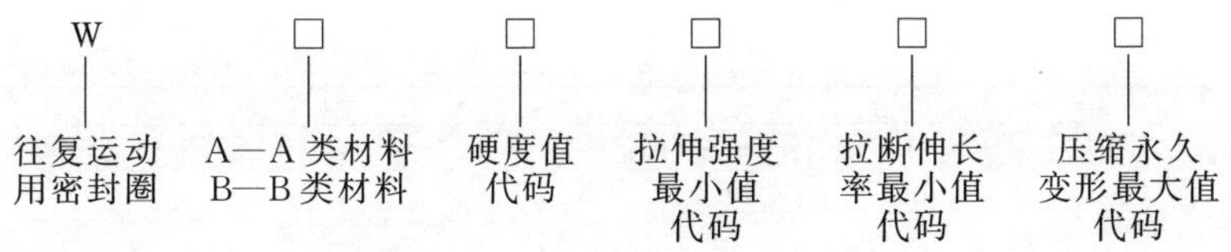

注：上述4个代码值见表5.16。

④ 技术指标　见表5.25、表5.26。

表5.25　A类往复运动用橡胶密封圈材料的技术指标（HG/T 2810—2008）

项目	指标				
	WA7443	WA8533	WA9523	WA9530	WA7453
硬度(邵尔A型或IRHD)	70±5	80±5	88^{+5}_{-4}	88^{+5}_{-4}	70±5

续表

<table>
<tr><td colspan="3" rowspan="2">项目</td><td colspan="5">指标</td></tr>
<tr><td>WA7443</td><td>WA8533</td><td>WA9523</td><td>WA9530</td><td>WA7453</td></tr>
<tr><td colspan="3">拉伸强度(≥)/MPa</td><td>12</td><td>14</td><td>15</td><td>14</td><td>10</td></tr>
<tr><td colspan="3">拉断伸长率(≥)/%</td><td>220</td><td>150</td><td>140</td><td>150</td><td>250</td></tr>
<tr><td colspan="3">压缩永久变形(B 型试样，100℃×70h，≤)/%</td><td>50</td><td>50</td><td>50</td><td>—</td><td>50</td></tr>
<tr><td colspan="3">撕裂强度(≥)/(kN/m)</td><td>30</td><td>30</td><td>35</td><td>35</td><td>—</td></tr>
<tr><td colspan="3">黏合强度(25mm)(≥)/(kN/m)</td><td>—</td><td>—</td><td>—</td><td>—</td><td>3</td></tr>
<tr><td rowspan="3">热空气老化(100℃×70h)</td><td colspan="2">硬度变化≤(IRHD 或度)</td><td colspan="5">+10</td></tr>
<tr><td colspan="2">拉伸强度变化率≤/%</td><td colspan="5">−20</td></tr>
<tr><td colspan="2">拉断伸长率变化率≤/%</td><td colspan="5">−50</td></tr>
<tr><td rowspan="4">耐标准油 100℃×70h</td><td rowspan="2">1#</td><td>硬度变化(IRHD 或度)</td><td colspan="5">−5～10</td></tr>
<tr><td>体积变化率/%</td><td colspan="5">−10～5</td></tr>
<tr><td rowspan="2">3#</td><td>硬度变化/(IRHD 或度)</td><td colspan="5">−10～5</td></tr>
<tr><td>体积变化率/%</td><td colspan="5">0～20</td></tr>
<tr><td colspan="3">脆性温度(≤)/℃</td><td colspan="5">−35</td></tr>
</table>

注：1. WA9530 为防尘密封圈橡胶材料。

2. WA7453 为涂覆织物橡胶材料。

表 5.26 B 类往复运动用橡胶密封圈材料的技术指标（HG/T 2810—2008）

<table>
<tr><td colspan="3" rowspan="2">项目</td><td colspan="4">指标</td></tr>
<tr><td>WB6884</td><td>WB7874</td><td>WB8974</td><td>WB9974</td></tr>
<tr><td colspan="3">硬度(邵尔 A 型或 IRHD)</td><td>60±5</td><td>70±5</td><td>80±5</td><td>88^{+5}_{-4}</td></tr>
<tr><td colspan="3">拉伸强度(≥)/MPa</td><td>25</td><td>30</td><td>40</td><td>45</td></tr>
<tr><td colspan="3">拉断伸长率(≥)/%</td><td>500</td><td>450</td><td>400</td><td>400</td></tr>
<tr><td colspan="3">压缩永久变形(B 型试样，100℃×70h，≤)/%</td><td colspan="2">≤40</td><td colspan="2">≤35</td></tr>
<tr><td colspan="3">撕裂强度(≥)/(kN/m)</td><td>40</td><td>60</td><td>80</td><td>90</td></tr>
<tr><td rowspan="3">热空气老化(70℃×70h)</td><td colspan="2">硬度变化(IRHD 或度)</td><td colspan="4">±5</td></tr>
<tr><td colspan="2">拉伸强度变化率(≤)/%</td><td colspan="4">−20</td></tr>
<tr><td colspan="2">拉断伸长率变化率(≤)/%</td><td colspan="4">−20</td></tr>
<tr><td rowspan="2">耐标准油 70℃×70h</td><td rowspan="2">体积变化率/%</td><td>1#</td><td colspan="4">−5～+10</td></tr>
<tr><td>3#</td><td colspan="4">0～+10</td></tr>
<tr><td colspan="3">脆性温度(≤)/℃</td><td colspan="4">−50</td></tr>
</table>

5.1.11 旋转轴唇形用橡胶密封圈材料

① 分类　有 A、B、C、D 四类。

A 类是以丁腈橡胶为基的三种材料，B 类是以丙烯酸酯橡胶为基的一种材料，C 类是以硅橡胶为基的一种材料，D 类是以氟橡胶为基的两种材料。

② 标记方法

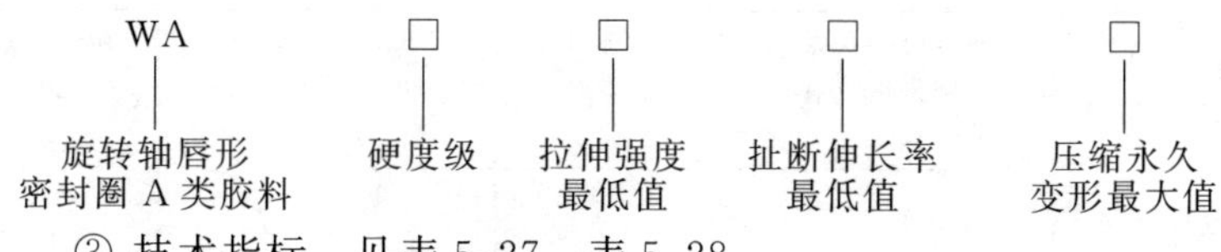

③ 技术指标　见表 5.27、表 5.28。

表 5.27　A、B 类旋转轴唇形用橡胶密封圈材料的技术指标
(HG/T 2811—1996)

项目	指标			
	A 类			B 类
	XA7453	XA8433	XA7441	XB7331
硬度(IRHD 或邵尔 A 型)	70±5	80±5	70±5	70
拉伸强度(≥)/MPa	11	11	11	8
扯断伸长率(≥)/%	250	150	200	150
压缩永久变形(B 型试样，≤)/%	100℃×70h 50	100℃×70h 50	120℃×70h 70	150℃×70h 70
热空气老化	100℃×70h	100℃×70h	120℃×70h	150℃×70h
硬度(IRHD 或邵尔 A 型)变化	0～15	0～15	0～10	0～10
拉伸强度变化率(≤)/%	−20	−20	−20	−40
扯断伸长率变化率(≤)/%	−50	−40	−40	−50
耐液体	100℃×70h	100℃×70h	120℃×70h	150℃×70h
1# 标准油体积变化率/%	−10～+5	−8～+5	−8～+5	−5～+5
3# 标准油体积变化率/%	0～25	0～25	0～25	0～45
脆性温度(≤)/℃	−40	−35	−25	−20

表 5.28　C、D 类旋转轴唇形用橡胶密封圈材料的技术指标
(HG/T 2811—1996)

项目	指标		
	C 类	D 类	
	XC7243	XD7433	XD8423
硬度(IRHD 或邵尔 A 型)	70^{+8}_{-5}	70±5	80±5
拉伸强度(≥)/MPa	6.4	10	11
扯断伸长率(≥)/%	220	150	100
压缩永久变形(B 型试样，≤)/%	50	50	50

续表

项目			指标		
			C类	D类	
			XC7243	XD7433	XD8423
热空气老化(200℃×70h)	硬度(IRHD或邵尔A型)变化 拉伸强度变化率(≤)/% 扯断伸长率变化率(≤)/%		−5～10 −20 −30	0～10 −20 −30	0～10 −20 −30
耐标准油	体积变化率/%	1# 3#	−5～12 —	−3～5 0～15	−3～5 0～15
脆性温度(≤)/℃			−60	−25	−15

5.2 塑料及塑料制品

5.2.1 塑料制品的标志和标识

塑料制品的标志和标识见表5.29。

表5.29 塑料制品的标志和标识（GB/T 16288—2008）

代号	标识	主要材料	应用场合	特性	注
01	1 PETE	PET(E)(聚对苯二甲酸乙二醇酯)	软饮料瓶(盖)，调味品(番茄酱，沙拉酱，花生酱)容器	耐热至70℃	不能循环使用装热水(10个月后可能释放出致癌物)
02	2 HDPE	HDPE(高密度聚乙烯)	香波，厨房清洁剂，洗涤液容器，塑料花盆	耐热至110℃	通常不好清洗，残留原有的清洁用品最好不要循环使用
03	3 PVC	PVC(聚氯乙烯)	鲜食品袋，电线的绝缘皮，落水管道，水管，磁带盒，CD盒，信用卡	不能受热	在遇到高温和油脂时容易析出，有毒物随食物进入人体后，容易致癌
04	4 LDPE	LDPE(低密度聚乙烯)	保鲜膜、塑料膜，冷冻食品袋，软蜂蜜瓶，面包包装袋，废纸篓	耐热至110℃	不能用保鲜膜包裹含油脂的食物在微波炉加热，以免有害物质释放
05	5 PP	PP(聚丙烯)	纸巾盒子，白色药瓶，微波炉餐盒	耐热至130℃	微波炉餐盒在小心清洁后，可重复使用(不能带06号PS材料盒盖)

续表

代号	标识	主要材料	应用场合	特性	注
06	6 PS	PS（聚苯乙烯）	尺子，证件套，泡沫塑料，蛋盒，碗装泡面盒，发泡快餐盒	透明度好，耐热抗寒	不能用微波炉加热；不能用于盛装强酸（柳橙汁等）、强碱性物质
07	7 OTHER	PC 及其他类	奶瓶、太空杯，最好不用它来作盛热水的容器	可能有残留双酚 A	不高温清洗；第一次使用前用温小苏打水清洗，室温晾干；不用破损或老化器具

5.2.2　常用热塑性塑料

常用热塑性塑料有很多种，这里介绍聚氯乙烯、聚乙烯、聚丙烯、聚苯乙烯、苯乙烯共聚物、苯乙烯改性聚甲基丙烯酸甲酯、尼龙 1010、玻纤增强尼龙 1010、尼龙 6、玻纤增强尼龙 6、尼龙 66、玻纤增强尼龙 66、尼龙 610、玻纤增强尼龙 610、尼龙 9、尼龙 11、聚甲醛、聚碳酸酯、氯化聚醚、聚砜、聚苯醚、聚四氟乙烯、聚三氟氯乙烯、聚偏二氟乙烯、醋酸纤维素、聚酰亚胺等的主要性能，见表 5.30。

表 5.30　常用热塑性塑料的主要性能

性能＼型号		聚氯乙烯		聚乙烯		聚丙烯	
		硬	软	高密度	低密度	纯	玻纤增强
密度/(g/cm³)		1.35～1.45	1.16～1.35	0.94～0.97	0.91～0.93	0.90～0.91	1.04～1.05
比体积/(cm³/g)		0.69～0.74	0.74～0.86	1.03～1.06	1.08～1.10	1.10～1.11	—
吸水率(24h)/%		0.07～0.4	0.15～0.75	<0.01	<0.01	0.01～0.03	0.05
收缩率/%		0.6～1.0	1.5～2.5	1.5～3.0	—	1.0～3.0	0.4～0.8
熔点/℃		160～212	110～160	105～137	105～125	170～176	170～180
热变形温度/℃	0.46MPa	67～82	—	60～82	—	102～115	127
	0.185MPa	54	—	48	—	56～67	—
抗拉屈服强度/MPa		35.2～50	10.5～24.6	22～39	7～19	37	78～90

续表

性能 \ 型号		聚氯乙烯		聚乙烯		聚丙烯	
		硬	软	高密度	低密度	纯	玻纤增强
拉伸弹性模量/GPa		2.4～4.2	—	0.84～0.95	—	—	—
抗弯强度/MPa		≥90	—	20.8～40	25	67.5	132
冲击强度/(kJ/m²)	无缺口	—	—	不断	不断	78	51
	有缺口	58	—	65.5	48	3.5～4.8	14.1
硬度	布氏	16.2	—	2.07	—	8.65	9.1
	洛氏	R110～120	—	—	—	—	
体积电阻率/($10^{12}\Omega\cdot m$)		0.677	0.671	10～100	>100	>100	—
击穿强度/(kV/mm)		26.5	26.5	17.7～19.7	18.1～27.5	30	—

性能 \ 型号		聚苯乙烯			苯乙烯共聚物		
		一般型	抗冲击型	20%～30%玻纤增强	AS(无填料)	ABS	20%～40%玻纤增强
密度/(g/cm³)		1.04～1.06	0.98～1.10	1.20～1.33	1.08～1.10	1.02～1.16	1.23～1.36
比体积/(cm³/g)		0.94～0.96	0.91～1.02	0.75～0.83	—	0.86～0.98	—
吸水率(24h)/%		0.03～0.05	0.1～0.3	0.05～0.07	0.2～0.3	0.2～0.4	0.18～0.4
收缩率/%		0.5～0.6	0.3～0.6	0.3～0.5	0.2～0.7	0.4～0.7	0.1～0.2
熔点/℃		131～165	—	—	—	130～160	—
热变形温度/℃	0.46MPa	—	—	—	—	90～108	104～121
	0.185MPa	65～96	64～92.5	82～112	88～104	83～103	99～116
抗拉屈服强度/MPa		35～63	14～48	77～106	63～84.4	50	59.8～133.6
拉伸弹性模量/GPa		2.8～3.5	1.4～3.1	3.23	2.81～3.94	1.8	4.1～7.2
抗弯强度/MPa		61～98	35～70	70～119	98.5～133.6	80	112.5～189.9

续表

性能 \ 型号		聚苯乙烯			苯乙烯共聚物		
		一般型	抗冲击型	20%～30%玻纤增强	AS(无填料)	ABS	20%～40%玻纤增强
冲击强度/(kJ/m²)	无缺口	—	—	—	—	261	—
	有缺口	0.54～0.86	1.1～23.6	0.75～13	—	11	—
硬度	布氏	—	—	—	—	9.7	—
	洛氏	M65～80	M20～30	M65～90	M80～90	R121	M65～100
体积电阻率/($10^{12}\Omega\cdot m$)		>100	>100	1～1000	>100	690	—
击穿强度/(kV/mm)		19.7～27.5	—	—	15.7～19.7	—	—

性能 \ 型号		苯乙烯改性聚甲基丙烯酸甲酯(372)	聚酰胺				
			尼龙1010	30%玻纤增强尼龙1010	尼龙 6	30%玻纤增强尼龙6	尼龙 66
密度/(g/cm³)		1.12～1.16	1.04	1.19～1.30	1.10～1.15	1.21～1.35	1.10
比体积/(cm³/g)		0.86～0.89	0.96	0.77～0.84	0.87～0.91	0.74～0.83	0.91
吸水率(24h)/%		0.2	0.2～0.4	0.4～1.0	1.6～3.0	0.9～1.3	0.9～1.6
收缩率/%		—	1.3～2.3(纵) 0.7～1.7(横)	0.3～0.6	0.6～1.4	0.3～0.7	1.5
熔点/℃		—	205	—	210～225	—	250～265
热变形温度/℃	—		148	—	140～176	216～264	149～176
	0.185MPa	85～99	55	—	80～120	204～259	82～121
抗拉屈服强度/MPa		63	62	174	70	164	89.5
拉伸弹性模量/GPa		3.5	1.8	8.7	2.6	—	1.25～2.88
抗弯强度/MPa		113～130	88	208	96.9	227	126

续表

性能＼型号		苯乙烯改性聚甲基丙烯酸甲酯(372)	聚酰胺 尼龙1010	30%玻纤增强尼龙1010	尼龙6	30%玻纤增强尼龙6	尼龙66
冲击强度/(kJ/m²)	无缺口	0.71～1.1	不断	84	不断	80	49
	有缺口		25.3	18	11.8	15.5	6.5
硬度	布氏	M70～85	9.75	13.6	11.6	14.5	12.2
	洛氏		—	—	M85～114	—	R100～118
体积电阻率/($10^{12}\Omega\cdot m$)		>1	15	67	170	47.7	4.2
击穿强度/(kV/mm)		15.7～17.7	20	>20	>20	—	>15

性能＼型号		聚酰胺 30%玻纤增强尼龙66	尼龙610	40%玻纤增强尼龙610	尼龙9	尼龙11	聚甲醛
密度/(g/cm³)		1.35	1.07～1.13	1.38	1.05	1.04	1.41
比体积/(cm³/g)		0.74	0.88～0.93	0.72	0.95	0.96	0.71
吸水率(24h)/%		0.5～1.3	0.4～0.5	0.17～0.28	0.15	0.5	0.12～0.15
收缩率/%		0.2～0.8	1.0～2.0	0.2～0.6	1.5～2.5	1.0～2.0	1.5～3.0
熔点/℃		—	215～225	—	210～215	186～190	180～200
热变形温度/℃	0.46MPa	262～265	149～185	215～226	—	68～150	158～174
	0.185MPa	245～262	57～100	200～225	—	47～55	110～157
抗拉屈服强度/MPa		146.5	75.5	210	55.6	54	69
拉伸弹性模量/GPa		6.02～12.6	2.3	11.4	—	1.4	2.5
抗弯强度/MPa		215	110	281	90.8	101	104
冲击强度/(kJ/m²)	无缺口	76	82.6	103	不断	56	202
	有缺口	17.5	15.2	38	—	15	15
硬度	布氏	15.6	9.52	14.9	8.31	7.5	11.2
	洛氏	M94	M90～113	—	—	R100	M78

续表

性能 \ 型号	聚酰胺					聚甲醛
	30%玻纤增强尼龙66	尼龙610	40%玻纤增强尼龙610	尼龙 9	尼龙 11	
体积电阻率/($10^{12}\Omega\cdot m$)	50	370	1	44.4	16	1.87
击穿强度/(kV/mm)	16.4～20.2	15～25	23	>15	>15	18.6

性能 \ 型号		聚碳酸酯		氯化聚醚	聚砜		
		纯	20%～30%短玻纤增强		纯	30%玻纤增强	聚芳砜
密度/(g/cm^3)		1.20	1.34～1.35	1.4～1.41	1.24	1.34～1.40	1.37
比体积/(cm^3/g)		0.83	0.74～0.75	0.71	0.80	0.71～0.75	0.73
吸水率(24h)/%		0.15①	0.09～0.15	<0.01	0.12～0.22	<0.1	1.8
收缩率/%		0.5～0.7	0.05～0.5	0.4～0.8	0.5～0.6	0.3～0.4	0.5～0.8
熔点/℃		225～250	235～245	178～182	250～280	—	—
热变形温度/℃	0.46MPa	132～141	146～149	141	132	191	—
	0.185MPa	132～138	140～145	100	174	185	—
抗拉屈服强度/MPa		72	84	32	82.5	>103	98.3
拉伸弹性模量/GPa		2.3	6.5	1.1	2.5	3.0	—
抗弯强度/MPa		113	134	49	104	>180	154
冲击强度/(kJ/m^2)	无缺口	不断	57.8	不断	202	46	102
	有缺口	55.8～90	10.7	10.7	15	10.1	17
硬度	布氏	11.4	13.5	4.2	12.7	14	14
	洛氏	M75	—	R100	M69～120	—	R110
体积电阻率/($10^{12}\Omega\cdot m$)		3060	1000	156	946	>100	1100
击穿强度/(kV/mm)		17～22	22	16.4～20.2	16.1	20	29.7

续表

性能＼型号		聚苯醚	氟塑料			醋酸纤维素	聚酰亚胺（包封级）
			聚四氟乙烯	聚三氟氯乙烯	聚偏二氟乙烯		
密度/(g/cm^3)		1.06～1.07	2.1～2.2	2.11～2.3	1.76	1.23～1.34	1.55
比体积/(cm^3/g)		0.93～0.94	0.45～0.48	0.43～0.47	0.57	0.75～0.81	—
吸水率(24h)/%		0.06	0.005	0.005	0.04	1.9～6.5	0.11
收缩率/%		0.4～0.7	3.1～7.7	1～2.5	2.0	0.3～0.42	0.3
熔点/℃		300	327	260～280	204～285	—	—
热变形温度/℃	0.46MPa	186～204	121～126	130	150	49～76	288
	0.185MPa	175～193	120	75	90	44～88	288
抗拉屈服强度/MPa		87	14～25	32～40	46～49.2	13～55(断)	18.3
拉伸弹性模量/GPa		2.5	0.4	1.1～1.3	0.84	0.46～2.8	—
抗弯强度/MPa		140	11～14	55～70	—	14～110	70.3
冲击强度/(kJ/m^2)	无缺口	100	不断	—	160	—	—
	有缺口	13.5	16.4	13～17	20.3	0.86～11.7	—
硬度	布氏	13.3	—	9～13	—	—	—
	洛氏	R118～123	R58	—	—	R35～125	—
体积电阻率/($10^{12}\Omega\cdot m$)		2000	>10000	>1000	2	10^{-4}～1.0	8
击穿强度/(kV/mm)		16～20.5	25～40	19.7	10.2	11.8～23.6	28.5

① 23℃，相对湿度（RH）50%时。

5.2.3 常用热固性塑料

常用热固性塑料的品种也很多，这里介绍R121、R126、R128、D131、D133、D135、D138、D141、D144、D145、D151、U501、U601、U165、U2101、U8101、U2301、P2301、P3301、P7301、P2701、Y2304、A1501、S5802、H161、E631、E431、

E731、J1503、J8603、M441、M4602、M5802、H161-Z、H1601-Z、D151-Z、T171、T661、塑 33-3、塑 33-5、MP-1、A1、A2、DAP、4520、KH-612 等的主要性能，见表 5.31。

表 5.31　常用热固性塑料的主要性能

性能＼型号	R121 R126 R128 等	D131 D133 D135	D138	D141 D144 D145	D151	D161	U501 U601
颜色	黑、棕	黑、棕	黑、棕	黑、棕	黑、棕	红、绿	黑、棕
密度(≤)/(g/cm³)	1.50	1.50	1.50	1.45	1.40	1.50	1.45
比体积(≤)/(cm³/g)	<2.0	2.0	2.0	2.0	2.0	2.0	2.0
收缩率/%	0.5～1.0	0.5～1.0	0.5～1.0	0.5～1.0	0.5～1.0	0.5～1.0	0.5～1.0
吸水性(≤)/(mg/cm²)	—	0.8	0.8	0.8	0.7	0.8	0.5
拉西格流动性/mm	100～190	80～180	100～180	80～180	80～180	80～180	100～200
马丁耐热性(≥)/℃	—	120	120	120	120	120	115
冲击强度(≥)/(kJ/m²)	5	6	6	6	6	6	5
抗弯强度(≥)/MPa	60	70	70	70	70	70	65
表面电阻率(≥)/(10⁹Ω·cm)	—	1	1	1	1	1	5
体积电阻率(≥)/(10⁹Ω·cm)	—	0.1	0.1	0.1	0.1	1	5
击穿强度(≥)/(kV/cm)	—	12	12	12	12	10	13

性能＼型号	U165	U2101 U8101	U2301	P2301	P3301	P7301	P2701	Y2304
颜色	黑、棕	本	本	本、褐	本	本、黑	本、黑	本
密度(≤)/(g/cm³)	1.40	2.0	2.0	1.90	1.85	1.95	1.60	1.90
比体积(≤)/(cm³/g)	2.8	—	—	—	—	—	—	—
收缩率/%	0.5～1.0	—	0.4～0.9	0.3～0.7	0.2～0.5	0.3～0.7	0.5～0.9	0.4～0.7
吸水性(≤)/(mg/cm²)	0.8	—	0.25	0.25	0.25	0.25	0.25	0.25
拉西格流动性/mm	80～180	80～180	80～180	80～180	80～180	80～180	80～180	100～200
马丁耐热性(≥)/℃	110	130	140	140	140	150	140	125
冲击强度(≥)/(kJ/m²)	5	3	3	6	2	3	4	6
抗弯强度(≥)/MPa	65	—	—	80	40	50	55	90
表面电阻率(≥)/(10⁹Ω·cm)	100	100	100	100	100	1	100	1

续表

型号 性能	U165	U2101 U8101	U2301	P2301	P3301	P7301	P2701	Y2304
体积电阻率(≥)/($10^9\Omega \cdot cm$)	50	100	100	100	100	1	100	1
击穿强度(≥)/(kV/cm)	13	12	13	12	12	12	12	16

型号 性能	A1501	S5802	H161	E631 E431	E731	J1503	J8603	M441
颜色	黑、棕	黑、棕	黑、棕 红、绿	黑、棕	黑	黑、褐	黑	黑
密度(≤)/(g/cm^3)	1.45	1.60	1.50	1.70	1.80	1.45	1.60	1.80
比体积(≤)/(cm^3/g)	2.0	—	2.0	2.0	—	2.0	—	—
收缩率/%	0.5～1.0	0.4～0.8	0.5～0.9	0.2～0.6	—	0.5～1.0	0.5～0.9	—
吸水性(≤)/(mg/cm^2)	0.8	0.3	0.4	0.5	0.2	0.8	0.3	0.20
拉西格流动性/mm	80～180	100～200	100～190	80～180	160	100～200	100～190	100～180
马丁耐热性(≥)/℃	120	120	125	140	140	125	125	150
冲击强度(≥)/(kJ/m^2)	5.5	6	6	4.5	2.5	8	8	1
抗弯强度(≥)/MPa	65	65	70	60	—	60	60	70
表面电阻率(≥)/($10^9\Omega \cdot cm$)	100	10	10	1	1	10	10	—
体积电阻率(≥)/($10^9\Omega \cdot cm$)	50	1	1	0.1	0.1	1	1	—
击穿强度(≥)/(kV/cm)	13	13	13	12	12	12	13	—

型号 性能	M4602	M5802	H161-Z	H1601-Z	D151-Z	T171	T661	塑 33-3	塑 33-5
颜色	本	黑	黑	黑、棕	黑	黑、绿	本	蓝、灰	蓝、灰
密度(≤)/(g/cm^3)	1.90	1.50	1.45	1.45	1.45	1.45	1.65	1.80	2.10
比体积(≤)/(cm^3/g)	—	—	2.0	2.0	2.0	—	—	2.0	—
收缩率/%	—	0.4～0.8	0.6～1.0	0.6～1.0	0.6～1.0	0.6～1.0	0.5～0.9	0.4～0.8	0.2～0.6
吸水性(≤)/(mg/cm^2)	0.50	0.30	0.40	0.40	0.70	0.50	0.40	1.00	0.80
拉西格流动性/mm	80～200	100～200	>200 余料 0.1～0.5g			140	120～200		120～190
马丁耐热性(≥)/℃	—	110	125	125	120	120	125	140	150

续表

性能＼型号	M4602	M5802	H161-Z	H1601-Z	D151-Z	T171	T661	塑 33-3	塑 33-5
冲击强度(≥)/(kJ/m²)	3.5	5	6	6	6	6	6	4.5	2.5
抗弯强度(≥)/MPa	—	55	70	70	70	70	70	70	50
表面电阻率(≥)/($10^9\Omega\cdot cm$)	—	—	10	10	1	—	—	10	10
体积电阻率(≥)/($10^9\Omega\cdot cm$)	—	—	1	1	0.1	—	—	10	10
击穿强度(≥)/(kV/cm)	—	—	13	13	12	—	—	12	12

性能＼型号	MP-1	A1(脲甲醛塑料)		A2(半透明脲甲醛塑料粉)	聚邻苯二甲酸二丙烯酯(DAP)		4520(有机硅塑料粉)	KH-612(硅酮塑料)
		粉	粒		D100(长玻纤增强)	D200(短玻纤增强)		
颜色	蓝、灰	—	—	—	—	—	—	—
密度(≤)/(g/cm³)	2.0	1.5	1.5	1.5	17	1.7	1.85	2.03
比体积(≤)/(cm³/g)		3.0	2.0	3.0	—	—	—	—
收缩率/%	0.1～0.4	0.4～0.8	0.4～0.8	0.4～0.8	0.1～0.3	0.4～0.8	0.5	0.76①
吸水性(≤)/(mg/cm²)	0.40	0.50	0.50	—	—	—	—	—
拉西格流动性/mm	—	140～200	140～200	140～200	好	好	100～160	30
马丁耐热性(≥)/℃	180	100	100	100	90	—	130～190	—
冲击强度(≥)/(kJ/m²)	15	8	7	7	35	20	—	—
抗弯强度(≥)/MPa	80	90	90	90	80	70～100	—	—
表面电阻率(≥)/($10^9\Omega\cdot cm$)	1	1	1	—	15	1.2×10^5	—	—
体积电阻率(≥)/($10^9\Omega\cdot cm$)	0.1	1	1	—	3.87×10^4	5.5×10^4	—	—
击穿强度(≥)/(kV/cm)	≥11	≥10	≥10	—	13	15	—	—

① 成形后。

5.2.4　给水用聚乙烯（PE）管

（1）用途

适用于输水温度≤45℃，最大工作压力≤2.0MPa 的一般用途的压力输水和饮用水输配的聚乙烯管道系统。

（2）分类

按照管材类型分，有单层实壁管材和在单层实壁管材外壁包覆可剥离热塑性防护层的管材。

（3）规格

① 管材长度：一般为 6m、9m、12m（也可由供需双方商定，不应有负偏差）。

② 公称外径系列和公称壁厚：见表 5.32。

表 5.32 公称外径系列和公称壁厚（GB/T 13663.2—2018）

公称外径 d_n	公称壁厚 e_n/mm							
	标准尺寸比							
	SDR9	SDR11	SDR13.6	SDR17	SDR21	SDR26	SDR33	SDR41
	管系列							
	S4	S5	S6.3	S8	S10	S12.5	S16	S20
	PE80 级公称压力/MPa							
	1.6	1.25	1.0	0.8	0.6	0.5	0.4	0.32
	PE100 级公称压力/MPa							
	2.0	1.6	1.25	1.0	0.8	0.6	0.5	0.4
16	2.3	—	—	—	—	—	—	—
20	2.3	2.3	—	—	—	—	—	—
25	3.0	2.3	2.3	—	—	—	—	—
32	3.6	3.0	2.4	2.3	—	—	—	—
40	4.5	3.7	3.0	2.4	2.3	—	—	—
50	5.6	4.6	3.7	3.0	2.4	2.3	—	—
63	7.1	5.8	4.7	3.8	3.0	2.5	—	—
75	8.4	6.8	5.6	4.5	3.6	2.9	—	—
90	10.1	8.2	6.7	5.4	4.3	3.5	—	—
110	12.3	10.0	8.1	6.6	5.3	4.2	—	—
125	14.0	11.4	9.2	7.4	6.0	4.8	—	—
140	15.7	12.7	10.3	8.3	6.7	5.4	—	—
160	17.9	14.6	11.8	9.5	7.7	6.2	—	—
180	20.1	16.4	13.3	10.7	8.6	6.9	—	—
200	22.4	18.2	14.7	11.9	9.6	7.7	—	—
225	25.2	20.5	16.6	13.4	10.8	8.6	—	—
250	27.9	22.7	18.4	14.8	11.9	9.6	—	—
280	31.3	25.4	20.5	16.6	13.4	10.7	—	—
315	35.2	28.6	23.2	18.7	15.0	12.1	9.7	7.7
355	39.7	32.2	26.1	21.1	16.9	13.6	10.9	8.7
400	44.7	36.3	29.4	23.7	19.1	15.3	12.3	9.8
450	50.3	40.9	33.1	26.7	21.5	17.2	13.8	11.0
500	55.8	45.4	36.8	29.7	23.9	19.1	15.3	12.3

续表

公称外径 d_n	公称壁厚 e_n/mm							
	标准尺寸比							
	SDR9	SDR11	SDR13.6	SDR17	SDR21	SDR26	SDR33	SDR41
	管系列							
	S4	S5	S6.3	S8	S10	S12.5	S16	S20
	PE80 级公称压力/MPa							
	1.6	1.25	1.0	0.8	0.6	0.5	0.4	0.32
	PE100 级公称压力/MPa							
	2.0	1.6	1.25	1.0	0.8	0.6	0.5	0.4
560	62.5	50.8	41.2	33.2	26.7	21.4	17.2	13.7
630	70.3	57.2	46.3	37.4	30.0	24.1	19.3	15.4
710	79.3	64.5	52.2	42.1	33.9	27.2	21.8	17.4
800	89.3	72.6	58.8	47.4	38.1	30.6	24.5	19.6
900	—	81.7	66.2	53.3	42.9	34.4	27.6	22.0
1000	—	90.2	72.5	59.3	47.7	38.2	30.6	24.5
1200	—	—	88.2	67.9	57.2	45.9	36.7	29.4
1400	—	—	102.9	82.4	66.7	53.5	42.9	34.3
1600	—	—	117.6	94.1	76.2	61.2	49.0	39.2
1800	—	—	—	105.9	85.7	69.1	54.5	43.8
2000	—	—	—	117.6	95.2	76.9	60.6	48.8
2250	—	—	—	—	107.2	86.0	70.0	55.0
2500	—	—	—	—	119.1	95.6	77.7	61.2

注：公称压力按照 C=1.25 计算。

5.2.5　给水用低密度聚乙烯管

① 用途　主要用于输送水温在 40℃以下，公称压力不大于 0.6MPa 的给水用管。

② 长度　直管一般为 6m、9m、12m；盘管展开长度由供需双方商定（盘架直径应不小于管材外径的 18 倍）。

③ 规格　见表 5.33。

表 5.33　给水用低密度聚乙烯管材规格（QB/T 1930—2006）

公称外径 d_n /mm	公称压力/MPa			公称外径 d_n /mm	公称压力/MPa		
	PN0.25	PN0.4	PN0.6		PN0.25	PN0.4	PN0.6
	公称壁厚/mm				公称壁厚/mm		
16	0.8	1.2	1.8	50	2.4	3.7	5.4
20	1.0	1.5	2.2	63	3.0	4.7	6.8
25	1.2	1.9	2.7	75	3.6	5.6	8.1
32	1.6	2.4	3.5	90	4.3	6.7	9.7
40	1.9	3.0	4.3	110	5.3	8.1	11.8

5.2.6 冷热水用交联聚乙烯管

① 用途　用于建筑物内冷热水管道系统，包括工业及民用冷热水、饮用水和采暖系统等（不适用于灭火系统和非水介质的流体输送系统）。

② 分类　有三种方法：

a. 按交联工艺分，有过氧化物交联聚乙烯（PE-X_a）管、硅烷交联聚乙烯（PE-X_b）管、电子束交联聚乙烯（PE-X_c）管和偶氮交联聚乙烯（PE-X_d）管。

b. 按尺寸分，有 S6.3、S5、S4、S3.2 四个管系列。

c. 按使用条件级别分，有级别 1、级别 2、级别 4、级别 5 四个级别。

③ 规格　见表 5.34。

表 5.34　冷热水用交联聚乙烯管规格（GB/T 18992—2003）　mm

公称外径 d_n	平均外径		最小壁厚 e_{min}			
	$d_{em.min}$	$d_{em.max}$	S6.3	S5	S4	S3.2
16	16.0	16.3	1.8	1.8	1.8	2.2
20	20.0	20.3	1.9	1.9	2.3	2.8
25	25.0	25.3	1.9	2.3	2.8	3.5
32	32.0	32.3	2.4	2.9	3.6	4.4
40	40.0	40.4	3.0	3.7	4.5	5.5
50	50.0	50.5	3.7	4.6	5.6	6.9
63	63.0	63.6	4.7	5.8	7.1	8.6
75	75.0	75.7	5.6	6.8	8.4	10.3
90	90.0	90.9	6.7	7.6	10.1	12.3
110	110.0	111.0	8.1	8.1	12.3	15.1
125	125.0	126.2	9.2	9.2	14.0	17.1
140	140.0	141.3	10.3	10.3	15.7	19.2
160	160.0	161.5	11.8	11.8	17.9	21.9

注：此管分为 4 个系列：S6.3、S5、S4 和 S3.2，与公称压力 PN 的关系是：

管系列			S6.3	S5	S4	S3.2
公称压力 PN /MPa	使用系数 C	1.25	1.0	1.25	1.6	2.0
		1.5	1.0	1.25	1.25	1.6

5.2.7 冷热水用聚丙烯管

① 用途　用于建筑物内饮用水和采暖管道系统等冷热水管道。

② 分类　按聚丙烯混配料，分为β晶型 PP-H、PP-B、PP-R、PP-RCT 管材；按管系列分为 S6.3、S5、S4、S3.2、S2.5、S2。

③标记方法

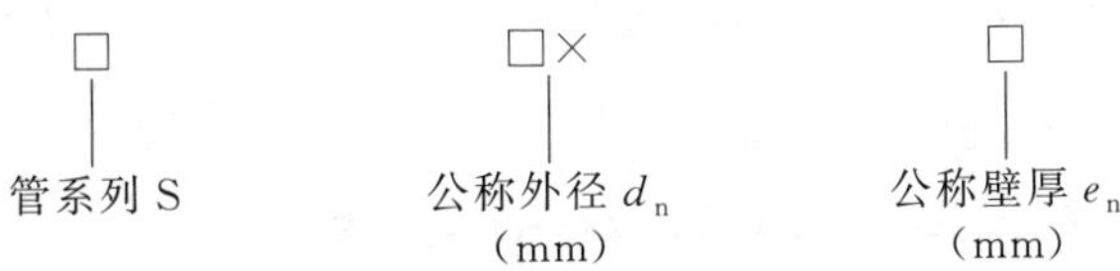

例：管系列 S5，公体外径为 32mm、公称壁厚为 2.9mm，则表示为：

$$S5\quad d_n32\times e_n2.9$$

④ 规格　见表 5.35。

表 5.35　冷热水用 PP 管的规格（GB/T 18742.2—2017）

公称外径 d_n	平均外径		公称壁厚 e_n					
			管系列					
	$d_{em,min}$	$d_{em,max}$	S6.3[①]	S5	S4	S3.2	S2.5	S2
16	16.0	16.3	—	—	2.0	2.2	2.7	3.3
20	20.0	20.3	—	2.0	2.3	2.8	3.4	4.1
25	25.0	25.3	2.0	2.3	2.8	3.5	4.2	5.1
32	32.0	32.3	2.4	2.9	3.6	4.4	5.4	6.5
40	40.0	40.4	3.0	3.7	4.5	5.5	6.7	8.1
50	50.0	50.5	3.7	4.6	5.6	6.9	8.3	10.1
63	63.0	63.6	4.7	5.8	7.1	8.6	10.5	12.7
75	75.0	75.7	5.6	6.8	8.4	10.3	12.5	15.1
90	90.0	90.9	6.7	8.2	10.1	12.3	15.0	18.1
110	110.0	111.0	8.1	10.0	12.3	15.1	18.3	22.1
125	125.0	126.2	9.2	11.4	14.0	17.1	20.8	25.1
140	140.0	141.3	10.3	12.7	15.7	19.2	23.3	28.1
160	160.0	161.5	11.8	14.6	17.9	21.9	26.6	32.1
180	180.0	181.7	13.3	16.4	20.1	24.6	29.0	36.1
200	200.0	201.8	14.7	18.2	22.4	27.4	33.2	40.1

① 仅适用于β晶型 PP-RCT 管材。

5.2.8　喷灌用低密度聚乙烯管

① 用途　主要用于喷灌、排灌及其他水利、水电等。

② 分类　按工作压力等级分，有 0.4MPa 和 0.6MPa。

③ 规格　直管每根不小于 5m，盘卷每卷质量为 30～50kg。

④ 标记方法：

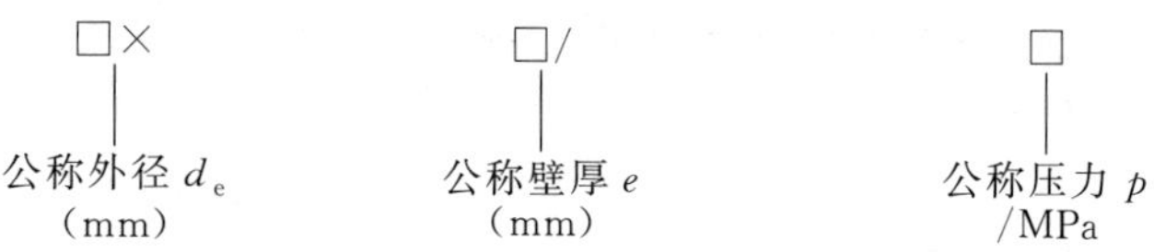

⑤ 直径、壁厚　见表 5.36。

表 5.36　低密度聚乙烯管材公称直径、壁厚（QB/T 3803—1999）

mm

公称外径	压力等级/MPa		公称外径	压力等级/MPa	
	0.4	0.6		0.4	0.6
20	2.0	2.0	90	5.3	8.2
25	2.0	2.3	110	6.5	10.0
32	2.0	2.9	125	7.4	11.4
40	2.0	3.7	140	8.3	12.8
50	3.0	4.6	160	9.5	14.6
63	3.8	5.8	180	10.6	16.4
75	4.5	6.9	200	11.8	18.2

注：壁厚是温度为 20℃，环向（诱导）应力为 2.5MPa 时确定的。

5.2.9　喷灌用聚丙烯管

① 用途　用于地埋输出灌溉用水。

② 分级　据承受压力的高低，有 0.25、0.40、0.63 和 1.00 四级。

③ 规格（SL/T 96.3—1994）　长度定尺为 4m、5m、6m（也可由供需双方协商）；公称外径系列为 20mm，25mm，32mm，40mm，50mm，63mm，75mm，90mm，110mm，125mm，140mm，160mm，180mm，200mm，225mm，250mm，280mm，315mm。

④ 标记方法

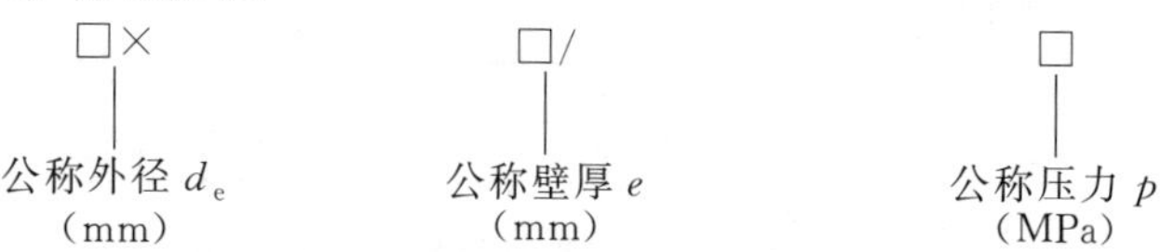

5.2.10　燃气用埋地聚乙烯管

（1）用途

用于工作温度在 −20～40℃，最大工作压力不大于 0.4MPa，埋地的输送燃气（煤气、石油气等）用管材。

（2）规格

① 长度　直管长度一般为 6m、9m、12m，也可由供需双方商定；盘管长度可在盘卷上标明（盘卷的最小内径应不小于 18d）。

② 外径和壁厚　见表 5.37。

表 5.37　管材平均外径和最小壁厚（GB/T 15558.1—2015）mm

公称外径 d_n	最小平均外径 $d_{em\ min}$	最大平均外径 $d_{em\ max}$		最小壁厚 $e_{y\ min}$ ①			
		等级 A	等级 B	SDR11②	SDR17②	SDR21③	SDR26③
16	16	—	16.3	3.0	—	—	—
20	20	—	20.3	3.0	—	—	—
25	25	—	25.3	3.0	—	—	—
32	32	—	32.3	3.0	3.0	—	—
40	40	—	40.4	3.7	3.0	—	—
50	50	—	50.4	4.6	3.0	3.0	—
63	63	—	63.4	5.8	3.8	3.0	—
75	75	—	75.5	6.8	4.5	3.6	3.0
90	90	—	90.6	8.2	5.4	4.3	3.5
110	110	—	110.7	10.0	6.6	5.3	4.2
125	125	—	125.8	11.4	7.4	6.0	4.8
140	140	—	140.9	12.7	8.3	6.7	5.4
160	160	—	161	14.6	9.5	7.7	6.2
180	180	—	181.1	16.4	10.7	8.6	6.9
200	200	—	201.2	18.2	11.9	9.6	7.7
225	225	—	226.4	20.5	13.4	10.8	8.6
250	250	—	251.5	22.7	14.8	11.9	9.6
280	280	282.6	281.7	25.4	16.6	13.4	10.7
315	315	317.9	316.9	28.6	18.7	15.0	12.1
355	355	358.2	357.2	32.2	21.1	16.9	13.6
400	400	403.6	402.4	36.4	23.7	19.1	15.3
450	450	454.1	452.7	40.9	26.7	21.5	17.2
500	500	504.5	503	45.5	29.7	23.9	19.1
560	560	565	563.4	50.9	33.2	26.7	21.4
630	630	635.7	633.8	57.3	37.4	30.0	24.1

① $e_{min}=e$。

② 首选系列。

③ SDR 21 和 SDR 26 常用于非开挖管道修复。

注：直径＜40mm、SDR17.6 和直径＜32mm、SDR11 的管材以壁厚表征；直径≥40mm、SDR17.6 和直径≥32mm、SDR11 的管材以 SDR 表征。

5.2.11 压缩空气用织物增强热塑性塑料软管

（1）用途

用于输送工作温度为−10～55℃范围内的压缩空气。

（2）分类

根据其在规定温度下的压力等级分为四种型别：

① A 型：普通工业用——轻型（最大工作压力在 23℃下为 0.7MPa，在 60℃下为 0.45MPa）。

② B 型：普通工业用——中型（最大工作压力在 23℃下为 1.0MPa，在 60℃下为 0.65MPa）。

③ C 型：重型（最大工作压力在 23℃下为 1.6MPa，在 60℃下为 1.1MPa）。

④ D 型：采矿和户外工作用——重型（最大工作压力在 23℃下为 2.5MPa，在 60℃下为 1.3MPa）。

（3）规格（表 5.38）

表 5.38 压缩空气用织物增强热塑性塑料软管规格（HG/T 2301—2008）

mm

<table>
<tr><th rowspan="2">公称直径（内径）</th><th colspan="4">最小壁厚</th><th rowspan="2">公称直径（内径）</th><th colspan="4">最小壁厚</th></tr>
<tr><th>A 型</th><th>B 型</th><th>C 型</th><th>D 型</th><th>A 型</th><th>B 型</th><th>C 型</th><th>D 型</th></tr>
<tr><td>4、5</td><td>1.5</td><td>1.5</td><td>1.5</td><td>2.0</td><td>25</td><td>2.7</td><td>3.0</td><td>3.3</td><td>4.0</td></tr>
<tr><td rowspan="2">6.3、8、
9、10</td><td rowspan="2">1.5
1.5</td><td rowspan="2">1.5
1.5</td><td rowspan="2">1.5
1.8</td><td rowspan="2">2.3</td><td>31.5</td><td rowspan="2">3.0</td><td>3.3</td><td>3.5</td><td rowspan="2">4.5</td></tr>
<tr><td>38</td><td rowspan="2">3.5</td><td>3.8</td></tr>
<tr><td>12.5</td><td>2.0</td><td>2.0</td><td>2.3</td><td>2.8</td><td>40</td><td>3.3</td><td>4.1</td><td rowspan="2">5.0</td></tr>
<tr><td>16</td><td rowspan="2">2.4</td><td rowspan="2">2.4</td><td rowspan="2">2.8</td><td>3.0</td><td>50</td><td>3.5</td><td>3.8</td><td>4.5</td></tr>
<tr><td>19</td><td>3.5</td><td></td><td></td><td></td><td></td><td></td></tr>
</table>

5.2.12 丙烯腈-丁二烯-苯乙烯（ABS）塑料挤出板材

（1）分级

产品按用途划分为通用级、高冲级和耐热级。

① 通用级：用于制造真空成形加工的容器、外壳、家具等。

② 高冲级：用于制造高冲击性能的汽车零件、路灯标、机械零件等。

③ 耐热级：用于制造有耐热性要求的电机零件、浴室器件等。

（2）尺寸（GB/T 10009—1988）

长度和宽度由供需双方协商确定；厚度：1mm＜h≤10mm。

5.2.13　给水用硬聚氯乙烯（PVC-U）管

① 用途　在建筑物内或室外埋地，压力下输送饮用水和一般用途给水，适用于公称压力为 0.6MPa、0.8MPa、1.0MPa、1.25MPa、1.6MPa，输水温度在 45℃以下。

② 尺寸和分类　管长一般为 4m、6m（也可由供需双方协商）。产品按连接方式不同分为弹性密封圈式和溶剂粘接式。

③ 公称压力和规格　见表 5.39。

表 5.39　管材公称压力和规格（GB/T 10002.1—2023）　mm

L　L_1

公称外径 d	管材 S 系列、SDR 系列和公称压力						
	S16 SDF33 PN0.63	S12.5 SDR26 PN0.8	S10 SDR21 PN1.0	S8 SDR17 PN1.25	S6.3 SDR13.6 PN1.6	S5 SDR11 PN2.0	S4 SDR9 PN2.5
	公称壁厚 e_n						
20	—	—	—	—	—	2.0	2.3
25	—	—	—	—	2.0	2.3	2.8
32	—	—	—	2.0	2.4	2.9	3.6
40	—	—	2.0	2.4	3.0	3.7	4.5
50	—	2.0	2.4	3.0	3.7	4.6	5.6
63	2.0	2.5	3.0	3.8	4.7	5.8	7.1
75	2.3	2.9	3.6	4.5	5.6	6.9	8.4
90	2.8	3.5	4.3	5.4	6.7	8.2	10.1

公称外径 d	管材 S 系列、SDR 系列和公称压力						
	S20 SDR41 PN0.63	S16 SDR33 PN0.8	S12.5 SDR26 PN1.0	S10 SDR21 PN1.25	S8 SDR17 PN1.6	S6.3 SDR13.6 PN2.0	S5 SDR11 PN2.5
	公称壁厚 e_n						
110	2.7	3.4	4.2	5.3	6.6	8.1	10.0
125	3.1	3.9	4.8	6.0	7.4	9.2	11.4
140	3.5	4.3	5.4	6.7	8.3	10.3	12.7
160	4.0	4.9	6.2	7.7	9.5	11.8	14.6
180	4.4	5.5	6.9	8.6	10.7	13.3	16.4
200	4.9	6.2	7.7	9.6	11.9	14.7	18.2
225	5.5	6.9	8.6	10.8	13.4	16.6	—
250	6.2	7.7	9.6	11.9	14.8	18.4	—
280	6.9	8.6	10.7	13.4	16.6	20.6	—

续表

公称外径 d	管材S系列、SDR系列和公称压力						
	S20 SDR41 PN0.63	S16 SDR33 PN0.8	S12.5 SDR26 PN1.0	S10 SDR21 PN1.25	S8 SDR17 PN1.6	S6.3 SDR13.6 PN2.0	S5 SDR11 PN2.5
	公称壁厚 e_n						
315	7.7	9.7	12.1	15.0	18.7	23.2	—
355	8.7	10.9	13.6	16.9	21.1	26.1	—
400	9.8	12.3	15.3	19.1	23.7	29.4	—
450	11.0	13.8	17.2	21.5	26.7	33.1	—
500	12.3	15.3	19.1	23.9	29.7	36.8	—
560	13.7	17.2	21.4	26.7	—	—	—
630	15.4	19.3	24.1	30.0	—	—	—

5.2.14 排水用埋地钢带增强聚乙烯螺旋波纹管

① 用途 用于输送介质温度不大于45℃的雨水、污水等埋地排水管道。

② 分级 按环刚度可分为4级，见表5.40。

表5.40 管道公称环刚度级别

级别	SN8	SN10	SN12.5	SN16
环刚度/(kN/m²)	≥8	≥10	≥12.5	≥16

③ 标记

MRP □ □ □

带增强聚乙烯螺旋波纹管 公称内径 环刚度级别 标准号

例如，公称内径为800mm，环刚度为16kN/m² 的钢带增强聚乙烯（PE）螺旋波纹管，标记为：

MRP DN/ID800 SN16 CJ/T 225—2011

④ 长度 一般为6m、9m、10m、12m（也可由供需双方商定）。

⑤ 规格 见表5.41。

表5.41 排水用埋地钢带增强聚乙烯螺旋波纹管规格（CJ/T 225—2011）

mm

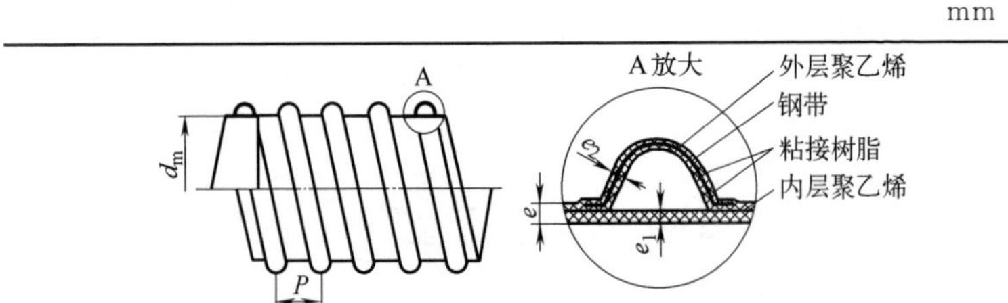

续表

公称内径 DN/ID	最小平均内径 $d_{im,min}$	最小内层壁厚 $e_{1,min}$	最小层压壁厚 e_{min}	最大螺距 P_{max}	最小钢带厚度 t_{min}	最小防腐层厚度 $e_{2,min}$
300	294	2.5	4.0	75	0.4	2.2
400	392	3.0	4.5	85	0.4	2.2
500	490	3.5	5.0	100	0.5	2.5
600	588	4.0	6.0	110	0.5	2.5
700	685	4.0	6.0	115	0.5	2.5
800	785	4.5	7.5	120	0.7	3.0
900	885	5.0	7.5	135	0.7	3.0
1000	985	5.0	8.0	150	0.7	3.0
1100	1085	5.0	8.0	165	0.7	3.0
1200	1185	5.0	8.0	180	0.7	3.0
1300	1285	5.0	8.0	210	1.0	3.0
1400	1385	5.0	8.0	210	1.0	3.0
1500	1485	5.0	8.0	220	1.0	3.0
1600	1585	5.0	9.0	230	1.0	3.5
1800	1785	5.0	9.0	230	1.0	3.5
2000	1985	6.0	9.0	235	1.0	3.5
2200	2185	6.0	9.0	235	1.2	3.5
2400	2385	6.0	10.0	235	1.2	3.5
2600	2585	6.5	10.0	240	1.2	3.5

5.2.15　建筑排水用硬聚氯乙烯管（PVC-U）

① 分类　按管件连接形式分，有胶黏剂连接型和弹性密封圈连接型。

② 规格　见表 5.42、表 5.43。

表 5.42　胶黏剂连接型硬聚氯乙烯管的规格（GB/T 5836.1—2018）

mm

公称外径	插口平均外径		承口平均外径		承口深度	最小插口长度
	$d_{em\ min}$	$d_{em\ max}$	$d_{sm\ min}$	$d_{sm\ max}$	$L_{1\ min}$	$L_{2\ min}$
32	32.0	32.2	32.1	32.4	22	22
40	40.0	40.2	40.1	40.1	25	25
50	50.0	50.2	50.1	50.4	25	25
75	75.0	75.3	75.2	75.5	40	40
90	90.0	90.3	90.2	90.5	46	46
110	110.0	110.3	110.2	110.6	48	48

续表

公称外径	插口平均外径		承口平均外径		承口深度	最小插口长度
	$d_{em\ min}$	$d_{em\ max}$	$d_{sm\ min}$	$d_{sm\ max}$	$L_{1\ min}$	$L_{2\ min}$
125	125.0	125.3	125.2	125.7	51	51
160	160.0	160.4	160.3	160.8	58	58
200	200.0	200.5	200.0	200.9	60	60
250	250.0	250.5	250.0	250.9	60	60
315	315.0	315.6	315.5	316.0	60	60

表 5.43 弹性密封圈连接型硬聚氯乙烯管的规格（GB/T 5836.1—2018）

mm

公称外径 d_n	插口的平均外径		最小平均内径 $d_{sm\ min}$	最小接合深度 $L_{1\ min}$	最小插口长度 $L_{2\ min}$
	最小平均外径 $d_{em\ min}$	最大平均外径 $d_{em\ max}$			
32	32.0	32.2	32.3	16	42
40	40.0	40.2	40.3	18	44
50	50.0	50.2	50.3	20	46
75	75.0	75.3	75.4	25	51
90	90.0	90.3	90.4	28	56
110	110.0	110.3	110.4	32	60
125	125.0	125.3	125.4	35	67
160	160.0	160.4	160.5	42	81
200	200.0	200.5	200.6	50	99
250	250.0	250.5	250.8	55	125
315	315.0	315.6	316.0	62	132

5.2.16 排污、排水用高性能硬聚氯乙烯管材

（1）用途

用于输送介质温度不大于 45℃，公称压力不大于 0.63MPa 的埋地及管廊内排污、排水管；在满足管材的耐化学性和耐热性条件下，也可用于工业用排污管材。

（2）分类

有三种方法。

① 按公称环刚度，可分为 5 级：SN2、SN4、SN8、SN12.5 和 SN16。

② 按公称压力，可分为 5 级：0.32MPa、0.4MPa、0.5MPa、0.6MPa 和 0.63MPa。

③ 按 SDR，可分为 5 个系列：SDR51、SDR41、SDR34、SDR28 和 SDR26。

（3）标记

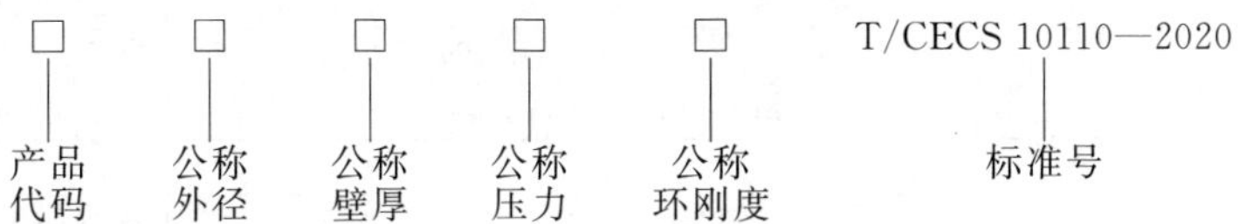

例如，公称外径为 110mm，公称壁厚为 3.2 mm，公称压力为 0.5MPa，公称环刚度为 SN8 的 PVC-UH 排污、排水管，标记为：

PVC-UH 排污、排水管—d_n110—e_n3.2—0.5—SN8—T/CECS 10110—2020

（4）规格

① 长度一般为 4m、6m、9m、12m（应为正偏差）。

② 公称外径 d_n：110mm、125mm、160mm、200mm、250mm、315mm、（355mm）、400mm、（450mm）、500mm、630mm、（710mm）、800mm、（900mm）、1000mm、1200mm、1400mm、1600mm。

③ 壁厚见表 5.44。

表 5.44　壁厚　mm

公称外径 d_n	壁厚									
	SN2		SN4		SN8		SN12.5		SN16	
	SDR51		SDR41		SDR34		SDR28		SDR26	
	公称压力(PN)									
	0.32MPa		0.4MPa		0.5MPa		0.6MPa		0.63MPa	
	e_{min}	$e_{m,max}$	e_{min}	$e_{m,max}$	e_{min}	$e_{m,max}$	e_{min}	$e_{m,max}$	e_{min}	$e_{m,max}$
110	—	—	3.2	3.8	3.2	3.8	4.0	4.6	4.2	4.9
125	—	—	3.2	3.8	3.7	4.3	4.5	5.2	4.8	5.5
160	3.2	3.8	4.0	4.6	4.7	5.4	5.8	6.6	6.2	7.1
200	3.9	4.5	4.9	5.6	5.9	6.7	7.2	8.2	7.7	8.7
250	4.9	5.6	6.2	7.1	7.3	8.3	9.0	10.1	9.6	10.8
315	6.2	7.1	7.7	8.7	9.2	10.4	11.3	12.7	12.1	13.6
355*	7.0	7.9	8.7	9.8	10.4	11.7	12.7	14.2	13.6	15.2
400	7.9	8.9	9.8	11.0	11.7	13.1	14.3	16.0	15.3	17.1
450*	8.8	9.9	11.0	12.3	13.2	14.8	16.1	18.0	17.2	19.2
500	9.8	11.0	12.3	13.8	14.6	16.3	17.9	19.9	19.1	21.3

续表

公称外径 d_n	壁厚									
	SN2		SN4		SN8		SN12.5		SN16	
	SDR51		SDR41		SDR34		SDR28		SDR26	
	公称压力(PN)									
	0.32MPa		0.4MPa		0.5MPa		0.6MPa		0.63MPa	
	e_{min}	$e_{m,max}$	e_{min}	$e_{m,max}$	e_{min}	$e_{m,max}$	e_{min}	$e_{m,max}$	e_{min}	$e_{m,max}$
630	12.3	13.8	15.4	17.2	18.4	20.5	22.5	25.0	24.1	26.8
710*	13.9	15.5	17.4	19.4	20.9	23.3	25.4	28.2	27.2	30.2
800	15.7	17.5	19.6	21.8	23.5	26.2	28.6	31.7	30.6	33.9
900*	17.6	19.6	22.0	24.4	26.5	29.5	32.2	35.7	34.4	38.1
1000	19.6	21.8	24.5	27.2	29.5	32.8	35.8	39.6	38.2	42.3
1200	23.5	26.2	29.4	32.6	35.3	39.3	42.9	47.4	45.9	50.6
1400	27.4	30.4	34.3	38.0	41.2	45.6	—	—	—	—
1600	31.3	34.7	39.2	43.4	—	—	—	—	—	—

注：*为非优选尺寸。

5.2.17 工业用硬聚氯乙烯管（PVC-U）

① 用途　用于工业管道系统，也适用于承压给排水输送以及污水处理、水处理、石油、化工、电力、电子、冶金、电镀、造纸、食品饮料、医药、中央空调、建筑等领域的粉体、液体的输送。

② 规格和壁厚　见表5.45。

表5.45　工业用硬聚氯乙烯管规格和壁厚（GB/T 4219—2015）

mm

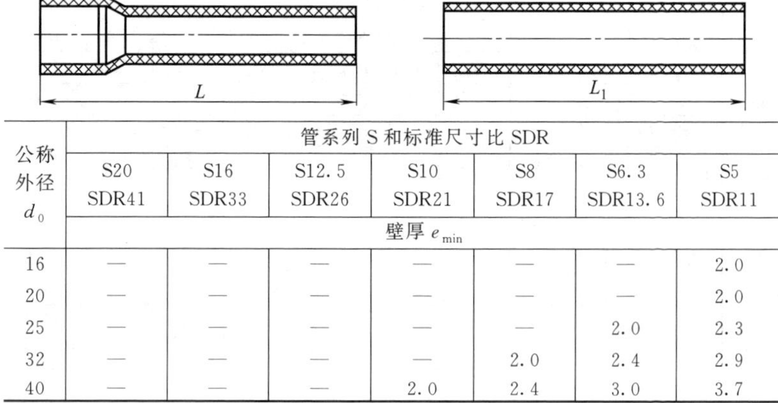

公称外径 d_0	管系列S和标准尺寸比SDR						
	S20 SDR41	S16 SDR33	S12.5 SDR26	S10 SDR21	S8 SDR17	S6.3 SDR13.6	S5 SDR11
	壁厚 e_{min}						
16	—	—	—	—	—	—	2.0
20	—	—	—	—	—	—	2.0
25	—	—	—	—	—	2.0	2.3
32	—	—	—	—	2.0	2.4	2.9
40	—	—	—	2.0	2.4	3.0	3.7

续表

公称外径 d_0	管系列S和标准尺寸比SDR						
	S20 SDR41	S16 SDR33	S12.5 SDR26	S10 SDR21	S8 SDR17	S6.3 SDR13.6	S5 SDR11
	壁厚 e_{min}						
50	—	—	2.0	2.4	3.0	3.7	4.6
63	—	2.0	2.5	3.0	3.8	4.7	5.8
75	—	2.3	2.9	3.6	4.5	5.6	6.8
90	—	2.8	3.5	4.3	5.4	6.7	8.2
110	—	3.4	4.2	5.3	6.6	8.1	10.0
125	—	3.9	4.8	6.0	7.4	9.2	11.4
140	—	4.3	5.4	6.7	8.3	10.3	12.7
160	4.0	4.9	6.2	7.7	9.5	11.8	14.6
180	4.4	5.5	6.9	8.6	10.7	13.3	16.4
200	4.9	6.2	7.7	9.6	11.9	14.7	18.2
225	5.5	6.9	8.6	10.8	13.4	16.6	—
250	6.2	7.7	9.6	11.9	14.8	18.4	—
280	6.9	8.6	10.7	13.4	16.6	20.6	—
315	7.7	9.7	12.1	15.0	18.7	23.2	—
355	8.7	10.9	13.6	16.9	21.1	26.1	—
400	9.8	12.3	15.3	19.1	23.7	29.4	—

5.2.18 硬聚氯乙烯双壁波纹管

① 用途　用于无压市政埋地排水、建筑物外排水、农田排水用管材，也可用于通信电缆穿线用套管。考虑到材料的耐化学性和耐温性后亦可用于无压埋地工业排污管道。

② 分级　按环刚度分级见表 5.46。

表 5.46　管道公称环刚度级别

级别	SN2①	SN4	SN8	(SN12.5)②	SN16
环刚度/(kN/m²)	2	4	8	(12.5)	16

① 仅在 $d_n \geqslant 500$mm 的管材中允许有 SN2 级。

② 括号内为非首选环刚度等级。

③ 标记方法

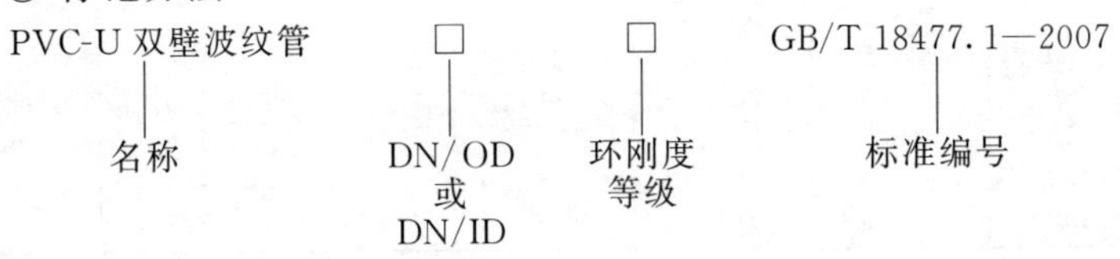

例如，公称尺寸 DN/ID 为 400mm，环刚度等级为 SN8 的 PVC-U 双壁波纹管，表示为：

PVC-U 双壁波纹管　DN/ID400 SN8　GB/T 18477.1-2007

④ 规格　见表 5.47、表 5.48。

表 5.47　内径系列硬聚氯乙烯双壁波纹管规格（GB/T 18477.1—2007）

mm

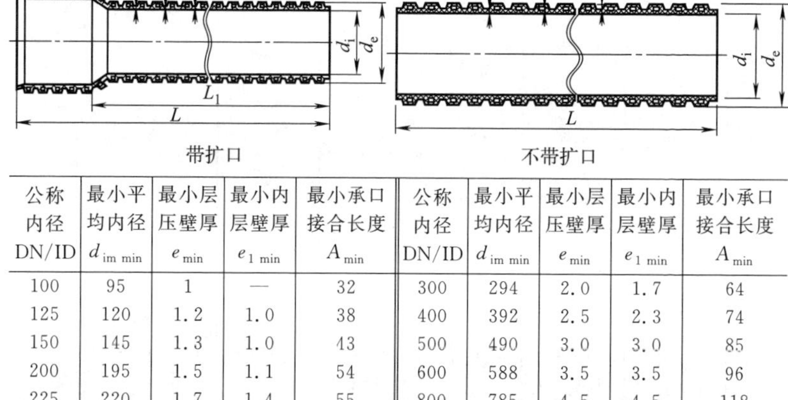

公称内径 DN/ID	最小平均内径 $d_{im\ min}$	最小层压壁厚 e_{min}	最小内层壁厚 $e_{1\ min}$	最小承口接合长度 A_{min}	公称内径 DN/ID	最小平均内径 $d_{im\ min}$	最小层压壁厚 e_{min}	最小内层壁厚 $e_{1\ min}$	最小承口接合长度 A_{min}
100	95	1	—	32	300	294	2.0	1.7	64
125	120	1.2	1.0	38	400	392	2.5	2.3	74
150	145	1.3	1.0	43	500	490	3.0	3.0	85
200	195	1.5	1.1	54	600	588	3.5	3.5	96
225	220	1.7	1.4	55	800	785	4.5	4.5	118
250	245	1.8	1.5	59	1000	985	5.0	5.0	140

表 5.48　外径系列硬聚氯乙烯双壁波纹管规格（GB/T 18477.1—2007）

mm

公称外径 DN/OD	最小平均外径 $D_{em\ min}$	最大平均外径 $d_{em\ max}$	最小平均内径 $d_{im\ min}$	最小层压壁厚 e_{min}	最小内层壁厚 $e_{1\ min}$	最小承口接合长度 A_{min}
63	62.6	63.3	54	0.5	—	32
75	74.5	75.3	65	0.6	—	32
90	89.4	90.3	77	0.8	—	32
(100)	99.4	100.4	93	0.8	—	32
110	109.4	110.4	97	1.0	—	32
125	124.3	125.4	107	1.1	1.0	35
160	159.1	160.5	135	1.2	1.0	42
200	198.8	200.6	172	1.4	1.1	50
250	248.5	250.8	216	1.7	1.4	55
280	278.3	280.9	243	1.8	1.5	58
315	313.2	316.0	270	1.9	1.6	62
400	397.6	401.2	340	2.3	2.0	70
450	447.3	451.4	383	2.5	2.4	75

续表

公称外径 DN/OD	最小平均外径 $D_{em\ min}$	最大平均外径 $d_{em\ max}$	最小平均内径 $d_{im\ min}$	最小层压壁厚 e_{min}	最小内层壁厚 $e_{1\ min}$	最小承口接合长度 A_{min}
500	497.0	501.5	432	2.8	2.8	80
630	626.3	631.9	540	3.3	3.3	93
710	705.7	712.2	614	3.8	3.8	101
800	795.2	802.4	680	4.1	4.1	110
1000	994.0	1003.0	854	5.0	5.0	130

5.2.19 聚丙烯塑胶（PP）管

① 用途　作为乡镇给水及农业灌溉用埋地管（限 40℃以下）。

② 分类　按公称压力分为 0.4MPa、0.6MPa、0.8MPa、1.0MPa 四个等级，分别对应 S16、S10、S8、S6.3 四个管系列；按用途分为给水用和灌溉用。

③ 规格　公称外径和公称壁厚见表 5.49。

表 5.49　埋地给水用 PP 管的规格（QB/T1929—2006）

公称外径/mm					50	63	75	90	110	125	140	160	180	200	225	250
公称压力/MPa	PN0.4	管系列	S16	公称壁厚/mm	2.0	2.0	2.3	2.8	3.4	3.9	4.3	4.9	5.5	6.2	6.9	7.7
	PN0.6		S10		2.4	3.0	3.6	4.3	5.3	6.0	6.7	7.7	8.6	9.6	10.8	11.9
	PN0.8		S8		3.0	3.8	4.5	5.4	6.6	7.4	8.3	9.5	10.7	11.9	13.4	14.8
	PN1.0		S6.3		3.7	4.7	5.6	6.7	8.1	9.2	10.3	11.8	13.3	14.7	16.6	18.4

5.2.20 无规共聚聚丙烯（PP-R）塑铝稳态复合管

这是一种内层为 PP-R，外层包敷铝层及塑料保护层，各层间通过热熔胶粘接而成五层结构的管材，内管是由 PP-R 材料制成的承压层，它与被输送介质直接接触。

① 用途　用于冷热水管道系统，包括工业及民用冷热水、饮用水及热水采暖、中央空调系统等。

② 分类　按内管尺寸分为 S4、S3.2、S2.5 三个管系列；按公称直径尺寸分为 20mm、25mm、32mm、40mm、50mm、63mm、75mm、90mm、110mm 九个规格。

③ 分级　按使用条件分为 1、2、4、5 四个应用级别（GB/T 18994—2003）。

④ 规格　见表 5.50、表 5.51。

表 5.50 管材外径及参考内径尺寸（CJ/T 210—2005） mm

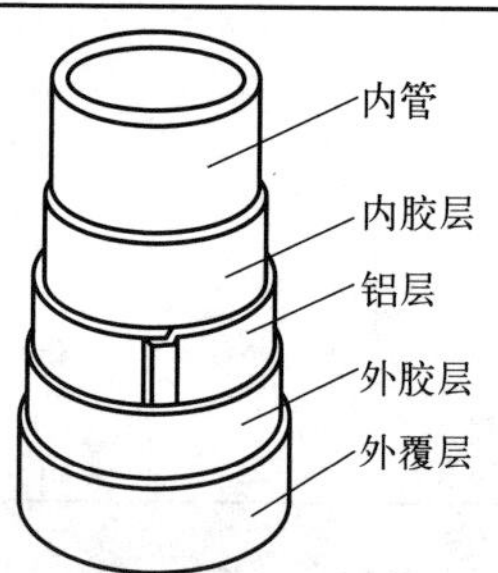

公称直径 d_n	平均外径		参考内径		
	最小值	最大值	S1	S3.2	S2.5
20	21.6	22.1	15.1	14.1	12.8
25	26.8	27.3	19.1	17.6	16.1
32	33.7	34.2	24.4	22.5	20.6
40	42.0	42.6	30.5	28.2	25.9
50	52.0	52.7	38.2	35.5	32.6
63	65.4	66.2	48.1	44.8	41.0
75	77.8	78.7	58.3	54.4	49.8
90	93.3	94.3	70.0	65.4	59.8
110	114.0	115.1	85.8	79.9	73.2

表 5.51 管材壁厚、内管壁厚及铝层最小厚度尺寸（CJ/T 210—2005）

mm

公称直径 d_n	镀层最小厚度	S4			S3.2			S2.5		
		管壁厚		公称内管壁厚	管壁厚		公称内管壁厚	管壁厚		公称内管壁厚
		最小	最大		最小	最大		最小	最大	
20	0.15	3.2	3.6	2.3	3.7	4.1	2.8	4.3	4.8	3.4
25	0.15	3.9	4.3	2.8	4.6	5.1	3.5	5.3	5.9	4.2
32	0.20	4.6	5.1	3.6	5.5	6.1	4.4	6.1	7.0	5.4
40	0.20	5.6	6.2	4.5	6.7	7.4	5.5	7.8	8.6	6.7
50	0.20	6.7	7.4	5.6	8.0	8.8	6.9	9.4	10.4	8.3
63	0.25	8.4	9.3	7.1	10.0	11.0	8.6	11.8	13.0	10.5
75	0.30	9.6	11.0	8.4	11.5	13.0	10.3	13.8	15.4	12.5
90	0.35	11.5	12.9	10.1	13.7	15.2	12.3	16.4	18.2	15.0
110	0.35	13.7	15.2	12.3	16.6	18.3	15.1	19.8	21.8	18.3

5.2.21 埋地用纤维增强聚丙烯（FRPP）加筋管材

① 用途　用于市政排水、埋地无压农田排水和建筑室外排水

用管材，在考虑到材料的耐化学性和耐温性以后，也适用于工业排水排污工程用管材。

② 分级　按环刚度可分为 5 级，见表 5.52。

表 5.52　管道公称环刚度级别

级别	SN4	(SN6.3)	SN8	(SN12.5)	SN16
环刚度/(kN/m^2)	≥4	≥6.3	≥8	≥12.5	≥16

注：括号内为非首选环刚度。

③ 标记

例如，公称内径为 300mm，环刚度等级为 SN8 的 FRPP 加筋管管材标记为：

管 DN/ID300　SN8　QB/T 4011—2010

④ 规格　见表 5.53。

表 5.53　管材最小尺寸（QB/T 4011—2010）　mm

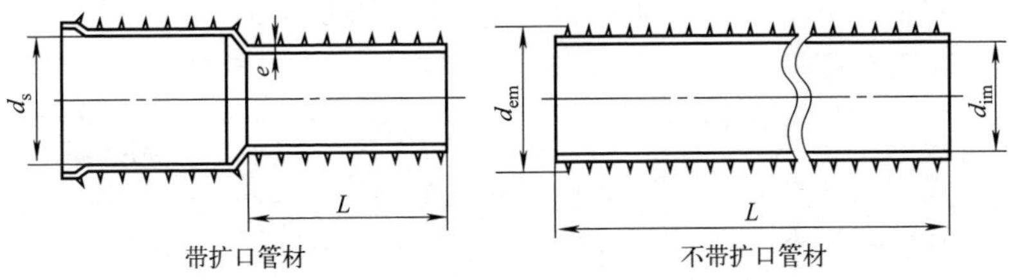

带扩口管材　　不带扩口管材

公称尺寸 DN/ID	最小平均内径 $d_{im\,min}$	最小壁厚 e_{min}	最小承口深度 A_{min}	公称尺寸 DN/ID	最小平均内径 $d_{im\,min}$	最小壁厚 e_{min}	最小承口深度 A_{min}
200	195	1.5	115.0	500	490	3.0	185.0
225	220	1.7	115.0	600	588	3.5	220.0
300	294	2.0	145.0	800	785	4.5	250.0
400	392	2.5	175.0	1000	985	5.5	270.0

5.2.22　建筑用绝缘电工套管

① 用途　用于建筑物或构筑物内保护并保障电线或电缆布线。

② 分类　按力学性能，可分为低机械应力型套管（轻型）、中机械应力型套管（中型）、高机械应力型套管（重型）和超高机械

应力型套管（超重型）；按弯曲特点，可分为硬质套管、半硬质套管和波纹套管；按长期使用温度，可分为－25 型（－25～60℃）、－15 型（－15～60℃）、－5 型（－5～60℃）、90 型（－15～60℃，在预制混凝土中可达 90℃）和 90/－25 型（－15～60℃，在预制混凝土中可达 90℃）。

③ 标记方法

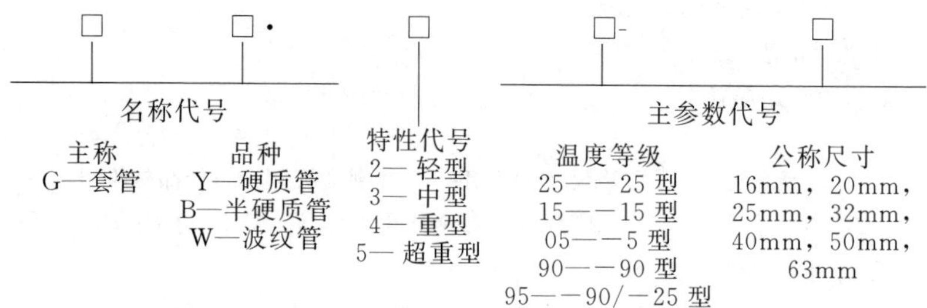

④ 技术数据 见表 5.54。

表 5.54 建筑用绝缘电工套管技术数据（JG/T 3050—1998）

公称尺寸/mm	外径/mm	极限偏差/mm	最小内径/mm		硬质套管壁厚(最小)/mm	螺纹
			硬质套管	半硬质、波纹套管		
16	16	0	12.2	10.7	1.0	M16×1.5
20	20	－0.3	15.8	14.1	1.1	M20×1.5
25	25	0	20.6	18.3	1.3	M25×1.5
32	32	－0.4	26.6	24.3	1.5	M32×1.5
40	40		34.4	31.2	1.9	M40×1.5
50	50	0/－0.5	43.2	39.6	2.2	M50×1.5
63	63	0/－0.6	57.0	52.6	2.7	M63×1.5

5.2.23 丙烯腈-丁二烯-苯乙烯（ABS）管

① 用途 广泛用于化工、医药、酿造、食品、发电、印染、纺织、水处理、市政工程、建筑、电信等行业，具有耐腐蚀、耐酸碱、卫生无毒等特性，使用温度为－40～＋80℃。

② 分类 按尺寸分为 S20、S16、S12.5、S10、S8、S6.3、S5、S4 八个系列。

③ 标记 用 S××公称外径 d_n×××公称壁厚 e_n××表示，例：S5 d_n50×e_n4.6。

④ 规格 见表 5.55。

表 5.55　ABS 管材规格和最小壁厚（GB/T 20207.1—2006）mm

公称外径	公称壁厚							
	管系列 S 和标准尺寸比 SDR							
	S20 SDR41	S16 SDR33	S12.5 SDR26	S10 SDR21	S8 SDR17	S6.3 SDR13.6	S5 SDR11	S4 SDR9
12	—	—	—	—	—	—	1.8	1.8
16	—	—	—	—	—	1.8	1.8	1.8
20	—	—	—	—	—	1.8	1.9	2.3
25	—	—	—	—	1.8	1.9	2.3	2.8
32	—	—	—	1.8	1.9	2.4	2.9	3.6
40	—	—	1.8	1.9	2.4	3.0	3.7	4.5
50	—	1.8	2.0	2.4	3.0	3.7	4.6	5.6
63	1.8	2.0	2.5	3.0	3.8	4.7	5.8	7.1
75	1.9	2.3	2.9	3.6	4.5	5.6	6.8	8.4
90	2.2	2.8	3.5	4.3	5.4	6.7	8.2	10.1
110	2.7	3.4	4.2	5.3	6.6	8.1	10.0	12.3
125	3.1	3.9	4.8	6.0	7.4	9.2	11.4	14.0
140	3.5	4.3	5.4	6.7	8.3	10.3	12.7	15.7
160	4.0	4.9	6.2	7.7	9.5	11.8	14.6	17.9
180	4.4	5.5	6.9	8.6	10.7	13.3	16.4	20.1
200	4.9	6.2	7.7	9.6	11.9	14.7	18.2	22.4
225	5.5	6.9	8.6	10.8	13.4	16.6	20.5	25.2
250	6.2	7.7	9.6	11.9	14.8	18.4	22.7	27.9
280	6.9	8.6	10.7	13.4	16.6	20.6	25.4	31.3
315	7.7	9.7	12.1	15.0	18.7	23.2	28.6	35.2
355	8.7	10.9	13.6	16.9	21.1	26.1	32.2	39.7
400	9.8	12.3	15.3	19.1	23.7	29.4	36.3	44.7

5.2.24　液压用织物增强热塑性塑料软管

① 用途　用于在－40～100℃温度范围内工作的石油基、水基和合成液压流体。

② 分类　根据最大工作压力不同，软管分为 R7 型和 R8 型。据导电性能不同，每种型别的软管又分为 1 级（没有电性能要求）和 2 级（非导电）两个等级。

③ 软管规格和性能　见表 5.56。

表 5.56　液压用织物增强热塑性塑料软管（GB/T 15908—2009）

公称内径 /mm	内径范围 /mm				最大外径 /mm		最大工作压力/MPa		试验压力 /MPa		最小爆破压力/MPa		弯径[①] /mm
	R7 型		R8 型		R7 型	R8 型	R7 型	R8 型	R7 型	R8 型	R7 型	R8 型	R7 型 R8 型
	最小	最大	最小	最大									
5	4.6	5.4	4.6	5.4	11.4	14.6	21.0	35.0	42.0	70.0	84.0	140.0	90

续表

公称内径/mm	内径范围/mm				最大外径/mm		最大工作压力/MPa		试验压力/MPa		最小爆破压力/MPa		弯径[①]/mm
	R7 型		R8 型		R7 型	R8 型	R7 型	R8 型	R7 型	R8 型	R7 型	R8 型	R7 型 R8 型
	最小	最大	最小	最大									
6.3	6.2	7.0	6.2	7.0	13.7	16.8	19.2	35.0	38.5	70.0	77.0	140.0	100
8	7.7	8.5	7.7	8.5	15.6	18.6	17.5	—	35.0	—	70.0	—	115
10	9.3	10.3	9.3	10.3	18.4	20.3	15.8	28.0	31.5	56.0	63.0	112.0	125
15	12.3	13.5	12.3	13.9	22.5	24.6	14.0	24.5	28.0	49.0	56.0	98.0	180
16	15.6	16.7	15.5	16.7	25.8	29.8	10.5	19.2	21.0	38.0	42.0	77.0	205
19	18.6	19.8	18.6	19.8	28.6	33.0	8.8	15.8	17.5	31.5	35.0	63.0	240
25	25.0	26.4	25.0	26.4	36.7	38.6	7.0	14.0	14.0	28.0	28.0	56.0	300

① 最小弯曲半径。

5.3 玻璃

通常所说的玻璃是非晶无机非金属材料，另外还有一种有机玻璃，它属于酯类有机高分子透明材料，这里我们姑且简单地一起叙述。

5.3.1 平板玻璃

（1）用途

因厚度不同而有差别。

① 2～4mm 用于画框表面。

② 5～6mm 用于外墙窗户、门扇等小面积透光造型等。

③ 8mm 用于室内屏风等较大面积但又有框架保护的造型中。

④ 10mm 用于室内大面积隔断、栏杆等装修中。

⑤ 12mm 用于地弹簧玻璃门和一些活动人流较大的隔断中。

⑥ 15mm 以上玻璃，市面上不多见，主要用于较大面积的地弹簧玻璃门和外墙整块玻璃墙面。

（2）分类

按外形分，有平板玻璃、曲面玻璃、双曲面玻璃等；按颜色分，有透明玻璃和着色玻璃；按特点分，有钢化玻璃、磨砂玻璃、压花玻璃、中空玻璃和防弹玻璃等等；按质量分，各自有各自的分级方法，对平板玻璃而言，有普通级和优质加工级。

（3）平板玻璃规格（GB/T 11614—2022）

由于玻璃可以切割，所以没有最小尺寸；一般不小于 1000mm×

1200mm，5～6mm 最大可达 3000mm×4000mm。其公称厚度有 2mm、3mm、4mm、5mm、6mm、8mm、10mm、12mm、15mm、19mm、22mm、25mm。

5.3.2　超白浮法玻璃

这是一种采用浮法工艺生产的，成分中 Fe_2O_3 含量不大于 0.015%，具有高可见光透射比（大于 91%）的平板玻璃。它具备优质浮法玻璃所具有的一切可深加工性能（如钢化、镀膜、彩釉、热弯、夹胶、中空装配等），含铁量低于 120ppm[①]。

超白浮法玻璃按外观质量分，有合格品、一等品和优等品。

按公称厚度分，有 2mm、3mm、4mm、5mm、6mm、8mm、10mm、12mm、15mm、19mm、22mm 和 25mm。

5.3.3　夹层玻璃

一般由两片普通平板玻璃（也可以是钢化玻璃或其他特殊玻璃）和玻璃之间的有机胶合层构成。当受到破坏时，碎片仍黏附在胶层上，避免了碎片飞溅对人体的伤害。

（1）用途

多用于有安全要求的项目，如：①保护人身以防玻璃破碎所造成的伤害：≥6.4mm（建议厚度为 6.8mm）；②防破坏：≥7.5mm；③防盗窃：≥7.5mm；④抵抗子弹，≥30mm。

（2）分类（GB/T 15763.3—2009）

① 按形状分：有平面夹层玻璃和曲面夹层玻璃；

② 按霰弹袋冲击性能分：有Ⅰ类、Ⅱ-1 类、Ⅱ-2 类和Ⅲ类。

（3）材料

夹层玻璃由玻璃、塑料以及中间层材料组合构成。所采用的材料只要满足相应的国家标准、行业标准、相关技术条件即可。

（4）厚度

尚没有标准规定。

5.3.4　中空玻璃

中空玻璃是由两片或多片玻璃，以有效支撑、均匀隔开并周边粘接密封，使玻璃层间形成有干燥气体空间的玻璃制品（GB/T

① ppm 为百万分之一。

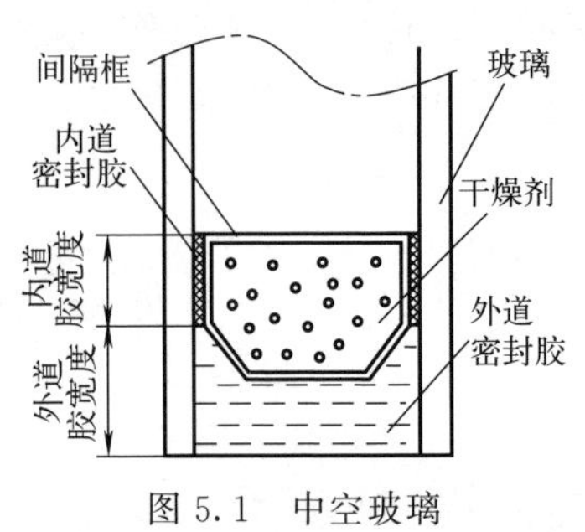

图 5.1 中空玻璃

11944—2012)，见图 5.1。

① 用途 主要用于有隔音、隔热要求的建筑工程中，如冷藏、装饰等等。

② 分类 按形状分，有平面中空玻璃和曲面中空玻璃；按中空腔内气体分，有普通中空玻璃（内有空气）和充气中空玻璃（充入氩气、氪气等）。

③ 规格 见表 5.57。

表 5.57 常用中空玻璃的规格 mm

玻璃厚度/mm	间隔厚度/mm	长边最大尺寸/mm	短边最大尺寸（正方除外）/mm	最大面积/mm^2	正方形边长最大尺寸/mm
3	6 9～12	2110	1270 1271	2.4	1270
4	6 9～12 12～20	2420 2440 2440	1300	2.86 3.17 3.17	1300
5	6 9～12 12～20	3000	1750 1750 1815	4.00 4.80 5.10	1750 2100 2100
6	6 9～12 12～20	4550	1980 2280 2440	5.88 8.54 9.00	2000 2440 2440
10	6 9～12 12～20	4270 5000 5000	2000 3000 3160	8.54 15.00 15.90	2440 3000 3250
12	12～20	5000	3180	16.90	3250

5.3.5 钢化玻璃

钢化玻璃是由普通平板玻璃加热到一定温度后迅速冷却，而形成的一种预应力玻璃，不容易破碎（破碎后为无锐角的颗粒），与普通平板玻璃相比，抗拉强度大 3 倍以上，抗冲击能力大 5 倍以上。

① 用途 用于对机械强度和安全性要求较高的场所，如玻璃门窗、外部幕墙、立面窗和汽车风挡玻璃等。

② 分类　按材质分，钢化玻璃有普通和均质两种。均质钢化玻璃是经过特定工艺条件处理过的钠钙硅钢化玻璃（HST），其尺寸要求同普通钢化玻璃。按应用场合分有一般用途和船舶舷窗用两种。

③ 规格　见表 5.58、表 5.59。

表 5.58　矩形窗钢化玻璃的规格　mm

尺寸	宽度 W		高度 h		圆角 r	厚度 t				
	最小	最大	最小	最大		8	10	12	15	19
300×425	314	318	439	443	58	○	○	●	●	
355×500	369	373	514	518	58	○	○	●	●	
400×560	414	418	574	578	58	○		○		●
450×630	464	468	644	648	108	○		○		●
500×710	514	518	724	718	108		○		○	
560×800	574	578	814	818	108		○		○	
900×630	914	918	644	648	108			○		○
1000×710	1014	1018	724	728	108			○		○
1100×800	1114	1118	814	818	108				○	

注：○—适用于透明或不透明玻璃；●—仅适用于不透明玻璃。表 5.59 同。

表 5.59　舷窗钢化玻璃的规格　mm

直径	最小直径	最大直径	厚度					
			6	8	10	12	15	19
200	213	215	○	○	○	●	●	
250	263	265	○	○	●	○		○
300	316	319		○	○	●	○	
350	366	369		○		○	○	●
400	416	419			○	○	●	○
450	466	469			○		○	

5.3.6　防火玻璃

（1）分类

① 按结构可分为：复合防火玻璃（FFB）和单片防火玻璃（DFB）。

② 按耐火性能可分为：隔热型防火玻璃（A 类）和非隔热型防火玻璃（C 类）。

③ 按耐火极限可分为五个等级：0.50h、1.00h、1.50h、2.00h 和 3.00h。

（2）标记方法

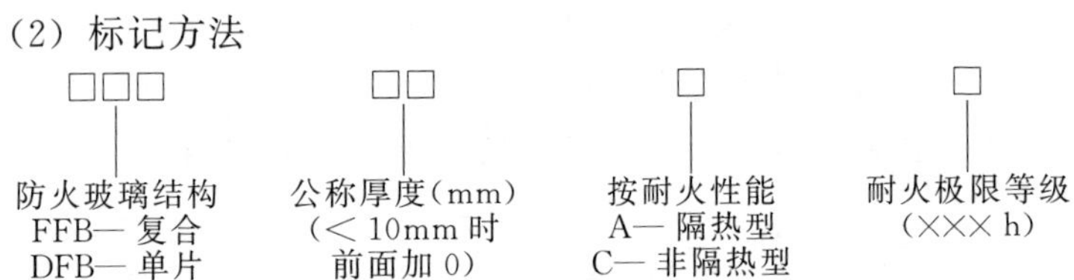

例如，公称厚度为 12mm、耐火性能为非隔热类（C 类），耐火等级为 1.00h 的单片防火玻璃，则标记为：DFB-12C1.00。

（3）规格（表 5.60）

表 5.60　防火玻璃的尺寸、厚度允许偏差（GB 15763.1—2009）

mm

类别	公称厚度	长度（或宽度）允许偏差		厚度允许偏差
		$L\leqslant1200$	$1200<L\leqslant2400$	
复合防火玻璃	$5\leqslant t<11$	±2	±3	±1.0
	$11\leqslant t<17$	±3	±4	±1.0
	$17\leqslant t<24$	±4	±5	±1.3
	$24\leqslant t<35$	±5	±6	±1.5
	$t\geqslant35$	±5	±6	±2.0
	（当 $L>2400$mm 时，尺寸允许偏差由供需双方商定）			

类别	公称厚度	长度(或宽度)允许偏差			厚度允许偏差
		$L\leqslant1000$	$1000<L\leqslant2000$	$L>2000$	
单片防火玻璃	5,6	+1/−2	±3	±4	±0.2
	8,10,12	+2/−3			±0.3
	15	±4	±4		±0.5
	19	±5	±5	±6	±0.7

5.4　有机玻璃（PMMA）板材

浇铸型工业有机玻璃板材，是以甲基丙烯酸甲酯为原料，在特定的模具内进行本体聚合而成的，无色和有色的透明、半透明或不透明板材。

① 特点　整体结构强度高、自重轻、透光和安全性能好。

② 用途　主要应用于采光体、屋顶、棚顶、楼梯和室内墙壁护板等方面。此外，还可以制作成展示柜、陈列架、吸塑灯箱、超薄 LED 灯箱、展板等。

③ 规格　板材的长度和宽度由相关方商定；厚度的尺寸系列是：1.5mm，2.0mm，2.5mm，2.8mm，3.0mm，3.5mm，4.0mm，

4.5mm，5.0mm，6.0mm，8.0mm，9.0mm，10.0mm，11.0mm，12.0mm，13.0mm，15.0mm，16.0mm，18.0mm，20.0mm，25.0mm，30.0mm，35.0mm，40.0mm，45.0mm，50.0mm。

5.5　石棉制品

石棉是具有高抗张强度、高挠性和可纺性，耐化学和热侵蚀，电绝缘的硅酸盐类矿物产品，是天然的纤维状硅酸盐类矿物质的总称，是重要的防火、绝缘和保温材料。但是由于其能引起石棉肺等多种疾病，在我国已被逐渐淘汰。

5.5.1　石棉绳

① 分类　按制造方法分成 4 类，按烧失量大小分成 6 类，均见标记方法。

② 用途　石棉方绳主要用作密封填料，其余三种主要用作保温隔热材料。其中石棉松绳多用于具有振动或多弯曲的热管道上。

③ 标记方法　由名称代号、分级代号、规格和本标准号组成。

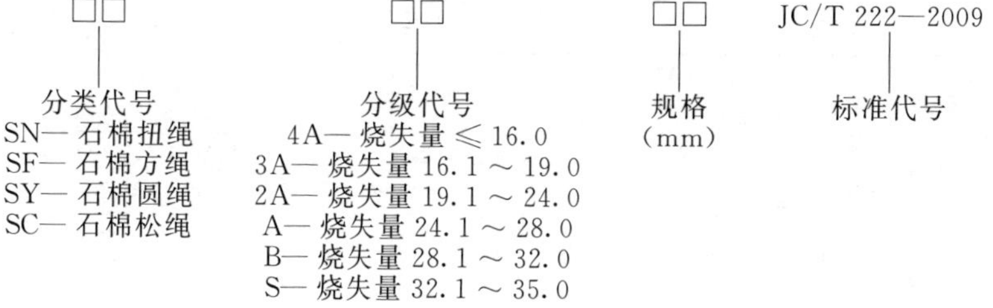

例如，规格为 3mm、烧失量不大于 16％的石棉扭绳标记为：SN 4A 3mm　JC/T 222—2009。

再例如，规格为 10 mm、烧失量为 24.1％～28.0％的石棉方绳标记为：SF A 10mm JC/T 210—2009。

④ 主要规格和密度　见表 5.61。

表 5.61　石棉绳的主要规格和密度（JC/T 222—2009）

分类	规格(直径)/mm	密度/(g/cm³)	分类	规格(直径)/mm	密度/(g/cm³)
石棉扭绳	3.0、5.0 6.0、8.0、10.0 >10.0	≤1.00	石棉圆绳	6.0、8.0、10.0、13.0、16.0① 19.0、22.0、25.0、28.0② 32.0、35.0、38.0③ 42.0、45.0、50.0④	≤1.00

续表

分类	规格(直径)/mm	密度/(g/cm³)	分类	规格(直径)/mm	密度/(g/cm³)
石棉方绳	4.0、5.0 6.0、8.0、10.0 13.0、16.0、19.0 22.0、25.0、28.0、32.0 38.0、42.0、45.0、50.0	≥0.8	石棉松绳	13.0、16.0、19.0 22.0、25.0、32.0 38.0、45.0、50.0	≤0.55 ≤0.45 ≤0.35

① 编结层数 1 层以上。

② 编结层数 2 层以上。

③ 编结层数 3 层以上。

④ 编结层数 4 层以上。

5.5.2 石棉布、带

(1) 分类

① 按加工工艺分，有干法石棉布、带（SB、SD）和湿法石棉布、带（WSB、WSD）。

② 按夹增强纤维的情况分，有 5 类（表 5.62）。

表 5.62 石棉布、带的分类与代号（JC/T 210—2009）

类别	原料组成	分类代号
1 类	未夹增强物	SB1、SD1，WSB1、WSD1
2 类	夹有金属丝(铜、铅、锌、镍等，或其他金属合金丝)	SB2、SD2，WSB2、WSD2 (Cu，Pb，Zn……)
3 类	夹有机增强丝(锦纶，尼龙，人造丝)	SB3、SD3，WSB3、WSD3 (M，N，R)
4 类	夹非金属有机增强丝(玻璃丝、陶瓷纤维等)	SB4、SD4，WSB4、WSD4(B，T)
5 类	用两种或两种以上增强丝复合	SB5、SD5，WSB5、WSD5

(2) 分级

按烧失量分成 6 级（表 5.63）。

表 5.63 石棉布、带的分级与代号

分级	烧失量/%	分级代号	分级	烧失量/%	分级代号
AAAA 级	≤16.0	4A	A 级	24.1～28.0	A
AAA 级	16.1～19.0	3A	B 级	28.1～32.0	B
AA 级	19.1～24.0	2A	S 级	32.1～35.0	S

(3) 标记方法

石棉布、石棉带的标记，仅在分类代号的形式上有区别。

① 石棉布的产品标记

例 1：规格为 2mm、烧失量为 16.1%～19.0%的干法石棉铜丝布，标记为：

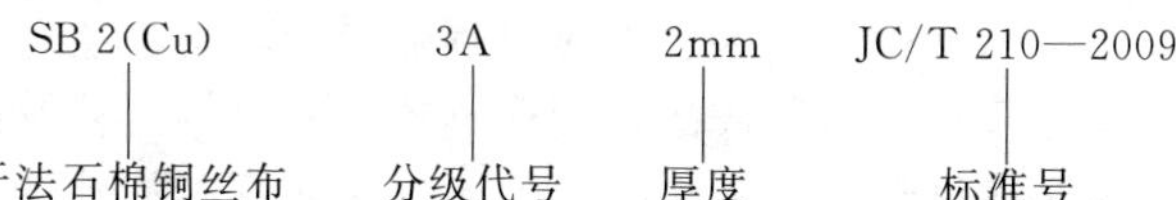

例 2：规格为 2mm、烧失量为 19.1%～24.0%的湿法石棉玻璃丝布，标记为：

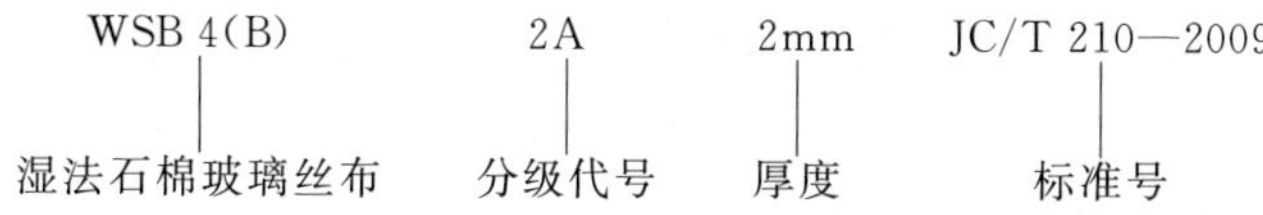

② 石棉带的产品标记　将分类代号中的“B”换成“D”即可。

(4) 规格和技术数据

石棉布的规格和技术数据见表 5.64；石棉带的规格、经纬密度及单位长度质量由需方确定。

表 5.64　石棉布的规格尺寸和技术数据

种类	宽度/mm	厚度/mm	经纬密度/(根/100mm)		单位质量(≤)/(kg/m)	织纹结构
			经线(≥)	纬线(≥)		
干法 SB	1000 1200 1500	0.8	80	40	0.60	平纹
		1.0	75	38	0.75	
		1.5	72	36	1.10	
		2.0	64	32	1.50	
		2.5	60	30	1.90	
		3.0	52	26	2.30	
		3.0	84	50	2.40	平斜纹
湿法 WSB	8000 1000 1200 1500	0.6	140	70	0.45	平纹
		0.8	124	62	0.55	
		1.0	108	54	0.75	
		1.5	72	36	1.00	
		2.0	64	32	1.20	
		2.5	60	30	1.40	
		3.0	48	24	1.70	

5.5.3　电绝缘石棉纸

石棉纸是用石棉纤维、植物纤维和黏结剂制成的耐热电绝缘材料。

（1）分类：按绝缘能力的高低，分成Ⅰ号、Ⅱ号。前者能经受较高的电压，作为大型电机磁极线圈匝间电绝缘材料；后者能经受一般的电压，作为电气开关、仪表等隔弧绝缘材料。还有一种无尘石棉纸，是由石棉纤维制成的，用作电机工业烧铸工艺及电器罩壳或其他隔热保温材料，是隔热、保温、绝缘防潮等特殊场所的理想的保温材料。

（2）电绝缘石棉纸可制成 1000mm×1000mm 单张产品，或直径不大于 500mm 的卷状产品。

（3）厚度系列：Ⅰ号、Ⅱ号产品为 0.2mm、0.3mm、0.4mm 和 0.5mm。

电绝缘石棉纸的物理化学性能见表 5.65。

表 5.65 电绝缘石棉纸的物理化学性能（JC/T 41—2009）

牌号	规格/mm	密度(≤)/(g/cm³)	抗张强度/(kgf/cm²)		水分(≤)/%	烧失量(≤)%	击穿电压/V	个别点最低击穿电压/V	三氧化二铁含量/%
			纵向(≥)	横向(≥)					
Ⅰ号	0.2 0.3 0.4 0.5	1.1	2.0 2.5 2.8 3.2	0.6 0.8 1.2 1.4	3.5	25	1200 1400 1700 2000	900 1100 1300 1500	4
Ⅱ号	0.2 0.3 0.4 0.5	1.1	1.6 2.0 2.2 2.5	0.4 0.6 0.8 1.0	3.5	23	500 500 1000 1000	—	—

5.5.4 石棉纸板

① 用途　作为500℃以下的隔热、保温和包覆式密封垫片内衬材料，也可作电器上的绝缘材料。

② 分类及代号　按用途分为两类，即隔热、保温类（A-1）和包覆式密封垫片内衬（A-2）。

③ 规格　长度（1000mm）×宽度（1000mm），厚度尺寸范围为 0.2～1.50mm。

5.5.5 石棉橡胶板

石棉橡胶板分普通型、耐酸型和耐油型三种。

(1) 普通石棉橡胶板

用途：可制造非油、非酸介质耐热耐压密封垫片；温度为450℃、压力为 6MPa 以下的水、水蒸气等介质为主的设备、管道法兰连接处用的密封衬垫材料。

规格：见表 5.66。

表 5.66　石棉橡胶板的规格（GB/T 3985—2008）

等级牌号	颜色	最高使用条件	等级牌号	颜色	最高使用条件
XB510	墨绿	温度 510℃，压力 7MPa	XB300	红	温度 300℃，压力 3MPa
XB450	紫	温度 450℃，压力 6MPa	XB200	灰	温度 200℃，压力 1.5MPa
XB400	紫	温度 400℃，压力 5MPa	XB150	灰	温度 150℃，压力 0.8MPa
XB350	红	温度 350℃，压力 4MPa			

(2) 耐酸石棉橡胶板

用途：可抵抗硫酸、硝酸和盐酸等的腐蚀作用，适用制作温度为 200℃、压力 2.5MPa 以下，与酸性物质接触的管道密封衬垫材料。

规格：JC/T 555—2010 未作规定，由供需双方协商确定。

(3) 耐油石棉橡胶板

用途：可用作介质为油品、溶剂及碱液的设备和管道法兰连接处的密封衬垫材料。

分类：按用途分成两大类，其等级牌号、颜色和最高使用条件见表 5.67。

表 5.67　耐油石棉橡胶板的规格（GB/T 539—2008）

用途	等级牌号	颜色	最高使用条件
一般工业	NY510	草绿	温度 510℃，压力 5MPa
	NY400	灰褐	温度 400℃，压力 4MPa
	NY300	蓝	温度 300℃，压力 3MPa
	NY250	绿	温度 250℃，压力 2.5MPa
	NY150	暗红	温度 150℃，压力 1.5MPa
航空工业	HNY300	蓝	温度 300℃以下的航空燃油等

标记：按等级牌号和本标准编号顺序标记。

例：等级牌号为 NY250 的一般工业用耐油石棉橡胶板，标记为 NY250-GB/T 539。

5.6　石墨及其制品

5.6.1　碳石墨

① 用途　制作石墨电极、阴极块、炉衬、电子半导体、碳电极、刹车片等。

② 分类　粗分类别见标记方法，细分类见 JB/T 9580—2008。

③ 标记方法

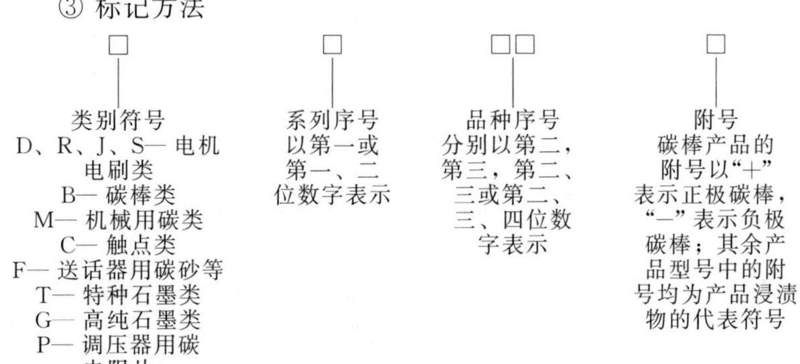

5.6.2　不透性石墨管

不透性石墨管是指对气体、蒸汽、液体等流体介质具有不渗透性的石墨管。

① 用途　用于要求对气体、蒸汽、液体等流体介质完全密封的场合。

② 分类　按成形方法分，有压型酚醛石墨管（YFSC）和浸渍树脂石墨管（JSSG）；按管件种类方法分，有直管、三通、四通、弯头等。

③ 基本参数　见表 5.68。

表 5.68　不透性石墨管的基本参数（HG/T 2059—2014）

公称内径/mm	外径/mm	壁厚/mm	设计压力/MPa	公称内径/mm	外径/mm	壁厚/mm	设计压力/MPa
22	32	5.0	≤0.3	75	100	12.5	≤0.2
25	38	6.5		102	133	15.5	
30	43	6.5		127	159	16	
36	50	7.0		152	190	19	
40	55	7.5	≤0.2	203	254	25.5	
50	67	8.5		254	330	38	
65	85	10					

5.6.3　一些石墨的性能

一些石墨的性能见表 5.69～表 5.71。

表 5.69　机械用碳石墨材料的类别、型号及性能

型号	浸渍材料	体积密度/(g/cm³)	抗折强度/MPa	抗压强度/MPa	肖氏硬度(HS)	气孔率/%	热胀系数/(10/℃)	使用温度/℃
纯碳石墨								
M191T	纯碳	180	100	250	92	12	5.5	600
M200T		180	60	150	58	12	4.5	600
浸渍树脂碳石墨								
M180K	呋喃树脂	1.80	80	240	90	1.2	5.5	210
M200K		1.82	55	115	55	1.2	4.5	210
M170K		1.80	70	220	85	1.5	5.5	210
M106K		1.65	65	230	90	15	5.5	210
浸渍金属石墨								
M181D	锑合金	2.3	80	200	80	2.0	5.5	350
M200D		2.4	45	120	40	2.0	5.0	350
M181B	巴氏合金	2.4	65	160	60	8.0	5.5	200
M200B		2.4	35	65	35	8.0	5.0	200
浸渍玻璃石墨								
M180R	玻璃	2.0	60	190	95	2.5	6.0	600
M200R		2.0	48	138	75	2.5	5.0	600

表 5.70　机械密封用碳石墨的性能

浸渍材料	酚醛树脂	呋喃树脂	锑	铜合金
肖氏硬度(HS)	8.5	9	85	85
体积密度/(g/cm³)	1.75	1.75	2.2	2.4
显气孔率/%	1.5	1.5	2.2	3.0
抗压强度/MPa	240	200	190	240
使用温度/℃	200	200	400	400

表 5.71　人造金刚石石墨的规格和用途（GB/T14898—2004）

型号	基本尺寸(直径,厚度自定)/mm	主要用于合成的金刚石型别
T612	20、23	RVD
T621、T622	20、28.5	MBD8、MBD12、SMD 和 DMD
T623	20、22、23、25、27	SMD、DMD
T641	20、22、23、26、28	MBD8、MBD12、SMD 和 DMD
T642、T643	20、22、23、24、25、27、28、30、33、37、38	

续表

型号	基本尺寸(直径,厚度自定)/mm	主要用于合成的金刚石型别
T664	20、22、23、24、25、27、28、30、31、33、35、37、38、40	MBD8、MBD12、SMD和DMD
T665	30、35、37、38、40、41、45、50、55	
T666	20、22、23、24、25、27、28、30、31、33、35、37、38、40、41、45、50、55	
T692	23、24、25、26、27、28、30	

5.7 云母制品

5.7.1 塑型云母板

① 用途　适于塑制绝缘管、环及其他形状的绝缘零件。含胶量少的塑型云母板，适于温升较高或转速较高的电机作绝缘零件。

② 规格　宽度和长度按供需双方协议尺寸，厚度系列：0.15mm、0.2mm、0.25mm、0.30mm、0.40mm、0.50mm、0.60mm、0.70mm、0.80mm、1.00mm、1.20mm（最厚可至7.0mm）。

③ 产品型号　见表5.72。

表5.72　塑型云母板产品型号（GB/T 5019.11—2009）

型号	胶黏剂	用途
5230	醇酸胶黏漆	温升≤150℃的各种电机电器用绝缘零件
5231	紫胶胶黏漆	
5235	醇酸胶黏漆	
5236	紫胶胶黏漆	
5240	环氧桐马胶黏漆	
5250	有机硅胶胶黏漆	温升180℃的上述零件

5.7.2 电器用柔软云母板

① 用途：适于作电机槽绝缘及匝间绝缘，出厂90d以上仍可保持柔软性，弯曲而不破裂。

② 型号：根据产品的耐热性及结构划分如表5.73。

表5.73　柔软云母板的型号（JB/T 7100—2015）

产品型号	补强材料	胶黏剂	适用范围
5130	双面云母带用纸	醇酸胶黏漆	适用于工作温度130℃的电机槽绝缘及衬垫绝缘
5131	双面电工用无碱玻璃布		
5133	—		

续表

产品型号	补强材料	胶黏剂	适用范围
5130-1	双面云母带用纸	醇酸胶黏漆	适用于工作温度 130℃的电机槽绝缘及衬垫绝缘
5131-1	双面电工用无碱玻璃布		
5136-1	双面云母带用纸	环氧胶黏漆	
5150	—	有机硅胶黏漆	适用于工作温度 180℃的电机槽绝缘及衬垫绝缘
5151	单面或双面电工用无碱玻璃布		
5151-1	双面电工用无碱玻璃布		

③ 规格　推荐的长度为 600～1200mm，推荐的宽度为 400～1200mm；厚度标称值系列为 0.15mm、0.20mm、0.25mm、0.30mm、0.40mm、0.50mm。

5.7.3　电热设备用云母板

(1) 分类

根据其组成，可分成 6 类，见表 5.74。

表 5.74　电热设备用云母板（GB/T 5019.5—2014）

类型	组成	类型	组成
HS1	剥片白云母,有机胶黏剂	HP4	云母纸,有机胶黏剂
HS2	剥片金云母,有机胶黏剂	HP5	云母纸,有机硅树脂胶黏剂
HS3	剥片白云母,有机硅树脂胶黏剂	HP6	云母纸,无机胶黏剂

(2) 规格

① 约 1m 长、0.5m 宽的片材，最小标称厚度为 0.3mm（剥片云母）和 0.2mm（云母纸）。

② 由片材切成的宽度不大于 200mm 的条。

③ 厚度系列：以剥片云母为基者是 0.3mm、0.4mm、0.5mm、0.6mm、0.8mm、1.0mm、1.0mm 以上；以云母纸为基者是 0.2mm、0.3mm、0.4mm、0.5mm、0.6mm、0.8mm、1.0mm、1.0mm 以上。

5.7.4　云母带

① 用途　适于作电机线圈绝缘、电器绝缘件。

② 规格和型号　见表 5.75。

5.7.5　云母纸

① 用途　用于电气绝缘。

② 分类　按云母矿物的属性和制造方法分，有 5 种型别，见表 5.76。

表 5.75 云母带的规格和型号

品种	型号	尺寸规格/mm			胶黏剂	胶黏剂含量/%	介电强度/(MV/m)	胶黏剂温度指数
		厚度	卷盘直径	宽度				
有机硅玻璃云母带(JB/T 6488.2—1992)	5450	0.10,0.13,0.16	95 115	带盘：15,20,25,30,35 带卷：供需商定	有机硅胶黏漆	15～30	≥16	180
	5450-1	0.14 0.17				20～40		
聚酰亚胺薄膜粉云母带(JB/T 6488.6—2002)	5446-1S 5447-1D	0.14 0.09	95	25	—	25～32 ≤14	≥40 ≥45	155
	5451-1S	0.10 0.13				12～18	≥45	150
	5254-1S	0.12				24～32	≥45	
	5453-1D	0.075 0.10				8～14	≥45	
	5461-1D	0.07				8～16	≥50	200
		0.10 0.13				6～12		
	5462-1S	0.10 0.13				10～16	≥50	
	5463-1S	0.10 0.12 0.14				20～28	≥50	200
	5461-1D 5465-1D	0.075 0.13				7～13	55 —	
200级有机硅玻璃粉云母带	5460-1D 5460-1G	0.10 0.12 0.13	95 115	15,20,25	有机硅胶黏漆	3～11	≥12	≥200
	5461-1D 5461-1G	0.10 0.12 0.14				17～24	≥15	

注：D—单面补强；G（S）—双面补强。

表 5.76 云母纸的型别、原料、制造方法和规格（GB/T 5019.4—2009）

型别	原料	制浆方法	厚度规格[①]/μm
MPM1 型	煅烧白云母	化学法	45,50,55,65,75,85,95,105
MPM2 型	煅烧白云母	机械法	50,60,70,75,110,130,180
MPM3 型	未煅烧白云母	机械法	35,55,65,75,90,95,105,115,125,150,155,160,170,180,190,200

续表

型别	原料	制浆方法	厚度规格[①]/μm
MPP4 型	未煅烧金云母	机械法	55,60,65,70,75,80,90,100,105,150,160,185,235,260
MPS5 型	人工合成云母	机械法	60,70,77,87,105,115

① 云母纸的长宽由供需双方协商，可以成卷（每卷接头不应超过两个，且每段不应少于 50m）或成张。

5.8 建筑装饰涂料

5.8.1 涂料的组成

涂料由基料（成膜物质）、颜料和填料、各种助剂和水（或溶剂）组成。

基料在涂料中主要起成膜及黏结填料和颜料的作用，常用的基料有油料、树脂、水玻璃、硅溶胶、聚乙烯醇、聚乙烯醇缩甲醛等。成膜物质分为 17 类，见表 5.77。

表 5.77　成膜物质的类别

类别	主要成膜物质
油脂	天然植物油、动物油(脂)、合成油等
天然树脂及加工品	松香及其衍生物、虫胶、乳酪素、动物胶、大漆及其衍生物等
酚醛树脂	酚醛树脂、改性酚醛树脂等
沥青	天然沥青、(煤)焦油沥青、石油沥青等
醇酸树脂	甘油醇酸树脂、季戊四醇醇酸树脂、其他醇类的醇酸树脂、改性醇酸树脂等
氨基树脂	三聚氰胺甲醛树脂、脲(甲)醛树脂等
硝酸纤维素(酯)	硝酸纤维素(酯)等
纤维素酯、纤维素醚	乙酸纤维素(酯)、乙酸丁酸纤维素(酯)、乙基纤维素、苄基纤维素等
过氯乙烯树脂	过氯乙烯树脂等
烯类树脂	聚二乙烯乙炔树脂、聚多烯树脂、氯乙烯共聚树脂、聚乙酸乙烯及其共聚物、聚乙烯醇缩醛树脂、聚苯乙烯树脂、含氟树脂、氯化聚丙烯树脂、石油树脂等
丙烯酸树脂	热塑性丙烯酸树脂、热固性丙烯酸树脂等
聚酯树脂	饱和聚酯树脂、不饱和聚酯树脂等
环氧树脂	环氧树脂、环氧酯、改性环氧树脂等
聚氨酯树脂	聚氨(基甲酸)酯树脂等
元素有机聚合物	有机硅树脂、有机钛树脂、有机铝树脂等

续表

类别	主要成膜物质
橡胶	氯化橡胶、环化橡胶、氯丁橡胶、氯化氯丁橡胶、丁苯橡胶、氯磺化聚乙烯橡胶等
其他	无机高分子材料、聚酰亚胺树脂、二甲苯树脂等

颜料在涂料中起着色、遮盖、增加涂膜的体积和厚度、提高涂膜的耐久性等作用，常用的有氧化铁红、氧化铁黄、氧化铁绿、氧化铁棕、氧化铬绿、钛白、锌钡白、群青蓝等。填料主要起改善涂膜的力学性能，增加涂膜的厚度，降低涂料的成本等作用。常用的填料为重晶石粉、轻质碳酸钙、重质碳酸钙、高岭土及各种彩色小砂粒等。

水与溶剂主要起溶解或分散基料，改善涂料施工性能等作用。助剂是为进一步改善或增加涂料的某些性能而加入的少量物质。通常使用的有增白剂、防污剂、分散剂、乳化剂、润湿剂、稳定剂、增稠剂、消泡剂、硬化剂、催干剂等。

5.8.2 装饰涂料的分类和应用

装饰涂料的分类和应用见表 5.78。

表 5.78 装饰涂料的分类和应用

种类	型别	品种	特点	应用
内墙涂料	溶剂型	过氯乙烯、聚乙烯醇缩丁醛、氯化橡胶、丙烯酸酯、聚氨酯系等几种	透气性较差，容易结露，但其光洁度好，易于冲洗，耐久性好	较少用于住宅内墙，可用于厅堂、走廊等处
	合成树脂乳液(乳胶漆)型	氯乙烯-偏氯乙烯共聚乳液内墙涂料	防水性能较好	适用于建筑物内墙面装饰、地下建筑工程和洞库墙面
		醋酸乙烯乳液内墙涂料	透气性好、附着力强、干燥快、色彩鲜艳，耐水、耐碱和耐候性稍差	用于装饰要求较高的内墙
		乙丙乳液内墙涂料	外观细腻、耐水性好、保色性好	用于高级装饰建筑的内墙
		苯丙乳液内墙涂料等	颜料体积浓度高	用于住宅或公共建筑物的内墙装饰。均不宜用于厨房、卫生间、浴室等潮湿墙面

续表

种类	型别	品种	特点	应用
内墙涂料	水溶性内墙涂料	聚乙烯醇水玻璃内墙涂料(106)	价格低廉、工艺简单、无毒、无味、耐燃、色彩多样、装饰性较好,有一定黏结力,但耐水及耐洗刷性差,涂膜易脱粉	广泛用于住宅、普通公用建筑等的内墙面、顶棚等,但不适合用于潮湿环境
		聚乙烯醇缩甲醛内墙涂料(803)	成本与前者相仿,耐洗刷性略优于它(100 次),其他性能与前者基本相同	广泛用于住宅、一般公用建筑物的内墙与顶棚等
		改性聚乙烯醇系内墙涂料	耐水和耐洗刷性较高(约 300～1000 次),其他与聚乙烯醇水玻璃内墙涂料基本相同	用于住宅、一般公用建筑的内墙和顶棚,也适用于卫生间、厨房等的内墙、顶棚
	多彩花纹内墙涂料		装饰效果好;涂膜质地较厚,弹性、整体性、耐久性好;耐油、耐水、耐腐、耐洗刷	适用于建筑物内墙和顶棚水泥混凝土、砂浆、石膏板、木材、钢、铝等多种基面
外墙涂料	合成树脂乳液外墙涂料	有醋酸乙烯丙烯酸乳液、苯乙烯丙酸乳液、丙烯酸酯乳液、氯乙烯偏氯乙烯乳液等几种	污染小,毒性小,不易发生火灾;施工方便;涂料透气性、耐候、耐水、耐久性好;但冬季不宜应用	主要用于各种基层表面装饰,可以单独使用,也可作复层涂料的面层
	合成树脂乳液砂壁状建筑涂料		装饰质感类似于喷粘砂、干粘石、水刷石,但黏结强度、耐久性比较好	适合于中、高档建筑物的装饰
	溶剂型外墙涂料	丙烯酸酯溶剂型涂料	装饰效果好,色泽浅淡,保光、保色性优良,耐候性良好,不易变色、粉化或剥落,其使用寿命在 10 年以上	常用于外墙装饰,可单独使用,也可作复层涂料的高档罩面层
		丙烯酸-聚氨酯溶剂型涂料	其耐热性、耐候性优良,耐水、耐酸、耐碱性能极好,表面光洁度好	
	外墙无机建筑涂料	碱金属硅酸盐涂料(A 类)	涂料的耐水性、耐碱性、耐冻融循环性和耐久性较高	用于建筑外墙装饰

续表

种类	型别	品种	特点	应用
外墙涂料	外墙无机建筑涂料	硅溶胶涂料（B类）	有良好的硬度、快干性和一定的柔性以及较好的耐洗刷性	用于建筑外墙装饰
	复层建筑涂料		底涂层、主涂层和面涂层配合，提高涂料的耐候性、耐污染性等	一般作为内外墙、顶棚的中、高档的建筑装饰用
地面涂料	聚氨酯地面涂料	聚氨酯厚质弹性地面涂料	整体性、装饰性、耐油性、耐水性、耐酸碱性好，耐磨性优良，脚感舒适，色彩多样。但价格高，原材料有毒	高级建筑物的地面装饰，或地下室等防水装饰，厂房的耐磨、耐油、耐腐蚀地面
		聚氨酯薄质地面涂料	硬度较大、脚感硬，其他性能与聚氨酯厚质弹性地面涂料基本相同	主要用于水泥砂浆、水泥混凝土地面，也可用于木质地板
	环氧树脂地面涂料	环氧树脂厚质地面涂料	耐蚀、耐油、耐水和耐久性良好，与材料的黏结力强、耐磨且有韧性，装饰性好。但价高、有毒	主要用于高级住宅、手术室、实验室、公用建筑、厂房等地面装饰、防腐、防水等
		环氧树脂薄质地面涂料	涂膜较薄、韧性较差，其他性能则基本相同	主要用于水泥砂浆、水泥混凝土地面，也可用于木质地板
特种涂料	防霉涂料	以氯乙烯-仿氯乙烯共聚物为基料加低毒高效防霉剂等配制而成	防黄曲霉、黑曲霉、萨氏曲霉、土曲霉、焦曲霉、黄青霉等十几种霉菌	适用于食品厂、糖果厂、罐头食品厂、卷烟厂、酒厂及地下室易霉变的内墙装饰
	防潮涂料	以高分子共聚乳液为基料，掺入高效防潮剂等助剂	耐水、防潮、无毒、无味、安全、装饰效果好	用于洞库墙面及多雨潮湿的江南沿海各地室内墙面的装饰
	防腐涂料	以丙稀酸过氯乙烯为基料配制而成	干燥快，漆膜平整光亮，保色保光性好，耐腐蚀，防湿热性和防盐雾、防霉和耐候性较好	适用于厂房内外墙的防腐及装饰

续表

种类	型别	品种	特点	应用
特种涂料	WS-Ⅰ、WS-Ⅱ卫生灭蚊涂料	以聚乙烯醇、丙烯酸树脂为基料，配以高效低毒的杀虫药剂和助剂	色泽鲜艳，遮盖力强，耐湿擦性能好，对蚊蝇、蟑螂等害虫有很好的速杀作用	适用于城乡住宅、医院、宾馆等居室、厨房、食品储藏室等处的涂饰
	芳香内墙涂料	以聚乙烯醇，添加合成香料、颜料及其他助剂配制	色泽鲜艳，气味芳香，清香持久，无毒，有清新空气、驱虫、灭菌的功能	适合涂刷于大厦、剧院、办公室、医院、住宅室内的墙面
	建筑罩光乳胶漆	由苯丙乳液、交联剂和助剂等配制而成	以水为稀释剂，安全无毒，漆膜色浅，保光性能好	用于涂料表面罩光，或石碑、青铜器文物及古建筑表面保护
	防锈涂料	在有机高分子聚合物中加入防锈颜料、填充料制成	干燥迅速、附着力强、防锈性能好、施工简便	适用于钢铁制品的表面防锈
	防静电地面涂料	在聚乙烯醇缩甲醛中掺入防静电剂、多种助剂制成	质轻层薄、耐磨、不燃、附着力强、有一定弹性	适用于电子计算机房、精密仪器车间等地面涂饰
	瓷釉涂料	以环氧-聚氨脂为基料，配以助剂加工而成	耐磨、耐沸水、漆膜坚韧	用于搪瓷浴缸翻新、仿瓷釉浴缸及特殊清洁清洗要求的墙面
	发光涂料	由成膜物质、填充剂和荧光颜料等组成	耐候、耐油、透明、抗老化	适用于标志牌、广告牌、交通指示器、门窗把手等需要发光处

5.8.3　油漆

油漆是一种能牢固覆盖在物体表面，起保护、装饰、标志和其他特殊用途的化学混合物涂料。

（1）油漆的名称和代号

油漆基本名称代号是采用 00～99 两位数字来表示。00～09 代表基本品种；10～19 代表美工漆；20～29 代表轻工用漆；30～39 代表绝缘漆；40～49 代表船舶漆；50～59 代表防腐蚀漆等。

表 5.79 油漆基本名称和代号

代号	基本名称	代号	基本名称	代号	基本名称
00	清油	33	（黏合）绝缘漆	67	隔热涂料
01	清漆	34	漆包线漆	70	工程机械用漆
02	厚漆	35	硅钢片漆	71	工程机械用漆
03	调合漆	36	电容器漆	72	农机用漆
04	磁漆	37	电阻漆、电位器漆	73	发电、输配电设备用漆
05	粉末涂料	38	半导体漆	77	内墙涂料
06	底漆	39	半导体漆	78	外墙涂料
07	腻子	40	防污漆	79	屋面防水涂料
09	大漆	41	水线漆	80	地板漆、地坪漆
11	电泳漆	42	甲板漆、甲板防滑漆	82	锅炉漆
12	乳胶漆	43	船壳漆	83	烟囱漆
13	水溶（性）漆	44	船底漆	84	黑板漆
14	透明漆	45	饮水舱漆	86	标志漆，路标漆，马路划线漆
15	斑纹漆、裂纹漆、桔纹漆	46	油舱漆		
16	锤纹漆	47	车间（预涂）底漆	87	汽车漆（车身）
17	皱纹漆	50	耐酸漆、耐碱漆	88	汽车漆（底盘）
18	金属（效应）漆、闪光漆	52	防腐漆	89	其他汽车漆
20	铅笔漆	53	防锈漆	90	汽车修补漆
22	木器漆	54	耐油漆	93	集装箱漆
23	罐头漆	55	耐水漆	94	铁路车辆用漆
24	家电用漆	60	防火漆	95	桥梁、输电塔及其他（大型露天）钢结构漆
26	自行车漆	61	耐热漆		
27	玩具漆	62	示温漆	96	航空、航天用漆
28	塑料用漆	63	涂布漆	98	胶液
30	（浸渍）绝缘漆	64	可剥漆	99	其他
31	（覆盖）绝缘漆	65	卷材涂料		
32	抗弧（磁）漆、互感器漆	66	光固化涂料		

（2）油漆型号

油漆型号用于区别具体涂料品种，它位于油漆名称之前。油漆型号的表示方法是：

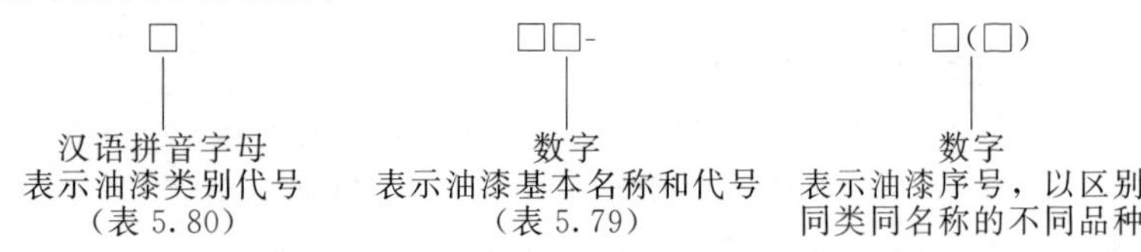

表 5.80　油漆类别代号

代号	油漆类别	代号	油漆类别	代号	油漆类别
A	氨基漆类	J	橡胶漆类	W	元素有机漆类
B	丙烯酸漆类*	L	沥青漆类	X	烯树脂漆类*
C	醇酸漆类	M	纤维素漆类	Y	油脂漆类*
F	酚醛漆类	Q	硝基漆	Z	聚酯漆类
G	过氯乙烯漆类	S	聚氨酯漆类	E	其他漆类
H	环氧漆类	T	天然树脂漆类*		

注：有 * 为油性漆，其余为合成树脂漆。

第6章 复合材料

复合材料是由两种或两种以上不同性质的材料，通过物理或化学的方法组成的新材料。各种材料在性能上互相取长补短，使其综合性能优于原组成材料。复合材料中，一种材料作为基体，另外的材料作为增强体。基体材料可为金属（钢、铝、镁、铜及其合金等），也可为非金属（合成树脂、橡胶、陶瓷、石墨、碳等）。增强材料主要有玻璃纤维、碳纤维、硼纤维、芳纶纤维、碳化硅纤维、石棉纤维、晶须、金属丝和硬质细粒等。本章主要叙述基体材料为金属的复合材料管。

6.1 结构用不锈钢-钢复合管

由不锈钢和碳素结构钢两种金属管，采用无损压力同步复合而成，兼具不锈钢抗腐蚀耐磨，以及碳素钢良好的抗弯强度及抗冲击性等特性，广泛用于市政设施、车船制造、道桥护栏、建筑装饰、钢结构网架、医疗器械、家具等。

6.1.1 分类

按复合管表面交货状态分为四种：表面未抛光状态（SNB），抛光状态（SB），磨光状态（SP），喷砂状态（SS）。

按截面形状分为三种：圆管（R），方管（S），矩形管（Q）。

6.1.2 材料

复合管的覆材材料为：06Cr19Ni10、12Cr18Ni9、12Cr18Mn9Ni5N、12Cr17MnNi5N 不锈钢。

复合管的基材为：Q195、Q215、Q235 的碳素结构钢。

其化学成分应分别符合相关规定。

6.1.3 规格

结构用不锈钢复合圆管的规格见表 6.1。

表 6.1　结构用不锈钢复合圆管的规格（GB/T 18704—2008）

mm

外径	总壁厚																					
	0.8	1.0	1.2	1.4	1.5	1.6	1.8	2.0	2.2	2.5	3.0	3.5	4.0	4.5	5.0	6.0	7.0	8.0	9.0	10	11	12
12.7	√	√	√	√	√	√	√	√														
15.9	√	√	√	√	√	√	√	√														
19.1	√	√	√	√	√	√	√	√														
22.2	√	√	√	√	√	√	√	√														
25.4	√	√	√	√	√	√	√	√	√	√												
31.8	√	√	√	√	√	√	√	√	√	√												
38.1			√	√	√	√	√	√	√	√												
42.4			√	√	√	√	√	√	√	√												
48.3			√	√	√	√	√	√	√	√												
50.8			√	√	√	√	√	√	√	√												
57.0		√	√	√	√	√	√	√	√	√												
63.5			√	√	√	√	√	√	√	√	√											
76.3			√	√	√	√	√	√	√	√	√											
80.0				√	√	√	√	√	√	√	√	√										
87.0									√	√	√	√										
89.0										√	√	√	√									
102											√	√	√									
102											√	√	√									
108												√	√	√								
112											√	√	√									
114											√	√	√	√								
127												√	√	√								
133												√	√	√								
140												√	√	√	√							
159													√	√	√							
165													√	√	√							
180														√	√	√						
217														√	√	√	√	√	√	√		
219														√	√	√	√	√	√	√	√	
273																√	√	√	√	√	√	√
299																√	√	√	√	√	√	√
325																	√	√	√	√	√	√

注：表中“√”表示有产品，通常长度范围为 1～8m。

6.2 不锈钢-塑料复合管

不锈钢-塑料（PE）复合管的内层为塑料层，由粘接层使它与不锈钢相连，其长度一般为 3m、4m、5m、6m。外径、壁厚见表 6.2。

表 6.2 PE 复合管的外径、壁厚 mm

公称外径	总壁厚	不锈钢壁厚	公称外径	总壁厚	不锈钢壁厚
16、20	2.0	0.30	75	6.0	
(22)、25	2.5		90	7.0	0.60
(28)、32	3.0	0.40	110	8.0	
40	3.5	0.40	125	9.0	0.80
50	4.0		160	10.0	
63	5.0	0.50			

6.3 钢-塑复合管

钢-塑复合管（PSP）采用优质碳素钢管为基体，用特殊加工工艺，使钢管内壁和 PE、PO、PPR、PVC、UHMWPE 等化学稳定性优良的热塑性塑料有机地结合为一体，所以抗腐蚀性能优良，耐磨性佳，不结垢，机械强度高，耐冲击、压力、弯曲，适用温度范围广，卫生性能良好，使用寿命长。

6.3.1 涂塑复合给水钢管

涂塑复合给水钢管是以钢管为基管，以塑料粉末为涂层材料，通过吸涂、喷涂等涂敷工艺在其内、外表面熔融涂敷塑料层或用其他工艺在外表面涂敷上其他材料防腐层的钢塑复合管材。输送介质的温度应低于 45℃。

型号表示方法是（CJ/T 120—2016）：

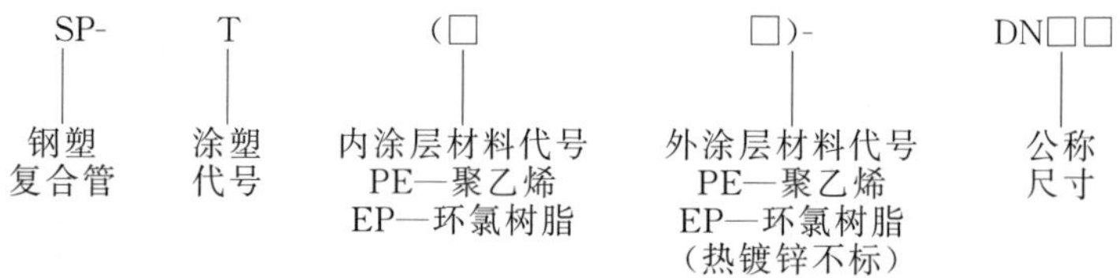

规格尺寸见表 6.3～表 6.5。

表 6.3 涂塑钢管的涂层厚度（参考） mm

公称通径 DN	内面塑料涂层(＞)		外面塑料涂层(＞)			
	聚乙烯	环氧树脂	聚乙烯		环氧树脂	
			普通级	加强级	普通级	加强级
15、20、25、32、40、50、65	0.4	0.3	0.5	0.6	0.3	0.35
80、100、125、150	0.5	0.35	0.6	1.0	0.35	0.4
200、250、300	0.6	0.35	0.8	1.2	0.35	0.4

续表

公称通径 DN	内面塑料涂层(>)		外面塑料涂层(>)			
	聚乙烯	环氧树脂	聚乙烯		环氧树脂	
			普通级	加强级	普通级	加强级
350、400、450、500	0.6	0.35	0.8	1.3	0.35	0.4
550、600、650、700、750	0.8	0.4	1.0	1.5	0.4	0.45
800、850、900、1100、1200	1.0	0.45	1.2	1.8	0.45	0.5

表 6.4　普通系列钢-塑复合管的规格尺寸（参考）　mm

公称外径	钢带最小厚度	聚乙(丙)烯最小厚度		壁厚	公称外径	钢带最小厚度	聚乙(丙)烯最小厚度		壁厚
		内层	外层				内层	外层	
50	0.3	1.4	1.0	3.5	160	1.1	1.8	1.5	5.5
63	0.4	1.6	1.1	4.0	200	1.4	1.8	1.7	6.0
75	0.5	1.6	1.1	1.0	250	1.7	1.8	1.9	6.5
90	0.6	1.7	1.2	45	315	2.2	1.8	1.9	7.0
110	0.8	1.8	1.3	5.0	400	2.8	1.8	2.0	7.5

表 6.5　加强系列钢-塑复合管的规格尺寸（参考）　mm

公称外径	钢带最小厚度	聚乙(丙)烯最小厚度		壁厚	公称外径	钢带最小厚度	聚乙(丙)烯最小厚度		壁厚
		内层	外层				内层	外层	
16、20	0.3	0.8	0.4	2.0	90	0.8	2.0	2.0	6.0
25	0.4	1.0	0.6	2.5	110	1.0	2.0	2.2	6.5
32	0.4	1.2	0.7	3.0	160	1.7	2.0	2.2	7.0
40	0.5	1.3	0.8	3.5	200	2.2	2.0	2.2	7.5
50	0.6	1.4	1.5	4.5	250	2.8	2.0	2.3	8.5
63	0.6	1.7	1.7	5.0	315	3.5	2.0	2.3	9.0
75	0.6	1.9	1.9	5.5	400	4.5	2.0	2.3	10.0

6.3.2　塑料衬里复合钢管

塑料衬里复合钢管是以钢管为基体，采用聚四氟乙烯（PTFE）、聚全氟乙丙烯（FEP）、无规共聚聚丙烯（PP-R）、交联聚乙烯（PE-D）、可溶性聚四氟乙烯（PFA）、聚氯乙烯（PVC）为衬里的复合钢管。

型号表示方法是：

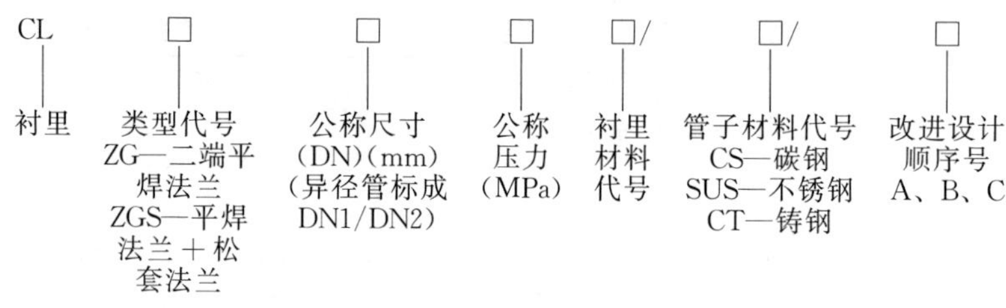

直管结构参数见表6.6。

表6.6　直管结构参数（HG/T 2437—2006）　　mm

公称尺寸DN	衬层厚度 PTFE FEP PFA	衬层厚度 PP-R PE-D PVC	钢管规格	长度
25	2.5	3	ϕ35×3.5	3000
32			ϕ38×3	
40			ϕ48×4	
50	3		ϕ57×3.5	
65		4	ϕ76×4	
80	3.5		ϕ89×4	
100	4		ϕ108×4	
125		5	ϕ133×4	
150			ϕ159×4.5	
200			ϕ219×6	
250	4.5		ϕ273×8	

公称尺寸DN	衬层厚度 PTFE FEP PFA	衬层厚度 PP-R PE-D PVC	钢管规格	长度
300	4.5	6	ϕ325×9	3000
350			ϕ377×9	
400	5		ϕ426×9	
450			ϕ480×9	
500			ϕ530×10	
600			ϕ618×10	
700			ϕ718×10	
800			ϕ818×10	
900			ϕ918×12	
1000			ϕ1018×12	

注：法兰标准为GB/T 9113.1或GB/T 9120.1。

6.4　铝-塑复合管

铝-塑复合管是最早替代铸铁管的供水管，用于冷热水管道系统，包括工业及民用冷热水、饮用水和热水采暖系统。铝-塑复合管有内层熔接型和外层熔接型两类。

（1）内层熔接型铝塑复合管

① 按由外层列内层的材料分类，其形式是：

PE-RT（耐热聚乙烯）/AL（铝合金）/PE-RT（耐热聚乙烯）：R-T基复合管。

PP-R（无规共聚聚丙烯）/AL（铝合金）/PP-R（无规共聚聚丙烯）：P型复合管。

② 公称外径尺寸规格为：16mm、20mm、25mm、32mm、40mm、50mm、63mm、75mm。

③ 型号表示方法是：

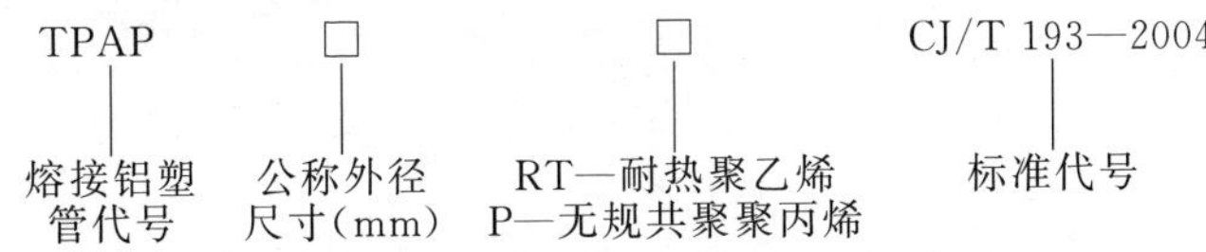

④ 铝塑管结构尺寸：见表 6.7。

表 6.7　熔接铝塑管结构尺寸（CJ/T 193—2004）　mm

公称外径 d_n	平均外径		参考内径 d_i	外径不圆度		管壁厚 e_m		内层塑料最小壁厚 e_i	外层塑料最小壁厚 e_w	铝管层最小壁厚 e_a
	$d_{em,min}$	$d_{em,max}$		盘管	直管	最小值	公差			
16	18.6	18.9	11.8	≤1.2	≤0.6	3.10	+0.60	1.8	0.2	0.18
20	22.6	22.9	15.4	≤1.5	≤0.8	3.30		2.0		
25	27.6	27.9	19.7	≤1.8	≤1.0	3.60	+0.70	2.3		
32	35.4	35.7	25.4	≤2.2	≤1.2	4.60	+0.80	2.9		0.23
40	43.4	43.7	31.7		≤1.4	5.40	+0.90	3.7		0.25
50	53.4	53.7	39.8		≤1.6	6.30	+1.00	4.6		0.28
63	66.4	66.8	50.2		≤2.0	7.50	+1.20	5.8		
75	78.4	79.0	59.0		≤2.5	9.00	+1.40	7.3		

注：熔接铝塑管可以盘管式或直管式供货，其长度不应小于出厂规定值。

（2）外层熔接型铝塑复合管

① 铝塑管品种分类　见表 6.8。

表 6.8　铝塑管品种分类（CJ/T 195—2004）

类别	用途代号		复合管代号	长期工作温度 T_0/℃	允许工作压力 p_0/MPa
无规共聚聚丙烯/铝合金/耐热聚乙烯	热水	R	PP-R/AL/PE-RT	82	1.0
无规共聚聚丙烯/铝合金/无规共聚聚丙烯			PP-R/AL/PP-R	70	1.0
无规共聚聚丙烯/铝合金/聚乙烯	冷水	L	PP-R/AL/PE	40	1.0

② 型号表示方法

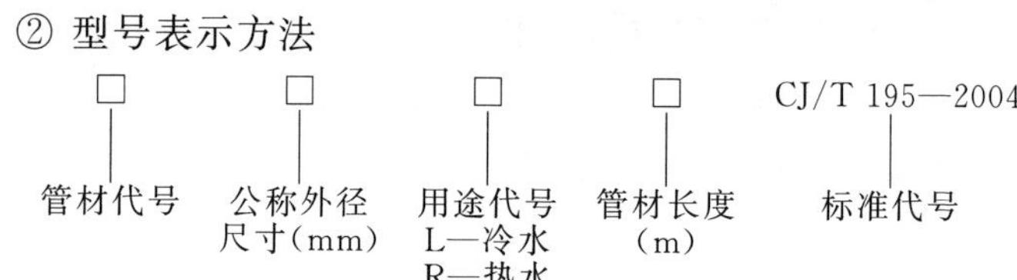

③ 铝塑管结构尺寸 见表 6.9。

表 6.9 铝塑管结构尺寸（CJ/T 195—2004） mm

公称外径 d_n	平均外径		圆度		管壁厚		内层塑料最小壁厚 e_i	外层塑料最小壁厚 e_n	铝管层最小壁厚 e_a
	$d_{em,min}$	$d_{em,max}$	盘管	直管	e_{min}	e_{max}			
16	16.0	16.3	≤1.0	≤0.5	2.75	3.10	0.80	1.60	0.20
20	20.0	20.3	≤1.2	≤0.6	3.00	3.40	0.90	1.70	0.25
25	25.0	25.3	≤1.5	≤0.8	3.25	3.65	1.00	1.80	0.30
32	32.0	32.3	≤2.0	≤1.0	4.00	4.50	1.10	2.10	0.35
40	40.0	40.4	—	≤1.2	5.00	5.60	1.50	2.60	0.40
50	50.0	50.5	—	≤1.5	5.50	6.10	1.80	3.00	0.50
63	63.0	63.6	—	≤1.9	7.00	7.80	2.40	3.80	0.60
75	75.0	75.7	—	≤2.3	8.50	9.50	2.60	4.80	0.70

6.5 钢骨架聚乙烯塑料复合管

6.5.1 给水用钢骨架聚乙烯塑料复合管

钢骨架聚乙烯塑料复合管（SRPE）是由连续缠绕焊接成形的网状钢筋骨架与聚乙烯塑料共挤成形的复合管。

（1）原料

① 聚乙烯管材专用料：PE80 及以上级别（仅可加入必要的添加剂并应均匀分散），成分符合 CJ/T 120 要求。

② 钢丝：应采用一般用途低碳钢丝，其直径、力学性能应符合 YB/T 5294 的规定；表面应有镀层或其他防锈措施（根据需要，也可选用性能更优的低碳合金钢或其他结构钢钢丝）；抗拉强度应不小于 400MPa；管材钢丝网格密度及钢丝公称直径见表 6.10。

表 6.10 管材钢丝网格密度及钢丝公称直径 mm

公称内径 DN/ID	网格密度	钢丝公称直径 d		公称内径 DN/ID	网格密度	钢丝公称直径 d	
		经线	纬线			经线	纬线
50,65,80	<12×9	≥2.0	≥2.0	300	≤12×12	≥2.0	≥2.5

续表

公称内径 DN/ID	网格密度	钢丝公称直径 d		公称内径 DN/ID	网格密度	钢丝公称直径 d	
		经线	纬线			经线	纬线
100,125	≤12×12	≥2.0	≥2.0	350,400,450,500	≤12×12	≥3.0	≥3.0
150,200,250		≥2.0	≥2.5	600		≥3.5	≥3.5

注：网格密度即钢丝中心距。

（2）分类

按公称压力可分为 PN1.0、PN1.6、PN2.0、PN2.5、PN4.0 系列；按端口连接方式，分为法兰接头、插口（平口和锥形口）等。

（3）规格

管材标准长度为 6m、8m、10m 和 12m，主体壁厚尺寸见表 6.11。

表 6.11　管材的规格尺寸（CJ/T 120—2016）

公称内径(DN/ID)/mm	公称压力 PN/MPa					钢丝到内、外壁距离/mm	公称内径(DN/ID)/mm	公称压力 PN/MPa					钢丝到内、外壁距离/mm
	1.0	1.6	2.0	2.5	4.0			1.0	1.6	2.0	2.5	4.0	
	管材主体壁厚/mm							管材主体壁厚/mm					
50				9.0	10.6	≥1.8	250	12.0	12.5	12.5	13.0		≥2.5
65				9.0	10.6		300	12.5	12.5	12.5			
80				9.0	11.7		350	15.0	15.0	15.5			
100		9.0	9.0	11.7	11.7		400	15.0	15.0	12.5			≥3.0
125		10.0	10.0	11.8	12.3		450	15.5	16.0	16.5			
150	12.0	12.0	12.0	12.0	15.5		500	15.5	16.0	16.5			
200	12.0	12.0	12.5	12.5			600	19.0	20.0				

6.5.2　燃气用钢骨架聚乙烯塑料复合管

钢骨架聚乙烯塑料复合管是将连续缠绕焊接成形的网状钢筋骨架与聚乙烯塑料共挤成形的复合管。按壁厚可分为普通管材和薄壁管材。

（1）原料

① 聚乙烯管材专用料：聚乙烯管材混料（仅可加入必要的添加剂并应均匀分散），成分符合 CJ/T 125 要求。

② 钢丝：应采用一般用途低碳钢丝，交货状态为 SZ 镀锌或镀铜（根据需要，也可选用性能更优的低碳合金钢或其他结构钢钢丝），其直径、力学性能应符合 YB/T 5294 的规定；抗拉强度应不小于 400MPa；管材钢丝网格密度及钢丝公称直径见表 6.12。

表 6.12　管材钢丝网格密度及钢丝公称直径（CJ/T 125—2014）

mm

公称内径 DN/ID	网格密度	钢丝公称直径 d		公称内径 DN/ID	网格密度	钢丝公称直径 d	
		经线	纬线			经线	纬线
50,65,80	<9×9	≥2.0	≥2.0	350,400,450,500,600	≤12×12	≥3.0 ≥3.5	≥3.5 ≥3.5
100,125,150,200,250,300	≤12×9	≥2.0	≥2.5				

注：网格密度即钢丝中心距。

（2）分类

按公称压力可分为 PN0.8、PN1.0、PN1.6；按内涂层材料分为聚乙烯涂层和环氧树脂涂层；按外涂（镀）层材料分为热镀锌层、环氧树脂涂层和聚乙烯涂层。

（3）型号表示方法

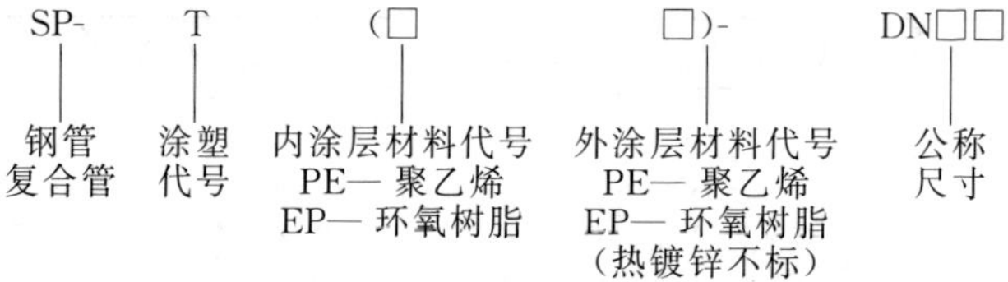

（4）管材的规格尺寸（表 6.13）

表 6.13　管材的规格尺寸（CJ/T 125—2014）

公称内径 (DN/ID) /mm	普通管材			薄壁管材		钢丝到内、外壁距离 /mm	公称内径 (DN/ID) /mm	普通管材			薄壁管材		钢丝到内、外壁距离 /mm
	公称压力 PN/MPa							公称压力 PN/MPa					
	0.8	1.0	1.6	0.8	1.0			0.8	1.0	1.6	0.8	1.0	
	管材主体壁厚/mm							管材主体壁厚/mm					
50	—	—	10.6	—	9.0	≥1.8	250	12.5	—	—	—	—	≥2.5
65	—	—	10.6	—	9.0		300	12.5	—	—	—	—	
80	—	11.7	—	9.0	—		350	15.0	—	—	—	—	≥3.0
100	—	11.7	—	9.0	—		400	15.0	—	—	—	—	
125	—	11.8	—	10.0	—		450	16.0	—	—	—	—	
150	12.0	—	—	—	—		500	16.0	—	—	—	—	
200	12.5	—	—	—	—	≥2.5	600	20.0	—	—	—	—	

6.5.3　工业用钢骨架聚乙烯塑料复合管

这是以聚乙烯为基体，以钢丝焊接而成的网状钢骨架为增强体，经连续挤出成形的管材，可用于石油、化工、医药、冶金、采矿以及船舶、市政建设和食品等行业，管材输送介质温度范围为

0～70℃。

（1）原料

① 聚乙烯管材专用料：经过预混合的聚乙烯管材专用料（仅可加入必要的均匀分散的添加剂），成分符合 HG/T 3690 要求。

② 钢丝：采用一般用途低碳钢丝，交货状态为 SZ 镀锌或镀铜（根据需要，也可选用性能更优的低碳合金钢或其他结构钢钢丝），其直径、力学性能应符合 YB/T 5294 的规定；抗拉强度应不小于 400MPa；管材钢丝网格密度及钢丝公称直径见表 6.14。

表 6.14　管材钢丝网格密度及钢丝公称直径（HG/T 3690—2022）

mm

公称内径 DN/ID	网格密度	钢丝公称直径 d		公称内径 DN/ID	网格密度	钢丝公称直径 d	
		经线	纬线			经线	纬线
50,65,80,100,125,150,200,250	＜9×9	≥2.0	≥2.5	300,350,	≤9×9	≥2.5	≥3.0
				400,450,	≤12×12	≥3.0	≥3.5
				500,600	≤12×12	≥3.5	≥3.5

注：网格密度即钢丝中心距。

（2）管材的规格尺寸（表 6.15）

表 6.15　管材的规格尺寸（HG/T 3690—2022）

公称内径 (DN/ID) /mm	公称压力 PN/MPa					钢丝到内、外壁距离 /mm	公称内径 (DN/ID) /mm	公称压力 PN/MPa					钢丝到内、外壁距离 /mm
	1.0	1.6	2.0	2.5	4.0			1.0	1.6	2.0	2.5	4.0	
	管材主体壁厚/mm							管材主体壁厚/mm					
50	—	—	—	9.0	10.6	≥2.0	250	12.0	12.5	13.0	13.0	—	≥2.5
65	—	—	—	—	—		300	12.5	12.5	14.5	—	—	
80	—	—	—	—	11.7		350	15.0	15.0	15.5	—	—	≥3.0
100	—	9.0	9.0	11.7	12.2		400	15.0	15.0	15.5	—	—	
125	—	10.0	10.0	11.8	12.3		450	15.5	16.0	16.5	—	—	
150	—	12.0	12.0	12.5	15.5		500	15.5	16.0	16.5	—	—	
200	—	12.0	12.5	12.5	—	≥2.5	600	19.0	20.0		—	—	

6.6　不锈钢复合管

不锈钢复合管包括内衬不锈钢复合钢管、流体输送用不锈钢复合钢管和爆炸胀接不锈钢复合钢管。

6.6.1　内衬不锈钢复合钢管

内衬不锈钢复合钢管是采用旋压、缩径冷扩、爆燃、液压等工艺制成的内层为不锈钢、外层为碳钢的复合型管材，用于输送饮用水、消防给水、高温水、空调用水、污水等给水排水及蒸汽、燃气等。

材料：基管材料可为直缝或螺旋缝的焊接钢管、无缝钢管、石油天然气管线输送钢管、铜塑复合管和其他标准规定的基管材料。衬管材料可为06Cr19Ni10、06Cr18Ni11Ti、22Cr17Ni12Mo2、022Cr23Ni5Mo3N等。

型号表示方法是：

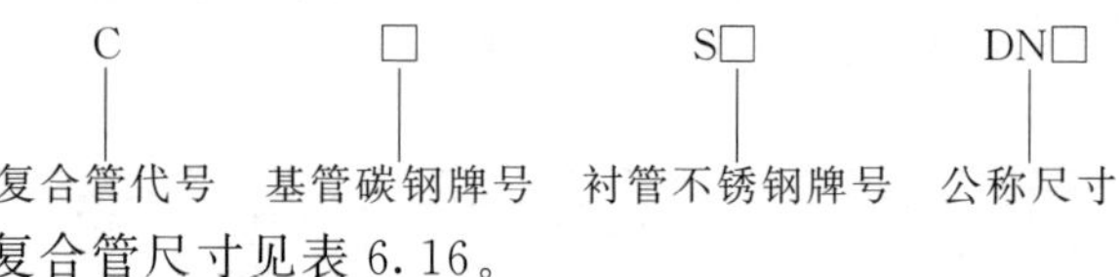

复合管尺寸见表6.16。

表6.16　复合管尺寸（CJ/T 192—2017）　mm

公称尺寸DN	公称外径	衬管公称壁厚	复合管公称壁厚
15	21.3	0.30	2.8
20	26.9		
25	33.7		3.2
32	42.4		3.5
40	48.3	0.40	
50	60.3		
65	76.1		3.8
80	83.9		4.0
100	114.3	0.50	
125	139.7		
150	168.3 (165.1)	0.60	4.5
200	219.1	0.70	5.0

公称尺寸DN	公称外径	衬管公称壁厚	复合管公称壁厚
250	273.0	0.80	6.0
300	323.9	0.90	7.0
350	355.6	1.00	8.0
400	406.4		
450	467.0		
500	508.0		
600	610.0		
700	711.0	1.20	10.0
800	813.0		
900	914.0		
1000	1016.0		
1200	1219.0	1.50	11.0
1400	1422.0		12.5

注：复合管的通常长度应为4000～12500mm。

6.6.2　流体输送用不锈钢复合钢管

这是以不锈钢为复层、碳钢或低合金钢为基层的内覆或衬里复合钢管，用于一般流体和化工弱腐蚀环境流体输送。

基层材料的牌号可为Q195、Q215A、Q215B、Q235A、Q235B、Q235C、Q275A、Q275B、Q345A、Q345B；复层材料的牌号可为12Cr18Ni9、06Cr19Ni10、022Cr19Ni10、06Cr25Ni20、06Cr17Ni12Mo2、

022Cr17Ni12Mo2、06Cr18Ni11Ti、06Cr18Ni11Nb（奥氏体型），06Cr13（马氏体型），022Cr18Ti、019Cr19Mo2NbTi、06Cr13Al、022Cr11Ti、022Cr12Ni（铁素体型），022Cr22Ni5Mo3N、022Cr25Ni7Mo4N（双相型）。

复合钢管的外径应为 21.3～1626mm，总壁厚（t）不小于 2.8mm，复层厚度（t_1）应不小于 0.25mm（表 6.17），复合钢管的通常长度为 3000～12000mm。

表 6.17　各种制造工艺复合钢管的外径和壁厚（GB/T 32958—2016）

mm

制造工艺		外径范围（D）	总壁厚（t）不小于	复层壁厚（t_1）不小于
总要求		21.3～1626	2.8	复层厚度不小于复合管总壁厚的 8%，且不小于 0.25mm（焊接连接时不小于 0.5mm）
衬里复合钢管		21.3～1422	2.8	0.25
内覆复合钢管	螺旋缝埋弧焊（SAWH）	219.1～1626	3.0	0.50
	直缝埋弧焊（SAWL）	406.4～1626	6.4	1.00
	直缝高频焊（HFW）	219.1～711	2.8	0.50
	热压熔合、堆焊、离心铸造等	21.3～1422	2.8	0.25

6.6.3　爆炸胀接不锈钢复合钢管

这是以不锈钢管为内管，无缝碳钢管为外管［复合比 6∶(1～3)］，用爆炸胀接的方法生产的复合钢管。

基层钢管材质可为 10、20、16Mn 和 09Mn2V，复层钢管材质可为 0Cr18Ni9、0Cr19Ni9、00Cr19Ni10、00Cr17Ni14Mo2、1Cr18Ni9Ti、0Cr26Ni5Mo2。

爆炸胀接不锈钢复合钢管的总厚度和基层、复层允许偏差的关系见表 6.18。

表 6.18　总厚度和基层、复层允许偏差（QB/T 2558—2002）

总壁厚	复层		基层	
	厚度	允许偏差	厚度	允许偏差
6～8	1.0～1.5	±10.0%	4.5～7	+15.0% −12.5%
9～13	≤3	±12.0%	6～10	
14～25	≤5	±12.5%	9～20	

第 2 篇

五金工具

五金工具是指铁、钢、铝等金属经过锻造、压延、切割等物理加工制造而成的各种金属器件的总称。

五金工具包括测量工具、手工工具、钳工工具、车工工具、铣工工具、磨工工具、管工工具、电工工具、木工工具、建筑工具、电动工具、气动工具、液压工具和园艺工具等。

第 7 章 测量工具

7.1 量尺类

7.1.1 金属直尺

用于量取一般小工件尺寸。长度系列见表 7.1。

表 7.1 金属直尺的长度系列（GB/T 9056—2004）

图示	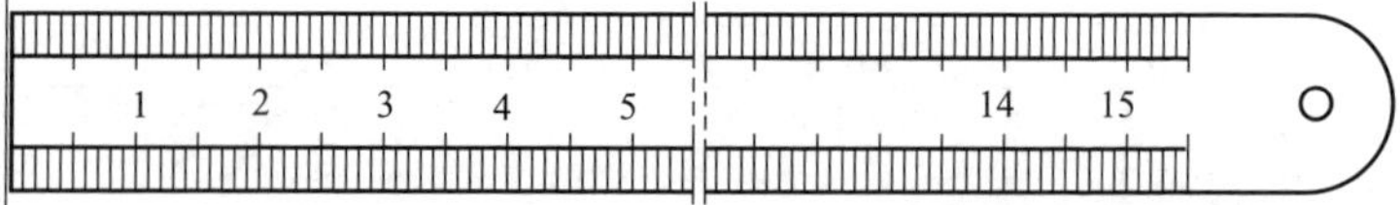 1 2 3 4 5 … 14 15

续表

长度系列/mm	150,300,500,600,1000,1500,2000

7.1.2　线纹尺

线纹尺（图 7.1）是用金属或玻璃制成的、表面上准确地刻有等间距平行线的长度测量和定位元件，其线条间距一般为 1mm 或 0.1mm。

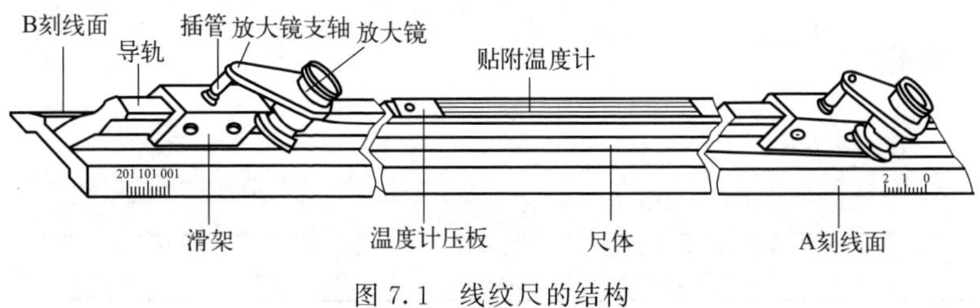

图 7.1　线纹尺的结构

三等标准金属线纹尺，主要用于检定钢直尺及三、四等水准标尺等，也可作为长度测量的量具。

线纹尺按用途可分为基准线纹尺、标准线纹尺和工作线纹尺。前两者用于长度计量，后者用于测长机、万能工具显微镜、万能测量机等长度测量工具中作为测量元件；在坐标镗床、坐标磨床等精密机床中作为定位元件。线纹尺用于测量或定位时，要和读数显微镜、光学读数头或光电显微镜等配套使用。

在机械制造中，常见的规格有 100mm、200mm、300mm、500mm 和 1000mm 几种。线纹尺的参数及尺寸见表 7.2。

表 7.2　线纹尺的参数及尺寸（CH 8004—1991）

项目	数值	项目		数值
分度值/mm	A 面为 0.2 B 面为 1.0	温度计的测量范围/℃		−30～+45
		外形尺寸/mm	长	1050
线纹尺的示值范围/mm	1020		宽	≈38
放大镜的放大倍数	7		高	≈63
贴附温度计的分度值/℃	0.5	质量(≤)/kg		3.0

7.1.3　钢卷尺

钢卷尺一般用于量取较大工件尺寸或距离。规格见表 7.3。

表 7.3 钢卷尺的规格（QB/T 2443—2011）

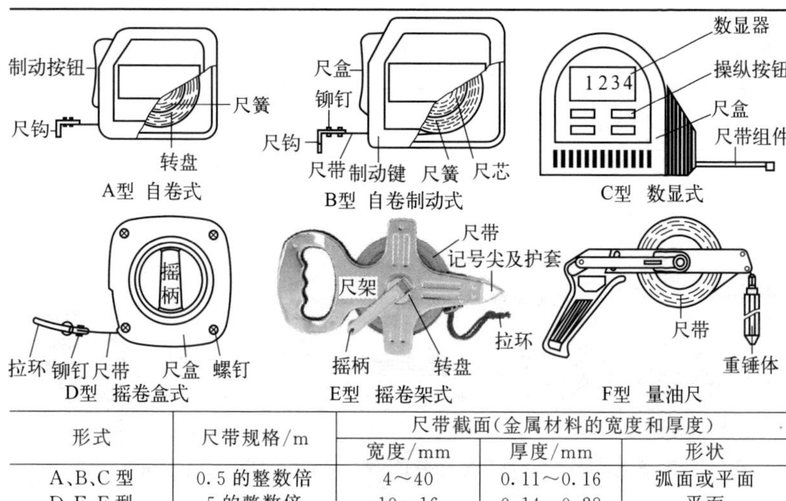

形式	尺带规格/m	尺带截面(金属材料的宽度和厚度)		
		宽度/mm	厚度/mm	形状
A、B、C 型	0.5 的整数倍	4～40	0.11～0.16	弧面或平面
D、E、F 型	5 的整数倍	10～16	0.14～0.28	平面

钢卷尺的工作原理、使用方法、维护保养和维修办法

7.1.4 游标、带表和万能角尺

万能角尺用于测量精密工件的内、外角度或进行角度划线。按其读数方式，可分为游标、带表和数显三种。其规格见表 7.4。

表 7.4 游标、带表和万能角度尺的规格（GB/T 6315—2008） mm

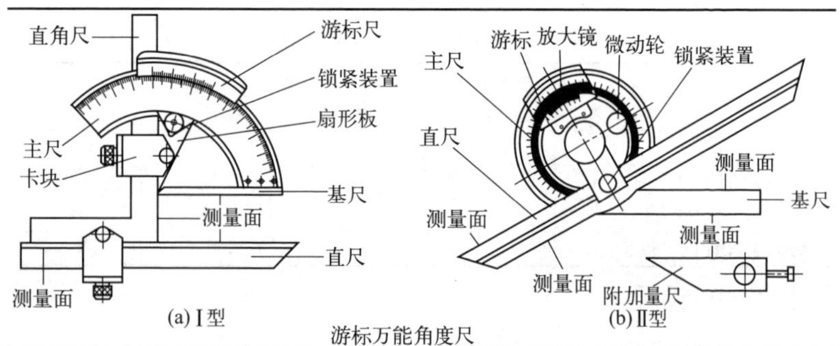

游标万能角度尺

续表

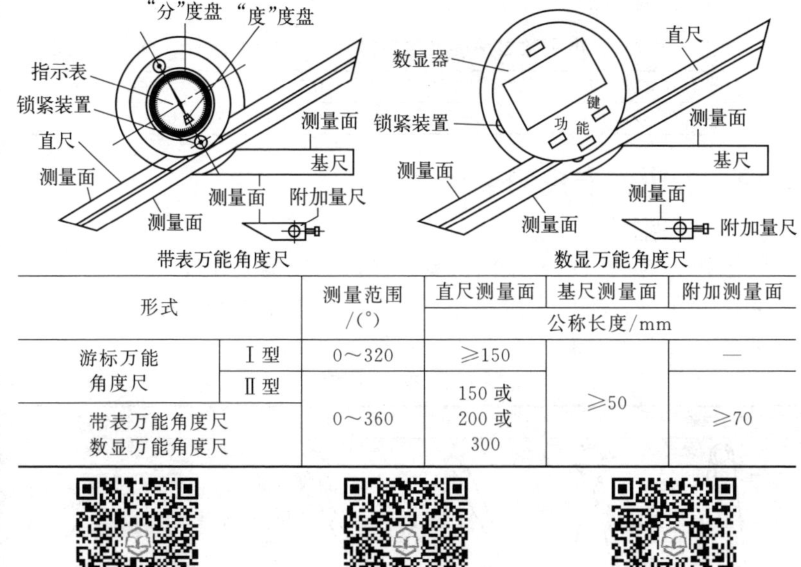

形式		测量范围/(°)	直尺测量面	基尺测量面	附加测量面
			公称长度/mm		
游标万能角度尺	Ⅰ型	0～320	≥150	≥50	—
	Ⅱ型	0～360	150 或 200 或 300		≥70
带表万能角度尺 数显万能角度尺					

万能角尺的使用方法和注意事项

电子数显角度尺的使用方法

电子数显角度尺的注意事项和故障维修

7.1.5 电子数显角度尺

JB/T 11243—2012 规定的电子数显角度尺，是利用直尺相对于基尺的旋转，测量两测量面间的夹角，并以数字显示技术显示角度值的测量器具（图 7.2）。

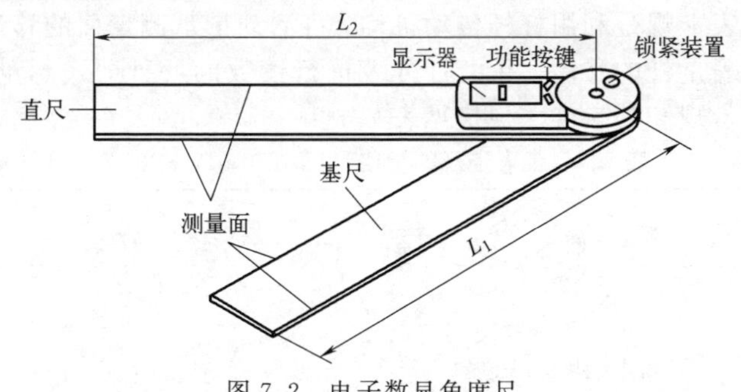

图 7.2　电子数显角度尺

材料：直尺和基尺一般采用铝合金、碳素工具钢或不锈钢等材料。规格见表 7.5。

表 7.5 电子数显角度尺的规格（JB/T 11243—2012）

分辨力	测量范围/(°)	工作边长度 L_1、L_2(推荐值)/mm
0.050,0.1	0～180,0～360	150,200,250,300,400,500

7.2 卡钳、卡尺和卡规

7.2.1 卡钳

卡钳是有两只脚或爪的量具，能调整以测量厚度、直径、口径及表面间距离，有内卡钳和外卡钳两种。卡钳本身不能直接读出实际数值，要与钢直尺配合使用。规格见表 7.6。

表 7.6 卡钳的规格 mm

图示	规格
(a) 内卡钳 (b) 弹簧内卡钳 (c) 外卡钳 (d) 弹簧外卡钳	100,125,150, 200,250,300, 350,400,450, 500,600,800, 1000,1500,2000

7.2.2 卡规

卡规与卡钳相似，但是可以直接读出实际测量数值，其显示方式有带表和数显两种。

（1）带表卡规

带表卡规是利用杠杆传动机构，将活动量爪测量面的移动转变为百分表量杆的移动，并由百分表进行读数的一种剪式测量器具，也分内卡规和外卡规。规格见表 7.7。

表 7.7 带表卡规的规格（JB/T 10017—2012） mm

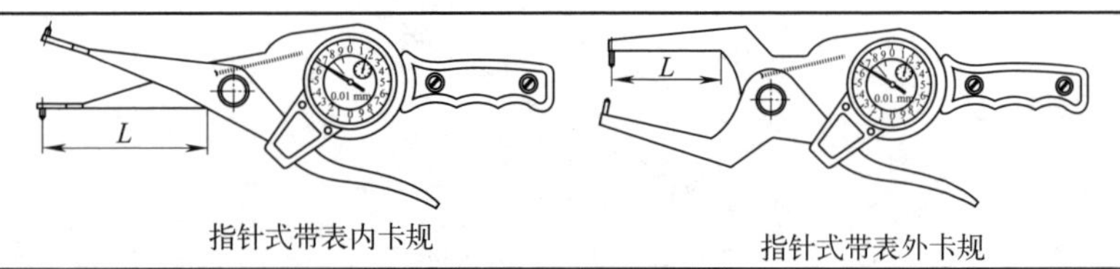

指针式带表内卡规　　指针式带表外卡规

续表

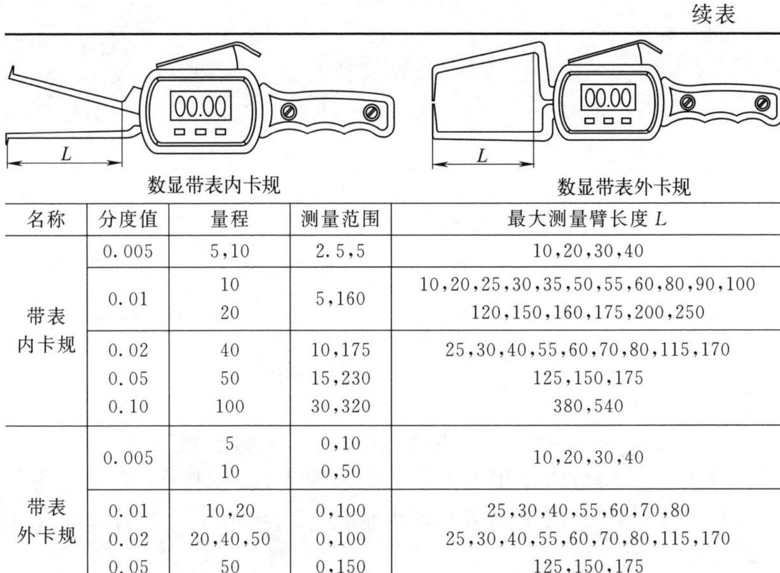

数显带表内卡规　　数显带表外卡规

名称	分度值	量程	测量范围	最大测量臂长度 L
带表内卡规	0.005	5,10	2.5,5	10,20,30,40
	0.01	10 20	5,160	10,20,25,30,35,50,55,60,80,90,100 120,150,160,175,200,250
	0.02 0.05 0.10	40 50 100	10,175 15,230 30,320	25,30,40,55,60,70,80,115,170 125,150,175 380,540
带表外卡规	0.005	5 10	0,10 0,50	10,20,30,40
	0.01 0.02 0.05 0.10	10,20 20,40,50 50 50,100	0,100 0,100 0,150 0,400	25,30,40,55,60,70,80 25,30,40,55,60,70,80,115,170 125,150,175 200,230,300,360,400,530

(2) 杠杆卡规

杠杆卡规是带有精密杠杆、齿轮传动机构的指标式千分量具，其分度值为 0.001mm、0.002mm 和 0.005mm，测量范围为 0～200mm。分Ⅰ型和Ⅱ型，Ⅰ型符合阿贝测量原则，Ⅱ型则不然。测量范围及指示机构的示值范围见表 7.8。

表 7.8　杠杆卡规的测量范围及指示机构的示值范围（JB/T 3237—2007）

mm

制动把　调整螺母　尺架　可调测杆　活动测头　指示机构　隔热护板　按钮　定位柱　调零装置　公差指示器

Ⅰ型

公差指示器　指示装置　隔热护板　调整螺母　按钮　活动测杆　可调测杆　尺架　制动把

Ⅱ型

续表

形式	分度值	杠杆卡规的测量范围	指示机构的示值范围
Ⅰ型	0.001	0～25；25～50	±0.06；±0.05
	0.002	0～25；25～50；50～75；75～100；100～125；125～150	±0.08
	0.005	0～25；25～50；50～75；75～100；100～125；125～150；150～175；175～200	±0.15
Ⅱ型	0.001	0～20；20～40；40～60；60～80	±0.05；±0.06
	0.002	0～20；20～40；40～60；60～80；80～130；130～180	±0.08

注：Ⅰ型测量上限大于 50mm 的杠杆卡规应装有定位器。

Ⅱ型杠杆卡规的指示装置可以配千分表或杠杆齿轮比较仪。

7.2.3 卡尺

卡尺是一种由主尺、游标组成，用来测量长度、内外径、深度，具有计量和检验作用的工具，分长度卡尺、深度卡尺、高度卡尺和齿厚卡尺等，用于测量工件外形尺寸和孔距等。它们都可有刻度型、带表型和数显型。

（1）长度卡尺（表 7.9）

表 7.9 长度卡尺的规格（GB/T 21389—2008） mm

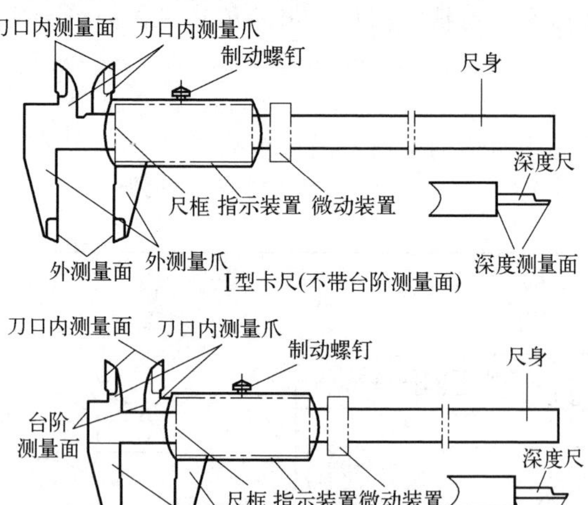

Ⅰ型卡尺(不带台阶测量面)

Ⅱ型卡尺(带台阶测量面)

续表

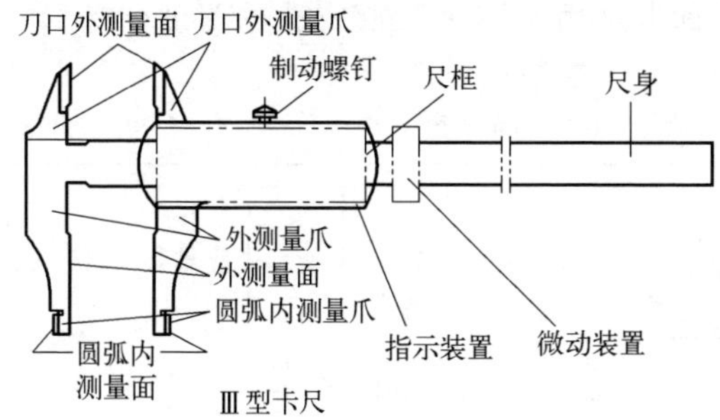

Ⅲ型卡尺

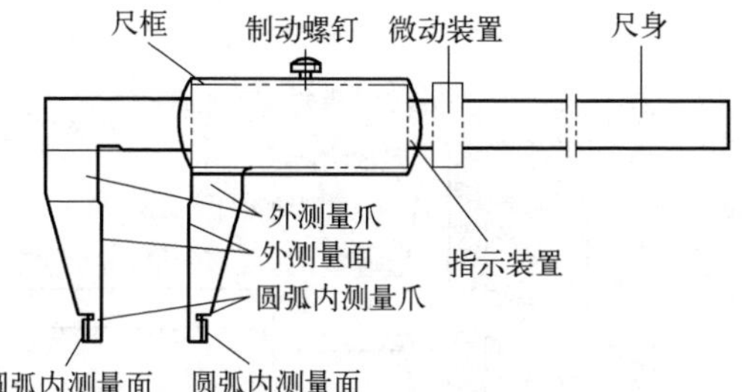

Ⅳ型卡尺(不带台阶测量面)

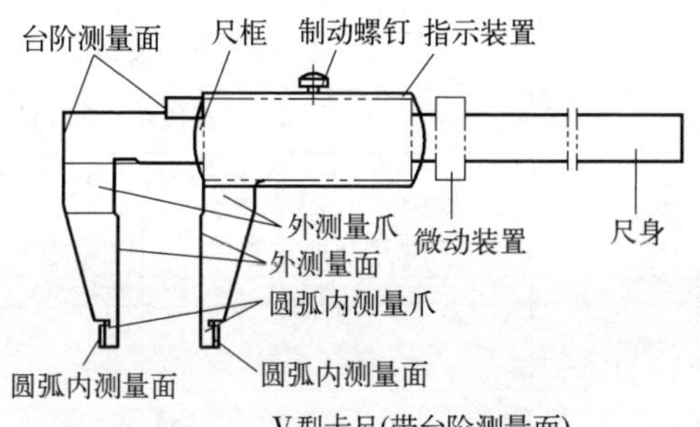

Ⅴ型卡尺(带台阶测量面)

类别	刻度型、带表型和数显型
测量范围	0～70,0～150,0～200,0～300,0～500,0～1000,0～1500,0～2000,0～2500,0～3000,0～3500,0～4000

主标尺和游标尺的标记宽度及其标记宽度差

分度值	标记宽度	标记宽度差(≤)
0.02	0.08～0.18	0.02
0.05		0.03
0.10		0.05

（2）深度卡尺

深度游标卡尺用于测量凹槽或孔的深度、梯形工件的梯层高度、长度等尺寸。规格见表 7.10。

表 7.10 深度卡尺的规格（GB/T 21388—2008） mm

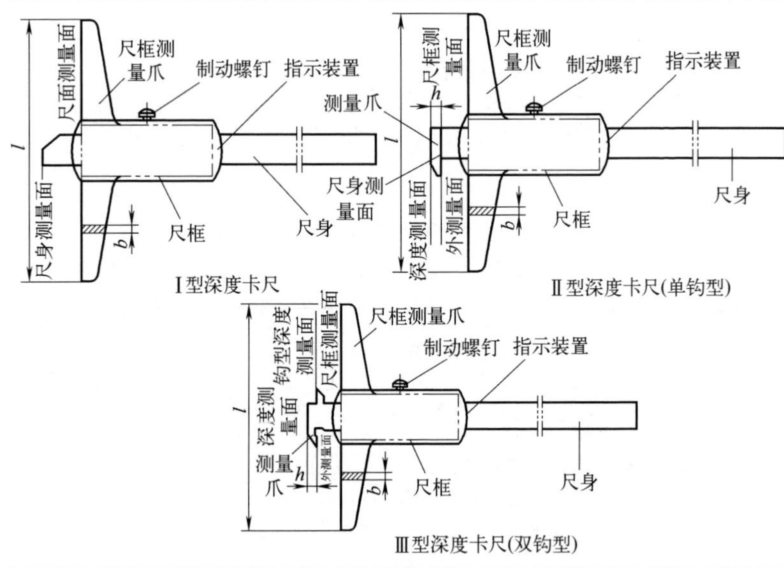

类别	刻度型、带表型和数显型	
测量范围	基本参数（推荐值）（≥）	
	尺框测量面长度 l	尺框测量面宽度 b
0～100，0～150	80	5
0～200，0～300	100	6
0～500	120	6
0～1000	150	7
主标尺和游标尺的标记宽度及其标记宽度差		
分度值	标记宽度	标记宽度差（≤）
0.02	0.08～0.18	0.02
0.05		0.03
0.10		0.05

(3) 高度卡尺

高度卡尺有普通高度卡尺和双量爪高度卡尺，后者可同时对装置在尺框上的划线量爪与底座下工作面之间及尺框上的测量爪工作面与底座上工作面之间距离进行测量。

① 普通高度卡尺 规格见表7.11。

表7.11 普通高度卡尺的规格（GB/T 21390—2008） mm

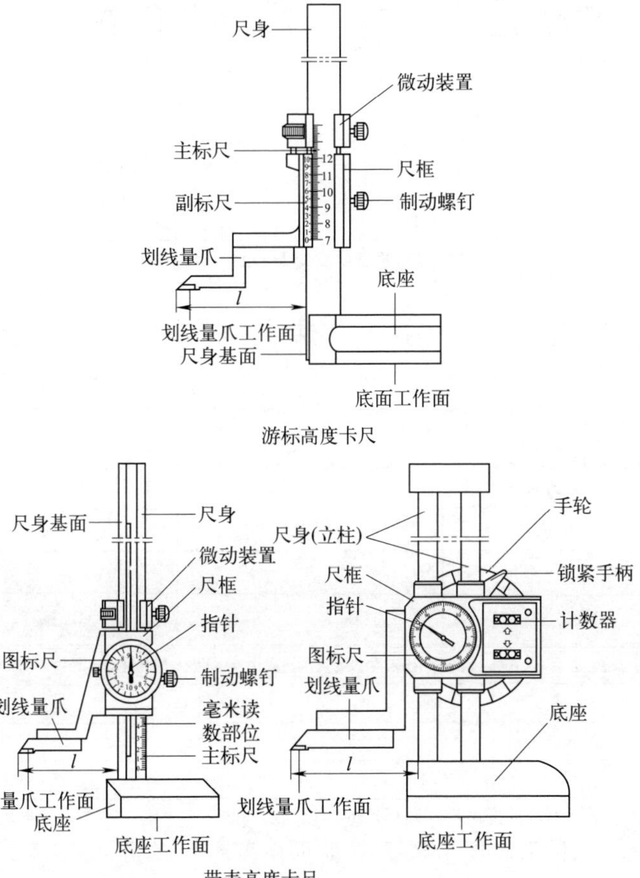

游标高度卡尺

带表高度卡尺

续表

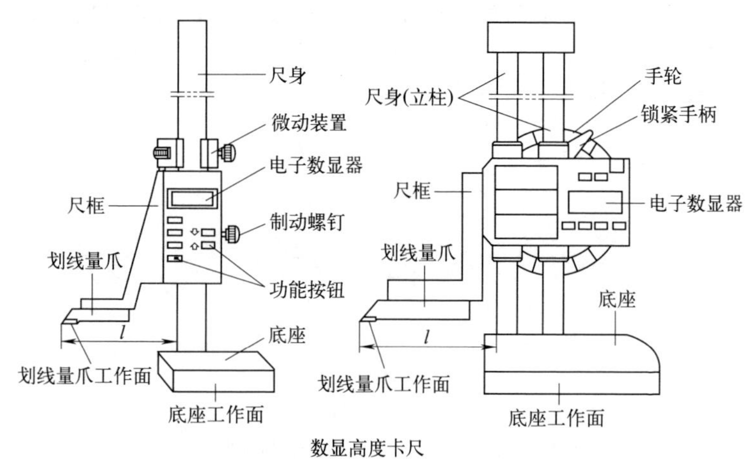

数显高度卡尺

游标型、带表型和数显型高度卡尺的测量范围及基本参数	
测量范围上限	基本参数 l（推荐值）
～150	45
＞150～400	65
＞400～600	100
＞600～1000	130

游标高度卡尺的主标尺和游标尺的标记宽度及其标记宽度差		
分度值	标记宽度	标记宽度差（≤）
0.02	0.08～0.18	0.02
0.05		0.03
0.10		0.05

带表高度卡尺主标尺的标记宽度及其标记宽度差，圆标尺的标记宽度及标尺间距			
标尺名称	标记宽度	标记宽度差（≤）	标尺间距（≥）
主标尺	0.10～0.25	0.05	—
圆标尺	0.10～0.20	—	0.8

注：指针末端的宽度应与圆标尺的标记宽度一致。

② 双量爪高度卡尺　双量爪高度卡尺的分辨力有 0.01mm、0.02mm、0.05mm 和 0.10mm 四种。三种双量爪高度卡尺见图 7.3～图 7.5。规格见表 7.12。

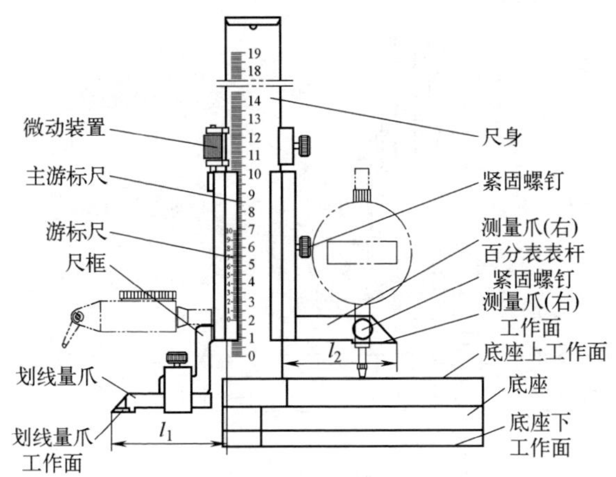

图 7.3　游标双量爪高度卡尺

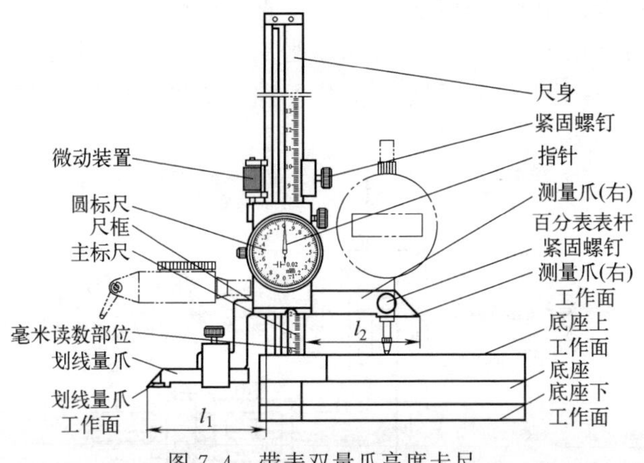

图 7.4　带表双量爪高度卡尺

表 7.12　双量爪高度卡尺的规格（JB/T 11508—2013）　mm

测量范围	基本参数(推荐值)	
	l_1	l_2
0～150 0～200 0～300	67	53
0～500	67	65
0～1000	87	85

(4) 齿厚卡尺

齿厚游标卡尺分刻度型、带表型和数显型三种，结构和同型的

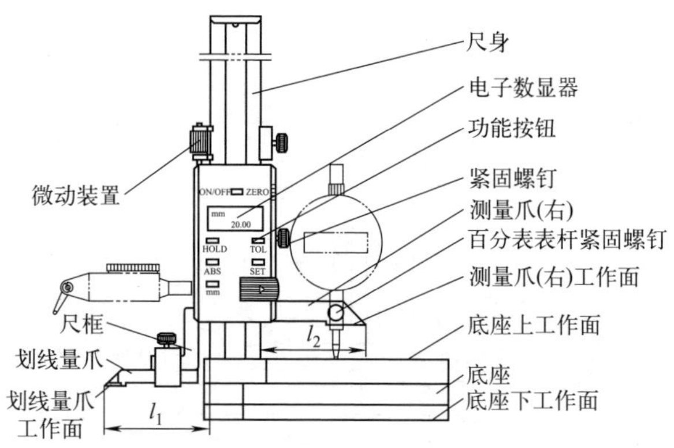

图 7.5　数显双量爪高度卡尺

普通游标卡尺相似，只是多了一个垂直主标尺。一个尺寸由垂直主尺上的游标调整，另一个尺寸由水平主尺上的游标调整（图 7.6）。它们同样是利用游标读数原理、机械传动系统和电测数显原理，对齿厚进行测量。

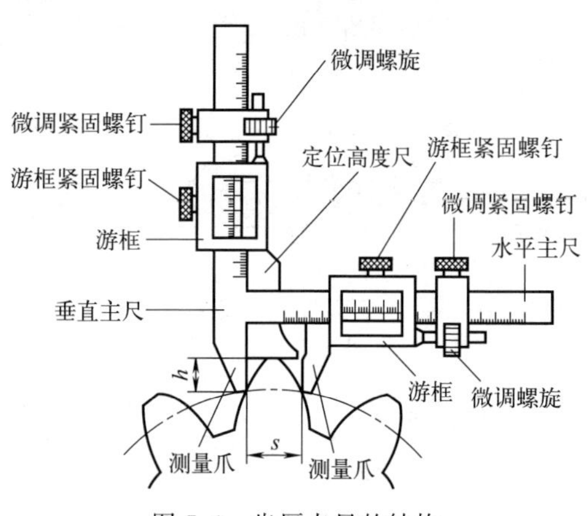

图 7.6　齿厚卡尺的结构

用途：用来测量圆柱齿轮（或蜗杆）的固定弦齿厚和分度圆弦齿厚的弦齿厚和弦齿顶偏差。

测量模数范围：1～16mm，1～26mm，5～32mm，15～55mm。

分度值（GB/T 6316—2008）：0.01mm，0.02mm。

齿厚卡尺的测量方法和注意事项

7.2.4　千分尺

测量精确度达0.001mm的仪器叫千分尺，门类很多，如内径千分尺、三爪内径千分尺、外径千分尺、深度千分尺、壁厚千分尺、杠杆千分尺、螺纹千分尺和公法线千分尺等。显示方式可以是机械式，也可以是数字式。千分尺的结构见图7.7，规格见表7.13。

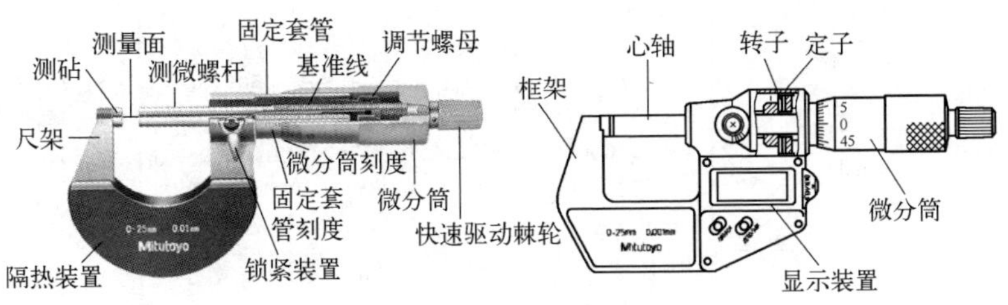

图7.7　千分尺的结构

表7.13　千分尺的规格　mm

类别	形式	测量范围	分度值
外径千分尺(GB/T 1216—2018)	测砧固定 测砧更换 测砧移动	0～500,25mm/挡 500～1000,100mm/挡 1000～3000,500mm/挡	0.01
	数显式	0～100	0.001
	计数器式	0～100,25mm/挡	0.01
大外径千分尺(JB/T 10007—2012)	测砧可调式	1000～1100,1100～1200,1000～1200,1200～1300,1300～1400,1200～1400,1400～1500,1500～1600,1400～1600,1600～1700,1700～1800,1600～1800,1800～1900,1900～2000,1800～2000,2000～2200,2200～2400,2400～2600,26000～2800,2800～3000	0.01
	测砧带表式	1000～1500,1500～2000,2000～2500,2500～3000	0.01

续表

<table>
<tr><th>类别</th><th>形式</th><th>测量范围</th><th>分度值</th></tr>
<tr><td rowspan="3">内径千分尺
（GB/T 8177—2024）</td><td>普通式</td><td>50～250,50～600
100～1225,100～1500,100～5000
150～1250,150～1400,150～2000
150～3000,150～4000,150～5000
250～2000,250～4000,250～5000
1000～3000,1000～4000,1000～5000
2500～5000</td><td>0.01</td></tr>
<tr><td>Ⅰ型
三爪式</td><td>6～14,2mm/档;14～20,3mm/档;20～40,5mm/档;40～100,10mm/档</td><td rowspan="2">0.01
0.001
0.002
0.005</td></tr>
<tr><td>Ⅱ型
三爪式</td><td>3.5～6.5,1mm/档;8～14,2mm/档;14～20,3mm/档;20～50,5mm/档;50～100,10mm/档;100～300,25mm/档</td></tr>
<tr><td colspan="2">两点内径
千分尺
（GB/T 8177—2024）</td><td>测量长度范围:l≤50,50<l≤100,100<l≤150,150<l≤200,200<l≤250,250<l≤300,300<l≤350,350<l≤400,400<l≤450,450<l≤500,500<l≤800,800<l≤1250,1250<l≤1600,1600<l≤2000,2000<l≤2500,2500<l≤3000,3000<l≤4000,4000<l≤5000,5000<l≤6000</td><td>测微头
量程
13、25、50</td></tr>
<tr><td colspan="2">三爪内径
千分尺
（GB/T 6314—2018）</td><td><table>
<tr><th>测量范围</th><th>量程</th><th>测量范围</th><th>量程</th></tr>
<tr><td>3<A≤6</td><td>0.5,1,2</td><td>20<A≤40</td><td>4,5</td></tr>
<tr><td>6<A≤12</td><td>2,2.5</td><td>40<A≤100</td><td>10,13,25,30,50</td></tr>
<tr><td>12<A≤20</td><td>2.5,3,4</td><td>100<A≤300</td><td>10,13,25,30,50,100</td></tr>
</table></td><td>0.010
0.005</td></tr>
<tr><td colspan="2">电子数显
内径千分尺
（GB/T 22093—2018）</td><td>A型、B型电子数显内径千分尺的量程宜为25mm,测量范围的下限宜为5mm或25mm的整数倍。
C型、D型、E型电子数显内径千分尺的测量范围的下限宜为整数</td><td rowspan="2">0.01
测微螺杆螺距宜为0.5mm、1mm或2mm</td></tr>
<tr><td colspan="2">电子数显
外径千分尺
（GB/T 20919—2018）</td><td>0～25,25～50,50～75,75～100,100～125,125～150,150～175,175～200,200～225,225～250,250～275,275～300,300～325,325～350,350～375,375～400,400～425,425～450,450～475,475～500,500～600,600～700,700～800,800～900,900～1000</td></tr>
<tr><td colspan="2">深度千分尺
（GB/T 1218—2018）</td><td>0～25,0～50,0～100,0～150,0～200,0～250,0～300</td><td>0.01
0.005
0.001</td></tr>
</table>

续表

<table>
<tr><th>类别</th><th>形式</th><th colspan="3">测量范围</th><th>分度值</th></tr>
<tr><td colspan="2">壁厚千分尺
(GB/T 6312—2022)</td><td colspan="3">0～25,25～50(分Ⅰ、Ⅱ、Ⅲ型)</td><td rowspan="2">0.01
0.001
0.002</td></tr>
<tr><td colspan="2">杠杆千分尺
(GB/T 8061—2022)</td><td colspan="3">0～25,25～50,50～75,75～100</td></tr>
<tr><td colspan="2" rowspan="4">螺纹螺距千分尺
(GB/T 10932—2024)</td><td colspan="3">0～25(5头):p=0.4～0.5,0.6～0.8,1～1.25,1.5～2,2.5～3.5</td><td rowspan="4">0.01</td></tr>
<tr><td colspan="3">25～50(5头):p=0.6～0.8,1～1.25,1.5～2,2.5～3.5,4～6</td></tr>
<tr><td colspan="3">50～75,75～100(4头):p=1～1.25,1.5～2,2.5～3.5,4～6</td></tr>
<tr><td colspan="3">100～125,125～150(3头)p=1.5～2,2.5～3.5,4～6</td></tr>
<tr><td colspan="2">螺纹中径千分尺
(GB/T 10932—2024)</td><td colspan="3">0～100,25mm/挡</td><td>0.01
0.001
0.002
0.005</td></tr>
<tr><td colspan="2" rowspan="2">奇数沟千分尺
(GB/T 9058—2024)</td><td>3沟</td><td>1～15,5～20,20～35
35～50
50～65,65～80</td><td rowspan="2">示值误差(±)</td><td>0.004
0.005
0.006</td></tr>
<tr><td>5沟或7沟</td><td>5～25
25～45
45～65
65～85</td><td>0.004
0.005
0.006
0.007</td></tr>
<tr><td colspan="3">公法线千分尺
(GB/T 1217—2022)</td><td>0～25,25～50
50～75, 75～100
100～125,125～150
150～175,175～200
200～225,225～250
250～275,275～300
300～325,325～350
350～375,375～400
400～425,425～450
450～475,475～500</td><td>示值误差(≤)</td><td>0.004
0.005
0.006
0.007
0.008
0.009
0.010
0.011
0.012
0.013</td></tr>
</table>

千分尺的读数方法和注意事项

外径千分尺的故障与维修

杠杆千分尺的故障与维修

两点内径千分尺的故障与维修

深度千分尺的故障与维修

螺纹千分尺的故障与维修

数显外径千分尺的故障与维修

（日本）三丰单尖数显尖头千分尺的故障与维修

7.3 指示表

指示表是利用机械传动系统，将测量杆的直线位移转变为指针在圆刻度盘上的角位移，并由刻度盘进行读数的测盘器具。指示表（百分表、千分表）只能测出相对数值，主要应用于检测工件的形状和位置误差等，也可用于比较法测量工件的长度。

指示表按形式分，有指针式和数显式两种；按量程分，有量程不大于 100mm（分度值为 0.01mm、0.10mm）、量程不大于 10mm（分度值为 0.02mm）和量程不大于 5mm（分度值为 0.01mm）三种；按测量项目分有厚度指示表、深度指示表和内径指示表三种。

指示表的一般结构如图 7.8。规格见表 7.14。

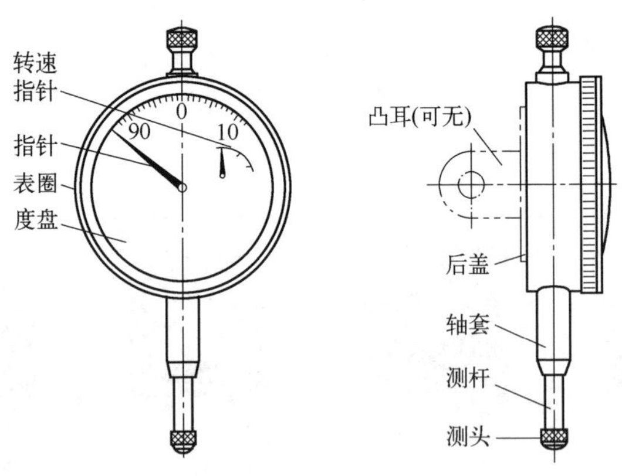

图 7.8 指示表的结构

表 7.14　指示表的规格（GB/T 1219—2008）　mm

分度值	量程 S	分度值	量程 S	分度值	量程 S
0.10	S≤10	0.01	S≤3	0.001	S≤1
	10<S≤20		3<S≤5		1<S≤3
	20<S≤30		5<S≤10		3<S<5
	30<S≤50		10<S≤20	0.002	S≤1
	50<S<100		20<S≤30		1<S≤3
			30<S≤50		3<S≤5
			50<S≤100		5<S≤10

指示表的故障与维修

7.3.1　厚度指示表

厚度指示表分Ⅰ、Ⅱ、Ⅲ、Ⅳ型，测量范围上限不大于30mm。Ⅰ型指示表部分为可拆卸结构，其余指示表部分为不可拆卸结构；Ⅲ型的测量力由下压装置产生。其分度值/分辨力为0.1mm、0.01mm、0.02mm和0.001mm。测量范围及基本参数见表7.15。

表 7.15　厚度指示表的测量范围及基本参数（GB/T 22520—2008）

mm

测量范围	基本参数(推荐值)		
	L	D	A
0～1,0～5,0～10,0～12.5,0～20,0～25,0～30	10,16,20,25,30,65,120,125,150	ϕ1,ϕ2,ϕ3,ϕ5,ϕ6,ϕ6.35,ϕ8.4,ϕ10,ϕ20,ϕ30	0.5,1,2,2.5,3,3.5,4,5,6

7.3.2　深度指示表

深度指示表是对基座测量面与测头测量面间被分隔的距离，借助标准块（或量块）及指示表进行读数测量深度的器具，有指针式和数显式两种（图 7.9），测量范围为上限不大于 300mm。其分度值/分辨力为 0.01mm（百分表）和 0.005mm、0.001（千分表）mm。基本参数见表 7.16。

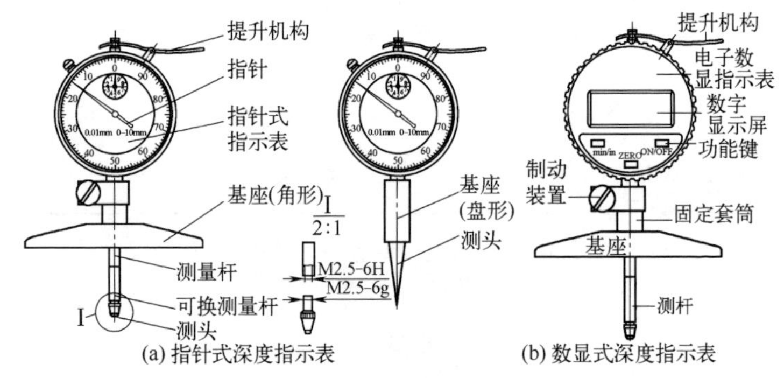

图 7.9 深度指示表

表 7.16 深度指示表的基本参数（JB/T 6081—2007） mm

盘形基座尺寸	角形基本尺寸	基座上的安装孔径
ϕ15,ϕ25,ϕ40	63×12,80×15,100×16,160×20	$\phi 8H8^{+0.022}_{0}$

7.3.3 内径指示表

内径指示表的分度值/分辨力为 0.01mm 和 0.001mm，测量范围为 6～450mm。往往要接长杆使用，由测微头与接长杆的不同组合得到不同的测量范围，通常是 50～5000mm，最大可达 10m。

原理：利用螺旋副原理，将活动测量头的直线位移，转变为指针在圆刻度盘上的角位移，并由刻度盘进行读数。

结构见图 7.10。测量参数见表 7.17。

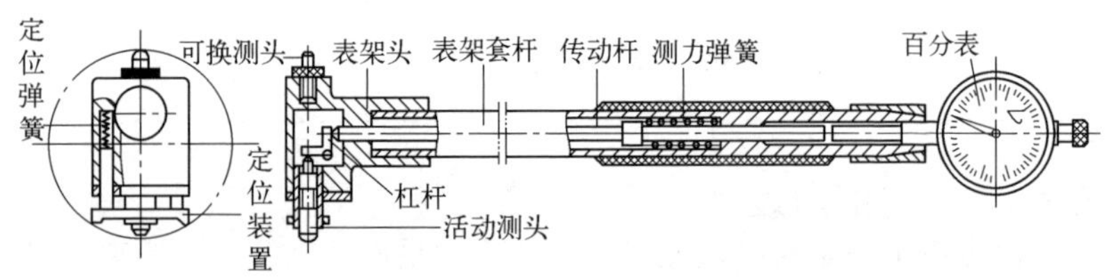

图 7.10 内径指示表的结构

表 7.17　内径指示表的测量参数（GB/T 8122—2004）　mm

分度值	测量范围	活动测量头		手柄下部长度	分度值	测量范围	活动测量头		手柄下部长度
		工作行程	预压量				工作行程	预压量	
0.01	6～10	≥0.6	0.1	≥40	0.001	6～10	≥0.6	0.1	≥40
	10～18	≥0.8				18～35	≥0.8	0.05	
	18～35	≥1.0				35～50			
	35～50	≥1.2				50～100			
	50～100	≥1.6				100～160			
	100～160					160～250			
	160～250					250～450			
	250～450								

内径指示表的故障与维修

7.3.4　杠杆指示表

杠杆表是利用杠杆-齿轮或杠杆-螺旋等传动机构，将测杆的摆动转换为指针的角位移或数字显示的计量器具，主要用于形状和位置误差及尺寸的测量。

杠杆表的外形见图 7.11。规格见表 7.18。

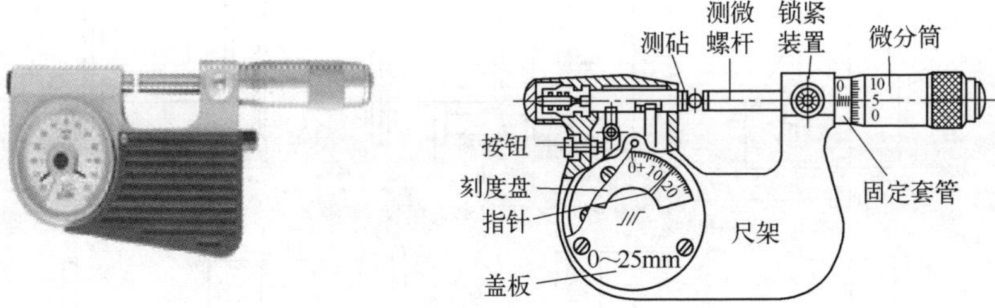

图 7.11　杠杆指示表的外形和结构

表 7.18　杠杆指示表的规格（GB/T 8123—2007）　mm

类别	分度值	量程	类别	分度值	量程
指针式	0.01	0.8 1.6	数显式	0.1 0.01	0.5 0.4

杠杆指示表的故障与维修

7.4 角尺类

7.4.1 直角尺

直角尺用于精确地检验零件、部件或样板的垂直度误差，也可对工件进行垂直划线。用角尺检验角度的方法有光隙法和涂色法。其种类有圆柱直角尺、矩形直角尺、三角形直角尺、刀口形直角尺、平面形直角尺和宽座直角尺6种。用于测量面的长度为50～1600mm。其准确度等级分为00级、0级、1级和2级。基本参数见表7.19。

表7.19 直角尺的基本参数（GB/T 6092—2021） mm

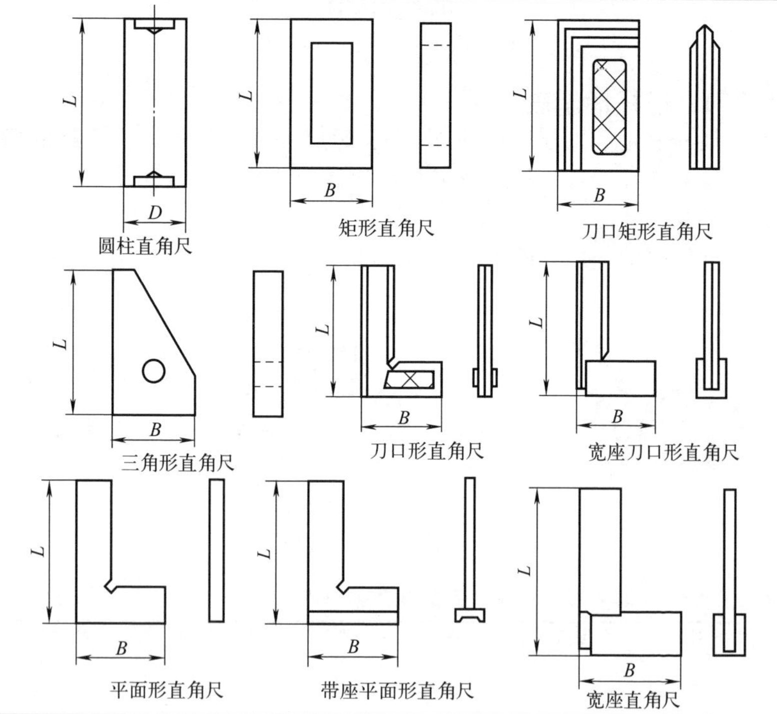

L D
圆柱直角尺

L B
矩形直角尺

L B
刀口矩形直角尺

L B
三角形直角尺

L B
刀口形直角尺

L B
宽座刀口形直角尺

L B
平面形直角尺

L B
带座平面形直角尺

L B
宽座直角尺

续表

圆柱直角尺

精度等级	00 级,0 级				
高度 L	200	315	500	800	1250
直径 H	80	100	125	160	200

矩形直角尺

精度等级	00 级,0 级,1 级				
高度 L	125	200	315	500	800
长度 H	80	125	200	315	500

刀口矩形直角尺

精度等级	00 级,0 级		
高度 L	63	125	200
直径 H	40	80	125

三角形直角尺

精度等级	00 级,0 级					
高度 L	125	200	315	500	800	1250
长度 H	80	125	200	315	500	800

刀口形直角尺

精度等级	0 级，1 级						
高度 L	50	63	80	100	125	160	200
长度 H	32	40	50	63	80	100	125

宽座刀口形直角尺

精度等级	0 级，1 级									
高度 L	50	75	100	150	200	250	300	500	750	1000
长度 H	40	50	70	100	130	165	200	300	400	550

平面形直角尺、带座平面型直角尺

精度等级	0 级，1 级									
高度 L	50	75	100	150	200	250	300	500	750	1000
长度 H	40	50	70	100	130	165	200	300	400	550

宽座直角尺

精度等级	0 级，1 级，2 级							
高度 L	63	80	100	125	160	200	250	315
长度 H	40	50	63	80	100	125	160	200
高度 L	400	500	630	800	1000	1250	1600	
长度 H	250	315	400	500	630	800	1000	

注：如要测量角度偏差的数值，还需用塞尺来检验角尺和被测工件之间间隙大小，再经过计算。

7.4.2 方形角尺

方形角尺主要用于检验机械零件、金属切削机床及其他机械的垂直度、平行度以及作为90°绝对测量基准用。材质可为金属或岩石。规格和技术指标见表7.20。

表7.20 方形角尺的规格和技术指标（JB/T 10027—2010）mm

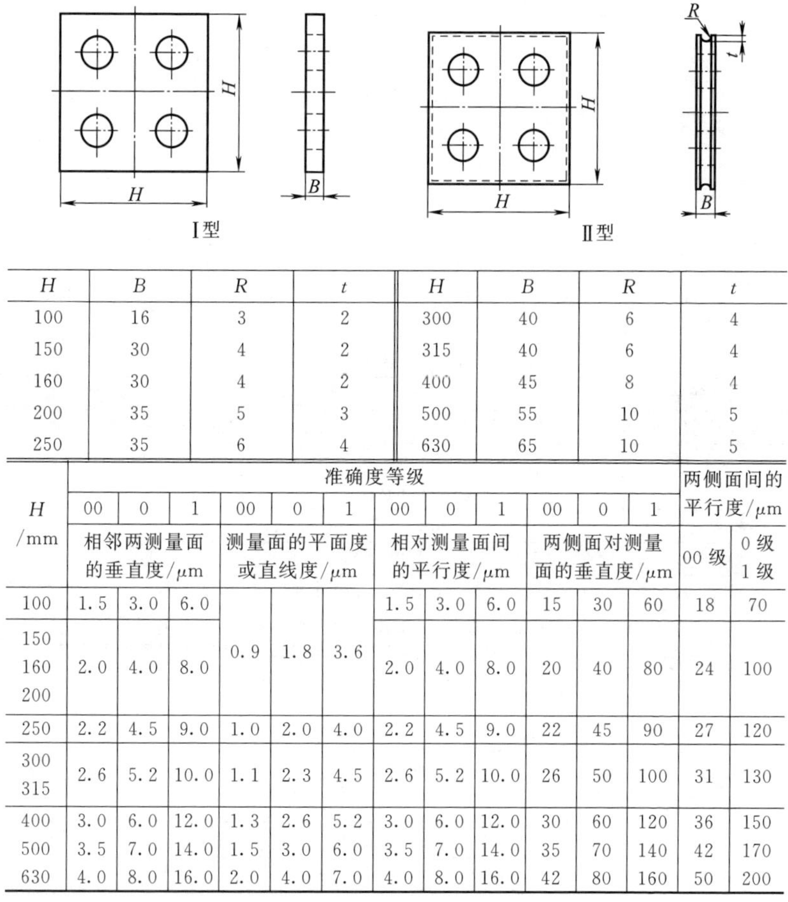

H	B	R	t	H	B	R	t
100	16	3	2	300	40	6	4
150	30	4	2	315	40	6	4
160	30	4	2	400	45	8	4
200	35	5	3	500	55	10	5
250	35	6	4	630	65	10	5

H /mm	准确度等级												两侧面间的平行度/μm	
	00	0	1	00	0	1	00	0	1	00	0	1		
	相邻两测量面的垂直度/μm			测量面的平面度或直线度/μm			相对测量面间的平行度/μm			两侧面对测量面的垂直度/μm			00级	0级 1级
100	1.5	3.0	6.0	0.9	1.8	3.6	1.5	3.0	6.0	15	30	60	18	70
150 160 200	2.0	4.0	8.0				2.0	4.0	8.0	20	40	80	24	100
250	2.2	4.5	9.0	1.0	2.0	4.0	2.2	4.5	9.0	22	45	90	27	120
300 315	2.6	5.2	10.0	1.1	2.3	4.5	2.6	5.2	10.0	26	50	100	31	130
400	3.0	6.0	12.0	1.3	2.6	5.2	3.0	6.0	12.0	30	60	120	36	150
500	3.5	7.0	14.0	1.5	3.0	6.0	3.5	7.0	14.0	35	70	140	42	170
630	4.0	8.0	16.0	2.0	4.0	7.0	4.0	8.0	16.0	42	80	160	50	200

7.4.3 刀口形直尺

刀口形直尺主要用于测量工件的直线度误差，钢平尺和岩石平尺用于测量工件的直线度和平面度，铸铁平尺主要用于检验各种机床以及其他设备导轨的平直度。

刀口形直尺有刀口尺、三棱尺和四棱尺三种（图 7.12），其材料可为合金工具钢、轴承钢、不锈钢或其他类似性能的材料。规格见表 7.21。

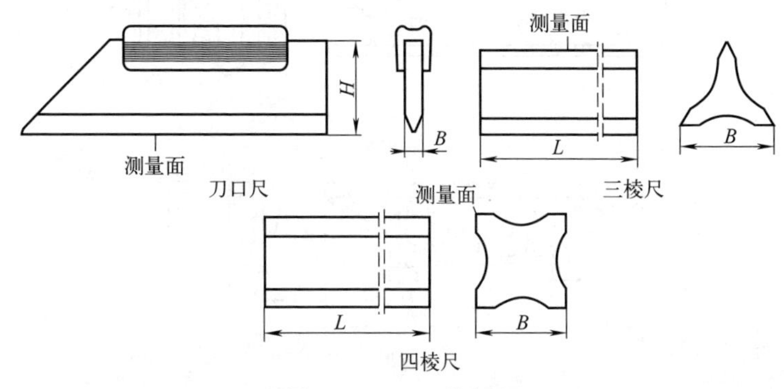

图 7.12　刀口形直尺

表 7.21　刀口形直尺的规格（GB/T 6091—2022）　mm

形式	测量面长度 L	高度 H	宽度 B	形式	测量面长度 L	高度 H	宽度 B
刀口尺	75 100	22	6	刀口尺	400 500	45 50	8 10
	125 150 175	27		三棱尺	200 300 500		26 30 40
	200 225	30	8	四棱尺	200 300 500		20 25 35
	300	40					

7.5　平尺和平板

平尺有铸铁平尺、钢平尺、岩石平尺和研磨面平尺。

7.5.1　铸铁平尺

铸铁平尺是具有精确平面的尺形量规，用于以着色法、指示表法检验平板和长导轨等的平面度，也常用于以光隙法检验工件棱边的直线度，用于机床检验中检验工件的不平度和不直度，还可以配合直角尺检验只用直角尺无法检验的两机件的垂直度、设备安装和检查。铸铁平尺的规格见表 7.22。

表 7.22　铸铁平尺的规格（GB/T 24760—2009）　　mm

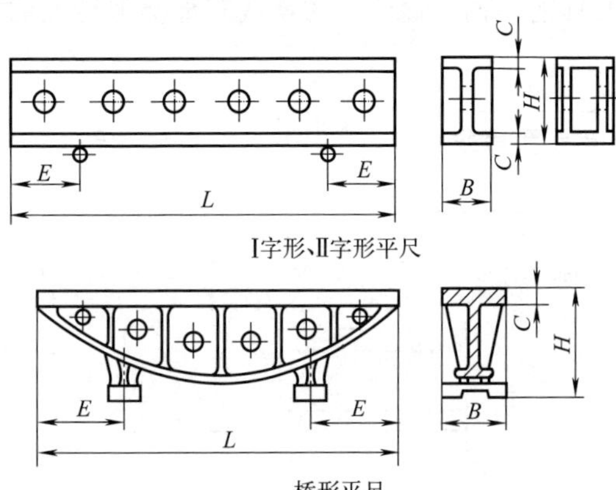

Ⅰ字形、Ⅱ字形平尺

桥形平尺

<table>
<tr><th rowspan="2">规格</th><th colspan="4">Ⅰ字形、Ⅱ字形平尺</th><th colspan="4">桥形平尺</th></tr>
<tr><th>L</th><th>B</th><th>C(≥)</th><th>H(≥)</th><th>L</th><th>B</th><th>C(≥)</th><th>H(≥)</th></tr>
<tr><td>400
500</td><td>400
500</td><td>30</td><td>8</td><td>75</td><td rowspan="2">—</td><td rowspan="2">—</td><td rowspan="2">—</td><td rowspan="2">—</td></tr>
<tr><td>630
800</td><td>630
800</td><td>35</td><td>10</td><td>80</td></tr>
<tr><td>1000
1250</td><td>1000
1250</td><td>40</td><td>12</td><td>100</td><td>1000
1250</td><td>50</td><td>16</td><td>100</td></tr>
<tr><td>1600
2000</td><td>(1600)
(2000)</td><td>45</td><td>14</td><td>150</td><td>1600
2000</td><td>60
80</td><td>24
26</td><td>300
350</td></tr>
<tr><td>2500</td><td>(2500)</td><td>50</td><td>16</td><td>200</td><td>2500</td><td>90</td><td rowspan="2">32</td><td rowspan="2">400</td></tr>
<tr><td>3000</td><td>(3000)</td><td>55</td><td rowspan="2">20</td><td>250</td><td>3000</td><td rowspan="2">100</td></tr>
<tr><td>4000</td><td>(4000)</td><td>60</td><td>280</td><td>4000</td><td>38</td><td>500</td></tr>
<tr><td>5000
6300</td><td>—</td><td>—</td><td>—</td><td>—</td><td>5000
6300</td><td>110
120</td><td>40
50</td><td>550
600</td></tr>
</table>

注：带（　）的规格，建议制成Ⅱ字形截面平尺。

铸铁平尺的使用方法和注意事项

7.5.2　钢平尺和岩石平尺

平尺是测量面为平面、用于测量工件平面形状误差的测量器具。钢平尺采用优质碳素钢、合金钢等制成，岩石平尺采用细晶粒、结构致密的辉长岩、辉绿岩、花岗石等制成。分 00 级、0 级、1 级和 2 级。钢平尺和岩石平尺的规格见表 7.23。

表 7.23　钢平尺和岩石平尺的规格（GB/T 24761—2009）　mm

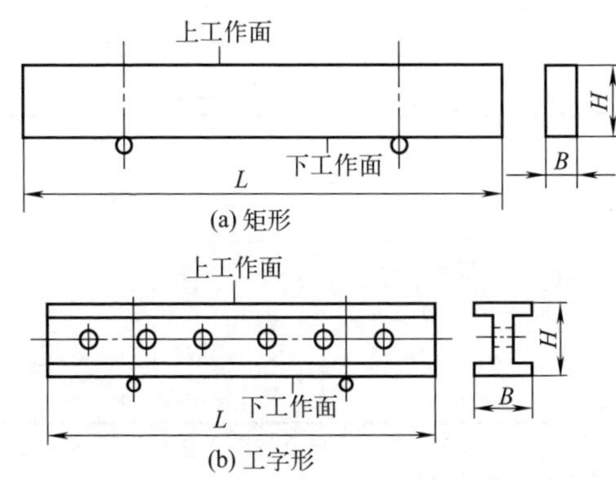

规格长度 L	钢平尺				岩石平尺	
	00 级和 0 级		1 级和 2 级		H	B
	H	B	H	B		
400	45	8	40	6	60	25
500	50	10	45	8	80	30
630	60	10	50	10	100	35
800	70	10	60	10	120	40
1000	75	10	70	10	160	50
1250	85	10	75	10	200	60
1600	100	12	80	10	250	80
2000	125	12	100	12	300	100
2500	150	14	120	12	360	120

钢平尺和岩石平尺的使用方法和注意事项

7.5.3 研磨面平尺

研磨面平尺是一种精密的平面标准器具，主要用于检测刀口形直尺工作棱边的直线度，有Ⅰ型和Ⅱ型两种形式。工作面的平面度公差见表7.24。

表7.24 研磨面平尺工作面的平面度公差（JB/T 13045—2017）

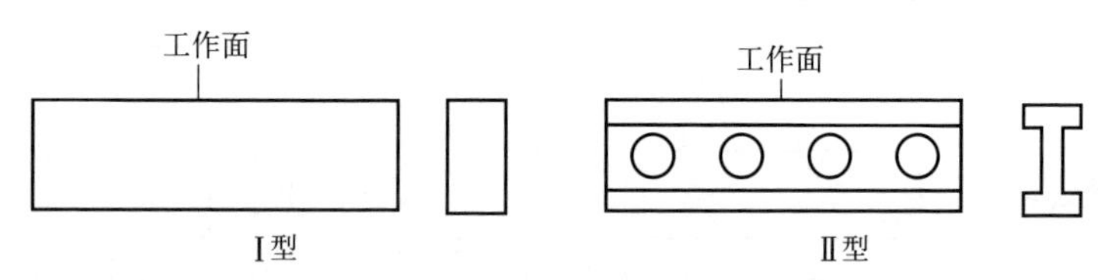

研磨面平尺长度 L/mm	纵向		横向 /μm
	全长/μm	局部 μm/mm	
200≤L<300	0.15	—	0.15
300≤L<500	0.40	0.25/240	
L≥500	0.50	0.40/400	

注：1. 距平尺两端边缘5mm范围内不属于有效工作范围，其平面度不计；但此范围内的任意点均不得高于平尺工作面。

2. 研磨面平尺工作面及侧面的硬度不应低于500 HV。

3. 环境温度应为（20±2）℃；温度变化不得超过0.5℃/h；环境相对湿度不应大于65%。环境温度与平面等倾干涉仪保温箱内的温度之差不应大于0.2℃。

4. 研磨面平尺在检验室内的平衡温度时间不应少于10h。小于或等于300mm的研磨面平尺和210mm的长平晶，放置在仪器内的时间不应少于1h；大于300 mm的研磨面平尺和210 mm的长平晶，放置在仪器内的时间不应不少于1.5 h。

7.5.4 铸铁平板

铸铁平板是检验机械零件平面度、平行度、直线度等形位公差的测量基准，也可用于精密零件的划线和测量。铸铁和岩石标准平板的规格见表7.25。

表7.25 铸铁和岩石标准平板的规格

（GB/T 22095—2008，GB/T 20428—2006）

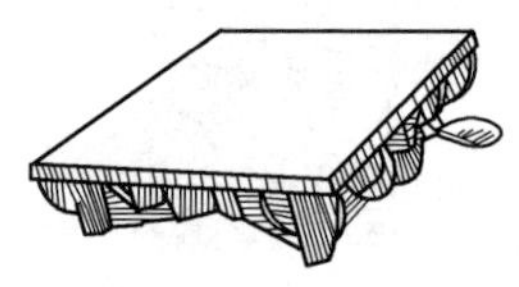

续表

平板尺寸（公称尺寸）	对角线长度（近似值）	边缘区域（宽度）	准确度等级对应的整个工作面平面度允差值/μm			
mm			0	1	2	3
长方形						
160×100	188	2	3	6	12	25
250×160	296	5	3.5	7	14	27
400×250	471	5	4	8	16	32
630×400	745	8	5	10	20	39
1000×630	1180	13	6	12	24	49
1600×1000	1880	20	8	16	33	56
2000×1000	2236	20	9.5	19	38	75
2500×1600	2960	20	11.5	23	46	92
4000×2500①	4717	20	17.5	35	70	140
方形						
160×160	226	3	3	6	12	25
250×250	354	5	3.5	7	15	30
400×400	566	8	4.3	9	17	34
630×630	891	13	5	10	21	42
1000×1000	1414	20	7	14	28	56
1600×1600①	2262	20	9.5	19	38	75

① 仅岩石标准平板有此规格。

7.5.5 岩石平板

岩石平板的基本尺寸和平面度允差见表7.26。

表7.26　岩石平板的基本尺寸和平面度允差（GB/T 20428—2006）

规格（长×宽）		对角线长度≈	边缘区域（宽度）	准确度等级对应的整个工作面平面度允差/μm			
mm				0	1	2	3
长方形	160×100	188	2	3	6	12	25
	250×160	296	3	3.5	7	14	27
	400×250	471	5	4	8	16	32
	630×400	745	8	5	10	20	39
	1000×630	1180	13	6	12	24	49
	1600×1000	1880	20	8	16	33	66
	2000×1000	2236	20	9.5	19	38	75
	2500×1600	2960	20	11.5	23	46	92
	4000×2500	4717	20	17.5	35	70	140

续表

规格（长×宽）		对角线长度≈	边缘区域（宽度）	准确度等级对应的整个工作面平面度允差/μm			
mm				0	1	2	3
正方形	160×160	226	3	3	6	12	25
	250×250	354	5	3.5	7	15	30
	400×400	566	8	4.5	9	17	34
	630×630	891	13	5	10	21	42
	1000×1000	1414	20	7	14	28	56
	1600×1600	2262	20	9.5	19	38	75
平板任意局部工作面 250mm×250mm 的平面度允差(≤)				3.5	7	15	30

7.6 量块和量规

量块是由两个相互平行的测量面之间的距离来确定其工作长度的高精度量具，分为 K、0、1、2、3 五级，规格范围从 0.5mm 到 1000mm，可以根据不同的测量需求进行灵活组合，K 为校准级。

量规是一种没有刻度的专用定值检验工具，是只能根据与被测件的配合间隙、透光程度或者能否通过被测件等来判断被测长度是否合格的长度测量工具。量规控制的是尺寸或规格的上下限。

7.6.1 量块

量块包括长度量块和角度量块。

（1）长度量块

长度量块是高精度标准长度量具，可用来测量精密工件，或测量、调整、校验其他长度量规的准确尺寸。成套量块的规格见表 7.27。

表 7.27 成套量块的规格（GB/T 6093—2001） mm

续表

套别	总块数	级别	尺寸系列	间隔	块数
1	91	0 1	0.5	—	1
			1	—	1
			1.001,1.002,…,1.009	0.001	9
			1.01,1.02,…,1.49	0.01	49
			1.5,1.6,1.7,1.8,1.9	0.1	5
			2.0,2.5,3.0,…,9.5	0.5	16
			10,20,30,…,100	10	10
2	83	0 1 2	0.5	—	1
			1	—	1
			1.005	—	1
			1.01,1.02,…,1.49	0.01	49
			1.5,1.6,…,1.9	0.1	5
			2.0,2.5,…,9.5	0.5	16
			10,20,…,100	10	10
3	46	0 1 2	1	—	1
			1.001,1.002,…,1.009	0.001	9
			1.01,1.02,…,1.09	0.001	9
			1.1,1.2,…,1.9	0.1	9
			2,3,…,9	1	8
			10,20,…,100	10	10
4	38	0 1 2	1	—	1
			1.005	—	1
			1.01,1.02,…,1.09	0.01	9
			1.1,1.2,…,1.9	0.1	9
			2,3,…,9	1	8
			10,20,…,100	10	10
5	10	0,1	0.991,0.992,…,1	0.001	10
6	10	0,1	1,1.001,…,1.009	0.001	10
7	10	0,1	1.991,1.992,…,2	0.001	10
8	10	0,1	2,2.001,2.002,…,2.009	0.001	10
9	8	0,1,2	125,150,175,200,250,300,400,500	—	8
10	5	0,1,2	600,700,800,900,1000	—	5
11	10	0,1,2	2.5,5.1,7.7,10.3,12.9,15,17.6,20.2,22.8,25	—	10
12	10	0,1,2	27.5,30.1,32.7,35.3,37.9,40,42.6,45.2,47.8,50	—	10

续表

套别	总块数	级别	尺寸系列	间隔	块数
13	10	0,1,2	52.5，55.1，57.7，60.3，62.9，65，67.6，70.2,72.8,75	—	10
14	10	0,1,2	77.5，80.1，82.7，85.3，87.9，90，92.6，95.2,97.8,100	—	10
15	12	3	41.2，81.5，121.8，151.2，171.5，191.8，201.2,201.5,201.8,10,20(二块)	—	12
16	6	3	101.2,200,291.5,375,451.8,490	—	6
17	6	3	201.2,400,581.5,750、901.8,990	—	6

长度量块的使用方法和注意事项

（2）角度量块

角度量块用于对万能角尺和角度样板的检定，或检查零件的内、外角。角度量块成套供应，分0级、1级、2级3种精度，其测量角α的允许偏差分别为±3″、±10″和±30″，规格见表7.28。

表7.28 角度量块的规格（GB/T 22521—2008）

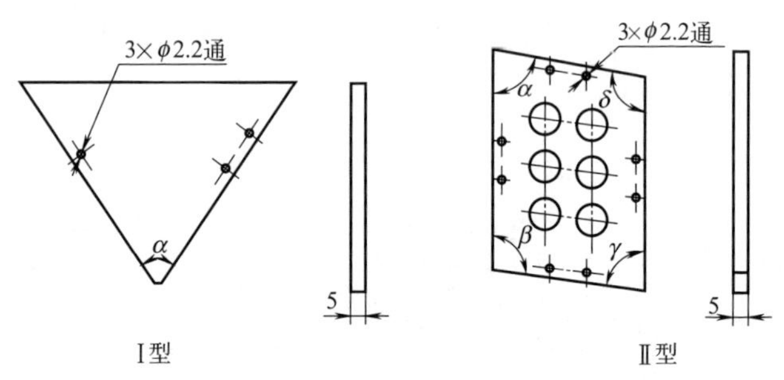

组别	角度量块形式	工作角度递增值	工作角度标称值	块数	准确度级别
第1组（7块）	Ⅰ型	15°10′	15°10′,30°20′,45°30′,60°40′,75°50′	5	1、2
		—	50°	1	
	Ⅱ型	—	90°—90°—90°—90°	1	

续表

组别	角度量块形式	工作角度递增值	工作角度标称值	块数	准确度级别
第2组(36块)	Ⅰ型	1°	10°,11°,…,19°,20°	11	0、1
		1′	15°1′,15°2′,…,15°8′,15°9′	9	
		10′	15°10′,15°20′,15°30′,15°40′,15°50′	5	
		10°	30°,40°,50°,60°,70°	5	
		—	45°	1	
		—	75°50′	1	
	Ⅱ型	—	89°—99—81°—100° 90°—90°—90°—90° 89°10′—90°40′—89°20′—90°50″ 89°30′—90°20′—89°40′—90°30″	4	
第3组(94块)	Ⅰ型	1°	10°,11°,…,78°,79°	70	0、1
		—	10°0′30″	1	
		1′	15°1′,15°2′,…,15°,8′,15°9′	9	
		10′	15°10′,15°20′,15°30′,15°40′,15°50′	5	
	Ⅱ型	—	80°—99°—81°—100°;80°—97°—83°—98° 84°—95°—85°—96°;86°—93°—87°—94° 88°—91°—89°—92°;90°—90°—90°—90° 89°10′—90°40′—89°20′—90°50′ 89°30′—90°20′—89°40′—90°30′ 89°50′—90°0′30″—89°59′30″—90°10′	9	
第4组(7块)	Ⅰ型	15°	15°, 15° 0′ 15″, 15° 09′ 30″, 15° 0′ 45″, 15°1″	5	0
	Ⅱ型	—	89°59′30″—90°0′15″—89°59′45″—90° 0′30″ 90°—90°—90°—90°	2	

7.6.2 螺纹量规

螺纹量规包括普通螺纹量规、55°非密封螺纹量规、55°密封螺纹量规、55°密封管螺纹量规、梯形螺纹量规、米制锥螺纹量规、统一螺纹量规。螺纹量规有塞规和环规之分。

(1) 普通螺纹量规

普通螺纹量规(GB/T 3934—2003)的牙型有完整螺纹牙型和截短螺纹牙型两种。

普通螺纹塞规和环规的形式名称和公称范围见表7.29。

表 7.29 普通螺纹塞规和环规的形式名称和公称范围（GB/T 10920—2008）

量规的形式名称		公称直径 d/mm
塞规	锥度锁紧式螺纹塞规	$1\leqslant d\leqslant 100$
	双头三牙锁紧式螺纹塞规	$40\leqslant d\leqslant 62$
	单头三牙锁紧式螺纹塞规	$62<d\leqslant 120$
	套式螺纹塞规	$40\leqslant d\leqslant 120$
	双柄式螺纹塞规	$100<d\leqslant 180$
环规	整体式螺纹环规	$1\leqslant d\leqslant 120$
	双柄式螺纹环规	$120<d\leqslant 180$

（2）55°非密封螺纹量规

普通螺纹塞规和环规的使用方法和注意事项

55°非密封螺纹量规（GB/T 10922—2006）用于检验 GB/T 7307—2001 规定的工件外螺纹和工件内螺纹。螺纹尺寸代号有 1/16，1/8，1/4，3/8，1/2，7/8，1～2，2 1/4～4，4 1/2～6。其螺距有 0.907mm、1.337mm、1.814mm 和 2.309mm 四种（25.4mm 内的螺纹牙数分别为 28、19、14、和 11）。

用于检验工件外螺纹的量规又有通端螺纹环规及其校对塞规、止端螺纹环规及其校对塞规、通止端光滑环规或卡规三种。

用于检验工件内螺纹的量规又有通止端螺纹塞规和通止端光滑塞规、通止端光滑环规或卡规三种。

（3）55°密封螺纹量规

55°密封螺纹量规（GB/T 22091.1—2008）用于检验 GB/T 7306.1—2000 规定的圆柱内螺纹与圆锥外螺纹。螺纹尺寸代号有 1/16，1/8，1/4，3/8，1/2，3/4，1，1 1/4，1 1/2，2，2 1/2，3，4，5，6。其螺距有 0.907mm、1.337mm、1.814mm 和 2.309mm 四种（25.4mm 内的螺纹牙数分别为 28、19、14、和 11）。

全套螺纹量规包括全牙型圆锥螺纹塞规（No.1 规和 No.2 规）、全牙型圆柱螺纹塞规（No.3 规）、光滑圆锥环规（No.4 规）、截短牙型圆锥螺纹校对塞规（No.5 规）、截短牙型圆柱螺纹校对环规（No.6 规）五种。

（4）55°密封管螺纹量规

55°密封管螺纹量规（JB/T 10031—2019）用于检验 GB/T

2306—2000 规定的圆柱内螺纹与圆锥外螺纹。螺纹尺寸代号有 1/16，1/8，1/4，3/8，1/2，3/4，1，1 1/4，1 1/2，2，2 1/2，3，4，5，6。其螺距有 0.907mm、1.337mm、1.814mm 和 2.309mm 四种（25.4mm 内的螺纹牙数分别为 28、19、14、和 11）。

全套螺纹量规包括全牙型圆锥螺纹塞规（No.1 规）、带空刀的全牙型圆锥螺纹塞规（No.2 规）、全牙型圆柱螺纹环规（No.3 规）、光滑圆锥环规（No.4 规）、截短牙型圆锥螺纹校对塞规（No.5 规）、截短牙型圆柱螺纹校对环规（No.6 规）六种。

（5）梯形螺纹量规

梯形螺纹量规（GB/T 8124—2004）用于检验 GB/T 5796—1986 规定的单线梯形螺纹。其螺距有 1.5mm、2mm、3mm、4mm、5mm、6mm、7mm、8mm、9mm、10mm、12mm、14mm、16mm、18mm、20mm、22mm、24mm、28mm、32mm、36mm、40mm 和 44mm。

梯形螺纹量规包括通端螺纹塞规、止端螺纹塞规、通端螺纹环规、止端螺纹环规、“校通-通”螺纹塞规、“校通-止”螺纹塞规、“校通-损”螺纹塞规、“校止-通”螺纹塞规、“校止-止”螺纹塞规和“校止-损”螺纹塞规十种。形式名称和公称范围见表 7.30。

表 7.30　梯形螺纹塞规和环规的形式名称和公称范围

（GB/T 10920—2008）

量规的形式名称		公称直径 d/mm
塞规	锥度锁紧式螺纹塞规	$8 \leqslant d \leqslant 100$
	三牙锁紧式螺纹塞规	$50 < d \leqslant 100$
	双柄式螺纹塞规	$100 < d \leqslant 140$
环规	整体式螺纹环规	$8 \leqslant d \leqslant 100$
	双柄式螺纹环规	$100 < d \leqslant 140$

（6）米制锥螺纹量规

米制锥螺纹量规（JB/T 10588—2006）用于检验 GB/T 1415—1992 规定的圆锥内、外螺纹的米制锥螺纹。螺纹公称直径 $d \leqslant 24$mm，$D \leqslant 60$mm。

米制锥螺纹量规包括米制锥螺纹工作塞规、米制锥螺纹工作环规和米制锥螺纹校对塞规。前者具有完整的外螺纹牙型，用于检验工件内螺纹的大径、作用中径；中者具有完整的内螺纹牙型，用于检验工件外螺纹的小径、作用中径；后者具有完整的外螺纹牙型，用于检验工件新制或使用中的米制锥螺纹工作环规的作用中径。

（7）统一螺纹量规

统一螺纹量规（JB/T 10865—2008）用于检验 GB/T 20666—20670 中规定的螺纹。按使用性能分为工作螺纹量规和校对螺纹量规。形式名称和公称范围见表 7.31。

表 7.31 统一螺纹塞规和环规的形式名称和公称范围
（GB/T 10920—2008）

量规的形式名称		公称直径 d/mm
塞规	锥度锁紧式螺纹塞规	$0.06 \leqslant d \leqslant 4$
	双柄式螺纹塞规	$4 < d \leqslant 6$
环规	整体式螺纹环规	$0.06 \leqslant d \leqslant 4.75$
	双柄式螺纹环规	$4.75 \leqslant d \leqslant 6$

7.6.3 圆锥量规

用于检验内外锥体工件的锥度及距离偏差。检验内锥体的为锥度塞规，检验外锥体的为环规。一般常用的有公制和莫氏两种。规格见表 7.32。

表 7.32 圆锥量规的规格（GB/T 11853—2003）

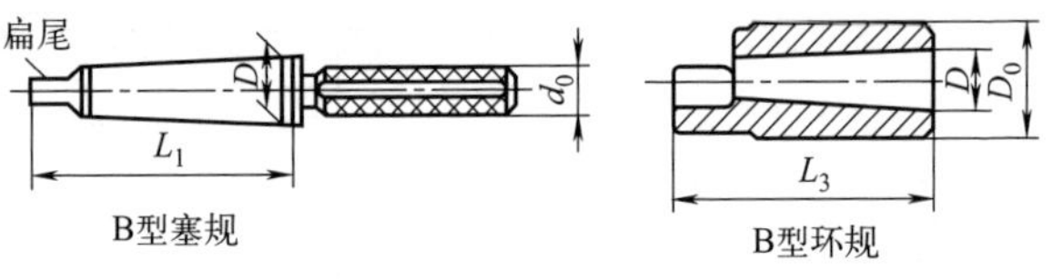

圆锥规格		锥度	锥角	主要尺寸/mm		
				D	L_1	L_3
公制圆锥	4	1：20=0.05	20°51′51.1″	4	23	—
	6			6	32	—
	80			80	196	220
	100			100	232	260
	120			120	268	300
	160			160	340	380
	200			200	412	460

续表

圆锥规格		锥度	锥角	主要尺寸/mm		
				D	L_1	L_3
莫氏圆锥	0	0.6246∶12=1∶19.212=0.05205	20°58′53.8″	9.045	50	56.5
	1	0.59858∶12=1∶20.047=0.04988	20°51′26.7″	12.065	53.5	62
	2	0.59941∶12=1∶20.020=0.04995	20°51′41.0″	17.780	64	75
	3	0.60235∶12=1∶19.922=0.05020	20°52′31.5″	23.825	81	94
	4	0.62326∶12=1∶19.254=0.05194	20°58′30.6″	31.267	102.5	117.5
	5	0.63151∶12=1∶19.002=0.05263	30°0′52.4″	44.399	129.5	149.5
	6	0.62565∶12=1∶19.180=0.05214	20°59′11.7″	63.380	182	210

圆锥量规的使用方法和注意事项

7.6.4　V形块（架）

V形块是轴类零部件检测、划线和定位等的精密器具，还可用于检验工件垂直度、平行度。形式和型号见表7.33。

表7.33　V形块的形式和型号（JB/T 8047—2007）

形式	简图	型号	外部尺寸/mm			推荐适用直径范围/mm		精度等级	注
			长	宽	高	最小	最大		
Ⅰ型		Ⅰ-1	35	35	30	3	15	0,1,2	一个V形槽带紧固装置
		Ⅰ-2	60	60	50	5	40		
		Ⅰ-3	105	105	78	8	80		
Ⅱ型		Ⅱ-1	60	100	90	8	80	1,2	四个V形槽
		Ⅱ-2	80	150	125	12	135		
		Ⅱ-3	100	200	180	20	160		
		Ⅱ-4	125	300	270	30	300		

续表

形式	简图	型号	外部尺寸/mm			推荐适用直径范围/mm		精度等级	注
			长	宽	高	最小	最大		
Ⅲ型		Ⅲ-1	75	100	75	20	160	1,2	三个V形槽
		Ⅲ-2	100	130	100	30	300		
Ⅳ型		Ⅳ-1	40	30	36	3	15	1	锥形V形槽
		Ⅳ-2	60	60	55	5	40		
		Ⅳ-3	100	100	90	8	80		

7.6.5 正弦规

正弦规一般用于测量小于45°的角度，在测量小于30°的角度时，精确度可达3″～5″。基本尺寸见表7.34。

表7.34 正弦规基本尺寸（JB/T 22526—2008） mm

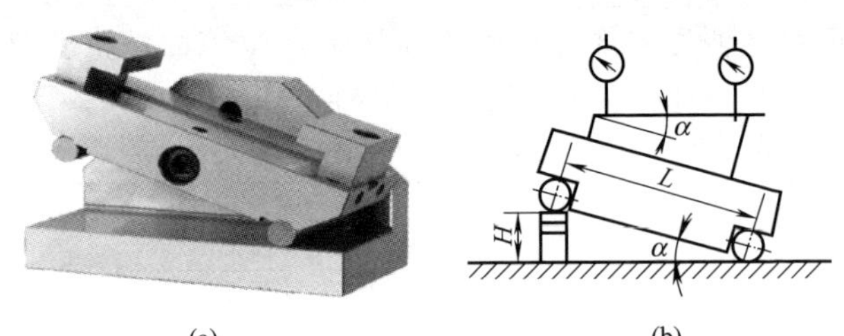

(a) (b)

类型	L	B	d	H	类型	L	B	d	H
Ⅰ型	100 200	80 150	20 30	40 55	Ⅱ型	100 200	25 40	20 30	30 55

注：B—宽度；d—圆柱直径。

正弦规的使用方法

7.7 塞尺和样板

7.7.1 塞尺

塞尺分平面塞尺、楔形塞尺和对刀塞尺。前者用于测量或检验两平行面间的间隙大小；中者用于测量工件沟槽、缝隙和孔径（如检测机床两紧固面、汽缸与活塞、齿轮啮合间隙等）；后者与对刀块组成对刀装置，用来确定夹具和刀具的相对位置。

（1）平面塞尺

平面塞尺有单片塞尺和成组塞尺两种。

① 单片塞尺　GB/T 22523—2008 规定的单片塞尺的形式和尺寸见表 7.35。

表 7.35　塞尺的厚度尺寸系列（GB/T 22523—2008）

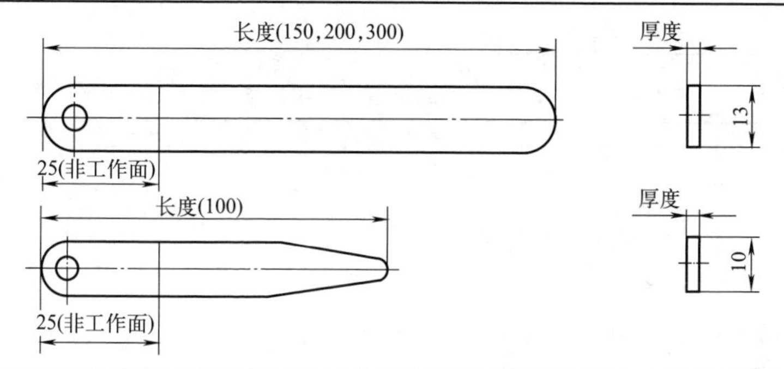

厚度尺寸系列/mm	间隔/mm	数量
0,02,0.03,0.04,…,0.10	0.01	9
0.15,0.20,0.25,…,1.00	0.05	18

② 成组塞尺　GB/T 22523—2008 规定的成组塞尺长度、厚度及组装顺序见表 7.36。规格见表 7.37。

表 7.36　成组塞尺长度、厚度及组装顺序（GB/T 22523—2008）

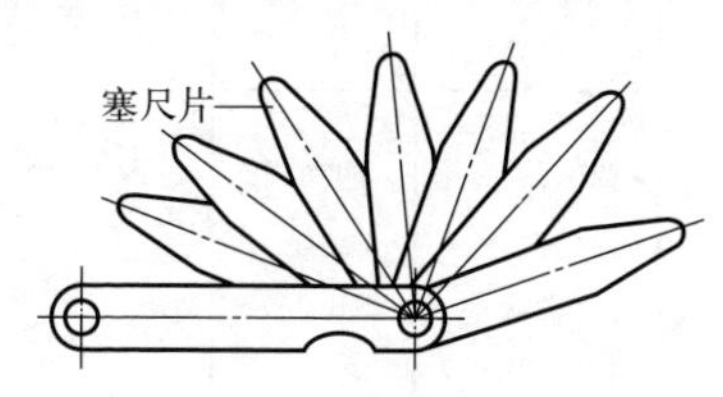

续表

成组塞尺的片数	塞尺的长度/mm	塞尺的厚度尺寸及组装顺序/mm
13	100 150 200 300	0.10,0.02,0.02,0.03,0.03,0.04,0.04,0.05,0.05,0.06,0.07,0.08,0.09
14		1.00,0.05,0.06,0.07,0.08,0.09,0.10,0.15,0.20,0.25,0.30,0.40,0.50,0.75
17		0.50,0.02, 0.03,0.04,0.05,0.06,0.07,0.08,0.09,0.10,0.15,0.20,0.25,0.30,0.35,0.40,0.45
20		1.00,0.05,0.10,0.15,0.20,0.25,0.30,0.35,0.40,0.45,0.50,0.55,0.60,0.65,0.70,0.75,0.80,0.85,0.90,0.95
21		0.50,0.02,0.02,0.03,0.03,0.04,0.04,0.05,0.05,0.06,0.07, 0.08, 0.09, 0.10, 0.15, 0.20, 0.25, 0.30, 0.35,0.40,0.45

表 7.37 成组塞尺常用规格

A型	B型	塞尺片长度/mm	每组片数	塞尺片厚度/mm（按组装顺序）
级别标记				
75A13 100A13 150A13 200A13 300A13	75B13 100B13 150B13 200B13 300B13	75 100 150 200 300	13	保护片，0.02，0.02，0.03，0.03，0.04，0.05，0.05，0.06，0.07,0.08,0.09,0.10,保护片
75A14 100A14 150A14 200A14 300A14	75B14 100B14 150B14 200B14 300B14	75 100 150 200 300	14	1.00,0.05,0.06,0.07,0.08,0.09, 0.10, 0.15, 0.20, 0.25,0.30,0.40,0.50,0.75
75A17 100A17 150A17 200A17 300A17	75B17 100B17 150B17 200B17 300B17	75 100 150 200 300	17	0.50,0.02,0.03,0.04,0.05,0.06, 0.07, 0.08, 0.09, 0.10,0.15, 0.20, 0.25, 0.30, 0.35,0.40,0.45
75A20 100A20 150A20 200A20 300A20	75B20 100B20 150B20 200B20 300B20	75 100 150 200 300	20	1.00,0.05,0.10,0.15,0.20,0.25, 0.30, 0.35, 0.40, 0.45,0.50, 0.55, 0.60, 0.65, 0.70,0.75,0.80,0.85,0.90,0.95

续表

A 型	B 型	塞尺片长度/mm	每组片数	塞尺片厚度/mm（按组装顺序）
级别标记				
75A21	75B21	75	21	0.50，0.02，0.02，0.03，0.03，0.04，0.04，0.05，0.05，0.06，0.07，0.08，0.09，0.10，0.15，0.20，0.25，0.30，0.35，0.40，0.45
100A21	100B21	100		
150A21	150B21	150		
200A21	200B21	200		
300A21	300B21	300		

注：1. A 型塞尺片端头为半圆形，B 型塞尺片前端为梯形，端头为弧形。
2. 塞尺片按厚度偏差及弯曲度分为特级和普通级。

(2) 楔形塞尺

楔形塞尺是具有楔形角度，并由一组或多组有序的标尺、标记及标尺数码所构成的板状或楔块状的测量器具。其形式有Ⅰ型（平面，图 7.13）和Ⅱ型（立体，图 7.14）。

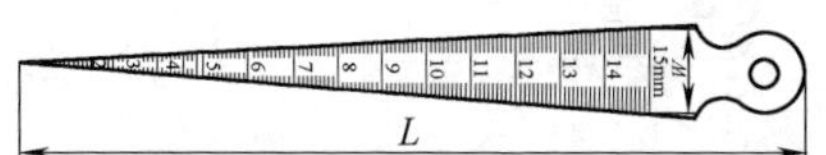

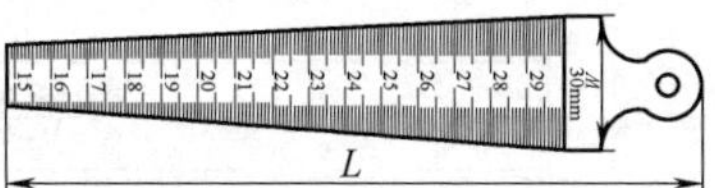

图 7.13　Ⅰ型塞尺

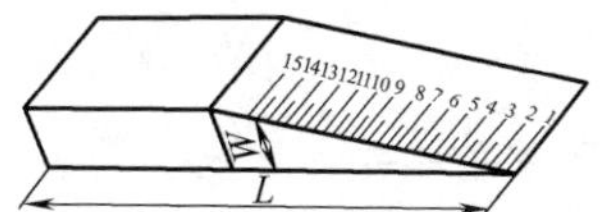

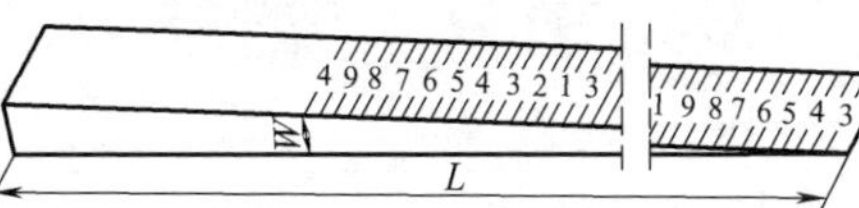

图 7.14　Ⅱ型塞尺

不锈钢、黄铜、工程塑料制成的楔形塞尺硬度分别不应小于 342 HV、130 HV 和 50HD。其规格见表 7.38。

表 7.38　楔形塞尺的规格（JB/T 12202—2015）　mm

形式	分度位	测试范围 W	全长 L	宽度	板厚	斜度
Ⅰ型	0.05	$1<W\leqslant8$ $8<W\leqslant15$ $15<W\leqslant22$ $22<W\leqslant29$	144	—	1.2	1∶8
	0.1	$1<W\leqslant15$ $15<W\leqslant30$	150 155	—	1.2	1∶8
		$30<W\leqslant45$ $45<W\leqslant60$	160			

续表

形式	分度位	测试范围 W	全长 L	宽度	板厚	斜度
Ⅱ型	0.05	$0.3<W\leqslant 3$	127.5	6	—	1∶30
		$0.3<W\leqslant 6$	160	6		1∶20
		$0.3<W\leqslant 4$		11		1∶30
		$0.4<W\leqslant 6$		11		1∶20
	0.5	$1<W\leqslant 15$		15	—	1∶4.5

（3）对刀塞尺

对刀塞尺有平塞尺（图 7.15）和圆柱塞尺（图 7.16）两种，由碳素工具钢 T8 制成，硬度 55～60HRC。

楔形塞尺的使用方法和注意事项

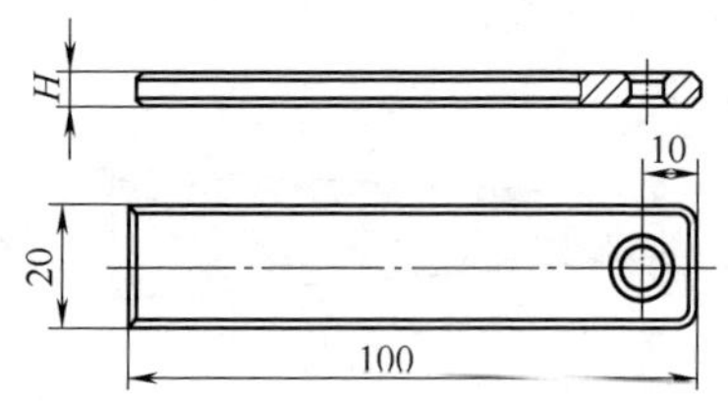

图 7.15 对刀平塞尺

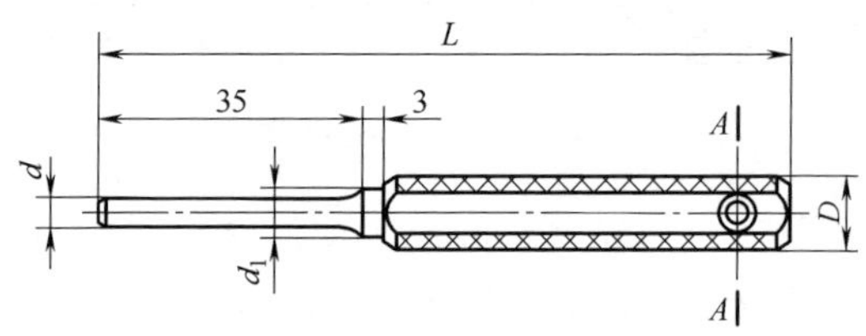

图 7.16 对刀圆柱塞尺

规格：

① 对刀平塞尺：H = 1mm，2mm，3mm，4mm，5mm。

② 对刀圆柱塞尺见表 7.39。

表 7.39 对刀圆柱塞尺的规格 mm

d	D（滚花前）	L	d_1	b
3	7	90	5	6
5	10	100	3	9

7.7.2 样板

包括半径样板、螺纹样板、齿轮渐开线样板、齿轮螺旋线样板，用于用比较法确定被测工件的相应参数。

(1) 半径样板

半径样板是带有一组准确内、外圆弧半径尺寸的薄板，是用于检验圆弧半径的测量器具。规格见表 7.40。

表 7.40 半径样板规格 (JB/T 7980—2010) mm

半径尺寸范围	尺寸系列	样板宽度	注
1～6.5	1～3,间隔 0.25;3.5～6.5,间隔 0.5	13.5	样板厚度 0.5;凹凸各 16 条
7.0～14.5	7～14.5,间隔 0.5	20.5	
15.0～25	15～20,间隔 0.5;21～25,间隔 1.0	20.5	

(2) 螺纹样板

螺纹样板是带有确定的螺距及牙形，且满足一定的准确度要求，用作螺纹标准对类同的螺纹进行测量的器具。规格见表 7.41。

表 7.41 螺纹样板的规格 (JB/T 7981—2010)

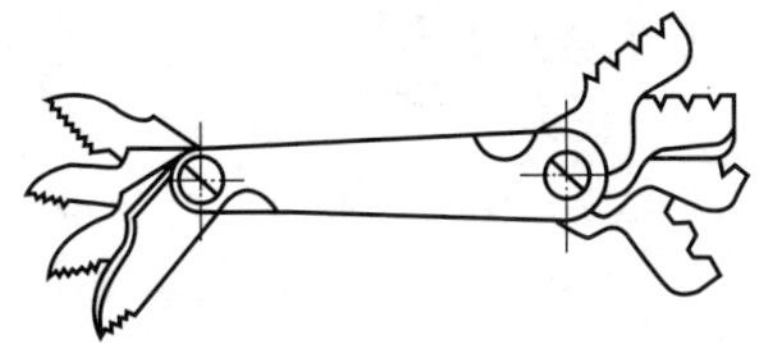

螺距系列尺寸及组装顺序	螺距尺寸系列	注
普通螺纹/mm	0.40,0.45,0.50,0.60,0.70,0.75,0.80,1.00,1.25,1.50,1.75,2.00,2.50,3.00,3.50,4.00,4.50,5.00,5.50,6.00	厚度 0.5mm,20 块
统一螺纹/(牙/in)	28,24,20,18,16,14,13,12,11,10,9,8,7,6,5,4.5,4	厚度 0.5mm,17 块

螺纹样板的使用方法和注意事项

(3) 齿轮渐开线样板

齿轮渐开线样板是检定各种渐开线、传递其参数量值的器具(图 7.14)，基圆半径不大于 400mm，精度有 1 级和 2 级，工作面硬度不低于 60 HRC。1 级样板必须对称或左右平衡，在芯轴两侧对称位置或芯轴一侧应具有两个设计尺寸相同的异侧齿廓面，并应从基圆开始给出测量齿廓。2 级样板可不对称，具有一个或两个齿廓面，并可从大于基圆开始给出测量齿廓。齿轮渐开线样板的外形、结构和基本参数见图 7.17。

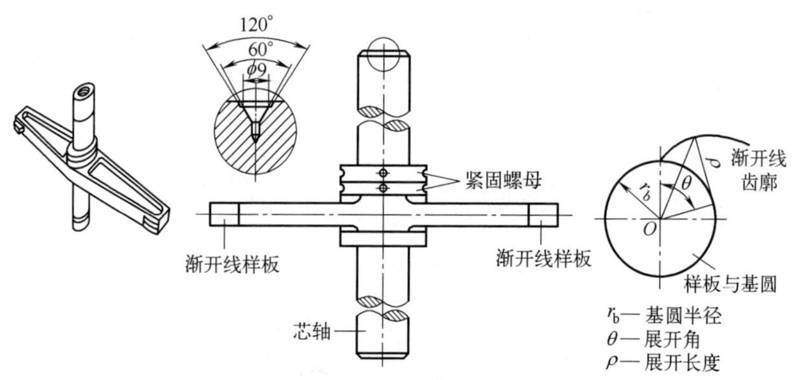

图 7.17　齿轮渐开线样板的外形、结构和基本参数

样板的基本参数见表 7.42。

表 7.42　样板基本参数（GB/T 6467—2010）

基圆半径 h/mm	25	50	60	100	120	150	200	250	300	400
展开角 θ/(°) 展开长度 p/mm	48 20	44 38	42 44	40 70	40 841	36 94	30 105	30 130	27 140	23 160
孔径 d(IT3)/mm 轴径 D(IT3)/mm	28			32(40)			34(40)	45(50)		
轴长 L/mm	270～300			270～340			300～340	300～500		

注：样板齿宽一般大于 6mm。

(4) 齿轮螺旋线样板

齿轮螺旋线样板是检定各种螺旋线、传递其参数量值的器具，工作面硬度不低于 60HRC。齿轮螺旋线样板规格见表 7.43。

表 7.43　齿轮螺旋线样板规格（GB/T 6468—2010）　mm

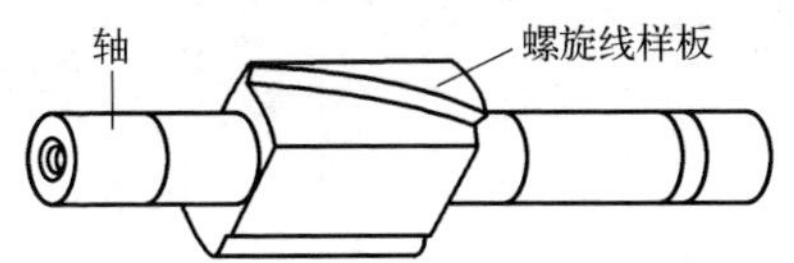

分圆螺旋角	0°	15°	30°	45°
分圆半径	24 31 50 100 200	24 31 50 100 200	— 31 50 100 200	— 31 50 100 200
齿宽	60～100	60～100	80～150	80～150
轴长	270～300	270～300	270～550	270～550

7.8　表面粗糙度比较样块

7.8.1　铸造表面比较样块

其分类及粗糙度参数值见表 7.44。

表 7.44　铸造表面比较样块的分类及粗糙度参数值（GB/T 6060.1—2018）

表 7.44　铸造表面比较样块的分类及粗糙度参数值

合金种类	铸造方法	表面轮廓算术平均偏差公称值 $Ra/\mu m$											
		0.2	0.4	0.8	1.6	3.2	6.3	12.5	25	50	100	200	400
铸钢	砂型铸造	—	—	—	—	—	—	△	△	○	○	○	○
	壳型铸造	—	—	—	△	△	○	○	○	○	—	—	—
	熔模铸造	—	—	△	○	○	○	○	○	—	—	—	—
铸铁	砂型铸造	—	—	—	—	△	△	○	○	○	○	○	—
	壳型铸造	—	—	—	△	△	○	○	○	—	—	—	—
	熔模铸造	—	—	△	○	○	○	○	○	—	—	—	—
	金属型铸造	—	—	—	—	—	○	○	○	—	—	—	—
铸造铜合金	砂型铸造	—	—	—	—	△	△	○	○	○	○	○	—
	熔模铸造	—	—	△	○	○	○	○	○	—	—	—	—
	金属型铸造	—	—	—	—	△	△	○	○	○	○	—	—
	压力铸造	—	—	—	△	△	○	○	○	○	—	—	—
铸造铝合金	砂型铸造	—	—	—	—	△	△	○	○	○	○	○	—
	熔模铸造	—	—	△	○	○	○	○	○	—	—	—	—
	金属型铸造	—	—	△	△	○	○	○	○	—	—	—	—
	压力铸造	—	△	△	○	○	○	○	○	—	—	—	—

续表

合金种类	铸造方法	表面轮廓算术平均偏差公称值 $Ra/\mu m$											
		0.2	0.4	0.8	1.6	3.2	6.3	12.5	25	50	100	200	400
铸造镁合金	砂型铸造	—	—	—	—	△	△	○	○	○	○	○	—
	熔模铸造	—	—	—	△	○	○	○	○	—	—	—	—
	压力铸造	△	△	○	○	○	○	○	○	—	—	—	—
铸造锌合金	砂型铸造	—	—	—	—	△	△	○	○	○	○	○	—
	压力铸造	△	△	○	○	○	○	○	○	—	—	—	—
铸造钛合金	石墨型铸造	—	—	—	—	—	△	○	○	○	—	—	—
	熔模铸造	—	—	—	—	○	○	○	○	—	—	—	—

注：1."△"表示需采取特殊措施才能达到的表面粗糙度。
2."○"表示可以达到的表面粗糙度。
3."—"表示不适用，或无此项（下同）。

7.8.2 车铣刨磨插镗表面比较样块

其分类及粗糙度参数值见表 7.45。

表 7.45 车铣刨磨插及镗加工表面粗糙度比较样块（GB/T 6060.2—2006）

比较样块的分类	磨	车、镗	铣	插、刨
粗糙度参数（表面轮廓算术平均偏差）公称值 Ra /μm	0.025	—	—	—
	0.05	—	—	—
	0.1	—	—	—
	0.2	—	—	—
	0.4	0.4	0.4	—
	0.8	0.8	0.8	0.8
	1.6	1.6	1.6	1.6
	3.2	3.2	3.2	3.2
	—	6.3	6.3	6.3
	—	12.5	12.5	12.5
	—	—	—	25.0

7.8.3 研磨、抛光、锉电、火花抛加工表面比较样块

其分类及粗糙度参数值见表 7.46。

表 7.46 研磨、抛光、锉、电火花加工表面比较样块

（GB/T 6060.3—2008）

比较样块的分类	研磨	抛光	锉	电火花
	金属或非金属			
粗糙度参数（表面轮廓算术平均偏差）公称值 $Ra/\mu m$	0.012	0.012	—	—
	0.025	0.025	—	—
	0.05	0.05	—	—
	0.1	0.1	—	—

续表

比较样块的分类	研磨	抛光	锉	电火花
	金属或非金属			
粗糙度参数（表面轮廓算术平均偏差）公称值 $Ra/\mu m$	—	0.2	—	—
	—	0.4	—	0.4
	—	—	0.8	0.8
	—	—	1.6	1.6
	—	—	3.2	3.2
	—	—	6.3	6.3
	—	—	—	12.5

7.8.4 抛（喷）丸、喷砂表面比较样块

其分类及粗糙度参数值见表 7.47。

表 7.47　抛（喷）丸、喷砂加工表面粗糙度比较样块

（GB/T 6060.3—2008）

粗糙度参数公称值 $Ra/\mu m$	抛(喷)丸比较样块的分类			喷砂比较样块的分类			覆盖率
	钢、铁	铜	铝、镁、锌	钢、铁	铜	铝、镁、锌	
0.2、0.4	×	×	×	—	—	—	98%
0.8、1.6、3.2、6.3、12.5、25、50	√	√	√	√	√	√	
100				—	—	—	

注：”×”为采取特殊措施方能达到的表面粗糙度。

“√”表示通常工艺可以达到的表面粗糙度。

7.9 仪具类

7.9.1 扭簧比较仪

利用扭簧元件作为尺寸的转换和放大机构，将测量杆的直线位移转变为指针在弧形刻度盘上的角位移，并由刻度盘进行读数，主要用于测量工件形状误差和位置误差，可和其他测量装置及量仪配套使用。

（1）小扭簧比较仪

夹持套筒直径为 8mm。其规格型号为表 7.48。

（2）扭簧比较仪

其规格型号见表 7.49。

表 7.48 小扭簧比较仪的规格型号（GB/T 22524—2008） mm

分度值	示值范围
0.2	±10
0.5	±25
1	±50
2	±100

表 7.49 扭簧比较仪的规格型号（GB/T 4755—2004） mm

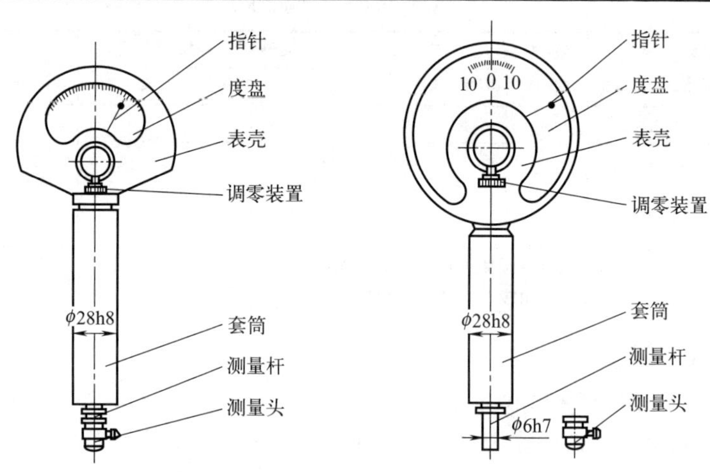

分度值	示值范围			分度值	示值范围		
	±30 标尺分度	±60 标尺分度	±100 标尺分度		±30 标尺分度	±60 标尺分度	±100 标尺分度
0.1	±3	±6	±10	2	±60	—	—
0.2	±6	±12	±20	5	±150	—	—
0.5	±15	±30	±50	10	±300	—	—
1	±30	±60	±100				

（3）光学扭簧比较仪

扭簧式比较仪的故障与维修

采用机械杠杆-扭簧-光学杠杆放大机构，量仪装有防冲击装置，读数无视差，具有测量范围大、精度高、稳定好的特点，广泛应用于高精密工件的几何尺寸和形位公差的测量，适用于计量部门检测各种标准件和三等以下量块，也可作其他精密量仪上的读数装置。其结构见图 7.18 和图 7.19。

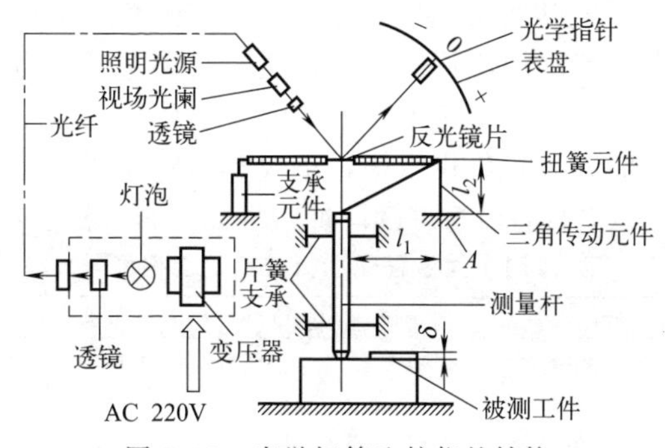

图 7.18　光学扭簧比较仪的结构

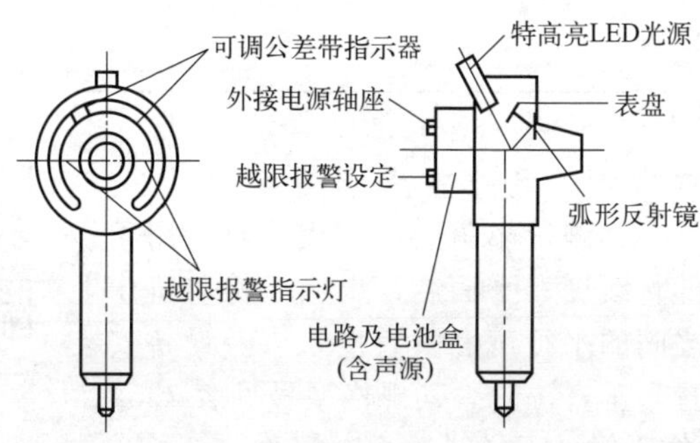

图 7.19　光学扭簧比较仪的原理

工作原理（图 7.19）：比较仪工作时，照明光源发出的光束经视场光阑和透镜形成光学“指针”像，该像经反光镜片 T 和弧形反射镜反射，照射在表盘上。此时若测量杆有 δ 的直线位移量（即被测量）就会使三角传动元件以 A 为支点做转动，并将扭簧元件拉伸，使其带动反光镜片转动 α 角度。

其规格型号见表 7.50。

表 7.50 光学扭簧比较仪的规格型号

分度值/mm	示值范围/mm	示值误差	示值变动性	测力/N	测力变化(≤)/N	套筒直径/mm
0.0001	±0.01	0～±30 分度≯±0.00005 0～±60 分度≯±0.00008 0～±100 分度≯±0.0001	≯1/3	1～2 1～2 1～2.5	0.25 0.45 0.45	ϕ28h8

注：上海产品。

（4）大量程光学扭簧比较仪

不但具有扭簧比较仪特性，而且还具有测量范围宽的特点。其中分度值 0.0002mm 比较仪属于高精度仪表，采用双杠杆式放大原理，传动连接部位为卸荷式结构，不仅具有高精度、高灵敏度、稳定性好的特点，而且有着良好的防冲击性能。其规格型号见表 7.51。

表 7.51 大量程光学比较仪的规格型号

分度值/mm	0.0002	0.0005	0.001		0.002
示值范围(±)/mm	0.01	0.03	0.10	0.06	0.10
示值误差(≤±)/mm	0.0002	0.0004	0.001	0.0006	0.0012
示值稳定性(≤)/分度	1/3	1/3	1/4	1/4	1/4
测力(≤)/N	2	2	2.5	2	2
测力变化(≤)/N	0.45	0.55	0.65	0.65	0.65
套筒直径/mm	ϕ28h8				

注：宁波产品。

7.9.2 框式水平仪和条式水平仪

框式水平仪和条式水平仪的使用方法和注意事项

水平仪是一种测量小角度的常用量具，用于检验被测平面的直线度、平面度，也用于检验机床上各平面相互之间的平行度和垂直度，以及设备安装时的水平位置和垂直位置。其规格型号见表 7.52。

7.9.3 光学合像水平仪

合像水平仪是具有一个基座测量面，以测微螺旋副相对基座测量面调整水准器气泡，并由光学原理合像读数的水准器式水平仪，有机械式和数字式两种。

用途：用于测量平面或圆柱面的直线度、平面度，以检查精密机床、设备及精密仪器安装位置的正确性，还可以测量工件的微小倾角。其规格见表 7.53。

表 7.52　框式水平仪与条式水平仪的规格型号（GB/T 16455—2008）

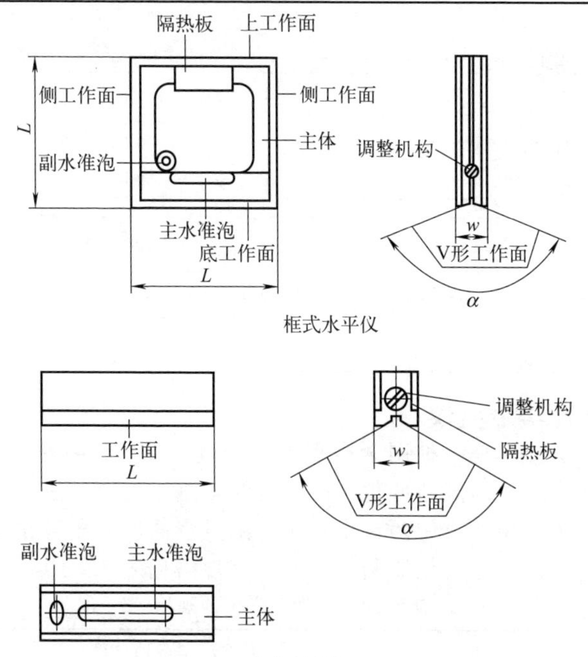

框式水平仪

条式水平仪

品种	代号	外形尺寸/mm			V形工作面角度
		长度 L	高度 H	宽度 B	
框式水平仪	SK	100	100	25～35	120°～140°
		150	150	30～40	
		200	200	35～40	
		250	250	40～50	
		300	300	40～50	
条式水平仪	ST	100	30～40	30～35	120°～140°
		150	35～40	35～40	
		200	40～50	40～45	
		250	40～50	40～45	
		300	40～50	40～45	

组　　别	Ⅰ	Ⅱ	Ⅲ
分度值/(mm/m)	0.02	0.05	0.10
平面度/rad	0.003	0.005	0.005
位置公差/mm	0.01	0.02	0.02

表 7.53 光学合像水平仪的规格（GB/T 22519—2008） mm

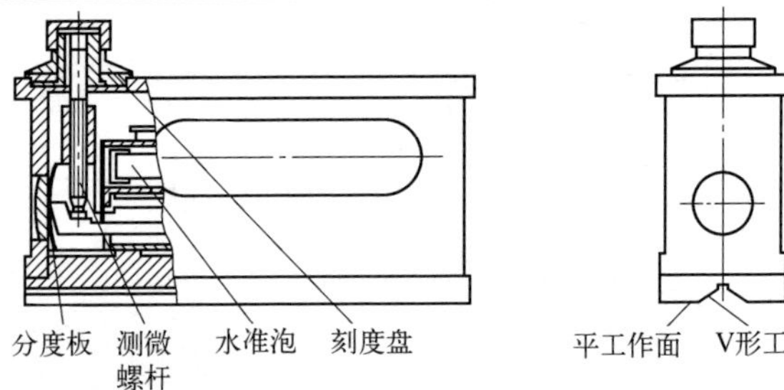

工作面 /mm×mm	测量精度 /(mm/m)	测量范围 /m	目镜放大镜 /倍	净质 /kg
166×47	0.01	0～10	5	1.7

7.9.4 光学平直仪

光学平直仪是一种用于检查零件的直线度、平面度和平行度，还可以测量平面的倾斜变化，高精度测量垂直度以及进行角度比较等的精密光学仪器。用两台平直仪可测量多面体的角度精度。适用于机床制造、维修或仪器制造行业。其规格见表 7.54。

表 7.54 光学平直仪的规格

规格	HYQ011	HYQ03	哈量型	ZY1 型
测量距离 /m	20	5	0.2～6	<5
刻度值 /mm	0.01/200			

7.9.5 自准直仪

自准直仪的使用方法

自准直仪（光学平直仪）是利用光学自准直原理，测量微小角度的长度测量工具。用于检查零件的直线度、平面度和平行度，还可以测量平面的倾斜变化、高精度测量垂直度以及进行角度比较等。用两台平直仪可测量多面体的角度精度。其基本参数及尺寸见表 7.55。

7.9.6 齿轮齿距测量仪

齿轮齿距测量仪是采用相对或绝对测量法，使用相应的传感器，用于测量单个齿距偏差、齿距累积偏差、齿距累积总偏差等参数项目的齿轮专用测量仪（图 7.20）。

表 7.55　自准直仪的基本参数及尺寸（JB/T 8232—1999）

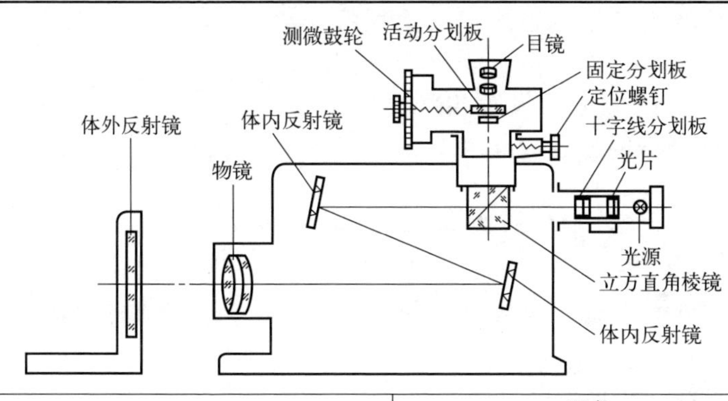

名称	要求		
	目视		光电
分格值/(″)	0.2	1	0.2
测量范围/(′)	10		
最大工作距离/m	16,6		6
平面反射镜反射面有效孔径(≥)/mm	60		

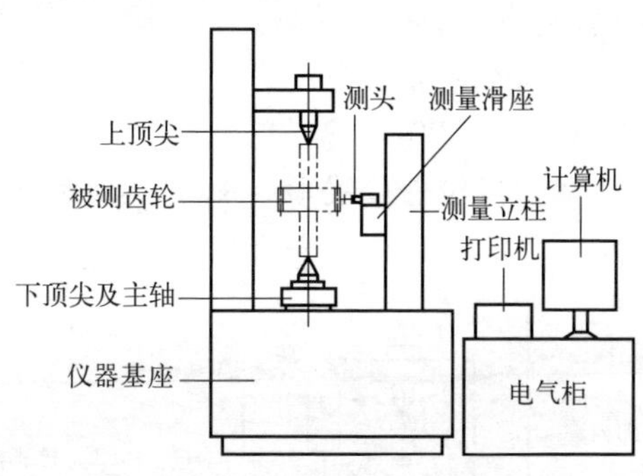

图 7.20　齿轮齿距测量仪的结构

规格：被测齿轮模数为 1～20mm，顶圆直径不大于 600mm。基本参数见表 7.56。

表 7.56　齿轮齿距测量仪的基本参数（GB/T 26090—2010）

基本参数	数值	基本参数	数值
可测齿轮的模数/mm 传感器分辨力/mm	1～20 ≤0.0001	可测齿轮的最大 顶圆直径/mm	600

7.9.7 便携式齿轮齿距测量仪

便携式齿轮齿距测量仪是根据相对测量法，采用指示表类器具测量单个齿距偏差、齿距累积偏差、齿距累积总偏差等齿轮参数的测量仪器（图 7.21）。

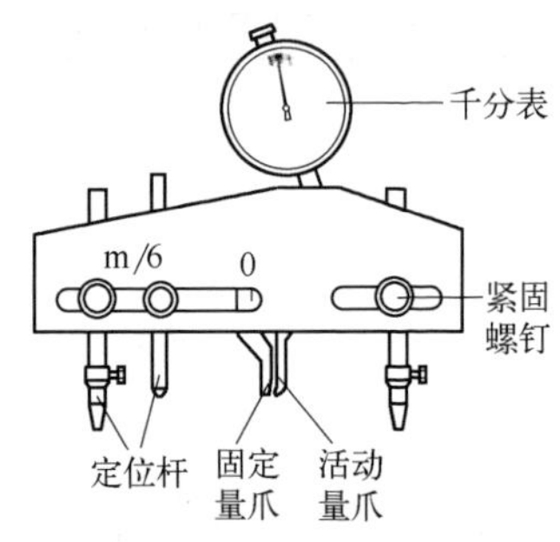

图 7.21 便携式齿轮齿距测量仪的结构

规格：被测齿轮模数为 2～16mm。

国外新产品：英国宝禾设计的万能测量仪（图 7.22），采用模块化组合原理，不仅可测量内外径（0～3000mm），配合特殊附件还可满足多种测量要求，如测量螺纹、槽、花键、齿轮、孔径，以及其他非标准的特殊产品。

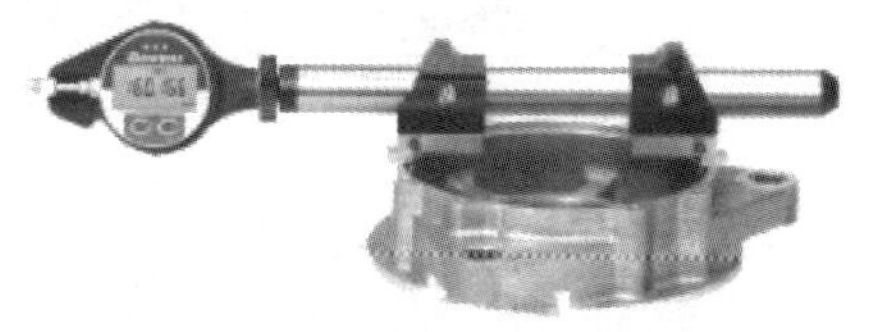
图 7.22 英国产万能测量仪

7.9.8 齿轮螺旋线测量仪

齿轮螺旋线测量仪是采用展成法或坐标法，使用相应的传感器，具有测量数据输出系统的测量仪器（图 7.23），主要用于测量齿轮螺旋线形状偏差、螺旋线倾斜偏差、螺旋线总偏差等。

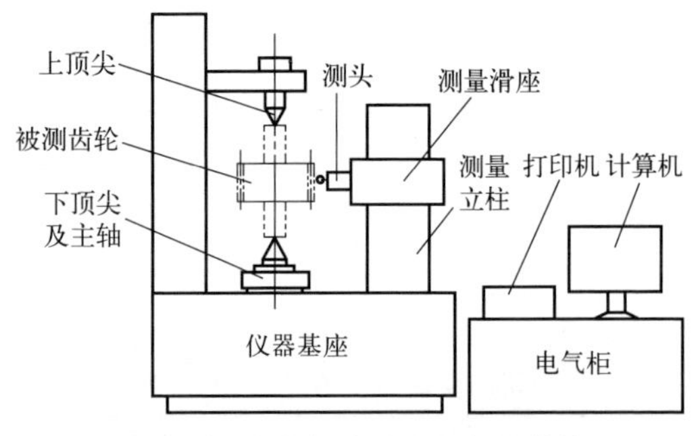

图 7.23 齿轮螺旋线测量仪的结构

分类：按控制方式可分为计算机数字控制型和非计算机数字控

制型。

结构：计算机数字控制型螺旋线测量仪的形式与主要部分名称见表 7.57。

表 7.57　齿轮螺旋线测量仪的基本参数（GB/T 26092—2010）

基本参数	数值	基本参数	数值
可测齿轮的模数/mm	1～20	螺旋角测量范围/(°)	0～90
可测齿轮的最大顶圆直径/mm	600	传感器分辨力/mm	≤0.0001

7.9.9　万能测齿仪

万能测齿仪是以被测齿轮轴心线为基准，上、下顶尖定位，采用指示表类器具测量齿轮、蜗轮的齿距误差及基节偏差、公法线长度、齿圈径向跳动等的仪器。用于测量齿轮模数不大于 10mm、最大顶圆直径为 360mm 的齿轮和蜗轮的齿距偏差及基节偏差、公法线长度、齿圈径向跳动等参数，常见的有形式Ⅰ和形式Ⅱ两种（图 7.24 和图 7.25）。

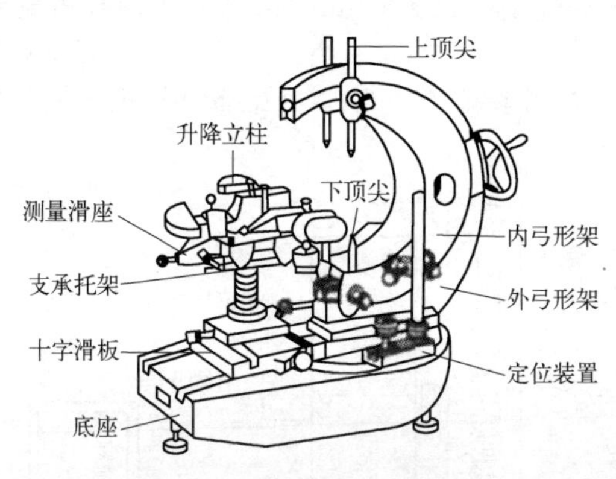

图 7.24　形式Ⅰ万能测齿仪

表 7.58　测齿仪的基本参数（JB/T 10012—2013）　mm

基本参数		参数值	基本参数	参数值
被测齿轮模数范围	测量周节	2.5～10	测量台调整高度范围	0～150
	测量齿圈径向跳动	0.5～10	公法线测量最大长度	150
	测量基节和公法线	1～10	测量爪测量最大深度	20
被测齿轮最大顶圆直径		360	杠杆齿轮比较仪分度值	0.001
两顶尖间距离		50～330		

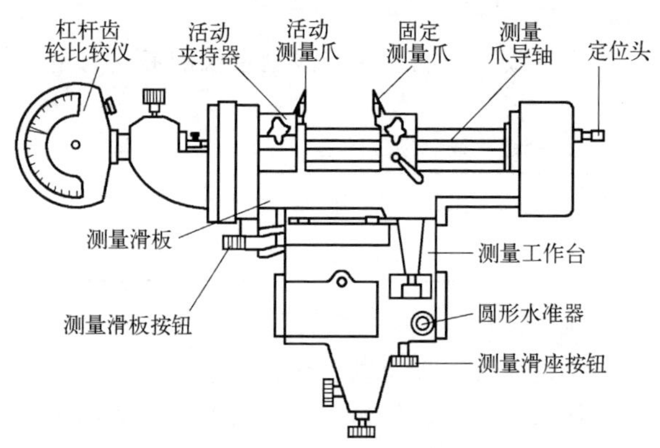

图 7.25 形式Ⅱ万能测齿仪

7.9.10 万能齿轮测量机

万能齿轮测量机（JB/T 10020—2013）是用于测量齿轮模数0.5～20mm、最大直径为600mm的渐开线圆挂齿轮的齿廓总偏差、螺旋线总偏差（0°±90°）、齿距累积总偏差等参数的设备。使用计算机数字控制系统（CNC），并配备计算机数据采集和处理系统。其结构见图7.26。

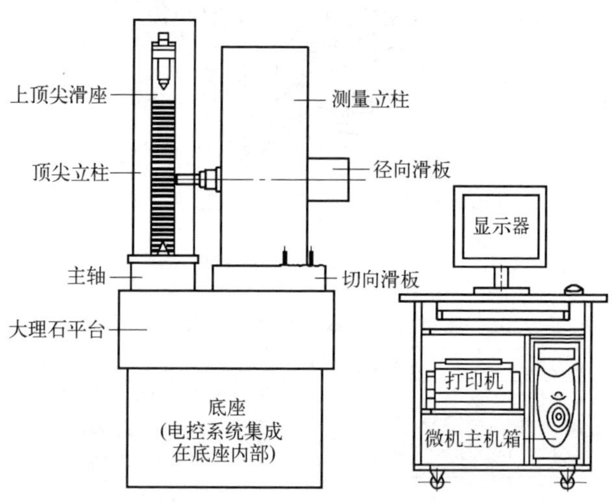

图 7.26 万能齿轮测量机

7.9.11　卧式滚刀测量仪

卧式滚刀测量仪是主要用于检查齿轮滚刀、蜗轮滚刀及花键滚刀的齿形误差、刀齿前面的径向性误差、刀齿前面对内孔轴线的平行度误差、容屑槽的导程误差和与相邻周节差及最大累积误差、轴台的径向圆跳动及端面圆跳动误差的设备（图 7.27）。

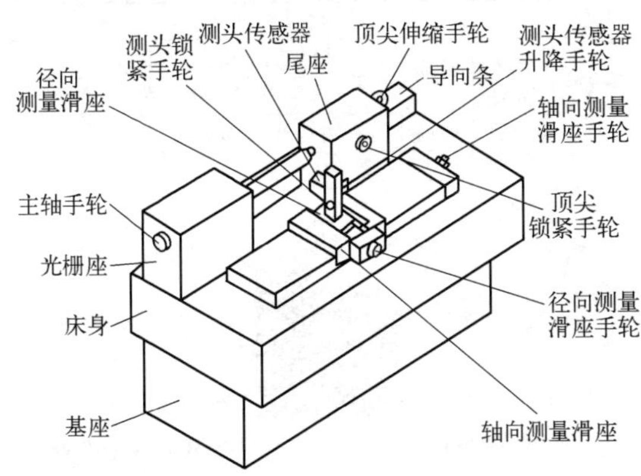

图 7.27　卧式滚刀测量仪的结构

基本参数见表 7.59。

表 7.59　卧式滚刀测量仪的基本参数（JB/T 10024—2008）

基本参数	参数值	基本参数	参数值
可测滚刀最大外径/mm	300	可测滚刀最大长度/mm	450
可测滚刀模数范围/mm	1～25	可测滚刀最大齿形角/(°)	60
可测滚刀最大螺旋导程/mm	220		

7.9.12　超声波测厚仪

超声波测厚仪是用于测量物体厚度（即上下相对两面之间的距离）的仪器，可对厚度均匀的任何超声波的良导体，如金属（铸铁除外）、塑料、陶瓷、玻璃及压力容器进行无损检测或实时监测（图 7.28）。

图 7.28　MX-5 超声波测厚仪

原理：超声波脉冲反射原理与光波测量原理相似。当探头发射的超声波脉冲，通过被测物体到达材料分界面时，脉冲被反射回探头，通过精确测量超声波在材料中传播的时间，来确定被测材料的厚度。

测量范围不小于1.2～220mm（Q235钢）。

测定管材（钢管）壁厚的下限值为ϕ30mm×3mm，其误差不大于±0.2mm。其基本参数见表7.60。

表7.60　超声波测厚仪的基本参数（JB/T 11604—2008）　mm

<table>
<tr><th>项目</th><th>数值</th><th colspan="3">项目</th><th>数值</th></tr>
<tr><td rowspan="4">分辨力
重复性
示值稳定度</td><td rowspan="4">≤0.1
≤0.1
≤0.2</td><td rowspan="4">最大允许示值误差</td><td rowspan="2">平面</td><td>测量范围下限至10以下</td><td>±0.1</td></tr>
<tr><td>10至测量范围上限</td><td>±(0.1+0.01H)</td></tr>
<tr><td>曲面</td><td>圆管外径ϕ30,壁厚5</td><td>±0.2</td></tr>
<tr><td>厚度</td><td>变换声速引起</td><td>≤±0.05</td></tr>
</table>

注：H为标准厚度块的标称值。

超声波测厚仪的测量方法、测量步骤和注意事项

第8章 手工工具

8.1 手钳

手钳是一种带柄的用于夹住工件进行手工加工的钳具，一般用45钢制作，韧性和硬度都适中；当要求强度较高时，可用55钢或铬钒钢、高碳钢等制作。产品的标记均为产品名称＋规格＋标准编号。

8.1.1 钢丝钳

钢丝钳是一种可以剪断细钢丝的钳具，也适用于夹持或弯折金属薄板、细长零件。铁柄有带和不带绝缘塑料管两种，前者供一般场合使用，后者供有电的场合使用。钢丝钳的尺寸见表8.1。

表8.1 钢丝钳的尺寸（QB/T 2442.1—2007） mm

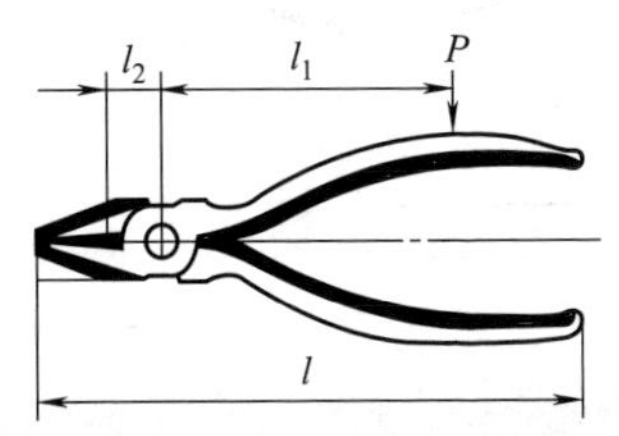

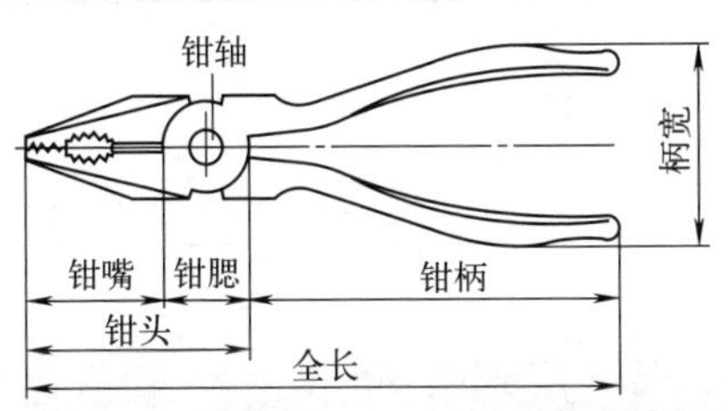

公称长度 l	l_1	l_2	可承载荷 P/N		剪切力/N	
			甲级	乙级	甲级	乙级
160	80	16	1200	950	580	630
180	90	18	1260	1170	580	630
200	100	20	1400	1340	580	630

8.1.2 尖嘴钳

尖嘴钳是一种头部呈尖形的手工钳，适用于在狭小空间处夹持细小零件，有带刃尖嘴钳和不带刃尖嘴两种，前者还可切断金属丝。尖嘴钳的尺寸见表8.2。带刃尖嘴钳的尺寸见表8.3。

表 8.2 尖嘴钳的尺寸（QB/T 2440.1—2007） mm

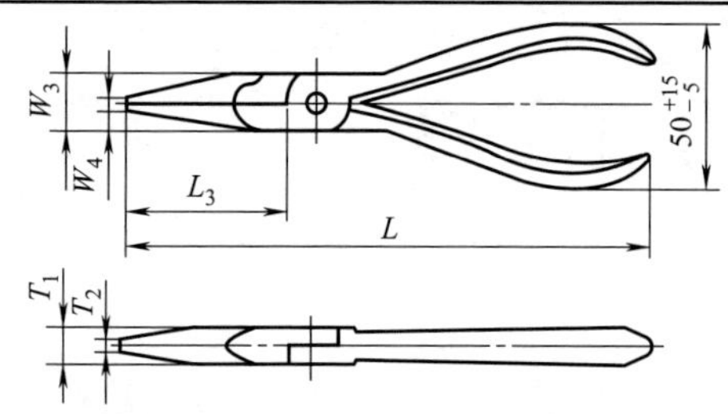

公称长度 L	140±7	160±8	180±10	200±10	280±14
L_3	40±5	53±6.3	60±8	80±10	80±14
W_{3max}	16	19	20	22	22
W_{4max}	2.5	3.2	5	5	5
T_{1max}	9	10	11	12	12
T_{2max}	2	2.5	3	4	4

表 8.3 带刃尖嘴钳的基本尺寸（QB/T 2442.3—2007） mm

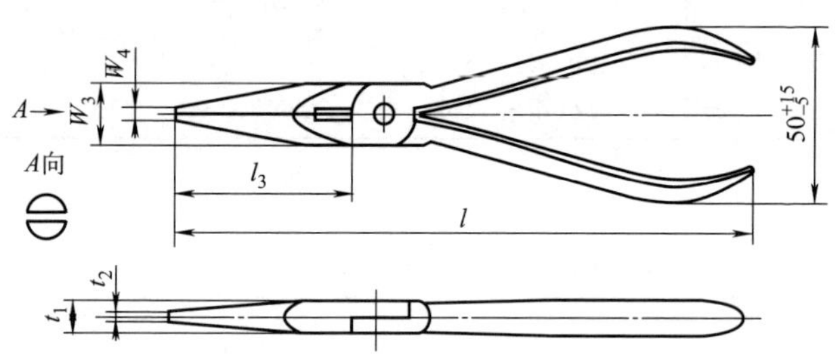

公称长度 l	l_3	W_{3max}	W_{4max}	t_1	t_2
140±7	40±5	16	2.5	9	2
160±8	53±6.3	19	3.2	10	2.5
180±10	60±8	20	5	11	3
200±10	80±10	22	5	12	4

8.1.3 扁嘴钳

扁嘴钳是一种头部扁平的手工钳，适用于在狭窄空间处装卸销子、弹簧等小零件，弯折金属薄板、切断细金属丝。其尺寸见表 8.4。

8.1.4 圆嘴钳

圆嘴钳是一种头部呈圆形的手工钳，适用于将金属薄板、细金属丝弯曲成圆形。其尺寸见表 8.5。

表 8.4　扁嘴钳的种类（QB/T 2440.2—2007）　mm

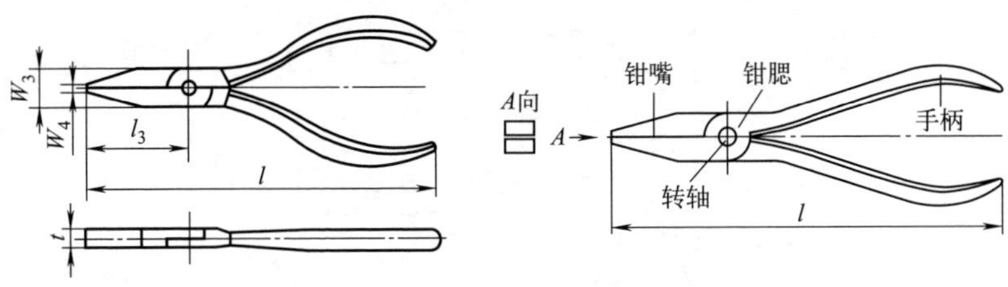

钳嘴类型	短嘴			长嘴		
公称长度 l	125±6	140±7	160±8	140±7	160±8	180±9
l_3	25	32	40	40	50	63
$W_{3\ max}$	16	18	20	16	18	20
$W_{4\ max}$	3.2	4	5	3.2	4	5
t	9	10	11	9	10	11

表 8.5　圆嘴钳的尺寸（QB/T 2440.3—2007）　mm

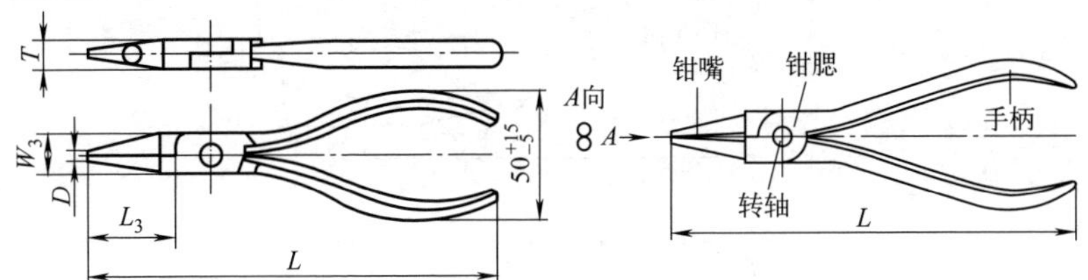

钳嘴类型	短嘴			长嘴		
公称长度 L	125±6.3	140±8	160±8	140±7	160±8	180±9
L_3	25_{-5}^{0}	$32_{-6.3}^{0}$	40_{-8}^{0}	40±4	50±5	63±6.3
D_{max}	2	2.8	3.2	2.8	3.2	3.6
$W_{3\ max}$	16	18	20	17	19	20
T_{max}	9	10	11	9	10	11

8.1.5　斜嘴钳

斜嘴钳是一种头部钳口呈一定角度倾斜的手工钳具，适用于剪断金属丝、尼龙扎带、钢铠，分拨导线外塑料绝缘护套。其尺寸见表 8.6。

8.1.6　顶切钳

顶切钳是一种钳头处具有钳孔，适用于剪断金属丝、铝扁、钢筋、铝杆、塑料管等硬质材料的手工钳具。其尺寸见表 8.7。

表 8.6 斜嘴钳的尺寸（QB/T 2441.1—2007） mm

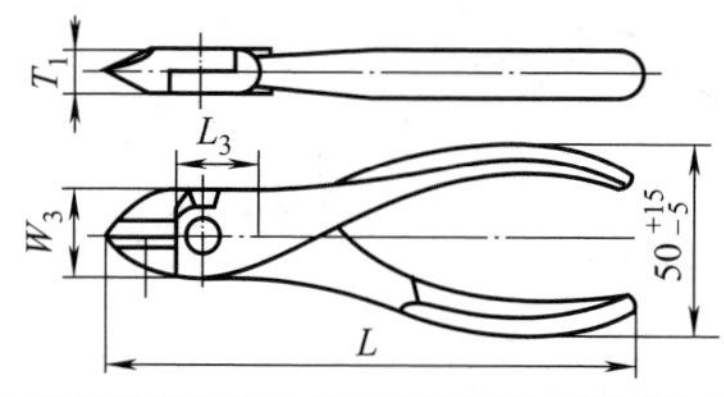

公称长度 L	125±6	140±7	160±8	180±9	200±10
$L_{3\max}$	18	20	22	25	28
$W_{3\max}$	22	25	28	32	36
$T_{1\max}$	10	11	12	14	16

表 8.7 顶切钳的尺寸（QB/T 2441.2—2007） mm

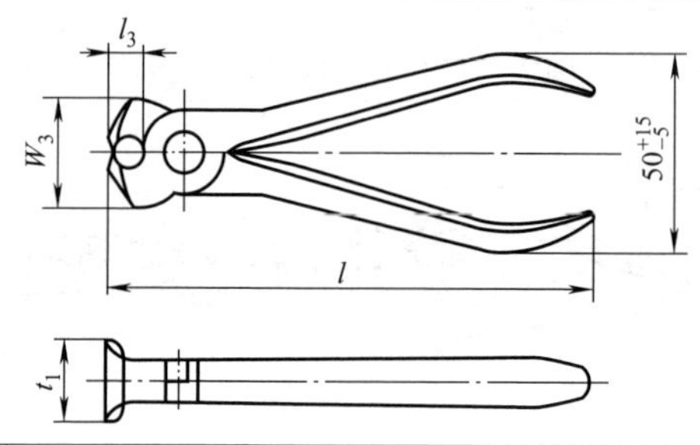

公称长度 l	125±7	140±8	160±9	180±10	200±11
$l_{3\max}$	8	9	10	11	12
$W_{3\max}$	25	28	32	36	40
$t_{1\max}$	20	22	25	28	32

8.1.7 鲤鱼钳

鲤鱼钳是一种钳口开口宽度有两挡调节位置，可放大或缩小使用的手工钳具，外形酷似鲤鱼，适用于夹持扁形或圆柱形金属零件，亦可代替扳手拆装螺栓、螺母，刃口可以切断金属丝。其规格与尺寸见表 8.8。

8.1.8 胡桃钳

胡桃钳是适用于木工、鞋工等起拔、扭转或切断钉子或金属丝的手工钳具。其规格与尺寸见表 8.9。

表 8.8　鲤鱼钳的规格与尺寸（QB/T 2442.4—2007）　mm

鲤鱼钳的厚度t_1未示出

规格 l	125±8	160±8	180±9	200±10	250±10
W_1	40	48	49	50	50
l_1	70	80	90	100	125
l_3	25±5	30±5	35±5	35±5	40±5

表 8.9　胡桃钳的规格与尺寸（QB/T 1737—2011）　mm

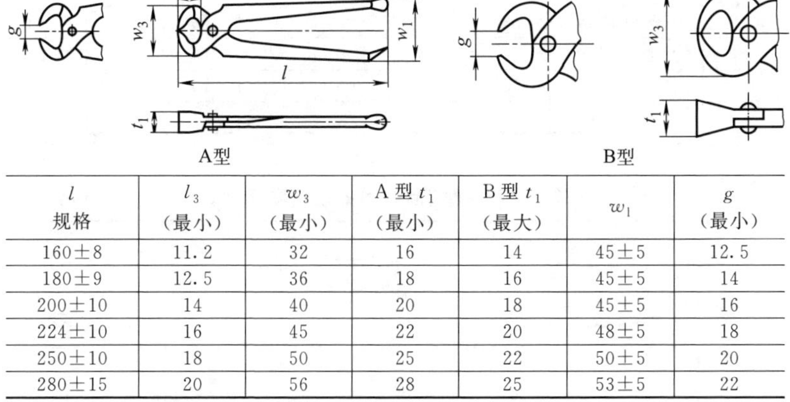

l 规格	l_3（最小）	w_3（最小）	A型 t_1（最小）	B型 t_1（最大）	w_1	g（最小）
160±8	11.2	32	16	14	45±5	12.5
180±9	12.5	36	18	16	45±5	14
200±10	14	40	20	18	45±5	16
224±10	16	45	22	20	48±5	18
250±10	18	50	25	22	50±5	20
280±15	20	56	28	25	53±5	22

手钳的使用方法和注意事项

8.1.9　断线钳

断线钳是一种头部由优质弹簧钢制成，有极高的硬度和韧性的手工钳具，适用于切断较粗的、硬度不大于 30HRC 的金属线材、刺铁丝及电线等。钳柄有可锻铸铁柄式、管柄式和绝缘柄式等。其规格与尺寸见表 8.10。

8.1.10 鹰嘴断线钳

同断线钳，因头部形状酷似老鹰而得名，特别适用于高空等露天剪断较粗的金属丝及电线等。其规格及尺寸见表 8.11。

表 8.10 断线钳的规格与尺寸（QB/T 2206—2011） mm

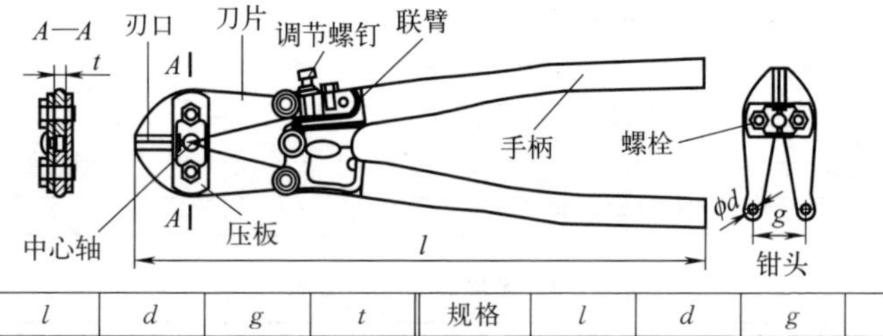

规格	l	d	g	t	规格	l	d	g	t
200	203	5	22	4.5	750	765	10	68	11
300	305	6	38	6	900	915	12	74	13
350	360	6(8)	40	7	1050	1070	14	82	15
450	460	8	53	8	1200	1220	16	100	17
600	615	10	62	9					

注：括号内为可选尺寸。

表 8.11 鹰嘴断线钳的规格和尺寸 mm

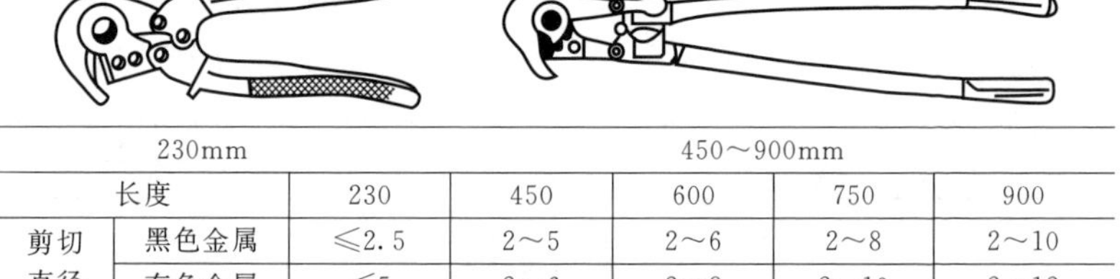

230mm 450～900mm

长度		230	450	600	750	900
剪切直径	黑色金属	≤2.5	2～5	2～6	2～8	2～10
	有色金属	≤5	2～6	2～8	2～10	2～12

8.1.11 水泵钳

水泵钳是一种钳口的开口宽度有三、四挡调节位置，以适应夹持不同尺寸的零件需要的手工钳具，常用于汽车、内燃机、农业机械及室内管道等安装、维修。其规格见表 8.12。

8.1.12 通用大力钳

通用大力钳的钳口可以锁紧并产生很大的夹紧力，具有夹持、扳拧和锁定或剪切功能（钳口有很多挡调节位置，供夹紧不同厚度零件使用），借以对工件进行焊接、铆接、冲孔、打磨、切削等加工。

按其头部形状分类，有直口大力钳（图 8.1）、曲口大力钳（图 8.2）和尖嘴大力钳（图 8.3）。

表 8.12　水泵钳的规格（QB/T 2440.4—2007）

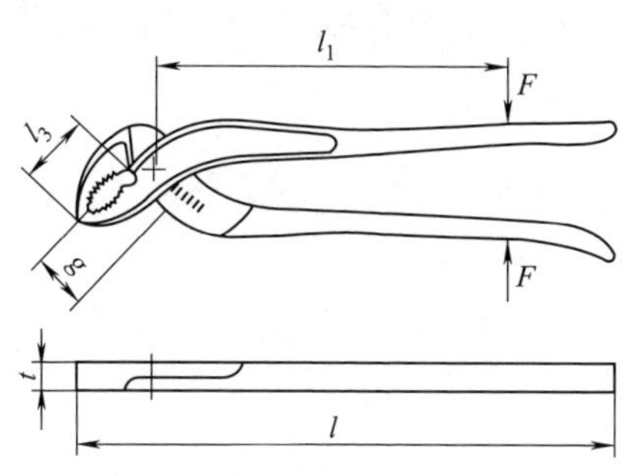

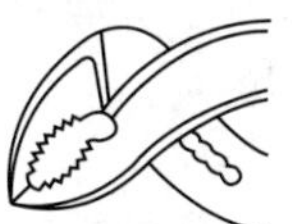
A型(滑动销轴式)

B型(榫槽叠置式)

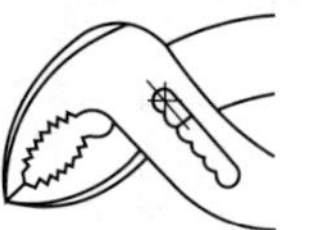
C型(钳腮套入式)

D型(其他型式)

全长 l /mm	最大头部厚度 t/mm	最小钳口调整尺寸 g/mm	最小钳口长度 l_3/mm	力臂 l_1 /mm	最小调整挡数
100±10	5	12	7.5	71	3
125±15	7	12	10	80	3
160±15	10	16	18	100	4
200±15	11	22	20	125	4
250±15	12	28	25	160	5
315±20	13	35	35	200	5
350±20	13	45	40	224	6
400±30	15	80	50	250	8
500±30	16	125	70	315	10

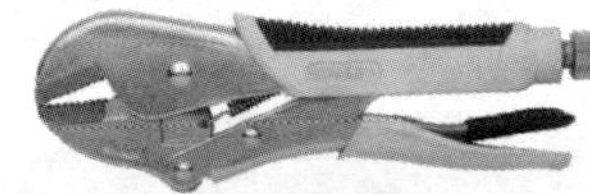
(a) 钳口带齿(Z)

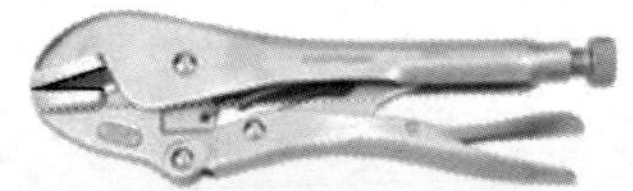
(b) 钳口无齿(ZP)

图 8.1　直口大力钳

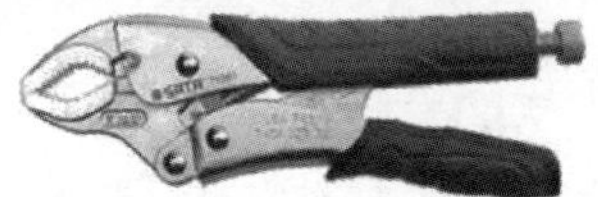
图 8.2　曲口大力钳（Q）
带剪切刃（QR）

图 8.3　尖嘴大力钳（J）
带剪切刃（JR）

注：外打开式大力钳的标记代号为 W（内打开式无标记代号）。

工作原理：经两次杠杆增力，在一组顶杆的夹角较大时可以获得数倍的增力。

硬度：钳柄的硬度应为 30～50HRC，钳口的硬度应不小于 45HRC；四杆机构的钳轴的硬度应不小于 25HRC，调节螺钉的硬度应不小于 30HRC。

其规格见表 8.13。

表 8.13　通用型大力钳的规格（QB/T 4062—2010）　　mm

型别	公称长度 L					
	100	135	140	165	180	220
直口大力钳	—	—	√	—	√	√
曲口大力钳	√	—	√	—	√	√
尖嘴大力钳	—	√	—	√	—	√

8.1.13　异型大力钳

异型大力钳适用于装配和维修作业时夹持异型和管式工件。按照在夹持锁定状态下的打开方式，可分为内开和外开两种类型（图 8.4）；按照其钳口型式和作业用途，可分为 C 型（固定头式和活动头式）、板夹型、焊接型、管夹型（图 8.5）。

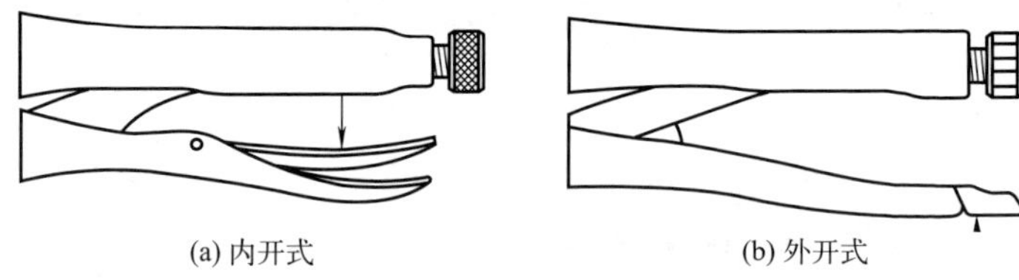

图 8.4　异型大力钳的打开方式

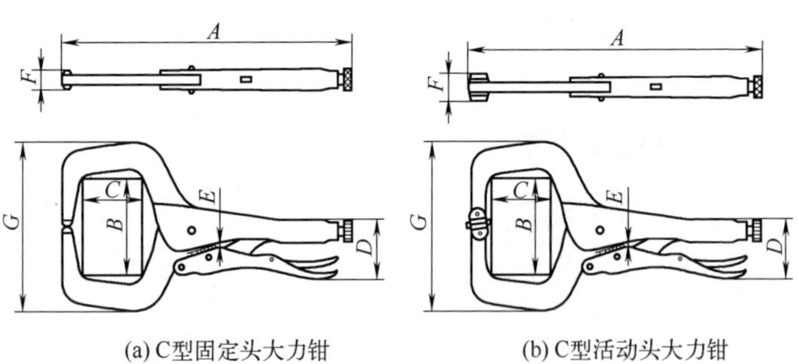

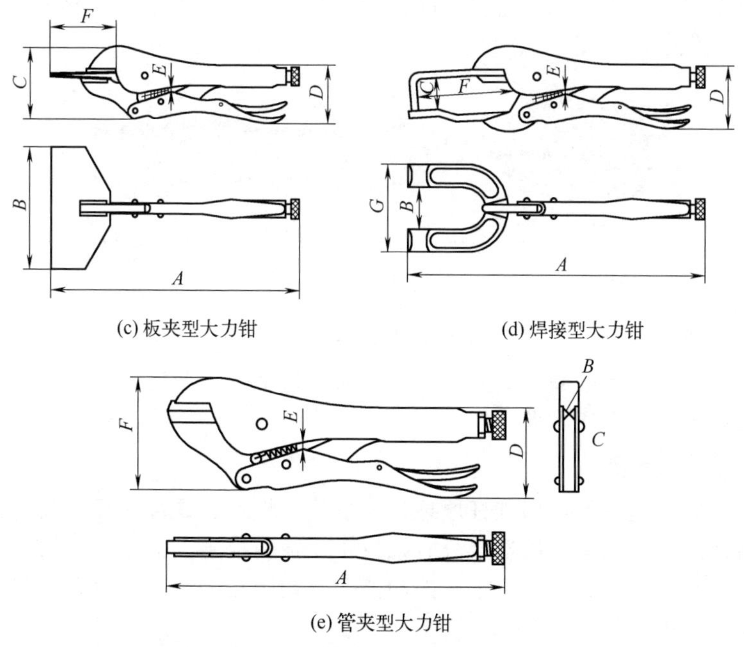

图 8.5　异型大力钳的形式

钳柄的硬度应为 30～50HRC，钳口的硬度应不小于 35HRC（C 型活动头除外），四杆机构的钳轴的硬度应不小于 25HRC，调节螺钉的硬度应不小于 30HRC。

各型规格/全长 A 数据见表 8.14。

表 8.14　异型大力钳的基本尺寸（QB/T 4265—2011）

形式	（规格/全长）/mm						
固定头式(C)	—	150/165	—	—	—	—	280/270
活动头式(CH)	125/130	150/165	—	—	—	—	280/270
板夹型(B)	—	—	—	200/200	/	250/250	—
焊接型(H)	—	—	—	—	230/230	—	—
管夹型(G)	—	—	180/180	—	—	—	—

8.1.14　链条型大力钳

链条型大力钳（图 8.6）是由大力钳加链条组成，利用其拉扣和链条的扣坎，通过调整螺钉调整张紧度并夹紧，进行拆卸诸如固定皮带轮或夹紧大口径管道的工具（图 8.6）。常见的规格有 5″、6″、7″、8″、9″、10″、11″、19″等。

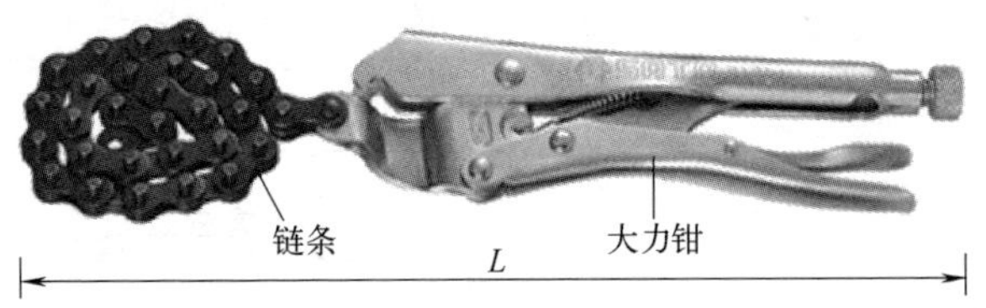

图 8.6 链条型大力钳

使用方法：链条上面每一节都有一个扣坎，大力钳上面有对应的拉扣，调整好套上去以后，利用大力钳下面的调整螺钉对张紧度进行调整，夹住后即可作业。

8.2 扳手

扳手是一种利用杠杆原理拧转螺栓、螺钉、螺母的开口或套孔固件的手工工具，按形状分有呆扳手、梅花扳手、活扳手、钩形扳手、套筒扳手、角形扳手，按功能分有紧固扳手、扭力扳手和防爆扳手，也可将其组合。

① 呆扳手：一端或两端制有固定尺寸的开口，用以拧转一定尺寸的螺母或螺栓。

② 梅花扳手：两端具有带六角孔或十二角孔的工作端，适用于工作空间狭小，不能使用普通扳手的场合。

③ 两用扳手：一端与单头呆扳手相同，另一端与梅花扳手相同，两端拧转相同规格的螺栓或螺母。

④ 活扳手：开口宽度可在一定尺寸范围内进行调节，能拧转不同规格的螺栓或螺母。

⑤ 钩形扳手：又称月牙形扳手，用于拧转厚度受限制的扁螺母等。

⑥ 套筒扳手：它是由多个带六角孔或十二角孔的套筒并配有手柄、接杆等多种附件组成，特别适用于拧转空间十分狭小或凹陷很深处的螺栓或螺母。

⑦ 内六角扳手：呈 L 形的六角棒状扳手，专用于拧转内六角螺钉。

⑧ 扭力扳手：它在拧转螺栓或螺母时，能显示出所施加的扭矩；或者当施加的扭矩到达规定值后，会发出光或声响信号。扭力扳手适用于对扭矩大小有明确规定的装置。

⑨ 防爆扳手：以铝青铜合金和铍青铜合金为原材料，在撞击到金属机械或发生摩擦时不发生火花，适用于易爆、易燃、强磁及腐蚀性的场合。

8.2.1 单头扳手

单头呆扳手适用于紧固或拆卸某一种规格的六角或方形螺栓、螺母、螺钉。其基本尺寸见表 8.15、表 8.16。

表 8.15　单头呆扳手的基本尺寸（QB/T 3001—2008）　mm

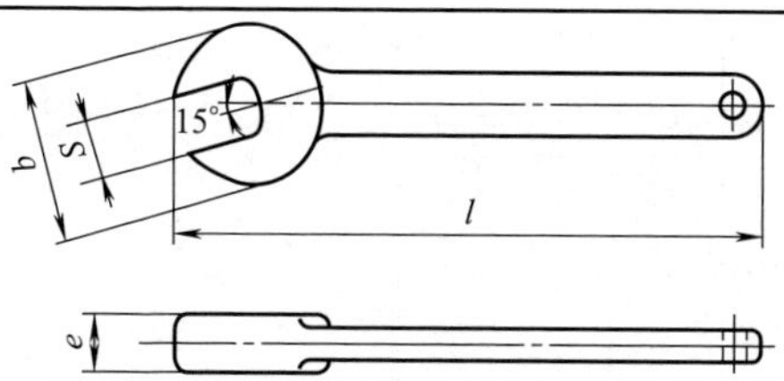

规格 S	头部外形 b_{max}	厚度 e_{max}	全长 l_{min}	规格 S	头部外形 b_{max}	厚度 e_{max}	全长 l_{min}
5.5	19	4.5	80	24	57	11	200
6	20	4.5	85	25	60	11.5	205
7	22	5	90	26	62	12	215
8	24	5	95	27	64	12.5	225
9	26	5.5	100	28	66	12.5	235
10	28	6	105	29	68	13	245
11	30	6.5	110	30	70	13.5	255
12	32	7	115	31	72	14	265
13	34	7	120	32	74	14.5	275
14	36	7.5	125	34	78	15	285
15	39	8	130	36	83	15.5	300
16	41	8	135	41	93	17.5	330
17	43	8.5	140	46	104	19.5	350
18	45	9	150	50	112	21	370
19	47	9	155	55	123	22	390
20	49	9.5	160	60	133	24	420
21	51	10	170	65	144	26	450
22	53	10.5	180	70	154	28	480
23	55	10.5	190				

表 8.16　单头梅花扳手的基本尺寸（QB/T 3002—2008）　mm

规格 S	头部外形 b_{max}	厚度 e_{max}	全长 l_{min}	规格 S	头部外形 b_{max}	厚度 e_{max}	全长 l_{min}
10	17	9	105	26	41	18.5	215
11	18.5	9.5	110	27	42.5	19	225
12	20	10.5	115	28	44	19.5	235
13	21.5	11	120	29	45.5	20	245
14	23	11.5	125	30	47	20	255
15	24.5	12	130	31	48.5	20.5	265
16	26	12.5	135	32	50	21	275
17	27.5	13	140	34	53	22.5	285
18	29	14	150	36	56	23.5	300
19	30.5	14.5	155	41	63.5	263	330
20	32	15	160	46	71	28.5	350
21	33.5	15.5	170	50	77	32.0	370
22	35	16	180	55	84.5	33.5	390
23	36.5	16.5	190	60	92	36.5	420
24	38	17.5	200	65	99.5	39.5	450
25	39.5	18	205	70	107	42.5	480

8.2.2　双头扳手

双头呆扳手适用于紧固或拆卸两种规格的六角或方形螺栓、螺母、螺钉。

双头梅花扳手的用途与双头呆扳手相似，只是不适用于螺钉。双头梅花扳手分 A 型（矮颈型）、G 型（高颈型）、Z 型（直颈型）和 W 型 15°型（弯颈型）等四种。

双头扳手的尺寸与规格见表 8.17～表 8.19。

表 8.17　双头呆扳手的基本尺寸（QB/T 3001—2008）　mm

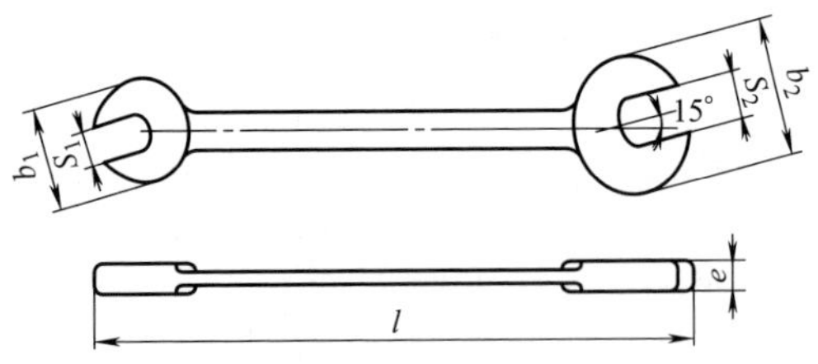

续表

规格 $S_1 \times S_2$（对边尺寸组配）	头部外形 b		厚度 e_{max}	全长 l	
	b_{1max}	b_{2max}		长型(最小)	短型(最小)
3.2×4	14	15	3	81	72
4×5	15	18	3.5	87	78
5×5.5	18	19	3.5	95	85
5.5×7	19	22	4.5	99	89
7×8	22	24	4.5	111	99
8×10	24	28	5.5	119	106
10×11	28	30	6	135	120
10×13	28	34	7	135	120
11×13	30	34	7	143	127
13×15	34	39	7.5	159	141
13×16	34	41	8	159	141
15×16	39	41	8	175	155
16×18	41	45	8.5	183	162
18×21	45	51	10	199	176
21×24	51	57	11	223	202
24×27	57	64	12	247	223
27×30	64	70	13	271	244
30×34	70	78	14	295	265
34×36	78	83	14.5	327	298
36×41	83	93	16	343	312
41×46	93	104	17.5	383	357
46×50	104	112	19	423	392
50×55	112	123	20.5	455	420
55×60	123	133	22	495	455

表 8.18　双头梅花扳手对边尺寸组配及基本尺寸（QB/T 3002—2008）

mm

规格 $S_1 \times S_2$（对边尺寸组配）	头部外形		直颈型、弯颈型		矮颈型、高颈型	
	b_{1max}	b_{2max}	厚度 e_{max}	全长 l_{min}	厚度 e_{max}	全长 l_{max}
7×8	12.5	14	7	81	7.5	143
8×10	14	17	8	89	9	152
10×11	17	18.5	8.5	105	9.5	170
10×13	17	21.5	9.5	105	11	170
11×13	18.5	21.5	9.5	113	11	179
13×15	21.5	24.5	10	129	12	197

续表

规格 $S_1 \times S_2$（对边尺寸组配）	头部外形		直颈型、弯颈型		矮颈型、高颈型	
	b_{1max}	b_{2max}	厚度 e_{max}	全长 l_{min}	厚度 e_{max}	全长 l_{max}
13×16	21.5	26	10.5	129	12	197
15×16	24.5	26	10.5	145	12	215
16×18	26	29	11.5	153	13	224
18×21	29.5	33.5	12.5	174	14	242
21×24	33.5	38	13.5	198	16	269
24×27	38	42.5	14.5	222	17	296
27×30	42.5	47	15.5	246	18	323
30×34	47	53	16.5	275	20	330
34×36	53	56	17	307	21	366
36×41	56	63.5	18.5	323	22	384
41×46	63.5	71	20	363	24	429
46×50	71	77	21	403	25	474
50×55	77	84.5	22	435	27	510
55×60	84.5	92	23.5	475	28.5	555

表 8.19　双头呆扳手和双头梅花扳手的规格　mm

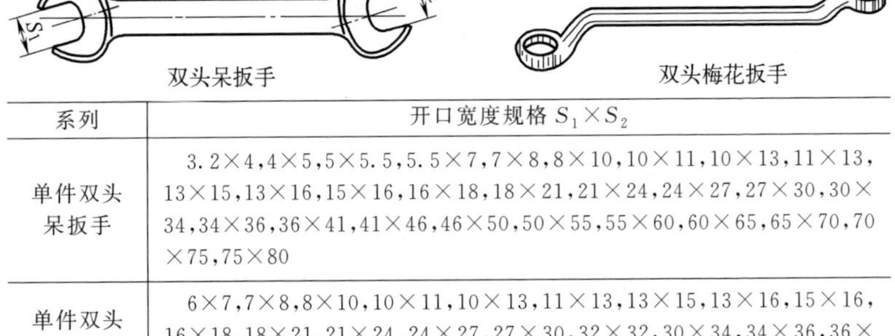

双头呆扳手　　双头梅花扳手

系列	开口宽度规格 $S_1 \times S_2$
单件双头呆扳手	3.2×4,4×5,5×5.5,5.5×7,7×8,8×10,10×11,10×13,11×13,13×15,13×16,15×16,16×18,18×21,21×24,24×27,27×30,30×34,34×36,36×41,41×46,46×50,50×55,55×60,60×65,65×70,70×75,75×80
单件双头梅花扳手	6×7,7×8,8×10,10×11,10×13,11×13,13×15,13×16,15×16,16×18,18×21,21×24,24×27,27×30,32×32,30×34,34×36,36×41,41×46,46×50,50×55,55×60

8.2.3　两用扳手

两用扳手是一头为呆扳手、另一头为梅花扳手的组合扳手。其基本尺寸见表 8.20。

8.2.4　防爆扳手

防爆扳手是用于易燃、易爆场合，具有防爆功能的扳手。其规格见表 8.21～表 8.24。

表8.20 两用扳手的基本尺寸（QB/T 3003—2008） mm

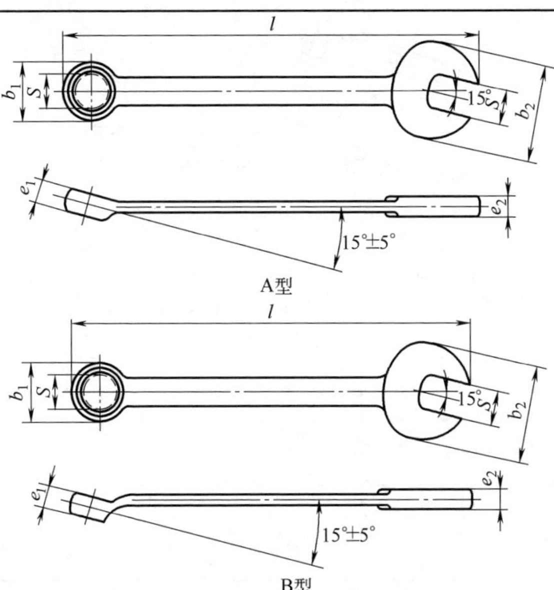

规格 S	头部外形		头部厚度		全长	规格 S	头部外形		头部厚度		全长
	b_{1max}	b_{2max}	e_{1max}	e_{2max}	l_{min}		b_{1max}	b_{2max}	e_{1max}	e_{2max}	l_{min}
3.2	7	14	5	3.3	55	20	32	49	15	9.5	200
4	8	15	5.5	3.5	55	21	33.5	51	15.5	10	205
5	10	18	6	4	65	22	35	53	16	10.5	215
5.5	10.5	19	6.3	4.2	70	23	36.5	55	16.5	10.5	220
6	11	20	6.5	4.5	75	24	38	57	17.5	11	230
7	12.5	22	7	5	80	25	39.5	60	18	11.5	240
8	14	24	8	5	90	26	41	62	18.5	12	245
9	15.5	26	8.5	5.5	100	27	42.5	64	19	12.5	255
10	17	28	9	6	110	28	44	66	19.5	12.5	270
11	18.5	30	9.5	6.5	115	29	45.5	68	20	13	280
12	20	32	10	7	125	30	47	70	20	13.5	285
13	21.5	34	11	7	135	31	48.5	72	20.5	14	290
14	23	36	11.5	7.5	145	32	50	74	21	14.5	300
15	24.5	39	12	8	150	34	53	78	22.5	15	320
16	26	41	12.5	8	160	36	56	83	23.5	15.5	335
17	27.5	43	13	8.5	170	41	63.5	93	26.5	17.5	380
18	29	45	14	9	180	46	71	104	29.5	19.5	425
19	30.5	47	14.5	9	185	50	77	112	32	21	460

表 8.21 防爆用活扳手规格（QB/T 2613.8—2005）

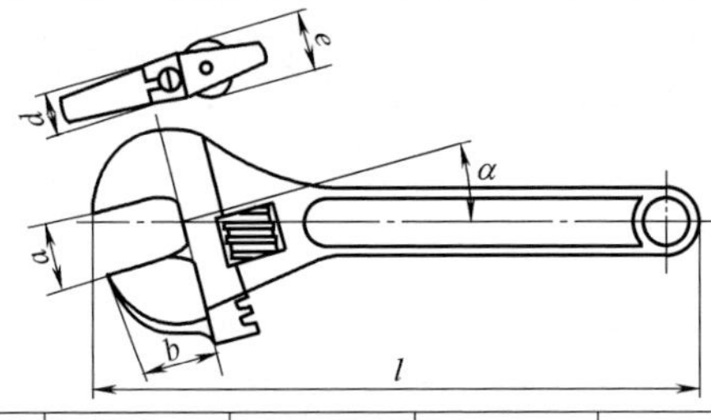

<table>
<tr><th rowspan="2">长度 l
/mm</th><th rowspan="2">最小开口尺寸
a_{min}/mm</th><th rowspan="2">最小扳口深度
b_{min}/mm</th><th rowspan="2">最大扳口厚度
d_{max}/mm</th><th rowspan="2">最小头部厚度
e_{min}/mm</th><th colspan="2">夹角 α/(°)</th><th rowspan="2">最大小肩离缝
/mm</th></tr>
<tr><th>A 型</th><th>B 型</th></tr>
<tr><td>100</td><td>13</td><td>12</td><td>12</td><td>8</td><td rowspan="7">15</td><td rowspan="7">22.5</td><td>0.50</td></tr>
<tr><td>150</td><td>19</td><td>17.5</td><td>14</td><td>10</td><td>0.50</td></tr>
<tr><td>200</td><td>24</td><td>22</td><td>16</td><td>12</td><td>0.56</td></tr>
<tr><td>250</td><td>28</td><td>26</td><td>18</td><td>14</td><td>0.56</td></tr>
<tr><td>300</td><td>34</td><td>31</td><td>20</td><td>16</td><td>0.60</td></tr>
<tr><td>375</td><td>43</td><td>40</td><td>25</td><td>19</td><td>0.60</td></tr>
<tr><td>450</td><td>52</td><td>48</td><td>30</td><td>25</td><td>0.72</td></tr>
</table>

表 8.22 防爆用呆扳手规格 mm

<table>
<tr><th>类别</th><th></th><th>规格(单头 S,双头 $S_1\times S_2$)</th></tr>
<tr><td>单头
呆扳手</td><td rowspan="2">GB/T
2613.1—
2003</td><td>5.5,6,7,8,9,10,11,12,13,14,15,16,17,18,19,20,21,22,23,24,25,26,27,28,29,30,31,32,34,36,38,41,46,50,55,60,65,70,75,80</td></tr>
<tr><td>双头
呆扳手</td><td>5.5×7, 6×7, 7×8, 8×9,8×10,9×11,10×11,10×12,10×13,11×13,12×13,12×14,13×14,13×15,13×16,13×17,14×15,14×16,14×17,15×16,15×18,16×17,16×18,17×19,18×19,18×21,19×22,20×22,21×22,21×23,21×24,22×24,24×27,24×30,25×28,27×30,27×32,30×32,30×34,32×34,32×36,34×36,36×41,41×46,46×50,50×55,60×65,65×70,70×75,75×80</td></tr>
<tr><td>单头梅
花扳手</td><td rowspan="2">GB/T
2613.5—
2003</td><td>18,19,20,21,22,23,24,25,26,27,28,29,30,31,32,34,36,41,46,50,55,60,65,70,75,80</td></tr>
<tr><td>双头梅
花扳手</td><td>5.5×7,6×7,7×8,8×9,8×10,9×11,10×11,10×12,10×13,11×13,12×13,12×14,13×14,13×15,13×16,13×17,14×15,14×16,14×17,15×16,15×18,16×17,16×18,17×19,18×19,18×21,19×22,20×22,21×22,21×23,21×24,22×24,24×27,24×30,25×28,27×30,27×32,30×32,30×34,32×34,32×36,34×36,36×41,41×46,46×50,50×55,55×60</td></tr>
</table>

表 8.23　防爆用 F 扳手规格（QB/T 2613.9—2005）　mm

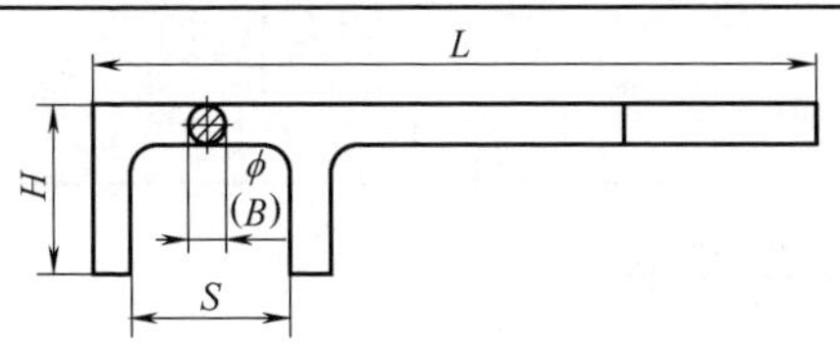

规格	L	S	H	ϕ(或 B)	规格	L	S	H	ϕ(或 B)
30	200	30	31	14	50	400	50	51	18
35	250	35	34	14	55	450	55	56	18
40	300	40	35	16	60	500	60	62	20
45	350	45	43	16	65	550	65	64	20
48	375	48	47	16	70	600	70	67	20

表 8.24　防爆用桶盖扳手规格（QB/T 2613.4—2003）　mm

形式	图形	全长
A 型（单头）	L	300
B 型（双头）	A—A　A　A　B　B　B—B　L	350

8.2.5　活扳手

活扳手是一种钳口宽度可以调节的扳手，适用于一定尺寸范围内的六角或方头螺栓、螺母。其规格见表 8.25。

表 8.25　活扳手的规格（GB/T 4440—2008）　mm

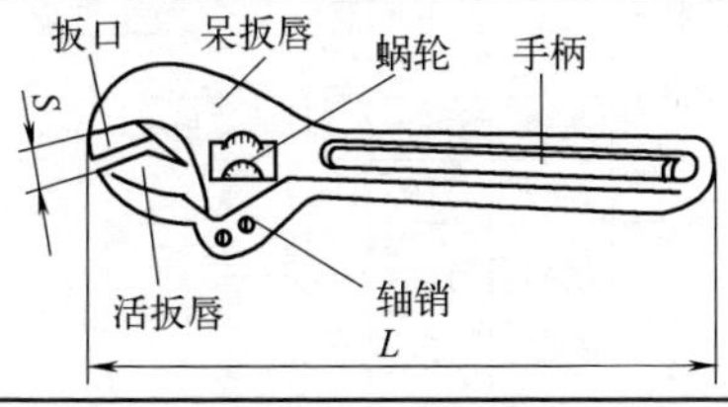

续表

L		100	150	200	250	300	375	450	600
S	普通用	13	19	24	28	34	43	52	62
	防爆用	—	19	24	32	40	50	55	75

8.2.6 管活两用扳手

管活两用扳手的活动钳口一边为平边，一边为有细齿的凹钳口，根据需要调换活动钳口的位置，即可当活动扳手或管钳使用。其规格尺寸见表 8.26。

表 8.26 管活两用扳手的规格尺寸 mm

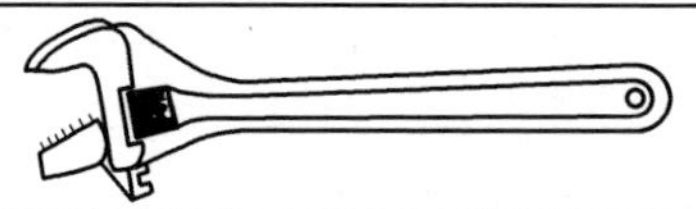

形　　式	Ⅰ型		Ⅱ型			
长度	250	300	200	250	300	375
夹持六角对边宽度(≤)	30	36	24	30	36	46
夹持管子外径(≤)	30	36	25	32	40	50

8.2.7 敲击扳手

敲击扳手的一端是单头呆扳手或单头梅花扳手，另一端还可用作锤子敲击、扳拧螺栓和螺母或其他紧固件。其规格见表 8.27。

表 8.27 敲击呆扳手和敲击梅花扳手的规格（GB/T 4392—2019）

mm

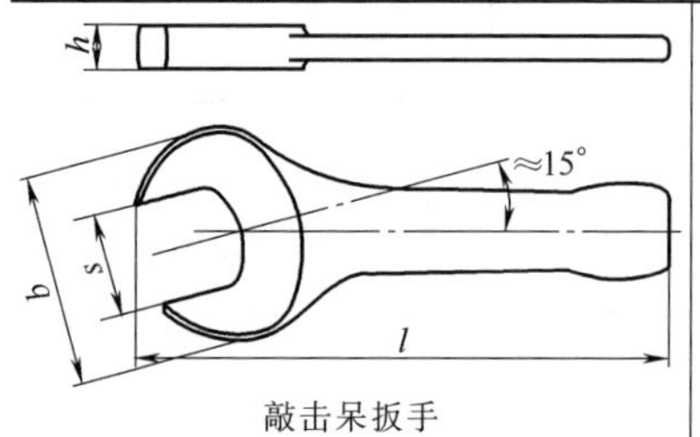

敲击呆扳手

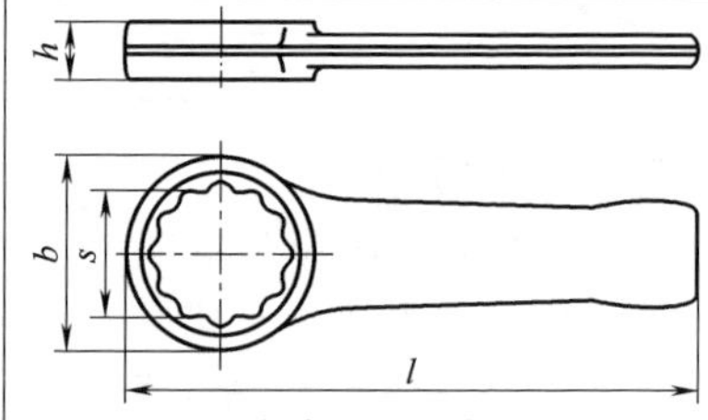

敲击梅花扳手

规格 s	长度 l		规格 s	长度 l		规格 s	长度 l		规格 s	长度 l	
	最大	最小		最大	最小		最大	最小		最大	最小
21	140	130	27	185	170	17	150	140	27	185	175
22			30	200	185	19			30	200	185
23			32			22	160	150	32		
24	180	170	34	210	195	24	170	160	34	205	190

续表

规格 s	长度 l		规格 s	长度 l		规格 s	长度 l		规格 s	长度 l	
	最大	最小		最大	最小		最大	最小		最大	最小
36	220	200	110	525	500	36	210	195	110	460	435
41	240	220	115			41	235	215	115		
46	260	240	120	550	525	46	245	225	120	500	475
50	285	265	130	580	555	50	260	240	130	530	505
55	315	295	135			55	275	255	135	535	510
60	325	305	145	650	625	60	285	265	145	590	565
65	355	335	150			65	305	285	150		
70	380	360	155			70	335	315	155		
75	400	365	165	725	700	75			165	660	635
80	415	390	170			80	365	340	170		
85			180			85			180		
90	460	435	185	775	750	90	400	375	185	710	680
95			190			95			190		
100	500	475	200			100	430	405	200		
105			210	850	825	105	435	410	210	760	725

8.2.8 角形扳手

角形扳手有内四角扳手、内六角扳手和内六角花形扳手，它们分别适用于紧固或拆卸内四方、内六角螺钉，后者适用于拧紧 8.8 级和 10.9 级的内六角螺钉。它们的规格见表 8.28～表 8.30。

表 8.28　内四方扳手的规格（JB/T 3411.35—1999）　mm

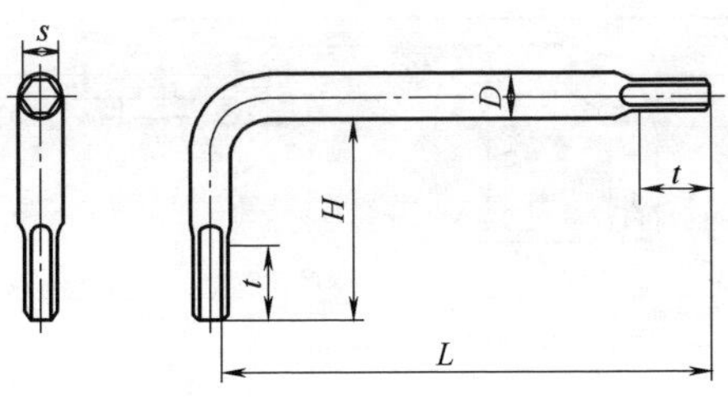

四方头对边距离 s	2	2.5	3	4	5	6	8	10	12	14
长臂长度 L	56		63	70	80	90	100	112	115	140
短臂长度 H	8		8		12		15		18	

表 8.29 内六角扳手的规格（GB/T 5356—2021） mm

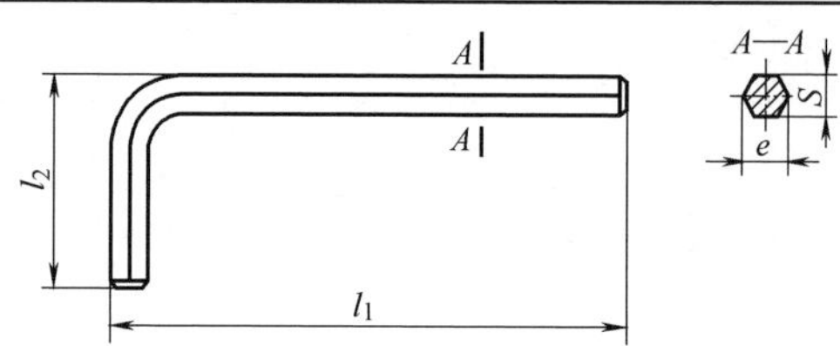

对边 S	长度 l_1			长度 l_2	对边 S	长度 l_1			长度 l_2
	标准	长型	加长型			标准	长型	加长型	
0.7	33	—	—	7	12	137	202	262	57
0.9	33	—	—	11	13	145	213	277	63
1.3	41	63.5	81	13	14	154	229	294	70
1.5	46.5	63.5	91.5	15.5	15	161	240	307	73
2	52	77	102	18	16	168	240	307	76
2.5	58.5	87.5	114.5	20.5	17	177	262	337	80
3	66	93	129	23	18	188	262	358	84
3.5	69.5	98.5	140	25.5	19	199	—	—	89
4	74	104	144	29	21	211	—	—	96
4.5	80	114.5	156	30.5	22	222	—	—	102
5	85	120	165	33	23	233	—	—	108
6	96	141	186	38	24	248	—	—	114
7	102	147	197	41	27	277	—	—	127
8	108	158	208	44	29	311	—	—	141
9	114	169	219	47	30	315	—	—	142
10	122	180	234	50	32	347	—	—	157
11	129	191	247	53	36	391	—	—	176

表 8.30 内六角花形扳手的规格（GB/T 5357—1998） mm

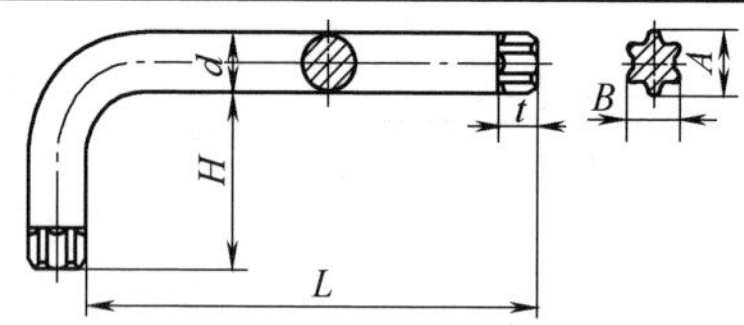

代号	适应的螺钉	L	H	t	A	B
T30	M6	70	24	3.30	5.575	3.990
T40	M8	76	26	4.57	6.705	4.798
T50	M10	96	32	6.05	8.890	6.398
T55	M12～M14	108	35	7.65	11.277	7.962
T60	M16	120	38	9.07	13.360	9.547
T80	M20	145	46	10.62	17.678	12.705

8.2.9　丁字形内六角扳手

丁字形内六角扳手用来拧深孔中的内六角头螺钉。其规格见表 8.31。

表 8.31　丁字形内六角扳手的规格（JB/T 3411.36—1999）mm

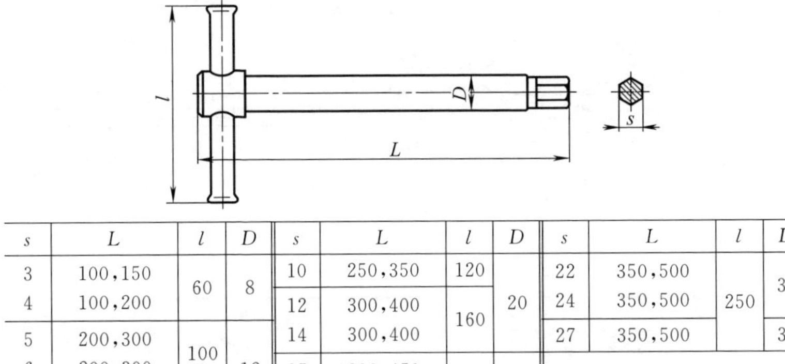

s	L	l	D	s	L	l	D	s	L	l	D
3	100,150	60	8	10	250,350	120	20	22	350,500	250	30
4	100,200			12	300,400	160		24	350,500		
5	200,300	100	12	14	300,400			27	350,500		35
6	200,300			17	300,450	200	25				
8	250,350	120		19	300,450						

8.2.10　丁字形六角套筒扳手

丁字形六角套筒扳手（表 8.32 左图，JB/T 3627.1－1999）用于拆装内六角头螺钉。

丁字形内六角套筒扳手（表 8.32 右图）用于拆装深孔中或狭窄处的内六角头螺钉。

表 8.32　丁字形内六角套筒扳手（JB/T 3411.36—1999）　mm

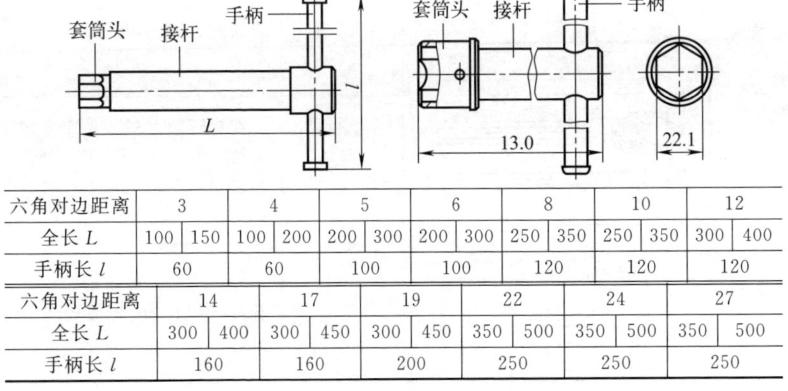

六角对边距离	3		4		5		6		8		10		12	
全长 L	100	150	100	200	200	300	200	300	250	350	250	350	300	400
手柄长 l	60		60		100		100		120		120		120	

六角对边距离	14		17		19		22		24		27	
全长 L	300	400	300	450	300	450	350	500	350	500	350	500
手柄长 l	160		160		200		250		250		250	

8.2.11 四爪扳手和丁字形四爪扳手

两者均用于组合夹具中拆装四爪头零件。其简图见表 8.33。

表 8.33 四爪扳手和丁字形四爪扳手 mm

名称	四爪扳手(JB/T 3627.5—1999)	丁字形四爪扳手(JB/T 3627.3—1999)
简图	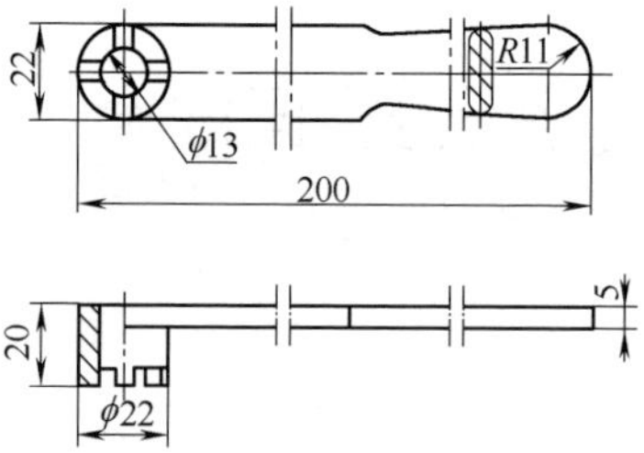 22　R11　φ13　200　5　20　φ22	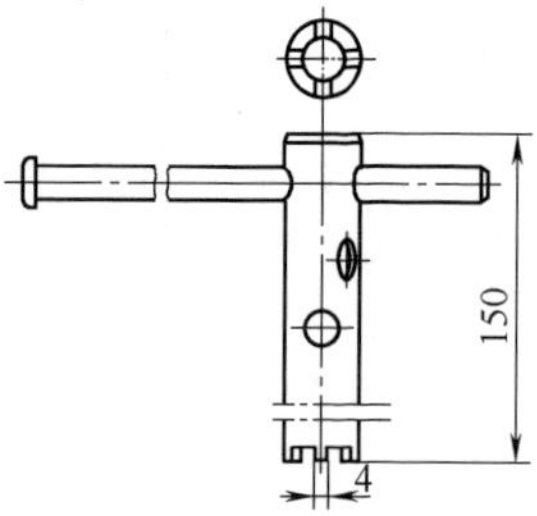 150　4

8.2.12 手动套筒扳手

手动套筒扳手用于拆装位置狭窄，或凹陷很深处的螺栓或螺母，或装拆时需要施加较大扭矩的螺栓或螺母。其参数见表 8.34。

表 8.34 手动套筒扳手的参数（GB/T 3390.3—2004）

名称	图示	规格/mm	特点和用途
滑动头手柄	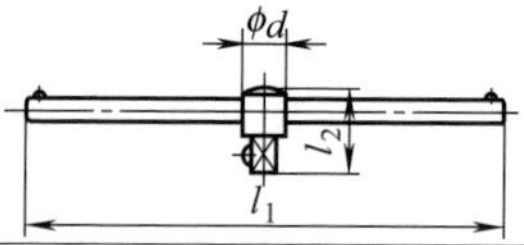 ϕd　l_2　l_1	6.3,10,12.5,20,25	滑动头的位置可以移动，以便根据需要调整旋动力臂的大小。特别适用于 180°范围内的操作场合
快速摇柄	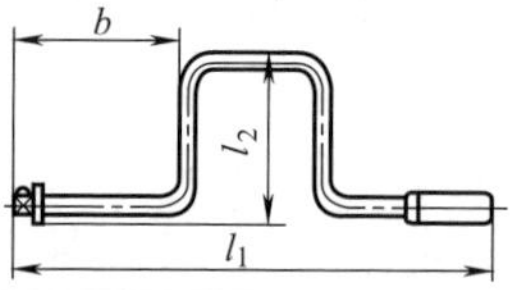 b　l_2　l_1	6.3,10,12.5	操作时利用弓形柄部，可以快速、连续旋转
普通棘轮扳手	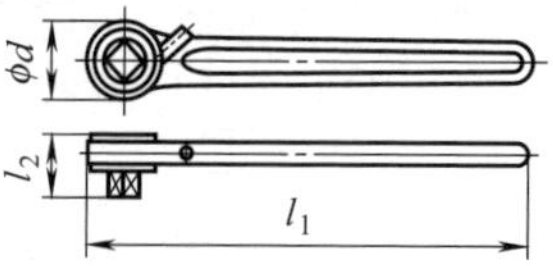 ϕd　l_2　l_1	6.3,10,12.5,20	在旋转角度较小的工作场合进行操作，普通式须与方榫尺寸相应的直接头配合使用
可逆棘轮扳手	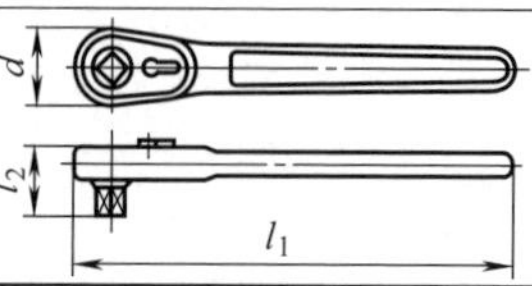 d　l_2　l_1	6.3,10,12.5,20,25	在旋转角度较小的工作场合进行操作，旋转方向可正可反

续表

名称	图示	规格/mm	特点和用途
旋柄	b　l_1	6.3,10	适用于旋动位于深凹部位的螺栓、螺母
转向手柄	l_1	6.3,10,12.5,20,25	可围绕方榫轴线旋转，以便在不同角度范围内旋动螺栓、螺母
弯柄		6.3,10,12.5,20	与件数较少的套筒扳手配用

8.2.13　棘轮扳手

棘轮扳手通过往复摆动手动扳转螺母进行拆卸和紧固，用于尺寸较大或扳手的工作位置很狭窄处扳拧螺栓和螺母或其他紧固件。

棘轮扳手按外形分，有单头棘轮扳手（代号为 D，活动头为 DH）和双头棘轮扳手（代号 S，活动头为 SH）两种；按使用方法分为单向棘轮扳手（代号 A）和双向棘轮扳手（代号 B）两种；按长度分为长型（无代号）和短型（代号 T）两种；按动力源分为手动、气动和电动。

单头和双头棘轮扳手的规格见表 8.35、表 8.36。

表 8.35　单头棘轮扳手的规格（QB/T 4619—2013）　mm

单头棘轮扳手　　单头活动头棘轮扳手

规格 s	扳手长度 l_{min}		规格 s	扳手长度 l_{min}		规格 s	扳手长度 l_{min}	
	短型	长型		短型	长型		短型	长型
6	60	105	15	105	153	24	180	205
7	65	110	16	110	157	25	200	259
8	70	115	17	115	163	26	215	280
9	75	120	18	125	170	27	215	280
10	80	125	19	135	182	28	225	320
11	85	130	20	145	190	29	235	340
12	90	135	21	155	195	30	245	365
13	95	140	22	165	200	31	260	395
14	100	148	23	180	205	32	260	395

表 8.36　双头棘轮扳手的规格和长度（QB/T 4619—2013）mm

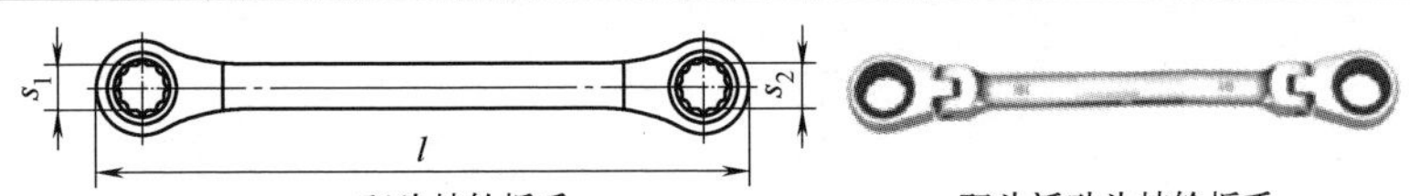

双头棘轮扳手　　双头活动头棘轮扳手

规格 $s_1 \times s_2$	扳手长 l_{max}	规格 $s_1 \times s_2$	扳手长 l_{max}	规格 $s_1 \times s_2$	扳手长 l_{max}	规格 $s_1 \times s_2$	扳手长 l_{max}
6×7	73	12×14	121	16×18	153	21×24	198
7×8	81	13×14	129	17×18	153	22×24	206
8×9	89	13×15	129	17×19	166	24×27	222
8×10	89	13×16	129	18×19	174	24×30	222
9×11	97	13×17	129	18×21	174	25×28	230
10×11	105	14×15	137	19×22	182	27×30	246
10×12	105	14×16	137	19×24	182	30×32	275
10×13	105	14×17	137	20×22	190		
11×13	113	15×16	145	21×22	198		
12×13	121	15×18	145	21×23	198		

8.2.14　增力扳手

增力扳手用于配合扭力扳手、棘轮扳手、套筒扳手套筒，紧固或拆卸重型机械的螺栓、螺母（图 8.7）。

图 8.7　增力扳手

其规格见表 8.37。

表 8.37　增力扳手的规格

型号	输出扭矩（≥）/N·m	减速比	输入端方孔/mm	输出端方榫/mm
Z120	1200	5.1	12.5	120
Z180	1800	6.0		25
Z300	3000	12.4		25
Z400	4000	16.0		六方 32
Z500	5000	18.4		六方 32
Z750	7500	68.6		六方 36
Z1200	12000	82.3		六方 46
FDB-15	1500	4.8	12.5	25
FDB20	2000	14.0		25
FDB35	3500	17.0		30

续表

型号	输出扭矩(≥)/N·m	减速比	输入端方孔/mm	输出端方榫/mm
FDB55	5500	19.0	12.5	35
FDB75	7500	22.0		40
FDB100	10000	61.0		50
FDB150	15000	74.8		55
FDB-200	20000	96.8		60

8.2.15　省力扳手

省力扳手用于大型建筑工程中，在无动力源的情况下拆装需要大力矩的螺栓、螺母（图 8.8）。

规格见表 8.38。

图 8.8　省力扳手

表 8.38　省力扳手的规格

名称	额定输出力矩/N·m	减速比	效率/%	主要尺寸/mm		质量/kg
				外径	长度	
二级省力扳手	4000	15.4	95	94	165	5.9
	5000	17.3		108	203	7.5
三级省力扳手	7500	62.5	91	112	273	11.5

8.2.16　摩擦扳手

摩擦扳手用于拆卸带螺纹的轴套，由活页爪、轴套、丝母、扳杠和锁紧键组成（图 8.9）。

使用方法：使用时先选择相应的摩擦扳手，将活页爪抱紧轴套外圆，再旋出螺母，直到平键顶紧活页，然后扳动扳杠，拆下轴承。

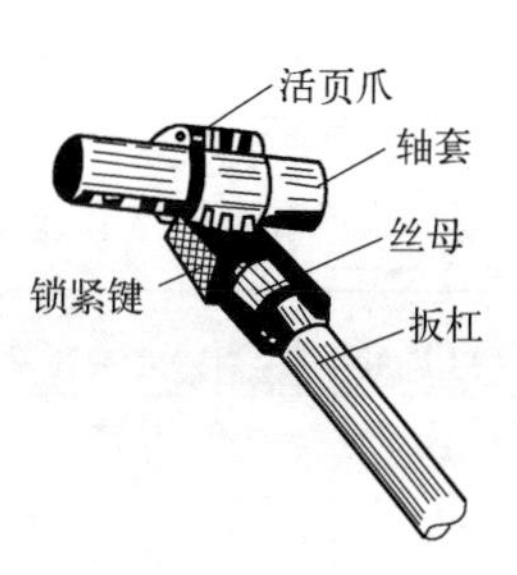

图 8.9　摩擦扳手

8.3　旋具

8.3.1　一字槽螺钉旋具

一字槽螺钉旋具是用于紧固或拆卸一字槽螺钉、木螺钉和自攻螺钉的手工旋具。其基本尺寸见表 8.39。

表 8.39　一字槽螺钉旋具的基本尺寸（QB/T 2564.4—2012）

mm

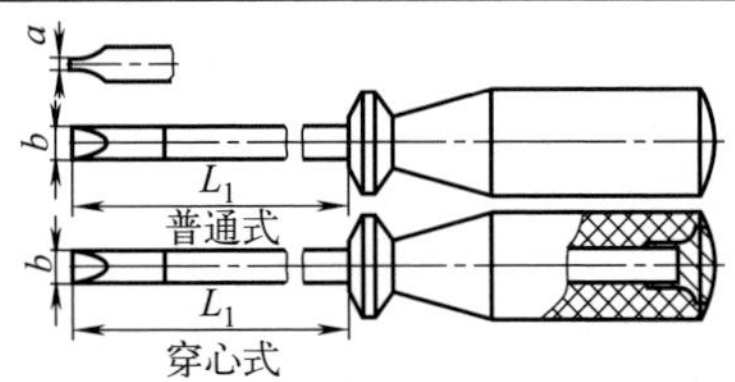

规格 $a \times b$	旋杆长度 $L+50$				规格 $a \times b$	旋杆长度 $L+50$			
	A 系列	B 系列	C 系列	D 系列		A 系列	B 系列	C 系列	D 系列
0.4×2	—	40	—	—	1.0×5.5	25(35)	100	125	150
0.4×2.5	—	50	75	100	1.2×6.5	25(35)	100	125	150
0.5×3	—	50	75	100	1.2×8	25(35)	125	150	175
0.6×3	25(35)	75	100	125	1.6×8	—	125	150	175
0.6×3.5	25(35)	75	100	125	1.6×10	—	150	175	200
0.8×4	25(35)	75	100	125	2.0×12	—	150	200	250
1.0×4.5	25(35)	100	125	150	2.5×14	—	200	250	300

注：() 内的数值不推荐使用。

8.3.2　十字槽螺钉旋具

十字槽螺钉旋具是用于紧固或拆卸十字槽螺钉和木螺钉的手工旋具，有普通和防爆两种。其尺寸和规格见表 8.40、表 8.41。

表 8.40　十字槽螺钉旋具的基本尺寸（QB/T 2564.5—2012）

mm

工作端部槽号 PH 和 PZ	旋杆长度 L		工作端部槽号 PH 和 PZ	旋杆长度 L	
	A 系列	B 系列		A 系列	B 系列
0	—	60	3	—	150
1	25(35)	75(80)	4	—	200
2	25(35)	100			

表 8.41　防爆用十字槽螺钉旋具的规格（QB/T 2613.11—2015）

mm

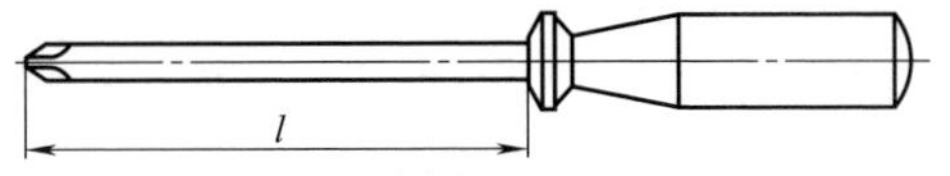

续表

工作端部槽号 PH 和 PZ	旋杆长度 l		旋杆直径	工作端部槽号 PH 和 PZ	旋杆长度 l		旋杆直径
	A 系列	B 系列			A 系列	B 系列	
0	25 (35)	60	3	3	—	150	8
1		75(80)	4.5	4	—	200	10
2		100	6				

8.3.3　Z形一字槽螺钉旋具

Z形一字槽螺钉旋具是旋杆成Z形，而旋刀为一字槽的螺钉旋具。其基本尺寸见表8.42。

表8.42　Z形一字槽螺钉旋具的基本尺寸（QB/T 2564.11—2015）

mm

规格 $a\times b$	l_1（最小）	l_2（最大）	规格 $a\times b$	l_1（最小）	l_2（最大）
0.6×3.5	90	10	1.6×10	175	25
0.8×4	100	12	2×12	200	32
1×5.5	125	16	2.5×14	225	40
1.2×8	150	20			

注：工作端的尺寸应符合QB/T 2564.2的规定。

8.3.4　Z形十字槽螺钉旋具

Z形十字槽螺钉旋具是旋杆成Z型，而旋刀为十字槽的螺钉旋具。其基本尺寸见表8.43。

表8.43　旋具的基本尺寸（QB/T 2564.10—2015）　mm

截面为圆形或者多边形

槽号	d_1	d_2	l_1	l_2
1×3	4.5	6	100±5	20±3
3×4	8.0	10	200±5	30±3
（槽号见QB/T 2564.3）				

标记：由产品名称、标准编号、工作端形式代号和槽号组成。

例如，工作端部一端槽号为PH1、另一端槽号为PH2旋具的产品标记为：Z形十字槽螺钉旋具 QB/T 2564.10 PH1×PH2。

8.3.5 六角套筒螺钉旋具

其规格见表8.44。

表8.44 六角套筒螺钉旋具的规格（QB/T 2564.8—2015） mm

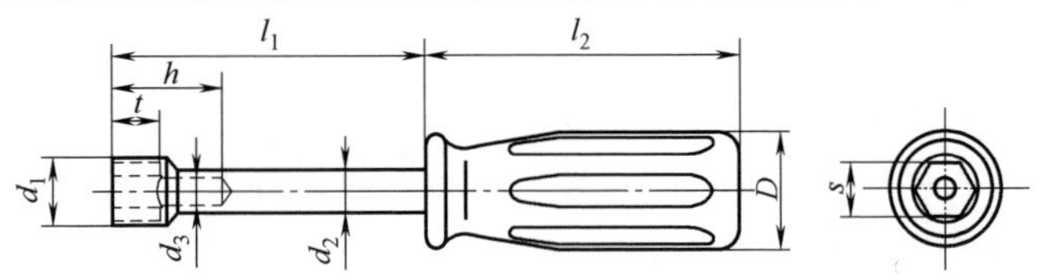

普通型实心旋杆

对边尺寸 s	d_1（最大）	d_2（最大）	D（最小）	l_1（最小）	l_2（最小）
4	8.5	8.1	22	70	79
4.5	9.7	8.1			
5	9.7	9.5			
5.5	10.2	9.5			
6	10.8	9.5			
7	12.1	9.5			
8	13.0	10.2			
9	13.8	11.8			

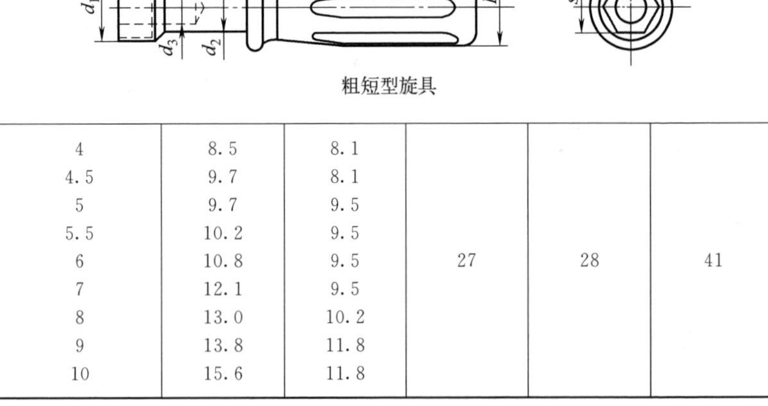

粗短型旋具

对边尺寸 s	d_1（最大）	d_2（最大）	D（最小）	l_1（最小）	l_2（最小）
4	8.5	8.1	27	28	41
4.5	9.7	8.1			
5	9.7	9.5			
5.5	10.2	9.5			
6	10.8	9.5			
7	12.1	9.5			
8	13.0	10.2			
9	13.8	11.8			
10	15.6	11.8			

续表

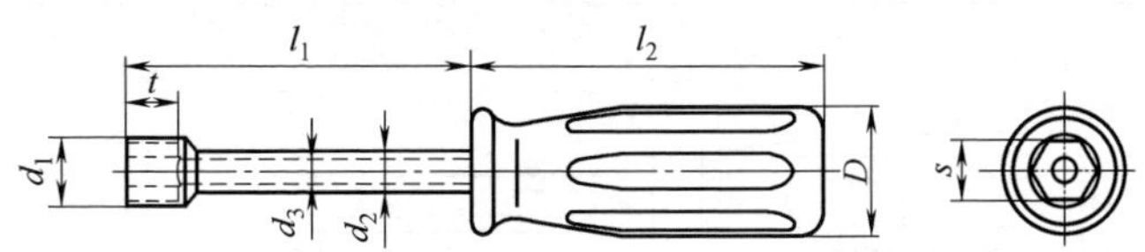

普通型空心旋杆

对边尺寸 s	d_1（最大）	d_2（最大）	D（最小）	l_1（最小）	l_2（最小）
10	15.6	11.8	25	70	88
11	16.8	13.4			
12	17.5	15.0			
13	18.5	15.0			
14	20.6	16.8	27		92
16	22.7				
17	23.6				
18	24.5				

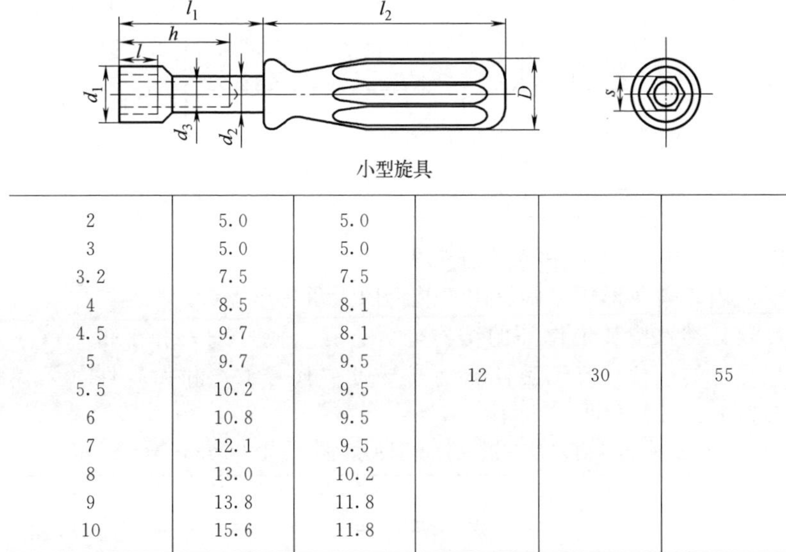

小型旋具

2	5.0	5.0	12	30	55
3	5.0	5.0			
3.2	7.5	7.5			
4	8.5	8.1			
4.5	9.7	8.1			
5	9.7	9.5			
5.5	10.2	9.5			
6	10.8	9.5			
7	12.1	9.5			
8	13.0	10.2			
9	13.8	11.8			
10	15.6	11.8			

8.3.6　内六角螺钉旋具

其规格见表8.45。

表 8.45 内六角螺钉旋具的规格（QB/T 2564.7—2015） mm

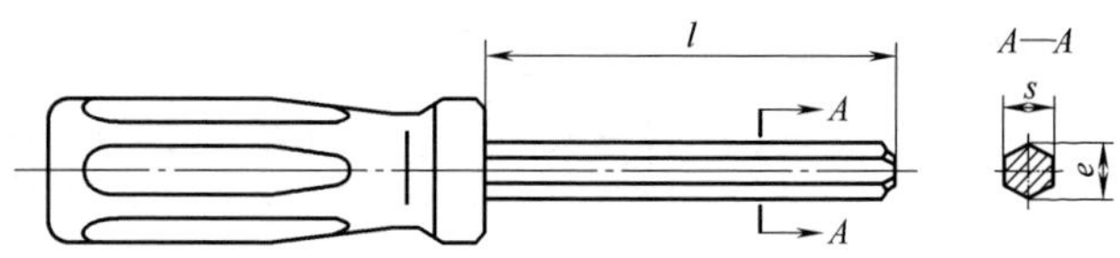

<table>
<tr><th rowspan="2">规格
s</th><th colspan="2">对边尺寸 s</th><th colspan="2">对角宽度 e</th><th colspan="7" rowspan="2">旋杆长度 l</th></tr>
<tr><th>s_{max}</th><th>s_{min}</th><th>e_{max}</th><th>e_{min}</th></tr>
<tr><td>0.7</td><td>0.71</td><td>0.70</td><td>0.79</td><td>0.76</td><td rowspan="6">30</td><td>—</td><td>—</td><td>—</td><td>—</td><td>—</td><td>—</td></tr>
<tr><td>0.9</td><td>0.89</td><td>0.88</td><td>0.99</td><td>0.96</td><td>—</td><td>—</td><td>—</td><td>—</td><td>—</td><td>—</td></tr>
<tr><td>1.3</td><td>1.27</td><td>1.24</td><td>1.42</td><td>1.37</td><td>—</td><td>—</td><td>—</td><td>—</td><td>—</td><td>—</td></tr>
<tr><td>1.5</td><td>1.50</td><td>1.48</td><td>1.68</td><td>1.63</td><td>—</td><td>—</td><td>—</td><td>—</td><td>—</td><td>—</td></tr>
<tr><td>2</td><td>2.00</td><td>1.96</td><td>2.25</td><td>2.18</td><td rowspan="4">75</td><td rowspan="8">100</td><td>—</td><td>—</td><td>—</td><td>—</td></tr>
<tr><td>2.5</td><td>2.50</td><td>2.46</td><td>2.82</td><td>2.75</td><td>—</td><td>—</td><td>—</td><td>—</td></tr>
<tr><td>3</td><td>3.00</td><td>2.96</td><td>3.39</td><td>3.31</td><td>—</td><td>—</td><td>—</td><td>—</td><td>—</td></tr>
<tr><td>3.5</td><td>3.50</td><td>3.45</td><td>3.96</td><td>3.91</td><td>—</td><td>—</td><td>—</td><td>—</td><td>—</td></tr>
<tr><td>4</td><td>4.00</td><td>3.95</td><td>4.53</td><td>4.44</td><td>—</td><td>—</td><td rowspan="4">125</td><td rowspan="8">150</td><td>—</td><td>—</td></tr>
<tr><td>4.5</td><td>4.50</td><td>4.45</td><td>5.10</td><td>5.04</td><td>—</td><td>—</td><td>—</td><td>—</td></tr>
<tr><td>5</td><td>5.00</td><td>4.95</td><td>5.67</td><td>5.58</td><td>—</td><td>—</td><td>—</td><td>—</td></tr>
<tr><td>6</td><td>6.00</td><td>5.95</td><td>6.81</td><td>6.71</td><td>—</td><td>—</td><td>—</td><td>—</td></tr>
<tr><td>7</td><td>7.00</td><td>6.94</td><td>7.94</td><td>7.85</td><td>—</td><td>—</td><td>—</td><td>—</td><td rowspan="4">175</td><td rowspan="4">200</td></tr>
<tr><td>8</td><td>8.00</td><td>7.94</td><td>9.09</td><td>8.97</td><td>—</td><td>—</td><td>—</td><td>—</td></tr>
<tr><td>9</td><td>9.00</td><td>8.94</td><td>10.23</td><td>10.10</td><td>—</td><td>—</td><td>—</td><td>—</td></tr>
<tr><td>10</td><td>10.00</td><td>9.94</td><td>11.37</td><td>11.23</td><td>—</td><td>—</td><td>—</td><td>—</td></tr>
</table>

8.3.7 内六角花形螺钉旋具

内六角花形螺钉旋具用于装拆内六角花形螺钉。

分类：按其工作部的结构分为带孔（代号 H）和不带孔（无代号）的；按其有无磁性分为带磁性（代号 C）和无磁性（无代号）的。其规格见表 8.46。

表 8.46 内六角花形螺钉旋具的规格（GB/T 5358—2021）mm

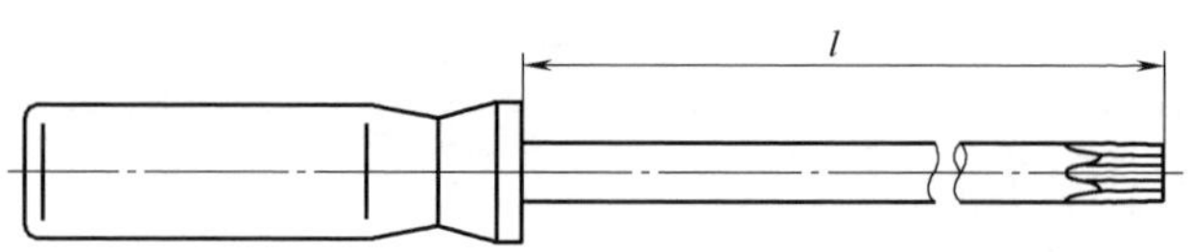

续表

工作部槽号	旋杆长度 l/m			工作部槽号	旋杆长度 l/m				
	公称尺寸				公称尺寸				
T5	50	75		T20	75	100			
T6	50	75		T25	75	100			
T7	50	75		T27	75	100			
T8	50	75		T30		100	125		
T9	50	75		T40			125	150	
T10	50	75		T45			125	150	
T15		75	100	T50				150	200

8.3.8　内十二角螺钉旋具

其基本尺寸见表8.47。

表8.47　内十二角螺钉旋具的基本尺寸（QB/T 2564.9—2015）

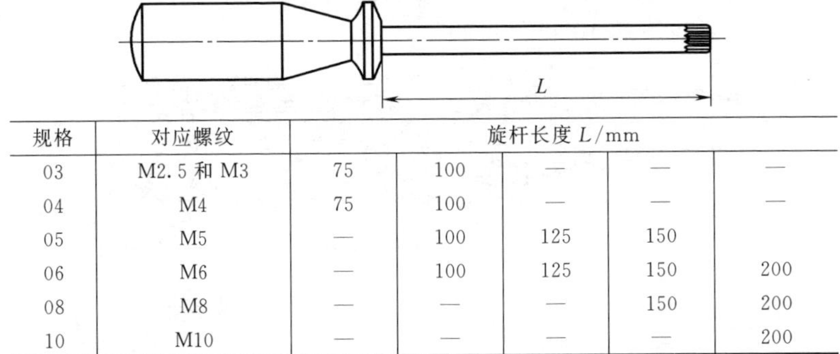

规格	对应螺纹	旋杆长度 L/mm				
03	M2.5和M3	75	100	—	—	—
04	M4	75	100	—	—	—
05	M5	—	100	125	150	
06	M6	—	100	125	150	200
08	M8	—	—	—	150	200
10	M10	—	—	—	—	200

8.3.9　螺旋棘轮螺钉旋具

用于紧固或拆卸带一字槽或十字槽的各类螺钉，批量生产适用。装上木钻或三棱锥可钻孔。其规格见表8.48。

表8.48　螺旋棘轮螺钉旋具的规格（QB/T 2564.6—2002）

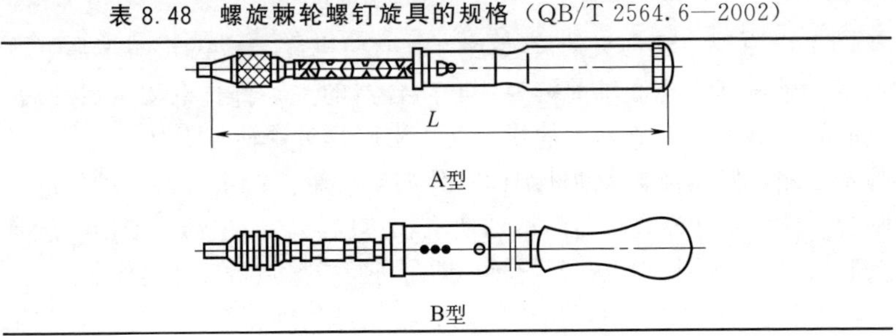

续表

类型	规格	基本长度 L /mm	公差 /mm	夹头旋转圈数 /(圈/min)	扭矩 /N·m
A	220	220	±1	1 1/4	3.5
	300	300	±2	1 1/2	6.0
B	300	300	±3	1 1/2	6.0
	450	450	±3	2 1/2	8.0

8.3.10 电动螺钉旋具

电动螺钉旋具用于一般环境条件下，拧紧或拆卸机螺钉、螺母和木螺钉、自攻螺钉。

分类：有直接驱动类（分非力矩控制型、制动力矩控制型和电流控制型电动螺钉旋具）和安全离合器类（分强制离合器型、可调缓冲离合器型和可调精确断电离合器型）。

结构：见图 8.10 和图 8.11。

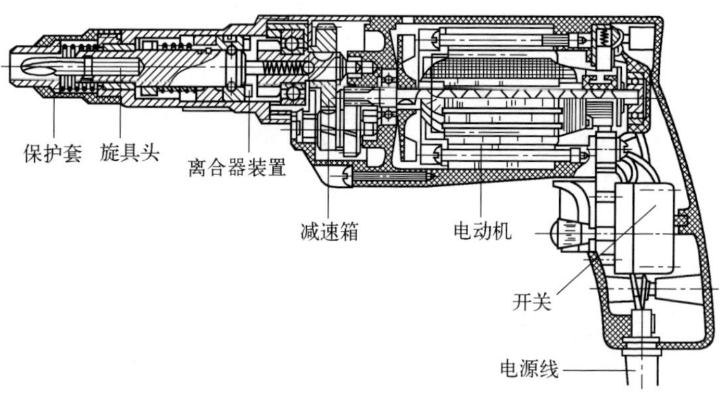

图 8.10 电动螺钉旋具的结构

工作原理：旋具头的旋转运动由电动机经二级齿轮减速后，驱动空心轴旋转。空心轴前端为牙嵌离合器的主动件。电动机启动后，空心轴空载旋转，旋具头静止不动。当旋具头受轴向压力时，空心轴弹簧压缩，使离合器从动件端面的牙与空心轴前端离合器主动件的牙啮合，从而由牙嵌离合器的钢球使主轴单向旋转。主轴用轴销与旋具头联成一体，旋具头也一起旋转，即可进行拧紧或拆卸螺钉作业。

牙嵌离合器啮合后，由中间的 3 个钢球传递扭矩。工作时，如果

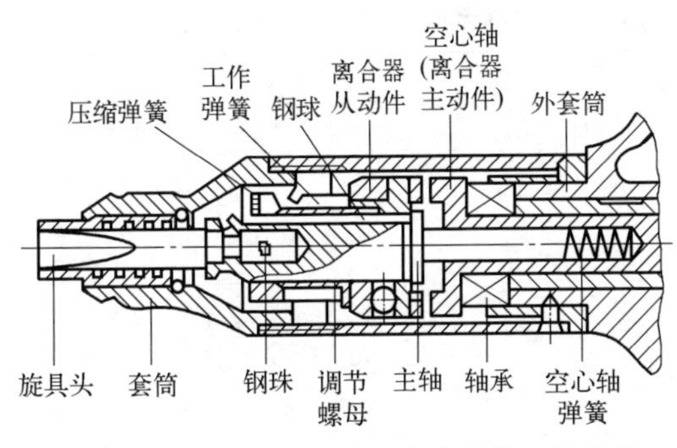

图 8.11　电动螺钉旋具离合器装置的结构

达到所需扭矩或扭矩过大，牙嵌离合器从动件就压缩弹簧，使牙嵌离合器的主动件和从动件脱离打滑，以防止损伤螺纹和电动机过载。

调节螺母用来调整旋具头的输出扭矩。通过工作弹簧调节牙嵌离合器从动件的压紧力，以保证在一定扭矩下牙嵌离合器能顺利分离。扭矩的大小可通过旋动调节螺母控制；如果调节螺母向牙嵌离合器方向旋动，弹簧压缩，传递扭矩大；如果调节螺母向牙嵌离合器反方向旋动，则弹簧受力小，传递扭矩也小。螺钉拧紧力矩可根据上述方法进行调整，以使螺钉与工件之间有稳定的夹紧力，从而保证螺钉与工件的装配质量。

电动螺钉旋具型号的表示方法是：

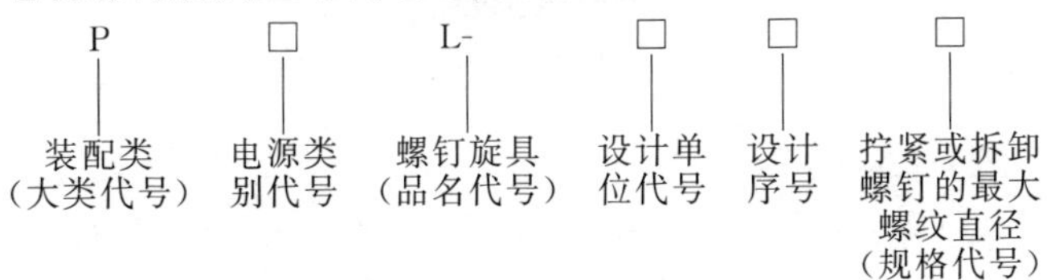

电动螺钉旋具基本参数见表 8.49。

表 8.49　电动螺钉旋具基本参数（GB/T 22679—2008）

规格/mm	适用范围 /mm	额定输出 功率/W	拧紧力矩 /N·m
M6	机螺钉：M4～M6；木螺钉：≤M4 自攻螺钉：ST3.9～ST4.8	≥85	2.45～8.0

注：木螺钉 M4 是指在拧入一般木材中的木螺钉规格。

8.3.11　气动螺钉旋具

气动螺钉旋具是用压缩气体为动力旋紧或旋松螺钉的工具。其种类按手柄形式分有直柄和枪柄，按旋向分有单向和双向。其基本参数见表 8.50。

表 8.50 纯扭式气动螺钉旋具的基本参数（JB/T 5129—2014）

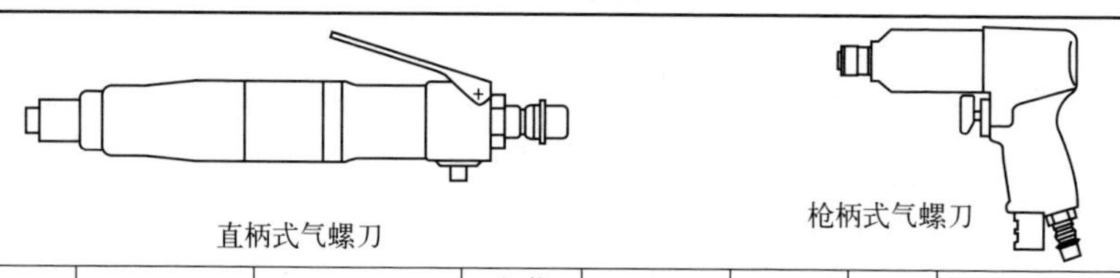

产品系列	拧紧螺纹规格	扭矩范围 /N·m	空载耗气量 ≤ /(L/s)	空载转速(≥) /(r/min)	空载噪声(≤) /dB(A)	气管内径 /mm	质量(≤) /kg	
							直柄	枪柄
2	M1.6～M2	0.128～0.264	4.0	1000	93	6.3	0.50	0.55
3	M2～M3	0.264～0.935	5.0	1000	93		0.70	0.77
4	M3～M4	0.935～2.300	7.0	1000	98		0.80	0.88
5	M4～M5	2.300～4.200	8.5	800	103		1.00	1.10
6	M5～M6	4.200～7.220	10.5	600	105		1.00	1.10

注：验收气压为 630kPa。

气动螺钉旋具的常见故障与维修

8.4 剪切工具和斧

剪刀是两刃交错，可以开合地剪切工具，用来切割布、纸、圆钢、钢板、绳等片状或线状物体。按动力源分有手动剪刀、电剪刀和液压剪刀等；按用途分有民用剪、工业用剪和各种专业用剪（裁缝剪、铁皮剪等）。

8.4.1 民用剪

民用剪（图 8.12）剪头刃口材料含碳量应大于 0.35%，材料质量应符合 GB/T 699 规定。

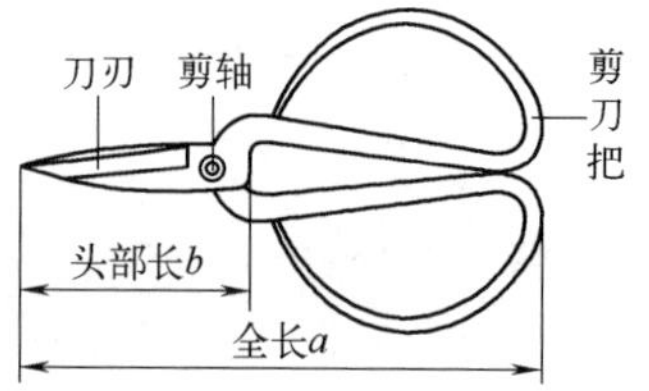

图 8.12 民用剪

民用剪分优等品、一等品和合格品。剪刀刃口硬度：优等品为不小于 54HRC，一等品、合格品为不小于 52HRC。两片刃口对应点硬度差：优等品不大于 3HRC，一等品、合格品不大于 4HRC。外口面刃钢的宽度是：优等品、一等品不小于 0.8mm；合格品不小于 0.5mm。里口面刃钢的宽度是：优等品、一等品不小于里口面最宽处的三分之一；合格品不小于里口面最宽处的四分之一。其规格见表 8.51。

表 8.51　民用剪的规格（QB/T 1966—1994）　mm

代号		全长 a	头长 b	代号		全长 a	头长 b
1	A	198	95	3	B	185	95
	B	215	120	4	A	123	52
2	A	174	83		B	160	75
	B	200	110	5	A	104	42
3	A	153	73		B	145	70

8.4.2　铁皮剪

铁皮剪用于冷作工和钣金工剪断铁皮，或剪成各种形状。其规格见表 8.52。

表 8.52　铁皮剪的规格　mm

全长		200	250	300	350	400	450	500
剪切厚度	镀锌薄钢板	0.3	0.35	0.45	0.55	0.7	0.9	1.2
	薄钢板	0.25	0.3	0.4	0.5	0.6	0.8	1.1

8.4.3　航空剪

航空剪用于剪薄铁皮、铝皮和塑料等。按头部形状分，有左弯、右弯和直头。其规格见表 8.53。

表 8.53　航空剪的规格

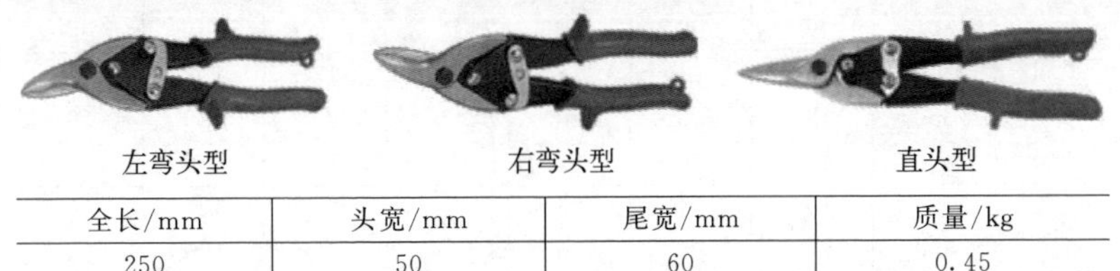

左弯头型　右弯头型　直头型

全长/mm	头宽/mm	尾宽/mm	质量/kg
250	50	60	0.45

8.4.4　多用斧

多用斧是集锹、斧、锤、撬、锯等功能为一体的便携式救援手动工具。其规格见表 8.54。

表 8.54 多用斧的规格（QB/T 2565.6—2002） mm

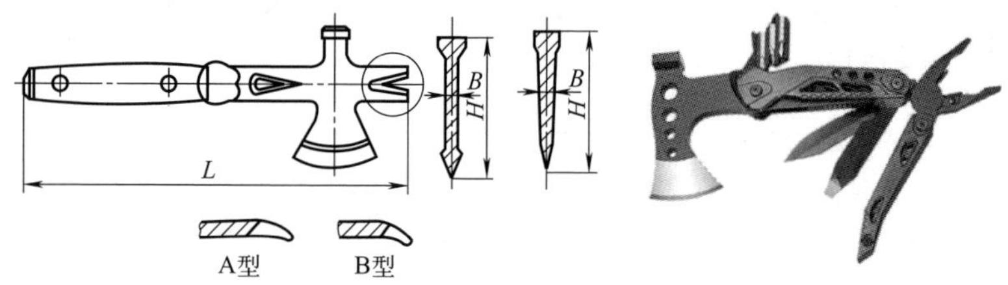

规格	L 基本尺寸	L 公差	H（最小）	B 基本尺寸 A 型	B 基本尺寸 B 型	B 公差
260	260	0	98	8	8	±1.0
280	280	−3.0	106			
300	300	0	110	9	10	
340	340	−4.0	118		13	

8.4.5 厨房斧

厨房斧适用于砍劈冷冻肉类和畜类骨骼。其规格见表 8.55。

表 8.55 厨房斧的规格（QB/T 2565.4—2002）

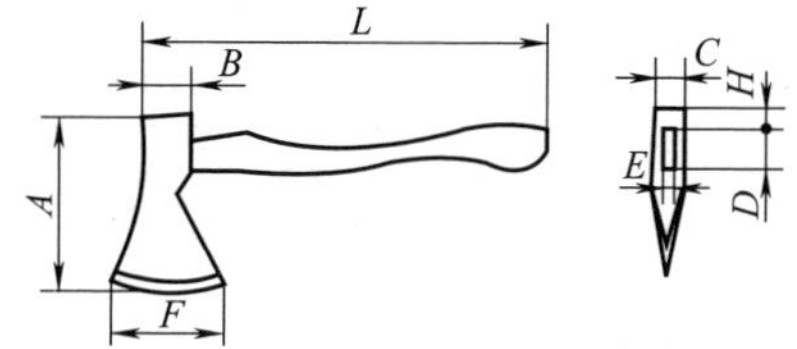

规格/kg	L/mm	A（最小）/mm	B（最小）/mm	C（最小）/mm	D/mm	E/mm	F（最小）/mm	H（最小）/mm
0.6	360	150	44	18	46	18	102	15
0.8	380	160	48	20	50	20	110	16
1.0	400	170	50	22	50	20	118	18
1.2	610～810	195	54	25	54	23	122	19
1.4		200	58	26	54	23	125	20
1.6	710～910	205	60	27	58	25	130	21
1.8		210	62	28	58	25	135	21
2.0		215	64	29	58	25	140	22

第9章 钳工工具

9.1 划线工具

9.1.1 冲子

冲子有尖冲、圆冲、半圆冲、四方冲、六方冲等几种。

(1) 尖冲

在工件已划好的加工线上冲点；在使用划规划圆弧或钻孔前，在圆心上冲眼，作为划规定心脚的立脚点或钻孔定中心。其基本尺寸见表 9.1。

表 9.1 尖冲的基本尺寸 (JB/T 3411.29—1999) mm

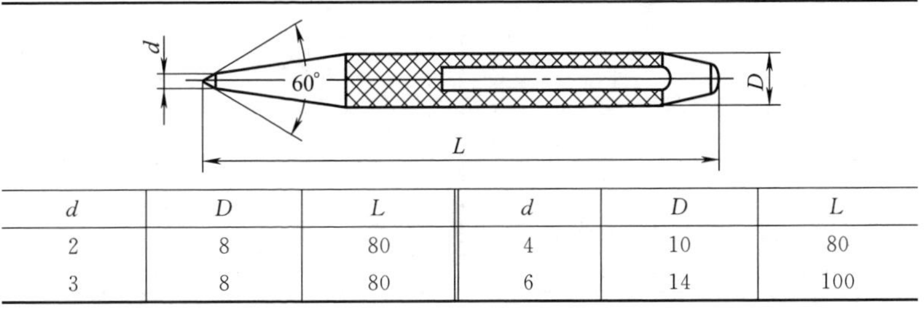

d	D	L	d	D	L
2	8	80	4	10	80
3	8	80	6	14	100

(2) 圆冲

圆冲用于工件装配。其基本尺寸见表 9.2。

表 9.2 圆冲子的基本尺寸 (JB/T 3411.30—1999) mm

d	D	L	l	d	D	L	l
3	8	80	6	6	14	100	10
4	10	80	6	8	16	125	14
5	12	100	10	10	18	125	14

（3）半圆冲

半圆冲用于冲击铆钉头等。其基本尺寸见表 9.3。

表 9.3 半圆冲的基本尺寸（JB/T 3411.31—1999） mm

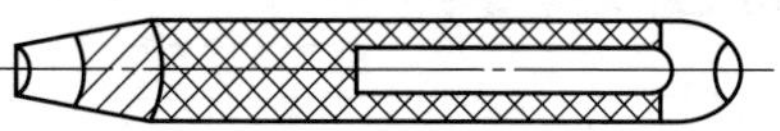

铆钉直径	凹球半径	外径	全长	铆钉直径	凹球半径	外径	全长
2.0	1.9	10	80	5.0	4.7	18	125
2.5	2.5	12	100	6.0	6.0	20	140
3.0	2.9	14	100	8.0	8.0	22	140
4.0	3.8	16	125				

（4）四方冲

四方冲用于冲四方孔。其基本尺寸见表 9.4。

表 9.4 半圆冲子的基本尺寸（JB/T 3411.33—1999） mm

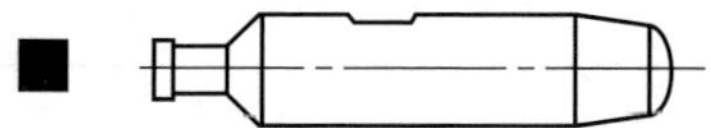

对边宽	外径	全长	对边宽	外径	全长
2.0,2.24,2.50,2.80	8	80	9.0,10.0,11.2,12.0	20	125
3.0,3.15,3.55	14	80	12.5,14.0,16.0	25	125
4.0,4.5,5.0	16	100	17.0,18.0,20.0	30	150
5.6,6.0,6.3	16	100	22.0,22.4	35	150
7.1,18.0	18	100	25.0	40	150

（5）六方冲

六方冲用于冲六方孔。其基本尺寸见表 9.5。

表 9.5 六方冲的基本尺寸（JB/T 3411.34—1999） mm

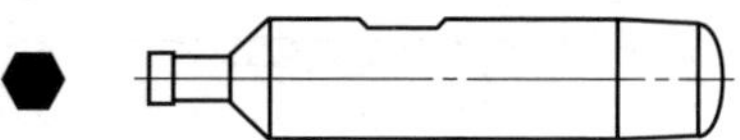

对边宽	外径	全长	对边宽	外径	全长
3,4	14	80	17,19	25	125
5,6	16	100	22,24	30	150
8,10	18	100	27	35	150
12,14	20	125			

（6）装弹子油杯用冲

其基本尺寸见表 9.6。

表 9.6　装弹子油杯用冲（JBT 3411.32—1999）　mm

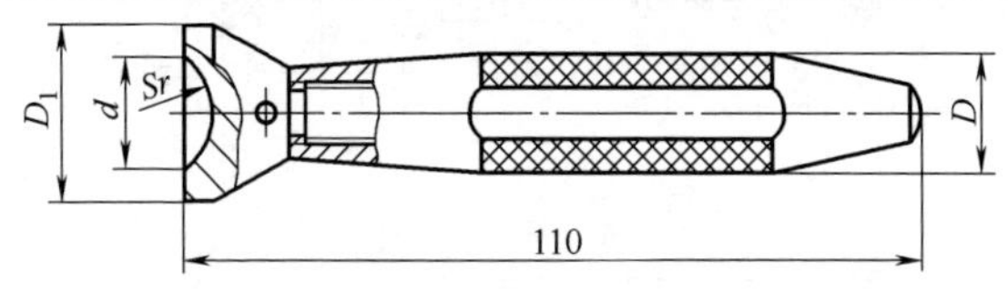

公称直径(油杯外径)	D	D_1	d	Sr
6	14	12	3	2.5
8			4	3.0
10			5	3.5
16	18	18	10	6.5
25		26	15	10

9.1.2　划规、划针和划线尺架

（1）划规

划规用于划等分线段、等分角度、画圆、画圆弧等。其基本尺寸见表 9.7。

表 9.7　划规的基本尺寸（JB/T 3411.54—1999）　mm

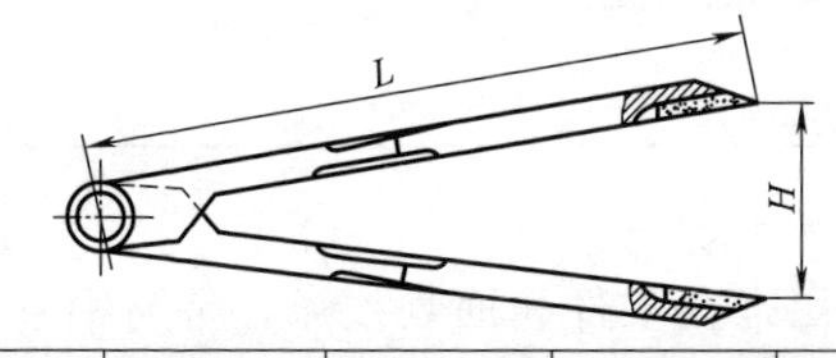

L	160	200	250	320	400	500
H_{max}	200	280	350	430	520	620
厚度	9	10	10	13	16	16

（2）长划规

供钳工在较大工件上划圆、分度用。划针可在横梁上移动。其基本尺寸见表 9.8。

（3）钩头划针

用于在工件上划圆或圆弧、找工件外圆端面的圆心，可沿加工好的平面划平行线。其基本尺寸见表 9.9。

表 9.8 长划规的基本尺寸（JB/T 3411.55—1999） mm

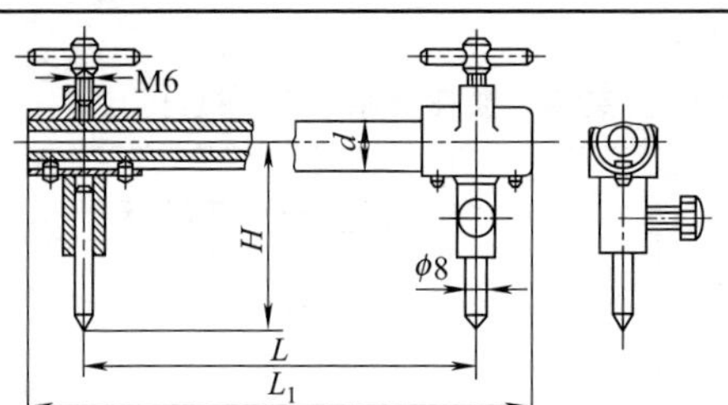

L_{max}	L_1	d	$H\approx$
800	850	20	70
1250	1315	32	90
2000	2065	32	90

表 9.9 钩头划针的基本尺寸 mm

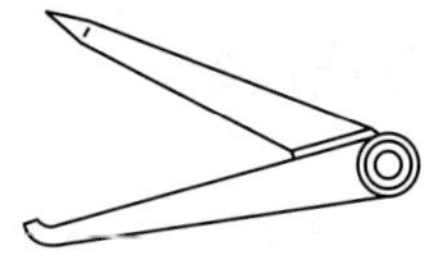

代号	总长	头部直径	销轴直径
JB/ZQ7001. P5. 48. 1. 00	100	16	8
JB/ZQ7001. P5. 48. 2. 00	200	20	10
JB/ZQ7001. P5. 48. 3. 00	300	30	15
JB/ZQ7001. P5. 42. 4. 00	400	35	15

（4）划针

主要是钳工用来在工件表面划线条，常与钢直尺、90°角尺或划线样板等导向工具一起使用。其基本尺寸见表 9.10。

表 9.10 划针的基本尺寸（JB/T 3411.64—1999） mm

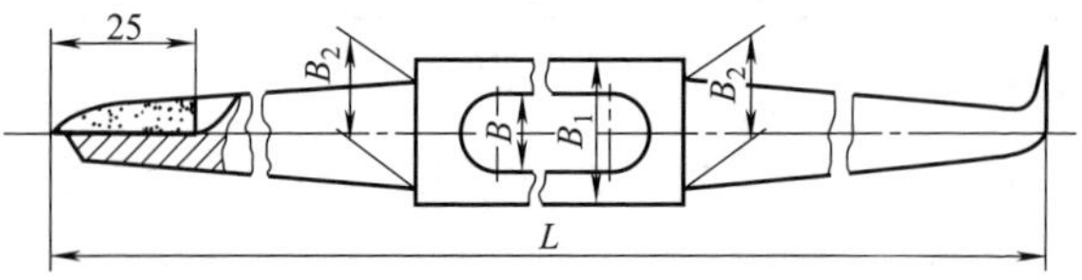

规格	320	450	500	700	800	1200	1500
B	11	11	13	13	17	17	17
B_1	20	20	25	30	38	45	45
B_2	15	15	20	25	33	37	40

(5) 划线盘

用于在工件上划平行线、垂直线、水平线及在平板上定位和校准工件。其基本尺寸见表 9.11。

表 9.11　划线盘的基本尺寸（JB/T 3411.65～66—1999）　mm

H	L	L_1	D	d	h
355、400	320	100	22	M10	35
560	450	120	25		40
710	500	140	30	M12	50
900	700	160	35		60

H	L	D
1000、1250	850	45
1600	1200	50
2000	1500	50

(6) 划线尺架

其基本尺寸见表 9.12。

表 9.12　划线尺架的基本尺寸（JB/T 3411.57—1999）　mm

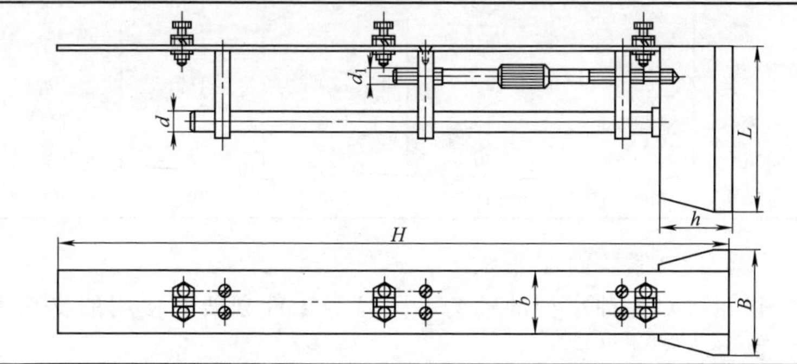

续表

H	L	B	h	b	d	d_1
500	130	80	60	50	15	M10
800	150	95	65		20	
1250	200	140	100	55	25	M16
2000	250	160	120	60		

9.1.3 V形铁

主要用于轴类工件校正、划线时支承工件，还可用于检验工件垂直度和平行度，分不带夹紧装置和带夹紧装置的。

（1）不带夹紧装置V形铁

其基本装置见表9.13。

表9.13 不带夹紧装置V形铁的基本尺寸（JB/T 3411.60—1999）

mm

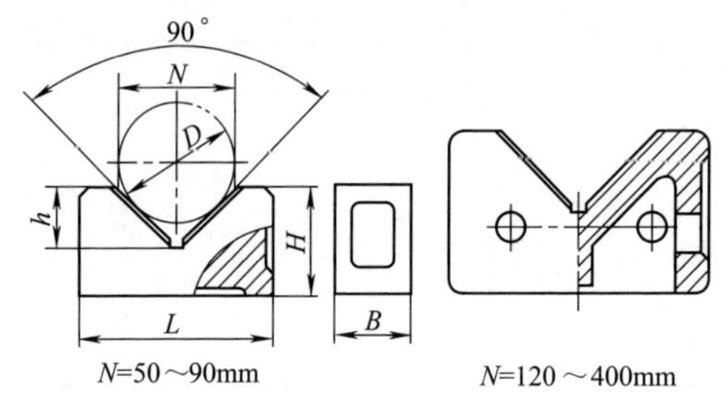

N=50～90mm　　N=120～400mm

N	D	L	B	H	h
50	15～60	100	50	50	26
90	40～100	150	60	80	46
120	60～140	200	80	120	61
150	80～180	250	90	130	75
200	100～240	300	120	180	100
300	120～350	400	160	250	150
350	150～450	500	200	300	175
450	180～550	500	250	400	200

（2）带夹紧两面V形铁

供钳工对各种小型的轴套、圆盘等工件划线时使用的支承工具。其基本尺寸见表9.14。

表 9.14　带夹紧两面 V 形铁的基本尺寸（JB/T 3411.61—1999）

mm

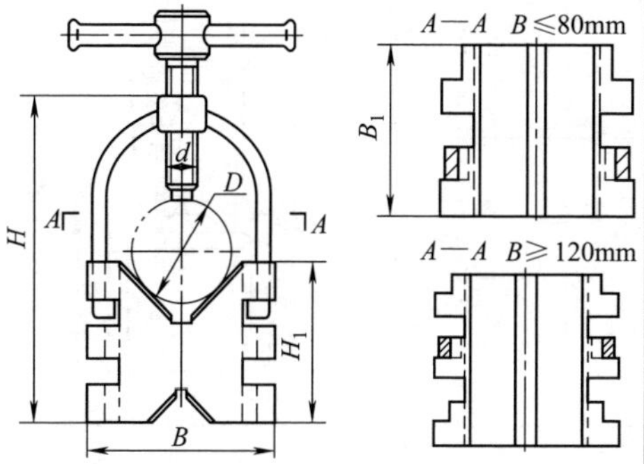

夹持工件直径 D	B	B_1	H	H_1	d
8～35	50	50	85	40	M8
10～60	80	80	130	60	M10
15～100	125	120	200	90	M12
20～135	160	150	260	120	M16
30～175	200	160	325	150	M16

（3）带夹紧装置四面 V 形铁

供钳工划线时使用的支承工具，四面有 V 形槽。其基本尺寸见表 9.15。

表 9.15　带夹紧四面 V 形铁的基本尺寸（JB/T 3411.62—1999）

mm

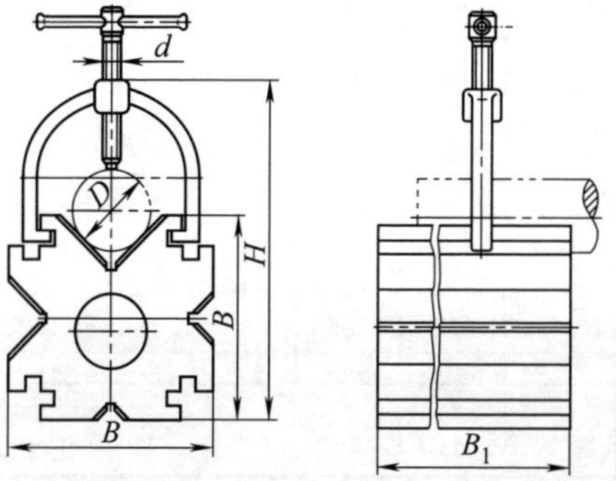

夹持工件直径 D	H	B	B_1	d
12～80	230	140	150	M12
24～120	310	180	200	M12
45～170	410	230	250	M16

9.1.4　方箱

方箱是检验机械零件平行度、垂直度和划线的必要工具。其基本尺寸见表 9.16。

9.1.5　千斤顶

千斤顶有螺旋千斤顶和齿条千斤顶两种，前者有呆头和活头之分，主要用于支承中小型工件及找平面用；后者有手摇式和手扳式

表 9.16　方箱的基本尺寸（JB/T 3411.56—1999）　mm

B	H	d	d_1
160	320	20	M10
200	400		M12
250	500	25	M16
320	600		
400	750	30	M20
500	900		

之分，用于支承大中型物件。

（1）螺旋千斤顶

其规格见表 9.17、表 9.18。

表 9.17　呆头螺旋千斤顶的规格（JB/T 3411.58—1999）　mm

D	A 型 H		B 型 H		H_1
	最小	最大	最小	最大	
M6	36	50	36	48	25
M8	47	60	42	55	30
M10	56	70	50	65	35
M12	67	80	58	75	40
M16	76	95	65	85	45
M20	87	110	76	100	50
T26×5	102	130	94	120	65
T32×6	128	155	112	140	80
T40×7	158	185	138	165	100
T55×9	198	255	168	225	130

表 9.18　活头螺旋千斤顶的规格（JB/T 3411.58—1999）　mm

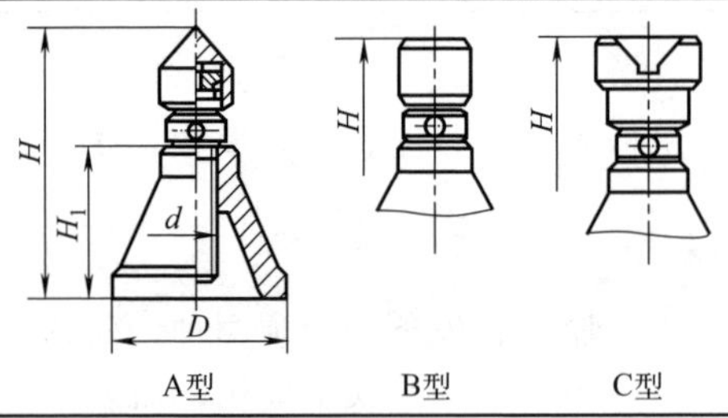

A型　　B型　　C型

续表

d	D	A型		B型		C型		H_1
		H_{min}	H_{max}	H_{min}	H_{max}	H_{min}	H_{max}	
M6	30	45	55	42	52	50	60	25
M8	35	54	65	52	62	60	72	30
M10	40	62	75	60	72	70	85	35
M12	45	72	90	68	85	80	95	40
M16	50	85	105	80	100	92	110	45
M20	60	98	120	94	115	108	130	50
T26×5	80	125	150	118	145	134	160	65

(2) 齿条千斤顶

其规格见表9.19。

表9.19　齿条千斤顶的规格（JB/T 11101—2011）

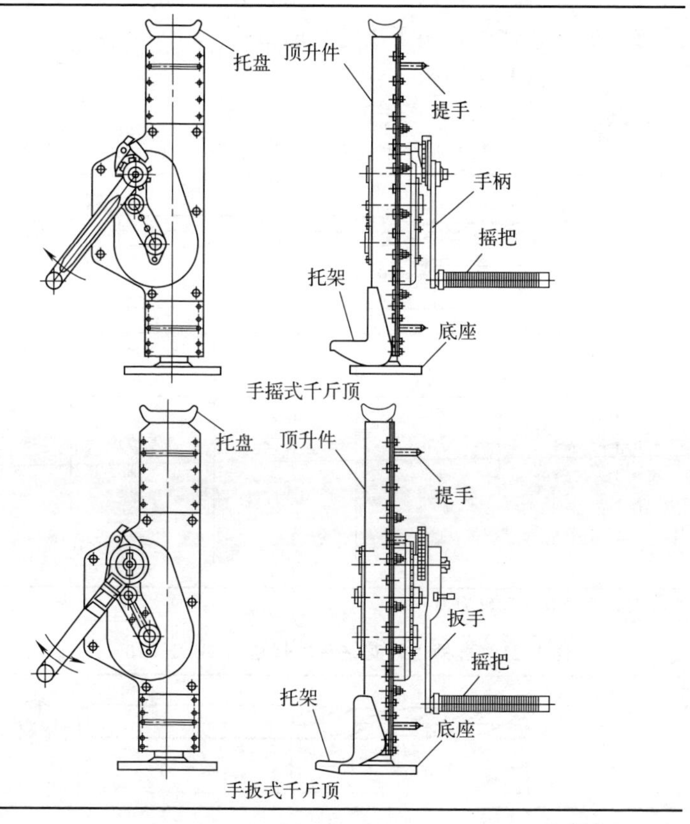

手摇式千斤顶

手扳式千斤顶

续表

额定起重量 G_n/t	额定辅助起重量 G_1	行程 H/mm	手柄力(最大)/N
1.6	1.6	350	280
3.2	3.2	350	280
5	5	300	280
10	10	300	560
16	11.2	320	640
20	14	320	640

9.2 孔加工工具

9.2.1 麻花钻头

用于装在手摇钻、电钻或机床上对物体钻孔。按装夹部位形状来分，有直柄、锥柄两种，按功用来分，有钻孔和扩孔两种。另外还有阶梯麻花钻头，用于攻螺纹前钻孔。

（1）直柄麻花钻头

其规格见表 9.20～表 9.24。

表 9.20 粗直柄小麻花钻头的规格（GB/T 6135.1—2008）mm

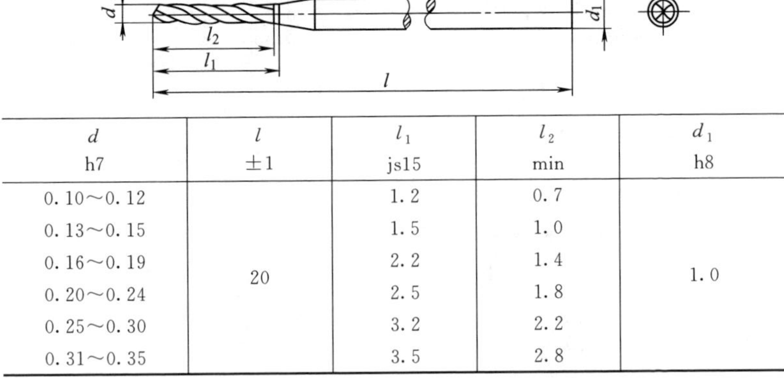

d h7	l ±1	l_1 js15	l_2 min	d_1 h8
0.10～0.12	20	1.2	0.7	1.0
0.13～0.15		1.5	1.0	
0.16～0.19		2.2	1.4	
0.20～0.24		2.5	1.8	
0.25～0.30		3.2	2.2	
0.31～0.35		3.5	2.8	

注：直径 d 的间隔为 1mm。

表 9.21 直柄短麻花钻头的规格（GB/T 6135.2—2008） mm

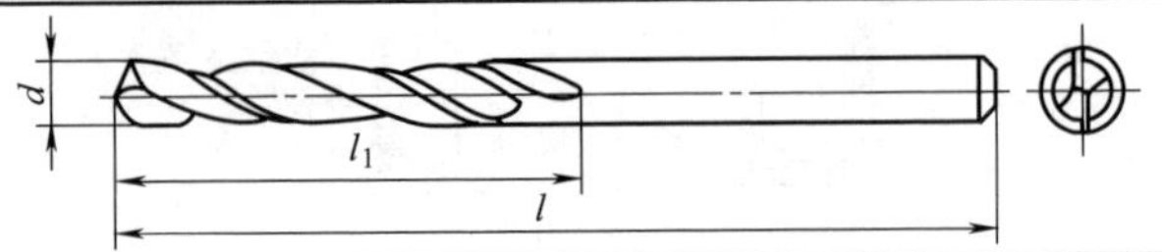

续表

d h8	l	l_1
0.50	20	3
0.80	24	5
1.00	26	6
1.20	30	8
1.50	32	9
1.80	36	11
2.00	38	12
2.20	10	13
2.50	43	14
2.80	46	16
3.00	46	16
3.20	49	18
3.50	52	20
3.80	55	22
4.00	55	22
4.20	55	22
4.50	58	24
4.80	62	26
5.00		
5.20		
5.50	66	28
5.80		
6.00		
6.20	70	31
6.50		

d h8	l	l_1
6.80	74	34
7.00		
7.20		
7.50		
7.80	79	37
8.00		
8.20		
8.50		
8.80	84	40
9.00		
9.20		
9.50		
9.80	89	43
10.00		
10.20		
10.50		
10.80	95	47
11.00		
11.20		
11.50		
11.80		
12.00	102	51
12.20		
12.50		
12.80		

d h8	l	l_1
13.00	102	51
13.20		
13.50	107	54
13.80		
14.00		
14.25～15.00	111	56
15.25～16.00	115	58
16.25～17.00	119	60
17.25～18.00	123	62
18.25～19.00	127	64
19.25～20.00	131	66
20.25～21.00	136	68
21.25～22.25	141	70
22.50～23.50	146	72
23.75～25.00	151	75
25.25～26.50	156	78
26.75～28.00	162	81
28.25～30.00	168	84
30.25～31.50	174	87
31.75～33.50	180	90
34.00～35.50	186	93
36.00～37.50	193	96
38.00～40.00	200	100

注：d＝14.25～31.75mm 者，直径进阶为 0.25mm；d＝32.00～40.00mm 者，直径进阶为 0.50mm。

表 9.22　直柄麻花钻头的规格（GB/T 6135.2—2008）　mm

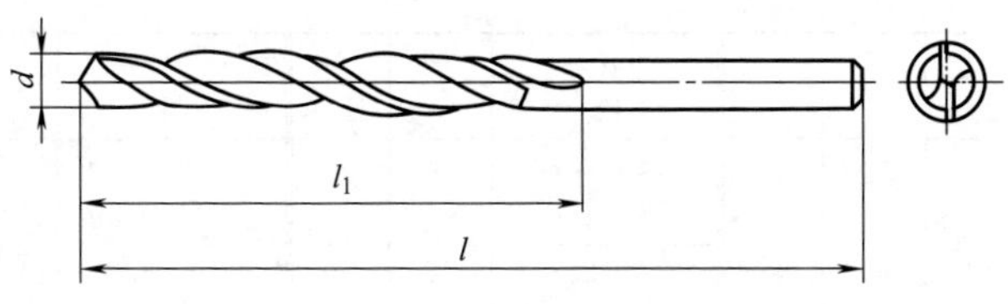

续表

d h8	l	l_1
0.20	19	2.5
0.22		
0.25		3
0.28		
0.30		
0.32		4
0.35		
0.38		
0.40	20	5
0.42		
0.45		
0.48		
0.50	22	6
0.52		
0.55	24	7
0.58		
0.60		
0.62	26	8
0.65		
0.68	28	9
0.70		

d h8	l	l_1
0.72	28	9
0.75		
0.78	30	10
0.80		
0.82		
0.85		
0.88	32	11
0.90		
0.92		
0.95		
0.98	34	12
1.00		
1.05		
1.10、1.15	36	14
1.20～1.30	38	16
1.35～1.50	40	18
1.55～1.70	43	20
1.75～1.90	46	22
1.95～2.10	49	24
2.15～2.35	53	27
2.40～2.65	57	30

d h8	l	l_1
2.70～3.00	61	33
3.10～3.30	65	36
3.40～3.70	70	39
3.80～4.20	75	43
4.30～4.70	80	47
4.80～5.30	86	52
5.40～6.00	93	57
6.10～6.70	101	63
6.80～7.50	109	69
7.60～8.50	117	75
8.60～9.50	125	81
9.60～10.60	133	87
10.70～11.80	142	94
11.90～13.20	151	101
13.30～14.00	160	108
14.25～15.00	169	114
15.25～16.00	178	120
16.50、17.00	184	125
17.50、18.00	191	130
18.50、19.00	198	135
19.50、20.00	205	140

注：d=1.10～3.00mm 者，直径进阶为 0.05mm；d=3.10～14.00mm 者，直径进阶为 0.10mm；d=14.25～16.00mm 者，直径进阶为 0.25mm。

表 9.23 直柄长麻花钻头的规格（GB/T 6135.3—2008） mm

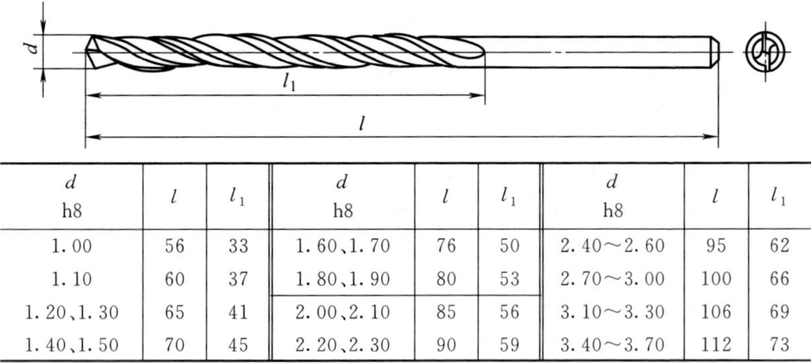

d h8	l	l_1	d h8	l	l_1	d h8	l	l_1
1.00	56	33	1.60、1.70	76	50	2.40～2.60	95	62
1.10	60	37	1.80、1.90	80	53	2.70～3.00	100	66
1.20、1.30	65	41	2.00、2.10	85	56	3.10～3.30	106	69
1.40、1.50	70	45	2.20、2.30	90	59	3.40～3.70	112	73

续表

d h8	l	l_1	d h8	l	l_1	d h8	l	l_1
3.80～4.20	119	78	10.70～11.80	195	128	20.25～21.00	261	171
4.30～4.70	126	82	11.90～13.20	205	134	21.25～22.25	268	176
4.80～5.30	132	87	13.30～14.00	214	140	22.50～23.50	275	180
5.40～6.00	139	91	14.25～15.00	220	144	23.75～25.00	282	185
6.10～6.70	148	97	15.25～16.00	227	149	25.25～26.50	290	190
6.80～7.50	156	102	16.25～17.00	235	15,1	26.75～28.00	298	195
7.60～8.50	165	109	17.25～18.00	241	158	28.25～30.50	307	201
8.60～9.50	175	115	18.25～19.00	247	162	30.75～31.50	316	207
9.60～10.60	181	121	19.25～20.00	254	166			

注：d=2.40～14.00mm者，直径进阶为0.1mm；d=14.00～31.50mm者，直径进阶为0.25mm。

表9.24　直柄超长麻花钻头的规格（GB/T 6135.4—2008）mm

d h8	$l=125$ $l_1=80$	$l=160$ $l_1=100$	$l=200$ $l_1=150$	$l=250$ $l_1=200$	$l=315$ $l_1=250$	$l=400$ $l_1=300$	d h8	$l=250$ $l_1=200$	$l=315$ $l_1=250$	$l=400$ $l_1=300$
2.0	√	√					8.5	√	√	√
2.5	√	√					9.0	√	√	√
3.0		√	√				9.5	√	√	√
3.5		√	√	√			10.0	√	√	√
4.0		√	√	√	√		10.5	√	√	√
4.5		√	√	√	√		11.0	√	√	√
5.0			√	√	√	√	11.5	√	√	√
5.5.			√	√	√	√	12.0	√	√	√
6.0			√	√	√	√	12.5	√	√	√
6.5			√	√	√	√	13.0	√	√	√
7.0			√	√	√	√	13.5	√	√	√
7.5			√	√	√	√	14.0	√	√	√
8.0				√	√	√				

注："√"表示有此规格。

（2）锥柄麻花钻头

其规格见表9.25～表9.28。

表 9.25　莫氏锥柄麻花钻头的规格（GB/T 1438.1—2008）mm

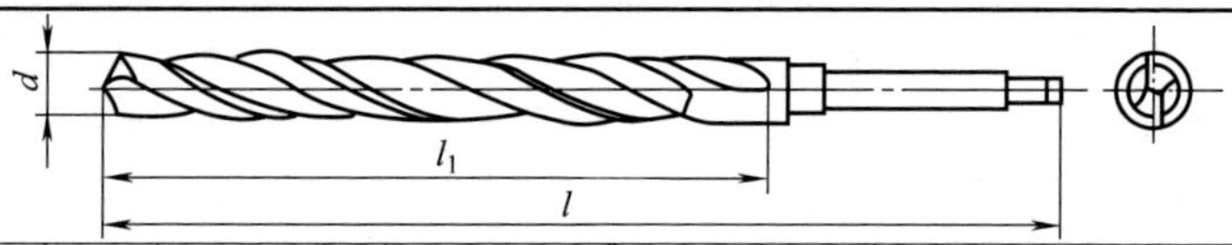

d h8	l_1	标准柄		粗柄	
		l	莫氏圆锥号	l	莫氏圆锥号
3.00 3.20 3.50	33 36 39	114 117 120			
3.80 4.00 4.20	43	124	1	—	—
4.50	47	128			
4.80 5.00 5.20	52	133			
5.50 5.80 6.00	57	138			
6.20 6.50	63	144	1	—	—
6.80 7.00 7.20 7.50	69	150			
7.80 8.00 8.20 8.50	75	156			
8.80 9.00 9.20 9.50	81	162	1	—	—
9.80 10.00 10.20 10.50	87	168	1	—	—

d h8	l_1	标准柄		粗柄	
		l	莫氏圆锥号	l	莫氏圆锥号
10.80 11.00 11.20 11.50 11.80	94	175	1	—	—
12.00 12.20 12.50 12.80 13.00 13.20	101	182	1	199	2
13.50 13.80 14.00	108	189		206	
14.25 14.50 14.75 15.00	114	212	2	—	—
15.25 15.50 15.75 16.00	120	218			
16.25 16.50 16.75 17.00	125	223	2	—	—
17.25 17.50 17.75 18.00	130	228			

续表

d h8	l_1	标准柄		粗柄	
		l	莫氏圆锥号	l	莫氏圆锥号
18.25 18.50 18.75 19.00	135	233	2	256	3
19.25 19.50 19.75 20.00	140	238		261	
20.25 20.50 20.75 21.00	145	243	2	266	3
21.25 21.50 21.75 22.00 22.25	150	248		271	
22.50 22.75 23.00	155	253		276	
23.25 23.50		276	3	—	—
23.75 24.00 24.25 24.50 21.75 25.00	160	281			
25.25 25.50 25.75 26.00 26.25 26.50	165	286	3	—	—

d h8	l_1	标准柄		粗柄	
		l	莫氏圆锥号	l	莫氏圆锥号
26.75 27.00 27.25 27.50 27.75 28.00	170	291	3	319	4
28.25 28.50 28.75 29.00 29.25 29.50 29.75 30.00	175	296	3	324	4
30.25 30.50 30.75 31.00 31.25 31.50	180	301	3	329	4
31.75	185	306		334	
32.00 32.50 33.00 33.50		334	4	—	—
34.00 34.50 35.00 35.50	190	339			
36.00 36.50 37.00 37.50	195	344	4	—	—
38.00 38.50	200	349			

续表

d h8	l_1	标准柄		粗柄	
		l	莫氏圆锥号	l	莫氏圆锥号
39.00 39.50 40.00	200	349	4	—	—
40.50 41.00 41.50 42.00 42.50	205	354	4	392	5
43.00 43.50 44.00 44.50 45.00	210	359		397	
45.50 46.00 46.50 47.00 47.50	215	364	4	402	5
48.00 48.50 49.00 49.50 50.00	220	369		407	
50.50	225	374		412	
51.00 52.00 53.00		412	5	—	—
54.00 55.00 56.00	230	417			
57.00 58.00 59.00 60.00	235	422			
61.00 62.00 63.00	240	427			

d h8	l_1	标准柄		粗柄	
		l	莫氏圆锥号	l	莫氏圆锥号
64.00 65.00 66.00 67.00	245	432	5	499	6
68.00 69.00 70.00 71.00	250	427		504	
72.00 73.00 74.00 75.00	255	442		509	
76.00	260	447		514	
77.00 78.00 79.00 80.00		514	6	—	—
81.00 82.00 83.00 84.00 85.00	265	519			
86.00 87.00 88.00 89.00 90.00	270	524	6	—	—
91.00 92.00 93.00 94.00 95.00	275	529			
96.00 97.00 98.00 99.00 100.0	280	534			

表 9.26　锥柄长麻花钻头的规格（GB/T 1438.2—2008）　mm

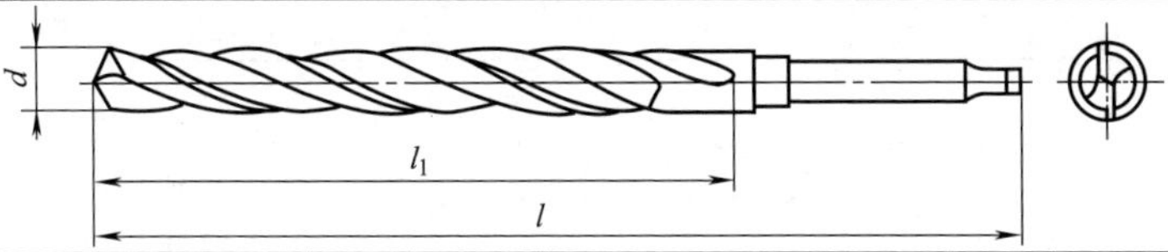

d h8	l_1	l	莫氏圆锥号
5.00	74		1
5.20		155	
5.50			
5.80 6.00	80	161	
6.20	86	167	
6.50			
6.80 7.00 7.20 7.50	93	174	
7.80 8.00 8.20 8.50	100	181	
8.80 9.00 9.20 9.50	107	188	
9.80 10.00 10.20 10.50	116	197	1
10.80 11.00 11.20 11.50 11.80	125	206	
12.00 12.20 12.50	134	215	

d h8	l_1	l	莫氏圆锥号
12.80 13.00 13.20	134	215	1
13.50 13.80 14.00	142	223	
14.25～15.00	147	245	2
15.25～16.00	153	251	
16.25～17.00	159	257	
17.25～18.00	165	263	
18.25～19.00	171	269	
19.25～20.00	177	275	
20.25～21.00	184	282	
21.25～22.25	191	289	
22.50～23.00	198	296	
23.25、23.50	198	319	3
23.75～25.00	206	327	
25.25～26.50	214	335	
26.75～28.00	222	343	
28.25～30.00	230	351	
30.25～31.50	239	360	
31.75	248	369	
32.00～33.50	248	397	4
34.00～35.50	257	406	
36.00～37.50	267	416	
38.00～40.00	277	426	
40.50～42.50	287	436	
43.00～45.00	298	447	
45.50～47.50	310	459	
48.00～50.00	321	470	

注：d＝14.0～32.00mm 者，直径进阶为 0.25mm；d＝32.00～50.00mm 者，直径进阶为 0.50mm。

表 9.27　莫氏锥柄加长麻花钻头的规格（GB/T 1438.3—2008）

mm

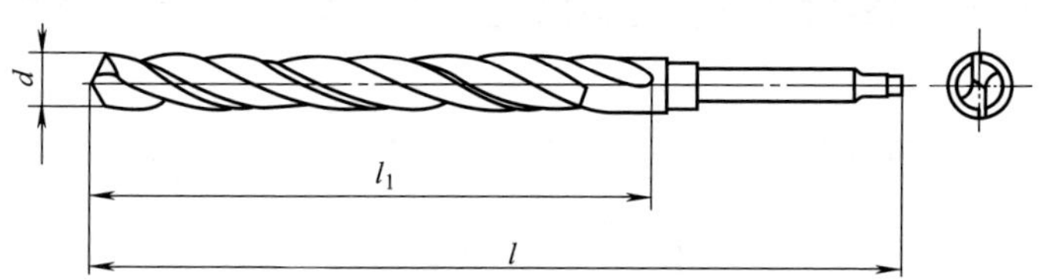

d h8	l_1	l	莫氏圆锥号
6.00	145	225	1
6.20 6.50	150	230	
6.80 7.00 7.20 7.50	155	235	
7.80 8.00 8.20 8.50	160	240	
8.80 9.00 9.20 9.50	165	215	1
9.80 10.00 10.20 10.50	170	250	1
10.80 11.00 11.20 11.50 11.80	175	255	

d h8	l_1	l	莫氏圆锥号
12.00 12.20 12.50 12.80 13.00 13.20	180	260	1
13.50 13.80 14.00	185	265	
14.25～15.00	190	290	2
15.25～16.00	195	295	
16.25～17.00	200	300	
17.25～18.00	205	305	
18.25～19.00	210	310	
19.25～20.00	220	320	
20.25～21.00	230	330	
21.25～22.25	235	335	
22.50～23.00	240	340	
23.25、23.50	240	360	3
23.75～25.00	245	355	
25.25～26.50	255	375	
26.75～28.00	265	385	
28.25～30.00	275	395	

注：d＝14.00～30.00mm 者，直径进阶为 0.25mm。

表 9.28　莫氏锥柄超长麻花钻头的规格（GB/T 1438.4—2008）

mm

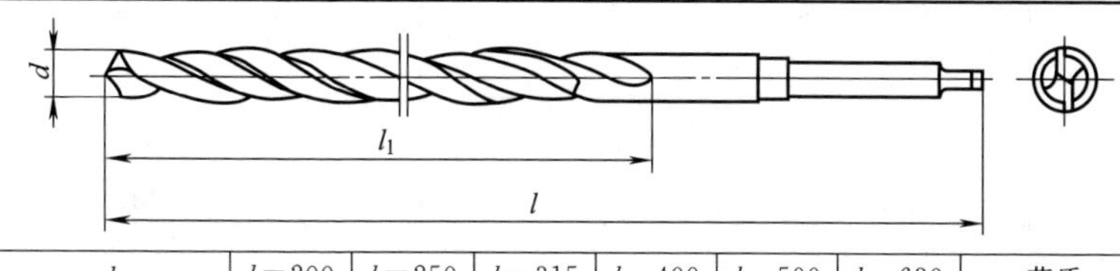

d h8	$l=200$	$l=250$	$l=315$	$l=400$	$l=500$	$l=630$	莫氏圆锥号
	l_1						
6.00～9.50	110	160	225	—	—	—	1
10.00～14.00	—			310			
15.00～23.00	—	—	215	300	400	—	2
24.00,25.00 28.00,30.00	—	—	—	275	375	505	3
32.00,35.00 38.00,40.00				250	350	480	4
42.00,45.00 48.00,50.00				—			
直径范围	$6\leqslant d\leqslant 9.5$	$6\leqslant d\leqslant 14$	$6\leqslant d\leqslant 23$	$9.5<d\leqslant 40$	$14<d\leqslant 50$	$23<d\leqslant 50$	—

注：$d=6.00\sim9.50$mm 者，直径进阶为 0.50mm；$d=10.00\sim23.00$mm 者，直径进阶为 1.00mm。

（3）阶梯麻花钻头

其规格见表 9.29。

表 9.29　阶梯麻花钻头规格（GB/T 6138－2007）　mm

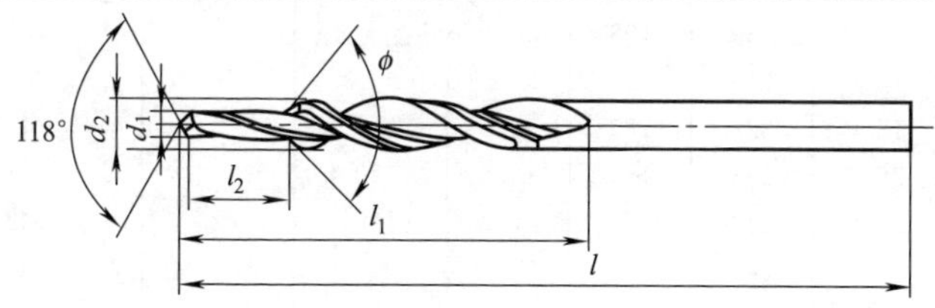

直柄阶梯麻花钻

d_1	d_2	l	l_1	l_2	ϕ	适用的螺纹孔
2.5	3.4	70	39	8.8	90°	M3
3.3	4.5	80	47	11.4	(120°)	M4
4.2	5.5	93	57	13.6	(180°)	M5

续表

d_1	d_2	l	l_1	l_2	ϕ	适用的螺纹孔
5.0	6.6	101	63	16.5	90° (120°) (180°)	M6
6.8	9.0	125	81	21.0		M8
8.5	11.0	142	94	25.5		M10
10.2	(13.5)14.0	160	108	30.0		M12
12.0	(15.5)16.0	178	120	34.5		M14
2.65	3.4	70	39	8.8	90° (120°) (180°)	M3×0.35
3.50	4.5	80	47	11.4		M4×0.5
4.50	5.5	93	57	13.6		M5×0.5
5.20	6.6	101	63	16.5		M6×0.75
7.00	9.0	125	81	21.0		M8×1.00
8.80	11.0	142	94	25.5		M10×1.25
10.50	14.0	160	108	30.0		M12×1.5
12.50	16.0	178	120	34.5		M14×1.5

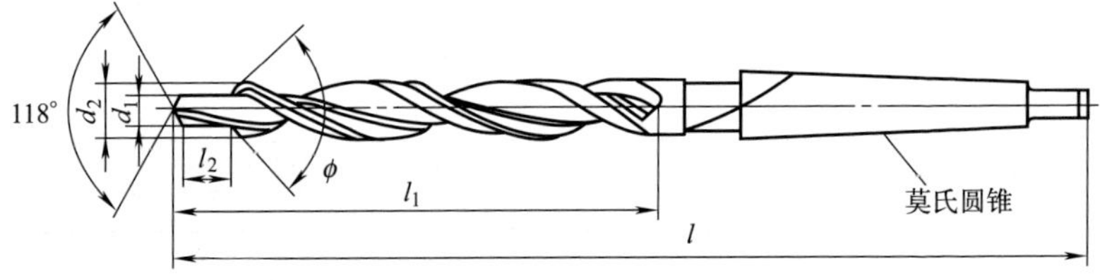

锥柄阶梯麻花钻

d_1	d_2	l	l_1	l_2	ϕ	莫氏圆锥号	适用的螺纹孔
6.8	9.0	162	81	21.0	90° (120°) (180°)	1	M8
8.5	11.0	175	94	25.5		1	M10
10.2	14.0	189	108	30.0		1	M12
12.0	16.0	218	120	34.5		2	M14
14.0	18.0	228	130	38.5		2	M16
15.5	20.0	238	140	43.5		2	M18
17.5	22.0	248	150	47.5		2	M20
19.5	24.0	281	160	51.5		3	M22
21.0	26.0	286	165	52.5		3	M24
24.0	30.0	296	175	62.5		3	M27
26.5	33.0	334	185	70.0		4	M30
7.0	9.0	162	81	21.0	90° (120°) (180°)	1	M8×1.0
8.8	11.0	175	94	25.5		1	M10×1.25
10.5	14.0	189	108	30.0		1	M12×1.5

续表

d_1	d_2	l	l_1	l_2	ϕ	莫氏圆锥号	适用的螺纹孔
12.5	16.0	218	120	34.5	90° (120°) (180°)	2	M14×1.5
14.5	18.0	228	130	38.5		2	M16×1.5
16.0	20.0	238	140	43.5		2	M18×2
18.0	22.0	248	150	47.5		2	M20×2
20.0	24.0	281	160	51.5		3	M22×2
22.0	26.0	286	165	52.5		3	M24×2
25.0	30.0	296	175	62.5		3	M27×2
28.0	33.0	334	185	70.0		4	M30×2

注：1. () 内的数值可根据需要选择。

2. 阶梯麻花钻钻孔部分直径 d_1 和锪孔部分直径 d_2 的公差均为：普通级 h9，精密级 h8。

(4) 1∶50 锥孔锥柄麻花钻

其尺寸见表 9.30。

表 9.30　1∶50 锥孔锥柄麻花钻的尺寸（JB/T 10003—2013）

mm

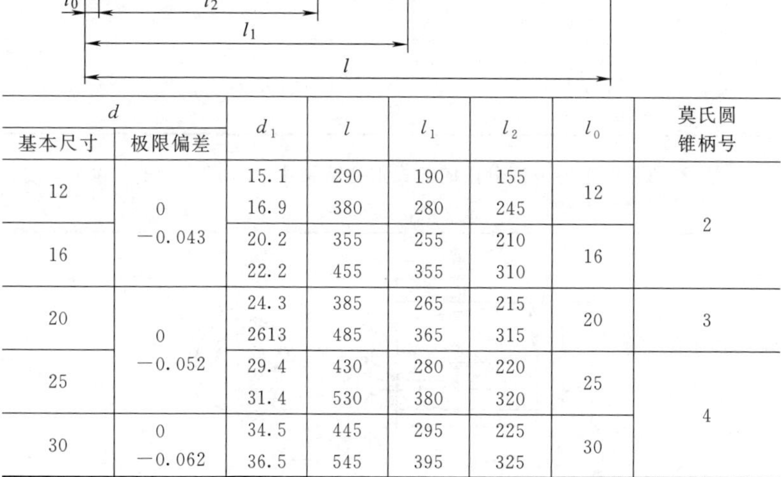

d 基本尺寸	d 极限偏差	d_1	l	l_1	l_2	l_0	莫氏圆锥柄号
12	0 −0.043	15.1	290	190	155	12	2
		16.9	380	280	245		
16		20.2	355	255	210	16	
		22.2	455	355	310		
20	0 −0.052	24.3	385	265	215	20	3
		2613	485	365	315		
25		29.4	430	280	220	25	4
		31.4	530	380	320		
30	0 −0.062	34.5	445	295	225	30	
		36.5	545	395	325		

9.2.2 扩孔钻

用于扩孔。有直柄扩孔钻、莫氏锥柄扩孔钻和套式扩孔钻。其规格尺寸见表 9.31～表 9.33。

表 9.31 直柄扩孔钻的直径系列（GB/T 4256—2004） mm

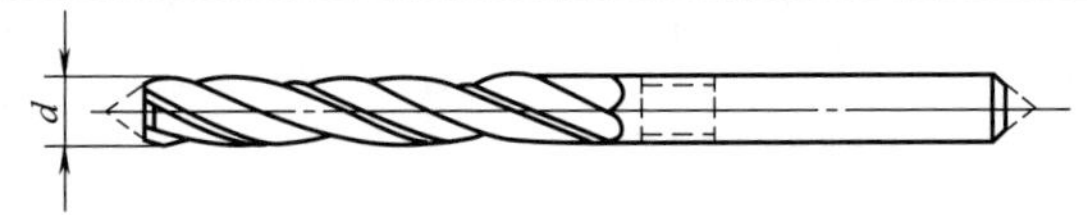

直径系列：3.00,3.30,3.50,3.80,4.00,4.30,4.50,4.80,5.00,5.80,6.00,6.80,7.00,7.80,8.00,8.80,9.00,9.80,10.00,10.75,11.00,11.75,12.00,12.75,13.00,13.75,14.00,14.75,15.00,15.75,16.00,16.75,17.00,17.75,18.00,18.70,19.00,19.70

表 9.32 莫氏锥柄扩孔钻的规格（GB/T 4256—2004） mm

莫氏锥柄

锥柄号	扩孔钻直径
1 号	7.80,8.00,8.80,9.00,9.80,10.00,10.75,11.00,11.75,12.00,12.75,13.00,13.75,14.00
2 号	14.75,15.00,15.75,16.00,16.75,17.00,17.75,18.00,18.70,19.00,19.70,20.00,20.70,21.00,21.70,22.00,22.70,23.00
3 号	23.70，24.00，24.70，25.00，25.70，26.00，27.70，28.00，29.70，30.00,31.60
4 号	32.00,33.60,34.00,34.60,35.00,35.60,36.00,37.60,38.00,39.60,40.00,41.60,42.00,43.60,44.00,44.60,45.00,45.60,46.00,47.60,48.00,49.60,50.00

表 9.33 以直径范围分段的套式扩孔钻尺寸（GB/T 1142—2004）

mm

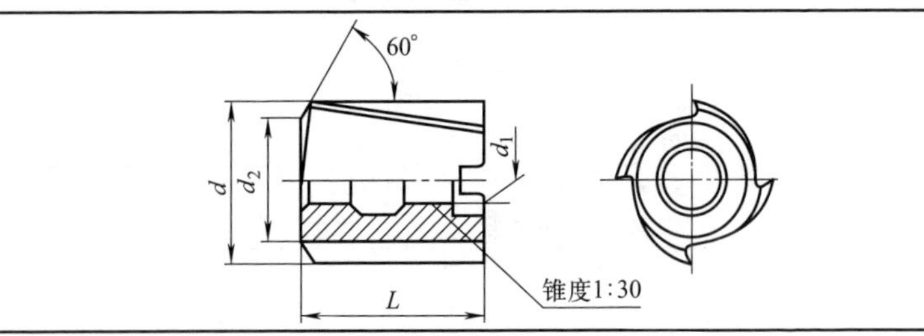

续表

直径范围 d(h8)	d_1	d_2	L	直径范围 d(h8)	d_1	d_2	L
>23.6～35.5	13	$d-5$	45	>63～75	27	$d-11$	71
>35.5～45	16	$d-6$	50	>75～90	32	$d-13$	80
>45～53	19	$d-8$	56	>90～101.6	40	$d-15$	90
>53～63	22	$d-9$	63				

注：下列直径的扩孔钻推荐作为常备尺寸（mm）：25，26，27，28，29，30，31，32，33，34，35，36，37，38，39，40，42，44，45，46，47，48，50，52，55，58，60，62，65，70，72，75，80，85，90，95，100。

9.2.3 中心钻

用于钻工件上的 60°中心孔。其规格见表 9.34。

表 9.34 中心钻规格（GB/T 6078—2016）　　mm

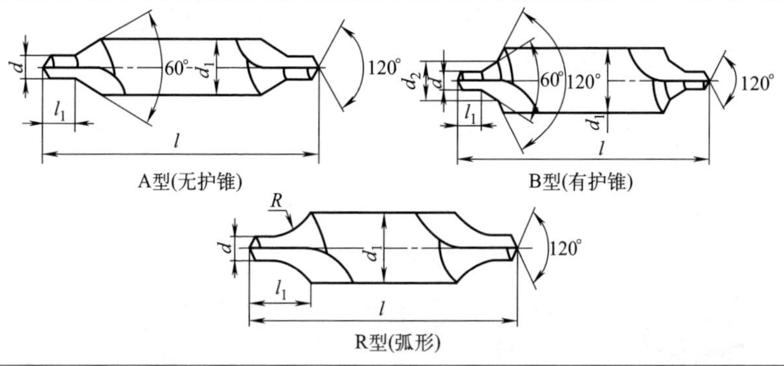

A型(无护锥)　B型(有护锥)　R型(弧形)

A 型

d(k12)	d_1(h9)	l	l_1	d(k12)	d_1(h9)	l	l_1
(0.50)	3.15	31.5	0.8	2.50	6.3	45.0	3.1
(0.63)			0.9	3.15	8.0	50.0	3.9
(0.80)			1.1	4.00	10.0	56.0	5.0
1.00			1.3	(5.00)	12.5	63.0	6.3
(1.25)			1.6	6.30	16.0	71.0	8.0
1.60	4.0	35.5	2.0	(8.00)	20.0	80.0	10.1
2.00	5.0	40.0	2.5	10.00	25.0	100.0	12.8

B 型

d(k12)	d_1(h9)	d_2(k12)	l	l_1	d(k12)	d_1(h9)	d_2(k12)	l	l_1
1.00	4.0	2.12	35.5	1.3	4.00	14.0	8.50	67.0	5.0
(1.25)	5.0	2.65	40.0	1.6	(5.00)	18.0	10.60	75.0	6.3
1.60	6.3	3.35	45.0	2.0	6.30	20.0	13.20	80.0	B.0
2.00	8.0	4.25	50.0	2.5	(8.00)	25.0	17.00	100.0	10.1
2.50	10.0	5.30	56.0	3.1	10.00	31.5	21.20	125.0	12.8
3.15	11.2	6.70	60.0	3.9					

续表

R型											
d(k12)	d_1(h9)	l	l_1	R_{max}	R_{min}	d(k12)	d_1(h9)	l	l_1	R_{max}	R_{min}
1.00	3.15	31.5	3.0	3.15	2.5	4.00	10.0	56.0	10.6	12.5	10.0
(1.25)	3.15	31.5	3.35	4.0	3.15	(5.00)	12.5	63.0	13.2	16.0	12.5
1.60	4.0	35.5	4.25	5.0	4.0	6.30	16.0	71.0	17.0	20.0	16.0
2.00	5.0	40.0	5.3	6.3	5.0	(8.00)	20.0	80.0	21.2	25.0	20.0
2.50	6.3	45.0	6.7	8.0	6.3	10.00	25.0	100.0	26.5	31.5	25.0
3.15	8.0	50.0	8.5	10.0	5.0						

注：1.（ ）中的尽量不采用。

2. 中心钻直径 d 和 R 与 GB/T 145 中 R 型对应尺寸一致。

9.2.4 开孔钻

用于小于 3mm 的薄钢板、有色金属板和非金属板等工件的大孔钻削加工。其规格见表 9.35。

表 9.35 开孔钻的规格 mm

	直径	齿数	直径	齿数	直径	齿数	直径	齿数
	13	13	22	18	38	29	60	42
	14	14	24	19	40	30	65	46
	15	14	25	20	42	31	70	49
	16	15	26	20	45	34	75	53
	17	15	28	21	48	35	80	56
	18	16	30	22	50	36	85	59
	19	17	32	24	52	38	90	62
	20	17	34	26	55	39	95	64
钻头直径6mm	21	18	35	27	58	40	100	67

9.2.5 硬质合金锥柄钻

用于高速钻削铸铁、硬橡胶和塑料等质硬性脆材料。优先使用和生产第一系列的麻花钻；莫氏圆锥尺寸及其极限偏差按 GB 1443；硬质合金刀片型号按 GB 5245。其规格见表 9.36、表 9.37。

表 9.36 硬质合金锥柄钻头规格（GB/T 10946—1989） mm

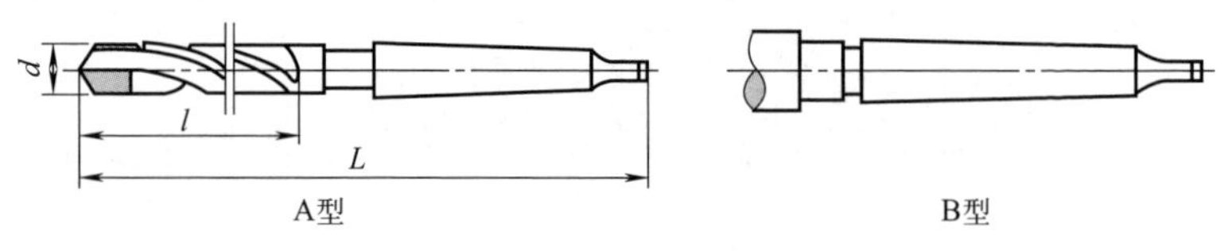

续表

d		l		l_1		莫氏圆锥号	参考	
基本尺寸		基本尺寸					硬质合金刀片代号	形式
第一系列	第二系列	长型	短型	长型	短型			
10.00								
10.20		168	140	87	60		E211	
10.50								
10.80						1		A
11.00								
11.20		175	145	94	65		E213	
11.50								
11.80								
12.00								
	12.20							
	12.30						E214	
	12.40	199		101		2		
12.50								
12.80			170		70			
13.00								
	13.20						E215	
13.50								
13.80		206		10B				A
14.00								
	14.25						E216	
14.50		212	175	114	75			
	14.75					2		
15.50								
	15.25							
	15.40						E217	
15.50		218	180	120	80			
	15.75							
16.00								
	16.25						E218	
16.50		223	185	125	185			
	16.75							
17.00						2		A
	17.25						E219	
	17.40	228	190	130	90			
17.50								

续表

<table>
<tr><th colspan="2">d</th><th colspan="2">l</th><th colspan="2">l_1</th><th rowspan="3">莫氏圆锥号</th><th colspan="2">参　考</th></tr>
<tr><th colspan="2">基本尺寸</th><th colspan="4">基本尺寸</th><th rowspan="2">硬质合金刀片代号</th><th rowspan="2">形式</th></tr>
<tr><th>第一系列</th><th>第二系列</th><th>长型</th><th>短型</th><th>长型</th><th>短型</th></tr>
<tr><td></td><td>17.75</td><td rowspan="2">228</td><td rowspan="2">190</td><td rowspan="2">130</td><td rowspan="2">90</td><td rowspan="2">2</td><td>E219</td><td rowspan="3">A</td></tr>
<tr><td>18.00</td><td></td><td rowspan="4">E220</td></tr>
<tr><td></td><td>18.25</td><td rowspan="4">256</td><td rowspan="4">195</td><td rowspan="4">135</td><td rowspan="4">95</td><td rowspan="9">3</td></tr>
<tr><td>18.50</td><td></td><td rowspan="3">A 或 B</td></tr>
<tr><td></td><td>18.75</td></tr>
<tr><td>19.00</td><td></td><td rowspan="5">E221</td></tr>
<tr><td></td><td>19.25</td><td rowspan="5">261</td><td rowspan="5">220</td><td rowspan="5">140</td><td rowspan="5">100</td><td rowspan="5">A</td></tr>
<tr><td></td><td>19.40</td></tr>
<tr><td>19.50</td><td></td></tr>
<tr><td></td><td>19.75</td></tr>
<tr><td>20.00</td><td></td><td rowspan="4">E222</td></tr>
<tr><td></td><td>20.25</td><td rowspan="4">266</td><td rowspan="4">225</td><td rowspan="4">115</td><td rowspan="4">105</td><td rowspan="10">3</td><td rowspan="10">A</td></tr>
<tr><td>20.50</td><td></td></tr>
<tr><td></td><td>20.75</td></tr>
<tr><td>21.00</td><td></td><td rowspan="4">E223</td></tr>
<tr><td></td><td>21.25</td><td rowspan="5">271</td><td rowspan="6">230</td><td rowspan="5">150</td><td rowspan="6">110</td></tr>
<tr><td>21.50</td><td></td></tr>
<tr><td></td><td>21.75</td></tr>
<tr><td>22.00</td><td></td><td rowspan="4">E224</td></tr>
<tr><td></td><td>22.25</td></tr>
<tr><td>22.50</td><td></td><td rowspan="5">276</td><td rowspan="5">155</td></tr>
<tr><td></td><td>22.75</td><td rowspan="4">230</td><td rowspan="4">110</td><td rowspan="9">3</td><td rowspan="6">A</td></tr>
<tr><td>23.00</td><td></td><td rowspan="4">E225</td></tr>
<tr><td></td><td>23.25</td></tr>
<tr><td>23.50</td><td></td></tr>
<tr><td></td><td>23.75</td><td rowspan="6">281</td><td rowspan="10">235</td><td rowspan="6">160</td><td rowspan="10">115</td></tr>
<tr><td>24.00</td><td></td><td rowspan="4">E226</td></tr>
<tr><td></td><td>24.25</td><td rowspan="8">A 或 B</td></tr>
<tr><td>24.50</td><td></td></tr>
<tr><td></td><td>24.75</td></tr>
<tr><td>25.00</td><td></td><td rowspan="5">3</td><td rowspan="4">E227</td></tr>
<tr><td></td><td>25.25</td><td rowspan="4">286</td><td rowspan="4">165</td></tr>
<tr><td>25.50</td><td></td></tr>
<tr><td></td><td>25.75</td></tr>
<tr><td>26.00</td><td></td><td>E228</td></tr>
</table>

续表

d 基本尺寸 第一系列	d 基本尺寸 第二系列	l 基本尺寸 长型	l 基本尺寸 短型	l_1 基本尺寸 长型	l_1 基本尺寸 短型	莫氏圆锥号	参考 硬质合金刀片代号	参考 形式
	26.25	286	235	165	115	3	E228	B
26.50								
	25.75	291	240	170	120			
27.00							E229	
	27.25	319	270			4		A
27.50								
	27.75							
28.00							E230	
	28.25	324	275	175	125			
28.50								
	28.75							
29.00							E231	
	29.25							
29.50								
	29.75							
30.00								

表 9.37　硬质合金锥柄钻头规格（GB/T 10947—2006）　mm

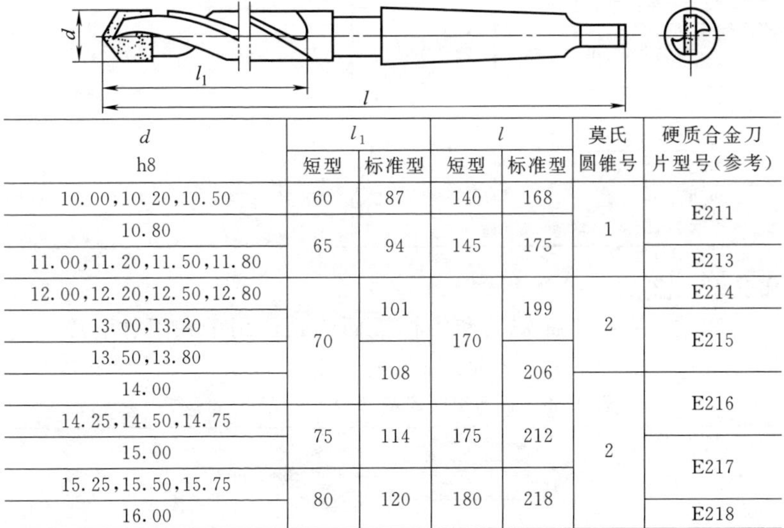

d h8	l_1 短型	l_1 标准型	l 短型	l 标准型	莫氏圆锥号	硬质合金刀片型号(参考)
10.00,10.20,10.50	60	87	140	168	1	E211
10.80	65	94	145	175		
11.00,11.20,11.50,11.80						E213
12.00,12.20,12.50,12.80	70	101	170	199	2	E214
13.00,13.20						E215
13.50,13.80		108		206		
14.00					2	E216
14.25,14.50,14.75	75	114	175	212		
15.00						E217
15.25,15.50,15.75	80	120	180	218		
16.00						E218

续表

d h8	l_1		l		莫氏圆锥号	硬质合金刀片型号(参考)
	短型	标准型	短型	标准型		
16.25,16.50,16.75	85	125	185	223	2	
17.00						E219
17.25,17.50,17.75	90	130	190	228		
18.00						E220
18.25,18.50,18.75	95	135	195	256	3	
19.00						E221
19.25,19.50,19.75	100	140	220	261		
20.00						E222
20.25,20.50,20.75	105	145	225	266	3	
21.00						E223
21.25,21.50,21.75	110	150	230	271		
22.00 22.25						E224
22.50,22.75		155		276		
23.00,23.25,23.50	110	155	230	276	3	E225
23.75	115	100	235	281		
24.00,24.25,24.50,24.75						E226
25.00					3	E227
25.25,25.50,25.75	115	165	235	286		
26.00,26.25,26.50						E228
26.75,27.00	120	170	240	291		E229
27.25,27.50,27.75			270	319	4	
28.00						E230
28.25,28.50,28.75	125	175	275	324		
29.00,29.25,29.50, 29.75,30.00						E231

9.2.6 锪钻

锪钻有直柄锥面锪钻和锥柄锥面锪钻，用于在工件表面上锪60°、90°、120°沉头孔。其规格见表9.38、表9.39。

表9.38 直柄锥面锪钻（GB/T 4258—2004）

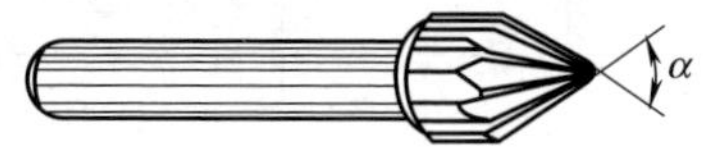

续表

公称直径/mm	小端直径/mm	总长/mm		钻体长/mm		柄部直径/mm h9
		α=60°	α=90°或120°	α=60°	α=90°或120°	
8	1.6	48	44	16	12	8
10	2.0	50	46	18	14	
12.5	2.5	52	48	20	16	
16	3.2	60	56	24	20	10
20	4.0	64	60	28	24	
25	7.0	69	65	33	29	

表 9.39　锥柄锥面锪钻（GB/T 4258—2004）

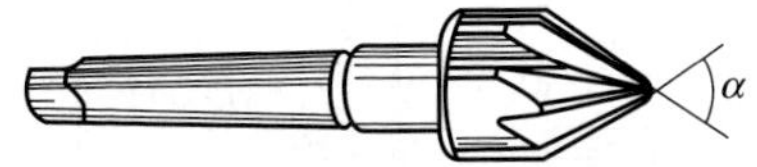

公称直径/mm	小端直径/mm	总长/mm		钻体长/mm		莫氏锥柄号/mm
		α=60°	α=90°或120°	α=60°	α=90°或120°	
16	3.2	97	93	24	20	1
20	4	120	116	28	24	2
25	7	125	121	33	29	
31.5	9	132	124	40	32	
40	12.5	160	150	45	35	3
50	16	165	153	50	38	
63	20	200	185	58	43	4
80	25	215	196	73	54	

9.2.7　手用铰刀

手用铰刀用于手工提高已加工（钻、扩）孔的精度和降低表面粗糙度。有固定型和可调节型（又分普通型和带导向套型）两种。

（1）公制手用铰刀

其直径和尺寸见表 9.40。

表 9.40　公制手用铰刀的推荐直径和各相应尺寸（GB/T 1131.1—2004）

mm

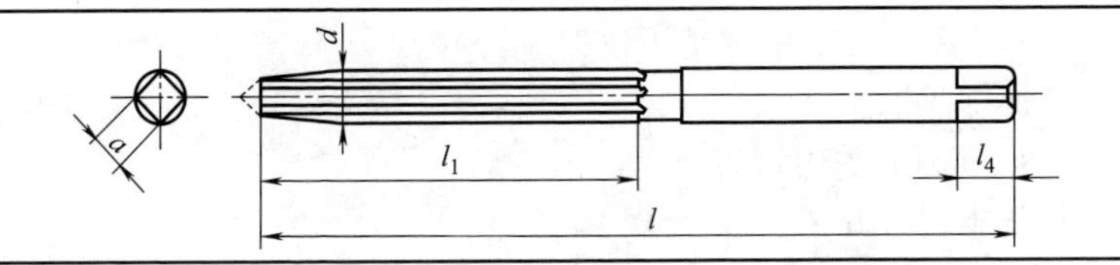

续表

d	l_1	l	a	l_4
(1.5)	20	41	1.12	4
1.6	21	44	1.25	
1.8	23	47	1.40	
2.0	25	50	1.60	
2.2	27	54	1.80	
2.5	29	58	2.00	
2.8 3.0	31	62	2.24	5
3.5	35	71	2.80	
4.0	38	76	3.15	6
4.5	41	81	3.55	
5.0	44	87	4.00	7
5.5 6.0	47	93	4.50	
7.0	54	107	5.60	8
8.0	58	115	6.30	9
9.0	62	124	7.10	10
10.0	66	133	8.00	11
11.0	71	142	9.00	12
12.0 (13.0)	76	152	10.0	13
14.0 (15.0)	81	163	11.20	14
16.0 (17.0)	87	175	12.50	16
18.0 (19.0)	93	188	14.00	18
20.0 (21.0)	100	201	16.00	20

d	l_1	l	a	l_4
22 (23)	107	215	18.00	22
(24) 25 (26)	115	231	20.00	24
(27) 28 (30)	124	247	22.40	26
32	133	265	25.00	28
(34) (35) 36	142	284	28.00	31
(38) 40 (42)	152	305	31.5	34
(44) 45 (46)	163	326	35.50	38
(48) 50 (52)	174	347	40.00	42
(55) 56 (58) (60)	184	367	45.00	46
(62) 63 67	194	387	50.00	51
71	203	406	56.00	56

注：括号内的尺寸尽量不用。

(2) 手用 1∶50 锥度销子铰刀

其尺寸见表 9.41。

(3) 可调节手用铰刀

其基本尺寸见表 9.42～表 9.44。

表 9.41　手用 1∶50 锥度销子铰刀尺寸（GB/T 20774—2006）

mm

d h8	Y	d_1 短刃型	d_1 普通型	d_2	l 短刃型	l 普通型	d_3 h11	L 短刃型	L 普通型
0.6		0.70	0.90	0.6	10	20	3.15	35	38
0.8	5	0.94	1.18	0.7	12	24	3.15	35	42
1.0		1.22	1.46	0.9	16	28	3.15	40	46
1.2		1.50	1.74	1.1	20	32	3.15	45	50
1.5		1.90	2.14	1.4	25	37	3.15	50	57
2.0	5	2.54	2.86	1.9	32	48	3.15	60	68
2.5		3.12	3.36	2.4	36	48	3.15	65	68
3.0		3.70	4.06	2.9	40	58	4.0	65	80
4.0		4.90	5.26	3.9	50	68	5.0	75	93
5.0		6.10	6.36	4.9	60	73	6.3	85	100
6.0	5	7.30	8.00	5.9	70	105	8.0	95	135
8.0		9.80	10.80	7.9	95	145	10.0	125	180
10.0		12.30	13.40	9.9	120	175	12.5	155	215
12.0		14.60	16.00	11.8	140	210	14.0	180	255
16.0	10	19.00	20.40	15.8	160	230	18.0	200	280
20.0		23.40	24.80	19.8	180	250	22.4	225	310
25.0		28.50	30.70	24.7	190	300	28.0	245	370
30.0	15	33.50	36.10	29.7	190	320	31.5	250	400
40.0		44.00	46.50	39.7	215	340	40.0	285	430
50.0		54.10	56.90	49.7	220	360	50.0	300	460

表 9.42　普通型可调节手用铰刀的基本尺寸（JB/T 3869—1999）

mm

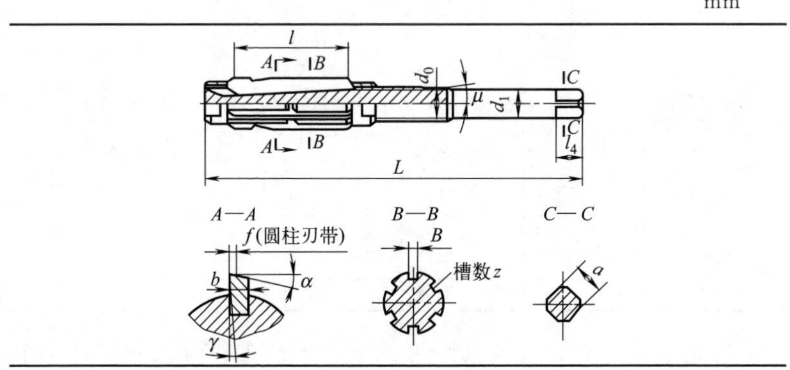

续表

铰刀调节范围	L	B(H9)	b(h9)
≥6.5～7.0	85	1.0	1.0
>7.0～7.75	90		
>7.75～8.5	100	1.15	1.15
>8.5～9.25	105		
>9.25～10	115	1.3	1.3
>10～10.75	125		
>10.75～11.75	130		
>11.75～12.75	135	1.6	1.6
>12.75～13.75	145		
>13.75～15.25	150		
>15.25～17	165	1.8	1.8
>17～19	170	2.0	2.0
>19～21	180		
>21～23	195		
>23～26	215	2.5	2.5
>26～29.5	240		
>29.5～33.5	270	3.0	3.0
>33.5～38	310	3.5	3.5
>38～44	350	4.0	4.0
>44～54	400	4.5	4.5
>54～63	460	4.5	4.5
>63～84	510	5.0	5.0
>84～100	570	6.0	6.0

标记示例：直径调节范围为15.25～17mm的普通型可调节手用铰刀标记为：

可调节手用铰刀 15.25～17 JB/T 3869—1999

表 9.43 带导向套可调节手用铰刀的基本尺寸（JB/T 3869—1999）

mm

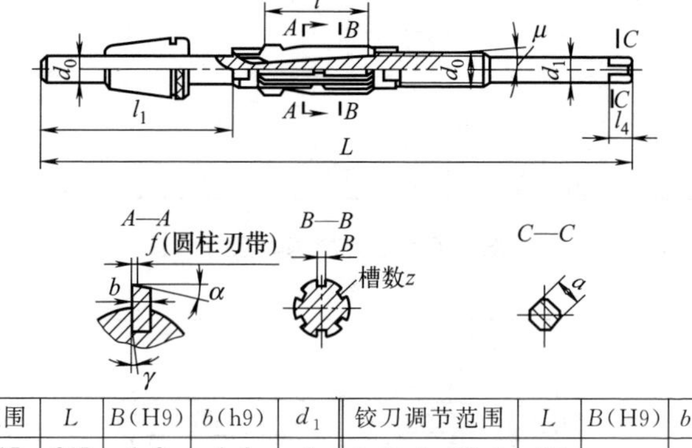

铰刀调节范围	L	B(H9)	b(h9)	d_1
>15.25～17	245	1.8	1.8	9
>17～19	260	2.0	2.0	10
>19～21	300			11.2
>21～23	340	2.5	2.5	14
>23～26	370			
>26～29.5	400	3.0	3.0	18
>29.5～33.5	420	3.5	3.5	20
>33.5～38	440			
>38～44	490	4.0	4.0	25
>44～54	540	4.5	4.5	
>54～68	550			

标记示例：直径调节范围为19～21mm的带导向套型可调节

手用铰刀标记为：

可调节手用铰刀 19～21DX　JB/T 3869—1999

表 9.44　套式手铰刀刀杆（JB/T 3411.45—1999）　mm

d	l	L	d_1	D	用于铰刀直径
13	45	180	21	18.0	>23.6～30.0
16	50		27	22.4	>30.0～35.5
19	56	200	32	25.0	>35.5～42.5
22	63		39	28.0	>42.5～50.8
27	71	220	46	31.5	>50.8～60.0
32	80	240	56	35.5	>60.0～71.0

9.2.8　机用铰刀

机用铰刀有直柄、锥柄和套式三种，装在机床上铰制孔，以提高已加工（钻、扩）孔的精度和降低表面粗糙度。

（1）米制和莫氏圆锥铰刀

其尺寸见表 9.45、表 9.46。

表 9.45　直柄莫氏圆锥和米制圆锥铰刀尺寸（GB/T 1139—2017）

mm

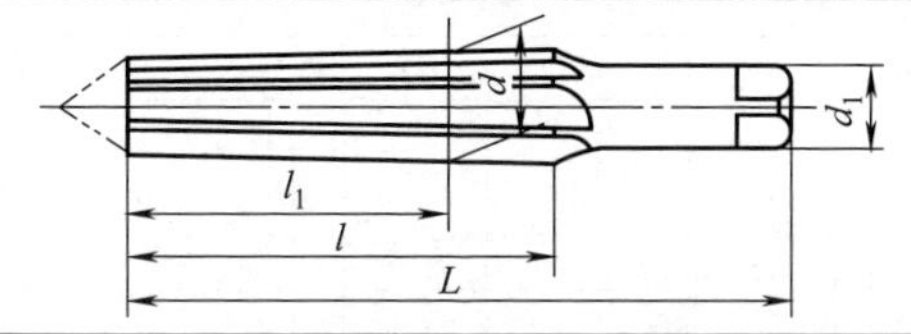

莫氏 3 号圆锥直柄铰刀为：直柄圆锥铰刀莫氏 3　GB/T 1139—2017

圆锥 代号		圆锥 锥度	d	L	l	l_1	d_1 (h9)	方头 a	方头 l_2
米制	4	1∶20=0.05	4.000	48	30	22	4.0	3.15	6
	6		6.000	63	40	30	5.0	4.00	7
莫氏	0	1∶19.212=0.05205	9.045	93	61	48	8.0	6.30	9
	1	1∶20.047=0.04988	12.065	102	66	50	10.0	8.00	11
	2	1∶20.020=0.04995	17.780	121	79	61	14.0	11.20	14
	3	1∶19.922=0.05020	23.825	146	96	76	20.0	16.00	20
	4	1∶19.254=0.05194	31.267	179	119	97	25.0	20.00	24
	5	1∶19.002=0.05263	44.399	222	150	124	31.5	25.00	28
	6	1∶19.180=0.05214	63.348	300	208	176	45.0	35.50	38

表 9.46 锥柄莫氏圆锥和米制圆锥铰刀尺寸（GB/T 1139—2017）

mm

圆锥			d	L	l	l_1	莫氏锥柄号
代号		锥度					
米制	4	1∶20=0.05	4.000	106	30	22	1
	6		6.000	116	40	30	
莫氏	0	1∶19.212=0.05205	9.045	137	61	48	
	1	1∶20.047=0.04988	12.065	142	66	50	
	2	1∶20.020=0.04995	17.780	173	79	61	2
	3	1∶19.922=0.05020	23.825	212	96	76	3
	4	1∶19.254=0.05194	31.267	263	119	97	4
	5	1∶19.002=0.05263	44.399	331	150	124	5
	6	1∶19.180=0.05214	63.348	389	208	176	

（2）带刃倾角机用铰刀

其尺寸见表 9.47。

表 9.47 带刃倾角机用铰刀优先采用的尺寸（GB/T 1134—2008）

mm

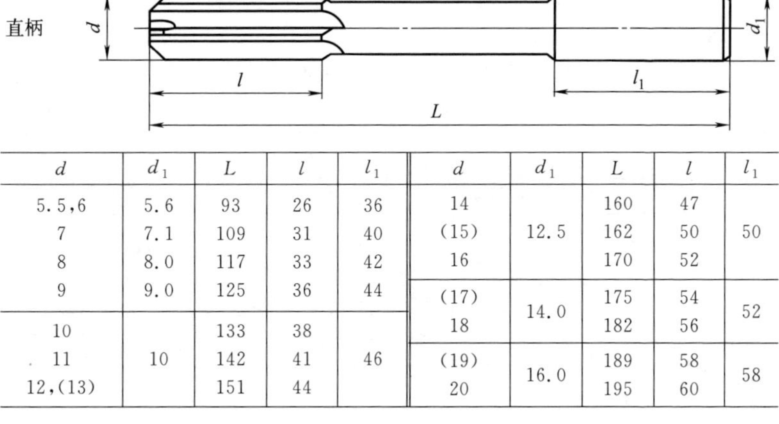

d	d_1	L	l	l_1	d	d_1	L	l	l_1
5.5,6	5.6	93	26	36	14	12.5	160	47	50
7	7.1	109	31	40	(15)		162	50	
8	8.0	117	33	42	16		170	52	
9	9.0	125	36	44	(17)	14.0	175	54	52
10	10	133	38	46	18		182	56	
11		142	41		(19)	16.0	189	58	58
12,(13)		151	44		20		195	60	

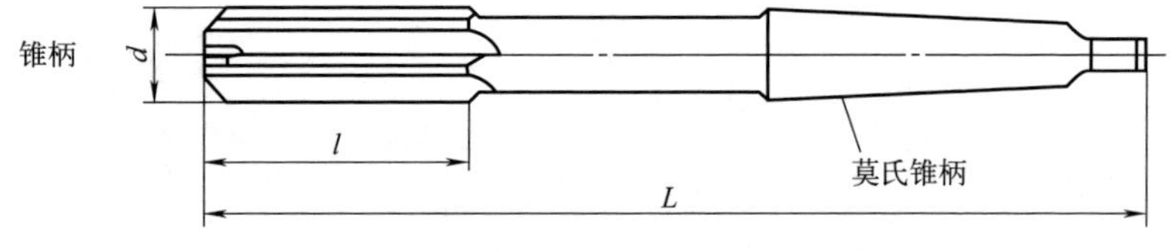

续表

d	L	l	莫氏锥柄号	d	L	l	莫氏锥柄号	d	L	l	莫氏锥柄号
8	156	33	1	(17)	214	54	2	25	268	68	3
9	162	36	1	18	219	56	2	(26)	273	70	3
10	168	38	1	(19)	223	58	2	(27),28	277	71	3
11	175	41	1	20	228	60	2	(30)	281	73	3
12,(13)	182	44	1	(21)	232	62	2	32	317	77	4
14	189	47	1	22	237	64	2	(34),(35)	321	78	4
(15)	204	50	2	(23)	241	66	2	36	325	79	4
16	210	52	2	(24)	264	66	3	(38),40	329	81	4

注：括号内的尺寸尽量不采用。

（3）直柄和莫氏锥柄机用铰刀

其尺寸见表9.48、表9.49。

表9.48　直柄机用铰刀优先采用的尺寸（GB/T 1132—2017）

mm

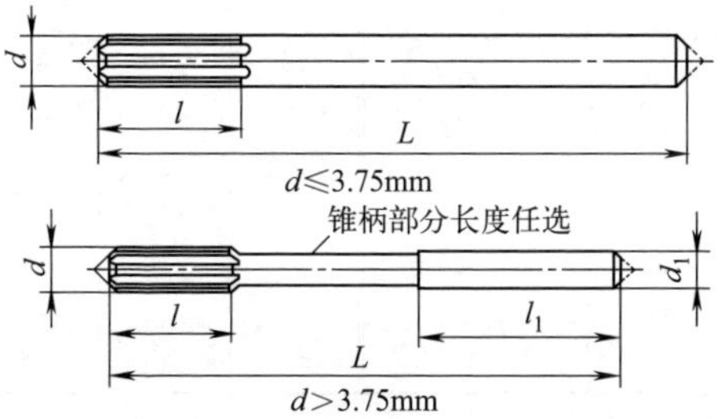

d≤3.75mm

锥柄部分长度任选

d>3.75mm

d	d_1	L	l	l_1	d	d_1	L	l	l_1
1.4	1.4	40	8	—	6	5.6	93	26	36
(1.5)	1.5	40	8	—	7	7.1	109	31	40
1.6	1.6	43	9	—	8	8.0	117	33	42
1.8	1.8	46	10	—	9	9.0	125	36	44
2.0	2.0	49	11	—	10	10.0	133	38	46
2.2	2.2	53	12	—	11	10.0	142	41	46
2.5	2.5	57	14	—	12	10.0	151	44	46
2.8	2.8	61	15	—	(13)	10.0	151	44	46
3.0	3.0	61	15	—	14	12.5	160	47	50
3.2	3.2	65	16	—	(15)	12.5	162	50	50
3.5	3.5	70	18	—	16	12.5	170	52	50
4.0	1.0	75	19	32	(17)	14.0	175	54	52
4.5	4.5	80	21	33	18	14.0	182	56	52
5.0	5.0	86	23	34	(19)	16.0	189	58	58
5.5	5.6	93	26	36	20	16.0	195	60	58

注：括号内的尺寸尽量不用。

表 9.49 莫氏锥柄机用铰刀优先采用的尺寸（GB/T 1132—2017）

mm

d	L	l	莫氏锥柄号	d	L	l	莫氏锥柄号
5.5	138	26		(24)	268	68	
6	138	26		25	268	68	
7	150	31		(26)	273	70	3
8	156	33		28	277	71	
9	162	36	1	(30)	281	73	
10	168	38		32	317	77	
11	176	41		(34)	321	78	
12	182	44		(35)	321	78	
(13)	182	44		36	325	79	
14	189	47		(38)	329	81	
15	204	50		40	329	81	4
16	210	52		(42)	333	82	
(17)	214	54		(44)	336	83	
18	219	56	2	(45)	336	83	
(19)	223	58		(46)	340	84	
20	228	60		(48)	344	86	
22	237	64		50	344	86	

注：括号内的尺寸尽量不采用。

（4）机用 1∶50 锥度销子铰刀

其尺寸见表 9.50、表 9.51。

表 9.50 机用直柄 1∶50 锥度销子铰刀尺寸（GB/T 20331、20332—2006）

mm

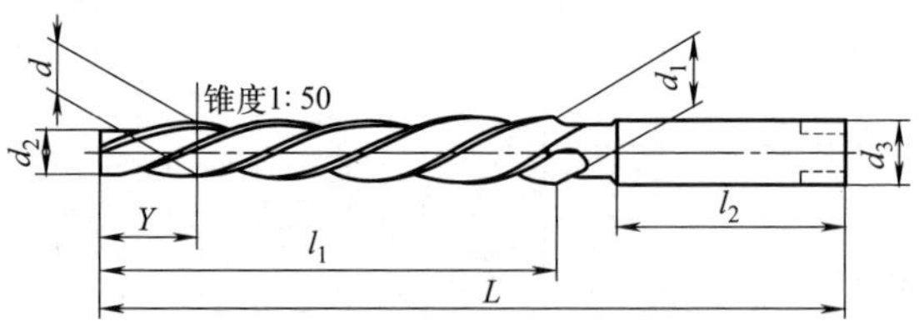

续表

d h8	Y	d_1	d_2	l_1	d_3 h9	l_2	L
2	5	2.86	1.9	48	3.15	29	86
2.5		3.36	2.4	48	3.15	29	86
3		4.06	2.9	58	4.0	32	100
4	5	5.26	3.9	68	5.0	s4	112
5		6.36	4.9	73	6.3	38	122
6		8.00	5.9	105	8.0	42	160
8		10.80	7.9	145	10.0	46	207
10		13.40	9.9	175	12.5	50	245
12	10	16.00	11.8	210	16.0	58	290

表 9.51　机用锥柄 1∶50 锥度销子铰刀尺寸（GB/T 20331、20332—2006）

mm

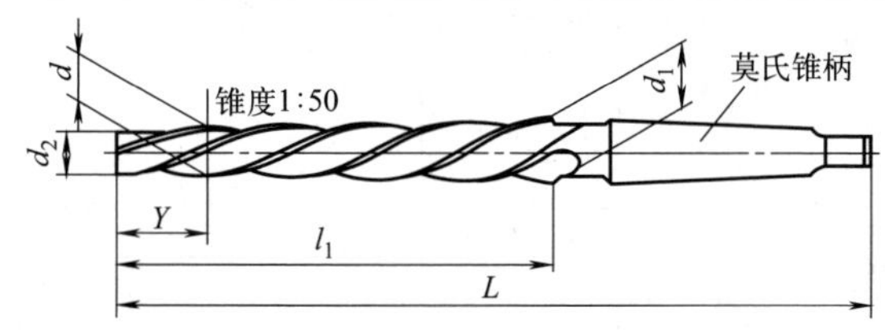

d(h8)	Y	d_1	d_2	l_1	L	莫氏锥柄号
5	5	6.36	4.9	73	155	1
6		8.00	5.9	105	187	
8		10.80	7.9	145	227	
10		13.40	9.9	175	257	
12	10	16.00	11.8	210	315	2
16		20.40	15.8	230	335	2
20		24.80	19.8	250	377	3
25	15	30.70	24.7	300	427	3
30		36.10	29.7	320	475	4
40		46.50	39.7	340	495	4
50		56.90	49.7	360	550	5

（5）套式机用铰刀

其尺寸见表 9.52。

表 9.52　套式机用铰刀尺寸（GB/T 1135—2004）

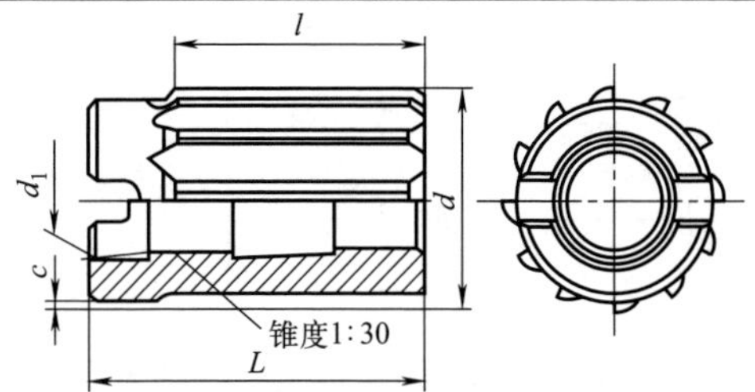

米制尺寸/mm

直径范围 d 大于	直径范围 d 至	d_1	l	L	c（最大）
19.9	23.6	10	28	40	1.0
23.6	30.0	13	32	45	1.0
30.0	35.5	16	36	50	1.5
35.5	42.5	19	40	56	1.5
42.5	50.8	22	45	63	1.5
50.8	60.0	27	50	71	2.0
60.0	71.0	32	56	80	2.0
71.0	85.0	40	63	90	2.5
85.0	101.6	50	71	100	2.5

英制尺寸/in

直径范围 d 大于	直径范围 d 至	d_1	l	L	c（最大）
0.7835	0.9291	0.3937	1 3/32	1 9/16	0.04
0.9291	1.1811	0.5118	1 1/4	1 25/32	
1.1811	1.3976	0.6299	1 13/32	1 31/32	0.06
1.3976	1.6732	0.7480	1 3/16	2 7/32	
1.6732	2.0000	0.8661	1 25/32	2 15/32	
2.0000	2.3622	1.0630	1 31/32	2 25/32	0.08
2.3622	2.7953	1.2598	2 7/32	3 5/32	
2.7953	3.3465	1.5748	2 15/32	3 17/32	0.10
3.3465	4.0000	1.9685	2 25/32	3 15/32	

（6）硬质合金机用铰刀

其尺寸见表 9.53、表 9.54。

表 9.53　硬质合金直柄机用铰刀优先尺寸（GB/T 4251—2008）mm

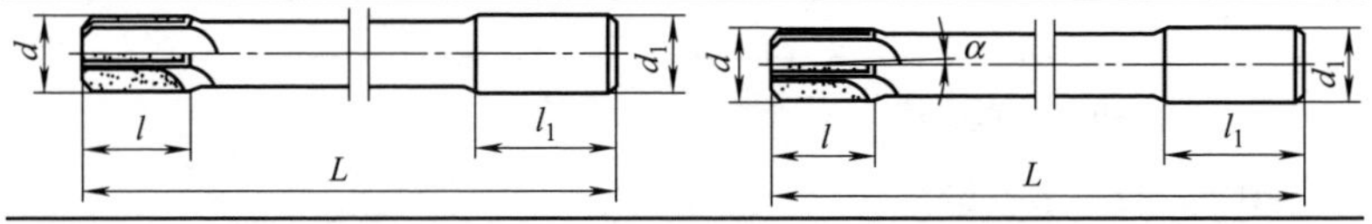

续表

d	d_1	L	l	l_1	d	d_1	L	l	l_1
6	5.6	93	17	36	14	12.5	160	20	50
7	7.1	109		40	(15)		162		
8	8.0	117		42	16		170	25	
9	9.0	125		44	(17)	14.0	175		52
10	10.0	133		46	18		182		
11		142			(19)	16.0	189		58
12		151	20		20		195		
(13)									

注：括号内的尺寸尽量不用。

表 9.54　硬质合金莫氏锥柄机用铰刀优先尺寸（GB/T 4251—2008）

mm

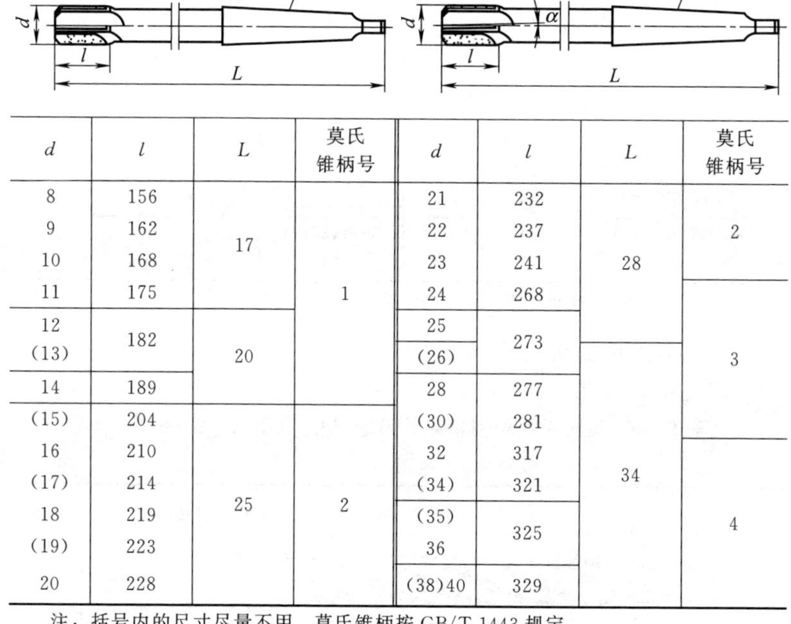

d	l	L	莫氏锥柄号	d	l	L	莫氏锥柄号
8	156	17	1	21	232	28	2
9	162			22	237		
10	168			23	241		
11	175			24	268		3
12	182	20		25	273		
(13)				(26)		34	
14	189			28	277		
(15)	204	25	2	(30)	281		
16	210			32	317		4
(17)	214			(34)	321		
18	219			(35)	325		
(19)	223			36			
20	228			(38)40	329		

注：括号内的尺寸尽量不用，莫氏锥柄按 GB/T 1443 规定。

（7）莫氏锥柄长刃机用铰刀

其尺寸见表 9.55。

表 9.55 莫氏锥柄长刃机用铰刀的优先尺寸（GB/T 4243—2017）

mm

d_1 m6	l_1	l_2	莫氏锥柄号
7	54	134	1
8	58	138	
9	62	142	
10	66	146	
11	71	151	
12,(13)	76	156	
14	81	161	
(15)		181	2
16 (17)	87	187	
18 (19)	93	193	
20,(21)	100	200	
22,(23)	107	207	
(24),25,(26)	115	242	3
(27),28,(30)	124	251	

d_1 m6	l_1	l_2	莫氏锥柄号
32	133	293	4
(34) (35) 36	142	302	
(38) 40,(42)	152	312	
(44) 45 (46)	163	323	
(48) 50	174	334	
(52)		372	5
(55),56 (58),(60)	184	381	
(62),63,67	194	391	
71	203	400	

注：括号内的尺寸尽量不用，莫氏锥柄按 GB/T 1443 规定。

（8）莫氏锥柄机用桥梁铰刀

其尺寸见表 9.56。

表 9.56 莫氏锥柄机用桥梁铰刀的尺寸（GB/T 4247—2017）

mm

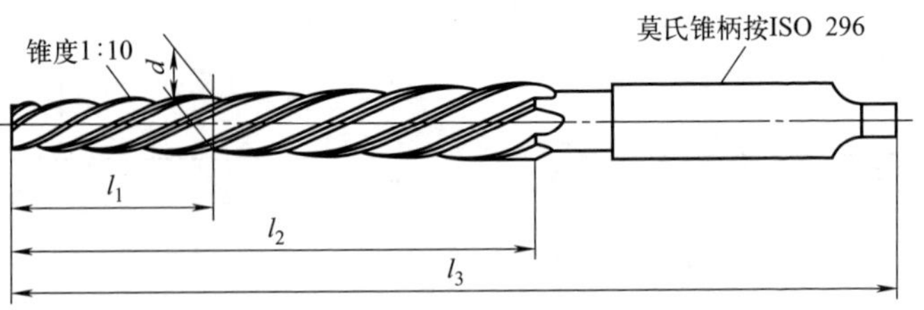

续表

直径范围 d(k11)		长度			莫氏锥柄号	直径范围 d(k11)		长度			莫氏锥柄号
大于	至	l_1	l_2	l_3		大于	至	l_1	l_2	l_3	
6.0	6.7	30	75	151	1	17.0	19.0	58	145	261	3
6.7	7.5	32	80	156		19.0	21.2	62	155	271	
7.5	8.5	34	85	161		21.2	23.6	66	165	281	
8.5	9.5	36	90	166		23.6	26.5	72	180	296	
9.5	10.6	38	95	171		26.5	30.0	78	195	311	
10.6	11.8	40	100	176		30.0	31.5	84	210	326	
11.8	13.2	42	105	199	2	31.5	33.5	84	210	354	4
13.2	14.0	46	115	209		33.5	37.5	88	220	364	
14.0	15.0	50	125	219		37.5	42.5	92	230	374	
15.0	16.0	54	135	229		42.5	47.5	96	240	384	
16.0	17.0	54	135	251	3	47.5	50.8	100	250	394	

注：1. 铰刀引入部分的锥度为 1∶10，近似相当于张开角 5°45′。

2. 推荐的米制系列直径：6.4mm，(7.4mm)，8.4mm，11mm，13mm，(15mm)，17mm，(19mm)，21mm，(23mm)，25mm，(28mm)，31mm，(34mm)，(40mm)(括号中的尺寸尽量不采用)。

(9) 硬质合金可调节浮动铰刀。

其尺寸见表 9.57。

表 9.57　硬质合金可调节浮动铰刀尺寸（JB/T 7426—2006）

mm

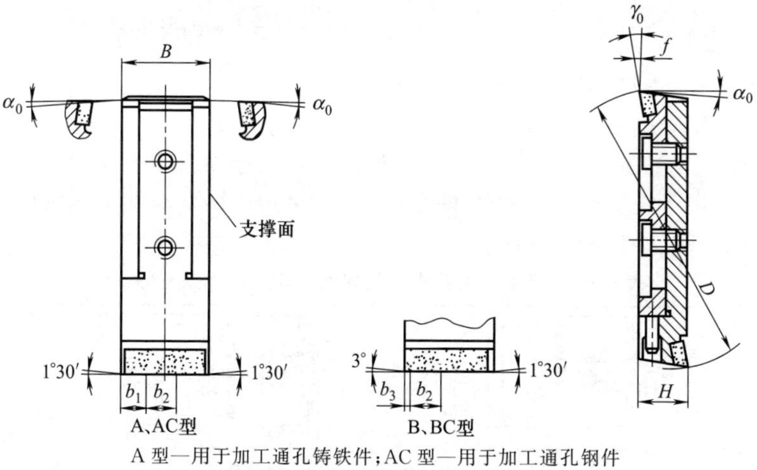

A、AC型　　B、BC型

A 型—用于加工通孔铸铁件；AC 型—用于加工通孔钢件

B 型—用于加工盲孔铸铁件；BC 型—用于加工盲孔钢件

续表

铰刀代号	D	B	H	铰刀代号	D	B	H
20～22-20×8	20	20	8	90～100-30×16	90	30	16
22～24-20×8	22			100～110-30×16	100		
24～27-20×8	24			110～120-30×16	110		
27～30-20×8	27			120～135-30×16	120		
30～33-20×8	30			135～150-30×16	135		
33～36-20×8	33			(80～90-35×20)	80	35	20
36～40-25×12	36	25	12	(90～100-35×20)	90		
40～45-25×12	40			(100～110-35×20)	100		
45～50-25×12	45			(110～120-35×20)	110		
50～55-25×12	50			(120～135-35×20)	120		
55～60-25×12	55			(135～150-35×20)	135		
(60～65-25×12)	60			150～170-35×20	150		
(65～70-25×12)	65			170～190-35×20	170		
(70～80-25×12)	70			(190～210-35×20)	190		
(50～55-30×16)	50	30	16	(210～230-35×20)	210		
(55～60-30×16)	55			(150～170-40×25)	150	40	25
60～65-30×16	60			(170～190-40×25)	170		
65～70-30×16	65			190～210-40×25	190		
70～80-30×16	70			210～230-40×25	210		
80～90-30×16	80						

注：1. 第一列铰刀代号“-”之前的“××～××”表示调节范围。

2. 所有 $\alpha_0=0°\sim4°$；$f=0.10\sim0.15$；A、B 型的 $\gamma_0=0°$。

3. 适用直径 20～230mm、加工公差等级 IT6～IT7 级精度圆柱孔的浮动铰刀。

9.2.9 扳手三爪钻夹头

用于电钻或钻床上夹持直柄钻头，分重型（代号 H）、中型（代号 M）和轻型（代号 L）三类。前者用于机床和重负荷加工，中者用于轻负荷加工和便携式工具，后者用于轻负荷加工和家用钻具。其规格见表 9.58。

表 9.58 扳手三爪钻夹头的规格（GB/T 6087—2003）

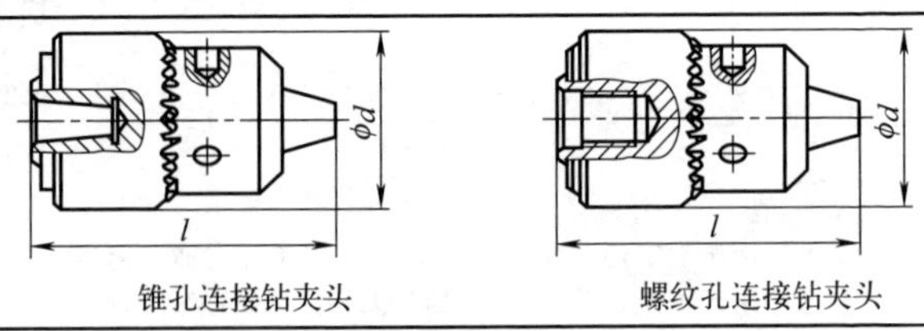

锥孔连接钻夹头　　螺纹孔连接钻夹头

续表

钻夹头形式		夹持钻头直径范围/mm	外形尺寸/mm		锥孔代号		螺纹规格	
			l	d	莫氏锥孔	贾格锥孔	英制螺纹	米制普通螺纹
H型	4H	0.5～4	50	26	B10	0	①	—
	6.5H	0.8～6.5	60	38/34	(B10),B12	1	②③	⑥⑦
	8H	0.8～8	62	38	(B10),B12	2S,(2)	②③	⑥⑦
	10H	1～10	80	46	(B12),B16	2S,2,33	③	⑥⑦
	13H	1～13	93/90	55	B16,(B18)	33,6	③④	⑦
	16H	1/3～16	106/100	60	(B16),B18	(6),(3)	③④	⑦⑧
	20H	5～20	120/110	65	B22	(3)	⑤	⑧
	26H	5～26	148	93	B24	(4),(5)	—	—
M型	6.5M	0.8～6.5	58/56	35	B10	1	①②	⑥
	8M	0.8～8	58/56	35	B12	1	②③	⑥⑦
	10M	1～10	65	42.9	B12	2S,2,33	②③	⑥⑦
	13M	1.5～13	82	47/46	B16	2,33,6	③	⑥⑦
	16M	3～16	93/90	52	B16	4	③④	⑦⑧
L型	6.5L	0.8～6.5	56	30	B10	1	②	⑥
	8L	1～8	56	30	B10	1	②③	⑥⑦
	10L	1.5～10	65	34	B12	2S,2,33	②③	⑥⑦
	13L	2.5～13	82	42.9	B12,B16	2,33,6	③④	⑥⑦
	16L	3～16	88	51	B16	33,6	④⑤	⑦⑧

注：1. 括号内的锥孔代号尽量不采用。2S 中的“S”表示为短贾格锥孔。

2. 外形尺寸栏中用分数表示的数据，分子适用于锥孔连接钻夹头，分母适用于螺纹孔连接钻夹头。

3. 螺纹规格栏中，螺纹代号：①为 5/16×24；②为 3/8×24；③为 1/2×20；④为 5/8×16；⑤为 3/4×16；⑥为 M10×1；⑦为 M12×1.25；⑧为 M16×1.5。

9.2.10 无扳手三爪钻夹头

无扳手三爪钻夹头也分重型（H）、中型（M）和轻型（L），有自紧式和手紧式两种。与机床的连接形式有锥孔连接和螺纹孔连接。夹头的转矩要求见表 9.59。

表 9.59　钻夹头的转矩要求（JB/T 4371.2—2002）

形式		自紧式								手紧式	
最大夹持直径/mm		3	4	5	6.5	8	10	13	16	10	13
试棒直径 d/mm		3	4	5	6.5	8	10	13	16	10	13
输入扭矩/N·m		—	—	—	—	—	—	—	—	7	7
输出扭矩 M_{min}/N·m	H 型	0.8	1.2	2	3	6	12	14	5	6	
	M 型	—	—	—	2.5	5	8	10	4.5	5	
	L 型	—	—	—	—	4	5	—	4	4.5	

9.3 螺纹加工工具和辅具

螺纹加工工具包括丝锥、板牙和搓丝板、滚丝轮。丝锥用来加工普通内螺纹，板牙用来加工外螺纹，它们是用切削方法加工，而搓丝板和滚丝轮则是用塑性变形方法加工。

丝锥分普通螺纹丝锥、管螺纹丝锥、螺母丝锥和螺旋槽丝锥。普通螺纹丝锥又有机用和手用以及长柄和短柄之分，它们都是加工普通螺纹用的切削刀具。前者一般用碳素工具钢或合金工具钢滚牙制成，公差带为 H4。后者一般用高速钢磨牙，公差带分 H1、H2、H3 三种。但机用和手用丝锥的规格相同。

9.3.1 机用和手用丝锥

丝锥按柄形式，可分为通用柄、短柄和细长柄三种。前者有粗柄（带颈和不带颈）和细柄之分；中者有粗短柄、粗柄带颈短柄和细短柄之分；后者有 ISO 米制和 ISO 英制之分，细长柄丝锥均为机用丝锥，其余的均有机用和手用。

机用和手用丝锥规格见表 9.60～表 9.62。

表 9.60 粗柄机用和手用丝锥规格（GB/T 3464.1—2007）mm

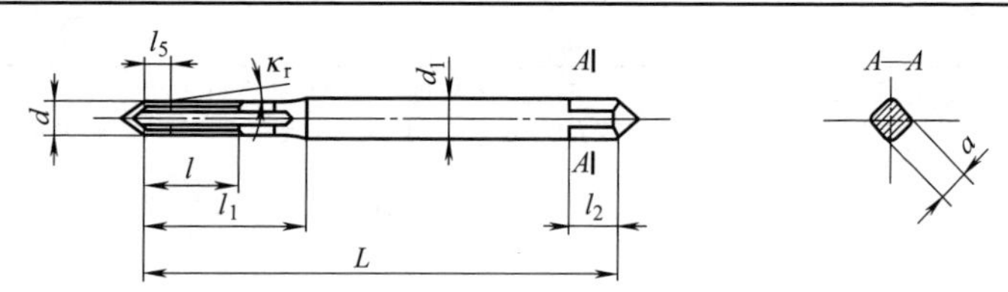

<table>
<tr><th colspan="7">粗牙普通螺纹丝锥</th><th colspan="7">细牙普通螺纹丝锥</th></tr>
<tr><th rowspan="2">代号</th><th rowspan="2">公称直径 d</th><th rowspan="2">螺距 P</th><th rowspan="2">d1</th><th rowspan="2">L</th><th colspan="2">方头</th><th rowspan="2">代号</th><th rowspan="2">公称直径 d</th><th rowspan="2">螺距 P</th><th rowspan="2">d1</th><th rowspan="2">L</th><th colspan="2">方头</th></tr>
<tr><th>a</th><th>l2</th><th>a</th><th>l2</th></tr>
<tr><td>M1</td><td>1.0</td><td rowspan="3">0.25</td><td rowspan="3">2.5</td><td rowspan="3">38.5</td><td rowspan="3">2</td><td rowspan="3">4</td><td>M1×0.2</td><td>1.0</td><td rowspan="3">0.2</td><td rowspan="3">2.5</td><td rowspan="3">38.5</td><td rowspan="3">2</td><td rowspan="3">4</td></tr>
<tr><td>M1.1</td><td>1.1</td><td>M1.1×0.2</td><td>1.1</td></tr>
<tr><td>M1.2</td><td>1.2</td><td>M1.2×0.2</td><td>1.2</td></tr>
<tr><td>M1.4</td><td>1.4</td><td>0.3</td><td rowspan="4">2.5</td><td>40</td><td rowspan="4">2</td><td rowspan="4">4</td><td>M1.4×0.2</td><td>1.4</td><td rowspan="3">0.2</td><td rowspan="4">2.5</td><td>40</td><td rowspan="4">2</td><td rowspan="4">4</td></tr>
<tr><td>M1.6</td><td>1.6</td><td rowspan="2">0.35</td><td rowspan="3">41</td><td>M1.6×0.2</td><td>1.6</td><td rowspan="3">41</td></tr>
<tr><td>M1.8</td><td>1.8</td><td>M1.8×0.2</td><td>1.8</td></tr>
<tr><td>M2</td><td>2.0</td><td>0.4</td><td>M2×0.25</td><td>2.0</td><td rowspan="2">0.25</td></tr>
<tr><td>M2.2</td><td>2.2</td><td rowspan="2">0.45</td><td rowspan="2">2.8</td><td rowspan="2">44.5</td><td rowspan="2">2.24</td><td rowspan="2">5</td><td>M2.2×0.25</td><td>2.2</td><td rowspan="2">2.8</td><td rowspan="2">44.5</td><td rowspan="2">2.24</td><td rowspan="2">5</td></tr>
<tr><td>M2.5</td><td>2.5</td><td>M2.5×0.35</td><td>2.5</td><td>0.35</td></tr>
</table>

表 9.61　粗柄带颈机用和手用丝锥规格（GB/T 3464.1—2007）

mm

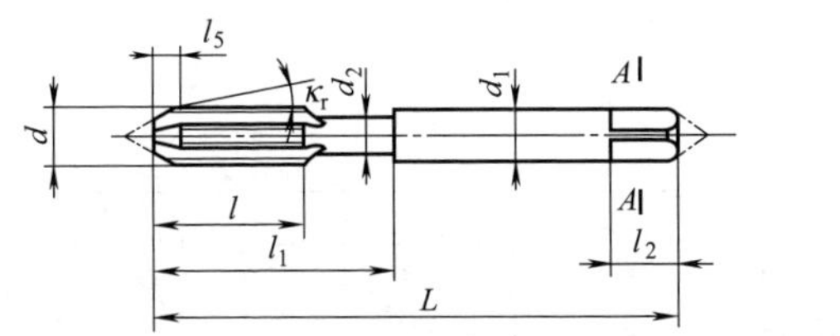

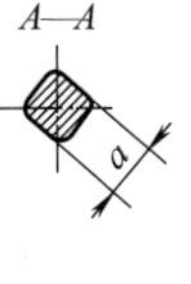

粗牙普通螺纹丝锥

代号	公称直径 d	螺距 P	d_1	L	方头 a	方头 l_2
M3	3.0	0.5	3.15	48	2.5	5
M3.5	3.5	(0.6)	3.55	50	2.8	
M4	4.0	0.7	4.0	53	3.15	6
M4.5	4.5	(0.75)	4.5		3.55	
M5	5	0.8	5.0	58	4.0	7

代号	公称直径 d	螺距 P	d_1	L	方头 a	方头 l_2
M6	6	1.0	6.3	66	5.0	8
M7	7		7.1		5.6	
M8	8	1.25	8	72	6.3	9
M9	9		9		7.1	10
M10	10	1.5	10	80	8.0	11

细牙普通螺纹丝锥

代号	公称直径 d	螺距 P	d_1	L	方头 a	方头 l_2
M3×0.35	3.0	0.35	3.15	48	2.5	5
M3.5×0.35	3.5		3.55	50	2.8	
M4×0.5	4.0	0.5	4.0	53	3.15	6
M4.5×0.5	4.5		4.5		3.55	
M5×0.5	5.0	0.5	5.0	58	4.0	7
M5.5×0.5	5.5		5.6	62	4.5	
M6×0.5	6		6.3	66	5.0	8
M6×0.75		0.75				
M7×0.75	7		7.1	66	5.6	

代号	公称直径 d	螺距 P	d_1	L	方头 a	方头 l_2
M8×0.5	8	0.5	8	60	6.3	9
M8×0.75		0.75				
M8×1		1.0				
M9×1.75	9	0.75	9		7.1	10
M9×1		1.0				
M10×0.75	10	0.75	10	65	8	11
M10×1		1.0				
M10×1.25		1.25				

表 9.62　细柄机用和手用丝锥规格（GB/T 3464.1—2007）mm

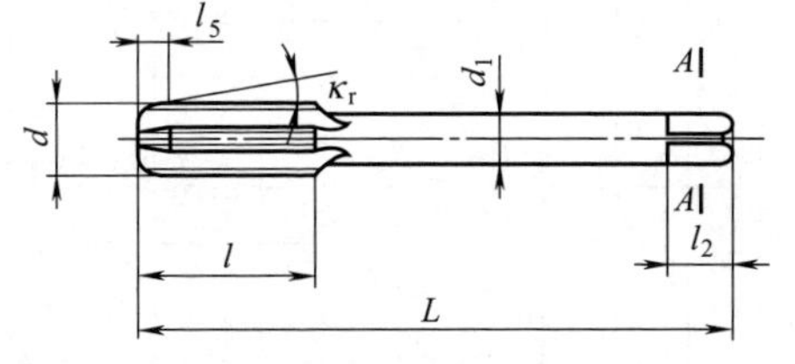

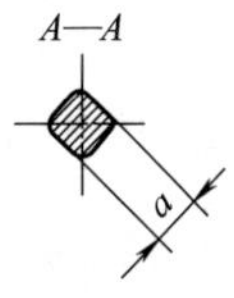

续表

粗牙普通螺纹丝锥

代号	公称直径 d	螺距 P	d_1	L	方头 a	方头 l_2
M3	3.0	0.5	2.24	48	118	4
M3.5	3.5	(0.6)	2.5	50	2	
M4	4.0	0.7	3.15	53	2.5	5
M4.5	4.5	(0.75)	3.55		2.8	
M5	5	0.8	4.0	58	3.15	6
M6	6	1.0	4.5	66	3.55	
M7	(7)		5.6		4.5	7
M8	8	1.25	6.3	72	5	8
M9	(9)		7.1		5.6	
M10	10	1.5	8.0	80	6.3	9
M11	(11)			85		
M12	12	1.75	90	89	7.1	10
M14	14	2.0	11.2	95	9	12
M16	16		12.5	102	10	13
M18	18	2.5	14	112	11.2	14

代号	公称直径 d	螺距 P	d_1	L	方头 a	方头 l_2
M20	20	2.5	14	112	11.2	14
M22	22		16	118	12.5	16
M24	24	3.0	18	130	14	18
M27	27		20	135	16	20
M30	30	3.5		138		
M33	33		22.4	151	18	22
M36	36	4.0	25	162	20	24
M39	39		28	170	22.4	26
M42	42	4.5				
M45	45	4.5	31.5	187	25	28
M48	48	5.0				
M52	52		35.5	200	28	31
M56	56	5.5				
M60	60		40	221	31.5	34
M64	64	6.0		224		
M68	68		45	234	35.5	38

细牙普通螺纹丝锥

代号	公称直径 d	螺距 P	d_1	L	方头 a	方头 l_2
M3×0.35	3.0	0.35	2.24	48	1.8	4
M3.5×0.35	3.5		2.5	50	2	
M4×0.5	4.0	0.5	3.15	53	2.5	5
M4.5～0.5	4.5		3.55		2.8	
M5×0.5	5.0		4	58	3.15	6
M5.5×0.5	(5.5)			62		
M6×0.75	6	0.75	4.5	66	3.55	
M7×0.75	(7)		5.6		4.5	7
M8×0.75	8		6.3		5.0	8
M8×1		1.0		72		
M9×0.75	(9)	0.75	7.1	66	5.6	
M9×1		1.0		72		
M10×0.75	10	0.75	8	73	6.3	9
M10×1		1.0		80		
M10×1.25		1.25				

代号	公称直径 d	螺距 P	d_1	L	方头 a	方头 l_2
M11×0.75	(11)	0.75	8	80	6.3	9
M11×1		1.0				
M12×1	12	1.0	9		7.1	10
M12×1.25		1.25		89		
M12×1.5		1.5				
M14×1	14	1.0	11.2	87	9	12
M14×1.25①		1.25		95		
M14×1.5		1.5				
M15×1.5	(15)					
M16×1	16	1.0	12.5	92	10	13
M16×1.5		1.5		102		
M17×15	(17)					
M18×1	18	1.0	14	97	11.2	14
M18×1.5		1.5		112		
M18×2		2.0		112		

续表

代号	公称直径 d	螺距 P	d_1	L	方头	
					a	l_2
M20×1	20	1.0	14	102	11.2	14
M20×1.5		1.5		112		
M20×2		2.0				
M22×1		1.0	16	109	12.5	16
M22×1.5	22	1.5		118		
M22×2		2.0				
M24×1	24	1.0	18	114	14	18
M24×1.5		1.5		130		
M24×2		2.0				
M25×1.5	25	1.5	18	130	14	18
M25×2		2.0				
M26×1.5	26	1.5		120		
M27×1	27	1.0	20		16	20
M27×1.5		1.5		127		
M27×2		2.0				
M28×1	(28)	1.0		120	16	20
M28×1.5		1.5	20	127		
M28×2		2.0				
M30×1	30	1.0		120	16	20
M30×1.5		1.5		127		
M30×2		2.0		127		
M30×3		3.0		138		
M32×1.5	(32)	1.5	22.4	137	18	22
M32×2		2.0				
M33×1.5	33	1.5				
M33×2		2.0				
M33×3		3.0		151		
M35×1.5[②]	(35)	1.5	25	144	20	24
M36×1.5	36					
M36×2		2.0				
M36×3		3.0		162		
M38×1.5	38	1.5	28	149	22.4	26
M39×1.5	39					
M39×2		2.0				
M39×3		3.0		170		

代号	公称直径 d	螺距 P	d_1	L	方头	
					a	l_2
M40×1.5	(40)	1.5	28	149	22.4	26
M40×2		2.0		149		
M40×3		3.0		170		
M42×1.5	42	1.5	28	149	22.4	26
M42×2		2				
M42×3		3		170		
M42×4		(4)				
M45×1.5	45	1.5	31.5	165	25	28
M45×2		2				
M45×3		3		187		
M45×4		(4)				
M48×1.5	48	1.5	31.5	165	25	28
M48×2		2				
M48×3		3		187		
M48×4		(4)				
M50×1.5	(50)	1.5	31.5	165	25	28
M50×2		2		165		
M50×3		3		187		
M52×1.5	52	1.5	35.5	175	28	31
M52×2		2				
M52×3		3		200		
M52×4		4				
M55×1.5	(55)	1.5	35.5	175	28	31
M55×2		2				
M55×3		3		200		
M55×4		4				
M56×1.5	56	1.5	35.5	175	28	31
M56×2		2				
M56×3		3		200		
M56×4		4				
M58×1.5	58	1.5	40	193	31.5	34
M58×2		2				
M58×3		(3)		209		
M58×4		(4)				
M60×1.5	60	1.5	40	193	31.5	34
M60×2		2				

续表

代号	公称直径 d	螺距 P	d_1	L	方头	
					a	l_2
M60×3 M60×4	60	3 4	40	209	31.5	34
M62×1.5 M62×2	62	1.5 2	40	193	31.5	34
M62×3 M62×4		(3) (4)		209		
M64×1.5 M64×2	64	1.5 2	40	193	31.5	34
M64×3 M64×4		3 4		209		
M65×1.5 M65×2	65	1.5 2	40	193	31.5	34
M65×3 M65×4		(3) (4)		209		
M68×1.5 M68×2	68	1.5 2	40	203	35.5	38
M68×3 M68×4		3 4		219		
M70×1.5 M70×2	70	1.5 2	45	203	35.5	38
M70×3		(3)		219		
M70×4		(4)				
M70×6		(6)		234		
M72×1.5 M72×2	72	1.5 2	45	203	35.5	38
M72×3 M72×4		3 4		219		
M72×6		6		234		
M75×1.5 M75×2	75	1.5 2	45	203	35.5	38
M75×3 M75×4		(3) (4)		219		
M75×6		(6)		234		

代号	公称直径 d	螺距 P	d_1	L	方头	
					a	l_2
M76×1.5 M76×2	76	1.5 2	50	226	40	42
M76×3 M76×4		3 4		242		
M76×6		6		258		
M78×2	78	2		256		
M80×1.5 M80×2	80	1.5 2	50	226	40	42
M80×3 M80×4		3 4		242		
M80×6		6		258		
M82×2	82	2	50	226	40	42
M85×2	85	2				
M85×3 M85×4		3 4		242		
M85×6		6		261		
M90×2	90	2	50	226	40	42
M90×3 M90×4		3 4		242 242		
M90×6		6		261		
M95×2 M95×3 M95×4 M95×6	95	2 3 4 6	56	244 260 260 279	40	42
M100×2 M100×3 M100×4 M100×6	100	2 3 4 6	56	244 260 260 279	45	46

① 仅用于火花塞。

② 仅用于滚动轴承锁紧螺母。

9.3.2　短柄机用和手用丝锥

短柄机用和手用丝锥见表 9.63～表 9.65。

表 9.63　粗短柄机用和手用丝锥规格（GB/T 3464.3—2007）

mm

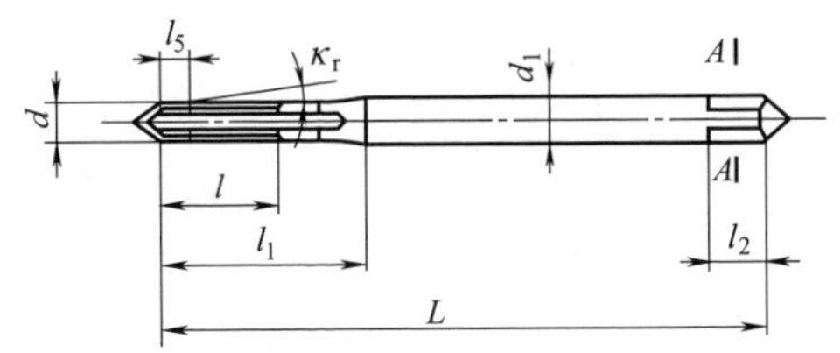

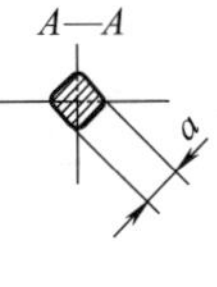

粗牙普通螺纹丝锥							细牙普通螺纹丝锥						
代号	公称直径 d	螺距 P	d_1	L	方头		代号	公称直径 d	螺距 P	d_1	L	方头	
					a	l_2						a	l_2
M1	1.0	0.25	2.5	28	2	4	M1.0×0.2	1.0	0.2	2.5	28	2	4
M1.1	1.1						M1.1×0.2	1.1					
M1.2	1.2						M1.2×0.2	1.2					
M1.4	14	0.30	2.5		2	4	M1.4×0.2	1.4	0.2	2.5		2	4
M1.6	1.6	0.35		32			M1.6×0.2	1.6			32		
M1.8	1.8						M1.8×0.2	1.8					
M2	2.0	0.40		36			M2.0×0.25	2.0	0.25		36		
M2.2	2.2	0.45	2.8		2.24	5	M2.2×0.25	2.2		2.8		2.24	5
M2.5	2.5						M2.5×0.35	2.5	0.35				

表 9.64　粗柄带颈短柄机用和手用丝锥规格（GB/T 3464.3—2007）

mm

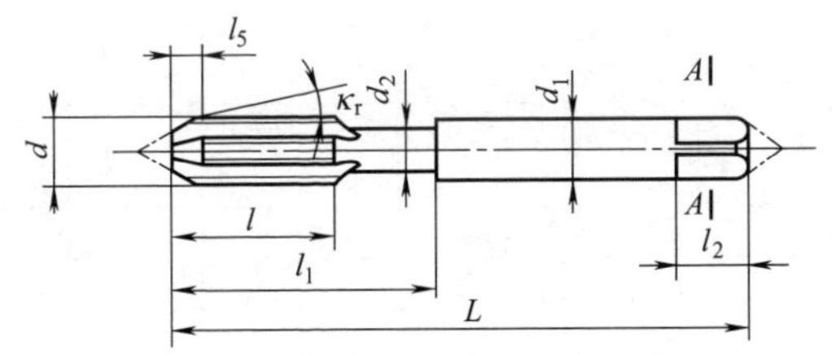

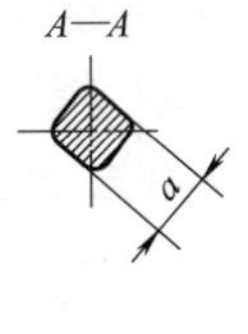

粗牙普通螺纹丝锥													
代号	公称直径 d	螺距 P	d_1	L	方头		代号	公称直径 d	螺距 P	d_1	L	方头	
					a	l_2						a	l_2
M3	3.0	0.5	3.15	40	2.5	5	M4	4.0	0.7	4.0	45	3.15	6
M3.5	3.5	(0.6)	3.55		2.8		M4.5	4.5	(0.75)	4.5		3.55	

续表

代号	公称直径 d	螺距 P	d_1	L	方头 a	方头 l_2	代号	公称直径 d	螺距 P	d_1	L	方头 a	方头 l_2
粗牙普通螺纹丝锥													
M5	5	0.8	5.0	50	4.0	7	M8	8	1.25	8	65	6.3	9
M6	6	1.0	6.3	55	5.0	8	M9	9		9		7.1	10
M7	7		7.1		5.6		M10	10	1.5	10	70	8.0	11
细牙普通螺纹丝锥													
M3×0.35	3	0.35	3.15	40	2.5	5	M8×0.5	8	0.5	8	60	6.3	9
M3.5×0.35	3.5		3.55		2.8		M8×0.75		0.75				
M4×0.5	4	0.5	4.0	45	3.15	6	M8×1.0		1.0				
M4.5×0.5	4.5		4.5		3.55		M9×0.75	9	0.75	9		7.1	10
M5×0.5	5	0.5	5.0	50	4.0	7	M9×1.0		1.0				
M5.5×0.5	5.5		5.6		4.5		M10×0.75	10	0.75	10	65	8	11
M6×0.5	6		6.3	50	5.0	8	M10×1.0		1.0				
M6×0.75		0.75					M10×1.25		1.25				
M7×0.75	7		7.1		5.6								

注：1. 括号内的尺寸尽可能不用。

2. 允许无空刀槽，届时螺纹部分长度尺寸应为 $l+(l_1-l)/2$。

表 9.65 细短柄机用和手用丝锥规格（GB/T 3464.3—2007）

mm

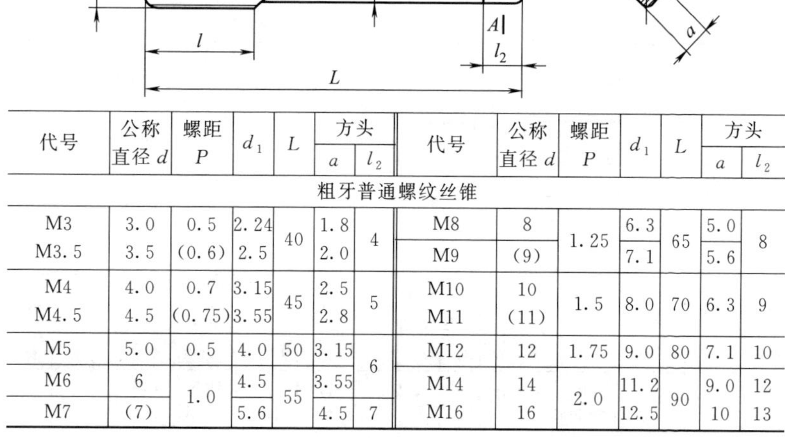

代号	公称直径 d	螺距 P	d_1	L	方头 a	方头 l_2	代号	公称直径 d	螺距 P	d_1	L	方头 a	方头 l_2
粗牙普通螺纹丝锥													
M3	3.0	0.5	2.24	40	1.8	4	M8	8	1.25	6.3	65	5.0	8
M3.5	3.5	(0.6)	2.5		2.0		M9	(9)		7.1		5.6	
M4	4.0	0.7	3.15	45	2.5	5	M10	10	1.5	8.0	70	6.3	9
M4.5	4.5	(0.75)	3.55		2.8		M11	(11)					
M5	5.0	0.5	4.0	50	3.15	6	M12	12	1.75	9.0	80	7.1	10
M6	6	1.0	4.5	55	3.55		M14	14	2.0	11.2	90	9.0	12
M7	(7)		5.6		4.5	7	M16	16		12.5		10	13

续表

粗牙普通螺纹丝锥

代号	公称直径 d	螺距 P	d_1	L	方头	
					a	l_2
M18	18	2.5	14	100	11.2	14
M20	20					
M22	22		16	110	12.5	16
M24	24	3.0	18	120	14	18
M27	27		20		16	20
M30	30	3.5		130		
M33	33		22.4		18	22

代号	公称直径 d	螺距 P	d_1	L	方头	
					a	l_2
M36	36	4.0	25	145	20	24
M39	39		28		22.4	26
M42	42	4.5		160		
N145	45	4.5	31.5		25	28
M48	48	5.0		175		
M52	52		35.5		28	31

细牙普通螺纹丝锥

代号	公称直径 d	螺距 P	d_1	L	方头	
					a	l_2
M3×0.35	3	0.35	2.24	40	1.8	4
M3.5×0.35	3.5		2.5		2.0	
M4×0.5	4	0.5	3.10	45	2.5	5
M4.5×0.5	4.5		3.55		2.8	
M5×0.5	5		4.0	50	3.15	6
M5.5×0.5	(5.5)					
M6×0.75	6	0.75	4.5		3.55	
M7×0.75	(7)		5.6		4.5	7
M8×0.75	8		6.3	60	5.0	8
M8×1		1.0				
M9×0.75	(9)	0.75	7.1		5.6	
M9×1		1.0				
M10×0.75	10	0.75	8	65	6.3	9
M10×1		1				
M10×1.25		1.25	8	65	6.3	9
M11×0.75	(11)	0.75				
M11×1		1				
M12×1	12	1	9	70	7.1	10
M12×1.20		1.25				
M12×1.5		1.5				
M14×1	14	1	11.2	70	9	12
M14×1.25①		1.25				
M14×1.5		1.5				
M15×1.5	(15)					
M16×1	16	1	12.5	80	10	13
M16×1.5		1.5				
M17×1.5	(17)					

代号	公称直径 d	螺距 P	d_1	L	方头	
					a	l_2
M18×1	18	1	14	90	11.2	14
M18×1.5		1.5				
M18×2		2				
M20×1	20	1	14	90	11.2	14
M20×1.5		1.5				
M20×2		2				
M22×1	22	1	16		12.5	16
M22×1.5		1.5				
M22×2		2				
M24×1	24	1	18	95	14	18
M24×1.5		1.5				
M24×2		2	18			
M25×1.5	25	1.5				
M25×2		2		95		
M26×1.5	26	1.5				
M27×1	27	1	18	95	14	18
M27×1.5		1.5				
M27×2	27	2	18	95	14	18
M28×1	(28)	1		105		
M28×1.5		1.5	20		16	20
M28×2		2				
M30×1	30	1		105		
M30×1.5		1.5				
M30×2		2				
M30×3		3				
M32×1.5	(32)	1.5	22.4	115	18	22
M32×2		2				

续表

代号	公称直径 d	螺距 P	d_1	L	方头	
					a	l_2
M33×1.5 M33×2 M33×3	33	1.5 2 3	22.4	115	18	22
M35×1.5②	(35)	1.5	25	125	20	24
M36×1.5	36					
M36×2 M36×3		2 3				
M38×1.5	38	1.5	28	130	22.4	26
M39×1.5	39					
M39×2		2				
M39×3		3	28	130	22.4	26
M40×1.5 M40×2 M40×3	(40)	1.5 2 3				
M42×1.5 M42×2 M42×3 M42×4	42	1.5 2 3 (4)	28	130	22.4	26
M45×1.5 M45×2 M45×3 M45×4	42	1.5 2 3 (4)	31.5	140	25	28
M48×1.5 M48×2 M48×3 M48×4	48	1.5 2 3 (4)	31.5	150	25	28
M50×1.5 M50×2 M50×3	(50)	1.5 2 3	31.5	150	25	28
M52×1.5 M52×2 M52×3 M52×4	52	1.5 2 3 4	35.5	150	28	31

① 仅用于火花塞。

② 仅用于滚动轴承锁紧螺母。

注：括号内的尺寸尽可能不用。

9.3.3 细长柄机用丝锥

其规格见表 9.66。

表 9.66 ISO 米制细长柄机用螺纹丝锥规格（GB/T 3464.2—2003）

mm

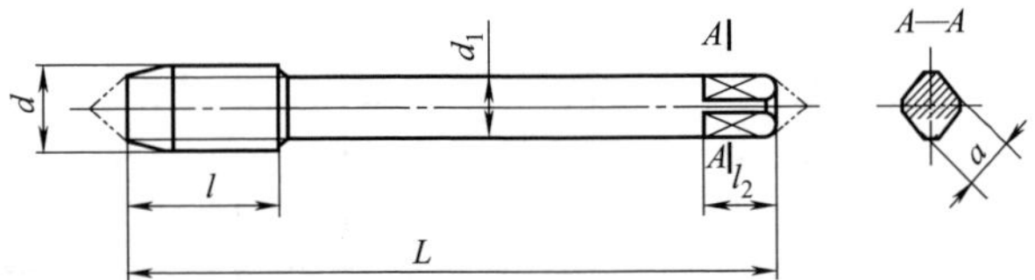

续表

<table>
<tr><th colspan="2">代号</th><th rowspan="2">公称
直径 d</th><th colspan="2">螺距</th><th rowspan="2">d_1
h9①</th><th rowspan="2">l
max</th><th rowspan="2">L
h16</th><th colspan="2">方头</th></tr>
<tr><th>粗牙</th><th>细牙</th><th>粗牙</th><th>细牙</th><th>a
H11②</th><th>l_2
±0.8</th></tr>
<tr><td>M3</td><td>M3×0.35</td><td>3.0</td><td>0.5</td><td rowspan="2">0.35</td><td>2.24</td><td>11</td><td>66</td><td>1.8</td><td rowspan="2">4</td></tr>
<tr><td>M3.5</td><td>M3.5×0.35</td><td>3.5</td><td>0.6</td><td>2.50</td><td>13</td><td>68</td><td>2.0</td></tr>
<tr><td>M4</td><td>M4×0.5</td><td>4.0</td><td>0.7</td><td rowspan="4">0.5</td><td>3.15</td><td rowspan="2">13</td><td rowspan="2">73</td><td>2.5</td><td rowspan="2">5</td></tr>
<tr><td>M4.5</td><td>M4.5×0.5</td><td>4.5</td><td>0.75</td><td>3.55</td><td>2.8</td></tr>
<tr><td>M5</td><td>M5×0.5</td><td>5.0</td><td>0.8</td><td rowspan="2">4.00</td><td>16</td><td>79</td><td rowspan="2">3.15</td><td rowspan="3">6</td></tr>
<tr><td>—</td><td>M5.5×0.5</td><td>5.5</td><td>—</td><td>17</td><td>84</td></tr>
<tr><td>M6</td><td>M6×0.75</td><td>6</td><td rowspan="2">1</td><td rowspan="2">0.75</td><td>4.50</td><td rowspan="2">19</td><td rowspan="2">89</td><td>3.55</td></tr>
<tr><td>M7</td><td>M7×0.75</td><td>7</td><td>5.60</td><td>4.5</td><td>7</td></tr>
<tr><td>M8</td><td>M8×1.0</td><td>8</td><td rowspan="2">1.25</td><td rowspan="3">1</td><td>6.30</td><td rowspan="2">22</td><td rowspan="2">97</td><td>5.0</td><td rowspan="2">8</td></tr>
<tr><td>M9</td><td>M9×1.0</td><td>9</td><td>7.1</td><td>5.6</td></tr>
<tr><td rowspan="2">M10</td><td>M10×1.0</td><td rowspan="2">10</td><td rowspan="3">1.5</td><td rowspan="3">8.0</td><td rowspan="2">24</td><td rowspan="2">108</td><td rowspan="3">6.3</td><td rowspan="3">9</td></tr>
<tr><td>M10×1.25</td><td>1.25</td></tr>
<tr><td>M11</td><td>—</td><td>11</td><td>—</td><td>25</td><td>115</td></tr>
<tr><td>M12</td><td>M12×1.25
M12×1.5</td><td>12</td><td>1.75</td><td>1.25
1.5</td><td>9.0</td><td>29</td><td>119</td><td>7.1</td><td>10</td></tr>
<tr><td>M14</td><td>M14×1.25
M14×1.5</td><td>14</td><td>2</td><td rowspan="2">1.25</td><td rowspan="2">11.2</td><td rowspan="2">30</td><td rowspan="2">127</td><td rowspan="2">9</td><td rowspan="2">12</td></tr>
<tr><td>—</td><td>M15×1.5</td><td>15</td><td>—</td></tr>
<tr><td>M16
—</td><td>M16×1.5
M17×1.5</td><td>16
17</td><td>2
—</td><td>1.5</td><td>12.5</td><td>32</td><td>137</td><td>10</td><td>13</td></tr>
<tr><td>M18</td><td>M18×1.5
M18×2.0</td><td>18</td><td rowspan="3">2.5</td><td>2</td><td rowspan="2">14.0</td><td rowspan="2">37</td><td rowspan="2">149</td><td rowspan="2">11.2</td><td rowspan="2">14</td></tr>
<tr><td>M20</td><td>M20×1.5
M20×2.0</td><td>20</td><td>1.5
2</td></tr>
<tr><td>M22</td><td>M22×1.5
M22×2.0</td><td>22</td><td>1.5
2</td><td>16.0</td><td>38</td><td>158</td><td>12.5</td><td>16</td></tr>
<tr><td>M24</td><td>M24×1.5
M24×2.0</td><td>24</td><td>3</td><td>1.5
2</td><td>18.0</td><td>45</td><td>172</td><td>14.0</td><td>18</td></tr>
</table>

① 公差 h9 应用于精密柄；非精密柄的公差为 h11。

② 当方头的形状误差和方头对柄部的位置误差考虑在内时为 h12。

9.3.4　梯形螺纹丝锥

其形式和尺寸见表 9.67。

表 9.67 梯形螺纹丝锥的形式和尺寸（GB/T 28256—2012）mm

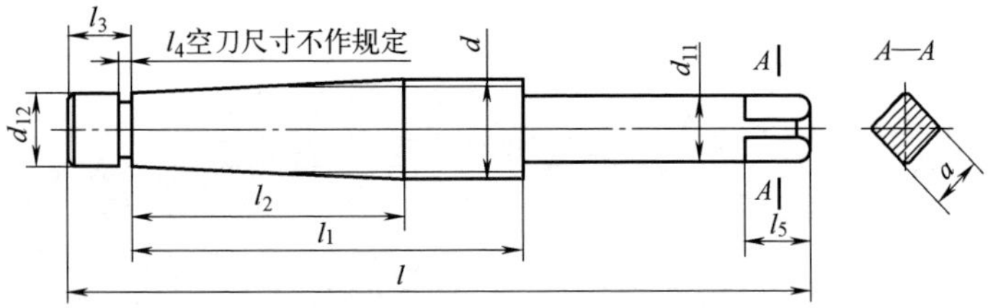

代号	大径 d	螺距 P	Ⅰ型(短型)			Ⅱ型(长型)			l_3	d_{12}	d_{11}	方头	
			l	l_1	l_2 推荐	l	l_1	l_2 推荐				a	l_5
Tr8×1.5	8.3	1.5	60	24	15	80	30	20	8	6.5	6.3	5.0	8
Tr10×2	10.5	2.0	80	40	28	110	56	40	10	8.0	7.1	5.6	
Tr12×3	12.5	3.0	115	63	45	160	85	65	12	9.0	8.0	6.3	9
Tr14×3	14.5									11.0	10.0	8.0	11
Tr16×4	16.5	4.0	170	100	75	220	125	100	16	12.0	11.2	9.0	12
Tr18×4	18.5									14.0	12.5	10.0	13
Tr20×4	22.5									16.0	14.0	11.2	14
Tr22×5	22.5	5.0	250	155	125	290	170	140	20	17	16.0	12.5	16
Tr24×5	24.5									19.0	18.0	14.0	18
Tr26×5	26.5									21.0	20.0	16.0	20
Tr28×5	28.5									23.0	22.4	18.0	22
Tr30×6	31.0	6.0	300	170	135	350	216	180	24	24.0			
Tr32×6	33.0									26.0	25.0	20.0	24
Tr34×6	35.0									28.0			
Tr36×6	37.0									30.0	28.0	22.4	26
Tr38×7	39.0	7.0	360	220	175	420	250	210	28	31.0			
Tr40×7	41.0									33.0	31.0	25.0	28
Tr42×7	43.0									35.0			
Tr44×7	45.0									37.0	35.5	28.0	31
Tr46×8	47.0	8.0	400	240	190	490	290	240	32	38.0			
Tr48×8	49.0									40.0			
Tr50×8	51.0									42.0	40.0	31.5	34
Tr52×8	53.0									44.0			

9.3.5 挤压丝锥

其规格见表 9.68。

表 9.68　挤压丝锥规格（JB/T 7428—2006）　mm

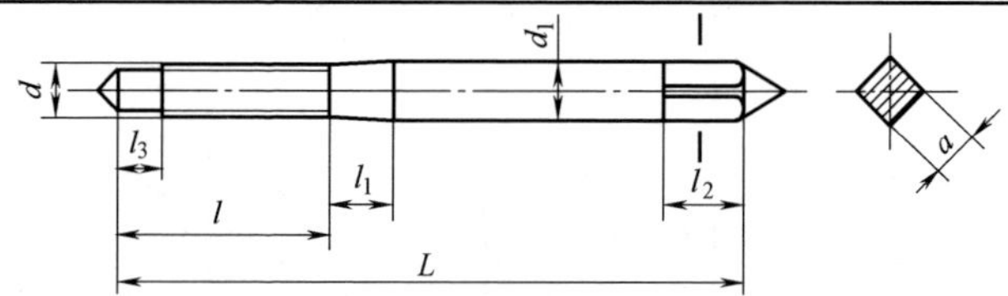

粗柄丝锥

牙型	代号	公称直径 d	螺距 P	d_1	l	L	l_1	方头	
								a	l_2
粗牙	M2	2.0	0.40	2.50	8.0	41.0	5.5	2.00	4
	M2.2	2.2	0.45	2.80	9.5	44.5	6.0	2.24	5
	M2.5	2.5	0.45	2.80	9.5	44.5	6.0	2.24	5
	M3	3.0	0.50	3.15	14.5	48.0	3.5	2.50	5
	M3.5	3.5	(0.60)	3.55	16.5	50.0	3.5	2.80	5
	M4	4.0	0.70	4.00	17.0	53.0	—	3.15	6
	M4.5	4.5	(0.75)	4.50	17.0	53.0	—	3.55	6
细牙	M2×0.25	2.0	0.25	2.50	8.0	41.0	5.5	2.00	4
	M2.2×0.25	2.2	0.25	2.80	9.5	44.5	6.0	2.24	5
	M2.5×0.35	2.5	0.35	2.80	9.5	44.5	6.0	2.24	5
	M3×0.35	3.0	0.35	3.15	14.5	48.0	3.5	2.50	5
	M3.5×0.35	3.5	0.35	3.55	16.5	50.0	3.5	2.80	5
	M4×0.5	4.0	0.50	4.00	17.0	53.0	—	3.15	6
	M4.5×0.5	4.5	0.50	4.50	17.0	53.0	—	3.55	6

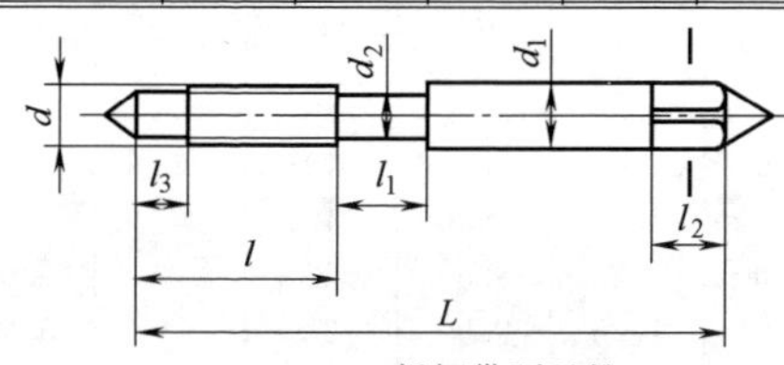

粗柄带颈丝锥

牙型	代号	公称直径 d	螺距 P	d_1	l	L	d_2（最小）	l_1	方头	
									a	l_2
粗牙	M5	5.0	0.80	5.00	16.0	58	3.55	9.0	4.00	7
	M6	6.0	1.00	6.30	19.0	66	4.50	11.0	5.00	8
	M7	(7.0)	1.00	7.10	19.0	66	5.30	11.0	5.60	8
	M8	8.0	1.25	8.00	22.0	72	6.00	13.0	6.30	9
	M9	(9.0)	1.25	9.00	22.0	72	7.10	14.0	7.10	10
	M10	10.0	1.50	10.00	24.0	80	7.50	15.0	8.00	11

续表

牙型	代号	公称直径 d	螺距 P	d_1	l	L	d_2（最小）	l_1	方头	
									a	l_2
细牙	M5×0.5	5.0	0.50	5.00	16.0	58	3.55	9.0	4.00	7
	M5.5×0.5	6.0	0.50	5.60	17.0	62	4.00	9.0	4.50	7
	M6×0.5	(7.0)	0.50	6.30	19.0	66	4.50	11.0	5.00	8
	M6×0.75	8.0	0.75	6.30	19.0	66	4.50	11.0	5.00	8
	M7×0.75	(9.0)	0.75	7.10	19.0	66	5.30	11.0	5.60	8
	M8×0.5	10.0	0.50	8.00	19.0	66	6.00	13.0	6.30	9
	M8×0.75	8.0	0.75	8.00	19.0	69	6.00	13.0	6.30	9
	M8×1	8.0	1.00	8.00	19.0	69	6.00	13.0	6.30	9
	M9×0.75	(9.0)	0.75	9.00	19.0	66	7.10	14.0	7.10	10
	M9×1	(9.0)	1.00	9.00	19.0	69	7.10	14.0	7.10	10
	M10×0.75	10.0	0.75	10.0	20.0	73	7.50	15.0	8.00	11
	M10×1	10.0	1.00	10.0	20.0	76	7.50	15.0	8.00	11
	M10×1.25	10.0	1.25	10.0	20.0	76	7.50	15.0	8.00	11

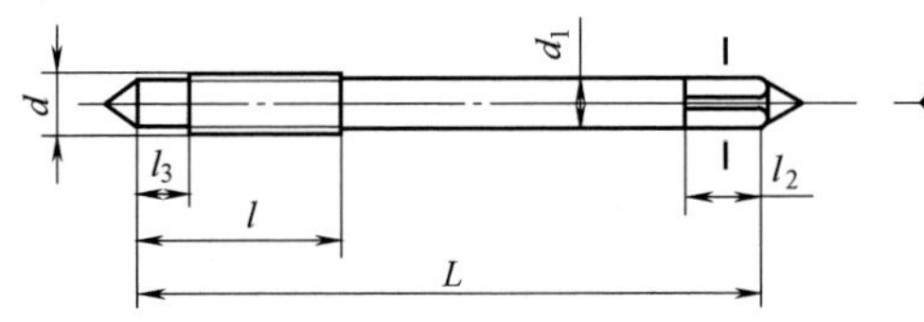

细柄丝锥

牙型	代号	公称直径 d	螺距 P	d_1	l	L	方头	
							a	l_2
粗牙	M5	5.0	0.80	5.00	16	58	3.15	6
	M6	6.0	1.00	6.30	19	66	3.55	6
	M7	(7.0)	1.00	7.10	19	66	4.50	7
	M8	8.0	1.25	8.00	22	72	5.00	8
	M9	(9.0)	1.25	9.00	22	72	5.60	8
	M10	10.0	1.50	10.00	24	80	6.30	9
	M11	(11.0)	1.50	8.00	25	85	6.30	9
	M12	12.0	1.75	9.00	29	89	7.10	10
	M14	14.0	2.00	11.20	30	95	9.00	12
	M16	16.0	2.00	12.50	32	102	10.00	13
	M18	18.0	2.50	14.00	37	112	11.20	14
	M20	20.0	2.50	14.00	37	112	11.20	14
	M22	22.0	2.50	16.00	38	118	12.50	16
	M24	24.0	3.00	18.00	45	130	14.00	18
	M27	27.0	3.00	20.00	45	135	16.00	20

续表

牙型	代号	公称直径 d	螺距 P	d_1	l	L	方头	
							a	l_2
细牙	M5×0.5	5.0	0.50	4.00	16	58	3.15	6
	M5.5×0.5	5.5	0.50	4.00	17	62	3.15	6
	M6×0.75	6.0	0.75	4.50	19	66	3.55	6
	M7×0.75	(7.0)	0.75	5.60	19	66	4.50	7
	M8×0.75	8.0	0.75	6.30	19	66	5.00	8
	M8×1	8.0	1.00	6.30	19	72	5.00	8
	M9×0.75	9.0	0.75	7.10	19	66	5.60	8
	M9×1	9.0	1.00	7.10	19	72	5.60	8
	M10×0.75	10.0	0.75	8.00	20	73	6.30	9
	M10×1	10.0	1.00	8.00	20	80	6.30	9
	M10×1.25	10.0	1.25	8.00	20	80	6.30	9
	M11×0.75	(11.0)	0.75	8.00	22	80	6.30	9
	M11×1	(11.0)	1.00	8.00	22	80	6.30	9
	M12×1	12.0	1.00	9.0	22	80	7.10	10
	M12×1.25	12.0	1.25	9.0	24	89	7.10	10
	M12×1.5	12.0	1.50	9.0	29	89	7.10	10
	M14×1	14.0	1.00	11.2	22	87	9.00	12
	M14×1.25	14.0	1.25	11.2	25	95	9.00	12
	M14×1.5	14.0	1.50	11.2	30	95	9.00	12
	M15×1.5	15.0	1.50	11.20	32	95	9.00	12
	M16×1	16.0	1.00	12.50	22	92	10.00	13
	M16×1.5	16.0	1.50	12.50	32	102	10.00	13
	M17×1.5	17.0	1.50	12.50	32	102	10.00	13
	M18×1	18.0	1.00	14.00	22	97	11.2	14
	M18×1.5	18.0	1.50	14.00	29	112	11.2	14
	M18×2	18.0	2.00	14.00	37	112	11.2	14
	M20×1	20.0	1.00	14.00	22	102	11.2	14
	M20×1.5	20.0	1.50	14.00	29	112	11.2	14
	M20×2	20.0	2.00	14.00	37	112	11.2	14
	M22×1	22.0	1.00	16.00	24	109	12.5	16
	M22×1.5	22.0	1.50	16.00	33	118	12.5	16
	M22×2	22.0	2.00	16.00	38	118	12.5	16
	M24×1	24.0	1.00	18.00	24	114	14.0	18
	M24×1.5	24.0	1.50	18.00	35	130	14.0	18
	M24×2	24.0	2.00	18.00	35	130	14.0	18
	M25×1.5	25.0	1.50	18.00	35	130	14.0	18
	M25×2	25.0	2.00	18.00	35	130	14.0	18
	M26×1.5	26.0	1.50	18.00	35	130	14.0	18
	M27×1	27.0	1.00	20.00	25	120	16.0	20
	M27×1.5	27.0	1.50	20.00	37	127	16.0	20
	M27×2	27.0	2.00	20.00	37	127	16.0	20

9.3.6　螺尖丝锥

螺尖丝锥适合通孔及深螺纹，使用强度高，寿命长，切削速度快，尺寸稳定，牙纹清晰（特别是细牙）。其形式和尺寸见表9.69。

表9.69　螺尖丝锥的形式和尺寸（JB/T 5612—2006）　mm

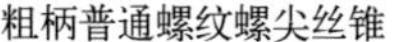

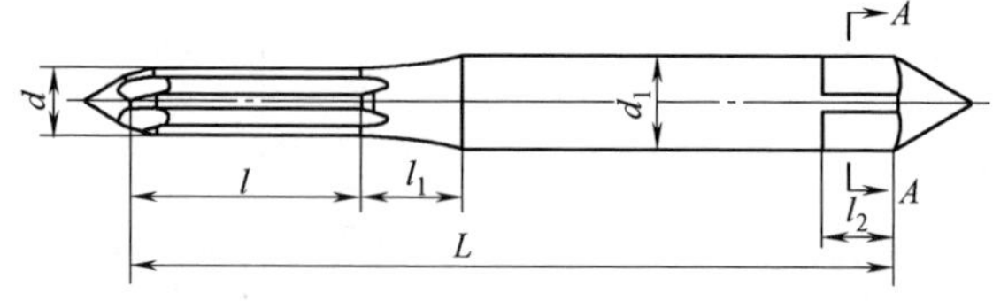

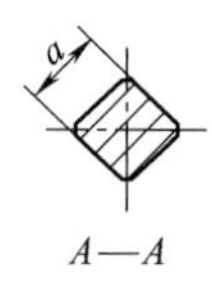

粗牙	M1,M1.1,M1.2,M1.4,M1.6,M1.8,M2.2,M2.5
细牙	M1×0.2,M1.1×0.2,M1.2×0.2,M1.4×0.2,M1.6×0.2,M1.8×0.2,M2×0.25,M2.2×0.25, M2.5×0.35

粗柄带颈普通螺纹螺尖丝锥

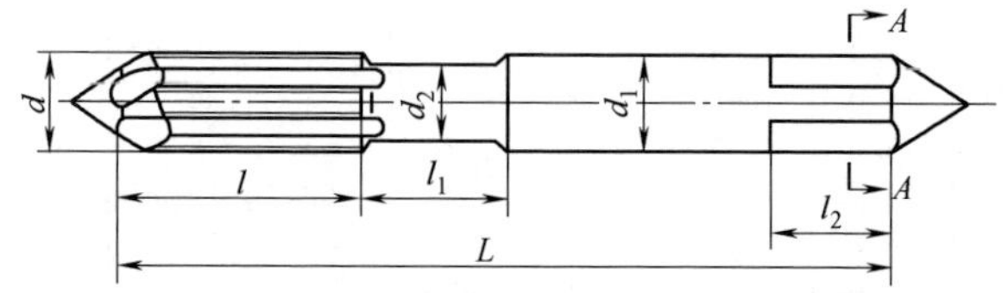

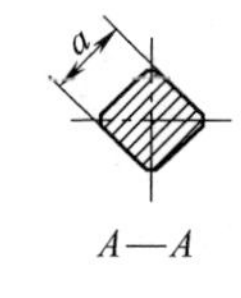

粗牙	M3,M3.5,M4,M4.5,M5,M5.5×0.5,M6×0.75,M7×0.75,M8×1,M8×0.75,M9×1,M9×0.75,M10×1.25,M10×1,M10×0.75
细牙	M3×0.35,M3.5×0.35,M4×0.5,M4.5×0.5,M5×0.5,M5.5×0.5,M6×0.75,M7×0.75,M8×1,M8×0.75,M9×1,M9×0.75,M10×1.25,M10×1,M10×0.75

细柄普通螺纹用螺尖丝锥

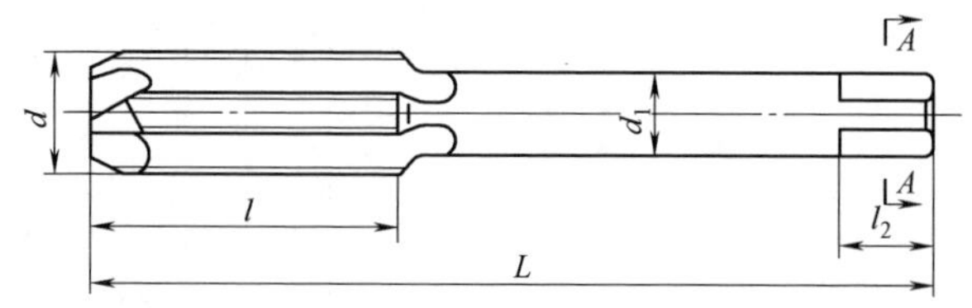

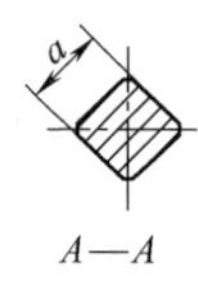

粗牙	M3,M3.5,M4,M4.5,M5,M6,M7,M8,M9,M10,M11,M12,M14,M16,M18,M20,M22,M24,M27,M30,M33

续表

细牙	M3×0.35,M3.5×0.35,M4×0.5,M4.5×0.5,M5×0.5,M5.5×0.5,M6×0.75,M7×0.75,M8×1,M8×0.75,M9×1,M9×0.75,M10×1.25,M10×1,M10×0.75,M11×1,M11×0.75,M12×1.5,M12×1.25,M12×1,M14×1.5,M14×1.25,M14×1,M15×1.5,M16×1.5,M16×1,M17×1.5,M18×2,M18×1.5,M18×1,M20×2,M20×1,M22×2,M22×1.5,M22×1,M24×2,M24×1.5,M24×2,M25×2,M25×1.5,M26×1.5,M27×2,M27×1.5,M27×1,M28×2,M28×1.5,M28×1,M30×3,M30×2,M30×1,M32×2,M32×1.5,M33×3,M33×2,M33×1.5,M35×1.5,M36×3,M36×2,M36×1.5,M38×1.5,M39×3,M39×2,M39×1.5,M40×3,M40×2,M40×1.5,M42×3,M42×2,M42×1.5,M45×3,M45×2,M45×1.5,M48×3,M48×2,M48×1.5,M30×3,M50×2,M50×1.5,M52×3,M52×2,M52×1.5

9.3.7 管螺纹丝锥

管螺纹丝锥用于攻制管子、管路附件和一般机件上的内管螺纹，有G系列和Rp系列圆柱管螺纹丝锥和Rc、NPT系列圆锥管螺纹丝锥等。

G是55°非密封圆柱管螺纹特征代号，有圆柱内、外螺纹（间隙配合，只起机械连接作用，没有密封作用）；Rp是英制密封圆柱内螺纹（过盈配合，起机械连接和密封作用）；Rc是英制密封圆锥内螺纹的特征代号；NPT是牙角为60°的圆锥密封管螺纹。各系列螺纹丝锥规格见表9.70～表9.72。

表9.70　G系列和Rp系列圆柱管螺纹丝锥的规格（GB/T 20333—2006）

mm

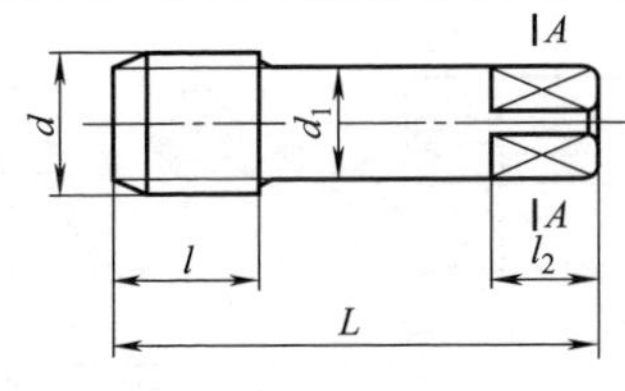

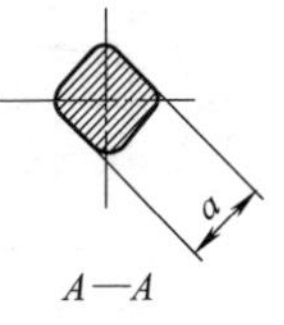

螺纹代号	每英寸牙数	基本直径	螺距 P	d_1 h9	l_{-1}^{+2}	L	方头	
							a H11	l_2
1/16 1/8	28	7.723 9.728	0.907	5.6 8	14 15	52 59	4.5 6.3	7 9

续表

螺纹代号	每英寸牙数	基本直径	螺距 P	d_1 h9	l_{-1}^{+2}	L	方头	
							a H11	l_2
1/4	19	13.157	1.337	10	19	67	8	11
3/8		16.662		12.5	21	75	10	13
1/2	14	20.955	1.814	16	26	87	12.5	16
(5/8)		22.911		18		91	14	18
3/4		26.441		20	28	96	16	20
(7/8)		30.201		22.4	29	102	18	22
1	11	33.249	2.309	25	33	109	20	24
1 1/4		41.910		31.5	36	119	26	28
1 1/2		47.803		35.5	37	125	28	31
(1 3/4)		53.746			39	132		
2		59.614	2.309	40	41	140	31.5	34
(2 1/4)	11	65.710			42	142		
2 1/2		75.184		45	45	153	35.5	38
3		87.884		50	48	164	40	42
3 1/2		100.33		63	50	173	50	51
4		113.03		71	53	185	56	56

注：丝锥的柄部及其方头尺寸应按 GB/T 4267 规定，其公差是 d1；精密柄部公差为 h9，其他柄部公差为 h11；方头尺寸 a 公差 h11（h12 包括了形状和相对于柄部的位置误差）。

表 9.71 Rc 系列圆锥管螺纹丝锥的规格（GB/T 20333—2006）

mm

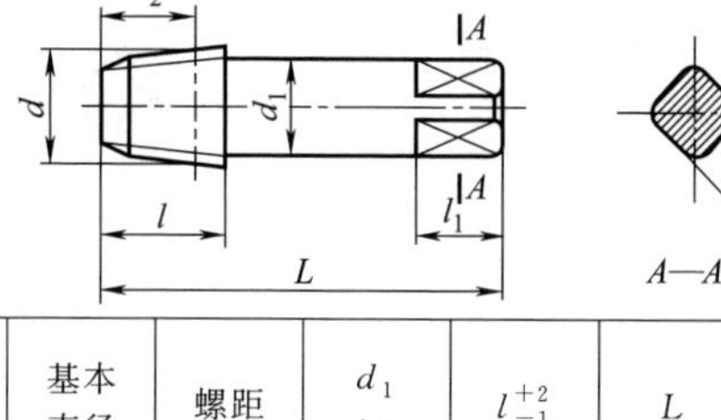

螺纹代号	每英寸牙数	基本直径	螺距	d_1 h9	l_{-1}^{+2}	L	l_1（最大）	方头	
								a H11	l_2
1/16	28	7.723	0.907	5.6	14	52	10.1	4.5	7
1/8	28	9.728		8	15	59	10.1	6.3	9
1/4	19	13.157	1.337	10	10	67	15	8	11
3/8	19	16.662		12.5	21	75	15.4	10	13

续表

螺纹代号	每英寸牙数	基本直径	螺距	d_1 h9	l_{-1}^{+2}	L	l_1（最大）	方头	
								a H11	l_2
1/2	14	20.955	1.814	16	26	87	20.5	12.5	16
3/4	14	26.441		20	28	96	21.8	16	20
1	11	33.249	2.309	25	33	109	26.0	20	24
1 1/4	11	41.910		31.5	36	119	28.3	25	28
1 1/2	11	47.803		35.5	37	125	28.3	28	31
2	11	50.614		40	41	140	32.7	31.5	34
2 1/2	11	75.184	2.309	45	45	153	37.1	35.5	38
3	11	87.884		50	48	164	40.2	40	42
3 1/2	11	100.33		63	50	173	41.9	50	51
4	11	113.03		71	53	185	46.2	56	56

注：同表 9.70。

表 9.72　NPT 系列圆锥管螺纹丝锥的尺寸（JB/T 8364.2—2010）

mm

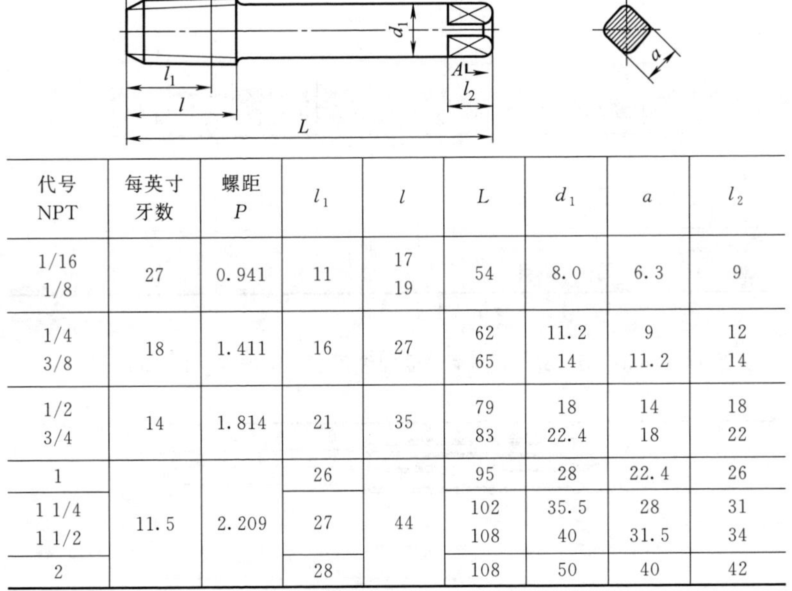

代号 NPT	每英寸牙数	螺距 P	l_1	l	L	d_1	a	l_2
1/16 1/8	27	0.941	11	17 19	54	8.0	6.3	9
1/4 3/8	18	1.411	16	27	62 65	11.2 14	9 11.2	12 14
1/2 3/4	14	1.814	21	35	79 83	18 22.4	14 18	18 22
1	11.5	2.209	26	44	95	28	22.4	26
1 1/4 1 1/2			27		102 108	35.5 40	28 31.5	31 34
2			28		108	50	40	42

9.3.8 螺母丝锥

螺母丝锥用于攻制螺母的普通内螺纹，按牙型分有粗牙与细牙两种（每种又有无方头和有方头之分），按柄的长短分有普通和长柄之分。

（1）普通螺母丝锥

其规格见表 9.73～表 9.75。

表 9.73　d<5mm 普通螺纹用螺母丝锥（GB/T 967—2008）　mm

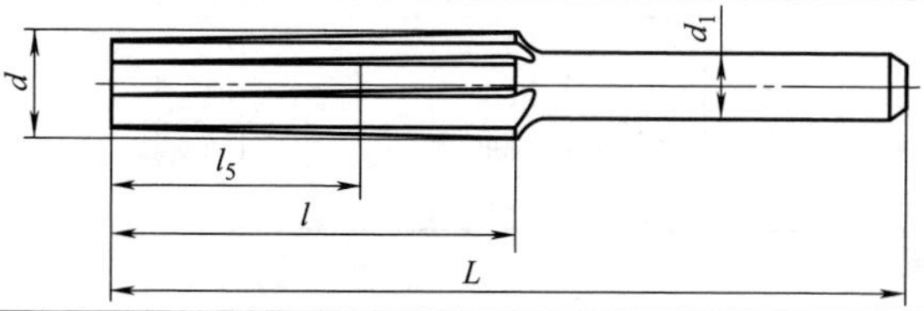

代号	公称直径 d	螺距 P	L	l	l_5	d_1
粗牙用螺母丝锥						
M2	2	0.4	36	12	8	1.4
M2.2	2.2	0.45	36	14	10	1.6
M2.5	2.5	0.45	36	14	10	1.8
M3	3	0.5	40	15	12	2.24
M3.5	3.5	0.6	45	18	14	2.5
M4	4	0.7	50	21	16	3.15
M5	5	0.8	55	24	19	4
细牙用螺母丝锥						
M3×0.35 N13.5×0.35	3 3.5	0.35	40 45	11	8	2.24 2.5
M4×0.5 M5×0.5	4 5	0.5	50 55	15	11	3.15 4

注：表中切削锥长度 l_5 为推荐尺寸。

表 9.74　5mm<d≤30mm 圆柄普通螺纹用螺母丝锥（GB/T 967—2008）

mm

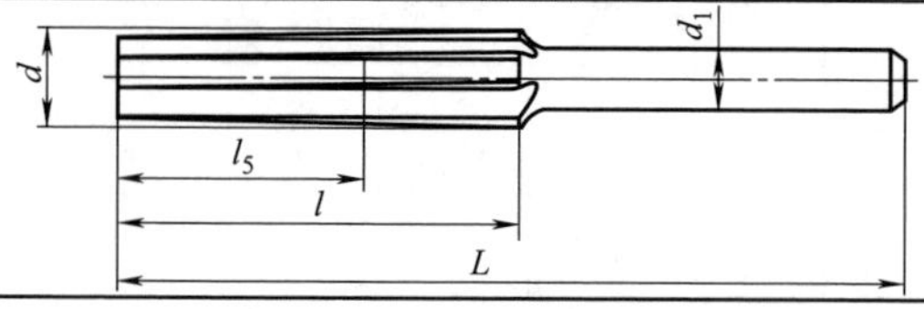

续表

代号	公称直径 d	螺距 P	L	l	d_1	代号	公称直径 d	螺距 P	L	l	d_1
圆柄粗牙用螺母丝锥											
M6	6	1	60	30	4.5	M18	18				14
M8	8	1.25	65	36	6.3	M20	20	2.5	110	62	16
M10	10	1.5	70	40	8	M22	22				18
M12	12	1.75	80	47	9	M24	24	3.0	130	72	18
M14	14	2	90	54	11.2	M27	27				22.4
M16	16	2	95	58	12.5	M30	30	3.5	150	84	25
圆柄细牙用螺母丝锥											
M6×0.75	6	0.75	55	22	4.5	M20×1		1	80	30	
M8×0.75	8	0.75	55	22	6.3	M20×1.5	20	1.5	90	45	16
M8×1		1	60	30		M20×2		2	100	54	
M10×0.75		0.75	55	22		M22×1		1	80	30	
M10×1	10	1	60	30	8	M22×1.5	22	1.5	90	45	18
M10×1.25		1.25	65	35		M22×2		2	100	54	
M12×1		1	65	30		M24×1		1	90	30	
M12×1.25	12	1.25	70	36	9	M24×1.5	24	1.5	100	45	18
M12×1.5		1.5	80	45		M24×2		2	110	54	
M14×1	14	1	70	30	11.2	M27×1		1	90	30	
M14×1.5		1.5	80	45		M27×1.5	27	1.5	100	45	22.4
M16×1	16	1	70	30	12.5	M27×2		2	110	54	
M16×1.5		1.5	85	45		M30×1		1	100	30	
M18×1		1	80	30		M30×1.5	30	1.5	110	45	25
M18×1.5	18	1.5	90	45	14	M30×2		2	120	54	
M18×2		2	100	54							

注：表中切削锥长度 l_5 为推荐尺寸。

表 9.75　d>5mm 普通螺纹用螺母丝锥（GB/T 967—2008）

mm

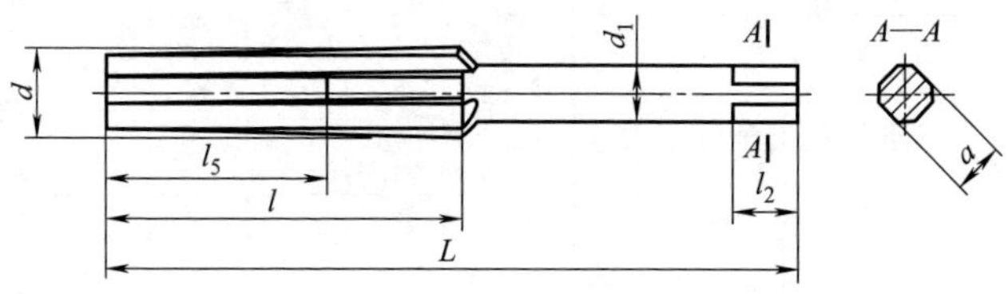

续表

粗牙用螺母丝锥(带方头)

代号	公称直径 d	螺距 P	L	d_1	方头 a	方头 l_2
M6	6	1	60	4.5	3.55	6
M8	8	1.25	65	6	5	8
M10	10	1.5	70	.8	6.3	9
M12	12	1.75	80	9	7.1	10
M14	14	2	90	11.2	9	12
M16	16	2	95	12.5	10	13
M18	18	2.5	110	14	11.2	14
M20	20			16	12.5	16
M22	22			18	14	18
M24	24	3	130			

代号	公称直径 d	螺距 P	L	d_1	方头 a	方头 l_2
M27	27	3	130	22.4	18	22
M30	30	3.5	150	25	20	24
M33	33					
M36	36	4	175	28	22.4	26
M39	39			31.5	25	28
M42	42	4.5	195			
M45	45			35.5	28	31
M48	48	5	220			
M52	52			40	31.5	34

细牙用螺母丝锥(带方头)

代号	公称直径 d	螺距 P	L	d_1	方头 a	方头 l_2
M6×0.75	6	0.75	55	4.5	3.55	6
M8×1	8	1	60	6.3	5	8
M8×0.75		0.75	55			
M10×1.25	10	1.25	65	8	6.3	9
M10×1		1	60			
M10×0.75		0.75	55			
M12×1.5	12	1.5	80	9	7.1	10
M12×1.25		1.25	70			
M12×1		1	65			
M14×1.5	14	15	80	11.2	9	12
M14×1		1	70			
M16×1.5	16	1.5	85	12.5	10	13
M16×1		1	70			
M18×2	18	2	100	14	11.2	14
M18×1.5		1.5	90			
M18×1		1	80			
M20×2	20	2	100	16	12.5	16
M20×1.5		1.5	90			
M20×1		1	80			
M22×2	22	2	100	18	14	18
M22×1.5		1.5	90			
M22×1		1	80			
M24×2	24	2	110	18	14	18
M24×1.5		1.5	100			
M24×1		1	90			

代号	公称直径 d	螺距 P	L	d_1	方头 a	方头 l_2
M27×2	27	2	110	22.4	18	22
M27×1.5		1.5	100			
M27×1		1	90			
M30×2	30	2	120	25	20	24
M30×1.5		1.5	110			
M30×1		1	100			
M33×2	33	2	120			
M33×1.5		1.5	110			
M36×3	36	3	160	28	22.4	26
M36×2		2	135			
M36×1.5		1.5	125			
M39×3	39	3	160	31.5	25	28
M39×2		2	135			
M39×1.5		1.5	125			
M42×3	42	3	170	31.5	25	28
M42×2		2	145			
M42×1.5		1.5	135			
M45×3	45	3	170	35.5	28	31
M45×2		2	145			
M45×1.5		1.5	135			
M48×3	48	3	180	35.5	28	31
M48×2		2	155			
M48×1.5		1.5	145			
M52×3	52	3	180	40	31.5	34
M52×2		2	155			
M52×1.5		1.5	145			

（2）长柄螺母丝锥

其规格见表 9.76、表 9.77。

表 9.76　粗牙普通螺纹用长柄螺母丝锥的规格（GB/T 28257—2012）　mm

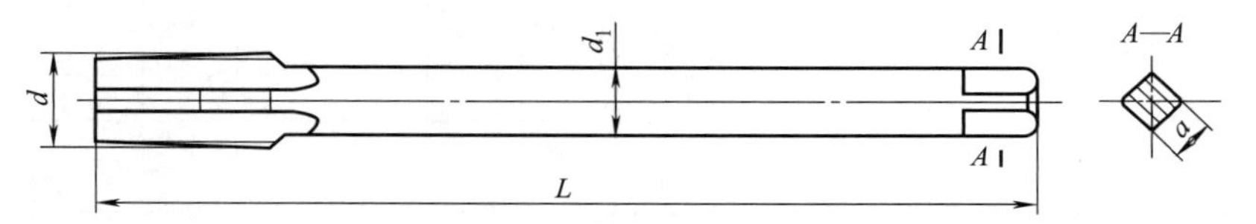

代号	公称直径	螺距 P	L Ⅰ型	L Ⅱ型	d_1	方头 宽	方头 长
M3	3	0.5	80	120	2.24	1.8	1
M3.5	3.5	0.6			2.5	2	
M4	4	0.7	100	140	3.15	2.5	5
M4.5	4.5	0.75		160	3.55	2.8	
M5	5	0.8		160	4	3.15	6
M6	6	1	115	180	4.5	3.55	
M7	7				5.6	4.5	7
M8	8	1.25	130	200	6.3	5	8
M9	9				7.1	5.6	
M10	10	1.5	150	220	8	6.3	9
M11	11						
M12	12	1.75	170	250	9	7.1	10
M14	14	2	190		11.2	9	12
M16	16	2	200	280	12.5	10	13
M18	18	2.5			14	11.2	1d
M20	20		220	320			
M22	22				16	12.5	16
M24	24	3	250	340	18	14	18
M27	27				20	16	20
M30	30	3.5	280				
M33	33				22.4	18	22

注：Ⅰ型为短刃型丝锥，Ⅱ型为长刃型丝锥。

表 9.77　细牙普通螺纹用长柄螺母丝锥的规格（GB/T 28257—2012）　　mm

代号	公称直径	螺距 P	L Ⅰ型	L Ⅱ型	d_1	方头 宽	方头 长
M3×0.35	3	0.35	75	115	2.24	1.8	4
M3.5×0.35	3.5				2.5	2	
M4×0.5	4	0.5	95	130	3.15	2.5	5
M4.5×0.5	4.5			150	3.55	2.5	
M5×0.5	5		105	170	4	3.15	
M5.5×0.5	5.5						6
M6×0.75	6	0.75	110		4.5	3.55	
M7×0.75	7				5.6	4.5	7
M8×0.75	8	0.75	120	190	6.3	5	8
M8×1		1					
M9×0.75	9	0.75	120	190	7.1	5.6	8
M9×1		1					
M10×0.75	10	0.75					
M10×1		1					
M10×1.25		1.25	140	210	8	6.3	9
M11×0.15	11	1					
M11×1		0.75					
M12×1		1					
M12×1.25	12	1.25	160	240	9	7.1	10
M12×1.5		1.5					
M14×1	14	1					
M14×1.25		1.25	180	240	11.2	9	12

代号	公称直径	螺距 P	L Ⅰ型	L Ⅱ型	d_1	方头 宽	方头 长
M14×1.5	14	1.5	180	240	11.2	9	12
M15×1.5	15						
M16×1	16	1					13
M16×1.5	17	1.5			12.5	10	
M17×1.5			190	260			
M18×1	15	1					
M18×1.5		1.5					
M18×2		2			14	11.2	14
M20×1		1					
M20×1.5	20	1.5	210	300			
M20×2		2					
M22×1		1					
M22×1.5	22	1.5	210	300	16	12.5	16
M22×2		2					
M24×1	24	1				14	18
M24×1.5		1.5	230	310			
M24×2		2					
M25×1.5	25	1.5			18		
M25×2		2					
M26×1.5	26	1.5	230	310			
M27×1		1					
M27×1.5	27	1.5					

续表

代号	公称直径	螺距 P	L		d_1	方头	
			Ⅰ型	Ⅱ型		宽	长
M27×2	27	2	230	310	18	14	18
M28×1		1					
M28×1.5	29	1.5			20	16	20
M28×2		2					
M30×1		1					
M30×1.5	30	1.5					
M30×2		2					
M30×3		3					
M32×15	32	1.5	270	320			
M32×2		2					
M33×1.5	33	1.5			22.4	18	22
M33×2		2					
M33×3		3					
M35×1.5	35	1.5			25	20	24
M36×1.5							
M36×2	36	2					
M36×3		3					
M38×1.5	38	1.5					26
M39×1.5							
M39×2	39	2					
M39×3		3					
M40×1.5	40	1.5	280	340			

代号	公称直径	螺距 P	L		d_1	方头	
			Ⅰ型	Ⅱ型		宽	长
M40×2	40	2	280	340	28	22.4	26
M40×3		3					
M42×1.5		1.5					
M42×2	42	2					
M42×3		5					
M42×4		4					
M45×1.5		1.5					
M45×2	45	2			31.5	25	28
M45×3		3					
M45×4		4					
M48×1.5		1.5	280	340			
M48×2	48	2					
M48×3		3			31.5	25	28
M48×4		4					
M50×1.5		1.5					
M50×2	50	2					
M50×3		3					
M52×1.5		1.5					31
M52×2	52	2			35.5	28	
M52×3		3					
M52×4		4					

9.3.9 螺旋槽丝锥

螺旋槽丝锥是加工普通螺纹的机用丝锥，可分为粗牙普通螺纹螺旋槽及细牙普通螺纹螺旋槽丝锥。其规格见表 9.78、表 9.79。

表 9.78 粗牙普通螺纹螺旋槽丝锥规格（GB/T 3506—2008）

mm

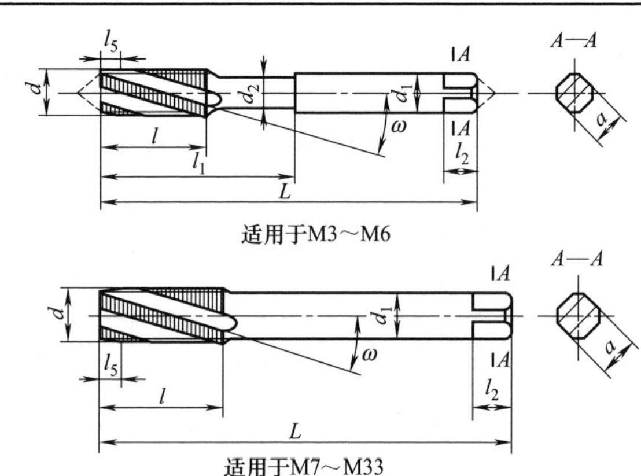

适用于M3～M6

适用于M7～M33

代号	公称直径 d	螺距 P	L	d_1	方头 a	方头 l_2
M3	3	0.5	48	3.15	2.5	5
M3.5	3.5	0.6	50	3.55	2.8	
M4	4.5	0.7	53	4.0	3.15	6
M4.5	4.5	0.75		4.5	3.55	
M5	5	0.8	58	5.0	4.0	7
M6	6	1	66	6.3	5.0	8
M7	7			5.6	4.5	7
M8	8	1.25	72	6.3	5.0	8
M9	9			7.1	5.6	

代号	公称直径 d	螺距 P	L	d_1	方头 a	方头 l_2
M10	10	1.5	80	8	6.3	9
M11	11		85			
M12	12	1.75	89	9	7.1	10
M14	14	2	95	11.2	9	12
M16	16		102	12.5	10	13
M18	18	2.5	112	14	11.2	14
M20	20					
M22	22		118	16	12.5	16
M24	24	3	130	18	14	18
M27	27		135	20	16	20

表 9.79 细牙普通螺纹螺旋槽丝锥规格（GB/T 3506—2008）

mm

代号	公称直径 d	螺距 P	L	d_1	方头 a	方头 l_2
M3×0.35	3	0.35	48	3.15	2.50	5
M3.5×0.35	3.5		50	3.55	2.80	

代号	公称直径 d	螺距 P	L	d_1	方头 a	方头 l_2
M4×0.5	4	0.5	53	4.0	3.15	6
M4.5×0.5	4.5			4.5	3.55	

续表

代号	公称直径 d	螺距 P	L	d_1	方头	
					a	l_2
M5×0.5	5	0.5	58	5.0	4.0	7
M5.5×0.5	5.5		62	5.6	4.5	
M6×0.75	6	0.75	66	6.3	5.0	8
M7×0.75	7			5.6	4.5	7
M8×1	8	1	72	6.3	5.0	8
M9×1	9			7.1	5.6	
M10×1	10		80	8	6.3	9
M10×1.25		1.25				
M12×1.25	12		89	9	7.1	10
M12×1.5		1.5				
M14×1.25	14	1.125	95	11.2	9	12
M14×1.5		1.5				
M15×1.5	15					
M16×1.5	16		102	12.5	10	13
M17×1.5	17					
M18×1.5	18		112	14	11.2	14
M18×2		2				
M20×1.5	20	1.5	112	14	11.2	14
M20×2		2				

代号	公称直径 d	螺距 P	L	d_1	方头	
					a	l_2
M22×1.5	22	1.5	118	16	12.5	16
M22×2		2				
M24×1.5	24	1.5	130	18	14	18
M24×2		2				
M25×1.5	25	1.5				
M25×2		2				
M27×1.5	27	1.5	127	20	16	20
M27×2		2				
M28×1.5	28	1.5				
M28×2		2				
M30×1.5	30	1.5				
M30×3		2				
M30×3		3	138	22.4	18	22
M32×1.5	32	1.5	137			
M32×2		2				
M33×1.5	33	1.5				
M33×2		2				
M33×3		3	151			

注：螺旋槽丝锥的螺旋角有右旋和左旋之分。右旋螺旋丝锥的螺旋角可分为三种：小螺旋角（10°～20°），中螺旋角（20°～40°）和大螺旋角（>40°），前两者用于加工碳钢、合金结构钢工件，后者用于加工不锈钢、轻合金工件。左旋螺旋丝锥的螺旋角根据用户需要而定。

9.3.10 板牙

板牙可用于手工套丝或机用套丝，加工螺栓或其他机件上的普通外螺纹。它用合金工具钢或高速钢制作并淬火处理。板牙有封闭式和开槽式（可调式）两种结构，分普通外螺纹用板牙和管螺纹圆板牙。

（1）普通外螺纹用板牙

普通外螺纹用板牙有粗牙和细牙两种，它本身就像一个圆螺母，上面钻有3～5个排屑孔，并形成切削刃。其规格见表9.80、表9.81。

表 9.80 粗牙普通螺纹用圆板牙规格（GB/T 970.1—2008）

mm

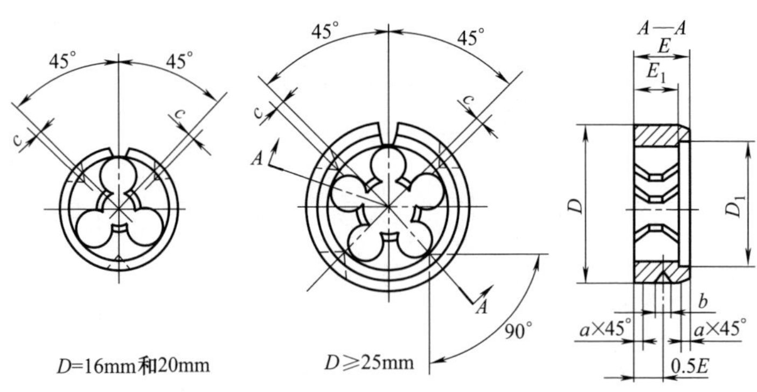

<table>
<tr><th>代号</th><th>公称直径 d</th><th>螺距 P</th><th>D</th><th>D_1</th><th>E</th><th>代号</th><th>公称直径 d</th><th>螺距 P</th><th>D</th><th>D_1</th><th>E</th></tr>
<tr><td>M1.0</td><td>1.0</td><td rowspan="3">0.25</td><td rowspan="4">16</td><td rowspan="4">11</td><td rowspan="4">5</td><td>M12</td><td>12</td><td>1.75</td><td rowspan="2">38</td><td rowspan="5">—</td><td rowspan="2">14</td></tr>
<tr><td>M1.1</td><td>1.1</td><td>M14</td><td>14</td><td rowspan="2">2.0</td></tr>
<tr><td>M1.2</td><td>1.2</td><td>M16</td><td>16</td><td rowspan="3">45</td><td rowspan="3">18</td></tr>
<tr><td>M1.1</td><td>1.4</td><td>0.30</td><td>M18</td><td>18</td><td rowspan="2">2.5</td></tr>
<tr><td>M1.6</td><td>1.6</td><td rowspan="2">0.35</td><td rowspan="5">16</td><td rowspan="5">11</td><td rowspan="5">5</td><td>M20</td><td>20</td></tr>
<tr><td>M1.8</td><td>1.8</td><td>M22</td><td>22</td><td rowspan="3">3.0</td><td rowspan="2">55</td><td rowspan="6">—</td><td rowspan="2">22</td></tr>
<tr><td>M2.0</td><td>2.0</td><td>0.40</td><td>M24</td><td>24</td></tr>
<tr><td>M2.2</td><td>2.2</td><td rowspan="2">0.45</td><td>M27</td><td>27</td><td rowspan="4">65</td><td rowspan="4">25</td></tr>
<tr><td>M2.5</td><td>2.5</td><td>M30</td><td>30</td><td rowspan="2">3.5</td></tr>
<tr><td>M3.0</td><td>3.0</td><td>0.5</td><td rowspan="6">20</td><td rowspan="9">—</td><td rowspan="3">5</td><td>M33</td><td>33</td></tr>
<tr><td>M3.5</td><td>3.5</td><td>0.6</td><td>M36</td><td>36</td><td rowspan="2">4.0</td></tr>
<tr><td>M4.0</td><td>4.0</td><td>0.7</td><td>M39</td><td>39</td><td rowspan="2">75</td><td rowspan="5">—</td><td rowspan="2">30</td></tr>
<tr><td>M4.5</td><td>4.5</td><td>0.75</td><td rowspan="3">7</td><td>M42</td><td>42</td><td rowspan="2">4.5</td></tr>
<tr><td>M5</td><td>5</td><td>0.8</td><td>M45</td><td>45</td><td rowspan="3">90</td><td rowspan="3">36</td></tr>
<tr><td>M6</td><td>6</td><td rowspan="2">1.0</td><td>M48</td><td>48</td><td rowspan="2">5.0</td></tr>
<tr><td>M7</td><td>7</td><td rowspan="3">25</td><td rowspan="3">9</td><td>M52</td><td>52</td></tr>
<tr><td>M8</td><td>8</td><td rowspan="2">1.25</td><td>M56</td><td>56</td><td rowspan="2">5.5</td><td rowspan="2">105</td><td rowspan="4">—</td><td rowspan="4">36</td></tr>
<tr><td>M9</td><td>9</td><td>M60</td><td>60</td></tr>
<tr><td>M10</td><td>10</td><td rowspan="2">1.5</td><td rowspan="2">30</td><td rowspan="2">—</td><td rowspan="2">11</td><td>M64</td><td>64</td><td rowspan="2">6.0</td><td rowspan="2">120</td></tr>
<tr><td>M11</td><td>11</td><td>M68</td><td>68</td></tr>
</table>

表 9.81　细牙普通螺纹用圆板牙规格（GB/T 970.1—2008）　mm

代号	公称直径 d	螺距 P	D	D_1	E	代号	公称直径 d	螺距 P	D	D_1	E
M1×0.2	1.0	0.2	1.6	11	5	M18×1	18	1	45	36	14
M1.1×0.2	1.1					M18×1.5		1.5	45	—	14
M1.2×0.2	1.2					M18×2		2			
M1.4×0.2	1.4	0.2	16	11	5	M20×1	20	1		36	
M1.6×0.2	1.6					M20×1.5		1.5			
M1.8×0.2	1.8					M20×2		2		—	
M2×0.25	2.0	0.25	1.6	11	5	M22×1	22	1	55	45	16
M2.2×0.25	2.2					M22×1.5		1.5		—	
M2.5×0.35	2.5	0.35				M22×2		2			
M3×0.35	3.0		20	15	5	M24×1	24	1		45	
M3.5×0.35	3.5					M24×1.5		1.5		—	
M4×0.5	4.0	0.5		—		M24×2		2			
M4.5×0.5	4.5		20			M25×1.5	25	1.5			
M5×0.5	5.0					M25×2		2			
M5.5×0.5	5.5					M27×1	27	1	65	54	18
M6×0.75	6	0.75			7	M27×1.5		1.5		—	
M7×0.75	7		25	—	9	M27×2		2			
M8×0.75	8	0.75				M28×1	28	1		54	
M8×1		1				M28×1.5		1.5		—	
M9×0.75	9	0.75				M28×2		2			
M9×1		1				M30×1	30	1	65	54	18
M10×0.75	10	0.75	30	24	11	M30×1.5		1.5		—	
M10×1		1		—		M30×2		2			
M10×1.25		1.25				M30×3		3			25
M11×0.75	11	0.75		24		M32×1.5	32	1.5			18
M11×1		1		—		M32×2		2			
M12×1	12	1	38	—	10	M33×1.5	33	1.5	65	—	18
M12×1.25		1.25				M33×2		2			
M12×1.5		1.5				M33×3		3			25
M14×1	14	1	38		10	M35×1.5	35	1.5			18
M14×1.25		1.25				M36×1.5	36				
M14×1.5		1.5				M36×2		2			18
M15×1.5	15					M36×3		3			25
M16×1	16	1	45	36	14	M39×1.5	39	1.5		63	20
M16×1.5		1.5		—		M39×2		2		—	
M17×1.5	17					M39×3		3			30

续表

代号	公称直径 d	螺距 P	D	D_1	E	代号	公称直径 d	螺距 P	D	D_1	E
M40×1.5	40	1.5		63	20	M50×1.5	50	1.5	90	75	22
M40×2		2		—		M50×2		2		—	
M40×3		3			30	M50×3		3			36
M42×1.5	42	1.5	75	63	20	M52×1.5	52	1.5	90	75	22
M42×2		2		—		M52×2		2		—	
M42×3		3			30	M52×3		3			36
M42×4		4				M52×4		4			
M45×1.5	45	1.5	90	75	22	M55×1.5	55	1.5	105	90	22
M45×2		2		—		M55×2		2		—	
M45×3		3			36	M55×3		3			36
M45×4		4				M55×4		4			
M48×1.5	48	1.5	90	75	22	M56×1.5	55	1.5	105	90	22
M48×2		2		—		M56×2		2		—	
M48×3		3			36	M56×3		3			36
M48×4		4				M56×4		4			

（2）管螺纹圆板牙

用于攻制管子及附件的外管螺纹。有 55°圆柱管螺纹与 55°和 60°圆锥管螺纹圆板牙三种。其尺寸见表 9.82～表 9.84。

表 9.82　圆柱管螺纹圆板牙尺寸（GB/T 20324—2006）

mm

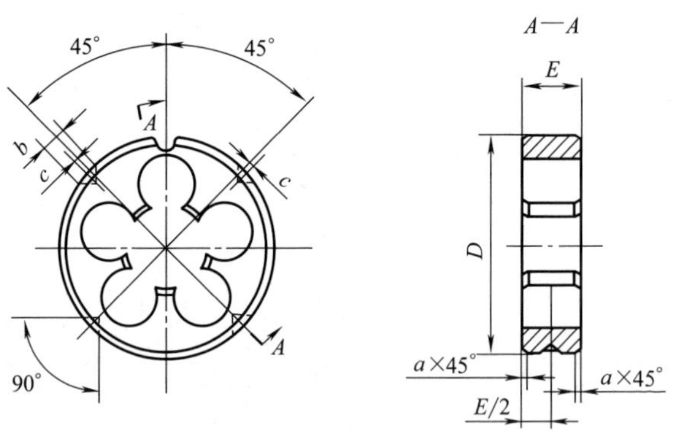

续表

代号	基本直径	螺距 P	D F10	E js12	代号	基本直径	螺距 P	D F10	E js12
G1/16	7.723	0.907	25	7	G7/8	30.201	1.814	65	16
G1/8	9.728		30	8	G1	33.249	2.309		18
G1/4	13.157	1.337	38	10	G1 1/4	41.910		75	20
G3/8	16.662		45(38)		G1 1/2	47.803		90	22
G1/2	20.955	1.814	45	11	G1 3/4	53.746			
G5/8	22.911		55(45)	16(14)	G2	59.614		105	
G3/4	26.411		55	16	G2 1/4	65.710		120	

注：尽量不采用括号内尺寸。

表 9.83　圆锥管螺纹圆板牙的尺寸（GB/T 20328—2006）

mm

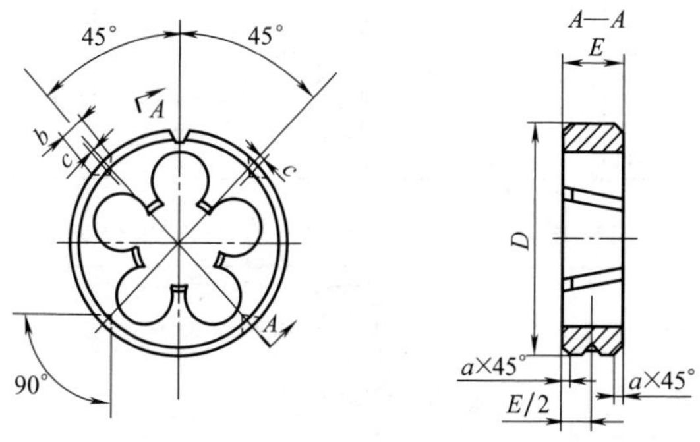

代号	基本直径	螺距 P	D F10	E js12	代号	基本直径	螺距 P	D F10	E js12
R1/16	7.723	0.907	25	11	R3/4	26.441	1.814	55	22
R1/8	9.728		30		R1	33.249	2.309	65	25
R1/4	13.157	1.337	38	14	R1 1/4	41.910		75	30
R3/8	16.662		45	18	R1 1/2	47.803		90	
R1/2	20.955	1.814	55	22	R2	59.614		105	36

9.3.11　滚丝轮和搓丝板

（1）滚丝轮

用于滚压外螺纹，成对安装在滚丝机上加工外螺纹。其规格见表 9.85～表 9.87。

表 9.84 圆锥管螺纹圆板牙的尺寸（JB/T 8364.1—2010） mm

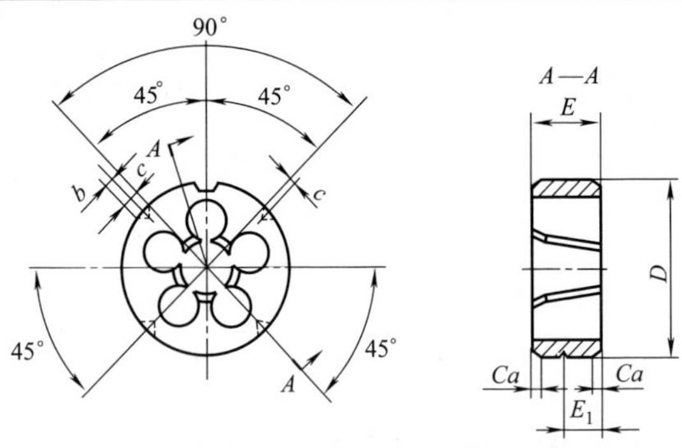

代号 NPT	每英寸牙数	螺距 P	D	E	E_1	代号 NPT	每英寸牙数	螺距 P	D	E	E_1
1/16	27	0.941	30	H	5.5	3/4	14	1.814	55	22	11.0
1/8						1	11.5	2.209	65	26	12.5
1/4	18	1.411	38	16	7.0	1 1/4			75	28	15
3/8			45	18	9.0	1 1/2			90		18
1/2	14	1.814	45	22	11.0	2			105	30	

表 9.85 粗牙普通螺纹用滚丝轮的规格（GB/T 971—2008） mm

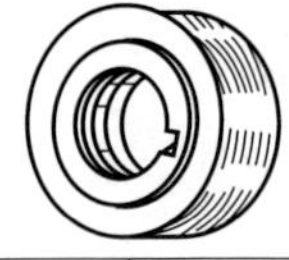

螺纹尺寸		45 型滚丝轮		54 型滚丝轮		75 型滚丝轮	
直径	螺距	中径	宽度	中径	宽度	中径	宽度
3.0	0.5	144.450	30	144.450	30	—	—
(3.5)	0.6	143.060		143.060			
4.0	0.7	141.800		141.800			
(4.5)	0.75	140.455		140.455			
5.0	0.8	143.360		143.360			
6.0	1.0	144.450	30,40	144.450	30,40	176.500	45
8.0	1.25	143.760		141.760		165.324	60,70
10.0	1.5	144.416	40,50	144.416	40,50	171.494	
12.0	7.75	141.219		141.219		173.808	
(14.0)	2.0	139.711	40,60	152.412	50,70	177.814	
16.0	2.0	147.010		147.010		176.412	

续表

螺纹尺寸		45 型滚丝轮		54 型滚丝轮		75 型滚丝轮	
直径	螺距	中径	宽度	中径	宽度	中径	宽度
(18.0)	2.5	147.384	40,50	1474.384	60,80	180.136	60,70
20.0	2.5	147.308		147.008		183.760	
(22.0)	2.5	142.632		142.632		183.384	
24.0	3	—	—	154.357	70,90	176.408	70,80
(27.0)	3			150.306		175.357	
30.0	3.5			138.635	80,100	194.089	
(33.0)	3.5			153.635		184.362	
36.0	4.0			133.608		167.010	
(39.0)	4.0			145.608		182.010	
42.0	4.5					193.385	

滚丝轮的精度等级	1 级	2 级	3 级
适宜加工的外螺纹公差等级	4,5 级	5,6 级	6,7 级

注：45 型、54 型、75 型的内孔分别是 45mm、54mm 和 75mm。

表 9.86　细牙普通螺纹用滚丝轮的规格（GB/T 971—2008）mm

螺纹尺寸		45 型滚丝轮		54 型滚丝轮		75 型滚丝轮	
直径	螺距	中径	宽度	中径	宽度	中径	宽度
8.0	1.0	147.000	30,40	147.000	30,40	169.050	45
10.0		149.600	40,50	149.600	40,50	168.300	50,60
12.0		147.550		147.550		170.250	
14.0		146.850	50,70	146.850	50,70	173.550	
16.0		138.150		153.500		168.850	
10.0	1.25	147.008	40,50	147.008	40,50	174.572	45,50
12.0		145.444		145.444		179.008	
14.0		145.068	50,70	145.068	50,70	171.444	
12.0	1.5	143.338	40,50	143.338	40,50	176.416	45,50
14.0		143.286		143.286	50,70	182.364	
16.0		150.260		150.260		180.312	
18.0	1.5	136.208	50,70	136.208	60,80	170.260	60,70
20.0		133.182		152.208		171.234	
22.0		147.182		147.182		189.234	
24.0		138.156		138.156	70,90	184.208	
27.0		130.130		130.130		182.182	
30.0	15	145.130	50,70	145.130	80,100	174.156	70,80
33.0		128.104		128.104		192.156	
36.0		140.104		140.104		175.130	

续表

螺纹尺寸		45 型滚丝轮		54 型滚丝轮		75 型滚丝轮	
直径	螺距	中径	宽度	中径	宽度	中径	宽度
39.0	1.5	114.078	50,70	152.104	80,100	190.130	70,80
42.0		—		123.078		164.104	
45.0		—		132.078		176.104	
18.0	2.0	150.309	40,60	150.309	60,80	183.711	50,60
20.0		149.608		149.608		187.010	
22.0		144.907		144.907		186.309	
24.0		136.206		136.206	70,90	181.608	
27.0		128.505		128.505		179.907	
30.0	2.0	143.505	40,60	143.505	80,100	172.206	50,60
33.0		126.804		126.804		192.206	60,70
36.0		138.804		138.804		173.505	
39.0		113.103		150.804		188.505	
42.0	2.0	—	—	122.103	80,100	162.804	70,80
45.0				131.103		174.804	
36.0	3.0	—	—	136.204	80,100	170.255	90,100
39.0				148.204		185.255	
42.0				120.153		200.525	
45.0				129.153		172.204	

滚丝轮的精度等级	1 级	2 级	3 级
适宜加工的外螺纹公差等级	4,5 级	5,6 级	6,7 级

注：45 型、54 型、75 型的内孔分别是 45mm、54mm 和 75mm。

表 9.87 圆锥管螺纹滚丝轮的尺寸（JB/T 8364.5—2010）

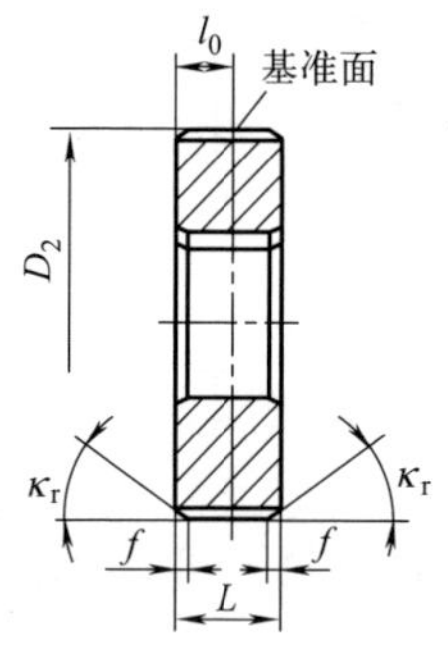

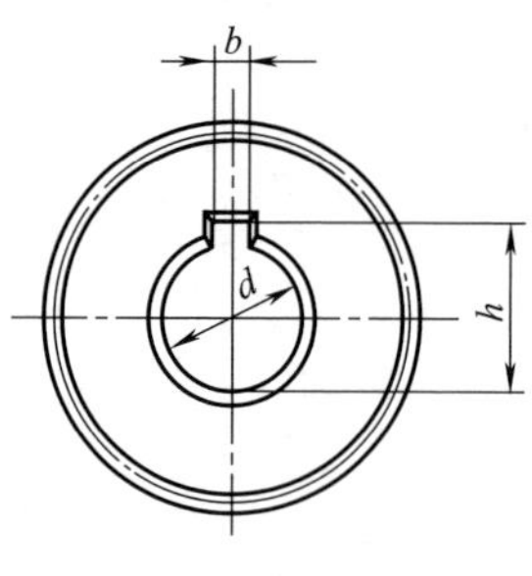

续表

代号 NPT	每英寸 牙数	螺距 P /mm	滚丝轮 头数 n	测量平面		L/mm	d/mm	b/mm	h/mm
				中径 D_2/mm	距离 l_0/mm				
1/16 1/8	27	0.941	20 16	142.840 151.824	10	20			
1/4 3/8	18	1.411	12 9	149.844 143.334	15	30	54	12	57.5
1/2 3/4	14	1.814	7 6	138.304 150.702	15	35			

（2）搓丝板

装在搓丝机上供搓制螺栓、螺钉等普通外螺纹用，由固定搓丝板和活动搓丝板组成。其规格见表 9.88、表 9.89。

表 9.88　搓丝板的规格（GB/T 972—2008）　　mm

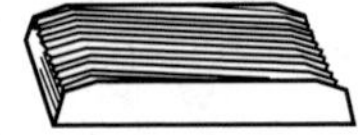

螺纹 直径	搓丝板长度		搓丝 板高	粗牙普通螺纹搓丝板		细牙普通螺纹搓丝板	
	活动	固定		螺距	宽度	螺距	宽度
1.0 1.1 1.2	50.0		20	0.25	15,20	0.2	15,20
1.4 1.6 1.8	60.0		25	0.30 0.35	20,25	0.2	20,25
2.0 2.2 2.5	70.0	65.0	25	0.40 0.45	20,25, 30,40	0.25 0.35	25,30,40
3.0 3.5 4.0	85.0	78.0	25	0.5 — 0.7	20,25,30, 40,50 — 30,40,50	0.35 0.5	30,40
5.0 6.0	125.0	110.0	25	0.8 1.0	40,50,60	0.5 0.75	40,50 40,50,60
8.0 10.0	170.0	150.0	30	1.25 1.5	50,60,70	1.0	50,60,70
12.0	220.0	200.0	40	1.75		1.25	

续表

螺纹直径	搓丝板长度		搓丝板高	粗牙普通螺纹搓丝板		细牙普通螺纹搓丝板	
	活动	固定		螺距	宽度	螺距	宽度
14.0	250.0	230.0	45	2.0	60,70,80	1.5	60,70,80
16.0	(220.0)	(200.0)					
18.0 20.0	310.0	285.0	50	2.5	70,80	1.5	70,80
22.0	400.0	375.0			80,100	1.5	80,100
21.0				3.0		2.0	

搓丝板适宜加工的螺纹

粗牙	公称直径	1,1.1,1.2	1.4	1.6,1.8	2	2.2,2.5	3	3.5	4	4.5
	螺距	0.25	0.3	0.35	0.4	0.45	0.5	0.6	0.7	0.8
	公称直径	5	6	8	10	12	14,16	18,20,22		24
	螺距	0.8	1.0	1.25	1.5	1.75	2.0	2.5		3.0

细牙	公称直径	1,1.1,1.2,1.4,1.6,1.8		2.0,2.2	2.5,3.0,3.5	4.0,5.0
	螺距	0.2		0.25	0.35	0.5
	公称直径	6.0	8.0,10	12	12,14,16,18,20,22	24
	螺距	0.75	1.0	1.25	1.5	20

表 9.89 圆锥管螺纹搓丝板的尺寸（JB/T 8364.4—2010）

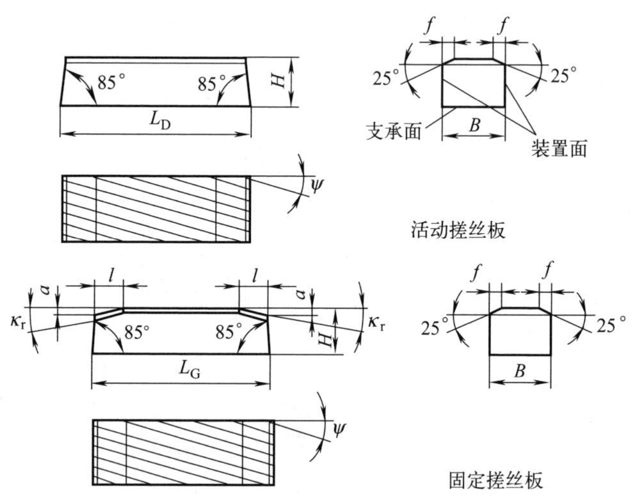

续表

代号 NPT	每英寸牙数	螺距 P/mm	L_D	L_G	B	H
			/mm			
1/16	27	0.941	170	150	50	30
1/8			210	190	55	
1/4	18	1.411	220	200	60	40
3/8			250	230		
1/2	14	1.814	310	285	70	45
3/4			400	375	80	

9.3.12　丝锥扳手

丝锥扳手供手工铰制工件内螺纹或圆孔时，装夹丝锥或铰刀。其规格见表 9.90。

表 9.90　丝锥扳手的规格　　mm

固定式

活络式

普通铰杠规格	150	230	280	380	580	600
适用丝锥范围	M5～M8	M8～M12	M12～M14	M14～M16	M16～M22	M24 以上

9.3.13　板牙架

板牙架供手工铰制工件外螺纹时，装夹圆板牙架用。其规格见表 9.91。

表 9.91　圆板牙架（GB/T 970.1—2008）　　mm

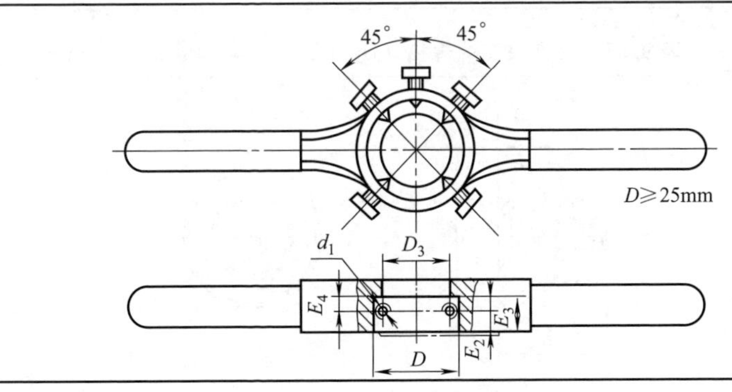

续表

D D10	D_3	d_1	D D10	D_3	d_1	D D10	D_3	d_1
16	11	M3	38	32	M6	75	68	M8
20	15	M4	45	38		90	82	
25	20	M5	55	48	M8	105	95	M10
30	25		65	58		120	107	

9.3.14 螺纹加工辅具

（1）夹套（表 9.92～表 9.95）

表 9.92 板牙夹套的规格（JB/T 3411.13—1999） mm

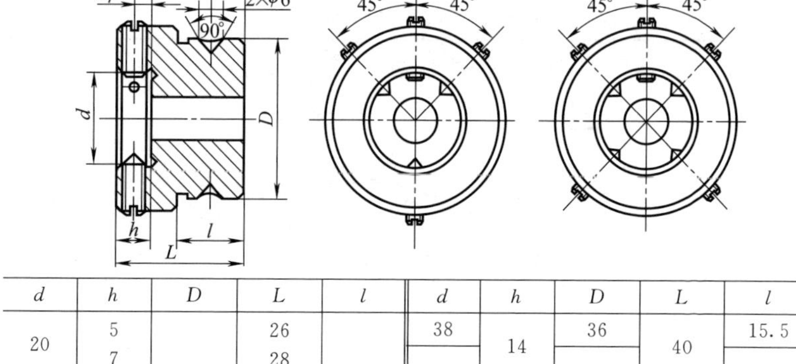

d	h	D	L	l	d	h	D	L	l
20	5	36	26	15.5	38	14	36	40	15.5
	7		28		45		50		16.5
25	9		30			18		45	
30	11		35		55	16		42	
38	10		35			22		48	

表 9.93 丝锥夹套的规格（JB/T 3411.14—1999） mm

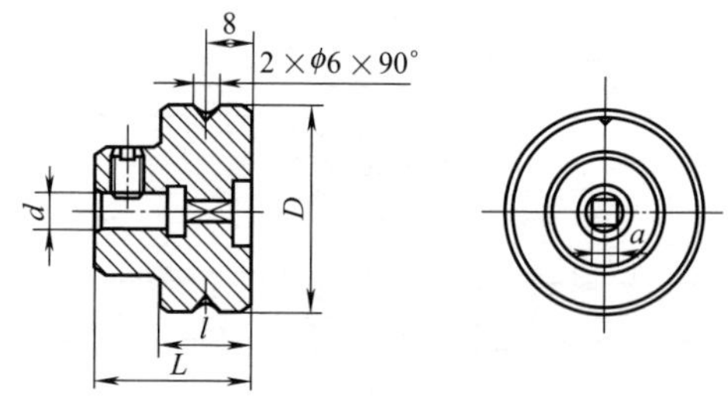

续表

a	D	d	L	l	a	D	d	L	l
2.50	36	3.15	20	15.5	8.00	36	10.00	30	15.5
3.15		4.00			10.00		12.50		
3.55		4.50			11.20	50	14.00	38	16.5
4.00		5.00	22		12.50		16.00		
4.50		5.60			14.00		18.00		
5.00		6.30			16.00		20.00	50	
6.30		8.00			18.00		22.40		
7.10		9.00	30		20.00		25.00		

表 9.94 丝锥用安全夹紧套的规格（JB/T 3411.81—1999）mm

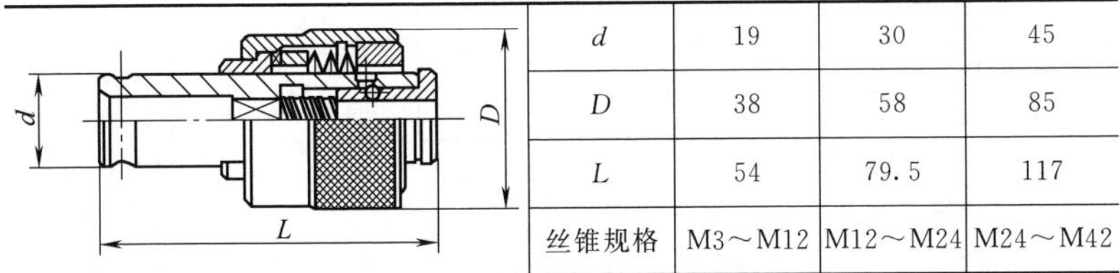

d	19	30	45
D	38	58	85
L	54	79.5	117
丝锥规格	M3～M12	M12～M24	M24～M42

表 9.95 丝锥用弹性夹紧套的规格（JB/T 3411.71—1999）mm

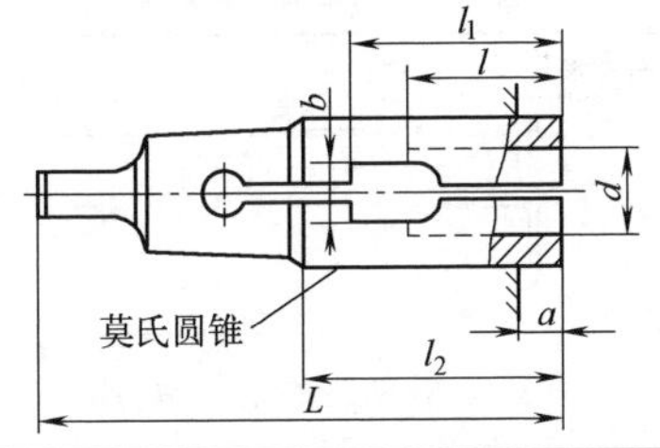

d	b	莫氏圆锥															l	l_1
		1			2			3			4			5				
		a	L	l_2	a	L	l_2	a	L	l_2	a	L	l_2	a	L	l_2		
>2.36～2.65	2.05	3.5	65.5	36													15	19
>2.65～3	2.3																17	21
>3～3.35	2.6																18	22
>3.35～3.75	2.9																	
>3.75～4.25	3.3																19	24
>4.25～4.75	3.7																	
>4.75～5.3	4.2				5	80	42										19	25
>5.3～6	4.7																	

续表

d	*b*	莫氏圆锥															*l*	l_1
		1			2			3			4			5				
		a	*L*	l_2	*a*	*L*	l_2	*a*	*L*	l_2	*a*	*L*	l_2	*a*	*L*	l_2		
>6～6.7	5.2																22	28
>6.7～7.5	5.8	3.5	65.5	36														
>7.5～8.5	6.5				5	80	42										23	30
>8.5～9.5	7.4																24	32
>9.5～10.6	8.3																23	32
>10.6～11.8	9.3																26	36
>11.8～13.2	10.3							5	99	50							26	36
>13.2～15	11.5																29	40
>15～17	12.8										65	124	63				32	45
>17～19	14.4																36	50
>19～21.2	16.4																34	
>21.2～23.6	18.4													6.5	156	80	38	56
>23.6～26.5	20.4																41	60
>26.5～30	22.8																46	67

（2）夹头（表 9.96～表 9.98）

表 9.96 切制螺纹夹头的规格（JB/T 3411.15—1999） mm

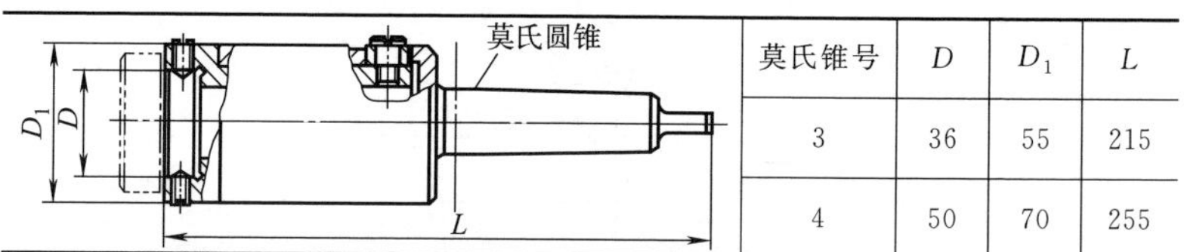

莫氏锥号	*D*	D_1	*L*
3	36	55	215
4	50	70	255

表 9.97 丝锥安全夹紧套用夹头的规格（JB/T 3411.82—1999）

mm

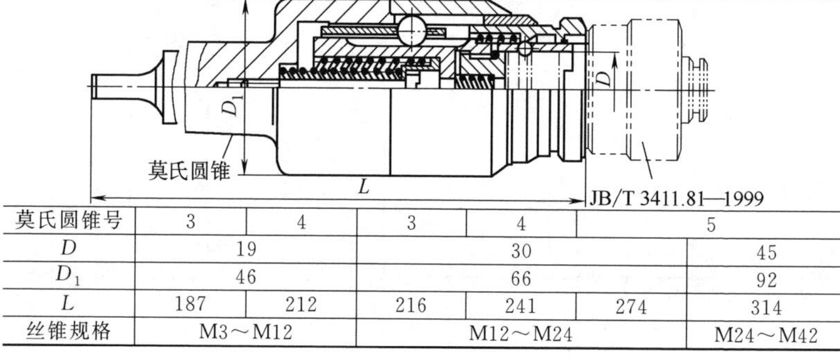

莫氏圆锥号	3	4	3	4	5	
D	19		30			45
D_1	46		66			92
L	187	212	216	241	274	314
丝锥规格	M3～M12		M12～M24			M24～M42

表9.98 丝锥用快换套用夹头的规格（JB/T 3411.80—1999） mm

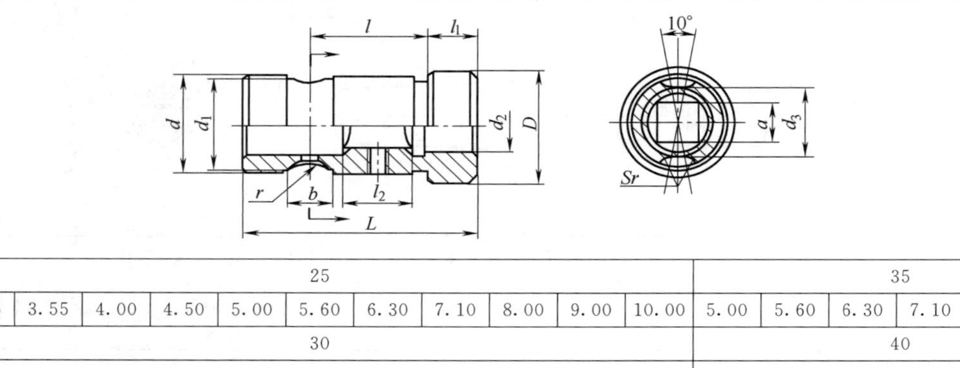

d	25											35					
a	3.15	3.55	4.00	4.50	5.00	5.60	6.30	7.10	8.00	9.00	10.00	5.00	5.60	6.30	7.10	8.00	9.00
D	30											40					
d_1	24											34					
d_2	4.00	4.50	5.00	5.60	6.30	7.10	8.00	9.00	10.00	11.20	12.50	6.30	7.10	8.00	9.00	10.00	11.20
d_3	19.5											28.5					
L	52											64					
l	30											35					
l_1	12											16					
l_2	9				11			13				11			13		
b	10											12					
r	3.75											4.25					

d	35			45						60							
a	10.00	11.20	12.50	10.00	11.20	12.50	14.00	16.00	18.00	16.00	18.00	20.00	22.40	25.00	28.00	31.50	35.50

续表

D	40			50						65						
d_1	34			44						59						
d_2	12.50	14.00	16.00	12.50	14.00	16.00	18.00	20.00	22.40	20.00	22.40	25.00	28.00	31.50	35.50	40.00	45.00
d_3	28.5			37.5						51.5						
L	64			73						98						
l	35			40						55						
l_1	16			18						22						
l_2	13	14	16	13	14	16	18	20	22	20	22	24	26	28	31	34	38
b	12			14						18						
r	4.25			5.75						7.25						

（3）接杆（表 9.99、表 9.100）

表 9.99　丝锥用莫氏锥柄接杆的规格（JB/T 3411.75—1999）　　mm

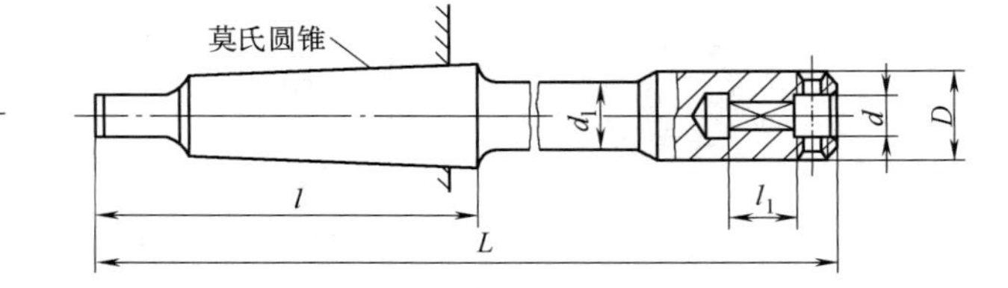

续表

莫氏圆锥号	a	L	D	d	d_1	l	l_1
1	3.15	160	10	4.00	8	65.5	8
		200					
		250					
	3.55	200		4.50			
		280					
		400					
2	4.00	200	12	5.00		80	
		280					
		400					
	4.50	200		5.60			
		280					
		400					
	5.00	200	14	6.30	14		10
		280					
		400					
	5.60	200		7.10			
		280					
		400					
	6.30	250	16	8.00			
		360					
		500					
	7.10	250		9.00			
		360					
		500					
3	8.00	250	20	10.00	20	99	14
		360					
		500					

莫氏圆锥号	a	L	D	d	d_1	l	l_1
3	9.00	250	20	11.20	20	99	14
		360					
		500					
	10.00	250		12.50			
		360					
		500					
3	11.20	250	20	14.00	20	99	14
		360					
		500					
	12.50	280	24	16.00	24		
		400					
		550					
	14.00	280	28	18.00			22
		400					
		550					
	16.00	280	30	20.00			
		400					
		550					
	18.00	280		22.40	30		
		400					
		550					
4	20.00	300	32	25.00		124	
		450					
		600					
	22.40	300	36	28.00			28
		450					
		600					

表 9.100　丝锥用直柄接杆的规格（JB/T 3411.76—1999）　mm

a	d_1	L	D	d	l	a	d_1	L	D	d	l
1.80	6	120	10	2.24	5	5.00	12	200	16	6.30	10
		160						280			
2.00		120		2.50		5.60		200		7.10	
		160						280			
2.50		120		3.15		6.30		250		8.00	
		160						360			
2.80		160		3.55		7.10		250		9.00	
		200						360			
3.15		160		4.00	8	8.00	16	250	20	10.00	14
		200						360			
3.55	8	160	12	4.50		9.00		250		11.20	
		200						360			
4.00		200		5.00		10.00		250		12.50	
		280						360			
4.50		200		5.60							
		280									

（4）断锥起爪（表 9.101）

表 9.101　断锥起爪的规格（JB/T J3411.41—1999）

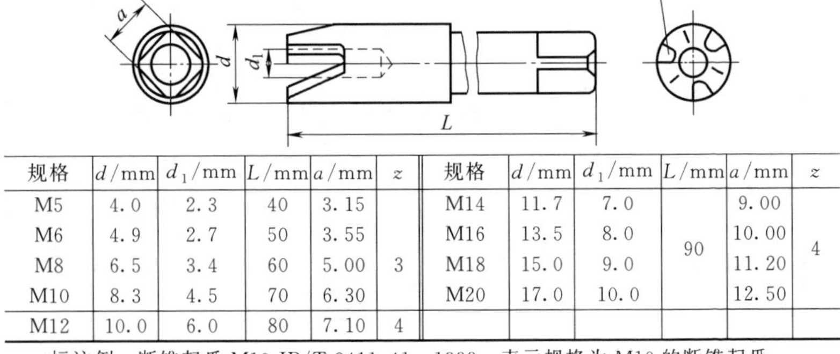

规格	d/mm	d_1/mm	L/mm	a/mm	z	规格	d/mm	d_1/mm	L/mm	a/mm	z
M5	4.0	2.3	40	3.15	3	M14	11.7	7.0	90	9.00	4
M6	4.9	2.7	50	3.55		M16	13.5	8.0		10.00	
M8	6.5	3.4	60	5.00		M18	15.0	9.0		11.20	
M10	8.3	4.5	70	6.30		M20	17.0	10.0		12.50	
M12	10.0	6.0	80	7.10	4						

标注例：断锥起爪 M10 JB/T 3411.41—1999，表示规格为 M10 的断锥起爪。

9.4 装配工具

装配工具包括内四方扳手、六角扳手、端面孔活扳手、侧面孔钩扳手、装双头螺柱扳手、手动套筒扳手、套筒扳手套筒、十字柄套筒扳手、指示表式力矩扳手、液压脉冲定扭矩扳手、手用扭力扳手、棘轮扳手、弹性挡圈安装钳、顶拔器和拉铆枪等。

9.4.1 内四方扳手

用于拧紧和拆卸内方形螺钉。其尺寸见表9.102。

表 9.102　内四方扳手的基本尺寸（JB/T 3411.35—1999）　mm

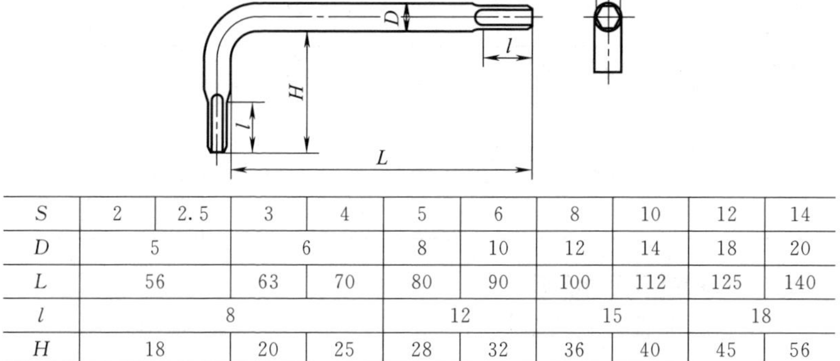

S	2	2.5	3	4	5	6	8	10	12	14
D	5		6		8	10	12	14	18	20
L	56		63	70	80	90	100	112	125	140
l	8				12		15		18	
H	18		20	25	28	32	36	40	45	56

9.4.2 六角扳手

用于拧紧和拆卸内六方形螺钉。其尺寸见表9.103。

表 9.103　六角扳手的基本尺寸　mm

六角套筒扳手(JB/T 3627.1—1999)

元件名称	材料	热处理	表面处理
六角头	45	淬火 38～42HRC	发蓝
扳手体	45	—	发蓝

续表

丁字形内六角扳手(JB/T 3411.36—1999)

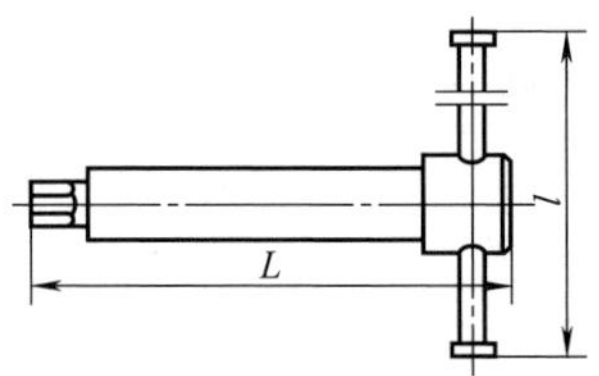

六角对边距离	3		4		5		6		8		10		12	
全长 L	100	150	100	200	200	300	200	300	250	350	250	350	300	400
手柄长 l	60		60		100		100		120		120		120	
六角对边距离	14		17		19		22		24		27			
全长 L	300	400	300	450	300	450	350	500	350	500	350	500		
手柄长 l	160		160		200		250		250		250			

9.4.3 端面孔活扳手

用于装卸端面上的螺栓、螺钉等。其尺寸见表 9.104。

表 9.104 端面孔活扳手的基本尺寸 (JB/T 3411.37—1999) mm

d	$L\approx$	D
2.4	125	22
3.8	160	22
5.3	220	25

9.4.4 侧面孔钩扳手

用于紧固或拆卸 GB/T 816“侧面孔小圆螺母”、GB/T 2151“调节螺母”和 GB/T 2152“带孔滚花螺母”等多种圆螺母。其基本尺寸见表 9.105。

表 9.105　侧面孔钩形扳手的基本尺寸（JB/T 3411.38—1999）

mm

d	L	H	b	螺母外径
2.5	140	12	2	14～20
3.0	160	15	3	22～35
5.0	180	18	4	35～60

9.4.5　装双头螺柱扳手

装双头螺柱扳手规格见表 9.106。

表 9.106　装双头螺柱扳手的规格（JBT 3411.39—1999）　mm

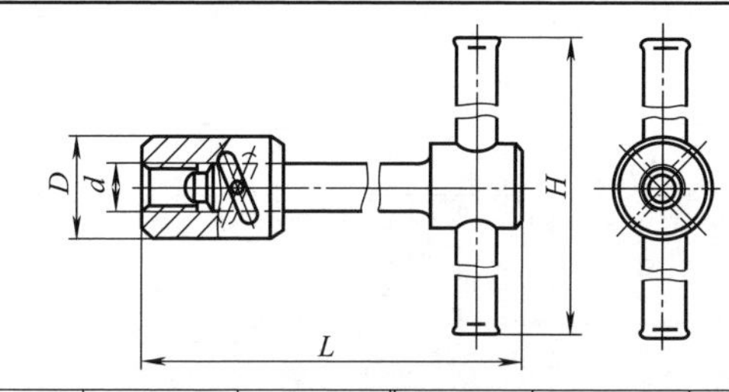

规格	d	L≈	H	规格	d	L≈	H
M5	14	82	80	M12	22	165	160
M6	14	102	100	M16	25	201	200
M8	16	125	120	M20	30	226	250
M10	20	136	160	M24	35	256	320

9.4.6　手动套筒扳手

筒是套筒扳手的附件，根据套筒的长度分为普通型（A 型）和加长型（B 型），按其工作部分的几何形状分为六角孔和十二角孔。其带方孔的一端与传动附件或套筒扳手的方榫连接，带六角孔的另一端套在六角头螺栓、螺母上，用于紧固或拆卸螺栓、螺母。

套筒传动方孔的对边尺寸有为 6.3mm、10 mm、12.5 mm、20 mm 和 25 mm 五个系列，其代号分别为 6.3、10、12.5、20 和 25。其规格见表 9.107～表 9.109。

表 9.107 手动套筒扳手 套筒（GB/T 3390.1—2013）

mm

$d_1<d_2$ $d_1=d_2$ $d_1>d_2$

6.3 系列							10 系列						
s	t（最小）	d_1（最大）	d_2（最大）	d_3（最小）	l A型（最大）	l B型（最小）	s	t（最小）	d_1（最大）	d_2（最大）	d_3（最小）	l A型（最大）	l B型（最小）
3.2	1.8	5.9	12.5	1.9			7	3.5	11.0		4.8		
4	2.1	6.9	12.5	2.4			8	4.24	12.2		6.0		
4.5	2.3	7.9	12.5	2.4			9	4.51	13.5		6.5		
5	2.4	8.2	12.5	3.0			10	4.74	14.7	20	7.2		44
5.5	2.7	8.8	12.5	3.6			11	5.54	16.0		8.4	32	
6	3.1	9.4	12.5	4.0			12	5.74	17.2		9.0		
7	3.5	11.0	12.5	4.8			13	6.04	18.5		9.6		
8	4.24	12.2	12.5	6.0	26	45	14	6.74	19.7		10.5		45
9	4.51	13.5	13.5	6.5			15	7.00	21.0	24	11.3		
10	4.74	14.7	14.7	7.2			16	7.19	22.2		12.3		50
11	5.54	16.0	16.0	8.4			17	7.73	23.5		13.0	35	54
12	5.74	17.2	17.2	9.0			18	8.29	24.7	24.7	14.4		
13	6.04	18.5	15.5	9.6			19	8.72	26.0	26.0	15.0		
14	6.74	19.7	19.7	10.5			21	9.59	28.5	28.8	16.8		60
15	7.00	21.5	21.5	11.3			22	9.98	29.7	29.7	17.0	38	
16	7.19	22.0	22.0	12.3			24	10.79	32.5	32.5	19.2		65

续表

12.5 系列

s	t（最小）	d_1（最大）	d_2（最大）	d_3（最小）	l A型（最大）	l B型（最小）
8	4.24	14.0	24	6.0	40	75
10	4.74	15.5		7.2		
11	5.54	16.7		8.4		
12	5.74	18.0		9.0		
13	6.01	19.2		9.6		
14	6.74	20.5		10.5		
15	7.00	21.7		11.3		
16	7.19	23.0	25.5	12.3		
17	7.73	24.2		13.0		
18	8.29	25.5		14.4	42	
19	8.72	26.7	26.7	15.0		
21	9.59	29.2	29.2	16.8	44	
22	9.98	30.5	30.5	17.0		
24	10.79	33.0	33.0	19.2	46	
27	12.35	36.7	36.7	21.6	48	
30	15.35	40.5	40.5	24.0	50	
32	14.11	43.0	43.0	26.0		
34	14.85	46.5	46.5	26.4	52	

20 系列

s	t（最小）	d_1（最大）	d_2（最大）	d_3（最小）	l A型（最大）	l B型（最小）
21	9.59	32.1	40	16.8	55	85
22	9.98	33.3		17.0		
24	10.79	35.8		19.2		
27	12.35	39.6		21.6	60	
30	13.35	43.3	43.3	24.0		
32	14.11	45.8	45.8	26.0		
34	14.85	48.3	48.3	26.4	65	
36	15.85	50.8	50.8	28.8	67	
41	17.85	57.1	57.1	32.4	70	
46	19.62	63.3	63.3	36.0	83	100
50	21.92	68.3	68.3	39.6	89	
55	23.42	74.6	74.6	43.2	95	
60	25.92	84.5	84.5	45.6	100	

25 系列

s	t（最小）	d_1（最大）	d_2（最大）	d_3（最小）	L A型（最大）
41	17.85	61.0	59.7	32.4	83
46	19.62	66.4	55.0	36.0	50
50	21.92	71.4	55.0	39.6	85
55	23.42	77.6	57.0	43.2	95
60	25.92	83.9	61.0	45.6	103
65	26.92	90.1	78.0	50.4	110
70	28.92	96.5	84.0	55.2	116
75	30.92	110	90.0	60.0	120
80	34.00	115	95.0	65.0	125

表 9.108 传动方榫和方孔（GB/T3390.2—2013） mm

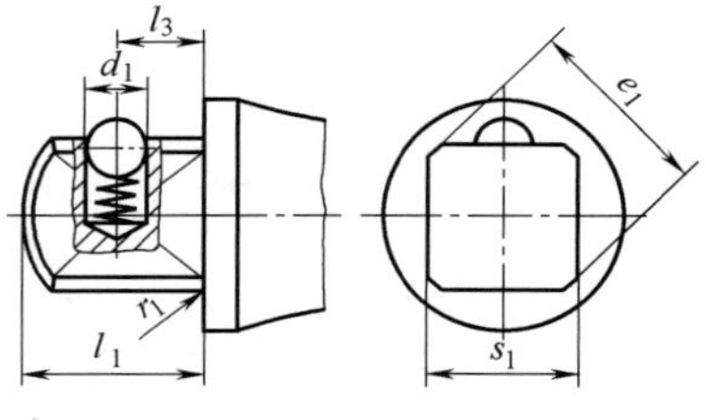

A型

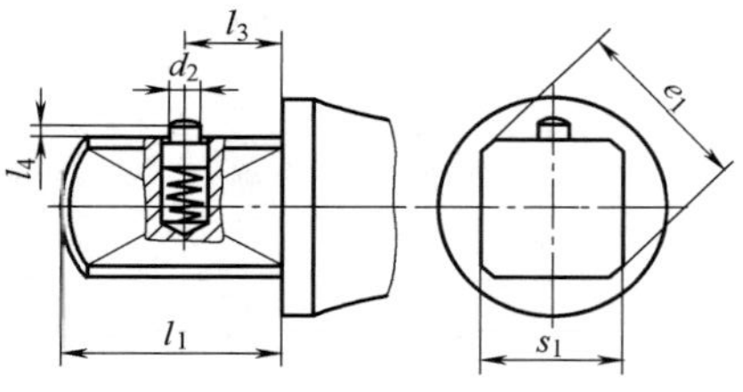

B型

形式	系列	s_1		d_1	d_2	e_1		l_1	l_3	l_4	r_1
		最大	最小	≈	（最大）	最大	最小	（最大）		（最小）	（最大）
A(B)	6.3	6.35	6.26	3	2	8.4	8.0	8.5	4	0.9	0.5
A(B)	10	9.53	9.41	5	2.6	12.7	12.2	11	5.5	0.9	0.6
A(B)	12.5	12.70	12.59	6	3	16.9	16.3	15.5	8	1.0	0.8
B(A)	20	19.05	18.92	7	4.3	25.4	24.4	23	10.2	1.0	1.2
B(A)	25	25.40	25.27	—	5	34.0	32.4	28	15	1.0	1.6

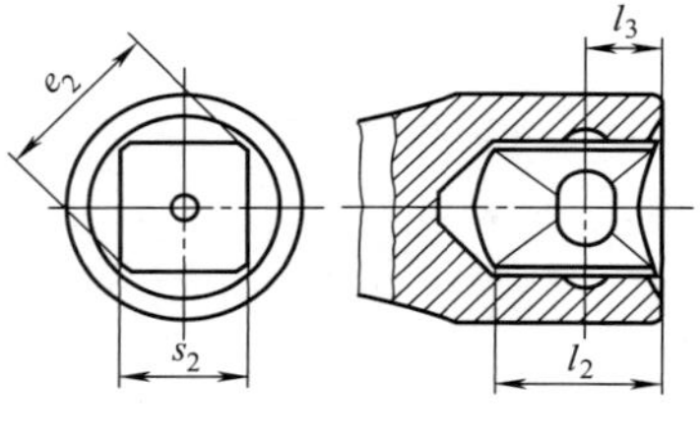

C型

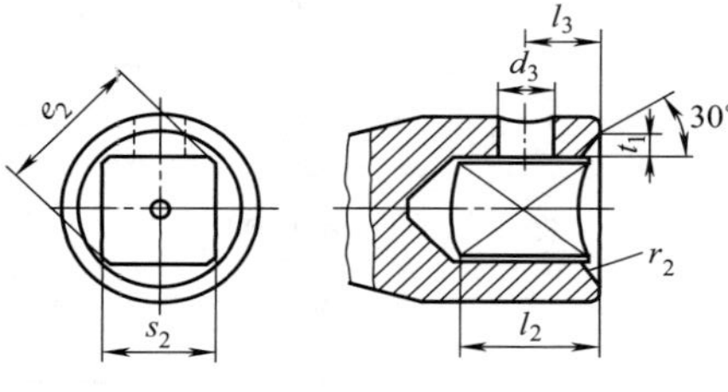

D型

续表

形式	系列	s_2		d_3（最小）	e_2（最小）	l_2（最小）	l_3	r_2	t_1
		（最大）	（最小）						
C、D	6.3	6.63	6.41	2.5	8.5	9	4	—	—
C(D)	10	9.80	9.58	5	12.9	11.5	5.5	—	—
C(D)	12.5	13.03	12.76	6	17.1	16	8	4	3
D	20	19.44	19.11	6	25.6	24	10.2	4	3.5
D	25	25.79	25.16	6.5	34.4	29	15	6	4

注：带括号的形式应避免采用。

表 9.109 手动套筒扳手 传动附件（GB/T 3390.3—2013）

编号 名称	图示	规格/mm	基本尺寸/mm				特点和用途
			d_{max}	$l_{1\,min}$	$l_{1\,max}$	$l_{2\,max}$	
6100040 滑动头 手柄	ϕd, l_2, l_1	6.3 10 12.5 20 25	14 23 27 40 52	100 150 220 430 500	160 250 320 510 760	24 35 50 62 80	滑行头的位置可移动，根据需要调整旋动力臂的大小。特别适用于180°范围内的操作场合
			b_{min}	$l_{1\,max}$	$l_{2\,min}$	$l_{2\,max}$	
6100060 6100061 快速摇柄	b, l_2, l_1	6.3 10 12.5	30 40 50	420 470 510	60 70 85	115 125 145	操作时利用弓形柄部，可以快速、连续旋转

续表

编号 名称	图示	规格/mm	基本尺寸/mm				特点和用途
6100090 棘轮扳手			d_{max}	$l_{1\,min}$	$l_{1\,max}$	$l_{2\,max}$	在旋转角度较小时进行操作，普通式须与方榫尺寸相应的直接头配合使用
		6.3	25	110	150	27	
		10	35	140	220	36	
		12.5	50	230	300	45	
		20	70	430	630	62	
6100100 6100101 可逆棘轮扳手			d_{max}	$l_{1\,min}$	$l_{1\,max}$	$l_{2\,max}$	在旋转角度较小的工作场合进行操作，旋转方向可正可反
		6.3	25	110	150	27	
		10	35	140	220	36	
		12.5	50	230	300	45	
		20	70	430	630	62	
		25	90	500	900	80	
6100010 6100011 旋柄			b_{min}		$l_{1\,max}$		适用于旋动位于深凹部位的螺栓、螺母
		6.3	30		165		
		10	40		190		
6100030 转向手柄			$l_{1\,max}$				可绕方榫轴线旋转，多角度旋动螺栓、螺母
		6.3	165				
		10	270				
		12.5	490				
		20	600				
		25	850				
6100050 6100051 弯柄			$l_{1\,max}$		$l_{2\,max}$		与件数较少的套筒扳手配用
		6.3	110		35		
		10	210		45		
		12.5	250		60		
		20	500		120		

9.4.7　套筒扳手套筒

其规格见表 9.110。

表 9.110　机动套筒扳手套筒（GB/T 3228—2009）　　mm

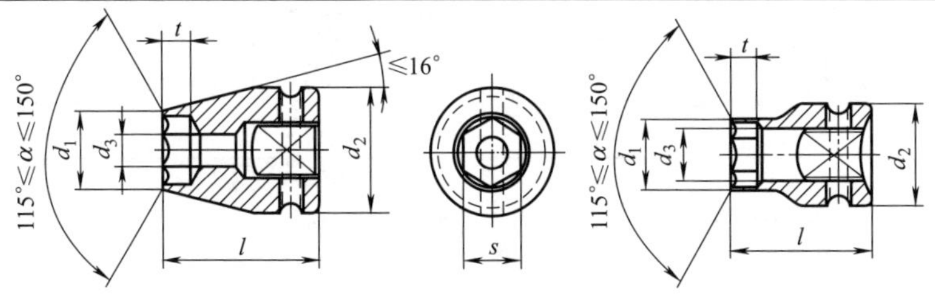

$d_1<d_2$的套筒

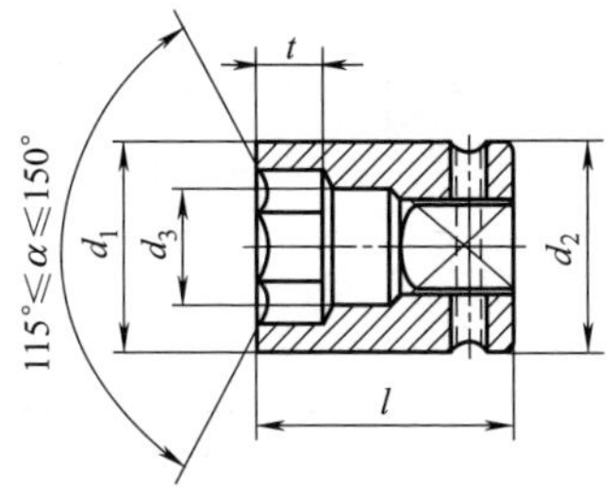

$d_1=d_2$的套筒

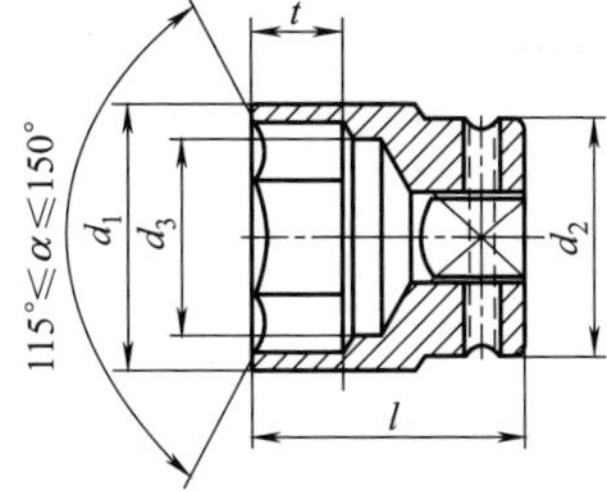

$d_1>d_2$的套筒

套筒方孔尺寸	s	t（最小）	d_1（最大）	d_2（最大）	d_3（最小）	l_{max} A 型（普通）	l_{min} B 型（加长）
6.3	3.2	1.8	6.8	14	1.9	25	45
	4.0	2.1	7.8	14	2.4		
	5.0	2.5	9.1	14	3.0		
	5.5	2.9	9.7	14	3.6		
	7	3.7	11.6	14	4.8		
	8	5.2	12.8	14	6.0		
	10	5.7	15.3	16	7.2		
	11	6.6	16.6	16.6	8.4		
	13	7.3	19.1	19.1	9.6		
	15	8.3	21.6	22	11.3	30	
	16	8.9	22.0	22	12.3	35	
10	7	3.7	12.8	20	4.8	34	44
	8	5.2	14.1	20	6.0		
	10	5.7	16.6	20	7.2		
	11	6.6	17.8	20	8.4		
	13	7.3	20.3	28	9.6		

续表

套筒方孔尺寸	s	t（最小）	d_1（最大）	d_2（最大）	d_3（最小）	l_{max}A型（普通）	l_{min}B型（加长）
10	15	8.3	22.8	28	11.3	34	45
10	16	8.9	24.1	28	12.3	34	50
10	18	11.3	26.6	28	14.4	34	54
10	21	13.3	30.6	34	16.8	34	54
10	24	15.3	34.3	34	19.2	34	54
12.5	8	5.2	15.5	28	6.0	40	75
12.5	10	5.7	17.8	28	7.2	40	75
12.5	11	6.6	19.0	28	8.4	40	75
12.5	13	7.3	21.5	28	9.6	40	75
12.5	15	8.3	24.0	37	11.3	40	75
12.5	16	8.9	25.3	37	12.3	40	75
12.5	18	11.3	27.8	37	14.4	40	75
12.5	21	13.3	31.5	37	16.8	40	75
12.5	24	15.3	36.0	37	19.2	45	75
12.5	27	17.1	39.0	39.0	21.6	50	75
12.5	30	18.5	44.6	44.6	24	50	75
12.5	34	20.2	49.5	49.5	26.1	50	75
16	15	8.3	26.3	35	11.3	48	85
16	16	8.9	27.5	35	12.3	48	85
16	18	11.3	30.0	35	14.4	48	85
16	21	13.3	33.8	35	16.8	48	85
16	24	15.3	37.5	37.5	19.2	51	85
16	27	17.1	41.3	41.3	21.6	51	85
16	30	18.5	45.0	45.0	24.0	51	85
16	34	20.2	50.0	50.0	26.4	55	85
16	36	22.0	52.5	52.5	28.8	55	85
20	18	11.3	32.4	48	14.4	51	85
20	21	13.3	36.1	48	16.8	51	85
20	24	15.3	39.9	48	19.2	51	85
20	27	17.1	43.6	48	21.6	54	85
20	30	18.5	47.4	48	24.0	54	85
20	34	20.2	52.1	58	26.4	58	85
20	36	22.0	54.9	58	28.8	58	85
20	41	24.7	61.1	61.1	32.4	63	85
20	46	26.1	67.4	67.4	36.0	63	100
20	50	28.6	74.0	74	39.6	89	100
20	55	31.5	80	80	43.2	95	100
20	60	33.9	86	86	45.6	100	100

续表

套筒方孔尺寸	s	t（最小）	d_1（最大）	d_2（最大）	d_3（最小）	l_{max} A型（普通）	l_{min} B型（加长）
25	27	17.1	46.7	58	21.6	60	—
	30	18.5	50.4	58	24.0	62	
	34	20.2	55.4	58	26.4	63	
	36	22.0	57.9	58	28.8	67	
	41	24.7	64.2	68	32.4	70	
	46	26.1	70.4	68	36.0	76	
	50	28.6	75.4	68	39.6	82	
	55	31.5	81.7	68	43.2	87	
	60	33.9	87.9	68	45.6	91	
	65	34.5	95.9	70.6	50.4	110	
	70	36.5	98.0	70.6	55.2	116	
40	36	22.0	64.2	86	28.8	84	—
	41	24.7	70.4	86	32.4	84	
	46	26.1	76.7	86	36.0	87	
	50	28.6	81.7	86	39.6	90	
	55	31.5	87.9	86	43.2	90	
	60	33.9	94.2	86	45.6	95	

注：t_{min}＝GB/T 5782规定的六角头高度＋0.5mm。

9.4.8　十字柄套筒扳手

十字柄套筒扳手用于拆卸汽车轮胎螺母。其规格见表9.111。

表9.111　十字柄套筒扳手的规格（GB/T 14765—2008）　mm

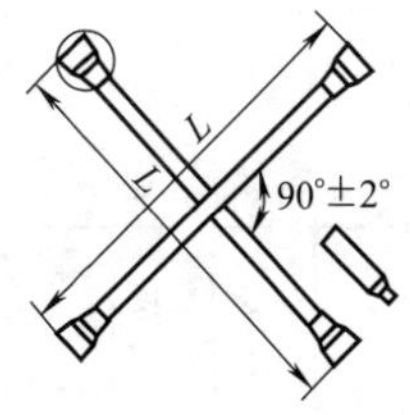

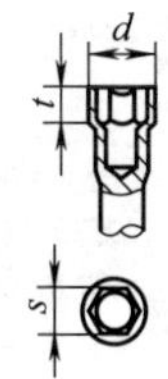

型号	最大套筒的对边尺寸 s_{max}	方榫系列	最大外径 d	最小柄长 L	套筒的最小深度
1	24	12.5	38	355	0.85
2	27	12.5	42.5	450	
3	34	20	49.5	630	
4	41	20	63	700	

9.4.9　指示表式力矩扳手

用于扭矩有明确规定的工件装配，也可用作检测力矩。其规格见表 9.112。

表 9.112　指示表式力矩扳手规格

型号	力矩范围 /N·m	每格读数值 /N·cm	精度 /%	长度×直径 /mm
Z6447-48	0～10	5	5	278×40
Z6447-42	10～50	50	5	301×40
Z6447-38	30～100	50	5	382×46
Z6447-46	50～200	100	5	488×54
Z6447-45	100～300	100	5	570×60

9.4.10　液压脉冲定扭矩扳手

由气动马达驱动液压脉冲装置将间歇递增扭矩施加于螺纹紧固件。按手柄形式分为直柄式、枪柄式和角式；按结构形式分为非自闭型和自闭型。其基本参数见表 9.113。

型号标注方法：

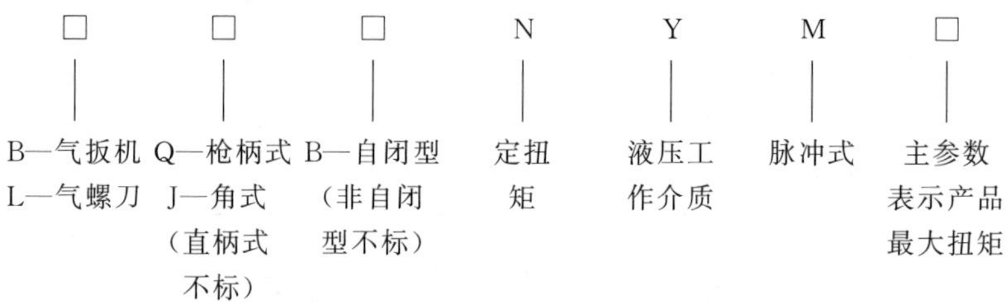

表 9.113　液压脉冲定扭矩扳手基本参数（JB/T 12280—2015）

产品系列	传动头尺寸 /mm	拧紧螺纹范围	扭矩调整范围 /N·m	空转转速 /(r/min)	机重(≤) /kg	长度(≤) /mm	空转噪声(≤)/ dB(A)	负荷耗气量(≤) /L/s	气管内径 /mm	管接头规格 /in
12	6.3 10	M4～M5	6～12.5	4300～4600	1.0	180	78	4.5	6.5	1/4
19		M6	10～19	4300～4600	1.2	180	78	5.0		
27		M6～M8	13～27	6800～7200	1.3	180	80	6.0		
35	6.3	M8	20～35	5900～6200	1.5	200	82	7.0	8	
57	10	M8～M10	34～57	6900～7200	1.8	230	82	7.5		1/4

续表

产品系列	传动头尺寸/mm	拧紧螺纹范围	扭矩调整范围/N·m	空转转速/(r/min)	机重(≤)/kg	长度(≤)/mm	空转噪声(≤)/dB(A)	负荷耗气量(≤)/L/s	气管内径/mm	管接头规格/in
90	12.5	M10～M12	57～90	5000～5400	2.0	250	83	9.0	8	1/4
120		M120～M14	75～120	5000～5300	2.5	280	84	10.0		
148		M14～M16	113～148	3300～3600	3.0	300	86	12.0	11	
210	20	M16	145～210	3500～3700	3.5	330	86	13.0	11	3/8
255		M16～M18	180～255	2500～2700	4.5	360	86	14.0		

注：1. 验收气压为0.63 MPa。

2. 机重不包括传动套筒、进气接头、吊环、辅助手柄等。

9.4.11　手用扭力扳手

配合套筒扳手套筒紧固六角头螺栓，分指示式和预置式两大类，各又分若干型。后者可事先设定扭矩值，用于扭矩有明确规定的工件装配。扭力扳手的类型和规格型号见表9.114。

表9.114　手用扭力扳手的类型和规格型号（GB/T 15729—2008）

形式		简图
指示式	A型：指针型扭力扳手	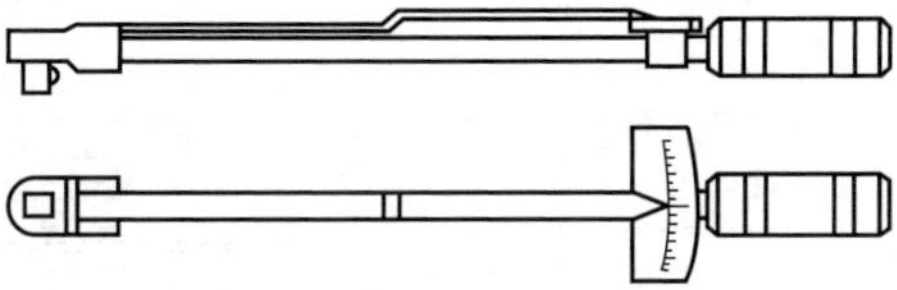
	B型：表盘型扭力扳手	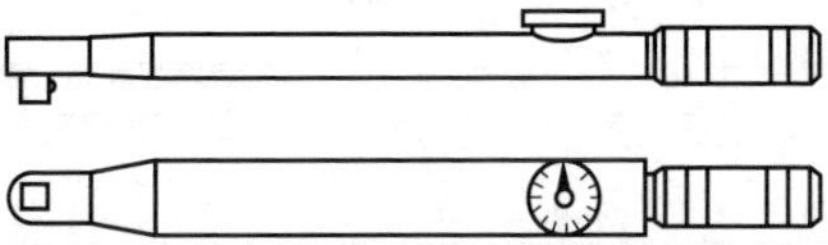
	C型：电子数显型扭力扳手	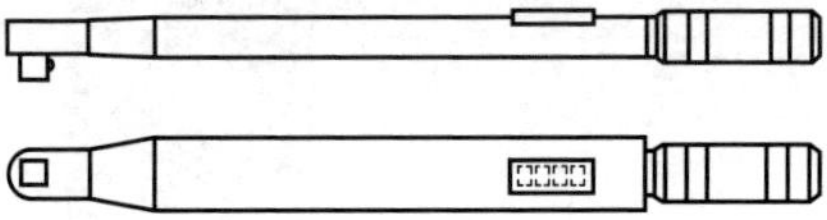
	D型：指针型扭矩螺钉旋具	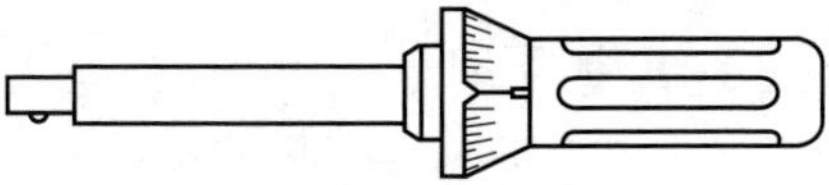

续表

<table>
<tr><th colspan="2">形式</th><th colspan="5">简图</th></tr>
<tr><td>指示式</td><td>E 型:电子数显型扭矩螺钉旋具</td><td colspan="5"> 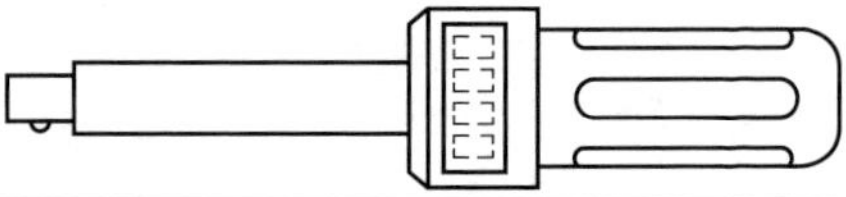</td></tr>
<tr><td rowspan="7">预置式</td><td>A 型:带刻度可调型扭力扳手</td><td colspan="5"></td></tr>
<tr><td>B 型:限力型扭力扳手</td><td colspan="5"></td></tr>
<tr><td>C 型:无刻度可调型扭力扳手</td><td colspan="5"></td></tr>
<tr><td>D 型:带刻度可调型扭矩螺钉旋具</td><td colspan="5"></td></tr>
<tr><td>E 型:限力型扭矩螺钉旋具</td><td colspan="5"></td></tr>
<tr><td>F 型:无刻度可调型扭矩螺钉旋具</td><td colspan="5"></td></tr>
<tr><td>G 型:扭力杆刻度可调型扭力扳手</td><td colspan="5"></td></tr>
<tr><td colspan="2">最大实验扭矩/N·m</td><td>30</td><td>135</td><td>340</td><td>1000</td><td>2700</td></tr>
<tr><td colspan="2">传动方榫对边尺寸/mm</td><td>6.3</td><td>10.0</td><td>12.5</td><td>20.0</td><td>25.0</td></tr>
</table>

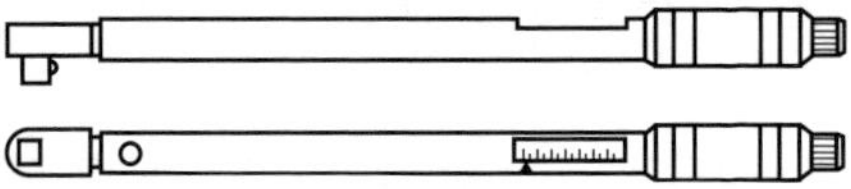

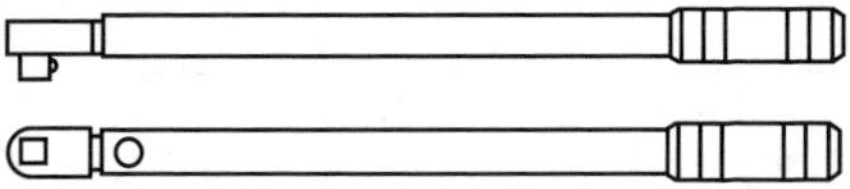

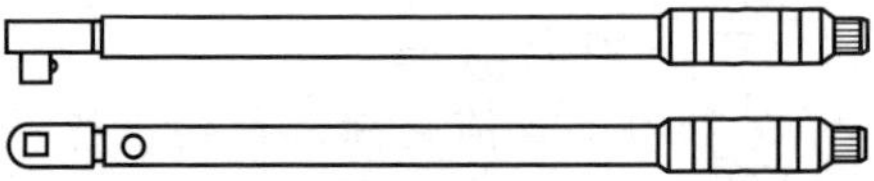

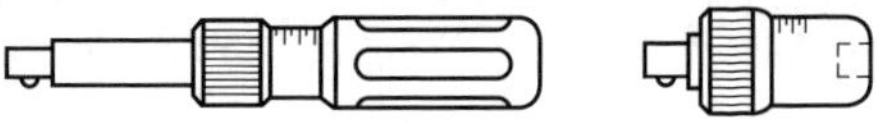

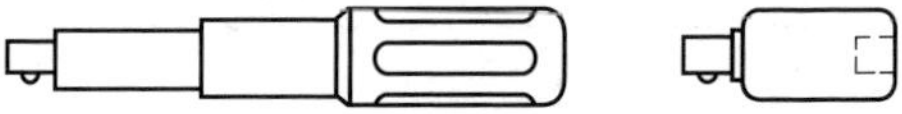

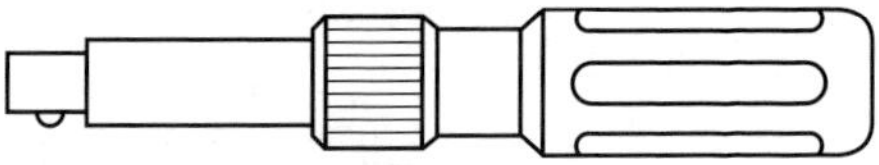

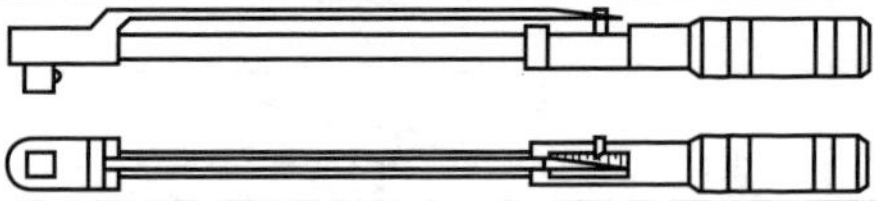

扭力扳手的使用方法、注意事项和故障排除

9.4.12 钩形扳手

钩形扳手用于紧固或拆卸机床、车辆、机械设备上的圆螺母，有 A 型和 B 型两种。其规格见表 9.115。

表 9.115　钩形扳手的规格（JB/ZQ4624—2006）　　mm

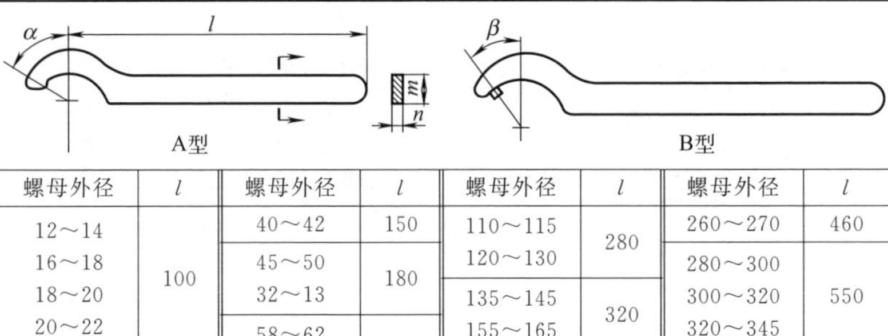

螺母外径	l	螺母外径	l	螺母外径	l	螺母外径	l
12～14		40～42	150	110～115	280	260～270	460
16～18		45～50	180	120～130		280～300	
18～20	100	32～13		135～145	320	300～320	550
20～22		58～62	210	155～165		320～345	
23～28	120	68～75		180～195	380	350～375	585
30～32		80～90	240	205～220		380～400	620
34～36	150	95～100		230～245	460	480～500	800

9.4.13　弹性挡圈安装钳

有孔用挡圈和轴用挡圈两种，专用于拆装弹簧挡圈。其基本尺寸见表 9.116、表 9.117。

表 9.116　孔用弹性挡圈安装钳的基本尺寸（JB/T 3411.48—1999）

mm

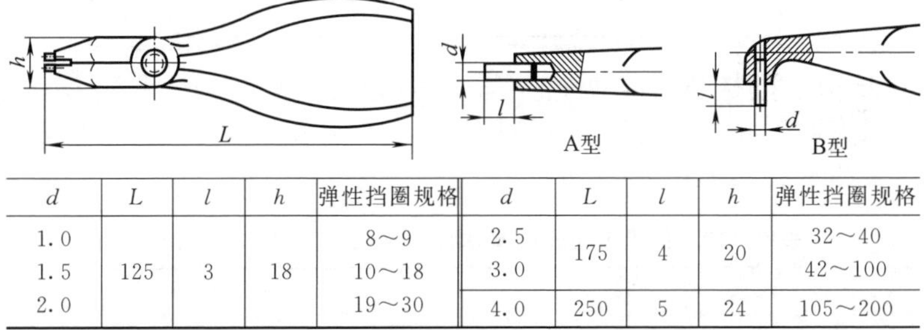

d	L	l	h	弹性挡圈规格	d	L	l	h	弹性挡圈规格
1.0 1.5 2.0	125	3	18	8～9 10～18 19～30	2.5 3.0	175	4	20	32～40 42～100
					4.0	250	5	24	105～200

表 9.117　轴用弹性挡圈安装钳的基本尺寸（JB/T 3411.47—1999）

mm

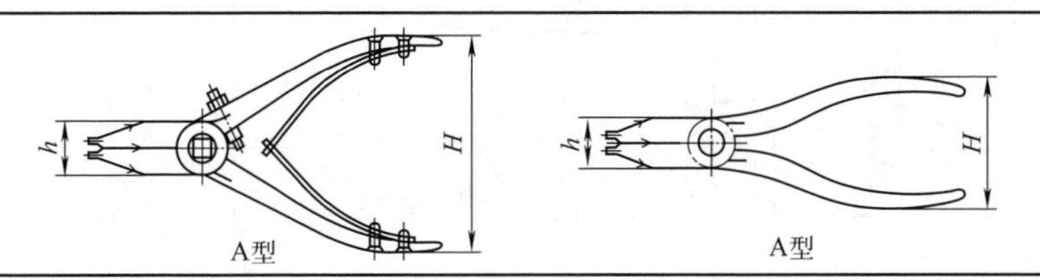

（续）

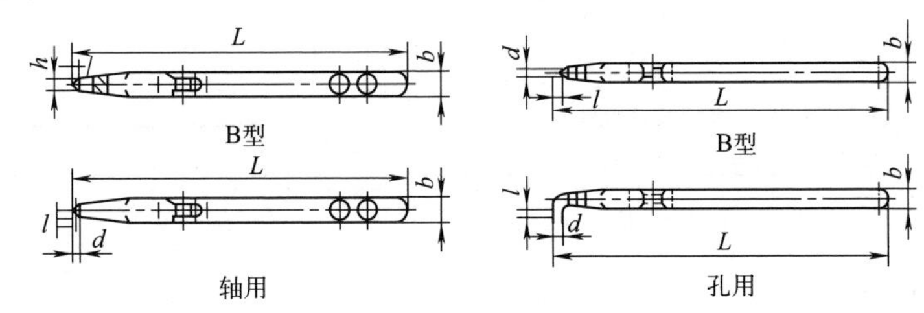

类别	d	L	l	$H\approx$	b	h	弹性挡圈规格
轴用	1.0 1.5 2.0	125	3	72	8	18	8～9 10～18 19～30
	2.5 3.0	175	4	100	10	20	32～40 42～105
	4.0	250	5	122	12	21	110～200
孔用	1.0 1.5 2.0	125	3	52	8	18	8～9 10～18 19～30
	2.5 3.0	175	4	54	10	20	32～40 42～100
	4.0	250	5	60	12	24	105～200

9.4.14　顶拔器

有两爪和三爪两种，分别见表 9.118 和表 9.119。拔头和拔销器规格见表 9.120、表 9.121。

表 9.118　两爪顶拔器的基本尺寸（JB/T 3411.50—1999）　mm

H	L	d
160	200	M16
250	300	M20
380	400	Tr30×3

表 9.119　三爪顶拔器的基本尺寸（JB/T 3411.51—1999）　mm

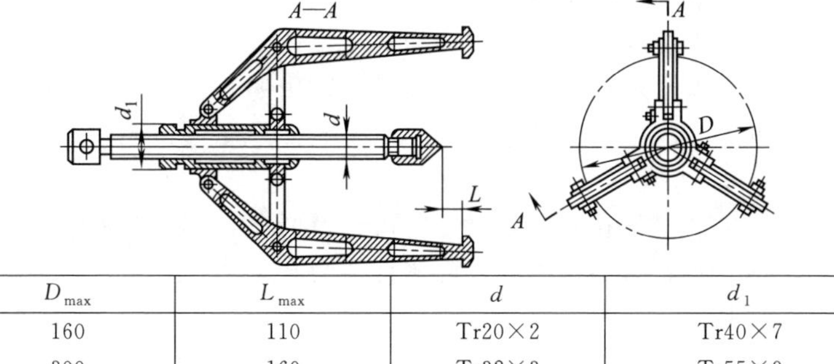

D_{max}	L_{max}	d	d_1
160	110	Tr20×2	Tr40×7
300	160	Tr32×3	Tr55×9

表 9.120　拔头的规格（JB/T 3411.43—1999）　mm

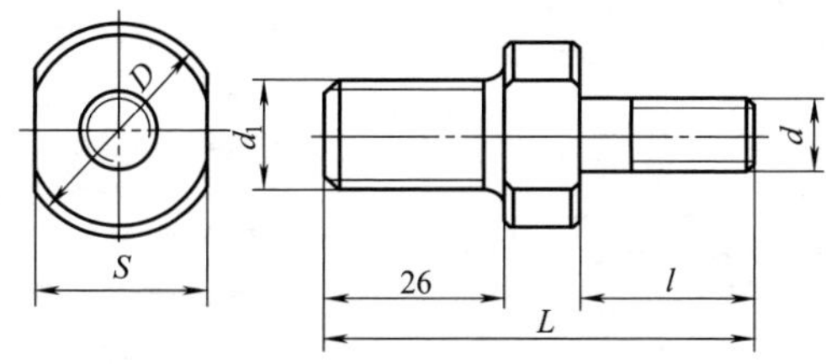

d	d_1	S	D	L	l	d	d_1	S	D	L	l
M4	M16	19	22	50	14	M10	M16	19	22	62	25
M5				52	16	M12	M20	24	28	66	30
M6				52	16	M16				72	35
M8				56	20	M20				76	40

表 9.121　拔销器（JB/T 3411.44—1999）　mm

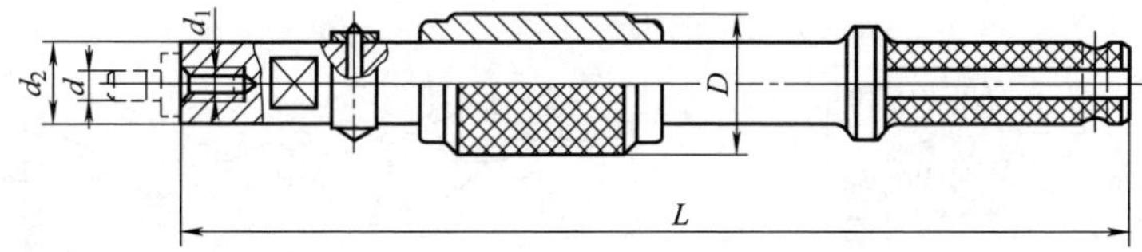

适用拔头 d	d_1	d_2	D	L
M4～M10	M16	22	52	430
M12～M20	M20	28	62	550

9.4.15 手动拉铆枪

拉铆枪用于冲铆无法工作的铆接部位（封闭容器等）进行铆接，有手动拉铆枪、液压拉铆枪和电动拉铆枪三种。

手动拉铆枪是专供单面铆接抽芯铆钉用的手工具，有单手式普通型（DP）、单手式双向型（DS）、双手式普通型（SP）、双手环保型（SH）和拉伸式（L）五种。单手式适用于拉铆力不大的场合；双手式适用于拉铆力较大的场合。铆钉钉体材料为铝、铝合金、黄铜、碳素钢和不锈钢；钉体直径为2.4～6.4mm。其基本尺寸见表9.122。

表9.122 手动拉铆枪的基本尺寸（QB/T 2292—2017） mm

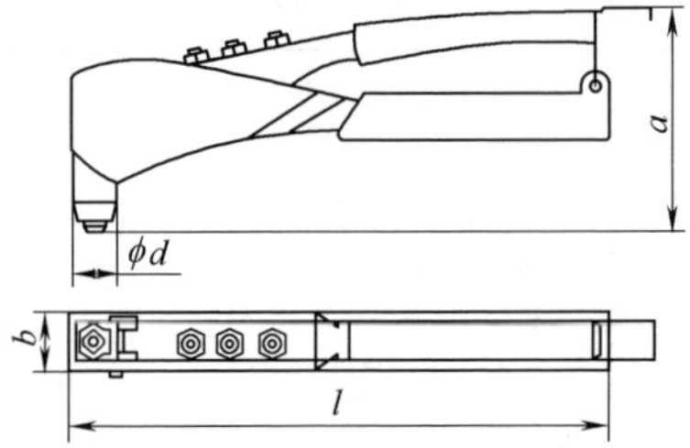

单手式普通型(DP)

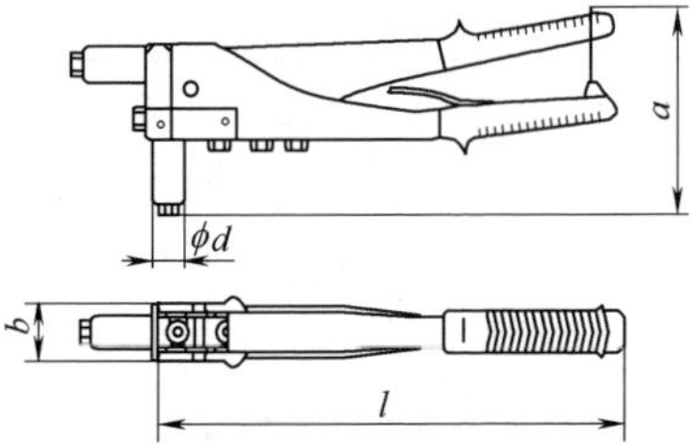

单手式双向型(DS)

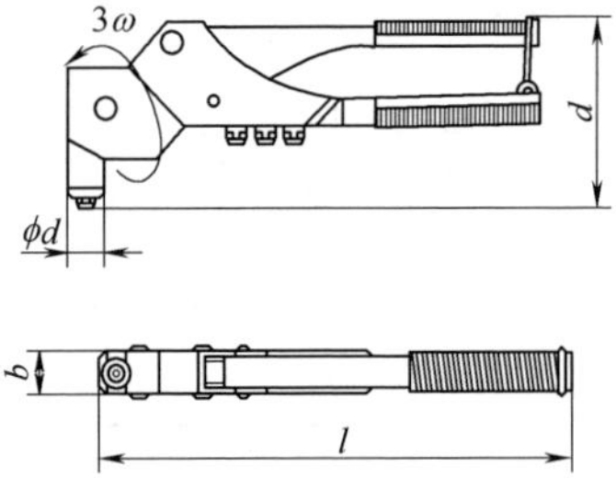

双手式普通型(SP)

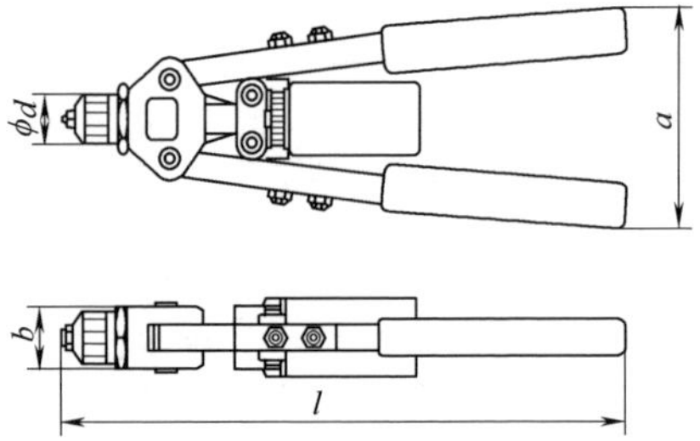

双手环保型(SH)

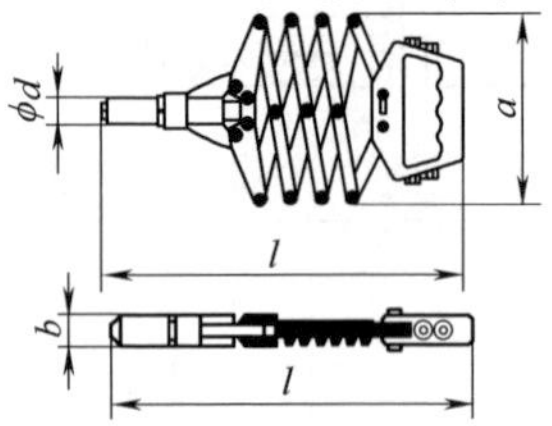

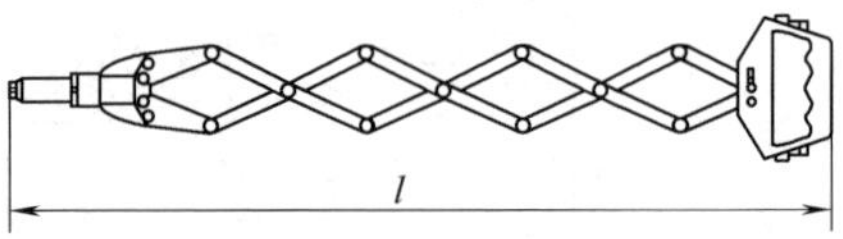

(拉伸状态，左图为压缩状态)

拉伸式(L)

续表

形式	规格	适用铆钉规格(≤)	基本尺寸			
			$l\pm5$	a	b	ϕd
单手式	240 255 265	4.8	240 255 265	90～120 100～120 95～120	28～32 28～32 28～32	18～19 18～22 18～22
双手式	430 460	6.4	430 460	100～120 100～120	32～37 32～37	22～24 22～24
	530 610		530 610	100～130 100～155	32～37 32～41	22～24 22～24
拉伸式	800		800	185～190	32～34	24～26

标记：产品标记由产品名称、标准号、规格和形式代号组成。

例如，规格为265mm的单手式双向型拉铆枪，标记为：手动拉铆枪QB/T 2292-265DS。

规格为800mm的拉伸式拉铆枪，标记为：手动拉铆枪QB/T 2292-800L。

9.4.16　液压拉铆枪

液压拉铆枪是以液压为动力，采取冷挤压的方法，用于拉铆钉安装的枪柄式手持液压工具，其由液压缸总成、枪头总成两部分组成，液压缸总成实现拉铆钉安装过程的动力供给，枪头总成实现拉铆钉的抓取、挤压成形。其基本参数见表9.123。

型号表示方法是：

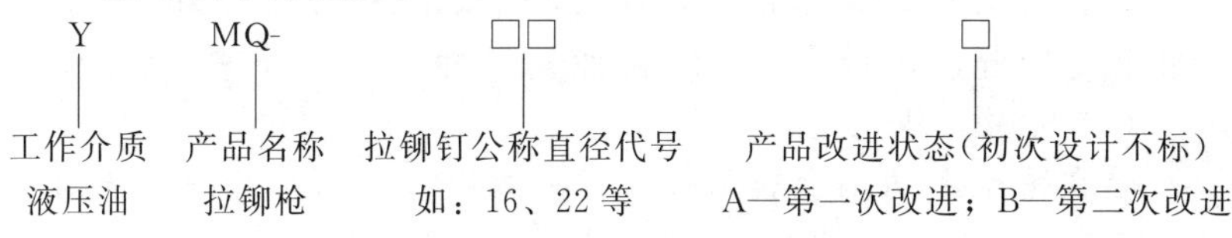

表9.123　产品的基本参数（JB/T 11750—2013）

型号	拉铆钉公称直径/mm	机重/kg	输出拉力/kN	工作压力/MPa	停机压力/MPa	行程/mm	枪头前端外径/mm	油管通径/mm
YMQ-24	24	≤18	≥260	≤50	≥22	≥50	≤80	≥6
YMQ-22	22	≤17	≥235			≥48	≤75	
YMQ-20	20	≤15	≥170			≥45	≤65	
YMQ-16	16	≤11	≥145			≥45	≤55	
YMQ-12	12	≤7	≥100			≥35	≤45	

9.4.17　电动拉铆枪

电动拉铆枪的型号规定是：

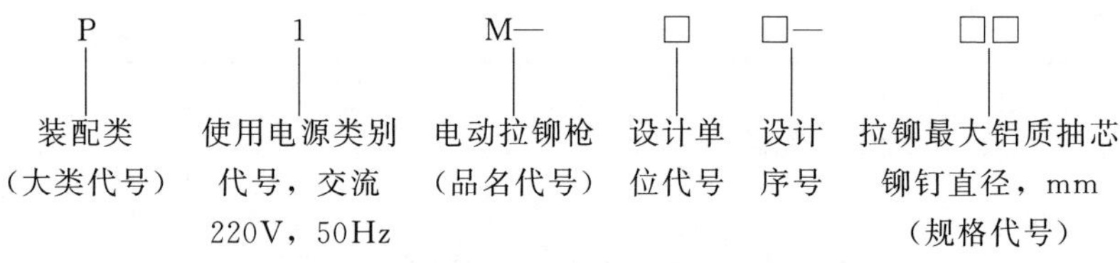

P1M 拉铆枪的规格见表 9.124。

表 9.124　P1M 拉铆枪的规格

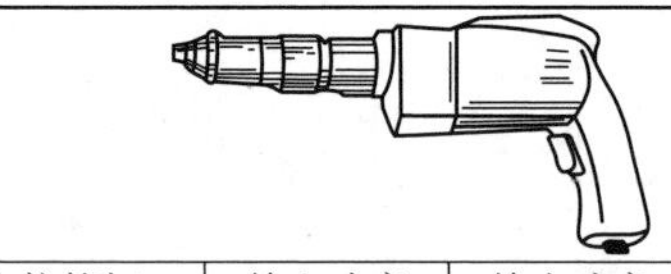

型号	最大拉铆钉/mm	输入功率/W	输出功率/W	最大拉力/kN	质量/kg
P1M-5	ϕ5	280～350	220	7.5～8	2.5
P1M-SA-5	铝合金 ϕ3.2～5 不锈钢 ϕ3.2～4	400	行程 20mm	外形尺寸 mm 315×164×66	2.4

9.5 锯切工具

9.5.1 锯条

锯条的规格按其长度（锯条两端安装孔的中心距）和粗细的不同划分，常用的是 300mm；粗细是按照锯条每 25mm 长度内所包含的锯齿数分，有 14、18、24 和 32 等几种。

(1) 手用钢锯条

装在锯架上切割金属工件，有单面齿（A 型）和双面齿（B 型）之分。其规格见表 9.125。

表 9.125　手用钢锯条的规格（GB/T 14764—2008）　　mm

A型

B型

续表

形式	长度 L	宽度 a	厚度 b	齿距 p	销孔 $d(e\times f)$	全长 $L\leqslant$
A 型	300	12.7 或 10.7	0.65	0.8、1.0 1.2、1.4 1.5、1.8	3.8	315
	250					265
B 型	296	22	0.65	0.8、1.0 1.4	8×5	315
	292	25			12×6	

(2) 机用锯条

装在锯床上切割金属工件。其规格见表 9.126。

表 9.126　机用锯条的规格（GB/T 6080.1—2010）　mm

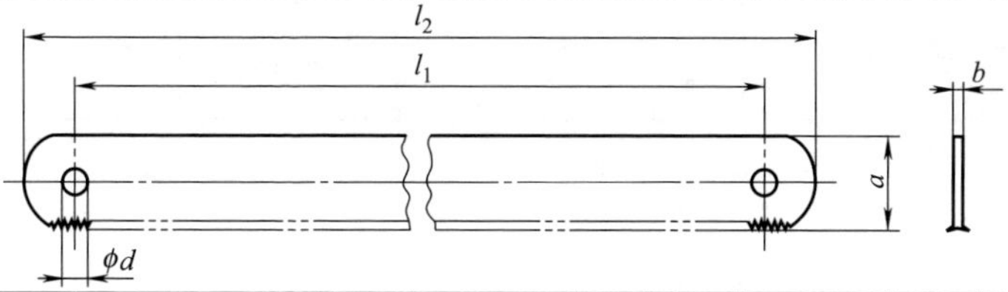

$l_1\pm2$	$a_{-1}^{\ 0}$	b	齿距 P	齿距 N	l_2（最大）	d H14
300	25	1.25	1.8	14	330	8.4
			2.5	10		
		1.5	1.8	14		
			2.5	10		
			4.0	6		
350	25	1.25	1.8	14	380	8.4
			2.5	10		
		1.5	1.8	14		
			2.5	10		
			4.0	6		
	30		1.8	14		
			2.5	10		
			4.0	6		
		2	1.8	14		
			2.5	10		
			4.0	6		
400	25	1.5	1.8	14	430	10.4
			2.5	10		
			4.0	6		
	30		1.8	14		
			2.5	10		
			4.0	6		

$l_1\pm2$	$a_{-1}^{\ 0}$	b	齿距 P	齿距 N	l_2（最大）	d H14
400	30	2	2.5	10	430	10.4
			4.0	6		
			6.3	4		
	40		4.0	6	440	10.4
			6.3	4		
450	30	1.5	2.5	10	490	8.4
			4.0	6		
	40	2	2.5	10		8.4/10.4
			4.0	6		
			6.3	4		
500			2.5	10	540	10.4
			4.0	6		
			6.3	4		
575	50	2.5	4.0	6	615	
			6.3	4		
			8.5	3		
600			4.0	6	640	10.4/12.9
			6.3	4		
700			4.0	6	745	
			6.3	4		
			8.5	3		

9.5.2　钢锯架

安装钢锯条后，用于手工锯削金属材料。

钢锯架按其使用材料和外形分为钢板锯架（代号 B）、钢管锯架（代号 G）、铝合金锯架（代号 L）和小型锯架（代号 S）四种形式。其中小型锯架又分为轻便锯架（代号 SQ）、简易锯架（代号 SJ）和深弓锯架（代号 SG）。按其结构分为调节式（代号为 T）和固定式（代号为 D）。其规格见表 9.127。

表 9.127　钢锯架的规格（QB/T 1108—2015）　mm

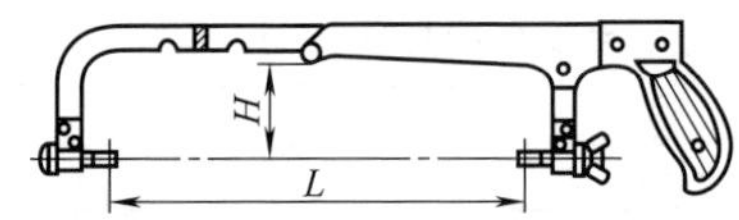

产品分类	结构形式	规格 L		弓深 H
钢板锯架(B)	调节式	300(250)		≥64
	固定式	250	300	
钢管锯架(G)	调节式	300(250)		≥74
	固定式	250	300	
铝合金锯架(L)	调节式	300(250)		≥64
	固定式	250	300	
小型锯架(S)	固定式	150	180	见注

注：小型锯架的弓深和特殊规格产品可不受本表限制。

锯子的使用方法和注意事项

9.5.3　曲线锯条

用于对金属、塑料、木材等板料进行直线或曲线电动锯割。按其柄部形式分为 T 型、U 型、MA 型、H 型四种（图 9.1）；按使用材质分为碳素工具钢（代号 T，HRA75）、合金工具钢（代号 M，HRA75）、高速工具钢（代号 G，HRA81）以及双金属复合钢（代号 Bi，HV690）四种类型（QB/T 4267—2011）。其基本尺寸见表 9.128。

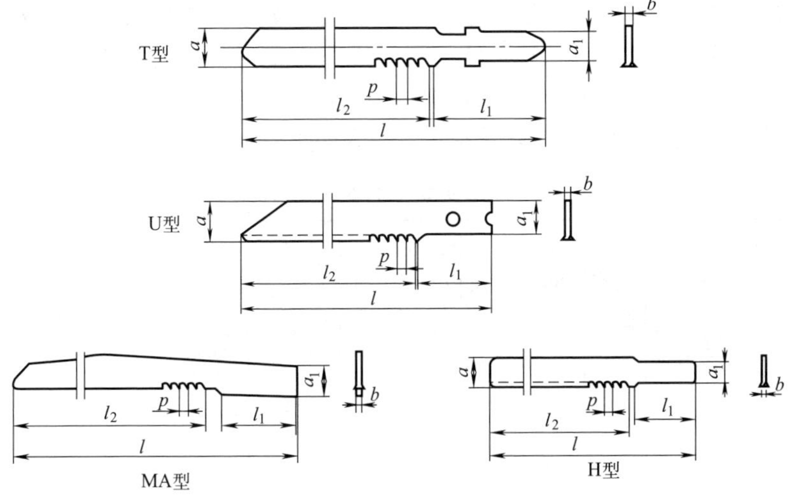

图 9.1　曲线锯条的形式

表 9.128　曲线锯的基本尺寸（QB/T 4267—2011）

<table>
<tr><th>形式</th><th>全长 l/mm</th><th>锯齿长度 l_2/mm</th><th>宽度 a/mm</th><th>厚度 b/mm</th><th>齿数（每 25.4mm）</th><th>齿距 p/mm</th><th>形式</th><th>全长 l/mm</th><th>锯齿长度 l_2/mm</th><th>宽度 a/mm</th><th>厚度 b/mm</th><th>齿数（每 25.4mm）</th><th>齿距 p/mm</th></tr>
<tr><td rowspan="3">T 型</td><td>70
75
80
95
100</td><td>45
50
55
70
75</td><td>5
8</td><td rowspan="4">0.9
～
1.5</td><td rowspan="4">32
24
20
18
16
14
13
10
9
—
8
—
7
—
6</td><td rowspan="4">0.8
1.0
1.2
1.4
1.5
1.8
2.0
2.5
2.8
3.0
—
3.5
3.6
4.0
4.2</td><td>U 型</td><td>90
100</td><td>70
80</td><td>5
8</td><td rowspan="4">0.9
～
1.5</td><td rowspan="4">32
24
20
18
16
14
13
10
9
—
8
—
7
—
6</td><td rowspan="4">0.8
1.0
1.2
1.4
1.5
1.8
2.0
2.5
2.8
3.0
—
3.5
3.6
4.0
4.2</td></tr>
<tr><td>105
125</td><td>85
100</td><td>8</td><td>MA 型</td><td>70
80
95
120</td><td>50
60
75
100</td><td>—</td></tr>
<tr><td>150</td><td>125</td><td>8
9.5</td><td rowspan="2">H 型</td><td rowspan="2">80
95
105
115
125</td><td rowspan="2">60
75
85
95
105</td><td rowspan="2">8</td></tr>
<tr><td>U 型</td><td>70
80</td><td>50
60</td><td>5
8</td></tr>
</table>

注：齿距 p=0.8～1.4mm，用于切割金属；齿距 p=1.4～2.5mm，用于切割塑料；齿距 p=2.5～4.2mm，用于切割木材。

9.5.4 往复锯条

电动往复锯用于对金属、塑料、木材、刨花板、胶合板等板材进行直线和曲线锯割。

锯条有直线类锯条（代号 Z）、曲线类锯条（代号 Q）和嵌入类锯条（代号 R）三种。按使用材质分为碳素工具钢（代号 T）、合金工具钢（代号 M）、高速工具钢（代号 G）以及双金属复合钢（代号 Bi）四种类型。其基本尺寸见表 9.129。

表 9.129 锯条的基本尺寸（QB/T 4785—2015）

<table>
<tr><th>形式</th><th>全长 l /mm</th><th>公差 /mm</th><th>宽度 a /mm</th><th>公差 /mm</th><th>厚度 b /mm</th><th>公差 /mm</th><th>齿数（每 25.4 mm）</th><th>齿距 p /mm</th><th>公差 /mm</th></tr>
<tr><td>Z 型</td><td>100
125
150
200
225
250
300</td><td rowspan="3">±2</td><td>15.5
18
18.5
19
25
27</td><td rowspan="3">±0.5</td><td rowspan="3">0.9
～
1.6</td><td rowspan="3">±0.05</td><td rowspan="3">32
24
20
18
16
14
13
10
9
8
6
5
4
3
2</td><td rowspan="3">0.8
1.0
1.2
1.4
1.5
1.8
2.0
2.5
2.8
3.0
3.6
4.0
4.2
5.0
6.0
6.4
8.0
8.5
12.7</td><td rowspan="3">齿数:32～20，Δ＝0.08；
齿数:18～14，Δ＝±0.1；
齿数:13±9，Δ＝±0.12；
齿数:8～2，Δ＝±0.15
（Δ 为齿距公差）</td></tr>
<tr><td>Q 型</td><td>90
100
125
150</td><td>9
12
14</td></tr>
<tr><td>R 型</td><td>100
125
150
200
225
250
300</td><td>15.5
18
18.5
19
25
27</td></tr>
</table>

9.6 錾削工具

9.6.1 錾子

扁錾常用于錾平面，切割板料，去凸缘、毛刺和倒角；窄錾常用于錾沟槽，分割曲面、板料，修理键槽等；油槽錾主要用于錾油槽；防爆铜錾用于要求防爆的场合。其规格见表 9.130、表 9.131。

表 9.130　普通錾子的规格　mm

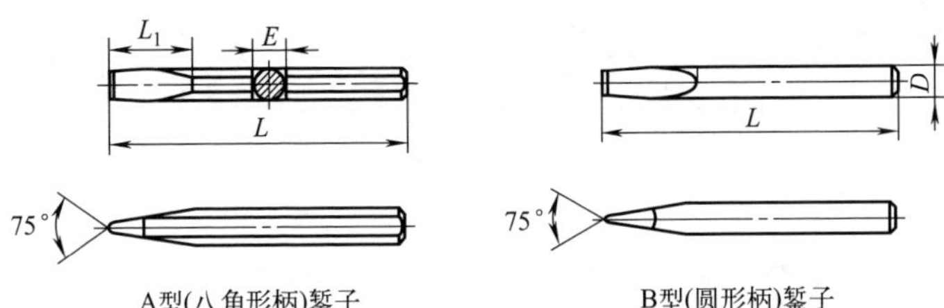

A型(八角形柄)錾子　B型(圆形柄)錾子

规格	16×180	18×180	20×200	27×200	27×250
錾口宽度	16	18	20	27	27
全长	180	180	200	200	250

表 9.131　防爆用錾子的规格（QB/T 2613.2—2003）

<table>
<tr><th>规格</th><th>L_{min}/mm</th><th>L_1/mm</th><th>A/mm</th><th>d/mm</th><th>E/mm</th><th>φ/mm</th><th>θ/(°)</th></tr>
<tr><td>16×180
18×180</td><td>180</td><td rowspan="4">70</td><td>18</td><td rowspan="2">4</td><td>19
25</td><td>16
18</td><td rowspan="4">75</td></tr>
<tr><td>20×180</td><td rowspan="2">200</td><td>20</td><td>19</td><td>20</td></tr>
<tr><td>27×200</td><td rowspan="2">27</td><td rowspan="2">4.5</td><td rowspan="2">25</td><td rowspan="2">27</td></tr>
<tr><td>27×250</td><td>250</td></tr>
</table>

9.6.2　锤子

(1) 圆头锤

供钳工、锻工、安装工和钣金工等敲击工件翻整形用。其规格见表 9.132、表 9.133。

表 9.132　圆头锤的规格（QB/T 1290.2—2010）

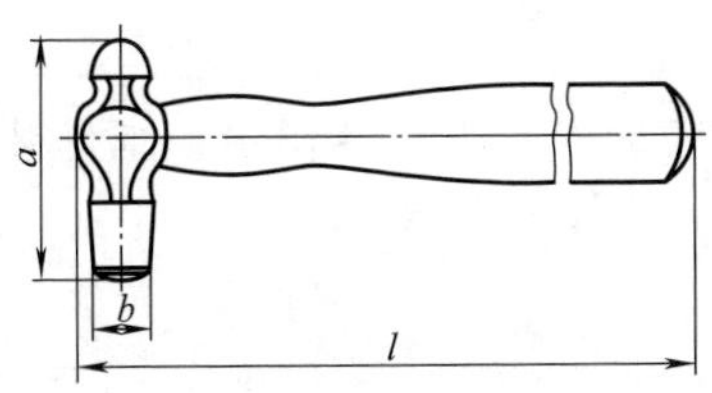

续表

规格/kg	0.11	0.22	0.34	0.45	0.68	0.91	1.13	1.36
全长 l/mm	260	285	315	335	355	375	400	400
锤高 a/mm	66	80	90	101	116	127	137	147
圆头直径 b/mm	18	23	26	29	34	38	40	42

注：规格数字不包括锤柄质量。

表 9.133 防爆用圆头锤的规格（QB/T 2613.7—2003）

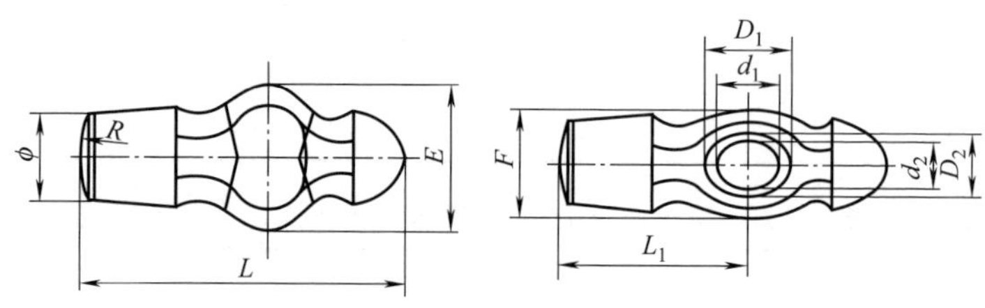

规格/kg	锤体质量/kg	锤高 L/mm	锤宽 E/mm	锤厚 F/mm	锤击面直径 ϕ/mm
0.11	0.11	66	25	20	17.5
0.22	0.22	80	30	25	23.0
0.33	0.33	90	34	29	26.0
0.44	0.44	101	30	33	29.0
0.66	0.66	116	43	36	34.0
0.88	0.88	127	49	40	38.0
1.10	1.10	137	52	43	40.0
1.32	1.32	147	57	46	42.0

（2）钳工锤

用于钳工、锻工、安装工、冷作工、维修装配工敲击或整形。其规格见表 9.134。

（3）敲锈锤

敲锈锤用于铲除平面的锈蚀、氧化皮、旧涂层和污物。其规格见表 9.135。

表9.134 钳工锤的规格（QB/T 1290.3—2010）

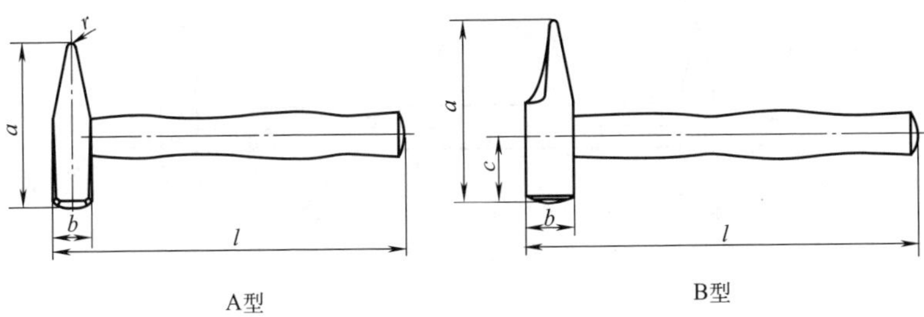

	规格/kg	l/mm	a/mm	r_{min}/mm	$b\times b$/mm×mm
A型	0.1	260	82	1.25	15×15
	0.2	280	95	1.75	19×19
	0.3	300	105	2.00	23×23
	0.4	310	112	2.00	25×25
	0.5	320	118	2.50	27×27
	0.6	330	122	2.50	29×29
	0.8	350	130	3.00	33×33
	1.0	360	135	3.50	36×36
	1.5	380	145	4.00	42×42
	2.0	400	155	4.00	47×47
	规格/kg	l/mm	a/mm	b/mm	c/mm
B型	0.28	290	85	25	34
	0.40	310	98	30	40
	0.67	310	105	35	42
	1.50	350	131	45	53

钳工锤的使用方法和注意事项

表 9.135 敲锈锤的规格（QB/T 1290.6—2010）

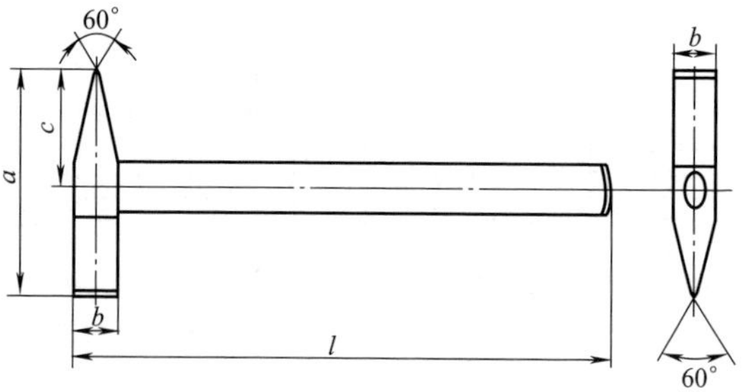

规格/kg	l/mm	a/mm	b/mm	c/mm	规格/kg	l/mm	a/mm	b/mm	c/mm
0.2	285.0	115.0	19.0	57.5	0.4	310.0	134.0	25.0	67.0
0.3	300.0	126.0	22.0	63.0	0.5	320.0	140.0	28.0	70.0

（4）扁尾锤

钳工、钣金工等维修装配时，用来敲打物体使其移动或变形。其规格见表 9.136。

表 9.136 扁尾锤的规格（QB/T 1290.4—2010）

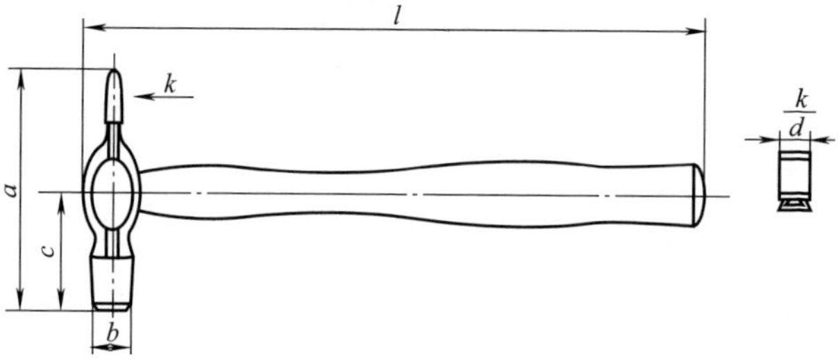

规格/kg	l/mm	a/mm	b/mm	c/mm	d/mm	规格/kg	l/mm	a/mm	b/mm	c/mm	d/mm
0.10	240	83	14	40	14	0.22	285	103	20	51	20
0.14	255	87	16	44	16	0.27	300	110	22	54	22
0.18	270	95	18	47	18	0.35	325	122	25	59	25

（5）检查锤

检查锤主要用于设备或机车维修，检测螺栓是否松动或汽车轮胎胎压等，也可放在车上当安全锤用。其规格见表 9.137、表 9.138。

表 9.137　检查锤的规格（QB/T 1290.5—2010）

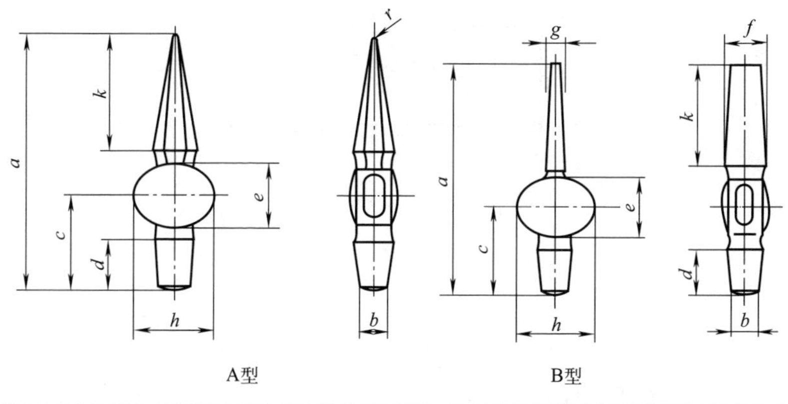

形式	规格/kg	a/mm	b/mm	c/mm	d/mm	e/mm	f/mm	h/mm	k/mm
A 型 B 型	0.25	120	18	47.5	27	27	— 19	42	52

表 9.138　防爆用检查锤的规格（QB/T 2613.3—2003）

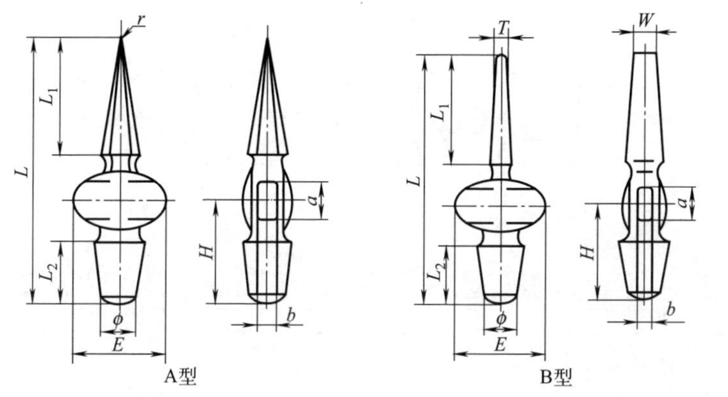

形式	规格/kg	L/mm	L_1/mm	L_2/mm	E/mm	ϕ/mm	H/mm	a/mm	b/mm	W/mm	T/mm
A 型 B 型	0.25	120	52	27	42	18	47.5	21	14	— 19	— 3

（6）铜头锤

铜头锤用于加工过程中敲击材质较软的工件。其规格见表 9.139。

表 9.139 铜头锤的规格（JB/T 3411.53—1999）

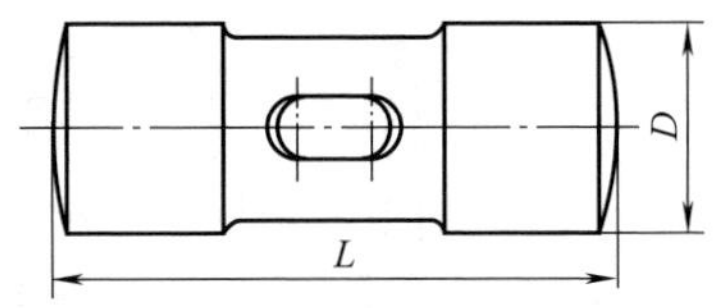

质量≈/kg	0.5	1.0	1.5	2.5	4.0
L/mm	80	100	120	140	160
D/mm	32	38	45	60	70

（7）八角锤和防爆用八角锤

① 八角锤一般使用木柄或纤维柄，有方形和圆形两个端面，方端用于敲击工件比较平坦的部位，圆端用于敲击工件圆形的部位。其规格见表 9.140。

表 9.140 八角锤的规格（QB/T 1290.1—2010）

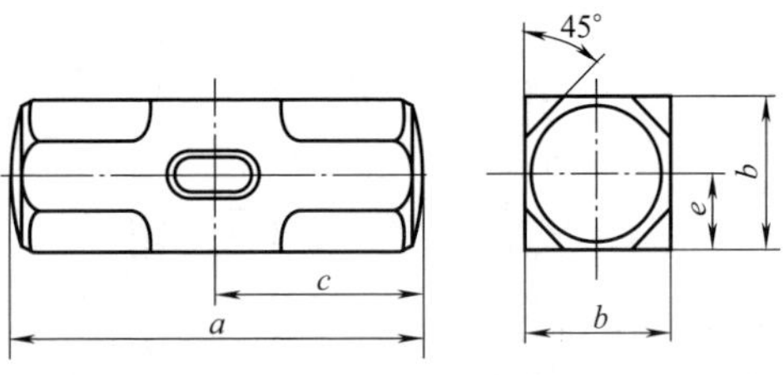

规格/kg	a/mm	b/mm	c/mm	e/mm	规格/kg	a/mm	b/mm	c/mm	e/mm
0.9	105	38	52.5	19.0	6.3	198	72	99.0	36.0
1.4	115	44	57.5	22.0	7.2	208	75	104.0	37.5
1.8	130	48	65.0	24.0	8.1	216	78	108.0	39.0
2.7	152	54	76.0	27.0	9.0	224	81	112.0	40.5
3.6	165	60	82.5	30.0	10.0	230	84	115.0	42.0
4.5	180	64	90.0	32.0	11.0	236	87	118.0	43.5
5.4	190	68	95.0	34.0					

② 防爆八角锤以铍青铜合金和铝青铜合金为材质，经过加工

处理后，在敲击、摩擦、落锤、冲击等情况下不会产生火花，特别适合于在易燃易爆的工作场所使用。其规格见表 9.141。

表 9.141　防爆用八角锤的规格（QB/T 2613.6—2003）

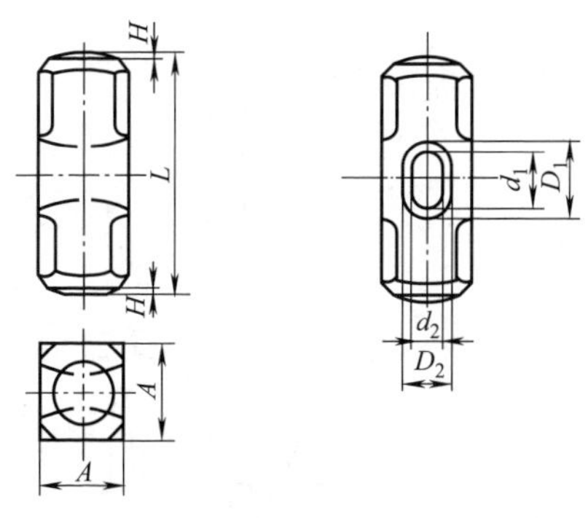

<table>
<tr><th>规格</th><th>锤体质量/kg</th><th>锤高 L/mm</th><th>锤宽 A/mm</th><th>孔长径 d_1/mm</th><th>孔短径 d_2/mm</th><th>孔口长径 D_1/mm</th><th>孔口短径 D_2/mm</th><th>弓形高 H/mm</th></tr>
<tr><td>0.9</td><td>0.9</td><td>98</td><td>38</td><td>27</td><td>17</td><td>30</td><td>20</td><td rowspan="3">1.5</td></tr>
<tr><td>1.4</td><td>1.4</td><td>108</td><td>44</td><td>29</td><td>18</td><td>32</td><td>22</td></tr>
<tr><td>1.8</td><td>1.8</td><td>122</td><td>48</td><td>30</td><td>20</td><td>34</td><td>24</td></tr>
<tr><td>2.7</td><td>2.7</td><td>142</td><td>54</td><td>32</td><td>21</td><td>36</td><td>26</td><td rowspan="2">2.0</td></tr>
<tr><td>3.6</td><td>3.6</td><td>155</td><td>60</td><td>33</td><td>23</td><td>38</td><td>28</td></tr>
<tr><td>4.5</td><td>4.5</td><td>170</td><td>64</td><td>35</td><td>24</td><td>40</td><td>30</td><td rowspan="3">2.5</td></tr>
<tr><td>5.4</td><td>5.4</td><td>178</td><td>68</td><td rowspan="2">37</td><td rowspan="2">26</td><td>42</td><td rowspan="2">32</td></tr>
<tr><td>6.4</td><td>6.4</td><td>186</td><td>72</td><td>43</td></tr>
<tr><td>7.3</td><td>7.3</td><td>195</td><td>75</td><td>38</td><td>27</td><td>44</td><td>34</td><td rowspan="5">3.0</td></tr>
<tr><td>8.2</td><td>8.2</td><td>203</td><td>78</td><td>40</td><td rowspan="3">29</td><td>46</td><td rowspan="3">36</td></tr>
<tr><td>9.1</td><td>9.1</td><td>210</td><td>81</td><td>42</td><td>48</td></tr>
<tr><td>10.2</td><td>10.2</td><td>216</td><td>84</td><td>43</td><td>50</td></tr>
<tr><td>10.9</td><td>10.9</td><td>222</td><td>87</td><td>45</td><td>30</td><td>52</td><td>38</td></tr>
</table>

注：1. 八角头锤的材料为铍青铜、铝青铜等铜合金，并应通过 GB/T 10686 规定的防爆性能试验。

2. 产品的标记由产品名称、规格和标准编号组成。例如：防爆用八角锤 1.8 QB/T 2613，6。

（8）焊工锤

焊工锤用于清除焊渣等。其规格见表 9.142。

表 9.142 焊工锤的规格（QB/T 1290.7—2010）

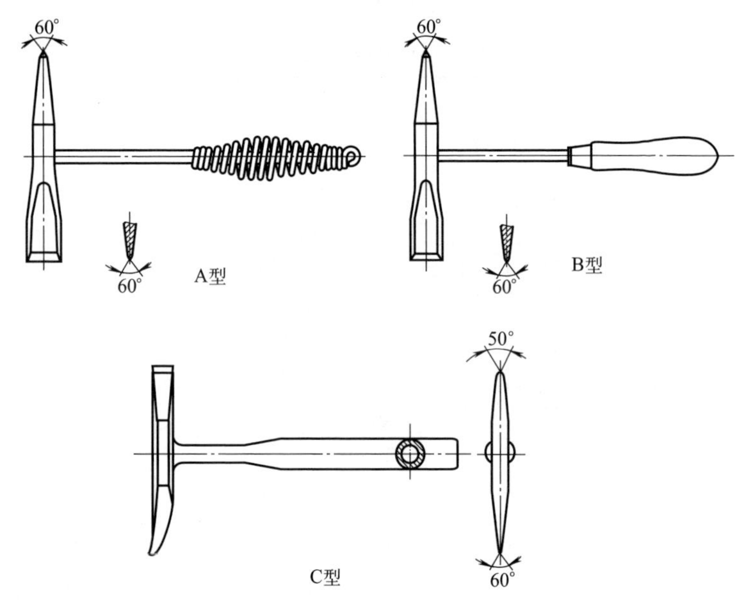

规格	标准没有规定，市售有 300g、400g、500g 等
全长	标准没有规定，一般为 300mm 左右
要求	锤体尖端的热处理长度不少于 8mm，并应与锤柄牢固地连接，在承受 2000N 的拉力对，不应出现松动和拉脱现象

(9) 其他锤子（表 9.143）

表 9.143 其他锤子的规格

名称	用途	图示	规格
錾口锤	平整金属表面或翻边		0.0625kg，0.125kg，0.25kg，0.5kg
扁尾锤	维修和装配中使用		0.10kg，0.14kg，0.18kg，0.22kg，0.27kg，0.35kg

续表

名称	用途	图示	规格
什锦锤	可锤击工件或起钉，把锤头换成手柄内的附件后，可分别作三角锉、锥子、木凿或螺钉旋具使用	十字形螺钉旋具 木凿 什锦锤 锥子 三角锉 一字形螺钉旋具	手柄连锤头 162mm

(10) 带冲

用于在非金属（橡胶、皮革、石棉等）上冲孔。其规格见表 9.144。

表 9.144 带冲的规格

规格		冲孔直径/mm
单件		1.5,2.5,3,4,5,5.5,6,6,5,8,9.5,11,12.5,14,16,19,21,22,24,25,28,32
成套产品	8 件	3,4,5,6,8,9.5,11,13 6,6.5,8,9.5,11,12.5,14,16
	10 件	3,4,5,6,8,9.5,11,13,14,16
	12 件	3,4,5,6,8,9.5,11,12.5,14,16,17.5,19
	15 件	3,4,5,5.5,6,6.5,8,9.5,11,12.5,14,16,19,22,25
	16 件	3,4,5,6,8,9.5,11,12.5,14,16,17.5,19,20.5,22,23.5,25

9.7 锉削工具

锉刀分钳工锉、整形锉、异型锉和锯锉等（表 9.145），一般用 T13 或 T12A 制成，切削部分硬度达 62～72HRC。

按加工对象来分，锉刀有钢锉、铝锉和锡锉等，前者用来修整钢铁工件表面，后两者用来修整铝、锡工件或其他软金属。常用锉刀的形式代号见表 9.146。

表 9.145 锉刀的种类

类别	名称和图示	
普通钳工锉	平锉	

续表

类别	名称和图示
普通钳工锉	半圆锉 
	方锉
	三角锉 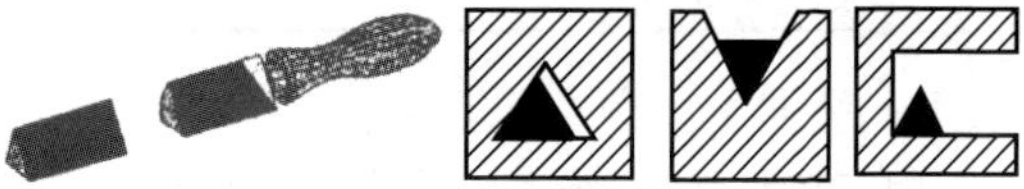
	圆锉 
异型锉（用来锉削工件的特殊表面）	 刀口锉　菱形锉　三角锉　椭圆锉　圆肚锉
整形锉（用于修整工件细小部分的表面）	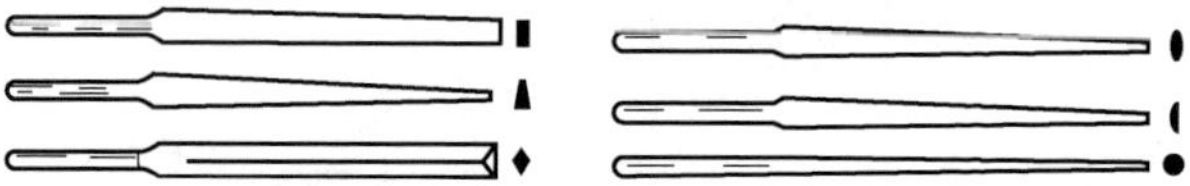 通常以5把、6把、8把、10把、12把为一套
锯锉	

表 9.146　常用锉刀的形式代号

类别	类别代号	形式代号	形式	类别	类别代号	形式代号	形式
钳工锉	Q	01 02 03 04 05 06	齐头扁锉 尖头扁锉 半圆锉 三角锉 方锉 圆锉	整形锉	Z	01 02 03 04 05 06 07 08 09 10 11 12	齐头扁锉 尖头扁锉 半圆锉 三角锉 方锉 圆锉 单面三角锉 刀形锉 双半圆锉 椭圆锉 圆边扁锉 菱形锉

续表

类别	类别代号	形式代号	形式	类别	类别代号	形式代号	形式
锯锉	J	01 02 03 04 05 06 07	齐头三角锯锉 尖头三角锯锉 齐头扁锯锉 尖头扁锯锉 菱形锯锉 弧面菱形锯锉 弧面三角锯锉	异型锉	Y	01 02 03 04 05 06 07 08 09 10	齐头扁锉 尖头扁锉 半圆锉 三角锉 方锉 圆锉 单面三角锉 刀形锉 双半圆锉 椭圆锉

锉刀的规格包括尺寸和齿纹两个方面，齿纹规格用锉刀每10mm轴向长度内主锉纹的条数表示。

9.7.1 钳工锉

钳工锉编号由类别代号＋型号代号＋规格＋锉纹号组成：

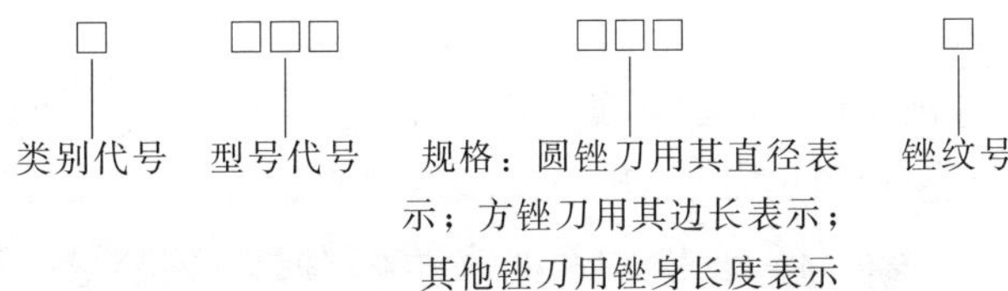

钳工锉的规格见表9.147。

表9.147　钳工锉的规格（QB/T 2569.1—2002）　mm

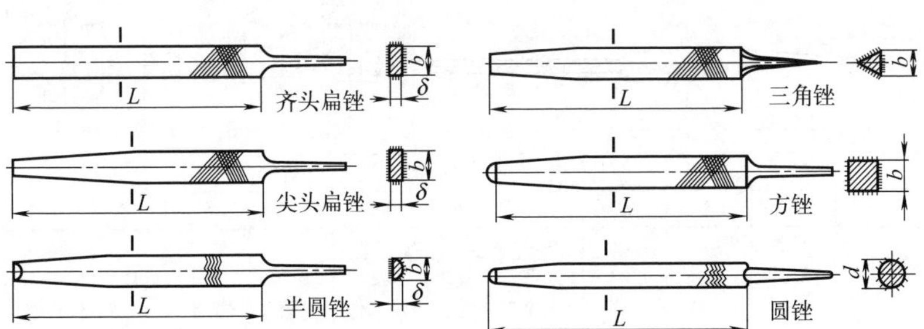

续表

锉身长度 L	齐头、尖头扁锉		半圆锉			三角锉	方锉	圆锉
	b	δ	b	薄型 δ	厚型 δ	b	b	d
100	12	2.5(3)	12	3.5	4	8	3.5	3.5
125	14	3(3.5)	14	4	4.5	9.5	4.5	4.5
150	16	3.5(4)	16	4.5	5	11	5.5	5.5
200	20	4.5(5)	20	5.5	6	13	7	7
250	24	5.5	24	7	8	16	9	9
300	28	6.5	28	8	9	19	11	11
350	32	7.5	32	9	10	22	14	14
400	36	8.5	36	10	11.5	26	18	18
450	40	9.5	—	—	—	—	22	—

注：防爆锉刀的锉身长度 L 为 150mm、200mm、250mm、300mm、350mm；平锉还有 400mm 规格。

锉刀的使用方法、注意事项和故障排除

9.7.2 整形锉

用于锉削小而精细的金属零件，为制造模具、电器、仪表等的必要工具。其规格见表 9.148。

表 9.148 整形锉的规格（QB/T 2569.3—2002） mm

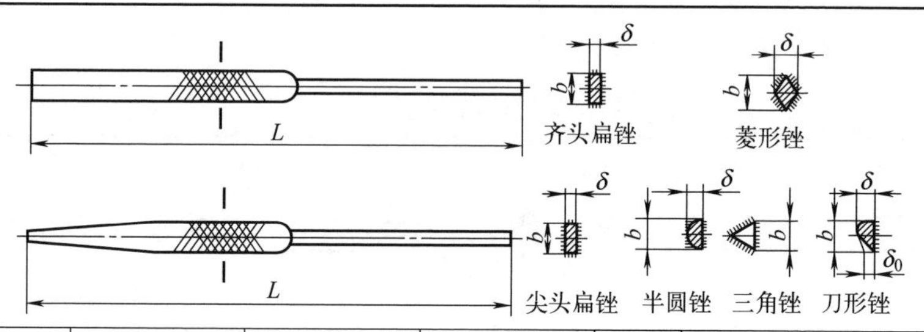

锉长 L	齐、尖头扁锉		菱形锉		半圆锉		三角锉	刀形锉		
	b	δ	b	δ	b	δ	δ	b	δ	δ_1
100	2.8	0.9	1.9	0.6	2.9	2.8	0.6	3.0	0.9	0.3
120	3.4	1.2	2.4	0.8	3.3	3.4	0.8	3.4	1.1	0.4
140	5.4	1.7	3.6	1.2	5.2	5.4	1.2	5.4	1.7	0.6
160	7.3	2.2	4.8	1.6	6.9	7.3	1.6	7.0	2.3	0.8
180	9.2	2.9	6.0	2.0	8.5	9.2	2.0	8.7	3.0	1.0

续表

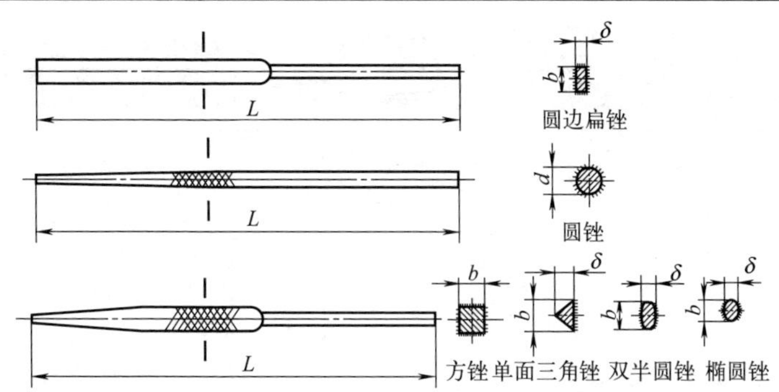

锉长 L	圆边扁锉		圆锉	方锉	单面三角锉		双半圆锉		椭圆锉	
	b	*δ*	*d*	*b*	*b*	*δ*	*b*	*δ*	*b*	*δ*
100	2.8	1.4	0.6	1.2	3.4	1.0	2.6	1.0	1.8	1.2
120	3.4	1.9	0.8	1.6	3.8	1.4	3.2	1.2	2.2	1.3
140	5.4	2.9	1.2	2.6	5.5	1.9	5.0	1.8	3.4	2.4
160	7.3	3.9	1.6	3.4	7.1	2.7	6.3	2.5	4.4	3.4
180	9.2	4.9	2.0	4.2	8.7	3.4	7.8	3.4	6.4	4.3

9.7.3　异型锉

用于加工锉削几何形状复杂的金属工件。其规格见表 9.149。

表 9.149　异型锉的规格（QB/T 2569—2002）　　mm

规格（全长）	齐头扁锉		尖头扁锉		半圆锉		三角锉	方锉	圆锉
	宽度	厚度	宽度	厚度	宽度	厚度	宽度	宽度	直径
170	5.4	1.2	5.2	1.1	4.9	1.6	3.3	2.4	3.0

规格（全长）	单面三角锉		刀形锉			双半圆锉		椭圆锉	
	宽度	厚度	宽度	厚度	刃厚	宽度	厚度	宽度	厚度
170	5.2	1.9	5.0	1.6	0.6	5.2	1.9	3.3	2.3

9.7.4　锯锉

用于锉修各种木工锯的锯齿。其规格见表 9.150。

表 9.150　锯锉的规格（QB/T 2569—2002）　　mm

齐头三角锯锉　尖头三角锯锉　齐头扁锯锉　尖头扁锯锉　菱形锯锉

规格 L（锉身长度）	三角锯锉(尖头、齐头)			扁锯锉（尖头、齐头）		菱形锯锉		
	普通型	窄型	特窄型					
	宽度	宽度	宽度	宽度	厚度	宽度	厚度	刃厚
60	—	—	—	—	—	16	2.1	0.40
80	6.0	5.0	4.0	—	—	19	2.3	0.45
100	8.0	6.0	5.0	12	1.8	22	3.2	0.50
125	9.5	7.0	6.0	14	2.0	25	3.5(4.0)	0.55(0.70)
150	11.0	8.5	7.0	16	2.5	28	4.0(5.0)	0.70(1.00)
175	12.0	10.0	8.5	18	3.0	—	—	—
200	13.0	12.0	10.0	20	3.5	32	5.0	1.00
250	16.0	14.0	—	24	4.5	—	—	—
300	—	—	—	28	5.0	—	—	—
350	—	—	—	32	6.0	—	—	—

9.7.5　电镀超硬磨料什锦锉

电镀超硬磨料什锦锉用于锉削硬度较高的金属（经淬火的工具钢、刀具、模具和工夹具等）。有平斜锉刀、平锉刀、尖头锉刀和异型锉刀几种，其基体硬度应不低于 56HRC。按柄部形状分类有图 9.2 中的五种。其中，平锉、尖头锉和异型锉的尺寸见表 9.151～表 9.153。

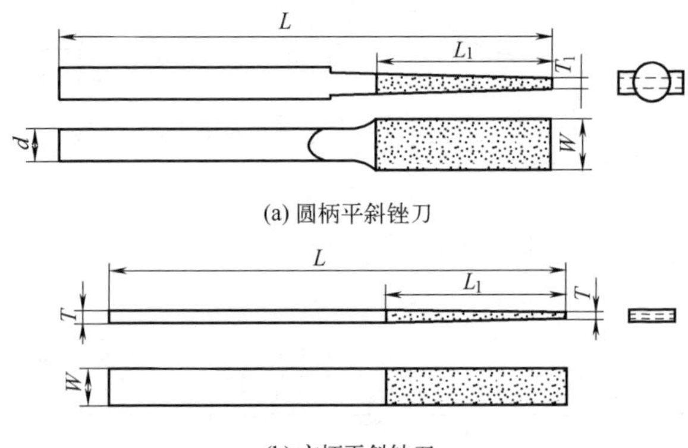

(a) 圆柄平斜锉刀

(b) 方柄平斜锉刀

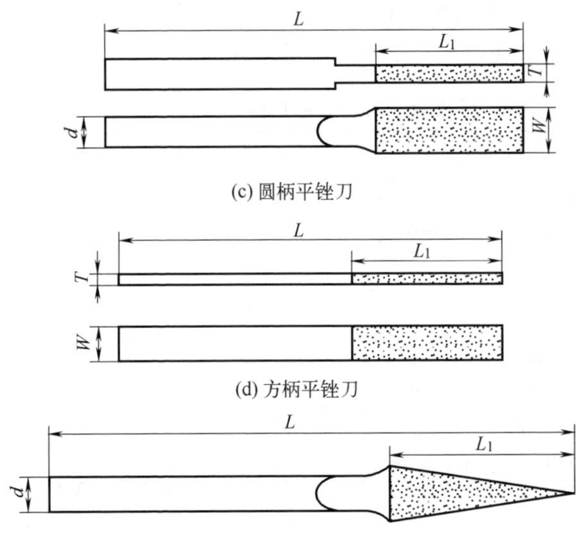

(c) 圆柄平锉刀

(d) 方柄平锉刀

(e) 方柄尖头锉刀

图 9.2 电镀超硬磨料制品什锦锉

表 9.151 超硬磨料平锉的尺寸（JB/T 11430—2013） mm

名称	总长度 L	工作面长度 L_1
圆柄平斜锉刀(RTF)	55～140	15～50
方柄平斜锉刀(CF)	160～180	40～60
圆柄平锉刀(PF)	140～180	25～60
方柄平锉刀(IF)	200～230	60～80

表 9.152 超硬磨料尖头锉的尺寸（JB/T 11430—2013） mm

截面形状		
圆柄尖头锉刀(PIF) 方柄尖头锉刀(ITF)	总长度 L	140～215
	工作面长度 L_1	30～80

表 9.153 超硬磨料异型锉（BF）的尺寸（JB/T 11430—2013）

mm

截面形状		
圆柄尖头锉刀(PIF) 方柄尖头锉刀(ITF)	总长度 L	60～100
	工作面长度 L_1	20～45

9.7.6 硬质合金旋转锉

用于锉削较硬材料工件内孔。其规格见表 9.154。

表 9.154 硬质合金旋转锉的规格（GB/T 9217—2005） mm

名称和简图	d	l	d_1	L
圆柱形旋转锉(A型) 圆柱形球头旋转锉(C型)	2	10	3	40
	3	13	3	45
	4	13	6	53
	6	16	6	56
	8	20	6	60
	10	20	6	60
	12	25	6	65
	16	25	6	65
圆球形旋转锉(D型)	2	1.8	3	35
	3	2.7	3	35
	4	3.6	6	44
	6	5.4	6	45
	8	7.2	6	47
	10	9.0	6	49
	12	10.8	6	51
	16	14.4	6	54
椭圆形旋转锉(E型)	3	7	3	40
	6	10	6	50
	8	13	6	53
	10	16	6	56
	12	20	6	60
	16	25	6	65
弧形圆头旋转锉(F型)	3	13	3	45
	6	18	6	48
	10	20	6	60
	12	25	6	65
弧形尖头旋转锉(G型)	3	13	3	45
	6	18	6	48
	10	20	6	60
	12	25	6	65

续表

名称和简图	d	l	d_1	L	$R\approx$
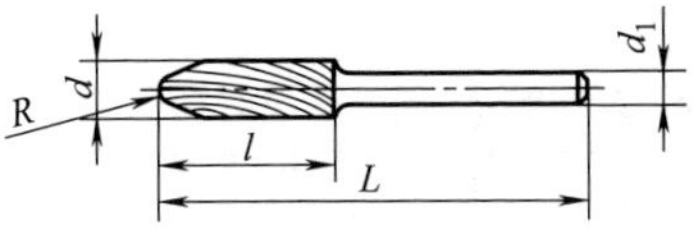 火炬形旋转锉(H型)	3	13	3	40	0.8
	6	18	6	58	1.0
	8	20	6	60	1.5
	10	25	6	65	2.0
	12	32	6	72	2.5
	16	36	6	76	2.5

名称和简图	$\alpha/(°)$	d	l	d_1	L	$l_1(R)$
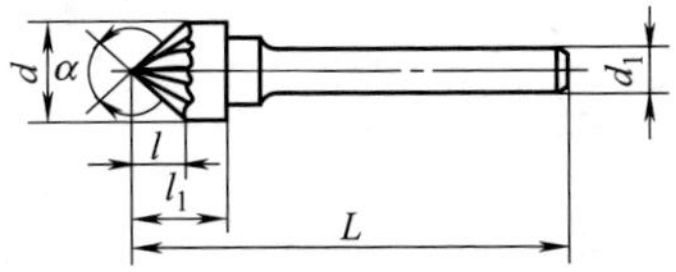 60°角度圆锥形旋转锉(J型) 90°角度圆锥形旋转锉(K型)	60	3	2.6	3	35	—
		6	5.2	6	50	9
		10	8.7	6	53	13
		12	10.4	6	55	15
		16	13.8	6	56	16
	90	3	1.5	3	35	—
		6	3	6	50	7
		10	5	6	50	10
		12	6	6	51	11
		16	8	6	55	15
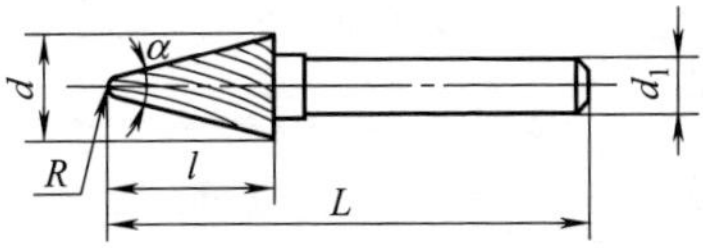 锥形圆头旋转锉(L型)	14	6	16	6	56	1.2
		8	22	6	62	1.4
		10	25	6	65	2.2
		12	28	6	68	3.0
		16	33	6	73	4.5
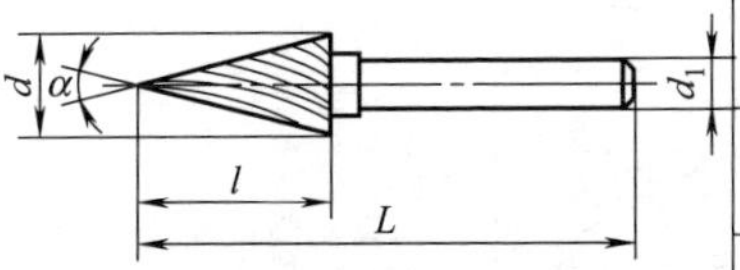 锥形尖头旋转锉(M型)	14	3	11	3	45	—
		6	18	6	58	—
	25	10	20	6	60	—
		12	25	6	65	—
	30	16	25	6	65	—
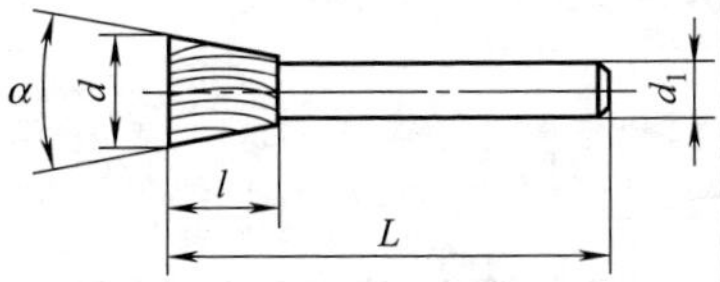 倒锥形旋转锉(N型)	10	3	7	3	40	—
		6	7	6	47	—
	20	12	13	6	53	—
		16	16	6	56	—
	30	12	13	6	53	—
		16	13	6	53	—

9.8 刮削工具

刮刀用于工件的修整与刮光。其种类和用途见表 9.155。

表 9.155 刮刀的种类和用途

种类	图示	用途
平面刮刀	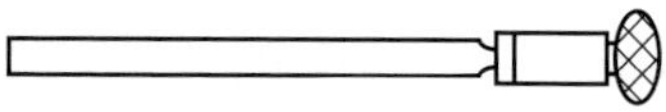	适用于平面刮削，如平板、工作台等，也可用来刮削外曲面
挺刮式平面刮刀	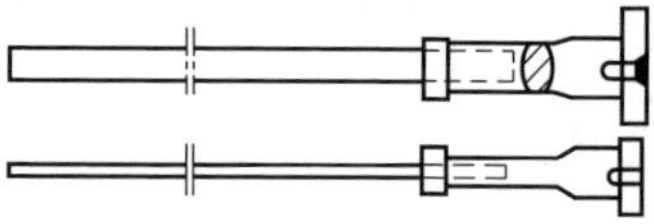	刀片采用 T10A～T12A 或 GCr15 材料与刀体焊接而成，弹性好，可用于粗刮或精刮
弯头刮刀	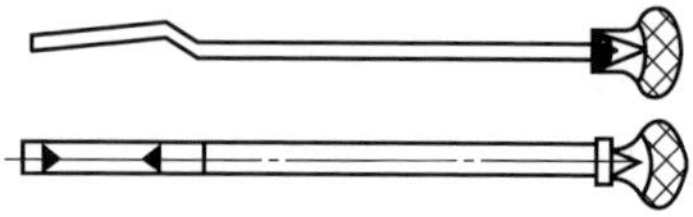	刀体呈弯曲形状，刀头较薄，一面有刃，弹性较好，常用于精刮和刮花
拉刮刀	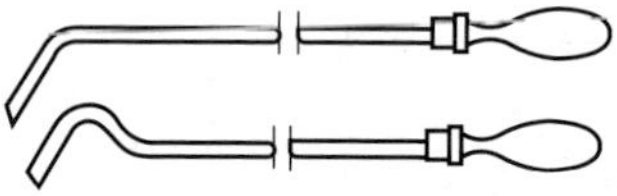	用于精刮或刮花，还可拉刮带有台阶的平面
双刃刮花刀	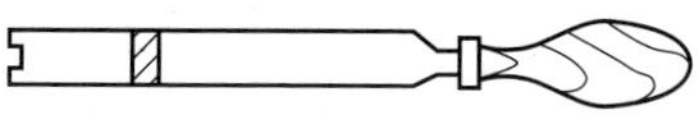	用于刮削交叉花纹
半圆头刮刀	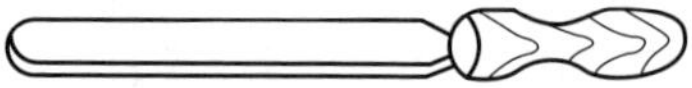	用于对开轴承以及较长且直径较大的轴承套的刮削
三角刮刀	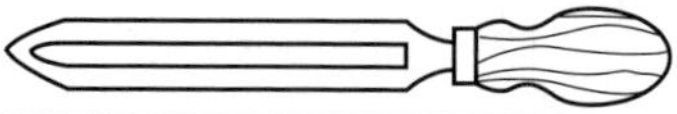	用来刮削内曲面，如轴瓦类零件
柳叶刮刀	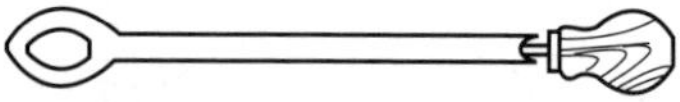	用来刮削内曲面，如轴瓦类零件
蛇头刮刀	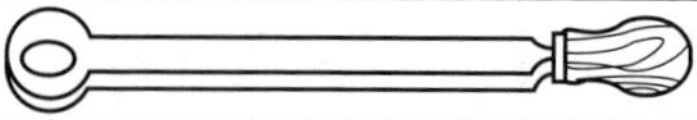	用来刮削内曲面，如轴瓦类零件
匙形刮刀	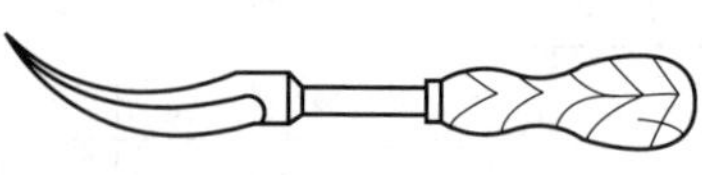	头部有两个刃口，口的中部有一弧形钩槽，适用于刮削对开轴承及轴承套

注：长度系列有 50mm，75mm，100mm，125mm，150mm，175mm，200mm，250mm，300mm，350mm，400mm（不含柄）。

9.9 钻削用具

9.9.1 手摇台钻

用于在工件上手摇钻孔，适合于无电源或缺乏电动设备的工场，有开启式和封闭式两种。其规格见表 9.156。

表 9.156 手摇台钻床的规格

开启式　封闭式	形式	钻孔直径/mm	钻孔深度/mm	转速比
	开启式	1～12	80	1∶1； 1∶2.5
	封闭式	1.5～13	50	1∶2.6； 1∶7

9.9.2 电钻

电钻用于一般环境条件下，手持对金属、塑料及类似材料钻孔。

（1）分类

① 按电源种类分为：单相交流电钻、直流电钻和交直流两用电钻。

② 按电钻的基本参数和用途分为 A 型（普通型，用于普通钢材的钻孔，也可用于塑料和其他材料）、B 型（重型，主要用于优质钢材及各种钢材的钻孔）和 C 型（轻型，主要用于有色金属、铸铁和塑料等材料的钻孔，尚能用于普通钢材）电钻。

（2）型号

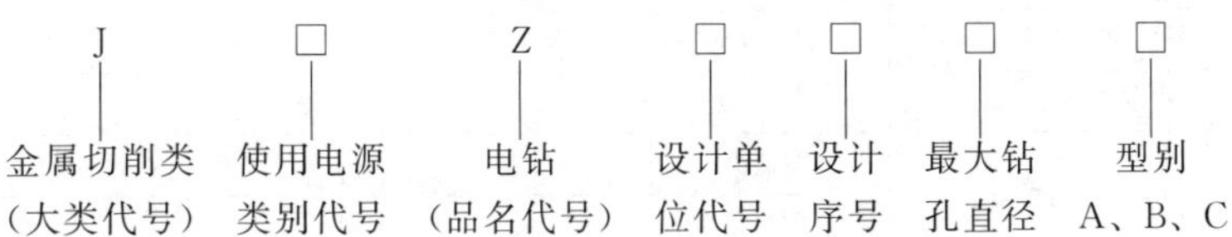

（3）基本参数（表 9.157）

表 9.157 电钻的基本参数（GB/T 5580—2007）

电钻规格/mm		额定输出功率/V	额定扭矩/N·m	电钻规格/mm		额定输出功率/V	额定扭矩/N·m	电钻规格/mm		额定输出功率/V	额定扭矩/N·m
4	A	≥80	≥0.35	10	C	≥140	≥1.50	16	A	≥320	≥7.00
6	C	≥90	≥0.50		A	≥180	≥2.20		B	400	≥9.00
	A	≥120	≥0.85		B	≥230	≥3.00	19	A	≥400	≥12.00
	B	≥150	≥1.20	13	C	≥200	≥2.50	23	A	≥400	≥16.00
8	C	≥120	≥1.00		A	≥230	≥4.00	32	A	≥500	≥32.00
	A	≥160	≥1.60		B	≥320	≥6.00				
	B	≥200	≥2.20								

9.9.3 台式钻床

台式钻床参数见表 9.158、表 9.159。

表 9.158 台式钻床参数（JB/T 5245.7—2006）

最大钻孔直径 D/mm		3	6	12	16	20	25	32
跨距 L/mm		50～100	12～140	18～200	190～240			≥240
主轴行程/mm		30～40	60～70	80～100	100～125			≥125
主轴端面至底座工件的最大距离 H/mm		140	225	355	400	450	500	
		—	360①	500①	560①	630①	710①	
		—			1180②			
主轴圆锥号	莫氏圆锥③	—	B10	B16	B18	—		
	贾格圆锥③	9	1	33	6	—		
	莫氏内圆锥④	—		2			3	

① 适用于带工作台的台式钻床。

② 适用于落地式钻床。

③ 按 GB/T 6090。

④ 按 GB/T 1443。

注：最大钻孔直径是指采用标准刃磨的高速钢麻花钻头，在中等抗拉强度的钢材上，用经济的切削规范加工时的最大钻孔能力。

表 9.159 轻型台式钻床参数（JB/T 5245.7—2006）

最大钻孔直径 D/mm	6	13	16	20	25	32
跨距 L/mm	120～140	160～180		180～200		≥200
主轴行程/mm	50～60	75～85		85～110		≥110
主轴端面至底座工件的最大距离 H/mm	250	375		475		
	375①	530①		670①		
	—	1180②				

续表

主轴圆锥号	莫氏圆锥[③]	B10	B16	B18	—	
	贾格圆锥[③]	1	33	6	—	
	莫氏内圆锥[④]	—	2			3

注：同表 9.157。

9.9.4　立式钻床

立式钻床分圆柱式立式钻床、方柱式立式钻床和轻型立式钻床三种。主要参数见表 9.160。

表 9.160　立式钻床的种类及主要参数（JB/T 9903.1—2006）

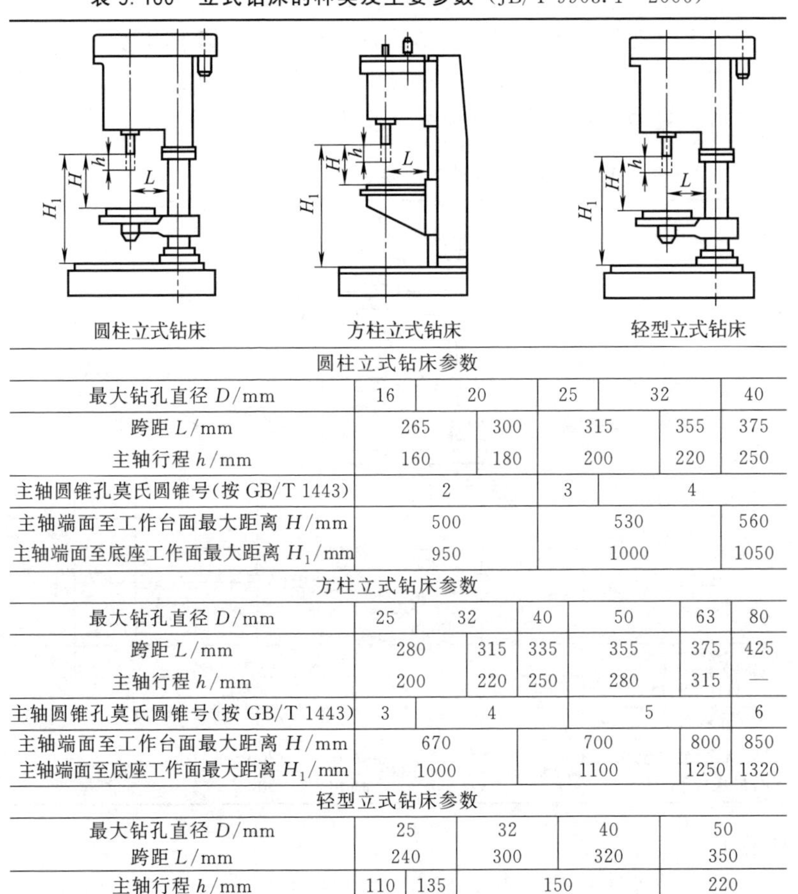

圆柱立式钻床　　方柱立式钻床　　轻型立式钻床

圆柱立式钻床参数

最大钻孔直径 D/mm	16	20		25	32		40
跨距 L/mm	265		300	315		355	375
主轴行程 h/mm	160		180	200		220	250
主轴圆锥孔莫氏圆锥号(按 GB/T 1443)	2			3	4		
主轴端面至工作台面最大距离 H/mm	500			530			560
主轴端面至底座工作面最大距离 H_1/mm	950			1000			1050

方柱立式钻床参数

最大钻孔直径 D/mm	25	32		40	50	63	80
跨距 L/mm	280		315	335	355	375	425
主轴行程 h/mm	200		220	250	280	315	—
主轴圆锥孔莫氏圆锥号(按 GB/T 1443)	3	4			5		6
主轴端面至工作台面最大距离 H/mm	670			700		800	850
主轴端面至底座工作面最大距离 H_1/mm	1000			1100		1250	1320

轻型立式钻床参数

最大钻孔直径 D/mm	25		32	40	50
跨距 L/mm	240		300	320	350
主轴行程 h/mm	110	135	150		220

续表

<table>
<tr><td>主轴圆锥孔莫氏圆锥号(按 GB/T 1443)</td><td colspan="2">3</td><td colspan="2">4</td><td>5</td></tr>
<tr><td>主轴端面至工作台面最大距离 H/mm</td><td>820</td><td>700</td><td>800</td><td>630</td><td>580</td></tr>
<tr><td>主轴端面至底座工作面最大距离 H_1/mm</td><td colspan="2">1100</td><td>200</td><td>1150</td><td>1140</td></tr>
</table>

注：1. 最大钻孔直径是指采用标准刃磨的高速钢麻花钻头，在中等抗拉强度的钢材上，用设计规定的切削规范加工时的最大钻孔能力。

2. 主轴箱进给的机床，主轴箱行程不做规定。

3. 底座无工作面的机床 H_1 值，不做考核。

9.9.5 摇臂钻床

摇臂钻床是一种摇臂可绕立柱回转和升降，通常主轴箱在摇臂上做水平移动的钻床。其最大钻孔直径是指采用标准刃磨的高速钢麻花钻头，在中等抗拉强度的钢材上，用经济的切削规范加工时的最大钻孔直径。其主要参数见表 9.161。

表 9.161 摇臂钻床的主要参数（JB/T 6335.3—2006）

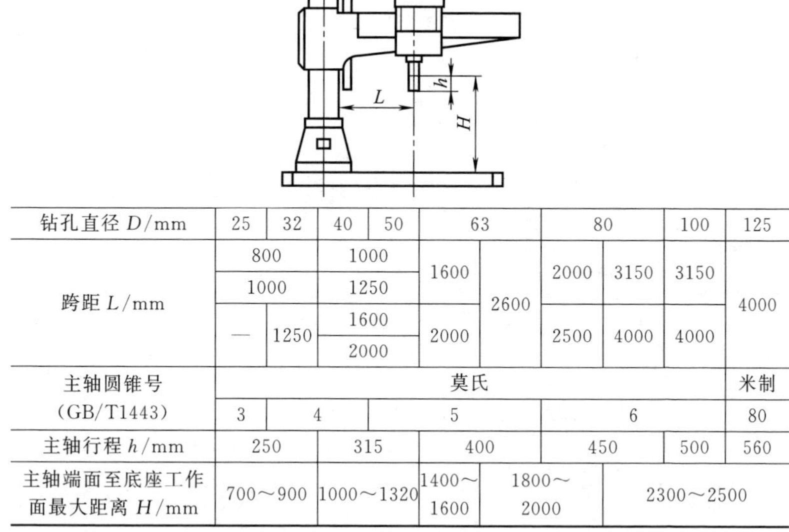

<table>
<tr><td>钻孔直径 D/mm</td><td>25</td><td>32</td><td>40</td><td>50</td><td colspan="2">63</td><td colspan="2">80</td><td>100</td><td>125</td></tr>
<tr><td rowspan="4">跨距 L/mm</td><td colspan="2">800</td><td colspan="2">1000</td><td rowspan="2">1600</td><td rowspan="4">2600</td><td rowspan="2">2000</td><td rowspan="2">3150</td><td rowspan="2">3150</td><td rowspan="4">4000</td></tr>
<tr><td colspan="2">1000</td><td colspan="2">1250</td></tr>
<tr><td rowspan="2">—</td><td rowspan="2">1250</td><td colspan="2">1600</td><td rowspan="2">2000</td><td rowspan="2">2500</td><td rowspan="2">4000</td><td rowspan="2">4000</td></tr>
<tr><td colspan="2">2000</td></tr>
<tr><td rowspan="2">主轴圆锥号
(GB/T1443)</td><td colspan="9">莫氏</td><td>米制</td></tr>
<tr><td>3</td><td colspan="2">4</td><td colspan="3">5</td><td colspan="3">6</td><td>80</td></tr>
<tr><td>主轴行程 h/mm</td><td colspan="2">250</td><td colspan="2">315</td><td colspan="2">400</td><td colspan="2">450</td><td>500</td><td>560</td></tr>
<tr><td>主轴端面至底座工作面最大距离 H/mm</td><td colspan="2">700～900</td><td colspan="2">1000～1320</td><td>1400～1600</td><td colspan="2">1800～2000</td><td colspan="3">2300～2500</td></tr>
</table>

9.9.6 钻削辅具

（1）钻夹头接杆（表 9.162、表 9.163）

表 9.162　钻夹头接杆的规格（JB/T 3411.73—1999）　mm

莫氏圆锥号	钻夹头短圆锥符号	钻夹头短圆锥 d_1	钻夹头短圆锥 l_1	钻夹头短圆锥 a_1	L	l	a
1	D_1	6.350	9.5	30	82	62.0	3.5
	D_2	10.094	14.5	35	88		
	D_3	12.065	18.5		92		
2	D_2	10.094	14.5		102	75.0	5.0
	D_3	12.065	18.5		106		
	D_4	15.733	24.0	50	114		
	D_5	17.780	32.0		122		
3	D_4	15.733	24.0		134	94.0	
	D_5	17.780	32.0		142		
	D_6	21.793	40.5		152		
4	D_5	17.780	32.0		170	117.5	6.5
	D_6	21.793	40.5		180		
	D_7	23.825	50.5		190		

表 9.163　直柄钻头接杆的规格（JB/T 3411.74—1999）　mm

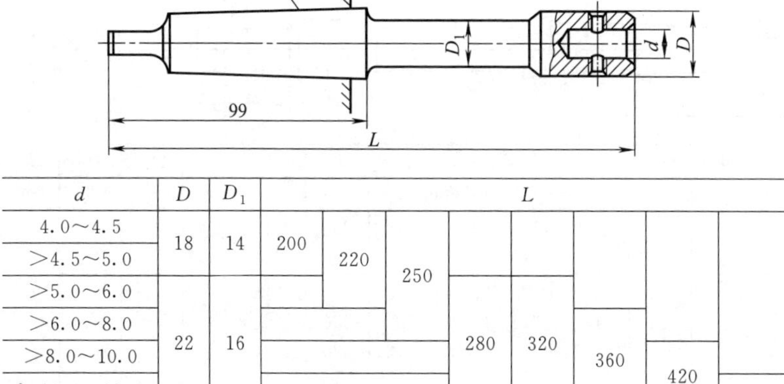

<table>
<tr><th>d</th><th>D</th><th>D₁</th><th colspan="8">L</th></tr>
<tr><td>4.0～4.5</td><td rowspan="2">18</td><td rowspan="2">14</td><td rowspan="2">200</td><td rowspan="3">220</td><td rowspan="4">250</td><td rowspan="2"></td><td rowspan="2"></td><td rowspan="3"></td><td rowspan="4"></td><td rowspan="5"></td></tr>
<tr><td>>4.5～5.0</td></tr>
<tr><td>>5.0～6.0</td><td rowspan="4">22</td><td rowspan="4">16</td><td></td><td rowspan="4">280</td><td rowspan="4">320</td></tr>
<tr><td>>6.0～8.0</td><td colspan="2"></td><td rowspan="3">360</td></tr>
<tr><td>>8.0～10.0</td><td colspan="3"></td><td rowspan="2">420</td></tr>
<tr><td>>10.0～12.0</td><td colspan="3"></td><td>500</td></tr>
</table>

（2）钻用刀杆（表 9.164、表 9.165）

表 9.164 片式沉孔钻用刀杆的规格（JB/T 3411.77—1999）

mm

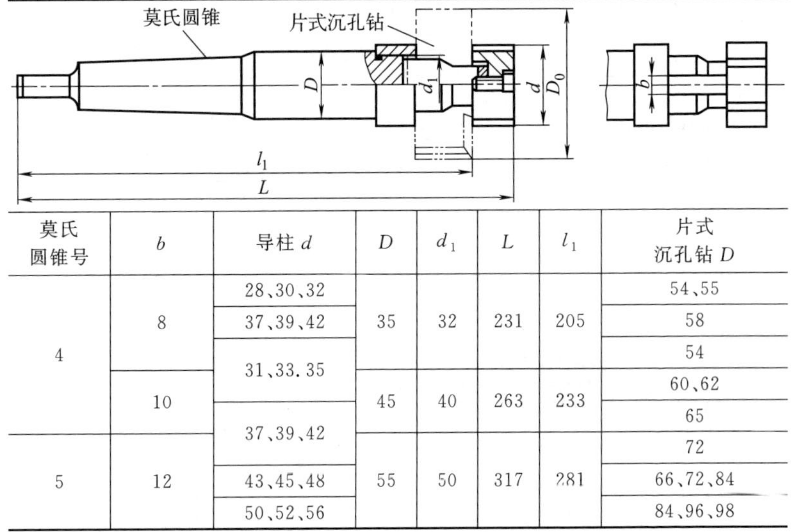

莫氏圆锥号	b	导柱 d	D	d_1	L	l_1	片式沉孔钻 D
4	8	28、30、32	35	32	231	205	54、55
		37、39、42					58
		31、33.35					54
	10		45	40	263	233	60、62
		37、39、42					65
5	12		55	50	317	281	72
		43、45、48					66、72、84
		50、52、56					84、96、98

表 9.165 反沉孔钻刀杆的规格（JB/T 3411.78—1999） mm

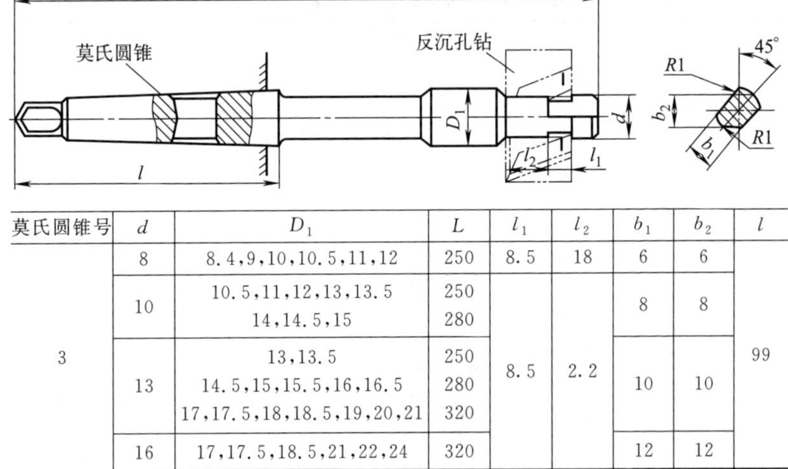

莫氏圆锥号	d	D_1	L	l_1	l_2	b_1	b_2	l
3	8	8.4,9,10,10.5,11,12	250	8.5	18	6	6	99
	10	10.5,11,12,13,13.5 14,14.5,15	250 280	8.5	2.2	8	8	
	13	13,13.5 14.5,15,15.5,16,16.5 17,17.5,18,18.5,19,20,21	250 280 320			10	10	
	16	17,17.5,18.5,21,22,24	320			12	12	

续表

莫氏圆锥号	d	D_1	L	l_1	l_2	b_1	b_2	l
3	19	19,20,21,22,23,24,25,26,28	320	10.5	25	14	14	99
4	22	23,24,25,26,28,30 31,32,33,35				17	17	124
	27	28,30,31,32						
		33,35,37,39,42,43,45,48	350		30	19	19	

(3) 方头接杆（表 9.166）

表 9.166　方头接杆的规格（JB/T 3411.42—1999）　mm

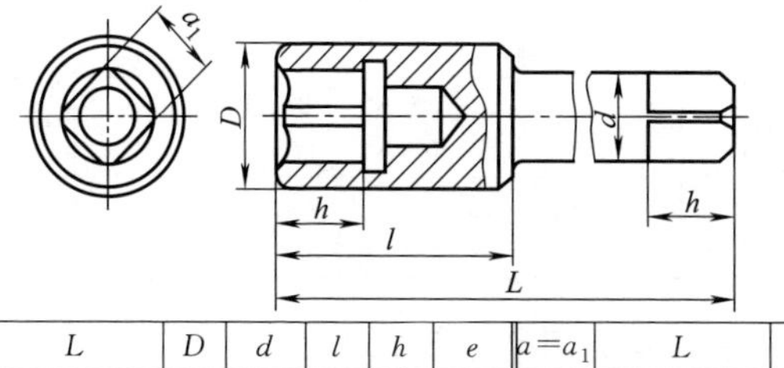

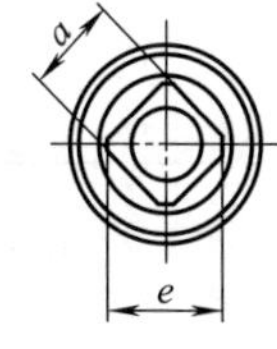

$a=a_1$	L	D	d	l	h	e	$a=a_1$	L	D	d	l	h	e
3.15	80,100,120	10	4.0	20	6	4.1	10.00	120,150,200	22	13.0	35	13	13.5
3.55	100,120,150		4.5			4.6	11.20	150,200,250	25	14.0		14	14.5
4.00	100,120,150	12	5.0	25	7	5.2	12.50	150,200,250	25	16.0	40	16	16.5
4.50	100,120,150		5.6			5.8	14.00	150,200,250	30	18.0		18	19.0
5.00	120,150,200	14	6.3	25	8	6.5	16.00	200,250,300		20.0	45	20	21.0
6.30	120,150,200		8.3		9	8.5	18.00	200,250,300	35	22.0		23	23.2
7.10	120,150,200	16	9.0	30	10	9.5	20.00	200,300,400		26.0	50	24	27.3
8.00	120,150,200		10.0		11	105	22.40	200,300,400	40	28.0		26	30.0
9.00	120,150,200	20	11.2		12	11.7							

注：a 和 a_1 的差别在于公差数值不同。

(4) 钻套

钻套有固定钻套和可换钻套、快换钻套。其规格见表 9.167～表 9.169。

表 9.167　固定钻套的规格（JB/T 8045.1—1999）　mm

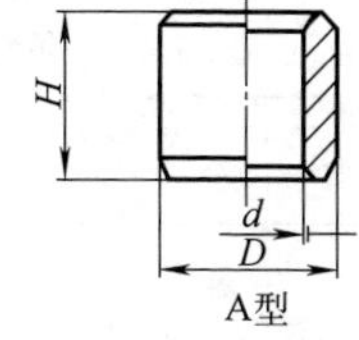

A型

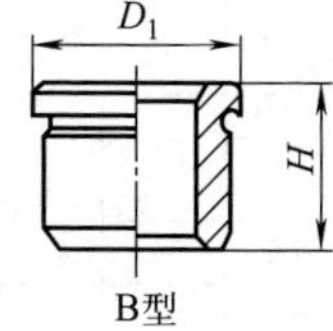

B型

续表

d	D	D_1	H			l
>0～1.0	3	6	6	9	—	0.008
>1.0～1.8	4	7				
>1.8～26	5	9				
>2.6～3	6	9	8	12	16	
>3～3.3						
>3.3～4	7	10				
>4～5	8	11				0.008
>5～6	10	13	10	16	20	
>6～8	12	15				
>8～10	15	18	12	20	25	
>10～12	18	22				
>12～15	22	26	16	28	36	
>15～18	26	30				0.012
>18～22	30	34	20	36	45	

d	D	D_1	H			l
>22～26	35	39	20	36	45	0.012
>26～30	42	46	25	45	56	
>30～35	48	52				
>35～42	55	59	30	56	67	
>42～48	62	66				
>48～50	70	74				0.040
>50～55						
>55～62	78	82	35	67	78	
>62～70	85	90				
>70～78						
>78～80	95	100	40	78	105	
>80～85	105	110				

可换钻套和快换钻套分别如图 9.3 和图 9.4。

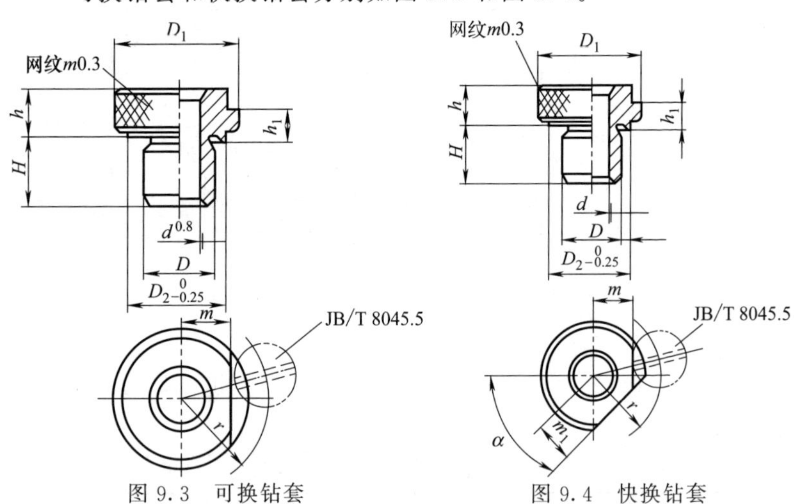

图 9.3 可换钻套　　图 9.4 快换钻套

表 9.168 可换钻套的规格（JB/T 8045.2—1999）　mm

d	D	D_1 滚花前	D_2	H			h	h_1	r	m	t	配用螺钉①
>0～4	8	15	12	10	16	—	8	3	11.5	4.2	0.008	M5
>4～6	10	18	15	12	20	25			13	5.5		

续表

d	D	D_1 滚花前	D_2	H			h	h_1	r	m	t	配用螺钉[①]
>6～8	12	22	18	12	20	25	10	4	16	7	0.008	M6
>8～10	15	26	22	16	28	36			18	9		
>10～12	18	30	26						20	11		
>12～15	22	34	30	20	36	45	12	5.5	23.5	12		M8
>15～18	26	39	35								0.012	
>18～22	30	46	42	25	45	56			29.5	18		
>22～26	35	52	46						32.5	21		
>26～30	42	59	53	30	56	67			36	245		
>30～35	48	66	60				16	7	41	27		M10
>35～42	55	74	68						45	31		
>42～48	62	82	76	35	67	78			49	35		
>48～55	70	90	84						53	39	0.040	
>55～62	78	100	94	40	78	105			58	44		
>62～70	85	110	104						63	49		
>70～78	95	120	114	45	89	112			68	54		
>78～85	105	130	124						73	59		

① JB/T 8045.5 钻套螺钉。

表 9.169　快换钻套的规格（JB/T 8045.3—1999）　　mm

d	D	D_1 滚花前	D_2	H			h	h_1	r	m	m_1	α	t	配用螺钉[①]
>0～4	8	15	12	10	16	—	8	3	11.5	4.2	4.2	50°	0.008	M5
>4～6	10	18	15	12	20	25			13	6.5	5.5			
>6～8	12	22	18				10	4	16	7	7			M6
>8～10	15	26	22	16	28	36			18	9	9			
>10～12	18	30	26						20	11	11			
>12～15	22	34	30	20	36	45	12	5.5	23.5	12	12	55°		M8
>15～18	26	39	35						26	14.5	14.5		0.012	
>18～22	30	46	42	25	45	56			29.5	18	18			
>22～26	35	52	46						32.5	21	21			
>26～30	42	59	53	30	56	67			36	24.5	25	65°		
>30～35	48	66	60				16	7	41	27	28			
>35～42	55	74	68						45	31	32			M10
>42～48	62	82	76	35	67	78			49	35	36	70°		
>48～55	70	90	84						53	39	40		0.040	

续表

d	D	D_1 滚花前	D_2	H			h	h_1	r	m	m_1	α	t	配用螺钉[①]
>55～62	78	100	94	40	78	105	16	7	58	44	45	70°	0.040	M10
>62～70	85	110	104						63	49	50			
>70～78	95	120	114	45	89	112			68	54	55	75°		
>78～85	105	130	124						73	59	60			

① JB/T 8045.5 钻套螺钉。

9.10　虎钳（含机用）

9.10.1　普通台虎钳

安装在工作台上进行手工作业时夹持工件。分固定式和回转式两种，后者可回转。其规格见表 9.170。

表 9.170　普通台虎钳的规格（QB/T 1558.2—2017）

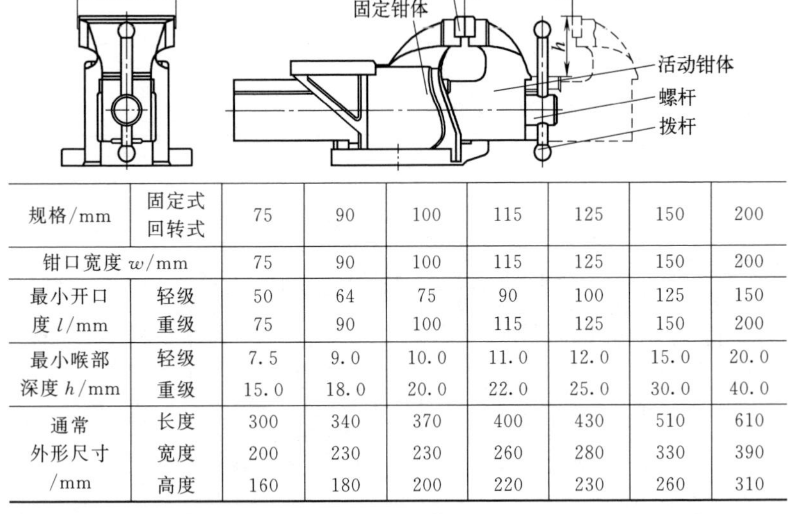

规格/mm	固定式 回转式	75	90	100	115	125	150	200
钳口宽度 w/mm		75	90	100	115	125	150	200
最小开口度 l/mm	轻级	50	64	75	90	100	125	150
	重级	75	90	100	115	125	150	200
最小喉部深度 h/mm	轻级	7.5	9.0	10.0	11.0	12.0	15.0	20.0
	重级	15.0	18.0	20.0	22.0	25.0	30.0	40.0
通常外形尺寸/mm	长度	300	340	370	400	430	510	610
	宽度	200	230	230	260	280	330	390
	高度	160	180	200	220	230	260	310

9.10.2　多用台虎钳

除具有普通台虎钳的功能外，因在其平钳口下方有一对管钳口（带圆弧装置）和 V 形钳口，可用来夹持小直径的圆柱形工件（钢管、水管等）。其规格见表 9.171。

表 9.171　多用台虎钳的规格（QB/T 1558.3—2017）

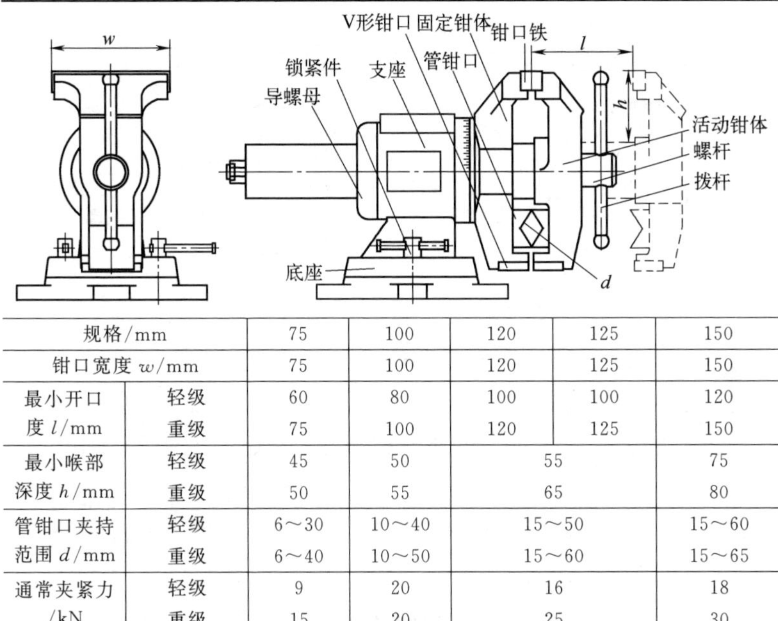

规格/mm		75	100	120	125	150
钳口宽度 w/mm		75	100	120	125	150
最小开口度 l/mm	轻级	60	80	100	100	120
	重级	75	100	120	125	150
最小喉部深度 h/mm	轻级	45	50	55		75
	重级	50	55	65		80
管钳口夹持范围 d/mm	轻级	6～30	10～40	15～50		15～60
	重级	6～40	10～50	15～60		15～65
通常夹紧力/kN	轻级	9	20	16		18
	重级	15	20	25		30

注：表中的夹紧力仅对主钳口而言。

9.10.3　异型大力钳

适用于装配和维修作业时夹持异型和管式工件。根据其钳口形式和作业用途，可分为C型（固定头式和活动头式）、板夹型、焊接型、管夹型。按照在夹持锁定状态下的打开方式，可分为内打开和外打开两种类型（图9.5，表9.172中的打开方式均只示出内开式）。各种形式的基本尺寸见表9.172～表9.175。

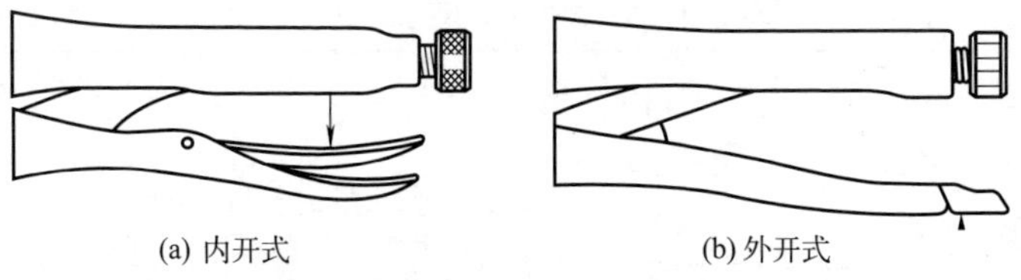

(a) 内开式　(b) 外开式

图 9.5　异型大力钳的打开方式

表 9.172　C 型大力钳的基本尺寸（QB/T 4265—2011）　mm

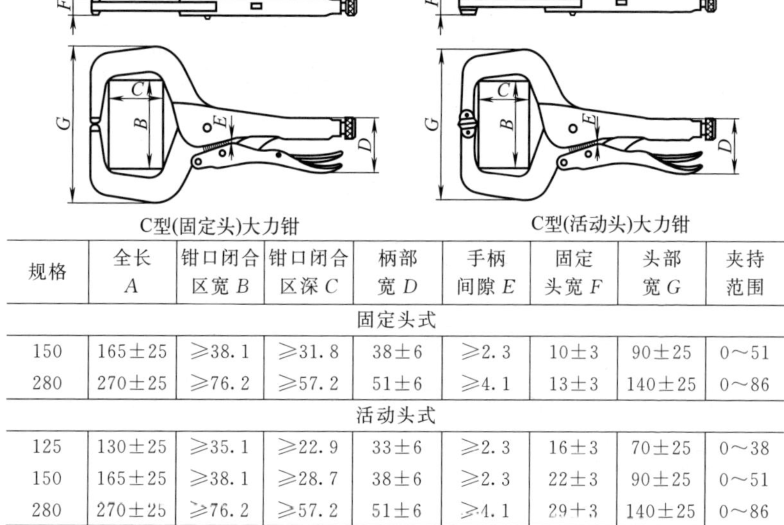

C型(固定头)大力钳　　C型(活动头)大力钳

规格	全长 A	钳口闭合区宽 B	钳口闭合区深 C	柄部宽 D	手柄间隙 E	固定头宽 F	头部宽 G	夹持范围
固定头式								
150	165±25	≥38.1	≥31.8	38±6	≥2.3	10±3	90±25	0～51
280	270±25	≥76.2	≥57.2	51±6	≥4.1	13±3	140±25	0～86
活动头式								
125	130±25	≥35.1	≥22.9	33±6	≥2.3	16±3	70±25	0～38
150	165±25	≥38.1	≥28.7	38±6	≥2.3	22±3	90±25	0～51
280	270±25	≥76.2	≥57.2	51±6	≥4.1	29±3	140±25	0～86

表 9.173　板夹型大力钳的基本尺寸（QB/T 4265—2011）　mm

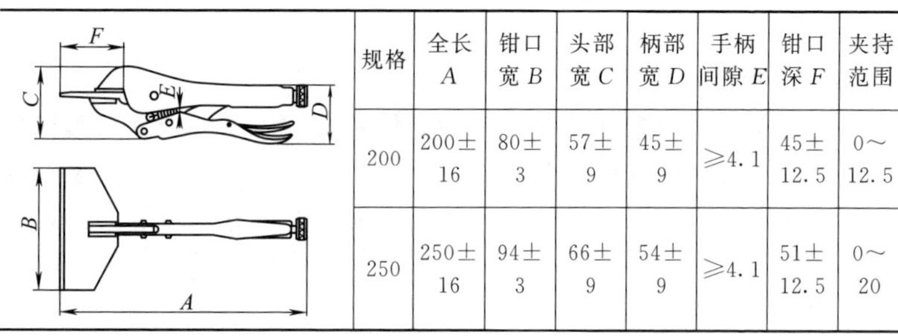

规格	全长 A	钳口宽 B	头部宽 C	柄部宽 D	手柄间隙 E	钳口深 F	夹持范围
200	200±16	80±3	57±9	45±9	≥4.1	45±12.5	0～12.5
250	250±16	94±3	66±9	54±9	≥4.1	51±12.5	0～20

表 9.174　焊接型大力钳的基本尺寸（QB/T 4265—2011）　mm

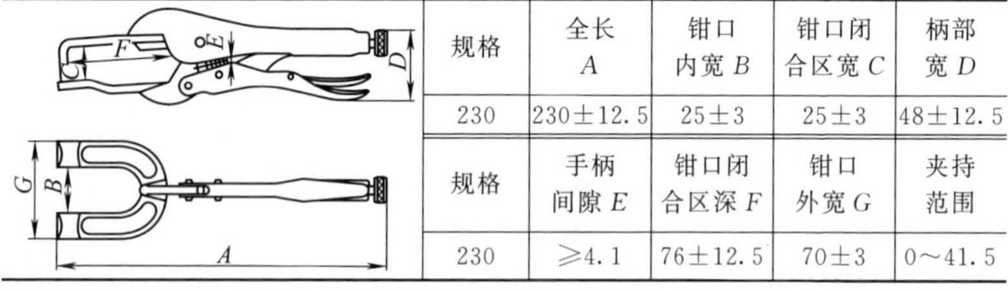

规格	全长 A	钳口内宽 B	钳口闭合区宽 C	柄部宽 D
230	230±12.5	25±3	25±3	48±12.5
规格	手柄间隙 E	钳口闭合区深 F	钳口外宽 G	夹持范围
230	≥4.1	76±12.5	70±3	0～41.5

表 9.175　管夹型大力钳的基本尺寸（QB/T 4265—2011）　mm

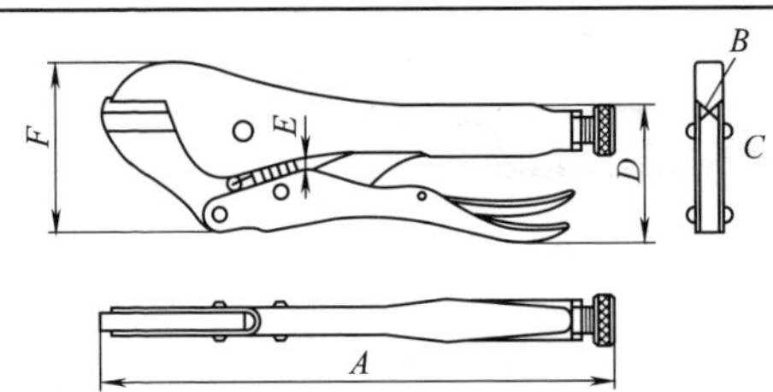

规格	全长 A	上钳口半径 B	下钳口半径 C
180	180±16	3.3±0.40	1.5±0.40
规格	柄部宽 D	手柄间隙 E	头部宽 F
180	45±9	≥4.1	57±9

9.10.4　弓形夹

用于加工过程中夹紧工件。其基本尺寸见表 9.176。

表 9.176　弓形夹的基本尺寸（JB/T 3411.49—1999）　mm

d	A	h	H	L
M12	32	50	95	130
M16	50	60	120	163
M20	80	70	140	215
M24	125	85	170	285
	200	100	190	360
	320	120	215	505

单相串励电钻的常见故障与解决方法

锂电钻的常见故障与排除

磁座钻的操作方法和注意事项

磁座钻的故障与排除

第10章 车工工具

车工工具包括车刀、刀杆、刀排、通用夹具和辅具等。

车刀是车削最主要的工具。按结构可分为整体式车刀、焊接式车刀、机械夹固式车刀和成形车刀；按用途可分为外圆、内孔、螺纹、切槽、切断、滚花车刀等；按材料可分为工具钢、高速钢、硬质合金、烧结碳化、陶瓷和超硬材料等。

10.1 高速钢车刀条

高速钢车刀条的截面形状有正方形、矩形、圆形和不规则四边形，安装在机床上后，用于切削金属工件。其尺寸见表 10.1。

表 10.1 高速钢车刀条（GB/T 4211 2004） mm

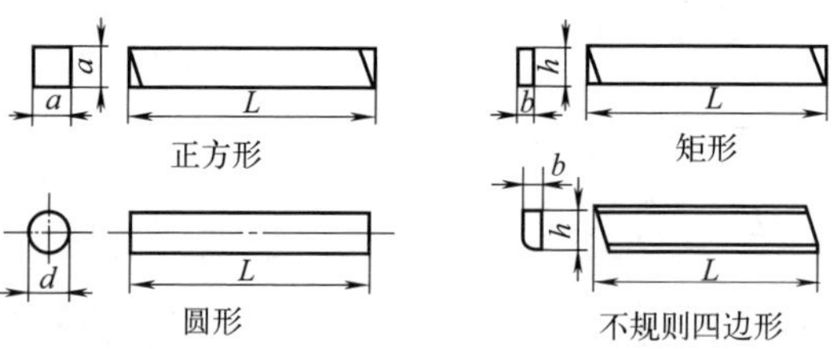

<table>
<tr><th>截面形状</th><th>刀条长(L)</th><th colspan="4">刀条截面尺寸(a×a,b×h,d)</th></tr>
<tr><td rowspan="5">正方形</td><td>63</td><td colspan="4">4×4,5×5,6×6,8×8,10×10,12×12</td></tr>
<tr><td>80</td><td colspan="4">6×6,8×8,10×10,12×12</td></tr>
<tr><td>100</td><td colspan="4">6×6,8×8,10×10,12×12,16×16</td></tr>
<tr><td>160</td><td colspan="4">6×6,8×8,10×10,12×12,16×16,20×20</td></tr>
<tr><td>200</td><td colspan="4">6×6,8×8,10×10,12×12,16×16,20×20,25×25</td></tr>
<tr><td rowspan="3">矩形</td><td>100</td><td rowspan="3">b/d=1.6</td><td>4×6,5×8</td><td rowspan="3">b/d=2.0</td><td>4×8,5×10</td></tr>
<tr><td>160</td><td>6×10,8×12
10×16,16×20</td><td>6×12,8×16,
10×20</td></tr>
<tr><td>200</td><td>6×10,8×12,10×16,
12×20,16×25</td><td>6×12,8×16,
10×20,12×25</td></tr>
</table>

续表

截面形状	刀条长(L)	刀条截面尺寸($a\times a$,$b\times h$,d)
圆形	63	4,5,6
	80	4,5,6,8,10
	100	4,5,6,8,10,12,16
	160	6,8,10,12,16
	200	10,12,16,20
不规则四边形	85	3×12,5×12
	120	3×12,5×12
	140	3×16,4×16,6×16,4×18,3×12,4×20
	200	3×16
	250	3×20,4×20,4×25,5×25

10.2 硬质合金焊接车刀

10.2.1 外表面车刀

(1) 外表面车刀的形式（表10.2）

表10.2 硬质合金外表面车刀的形式（GB/T 17985.2—2000）

符号	名称	形式	符号	名称	形式
01	70°外圆车刀	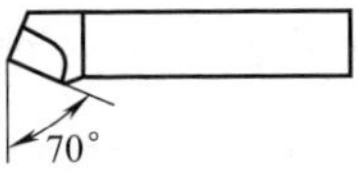 70°	07	A型切断车刀	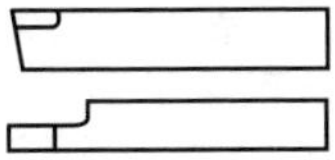
02	45°端面车刀	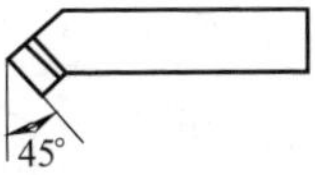 45°	14	75°外圆车刀	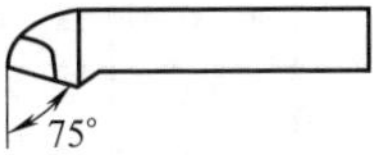 75°
03	95°外圆车刀	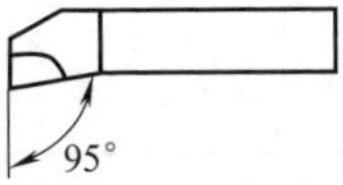 95°	15	B型切断车刀	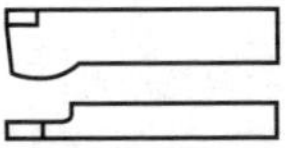
04	切槽车刀	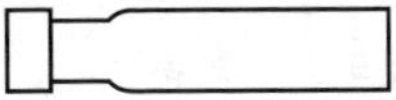	16	外螺纹车刀	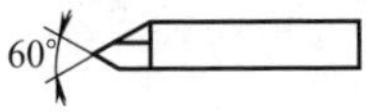 60°
05	90°端面车刀	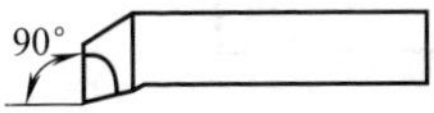 90°	17	V带轮车刀	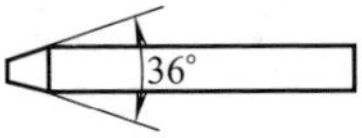 36°
06	90°外圆车刀	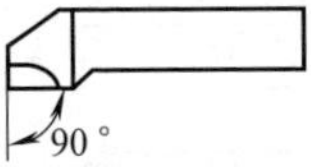 90°			

（2）外表面车刀的规格（表 10.3）

表 10.3 外表面车刀的规格 mm

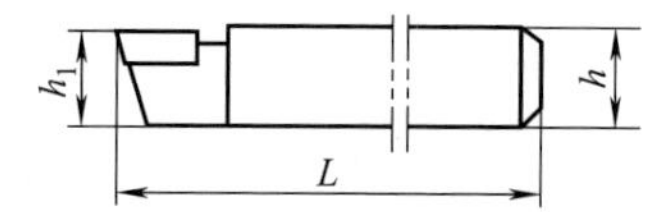

L			90	100	110	125	140	170	200	240
$h=h_1$			10	12	16	20	25	32	40	50
车刀形式	01,02,06,14	h	10	12	16	20	25	32	40	50
	03				10	12	16	20	25	32
	04					12	16	20	25	32
	05					20	25	32	40	50
	07			8	10	12	16	20	25	32
	15			8	10	12	16	20	25	
	16			8	10	12	16	20		
	17			12	16	20	25	32		

10.2.2 内表面车刀

（1）内表面车刀的形式（表 10.4）

表 10.4 硬质合金内表面车刀的形式（GB/T 17985.3—2000）

符号	名称	形式	符号	名称	形式
08	75°内孔车刀		11	45°内孔车刀	
09	95°内孔车刀		12	内螺纹车刀	
10	90°内孔车刀		13	内切槽车刀	

（2）内表面车刀的规格（表 10.5）

表 10.5 内表面车刀的规格 mm

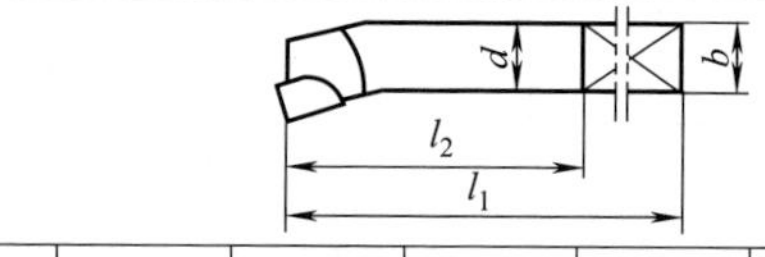

l_1	125	150	180	210	250	300	355
$h=b$	8	10	12	16	20	25	32
l_2	40	50	63	80	100	125	160

10.3　硬质合金焊接车刀片

（1）用途

焊接在车刀刀杆上，用于高速车削高硬度金属或非金属材料工件。

（2）分类

刀片型号按用途大致分为 A、B、C、D 和 E 五类，见表 10.6。

表 10.6　硬质合金焊接车刀片分类（YS/T 79—2018）

刀片类型	A	B	C	D	E
型号	A5～A50	B5～B50	C5～C50	D3～D12	E4～E32
名称	车刀片	成型刀片	螺纹、切断、切槽刀片	铣刀片	孔加工刀片
形状					

（3）型号表示方法

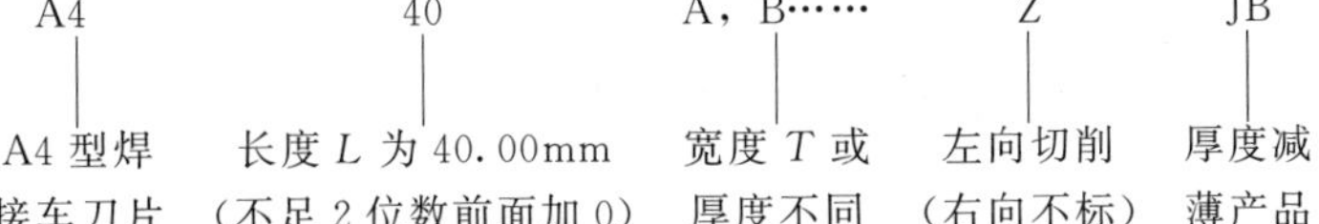

10.3.1　A 型焊接车刀片

A 型焊接车刀片，有 A1、A2、A3、A4、A5 和 A6 六个型号（表 10.7～表 10.12）。

表 10.7　A1 型焊接车刀片的型号及尺寸（YS/T 79—2018）　mm

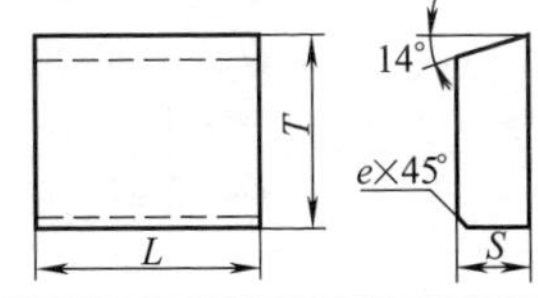

用途：用于外圆车刀、镗刀及切槽刀

型号	基本尺寸 L	基本尺寸 T	基本尺寸 S	参考尺寸 e	型号	基本尺寸 L	基本尺寸 T	基本尺寸 S	参考尺寸 e
A106	6.00	5.00	2.50	—	A116	15.00	10.00	5.50	0.8
A108	8.00	7.00	3.00		A117	18.00	12.00	7.00	
A110	10.00	6.00	3.50	0.8	A118A	18.00	18.00	6.00	
A112	12.00	10.00	3.50		A120	20.00	12.00	7.00	
A114	14.00	12.00	4.00		A122	22.00	15.00	8.00	

续表

型号	基本尺寸			参考尺寸 e	型号	基本尺寸			参考尺寸 e
	L	T	S			L	T	S	
A122A	22.00	18.00	7.00	0.8	A140	40.00	18.00	10.50	1.2
A125	25.00	15.00	8.50		A150	50.00	20.00	10.50	
A125A	25.00	20.00	10.00		A160	60.00	22.00	10.50	
A130	30.00	16.00	10.00		A170	70.00	25.00	12.00	
A136	36.00	20.00	10.00						

表 10.8　A2 型焊接车刀片的型号及尺寸（YS/T 79—2018）　mm

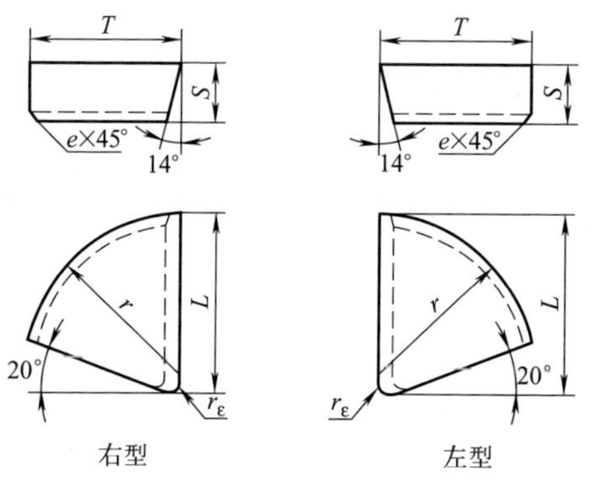

用途：用于镗刀及端面车刀

型号		基本尺寸				参考尺寸	
右	左	L	T	S	r	$r_ε$	e
A208	—	8.00	7.00	2.50	7.00	0.50	—
A210	—	10.00	8.00	3.00	8.00	1.00	
A212	A212Z	12.00	10.00	4.50	10.00		0.80
A216	A216Z	16.00	14.00	6.00	14.00		
A220	A220Z	20.00	18.00	7.00	18.00		
A225	A225Z	25.00	20.00	8.00	20.00		

注：“Z”表示左切削，下同。

表 10.9 A3 型焊接车刀片的型号及尺寸（YS/T 79—2018） mm

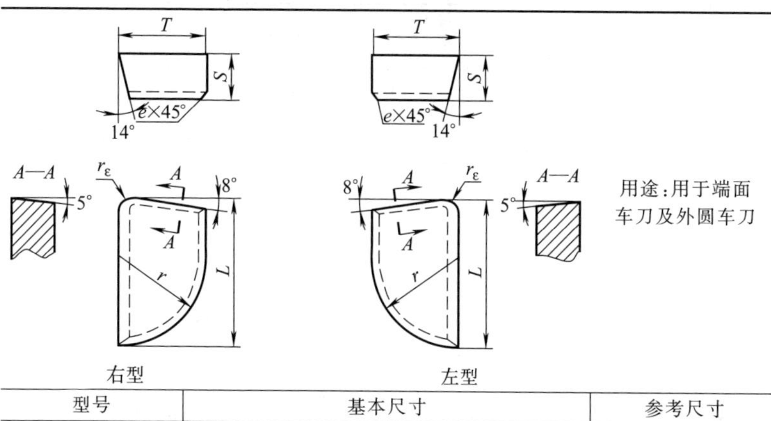

用途：用于端面车刀及外圆车刀

型号		基本尺寸				参考尺寸	
右	左	L	T	S	r	r_ε	e
A310	—	10.00	6.00	3.00	6.00	1.00	—
A312	A312Z	12.00	7.00	4.00	7.00		0.80
A315	A315Z	15.00	9.00	6.00	9.00		
A320	A320Z	20.00	11.00	7.00	11.00		
A320JB	A320ZJB	20.00	11.00	6.30	11.00		
A325	A325Z	25.00	14.00	8.00	14.00		
A330	A330Z	30.00	16.00	9.50	16.00		
A340	A340Z	40.00	18.00	10.50	18.00		1.20

表 10.10 A4 型焊接车刀片的型号及尺寸（YS/T 79—2018） mm

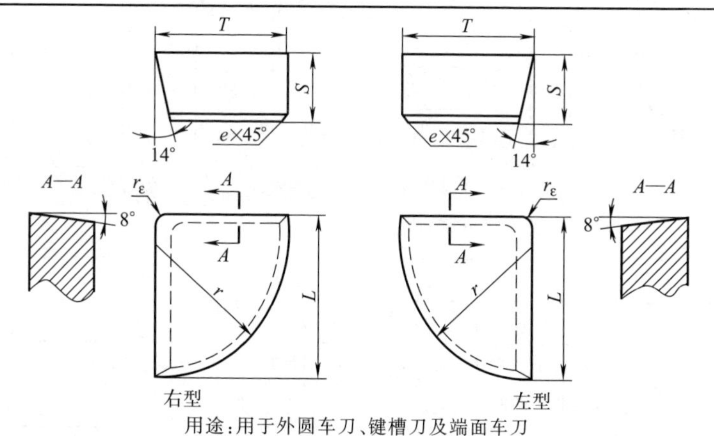

用途：用于外圆车刀、键槽刀及端面车刀

续表

型号		基本尺寸				参考尺寸	
右	左	L	T	S	r	r_ε	e
A406	—	6.00	5.00	2.50	5.00	0.50	—
A408	—	8.00	6.00	3.00	6.00		
A410	A410Z	10.00	6.00	3.50	6.00	1.00	0.80
A412	A412Z	12.00	8.00	4.50	8.00		
A416	A416Z	16.00	10.00	5.50	10.00		
A420	A420Z	20.00	12.00	7.00	12.50		
A425	A425Z	25.00	15.00	8.50	16.00		
A430	A430Z	30.00	16.00	6.00	16.00		
A430A	A430AZ	30.00	16.00	9.50	16.00		
A440	A440Z	40.00	18.00	8.00	18.00		
A440A	A440AZ	40.00	18.00	10.50	18.00		1.20
A450	A450Z	50.00	20.00	8.00	20.00	1.50	0.80
A450A	A450AZ	50.00	20.00	12.00	20.00		1.20

表 10.11　A5 型焊接车刀片的型号及尺寸（YS/T 79—2018）　mm

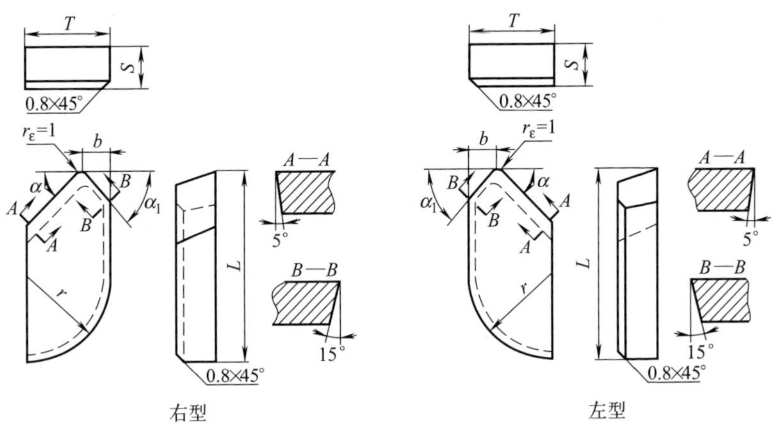

用途:用于自动车床的车刀

型号		基本尺寸						
右	左	L	T	S	b	r	α	α_1
A515	A515Z	15.00	10.00	4.50	5.00	10.00	45°	40°
A518	A518Z	18.00	12.00	5.50	4.00	12.00	45°	50°

表 10.12　A6 型焊接车刀片的型号及尺寸（YS/T 79—2018）　mm

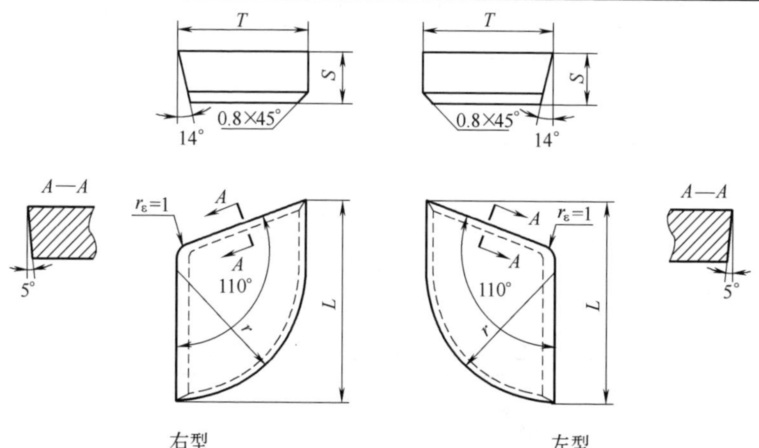

用途：用于镗刀、外圆车刀及面铣刀

型号		基本尺寸			
右	左	L	T	S	r
A612	A612Z	12.00	8.00	3.00	8.00
A615	A615Z	15.00	10.00	4.00	10.00
A618	A618Z	18.00	12.00	4.50	12.00

10.3.2　B 型焊接车刀片

为成形刀片，有 B1、B2、B3 和 B4 四个型号（表 10.13～表 10.16）。

表 10.13　B1 型焊接刀片的型号（YS/T 79—2018）　mm

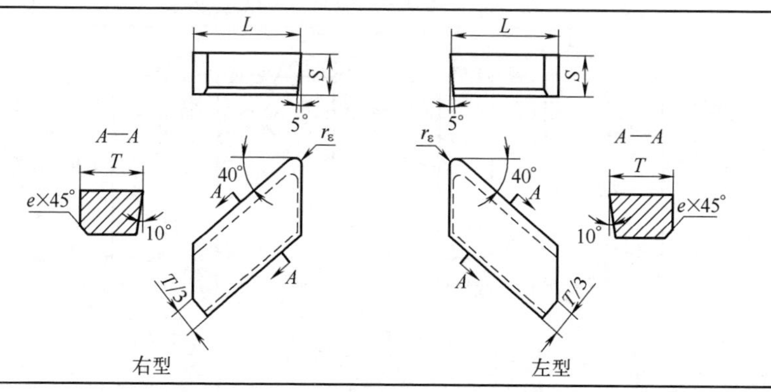

续表

型号		基本尺寸			参考尺寸	
右	左	L	T	S	r_ε	e
B108	—	8.00	6.00	3.00	1.50	—
B112	B112Z	12.00	8.00	4.00		1.00
B116	B116Z	16.00	10.00	5.00		
B120	B120Z	20.00	14.00	5.00		
B120A	B120AZ	20.00	16.00	7.00		1.50
B125	B125Z	25.00	14.00	5.00		
B125A	B125AZ	25.00	18.00	8.00		
B130	B130Z	30.00	20.00	8.00		

表 10.14　B2 型焊接刀片的型号（YS/T 79—2018）　　mm

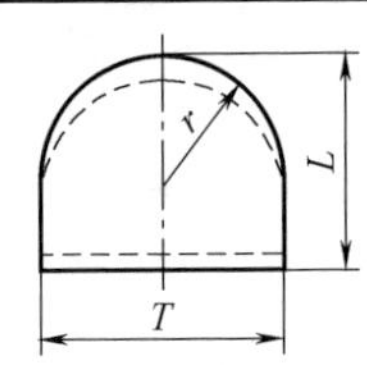

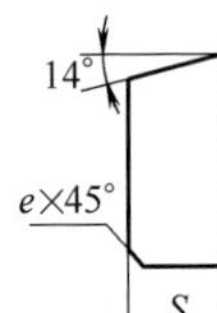

型号	基本尺寸				参考尺寸 e	型号	基本尺寸				参考尺寸 e
	L	T	S	r			L	T	S	r	
B208	8.00	8.00	3.00	4.00	—	B220	20.00	25.00	7.00	12.50	0.80
B210	10.00	10.00	3.00	5.00	0.80	B225	25.00	30.00	8.00	15.00	
B212	12.00	12.00	4.50	6.00		B228	28.00	35.00	9.00	17.50	
B214	14.00	16.00	5.00	8.00		B265	65.00	80.00	15.00	40.00	—
B216	16.00	20.00	6.00	10.00		B265A	65.00	90.00	15.00	47.00	

表 10.15　B3 型焊接刀片的型号（YS/T 79—2018）　　mm

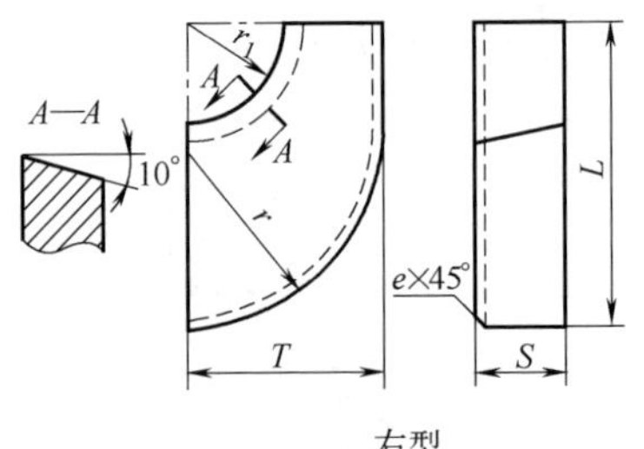

右型

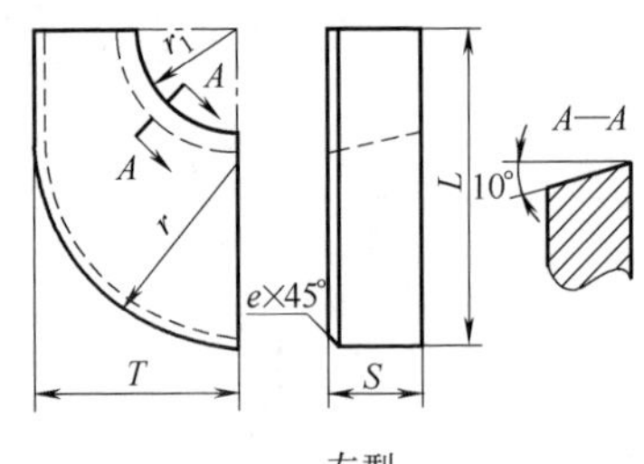

左型

续表

型号		基本尺寸					参考尺寸
右	左	L	T	S	r	r_1	e
B312	B312Z	12.00	8.00	4.00	8.00	3.00	0.80
B315	B315Z	15.00	10.00	5.00	10.00	5.00	
B318	B318Z	18.00	12.00	6.00	12.00	6.00	
B322	B322Z	22.00	16.00	7.00	16.00	10.00	

表 10.16　B4 型焊接刀片的型号（YS/T 79—2018）　mm

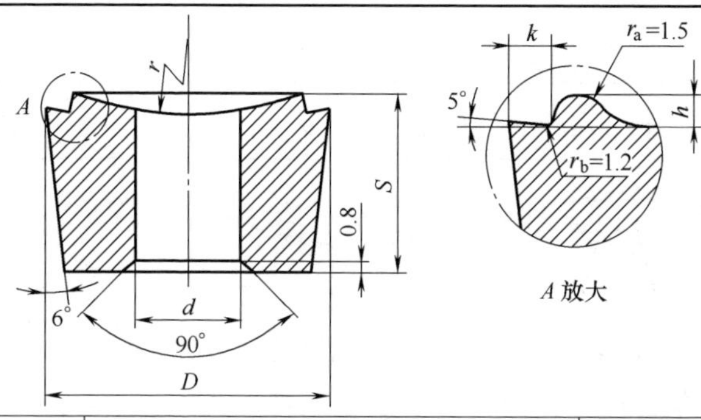

型号	基本尺寸				参考尺寸	
	D	d	S	r	h	k
B428	28.60	10.20	10.00	35.00	1.50	3.00
B433	33.00	12.20	10.00	35.00	1.50	3.50
B446	46.50	15.20	12.00	41.50	2.50	4.00

10.3.3　C 型焊接刀片

为螺纹、切断、切槽刀片，有 C1、C2、C3、C4 和 C5 五个型号（表 10.17～表 10.21）。

表 10.17　C1 型焊接刀片型号（YS/T 79—2018）　mm

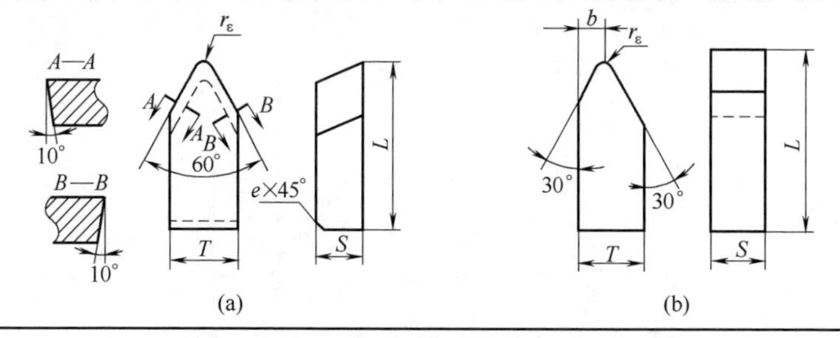

续表

型号		基本尺寸				参考尺寸	
		L	T	S	b	$r_ε$	e
(a)图	C110	10.00	4.00	3.00	—	0.50	—
	C116	16.00	6.00	4.00			0.80
	C120	20.00	8.00	5.00			
	C122	22.00	10.00	6.00			
	C125	25.00	12.00	7.00			
(b)图	C110A	10.00	6.50	2.50	1.60	0.50	—
	C116A	16.00	8.00	3.00	2.50		
	C120A	20.00	10.00	4.00	3.50		

表 10.18 C2 型焊接刀片型号（YS/T 79—2018） mm

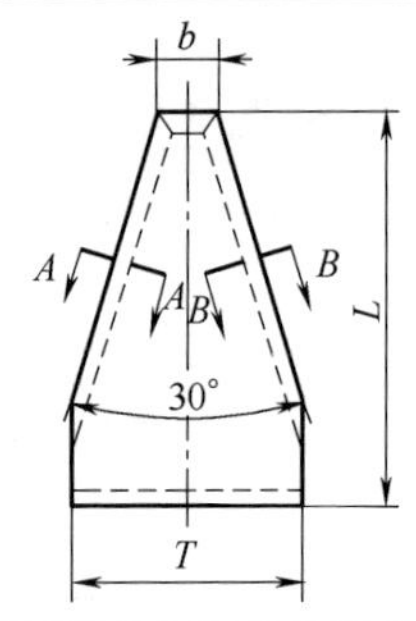

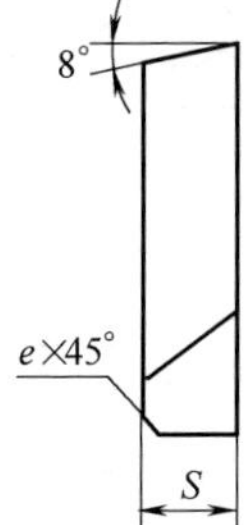

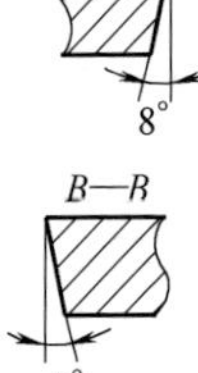

型号	基本尺寸				参考尺寸 e	型号	基本尺寸				参考尺寸 e
	L	T	S	b			L	T	S	b	
C215	15.00	7.00	4.00	1.80	0.80	C228	28.00	18.00	6.00	7.70	0.80
C218	18.00	10.00	5.00	3.10		C236	36.00	28.00	7.00	13.10	
C223	23.00	14.00	5.00	4.90							

表 10.19 C3 型焊接刀片型号（YS/T 79—2018） mm

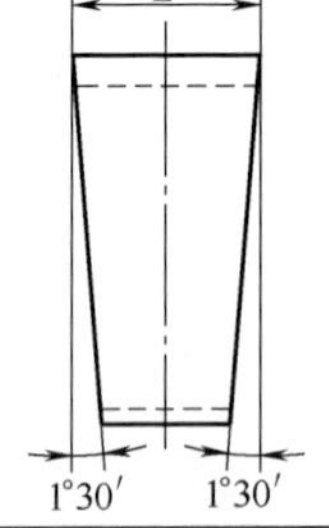

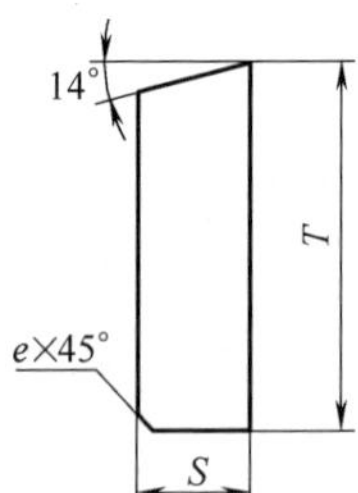

续表

型号	基本尺寸			参考尺寸 e	型号	基本尺寸			参考尺寸 e
	L	T	S			L	T	S	
C303	3.50	12.00	3.00	0.80	C308	8.50	20.00	7.00	0.80
C304	4.50	14.00	4.00		C310	10.50	22.00	8.00	
C305	5.50	17.00	5.00		C312	12.50	22.00	10.00	
C306	6.50	17.00	6.00		C316	16.50	25.00	11.00	1.20

表 10.20　C4 型焊接刀片型号（YS/T 79—2018）　mm

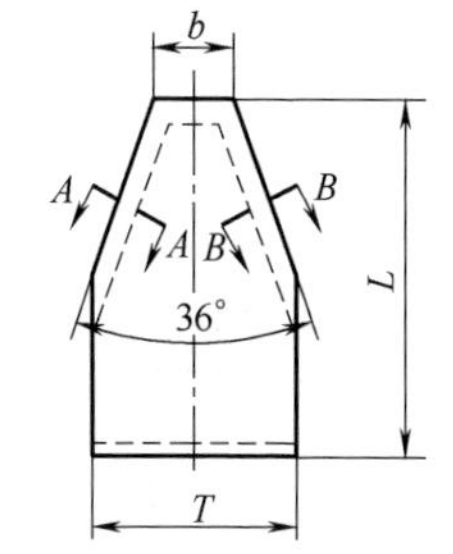

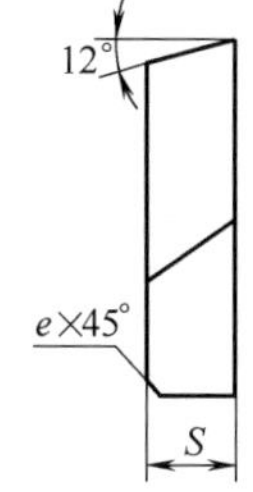

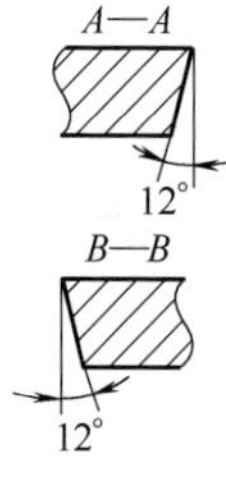

型号	基本尺寸				参考尺寸 e	型号	基本尺寸				参考尺寸 e
	L	T	S	b			L	T	S	b	
C4	20.00	12.00	5.00	3.00	0.80	C4	35.00	25.00	6.00	7.50	0.80
C4	25.00	16.00	5.00	4.00		C4	42.00	35.00	8.00	12.50	
C4	30.00	20.00	6.00	5.50		C4	50.00	42.00	8.00	15.00	

表 10.21　C5 型焊接刀片型号（YS/T 79—2018）　mm

型号	基本尺寸				型号	基本尺寸			
	L	T	S	r		L	T	S	r
C539	39.00	4.00	4.00	2.00	C545	45.00	6.00	4.00	3.00

10.3.4　D 型焊接车刀片

为铣刀片，有 D1 和 D2 两个型号（表 10.22、表 10.23）。

表 10.22　D1 型焊接刀片型号（YS/T 79—2018）　　mm

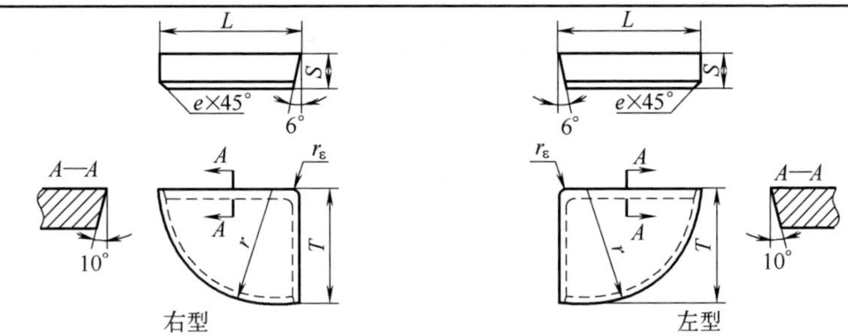

型号		基本尺寸				参考尺寸	
右	左	L	T	S	r	$r_ε$	e
D110	—	10.00	8.00	2.50	8.00	0.50	—
D112	—	12.00	10.00	3.00	10.00		
D115	D115Z	15.00	12.00	3.50	12.50	1.00	0.80
D120	D120Z	20.00	16.00	4.00	16.00		
D125	D125Z	25.00	20.00	5.00	20.00		
D130	D130Z	30.00	20.00	6.00	20.00		

表 10.23　D2 型焊接刀片型号（YS/T 79—2018）　　mm

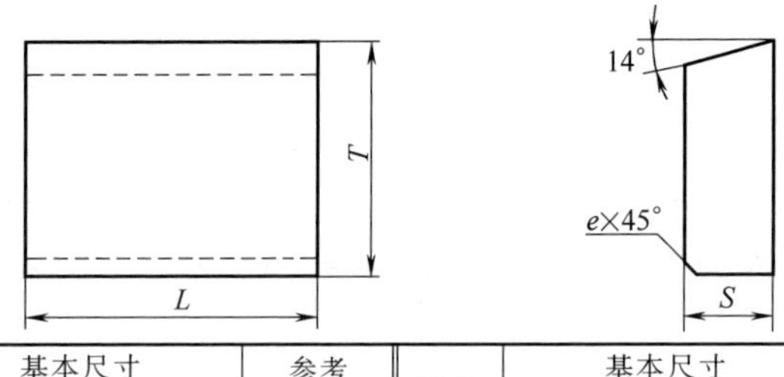

型号	基本尺寸			参考尺寸 e	型号	基本尺寸			参考尺寸 e
	L	T	S			L	T	S	
D206	6.00	7.00	3.00	—	D222	22.00	6.00	3.00	—
D208	8.00	4.00	3.00		D222A	22.00	14.00	4.00	0.80
D210	10.00	5.00	3.00		D224	24.00	14.00	4.00	
D210A	10.00	10.00	3.00		D226	26.00	10.00	5.00	
D212	12.00	6.00	3.00		D226A	26.00	14.00	5.00	
D212A	12.00	12.00	3.50	0.80	D228	28.00	10.00	4.00	
D214	14.00	7.00	3.50		D228A	28.00	14.00	4.00	
D214A	14.00	12.00	3.50		D230	30.00	10.00	5.00	
D216	16.00	7.00	3.50		D232	32.00	14.00	5.00	
D216A	16.00	12.00	3.50		D232A	32.00	14.00	4.00	
D218	18.00	5.00	3.00	—	D236	36.00	12.00	4.00	
D218A	18.00	7.00	3.50	0.80	D238	38.00	12.00	5.00	
D218B	18.00	12.00	3.50		D240	40.00	14.00	5.00	
D220	20.00	10.00	4.00		D246	46.00	14.00	5.00	

10.3.5　E型焊接车刀片

为孔加工刀片，有E1、E2、E3、E4、E5五个型号（表10.24～表10.28）。

表10.24　E1型焊接刀片型号（YS/T 79—2018）　mm

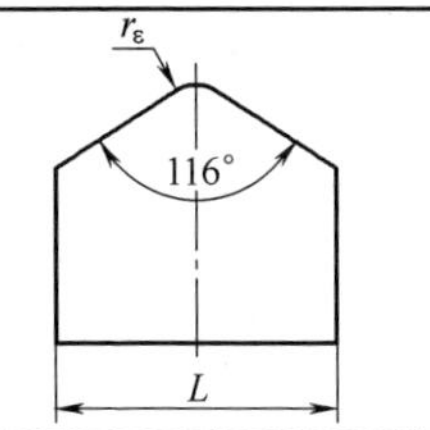

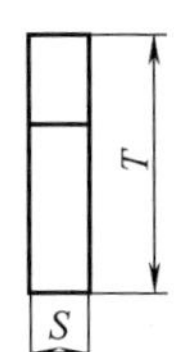

型号	基本尺寸			参考尺寸 $r_ε$	型号	基本尺寸			参考尺寸 $r_ε$
	L	T	S			L	T	S	
E105	5.00	5.00	1.50	1.00	E108	8.00	7.00	1.80	1.00
E106	6.00	6.00	1.50		E109	9.00	8.00	2.00	
E107	7.00	6.00	1.50		E110	10.00	9.00	2.00	

表10.25　E2型焊接刀片型号（YS/T 79—2018）　mm

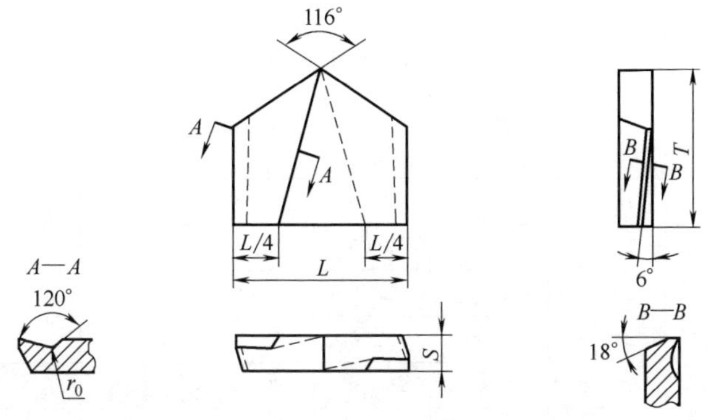

型号	基本尺寸			参考尺寸 $r_ε$	型号	基本尺寸			参考尺寸 $r_ε$
	L	T	S			L	T	S	
E210	10.80	9.00	2.00	1.00	E217	17.00	18.00	3.00	1.50
E211	11.80	10.00	2.50		E218	18.00	16.00	3.00	
E213	13.00	11.00	2.50		E219	19.00	17.00	3.00	
E214	14.00	12.00	2.50		E220	20.00	18.00	3.50	
E215	15.00	13.00	2.50		E221	21.00	18.00	3.50	
E216	16.00	14.00	3.00		E222	22.00	18.00	3.50	

续表

型号	基本尺寸			参考尺寸 r_ε	型号	基本尺寸			参考尺寸 r_ε
	L	T	S			L	T	S	
E223	23.00	18.00	4.00	1.50	E233	33.50	26.00	5.00	2.00
E224	24.00	18.00	4.00		E236	36.50	26.00	5.00	
E225	25.00	22.00	4.50	2.00	E239	39.50	26.00	5.00	
E226	26.00	22.00	4.50		E242	42.00	28.00	6.00	
E227	27.50	22.00	4.50		E244	44.00	28.00	6.00	
E228	28.50	22.00	4.50		E247	47.00	28.00	6.00	
E229	29.50	24.00	5.00		E250	50.00	30.00	6.00	
E230	30.50	24.00	5.00		E252	52.00	30.00	6.00	
E231	31.50	24.00	5.00						

表 10.26 E3 型焊接刀片型号（YS/T 79—2018） mm

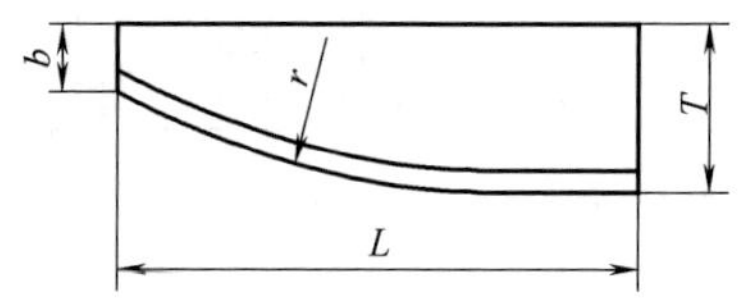

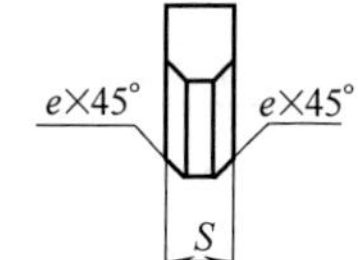

型号	基本尺寸					参考尺寸 e
	L	T	S	r	b	
E312	12.00	6.00	1.50	20.00	1.50	—
E315	15.00	3.50	2.00	20.00		
E315A	15.00	7.00	2.00	20.00	2.50	
E320	20.00	4.50	2.50	25.00		
E320A	20.00	6.00	3.50	25.00		0.50
E320B	20.00	9.00	2.50	25.00	3.50	—
E325	25.00	8.00	3.00	30.00		0.50
E325A	25.00	15.00	3.00	30.00		0.50
E330	30.00	10.00	4.00	30.00		0.50
E330A	30.00	21.00	4.00	30.00		0.50
E335	35.00	10.00	5.00	30.00		0.80
E340	40.00	12.00	5.00	30.00		0.80
E345	45.00	12.00	6.00	30.00		0.80

表 10.27　E4 型焊接刀片型号（YS/T 79—2018）　mm

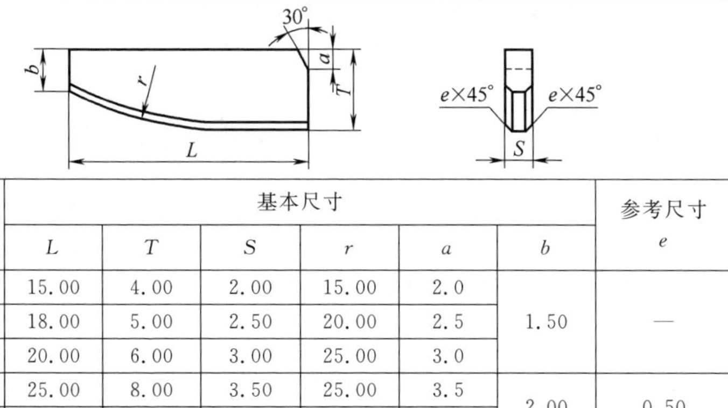

型号	基本尺寸						参考尺寸
	L	T	S	r	a	b	e
E415	15.00	4.00	2.00	15.00	2.0	1.50	—
E418	18.00	5.00	2.50	20.00	2.5		
E420	20.00	6.00	3.00	25.00	3.0		
E425	25.00	8.00	3.50	25.00	3.5	2.00	0.50
E430	30.00	10.00	4.00	30.00	4.0		

表 10.28　E5 型焊接刀片型号（YS/T 79—2018）　mm

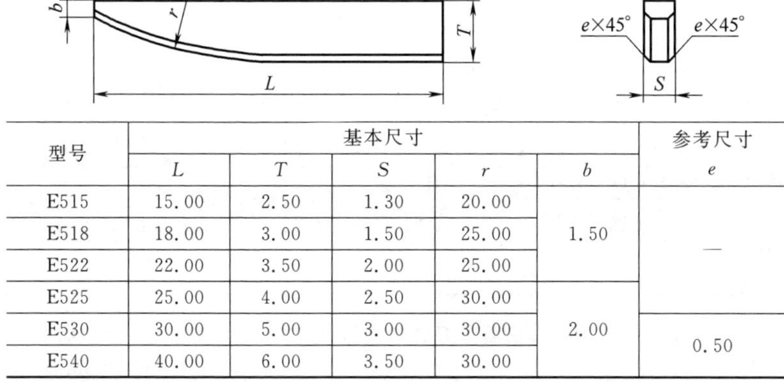

型号	基本尺寸					参考尺寸
	L	T	S	r	b	e
E515	15.00	2.50	1.30	20.00	1.50	—
E518	18.00	3.00	1.50	25.00		
E522	22.00	3.50	2.00	25.00		
E525	25.00	4.00	2.50	30.00	2.00	
E530	30.00	5.00	3.00	30.00		0.50
E540	40.00	6.00	3.50	30.00		

10.4　机夹车刀

在刀杆上装夹硬质合金可重磨刀片或高速钢车刀条，用于车床上切削金属零件。

10.4.1　机夹切断车刀

（1）材料和硬度

刀杆用 40Cr 或同等性能的其他牌号钢材制造，硬度不低于 40HRC；刀片下可装有可换刀垫，刀垫用合金工具钢制造，硬度不低于45HRC。

（2）型号表示方法

Q　□　□□　□□　□-　□□

- Q：切断车刀
- □：A—A型；B—B型
- □□：刀尖高度
- □□：刀杆宽度
- □-：R—右切刀；L—左切刀
- □□：刀片宽度（不计小数，不足两位数字时，则在该数前面加“0”）

（3）形式和尺寸（表10.29、表10.30）

表10.29　A型机夹切断车刀的形式和尺寸（GB/T 10953—2006）

mm

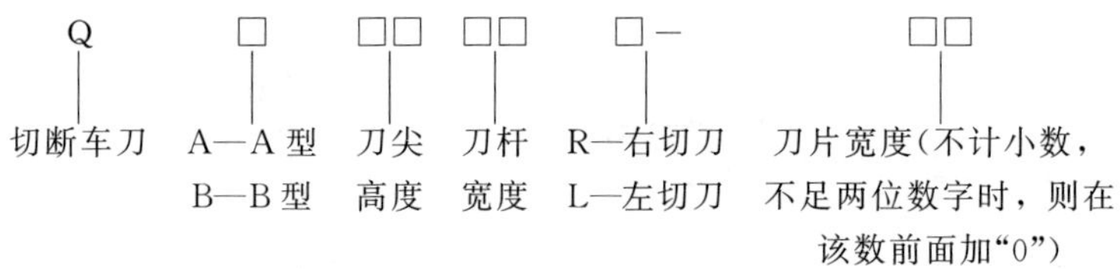

<table>
<tr><th colspan="2">车刀代号</th><th rowspan="2">h_1</th><th rowspan="2">h
h13</th><th rowspan="2">b
h13</th><th rowspan="2">L</th><th rowspan="2">B</th><th rowspan="2">最大加工直径
D_{max}</th></tr>
<tr><th>右切刀</th><th>左切刀</th></tr>
<tr><td>QA2022R-03</td><td>QA2022L-03</td><td rowspan="2">20</td><td rowspan="2">20</td><td rowspan="2">22</td><td rowspan="2">125</td><td>3.2</td><td rowspan="2">40</td></tr>
<tr><td>QA2022R-04</td><td>QA2022L-04</td><td rowspan="2">4.2</td></tr>
<tr><td>QA2525R-04</td><td>QA2525L-04</td><td rowspan="2">25</td><td rowspan="2">25</td><td rowspan="2">25</td><td rowspan="2">150</td><td rowspan="2">60</td></tr>
<tr><td>QA2525R-05</td><td>QA2525L-05</td><td>5.3</td></tr>
<tr><td>QA3232R-05</td><td>QA3232L-05</td><td rowspan="2">32</td><td rowspan="2">32</td><td rowspan="2">32</td><td rowspan="2">170</td><td>5.3</td><td rowspan="2">80</td></tr>
<tr><td>QA3232R-06</td><td>QA3232L-06</td><td>6.5</td></tr>
</table>

表10.30　B型机夹切断车刀的形式和尺寸（GB/T 10953—2006）

mm

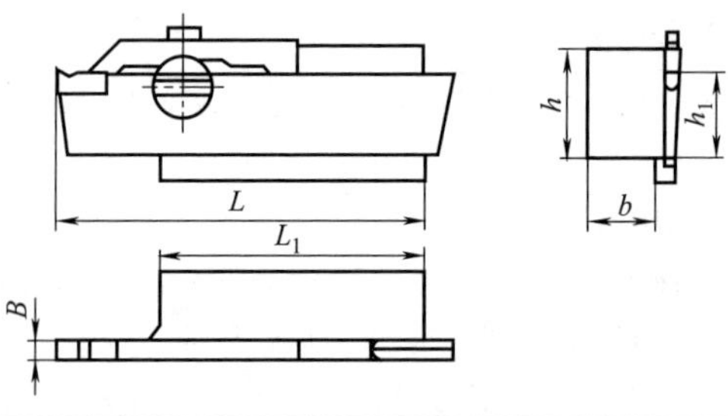

续表

车刀代号		h_1	h h13	b	L_{min}	B	L_1	最大加工直径 D_{max}
右切刀	左切刀							
QB2020R-04	QB2020L-04	20	25	20	125	4.2	100	100
QB2020R-05	QB2020L-05					5.3		
QB2525R-05	QB2525L-05	25	32	25	150	5.3	125	125
QB2525R-06	QB2525L-06					6.5		
QB3232R-06	QB3232L-06	32	40	32	170	6.5	140	150
QB3232R-08	QB3232L-08					8.5		
QB4040R-08	QB4040L-08	40	50	40	200	8.5	160	175
QB4040R-10	QB4040L-10					10.5		
QB5050R-10	QB5050L-10	50	63	50	250	10.5	200	200
QB5050R-12	QB5050L-12					12.5		

（4）标记示例

刀尖高度为25mm，刀杆宽度为25mm，刀片宽度为4.2mm的A型右切机夹切断刀为：机夹切断车刀 QA2525R 04 GB/T 10953—2006。

10.4.2　机夹螺纹车刀

（1）材料和硬度

机夹螺纹车刀刀杆用40Cr或同等性能的其他牌号钢材制造，硬度不低于40 HRC。

（2）型号表示方法

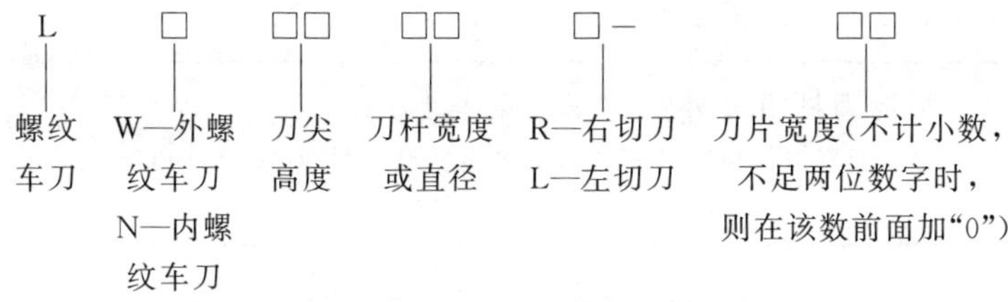

（3）形式和尺寸

① 机夹外螺纹车刀见表10.31。

表 10.31　机夹外螺纹车刀的形式和尺寸（GB/T 10954—2006）　mm

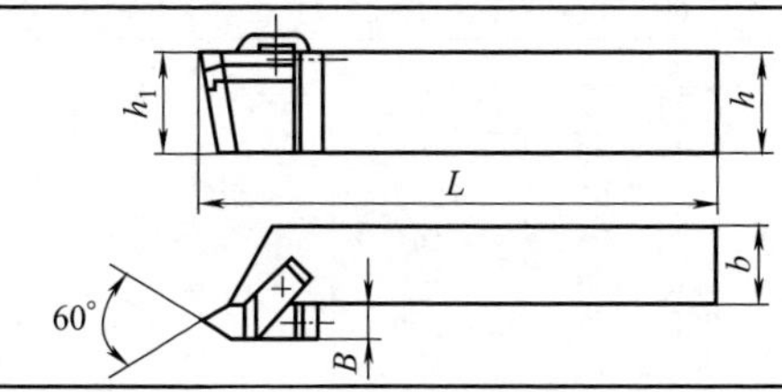

续表

车刀代号		h_1	h	b	L	B
右切刀	左切刀	js14	h13	h13		
LW1616R-03	LW1616L-03	16	16	16	110	3
LW2016R-04	LW2016L-04	20	20	16	125	4
LW2520R-06	LW2520L-06	25	25	20	150	6
LW3225R-08	LW3225L-08	32	32	25	170	8
LW4032R-10	LW4032L-10	40	40	32	200	10
LW5040R-12	LW5040L-12	50	50	40	250	12

② 机夹内螺纹车刀见表 10.32。

表 10.32　矩形刀杆机夹内螺纹车刀的形式和尺寸（GB/T 10954—2006）

mm

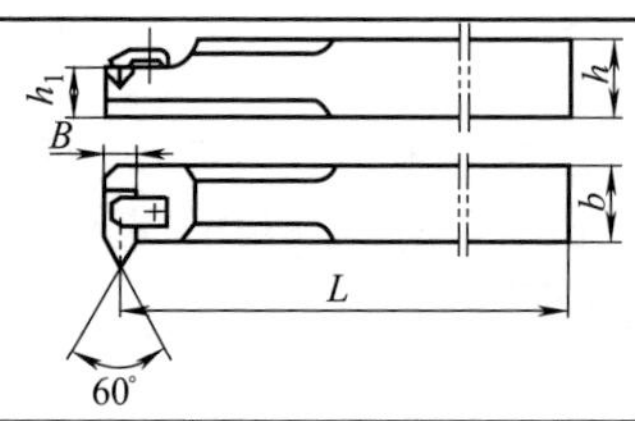

车刀代号		h_1	h	b	L	B
右切刀	左切刀	js14	h13	h13		
LN1216R-03	LN1216L-03	12	16	16	150	3
LN1620R-04	LN1620L-04	16	20	20	180	4
LN2025R-06	LN2025L-06	20	25	25	200	6
LN2532R-08	LN2532L-08	25	32	32	250	8
LN3240R-10	LN3240L-10	32	40	40	300	10

③ 圆形刀杆机夹外螺纹车刀见表 10.33。

表 10.33　圆形刀杆机夹外螺纹车刀的形式和尺寸（GB/T 10954—2006）

mm

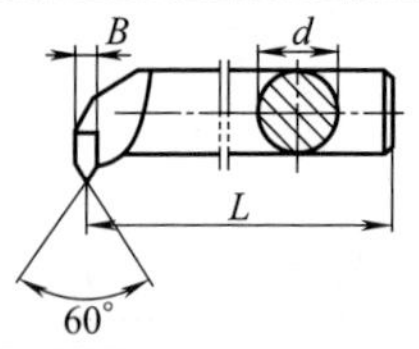

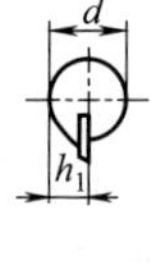

车刀代号		h_1	d	L	B
右切刀	左切刀	js14			
LN1020R-03	LN1020L-03	10	20	180	3
LN1225R-03	LN1225L-03	12.5	25	200	3
LN1632R-04	LN1632L-04	16	32	250	4
LN2040R-08	LN2040L-08	20	40	300	6
LN2550R-08	LN2550L-08	25	50	350	8
LN3060R-10	LN3060L-10	30	60	400	10

（4）标记示例

刀尖高度为20mm，刀杆宽度为25mm，刀片宽度为6mm的右切矩形机夹内螺纹车刀标记为：矩形刀杆　LN2025R-06　GB/T 10954—2006。

10.5　可转位车刀

用于车削较硬的金属材料及其他材料。使用硬质合金刀片，加工时可调换磨损的刀片，而刀体反复使用。

（1）代号表示方法

根据GB/T 5343.1—2007，可转位车刀的代号，用10位代表给定意义的字母或数字符号，按一定的规则排列组成（最后一位只在必要时使用）：

第1位	第2位	第3位
刀片夹紧方式	刀片形状	刀具头部型式
C—顶面夹紧	H—正六边形	A—90°直头侧切
（用于无孔刀片）	O—正八边形	B—75°直头侧切
M—顶面和孔夹紧	P—正五边形	C—90°直头端切
（用于有孔刀片）	S—正四边形	D—45°直头侧切
P—孔夹紧	T—正三边形	F—90°偏头端切
（用于有孔刀片）	C—菱形80°	G—90°偏头侧切
S—螺钉通孔夹紧	D—菱形55°	H—107.5°偏头侧切
（用于有孔刀片）	E—菱形75°	J—93°偏头侧切
	M—菱形86°	K—75°偏头端切
	V—菱形35°	L—95°偏头侧切和端切
	W—六边形80°	M—50°直头侧切
	L—矩形	N—63°直头侧切
	A—85°刀尖角	P—117.5°偏头侧切
	平行四边形	R—75°偏头侧切
	B—82°刀尖角	S—45°偏头端切
	平行四边形	T—60°偏头侧切
	K—55°刀尖角	U—93°偏头端切
	平行四边形	V—72.5°直头侧切
	R—圆形刀片	W—60°偏头端切
	（刀尖角均指较小的角）	Y—85°偏头端切

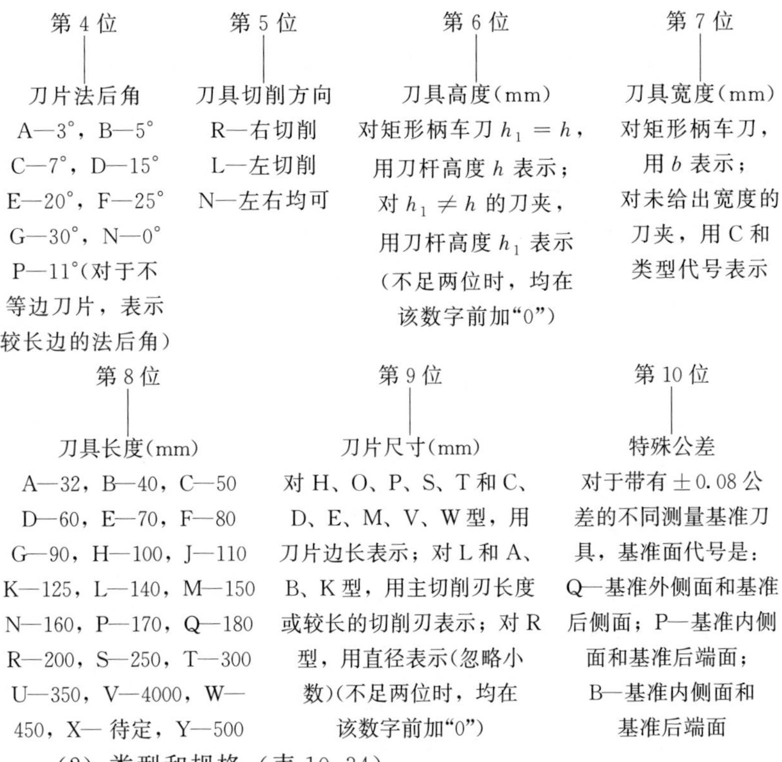

（2）类型和规格（表 10.34）

表 10.34 可转位车刀的类型和规格

车刀类型			高度×头部高度×宽度×全长/mm					
车刀名称	刀片类型	角度/(°)	16×16×16×100	20×20×20×125	25×25×20×150	32×32×25×170	40×40×32×200	50×50×40×250
直头外圆车刀	WN	50		√	√	√	√	
	TN	60		√	√	√	√	
	SN	75		√	√	√	√	
偏头外圆车刀	SN	75		√	√	√	√	
	TN	60		√	√	√	√	
	FN	90		√	√	√	√	√
	SN	75		√	√	√	√	√
	SN	45		√	√	√	√	√
	PN	60		√	√	√	√	√
	TP	90	√	√	√	√		
	TP	60	√	√	√	√		
	SP	45	√	√	√	√		
	TN,WN,RN	90		√	√	√	√	

续表

车刀类型			高度×头部高度×宽度×全长/mm					
车刀名称	刀片类型	角度/(°)	16×16×16×100	20×20×20×125	25×25×20×150	32×32×25×170	40×40×32×200	50×50×40×250
偏头端面车刀	TN	90		√	√	√	√	
偏头仿形车刀	CN、DN	93			√	√	√	

注："√"表示有此规格。

10.6 天然金刚石车刀

刀片为天然金刚石；刀杆用T8钢或其他同等性能的钢材制造，刀杆应经表面处理。

形式和尺寸见表10.35。

表10.35　天然金刚石车刀的形式和常用尺寸（JB/T 10725—2007）

mm

（图：H，H_1）	L Js14	W js12	H js12	H_1 Js12	L_1	L_2	α
	48	6.0	10.0	10.0	42	2.5	30°
	50	6.5	6.5	10.5	44	～	～
	52	6.8	6.8	11.0	46	3.5	75°

注：对表中的L、W、H进行任意组合，可作为选用系列。

10.7 硬质合金可调节浮动镗刀

用于车床、镗床、钻床上精加工精度较高的孔，如机床箱体上的孔等。其尺寸见表10.36。

表10.36　硬质合金可调节浮动镗刀（JB/ 7426—2006）　mm

直径调节范围	刀体尺寸（宽×厚）	直径调节范围	刀体尺寸（宽×厚）
25～28	20×8,25×10	36～40	25×12
28～31	20×8,25×10	38～42	20×8,25×10
30～33	20×8	40～45	25×12
31～34	20×8	45～50	25×12
33～36	20×8	40～50	20×8,25×12,35×12
34～38	20×8,25×12	50～55	20×8,25×10,30×12,35×16

续表

直径调节范围	刀体尺寸（宽×厚）	直径调节范围	刀体尺寸（宽×厚）
55～60	20×8,25×12,30×16	120～135	30×16,35×20,40×25
60～65	25×12,30×16,35×12	135～150	30×16,40×25
65～70	25×10,30×16,35×12	150、170	35×20,40×25
70～80	25×10,30×16,35×12	170～190	35×20,40×25
80～90	30×16,35×12	190～210	35×20,40×25
90～100	30×16,35×12,35×20	210～230	35×20,40×25
95～105	35×20	230～250	40×25,60×22,75×25
100～110	35×12	250～275	40×25,60×22,75×25
105～120	35×20	275～300	60×22,75×25
110～120	30×16,35×20		

10.8 刀杆和刀排

10.8.1 刀杆

用途：用于装夹车刀。

横截面积：见表 10.37 和表 10.38。

表 10.37 车刀杆横截面（GB/T 20327—2006） mm

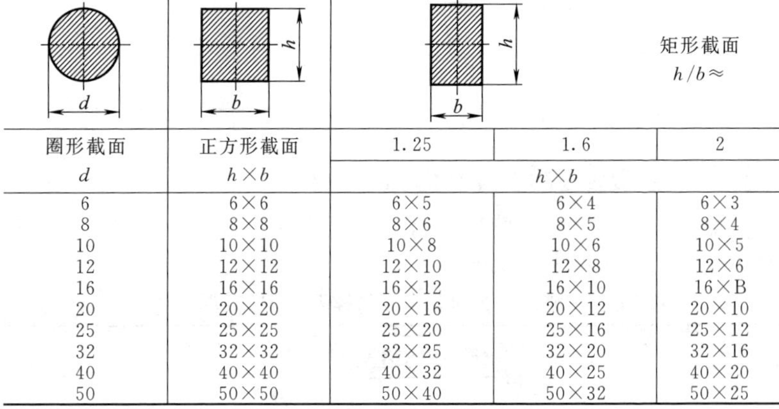

圈形截面	正方形截面	矩形截面 $h/b \approx$ 1.25	1.6	2
d	$h \times b$	$h \times b$		
6	6×6	6×5	6×4	6×3
8	8×8	8×6	8×5	8×4
10	10×10	10×8	10×6	10×5
12	12×12	12×10	12×8	12×6
16	16×16	16×12	16×10	16×B
20	20×20	20×16	20×12	20×10
25	25×25	25×20	25×16	25×12
32	32×32	32×25	32×20	32×16
40	40×40	40×32	40×25	40×20
50	50×50	50×40	50×32	50×25

表 10.38 可转位车刀优先采用的推荐刀杆（GB/T 5343.2—2007）

mm

$h \times b$	0808	1010	1212	1616
l_1	60	70	80	100
h_1	8	10	12	16

续表

$h \times b$	2020	2525	3225	3232	4032	40332	4040	5050
l_1	125	150	170	170	150	200	200	250
h_1	20	25	32	32	40	40	40	50

10.8.2　刀排

刀排用于固定多件车刀、刨刀，以便对工件进行切削。其规格见表 10.39。

表 10.39　刀排的规格　mm

公称尺寸	6.35	7.94	9.53	12.70	15.87	19.05
柄宽	11.8	13.7	15.7	20.0	24.7	29.8
柄高	22	26	30	38	46	54
全长	123.0	134.5	147.5	178.0	214,5	257.0

10.9　夹具和辅具

10.9.1　车床用快换夹头

其规格见表 10.40。

表 10.40　车床用快换夹头的规格（JB/T 10121—1999）　mm

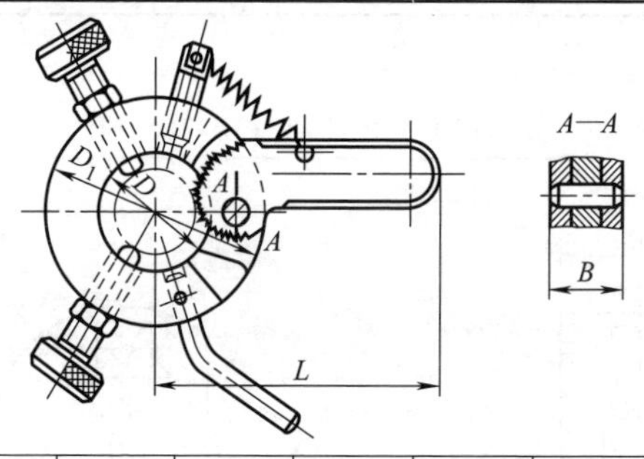

公称直径（适用工件直径）	8～14	>14～18	>18～25	>25～35	>35～50	>50～65	>65～80	>80～100
D	22	25	32	45	60	75	90	110
D_1	45	50	65	80	95	115	140	170
B	15	18	20		24			28
L	77	79	85	91	120	130	138	150

10.9.2 偏心轮

偏心轮有圆偏心轮、叉形偏心轮、单面偏心轮和双面偏心轮4种。

（1）圆偏心轮（表10.41）

表10.41 圆偏心轮的规格（JB/T 8011.1—1999） mm

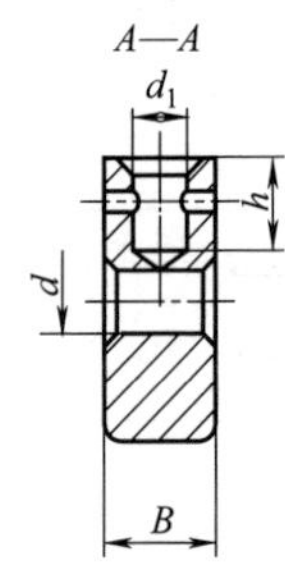

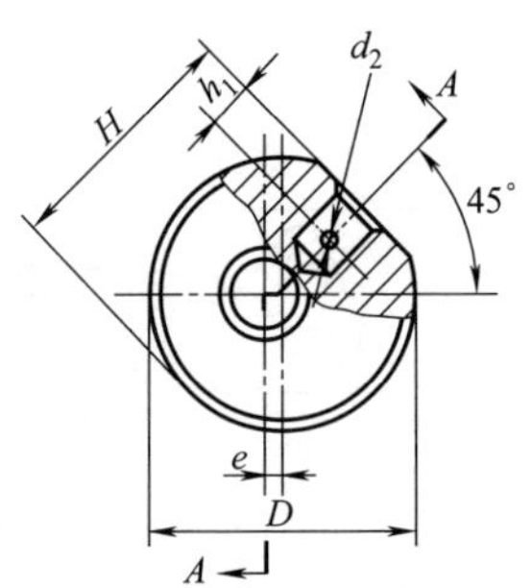

D	e	B	d	d_1	d_2	H	h	h_1
25	1.3	12	6	6	2	24	9	4
32	1.7	14	8	8	3	31	11	5
40	2	16	10	10		38.5	14	6
50	2.5	18	12	12	4	48	18	8
60	3	22	16	16	5	58	22	10
70	3.5	24				68	24	

（2）叉形偏心轮（表10.42）

表10.42 叉形偏心轮的规格（JB/T 8011.2—1999） mm

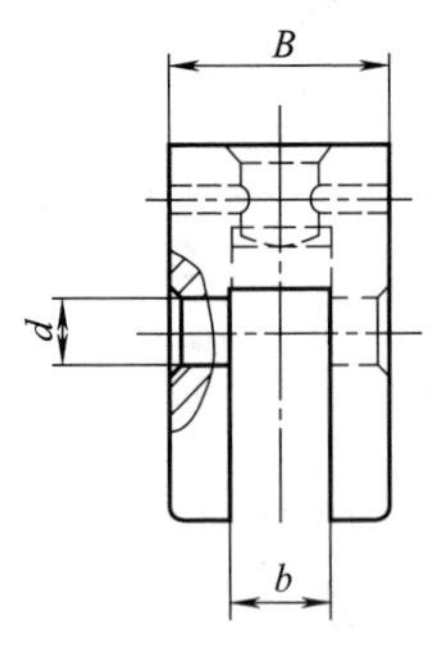

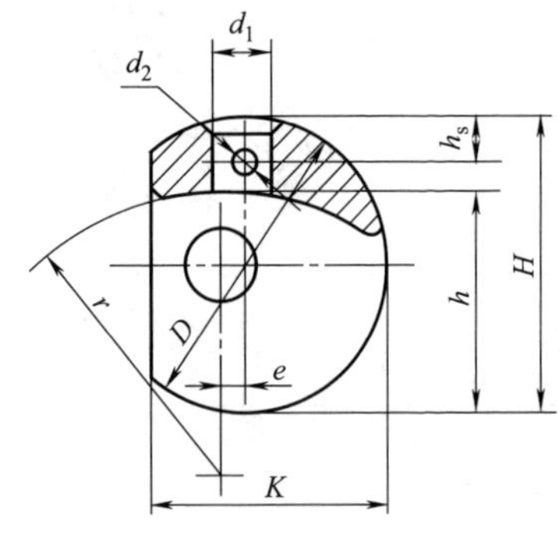

续表

D	e	B	b	d	d_1	d_2	H	h	h_s	K	r
25	1.3	14	6	4	5	1.5	24	18	3	20	32
32	1.7	18	8	5	6	2	31	24	4	27	45
40	2	25	10	6	8	3	39	30	5	34	50
50	2.5	32	12	8	10	3	49	36	6	42	62
65	3.5	38	14	10	12	4	64	47	8	55	70
80	5	45	18	12	16	5	78	58	10	65	88
100	6	52	22	16	20	6	98	72	12	80	100

（3）单面偏心轮（表10.43）

表10.43　单面偏心轮的规格（JB/T 8011.3—1999）　mm

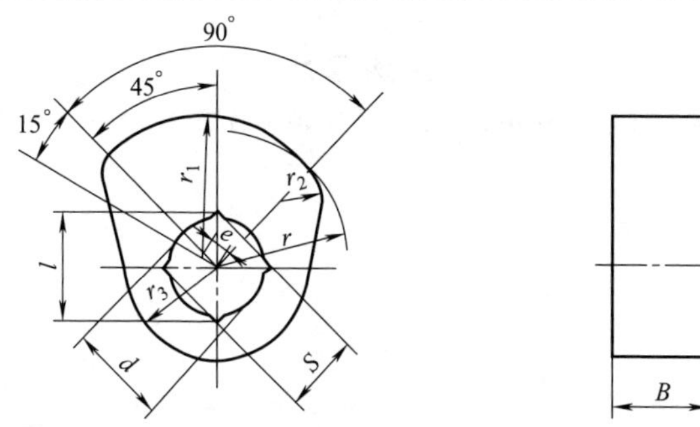

r	r_1	r_2	r_3	e	B	d	S	l
30	30.9	10	20	3	22	20	17	24
40	41.2	15	25	4	22	25	22	31.1
50	51.5	18	30	5	24	27	24	33.9
60	61.6	22	35	6	24	27	24	33.9
70	72.1	25	38	7	29	30	27	38.1

（4）双面偏心轮（表10.44）

表10.44　双面偏心轮的规格（JB/T 8011.4—1999）　mm

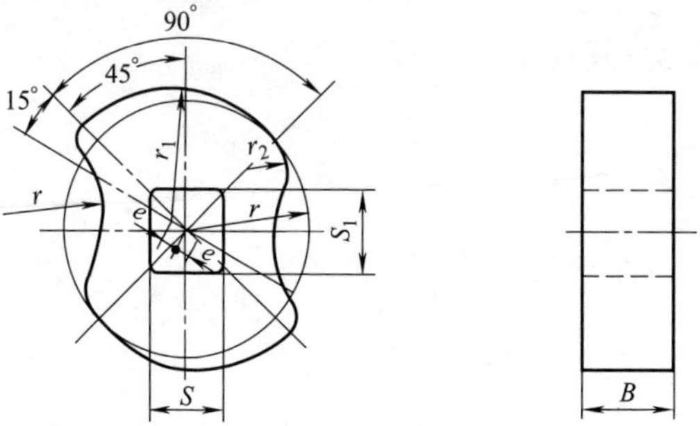

续表

r	r_1	r_2	e	B	S	S_1
30	30.9	10	3	22	17	20
40	41.2	15	4	22	22	25
50	51.5	18	5	24	24	28
60	61.8	22	6	24	24	28
70	72.1	25	7	29	27	32

电刨的使用方法、注意事项和故障与维修

第11章 铣工工具

11.1 铣刀

按加工方式，铣刀可分为普通铣刀和数控铣刀；按刀齿形式可分为整体式、镶齿式和可转位式；按材料可分为高速钢铣刀和硬质合金铣刀；此外还可以按加工用途和形状分类。

11.1.1 圆柱形铣刀

圆柱形铣刀用于卧式铣床上加工平面。刀齿分布在铣刀的圆周上，按齿形分为直齿和螺旋齿两种。按齿数分粗齿和细齿两种。螺旋齿粗齿铣刀齿数少，刀齿强度高，容屑空间大，适用于粗加工；细齿铣刀适用于精加工。其规格见表 11.1。

表 11.1 圆柱形铣刀规格（GB/T 1115.1—2002） mm

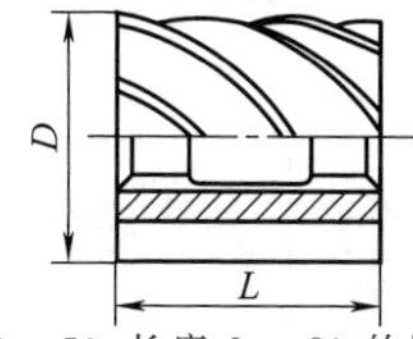

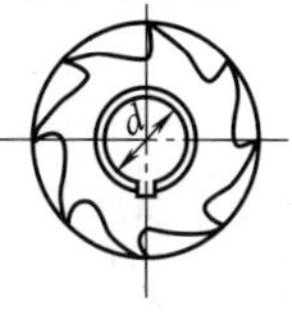

标记示例：外径 $D=50$，长度 $L=80$ 的圆柱形铣刀：圆柱形铣刀 50×80 GB/T 1115.1—2002

D js16	d H7	L js6						
		40	50	63	70	80	100	125
50	22	√		√		√		
63	27		√		√			
80	32			√			√	
100	40				√			√

注：“√”表示有此规格。

11.1.2 立铣刀

立铣刀用于加工沟槽和台阶面等，刀齿在圆周和端面上，工作时不能沿轴向进给（有通过中心的端齿时除外）。立铣刀包括直柄立铣刀、莫氏锥柄立铣刀、7∶24 锥柄立铣刀和套式立铣刀，具体规格尺寸参见表 11.2～表 11.8。

① 直柄立铣刀　用于加工平面、台阶和槽。

表 11.2　直柄立铣刀（GB/T 6117.1—2010）　mm

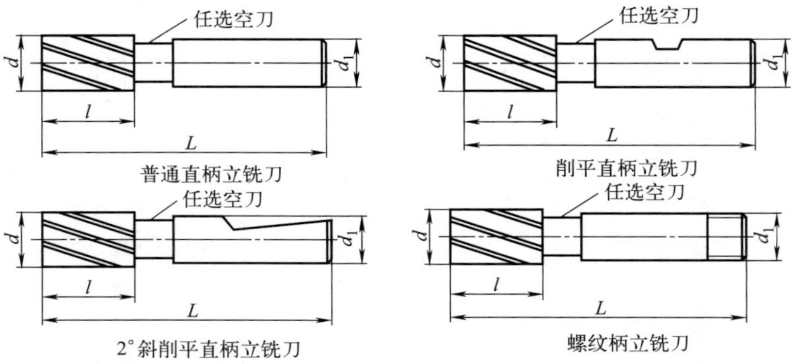

任选空刀

普通直柄立铣刀

削平直柄立铣刀

2°斜削平直柄立铣刀

螺纹柄立铣刀

<table>
<tr><th colspan="2">直径范围 d</th><th colspan="2" rowspan="2">推荐直径 d</th><th colspan="2">d_1</th><th colspan="3">标准系列</th><th colspan="3">长系列</th><th colspan="3">齿数</th></tr>
<tr><th>></th><th>≤</th><th>Ⅰ组</th><th>Ⅱ组</th><th>l</th><th>L Ⅰ组</th><th>L Ⅱ组</th><th>l</th><th>L Ⅰ组</th><th>L Ⅱ组</th><th>粗齿</th><th>中齿</th><th>细齿</th></tr>
<tr><td>1.9</td><td>2.36</td><td>2</td><td rowspan="3">—</td><td rowspan="4">4°</td><td rowspan="6">6</td><td>7</td><td>39</td><td>51</td><td>10</td><td>42</td><td>54</td><td rowspan="8">3</td><td rowspan="8">4</td><td rowspan="8">—</td></tr>
<tr><td rowspan="2">2.36</td><td rowspan="2">3</td><td>2.5</td><td rowspan="2">8</td><td rowspan="2">40</td><td rowspan="2">52</td><td rowspan="2">12</td><td rowspan="2">44</td><td rowspan="2">56</td></tr>
<tr><td>3</td></tr>
<tr><td>3</td><td>3.75</td><td>—</td><td>3.5</td><td>10</td><td>42</td><td>54</td><td>15</td><td>47</td><td>59</td></tr>
<tr><td>3.75</td><td>4</td><td>4</td><td rowspan="4">—</td><td rowspan="3">5°</td><td rowspan="2">11</td><td>43</td><td rowspan="2">55</td><td rowspan="2">19</td><td>51</td><td rowspan="2">63</td></tr>
<tr><td>4</td><td>4.75</td><td>—</td><td>45</td><td>53</td></tr>
<tr><td>4.75</td><td>5</td><td>5</td><td rowspan="2">13</td><td>47</td><td>57</td><td rowspan="2">24</td><td>58</td><td>68</td></tr>
<tr><td>5</td><td>6</td><td>6</td><td colspan="2">6</td><td colspan="2">57</td><td colspan="2">68</td></tr>
</table>

续表

直径范围 d		推荐直径 d		d_1		标准系列			长系列			齿数		
						l	L		l	L		粗齿	中齿	细齿
>	≤			Ⅰ组	Ⅱ组		Ⅰ组	Ⅱ组		Ⅰ组	Ⅱ组			
6	7.5	—	7	8	10	16	60	66	30	74	80	3	4	
7.5	8	8	—			19	63	69	38	82	88			
8	9.5	—	9	10			69			88				5
9.5	10	10	—			22	72		45	95				
10	11.8	—	11	12			79			102				
11.8	15	12	14			26	83		53	110				
15	19	16	18	16		32	92		63	123				6
19	23.6	20	22	20		38	104		75	141				
23.6	30	24	28	25		45	121		90	166				
		25												
30	37.5	32	36	32		53	133		106	186		4	6	8
37.5	47.5	40	45	40		63	155		125	217				
47.5	60	50	—	50		75	177		150	252				
		—	56											
60	67	63	—	50	63	90	192	202	180	282	292	6	8	10
67	75	—	71	63			202			292				

② 莫氏锥柄立铣刀　莫氏锥柄立铣刀用于铣削工件的垂直台阶面、沟槽和凹槽。

表 11.3 莫氏锥柄立铣刀（GB/T 6117.2—2010）　　mm

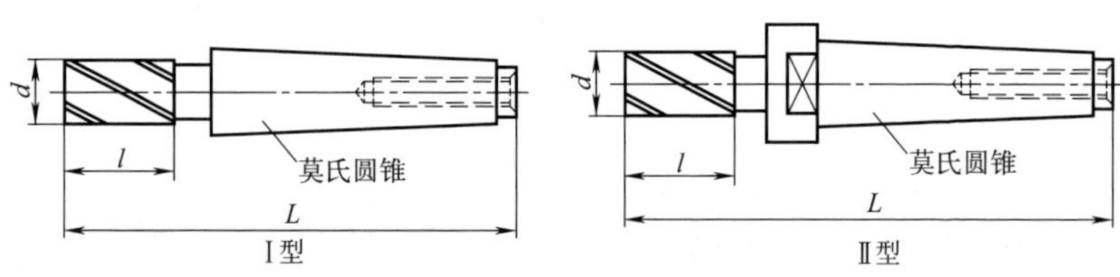

<table>
<tr><th colspan="2">直径范围
d</th><th colspan="2" rowspan="3">推荐直径
d</th><th colspan="2">l</th><th colspan="4">L</th><th rowspan="3">莫式
圆锥号</th><th colspan="3">齿数</th></tr>
<tr><th rowspan="2">></th><th rowspan="2">≤</th><th rowspan="2">标准
系列</th><th rowspan="2">长
系列</th><th colspan="2">标准系列</th><th colspan="2">长系列</th><th rowspan="2">粗齿</th><th rowspan="2">中齿</th><th rowspan="2">细齿</th></tr>
<tr><th>Ⅰ型</th><th>Ⅱ型</th><th>Ⅰ型</th><th>Ⅱ型</th></tr>
<tr><td>5</td><td>6</td><td>6</td><td>—</td><td>13</td><td>24</td><td>83</td><td rowspan="13">—</td><td>94</td><td rowspan="13">—</td><td rowspan="6">1</td><td rowspan="12">3</td><td rowspan="12">4</td><td rowspan="3">—</td></tr>
<tr><td>6</td><td>7.5</td><td>—</td><td>7</td><td>16</td><td>30</td><td>86</td><td>100</td></tr>
<tr><td rowspan="2">7.5</td><td rowspan="2">9.5</td><td>8</td><td>—</td><td rowspan="2">19</td><td rowspan="2">38</td><td rowspan="2">89</td><td rowspan="2">108</td></tr>
<tr><td>—</td><td>9</td><td rowspan="5">5</td></tr>
<tr><td>9.5</td><td>11.8</td><td>10</td><td>11</td><td>22</td><td>45</td><td>92</td><td>115</td></tr>
<tr><td rowspan="2">11.8</td><td rowspan="2">15</td><td rowspan="2">12</td><td rowspan="2">14</td><td rowspan="2">26</td><td rowspan="2">53</td><td>96</td><td>123</td></tr>
<tr><td>111</td><td>138</td><td rowspan="3">2</td></tr>
<tr><td>15</td><td>19</td><td>16</td><td>18</td><td>32</td><td>63</td><td>117</td><td>148</td></tr>
<tr><td rowspan="2">19</td><td rowspan="2">23.6</td><td rowspan="2">20</td><td rowspan="2">22</td><td rowspan="2">38</td><td rowspan="2">75</td><td>123</td><td>160</td><td rowspan="4">6</td></tr>
<tr><td>140</td><td>177</td><td rowspan="4">3</td></tr>
<tr><td rowspan="2">23.6</td><td rowspan="2">30</td><td>24</td><td rowspan="2">28</td><td rowspan="2">45</td><td rowspan="2">90</td><td rowspan="2">147</td><td rowspan="2">192</td></tr>
<tr><td>25</td></tr>
<tr><td rowspan="2">30</td><td rowspan="2">37.5</td><td rowspan="2">32</td><td rowspan="2">36</td><td rowspan="2">53</td><td rowspan="2">106</td><td>155</td><td>208</td><td rowspan="6">4</td><td rowspan="6">6</td><td rowspan="6">8</td></tr>
<tr><td>178</td><td>201</td><td>231</td><td>254</td><td rowspan="2">4</td></tr>
<tr><td rowspan="2">37.5</td><td rowspan="2">47.5</td><td rowspan="2">40</td><td rowspan="2">45</td><td rowspan="2">63</td><td rowspan="2">125</td><td>188</td><td>211</td><td>250</td><td>273</td></tr>
<tr><td>221</td><td>249</td><td>283</td><td>311</td><td>5</td></tr>
<tr><td rowspan="4">47.5</td><td rowspan="4">60</td><td rowspan="2">50</td><td rowspan="2">—</td><td rowspan="4">75</td><td rowspan="4">150</td><td>200</td><td>223</td><td>275</td><td>298</td><td>4</td></tr>
<tr><td>233</td><td>261</td><td>308</td><td>336</td><td>5</td></tr>
<tr><td rowspan="2">—</td><td rowspan="2">56</td><td>200</td><td>223</td><td>275</td><td>298</td><td>4</td><td rowspan="3">6</td><td rowspan="3">8</td><td rowspan="3">10</td></tr>
<tr><td>233</td><td>261</td><td>308</td><td>336</td><td rowspan="2">5</td></tr>
<tr><td>60</td><td>75</td><td>63</td><td>71</td><td>90</td><td>180</td><td>248</td><td>276</td><td>338</td><td>366</td></tr>
</table>

③ 7∶24 锥柄立铣刀　7∶24 锥柄立铣刀用于铣削工件的台阶面、平面和凹槽。

表 11.4　7∶24 锥柄立铣刀（GB/T 6117.3—2010）　mm

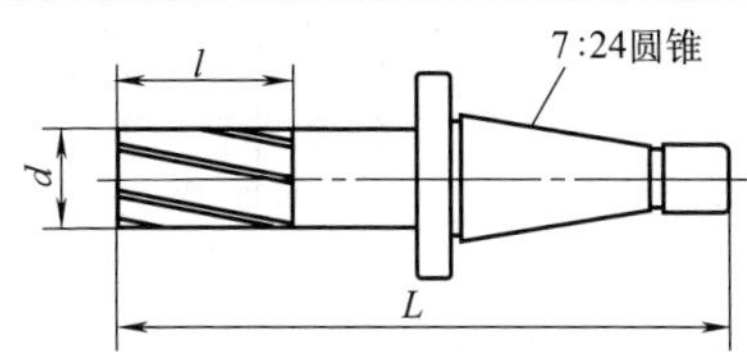

直径 d		推荐直径 d		l		L		7∶24圆锥号	齿数		
>	≤			标准系列	长系列	标准系列	长系列		粗齿	中齿	细齿
23.6	30	25	28	45	90	150	195	30	3	4	6
30	37.5	32	36	53	106	158 188 208	211 241 261	30 40 45	4	6	8
37.5	47.5	40	45	63	124	198 218 240	260 280 302	40 45 50			
47.5	60	50	—	75	150	210 230 252	285 305 327	40 45 50			
47.5	60	—	56	75	150	210 230 252	285 305 327	40 45 50	6	8	10
60	75	63	71	90	180	245 267	335 357	45 50			
75	95	80	—	106	212	283	389	50			

④ 套式立铣刀　套式立铣刀用于铣削工件的平面或端面。

表 11.5　套式立铣刀（GB/T 1114—2016）　mm

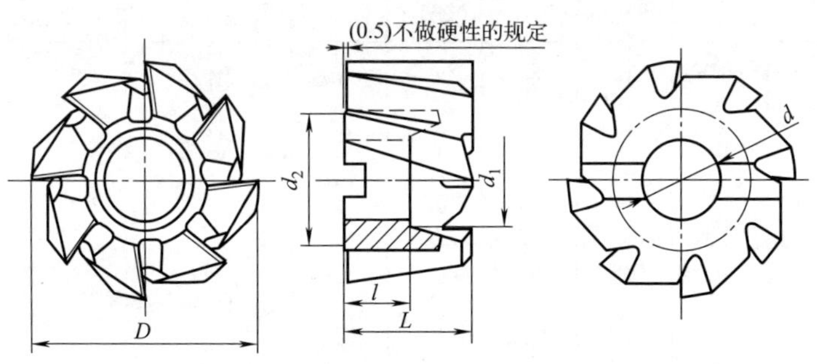

续表

D js16	d H7	L k16	l +1/0	d_1 min	d_2 min	D js16	d H7	L k16	l +1/0	d_1 min	d_2 min
40	16	32	18	23	33	100	32	50	25	45	59
50	22	36	20	30	41	125	40	56	28	56	71
63	27	40	22	38	49	160	50	63	31	67	91
80	27	45	22	38	49						

⑤ 粗加工立铣刀　粗加工立铣刀包括标准型、削平型和莫氏锥柄型，用于粗加工。

表 11.6　标准型直柄粗加工立铣刀（GB/T 14328—2008）　mm

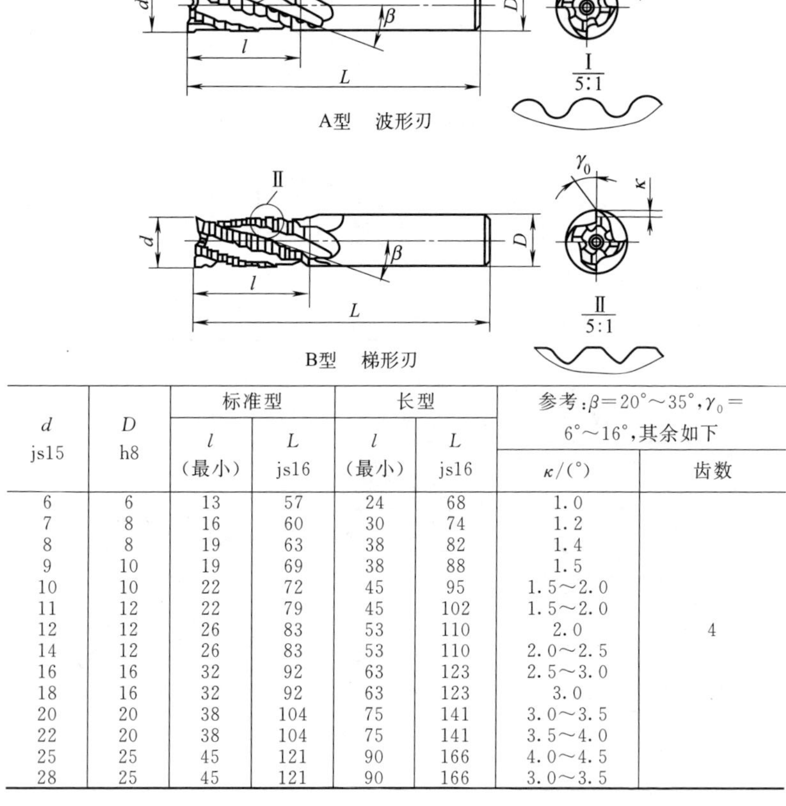

A型　波形刃

B型　梯形刃

d js15	D h8	标准型		长型		参考：$\beta=20°\sim35°$，$\gamma_0=6°\sim16°$，其余如下	
		l （最小）	L js16	l （最小）	L js16	κ/(°)	齿数
6	6	13	57	24	68	1.0	
7	8	16	60	30	74	1.2	
8	8	19	63	38	82	1.4	
9	10	19	69	38	88	1.5	
10	10	22	72	45	95	1.5～2.0	
11	12	22	79	45	102	1.5～2.0	
12	12	26	83	53	110	2.0	4
14	12	26	83	53	110	2.0～2.5	
16	16	32	92	63	123	2.5～3.0	
18	16	32	92	63	123	3.0	
20	20	38	104	75	141	3.0～3.5	
22	20	38	104	75	141	3.5～4.0	
25	25	45	121	90	166	4.0～4.5	
28	25	45	121	90	166	3.0～3.5	

续表

d js15	D h8	标准型		长型		参考：$\beta=20°\sim35°$，$\gamma_0=6°\sim16°$，其余如下	
		l（最小）	L js16	l（最小）	L js16	κ/(°)	齿数
32	32	53	133	106	186	3.5～4.0	6
36	32	53	133	106	186	4.0～4.5	
40	40	63	155	125	217	4.0～4.5	
45	40	63	155	125	217	4.5～5.0	
50	50	75	177	150	252	5.5～6.0	

表 11.7　削平型直柄粗加工立铣刀（GB/T 14328—2008）　mm

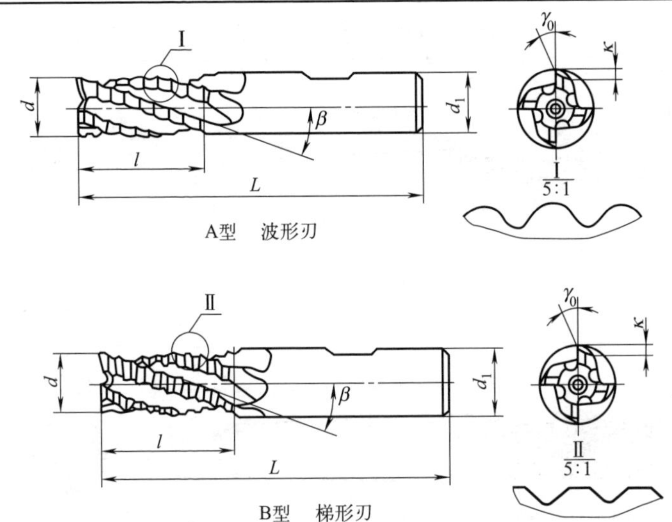

d js15	d_1 h6	标准型		长型		参考：$\beta=20°\sim35°$，$\gamma_0=6°\sim16°$，其余如下	
		l（最小）	L js16	l（最小）	L js16	κ/(°)	齿数
8	10	19	69	38	88	1.0～1.5	4
9	10	19	69	38	88	1.5	
10	10	22	72	45	95	1.5～2.0	
11	12	22	79	45	102	1.5～2.0	
12	12	26	83	53	110	2.0	
14	12	26	83	53	110	2.0～2.5	
16	16	32	92	63	123	2.5～3.0	
18	16	32	92	63	123	3.0	
20	20	38	104	75	141	3.0～3.5	
22	20	38	104	75	141	3.5～4.0	
25	25	45	121	90	166	4.0～4.5	
28	25	45	121	90	166	3.0～3.5	

续表

d js15	d_1 h6	标准型		长型		参考：$\beta=20°\sim35°$，$\gamma_0=6°\sim16°$，其余如下	
		l（最小）	L js16	l（最小）	L js16	κ/(°)	齿数
32	32	53	133	106	186	3.5～4.0	6
36	32	53	133	106	186	4.0～4.5	
40	40	63	155	125	217	4.0～4.5	
45	40	63	155	125	217	4.5～5.0	
50	50	75	177	150	252	5.5～6.0	
56	50	75	177	150	252	4.5～5.0	8
63	63	90	202	180	292	5.0～5.5	

表 11.8 莫氏锥柄粗加工立铣刀（GB/T 14328—2008） mm

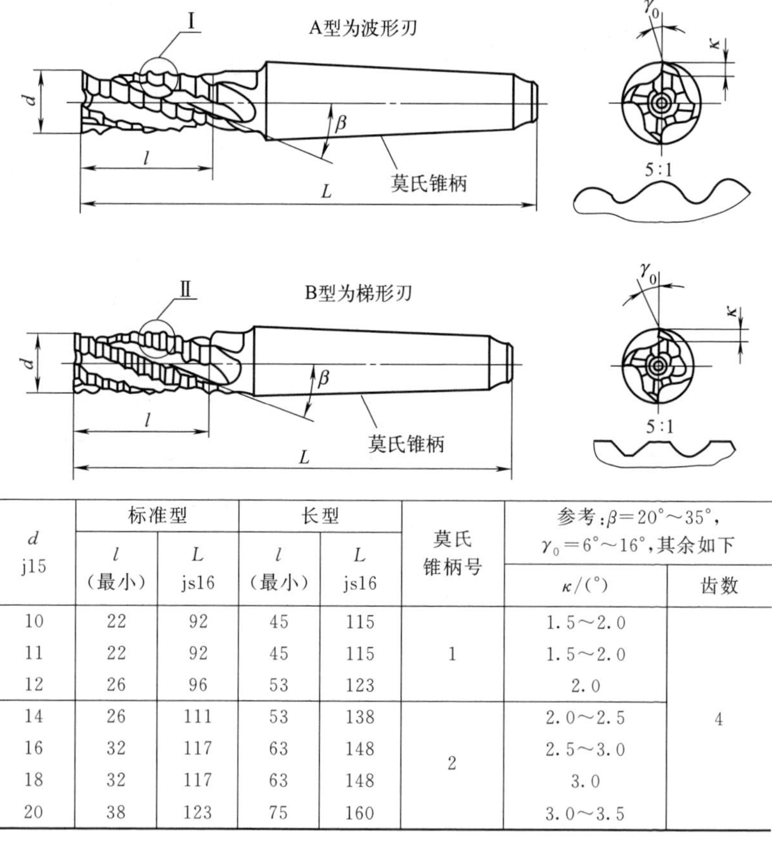

d j15	标准型		长型		莫氏锥柄号	参考：$\beta=20°\sim35°$，$\gamma_0=6°\sim16°$，其余如下	
	l（最小）	L js16	l（最小）	L js16		κ/(°)	齿数
10	22	92	45	115	1	1.5～2.0	4
11	22	92	45	115		1.5～2.0	
12	26	96	53	123		2.0	
14	26	111	53	138	2	2.0～2.5	
16	32	117	63	148		2.5～3.0	
18	32	117	63	148		3.0	
20	38	123	75	160		3.0～3.5	

续表

d j15	标准型		长型		莫氏 锥柄号	参考：$\beta=20°\sim35°$，$\gamma_0=6°\sim16°$，其余如下	
	l （最小）	L js16	l （最小）	L js16		κ/(°)	齿数
22	38	140	75	177	3	3.5～4.0	4
25	45	147	90	192		4.0～4.5	
28	45	147	90	192		3.0～3.5	
32	53	155	106	208		3.5～4.0	6
32	53	178	106	231	4	3.5～4.0	
36	53	155	106	208	3	4.0～4.5	
36	53	178	106	231	4	4.0～4.5	
40	63	188	125	250	4	4.0～4.5	
40	63	221	125	283	5	4.0～4.5	
45	63	198	125	250	4	4.5～5.0	
45	63	221	125	283	5	4.5～5.0	
50	75	200	150	275	4	5.5～6.0	
50	75	233	150	308	5	5.5～6.0	
56	75	200	150	275	4	4.5～5.0	8
56	75	233	150	308	5	4.5～5.0	
63	90	248	180	338	5	5.0～5.5	
71	90	248	180	338	5	5.5～6.0	
80	106	320	212	426	6	6.0～6.5	

11.1.3　锯片铣刀

锯片铣刀用于锯削金属材料或加工零件窄槽。锯片铣刀包括粗齿、中齿和细齿铣刀，前者一般用来加工铝及铝合金等软金属，后者一般用来加工钢及铸铁等硬金属，中粗齿则介于其间。具体规格尺寸参见表11.9。

表11.9　锯片铣刀的尺寸（GB/T 6120—2012）　mm

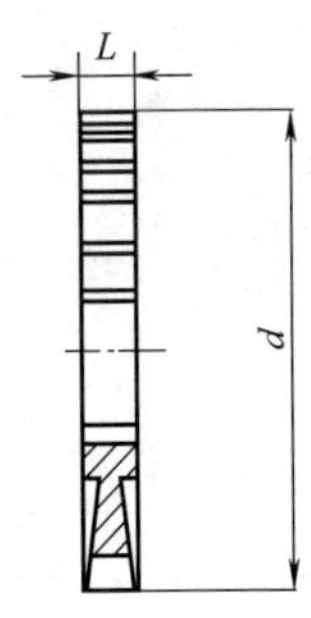

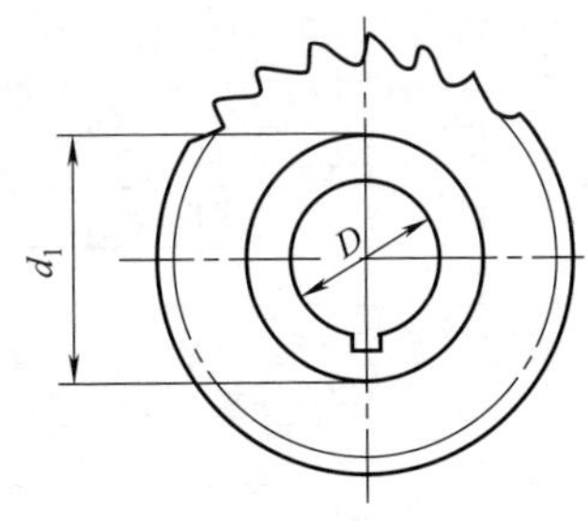

续表

直径 d	孔径 D	厚度 L/齿数
细齿锯片铣刀		
20	5	0.2/80；0.25，0.3，0.4/64[①]；0.5，0.6，0.8/48；1，1.2，1.6/40；2/32
25	8	0.2，0.25，0.3/80；0.4，0.5，0.6/64；0.8，1，1.2/48；1.6，2，2.5/40
32		0.2，0.25/100；0.3，0.4，0.5/80；0.6，0.8，1/64；1.2，1.6，2/48；2.5，3/40
40	10（13）	0.2/128；0.25，0.3，0.4/100；0.5，0.6，0.8/80；1，1.2，1.6/64；2，2.5，3/48；4/40
50	13	0.25，0.3/128；0.4，0.5，0.6/100；0.8，1，1.2/80；1.6，2，2.5/64；3，4，5/48
63	16	0.3，0.4，0.5/128；0.6，0.8，1/100；1.2，1.6，2/80；2.5，3，4/60；5，6/48
80	22	0.5，0.6，0.8/128；1，1.2，1.6/100；2，2.5，3/80；4，5，6/64
100	22（27）	0.6/160；0.8，1，1.2/128；1.6，2，2.5/100；3，4，5/80；6/64
125		0.8，1/160；1.2，1.6，2/128；2.5，3，4/100；5，6/80
160	（32）	1.2，1.6/160；2，2.5，3/128；4，5，6/100
200		1.6，2，2.5/60；3，4，5/138；6/100
250		2/200；2.5，3，4/160；5，6/128
315	40	2.5，3/200；4，5，6/160
中齿锯片铣刀		
32	8	0.3，0.4，0.5/40；0.6，0.8，1/32；1.2，1.6，2/21；2.5，3/20
40	10（13）	0.3，0.4/48；0.5，0.6，0.8/40；1，1.2，1.6/32；2，2.5，3/24；4/20
50	13	0.3/64；0.4，0.5，0.6/48；0.8，1，1.2/40；1.6，2，2.5/32；3，4，5/24
63	16	0.3，0.4，0.5/64；0.6，0.8，1/48；1.2，1.6，2/40；2.5，3，4/32；5，6/24
80	22	0.6，0.8/64；1，1.2，1.6/48；2，2.5，3/40；4.5.6/32
100	22（27）	0.8，1，1.2/64；1.6，2，2.5/48；3，4，5/40；6/32
125		1/80；1.2，1.6，2/64；2.5，3，4/48；5，6/40
160	32	1.2，1.6/80；2，2.5，3/64；4，5，6/48
200		1.6，2，2.5/80；3，4，5/64；6/48
250		2/100；2.5，3，4/80；5，6/64
315	40	2.5，3/100；4，5，6/80

续表

直径 d	孔径 D	厚度 L/齿数
粗齿锯片铣刀		
50	13	0.8,1,1.2/24;1.6,2,2.5/20;3,4,5/16
63	16	0.8,1/32;1.2,1.6,2/24;2.5,3,4/20;5,6/16
80	22	0.8/40;1,1.2,1.6/32;2,2.5,3/24;4,5,6/20
100	22 (27)	0.8,1,1.2/40;1.6,2,2.5/32;3,4,5/24;6/20
125		1/48;1.2,1.6,2/40;2.5,3,4/32;5,6/24
160	23	1.2,1.6/48;2,2.5,3/40;4,5,6/32
200	32	1.6,2,2.5/48;3,4,5/40;6/32
250		2/64;2.5,3,4/48;5,6/40
315	40	2.5,3/64;4,5,6/48

① 表内“0.25，0.3，0.4/64”表示厚度为 0.25mm、0.3mm、0.4mm 三种锯片铣刀的齿数为 64，其余类同。

注：() 内的数值尽量不采用。

11.1.4 键槽铣刀

键槽铣刀用于铣削工件上的各种键槽。键槽铣刀有直柄和锥柄之分。其尺寸见表 11.10、表 11.11。

表 11.10　直柄键槽铣刀的尺寸（GB/T 1112—2012）　mm

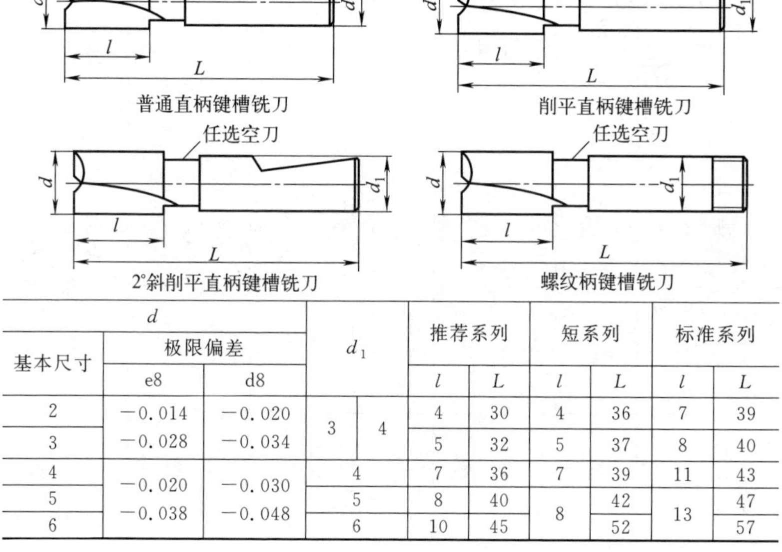

普通直柄键槽铣刀　削平直柄键槽铣刀

2°斜削平直柄键槽铣刀　螺纹柄键槽铣刀

<table>
<tr><th colspan="3">d</th><th rowspan="3" colspan="2">d_1</th><th colspan="2" rowspan="2">推荐系列</th><th colspan="2" rowspan="2">短系列</th><th colspan="2" rowspan="2">标准系列</th></tr>
<tr><th rowspan="2">基本尺寸</th><th colspan="2">极限偏差</th></tr>
<tr><th>e8</th><th>d8</th><th>l</th><th>L</th><th>l</th><th>L</th><th>l</th><th>L</th></tr>
<tr><td>2</td><td rowspan="2">−0.014
−0.028</td><td rowspan="2">−0.020
−0.034</td><td rowspan="2">3</td><td rowspan="2">4</td><td>4</td><td>30</td><td>4</td><td>36</td><td>7</td><td>39</td></tr>
<tr><td>3</td><td>5</td><td>32</td><td>5</td><td>37</td><td>8</td><td>40</td></tr>
<tr><td>4</td><td rowspan="3">−0.020
−0.038</td><td rowspan="3">−0.030
−0.048</td><td colspan="2">4</td><td>7</td><td>36</td><td>7</td><td>39</td><td>11</td><td>43</td></tr>
<tr><td>5</td><td colspan="2">5</td><td>8</td><td>40</td><td rowspan="2">8</td><td>42</td><td rowspan="2">13</td><td>47</td></tr>
<tr><td>6</td><td colspan="2">6</td><td>10</td><td>45</td><td>52</td><td>57</td></tr>
</table>

续表

d 基本尺寸	d 极限偏差 e8	d 极限偏差 d8	d_1	推荐系列 l	推荐系列 L	短系列 l	短系列 L	标准系列 l	标准系列 L
7	−0.025 −0.047	−0.040 −0.062	8	14	50	10	54	16	60
8						11	55	19	63
10			10	18	60	13	63	22	72
12	−0.032 −0.059	−0.050 −0.077	12	22	65	16	73	26	83
14			12 14	24	70				
16			16	28	75	19	79	32	92
18			16 18	32	80				
20	−0.040 −0.073	−0.065 −0.098	20	36	85	22	88	38	104

表 11.11 锥柄键槽铣刀的尺寸（GB/T 1112—2012） mm

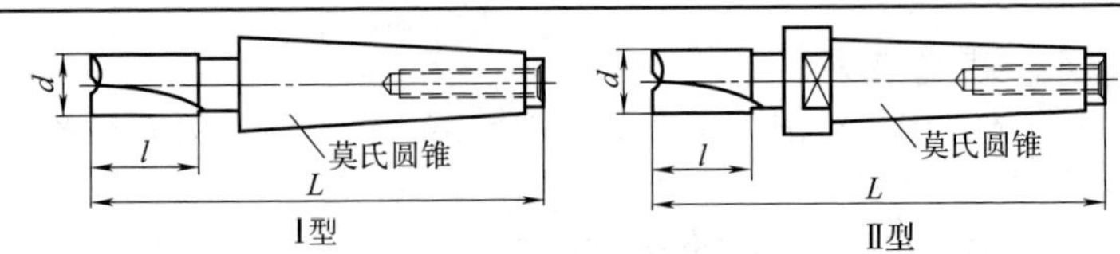

d 基本尺寸	d 极限偏差 e8	d 极限偏差 d8	推荐系列 l（Ⅰ型）	推荐系列 L（Ⅰ型）	短系列 l	短系列 L Ⅰ型	短系列 L Ⅱ型	标准系列 l	标准系列 L Ⅰ型	标准系列 L Ⅱ型	莫氏锥柄号
6	−0.020 −0.038	−0.030 −0.048	—		8	78	—	13	83	—	1
7	−0.025 −0.047	−0.040 −0.062			10	80		16	86		
8					11	81		19	89		
10					13	83		22	92		
12	−0.032 −0.059	−0.050 −0.077			16	86		26	96		
						101			111		2
14			24	110		86			96		1
						101			111		2
16			28	115	19	104		32	117		
18			32	120							
20	−0.040 −0.073	−0.065 −0.098	36	125	22	107		38	123		
						124			140		3
22						107			123		2
						124			140		3

续表

d			推荐系列		短系列			标准系列			莫氏锥柄号
基本尺寸	极限偏差		l	L	l	L		l	L		
	e8	d8	Ⅰ型			Ⅰ型	Ⅱ型		Ⅰ型	Ⅱ型	
24	−0.040 −0.073	−0.065 −0.098	40	145	26	128	—	45	147	—	3
25											
28			45	150							
32	−0.050 −0.089	−0.080 −0.119	50	155	32	134		53	155		
			—			157	180		178	201	4
36						134	—		155	—	3
			55	185		157	180		178	201	4
38			60	190	38	163	186	63	188	211	
40											
			—			196	224		221	249	5
45			65	195		163	186		188	211	4
			—			196	224		221	249	5
50			65	195	45	170	193	75	200	223	4
			—			203	231		233	261	5
56	−0.060 −0.106	−0.100 −0.146				170	193		200	223	4
						203	231		233	261	5
63					53	211	239	90	248	276	

11.1.5 T 形槽铣刀

T 形槽铣刀用于铣削工件上的 T 形槽。按柄部型式分有直柄和莫氏锥柄两种，按材料分有高速钢和硬质合金两种。

其尺寸见表 11.12～表 11.15。

表 11.12 直柄 T 形槽铣刀的尺寸（GB/T 6124—2007）　mm

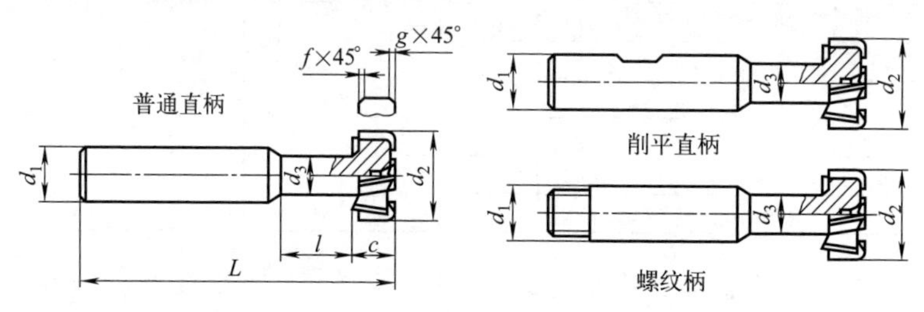

续表

d_2 h12	c h12	d_{3max}	l^{+1}_{0}	d_1	L js18	f_{max}	g_{max}	梯形槽宽度 A
11	4.5	4	10	10	53.5	0.6	1.0	5
12.5	6	5	11		57			6
16	8	7	14		62			8
18	8	8	17	12	82			10
21	9	10	20		98			12
25	11	12	23	16	103		1.6	14
2	14	15	28		111	1.0		18
40	18	19	34	25	138		2.5	22
50	22	25	42	32	173			28
60	28	30	51	32	188			36

表 11.13 莫氏锥柄 T 形槽铣刀的尺寸（GB/T 6124—2007） mm

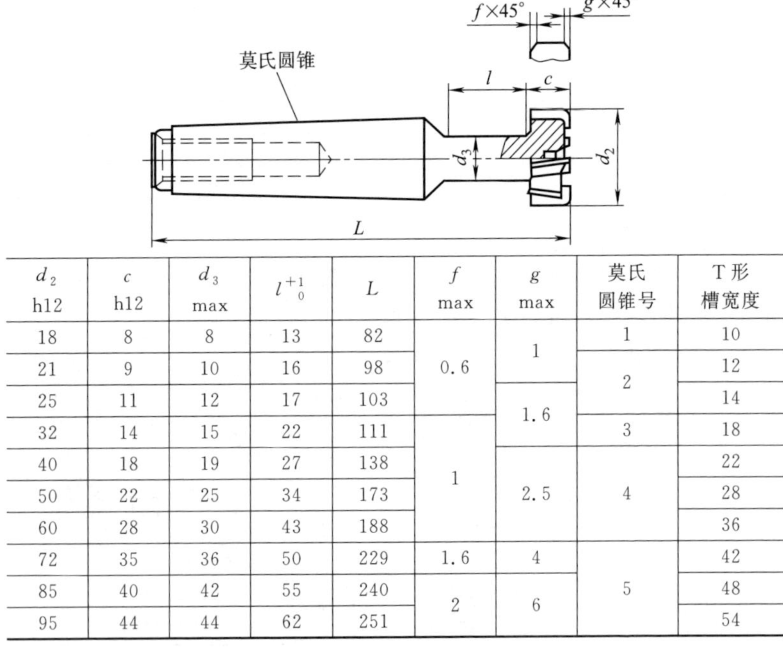

d_2 h12	c h12	d_3 max	l^{+1}_{0}	L	f max	g max	莫氏圆锥号	T 形槽宽度
18	8	8	13	82	0.6	1	1	10
21	9	10	16	98			2	12
25	11	12	17	103		1.6		14
32	14	15	22	111	1		3	18
40	18	19	27	138		2.5	4	22
50	22	25	34	173				28
60	28	30	43	188				36
72	35	36	50	229	1.6	4	5	42
85	40	42	55	240	2	6		48
95	44	44	62	251				54

标记示例：加工 T 形槽宽 A＝12mm 的莫氏锥柄 T 形槽铣刀为

莫氏锥柄 T 形槽铣刀 12 GB/T 6124—2007

表 11.14　硬质合金直柄T形槽铣刀的尺寸（GB/T 10948—2006）

mm

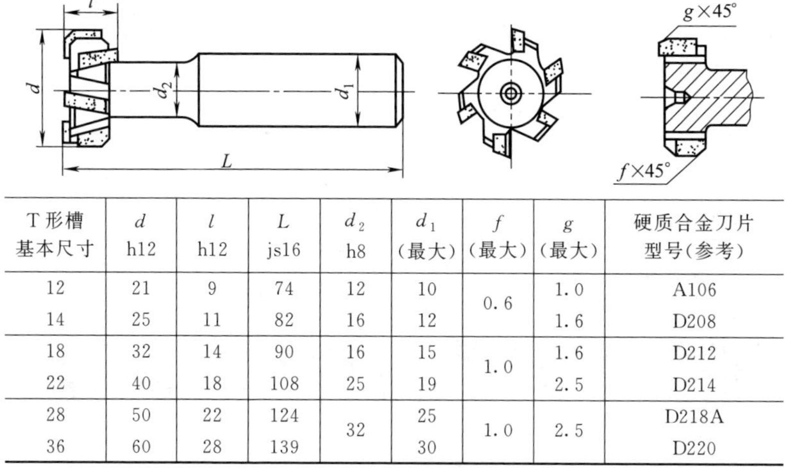

T形槽基本尺寸	d h12	l h12	L js16	d_2 h8	d_1（最大）	f（最大）	g（最大）	硬质合金刀片型号(参考)
12	21	9	74	12	10	0.6	1.0	A106
14	25	11	82	16	12		1.6	D208
18	32	14	90	16	15	1.0	1.6	D212
22	40	18	108	25	19		2.5	D214
28	50	22	124	32	25	1.0	2.5	D218A
36	60	28	139		30			D220

表 11.15　硬质合金锥柄T形槽铣刀的尺寸（GB/T 10948—2006）

mm

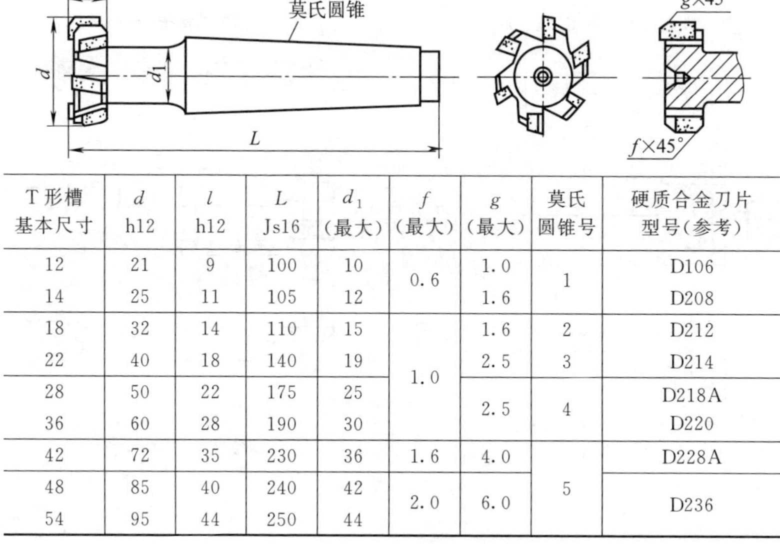

T形槽基本尺寸	d h12	l h12	L Js16	d_1（最大）	f（最大）	g（最大）	莫氏圆锥号	硬质合金刀片型号(参考)
12	21	9	100	10	0.6	1.0	1	D106
14	25	11	105	12		1.6		D208
18	32	14	110	15	1.0	1.6	2	D212
22	40	18	140	19		2.5	3	D214
28	50	22	175	25		2.5	4	D218A
36	60	28	190	30				D220
42	72	35	230	36	1.6	4.0	5	D228A
48	85	40	240	42	2.0	6.0		D236
54	95	44	250	44				

11.1.6 半圆键槽铣刀

半圆键槽铣刀用于铣削轴类零件上的半圆形键槽，其形式有4种，即直柄半圆键槽铣刀、削平直柄半圆键槽铣刀、斜削平直柄半圆键槽铣刀和螺纹柄半圆键槽铣刀。它们又各有A、B和C型。其尺寸见表11.16。

表 11.16 半圆键槽铣刀的尺寸（GB/T 1127—2007） mm

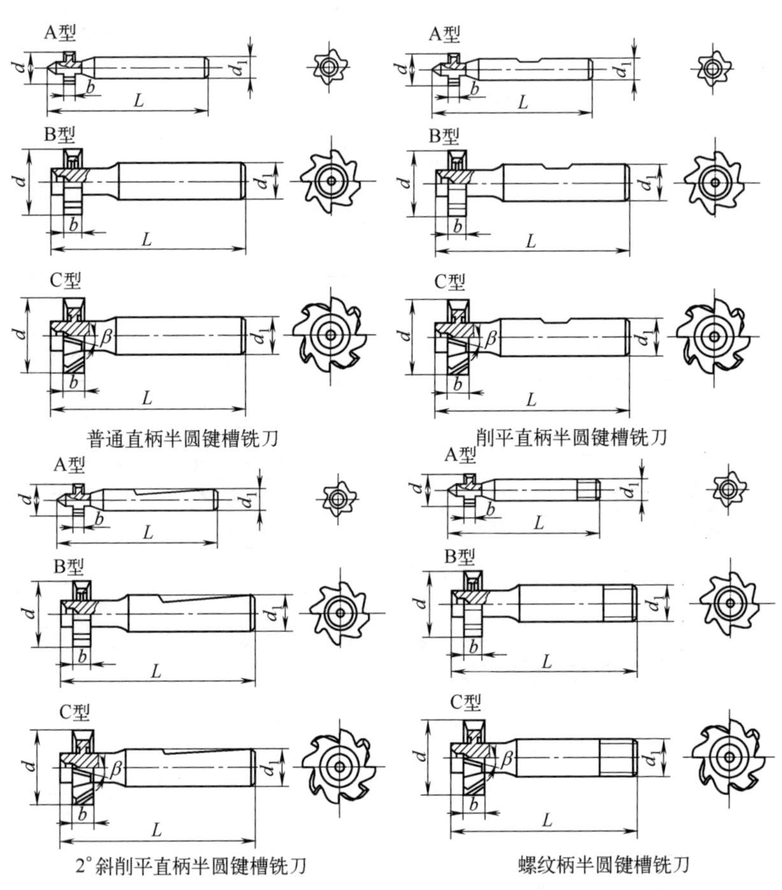

续表

d h11	b e8	d_1	L js18	半圆键的基本尺寸 (按照 GB/T 1098) 宽×直径	铣刀形式	β
4.5	1.0	6	50	1.0×4	A	—
7.5	1.5			1.5×7		
	2.0			2.0×7		
10.5				2.0×10		
	2.5			2.5×10		
13.5	3.0	10	55	3.0×13	B	
16.5				3.0×16		
	4.0			4.0×16		
	5.0			5.0×16		
19.5	4.0			4.0×19		
	5.0			5.0×19		
22.5			60	5.0×22		
	6.0	12		6.0×22	C	12°
25.5				6.0×25		
28.5	8.0		65	8.0×28		
32.5	10.0			10.0×32		

11.1.7　矩形外花键成形铣刀

其尺寸见表 11.17。

表 11.17　矩形外花键成形铣刀齿形尺寸

公称尺寸 (N-D×d×B) /mm	刀顶宽度 L_1 /mm	外花键槽顶 宽度 L_2/mm	铣刀两侧 夹角 θ/(°)	刀顶圆 弧半径 R/mm
轻系列				
4-20×17×6	7.00	9.25	90	8.5
4-22×19×8	6.53	8.83	90	9.5
6-26×23×6	5.91	7.45	60	11.5
6-30×26×6	7.49	9.50	60	13

续表

公称尺寸 (N-$D\times d\times B$) /mm	刀顶宽度 L_1 /mm	外花键槽顶宽度 L_2/mm	铣刀两侧夹角 θ/(°)	刀顶圆弧半径 R/mm
轻系列				
6-32×28×7	7.49	9.55	60	14
8-36×32×6	6.49	8.04	45	16
8-40×36×7	7.05	8.60	45	18
8-46×42×8	8.39	9.94	45	21
8-50×46×9	8.95	10.51	45	23
8-58×52×10	10.29	12.63	45	26
8-62×56×10	11.85	14.18	45	28
10-78×72×12	10.52	12.40	36	36
10-88×82×12	13.65	15.53	36	41
中系列				
6-20×16×4	4.28	6.33	60	8.0
6-25×21×5	5.87	7.92	60	10.5
6-28×23×6	5.91	8.48	60	11.5
6-32×26×6	7.45	10.52	60	13
8-38×32×6	6.49	8.82	45	16
8-42×36×7	7.05	9.38	45	18
8-48×42×8	8.39	10.72	45	21
8-54×46×9	8.95	12.06	45	23
8-60×52×10	10.29	13.40	45	26
8-65×56×10	11.85	15.34	45	28
10-82×72×12	10.52	13.65	36	36
重系列				
10-40×32×5	5.01	7.51	36	16
10-45×36×5	6.26	9.06	36	18
10-52×42×6	7.14	10.25	36	21
补充系列				
6-35×30×10	5.48	8.11	60	15.0
6-38×33×10	7.06	9.67	60	16.5
6-40×35×10	8.11	10.70	60	17.5
6-42×36×10	8.63	11.74	60	18
6-45×40×12	8.69	11.29	60	20
6-48×42×12	9.73	12.85	60	21
6-50×45×12	11.29	13.88	60	22.5
10-40×35×6	4.95	6.51	36	22.5
10-42×36×6	5.26	7.14	36	18
10-45×40×7	5.51	7.08	36	20

11.1.8　半圆铣刀

有凸半圆铣刀和凹半圆铣刀，前者主要用于铣削定值尺寸凹圆弧的成形表面，后者主要用于铣削定值尺寸凸圆弧、圆角表面。其尺寸见表11.18。

表11.18　半圆铣刀的尺寸（GB/T1124—2007）　　mm

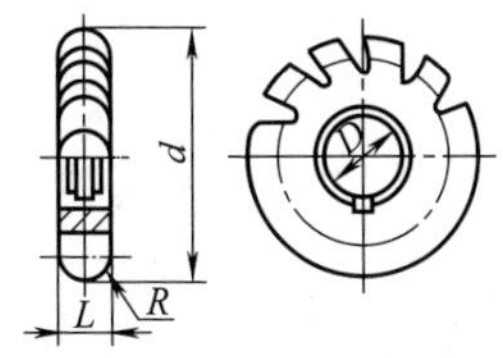

凸半圆铣刀

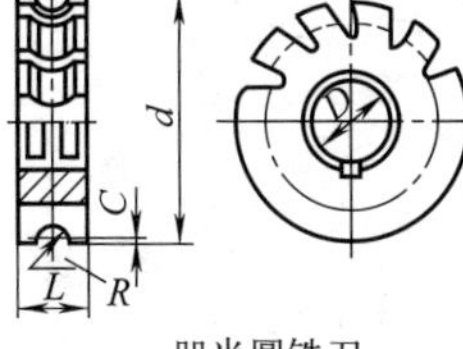

凹半圆铣刀

凸半圆铣刀				凹半圆铣刀				
半圆半径 R k11	外径 d jsl6	内孔 D H7	厚度 L $^{+0.30}_{0}$	半圆半径 R N11	外径 d jsl6	内孔 D H7	厚度 L js16	尺寸 C
1	50	16	2	1	50	16	6	0.2
1.25			2.5	1.25				
1.6			3.2	1.6			8	0.25
2			4	2			9	
2.5	63	22	5	2.5	63	22	10	0.3
3			6	3			12	
4			8	4			16	0.4
5			10	5			20	0.5
6	80	27	12	6	80	27	24	0.6
8			16	8			32	0.8
10	100	32	20	10	100	32	36	1.0
12			24	12			40	1.2
16	125		32	16	125		50	1.6
20			40	20			60	2.0

11.1.9　螺钉槽铣刀

螺钉槽铣刀用于铣削螺钉头部或其他零件上的窄槽。其尺寸见表11.19。

表 11.19　**螺钉槽铣刀**（JB/T 8366—1996）　　mm

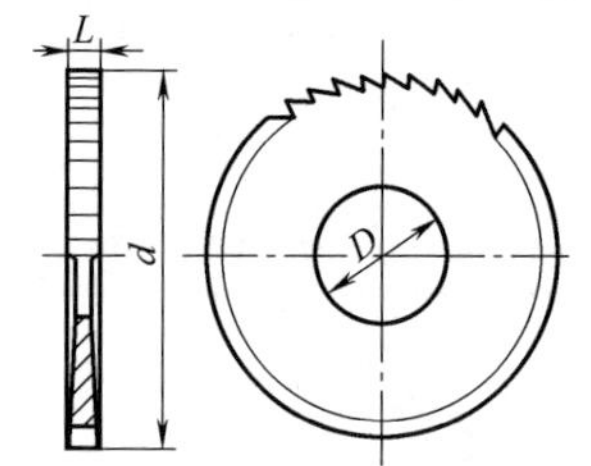

标注示例：

外径 $D=75$，长度 $L=1.2$，齿数为 60 的螺钉槽铣刀：螺钉槽铣刀　75×1.2×60 GB 8366—1996

直径 D	宽度 L	d	齿数(参考)	
			粗	细
40	0.25,0.3,0.4,0.5,0.6,0.8,1.0	13	72	90
60	0.4,0.5,0.6,0.8,1.0,1.2,1.6,2.0,2.5	16	60	72
75	0.6,0.8,1.0,1.2,1.6,2.0,2.5,3.0,4.0,5.0	22		

11.1.10　尖齿槽铣刀

尖齿槽铣刀用于铣削轴上较浅的槽。其尺寸见表 11.20。

表 11.20　**尖齿槽铣刀**（GB/T 1119.1—2002）　　mm

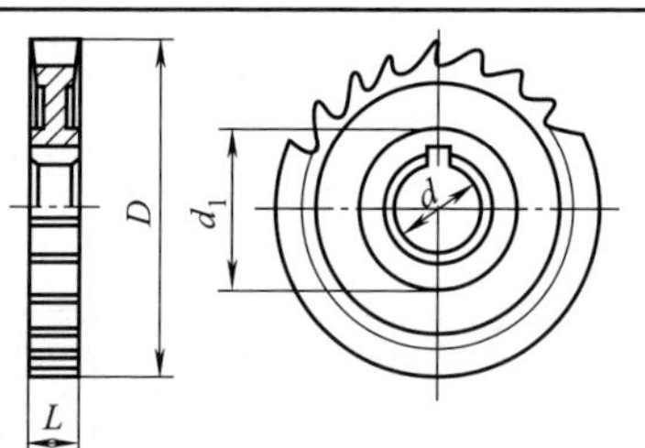

标注示例：

外径 $D=50$，长度 $L=6$ 的尖齿槽铣刀：尖齿槽铣刀 50×6 GB/T 1119.1—2002

D js16	d h7	$d_{1\min}$	L(K8)															
			4	5	6	8	10	12	14	16	18	20	22	25	28	32	36	40
50	16	27	√	√	√	√	√											
63	22	34	√	√	√	√	√	√	√									
80	27	41		√	√	√	√	√	√	√	√							
100	32	47			√	√	√	√	√	√	√	√	√	√				
125						√	√	√	√	√	√	√	√	√				
160	40	55					√	√	√	√	√	√	√	√	√	√		
200								√	√	√	√	√	√	√	√	√	√	√

注：“√”表示有此规格，厚度 L 可由供需双方协议确定。

11.1.11　燕尾槽铣刀

燕尾槽铣刀用于铣削工件上的正反燕尾槽，有直柄燕尾槽铣刀和直柄反燕尾槽铣刀。其尺寸见表 11.21。

表 11.21　直柄燕尾槽铣刀和直柄反燕尾槽铣刀（GB/T 6338—2004）

mm

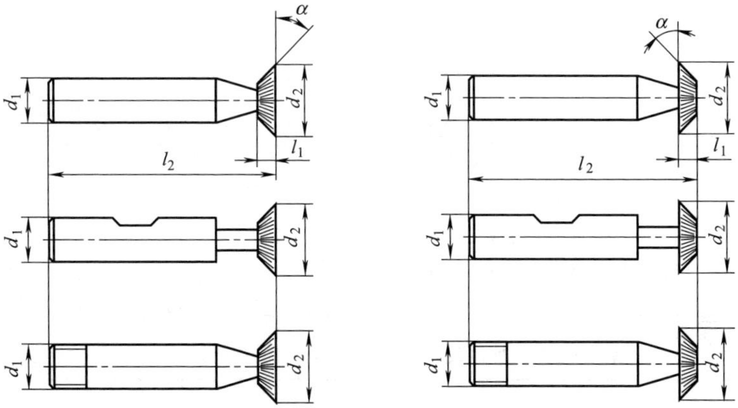

燕尾槽铣刀　　反燕尾槽铣刀

d_2 js16	l_1	l_2	d_1	α	d_2 js16	l_1	l_2	d_1	α
16	4	60	12	45°±30′	16	6.3	60	12	60°±30′
20	5	63			20	8	63		
25	6.3	67			25	10	67		
31.5	8	71	16		31.5	12.5	71	16	

11.1.12　角度铣刀

角度铣刀用于卧式铣床上铣削工件上的各种角度槽和斜面、刀具刃沟等，主要有单角度铣刀、对称双角度铣刀和不对称双角度铣刀。其尺寸见表 11.22～表 11.24。

表 11.22　单角度铣刀（GB/T 6128.1—2007）　　mm

标记示例：

$d=50$，$\theta=45°$的单角铣刀为：单角铣刀 50×45° GB/T 6128.1—2007

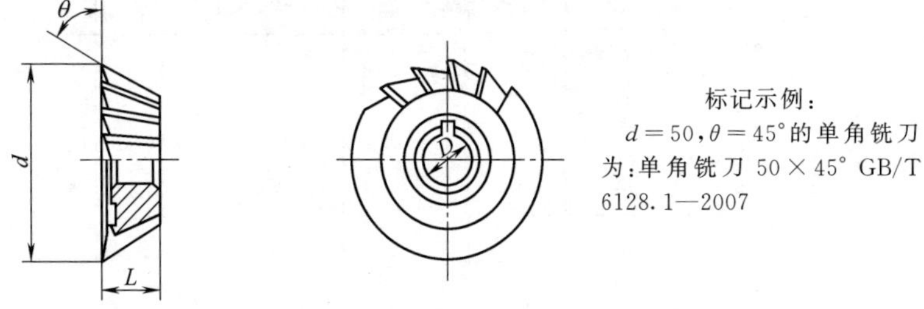

续表

d js16	θ/(°)±30′	L js16	D H7
40	45,50,55,60	8	13
	65,70,75, 80,85,90	10	
0	45,50,55,60,65, 70,75,80,85,90	13	16
63	18	6	22
	22	7	
	25	8	
	30,40	9	
	45,50,55, 60,65,70	16	

d js16	θ/(°)±30′	L js16	D H7
63	75,80,85,90	12	22
80	18	10	
	22	12	
	25	13	
	30,40	15	
	45,50,55, 60,65,70	22	27
	75,80,85,90	24	
100	18	12	32
	22	14	
	25	16	
	30,40	18	

表 11.23 对称双角度铣刀（GB/T 6128.2—2007） mm

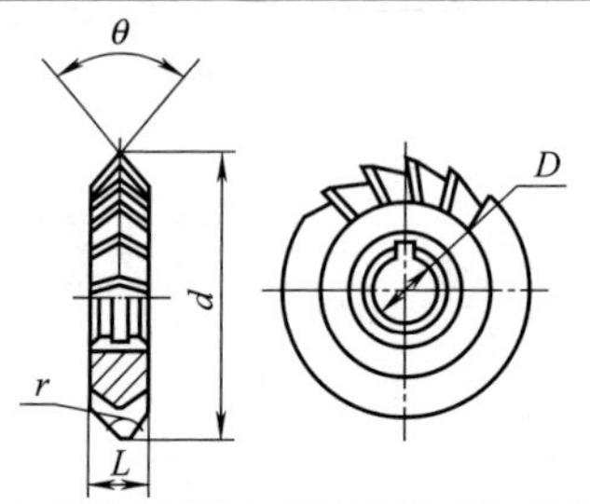

标记示例：

$d=50,\theta=45°$的对称双角铣刀为：对称双角铣刀 50×45° GB/T 6128.3—2007

d js16	θ/(°) ±30′	L js16	D H7
50	45	8	16
	60	10	
	90	14	
63	18	5	22
	22	6	
	25	7	
	30、40	8	
	45、50	10	
	60	11	
	90	20	
80	18	8	27
	22	10	

d js16	θ/(°) ±30′	L js16	D H7
80	25	11	27
	30、40	12	
	45	12	
	60	18	
	90	22	
100	18	10	32
	22	12	
	25	13	
	30、40	14	
	45	18	
	60	25	
	90	32	

表 11.24　不对称双角度铣刀（GB/T 6128.1—2007）　　mm

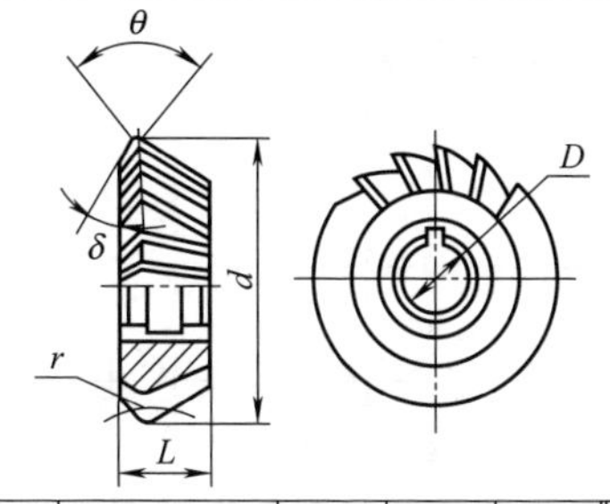

标记示例：

$d=50$，$\theta=55°$的不对称双角铣刀为：不对称双角铣刀 50×55° GB/T 6128.1—2007

d js16	θ/(°) ±20′	δ/(°) ±30′	L js16	D H7
40	55,60,65 70,75	15	6 8	13
	80,85		10	
	90	20		
	100	25	13	
50	55,60,65 70,75 80,85	15	8 10 13	16
	90 100	20 25	16	
63	55,60,65 70,75	15	10 13	22
	80,85		16	
	90 100	20 22		
80	50,55	15	13	27
	60,65		16	
	70,75,80		20	
	85		24	
	90	20		
100	50,55 60,65 70,75,80	15	20 24 30	32

11.1.13　三面刃铣刀

三面刃铣刀用于铣削工件上的定宽端面、凹槽和台阶面，分直齿三面刃铣刀和错齿三面刃铣刀；前者用于加工较浅的沟槽，后者用于加工较深的沟槽。其尺寸见表 11.25。

表 11.25　三面刃铣刀（GB/T 6119—2012）　　mm

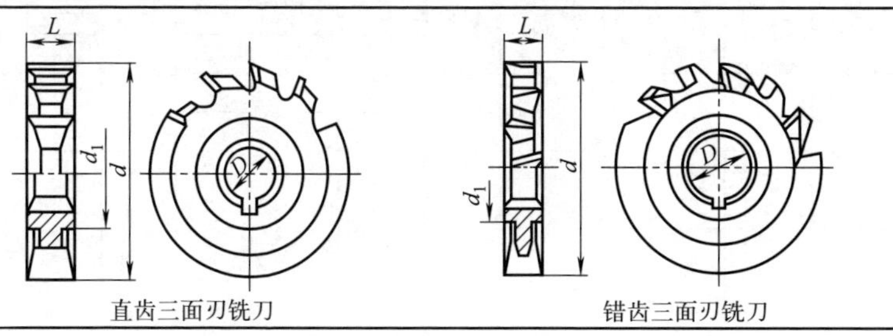

直齿三面刃铣刀　　错齿三面刃铣刀

续表

<table>
<tr><th rowspan="2">d
js16</th><th rowspan="2">D
H7</th><th rowspan="2">d_1
（最小）</th><th colspan="16">L（k11）</th></tr>
<tr><th>4</th><th>5</th><th>6</th><th>8</th><th>10</th><th>12</th><th>14</th><th>16</th><th>18</th><th>20</th><th>22</th><th>25</th><th>28</th><th>32</th><th>36</th><th>40</th></tr>
<tr><td>50</td><td>16</td><td>27</td><td>√</td><td>√</td><td>√</td><td>√</td><td>√</td><td>—</td><td>—</td><td>—</td><td rowspan="2">—</td><td rowspan="2">—</td><td rowspan="3">—</td><td rowspan="3">—</td><td rowspan="4">—</td><td rowspan="5">—</td><td rowspan="6">—</td><td rowspan="6"></td></tr>
<tr><td>63</td><td>22</td><td>34</td><td>√</td><td>√</td><td>√</td><td>√</td><td>√</td><td>√</td><td>√</td><td>√</td></tr>
<tr><td>80</td><td>27</td><td>41</td><td>—</td><td>√</td><td>√</td><td>√</td><td>√</td><td>√</td><td>√</td><td>√</td><td>√</td><td>√</td></tr>
<tr><td>100</td><td rowspan="2">32</td><td rowspan="2">47</td><td rowspan="4">—</td><td rowspan="4">—</td><td>√</td><td>√</td><td>√</td><td>√</td><td>√</td><td>√</td><td>√</td><td>√</td><td>√</td><td>√</td></tr>
<tr><td>125</td><td rowspan="3">—</td><td>√</td><td>√</td><td>√</td><td>√</td><td>√</td><td>√</td><td>√</td><td>√</td><td>√</td><td>√</td></tr>
<tr><td>160</td><td rowspan="2">40</td><td rowspan="2">55</td><td rowspan="2"></td><td>√</td><td>√</td><td>√</td><td>√</td><td>√</td><td>√</td><td>√</td><td>√</td><td>√</td><td>√</td></tr>
<tr><td>200</td><td>—</td><td>√</td><td>√</td><td>√</td><td>√</td><td>√</td><td>√</td><td>√</td><td>√</td><td>√</td><td>√</td><td>√</td></tr>
</table>

注：“√”表示有此规格。

11.1.14 整体硬质合金直柄立铣刀

用途与高速钢直柄立铣刀相似。其形式和尺寸见表 11.26。

表 11.26 整体硬质合金直柄立铣刀的形式和尺寸（GB/T 16770.1—2008）

mm

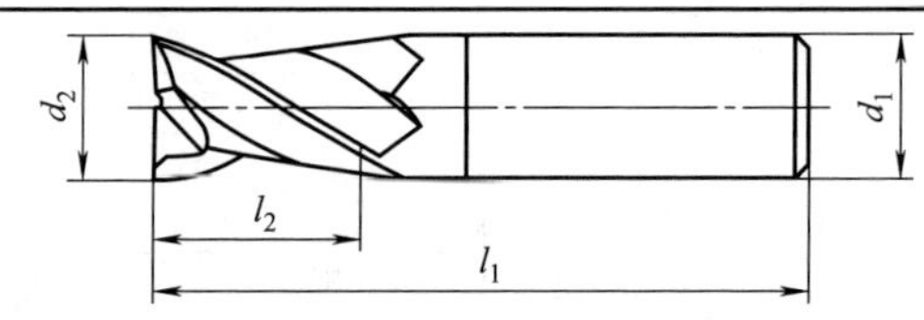

<table>
<tr><th rowspan="2">直径
d_1
(h10)</th><th rowspan="2">柄部
直径
d_2</th><th colspan="2">总长 l_1</th><th colspan="2">刃长 l_2</th></tr>
<tr><th>基本
尺寸</th><th>极限
偏差</th><th>基本
尺寸</th><th>极限
偏差</th></tr>
<tr><td rowspan="2">1</td><td>3</td><td>38</td><td rowspan="12">+2
0</td><td rowspan="2">3</td><td rowspan="12">+1
0</td></tr>
<tr><td>4</td><td>43</td></tr>
<tr><td rowspan="2">1.5</td><td>3</td><td>28</td><td rowspan="2">4</td></tr>
<tr><td>4</td><td>43</td></tr>
<tr><td rowspan="2">2</td><td>3</td><td>38</td><td rowspan="2">7</td></tr>
<tr><td>4</td><td>43</td></tr>
<tr><td rowspan="2">2.5</td><td>3</td><td>38</td><td rowspan="2">8</td></tr>
<tr><td>4</td><td>43</td></tr>
<tr><td rowspan="2">3</td><td>3</td><td>38</td><td rowspan="2">8</td></tr>
<tr><td>6</td><td>57</td></tr>
<tr><td rowspan="2">3.5</td><td>4</td><td>43</td><td rowspan="2">10</td></tr>
<tr><td>6</td><td>57</td></tr>
<tr><td rowspan="2">4</td><td>4</td><td>47</td><td rowspan="2">+2
0</td><td rowspan="2">11</td><td rowspan="2">+1.5
0</td></tr>
<tr><td>6</td><td>57</td></tr>
</table>

<table>
<tr><th rowspan="2">直径
d_1
(h10)</th><th rowspan="2">柄部
直径
d_2</th><th colspan="2">总长 l_1</th><th colspan="2">刃长 l_2</th></tr>
<tr><th>基本
尺寸</th><th>极限
偏差</th><th>基本
尺寸</th><th>极限
偏差</th></tr>
<tr><td rowspan="2">5</td><td>5</td><td>47</td><td rowspan="10">+2
0</td><td rowspan="2">13</td><td rowspan="8">+1.5
0</td></tr>
<tr><td>6</td><td>57</td></tr>
<tr><td>6</td><td>6</td><td>57</td><td>13</td></tr>
<tr><td>7</td><td>8</td><td>63</td><td>16</td></tr>
<tr><td>8</td><td>8</td><td>63</td><td>19</td></tr>
<tr><td>9</td><td>10</td><td>72</td><td>19</td></tr>
<tr><td>10</td><td>10</td><td>72</td><td>22</td></tr>
<tr><td rowspan="2">12</td><td rowspan="2">12</td><td>76</td><td>22</td></tr>
<tr><td>83</td><td>26</td><td rowspan="5">+2
0</td></tr>
<tr><td>14</td><td>14</td><td>83</td><td>26</td></tr>
<tr><td>16</td><td>16</td><td>89</td><td rowspan="3">+3
0</td><td>32</td></tr>
<tr><td>18</td><td>18</td><td>92</td><td>32</td></tr>
<tr><td>20</td><td>20</td><td>101</td><td>38</td></tr>
</table>

11.1.15 硬质合金螺旋齿直柄立铣刀

其尺寸见表 11.27。

表 11.27 硬质合金螺旋齿直柄立铣刀（GB/T 16456.1—2008）

mm

A型　　B型

d k12	l 基本偏差	l 极限偏差	d_1	L^{+2}_{0}	d k12	l 基本偏差	l 极限偏差	d_1	L^{+2}_{0}
12	20	+2 0	12	75	25	40	+3 0	25	111
	25			80		50			121
16	25		16	88	32	40		32	120
	32			95		50			130
20	32		20	97	40	50		40	140
	40			105		63			153

11.1.16 硬质合金螺旋齿 7∶24 锥柄立铣刀

其尺寸见表 11.28。

表 11.28 硬质合金螺旋齿 7∶24 锥柄立铣刀（GB/T 16456.2—2008）

mm

A型　　B型

d k12	l^{+3}_{0}	A 型				B 型			
		40 号圆锥		50 号圆锥		40 号圆锥		50 号圆锥	
		$l_1{}^{+3}_{0}$	L	$l_1{}^{+3}_{0}$	L	$l_1{}^{+3}_{0}$	L	$l_1{}^{+3}_{0}$	L
32	40	84	177.4	—	—	91	159.4	—	—
	50	94	187.4	—	—	101	169.4	—	—
40	50	94	187.4	103	229.8	101	169.4	107	208.75
	63	107	200.4	116	242.8	114	182.4	120	221.75

续表

d k12	l^{+3}_{0}	A型				B型			
		40号圆锥		50号圆锥		40号圆锥		50号圆锥	
		$l_1{}^{+3}_{0}$	L	$l_1{}^{+3}_{0}$	L	$l_1{}^{+3}_{0}$	L	$l_1{}^{+3}_{0}$	L
50	50	94	187.4	103	229.8	101	169.4	107	208.75
	80	124	217.4	133	259.8	131	199.4	137	238.75
63	63	—	—	116	242.8	—	—	120	221.75
	100	—	—	153	179.8	—	—	157	258.75

11.1.17　硬质合金螺旋齿莫氏锥柄立铣刀

其尺寸见表11.29。

表11.29　硬质合金螺旋齿莫氏锥柄立铣刀（GB/T 16456.3—2008）

mm

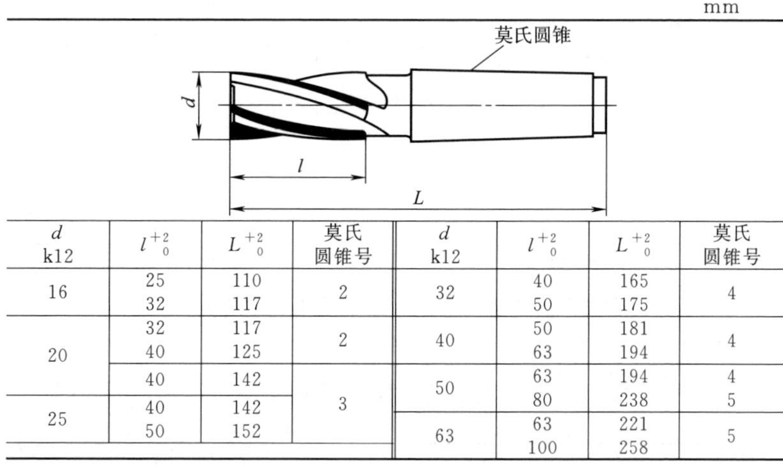

d k12	l^{+2}_{0}	L^{+2}_{0}	莫氏圆锥号	d k12	l^{+2}_{0}	L^{+2}_{0}	莫氏圆锥号
16	25	110	2	32	40	165	4
	32	117			50	175	
20	32	117	2	40	50	181	4
	40	125			63	194	
	40	142	3	50	63	194	4
25	40	142			80	238	5
	50	152		63	63	221	5
					100	258	

11.1.18　模具铣刀

模具铣刀主要用于立式铣床上加工模具型腔和三维型腔表面，按工作部位形状的不同，可分为直柄圆柱形球头立铣刀、圆锥形球头铣刀和圆锥形立铣刀三种型式。其尺寸见表11.30～表11.33。

表11.30　直柄圆柱形球头立铣刀的形式和尺寸（GB/T 20773—2006）

mm

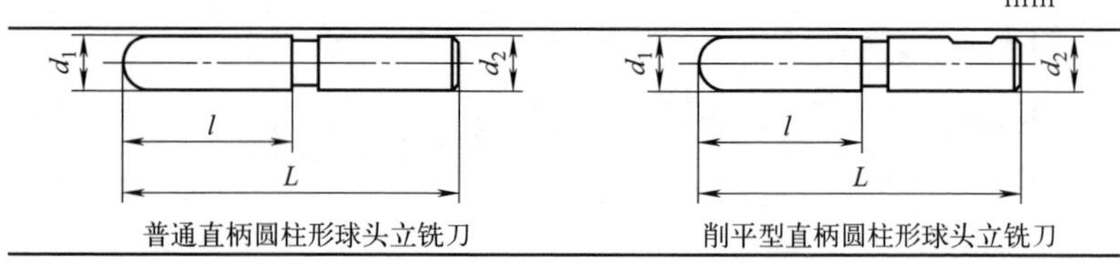

普通直柄圆柱形球头立铣刀　　削平型直柄圆柱形球头立铣刀

续表

<table>
<tr><th rowspan="2">d_1
js12</th><th rowspan="2">d_2</th><th colspan="2">l　js16</th><th colspan="2">L　js16</th><th rowspan="2">d_1
js12</th><th rowspan="2">d_2</th><th colspan="2">l　js16</th><th colspan="2">L　js16</th></tr>
<tr><th>标准型</th><th>长型</th><th>标准型</th><th>长型</th><th>标准型</th><th>长型</th><th>标准型</th><th>长型</th></tr>
<tr><td>4</td><td>4</td><td>11</td><td>19</td><td>43</td><td>51</td><td>20</td><td>20</td><td>38</td><td>75</td><td>104</td><td>141</td></tr>
<tr><td>5</td><td>5</td><td rowspan="2">13</td><td rowspan="2">24</td><td>47</td><td>58</td><td>25</td><td>25</td><td>45</td><td>90</td><td>121</td><td>166</td></tr>
<tr><td>6</td><td>6</td><td>57</td><td>68</td><td>32</td><td>32</td><td>53</td><td>106</td><td>133</td><td>186</td></tr>
<tr><td>8</td><td>8</td><td>19</td><td>38</td><td>63</td><td>82</td><td>40</td><td>40</td><td>63</td><td>125</td><td>155</td><td>217</td></tr>
<tr><td>10</td><td>10</td><td>22</td><td>45</td><td>72</td><td>95</td><td>50</td><td rowspan="2">50</td><td>75</td><td>150</td><td>177</td><td>252</td></tr>
<tr><td>12</td><td>12</td><td>26</td><td>53</td><td>83</td><td>110</td><td>63</td><td>90</td><td>180</td><td>192</td><td>282</td></tr>
<tr><td>16</td><td>16</td><td>32</td><td>63</td><td>92</td><td>123</td><td></td><td></td><td></td><td></td><td></td><td></td></tr>
</table>

表 11.31　莫氏锥柄圆柱形球头立铣刀的形式和尺寸（GB/T 20773—2006）

mm

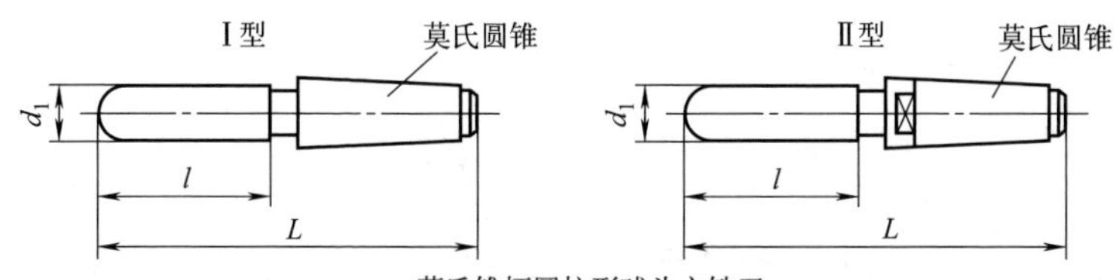

莫氏锥柄圆柱形球头立铣刀

<table>
<tr><th rowspan="3">d_1
js12</th><th colspan="2">l　js16</th><th colspan="4">L　js16</th><th rowspan="3">莫氏
圆锥号</th></tr>
<tr><th rowspan="2">标准型</th><th rowspan="2">长型</th><th colspan="2">标准型</th><th colspan="2">长型</th></tr>
<tr><th>Ⅰ</th><th>Ⅱ</th><th>Ⅰ</th><th>Ⅱ</th></tr>
<tr><td>16</td><td>32</td><td>63</td><td>117</td><td>—</td><td>148</td><td>—</td><td rowspan="2">2</td></tr>
<tr><td>20</td><td>38</td><td>75</td><td>123</td><td>—</td><td>160</td><td>—</td></tr>
<tr><td>25</td><td>45</td><td>90</td><td>147</td><td>—</td><td>192</td><td>—</td><td rowspan="2">3</td></tr>
<tr><td rowspan="2">32</td><td rowspan="2">53</td><td rowspan="2">106</td><td>155</td><td>—</td><td>208</td><td>—</td></tr>
<tr><td>178</td><td>201</td><td>231</td><td>254</td><td rowspan="2">4</td></tr>
<tr><td rowspan="2">40</td><td rowspan="2">63</td><td rowspan="2">125</td><td>188</td><td>211</td><td>250</td><td>273</td></tr>
<tr><td>221</td><td>249</td><td>283</td><td>311</td><td>5</td></tr>
<tr><td rowspan="2">50</td><td rowspan="2">75</td><td rowspan="2">150</td><td>200</td><td>223</td><td>275</td><td>298</td><td>4</td></tr>
<tr><td>233</td><td>261</td><td>308</td><td>336</td><td rowspan="2">5</td></tr>
<tr><td>63</td><td>90</td><td>180</td><td>248</td><td>276</td><td>338</td><td>366</td></tr>
</table>

表 11.32　直柄圆锥形立铣刀和圆锥形球头立铣刀的形式和尺寸（GB/T 20773—2006）

mm

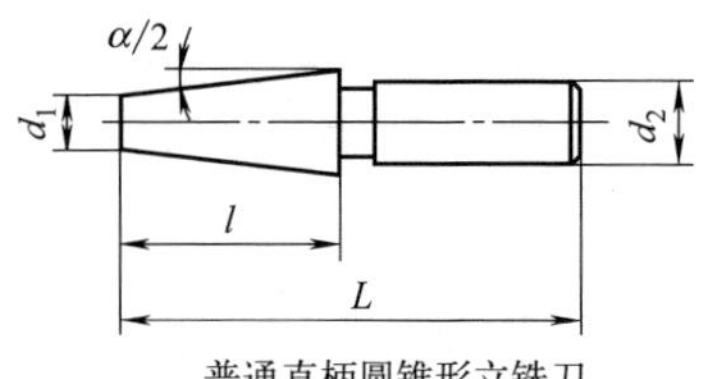

普通直柄圆锥形立铣刀

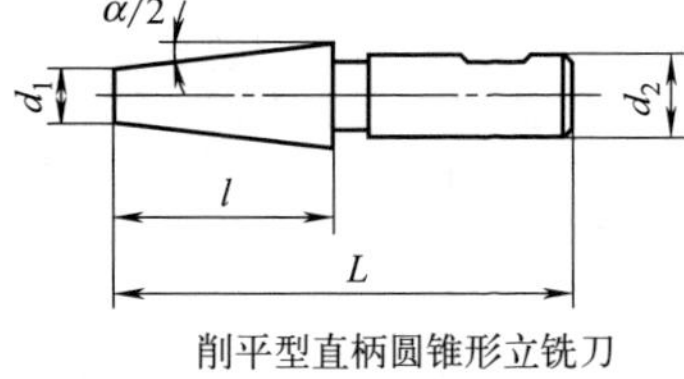

削平型直柄圆锥形立铣刀

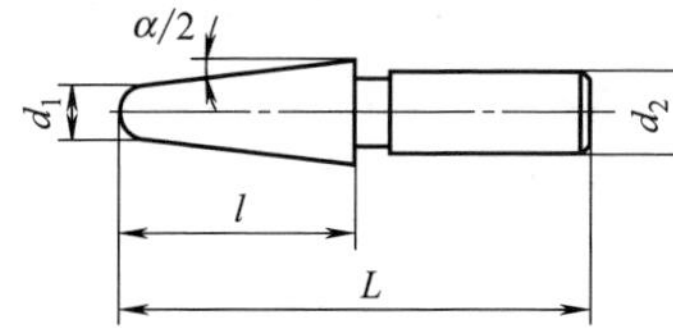

普通直柄圆锥形球头立铣刀

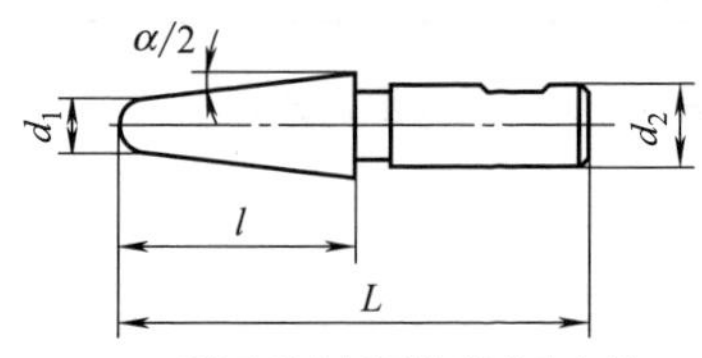

削平型直柄圆锥形球头立铣刀

<table>
<tr><th rowspan="2">α/2</th><th rowspan="2">d_1
k12</th><th colspan="3">短型</th><th colspan="3">标准型</th><th colspan="3">长型</th></tr>
<tr><th>d_2</th><th>l
js16</th><th>L
js16</th><th>d_2</th><th>l
js16</th><th>L
js16</th><th>d_2</th><th>l
js16</th><th>L
js16</th></tr>
<tr><td rowspan="6">3°
(2°52′)</td><td>6</td><td>(10)</td><td>(40)</td><td>(95)</td><td>10</td><td>63</td><td>115</td><td>—</td><td>—</td><td>—</td></tr>
<tr><td>8</td><td>12</td><td>45</td><td>105</td><td>(16)</td><td>(80)</td><td>(138)</td><td>—</td><td>—</td><td>—</td></tr>
<tr><td>(10)</td><td rowspan="2">16</td><td rowspan="2">50</td><td rowspan="2">109</td><td>16</td><td rowspan="2">80</td><td rowspan="2">140</td><td>—</td><td>—</td><td>—</td></tr>
<tr><td>12</td><td>20</td><td>25</td><td>130</td><td>200</td></tr>
<tr><td>16</td><td>20</td><td>56</td><td>120</td><td rowspan="2">25</td><td>90</td><td>160</td><td>32</td><td>160</td><td>235</td></tr>
<tr><td>20</td><td>25</td><td>63</td><td>135</td><td>100</td><td>170</td><td>—</td><td>—</td><td>—</td></tr>
<tr><td rowspan="7">5°
(5°43′)</td><td>(2.5)</td><td rowspan="2">10</td><td>37.5</td><td>85</td><td>—</td><td>—</td><td>—</td><td>—</td><td>—</td><td>—</td></tr>
<tr><td>4</td><td rowspan="2">40</td><td>90</td><td rowspan="2">16</td><td rowspan="2">63</td><td rowspan="2">125</td><td>20</td><td>90</td><td>150</td></tr>
<tr><td>6</td><td>12</td><td>95</td><td rowspan="2">25</td><td rowspan="2">100</td><td rowspan="2">170</td></tr>
<tr><td>8</td><td>16</td><td rowspan="2">45</td><td>103</td><td>20</td><td rowspan="2">71</td><td>135</td></tr>
<tr><td>(10)
12</td><td>20</td><td>106</td><td>25</td><td>140</td><td>32</td><td>125</td><td>200</td></tr>
<tr><td>16</td><td>25</td><td>50</td><td>120</td><td rowspan="2">32</td><td>80</td><td>155</td><td>32</td><td>125</td><td>200</td></tr>
<tr><td>20</td><td>32</td><td>63</td><td>140</td><td>100</td><td>175</td><td>(32)</td><td>(160)</td><td>(235)</td></tr>
<tr><td rowspan="5">7°
(7°07′)</td><td>4</td><td>—</td><td>—</td><td>—</td><td>16</td><td>50</td><td>109</td><td>—</td><td>—</td><td>—</td></tr>
<tr><td>6</td><td>—</td><td>—</td><td>—</td><td rowspan="2">20</td><td rowspan="2">56</td><td rowspan="2">120</td><td>25</td><td>90</td><td>160</td></tr>
<tr><td>8</td><td>—</td><td>—</td><td>—</td><td rowspan="3">32</td><td>100</td><td>175</td></tr>
<tr><td>(10)</td><td>—</td><td>—</td><td>—</td><td rowspan="2">25</td><td rowspan="2">63</td><td rowspan="2">135</td><td rowspan="2">112</td><td rowspan="2">185</td></tr>
<tr><td>12</td><td>—</td><td>—</td><td>—</td></tr>
</table>

续表

α/2	d_1 k12	短型 d_2	短型 l js16	短型 L js16	标准型 d_2	标准型 l js16	标准型 L js16	长型 d_2	长型 l js16	长型 L js16
10° (9°28′)	(2.5)	12	31.5	85	—	—	—	—	—	—
	4	16	36	93	20	56	120	32	90	165
	6	20	42	105	25	63	135	(32)	(102)	(175)
	8	25	50	120	32	71	145		(112)	(185)
	(10)	32	63	135	—	—	—	—	—	—
	(12)				—	—	—	—	—	—

表 11.33　莫氏锥柄圆锥形立铣刀的形式和尺寸（GB/T 20773—2006）

mm

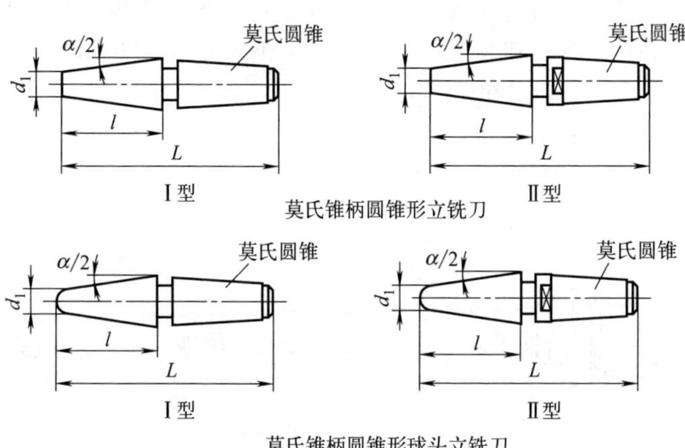

α/2	d_1 k12	l js16	L js16 Ⅰ	L js16 Ⅱ	莫氏圆锥号
3° (2°52′)	16	90	192	—	3
	20	100	202	—	
			225	248	4
	25	112	214	—	3
			237	260	4
	32	125	250	273	
			283	311	5
	40	140	265	288	4
			298	326	5

α/2	d_1 k12	l js16	L js16 Ⅰ	L js16 Ⅱ	莫氏圆锥号
5° (5°43′)	16	80	182	—	3
			205	228	4
	20	100	202	—	3
			225	248	4
	25	112	237	260	
			270	298	5
	32	125	250	273	4
			283	311	5

续表

<table>
<tr><th rowspan="2">α/2</th><th>d_1</th><th>l</th><th colspan="2">L　js16</th><th rowspan="2">莫氏圆锥号</th><th rowspan="2">α/2</th><th>d_1</th><th>l</th><th colspan="2">L　js16</th><th rowspan="2">莫氏圆锥号</th></tr>
<tr><th>k12</th><th>js16</th><th>Ⅰ</th><th>Ⅱ</th><th>k12</th><th>js16</th><th>Ⅰ</th><th>Ⅱ</th></tr>
<tr><td rowspan="6">7°
(7°07′)</td><td rowspan="2">16</td><td rowspan="2">71</td><td>173</td><td>—</td><td>3</td><td rowspan="6">10°
(9°28′)</td><td rowspan="2">16</td><td rowspan="2">80</td><td>205</td><td>228</td><td>4</td></tr>
<tr><td>196</td><td>219</td><td rowspan="2">4</td><td>238</td><td>266</td><td>5</td></tr>
<tr><td rowspan="2">20</td><td rowspan="2">80</td><td>205</td><td>228</td><td rowspan="2">20</td><td rowspan="2">90</td><td>215</td><td>238</td><td>4</td></tr>
<tr><td>238</td><td>266</td><td>—</td><td>248</td><td>276</td><td>5</td></tr>
<tr><td rowspan="2">25</td><td rowspan="2">90</td><td>215</td><td>238</td><td>4</td><td rowspan="2">25</td><td rowspan="2">100</td><td>225</td><td>248</td><td>4</td></tr>
<tr><td>248</td><td>276</td><td>5</td><td>258</td><td>286</td><td>5</td></tr>
</table>

11.2　铣刀杆

铣刀杆用来安装铣刀，并将机床主轴的运动传递给刀具以完成切削。铣刀芯轴的一端为 7∶24 的外锥，用来与机床主轴锥孔相配合，以保证铣刀芯轴与机床主轴同心，同时也便于装卸。

11.2.1　7∶24 锥柄铣刀杆

其规格见表 11.34。

表 11.34　7∶24 锥柄铣刀杆（JB/T 3411.110—1999）　mm

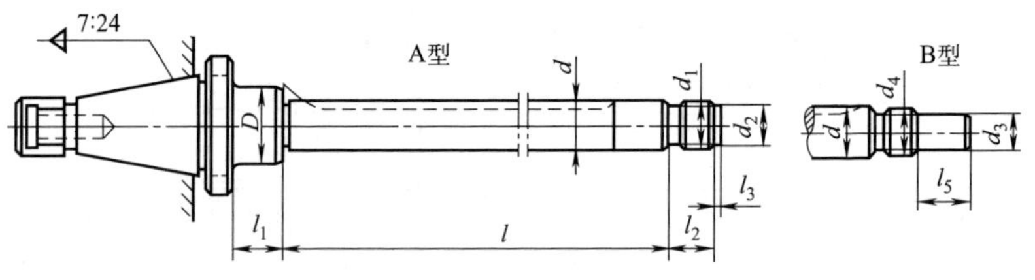

<table>
<tr><th rowspan="3">圆锥号</th><th rowspan="3">d</th><th rowspan="3">D_{min}</th><th colspan="11">有效长度</th></tr>
<tr><th colspan="2">A 型</th><th colspan="9">A 型　B 型</th></tr>
<tr><th>63</th><th>100</th><th>160</th><th>200</th><th>250</th><th>315</th><th>400</th><th>500
(450)</th><th>630
(560)</th><th>800
(710)</th><th>1000
(900)</th></tr>
<tr><td rowspan="3">30</td><td>16</td><td>27</td><td>√</td><td>√</td><td>√</td><td>√</td><td>√</td><td>√</td><td>—</td><td></td><td></td><td></td><td></td></tr>
<tr><td>22</td><td>34</td><td>√</td><td>√</td><td>√</td><td>√</td><td>√</td><td>√</td><td>√</td><td></td><td></td><td></td><td></td></tr>
<tr><td>27</td><td>41</td><td>√</td><td>√</td><td>√</td><td>√</td><td>√</td><td>√</td><td>√</td><td></td><td></td><td></td><td></td></tr>
<tr><td rowspan="5">40</td><td>16</td><td>27</td><td>√</td><td>√</td><td>√</td><td>√</td><td>√</td><td>√</td><td>√</td><td></td><td></td><td></td><td></td></tr>
<tr><td>22</td><td>34</td><td>√</td><td>√</td><td>√</td><td>√</td><td>√</td><td>√</td><td>√</td><td>√</td><td>√</td><td></td><td></td></tr>
<tr><td>27</td><td>41</td><td>√</td><td>√</td><td>√</td><td>—</td><td>√</td><td>√</td><td>√</td><td>√</td><td>√</td><td></td><td></td></tr>
<tr><td>32</td><td>47</td><td>√</td><td>√</td><td>√</td><td>—</td><td>√</td><td>√</td><td>√</td><td>√</td><td>√</td><td></td><td></td></tr>
<tr><td>40</td><td>55</td><td>—</td><td>√</td><td>√</td><td>—</td><td>—</td><td>√</td><td>√</td><td>√</td><td>√</td><td></td><td></td></tr>
</table>

续表

圆锥号	d	D_{min}	有效长度										
			A 型		A 型　B 型								
			63	100	160	200	250	315	400	500 (450)	630 (560)	800 (710)	1000 (900)
45	22	34	√	√	√	√	√	√	√	—	—		
	27	41	√	√	√	—	√	√	√	√	—		
	32	47	√	√	√	—	—	√	√	√	√		
	40	55	—	√	√	—	—		√	√	√		
50	22	34	√	√	√	√	√	√	√	√	√		
	27	41	√	√	√	—	—	√	√	√	√	√	
	32	47	√	√	√	—	—	√	√	√	√	√	√
	40	55	—	√	√	—	—	—	√	√	√	√	√
	50	69							√	√	√	√	√
	60	84							√	√	√	√	√
60	50	69									√	√	√
	60	84									√	√	√
	80	109										√	√
	100	134										√	√

注：括弧中的数值尽量不采用。

11.2.2　莫氏锥柄铣刀杆

其规格见表 11.35。

表 11.35　莫氏锥柄铣刀杆（JB/T 3411.111—1999）　　mm

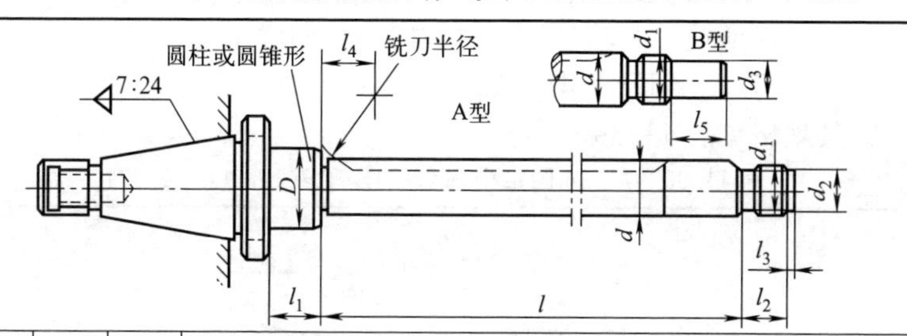

圆锥号	d	D_{min}	有效长度 l										
			A 型			A 型　B 型							
			63	100	160	200	250	315	400	500 (450)	630 (560)	800 (710)	1000 (900)
3	16	27	√	—	—	√	√	√					
	22	34	√	√	—	√	√	√	√				
	27	41	√	√	√	√	√	√	√				

续表

圆锥号	d	$D_{\min}$	有效长度 l										
			A 型			A 型　B 型							
			63	100	160	200	250	315	400	500 (450)	630 (560)	800 (710)	1000 (900)
4	16	27	√	—	—	√	√	√	√				
	22	34	√	√	—	√	√	√	√	√			
	27	41	√	√	√	—	√	√	√	√	√		
	32	47	√	√	√	—	√	√	√	√	√		
	40	55	—	√	√	—	—	√	√	√	√		
5	22	34	√	√	—	√	√	√	√	√	√		
	27	41	√	√	√	—		√	√	√	√	√	
	32	47	√	√	√	—		√	√	√	√	√	√
	40	55	—	√	√	—			√	√	√	√	√
	50	69	—		√	—			√	√	√	√	√
6	50	69	—		√	—					√	√	√
	60	84	—		√	—					√	√	√
	80	100	—		√	—						√	√
	100	134	—		√	—						√	√

注：括弧中的数值尽量不采用。

11.3　中间套

中间套用来安装锥柄铣刀，并将机床主轴的运动传递给刀具以完成切削。中间套的一端为 7∶24 的外锥，用来与机床主轴锥孔相配合，以保证铣刀芯轴与机床主轴同心，同时也便于装卸。

11.3.1　7∶24 圆锥中间套

其规格见表 11.36。

表 11.36　7∶24 圆锥中间套（JB/T 3411.108—1999）　　mm

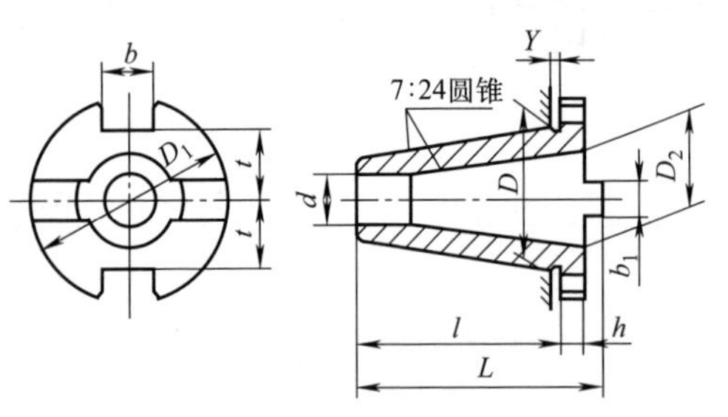

续表

7∶24 圆锥号		内锥							外锥			
外锥	内锥	D	D_1	L_{max}	l_{max}	Y	b	t_{max}	D_2	d	b_1	h_{max}
40	30	44.45	63	85.0	67	1.6	16.1	22.5	31.75	17.4		
45	30 40	57.15	80	104.0	86		19.3	29.0	44.45	25.3	15.9	8.0
50	30 40	69.85	100	125.0	105			35.3	31.75 44.45	17.4 25.3		
	45			126.5					57.15	32.4	19.0	9.5
55	40 45 50	88.90	130	152.0 153.5 156.5	130	3.2	25.7	45.0	44.45 57.15 69.85	25.3 32.4 39.6	15.9 19.0 25.4	8.0 9.5 12.5
60	40 45 50	107.95	160	189.0 190.5 193.5	165			60.0	44.45 57.15 69.85	25.3 32.4 39.6	15.9 19.0 25.4	8.0 9.5 12.5

11.3.2　莫氏圆锥中间套

其规格见表 11.37。

表 11.37　莫氏圆锥中间套（JB/T 3411.109—1999）　mm

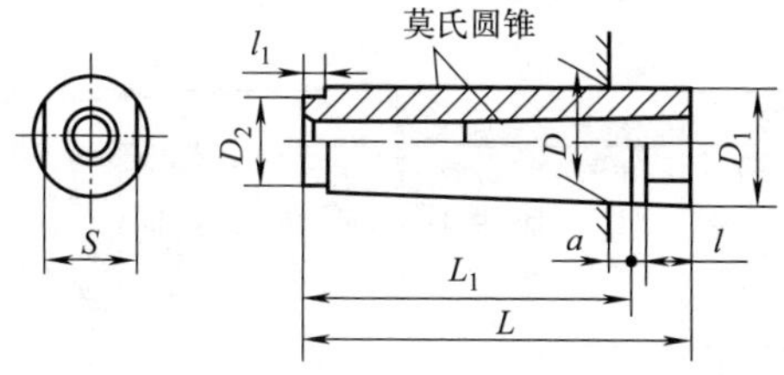

莫氏圆锥号		D	D_1≈	D_{2max}	L_{max}	L_1	a	l	l_{1max}	S
外锥	内锥									
6.5	1、2	23.825	24.1	19.0	80	65	3		7	21
4	2、3	31.267	31.6	25.0	90	70	6.5	12	9	27
5	2、3、4	44.399	44.7	35.7	110	85	6.5		10	36
6	4、5	63.348	63.8	51.0	130	105	8	15	16	55

11.3.3　快换中间套

其规格见表 11.38。

表 11.38 快换中间套（JB/T 3411.121—1999） mm

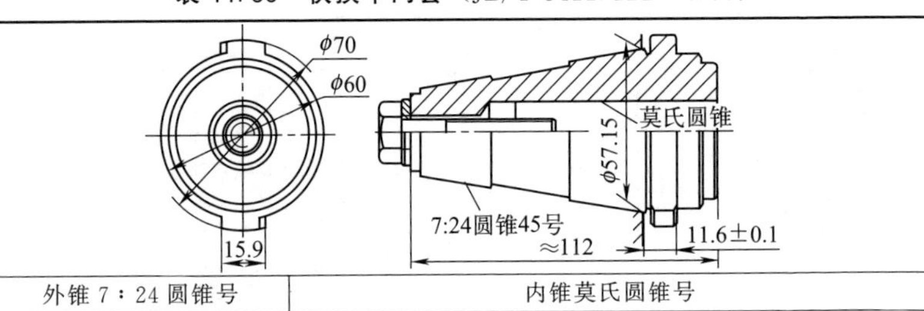

外锥 7∶24 圆锥号	内锥莫氏圆锥号
45	2、3、4

11.3.4 滚齿、插齿夹具和芯轴中间套

其规格见表 11.39。

表 11.39 滚齿、插齿夹具和芯轴中间套（JB/T 3411.16—1999）

mm

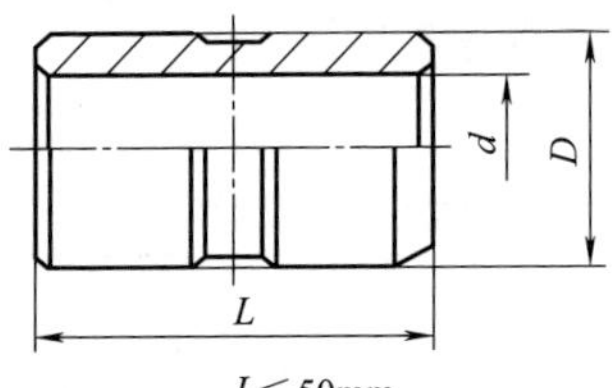

$L \leqslant 50$mm

D 基本尺寸	D 极限偏差 h6	L	d 基本尺寸	d 极限偏差 H7
30	0 −0.013	30 50	20	+0.021 0
32	0 −0.016	30 50	20	+0.021 0
34	0 −0.016	30 50	20	+0.021 0
36	0 −0.016	30 50 70	25	+0.021 0
38	0 −0.016	30 50 70	25	+0.021 0
40	0 −0.016	30 50 70	25	+0.021 0
42	0 −0.016	30 50 70	30	+0.021 0
45	0 −0.016	30 50 70	30	+0.021 0
46	0 −0.016	30 50 70	30	+0.021 0
48	0 −0.016	30 50 70	30	+0.021 0
50	0 −0.016	30 50 70	30	+0.021 0

续表

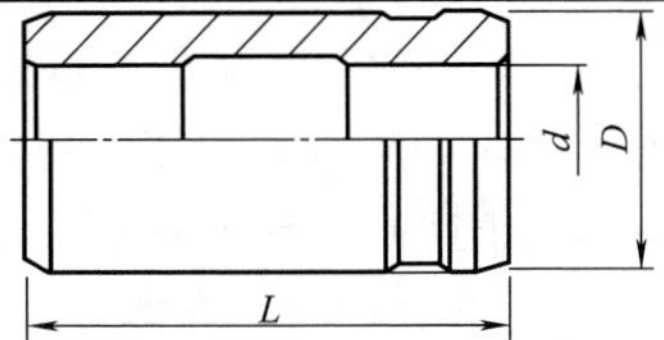

$L>50$mm

D 基本尺寸	D 极限偏差 h6	L	d 基本尺寸	d 极限偏差 H7	D 基本尺寸	D 极限偏差 h6	L	d 基本尺寸	d 极限偏差 H7
52	0 −0.019	40 60 80 100	34	+0.025 0	63	0 −0.019	80 100	40	−0.025 0
53		40 60 80 100			67		40 60 80 100		
56		40 60 80 100			71		40 60 80 100		
60		40 60 80 100			72		40 60 80 100		
62		40 60 80 100	40		75		40 60 80 100		
63		40 60			80		40 60 80 100		

11.4 装夹工具

铣夹头用来安装铣刀，并将机床主轴的运动传递给刀具以完成切削。夹头的一端为 7∶24 的外锥，用来与机床主轴锥孔相配合，以保证铣刀芯轴与机床主轴同心。其规格见表 11.40。

表 11.40 铣夹头圆锥柄参数 mm

圆锥柄				简图	尺寸	
锥度	型号		标准号		l_1	l_2
7∶24	XT（机床用 7∶24 锥柄）	30 40 45 50	GB/T 3837—2001	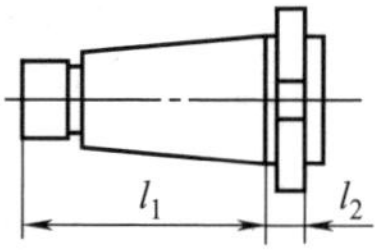	68.4 93.4 106.8 126.8	9.6 11.6 13.2 15.2
7∶24	JT（自动换刀机床用 7∶24 锥柄）	40 45 50	GB/T 10944.1—2006	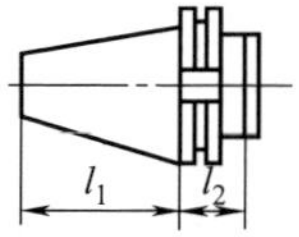	68.4 82.7 101.75	35
7∶24	KT（快换夹头用 7∶24 锥柄，只限于与快换铣夹头主体配套使用）	30 40 45	—	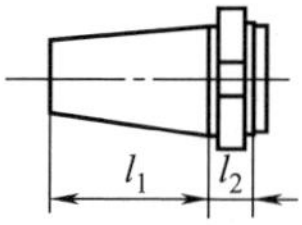	48.4 65.4 82.8	—
莫氏	MS（工具柄自锁圆锥莫氏锥柄）	3 4 5	GB/T 1443—2016	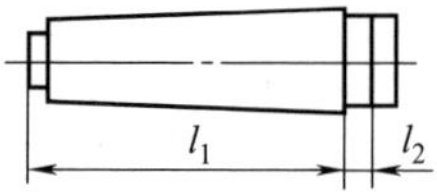	81 102.5 129.5	5 6.5
莫氏	QMS（强制传动莫氏锥柄）	3 4 5	GB/T 4133—1984	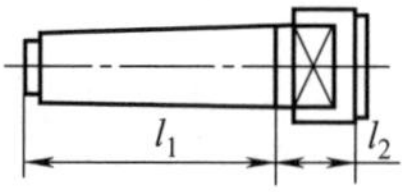	81 102.5 129.5	23 29.5 34.5

11.4.1　短锥柄铣刀铣夹头

其参数见表 11.41。

表 11.41　短锥柄铣刀铣夹头参数　mm

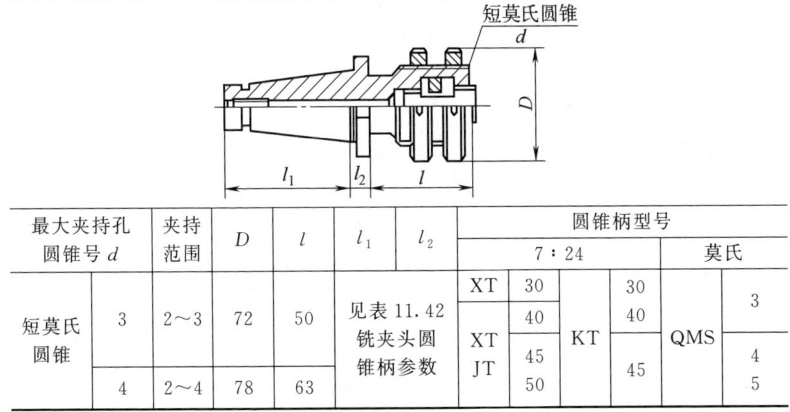

最大夹持孔圆锥号 d		夹持范围	D	l	l_1	l_2	圆锥柄型号					
							7∶24				莫氏	
短莫氏圆锥	3	2～3	72	50	见表 11.42 铣夹头圆锥柄参数		XT	30	KT	30	QMS	3
							XT JT	40		40		
								45 50		45		4
	4	2～4	78	63								5

11.4.2　弹性铣夹头

其参数见表 11.42。

表 11.42　弹性铣夹头参数（JB/T 6350—2008）　mm

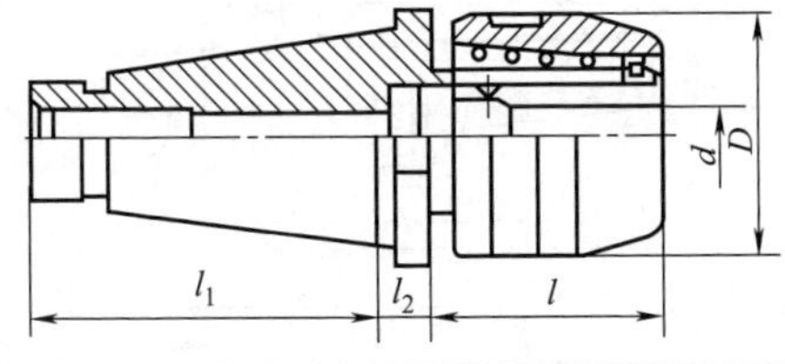

最大夹持孔直径 d	夹持范围	D	l	l_1	l_2	圆锥柄型号					
						7∶24				莫氏	
16	4～16	42	50	见表 11.42 铣夹头圆锥柄参数		XT	30	KT	30	MS QMS	3
32	6～32	70	65			XT JT	40 45		40 45		4
40	6～40	94	80				50				5

11.4.3　锥柄铣刀铣夹头

其参数见表 11.43。

表 11.43 锥柄铣刀铣夹头参数（JB/T 6350—2008） mm

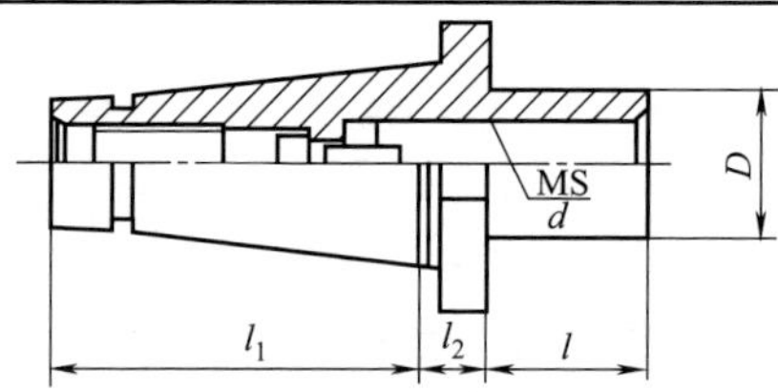

夹持孔圆锥号 d		D	l	l_1	l_2	圆锥柄型号(7∶24)			
MS	1	25	35	见表 11.42 铣夹头圆锥柄参数		XT JT	40 45 50	XT KT	30 40 45
	2	32	50						
	3	40	70				40 45 50		40 45
	4	50							
	5	63	85				45 50		45

11.4.4 削平柄铣刀铣夹头

其参数见表 11.44。

表 11.44 削平柄铣刀铣夹头参数（JB/T 6350—2008） mm

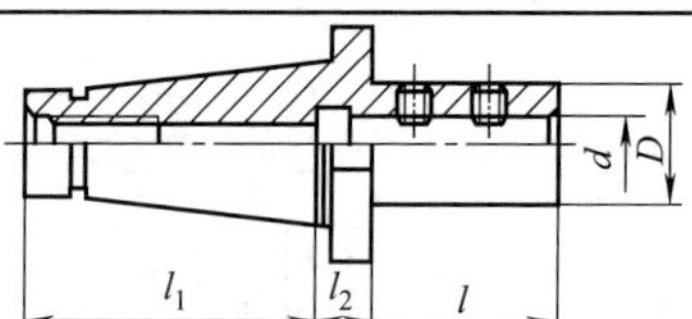

夹持孔直径 d	D	l	l_1	l_2	圆锥柄型号 7∶24				圆锥柄型号 莫氏	
6 8 10 12	25 28 35 42	30	见表 11.42 铣夹头圆锥柄参数		XT JT	40 45 50	XT KT	30 40 50	QMS	3 4 5
16 20	48 52	40 50								
25 32	65 72	60				40 45 50		40 45		4 5
40 50	90 100	70 80				45 50				
63	130	90				50				

11.4.5 快换铣刀铣夹头

其参数见表 11.45。

表 11.45 快换铣刀铣夹头参数（JB/T 6350—2008）　mm

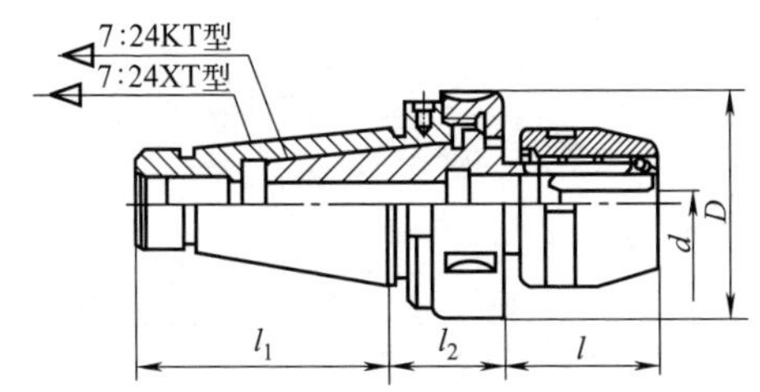

主轴夹持孔圆锥号		d	l	D	l_1	l_2	圆锥型号(7∶24)	
KT	30	见表 11.43～表 11.46		80	见表 11.42	35	XT	40
	40 45			108		45		50

注：快换铣夹头由主体与各种形式的带 KT 型锥柄的铣夹头配套组成，例如滚针铣快换夹头、弹性铣快换夹头、削平柄铣刀铣快换夹头、短锥柄铣刀快换铣夹头、锥柄铣刀铣快换夹头、短锥柄铣刀铣快换夹头等。

11.4.6 滚针铣夹头

其参数见表 11.46。

表 11.46 滚针铣夹头参数（JB/T 6350—2008）　mm

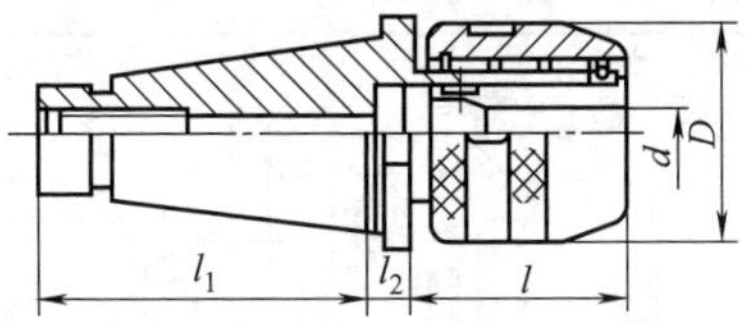

最大夹持孔直径 d	夹持范围	D	l	l_1	l_2	圆锥柄型号					
						7∶24				莫氏	
16	4～16	54	56	见表 11.42 铣夹头圆锥柄参数		XT	30	KT	30	MS QMS	3
25	6～25	70	70			XT JT	40 45 50		40 45		4 5
32	10～32	90	100				50				5

11.4.7 镗头

镗头专用于铣床镗孔时装夹镗刀，万能镗头规格参数见

表 11.47，精镗头和粗（半精）镗头与钻、镗杆的配用尺寸见表 11.48。

表 11.47 万能镗头规格（JB/T 6565—2007） mm

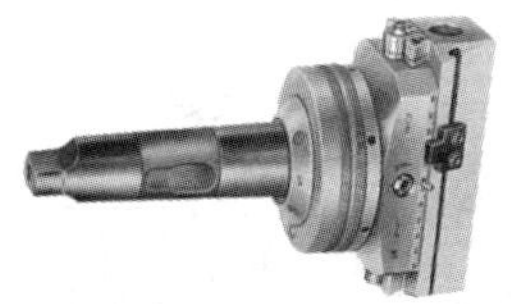

最大镗削直径 D			100	(125)	160	(200)	250	(315)	400	500	630
刀柄孔直径 d			10	12	18	18	20	20	22	22	25
圆锥柄规格	7∶24 圆锥按 GB/T 3837—2001	30	√	√	√	√	√	√			
		40			√	√	√	√	√	√	
		45				√	√	√	√	√	√
		50				√	√	√	√	√	√
	莫氏锥柄按 GB/T 1443—2016	2	√	√	√	√					
		3		√	√	√	√	√			
		4			√	√	√	√	√		
		5				√	√	√	√	√	√
		6					√	√	√	√	√
	米制锥柄按 GB/T 1443—2016	80							√	√	√
		100									√

注：括号内的参数尽量不采用，表中“√”表示有此规格。

表 11.48 精镗头和粗（半精）镗头与钻、镗杆的配用尺寸 mm

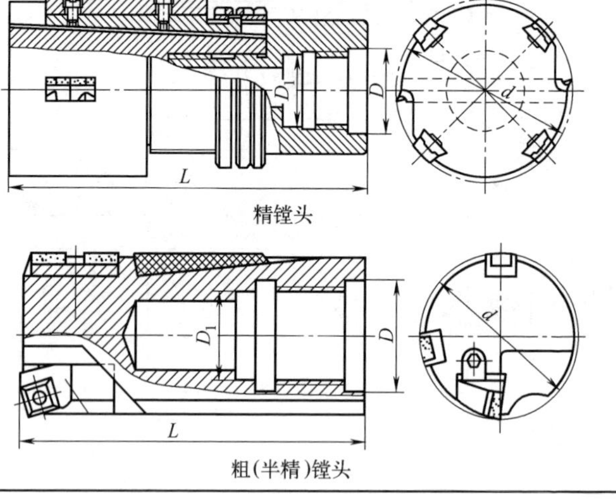

精镗头

粗(半精)镗头

续表

<table>
<tr><th>镗头直径 d</th><th>配用钻与镗杆直径</th><th>D</th><th>D_1</th><th>L
精镗头</th><th>L(粗、半精镗头)</th></tr>
<tr><td>40～43</td><td>33</td><td>30</td><td>27</td><td rowspan="6">190</td><td rowspan="4">150</td></tr>
<tr><td>43.01～47</td><td>36</td><td>33</td><td>30</td></tr>
<tr><td>47.01～51.7</td><td>39</td><td>36</td><td>33</td></tr>
<tr><td>51.71～56.2</td><td>43</td><td>39</td><td>36</td></tr>
<tr><td>56.21～64.99</td><td>47</td><td>43</td><td>39.5</td><td rowspan="3">200</td></tr>
<tr><td>65～69.99</td><td>51</td><td>47</td><td>43.5</td></tr>
<tr><td>70～74.99</td><td>56</td><td>52</td><td>48.5</td><td rowspan="6">260</td></tr>
<tr><td>75～79.99</td><td>62</td><td>58</td><td>53</td><td rowspan="2">210</td></tr>
<tr><td>80～89.99</td><td>68</td><td>64</td><td>59</td></tr>
<tr><td>90～99.99</td><td>75</td><td>70</td><td>64</td><td rowspan="6">260</td></tr>
<tr><td>100～109.99</td><td>82</td><td>77</td><td>71</td></tr>
<tr><td>110～119.99</td><td>94</td><td>89</td><td>83</td></tr>
<tr><td>120～139.99</td><td>100</td><td>89</td><td>83</td><td>310</td></tr>
<tr><td>140～179.99</td><td>130</td><td>116</td><td>109</td><td>360</td></tr>
<tr><td>180～249.99</td><td>160</td><td>146</td><td>139</td><td>410</td></tr>
<tr><td>250～399.99
400～500</td><td>220
220(320)</td><td>180
180(280)</td><td>法兰连接</td><td>310</td><td>380</td></tr>
</table>

注：加工直径范围小于或等于 250mm 的镗头与钻、镗杆的连接方式为矩形螺纹连接，否则为法兰连接。

11.4.8　机用虎钳

机用虎钳用于在铣床上装夹零件。其规格见表 11.49。

表 11.49　机用虎钳规格尺寸（JB/T 2329—2011）　　mm

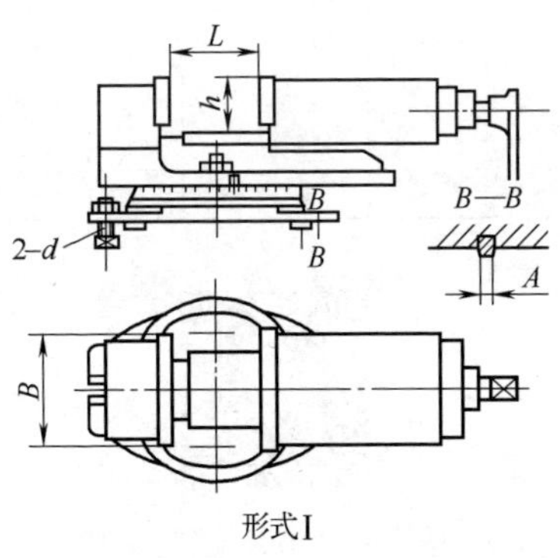

形式Ⅰ

续表

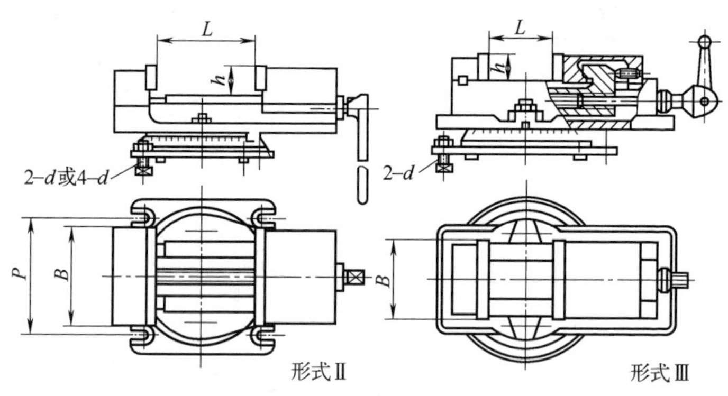

形式Ⅱ　　形式Ⅲ

规格		63	80	100	125	160	200	250	315	400
钳口宽度 B	形式Ⅰ	63	80	100	125	160	200	250	—	—
	形式Ⅱ	—	—	—	125	160	200	250	315	400
	形式Ⅲ	—	80	100	125	160	200	250	—	—
钳口高度 h（最小）	形式Ⅰ	20	25	32	40	50	63	63	—	—
	形式Ⅱ	—	—	—	40	50	63	63	80	
	形式Ⅲ	—	25	32	38	45	56	75	—	—
钳口最大张开度 L（最小）	形式Ⅰ	50	65	80	100	125	160	200	—	—
	形式Ⅱ	—	—	—	140	180	220	280	360	450
	形式Ⅲ	—	75	100	110	140	190	245	—	—
定位键槽宽度 A (JB/T 8016)	形式Ⅰ	12	12	14	14	18	18	22	—	
	形式Ⅱ	—	—	—	14	14	18	18	22	
	形式Ⅲ	—	12	14	14	18	18	22	—	
螺栓直径 d	形式Ⅰ	M10	M10	M12	M12	M16	M16	M20	—	
	形式Ⅱ	—	—	—	M12	M12	M16	M16	M20	
	形式Ⅲ	—	M10	M12	—	M16	M16	M20	—	
螺栓间距 P	形式Ⅱ	—	—	—	—	160	200	250	320	

机用虎钳的校正方法和注意事项

11.4.9 普通电磁吸盘

普通吸力吸盘吸力为1.0～1.2MPa，按照形状可分为矩形电磁吸盘和圆形电磁吸盘；按照磁性可分为电磁和永磁吸盘。其用于铣床、磨床、刨床吸持工件和磨刀机等，参数见表11.50、表11.51。

表11.50 矩形电磁吸盘技术参数（JB/T 10577—2006）

<table>
<tr><th rowspan="2">工作台面宽度 B</th><th rowspan="2">工作台面长度 L/mm</th><th rowspan="2">吸盘高度 H_{max}/mm</th><th rowspan="2">面板厚度 h_{min}/mm</th><th colspan="3">螺钉槽推荐值</th></tr>
<tr><th>间距 A/mm</th><th>槽数 Z/个</th><th>宽度 d/mm</th></tr>
<tr><td>100</td><td>125,160,200,315(320),500,630,800,1000</td><td>100</td><td>18</td><td rowspan="4">—</td><td rowspan="4">1</td><td rowspan="3">12</td></tr>
<tr><td>125</td><td>200,250,315(320),400,500,630,800,1000,1250(1400)</td><td rowspan="3">150</td><td rowspan="3">18</td></tr>
<tr><td>160</td><td>250,315,400,500,630,800,1000,1250(1400),1600</td></tr>
<tr><td>200</td><td>315(320),400,500,630,800,1250(1400),1600</td><td rowspan="2">14</td></tr>
<tr><td>250</td><td>400,500,630,800,1250,1600,2000</td><td rowspan="2">150</td><td rowspan="3">25</td><td rowspan="2"></td><td rowspan="2"></td></tr>
<tr><td>315(300/320)</td><td>500,630,800,1000,1400,1600,2000</td><td rowspan="2">18</td></tr>
<tr><td>400</td><td>500,630,800,1000,1250,1600,2000,2500</td><td rowspan="2">160</td><td>100</td><td rowspan="2">2</td></tr>
<tr><td>500</td><td>630,1000,1250,1600,2000,2500</td><td rowspan="3">28</td><td rowspan="2">160</td><td rowspan="2">22</td></tr>
<tr><td>630(600)</td><td>800,1000,1250,1600,2000,2500,3000</td><td rowspan="3">200</td><td rowspan="2">3</td></tr>
<tr><td>800</td><td>1000,1600,2000,2500,3000</td><td rowspan="2">250</td><td rowspan="2">26</td></tr>
<tr><td>1000</td><td>1250,1600,2000,2500,3000</td><td>30</td><td>4</td></tr>
</table>

表11.51 圆形电磁吸盘（JB/T 10577—2006）

<table>
<tr><th rowspan="2">工作台面直径 D/mm</th><th rowspan="2">吸盘高度 H_{max}/mm</th><th rowspan="2">面板厚度 h_{min}/mm</th><th colspan="5">推荐值</th></tr>
<tr><th>D_1(H7)/mm</th><th>D_2/mm</th><th>K/mm</th><th>Z/个</th><th>d/mm</th></tr>
<tr><td>80
160</td><td>80
90</td><td>16</td><td>60
125</td><td>66
140</td><td>4</td><td rowspan="3">4</td><td>M8</td></tr>
<tr><td>250</td><td>100</td><td rowspan="2">18</td><td>200</td><td>224</td><td rowspan="3">5</td><td>M10</td></tr>
<tr><td>315(300,320)</td><td rowspan="2">110</td><td>250</td><td>280</td><td rowspan="2">M12</td></tr>
<tr><td>400</td><td>20</td><td>315</td><td>355</td><td>8</td></tr>
</table>

续表

工作台面直径 D/mm	吸盘高度 H_{max}/mm	面板厚度 h_{min}/mm	推荐值				
			D_1(H7)/mm	D_2/mm	K/mm	Z/个	d/mm
500	120	20	400	450	6	8	M12
630(600)	140		500	560			
800(780,750)	160	22	630	710	8		M16
1000	180		800	900	10	16	
1250	200		1000	1140			
1400	220	24	1250	1360			
1600	240		1400	1480			
1800	260		1600	1700	12	32	M20
2000	280	26	1800	1890			
2250	300	28	2000	2120	14		
2500	320	30	2250	2370	16		

11.4.10 强力电磁吸盘

强力吸盘吸力不低于 1.5MPa，按形状可分为矩形和圆形两种。强力电磁吸盘可以与各种铣床、刨床配套使用，吸力强，使用安全可靠，对不宜机械装夹的工件定位非常方便。其参数见表 11.52、表 11.53。

表 11.52 矩形强力电磁吸盘（JB/T 10150—2011）

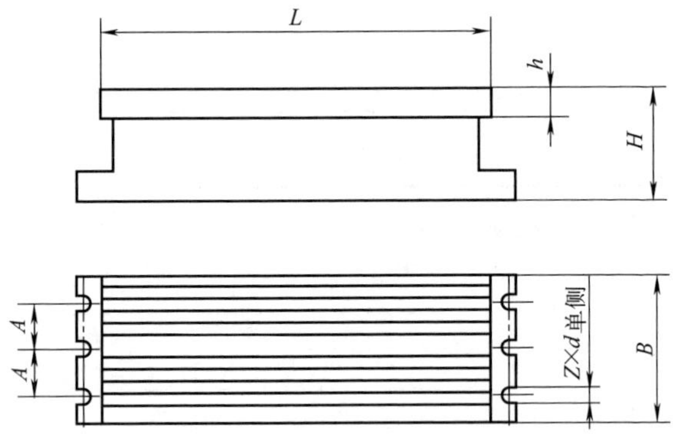

续表

<table>
<tr><th rowspan="2">工作台面宽度 B /mm</th><th rowspan="2">工作台面长度 L/mm</th><th rowspan="2">吸盘高度 H_{max} /mm</th><th rowspan="2">面板厚度 h_{min} /mm</th><th colspan="3">螺钉槽推荐值</th></tr>
<tr><th>间距 A /mm</th><th>槽数 Z /个</th><th>宽度 d /mm</th></tr>
<tr><td>160</td><td>400,500,630</td><td rowspan="2">130</td><td rowspan="2">25</td><td rowspan="2">—</td><td rowspan="2">1</td><td rowspan="2">14</td></tr>
<tr><td>200</td><td>400,500,630,800</td></tr>
<tr><td>250</td><td>400,500,630,800,
1000,1250(1400),1600</td><td rowspan="2">150</td><td rowspan="3">25</td><td rowspan="2">160</td><td rowspan="2">2</td><td>14</td></tr>
<tr><td>315
(300/320)</td><td>500,630,800,
1000,1400,1600</td><td rowspan="2">18</td></tr>
<tr><td>400</td><td>630,800,1000,1250,1600,2000</td><td rowspan="2">160</td><td>100</td><td rowspan="4">3</td></tr>
<tr><td>500</td><td>630,1000,1250,1600,2000</td><td rowspan="3">28</td><td rowspan="2">160</td><td rowspan="2">22</td></tr>
<tr><td>630(600)</td><td>800,1000,1250,1600,2000,2500</td><td rowspan="3">200</td></tr>
<tr><td>800</td><td>1000,1600,2000,2500</td><td rowspan="2">250</td><td rowspan="2">26</td></tr>
<tr><td>1000</td><td>1250,1600,2000,2500</td><td>30</td><td>4</td></tr>
</table>

表 11.53　圆形强力电磁吸盘（JB/T 10150—2011）

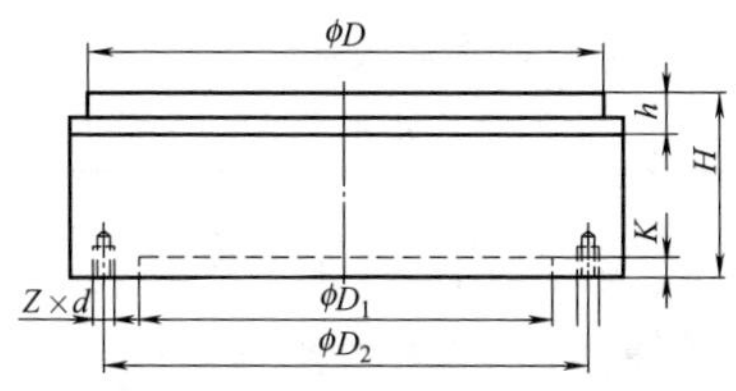

<table>
<tr><th rowspan="2">工作台面直径 D/mm</th><th rowspan="2">吸盘高度 H_{max} /mm</th><th rowspan="2">面板厚度 h_{min} /mm</th><th colspan="5">推荐值</th></tr>
<tr><th>D_1(H7) /mm</th><th>D_2 /mm</th><th>K /mm</th><th>Z /个</th><th>d /mm</th></tr>
<tr><td>250</td><td>100</td><td rowspan="2">18</td><td>200</td><td>224</td><td rowspan="3">5</td><td rowspan="2">4</td><td>M10</td></tr>
<tr><td>315(300、320)</td><td rowspan="2">110</td><td>250</td><td>280</td><td rowspan="4">M12</td></tr>
<tr><td>400</td><td rowspan="3">20</td><td>315</td><td>355</td><td rowspan="4">8</td></tr>
<tr><td>500</td><td rowspan="2">130</td><td>400</td><td>450</td><td rowspan="2">6</td></tr>
<tr><td>630(600)</td><td>500</td><td>560</td></tr>
<tr><td>800(780、750)</td><td>140</td><td rowspan="3">22</td><td>630</td><td>710</td><td>8</td><td rowspan="4">M16</td></tr>
<tr><td>1000</td><td rowspan="2">180</td><td>800</td><td>900</td><td rowspan="3">10</td><td rowspan="3">16</td></tr>
<tr><td>1250</td><td>1000</td><td>1140</td></tr>
<tr><td>1600</td><td rowspan="2">240</td><td rowspan="2">24</td><td>1400</td><td>1480</td></tr>
<tr><td>1800</td><td>1600</td><td>1700</td><td rowspan="2">12</td><td rowspan="4">32</td><td rowspan="4">M20</td></tr>
<tr><td>2000</td><td rowspan="2">260</td><td rowspan="3">30</td><td>1800</td><td>1890</td></tr>
<tr><td>2250</td><td>2000</td><td>2120</td><td>14</td></tr>
<tr><td>2500</td><td>280</td><td>2250</td><td>2370</td><td>16</td></tr>
</table>

第12章 磨工工具

磨工工具包括固结磨具（如砂轮、磨头、磨石、砂瓦等）和涂附磨具（如砂布、砂纸、砂盘等）、小型磨削机械和磨削用夹具和辅具。

12.1 砂轮

砂轮是装在砂轮机或磨床上，用来磨削刀具、零件、金属或非金属材料的磨削器具。

12.1.1 砂轮基本形状代号

部分砂轮的基本形状代号见表 12.1。

表 12.1 部分砂轮的基本形状代号（GB/T 2484—2018）

型号	示意图	形状和尺寸标记
1	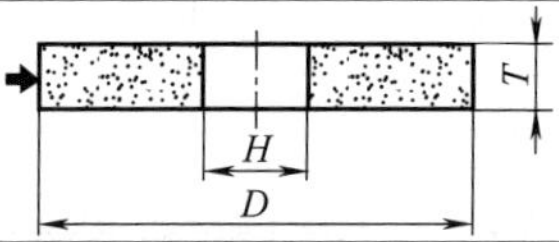 T H D	平形砂轮圆周型面 $D \times T \times H$
41	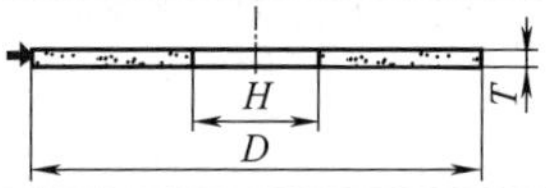 T H D	平行切割砂轮 $D \times T \times H$
36	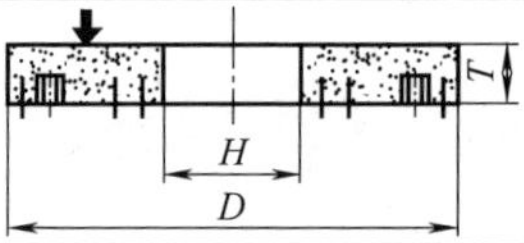 T H D	螺栓紧固 平行砂轮 $D \times T \times H$-嵌装螺母
37	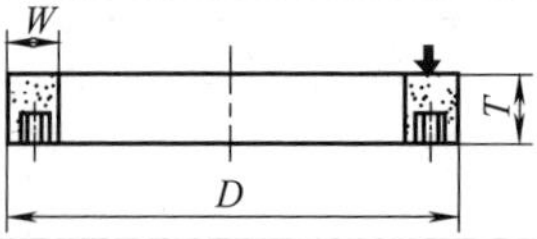 W T D	螺栓紧固筒形砂轮 $D \times T \times W$-嵌装螺母
35	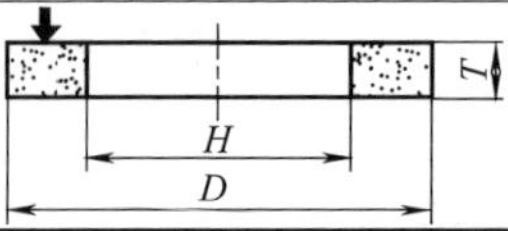 T H D	黏结或夹紧用圆盘砂轮 $D \times T \times H$

续表

型号	示意图	形状和尺寸标记
2	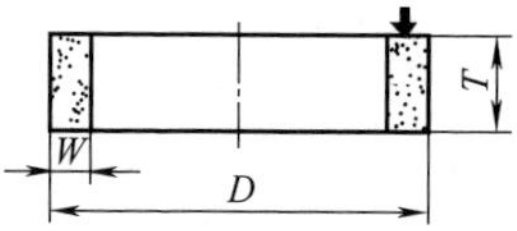	黏结或夹紧用筒形砂轮 $D \times T \times W$
3	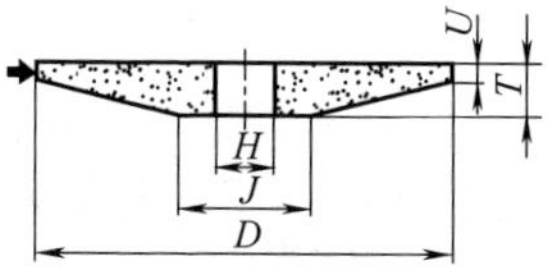	单斜边砂轮 $D/J \times T/U \times H$
4	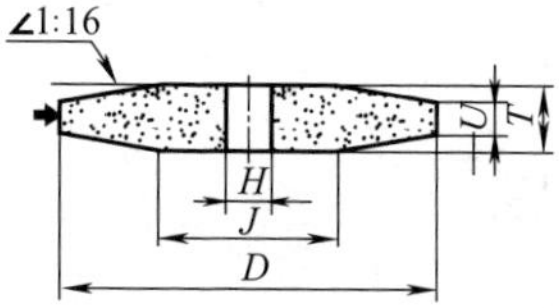	双斜边砂轮 $D \times T/U \times H$
38	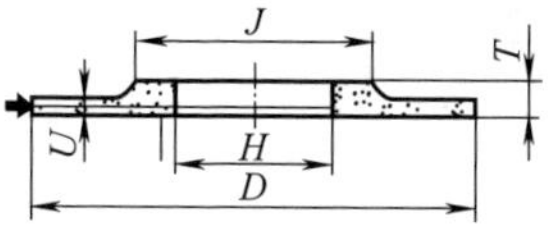	单面凸砂轮圆周型面 $D/J \times T/U \times H$
39	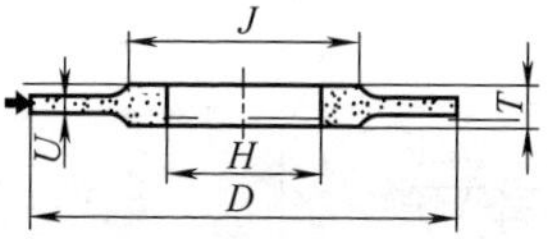	双面凸砂轮圆周型面 $D/J \times T/U \times H$
5	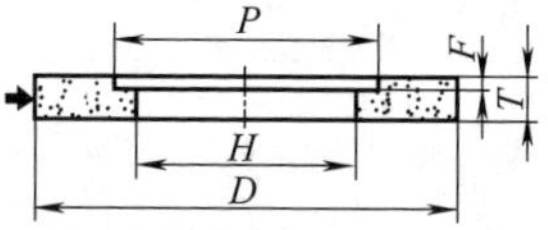	单面凹砂轮圆周型面 $D \times T \times H\text{-}P \times F$
7	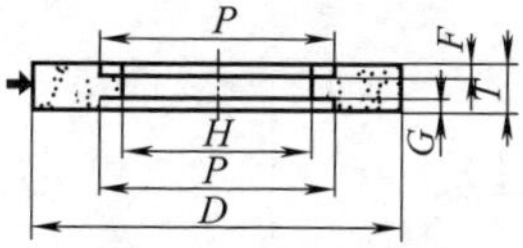	双面凹一号砂轮 圆周型面 $D \times T \times H\text{-}P \times F/G$
8	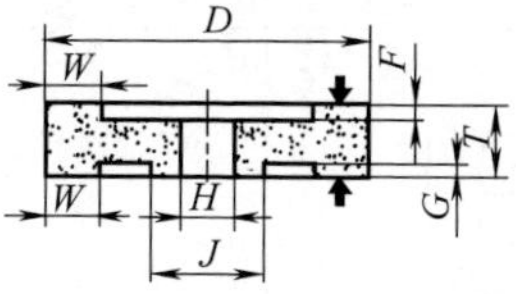	双面凹二号砂轮 $D \times T \times H\text{-}$ $W \times J \times F/G$

续表

型号	示意图	形状和尺寸标记
13	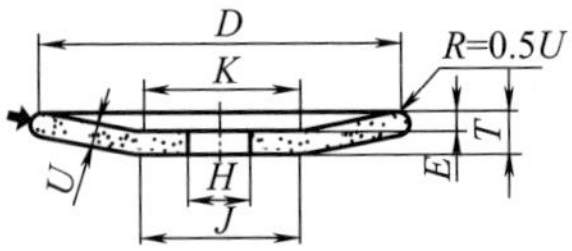	茶托形砂轮 D/J×T/ U×H-E
6	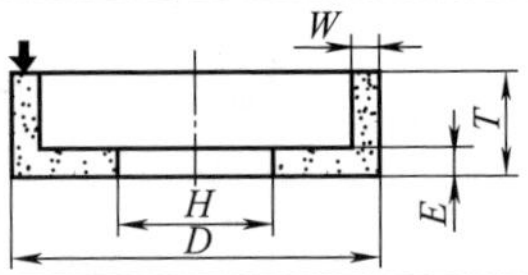	杯形砂轮 D×T×H-W×E
9	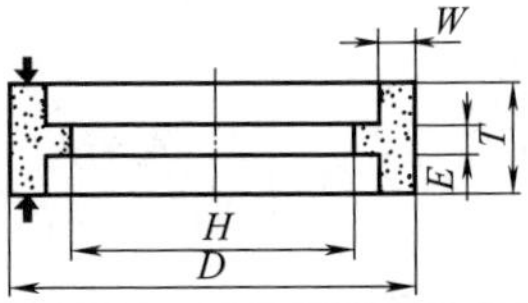	双杯形砂轮 D×T×H-X×E
11	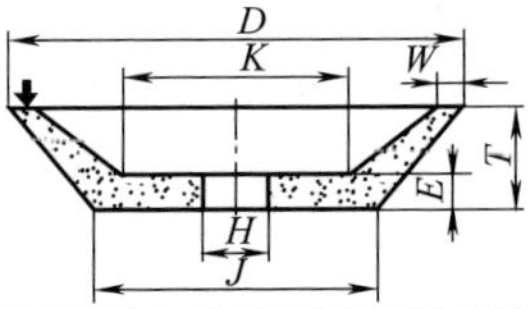	碗形砂轮 D/J×T×H-W×E
12	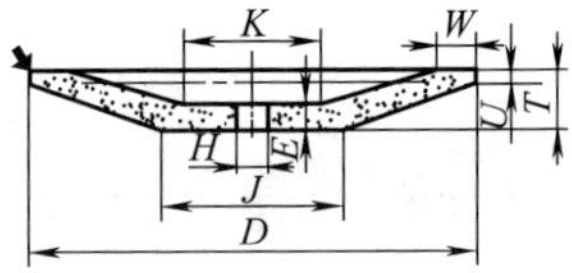	碟形砂轮 D/J×T/U ×H-W×E
12a	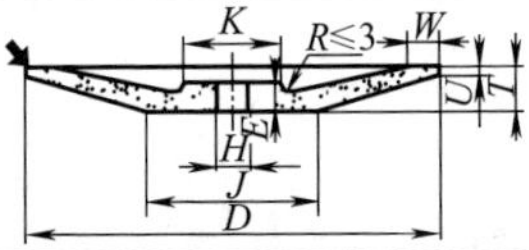	碟形一号砂轮 D/J×T/U ×H-W×E
12b	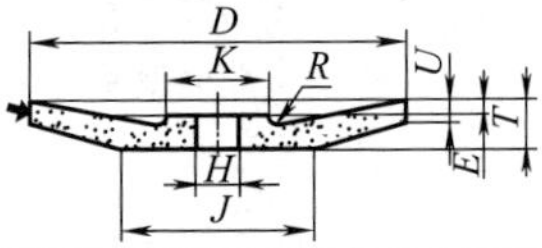	碟形二号砂轮 D/J×T/ U×H-E
20	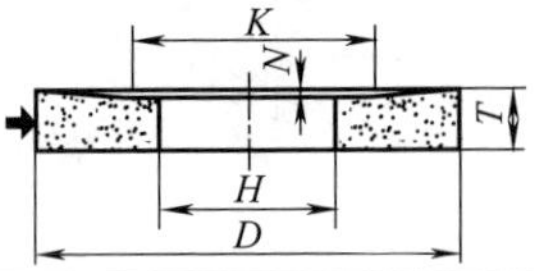	单面锥砂轮 D×T/N×H

续表

型号	示意图	形状和尺寸标记
21	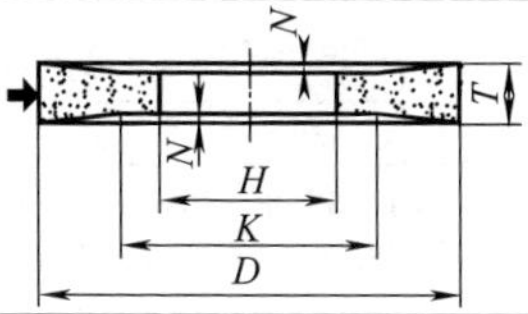 D; K; H; N; T	双面锥砂轮 $D \times T/N \times H$
22	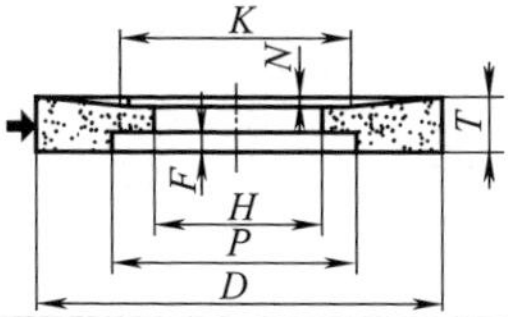 K; N; T; F; H; P; D	单面凹单面锥砂轮 $D \times T/N \times H\text{-}P \times F$
23	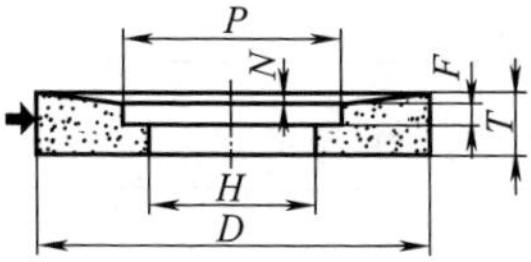 P; N; F; T; H; D	单面凹锥砂轮 $D \times T/N \times H\text{-}P \times F$
24	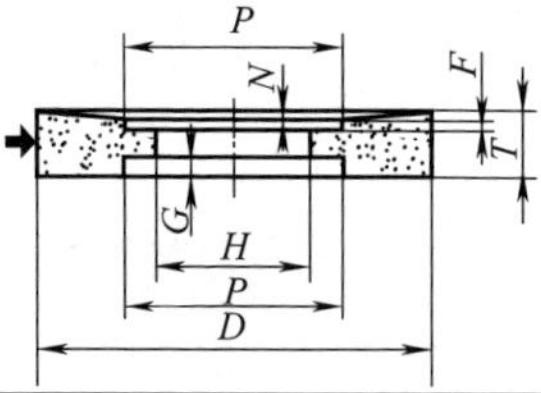 P; N; F; T; G; H; P; D	双面凹单面锥砂轮 $D \times T/N \times H\text{-}P \times F/G$
25	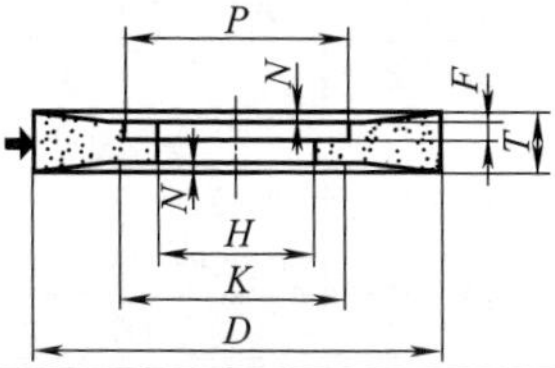 P; N; F; T; N; H; K; D	单面凹双面锥砂轮 $D \times T/N \times H\text{-}P \times F$
26	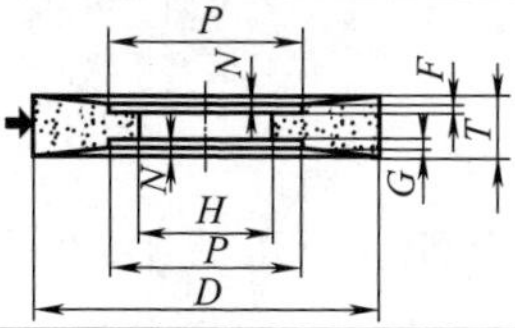 P; N; F; T; N; G; H; P; D	双面凹锥砂轮 $D \times T/N \times H\text{-}P \times F/G$
27	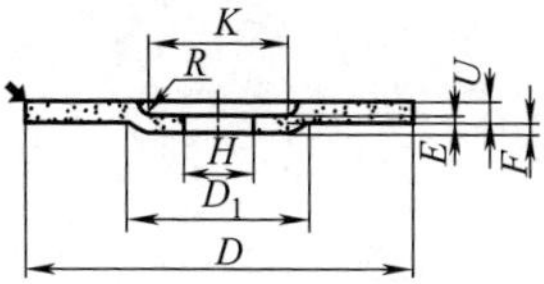 K; R; U; E; F; H; D_1; D	钹形砂轮（含半柔性砂轮） $D \times U \times H$

12.1.2 砂轮尺寸系列和主要尺寸

砂轮尺寸系列和主要尺寸见表12.2、表12.3。

表12.2 砂轮的尺寸系列 mm

参数	尺寸系列
外径 D	3,4,5,6,8,10,13,15,16,20,25,30.35,40,45,50,55,60,65,70,75,80,90,100,110,125,150,175,200,225,250,275,300,350,400,450,500,600,650,720,750,800,820,900,1065,1100,1200,1250,1400,1600
厚度 T	2,3,4,5,6,7,8,9,10,12,13,14,15,16,18,20,22,23,25,27,28,29,30,32,33,35,36,38,40,42,43,45,47,50,52,55,58,61,63,67,72,75,78,80,82,86,90,100,110,120,125,140,150,160,200,225,250,260,300,380,400,500,600
孔径 H	1,1.5,2,3,4,6,10,13,16,20,32,40,50,55,65,75,100,127,140,150,160,203,250,254,290,304.5,304.8,305,350,360,400,450

表12.3 砂轮的主要尺寸（GB/T 4127—2007）

类别	砂轮名称	形状代号	主要尺寸范围/mm		
			外径 D	厚度 T	孔径 H
外圆磨用砂轮	平行砂轮	1	300～900	32～200	75～305
	单面凹砂轮	5	300～600	40～150	127～250
	双面凹一号砂轮	7	300～900	50～150	127～305
	单面凹带锥砂轮	23	300～750	40～75	127～305
	双面凹带锥砂轮	26	500～900	63～100	305
	单面凸砂轮	38	500,600	16,20,25	305
	双斜边二号砂轮	1-N	600～900	25～200	305
无心外圆磨用砂轮	无心磨磨轮	1或7	300～750	100～600	127～350
	无心磨导轮	1	200～500	100～380	75～305
内圆磨用砂轮	平行砂轮	1	3～150	2～120	1～32
	单面凹砂轮	5	10～150	10～50	3～32
平面磨用砂轮	平行砂轮	1	150～900	13～300	32～305
	单面凹砂轮		同外圆磨用单面凹砂轮		
	双面凹一号砂轮		同外圆磨用双面凹一号砂轮		
端面磨用砂轮	螺栓紧固平行砂轮	36	300～1060	40～90	20～350
	筒形砂轮	2	90～600	80～100	7.5～60*
工具磨用砂轮	杯形砂轮	6	40～250	25～100	13～150
	碗形砂轮	11	50～300	25～150	13～140
	碟形一号砂轮	12a	75～800	8～35	13～400
	碟形二号砂轮	12b	225～450	18～29	40～127
	双斜边砂轮	4	125～500	8～32	20～305
	单斜边砂轮	3	75～750	6～50	13～305
	平行C型面砂轮	1-C	175～350	8～25	32～127

续表

类别	砂轮名称	形状代号	主要尺寸范围/mm		
			外径 D	厚度 T	孔径 H
砂轮机与修整用砂轮	平行砂轮	1	100～600	20～75	20～305
	钹形砂轮	27	80～230	3～10	10,22
特种磨削砂轮	磨曲轴用平行砂轮	1	650～1600	22～150	304.8,305
	磨滚动轴承用平行砂轮	1	10～600	2～80	3～203
	磨滚动轴承用弧形砂轮	1	250～600	8～45	75,203
	磨钢球砂轮	1	720～820	80～110	290～450
	磨针用双面J型面砂轮	7-J	400,450	150,200	100～150
	磨量规双面凹二号砂轮	8	150～250	10～40	32,75

12.2　普通砂轮

12.2.1　外圆磨砂轮

外圆磨砂轮安装在外圆磨床上，用其圆周或端面，对金属或非金属工件的外圆、内圆、平面和各种型面等进行粗磨、半精磨和精磨以及开槽和切断等。

按外圆磨砂轮的外形分类，有1型平形砂轮、5型单面凹砂轮、7型双面凹砂轮等13种。1型平形砂轮（按其尺寸的不同，分A系列和B系列）应用最为广泛，其规格见表12.4。

表12.4　1型平形砂轮的规格（GB/T 4127.1—2007）　mm

D	A系列 T									
	20	25	32	40	50	63	80	100	125	150
250	√	√	√	√						
300	√	√	√	√	√					
350/356		√	√	√	√	√				
400/406			√	√	√	√	√			
450/457			√	√	√	√	√			
500/508			√	√	√	√	√			
600/610				√	√	√	√	√		
750/762					√	√	√	√	√	
800/813					√	√	√	√	√	
900/914						√	√	√	√	√
1060/1067						√	√	√	√	√
1250						√	√	√	√	√

续表

D	B系列 T												
	19	25	32	40	50	63	75	80	100	120	125	150	200
300			√	√	√								
350			√	√	√								
400			√	√	√	√							
450			√	√	√	√	√						
500			√	√	√	√	√		√				
600			√	√	√	√	√		√		√		
700	√	√											
750							√		√		√	√	√
760				√									
900									√		√	√	√
915								√	√				
1100									√	√			

注：工件装夹在顶尖间。

砂轮的安装方法和故障排除

12.2.2 无心外圆磨砂轮

无心外圆磨砂轮用于旋转工件的外圆周边磨削。工件安放在导轮和砂轮之间托板上，通过导轮机械传动引向砂轮。有 1 型、5 型和 7 型三种，亦分 A、B 两个系列。其规格见表 12.5。

表 12.5 无心外圆磨砂轮的规格（GB/T 4127.2—2007） mm

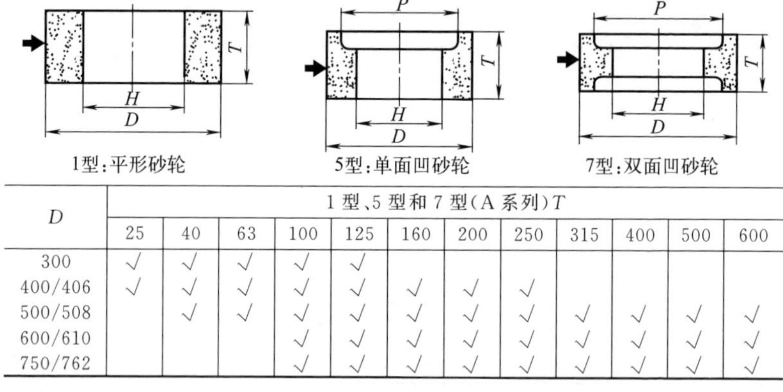

1型：平形砂轮　　5型：单面凹砂轮　　7型：双面凹砂轮

D	1 型、5 型和 7 型(A 系列) T											
	25	40	63	100	125	160	200	250	315	400	500	600
300	√	√	√	√	√							
400/406	√	√	√	√	√	√	√	√				
500/508		√	√	√	√	√	√	√	√	√	√	√
600/610				√	√	√	√	√	√	√	√	√
750/762				√	√	√	√	√	√	√	√	√

续表

D	1型和7型(B系列)T											
	100	125	150	200	225	250	300	340	380	400	500	600
300	√	√										
350		√	√									
400	√	√	√	√		√						
450			√	√								
500	√	√	√	√		√	√	√		√	√	√
600			√	√	√	√	√	√	√	√	√	
750				√		√	√			√	√	

12.2.3 内圆磨砂轮

内圆磨砂轮有1型和5型两种（各分为A、B两个系列）。1型内圆磨平形砂轮用于旋转工件的内圆周边磨削；5型单面凹砂轮用于内圆和平面磨削，外径较大者做外圆磨削（凹部是方便直径大、厚度薄的砂轮装法兰盘）。其规格见表12.6、表12.7。

表12.6　1型内圆磨平形砂轮规格（GB/T 4127.3—2007）　mm

D	A系列 T									
	6	10	13	16	20	25	32	40	50	63
6	√									
10	√	√	√	√	√					
13	√	√	√	√	√					
16	√	√	√	√	√					
20	√	√	√	√	√	√	√			
25	√	√	√	√	√	√	√			
32	√	√	√	√	√	√	√	√	√	
40	√	√	√	√	√	√	√	√	√	
50		√	√	√	√	√	√	√	√	√
63			√	√	√	√	√	√	√	√
80					√	√	√	√	√	√
100					√	√	√	√	√	√
125						√	√	√	√	√
150							√	√	√	√
200							√	√	√	√

续表

D	B系列 T																H
	6	8	10	13	16	20	25	30	32	35	40	50	63	75	100	120	
3	√	√	√	√	√												1
4	√	√	√	√	√	√											1.5
5	√	√	√	√	√	√											2
6	√	√	√	√	√	√											
8	√	√	√	√	√	√	√	√	√								3
10	√	√	√	√	√	√	√	√	√								
13		√					√	√	√								4
16	√	√	√	√	√	√											
		√					√	√	√								6
20		√						√		√	√	√	√	√			
25	√	√	√	√	√	√	√	√	√	√	√	√					
							√	√	√	√	√	√					10
30	√	√	√	√	√	√	√	√	√	√	√	√	√	√	√		
35	√	√	√	√	√	√	√	√	√	√	√	√	√				
38											√						
	√	√	√	√	√	√	√	√	√	√	√	√					
40		√						√		√							13
	√	√	√	√	√	√	√	√	√	√	√	√	√				16
45	√	√	√	√	√	√	√	√	√	√	√	√					
50	√	√	√	√	√	√	√	√	√	√	√	√					13
	√	√	√	√	√	√	√	√	√	√	√	√	√				16
60	√	√	√	√	√	√	√	√	√	√	√	√					
	√	√	√	√	√	√	√	√	√	√	√	√	√	√	√		20
70	√	√	√	√	√	√	√	√	√	√	√	√	√	√	√		
80	√	√	√	√	√	√	√	√		√				√	√		
90	√	√	√	√	√	√	√	√	√	√	√	√	√	√	√		
100													√	√	√	√	
125													√	√	√	√	32
150													√	√	√	√	

表 12.7 5型单面凹内圆磨平形砂轮规格（GB/T 4127.3—2007）

mm

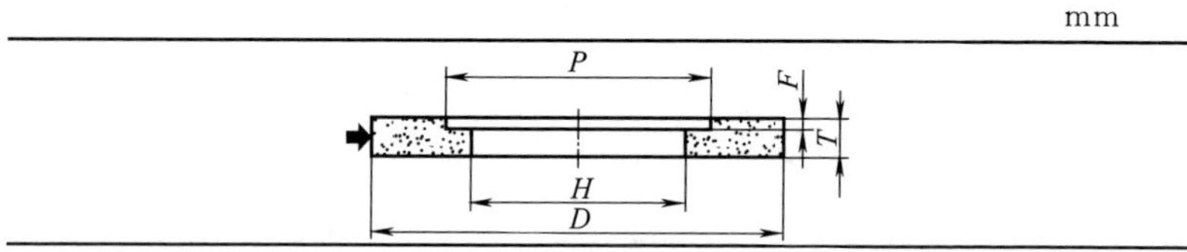

续表

A系列							
D	*T*	*H*	*P*	*D*	*T*	*H*	*P*
13	13	4	8	50	16,25,40	20	32
16	10,16	6	10	80	40,50,63	20	45
20	13,20	6	13	100	40,50,63	32	50
25	10,16,25	6,10	16	125	40,50,63	32	63
32	13,20,32	10	16	150	40,50,63	32	80
40	16,25,40	13	20	200	50,60	32	100

B系列											
D	10	13	16	20	25	32	40	50		*H*	*P*
	F										
	5	6	8	10	13	16	20	25	30		
10		√								3	6
13	√		√							4	
16		√		√						6	10
20			√		√						
25		√	√	√	√	√					13
30					√	√	√			10	16
35					√	√	√				20
40					√		√				
					√		√		√	13	20
						√	√			16	20,25
50					√		√	√			
60			√			√					32
					√	√	√		√	20	
70					√	√	√	√	√		32,40
80				√		√	√	√	√		
100						√	√	√			50
125						√		√			65
								√		32	
150						√		√			85

12.2.4 平面磨削用周边磨砂轮

砂轮主轴为卧式布置的磨削称为周边磨削（图 12.1）。

平面磨削用周边磨砂轮有 12 种，以 1 型平形、5 型单面凹和 7 型双面凹用得较多（各有 A、B 两个系列）。其规格见表 12.8～表 12.10。

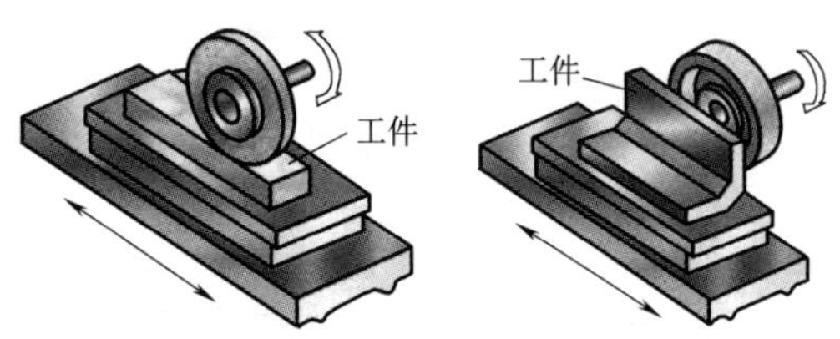

图 12.1 周边磨削

表 12.8 1 型平形周边砂轮规格（GB/T 4127.4—2008） mm

D	A系列 T							
	13	20	25	32	50	80	100	160
150	√							
180	√							
200	√	√						
	√	√						
250		√	√	√				
		√	√	√	√	√		
300		√	√	√	√	√		
		√	√	√	√	√		
350/356				√	√	√		
				√	√	√		
400/406				√	√	√	√	
500/508					√	√	√	√
					√	√	√	√
600/610					√	√	√	√
750/762					√	√	√	√

D	B系列 T												
	13	16	20	25	32	40	50	63	75	80	100	125	150
200	√		√	√									
250		√	√	√	√								
300			√	√	√	√	√		√	√			
300						√			√				
350					√	√	√						

续表

D	B系列 T												
	13	16	20	25	32	40	50	63	75	80	100	125	150
350						√							
400					√	√	√	√					
400					√	√	√	√					
450					√	√	√	√	√	√			
450					√	√	√	√	√	√			
500					√	√	√	√	√	√	√		
600					√	√	√	√	√	√	√	√	√

表 12.9　5 型单面凹周边砂轮规格（GB/T 4127.4—2008）　mm

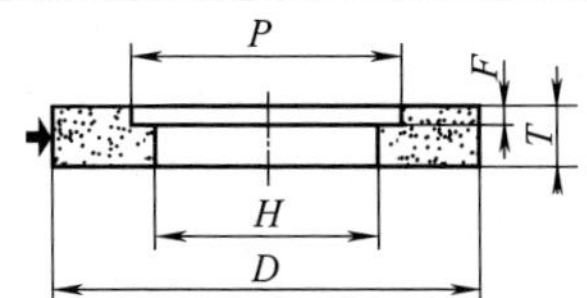

A 系列

D	T	D	T	D	T
150	25,32	350/356	40,50	500/508	63,80
180	25,32	400/406	40,50	600/610	63,80,100
200	25,32	450/457	40,50	750/762	63,80,100
250	32,40		63,80	900/914	63,80,100
300	40,50	500/508	40,50		

B 系列

D	T	D	T	D	T
300	40,50	400	50	500	100,150
350	40,63	500	63,75,75	600	75,100,150

表 12.10　7 型双面凹周边砂轮规格（GB/T 4127.4－2008）mm

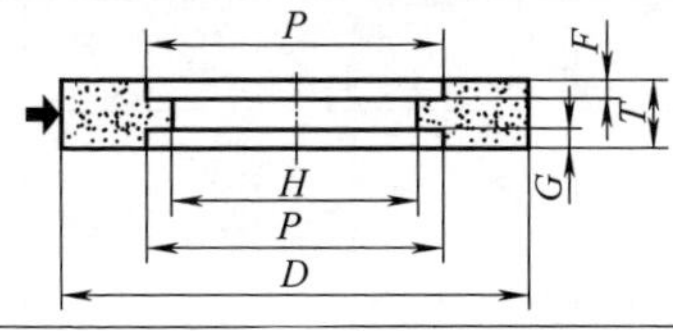

A 系列

D	T	D	T	D	T
300	40,50	450/457	63,80	600/610	50,63,80,100
350/356		500/508	40,50	750/762	80,100
450/457			63,80	900/914	

续表

B系列					
D	*T*	*D*	*T*	*D*	*T*
300	50	500	50,63	600	100,150
350	63		75,100	750	63,75
400	50	600	50,63,75	900	63,75,100

12.2.5 平面磨削用端面磨砂轮

砂轮主轴为立式布置的磨削称为端面磨削（图 12.2），用于大工件磨削。

平面磨削用端面磨砂轮有 6 种，其中以 2 型筒形砂轮（有 A、B 两个系列）、6 型（只有 A 系列）杯形砂轮用得较多。

本节仅介绍其中的 2 型和 6 型两种。

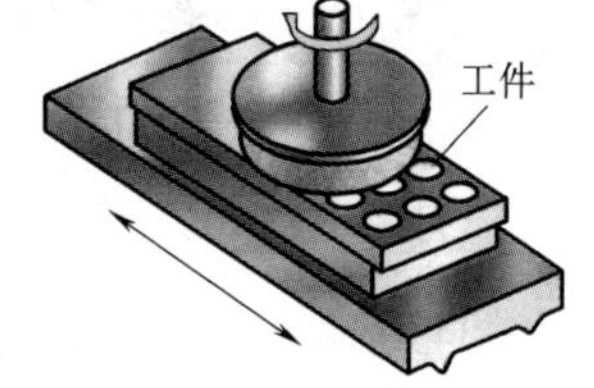

图 12.2 端面磨削

规格见表 12.11 和表 12.12。

表 12.11 2 型黏结或夹紧用筒形砂轮规格（GB/T 4127.5—2008）

mm

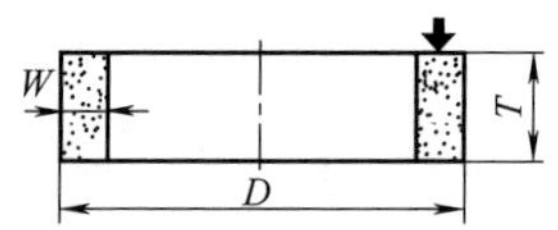

A系列			B系列		
D	*T*	*W*	*D*	*T*	*W*
150	80	16	90	80	7.5,10
180		20	250	125	25
200	100	20	300	75	50
250		25		100	25
300		32	350	125	35,50
350/356	125	40	450	125,150	35,100
400/406			500	150	60
450/457			600	100	60
500/508	125	50			
600/610		63			

表 12.12　6 型杯形砂轮的尺寸（GB/T 4127.5—2008）　mm

D	T	D	T	D	T
125	63	200	100	250	125
150	80		125	300	100
180	80	250	100		125

12.2.6　手持式电动工具用切割砂轮

用于手持式电动工具的切割，有 41 型平形和 42 型钹形两种（各有 A、B 两个系列）。其规格见表 12.13、表 12.14。

表 12.13　41 型平形砂轮规格（GB/T 4127.16—2007）　mm

D	A 系列 T					
	1	1.6	2	2.5	3.2	4
80	√	√	√	√		
100	√	√	√	√		
115	√	√	√	√	√	
125	√	√	√	√	√	
150			√	√	√	
180			√	√	√	
230			√	√	√	
300					√	√
350/356						√

D	B 系列 T								
	1	1.2	1.6	2	2.5	3	3.2	3.5	4
76	√	√	√	√	√				
100/103	√	√	√	√	√	√			
105	√	√	√	√	√	√			
115	√	√	√			√			
125	√	√	√			√			
150						√			
180						√			
230						√			
300/305					√	√	√	√	√
350/355					√	√	√	√	√

表 12.14 42 型钹形砂轮尺寸规格（GB/T 4127.16—2007）mm

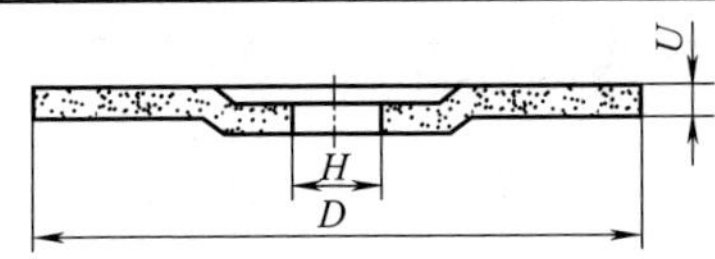

A 系列				B 系列					
D	U			D	U				
	2	2.5	3.2		1.6	2	2.5	3	3.2
80	√	√	√	100/103	√	√	√	√	√
100	√	√	√	115	√	√	√	√	√
115	√	√	√	125	√	√	√	√	√
125	√	√	√	150	√	√	√	√	√
150	√	√	√	180	√	√	√	√	√
180	√	√	√	230		√	√	√	√
230	√	√	√						

12.2.7 切割机用切割砂轮

切割机用切割砂轮用于固定式或移动式切割机的切割，有 41 型平形和 42 型钹形两种（各有 A、B 两个系列）。其规格见表 12.15、表 12.16。

表 12.15 41 型切割机用砂轮规格（GB/T 4127.15—2007）mm

D	A 系列 T														
	0.6	0.8	1.25	1.6	2	2.5	3.2	4	5	6	8	10	13	16	20
63	√	√	√	√	√										
80	√	√	√	√	√										
100	√	√	√	√	√										
125	√	√	√	√	√	√									
150	√	√	√	√	√	√									
200				√	√	√	√								
250				√	√	√	√								
300						√	√	√							
350/356						√	√	√							
400/406							√	√	√						

续表

D	A系列 T														
	0.6	0.8	1.25	1.6	2	2.5	3.2	4	5	6	8	10	13	16	20
450/457							√	√	√						
500/508								√	√	√					
600/610									√	√	√				
750/762										√	√				
800										√	√	√			
1000											√	√	√		
1250												√	√		
1500													√	√	
1800														√	√

D	B系列 T															
	0.5	0.8	1	1.2	1.5	1.6	2	2.5	3	3.2	3.5	4	5	6	8	14
50	√	√	√		√		√		√							
76			√	√		√	√	√								
80	√		√		√		√	√	√	√						
100/103	√	√	√	√	√	√	√	√	√	√						
105			√	√		√	√	√	√							
115			√	√	√	√	√	√	√							
125	√	√	√	√	√	√	√	√	√			√	√			
180				√		√	√	√	√							
230						√	√	√	√					√		
250			√		√		√	√	√	√	√	√	√	√		
280												√	√	√		
300/305							√	√	√	√	√	√				
350/355								√	√	√	√	√				
400/405								√	√	√	√	√				
500/508											√	√	√	√		
600														√	√	
750															√	
1250																√

表 12.16　42型切割机用砂轮的规格（GB/T 4127.16—2007）

mm

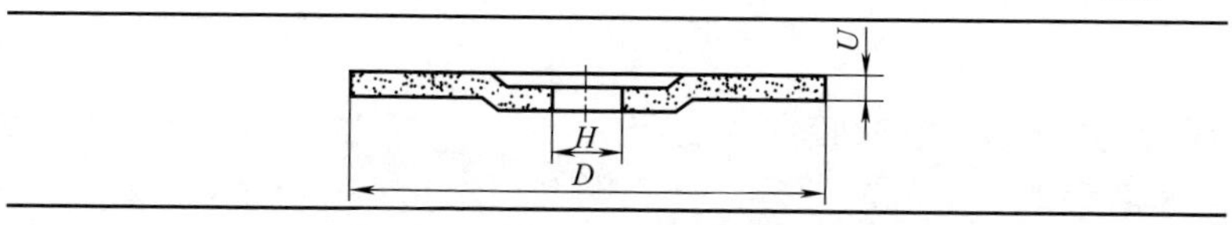

续表

D	U						
	4	5	6	8	10	13	16
400/406	√	√	√				
450/457	√						
500/506			√				
600/610			√	√			
800				√	√		
1000					√	√	
1250						√	√

12.2.8 树脂重负荷磨削砂轮

其基本尺寸见表 12.17。

表 12.17 树脂重负荷磨削砂轮的基本尺寸（JB/T 3631—2017）

mm

D	T(A 系列)							H
	40	50	63	80	100	125	152	
406	√	√						152.4
508	√	√	√					152.4/203.2
600			√	√	√	√		203.2/304.8
762			√	√	√	√		203.2/304.5
914					√	√	√	304.8

<table>
<tr><th rowspan="2">D</th><th colspan="10">T(B 系列)</th><th rowspan="2">H</th></tr>
<tr><th>40</th><th>50</th><th>63.5</th><th>75</th><th>76.5</th><th>80</th><th>100</th><th>102</th><th>125</th><th>152</th></tr>
<tr><td rowspan="2">400</td><td rowspan="2">√</td><td rowspan="2">√</td><td rowspan="2">—</td><td>√</td><td rowspan="2">—</td><td rowspan="2">—</td><td rowspan="2">—</td><td rowspan="2">—</td><td rowspan="2">—</td><td rowspan="2">—</td><td>127</td></tr>
<tr><td>—</td><td>152.4</td></tr>
<tr><td rowspan="2">500</td><td rowspan="2">√</td><td rowspan="2">√</td><td rowspan="2">√</td><td rowspan="2">—</td><td rowspan="2">—</td><td>—</td><td>—</td><td rowspan="2">—</td><td rowspan="2">—</td><td rowspan="2">—</td><td>127/152.4</td></tr>
<tr><td>√</td><td>√</td><td>203</td></tr>
<tr><td rowspan="2">600</td><td rowspan="2">—</td><td rowspan="2">—</td><td rowspan="2">√</td><td rowspan="2">√</td><td rowspan="2">√</td><td rowspan="2">√</td><td>√</td><td rowspan="2">√</td><td rowspan="2">√</td><td rowspan="2">—</td><td>203</td></tr>
<tr><td>—</td><td>305</td></tr>
<tr><td>750</td><td>—</td><td>—</td><td>√</td><td>√</td><td>√</td><td>√</td><td>—</td><td>√</td><td>—</td><td>—</td><td>203/305</td></tr>
<tr><td>900</td><td>—</td><td>—</td><td>—</td><td>—</td><td>—</td><td>—</td><td>—</td><td>√</td><td>√</td><td>√</td><td>305</td></tr>
</table>

注：“√”表示有此规格。

12.2.9 树脂和橡胶薄片砂轮

其基本尺寸见表 12.18。

表 12.18　树脂和橡胶薄片砂轮的基本尺寸（JB/T 6353—2015）

mm

D	T									H
	0.5	0.8	1	1.5	2	2.5	3	4	5	
50	√	√	√	√	√		√			6
	□	√			△					10
60			√							6
80							√			
				□						10
	□		□	□	□		√			20
100							√		√	6
	□	□	□	□	□		□			16,20,22
125	□	√	□	□	□	□	□			
	□	□	□	□	□	□	□	□	△	32
150	□	△	□	□	□	□	□			25,25.4
	□	□	□	□	□	√	□	□		32
175			√	√	√					25
	△	□	□	□						32
180	□	√	√		√					25,25.4
	□	√	√		√					32
200			□	□	□	√	□			25
		△	□	□	□	√	□			32
250					△					25
			√	□	□	√	□			32
300					√		□			25
					□	□	□	√		32
								√		40
400							√	√		25
							□	√		32
							√			40
500									√	32

注：√表示树脂结合剂，△表示橡胶结合剂，□表示树脂或橡胶结合剂。

12.3 超硬磨具

超硬磨具是指用金刚石或立方氮化硼制成的砂轮、磨头和磨石。其中砂轮的类型分平行系列、杯碗碟形系列、筒形系列、专用加工系列共 4 类。其适用于磨削硬质合金及硬脆性金属材料的平面、外圆、内圆以及无心磨、成形磨、切割加工等。

12.3.1 超硬磨具的类别和代号

其类别和代号见表 12.19。

表 12.19 超硬磨具的类别和代号（GB/T 41403—2022）

<table>
<tr><th>种类</th><th>系列</th><th>名称</th><th>代号</th></tr>
<tr><td rowspan="12">砂轮</td><td rowspan="5">平行系列</td><td>平行砂轮</td><td>1A1、1A8、1A1R、1A6Q、1DD1、1E6Q、1EE1V、1F1、1FF1、1GN1、1 L1、1V1</td></tr>
<tr><td>单面凸砂轮</td><td>3A1</td></tr>
<tr><td>斜边砂轮</td><td>4ET1</td></tr>
<tr><td>双面凹砂轮</td><td>9A1、9A3</td></tr>
<tr><td>双面凸砂轮</td><td>14A1、14E1、14E6Q、14EE1、14F1</td></tr>
<tr><td rowspan="3">杯碗碟形系列</td><td>杯形砂轮</td><td>6A2、6A9</td></tr>
<tr><td>碗形砂轮</td><td>11A2、11A9、11V2、11V9</td></tr>
<tr><td>碟形砂轮</td><td>12A2、12V9、11V9、13A2、13BT1</td></tr>
<tr><td colspan="2">筒形系列</td><td>2F2/1、2F2/2、2F2/3、2A2T</td></tr>
<tr><td rowspan="3">专用加工系列</td><td>磨量规砂轮</td><td>14A3</td></tr>
<tr><td>磨边砂轮</td><td>1DD6Y、2D9、14A1、9A1</td></tr>
<tr><td>磨盘砂轮</td><td>1A2T、6A2T、12A2T、4A2H、4A2B</td></tr>
<tr><td colspan="3">磨头</td><td>1A1W、1F1W</td></tr>
<tr><td rowspan="2">磨石</td><td colspan="2">带柄磨石</td><td>HA、HH、HEE</td></tr>
<tr><td colspan="2">珩磨磨石</td><td>HMA/R、HMA、HMH/1、HMH/2、HMA/α、HMAA</td></tr>
</table>

12.3.2 金刚石或立方氮化硼磨具

金刚石或立方氮化硼磨具包括相应的砂轮、磨头和磨石，品种很多。这里只介绍 1A1 型平行砂轮和 1A8 型平行砂轮两种，其他品种可参阅 GB/T 41403—2022 原文。具体见表 12.20～表 12.22。

表 12.20 平行砂轮 1A1 型的基本尺寸（GB/T 41403—2022）

mm

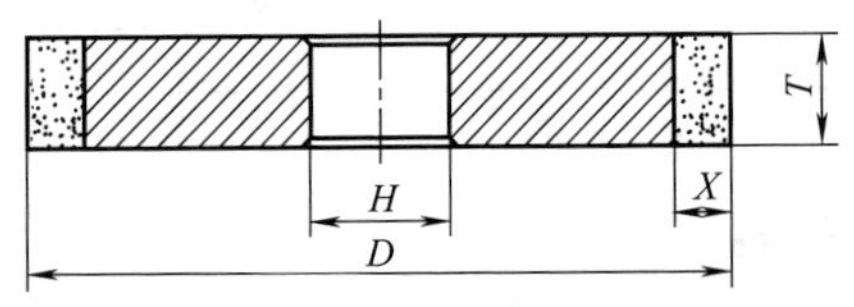

<table>
<tr><th>D</th><th>T</th><th>H</th><th>X</th></tr>
<tr><td>40,45,50,55</td><td rowspan="2">0.2～40</td><td>10,12,12.7,13,16,20</td><td>3,4,5,10</td></tr>
<tr><td>60,65,70</td><td>10,12,12.7,13,16,19.05,20,25.4,31.75,32</td><td>5,6,10</td></tr>
<tr><td>75,80</td><td>0.4～45</td><td>10,12,13,16,19.05,20,25.4,31.75,32</td><td>5,6,10</td></tr>
</table>

续表

<table>
<tr><th>D</th><th>T</th><th>H</th><th>X</th></tr>
<tr><td>100</td><td>0.4～35</td><td>12,20,25.4,31.75,32,40</td><td rowspan="5">5,6,8,
10,12</td></tr>
<tr><td>125</td><td>0.8～35</td><td>20,25.4,31.75,32,40</td></tr>
<tr><td>150</td><td rowspan="2">1～35</td><td>20,25.4,31.75,32,40,50.8</td></tr>
<tr><td>175</td><td rowspan="2">31.75,32,40,50.8</td></tr>
<tr><td>180</td><td rowspan="2">1～40</td></tr>
<tr><td>200</td><td>31.75,32,40,50.8,75,76.2</td><td rowspan="2">5,6,8,10,
12,20</td></tr>
<tr><td>250</td><td>2～50</td><td>32,50.8,75,76.2,101.6,127</td></tr>
<tr><td>300
350</td><td>3～50</td><td>75,76.2,101.6,120,127,203
75,76.2,101.6,127,152.4,203</td><td rowspan="2">5,6,8,
10,15,20</td></tr>
<tr><td>400</td><td>3～60</td><td>127,152,203,305</td></tr>
<tr><td>450,500,600</td><td>12～75</td><td>203,203.2,304.8,305</td><td rowspan="2">5,6,10,15</td></tr>
<tr><td>700,750
800,850,900</td><td>12～100
18～100</td><td>304.8,305</td></tr>
</table>

注：D<40mm 的尺寸由供需双方商定。

表 12.21　平形砂轮 1A1 型（用于无心磨削）基本尺寸（GB/T 41403—2022）

mm

<table>
<tr><th>D</th><th>T</th><th>H</th><th>X</th></tr>
<tr><td>100</td><td>50,60,100</td><td rowspan="2">31.75,32,35,50</td><td rowspan="4">3,5</td></tr>
<tr><td>125</td><td rowspan="2">50,60,100,125</td></tr>
<tr><td>150</td><td>31.75,32,35,50,70</td></tr>
<tr><td>160</td><td>50,60,100,120</td><td>31.75,32,35,50</td></tr>
<tr><td>176</td><td>50,60,80,100,120,125</td><td>31.75,32,35,50,75</td><td rowspan="3">3,5,6,10</td></tr>
<tr><td>200
250</td><td>50,60,100,120,125
50,100,125</td><td>50,75,80</td></tr>
<tr><td>300</td><td>80,100,125,150,200</td><td>120,127</td></tr>
<tr><td>350
400</td><td>120,125,150,200
120,150,200</td><td>127,203
127,152.4,203,228.6</td><td>5,6,10</td></tr>
<tr><td>450
500
600,700</td><td>150,200,250,300
150,200,225,300,400,600
150,200,250,300,400</td><td>203,228,250,305
203,250,254,304.8,305
304.8,305</td><td>5,6,10,15</td></tr>
</table>

表 12.22　平形砂轮 1A8 型基本尺寸（GB/T 41403—2022）mm

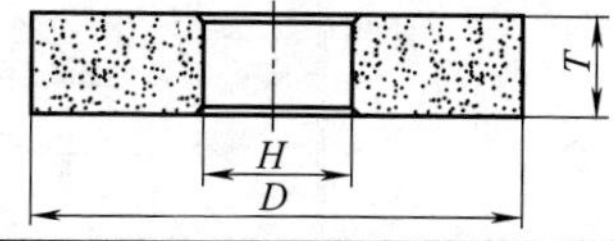

续表

D	T	H
6	4,6,8	2
7	6	3
8	6,8,10	
10	6,8,10,12	
12	8,10,12	3,4,6
14,15	8,10,12,14	6
16,18,20	8,10,12,14,16	6,8,10
23,25,28,30,35,40	12,14,16,18,20,23	6,8,10,14

注：$D<6$mm 的尺寸由供需双方商定。

12.4 其他磨工工具

12.4.1 粗磨磨石

磨石主要用于零件粗磨（可与研磨液一起使用）。其形状代号见表 12.23。

表 12.23 部分磨石的基本形状代号（GB/T 2484—2018）

型号	示意图	形状和尺寸标记	型号	示意图	形状和尺寸标记
90	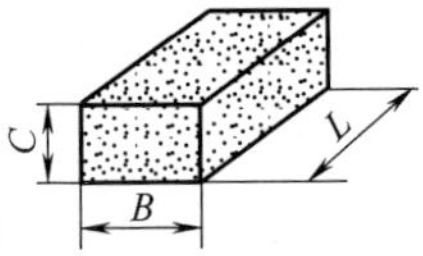	长方磨石 9010 型 $B\times C\times L$	90	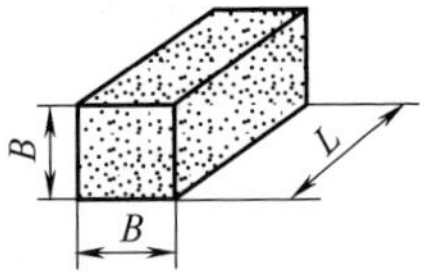	正方磨石 9011 型 $B\times L$
	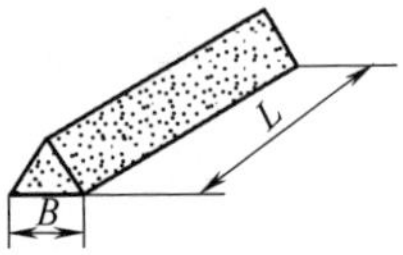	三角磨石 9020 型 $B\times L$		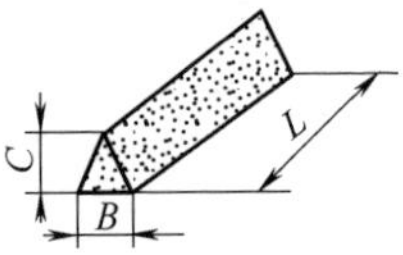	刀形磨石 9021 型 $B\times C\times L$
	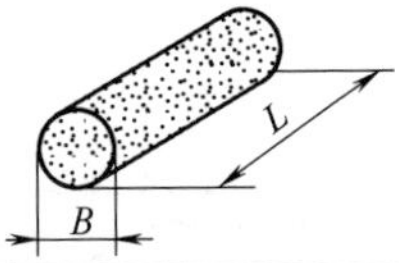	圆形磨石 9030 型 $B\times L$		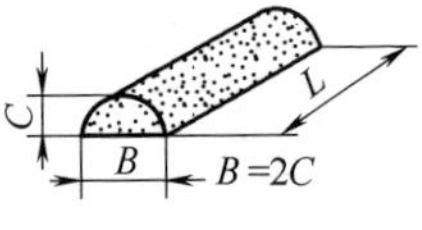 $B=2C$	半圆磨石 9040 型 $B\times C\times L$
54	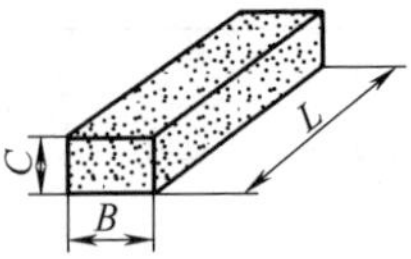	长方珩磨石 5410 型 $B\times C\times L$	54	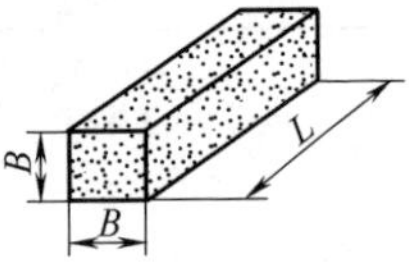	正方珩磨石 5411 型 $B\times L$

续表

型号	示意图	形状和尺寸标记	型号	示意图	形状和尺寸标记
54		筒形珩磨石 5420 型 $D \times T \times H$			

12.4.2 珩磨和超精磨磨石

用于加工平面或外圆表面以及螺旋表面或其他形面。其基本尺寸见表 12.24。

表 12.24　5400 型磨石的基本尺寸（GB/T 4127.10—2008）mm

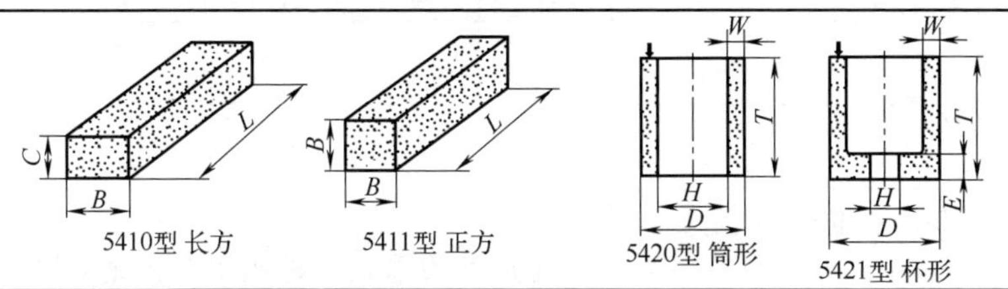

5410型 长方　5411型 正方　5420型 筒形　5421型 杯形

5410 磨石(A 系列)

B	C	L	B	C	L	
3	2	30	10	8	100	注：除指定长度外，亦可为 25、30、40、50、60、80、100、125、150、200、300
4	3	40	13	10	150	
6	5	50	15	12	150	
8	6	80/100				

5410 磨石(B 系列)

磨石种类	B	C	L
超精磨石	4,6,8,10,13,16,20 25,32,40,50,63	3,4,6,8,10,13,16 20,25,32,40	20,25,32,40,50,63 80,100,125,150
珩磨磨石	6 13 16	5 10 13	63 100,125 160

5411 磨石(A 系列)

B	L	B	L	B	L	
2	25	6	80	15	150	注：除指定长度外，亦可为 25、30、40、50、60、80、100、125、150、200、300
3	40	8	100	15	200	
4	50	10	100	20	200	
5	60	13	150	25	300	

续表

5411 磨石(B 系列)						
磨石种类	*B*			*L*		
超精磨石	3,4,6,8,10,13,16,20 25,32,40,50,63			20,25,32,40,50,63 80,100,125,160		
磨石种类	*B*	*L*	*B*	*L*	*B*	*L*
珩磨磨石	4	10	8	80	13,16	160
	6	50	13	100	16	200
	6	100	10,13	125	20,25	250

5420 磨石(A 系列)					
D	*T*	*H*	*D*	*T*	*H*
30	30	20	35	25	10
30	40	25	40	32	28

5421 磨石(A 系列)						
D	*T*	*H*	*D*	*T*	*H*	*W*、*E*
40	40	12	50	45	12	$W<0.17D$ $E>0.20T$
34	30		38	35		
40	50	20	65	50	20	
30	40		55	40		

12.4.3 手持抛光石

适用于对各种工件表面的生成和刃磨，工件用手持，抛光磨石手工拉动。其基本尺寸见表 12.25。

表 12.25 手持抛光石的基本尺寸（GB/T 4127.11—2008）mm

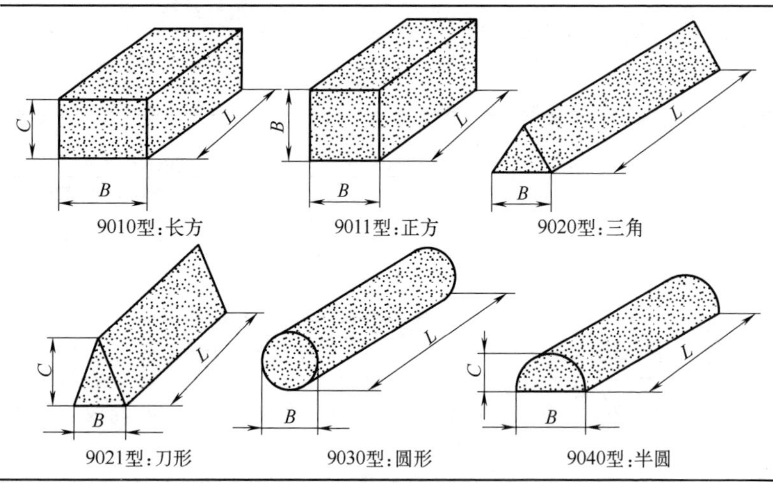

9010型:长方 9011型:正方 9020型:三角

9021型:刀形 9030型:圆形 9040型:半圆

续表

9010 型(长方抛光石)A 系列

B	C	L	B	C	L	B	C	L
6	3	100	16	8	150	20	15	200
10	5		15	10		30	20	
13	6		20	10		50	25	
25	13		50	25				

9010 型(长方抛光石)B 系列

B	C	L	B	C	L
20	6,10	125	30	13	200
20,25	10,13,16	150	40	20,25	
50	15/10①		50	15/10①	
①双面厚度,分别为 15 和 10			75	50	

9011 型(正方抛光石)A 系列

B	L	B	L	B	L
6	100	13,16	150	25	150
10	—	20		20	200

9011 型(正方抛光石)B 系列

B	L	B	L	B	L	B	L
8,13,16	100	25	200	25,40	250	50	100

9020 型(三角抛光石)A 系列

B	L	B	L	B	L	B	L
6,8,10,13	100	10,13,16	150	20	200	25,30	250

9020 型(三角抛光石)B 系列

B	L	B	L	B	L	B	L
8	150	20	150	16	200	25	300

9021 型(刀形抛光石)B 系列

B	C	L	B	C	L	B	C	L
10	25	150	10	30	150	20	50	150

9030 型(圆形抛光石)A 系列

B	L	B	L	B	L	B	L
6,8,10	100	10,13,16	150	20	200	25	250

9030 型(圆形抛光石)B 系列

B	L
20	150

9040 型(半圆抛光石)A 系列

B	L	B	L	B	L	B	L
6,8,10	100	10,13,16	150	20	200	25	250

9040 型(半圆抛光石)B 系列

$B=2C$	L
25	200

12.4.4 磨头

磨头用于磨削一般砂轮不能磨削的工件形状。其形状代号见表 12.26。

表 12.26 部分磨头的基本形状代号（GB/T 2484—2018）

型号	示意图	形状和尺寸标记	型号	示意图	形状和尺寸标记
16	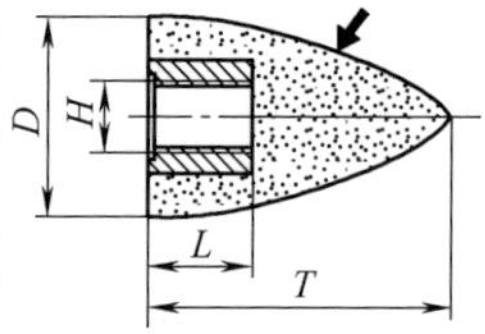 D H L T	椭圆锥磨头 $D\times T$-$H\times L$	17	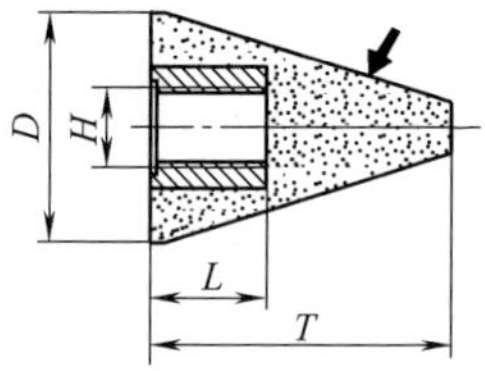 D H L T	方头锥磨头 $D\times T$-$H\times L$
17R	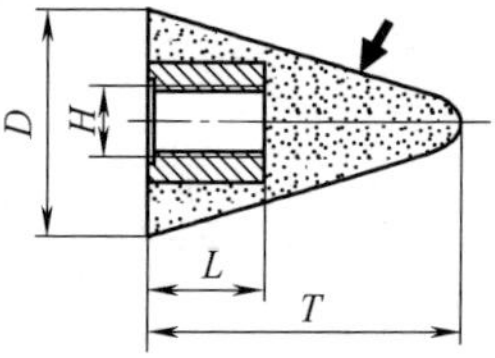 D H L T	圆头锥磨头 $D\times T$-$H\times L$	18	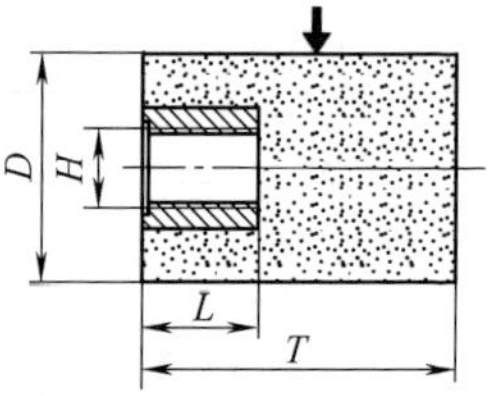 D H L T	平头圆柱形磨头 $D\times T$-$H\times L$
18R	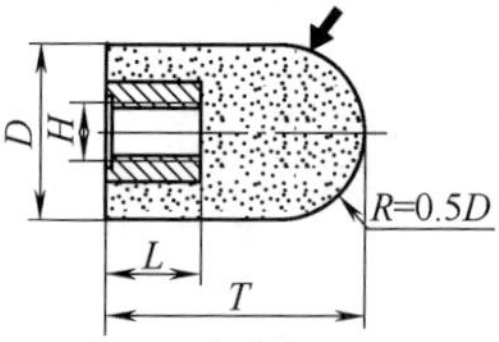 D H L T R=0.5D	圆头圆柱形锥磨头 $D\times T$-$H\times L$	19	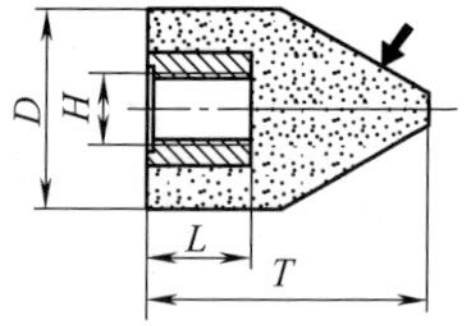 D H L T	端面方头锥磨头 $D\times T$-$H\times L$
19R	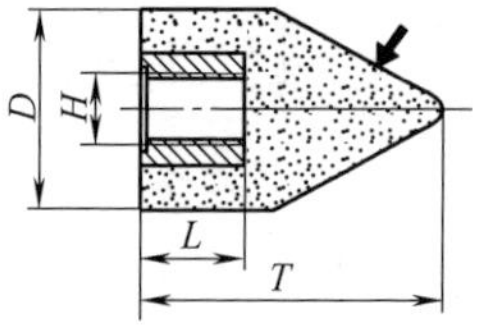 D H L T	端面圆头锥磨头 $D\times T$-$H\times L$			

12.4.5 砂布

装在机具上（或用手工）磨削金属工件表面，去除毛刺、锈斑或磨光表面。其规格见表 12.27。

表 12.27　砂布的规格（JB/T 3889—2006）

宽×长/mm		
宽×长/mm	页状 S	230×280
	卷状 R	(50,100,150,200,230,300,600,690,920)×(25000,50000)
磨料代号		棕刚玉,代号为 A
黏结剂		动物胶,合成树脂
磨料粒度号		P8,P10,P12,P14,P16,P20,P24(4＃一习惯称呼,下同),P30(3 1/2＃),P36(3＃),P40,P50,(2 1/2＃),P60(2＃),P70,P80(1 1/2＃),P100(1＃),P120(0＃),P150(2/0＃),P180(3/0＃),P220,P240(4/0＃),P320,P400

12.4.6　砂纸

按用途分有干磨砂纸和耐水砂纸等，前者用于磨光竹木器表面，后者用于在水或油中磨光金属或非金属工件表面。按形状分有页状砂纸、卷状砂纸和带状砂纸。其规格见表 12.28。

表 12.28　砂纸的规格

品种	尺寸规格/mm
砂页(S)(GB/T 15305.1—2005)	$T\times L$:230×280,140×230,115×280,115×140,140×230,93×230,70×230,70×115 (T 为宽度,L 为长度。下同)
砂卷(GB/T 15305.2—2008)	T=12.5,25,35,40,50,100,125,150,200,230,300,600,690,920,1000,1150,1250,1370
	L=25000,50000
砂带(R)(GB/T 15305.3—2009)(优先选用部分)	T=6;L=457,520,533,610 T=10;L=330 T=14;L=330,457,480,520,610,760,1120 T=20;L=450,480,520,610,2000,2500,3500,4000 T=25;L=450,480,610,760,1000,2000,2500,3500
	T = 30; L = 450, 620, 800, 1000, 1250, 1500, 2000, 2500, 3500,4000
	T=40;L=450,620,750,800,1200,1500,1650,2000,2500,3500,4000
	T=50;L=450,620,750,800,1000,1250,1500,1600,2000, T=60;L=400,2250,2500,3000,3500 T=65;L=410
	T=75;L=457,480,533,610,1500,2000,2250,2500,3000,3500,4000
	T = 100; L = 560, 610, 620, 800, 860, 900, 1000, 1100, 1500, 1800,2000,2500,3000,3500,4000,8500,9000

续表

品种	尺寸规格/mm
砂带(R) (GB/T 15305.3—2009) (优先选用部分)	$T=120$；$L=450,1500,2000,2500,3000,3500,4000,7000,7600,7800,8000$
	$T=150$；$L=1500,1750,2000,2250,2500,3000,3500,4000,5000,6000,6500,7000,7100,7200,7500,7700,7800,9000$
	$T=200$；$L=550,750,1500,1600,1800,1850,2000,2500,3000,3500$
	$T=250$;$L=750,1800,2500,3000$ $T=300$;$L=2000,2500,3000,3500,4000$ $T=400$;$L=1900,3200,3300$ $T=630$;$L=1900$ $T=930$;$L=1525,1900,2300$ $T=1100$;$L=1900,2100$ $T=1120$;$L=1900,2200,2620$ $T=1150$;$L=1900,2200,2500,2620$ $T=1300$;$L=1900,2620,3250$ $T=1320$;$L=1900,2500,2620,3200$ $T=1350$;$L=1900,2100,2620,2800,3150,3250,3800$ $T=1400$;$L=1900,2500,2620,2800,3150,3250,3810$

12.4.7 金刚石砂轮整形刀

其规格见表 12.29。

表 12.29 金刚石砂轮整形刀

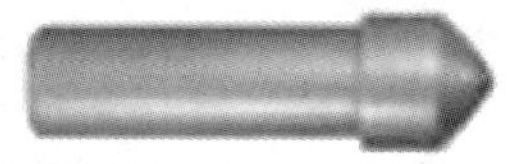

金刚石型号	每粒金刚石质量/mg	适用修整砂轮尺寸范围(直径×厚度)/mm	金刚石型号	每粒金刚石质量/mg	适用修整砂轮尺寸范围(直径×厚度)/mm
100～300	20～60	≤100×12	800～1000	160～200	300×15～400×20
300～500	60～100	100×12～200×12	1000～2500	200～500	400×20～500×30
500～800	100～160	200×12～300×15	≥3000	≥600	≥500×40

注：金刚石角度有 60°、90°、100°、120°等，柄部尺寸 ϕ12mm×120mm。

12.5 砂轮机和磨光机

砂轮机用圆周面对大型、笨重钢铁件进行去毛刺、除锈，去除焊接件上的焊渣、焊瘤，磨平金属表面，去除金属氧化皮和锈蚀等磨削作业，有手持式直向砂轮机和台式砂轮机、落地式砂轮机等。

12.5.1　直向电动砂轮机

直向电动砂轮机是采用平行砂轮，以单相串励电动机为动力，通过齿轮传动驱动砂轮，用圆周面对钢铁进行磨削作业的双重绝缘手持式工具，由电动机、机壳、齿轮箱、防护罩、后直手柄、长端盖、开关、不可重接插头和砂轮等组成（图 12.3）。

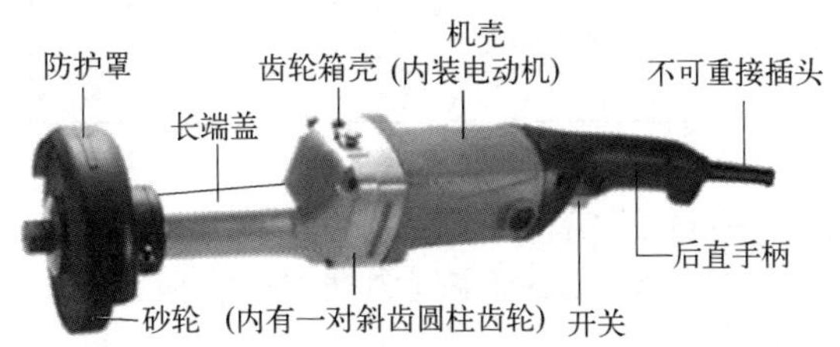

图 12.3　直向气动砂轮机的结构

直向气动砂轮机的型号表示方法是：

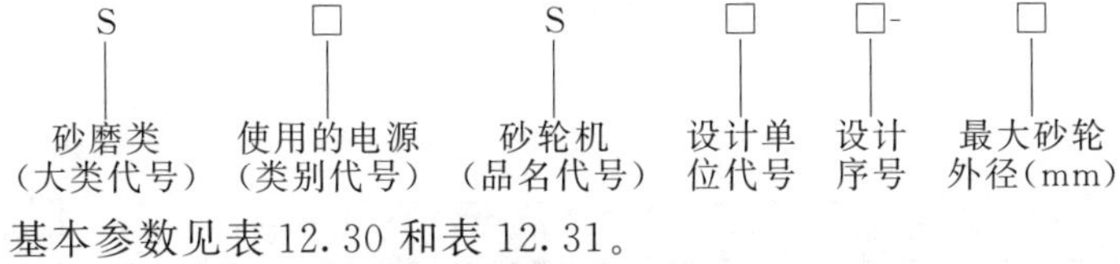

基本参数见表 12.30 和表 12.31。

表 12.30　单相串励和三相中频砂轮机基本参数（GB/T 22682—2008）

规格/mm		额定输出功率(≥)/W	额定扭矩(≥)/N·m	空载转速(≤)/(r/min)	许用砂轮安全线速度/(m/s)
ϕ80×20×20(13)	A	200	0.36	11900	—
	B	280	0.40		
ϕ100×20×20(16)	A	300	0.50	≤9500	
	B	350	0.60		
ϕ125×20×20(16)	A	380	0.80	≤7600	≥50
	B	500	1.10		
ϕ150×20×32(16)	A	520	1.35	≤6300	
	B	750	2.00		
ϕ175×20×32(20)	A	800	2.40	≤5400	
	B	1000	3.15		

注：括号内数值为 ISO 603 的内孔值。

表 12.31 三相工频砂轮机基本参数（GB/T 22682—2008）

<table>
<tr><th colspan="2">规格
/mm</th><th>额定输出功率(≥)
/W</th><th>额定扭矩(≥)
/N·m</th><th>空载转速(≤)
/(r/min)</th><th>许用砂轮安全线速度
/(m/s)</th></tr>
<tr><td rowspan="2">ϕ125×20×20(16)</td><td>A</td><td>250</td><td>0.85</td><td rowspan="6"><3000</td><td rowspan="6">≥35</td></tr>
<tr><td>B</td><td rowspan="2">350</td><td rowspan="2">1.20</td></tr>
<tr><td rowspan="2">ϕ150×20×32(16)</td><td>A</td></tr>
<tr><td>B</td><td rowspan="2">500</td><td rowspan="2">1.70</td></tr>
<tr><td rowspan="2">ϕ175×20×32(20)</td><td>A</td></tr>
<tr><td>B</td><td>750</td><td>2.40</td></tr>
</table>

注：括号内数值为 ISO 603 的内孔值。

12.5.2 直向气动砂轮机

直向气动砂轮机是以压缩空气为动力的直柄式砂轮机。其基本参数见表 12.32。

表 12.32 直向气动砂轮机的基本参数（JB/T 7172—2016）

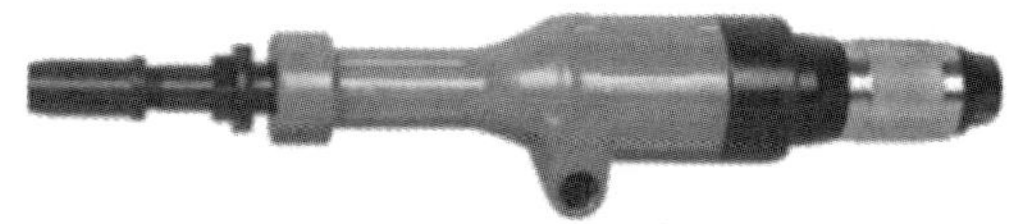

<table>
<tr><td colspan="2">产品系列</td><td>40</td><td>50</td><td>60</td><td>80</td><td>100</td><td>150</td></tr>
<tr><td colspan="2">空转转速/(r/min)</td><td colspan="2">≥17500</td><td>≤16000</td><td>≤12000</td><td>≤9500</td><td>≤6600</td></tr>
<tr><td rowspan="2">负荷性能</td><td>主轴功率/kW</td><td colspan="2">—</td><td>≥0.36</td><td>≥0.44</td><td>≥0.73</td><td>≥1.14</td></tr>
<tr><td>单位功率耗气量
/[L/(s·kW)]</td><td colspan="2">—</td><td>≤36.27</td><td colspan="2">≤36.95</td><td>≤32.87</td></tr>
<tr><td colspan="2">噪声(声功率级)/dB(A)</td><td colspan="2">≤95</td><td>≤100</td><td colspan="3">≤105</td></tr>
<tr><td colspan="2">机重(不包括砂轮质量)/kg</td><td>≤1.0</td><td>≤1.2</td><td>≤2.1</td><td>≤3.0</td><td>≤4.2</td><td>≤6.0</td></tr>
<tr><td colspan="2">气管内径/mm</td><td>6</td><td>10</td><td colspan="2">13</td><td colspan="2">16</td></tr>
</table>

注：验收气压为 0.63MPa。

直向砂轮机的使用方法和操作规程

直向砂轮机的注意事项和故障维修

12.5.3 角向气动砂轮机

角向气动砂轮机是以压缩空气为动力的砂轮机。其基本参数见表 12.33。

表 12.33 角向气动砂轮机基本参数 (JB/T 10309—2011)

产品系列	砂轮最大直径/mm	空转转速/(kr/min)	空转耗气量/(L/s)	主轴功率/kW	耗气量/[L/(s·kW)]	空转噪声/dB(A)	气管内径/mm	机重/kg
100	100	≤14	≤30	≥0.45	≤27	≤108	13	≤2.0
125	125	≤12	≤34	≥0.50	≤36	≤109	13	≤2.0
150	150	≤10	≤35	≥0.60	≤35	≤110	13	≤2.0
180	180	≤8.4	≤36	≥0.70	≤34	≤110	13	≤2.5

注：1. 产品的验收气压为 0.63MPa。
2. 机重不包括砂轮的质量。

12.5.4 端面式气动砂轮机

端面式气动砂轮机以压缩空气为动力。其基本参数见表 12.34。

表 12.34 端面式气动砂轮机的基本参数 (JB/T 5128—2015)

<table>
<tr><th rowspan="2">产品系列</th><th colspan="2">配装砂轮直径/mm</th><th rowspan="2">空转转速/(r/min)</th><th rowspan="2">功率/kW</th><th rowspan="2">单位功率耗气量/[L/(s·kW)]</th><th rowspan="2">空转噪声(声功率级)/dB(A)</th><th rowspan="2">气管内径/mm</th><th rowspan="2">机重/kg</th></tr>
<tr><th>钹形</th><th>碗形</th></tr>
<tr><td>100</td><td>100</td><td>—</td><td>≤13000</td><td>≥0.5</td><td>≤50</td><td rowspan="2">≤102</td><td rowspan="2">13</td><td>≤2.0</td></tr>
<tr><td>125</td><td>125</td><td rowspan="2">100</td><td>≤11000</td><td>≥0.6</td><td rowspan="2">≤48</td><td>≤2.5</td></tr>
<tr><td>150</td><td>150</td><td>≤10000</td><td>≥0.7</td><td>≤106</td><td rowspan="2">16</td><td>≤3.5</td></tr>
<tr><td>180</td><td>180</td><td>150</td><td>≤7500</td><td>≥1.0</td><td>≤46</td><td>≤113</td><td>≤4.5</td></tr>
<tr><td>200</td><td>205</td><td rowspan="2">150</td><td rowspan="2">≤7000</td><td>≥1.5</td><td rowspan="2">≤44</td><td>≤113</td><td rowspan="2">16</td><td>≤4.5</td></tr>
<tr><td>230</td><td>—</td><td>≥2.1</td><td>≤110</td><td>≤5.5</td></tr>
</table>

注：1. 配装砂轮的允许线速度，钹形砂轮应不低于 80m/s；碗形砂轮应不低于 60m/s。
2. 验收气压为 0.63MPa。
3. 机重不包括砂轮。

12.5.5 轻型台式砂轮机

轻型台式砂轮机有单相和三相两种，各有基本型和多能型，用于对零件磨削、去毛刺及修磨刀具等。其参数见表 12.35。

单相感应式砂轮机适用于缺乏三相电源的修理工场、实验室和家庭作坊使用，三相感应式砂轮机主要适用于一般工矿企业和修理工场使用。

表 12.35 轻型台式砂轮机的参数（JB/T 6092—2007）

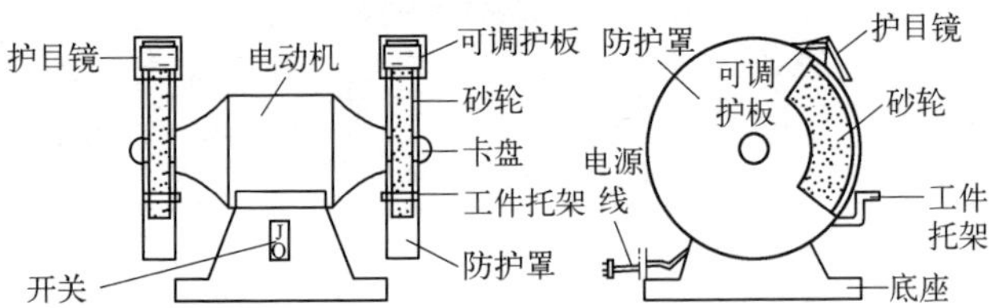

最大砂轮直径/mm	100	125	150	175	200	250
砂轮厚度/mm	16	16	16	20	20	25
额定输出功率/W	90	120	150	180	250	400
电机同步转速/(r/min)	3000					
最大砂轮直径/mm	100,125,150,175,200,250			150,175,200,250		
使用电动机种类	单相感应电动机			三相感应电动机		
额定电压/V	220			380		
额定频率/Hz	50					

12.5.6 台式砂轮机

台式砂轮机是用来刃磨各种刀具、工具的常用设备，转速高、结构简单、适用面广，一般为手工操作。有单相感应式和三相感应式等种类。其参数见表 12.36。

表 12.36 台式砂轮机的参数（JB/T 4143—2014）

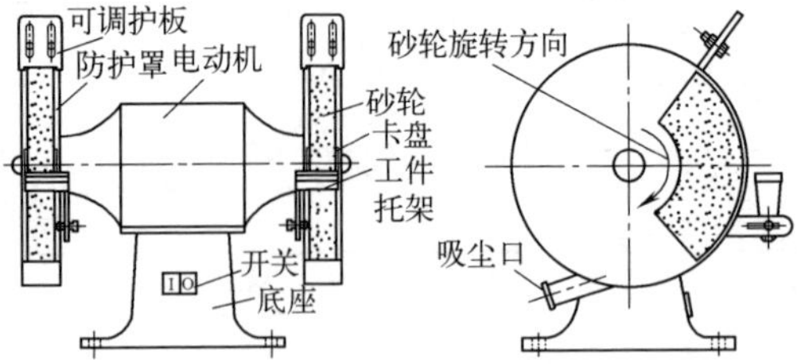

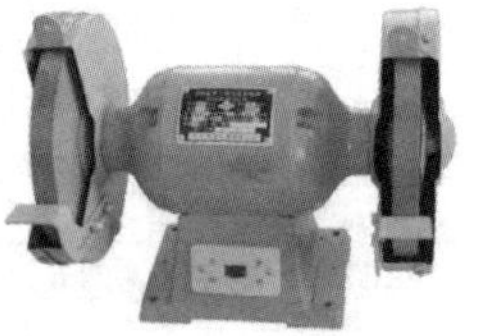

续表

最大砂轮直径/mm	150	200	250
砂轮厚度/mm	20	25	25
砂轮孔径/mm	32	32	32
额定输出功率/kW	0.25	0.50	0.75
同步转速/(r/min)	3000	3000	3000
电动机额定电压/kV	380(220)		
额定频率/Hz	50		

12.5.7 落地砂轮机

落地砂轮机包括自驱式砂轮机、他驱式砂轮机（图 12.4）和

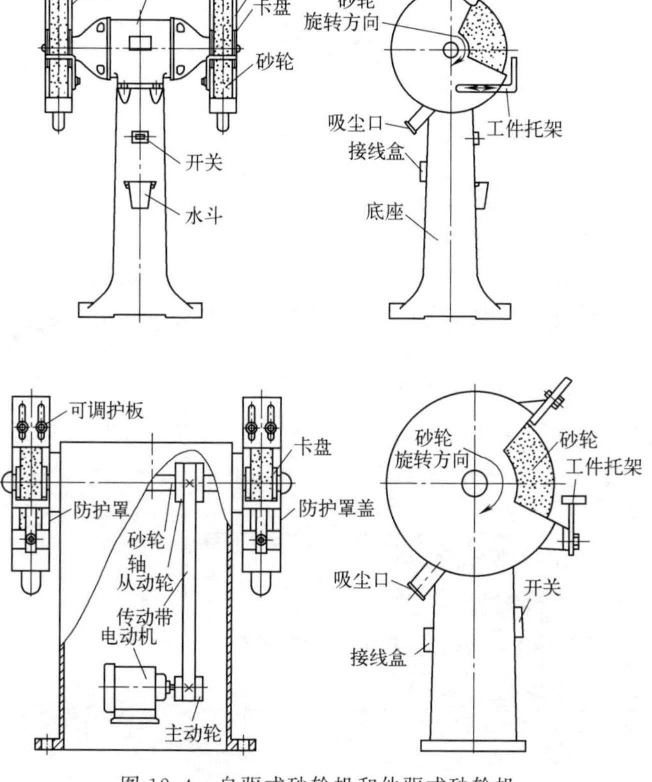

图 12.4　自驱式砂轮机和他驱式砂轮机

除尘砂轮机三种，用于对零件磨削、去毛刺、清理铸件及修磨刀具等。除尘砂轮机是在基型砂轮机的基础上，增加落地除尘箱装配而成的，除尘箱内装有吸尘器。落地砂轮机的参数见表 12.37。

表 12.37　落地砂轮机的参数（JB/T 3770—2017）

最大砂轮直径/mm	200	250	300	350	400	500	600
砂轮厚度/mm	25		40			50	65
砂轮孔径/mm	32		75		127	203	305
额定输出功率/kW	0.5	0.75	1.5	1.75	2.2①	4.0	5.5
同步转速/(r/min)	3000		1500 3000	1500		1000	
额定电压/V	380						
额定频率/Hz	50						

① 他驱式砂轮机的额定输出功率为 3.0kW。

落地砂轮机的使用方法和注意事项

12.5.8　角向磨光机

角向磨光机（图 12.5）是用交直流两用单相串励和三相中频电源，带动纤维增强钹形砂轮进行磨削的工具。其用于金属表面及焊接工程坡口，焊缝表面的修磨，小型钢的剖割；换上钢丝轮或磨盘上粘贴不同程序的砂纸抛光布，可用于金属表面的除锈和磨光，喷漆腻子底层的磨平，表面的砂磨和抛光（木材等非金属的表面）。

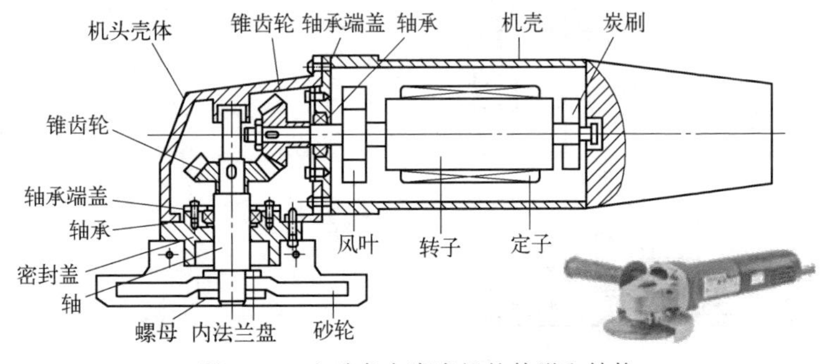

图 12.5　电动角向磨光机的外形和结构

标记表示方法是：

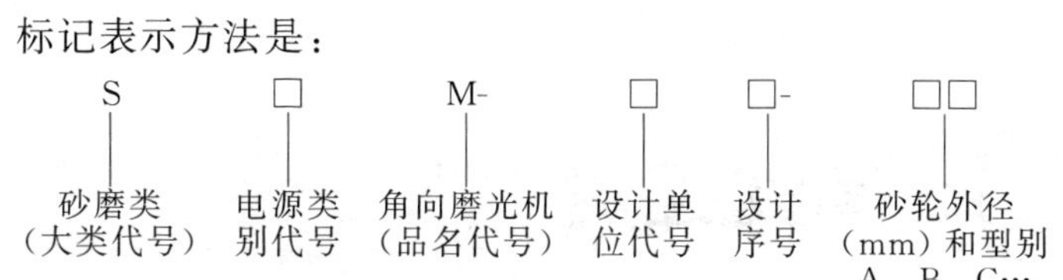

基本参数见表 12.38。

表 12.38　角向磨光机的基本参数（GB/T 7442—2007）

规格		额定输出功率(≥)/W	额定扭矩/N·m	规格		额定输出功率(≥)/W	额定扭矩/N·m
砂轮直径/mm(外径×内径)	类型			砂轮直径/mm(外径×内径)	类型		
100×16	A	200	0.30	150×22	A	500	0.80
	B	250	0.38	180×22	C	710	1.25
115×22	A	250	0.38		A	1000	2.00
	B	320	0.50		B	1250	2.50
125×22	A	320	0.50	230×22	A	1000	2.80
	B	400	0.63		B	1250	3.55

S1M 系列电动角向磨光机的技术数据见表 12.39。

表 12.39　S1M 系列电动角向磨光机的技术数据

型号 YB-	01-100	02-100	03-100	01-125	01-150	01-180
电源	220V,50Hz					
砂轮最大外径/mm	100			125	150	180
砂轮孔径/mm	16			22		
额定输入功率(≥)/W	1100	650	680	1200	1400	2200
额定转速/(r/min)	12000			9000	8000	7500
净重/kg	2.0	1.7	1.8	3.0	3.1	5.8

生产商：江苏优博机械有限公司。

砂磨机的故障和维修

第13章 管工工具

13.1 管工工具

13.1.1 管子钳

用途：用于紧固或拆卸金属管和其他圆柱形零件。

分类：按钳柄所用材料分为铸钢（铁）型（代号 Z）、锻钢型（代号 D）、铸铝型（代号 L）；按活动钳口螺纹部与钳柄体的相对位置分为通用型（无代号）和角度型（代号 J）；按钳柄体是否伸缩分为伸缩型（代号 S）和非伸缩型（无代号）（图 13.1～图 13.5）。

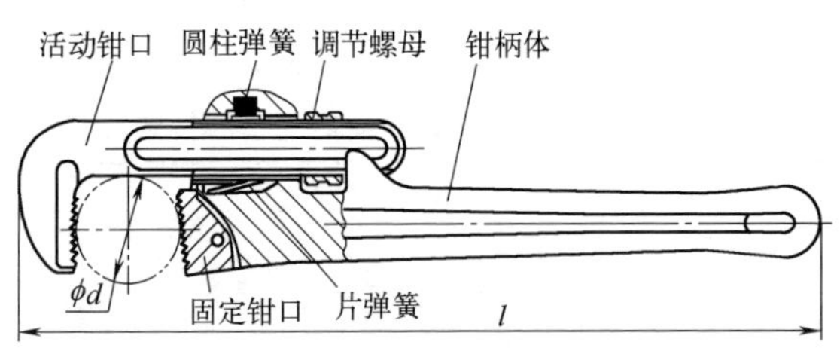

图 13.1　铸钢（铁）通用型管子钳（Z 型）

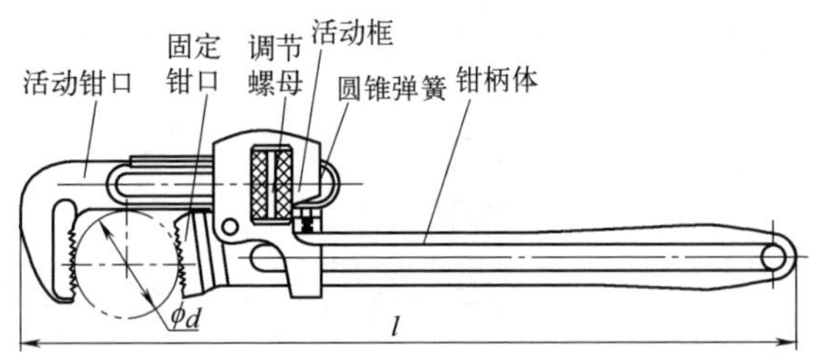

图 13.2　锻钢通用型管子钳（D 型）

非伸缩型和角度型管子钳的基本尺寸见表 13.1、表 13.2。

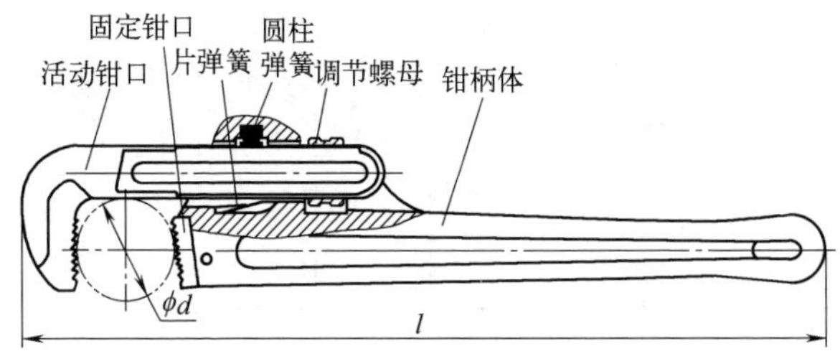

图 13.3　铸铝通用型管子钳（L 型）

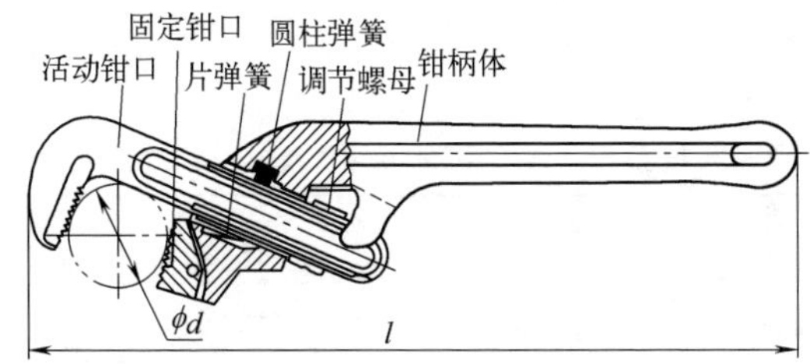

图 13.4　铸钢（铁）角度型管子钳（ZJ 型）

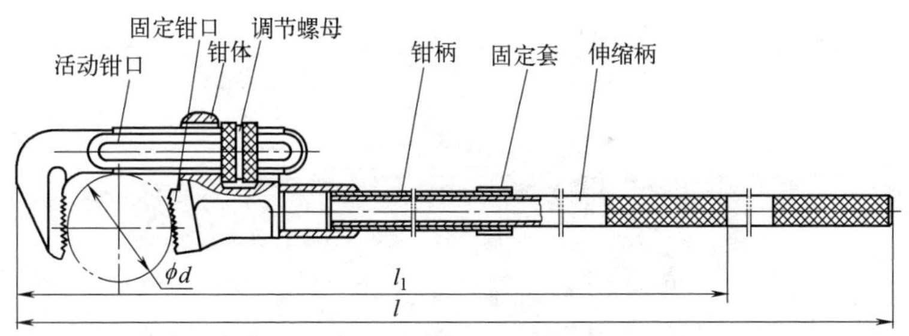

图 13.5　伸缩型管子钳（S 型）

表 13.1　非伸缩型管子钳的基本尺寸（QB/T 2508—2016）mm

规格	全长 /mm	最大有效夹持直径 d/mm	规格	全长 /mm	最大有效夹持直径 d/mm
150	150	21	450	450	60
200	200	27	600	600	73
250	250	33	900	900	102
300	300	42	1200	1200	141
350	350	48	1300	1300	210

注：1. 规格 150mm 的管子钳仅用于铸钢（铁）通用型管子钳（Z 型）。

2. 全长 l 数据对应夹持最大有效夹持直径 d 时。

表 13.2 角度型管子钳的基本尺寸（QB/T 2508—2016） mm

规格	全长 /mm	最大有效夹持直径 d/mm	规格	全长 /mm	最大有效夹持直径 d/mm
200	200	19	450	450	51
250	250	25	600	600	64
300	300	32	900	900	89
350	350	38			

13.1.2 链条管子钳

用途：用于较大金属管和其他圆柱形零件的夹持、紧固或拆卸。

型号：有 A 型、B 型和 C 型。

其基本尺寸见表 13.3。

表 13.3 链条管子钳的基本尺寸（QB/T 1200—2017） mm

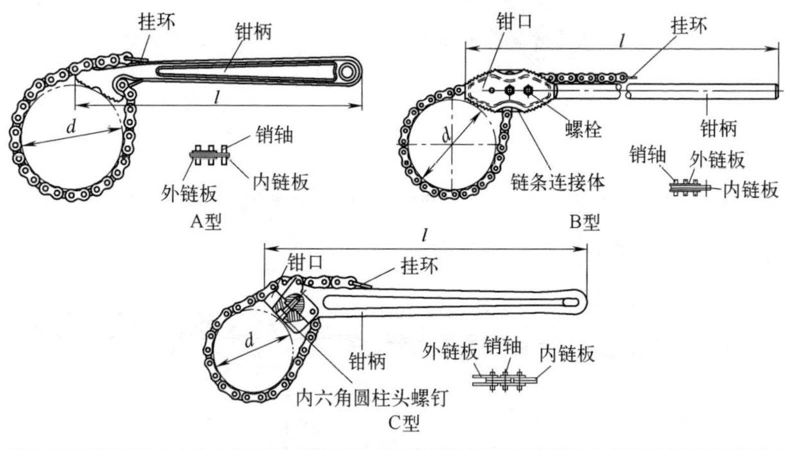

规格		l	有效夹持管径 d	规格		l	有效夹持管径 d
A型	150	150±8	30～105	C型	350	350±10	13～49
	225	225±8	30～110		700	700±15	13～73
	300	300±10	55～110		900	900±15	26～114
	375	375±10	60～140		1000	1000±15	33～168
	600	600±15	70～170		1200	1200±20	48～219
B型	350	350±10	50～125		1300	1300±20	50～250
	450	450±15	60～125		1400	1400±20	50～300
	600	600±15	75～125		1600	1600±25	60～323
	730	730±15	110～185		2000	2000±30	114～457

13.1.3　管子台虎钳

用于夹紧管子，以便铰制螺纹、切断或连接管子。

分类：按结构分为桌面型管子台虎钳（代号为 Z)、三脚架型管子台虎钳（代号为 S)、轻便型管子台虎钳（代号为 Q）和链条管子台虎钳（代号为 L）四种形式（图 13.6～图 13.9)。

其规格和有效夹持范围见表 13.4。

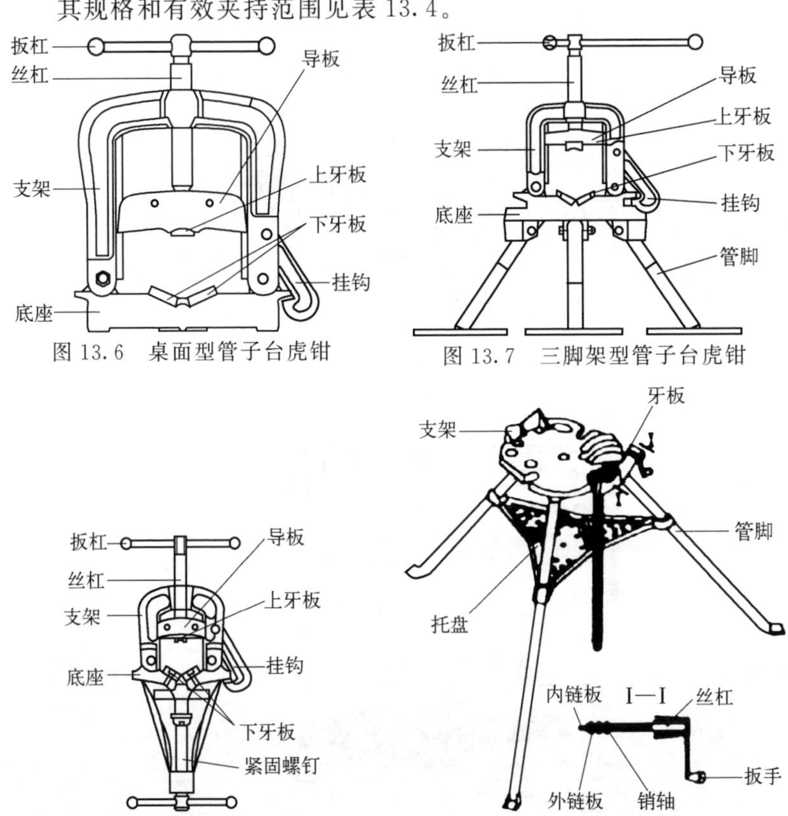

图 13.6　桌面型管子台虎钳

图 13.7　三脚架型管子台虎钳

图 13.8　轻便型管子台虎钳

图 13.9　链条管子台虎钳

表 13.4　管子台虎钳的规格和有效夹持范围（QB/T 1200—2017）

mm

规格	40	60	75	90	100	115	165	220	325
有效夹持范围	10～40	10～60	10～75	15～90	15～100	15～115	30～165	30～220	30～325

13.1.4 胀管器

用途：使管子受胀后与管板紧密结合、管内壁表面光洁圆滑，达到受压密封的效果。

分类：按胀管的管口形式分有平行胀管器和翻边胀管器两种（图 13.10 和图 13.11）；按胀管的加工方式分直通胀管器、调节胀管器和槽式胀管器三种。直通胀管器的规格见表 13.5。

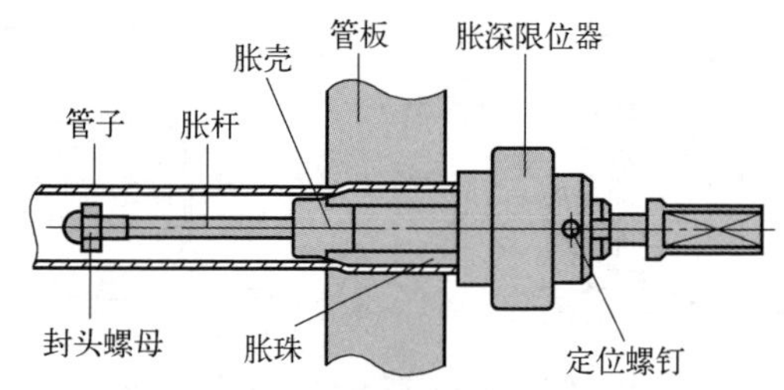

图 13.10　平行胀管器

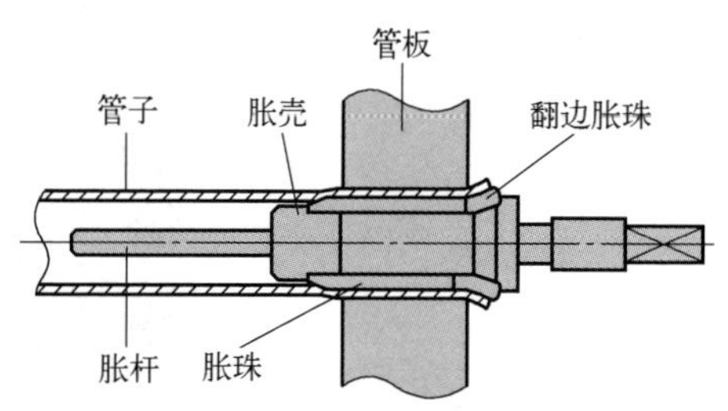

图 13.11　翻边胀管器

表 13.5　直通胀管器的规格　　mm

型别	公称规格	全长	适用管子范围			型别	公称规格	全长	适用管子范围		
			内径		胀管长度				内径		胀管长度
			最小	最大					最小	最大	
01	10	114	9	10	20	02	19	128	17	19	20
	13	195	11.5	13	20		22	145	19.5	22	20
	14	122	12.5	14	20		25	161	22.5	25	25
	16	150	14	16	20		28	177	25	28	20
	18	133	16.2	18	20		32	194	28	32	20

续表

型别	公称规格	全长	适用管子范围			型别	公称规格	全长	适用管子范围		
			内径		胀管长度				内径		胀管长度
			最小	最大					最小	最大	
02	35	210	30.5	35	25	03	25	170	20	23	38
	38	226	33.5	38	25		28	180	22	25	50
	40	240	35	40	25		32	194	27	31	48
	44	257	39	44	25		38	201	33	36	52
	48	265	43	48	27	04	38	240	33.5	38	40
	51	274	45	51	28		51	290	42.5	48	54
	57	292	51	57	30		57	380	48.5	55	50
	64	309	57	64	32		r64	300	54	61	55
	70	326	63	70	32		70	380	61	69	50
	76	345	68.5	76	36		76	340	65	72	61
	82	379	74.5	82.5	38						
	88	413	80	88.5	40						
	102	477	91	102	44						

13.1.5　胀管机

胀管是靠胀管器胀头的扩张作用力使铜管产生塑性变形，从而使扩径后铜管外壁紧密胀接在铝翅片内孔上的工作过程。其形式有立式、卧式和移动式三种。

（1）立式胀管机

结构和基本参数见表 13.6。

（2）卧式胀管机

结构见图 13.12。

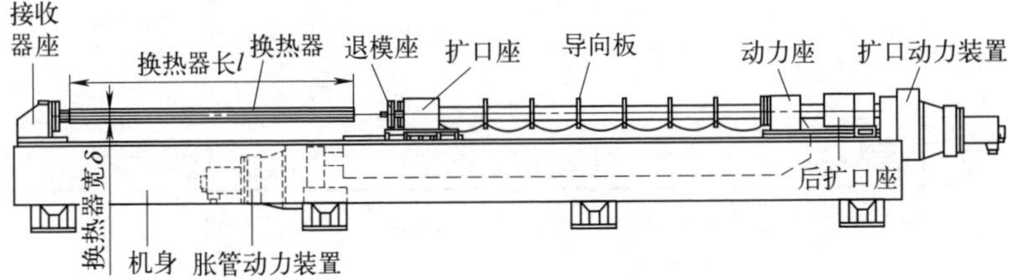

图 13.12　卧式胀管机的结构

基本参数见表 13.7 。

（3）移动式胀管机

结构见图 13.13，基本参数见表 13.8。

表 13.6 立式胀管机的基本参数（JB/T 11631—2013） mm

参数		型号(可加工最大换热器长度)			
		600	800	1000	1200
常用管径		$\phi5$、$\phi6.35$、$\phi7$、$\phi7.94$、$\phi9.52$、$\phi12.7$			
换热器长度 l	min	170	170	220	220
	max	600	800	1000	1200
最大换热器厚度 δ		88,110			
最大换热器宽度		880 1030 1230	880 1030 1230	880 1030 1230 1280	880 1030 1230 1280
参数		型号(可加工最大换热器长度)			
		1600	2000	2500	3000
常用管径		$\phi7$、$\phi7.94$、$\phi9.52$、$\phi12.7$、$\phi16$			
换热器长度 l	最小	220	500	500	500
	最大	1600	2000	2500	3000
最大换热器厚度 δ		88,176			
最大换热器宽度		1030 1230 1280 1530 1580	1030 1230 1280 1530 1580	1030 1230 1280 1530 1580	1030 1230 1280 1530 1580

表 13.7 卧式胀管机的基本参数（JB/T 11631—2013） mm

参数		型号(可加工最大换热器长度)				
		2000 型	2500 型	2750 型	3000 型	3500 型
常用管径		$\phi7$、$\phi7.94$、$\phi9.52$、$\phi12.7$、$\phi16$				
换热器长度 l	最小	500				
	最大	2000	2500	2750	3000	3500
最大换热器厚度 δ		88,176				
最大换热器宽度		900,1000,1100,1200,1300,1400,1500				

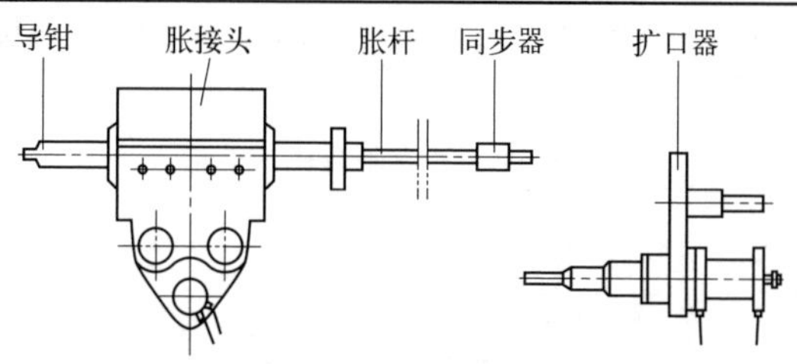

图 13.13 移动式胀管机的结构

表 13.8　卧式胀管机的基本参数（JB/T 11631—2013）

参数名称	型号(同时胀管孔数)				
	单杆型	双杆型	四杆型	六杆型	多杆型
常用管径/mm	ϕ7、ϕ7.94、ϕ9.52、ϕ12.7、ϕ16				
同时胀管孔数/孔	1	2	4	6	≥8
最大换热器长度/mm	7000				
最大胀管速度/(m/min)	5～11				

13.1.6　管子割刀

管子割刀是剪切管材的工具。按割刀切割管子的材料不同，分为通用型（GT）和轻型（GQ）两种，前者适用于切割普通碳素钢，后者适用于切割塑料管和紫铜管；按切断管子的最大外径和壁厚不同，其代号分为 1 号、2 号、3 号、4 号。其规格见表 13.9。

表 13.9　管子割刀和刀片的规格（QB/T 2350—1997）

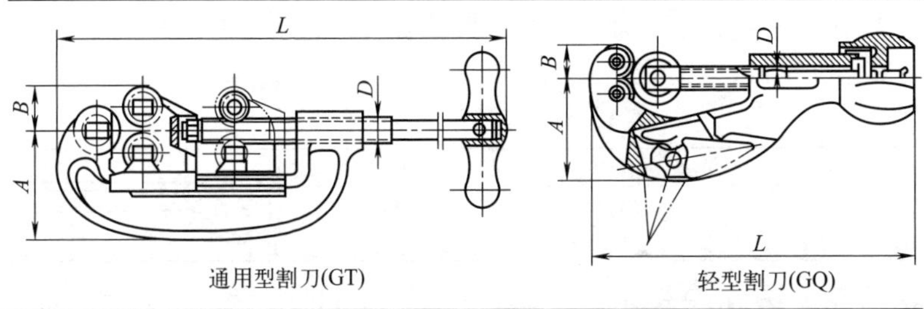

型式	规格代号	基本尺寸/mm				可切断管子的最大外径和壁厚/mm
		A	B	L	D	
GQ	1	41	12.7	124	左 M8×1	25×1
GT	1	60	22	260	M12×17.5	33.50×3.25
	2	76	31	375	M16×2	60×3.50
	3	111	44	540	M20×2.5	88.50×4
	4	143	63	665	M20×2.5	114×4

型式	规格代号	试验选用的管子		旋转次数	扭矩(最大)/N·m
		外径×壁厚/mm	公称口径/mm		
GQ	1	25×1	—	2 次以下	98
GT	1	33.50×3.25	25		147
	2	60×3.50	50	2 次半以下	294
	3	88.50×4	80	3 次以下	392
	4	114×4	100	3 次半以下	490

13.1.7 管子扳手

（1）快速管子扳手

用于紧固或拆卸小型金属和其他圆柱形零件，也可作扳手使用。其规格见表 13.10。

表 13.10 快速管子扳手的规格

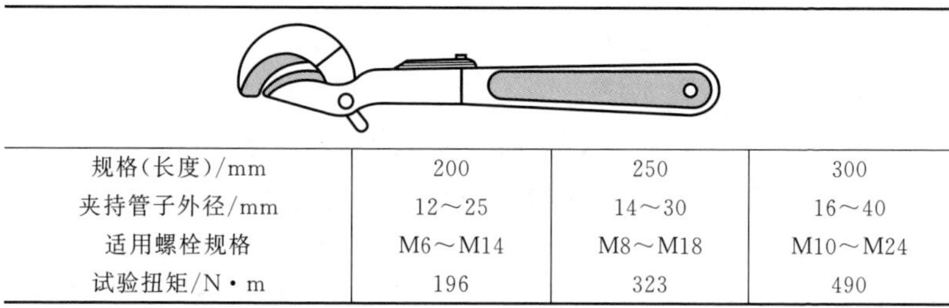

规格(长度)/mm	200	250	300
夹持管子外径/mm	12～25	14～30	16～40
适用螺栓规格	M6～M14	M8～M18	M10～M24
试验扭矩/N·m	196	323	490

（2）多用管子扳手

用来夹持及旋转圆形管件，扳拧各种六角头螺栓、螺母。其规格见表 13.11。

表 13.11 多用管子扳手的规格

公称尺寸/mm	夹持管外径/mm	适用螺母	
300	22,33.5	M14,M22	
360	32,48	M22,M30	

13.1.8 手动弯管机

手动弯管机（图 13.14）是靠人力在冷态下弯曲金属管材的工具，用于工厂、仓库、码头、建筑、铁路、汽车等管道安装和修理。其弯管外径范围：当弯管最大外径<114mm 时为 0.4～1 倍的

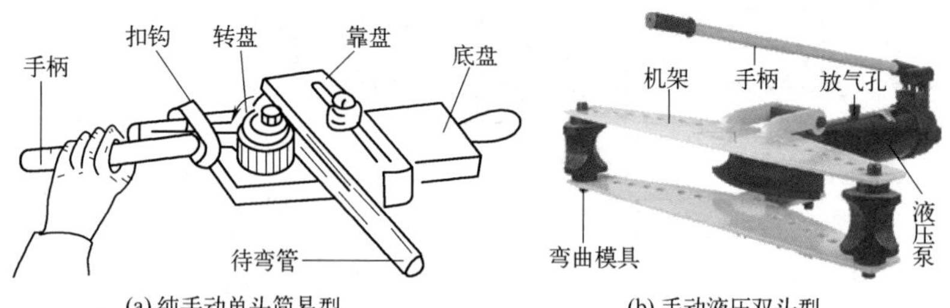

(a) 纯手动单头简易型　(b) 手动液压双头型

图 13.14 手动弯管机

弯管最大外径，否则为 0.5～1 倍的弯管最大外径。

分类：按头数分，有单头和双头两种；按动力分，有纯手动和手动液压两种。

其基本参数见表 13.12。

型号表示方法是：

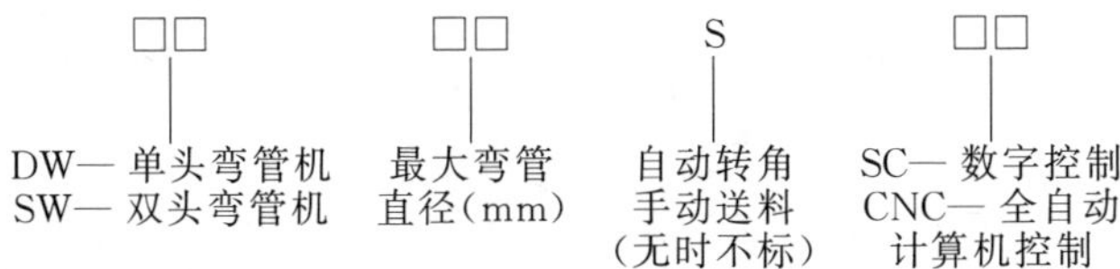

表 13.12　一般弯管机的主参数和基本参数（JB/T 2671.1—1998）

弯管最大外径/mm	10	16	25	40	60	89	114	159	219	273
最大弯曲壁厚/mm	2	2.5	3	4	5	6	8	12	16	20
最小弯曲半径/mm	8	12	20	30	50	70	110	160	320	400
最大弯曲半径/mm	60	100	150	250	300	450	600	800	1000	1250
最大弯曲角度/(°)	195									
最大弯曲速度/(r/min)	≥12	≥10	≥6	≥4	≥3	≥2	≥1	≥0.5	≥0.4	≥0.3

注：管件材料屈服强度 $R \leqslant 245$MPa。

13.1.9　电动液压弯管机

工作原理：由电动油泵输出的高压油，经高压油管送入工作油缸内，高压油推动工作油缸内柱塞，产生推力，通过弯管部件弯曲管子。

结构：见图 13.15。

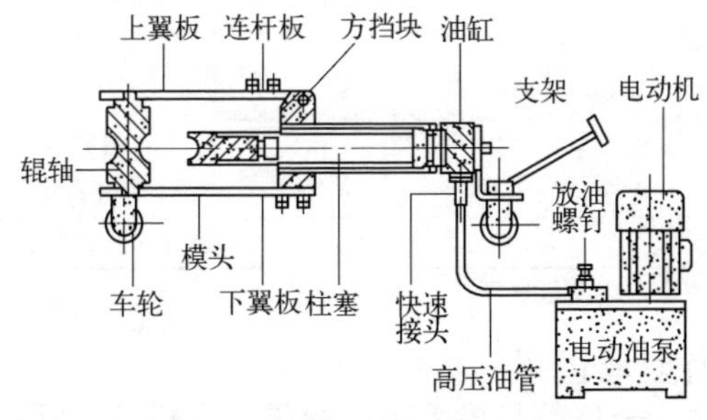

图 13.15　电动液压弯管机的结构

产品数据：见表 13.13～表 13.15。

表 13.13 电动液压弯管机的技术数据（Ⅰ）

型号	压力/MPa	行程/mm	弯曲范围/mm	配置模具	管材壁厚/mm	质量/kg	尺寸/mm
DWG-2A	38	250	ϕ21.3～ϕ60	1/2″～2″	2.75～4.5	45	725×325×175
DWG-3B	59	320	ϕ21.3～ϕ88.5	1/2″～3″	2.75～5	85	920×390×200
DWG-4D	68	370	ϕ21.3～ϕ108	1/2″～4″	2.75～6	135	1190×420×220

注：模具尺寸系列为 1/2″、3/4″、1″、1 1/4″、1 1/2″、2″、2 1/2″、3″、4″。

生产商：台州宜佳工具有限公司。

表 13.14 电动液压弯管机的技术数据（Ⅱ）

参数型号	弯管范围/mm	弯曲半径	弯管壁厚/mm	额定工作压力/MPa
WG60(2″)	22～60	4 倍管径	≤12	10～40
WG90(3″)	22～90			10～50
WG108(4″)	22～108			10～50
WG159(6″)	76～159			10～60
WG60B(2″)	22～60	6 倍管径	≤12	10～50
WG90B(3″)	22～90			10～50
WG108B(4″)	22～108			10～50
WG159B(6″)	76～159			10～60

注：电压为 220V 或 380V。

生产商：江苏机械制造有限公司。

表 13.15 DB38（90°）双轴液压弯管机的技术数据（Ⅲ）

最大弯管能力/mm	弯曲半径/mm	弯曲角度/(°)	两轴中心距离/mm	弯曲速度/(°/s)
ϕ38×1.5	35～200	0～195	130～1600	50
弯曲精度/(°)	**油泵电机功率/kW**	**额定工作压力/MPa**	**机器外形尺寸/m**	**质量/kg ≈**
±0.2	5.5	12	2.6×0.95×1.7	1800

生产商：张家港市俊德机械厂。

13.1.10 重型弯管机

用途：用于金属管材最大弯曲壁厚参数超过一般弯管机一倍及以上的冷态弯曲。

基本参数：见表 13.16。

表 13.16　重型弯管机的主参数和基本参数（JB/T 11870.1—2014）

参数名称	参数值												
最大弯管外径/mm	16	25	40	60	76	89	114	127	159	219	273	325	356
最大弯管外径的最大壁厚/mm	5	7	10	15	20	24	25	26	33	40	45	55	65
最小弯管外径/mm	6	8	14	24	38	42	48	51	69	89	114	133	152
最大弯曲角度/(°)	195												
最大弯曲速度(°/s)	90	60	53	47	40	35	25	18	10	3	2	1.5	1
有效抽芯长度/mm	2000		3000			4000		6000					
最大弯曲半径/mm	100	135	195	300	370	450	580	640	800	1100	1370	1650	1800
最小弯管外径时的最小弯曲半径/mm	9	12	22	35	56	62	75	92	130	160	205	265	300
最大弯管外径时的最小弯曲半径/mm	48	75	121	185	228	267	342	381	481	657	819	984	1068

13.1.11　数控弯管机

数控弯管机基于矢量弯管原理，运用微机控制，完成用户所需的任意空间立体管形加工，是现代弯曲整形的重要加工设备，广泛用于汽车、空调等行业的各种管件和线材的塑性成型弯曲。

数控弯管机的弯管外径范围：当弯管最大外径小于114 mm时为0.3～1倍的弯管最大外径；当弯管最大外径大于或等于114 mm时为0.4～1倍的弯管最大外径。

数控弯管机用芯棒的标准长度为1000mm、2000mm、2500mm、3000mm、4000mm、5000mm、6000mm、8000mm。

结构：由机械部分、液压系统和单片机、PLC或PC控制系统三大部分构成。机械部分主要由转管夹紧装置、弯管传动装置、助推装置、床身及弯模固定装置等组成。

形式：有一般型（图13.16）、多层模型（图13.17）和机头左右弯型（图13.18）三种。

数控弯管机的基本参数见表13.17。

13.1.12　手动坡口机

手动坡口机是人工对管道或平板端面进行坡口倒角的工具。其规格见表13.18。

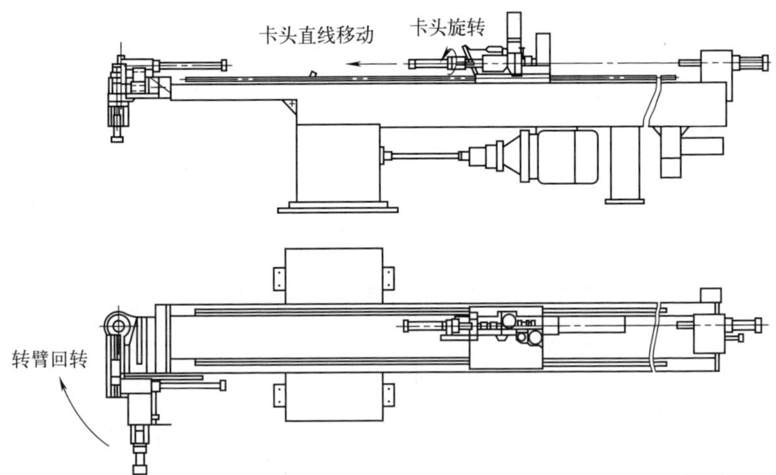

图 13.16　一般型数控弯管机

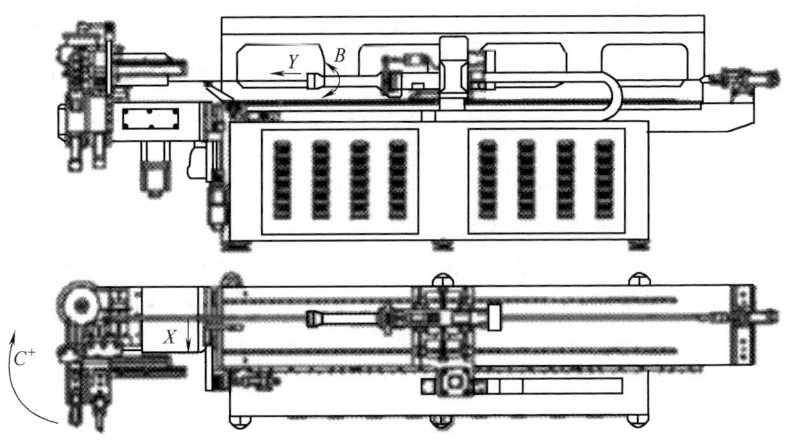

图 13.17　多层模型数控弯管机

表 13.17　数控弯管机的基本参数（GB/T 28763—2012）

最大弯管外径/mm	管材屈服极限 R_m＝245MPa	10	16	25	42(38)	60(63)	76	89	114	159(168)	219	273
最大弯管壁厚/mm		1.2	1.2	3	4	5	5	6	8	12	16	20

续表

项目	系列											
最大弯管规格时最小弯曲半径/mm	第1系列	20	30	50	80	120	150	180	230	320	450	550
	第2系列	30	50	75	120	180	230	270	350	500	650	820
主轴最大回转速度(≥)/(r/min)	第1系列	30	30	25	15	15	10	5	4	2	0.8	0.5
	第2系列	15	12	8	6	5	4	3	2	1	0.5	0.4
卡头最大转速(≥)/(r/min)	第1系列	50	50	45	40	35	30	25	20	15	4	2
	第2系列	25	25	20	20	15	15	10	10	8	2	1
卡头滑架最大直线移动速度/(m/min)	第1系列	50	50	45	40	35	30	25	20	15	10	6
	第2系列	30	30	20	20	15	15	10	10	8	5	4
最大弯曲角度(≥)/(°)		190										
最大弯曲半径(≥)/mm		40	70	100	200	250	300	360	450	600	1000	1200
最小弯曲半径(≤)/mm		8	12	20	30	50	60	60	100	200	320	400

注：() 内参数允许使用。

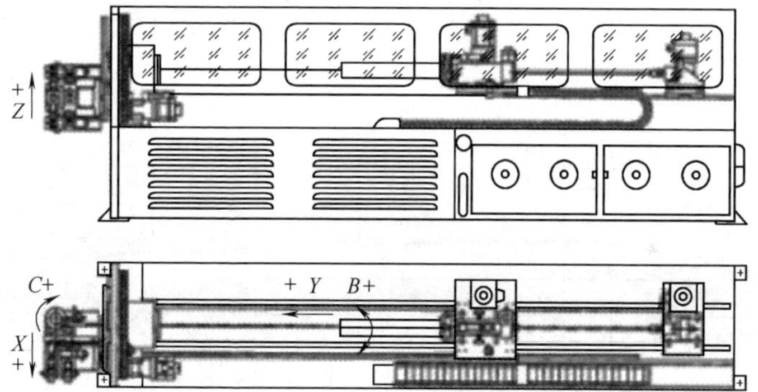

图 13.18　机头左右弯型数控弯管机

表 13.18　手动坡口机的规格

型号	转速/(r/min)	质量/kg	型号	转速/(r/min)	质量/kg
PK-ϕ25	22	1.5	PK-ϕ76	20	3.6
PK-ϕ32	22	1.5	PK-ϕ83	20	3.7
PK-ϕ38	22	1.5	PK-ϕ89	20	4.0
PK-ϕ42	22	1.5	PK-ϕ102	18	5.5
PK-ϕ48	22	1.5	PK-ϕ108	18	5.5
PK-ϕ51	22	2.2	PK-ϕ133	18	10.5
PK-ϕ57	22	2.2	PK-ϕ159	18	11.5
PK-ϕ60	20	2.4	ϕ—管子外径,mm		

13.1.13 电动坡口机

管子坡口机按驱动方式划分为气动式、电动式和液压式；按安装方式划分为外部安装式和内胀式两种；按固定方式分为内胀式和外卡式管子坡口机。

型号编制方法是：

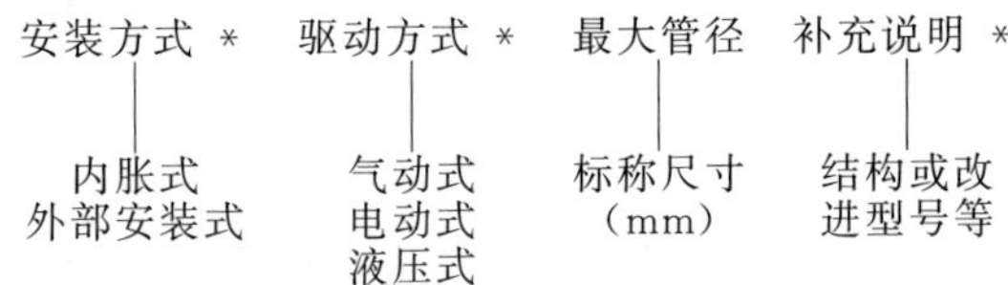

*—可用汉语文字或汉语拼音字母表示，并由企业自行编制。

电动坡口机是利用电动机对管道或平板端面进行坡口倒角的工具。其基本参数见表 13.19、表 13.20。

表 13.19 外部安装电动管子坡口机基本参数（JB/T 7783—2012）

参数名称	基本参数					
规格	80	150	300	450	600	750
管子最大壁厚/mm	25	38	48	48	48	48
适用管径范围/mm	10～80	50～150	150～300	300～450	450～600	600～750
旋转刀盘转速/(r/min)	≥42	≥15	≥12	≥9	≥5	≥6
径向进给最大行程/mm	28	40	50	50	50	50
参数名称	基本参数					
规格	900	1050	1160	1240	1300	1500
管子最大壁厚/mm	48	48	58	58	58	58
适用管径范围/mm	750～900	900～1050	980～1160	1120～1240	1150～1300	1300～1500
旋转刀盘转速/(r/min)	≥5	≥4	≥4	≥4	≥4	≥3
径向进给最大行程/mm	50	50	50	60	60	60

表 13.20 内胀式电动管子坡口机基本参数（JB/T 7783—2012）

参数名称		基本参数				
规格		28	80	120	150	
管子最大壁厚/mm		15	15	15	15	15
适用管径范围/mm	内径	16～28	28～76	45～93	65～158	65～58
	外径	21～54	32～96	50～120	73～190	73～205
旋转刀盘转速/(r/min)		≥52	≥52	≥44	≥44	≥29
轴向进给最大行程/mm		25	25	25	25	45

续表

参数名称		基本参数				
规　格		250		350		
管子最大壁厚/mm		15	75	15	15	75
适用管径范围/mm	内径	80～240	140～280	110～310	150～330	150～350
	外径	90～290	150～300	120～350	160～360	200～370
旋转刀盘转速/(r/min)		≥16	≥16	≥13	≥10	≥10
轴向进给最大行程/mm		45	45	25	54	54
参数名称		基本参数				
规格		630		850		1050
管子最大壁厚/mm		15	75	15	75	15
适用管径范围/mm	内径	300～600	300～600	460～820	460～820	750～1002
	外径	310～630	320～630	480～840	600～840	770～1050
旋转刀盘转速/(r/min)		≥7	≥7	≥7	≥7	≥7
轴向进给最大行程/mm		54	54	54	54	65
参数名称		基本参数				
规格		1050	1300		1500	
管子最大壁厚/mm		75	15	75	15	75
适用管径范围/mm	内径	750～1002	1002～1254	1002～1254	1170～1464	1170～1464
	外径	820～1050	1022～1300	1022～1300	1200～1480	1200～1480
旋转刀盘转速/(r/min)		≥7	≥7	≥7	≥7	≥7
轴向进给最大行程/mm		65	65	65	65	65

13.1.14 气动坡口机

气动坡口机是用压缩机作动力对管道或平板端面进行坡口倒角的工具。其基本参数见表 13.21、表 13.22。

表 13.21　外部安装气动管子坡口机基本参数（JB/T 7783—2012）

参数名称	基本参数					
规格	80	150	300	450	600	750
管子最大壁厚/mm	25	38	48	48	48	48
适用管径范围/mm	10～80	50～150	150～300	300～450	450～600	600～750
旋转刀盘转速/(r/min)	0～29	0～26	0～16	0～12	0～9	0～11
径向进给最大行程/mm	28	40	50	50	50	50
参数名称	基本参数					
规格	900	1050	1160	1240	1300	1500
管子最大壁厚/mm	48	48	58	58	58	58
适用管径范围/mm	750～900	900～1050	980～1160	1120～1240	150～1300	1300～1500
旋转刀盘转速/(r/min)	0～9	0～8	0～7	0～7	0～7	0～6
径向进给最大行程/mm	50		60			

表 13.22　内胀式气动管子坡口机基本参数（JB/T 7783—2012）

参数名称		基本参数				
规格		28	80	120	150	
管子最大壁厚/mm		10	15	15	15	15
适用管径范围/mm	内径	16～28	28～76	45～93	65～160	65～60
	外径	21～54	32～96	50～120	73～190	73～205
旋转刀盘转速/(r/min)		0～52	0～52	0～38	0～38	0～38
轴向进给最大行程/mm		25				45
参数名称		基本参数				
规　格		250		350		
管子最大壁厚/mm		15	75	15	15	75
适用管径范围/mm	内径	80～240	140～280	110～310	150～330	150～330
	外径	90～290	150～300	120～350	160～360	200～370
旋转刀盘转速/(r/min)		0～16	0～16	0～20	0～15	0～10
轴向进给最大行程/mm		45		25	54	
参数名称		基本参数				
规格		630		850		1050
管子最大壁厚/mm		15	75	15	75	15
适用管径范围/mm	内径	300～620	300～620	460～820	460～820	750～1002
	外径	310～630	320～630	480～840	600～840	770～1050
旋转刀盘转速/(r/min)		0～13	0～7	0～13	0～7	0～12
轴向进给最大行程/mm		54				65
参数名称		基本参数				
规　格		1050	1300		1500	
管子最大壁厚/mm		75	15	75	15	75
适用管径范围/mm	内径	750～1002	1002～1254	1002～1254	1170～1464	1170～1464
	外径	820～1050	1022～1300	1022～1300	1200～1480	1200～1480
旋转刀盘转速/(r/min)		0～7	0～12	0～5	0～12	0～4
轴向进给最大行程/mm		65				

13.1.15　液压坡口机

液压坡口机是用液压动力对管道或平板端面进行坡口倒角的工具。外部安装液压坡口机基本参数见表 13.23。

表 13.23　外部安装液压管子坡口机基本参数（JB/T 7783—2012）

参数名称	基本参数					
规格	80	150	300	450	600	750
管子最大壁厚/mm	25	38	48	48	48	48
适用管径范围/mm	10～80	50～150	150～300	300～450	450～600	600～750

续表

旋转刀盘转速/(r/min)	0～40	0～34	0～17	0～11	0～8	0～7
径向进给最大行程/mm	28	40	50	50	50	50
参数名称	基本参数					
规格	900	1050	1160	1240	1300	1500
管子最大壁厚/mm	48	48	58	58	58	58
适用管径范围/mm	750～900	900～1050	980～1160	1120～1240	1150～1300	1300～1500
旋转刀盘转速/(r/min)	0～6	0～5	0～4	0～4	0～4	0～3
径向进给最大行程/mm	50	50	60	60	60	60

13.2 管螺纹加工用具

13.2.1 管螺纹板牙和铰板

其规格见表13.24。

表13.24 管螺纹板牙和铰板的规格（QB/T 2509—2001）

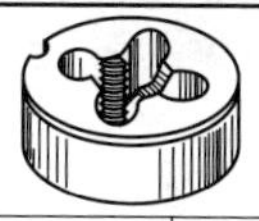

用于安装在机床或圆板牙扳手上铰制出管外螺纹

螺纹直径/mm	每英寸牙数		扳手外径		板牙厚度		
					55°		60°
	55°	60°	圆柱	圆锥	圆柱	圆锥	
1.59	28	27	25	30	—	—	11
3.18	28	27	30	30	8	13	11
6.35	19	18	38	38	10	18	16
9.53	19	18	45	45	10	18	18
12.7	14	14	55	55	14	24	22
15.88	14	—	55	—	16	—	—
19.05	14	14	55	55	16	26	22
22.25	14	—	65	—	18	—	—
25.4	11	11.5	65	65	18	30	26
31.75	11	11.5	75	75	20	32	28
38.10	11	11.5	90	90	20	34	28
44.45	11	—	105	—	22	—	—
50.80	11	11.5	105	105	22	36	30
57.15	11	—	120	—	22	—	—

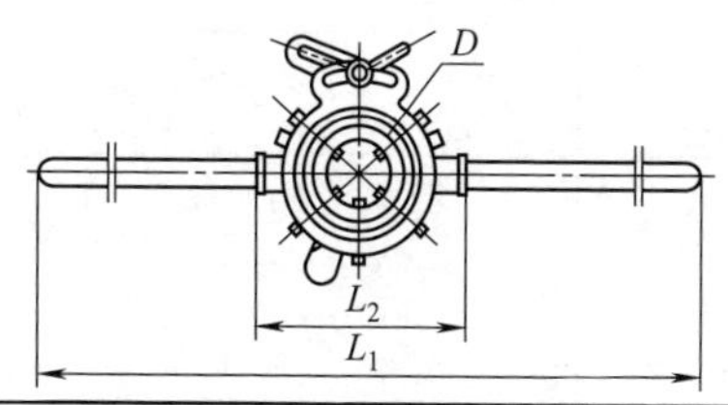

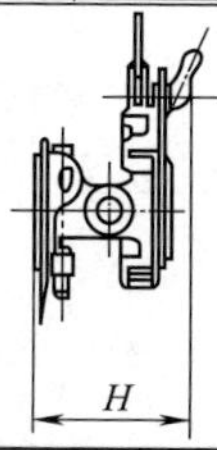

续表

规格	外形尺寸/mm				扳杆根数	铰螺纹范围/mm		机构特性
	L_1（最小）	L_2（最小）	D ±2	H ±2		管子外径	管子内径	
60	1290	190	190	110	2	21.3～26.8	12.70～19.05	无间歇机构
60W	1350	250	170	140	2	33.5～42.3 48.0～60.0	25.40～31.75 38.10～50.80	有间歇机构，其使用具有万能性
114W	1650	335	250	170	2	66.5～88.5 101.0～114.0	57.15～76.20 88.90～101.60	

注："W"表示"万能型"。

13.2.2 电线管螺纹铰板和扳手

其规格见表13.25。

表13.25 电线管螺纹铰板和扳手的规格

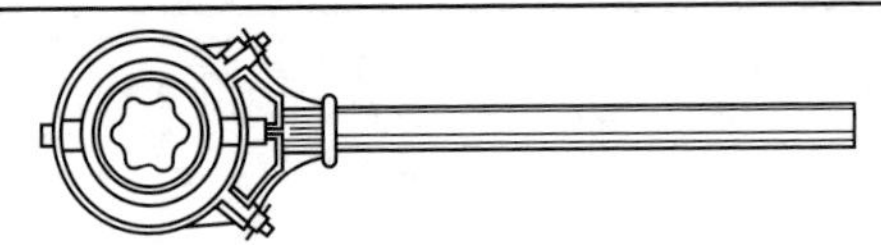

型号	铰制钢管外径/mm	圆扳手外径尺寸/mm
SHD-25	12.70,15.88,19.05,25.40	41.2
SHD-50	31.75,38.10,50.80	76.2

13.2.3 电动套丝机

电动套丝机是用于加工各种硬塑料管和金属管外螺纹的电动工具，其型号表示方法是：

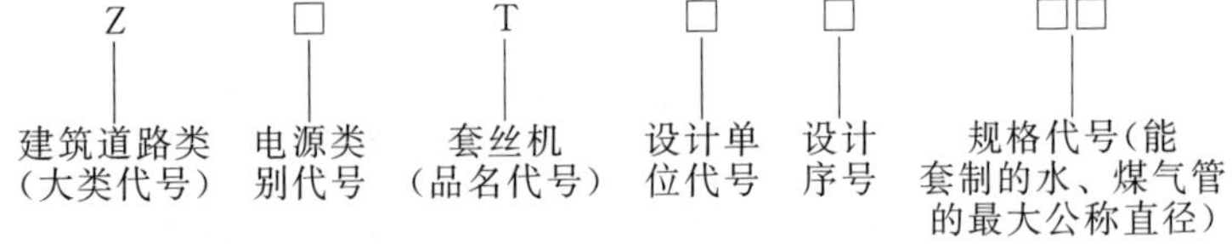

电动套丝机的基本参数和技术数据见表13.26、表13.27。

表13.26 电动套丝机的基本参数（JB/T 5334—2013）

规格代号	套制圆锥外螺纹范围（尺寸代号）	电动机额定功率(≥)/W	主轴额定转速(≥)/(r/min)
50	1/2～2	600	16
80	1/2～3	750	10
100	1/2～4	750	8
150	2 1/2～6	750	5

表 13.27　电动套丝机的技术数据

型号	Z1T-40 Z3T-40	Z1T-50 Z3T-50	Z1T-80 Z3T-80	Z1T-100 Z3T-100	Z1T-150 Z3T-150
套制管最大公称直径/mm	40	50	80	100	150
套制圆锥管螺纹范围/in	1/2～1	1/2～2	1/2～3	1/2～4	2 1/2～6
电机额定功率(≥)/W	500	600	750	750	750
主轴额定转速(≥)/(r/min)	23	16	10	8	5
冷却油路流量(≥)/(L/min)	0.8	0.8	0.8	0.8	1.5
质量/kg	—	71	105	153	260

型号	Z1T-R2B Z3T-R2B	Z1T-R3II Z3T-R3II	Z1T-R4 Z3T-R4	Z1T-R4II Z3T-R4II	Z1T-R6 Z3T-R6
加工范围/in	1/2～2	1/2～3	1/2～4	1/2～4	2.5～6
电源/V	220/380	220/380	220/380	220/380	220/380
电机功率/W	750	750	750	750	1100
转速/(r/min)	28	19/27	8.5/24	8.5/24	5/17.5
(毛/净质)/kg	90/68	150/110	220/170	200/150	250/200
外包装尺寸/mm	750×550 ×580	950×650 ×590	1100×770 ×690	1050×700 ×690	1100×770 ×690

第14章 电工工具

14.1 电烙铁

电烙铁是具有电加热烙铁头的器具，用于电器元件和线路接头的锡焊。

分类：按有无温度控制可分为普通烙铁和可控温烙铁（如恒温烙铁、焊台等）；按受热结构形式可分为内热式电烙铁和外热式电烙铁。

型号表示方法：

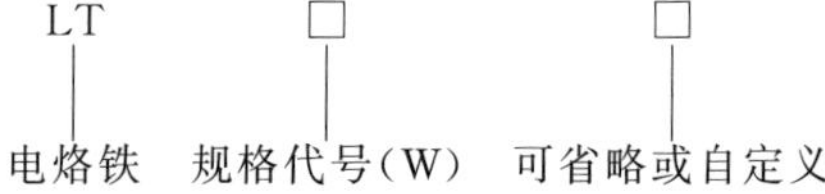

电烙铁的规格见表 14.1，烙铁头的结构参数见表 14.2。

表 14.1 电烙铁的规格（GB/T 7157—2019）

内热式电烙铁　　外热式电烙铁

形式	功率/W
内热式	20,35,50,70,100,150,200
外热式	30,50,70,100,150,200,300,500

表 14.2 烙铁头的结构参数（GB/T 7157—2019）

	功率/W	20	35	50	70	100	150	200
内热式	烙铁头内径/mm	5.2	6.2	6.8	9.0	10.5	13.0	16.0
	烙铁头孔深/mm	37	48	52	60	65	70	75
	烙铁头最小质量/g	8	13	15	30	120	230	300

续表

	功率/W	30	50	75	100	150	200	300	500
外热式	烙铁头外径/mm	4.5	6.0	9.0	11	13	15	18	24
	烙铁头长度/mm	80	95	102	115	120	135	150	155
	烙铁头最小质量/g	10	20	50	80	120	170	280	500

14.2　测电笔（器）

测电器有低压和高压之分，分别用于检查线路中是否带低压和高压电。

14.2.1　低压测电笔（器）

低压测电笔（器）的规格见表 14.3。其型号表示方法是：

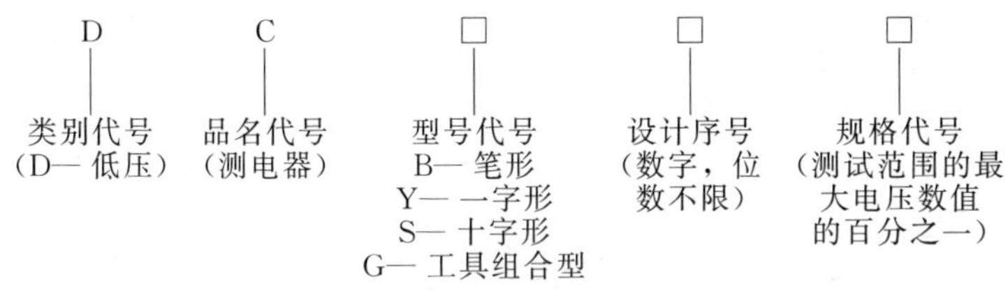

表 14.3　低压测电笔（器）的规格

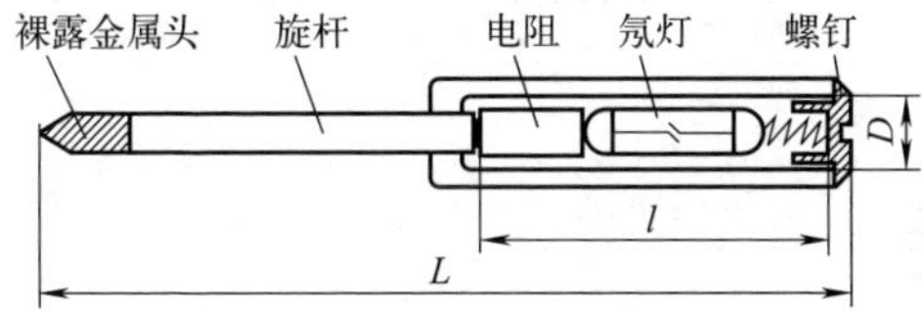

总长度 L/mm	绝缘内腔	
	长度 l/mm	直径 D/mm
≤200	≤60	≤10
测定电压 /V	测电笔	测电器
	100～500	100～1000

14.2.2　高压验电器

（1）电容型验电器

用途：用于 10～750kV 电力系统。

分类：按指示方式可分为声类、光类、声光组合类等；按连接方式可分为整体式（指示器与绝缘杆固定连接）、分体组装式（指示器与绝缘构件可拆卸组装）；按使用气候条件可分为户内型和户外型；按使用的环境温度分为低温型、常温型和高温型；按有无接触电极延长段可分为有接触电极延长段类（S）和无接触电极延长段类（L）。技术要求见表 14.4。

表 14.4 电容型验电器的技术要求（DL/T 740—2014）

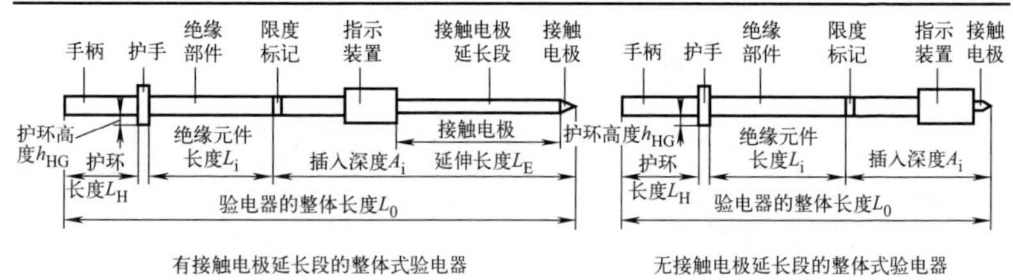

有接触电极延长段的整体式验电器　　无接触电极延长段的整体式验电器

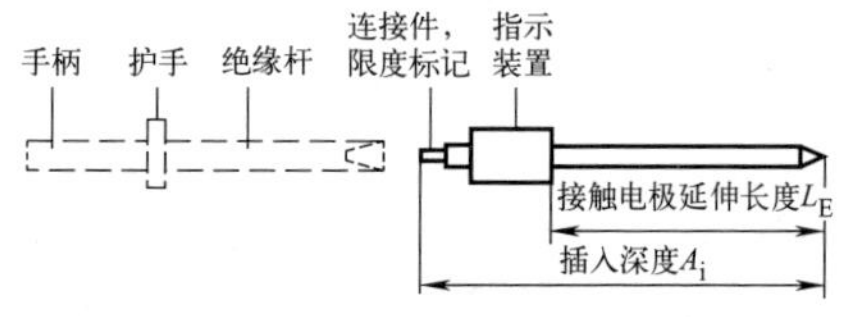

有接触电极延长段的分体式验电器

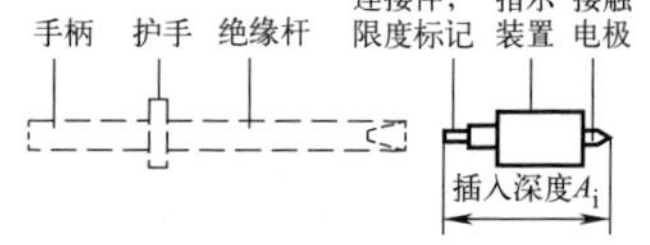

无接触电极延长段的分体式验电器

项目		技术要求
一般要求	安全性	正确操作时应能保证人身和设备的安全
	指示	通过声、光(或其他明显可辨的方式)能明确指示工作状态
功能要求	指示清晰	启动电压满足条件：$0.1U_{n\,max} \leqslant U_t \leqslant U_{n\,min}$
		额定电压(或范围)下，能用声、光(或其他的明显可辨方式)形式明确指示“有电压”或“无电压”
		用户不能随便调整
		直接连接带电设备时，应可连续显示
		正确操作时，邻近带电或接地部件的存在，不应影响验电指示的正确性
		抗干扰性：被测设备仅带有干扰电压时，不应发出“有电压”信号；干扰电场的存在不应影响显示的正确性
	清晰可辨性	正常光照和背景噪声下，在达到启动电压时对应给出下列之一清晰易辨的显示： ①至少给出“有电压”“无电压”信号(不含“待机”) ②至少给出“无电压”信号。它通过手动操作激活，当接触电极与带电体接触时关闭 ③至少给出“有电压”信号，并有“待机”状态
		视觉指示者：正常光照条件下，光显信号清晰可见。当需要使用两个光信号时，清晰可辨性不应只用不同颜色的光来指示(如用闪烁光等)

续表

项目		技术要求
功能要求	类型与环境匹配	低温型验电器在温度−40～+55℃、湿度20%～96%；常温型验电器在温度−25～+55℃、湿度20%～96%；高温型验电器在温度−5～+70℃、湿度12%～96%条件下能正常工作
	频率特性	额定频率在±3%范围内变化时，应能给出正确指示
	响应时间	应小于1s
	电源可靠性	电源耗尽前应能清晰显示，电源耗尽时应给出电源耗尽的显示或自动关机，或者通过自检元件给出限制使用信号
	自检功能	自检元件应能检测指示器所有电路（包括电源和指示功能），否则应在说明书中清楚地申明，并保证这些未被自检的电路有高度可靠性。内置自检元件者，验电器应能显示“准备”或“未准备”状态
	直流电压	在直流电压下，验电器应无响应
	工作时间	额定电压下，能连续无故障指示5min以上
电气性能要求	绝缘材料	绝缘材料及尺寸应能符合验电器标准电压要求；绝缘杆材料性能应符合GB 13398的要求；整体式验电器的绝缘部件和分体式验电器的绝缘杆，应具有优良的绝缘性能，为用户提供足够的安全距离
	防短接	正常操作时，如同时触及被测装置的不同部位，或者触及带电和接地部件，不应导致闪络和击穿
	耐电火花	正常验电时，不应由于电火花的作用致使显示器毁坏或停止工作
	整体式验电器的绝缘部件	在使用中，绝缘部件不发生闪络和击穿。 户内式验电器绝缘部件的泄漏电流，在干燥条件下应不超过50μA户外式验电器绝缘部件的泄漏电流，在干燥和淋雨条件下应分别不超过50μA和0.5mA
力学性能要求	基本要求	①整体式验电器绝缘部件的最小长度应满足附表的要求 ②限度标记宽度为20mm，且始终清晰可辨（若分体式验电器没有，其连接件可作为限度标记） ③整体式验电器的手柄长度应不小于115mm，且可适当加长为双手操作；其护手应永久固定，高度不小于20mm
	握着力和挠度	为减小握着力和挠度，验电器的设计应足够合理，方便可靠操作且质量最小，以保证现场测试装置的安全距离，尽量减小验电器自重造成的弯曲
	抗振性	指示器和接触电极延长段的抗振性和抗冲击性良好
	抗跌落性	验电器在工作条件下的抗跌落性良好

附表　整体式验电器绝缘部件的最小长度

额定电压 U_n/kV	最小绝缘长度 L_1/mm	额定电压 U_n/kV	最小绝缘长度 L_1/mm	额定电压 U_n/kV	最小绝缘长度 L_1/mm
10	700	66	1000	330	3100
20	800	110	1300	500	4000
35	900	220	2100	750	5000

（2）1000kV 非接触式验电器

线路型验电器用于额定电压 1000kV 特高压交流电力线路，变电型用于 1000kV 特高压交流变电站或开关站。技术要求见表 14.5。

表 14.5 1000kV 非接触式验电器的技术要求（DL/T 1183—2012）

<table>
<tr><th colspan="2">项目</th><th>技术要求</th></tr>
<tr><td colspan="2" rowspan="2">一般要求</td><td>信号状态改变时，验电器应用声或光的形式，明确表示“有电压”或“无电压”</td></tr>
<tr><td>验电器应能在温度－20～＋70℃、相对湿度不大于 55％的条件下正常工作</td></tr>
<tr><td rowspan="8">功能要求</td><td>启动阈值</td><td>在阈值±5％的范围内，当试验值低于验电器启动阈值时，验电器无带电指示，当试验值等于或大于验电器启动阈值时，验电器发出带电指示</td></tr>
<tr><td>抗干扰性</td><td>邻近带电或接地部件的存在，不应影响验电结果的正确性</td></tr>
<tr><td>电磁兼容性</td><td>验电器在静电放电、射频电磁场、脉冲磁场、工频磁场、阻尼振荡磁场作用下，不应受到影响</td></tr>
<tr><td>清晰可辨性</td><td>在照度为 25000lx（±10％）的光照条件下，距验电器 0.5m 处三个不同方向光显示信号清晰可辨
在背景噪声不超过 45dB 条件下，验电器连续发声信号不小于 70dB、断续发声信号不小于 65dB</td></tr>
<tr><td>响应时间</td><td>应小于 1s</td></tr>
<tr><td>电源检测</td><td>可通过自检来判定电源电压是否满足使用要求，并通过声和光指示电源电压状态；电源电压不足时验电器自动关机</td></tr>
<tr><td>自检功能</td><td>验电器应具有自检功能，能检测验电器所有电路。若自检结果显示存在故障，应能发出明确指示并自动锁闭；不在自检范围内的部件，应在说明书中清楚地申明，并保证这些未被自检的电路有高度可靠性</td></tr>
<tr><td>额定工作时间</td><td>验电器在开机正常运行状态下，应能连续工作 1h 以上</td></tr>
<tr><td rowspan="2">力学性能要求</td><td>抗冲击性</td><td>在波形为半正弦波、冲击最大加速度为 $150m/s^2$ 的冲击试验机上，能经受三个互相垂直方向的每个方向上的连续 3 次冲击</td></tr>
<tr><td>抗振动性</td><td>在正弦扫频、频率范围 10～150Hz、振动加速度为 $10m/s^2$ 的振动试验台上，能经受 10 次循环的扫频振动</td></tr>
</table>

14.3 电工刀

电工刀的规格见表 14.6。

表 14.6　电工刀的规格（QB/T 2208—1996）

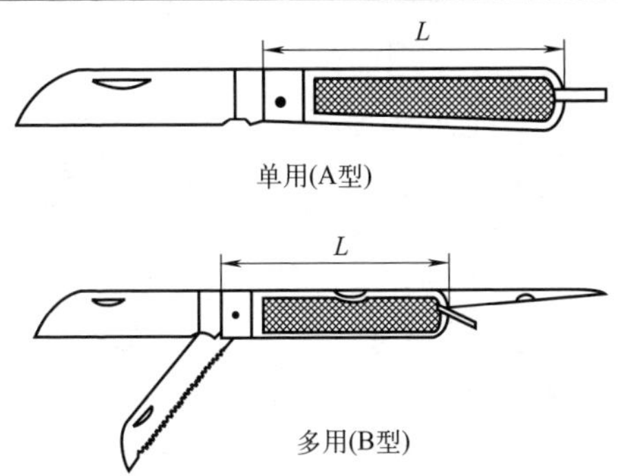

类型代号	规格代号	刀柄长度/mm	类型代号	规格代号	刀柄长度/mm
A（单用刀）	1 2 3	115 105 95	B（多用刀）	1 2 3	115 105 95

14.4　电工钳

14.4.1　夹扭剪切两用钳

用于夹持或折弯细圆柱形或薄片形金属零件、切断金属丝。其尺寸见表 14.7。

表 14.7　夹扭剪切两用钳的尺寸（QB/T 2442.2—2007）　mm

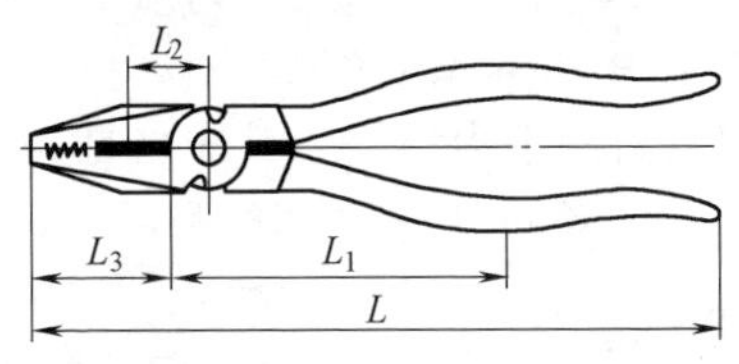

L	L_3	L_1	L_2
165±14	32±7	90	16
190±14	33±7	100	18
215±14	38±8	120	20
250±14	40±8	140	22

14.4.2　剥线钳

用于剥离线芯直径 0.5～2.5mm 的各种导线的外部绝缘层。有表 14.8 中所示 4 种形式。

表 14.8 剥线钳的基本尺寸（QB/T 2207—2017） mm

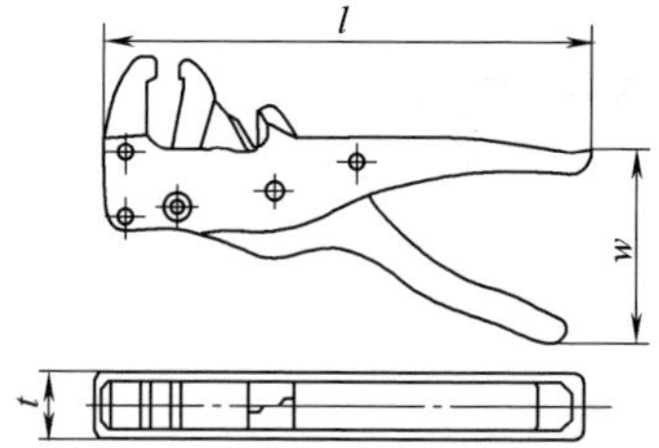

剪切剥线钳(J型)

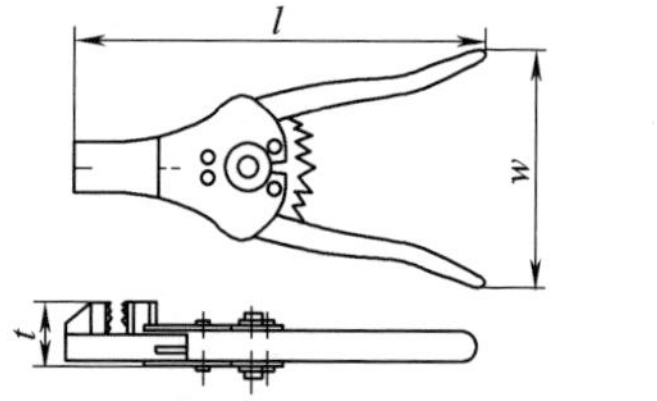

自动剥线钳(Z型)

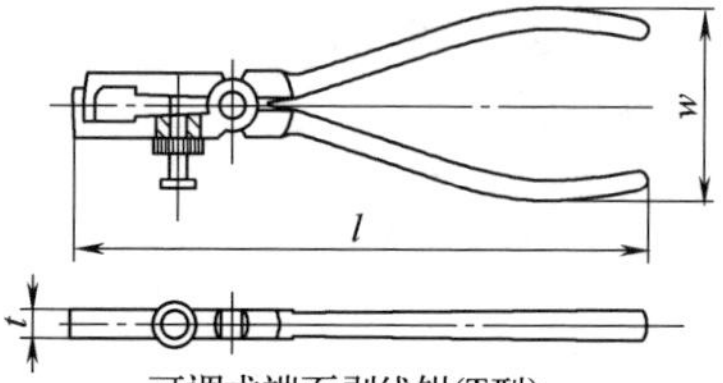

可调式端面剥线钳(T型)

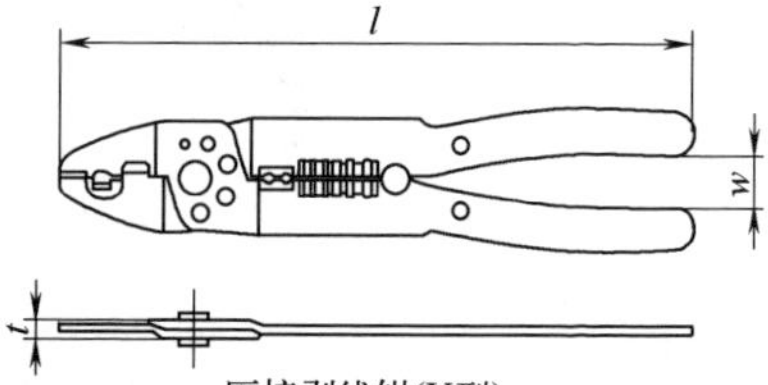

压接剥线钳(Y型)

形式	规格	全长 l	柄宽 w	t
T 型	160	160±8	50±5	≤7.5
Z 型	170	170±8	120±5	≤30.0
J 型	170	170±8	80±5	≤20.0
Y 型	160	160±8	≥10	≥5.5
	180	180±8		≥5.5
	200	200±8		≥7.0

14.4.3 紧线钳

用于架设各种通信和电力线路。其规格见表 14.9。

表 14.9 紧线钳的规格

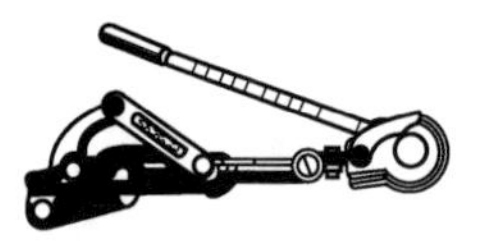

平口式

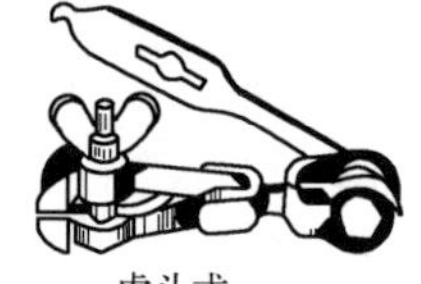

虎头式

形式	规格（号数）	钳口弹开尺寸/mm	额定拉力/kN	夹线直径范围/mm			
				单股钢、铜线	钢绞线	无芯铝绞线	钢芯铝绞线
平口式	1	≥21.5	15	10～20	—	12.4～17.5	13.7～19
	2	≥10.5	8	5～10	5.1～9.6	5.1～9	5.4～9.9
	3	≥5.5	3	1.5～5	1.5～4.8	—	—

续表

	长度/mm	150	200	250	300	350	400	450	500
虎头式	额定拉力/kN	2	2.5	3.5	6	8	10	12	15
	夹线直径范围/mm	1～3	1.5～3.5	2～5.5	2～7	3～8.5	3～10.5	3～12	4～13.5

14.4.4　手动压线钳

手动压线钳有手压式、机械式，用于电器和电力工程中压接铝或铜导线的接头或封端（利用模块使导线接头或封端紧密连接），导线压接时要用接线端子或连接管套在上面，其规格不能超过 300mm^2 接线端子或连接管。

型号表示方法是：

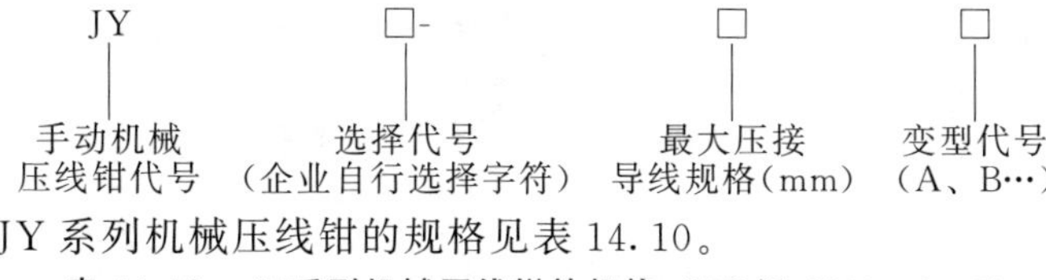

JY 系列机械压线钳的规格见表 14.10。

表 14.10　JY 系列机械压线钳的规格（QB/T 2733—2005）

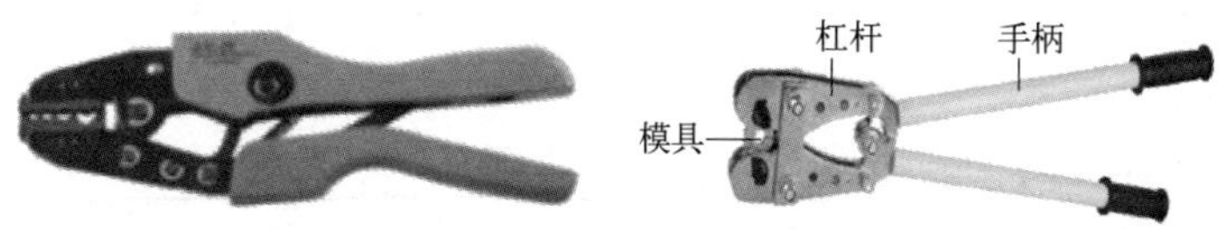

规格	压接范围/mm^2	规格	压接范围/mm^2
JY-50	6～50	JY-0650A	6～50
JY-120	16～120	JY-16120	6～120
YJY-240	10～240	JY-25150	25～150
QX-18A	16～240	JY-70240	70～240

14.4.5　液压压线钳

液压钳以手动操作，通过泵体、液压管路输出压力进行接线端子或连接管的压接作业（压模可固定或更换），用于维修、更换电力线路中的瓷瓶和拉紧导线。按连接方式分，有泵体与压接部直接连接（整体式）和泵体与压接部以油管连接（分体式）两种型式。

型号表示方法是：

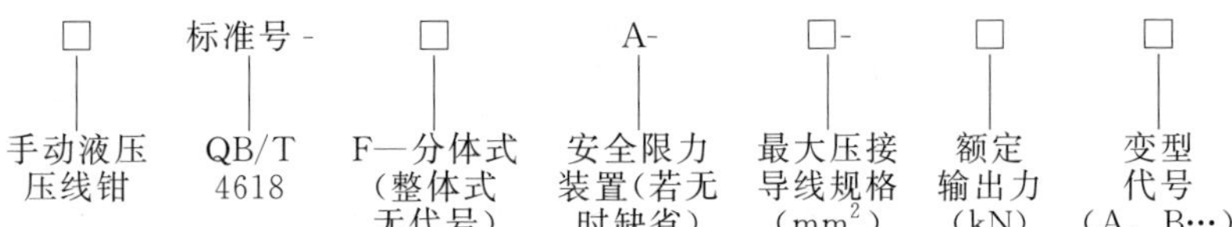

例如，最大压接导线规格为 120 mm^2，额定输出力 60 kN，有安全限力装置的整体式液压紧线钳标记为：手动液压压线钳 QB/T 4618-YQA-120-60□。

YQ 系列手动液压导线钳的规格见表 14.11。

表 14.11 YQ 系列手动液压导线钳的规格（QB/T 4618—2013）

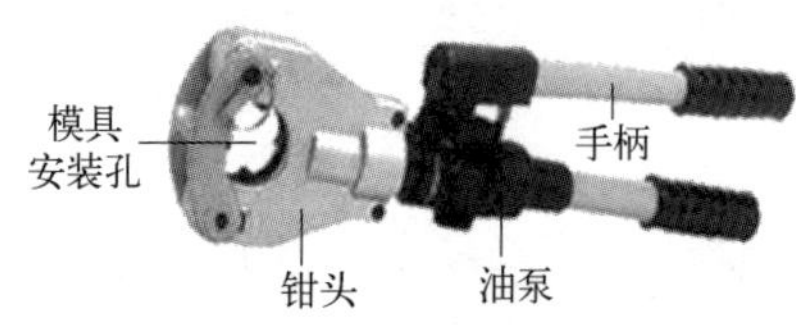

型号	最大工作压力/kN	最大工作行程/mm	型号	最大工作压力/kN	最大工作行程/mm
YYQ-A1	78.4	8	YYQ-A3	147	22
YYQ-A2	78.4	8	YYQ-A4	147	22
SYQ1、2	156.8	17	YYQ-A5	196	30

手动液压导线钳的使用方法和注意事项

手持式液压压接钳的使用方法和维护保养

14.4.6 断线钳

用途：用于高空或无能源场合剪切普通碳素结构钢线材、电缆、硬铜线等材料。

分类：按调节刃口间隙结构的不同可分为单联臂、双联臂和无联臂等形式；按剪切刃口的外形和用途可分为中刃口、偏刃口、角度刃口等形式。其规格见表 14.12。

表 14.12　断线钳的规格（QB/T 2206—2011）　mm

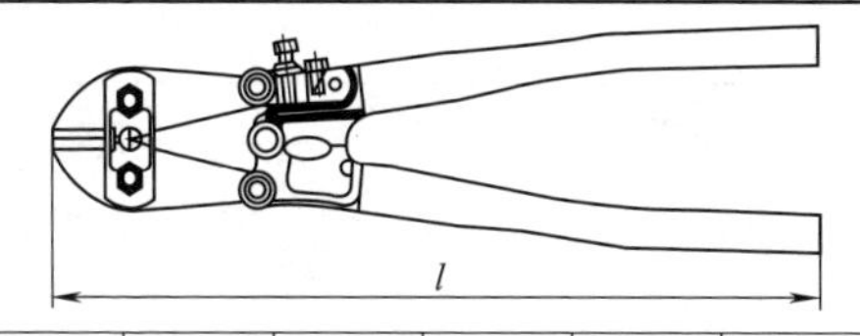

规格	200	300	350	450	600	750	900	1050	1200
l	203	305	360	460	615	765	915	1070	1220
d	5	6	6(8)	8	10	10	12	14	16

14.4.7　线缆剪

线缆剪适用于电力、电气工程中剪切铜、铝电缆、铠装电缆、钢绞线、钢芯铝绞线、钢丝绳等线材。

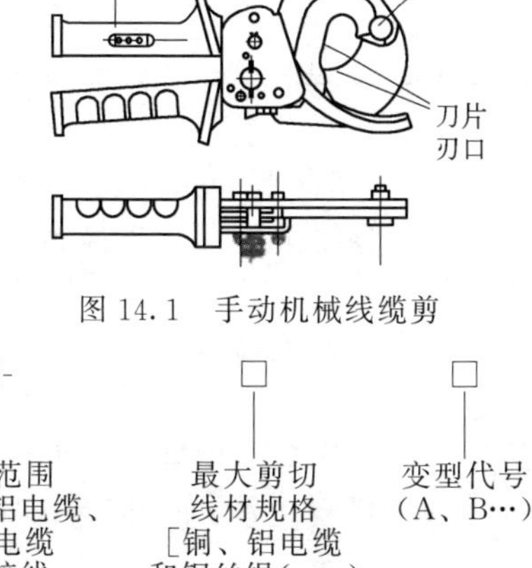

图 14.1　手动机械线缆剪

结构：见图 14.1。

型号标记方法是：

□	QB/T 4620-	XL	□-	□	□
手动机械线缆剪	标准名称	产品代号	使用范围 T—铜、铝电缆、铠装电缆 G—钢绞线、钢芯铝绞线 S—钢丝绳	最大剪切线材规格 [铜、铝电缆和钢丝绳(mm)钢绞线、钢芯铝绞线(mm^2)]	变型代号 (A、B…)

线缆剪手柄的抗弯强度和剪切强度见表 14.13。

表 14.13　线缆剪手柄的抗弯强度和剪切强度（QB/T 4620—2013）

剪切对象	剪切线材规格		手柄的抗弯强度(≥)/N	剪切载荷(≤)/N
电缆	直径/mm	≤40	390	390
		40～80	490	490
		≥80	590	590
钢丝绳		≤30	490	490
		≥30	590	590
钢绞线	截面积/mm^2	≤150	490	490
		≥150	590	590
钢芯铝绞线		≤1200	490	490
		≥1200	590	590

棘轮式线缆剪的技术数据见表 14.14。

表 14.14 棘轮式线缆剪的技术数据

型号	J13	J14	J25
适用对象	720mm² 以下的钢芯铝绞线和 150mm² 以下的钢绞线	ϕ20mm 以下的钢丝绳	800mm² 以下的钢芯铝绞线和 150mm² 以下的钢绞线
尺寸/mm	350×120×45	360×120×40	750×130×40
质量/kg	1.9	2.0	3.5
型号	J30	J50	XD-520A
适用对象	630mm² 以下的钢芯铝绞线和 100mm² 以下的钢绞线	1440mm² 以下的钢芯铝绞线	32mm² 以下的钢芯铝绞线
尺寸/mm	410×155×45	400×160×40	400×160×40
质量/kg	3.6	2.9	3.0

生产商：浙江玉环县台州宜佳工具有限公司。

14.4.8 通用型线缆剪

通用型线缆剪用于安装或维修工程中切断铜铝电缆、铠装电缆、钢绞线、钢芯铝绞线、钢丝绳等线材。

种类：按线缆剪使用范围，可分为电缆剪（代号 T，剪切铜、铝电缆和铠装电缆）、钢绞线剪（代号 G，剪切钢绞线、钢芯铝绞线）和钢丝绳剪（代号 S，剪切钢丝绳）3 种形式；按手柄形式可分为管柄式（代号 B）、铝柄式（代号 L）和整体锻压式（代号 Z）3 种形式（图 14.2）。

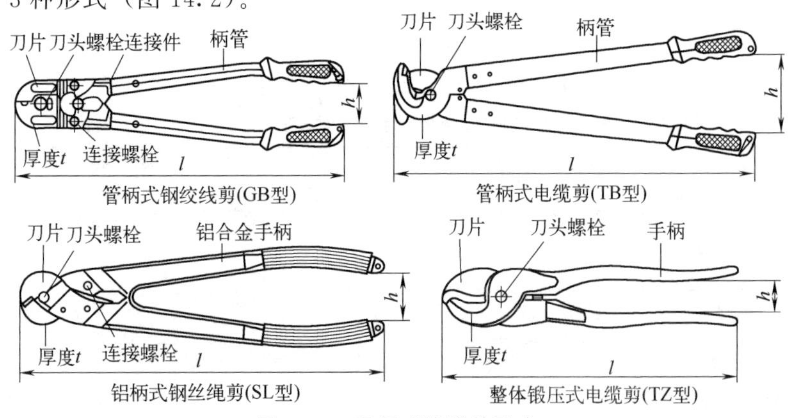

图 14.2 通用型线缆剪形式

通用型线缆剪的基本尺寸和零件硬度见表14.15。

表14.15　通用型线缆剪的基本尺寸和零件硬度（QB/T 4944—2016）

型式	规格	总长 l /mm	刀片厚度 t /mm	柄宽 b /mm	硬度 (HRC)
整体锻压式电缆剪	160	160	5.5	20	刀片:≥35 刃口:≥55 剪刀头螺栓:≥30
	180	180	5.5	20	
	200	200	6.0	20	
	230	230	6.0	25	
	250	250	6.5	25	
管柄式和铝柄式电缆剪	350	350	5.0	65	
	450	450	6.0	65	
	600	600	7.5	80	
	700	700	8.5	80	
	800	800	8.5	80	
钢铰线剪	600	600	9.5	65	刀片:≥40 刃口:≥58 剪刀头螺栓:≥30
	900	900	13.0	980	
	1050	1050	15.0	100	
钢丝绳剪	200	200	5.0	15	
	450	450	8.0	50	
	600	600	8.0	55	
	900	900	9.6	80	
	1050	1050	12.0	100	

电缆剪的剪切性能见表14.16。

表14.16　电缆剪的剪切性能（QB/T 4944—2016）

剪刀类型	剪刀规格 /mm	电缆规格① /mm	电缆导体标称截面积/mm²	电缆近似直径/mm	最大剪切载荷/N
整体锻压式电缆剪	160、180	3×2.5+1×1.5	9	13	460
	200、230	3×4+1×2.5	14.5	15	520
	250	3×6+1×4	22	17	530
管柄式和铝柄式电缆剪	350	3×25+1×16	91	26	550
	450	3×35+1×16	121	30	550
	600	3×50+1×25	175	33	670
	700	3×70+1×35	245	40	760
	800	3×120+1×70	430	50	1210

① GB/T 12706.1 规定的 VV-0.6/1 3+1 芯电缆。

钢绞线剪和钢丝绳剪的剪切性能见表14.17。

表 14.17　钢绞线剪和钢丝绳剪的剪切性能（QB/T 4944—2016）

剪刀类型	剪刀规格	剪切钢绞线的规格	最大剪切载荷/N	剪刀类型	剪刀规格	剪切钢绞线的规格	最大剪切载荷/N
钢绞线剪	600 900 1050	1×7-7.8-1570 1×19-11.5-1570 1×19-13.05-1570	450 560 590	钢丝绳剪	200 450 600 900 1050	5 12 14 16 20	410 580 850 940 1100

14.4.9　网线钳

网线钳用来把网线插到网卡里或者墙上的网络插座中，安上水晶头（网络插头）时切线和剥线。它有一个用于压线的六角缺口（图 14.3），一般也同时具有剥线、剪线功能。有单用、两用和三用几种形式。

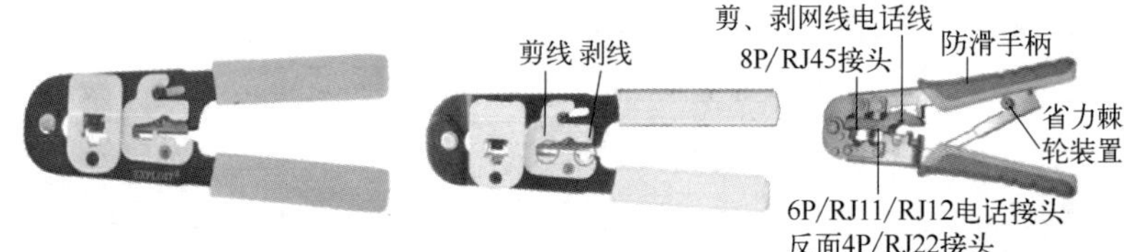

图 14.3　三种网线钳

14.4.10　高压绝缘钳

高压绝缘钳用于安装或拆卸高压熔断器或其他类似工件，主要用于 35kV 及以下电力系统。外形和结构见图 14.4。

高压绝缘钳的使用和注意事项

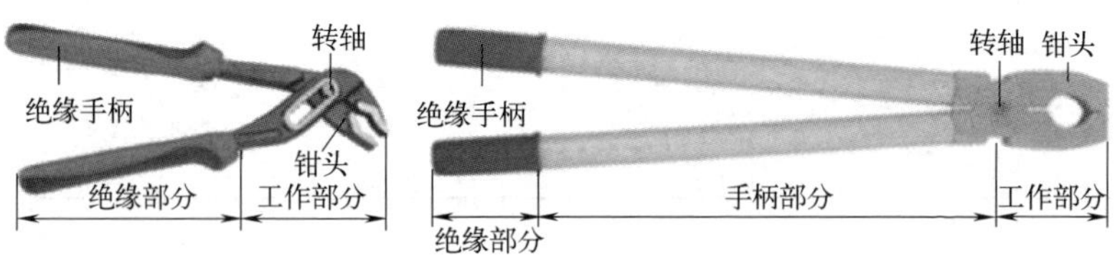

图 14.4　高压绝缘钳

14.4.11　线槽剪

线槽剪用于电工剪线槽、薄木（或塑料）板条。其参数见表14.18。

表14.18　艾瑞泽线槽剪的参数

角度调节	全长/mm	头部最宽/mm	头部长/mm	柄长/mm	质量/g
45°～135°	220	75	80	140	367

14.4.12　接触线切刀

接触线切刀用于切割接触线，切断后接触线断面平整，无需二次加工即可直接作业。

分类：有手动、电动和液压三种。其技术数据见表14.19。

表14.19　接触线切刀的技术数据

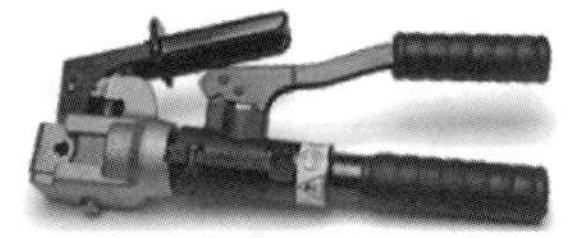

手动型切刀

充电式液压切刀

分体式液压切刀

类型	型号	最大压力	适用线型/mm^2	承力索切割规格/mm^2	质量/kg
手动型	HAC-4	700bar	85、110、120、150	35、50、70、95、120、150	4.5
电动型	REC-4				5.5
迷你型	REC-4M ETC-4M	5.5t	ϕ40mm以内铜铝电缆、钢芯铝绞线、承力索和接触线85、110、120、150	切断模80、110、120、150	(18V锂电池)

制造商：简固机电设备（上海）有限公司。

14.5　电讯钳

14.5.1　电讯剪切钳

分类：按外形主要分为电讯顶切钳、电讯斜嘴钳和电讯斜刃顶切钳（图14.5～图14.7）；按剪切刃口形式分为标准双斜刃(SB)、小倒角双斜刃（SF）和单斜刃（F）。

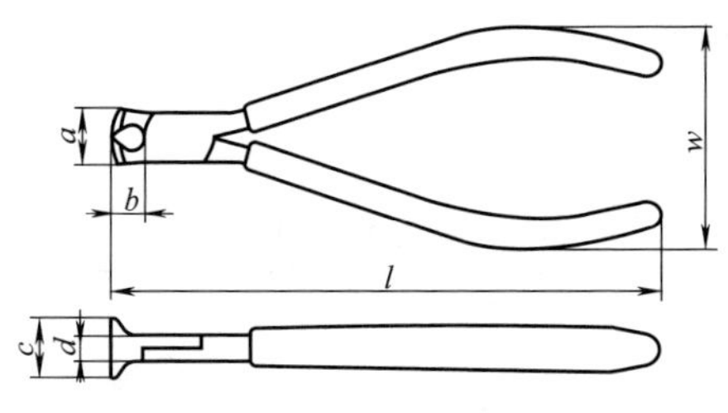

图 14.5 电讯顶切钳

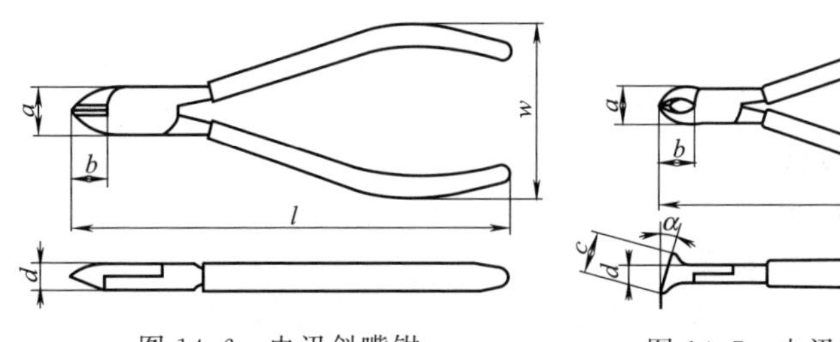

图 14.6 电讯斜嘴钳

图 14.7 电讯斜刃顶切钳

电讯钳的基本尺寸见表 14.20～表 14.22（QB/T 3004—2008）。

表 14.20 电讯顶切钳的基本尺寸 mm

钳嘴形式	规格 l	a_{max}	b	c_{max}	d_{max}	w
短嘴(S)	112±7	13	9_{max}	22	9	48±5
长嘴(L)	125±8	7	14_{min}	8	9	50±5
	160±10		36_{min}	10	10	

表 14.21 电讯斜嘴钳的基本尺寸 mm

规格 l	a_{max}	b_{max}	d_{max}	w
112±7	13	16	8	48±5
125±8	16	20	10	50±5

表 14.22 电讯斜刃顶切钳的基本尺寸 mm

钳嘴形式	规格 l	a_{max}	b_{max}	c_{max}	d_{max}	w	α
短嘴(S)	112±7	14	14	20	8	48±5	15°±5°
长嘴(L)	125±8	8	25	10		50±5	45°±5°

14.5.2 电讯夹扭钳

分类：按外形主要分为电讯圆嘴钳、电讯扁嘴钳和电讯尖嘴钳（图 14.8～图 14.10）。基本尺寸见表 14.23。

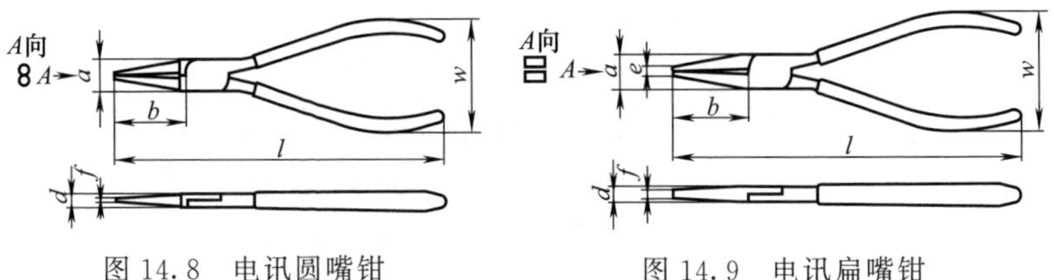

图 14.8　电讯圆嘴钳　　　图 14.9　电讯扁嘴钳

图 14.10　电讯尖嘴钳

表 14.23　电讯钳的基本尺寸（QB/T 3005—2008）　　mm

名称	钳嘴形式	规格 l	a_{max}	b	d_{max}	e_{max}	f_{max}	w
电讯圆嘴钳	短嘴(S)	112±7	10	25_{max}	6.5	—	0.8	48±5
		125±8	13	30_{max}	8	—	1.5	50±5
	长嘴(L)	125±8	13	30_{min}	8	—	1.5	50±5
		140±9	14	34_{min}	10	—	2.0	
电讯扁嘴钳	短嘴(S)	112±5	10	25_{max}	6.5	1.8	1.8	48±5
		125±7	13	30_{max}	8	2.2	2.2	50±5
	长嘴(L)	125±7	13	30_{min}	8	2.2	2.2	50±5
		14018	14	34_{min}	10	2.8	2.8	
电讯尖嘴钳	短嘴(S)	112±5	10	25_{max}	6.5	1.8	1.8	48±5
		125±7	13	30_{max}	8	2.2	2.2	50±5
	长嘴(L)	125±7	13	30_{min}	8	2.2	2.2	50±5
		140±7	14	34_{min}	10	2.8	2.8	

标记：由产品名称、标准编号、规格、钳嘴形式代号组成。

例如，规格为125mm的短嘴电讯圆嘴钳标记为：电讯圆嘴钳 QB/T 3005—125S。

14.6　光纤光缆加工钳具

（1）光纤引线工具（图 14.11）

用途：在光纤穿过墙壁或天花板时保护光纤的端口。

用法：将光纤穿过内部，直接拉过墙壁。

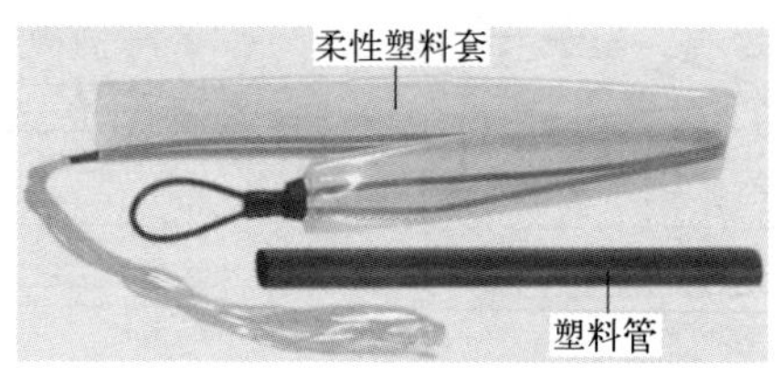

图 14.11 光纤引线工具

（2）光纤压接钳（图 14.12）

用途：主要承担光纤的制作，尤其是与光纤连接器的连接过程中。

用法：设计用于 ST、FC 和 SC 连接器的压接，包含四种压接尺寸。

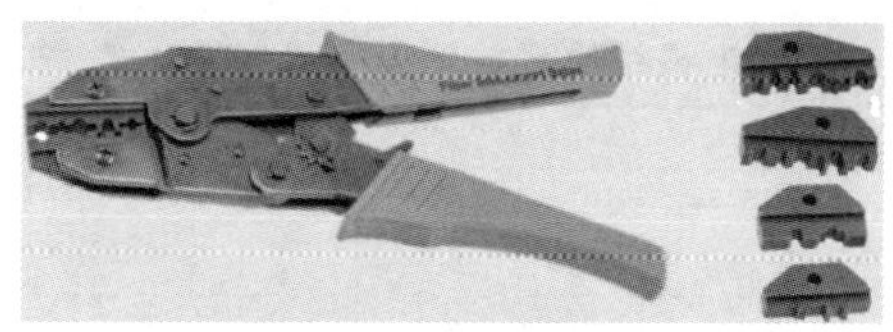

图 14.12 光纤压接钳

（3）光纤刻划笔（图 14.13）

图 14.13 光纤刻划笔

用途：主要用来对裸纤进行切割，以产生光学质量表面。

用法：一般在抛光之前对从接头套管中探出的光纤进行刻划。

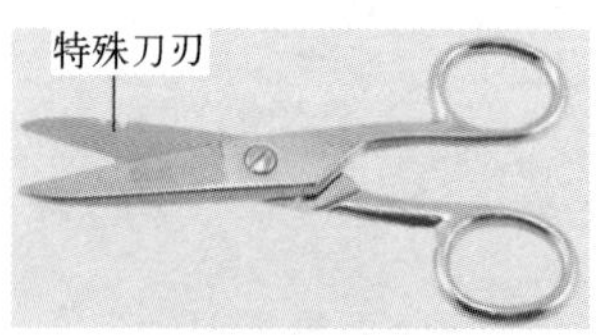

图 14.14 光纤剪

（4）光纤剪（图 14.14）

用途：用于剪切光纤的芳纶纤维。

用法：根据实际需求，直接剪断即可。

（5）光纤剥线钳（图 14.15）

用途：有三种工具。根据不同步

图 14.15　光纤剥线钳

骤，使用不同工具来剥离紧包光纤的护套。

用法：先用光纤剪将光纤剪断，然后根据不同护层的需要，使用不同的工具，具体根据其工具特色进行操作。

（6）光纤旋转剥线钳（图 14.16）

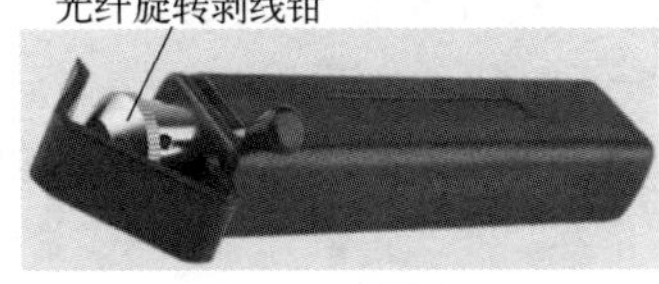

图 14.16　光纤旋转剥线钳

用途：可用于 4.5～25mm 光缆护套剥离，剥线深度一致，可精确调整。

用法：弹力压线方式，适合不同绝缘厚度的线材剥线。需要确定线径大小、调整好刀片角度，将光缆放置顶部后，进行旋转式剥线。

第15章 木工工具

15.1 木工手用工具

木工手用工具有木工锤、羊角锤、木工凿、木工锉、木工斧和木工夹等。

15.1.1 木工锤

木工锤用于钉钉子或敲打木榫。其规格见表15.1。

表15.1 木工锤的规格（QB/T 1290.9—2010）

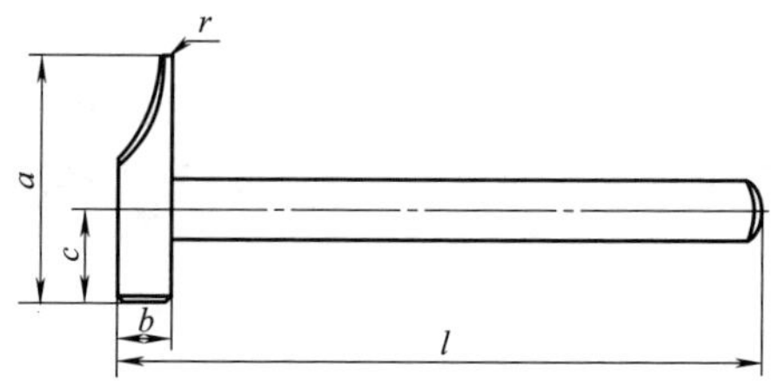

规格/kg	l/mm		a/mm		b/mm		c/mm		r_{max}/mm
	基本尺寸	公差	基本尺寸	公差	基本尺寸	公差	基本尺寸	公差	
0.20	280	±2.00	90	±1.00	20	±0.65	36	±0.80	6.0
0.25	285		97		22		40		6.5
0.33	295	±2.50	104		25		45		8.0
0.42	308		111		28		48		8.0
0.50	320		118		30		50		9.0

15.1.2 羊角锤

羊角锤的一头是圆的，用于钉钉子或敲打工件；另一头扁平并向前弯曲并且开V口，用于起钉子，是应用杠杆原理的典型例子。按柄的材质分，有木柄、钢管柄、纤维柄和包塑柄等。其规格见表15.2。

表 15.2　羊角锤的规格（QB/T 1290.8—2010）

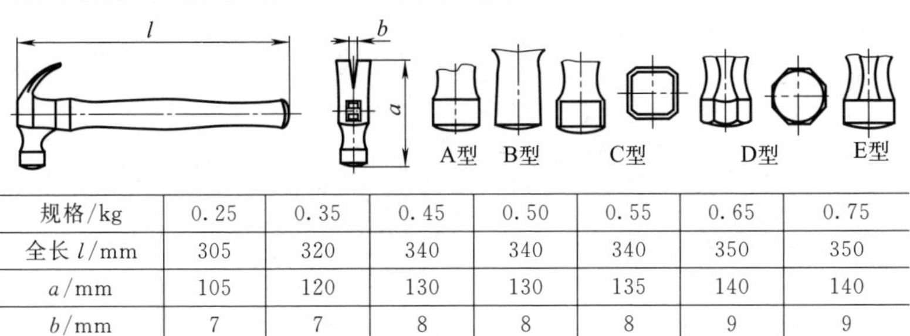

规格/kg	0.25	0.35	0.45	0.50	0.55	0.65	0.75
全长 l/mm	305	320	340	340	340	350	350
a/mm	105	120	130	130	135	140	140
b/mm	7	7	8	8	8	9	9

15.1.3 木工凿

木工凿用于在木料上凿孔、沟槽和榫头等。

木工凿按其外形分为斜边平口凿（代号 X）、平边平口凿（代号 P）和半圆凿三种类型，其中半圆凿分为内刃半圆凿（代号 N）和外刃半圆凿（代号 W）两种类型。其规格见表 15.3～表 15.5。

表 15.3　无柄斜边平口凿的规格（QB/T 1201—2017）　mm

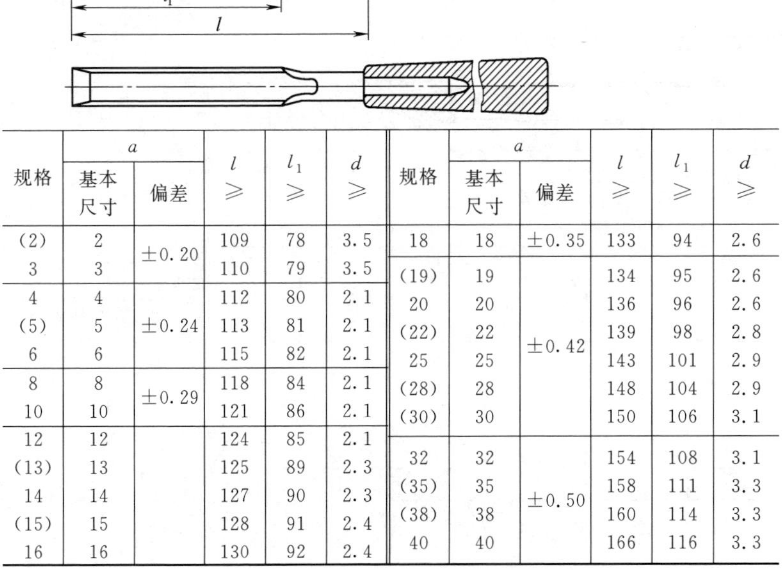

规格	a 基本尺寸	a 偏差	l ≥	l_1 ≥	d ≥	规格	a 基本尺寸	a 偏差	l ≥	l_1 ≥	d ≥
(2)	2	±0.20	109	78	3.5	18	18	±0.35	133	94	2.6
3	3		110	79	3.5	(19)	19	±0.42	134	95	2.6
4	4	±0.24	112	80	2.1	20	20		136	96	2.6
(5)	5		113	81	2.1	(22)	22		139	98	2.8
6	6		115	82	2.1	25	25		143	101	2.9
8	8	±0.29	118	84	2.1	(28)	28		148	104	2.9
10	10		121	86	2.1	(30)	30		150	106	3.1
12	12		124	85	2.1	32	32	±0.50	154	108	3.1
(13)	13		125	89	2.3	(35)	35		158	111	3.3
14	14		127	90	2.3	(38)	38		160	114	3.3
(15)	15		128	91	2.4	40	40		166	116	3.3
16	16		130	92	2.4						

表 15.4　无柄平边平口凿的规格（QB/T 1201—2017）　mm

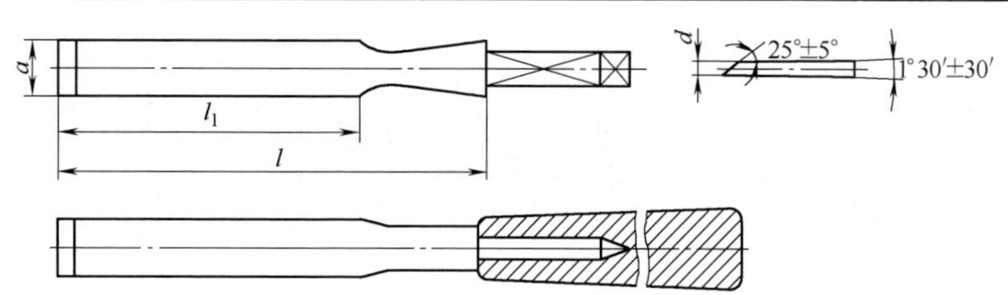

规格	a		l ≥	l_1 ≥	d ≥	规格	a		l ≥	l_1 ≥	d ≥
	基本尺寸	偏差					基本尺寸	偏差			
6	6	±0.24	104	76	2.1	25	25	±0.42	118	76	2.9
10	10	±0.29	107			32	32	±0.50	122		3.1
(13)	13	±0.35	109		2.3	(38)	38		127		3.3
16	16		111		2.4	50	50		135		3.5
(19)	19	±0.42	113		2.6						

表 15.5　无柄半圆平口凿的规格（QB/T 1201—2017）　mm

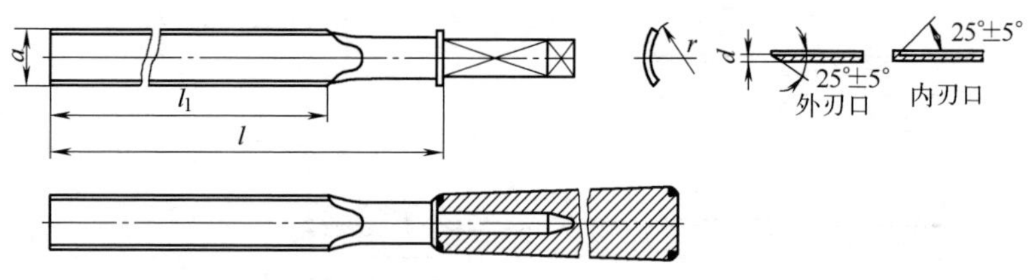

规格	a		l ≥	l_1 ≥	d ≥	r	
	基本尺寸	偏差				基本尺寸	偏差
(3)	3	±0.20	110	79	3.5	3	±0.45
6	6	±0.24	115	82	2.1	4	±0.60
8	8	±0.29	118	84		5	
10	10		121	86		6	
12	12	±0.35	124	88		7	
(13)	13		125	89		7	±0.75
(15)	15		123	91	2.4	8	
(16)	16		130	92		9	
18	18		133	94	2.6	10	
(19)	19	±0.42	134	95		11	±0.90
20	20		136	96		12	

续表

规格	a		l	l_1	d	r	
	基本尺寸	偏差	≥	≥	≥	基本尺寸	偏差
(22)	22	±0.42	139	98	2.8	13	±0.90
25	25		143	101	2.9	14	
(30)	30		150	106	3.1	16	
(32)	32	±0.50	154	108		18	

15.1.4　木工锉

木工锉用于锉削木制品表面和圆孔等。其规格见表 15.6。

表 15.6　木工锉的规格（QB/T 2569.6—2002）　mm

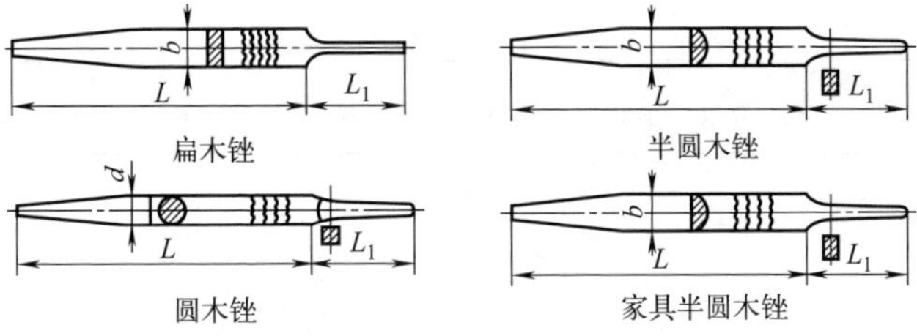

扁木锉　半圆木锉　圆木锉　家具半圆木锉

种类	类型代号	长度 L	宽度 b	厚度 δ	柄长 L_1
扁木锉	M-01-200	200	20	6.5	55
	M-01-250	250	25	7.5	65
	M-01-300	300	30	8.5	75
圆木锉	M-03-150	150	d=7.5	—	45
	M-03-200	200	d=9.5	—	55
	M-03-250	250	d=11.5	—	65
	M-03-300	300	d=13.5	—	75
半圆木锉	M-02-150	150	16	6	45
	M-02-200	200	21	7.5	55
	M-02-250	250	25	8.5	65
	M-02-300	300	30	10	75
家具半圆木锉	M-04-150	150	18	4	45
	M-04-200	200	25	6	55
	M-04-250	250	29	7	65
	M-04-300	300	34	8	75

15.1.5　木工斧

包括木工斧、采伐斧、劈柴斧。木工斧用于劈削或砍断木材，采伐斧适用于采伐树林和加工木材（有单刃和双刃之分），劈柴斧适用于砍劈木柴。其规格见表 15.7～表 15.9。

表 15.7 木工斧的规格（QB/T 2565.5—2002） mm

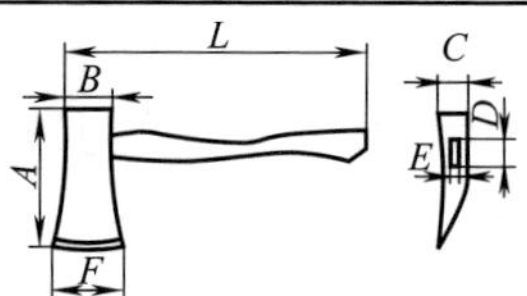

规格/kg	长 A	宽 B	厚 C	孔长 D	孔宽 E	刃宽 F（最小）
	最小					
1.0	120	34	26	32	14	78
1.25	135	36	28	32	14	78
1.5	160	48	35	32	14	78

表 15.8 采伐斧的规格（QB/T 2565.2—2002） mm

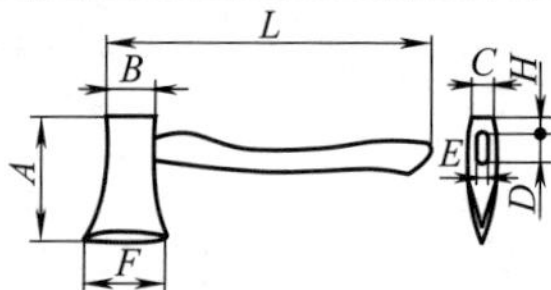

规格/kg	L	A（最小）	B（最小）	C（最小）	F（最小）	H（最小）	D		E	
							基本尺寸	公差	基本尺寸	公差
0.7	380	130	50	20	82	15	46	0 −2.0	16	0 −1.5
0.9	430	155	58	22	92	16	50		18	
1.1	510	165	62	22	98	18	60		20	
1.3	710	174	68	23	105	19	63		23	
1.6	710～910	180	74	24	110	20	63		23	
1.5		185	76	25	110	21	73		25	
2.0		185	76	26	122	21	73		25	
2.2		190	78	27	124	22	73		25	
2.4		220	84	28	134	29	75		25	

表 15.9 劈柴斧的规格（QB/T 2565.3—2002） mm

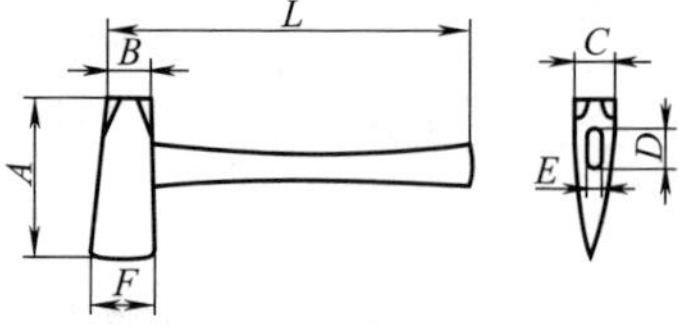

续表

规格/kg	L	A（最小）	B（最小）	C（最小）	D 基本尺寸	D 公差	E 基本尺寸	E 公差	F（最小）
2.5	810～	200	51	49	60	0	22	0	90
3.2	910	215	56	54	60	−2.0	22	−2.0	106

15.1.6　木工夹

木工夹用于夹持板料加工或粘接。其规格见表 15.10。

表 15.10　木工夹的规格

形式	型号	夹持范围/mm	负荷界限/kg	形式	型号	夹持范围/mm	负荷界限/kg
F 型	FS150	150	180	G 型	GQ8150	50	300
	FS200	200	160		GQ8175	75	350
	FS250	250	140		GQ81100	100	350
	FS300	300	100		GQ81125	125	450
					GQ81150	150	500
					GQ81200	200	1000

15.2　木工钻

木工钻用于在木头上钻孔。按结构分为支罗钻（代号为 Z）和三尖木工钻；按使用方式分为机用型（代号为 JZ）和手用型（代号为 SZ）。

15.2.1　支罗钻和三尖木工钻

其规格见表 15.11～表 15.13。

表 15.11　手用支罗钻的规格（QB/T 1736—2018）　　mm

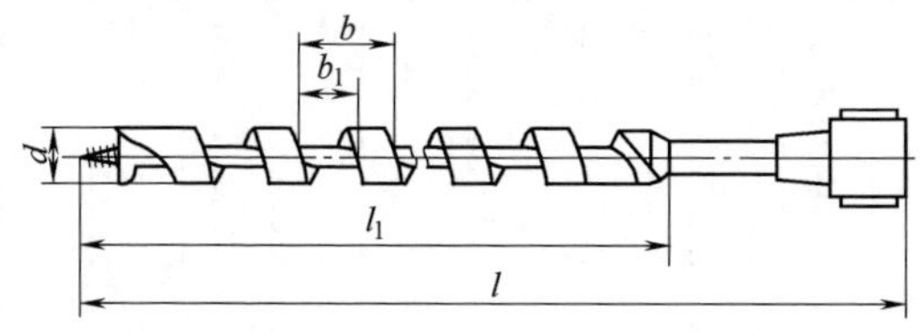

续表

规格	尺寸 d	b	b_1	l	l_1	规格	尺寸 d	b	b_1	l	l_1
6	6	17	10	150～610	70～340	21	21	36	22	150～610	70～340
8	8	17	10			22	22	36	22		
10	10	20	12			23	23	36	22		
11	11	20	12			24	24	36	22		
12	12	24	14			25	25	36	22		
13	13	24	14			26	26	38	23		
14	14	28	17			28	28	38	23		
15	15	28	17			30	30	40	24		
16	16	30	18			32	32	40	24		
17	17	30	18			34	34	44	25		
18	18	34	21			36	36	44	25		
19	19	34	21			38	38	44	25		
20	20	36	22								

表 15.12 机用支罗钻的规格（QB/T 1736—2018） mm

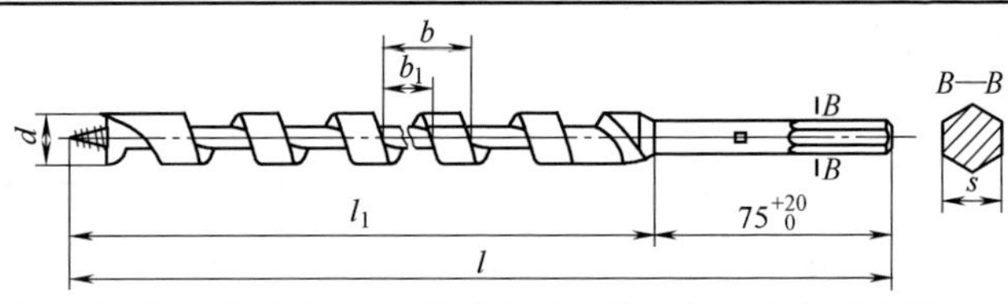

规格	d	b	b_1	s	l	l_1	规格	d	b	b_1	s	l	l_1
6	6	17	10	5.0	100～1000	25～925	22	22	36	22	11.0	100～1000	25～925
8	8	17	10	7.0			23	23	36	22	11.0		
10	10	20	12	9.0			24	24	36	22	11.0		
11	11	20	12	9.0			25	25	36	22	11.0		
12	12	24	14	9.0			26	26	38	23	11.0		
13	13	24	14	9.0			28	28	38	23	11.0		
14	14	28	17	9.0			30	30	40	24	11.0		
15	15	28	17	9.0			32	32	40	24	11.0		
16	16	30	18	9.0			34	34	44	25	11.0		
17	17	30	18	9.0			36	36	44	25	11.0		
18	18	34	21	9.0			38	38	44	25	11.0		
19	19	34	21	9.0			40	40	44	25	11.0		
20	20	36	22	11.0			52	52	45	26	12.5		
21	21	36	22	11.0									

表 15.13　三尖木工钻的规格（QB/T 1736—2018）　　mm

规格	d	d_1	l	l_1	规格	d	d_1	l	l_1
4	4		80	48	20	20		210	140
5	5		90	56	22	22		220	150
6	6		100	62	24	24		235	160
7	7	—	110	68	26	26		250	170
8	8		120	75	28	28		260	180
9	9		130	82	30	30		270	190
10	10		160	95	32	32	13	280	195
11	11	10	165	100	34	34		285	200
12	12		170	105	36	36		290	205
13	13		175	110	38	38		295	210
14	14		180	115	40	40		300	215
15	15	13	185	120	45	45		310	225
16	16		190	125	50	50		325	240
18	18		200	130					

15.2.2　木工机用长麻花钻

用于在木工钻床上钻削各种木材深孔。其规格见表 15.14。

表 15.14　木工机用长麻花钻（JB/T 5738—1991）　　mm

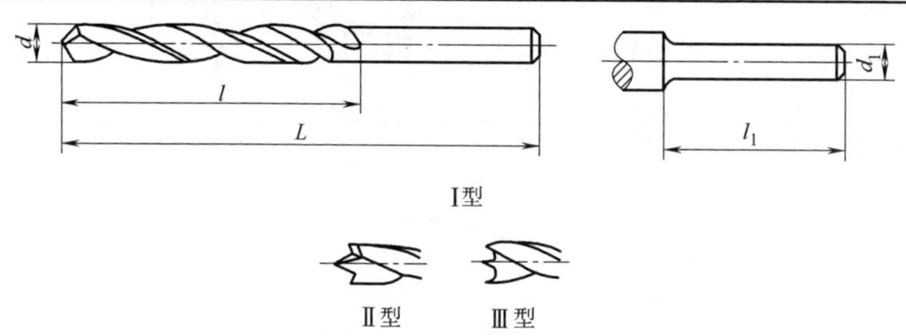

d	3、4、5、6、7、8、9、10、11、12、13、14、15、16、18、20、22、24、26、28、30、32、34、36、38、40、45、50

15.2.3　木工销孔钻

用于在木工钻床上钻削各种木材和人造板的带导向中心和沉割

刃的销孔。

钻头有Ⅰ型（四个沟槽）、Ⅱ型（四个沟槽、外牙）、Ⅲ型（两个沟槽）和Ⅳ型（两个沟槽、外牙）四种形式。钻头的柄部形式为直柄和外牙型。其基本尺寸见表15.15。

表15.15　木工销孔钻的基本尺寸（JB/T 9947—2018）　mm

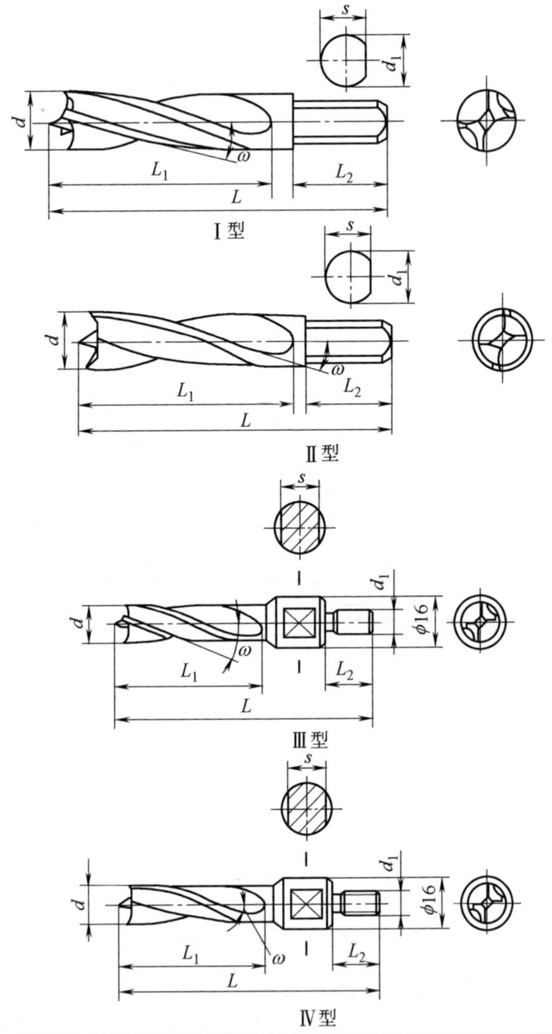

续表

d			d_1		ω	L	L_1	L_2	s	旋向
公称尺寸		极限偏差	公称尺寸	极限偏差						
第1系列	第2系列									
5	4.8	0 −0.048	10 M8,M10	0/-0.15 6g	15° ～ 20°	57.5 70 85	32 45 60	22 15	9 12	左 或 右
6	5.8		10 M8,M10	0/-0.15 6g				22 15	9 12	
7	6.8	0 −0.058	10 M8,M10	0/-0.15 6g				22 15	9 12	
8	7.8		10 M8,M10	0/-0.15 6g				22 15	9 12	
9	8.8		10 M8,M10	0/-0.15 6g				22 15	9 12	
10	9.8		10 M8,M10	0/-0.15 6g				22 15	9 12	
12	11.8	0 −0.070	10 M8,M10	0/-0.15 6g				22 15	9 12	
14	13.8		10 M8,M10	0/-0.15 6g				22 15	9 12	
16	15.8		10 M8,M10	0/-0.15 6g				22 15	9 12	

15.2.4　硬质合金销孔钻

木工硬质合金销孔钻主要用于加工高硬度木材的孔，有 A 型（通孔钻）和 B 型（盲孔钻）之分。其规格见表 15.16。

表 15.16　木工硬质合金销孔钻规格（JB/T 10849—2008）mm

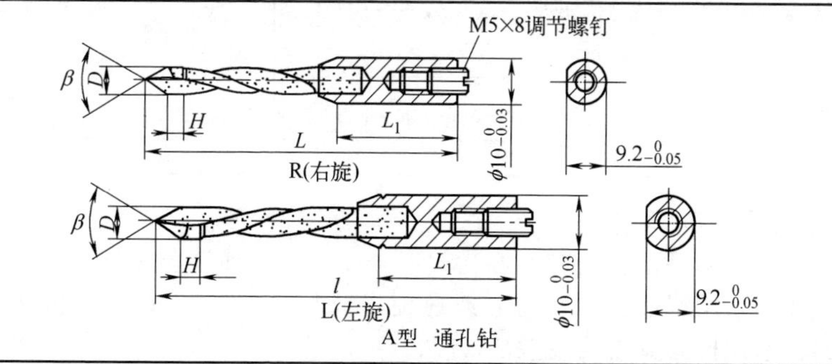

A型　通孔钻

续表

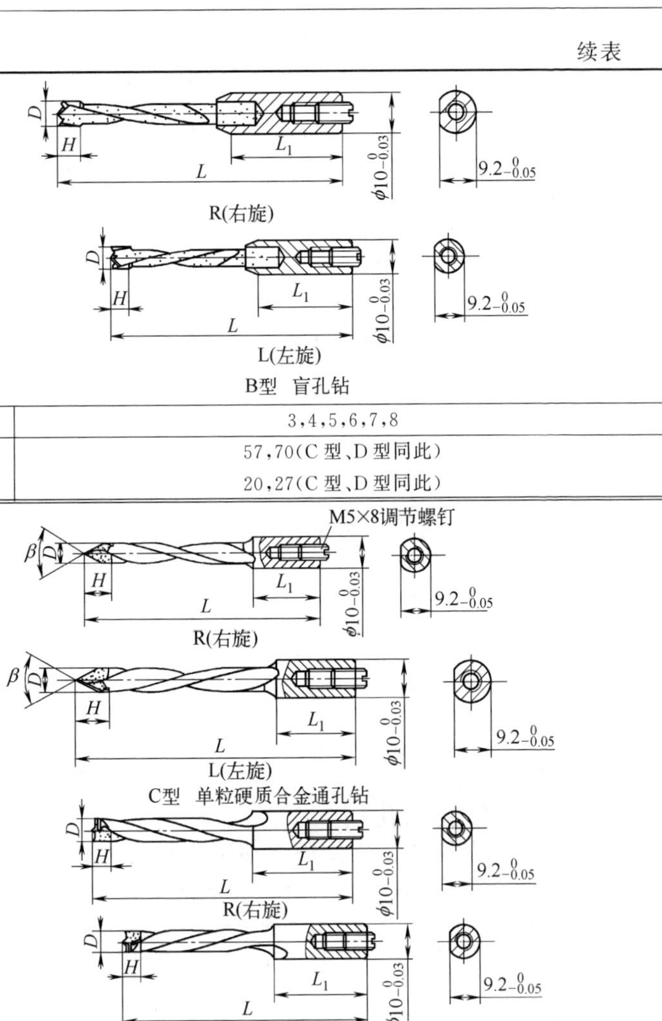

B型　盲孔钻

D 系列	3,4,5,6,7,8
L	57,70(C 型、D 型同此)
L_1	20,27(C 型、D 型同此)

C型　单粒硬质合金通孔钻

D型　单粒硬质合金盲孔钻

D 系列	3、4、5、6、7、8、9、10、11、12、13、14、15、16

15.2.5　方凿钻

方凿钻是由钻头和空心凿刀组合而成的一种复合刀具，钻头切削部分采用蜗旋式（Ⅰ型）或螺旋式（Ⅱ型），用于在木工机床上加工木榫槽。其规格见表 15.17。

表 15.17　木工方凿钻的规格（JB/T 3872—2010）　mm

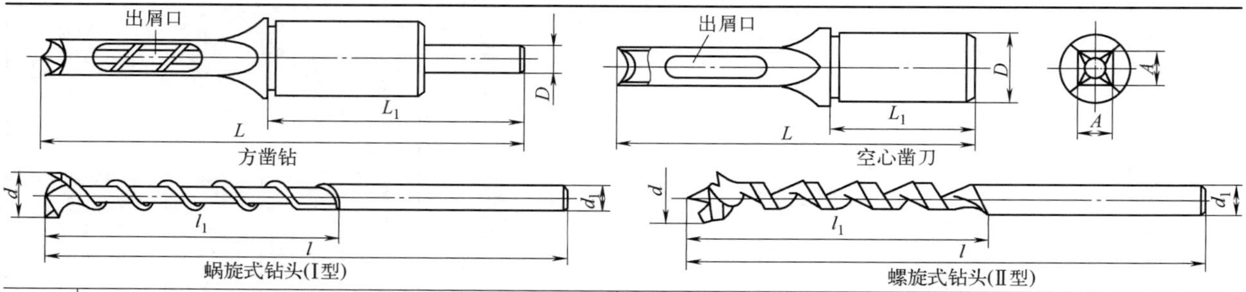

方凿钻　空心凿刀

蜗旋式钻头(Ⅰ型)　螺旋式钻头(Ⅱ型)

方凿钻规格	空心凿刀								钻头							
	A		D		L_1		L		d		d_1		l_1		l	
	尺寸	偏差	尺寸	偏差	尺寸	偏差	尺寸	偏差	尺寸	偏差	尺寸	偏差	尺寸	偏差	尺寸	偏差
6.3	6.3	+0.1 0	19	0 −0.052	40	±1.25	100～150	±1.25	6	0 −0.09	7～10	0 −0.15	50～80	±1.2	160～250	±1.85
8	8								7.8							
9.5	9.5								9.2							
10	10								9.8							
11	11								10.8	0 −0.11						
12	12								11.8							
12.5	12.5								12.3							
14	14								13.8							
16	16								15.8		11～16	0 −0.18	90～180	±1.6		
20	20		28.5		50		200～220	±1.45	19.8	0 −0.13					225～315	±2.1 0
22	22								21.8		18～22	0 −0.21				
25	25								24.8							

15.2.6 弓摇钻

木工钻孔时，夹持短柄木工钻头。其规格见表 15.18。

表 15.18 弓摇钻的规格（QB/T 2510—2001） mm

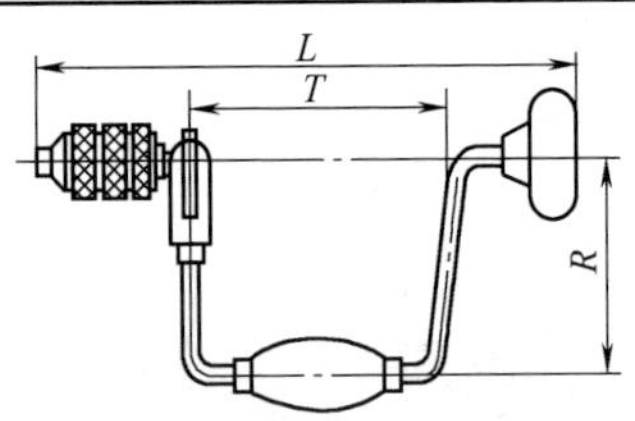

规格	最大夹持尺寸	L	T	R
250	22	320～360	150±3	125
300	28.5	340～380		150
350	38	360～400	160±3	175

注：弓摇钻的规格为其回转直径。

15.3 木工锯

木工锯包括木工锯条、伐木锯条、手板锯、木工绕锯条、鸡尾锯、夹背锯、带锯、圆锯片和带锯机等。

15.3.1 木工锯条

其规格见表 15.19。

表 15.19 木工锯条的规格（QB/T 2094.1—2015） mm

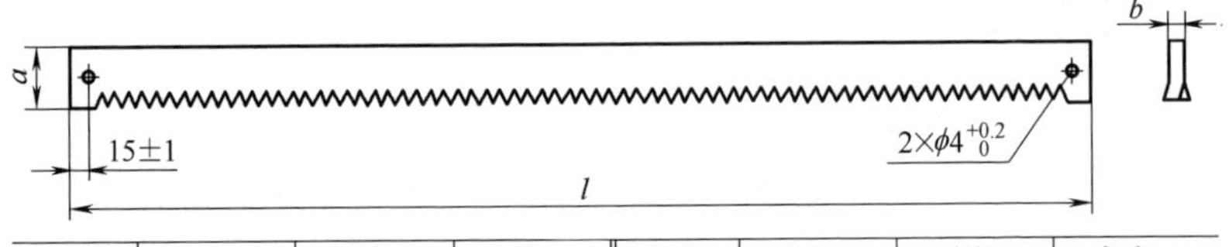

规格	长度 l	厚度 b	宽度 a	规格	长度 l	厚度 b	宽度 a
400 450	400 450	0.50	22 25	800 850 900	800 850 900	0.70	38 44
500 550	500 550		25 32				
600 650	600 650	0.60	32 38	950 1000 1050 1100 1150	950 1000 1050 1100 1150	0.80 0.90	44 50
700 750	700 750	0.70	38 44				

15.3.2　伐木锯条

伐木锯条用于手工锯圆木、原木等木材大料。其规格见表 15.20。

分类：按锯片形状，可分为圆弧形（Y）和直线形（代号为 Z）两种；按锯齿齿形的加工形式，可分为两面磨齿（L）、三面磨齿（S）和冲压齿（C）三种。

表 15.20　伐木锯条的规格（QB/T 2094.2—2015）　mm

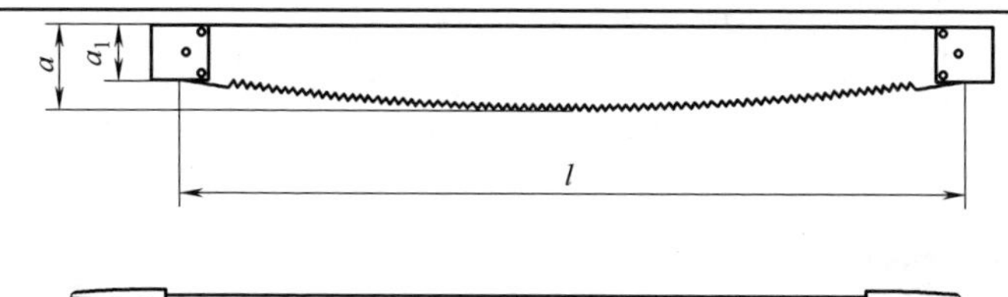

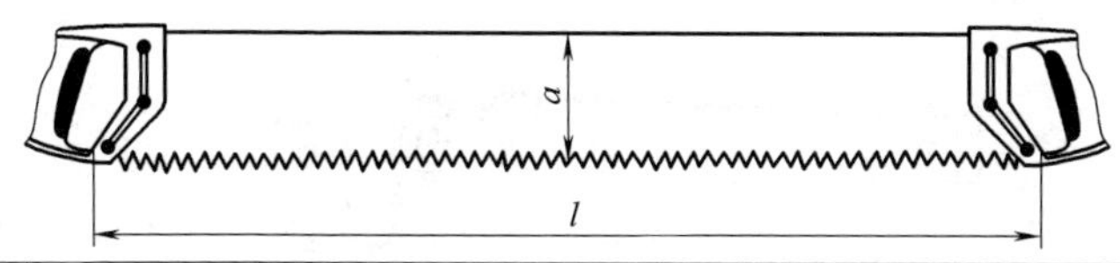

规格	圆弧形锯片				直线形锯片		
	长度 l	厚度	最大端宽 a	最小端宽 a_1	长度 l	宽度 a	厚度
1000	1000	1.0	110	70	1000	1.0	110
1200	1200	1.2	120		1200		
1400	1400		130		1400	1.2	140
1600	1600	1.4	140		1600		
1800	1800	1.4/1.6	150				

15.3.3　手板锯

用于锯一般木材或较宽木材。其规格见表 15.21。

分类：按手柄结构分为固定式（G）和分解式（F）两种；按外形分为普通型（无代号）和直柄型（Z）；按锯齿齿形加工形式分为两面磨齿（代号为 L）、三面磨齿（代号为 S）和冲压齿（代号 C）三种。

表 15.21　手板锯的规格（QB/T 2094.3—2015）　mm

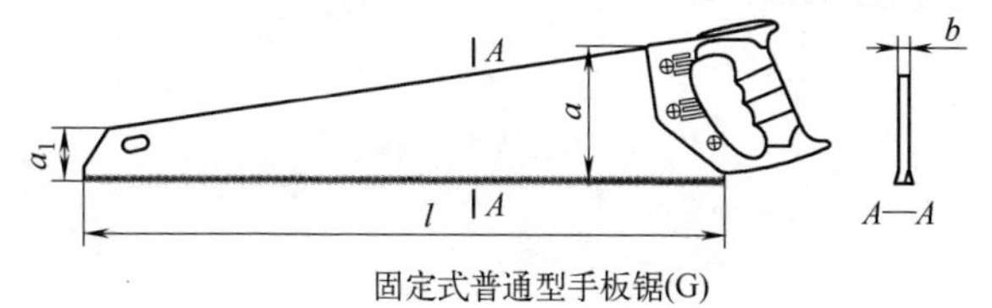

固定式普通型手板锯(G)

续表

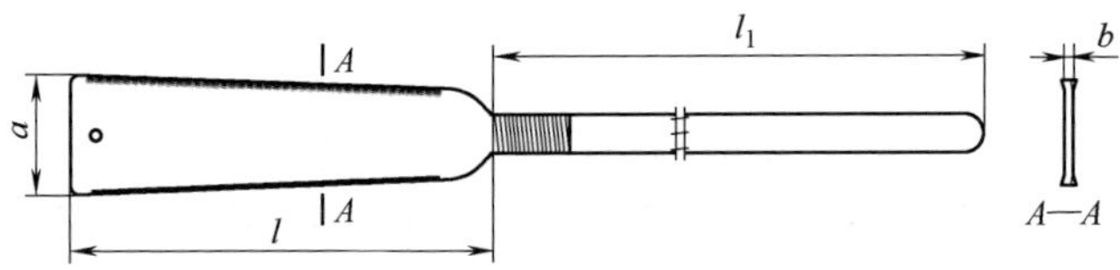

固定式直柄型手板锯(GZ)

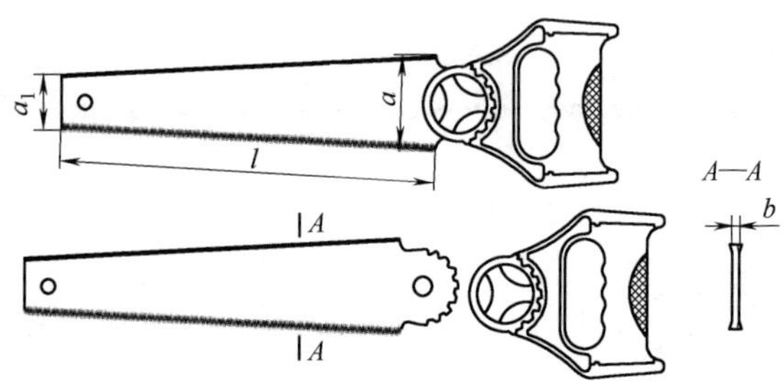

分解式普通型手板锯(F)

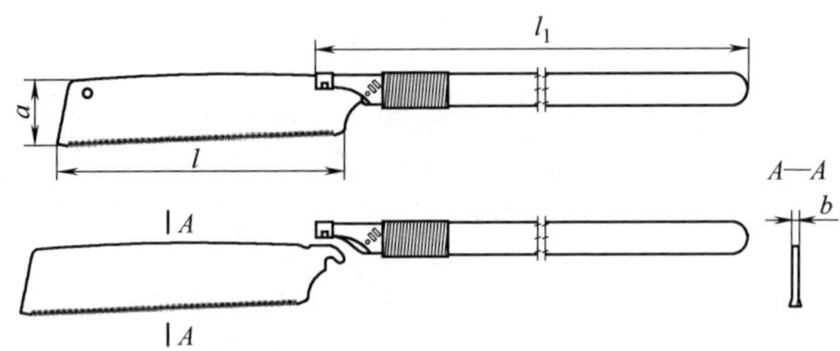

分解式直柄型手板锯(FZ)

续表

<table>
<tr><td colspan="5">固定式普通型手板锯</td><td colspan="5">固定式直柄型手板锯</td></tr>
<tr><td rowspan="2">规格</td><td rowspan="2">长度 l</td><td rowspan="2">厚度 b</td><td colspan="2">锯片宽</td><td rowspan="2">规格</td><td rowspan="2">长度 l</td><td rowspan="2">厚度 b</td><td rowspan="2">锯片大端宽 a</td><td rowspan="2">直柄长度 l_1</td></tr>
<tr><td>大端 a</td><td>小端 a_1</td></tr>
<tr><td>300
350
400
450
500
550
600</td><td>300
350
400
450
500
550
600</td><td>0.80
0.85
0.90
0.85
0.90
0.95
1.00</td><td>90
～
130</td><td>25
～
50</td><td>300
350
400
450</td><td>300
350
400
450</td><td>0.8
0.9</td><td>80
～
100</td><td>300
～
500</td></tr>
<tr><td colspan="5">分解式普通型手板锯</td><td colspan="5">分解式直柄型手板锯</td></tr>
<tr><td rowspan="2">规格</td><td rowspan="2">长度 l</td><td rowspan="2">厚度 b</td><td colspan="2">锯片宽</td><td rowspan="2">规格</td><td rowspan="2">长度 l</td><td rowspan="2">厚度 b</td><td rowspan="2">锯片大端宽 a</td><td rowspan="2">直柄长度 l_1</td></tr>
<tr><td>大端 a</td><td>小端 a_1</td></tr>
<tr><td>300
350
400
450</td><td>300
350
400
450</td><td>0.80
0.85
0.90</td><td>50
～
100</td><td>25
～
50</td><td>265
300
350</td><td>265
300
350</td><td>0.6
0.8</td><td>50
～
100</td><td>300
～
500</td></tr>
</table>

15.3.4　木工绕锯条

用于在木板上锯切圆弧、曲线和凹凸面。其规格见表15.22。

分类：按锯的外形分为A型和B型两种，按锯齿齿形加工形式分为两面磨齿（代号为L）、三面磨齿（代号为S）和冲压齿（代号C）三种。

表15.22　木工绕锯条的规格（QB/T 2094.4—2015）　mm

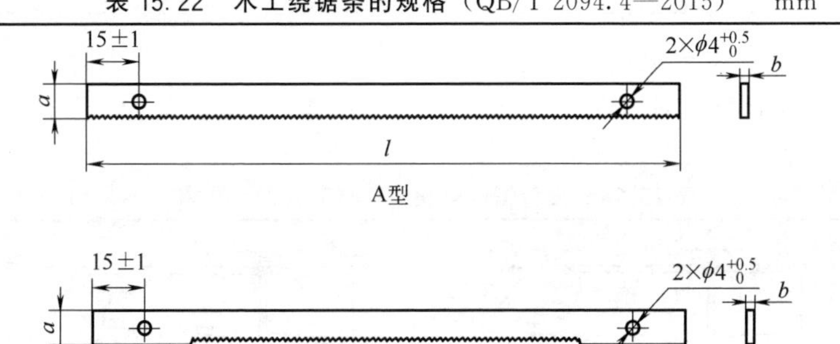

规格	l	a	b	规格	l	a	b	规格	l	a	b
400 450 500	400 450 500	0.50	10	550 600 650	550 600 650	0.60 0.70	10	700 750 800	700 750 800	0.60 0.70	10

15.3.5 鸡尾锯

用于锯狭孔、槽，亦可修锯林木树枝。其规格见表15.23。

分类：按锯的外形分为A型和B型两种，按锯齿齿形加工形式分为两面磨齿（代号为L）、三面磨齿（代号为S）和冲压齿（代号C）三种。

表15.23 鸡尾锯的规格（QB/T 2094.5—2015） mm

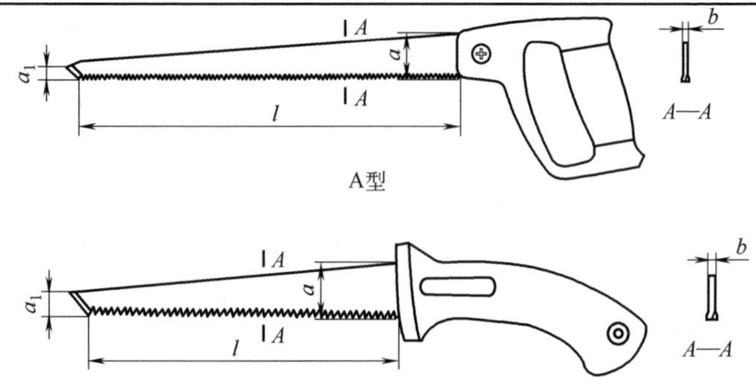

A型					B型				
规格	长度 l	厚度 b	大端宽 a	小端宽 a_1	规格	长度 l	厚度 b	大端宽 a	小端宽 a_1
250	250	0.85	25～40	5～10	125	125	1.2	20～30	6～12
300	300	0.90			150	150	1.5		
350	350	1.00			175	175	2.0		
400	400	1.20			200	200	2.5		

15.3.6 夹背锯

用于锯精细工件或贵重木材上的凹槽。其规格见表15.24。

分类：按锯的外形分为A型和B型两种。

表15.24 夹背锯的规格（QB/T 2094.6—2015） mm

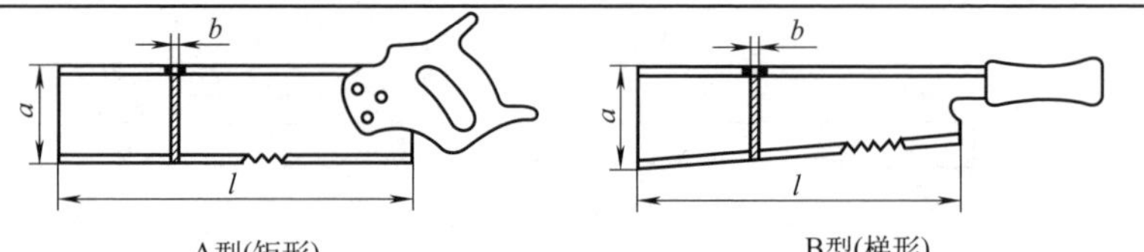

规格	长度 l	锯片厚度 b	锯片宽度 a	
			A型	B型
250	250	0.8	80～100	70～100
300	300			
350	350			

15.3.7　木工带锯

其规格见表15.25。

表15.25　木工带锯的规格（JB/T 8087—1999）　mm

安装在带锯机上锯圆木、原木等木材大料

宽度	偏差	厚度	最小长度
6.3	±1.0	0.40,0.50	7500
10,12.5		0.40,0.50,0.60	
20,25,32		0.40,0.50,0.60,0.70	
40		0.60,0.70,0.80	
50,63		0.60,0.70,0.80,0.90	
75	+1.0 −2.0	0.70,0.80,0.90	7500
90		0.80,0.90,(0.95)	
100		0.80,0.90,(0.95),1.00	8500
125		0.90,(0.95),1.00,(1.05),1.10	
150		(0.95),1.00,(1.05),1.10,1.25,1.30	
180		1.25,1.30,1.40	12500
200		1.30,1.40	

15.3.8　细木工带锯机

细木工带锯机是一种轻型带锯机，广泛应用于细木工配料及木模等车间。其基本参数见表15.26。

表15.26　细木工带锯机的基本参数（JB/T 3176.1—2010）mm

锯轮直径 D	400	630	800
两锯轮最大中心距	900	1200	1600
锯口的最大高度	≥200	≥300	≥400
锯条离床身的距离 E	≥300	≥400	≥500
工作台面离地高度	850～950		
工作台倾斜角/(°)	45		
电动机功率/kW	≥1.5	≥3	≥5.5
锯轮转速/(r/min)	≥900	≥850	≥800

15.3.9 木工带锯机

木工带锯机是以环状无端的带锯条为锯具，绕在两个锯轮上做单向连续的直线运动来锯切木材的锯机，分普通木工带锯机和跑车木工带锯机两种型式。其基本参数见表 15.27。

表 15.27 木工带锯机的基本参数（JB/T 3178.1—2010） mm

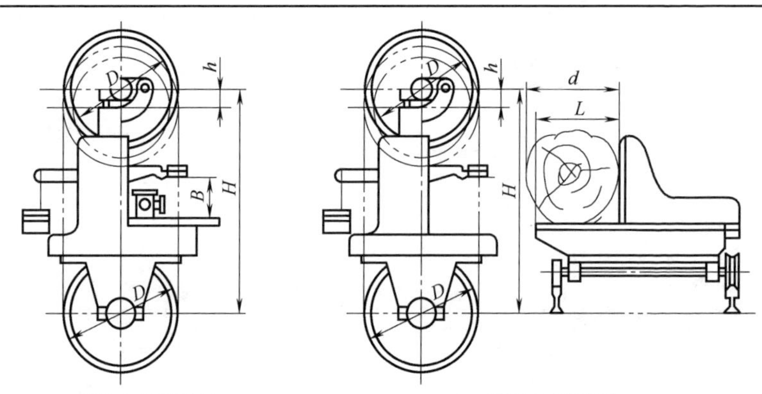

普通木工带锯机　　　跑车木工带锯机

项目	普通木工带锯机				跑车木工带锯机							
锯轮直径 D	710	800	900	1060	710	800	900	1060	1250	1500	1800	2120
上下锯轮中心距 H(≥)	1500			1800	1500			1800	2120	2650	3150	3550
上锯轮升降高度 h(≥)	100			120	100			120	150	180	212	250
最大锯切高度 B(≥)	300		450	600	—	—			—	—	—	—
锯木最大直径 d(≥)	—		—	—	450	600			900	1500	1700	2000
卡木桩有效行程 L(≥)	—		—	—	450	630			1000	1250	1500	1800
主电动机功率(≥)/kW	7.5	11	15	22	7.5	11	18.5	30	37	55	75	90

15.3.10 电圆锯

用于一般环境条件下，对木材、纤维板、塑料和软电缆以及类似材料进行锯割加工。其基本尺寸见表 15.28。

型号标注方法：

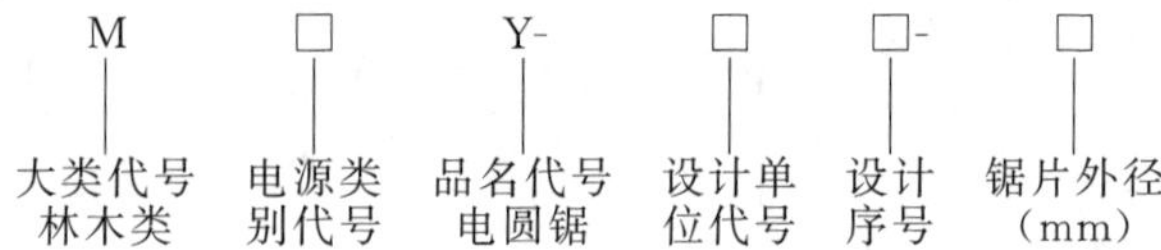

表 15.28　电圆锯片的基本尺寸（GB/T 22761—2008）

规格/mm	额定输出功率/W	额定转矩/N·m	最大锯割深度/mm	最大调节角度
160×30	≥550	≥1.70	≥55	
180×30	≥600	≥1.90	≥60	
200×30	≥700	≥2.30	≥65	≥45°
235×30	≥850	≥3.00	≥84	
270×30	≥1000	≥4.20	≥98	

注：表中规格指可使用的最大锯片外径×孔径。

15.3.11　木工圆锯片

其规格见表 15.29、表 15.30。

表 15.29　木工圆锯片的规格（GB/T 21680—2008）　mm

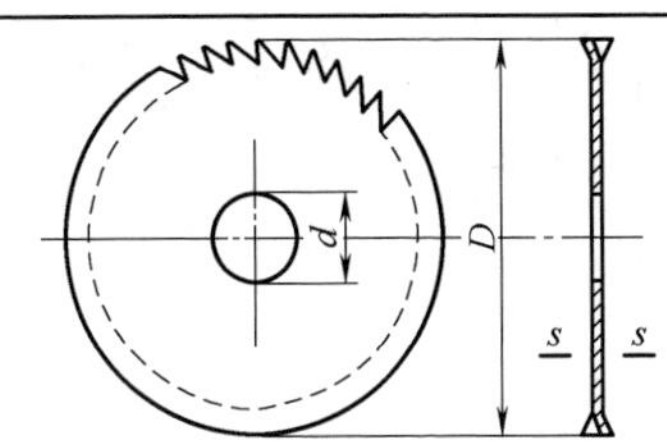

安装在木工圆锯机上锯木材、人造板等木料

外径 *D*		孔径 *d*	厚度 *s*			
尺寸	公差(±)	H9(H11)	1	2	3	4
40、50	1.5	12.5	—	—	—	0.8
60			—	—	0.8	—
80			—	0.8	1	—
100	2	20	—	0.8	1	—
125、(140)			0.8	1	1.2	—
160			1	1.2	1.6	—
(180)、200	2	30 或 60	1	1.2	1.6	—
250、(255)、(280)	2		1	1.6	2	2.5
315、(355)、400	3		1.6	2	2.5	3.2
(450)	3	30 或 85	2	2.5	3.2	4
500、(560)	4		2	2.5	3.2	4
630、(710)	4	40	2.5	3.2	4	—
800	6		2.5	3.2	4	—
(900)、1000	6		3.2	4	5	—
1250	10	60	3.6、4、5			
1600			4.5、5、6			
2000			5、7			

注：通常采用内孔精度 H9 的锯片，例如使用在高转速多锯片圆锯机上。

表 15.30 木工硬质合金圆锯片的规格（GB/T 14388—2010）

mm

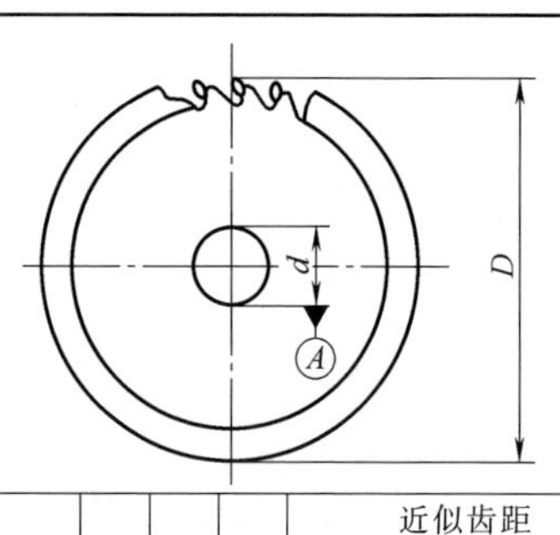

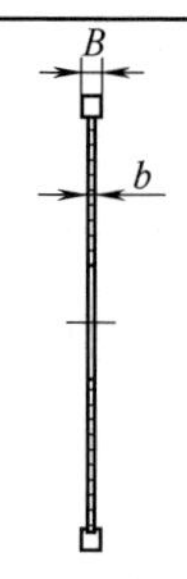

用于圆锯机上锯木材、人造棉、塑料及有色金属等。齿形有平、梯形、左斜、右斜几种

D	B	b	d	近似齿距 10	13	16	20	30	40
				齿数					
100	2.5	1.6	20	32	24	20	16	10	8
125	2.5	1.6	20	40	32	24	20	12	10
(140)	2.5	1.6	20		36	28	24	16	12
160	2.5	1.6	20	48	40	32	24	16	12
(180)	2.5 3.2	1.6 2.2	30	56	40	36	28	20	16
(180)	2.5 3.2	1.6 2.2	60	56	40	36	28	20	16
200	2.5 3.2	1.6 2.2	30	64	48	40	32	20	16
200	2.5 3.2	1.6 2.2	60	64	48	40	32	20	16
(225)	2.5 3.2	1.6 2.2	30	72	56	48	36	24	16
(225)	2.5 3.2	1.6 2.2	60	72	56	48	36	24	16
250	2.5 3.2 3.6	1.6 2.2 2.6	30	80	64	48	40	28	20
250	2.5 3.2 3.6	1.6 2.2 2.6	60	80	64	48	40	28	20
250	2.6 3.2 3.6	1.6 2.2 2.6	(85)	80	64	48	40	28	20

D	B	b	d	近似齿距 10	13	16	20	30	40
				齿数					
(280)	2.5 3.2 3.6	1.6 2.2 2.6	30	96	64	56	40	28	20
(280)	2.5 3.2 3.6	1.6 2.2 2.6	60	96	64	56	40	28	20
(280)	2.5 3.2 3.6	1.6 2.2 2.6	(85)	96	64	56	40	28	20
315	2.5 3.2 3.6	1.6 2.2 2.6	30	96	72	64	48	32	24
315	2.5 3.2 3.6	1.6 2.2 2.6	60	96	72	64	48	32	24
315	2.5 3.2 3.6	1.6 2.2 2.6	(85)	96	72	64	48	32	24
(355)	2.5 3.2 4.0 4.5	2.2 2.6 2.8 3.2	30	112	96	72	56	36	28

续表

D	B	b	d	近似齿距 10	13	16	20	30	40
				齿数					
(355)	3.2 3.6 4.0 2.5	2.2 2.6 2.8 3.2	60	112	96	72	56	36	28
	3.2 3.6 4.0 4.5	2.2 2.6 2.8 3.2	(85)						
400	3.2 3.6 4.0 4.5	2.2 2.6 2.8 3.2	30	128	96	80	64	40	32
	3.2 3.6 4.0 4.5	2.2 2.6 2.8 3.2	60						
	3.2 3.6 4.0 4.5	2.2 2.6 2.8 3.2	(85)						
(450)	3.6 4.0 4.5 5.0	2.6 2.8 3.2 3.6	30	—	112	96	72	48	36
	3.6 4.0 4.5 5.0	2.6 2.8 3.2 3.6	85						
500	3.6 4.0 4.5 5.0	2.6 2.8 3.2 3.6	30	—	128	96	80	48	40
	3.6 4.0 4.5 5.0	2.6 2.8 3.2 3.6	85						
(560)	4.5 5.0	3.2 3.6	30	—	—	112	96	56	48
	4.5 5.0	3.2 3.6	85						
630	4.5 5.0	3.2 3.6	40	—	—	128	96	64	48

注：括号内的尺寸尽量不采用。

15.3.12　带移动工作台木工锯板机

其结构和参数见表15.31。

表15.31　木工锯板机的结构和参数（JB/T 9950—2014）　mm

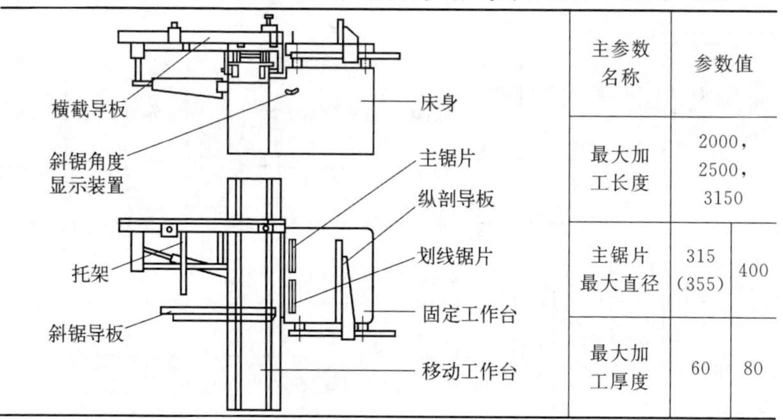

主参数名称	参数值	
最大加工长度	2000，2500，3150	
主锯片最大直径	315（355）	400
最大加工厚度	60	80

15.3.13 单锯片手动进给木工圆锯机

(1) 万能木工圆锯机（表 15.32）

表 15.32 单锯片手动进给万能木工圆锯机的形式和参数

（JB/T 2968.1—2010） mm

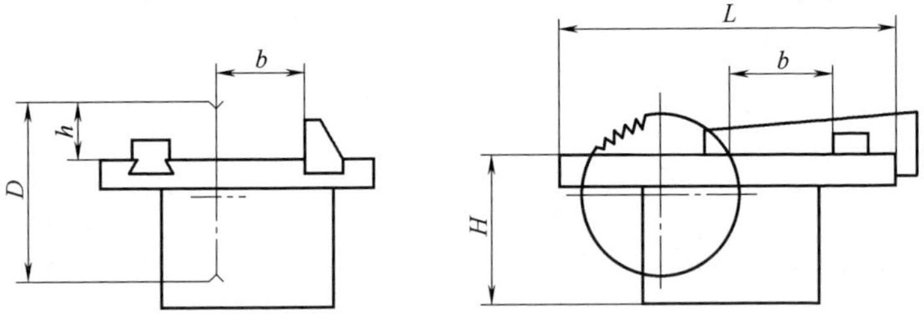

项目			
最大锯片直径 D_{max}	315	400	500
最大锯切高度 h_{max}	≥63	≥80	≥100
导向板与锯片的最大距离 b_{max}	≥250	≥315	≥400
工作台长度 L	800	1000	1250
工作台面离地高度 H①	780～850		
装锯片处轴径(按 JB/T 4173)	30		
电动机功率/kW	3		4
锯切速度/(m/s)	≥45		

① 工作台高度可调时，按最小高度计算。

(2) 带移动工作台木工圆锯机（表 15.33）

表 15.33 单锯片手动进给带移动工作台木工圆锯机的基本参数

mm

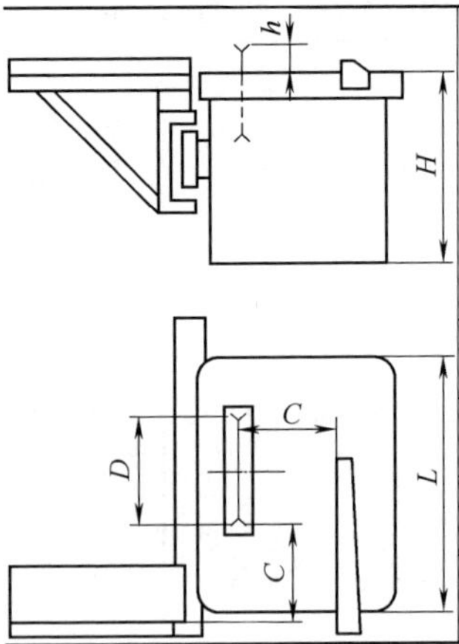

项目			
最大锯片直径 D_{max}	315	400	500
最大锯切高度 h_{max}	≥63	≥80	≥100
导向板与锯片的最大距离 C_{max}	≥250	≥315	≥400
工作台长度 L	800	1000	1250
工作台面离地高度 H	780～850		
装锯片处轴径(按 JB/T 4173)	30		
电动机功率/kW	3		4
锯切速度/(m/s)	≥45		

15.3.14　摇臂式万能木工圆锯机

其形式和参数见表15.34。

表15.34　摇臂式万能木工圆锯机的形式和基本参数

(JB/T 2969—2010)　mm

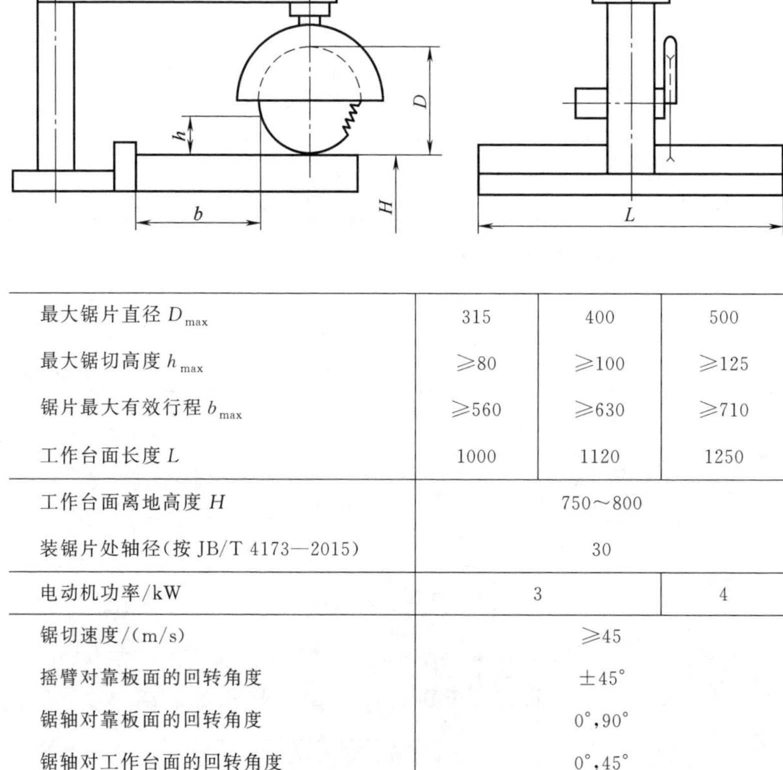

最大锯片直径 D_{max}	315	400	500
最大锯切高度 h_{max}	≥80	≥100	≥125
锯片最大有效行程 b_{max}	≥560	≥630	≥710
工作台面长度 L	1000	1120	1250
工作台面离地高度 H	750～800		
装锯片处轴径(按JB/T 4173—2015)	30		
电动机功率/kW	3		4
锯切速度/(m/s)	≥45		
摇臂对靠板面的回转角度	±45°		
锯轴对靠板面的回转角度	0°,90°		
锯轴对工作台面的回转角度	0°,45°		

15.3.15　多锯片木工圆锯机

多锯片木工圆锯机是一种能够将圆木锯切成双片板材的设备，锯片的安装间距可以调节，以便一次将圆木切成薄厚不一的板料，生产效率高。其参数见表15.35。

表 15.35 多锯片木工圆锯机（QB/T 1593—1992） mm

主参数名称	主参数值
圆锯片直径	250,315,400

15.3.16 纵剖木工圆锯机

其形式和参数见表 15.36。

表 15.36 纵剖木工圆锯机的形式和参数（JB/T 2966—2010）

mm

最大锯片直径 D_{max}	315	400	500	630	800	1000
最大锯切高度 h_{max}	≥63	≥80	≥100	≥140	≥190	≥280
导向板与锯片的最大距离 b_{max}	≥250	≥280	≥315	≥355	≥400	≥450
工作台面长度 L	630	800	1000	1000	1250	1600
工作台面离地高度 H①	780～850					
装锯片处轴径(按 JB/T 4173)	30			40		
电动机功率/kW	3		4	5.5	7.5	11
锯切速度/(m/s)	≥45					

① 工作台高度可调时，按最小高度计算。

15.3.17　双立轴多锯片木工圆锯机

双立轴多锯片木工圆锯机用上下两根锯轴代替普通圆锯机的一根锯轴，以上下两组小直径的锯片取代一组大的直径锯片，所以锯路小，锯材尺寸稳定，表面质量和生产率高，适于大、中径原木加工。其参数见表15.37。

表15.37　双立轴多锯片木工圆锯机（JB/T 12570.2—2015）mm

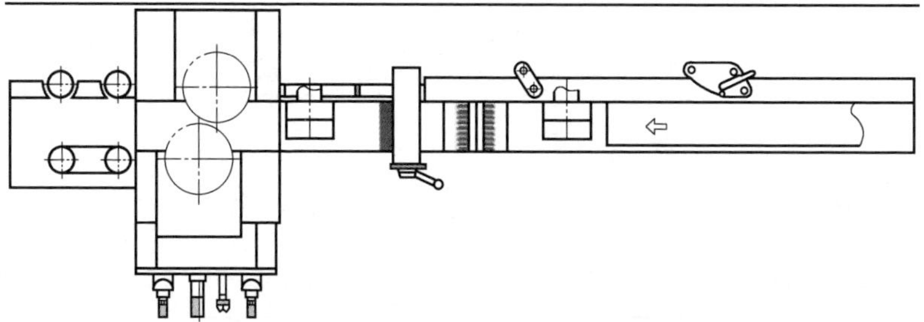

参数名称	数值			
最大锯片直径	200	315	400	500
最大工件直径	125	200	250	320

15.3.18　横截木工圆锯机

横截木工圆锯机为单锯片手动圆锯机，用于切断圆木。其形式和参数见表15.38。

表15.38　横截木工圆锯机的形式和参数（JB/T 2967.1—2010）

mm

最大锯片直径 D_{max}	315	400	500	630	800	1000
最大锯切高度 h_{max}	≥63	≥80	≥100	≥140	≥190	≥280
导向板与锯片的最大距离 b_{max}	≥250	≥280	≥315	≥400	≥500	≥630
工作台面长度 L①	750	900	1060	—	—	—
工作台面离地高度 H②	780～850					
装锯片处轴径（按JB/T 4173）	30			40		
电动机功率/kW	3		4	5.5	7.5	11
锯切速度/(m/s)	≥45					

①制材用机床和锯轴移动式机床，用户根据情况自己安装工作台。

②工作台高度可调时，按最小高度计算。

15.3.19 台式木工多用机床

主要用于小件木料的刨削、锯割、打圆眼、开槽、槽榫、开榫、倒棱等作业。其参数见表 15.39。

表 15.39 台式木工多用机床的参数（JB/T 6555.1—2010）

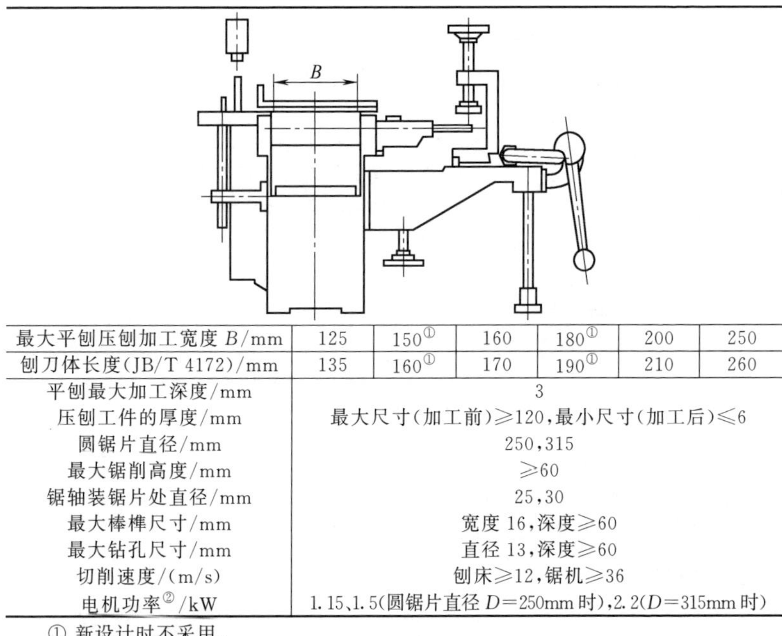

最大平刨压刨加工宽度 B/mm	125	150[①]	160	180[①]	200	250
刨刀体长度(JB/T 4172)/mm	135	160[①]	170	190[①]	210	260
平刨最大加工深度/mm	3					
压刨工件的厚度/mm	最大尺寸(加工前)≥120,最小尺寸(加工后)≤6					
圆锯片直径/mm	250,315					
最大锯削高度/mm	≥60					
锯轴装锯片处直径/mm	25,30					
最大棒榫尺寸/mm	宽度 16,深度≥60					
最大钻孔尺寸/mm	直径 13,深度≥60					
切削速度/(m/s)	刨床≥12,锯机≥36					
电机功率[②]/kW	1.15、1.5(圆锯片直径 D=250mm 时),2.2(D=315mm 时)					

① 新设计时不采用。

② 无锯削的机床不受此限制。

15.3.20 木工多用机床

可用于木工平刨、压刨、锯和钻孔。其参数见表 15.40。

表 15.40 木工多用机床的参数（JB/T 6546.1—2015） mm

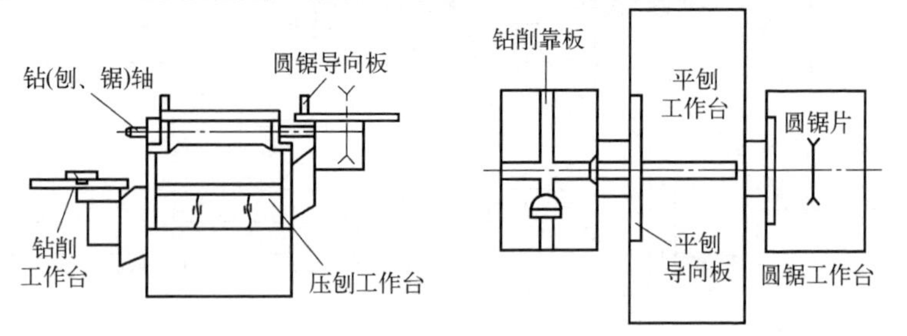

续表

参数名称		参数值		
主参数	最大加工宽度	200	315	400
次参数	刨刀体长度	260	325	410
	主锯片最大直径	200,250,315,400		
	最大锯孔直径	ϕ13,ϕ20		
	最大榫槽宽度	16		

15.4 木工手用刨刀

其规格见表 15.41。

表 15.41 木工手用刨刀的规格（QB/T 2082—2017）　mm

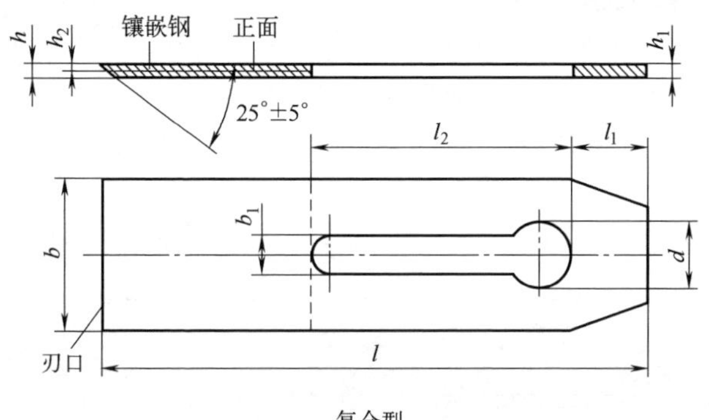

复合型

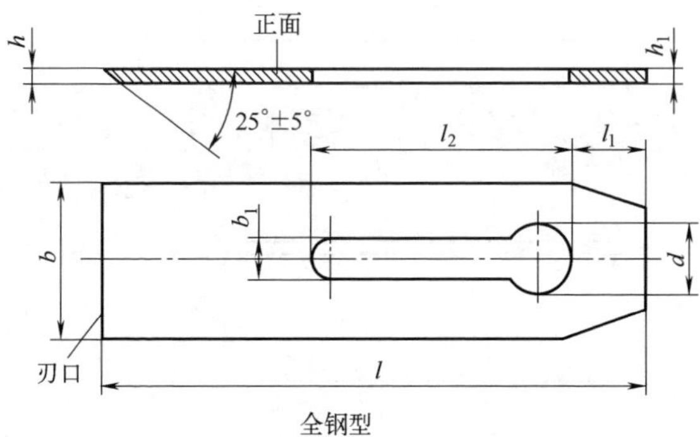

全钢型

续表

规格	b	b_1	d	h	h_1	h_2[①]	l	l_1	l_2
19	19	—	—	3.00	2.5	≥0.7	≥180	32.0	≥90
25	25	9	≥16						
32	32	11	≥19						
38	38								
44	44								
51	51								
57	57								
60	60								
64	64								

① 为镶嵌钢厚度，应在本体分离后测量。

15.5 木工机用刨刀

（1）木工机用直刃刨刀

用于在木工刨床上刨削木料。有Ⅰ型整体薄刨刀、Ⅱ型双金属薄刨刀和Ⅲ型带坚固槽的双金属厚刨刀。其规格见表15.42、表15.43。

表15.42 Ⅰ型整体薄刨刀、Ⅱ型双金属薄刨刀的规格

（JB/T 3377—2018） mm

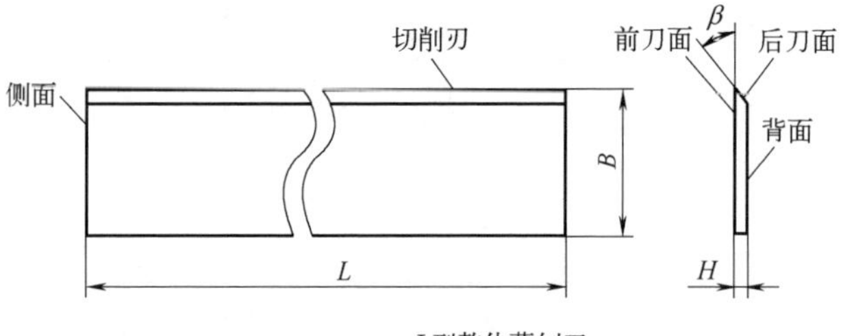

Ⅰ型整体薄刨刀

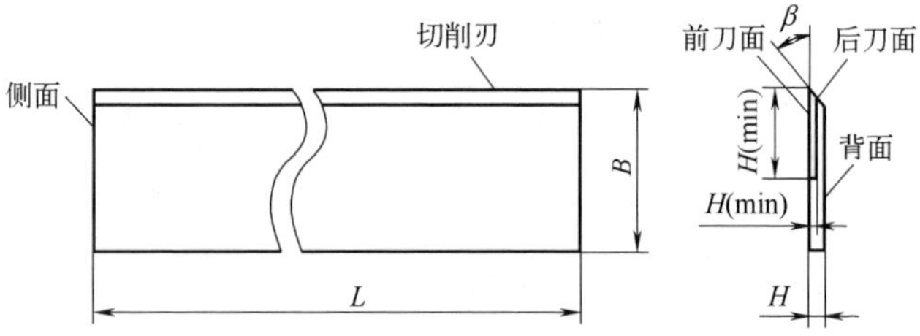

Ⅱ型双金属薄刨刀

续表

L		B		H		β 参考
公称尺寸	极限偏差	基本尺寸	极限偏差	基本尺寸	极限偏差	
110、135、170、210、260、(310)、325	±1.0	25、30（35、45)	±0.5	3 4	±0.1	40°
410、510、(610)、640		30、35、40				
660、810、1010、1260	±1.5					

注：() 内的尺寸尽量不使用。

表 15.43　Ⅲ型带坚固槽的双金属厚刨刀（JB/T 3377—2018）

mm

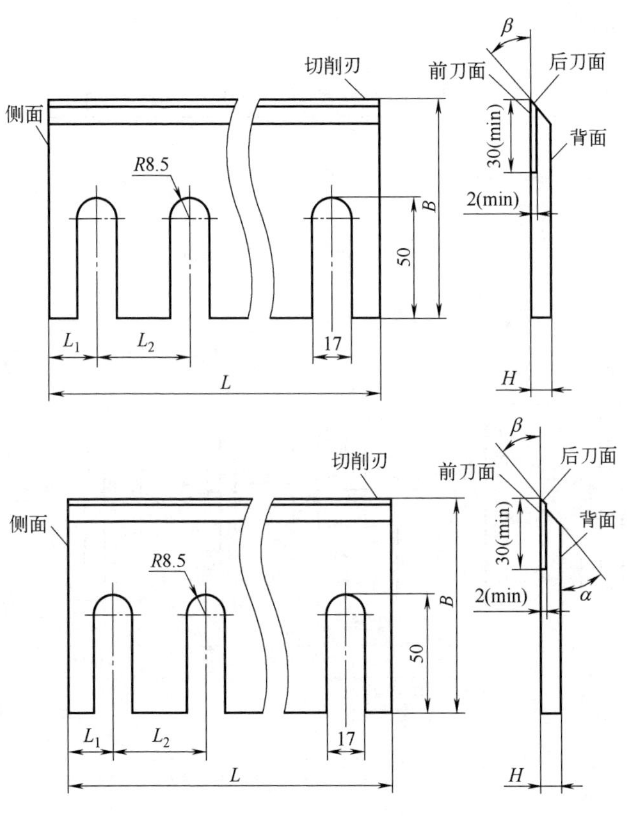

续表

L 公称尺寸	L 极限偏差	B 基本尺寸	B 极限偏差	H 基本尺寸	H 极限偏差	α 参考	β 参考	L_1	L_2	槽数/个
40 60 80 110 135	±0.5	90 100	±0.5	8 10	±0.05	40°	42°	20 30	— —	1
								20 25 30	40 60 75	2
170								25	60	3
210								35	70	
260								25		4
325								35	85	

（2）木工机用异型刨刀（表 15.44）

表 15.44 木工机用异型刨刀（QB/T 1529—1992） mm

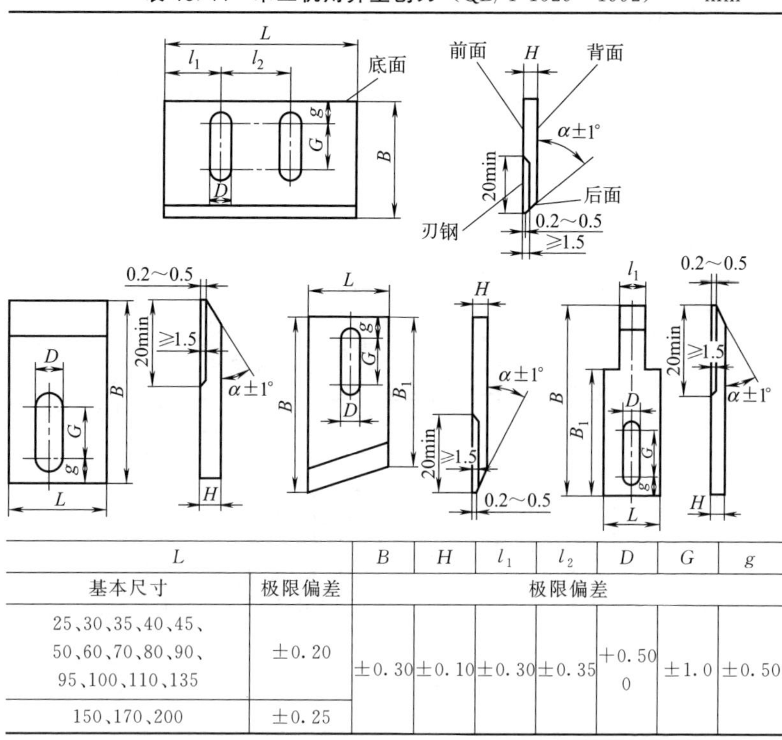

L 基本尺寸	L 极限偏差	B	H	l_1	l_2	D	G	g
		极限偏差						
25、30、35、40、45、50、60、70、80、90、95、100、110、135	±0.20	±0.30	±0.10	±0.30	±0.35	+0.50 0	±1.0	±0.50
150、170、200	±0.25							

15.6　木工硬质合金铣刀

木工硬质合金铣刀包括硬质合金圆弧铣刀、硬质合金圆柱铣刀和硬质合金单片指接铣刀等。

15.6.1　木工硬质合金圆弧铣刀

用于加工一些较硬木材的圆弧，包括凸、凹半圆和 1/4 凸、凹圆弧等（图 15.1）。其尺寸见表 15.45～表 15.47。

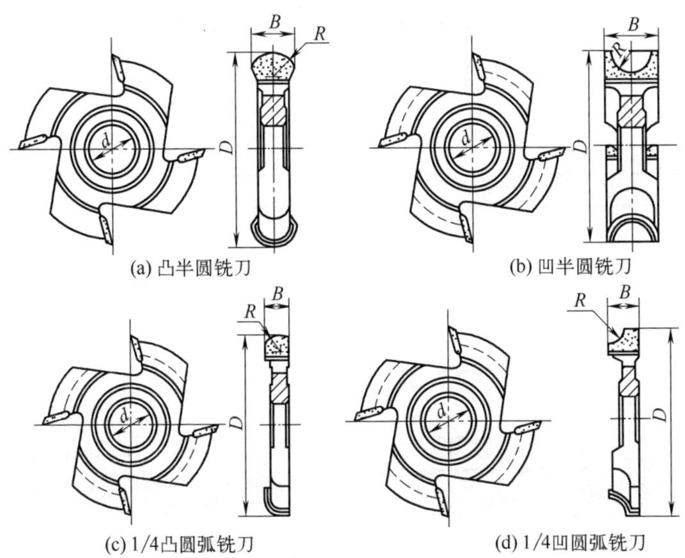

(a) 凸半圆铣刀　(b) 凹半圆铣刀

(c) 1/4凸圆弧铣刀　(d) 1/4凹圆弧铣刀

图 15.1　木工硬质合金圆弧铣刀

表 15.45　凸半圆铣刀尺寸（JB/T 8776—2018）　mm

R	D(js15)		B(js15)		d(H7)		参考值	
	公称尺寸	极限偏差	公称尺寸	极限偏差	公称尺寸	极限偏差	β	α
5	120	±0.7	10	±0.29	25.4 30 35 40	$^{+0.021}_{0}$ $^{+0.021}_{0}$ $^{+0.025}_{0}$ $^{+0.025}_{0}$	15°～25°	15°～20°
7.5			15	±0.35				
10			20	±0.42				
15	140	±0.8	30					
20			40	±0.50				
22	160	±0.8	44	±0.60				
25			50					
28			56					
30			60					

表 15.46 凹半圆铣刀尺寸（JB/T 8776—2018） mm

R	D(js15)		B(js15)		d(H7)		参考值	
	公称尺寸	极限偏差	公称尺寸	极限偏差	公称尺寸	极限偏差	β	α
5	120	±0.7	20	±0.42	25.4 30 35 40	$^{+0.021}_{0}$ $^{+0.021}_{0}$ $^{+0.025}_{0}$ $^{+0.025}_{0}$	15°～25°	15°～20°
7.5			25					
10			30					
15	140	±0.8	40	±0.50				
20			50					
22	160	±0.8	54	±0.60				
25			60					
28			66					
30			70					

表 15.47 1/4 凸圆弧铣刀、1/4 凹圆弧铣刀的尺寸（JB/T 8776—2018）

mm

R	D(js15)		B(js15)		d(H7)		参考值	
	公称尺寸	极限偏差	公称尺寸	极限偏差	公称尺寸	极限偏差	α	β
3	120	±0.7	8	±0.29	25.4 30 35 40	$^{+0.021}_{0}$ $^{+0.021}_{0}$ $^{+0.025}_{0}$ $^{+0.025}_{0}$	15°～25°	15°～20°
4			9					
5	125	±0.8	10					
6			11	±0.35				
7			12					
8	140		13					
9			14					
10			15					
11	160		16					
12			17					
13			18					
14			19	±0.42				
15			20					
16	180		21					
18			23					
20			25					
22	220	±0.925	27					
24			29					
25			30					
26	250		31	±0.50				
28			33					
30			35					

15.6.2　木工硬质合金圆柱铣刀

其形式和尺寸见表15.48。

表15.48　木工硬质合金圆柱铣刀形式和尺寸（JB/T 10210—2000）

mm

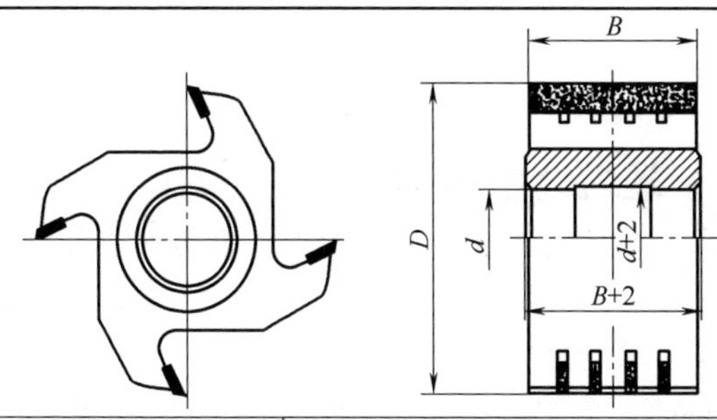

D(JS15)		B(JS15)		d(H7)
尺寸	偏差	尺寸	偏差	尺寸和偏差
70	±0.6	30、50	±0.5	25.4+0.021 0
80		60	±0.6	
		80		30+0.021 0
100	±0.7	100	±0.7	
		110		35±0.025 0
125		120		
		150	±0.8	
150	±0.8	160、180		40±0.025 0
180		200、210	±0.925	

16.6.3　木工硬质合金单片指接铣刀

其形式和尺寸见表15.49。

表15.49　木工硬质合金单片指接铣刀（JB/T 10211—2000）　mm

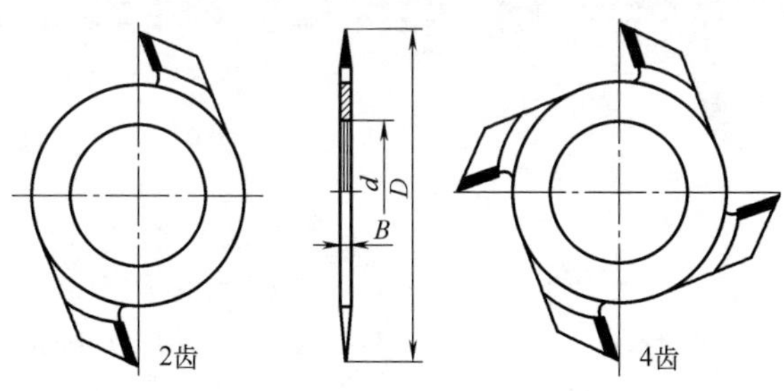

续表

D		B		d		齿数
基本尺寸	极限偏差 JS9	基本尺寸	极限偏差 JS8	基本尺寸	极限偏差 H7	
160	±0.05	4	±0.009	40	±0.025 0	2
				50		
				70	±0.03 0	4

15.7 木工硬质合金封边刀

封边刀用于各种板式家具的封边工序中边部处理，可使家具美观，保护基材免受环境湿度、温度和外力的影响，提高家具的使用寿命。其形式和尺寸见表 15.50。

表 15.50 木工硬质合金封边刀形式和尺寸（JB/T 10848—2008）

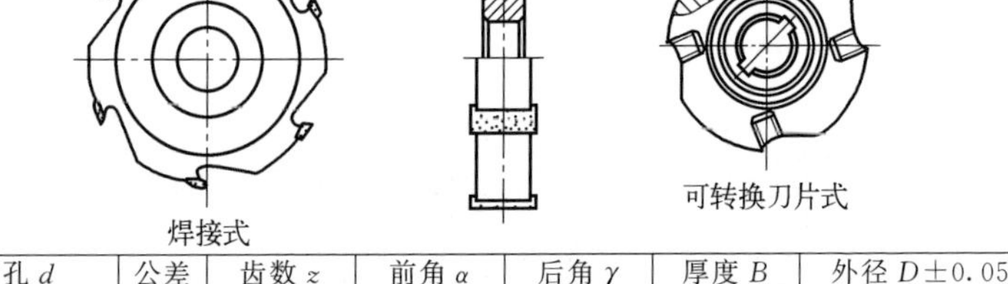

内孔 d	公差	齿数 z	前角 α	后角 γ	厚度 B	外径 $D\pm0.05$
据封边机要求	G7	4～8	15°～20°	10°～15°	B±0.1	据机床要求

15.8 气动喷漆枪

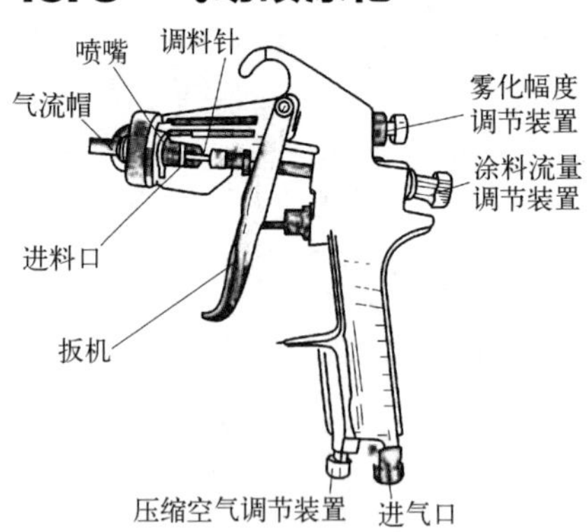

图 15.2 气动喷漆枪

用途：将油漆或其他涂料喷在木材或钢制工件上，按规格的大小，可用人工、机械、电力或空压机充气。

分类：按涂料供给方式分为重力式（G）、虹吸式（S）和压送式（P）；按涂料雾化方式分为内混式（I）和外混式（E）；按操作方式分为手动喷涂（H）和自动喷涂（A）。

结构：见图 15.2。

型号标注方法：

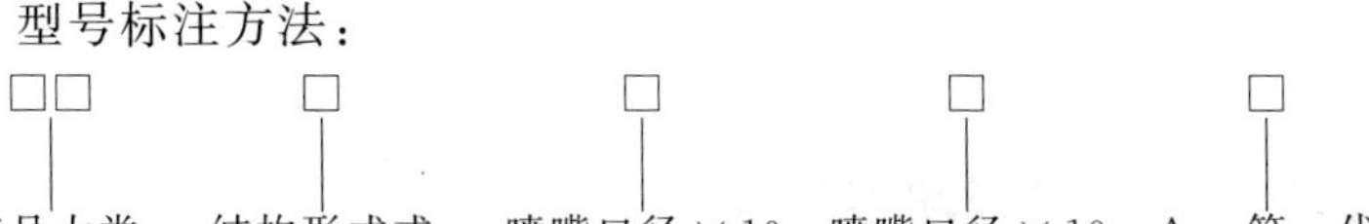

喷漆枪的基本参数见表 15.51。

表 15.51　喷漆枪的基本参数（JB/T 13280—2017）

产品系列	喷嘴口径/mm	耗气量/(L/min)	涂料流量/(mL/min)	喷涂距离/mm	喷幅（长×宽）/mm	噪声（声功率级)/dB(A)	气管内径/mm	进气接头螺纹尺寸/in	涂料黏度（4 号福特杯）/s	额定工作压力/MPa
01	0.2	≤10	≥6	100	ϕ25	≤90	2.5	G1/8	7	0.15～0.30
	0.5	≤20	≥38	100	ϕ25					
	0.6	≤21	≥50	150	90×20		5～8	G1/4	10	
	0.8	≤23	≥75	150	130×20					
	1.0	≤26	≥120	150	150×25					
02	1.1	≤80	≥230	200	170×35				18	0.20～0.50
	1.3	≤85	≥260	200	190×35					
	1.5	≤95	≥320	200	200×35					
	1.8	≤100	≥370	200	240×35					
	2.0	≤110	≥410	200	260×35					
03	2.5	≤115	≥420	200	250×40				20	0.30～0.60
	3.0	≤120	≥580	200	240×40					
04	3.5	≤125	≥650	200	240×40				30	
	4.0	≤130	≥720	200	240×40					

第16章 建筑工具

16.1 测量工具

16.1.1 线锤

线锤用于测量低矮建筑物垂直面的垂直度。其规格见表 16.1。

表 16.1 线锤的规格 mm

	材料	质量/kg
棱柱形 圆锥形 圆柱形	铜	0.0125，0.025，0.05，0.1，0.15，0.2，0.25,0.3,0.4,0.5,0.6,0.75,1.0,1.5
	钢	0.1,0.15,0.2,0.25,0.3,0.4,0.5,0.75，1.0,1.25,2,2.5

16.1.2 水平尺

用于测量建筑物表面的水平。其规格见表 16.2。

表 16.2 水平尺的规格（JB/T 11272—2012）

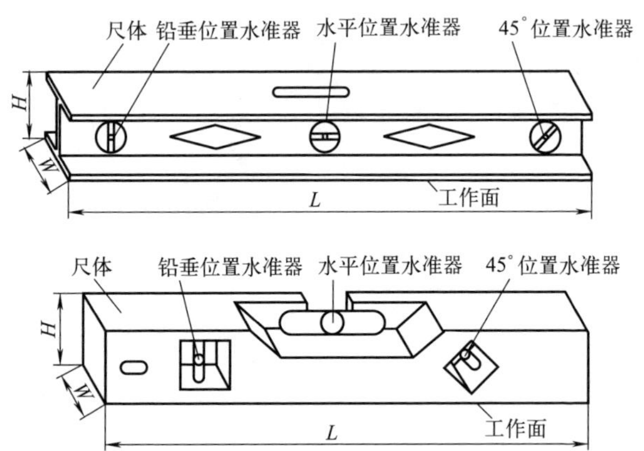

续表

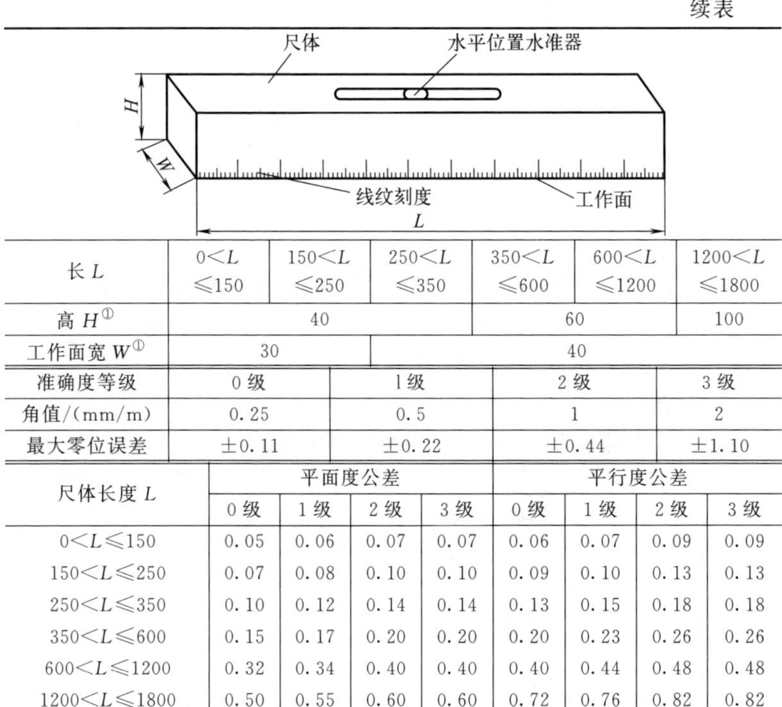

长 L	$0<L\leqslant150$	$150<L\leqslant250$	$250<L\leqslant350$	$350<L\leqslant600$	$600<L\leqslant1200$	$1200<L\leqslant1800$
高 H①	40			60		100
工作面宽 W①	30	40				

准确度等级	0 级	1 级	2 级	3 级
角值/(mm/m)	0.25	0.5	1	2
最大零位误差	±0.11	±0.22	±0.44	±1.10

尺体长度 L	平面度公差				平行度公差			
	0 级	1 级	2 级	3 级	0 级	1 级	2 级	3 级
$0<L\leqslant150$	0.05	0.06	0.07	0.07	0.06	0.07	0.09	0.09
$150<L\leqslant250$	0.07	0.08	0.10	0.10	0.09	0.10	0.13	0.13
$250<L\leqslant350$	0.10	0.12	0.14	0.14	0.13	0.15	0.18	0.18
$350<L\leqslant600$	0.15	0.17	0.20	0.20	0.20	0.23	0.26	0.26
$600<L\leqslant1200$	0.32	0.34	0.40	0.40	0.40	0.44	0.48	0.48
$1200<L\leqslant1800$	0.50	0.55	0.60	0.60	0.72	0.76	0.82	0.82

① 参考值。

注：1. 长度偏差为±2.5mm。

2. 水平尺的截面可以是工字形、矩形或桥形。

3. 有线纹刻度的水平尺，其任意线纹刻度的示值误差应在±（$0.7+l$）mm 范围内。

4. 角值是使水平尺水准泡的气泡沿其轴向移动 0.23 mm 时，水平尺一端抬高（或降低）的量。

电子水平尺的规格见表 16.3。

表 16.3　电子水平尺的规格（JG 142—2002）

型号	长×宽×高/mm	型号	长×宽×高/mm
JYC-400/Ⅰ-0.01	400×26×62	JYC-2000/Ⅰ-0.01	2000×40×80
JYC-1000/Ⅰ-0.01	1000×30×80	JYC-3000/Ⅰ-0.01	3000×50×80
分辨率	0.01	工作面长度/mm	400、1000、2000、3000
测量范围	−9.99°～+9.99°	工作电源额定电压	DC 12V
温度范围	−25～+80℃	使用寿命	6 年/8 万次

附：电子水平尺的型号

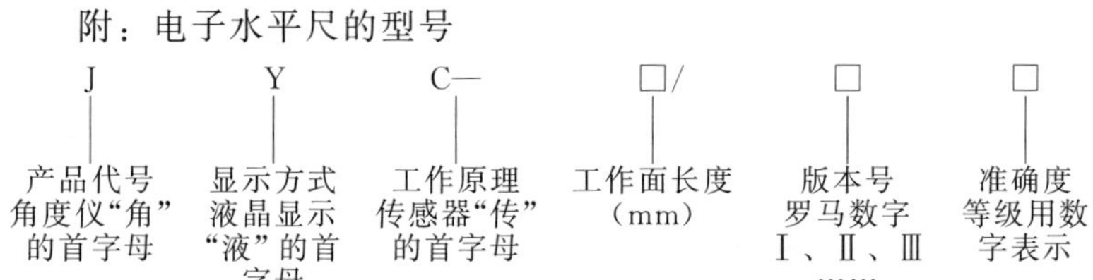

16.1.3 水平仪

水平仪是一种测量小角度的常用量具。其规格型号见表16.4。

用途：用于检验被测平面的直线度、平面度，也用于检验机床上各平面相互之间的平行度和垂直度，以及设备安装时的水平位置和垂直位置。

表16.4 框式水平仪与条式水平仪的规格型号（GB/T 16455—2008）

框式水平仪

条式水平仪

品种	代号	外形尺寸/mm			V形工作面角度
		长度 L	高度 H	宽度 B	
框式水平仪	SK	100 150 200 250 300	100 150 200 250 300	25～35 30～40 35～40 40～50 40～50	120°～140°
条式水平仪	ST	100 150 200 250 300	30～40 35～40 40～50 40～50 40～50	30～35 35～40 40～45 40～45 40～45	120°～140°

组别	Ⅰ	Ⅱ	Ⅲ
分度值/(mm/m)	0.02	0.05	0.10
平面度/rad	0.003	0.005	0.005
位置公差/mm	0.01	0.02	0.02

16.1.4　合像水平仪

合像水平仪是具有一个基座测量面，以测微螺旋副相对基座测量面调整水准器气泡，并由光学原理合像读数的水准器式水平仪。

用途：用于测量平面或圆柱面的直线度、平面度，检查精密机床、设备及精密仪器安装位置的正确性，还可以测量工件的微小倾角。其规格见表 16.5。

表 16.5　光学合像水平仪的规格（GB/T 22519—2008）　mm

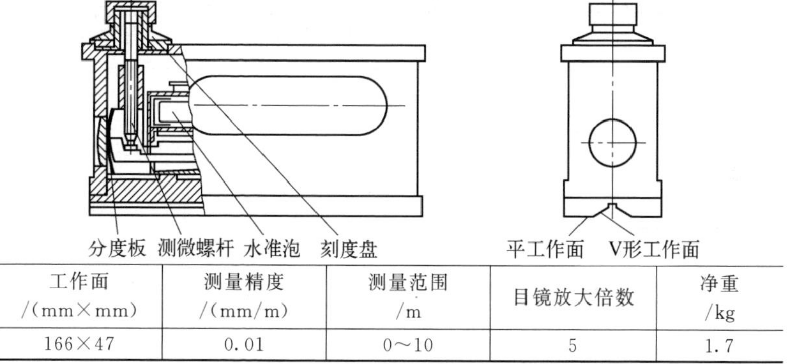

工作面/(mm×mm)	测量精度/(mm/m)	测量范围/m	目镜放大倍数	净重/kg
166×47	0.01	0～10	5	1.7

16.1.5　光学平直仪

光学平直仪是一种用于检查零件的直线度、平面度和平行度，测量平面的倾斜变化，高精度测量垂直度以及进行角度比较等的精密光学仪器。用两台平直仪可测量多面体的角度精度。其适用于机床制造、维修或仪器制造行业，规格见表 16.6。

表 16.6　光学平直仪的规格

规格	HYQ011	HYQ03	哈量型	ZY1 型
测量距离/m	20	5	0.2～6	<5
刻度值/mm	0.01/200			

16.2　瓦工工具

瓦工工具包括泥抹子、泥压子、砌铲、砌刀、打砖工具和勾缝器等。

16.2.1 泥抹子

泥抹子包括平抹子和角抹子，用于抹平墙面的水泥或灰沙。其规格见表16.7、表16.8。

表16.7 平抹子的规格和尺寸（QB/T 2212.2—2011） mm

尖头形平抹子 长方形平抹子 梯形平抹子

规格 l	b	规格 l	b	规格 l	b	规格 l	b
220	80	240	90	260	95	300	100
230	85	250	90	280	100	320	110

注：l 偏差±2.0mm，b 偏差±2.0mm，$\delta \geqslant 0.7$mm。

表16.8 角抹子的规格和尺寸（QB/T 2212.2—2011） mm

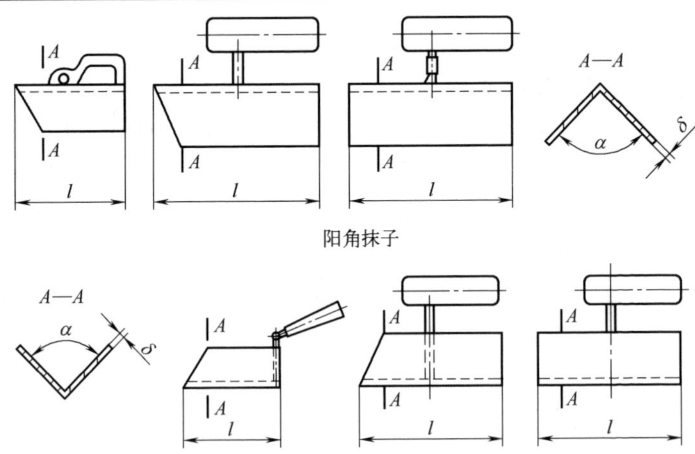

阳角抹子

阴角抹子

项目	偏差
规格 l：100，110，120，130，140，150，160，170，180	±2.0
δ：≥1.0	—
α：阳角抹子 92°，阴角抹子 88°	±1°

16.2.2　泥压子

泥压子有尖头压子、长方形压子和梯形压子，用于对灰砂、水泥作业面进行压光和平整。其规格见表16.9。

表16.9　泥压子的规格（QB/T 2212.3—2011）　mm

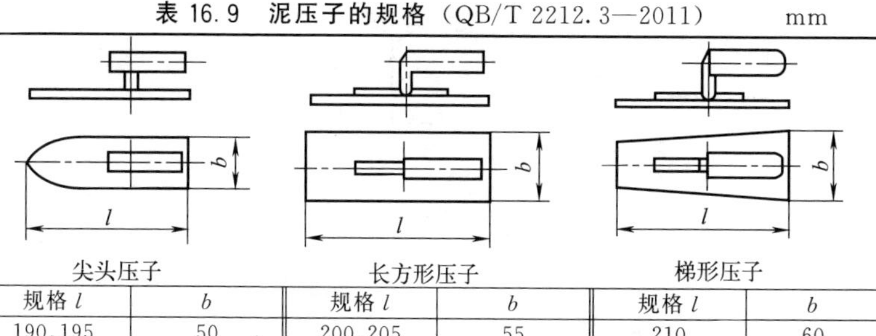

尖头压子		长方形压子		梯形压子	
规格 l	b	规格 l	b	规格 l	b
190、195	50	200、205	55	210	60

注：l 偏差±2.0mm，b 偏差±2.0mm，$\delta \geq 1.0$mm。

16.2.3　砌铲

砌铲有尖头形砌铲、菱形砌铲、叶形砌铲、圆头形砌铲和椭圆形砌铲，用于砌砖和铲灰。其基本尺寸见表16.10～表16.12。

表16.10　尖头形砌铲的基本尺寸（QB/T 2212.4—2011）　mm

规格 l	b	规格 l	b
140	170	165	195
145	175	170	200
150	180	175	205
155	185	180	210
160	190	185	215

注：l 偏差±2.0mm，b 偏差±2.0mm，$\delta \geq 1.0$mm。

表16.11　菱形砌铲的基本尺寸（QB/T 2212.4—2011）　mm

规格 l	b	a	δ
180	125	63	≥1.0
200	140	70	
230	160	80	
250	173	87	

注：l 偏差±2.0mm，b 偏差±2.0mm。

表 16.12 其他砌铲的规格（QB/T 2212.4—2011） mm

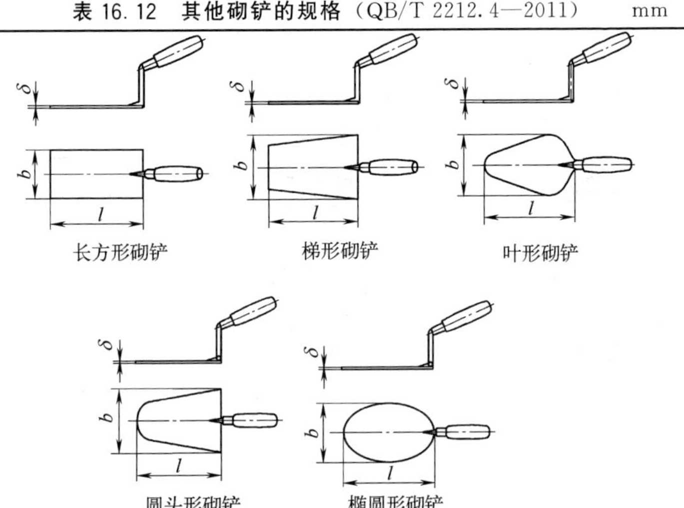

铲板长 l	铲板宽 b	铲板长 l	铲板宽 b	铲板长 l	铲板宽 b
125	60	180	90	230	115
140	70	190	95	240	120
150	75	200	100	250	125
165	80	215	105		

注：l 偏差±2.0mm，b 偏差±2.0mm，$\delta \geq 1.0$mm。

16.2.4 砌刀

砌刀有单刃（分Ⅰ型和Ⅱ型）和双刃两种，用于修削或斩断砖块、填敷泥灰等。其规格见表 16.13。

表 16.13 砌刀的规格（QB/T 2212.5—2011） mm

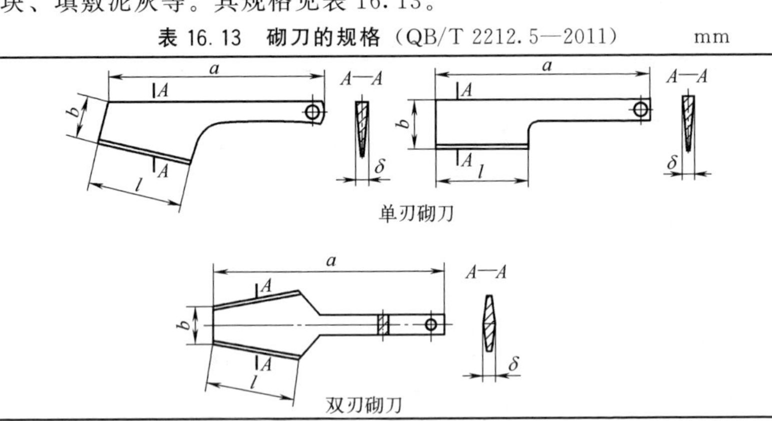

续表

规格 l	135	140	145	150	155	160	165	170	175	180
前宽 b	50				55			60		
刀长 a	335	340	345	350	355	360	365	370	375	380
刀厚 δ	≥4.0					≥6.0				

注：刃口厚度不小于1.0mm。

16.2.5　打砖工具

打砖工具分打砖刀和打砖斧，用于修削或斩断砖块等。其规格见表16.14。

表16.14　打砖刀和打砖斧的规格（QB/T 2212.6—2011）　mm

	规格 l (±2.0)	头宽 b (±1.5)	刀长 a (±2.5)	刀厚 δ
打砖刀	110	75	300	≥6.0
	规格 l (±1.5)	边长 a (±1.5)	边长 b (±1.5)	高 h (±2.0)
打砖斧	50 55	20 25	25 30	110 120

16.2.6　勾缝器

勾缝器有三种：分格器用于抹灰时在地面、墙面上分格；缝溜子用于溜光外砖墙灰缝；缝扎子用于墙体勾缝。其规格见表16.15、表16.16。

表16.15　分格器和缝溜子的规格（QB/T 2212.7—2011）　mm

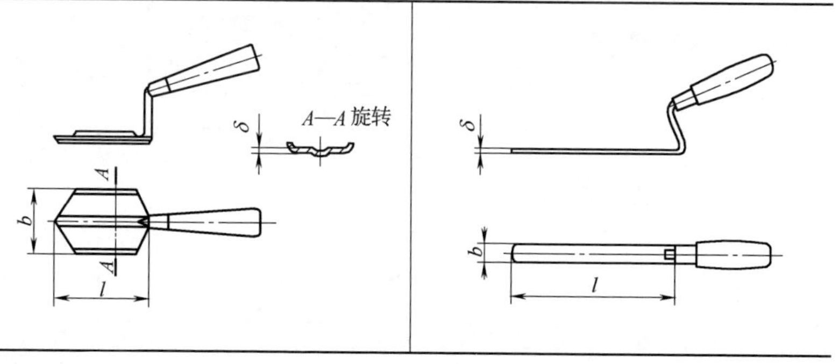

续表

规格 l（±2.0）	底板宽 b（±1.5）	底板厚 δ	规格 l（±1.5）	溜板宽 b	溜板厚 δ
80 100 110	45 60 65	≥1.5	100，110，120，130，140，150，160	10±1.0	≥2.5

表 16.16 缝扎子的规格（QB/T 2212.7—2011） mm

规格 l（±1.5）	50	80	90
b（±1.0）	20	25	30
规格 l（±1.5）	100	110	120
b（±1.0）	35	40	45
规格 l（±1.5）	130	140	150
b（±1.0）	50	55	60

注：$\delta \geq 1.0$mm。

16.3 石工工具

石工工具包括石工锤、石工斧、石工凿、钢钎、撬棍和扎线钳等。

16.3.1 石工锤

其规格见表 16.17。

表 16.17 石工锤的规格（QB/T 1290.10—2010）

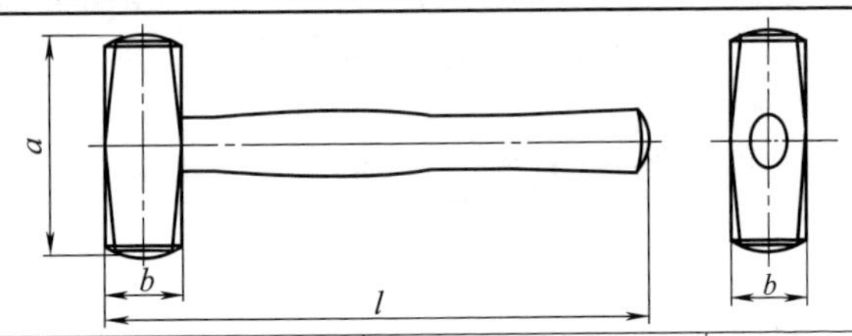

规格/kg	l/mm		a/mm		b/mm	
	基本尺寸	公差	基本尺寸	公差	基本尺寸	公差
0.80 1.00	240 260	±4.5	90 95	±1.1	36 40	±0.5
1.25 1.50 2.00	260 280 300		100 110 120	±2.0	43 45 50	±0.6

注：产品标记由产品名称＋标准编号＋规格组成。

16.3.2 石工斧

筑路和采石时对石头进行加工等。其规格见表16.18。

表16.18 石工斧的规格

	质量/kg	刀口宽/mm
	1.5	135

16.3.3 石工凿

用来对石头进行凿削加工。其规格见表16.19。

表16.19 石工凿的规格

规格	长度/mm	宽度/mm	厚度/mm
1号	160	120	60
2号		100	
3号		80	

16.3.4 钢钎

在建筑工程、筑路、打井勘探等作业中用来穿凿岩石。其规格见表16.20。

表16.20 钢钎的规格

六边形对边距离/mm	长度/mm
25、30、32	1200、1400、1600、1800

16.3.5 撬棍

在建筑工程、筑路、搬运重物等作业中用来撬重物、山石等。其规格见表16.21。

表16.21 撬棍的规格

直径/mm	长度/mm
20、25、32、38	500、1000、1200、1500

16.3.6 扎线钳

用于建筑工捆绑钢筋时扎线和一般作业扎线，按用途和外形分为 A 型和 B 型两种形式，其规格见表 16.22。

表 16.22 扎线钳的规格（QB/T 4266—2011） mm

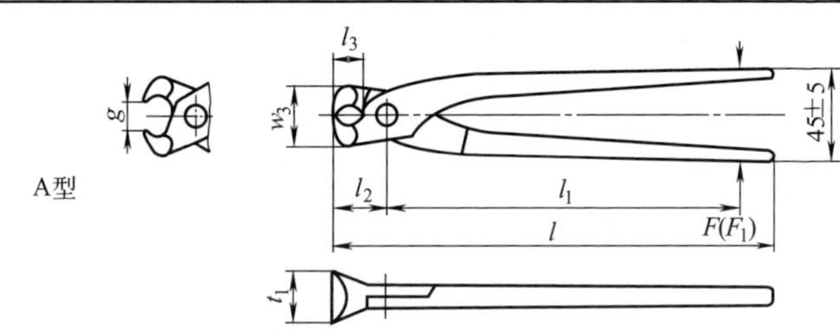

规格 l	l_{3max}	t_{1min}	w_{3max}	g_{min}
200±10	18	16	32	14
224±10	20	18	36	16
250±10	22	20	40	18
280±10	25	22	45	20

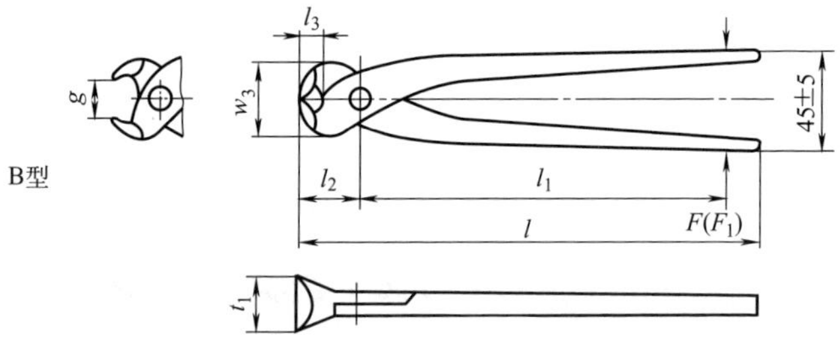

规格 l	l_{3max}	t_{1min}	w_{3max}	g_{min}
200±13	18	16	36	14
250±13	22	20	45	16
315±13	28	25	56	18
355±13	32	28	63	20

16.4 装修工具

装修工具包括油灰刀、玻璃割刀、射钉器、建工凿、液压钳、手动陶瓷切割机和石材切割机等。

16.4.1 平口式油灰刀

其尺寸见表 16.23。

表 16.23　平口式油灰刀的尺寸（QB/T 2083—2017）　mm

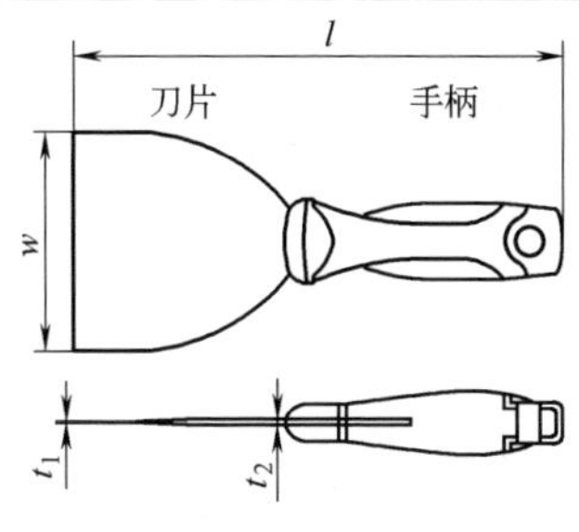

(a) 软片前薄油灰刀(PRQ)

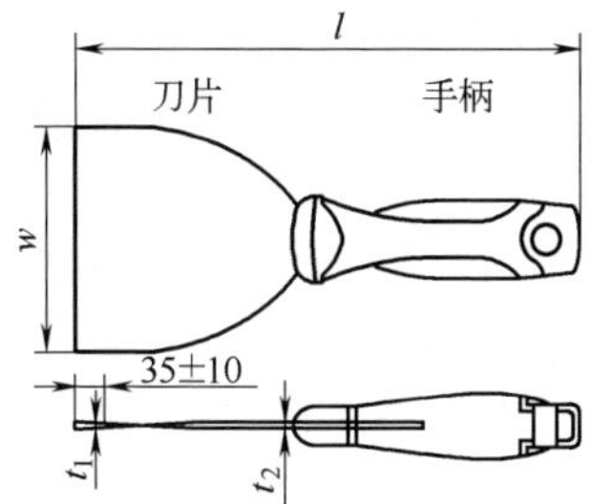

(b) 软片中薄油灰刀(PRZ)

普通型软片油灰刀

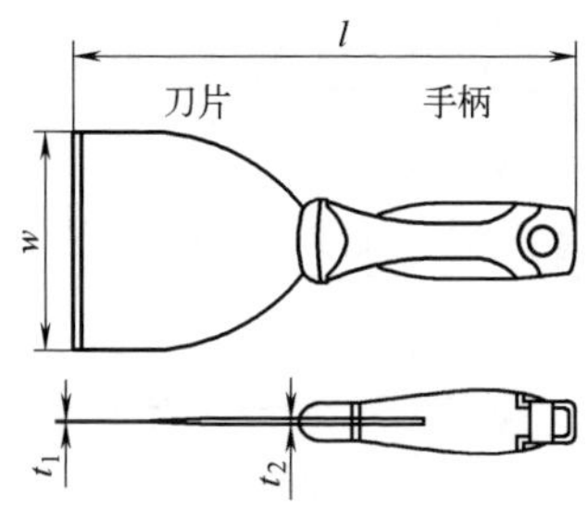

普通型硬片油灰刀(PY)

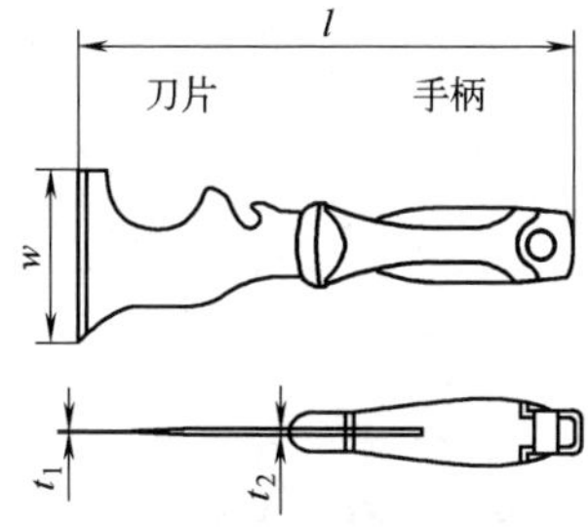

多功能型油灰刀(D)

规格	长度 l	刀口宽度		刀片厚度 t					
		w	公差	普通硬片		普通软片		多功能	
				t_1	t_2	t_1	t_2	t_1	t_2
(25)	185 190 195 200 205 210 215 220 225 230 235 240	25	±1.0	0.6 0.8 1.0 1.2 1.5 1.8	0.8 1.0 1.2 1.5 1.8 2.0	≥0.25	0.6 0.8 1.0 1.2 1.5	1.2 1.5 1.8 2.0	1.2 1.5 1.8 2.0
30		30							
(38)		38							
40		40							
(45)		45							
50		50							
60		60							
(65)		65							
70		70							
(75)		75							
80		80							
90		90							
100		100							
125		125							
150		150							
200		200							
250		250							

注：括号内的规格为非优选采用。

16.4.2 玻璃割刀

金刚石玻璃刀的规格见表16.24。

表16.24 金刚石玻璃刀的规格 mm

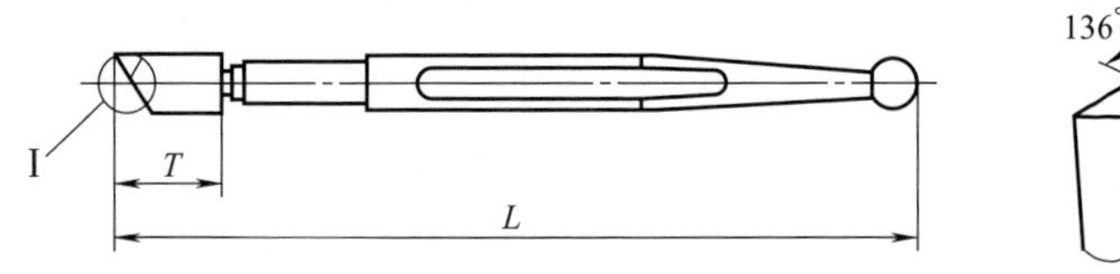

规格代号	全长 L	刀板长 T	刀板宽	刀板厚	适用玻璃厚度
1 2 3	182	25	13	5	1～2 2～3 2～4
4 5 6	184	27	16	6	3～6 3～8 4～8

金刚石圆镜机和金刚石圆规刀的技术参数见表16.25。

表16.25 金刚石圆镜机和金刚石圆规刀的技术参数

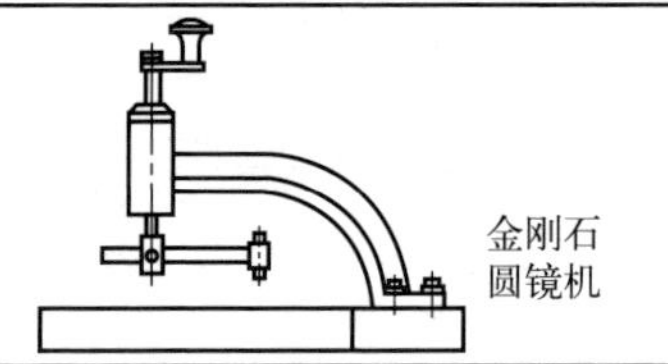

金刚石圆镜机

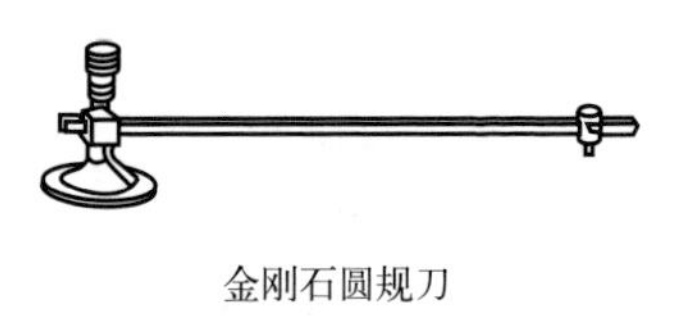

金刚石圆规刀

两者均为供裁割圆形平板玻璃、镜面玻璃用			
裁划玻璃范围/mm		裁划玻璃范围/mm	
厚度	直径	厚度	直径
1～3	ϕ35～200	2～6	ϕ200～1200

金刚石玻璃管割刀的规格见表16.26。

表16.26 金刚石玻璃管割刀的规格

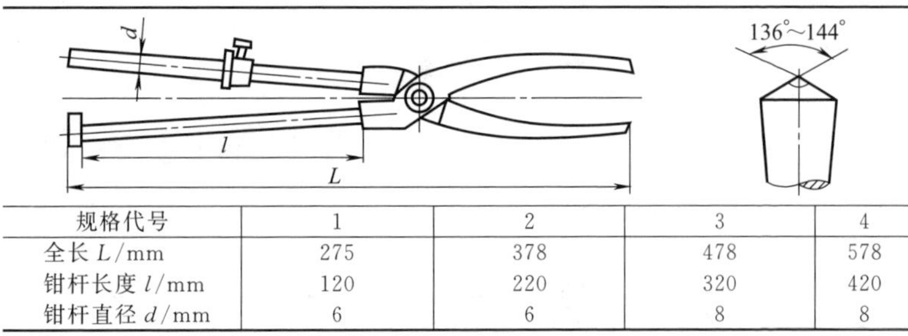

规格代号	1	2	3	4
全长 L/mm	275	378	478	578
钳杆长度 l/mm	120	220	320	420
钳杆直径 d/mm	6	6	8	8

16.4.3 建工凿

建工凿用于开凿混凝土或砖体，有圆柱体扁凿、圆柱体尖凿、六角体扁凿、六角体尖凿和PH65凿5种。

(1) 圆柱体扁凿(表16.27、表16.28)

表16.27 五槽圆柄-圆柱体扁凿(JB/T 11754—2013)　mm

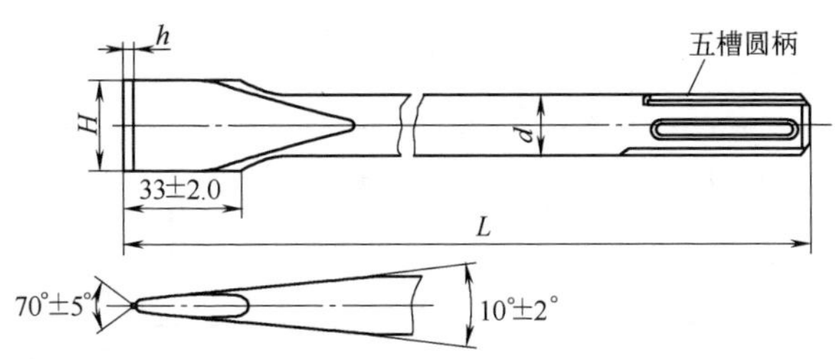

规格	d	L	H	h	规格	d	L	H	h
18×280	18	280	25	2	18×400	18	400	25	2
			50 75	3				50 75	3
18×300		300	25	2	18×600		600	25	2
			50 75	3				50 75	3

表16.28 四槽圆柄-圆柱体扁凿(JB/T 11754—2013)　mm

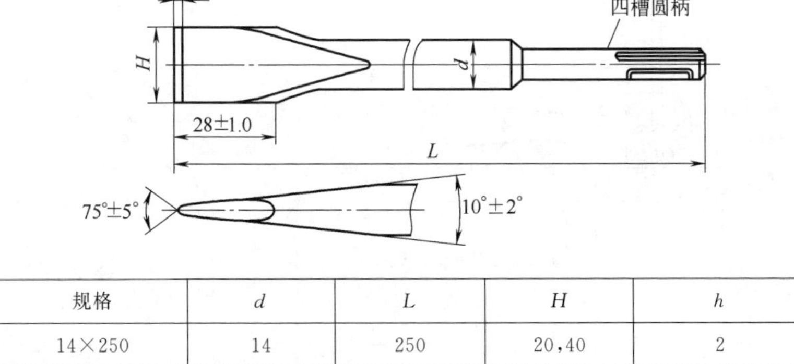

规格	d	L	H	h
14×250	14	250	20,40	2

(2) 圆柱体尖凿(表16.29、表16.30)

表 16.29 五槽圆柄-圆柱体尖凿（JB/T 11754—2013） mm

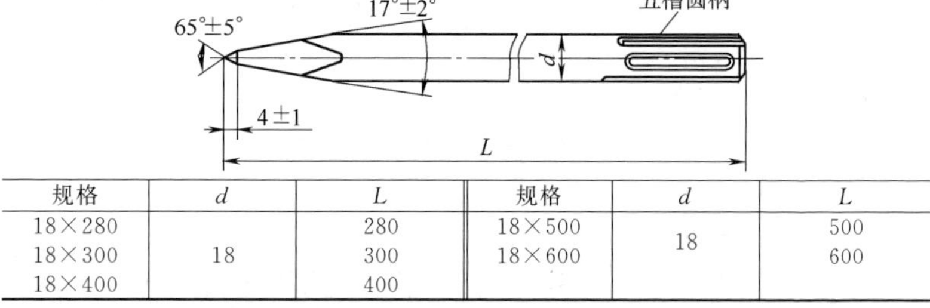

规格	d	L	规格	d	L
18×280 18×300 18×400	18	280 300 400	18×500 18×600	18	500 600

表 16.30 四槽圆柄-圆柱体尖凿（JB/T 11754—2013） mm

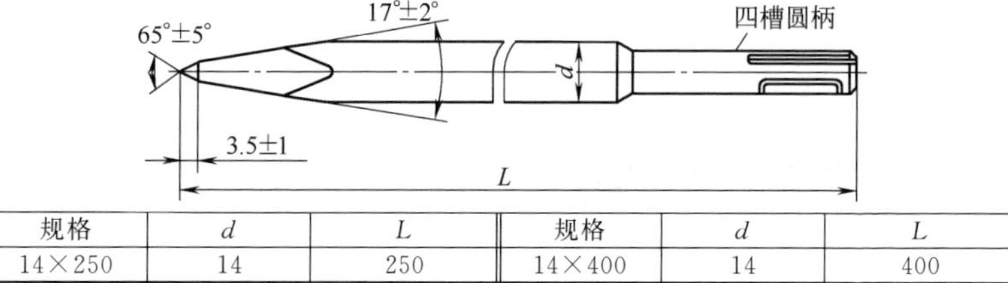

规格	d	L	规格	d	L
14×250	14	250	14×400	14	400

（3）六角体扁凿（表 16.31～表 16.33）

表 16.31 K 六角柄-六角体扁凿（JB/T 11754—2013） mm

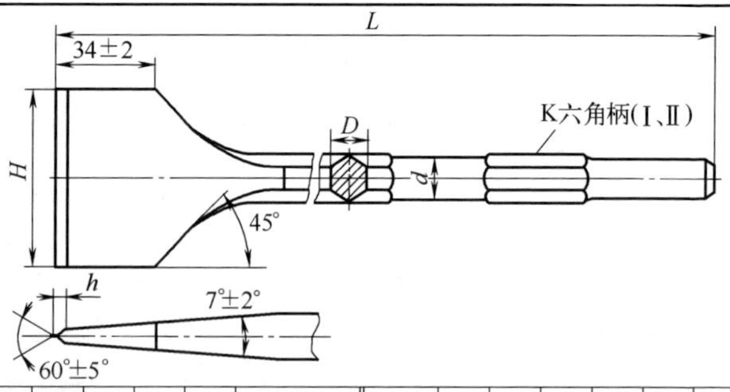

规格	D	d	L	H	h	柄部	规格	D	d	L	H	h	柄部
17×280	17	15	280	22 25 40	2.5	K 六角 Ⅰ	17×450	17	15	450	22 25 40	2.5	K 六角 Ⅰ
				50 70	4						50 70	4	
21×320	21	17	320	26	3	K 六角 Ⅱ	21×450	21	17	450	26	3	K 六角 Ⅱ
				50 70	4						50 70	4	

表 16.32　四槽圆柄-六角体扁凿（JB/T 11754—2013）　mm

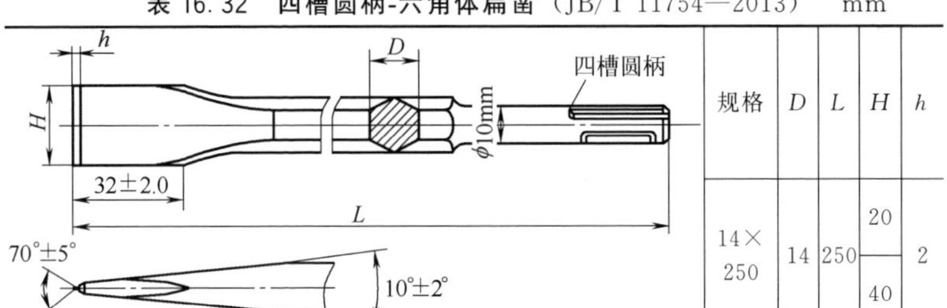

规格	D	L	H	h
14×250	14	250	20	2
			40	

表 16.33　四槽方柄-六角体扁凿（JB/T 11754—2013）　mm

规格	D	L	H	h
14×250	14	250	20	2
			40	

（4）六角体尖凿（表 16.34、表 16.35）

表 16.34　K 六角柄-六角体尖凿（JB/T 11754—2013）　mm

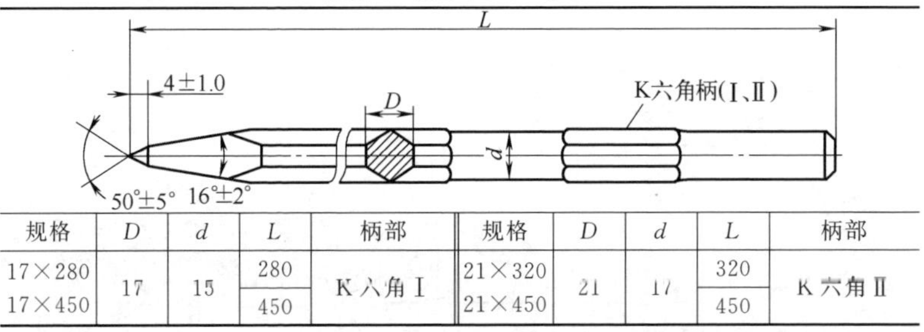

规格	D	d	L	柄部	规格	D	d	L	柄部
17×280	17	15	280	K 六角 Ⅰ	21×320	21	17	320	K 六角 Ⅱ
17×450			450		21×450			450	

表 16.35　四槽圆/方柄-六角体尖凿（JB/T 11754—2013）　mm

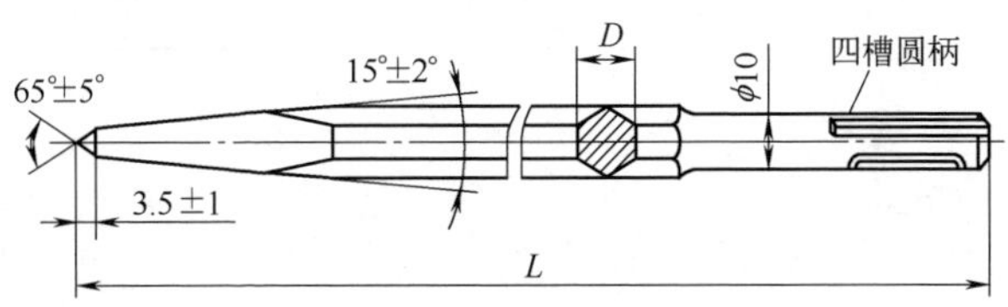

续表

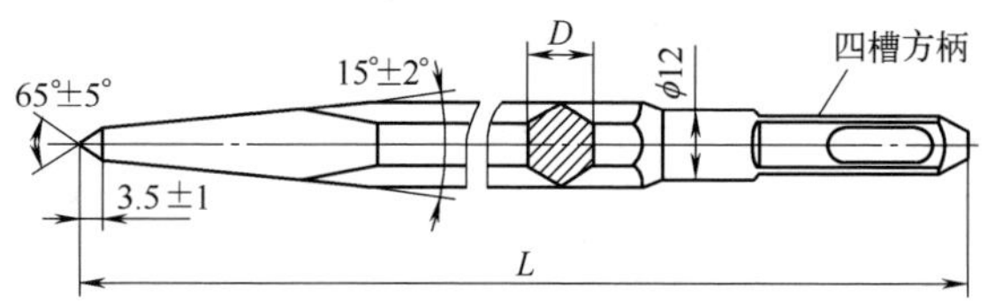

四槽圆槽-六角体尖凿			四槽方柄-六角体尖凿		
规格	D	L	规格	D	L
14×250	14	250	14×250	14	250
14×400	14	400	14×400	14	400

（5）PH65 凿（表 16.36）

表 16.36　PH65 凿（JB/T 11754—2013）　mm

名称	形式和尺寸
PH65 扁凿 PH65 尖凿	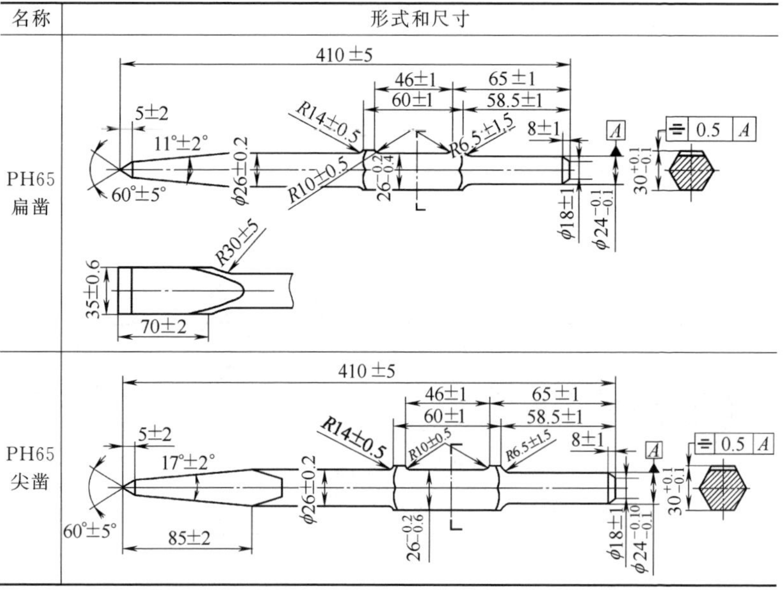

16.4.4 射钉器

射钉器是击发射钉弹使火药燃烧产生的高压气体，推动射钉等进行作业的工具。射钉器的作用力可以由弹簧产生，也可以由电磁力、压缩空气或爆燃气体产生。本节只叙述爆燃式射钉器，用于将钉子射入诸如墙壁等脆性材料中，半自动连发式射钉器可连续供钉。

结构：见图 16.1。

原理：爆燃式射钉器有一个充满可燃气体的储气室。电子控制装置将一些可燃气体释放到活塞头部之上的点火室中，借助其中的小风扇使气体蒸发并与空气相混合。扣下扳机时，将枪管向下压，将靠近活塞筒的金属阀门向后推，活塞筒向后滑动。在此过程中，针阀偶件将位于射钉枪顶部的排气孔关闭。继续向后退时，短暂打开气源处的喷注口，然后又将它关闭，从而注入少量的气体，之后由风扇将其与空气混合。

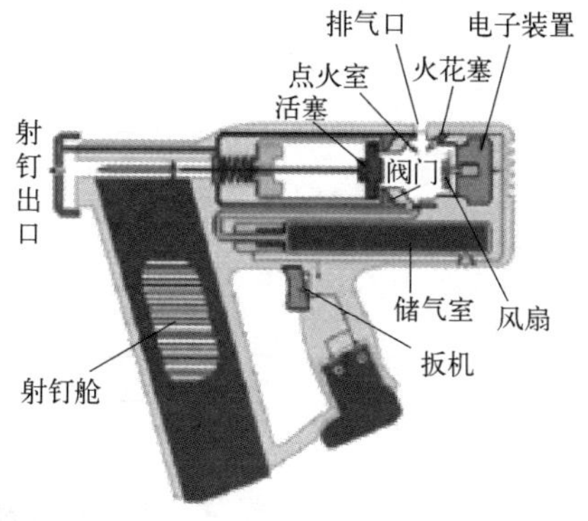

图 16.1　爆燃式射钉器的结构

射钉器的电池给燃烧膛顶部的火花塞发出电火花点燃气体，并引发爆炸，产生的压力推动活塞向下运动，将活塞筒中的空气压缩，迫使射钉从射钉器内射出。

当射钉器从射击表面离开，针阀偶件返回，排气孔打开排出废气。

返回膛中的压缩空气将活塞向上顶起到工作位置，本质上来说，返回膛中空气的作用相当于一个弹簧。

射钉器中的第二个扳机被有意设计成一个安全装置：您一定要扳动扳机并且将射钉枪对准射击表面才能发射射钉。射钉器的基本尺寸见表 16.37。

表 16.37　射钉器的基本尺寸（GB/T 18763—2002）　mm

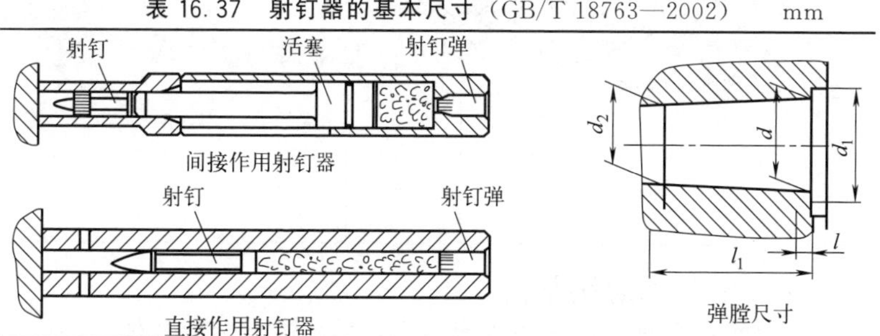

续表

配用射钉弹		d min	d_1 min	d_2 min	l min	l_1
直径	长度					
5.6	16	5.8	7.1	5.75	1.1	16.33,9.1①
6.3	10 12 16	6.35	7.7	6.35	1.25	11 13 17
6.8	11 18	6.9	8.55	6.9	1.45	12 19
10	18	10.05	10.95	10.05	1.15	19

① 缩颈弹。

使用射钉器的注意事项

16.4.5 手持式液压钳

以液压为动力，用一个活塞驱动一对彼此相对的钳口，使钳口间的开口完全靠近，以夹断或夹碎方式切断物料的手持式液压动力工具，分环形剪和直形剪两种。其参数见表16.38。

表16.38 手持式液压钳产品的基本参数（JB/T 11241—2011）

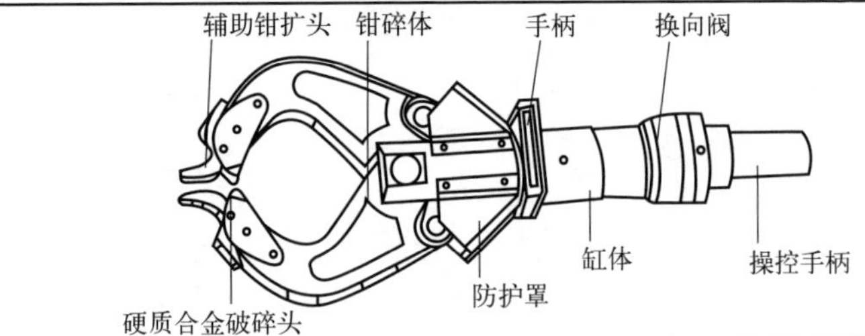

型号	额定工作压力/MPa	钳碎力/kN	扩张力/kN	钳碎深度/mm	钳碎厚度/mm	质量/kg
NY35	63	≥35	≥22	105	320	≤14
NY70	63	≥70	—	100	170	≤16

16.4.6 手动陶瓷切割机

手动陶瓷切割机是采用机械结构，用硬质合金或其他切割材料在陶瓷砖上切割出一条划痕，然后将陶瓷砖沿划痕断开的手工机械。

分类：按导轨数量，分为单轨切割机（代号D）和双轨切割机（代号S）两种类型；按照断开陶瓷砖的作业方式，分为压断型切割机（代号Y）和扳断型切割机（代号B）两种类型。

结构：见图16.2。

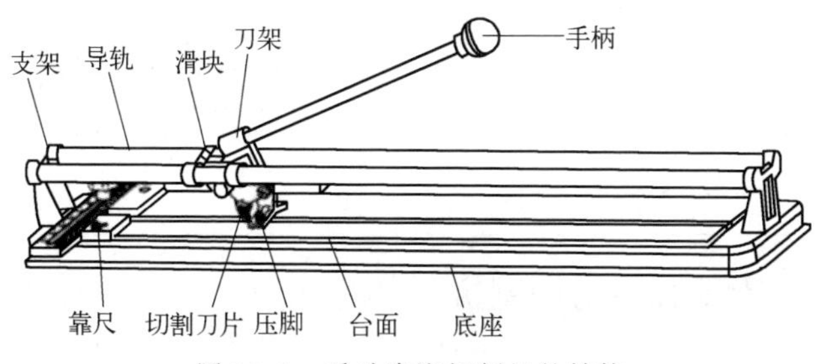

图16.2　手动陶瓷切割机的结构

刀片和切割机强度见表16.39。

表16.39　刀片和切割机强度（QB/T 4940—2016）

刀片	切割厚度/mm	手柄上施加的垂直压力/N
切割刀片应采用硬质合金或同等以上材料制造，硬度不应小于88HRA	＜10 10～＜12 ≥12	150 350 500

瓷砖切割机的技术参数见表16.40。

表16.40　瓷砖切割机的技术参数

参数	TR201E型	TR230GS型	TR231GL型	TR250H型
最大锯片尺寸/mm	$\phi250$	$\phi230$	$\phi230$	$\phi250$
锯片孔径/mm	25.4			
电源电压/V	220			
功率/W	1000	1100	1100	1300

续表

参数	TR201E 型	TR230GS 型	TR231GL 型	TR250H 型
转速/(r/min)	2950	2950	2950	2800
最大切割深度(90°/45°)/mm	55/35	45/35	45/35	60/30
最大切割长度/mm	不限	860	1200	1000
台面尺寸/mm	560×500	860×565	1200×565	1100×490
台面倾斜度/(°)	0～45			
平均手臂振动量/(m/s^2)	<2.5			
(保险丝/A)/(发电机/kVA)	16/3			
声功率级/声压级/dB(A)	79/71	71/79	71/79	87/73
总体尺寸/mm (长×宽×高)	620×600 ×355	1560×600 ×1175	1800×600 ×1175	1400×670 ×1460
质量 /kg	26	61	72	66

16.4.7 手持式石材切割机

手持式石材切割机是一般环境下，由直流、交直流两用或单相串励电机驱动，用金刚石切割片对石材、大理石板、瓷砖、水泥板等含硅酸盐的材料进行切割的电动石材切割机。

型号标注方法：

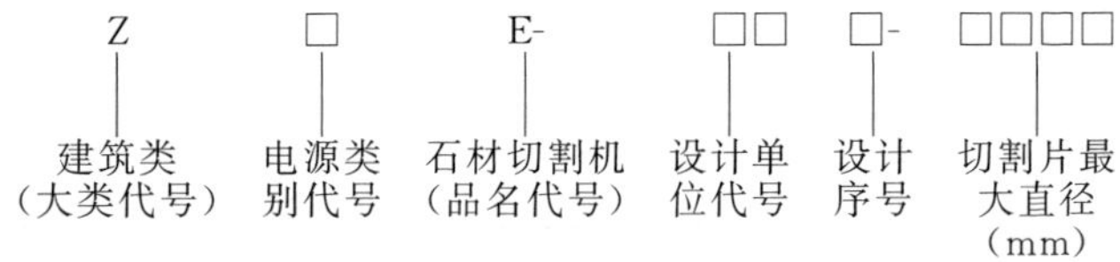

其参数见表 16.41。

表 16.41 手持式石材切割机的参数（GB/T 22664—2008）

规格	切割锯片尺寸/mm (外径×内径)	额定输出功率 /W	额定扭矩 /N·m	最大切割深度 /mm
110C	110×20	≥200	≥0.3	≥20
110	110×20	≥450	≥0.5	≥30
125	125×20	≥450	≥0.7	≥40
150	150×20	≥550	≥1.0	≥50
180	185×25	≥550	≥1.6	≥60
200	200×25	≥650	≥2.0	≥70

16.5 挖掘工具

挖掘工具包括农用锹、钢镐、道镐、耙镐、气镐、破碎镐、气铲和凿岩机等。

16.5.1　铁锹

适用于铲土、水利、挖沟等。尖锹用于挖砂质土、搅拌灰土等。方锹多用于铲建筑散料（水泥、石子）等。煤锹用于铲煤块、砂土、垃圾等。深翻锹用于深翻、掘泥、开沟等。其规格见表16.42。

表16.42　铁锹的规格（QB/T 2095—1995）

分类	形式代号	规格代号	基本尺寸/mm					
			全长	身长	前幅宽	后幅宽	锹裤外径	厚度
农用锹		—	345	290	230		42	17
尖锹		1号	460	320		260	37	16
		2号	425	295		235		
		3号	380	265		220		
方锹		1号	420	295	250		37	16
		2号	380	280	230			
		3号	340	235	190			
煤锹		1号	550	400	285		38	16
		2号	510	380	275			
		3号	490	360	250			
深翻锹		1号	450	300	190		37	17
		2号	400	265	170			
		3号	350	225	150			

注：钢锹有A级（≥40HRC）和B级（≥30HRC）。

16.5.2　钢镐

用于修路、修铁道、开矿、掘土、垦荒、造林等。双尖型多用于开凿岩山、混凝土等硬性土质；尖扁型多用于挖掘黏、韧性土质。其规格见表16.43。

表 16.43 钢镐的规格（QB/T 2290—1997）

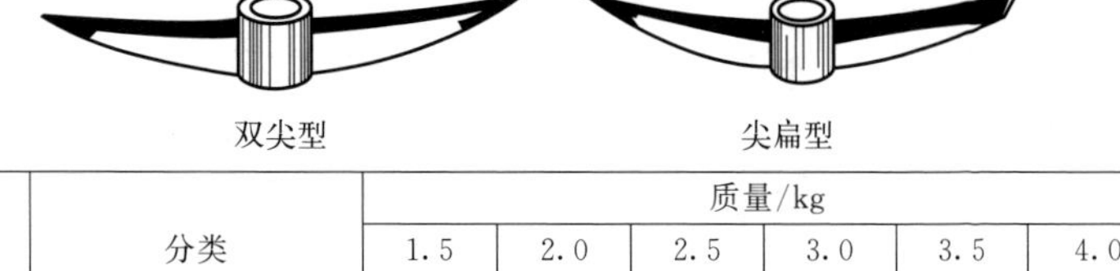

型式代号	分类	质量/kg					
		1.5	2.0	2.5	3.0	3.5	4.0
		总长/mm					
SJA	双尖 A 型钢镐	450	500	520	560	580	600
SJB	双尖 B 型钢镐				500	520	540
JBA	尖扁 A 型钢镐	450	500	520	560	600	720
JBB	尖扁 B 型钢镐	420		520	550	570	

16.5.3 道镐

其技术参数见表 16.44。

表 16.44 道镐的技术参数（TB 1512—1984）

图示	技术参数	
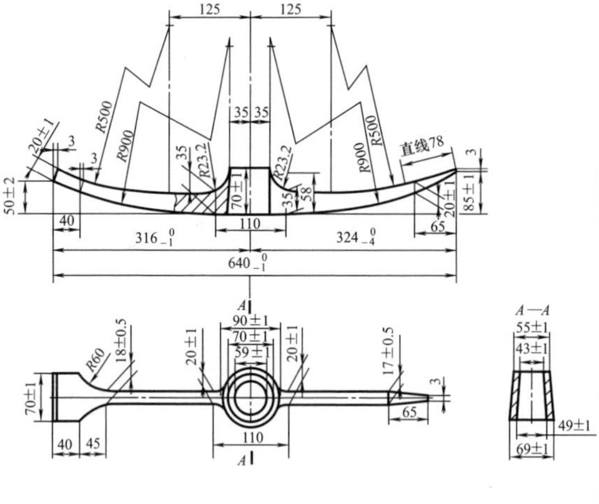	材料	60～65 号优质碳素结构钢（或以旧钢轨、旧轮箍代用）
	工艺	整体锻造（始锻温度不得超过 1100℃，终锻温度不得低于 850℃）；方头顶端 20mm 和尖头顶端 60mm 长度范围内，应进行淬火，硬度为 40～50HRC
	质量	3.5kg±0.2kg
	对称度	长度中心线为基准，公差值为 0.5mm
	垂直度	柄孔中心线应与柄孔底面垂直。公差值为 0.5mm

16.5.4 耙镐

其技术参数见表 16.45。

表 16.45　耙镐的技术参数（TB 1516—1984）

图示	技术参数	
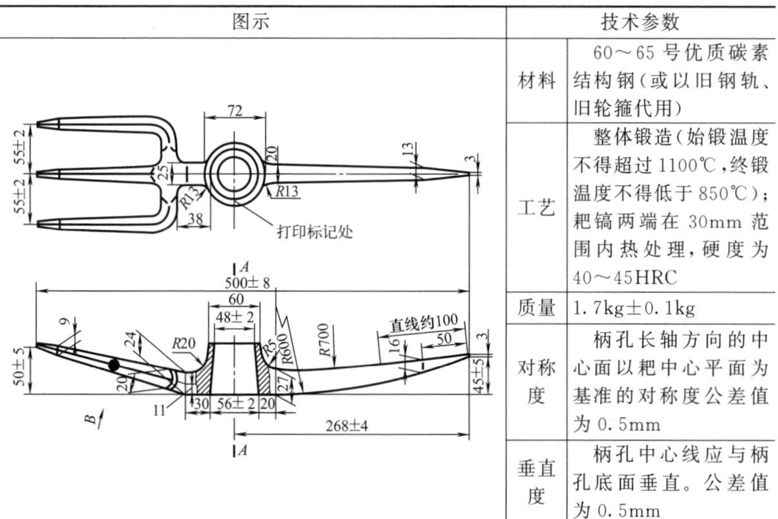	材料	60～65号优质碳素结构钢（或以旧钢轨、旧轮箍代用）
	工艺	整体锻造（始锻温度不得超过1100℃，终锻温度不得低于850℃）；耙镐两端在30mm范围内热处理，硬度为40～45HRC
	质量	1.7kg±0.1kg
	对称度	柄孔长轴方向的中心面以耙中心平面为基准的对称度公差值为0.5mm
	垂直度	柄孔中心线应与柄孔底面垂直。公差值为0.5mm

16.5.5　破碎镐

按手柄形式分为直柄式、弯柄式和环柄式三种，适用于市政建设中打碎旧路面，工矿企业设备安装中破碎原混凝土基础；土木工程及地下建筑、人防施工等工作中摧毁坚固冻结的地层；也适用于采石、采矿等其他领域。其规格见表16.46、表16.47。

表 16.46　破碎镐的规格（Ⅰ）

技术参数	型号					
	G8	G10	G20	B1	B2	B3
冲击频率/Hz	18	16	16	19	15.5	16
冲击能(≥)/J	30	43	60	60	80	100
耗气量(≤)/(L/s)	20	26	23	—	—	—
额定压力/MPa	—	—	—	0.5	0.5	0.5
自由空气比耗	—	—	—	1.5	1.5	1.3
缸径/mm		38	38	—	—	—
气管内径/mm	16	16	16	—	—	—
机长/mm	镐钎尾柄		858	638	716	770
清洁度(≤)/mg	400	530	—	—	—	—
噪声声功率级(≤)/dB(A)	116	118	—	—	—	—
机重/kg	8	10	20	13.1	14.4	15

表 16.47 破碎镐的规格（Ⅱ）

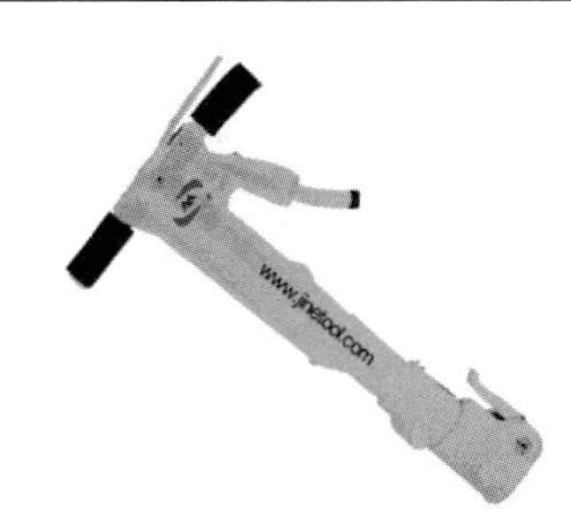

技术参数	型号	
	G35	G90
冲击次数(最小)	1250	1250
活塞直径/mm	45	67
耗气量/(L/s)	22	41
气管内径/mm	19	19
机重/kg	20	42
钎具轴尾长度/mm	450	500
机长/mm	626	688
活塞工作行程/mm	160	148

气动破碎机的规格见表 16.48。

表 16.48 气动破碎机的规格

主要用于筑路及安装工程中破碎混凝土和其他坚硬物体

型号	工作气压/MPa	冲击能/J	冲击频率/Hz	耗气量/(L/min)	气管内径/mm	全长/mm	质量/kg
B87C	0.63	100	18	3300	19	686	39
B67C		40	25	2100	19	615	30
B37C		26	29	960	16	550	17

16.5.6 气镐和镐钎

（1）气镐（表 16.49、表 16.50）

表 16.49 气镐的基本参数（JB/T 9848—2011）

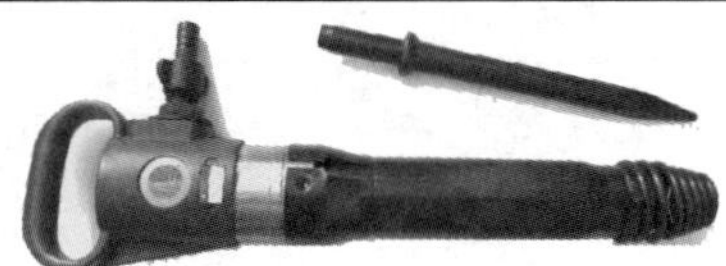

产品规格	机重/kg	验收气压为 0.63MPa				气管内径/mm	尾柄规格/mm
		冲击能量/J	耗气量/(L/s)	冲击频率/Hz	噪声/dB(A)		
8	8	≥30	≤20	≥18	≤116	16	325×75
10	10	≥43	≤26	≥16	≤118	16	325×75
20	20	≥55	≤28	≥16	≤120	16	430×87

注：机重的误差不应超过表中参数的±10%。

表 16.50　一些气镐的规格

项目	G7	G10	G11	G15	G20	G35	G90
机身全长/mm	465	575	570	580	485	626	688
机重/kg	7.2	10.5	10.6	12	20	20	42
使用气压/MPa	0.5	0.63	0.63	0.63	—	—	—
耗气量/(L/s)	≥20	≥26	20	26.5	23	22	41
冲击能/J	—	≥43	43	55	60	—	—
冲击频率/Hz	≥21.6	≈16	18.4	16	16	20.8	20.8
锤体质量/kg	—	0.9	0.9	1.12	—	—	—
锤体直径/mm	—	38	38	42	40	45	67
锤体行程/mm	—	155	155	—	165	160	148
气管内径/mm	19	1	16	16	16	19	19
钎尾规格/mm	26×80	—	—	—	—	450	450

项目	B47	B47	B67C	B87C	SK-10	OP3	
						0.4MPa	0.63MPa
机身全长/mm	550	615	615	686	498	610	
机重/kg	21.5	30	30	39	10	8.6	
使用气压/MPa	0.63	0.63	0.63	0.4	—	0.4～0.63	
耗气量/(L/s)	23	42+15%	42±15%	30	17	16	26
冲击能/J	—	37+10%	37±10%	60	≥45	≥35	≥49
冲击频率/Hz	21.6	24+5%	24±5%	16	21	≥15	≥19
锤体质量/kg	—	—	—	—	—	0.46	
锤体直径/mm		50.8	50.8			32	
锤体行程/mm	—	—	—	—	—	192	
气管内径/mm	19	19	19	19	19	19	
钎尾规格/mm	25×108	—	—	28.5×152	24×70	24×70	
外形尺寸/mm	—	—	—	—	—	610×150×100	

(2) 气镐用镐钎（表 16.51）

表 16.51　气镐用镐钎的尺寸（JB/T 5131—2016）　　mm

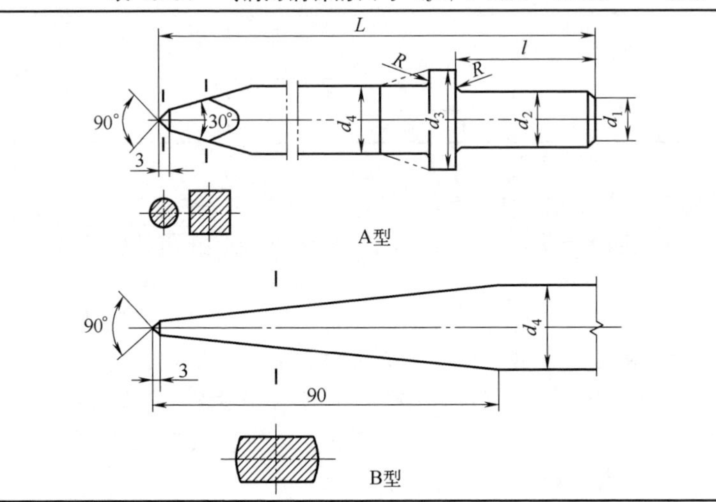

续表

基本尺寸	d_1	d_2	$d_3{}^{+0.3}_{-0.5}$	d_4（最小）	l	L	R	适用气镐
24	20	24	38	25	72	250～3000	4	G10～G16
25	20	25	41.5	25	75	250～3000	5.25	G10
26	20	26	40	28	80	250～3000	5	G7
30	26	30	40	30	87	400～3000	5	G20～G30

16.5.7 气铲

按手柄形式分为直柄式气铲、弯柄式气铲和环柄式气铲。适用于锅炉造船冶金工业及其分行业各种金属构件的铲切；中大型铸件的清砂，铲除浇冒口；基本建设和交通工程的桥梁铲切焊缝；各种砖墙混凝土墙的开口工作。其参数见表 16.52。

表 16.52 气铲的技术参数（JB/T 8412—2016）

<table>
<tr><th rowspan="2">产品规格</th><th rowspan="2">机重[①]/kg</th><th colspan="7">验收气压 0.63MPa</th></tr>
<tr><th>冲击能量/J</th><th>耗气量/(L/s)</th><th>冲击频率/Hz</th><th>缸径/mm</th><th>噪声(声功率级)/dB(A)</th><th>气管内径/mm</th><th>气铲尾柄/mm</th></tr>
<tr><td rowspan="2">2</td><td rowspan="2">2</td><td>≥0.7</td><td rowspan="2">≤7</td><td>≥45</td><td>18</td><td rowspan="3">≤103</td><td rowspan="3">10</td><td>ϕ10×41</td></tr>
<tr><td>≥2</td><td>≥50</td><td>25</td><td>□12</td></tr>
<tr><td>3</td><td>3</td><td>≥5</td><td>≤9</td><td>≥50</td><td>24</td><td>六角形 14×48</td></tr>
<tr><td>5</td><td>5</td><td>≥8</td><td>≤19</td><td>≥35</td><td>28</td><td rowspan="2">≤116</td><td rowspan="4">13</td><td rowspan="4">ϕ17×60</td></tr>
<tr><td rowspan="2">6</td><td rowspan="2">6</td><td>≥10</td><td>≤21</td><td>≥32</td><td>30</td></tr>
<tr><td>≥14</td><td>≤15</td><td>≥20</td><td>28</td><td>≤120</td></tr>
<tr><td>7</td><td>7</td><td>≥17</td><td>≤16</td><td>≥13</td><td>28</td><td>≤116</td></tr>
</table>

① 机重应在指标值的±10%之内。

16.5.8 凿岩机

凿岩机用于在岩石、混凝土等坚硬材料上打孔，也可破碎混凝土之类的坚硬层。

按动力源分，可分为风动凿岩机、电动凿岩机、内燃凿岩机和液压凿岩机四大类型；按支撑方式可以分为手持式、支腿式、导轨式和向上式（伸缩式）；按重量可分为轻型（≤10kg）、中型（>10kg～22kg）和重型（>22kg）三种。各类凿岩机参数见表 16.53～表 16.60。

表 16.53 手持式凿岩机的基本参数（JB/T 7301—2017）

产品系列	验收气压 0.4MPa							气管内径/mm	水管内径/mm	钎尾规格/mm
	空转转速/(r/min)	冲击能量/J	冲击频率/Hz	凿岩耗气量(≤)/(L/s)	掘进耗气量(≤)/(m^3/m)	噪声(声功率级)(≤)/dB(A)	凿孔深度/m			
轻	≥200	2.5～20	45～55	20	18.8	114	1	8或13	—	生产厂自定
中		15～40	25～40	40		120	3	16或20(19)	8或13	H22×108或H19×108
重		30～50	22～40	55		124	5	20(19)	13	H22×108或H25×108

表 16.54 手持式内燃凿岩机的基本参数（JB/T 7171—2011）

基本参数	各产品系列指标				
	25	26	27	28	30
发动机缸径/mm	60	62	58	58	58
发动机负载转速/(r/min)	2600～2900	2500～2800	2450～2750	2700～3000	2700～3000
冲击能量(≥)/J	22	25	24	20	20
钎杆空转转速(≥)/(r/min)	180	350	250	180	180
凿孔速度(≥)/(mm/min)	250	300	250	220	200(250)
燃油消耗率(≤)/(L/m)	0.12	0.12	0.12	0.13	0.13(0.195)
凿孔深度/m	6	8	6	6	6
噪声(≤)/dB(A)	106				
机重/kg	25±1	26±1	27±1	28±1	30±1
排粉压力(≥)/MPa	0.08(0.15)				
钎尾规格/mm×mm	六角钎尾 22×108				

注：括弧内的数值为带副缸时的指标。

表 16.55 支腿式电动凿岩机基本参数（JB/T 7738—2006）

基本参数		数值	基本参数		数值
机体	机重/kg	28～30	电动机	额定功率/kW	≤3
	凿孔速度/(mm/min)	≥180		额定电压/V	380
	冲击能量/J	≥40		频率/Hz	50
	冲击频率/Hz	≥34		绝缘电阻(实际冷态)/MΩ	≥50
	凿孔深度/m	4		空载电流/A	≤4.4
	钎杆转速/(r/min)	≥150		工作电流/A	5.8～8
	噪声(声功率级)/dB(A)	≤117			

表 16.56 支腿式液压凿岩机的基本参数（JB/T 11106—2011）

基本参数	指标	基本参数	指标
冲击工作油压/MPa	12～16	凿孔直径/mm	32～45
冲击工作流量/(L/min)	30～60	凿孔深度/m	≤15
冲击频率/Hz	≥43	最大扭矩/N·m	40～60
冲击能量/J	50～80	噪声(声压级)/dB(A)	≤105
回转工作油压/MPa	9～16	清洁度/mg	≤500
回转工作流量/(L/min)	20～40	钎尾规格/mm	25×108 或 22×108
空转转速(r/min)	≥180	机重/kg	≤30

表 16.57 导轨式凿岩机的基本参数（JB/T 8718—2010）

基本参数	各产品系列指标								
	内回转型				独立回转型				
	28	35	40	80	50	70	90	100	170
机重/kg	28	35	40	80	50	70	90	100	170
验收气压/MPa	0.63								
空转转速/(r/min)	≥300								

续表

基本参数	各产品系列指标								
	内回转型				独立回转型				
	28	35	40	80	50	70	90	100	170
冲击频率(≥)/Hz	44	46	33	32	45	43	34	33	32
冲击能量(≥)/J	90	100	118	215	112	112	225	230	230
凿岩耗气量(≤)/(L/s)	110	142	117	175	195	159	217	233	260
扭矩(≥)/N·m	35	55	35	96	107	85	120	265	335
噪声(≤)/dB(A)	132								
凿孔直径/mm	38～46	38～46	40～55	50～75	38～55	38～55	50～75	50～80	65～100
凿孔深度/m	4	5	15	20	8		25	25	30
气管内径/mm	25	25	25	38	冲击 32 回转 19		冲击 38 回转 25		冲击 38 回转 19
水管内径/mm	13		13	19	13		19		
钎尾规格/mm	（六角） 22×108	（六角） 25×159	ϕ32×97		（六角）25 ×108	（六角）25 ×159	ϕ38 ×97	ϕ32×97 ϕ38×97	ϕ38×162 ϕ45×162

注：凿岩耗气量是指在凿岩条件下，凿岩机冲击和回转部分的耗气量之和。

表 16.58　导轨式液压凿岩机的基本参数（JB/T 7169—2004）

产品系列	产品质量/kg	冲击压力/MPa	冲击流量/(L/min)	冲击能/J	冲击频率/Hz	回转压力/MPa	回转流量/(L/min)	回转转速/(r/min)	回转扭矩/N·m	噪声限值/dB(A)
轻型	≤100	10～16	≤90	≥100	>34	>8	>30	0～450	>50	≤120
中型	>100～200	10～24	≤120	≥150	>32	>10	>40		>70	≤130
重型	>200	12～25	≤180	≥200	>30	>12	>50		>100	≤140

注：噪声值为声功率级。

表 16.59　向上式凿岩机的基本参数（JB/T 9853—2010）

基本参数	产品系列		基本参数	产品系列	
	35	45		35	45
机重/kg	≤35.5	≤45.0	气腿接力/N	2099	2469
冲击能量/J	≥73	≥74	验收气压/MPa	0.63	
凿岩冲击频率/Hz	≥37	≥43	凿孔直径/mm	38～50	
凿岩耗气量/(L/s)	≤85	≤113	凿孔深度/m	5	
凿孔耗气量/(m^3/m)	≤12.8	≤15.1	气管内径/mm	25	
空转转速/(r/min)	≥300	≥350	水管内径/mm	13	
噪声(声功率级)/dB(A)	≤128	≤132	钎尾规格/mm	H22×108 或 H25×108	

表 16.60　气腿式凿岩机的技术参数（JB/T 1674—2004）

产品系列	验收气压 0.4MPa							气管内径/mm	水管内径/mm	钎尾规格/mm
	空转转速/(r/min)	冲击能量(≥)/J	冲击频率/Hz	凿岩耗气量(≤)/(L/s)	掘进耗气量(≤)/(m^3/s)	噪声(声功率级)(≤)/dB(A)	凿孔深度/m			
轻型(≤22kg)	250～500	55	30～50	70	11	125	3	20 或 25	13	H22×108 或 H19×108
中型(>22kg～25kg)		65		80		126	5			H22×108 或 H25×108
重型(>25kg)		70		85		127	5			

16.6 建筑机械

16.6.1 夯实机

夯实机是通过冲击/振动的作用，对岩石填料、土壤或沥青层等材料进行夯实的设备（图16.3)。其技术参数见表16.61。

图16.3　手扶式蛙式夯实机

表16.61　HW型手扶式蛙式夯实机的技术参数

型号	HW-80	HW-60	HW-40
夯头冲击力/kg	350	300	250
夯击次数/(次/min)	125	125	120～140
夯头跳动高度/mm	200～230	200～230	120～170
前进速度/(m/min)	11	11	8-13
电动机型号	Y100L2-4	Y90L-4	Y100L1-4
电动机功率/kW	3	3	1.5-2.2
配用三角带	B930/B1800	B930/B1800	A1800/A1000

16.6.2 捣固镐

捣固镐是一种用于铁路施工、养护作业中的一种小型铁路养护机械，它主要应用于铁路道碴捣固作业。按动力源它可分为电动捣固镐、内燃捣固镐；按其结构可以分为便携式捣固镐、分体式捣固镐；按照其振动方式可以分为转轴水平式捣固镐和转轴竖直式捣固镐。其基本参数见表16.62。

表16.62　捣固镐的基本参数（JB/T 1347—2012）

类别	项目	基本参数	
振动镐	铭牌标示额定振动频率/Hz	偏心式(转轴水平)	45～50
		偏心式(转轴竖直)	110～140
		行星式	140～200
	额定振动频率下镐尖沿振动方向的稳定加速度/(m/s^2)	转轴竖直式	600～1500
		转轴水平式	200～500

续表

类别	项目	基本参数	
振动镐	额定振动频率下镐尖沿振动方向的单边有效振幅/mm	≥0.9	
	转轴竖直式振动镐镐头质量/kg	1.0～1.5	
	便携式整机质量（不含燃油）/kg	内燃 电动	≤20 ≤25
	分体式整机质量（动力源与手持工作部分相对分离的捣镐）/kg	内燃/电动	≤175
冲击镐	铭牌标示的额定冲击频率/Hz	20～30	
	冲击功（200N 轴向推力时额定频率下的单次最大值）/J	25～40	
	整机质量（不含镐钎、液压油管或燃油）/kg	≤25	

16.6.3 路面铣刨机

路面铣刨机（图 16.4）是用于铣刨路面材料的自行式道路养护施工机械，主要用于公路、城镇道路、机场、货场等沥青混凝土面层的开挖翻新，也可以用于清除路面拥包、油浪、网纹、车辙等缺陷，还可用来开挖路面坑槽及沟槽，以及水泥路面的拉毛及面层错台的铣平。按铣刨机行走装置可分为轮胎式铣刨机和履带式铣刨机。某路面铣刨机技术参数见表 16.63。

图 16.4 路面铣刨机

表 16.63　某路面铣刨机技术参数

型号		XM101	XM101Ⅱ	RG100
大铣刨宽度/mm		1020	1020	1020
大铣刨深度/mm		120	120	120
铣刨轮刀具数量/个		84	84	84
铣刨轮直径/mm		660	660	660
发动机	型号	上柴 D6114	SC8D170G2B1	上柴 D6114
	额定功率/kW	125/168	125	125
	额定转速/(r/min)	2200	2200	2100
	油耗/(g/kWh)	1/1 负载 230	—	230
性能参数	工作速度/(m/min)	0～13	0～13	0～11
	行驶速度/(km/h)	0～13	0～13	0～11
	爬坡能力/%	≤20	≥20	20
	最小转弯半径/mm	≤5500	—	7000
距地间隙/mm		≤120	≤120	120
工作质量/kg		14500	14500	14000
箱体容量/L	燃油箱	180	210	180
	液压油箱	150	160	150
	水箱	360	360	290
输料带/mm	宽度	—	400	—
	长×宽×高	—	4371×2294×3130	—
皮带机长×宽×高/mm		6428×700×610	—	—
行走形式		轮胎	轮胎	轮胎
尺寸/mm 长×宽×高	机器外形	4583×2294×3130	—	4552×2218×2804
	装运外形	6428×700×610	—	5640×700×610

16.7　登高梯具

登高梯具包括登高梯和升降工作平台。

16.7.1　登高梯

登高梯的规格见表 16.64。

表 16.64　登高梯的规格

种类	型号	关节数	伸长/m	折长/m	净重/kg	特点
折梯	L2105	2	3.2	1.6	10.5	为多功能折合式铝梯，具有64种形式高强度铝合金管材，自动上锁关节，平稳强固的防滑梯脚，适用多种使用坡度
	L2125	2	3.8	1.9	12.5	
	L2145	2	4.5	2.2	14.5	
	L6145	6	3.8	0.95	12.5	
	L6165	6	5.0	1.25	16.5	
	L6205	6	6.3	1.58	20.5	
铝合金伸缩梯	AP-50		5.04	3.15		踩杆为强化铝合金挤压成形，表面具有防滑条纹；由上下二节梯组合，借滑轮组及拉绳使上节梯升梯，自由调整所需高度，锁扣装置固定
	AP-b0		6.03	3.81		
	AP-70		7.02	4.14		
	AP-80		8.04	4.83		
	AP-90		9.03	5.16		
	AP-100		10.02	5.82		

变电站登高梯包括梯子（抱杆梯、直梯、折叠梯、组合梯、鱼杆梯）、梯台和过桥（一般式过桥、梯台式过桥、脚手架式过桥），见图 16.5。

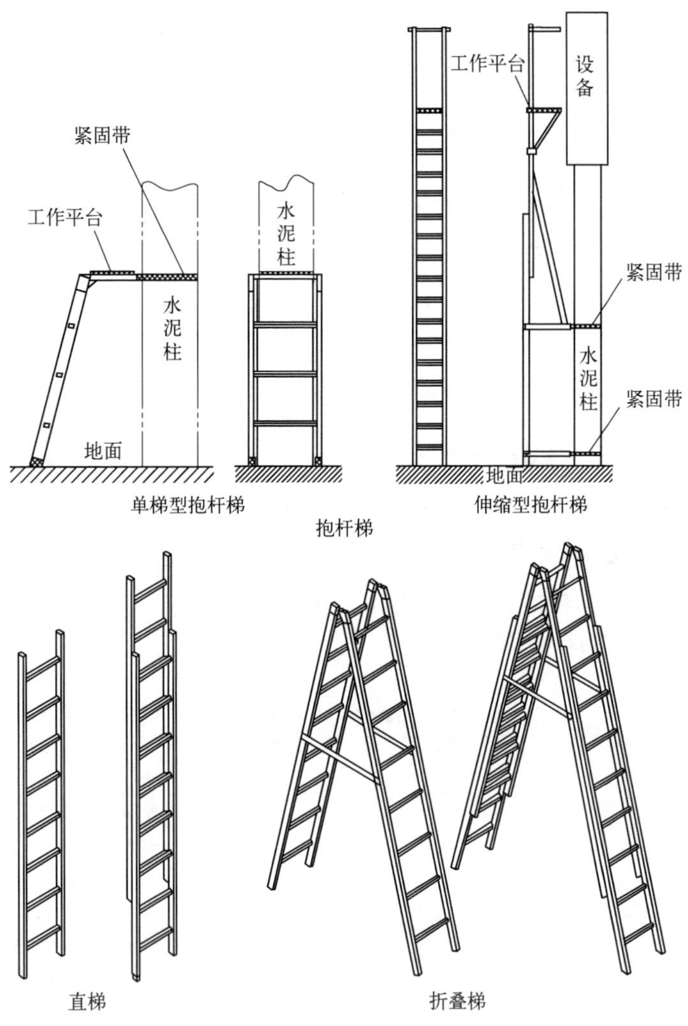

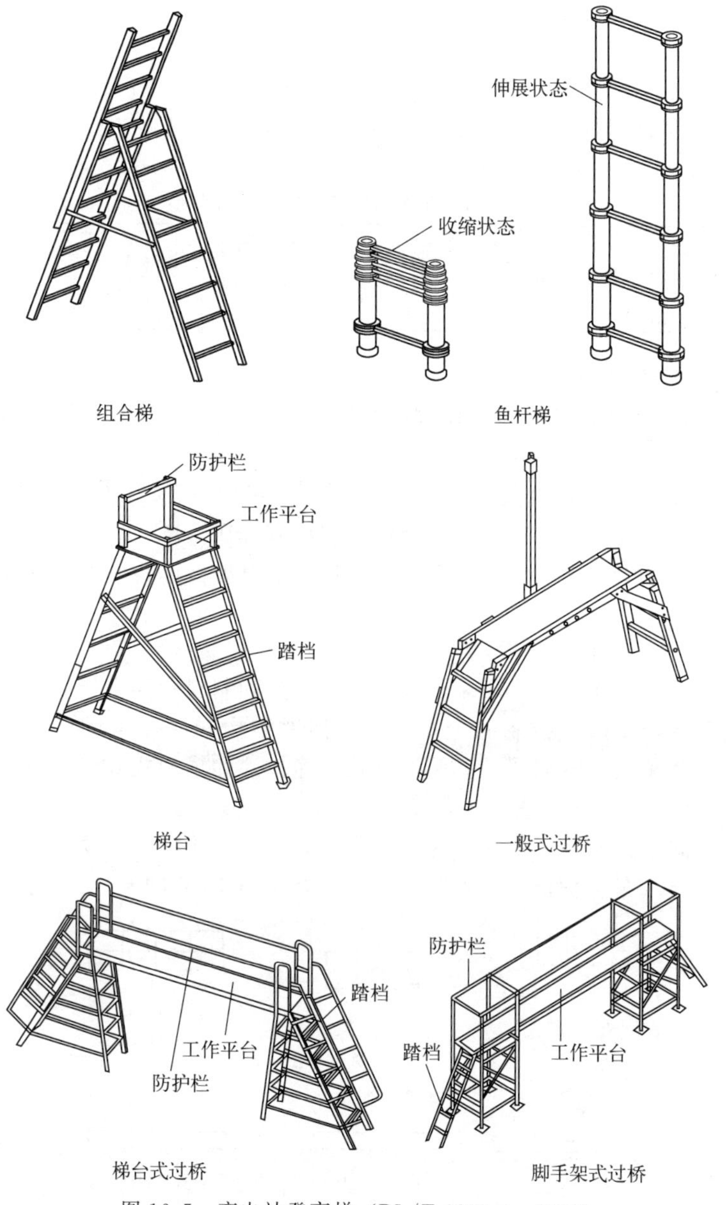

图 16.5 变电站登高梯（DL/T 1209.1—2013）

变电站登高梯基本的技术要求：

① 额定工作载荷不应小于 100kg。

② 上下相邻踏档（或踏板）的中心间距应不大于 360mm。

③ 升降梯应装有机械式强制限位器，保证足够的安全搭接量（表 16.65）。

表 16.65 升降梯的最小搭接量推荐值

标称长度 L /m	最小搭接量/m		标称长度 L /m	最小搭接量/m	
	两节梯	两节以上		两节梯	两节以上
$L\leqslant8$	0.80	0.70	$10<L\leqslant14$	1.40	1.20
$8<L\leqslant10$	1.00	0.80	$14<L\leqslant18$	1.70	1.50

④ 折叠功能的梯具应具有防过度开张的限位装置。

⑤ 应具有足够的机械强度、电气强度、稳定性能和良好的抗老化性。

⑥ 组合梯用作延伸梯使用时，应具有可靠的定位及锁定装置，控制其长度不大于产品说明书标示的最大工作长度。

⑦ 伸缩型抱杆梯、过桥作业面上部 1050～1200mm 处应设置防护栏。

16.7.2 升降工作平台

升降工作平台是用来运载人员、工具和制料到高空作业位置的设备，至少由带控制的工作平台、伸展结构和底盘组成，分固定式、剪叉式、臂架式、套筒油缸式、桅柱式和桁架式 6 种。

（1）固定式升降工作平台

固定式升降工作平台是底座固定的升降工作平台，用于仓库、车间与汽车、货柜的货物装卸类型，有如图 16.6 的五种形式。

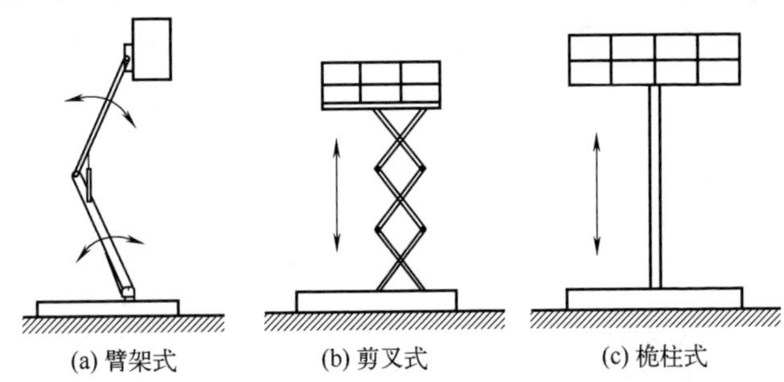

(a) 臂架式 (b) 剪叉式 (c) 桅柱式

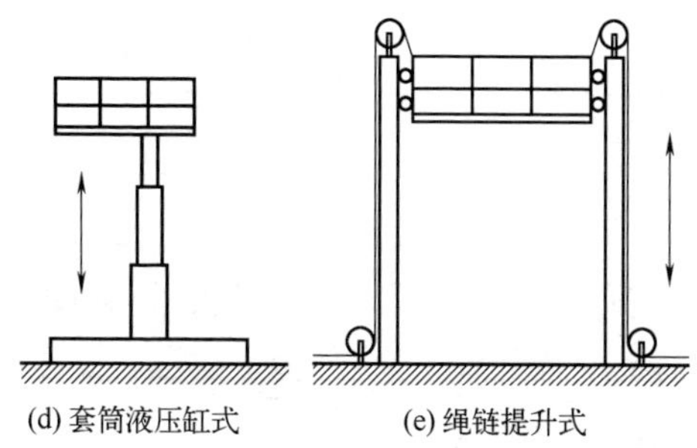

图 16.6　固定式升降工作平台的类型

标注方法是：

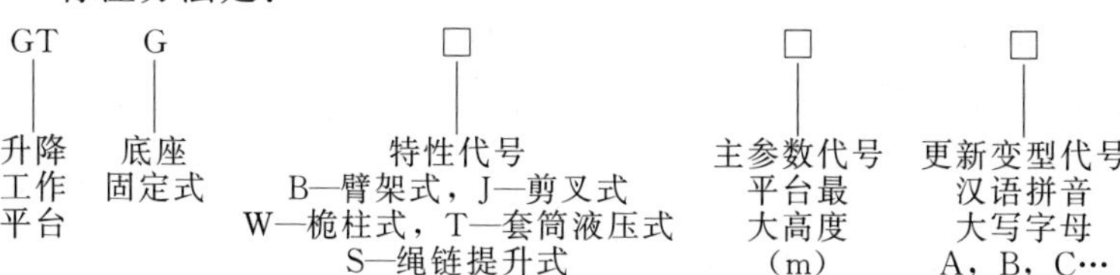

其基本参数见表 16.66。

表 16.66　固定式升降工作平台的基本参数（JB/T 11169—2011）

名称	数值
最大平台高度/m	0,5,1,1.5,2,3,4,5,6,8,10,12,14,16,18,20,23,32,35,40
额定载荷/kg	125,136,160,200,250,320,400,500,630,800,1000,2000,3000,4000,5000,10000,15000,20000,25000,30000,35000,40000,45000,50000

（2）剪叉式升降工作平台

剪叉式升降工作平台的伸展结构为剪叉机构，按行走动力的形式，可分为固定式、移动式和自行式，其型号的表示方法是(参考)：

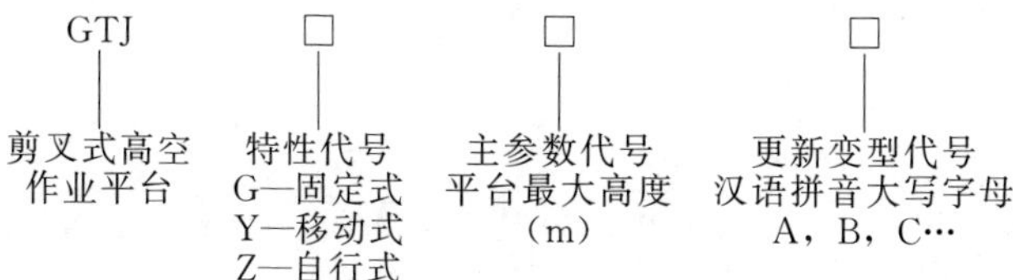

其主参数见表 16.67。

表 16.67 剪叉式升降工作平台的主参数系列（JB/T 9229—2013）

名称	数值
额定载荷/kg	80,100,125,160,200,250,320,400,500,630,800,1000,1250,1600,2000,2500,3200,4000,5000,6300,8000,10000,12500,16000,20000,25000,32000,40000,50000,63000,80000,100000
最大平台高度/m	1,2,2.5,3,4,5,6,7,8,9,10,11,12,14,16,18,20,22,24,26,28,32,36

（3）臂架式升降工作平台

臂架式升降工作平台的伸展机构由一节或多节臂（包括可伸缩臂）铰接而成。按行走动力的形式，可分为固定式、人工操作移动式、徒步控制移动式、轨道移动式、自行移动式、拖行移动式和车载移动式等 7 种。其型号表示方法是：

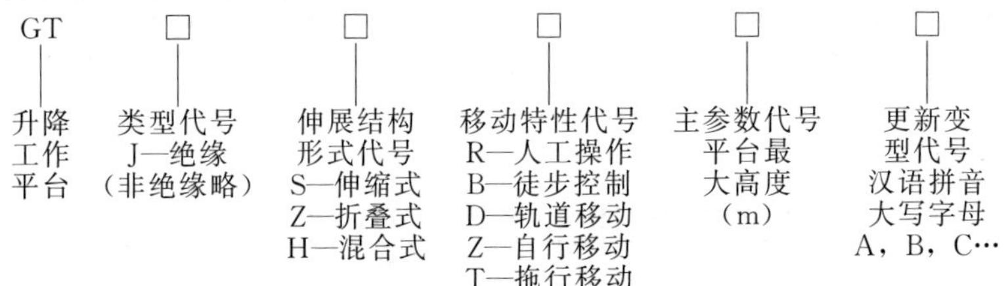

其主参数见表 16.68。

表 16.68 臂架式升降工作平台的主参数系列

名称	数值(JB/T 12483—2015 中未作规定)
平台最大高度/m	3,4,5,6,8,10,12,14,16,18,20,25,30

（4）套筒油缸式升降工作平台

套筒油缸式升降工作平台的伸展机构为套筒油缸，按行走动力的形式，可分为固定式、人工操作移动式、徒步控制移动式、轨道移动式、自行移动式、拖行移动式和车载移动式等 7 种。其型号表示方法是：

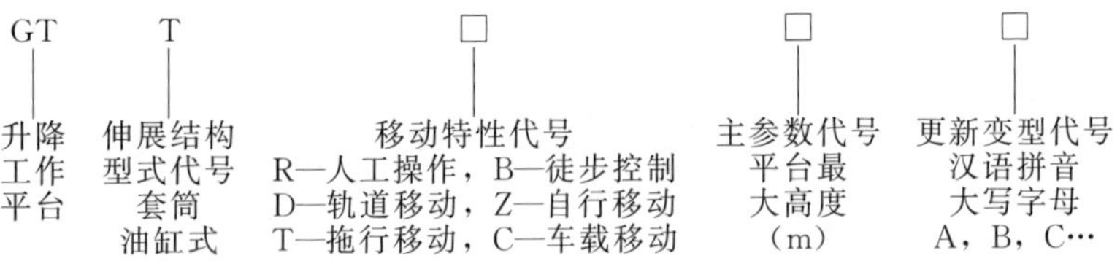

其主参数见表16.69。

表16.69　套筒油缸式升降工作平台的主参数系列

名称	数值（JB/T 12217—2015中未作规定）
平台最大高度/m	3,4,(5),6,(7),8,9,10,11,12,14,16,18,20

（5）桅柱式升降工作平台

桅柱式升降工作平台的伸展机构为伸缩式（图16.7，包括卡通式和套合式）桅柱，按行走动力的形式，可分为固定式、人工操作移动式、徒步控制移动式、轨道移动式、自行移动式、拖行移动式和车载移动式等7种。其型号表示方法是：

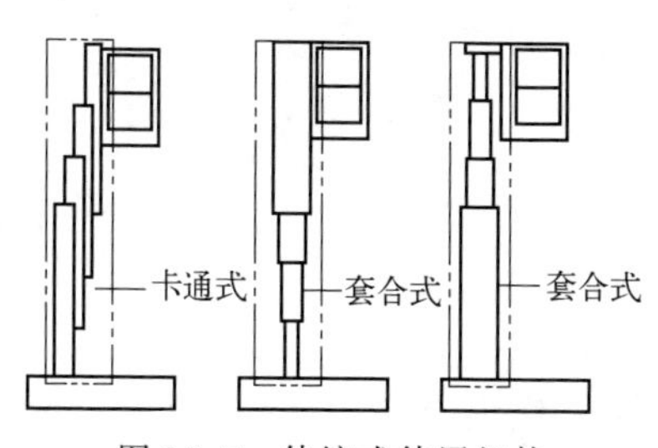

图16.7　伸缩式伸展机构

GT　W　□　□　□

- GT：升降工作平台
- W：伸展结构形式代号　桅柱式
- □：移动特性代号　R— 人工操作，B— 徒步控制；D— 轨道移动，Z— 自行移动；T— 拖行移动，C— 车载移动
- □：主参数代号　平台最大高度（m）
- □：更新变型代号　汉语拼音大写字母　A，B，C…

其主参数见表16.70。

表16.70　桅柱式升降工作平台的主参数系列

名称	数值（JB/T 12216—2015中未作规定）
平台最大高度/m	1,2,2.5,3,4,5,6,8,10,12,14,16 ,18

（6）桁架式升降工作平台

桁架式升降工作平台的型号表示方法是：

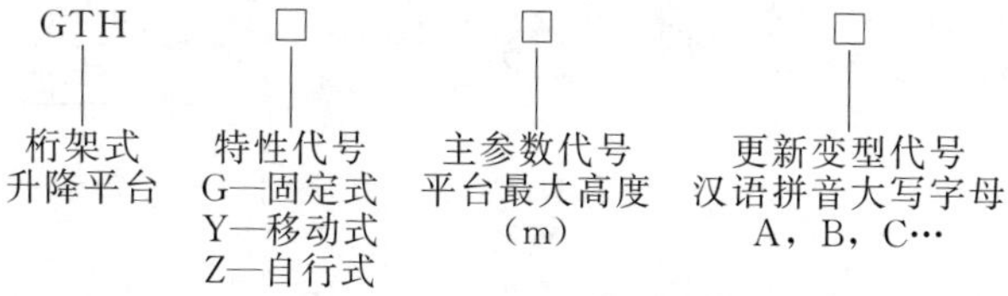

其主参数见表16.71。

表16.71　桁架式升降工作平台的主参数系列

名称	数值
平台最大高度/m	5,6,8,10,12,14,16,18,20,22,24,26

第17章 电动工具

电动工具是一种用小型电机和传动机构驱动工作头的机械化工具。按其使用场合，可以分为工业用和家用；按加工对象通常分为金属切削类、砂磨类、装配类、林木类、农牧类、建筑道路类、矿山类、铁道类等。其型号标注方法是：

□ □ □－□ □－□

□	□	□－	□	□－	□
大类代号（表 17.1）	使用电源类别代号（表 17.2）	品名代号（表 17.1）	设计单位代号	设计代号	规格代号

表 17.1 电动工具大类代号与品名代号（GB/T 9088—2008）

类别	名称	代号	类别	名称	代号	类别	名称	代号
(1)金属切削类(J)	电铰刀	A	(2)砂磨类(S)	抛光机	P	(4)林木类(M)	曲线锯	Q
	磁座钻	C		气门座电器	Q		木铣	R
	多用工具	D		砂轮机	S		木工刃磨机	S
	刀锯	F		带式砂光机	T		圆锯	Y
	型材切割机	G	(3)装配类(P)	电扳手	B		木钻	Z
	电冲剪	H		定扭矩电扳手	D	(5)农牧类(N)	采茶剪	A
	电剪刀	J		旋具	L		剪毛机	J
	电刮刀	K		拉铆枪	M		粮食扦样机	L
	斜切割机	L		墙板旋具	U		喷洒机	P
	焊缝坡口机	P		胀管机	Z		修蹄机	T
	攻丝机	S	(4)林木类(M)	带锯	A	(6)建筑道路类(Z)	锤钻	A
	锯管机	U		电刨	B		地板抛光机	B
	电钻	Z		电插	C		电锤	C
(2)砂磨类(S)	盘式砂光机	A		木工多用工具	D		混凝土振动器	D
	平板摆动式砂光机	B		修枝机	E		大理石切割机	E
	车床电磨	C		截枝机	H		电　镐	G
	模具电磨	J		开槽机	K		夯实机	H
	角向磨光机	M		电链锯	L		冲击钻	J
							铆胀螺栓扳手	L

续表

类别	名称	代号	类别	名称	代号	类别	名称	代号
(6)建筑道路类(Z)	湿式磨光机	M	(7)矿山类(K)	岩石电钻	Y	(9)其他(Q)	管道清洗机	G
	钢筋切割机	Q		凿岩机	Z		卷花机	H
	砖墙铣沟机	R	(8)铁道类(T)	铁道扳手	B		石膏剪	J
	地板砂光机	S		枕木电镐	G		雕刻机	K
	套丝机	T		枕木钻	Z		电喷枪	P
	弯管机	W	(9)其他(Q)	塑料电焊炬	A		除锈机	Q
	铲刮机	Y		裁布机	C		石膏电锯	S
	混凝土钻机	Z		电动气泵	E		地毯剪	T
							牙钻	Y
							骨钻	Z

表 17.2　使用电源类别代号

电源类别	低压直流	单相交流	三相交流				
频率/Hz	—	50	200	50	400	150	300
代号	0	1	2	3	4	5	6

型号举例：J1Z-LS2-6A 表示最大钻孔直径为 6mm 的 A 型电钻，使用电源为单相交流工频（50Hz，220V），由行业第二次联合设计。

S2A-××2-150 表示砂盘直径为 150mm 的盘式砂光机，使用电源为三相交流中频（200Hz，380V），由××单位第二次自行设计。

M01B-××-90-×2 表示刨刀宽度为 90mm，最大刨削深度为 2mm 的电刨，可在直流和单相交流电流下使用，由××单位第三次自行设计。

17.1　金属切削类

17.1.1　电钻类

电钻按电源种类可分为单相交流电钻、直流电钻和交直流两用电钻；按基本参数和用途可分为 A 型（普通型）电钻、B 型（重型）电钻和 C 型（轻型）电钻。

（1）电钻

电钻的型号标注方法是：

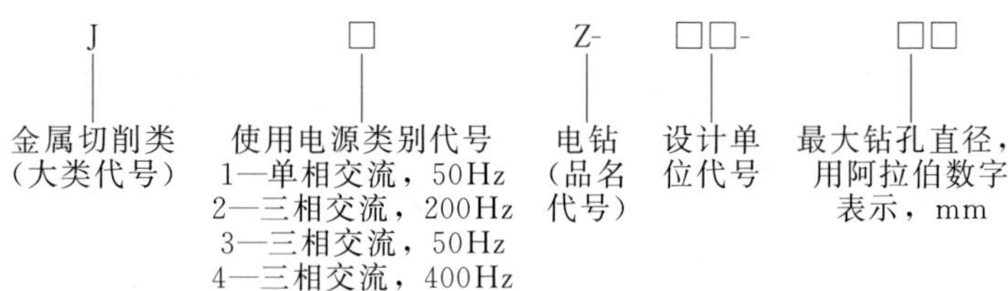

电钻规格是指它钻削抗拉强度为390MPa的钢材时，所允许使用的最大钻头直径。同一钻头直径的电钻，根据其用途和参数不同，可分为A型、B型和C型。基本参数见表17.3。

表17.3 电钻的基本参数（GB/T 5580—2007）

规格/mm		额定输出功率(≥)/W	额定扭矩(≥)/N·m	规格/mm		额定输出功率(≥)/W	额定扭矩(≥)/N·m
4	A型	80	0.35	10	B型	230	3.00
6	C型	90	0.50	13	C型	200	2.50
	A型	120	0.85		A型	230	4.00
	B型	160	1.20		B型	320	6.00
8	C型	120	1.00	16	A型	320	7.00
	A型	160	1.60		B型	400	9.00
	B型	200	2.20	19	A型	400	12.00
10	C型	140	1.50	23	A型	400	16.00
	A型	180	2.20	32	A型	500	32.00

A型电钻主要用于普通钢材的钻孔，也可用于塑料和其他材料的钻孔，具有较高的钻削生产率，通用性强，适用于一般体力劳动者。

B型电钻，额定输出功率和转矩比A型大，主要用于优质钢材及各种钢材的钻孔，具有很高的钻削生产率，结构可靠，可施加较大的轴向力。

C型电钻，额定输出功率和扭矩比A型小，主要用于有色金属、铸铁和塑料的钻孔，尚能用于普通钢材的钻削，结构简单，轻便，不可施以强力。

电钻零件在额定负荷下的最高温升见表17.4。

表17.4 电钻零件在额定负荷下的最高温升 ℃

零件	最高温升	零件	最高温升
120级绝缘绕组	90	连续握持的手柄	
130级绝缘绕组	95	按钮及类似零件：	
155级绝缘绕组	115	金属类	30
非握持外壳	60	塑料类	50

电钻技术数据见表17.5。

表17.5　电钻的技术数据（GB/T 5580—2007）

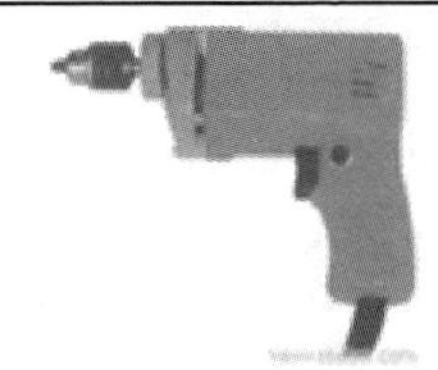

A型—普通型
B型—重　型
C型—轻　型

规格/mm	4	6			8			10		
类型	A	A	B	C	A	B	C	A	B	C
额定电压/V	220	220			220			220		
额定输出功率(≥)/W	80	120	160	90	160	200	120	180	230	140
额定扭矩(≥)/N·m	0.35	0.85	1.20	0.50	1.6	2.2	1.0	2.2	3.0	1.5
额定转速/(r/min)	2200	1400	1300	1720	960	870	1150	790	740	900
最大噪声/dB(A)	84	84			84			86		
钻头夹持方式	钻夹式				钻夹式			钻夹式		

规格/mm	13			16		19	23	32
类　型	A	B	C	A	B	A	A	A
额定电压/V	220			220		220	220	380
额定输出功率(≥)/W	230	320	200	320	400	400	400	500
额定扭矩(≥)/N·m	4.0	6.0	2.5	7.0	9.0	12.0	16.0	32.0
额定转速/(r/min)	550	510	770	440	430	320	240	190
最大噪声/dB(A)	86			90		90	90	92
钻头夹持方式	钻夹式			2#莫氏锥圆锥套筒				3#莫氏

电钻的使用注意事项与故障排除

（2）单相串励电钻

用于在硬木、塑料及其他非特别硬脆材料上钻孔。其技术数据见表17.6～表17.8。

表 17.6 J1Z 系列单相串励电钻（Ⅰ—双重绝缘）的技术数据

型号规格	额定扭矩/N·m	输入功率/W	额定转速/(r/min)	额定输出功率/W	外形尺寸/mm（长×宽×高）	质量/kg
J1Z-CD3-13A	4.0	500	520	240	295×70×190	2.0
J1Z-CD3-6A	0.85	250	1200	120	236×62×166	1.2
J1Z-CD-6C	0.50	320	2100	105	202×63×148	1.13
J1Z-CD-8C	1.0	360	2400	170	230×63×175	1.52
J1Z-FQ-13	7.8	800	800	460	300×90×220	2.7
J1Z-FR-13	7.8	800	8000	460	300×90×220	2.7
J1Z-HDA1-10C	0.83	300	2700	138	271×63×185	1.4
J1Z-HU05-10A	2.2	450	820	180	225×55×125	1.6
J1Z-HU-6A	0.85	300	2300	120	248×65×160	1.35
J1Z-KL-6A	0.86	230	2400	120	210×65×175	1.4
J1Z-KW02-10A	2.3	450	820	200	210×80×218	1.8
J1Z-KW02-13A	4.0	520	520	230	295×113×258	3.0
J1Z-KW-6.5A	0.46	240	4000	120	220×64×215	1.0
J1Z-LD01-19A	12.0	810	320	400	410×104×345	5.7
J1Z-LD01-23A	16.0	810	240	400	410×104×345	5.7
J1Z-LS2-19A	12.0	880	320	400	475×118×337	5.7
J1Z-LS2-23A	16.0	880	240	400	475×118×337	5.7
J1Z-MH-10A	2.2	430	1200	195	288×72×171	2.0
J1Z-MH-13A	4.0	480	1300	260	359×72×140	2.0
J1Z-MH-6C	0.55	220	2700	116	234×65×158	1.0
J1Z-SD04-10A	2.2	320	700	180	204×68×160	1.53
J1Z-SF1-10A	1.0	280	1800	140	235×70×195	1.5
J1Z-SF1-19A	13.5	880	350	500	340×121×315	5.9
J1Z-SF1-6C	0.5	210	2000	85	179×63×145	0.9
J1Z-SF2-13A	4.0	440	580	230	290×100×220	4.5
J1Z-SF-23A	17.0	880	280	500	340×121×315	5.9
J1Z-YD2-6C	0.5	230	2010	105	205×61×153	0.8

注：额定电压为 220V；最大钻孔直径可从型号规格最后一段的数字中看出（下同）。

表 17.7 J1Z 系列单相串励电钻（Ⅱ—单绝缘）的技术数据

型号规格	额定扭矩/N·m	输入功率/W	额定转速/(r/min)	额定输出功率/W	外形尺寸（长×宽×高）/mm	质量/kg
JZ-SD05-13A	4.0	420	550	230	290×100×232	4.0
JZ-KW-19A	12.0	740	600	400	353×160×360	7.3
JZ-SD04-19A①	—	740	330	—	356×126×435	6.5
JZ-SD04-23A①	—	1000	300	—	356×126×435	6.5
JZ-QB-13A	—	550	850	—	360×100×380	4.0
J1Z-13	4.0	450	550	230	345×84×302	2.8
J1Z-YD-10A	2.2	370	820	185	253×66×158	1.45
J1Z-SD05-13A①	—	420	550	—	360×100×380	4.0
J1Z-KW-23A	12.0	740	600	400	353×160×360	7.3

① 额定电压为 110V/220V/240V；其他为 220V。

表 17.8　J1Z 系列单相串励电钻（Ⅲ—电子高速、双重绝缘）的技术数据

型号规格	额定扭矩 /N·m	输入功率 /W	空载转速 /(r/min)	额定输出功率 /W	外形尺寸（长×宽×高） /mm	质量 /kg
JZ-HDA-10C	1.42	450	0～2800	264	266×64×190	1.4
JZ-HDA-10C	1.21	450	0～2800	212	266×64×190	1.4
JZ-WD02-10A	—	280	0～3000	—	—	1.6
J1Z-FF-10A	0.70	300	0～2500	125	—	1.1
J1Z-HDA4-10C	1.02	350	0～2200	150	240×65×275	1.5
J1Z-HU04-10A	2.2	350	0～2600	180	235×55×225	1.4

（3）三相工频电钻

用于无法在钻床上加工的大型铸件、锅炉、桥梁等大型金属构件上钻、扩孔，或在硬木、塑料及其他非特别硬脆材料上钻孔。其型号标注方法基本同电钻，但不分 A、B、C 等级。其规格见表 17.9。

表 17.9　三相工频电钻的规格

型号规格	钻孔直径 /mm	额定电压 /V	额定扭矩 /N·m	输入功率 /W	额定转速 /(r/min)	外形尺寸（长×宽×高） /mm	质量 /kg
J3Z-LD01-23	23	三相 380	21	700	225	347×128×300	10
J3Z-LD01-32	32		45	1200	190	697×148×168	19
J3Z-LD01-49	49		110	1700	120	728×148×168	24

（4）锂电钻

锂电钻是使用锂离子电池作为电源的电动工具，用于高空或在远离电源的地方，工作时噪声低，缺点是受到电池容量限制。其技术数据见表 17.10。

表 17.10　锂电钻的技术数据

型号	OK-8516D	OK-8520D	OK-8412C	OK-8212A
额定电压/V	16	20	12	12
电池容量/A·h	1.5	1.5	1.3	1.3
空载转速/(r/min)	0～650			
最大扭矩/N·m	21	24	19	19
扭矩挡位	20+1			
最大钻孔直径/mm	钢材/铝材/木材:10/15/28			
最大夹头直径/mm	0.8～10			

续表

型号	OK-8612S	OK-8621S	DC-7212	DC-8412
额定电压/V	12	21	12	12
电池容量/A·h	1.5	2.0	1300	1300
空载转速/(r/min)	0～350,0～1350		650	
最大扭矩/N·m	45		19	
扭矩挡位	18+1		20+1	
最大钻孔直径/mm	钢材 12,铝材 15,木材 35		钢材 10,铝材 15,木材 28	
最大夹头直径/mm	1.0～13	0.8～10	0.8～10	
型号	DC-8212	DC-8120	DC-8621S	DC-8612S
额定电压/V	12	68	21	—
电池容量/A·h	1.3	4.0	1500	1500
空载转速/(r/min)	0～650	0～2800	0～350,0～1350	
最大扭矩/N·m	19	230	45	—
扭矩挡位	20+1	0～3200BRM	18+1	20+1
最大钻孔直径/mm	钢材 10,铝材 15,木材 28			
最大夹头直径/mm	0.8～10	M4～M24	1.0～13	0.8～10

生产商：浙江德创智能科技有限公司。

(5) 磁座钻

用于在野外和高空作业时精确钻孔、攻螺纹、铰孔，甚至可以在倒立状态下工作。其基本参数见表 17.11。

类别：按使用电源分，有交直流两用、单相串励或三相工频电钻。

结构：见图 17.1。

工作原理：借助通电后直流电磁吸盘产生的吸力，吸附于金属等材料上，由电钻（可为电子调速电钻和机械调速电钻）进行旋转切削。

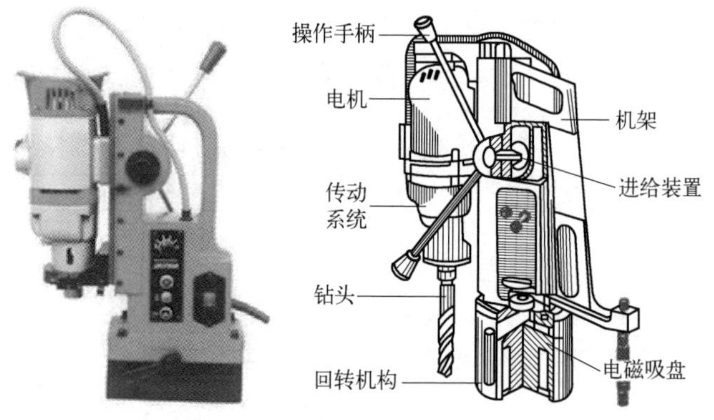

图 17.1　磁座钻的外形和结构

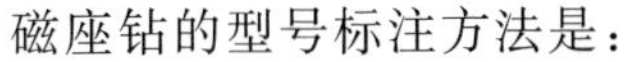
磁座钻的型号标注方法是：

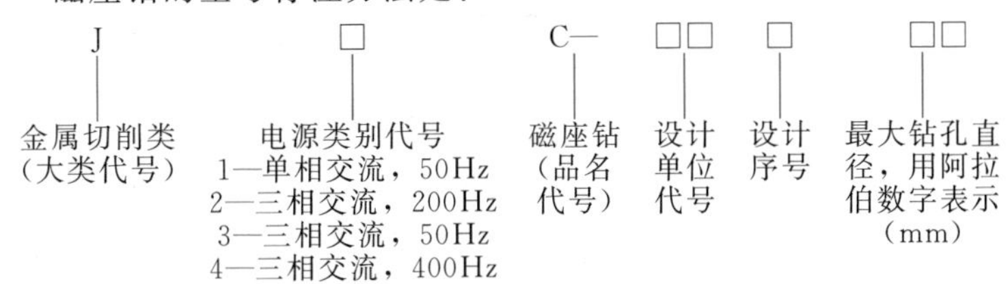

表 17.11　磁座钻的基本参数（JB/T 9609—2013）

规格代号	钻孔直径 ϕ /mm	电钻		钻架		导板架		电磁铁吸力(≥)/kN
		额定输出功率(≥)/W	额定扭矩(≥)/N·m	回转角度(≥)/(°)	水平位移(≥)/mm	最大行程(≥)/mm	移动偏差/mm	
13	13(32)	320	6	—	—	140	1.0	8.5
19	19(50)	400	12	—	—	160	1.2	10.0
23	23(60)	450	16	60	15	180	1.2	11.0
32	32(80)	500	32	60	20	260	1.5	13.5
38	38(100)	700	45	60	20	260	1.5	14.5
49	49(130)	900	75	60	20	260	1.5	15.5

注：1. 规格指电钻钻削抗拉强度为 390MPa 的钢材时所允许使用的麻花钻头最大直径。

2. () 中的钻孔直径系指用空心钻切削的最大直径。

3. 电子调速电钻是以电子装置调节到给定转速范围的最高值时的基本参数，机械调速电钻是低速挡时的基本参数。

4. 电磁铁吸力值系指在材料为 Q235A、厚度为 25mm、面积 200mm×300mm、表面粗糙度 $Ra\,6.3\mu m$ 的标准试验样板上测得的数值。

(6) 电池式电钻-螺丝刀

电池式电钻-螺丝刀的型号标注方法是：

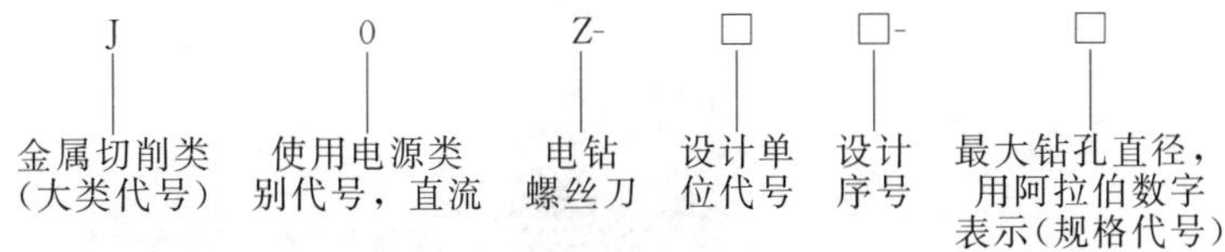

其技术数据见表 17.12、表 17.13。

表 17.12　J0Z-SD 系列电池式电钻-螺丝刀的技术数据

J0Z-SD63-13
电池式电钻
螺丝刀

续表

型号规格	最大钻孔直径/mm	最大螺钉直径/mm	额定电压/V	空载转速/(r/min)	外形尺寸（长×宽×高）/mm	质量/kg
J0Z-SD33-10 J0Z-SD34-10	10	M6	9.6/12/14.4	0～500	245×78×250	1.25
J0Z-SD61-10	10	M6	9.6/12/14.4	0～340/0～1200	200×68×266	1.7
J0Z-SD62-10	10	M6	9.6/12/14.4	0～370/0～1300	200×68×266	1.6
J0Z-SD63-13	13	M6	18	0～360/0～1300	215×83×260	2.2
J0Z-SD23-10	10	M6	9.6/12/14.4	500	265×62×146	1.2

表 17.13 CDD 系列电池式电钻-螺丝刀的技术数据

型号	电压/V	空转转速/(r/min)	冲击频率/(次/min)	扭矩挡	自锁钻夹/mm	充电时间
CDDT85CD	9.6/12/14.4/16.8/18	0～1150	0～18400	16＋1	0.8～10	15、30min；1、3～5h
CDD10T2-1	9.6/12/14.4	0～550	0～8800	16＋1	0.8～10	
	16.8/18	0～900	0～14400			

17.1.2 电剪类

电剪刀的常见故障与排除方法

单刃电剪刀的使用方法和注意事项

（1）单刃电剪刀

电剪刀是用于剪切金属片、金属板，并可按曲线形状下料的电动工具，分单刃和双刃电剪刀。本节先叙述单刃电剪刀（图 17.2)。

其工作原理是：电剪刀工作时，电动机的旋转经二级齿轮减速后，由偏心轴带动连杆和上刀片，使上刀片对固定在刀架上的下刀

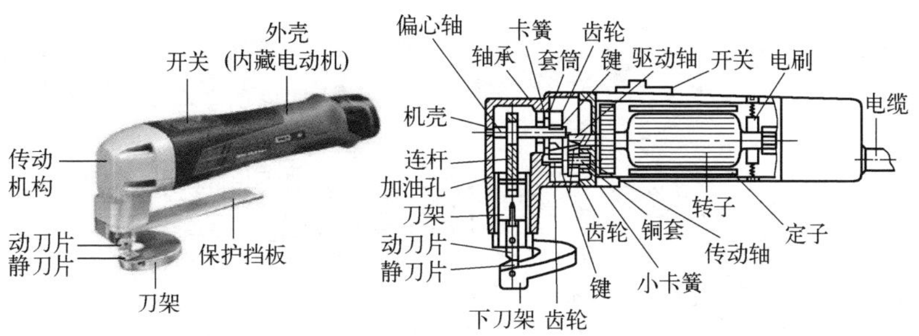

图 17.2　单刃电剪刀的外形和结构

片做往复剪切运动。偏心轴与连杆采用滚针轴承联接。上刀片用内六角螺钉固定在连杆上，下刀片固定在刀架上。刀架设计成有特定曲面的马蹄形，并具有足够的刚性。上下刀片的间隙由调整螺钉调整，其夹角为 25°。

电剪刀型号的表示方法是：

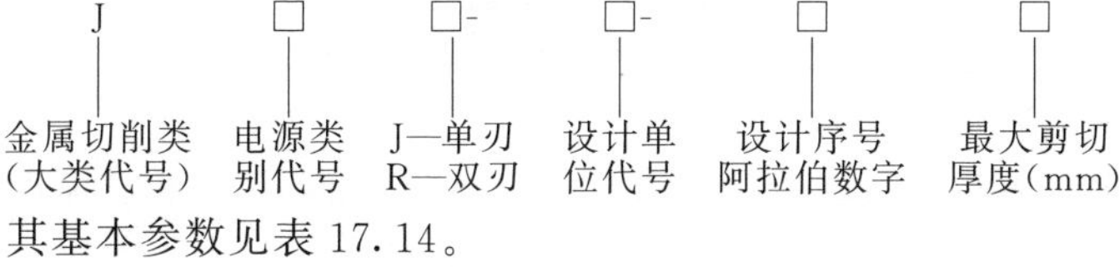

其基本参数见表 17.14。

表 17.14　单刃电剪刀的基本参数 (GB/T 22681—2008)

规格 /mm	额定输出功率/W	刀杆额定往复次数/(次/min)	规格 /mm	额定输出功率/W	刀杆额定往复次数/(次/min)
1.6	≥120	≥2000	3.2	≥250	≥650
2	≥140	≥1100	4.5	≥540	≥600
2.5	≥180	≥800			

注：1. 电剪刀规格是指电剪刀剪切抗拉强度 $\sigma_b = 390$ MP 热轧钢板的最大厚度。
2. 额定输出功率是指电动机的输出功率。

(2) 双刃电剪刀

双刃电剪刀 (图 17.3) 用于对薄壁金属板材和型材进行剪切，具有不变形的良好性能。其基本参数见表 17.15。

其工作原理是：剪切时，电动机的输出扭矩经外啮合二级齿轮传递到偏心的主轴轴端，偏心的轴伸出端与置于其上的特制滚动轴承构成凸轮机构，将旋转运动变换成径向直线运动，扭矩变换成推力推动剪刀剪切，并在复位弹簧的压力作用下，使刀片随着凸轮的转动而进行剪切作业。

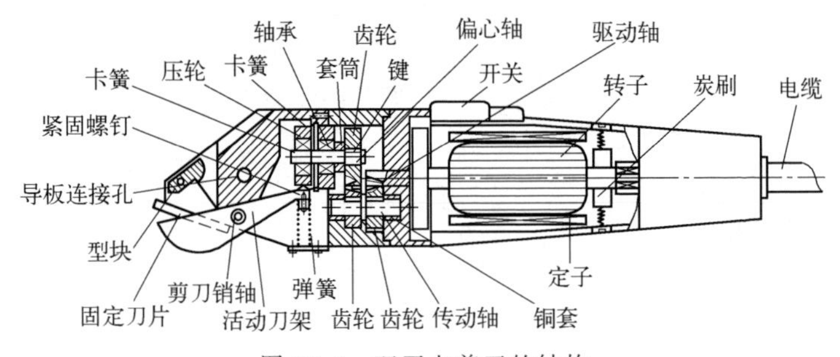

图 17.3 双刃电剪刀的结构

表 17.15 双刃电剪刀的基本参数（JB/T 6208—2013）

型号	最大切割厚度/mm	额定输出功率(≥)/W	额定往复次数(≥)/(次/min)
J1R-1.5	1.5	130	1850
J1R-2	2	180	1500

注：1. 最大切割厚度是指双刃剪剪切抗拉强度 $\sigma=390\text{N/mm}^2$ 的金属（相当于 GB/T 700—2006 中 Q235 热轧钢板）板材的最大厚度。

2. 额定输出功率是指电动机额定输出功率。

将旋转运动变换成径向直线运动，扭矩变换成推力推动剪刀剪切，并在复位弹簧的压力作用下，使刀片随着凸轮的转动而进行剪切作业。

剪切机构由动刀、静刀、刀座、导料块等构成。动刀可由两侧间隙垫片予以调整，使其既对静刀有良好的对中性，保证两侧刃口间隙，又不能在剪切过程中出现横向窜动。静刀由定位销及螺钉固定在由优质铝合金压铸而成、前部呈叉状的剪刀座上，与动刀的间隙可由螺钉调整，但相对位置不会因振动等因素的影响而改变。

弹簧座、弹簧、调整螺钉、锁紧螺母等构成动刀复位及调整机构，通过凸轮机构使动刀动作；通过调整螺钉可调整动刀与静刀间的张口。

附件装置由导向板、支架、连接杆等组成，用于对剪料宽度有较严格要求的剪切作业，如批量或长距离剪切等。左右固定刀片由刀片螺钉固定在固定刀架上，中间活动刀片固定在活动刀架上。活动刀架通过剪刀销轴装在固定刀架上。活动刀架的尾端通过弹簧始终压住压轮。压轮装于偏心轴上，由转子经二级齿轮减速后带动。

双刃电剪刀的使用方法和注意事项

(3) 电冲剪

电冲剪是利用上下冲头的冲切来切割板材（包括波纹板）的电动工具，既可以实现单刃电剪刀的功能，又能冲剪波纹钢板、塑料板、层压板等，还可以开切各种形状的孔洞，可用于立面施工、金属加工、配电箱加工、拆卸、回收工作。冲剪过程中材料不会变形。

结构：与单刃电剪刀相似，主要区别在于电冲剪的上下冲模替代了单刃电剪刀的上下刀片（图 17.4）。

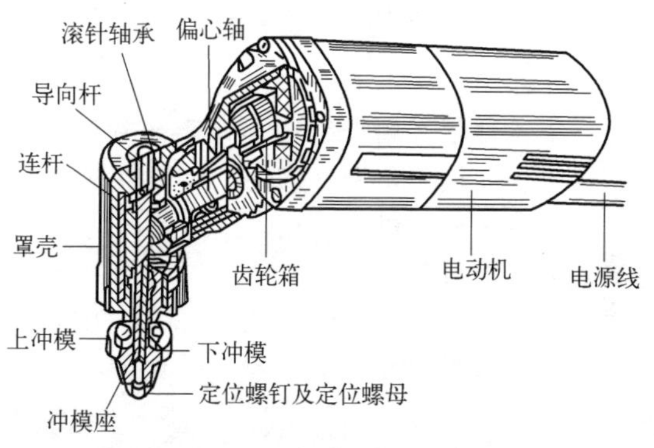

图 17.4　电冲剪的结构

其工作原理是：偏心轴与连杆通过滚针轴承连接。上冲模用螺钉固定在连杆上，下冲模固定在冲模座上。上、下冲模用导向杆定位。连杆和冲模座套在同一导向杆中，导向杆的上端用固定螺钉与罩壳连接，冲模座用定位螺母锁紧在导向杆的另一端。上冲模和下冲模的间隙是固定的，不能调节。

冲剪时，电动机的旋转运动经二级齿轮减速后，由偏心轴带动连杆及上冲模，使上冲模对固定在模座上的下冲模做往复高速的冲剪作业。可以讲，电冲剪就是一台手持式的高速冲床，操作时匀速推进，可冲剪各种金属或非金属板材，或在曲面上开切窗孔。

技术数据见表 17.16。

表 17.16 电冲剪的技术数据

型号	剪切厚度/mm	额定电压/V	功率/W	冲击数/(次/min)	质量/kg
J1H-1.3	1.3	220	230	1260	2.2
J1H-1.5	1.5		370	1500	2.5
J1H-2.5	2.5		430	700	4.0
J1H-3.2	3.2		650	900	5.5

电冲剪的使用方法和拆装方法

17.1.3 型材切割机

用于一般环境条件下，用纤维增强树脂薄片砂轮对圆形钢管、异型钢管、铸铁管、圆钢、角钢、槽钢、扁钢等型材进行切割，可以三相工频、单相电容电动机或单相串励电动机为动力。目前在我国，型材切割机的标准有两个：

(1) JB/T 9608—2013 规定的切割机（表 17.17～表 17.19）

有 B（推荐）和 A 两个型号，其型号标记方法是：

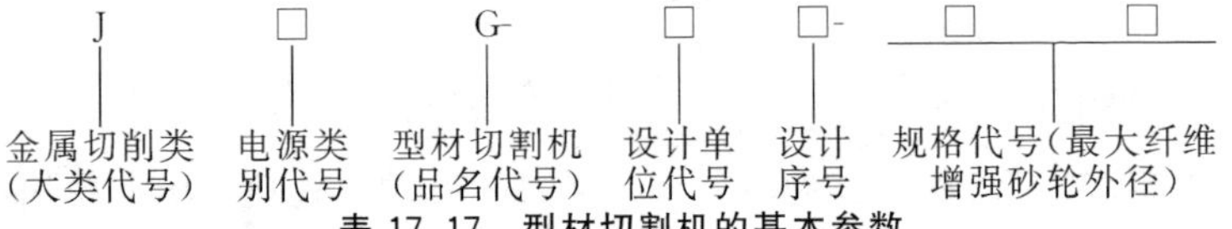

表 17.17 型材切割机的基本参数

规格代号	额定输出功率(≥)/W	额定输出扭矩(≥)/N·m	最大切割直径/mm	注
类型	B(推荐)/A	B(推荐)/A	B(推荐)/A	—
300	800/1100	3.5/4.2	30	—
350	900/1250	4.2/5.6	35	—
400	1100	5.5	50	单相电容切割机
	2000	6.7		三相切割机

表 17.18 型材切割机的空载转速（JB/T 9608—2013）

规格代号	所装砂轮工作线速度/(m/s)	切割机最高空载转速/(r/min)	规格代号	所装砂轮工作线速度/(m/s)	切割机最高空载转速/(r/min)
300	72 80	4580 5090	400	72 80	3430 3820
350	72 80	3920 4360			

表 17.19 型材切割机的主要技术要求（JB/T 9608—2013）

<table>
<tr><th>项目</th><th colspan="4">技术要求</th></tr>
<tr><td>运行环境</td><td colspan="4">a. 海拔不超过1000m
b. 最高环境空气温度不超过40℃
c. 空气相对湿度不超过90%(25℃)</td></tr>
<tr><td>电源条件</td><td colspan="4">a. 单相电容式和单相串励式切割机应能在电源电压为实际正弦波形、频率为50Hz的单相交流电源下额定运行
b. 三相工频切割机应能在电源电压为实际正弦波形，并为实际对称系统、频率为额定值的三相交流电源下额定运行</td></tr>
<tr><td>额定电压</td><td colspan="4">交流额定电压：三相380V，单相220V</td></tr>
<tr><td>额定频率</td><td colspan="4">～50Hz</td></tr>
<tr><td>准确度</td><td colspan="4">a. 切割机输出轴的砂轮定位圆柱面的径向圆跳动公差及定位端面的端面圆跳动公差应不大于0.04mm；砂轮压板定位端面的端面圆跳动公差(以内孔为基准)应不大于0.02mm
b. 切割机输出轴的轴向窜动量应不大于0.25mm
c. 底盘工作面与夹紧钳的固定钳口平面应垂直，底盘工作面与砂轮平面应垂直，角度偏差均应不大于2
d. 被切割材料的断面应光洁平整，无明显错位痕迹，当夹紧钳的固定钳口在0°时，被切割材料的断面应与其轴线垂直，角度偏差应不大于3°，且切口的宽度应不大于砂轮厚度的1.5倍
e. 切割机的固定钳口应设计成可调式的，其调节角度范围应不小于45°</td></tr>
<tr><td rowspan="6">噪声</td><td colspan="4">在与一个以包围切割机的规定的立方体为基准箱的距离立方体中心为1m的测量表面处，测得的切割机空载噪声声压级(A计权)的平均值应不大于下述规定的限值，其声功率级(A计权)应不大于括号内规定的限值</td></tr>
<tr><td rowspan="2">电动机类型</td><td colspan="3">规格代号</td></tr>
<tr><td>300</td><td>350</td><td>400</td></tr>
<tr><td>单相串励机</td><td>93(106)</td><td>95(108)</td><td>97(110)</td></tr>
<tr><td>单相异步电机</td><td colspan="3" rowspan="2">85(98)</td></tr>
<tr><td>三相异步电机</td></tr>
</table>

（2）JG/T 5070—1995 规定的切割机（表 17.20～表 17.23）

这是以三相或单相异步电动机为动力、用纤维增强树脂砂轮片切割钢型材的机械。

型号标记方法是：

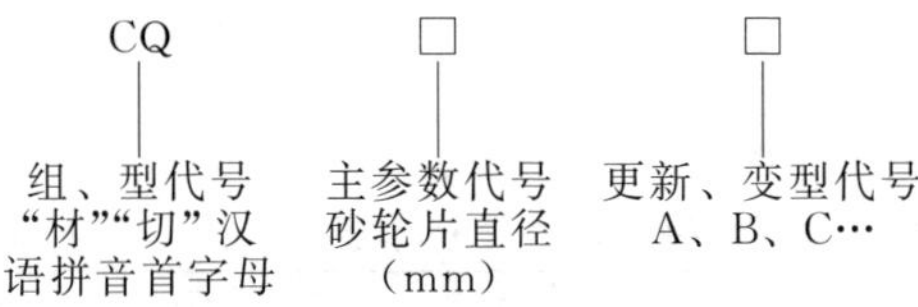

表 17.20　切割机的主参数

名称	主参数系列
砂轮片直径/mm	350,400,450,500

表 17.21　切割机的基本参数

主参数/mm		350	400	450	500
基本参数	最大切割直径/mm	35	50	55	60
	电动机功率/kW	≤2.2		≤3	
	整机质量/kg	≤70		≤85	
	外形尺寸(长×宽×高)/mm	符合设计要求或标牌标定值			

表 17.22　切割机的主要技术要求

主参数/mm		350	400	450	500
最大切割直径/mm		35	50	55	60
噪声/dB(A)	空载	≤80			
	负载	≤90			
可靠性	首次故障前工作时间/h	≥150			
	平均无故障工作时间/h	≥200			
	可靠度/%	≥92			

表 17.23　切割机砂轮的主要尺寸　　mm

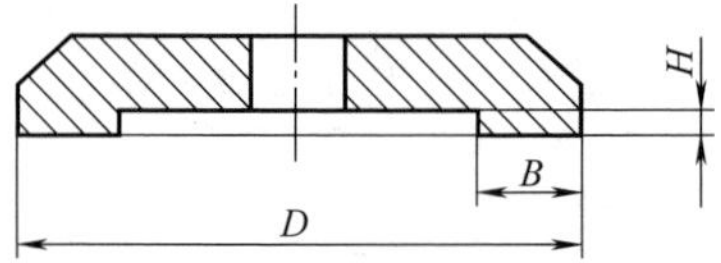

砂轮片直径	350	400	450	500	注
夹紧压板外径 D	≥70	≥80	≥90	≥100	H＝0.5～1.5
夹紧压板与砂轮接触部分尺寸 B	≥12	≥14	≥16	≥18	

17.1.4　数控激光切割机

数控激光切割机是利用数字控制技术，将板材切割成所需形状工件的激光加工机床，其切割动力来源于激光束的热能。

分类：按照加工对象的类型不同，一般分为二维数控激光切割机和三维数控激光切割机两种。

规格：GB/T 34380—2017 规定，按可加工对象的最大公称尺寸，一般有 2000mm×1000mm、2500mm×1250nm、3000mm×1500mm、4000mm×2000mm 和 6000mm×2000mm 等几种。

结构：电源、激光发生器、切割执行机构、切割平台、冷却装置、电控系统、数控系统和润滑系统等。

原理：见图 17.5。

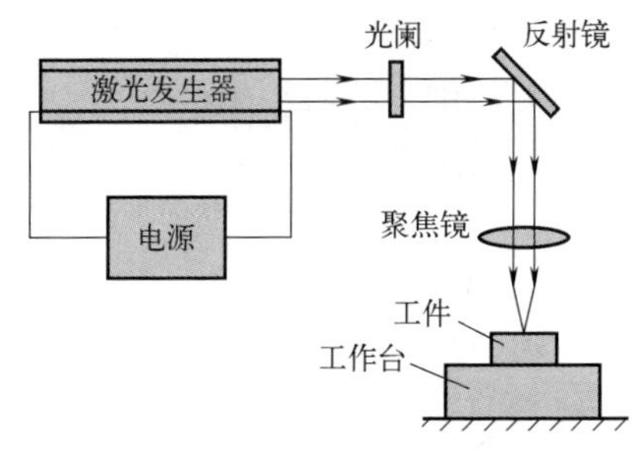

图 17.5　数控激光切割机原理

电源：提供机床正常运转和激光发生器所需要的能源。

激光发生器：产生激光光源。

反射镜：用于将激光导向所需要的方向。

数控系统：控制机床实现 X、Y、Z 轴的运动，同时也控制激光器的输出功率。

切割头：主要由喷嘴、聚焦透镜、聚焦跟踪系统组成。

工作台：用于控制整个切割装置的工作过程。

冷却装置：冷却水把多余的热量带走以保持激光发生器的正常工作。也有冷却机床外光路反射镜和聚焦镜的作用，以保证稳定的光束传输质量，并有效防止镜片温度过高而导致变形或炸裂。

17.1.5　坐标式切割机

坐标式切割机是割炬沿纵向导轨和横向导轨分别运动或割炬在纵向、横向导轨上做合成运动的切割机。本节介绍的是用于火焰、等离子为热源的坐标式切割机（其他热源的坐标式切割机可参照执行）。两纵向导轨间距系列见表 17.24。

型号表示方法如下：

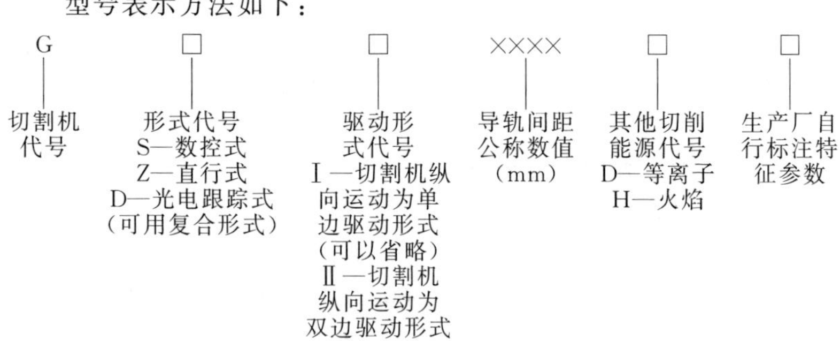

表 17.24 切割机两纵向导轨间距系列（JB/T 5102—2011）

形式	导轨间距系列
直行式切割机 数控式切割机	2000,2240,2500,2800,3150,3550,4000,4500,5000,5600,6300,7100,8000,9000,10000
光电跟踪式切割机	600,630,710,800,900,1000,1120,1250,1400,1600,1800

注：表中未列出的轨距按 200mm 间距系列递增，也可由供需双方商定。

17.1.6 电动往复刀锯

电动刀锯用于一般环境条件下，对木材、金属、塑料、橡胶及类似材料的板材和管材进行直线锯割。按电源驱动方式分有交流和直流往复两种。

结构：一般由机壳、电机、传动机构、抬刀机构、锯条、开关等组成（图 17.6）。

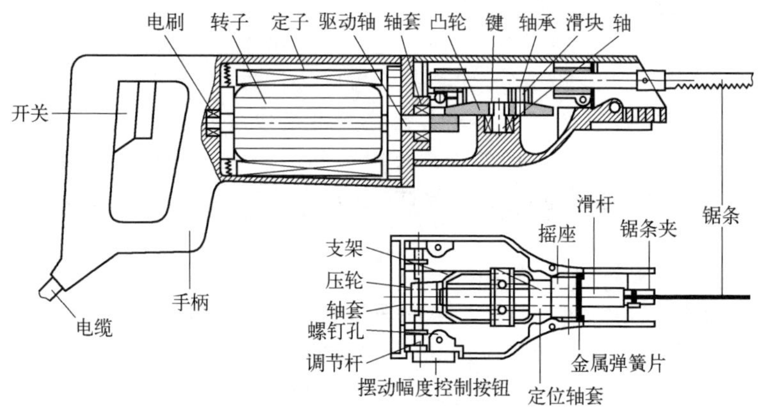

图 17.6 电动刀锯

常用的锯条材料一般有高碳钢和高速工具钢两种。针对不同的切割对象，锯齿的硬度要求也不同。锯木材的锯条齿部硬度为43～48HRC，锯金属的锯条齿部硬度为55～60HRC。

电动刀锯型号的表示方法：

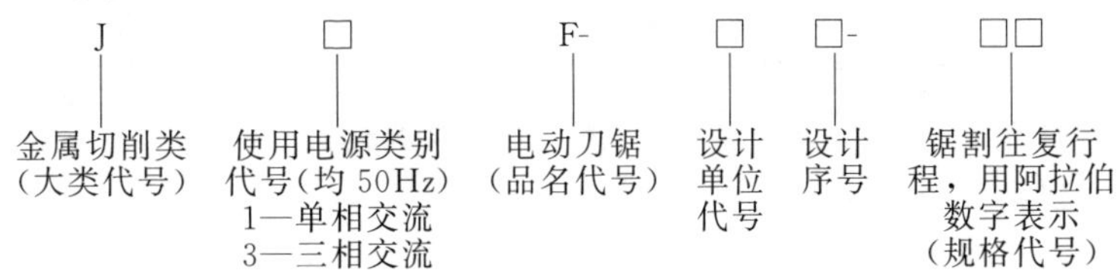

其基本参数见表 17.25。

表 17.25 电动刀锯的基本参数（GB/T 22678—2008）

规格/mm	额定输出功率/W	额定转矩/N·m	空载往复次数/(次/min)
24、26	≥430	≥2.3	≥2400
28、30	≥570	≥2.6	≥2700

注；1. 额定输出功率指刀锯拆除往复机构后的额定输出功率。
2. 电子调速刀锯的基本参数为电子装置调节到最大值时的参数。

电动刀锯的规格及噪声值和零件的最高温升见表 17.26。

表 17.26 电动刀锯额定负荷下噪声值和电钻零件的最高温升

电动刀锯规格/mm	24、26	电动刀锯规格/mm	28、30
噪声值	86(97)dB(A)	噪声值	88(99)dB(A)
零件	最高温升/℃	零件	最高温升/℃
120 级绝缘绕组 130 级绝缘绕组 155 级绝缘绕组 非握持外壳	90 95 115 60	连续握持的手柄 按钮及类似零件： 金属类 塑料类	 30 50

电动刀锯的使用方法和注意事项

17.1.7 电动自爬式锯管机

电动自爬式锯管机用于切割大口径金属管材。其型号的表示方法：

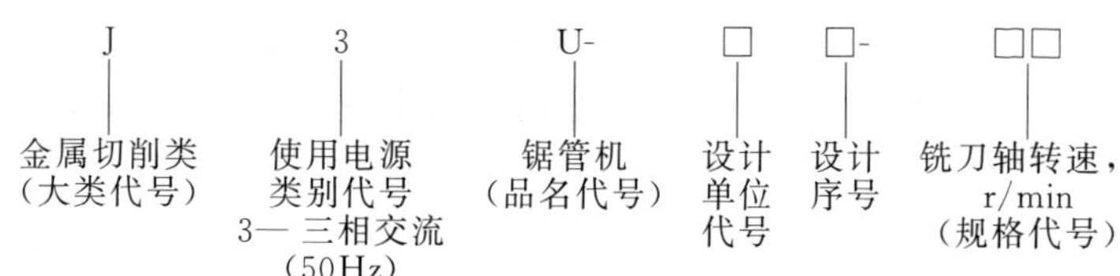

17.1.8 电动攻丝机

电动攻丝机用于在金属材料上切削内螺纹。

（1）手持式电动攻丝机

电动攻丝机型号的表示方法：

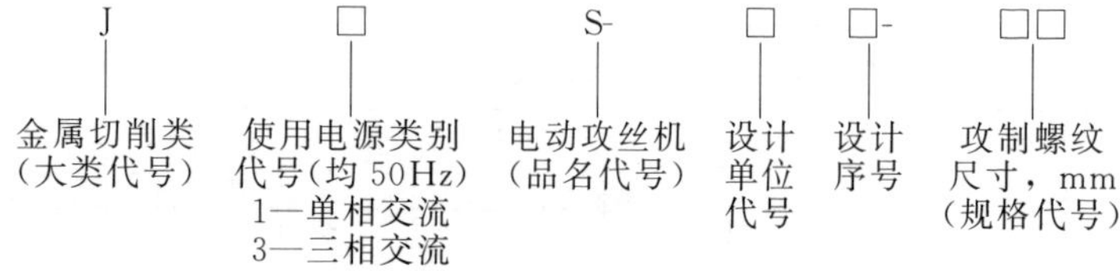

J1S 系列电动攻丝机的规格见表 17.27。

表 17.27 J1S 系列电动攻丝机的规格

型号	规格/mm	攻螺纹范围/mm	额定电流/A	额定转速/(r/min)	输入功率/W	质量/kg
J1S-8	M8	M4～M8	1.39	310/650	288	1.8
J1SS-8（固定式）	M8	M4～M8	1.1	270	230	1.6
J1SH-8（活动式）	M8	M4～M8	1.1	270	230	1.6
J1S-12	M12	M6～M12	—	250/560	567	3.7
J1S-SD02-8	M8	尺寸 300×68×160		170	210	2.1

（2）固定式攻丝机

适用于新设计的机床。机床品种及参数见表 17.28、表 17.29。SWJ 系列电动攻丝机技术参数见表 17.30。

表 17.28　攻丝机机床的品种（JB/T 7423.1—2008）

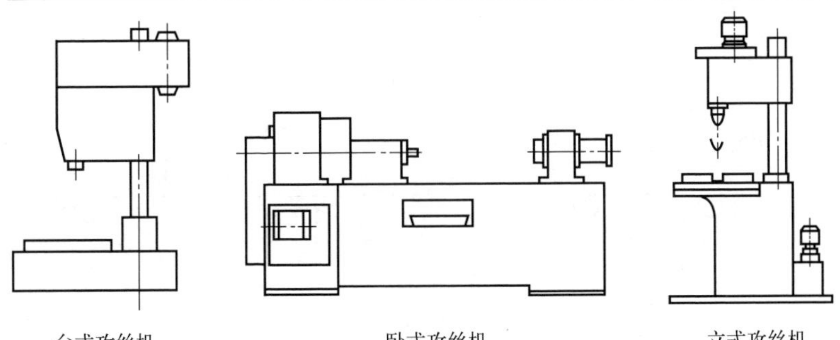

台式攻丝机　　卧式攻丝机　　立式攻丝机

品种	最大攻螺纹直径								
	M3	M6	M8	M12	M16	M24	M30	M32	M72
台式攻丝机	√	√	√	√	√	√	—	—	—
半自动台式攻丝机	√	—	√	√	√	—	—	—	—
立式攻丝机	—	—	—	—	√	√	√	—	√
卧式攻丝机	—	—	—	—	—	—	—	√	—

表 17.29　攻丝机机床的参数（JB/T 7423.1—2008）

最大攻螺纹直径/mm	最大螺距/mm	跨距/mm				主轴端面至工作台面的最大距离/mm	主轴最大行程/mm	主轴短圆锥号 GB/T 6090—2003 或 JB/T 3489—1991	主轴转速范围/(r/min)	主电动机功率/kW
M3	0.50	140	160	180	—	100	28	B10	80～1800	0.25
M6	1.00	160	180	200	220	250	40	B12	400～900	0.37
M8	1.25	180	200	220	240	355	45	B16	300～800	0.40
M12	1.75	200	220	240	260		56		200～560	0.75
M16	2.00	240	260	280	300	375	80	B18	120～600	1.10
M24	3.00					400	120	B22	85～170	2.20
M30	3.50							B24	60～120	
M52	3.00	220[①]	240[①]	260[①]	—	—		—	60～85	5.00
M72	2.00	240	260	280	300	400		B24	60～120	3.00

① 卧式攻丝机主轴轴线至工作台面的中心高。

表 17.30　SWJ 系列电动攻丝机的技术参数

型号	SWJ6	SWJ6B	SWJ10K
电压及频率	80V/50Hz	80V/50Hz	80V/50Hz
功率/W	370	370	550

续表

最大攻螺纹直径/mm	铸件	M6	M8	M12
	钢件	M5	M6	M10
立柱直径/mm		60	50	50
主轴行程/mm		40	50	50
主轴转速/(r/min)	正转	480、850	350-1300	250-800
	反转	580、1050	500-1880	340-1100
主轴端至工作台最大距离/mm		260	300/265	300/265
工作台尺寸/mm		196×196	200×200	200×200
总高/mm		815	767	767
(毛/净质)/kg		60/48	74/60	74/60
型号		SWJ12	SWJ16	SWJ24
电压及频率		80V/50Hz	80V/50Hz	80V/50Hz
功率/W		370	750	1100
最大攻螺纹直径/mm	铸件	M16	M12	M24
	钢件	M12	M10	M22
立柱直径/mm		60	73	70
主轴行程/mm		45	50	50
主轴转速/(r/min)	正转	240、380、570	250-800	180、320、480
	反转	275、440、650	340-1100	
主轴端至工作台最大距离/mm		250	520	545
工作台尺寸/mm		230×230	270×280	280×280
总高/mm		825	1230	1057
(毛/净重)/kg		70/58	120/102	160/140

17.1.9 电动套丝机

电动套丝机用于切割各种硬塑料管和金属管，其基本参数见表17.31。其型号标注方法是：

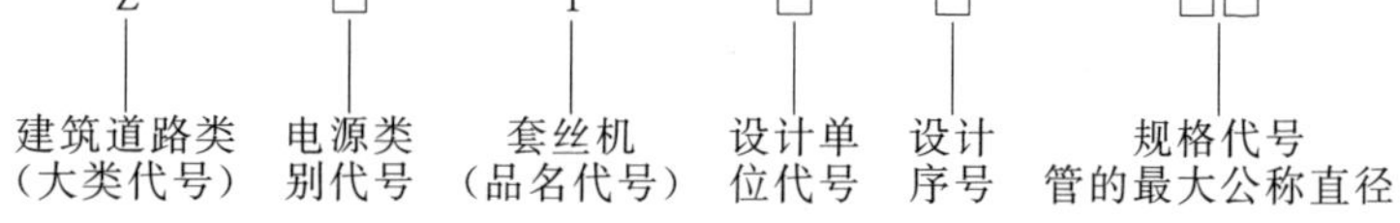

表 17.31 电动套丝机的基本参数（JB/T 5334—2013）

规格代号	套制圆锥外螺纹范围（尺寸代号）	电动机额定功率(≥)/W	主轴额定转速(≥)/(r/min)
50	1/2～2	600	16
80	1/2～3	750	10
100	1/2～4	750	8
150	2 1/2～6	750	5

电动套丝机的使用方法

17.1.10 坡口机

坡口机是管道或平板在焊接前端面进行坡口倒角的专用工具，用硬质合金刀片清洁边角毛刺。

分类：按安装方式可划分为外部安装式和内胀式两种；按驱动方式可划分为气动式、电动式、液压式三种。

（1）型号编制方法

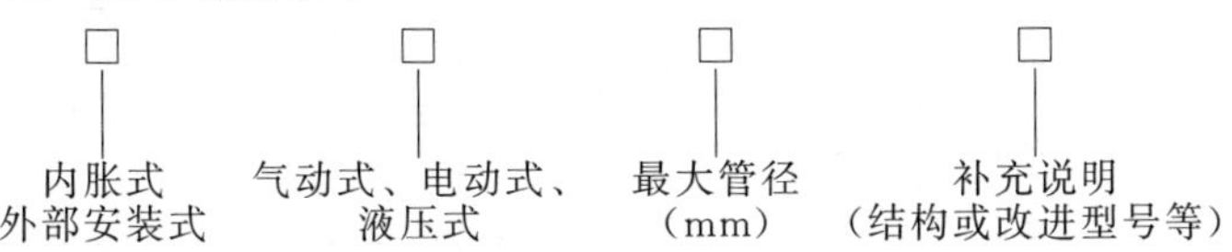

安装方式、驱动方式、补充说明可用汉语文字或汉语拼音字母表示，并由企业自行编制。标称尺寸采用阿拉伯数字表示，单位为mm（编制型号时，不标尺寸单位）。

（2）坡口机的基本参数（表17.32～表17.36）

表17.32　外部安装气动式管子坡口机的基本参数（JB/T 7783—2012）

规格	80	150	300	450	600	750
管子最大壁厚/mm	25	38	48	48	48	48
适用管径范围/mm	10～80	50～150	150～300	300～450	450～600	600～750
旋转刀盘转速/(r/min)	0～29	0～26	0～16	0～12	0～9	0～11
径向进给最大行程/mm	28	40	50	50	50	50
规格	900	1050	1160	1240	1300	1500
管子最大壁厚/mm	48	48	58	58	58	58
适用管径范围/mm	750～900	900～1050	980～1160	1120～1240	1150～1300	1300～1500
旋转刀盘转速/(r/min)	0～9	0～8	0～7	0～7	0～7	0～6
径向进给最大行程/mm	50	50	60	60	60	60

表 17.33 外部安装电动式管子坡口机的基本参数（JB/T 7783—2012）

规格	80	150	300	450	600	750
管子最大壁厚/mm	25	38	48	48	48	48
适用管径范围/mm	10～80	50～150	150～300	300～450	450～600	600～750
旋转刀盘转速/(r/min)	≥42	≥15	≥12	≥9	≥5	≥6
径向进给最大行程/mm	28	40	50	50	50	50
规格	900	1050	1160	1240	1300	1500
管子最大壁厚/mm	48	48	58	58	58	58
适用管径范围/mm	750～900	900～1050	980～1160	1120～1240	1150～1300	1300～1500
旋转刀盘转速/(r/min)	≥5	≥4	≥4	≥4	≥4	≥3
径向进给最大行程/mm	50	50	60	60	60	60

表 17.34 外部安装液压式管子坡口机的基本参数（JB/T 7783—2012）

规格	80	150	300	450	600	750
管子最大壁厚/mm	25	38	48	48	48	48
适用管径范围/mm	10～80	50～150	150～300	300～450	450～600	600～750
旋转刀盘转速/(r/min)	0～40	0～34	0～17	0～11	0～8	0～7
径向进给最大行程/mm	28	40	50	50	50	50
规格	900	1050	1160	1240	1300	1500
管子最大壁厚/mm	48	48	58	58	58	58
适用管径范围/mm	750～900	900～1050	980～1160	1120～1240	1150～1300	1300～1500
旋转刀盘转速/(r/min)	0～6	0～5	0～4	0～4	0～4	0～3
径向进给最大行程/mm	50	50	60	60	60	60

表 17.35 内胀式电动式管子坡口机的基本参数（JB/T 7783—2012）

规格		28	80	120	150		250	
管子最大壁厚/mm		15	15	15	15	15	15	75
适用管径范围/mm	内径	16～28	28～76	45～93	65～158	65～158	80～240	140～280
	外径	21～54	32～96	50～120	73～190	73～205	90～290	150～300
旋转刀盘转速/(r/min)		≥52	≥52	≥44	≥44	≥29	≥16	≥16
轴向进给最大行程/mm		25	25	25	25	45	45	45
规格		350			630		850	
管子最大壁厚/mm		15	15	75	15	75	15	75
适用管径范围/mm	内径	110～310	150～330	300～600	300～600	460～820	460～820	460～820
	外径	120～350	160～360	310～630	320～630	480～840	480～840	600～840
旋转刀盘转速/(r/min)		≥13	≥10	≥10	≥7	≥7	≥7	≥7
轴向进给最大行程/mm		25	54	54	54	54	54	54

续表

规格		1050		1300		1500	
管子最大壁厚/mm		15	75	15	75	15	75
适用管径范围/mm	内径	750～1002	750～1002	1002～1254	1002～1254	1170～1464	1170～1464
	外径	770～1050	820～1050	1022～1300	1022～1300	1200～1480	1200～1480
旋转刀盘转速/(r/min)		≥7	≥7	≥7	≥7	≥7	≥7
轴向进给最大行程 mm		65	65	65	65	65	65

表 17.36　内胀式气动式管子坡口机的基本参数（JB/T 7783—2012）

规格		28	80	120	150		250	
管子最大壁厚/mm		10	15	15	15	15	15	75
适用管径范围/mm	内径	16～28	28～76	45～93	65～160	65～160	80～240	140～280
	外径	21～54	32～96	50～120	73～190	73～205	90～290	150～300
旋转刀盘转速/(r/min)		0～52	0～52	0～38	0～38	0～38	0～16	0～16
轴向进给最大行程/mm		25	25	25	25	45	45	45
规格		350			630		850	
管子最大壁厚/mm		15	15	75	15	75	15	75
适用管径范围/mm	内径	110～310	150～330	150～330	300～620	300～620	460～820	460～820
	外径	120～350	160～360	200～370	300～630	320～630	480～840	600～840
旋转刀盘转速/(r/min)		0～20	0～15	0～10	0～13	0～7	0～13	0～7
轴向进给最大行程/mm		25	54	54	54	54	54	54

规格		1050		1300		1500	
管子最大壁厚/mm		15	75	15	75	15	75
适用管径范围/mm	内径	750～1002	750～1002	1002～1254	1002～1254	1170～1464	1170～1464
	外径	770～1050	820～1050	1022～1300	1022～1300	1200～1480	1200～1480
旋转刀盘转速/(r/min)		0～12	0～7	0～12	0～5	0～12	0～4
轴向进给最大行程/mm		65	65	65	65	65	65

17.1.11　坡口数控切割机

坡口数控切割机是通过数控指令方式，使 X、Y 轴方向移动和割炬绕 A 和 C（或者 A 和 B）轴方向转动或摆动，实现平面板材坡口切割的设备（图 17.7）。

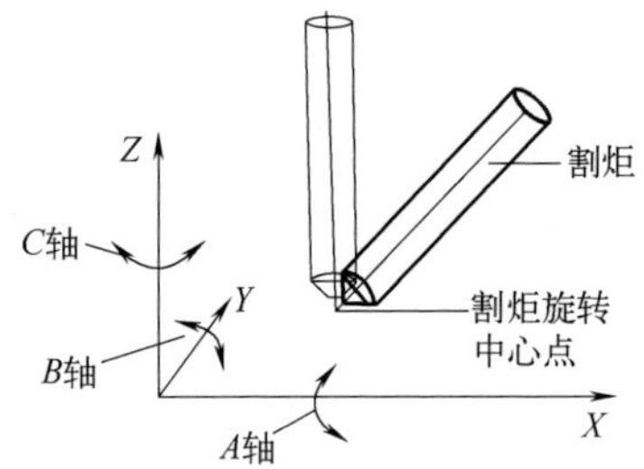

图 17.7 坡口数控切割机运动示意图

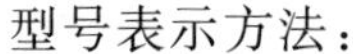
型号表示方法：

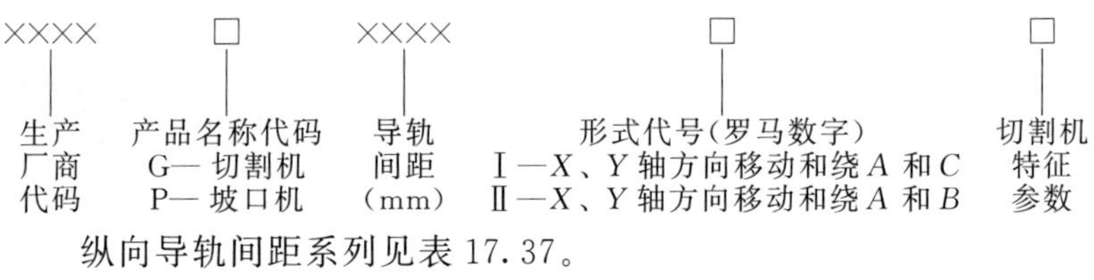

纵向导轨间距系列见表 17.37。

表 17.37 推荐的纵向导轨间距系列（T/CWAN 0034—2021）

型式	导轨间距系列/mm
数控切割机	2000，2500，3000，3500，4000，4500，5000，5500，6000，6500，7000，8000,9000,10000

注：表中未列出的轨距按 500mm 间距系列递增，也可由供需双方商定。

17.2 砂磨类

17.2.1 角向磨光机

用于钢铁等金属零件的修磨（清理飞边、毛刺、锈蚀），焊接件坡口、焊缝的打磨，也可用于薄壁管件的切割。

角向磨光机的型号表示方法是：

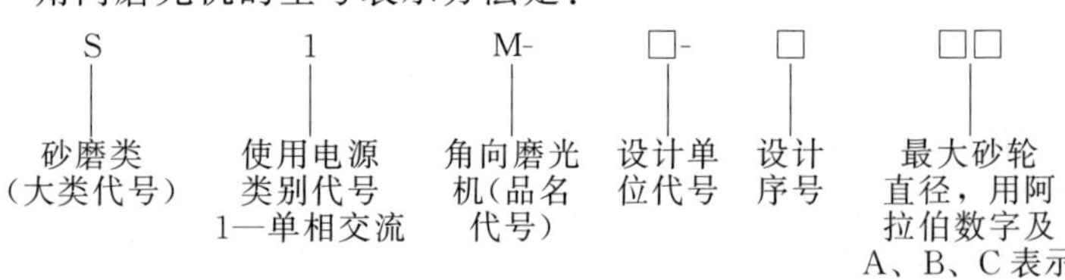

其技术数据见表 17.38。

表 17.38　角向磨光机的技术数据（GB/T 7442—2007）

规格 砂轮外径×孔径/mm	规格 类型	额定输出功率(≥)/W	额定扭矩(≥)/(N·m)	最高转速/(r/min) 72m/s	最高转速/(r/min) 80m/s	噪声值/dB
100×16	A B	200 250	0.30 0.38	13500	15000	88(98)
115×16	A B	250 320	0.38 0.50	11900	13200	90(100)
125×22	A B	320 400	0.50 0.63	11000	12200	91(101)
150×22	A	500	0.80	9160	1000	91(101)
180×22	C A B	710 100 1250	1.25 2.00 2.50	7600	8480	94(104)
230×22	A B	1000 1250	2.80 3.55	5950	6600	94(104)

17.2.2　模具电磨

模具电磨配用磨头或铣刀后，可磨削金属表面或铣削代替粗刮。其基本参数及零件最高温升见表 17.39。

模具电磨的型号表示方法是：

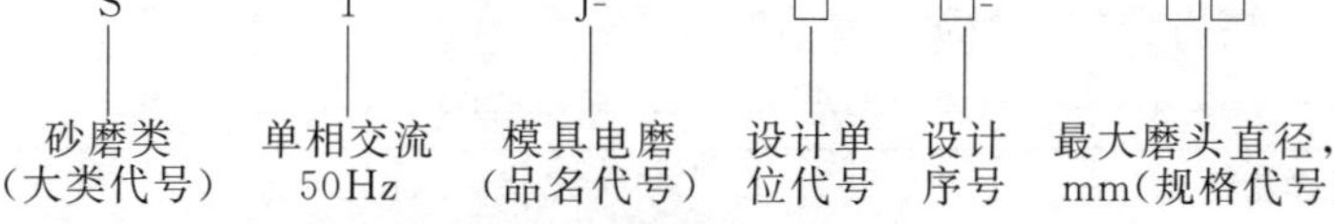

表 17.39　模具电磨的基本参数及零件最高温升（JB/T 8643—2013）

磨头最大尺寸/mm	额定输出功率/W	额定扭矩/N·m	最高额定转速/(kr/min)
ϕ10×16	≥40	≥0.02	≤55
ϕ25×32	≥110	≥0.08	≤27
ϕ30×32	≥150	≥0.12	≤22

零件	最高温升/℃	零件	最高温升/℃
120 级绝缘绕组	90	连续握持的手柄	
130 级绝缘绕组	95	按钮及类似零件：	
155 级绝缘绕组	115	金属类	30
非握持外壳	60	塑料类	50

17.2.3 抛光机

抛光机常用作机械式研磨、抛光各种材料工件的表面及打蜡，可分为机械式和超声式。

（1）机械式抛光机

机械式抛光机如图 17.8 所示。

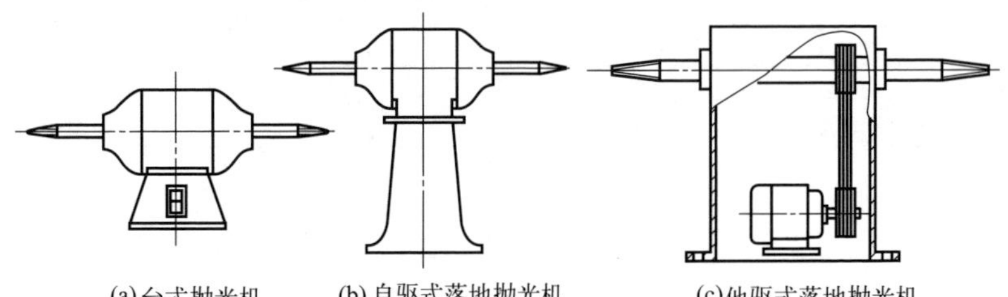

(a)台式抛光机　(b)自驱式落地抛光机　(c)他驱式落地抛光机

图 17.8 抛光机的类别

抛光机的型号表示方法是：

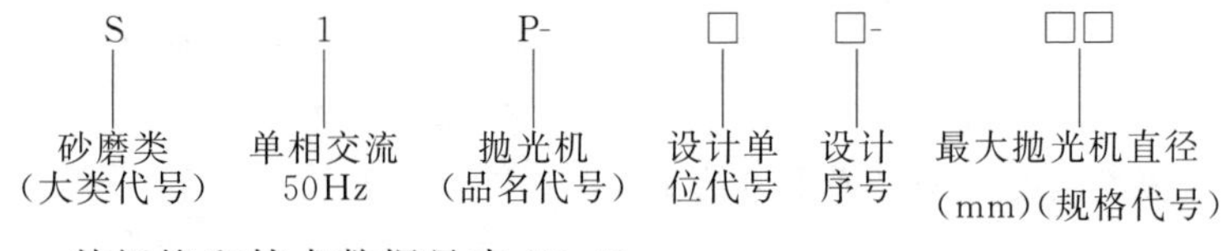

其规格和技术数据见表 17.40。

表 17.40 抛光机的规格和技术数据（JB/T 6090—2007）

最大抛轮直径/mm	200	300	400
额定功率/kW	0.75	1.5	3
电动机同步转速/(r/min)	3000	3000	1500
额定电压/V	380	380	380
额定频率/Hz	50	50	50

S1P 系列电动抛光机的规格和技术数据见表 17.41。

表 17.41　S1P 系列电动抛光机的规格和技术数据

型号规格	抛光轮直径/mm	额定电压/V	输入功率/W	空载转速/(r/min)	外形尺寸(长×宽×高)/mm	质量/kg
S1P-HB-125	125	220	420	4500	180×80×200	1.4
S1P-ZL-125	125	230	800	11000		2.6
S1P-SD02-180	180	110/220/240	800	1900/3400	410×105×115	3.6
S1P-SF1-180	180	220	860	1400	230×100×238	2.9
S1P-ZL-180	180	230	1350	1900		4.8
S1P-HU-180	180	220	900	1400	430×95×115	3.6
S1P-J2-250TH-Ⅱ/B	250	230	150	2500	321×243×241	2.5

注：额定扭矩 5.5N·m；输出功率 500W。

(2) 陶瓷瓷质抛光机

陶瓷瓷质抛光机按其使用特点可分为两类：粗抛机和精抛机；按大梁摆动特点分为曲柄连杆摆动和减速器直接驱动摆动。其型号表示方法是：

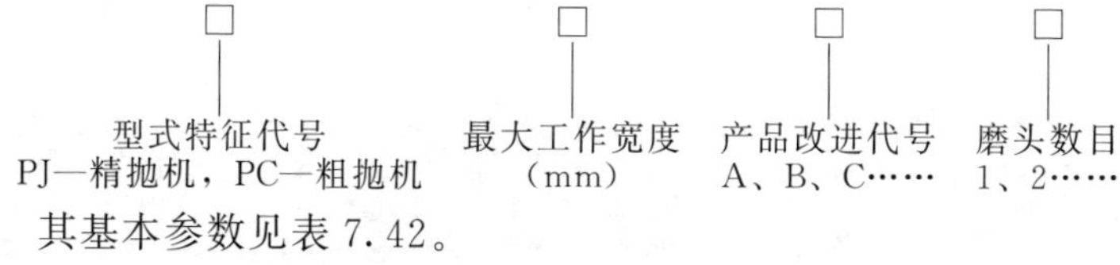

其基本参数见表 7.42。

表 17.42　陶瓷瓷质抛光机的基本参数 (JG/T 970.1—2018)

项目		参数						
最大工作宽度/mm		450	650	800	1000	1200	1500	1800
最小工作宽度/mm		300	400	500	600	800	1000	1200
磨头数量/个	粗抛	2、3、4、5、6、7、8						
	精抛	6、9、12、14、16、18、20、22、24、26、28						
磨头的行程/mm	精抛	≥110						
	粗抛	≥50						
磨头磨具横向覆盖最大宽度①/mm		≥工作宽度+100×2						
最大加工瓷质砖厚度/mm		20			30			

① 磨头磨具横向覆盖最大宽度指磨头做横向摆动时磨具可磨削覆盖的最大横向宽度。

(3) 便携式超声抛光机

便携式超声抛光机适用于模具及零件抛光等加工场合。

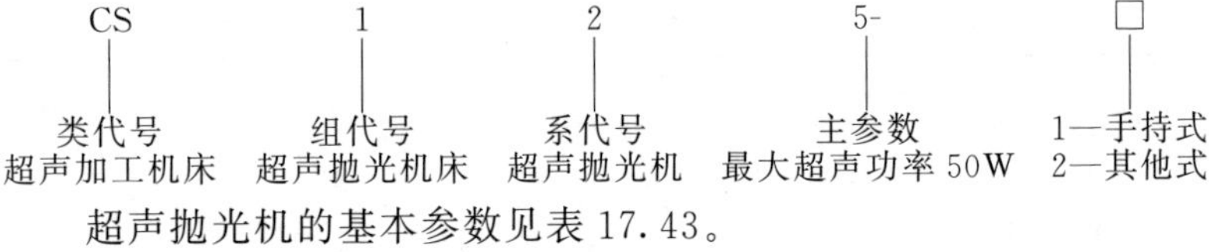

超声抛光机的基本参数见表 17.43。

表 17.43 超声式抛光机的基本参数（JB/T 10142—2012）

	超声电功率/W	10、20、30、50、100
	超声电源工作频率/kHz	20～40

注：超声电功率为超声电源的额定输出功率。

17.2.4 盘式砂光机

砂光机用于通过砂纸（布）对木材、塑料、玻璃和金属表面进行砂光。有盘式砂光机、平板砂光机和宽带式砂光机，其型号表示方法是：

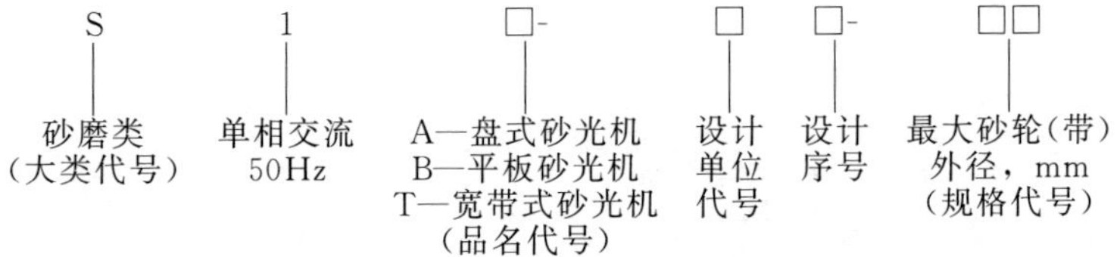

盘式砂光机的规格和技术参数见表 17.44 和表 17.45。

表 17.44 盘式砂光机的规格和技术参数

型号规格	砂轮片尺寸（外径×内径）/mm	额定电压/V	额定扭矩/N·m	输入功率/W	空载转速/(r/min)	额定输出功率/W	外形尺寸（长×宽×高）/mm	质量/kg
S1A-ZTZ3-115	125×22	230	—	180	10000	—	250×115×155	2.3
S1A-ZTZ3-125	125×22	230	—	380	10000	—	260×135×195	2.3
S1A-125	ϕ125	110/220	—	240	2000	—	—	
S1A-MH-180	180×22	220	1.62/2.1	750	3400/1900	355	447×170×134	2.9

表 17.45 其他盘式砂光机的规格和技术参数

型号	GV5000、6000	9218SB	RSE-1250
适用砂轮片/mm	ϕ125(ϕ150)	ϕ180	ϕ125
适用圆垫/mm	ϕ120	ϕ110	

续表

型号	GV5000、6000	9218SB	RSE-1250
额定输入功率/W	405	570	330
额定转速/(r/min)	4500	4500	空载 6000～12000
工具尺寸/mm	全长 180	全长 225	226×123×151
质量/kg	1.2	2.7	1.5

17.2.5　平板砂光机

平板砂光机是由直流、交直流两用或单相串励电动机驱动偏心机构，使旋转运动变为摆动，并在平板上装有刚玉或其他磨料的砂纸（或砂布）的设备，用来对木材、金属材料等表面进行砂磨，其基本数据见表 17.46。

表 17.46　平板砂光机的基本数据（GB/T 22675—2008）

规格/mm	最小额定输入功率/W	空载摆动次数/(次/min)	噪声限值/dB(A)	规格/mm	最小额定输入功率/W	空载摆动次数/(次/min)	噪声限值/dB(A)
90	100	≥10000	82(93)	180	180	≥10000	84(95)
100	100			200	200		
125	120			250	250		
140	140			300	300		85(97)
150	160			350	350		

平板砂光机的使用方法、注意事项和故障排除

17.2.6　宽带式砂光机

用于砂磨家具和装潢工艺中木材、石材、钢材、有色金属、塑料、填料等大平表面。其型号表示方法是：

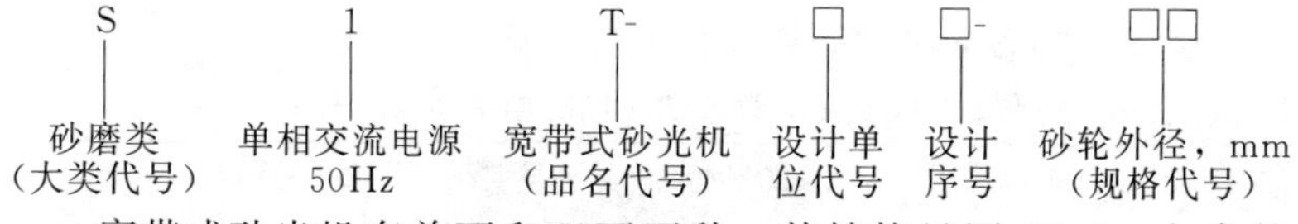

宽带式砂光机有单面和双面两种，其结构见图 17.9，主参数见表 17.47。

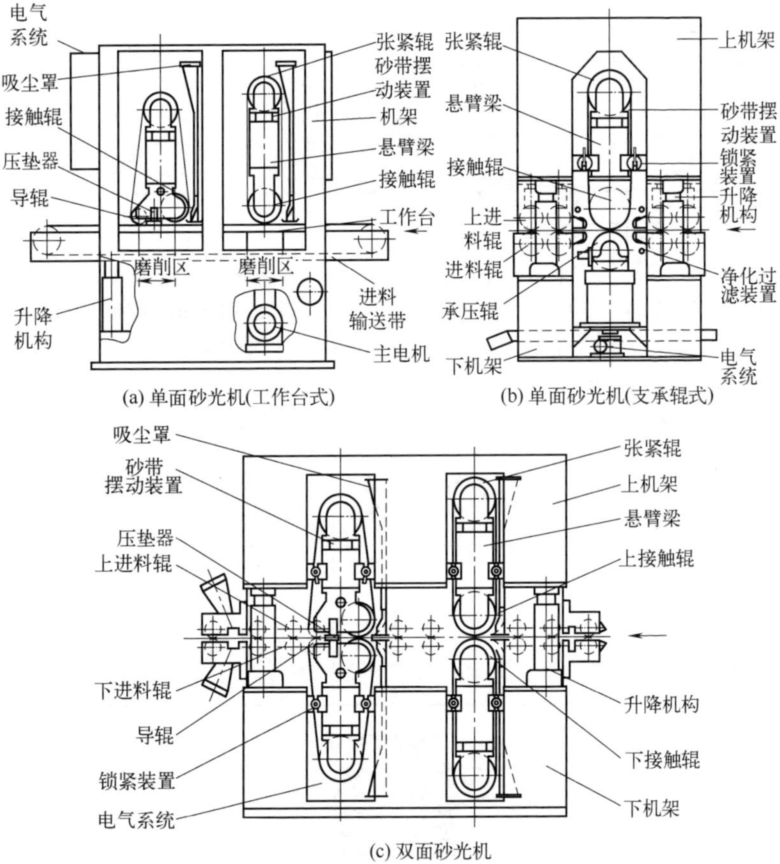

(a) 单面砂光机(工作台式)

(b) 单面砂光机(支承辊式)

(c) 双面砂光机

图 17.9 宽带式砂光机结构

表 17.47 宽带式砂光机的主参数（GB/T 6202—2019） mm

参数名称	参数值												
最大加工宽度	400	630	900	1100	1300	1600	1900	2200	2600	2900	3200	3500	3800

电动带式砂光机的规格和技术参数见表 17.48。

表 17.48 电动带式砂光机的规格和技术参数

续表

型号规格	砂带尺寸(外径×内径)/mm	额定电压/V	额定频率/Hz	输入功率/W	砂带速度/(m/min)	输出功率/W	外形尺寸(长×宽×高)/mm	质量/kg
S1T-ZTZ-76	76×533	220/230	50/60	700	380	—	385×145×155	3.5
S1T-ZT2Z-76	76×533	220/230	50/60	700	380	—	385×145×155	3.5
S1T-SF1-100×610	100×610	220	50	940	350	365	367×170×182	7.2
S1T-HU02-100	100×610	220	50	900	230-350	—	350×165×165	5.15

17.2.7　辊式砂光机

用于对胶合板、细木工板、纤维板、刨花板及其板式制品和木质的拼板、框架等进行定厚砂光和表面砂光。

结构：见图17.10。

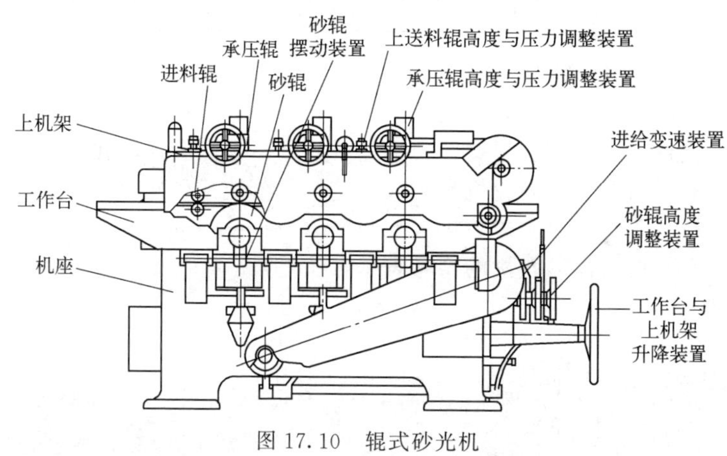

图17.10　辊式砂光机

辊式砂光机主参数为最大加工宽度（GB/T 18004—1999）：1000mm，1300mm，1600mm。

17.2.8　立式万能砂光机

砂光机是用砂带将被加工件表面比较粗糙的地方进行磨砂，使其变得光滑，手感更好，广泛应用于加工制作木材制品、人造石制品、金属制品、塑料橡胶制品等产品。立式万能砂光机的组成如图17.11。其主参数见表17.49。

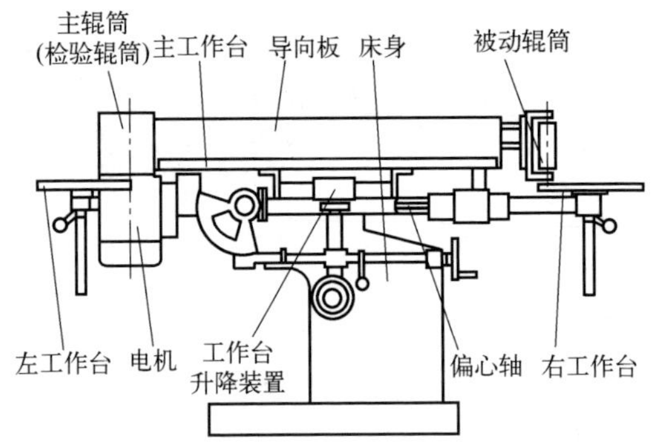

图 17.11　立式万能砂光机

表 17.49　立式万能砂光机的主参数（QB/T 1624—1992）　mm

主参数名称	主参数值				
可加工最大宽度	150	175	200	250	300

17.2.9　砂轮机

砂轮机用于清理大型钢铁负构件和飞边、毛刺，打磨焊缝，去除焊接件上的焊渣、焊瘤，磨平金属表面，去除金属氧化皮和锈蚀等。有手持式直向砂轮机和台式砂轮机、落地式砂轮机等。

（1）手持式直向砂轮机

手持式直向砂轮机的型号表示方法是：

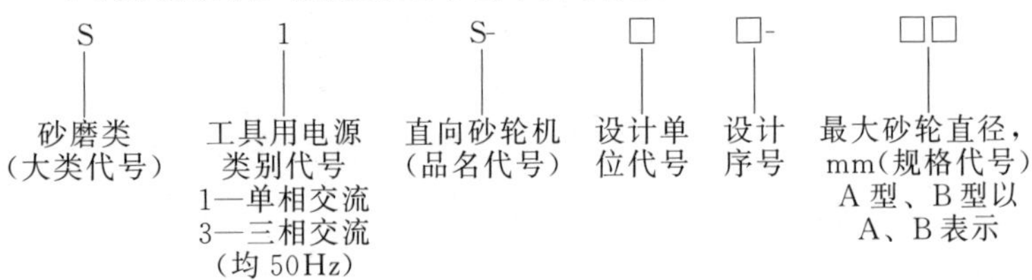

其基本参数见表 17.50。

表 17.50　直向砂轮机的基本参数（GB/T 22682—2008）

规格 /mm		额定输出功率(≥) /W	额定扭矩(≥)/ N·m	空载转速(≤)/ (r/min)	许用砂轮安全线速度(≥)/(m/s)
单相串励和三相中频砂轮机					
ϕ80×20×20(13)	A	200	0.36	11900	50
	B	280	0.40		

续表

规格/mm		额定输出功率(≥)/W	额定扭矩(≥)/N·m	空载转速(≤)/(r/min)	许用砂轮安全线速度(≥)/(m/s)
ϕ100×20×20(16)	A	300	0.50	9500	50
	B	350	0.60		
ϕ125×20×20(16)	A	380	0.80	7600	
	B	500	1.10		
ϕ150×20×32(16)	A	520	1.35	6300	
	B	750	2.00		
ϕ175×20×32(20)	A	800	2.40	5400	
	B	1000	3.15		
三相工频砂轮机					
ϕ125×20×20(16)	A	250	0.85	<3000	35
	B	350	1.20		
ϕ150×20×32(16)	A				
	B	500	1.70		
ϕ175×20×32(20)	A				
	B	750	>2.40		

注：括号内数值为ISO 603的内孔值。

S1S系列手持式直向砂轮机的规格和技术数据见表17.51。

表17.51　S1S系列手持式直向砂轮机的规格和技术数据

交直流两用、单相串励及三相中频

型号规格	砂轮规格(外径×厚度×孔径)/mm	输入功率/W	输出功率/W	额定扭矩/N·m	最高空载转速/(r/min)	质量/kg
S1S-80A	ϕ80×20×ϕ20	—	200	0.36	11900	—
S1S-80B	ϕ80×20×ϕ20	—	250	0.40	11900	—
S1S-100	ϕ100×20×ϕ20	600	—	0.95	7500	—
S1S-100A	ϕ100×20×ϕ20	—	250	0.50	9500	—
S1S-100B	ϕ100×20×ϕ20	—	350	0.60	9500	—
S1S-SF1-125①	ϕ125×20×ϕ20	800	—	0.80	7500	4.1
S1S-ZT-125A②	ϕ125×20×ϕ20	700	—	—	6600	4.2
S1S-125	ϕ125×20×ϕ20	600	—	1.25	6500	—
S1S-125A	ϕ125×20×ϕ20	—	350	0.80	7600	—

续表

型号规格	砂轮规格（外径×厚度×孔径）/mm	输入功率/W	输出功率/W	额定扭矩/N·m	最高空载转速/(r/min)	质量/kg
S1S-125B	ϕ125×20×ϕ20	—	500	1.10	7600	—
S1S-CD-125A	ϕ125×20×ϕ20	650	—	—	7600	3.4
S1S-150A	ϕ150×20×ϕ32	—	500	1.15	6300	—
S1S-150B	ϕ150×20×ϕ32	—	750	2.00	6300	—
S1S-SL1-150A	ϕ150×20×ϕ32	1800	—	—	5600	6.2
S1S-175A	ϕ175×20×ϕ32	—	750	2.40	5400	—
S1S-175B	ϕ175×20×ϕ32	—	1000	3.15	5400	—

① 外形尺寸（长×宽×高）515mm×145mm×145mm。
② 外形尺寸（长×宽×高）590mm×145mm×105mm。
注：额定电压220V；许用砂轮安全线速度≥50m/s。

（2）台式砂轮机

台式砂轮机固定在工作台上，用于去除工件的毛刺，或对其进行磨削，以及修磨刀具。其组成结构见图17.12，技术参数见表17.52。

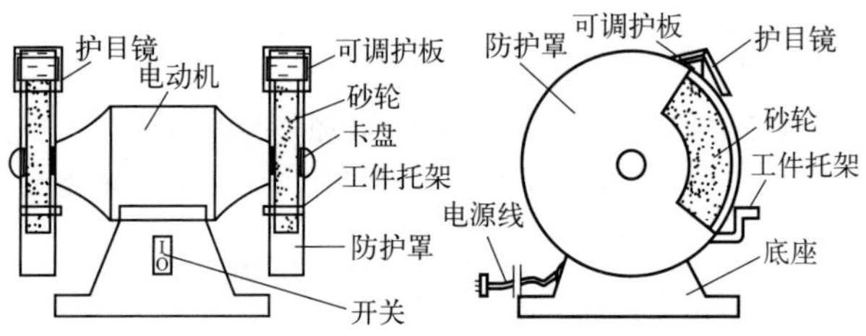

图17.12 台式砂轮机的组成结构

表17.52 砂轮机的技术参数（JB/T 6092—2007）

最大砂轮直径/mm	100	125	150	175	200	250
砂轮厚度/mm	16	16	16	20	20	25
额定输出功率/W	90	120	150	180	250	400
电动机同步转速/(r/min)	3000					
最大砂轮直径/mm	100,125,150,175,200,250			150,175,200,250		
使用电动机种类	单相感应电动机			三相感应电动机		
额定电压/V	220			380		
额定频率/Hz	50			50		

三相和单相台式砂轮机的规格和技术数据见表17.53。

表 17.53　三相（M）和单相（MD）台式砂轮机的规格和技术数据

型号规格	砂轮规格（外径×厚×孔径）/mm	额定电压/V	输入功率/W	额定转速/(r/min)	外形尺寸（长×宽×高）/mm	质量/kg
MD125A	ϕ125×16×ϕ12.7	230	170	2950	—	—
MD125B686	ϕ125×16×ϕ12.7	230	240	2950	传动带 50×686	—
MD125C	ϕ125×16×ϕ12.7	230	120	2950	—	—
MD150CG	ϕ150×40×ϕ20	230	170	2950	—	—
MD200FG	ϕ200×40×ϕ20	230	250	2950	—	—
MD200WG	ϕ200×40×ϕ20	230	200	2950	—	—
MD3213VC	ϕ125×19×ϕ12.5	120	118	3332	335×185×238	8.7
MD3215	ϕ150×20×ϕ32	220	250	2800	—	18
MD3215VC	ϕ150×19×ϕ12.5	120	305	3450	420×222×278	11.8
MD3220	ϕ200×25×ϕ32	220	500	2800	—	35
MD3220VCa	ϕ200×19×ϕ12.5	120	515	3523	408×280×292	17.8
M3215	ϕ150×20×ϕ32	380	250	2800	—	18
M3220	ϕ200×25×ϕ32	380	500	2850	—	35
M3225	ϕ250×25×ϕ32	380	750	2850	—	40
M3415	ϕ150×20×ϕ32	—	1000	2820	—	45
M3420	ϕ150×16×ϕ13	—	150	2850	—	50
MDQ3212S	ϕ125×16×ϕ13	220	150	2850	（轻型）	10.5
MDQ3215S	ϕ150×16×ϕ13	220	150	2850	（轻型）	11

注：对于安全线速度，砂轮外径≤200mm 时为 35m/s，否则为 40m/s。

（3）落地式砂轮机

落地式砂轮机有自驱式和他驱式两种（图 17.13），各自有除尘和多能两个系列。其参数、规格和技术数据见表 17.54、表 17.55。

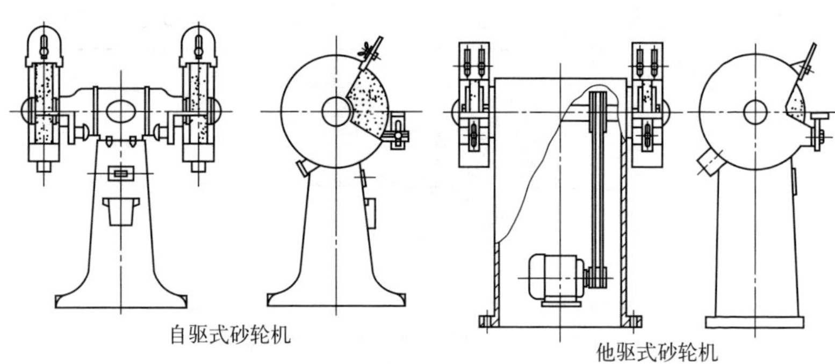

图 17.13 落地式砂轮机的类别

表 17.54 砂轮机的参数（JB/T 3770—2000）

最大砂轮直径/mm	200	250	300	350	400	500	600
砂轮厚度/mm	25		40			50	65
砂轮孔径/mm	32		75		127	203	305
额定输出功率/kW	0.5	0.75	1.5	1.75	3.0①	4.0	5.5
同步转速/(r/min)	3000		3000 1500	1500		1000	
额定电压/V	380						
额定频率/Hz	50						

① 自驱式为 2.2kW。

表 17.55 落地式砂轮机的规格和技术数据

最大砂轮直径/mm	200	250	300	350	400	500	600
砂轮厚度/mm	25		40	40	40	50	65
砂轮孔径/mm	32		75	75	127	203	305
额定输出功率/kW	0.5	0.75	1.5	1.75	3.0①	4.0	5.5
同步转速/(r/min)	3000	1500、3000		1500		1000	
额定电压/V	380						
额定频率/Hz	50						

① 对自驱式砂轮机，其额定功率为 2.2kW。

固定式砂光机的故障排除

17.3 装配作业类

17.3.1 电动螺丝刀

用于螺纹连接工作中一字或十字头螺钉的紧固与拆卸。

电动螺丝刀的型号标注形式是：

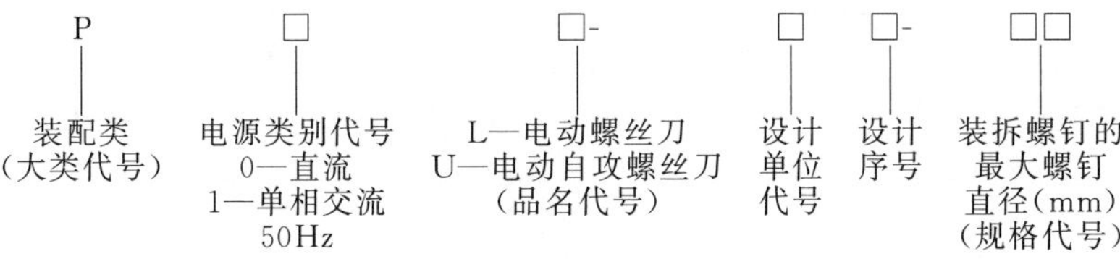

其基本参数见表 17.56。

表 17.56　电动螺丝刀基本参数（GB/T 22679—2008）

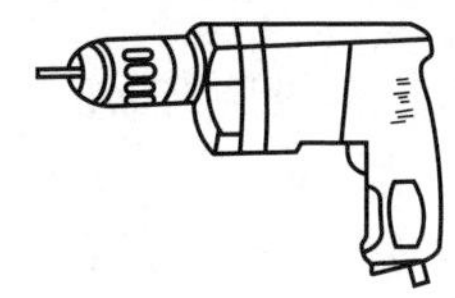

规格 /mm	适用范围 /mm	额定输出功率 /W	拧紧力矩 /N・m
M6	机器螺钉 M4～M6，木螺钉 ≤4 自攻螺钉 ST3.9～ST4.8	≥85	2.45～5.0

注：木螺钉是指在拧入一般木材中的木螺钉规格。

P0L-CG 型电动螺丝刀规格见表 17.57。

表 17.57　P0L-CG 型电动螺丝刀的规格

型号规格	拧紧螺钉范围 /mm	工作电压(DC) /V	电流 /A	力矩调节范围 /N・m	转速 /(r/min)	输出功率 /W	外形尺寸(直径×长) /mm	质量 /kg
P0L-CG800-2.5	M1～M2.5	24	0.32	0.1～0.6	750	6.6	ϕ35×179	0.37
P0L-CG801C-4	M2.5～M4	24	0.6	0.6～1.7	650	20	ϕ40×207	0.65
P0L-CG802-6	M4～M6	30	0.9	1.7～4.0	650	40	ϕ42×222	0.82

电子调速电动螺丝刀规格见表 17.58。

表 17.58　电子调速电动螺丝刀的规格

型号规格	适用螺钉种类	工具夹头/mm	输入功率/W	最高空载转速/(r/min)	最高负载转速/(r/min)	工具长度/mm	质量/kg
GSR6-40TE	六角	6.35	500	4000	2800	—	—
6825		4	570	6000	—	—	1.4
6951	六角 方头	6～12 30～120	300	—	2200	239	1.3
TS8125	六角	6	360	—	1050	—	1.7
E3900A		6	600	4000	—	260	1.7
E4000A		6	600	2500	—	250	1.7

17.3.2　自攻螺丝刀

用于建筑、装饰中新材料的自攻螺钉的紧固与拆卸。其规格见表 17.59。

电动自攻螺丝刀的型号标记方法是：

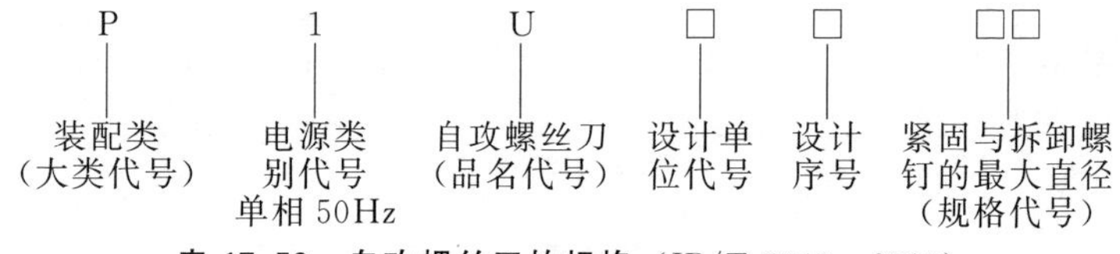

表 17.59　自攻螺丝刀的规格（JB/T 5343—2013）

型号	最大螺钉直径/mm	适用自攻螺钉范围	额定输出功率/W	负载转速/(r/min)
P1U-5	5	ST2.9～ST4.8	≥140	≤1600
P1U-6	6	ST3.9～ST6.3	≥200	≤1500

17.3.3　电动扳手

安装六角套筒后，用于拆装六角头螺栓、螺母，结构和外形见图 17.14。按其离合器结构，可分成安全离合器式（A 型）和冲击式（B 型）两种。

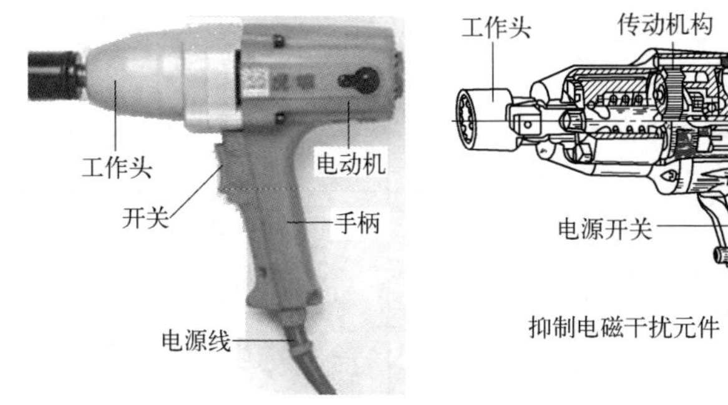

图 17.14　电动扳手的外形和结构

电动扳手的型号表示方法是：

P — 装配类（大类代号）

1 — 工具用电源类别代号 单相交流 50Hz

□- — B—电扳手 D—定扭矩电扳手（品名代号）

□ — 设计单位代号

□- — 设计序号

□□ — 装拆螺纹件的最大螺纹直径，用阿拉伯数字表示（规格代号）

（1）普通电动扳手（表 17.60）

表 17.60　P1B 系列电动扳手的规格和技术数据

型号	规格 /mm	适用范围 /mm	扭矩范围 /N·m	方头公称尺寸/mm	边心距(≤) /mm	电源
P1B-8	8	M6～M8	4～15	10×10	26	AC 220V 50Hz
P1B-12	12	M10～M12	15～60	12.5×12.5	36	
P1B-16	16	M14～M16	50～150	12.5×12.5	45	
P1B-20	20	M18～M20	120～220	20×20	50	
P1B-24	24	M22～M24	220～400	20×20	50	
P1B-30	30	M27～M30	380～800	25×25	56	
P1B-42	42	M36～M42	750～2000	25×25	66	

<table>
<tr><th>型号规格</th><th>适用范围 /mm</th><th>电压 /V</th><th>扭矩范围 /N·m</th><th>输入功率 /W</th><th>冲击次数 /(次/min)</th><th>方头公称尺寸 /mm</th><th>边心距(≤) /mm</th><th>外形尺寸(长×宽×高) /mm</th><th>质量 /kg</th></tr>
<tr><td>P1B-TJ-8C</td><td>M6～M8</td><td>220</td><td>4～15</td><td rowspan="2">165</td><td rowspan="2">1600～1800</td><td rowspan="2">12.5×12.5</td><td rowspan="2">36</td><td rowspan="2">239×170×74</td><td rowspan="2">1.86</td></tr>
<tr><td>P1B-TJ-12C</td><td>M10～M12</td><td>220</td><td>15～60</td></tr>
</table>

续表

型号规格	适用范围/mm	电压/V	扭矩范围/N·m	输入功率/W	冲击次数/(次/min)	方头公称尺寸/mm	边心距(≤)/mm	外形尺寸(长×宽×高)/mm	质量/kg
P1B-TJ-20C	M18～M20	220	120～220	240	1600～1800	12.5×12.5	45	279×217×84	3.65
P1B-TJ-24C	M22～M24	220	220～400	600		20×20	50	355×251×111	6.95
P1B-TJ-30C	M28～M30	220	380～800	600	1600～1800	20×20	50	355×251×111	6.95
P1B-SSZ-16C	M14～M16	220	50～150	240		12.5×12.5	45	279×217×84	3.65
P1B-42	M36～M42	220	750～2000	—	—	25×25	≤66	—	—
P1B-SF1-12C	M10～M12	220	15～60	140	≥1500	12.5×12.5	—	220×178×70	1.70
P1B-SF1-16C	M14～M16	220	50～150	240	≥1200	12.5×12.5	—	279×217×84	3.3
P1B-SD21-20C	M18～M20	110/220	120～220	640	2700	20×20	—	300×220×105	3.4
P1B-ZX-12B-2	M10～M12	220	15～60	—	1500	12.5×12.5	36	—	1.75
P1B-ZX-16B	M14～M16	220	50～150	—	1450	12.5×12.5	43	—	3.5

（2）定扭矩电动扳手（表 17.61）

用于对螺纹紧固件扭矩或转角精度有较高要求的场合（塔架、钢结构桥梁或其他重要工程建设）。

表 17.61　定扭矩电动扳手的规格和技术数据

型号	额定扭矩	扭矩可调范围	扭矩控制精度	主轴方头尺寸	边心距	工作头空载转速	质量/kg	
	/N·m		/%	mm		/(r/min)	主机	控制仪
P1D-60	600	250～600	±5	25	47	10	6.5	3
P1D-150	1500	400～1500	±5	25	58	8	10	3

定扭矩扳手的使用方法和注意事项

定扭矩扳手的故障与维修

17.3.4　电动冲击扳手

电动冲击扳手是具有旋转带切向冲击机构的电动扳手。利用冲击力矩完成螺栓、螺母的拆装。分手动、电动、液压和气动冲击扳手等几种。

冲击扳手具有冲击离合器机构，一般为螺旋槽型，且多采用行星齿轮减速。

滚珠螺旋槽冲击机构有内滚珠螺旋槽冲击机构（图 17.15，应用于 M30 以下规格）和外滚珠螺旋槽冲击机构（图 17.16，应用于 M30 以上规格）两种形式。

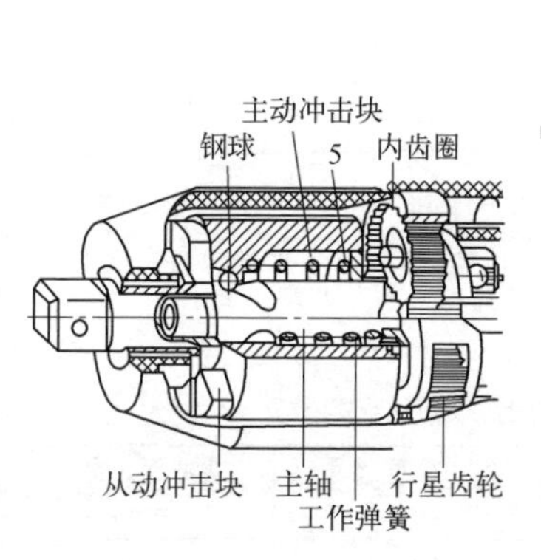

图 17.15　内滚珠螺旋槽冲击机构

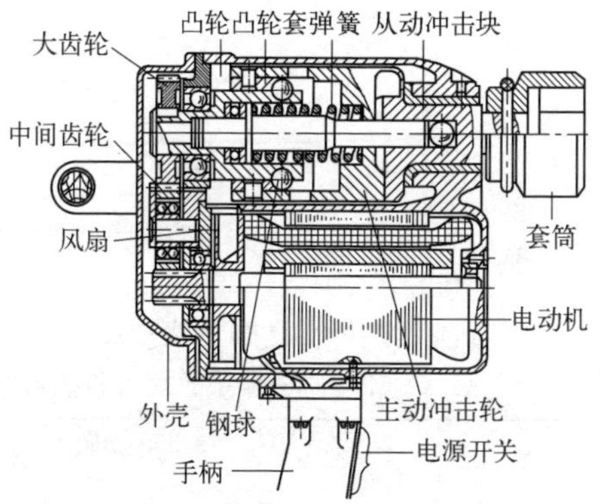

图 17.16　外滚珠螺旋槽冲击机构

（1）内滚珠螺旋槽冲击机构工作原理

电动机的旋转运动，经行星减速器带动主轴旋转，通过夹于两螺旋槽的滚珠带动主动冲击块旋转。工作弹簧的压力使主动冲击块和从动冲击块的牙处于啮合状态，从动冲击块即随着旋转，带动套筒使螺母迅速拧紧。当螺母的端面与工件端面接触后，阻力矩急剧上升，转动的螺旋槽使滚珠带着主动冲击块，克服摩擦力和工作弹簧压力向后移动，主动冲击块和从动冲击块互相啮合的牙脱离啮合。此时，从动冲击块不移动，而主动冲击块继续移动。在转过从动冲击块的牙后，由于工作弹簧的作用，主动冲击块瞬时前移，并沿螺旋槽产生角加速度，主动冲击块撞击从动冲击块，两牙产生碰撞。然后，螺旋槽又使滚珠和主动冲击块后移，脱离啮合。这样周而复始，产生连续碰撞，获得所需的冲击力矩，使螺母紧固。

（2）外滚珠螺旋槽冲击机构工作原理

电动机旋转运动经圆柱斜齿轮减速，带动凸轮旋转。在凸轮外圆上有一对 V 形凹槽。主动冲击块与凸轮套用铆钉铆接成一体，套上也有 V 形凹槽。凸轮和凸轮套的凹槽内置有两粒钢球，依靠钢球带动主动冲击块运动。主动冲击块端面两牙与从动冲击块牙啮合，从动冲击块即随着旋转，带动套筒实现螺纹件的装配或拆卸作业。螺纹件的紧固过程及工作原理与内滚珠螺旋槽冲击机构相同。

型号编制方法是：

P	□	B-	□	□-	□
装配类（大类代号）	电源类别代号	扳手（品名代号）	设计单位代号	设计代号	装拆螺纹件的最大螺纹直径(mm)

其规格和技术数据见表 17.62。

表 17.62　冲击扳手的规格和技术数据（GB/T 22677—2008）

规格/mm	适用范围	扭矩范围/N·m	方头公称尺寸/mm	边心距(≤)/mm
8	M6～M8	4～15	10×10	26
12	M10～M12	15～60	12.5×12.5	36
15	M14～M16	50～150	12.5×12.5	45
20	M18～M20	120～220	20×20	50
24	M22～M24	220～400	20×20	50
30	M27～M30	380～800	20×20	56
42	M36～M42	750～2000	25×25	66

冲击扳手的注意事项和故障与维修

17.3.5　电动胀管机

（1）电动胀管机

电动胀管机用于锅炉、热交换器等压力容器管子和管板的紧固。

电动胀管机的型号规定是：

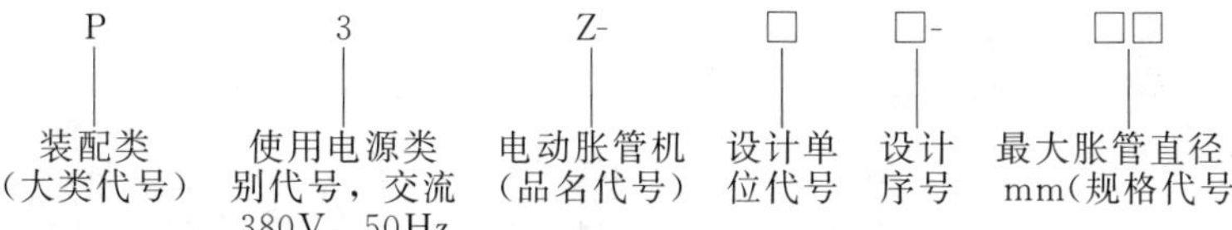

其技术数据见表17.63。

表17.63　电动胀管机的技术数据

型号	胀管直径/mm	输入功率/W	额定扭矩/N·m	额定转速/(r/min)	主轴方头尺寸/mm	质量/kg
P3Z-13	8～13	510	5.6	500	8	13
P3Z-19	13～19	510	9.0	310	12	13
P3Z-25	19～25	700	17.0	240	12	13
P3Z-38	25～38	800	39.0	—	16	13
P3Z-51	38～51	1000	45.0	90	16	14.5
P3Z-76	51～76	1000	200.0	—	20	14.5

（2）换热器专用胀管机

换热器专用胀管机有立式、卧式和移动式三种（图17.17）。其基本参数见表17.64。

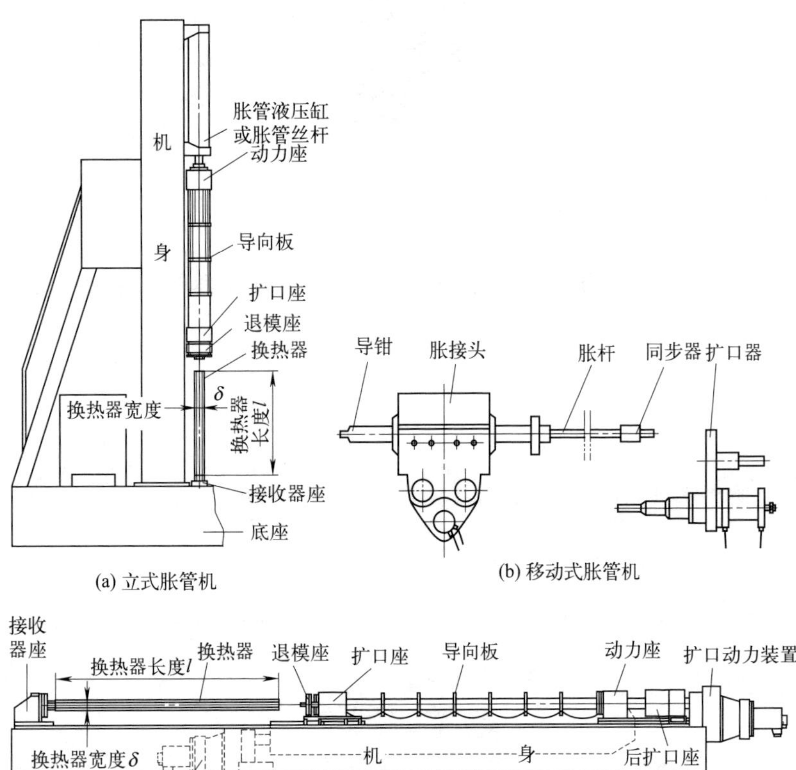

(a) 立式胀管机

(b) 移动式胀管机

(c) 卧式胀管机

图 17.17　胀管机的形式

表 17.64　胀管机的基本参数（JB/T 11631—2013）　　mm

参数	立式胀管机型号							
	600 型	800 型	1000 型	1200 型	1600 型	2000 型	2500 型	3000 型
常用管径	ϕ5、ϕ6.35、ϕ7、ϕ7.94、ϕ9.52、ϕ12.7				ϕ7、ϕ7.94、ϕ9.52、ϕ12.7、ϕ16			
最小换热器长度 l_{min}	170	170	220	220	220	500	500	500
最大换热器长度 l_{max}	600	800	1000	1200	1600	2000	2500	3000
最大换热器厚度 δ	88 110	88 110	88 110	88 110	88 176	88 176	88 176	88 176

续表

参数	立式胀管机型号							
	600 型	800 型	1000 型	1200 型	1600 型	2000 型	2500 型	3000 型
最大换热器宽度	880 1030 1230	880 1030 1230	880 1030 1230 1280	880 1030 1230 1280	1030 1230 1280 1530 1580	1030 1230 1280 1530 1580	1030 1230 1280 1530 1580	1030 1230 1280 1530 1580

参数	移动式胀管机型号				
	单杆型	双杆型	四杆型	六杆型	多杆型
常用管径	$\phi 7$、$\phi 7.94$、$\phi 9.52$、$\phi 12.7$、$\phi 16$				
同时胀管孔数孔	1	2	4	6	≥8
最大换热器长度	7000				
最大胀管速度	5～11m/min				

参数	卧式胀管机型号				
	2000 型	2500 型	2750 型	3000 型	3500 型
常用管径	$\phi 7$、$\phi 7.94$、$\phi 9.52$、$\phi 12.7$、$\phi 16$				
最小换热器长度 l_{min} 最大换热器长度 l_{max}	500 2000	500 2500	500 2750	500 3000	500 3500
最大换热器厚度 δ	88 176				
最大换热器宽度	900、1000、1100、1200、1300、1400、1500				

17.3.6　电动升降拉马

电动升降拉马（拔轮器）是一种新型拉顶多用工具，广泛适用于工厂、油田、船舶、码头、铁路、建筑工程、坑道作业等方面，尤其适用于无电源野外操作。其性能参数见表 17.65。

表 17.65　电动升降拉马（拔轮器）性能参数

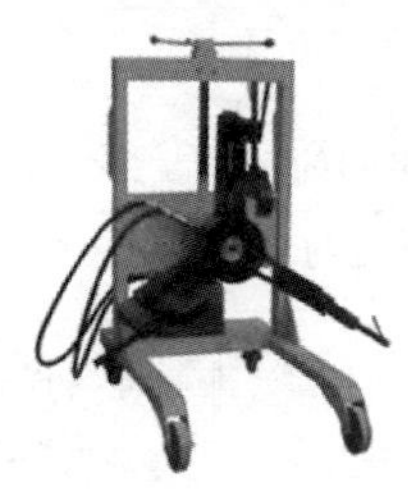

续表

技术参数	FBL-20	FBL-30	FBL-50	FBL-100	FBL-200	FBL-300	FBL-500
起顶力/t	20	30	50	100	200	300	500
工作压力/MPa	63	63	63	63	63	63	63
最大行程/mm	100	100	120	160	200	200	200
拉卸范围/mm	300	400	500	600	600	800	900

17.4 林木切削加工类

17.4.1 电刨

电刨主要用于各种木材的平面刨削、倒棱和裁口等，广泛应用于房屋建筑、住房装潢、木工车间、野外木工作业及车辆、船舶、桥梁施工等场合（图17.18）。

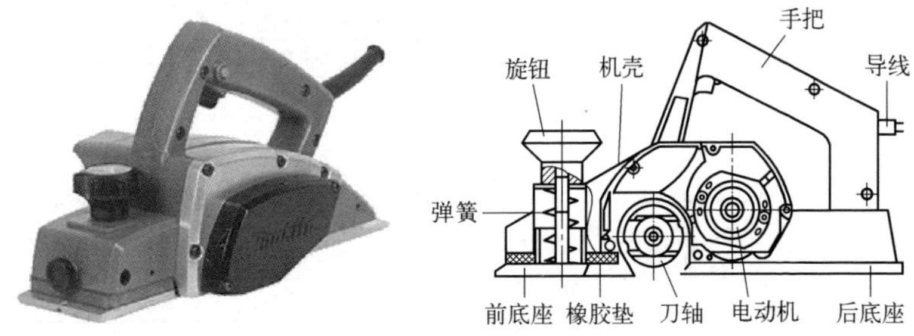

图17.18 手提式平刨的外形和结构

电刨的型号表示方法是：

M	1	B-	□-	□	□×□
林木类（大类代号）	使用电源类别代号，1—单相交流	电刨（品名代号）	设计单位代号	设计序号	最大刨削宽度×刨削深度（规格代号）

其基本参数见表17.66。

表17.66 木工电刨的基本参数（JB/T 7843—2013）

刨削宽度×刨削深度/mm	额定输出功率/W	额定扭矩/N·m	刨削宽度×刨削深度/mm	额定输出功率/W	额定扭矩/N·m
60×1	≥250	≥0.23	82(80)×3	≥400	≥0.38
82(80)×1	≥300	≥0.28	90×2	≥450	≥0.44
82(80)×2	≥350	≥0.33	90×3	≥500	≥0.50

木工电刨的使用方法和故障排除

木工平刨床的安装、操作规程和故障排除

木工单面压刨床的操作规程和故障排除

17.4.2　电锯

(1) 电圆锯

电圆锯用于锯割木材、胶木、塑料、玻璃钢和大型电缆等，安装锯铝专锯片，可锯割铝板。其型号表示方法是：

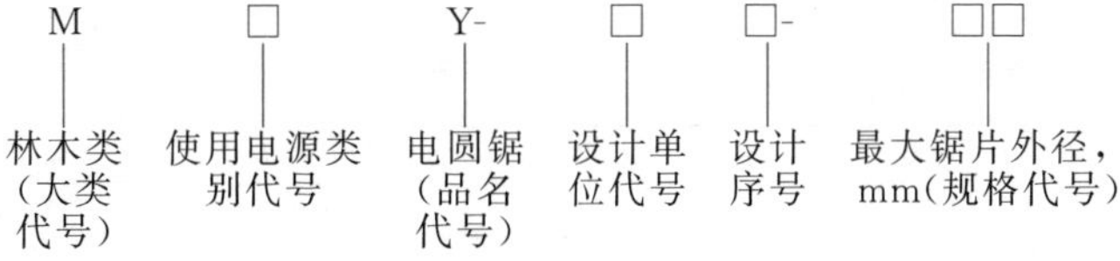

其基本数据见表17.67。

表17.67　电圆锯的基本数据（GB/T 22761—2008）

规格	外径×孔径/mm	额定输出功率(≥)/W	额定扭矩(≥)/N·m	最大锯割深度(≥)/mm	空载噪声/dB(A)	质量/kg
M1Y-160	160×30	550	1.70	55	92(103)	3.3
M1Y-180	180×30	600	1.90	60	92(103)	3.9
M1Y-200	200×30	700	2.30	65	92(103)	5.3
M1Y-250	235×30	850	3.00	84	94(105)	8.0
M1Y-315	270×30	1000	4.200	98	94(105)	9.5

注：最大调节角度≥45°。

(2) 金属电圆锯

金属电圆锯用于锯割空心和实心圆钢、管材等。

型号标注方法是：

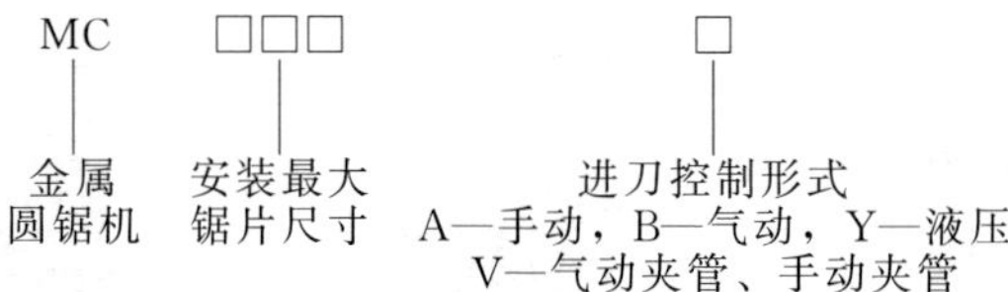

MC 系列金属电圆锯技术参数见表 17.68。

表 17.68 MC 系列金属电圆锯的技术参数

型号		MC275B	MC315B	MC350Y
锯切能力/mm	空心圆	ϕ80	ϕ95	ϕ115
	空心方棒	75×75	85×85	110×110
	空心矩形	85×65	110×75	120×90
	实心角材	75×75	85×85	110×110
	实心圆棒	ϕ38	ϕ55	ϕ60
	实心方棒	38×38	50×50	60×60
夹钳最大开挡/mm		85	110	150
主电机	变极	4/2 变极	4/2 变极	4/2 变极
	功率/kW	2.2/2.4	2.2/2.4,2.4/3.0	2.4/3.0
锯片适用尺寸/mm		250,275,300	250,275,300,315	300,315,350

（3）多锯片圆锯机（表 17.69）

表 17.69 多锯片圆锯机的主参数和机床精度（QB/T 1593—1992）

mm

主参数名称		主参数值	公差	主参数名称		主参数值	公差
圆锯机直径		250,315,400		圆锯机直径		250,315,400	
项目		简图		项目		简图	
机床精度	锯轴颈最近点的径向圆跳动	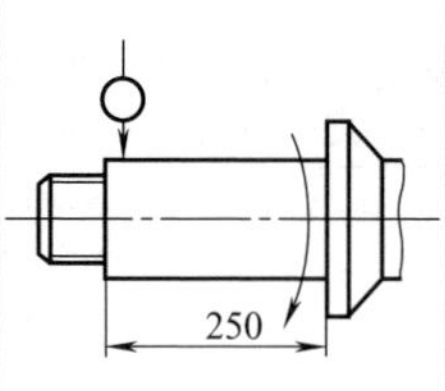 250	0.10	机床精度	锯轴法兰盘的端面圆跳动	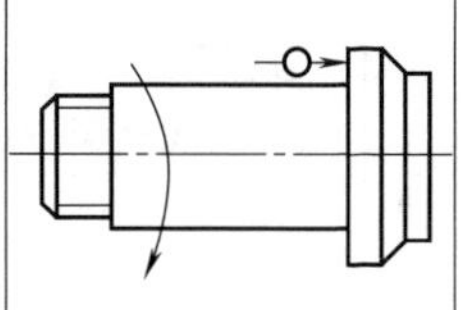	0.04
	锯轴的轴向窜动	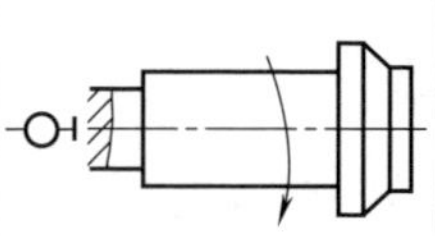	0.04		主轴轴心线对链表面的平行度	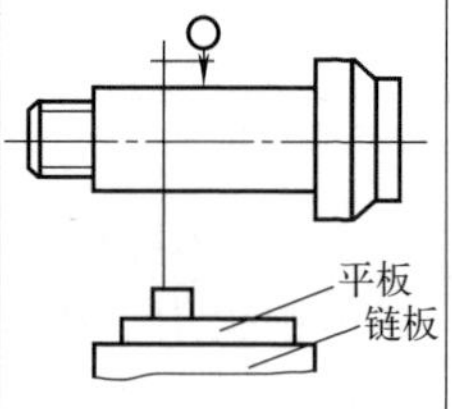 平板 链板	0.06/100

续表

主参数名称		主参数值	公差	主参数名称		主参数值	公差
圆锯机直径		250,315,400		圆锯机直径		250,315,400	
项目		简图		项目		简图	
机床精度	导向尺对主轴轴心线的垂直度		0.20	工作精度	纵向锯削面的直线度		0.20
机床精度	导板工作面对工作台面的垂直度		0.15/100	工作精度	相邻两锯切剖面的垂直度		0.15

(4) 电池式电链锯

为一般环境条件下，使用可充电电池供电的、单人操作的锯割木材用的链锯。不适宜作导板和分料刀结合使用的电池式链锯，也不适宜作支架或固定式、可移动式链锯。

① 工作环境：海拔不超过 1000m，最高温度不超过 40℃，25℃时空气相对湿度不超过 90%。

② 电压等级推荐为 12V、18V、24V、36V，最高不超过 75V。

③ 型号标注方法：

④ 基本参数见表 17.70。

表 17.70　电池式电链锯的基本参数

续表

规格代号	最长切削长度/mm	链条线速度/(m/s)	规格代号	最长切削长度/mm	链条线速度/(m/s)
150 200 250 300	<152.4 200 250 300	≥2.5	350 400 450	350 400 450	≥2.5

⑤ 温升和噪声级见表 17.71、表 17.72。

表 17.71　电池式电链锯的温升限值

零件		温升/K
外壳(除正常使用时握持的手柄)		60
在正常使用中连续握持的手柄、旋钮、揿手等	金属 陶瓷和玻璃材料 注塑材料、橡胶或木材	30 40 50
正常使用中仅短时握持的手柄、旋钮、揿手、开关等	金属 陶瓷和玻璃材料 注塑材料、橡胶或木材	35 45 60
与软垫温度为 t 的油接触的零件		$t-50$

表 17.72　电池式电链锯的噪声声压级（距中心 4m 处）

电链锯规格/mm	150	2000	250	300	350	400	450
噪声限值/dB(A)	72(92)		74(94)		76(96)	79(99)	81(101)

（5）电动曲线锯

电动曲线锯（图 17.19）是一种可按曲线锯切板材的电动往复锯，用于对木材、金属、塑料、橡胶等板材进行直线或曲线锯割。其分类有手持式和机夹式两种。

其工作原理是：

① 齿轮上偏心装有同连杆上的滑套相连的滑块。通过曲柄连杆机构使装在轴承上的滑杆做上下往复运动。

② 齿轮的左侧连有平衡块，以减少运行时曲柄、滑块机构产生的振动。

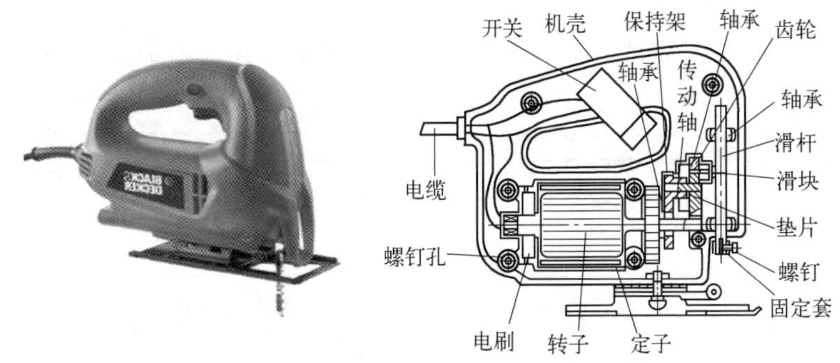

图 17.19　电动曲线锯的外形和结构

③ 装夹时锯条的锯齿向上。因此，锯条向上运动时为工作行程，向下运动时为空行程。粗齿锯条适用于锯割木板或塑料板；中齿锯条适用于锯割层压板或有色金属板材；细齿锯条适用于锯割低碳钢板。如换装锋利刀片，还可剪裁纸板、橡胶等。

曲线锯的型号标注方法是：

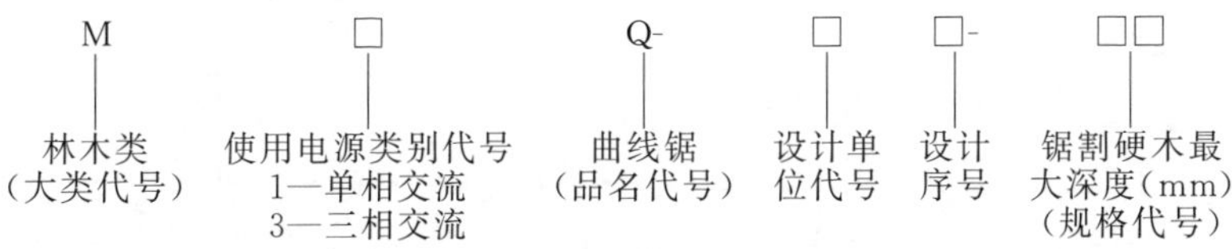

其基本参数见表 17.73。

表 17.73　曲线锯的基本参数（GB/T 22680—2008）

规格/mm	额定输出功率/W	工作轴额定往复次数/(次/min)	噪声限值/dB(A)	规格/mm	额定输出功率/W	工作轴额定往复次数/(次/min)	噪声限值/dB(A)
40(3)	≥140	≥1600	86(97)	65(8)	≥270	≥1400	90(101)
55(6)	≥200	≥1500	88(99)	80(10)	≥420	≥1200	92(103)

注：1. 额定输出功率是指电动机的输出功率（指拆除往复机构后的输出功率）。

2. 曲线锯规格指垂直锯割一般硬木的最大厚度，括号内数值为锯割抗拉强度为390MPa钢板的最大厚度。

曲线锯的使用方法和注意事项

曲线锯的故障与维修

(6) 曲线锯条

按曲线锯条的柄部型式分为 T 型、U 型、MA 型和 H 型四种（图 17.20）。

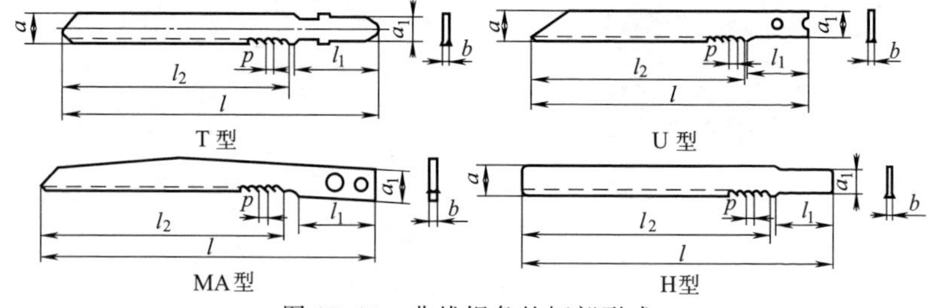

图 17.20 曲线锯条的柄部形式

其基本尺寸见表 17.74。

表 17.74 曲线锯条的基本尺寸（QB/T 42368—2011）

形式	全长 l /mm 基本尺寸	全长 l /mm 偏差	锯齿长度 l_2/mm 基本尺寸	锯齿长度 l_2/mm 偏差	宽度 a /mm 基本尺寸	宽度 a /mm 偏差	厚度 b /mm 基本尺寸	厚度 b /mm 偏差	每 25.4 mm 齿数	齿距 p/mm 基本尺寸	齿距 p/mm 偏差 Δ
T 型	70 75 80 95 100	±2	45 50 55 70 75	±2	5 8	±0.50	0.9～1.5	±0.05	32 24 20 18 16 14 13 10 9 8 7 6	0.8 1.0 1.2 1.4 1.5 1.8 2.0 2.5 2.8 3.0 3.5 3.6 4.0 4.2	齿数:32～20，Δ=±0.08 齿数:18～14，Δ=±0.10 齿数:13～9，Δ=±0.12 齿数:8～6. Δ=±0.15
	105 125		80 100		8						
	150		125		8 9.5						
U 型	70 80 90 100		50 60 70 80		5 8						
MA 型	70 80 95 120		50 60 75 100		—	—					
H 型	80 95 105 115 125		60 75 85 95 100		8	±0.50					

17.4.3　修边机

装上各种成形铣刀，可把木料的直角边修刨成圆弧边，或进行斜面加工。

修边机的型号表示方法是：

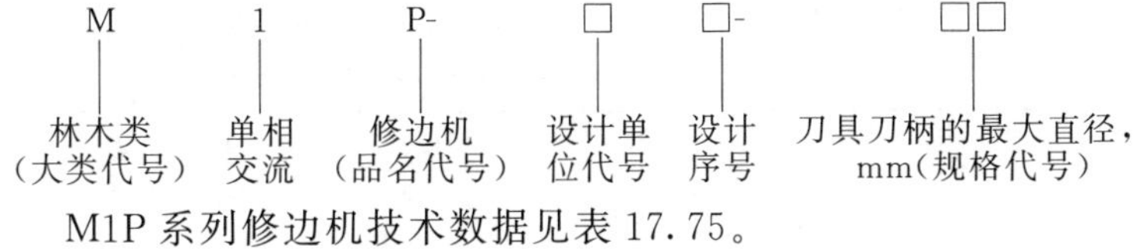

M1P 系列修边机技术数据见表 17.75。

表 17.75　M1P 系列修边机的规格和技术数据

型号规格	刀柄直径 ϕ/mm	电压 /V	频率 /Hz	输入功率 /W	空载转速 /(r/min)	输出功率 /W	外形尺寸/mm （长×宽×高）	质量 /kg
M1P-FF-6	6.35	220	50	440	31000	≥200	—	1.7
M1P-FF02-6				350		≥250	—	1.5
M1P-FG-6				350		—	200×80×75	1.6
M1P-HU-6	6.35	120 220	50	350	30000	—	230×85×90	1.5
M1P-MK-6	6.35	220	50	350	30000	—	—	1.5
M1P-MY01				400		—	—	1.7
M1P-NG-6				350		—	260×120×120	1.6
M1P-NT-6				350		≥250	290×155×110	1.5
M1P-QB-6	6.35	220	50	350	30000	—	245	1.7
M1P-SF1-6				405		—	225×90×115	
M1P-WD-6				400		—	—	
M1P-WH-6				350		—	—	

17.4.4　木铣

用于平整光洁木制品的表面。

木铣的型号标注方法是：

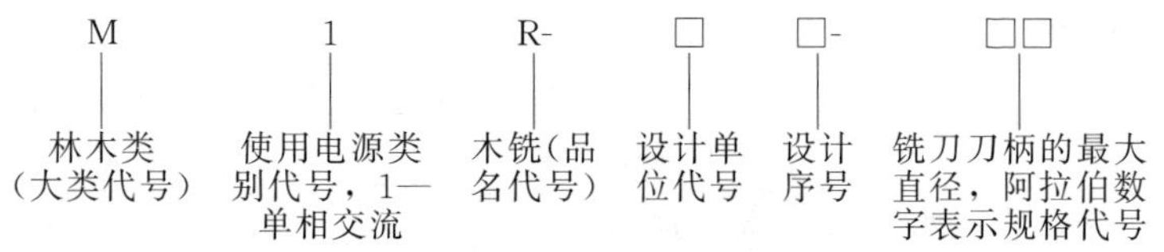

M1R 系列电动木铣的规格和技术数据见表 17.76。

表 17.76　M1R 系列电动木铣的规格和技术数据

型号规格	铣刀最大直径 ϕ/mm	电压 /V	输入功率 /W	空载转速/(r/min)	柱塞行程 /mm	输出功率 /W	外形尺寸（长×宽×高）/mm	质量 /kg
M1R-HU-8	8	230	900	27000	—	—	245×215×135	3.0
M1R-ZK3-8A	8	230	1050	30000	—	600	290×170×238	3.5
M1R-FG-12	12	220	1600	23000	—		270×160×240	6.0
M1R-HU-12	12	220	1050	18000	—	650	295×170×255	5.1
M1R-HU-12	12	120	1200	18000	—	—	280×180×215	5.1
M1R-HU02-12	12	120/220/230	1600	23000	—	—	290×100×295	6.5
M1R-HU05-12	12	120	1600	23000	—	—	260×160×255	5.8
M1R-KW-12	12	220	1050	18000	0～60	540	290×175×282	6.2
M1R-KW02-12	12	120	1300	22000	0～60	700	288×170×280	7.5
M1R-KW02-12	12	230	1500	20000	0～60	750	288×170×280	7.5
M1R-ZN01-12	12	120/220/230	16000	—	—	1000	275×160×300	6.0
M1R-NG-12	12	220	1600	23000	—	—	280×250×70	5.6
M1R-SF1-12	12	220	1350	23000	—	900	270×160×240	5.7
M1R-SF2-12	12	220	1500	23000	—	900	290×160×285	6.0

电子调速电动木铣的规格和技术数据见表 17.77。

表 17.77　电子调速电动木铣的规格和技术数据

型号规格	铣刀最大直径 ϕ/mm	电压 /V	输入功率 /W	空载转速 /(r/min)	输出功率 /W	柱塞行程 /mm	外形尺寸（长×宽×高）/mm	质量 /kg
M1R-8TH-Ⅱ	8	230	700	16000～28000	350	—	293×281×122	3.75
M1R-8TH-D	8		800		400	—	291×275×123	
M1R-KW03-12	12	120	1300	9000～22000	700	0～60	288×170×280	7.5
M1R-SD01-12	12	110/220	1850	负载转速 28000	—	—	—	6.25

赛迪牌电木铣的常见故障与排除

17.4.5　开槽机和开榫机

装配方眼钻头，可在木料上凿方眼（去掉方眼钻头的方壳后，也可钻圆孔）。其型号标注方法是：

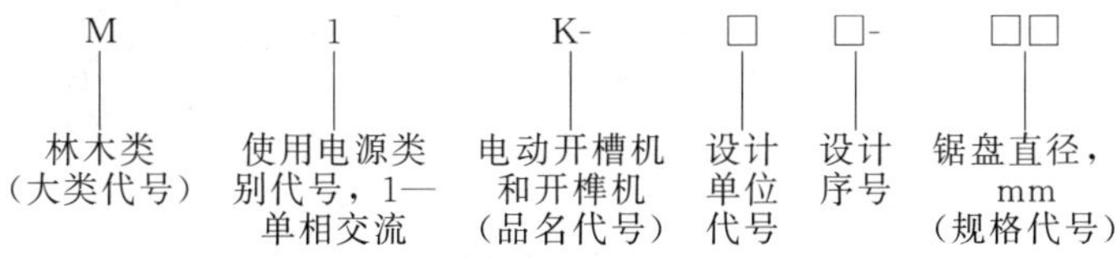

其规格和技术数据见表 17.78。

表 17.78　电动开槽机和开榫机的规格和技术数据

M1K-ZN01-100 开槽机		M1K-ZL-100 开榫机	
刀片 $D\times d\times t$/mm	100×22×4	锯盘直径/mm	100
额定电压/V	110/220/230	额定电压/V	230
额定频率/Hz	50/60	额定频率/Hz	50/60
输入功率/W	700	输入功率/W	600
输出功率/W	320	空载转速/(r/min)	10000
空载转速/(r/min)	10000	角度调整/(°)	0～90
外形尺寸/mm	330×154×150	高度调整/mm	5～35
质量/kg	3.2	质量/kg	3.3

17.4.6　木材切割机

用于木材的下料和切割。其型号标注方法是：

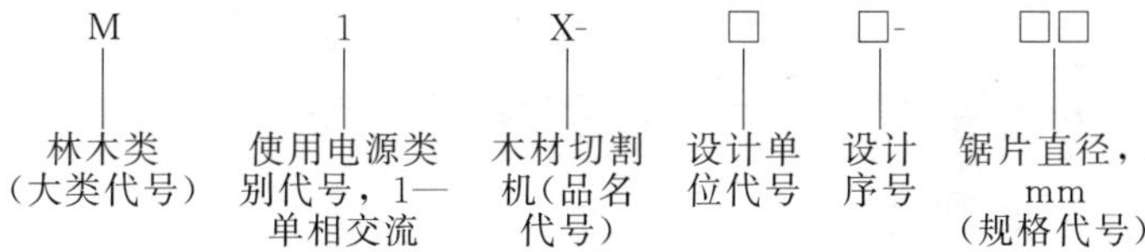

其规格和技术数据见表 17.79。

表 17.79　木材切割机的规格和技术数据

型号	锯片直径 ϕ/mm	最大切割尺寸(深×宽)/mm	输入功率/W	空载转速/(r/min)	外形尺寸(长×宽×厚)/mm	质量/kg
M1X-ZT2-210	210	55×120	900	4500	410×360×270	6.7
MlX-ZT201Z3-210	210	55×120	1050	4500	410×360×270	6.7
MlX-ZTZ3-250	250	75×140	1400	4000	425×380×315	9.0

17.4.7　木材斜断机

木材斜断机用于木材直口或斜口的锯割。其规格和技术数据见表 17.80。

表 17.80　木材斜断机的规格和技术数据

锯片直径/mm	额定电压/V	输入功率/W	空载转速/(r/min)	质量/kg
ϕ255	220	1380	4100	22
ϕ255		1640	4500	20
ϕ380		1640	3400	25

注：进口产品

17.4.8　木工凿眼机和地板抛光机

其主要技术参数见表 17.81。

表 17.81　木工凿眼机和地板抛光机的主要技术参数

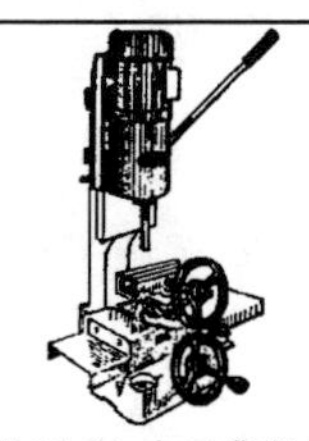

ZMK-16 木工凿眼机

项目	数值
凿眼宽度/mm	8～16
凿眼深度/mm	≤100
夹持尺寸/mm	100×100
电机功率/W	550
质量/kg	74

型号	Sd300-A	Sd300-B	Sd300-C
电压/V	220	380	110
频率/Hz	50	50	50
功率/W	2.2	3.0	2.2
滚筒宽度/mm	300	300	300
带吸尘器			

17.4.9　旋刨机

旋刨机是制作传统火柴的专用设备，其型号表示方法：

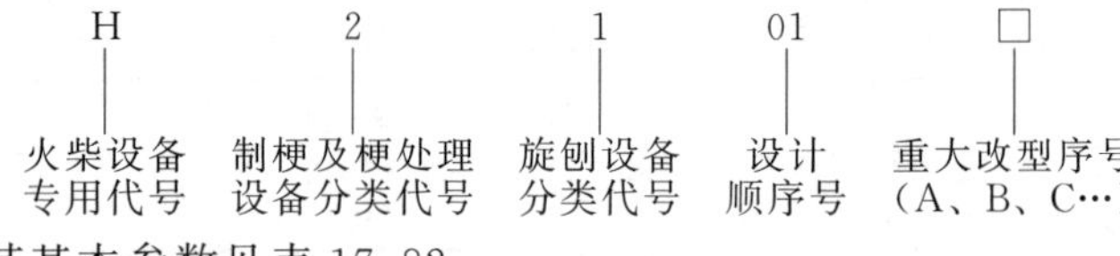

其基本参数见表 17.82。

表 17.82　旋刨机的基本参数（QB/T 1162—2003）

项目			H2101	H2101A	H2101B
生产能力	梗枝	万枝/h	600		
	盒片	万套/h	7.5		
旋刨木段直径/mm			50～750		
旋刨木段长度/mm			410～545		

续表

项目		型号与参数		
		H2101	H2101A	H2101B
旋片厚度	梗片/mm	1.54～2.03		
	盒片/mm	0.42～0.77		
主轴转速/(r/min)		50,75,100	77,103	
总功率/kW		5.75	5.85	7.35

17.5 建筑类

17.5.1 冲击电钻

(1) 普通冲击电钻

冲击电钻配合使用建工钻，主要在瓷砖、混凝土等脆性材料上钻孔，使用普通钻头时，也可在木材、金属上钻孔。

冲击电钻的型号标注方法是：

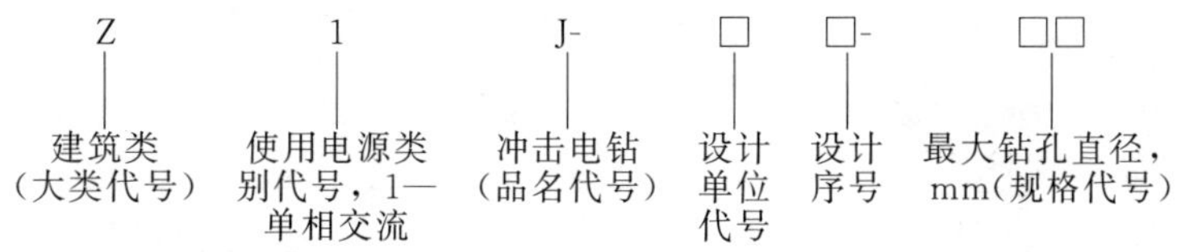

其基本参数见表17.83。

表17.83　冲击电钻的基本参数（GB/T 22676—2008）

规格/mm	额定输出功率(≥)/W	额定扭矩(≥)/N·m	额定冲击次数(≥)/(万次/min)	规格/mm	额定输出功率(≥)/W	额定扭矩(≥)/N·m	额定冲击次数(≥)/(万次/min)
10	220	1.2	4.64	16	350	2.1	4.16
13	280	1.7	4.32	20	430	2.8	3.84

注；1. 冲击电钻规格指加工砖石、轻质混凝土等材料的最大钻孔直径。

2. 对双速冲击电钻，基本参数系指高速挡时的参数，对电子调速冲击电钻是以电子装置调节到给定转速最高值时的参数。

规格和技术参数见表17.84。

表17.84　冲击电钻的规格和技术参数

规格/mm		10	12	16	20
最大钻孔直径	砖	10	12	16	20
	钢	6	10	10	16
额定输出功率/W		160	200	240	280
额定扭矩/N·m		1.4	2.2	3.2	4.5
额定转速/(r/min)		880	700	800	480
额定冲击次数/(次/min)		17600	13600	11200	9600
质量/kg		1.6	1.7	2.6	3.0

注：1. 冲击电钻规格是指加工砖石、轻质混凝土等材料的最大钻孔直径。

2. 对双速冲击电钻，表中的参数系指低速挡时的参数。

Z1J 系列冲击电钻和电子调速冲击电钻的规格见表 17.85、表 17.86。

表 17.85 Z1J 系列冲击电钻的规格

型号规格	最大钻孔直径/mm		额定电压/V	额定输入功率/W	额定扭矩/N·m	额定转速/(r/min)	冲击次数/(次/min)	外形尺寸(长×宽×高)/mm	质量/kg
	混凝土	钢							
Z1J-J2-10TH-Q	10	—	230	380	—	3600②	—	250×172×62	1.4
Z1J-J2-10TH-QC	10	—	230	380	—	3600②	—	260×177×62	1.6
Z1J-JD-10	10	—	220	350	1.0	1200/1600	17200/21500	—	1.3
Z1J-JD2-10	10	—	220	350	0.95	0～1800	0-2500	—	1.3
Z1J-JD-13	13	—	230	500	1.4	0～1700	0-2450	—	1.3
Z1J-SD01-20/10	20	10	220	640	3.15/4.5	480/850	9600/17000	—	3.2
Z1J-SD02-12	12	10	①	390	2.2	700	14000	330×172×72	2.1
Z1J-SD11-13	13	10	220	500	—	1100	20000	—	—
Z1J-SD62-13	13	10	220	600	—	140	25000	—	—
Z1J-SD02-16/10	16	10	①	470	1.6/3.2	800/1500	16000/30000	353×172×75	2.2
Z1J-FR-13	13		230	800	2.9	2500②	—	300×220×80	2.65

续表

型号规格	最大钻孔直径/mm		额定电压/V	额定输入功率/W	额定扭矩/N·m	额定转速/(r/min)	冲击次数/(次/min)	外形尺寸(长×宽×高)/mm	质量/kg
	混凝土	钢							
Z1J-GN01-16	16		220	480	3.22	700	12000	—	2.9
Z1J-GN 01-20	20		220	580	4.52	550	9600	—	3.0
Z1J-GW5-13	13		230	500	—	250	—	280×170×65	1.8
Z1J-CD-12	12	8	220	410	8.70	870	14000	—	1.65
Z1J-CD-16	16	10	229	500	3.2	720	11200	330×225×70	2.2
Z1J-CD-20	20	13	220	600	4.5	650	11000	430×130×80	3.6
Z1J-CD2-20	20	13	220	650	4.5	680	11560	335×185×70	2.2
Z1J-CD3-20	20	13	220	720	4.5	680	11560	408×140×70	2.3
Z1J-HU-20	20		220	580	4.5	650	—	365×186×90	3.2
Z1J-MH-20/10	20/10	13/8	220	520	4.5/2.2	1050/1800②	—	402×140×72	2.4
Z1J-ND-12	12		220	420	2.2	870	17400	—	2.4
Z1J-ND-16	16		220	450	3.2	820	11000	—	2.9
Z1J-ND-20	20		220	660	4.5	680	13600	—	4.0
Z1J-SM1-20/12	20	16	①	640	—	480/850	9600/17000	426×144×90	3.8

① 110V/220V/240V。

② 空载转速。

Z1J 系列电子调速冲击电钻的规格和技术参数见表 17.86。

表 17.86 Z1J 系列电子调速冲击电钻的规格

型号规格	最大钻孔直径 φ/mm		额定电压 /V	输入功率 /W	额定扭矩 /N·m	空载转速 /(r/min)	冲击次数 /(次/min)	外形尺寸 (长×宽×高)/mm	质量 /kg
	轻质混凝土	钢材							
Z1JE-SD11-13	13	10	110/220	500	—	0～1100	—	280×190×75	2.1
Z1JE-SD62-13	13	10	—	600	—	0～2800	0～50000	320×215×75	2.1
Z1J-HDA1-10T Z1J-HDA5-13T	10 13	8 10	230	400 500	1.35	0～2500	0～3750	232×263×71	2.0
Z1J-HDA-13 Z1J-HDA-13A	13	10	230	550 600	2.03	0～2400	—	232×263×71	2.1
Z1J-HDA10A-13T	13	10	230	800	2.37	0～2500	0～3750	298×285×73	2.3
Z1J-HDA9-13	13	10	230	550	1.24	0～2500	0～3750	245×240×67	1.75
Z1J-HDA10-13T	13	10	230	1050	2.57	0～3000	0～4000	298×285×73	2.2
Z1J-HDA11-13	13	10	230	600	1.53	0～2500	0～3750	275×265×71	2.0
Z1J-HDA14-13T	13	10	230	500	1.15	0～2500	0～3750	232×263×71	1.8
Z1J-DU01-13T	13	10	230	500	—	0～2800	—	235×262×70	2.2
Z1J-KW02-13 Z1J-KW02-13B	13 13	— —	230 230	560 710	1.5 1.8	0～2800 0～3000	0～40000	272×242×83	2.4
Z1J-K15-13 Z1J-K16-13	13 13	10 10	230 230	710 710	2.5 2.5	0～3200	0～37500	240×215×66 245×220×75	2.0 2.0
Z1JE-MH-16/10	16/10	—	220	480	3.2/1.4	0～1300 0～2000	—	330×171×72	2.2
Z1J-HDA2-20	20	13	230	1050	—	0～3000	—	375×259×81	
Z1J-HDA3-20 Z1J-HDA4-20	20	13	230	1050	2.15	0～3000	—	380×292×83 351×292×74	2.6 2.1

(2) 旋转和旋转冲击式硬质合金建工钻

冲击式硬质合金建工钻与冲击电钻配套，可在墙体上钻孔。其规格见表17.87。

表17.87　旋转和旋转冲击式硬质合金建工钻（GB/T 6335.1—2010）

mm

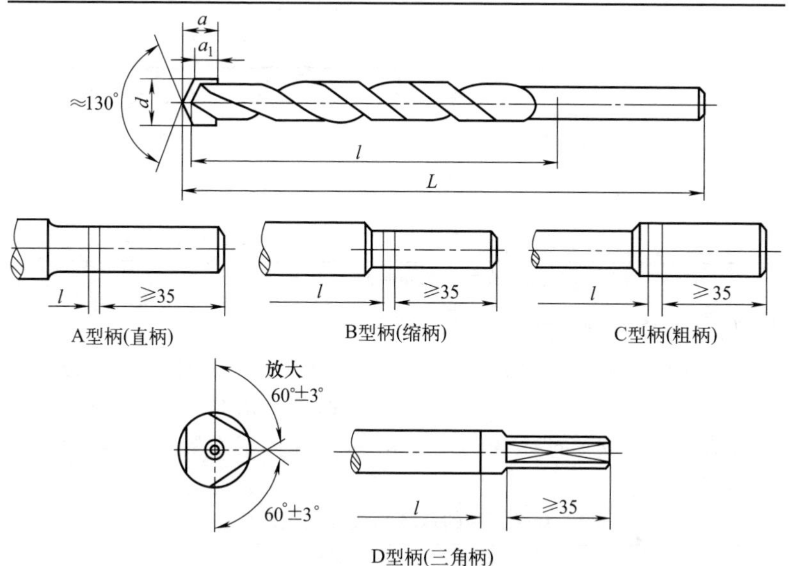

A型柄(直柄)　B型柄(缩柄)　C型柄(粗柄)

D型柄(三角柄)

<table>
<tr><th rowspan="2">d</th><th rowspan="2">a_{min}
(参考)</th><th rowspan="2">a_{1min}
(参考)</th><th colspan="2">短系列</th><th colspan="2">长系列</th><th colspan="4">加长系列(穿墙钻)</th><th rowspan="2">夹持部分尺寸</th></tr>
<tr><th>总长
L</th><th>工作长度
≈l</th><th>总长
L</th><th>工作长度
≈l</th><th>总长
L</th><th>工作长度
≈l</th><th>总长
L</th><th>工作长度
≈l</th></tr>
<tr><td>4.0</td><td rowspan="3">0.8d</td><td rowspan="3">0.57d</td><td>75</td><td>39</td><td rowspan="3">150</td><td rowspan="3">85</td><td rowspan="3">—</td><td rowspan="3">—</td><td rowspan="3">—</td><td rowspan="3">—</td><td>10</td></tr>
<tr><td>4.5,5.0,5.5</td><td>85</td><td>39</td><td rowspan="2">10
13</td></tr>
<tr><td>6.0,6.5,7.0</td><td>100</td><td>54</td></tr>
<tr><td>8.0,9.0,10.0</td><td rowspan="5">0.7d</td><td rowspan="5">0.47d</td><td>120</td><td>80</td><td rowspan="2">200</td><td rowspan="2">135</td><td rowspan="2">—</td><td rowspan="2">—</td><td rowspan="2">—</td><td rowspan="2">—</td><td rowspan="7">10
13
或
16</td></tr>
<tr><td>11.0</td><td rowspan="5">150</td><td rowspan="5">90</td></tr>
<tr><td>12.0</td><td>200</td><td>150</td><td>400</td><td>350</td><td>600</td><td>550</td></tr>
<tr><td>13.0</td><td rowspan="5"></td><td rowspan="5"></td><td>—</td><td>—</td><td>—</td><td>—</td></tr>
<tr><td>14.0</td><td rowspan="4">400</td><td rowspan="4">350</td><td rowspan="4">600</td><td rowspan="4">550</td></tr>
<tr><td>15.0,16.0</td><td rowspan="3">0.6d</td><td rowspan="3">0.37d</td></tr>
<tr><td>18.0</td><td rowspan="2">160</td><td rowspan="2">100</td></tr>
<tr><td>20.0</td><td>13或16</td></tr>
</table>

续表

d	a_{min}（参考）	a_{1min}（参考）	短系列		长系列		加长系列（穿墙钻）				夹持部分尺寸
			总长 L	工作长度 $\approx l$	总长 L	工作长度 $\approx l$	总长 L	工作长度 $\approx l$	总长 L	工作长度 $\approx l$	
22.0	0.55d	0.32d	160	100			400	350	600	550	13 或 16
24.0							—	—	—	—	
25.0							—	—	600	550	

附表　冲击钻头规格　mm

直径	总长	刃长	直径	总长	刃长
5	85	50	13	150	90
6	100	60	16	160	100
8	120	80	20	160	100
10	120	80			

注：夹持部分尺寸可按需要的柄部直径制造。

17.5.2　套式锤钻

套式锤钻在冲击有旋转时，配用电锤钻头，可以钻硬而脆的非金属材料（混凝土、岩石等）；在旋转而无冲击时，配用麻花钻头，可以钻金属和软质非金属材料。基本参数和技术数据见表 17.88、表 17.89。

表 17.88　套式锤钻的基本参数（GB/T 25672—2010）　mm

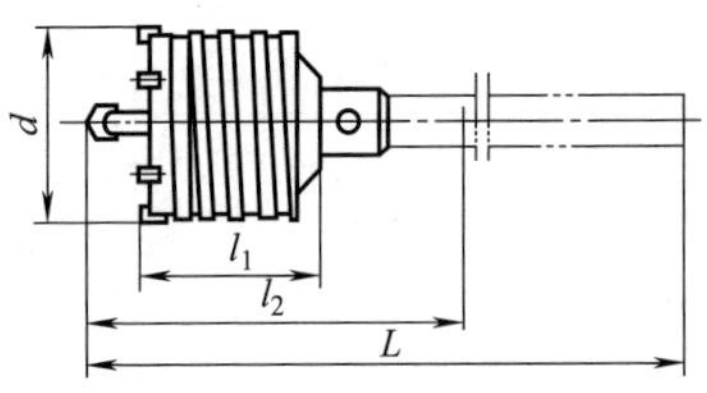

套式电锤钻直径 d		套式刀的长度 l_1	套式电锤钻的悬伸长度 l_2			
基本尺寸	极限偏差	基本尺寸	短系列	长系列	加长系列	超长系列
25、30	+0.52 +0.21	70 80 100 120 150	200	300	400	550
35、40、45、50	+0.62 +0.25					
55、65、70、80	+0.74 +0.30					

续表

套式电锤钻直径 d		套式刀的长度 l_1	套式电锤钻的悬伸长度 l_2			
基本尺寸	极限偏差	基本尺寸	短系列	长系列	加长系列	超长系列
85、90、100、105	$^{+0.87}_{+0.35}$	70 80 100 120 150	200	300	400	550
125、130、150	$^{+1.00}_{+0.40}$					

表 17.89　套式锤钻的技术数据（GB/T 25672—2010）

型号	钻孔范围/mm		工作转速/(r/min)	每分钟冲击次数	额定输入功率/W	质量/kg
	混凝土	钢板				
ZIA-14	8～14	3～8	770	3500	380	3.2

附表　电锤钻头规格　mm

结构	直径	总长	结构	直径	总长
实心直花键柄	ϕ13～38	250～550	十字形直花键柄	ϕ30～80	220～450
实心斜花键柄	ϕ16～26	260～550	十字形斜花键柄	ϕ30～80	220～450
实心六方柄	ϕ12～26	200～500	十字形六方柄	ϕ30～80	220～450
实心双键尾柄	ϕ5～15	110～400	筒型直花键柄	ϕ40～125	300～660
实心圆锥柄	ϕ6～13	110～260	筒型斜花键柄	ϕ40～125	290～640
实心圆柱柄	ϕ6～20	110～400	筒型六方柄	ϕ40～125	300～660

17.5.3　电锤钻

配用硬质合金电锤钻头，用于破碎墙面、道路、混泥土、石材等脆性材料，或在其上面打孔。

电锤钻的型号标注方法是：

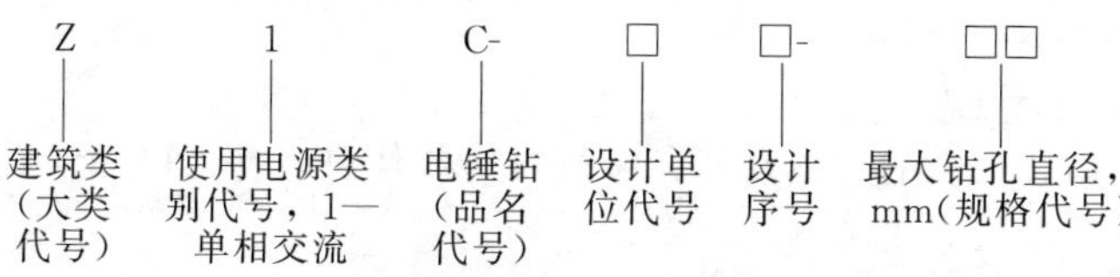

其基本参数及脱扣力矩见表 17.90、表 17.91。

表 17.90 电锤钻的基本参数（GB/T 25672—2010） mm

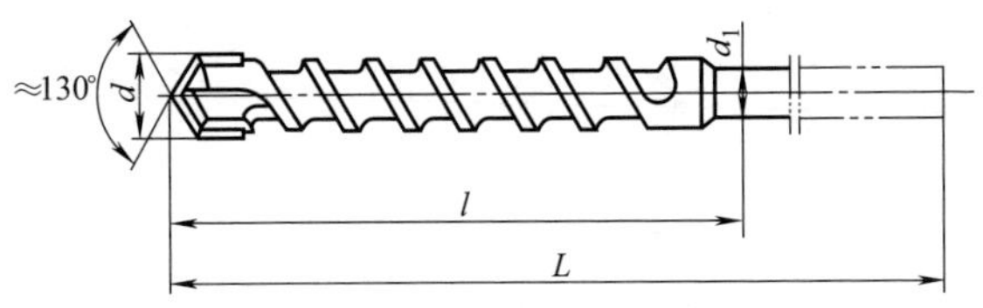

<table>
<tr><td>基本尺寸</td><td colspan="4">l</td></tr>
<tr><td>d</td><td>短系列</td><td>长系列</td><td>加长系列</td><td>超长系列</td></tr>
<tr><td>5,6,7,8</td><td rowspan="2">60</td><td rowspan="3">110</td><td rowspan="4">150</td><td>—</td></tr>
<tr><td>10</td><td rowspan="4">250</td></tr>
<tr><td>12,14</td><td rowspan="3">110</td></tr>
<tr><td>16,18</td><td rowspan="3">150</td></tr>
<tr><td>20</td><td rowspan="3">300</td></tr>
<tr><td>22</td><td rowspan="2">150</td><td rowspan="2">400</td></tr>
<tr><td>24,26</td><td rowspan="2">250</td></tr>
<tr><td>28,32,35,38</td><td rowspan="2">200</td><td rowspan="2">400</td><td rowspan="2">550</td></tr>
<tr><td>40,42,45,50</td><td>300</td></tr>
</table>

表 17.91 电锤钻的基本参数和脱扣力矩（GB/T 7443—2007）

<table>
<tr><td>规格/mm</td><td>16</td><td>18</td><td>20</td><td>22</td><td>26</td><td>32</td><td>38</td><td>50</td></tr>
<tr><td>钻削率(≥)/(cm^3/min)</td><td>15</td><td>18</td><td>21</td><td>24</td><td>30</td><td>40</td><td>50</td><td>70</td></tr>
<tr><td>脱扣力矩(≤)/N・m</td><td colspan="3">35</td><td colspan="2">45</td><td colspan="2">50</td><td>60</td></tr>
</table>

注：电锤规格指在 300 号混凝土（抗拉强度 30～35MPa）上作业时的最大钻孔直径(mm)。

Z1C 系列电锤钻规格和技术数据见表 17.92。

Z1C 系列电子调速双重绝缘电锤钻的规格和技术数据见表 17.93。

17.5.4 电镐

电镐有很大的冲击动能，可直接对物体进行冲击破坏。其规格和技术数据见表 17.94。

表 17.92 Z1C 系列电锤钻的规格和技术数据

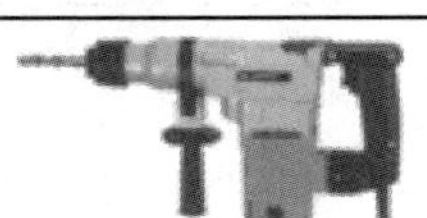

型号规格	最大钻孔直径 ϕ /mm		额定电压 /V	额定输入功率 /W	额定转速 /(r/min)	额定冲击次数 /(次/min)	输出功率 /W	外形尺寸 (长×宽×高) /mm	质量 /kg
	混凝土	钢材							
Z1C-CD-26	26	13	220	705	450	3100	—	378×235×86	4.4
Z1C-CD2-22	22	—		650	720	3350	—	330×218×84	3.2
Z1C-CD3-20	20	13		550	620	—	—	336×225×95	2.6
Z1C-DW-22	22	—	110/220/230	520	800①	—	240	354×230×95	4.7
Z1C-DW-26	26	13		620	800①	—	300	369×244×98.5	5.1
Z1C-DW-26D	26	13		620	800①	—	300	369×244×98.5	5.1
Z1C-DW-26E	26	13		620	800①	—	300	369×244×98.5	5.2
Z1C-DW-38	38	—		900	500①	—	560	372×215×82	6.2
Z1C-DY03-22	22	13	110～230	520	550	2750	252	380×230×90	4.7
Z1C-DY04-16	16	—		420	613	3500	—	340×200×95	3.8
Z1C-FA-22	22	13	220	600	734	—	230	345×205×68	2.8
Z1C-FA-26	26	13		720	455	—	380	370×230×92	5.2
Z1C-FA-26C	26	13	230	750	800	—	340	370×225×65	3.0
Z1C-FA-32	32	—		1200	568	—	627	295×270×90	6.0
Z1C-FQ-24	24	—		720	1000①	—	340	370×220×100	3.2
Z1C-FQ-26	26	13		750	880①	—	350	370×220×100	3.5
Z1C-FF02-20	20	13	220	500	850①	3900	≥200	—	2.3
Z1C-FF-26	26	13		620	500①	3200	≥330	—	4.6
Z1C-FF-38	38	—		800	400①	—	≥260	—	7.5
Z1C-FG-20	20	—		550	700	—	—	340×210×90	2.4

续表

型号规格	最大钻孔直径 φ /mm		额定电压 /V	额定输入功率 /W	额定转速 /(r/min)	额定冲击次数 /(次/min)	输出功率 /W	外形尺寸（长×宽×高）/mm	质量 /kg
	混凝土	钢材							
Z1C-FG-26	26	13	220	650	460	—	—	380×230×90	5.0
Z1C-FG-38	38	—		850	400	—	—	400×250×105	7.6
Z1C-FT-26	26	13		620	420	—	—	352×281×100	5.4
Z1C-FU-26	26	13		620	420	2920	—	352×231×100	5.4
Z1C-HB-26	26	13		750	880①	—	—	380×210×75	3.3
Z1C-HDA-26A	26	13	120	700	900①	3150	390	328×232×92.5	4.8
Z1C-HDA-26	26	13	230	800	900①	—	414	328×232×92.5	5.0
Z1C-HDA1-26 Z1C-HDA1-26A	26	13		750	900①	—	417	328×232×92.5	4.8
Z1C-HU-20	20	—	220	500	580	—	—	335×205×90	2.85
Z1C-HU-26	26	13		620	620	—	—	370×250×96	5.4
Z1C-J2-26TH	26	13		720	1000	—	360	360×228×75	3.8
Z1C-KP01-20	20			550	530	4900		290×213×100	—
Z1C-KW-26	26	13	220	500	420	2920	270	480×360×130	7.0
Z1C-KW-40	40	—		900	600①	—	350	480×380×180	13.0
Z1C-MH-22	22	—		520	800①	—	280	380×221×100	4.3
Z1C-MH-26	26	13		620	650①	—	340	380×231×100	4.8
Z1C-NY01-26	26	13		620	420	2920	—	—	—
Z1C-SD41-26	26	13	110/220/240	620	420	2900	—	355×235×100	5.4
Z1C-SD42-16	16	—		420	520	2900	—	330×94×200	3.2
Z1C-SD42-22	22	13		500	380	2850	—	400×245×94	5.2
Z1C-SD43-22	22	13		520	500	2750	—	352×221×100	5.0
Z1C-SF1-26	26	13	220	620	420	—	—	365×230×95	5.0
Z1C-U1-26	26	13		620	420	2920	—	—	—
Z1C-WD-26	26	13		620	400	—	—	—	4.8
Z1C-WH02-38	38	—		840	400	—	—	380×290×100	6.8

① 空载转速。

表 17.93　Z1C 系列电子调速双重绝缘电锤钻的规格和技术数据

型号规格	最大钻孔直径 φ /mm		额定电压 /V	额定输入功率 /W	额定转速 /(r/min)	额定冲击次数 /(次/min)	输出功率 /W	外形尺寸（长×宽×高） /mm	质量 /kg
	混凝土	钢材							
Z1C-CD-20	20	13		550	0～620	0～3000	—	336×225×95	2.6
Z1C-CD2-20	20	13		550	0～600	0～3100	—	330×218×84	3.2
Z1C-CD-22	22	13	220	550	0～600	0～3150	—	388×228×104	4.4
Z1C-CD-24	24	13		650	0～850	0～4700	—	370×210×87	2.8
Z1C-CD02-24	24	13		650	0～780	0～3100	—	356×208×92	2.8
Z1C-HDA1-32A	32	—		1050	0～800①	0～3150	472	399×276×99.5	5.1
Z1C-J2-16TH-D	16	—	230	550	0～1200①	—	270	320×190×75	2.17
Z1C-HDA4-26	26	—		800	0～900①	—	433	390×280×80	6.1
Z1C-KW-40	40	—	120/230	1100	230～450	—	350	480×380×180	13
Z1C-J2-20TH-A	20	—		530	0～1400①	—	260	390×210×85	2.8
Z1C-J2-20TH-B	20	—	230	550	0～1400①	—	270	390×210×85	2.8
Z1C-J2-20TH-C	20	—		530	0～1400①	—	260	390×210×85	2.8
Z1C-SD01-26	26	13		620	0～420	0～2900	—	352×235×100	5.4
Z1C-HU-22	22	—		520	0～500	—		365×235×90	4.8
Z1C-KW-20	20	—	220	500	0～850	—	200	410×180×110	4.0
Z1C-KP03-22	22	—		520	0～650	0～4000	—	352×222×100	—
Z1C-SD03-22	22	13	①	520	0～500	0～2750	—	352×221×100	5
Z1C-KP05-26	26	—	220	600	0～800	0～4000	—	—	—

① 110V/220V/240V。

表 17.94 电镐的规格和技术数据

型号	额定电压/V	额定频率/Hz	输入功率/W	冲击次数/(次/min)	冲击能量/J	外形尺寸/mm	质量/kg
Z1G-SD01-6	220/240	50/60	900	2900	—	440×105×240	6
Z1G-DW-50	220/230	50/60	1800	1030	50	1010×596×142	29
HM0810	220	—	900	2900	—	410	5.3
HM1303	—	—	1300	1450	—	747	14
GSH5E	220	—	950	2600	2-9	—	5.2
GSH388	220	—	1050	2800	10/8	—	4.9

17.5.5 地板磨光机

地板磨光机是以三相或单相异步电动机为动力，采用高强度砂纸的磨削滚筒和移动轮对木质地板进行磨光作业的机械。其型号表示方法是：

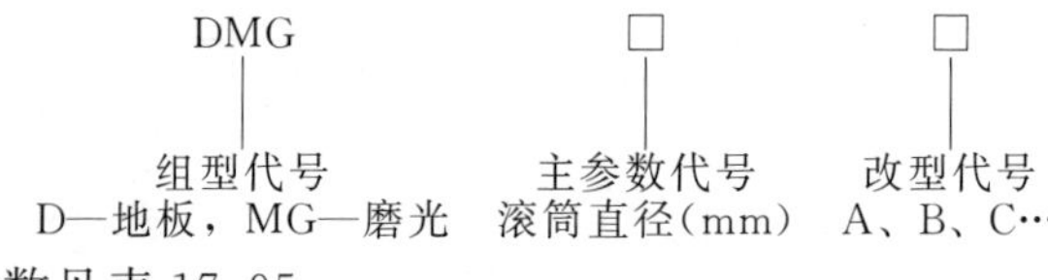

其参数见表 17.95。

表 17.95 地板磨光机的参数（JG/T 5068—1995）

电源		三相				单相			
滚筒直径/mm		200	(250)	300	350	200	(250)	300	350
电动机功率(≤)/kW		1.5	2.2		3	1.5	2.2		3
滚筒线速度/(m/min)		≥18							
吸尘器风速/(m/min)		≥26							
整机质量(≤)/kg	铝合金外壳	55	76	86	92	55	(76)	86	92
	铸铁外壳	(65)	(86)	96	108	65	(86)	96	108
外形尺寸(长×宽×高)(≤)/mm		1000×450×1000		1150×500×1000		1000×450×1000		1150×500×1000	

17.5.6 地板抹光机

地板抹光机是以电动机或内燃机为动力，对混凝土及水泥砂浆地面进行抹光作业的设备。其型号表示方法是：

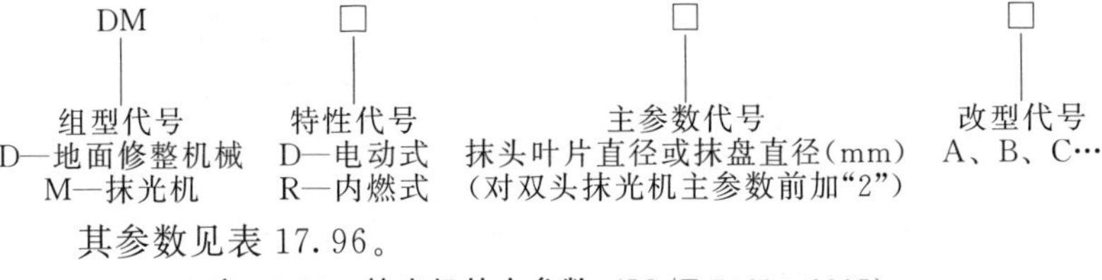

其参数见表 17.96。

表 17.96　抹光机的主参数（JG/T 5069—1995）　mm

名称	主参数系列
抹头叶片直径或抹盘直径	300,400,500,600,800,900,1000

17.5.7　电动湿式磨光机

电动湿式磨光机（图 17.21）是用杯形系或碗形系砂轮，对水磨石板、混凝土表面等进行注水磨削作业的单相串励电动湿式磨光机，其安全工作线速度大于或等于 30m/s（陶瓷结合剂）或 35m/s（树脂结合剂）。

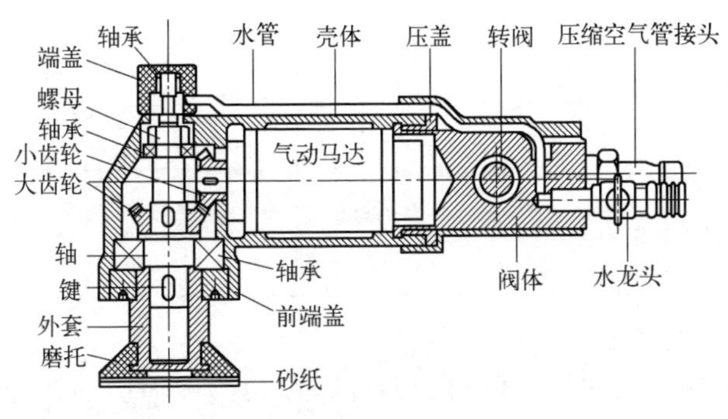

图 17.21　湿式磨光机的结构

湿式磨光机型号标注方法是：

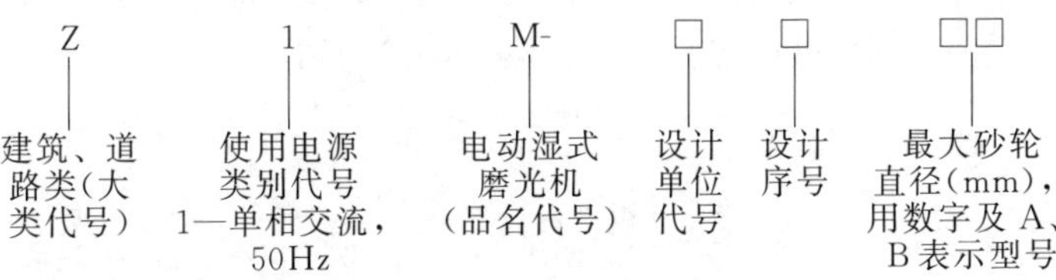

其基本参数和技术数据见表 17.97、表 17.98。

表 17.97 电动湿式磨光机的基本参数（JB/T 5333—2013）

规格/mm		额定输出功率(≥)/W	额定扭矩(≥)/N·m	最高空载转速/(r/min)	
				陶瓷结合剂	树脂结合剂
80	A	200	0.4	7160	8350
	B	250	1.1	7150	8350
100	A	340	1.0	5700	6600
	B	500	2.4	5700	6600
125	A	450	1.5	4500	5300
	B	500	2.5	4500	5300
150	A	850	5.2	3800	4400
	B	1000	6.1	3800	4400

表 17.98 一些湿式磨光机的技术数据

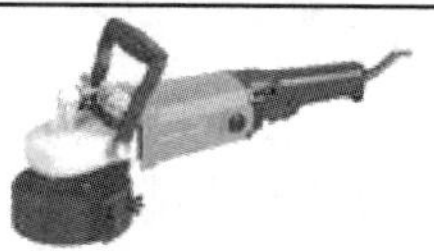

型号	砂轮规格/mm			额定输出功率/W	额定扭矩/N·m	砂轮结合剂		质量/kg
	外径	厚度	螺孔			陶瓷	树脂	
						最高空载转速/(r/min)		
Z1M-80A Z1M-80B	80	40	M10	200 250	0.1 1.1	7150	8350	3.1
Z1M-100A Z1M-100B	100	40	M14	340 500	1.0 2.1	5700	6600	3.9
Z1M-125A Z1M-125B	125	50	M14	450 500	1.5 2.5	4500	5300	5.2
Z1M-150A Z1M-150B	150	50	M14	850 1000	5.2 6.1	3800	4400	—

17.5.8 石材切割机

石材切割机配用金刚石切割片，可切割硬而脆的非金属材料（大理石、云石、瓷砖等）。按其结构形式可分为手持式电动石材切割机和台式石材切割机。

（1）手持式电动石材切割机

手持式电动石材切割机的型号表示方法是：

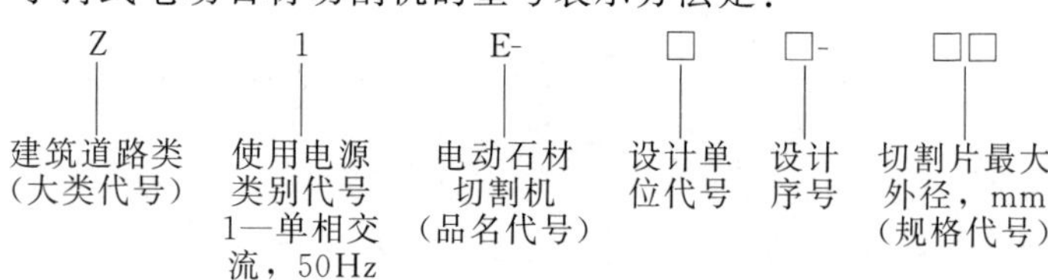

其基本数据见表17.99。

表17.99　手持式电动石材切割机的基本数据（GB/T 22664—2008）

规格	切割尺寸（外径×内径）/mm	额定输出功率（≥）/W	额定扭矩（≥）/N·m	最大切割深度/mm	噪声值（≤）/dB(A)
110C	110×20	200	0.3	20	90(101)
110	110×20	450	0.5	30	90(101)
125	125×20	450	0.7	40	90(101)
150	150×20	550	1.0	50	91(102)
180	180×25	550	1.6	60	91(102)
200	200×25	650	2.0	70	92(103)

Z1E系列的规格和技术数据见表17.100。

表17.100　Z1E系列电动石材切割机的规格和技术数据

型号规格	最大切割深度/mm	额定电压/V	输入功率/W	输出功率/W	空载转速/(r/min)	外形尺寸(长×宽×高)/mm	质量/kg
Z1E-CD-110	30	220	900	550	11000	240×210×162	3.5
Z1E-FF-110	30		1200	≥750	13000	—	2.9
Z1E-FF02-110	30		1200	≥700	12000	—	2.8
Z1E-FG-110	30		1100	—	11000	210×230×170	3.0
Z1E-HB-110	30		1000	—	11800	260×190×180	3.1
Z1E-HU-110	≥30		950	450	12000	215×180×155	3.1
Z1E-HU-110C	≥30	220	850	450	12000	205×210×160	2.8
Z1E-KP02-110	30		880	—	11000	230×215×170	2.9
Z1E-KW05-110	30		850	450	11000	233×213×190	3.2
Z1E-NG-110	30		1200	—	11000	220×220×220	3.05
Z1E-MH-110	30		850	450	12000	218×207×198	3.0
Z1E-MH-110C	30	220	430	205	9600	325×115×205	2.0
Z1E-NT-110	30		1200	≥450	13000	240×240×220	2.8
Z1E-QB110	30	220	950	—	13000	210×225×155	2.7

续表

型号规格	最大切割深度/mm	额定电压/V	输入功率/W	输出功率/W	空载转速/(r/min)	外形尺寸(长×宽×高)/mm	质量/kg
Z1E-SD01-110	30	110/220	850	—	12000	210×230×172	3.5
Z1E-SD42-110	30	/240	850	—	12000	220×230×170	2.9
Z1E-SF2-110	30	220	900	500	13000	210×236×170	3.2
Z1E-WH-110	30		850	—	12000	220×210×160	2.9
Z1E-YD-110	30		1000	580	12000	208×235×165	2.6
Z1E-ZT-110	34	220	800	—	10000	195×205×185	3.2
Z1E-NG-180①	60		1400	—	5000	280×230×200	6.8
Z1E-FG-180①	60		1400	—	5000	275×370×160	7.0
Z1E-WH-180①	60		1200	—	5000	370×280×160	7.0
Z1ET-180TH①	60		500	250	2800	460×410×290	15.1

① 切割片外径尺寸为180mm，其余110mm；孔径20mm。

（2）台式石材切割机（表17.101、表17.102）

表17.101 石材切割机的技术参数（Ⅰ）

CM351

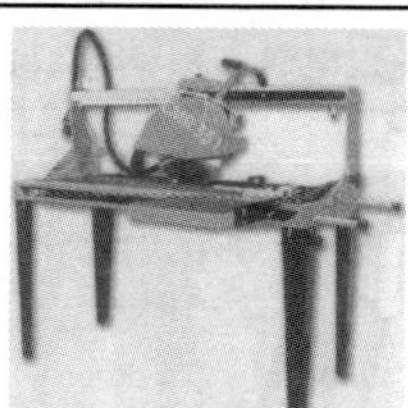
CMR351

CM41

参数	CM351	CMR351	CM41
最大锯片尺寸/mm	ϕ350	ϕ350	ϕ400
锯片孔径/mm	25.4		
电源电压/V	220		
功率/W	2200		
转速/(r/min)	2800		
最大切割深度/mm	110	100	135(90°)/94(45°)
最大切割长度/mm	700	1150	600
台面尺寸/mm	600×600	1150×515	440×340
台面倾斜度/(°)	0～45		
平均手臂振动量/(m/s²)	＜2.2	＜2.5	＜2.5
(保险丝/A)/(发电机/kVA)	16/6		
(声功率级/声压级)/dB(A)	87/73	92/80	92/80
总体尺寸/mm (长×宽×高)	1146×815×1270	1650×700×1550	1170×600×1400
质量/kg	69	125	85

注：美国诺顿产品，下同。

表 17.102　石材切割机的技术参数（Ⅱ）

参数	CM501 3.55.3	CM501 3.55.3DV	CM501 3.60.P	CM501 5.55.3
动力源/发动机型号	电动	电动	汽油/HONDA GX200	电动
电源电压/V	400	220～400	—	400
功率/W	4000	4000	4800	4000
(保险丝/A)/(发电机/kVA)	16/10	16/10	—	16/10
最大锯片尺寸/mm	ϕ500	ϕ500	ϕ500	ϕ600
锯片孔径/mm	25.4			
最大切割深度/mm	195	195	195	245
最大切割长度/mm	500			
台面尺寸/mm	500×420			
转速/(r/min)	1900	1900	2200	1900
平均手臂振动量/(m/s^2)	<2.5			
(声功率级/声压级)/dB(A)	79/81	97/81	106/93	97/81
总体尺寸/mm (长×宽×高)	1480×610×1550	1480×610×1550	1480×610×1700	1480×610×1550
质量/kg	165	163	165	188

17.5.9　马路切割机

马路切割机的主要功能是在水泥路面和柏油路面上切缝，深度可达100～200mm，是道路养护设备中不可或缺的设备。其技术参数见表17.103、表17.104。

表 17.103　马路切割机的技术参数（Ⅰ）

CS1

CS451

参数	CS1 P13	CS1 P21	CS451 P13	CS451 D7
动力源	汽油	汽油	汽油	汽油
发动机型号	HONDA GX390	HONDA GX630	HONDA GX390	HATZ 1B30
功率/kW	9.6	14.7	9.6	5
水箱容量/L	70		25	

续表

转速/(r/min) 启动装置	2600 拉线	2272 电动	2573 拉线	2573 曲柄
锯片深度控制	手轮			
推进方式	手推			
最大锯片尺寸/mm	ϕ500×25.4		ϕ450×25.4	
最大切割深度/mm	190		170	
平均手臂振动量/(m/s^2) (声功率级/声压级)/dB(A)	4.22 105/89	3.9 106/92	1.9 105/88	4.7 110/91
总体尺寸/mm (长×宽×高)	1180×580 ×925	1088×580 ×925	1180×538 ×1040	1180×538 ×1040
质量/kg	140	180	112	120

注：美国诺顿产品，下同。

表 17.104　马路切割机的技术参数（Ⅱ）

CSB1 P21　　CSB1 D13

参数	CSB1 P21 K1A	CSB1 D13 H1A	CSB1 D13 H1W
动力源 发动机型号 功率/kW	汽油 HONDA GX630 15	柴油 HATZ 1D81 Z 9.5	柴油 HATZ 1D81 11
转速/(r/min) 水箱容量/L 最大锯片尺寸/mm 最大切割深度/mm	1775 25 ϕ600×25.4 225	1950 25 ϕ500×25.4 190	
启动装置 锯片深度控制	电动 手动或液压	曲柄 手动	拉线 手动或液压
推进方式 平均手臂振动量/(m/s^2) (声功率级/声压级)/dB(A) 总体尺寸(长×宽×高)/mm	自动 3.35 107/89 1200×600×1100	自动 5.08 114/101 1200×600×1040	
质量/kg	240	255	250

17.5.10　移动式水切割机

水切割机主要由高压水发生设备、高压磨料混合罐与磨料控制阀、高压管路、切割头、辅助切割执行机构及控制系统等组成。其型号表示方法是：

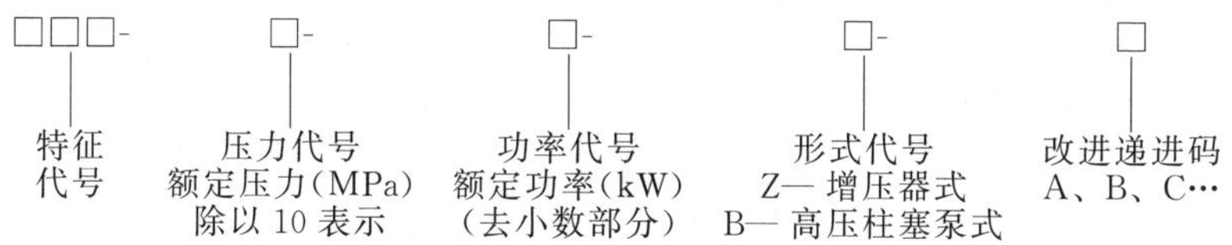

其基本参数和切割性能见表 17.105、表 17.106。

表 17.105　水切割机主机基本参数（JB/T 14046—2020）

额定压力/MPa	额定流量/(L/min)	额定功率/kW	高压磨料混合罐		额定压力/MPa	额定流量/(L/min)	额定功率/kW	高压磨料混合罐	
			压力/MPa	容积/L				压力/MPa	容积/L
25	15	7.5	≥30	≥10	70	20 25 32	30 37 45	≥70	≥13 ≥15 ≥20
50	10 15 20 28	11 15 22 30	≥50	≥7 ≥10 ≥13 ≥20	100	10 20 28	30 45 55	≥100	≥10 ≥13 ≥20
70	10 15	15 22	≥70	≥7 ≥10					

表 17.106　水切割机的切割性能（JB/T 14046—2020）

（以切割 10mm 厚度的 45 钢为考核指标）

额定压力/MPa	额定流量/(L/min)	额定功率/kW	切割速度/(mm/min)	额定压力/MPa	额定流量/(L/min)	额定功率/kW	切割速度/(mm/min)
25	15	7.5	≥30	50	28	30	≥80
50	10 15 20	11 15 22	≥52 ≥60 ≥68	70	10 15 20	15 22 30	≥70 ≥85 ≥95

注：额定压力大于 70MPa 水切割机的切割性能，最低切割速度由供需双方协商确定。

17.5.11　超高压水切割机

超高压水切割机由高压发生器（主机，可为超高压增压器或高压水泵）、切割平台、切割执行机构及控制系统构成，原动机为发动机或柴油机。其型号表示方法是：

主机型号表示方法：

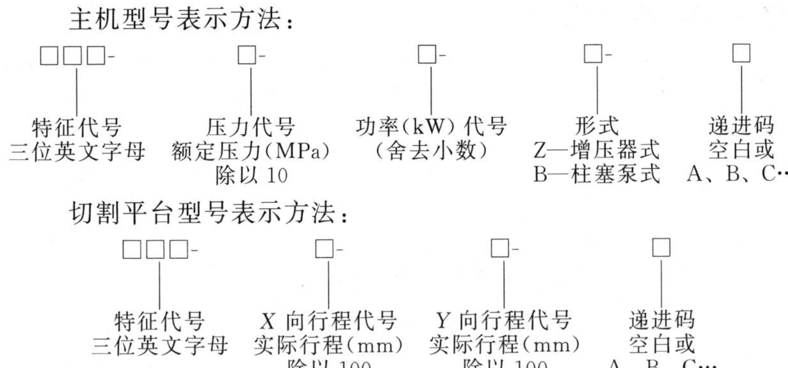

切割平台型号表示方法：

基本参数见表17.107。

表17.107 超高压水切割机基本参数（GB/T 26136—2018）

额定压力/MPa	流量/(L/min)	额定功率/kW	额定压力/MPa	流量/(L/min)	额定功率/kW	额定压力/MPa	流量/(L/min)	额定功率/kW	额定压力/MPa	流量/(L/min)	额定功率/kW
250	2	15	300	2	18.5	350	1.5	15	400	1.5	15
	3	22		3	22		2	18.5		2	22
	4.5	30		4	30		3	30		3	30
	5.5	37		4.5	35		4	37		3.5	37
	7	45		6	45		5	45		4.5	45
	8.5	55		7	55		6	55		5.5	55
	11.5	75		9.5	75		8	75		7	75

17.5.12 机器人超高压水切割机

机器人超高压水切割机由超高压泵、工业机器人、电气系统、超高压管路、切割执行机构、定位模具、吸附系统和安全防护系统构成（图17.22）。

分类：按机器人安装方式分，有正立式、侧挂式和倒挂式；按机器人数量分，有单机器人式和多机器人式；按附加轴型式分，有机器人运动式和工作台运动式；按工作台型式分，有固定工作台式、移动工作台式和旋转工作台式；按工位数分有单工位式和多工位式。

超高压泵和机器人参数见表17.108、表17.109。

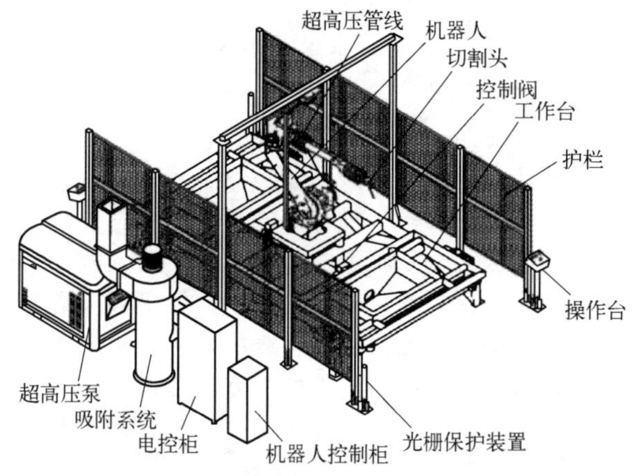

图 17.22　机器人超高压水切割机

表 17.108　超高压泵基本参数（JB/T 13245—2017）

额定压力/MPa	流量/(L/min)	额定功率/kW	额定压力/MPa	流量/(L/min)	额定功率/kW	额定压力/MPa	流量/(L/min)	额定功率/kW	额定压力/MPa	流量/(L/min)	额定功率/kW
200	1.1	5.5	250	2.8	18.5	350	2.0	18.5	400	4.3	45
	1.5	7.5		3.4	22		2.4	22		5.3	55
	2.1	11	300	1.4	11		3.3	30	420	1.7	11.5
	2.9	15		2.0	15		4.1	37		2.0	22
	3.6	18.5		2.4	18.5	400	1.8	18.5		2.7	30
250	1.2	7.5		2.8	22		2.1	22		3.4	37
	1.7	11		3.8	30		2.9	30		4.1	45
	2.3	15	350	1.7	15		3.6	37		5.0	55

表 17.109　机器人基本参数（JB/T 13245—2017）

名称	优选参数			
加工半径/mm	1720	2060	2550	3110
额定负载/kg	≥10			

17.5.13　混凝土振动器

混凝土振动器用于建筑和道路施工中捣实混凝土钢筋结构。

分类：按振动器型式分，有电机内装插入式、电动软轴行星插入式、电动软轴偏心插入式和电动外部式 4 种。

（1）电动插入式混凝土振动器

混凝土振动器是通过振动使浇注混凝土消除气泡、捣固混凝土、提高强度的电动工具。

按传动式可分为插入式和附着式等。

本节只介绍插入式混凝土振动器。

分类：有软轴偏心式、软轴行星式和直联式三种。

结构：由电动机、软轴组件和振动棒三大部分组成（图17.23）。其工作原理是：通过电动机驱动，行星机构增速，通过软轴带动振动棒的软轴芯转动，由棒头内的偏心机构产生振动，从而赶出浇灌时混入的气泡，提高构件的强度和质量。

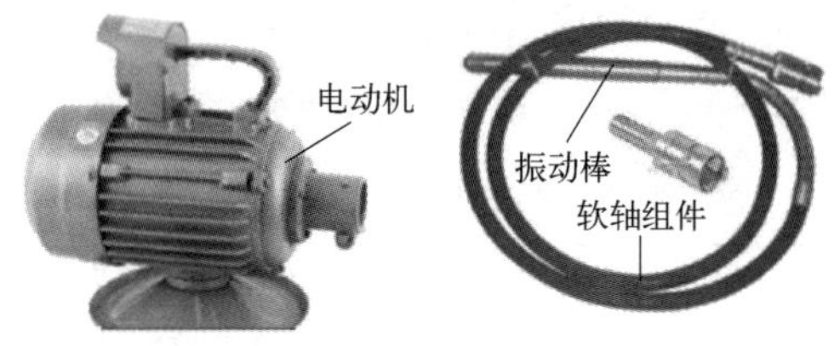

图 17.23 电动插入式混凝土振动器

其结构见图 17.24 和图 17.25。

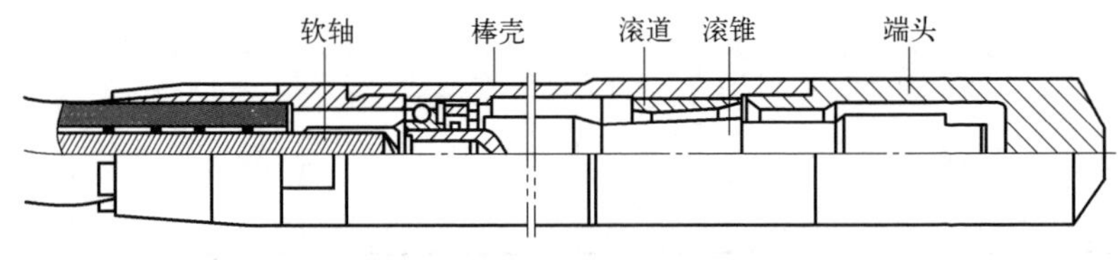

图 17.24 行星滚锥插入式振动器

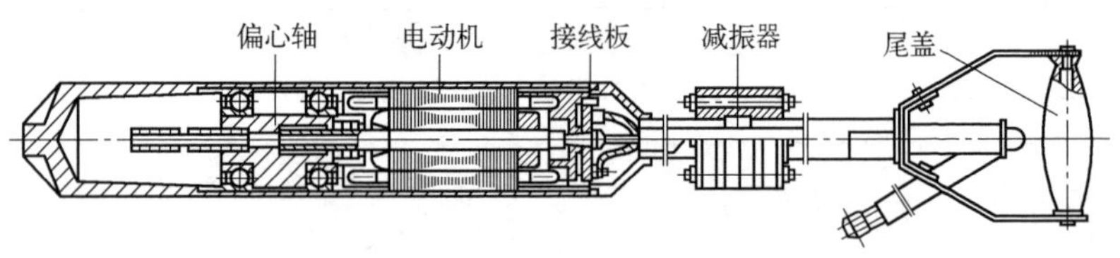

图 17.25 电动直联高频插入式混凝土振动器

型号表示的方法是：

基本参数：见表17.110～表17.113。

表17.110　软轴偏心式振动器的基本参数（JB/T 11855－2014）

基本参数	型号					
	ZPN25	ZPN30	ZPN35	ZPN42	ZPN50	ZPN60
振动棒直径/mm	25	30	35	42	50	60
空载振动频率/Hz	240	220	200	200	200	200
空载振幅[1]/mm	0.5	0.75	0.8	0.9	1.0	1.1
电动机输出功率/W	370、550、750、1100、1500、2200					
生产率[2]/(m^3/h)	≥1.0	≥1.7	≥2.5	≥3.5	≥5.0	≥7.5

① 振幅为全振幅的一半，下同。

② 混凝土塌落度为3～4cm时的生产率，下同。

表17.111　软轴行星式振动器的基本参数（JB/T 11855—2014）

基本参数	型号						
	ZN25	ZN30	ZN35	ZN42	ZN50	ZN60	ZN70
振动棒直径/mm	25	30	35	42	50	60	70
空载振动频率/Hz	230	215	200	183	183	183	183
空载振幅/mm	0.5	0.6	0.8	0.9	1.0	1.1	1.2
电动机输出功率/W	370、550、750、1100、1500、2200						
生产率/(m^3/h)	≥2.5	≥3.5	≥5.0	≥7.5	≥10	≥15	≥20

表17.112　直联式振动器的基本参数（JB/T 11855—2014）

基本参数	型号										
	ZDN32	ZDN38	ZDN45	ZDN50	ZDN58	ZDN65	ZDN70	ZDN85	ZDN100	ZDN125	ZDN150
振动棒直径/mm	32	38	45	50	58	65	70	85	100	125	150
空载振动频率/Hz	200	200	200	200	200	200	200	200	150	150	125
空载振幅/mm	0.6	0.8	1.6	1.2	1.2	1.2	1.2	1.2	1.6	1.6	1.8
电动机输出功率/W	180	250	370	550	750	750	850	1100	1500	2200	4000
生产率/(m^3/h)	≥3.5	≥5.0	≥7.5	≥10	≥12.5	≥15	≥20	≥30	≥40	≥50	≥70

(2) 电动外部式混凝土振动器

电动外部式混凝土振动器用于混凝土基层表面密实。也用于混

表 17.113　ZN 型插入式混凝土振动器的技术数据

型号	ZN25	ZN35	ZN50	ZN70
直径/mm	25	35	50	70
长度/mm	4	4/6	4/6/8/10/12	4/6/8
振动频率/Hz	260	220	200	200
振幅/mm	0.7	0.82	1.15	1.25
软管直径/mm	24	30	36	36
软轴直径/mm	8	10	13	13

凝土制造工艺中松料、落料、送料和装料等。其工作原理是：当电动机工作时，转子轴两端各有一个与电动机功率匹配的偏心块也同时转动，从而产生振动力。

分类：有平板式、附着式、直线振动附着式和台架式（图 17.26）。

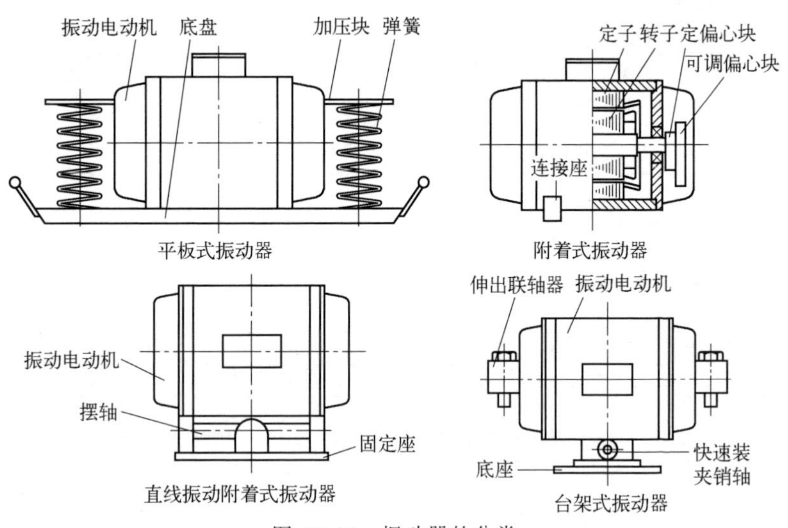

图 17.26　振动器的分类

型号表示的方法是：

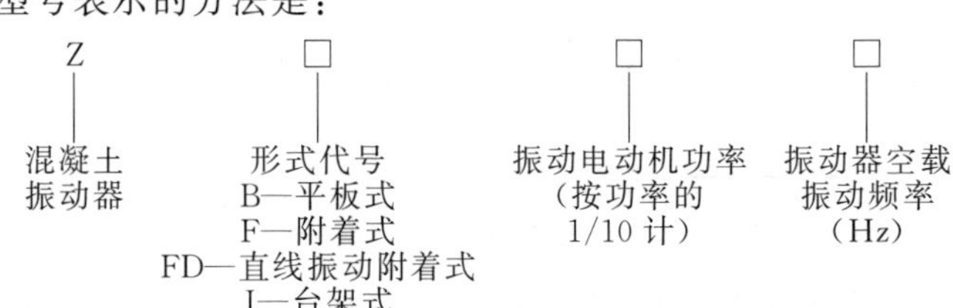

其基本参数见表 17.114。

表 17.114　电动外部式混凝土振动器基本参数（JB/T 11856—2014）

振动电动机功率/W	空载激振力/N	空载振动频率/Hz
40	400	50
60	600	
90	1000	
120	1500	
180	2000	
250	3000	
370	4000	
550	5000	
800	6000	
1100	9000	
1500	12000	
2200	25000	
3000	35000	
4000	50000	
5500	63000	
550	6500	100
750	8000	
1100	12000	
1500	17000	
2200	24000	

振动电动机功率/W	空载激振力/N	空载振动频率/Hz
120	1500	16
200	2000	
250	3000	
370	5000	
550	8000	
750	10000	
1100	15000	
1500	20000	
2200	30000	
3000	40000	
4000	50000	
5500	75000	
550	5500	150
750	7500	
1100	11000	
1500	15000	
2200	22000	

振动电动机功率/W	空载激振力/N	空载振动频率/Hz
120	2000	25
180	3000	
250	5000	
370	8000	
550	10000	
850	17000	
1100	20000	
1500	30000	
2200	50000	
3000	63000	
4000	80000	
5500	100000	
550	3000	200
750	5000	
1100	9000	
1500	12000	
2200	20000	

17.5.14　混凝土钻孔机

用于对硬质的非金属材料（如墙壁、混凝土、瓷砖、岩石等）钻孔，如安装煤气管道、水暖管道，敷设电缆等钻孔，安装机器设备钻地锚孔，各种水泥管道侧面钻孔等。

混凝土钻孔机的型号标注方法是：

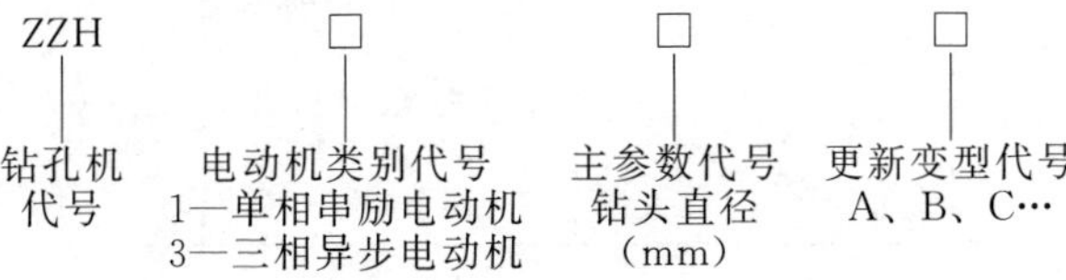

钻孔机基本参数和性能见表 17.115、表 17.116。

表 17.115 钻孔机基本参数（JG/T 5005—1992）

钻头直径/mm	110	160	200	250
钻孔率/(cm^3/min)	>150	>300	>470	>680

注：钻孔机规格指在 C30 混凝土（骨料为中等可钻性，如硅化灰盐等）上作业时的最大钻孔直径。

表 17.116 钻孔机的性能（JG/T 5005—1992）

项目	合格品				一等品				优等品			
	110	160	200	250	110	160	200	250	110	160	200	250
钻削率/(cm^3/min)	≥150	≥300	≥470	≥680	≥190	≥400	≥600	≥880	≥240	≥500	≥750	≥1000
单位质量钻削率/[cm^3/(kg·min)]	—	—	—	—	≥8	≥11	≥15	≥18	≥10	≥14	≥18	≥22
空载噪声/dB(A)	≤93				≤91				≤89			
轴伸圆柱面径向圆跳动公差/mm	0.12				0.06				0.03			
输出轴回转中心线与导向立柱的平行度/mm	300:ϕ0.25				300:ϕ0.15				300:ϕ0.10			
耐久性	外壳有牢固可靠的专用接地或接零系统。金属零件之间应有效地防止腐蚀，接地系统电阻（不含电源导线）应≤0.1Ω				同合格品，但运行时间为 72h				同合格品，但运行时间为 96h			
关键零件抽检合格率	100%				100%				100%			
主件主项抽检合格率	85%				95%				100%			
外观质量	符合本标准 5.7 条规定				漆层、镀层光亮。塑料件表面无明显影丝和凹痕（深度 0.3mm 以下），外壳零件之间无明显错位（在 1mm 以下）。其余同合格件				外壳零件之间无明显错位（在 0.5mm 以下），其余同一等品			

双重绝缘混凝土钻孔机的型号标注方法是：

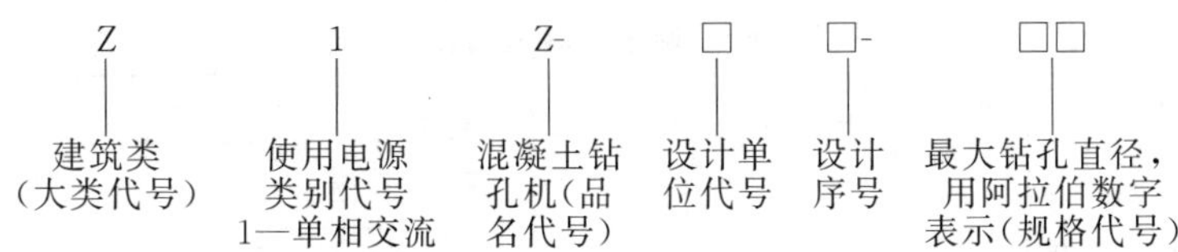

常见系列钻孔机的规格和技术数据见表 17.117～表 17.120。

表 17.117　Z1Z 系列双重绝缘混凝土钻孔机的规格和技术数据

额定电压 220/V

型号规格	最大钻孔直径①/mm	输入功率/W	空载转速/(r/min)	外形尺寸(长×宽×高)/mm	质量/kg
Z1Z-CF-90	90	1100	1800	452×107×280	7.2
Z1Z-CF02-80	78	1500	—	540×105×286	—
Z1Z-CF02-90	90	1400	2000	452×107×280	7.2
Z1Z-CF03-90	100	1500	1350	460×300×100	7.2
Z1Z-CF04-90	100	1500	1350	330×160×700	14.2
Z1Z-CF-102	102	1360	1900	332×150×747	12
Z1Z-CF-110	110	1700	1200	451×117×441	13
Z1Z-CF-160	160	2000	750	930×290×150	22
Z1Z-CF-180	180	2200	750	410×210×850	22.4
Z1Z-CF-205	205	2300	750	410×210×850	23.4
Z1Z-CF-230	230	2500	720	400×250×900	23.7
Z1Z-CF-255	255	2600	460/900	400×250×920	24.9
Z1Z-FF-90	90	1350	1150	—	4.0
Z1Z-FF-200	200	3300	500	—	24
Z1Z-FT-110	110	1500	1700	—	6.8
Z1Z-SF1-65	65	1000	900②	375×315×121	6.0
Z1Z-TJ-200	200	2500	740	530×225×1010	32.9

① 最大钻孔直径是指在 C30 混凝土上作业时的数值。

② 额定转速。

表 17.118 Z1Z 系列电子调速混凝土钻孔机的规格和技术数据

型号规格	最大钻孔直径/mm	额定电压/V	输入功率/W	空载转速/(r/min)	外形尺寸（长×宽×高）/(mm)	质量/kg
Z1Z-CF-80	80	220	1150	0～1800	530×128×439	5.5
Z1Z-NY-90	90	220	1200	0～1750		

表 17.119 Z1-LE 系列台式工程钻孔机的规格和技术数据

型号规格	最大钻孔直径/mm	额定电压/V	输入功率/W	输出功率/W	额定转矩/N·m	空载转速/(r/min)	外形尺寸（长×宽×高）/(mm)	质量/kg
Z1-LE-76	100	220	1400	780	6.5	1500	850×350×280	10.5
Z1-LE-160	200	220	2400	1500	20	1100		

表 17.120 Z1-LE-100 型水气两用工程钻孔机的规格和技术数据

最大钻孔直径	100mm	输出功率	780W
额定电压	220V	外形尺寸	395mm×356mm×108mm
输入功率	1400W	质量	6.5kg
空载转速	2000r/min		

17.5.15 蒸压加气混凝土切割机

型号表示方法是：

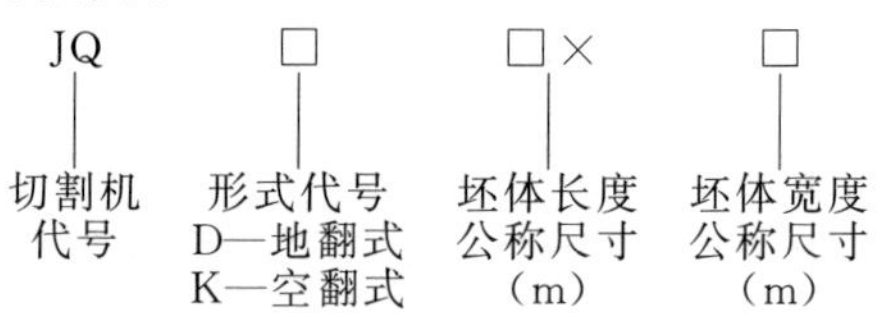

其基本尺寸见表 17.121。

表 17.121 蒸压加气混凝土切割机的基本尺寸（JC/T921—2014）

项目		参数	项目		参数
坯体公称尺寸/m	长度系列	4.2、4.8、5.0、6.0	可切割制品最小尺寸/mm	纵切 a	50
	宽度系列	1.2、1.4、1.5		横切 b	100
	高度	0.6		面包头和底面切 c	600
切割模数/mm	纵切	5	切割钢丝直径/mm	普通钢丝	≤1.0
	横切	5		复合钢丝	≤1.5

注：坯体的公称尺寸为坯体切割前的长度、宽度和高度。

17.5.16 地面切割机

分类：按切割机的行进方式，可分为轨道式切割机和轮胎式切割机；按驱动方式，可分为自行式切割机和手扶式切割机。

主参数：切割机的主参数为砂轮直径，其系列见表 17.122。

表 17.122 切割机的主参数系列（JB/T 14116—2021）

项目	主参数系列
砂轮直径	250,300,350,400,450,500,550,600,650,700,750,800,850,900,950,1000

17.5.17 砖墙铣沟机

砖墙铣沟机配合硬质合金专用铣刀，可对砖墙、石膏等表面铣切沟槽，由集尘袋集尘。其型号标注方法是：

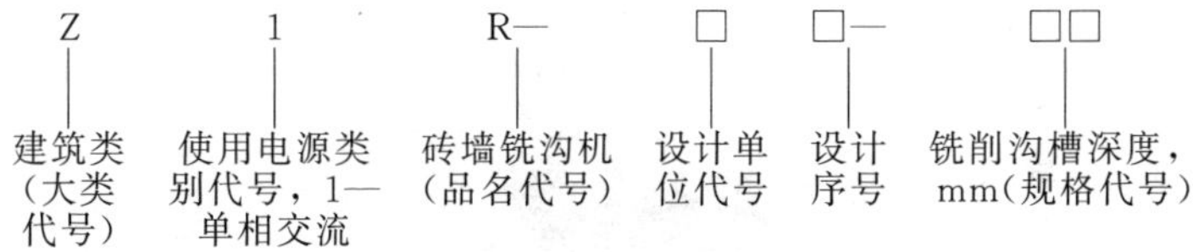

其规格和技术数据见表 17.123。

表 17.123 砖墙铣沟机的规格和技术数据

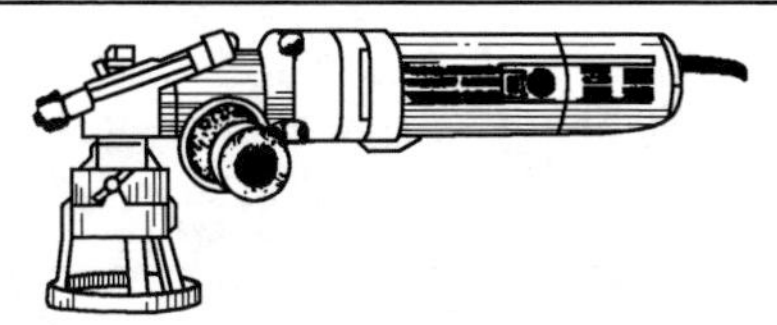

型号	输入功率/W	负载转速/(r/min)	额定转矩/N·m	铣沟能力/mm	质量/kg
Z1R-16	400	800	2.0	≥20×16	3.1

注：单相串励电机驱动，电源电压 220V，频率 50Hz，软电缆长度为 2.5m。

17.5.18 电动捣碎机

电动捣碎机用于捣碎混凝土块、石块、砖块。其规格和技术数据见表 17.124。

表 17.124 电动捣碎机的规格和技术数据

输入功率/W	冲击频率/Hz	质量/kg
870	50	5.6
1050	50	5.5～5.9
1140	24.7/35	8.0～9.5
1240	23.3	15.0

17.5.19 电动雕刻机

电动雕刻机用于玉石、象牙、红木、翡翠、玛瑙及贝壳等工艺品的雕刻和复杂零件加工。其型号标注方法如下：

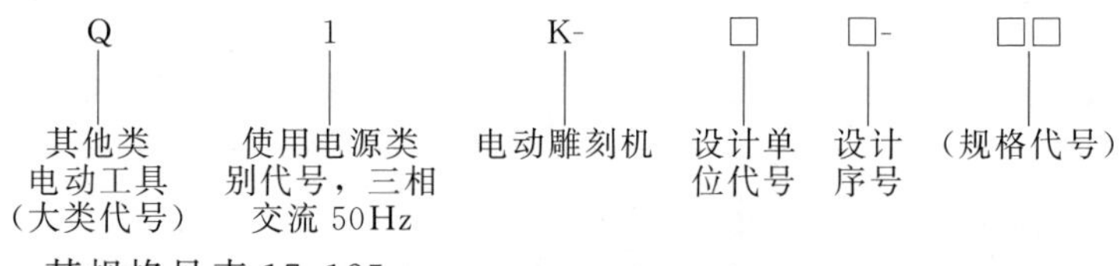

其规格见表 17.125。

表 17.125 电动雕刻机的规格

型号	额定电压 /V	额定扭矩 /N·m	输入功率 /W	额定转速 /(r/min)	软轴最大回转半径 /mm	刀柄装置范围 /mm	外形尺寸/mm（长×宽×高）	质量 /kg
Q1K-4	220	—	180	16000	—	—	—	3.8
Q1KR-4B	220	>0.008	240	13000	1000	0～6;4～6	1200×220×150	5.0
Q1KR-4	220	0.031	230	13000	—	—	226×177×155	3.0

17.5.20 矿用煤电钻

用途：在回采及掘进工作中对硬煤层钻眼。型号编制方法是：

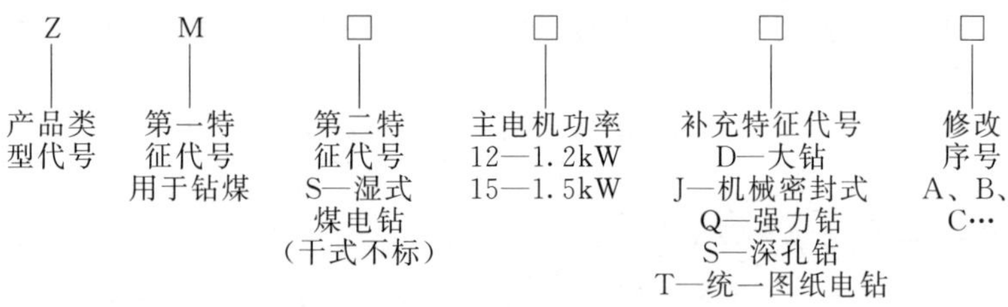

隔爆型手持煤电钻基本参数见表 17.126。

矿用煤电钻技术参数见表 17.127。

表 17.126　隔爆型手持煤电钻基本参数

<table>
<tr><th>项目</th><th colspan="2">基本参数</th><th colspan="2">项目</th><th colspan="2">基本参数</th></tr>
<tr><td>电动机额定电压/V</td><td colspan="2">127</td><td colspan="2">主轴转速/(r/min)</td><td>420～650</td><td>470～650</td></tr>
<tr><td>电动机额定频率/Hz</td><td colspan="2">50</td><td rowspan="2">质量/kg
(不含电缆和水管)</td><td>干式</td><td><15.5</td><td><16.0</td></tr>
<tr><td>电动机额定功率/kW</td><td>1.2</td><td>1.5</td><td>湿式</td><td colspan="2"><16.5</td></tr>
<tr><td>钻孔直径/mm</td><td colspan="2">ϕ38～5</td><td colspan="4"></td></tr>
</table>

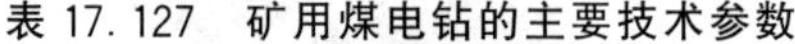
表 17.127　矿用煤电钻的主要技术参数

型号	主轴转速/(r/min)	主轴扭矩/N·m	钻孔直径/mm	额定功率/kW	额定电压/V	额定电流/A	电机效率/%	风扇外径/mm
ZM-12T ZM-12TD ZM-12TS	520	22	ϕ38-45	1.2	127	9	76	15.5
ZM-15T	600	23		1.5		11		16
ZM-15TD	540	26.5						
ZM-15TS	600	23						

注：泰安鼎鑫矿用设备有限公司产品。

17.5.21　轨枕捣固机

用于捣实铁道轨枕下的石子和缝隙中的填充物，其型号标注方法如下：

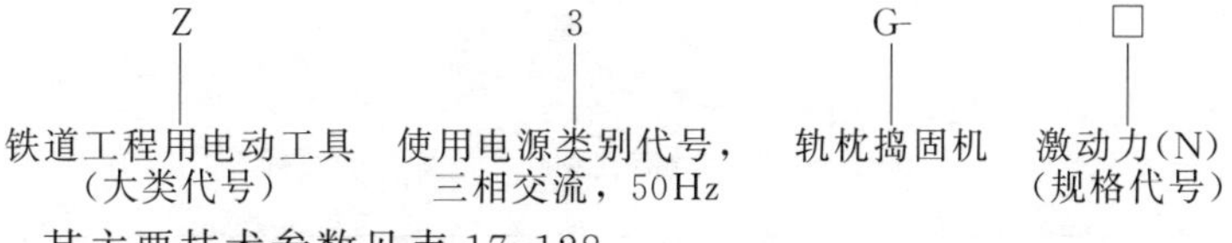

其主要技术参数见表 17.128。

表 17.128　轨枕捣固机主要技术参数

型号	额定转速/(r/min)	激动力/N	尺寸/mm(长×宽×高)	质量/kg	电动机类型
Z3G-300	2700	3000	1085×163×520	15.5	外转式
Z3G-350	2850	3500	1000×160×570	18.0	一般式

注：额定电压 380V；输出功率 350W。

17.5.22 管道清理机

管道清理机配合适当工具，可清理管道污泥、淤塞物等，有手持式和移动式两种。其主要技术参数见表 17.129、表 17.130。

表 17.129 手持式电动管道清洗机主要技术参数

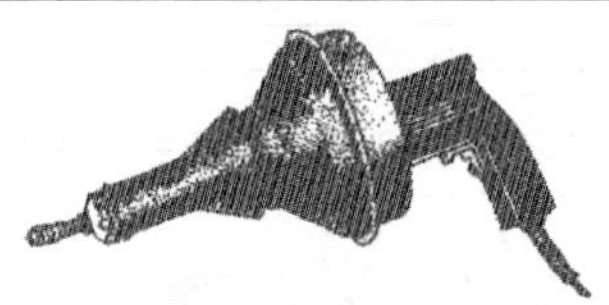

型号	疏管直径/mm	软轴长度/m	软轴外径/mm	额定功率/W	额定转速/(r/min)	质量/kg	特征
Q1GRES-19～76	19～76	8	10	300	0～500	6.75	倒、顺、无级调速
Q1G-SC-10～50	12.7～50	4	6	130	300	3	倒、顺、恒速
GT-2	50～200	2	8	350	700		管道疏通和钻孔两用
GT-15	50～200	1.5	13	430	500		
T15-841	50～200	2,4,6,8,15	8,13	431	500	14	下水道用
T15-842	25～75	2	—	—	—	3.3	大便器用
Q1G-8	50～200	4	8	430	500	—	下水道用
Q1SH-100	<100	—	—	430	500	2.5	
Q1G-RE-19～76	19～76	—	—	400	700	6.8	

表 17.130 移动式电动管道清洗机主要技术参数

型号	清理管道直径/mm	清理管道长度/m	额定电压/V	电机功率/W	清理最高转速/(r/min)
Z-50	12.7～50	12		185	400
Z-500	50～250	16		750	400
GQ-75	20～100	30	220	180	400
GQ-100	20～100	30		180	380
GQ-200	38～200	50		180	700

17.5.23 钢筋弯曲机

钢筋弯曲机是用于钢筋弯曲成形的设备（图17.27）。

图17.27 钢筋弯曲机

（1）分类

按动力源分有液压和电动钢筋弯曲机两大类；按成形方向又可分为卧式和立式两种。

（2）主参数

能够弯曲400MPa级带肋钢筋的最大直径，其系列为20、25、32、40、50。

（3）型号表示方法

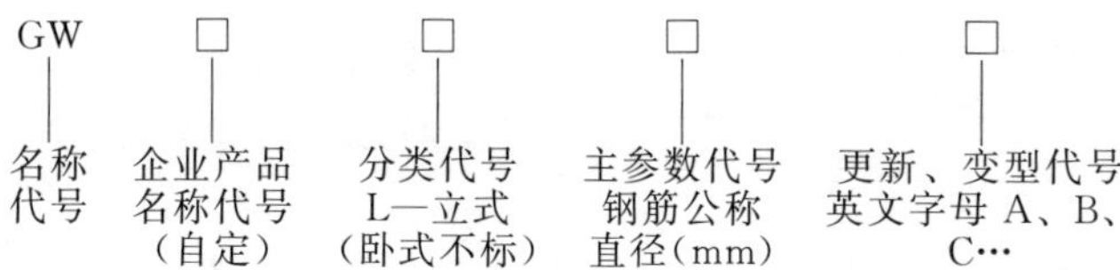

例如，立式、企业产品名称代号为××，最大弯曲钢筋直径为50mm的弯曲机的第一代变型产品，标记为：钢筋弯曲机GW-××-L-50A。

（4）弯曲速度

见表17.131。

表17.131 弯曲速度（JB/T 12076—2014）

主参数	20	25	32	40	≥50
机械传动弯曲速度/(r/min)	≥15	≥9	≥9	≥5	≥2.5
液压传动弯曲速度/(r/min)	≥12				

（5）几种钢筋弯曲机的数据

见表 17.132。

表 17.132 几种钢筋弯曲机的数据

型号	GW-12	GW-16	GW-40	GW-50	GW-42	GW-60
弯曲钢筋直径/mm 圆钢(Q235A)	ϕ4～12	ϕ4～16	ϕ6～40	ϕ10～50	≤42	ϕ6～60
弯曲钢筋直径/mm Ⅱ级螺纹钢			ϕ8～36	ϕ10～40	整机重 320kg	整机重 500kg
工作圆盘直径 /mm			ϕ345	ϕ400		480
工作圆盘转速 /(r/min)	20	35～40	5,10	5,10	(电机 1440) 10～20	8,3
电机功率/kW	1.5	1.5	3	4	3	5.5
尺寸/mm					750×700 ×750	1030×870 ×840

第18章 气动工具

气动工具的种类繁多，按用途大致有金属切削工具类、冲击式动力工具类、装配用工具类、挤压切断工具类、喷涂工具类及包装工具类等，其中大多在相关章节中介绍过，这里仅作为一些补充。

气动工具型号的编制方法，根据 JB/T 1590—2010 规定，应依次由产品类别、组别、型别、产品主参数、产品改进设计状态和制造企业标识等产品特征信息代码组成，企业标识码为可选要素，其余为必备要素：

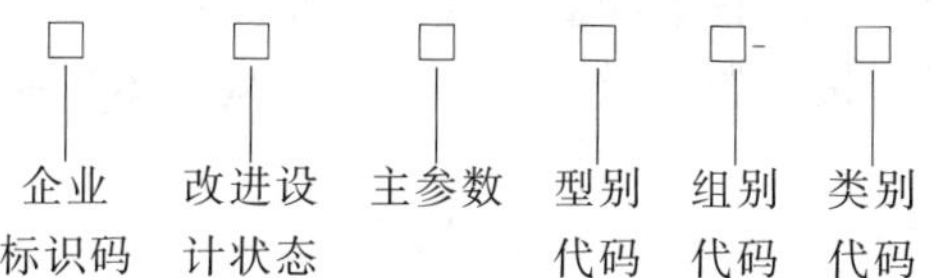

注：产品的类别、组别、型别和特性代码，应采用这些特征信息的关键字、词的汉语拼音大写首字母表示（不允许使用“I”和“O”），但其中气动钳要用“N”表示、回转钻的防爆型别代号要用“H”表示。

18.1 金属切削类

18.1.1 气钻

以压缩空气为动力，可高效钻削各种金属。产品按旋向分为单向和双向；按手柄型式分为直柄式、枪柄式和侧柄式；按结构形式分为直式和角式。其规格和技术数据见表 18.1。

表 18.1 气钻的规格和技术数据（JB/T 9847—2010）

项目	产品系列								
	6	8	10	13	16	22	32	50	80
功率/kW≥	0.200		0.290		0.660	1.07	1.24	2.87	
空转转速(≥)/(r/min)	900	700	600	400	360	260	180	110	70
单位功率耗气量(≤)/[L/(s·kW)]	44.0		36.0		35.0	33.0	27.0	26.0	

续表

项目	产品系列								
	6	8	10	13	16	22	32	50	80
噪声(声功率级)(≤)/dB(A)	100		105			120			
机重(≤)/kg	0.9	1.3	1.7	2.6	6.0	9.0	13.0	23.0	35.0
气管内径/mm	10		12.5		16			20	
清洁度(≤)	170	190	300	400	800	1510	2000	2400	3000
寿命指标	800			600					

注：1. 验收气压为 0.63MPa。

2. 噪声在空运转下测量。

3. 机重不包括钻卡；角式气钻重量允许增加 25%。

18.1.2　矿用手持式气动钻机

手持式气动钻机是以人力扶持和推进完成钻进作业，或采用支腿、架柱作为辅助支撑，由人力推进的气动设备，主要用于打井下煤层的探放水孔、瓦斯孔、构造孔、探煤厚度，同时可用于锚喷测厚钻孔，非常适合于狭窄巷道的深孔作业。

手持式气动钻机的型号编制方法是（MT/T 994—2006）：

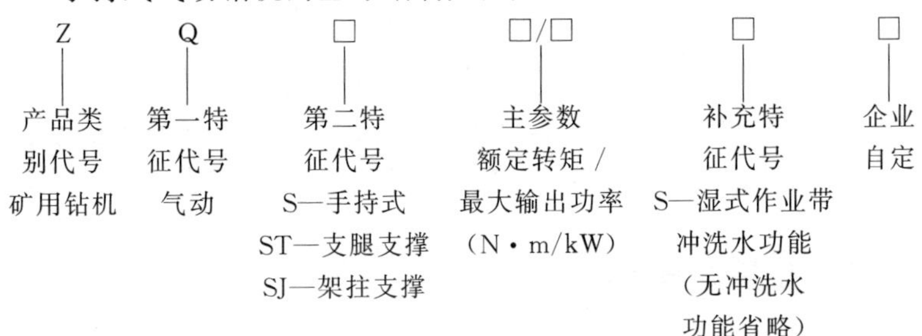

其技术数据见表 18.2。

表 18.2　手持式气动钻机技术数据

技术参数	参数值		
工作气压/MPa	0.4	0.5	0.63
额定扭矩/N·m	17	22	25
额定转速/(r/min)	780	880	950
耗气量/(m^3/min)	2.9	3.3	4.5
最大输出功率/kW	1.4	2.0	2.4
空载转速/(r/min)	1560	1760	1900
1/2 空载转速/(r/min)	780	880	950
1/2 空载转速扭矩/N·m	17	22	25

续表

技术参数		参数值		
失速扭矩/N·m		32	41	45
最大负荷扭矩/N·m		30	38	43
启动扭矩/N·m		31	40	44
噪声/dB	功率级	112	112	112
	声压级	95	95	95
质量/kg		8.5	8.5	8.5

18.1.3　手持式气动切割机

K770手持式气动切割机规格和技术数据见表18.3。

表18.3　K770手持式气动切割机规格和技术数据

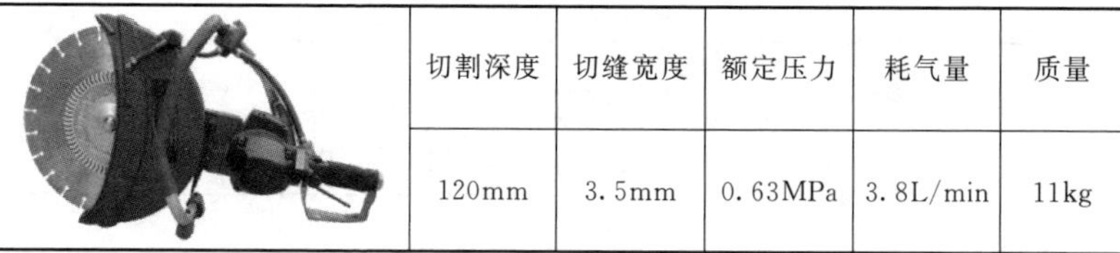

切割深度	切缝宽度	额定压力	耗气量	质量
120mm	3.5mm	0.63MPa	3.8L/min	11kg

18.1.4　气动攻丝机

气动攻丝机用于在工件上攻内螺纹。其技术数据见表18.4。

表18.4　气动攻丝机规格和技术数据

型号	攻螺纹直径/mm		空载转速/(r/min)		功率/W	质量/kg	结构形式
	铝	钢	正转	反转			
2G8-2	M8	—	300	300	—	1.5	枪柄
GS6Z10	M6	M5	1000	1000	170	1.1	直柄
GS6Q10	M6	M5	1000	1000	170	1.2	枪柄
GS8Z09	M8	M6	900	1800	190	1.55	直柄
GS8Q09	M8	M6	900	1800	190	1.7	枪柄
GS10Z06	M10	M8	550	1100	190	1.55	直柄
GS10Q06	M10	M8	550	1100	190	1.7	枪柄

18.1.5　气动倒角机

气动倒角机是一种以空气为动力，用于模具制造、五金机械的倒角及去除产品毛刺的小型设备。其型号编制方法是：

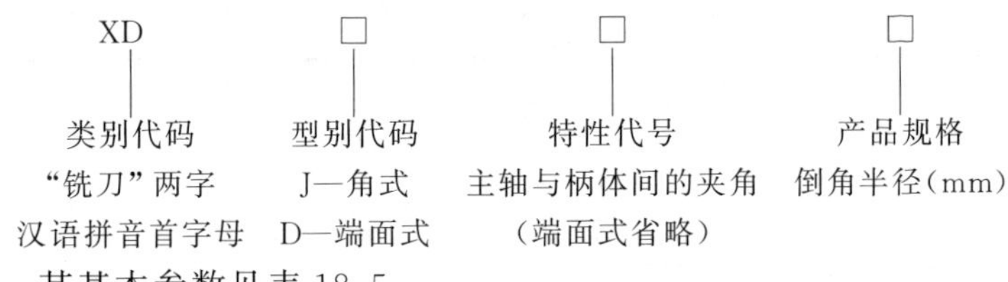

其基本参数见表 18.5。

表 18.5 气动倒角机的基本参数（JB/T 11752—2013）

产品系列	最大倒角半径/mm	空转转速/(kr/min)	空转耗气量/(L/s)	主轴功率/kW	单位耗气量/[L/(s·kW)]	空转噪声/dB(A)	气管内径/mm	机重/kg
XDJ110R3	3	≤9.0	≤34	≥0.50	≤36	≤110	13	≤4.0
XDJ90R3		≤8.5	≤35	≥0.55	≤35			
XDDR3		≤8.0	≤36	≥0.60	≤34			

气压全自动双头倒角机的规格见表 18.6。

表 18.6 气压全自动双头倒角机的规格

型号	DX50300	DX50550	DX501000	DX50A300	DX50A550	DX50A1000
(加工管/棒长)/mm	100～300	100～550	100～1000	25～250	25～500	25～1000
加工管径/mm	ϕ5～15,ϕ16～50					
加工棒径/mm	ϕ5～30					
使用刀头/mm	管材:ϕ5～15 ϕ16～50;棒材:ϕ5～12 ϕ13～30					
功率/kW	4×1.5					
转速/(r/min)	1200(根据不同材料确定)					
适合材质	钢、铁、铝、铜、不锈钢等各种管件及棒材					
使用压缩机	6～8atm①					
工作电源	380V(三相四线)50Hz					
尺寸(长×宽×高)/mm	1460×980×950	1780×980×950	2320×980×950	1460×980×950	1780×980×950	2320×980×950

注：东莞市得兴机械制造有限公司产品。

① 大气压，1atm=101.325kPa。

一些气动倒角机的规格和技术数据见表18.7。

表18.7　一些气动倒角机的规格和技术数据

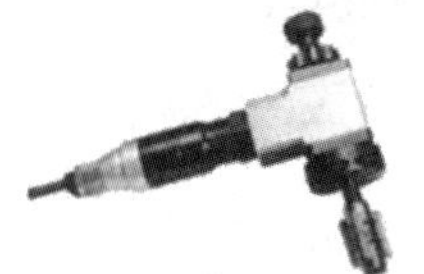

TDJ90气动倒角机

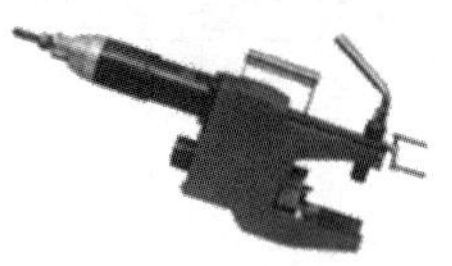

TDJ45 TDJ60气动倒角机

规格	加工管子外径/mm	加工管子壁厚/mm	最大主轴进给量/mm	最大主轴转速/(r/min)	气管内径/mm
TDJ45	32～45	10	25	90	13
TDJ60	46～60	10	30	70	13
TDJ90	45～90	10	35	160	13

18.1.6　气剪刀

气剪刀用于剪切金属或非金属板材。常见系列气剪刀的规格见表18.8、表18.9。

表18.8　JD系列气剪刀的规格

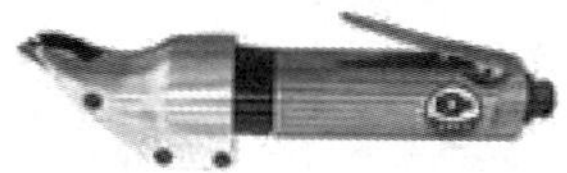

型号	工作气压/MPa	剪切厚度/mm	剪切频率/Hz	气管内径/mm	质量/kg
JD2	0.63	2.0	30	10	1.6
JD3	0.63	2.5	30	10	1.5

表18.9　CP系列气剪刀的规格

CP20

CP30

型号	全长/mm	质量/g	直径/mm	空气压力/N	剪断能力(直径)/mm				
					铜	铁	钢琴线	软树脂	硬树脂
CP10	132	220	36	580					
CP20	170	400	45	1370	1.6	1.0	0.5	4.0	2.0
CP20X	257	600	45	1960	2.6	2.0	1.0	6.5	5.0
CP30	201	630	56	2740	2.6	2.0	1.0	6.5	5.0
CP30X	293	940	56	4410	3.3	2.8	1.2	9.0	6.5

续表

型号	S型刀刃（铜用）	P型刀刃（铁用）	Z型刀刃（钢琴用）	EP型刀刃（铁线用）	F型刀刃（树脂用）	FD型刀刃（树脂用）
CP10	S400	—	Z400	EP400	F300	FD300
CP20	S500	P600	Z600	EP600	F500	FD500
CP20X	S500	P600	Z600	EP600	F500	FD500
CP30	S700	P800	Z800	EP100	F900	FD900
CP30X	S700	P800	Z800	EP100	F900	FD900

18.1.7 气冲剪

气冲剪用于冲剪切金属或塑料、纤维板等非金属板材。其规格见表 18.10。

表 18.10 气冲剪的规格

规格	冲剪厚度/mm		每分钟冲击次数	工作气压/MPa	耗气量/(L/min)
	钢	铝			
16	16	14	3500	0.63	170

18.1.8 气铣

气铣用于模具的抛光、整形，毛刺的清理、焊缝的修磨等。其规格见表 18.11。

表 18.11 气铣的规格

型号	工作头直径/mm		空载转速/(r/min)	耗气量/(L/s)	气管内径/mm	长度/mm	质量/kg
	砂轮	旋转锉					
S8	8	8	80000～100000	2.5	6	140	0.28
S12	12	8	40000～42000	7.7	6	185	0.6
S25	25	8	20000～24000	6.7	6.35	140	0.6
S25A	25	10	20000～24000	8.3	6.35	212	0.65
S40	25	12	16000～17500	7.5	8	227	0.7
S50	50	22	16000～18000	8.3	8	237	1.2

18.1.9　气动磨光机

气动磨光机配合旋入磨轮、抛轮，用于磨光、抛光工件。JP2型磨光机规格见表18.12。

表18.12　JP2型磨光机的规格

型号	功率/W	电流/A	转速/(r/min)	质量/kg
JP2-31-2	3000	6.2/10.7	2900	48
JP2-32-2	4000	8.2/14.2	2900	55
JP2-41-2	5500	10.2/17.6	2900	75

注：电压380V/220V；Y/△接法。工作定额60%。

18.1.10　气动角向磨光机

适用于金属表面及焊接工程坡口、焊缝表面的修磨，小型钢的剖割，换上钢丝轮或磨盘上粘贴不同程序的砂纸抛光布，可用于金属表面的除锈和磨光，喷漆腻子底层的磨平，表面的砂磨和抛光(木材等非金属的表面)。其型号编制方法如下：

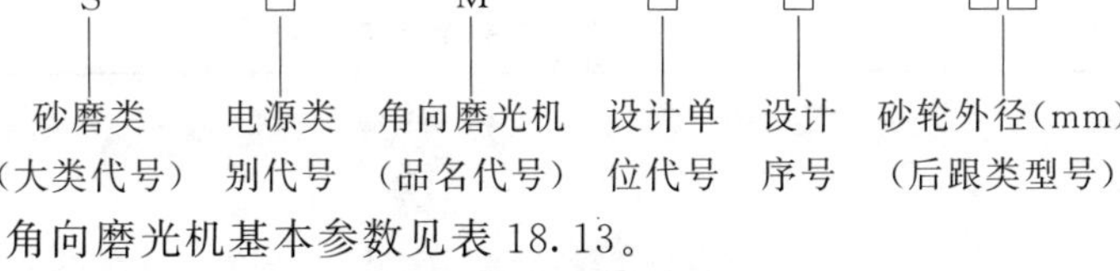

角向磨光机基本参数见表18.13。

表18.13　角向磨光机的基本参数（GB/T 7442—2007）

规格		额定输出功率/W	额定扭矩/N·m	规格		额定输出功率/W	额定扭矩/N·m
砂轮直径/mm（外径×内径）	类型			砂轮直径/mm（外径×内径）	类型		
100×16	A	≥0.30	≥200	150×22	A	≥0.80	≥500
	B	≥0.38	≥250		C	≥1.25	≥710
115×22	A	≥0.38	≥250	180×22	A	≥2.00	≥1000
	B	≥0.50	≥320		B	≥2.50	≥12sa
125×22	A	≥0.50	≥320	230×22	A	≥2.80	≥1000
	B	≥0.63	≥400		B	≥3.55	≥1250

S1M和SJ系列气动角向磨光机见表18.14、表18.15。

表 18.14 S1M 系列气动角向磨光机

型号	砂轮外径×孔径/mm	类型	额定输出功率/W	额定扭矩/N·m	最高空载转速/(r/min)	质量/kg
S1M-100A S1M-100B	100×16	A B	≥200 ≥250	≥0.30 ≥0.38	15000	1.6
S1M-115A S1M-115B	115×16 或 115×22	A B	≥250 ≥320	≥0.38 ≥0.50	13200	1.9
S1M-125A S1M-125B	125×22	A B	≥320 ≥400	≥0.50 ≥0.63	12200	3
S1M-150A	150×22	A	≥500	≥0.80	10000	4
S1M-1800 S1M-180A S1M-180B	180×22	C A B	≥710 ≥1000 ≥1250	≥1.25 ≥2.00 ≥2.50	8480	5.7
S1M-230A S1M-230B	230×22	A B	≥1000 ≥1250	≥2.80 ≥3.55	6600	6

表 18.15 SJ 系列气动角向磨光机

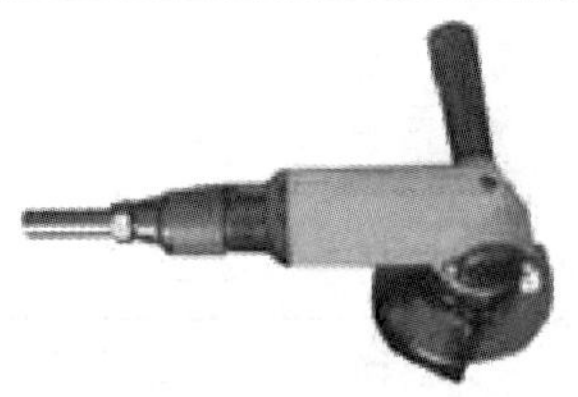

型号	机长/mm	进气接口/mm	工作气压/MPa	单位功率耗气量/[L/(s·kW)]	空转转速/(r/min)	砂轮尺寸/mm	机重/kg
SJ100×110	209	13	0.63	16.7L/s	≤12000	ϕ100×6×ϕ22	1.9
SJ125	217	≥6	0.63	16.7	11000～12000	ϕ125×5×ϕ16	1.9
SJ150×110	235	G3/8	0.63	19.0	≤8000	ϕ150×6×ϕ22	2.1
SJ180	255	G3/8	0.63	20.8	≤7000	ϕ180×6×ϕ22	2.6

18.1.11 气动砂轮机

气动砂轮机用于清理铸件表面、光整焊缝、打磨钢铁圆角、抛光除锈以及模具修型等工作，有直柄式、角向式、立式和直向式等几种。

(1) 直柄式气动砂轮机（表 18.16～表 18.18）

表 18.16 直柄式气动砂轮机的基本参数（JB/T 7172—2006）

产品系列	40	50	60	80	100	150
空转转速/(r/min)	≥17500		≤16000	≤12000	≤9500	≤6600
主轴功率/kW	—		≥0.36	≥0.44	≥0.73	≥1.14
单位功率耗气/[L/(s·kW)]	—		≤36.27	≤36.95		≤32.87
噪声(声功率级)/dB(A)	≤108		≤110	≤112		≤114
机重(不含砂轮)/kg	≤1.0	≤1.2	≤2.1	≤3.0	≤4.2	≤6.0
气管内径/mm	6	10	13	13	16	16
最高清洁度/mg	128	147	240	420	623	832

表 18.17 直柄式气动砂轮机的规格

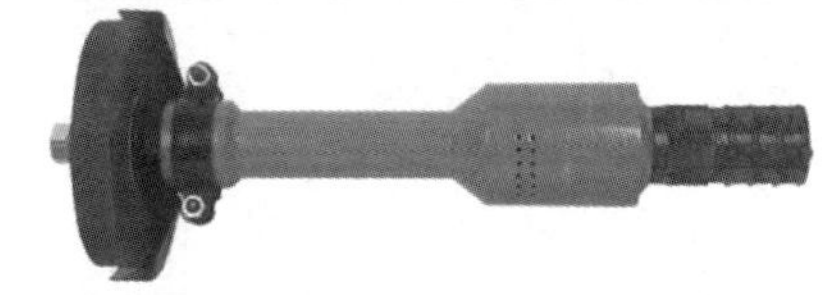

规格	S40A	S40B	S50[①]	S60	S100	S150
夹持直径/mm	6	6	—	60	100	150
工作气压/MPa	0.5～0.6	0.5～0.6	0.5～0.6	0.5～0.6	0.5～0.6	0.5
空载转速/(r/min)	19000	19000	19000	12000～15000	10000～12000	7000
耗气量/(m^3/min)	0.59	0.59	0.59	0.85	0.95	1.5
气管内径/mm	9	9	9	13	13	16
接头螺纹	ZG1/4″	M12X125	②	—	—	—
机长/mm	170	180	180	310	360	497
机重/kg	0.5	0.79	0.79	17	19.5	42
噪声/dB(A)	85	85	85	85	85	85

① 清理锅炉烟道专用。

② 前轴外螺纹 14mm，后内螺纹 20mm

注：天津风泰宝田科技有限公司产品。

表 18.18 气动直磨砂轮机

续表

技术参数	S40A	S60	S80	S100	S150
最大砂轮直径/mm	40	60	80	100	150
空载转速/(r/min)	22000	17500	12000	9000	6000
使用气压/MPa	0.63	0.63	—	0.63	0.63
耗气量(≤)/[L/(s·kW)]	—	36.27	36.95	39.95	32.88
气管内径/mm	8	13	13	16	16
主轴功率(≥)/kW	—	0.4	0.6	0.73	1.5
无砂轮全长/mm	180	390	475	510	475
质量/kg	0.75	2.1	3.0	4.2	6.0
功用	替代锉削，用于各种凹形圆弧面修磨、抛光	适用于修磨中、小件浇口、冒口，中型机件、模具及焊缝等。余同右②、③	①适用于修磨大、中型铸件浇口、冒口，修磨大型机件、模具及焊缝等 ②以布轮替代砂轮可进行抛光 ③以钢丝轮替代砂轮可清除金属表面铁锈、旧漆层		

（2）角向式气动砂轮机（表 18.19、表 18.20）

角向式气动砂轮机适用焊接前坡口及焊接后焊缝表面的修磨；金属薄板、小型钢的剖割；铭牌表面修磨、除锈、抛光。

表 18.19 气动角向砂轮机的基本参数（JB/T 10309—2011）

产品系列	砂轮最大直径/mm	空转转速/(r/min)	空转耗气量/(L/s)	主轴功率/kW	单位功率耗气量/[L/(s·kW)]	空转噪声/dB(A)	气管内径/mm	机重(无砂轮)/kg	产品清洁度/mg
100	100	≤14000	≤30	≥0.45	≤27	≤108	13	≤2.0	≤200
125	125	≤12000	≤34	≥0.50	≤36	≤109	13	≤2.0	≤250
150	150	≤10000	≤35	≥0.60	≤35	≤110	13	≤2.0	≤250
180	180	≤8400	≤36	≥0.70	≤34	≤110	13	≤2.5	≤300

注：产品的验收气压为 0.63MPa。

表 18.20 一些角向式气动砂轮机的规格

技术参数	型号				
	SJ100	SJ125X	SJ150	SJ180	SJ230
最大砂轮直径/mm	100	125	150	180	125
空载转速/(r/min)	11000	11000	9500	80000	11000
耗气量/(L/s)	27	36	35	34	36
气管内径/mm	13	13	13	13	13
主轴功率/kW	0.45	0.5	0.6	0.7	0.5
质量/kg	1.3	1.52	2.9	3.0	1.52

(3) 立式气动端面砂轮机（表 18.21）

用于修磨焊接坡口和焊缝中较浅的夹渣、气孔、焊缝缺陷等。

表 18.21　立式气动端面砂轮机的规格

型号	砂轮尺寸/mm	空气压力/MPa	空载转速/(r/min)	额定功率/kW	负荷耗气量/(L/min)	噪声/dB	气管内径/mm	外廓尺寸/mm	质量/kg
SD100	100×6×16	0.49	11500～14000	≥0.47	≤600	≤90	13	170×52×125	1.5
		0.63	12500～15000	≥0.51	≥740	≤95	13	170×52×125	1.5
SD150	150×6×22	0.49	9000～9500	0.7	≤1000	≤85	16	180×66×150	2.5
		0.63	10000～10500	0.8	≥1200	≤90	16	180×66×150	2.5

注：砂轮尺寸为外径×厚度×内径；外廓尺寸为长度×直径×高度。

(4) 直向式砂轮机

直向式砂轮机分单相串励、三相中频和三相工频砂轮机，其基本参数和噪声限值分别见表 18.22～表 18.24。

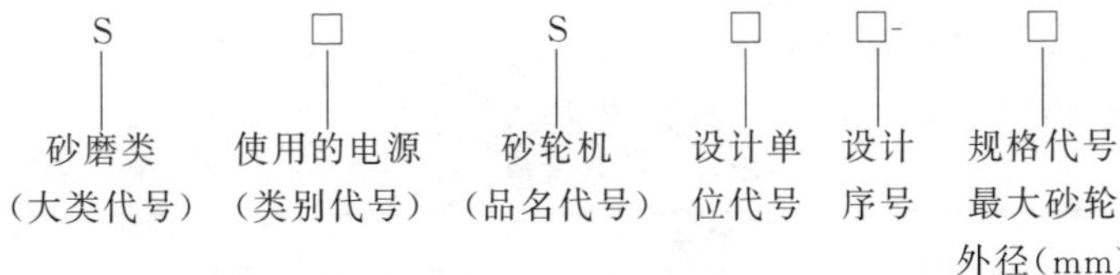

表 18.22　单相串励和三相中频砂轮机基本参数（GB/T 22686—2008）

规格/mm		额定输出功率/W	额定扭矩/N·m	空载转速/(r/min)	许用砂轮安全线速度/(m/s)
ϕ80×20×20(13)	A	≥200	≥0.36	≤11900	—
	B	≥280	≥0.40		
ϕ100×20×20(16)	A	≥300	≥0.50	≤9500	
	B	≥350	≥0.60		

续表

规格/mm		额定输出功率/W	额定扭矩/N·m	空载转速/(r/min)	许用砂轮安全线速度/(m/s)
φ125×20×20(16)	A	≥380	≥0.80	≤7600	≥50
	B	≥500	≥1.10		
φ150×20×32(16)	A	≥520	≥1.35	≤6300	
	B	≥750	≥2.00		
φ175×20×32(20)	A	≥800	≥2.40	≤5400	
	B	≥1000	≥3.15		

注：括号内数值为 ISO 603 的内孔值。

表 18.23　三相工频砂轮机基本参数

规格/mm		额定输出功率/W	额定扭矩/N·m	空载转速/(r/min)	许用砂轮安全线速度/(m/s)
φ125×20×20(16)	A	≥250	≥0.85	<3000	≥35
	B	≥350	≥1.20		
φ150×20×32(16)	A				
	B	≥500	≥1.70		
φ175×20×32(20)	A				
	B	≥750	≥2.40		

注：括号内数值为 ISO 603 的内孔值。

表 18.24　直向砂轮机的噪声限值　　dB（A）

规格/mm	φ80	φ100	φ125	φ150	φ175
空载转速≥3000r/min	88(99)	90(101)		92(103)	
空载转速<3000r/min	65(76)				

注：括号内噪声值是砂轮机空载噪声功率级（A 计权）的限值。

18.2　装配作业类

18.2.1　气动铆钉机

气动铆钉机是指用压缩空气驱动，靠旋转与压力把物品铆接起来的机械设备。其基本参数见表 18.25。

表 18.25　气动铆钉机的基本参数（JB/T 9850—2010）

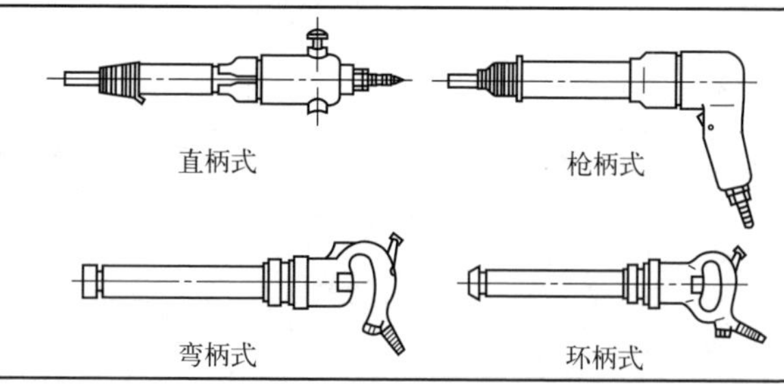

续表

产品规格	铆钉直径/mm 冷铆硬铝LY10	铆钉直径/mm 热铆钢2C	窝头尾柄规格/mm	冲击频率(≥)/Hz	冲击能(≥)/J	冲击频率(≥)/Hz	耗气量(≤)/(L/s)	气管内径/mm	噪声(声功率级)(≤)/dB(A)	质量/kg
4	4	—	10×32	35	2.9	35	6.0	10	114	1.2
5	5	—		24	4.3	24	7.0	10		1.5
			12×45	28	4.3	28		12.5		1.8
6	6	—		13	9.0	13	9.0	12.5	116	2.3
				20	9.0	20	10			2.5
12	8	—	17×60	15	16	15	12			4.5
16	—	16	31×70	20	22	20	18	16	118	7.5
19	—	19		18	26	18	18			8.5
22	—	22		15	32	15	19			9.5
28	—	28		14	40	14	19			10.5
36	—	36		10	60	10	22			13.0

注：验收气压 0.63MPa。

18.2.2 气动拉钉枪

拉钉枪以压缩空气为动力，通过气缸的串联使铆钉膨胀、铆紧、拉断，主要用于铝门窗制造业、计算机外壳、电子制造业等的铝、铁、不锈钢板材的铆接。其技术参数见表 18.26、表 18.27。

表 18.26 气动拉钉枪技术参数

类别	型号	长×高/mm	行程/mm	拉伸力/N	铆接范围	质量/kg	特点
自吸式拉钉枪	DG-6201LV	298×267	28	5600	2.4、3.2、4.0	1.28	可一次拉断长铆钉
	DG-7201LV	306×280	20	11000	3.2、4.0、4.8、6.4	1.61	能够一次拉断 3.2～4.8mm 的不锈钢等高强度铆钉，并可铆接铁、铝等材质的铆钉
	DG-6200SV	280×230	18	4850	2.4、3.2、4.0	1.03	自动吸钉，拆卸不需要任何工具，节能开关，使用舒适
	DG-7200MV	306×258	20	9400	3.2、4.0、4.8	1.30	
不吸钉拉钉枪	DG-7201L	209×280	20	11000	3.2、4.0、4.8、6.4	1.50	拉伸力大，可用于高强度铆钉，铆接铁、铝等材质铆钉
	DG-7200M	209×258	25	9400	3.2、4.0、4.8	1.20	脚踏开关控制，提高工作效率

续表

类别	型号	长×高/mm	行程/mm	拉伸力/N	铆接范围	质量/kg	特点
不吸钉拉钉枪	DG-8201H	160×280	25	13500	3.2、4.0、4.8、6.4	1.65	可以铆接3.2～6.4mm的铝铆钉
	DG-7200M	209×258	20	9400	3.2、4.0、4.8	1.20	拉伸力大，铆接规格多；操作使用方便
	DG-8200H	222×326	26	18500	4.8、6.4	1.90	

注：上海固乐紧固系统有限公司产品，下同。

表 18.27 气动全自动铆螺母枪技术参数

型号	铆接范围	质量/kg	高度/mm	长度/mm	行程/mm	转速/(r/min)	气压/bar①	拉伸力/kN	耗气量/(L/min)
BY-0611	M3～M12	2.2	280	295	7	2500	5.0～6.9	19.0	70
DG-0611K	M3～M12	2.1	280	295		2600		19.8	
DG-0636K	M3～M6	1.5	255	280		2200		19.8	

18.2.3 气动打钉机

气动打钉机用于硬度中等以下的非金属材料（皮革、木材和塑料等）的打钉。其参数与尺寸、规格见表18.28～表18.31。

表 18.28 气动打钉枪基本参数与尺寸（JB/T 7739—2010）

产品类别	产品型号	机重/kg	冲击能量(≥)/J	缸径/mm	钉子长度 L/mm	清洁度(≤)/mg	图示
盘形钉	DDP45	2.5	10.0	44	22～45	400	φ10 φ3 L
	DDP80	4.0	40.0	52	20～80	450	φ8 φ3 L

① 1bar=10^5Pa。

续表

产品类别	产品型号	机重/kg	冲击能量(≥)/J	缸径/mm	钉子长度 L/mm	清洁度(≤)/mg	图示
条形钉	DDT30	1.3	2.0	27	10～30	280	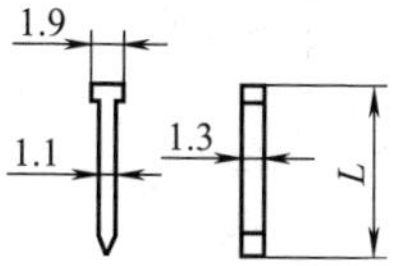 1.9 1.1 1.3 L
	DDT32	1.2	2.0	27	6～22	280	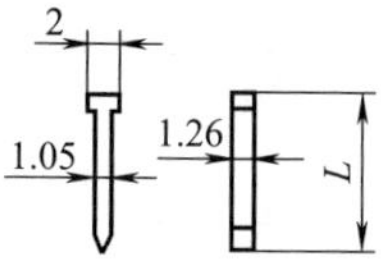 2 1.05 1.26 L
U形钉	DDU14	1.2	1.4	27	14	200	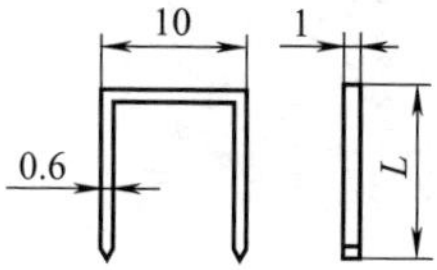 10 1 0.6 L
	DDU16	1.2	1.4	27	16	200	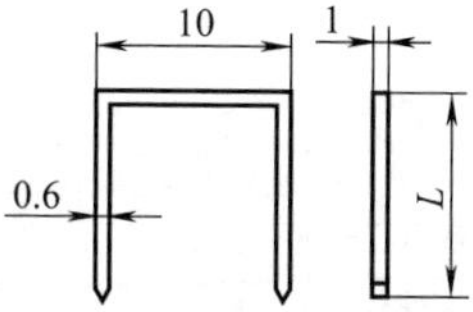 10 1 0.6 L
	DDU22	1.2	1.4	27	10～22	200	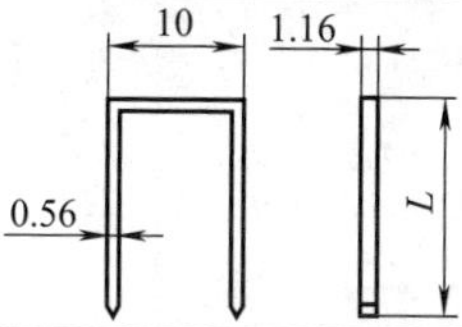 10 1.16 0.56 L
	DDU22A	1.2	1.4	27	6～22	200	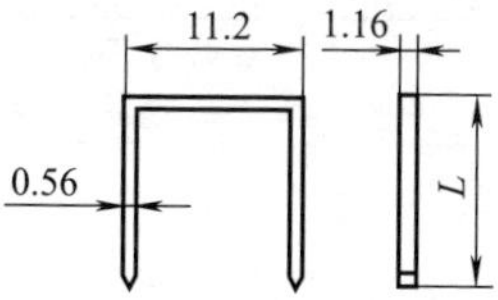 11.2 1.16 0.56 L
	DDU25	1.1	2.0	27	10～25	200	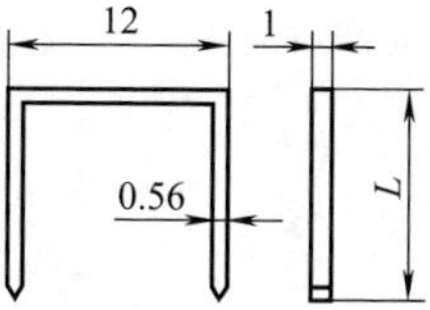 12 1 0.56 L

续表

产品类别	产品型号	机重/kg	冲击能量(≥)/J	缸径/mm	钉子长度 L/mm	清洁度(≤)/mg	图示
U形钉	DDU40	4	10.0	45	40	400	8.5　1　1　L

注：验收气压 0.63MPa，气管内径 8mm。

表 18.29　一些气动打钉机的规格

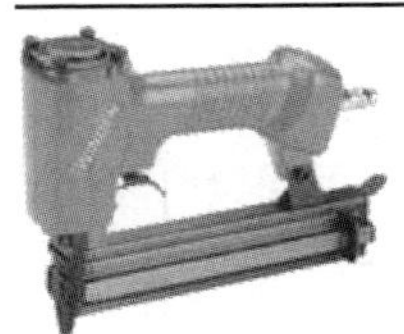

气动打钉枪

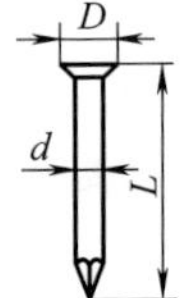

盘形钉(P)

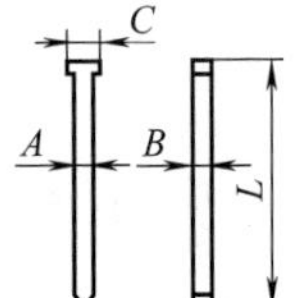

条形钉(T)

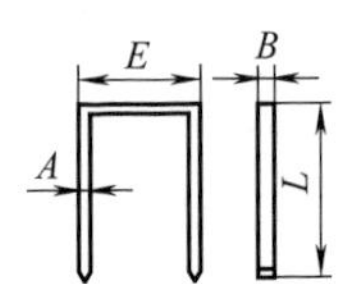

U形钉(U)

打钉枪型号	缸径/mm	冲击能(≥)/J	清洁度(≤)/mg	钉子规格/mm					质量/kg
				d、A	B	D、C	E	L	
DDP45	44	10	440	3.0	—	8	—	27～45	2.5
DDP80	52	40	450	3.0	—	10	—	20～80	4.0
DDT30	27	2.0	280	1.1	1.3	1.9	—	10～30	1.3
DDT32	27	2.0	280	1.05	1.26	2.0	—	6～32	1.2
DDU14	27	1.4	200	0.6	1.0	—	10.0	14	1.2
DDU16	27	1.4	200	0.6	1.0	—	12.7	16	1.2
DDU22	27	1.4	200	0.56	1.16	—	5.1	10～22	1.2
DDU22A	27	1.4	200	0.56	1.16	—	11.2	6～22	1.2
DDU25	27	2.0	260	0.56	1.0	—	12.0	10～25	1.1
DDU40	45	10	400	1.0	1.26	—	8.5	40	4.0

表 18.30　一些气动打钉机（直钉和螺旋钉）规格

型号	钉子形式	钉子规格/mm		钉槽容量/枚	工作气压/MPa	质量/kg
		截面尺寸	长度			
AT-3095	直钉	2.87～3.3	50～59	—	0.5～0.7	3.85
AT-309031/45	螺旋钉	ϕ3.1	22,25,32,38,45	120	0.5～0.8	3.2
AT-308028/64T	直钉	ϕ2.55	16,25,32,38,45,50	—	0.5～0.8	2.7
		ϕ2.55	25,32,38,45,50,57,64			

续表

型号	钉子形式	钉子规格/mm		钉槽容量/枚	工作气压/MPa	质量/kg
		截面尺寸	长度			
AT-307016/64A	直钉	6×1.4	32,38,45,50,57,64	—	0.5～0.8	2.75
AT-3020T50	直钉	6×1.4	20,25,32,38,45,50	100	0.4～0.7	2.3
AT-3010F30	直钉	1.25×1.0	10,15,20,25,30	100	0.35～0.7	1.15

表 18.31　一些气动打钉机（U形钉）规格

规格	钉子规格/mm			钉槽容量/枚	工作气压/MPa	质量/kg
	截面尺寸	跨度	长度			
16/951	16×1.4	12.25	32,35,38,45,50.8	150	0.5～0.8	2.55
2438B(S)	16×1.4	25.4	19,22,25,32,38	140	0.5～0.8	2.76
90/40	1.25×1.0	5.8	16,19,22,25,28,32,38,40	100	0.4～0.7	2.30
4227	1.2×0.58	5.1	10,13,16,19,22	100	0.35～0.7	1.15
4137	1.2×0.58	5.1	6,8,10,13	100	0.35～0.7	0.96
10221	1.2×0.58	11.2	10,13,16,19,22	100	0.35～0.7	1.15
10131	1.2×0.58	11.2	6,8,10,13	100	0.35～0.7	0.92

18.2.4　气动射钉枪

气动射钉枪有T形射钉枪、码钉射钉枪和圆盘射钉枪等。其技术参数见表18.32。

表 18.32　射钉枪的主要技术参数

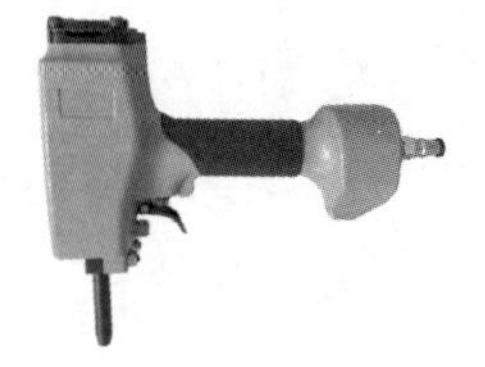

T形射钉枪

码钉射钉枪

圆盘射钉枪

名称	空气压力/Pa	射钉频率/(个/min)	盛钉容量/个	质量/g
T形射钉枪	0.40～0.70	4	120/104	3200
码钉射钉枪	0.40～0.70	6	110	1200
	0.45～0.85	5	165	2800

续表

名称	空气压力/Pa	射钉频率/(个/min)	盛钉容量/个	质量/g
3200 圆盘射钉 3500 枪	0.40～0.70	4	385	2500
	0.40～0.70	4	385/300	3200
	0.40～0.70	3	300/250	3500
	0.45～0.75	4	300	3700

18.2.5 气动喷砂枪

利用压缩空气，把一定粒度的砂子喷在工件表面，达到清除毛刺或锈蚀的目的，为涂装、喷涂、电镀等工艺做好表面准备。其主要技术参数见表 18.33。

表 18.33 气动喷砂枪的主要技术参数

	型号	空气压力/Pa	石英砂粒度/目	喷砂效率/(kg/h)	质量/g
	FC1-6.5	0.3～0.5	≤4	40～60	1000

气动喷砂枪的使用方法

18.2.6 气扳机

按产品是否具有减速器可分为普通型和高速型，按手柄形式分为直柄式（包括角式）、枪柄式、环柄式和侧柄式。冲击式气扳机的基本参数见表 18.34。

表 18.34 冲击式气扳机的基本参数（JB/T 8411—2016）

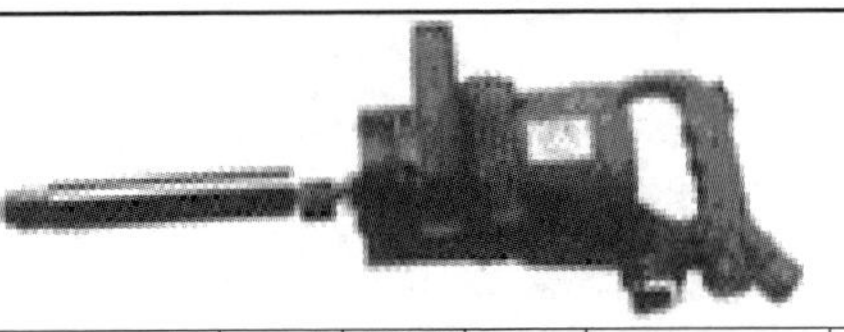

用于拆装六角螺栓和螺母

<table>
<tr><td>产品系列</td><td>适用螺纹规格</td><td rowspan="2">拧紧力矩/N·m</td><td rowspan="2">拧紧时间(≤)/s</td><td rowspan="2">负载耗气量/(L/s)</td><td colspan="2">空载转速(≥)/(r/min)</td><td rowspan="2">A级噪声(≤)/dB</td><td>气管内径</td><td>传动四方尺寸</td><td colspan="2">减速机构</td></tr>
<tr><td colspan="2">mm</td><td>无</td><td>有</td><td colspan="2">mm</td><td>无</td><td>有</td></tr>
<tr><td colspan="2"></td><td></td><td></td><td></td><td></td><td></td><td></td><td colspan="2"></td><td colspan="2">质量/kg</td></tr>
<tr><td>6</td><td>M5～M6</td><td>20</td><td>2</td><td>10</td><td>8000</td><td>3000</td><td>113</td><td>8</td><td>6.3</td><td>1.0</td><td>1.5</td></tr>
</table>

续表

产品系列	适用螺纹规格	拧紧力矩/N·m	拧紧时间(≤)/s	负载耗气量/(L/s)	空载转速(≥)/(r/min)		A级噪声(≤)/dB	气管内径	传动四方尺寸	减速机构	
					无	有				无	有
mm								mm		质量/kg	
10	M8～M10	70	2	16	6500	2500	113	13	10	2.0	2.2
14	M12～M14	150	2	16	6000	1500	113	13	12.5	2.5	3.0
16	M14～Ml6	196	2	18	5000	1400	113	13	16	3.0	3.5
20	M18～M20	490	2	30	5000	1000	118	16	20	5.0	8.0
24	M22～M24	735	3	30	4800	4800	118	16	20	6.0	9.5
30	M24～M30	882	3	40	4800	800	118	16	25	9.5	13
36	M32～M36	1350	5	25	—		118	13	25	12	12.7
42	M38～M42	1960	5	50	2800		123	19	40	16	20
56	M45～M56	6370	10	60	—		123	19	40(63)	30	40
76	M58～M76	14700	20	75	—		123	25	63	36	56
100	M78～M100	34300	30	90	—		123	25	63	76	96

产品系列		6	10	14	16	20	24	30	36	42	56	76	100
最高清洁度/mg	无	200	320	350	450	1050		1450		2000	2500	3200	4200
	有			460	550	1500		2050		2600	3500	4500	6000
使用寿命(拧紧螺栓)/千个	扳轴、冲击头、摆锤	40		30		20		15	15	10		5	
	冲击弹簧、冲击销、销轴	8		6		4		3	2	2		1.5	1.0

注：1. 验收气压为0.63MPa。

2. 表中“无”和“有”分别表示无减速器型和有减速器型产品。

3. 机重不包括机动套筒扳手、进气接头、辅助手柄、吊环等。

4. 括号内数字尽可能不用。

18.2.7　气动螺丝刀

气动螺丝刀的种类，按手柄型式分有直柄和枪柄，按旋向分有单向和双向。其参数和规格见表18.35、表18.36。

表18.35　纯扭式气动螺丝刀的基本参数（JB/T 5129—2014）

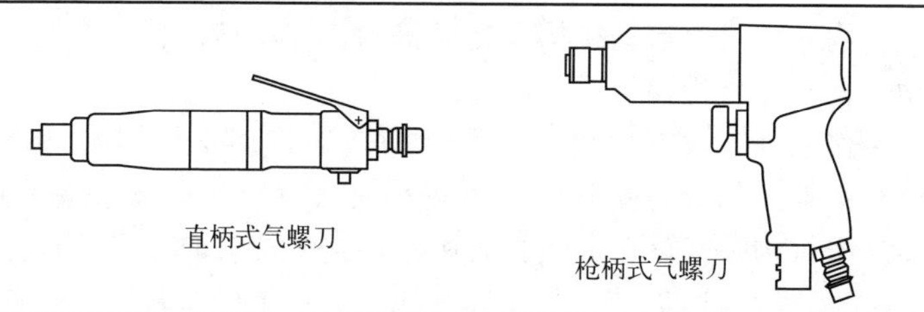

直柄式气螺刀　　枪柄式气螺刀

续表

产品系列	拧紧螺纹规格	扭矩范围 /N·m	空载耗气量(≤) /(L/s)	空载转速(≥) /(r/min)	空载噪声(≤) /dB(A)	气管内径 /mm	质量(≤)/kg	
mm							直柄	枪柄
2	M1.6～M2	0.128～0.264	4.0	1000	93	6.3	0.50	0.55
3	M2～M3	0.264～0.935	5.0	1000	93		0.70	0.77
4	M3～M4	0.935～2.300	7.0	1000	98		0.80	0.88
5	M4～M5	2.300～4.200	8.5	800	103		1.00	1.10
6	M5～M6	4.200～7.220	10.5	600	105		1.00	1.10

注：验收气压为0.63MPa。

表18.36　一些气动螺丝刀的规格

型号	螺栓 /mm	最大扭矩 /N·m	无负荷转速 /(r/min)	空气消耗量 /(m^3/min)	进气接头 /mm	质量 /kg
YG-418L	2.5～4	0.2～2.0	1200	0.11	6.4	0.67
YG-418B	2.5～4	0.4～2.8	1200	0.11		0.67
YG-418	2.5～4	0.4～2.0	1200	0.11		0.80
YG-334	10	—	1800	0.26		1.20
YG-306	8	60	7000	0.28		1.07
YG-8H	8	65	8000	0.31		0.90
YG-325	3 6	—	25000	0.11		0.37
YG-326	3 6	—	22000	0.14		0.60
YG-342	3 6	—	23000	0.11		0.70
YG-141	12.7	—	700	0.28		1.95
YG-131	10	—	1800	0.26		1.20
YG-366	10	—	1700	0.26		0.90

18.2.8　气动扳手

气动扳手用于装拆六角头螺栓、螺母等紧固件。

分类：根据其基本工作方式可分为旋转式、往复式、摆动式三种。

结构：主要由启动机构、变向机构、气动马达、行星齿轮减速传动机构和冲击机构组成（图18.1）。

工作原理：按下扳机后，气动马达通过冲击机构带动扳轴旋转。当扳轴上的套筒受到的阻力较小时（螺栓或螺母未上紧），扳轴和冲击机构一起旋转。当扳轴阻止冲击头旋转时，套筒也停止旋转。由于气动马达仍带动凸轮轴旋转，它产生的扭转力，迫使冲击

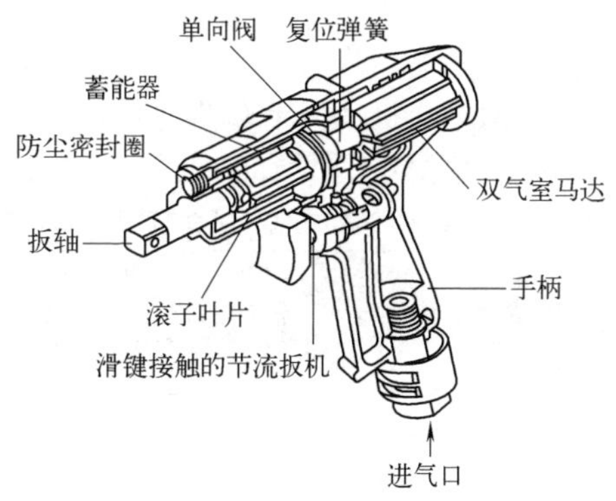

图 18.1　气动扳手的结构

头通过钢珠沿凸轮轴上的凹槽后退，致使冲击头牙嵌与扳轴上牙嵌分离。在分离的瞬间，由于冲击头没有了阻力而加速旋转，并在弹簧的作用下重新与扳轴牙嵌接合，同时产生旋转冲击力。如此往复进行，即可迅速旋紧或旋松螺母。

其技术数据见表 18.37。

表 18.37　气动扳手的技术数据

型号	适用范围/mm	空载转速/(r/min)	耗气量/(m^3/min)	扭矩/N·m
B06	M6～M8	3000	0.35	40
B10A	M8～M12	2600	0.7	70
B16A	M12～M16	2000	0.5	200
B20A	M18～M20	1200	1.4	800
B24	M20～M24	2000	0.9	800
B30	～M30	900	1.8	1000
B42A	～M42	1000	2.1	18000
B76	M56～M76	650	4.1	—
ZB52	M5	320	0.37	21.6
ZB82	M8	2200	0.37	—
BQN14	M8	1450	0.35	27～125
BQN18	M8	1250	0.45	70～210

气动扳手的使用和维护

18.2.9 气动棘轮扳手

气动棘轮扳手是以压缩空气为动力，用以拧紧或旋松螺栓、螺母，以棘轮和棘爪机构转动机动扳手套筒的直式气动工具。其几何参数和性能参数、技术数据见表 18.38、表 18.39。

表 18.38 气动棘轮扳手的几何参数和性能参数

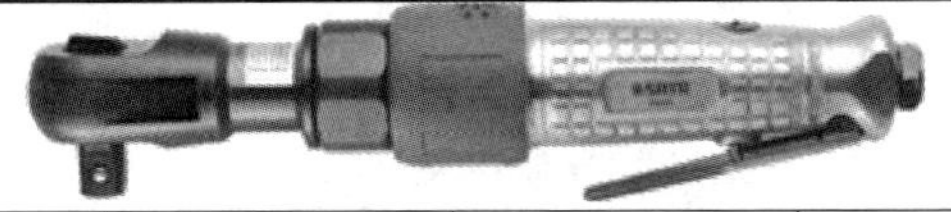

套筒尺寸/mm	总长/mm	进气口螺纹/in①	棘爪数	最大质量/kg
6.35(1/4) 9.53(3/8) 12.7(1/2)	135、165、185、205、230、235、260	1/4	12	0.5 1.0 1.2

最小空载转速/(r/min)	最大扭矩/N·m	最大耗气量/(m^3/min)	工作气压/MPa
160 240	24、41、68、82	0.089、0.12、0.127	63

表 18.39 一些气动棘轮扳手的技术数据

品牌	威尔美特			贝斯威尔
方头尺寸/in	1/2	1/2	1/2	3/8
最大扭矩/N·m	70	75	75	34
最大拧紧螺栓	M6	M10	M10	M6
转速/(r/min)	160	160	350	265
工作气压/MPa	0.63	0.63	0.63	0.63
平均耗气量/(L/min)	180	240	198	—
进气口径/in	1/4	1/4	1/4	1/4
进气管径/in	1/2	—	—	3/8
长度/mm	225	268	285	—
质量/kg	1.2	1.25	6.35	0.6
特点	前排气	耐用且舒适，可调节排气系统；适用汽车钣金、引擎维修、冷气机拆装及其他一般螺钉固定作业	无反作用力，不伤螺钉，适用于狭小空间工位作业；汽车钣金、冷气机拆装、引擎维修和其他一般螺钉固定	迷你型，重量轻，适用于汽车钣金、引擎拆装维修、冷气机拆装，其他一般螺钉固定，适用工业组装狭小空间工位作业

气动棘轮扳手的故障与维护

① 英寸，1in=25.4mm。

18.3 其他类

18.3.1 气动搅拌机

用于以压缩空气为动力搅拌液态介质。手持式气动搅拌机的基本参数见表 18.40。

表 18.40　手持式气动搅拌机的基本参数（JB/T 11239—2011）

产品型号	搅拌直径/mm	额定气压/MPa	负荷耗气量/(L/s)	主轴功率/kW	空转转速/(r/mim)	空转噪声/dB(A)	气管内径/mm	机重/kg
JB100	100	0.63	≤22	≥0.5	≤1800	≤110	8	3

TJ3 搅拌机的规格见表 18.41。

表 18.41　TJ3 搅拌机的规格

搅拌机直径/mm	功率/kW	空转转速/(r/min)	气管内径/mm	工作气压/MPa	单位功率耗气量/[L/(s·kW)]	机重/kg
100	≥0.5	≤1800	13	0.63	≤22	3

18.3.2 气动捣固机

气动捣固机是以压缩空气为动力，用于铸件砂型的捣固和钢筋混凝土建筑、水泥、冻土层、冰层、软矿石、软岩石、道路施工的破碎作业。其基本参数见表 18.42。

表 18.42　气动捣固机的基本参数（JB/T 9849—2011）

产品规格	机重(≤)/kg	耗气量(≤)/(L/s)	冲击频率(≥)/Hz	噪声(声功率级)(≤)/dB(A)	清洁度/mg	管内径/mm
2	3	7.0	18	105	250	10
		9.5	16			
4	5	10.0	15	109	300	13
6	7	13.0	14		450	
9	10	15.0	10	110	530	13
18	19	19.0	8		800	

注：验收气压为 0.63MPa。

D 型气动捣固机的规格见表 18.43。

表 18.43　D 型气动捣固机的规格

技术参数	型号				
	D3	D4	D6	D9	D10
冲击频率/Hz	16	15	14	10	10
冲击次数/(次/min)	900	800	700	600	600
活塞直径/mm	20	22	25	32	32
额定压力/MPa	0.63	0.63	0.63	0.63	0.63
最大耗气量/(L/s)	9.5	10	13	15	15
气管内径/mm	10	13	13	13	13
质量/kg	3.5	5.0	7.0	10	10
机长/mm	430	550	1000	1140	1140
活塞工作行程(≥)/mm	90	90	100	120	120
最大 A 级噪声/dB	105	109	109	110	110

18.3.3 气动管子坡口机

用于管道或平板在焊接前端面进行坡口倒角。

气动管子坡口机的型号编制方法和基本参数，详见 17.1.10 节。

常见系列气动管子坡口机参数见表 18.44～表 18.46。

表 18.44　GPJ 系列气动管子坡口机

型号规格	刀盘空载转速/(r/min)	轴向进刀最大行程/mm	坡口范围/mm		切削最大壁厚/mm	噪声(≤)/dB	气动马达功率/W	质量/kg
			管内径	管外径				
GPJ-30	220	10	10～29	11～30	—	94	350	2.7
GPJ-80	150	35	28～75	32～80	10	103	440	7
GPJ-80-1	150	35	18～75	22～80	10	103	—	8
GPJ-150	34	50	68～145	73～158	16	92	580	12.5
GPJ-350	12	55	145～300	158～380	20	100	740	42
GPJ-630	8	40	280～600	300～630	14	100	740	55

表 18.45　GPK 系列气动管子坡口机

型号规格	气体耗量/(L/min)	坡口直径范围/mm	一次切削最大壁厚/mm	刀盘转速/(r/min)	加工法兰最大行程/mm	质量/kg
GPK630-Ⅰ	900～1200	351～630	15	10		40
GPK630-Ⅱ	900～1200	351～630	75	10	145	48
GPK351-Ⅰ	900～1100	159～351	15	14		30
GPK351-Ⅱ	900～1100	159～351	75	14	145	35
GPK-150	900	65～159	15	34		12
GPK-80	900	28～80	15	100		5.5

表 18.46　ISY 系列气动管子坡口机

型号规格	坡口管子内径/mm	切削最大壁厚/mm	轴向进刀最大行程/mm
ISY-80	28～80	15	35
ISY-150	65～159	20	50
ISY-250	80～240	20	55
ISY-315-1	159～351	20	55
ISY-315-2	159～351	70	55
ISY-630-1	351～360	20	55
ISY-630-2	351～360	70	55

18.3.4　气动夯管锤

气动夯管锤是以压缩空气为动力，推动内部活塞往复运动，产生较大的冲击力作用在已连接钢管后端（或撞击环），通过钢管将力传递到钢管前端切削环上切削土体，并克服管体与土层之间的摩擦力，使制管进入土层，完成铺设制管的非开挖设备。其型号表示方法是：

主参数代号和基本参数见表 18.47 和表 18.48。

表 18.47　气动夯管锤主参数代号（JB/T 10547—2006）

主参数代号	140	155	190	260	300
气动夯管锤缸体外径范围/mm	135～146	150～160	190～205	260～275	295～310
主参数代号	350	420	510	610	710
气动夯管锤缸体外径范围/mm	350～365	415～426	510～525	610～625	710～725

表 18.48 气动夯管锤的基本参数（JB/T 10547—2006）

主参数代号	冲击能(≥)/J	冲击频率(≥)/Hz	工作压力/MPa	耗气量(≤)/(m³/min)	主参数代号	冲击能(≥)/J	冲击频率(≥)/Hz	工作压力/MPa	耗气量(≤)/(m³/min)
140	600	4	0.4～0.8	3.5	350	4800	2.5	0.6～1.2	18
155	750	4		3.5	420	8600	2.3		25
190	900	3.5		6	510	15500	2.3		35
260	1800	3.3		8	610	30000	2.0		45
300	3000	3.0		12	710	50000	2.0		80

18.3.5 空气锤

空气锤有压缩气缸和工作气缸，压缩气缸将空气压缩，通过分配阀送入工作气缸，推动活塞连同锤头做上下运动起锤击作用，旋阀与两个气缸之间有四种连通方式，可以产生提锤、连打、下压、空转四种动作（图 18.2）。

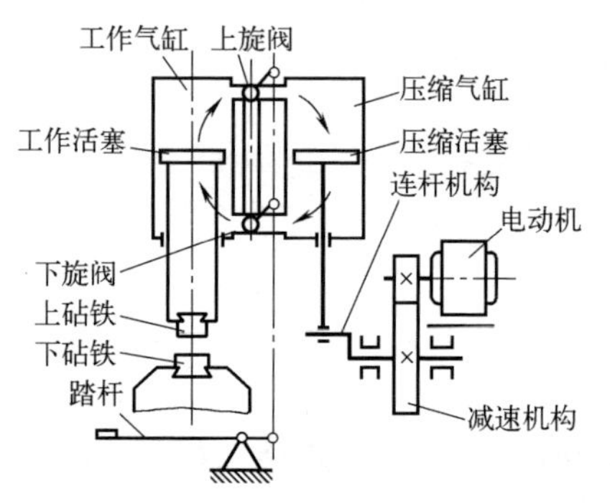

图 18.2 空气锤的工作原理

分类：按形式可分为单体锤（锤砧座与机身为一体）和分体锤（砧座与机身为两体）（图 18.3）。

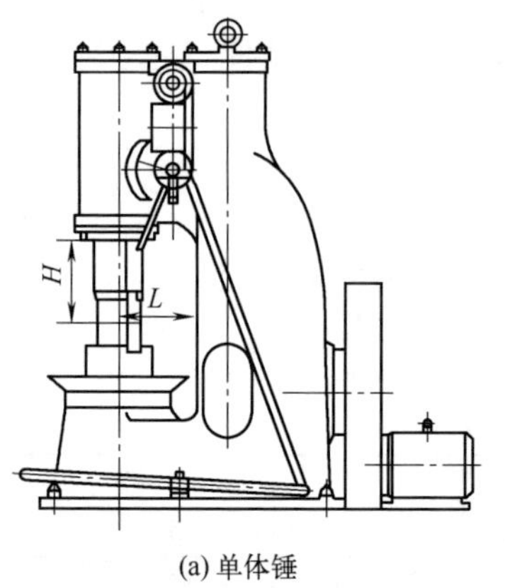

(a) 单体锤

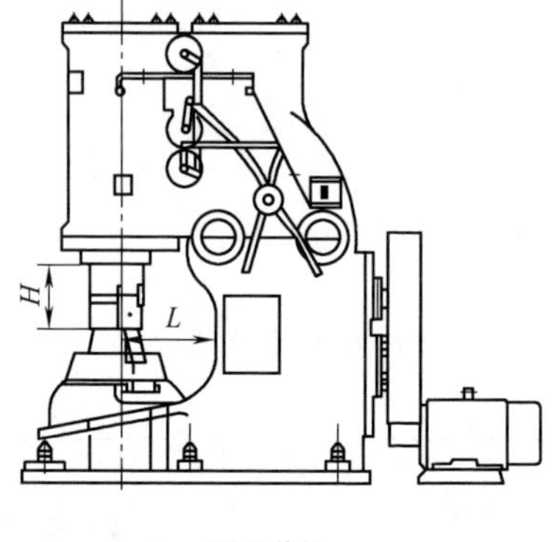

(b) 分体锤

图 18.3 空气锤的形式

基本参数见表 18.49 和表 18.50。

表 18.49　单体锤的基本参数（JB/T 1827—1991）

型号	落下部分质量 /kg	公称打击能量 /J	锤头打击频次 /(次/min)	工作区间高度 H /mm	锤杆中心线至锤身距离 /mm	上下砧块镜尺寸 /mm	
						长度 c	宽度 b
C41-9	9	90	245	135	120	60	35
C41-15	15	160	245	160	140	70	40
C41-25	25	270	250	240	200	100	50
C41-40	40	530	245	245	235	120	55
C41-55	55	700	230	270	270	135	60
C41-75	75	1000	210	300	280	145	65

注：落下部分质量小于或等于 75kg 的空气锤可制成单体锤。

表 18.50　分体锤的基本参数（JB/T 1827—1991）

型号	落下部分质量 /kg	公称打击能量 /J	锤头打击频次 /(次/min)	工作区间高度 H /mm	锤杆中心线至锤身距离 /mm	上下砧块镜尺寸 /mm		砧座质量 /kg
						长度 c	宽度 b	
C41-40	40	530	245	245	235	120	55	400
C41-55	55	700	230	270	270	135	60	600
C41-75	75	1000	210	300	280	145	65	750
C41-150	150	2500	180	370	350	200	85	1500
C41-250	250	5600	140	450	420	220	100	2500
C41-400	400	9500	120	530	520	250	120	4800
C41-560	560	13700	115	600	550	300	140	6720
C41-750	750	19000	105	670	750	330	160	9000
C41-1000	1000	27000	95	800	800	365	180	12000
C41-2000	2000	54000	80	1000	950	410	210	24000

注：1. 落下部分质量包括锤杆、上砧块、楔铁等相连接的零件质量。
2. 锤头的行程不应小于工作区间的高度 H。
3. 砧座质量不包括砧座、下砧块、楔铁等相连接的零件质量。

18.3.6　手持式气动捆扎锁紧机和拉紧机

基本参数见表 18.51、表 18.52。

表 18.51　气动捆扎锁紧机的基本参数（JB/T 9851—2010）

使用钢带规格(宽×厚)/mm	机重 /kg	锁紧刀距离 /mm	锁扣夹口承受拉力/kN	气管内径 /mm	验收气压 /MPa
32×0.9	≤4.5	36.5～38.0	≥12.0	10	0.63

表 18.52　气动捆扎拉紧机的基本参数（JB/T 9852—2010）

使用钢带规格(宽×厚)/mm	机重 /kg	拉紧力 /kN	空转钢带速度 /(m/s)	空转耗气量 /(L/s)	空转噪声(声功率级) /dB(A)	气管内径 /mm	验收气压 /MPa
32×0.9	≤5.5	≥7.8	≥80	≤20	≤116	10	0.63

第19章 液压工具

液压工具是将强大的液压动力，转换为往复直线、旋转或摆线运动等机械运动的工具，品种很多，在前面几章中已经介绍过一些。

19.1 液压压接钳

压接钳是电力行业在线路基本建设施工和线路维修中，进行导线接续压接的工具，用于屋内外输配电工程，架空及地下电缆线连接和10～500kV高压电缆套管、线夹、裸端子、六角型压接。

液压压接钳由油箱、动力机构、换向阀、卸压阀、泵油机构和手柄、压接模具等组成。其规格见表19.1。

表19.1 液压压接钳的规格

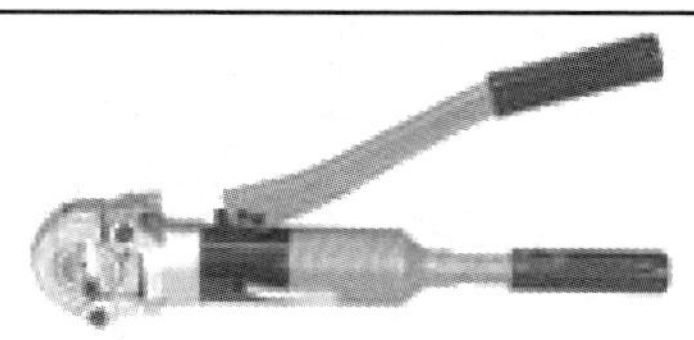

型号	压接范围/mm^2		压力/t	行程/mm	模具配置/mm^2
	铜端子	铝端子			
CO-1000	300～800	400～1000	55	24	400、500、630、800、1000
CO-630B	120～150	150～630	30	24	150、185、240、300、400、500、630
CO-630A	120～150	150～630	35	26	150、185、240、300、400、500、630
CO-500B	10～300	35～240	17	30	50、70、95、120、150、185、240
CO-400B	10～300	50～400	17	30	50、70、95、120、150、185、240、300、400
EP-410H	10～240	16～300	12	30	50、70、95、120、150、185、240、300
EP-510H	10～300	16～400	13	38	50、70、95、120、150、185、240、300、400
CYO-400B	10～300	50～400	12	30	50、70、95、120、150、185、240、300、400

续表

型号	压接范围/mm²		压力/t	行程/mm	模具配置/mm²
	铜端子	铝端子			
CPO-150B①	8～150	14～150	10	17	公模：8～38、60～150；母模：14～22、38～60、70～80、100～150
KYQ-300C	16～300	16～300	10	17	16、25、35、50、70、95、120、150、185、240、300

① 点式压接，其余为六角压接。

19.2 液压弯管机

用于工厂、仓库、码头、建筑、铁路、汽车等管道安装和修理。其型号表示方法是：

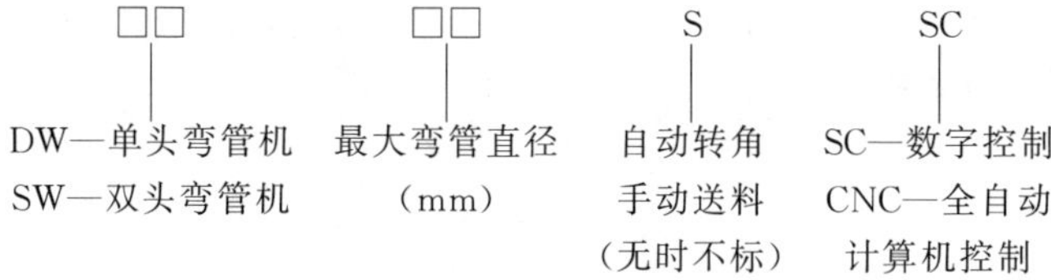

(1) 单头系列液压弯管机（表 19.2）

表 19.2　单头液压弯管机技术参数

参数	DW38NC	DW50NC	DW80NC	DW120NC
最大弯管能力/mm(A3 管)	38	50	80	120
最大管壁厚度/mm	2.0	2.0	2.5	6.0
弯曲半径范围/mm	30～170	35～250	50～300	90～750
最大弯曲角度/(°)	190	190	190	190
液压系统功率/kW	4	5.5	7.5	22
最大压力/MPa	12000	12000	14000	14000
弯管机长度/mm	2250	3200	3600	5500
弯管机宽度/mm	700	800	950	1800
弯管机高度/mm	1000	1000	1150	1200

(2) 双头系列液压弯管机（表 19.3）

表 19.3 双头系列手动液压弯管机规格

适用于弯曲一般水管、导线管、瓦斯管、碳钢管、仪表管、无缝钢管、不锈钢管

型号	公称直径		外径/mm	壁厚/mm	压力/t	行程/mm
	mm	in				
SWG-2A	15	1/2	21.25	2.75	12	250
	20	3/4	26.75	2.75		
	25	1	33.50	3.25		
	32	1¼	42.25	3.25		
	40	1½	48	3.50		
	50	2	60	3.50		
SWG-3B	15	1/2	21.25	2.75	20	420
	20	3/4	26.75	2.75		
	25	1	33.50	3.25		
	32	1¼	42.25	3.25		
	40	1½	48	3.50		
	50	2	60	3.50		
	70	2½	75.5	3.75		
	80	3	88.50	4.00		
	100	4	108	4.00		
SWG-4D	20	3/4	26.75	2.75	18	320
	25	1	33.50	3.25		
	32	1¼	42.25	3.25		
	40	1½	48	3.50		
	50	2	60	3.50		
	70	2½	75.5	3.75		
	80	3	88.50	4.00		

注：1. 弯曲角度 $\pi/2 \leqslant \alpha < \pi$。

2. 最小弯曲角度为 90°。

19.3 液压扭矩扳手

用于连接件扭矩较大且对其数值有明确规定的场合。其规格见表 19.4、表 19.5。

表 19.4　液压扭矩扳手的规格（Ⅰ）

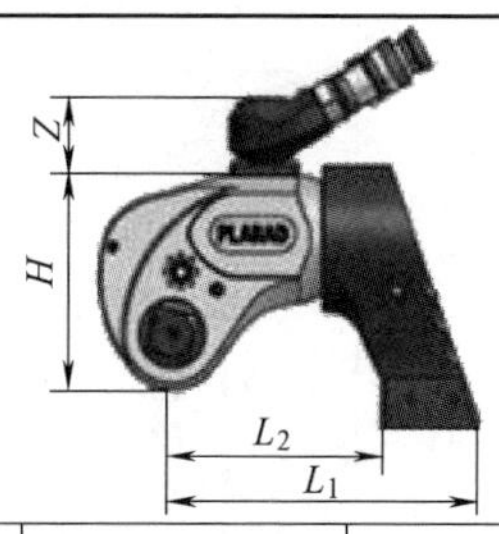

型式	型号	最大扭矩/N·m	适用螺母对边宽度/mm	扳手质量/kg
驱动轴式	YQ34	3400	36～60	6
	YQ68	6800	55～75	10
	YQ135	13500	70～95	16
	YQ270	27000	90～115	27
	YQ450	45000	115～145	35
棘轮型	YJ34	3400	30～75	7
	YJ68	6800	41～95	10
	YJ135	13500	46～115	16
	YJ270	27000	60～145	22
	YJ460	46000	80～180	32
中空式	YK60	6000	41～65	8
	YK100	10000	60～85	15
	YK200	20000	85～110	22
	YK350	35000	105～130	32
扁平型	YB6	6000	55～60	—
	YB10	10000	65～80	
	YB20	20000	80～105	
	YB30	30000	95～115	
	YB50	50000	110～130	
	YB70	70000	130～210	

注：吴江市屯村华东胀管器有限公司。

表 19.5　液压扭矩扳手的规格（Ⅱ）

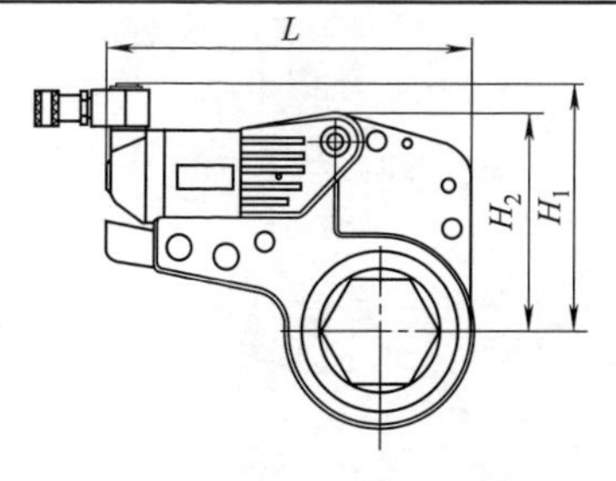

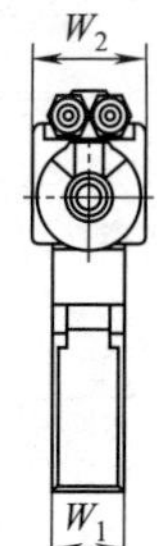

XLCT 系列超薄中空型液压扭矩扳手

续表

型号	2型		4型		8型		14型	30型	
扭矩范围/N·m	232～2328	241～2414	585～5858	647～6474	1094～10941	1177～11774	1852～18521	4188～41882	4459～44593
螺母对边/mm	19～55	60	34～65	70～80	41～95	100～105	50～117	110～155	160～175
动力头质量/kg	1.0	1.0	1.7	1.7	3.0	3.0	4.6	10.4	10.4
工作头质量/kg	1.5	1.5	3.4	3.4	6.3	6.3	11.6	20.5	20.5
L/mm	196.4	196.4	245	246	300	301	361	430	441
H_1/mm	125.9	128.5	177	187	207	216	239	303	315
H_2/mm	102.3	105	135.7	145.7	169	178	204	272	285
W_1/mm	32	32	42	42	53	53	64	85	85
W_2/mm	51	51	66	66	83	83	99	131	131

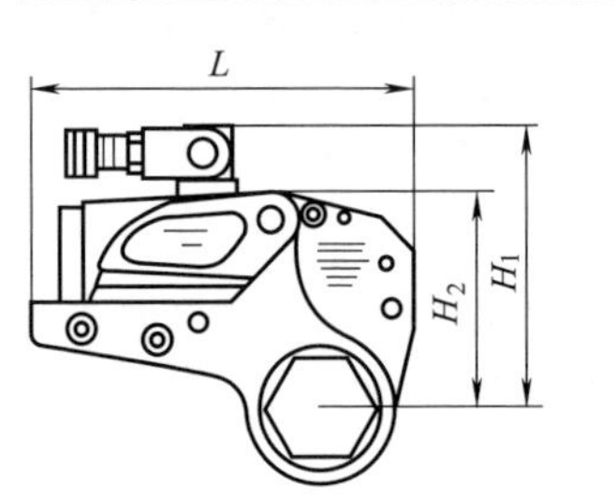

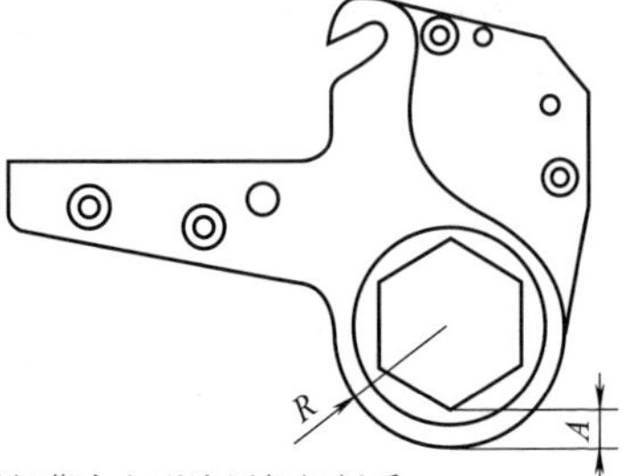

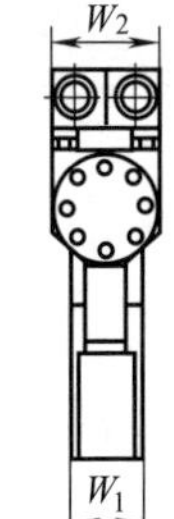

LOW 系列超薄中空型液压扭矩扳手

型号	2型		4型		8型		14型	30型	
扭矩范围/N·m	232～2328	241～2414	585～5858	647～6474	1094～10941	1177～11774	1852～18521	4188～41882	4459～44593
螺母对边/mm	19～55	60	34～65	70～80	41～95	100～105	50～117	110～155	160～175
动力头质量/kg	1	1	2	2	3.3	3.3	5.5	11.4	11.4
工作头质量/kg	1.6	1.7	4.4	4.6	8	8.4	11.6	29	30
L/mm	196.4	196.4	245	246	300	301	361	430	441
H_1/mm	125.9	128.5	177	187	207	216	239	303	315
H_2/mm	102.3	105	135.7	145.7	169	178	204	272	285
W_1/mm	32	32	42	42	53	53	64	85	85
W_2/mm	51	51	66	66	83	83	99	131	131

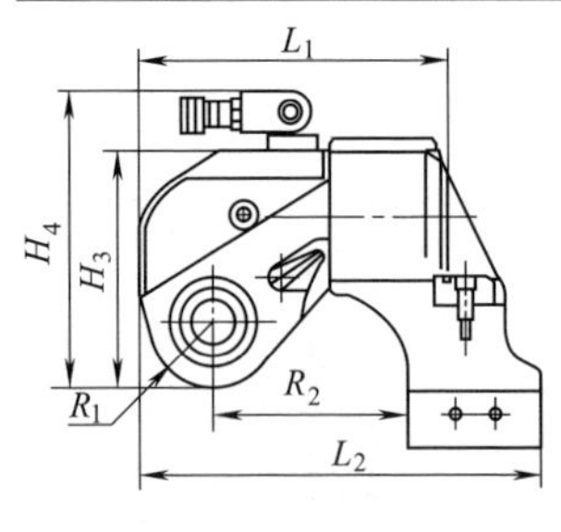

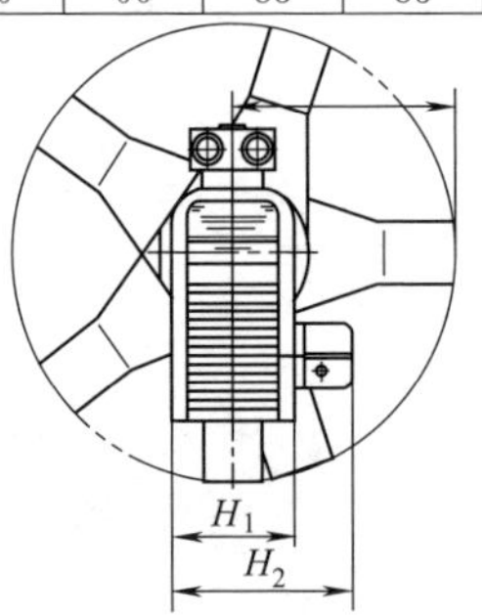

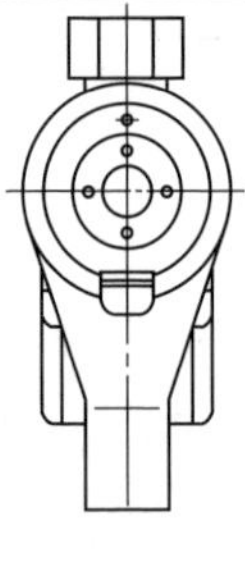

IBT 系列驱动型液压扭矩扳手

续表

型号	07型	1型	3型	5型	8型	10型	20型	25型	35型	50型
扭矩范围/N·m	112～1120	183～1837	451～4512	752～7528	1078～10780	1551～15516	2666～26664	3472～34725	4866～48666	7200～72000
螺母范围/mm	14～30	16～36	22～48	27～56	30～64	36～72	42～90	48～100	64～120	72～125
质量/kg	1.8	2.5	5	8	11	15	26.5	35	50	87
L_1/mm	110.8	144.5	178	210.5	222	245.3	307.5	323	372.5	400
L_2/mm	139.3	173.5	229	270.5	293	317.5	383.5	401	465.5	516
H_1/mm	42	50	68	80	90	100	120	137	153	160
H_2/mm	65.8	72	95	123	134	142	183	200	216	223
H_3/mm	76.2	96	127	149	167	182	220	247	282	291
H_4/mm	108.1	131	176	199	217	232	270	297	332	341
R_1/mm	20.5	26	34	39	47	51	59	66	77	81
R_2/mm	68.3	85	114	137	153	154	186	199	241	259
驱动轴/in	3/4	3/4	1	1½	1½	1½	2½	2½	2½	2½

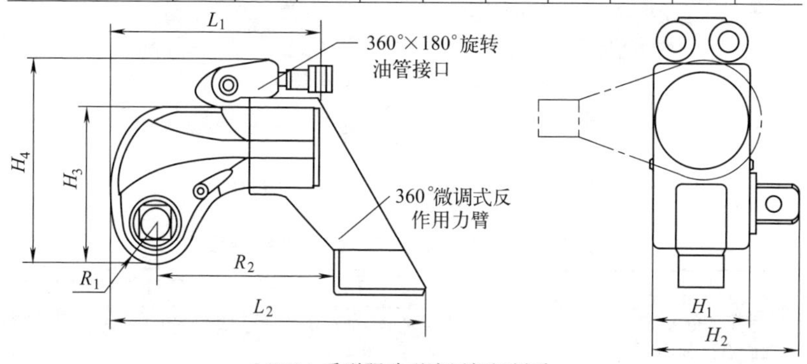

MXTA系列驱动型液压扭矩扳手

型号	1型	3型	5型	8型	10型	20型	25型	35型
扭矩范围/N·m	183～1837	451～4512	752～7528	1078～10780	1551～15516	2666～26664	3472～34725	4866～48666
螺母范围/mm	16～36	22～48	27～56	30～64	36～72	42～90	48～100	64～120
质量/kg	2	4	7	9.1	13.1	25	31	45
L_1/mm	133.5	169	202.5	216	237.5	299.5	313	361.5
L_2/mm	185.5	242	283.5	309	340.5	466.5	461	496.5
H_1/mm	50	68	80	90	100	120	137	153
H_2/mm	72	95	123	134	142	183	200	216
H_3/mm	95.5	127	149	167	182	220	247	282
H_4/mm	131	176.5	198.5	216.5	231.5	269.5	296.5	331.5
R_1/mm	26	34	39	47	51	59	66	77
R_2/mm	99	134	152	171	174	250.5	250.5	271
驱动轴/in	3/4	1	1½	1½	1½	2½	2½	2½

注：青岛瑞恩德机械设备有限公司。

19.4 分体液压拉拔器

液压拉拔器（拉马、拔轮器）是用油泵直接推动杆前进，而其本身不转动。钩爪随螺纹进退调整距离，只要把手做小幅度摆动，钩爪便会相对应后退，将被拉物体拉出。适用于铁道车辆检修、机械安装、矿山维护，可拆卸各种机械设备中的皮带轮、齿轮、轴承等圆状工件。CH 和 ZH 分体液压拉拔器性能参数见表 19.6、表 19.7。

拉拔器按爪数分，有二爪和三爪；按结构分，有一体式和分体式（图 19.1）；按动力分有手工、电动和液压三种。

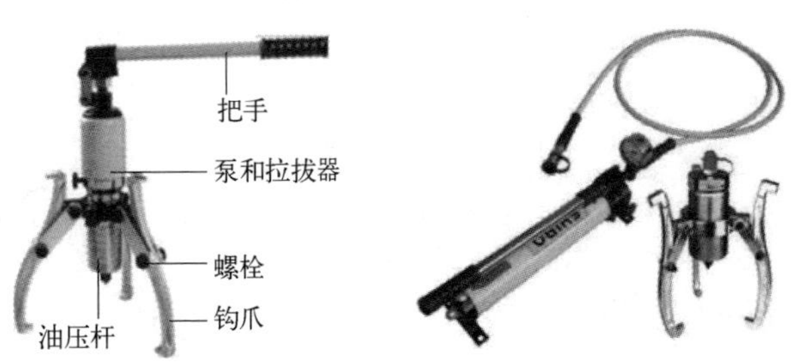

图 19.1 一体式拉拔器和分体式拉拔器

表 19.6 CH 分体液压拉拔器性能参数

型号规格	CH-5	CH-10	CH-20	CH-30	CH-50	CH-100
安全负重/t	5	10	20	30	50	100
轴心有效伸距/mm	50	50	50	60	100	160
纵向最长拉距/mm	140	160	200	250	400	250-600
横向最长外径/mm	200	250	350	450	500	630

注：CK 整体液压拉马牌号为 CK-××，性能参数同此。

表 19.7 ZH 分体液压拉拔器性能参数

拉顶力/t	工作行程/mm	最低高度/mm	拉爪有效直径/mm	手柄操作力/N
ZH1.5	70	130	20～180	320
ZH3	100	170	20～240	
ZH5	110	170	25～300	
ZH8	140	240	35～350	
ZH10	140	240	40～380	
ZH16	160	250	50～400	
ZH20	170	260	50～450	
ZH32	180	270	100～500	
ZH50	190	280	150～500	
ZH100	200	290	150～600	

液压拉拔器的使用方法、注意事项和检查维护

19.5 液压拉伸器

液压拉伸器用于柴油机和其他机械设备中，装拆对紧固力矩有要求的 M33～M180 螺母。其型号表示方法是：

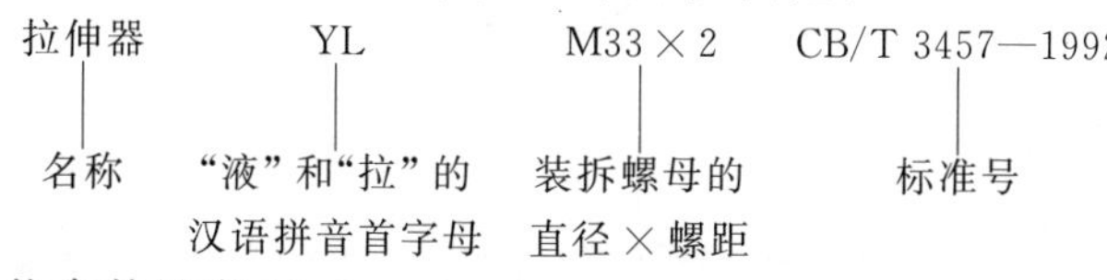

性能参数见表 19.8。

表 19.8　液压拉伸器的型号和性能参数（CB/T 3457—1992）

型号	拉伸器外径 D_1 /mm	拉伸螺纹公称直径 D/mm											
		33	36	39	42	45	48	52	56	60	64	68	72
		最大拉伸力/kN											
YL9.5	95	220	220										
YL11	110	396	350	350	335								
YL12	120		493	493	469	439	408						
YL13	130				542	510	480	443					
YL14	140					668	637	598	537				
YL15	150						805	768	707	653			
YL16	160							858	798	743	684		
YL17	170								891	836	778	716	
YL18	180									934	875	813	747
YL19	190										1080	1018	953

型号	拉伸器外径 D_1 /mm	拉伸螺纹公称直径 D/mm											
		68	72	76	80	85	90	100	110	120	140	150	180
		最大拉伸力/kN											
YL19	190	1018	953	884									
YL20	200	1237	1172	1103	1035								
YL21	210		1406	1336	1264	1108							
YL22	220			1585	1513	1356	1239						
YL26	260					2487	2368	2035					
YL29	290						2950	2620	2480				
YL31	310							3395	3190	2738			
YL36	360									4100	3600		
YL40	400										5150	4870	
YL46	460												6890

注：液压缸最大工作压力为 90MPa。

19.6 机械式法兰分离器

用于管路维护、法兰更换、压力容器、缸盖开启、发电厂轴承拆卸、油电钻井电机转子拆卸、海上平台顶升工作、造船、工业设备、工件的水平移动等行业领域。其规格见表 19.9。

表 19.9 机械式法兰分离器的规格

型号	螺栓直径/mm	开口尺寸/mm	质量/kg	型号	螺栓直径/mm	开口尺寸/mm	质量/kg
FS-106	16	70	2.3	FS-205	25	155	6.4
FS-109	19	95	2.7	FS-208	28	181	8.2
FS-202	22	124	4.1				

型号	最大法兰厚度/mm	螺栓尺寸/mm	标准刀楔/mm	工作能力/t(kN)	行程/mm	油量/cm³	质量/kg
FS-56H	2×57	19～29	3～29	5(49)	38	24.6	12
FS-109H	2×92	32～41	3～29	10(98)	54	78.7	18

19.7 液压冲孔机

液压冲孔机用于角铁、扁铁、铜、铝排等金属板材的打孔，特别适用于电力、建筑等行业在野外工地作业，有分体式和一体式两种（图 19.2）。其技术参数见表 19.10、表 19.11。

图 19.2 分体式液压冲孔机和一体式液压冲孔机

表 19.10　分体式液压冲孔机技术参数

型号	吨位/t	最大厚度/mm		喉深/mm	质量/kg	尺寸/mm
		板厚	铜排			
CH-60	31	6	10	95	22	250×160×390
CH-70	35	8	12	110	35	320×190×400

注：模具配置为 3/8in/ϕ10.5mm、1/2in/ϕ13.8mm、5/8in/ϕ17mm、3/4in/ϕ20.5mm。

生产商：台州宜佳工具有限公司，下同。

表 19.11　一体式液压冲孔机技术参数

型号	吨位/t	最大厚度/mm		喉深/mm	质量/kg	尺寸/mm
		板厚	铜排			
ZCH-60	31	6	10	95	25.6	280×160×515
ZCH-70	35	8	12	110	40	330×200×565

液压冲孔机的使用方法和注意事项

19.8　油压切排机

油压切排机适合于切断铜排，制造电控箱及输配电建设工程的施工场合。其技术参数见表 19.12。

表 19.12　铜排、铝排切排机技术参数

型号	出力/t	宽度/mm	最大厚度/mm	质量/kg
CWC-150	15	150	10	26
CWC-200	20	200	10	35
CWC-150V	15	150	10	23
CWC-200V	20	200	10	36

19.9　液压弯排机

液压弯排机用于铜排、铝排平弯、立弯。其技术参数见表 19.13。

表 19.13 液压弯排机的技术参数

型号	出力/t	宽度/mm	最大厚度/mm	质量/kg
CB-150D	16	150	10	23
CB-200A	20	200	12	18

液压弯排机的使用方法和注意事项

19.10 液压开孔器

液压开孔器可在 4mm 以下的金属板上开孔，供冶金、石油、化工、电子、电器、船舶、机械等行业安装维修电线管道、指示灯、仪表开关等开孔，更适用于已成形的仪表面板底板、开关箱分线电器盒的壁面开孔。SKY 系列液压开孔器技术参数见表 19.14。

表 19.14 SKY 系列液压开孔器技术参数

最大液压剪切力	105kN	
油泵额定工作压力	60MPa	
最大手动压力	0.4kN	
活塞行程	20mm	
液压用油	20 号机械油	
开孔范围	厚度 4mm 以下 尺寸 15～60mm	厚度 3mm 以下 尺寸 63～114mm
质　量	整机 12.5kg	
外形尺寸	420mm×245mm×120mm	

19.11 液压钢筋钳

液压钢筋钳可剪断 ϕ22mm 以下的普通圆钢，适宜在无电源、野外、高空等特殊工作环境以及无普通剪切工具时使用。其技术参数见表 19.15。

表 19.15　液压钢筋钳的技术参数

型号	YQ-26	YQ-22	YQ-20	YQ-16	YQ12
质量/t	20	16	14	12	10
破切范围/mm	ϕ2～26	ϕ2～22	ϕ2～20	ϕ2～16	ϕ2～12

19.12　液压钢筋切断机

液压钢筋切断机用于切断角钢、钢筋及其制品。按传动方式可分为机械传动与液压传动两种，按结构形式分为卧式和立式两种。(电动式) 液压钢筋切断机的参数见表 19.16、表 19.17。其型号表示方法是：

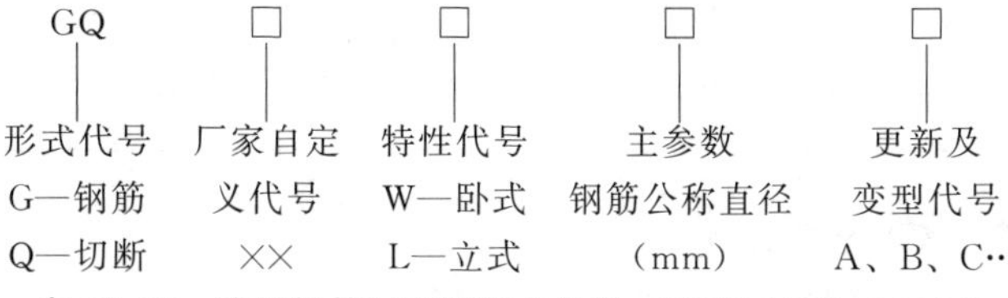

表 19.16　液压钢筋切断机基本参数 (JB/T 12077—2014)

<table>
<tr><th>项目</th><th colspan="7">数值</th></tr>
<tr><td>钢筋公称直径(500MPa 级)
公称剪切力/kN</td><td>12
60</td><td>20
170</td><td>25
270</td><td>32
450</td><td>40
700</td><td colspan="2">50
1100</td></tr>
<tr><td>液压传动切断一根(或一束)钢筋所需时间(≤)/s</td><td>2</td><td>3</td><td>5</td><td colspan="2">12</td><td colspan="2">15</td></tr>
<tr><td>机械传动动力刀片往复运动次数(≥)/(次/min)</td><td colspan="5">32</td><td colspan="2">30</td></tr>
<tr><td>两刀刃间开口度(≥)/mm</td><td>15</td><td>23</td><td>28</td><td>37</td><td>45</td><td>55</td><td>70</td></tr>
</table>

表 19.17　电动式液压钢筋切断机的技术参数

型号	电压/V	工作出力/t	功率/W	剪切时间/s	剪切材料及能力/mm	外形尺寸/mm	质量/kg
DC-13LV	210～230	13	—	1.5	SD345(ϕ13)	380×220×105	6
DC-20W		15	—	3	SD345(ϕ20)	500×150×135	10.5
DC-20HL		15	—	3	SD345(ϕ20)	395×112×220	11.5

续表

型号	电压/V	工作出力/t	功率/W	剪切时间/s	剪切材料及能力/mm	外形尺寸/mm	质量/kg
HPD-13B	220	6.5	430	I=4.5A	RL400(ϕ13)	347×230×89	5.9
DC-16W		13	—	2.5	SD345(ϕ16)	460×150×115	8
HPD-16		11.5	850	I=8.8A	RL540(ϕ16)	485×170×80	7.0
HPD-19		14.7	850	I=8.8A	RL540(ϕ19)	500×170×90	7.9
DC-20WH	220	15	—	3	SD345(ϕ20)	410×110×210	11.5
DC-25X		30	—	5	SD345(ϕ25)	515×150×250	22.5
DC-25W		30	—	4	SD345(ϕ25)	525×145×250	22
DC-32WH		—	—	12	SD345(ϕ32)	591×180×272	35.8
DBC-16H	220	—	—	2.5(切) 5.5(弯)	SD345(ϕ16) 弯曲角度 0°～180°	645×165×230	17
DBC-25X	220	—	—	3(切) 6(弯)	SD345(ϕ25) 弯曲半径 20～48	700×680×440	129

19.13 钢筋弯曲机

钢筋弯曲机是用于弯曲钢筋的机械。

BGW 型钢筋弯曲机弯曲操作机构结构见图 19.3。

弯曲机整机性能应符合下列要求（JB/T 12076—2014）：

① 弯曲机空载运转应灵活，无异常响声及冲击声；空运转时噪声不应大于 75dB（A）。

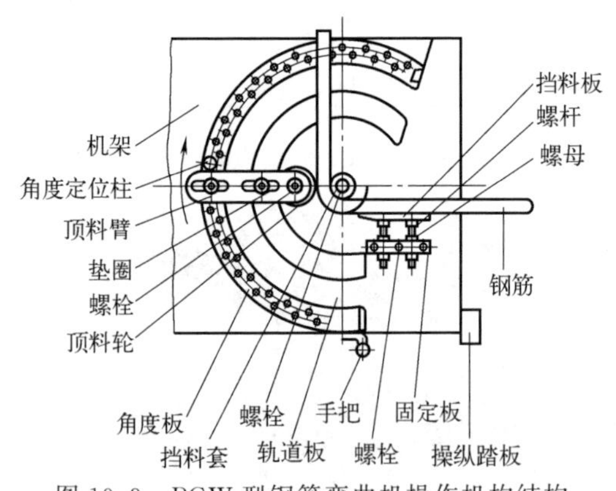

图 19.3 BGW 型钢筋弯曲机操作机构结构

② 单次弯曲钢筋根数应符合使用说明书的规定。

③ 额定负载工作时，应运转平稳，回位准确，且无异常响声及冲击声；噪声不应大于 80dB（A）。

④ 有弯曲自动定位功能的弯曲机，重复弯曲精度误差不大于 2°。

⑤ 弯曲速度应符合设计要求，允许偏差为±3%，且不应小于表 19.18 的规定。

⑥ 弯曲机的可靠性考核时间为 200h 或弯曲 6000 次，平均无故障工作时间不应少于 100h，可靠度不低于 90%。

表 19.18　钢筋弯曲机弯曲速度（JB/T 12076—2014）

主参数	20	25	32	40	≥50
机械传动弯曲速度/(r/min)	≥15	≥9	≥9	≥5	≥2.5
液压自动弯曲速度/(r/min)	≥12				

常见的两种钢筋弯曲机性能比较见表 19.19。

表 19.19　两种钢筋弯曲机性能比较

参数		GW40A	BGW32
量大弯曲钢筋直径/mm		40	32
主轴轴承形式		滑动轴承	
主轴量大直径/mm		80	70
变速齿轮模数/mm	第 1 级	4	3.5
	第 2 级	4	4.5
	第 3 级	8	6
弯曲钢筋工作转速/(r/min)		3.7,7.2,14	8.8,16.7
驱动型式		电动机	柴油机(电动机)
电机(柴油机)功率/kW		3	4
外形尺寸/mm		774×898×728	1220×1010×865
整机质量/kg		448	755

19.14　板料折弯机

板料折弯机选配各种不同的模具，可以对板料（特别是大型板料）进行弯边、拉伸、压圆、冲孔等等加工，广泛适用于轻工、航空、船舶、冶金、仪表、电器、不锈钢制品、钢结构建筑及装潢行业。

板料折弯机分为下列三种传动形式：

① 形式Ⅰ：机械上传动（适用于公称压力小于或等于 1600kN）。

② 形式Ⅱ：液压上动式（适用于公称压力小于或等于 10000kN）。

③ 形式Ⅲ：液压下动式（适用于公称压力小于或等于 4000kN）。

液压折弯机（图 19.4）主要由左右立柱、工作台、横梁组成

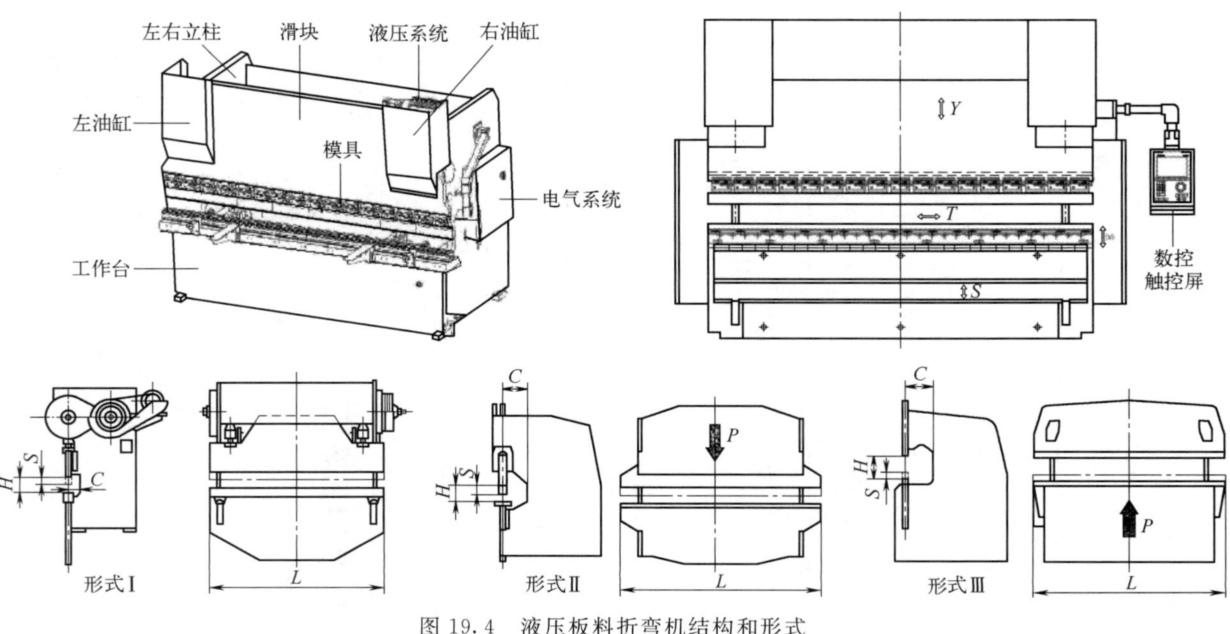

图 19.4 液压板料折弯机结构和形式

表 19.20 板料折弯机的基本参数（JB/T 2257.2—1999）

公称力 P /kN	公称力行程 S_t /mm	可折最大宽度 L /mm	喉口深度 C /mm	滑块行程 S/mm			最大开启高度 H/mm			滑块行程调节量 ΔH/mm		行程次数 $n(\geqslant)$/min^{-1}		工作速度 $v(\geqslant)$ /(mm/s)
	机械传动			机械传动	液压传动，活塞与滑块间相对位置		机械传动	液压传动，活塞与滑块间相对位置		机械传动	液压传动，活塞与滑块间相对位置可改变	机械传动(空载)	液压传动(空载)	液压传动
					可改变	不可改变		可改变	不可改变					
250	25	1600	200	50	100	100	300	300	300	80	80	30	11	8
400	25	2000,2500	200	50	100	100	300	300	300	80	80	25	11	8
630	35	2000,2500,3200	250	70	100	100	320	320	320	80	100	20	10	8
1000	35	2500,3200,4000	320	70	100	100	320	320	320	80	100	20	10	7
1600	35	3200,4000,5000	320	70	150	200	450	450	450	125	125	15	6	7
2500		3200,4000,5000,6300	400		200	250		560	560		160		3	6
4000		4000,5000,6300	400		2800	320		630	630		100		25	6
6300		5000,6300,8000	400		2800	320		630	630		100		25	6
8000		5000,6300,8000	500		320	360		800	710		200		2	5
10000		6300,8000,10000	500		400	450		1000	800		250		1.5	5

注：立柱间的距离：公称力＜6300kN，推荐取（0.7～0.85）L；公称力≥6300kN，推荐取（0.6～0.65）L。

机架。左右油缸固定在立柱上，滑块与油缸的活塞连接，沿固定在立柱上的导轨上下运动，下模固定在工作台上，上模安装在滑块下端，液压系统提供动力，电气系统给出指令，在油缸作用下，滑块带动上模向下与下模闭合实现板料的折弯。液压系统、驱动装置、立柱、工作台、压紧装置和底座是折弯机的关键零部件（对于数控液压折弯机，还有数控系统）。其基本参数见表 19.20。

液压折弯机的使用方法和保养与维护

19.15 手动液压泵

手动液压泵可作为千斤顶、穿孔器、电缆剪、螺母破切器、铜排弯曲和切断等工具的主机。其技术参数见表 19.21。

表 19.21 手动液压泵的技术参数

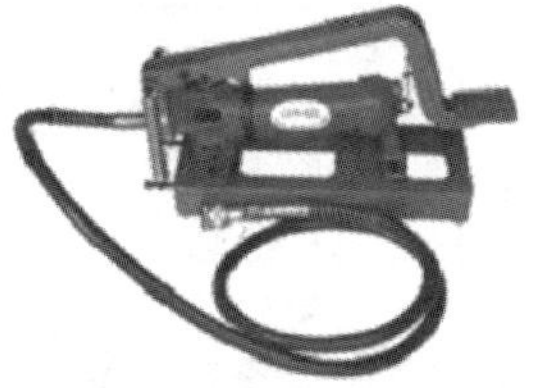

型号	最大输出压力/MPa	输出压力/MPa		油量/(mL/min)		储油量/mL	质量/kg	注
		低压	高压	低压	高压			
CP-180	68.6	2.4	68.6	13	2.3	350	5.5	手动式
CP-700	68.6	2.4	68.6	13	2.3	900	10	手动式
CFP-800-1	68.6	2.4	68.6	13	2.3	400	14	脚踏式

19.16 手持式液压剪扩器

手持液压剪扩器是以液压为动力，用一个活塞驱动一对彼此相对的刃具，集剪切、扩张和牵拉功能于一体的动力工具，相当于一台剪断器和一台扩张器，应用于交通事故、地震等意外事故救援，如切断金属结构、车辆部件、管道及金属板等。

用途：用于消防队、交警队、工矿企业以及其他救灾抢险。

结构：见图 19.5。

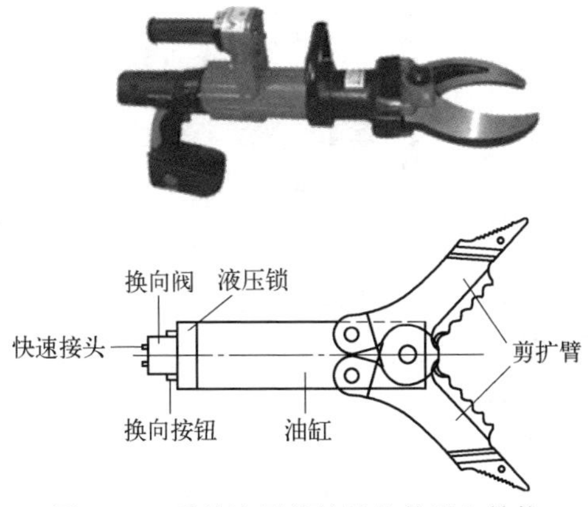

图 19.5　手持液压剪扩器的外形和结构

工作原理：通过高压软管连接机动泵或手动泵，为剪扩器输送压力油。液压力推动活塞，通过连杆将活塞的动力传递给转动的刀具，从而对破拆对象实施剪、扩、拉、夹作业。手控阀控制刀具的张开和闭合（手控阀处于中位时，刀具不运动，压力油直接回油箱）。

其基本参数见表 19.22。

表 19.22　产品的基本参数（JB/T 11756—2013）

工作压力/MPa	剪切能力/mm	扩张力/kN	扩张距离/mm	机重/kg
≥63	ϕ20(Q235)/10(钢板)	≥30	≥350	≤14

其产品数据见表 19.23。

表 19.23　KJI-CB 型剪扩器的技术数据

项目	数据	项目	数据
额定工作压力/MPa	63	扩张距离/mm	350
剪切能力/kN	200(Q235,ϕ16 圆钢)	总质量/kg	16
扩张力 kN	2530		

手持液压剪扩器的安装调试和使用方法

手持液压剪扩器的注意事项和维护保养

液压马达故障的诊断和解决通法

液压缸故障的诊断和解决通法

第20章 园艺工具

20.1 修剪类

修剪类剪刀有稀果剪、桑剪、高枝剪、剪枝剪和整篱剪等。

20.1.1 稀果剪

稀果剪（图 20.1）用于修剪各种果树、采摘葡萄、棉花整枝等。全长 l 有 150 mm 和 200 mm 两种。剪片刃口硬度≥40HRC，主轴螺栓硬度≥28HRC。

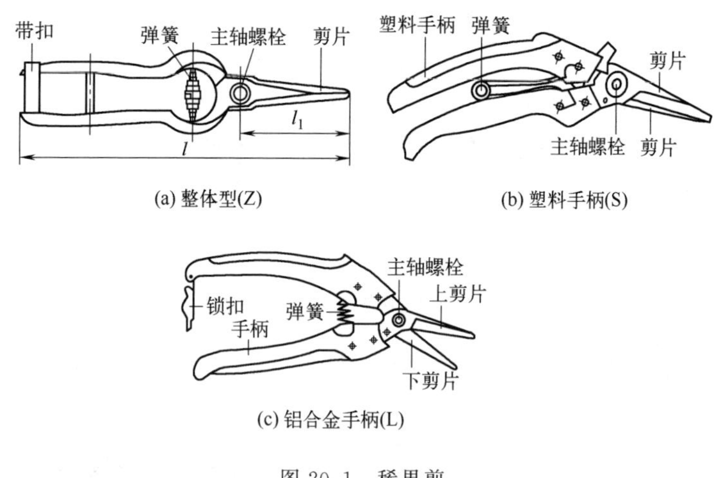

图 20.1 稀果剪

20.1.2 桑剪

桑剪（图 20.2）用于桑树剪梢和整枝。

全长 l 为 200 mm。

剪片刃口硬度≥47HRC，主轴螺栓硬度≥28HRC。

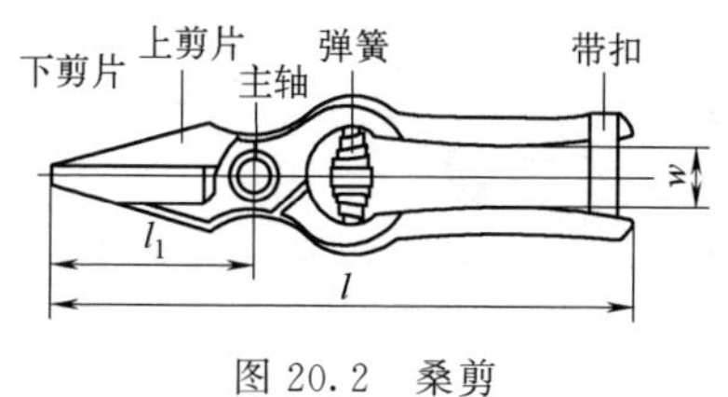

图 20.2　桑剪

20.1.3　高枝剪

高枝剪（图 20.3）用于修整各种树枝、采集树种等。全长 l 为 300 mm（伸长后为 3500～5500 mm）。

硬度：大剪片刃口硬度≥48HRC，小剪片刃口硬度≥45HRC，主轴螺栓硬度≥28HRC。

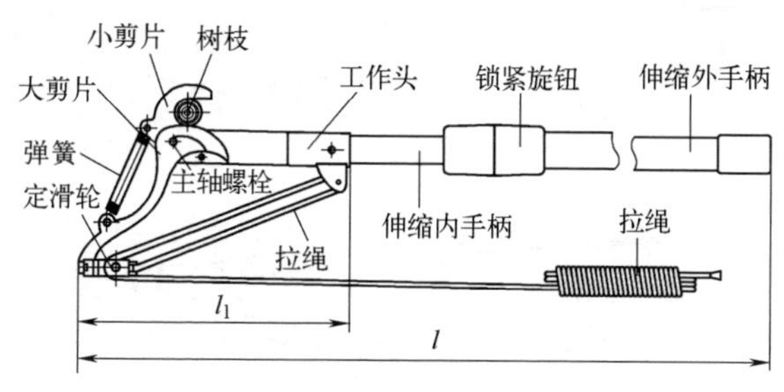

图 20.3　高枝剪

20.1.4　剪枝剪

剪枝剪用于修剪树枝、藤条、园艺花卉，分 Z、S、L、G、C 和 T 型 6 种（图 20.4）。

全长：Z、S、L、G 型，150mm、180mm、200mm、230mm、250mm；C 型，550mm、800mm；T 型，600mm（伸长前），900mm（伸长后）。

硬度：大剪片刃口硬度≥48HRC，小剪片刃口硬度≥45HRC，主轴螺栓硬度≥28HRC。

20.1.5　整篱剪

整篱剪用于修剪各种灌木、篱墙树、园艺花卉等。按柄部形式分，有整体型（Z 型）和伸缩型（T 型）两种（图 20.5、

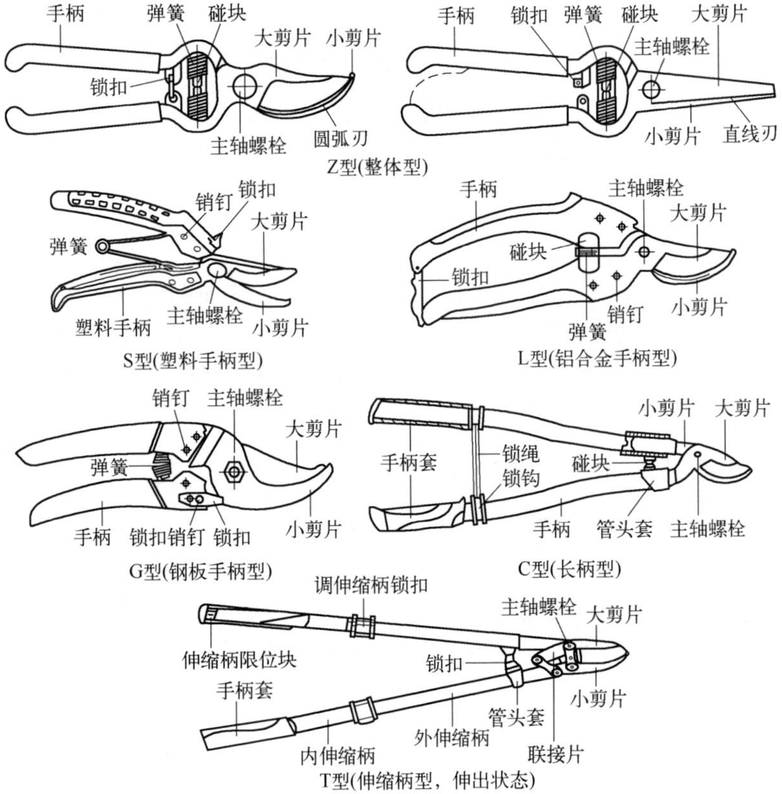

Z型(整体型)

S型(塑料手柄型)

L型(铝合金手柄型)

G型(钢板手柄型)

C型(长柄型)

T型(伸缩柄型，伸出状态)

图 20.4 剪枝剪

图 20.6）；按剪片形式分，有 Z 型（直线刃）、Q 型（曲线刃）和 J 型（锯齿刃）三种。

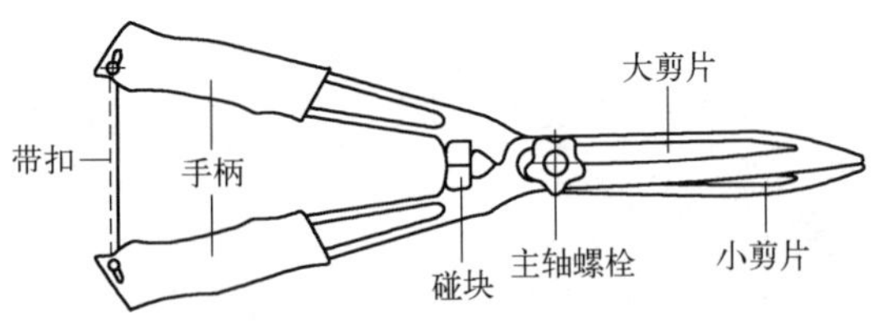

图 20.5 整体型（Z 型）

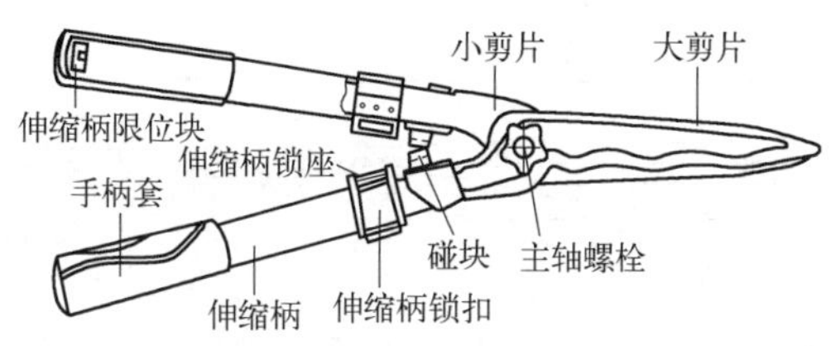

图 20.6　伸缩型（T 型）

规格：Z 型，600mm、700mm；T 型，650mm（伸长后 800mm），750mm（伸长后 1100mm）。

硬度：剪片刃口硬度≥43HRC，主轴螺栓硬度≥28HRC。

20.1.6　手锯

手锯由架弓和锯片组成，用于花卉、苗木、果树、园林树木等绿色植物修剪。

锯身分普通式（P 型）、折叠式（Z 型）、伸缩式（S 型）和弓形式（G 型）四种；锯齿齿形有 3 种：Q 型—前倾，M 型—中性，H 型—后倾。

硬度：锯片≥73HRA，锯齿≥535HV。

其规格见表 20.1。

表 20.1　手锯的规格（QB/T 2289.6—2012）　mm

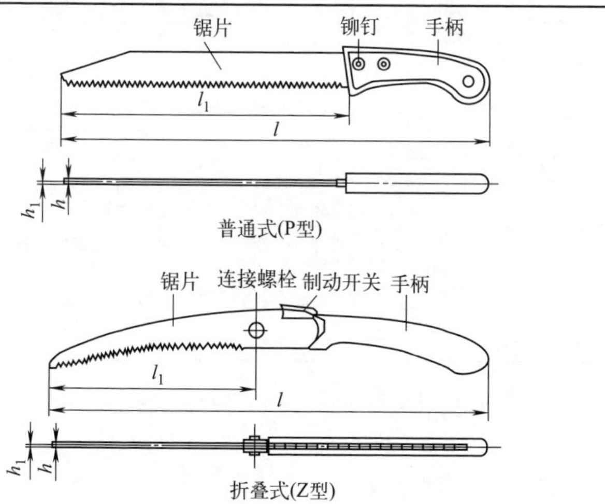

续表

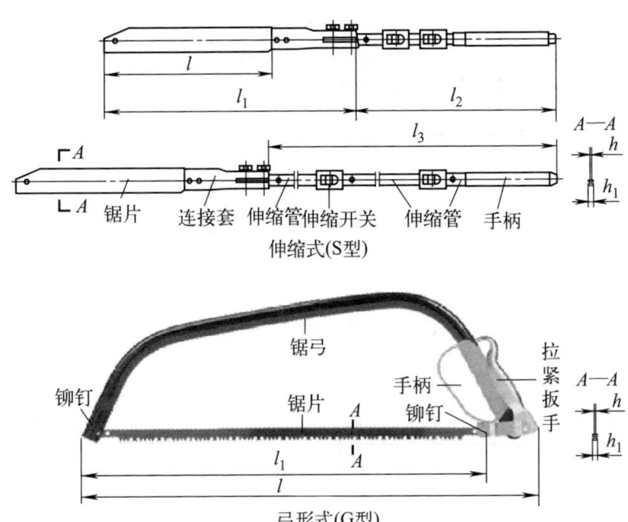

<table>
<tr><th colspan="2">规格</th><th>l_{max}</th><th>l_{1max}</th><th>l_{2max}</th><th>l_{3max}</th><th>h_{min}</th><th>h_{1min}</th></tr>
<tr><td rowspan="2">普通式
(P 型)</td><td>210</td><td>345</td><td>—</td><td>—</td><td>218</td><td>0.8</td><td rowspan="3">1.5h</td></tr>
<tr><td>260</td><td>405</td><td>—</td><td>—</td><td>265</td><td>0.9</td></tr>
<tr><td rowspan="2">折叠式
(Z 型)</td><td>120</td><td>195</td><td>—</td><td>—</td><td>125</td><td>0.8</td></tr>
<tr><td>230</td><td>395</td><td>—</td><td>—</td><td>235</td><td>1.1</td><td>2.0h</td></tr>
<tr><td rowspan="3">伸缩式
(S 型)</td><td>1500</td><td>380</td><td>570</td><td>600</td><td>1100</td><td rowspan="3">1.5</td><td rowspan="3">2.8</td></tr>
<tr><td>2500</td><td>380</td><td>570</td><td>1000</td><td>2100</td></tr>
<tr><td>4500</td><td>380</td><td>570</td><td>1750</td><td>4100</td></tr>
<tr><td rowspan="7">弓形式
(G 型)</td><td>300</td><td>425</td><td>305</td><td>—</td><td>—</td><td rowspan="7">0.7</td><td rowspan="7">1.4</td></tr>
<tr><td>450</td><td>555</td><td>458</td><td>—</td><td>—</td></tr>
<tr><td>530</td><td>630</td><td>534</td><td>—</td><td>—</td></tr>
<tr><td>610</td><td>705</td><td>610</td><td>—</td><td>—</td></tr>
<tr><td>760</td><td>855</td><td>762</td><td>—</td><td>—</td></tr>
<tr><td>810</td><td>905</td><td>813</td><td>—</td><td>—</td></tr>
<tr><td>910</td><td>1005</td><td>915</td><td>—</td><td>—</td></tr>
</table>

20.1.7 手持式油锯

油锯（图 20.7）即汽油发动机带动的链锯，用于伐除病树、老树以及树木整形修剪。

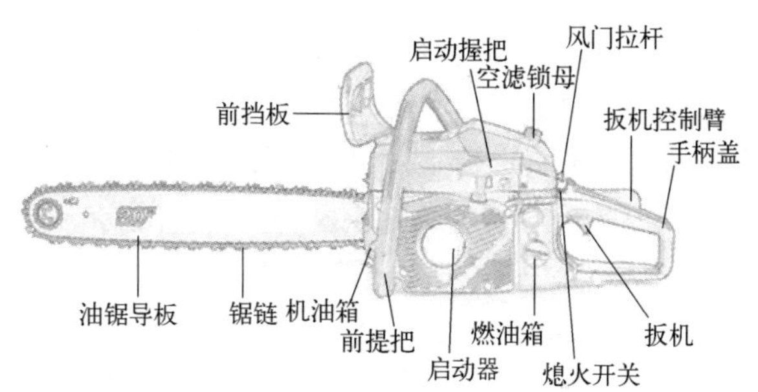

图 20.7　便携手持式油锯

手持式油锯型号的编制方法是：

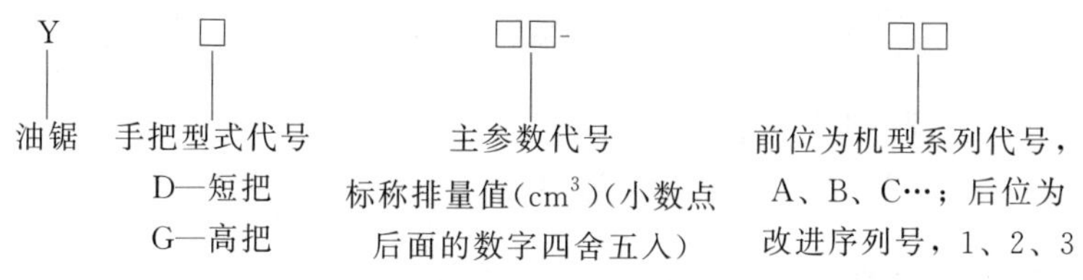

其主要性能指标见表 20.2。

表 20.2　油锯的主要性能指标（GB/T 5392—2017）

发动机排量 /cm^3	手把型式	主机净质量 (<)/kg	主机比质量 (≤)/(kg/kW)	锯切效率 (≥)/(cm^3/s)	锯切燃油消耗率 (≤)/(g/m^3)
$V\geqslant 90$	高把	12	3	1.2V	55
	短把	11	2.5		
$70\leqslant V<90$	高把	10.5	3	1.1V	50
	短把	9	2.5		
$50\leqslant V<70$	高把	9	2.8	1.0V	65
	短把	6	4		
$35\leqslant V<50$	高把	5	4	0.9V	70
$V<35$	短把	4	5	0.7V	75

手持式油锯的使用方法、注意事项和故障维修

20.1.8 电链锯

电链锯用于一般环境下，锯割树枝、木材；不适用于林木采伐及非木材类材质和其他目的的锯削。

① 结构　由把手、提把、电机和传动机构（链轮、锯板和锯链）组成（图 20.8）。由于它不需要怠速，所以没有离合器，结构相对简单，可靠性也强。电机为交直流两用单相串励式。

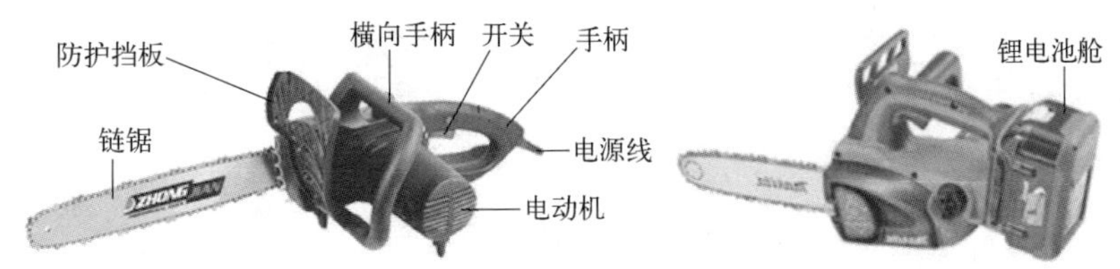

图 20.8　电链锯的类别和结构

② 型号的编制方法

M	□	L-	□	□-	□
林木类（大类代号）	使用电源类别代号	电链锯（品名代号）	设计单位代号	设计序号	规格代号

③ 基本参数　见表 20.3。

表 20.3　电链锯的基本参数（JB/T 11407—2013）

规格代号		最大切割长度/mm	额定输出功率/W	链条线速度/(m/s)	规格代号		最大切割长度/mm	额定输出功率/W	链条线速度/(m/s)
300	C	300	≥500	≥6	400	C	400	≥850	≥10
	A		≥700	≥10		A		≥1000	≥12
	B		≥900	≥10		B		≥1200	≥12
350	C	350	≥650	≥10	450	A	450	≥1000	≥12
	A		≥850	≥12		B		≥1300	≥12
	B		≥1000	≥12					

注：A—标准型，B—重型；C—轻型。

④ 额定电压和频率　交流额定电压：220V、110V、42V、36V；直流额定电压：220V、110V；额定频率：50Hz。

⑤ 温升　120、130、155 级绝缘绕组，分别为 90K、95K、115K；正常使用中非握持的外壳为 60K；非正常使用中连续握持的手柄、操

作钮握持部分，材质为金属时 30K，材质为塑料时为 50K。

⑥ 噪声级　电链锯规格为 300mm 或 350mm、400mm 或 450mm 时，其噪声限值分别为 92（112）dB（A）和 98（118）dB（A），() 内为计算值。

电链锯的锯条安装和使用注意事项

电链锯的故障与维修

20.1.9　电动修枝剪

电动修枝剪用于一般环境条件下单人操作，修剪树篱和灌木。电动修枝剪由刀片、控制电路、电机总成、减速机构和锂电池等组成（图 20.9）。

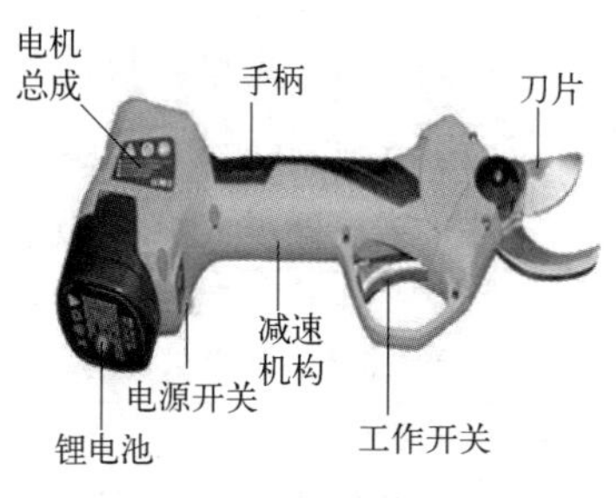

图 20.9　电动修枝剪

其工作原理是：扣动控制器开关启动电机后，通过星行减速装置使剪切刀开合，达到剪切树木枝叶的目的。

型号表示方法是：

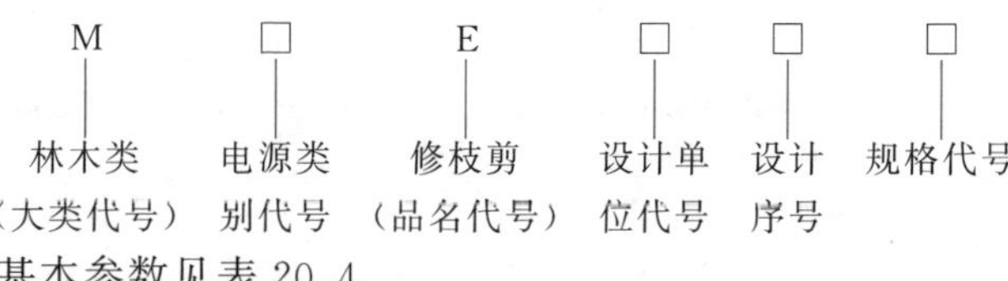

其基本参数见表 20.4

表 20.4　电动修枝剪的基本参数（GB/T 11516—2013）

规格代号	有效切割长度/mm	输出功率(≥)/W	剪切能力/mm	额定空载往复次数/(次/min)	电源
350	350	160	12～18	≤1800	交流额定电压 220V、110V，额定频率 50Hz
400	400	180			
450	450	200	18～22		
500	500	225			

续表

规格代号	有效切割长度/mm	输出功率(≥)/W	剪切能力/mm	额定空载往复次数/(次/min)	电源
550	550	250	20～28	≤1800	直流额定电压220V、110V、42V、36V
600	600	275			
650	650	295			
700	700	315			
750	750	340			

电动修枝剪的使用方法和维护保养

20.1.10 汽油机驱动便携杆式修枝锯

汽油机驱动便携杆式修枝锯用于锯切比较高处的树枝。按动力装置分，有侧挂式修枝锯和背负式修枝锯两种。其性能见表 20.5。

表 20.5 汽油机便携杆式修枝锯（LY/T 1808—2017）

项目	性能要求
启动性能	应符合 JB/T 5135.1 的规定
怠速性能	连续稳定运转 5min，转速波动率应不大于 10%，运转时切割装置不应随动
加减速性能	在怠速状态下连续稳定运转 5min，之后突加油门至最大位置不应熄火，5s 之内由最大位置突减油门至怠速位置亦不应熄火
怠速翻转性	侧挂式修枝锯在怠速下稳定运转 3min 后进行翻转，各位置停留 3s，修枝锯不应熄火；背负式修枝锯不做翻转要求
最高空载转速稳定性	在最高转速下空载运转 1min 后，不应有异响，紧固件不应松动，转速波动率应不大于 10%
离合器	应接合平稳，分离彻底。接合转速应不低于怠速的 1.25 倍
整机净质量	在汽油机排量为 $<26cm^3$、$26\sim35cm^3$ 和 $>35cm^3$ 时，不含燃油、润滑油、锯切配件及安全罩、背带装置时的整机净质量，应分别不大于 9kg、10kg 和 11kg(不包含装配有电启动装置的修枝锯)
锯切效率和燃油消耗率	在汽油机排量为 $<26cm^3$、$26\sim35cm^3$ 和 $>35m^3$ 时，侧挂式修枝锯的锯切效率应分别大于 $20cm^2/s$、$25cm^2/s$ 和 $30cm^2/s$；燃油消耗率应分别不大于 $100g/m^2$、$100g/m^2$ 和 $80g/m^2$
整机密封性	整机密封良好，各部位应无渗漏油现象

20.1.11　手持式汽油机驱动的绿篱机

用于茶叶修剪及公园、庭院、路旁树篱等园林绿化修剪。由汽油机、齿轮箱、把手、刀片和挡叶板等组成（图 20.10）。有单刃与双刃绿篱机两种。

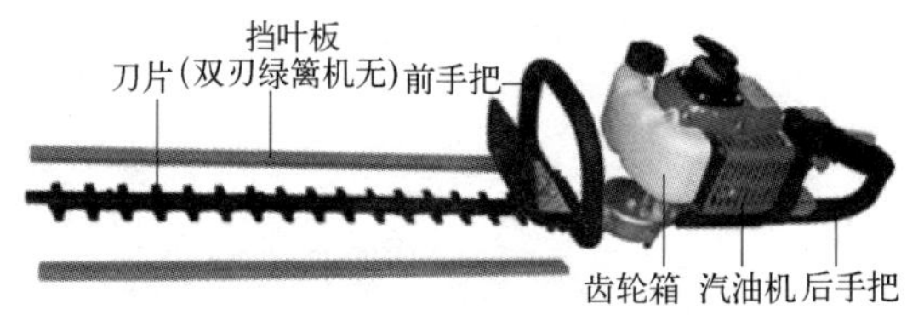

图 20.10　手持式汽油机驱动的绿篱机

其工作原理是：汽油机工作时，通过输出轴输出扭矩，达到必定转速后，离合器结合；离合器带动小齿轮翻滚，进而带动凸轮齿轮和连杆运动，连杆拉动刀片进行往复运动，实现线性往复式割刀修剪动作。

其性能见表 20.6。

表 20.6　手持式汽油机驱动的绿篱机的性能（LY/T 1619—2017）

项目		性能要求
整机性能	往复次数	最大转速下切割装置空载往复次数应不低于 1500 次/min
	修枝直径	最大修枝直径应不小于 10mm
	割幅	应不小于 300mm
	撕裂率	应小于 10%
整机净质量（不含燃油、润滑油）		汽油机排量＜25cm^3 时为≤6kg，25～35cm^3 时为≤7kg，＞35cm^3 时为≤8kg

手持式汽油机驱动绿篱机的使用与维护

20.1.12　手持式电动绿篱修剪机

手持式电动绿篱修剪机是由单人操作的用电动机驱动一个或多

个线性往复切割器件的工具。按电源的种类分有单相交流修剪机、直流修剪机和交直流两用修剪机。其型号表示方法是（LY/T 2403—2014）：

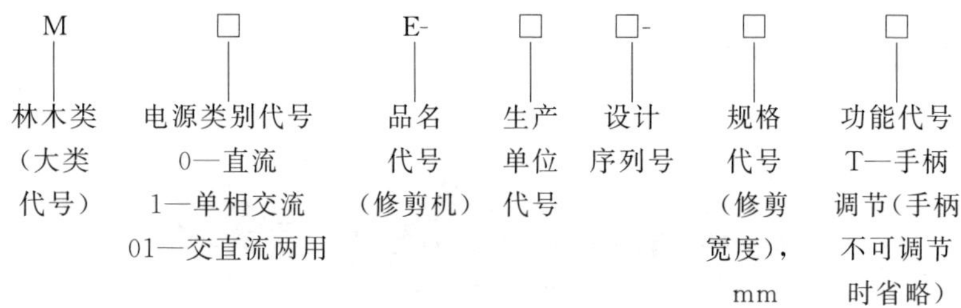

修剪机的额定电压和频率为：交流额定电压为220V，频率为50Hz；直流额定电压为18V、24V、36V、42V、110V、220V。

20.1.13 杆式电动绿篱修剪机

杆式电动绿篱修剪机（图20.11）为电动机驱动、有一个或多个线性往复运动的修剪机，用于对绿篱和灌木进行修剪切割作业。

分类：按电源的种类可分为直流（220V）、单相交流（220V、110V、42V、36V；50Hz）和交直流两用修剪机三种。

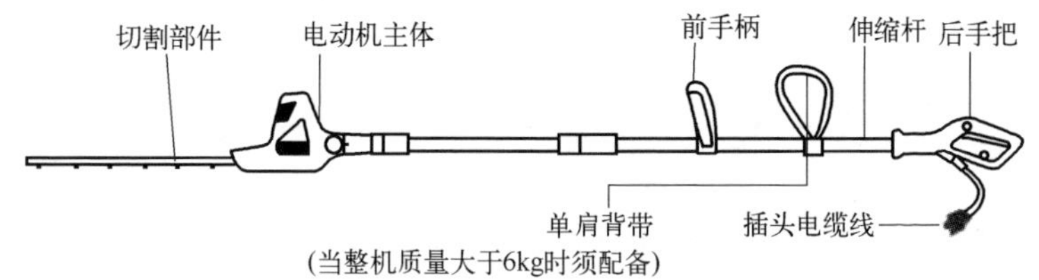

图20.11 杆式电动绿篱修剪机

其型号编制方法是：

M □ E- □ □- □ L

- M：林木类（大类代号）
- □：0—直流；1—单相交流；01—交直流两用
- E-：杆式电动绿篱修剪机
- □：设计单位代号
- □-：设计序号
- □：割幅（mm）
- L：杆式代号

修剪机的性能参数见表20.7。

表 20.7　修剪机的性能参数（LY/T 2156—2013）

规格/mm	额定输出功率/W,≥	空载往复次数/(次/min)	最大修枝直径/mm	割幅/mm
300	140	≤1700	≤10	300
350	160		≤12	350
400	180		≤14	400
450	200		≤16	450

20.1.14　茶树草坪修剪机

茶树草坪修剪机（图 20.12）用于修剪茶树、草坪等。按结构可分为往复切割式茶树修剪机和其他型式修剪机；按修剪直径可分为轻修剪机（$\phi\leqslant 8$mm）、深修剪机（$\phi\leqslant 12$mm）和重修剪机（$\phi\leqslant 25$mm）。其主要性能指标见表 20.8。

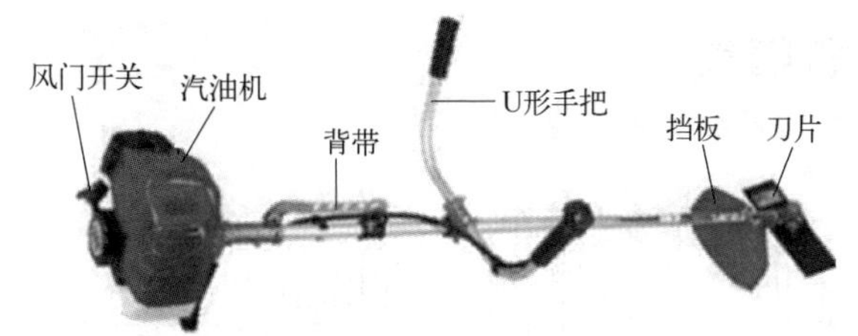

图 20.12　汽油机驱动便携杆式修剪机

型号编制方法是：

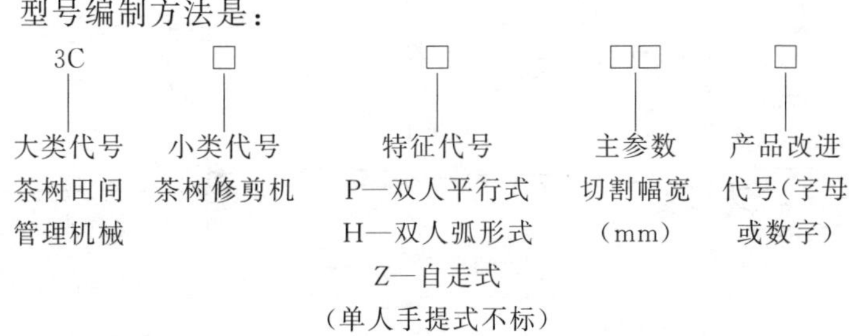

表 20.8　整机主要性能指标（JB/T 5674—2007）

项目	轻修剪机		深修剪机		重修剪机
	单人	双人	单人	双人	
生产率(≥)/(m^2/h)	200	1000	130	670	670
撕裂率(≤)/(%)	2.0		2.5		10
漏剪率(≤)/(%)	1.0		2.0		4
燃油消耗率/[g/(kW·h)]	应符合 JB/T 5135.3—2013				

续表

项目	轻修剪机		深修剪机		重修剪机
	单人	双人	单人	双人	
首次故障前工作时间/h	150		150		100
噪声(声压级)	应不大于 95dB（A）				
把手振动计权加速度值	额定转速下空转时和额定转速下作业时均应不大于 15.0m/s				
使用可靠性	应不低于 97%				
轴承及传动箱温升	应不大于 35℃				

茶树草坪修剪机的使用方法和故障与排除

20.2 种植类

种植类工具种类见图 20.13。

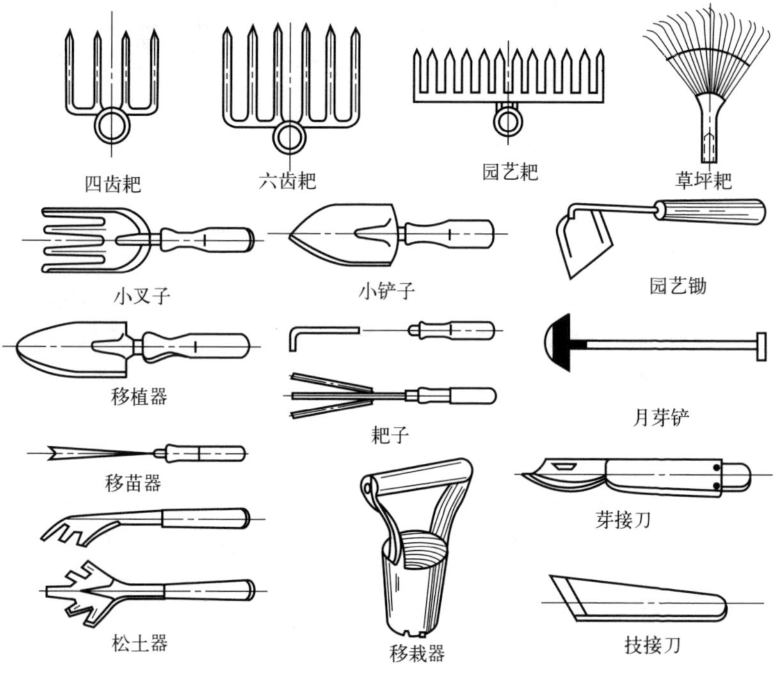

四齿耙 六齿耙 园艺耙 草坪耙

小叉子 小铲子 园艺锄

移植器 耙子 月芽铲

移苗器 芽接刀

松土器 移栽器 技接刀

图 20.13 种植类工具

20.3 割草机

割草机按动力分有电力、汽油和锂离子电池三大类；按工作方式有旋转式和往复式两大类；按支撑方式有背负式和地支式两种。

20.3.1 电动割草机

电动割草机有滚筒式割草机和转盘式割草机两种，基本参数见表20.9。其型号表示方法是：

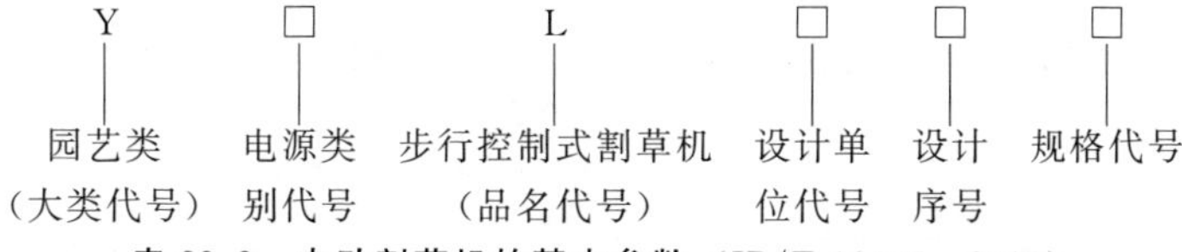

表20.9　电动割草机的基本参数（JB/T 11405—2013）

规格代号	切割宽度/mm	输出功率(≥)/W	额定转速(≥)/(r/min)
320	320	800	2800
380	380	1200	
420	420	1400	
460	460	1700	

电动割草机的使用和故障排除

20.3.2 往复式割草机

往复式割草机是与拖拉机相配套的、割刀做往返式运动的割草机，有牵引往复式、半悬挂往复式和悬挂往复式三种。基本参数见表20.10。

表20.10　往复式割草机的基本参数（GB/T 10940—2008）

参数		数值系列						
割幅/m		1.1	1.4	2.1	2.8	4.0	5.4	6.0
悬挂式	工作速度/(km/h)	3～7	6～7	7～10	7～10	—	—	7～10
	生产率/(hm^2/h)	0.3～0.7	0.8～1	1.5～2	2～2.8	—	—	4.2～5.4
半悬挂式	工作速度/(km/h)	—	—	6～7	—	—	—	—
	生产率/(hm^2/h)	—	—	1.2～1.4	—	—	—	—
牵引式	工作速度/(km/h)	—	—	4～6	7～10	8～9	8～9	—
	生产率/(hm^2/h)	—	—	1	2～2.8	3.2～9.6	4.3～4.8	—

20.3.3　旋转式割草机

旋转式割草机是刀片绕立轴旋转做水平圆周运动，完成切割、铺放牧草作业的割草设备。

分类：按结构形式分为盘式旋转割草机和滚筒式旋转割草机；按割草机与拖拉机的连接方式和相对位置分为牵引式旋转割草机和悬挂式旋转割草机。

基本参数见表 20.11。

表 20.11　旋转式割草机的基本参数（GB/T 10938—2008）

形式	割幅/m	滚筒（刀盘）数	滚筒（刀盘）转速/(r/min)	每个滚筒（刀盘）上的刀片数	作业速度/(km/h)
滚筒式	0.84	1	1400～1900	2～4	≤12
	1.65	2	1600～2100		
	2.46	3			
盘式	1.70	4	2500～3000	2～3	≤16
	2.07	5			
	2.46	6			

20.3.4　手推滚刀式草坪割草机

手推滚刀式草坪割草机（图 20.14）是在操作人员推力作用下，向前移动并带动滚刀旋转完成割草作业的装置。其型号表示方法是（LY/T 2404—2014）：

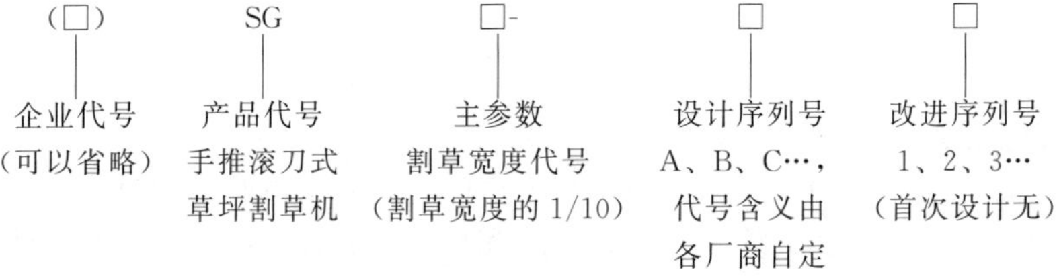

基本参数应包括割草宽度（mm）、割草高度调节范围（mm）、外形尺寸（长×宽×高，mm）和整机净质量（kg）。

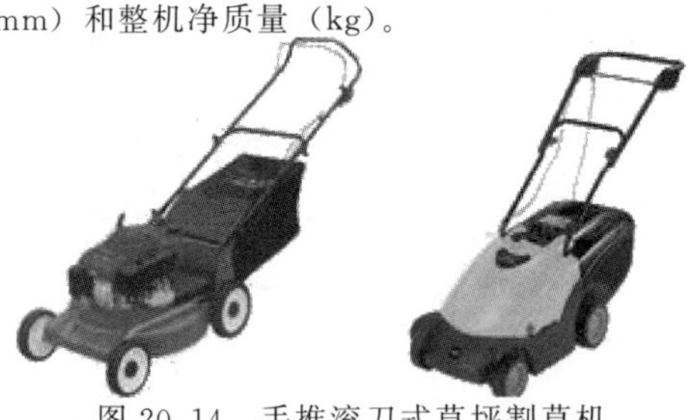

图 20.14　手推滚刀式草坪割草机

其规格见表20.12。

表20.12　电动割草机的规格

型号规格	最大割草宽度/mm	额定电压/V	额定频率/Hz	输入功率/W	输出功率/W	空载转速/(r/min)	外形尺寸(长×宽×高)/mm	质量/t
N1F-J2-250TH	250	230	50	250	200	12000	794×238×420	1.43
NIF-J2-250TH-B	250	230	50	400	350	11000	1156×193×100	2.0
N1F-280TH	280	230	50	1000	900	7800	1434×396×234	7.5
N1F-280TH-B	280	230	50	1200	1100	9000	1841×405×205	7.5
NIF-J2-300TH	300	230	50	400	350	10000	1156×193×101	2.0
N1F-J2-300TH-S	300	230	50	450	400	10000	1110×281×193	2.8
N1F-J2-300TH/Z2	300	230	50	450	400	9000	1326×331×282	2.5
300GC1-D	300	220/230	50/60	1200	—	2850/3450	650×455×350	14

20.3.5　以汽油机为动力的草坪割灌机和割草机

割灌机是装有金属或塑料刀片，通过其旋转来切割灌木、杂草或非目的树种的机器。割草机是使用柔性线、绳或类似的非金属柔性切割部件（如离心式刀片）来切割细小杂草、青草或类似的柔软性植物的机器。割灌机和割草机的参数见表20.13。

表20.13　草坪割灌机和割草机（GB/T 14176—2012）

<table>
<tr><th colspan="2">项目</th><th colspan="3">要求</th></tr>
<tr><td colspan="2">一般使用</td><td colspan="3">能在−5～40℃、相对湿度不大于80%的自然环境条件下正常工作</td></tr>
<tr><td colspan="2">配套的汽油机</td><td colspan="3">应符合JB/T 5135.3的规定</td></tr>
<tr><td rowspan="9">整机性能</td><td>启动时间</td><td colspan="3">常温、热机和冷机启动时间均不应超过30s</td></tr>
<tr><td>怠速性能</td><td colspan="3">怠速值由生产厂规定。在怠速状态下应能连续稳定运转5min，转速波动率应不大于10%，怠速运转时切割装置不应随动(直联式割草机除外)，然后突加油门至最大位置不应熄火；5s之内由最大位置突减油门回至怠速位置亦不应熄火</td></tr>
<tr><td>怠速翻转性能</td><td colspan="3">侧挂式、手持式机器在怠速下稳定运转3min后，进行怠速翻转性能试验，操作者握持手把使轴杆处于水平位置，配浮子式化油器的机器纵横四个方向各倾斜30°，配膜片式化油器的机器纵横四个方向各翻转90°，各位置停留时间3s，机器不应熄火</td></tr>
<tr><td>最高空载稳定转速</td><td colspan="3">在最高转速下进行空载试验，稳定运转1min，不应有异响，紧固件不应松动，转速波动率应不大于10%</td></tr>
<tr><td rowspan="5">净质量/kg</td><td>汽油机排量V/mL</td><td>侧挂式、手持式</td><td>背负式</td></tr>
<tr><td>$V \leqslant 25$</td><td>≤6</td><td>≤8</td></tr>
<tr><td>$25 < V \leqslant 35$</td><td>≤8</td><td>≤10</td></tr>
<tr><td>$35 < V \leqslant 50$</td><td>≤10</td><td>≤12</td></tr>
<tr><td>$V > 50$</td><td>≤12</td><td>≤13</td></tr>
</table>

20.3.6　旋刀步进式电动草坪割草机

型号表示方法是（LY/T 1620—2012）：

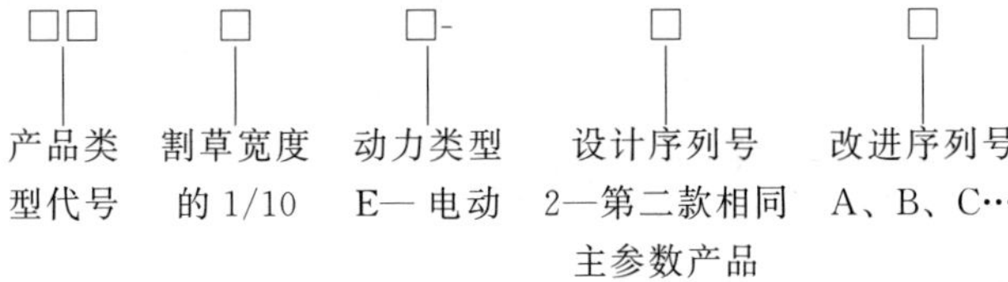

主参数：割草宽度。

基本参数：额定电压（V），额定频率（Hz），额定输入功率（W），割草宽度（mm），割草高度（mm），刀片最大空载转速（r/min），电气防护等级，噪声值（A计权声功率级，dB），集草器容积（L），产品外形尺寸（长×宽×高，mm）和产品净质量（kg）。

20.3.7　以锂离子电池为动力源的便携式割灌机和割草机

这是一种以可充电锂离子电池包或电池组为直流电源，由操作者步行时控制的、由动力驱动垂直于切割平面的轴带动割草刀片旋转，实现割草功能的设备。其型号表示方法是（LY/T 3021—2018）：

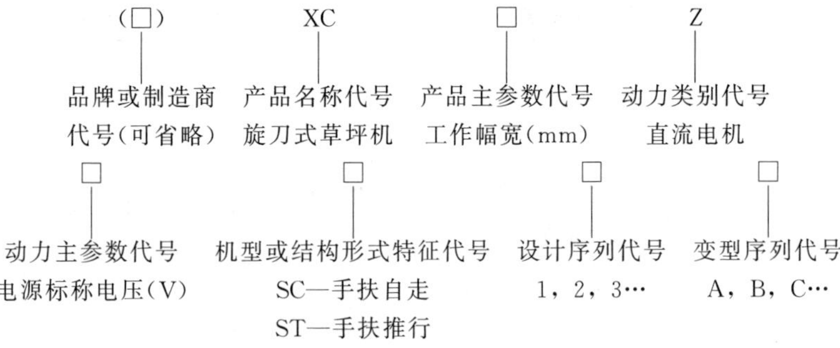

基本参数：适配电池包（电池组）标称电压（V），适配电池包（电池组）额定容量（A·h或mA·h），适配电池包（电池组）标称能量（W·h），适配电池包（电池组）型号，适配充电器额定参数和型号，防护等级IP××，工作幅宽（mm），割草高度或其可调节的割草高度范围（mm），刀片额定最大空转转速（r/min），噪声值（A计权声功率级，dB），振动值（m/s^2），集草器容积（L），产品外形尺寸（长×宽×高，mm），整机净质量（不含电池包、电泡组，kg）。

第3篇

机械五金

机械五金包括紧固件、连接件、传动件、轴承、机床附件、起重工具、焊割器材、弹簧、润滑件、密封件及除尘装置等。

第21章 紧固件

21.1 螺栓

螺栓包括六角头螺栓、方头螺栓、圆头螺栓、T形槽用螺栓、活节螺栓、U形螺栓、地脚螺栓和金属膨胀螺栓等。

21.1.1 六角头螺栓

其规格范围和主要用途见表21.1。

(1) 六角头螺栓（C级）

六角头螺栓精度有A（精制）、B（半精制）、C（普通）之分。C级则主要用于表面较粗糙、对精度要求不高的设备上，用处最广，其螺纹规格见表21.2。

(2) 六角头螺栓全螺纹（C级）

六角头螺栓全螺纹（C级）主要用于连接件内孔都有螺纹的场合。其规格见表21.3。

表 21.1　六角头螺栓的规格范围和主要用途

名称		标准号	规格范围/mm		主要用途
			d	l	
六角头螺栓	C 级	GB/T 5780	M5～M64	10～500	应用普遍，分为 A、B、C 三级。A 级精度高，用于重要的、装配精确度高的以及承受较大冲击、振动或变载荷的场合；通常 $d=1.6\sim24$mm，$l\leqslant10d$ 或 $\leqslant150$mm。B 级精度一般，用于 $d>24$mm 或 $l\geqslant10d$ 或 $\geqslant150$mm 的场合。C 级精度低，为 M5～M64，细杆 B 级为 M3～M20。六角法兰面螺栓的防松性能好
	全螺纹 C 级	GB/T 5781	M5～M64	10～500	
	六角头螺栓	GB/T 5782	M1.6～M64	2～500	
	全螺纹	GB/T 5783	M1.6～M64	2～500	
	细杆 B 级	GB/T 5784	M3～M20	20～150	
	加强杆	GB/T 27	M6～M48	25～300	
	加强杆带孔	GB/T 28	M6～M48	25～300	
	带槽	GB/T 29.1	M3～M12	6～100	
	带十字槽	GB/T 29.2	M4～M8	8～60	
	螺栓细牙	GB/T 5785	M8×1～M64×4	35～500	
	细牙全螺纹	GB/T 5786	M8×1～M64×4	16～500	
六角头法兰面螺栓	B 级	GB/T 5787	M5～M16	10～200	
	螺栓细杆 B 级	GB/T 5788	M5～M16	30～200	
	加大系列 B 级	GB/T 5789	M5～M20	10～200	
	加大系列细杆 B 级	GB/T 5790	M5～M20	30～200	
	小系列	GB/T 16674.1	M5～M16	25～160	
	细牙　小系列	GB/T 16674.2	M8～M16	35～160	
	带孔螺栓 A、B 级	GB/T 31.1	M1.6～M64	2～500	
	带孔螺栓细杆 B 级	GB/T 31.2	M6～M20	25～150	钢结构用高强度六角头螺栓用于高强度连接；主要用于公路与桥梁、工业居民建筑、塔架、起重机。需要锁定时用栓接结构大六角螺栓与螺母。栓接结构与平垫圈配套使用，可使连接副具有高水平的防止因超拧而引起的螺纹脱扣
	带孔螺栓细牙 A、B 级	GB/T 31.3	M8×1～M48×3	35～300	
	螺杆带孔	GB/T 31.1	M6～M48	30～300	
	带孔螺栓细杆	GB/T 31.2	M6～M20	25～150	
	螺杆带孔螺栓　细牙	GB/T 31.3	M8～M48	35～300	
六角头头部带孔螺栓	A 级、B 级	GB/T 32.1	M1.6～M64	2～500	
	细杆 B 级	GB/T 32.2	M6～M20	25～150	
	细牙 A 级、B 级	GB/T 32.3	M8×1～M48×3	35～400	
钢结构用螺栓	高强度大六角头螺栓	GB/T 1228	M12～M30	35～260	
	扭剪型高强螺栓	GB/T 3632	M16～M24	40～180	
栓接结构用大六角螺栓		GB/T 18230	M12～M36	30～200	

表 21.2 六角头螺栓（C级）螺纹规格（GB/T 5780—2016）mm

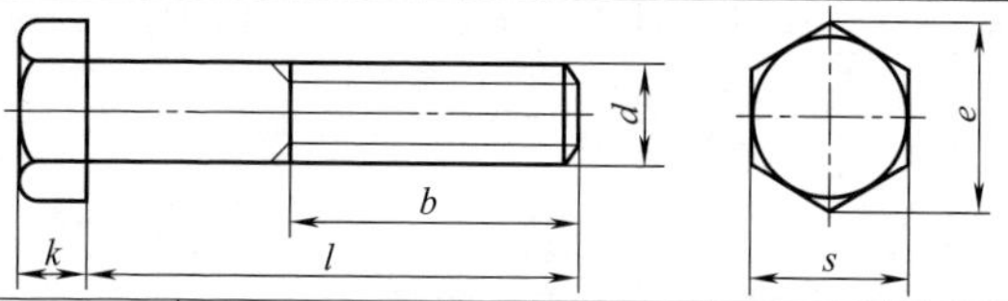

螺纹规格 d		M5	M6	M8	M10	M12	(M14)
螺距 P		0.8	1	1.25	1.5	1.75	2
$b_{参考}$	$l_{公称} \leqslant 125$	16	18	22	26	30	34
	$125 < l_{公称} \leqslant 200$	22	24	28	32	36	40
	$l_{公称} > 200$	35	37	41	45	49	53
e_{min}		8.63	10.89	14.2	17.59	19.85	22.78
k	公称	3.5	4.0	5.3	6.4	7.5	8.8
	最大	3.875	4.375	5.675	6.85	7.95	9.25
	最小	3.125	3.625	4.925	5.95	7.05	8.35
s	公称=最大	8.00	10.00	13.00	16.00	18.00	21.00
	最小	7.64	9.64	12.57	1557	17.57	20.16
l		25～50	30～60	40～80	45～100	55～120	60～140
螺纹规格 d		M16	(M18)	M20	(M22)	M24	(M27)
螺距 P		2	2.5	2.5	2.5	3	3
$b_{参考}$	$l_{公称} \leqslant 125$	38	42	46	54	50	60
	$125 < l_{公称} \leqslant 200$	44	48	52	60	56	66
	$l_{公称} > 200$	57	61	65	73	69	79
e_{min}		26.17	29.56	32.95	37.29	39.55	45.2
k	公称	10.0	11.5	12.5	15	14	17
	最大	10.75	12.4	13.4	15.9	14.9	17.9
	最小	9.25	10.6	11.6	14.1	13.1	16.1
s	公称=最大	24.00	27.00	30.00	36.00	34.00	41.00
	最小	23.16	26.16	29.16	35.00	33.00	40.00
公称长度 l		65～160	80～180	80～180	90～220	100～240	100～260
螺纹规格 d		M30	(M33)	M36	(M39)	M42	(M45)
螺距 P		3.5	3.5	4	4	4.5	4.5
$b_{参考}$	$l_{公称} \leqslant 125$	66	—	—	—		
	$125 < l_{公称} \leqslant 200$	72	78	84	90	102	102
	$l_{公称} > 200$	85	91	97	103	115	116
e_{min}		50.85	55.37	60.79	66.44	71.3	76.95
k	公称	18.7	21	22.5	25	26	28
	最大	19.75	22.05	23.55	26.05	27.05	29.05
	最小	17.65	19.95	21.45	23.95	24.95	26.95
s	公称=最大	46	50	55.0	60.0	65.0	70.0
	最小	45	49	53.8	58.8	63.1	68.1
公称长度 l		120～300	130～320	140～360	150～400	180～420	180～440

续表

螺纹规格 d		M48	(M52)	M56	(M60)	M64	
螺距 P		5	5	5.5	5.5	6	
$b_{参考}$	$l_{公称} \leqslant 125$	—	—	—	—	—	
	$125 < l_{公称} \leqslant 200$	108	116	—	—	—	
	$l_{公称} > 200$	121	129	137	145	153	
e_{min}		82.6	88.25	93.56	99.21	104.86	
k	公称	30	33	35	38	40	
	最大	31.05	34.25	36.25	39.25	41.25	
	最小	28.95	31.75	33.75	36.75	38.75	
s	公称＝最大	75.0	80.0	85.0	90.0	95.0	
	最小	73.1	78.1	82.8	87.8	92.8	
公称长度 l		200～480	200～500	240～500	240～500	260～500	

注：1. 长度系列尺寸为 10mm、12mm、16mm、20～50mm（5mm 进位）、(55mm)、60mm、(65mm)、70～150mm（10mm 进位）、180～500mm（20mm 进位）。

2. ( ) 内数字尽量不采用。

表 21.3 六角头螺栓全螺纹（C 级）的规格（GB/T 5781—2016）

mm

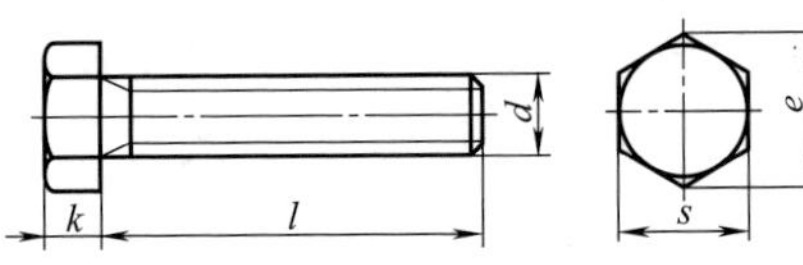

螺纹规格 d		M5	M6	M8	M10	M12	(M14)	M16	(M18)
螺距 P		0.8	1.0	1.25	1.5	1.75	2.0	2.0	2.5
e_{min}		8.63	10.89	14.2	17.59	19.85	22.78	26.17	29.56
k	公称	3.5	4.0	5.3	6.4	8.8	7.5	11.5	10
	最大	3.875	4.375	5.675	6.85	9.25	7.95	12.4	10.75
	最小	3.125	3.625	4.925	5.95	8.35	7.05	10.6	9.25
s	公称＝最大	8.0	10.0	13.0	16.0	21.00	18.0	27.00	24.0
	最小	7.64	9.64	12.57	15.57	20.16	17.57	26.16	23.16
l		10～50	12～60	16～80	20～100	25～120	30～140	30～160	35～180
螺纹规格 d		M20	(M22)	M24	(M27)	M30	(M33)	M36	(M39)
螺距 P		2.5	2.5	3.0	3.0	3.5	3.5	4.0	4.0
e_{min}		32.95	37.29	39.55	45.2	50.85	55.37	60.79	66.44
k	公称	12.5	18.7	15	21	22.5	25	26	14
	最大	13.4	19.75	15.9	22.05	23.55	26.05	27.05	14.9
	最小	11.6	17.65	14.1	19.95	21.45	23.95	24.95	13.1

续表

s	公称=最大	30.0	46.0	36.0	50.0	55.0	60.0	65.0	34
	最小	29.16	45.0	35.0	49	53.8	58.8	63.1	33
公称长度 l		40～200	45～220	50～240	55～280	60～300	65～360	70～360	80～400

螺纹规格 d		M42	(M45)	M48	(M52)	M56	(M60)	M64
螺距 P		4.5	4.5	5.0	5.0	5.5	5.5	6.0
e_{min}		71.3	76.95	82.6	88.25	93.56	99.22	104.86
k	公称	17	30	28	35	33	40	38
	最大	17.9	31.05	29.05	36.25	34.25	41.25	39.25
	最小	16.1	28.95	26.95	33.75	31.75	38.75	36.75
s	公称=最大	41	75.0	70.0	85.0	80.0	95.0	90.0
	最小	40	73.1	68.1	82.8	78.1	92.8	87.8
公称长度 l		80～420	90～440	100～480	100～500	110～500	120～500	120～500

注：1. 长度系列尺寸为 10mm、12mm、16mm、20～50mm（5mm 进位）、(55mm)、60mm、(65mm)、70～150mm（10mm 进位）、180～500mm（20mm 进位）；

2. （）内数字尽量不采用。

（3）六角头螺栓全螺纹（A 级和 B 级）

六角头螺栓 A、B 级主要用于表面光滑、对精度有较高要求的设备上。其规格见表 21.4。

表 21.4　六角头螺栓全螺纹（A、B 级）**的规格**（GB/T 5783—2016）　mm

螺纹规格 d			M1.6	M2	M2.5	M3	(M3.5)	M4	M5	M6	M8	M10
螺距 P			0.35	0.4	0.45	0.5	0.6	0.7	0.8	1.0	1.25	1.5
$b_{参考}$	$l_{公称} \leqslant 125$		9	10	11	13	12	14	16	18	22	26
	$125 < l_{公称} \leqslant 200$		15	16	17	19	18	20	22	24	28	32
	$l_{公称} > 200$		28	29	30	32	31	33	35	37	41	45
e_{min}	A		3.41	4.32	6.72	5.45	6.01	7.66	8.79	11.05	14.38	17.77
	B		3.28	4.18	6.58	5.31	5.88	7.50	8.63	10.89	14.20	17.59
k	公称		1.1	1.4	1.7	6.44	2.0	2.8	3.5	4.0	5.3	6.4
	A	最大	1.225	2.4	1.525	1.825	2.125	2.925	3.65	4.15	5.45	6.58
		最小	0.975	2.525	1.275	1.575	1.875	2.675	3.35	3.85	5.15	6.22
	B	最大	1.3	2.275	1.6	1.9	2.2	3.0	3.26	4.24	5.54	6.69
		最小	0.9	2.6	1.2	1.5	1.8	2.6	2.35	3.76	5.06	6.11
s	公称=最大		3.20	4.00	5.00	2.2	5.50	7.00	8.00	10.00	13.00	16.00
	最小	A	3.02	6.00	3.82	4.82	5.32	6.78	7.78	9.78	12.73	15.73
		B	2.90	5.82	3.70	4.70	5.20	6.64	7.64	9.64	12.57	15.57
公称长度 l	A		12～16	16～20	16～25	5.70	20～30	25～40	25～40	30～60	35～80	40～100
	B		—	—	—	20～35	—	—	—	—	—	160

续表

螺纹规格 d			M12	(M14)	M16	(M18)	M20	(M22)	M24	(M27)	M30	(M33)
螺距 P			1.75	2.0	2.0	2.5	2.5	2.5	3.0	3.0	3.5	3.5
$b_{参考}$	$l_{公称}\leqslant125$		30	34	38	42	46	50	54	60	66	—
	$125<l_{公称}\leqslant200$		36	40	44	48	52	56	60	66	72	78
	$l_{公称}>200$		49	53	57	61	65	69	73	79	85	91
e_{min}	A		20.03	23.36	26.75	30.14	33.53	37.72	39.98			—
	B		19.85	22.78	26.17	29.56	32.95	37.29	39.55	45.2	50.85	55.37
k	公称		7.5	8.8	10	11.5	12.5	14	15	17	18.7	21
	A	最大	7.68	8.98	10.18	11.715	12.715	14.215	15.125	17.35		—
		最小	7.32	8.62	9.82	11.285	12.285	13.785	14.785	16.65		—
	B	最大	7.79	9.09	10.29	11.85	12.85	14.35	15.35		19.12	21.42
		最小	7.21	8.51	9.71	11.15	12.15	13.65	14.65		18.28	20.58
s	公称=最大		18.00	21.00	24.00	27.00	30.00	34.00	36.00	40.00	46.00	50.00
	最小	A	17.73	20.67	23.67	26.67	29.67	33.38	35.38			—
		B	17.57	20.16	23.16	26.16	29.16	33.00	35.00	41.0	45.0	49.0
公称长度 l		A	50～120	50～140	65～160	60～150	65～150	70～150	80～150	90～150		100～150
		B				160～180		160～220		160～260		160～320

螺纹规格 d			M36	(M39)	M42	(M45)	M48	(M52)	M56	(M60)	M64
螺距 P			4.0	4	4.5	4.5	5.0	5	5.5	5.5	6.0
$b_{参考}$	$l_{公称}\leqslant125$			—		—		—		—	
	$125<l_{公称}\leqslant200$		84	90	96	102	108	116			
	$l_{公称}>200$		97	103	109	115	121	129	137	145	153
e_{min}	A			—		—		—		—	
	B		60.79	66.44	71.3	76.95	82.6	88.25	93.56	99.21	104.86
k	公称		22.5	25	26	28	30	33	35	38	40
	A	最大		—		—		—		—	
		最小		—		—		—		—	
	B	最大	22.92	25.42	26.42	28.42	30.42	33.5	35.5	38.5	40.5
		最小	22.08	24.58	25.58	27.58	29.58	32.5	34.5	37.5	39.5
s	公称=最大		55.0	60.0	65.0	70.0	75.0	80.0	85.0		90.0
	最小	A		—		—		—		—	
		B	53.8	58.8	63.1	68.1	73.1	78.1	82.8	87.8	92.8
公称长度 l		A	—	—	—	—		—		—	
		B		130～380		130～400		150～400		180～400	

注：1. 长度系列为 20～50mm（5mm 进位）、（55mm）、60mm、（65mm）、70～160mm（10mm 进位）、180～400mm（20mm 进位）。

2. 括号内规格尽量不采用。

(4) 六角头A级螺栓与细杆 (B级)

用于重要的装配精度要求高，以及接受较大冲击、振动或交互载荷的场所。其规格见表21.5。

表21.5　六角头A级螺栓与细杆 (B级) 的规格　mm

螺纹规格 d	螺杆长度 l		
	部分螺纹 (GB/T 5782—2016)	全螺纹 (GB/T 5783—2016)	细杆 (GB/T 5784—2016)
M1.6	12～16	2～16	—
M2	16～20	4～20	—
M2.5	16～25	5～25	—
M3	20～30	6～30	20～30
M4	25～40	8～40	20～40
M5	25～50	10～50	25～50
M6	30～60	12～60	25～60
M8	(35)40～80	16～80	30～80
M10	(40)45～100	20～100	40～100
M12	(45)50～120	25～120	45～120
(M14)	(50)60～140	30～140	50～140
M16	(55)65～160	30～150	55～150
(M18)	(60)70～180	35～180	—
M20	(65)80～200	40～150	65～150
(M22)	(70)90～220	45～200	—
M24	80(90)～240	50～150	—
(M27)	100～260(90～300)	55～200	—
M30	(90)110～300	60～200	—
(M33)	150～380	65～200	—
M36	140～360(110～300)	70～200	—
(M39)	180～440	80～200	—
M42	160～440(130～300)	80～200	—
(M45)	200～480	90～200	—
M48	180～480(140～300)	100～200	—
(M52)	240～500	100～200	—
M56	220～500	110～200	—
(M60)	260～500	120～200	—
M64	260～500	120～200	—

注：l 公称系列为2mm，3mm，4mm，5mm，6mm，8mm，10mm，12mm，16mm，20mm，25mm，30mm，35mm，40mm，45mm，50mm，55mm，60mm，65mm，70mm，80mm，90mm，100mm，110mm，120mm，130mm，140mm，150mm，160mm，180mm，200mm，220mm，240mm，260mm，280mm，300mm，320mm，340mm，360mm，380mm，400mm，420mm，440mm，460mm，480mm，500mm

(5) 六角头细牙螺栓

六角头细牙螺栓主要用于薄壁零件或承受振动、冲击载荷的场合。其规格见表21.6。

表 21.6 六角头细牙螺栓的规格 mm

螺纹规格 $d \times P$	螺杆长度 l		螺纹规格 $d \times P$	螺杆长度 l	
	部分螺纹（GB/T 5785—2016）	全螺纹（GB/T 5786—2016）		部分螺纹（GB/T 5785—2016）	全螺纹（GB/T 5786—2016）
M8×1	40～80	16～80	M30×2	120～300	40～200
M10×1	45～100	20～100	（M33×2）	130～300	65～330
（M10×1.25）	45～100	20～100	M36×3	140～300	40～200
（M12×125）	50～120	25～120	（M39×3）	150～380	80～380
M12×1.5	50～120	25～120	M42×3	160～440	90～420
（M14×1.5）	60～140	30～140	（M45×3）	180～440	90～440
M16×1.5	65～160	35～160	M48×3	200～480	100～480
（M18×1.5）	70～180	40～180	（M52×4）	200～480	100～500
M20×1.5	80～200	40～200	M56×4	220～500	120～500
（M22×1.5）	90～220	45～220	（M60×4）	200～500	120～500
M24×2	100～240	40～200	M64×4	240～500	130～500
（M27×2）	110～260	55～260			

注：l 公称系列为 16mm，20mm，25mm，30mm，35mm，40mm，45mm，50mm，55mm，60mm，65mm，70mm，80mm，90mm，100mm，110mm，120mm，130mm，140mm，150mm，160mm，180mm，200mm，220mm，240mm，260mm，280mm，300mm，320mm，340mm，360mm，380mm，400mm，420mm，440mm，460mm，480mm，500mm。

（6）法兰面螺栓

用于重型机械和和各种发动机，比相同规格的六角头螺栓，可承受更大的预紧力。

① 小系列 A 级（表 21.7）

表 21.7 六角法兰面螺栓——小系列 A 级（GB/T 16674.1—2016）

mm

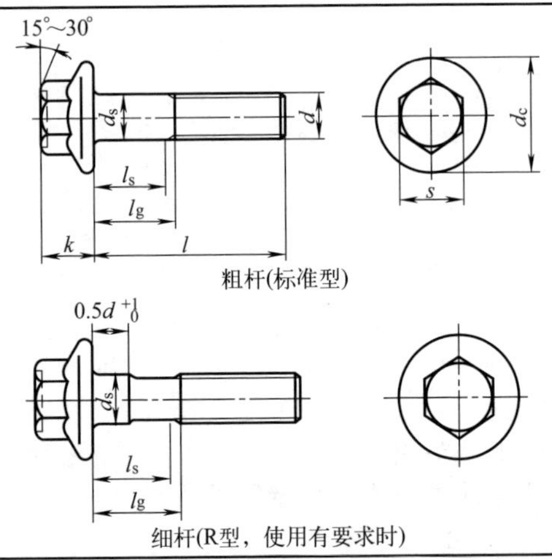

续表

螺纹规格 d		M5	M6	M8	M10	M12	(M14)	M16
P		0.8	1.0	1.25	1.5	1.75	2.0	2.0
d_c	最大	11.4	13.6	17.0	20.8	24.7	28.6	32.8
d_s	最大	5.00	6.00	8.00	10.00	12.00	14.00	16.00
	最小	4.82	5.82	7.78	9.78	11.73	13.73	15.73
k	最大	5.6	6.9	8.5	9.7	12.1	12.9	15.2
s	最大	7.00	8.00	10.00	13.00	15.00	18.00	21.00
	最小	6.78	7.78	9.78	12.73	14.73	17.73	20.67
公称长度 l		25～50	30～60	35～80	40～100	45～120	50～140	55～160

注：l 公称系列为 10mm，12mm，16mm，20mm，25mm，30mm，35mm，40mm，45mm，50mm，55mm，60mm，65mm，70mm，80mm，90mm，100mm，110mm，120mm，130mm，140mm，150mm，160mm。

② 细牙 小系列（表 21.8）

表 21.8 六角法兰面螺栓——细牙 小系列（GB/T 16674.2—2016）

mm

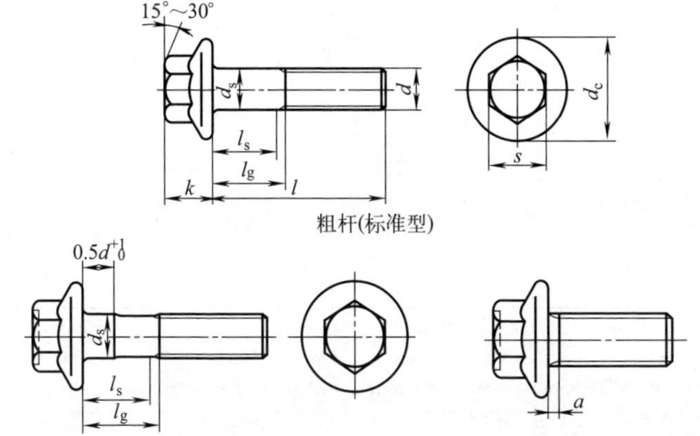

螺纹规格($d\times P$)		M8×1	M10×1 M10×1.25	M12×1.25 M12×1.5	(M14×1.5)	M16×1.5
a	最大	3	3	4.5	4.5	4.5
	最小	1	1	1.5	1.5	1.5
d_c	最大	17	20.8	24.7	28.6	32.8
d_s	最大	8.00	10.00	12.00	14.00	16.00
	最小	7.78	9.78	11.73	13.73	15.73

续表

k	最大	8.5	9.7	12.1	12.9	15.2
s	最大	10.00	13.00	15.00	18.00	21.00
	最小	9.78	12.73	14.73	17.73	20.67
公称长度 l		35～80	40～100	45～120	50～140	55～160

注：l 公称系列为 16mm，20mm，25mm，30mm，35mm，40mm，45mm，50mm，55mm，60mm，65mm，70mm，80mm，90mm，100mm，110mm，120mm，130mm，140mm，150mm，160mm。

21.1.2 方头螺栓

（1）方头螺栓 C 级

方头 s 尺寸较大，便于使用板手或借助其他零件防止转动，多用于粗糙结构表面和带 T 形槽零件中。其规格见表 21.9。

表 21.9 方头螺栓 C 级的规格（GB/T 8—2021） mm

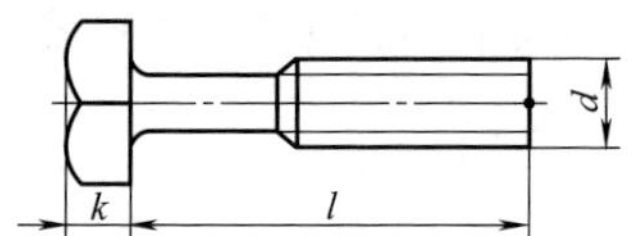

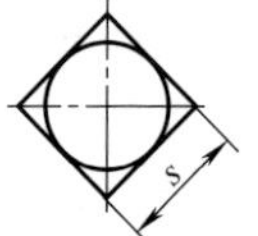

螺纹规格 d	方头边宽 s_{max}	公称方头高度 k	公称长度 l	螺纹规格 d	方头边宽 s_{max}	公称方头高度 k	公称长度 l
M10	16	7	20～100	M24	36	15	55～240
M12	18	8	25～120	（M27）	41	17	60～260
（M14）	21	9	25～140	M30	46	19	60～300
M16	24	10	30～160	M36	55	23	80～300
（M18）	27	12	35～180	M42	65	26	80～300
M20	30	13	35～200	M48	75	30	110～300
（M22）	34	14	50～220				

注：l 公称系列为 20mm，25mm，30mm，35mm，40mm，45mm，50mm，（55mm），60mm，（65mm），70mm，80mm，90mm，100mm，110mm，120mm，130mm，140mm，150mm，160mm，180mm，200mm，220mm，240mm，260mm，280mm，300mm。

2. 尽可能不采用括号内的规格。

（2）小方头螺栓（表 21.10）

表 21.10 小方头螺栓的规格（GB/T 35—2013） mm

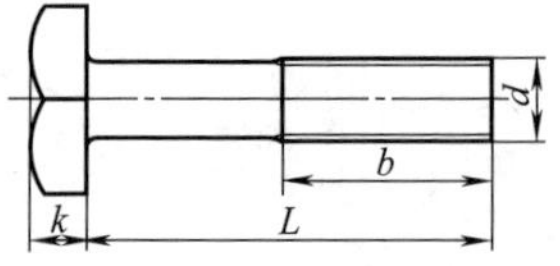

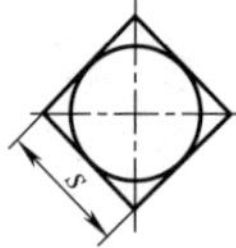

续表

螺纹规格 d		M5	M6	M8	M10	M12	M14	M16	M18
牙距 P		0.8	1.0	1.25	1.50	1.75	2.0	2.0	2.5
b	$L<125$	16	18	22	26	30	34	38	42
	$125<L<200$	—	—	28	32	36	40	44	48
	$200<L$	—	—	—	—	—	—	57	61
k	最大	3.74	4.24	5.24	6.24	7.29	8.29	9.29	10.29
	最小	3.26	3.76	4.76	5.76	6.71	7.71	8.71	9.71
s	最大	8	10	13	16	18	21	24	27
	最小	7.64	9.64	12.57	15.57	17.57	20.16	23.16	26.16
公称长度 L		20～50	30～60	35～80	40～100	45～120	55～140	55～160	60～180
螺纹规格 d		M20	M22	M24	M27	M30	M36	M42	M48
牙距 P		2.5	2.5	3	3	4	4	5	5
b	$L<125$	46	50	54	60	66	78	—	—
	$125<L<200$	52	56	60	66	72	84	96	108
	$200<L$	65	69	73	79	85	97	109	121
k	最大	11.35	12.35	13.35	15.35	17.35	20.42	23.42	26.42
	最小	10.65	11.65	12.65	14.65	16.65	19.58	22.58	25.58
s	最大	30	34	36	41	46	55	65	75
	最小	29.16	33	35	40	45	53.5	63.1	73.1
公称长度 L		65～200	70～220	75～240	80～260	90～300	110～300	130～300	140～300

注：l 公称系列为 20mm，25mm，30mm，35mm，40mm，45mm，50mm，(55mm)，60mm，(65mm)，70mm，80mm，90mm，100mm，110mm，120mm，130mm，140mm，150mm，160mm，180mm，200mm，220mm，240mm，260mm，280mm，300mm。

21.1.3 圆头螺栓

（1）圆头方颈螺栓

半圆头方颈螺栓与大半圆头方颈C级螺栓用于铁木结构（如纺织机械、汽车车身等）的连接。其规格见表21.11。

表21.11 半圆头方颈螺栓的规格（GB/T 12—2013） mm

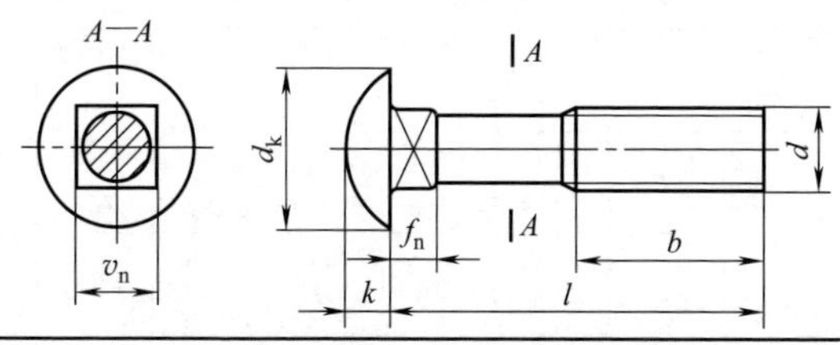

续表

螺纹规格 d		M6	M8	M10	M12	(M14)	M16	M20
牙距 P		1	1.25	1.5	1.75	2	2	2.5
b	$l \leqslant 125$	18	22	26	30	34	38	46
	$125 < l \leqslant 200$	—	28	32	36	40	44	52
d_k	最大	13.1	17.1	21.3	25.3	29.3	33.6	41.6
	最小	11.3	15.3	19.16	23.16	27.16	31	39
f_n	最大	4.4	5.4	6.4	8.45	9.45	10.45	12.55
	最小	3.6	4.6	5.6	7.55	8.55	9.55	11.45
k	最大	4.08	5.28	6.48	8.9	9.9	10.9	13.1
	最小	3.2	4.4	5.6	7.55	8.55	9.55	11.45
v_n	最大	6.3	8.36	10.36	12.43	14.43	16.43	20.82
	最小	5.84	7.8	9.8	11.76	13.76	15.76	19.22
公称长度 l		16～60	16～80	25～100	35～120	40～140	45～160	60～200

注：l 公称系列为 16mm，20mm，25mm，30mm，35mm，40mm，45mm，50mm，(55mm)，60mm，(65mm)，70mm，80mm，90mm，100mm，110mm，120mm，130mm，140mm，150mm，160mm，180mm，200mm。

（2）圆头带榫螺栓

用途同圆头螺栓，由于榫头和孔配合，可避免传统螺栓因为孔径过大、错位等原因导致的锁紧效果不好等问题。其规格见表 21.12。

表 21.12 圆头带榫螺栓的规格（GB/T 13—2013） mm

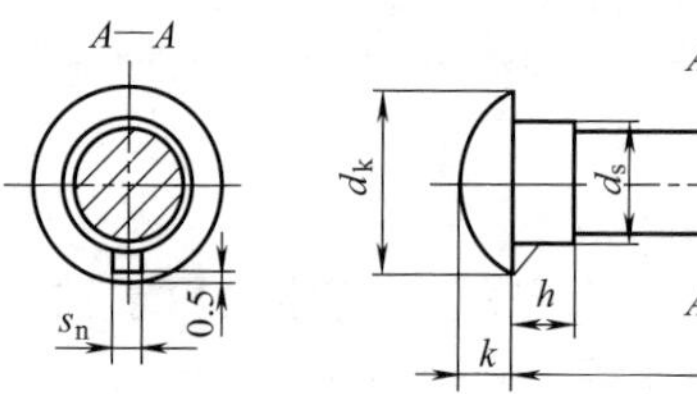

螺纹规格 d		M6	M8	M10	M12	(M14)	M16	M20	M24
牙距 P		1	1.25	1.5	1.75	2	2	2.5	3
b	$l \leqslant 125$	18	22	26	30	34	38	46	54
	$125 < l \leqslant 200$	—	28	32	36	40	44	52	60
d_k	最大	12.1	15.1	18.1	22.3	25.3	29.3	35.6	43.6
	最小	10.3	13.3	16.3	20.16	23.16	27.16	33.0	41.0
k	最大	4.08	5.28	6.48	8.9	9.3	10.9	13.1	17.1
	最小	3.2	4.4	5.6	7.55	8.55	9.55	11.45	15.45

续表

d_s	最大	6.48	8.58	10.58	12.7	14.7	16.7	20.84	21.84
	最小	5.52	7.42	9.42	11.3	13.3	15.3	19.15	23.16
h	最小	4	5	6	7	8	9	11	13
公称长度 l		20～60	20～80	30～100	35～120	35～140	50～160	60～200	80～200

注：l 公称系列为 20mm，25mm，30mm，35mm，40mm，45mm，50mm，(55mm)，60mm，(65mm)，70mm，80mm，90mm，100mm，110mm，120mm，130mm，140mm，150mm，160mm，180mm，200mm。

(3) 扁圆头螺栓

① 扁圆头带榫螺栓（表 21.13）　由于榫头和孔配合，可避免传统螺栓因为孔径过大、错位等原因导致的锁紧效果不好等问题。

表 21.13　扁圆头带榫螺栓的规格（GB/T 15—2013）　mm

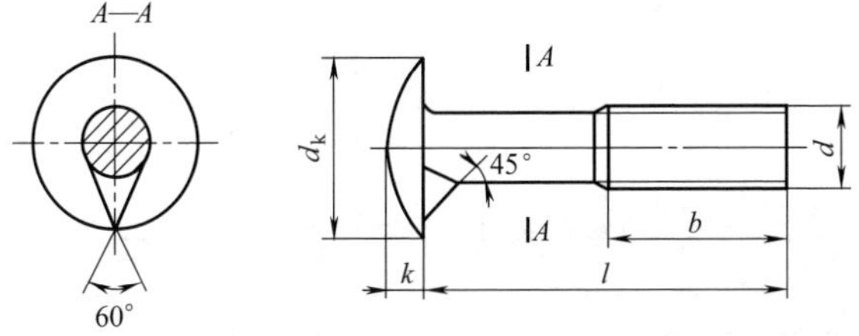

螺纹规格 d		M6	M5	M10	M12	(M14)	M16	M20	M24
牙距 P		1	1.25	1.5	1.75	2	2	2.5	3
b	$l \leqslant 125$	18	22	26	30	34	38	46	54
	$125 < l \leqslant 200$	—	28	32	36	40	44	52	60
d_k	最大	15.1	19.1	24.3	29.3	33.6	36.6	45.6	53.9
	最小	13.3	17.3	22.16	27.16	31.0	34.0	43.0	50.8
k	最大	3.48	4.48	5.48	6.48	7.9	8.9	10.9	13.1
	最小	2.7	3.6	4.6	5.6	6.55	7.55	9.55	11.45
公称长度 l		20～60	20～80	30～100	35～120	35～140	50～160	60～200	80～200

注：l 公称系列为 20mm，25mm，30mm，35mm，40mm，45mm，50mm，(55mm)，60mm，(65mm)，70mm，80mm，90mm，100mm，110mm，120mm，130mm，140mm，150mm，160mm，180mm，200mm。

② 扁圆头方颈螺栓 C 级（表 21.14）　用途同圆头方颈螺栓，但用于较薄且表面比较粗糙工件的连接。

表 21.14 扁圆头方颈螺栓 C 级的规格（GB/T 14—2013） mm

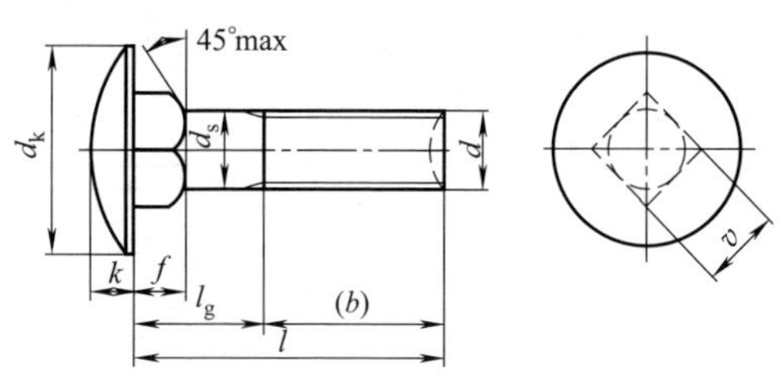

螺纹规格 d		M5	M6	M8	M10	M12	M16	M20
P		0.8	1	1.25	1.5	1.75	2	2.5
b（参考）	l≤120	16	18	22	26	30	38	46
	130≤l≤200	—	—	28	32	36	44	52
	l>200	—	—	—	—	—	57	65
d_k	最大=公称	13	16	20	24	30	38	46
	最小	11.9	14.9	18.7	22.7	28.7	36.4	44.4
d_s	最大	5.48	6.48	8.58	10.58	12.7	16.7	20.84
	最小	≈螺纹中径						
f	最大	4.1	4.6	5.6	6.6	8.8	12.9	15.9
	最小	2.9	3.4	4.4	5.4	7.2	11.1	14.1
k	最大	3.1	3.6	4.8	5.8	6.8	8.9	10.9
	最小	2.5	3	4	5	6	8	10
v	最大	5.48	6.48	8.58	10.58	12.7	16.7	20.84
	最小	4.52	5.52	7.42	9.42	11.3	15.3	19.16
螺纹规格 d		M5	M6	M8	M10	M12	M16	M20
公称长度 l		20～50	30～60	40～80	45～100	55～120	65～200	75～200

注：l 公称系列为 20mm，25mm，30mm，35mm，40mm，45mm，50mm，（55mm），60mm，（65mm），70mm，80mm，90mm，100mm，110mm，120mm，130mm，140mm，150mm，160mm，180mm，200mm。

21.1.4 沉头螺栓

（1）沉头方颈螺栓

用于仪器和精密机件等零件表面要求光滑、平整处，有防止转动作用。其规格见表 21.15。

表 21.15 沉头方颈螺栓的规格（GB/T 10—2013） mm

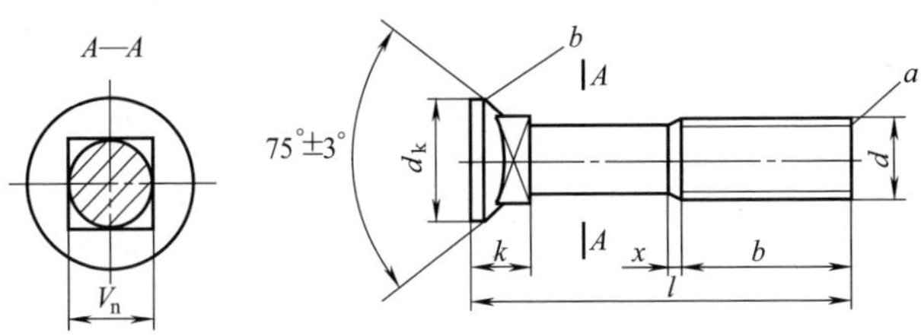

螺纹规格 d		M6	M8	M10	M12	M16	M20
P		1	1.25	1.5	1.75	2	2.5
l	l≤125	18	22	26	30	38	46
	125<l≤200	—	28	32	36	44	52
d_k	最大	11.05	14.55	17.55	21.65	28.65	36.80
	最小	9.95	13.45	16.45	20.35	27.35	35.2
k	最大	6.1	7.25	8.45	11.05	13.05	15.05
	最小	5.3	6.35	7.55	9.05	11.90	13.95
V_n	最大	6.36	8.36	10.36	12.43	16.43	20.52
	最小	5.84	7.8	9.8	11.76	15.76	19.72
公称长度 l		25～60	25～80	30～100	40～120	45～160	(55)～200

注：l 公称系列为 25mm，30mm，35mm，40mm，45mm，50mm，(55mm)，60mm，(65mm)，70mm，80mm，90mm，100mm，110mm，120mm，130mm，140mm，150mm，160mm，180mm，200mm。

（2）沉头带榫螺栓

用途同沉头螺栓，榫头和孔配合，可保证锁紧效果。其规格见表 21.16。

表 21.16 沉头带榫螺栓的规格（GB/T 11—2013） mm

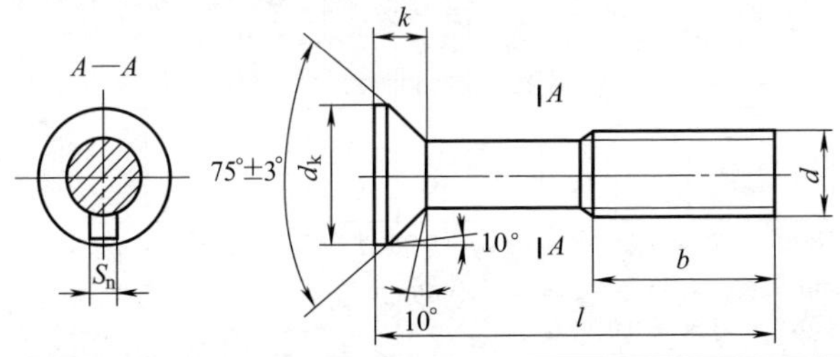

螺纹规格 d	M6	M8	M10	M12	(M14)	M16	M20	(M22)	M24
P	1	1.25	1.5	1.75	2	2	2.5	2.5	3

续表

b	l≤125	18	22	26	30	34	38	46	50	54
	125<l≤200	—	28	32	36	40	44	52	56	60
d_k	最大	11.05	1155	17.55	21.65	24.65	28.65	36.8	40.8	45.8
	最小	9.95	13.45	16.45	20.35	23.35	27.35	35.2	39.2	44.2
S_n	最大	2.7	2.7	3.8	3.8	4.3	4.8	4.8	6.3	6.3
	最小	2.3	2.3	3.2	3.2	3.7	4.2	4.2	5.7	5.7
k	最大	4.1	5.3	6.2	8.5	8.9	10.2	13	14.3	16.5
公称长度 l		25～60	30～80	35～100	40～120	45～140	45～160	60～200	(65)～200	80～200

注：l 公称系列为 25mm，30mm，35mm，40mm，45mm，50mm，（55mm），60mm，（65mm），70mm，80mm，90mm，100mm，110mm，120mm，130mm，140mm，150mm，160mm，180mm，200mm。

21.1.5 T形槽用螺栓

T形槽用螺栓主要用于机床和机床附件。其规格见表21.17。

表21.17 T形槽用螺栓的规格（GB/T 37—1988）　　mm

螺纹规格 d		M5	M6	M8	M10	M12	M16	M20	M24	M30	M36	M42	M48
b	$l_{公称}$≤125	16	18	22	26	30	38	46	54	66	78		
	125<$l_{公称}$≤200			28	32	36	44	52	60	72	84	96	108
	$l_{公称}$>200						57	65	73	85	97	109	121
D		12	16	20	25	30	38	46	58	25	85	95	105
k	最大	4.24	5.24	6.24	7.29	9.29	12.35	14.35	16.35	20.42	24.42	28.42	32.50
	最小	3.76	5.76	5.76	6.71	8.71	11.65	13.65	15.65	19.58	23.58	27.58	31.50
h		2.8	3.4	4.1	4.8	6.5	9.0	10.4	11.8	14.5	18.5	22.0	26.0
s	公称	9	12	14	18	22	28	34	44	57	67	76	86
	最大	9.00	12.00	14.00	18.00	22.00	28.00	34.00	144.00	57.00	67.00	76.00	86.00
	最小	8.64	11.57	13.57	17.57	21.16	27.16	33.00	3.00	55.80	65.10	74.10	83.80
公称长度 l		25～50	30～60	35～80	40～100	45～120	55～160	(65)～200	80～240	90～300	110～300	130～300	140～300

注：1. 长度 l 公称系列为 20～50mm（5mm进位），（55mm），60mm，（65mm），70～160mm（10mm进位），180～300mm（20mm进位）。

2. 尽可能不采用括号内的规格。

21.1.6 U形螺栓

U形螺栓用于固定管件等。其规格见表21.18。

表 21.18 U形螺栓的规格

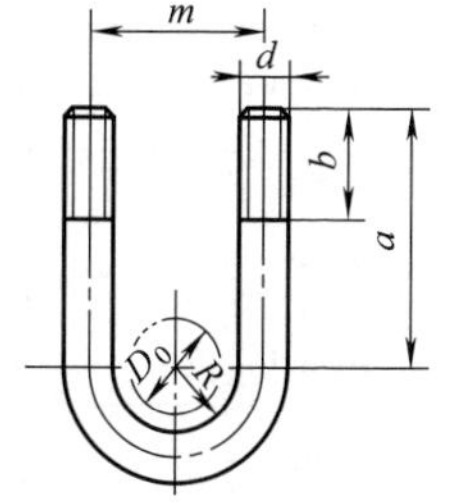

L—毛坯长度
D_0—管子外径

D_0	R	d	L	a	b	m	每千件质量/kg
14	8	M6	98	33	22	22	22
18	10		108	35		26	24
22	12	M10	135	42	28	34	83
25	14		143	44		38	88
33	18		160	48		46	99
38	20	M12	192	55	32	52	171
42	22		202	57		56	180
45	24		210	59		60	188
48	25		220	60		62	196
51	27		225	62		66	200
57	31		240	66		74	214
60	32		250	67		76	223
76	40		289	75		92	256
83	43		310	78		98	276
89	46		325	81		104	290
102	53	M16	365	93	32	122	575
108	56		390	96		128	616
114	59		405	99		134	640
133	69		450	108		154	712
140	72		470	112		160	752
159	82		520	122		180	822
165	85		538	125		186	850
219	112		680	152		240	1075

21.1.7 活节螺栓

活节螺栓与配套螺母起连接紧固作用，应用范围广。按产品等级分有 A 级、B 级和 C 级三级；按螺杆上螺纹的长短分有活节螺栓和全螺纹活节螺栓两种。

用途：用于一些要求拆开连接的场合，如低温高压阀门、压力管道、流体工程、石油钻采设备、油田设备等领域。其形式和尺寸见表 21.19。

表 21.19　活节螺栓的形式和尺寸（GB/T 798—2021）　　mm

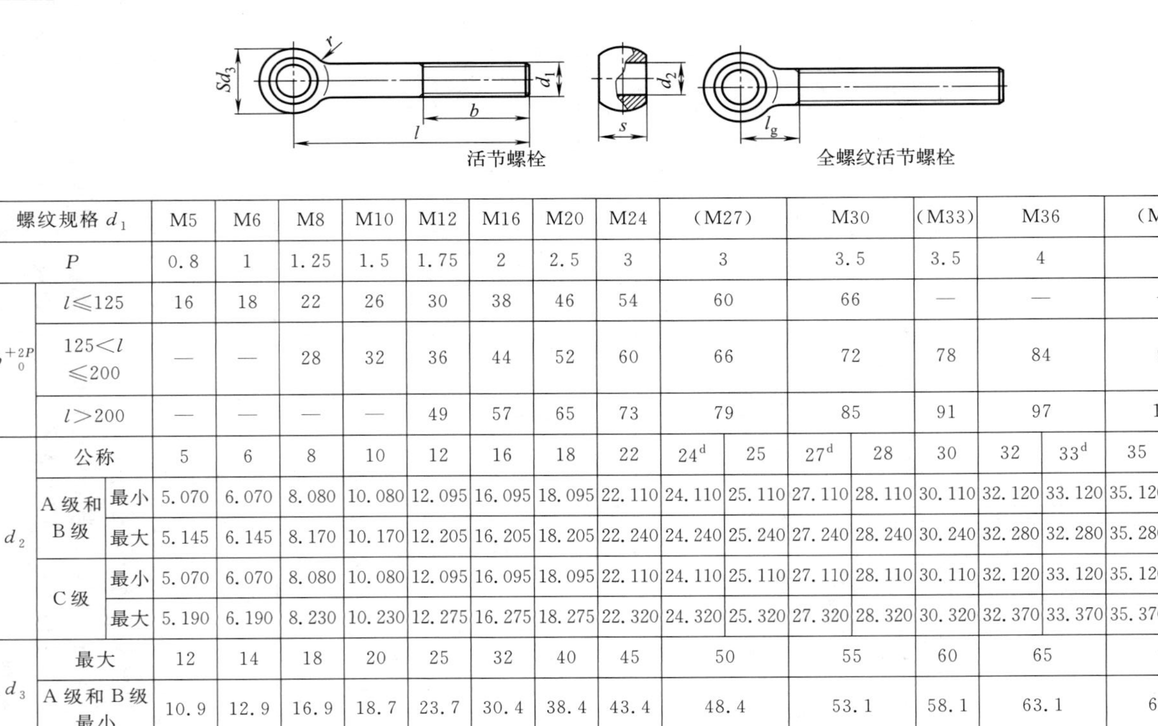

螺纹规格 d_1	M5	M6	M8	M10	M12	M16	M20	M24	（M27）		M30		（M33）	M36		（M39）	
P	0.8	1	1.25	1.5	1.75	2	2.5	3	3		3.5		3.5	4		4	
b^{+2P}_{0}　$l \leqslant 125$	16	18	22	26	30	38	46	54	60		66		—	—		—	
b^{+2P}_{0}　$125 < l \leqslant 200$	—	—	28	32	36	44	52	60	66		72		78	84		90	
b^{+2P}_{0}　$l > 200$	—	—	—	—	49	57	65	73	79		85		91	97		103	
d_2　公称	5	6	8	10	12	16	18	22	24[d]	25	27[d]	28	30	32	33[d]	35	36[d]
d_2　A 级和 B 级　最小	5.070	6.070	8.080	10.080	12.095	16.095	18.095	22.110	24.110	25.110	27.110	28.110	30.110	32.120	33.120	35.120	36.120
d_2　A 级和 B 级　最大	5.145	6.145	8.170	10.170	12.205	16.205	18.205	22.240	24.240	25.240	27.240	28.240	30.240	32.280	32.280	35.280	36.280
d_2　C 级　最小	5.070	6.070	8.080	10.080	12.095	16.095	18.095	22.110	24.110	25.110	27.110	28.110	30.110	32.120	33.120	35.120	36.120
d_2　C 级　最大	5.190	6.190	8.230	10.230	12.275	16.275	18.275	22.320	24.320	25.320	27.320	28.320	30.320	32.370	33.370	35.370	36.370
d_3　最大	12	14	18	20	25	32	40	45	50		55		60	65		70	
d_3　A 级和 B 级最小	10.9	12.9	16.9	18.7	23.7	30.4	38.4	43.4	48.4		53.1		58.1	63.1		68.1	

续表

d_3	C级最小		11.57	13.57	17.57	19.48	24.48	31.38	39.38	44.38	49.38	54.26	59.26	64.26	69.26
r	公称		2.5	4	4	4	6	6	6	10	10	10	16	16	16
	最大		4.0	6.0	6.0	6.0	9.0	9.0	9.0	15.0	15.0	15.0	22.4	22.4	22.4
	最小		2.0	3.0	3.0	3.0	4.5	4.5	4.5	7.5	7.5	7.5	12.8	12.8	12.8
s	A级和B级	最大	6	7	9	12	14	17	22	25	27	30	34	38	41
		最小	5.52	6.42	8.42	11.3	13.3	16.3	21.16	24.16	26.16	29	33	37	40
	C级	最大	8	9	11	14	17	19	24	28	30	34	38	41	46
		最小	7.42	8.42	10.3	13.3	16.3	18.16	23.16	27.16	29.16	33	37	40	45
公称长度 l			30～80	35～90	40～140	45～150	50～260	65～260	70～300	80～280	100～300	110～300	120～300	140～300	150～300

21.1.8 地脚螺栓

地脚螺栓有 A、B 和 C 三型，其性能等级 4.6 级和 5.6 级，产品等级为 C 级，用于要求把机器等紧固在地面上的场合。其规格和尺寸、优选长度尺寸见表 21.20、表 21.21。

表 21.20 地脚螺栓的规格和尺寸（GB/T 799—2020） mm

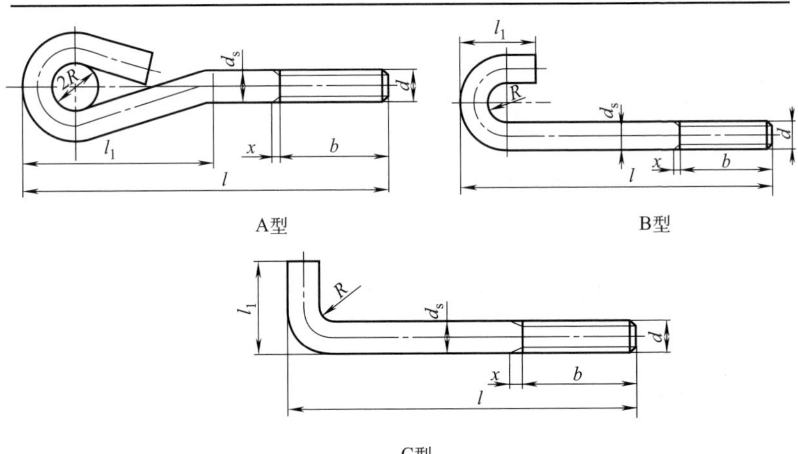

C型

型别	螺纹规格 d	M8	M10	M12	M16	M20	M24	M30	M36	M42	M48	M56	M64
A 型	b^{+2P}_{0}	31	36	40	50	58	68	80	94	106	120	140	160
	l_1	46	65	82	93	127	130	192	244	261	302	343	385
	R	10	15	20	20	30	30	45	60	60	70	80	90
	x_{max}	3.2	3.8	4.3	5	6.3	7.5	9	10	11	12.5	14	15
B 型	b^{+2P}_{0}	31	36	40	50	58	68	80	94	106	120	140	160
	l_1	48	60	72	96	120	144	180	216	252	288	336	384
	R	16	20	24	32	40	48	60	72	84	95	112	128
	x_{max}	3.2	3.8	4.3	5	6.3	7.5	9	10	11	12.5	14	15
C 型	b^{+2P}_{0}	31	36	40	50	58	68	80	94	106	120	140	160
	l_1	32	40	48	64	80	96	120	144	168	192	224	256
	R	16	20	24	32	40	48	60	72	84	96	112	128
	x_{max}	3.2	3.8	4.3	5	6.3	7.5	9	10	11	12.5	14	15

表 21.21 地脚螺栓的优选长度尺寸 mm

螺纹规格 d	M8	M10	M12	M16	M20	M24	M30
P	1.25	1.55	1.75	2	2.5	3	3.5
l	80～200	100～250	120～300	160～500	200～800	250～1200	300～2000

续表

螺纹规格 d	M36	M42	M48	M56	M64	M72
P	4	4.5	5	5.5	6	6
l	400～2500	500～2500	600～3000	800～3500	1000～3500	1600～3500

21.1.9　混凝土用膨胀型锚栓

这是利用锥形螺杆与膨胀片（或膨胀套筒）的相对移动，促使膨胀片膨胀，与孔壁混凝土产生膨胀挤压力，并通过剪切摩擦作用产生抗拔力，实现对被连接件锚固的一种组件。有螺杆型膨胀锚栓、内迫型膨胀锚栓、外迫型膨胀锚栓、锥帽型膨胀锚栓、套管型膨胀锚栓、套管加强型膨胀锚栓、双套管型膨胀锚栓和击钉型膨胀锚栓几种。其规格见表21.22。

表21.22　混凝土用膨胀型锚栓的规格（GB/T 22795—2008）

mm

螺杆型膨胀锚栓

螺纹规格	M6	M8	M10	M12	M14	M16	M20	M24
公称直径 d	6	8	10	12	14	16	20	24

公称长度 L		公称长度 L	
40	M6	130	M8,M10,M12,M14
45	M6	135	M8,M12
50	M8	140	M10,M12,M16
55	M6,M8	145	M16
60	M8,M10	150	M10,M12,M16
65	M6,M8,M10	160	M10,M12,M14,M20
70	M6,M8,M10,M12	170	M12,M20
75	M8,M10,M12	175	M16
80	M8,M10,M12,M14	180	M12,M14,M16,M20
85	M6,M8,M10,M12,M16	190	M16,M24
90	M8,M10,M12,M16	200	M12,M16,M20
95	M8,M10,M12,M14	215	M16,M20,M24
100	M6,M8,M10,M12,M16	220	M16,M20
105	M8,M16	240	M12,M16
110	M8,M12,M14	250	M16,M24
115	M8,M10,M12	260	M20
120	M8,M10,M12,M16,M20	300	M12,M24
125	M16,M20		

续表

内迫型膨胀锚栓

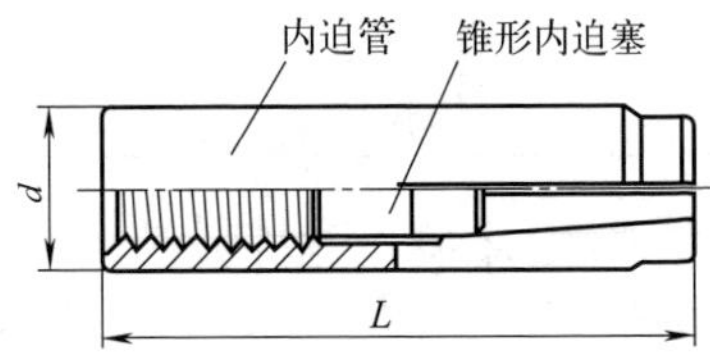

螺纹规格	M6	M8	M10	M12	M14	M16	M20
公称直径 d	3	10	12	15	16	20	25

公称长度 L			公称长度 L		
	25	M6,M8		50	M12,M14
	30	M6,M8,M10		65	M16
	40	M6,M8,M10		80	M20

外迫型膨胀锚栓

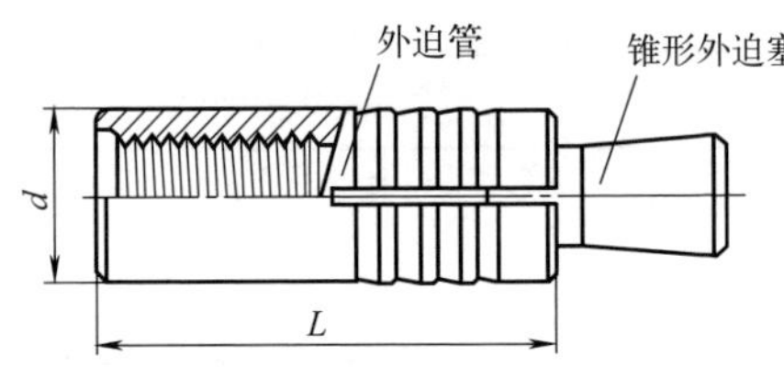

螺纹规格	M6	M8	M10	M12	M16
公称直径 d	10	12	14	18	22

公称长度 L			公称长度 L		
	30	M6		52	M12
	35	M8		62	M16
	40	M10			

锥帽型膨胀锚栓

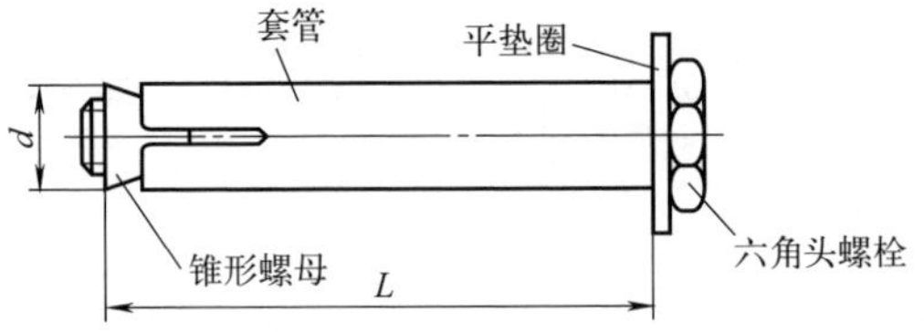

螺纹规格	M6	M8	M10	M12	M16
公称直径 d	8	10	12	16	20

公称长度 L			公称长度 L		
	45	M6		90	M12
	50	M6,M8		100	M10,M12
	60	M8,M10		105	M12
	70	M8,M10,M12		110	M12,M16
	80	M8,M10,M12		130	M12

续表

套管型膨胀锚栓

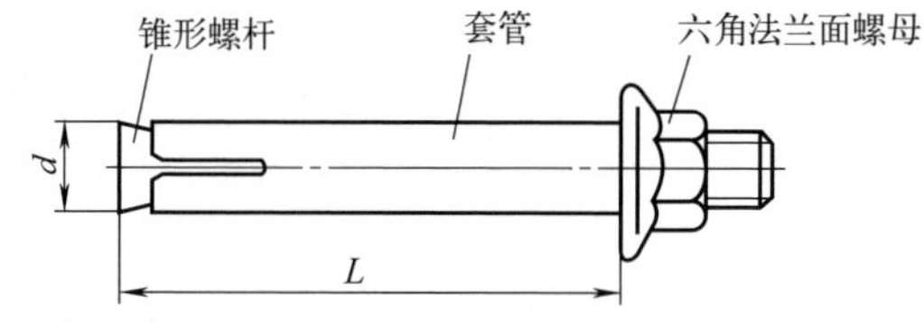

螺纹规格	M5	M6	M8	M10	M12	M16
公称直径 d	6.5	8	10	12	16	20

公称长度 L			公称长度 L		
	18	M4		65	M6,M12
	25	M5,M6		75	M5,M10,M16
	40	M6,M8		85	M6,M12
	50	M8		120	M8
	60	M6,M8,M10		125	M8

套管加强型膨胀锚栓

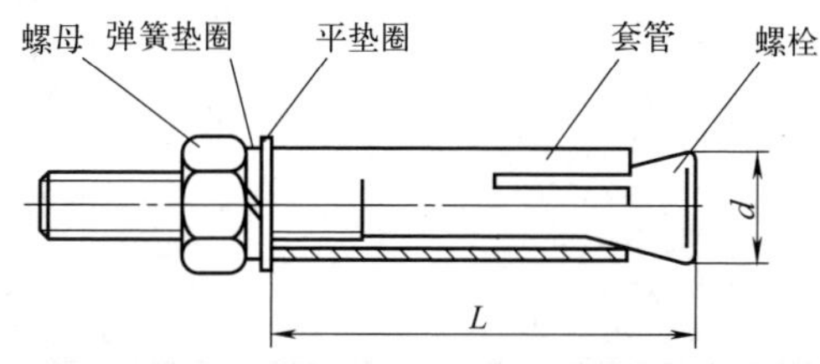

螺纹规格	M6	M8	M10	M12	M14	M16	M18	M20
公称直径 d	10	12	14	16	18	22	25	25

公称长度 L			公称长度 L		
	40	M6		85	M14
	50	M8		100	M16
	60	M10		115	M18,M20
	75	M12			

双套管型膨胀锚栓

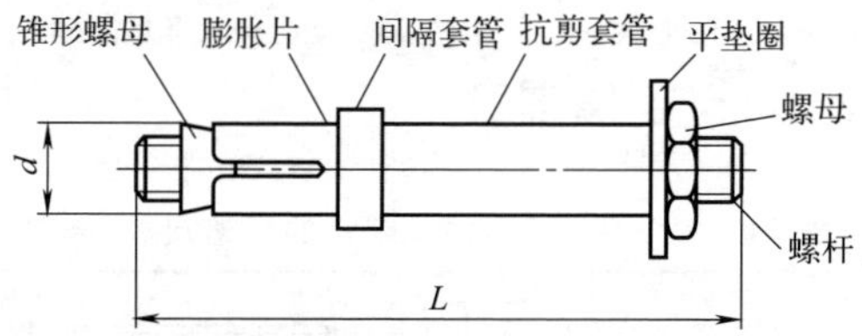

螺纹规格	M6	M8	M10	M12	M16	M20	M24
公称直径 d	10	12	15	18	24	28	32

续表

公称长度 L	85	M6	公称长度 L	125	M6,M10	公称长度 L	170	M16,M20
	90	M8		130	M8		190	M16,M20
	100	M6,M10		135	M10,M12		200	M20
	105	M8		140	M12		220	M20
	110	M10		150	M10,M16		230	M20
	115	M10		160	M12		250	M24
	120	M8,M12		165	M16		280	M24

击钉型膨胀锚栓

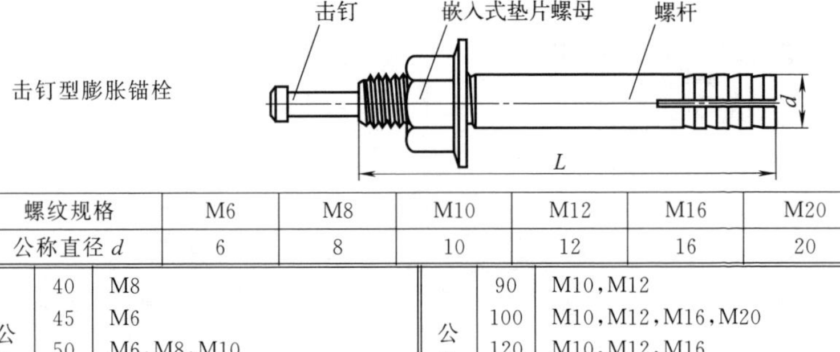

螺纹规格	M6	M8	M10	M12	M16	M20
公称直径 d	6	8	10	12	16	20

公称长度 L	40	M8	公称长度 L	90	M10,M12
	45	M6		100	M10,M12,M16,M20
	50	M6,M8,M10		120	M10,M12,M16
	60	M6,M10,M12		130	M20
	65	M6,M8,M12		150	M10,M16,M20
	70	M8		154	M12
	75	M8,M10,M12		190	M16,M20
	80	M8,M10,M16		230	M20

21.2 螺钉

用途：用于有通孔与有螺纹孔的零件之间的紧固连接，不需要螺母配合。

分类：按头部形状分，有一字槽螺钉、十字槽螺钉、圆柱头螺钉、内六角花形螺钉；按功用分，有定位螺钉、紧定螺钉、自攻螺钉、自钻自攻螺钉、自挤螺钉、定心圆锥螺钉和吊环螺钉等。

21.2.1 一字槽螺钉

（1）一字槽圆柱头螺钉（表 21.23）

表 21.23 一字槽圆柱头螺钉的规格尺寸（GB/T 65—2000） mm

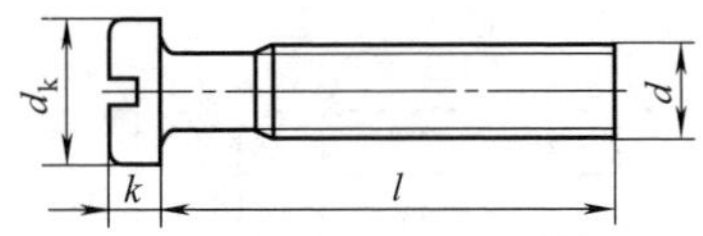

续表

螺纹规格 d	M1.6	M2	M2.5	M3	(M3.5)	M4	M5	M6	M8	M10
公称头部直径 d_k　最大	3.00	3.80	4.50	5.50	6.00	7.00	8.50	10.00	13.00	16.00
公称头部高度 k　最大	1.10	1.40	1.80	2.00	2.40	2.60	3.30	3.9	5.0	6.0
公称长度 l	2～16	3～20	3～25	4～30	5～35	5～40	6～50	8～60	10～80	12～80

注：公称 l 系列为 2mm，2.5mm，3mm，4mm，5mm，6mm，8mm，10mm，12mm，(14mm)，16mm，20mm，25mm，30mm，35mm，40mm，45mm，50mm，(55mm)，60mm，(65mm)，70mm，75mm，80mm。

(2) 一字槽盘头螺钉（表 21.24）

表 21.24　一字槽盘头螺钉的规格尺寸（GB/T 67—2016）　mm

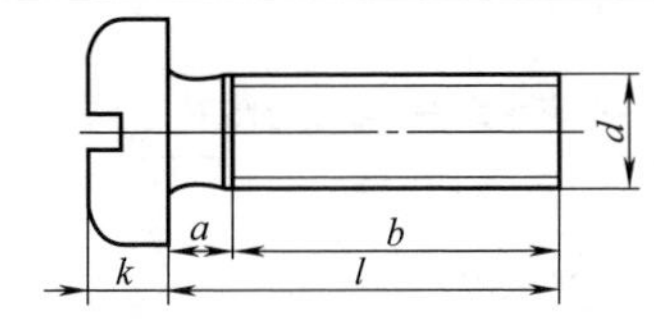

螺纹规格 d		M1.6	M2.0	M2.5	M3.0	(M3.5)	M4	M5	M6	M8	M10
螺距 P		0.35	0.4	0.45	0.5	0.6	0.7	0.8	1.0	1.25	1.5
b 最小		25	25	25	25	38	38	38	38	38	38
k	公称＝最大	1.00	1.30	1.50	1.80	2.10	2.40	3.00	3.6	4.8	6.0
	最小	1.86	1.16	1.36	1.66	1.96	2.26	2.86	3.3	4.5	5.7
公称长度 l 范围		2～16	2.5～20	3～25	4～30	5～35	5～40	6～50	8～60	10～80	12～80

注：1. 尽可能不采用括号内的规格。

2. 公称直径系列为 2mm，2.5mm，3mm，4mm，5mm，6mm，8mm，10mm，12mm，(14mm)，16mm，20mm，25mm，30mm，35mm，40mm，45mm，50mm，(55mm)，60mm，(65mm)，70mm，(75mm) 和 80mm。

3. 公称直径 $d \leqslant 45$mm 时，制出全螺纹（$b=l-a$）。

(3) 一字槽沉头螺钉（表 21.25）

表 21.25　一字槽沉头螺钉的规格（GB/T 68—2000）　mm

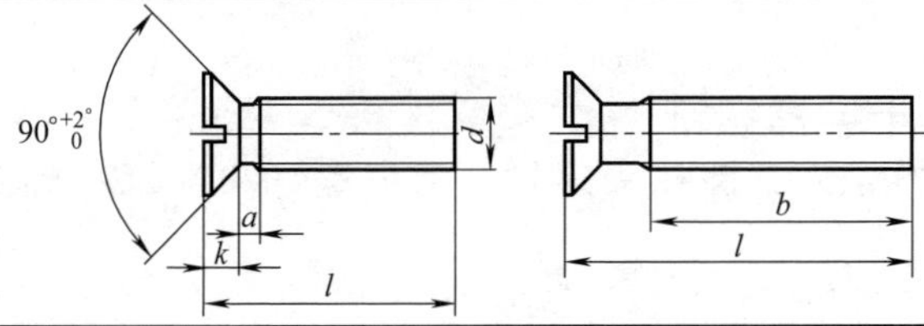

续表

螺纹规格 d	M1.6	M2	M2.5	M3	(M3.5)	M4	M5	M6	M8	M10
螺距 P	0.35	0.4	0.45	0.5	0.6	0.7	0.8	1.0	1.25	1.5
b 最小	25	25	25	25	38	38	38	38	38	38
k 公称=最大	1	1.2	1.5	1.65	2.35	2.7	2.7	3.3	4.65	5
公称长度 l 范围	2.5～16	3～20	4～25	5～30	6～35	6～40	8～50	8～60	10～80	12～80

注：1. 尽可能不采用括号内的规格。

2. 公称直径系列为 2.5mm，3mm，4mm，5mm，6mm，8mm，10mm，12mm，(14mm)，16mm，20mm，25mm，30mm，35mm，40mm，45mm，50mm，(55mm)，60mm，(65mm)，70mm，(75mm) 和 80mm。

3. 公称直径 $d \leqslant 45$mm 时，制出全螺纹（$b=l-a$）。

（4）一字槽半沉头螺钉（表 21.26）

表 21.26 一字槽半沉头螺钉的规格（GB/T 69—2000） mm

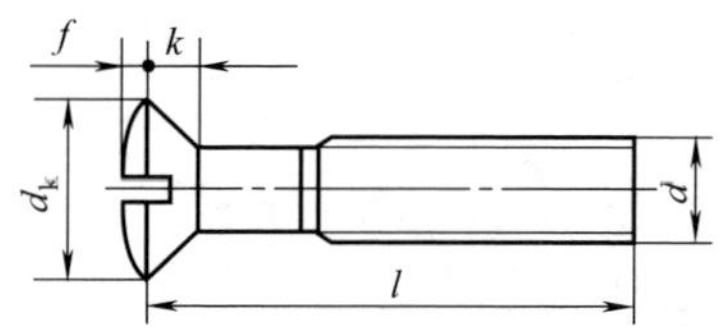

螺纹规格 d	M1.6	M2	M2.5	M3	(M3.5)	M4	M5	M6	M8	M10
头部直径 d_k 最大	3.0	3.8	4.7	5.5	7.30	8.40	9.30	11.30	15.80	18.30
头部高度 k 最大	1	1.2	1.5	1.65	2.35	2.7	2.7	3.3	4.65	5
半沉头球面高度 $f\approx$	0.4	0.5	0.6	0.7	1.0	1.2	1.4	2	2	2.3
公称长度 l	2.5～16	3～20	4～25	5～30	6～35	6～40	8～50	8～60	10～80	12～80

注：公称 l 系列为 2mm，2.5mm，3mm，4mm，5mm，6mm，8mm，10mm，12mm，(14mm)，16mm，20mm，25mm，30mm，35mm，40mm，45mm，50mm，(55mm)，60mm，(65mm)，70mm，75mm，80mm。

21.2.2 十字槽螺钉

十字槽螺钉有圆柱头螺钉、沉头螺钉和半沉头螺钉、盘头螺钉。

（1）十字槽圆柱头螺钉（表 21.27）

表 21.27　十字槽圆柱头螺钉的规格（GB/T 822—2016）　mm

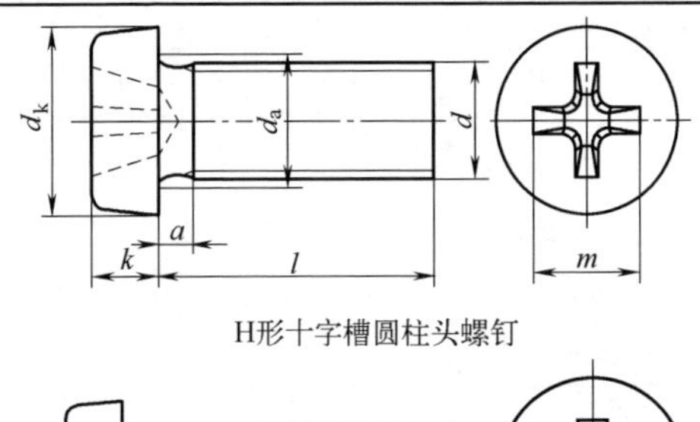

H形十字槽圆柱头螺钉

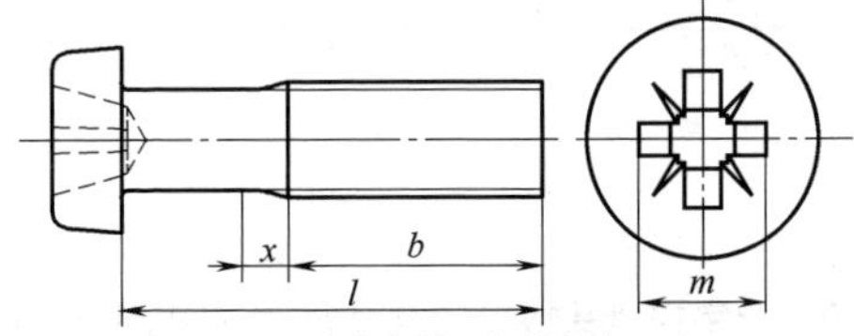

Z形十字槽圆柱头螺钉

螺纹规格 d				M2.5	M3	(M3.5)	M4	M5	M6	M8
d_{kmax}				4.5	5.5	6.0	7.0	8.5	10	13
k_{max}				1.80	2.00	2.40	2.60	3.30	3.9	5.0
十字槽	槽号			1	2	2	2	2	3	3
	H形	$m_{参考}$		2.7	3.5	3.8	4.1	4.8	6.2	7.7
		插深	最小	1.20	0.86	1.15	1.45	2.14	2.25	3.73
			最大	1.62	1.43	1.73	2.03	2.73	2.86	4.36
	Z形	$m_{参考}$		2.4	3.5	3.7	4.0	4.6	6.1	7.5
		插深	最小	1.10	1.22	1.34	1.60	2.26	2.46	3.88
			最大	1.35	1.47	1.80	2.06	2.72	2.92	4.34
l				3～25	4～30	5～35	5～40	6～45	8～60	10～80

注：公称 l 系列为 2mm，3mm，4mm，5mm，6mm，8mm，10mm，12mm，(14mm)，16mm，20mm，25mm，30mm，35mm，40mm，45mm，50mm，(55mm)，60mm，70mm，80mm。

（2）十字槽沉头螺钉和半沉头螺钉（表 21.28）

表 21.28　十字槽半沉头螺钉和沉头螺钉的规格　mm

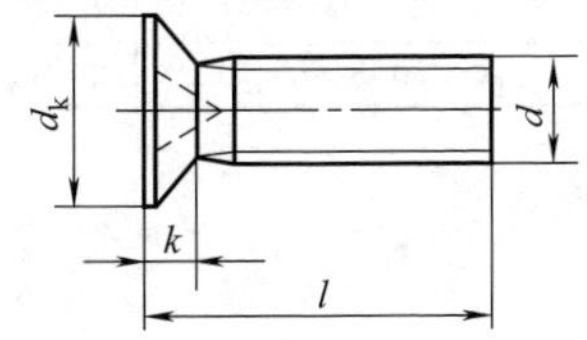

十字槽沉头螺钉(GB/T 819.1—2016)

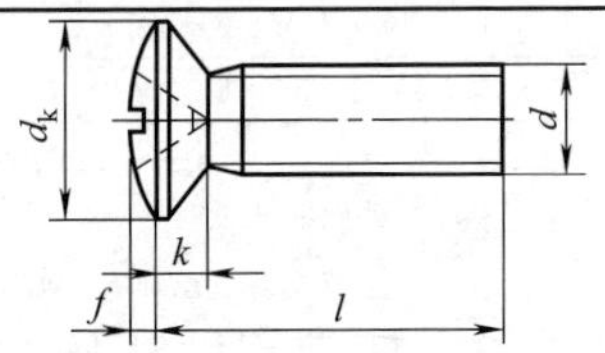

十字槽半沉头螺钉(GB/T 820—2015)

续表

螺纹规格 d		M1.6	M2	M2.5	M3	(M3.5)	M4	M5	M6	M8	M10
头部直径 d_{kmax}	沉头	3.6	4.4	5.5	6.3	8.2	9.4	10.4	12.6	17.3	20
	半沉头	3.6	4.4	5.5	6.3	8.2	9.4	10.4	12.6	17.3	20
头部高度 k_{max}	沉头	1.0	1.2	1.5	1.65	2.35	2.7	2.7	3.3	4.65	5
	半沉头	1.0	1.2	1.5	1.65	2.35	2.7	2.7	3.3	4.65	5
半沉头球面高度 f		0.4	0.5	0.6	0.7	0.8	1	1.2	1.4	2	2.3
公称长度 l 范围		3～16	3～20	3～25	4～30	5～35	5～40	6～50	8～60	10～60	12～60

注：公称 l 系列为 2mm，3mm，4mm，5mm，6mm，8mm，10mm，12mm，(14mm)，16mm，20mm，25mm，30mm，35mm，40mm，45mm，50mm，(55mm)，60mm，70mm，80mm。

（3）十字槽盘头螺钉（表 21.29）

表 21.29 十字槽盘头螺钉的规格尺寸（GB/T 818—2016）mm

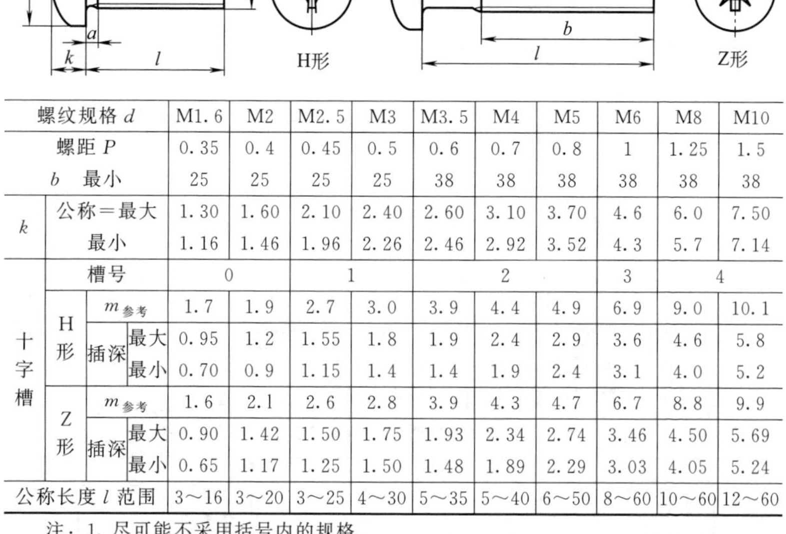

螺纹规格 d				M1.6	M2	M2.5	M3	M3.5	M4	M5	M6	M8	M10
螺距 P				0.35	0.4	0.45	0.5	0.6	0.7	0.8	1	1.25	1.5
b 最小				25	25	25	25	38	38	38	38	38	38
k	公称=最大			1.30	1.60	2.10	2.40	2.60	3.10	3.70	4.6	6.0	7.50
	最小			1.16	1.46	1.96	2.26	2.46	2.92	3.52	4.3	5.7	7.14
十字槽	槽号			0		1		2			3	4	
	H形	$m_{参考}$		1.7	1.9	2.7	3.0	3.9	4.4	4.9	6.9	9.0	10.1
		插深	最大	0.95	1.2	1.55	1.8	1.9	2.4	2.9	3.6	4.6	5.8
			最小	0.70	0.9	1.15	1.4	1.4	1.9	2.4	3.1	4.0	5.2
	Z形	$m_{参考}$		1.6	2.1	2.6	2.8	3.9	4.3	4.7	6.7	8.8	9.9
		插深	最大	0.90	1.42	1.50	1.75	1.93	2.34	2.74	3.46	4.50	5.69
			最小	0.65	1.17	1.25	1.50	1.48	1.89	2.29	3.03	4.05	5.24
公称长度 l 范围				3～16	3～20	3～25	4～30	5～35	5～40	6～50	8～60	10～60	12～60

注：1. 尽可能不采用括号内的规格。

2. 公称 l 系列同上表。

3. 公称直径 $d≤40$mm 时，制出全螺纹（$b=l-a$）。

21.2.3 开槽圆柱头螺钉

（1）开槽带孔球面圆柱头螺钉（表 21.30）

表 21.30　开槽带孔球面圆柱头螺钉（GB/T 832—1988）　mm

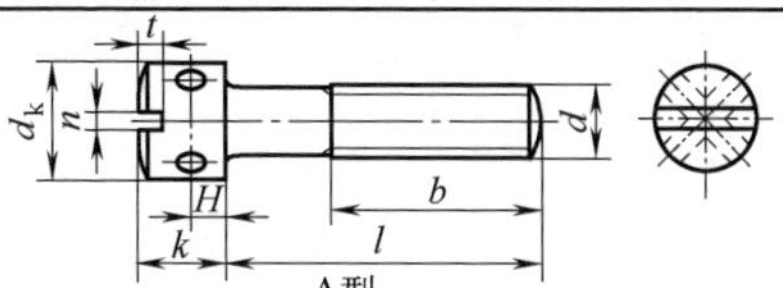

A型

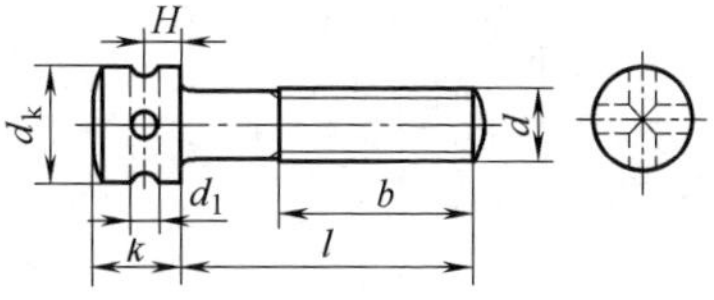

B型 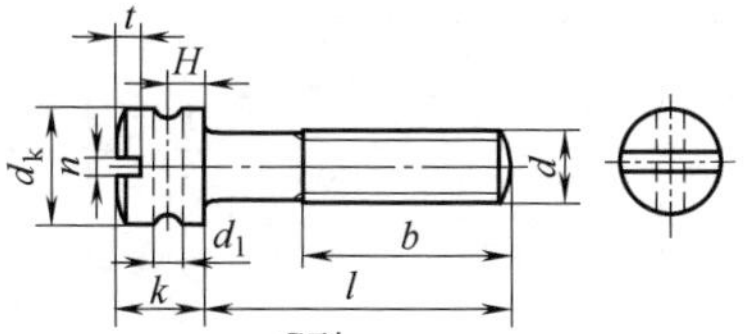　　C型

螺纹规格 d		M1.6	M2	M2.5	M3	M4	M5	M6	M8	M10
d_k	最大	3	3.5	4.2	5	7	8.5	10	12.5	15
	最小	2.7	3.2	3.9	1.7	6.64	8.14	9.64	12.07	14.57
k	最大	2.6	3	3.6	4	5	6.5	8	10	12.5
	最小	2.35	2.75	3.3	3.5	4.7	6.14	7.64	9.64	12.07
n	公称	0.4	0.5	0.6	0.8	1.0	1.2	1.5	2.0	2.5
	最小	0.46	0.5	0.66	0.86	1.06	1.26	1.56	2.06	2.56
	最大	0.6	0.7	0.8	1	1.2	1.51	1.81	2.31	2.81
t	最小	0.6	0.7	0.9	1.0	1.1	1.7	2.0	2.5	3.0
d_1	最大	1.12	1.12	1.32	1.62	2.12	2.12	3.12	3.12	4.16
	最小	1.0	1.0	1.2	1.5	2.0	2.0	3.0	3.0	4.0
H	公称	0.9	1.0	1.2	1.5	2.0	2.5	3.0	4.0	5.0
	最小	0.77	0.87	1.07	1.37	1.87	2.37	2.87	3.85	4.85
	最大	1.03	1.13	1.37	1.63	2.13	2.63	3.13	4.15	5.15
b		15	16	17	18	20	22	24	28	32
l 通用规格范围		2.5～16	2.5～20	3～25	4～30	6～40	8～50	10～60	12～60	20～60

注：长度系列为 2.5mm，3mm，4mm，5mm，6mm，8mm，10mm，12mm，14mm，16mm，20mm，25mm，30mm，35mm，40mm，46mm，50mm，55mm，60mm。

（2）开槽球面圆柱头轴位螺钉（表 21.31）

表 21.31　开槽球面圆柱头轴位螺钉（GB/T 946—1988）　mm

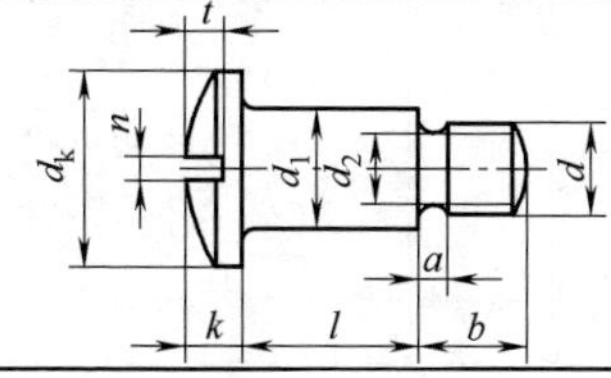

续表

螺纹规格 d		M1.6	M2	M2.5	M3	M4	M5	M6	M8	M10
d_1	最大	2.48	2.98	3.97	3.91	4.97	5.97	7.96	9.96	11.95
	最小	2.42	2.92	3.395	3.895	4.895	5.895	7.87	9.87	11.84
d_k	最大	3.5	4	5	6	8	10	12	15	20
	最小	3.2	3.7	4.7	5.7	7.64	9.64	11.57	14.57	19.48
k	最大	1.2	1.6	1.8	2	2.8	3.5	4	5	6
	最小	1.06	1.46	1.66	1.86	2.66	3.32	3.82	4.82	5.82
n	公称	0.4	0.5	0.6	0.8	1	1.2	I.6	2	2.5
	最小	0.48	0.56	0.66	0.86	1.06	1.26	1.66	2.06	2.50
	最大	0.6	0.7	0.8	1	1.2	1.51	1.91	2.31	2.81
t	最小	0.6	0.7	0.9	1	1.4	1.7	2	2.S	3
d_2		1.1	1.4	1.8	2.2	3	3.8	4.5	6.2	7.8
a		1				1.5		2		3
R		3.5	4	5	6	8	10	12	15	20
b		2.5	3	3.5	4	5	6	8	10	12
l 通用规格范围		1～6	1～8	1～8	1～10	1～10	1～12	1～(14)	2～16	2～20

注：长度系列为 1mm，1.2mm，1.6mm，2mm，2.5mm，3mm，4mm，5mm，6mm，8mm，10mm，12mm，(14mm)，16mm，20mm。

(3) 开槽球面大圆柱头螺钉（表 21.32）

表 21.32 开槽球面大圆柱头螺钉（GB/T 947—1988） mm

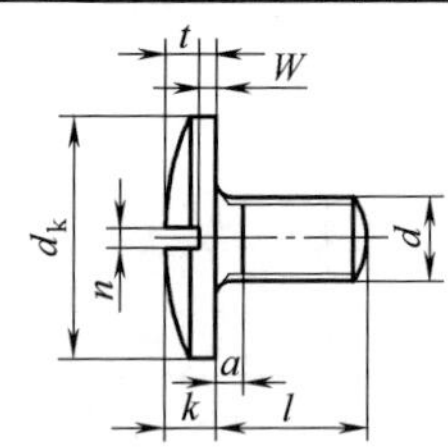

螺纹规格 d		M1.6	M2	M2.5	M3	M4	M5	M6	M8	M10
a	最大	0.7	0.8	0.9	1	1.4	1.6	2	2.5	3
d_k	最大	6	7	9	11	14	17	20	25	30
	最小	5.82	6.78	8.78	10.73	13.73	16.73	19.87	24.67	29.67
k	最大	1.2	1.4	1.8	2	2.8	3.5	4	5	6
	最小	1.06	1.26	1.66	1.86	2.86	3.32	3.7	4.7	5.7
n	公称	0.4	0.5	0.6	0.8	1.2	1.2	1.6	2	2.5
	最小	0.46	0.56	0.66	0.86	1.26	1.26	1.66	2.68	2.56
	最大	0.6	0.7	0.8	1	1.51	1.51	1.91	2.31	2.81
t	最小	0.6	0.7	0.9	1	1.4	1.7	2	2.5	33

续表

W　最小	0.28	0.36	0.56	0.66	1.06	1.22	1.3	1.5	1.8
l 通用规格范围	2～5	2.5～6	3～8	4～10	5～12	6～(14)	8～16	10～20	12～20

注：长度系列为 2mm，2.5mm，3mm，4mm，5mm，6mm，8mm，10mm，12mm，(14mm)，16mm，20mm。

（4）开槽大圆柱头螺钉（表 21.33）

表 21.33　开槽大圆柱头螺钉的尺寸（GB/T 833—1988）　mm

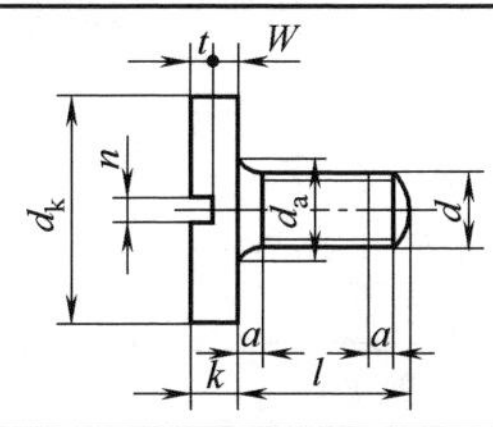

螺纹规格 d		M1.6	M2	M2.5	M3	M4	M5	M6	M8	M10
a	最大	0.7	0.8	0.9	1	1.4	1.6	2	2.5	3
d_k	最大	6	7	9	11	14	17	20	25	30
	最小	5.82	6.78	8.78	10.73	13.73	16.73	19.67	24.67	29.67
d_a	最大	2.1	2.6	3.1	3.6	4.7	5.7	6.8	9.2	11.2
k	最大	1.2	1.4	1.8	2	2.8	3.5	4	5	8
	最小	1.06	1.26	1.66	1.86	2.66	3.32	3.7	4.7	5.7
n	公称	0.4	0.5	0.6	0.8	1.2	1.2	1.6	2	2.5
	最小	0.46	0.56	0.66	0.86	1.26	1.26	1.66	2.06	2.56
	最大	0.6	0.7	0.8	1	1.51	1.51	1.91	2.31	2.81
t	最小	0.6	0.7	0.9	1	1.4	1.7	2	2.5	3
W	最小	0.26	0.36	0.56	0.66	1.06	1.22	1.3	1.5	1.8
长度 l 范围		2.5～5	3～6	4～8	4～10	5～12	6～(14)	8～16	10～16	12～20

21.2.4　内六角螺钉

（1）内六角圆柱头螺钉（表 21.34）

表 21.34　内六角圆柱头螺钉的规格尺寸（GB/T 70.1—2008）

mm

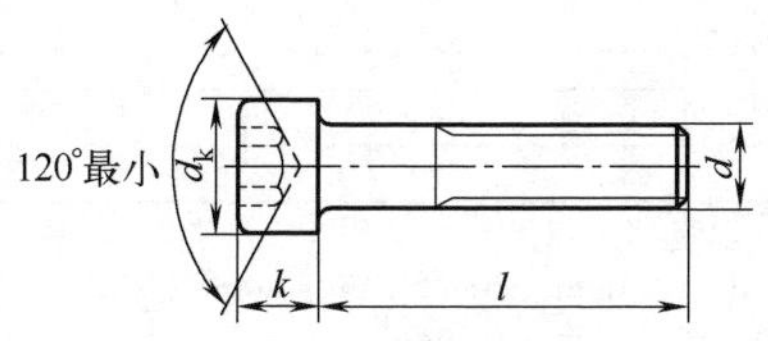

续表

螺纹规格 d			M1.6	M2	M2.5	M3	M4	M5	M6
螺距 P			0.35	0.40	0.45	0.5	0.7	0.8	1.0
d_k	最大	光滑头部	3.00	3.80	4.50	5.50	7.00	8.50	10.00
		滚花头部	3.14	3.98	4.68	5.68	7.22	8.72	10.22
	最小		2.86	3.62	4.32	5.32	6.78	8.28	9.78
k	最大		1.60	2.00	2.50	3.00	4.00	5.00	6.00
	最小		1.46	1.86	2.36	2.86	3.82	4.82	5.70
s	公称		1.5	1.5	2.0	2.5	3	4	5
	最大	12.9级	1.545	1.545	2.045	2.56	3.071	4.084	5.084
		其他级	1.560	1.560	2.060	2.580	3.080	4.095	5.140
	最小		1.520	1.520	2.020	2.520	3.020	4.020	5.020
公称长度 l			2.5～16	3～20	4～25	5～30	6～40	8～50	10～60

螺纹规格 d			M8	M10	M12	(M14)	M16	M20	M24
螺距 P			1.25	1.5	1.75	2.0	2.0	2.5	3.0
d_k	最大	光滑头部	1300	16.00	18.00	21.00	24.00	30.00	36.00
		滚花头部	13.27	16.27	18.27	21.33	24.33	30.33	36.39
	最小		12.73	15.73	17.73	20.67	23.67	29.67	35.61
k	最大		8.00	10.00	12.00	14.00	16.00	20.00	24.00
	最小		7.64	9.64	11.57	13.57	15.57	19.48	23.48
s	公称		6	8	10	12	14	17	19
	最大	12.9级	6.095	8.115	10.115	12.142	14.142		
		其他级	6.140	8.175	10.175	12.212	14.212	17.230	19.275
	最小		6.020	8.025	10.025	12.032	14.032	17.050	19.065
公称长度 l			12～80	16～100	20～120	25～140	25～160	30～200	40～200

螺纹规格 d			M30	M36	M42	M48	M56	M64
螺距 P			3.5	4.0	4.5	5.0	5.5	6.0
d_k	最大	光滑头部	45.00	54.00	63.00	72.00	84.00	96.00
		滚花头部	45.39	54.46	63.46	72.46	84.54	96.54
	最小		44.61	53.54	62.54	71.54	83.46	95.46
k	最大		30.00	36.00	42.00	48.00	56.00	64.00
	最小		29.48	35.38	41.38	47.38	55.26	63.26
s	公称		22	27	32	36	41	46
	最大	12.9级						
		其他级	22.275	27.275	32.33	36.33	41.33	46.33
	最小		22.065	27.065	32.08	36.08	41.08	46.08
公称长度 l			45～200	55～200	60～300	70～300	80～300	90～300

注：1. 括号内尺寸尽量不采用。

2. 长度系列为2.5mm、3mm、4mm、5mm、6mm、8mm、10mm、12mm、16mm、20～70mm（5mm进位）、80～160mm（10mm进位）、180～300mm（20mm进位）。

(2) 内六角平圆头螺钉（表21.35）

表21.35　内六角平圆头螺钉的规格尺寸（GB/T 70.2—2015）

mm

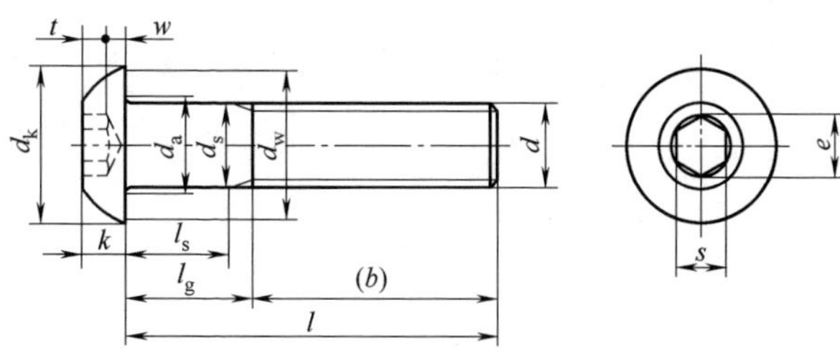

螺纹规格 d		M3	M4	M5	M6	M8	M10	M12	M16
螺距 P		0.5	0.7	0.8	1	1.25	1.5	1.75	2
b	≈	18	20	22	24	28	32	36	44
d_s	最大	3.6	4.7	5.7	6.8	9.2	11.2	13.7	17.7
d_k	最大	5.70	7.60	9.50	10.50	14.00	17.50	21.00	28.00
	最小	5.40	7.24	9.14	10.07	13.57	17.07	20.48	27.48
d_a	最大	3	4	5	6	8	10	12	16
	最小	2.86	3.82	4.82	5.82	7.78	9.78	11.73	15.73
d_w	最小	5.00	6.84	8.74	9.57	13.07	16.57	19.68	26.68
e	最小	2.303	2.873	3.443	4.583	5.723	6.863	9.149	11.429
k	最大	1.65	2.20	2.75	3.30	4.40	5.50	6.60	8.80
	最小	1.40	1.95	2.50	3.00	4.10	5.20	6.24	8.44
s	公称	2	2.5	3	4	5	6	8	10
t	最小	1.04	1.30	1.56	2.08	2.60	3.12	4.16	5.20
w	最小	0.20	0.30	0.38	0.74	1.05	1.45	1.63	2.25

螺纹规格 d	M3		M4		M5		M6		M8		M10		M12		M16	
l	l_s 和 l_g															
公称	l_s 最小	l_g 最大	l_s 最小	l_g 最大	l_s 最小	l_g 最大	l_s 最小	l_g 最大	l_s 最小	l_g 最大	l_s 最小	l_g 最大	l_s 最小	l_g 最大	l_s 最小	l_g 最大
6																
8																
10																
12																
16																
20																
25	4.5	7														
30	9.5	12	6.5	10	4	8										

阴影部分，螺纹长度制到距头部 $3P$ 以内

粗阶梯线间为商品长度规格

续表

螺纹规格 d	M3		M4		M5		M6		M8		M10		M12		M16	
l	l_s 和 l_g															
公称	l_s 最小	l_g 最大	l_s 最小	l_g 最大	l_s 最小	l_g 最大	l_s 最小	l_g 最大	l_s 最小	l_g 最大	l_s 最小	l_g 最大	l_s 最小	l_g 最大	l_s 最小	l_g 最大
35			11.5	15	9	13	6	11								
40			16.5	20	14	18	11	16	5.75	12						
45					19	23	16	21	10.5	17	5.5	13				
50					24	28	21	26	15.75	22	10.5	18				
55							26	31	20.75	27	15.5	23	10.25	19		
60							31	36	25.75	32	20.5	28	15.25	24		
65									30.75	37	25.5	33	20.25	29	11	21
70									35.75	42	30.5	38	25.25	34	16	26
80									45.75	52	40.5	48	35.25	44	26	36
90											50.5	58	45.25	54	36	46

注：粗阶梯实线间为优选长度范围。

（3）内六角沉头螺钉（表 21.36）

表 21.36 内六角沉头螺钉的规格和尺寸（GB/T 70.3—2008）

mm

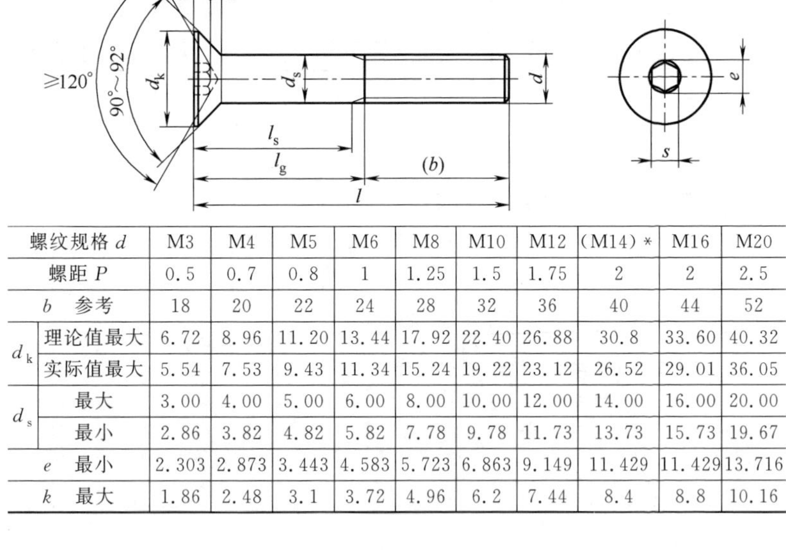

螺纹规格 d		M3	M4	M5	M6	M8	M10	M12	(M14)*	M16	M20
螺距 P		0.5	0.7	0.8	1	1.25	1.5	1.75	2	2	2.5
b 参考		18	20	22	24	28	32	36	40	44	52
d_k	理论值最大	6.72	8.96	11.20	13.44	17.92	22.40	26.88	30.8	33.60	40.32
	实际值最大	5.54	7.53	9.43	11.34	15.24	19.22	23.12	26.52	29.01	36.05
d_s	最大	3.00	4.00	5.00	6.00	8.00	10.00	12.00	14.00	16.00	20.00
	最小	2.86	3.82	4.82	5.82	7.78	9.78	11.73	13.73	15.73	19.67
e 最小		2.303	2.873	3.443	4.583	5.723	6.863	9.149	11.429	11.429	13.716
k 最大		1.86	2.48	3.1	3.72	4.96	6.2	7.44	8.4	8.8	10.16

续表

s	公称	2	2.5	3	4	5	6	8	10	10	12
	最大	2.08	2.58	3.08	4.095	5.14	6.140	8.175	10.175	10.175	12.212
	最小	2.02	2.52	3.02	4.020	5.02	6.020	8.025	10.025	10.025	12.032
t	最小	1.1	1.5	1.9	2.2	3	3.6	4.3	4.5	4.8	5.6
w	最小	0.25	0.45	0.66	0.7	1.16	1.62	1.8	1.62	2.2	2.2

螺纹规格 d	M3		M4		M5		M6		M8		M10		M12		(M14) *		M16		M20	
l	l_s 和 l_g																			
公称	l_s 最小	l_g 最大	l_s 最小	l_g 最大	l_s 最小	l_g 最大	l_s 最小	l_g 最大	l_s 最小	l_g 最大	l_s 最小	l_g 最大	l_s 最小	l_g 最大	l_s 最小	l_g 最大	l_s 最小	l_g 最大	l_s 最小	l_g 最大
8																				
10																				
12																				
16																				
20																				
25																				
30	9.5	12	6.5	10																
35			11.5	15	9	13														
40			16.5	20	14	18	11	16												
45					19	23	16	21												
50					24	28	21	26	15.75	22										
55							26	31	20.75	27	15.5	23								
60							31	36	25.75	32	20.5	28								
65									30.75	37	25.5	33	20.25	29						
70									35.75	42	30.5	38	25.25	34	20	30				
80									45.75	52	40.5	48	35.25	44	30	40	26	36		
90											50.5	58	45.25	54	40	50	36	46		
100											60.5	68	55.25	64	50	60	46	56	35.5	48

阴影部分，螺纹长度制到距头部3P以内

粗阶梯线间为商品长度规格

（4）内六角平圆头凸缘螺钉（表21.37）

表21.37　内六角平圆头凸缘螺钉的规格和尺寸（GB/T 70.4—2015）

mm

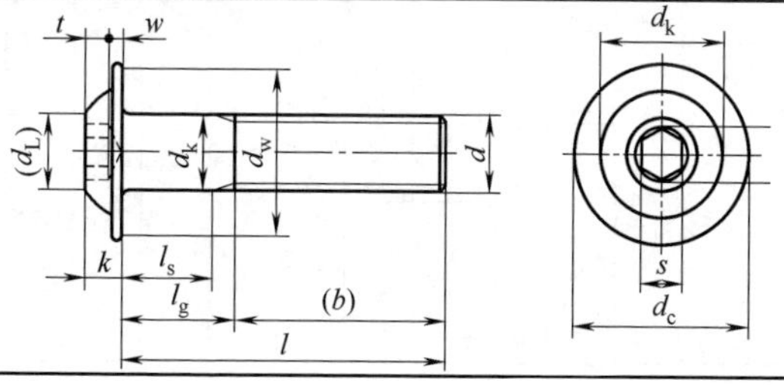

t　w　(d_L)　d_k　d_w　d　k　l_s　l_g　(b)　l　d_k　s　d_c

续表

螺纹规格 d		M3	M4	M5	M6	M8	M10	M12	M16
螺距 P		0.5	0.7	0.8	1	1.25	1.5	1.75	2
b	≈	18	20	22	24	28	32	36	44
d_c	最大	6.9	9.4	11.8	13.6	17.8	21.9	26.0	34.0
	最小	6.32	8.82	11.10	12.90	17.10	21.06	25.16	33.00
d_k	最大	5.2	7.2	8.8	10.0	13.2	16.5	19.4	26.0
	最小	4.9	6.8	8.4	9.6	12.8	16.1	18.9	25.5
d_L	参考	2.6	3.8	5.0	6.0	7.7	10.0	12.0	16.0
d_k	最大	3	4	5	6	8	10	12	16
	最小	2.86	3.82	4.82	5.82	7.78	9.78	11.73	15.73
d_w	最小	5.74	8.24	10.40	12.20	16.40	20.22	24.32	32.00
k	最大	1.65	2.20	2.75	3.30	4.40	5.50	6.60	8.80
	最小	1.40	1.95	2.50	3.00	4.10	5.20	6.24	8.44
s	公称	2	2.5	3	4	5	6	8	10
	最大	2.080	2.580	3.080	4.095	5.140	6.140	8.175	10.175
	最小	2.020	2.520	3.020	4.020	5.020	6.020	8.025	10.025
t	最小	1.04	1.30	1.56	2.08	2.60	3.12	4.16	5.20
w	最小	0.20	0.30	0.38	0.74	1.05	1.45	1.63	2.25

螺纹规格 d	M3		M4		M5		M6		M8		M10		M12		M16	
l	l_s 最小	l_g 最大	l_s 最小	l_g 最大	l_s 最小	l_g 最大	l_s 最小	l_g 最大	l_s 最小	l_g 最大	l_s 最小	l_g 最大	l_s 最小	l_g 最大	l_s 最小	l_g 最大
6																
8																
10																
12																
16																
20																
25	4.5	7														
30	9.5	12	6.5	10	4	8										
35			11.5	15	9	13	6	11								
40			16.5	20	14	18	11	16	5.75	12						
45					19	23	16	21	10.75	17	5.5	13				
50					24	28	21	26	15.75	22	10.5	18				
55							26	31	20.75	27	15.5	23	10.25	19		
60							31	36	25.75	32	20.5	28	15.25	24		
65									30.75	37	25.5	33	20.25	29	11	21
70									35.75	42	30.5	38	25.25	34	16	26
80									45.75	52	40.5	48	35.25	44	26	36
90											50.5	58	45.25	54	36	46

阴影部分，螺纹长度制到距头部 $3P$ 以内

粗阶梯线间为商品长度规格

21.2.5 内六角花形螺钉

头部可埋入零件沉孔中，外形平滑，用于要求表面光滑、连接强度高、有较大拧紧力矩之处，可替代六角头螺栓。其规格尺寸见表 21.38。

表 21.38 内六角花形螺钉规格尺寸 mm

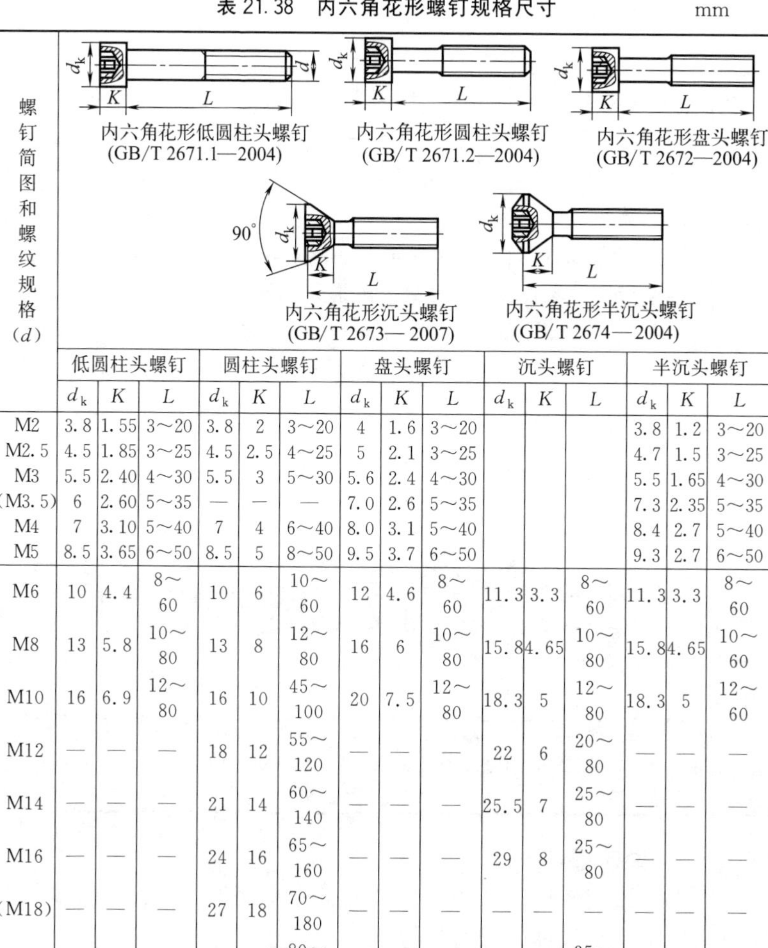

螺钉简图和螺纹规格(d)	低圆柱头螺钉			圆柱头螺钉			盘头螺钉			沉头螺钉			半沉头螺钉		
	d_k	K	L	d_k	K	L	d_k	K	L	d_k	K	L	d_k	K	L
M2	3.8	1.55	3~20	3.8	2	3~20	4	1.6	3~20				3.8	1.2	3~20
M2.5	4.5	1.85	3~25	4.5	2.5	4~25	5	2.1	3~25				4.7	1.5	3~25
M3	5.5	2.40	4~30	5.5	3	5~30	5.6	2.4	4~30				5.5	1.65	4~30
(M3.5)	6	2.60	5~35	—	—	—	7.0	2.6	5~35				7.3	2.35	5~35
M4	7	3.10	5~40	7	4	6~40	8.0	3.1	5~40				8.4	2.7	5~40
M5	8.5	3.65	6~50	8.5	5	8~50	9.5	3.7	6~50				9.3	2.7	6~50
M6	10	4.4	8~60	10	6	10~60	12	4.6	8~60	11.3	3.3	8~60	11.3	3.3	8~60
M8	13	5.8	10~80	13	8	12~80	16	6	10~80	15.8	4.65	10~80	15.8	4.65	10~60
M10	16	6.9	12~80	16	10	45~100	20	7.5	12~80	18.3	5	12~80	18.3	5	12~60
M12	—	—	—	18	12	55~120	—	—	—	22	6	20~80	—	—	—
M14	—	—	—	21	14	60~140	—	—	—	25.5	7	25~80	—	—	—
M16	—	—	—	24	16	65~160	—	—	—	29	8	25~80	—	—	—
(M18)	—	—	—	27	18	70~180	—	—	—	—	—	—	—	—	—
M20	—	—	—	30	20	80~200	—	—	—	36	10	35~80	—	—	—

注：1. 公称长度系列为 10mm、12mm、(14mm)、16mm、20mm、25mm、30mm、35mm、40mm、45mm、50mm、(55mm)、60mm、(65mm)、70mm、80mm。

2. 尽可能不采用括号内的规格。

21.2.6　定位螺钉

分类：有开槽锥端定位螺钉、开槽盘头定位螺钉和开槽圆柱端定位螺钉。

用途：用于固定机件相对位置。

其规格见表 21.39。

表 21.39　定位螺钉的规格　mm

螺纹规格 d	开槽锥端定位螺钉 (GB/T 72—1988)		开槽盘头定位螺钉 (GB/T 828—1988)			开槽圆柱端定位螺钉 (GB/T 829—1988)	
	锥端长度 z	公称钉杆全长 l	头部直径 d_{kmax}	公称定位长度 z_{min}	公称螺纹长度 l_{min}	公称定位长度 z_{min}	公称螺纹长度 l
M1.6	—	—	3.2	1～1.5	1.5～3	1～1.5	1.5～3
M2.0	—	—	4.0	1～2.0	1.5～4	1～2.0	1.5～4
M2.5	—	—	5.0	1.2～2.5	2～5.0	1.2～2.5	2～5.0
M3	1.5	4～16	5.6	1.5～3	2.5～6	1.5～3	2.5～6
M4	2.0	4～20	8.0	2～4.0	3～8.0	2～4.0	3～8.0
M5	2.5	5～20	9.5	2.5～5	4～10	2.5～5	4～10
M6	3	6～25	12.0	3～6	5～12	3～6	5～12
M8	4	8～35	16.0	4～8	6～16	4～8	6～16
M10	5	10～45	20.0	5～10	8～20	5～10	8～20
M12	6	12～50	—	—	—	—	—
公称钉杆全长 l 系列			4,5,6,8,10,12,14,16,20,25,30,35,40,45,50				
公称定位长度 l 系列(最小)			1,1.2,1.5,2,2.5,3,4,5,6,8,10				
公称螺纹长度 l 系列			1.5,2,2.5,3,4,5,6,8,10,12,16,20				

21.2.7　紧定螺钉

有无槽紧定螺钉、开槽紧定螺钉、方头紧定螺钉和内四方紧定螺钉；用于固定机件的相对位置。

（1）无槽紧定螺钉

内六角无槽紧定螺钉适用于钉头不允许外露的机件上。其规格尺寸见表 21.40。

表 21.40　内六角无槽紧定螺钉的规格尺寸　mm

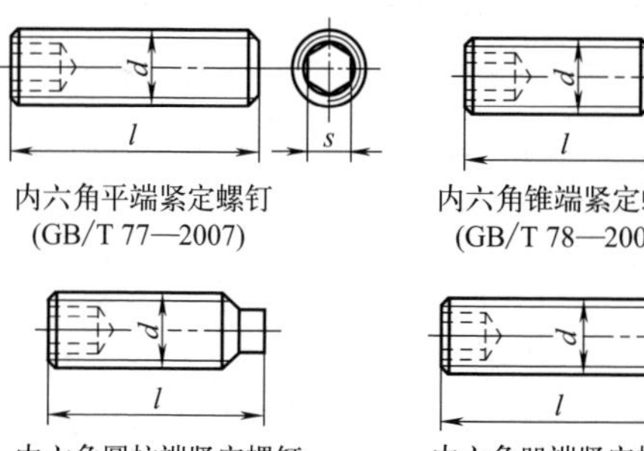

内六角平端紧定螺钉 (GB/T 77—2007)　内六角锥端紧定螺钉 (GB/T 78—2007)
内六角圆柱端紧定螺钉 (GB/T 79—2007)　内六角凹端紧定螺钉 (GB/T 80—2007)

螺纹规格 d		M1.6	M2	M2.5	M3	M4	M5	M6	M8	M10	M12	M16	M20	M24
螺距 P		0.35	0.4	0.45	0.5	0.7	0.8	1.0	1.25	1.5	1.75	2.0	2.5	3.0
s	公称	0.7	0.9	1.3	1.5	2.0	2.5	3	4	5	6	8	10	12
	最大	0.724	0.902	1.295	1.545	2.045	2.560	3.071	4.084	5.084	6.095	8.115	10.115	12.142
	最小	0.711	0.889	1.270	1.520	2.020	2.520	3.020	4.020	5.020	6.020	8.025	10.025	12.032
l	平端	2～8	2～10	2.5～12	3～16	4～20	5～25	6～30	8～40	10～50	12～60	16～60	20～60	25～60
	锥端	2～8	2～10	2.5～12	3～16	4～20	5～25	6～30	8～40	10～50	12～60	16～60	20～60	25～60
	圆柱端	2～8	2.5～10	3～12	4～16	5～20	6～25	8～30	8～40	10～50	12～60	16～60	20～60	25～60
	凹端	2～8	2～10	2.5～12	3～16	4～20	5～25	6～30	8～40	10～50	12～60	16～60	20～60	25～60

注：长度系列为 2mm，2.5mm，3mm，4mm，5mm，6mm，8mm，10mm，12mm，16mm，20mm，25mm，30mm，35mm，40mm，45mm，50mm，(55mm)，60mm。

（2）开槽紧定螺钉

开槽紧定螺钉适用于钉头不允许外露的机件上。其规格尺寸见表 21.41。

表 21.41　开槽紧定螺钉的规格尺寸　mm

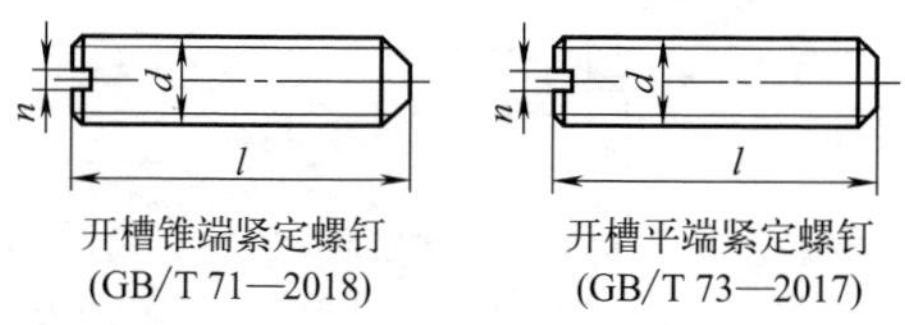

开槽锥端紧定螺钉 (GB/T 71—2018)　开槽平端紧定螺钉 (GB/T 73—2017)

续表

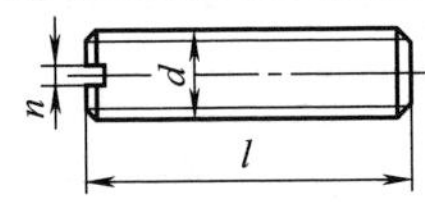

开槽凹端紧定螺钉
(GB/T 74—2018)

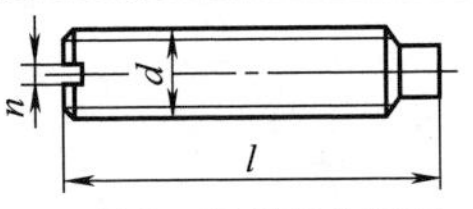

开槽长圆柱端紧定螺钉
(GB/T 75—2018)

螺纹规格 d		M1.2	M1.6	M2	M2.5	M3	M4	M5	M6	M8	M10	M12
螺距 P		0.25	0.35	0.40	0.45	0.5	0.7	0.8	1.0	1.25	1.5	1.75
n	公称	0.2	0.25	0.25	0.4	0.4	0.5	0.6	0.8	1	1.2	1.6
	最小	0.26	0.31	0.31	0.46	0.46	0.56	0.66	0.86	1.06	1.26	1.66
	最大	0.40	0.45	0.45	0.60	0.60	0.70	0.80	1.00	1.20	1.51	1.91
l	锥端	2～6	2～8	3～10	3～12	4～16	5～20	6～25	8～30	10～40	12～50	14～60
	平端	2～6	2～8	2～10	2.5～12	3～16	4～20	5～25	6～30	8～40	10～50	12～60
	凹端	—	2～8	12.5～10	3～12	3～16	4～20	5～25	6～30	8～40	10～50	12～60
	圆柱端	—	2.5～8	3～10	4～12	5～16	6～20	8～25	8～30	10～40	12～50	14～60

注：长度 l 系列为 2mm，2.5mm，3mm，4mm，5mm，6mm，8mm，10mm，12mm，(14mm)，16mm，20mm，25mm，30mm，35mm，40mm，45mm，50mm，(55mm)，60mm。

(3) 方头紧定螺钉

方头紧定螺钉适用于钉头允许外露的机件上。其规格见表 21.42。

表 21.42　方头紧定螺钉的规格　　mm

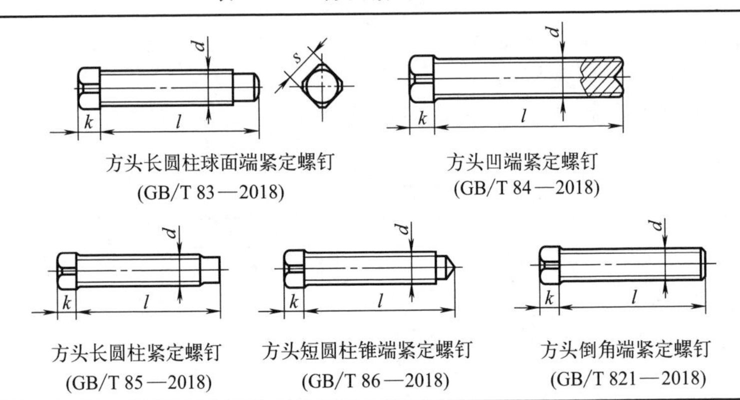

方头长圆柱球面端紧定螺钉
(GB/T 83—2018)

方头凹端紧定螺钉
(GB/T 84—2018)

方头长圆柱紧定螺钉
(GB/T 85—2018)

方头短圆柱锥端紧定螺钉
(GB/T 86—2018)

方头倒角端紧定螺钉
(GB/T 821—2018)

续表

螺纹规格 d	方头边宽 s	公称长度 l					公称头部高度	
		GB/T 83	GB/T 84	GB/T 85	GB/T 86	GB/T 821	GB/T 83	其他
M5	5	—	10～30	12～30	12～30	8～30	—	5
M6	6	—	12～30	12～30	12～30	8～30	—	6
M8	8	16～40	(14)～40	14～40	14～40	10～40	9	7
M10	10	20～50	20～50	20～50	20～50	12～50	11	8
M12	12	25～60	25～60	25～60	25～60	14～60	13	10
M16	17	30～80	30～80	25～80	25～80	20～80	18	14
M20	22	35～100	40～100	40～100	40～100	40～100	23	18

注：长度 l 系列为 10mm，12mm，(14mm)，16mm，20mm，25mm，30mm，35mm，40mm，45mm，50mm，55mm，60mm，70mm，80mm，90mm，100mm。

(4) 内四方紧定螺钉

其规格见表 21.43。

表 21.43　内四方紧定螺钉的规格（JB/T 3411.16—1999）　mm

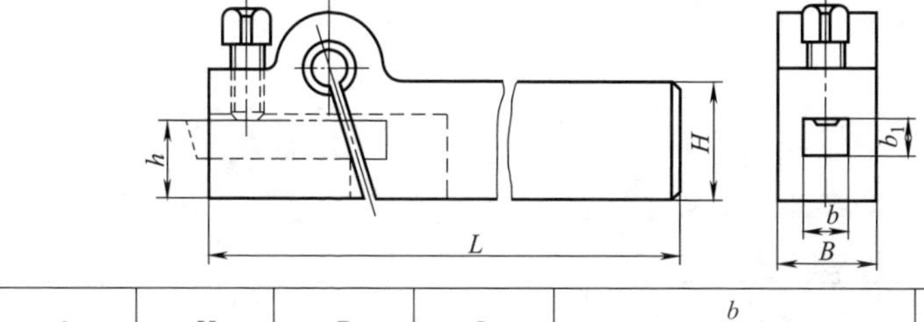

h	H	B	L	b		b_1
				基本尺寸	极限偏差 D11	
16	20	16	120	8	+0.130	8.5
20	25	20	140	10	+0.040	10.5
25	32	25	160	12	+0.160	12.5
32	40	32	180	16	+0.050	16.5
40	50	40	210	20	+0.195 +0.065	21.0

21.2.8　自攻螺钉

自攻螺钉有普通自攻螺钉、塑料用自攻螺钉、自攻锁紧螺钉和自钻自攻螺钉等。

(1) 普通自攻螺钉

可利用螺钉直接攻出螺纹（装拆时须用专用工具），多用于连接较薄的金属板。有十字槽盘头自攻螺钉、六角凸缘自攻螺钉、六角法兰面自攻螺钉、内六角花形盘头自攻螺钉、内六角花形沉头自攻螺钉和内六角花形半沉头自攻螺钉几种。螺纹规格为 ST2.2～ST9.5；螺钉末端分锥端（C 型）与平端（F 型）两种。

按螺钉头部开槽的形式，普通自攻螺钉又分开槽（一字槽头、十字槽头）和六角头两种。

① 开槽自攻螺钉（表 21.44～表 21.46）

表 21.44 开槽盘头自攻螺钉规格尺寸（GB/T 5282—2017） mm

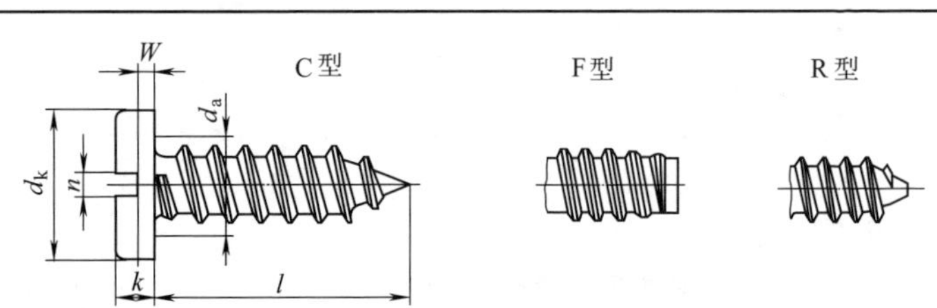

螺纹规格		ST2.2	ST2.9	ST3.5	ST4.2	ST4.8	ST5.5	ST6.3	ST8	ST9.5
螺距 P		0.8	1.1	1.3	1.4	1.6	1.8	1.8	2.1	2.1
d_a	最大	2.8	3.5	4.1	4.9	5.5	6.3	1.1	9.2	10.7
d_k	最大	4	5.8	7	8	9.5	11	12	16	20
	最小	3.7	5.3	8.6	8.6	9.1	10.6	11.6	15.6	19.5
k	最大	1.3	1.8	2.1	2.4	3	3.2	5.6	4.8	6
	最小	1.1	1.6	1.9	2.2	2.7	2.9	3.3	4.5	5.7
n	公称	0.5	0.8	1	1.2	1.2	1.6	1.6	2	2.5
W	最小	0.5	0.7	0.8	0.9	1.2	1.3	1.4	1.0	2.4
长度规格 l 范围		4.5～16	6.5～19	6.5～22	9.5～25	9.5～32	13～32	13～38	16～50	16～50

注：公称长度系列为 4.5mm，6.5mm，9.5mm，13mm，16mm，19mm，22mm，25mm，32mm，38mm，45mm，50mm（下同）。

表 21.45 开槽沉头自攻螺钉规格尺寸（GB/T 5283—2017） mm

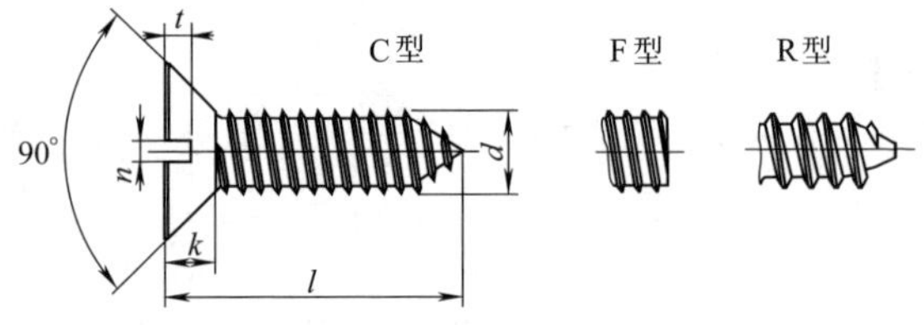

续表

螺纹规格		ST2.2	ST2.9	ST3.5	ST4.2	ET4.8	ST5.5	ST6.3	ST8	ST9.5
螺距 P		0.8	1.1	1.3	1.4	1.6	1.8	1.8	2.1	2.1
d	最大	3.8	5.5	7.3	8.4	9.3	10.3	11.3	15.8	18.3
	最小	3.5	5.2	6.9	8.0	8.9	9.9	10.9	15.4	17.8
k	最大	1.1	1.7	2.35	2.6	2.8	3.0	3.15	4.65	5.25
n	最小	0.56	0.86	1.06	1.26	1.26	1.66	1.66	2.06	2.56
	最大	0.7	1.0	1.2	1.51	1.51	1.91	1.91	2.31	2.81
t	最小	0.4	0.6	0.9	1.0	1.1	1.1	1.2	1.8	2.0
	最大	0.6	0.85	1.2	1.3	1.4	1.5	1.6	2.3	2.6
公称长度 l		4.5～16	6.5～19	9.5～25	9.5～32	9.5～32	16～38	16～38	19～50	22～50

表 21.46 开槽半沉头自攻螺钉规格尺寸（GB/T 5284—2017）

mm

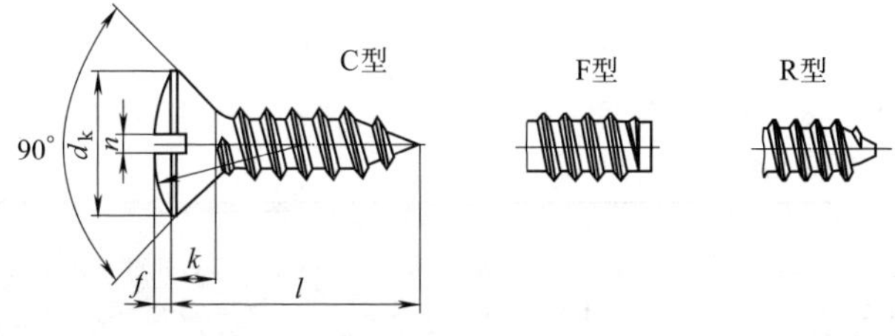

螺纹规格			ST2.2	ST2.9	ST3.5	ST4.2	ST4.8	ST5.5	ST6.3	ST8	ST9.5
螺距 P			0.8	1.1	1.3	1.4	1.6	1.8	1.8	2.1	2.1
d_k	理论值	最大	4.4	6.3	8.2	9.4	10.4	11.5	12.6	17.3	2.1
	实际值	最大	3.8	5.5	7.3	8.4	9.3	10.3	11.3	15.8	18.5
		最小	3.5	5.2	6.9	8.0	8.9	9.9	10.9	15.4	17.8
f			0.5	0.7	0.8	1.0	1.2	1.3	1.4	2.0	2.3
k	最大		1.1	1.7	2.35	2.8	2.8	3.0	3.15	4.65	5.25
n	公称		0.5	0.8	1.0	1.2	1.2	1.6	1.5	2.0	2.5
长度 l 规格范围			4.5～16	6.5～19	9.5～22	9.5～25	9.5～32	13～32	13～38	16～50	19～50

② 十字槽自攻螺钉（表 21.47～表 21.49）

表 21.47　十字槽沉头自攻螺钉规格尺寸（GB/T 846—2017）

mm

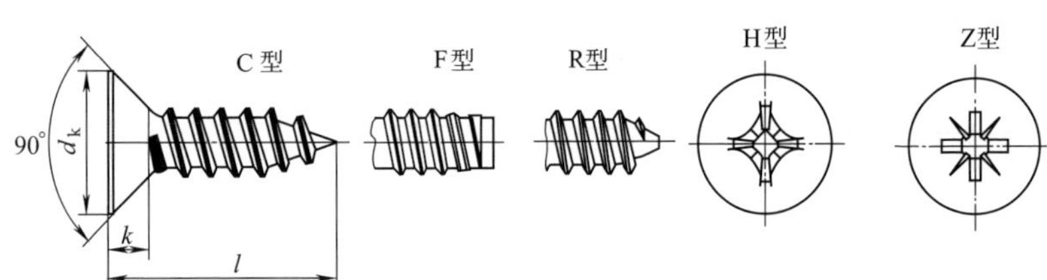

螺纹规格			ST2.2	ST2.9	ST3.5	ST4.2	ST4.8	ST5.5	ST6.3	ST8	ST9.5
螺距 P			0.8	1.1	1.3	1.4	1.6	1.8	1.8	2.1	2.1
d_k	理论值	最大	4.4	6.3	8.2	9.4	10.4	11.5	12.6	17.3	20
	实际值	最大	3.8	5.5	7.3	8.4	9.3	10.3	11.3	15.8	18.3
		最小	3.5	5.2	6.9	8.0	8.9	9.9	10.9	15.4	17.8
k		最大	1.1	1.7	2.35	2.6	2.8	3.0	3.15	4.65	5.25
长度 l 规格范围			4.5～16	6.5～19	9.5～25	9.5～32	9.5～32	13～38	13～38	16～50	16～50

表 21.48　十字槽半沉头自攻螺钉规格尺寸（GB/T 847—2017）

mm

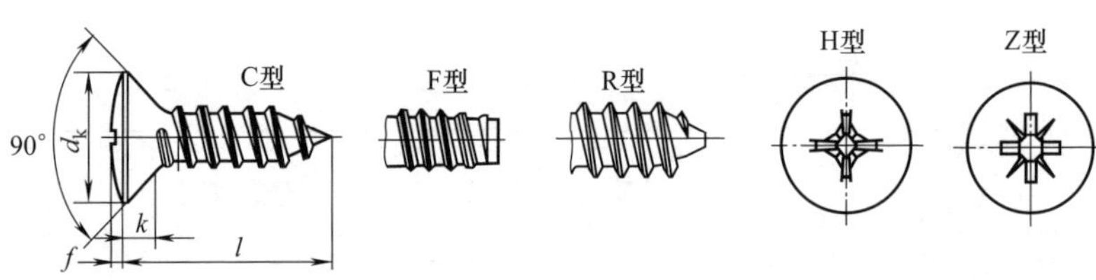

螺纹规格			ST2.2	ST2.9	ST3.5	ST4.2	ST4.8	ST5.5	ST6.3	ST8	ST9.5
螺距 P			0.8	1.1	1.3	1.4	1.6	1.8	1.8	2.1	2.1
d_k	理论值	最大	4.4	6.3	8.2	9.4	10.4	11.5	12.6	17.3	20.0
	实际值	最大	3.8	5.5	7.3	8.4	9.3	10.3	11.3	15.8	18.3
		最小	3.5	5.2	6.9	8.0	8.9	9.9	10.9	15.4	17.8
f			0.5	0.7	0.8	1.0	1.2	1.3	1.4	2.0	2.3
k		最大	1.1	1.7	2.35	2.6	2.8	3.0	3.15	4.65	5.25
长度 l 规格范围			4.5～16	6.5～19	9.5～25	9.5～32	9.5～32	13～38	13～38	16～50	16～50

表 21.49 十字槽盘头自攻螺钉规格尺寸（GB/T 845—2017）

mm

公称直径 d		ST2.2	ST2.9	ST3.5	ST4.2	ST4.8	ST5.5	ST6.3	ST8	ST9.5
螺距 P		0.8	1.1	1.3	1.4	1.6	1.8	1.8	2.1	2.1
d_k	最大	4.0	5.6	7.0	8.0	9.5	11	12	16	20
	最小	3.7	5.3	6.64	7.64	9.14	10.57	11.57	15.57	19.48
k	最大	1.6	2.4	2.6	3.1	3.7	4.0	4.6	6.0	7.5
	最小	1.4	2.15	2.35	2.8	3.4	3.7	4.3	5.6	7.1
槽号		0	1	2			3		4	
长度 l 规格范围		4.5～16	6.5～19	9.5～25	9.5～32	9.5～38	13～38	13～38	16～50	16～50

③ 六角头自攻螺钉（表 21.50～表 21.55）

表 21.50 六角头自攻螺钉规格尺寸（GB/T 5285—2017） mm

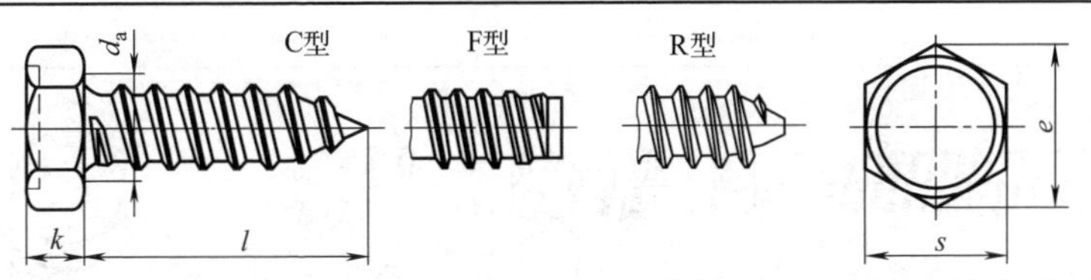

螺纹规格		ST2.2	ST2.9	ST3.5	ST4.2	ST4.8	ST5.5	ST6.8	ST8	ST9.5
螺距 P		0.8	1.1	1.3	1.4	1.6	1.8	1.8	2.1	2.1
d_a		2.8	3.5	4.1	4.9	5.5	6.3	7.1	9.2	10.7
s	最大	3.2	5.0	5.5	6.3	7.0	8.0	10	13	16
	最小	3.02	4.82	5.32	6.78	7.78	7.78	9.78	12.73	15.73
e		3.38	5.40	5.96	7.59	8.71	8.71	10.95	14.26	17.62
k	最大	1.6	2.3	2.6	3.0	3.8	4.1	14.7	6.0	7.5
	最小	1.3	2.0	2.3	2.6	3.3	3.6	4.1	5.2	6.5
长度 l 规格范围		4.5～16	6.5～19	6.5～22	9.5～25	9.5～32	13～32	13～38	13～50	16～50

表 21.51 六角凸缘自攻螺钉规格尺寸（GB/T 16824.1—2016）

mm

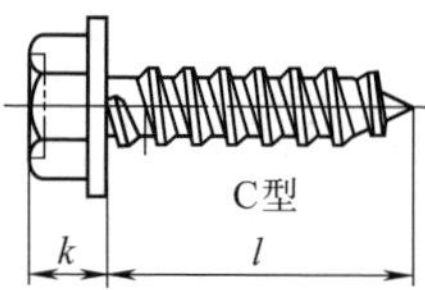

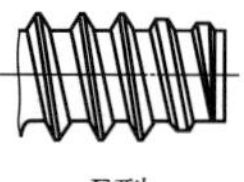

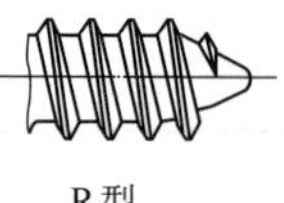

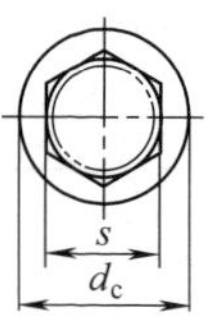

公称直径 d		ST2.2	ST2.9	ST3.5	ET3.9	ST4.2	ST4.8	ST5.5	ST6.3	ST8
螺距 P		0.8	1.1	1.3	1.3	1.4	1.6	1.8	1.8	2.1
d_c	最大	4.2	6.3	8.3	8.3	8.8	10.5	11.0	13.5	18.0
	最小	3.8	5.8	7.6	7.6	8.1	9.8	10.0	12.2	16.7
s	最大	3.0	4.0	5.5	5.5	7.0	8.0	8.0	10.0	13.0
	最小	2.86	3.82	5.32	5.32	6.78	7.78	7.78	9.78	12.73
k	最大	2.0	2.8	3.4	3.4	4.1	4.3	5.4	5.9	7.0
	最小	1.7	2.5	3	3.0	3.6	3.8	4.8	5.3	6.4
长度 l 规格范围		4.5～19	6.5～19	6.5～22	9.5～25	9.5～32	9.5～32	13～38	13～50	16～50

表 21.52 六角法兰面自攻螺钉规格尺寸（GB/T 16824.2—2016）

mm

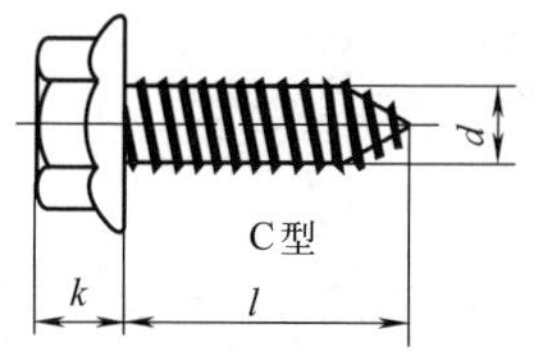

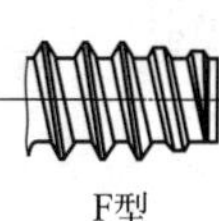

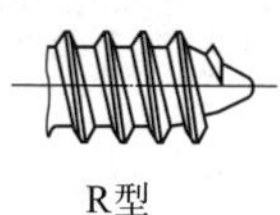

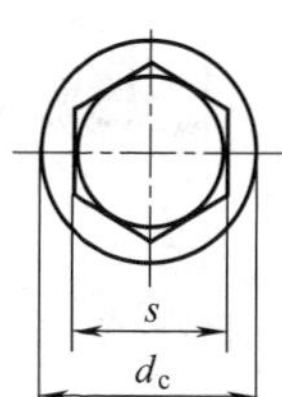

公称直径 d		ST2.2	ST2.9	ST3.5	ST4.2	ST4.8	ST5.5	ST6.3	ST8	ST9.5
螺距 P		0.8	1.1	1.3	1.4	1.6	1.8	1.8	2.1	2.1
d_c	最大	4.5.	6.4	7.5	8.5	10.0	11.2	12.8	16.8	21.0
	最小	4.1	5.9	6.9	7.8	9.3	10.3	11.8	15.5	19.3
s	最大	3.00	4.00	5.00	5.50	7.00	7.00	8.00	10.00	13.00
	最小	2.86	3.82	4.82	5.32	6.78	6.78	7.78	9.78	12.73
k		2.2	3.2	3.8	4.3	5.2	6.0	6.7	8.6	10.7
长度 l 规格范围		4.5～16	6.5～19	9.5～22	9.5～25	9.5～32	13～38	13～38	16～50	19～50

表 21.53 内六角花形盘头自攻螺钉规格尺寸（GB/T 2670.1—2017）

mm

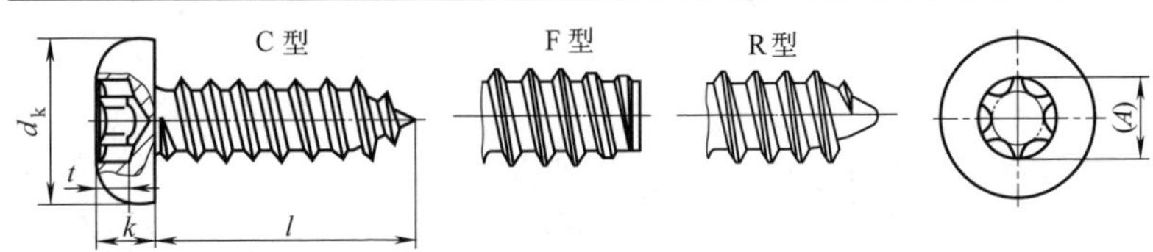

<table>
<tr><td colspan="3">公称直径 d</td><td>ST2.9</td><td>ST3.5</td><td>ST4.2</td><td>ST4.8</td><td>ST5.5</td><td>ST6.3</td></tr>
<tr><td colspan="3">螺距 P</td><td>1.1</td><td>1.2</td><td>1.4</td><td>1.6</td><td>1.8</td><td>1.8</td></tr>
<tr><td rowspan="2">d_k</td><td colspan="2">最大</td><td>5.6</td><td>7.0</td><td>8.0</td><td>9.5</td><td>11</td><td>12</td></tr>
<tr><td colspan="2">最小</td><td>5.3</td><td>6.64</td><td>7.64</td><td>9.14</td><td>10.57</td><td>11.57</td></tr>
<tr><td rowspan="2">k</td><td colspan="2">最大</td><td>2.40</td><td>2.60</td><td>3.1</td><td>3.7</td><td>4.0</td><td>4.6</td></tr>
<tr><td colspan="2">最小</td><td>2.15</td><td>2.35</td><td>2.8</td><td>3.4</td><td>3.7</td><td>4.3</td></tr>
<tr><td rowspan="4">内六角花形</td><td colspan="2">槽号</td><td>10</td><td>15</td><td>20</td><td>25</td><td>25</td><td>30</td></tr>
<tr><td colspan="2">A 参考</td><td>2.8</td><td>3.35</td><td>3.95</td><td>4.5</td><td>4.5</td><td>5.6</td></tr>
<tr><td rowspan="2">t</td><td>最大</td><td>1.27</td><td>1.40</td><td>1.80</td><td>2.03</td><td>2.03</td><td>2.42</td></tr>
<tr><td>最小</td><td>1.01</td><td>1.14</td><td>1.42</td><td>1.65</td><td>1.65</td><td>2.02</td></tr>
<tr><td colspan="3">长度 l 规格范围</td><td>6.5～19</td><td>9.5～25</td><td>9.5～32</td><td>9.5～38</td><td>13～38</td><td>13～38</td></tr>
</table>

表 21.54 内六角花形沉头自攻螺钉规格尺寸（GB/T 2670.2—2017）

mm

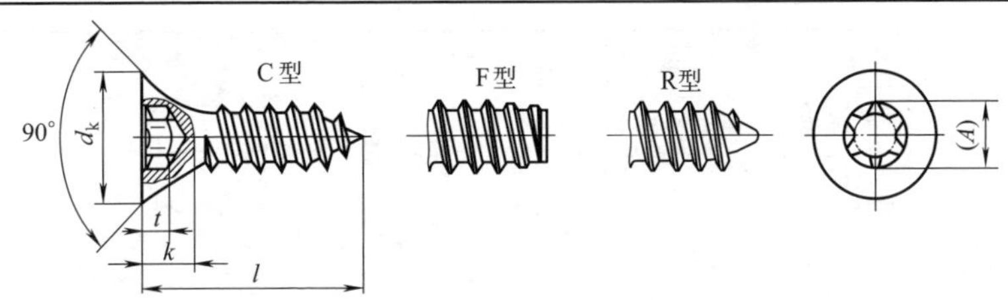

<table>
<tr><td colspan="2">公称直径 d</td><td>ST2.9</td><td>ST3.5</td><td>ST4.2</td><td>ST4.8</td><td>ST5.5</td><td>ST6.3</td></tr>
<tr><td colspan="2">螺距 P</td><td>1.1</td><td>1.2</td><td>1.4</td><td>1.6</td><td>1.8</td><td>1.8</td></tr>
<tr><td rowspan="2">d_k</td><td>最大</td><td>5.5</td><td>7.3</td><td>8.4</td><td>9.3</td><td>10.3</td><td>11.3</td></tr>
<tr><td>最小</td><td>5.2</td><td>6.9</td><td>8.0</td><td>8.9</td><td>9.9</td><td>10.9</td></tr>
<tr><td>k</td><td>最大</td><td>1.7</td><td>2.35</td><td>2.6</td><td>2.8</td><td>3.0</td><td>3.15</td></tr>
<tr><td rowspan="2">t</td><td>最大</td><td>0.91</td><td>1.3</td><td>1.58</td><td>1.78</td><td>2.03</td><td>2.42</td></tr>
<tr><td>最小</td><td>0.65</td><td>1.00</td><td>1.14</td><td>1.39</td><td>1.65</td><td>2.02</td></tr>
<tr><td colspan="2">槽号</td><td>10</td><td>15</td><td>20</td><td>25</td><td>25</td><td>30</td></tr>
<tr><td colspan="2">长度 l 规格范围</td><td>6.5～19</td><td>9.5～25</td><td>9.5～32</td><td>9.5～38</td><td>13～38</td><td>13～38</td></tr>
</table>

表 21.55　内六角花形半沉头自攻螺钉规格尺寸（GB/T 2670.3—2017）

mm

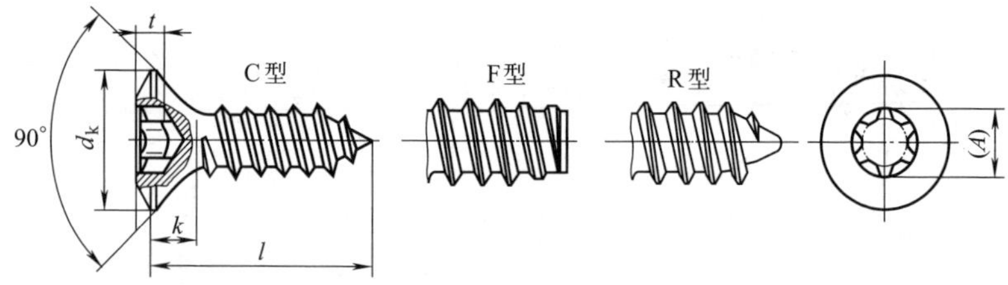

螺距 P		1.1	1.2	1.4	1.6	1.8	1.8
d_k	最大	5.5	7.3	8.4	9.3	10.3	11.3
	最小	5.2	6.9	8.0	8.9	9.9	10.9
k　最大		1.7	2.35	2.6	2.8	3.0	3.15
t	最大	1.27	1.4	1.8	2.03	2.03	2.42
	最小	1.01	1.14	1.42	1.65	1.65	2.02
槽号		10	15	20	25	25	30
长度 l 规格范围		6.5～19	9.5～25	9.5～32	9.5～32	13～38	13～38

（2）汽车行业塑料用自攻螺钉（表 21.56～表 21.59）

表 21.56　塑料用六角凸缘自攻螺钉规格尺寸（QC/T 876—2011）

mm

C型-锥端

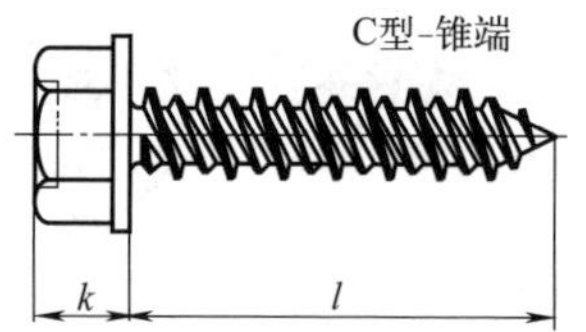

F型-平端

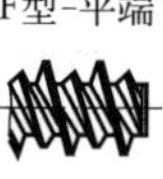

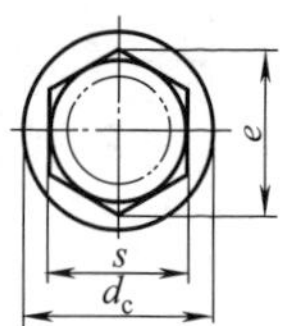

螺纹规格		NST3	NST3.5	NST4	NST5	NST.5	NST6
d_c	最大	6.3	8.3	8.3	10.5	11.0	13.5
	最小	5.8	7.6	7.6	9.8	10.0	12.2
s	公称＝最大	4.00	5.50	5.50	8.00	8.00	10.00
	最小	3.86	5.32	5.32	7.78	7.78	9.78
e　最小		4.28	5.96	5.96	8.71	8.71	10.95
k	公称＝最大	2.8	3.4	3.4	4.3	5.4	5.9
	最小	2.5	3.0	3.0	3.8	4.8	5.3
长度 l 规格范围		9.5～19	9.5～25	9.5～25	9.5～32	13～38	13～38

表 21.57　塑料用六角法兰面自攻螺钉规格尺寸（QC/T 877—2011）

mm

螺纹规格		NST3	NST3. S	NST4	NST5	NST. 5	NST6
d_c	最大	6.4	7.5	8.5	10.0	11.2	12.8
	最小	4.1	6.9	7.8	9.3	10.3	11.8
s	公称＝最大	4.00	5.00	5.50	7.00	7.00	8.00
	最小	3.82	4.82	5.32	6.78	6.78	7.78
e	最小	4.27	5.36	5.92	7.55	7.55	8.66
k	最大	3.2	3.8	4.3	5.2	6.0	6.7
长度 l 规格范围		9.5～19	9.5～25	9.5～25	9.5～32	13～38	13～38

表 21.58　塑料用内六角花形盘头自攻螺钉规格尺寸（QC/T 878—2011）

mm

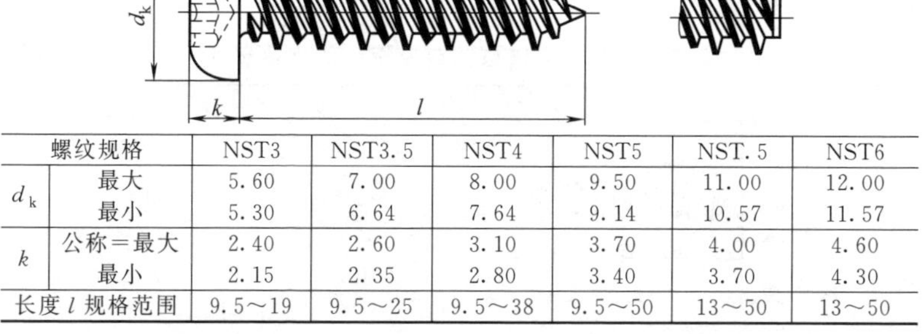

螺纹规格		NST3	NST3.5	NST4	NST5	NST. 5	NST6
d_k	最大	5.60	7.00	8.00	9.50	11.00	12.00
	最小	5.30	6.64	7.64	9.14	10.57	11.57
k	公称＝最大	2.40	2.60	3.10	3.70	4.00	4.60
	最小	2.15	2.35	2.80	3.40	3.70	4.30
长度 l 规格范围		9.5～19	9.5～25	9.5～38	9.5～50	13～50	13～50

表 21.59　塑料（尼龙）用自攻螺钉规格尺寸（QC/T 713—2017）

mm

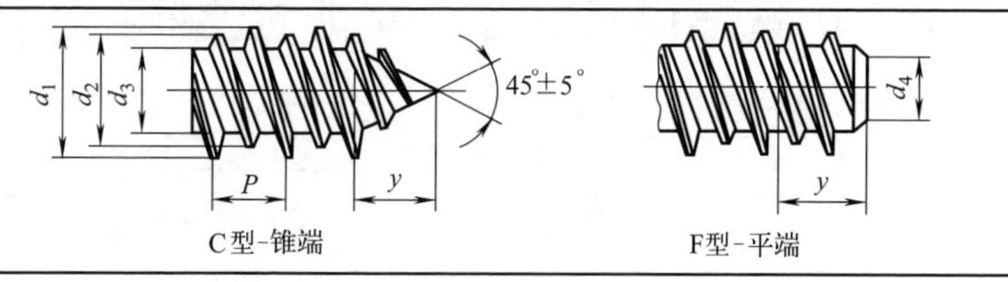

续表

螺纹规格			NST3	NST3.5	NST4	NST4.5	NST5	NST5.5	NST6	NST7
P			2.10	2.50	2.70	2.80	3.00	3.00	3.10	3.50
d_1	最大		3.10	3.60	4.10	4.60	5.10	5.60	6.10	7.10
	最小		2.95	3.35	3.85	4.35	4.85	5.35	5.85	6.85
d_2	最大		2.60	2.90	3.30	3.60	4.00	4.50	5.00	5.90
	最小		2.45	2.65	3.05	3.35	3.75	4.25	4.75	5.65
d_3	最大		1.90	2.10	2.45	2.60	3.00	3.50	3.90	4.80
	最小		1.75	1.85	2.20	2.35	2.75	3.25	3.65	4.55
d_4	最大		1.85	1.95	2.30	2.45	2.80	3.25	3.65	4.50
	最小		1.70	180	2.15	2.30	2.65	3.10	3.50	4.35
y_{max}	C型		2.30	2.60	3.00	3.20	3.70	4.30	4.80	5.80
	F型		1.90	2.40	2.60	3.00	3.60	3.90	4.00	4.20
攻螺纹前底孔（参考）	直径	最大	2.30	2.60	2.90	3.30	3.70	4.20	4.70	5.60
		最小	2.00	2.20	2.50	2.80	3.10	3.60	4.00	4.90
	孔深		$\geqslant 2d_1$							

注：y 为不完整螺纹的长度。

（3）十字槽自钻自攻螺钉

这种螺钉有钻头和螺杆两部分，装配时钻出螺纹底孔，然后攻出内螺纹。有十字槽盘头、十字槽沉头和十字槽半沉头三种。其规格尺寸见表 21.60。

表 21.60 十字槽自钻自攻螺钉的规格尺寸 mm

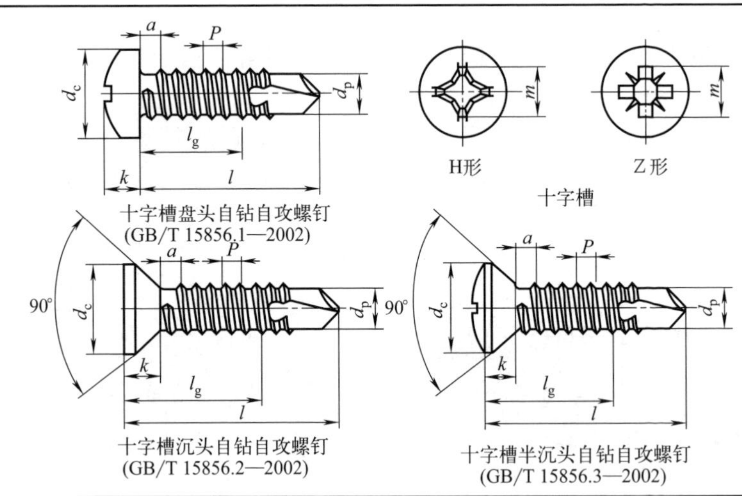

十字槽盘头自钻自攻螺钉 (GB/T 15856.1—2002)

十字槽沉头自钻自攻螺钉 (GB/T 15856.2—2002)

十字槽半沉头自钻自攻螺钉 (GB/T 15856.3—2002)

续表

螺纹规格				ST2.9	ST3.5	ST4.2	ST4.8	ST5.5	ST6.3
螺距 P				1.1	1.3	1.4	1.6	1.8	1.8
十字槽盘头自钻自攻螺钉(GB/T 15856.1—2002)			d_c	5.6	7.0	8.0	9.5	11.0	12.0
			k	2.4	2.6	3.1	3.7	4.0	4.6
			d_p	2.3	2.8	3.6	4.1	4.8	5.8
十字槽沉头自钻自攻螺钉(GB/T 15856.2—2002)十字槽半沉头自钻自攻螺钉(GB/T 15856.3—2002)			d_c	5.5	7.3	8.4	9.3	10.3	11.3
			k	1.7	2.35	2.6	2.8	3.0	3.15
			d_p	2.3	2.8	3.6	4.1	4.8	5.8
十字槽	槽号			1	2	2	2	3	3
	H形	m 参考		3	3.9	4.4	4.9	6.4	6.9
		插入深度	最大	1.8	1.9	2.4	2.9	3.1	3.6
			最小	1.4	1.4	1.9	2.4	2.6	3.1
	Z形	m 参考		3	4	4.4	4.8	6.2	6.8
		插入深度	最大	1.75	1.9	2.35	2.75	3.00	3.50
			最小	1.45	1.5	1.95	2.3	2.55	3.05
钻削板厚				0.7～1.9	0.7～2.5	1.75～3.0	1.75～4.4	1.75～5.25	2.0～6.0
公称长度 l				9.5①～19	9.5①～25	13～38	13～50	16～50	19～50

① 仅用于十字槽盘头自钻自攻螺钉。

注：a 为最末一扣螺纹到支承面的距离，其数值等于 P。

(4) 六角自钻自攻螺钉

有六角法兰面自钻自攻螺钉和六角凸缘自钻自攻螺钉两种，主要用在金属或非金属材料的预钻孔中自行攻钻出所配合阴螺纹。其规格尺寸见表21.61。

表21.61　六角自钻自攻螺钉规格尺寸　mm

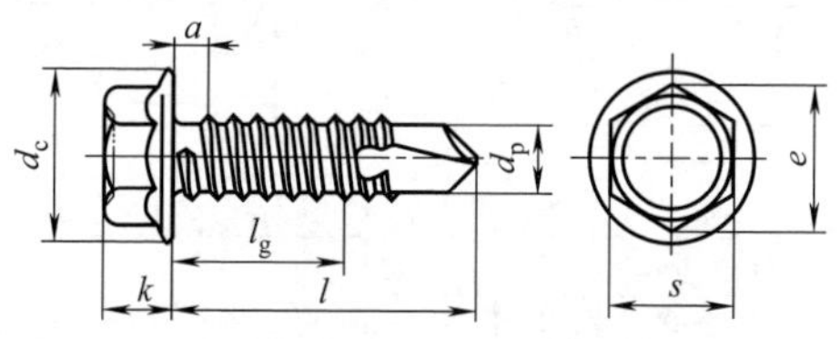

六角法兰面自钻自攻螺钉

续表

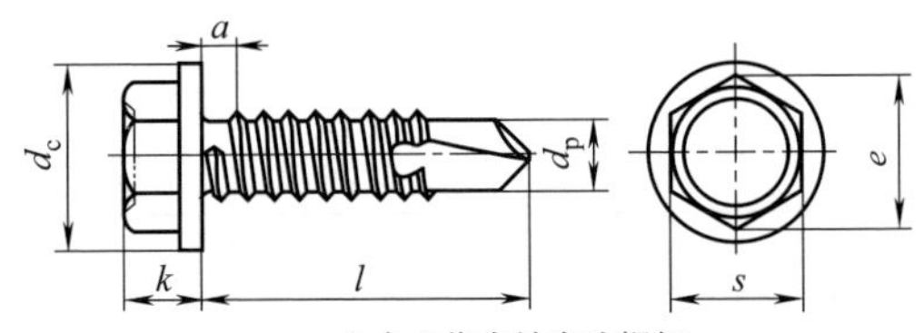

六角凸缘自钻自攻螺钉

螺纹规格		ST2.9	ST3.5	ST4.2	ST4.8	ST5.5	ST6.3
螺距 P		1.1	1.3	1.4	1.6	1.8	1.8
六角法兰面自钻自攻螺钉	d_c	6.3	8.3	8.8	10.5	11.0	13.5
(GB/T 15856.4—2002)	k	2.8	3.4	4.1	4.3	5.4	5.9
六角凸缘自钻自攻螺钉	d_p	2.3	2.8	3.6	4.1	4.8	5.8
(GB/T 15856.5—2002)	s	4.0	5.5	7.0	8.0	8.0	10.0
十字槽号		1	2	2	2	3	3
钻削板厚		0.7～1.9	0.7～2.5	1.75～3.0	1.75～4.4	1.75～5.25	2.0～6.0
公称长度(l)		9.5～19	9.5～25	13～38	13～50	16～50	19～50

注：a 为最末一扣螺纹到支承面的距离，其数值等于 P。

21.2.9 自挤螺钉

自挤螺钉断面为三角形，有自锁效果。有十字槽（盘头、沉头、半沉头）自挤螺钉、六角头自挤螺钉和内六角花形圆柱头自挤螺钉几种。十字槽又有 H 形和 Z 形两类。

(1) 十字槽盘头自挤螺钉（表 21.62）

表 21.62 十字槽盘头自挤螺钉（GB/T 6560—2014） mm

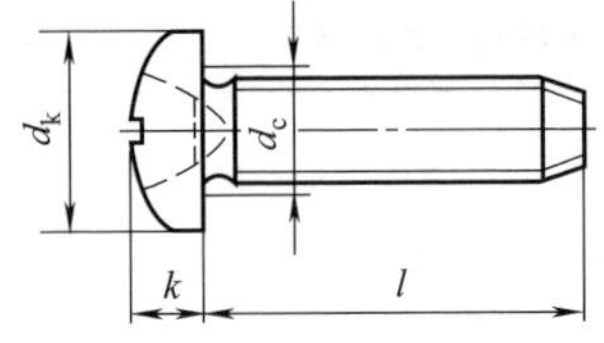

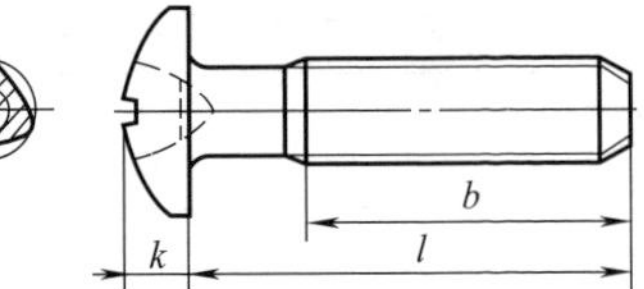

螺距 P		0.4	0.45	0.5	0.7	0.8	1.0	1.25	1.5
b		25	21	25	38	38	38	38	38
d_c	最大	2.6	3.1	3.6	4.7	5.7	6.8	9.2	11.2
d_k	公称＝最大	4	5	5.6	8.0	9.5	12	16	20
	最小	3.7	4.7	5.3	7.64	9.14	11.57	15.57	19.48

续表

k	公称=最大			1.6	2.1	2.4	3.1	3.7	4.6	6.0	7.5
	最小			1.46	1.96	2.26	2.92	3.52	4.3	5.7	7.14
十字槽	槽号			0	1		2		3	4	
	H形	m 参考		1.9	2.7	3.0	4.4	4.9	6.9	9.0	10.1
		插入深度	最大	1.2	1.55	1.8	2.d	2.9	3.6	4.6	5.8
			最小	0.9	1.15	1.4	1.9	2.4	3.1	4.0	5.2
	Z形	m 参考		2.1	2.6	2.8	4.3	4.7	6.7	8.8	9.9
		插入深度	最大	1.42	1.5	1.75	2.34	2.74	3.46	4.5	5.69
			最小	1.17	1.25	1.5	1.89	2.29	3.03	4.05	5.24
l 优先长度范围				3～16	4～20	4～25	6～30	8～40	8～50	10～60	16～80

注：自挤螺钉 l 长度系列为 4mm，5mm，6mm，8mm，10mm，12mm，(14mm)，16mm，20mm，25mm，30mm，35mm，40mm，45mm，50mm，(55mm)，60mm，70mm，80mm（下同）。

（2）十字槽沉头自挤螺钉（表 21.63）

表 21.63　十字槽沉头自挤螺钉（GB/T 6561—2014）　mm

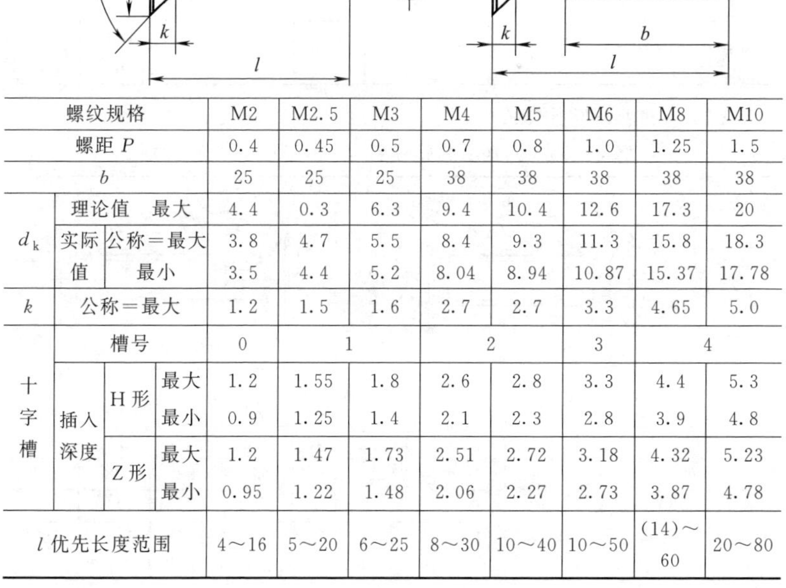

螺纹规格			M2	M2.5	M3	M4	M5	M6	M8	M10
螺距 P			0.4	0.45	0.5	0.7	0.8	1.0	1.25	1.5
b			25	25	25	38	38	38	38	38
d_k	理论值　最大		4.4	0.3	6.3	9.4	10.4	12.6	17.3	20
	实际值	公称=最大	3.8	4.7	5.5	8.4	9.3	11.3	15.8	18.3
		最小	3.5	4.4	5.2	8.04	8.94	10.87	15.37	17.78
k	公称=最大		1.2	1.5	1.6	2.7	2.7	3.3	4.65	5.0
十字槽	槽号		0	1		2		3	4	
	插入深度 H形	最大	1.2	1.55	1.8	2.6	2.8	3.3	4.4	5.3
		最小	0.9	1.25	1.4	2.1	2.3	2.8	3.9	4.8
	插入深度 Z形	最大	1.2	1.47	1.73	2.51	2.72	3.18	4.32	5.23
		最小	0.95	1.22	1.48	2.06	2.27	2.73	3.87	4.78
l 优先长度范围			4～16	5～20	6～25	8～30	10～40	10～50	(14)～60	20～80

（3）十字槽半沉头自挤螺钉（表 21.64）

表 21.64 十字槽半沉头自挤螺钉（GB/T 6562—2014） mm

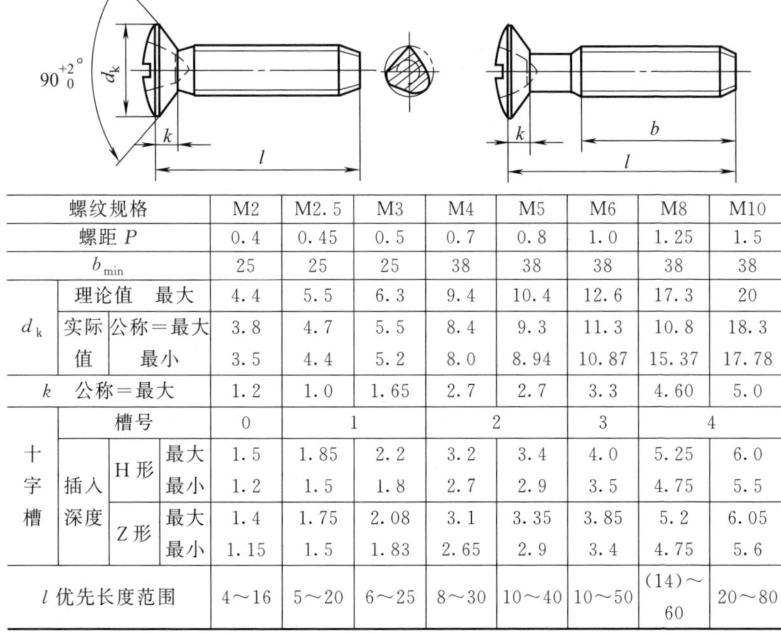

螺纹规格				M2	M2.5	M3	M4	M5	M6	M8	M10
螺距 P				0.4	0.45	0.5	0.7	0.8	1.0	1.25	1.5
b_{min}				25	25	25	38	38	38	38	38
d_k	理论值	最大		4.4	5.5	6.3	9.4	10.4	12.6	17.3	20
	实际值	公称=最大		3.8	4.7	5.5	8.4	9.3	11.3	10.8	18.3
		最小		3.5	4.4	5.2	8.0	8.94	10.87	15.37	17.78
k 公称=最大				1.2	1.0	1.65	2.7	2.7	3.3	4.60	5.0
十字槽	槽号			0	1		2		3	4	
	插入深度	H形	最大	1.5	1.85	2.2	3.2	3.4	4.0	5.25	6.0
			最小	1.2	1.5	1.8	2.7	2.9	3.5	4.75	5.5
		Z形	最大	1.4	1.75	2.08	3.1	3.35	3.85	5.2	6.05
			最小	1.15	1.5	1.83	2.65	2.9	3.4	4.75	5.6
l 优先长度范围				4～16	5～20	6～25	8～30	10～40	10～50	(14)～60	20～80

（4）六角头自挤螺钉（表 21.65）

表 21.65 六角头自挤螺钉（GB/T 6563—2014） mm

螺纹规格			M2	M2.5	M3	M4	M5	M6	M8	M10
螺距 P			0.4	0.45	0.5	0.7	0.8	1.0	1.25	1.0
b_{min}			25	25	25	38	38	38	38	38
d_k	理论值	最大	4.4	5.5	6.3	9.4	10.4	12.6	17.3	20
	实际值	公称=最大	3.8	4.7	5.5	8.4	9.3	11.3	15.8	18.3
		最小	3.5	4.4	5.2	8.04	8.94	10.87	15.37	17.78

续表

k 公称=最大				1.2	1.5	1.65	2.7	2.7	3.3	4.65	5.0
十字槽	槽号			0	1		2		3	4	
	插入深度	H形	最大	1.5	1.85	2.2	3.2	3.4	4.0	5.25	6
			最小	1.2	1.5	1.8	2.7	2.9	3.5	4.75	5.5
		Z形	最大	1.4	1.75	2.08	3.1	3.35	3.85	5.2	6.05
			最小	1.15	1.5	1.83	2.65	2.9	3.4	4.70	5.6
l 优先长度范围				4～16	5～20	6～25	8～30	10～40	10～50	(14)～60	20～80

(5) 内六角花形圆柱头自挤螺钉(表21.66)

表21.66 内六角花形圆柱头自挤螺钉(GB/T 6564.1—2014)

mm

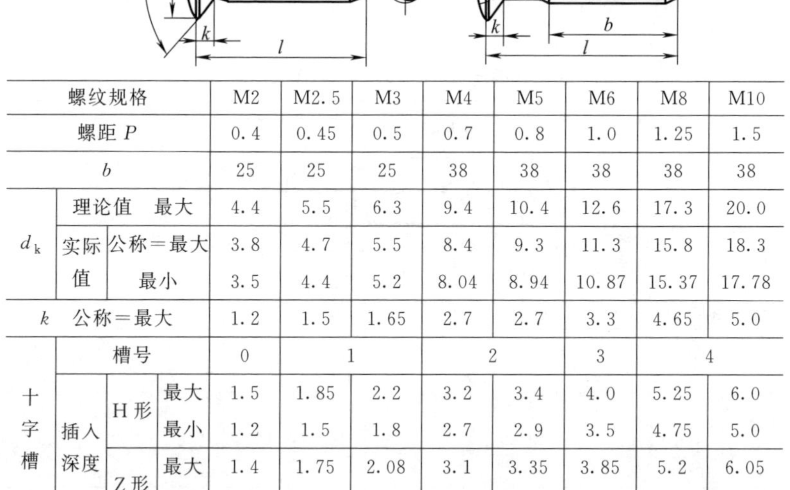

螺纹规格			M2	M2.5	M3	M4	M5	M6	M8	M10
螺距 P			0.4	0.45	0.5	0.7	0.8	1.0	1.25	1.5
b			25	25	25	38	38	38	38	38
d_k	理论值 最大		4.4	5.5	6.3	9.4	10.4	12.6	17.3	20.0
	实际值	公称=最大	3.8	4.7	5.5	8.4	9.3	11.3	15.8	18.3
		最小	3.5	4.4	5.2	8.04	8.94	10.87	15.37	17.78
k 公称=最大			1.2	1.5	1.65	2.7	2.7	3.3	4.65	5.0

十字槽	槽号			0	1		2		3	4	
	插入深度	H形	最大	1.5	1.85	2.2	3.2	3.4	4.0	5.25	6.0
			最小	1.2	1.5	1.8	2.7	2.9	3.5	4.75	5.0
		Z形	最大	1.4	1.75	2.08	3.1	3.35	3.85	5.2	6.05
			最小	1.15	1.5	1.83	2.65	2.9	3.4	4.75	5.6
l 优先长度范围				4～16	5～20	6～25	8～30	10～40	10～50	(14)～60	20～80

21.2.10 无头螺钉

无头螺钉主要用于紧固定连接机构中不便于沉头孔位的连接，起锁紧、简单定位或限位等作用。其规格见表21.67、表21.68。

表 21.67 开槽无头螺钉的规格（GB/T 878—2007） mm

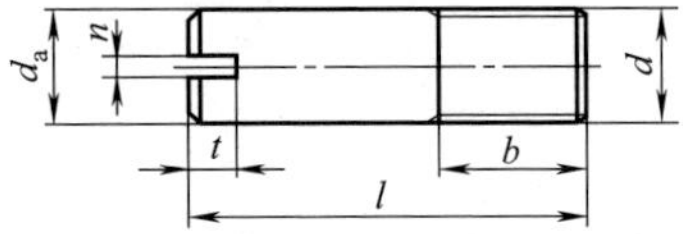

螺纹规格 d		M1	M1.2	M1.6	M2	M2.5	M3	(M3.5)	M4	M5	M6	M8	M10
螺距 P		0.25	0.25	0.35	0.4	0.45	0.5	0.6	0.7	0.8	1	1.25	1.5
b^{+2P}_{0}		1.2	1.4	1.9	2.4	3	3.6	4.2	4.8	6	7.2	9.6	12
d_a	最小	0.86	1.06	1.46	1.86	2.36	2.86	3.32	3.82	4.82	5.82	7.78	9.78
	最大	1.0	1.2	1.6	2.0	2.5	3.0	3.5	4.0	5.0	6.0	8.0	10.0
n	公称	0.2	0.25	0.3	0.3	0.4	0.5	0.5	0.6	0.8	1	1.2	1.6
	最小	0.26	0.31	0.36	0.36	0.46	0.56	0.56	0.66	0.86	1.06	1.26	1.66
	最大	0.40	0.45	0.50	0.50	0.60	0.70	0.70	0.80	1.0	1.2	1.51	1.91
t	最小	0.63	0.63	0.88	1.0	1.10	1.25	1.5	1.75	2.0	2.5	3.1	3.75
	最大	0.78	0.79	1.05	1.2	1.33	1.5	1.78	2.05	2.35	2.9	3.6	4.25
商品长度 l 范围		2.5～4	3～5	4～6	5～8	5～10	6～12	8～(14)	8～(14)	10～20	12～25	(14)～30	16～35

注：长度系列是 2.5mm，3mm，4mm，5mm，6mm，8mm，10mm，12mm，(14mm)，16mm，20mm，25mm，30mm，35mm。

表 21.68 开槽无头轴位螺钉（GB/T 831—1988） mm

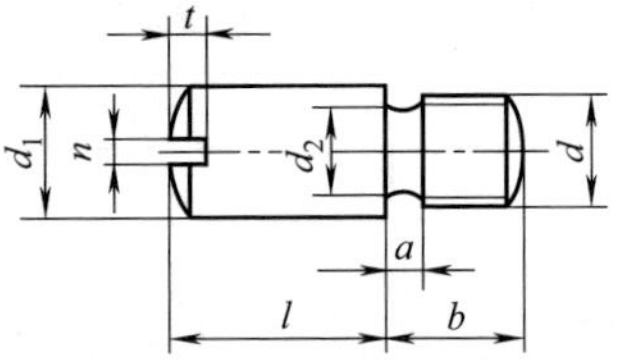

螺纹规格 d		M1.6	M2	M2.5	M3	M4	M5	M6	M8	M10
d_1	最小	2.48	2.96	3.47	3.97	4.97	5.97	7.96	9.96	11.84
	最大	2.42	2.92	3.395	3.895	4.895	5.895	7.87	9.87	11.95
n	公称	0.4	0.5	0.5	0.6	0.8	0.8	1.2	1.6	2
	最小	0.46	0.56	0.66	0.66	0.86	0.86	1.26	1.66	2.06
	最大	0.6	0.7	0.7	0.8	1	1	1.51	1.91	2.31
t_{min}		0.6	0.7	0.9	1	1.4	1.7	2	2.5	3
d_2		1.1	1.4	1.8	2.2	3	3.8	4.5	6.2	7.8
$a\approx$		1				1.5		2		3
b		2.5	3	3.6	4	5	6	8	10	12
商品长度 l 范围		2～3	2～4	2～5	2.5～6	3～8	4～10	5～12	6～16	8～16

注：长度系列是 2mm，2.5mm，3mm，4mm，5mm，6mm，8mm，10mm，12mm，(14mm)，16mm，20mm。

21.2.11　定心圆锥螺钉

用圆锥面保证两零件固定后中心同心度的螺钉。其规格见表21.69。

表21.69　定心圆锥螺钉（JB/T 3411.90—1999）　　mm

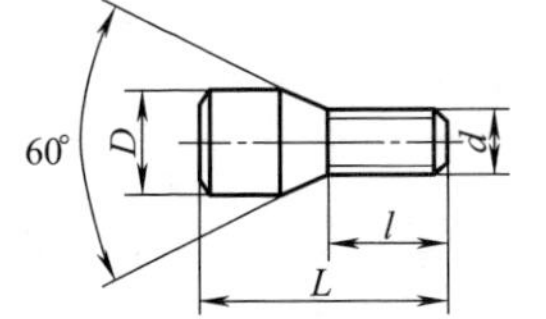

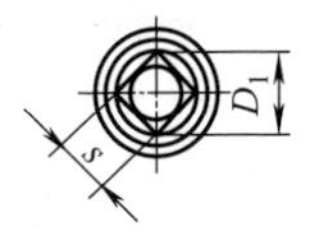

d	D	D_1	L	l	s	适用于镗杆直径
M5	10	5.6	20	10	4	25
M6	12	7.0	24	12	5	32
M8	16	8.4	32	16	6	40
			40	20		50
M12	20	11.3	42	25	8	60
M16	28	14.1	60	32	10	80
			70			100
			85	40		120
M20	40	16.9	110	50	12	160
			130			200

21.2.12　吊环螺钉

吊环螺钉用于悬挂起重吊钩。其规格见表21.70。

表21.70　吊环螺钉的规格（GB/T 825—1988）　　mm

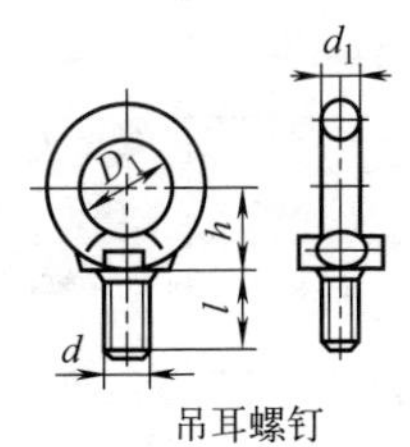

吊耳螺钉

单螺钉起吊

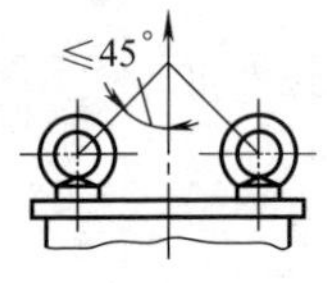

双螺钉起吊

螺纹规格 d	M8	M10	M12	M16	M20	M24	M30	M36
公称长度 l	16	20	22	28	35	40	45	55
环顶直径 d_{1max}	9.1	11.1	13.1	15.2	17.4	21.4	25.7	30.1
环孔内径 D_1（公称）	20	24	28	34	40	48	56	67
环孔中心距 h	18	22	26	31	36	44	53	63

续表

起吊重量 t_{max}									
起吊重量 t_{max}	单螺钉起吊	0.16	0.25	0.4	0.63	1.0	1.6	2.5	4.0
	双螺钉起吊	0.08	0.125	0.2	0.32	0.5	0.8	1.25	2.0

螺纹规格 d		M42	M48	M56	M64	M72×6	M80×6	M100×6
公称长度 l		65	70	80	90	100	115	140
环顶直径 d_{1max}		34.4	40.7	44.7	51.4	63.8	71.8	79.2
环孔内径 D_1(公称)		80	95	112	125	140	160	200
环孔中心距 h		74	87	100	115	130	150	175
起吊重量 t_{max}	单螺钉起吊	6.3	8	10	16	20	25	40
	双螺钉起吊	3.2	4	5	8	10	12.5	20

21.3 螺柱和螺杆

螺柱是两端均外带螺纹的一类紧固件。常用于两个因太厚而不能或不便（如发动机气缸与气缸盖）用螺栓连接的零件，或需要频繁拆卸的工件。其品种见表21.71。

表 21.71 螺柱的品种一览

品种名称与标准号		型式	规格范围	产品等级	螺纹公差	力学性能等级	表面处理
双头螺柱	$b_m=d$	A/B	M5～M48	B	6g	钢:4.8、5.8、6.8、8.8、10.9、12.9 不锈钢:A2-50 A2-70(不经处理)	不经处理,氧化,镀锌纯化
	$b_m=1.25d$ *	A/B	M5～M48	B	6g		
	$b_m=1.5d$	A/B	M5～M48	B	6g		
	$b_m=2d$	A/B	M2～M48	B	6g		
等长双头螺柱B级*		A/B	A/B	B	6g		不经处理,镀锌纯化
等长双头螺柱C级*		A/B	A/B	C	8g	钢:4.8、6.8、8.8	
手工焊用焊接螺柱*		A/B	A/B	—	6g	钢:4.8	
机动弧焊用焊接螺柱*		A/B	A/B	—	6g	钢:4.8	不经处理,镀铜,镀锌纯化
贮能焊用焊接螺柱*		A/B	A/B	—	6g	钢:4.8	

注：1. 带 * 符号的品种为商品紧固件品种，应优先选用。

2. 双头螺纹（GB 897～900—1988）上采用的螺纹，一般都是粗牙普通螺纹，也可以根据需要采用细牙普通螺纹或过渡配合螺纹。

21.3.1 双头螺柱

（1）不等长双头螺柱

用于两个不能或不便带螺栓（如发动机气缸与气缸盖）的零件

连接。有 A、B 两个型号，根据 b_m/l 数值的不同，有 4 种，所以共有 4 个标准。其规格见表 21.72。

表 21.72　双头螺柱的规格　mm

	A型	B型
GB 897—1988		
GB 898—1988		
GB 899—1988		
GB 900—1988		

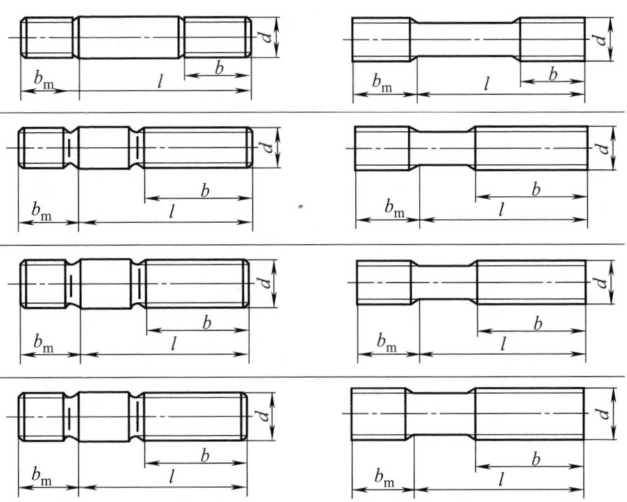

螺纹规格	螺纹长度 b_m				GB/T 899(③)公称长度 l/标准螺纹长度 b
	①	②	③	④	(其他标准数据与它有不同时,另外标注:
d	1.0d	1.25d	1.5d	2.0d	①—GB 897,②—GB 898,④—GB 900)
M2			3	1	12～16/6,18～25/10
M2.5			3.5	5	14～18/8,20～30/11
M3			4.5	6	16～20/6,22～40(④38)/12
M4			6	8	16～22/8,25～40/(④38)/14
M5	5	6	8	10	16～22/10,25～40(④38)/16
M6	6	8	10	12	20(④18)～22/10,25～30(④25)/14,32(④28)～75/18
M8	8	10	12	16	20(④18)～22/12,25～30(④25)/16,32～90(④28～75)/22
M10	10	12	15	20	25～28(④22～25)/14,30～38(④28～30)/16,40(④32)～120/26,130/32
M12	12	15	18	22	25～30(④22～25)/16,32～40(④28～35)/20,45(④38)～120/30,130～180/(②、④170)/36
(M14)	14	18	21	24	30～35(④28)/18,38～45(④30～38)/25,50(④40)～120/34,130～180(④170)/40

续表

螺纹规格 d	螺纹长度 b_m				GB/T 899(③)公称长度 l/标准螺纹长度 b (其他标准数据与它有不同时，另外标注：①—GB 897，②—GB 898，④—GB 900)
	① $1.0d$	② $1.25d$	③ $1.5d$	④ $2.0d$	
M16	16	20	24	32	30～38(④28～30)/20,40～55(②50,④32～40)/30,60(②55,④45)～120/38,130～200/44
(M18)	18	22	27	36	35～40/22,45～60/35,65～120/42,130～200/48
M20	20	25	30	40	35～40/25,45～65(②60)/35,70(②65)～120/46,130～200/52
(M22)	22	28	33	44	40～45/30,50～70/40,75～120/50,130～200/56
M24	24	30	36	48	45～50/30,55～75～/45,80～120/54,130～200/60
(M27)	27	35	40	54	50～60(④55)/35,65～85(④60～80)/50,90(④85)～120/60,130～200/66
M30	30	38	45	60	60～65(④55～66)/40,70～90(④65～85)/50,95(④90)～120/66,130～200/72,210～250/85
(M33)	33	41	49	66	65～70(④60～65)/45,75～95(④70～90)/60,100(④95)～120/72,130～200/78,210～300/91
M36	36	45	54	72	65～75(④60～70)/45,80(④75)～110/60,120/78,130～200/84,210～300/97
(M39)	39	49	58	78	70～80(④65～75)/50,85(④80)～110/65,120/84,130～200/90,210～300/103
M42	42	52	63	84	70～80(④65～75)/50,85(④80)～110/70,120/90,130～200/96,210～300/109
M48	48	60	72	96	80(④75)～90/60,95～110/80,120/102,130～200/108,210～300/121

注：公称 L（包括螺纹的长度 b，不包括螺纹长度 b_m）系列为 12mm，(14mm)，(18mm)，20mm，(22mm)，25mm，(28mm)，30mm，(32mm)，35mm，(38mm)，40mm，45mm，50mm，(55mm)，60mm，(65mm)，70mm，75mm，80mm，(85mm)，90mm，95mm，100mm，110mm，120mm，130mm，140mm，150mm，160mm，170mm，180mm，190mm，200mm，210mm，220mm，230mm，240mm，250mm，260mm，280mm，300mm。

(2) 等长双头螺柱

主要用于带螺纹孔的被连接件不能或不便安装带头螺栓的场合，或用于被连接的一端不能用带头螺栓、螺钉，并要经常拆卸的铁木结构的连接。等长双头螺柱两端均有等长螺母。B级用于一般场合，C级用于重工机械。其规格见表21.73。

表21.73 等长双头螺柱的规格（GB/T 901—1988，GB/T 953—1988）

mm

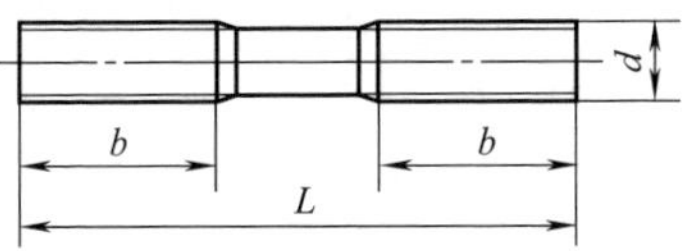

d	等长双头螺柱-B级		等长双头螺柱-C级		d	等长双头螺柱-B级		等长双头螺柱-C级	
	b	L	b	L		b	L	b	L
M2	10	10～60	—	—	M20	52	70～300	46	200～1400
M2.5	11	10～80	—	—	(M22)	56	80～300	50	200～1800
M3	12	12～250	—	—	M24	60	90～300	54	300～1800
M4	14	20～300	—	—	(M27)	66	100～300	60	300～2000
M5	16	20～300	—	—	M30	72	120～400	66	350～2500
M6	18	25～300	—	—	(M33)	78	140～400	72	350～2500
M8	28	35～300	22	100～600	M36	84	140～500	78	350～2500
M10	32	40～300	26	100～800	(M39)	89	140～500	84	350～2500
M12	36	50～300	30	130～950	M42	96	140～500	90	550～2500
(M14)	40	60～300	30	130～950	M48	108	150～500	102	550～2500
M16	44	60～300	38	170～1400	M56	124	140～500	—	—
(M18)	48	60～300	42	170～1400					

注：1. 公称长度系列为10mm，12mm，(14mm)，16mm，(18mm)，20mm，(22mm)，25mm，(28mm)，30mm，(32mm)，35mm，(38mm)，40mm，45mm，50mm，(55mm)，60mm，(65mm)，70mm，(75mm)，80mm，(85mm)，90mm，(95mm)，100mm，110mm，120mm，130mm，140mm，150mm，160mm，170mm，180mm，190mm，200mm，(210mm)，220mm，(230mm)，(240mm)，250mm，(260mm)，280mm，300mm，320mm，350mm，380mm，400mm，420mm，450mm，480mm，500mm，…，2500mm。

2. 尽可能不采用括号内的规格；

3. GB/T 901螺纹公差为6g。力学性能等级：钢为4.8、5.8、6.8、8.8、10.9、12.9；不锈钢为A2-50、A2-70。

4. GB/T 953螺纹公差为8g；力学性能等级：钢为4.8、6.8、8.8。

（3）大直径双头螺柱（表21.74，表21.75）

表 21.74 大直径双头螺柱（BT 系列）（HG/T 21573.2—1995）

mm

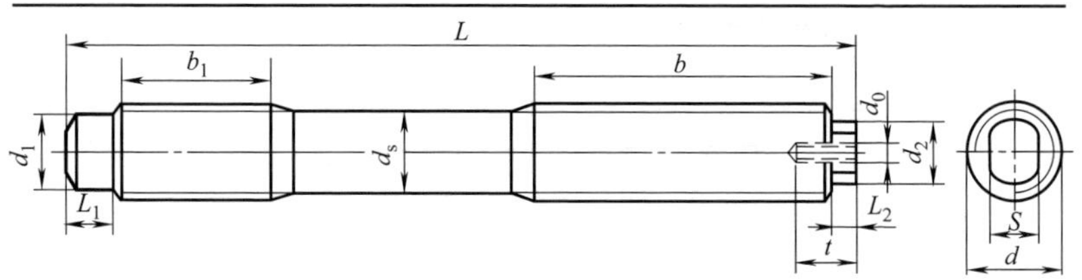

$S=0.86d_2$

L 按标准 6.2 节所列公式计算后确定

公称直径 d	形式	d_s	d_2	d_1	d_0	t	b	b_1	L_2	L_1
	BT-Ⅰ				10	30	240			
M48×4B	T-Ⅱ	40	32	38	10	30	150	80	12	25
	BT-Ⅲ				—	—	100			
	BT-Ⅰ				10	30	240			
M52×4	BT-Ⅱ	44	36	42	10	30	155	85	12	25
	BT-Ⅲ				—	—	110			
	BT-Ⅰ				10	30	240			
M56×4	BT-Ⅱ	48	40	45	10	30	160	90	12	25
	BT-Ⅲ				—	—	115			
	BT-Ⅰ				10	30	240			
M64×4	BT-Ⅱ	56	42	52	10	30	170	105	12	25
	BT-Ⅲ				—	—	125			
	BT-Ⅰ				12	35	295			
M72×4	BT-Ⅱ	64	50	60	12	35	205	115	14	25
	BT-Ⅲ				—	—	140			
	BT-Ⅰ				12	35	295			
M80×4	BT-Ⅱ	72	50	68	12	35	215	125	14	25
	BT-Ⅲ				—	—	150			
	BT-Ⅰ					35	295			
M85×4	BT-Ⅱ	77	50	73	12	35	225	135	14	25
	BT-Ⅲ				—	—	155			
	BT-Ⅰ				12	35	295			
M90×4	BT-Ⅱ	82	50	78	12	35	235	140	14	25
	BT-Ⅲ				—	—	160			
	BT-Ⅰ				12	35	320			
M100×4	BT-Ⅱ	92	50	88	12	35	260	155	14	25
	BT-Ⅲ				—	—	175			

续表

公称直径 d	形式	d_s	d_2	d_1	d_0	t	b	b_1	L_2	L_1
M105×4	BT-Ⅰ	97	50	93	12	35	320	165	14	25
	BT-Ⅱ				12	35	265			
	BT-Ⅲ				—	—	185			
M110×4	BT-Ⅰ	102	50	98	12	35	320	170	14	25
	BT-Ⅱ				12	35	270			
	BT-Ⅲ				—	—	190			
M115×4	BT-Ⅰ	102	50	103	12	35	355	180	14	25
	BT-Ⅱ				12	35	290			
	BT-Ⅲ				—	—	200			
M120×4	BT-Ⅰ	112	50	108	12	35	355	185	14	25
	BT-Ⅱ				12	35	295			
	BT-Ⅲ				—	—	205			
M125×4	BT-Ⅰ	117	50	113	12	35	355	195	14	25
	BT-Ⅱ				12	35	300			
	BT-Ⅲ				—	—	210			
M130×4	BT-Ⅰ	122	50	118	12	35	390	200	14	25
	BT-Ⅱ				12	35	320			
	BT-Ⅲ				—	—	220			
M140×4	BT-Ⅰ	132	50	128	12	35	390	215	14	25
	BT-Ⅱ				12	35	330			
	BT-Ⅲ				—	—	235			

表 21.75　大直径双头螺柱（BS 系列）（HG/T 21573.2—1995）

mm

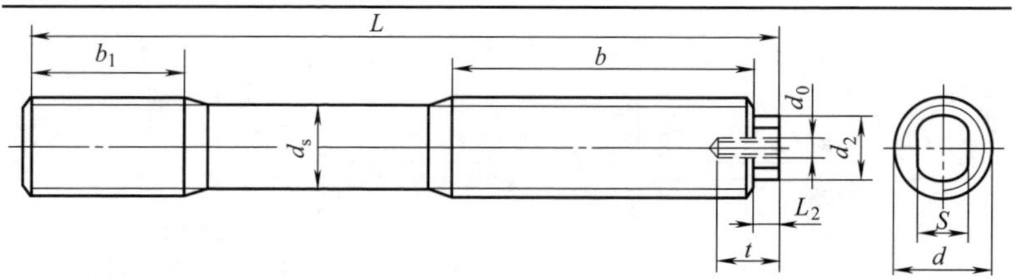

$S=0.86d_2$

L 按标准 6.2 节所列公式计算后确定

公称直径 d	形式	d_s	d_2	d_0	t	b	b_1	L_2
M48×4	BT-Ⅰ	40	32	10	30	240	100	12
	BT-Ⅱ			10	30	150		
	BT-Ⅲ			—	—	100		

续表

公称直径 d	形式	d_s	d_2	d_0	t	b	b_1	L_2
M52×4	BT-Ⅰ	44	36	10	30	240	110	12
	BT-Ⅱ			10	30	155		
	BT-Ⅲ			—	—	110		
M56×4	BT-Ⅰ	48	40	10	30	240	115	12
	BT-Ⅱ			10	30	160		
	BT-Ⅲ			—	—	115		
M64×4	BT-Ⅰ	56	42	12	35	240	125	12
	BT-Ⅱ			122	35	170		
	BT-Ⅲ			—	—	125		
M72×4	BT-Ⅰ	64	50	12	35	295	140	14
	BT-Ⅱ			12	35	205		
	BT-Ⅲ			—	—	140		
M80×4	BT-Ⅰ	72	50	12	35	295	150	14
	BT-Ⅱ			12	35	215		
	BT-Ⅲ			—	—	150		
M85×4	BT-Ⅰ	77	50	12	35	295	135	14
	BT-Ⅱ			12	35	225		
	BT-Ⅲ			—	—	155		
M90×4	BT-Ⅰ	82	50	12	35	295	140	14
	BT-Ⅱ			12	35	235		
	BT-Ⅲ			—	—	160		
M100×4	BT-Ⅰ	92	50	12	35	320	155	14
	BT-Ⅱ			12	35	260		
	BT-Ⅲ			—	—	175		
M105×4	BT-Ⅰ	97	50	12	35	320	165	14
	BT-Ⅱ			12	35	265		
	BT-Ⅲ			—	—	185		
M110×4	BT-Ⅰ	102	50	12	35	320	170	14
	BT-Ⅱ			12	35	270		
	BT-Ⅲ			—	—	190		
M115×4	BT-Ⅰ	102	50	12	35	355	180	14
	BT-Ⅱ			12	35	290		
	BT-Ⅲ			—	—	200		
M120×4	BT-Ⅰ	112	50	12	35	355	185	14
	BT-Ⅱ			12	35	295		
	BT-Ⅲ			—	—	205		

续表

公称直径 d	形式	d_s	d_2	d_0	t	b	b_1	L_2
M125×4	BT-Ⅰ BT-Ⅱ BT-Ⅲ	117	50	12 12 —	35 35 —	355 300 210	195	14
M130×4	BT-Ⅰ BT-Ⅱ BT-Ⅲ	122	50	12 12 —	35 35 —	390 320 220	200	14
M140×4	BT-Ⅰ BT-Ⅱ BT-Ⅲ	132	50	12 12 —	35 35 —	390 330 235	215	14

21.3.2 焊接螺柱

焊接螺柱用于较薄的机件与钢板连接，无螺纹的一端焊在机件上。有手工焊用焊接螺柱和机动弧焊用焊接螺柱两种，这里只介绍手工焊用焊接螺柱。其规格见表21.76。

表21.76 手工焊用焊接螺柱规格（GB/T 902.1—2008） mm

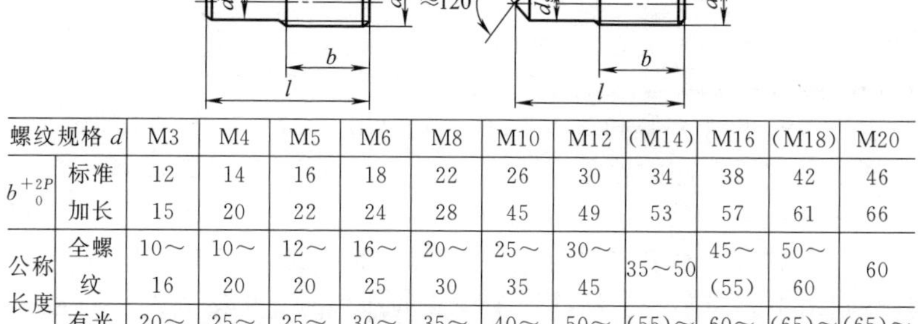

螺纹规格 d		M3	M4	M5	M6	M8	M10	M12	(M14)	M16	(M18)	M20
b^{+2P}_{0}	标准	12	14	16	18	22	26	30	34	38	42	46
	加长	15	20	22	24	28	45	49	53	57	61	66
公称长度 l	全螺纹	10～16	10～20	12～20	16～25	20～30	25～35	30～45	35～50	45～(55)	50～60	60
	有光杆	20～80	25～80	25～90	30～100	35～200	40～240	50～240	(55)～280	60～280	(65)～300	(65)～300

注：l 系列为10mm，12mm，16mm，20mm，25mm，30mm，35mm，40mm，45mm，50mm，(55mm)，60mm，(65mm)，70mm，80mm，90mm，100mm，(110mm)，120mm，(130mm)，140mm，150mm，160mm，180mm，200mm，220mm，240mm，260mm，280mm，300mm（尽可能不采用括号内的规格）。

21.3.3 螺杆

螺杆是外表面切有螺旋槽的圆柱，通常用于建筑业、设备安装及电站建设等作连接件，可由碳钢、不锈钢和有色金属制造。其规格见表21.77。

表 21.77　螺杆的品种规格（GB/T 15389—1994）　mm

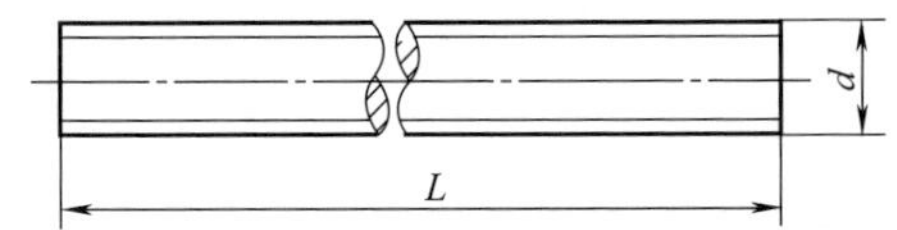

螺纹规格 $d\times P$	M8	M10	M12	(M14)	M16	(M18)	M20	(M22)
	M8×1	M10×1	M12×1.5	(M14×1.5)	M16×1.5	(M18×1.5)	M20×1.5	(M22×1.5)
	—	(M10×1.25)	(M12×1.25)	—	—	—	—	—
螺纹规格 $d\times P$	M24	(M27)	M30	(M33)	M36	(M39)	M42	
	M24×2	(M27×2)	M30×2	(M33×2)	M36×3	(M39×3)	M42×3	

L					
L	公称	1000	2000	3000	4000
	最小	990	1985	2980	3975
	最大	1010	2015	3020	4025

注：尽可能不采用括号内的规格。

21.4　螺母

螺母有六角螺母、圆螺母、方螺母、槽螺母、蝶形螺母和盖形螺母等。

21.4.1　六角螺母

六角螺母有 1 型和 2 型两种。1 型用于一般场合，2 型较厚，多用于经常要拆卸的地方。

(1) 1 型六角螺母

六角螺母 C 级用于表面比较粗糙、精度要求不高的地方；A、B 级则用于表面平滑、精度要求较高的地方。其规格见表 21.78。

表 21.78　1 型六角螺母的规格尺寸（GB/T 6170—2015）　mm

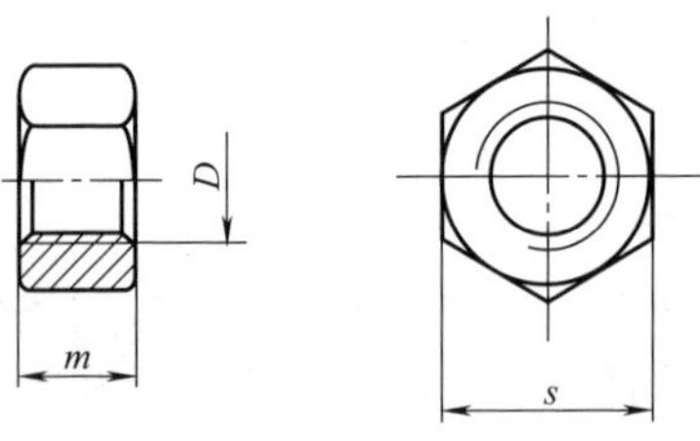

续表

螺纹规格 D		M1.6	M2	M2.5	M3	(M3.5)	M4	M5	M6	M8	M10
螺距 P		0.35	0.4	0.45	0.5	0.6	0.7	0.8	1.0	1.25	1.5
m	最大	1.30	1.60	2.00	2.40	2.80	3.2	4.7	5.2	6.80	8.40
	最小	1.05	1.35	1.75	2.15	2.55	2.9	4.4	4.9	6.44	8.04
s	公称=最大	3.20	4.00	5.00	5.50	6.00	7.00	8.00	10.00	13.00	16.00
	最小	3.02	3.82	4.82	5.32	5.82	6.78	7.78	9.78	12.73	15.73
螺纹规格 D		M12	(M14)	M16	(M18)	M20	(M22)	M24	(M27)	M30	(M33)
螺距 P		1.75	2.0	2.0	2.5	2.5	2.5	3.0	3.0	3.5	3.5
m	最大	10.80	12.8	14.8	15.8	18.0	19.4	21.5	23.8	25.6	28.7
	最小	10.37	12.1	14.1	15.1	16.9	18.1	20.2	22.5	24.3	27.4
s	公称=最大	18.00	21.00	24.00	27.00	30.00	34.0	36.0	41.0	46.0	50.0
	最小	17.73	20.67	23.67	26.16	29.16	33.0	35.0	40.0	45.0	49.0

螺纹规格 D		M36	(M39)	M42	(M45)	M48	(M52)	M56	(M60)	M64
螺距 P		4.0	4.0	4.5	4.5	5.0	5.0	5.5	5.5	6
m	最大	31.0	33.4	34.0	36.0	38.0	42.0	45.0	48.0	51.0
	最小	29.4	31.8	32.4	34.4	36.4	40.4	43.4	46.4	49.1
s	公称=最大	55.0	60.0	65.0	70.0	75.0	80.0	85.0	90.0	95.0
	最小	53.8	58.8	63.1	68.1	73.1	78.1	82.8	87.8	92.8

① 1型六角螺母（C级）见表21.79。

表21.79　1型六角螺母（C级）的规格（GB/T 41—2016）mm

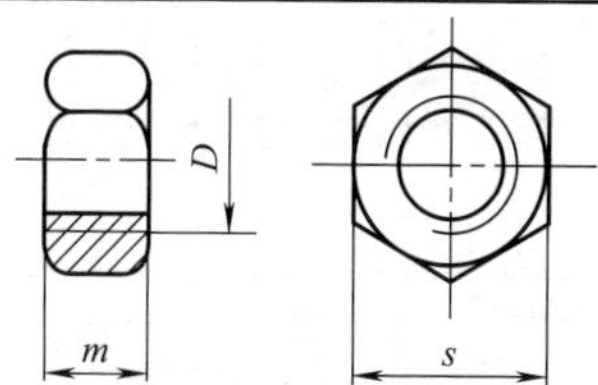

螺纹规格 D		M5	M6	M8	M10	M12	(M14)	M16	(M18)
螺距 P		0.8	1.0	1.25	1.5	1.75	2	2.0	2.5
m	最大	5.6	6.4	7.9	9.5	13.9	15.9	16.9	12.2
	最小	4.4	4.9	6.4	8.0	12.1	14.1	15.1	10.4
s	公称=最大	8	10	13	16	21	24	27	18
	最小	7.64	9.64	12.57	15.57	20.16	23.16	26.16	17.57
螺纹规格 D		M20	(M22)	M24	(M27)	M30	(M33)	M36	(M39)
螺距 P		2.5	2.5	3.0	3	3.5	3.5	4.0	4
m	最大	20.2	22.3	24.7	26.4	29.5	31.9	34.3	19.0
	最小	18.1	20.2	22.6	24.3	27.4	29.4	31.8	16.9

续表

s	公称=最大	34	36	41	46	50	55	60	30
	最小	33	35.0	40	45.0	49	53.8	58.8	29.16

螺纹规格 D		M42	(M45)	M48	(M52)	M56	(M60)	M64
螺距 P		4.5	4.5	5.0	5	5.5	5.5	6.0
m	最大	36.9	38.9	42.9	45.9	34.9	52.4	48.9
	最小	34.4	36.4	40.4	43.4	32.4	49.4	46.4
s	公称=最大	70	75	80	85	65	95	90
	最小	68.1	73.1	78.1	82.8	63.1	92.8	87.8

② 1 型六角螺母（细牙）见表 21.80。

表 21.80 1 型六角螺母（细牙）的规格尺寸（GB/T 6171—2016）

mm

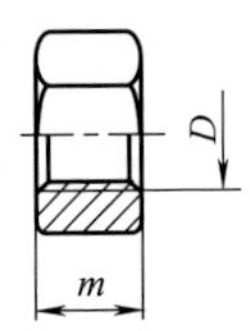

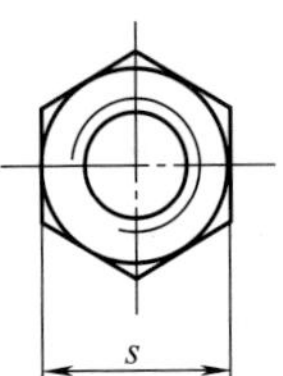

螺纹规格 D×P		M8×1	M10×1	(M10×1.25)	(M12×1.25)	M12×1.5	(M14×1.5)
m	最大	6.80	8.40	8.40	10.80	10.80	12.8
	最小	6.44	8.04	8.04	10.37	10.37	12.1
s	公称=最大	13.00	16.00	16.00	18.00	18.00	21.00
	最小	12.73	15.73	15.73	17.73	17.73	20.67
螺纹规格 D×P		M16×1.5	(M18×1.5)	M20×1.5	(M20×2)	(M22×1.5)	M24×2
m	最大	14.8	15.8	18.0	18.0	19.4	21.5
	最小	14.1	15.1	16.9	16.9	18.1	20.2
s	公称=最大	24.00	27.00	30.00	30.00	34.0	36.00
	最小	23.67	26.16	29.16	29.16	33	35.00
螺纹规格 D×P		(M27×2)	M30×2	(M33×2)	M36×3	(M39×3)	M42×3
m	最大	23.8	25.6	28.7	31.0	33.4	34.0
	最小	22.5	24.3	27.4	29.4	31.8	32.4
s	公称=最大	41.0	46.0	50.0	55.0	60.0	65.0
	最小	40.0	45.0	49.0	53.8	58.8	63.1

续表

螺纹规格 $D\times P$		(M45×3)	M48×3	(M52×4)	M56×4	(M60×4)	M64×4
m	最大	36.0	38.0	42.0	45.0	48.0	51.0
	最小	34.4	36.4	40.4	43.4	46.4	49.1
s	公称＝最大	70.0	75.0	80.0	85.0	90.0	95.0
	最小	68.1	73.1	78.1	82.8	87.8	92.8

（2）2 型六角螺母

其规格尺寸见表 21.81。

表 21.81　2 型六角螺母的规格尺寸（GB/T 6175—2016）　mm

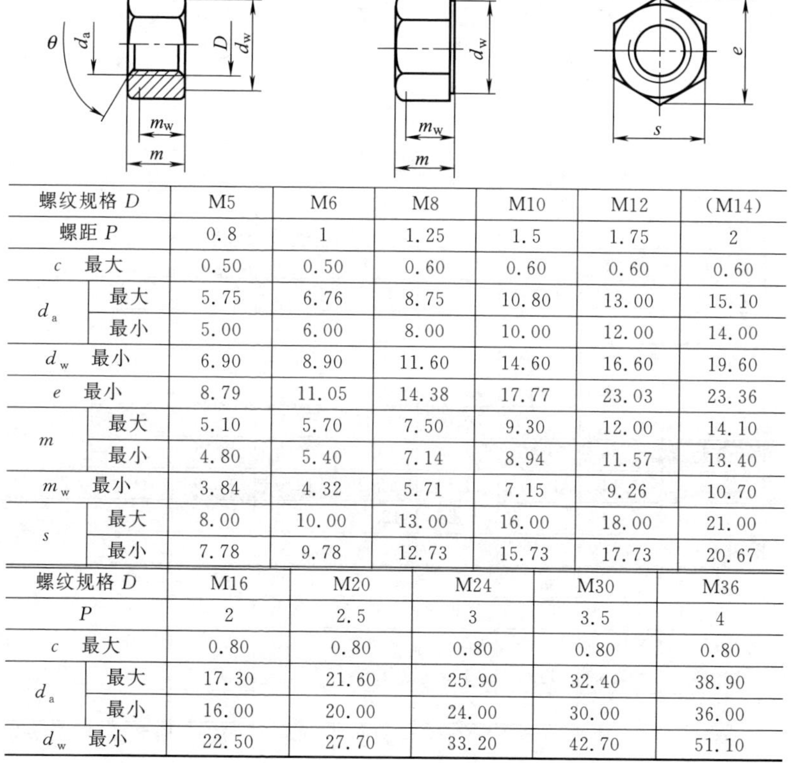

螺纹规格 D		M5	M6	M8	M10	M12	(M14)
螺距 P		0.8	1	1.25	1.5	1.75	2
c　最大		0.50	0.50	0.60	0.60	0.60	0.60
d_a	最大	5.75	6.76	8.75	10.80	13.00	15.10
	最小	5.00	6.00	8.00	10.00	12.00	14.00
d_w　最小		6.90	8.90	11.60	14.60	16.60	19.60
e　最小		8.79	11.05	14.38	17.77	23.03	23.36
m	最大	5.10	5.70	7.50	9.30	12.00	14.10
	最小	4.80	5.40	7.14	8.94	11.57	13.40
m_w　最小		3.84	4.32	5.71	7.15	9.26	10.70
s	最大	8.00	10.00	13.00	16.00	18.00	21.00
	最小	7.78	9.78	12.73	15.73	17.73	20.67

螺纹规格 D		M16	M20	M24	M30	M36
P		2	2.5	3	3.5	4
c　最大		0.80	0.80	0.80	0.80	0.80
d_a	最大	17.30	21.60	25.90	32.40	38.90
	最小	16.00	20.00	24.00	30.00	36.00
d_w　最小		22.50	27.70	33.20	42.70	51.10

续表

e 最小		26.75	32.95	39.55	50.85	60.79
m	最大	16.40	20.30	23.90	28.60	34.70
	最小	15.70	19.00	22.60	27.30	33.10
m_w 最小		12.60	15.20	18.10	21.80	26.50
s	最大	24.00	30.00	36.00	46.00	55.00
	最小	23.67	29.16	35.00	45.00	53.80

2 型六角螺母（细牙）的规格尺寸见表 21.82。

表 21.82 2 型六角螺母（细牙）的规格尺寸（GB/T 6176—2000）

mm

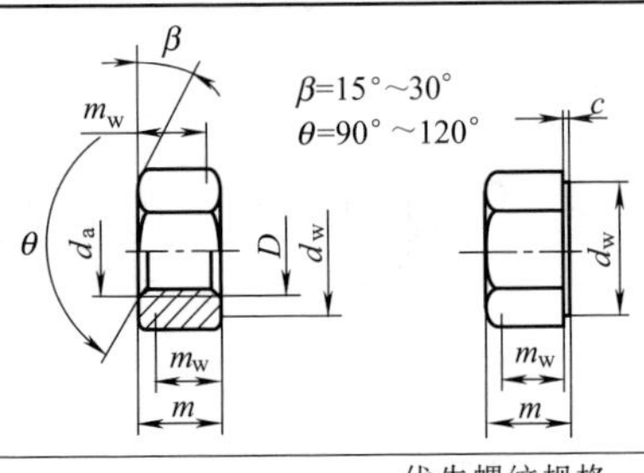

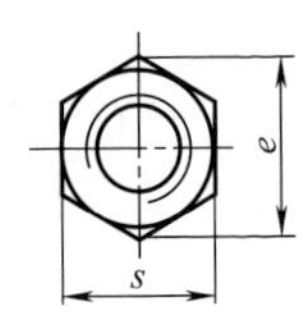

优先螺纹规格

螺纹规格 D×P		M8×1	M10×1	M12×1.5	M16×1.5	M20×1.5	M24×2	M30×2	M36×3
c	最大	0.60	0.60	0.60	0.8	0.8	0.8	0.8	0.8
	最小	0.15	0.15	0.15	0.2	0.2	0.2	0.2	0.2
d_a	最大	8.75	10.8	13	17.3	21.6	25.9	32.4	38.9
	最小	8.00	10.0	12	16.0	20.0	24.0	30.0	36.0
d_w 最小		11.63	14.63	16.63	22.49	27.7	33.25	42.75	51.11
e 最小		14.38	17.77	20.03	26.75	32.95	39.55	50.85	60.79
m	最大	7.50	9.30	12.00	16.4	20.3	23.9	28.6	34.7
	最小	7.14	8.94	11.57	15.7	19.0	22.6	27.3	33.1
m_w 最小		5.71	7.15	9.26	12.56	15.2	18.08	21.84	26.48
s	公称=最大	13.00	16.00	18.00	24.00	30.00	36	46	55.0
	最小	12.73	15.73	17.73	23.67	29.16	35	45	53.8

非优先螺纹规格

螺纹规格 D×P		M10×1.25	M12×1.25	M14×1.5	M18×1.5	M20×2	M22×1.5	M27×2	M33×2
c	最大	0.60	0.60	0.60	0.8	0.8	0.8	0.8	0.8
	最小	0.15	0.15	0.15	0.2	0.2	0.2	0.2	0.2

续表

d_a	最大	10.8	12	15.1	19.5	21.6	23.7	29.1	35.6
	最小	10.0	13	14.0	18.0	20.0	22.0	27.0	33.0
d_w	最小	14.63	16.63	19.64	24.85	27.7	31.35	38	46.55
e	最小	17.77	20.03	23.36	29.56	32.95	37.29	45.2	55.37
m	最大	9.30	12.00	14.1	17.6	20.3	21.8	26.7	32.5
	最小	8.94	11.57	13.4	16.9	19.0	20.5	25.4	30.9
m_w	最小	7.15	9.26	10.72	13.52	15.2	16.4	20.32	24.72
s	公称=最大	16.00	18.00	21.00	27.00	30.00	34	41	50
	最小	15.73	17.73	20.67	26.16	29.16	33	40	49

(3) 球面六角螺母(表 21.83)

表 21.83 球面六角螺母的规格尺寸(GB/T 804—1988) mm

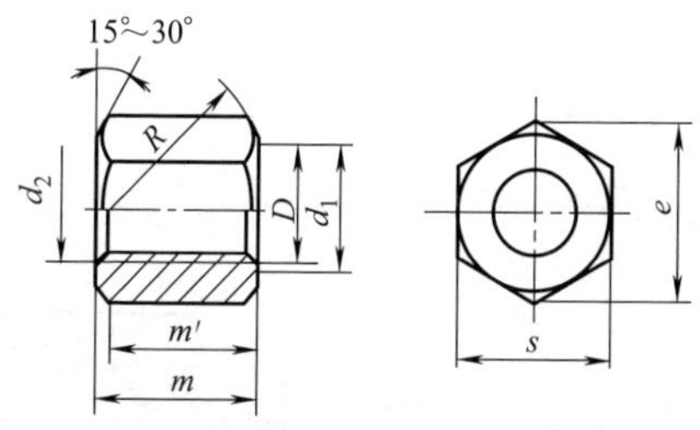

螺纹规格 D		M6	M8	M10	M12	M16	M20	M24	M30	M36	M42	M48
d_2	最大	6.75	8.75	10.8	13	17.3	21.6	25.9	32.4	38.9	45.4	51.8
	最小	6	8	10	12	16	20	24	30	36	42	48
d_1		7.5	9.5	11.5	14	18	22	26	32	38	44	50
e	最小	11.05	14.38	17.77	20.03	26.75	32.95	39.55	50.85	60.79	72.09	82.6
m	最大	10.29	12.35	16.35	20.42	25.42	32.5	38.5	48.5	55.6	65.6	75.6
	最小	9.71	11.65	15.65	19.58	24.58	31.5	37.5	47.5	54.4	64.4	74.4
m'	最小	7.77	9.32	12.52	15.66	19.66	25.2	30.0	38.0	43.52	51.52	59.52
R		10	12	16	20	25	32	36	40	50	63	70
s	最大	10	13	16	18	24	30	36	46	55	65	75
	最小	9.78	12.73	15.73	17.73	23.67	29.16	35	45	53.8	63.8	73.1

（4）钢结构用高强度大六角螺母（表 21.84）

表 21.84　钢结构用高强度大六角螺母的规格尺寸（GB/T 1229—2006）

mm

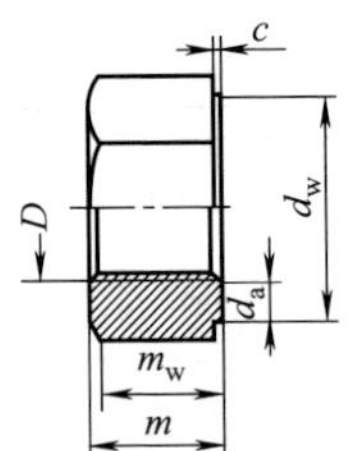

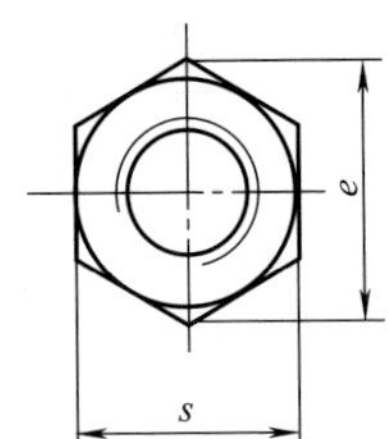

螺纹规格		M12	M16	M20	(M22)	M24	(M27)	M30
螺距 P		1.75	2	2.5	2.5	3	3	3.5
d_a	最大	13	17.3	21.6	23.8	25.9	29.1	32.4
	最小	12	16	20	22	24	27	30
d_w	最小	19.2	24.9	31.4	33.3	38	42.8	46.5
e	最大	22.78	29.56	37.29	39.55	45.2	50.85	55.37
m	最大	12.3	17.1	20.7	23.6	24.2	27.6	30.7
	最小	11.87	16.4	19.4	22.3	22.9	26.3	29.1
m_w	最小	8.3	11.5	13.6	15.6	16	18.4	20.4
c	最大	0.8						
	最小	0.4						
s	最大	21	27	34	36	41	46	50
	最小	20.16	26.16	33	35	40	45	49

（5）精密机械用六角螺母（表 21.85）

表 21.85　精密机械用六角螺母的规格尺寸（GB/T 18195—2000）

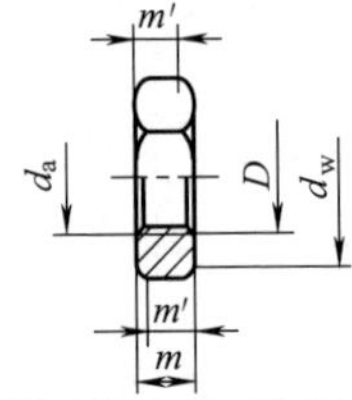

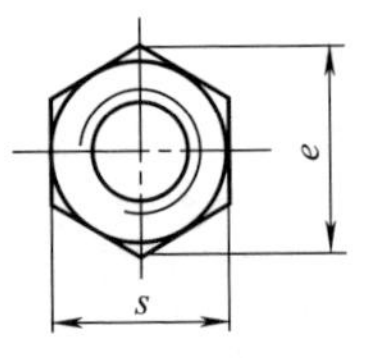

规格 D		M1	M1.2	M1.4	规格 D		M1	M1.2	M1.4
螺距 P		0.25	0.25	0.3	m	最大	0.8	1	1.2
d_a	最小	1.0	1.2	1.4		最小	0.66	0.86	1.06
	最大	1.15	1.35	1.6	m'	最小	0.53	0.69	0.85
d_w	最小	2.25	2.7	2.7	s	最大	2.5	3	3
e	最小	2.69	3.25	3.25		最小	2.4	2.9	2.9

21.4.2 薄螺母

薄螺母通常与一个标准螺母或高螺母一起使用作为锁紧螺母。六角薄螺母的规格见表 21.86。

表 21.86 六角薄螺母的规格（GB/T 6172.1—2000） mm

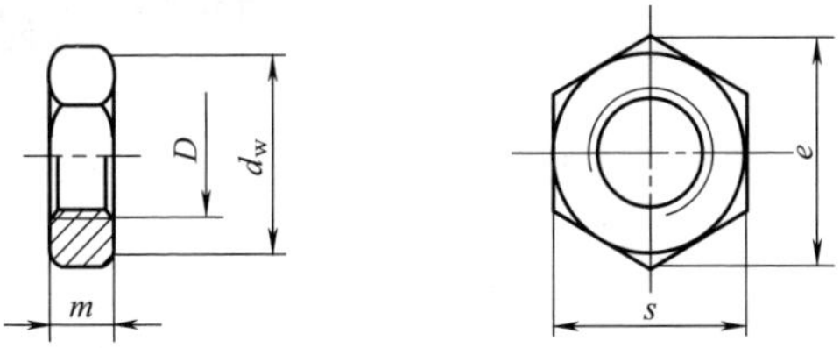

螺纹规格 D	M1.6	M2	M2.5	M3	(M3.5)	M4	M5	M6	M8	M10
e_{min}	3.4	4.3	5.5	6	6.6	7.7	8.8	11	14.4	17.8
s(公称)	3.2	4	5	5.5	6	7	8	10	13	16
d_{wmin}	2.4	3.1	4.1	4.6	5.1	5.9	6.9	8.9	11.6	14.6
m_{max}	1.0	1.2	1.6	1.8	2.0	2.2	2.7	3.2	4.0	5.0

螺纹规格 D	M12	(M14)	M16	(M18)	M20	(M22)	M24	(M27)	M30	(M33)
e_{min}	20	23.4	26.8	29.6	33.0	37.3	39.6	45.2	50.9	55.37
s(公称)	18	21	24	27	30	34	36	41	46	50
d_{wmin}	16.6	19.6	22.5	24.9	27.7	31.4	33.3	38	42.8	46.6
m_{max}	6	7	8	9	10	11	12	13.5	15	16.5

螺纹规格 D	M36	(M39)	M42	(M45)	M48	(M52)	M56	(M60)	M64
e_{min}	60.8	66.44	71.3	76.95	82.6	88.25	93.6	99.21	104.9
s(公称)	55	60	65	70	75	80	85	90	95
d_{wmin}	51.1	55.9	60	64.7	69.5	74.2	78.7	83.4	88.2
m_{max}	18	19.5	21	22.5	24	26	28	30	32

21.4.3 圆螺母

用于防止轴类零件在轴向上偏移，也可配合止退垫圈，用于锁紧轴承内圈。其规格见表 21.87。

表 21.87 圆螺母（GB/T 812—1988）与小圆螺母的规格（GB/T 810—1988） mm

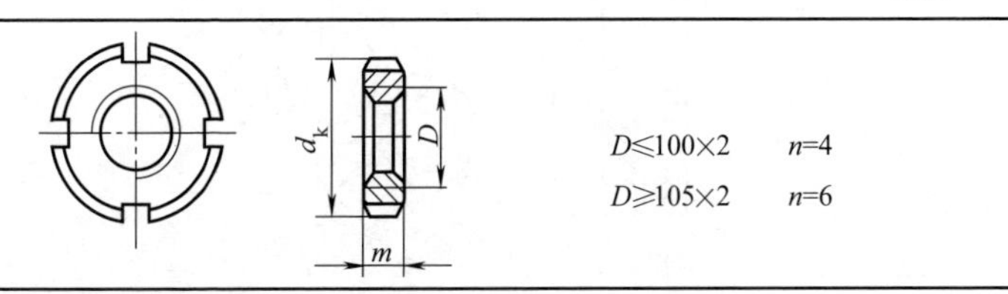

续表

螺纹规格 $D \times P$	圆螺母		小圆螺母		螺纹规格 $D \times P$	圆螺母		小圆螺母	
	外径 d_k	高度 m	外径 d_k	高度 m		外径 d_k	高度 m	外径 d_k	高度 m
M10×1.0	22	8	20	6	M64×2	95	12	85	10
M12×1.25	25		22		M65×2①	95		—	
M14×1.5	28		25		M68×2	100	15	90	12
M16×1.5	30		28		M72×2	105		95	
M18×1.5	32		30		M75×2①	105		—	
M20×1.5	35		32		M76×2	110		100	
M22×1.5	38	10	35	8	M80×2	115		105	
M24×1.5	42		38		M85×2	120		110	
M25×1.5①	42		—		M90×2	125	18	115	
M27×1.5	45		42		M95×2	130		120	
M30×1.5	48		45		M100×2	135		125	
M33×1.5	52		48		M105×2	140		130	15
M35×1.5①	52		—		M110×2	150		135	
M36×1.5	55		52		M115×2	155	22	140	
M39×1.5	58		55		M120×2	160		145	
M40×1.5①	58		—		M125×2	165		150	
M42×1.5	62		58		M130×2	170		160	
M45×1.5	68		62		M140×2	180	26	170	
M48×1.5	72	12	68	10	M150×2	200		180	18
M50×1.5	72		—		M160×2	210		195	
M52×1.5	78		72		M170×3	220		205	
M55×2	78		—		M180×3	230	30	220	
M56×2	85		78		M190×3	240		230	22
M60×2	90		80		M200×3	250		240	

① 仅用于滚动轴承的锁紧装置。

21.4.4 方螺母C级

用于简单、粗糙的机件上，其特点是扳手转动角度大。其规格见表21.88。

表21.88 方螺母C级的规格尺寸（GB/T 39—1988）

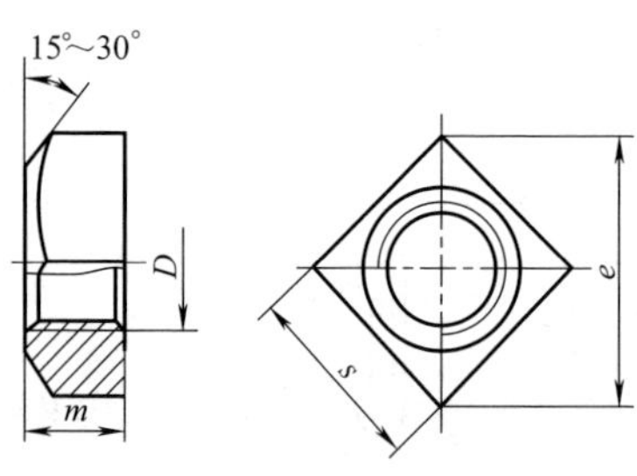

续表

螺纹规格 D		M3	M4	M5	M6	M8	M10	M12	(M14)	M16	(M18)	M20	(M22)	M24
s	最大	5.5	7	8	10	13	16	18	21	24	27	30	34	36
	最小	5.2	6.64	7.64	9.64	12.57	15.57	17.57	20.16	23.16	26.16	29.16	33	35
m	最大	2.4	3.2	4	5	6.5	8	10	11	13	15	16	18	19
	最小	1.4	2.0	2.8	3.8	5	6.5	8.5	9.2	11.2	13.2	14.2	16.2	16.9
e	最小	6.76	8.63	9.93	12.53	16.34	20.24	22.84	26.21	30.11	34.01	37.91	42.9	45.5

21.4.5　蝶形螺母

蝶形螺母用于需要用手工拆卸而且连接强度要求不高的地方，有圆翼蝶形螺母（表 21.89）、方翼蝶形螺母、冲压蝶形螺母和压铸蝶形螺母等几种。

表 21.89　圆翼蝶形螺母的规格尺寸（GB/T 62.1—2004）　mm

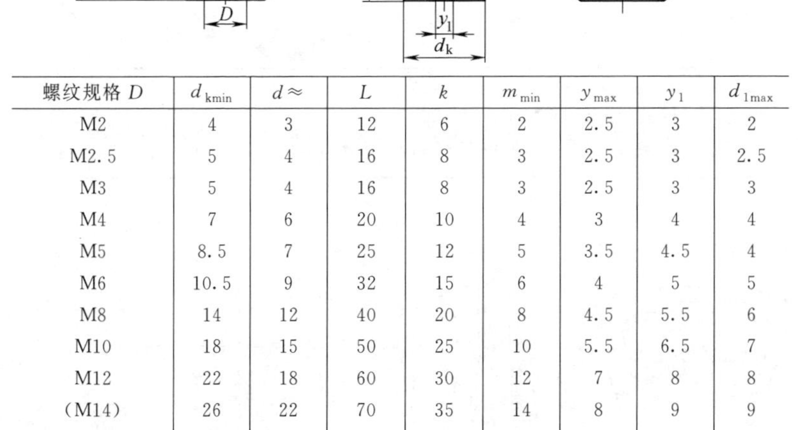

螺纹规格 D	d_{kmin}	$d\approx$	L	k	m_{min}	y_{max}	y_1	d_{1max}
M2	4	3	12	6	2	2.5	3	2
M2.5	5	4	16	8	3	2.5	3	2.5
M3	5	4	16	8	3	2.5	3	3
M4	7	6	20	10	4	3	4	4
M5	8.5	7	25	12	5	3.5	4.5	4
M6	10.5	9	32	15	6	4	5	5
M8	14	12	40	20	8	4.5	5.5	6
M10	18	15	50	25	10	5.5	6.5	7
M12	22	18	60	30	12	7	8	8
(M14)	26	22	70	35	14	8	9	9
M16	26	22	70	35	14	8	9	10
(M18)	30	25	80	40	16	8	10	10
M20	34	28	90	45	18	9	11	11
(M22)	38	32	100	50	20	10	12	11
M24	43	36	112	56	22	11	13	12

注：() 内的数字尽量不采用。

21.4.6 羊角螺母和环形螺母

（1）羊角螺母（表 21.90）

表 21.90 羊角螺母的规格尺寸（JB/T 3411.63—1999） mm

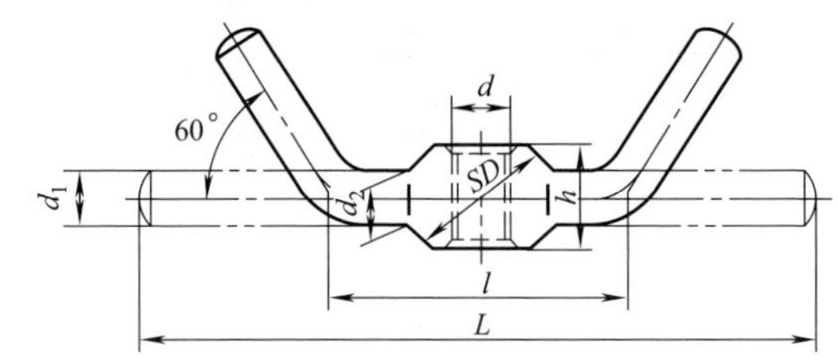

d	d_1	d_2	SD	l	h	展开长 $L\approx$
M5	5	4.5	12	25	7	55
M16	6	5	15	32	9	72
M8	8	7	18	38	11	90
M10	10	8	22	46	13	105
M12	12	10	26	54	16	132
M16	15	12	30	64	19	160
M20	18	14	36	76	22	190

（2）环形螺母（表 21.91）

表 21.91 环形螺母的规格尺寸（GB/T 63—1988） mm

螺纹规格 D	M12（M14）	M16（M18）	M20（M22）	M24
d_k	24	30	36	46
d	20	26	30	38
m	15	18	22	26
K	52	60	72	84
L	66	76	86	98
d_1	10	12	13	14
R	8	8	8	10
r	6	8	11	14

21.4.7 盖形螺母

盖形螺母用于螺纹端部需要遮盖的连接螺栓（表 21.92）。

表 21.92　盖形螺母的规格（GB/T 923—2009）　mm

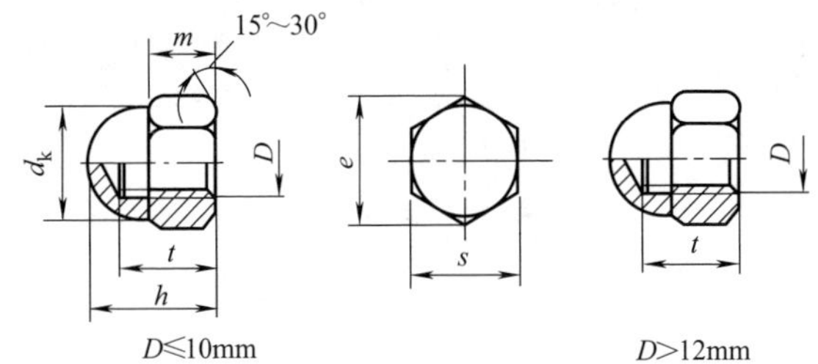

螺纹规格D		M4	M5	M6	M8	M10	M12
	第1系列	M4	M5	M6	M8	M10	M12
	第2系列	—	—	—	M8×1	M10×1	M12×1.5
	第3系列	—	—	—	—	M10×1.25	M12×1.2
螺距P[①]		0.7	0.8	1	1.25	1.5	1.75
d_k	最大	6.5	7.5	9.5	12.5	15	17
e	最小	7.66	8.79	11.05	14.38	17.77	20.03
h	最大=公称	8	10	12	15	18	22
m	最大	3.2	4	5	6.5	8	10
s	公称	7	8	10	13	16	18
t	最大	5.74	7.79	8.29	11.35	13.35	16.35
每1000件钢螺母质量		—	—	4.66	11	20.1	28.3
螺纹规格D	第1系列	(M14)	(M16)	(M18)	M20	(M22)	M24
	第2系列	(M14×1.5)	(M16×1.5)	(M18×1.5)	M20×2	(M22×1.5)	M24×2
	第3系列	—	—	(M18×2)	M20×1.5	(M22×2)	—
P[①]		2	2	2.5	2.5	2.5	3
d_k	最大	20	23	26	28	33	34
e	最小	23.35	26.75	29.56	32.95	37.29	39.55
h	最大=公称	25	28	32	34	39	42
m	最大	11	13	15	16	18	19
s	公称	21	24	27	30	34	36
t	最大	18.35	21.42	25.42	26.42	29.42	31.5
每1000件钢螺母质量		—	54.3	95	104	—	216

① 粗牙螺纹螺距P，按GB/T 197。

注：尽可能不采用括号内的规格；按螺纹规格第1～3系列，依次优先选用。

21.4.8　法兰螺母

法兰螺母与螺栓、螺柱、螺钉配合使用，连接紧固构件，防松性能较好，可省去弹簧垫圈。六角法兰螺母及其细牙的规格见表21.93、表21.94。

表 21.93 六角法兰螺母的规格（GB/T 6177.1—2016） mm

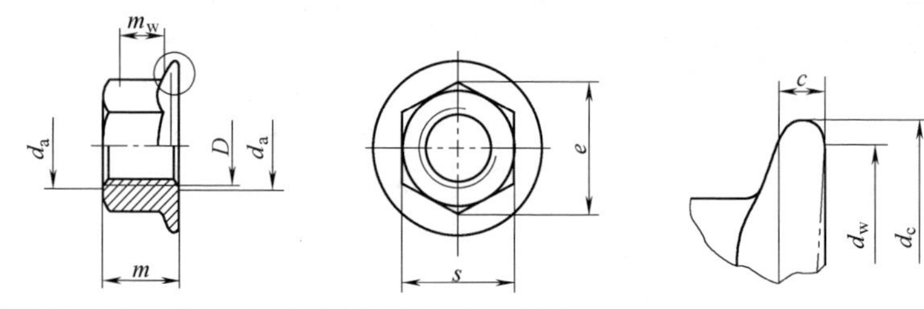

螺纹规格 D		M5	M6	M8	M10	M12	(M14)	M16	M20
螺距 P		0.8	1	1.25	1.5	1.75	2	2	2.5
c	最小	1.0	1.1	1.2	1.5	1.8	2.1	2.4	3.0
d_a	最大	5.75	6.75	8.75	10.80	13.00	15.10	17.30	21.60
	最小	5.00	6.00	8.00	10.00	12.00	14.00	16.00	20.00
d_c	最大	11.8	14.2	17.9	21.8	26.0	29.9	34.5	42.8
d_w	最小	9.8	12.2	15.8	19.6	23.8	27.6	31.9	39.9
e	最小	8.79	11.05	14.38	16.64	20.03	23.36	26.75	32.95
m	最大	5.00	6.00	8.00	10.00	12.00	14.00	16.00	20.00
	最小	4.70	5.70	7.64	9.64	11.57	13.30	15.30	18.70
m_w	最小	2.5	3.1	4.6	5.6	6.8	7.7	8.9	10.7
s	最大	8.00	10.00	13.00	15.00	18.00	21.00	24.00	30.00
	最小	7.78	9.78	12.73	14.73	17.73	20.67	23.67	29.16

注：() 内的规格尽量不采用（下同）。

表 21.94 六角法兰螺母 细牙的规格（GB/T 6177.2—2016）

mm

螺纹规格 (D×P)		M8×1	M10×1.25 (M10×1)	M12×1.25 (M12×1.5)	(M14×1.5)	M16×1.5	M20×1.5
c	最小	1.2	1.5	1.8	2.1	2.4	3.0
d_a	最大	8.75	10.80	13.00	15.10	17.30	21.60
	最小	8.00	10.00	12.00	14.00	16.00	20.00
d_c	最大	17.9	21.8	26.0	29.9	34.5	42.8
d_w	最小	15.8	19.6	23.8	27.6	31.9	39.9
e	最小	14.38	16.64	20.03	23.36	26.75	32.95
m	最大	8.00	10.00	12.00	14.00	16.00	20.00
	最小	7.64	9.64	11.57	13.30	15.30	18.70
m_w	最小	4.6	5.6	6.8	7.7	8.9	10.7
s	最大	13.00	15.00	18.00	21.00	24.00	30.00
	最小	12.73	14.73	17.73	20.67	23.67	29.16

21.4.9 自锁螺母

自锁螺母主要用于防松、抗振的特殊场合。其规格和尺寸见表21.95。

表21.95 自锁螺母的规格和尺寸（GB/T 1337—1988）

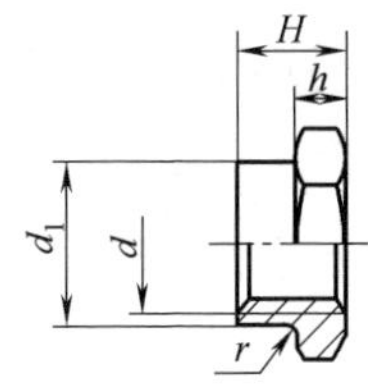

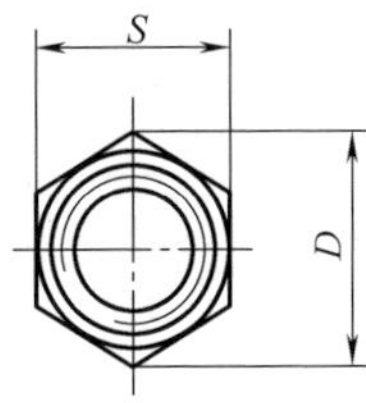

d/mm	d_1/mm	H/mm	h/mm	S/mm	D/mm	r/mm	质量/(kg/千件)
M3	3.7	4	2	6	6.5	0.5	0.482
M4	4.8	5	2.5	7	7.6		0.798
M5	5.8	6	3	8	8.7		1.182
M6	6.9	7	3.5	10	10.9	1	2.177
M8	9	8	4	14	15.5		4.778
M10	11	10	5.5	17	18.9	1.5	9.135
M12×1.5	13.2	12	6.5	19	21.1		12.832
(M14×1.5)	15.5	13	8	22	24.5		20.127
M16×1.5	17.6	15	9	24	26.8		25.860
(M18×1.5)	19.6	16.5	11	27	30.2	2	38.104
M20×1.5	21.6	18	12	30	33.6		50.526
(M22×1.5)	23.7	20	12.5	32	35.8		58.453
M24×1.5	25.7	22	14	36	40.4		81.006

注：括号内的尺寸，尽可能不采用。

21.4.10 锁紧螺母

锁紧螺母用于锁紧通丝外接头或其他管件。

(1) 1型全金属六角锁紧螺母（表21.96）

表21.96 1型全金属六角锁紧螺母的规格尺寸（GB/T 6184—2000）

mm

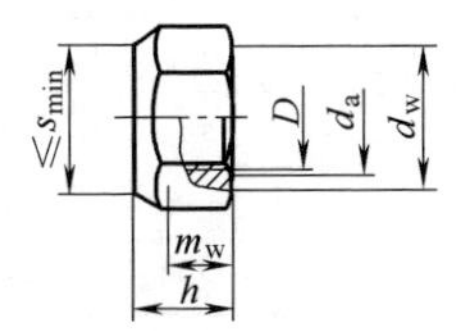

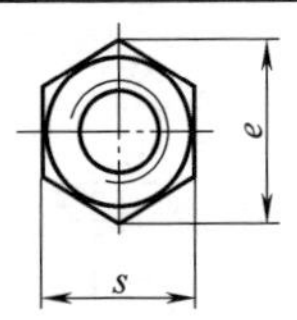

续表

螺纹规格 D		M5	M6	M8	M10	M12	(M14)	M16	(M18)	M20	(M22)	M24	M30	M36
螺距 P		0.8	1	1.25	1.5	1.75	2	2	2.5	2.5	2.5	3	3.5	4
d_a	最大	5.75	6.75	8.75	10.8	13	15.1	17.3	19.5	21.6	23.7	25.9	32.4	38.9
	最小	5.00	6.00	8.00	10.0	12	14.0	16.0	18.0	20.0	22.0	24.0	30.0	36.0
d_w	最小	6.88	8.88	11.63	14.63	16.63	19.64	22.49	24.9	27.7	31.4	33.25	42.75	51.11
e	最小	8.79	11.05	14.38	17.77	20.03	23.36	26.75	29.56	32.95	37.29	39.55	50.85	60.79
h	最大	5.3	5.9	7.10	9.00	11.60	13.2	15.2	17.00	19.0	21.0	23.0	26.9	32.5
	最小	4.8	5.4	6.44	8.04	10.37	12.1	14.1	15.01	16.9	18.1	20.2	24.3	29.4
m_w	最小	3.52	3.92	5.15	6.43	8.3	9.68	11.28	12.08	13.52	14.5	16.16	19.44	23.52
s	最大	8.00	10.00	13.00	16.00	18.00	21.00	24.00	27.00	30.00	34	36	46	55.0
	最小	7.78	9.78	12.73	15.73	17.73	20.67	23.67	26.16	29.16	33	35	45	53.8

（2）2 型全金属六角锁紧螺母（表 21.97）

表 21.97 2 型全金属六角锁紧螺母的规格尺寸（GB/T 6185.2—2016）

mm

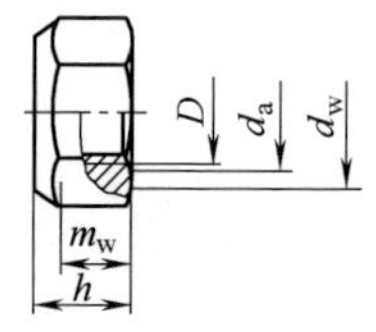

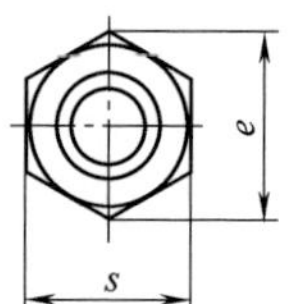

螺纹规格 (D×P)		M8×1	M10×1 M10×1.25	M12×1.25 M12×1.5	(M14×1.5)	M16×1.5	M20×1.5	M24×2	M30×2	M36×3
d_a	最大	8.75	10.80	13.00	15.10	17.30	21.60	25.90	32.40	38.90
	最小	8.00	10.00	12.00	14.00	16.00	20.00	24.00	30.00	36.00
d_w	最小	11.63	14.63	16.63	19.64	22.49	27.70	33.25	42.75	51.11
e	最小	14.38	17.77	20.03	23.36	26.75	32.95	39.55	50.85	60.79
h	最大	8.00	10.00	13.30	14.10	16.40	20.30	23.90	30.00	36.00
	最小	7.14	8.94	11.57	13.40	15.70	19.00	22.60	27.30	33.10
m_w	最小	5.15	6.43	8.30	9.68	11.28	13.52	16.16	19.44	23.52
s	最大	13.00	16.00	18.00	21.00	24.00	30.00	36.00	46.00	55.00
	最小	12.73	15.73	17.73	20.67	23.67	29.16	35.00	45.00	53.80

（3）全金属弹簧箍六角锁紧螺母（表 21.98）

表 21.98　全金属弹簧箍六角锁紧螺母（JB/T 6545—2007）mm

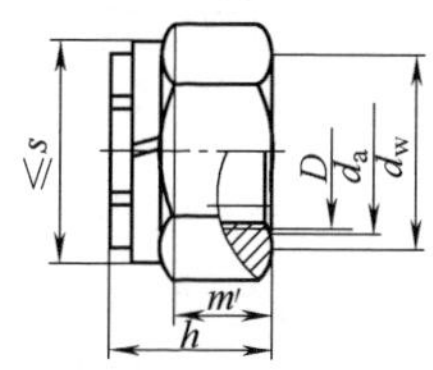

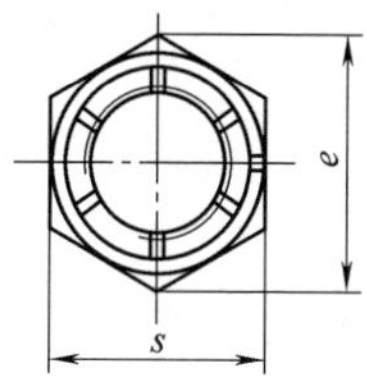

螺纹规格 D		M8	M10	M12	M16	M20	M24	M30	M36	M42	M48
d_a	最大	8.75	10.8	13	17.3	21.6	25.9	32.4	38.9	45.4	51.8
	最小	8	10	12	16	20	24	30	36	42	48
d_w	最小	11.6	14.6	16.6	22.5	27.7	33.2	42.7	51.1	60.6	69.4
e	最小	14.38	17.77	20.03	26.75	32.95	39.55	50.85	60.79	72.02	82.6
h	最大	9	11	13	16.4	20.3	23.9	30	36	42	48
	最小	8.14	9.94	12.57	15.7	19	22.6	27.3	33.1	39	45
m'	最小	4.5	5.5	6.6	8.8	11	13.2	16.5	19.8	25	27
s	最大	13	16	18	24	30	36	46	55	65	75
	最小	12.73	15.73	17.73	23.67	29.16	35	45	53.8	63.8	73.1
每 1000 件钢制品的质量 /kg		4.10	7.65	10.8	25.1	45.8	79.05	174.08	300.63	546.08	783.51

注：本表为优先尺寸，非优先尺寸未列出。

21.4.11　开槽螺母

开槽螺母一般用在有振动、冲击的场合，螺母紧固后将开口销孔插入防松。

（1）六角开槽螺母（表 21.99）

表 21.99　六角开槽螺母（JB/ZQ 4331—2006）　　mm

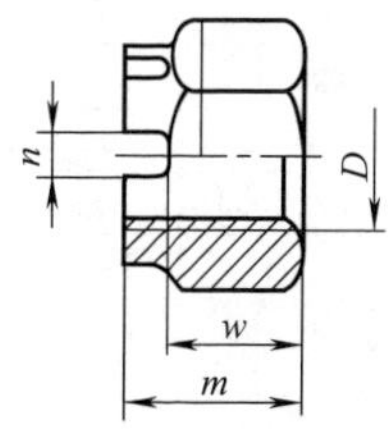

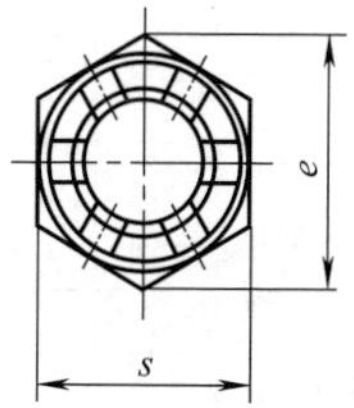

续表

公称直径 D	s		w		m		n	
	最大	最小	最大	最小	最大	最小	最大	最小
M48×3	75	73.1	38	37.38	50	49.0	9.36	9
M52×3	80	78.1	42	41.38	54	52.8	9.36	9
M56×4	85	82.8	45	44.38	57	55.8	9.36	9
M60×4	90	87.8	48	47.38	63	61.8	11.43	11
M64×4	95	92.8	51	50.26	66	64.8	11.43	11
M68×4	100	97.8	54	53.06	69	67.8	11.43	11
M72×6/4	105	102.8	57.26	58	73	71.8	11.43	11
M76×6/4	110	107.8	60.26	61	76	74.8	11.43	11
M80×6/4	115	112.8	63.26	64	79	77.8	11.43	11
M85×6/4	120	117.8	67.26	68	88	86.6	14.43	14
M90×6/4	130	127.5	71.26	72	92	90.6	14.43	14
M100×6/4	145	142.5	79.26	80	100	98.6	14.43	14

（2）1 型开槽六角螺母 C 级（表 21.100）

表 21.100 1 型开槽六角螺母 C 级的规格和尺寸（GB/T 6179—1986）

mm

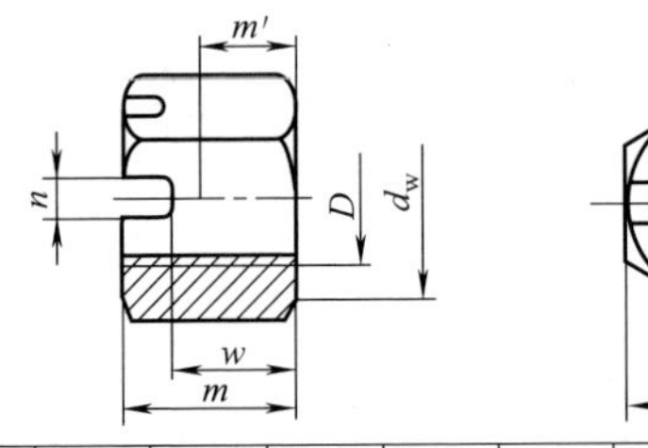

螺纹规格 D		M5	M6	M8	M10	M12	(M14)	M16	M20	M24	M30	M36
d_w	最小	6.9	8.7	11.5	14.5	16.5	19.2	22	27.7	33.2	42.7	51.1
e	最小	8.63	10.89	14.20	17.59	19.85	22.78	26.17	32.95	39.55	50.85	60.79
m	最大	6.7	7.7	9.8	12.4	15.8	17.8	20.8	24	29.5	34.6	40
	最小	5.2	6.2	8.3	10.6	14	16	18.7	21.9	27.4	32.1	37.5
m'	最小	3.5	3.9	5.1	6.4	8.3	9.7	11.3	13.5	16.2	19.5	23.5
n	最大	2	2.6	3.1	3.4	4.25	4.25	5.7	5.7	6.7	8.5	8.5
	最小	1.4	2	2.5	2.8	3.5	3.5	4.5	4.5	5.5	7	7
s	最大	8	10	13	16	18	21	24	30	36	46	55
	最小	7.64	9.64	12.57	15.57	17.57	20.16	23.16	29.16	35	45	53.8
w	最大	4.7	5.2	6.8	8.4	10.8	12.8	14.8	18	21.5	25.6	31
	最小	4.22	4.72	6.22	7.82	10.1	12.1	14.1	17.3	20.66	24.76	30
开口销		1.2×12	1.6×14	2×16	2.5×20	3.2×22	3.2×25	4×28	4×36	5×40	6.3×50	6.3×63

（3）1型六角开槽螺母A和B级（表21.101）

表21.101 1型六角开槽螺母A和B级（GB/T 6178—1986）

mm

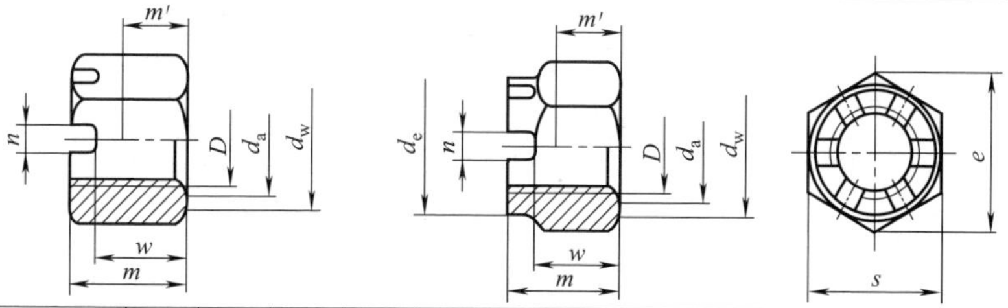

螺纹规格D		M4	M5	M6	M8	M10	M12	(M14)	M16	M20	M24	M30	M36
d_a	最大	4.6	5.75	6.75	8.75	10.8	13	15.1	17.3	21.6	25.9	32.1	38.9
	最小	4	5	6	8	10	12	14	16	20	24	30	36
d_e	最大	—	—	—	—	—	—	—	—	28	34	42	50
	最小	—	—	—	—	—	—	—	—	27.16	33	41	49
d_w	最小	5.9	6.9	8.9	11.6	14.6	16.6	19.6	22.5	27.7	33.2	42.7	51.1
e	最小	7.66	8.79	11.05	14.38	17.77	20.03	23.35	26.75	32.95	39.55	50.85	60.79
m	最大	5	6.7	7.7	9.8	12.4	15.8	17.8	20.8	24	29.5	34.8	40
	最小	4.7	6.4	7.34	9.44	11.97	15.37	17.37	20.28	23.16	28.66	33.6	39
m'	最小	2.32	3.52	3.92	5.15	6.43	8.3	9.68	11.28	13.52	16.16	19.44	23.52
n	最小	1.2	1.4	2	2.5	2.8	3.5	3.5	4.5	4.5	5.5	7	7
	最大	1.8	2.	2.6	3.1	3.4	4.25	4.25	5.7	5.7	6.7	8.5	8.5
s	最大	7	8	10	13	16	18	21	24	30	36	46	55
	最小	6.78	7.18	9.78	12.73	15.73	17.73	20.67	23.67	29.16	35	45	53.8
w	最大	3.2	4.7	5.2	6.8	8.4	10.8	12.8	14.0	10	21.5	25.6	31
	最小	2.9	4.4	4.9	6.44	8.04	10.37	12.37	14.37	17.37	20.88	24.98	30.38
开口销		1×10	1.2×12	1.6×14	2×18	2.5×20	3.2×22	3.2×25	4×28	4×36	5×40	6.3×50	6.3×63

注：尽可能不采用括号内的规格。

（4）1型六角开槽螺母A和B级（表21.102）

表21.102 1型六角开槽薄螺母A和B级（GB/T 6181—1986）

mm

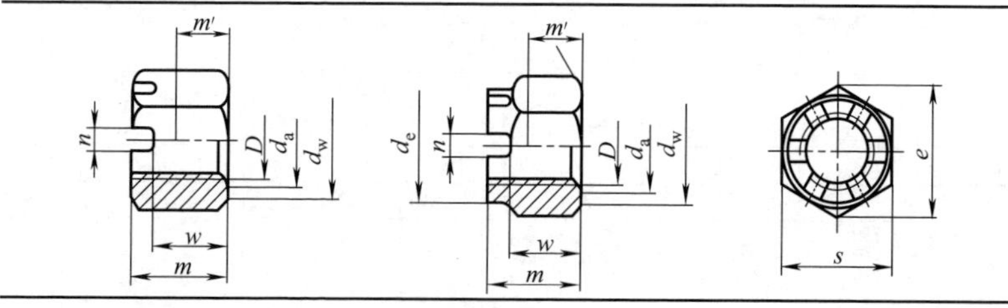

续表

螺纹规格D		M4	M5	M6	M8	M10	M12	(M14)	M16	M20	M24	M30	M36
d_a	最大	4.6	5.75	6.75	8.75	10.8	13	15.1	17.3	21.6	25.9	32.4	38.9
	最小	4	5.	6	8	10	12	14	16	20	24	30	36
d_e	最大	—	—	—	—	—	—	—	—	28	34	42	50
	最小	—	—	—	—	—	—	—	—	27.16	33	41	49
d_w	最小	5.9	6.9	8.9	11.6	14.6	16.6	19.6	22.5	27.7	33.2	42.7	51.1
e	最小	7.66	8.79	11.05	14.38	17.77	20.03	23.35	26.75	32.95	39.55	50.85	60.79
m	最小	4.7	6.4	7.34	9.44	11.97	15.37	17.37	20.28	23.16	28.66	33.6	39
	最大	5	6.7	7.7	9.8	12.4	15.8	17.8	20.8	24	29.5	34.6	40
m'	最小	2.32	3.52	3.92	5.15	6.43	8.3	9.68	11.28	13.52	16.16	19.44	23.52.
n	最小	1.2	1.4	2	2.5	2.8	3.5	3.5	4.5	4.5	5.5	7	7
	最大	1.8	2	2.6	3.1	3.4	4.25	4.25	5.7	5.7	6.7	8.5	8.5
s	最大	7	8	10	13	16	18	21	24	30	36	46	55
	最小	6.78	7.78	9.78	12.73	15.73	17.73	20.67	23.67	29.16	35	45	53.8
w	最大	3.2	4.7	5.2	6.8	8.4	10.8	12.8	14.8	18	21.5	25.6	31
	最小	2.9	4.4	4.9	6.44	8.04	10.37	12.37	14.37	17.37	20.88	24.98	30.38
开口销		1×10	1.2×12	1.6×14	2×16	2.5×20	3.2×22	3.2×25	4×28	4×36	5×40	6.3×50	6.3×63

注：尽可能不采用括号内的规格。

（5）2型六角开槽螺母A和B级（表21.103）

表21.103 2型六角开槽螺母A和B级（GB/T 6180—1986）

mm

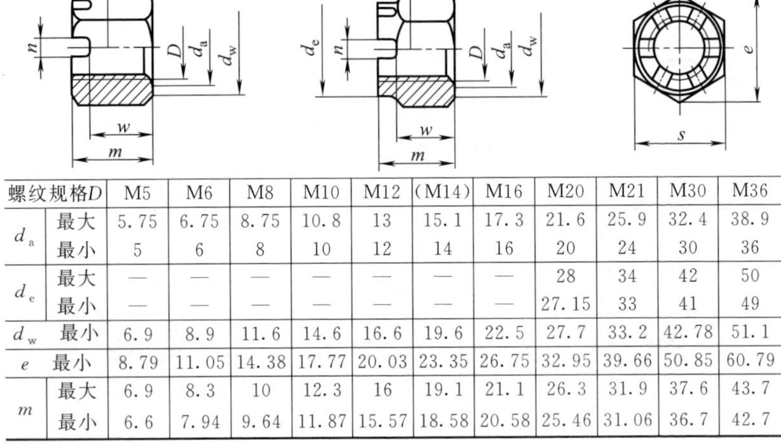

螺纹规格D		M5	M6	M8	M10	M12	(M14)	M16	M20	M21	M30	M36
d_a	最大	5.75	6.75	8.75	10.8	13	15.1	17.3	21.6	25.9	32.4	38.9
	最小	5	6	8	10	12	14	16	20	24	30	36
d_e	最大	—	—	—	—	—	—	—	28	34	42	50
	最小	—	—	—	—	—	—	—	27.15	33	41	49
d_w	最小	6.9	8.9	11.6	14.6	16.6	19.6	22.5	27.7	33.2	42.78	51.1
e	最小	8.79	11.05	14.38	17.77	20.03	23.35	26.75	32.95	39.66	50.85	60.79
m	最大	6.9	8.3	10	12.3	16	19.1	21.1	26.3	31.9	37.6	43.7
	最小	6.6	7.94	9.64	11.87	15.57	18.58	20.58	25.46	31.06	36.7	42.7

续表

m'	最小	3.84	4.32	5.71	7.15	9.26	10.7	12.6	15.2	18.1	21.8	26.5
n	最小	1.4	2	2.5	2.8	3.8	3.5	4.5	4.5	5.5	7	7
	最大	2	2.6	3.1	3.4	4.25	4.25	5.7	5.7	6.7	8.5	8.5
s	最大	8	10	13	16	18	21	24	30	36	46	55
	最小	7.85	9.78	12.73	15.73	17.73	20.67	23.67	29.16	35	45	53.8
w	最大	5.1	5.7	7.5	9.3	12	14.1	16.4	20.3	23.9	28.6	34.7
	最小	4.8	5.4	7.14	8.94	11.57	13.4	15.7	19	22.6	27.3	33.1

（6）2型六角开槽螺母细牙A和B级（表21.104）

表21.104　2型六角开槽螺母细牙A和B级（GB/T 9458—1988）

mm

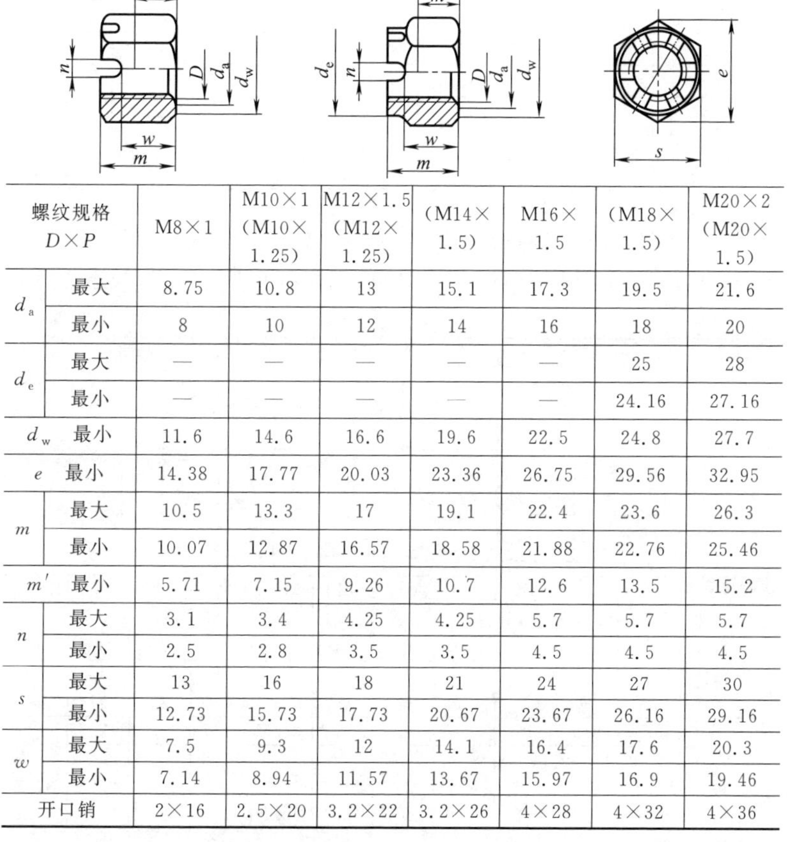

螺纹规格 $D\times P$		M8×1	M10×1 (M10×1.25)	M12×1.5 (M12×1.25)	(M14×1.5)	M16×1.5	(M18×1.5)	M20×2 (M20×1.5)
d_a	最大	8.75	10.8	13	15.1	17.3	19.5	21.6
	最小	8	10	12	14	16	18	20
d_e	最大	—	—	—	—	—	25	28
	最小	—	—	—	—	—	24.16	27.16
d_w	最小	11.6	14.6	16.6	19.6	22.5	24.8	27.7
e	最小	14.38	17.77	20.03	23.36	26.75	29.56	32.95
m	最大	10.5	13.3	17	19.1	22.4	23.6	26.3
	最小	10.07	12.87	16.57	18.58	21.88	22.76	25.46
m'	最小	5.71	7.15	9.26	10.7	12.6	13.5	15.2
n	最大	3.1	3.4	4.25	4.25	5.7	5.7	5.7
	最小	2.5	2.8	3.5	3.5	4.5	4.5	4.5
s	最大	13	16	18	21	24	27	30
	最小	12.73	15.73	17.73	20.67	23.67	26.16	29.16
w	最大	7.5	9.3	12	14.1	16.4	17.6	20.3
	最小	7.14	8.94	11.57	13.67	15.97	16.9	19.46
开口销		2×16	2.5×20	3.2×22	3.2×26	4×28	4×32	4×36

续表

螺纹规格 $D\times P$		(M22×1.5)	M24×2	(M27×2)	M30×2	(M33×2)	M36×3
d_a	最大	23.7	25.9	29.1	32.4	35.6	38.9
	最小	22	24	27	30	33	36
d_e	最大	30	34	38	42	46	50
	最小	29.16	33	37	41	45	49
d_w	最小	31.4	33.2	38	42.7	46.6	51.1
e	最小	37.29	39.55	45.2	50.85	55.37	60.75
m	最大	29.8	31.9	34.7	37.6	41.5	43.7
	最小	28.96	30.9	33.7	36.6	40.5	42.7
m'	最小	16.4	18.1	20.3	21.8	24.7	26.5
n	最大	6.7	6.7	6.7	8.5	8.5	8.5
	最小	5.5	5.5	5.5	7	7	7
s	最大	34	36	41	46	50	55
	最小	33	35	40	45	49	53.8
w	最大	21.8	23.9	26.7	28.6	32.5	34.7
	最小	20.5	23.06	25.4	27.76	30.9	33.7
开口销		5×40	5×40	5×45	6.3×50	6.3×60	6.3×65

注：尽可能不采用括号内的规格。

（7）六角开槽薄螺母 A 级和 B 级（表 21.105）

表 21.105 六角开槽薄螺母 A 级和 B 级的规格和尺寸（GB/T 6181—1986）

mm

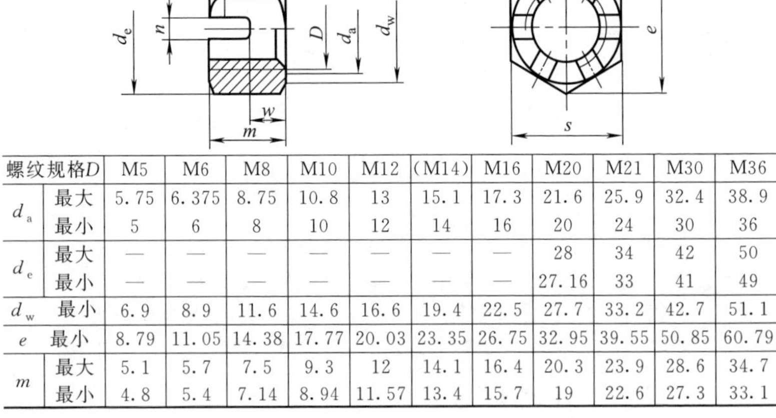

螺纹规格 D		M5	M6	M8	M10	M12	(M14)	M16	M20	M21	M30	M36
d_a	最大	5.75	6.375	8.75	10.8	13	15.1	17.3	21.6	25.9	32.4	38.9
	最小	5	6	8	10	12	14	16	20	24	30	36
d_e	最大	—	—	—	—	—	—	—	28	34	42	50
	最小	—	—	—	—	—	—	—	27.16	33	41	49
d_w	最小	6.9	8.9	11.6	14.6	16.6	19.4	22.5	27.7	33.2	42.7	51.1
e	最小	8.79	11.05	14.38	17.77	20.03	23.35	26.75	32.95	39.55	50.85	60.79
m	最大	5.1	5.7	7.5	9.3	12	14.1	16.4	20.3	23.9	28.6	34.7
	最小	4.8	5.4	7.14	8.94	11.57	13.4	15.7	19	22.6	27.3	33.1

续表

m'	最小	3.84	4.32	5.71	7.15	9.26	10.7	12.6	15.2	18.1	21.8	26.5
n	最小	2	2.6	3.1	3.4	4.25	4.25	5.7	5.7	6.7	8.5	8.5
	最大	1.4	2	2.5	2.8	3.5	3.5	4.5	4.5	5.5	7	7
s	最大	8	10	13	16	18	21	24	30	36	46	55
	最小	7.78	9.78	12.73	15.73	17.73	20.67	23.67	29.16	35	45	53.8
w	最大	3.1	3.5	4.5	5.3	7	9.1	10.4	14.3	15.9	19.6	23.7
	最小	2.8	3.2	4.2	5	6.64	8.74	9.97	13.87	15.41	19.08	23.18
开口销		1.2×12	1.6×14	2×16	2.5×20	3.2×22	3.2×25	4×28	4×36	5×40	6.3×50	6.3×63

注：尽可能不采用括号内的规格。

21.4.12　滚花螺母

滚花螺母拧紧时可增加手和螺母的摩擦力，多用在仪器上。

(1) 滚花薄螺母（表 21.106）

表 21.106　滚花薄螺母的规格尺寸（GB/T 807—1988）　mm

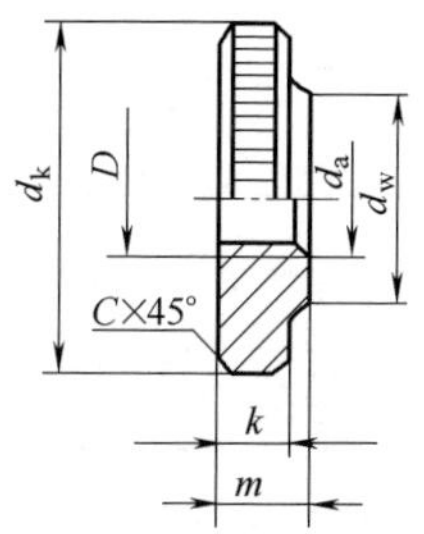

螺纹规格 D		M1.4	M1.6	M2	M2.5	M3	M4	M5	M6	M8	M10
d_k（滚花前）	最大	6	7	8	9	11	12	16	20	24	30
	最小	5.78	6.78	7.78	8.78	10.73	11.73	15.73	19.67	23.67	29.67
m	最大	2	2.5	2.5	2.5	3	3	4	5	6	8
	最小	1.75	2.25	2.25	2.25	2.75	2.75	3.7	4.7	5.7	7.64
k		1.5	2		2.0	2.5	2.5	3.5	4.0	5.0	6.0
d_w	最大	3.5	4	4.5	5	6	8	10	12	16	20
	最小	3.2	3.7	4.2	4.7	5.7	7.64	9.64	11.57	15.57	19.48
d_a	最大	1.64	1.84	2.3	2.9	3.45	4.6	5.75	6.75	8.75	10.8
	最小	1.4	1.6	2	2.5	3	4	5	6	8	10

（2）滚花高螺母（表 21.107）

表 21.107 滚花高螺母的规格尺寸（GB/T 806—1988） mm

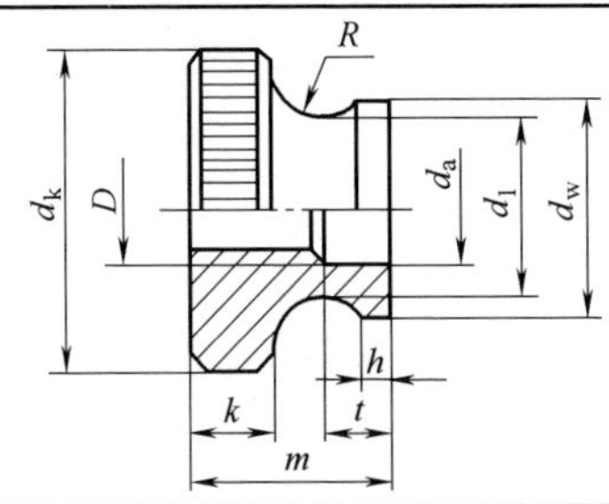

螺纹规格 D		M1.6	M2	M2.5	M3	M4	M5	M6	M8	M10
d_k（滚花前）	最大	7	8	9	11	12	16	20	24	30
	最小	6.78	7.78	8.78	10.73	11.73	15.73	19.67	23.67	29.67
m	最大	4.7	5	5.5	7	8	10	12	16	20
	最小	4.4	4.7	5.2	6.64	7.64	9.64	11.57	15.57	19.48
k		2		2.2	2.8	3	4	5	6	8
d_w	最大	4	4.5	5	6	8	10	12	16	20
	最小	3.7	4.2	4.7	5.7	7.64	9.64	11.57	15.57	19.48
d_a	最大	2.05	2.45	2.95	3.5	4.5	5.5	6.56	8.86	10.93
	最小	1.8	2.2	2.7	3.2	4.2	5.2	6.2	8.5	10.5
t 最大		1.5		2		2.5	3	4	5	6.5
R 最小		1.25		1.5	2		2.5	3	4	5
h		0.8	1	1	1.2	1.5	2	2.5	3	3.8
d_1		3.6	3.8	4.4	5.2	6.4	9	11	13	17.5

21.5 垫圈

垫圈是螺母与连接件间的缓冲部分，有保护连接件表面不受螺母划伤及分散螺母对连接件压力的作用。

21.5.1 平垫圈

各种平垫圈的规格见表 21.108～表 21.112。

表 21.108 平垫圈的规格（GB/T 95、97—2002） mm

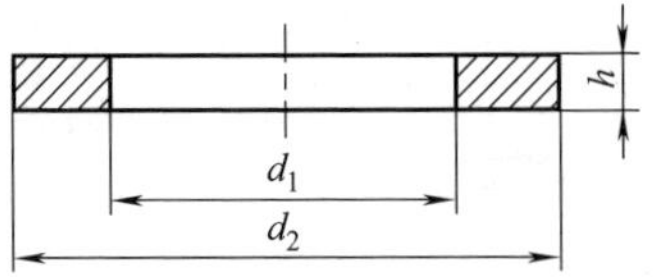

续表

公称规格(螺纹大径 d)	公称 d_{1min}		公称外径 d_{2max}	公称 h	公称规格(螺纹大径 d)	公称 d_{1min}		公称外径 d_{2max}	公称 h
	A级	C级				A级	C级		
1.6	1.7	—	3.5	0.3	(14)	15	15.5	24	2.5
2	2.2	—	4.5	0.3	16	17	17.5	28	2.5
2.5	2.7	—	5	0.5	(18)	19	—	30	3.0
3	3.2	—	6	0.5	20	21	22	34	3
(3.5)	3.7	—	7	0.5	(22)	23	—	37	3
4	4.3	—	8	0.5	24	25	26	39	4
5	5.3	5.5	9	1.0	(27)	28	—	44	4
6	6.4	6.5	11	1.6	30	31	33	50	4
8	8.4	9.0	15	1.6	(33)	34	—	56	5
10	10.5	11.0	18	1.6	36	37	39	60	5
12	13	13.5	20	2.0					

表 21.109 A级小垫圈的规格（GB/T 848—2002） mm

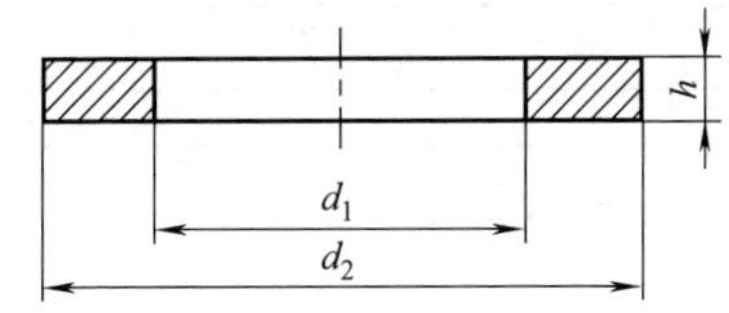

公称规格(螺纹大径 d)	公称 d_1(最小)	公称外径 d_{2max}	公称 h	公称规格(螺纹大径 d)	公称 d_1(最小)	公称外径 d_{2max}	公称 h
1.6	1.7	3.5	0.3	(14)	15	24	2.5
2	2.2	4.5	0.3	16	17	28	2.5
2.5	2.7	5	0.5	(18)	19	30	3.0
3	3.2	6	0.5	20	21	34	3
(3.5)	3.7	7	0.5	(22)	23	37	3
4	4.3	8	0.5	24	25	39	4
5	5.3	9	1.0	(27)	28	44	4
6	6.4	11	1.6	30	31	50	4
8	8.4	15	1.6	(33)	34	56	5
10	10.5	18	1.6	36	37	60	5
12	13	20	2.0				

注：() 内的为非优选尺寸。

表 21.110 A级大垫圈的规格（GB/T 96.1—2002） mm

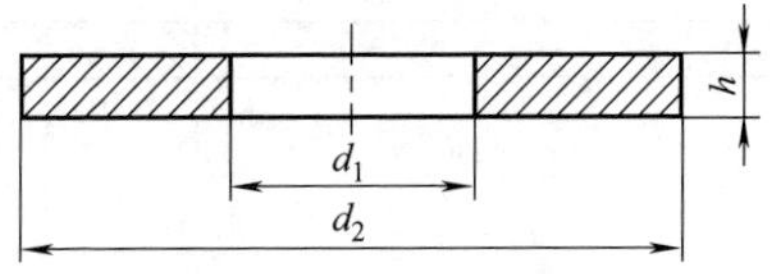

续表

公称规格（螺纹大径 d）	公称 d_1（最小）	公称外径 $d_{2(最大)}$	公称 h	公称规格（螺纹大径 d）	公称 d_1（最小）	公称外径 $d_{2(最大)}$	公称 h
3	3.2	9	0.8	16	17	50	3
(3.5)	3.7	11	0.8	(18)	19	56	4
4	4.3	12	1	20	21	60	4
5	5.3	15	1	(22)	23	66	5
6	6.4	18	1.6	24	25	72	5
8	8.4	24	2	(27)	30	85	6
10	10.5	30	2.5	30	33	92	6
12	13	37	3	(33)	36	105	6
(14)	15	44	3	36	39	110	8

注：() 内的为非优选尺寸。

表 21.111　C 级大垫圈的规格（GB/T 96.2—2002）　mm

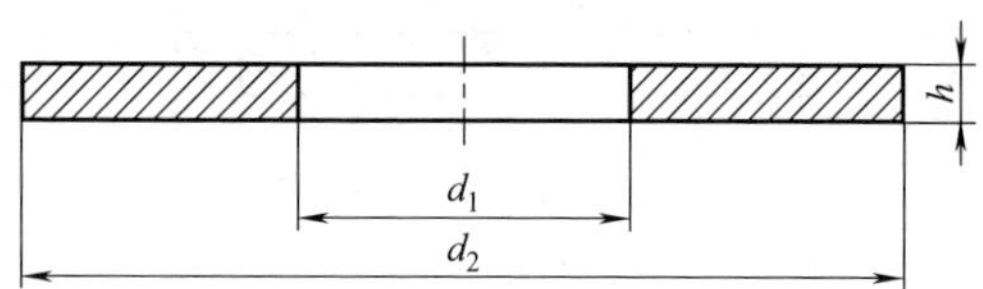

公称规格（螺纹大径 d）	公称 d_1（最小）	公称 d_2（最大）	公称 h	公称规格（螺纹大径 d）	公称 d_1（最小）	公称 d_2（最大）	公称 h
3	3.4	9	0.8	16	17.5	50	3
(3.5)	3.9	11	0.8	(18)	20	56	4
4	4.5	12	1	20	22	60	4
5	5.5	15	1	(22)	24	66	5
6	6.6	18	1.6	24	26	72	5
8	9	24	2	(27)	30	85	6
10	11	30	2.5	30	33	92	6
12	13.5	37	3	(33)	36	105	6
(14)	15.5	44	3	36	39	110	8

注：() 内的为非优选尺寸。

表 21.112　C 级特大垫圈的规格（GB/T 5287—2002）　mm

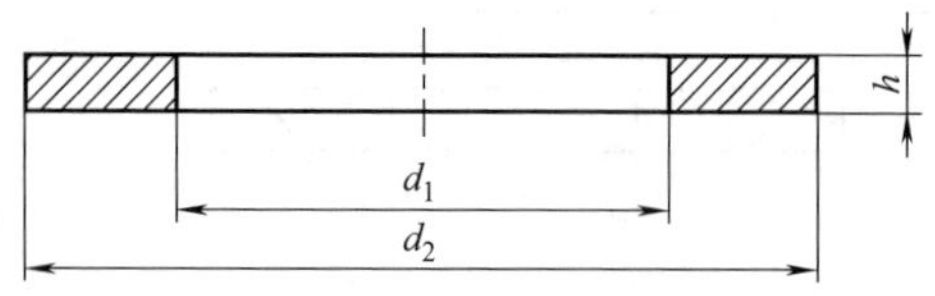

续表

公称规格（螺纹大径 d）	公称 d_1（最小）	公称 d_2（最大）	公称 h	公称规格（螺纹大径 d）	公称 d_1（最小）	公称 d_2（最大）	公称 h
5	5.5	18	2	20	22	72	6
6	6.5	22	2	(22)	24	80	6
8	9	28	3	24	26	85	6
10	11	34	3	(27)	30	98	6
12	13.5	44	4	30	33	105	6
(14)	15.5	50	4	(33)	36	115	8
16	17.5	56	5	36	39	125	8
(18)	20	60	5				

注：() 为非优选尺寸。

21.5.2 开口垫圈

开口垫圈用于不需要除去螺母换垫的地方。其规格见表 21.113。

表 21.113 开口垫圈的规格（GB/T 851—1988） mm

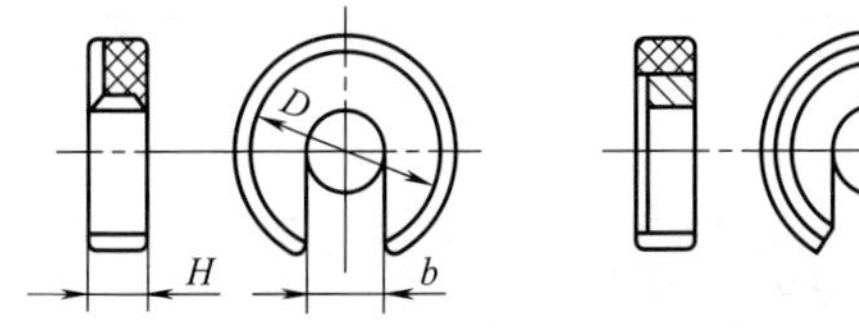

A型 B型

公称直径（螺纹直径）	开口宽度 b	厚度 H	外径 D
5	6	4	16～30
6	8	56	20～25 30～35
8	10	67	25～30 35～50
10	12	78	30～35 40～60
12	16	8 10	35～50 60～80
16	18	10 12	40～70 80～100

公称直径（螺纹直径）	开口宽度 b	厚度 H	外径 D
20	22	10 12 14	50～70 80～100 110～120
24	26	12 14 16	60～90 100～110 120～130
30	32	14 16 18	70～100 110～120 130～140
36	40	16 16 18 20	90～100 120 140 160

21.5.3 弹簧垫圈

弹簧垫圈用于一般机械产品的承力和非承力结构中，成本低廉、安装方便，尤其是装拆频繁，且防松能力不高的部位。其规格见表 21.114～表 21.116。

表 21.114 弹簧垫圈的规格（Ⅰ） mm

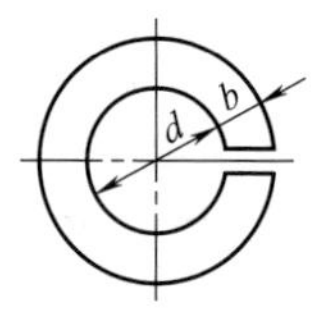

标准弹簧垫圈(GB/T 93—1987)
轻型弹簧垫圈(GB/T 859—1987)
重型弹簧垫圈(GB/T 7244—1987)

规格（螺纹大径）	垫圈主要尺寸										
	内径 d		自由高度 H			公称厚度 S			公称宽度 b		
	最小	最大	标准	轻型	重型	标准	轻型	重型	标准	轻型	重型
2	2.1	2.35	1.0	—	—	0.5	—	—	0.5	—	—
2.5	2.6	2.85	1.3	—	—	0.65	—	—	0.65	—	—
3	3.1	3.40	1.6	1.2	—	0.8	0.6	—	0.8	1.0	—
4	4.1	4.40	2.2	1.6	—	1.1	0.8	—	1.1	1.2	—
5	5.1	5.40	2.6	2.2	3.6	1.3	1.1	—	1.3	1.5	—
6	6.1	6.68	3.2	2.6	3.6	1.6	1.3	1.8	1.6	2.0	2.6
8	8.1	8.68	4.2	3.2	4.8	2.1	1.6	2.4	2.1	2.5	3.2
10	10.2	10.9	5.2	4.0	6.0	2.6	2.0	3.0	2.6	3.0	3.8
12	12.2	12.9	6.2	5.0	7.0	3.1	2.5	3.5	3.1	3.5	4.3
(14)	14.2	14.9	7.2	6.0	8.2	3.6	3.0	4.1	3.6	4.0	4.8
16	16.2	16.9	8.2	6.4	9.6	4.1	3.2	4.8	4.1	4.5	5.3
(18)	18.2	19.09	9.0	7.2	10.6	4.5	3.6	5.3	4.5	5.0	5.8
20	20.2	21.04	10	8.0	12.0	5.0	4.0	6.0	5.0	5.5	6.4
(22)	22.5	23.34	11	9.0	14.2	5.5	4.5	6.6	5.5	6	7.2
24	24.5	25.5	12	10	14.2	6.0	5.0	7.1	6.0	7	7.5
(27)	27.5	29.5	13.6	11	16.0	6.8	5.5	8.0	6.8	8	8.5
30	30.5	31.5	15	12	18.0	7.5	6.0	9.0	7.5	9	9.3
(33)	33.5	34.7	17	—	19.8	8.5	—	9.9	8.5	—	10.2
36	36.5	37.7	18	—	21.6	9.0	—	10.8	9.0	—	11.0
(39)	39.5	40.7	20	—	—	10.0	—	—	10.0	—	—
42	42.5	43.7	21	—	—	10.5	—	—	10.5	—	—
(45)	45.5	46.7	22	—	—	11	—	—	11	—	—
48	48.5	49.7	24	—	—	12	—	—	12	—	—

表 21.115　弹簧垫圈的规格（Ⅱ）　mm

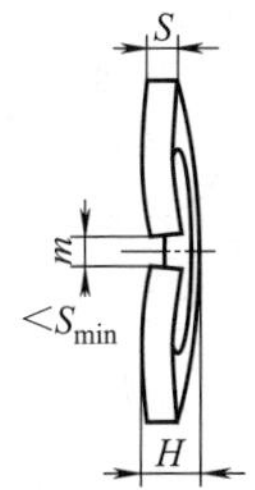

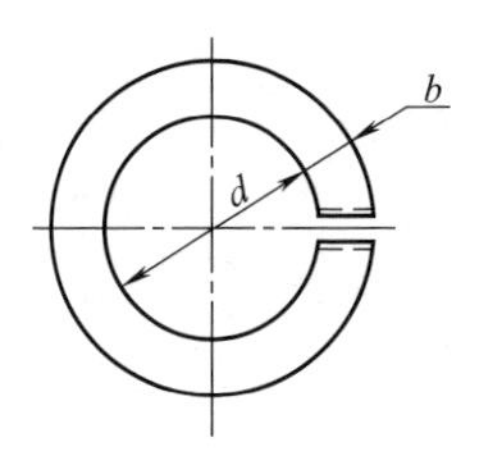

鞍形弹簧垫圈(GB/T 7245—1987)

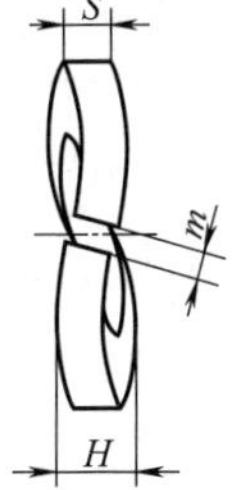

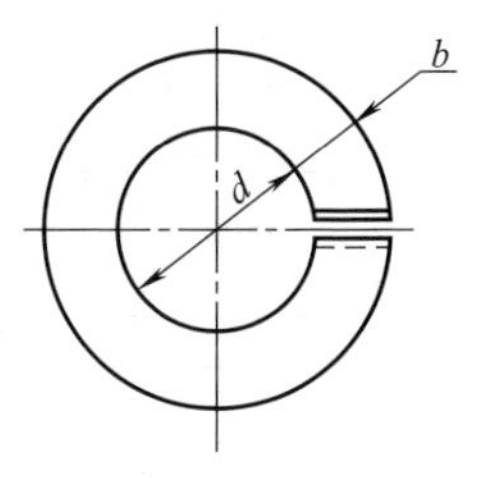

波形弹簧垫圈(GB/T 7246—1987)

规格（螺纹大径）	垫圈主要尺寸									
	内径 d		自由高度 H		公称厚度 S			公称宽度 b		
	最小	最大	最小	最大	公称	最小	最大	公称	最小	最大
3	3.1	3.4	1.1	1.3	0.6	0.52	0.68	1.0	0.9	1.1
4	4.1	4.4	1.2	1.4	0.8	0.70	0.90	1.2	1.1	1.3
5	5.1	5.4	1.5	1.7	1.1	1.0	1.2	1.5	1.4	1.6
6	6.1	6.68	2.0	2.2	1.3	1.2	1.4	2.0	1.9	2.1
8	8.1	8.68	2.45	2.75	1.6	1.5	1.7	2.5	2.35	2.65
10	10.2	10.9	2.85	3.15	2.0	1.9	2.1	3.0	2.85	3.15
12	12.2	12.9	3.35	3.65	2.5	3.35	2.65	3.5	3.3	3.7
(14)	14.2	14.9	3.9	4.3	3.0	2.85	3.15	4.0	3.8	4.2
16	16.2	16.9	4.5	5.1	3.2	3.0	3.4	4.5	4.3	4.7
(18)	18.2	19.04	4.5	5.1	3.6	3.4	3.8	5.0	4.8	5.2
20	20.2	21.04	5.1	5.9	4.0	3.8	4.2	5.5	5.3	5.7
(22)	22.5	23.34	6.1	5.9	4.5	14.3	4.7	6.0	5.8	6.2
24	24.5	25.5	6.5	7.5	5.0	4.8	5.2	7.0	6.7	7.3
(27)	27.5	28.5	6.5	7.5	5.5	5.3	5.7	8.0	7.7	8.3
30	30.5	31.5	9.5	10.5	6.0	5.8	6.2	9.0	8.7	9.3

表 21.116　组合件用弹簧垫圈（GB/T 9074.26—1988）　mm

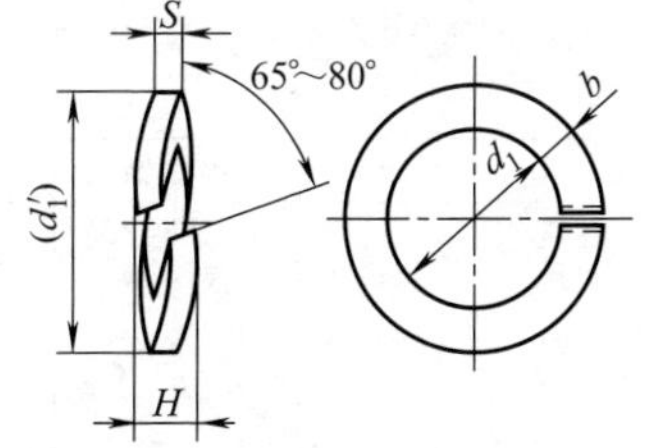

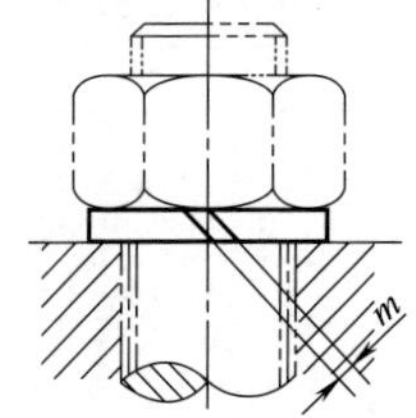

续表

规格（螺纹大径）	d_1		S			b			H		m ≤	d_1'（参考）
	最大	最小	公称	最小	最大	公称	最小	最大	最大	最小①		
2.5	2.34	2.2	0.6	0.52	0.68	1.0	0.9	1.1	1.5	1.2	0.3	4.34
3	2.83	2.69	0.8	0.7	0.9	1.2	1.1	1.3	2.0	1.6	0.4	5.23
4	3.78	3.6	1.1	1.0	1.2	1.5	1.4	1.6	2.75	2.2	0.55	6.78
5	4.75	4.45	1.3	1.2	1.4	2.0	1.9	2.1	3.25	2.6	0.65	8.75
6	5.71	5.41	1.6	1.5	1.7	2.5	2.35	2.65	4.0	3.2	0.8	10.71
8	7.54	7.28	2.0	1.9	2.1	3.0	2.85	3.15	5.0	4.0	1.0	13.64
10	9.59	9.23	2.5	2.35	2.65	3.5	3.3	3.7	6.25	5.0	1.25	16.59
12	11.53	11.1	3.0	2.85	3.15	4.0	3.8	4.2	7.5	6.0	1.5	19.53

① 公称尺寸。

21.5.4 锁紧和弹性垫圈

弹性垫圈广泛用于经常拆开的连接处，靠弹性及斜切口摩擦防止紧固件的松动。其规格见表 21.117。

表 21.117 锁紧和弹性垫圈的规格 mm

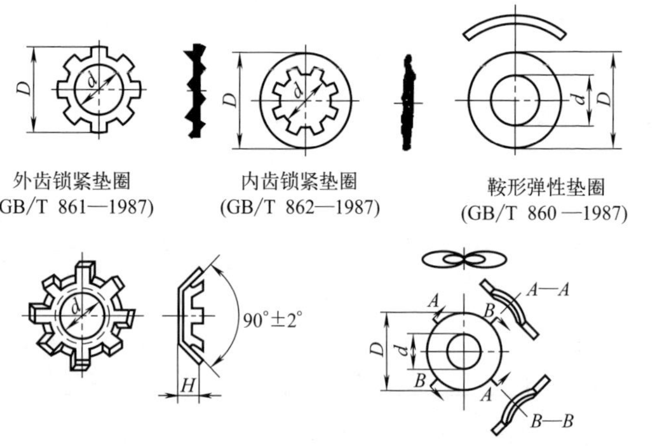

公称直径	内径 d					外径 D				锥形厚度 H
	外齿	内齿	鞍形	锥形	波形	外齿	内齿	鞍形	波形	
2	2.2		2.2	—	—	5		4.5	—	—
2.5	2.7		2.7	—	—	6		5.5	—	—
3	3.2		3.2	3.2	—	7		6	—	1.5
4	1.2		4.2	4.2	4.2	9		8	9	1.7
5	5.2		5.3	5.2	5.3	10		9	10	2.2

续表

<table>
<tr><th rowspan="2">公称
直径</th><th colspan="5">内径 d</th><th colspan="4">外径 D</th><th rowspan="2">锥形厚度
H</th></tr>
<tr><th>外齿</th><th>内齿</th><th>鞍形</th><th>锥形</th><th>波形</th><th>外齿</th><th>内齿</th><th>鞍形</th><th>波形</th></tr>
<tr><td>6</td><td colspan="2">6.2</td><td>6.4</td><td>6.2</td><td>6.4</td><td colspan="2">12</td><td>11.5</td><td>12.5</td><td>2.7</td></tr>
<tr><td>8</td><td colspan="2">8.2</td><td>8.4</td><td>8.2</td><td>8.4</td><td colspan="2">15</td><td>15.5</td><td>17</td><td>3.6</td></tr>
<tr><td>10</td><td colspan="2">10.2</td><td>10.5</td><td>10.2</td><td>10.5</td><td colspan="2">18</td><td>18</td><td>21</td><td>4.4</td></tr>
<tr><td>12</td><td colspan="2">12.3</td><td>—</td><td>12.3</td><td>13</td><td colspan="2">22</td><td>—</td><td>24</td><td>5.4</td></tr>
<tr><td>(14)</td><td colspan="2">14.3</td><td>—</td><td>—</td><td>15</td><td colspan="2">24</td><td>—</td><td>28</td><td>—</td></tr>
<tr><td>16</td><td colspan="2">16.3</td><td>—</td><td>—</td><td>17</td><td colspan="2">27</td><td>—</td><td>30</td><td>—</td></tr>
<tr><td>(18)</td><td colspan="2">18.3</td><td>—</td><td>—</td><td>19</td><td colspan="2">30</td><td>—</td><td>34</td><td>—</td></tr>
<tr><td>20</td><td colspan="2">20.5</td><td>—</td><td>—</td><td>21</td><td colspan="2">33</td><td>—</td><td>37</td><td>—</td></tr>
<tr><td>(22)</td><td colspan="2">—</td><td>—</td><td>—</td><td>23</td><td colspan="2">—</td><td>—</td><td>39</td><td>—</td></tr>
<tr><td>24</td><td colspan="2">—</td><td>—</td><td>—</td><td>25</td><td colspan="2">—</td><td>—</td><td>44</td><td>—</td></tr>
<tr><td>(27)</td><td colspan="2">—</td><td>—</td><td>—</td><td>28</td><td colspan="2">—</td><td>—</td><td>50</td><td>—</td></tr>
<tr><td>30</td><td colspan="2">—</td><td>—</td><td>—</td><td>31</td><td colspan="2">—</td><td>—</td><td>56</td><td>—</td></tr>
</table>

注：() 内的数值尽量不用。

21.5.5 止动垫圈

止动垫圈有圆螺母用止动垫圈、带耳止动垫圈和外舌止动垫圈，主要用于有外螺纹的轴或紧定套上，固定轴上零件或紧定套上的轴承。其尺寸见表 21.118～表 21.120。

表 21.118　圆螺母用止动垫圈的尺寸（GB/T 858—1988）　mm

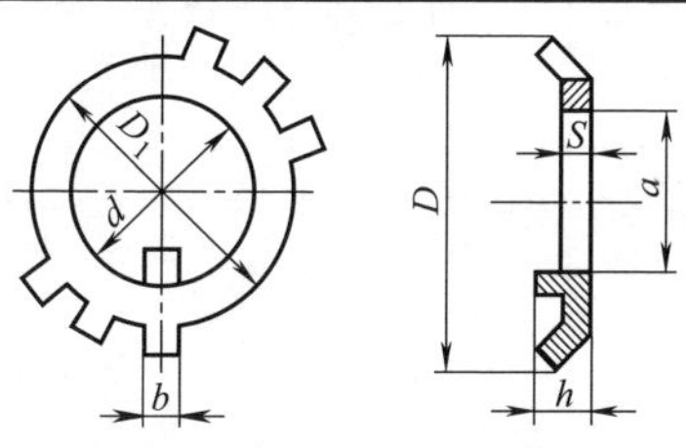

<table>
<tr><th>螺纹
大径</th><th>内径
d</th><th>外径
D_1</th><th>齿外径 D
（参考）</th><th>齿宽
b</th><th>厚度
S</th><th>高度
h</th><th>齿距
a</th></tr>
<tr><td>10</td><td>10.5</td><td>16</td><td>25</td><td rowspan="3">3.8</td><td rowspan="11">10</td><td rowspan="4">3</td><td>8</td></tr>
<tr><td>12</td><td>12.5</td><td>19</td><td>28</td><td>9</td></tr>
<tr><td>14</td><td>14.5</td><td>20</td><td>32</td><td>11</td></tr>
<tr><td>16</td><td>16.5</td><td>22</td><td>34</td><td rowspan="8">4.8</td><td>13</td></tr>
<tr><td>18</td><td>18.5</td><td>24</td><td>35</td><td rowspan="5">4</td><td>15</td></tr>
<tr><td>20</td><td>20.5</td><td>27</td><td>38</td><td>17</td></tr>
<tr><td>22</td><td>22.5</td><td>30</td><td>42</td><td>19</td></tr>
<tr><td>24</td><td>24.5</td><td>34</td><td>45</td><td>21</td></tr>
<tr><td>25[①]</td><td>25.5</td><td>34</td><td>45</td><td>22</td></tr>
<tr><td>27</td><td>27.5</td><td>37</td><td>48</td><td rowspan="2">5</td><td>24</td></tr>
<tr><td>30</td><td>30.5</td><td>40</td><td>52</td><td>27</td></tr>
</table>

续表

螺纹大径	内径 d	外径 D_1	齿外径 D（参考）	齿宽 b	厚度 S	高度 h	齿距 a
33	33.5	43	56	5.7	1.5	5	30
35①	35.5	43	56				32
36	36.5	46	60				33
39	39.5	49	62				36
40①	40.5	49	62			5	37
42	42.5	53	66				39
45	45.5	59	72				42
48	48.5	61	76	7.7	1.5		45
50①	50.5	61	76				47
52	52.5	67	82			6	49
55①	56	67	82				52
56	57	74	90				53
60	61	79	94				57
64	65	84	100				61
65①	66	84	100				62
68	69	88	105	9.6	1.5		65
72	73	93	110			7	69
75	76	93	110				71
76	77	98	115				72
80	81	103	120				76
85	86	108	125				81
90	91	112	130	11.6	2.0	7	86
95	96	117	135				91
100	101	122	140				96
105	106	127	145				101
110	111	135	156	13.5	2.0	7	106
115	116	140	160				111
120	121	145	166				116
125	126	150	170				121
130	131	155	176				126
140	141	165	186				136
150	151	180	206	15.5	2.5	7	146
160	161	190	216				156
170	171	200	226				166
180	181	210	236			8	176
190	191	220	246				186
200	201	230	256				196

① 仅用于滚动轴承锁紧装置。

表 21.119　带耳止动垫圈的尺寸　mm

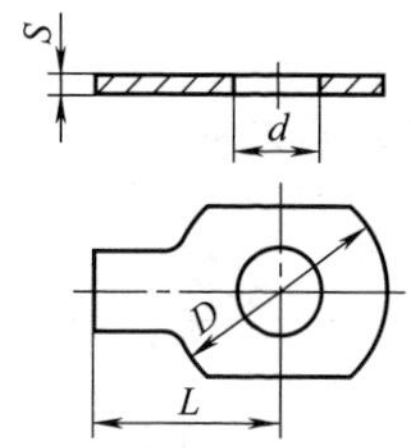

单耳(GB/T 854—1988)

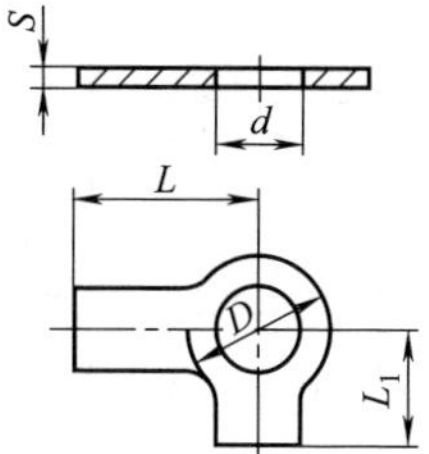

双耳(GB/T 855—1988)

螺纹大径		2.5	3	4	5	6	8	10	12	(14)	16
内径 d_{min}		2.7	3.2	4.2	5.3	6.4	8.4	10.5	13	15	17
厚度 S		0.4	0.4	0.4	0.5	0.5	0.5	0.5	1.0	1.0	1.0
公称长度	L	10	12	14	16	18	20	22	28	28	32
	L_1	4	5	7	8	9	11	13	16	16	20
外径 D_{nax}	单	8	10	14	17	19	22	26	32	32	40
	双	5	5	8	9	11	14	17	22	22	27

螺纹大径		(18)	20	(22)	24	(27)	30	36	42	48
内径 d_{min}		19	21	23	25	28	31	37	43	50
厚度 S		1.0	1.0	1.0	1.0	1.5	1.5	1.5	1.5	1.5
公称长度	L	36	36	42	42	48	52	62	70	80
	L_1	22	22	25	25	30	32	38	44	50
外径 D_{nax}	单	45	45	50	50	58	63	75	88	100
	双	32	32	30	36	41	46	55	65	75

表 21.120　外舌止动垫圈的尺寸（GB/T 856—1988）　mm

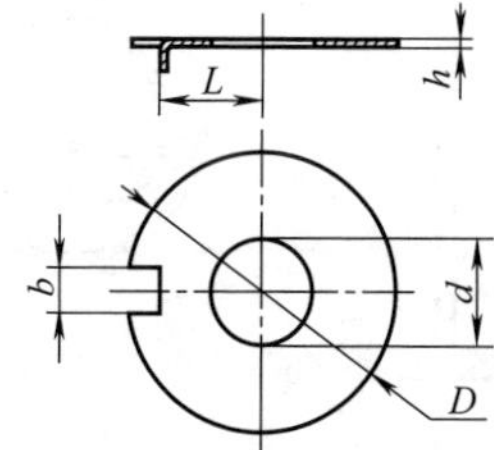

规格	d		D		b		L			h
	最大	最小	最大	最小	最大	最小	公称	最小	最大	
2.5	2.95	2.7	10	9.64	2	1.75	3.5	3.2	3.8	0.4
3	3.5	3.2	12	11.57	2.5	2.25	4.5	4.2	4.8	
4	4.5	4.2	14	13.57	2.5	2.25	5.5	5.2	5.8	

续表

规格	d		D		b		L			h
	最大	最小	最大	最小	最大	最小	公称	最小	最大	
5	5.6	5.3	17	16.57	3.5	3.2	7.0	6.64	7.36	0.5
6	6.76	6.4	19	18.48	3.5	3.2	7.5	7.14	7.86	
8	8.76	8.4	22	21.48	3.5	3.2	8.5	8.14	8.86	
10	10.93	10.5	26	25.48	4.5	4.2	10	9.64	10.36	
12	13.43	13	32	31.38	4.5	4.2	12	11.57	12.43	1.0
14	15.43	15	32	31.38	4.5	4.2	12	11.57	12.43	
16	17.43	17	40	39.38	5.5	5.2	15	14.57	15.43	
18	19.52	19	45	44.38	6	5.7	18	17.57	18.43	
20	21.52	21	45	44.38	6	5.7	18	17.57	18.43	
22	23.52	23	50	49.38	7	6.64	20	19.48	20.52	
24	25.52	25	50	49.38	7	6.64	20	19.48	20.52	1.5
27	28.52	28	58	57.26	8	7.64	23	22.48	23.52	
30	31.62	31	63	62.26	8	7.64	25	24.48	25.52	
36	37.62	37	75	74.26	11	10.57	31	30.38	31.62	
42	43.62	43	88	87.13	11	10.57	36	35.38	36.62	
48	50.62	50	100	99.13	13	12.57	40	39.38	40.62	

21.5.6 调整垫圈

调整垫圈的厚度从 0.03mm 一直到 100mm 共 19 种规格，直径从 16mm 一直到 100mm 共 9 种规格，供装配时按需选择。其规格见表 21.121。

表 21.121 调整垫圈的规格（JB/T 3411.112—1999）　mm

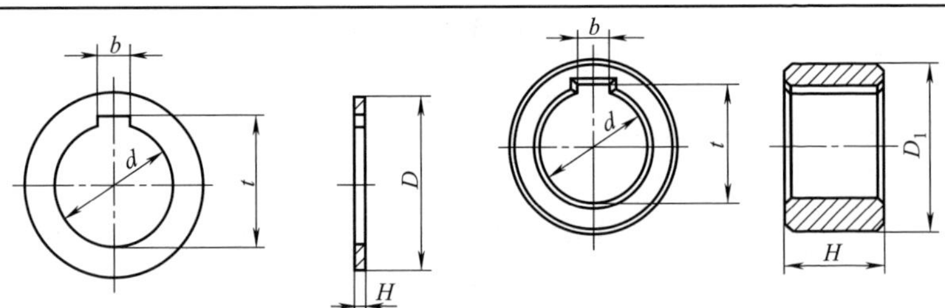

$H \leqslant 1mm$　　　　$H \geqslant 2mm$

d	16	22	27	32	40	50	60	80	100
D	26	33	40	46	54	68	83	—	—
D_1	27	34	41	47	55	69	84	100	134
b	4	6	7	8	10	12	14	18	25
t	17.7	24.1	29.8	34.8	43.5	53.5	64.2	85.5	107.0

续表

<table>
<tr><td rowspan="7">H</td><td colspan="3">(0.03),(004),0.05,0.1,0.2,0.3,0.6,1.0</td><td rowspan="2">—</td></tr>
<tr><td colspan="3">2,3,6</td></tr>
<tr><td colspan="4">10</td></tr>
<tr><td colspan="3">—</td><td>(12),(13),(16)</td></tr>
<tr><td colspan="4">20,30</td></tr>
<tr><td>—</td><td colspan="3">60</td></tr>
<tr><td colspan="2">—</td><td colspan="2">100</td></tr>
</table>

注：括号内的尺寸尽量不采用。

21.5.7　钢结构用高强度垫圈

其规格和尺寸见表 21.122。

表 21.122　钢结构用高强度垫圈的规格和尺寸（GB/T 1230—2006）

mm

规格(螺纹大径)		12	16	20	(22)	24	(27)	30
d_1	最小	13	17	21	23	25	28	31
	最大	13.43	17.43	21.52	23.52	25.52	28.52	31.62
d_2	最小	23.7	31.4	38.4	40.4	45.4	50.1	54.1
	最大	25	33	40	42	47	52	56
h	公称	3.0	4.0	4.0	5.0	5.0	5.0	5.0
	最小	2.5	3.5	3.5	4.5	4.5	4.5	4.5
	最大	3.8	4.8	4.8	5.8	5.8	5.8	5.8
d_3	最小	15.23	19.23	24.32	26.32	28.32	32.84	35.84
	最大	16.03	20.03	25.12	27.12	29.12	33.64	36.64
每 1000 个钢垫圈的理论质量/kg		10.47	23.40	33.55	43.34	55.76	66.52	75.42

注：括号内的规格为第二选择系列。

21.6　挡圈

挡圈是圆形闭合或非闭合零件，有锁紧挡圈、弹性挡圈、轴肩挡圈和轴端挡圈，它们紧固在轴上，用于对安装在轴上的其他零件进行轴向或周向固定。

21.6.1 锁紧挡圈

锁紧挡圈用于防止轴上零件轴向窜动或滑移。其尺寸见表 21.123。

表 21.123 锁紧挡圈的尺寸　　mm

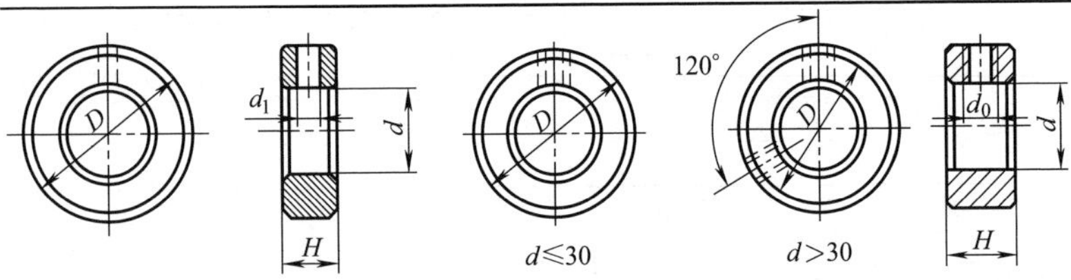

锥销锁紧挡圈(GB/T 883—1986)

公称直径 d	H	D	d_0	螺钉 GB 71（推荐）
8	10	20	5	M5×8
(9) 10	10 10	22		
12 (13)	10 10	25		M6×10
14	12	28	6	M6×10
(15) 16	12	30		
(17) 18	12	32		
(19) 20	12	35	6	M6×10
22	12	38		
25 28 30	14	42 45 48	8	M8×12
32	14	52	8	
35 40	16	56 62	10	M10×16
45 50 55	18	70 80 85		M10×20

螺钉锁紧挡圈(GB/T 884—1986)

公称直径 d	H	D	d_0	螺钉 GB 71（推荐）
60 65 70	20	90 95 100	10	M10×20
75 80	22	110 115	12	M12×25
85 90	22	120 125	12	
95 100 105	25	130 135 140		M12×25
110 115 120	30	150 155 160		
(125) 130 (135) * 140 *		165 170 175 180	12	M12×25
(145) * 150 * 160 * 170 * 180 * 190 * 200 *	30	190 200 210 220 230 240 250		M12×30

注：1. 尽量不采用（）内的规格；此外，对锥销锁紧挡圈（d=15mm、17mm）、螺钉锁紧挡圈（d=15mm、135mm）和带锁圈的螺钉锁紧挡圈（d=135mm、145mm）也尽量不采用。

2. 加“*”者，仅用于螺钉锁紧挡圈。

带锁圈的螺钉锁紧挡圈见表 21.124。

表 21.124　带锁圈的螺钉锁紧挡圈（GB/T 885—1986）　mm

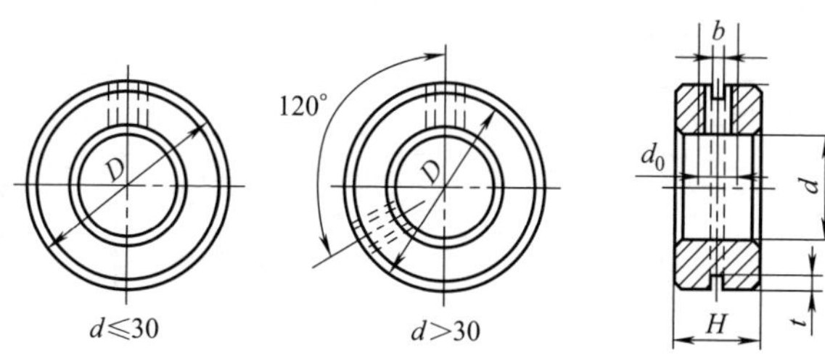

<table>
<tr><th>公称
直径 d</th><th>H</th><th>b</th><th>t</th><th>D</th><th>d_0</th><th>螺钉 GB 71
（推荐）</th><th>锁圈
GB 921</th></tr>
<tr><td rowspan="2">8
(9)
10</td><td rowspan="2">10</td><td rowspan="2">1.0</td><td rowspan="3">1.8</td><td>20</td><td rowspan="3">M5</td><td rowspan="3">M5×8</td><td>15</td></tr>
<tr><td>22</td><td>17</td></tr>
<tr><td rowspan="4">12
(13)
14
(15)
16
(17)
18</td><td>10</td><td rowspan="4">1.0</td><td>25</td><td>20</td></tr>
<tr><td rowspan="3">12</td><td rowspan="5">2.0</td><td>28</td><td rowspan="3">M6</td><td rowspan="3">M6×10</td><td>23</td></tr>
<tr><td>30</td><td>25</td></tr>
<tr><td>32</td><td>27</td></tr>
<tr><td rowspan="3">(19)
20
22
25
28
30</td><td rowspan="2">12</td><td rowspan="2">1.0</td><td>35</td><td rowspan="2">M6</td><td rowspan="2">M6×10</td><td>30</td></tr>
<tr><td>38</td><td>32</td></tr>
<tr><td>14</td><td rowspan="2">1.2</td><td rowspan="2">2.5</td><td rowspan="2">42
45
48
52</td><td rowspan="2">M8</td><td rowspan="2">M8×12</td><td rowspan="2">35
38
41
44</td></tr>
<tr><td rowspan="3">32
35
40
45
50</td><td>14</td></tr>
<tr><td>16</td><td rowspan="2">1.6</td><td rowspan="2">3.0</td><td rowspan="2">56
62
70
80</td><td rowspan="4">M10</td><td rowspan="2">M10×16</td><td rowspan="2">47
54
62
71</td></tr>
<tr><td>18</td></tr>
<tr><td>55</td><td>18</td><td rowspan="2">1.6</td><td rowspan="2">3.0</td><td>85</td><td rowspan="2">M10×20</td><td rowspan="2">76
81
86
91</td></tr>
<tr><td>60
65
70</td><td>20</td><td>90
95
100</td></tr>
</table>

续表

<table>
<tr><th>公称
直径 d</th><th>H</th><th>b</th><th>t</th><th>D</th><th>d_0</th><th>螺钉 GB 71
（推荐）</th><th>锁圈
GB 921</th></tr>
<tr><td>75
80</td><td>22</td><td>2</td><td rowspan="3">3.6</td><td>110
115</td><td>M12</td><td>M12×25</td><td>100
105</td></tr>
<tr><td>85
90</td><td>22</td><td rowspan="2">2</td><td>120
125</td><td rowspan="3">M12</td><td></td><td>110
115</td></tr>
<tr><td>95
100
105</td><td>25</td><td>130
135
140</td><td rowspan="2">M12×25</td><td>120
124
129</td></tr>
<tr><td>110
115
120</td><td>30</td><td>2</td><td>4.5</td><td>150
155
160</td><td>136
142
147</td></tr>
<tr><td rowspan="2">(125)
130
(135)
140
(145)</td><td rowspan="2">30</td><td rowspan="2">2</td><td rowspan="2">4.5</td><td>165
170
175
180</td><td rowspan="2">M12</td><td>M12×25</td><td>152
156
162
166</td></tr>
<tr><td>190</td><td rowspan="3">M12×30</td><td>176</td></tr>
<tr><td>150
160
170
180</td><td>30</td><td rowspan="2">2</td><td rowspan="2">4.5</td><td rowspan="2">200
210
220
230
240
250</td><td rowspan="2">M12</td><td rowspan="2">186
196
206
216
226
236</td></tr>
<tr><td>190
200</td><td>30</td></tr>
</table>

21.6.2 孔用弹性挡圈

孔用弹性挡圈用于固定安装在孔内的零件（如轴承的外圈）。其基本尺寸见表 21.125。

表 21.125 孔用弹性挡圈的基本尺寸（GB/T 893.1—1986）

mm

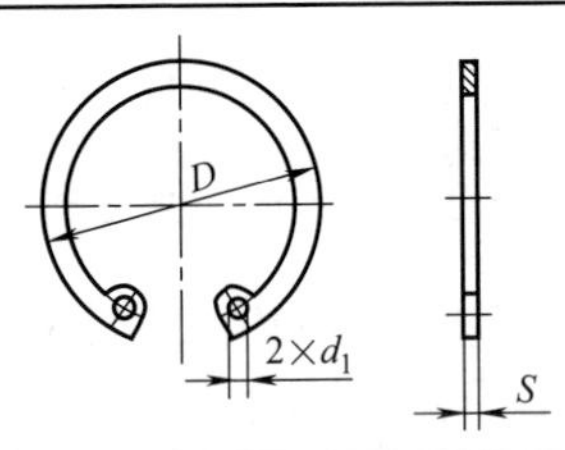

续表

孔径 d_0	D	S	d_1	孔径 d_0	D	S	d_1	孔径 d_0	D	S	d_1
8	8.7	0.6	1.0	38	40.8	1.5	2.5	95	100.5	2.5	3
9	9.8			40	43.5			98	103.5		
10	10.8	0.8	1.7	42	45.5		3.0	100	105.5		
11	11.8			45	48.5			102	108	3	4
12	13.0			47	50.5			105	112		
13	14.1			48	51.5			108	115		
14	15.1	1.0		50	54.2	2.0		110	117		
15	16.2			52	56.2			112	119		
16	17.3			55	59.2			115	122		
17	18.3			56	60.2			120	127		
18	19.5			58	62.2			125	132		
19	20.5		2	60	64.2			130	137		
20	21.5			62	66.2			135	142		
21	22.5			63	67.2			140	147		
22	23.5			65	69.2	2.5		145	152	3	4
24	25.9	1.2		65	72.5			150	158		
25	26.9			70	74.5			155	164		
26	27.9			72	76.5			160	169		
28	30.1			75	79.5			165	174.5		
30	32.1			75	82.5			170	179.5		
31	33.4			80	85.5			175	184.5		
32	34.4		2.5	82	87.5			180	189.5		
34	36.5	1.5		85	90.5			185	194.5		
35	37.8			88	93.5			190	199.5		
36	38.8			90	95.5			195	204.5		
37	39.8			92	97.5			200	209.5		

21.6.3　轴用弹性挡圈

轴用弹性挡圈用于固定安装在轴上的零件（如轴承的内圈）。其基本尺寸见表21.126。

表21.126　轴用弹性挡圈的基本尺寸（GB/T 894.1—1986）mm

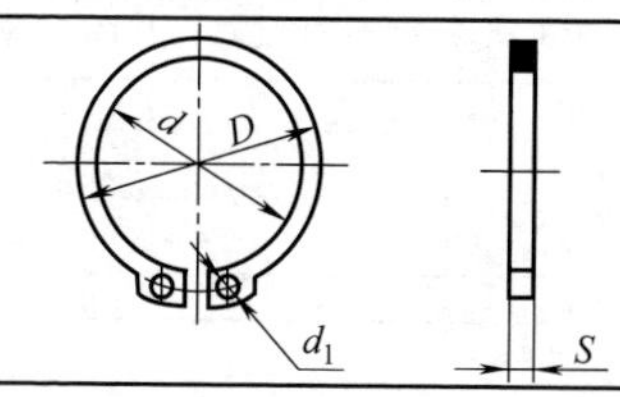

续表

轴径 d_0	d	D	d_1	S
3	2.7	3.9	1.0	0.4
4	3.7	5		
5	4.7	6.4		0.6
6	5.6	7.6	1.2	
7	6.5	8.48		0.8
8	7.4	9.38		
9	8.4	10.56		
10	9.3	11.5	1.5	1.0
11	10.2	12.5		
12	11.0	13.6		
13	11.9	14.7	1.7	1.0
14	12.9	15.7		
15	13.8	16.8		
16	14.7	18.2		
17	15.7	19.4		
18	16.5	20.2		
19	17.5	21.2	2.0	
20	18.5	22.5		
21	19.5	23.5		1.2
22	20.5	24.5		
24	22.2	27.2		
25	23.2	28.2		
26	24.2	29.2		
28	25.9	31.3		
29	26.9	32.5		
30	27.9	33.5		

轴径 d_0	d	D	d_1	S
32	295	35.5	2.5	1.2
34	31.5	38		1.5
35	32.2	39		
36	33.2	40		
37	34.2	41		
38	35.2	42.7		
40	36.5	44		
42	38.5	46	3.0	
45	41.5	49		
48	44.5	52		
50	45.8	54		2.0
52	47.8	56		
55	50.8	59		
56	51.8	61		
58	53.8	63		
60	55.8	65		
62	57.8	67	3.0	
63	58.8	68		2.5
65	60.8	70		
68	63.5	73		
70	65.5	75		
72	67.5	77		
75	70.5	80		
78	73.5	83		
80	74.5	85		
82	76.5	87		

轴径 d_0	d	D	d_1	S
85	79.5	90	3.0	2.5
88	82.5	93		
90	84.5	96		
95	89.5	103.3		
100	94.5	108.5		
105	98	114		3.0
110	103	120	4.0	
115	108	126		
120	113	131		
125	118	137		
130	123	142		
135	128	148	4.0	
140	133	153		
145	138	158		
150	142	162		
155	146	167		
160	151	172		
165	155.5	177		
170	160.5	182		
175	165.5	187.5		
180	170.5	193		
185	175.5	198.3		
190	185.5	203.3		
195	185.5	209		
200	190.5	214		

21.6.4 轴肩挡圈

用于工作中承受较大双向轴向力的零件与台阶接合处。其基本尺寸见表 21.127。

表 21.127 轴间挡圈的基本尺寸（GB/T 886—1986） mm

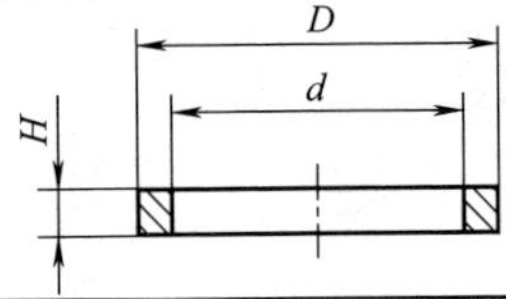

续表

公称直径 d	轻系列径向轴承用		中系列径向轴承和轻系列径向推力轴承用		重系列径向轴承和中系列径向推力轴承用	
	D	H	D	H	D	H
20	—	—	27	4	30	5
25	—	—	32	4	35	5
30	36	4	38	4	40	5
35	42	4	45	4	47	5
40	47	4	50	4	52	5
45	52	4	55	4	58	5
50	58	4	60	4	65	5
55	65	5	68	5	70	6
60	70	5	72	5	75	6
65	75	5	78	5	80	6
70	80	5	82	5	85	6
75	85	5	88	5	90	6
80	90	6	95	6	100	8
85	95	6	100	6	105	8
90	100	6	105	6	110	8
95	110	6	110	6	115	8
100	115	8	115	8	120	10
105	120	8	120	8	130	10
110	125	8	130	8	135	10
120	135	8	140	8	145	10

21.6.5 轴端挡圈

轴端挡圈用于轴端固定轴上的零件。其规格见表 21.128。

表 21.128　轴端挡圈的规格　mm

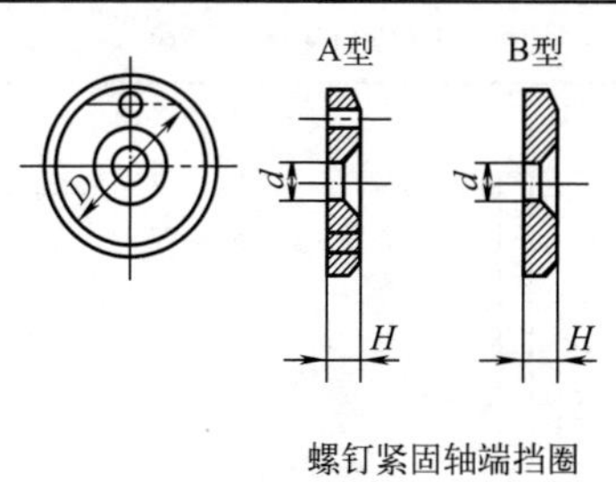

螺钉紧固轴端挡圈
(GB/T 891—1986)

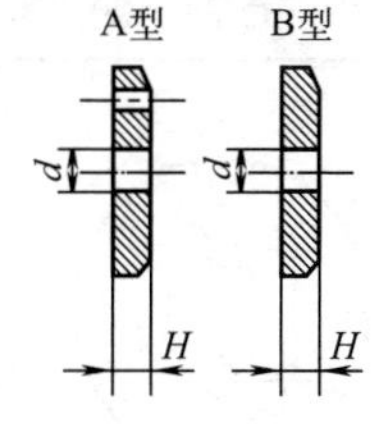

螺栓紧固轴端挡圈
(GB/T 892—1986)

续表

轴径≤	外径 D	内径 d	厚度 H	互配件的规格(推荐)			
				螺钉紧固	螺栓紧固		圆柱销
				螺钉(GB 818—2000)	螺栓	垫圈	(GB/T 119—2000)
14 16 18 20 22	20 22 25 28 30	5.5	4	M5×12	M5×14	5	2×10
25 28 30 32 35 40	32 35 38 40 45 50	6.5	5	M6×16	M6×18	6	3×12
45 50 55 60 65 70	55 60 65 70 75 80	9.0	6	M8×20	M8×22	8	4×19
75 85	90 100	13.0	8	M12×25	M12×30	12	5×18

双孔轴端挡圈的规格见表 21.129。

表 21.129 双孔轴端挡圈（JB/ZQ 4349—2006） mm

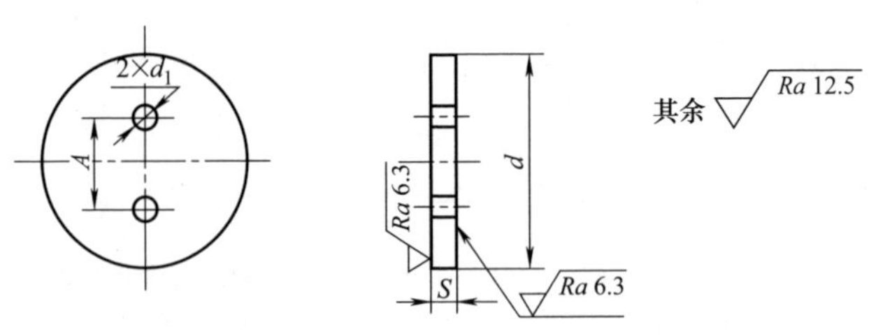

续表

d	A	S	d_1	每个质量	螺栓尺寸		轴径		
		基本尺寸		(≈)/g	直径	长度	球轴承	柱轴承	联轴器
40	20	5	7	50	M6	16	—	—	35
45	20	5		60			—	—	40
50	20	5		70			35	35	45
60	25	6		125			40,45,50	40	>45～50
70	25	6	12	170	M10	20	55,60	45,50	>50～60
80	30	6	14	220	M12	25	65,70	55,60	>60～70
90	40	6		280			75,80	65,70	>70～80
100	40	8		470			85,90	75.80	>80～90
125	50	8		740			100,110	90	>90～110
150	60	8		1080			120,130	100,110	>110～130
180	80	12	18	2330	M16	35	140,150,160 180,200	120,140	>130～160
220	110	12		3370				160	>160～200
260	140	12		4930				180,200	>200～240

21.7 铆钉

21.7.1 半圆头铆钉

半圆头铆钉用于承受较大切向载荷（如压力容器、桥梁等）的场合。其规格见表 21.130。

表 21.130　半圆头铆钉的规格（GB/T 867—1986）　　mm

d	公称	0.6	0.8	1.0	(1.2)	1.4	(1.6)	2.0	2.5	3.0
	最大	0.64	0.84	1.06	1.26	1.46	1.66	2.06	2.56	3.06
	最小	0.56	0.76	0.94	1.14	1.34	1.54	1.94	2.44	2.94
k	最大	0.5	0.6	0.7	0.8	0.9	1.2	1.4	1.8	2.0
	最小	0.3	0.4	0.5	0.6	0.7	0.8	1.0	1.4	1.6
l		1～6	1～8	2～8	2.5～8	3～12	3～12	3～16	5～20	5～24
d	公称	(3.5)	4	5	6	8	10	12	(14)	16
	最大	3.58	4.04	5.08	6.08	8.10	10.1	12.12	14.12	16.12
	最小	3.42	3.92	4.92	5.92	7.90	9.90	11.88	13.88	15.88

续表

k	最大	2.3	2.6	3.2	3.84	5.04	6.24	8.29	9.29	10.29
	最小	1.9	2.2	2.8	3.36	4.56	5.76	7.71	8.71	9.71
l		7～26	7～50	7～55	8～60	16～65	16～85	20～90	22～100	26～110

注：1.（）内数字尽量不采用。

2. d=0.6～10mm 铆钉只有精制件，d=18～36mm 只有粗制件，d=12～16mm 有精制件和粗制件。

3. 铆钉长度 l 系列为 1mm，1.5mm，2mm，2.5mm，3mm，3.5mm，4mm，5mm，6mm，7mm，8mm，9mm，10mm，11mm，12mm，13mm，14mm，15mm，16mm，17mm，18mm，19mm，20mm，22mm，24mm，26mm，28mm，30mm，32mm，34mm，36mm，38mm，40mm，42mm，44mm，46mm，48mm，50mm，52mm，55mm，58mm，60mm，62mm，65mm，68mm，70mm，75mm，80mm，85mm，90mm，95mm，100mm，110mm。

粗制半圆头铆钉见表 12.131。

表 21.131 粗制半圆头铆钉（GB/T 863.1—1986） mm

d	公称	12	14	16	18	20	22	24	27	30	36
	最大	12.3	14.3	16.3	18.3	20.35	22.35	24.35	27.35	30.35	36.4
	最小	11.7	13.7	15.7	17.7	19.65	21.65	23.65	26.65	29.65	35.6
d_k	最大	22.0	25.0	30.0	33.4	36.4	40.4	44.4	49.4	54.8	63.8
	最小	20.0	23.0	28.0	30.6	33.6	37.6	41.6	46.6	51.2	60.2
k	最大	8.5	9.5	10.5	13.3	14.8	16.3	17.8	20.2	22.2	26.2
	最小	7.5	8.5	9.5	11.7	13.2	14.7	16.2	17.8	19.8	23.8
长度 L 范围		20～90	22～100	26～110	32～150	32～150	38～180	52～180	55～180	55～180	58～200

注：铆钉长度 L 系列为 20mm，22mm，24mm，26mm，28mm，30mm，32mm，35mm，38mm，40mm，42mm，45mm，48mm，50mm，52mm，55mm，58mm，60mm，65mm，70mm，75mm，80mm，85mm，90mm，95mm，100mm，110mm，120mm，130mm，140mm，150mm，160mm，170mm，180mm，190mm，200mm。

粗制小半圆头铆钉见表 21.132

表 21.132 粗制小半圆头铆钉（GB/T 863.2—1986）

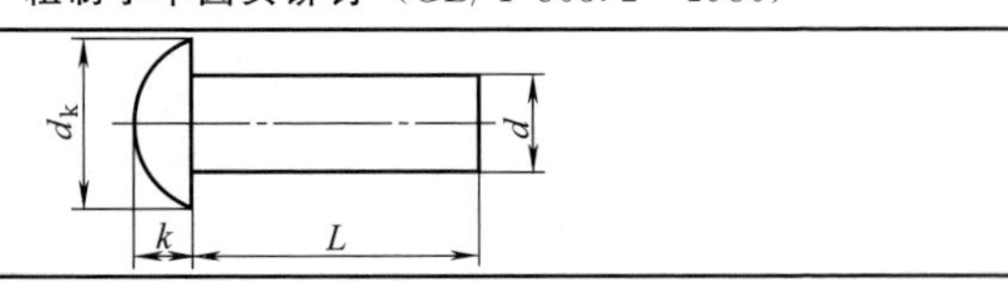

续表

d	公称	10	12	14	16	18	20	22	24	27	30	36
	最大	10.3	12.3	14.3	16.3	18.3	20.35	22.35	24.35	27.35	30.35	36.4
	最小	9.7	11.7	13.7	15.7	17.7	19.65	21.65	23.65	26.65	29.65	35.6
d_k	最大	16	19	22	25	28	32	36	40	43	48	58
	最小	14.9	17.7	20.7	23.7	26.7	30.4	34.4	38.4	41.4	46.4	56.1
k	最大	7.4	8.4	9.9	10.9	12.6	14.1	15.1	17.1	18.1	20.3	24.3
	最小	6.5	7.5	9	10	11.5	13	14	16.	17	19	23
长度 L 范围		12～50	16～60	20～70	25～80	28～90	30～200	35～200	38～200	40～200	42～200	48～200

注：铆钉长度 L 系列为 12mm，14mm，16mm，18mm，20mm，22mm，25mm，28mm，30mm，32mm，35mm，38mm，40mm，42mm，45mm，48mm，50mm，52mm，55mm，58mm，60mm，62mm，65mm，68mm，70mm，75mm，80mm，85mm，90mm，95mm，100mm，110mm，120mm，130mm，140mm，150mm，160mm，170mm，180mm，190mm，200mm。

21.7.2　扁圆头与大扁圆头铆钉

主要用于金属薄板或非金属材料的铆接。其规格见表 21.133。

表 21.133　扁圆头与大扁圆头铆钉的规格　mm

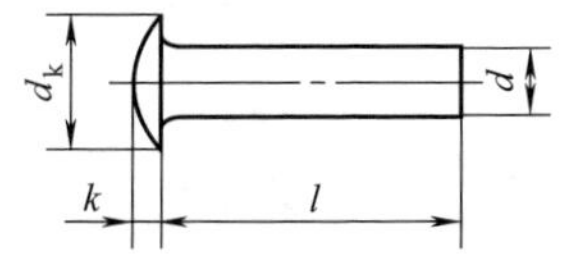

扁圆头铆钉(GB/T 871—1986)

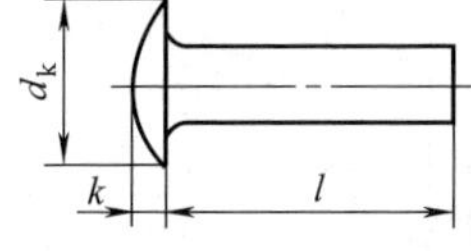

大扁圆头铆钉 (GB/T 1011—1986)

公称直径 d	头部直径 d_{kmax}		头部厚度 k_{max}		公称钉杆长度 l	
	扁圆头	大扁圆头	扁圆头	大扁圆头	扁圆头	大扁圆头
(1.2)	2.60	—	0.6	—	1.5～6	—
1.4	3.00	—	0.7	—	2～8	—
(1.6)	3.44	—	0.8	—	2～8	—
2.0	4.24	5.04	0.9	1.0	2～13	3.5～16
2.5	5.24	6.49	0.9	1.4	3～16	3.5～20
3.0	6.24	7.49	1.2	1.6	3.5～30	3.5～24
(3.5)	7.29	8.79	1.4	1.9	5～36	6～28
4	8.29	9.89	1.5	2.1	7～50	6～32
5	10.29	12.45	1.9	2.6	7～50	8～40
6	12.35	14.85	2.4	3.0	7～50	10～40
8	16.35	19.92	3.2	4.14	9～50	14～50
10	20.42	—	4.24	—	10～50	—

21.7.3　沉头铆钉

沉头铆钉用于表面需要平滑（可略外露）的工件。

（1）普通沉头铆钉（表 21.134）

表 21.134　沉头铆钉的规格尺寸（GB/T 869—1986）　mm

项目		1	(1.2)	1.4	(1.6)	2	2.5	3	(3.5)	4	5	6	8	10	12	(14)	16
d	公称	1	(1.2)	1.4	(1.6)	2	2.5	3	(3.5)	4	5	6	8	10	12	(14)	16
	最大	1.06	1.26	1.46	1.66	2.06	2.56	3.06	3.58	4.08	5.08	6.08	8.10	10.10	12.12	14.12	16.12
	最小	0.94	1.14	1.34	1.54	1.94	2.44	2.94	3.42	3.92	4.92	5.92	7.90	9.90	11.88	13.88	15.88
α		90°												60°			
k		0.5	0.5	0.7	0.7	1	1.1	1.2	1.4	1.6	2	2.4	3.2	4	6	7	8
规格 l 范围		2～8	2.5～8	3～12	3～12	3.5～16	5～16	5～22	6～24	6～30	6～50	6～50	12～60	16～75	18～75	20～100	24～100

注：1. （）内数字尽量不采用。

2. 公称 l 系列为 2mm，2.5mm，3mm，3.5mm，4mm，5mm，6mm，7mm，8mm，9mm，10mm，11mm，12mm，13mm，14mm，15mm，16mm，17mm，18mm，19mm，20mm，22mm，24mm，26mm，28mm，30mm，32mm，34mm，36mm，38mm，40mm，42mm，44mm，46mm，48mm，50mm，52mm，55mm，58mm，60mm，62mm，65mm，68mm，70mm，75mm，80mm，85mm，90mm，95mm，100mm。

（2）粗制沉头铆钉（表 21.135）

表 21.135　粗制沉头铆钉的规格尺寸（GB/T 865—1986）　mm

续表

d	公称	12	(14)	16	(18)	20	(22)	24	(27)	30	36
	最大	12.3	14.3	16.3	18.30	20.35	22.35	24.35	27.35	30.35	36.4
	最小	11.7	13.7	15.7	17.7	19.65	21.65	23.65	26.65	29.65	35.6
d_k	最大	19.6	22.5	25.7	29	33.4	37.4	40.4	44.4	51.4	59.8
	最小	17.6	20.6	23.7	27	30.6	34.6	37.6	41.6	48.6	56.2
r	最大	0.5	0.5	0.5	0.5	0.8	0.8	0.8	0.8	0.8	0.8
b	最大	0.6	0.6	0.6	0.8	0.8	0.8	0.8	0.8	0.8	0.8
k		6	7	8	9	11	12	13	11	17	19
规格 l 范围		12～35	20～100	24～100	28～150	30～150	38～180	50～180	55～180	60～200	65～200

注：尽可能不采用括号内的规格。

(3) 半沉头铆钉（表 21.136）

表 21.136 半沉头铆钉的规格尺寸（GB/T 870—1986） mm

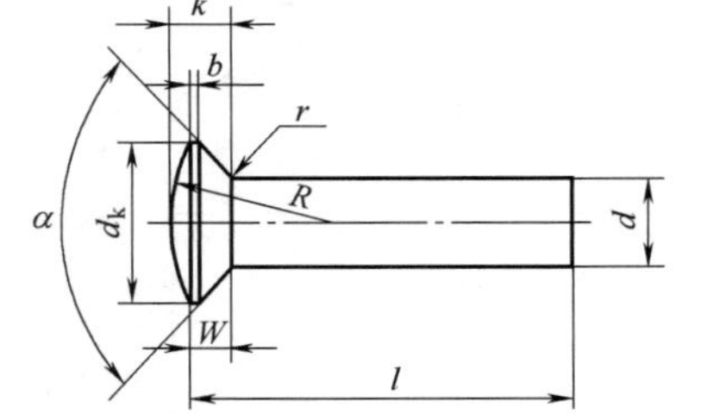

续表

d	公称	1	(1.2)	1.4	(1.6)	2	2.5	3	(3.5)	4	5	6	8	10	12	(14)	16
	最大	1.06	1.26	1.46	1.66	2.06	2.56	3.06	3.58	4.08	5.08	6.08	8.1	10.1	12.12	11.12	16.12
	最小	0.91	1.14	1.31	1.51	1.91	2.44	2.94	3.42	3.92	4.92	5.92	7.9	9.9	11.88	13.88	15.88
d_k	最大	2.03	2.23	2.83	3.03	4.05	4.75	5.35	6.28	7.18	8.98	10.62	14.22	17.82	18.86	21.76	24.96
	最小	1.77	1.97	2.57	2.77	3.75	4.45	5.05	5.92	6.82	8.62	10.18	13.78	17.38	18.34	21.24	24.44
α		90°								60°							
k		0.8	0.85	1.1	1.45	1.55	1.8	2.05	2.4	2.7	3.4	4	5.2	6.6	8.8	10.4	11.4
W		0.5	0.5	0.7	0.7	1.0	1.1	1.2	1.4	1.6	2	2.4	3.2	4	6	7	8
r	最大	0.1	0.1	0.1	0.1	0.1	0.1	0.1	0.3	0.3	0.3	0.3	0.3	0.3	0.1	0.1	0.1
b	最大	0.2	0.2	0.2	0.2	0.2	0.2	0.2	0.4	0.4	0.4	0.4	0.4	0.4	0.4	0.5	0.5
R		1.8	1.8	2.5	2.6	3.8	4.2	4.5	5.3	6.3	7.6	9.5	13.6	17	17.5	19.5	24.7
规格 l 范围		2～8	2.8～8	3～12	3～12	3.5～16	5～18	5～22	6～24	6～30	6～50	6～50	11～60	15～75	17～75	19～100	22～100

注：长度系列为 2mm，2.5mm，3mm，3.5mm，4mm，5mm，6mm，7mm，8mm，9mm，10mm，11mm，12mm，13mm，14mm，15mm，16mm，17mm，18mm，19mm，20mm，22mm，24mm，26mm，28mm，30mm，32mm，34mm，36mm，38mm，40mm，42mm，44mm，46mm，48mm，50mm，52mm，55mm，58mm，60mm，62mm，65mm，68mm，70mm，75mm，80mm，85mm，90mm，95mm，100mm。

(4)(粗制)半沉头铆钉(表 21.137)

表 21.137　(粗制)半沉头铆钉的规格尺寸(GB/T 866—1986)

mm

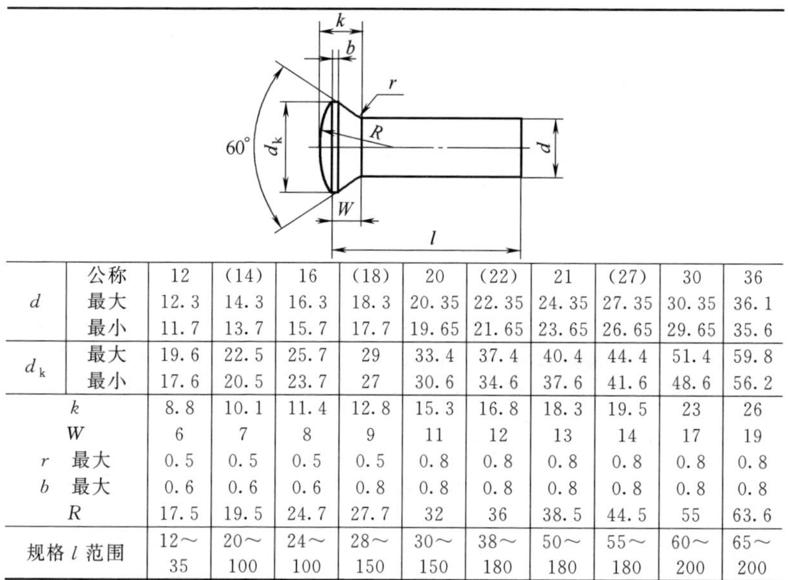

项目		12	(14)	16	(18)	20	(22)	21	(27)	30	36
d	公称	12	(14)	16	(18)	20	(22)	21	(27)	30	36
	最大	12.3	14.3	16.3	18.3	20.35	22.35	24.35	27.35	30.35	36.1
	最小	11.7	13.7	15.7	17.7	19.65	21.65	23.65	26.65	29.65	35.6
d_k	最大	19.6	22.5	25.7	29	33.4	37.4	40.4	44.4	51.4	59.8
	最小	17.6	20.5	23.7	27	30.6	34.6	37.6	41.6	48.6	56.2
k		8.8	10.1	11.4	12.8	15.3	16.8	18.3	19.5	23	26
W		6	7	8	9	11	12	13	14	17	19
r	最大	0.5	0.5	0.5	0.5	0.8	0.8	0.8	0.8	0.8	0.8
b	最大	0.6	0.6	0.6	0.8	0.8	0.8	0.8	0.8	0.8	0.8
R		17.5	19.5	24.7	27.7	32	36	38.5	44.5	55	63.6
规格 l 范围		12～35	20～100	24～100	28～150	30～150	38～180	50～180	55～180	60～200	65～200

注:1. 尽可能不采用括号内的规格。

2. 长度系列为 20mm,22mm,24mm,26mm,28mm,30mm,32mm,35mm,38mm,40mm,42mm,45mm,48mm,50mm,52mm,58mm,60mm,62mm,65mm,68mm,70mm,75mm,80mm,85mm,90mm,95mm,100mm,110mm,120mm,130mm,140mm,150mm,160mm,170mm,180mm,190mm,200mm。

(5)120°半沉头铆钉(表 21.138)

表 21.138　120°半沉头铆钉的规格和尺寸(GB/T 1012—1986)

mm

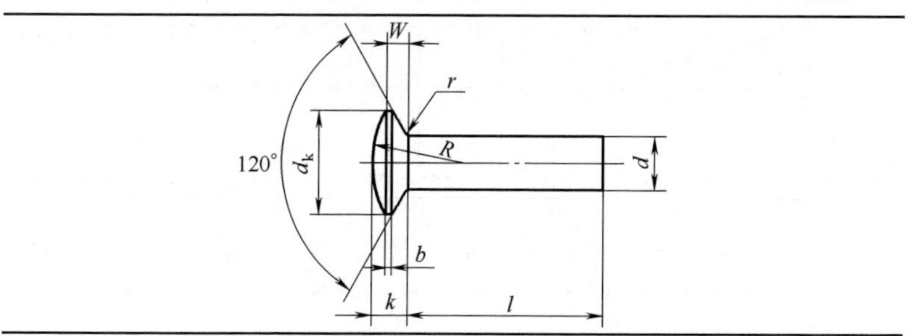

续表

d	公称	3	(3.5)	4	5	6
	最大	3.06	3.58	4.08	5.68	6.08
	最小	2.94	3.42	3.92	4.92	5.02
d_k	最大	6.28	7.08	7.98	9.68	11.72
	最小	5.92	6.72	7.62	9.32	11.28
k		1.8	1.9	2	2.2	2.5
W		1	1.1	1.2	1.4	1.7
r	最大	0.1	0.3	0.3	0.3	0.3
b	最大	0.2	0.4	0.4	0.4	0.4
R		6.5	7.5	11	15.7	19
规格 l 范围		5～24	6～28	6～32	8～40	10～40

注：1. 尽可能不采用括号内的规格。

2. 长度系列为 5mm，6mm，7mm，8mm，9mm，10mm，11mm，12mm，13mm，14mm，15mm，16mm，17mm，18mm，19mm，20mm，22mm，24mm，26mm，28mm，30mm，32mm，34mm，36mm，38mm，40mm。

21.7.4 平头和扁平头铆钉

平头和扁平头铆钉用于扁薄件的铆接。其规格尺寸见表 21.139、表 21.140。

表 21.139 平头铆钉的规格尺寸（GB/T 109—1986） mm

d	公称	2	2.5	3	(3.5)	4	5	6	8	10
	最大	2.06	2.56	3.06	3.58	4.08	5.08	6.08	8.10	10.1
	最小	1.94	2.44	2.94	3.42	3.92	4.92	5.92	7.90	9.90
d_k	最大	4.24	5.24	6.24	7.29	8.29	10.29	12.35	16.35	20.42
	最小	3.76	4.76	5.76	6.71	7.71	9.71	11.65	15.65	19.58
k	最大	1.2	1.4	1.6	1.8	2.0	2.2	2.6	3.0	3.44
	最小	0.8	1.0	1.2	1.4	1.6	1.8	2.2	2.6	2.96
规格 l 范围		4～8	5～10	6～14	6～18	8～22	10～26	12～30	16～30	20～30

注：1. () 内数字尽量不采用。

2. 公称 l 系列为 4mm，5mm，6mm，7mm，8mm，9mm，10mm，11mm，12mm，13mm，14mm，15mm，16mm，17mm，18mm，19mm，20mm，22mm，24mm，26mm，28mm，30mm。

表 21.140　扁平头铆钉的规格尺寸（GB/T 872—1986）　mm

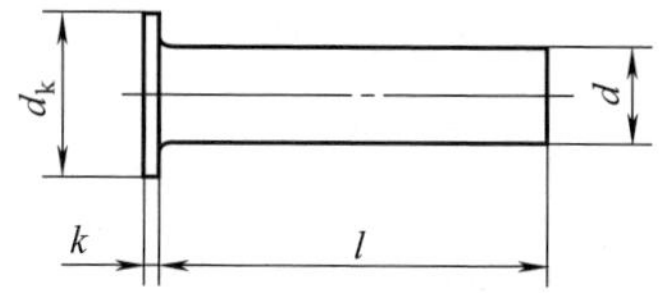

d	公称	2	2.5	3	(3.5)	4	5	6	8	10
	最大	2.06	2.56	3.06	3.58	4.08	5.08	6.08	8.1	10.1
	最小	1.94	2.44	2.94	3.42	3.92	4.92	5.92	7.9	9.9
d_k	最大	4.24	5.24	6.24	7.29	8.29	10.29	12.35	16.35	20.42
	最小	3.76	4.76	5.76	6.71	7.71	9.71	11.65	15.65	19.58
k	最大	1.2	1.4	1.6	1.8	2.0	2.2	2.6	3.0	3.44
	最小	0.8	1.0	1.2	1.4	1.6	1.8	2.2	2.6	2.96
规格 l 范围		4～8	5～10	6～14	6～18	8～22	10～26	12～30	16～30	20～30

注：1. 公称 l 系列为 4mm，5mm，6mm，7mm，8mm，9mm，10mm，11mm，12mm，13mm，14mm，15mm，16mm，17mm，18mm，19mm，20mm，22mm，24mm，26mm，28mm，30mm。

2. () 内数字尽量不采用。

21.7.5　平锥头铆钉

平锥头铆钉用于钢结构件的铆接。其规格见表 21.141、表 21.142。

表 21.141　平锥头粗制铆钉的规格尺寸（GB/T 864—1986）mm

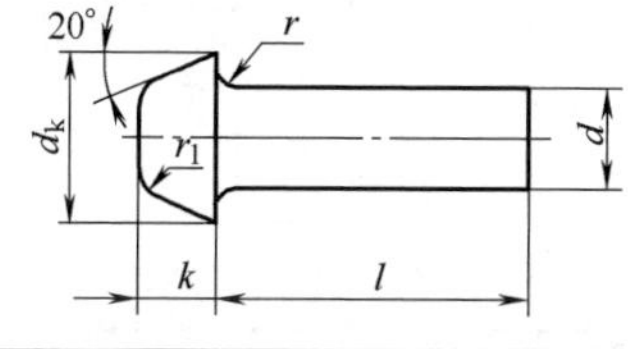

d	公称	12	(14)	16	(18)	20	(22)	24	(27)	30	36
	最大	12.3	14.3	16.3	18.3	20.35	22.35	24.35	27.35	30.35	36.4
	最小	11.7	13.7	15.7	17.7	19.65	21.65	23.65	26.65	29.65	35.6
d_k	最大	21	25	29	32.4	35.4	39.9	41.4	46.4	51.4	61.8
	最小	19	23	27	29.6	32.6	37.1	38.6	43.6	48.6	58.2
k	最大	10.5	12.8	14.8	16.8	17.8	20.2	22.7	24.7	28.2	34.6
	最小	9.5	11.2	13.2	15.2	16.2	17.8	20.3	22.3	25.8	31.1
r	最大	0.5				0.8					
r_1	最大	2				3					

续表

规格 l 范围	20～100	20～100	24～110	30～150	30～150	38～180	50～180	58～180	65～180	70～200

注：公称 l 系列为 20mm，22mm，24mm，26mm，28mm，30mm，32mm，35mm，38mm，40mm，42mm，45mm，48mm，50mm，52mm，55mm，58mm，60mm，65mm，70mm，75mm，80mm，85mm，90mm，95mm，100mm，110mm，120mm，130mm，140mm，150mm，160mm，170mm，180mm，190mm，200mm。

表 21.142　平锥头铆钉的规格尺寸（GB/T 868—1986）　mm

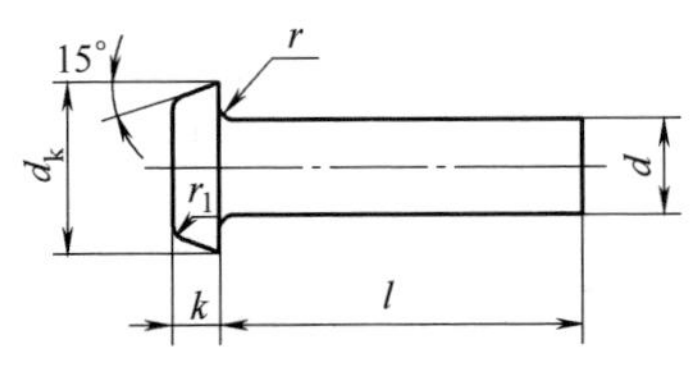

d	公称	2	2.5	3	(3.5)	4	5	6	8	10	12	(14)	16
	最大	2.06	2.56	3.06	3.58	4.08	5.08	6.08	8.1	10.1	12.12	14.12	16.12
	最小	1.94	2.44	2.94	3.42	3.92	4.92	5.92	7.9	9.9	11.88	13.88	15.88
d_k	最大	3.84	4.74	5.64	6.59	7.49	9.29	11.15	14.75	18.35	20.42	24.42	28.12
	最小	3.36	4.26	5.16	6.01	6.91	8.71.	10.45	14.05	17.65	19.58	23.58	27.58
k	最大	1.2	1.5	1.7	2.0	2.2	2.7	3.2	4.24	5.24	6.24	7.29	8.29
	最小	0.8	1.1	1.3	1.6	1.8	2.3	2.8	3.76	4.76	5.76	6.71	7.71
r	最大	0.1	0.1	0.1	0.3	0.3	0.3	0.3	0.3	0.3	0.4	0.4	0.4
r_1	最大	0.7			1						1.5		
规格 l 范围		3～16	4～20	6～24	6～28	8～32	10～40	12～40	16～60	16～90	18～110	18～110	24～110

注：公称 l 系列为 3mm，3.5mm，4mm，5mm，6mm，7mm，8mm，9mm，10mm，11mm，12mm，13mm，14mm，15mm，16mm，17mm，18mm，19mm，20mm，22mm，24mm，26mm，28mm，30mm，32mm，34mm，36mm，38mm，40mm，42mm，44mm，46mm，48mm，50mm，52mm，55mm，58mm，60mm，65mm，70mm，75mm，80mm，85mm，90mm，95mm，100mm，110mm。

21.7.6　抽芯铆钉

抽芯铆钉用在汽车、船舶、建筑等不开敞场合，应用拉铆枪铆接零件。抽芯铆钉的材料见表 21.143。

表 21.143　抽芯铆钉的材料

性能等级	钉体材料			钉芯材料		
	种类	材料牌号	标准编号	种类	材料牌号	标准编号
06	铝	1035	GB/T 3190	铝合金	7A03、5183	GB/T 3190
08	铝合金	5005、5A05		钢	10、15 35、45	GB/T 699 GB/T 3206
10		5052、5A02				
11		5056、5A05				
12		5052、5A02		铝合金	7A03 5183	GB/T 3190
15		5056、5A05		不锈钢	0Cr18Ni9 1Cr18Ni9	GB/T 4232
20	铜	T1 T2 T3	GB/T 14956	钢	10、15、 35、45	GB/T 699 GB/T 3206
21				青铜	供需双方协议	
22				不锈钢	0Cr18Ni9 1Cr18Ni9	GB/T 4232
30	钢	08F、10	GB/T 699 GB/T 3206	钢	10、15、 35、45	GB/T 699 GB/T 3206
40	镍铜合金	28-2,5-1.5 镍铜合金(NiCu28-25-15)	GB/T 5235			
41				不锈钢	0Cr18Ni9 2Cr13	GB/T 4232
50	不锈钢	0Cr18Ni9 1Cr18Ni9	GB/T 1220	钢	10、15、 35、45	GB/T 699 GB/T 3206
51				不锈钢	0Cr18Ni9 2Cr13	GB/T 4232

（1）封闭型平圆头抽芯铆钉（表 21.144）

表 21.144 封闭型平圆头抽芯铆钉的规格（GB/T 12615.1～4—2004）

mm

项目						
钉体	d	公称	3.2	4	4.8/5	6.4
		最大	3.28	4.08	4.88/5.08	6.48
		最小	3.05	3.85	4.65/4.85	6.25
	d_k	最大	6.7	8.4	10.1/10.5	13.4
		最小	5.8	6.9	8.3/8.7	11.6
	k	最大	1.3	1.7	2/2.1	2.7
性能等级 11 级[钉体材料为铝(AlA)合金、钉芯材料为钢(St)]						
钉芯	d_m	最大	1.85	2.35	2.77/2.8	3.71
	p	最小	25		27	
$l_{公称-min}$	l_{max}		推荐的铆接范围			
6.5	7.5		0.5～2.0			
8	9		2.0～3.5	0.5～3.5		
8.5	9.5		—	—	0.5～3.5	
9.5	10.5		3.5～5.0	3.5～5.0	3.5～5.0	
11	12		5.0～6.5	5.0～6.5	5.0～6.5	
12.5	13.5		6.5～8.0	6.5～8.0	—	1.5～6.5
13	14			—	6.5～8.0	—
14.5	15.5			8～10	8.0～9.5	
15.5	16.5				—	6.5～9.5
16	17				9.5～11.0	—
18	19				11～13	—
21	22				13～16	—
性能等级 30 级[钉体材料和钉芯材料均为钢(St)]						
钉芯	d_m	最大	2	2.35	2.95	3.9
	p	最小	25		27	
$l_{公称-min}$	l_{max}		推荐的铆接范围			
6	7		0.5～1.5	0.5～1.5		
8	9		1.5～3.0	1.5～3.0	0.5～3.0	
10	11		3.0～5.0	3.0～5.0	3.0～5.0	
12	13		5.0～6.5	5.0～6.5	5.0～6.5	
15	16			6.5～10.5	5.5～10.5	3.0～6.5
16	17					6.5～8.0
21	22					8.0～12.5

续表

性能等级06级[钉体材料为铝(Al)合金、钉芯材料为铝合金(AlA)]					
钉芯	d_m　最大	1.85	2.35	2.77	3.75
	p　最小	25		27	
$l_{公称-min}$	l_{max}	推荐的铆接范围			
8.0	9.0	0.5～3.5	—	1.0～3.5	
9.5	10.5	3.5～5.0	1.0～5.0	—	
11.0	12.0	5.0～6.5	—	3.5～6.5	
11.5	12.5		5.0～6.5	—	
12.5	13.5		6.5～8.0	—	1.5～7.0
14.5	15.5			6.5～9.5	7.0～8.S
18.0	19.0			9.5～13.5	8.5～10.0

性能等级51级[钉体材料为奥氏体不锈钢(A2)、钉芯材料为不锈钢(SSt)]					
钉芯	d_m　最大	2.15	2.75	3.2	3.9
	p　最小	25		27	
$l_{公称-min}$	l_{max}	推荐的铆接范围			
6	7	0.5～1.5	0.5～1.5		
8	9	1.5～3.0	1.5～3.0	0.5～3.0	
10	11	3.0～5.0	3.0～5.0	3.0～5.0	
12	13	5.0～6.5	5.0～6.5	5.0～6.5	1.5～6.5
14	15	6.5～8.0	6.5～8.0	—	—
16	17		8.0～11.0	6.5～9.0	6.5～8.0
20	21			9.0～12.0	8.0～12.0

（2）封闭型沉头抽芯铆钉（表21.145）

表21.145　封闭型沉头抽芯铆钉的规格（11级）　mm

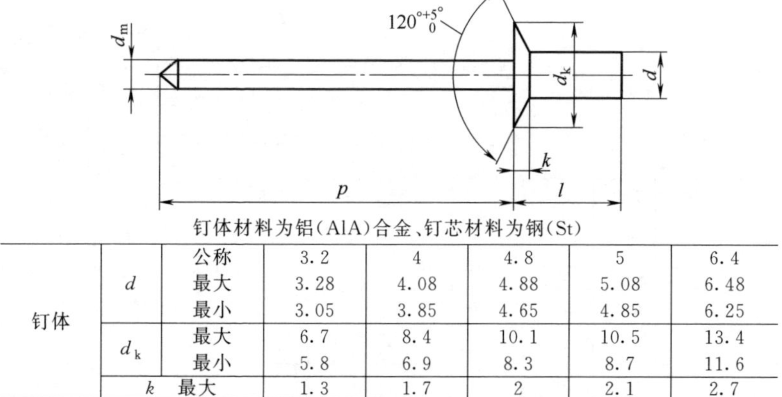

钉体材料为铝(AlA)合金、钉芯材料为钢(St)

钉体							
钉体	d	公称	3.2	4	4.8	5	6.4
		最大	3.28	4.08	4.88	5.08	6.48
		最小	3.05	3.85	4.65	4.85	6.25
	d_k	最大	6.7	8.4	10.1	10.5	13.4
		最小	5.8	6.9	8.3	8.7	11.6
	k	最大	1.3	1.7	2	2.1	2.7

续表

钉芯	d_m 最大	1.85	2.35	2.77	2.8	3.75
	p 最小	25		27		
$l_{公称-min}$	l_{max}	推荐的铆接范围				
8	9	2.0～3.5	0.5～3.5			
8.5	9.5	—	—	0.5～3.5		
9.5	10.5	3.5～5.0	3.5～5.0	3.5～5.0		
11	12	5.0～6.5	5.0～6.5	5.0～6.5		
12.5	13.5	6.5～8.0	6.5～8.0	—		1.5～6.5
13	14		—	6.5～8.0		—
14.5	15.5		8～10	8.0～9.5		—
15.5	16.5			—		6.5～9.5
16	17			9.5～11.0		—
18	19			11～13		—
21	22			13～16		—

（3）开口型沉头抽芯铆钉（表 21.146）

表 21.146 开口型沉头抽芯铆钉的规格（GB/T 12617.1～5—2006）

mm

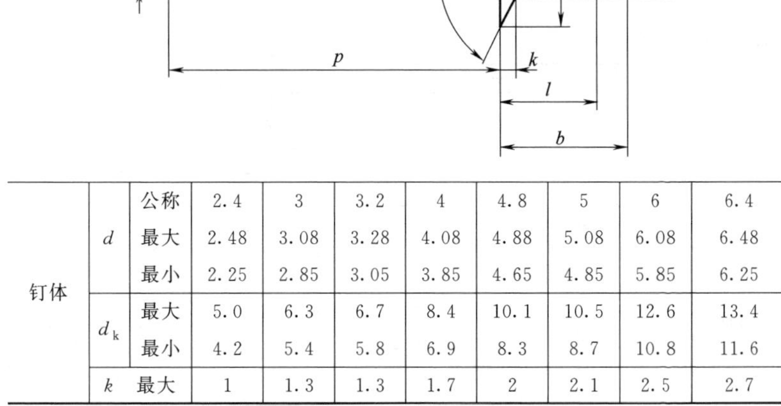

钉体										
	d	公称	2.4	3	3.2	4	4.8	5	6	6.4
		最大	2.48	3.08	3.28	4.08	4.88	5.08	6.08	6.48
		最小	2.25	2.85	3.05	3.85	4.65	4.85	5.85	6.25
	d_k	最大	5.0	6.3	6.7	8.4	10.1	10.5	12.6	13.4
		最小	4.2	5.4	5.8	6.9	8.3	8.7	10.8	11.6
	k	最大	1	1.3	1.3	1.7	2	2.1	2.5	2.7

续表

性能等级10、11级[钉体材料为铝(AlA)合金、钉芯材料为钢(St)]									
钉芯	d_m 最大	1.5	2.15	2.15	2.8	3.5	3.5	—	—
	p 最小	25			27				
盲区长度	b 最大	l_{max}+3.5	l_{max}+3.5	l_{max}+4	l_{max}+4	l_{max}+4.5	l_{max}+4.5	—	—
铆钉长度 l		推荐的铆接范围							
公称=最小	最大								
4	5	1.5~2.0	—	—	—	—	—	—	—
5	7	2.0~4.0	2.0~3.5	2.0~3.5	—	—	—	—	—
8	9	4.0~6.0	3.5~5.0	3.5~5.0	2.0~5.0	2.5~4.0	2.5~4.0	—	—
10	11	6.0~8.0	5.0~7.0	5.0~7.0	5.0~5.5	4.0~6.0	4.0~6.0	—	—
12	13	8.0~9.5	7.0~9.0	7.0~9.0	6.5~8.5	6.0~8.0	6.0~8.0	—	—
16	17	—	9.0~13.0	9.0~13.0	8.5~12.5	8.0~12.0	8.0~12.0	—	—
20	21	—	13.0~17.0	13.0~17.0	12.5~16.5	12.0~15.0	12.0~15.0	—	—
25	26	—	17.0~22.0	17.0~22.0	16.5~21.5	15.0~20.0	15.0~20.0	—	—
30	31	—	—	—	—	20.0~25.0	20.0~25.0	—	—

性能等级30级[钉体材料和钉芯材料均为钢(St)]									
钉芯	d_m 最大	1.5	2.15	2.15	2.8	3.5	3.5	3.4	4
	p 最小	25			27				
盲区长度	b 最大	l_{max}+3.5	l_{max}+3.5	l_{max}+4	l_{max}+4	l_{max}+4.5	l_{max}+4.5	l_{max}+5	l_{max}+5.5
铆钉长度 l		推荐的铆接范围							
公称=最小	最大								
6	7	1.5~3.5	1.5~3.0	1.5~3.0	2.0~3.0	—	—	—	—
8	9	3.5~5.5	3.0~5.0	3.0~5.0	3.0~5.0	2.5~4.0	2.5~4.0	—	—
10	11	—	5.0~6.5	5.0~6.5	5.0~6.5	4.0~6.0	4.0~6.0	3.0~4.0	3.0~4.0
12	13	5.5~9.5	6.5~8.0	6.5~8.0	6.5~8.0	6.0~8.0	6.0~8.0	4.0~6.0	4.0~6.0
16	17	—	8.0~12.0	8.0~12.0	8.0~12.0	8.0~11.0	8.0~11.0	6.0~10.0	6.0~9.0
20	21	—	12.0~16.0	12.0~16.0	12.0~16.0	11.0~15.0	11.0~15.0	10.0~14.0	9.0~13.0
25	26	—	—	—	—	15.0~19.5	15.0~19.5	14.0~19.0	13.0~19.0

续表

性能等级 12 级[钉体材料和钉芯材料均为钢(AlA)]									
钉芯	d_m 最大	1.6	—	2.1	2.55	3.05	—	—	4
钉芯	p 最小	25			27				
盲区长度	b 最大	l_{max}+3	—	l_{max}+3	l_{max}+3.5	l_{max}+4	—	—	l_{max}+5.5
铆钉长度 l		推荐的铆接范围							
公称=最小	最大								
6	7	1.5～4.0	—	2.5～3.5	—	—	—	—	—
8	9	—	—	3.5～5.0	2.0～5.0	2.5～4.0	—	—	—
10	11	—	—	5.0～7.0	5.0～6.5	4.0～6.0	—	—	—
12	13	—	—	7.0～9.0	6.5～8.5	6.0～8.0	—	—	3.0～6.0
16	17	—	—	9.0～13.0	8.5～12.5	8.0～12.0	—	—	6.0～10.0
20	21	—	—	13.0～17.0	12.5～16.5	12.0～15.0	—	—	10.0～14.0

性能等级 51 级[钉体材料和钉芯材料均为钢(A2)]									
钉芯	d_m 最大	1.5	2.15	2.15	2.8	3.5	3.5	3.4	4
钉芯	p 最小	25			27				
盲区长度	b 最大	—	l_{max}+4	l_{max}+4	l_{max}+4.5	l_{max}+5	l_{max}+5	—	—
铆钉长度 l		推荐的铆接范围							
公称=最小	最大								
6	7	—	1.5～3.0	1.5～3.0	1.0～2.5	—	—	—	—
8	9	—	3.0～5.0	3.0～5.0	2.5～4.5	2.5～4.0	2.5～4.0	—	—
10	11	—	5.0～6.5	5.0～6.5	4.5～6.5	4.0～6.0	4.0～6.0	—	—
12	13	—	6.5～8.5	6.5～8.5	6.5～8.5	6.0～8.0	6.0～8.0	—	—
14	15	—	8.5～10.5	8.5～10.5	8.5～10.0	—	—	—	—
16	17	—	10.5～12.5	10.5～12.5	10.0～12.0	8.0～11.0	8.0～11.0	—	—
18	19	—	—	—	—	11.0～13.0	11.0～13.0	—	—

续表

性能等级 20、21、22 级[钉体材料为铜(Cu)、钉芯材料为钢(St)或青铜(Br)或不锈钢(SSt)]									
钉芯	d_m 最大	—	2	2	2.45	2.95	—	—	—
	p 最小	25				27			
盲区长度	b 最大		l_{max}+3.5	l_{max}+4	l_{max}+4	l_{max}+4.5	—	—	—
铆钉长度 l		推荐的铆接范围							
公称=最小	最大								
5	6	—	1.5～2.0	1.5～2.0	2.0～2.5	—	—	—	—
6	7	—	2.0～3.0	2.0～3.0	2.5～3.5	—	—	—	—
8	9	—	2.0～3.0	2.0～3.0	3.5～5.0	2.5～4.0	—	—	—
10	11	—	5.0～7.0	5.0～7.0	5.0～7.0	4.0～5.0	—	—	—
12	13	—	7.0～9.0	7.0～9.0	7.0～8.5	6.0～8.0	—	—	—
14	15	—	9.0～11.0	9.0～11.0	8.5～10.0	8.0～10.0	—	—	—
15	17	—	—	—	10.0～12.5	10.0～12.0	—	—	—
18	19	—	—	—	—	12.0～14.0	—	—	—
20	21	—	—	—	—	14.0～16.0	—	—	—

(4) 开口型平圆头抽芯铆钉(表 21.147)

表 21.147 开口型平圆头抽芯铆钉的规格(GB/T 12618.1～6—2006)

mm

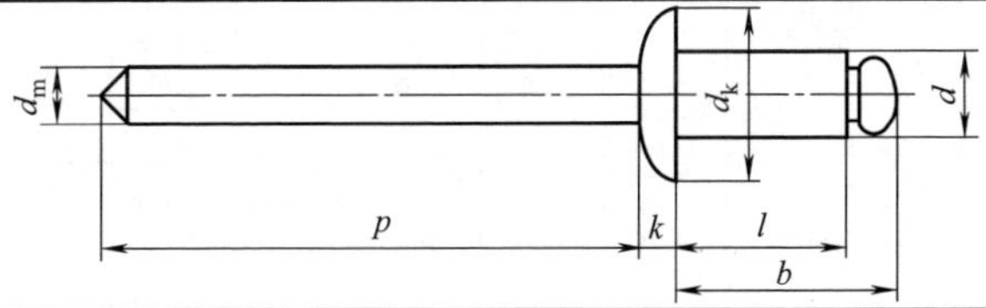

钉体	d	公称	2.4	3	3.2	4	4.8	5	6	6.4
		最大	2.48	3.08	3.28	4.08	4.88	5.08	6.08	6.48
		最小	2.25	2.85	3.05	3.85	4.65	4.85	5.85	6.25
	d_k	最大	5.0	6.3	6.7	8.4	10.1	10.5	12.6	13.4
		最小	4.2	5.4	5.8	6.9	8.3	8.7	10.8	11.6
	k	最大	1	1.3	1.3	1.7	2	2.1	2.5	2.7

续表

性能等级 10、11 级[钉体材料为铝(AlA)合金、钉芯材料为钢(St)]									
钉芯	d_m 最大	1.55	2	2	2.45	2.95	2.95	3.4	3.9
	p 最小	25			27				
盲区长度	b 最大	l_{max}+3.5	l_{max}+3.5	l_{max}+4	l_{max}+4	l_{max}+4.5	l_{max}+4.5	l_{max}+5	l_{max}+5.5
铆钉长度 l		推荐的铆接范围							
公称=最小	最大								
4	5	0.5~2.0	0.5~1.5						
6	7	2.0~4.0	1.5~3.5		1.0~3.0	1.5~2.5			
8	9	4.0~6.0	3.5~5.0		3.0~5.0	2.5~4.0		2.0~3.0	
10	11	6.0~8.0	5.0~7.0		5.0~6.5	4.0~6.0		3.0~5.0	
12	13	8.0~9.5	7.0~9.0		6.5~8.5	6.0~8.0		5.0~7.0	3.0~6.0
16	17		9.0~13.0		8.5~12.5	8.0~12.0		7.0~11.0	6.0~10.0
20	21		13.0~17.0		12.5~16.5	12.0~15.0		11.0~15.0	10.0~14.0
25	26		17.0~22.0		16.5~21.0	15.0~20.0		15.0~20.0	14.0~18.0
30	31					20.0~25.0		20.0~25.0	18.0~23.0

性能等级 30 级[钉体材料和钉芯材料均为钢(St)]									
钉芯	d_m 最大	1.5	2.15	2.15	2.8	3.5	3.5	3.4	4
	p 最小	25			27				
盲区长度	b 最大	l_{max}+3.5	l_{max}+3.5	l_{max}+4	l_{max}+4	l_{max}+4.5	l_{max}+4.5	l_{max}+5	l_{max}+5.5
铆钉长度 l		推荐的铆接范围							
公称=最小	最大								
6	7	0.5~3.5	0.5~3.0	0.5~3.0	1.0~3.0				
8	9	3.5~5.5	3.0~5.0	3.0~5.0	3.0~5.0	2.5~4.0	2.5~4.0		
10	11	—	5.0~6.5	5.0~6.5	5.0~6.5	4.0~6.0	4.0~6.0	3.0~4.0	3.0~4.0
12	13	5.5~9.5	6.5~8.0	6.5~8.0	6.5~9.0	6.0~8.0	6.0~8.0	4.0~6.0	4.0~6.0
16	17		8.0~12.0	8.0~12.0	9.0~12.0	8.0~11.0	8.0~11.0	6.0~10.0	6.0~9.0
20	21		12.0~16.0	12.0~16.0	12.0~16.0	11.0~15.0	11.0~15.0	10.0~14.0	9.0~13.0
25	26				—	15.0~19.5	15.0~19.5	14.0~19.0	13.0~19.0
30	31				16.0~25.0	19.5~25.0	19.5~25.0	19.0~24.0	19.0~24.0

续表

性能等级 12 级[钉体材料和钉芯材料均为钢(AlA)]									
钉芯	d_m 最大	1.6	—	2.1	2.55	3.05	—	—	4
	p 最小	$l_{max}+3$	—	$l_{max}+3$	$l_{max}+3.5$	$l_{max}+4$	—	—	$l_{max}+5.5$
盲区长度	b 最大	25				27			
铆钉长度 l		推荐的铆接范围							
公称=最小	最大								
5	6	—	—	0.5～1.5	—	—	—	—	—
6	7	0.5～3.0	—	1.5～3.5	1.0～3.0	1.5～2.5	—	—	—
8	9	—	—	3.5～5.0	3.0～5.0	2.5～4.0	—	—	—
9	10	3.0～6.0	—	—	—	—	—	—	—
10	11	—	—	5.0～7.0	5.0～6.5	4.0～6.0	—	—	—
12	13	6.0～9.0	—	7.0～9.0	6.5～8.5	6.0～8.0	—	—	3.0～6.0
16	17	—	—	9.0～13.0	8.5～12.5	8.0～12.0	—	—	6.0～10.0
20	21	—	—	13.0～17.0	12.5～16.5	12.0～15.0	—	—	10.0～14.0
25	26	—	—	17.0～22.0	16.5～21.5	15.0～20.0	—	—	14.0～18.0
30	31	—	—			20.0～25.0	—	—	18.0～23.0

性能等级 51 级[钉体材料和钉芯材料均为钢(A2)]										
钉体	d	公称	2.4	3	3.2	4	4.8	5	6	6.4
		最大	2.48	3.08	3.28	4.08	4.88	5.08	6.08	6.48
		最小	2.25	2.85	3.05	3.85	4.65	4.85	5.85	6.25
	d_k	最大	5.0	6.3	6.7	8.4	10.1	10.5	12.6	13.4
		最小	4.2	5.4	5.8	6.9	8.3	8.7	10.8	11.6
	k	最大	1	1.3	1.3	1.7	2	2.1	2.5	2.7
钉芯	d_m	最大	—	2.05	2.15	2.75	3.2	3.25	—	—
	p	最小	—	$l_{max}+4$	$l_{max}+4$	$l_{max}+4.5$	$l_{max}+5$	$l_{max}+5$	—	—
盲区长度	b	最大	25				27			

续表

铆钉长度 l			推荐的铆接范围							
公称＝最小	最大									
6	7		—	0.5～3.0	0.5～3.0	1.0～2.5	1.5～2.0	1.5～2.0	—	—
8	9		—	3.0～5.0	3.0～5.0	2.5～4.5	2.0～4.0	2.0～4.0	—	—
10	11		—	5.0～6.5	5.0～6.5	4.5～6.5	4.0～6.0	4.0～6.0	—	—
12	13		—	6.5～8.5	6.5～8.5	6.5～8.5	6.0～8.0	6.0～8.0	—	—
14	15		—	8.5～10.5	8.5～10.5	8.5～10.0	—	—	—	—
16	17		—	10.5～12.5	10.5～12.5	10.0～12.0	8.0～11.0	8.0～11.0	—	—
18	19		—	—	—	12.0～14.0	11.0～13.0	11.0～13.0	—	—
20	21		—	—	—	14.0～16.0	13.0～16.0	13.0～16.0	—	—
25	26		—	—	—	16.0～21.0	16.0～19.0	16.0～19.0	—	—
性能等级20、21、22级［钉体材料为铜(Cu)、钉芯材料为钢(St)或青铜(Br)或不锈钢(SSt)］										
钉体	d	公称	2.4	3	3.2	4	4.8	5	6	6.4
		最大	2.48	3.08	3.28	4.08	4.88	5.08	6.08	6.48
		最小	2.25	2.85	3.05	3.85	4.65	4.85	5.85	6.25
	d_k	最大	5.0	6.3	6.7	8.4	10.1	10.5	12.6	13.4
		最小	4.2	5.4	5.8	6.9	8.3	8.7	10.8	11.6
	k	最大	1	1.3	1.3	1.7	2	2.1	2.5	2.7
钉芯	d_m	最大	—	2	2	2.45	2.95	—	—	—
	p	最小	—	$l_{max}+3.5$	$l_{max}+4$	$l_{max}+4$	$l_{max}+4.5$	—	—	—
盲区长度	b	最大	25				27			
铆钉长度 l			推荐的铆接范围							
公称＝最小	最大									
5	6		—	0.5～2.0	0.5～2.0	1.0～2.5	—	—	—	—
6	7		—	2.0～3.0	2.0～3.0	2.5～3.5	—	—	—	—
8	9		—	3.0～5.0	3.0～5.0	3.5～5.0	2.5～4.0	—	—	—
10	11		—	5.0～7.0	5.0～7.0	5.0～7.0	4.0～6.0	—	—	—

续表

铆钉长度 l		推荐的铆接范围							
公称=最小	最大								
12	13	—	7.0～9.0	7.0～9.0	7.0～8.5	6.0～8.0	—	—	—
14	15	—	9.0～11.0	9.0～11.0	8.5～10.0	8.0～10.0	—	—	—
16	17	—	—	—	10.0～12.5	10.0～12.0	—	—	—
18	19	—	—	—	—	12.0～14.0	—	—	—
20	21	—	—	—	—	14.0～16.0	—	—	—
性能等级40、41级[钉体材料为镍铜合金(NiCu)、钉芯材料为钢(St)或不锈钢(SSt)]									
钉芯	d_m 最大	—	—	2.15	2.75	3.2	—	—	3.9
	p 最小	—	—	$l_{max}+4$	$l_{max}+4$	$l_{max}+4.5$	—	—	$l_{max}+5.5$
盲区长度	b 最大	25			27				
铆钉长度 l		推荐的铆接范围							
公称=最小	最大								
5	6	—	—	1.0～3.0	1.0～3.0	—	—	—	—
6	7	—	—	—	—	2.0～4.0	—	—	—
8	9	—	—	3.0～5.0	3.0～5.0	—	—	—	—
10	11	—	—	5.0～7.0	5.0～7.0	4.0～6.0	—	—	—
12	13	—	—	7.0～9.0	7.0～9.0	6.0～8.0	—	—	3.0～6.0
14	15	—	—	—	9.0～10.5	8.0～10.0	—	—	—
16	17	—	—	—	10.5～12.5	10.0～12.0	—	—	—
18	19	—	—	—	12.5～14.5	12.0～14.0	—	—	6.0～12.0
20	21	—	—	—	14.5～16.5	14.0～16.0	—	—	—

第22章 连接件

连接件主要是键和销。

22.1 键

键包括普通平键、导向平键、半圆键、普通楔键、钩头楔键和花键等。

22.1.1 平键

平键分普通平键和薄型平键。

普通平键对中性好，定位精度高，拆装方便，但无法实现轴上零件的轴向固定，用于传递静载荷的轴，有A型（圆头）、B型（平头）和C型（单圆头）三种。A型用于端铣刀加工的轴槽，B型用于盘铣刀加工的轴槽，C型用于轴端。

薄型平键与普通平键的结构形式相同，主要区别是其高度小（为普通平键的60%～70%），传递扭矩的能力较低，主要用于薄壁结构、空心轴以及一些径向尺寸受限制的场合。普通平键和薄型平键的尺寸见表22.1。

表22.1 普通平键和薄型平键的尺寸 mm

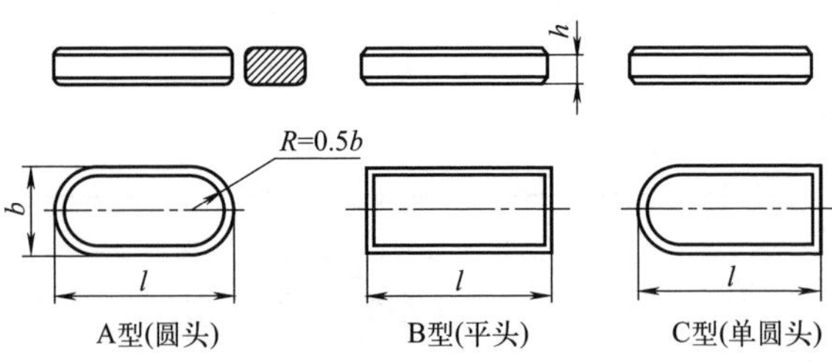

续表

普通平键(GB/T 1096—2003)							
宽度 b	高度 h	长度 l	适用轴径 d	宽度 b	高度 h	长度 l	适用轴径 d
2	2	6～20	＞5～7	32	18	80～315	＞105～120
3	3	6～28	＞7～10	36	20	90～335	＞120～140
4	4	8～35	＞10～14	40	22	100～400	＞140～170
5	5	10～45	＞14～18	45	25	110～450	＞170～200
6	6	14～55	＞18～24	50	28	125～500	＞200～230
8	7	18～70	＞24～30	55	30	140～500	＞230～260
10	8	22～90	＞30～36	60	32	160～500	＞260～290
12	8	28～110	＞36～42	70	36	180～500	＞290～330
14	9	35～140	＞42～48	80	40	200～500	＞330～380
16	10	45～180	＞48～55	90	45	220～500	＞380～440
18	11	50～200	＞55～65	100	50	250～500	＞440～500
20	12	55～220	＞65～75	110	55	280～500	＞500～560
24	14	60～250	＞75～90	120	60	315～500	＞560～630
28	16	70～280	＞90～105				

薄型平键(GB/T 1566—2003)								
宽度 b	高度 h	长度 l	宽度 b	高度 h	长度 l	宽度 b	高度 h	长度 l
5	3	10、12	14	6	36～160	25	9	70～280
6	4	14～70	16	7	45～180	28	10	80～320
8	5	18～90	18	7	50～200	32	11	90～360
10	6	22～110	20	8	56～220	35	12	100～400
12	6	28～140	22	9	63～250			

注：1. 普通平键的长度系列为 6mm，8mm，10mm，12mm，14mm，16mm，18mm，20mm，22mm，25mm，28mm，32mm，36mm，40mm，45mm，50mm，56mm，63mm，70mm，80mm，90mm，100mm，110mm，125mm，140mm，160mm，180mm，200mm，220mm，250mm，280mm，320mm，360mm，400mm，450mm，500mm。

2. 薄型平键的长度系列同普通平键的 10～400mm。

22.1.2 导向平键

导向平键用螺钉把键固定在轴上，用于轴上的零件沿轴移动量不大的场合，有A型（圆头）和B型（方头）两种。其规格见表22.2。

22.1.3 半圆键

半圆键可以在键槽中摆动，以适应轮毂键槽底面形状，常用于锥形轴端的连接，且连接工作负荷不大的场合。其特点是制造方便，拆装容易。其尺寸见表22.3。

表 22.2 导向平键的规格（GB/T 1097—2003） mm

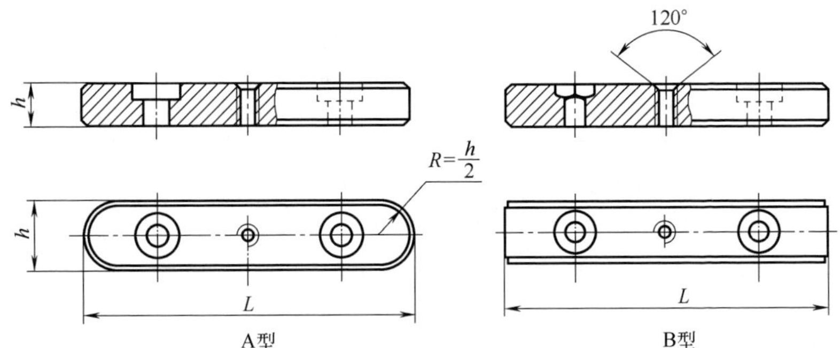

宽度 h	高度	长度	相配螺钉尺寸	宽度 h	高度	长度	相配螺钉尺寸
8	7	25～90	M3×8	22	14	63～250	M6×16
10	8	25～110	M3×10	25	14	70～280	M8×16
12	8	28～140	M4×10	28	16	80～320	M8×16
14	9	36～160	M5×10	32	18	90～360	M10×23
16	10	45～180	M5×10	36	20	100～400	M12×25
18	11	50～200	M6×12	40	22	100～400	M12×25
20	12	56～220	M6×12	45	25	110～450	M12×25

表 22.3 普通半圆键的尺寸（GB/T 1099.1—2003）

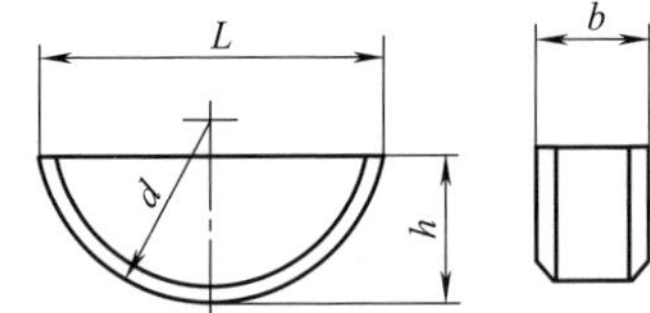

键尺寸 (b×h×d) /mm	宽度 b/mm	高度 h/mm	直径 d/mm	(倒/圆角)/(°)		键尺寸 (b×h×d) /mm	宽度 b /mm	高度 h /mm	直径 d /mm	(倒/圆角)/(°)	
				min	max					min	max
1×1.4×4	1	1.4	4	0.16	0.25	4×7.5×19	4	7.5	19	0.25	0.40
1.5×2.6×7	1.5	2.6	7			5×6.5×16	5	6.5	16		
2.0×2.6×7	2					5×7.5×19	5	7.5	19		
2.0×3.7×10	2	3.7	10			5×9×22	5	9	22		
25×3.7×10	2.5					6×9×22	6	9	22		
3×5.0×13	3	5.0	13			6×10×25	6	10	25		
3×6.5×16	3	6.5	16			8×11×28	8	11	28	0.40	0.60
4×6.5×16	4			0.25	0.40	10×13×32	10	13	32		

22.1.4　楔键

楔键上下面是工作面，键的上表面有 1∶100 的斜度，工作时主要靠摩擦力传递扭矩，并能承受单向轴向力，适用于对定心要求不高、载荷平稳和低速的连接。其尺寸见表 22.4。

表 22.4　普通楔键和薄型楔键的尺寸　mm

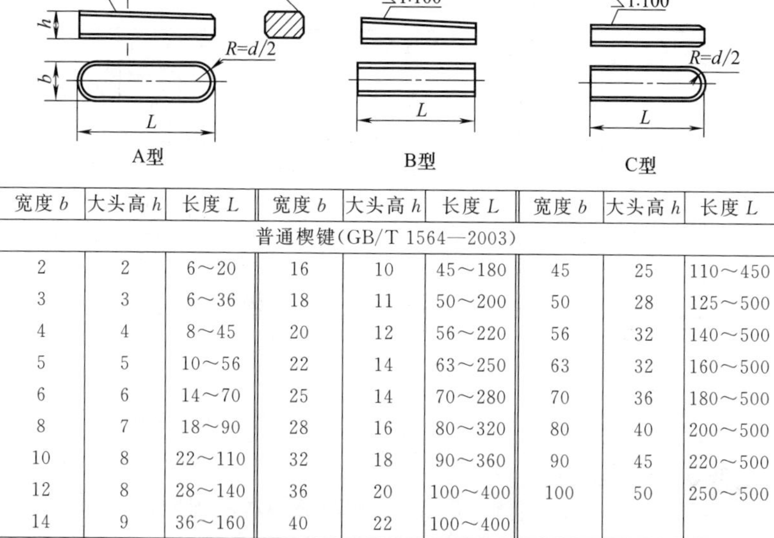

宽度 b	大头高 h	长度 L	宽度 b	大头高 h	长度 L	宽度 b	大头高 h	长度 L
普通楔键(GB/T 1564—2003)								
2	2	6～20	16	10	45～180	45	25	110～450
3	3	6～36	18	11	50～200	50	28	125～500
4	4	8～45	20	12	56～220	56	32	140～500
5	5	10～56	22	14	63～250	63	32	160～500
6	6	14～70	25	14	70～280	70	36	180～500
8	7	18～90	28	16	80～320	80	40	200～500
10	8	22～110	32	18	90～360	90	45	220～500
12	8	28～140	36	20	100～400	100	50	250～500
14	9	36～160	40	22	100～400			
薄型楔键(GB/T 16922—1997)								
8	5	20～70	18	7	50～200	32	11	90～360
10	6	25～90	20	8	56～220	36	12	100～400
12	6	32～125	22	9	63～250	40	14	125～400
14	6	36～140	25	9	70～280	45	16	140～400
16	7	45～180	28	10	80～320	50	18	160～400

注：1. 普通楔键公称系列 L 尺寸为 6mm，8mm，10mm，12mm，14mm，16mm，18mm，22mm，25mm，28mm，32mm，36mm，40mm，45mm，50mm，56mm，63mm，70mm，80mm，90mm，100mm，110mm，125mm，140mm，160mm，180mm，200mm，220mm，250mm，280mm，320mm，360mm，400mm，450mm，500mm。

2. 薄型楔键公称系列 L 尺寸为 20mm，其余同普通楔键的 22～400mm。

22.1.5　钩头楔键

钩头楔键主要用于紧键连接，其余同普通楔键。其尺寸见表 22.5。

表 22.5 钩头楔键的尺寸（GB/T 1565—2003） mm

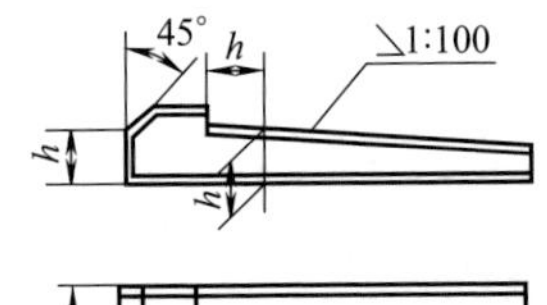

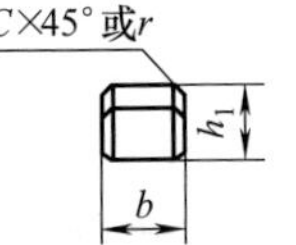

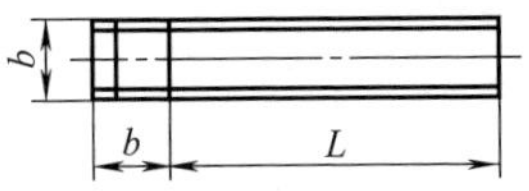

宽度 b	厚度 h	长度 L	宽度 b	厚度 h	长度 L	宽度 b	厚度 h	长度 L
4	4	14～45	18	11	50～200	45	25	110～400
5	5	14～56	20	12	56～220	50	28	125～500
6	6	14～70	22	14	63～250	56	32	140～500
8	7	18～90	25	14	70～280	63	32	160～500
10	8	22～110	28	16	80～320	70	36	180～500
12	8	28～140	32	18	90～360	80	40	200～500
14	9	36～160	36	20	100～400	90	45	220～500
16	10	45～180	40	22	100～400	100	50	250～500

注：公称系列 L 尺寸为 6mm，8mm，10mm，12mm，14mm，16mm，18mm，22mm，25mm，28mm，32mm，36mm，40mm，45mm，50mm，56mm，63mm，70mm，80mm，90mm，100mm，110mm，125mm，140mm，160mm，180mm，200mm，220mm，250mm，280mm，320mm，360mm，400mm，450mm，500mm。

22.1.6 花键

花键是轴和轮毂上有多个凸起和凹槽构成的周向连接件。按齿形的不同，可分为矩形花键（表 22.6）、渐开线花键和三角形花键。都是由内外两个成对使用，自动对中，均匀地传递较大的扭矩。

表 22.6 矩形花键的基本尺寸系列和键槽截面尺寸（GB/T 1144—2001） mm

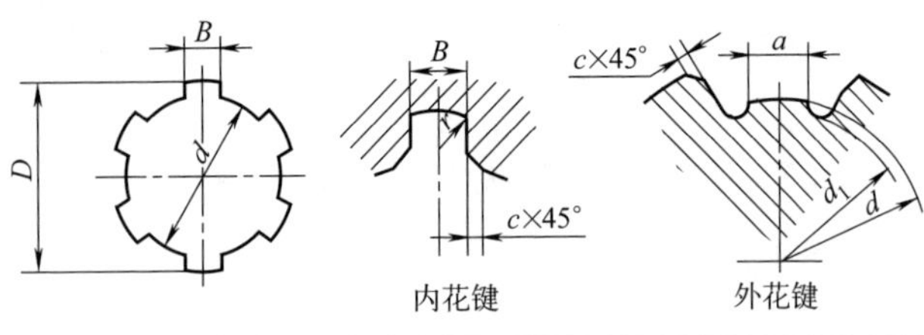

续表

小径 d	轻系列					
	规格 $N\times d\times D\times B$	c	r	h_{min}	参考	
					d_{1min}	a_{min}
23	6×23×26×6	0.2	0.1	1.1	22	3.5
26	6×26×30×6	0.3	0.2	1.4	24.5	3.8
28	6×28×32×7				26.6	4.0
32	8×32×36×6				30.3	2.7
36	8×36×40×7				34.4	3.5
42	8×42×46×8				40.5	5.0
46	8×46×50×9				44.6	5.7
52	8×52×5×10	0.4	0.3	2.2	49.6	4.8
56	8×56×62×10				53.5	6.5
62	8×62×68×12				59.7	7.3
72	10×72×78×12				69.6	5.4
82	10×82×88×12				79.3	8.5
92	10×92×98×14				89.6	9.9
102	10×102×108×16				99.6	11.3
112	10×112×120×18	0.5	0.4	3	108.8	10.5
小径 d	中系列					
	规格 $N\times d\times D\times B$	c	r	h_{min}	参考	
					d_{1min}	a_{min}
11	6×11×14×3	0.2	0.1	1.1	—	—
13	6×13×16×3.5					
16	6×16×20×4	0.3	0.2	1.4	14.4	1.0
18	6×18×22×5				16.6	1.0
21	6×21×25×5				19.5	2.0
23	6×23×26×6	0.3	0.2	1.9	21.2	1.2
26	6×26×30×6	0.4	0.3	2.2	23.6	1.2
28	6×28×32×7				25.8	1.4
32	8×32×36×6				29.4	1.0
36	8×36×40×7				33.4	1.0
42	8×42×46×8				39.4	2.5
46	8×46×50×9	0.5	0.4	3	42.6	1.4
52	8×52×58×10				48.6	2.5
56	8×56×62×10				52.0	2.5
62	8×62×68×12	0.6	0.5	3.8	57.7	2.4
72	10×72×78×12				67.4	1.0
82	10×82×88×12				77.0	2.9
92	10×92×98×14				87.3	4.5
102	10×102×108×16				97.7	6.2
112	10×112×120×18	0.6	0.5	5.3	106.2	4.1

注：1. d_1 和 a 值适用于展成法加工，矩形花键以小径定心。

2. h_{min} 为内、外花键最小接触高度。

3. 内花键长度 L 或 L_1+L_2 系列为 10mm，12mm，15mm，18mm，22mm，25mm，28mm，30mm，32mm，36mm，38mm，42mm，45mm，48mm，50mm，56mm，60mm，63mm，71mm，75mm，80mm，85mm，90mm，95mm，100mm，110mm，120mm，130mm，140mm，160mm，180mm，200mm。

22.2 销

销主要用来固定零件之间的相对位置，按功能分类有定位销（起定位作用）、连接销（用于轴与轮毂的连接，传递不大的载荷）和安全销（作为安全装置中的过载剪断元件）。

22.2.1 开口销

开口销插在要经常拆卸的轴和螺栓孔内，防止零件和螺母不致脱落。其规格见表 22.7。

表 22.7 开口销的规格（GB/T 91—2000） mm

公称规格			0.6	0.8	1.0	1.2	1.6	2.0	2.5	3.2
直径 d		最大	0.5	0.7	0.9	1.0	1.4	1.8	2.3	2.9
		最小	0.4	0.6	0.8	0.9	1.3	1.7	2.1	2.7
伸长 a		最大	1.6	1.6	1.6	2.5	2.5	2.5	2.5	3.2
		最小	0.8	0.8	0.8	1.25	1.25	1.25	1.25	1.6
适用直径	螺栓	>	—	2.5	3.5	4.5	5.5	7	9	11
		≤	2.5	3.5	4.5	5.5	7	9	11	14
	U形销	>	—	2	3	4	5	6	8	9
		≤	2	3	4	5	6	8	9	12
销身长度 l			4～12	5～16	6～20	8～25	8～32	10～40	12～50	14～63
公称规格			4	5	6.3	8	10	13	16	20
直径 d		最大	3.7	4.6	5.9	7.5	9.5	12.4	15.4	19.3
		最小	3.5	4.4	5.7	7.3	9.3	12.1	15.1	19.0
伸长 a		最大	4.0	4.0	4.0	4.0	6.30	6.30	6.30	6.30
		最小	2.0	2.0	2.0	2.0	3.15	3.15	3.15	3.15
适用直径	螺栓	>	14	20	27	39	56	80	120	170
		≤	20	27	39	56	80	120	170	—
	U形销	>	12	17	23	29	44	69	110	160
		≤	17	23	29	44	69	110	160	—
销身长度 l			18～20	22～100	32～125	40～160	45～200	71～250	112～280	160～280

注：公称长度 l 系列为 4mm，5mm，6mm，8mm，10mm，12mm，14mm，16mm，18mm，20mm，22mm，25mm，28mm，32mm，36mm，40mm，45mm，50mm，56mm，63mm，71mm，80mm，90mm，100mm，112mm，125mm，140mm，160mm，180mm，200mm，224mm，250mm，280mm。

22.2.2　圆柱销

圆柱销与销孔过盈配合，用以固定零件、传递动力或作定位件。按其形式，可分为普通圆柱销、内螺纹圆柱销和弹性圆柱销三种；其材料可为不淬硬钢、奥氏体不锈钢和淬硬钢、马氏体不锈钢。其规格见表 22.8。

表 22.8　圆柱销的规格（GB/T 119.1—2000）　mm

A型　B型

C型　D型

	d　m6/h8	0.6	0.8	1.0	1.2	1.5	2.0	2.5	3	4	5
	锥度端长 c	0.12	0.16	0.20	0.25	0.30	0.35	0.40	0.50	0.63	0.80
l	不淬硬钢和奥氏体不锈钢	2～6	2～8	4～10	4～12	4～16	6～20	6～24	8～30	8～40	10～55
	淬硬钢和马氏体不锈钢	—	—	3～10	—	4～16	5～20	6～24	8～30	10～40	12～50
	d　m6/h8	6	8	10	12	16	20	25	30	40	50
	锥度端长 c	1.2	1.6	2.0	2.5	3.0	3.5	4.0	5.0	6.3	8.0
l	不淬硬钢和奥氏体不锈钢	12～60	14～80	18～95	22～140	26～180	35～200	50～200	60～200	80～200	95～200
	淬硬钢和马氏体不锈钢	14～60	18～80	22～100	26～100	40～100	50～100	—	—	—	—

注：公称长度 l 系列为 2mm，3mm，4mm，5mm，6mm，8mm，10mm，12mm，14mm，16mm，18mm，20mm，22mm，24mm，26mm，28mm，30mm，32mm，35mm，40mm，45mm，50mm，55mm，60mm，65mm，70mm，75mm，80mm，85mm，90mm，95mm，100mm，120mm，140mm，160mm，180mm，200mm；公称长度大于 200mm 时，按 20mm 递增。

22.2.3　内螺纹圆柱销

内螺纹圆柱销用于机器或工具、模具零件的定位、固定，也可用于传递机械动力。其规格见表 22.9。

表 22.9　内螺纹圆柱销的规格　　mm

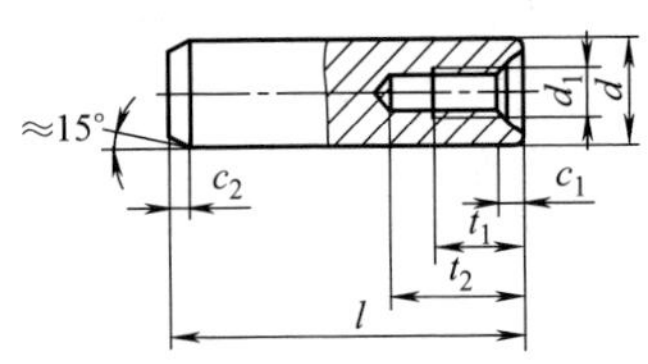

不淬硬钢和奥氏体不锈钢内螺纹圆柱销(GB/T 120.1—2000)

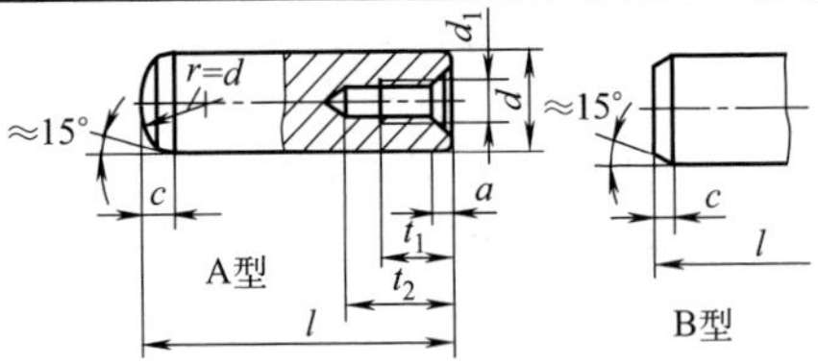

普通淬硬钢和马氏体不锈钢内螺纹圆柱销(GB/T 120.2—2000)

d　h11	6	8	10	12	16	20	25	30	40	50
d_1	M4	M5	M6	M6	M8	M10	M16	M20	M20	M24
c_1	0.8	1.0	1.2	1.6	2.0	2.5	3.0	4.0	5.0	6.3
c_2	1.2	1.6	2.0	2.5	3.0	3.5	4.0	5.0	6.3	8.0
螺距 P	0.7	0.8	1.0	1.0	1.25	1.5	2.0	2.5	2.5	3
t_1	6	8	10	12	16	18	24	30	30	36
t_2	10	12	16	20	25	28	35	40	40	50
长度 l	16～60	18～80	22～100	26～120	32～160	40～200	50～200	60～200	80～200	100～200

注：公称长度 l 系列为 16mm，18mm，20mm，22mm，24mm，26mm，28mm，30mm，32mm，35mm，40mm，45mm，50mm，55mm，60mm，65mm，70mm，75mm，80mm，85mm，90mm，95mm，100mm，120mm，140mm，160mm，180mm，200mm；公称长度大于 200mm 时，按 20mm 递增。

22.2.4　弹性圆柱销

弹性圆柱销用于承受冲击、振动且精度不高零件的定位和固定。分直槽重型与轻型和卷制重型、标准型与轻型两大类。其尺寸分别见表 22.10、表 22.11。

表 22.10　弹性圆柱销尺寸（直槽重型与轻型）

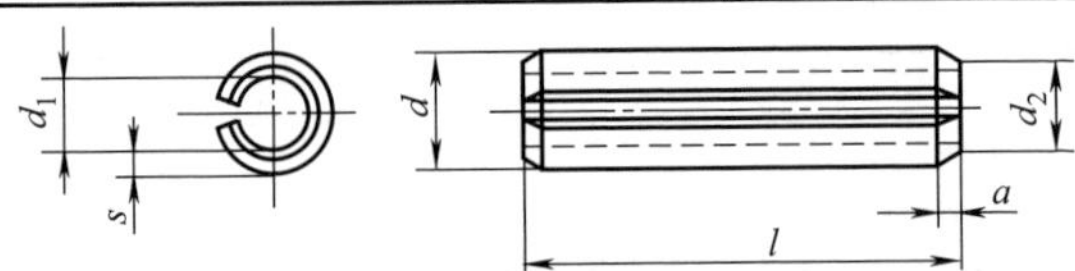

d/mm　H12			GB/T 879.1—2018				GB/T 879.2—2018				公称长度 l /mm
公称直径	装配前 最大	装配前 最小	d_1 /mm	a_{max} /mm	s /mm	G_{min} /kN	d_1 /mm	a_{max} /mm	s /mm	G_{min} /kN	
1.0	1.3	1.2	0.8	0.35	0.2	0.70	—	—	—	—	4～20
1.5	1.8	1.7	1.1	0.45	0.3	1.50	—	—	—	—	

续表

d/mm H12			GB/T 879.1—2018				GB/T 879.2—2018				公称长度 l /mm
公称直径	装配前 最大	装配前 最小	d_1 /mm	a_{max} /mm	s /mm	G_{min} /kN	d_1 /mm	a_{max} /mm	s /mm	G_{min} /kN	
2.0	2.4	2.3	1.5	0.55	0.4	2.82	1.9	0.40	0.20	1.5	4～30
2.5	2.9	2.8	1.8	0.60	0.5	4.38	2.3	0.45	0.25	2.4	
3.0	3.4	3.3	2.1	0.70	0.6	6.32	2.7	0.45	0.30	3.5	4～40
3.5	4.0	3.8	2.3	0.80	0.75	9.06	3.1	0.5	0.35	4.6	
4.0	4.6	4.4	2.8	0.85	0.8	11.24	3.4	0.7	0.5	8.0	4～50
4.5	5.1	4.9	2.9	1.0	1.0	15.36	3.9	0.7	0.5	8.8	5～50
5	5.6	5.4	3.4	1.1	1.0	17.54	4.4	0.7	0.5	10.4	5～80
6	6.7	6.4	4.0	1.4	1.2	26.04	4.9	0.9	0.75	18	10～100
8	8.5	8.5	5.5	2.0	1.5	42.76	7.0	1.8	0.75	24	10～120
10	10.8	10.5	6.5	2.4	2.0	70.16	8.5	2.4	1.0	40	10～160
12	12.8	12.5	7.5	2.4	2.5	104.1	10.5	2.4	1.0	48	10～180
13	13.8	13.5	8.5	2.4	2.5	115.1	11	2.4	1.2	66	
14	14.8	14.5	8.5	2.4	3.0	144.7	11.5	2.4	1.5	84	10～200
16	16.8	16.5	10.5	2.4	3.0	171.0	13.5	2.4	1.5	98	
18	18.9	18.5	11.5	2.4	3.5	222.5	15.0	2.4	1.7	126	
20	20.9	20.5	12.5	3.4	4.0	280.6	16.5	2.4	2.0	158	
21	21.9	21.5	13.5	3.4	4.0	298.2	17.5	2.4	2.0	168	14～200
25	25.9	25.1	15.5	3.4	5.0	438.5	21.5	3.4	2.0	202	
28	28.9	28.5	17.5	3.4	5.5	452.6	23.5	3.4	2.5	280	
30	30.9	30.5	18.5	3.4	6.0	631.4	25.5	3.4	2.5	302	
32	32.9	32.5	20.5	3.6	6.0	684	—	—	—	—	20～200
35	35.9	35.5	21.5	3.6	7.0	859	28.5	3.4	3.5	490	
38	38.9	38.5	23.5	4.6	7.5	1003	—	—	—	—	
40	40.9	40.5	25.5	4.6	7.5	1068	32.5	4.6	4	634	
45	45.9	45.5	28.5	4.6	8.5	1360	37.5	4.6	4	720	
50	50.9	50.5	31.5	4.6	9.5	1685	40.5	4.6	5	1000	

注：1. 公称长度 l 系列为 4mm，5mm，6mm，8mm，10mm，12mm，14mm，16mm，18mm，20mm，22mm，24mm，26mm，28mm，30mm，32mm，35mm，40mm，45mm，50mm，55mm，60mm，65mm，70mm，75mm，80mm，85mm，90mm，95mm，100mm，120mm，140mm，160mm，180mm，200mm；公称长度大于 200mm 时，按 20mm 递增。

2. G_{min} 为最小剪切载荷，仅适用于钢和马氏体不锈钢弹性圆柱销，对奥氏体不锈钢弹性圆柱销不作规定。

表 22.11 弹性圆柱销尺寸（卷制重型、标准型与轻型）

公称 d/mm H12	GB/T 879.3—2018 d/mm 装配前 最大	最小	s/mm	G_{min}/kN Ⅰ	Ⅱ	GB/T 879.4—2018 d/mm 装配前 最大	最小	s/mm	G_{min}/kN Ⅰ	Ⅱ	GB/T 879.5—2018 d/mm 装配前 最大	最小	s/mm	G_{min}/kN Ⅰ	Ⅱ	d_1/mm 装配前	a/mm	公称长度 l/mm
0.8	—	—	—	—	—	0.91	0.85	0.07	0.4	0.30	—	—	—	—	—	0.75	0.3	4～16
1.0	—	—	—	—	—	1.15	1.05	0.08	0.6	0.45	—	—	—	—	—	0.95	0.3	4～16
1.2	—	—	—	—	—	1.35	1.25	0.10	0.9	0.65	—	—	—	—	—	1.15	0.4	4～16
1.6	1.71	1.61	0.17	1.9	1.45	1.73	1.62	0.13	1.45	1.05	1.75	1.62	0.08	0.8	0.65	1.4	0.5	4～24
2.0	2.21	2.11	0.22	3.5	2.5	2.25	21.3	0.17	2.5	1.9	2.28	2.13	0.11	1.5	1.1	1.9	0.7	4～40
2.5	2.73	2.62	0.28	5.5	3.8	2.78	2.65	0.21	3.9	2.9	2.82	2.65	0.14	2.3	1.8	2.4	0.7	5～45
3.0	3.25	3.12	0.33	7.6	5.7	3.30	3.15	0.25	5.5	4.2	3.35	3.15	0.17	3.3	2.5	2.9	0.9	6～50
3.5	3.79	3.46	0.39	10.0	7.6	3.85	3.67	0.29	7.5	5.7	3.87	3.67	0.19	4.5	3.4	3.4	1.0	6～50
4.0	4.30	4.15	0.45	13.5	10	4.4	4.20	0.33	9.6	7.6	4.45	4.2	0.22	5.7	4.4	3.9	1.1	8～60
5	5.35	3.46	0.56	20	15.5	5.5	5.25	0.42	15	11.5	5.50	5.2	0.28	9.0	7.0	4.85	1.3	10～60
6	6.40	4.15	0.67	30	23	6.5	6.25	0.50	22	16.9	6.55	6.25	0.33	13	10	5.85	1.5	12～75
8	8.55	8.25	0.90	53	41	8.83	8.30	0.67	39	30	8.65	8.3	0.45	23	18	7.80	2.0	16～120
10	10.65	10.3	1.1	84	64	10.8	10.35	0.84	62	48	—	—	—	—	—	9.75	2.5	20～120
12	12.75	11.7	1.3	120	91	12.85	12.40	1.0	89	67	—	—	—	—	—	11.7	3.0	24～160
14	14.85	13.6	1.6	165	—	14.95	14.45	1.2	120	—	—	—	—	—	—	13.6	3.5	28～200
16	16.90	16.4	1.8	210	—	17.0	16.45	1.3	155	—	—	—	—	—	—	15.6	4.0	32～200
20	21.00	20.4	2.2	340	—	21.1	20.4	1.7	250	—	—	—	—	—	—	19.6	4.5	45～200

注：1. 公称长度 l 系列为 4mm，5mm，6mm，8mm，10mm，12mm，14mm，16mm，18mm，20mm，22mm，24mm，26mm，28mm，30mm，32mm，35mm，40mm，45mm，50mm，55mm，6Cmm，65mm，70mm，75mm，80mm，85mm，90mm，95mm，100mm，120mm，140mm，160mm，180mm，200mm；公称长度大于 200mm 时，按 20mm 递增。

2. G_{min} 为最小剪切载荷，仅适用于钢和马氏体不锈钢弹性圆柱销，对奥氏体不锈钢弹性圆柱销不作规定。

3. 表中Ⅰ型适用于钢和马氏体不锈钢弹性圆柱销，Ⅱ型适用于奥氏体不锈钢弹性圆柱销。

22.2.5　圆锥销

圆锥销用于要经常拆卸的零件的定位、固定，也可用于传递动力。其规格尺寸见表22.12。

表22.12　圆锥销的规格尺寸（GB/T 117—2000）　mm

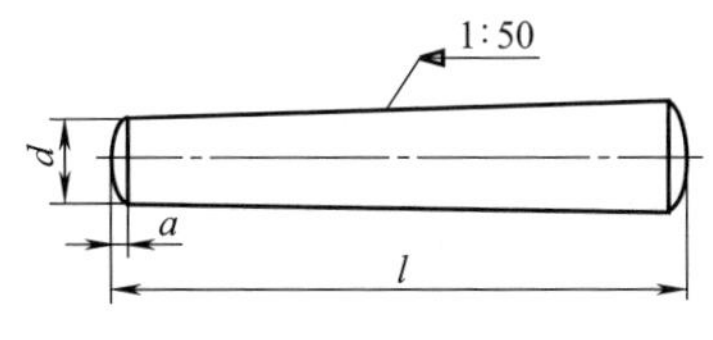

公称 d	0.6	0.8	1.0	1.2	1.5	2.0	2.5	3	4	5
l	4～8	5～12	6～16	6～20	8～24	10～35	10～35	12～45	14～55	18～60
a≈	0.08	0.10	0.12	0.16	0.20	0.25	0.3	0.4	0.5	0.63
公称 d	6	8	10	12	16	20	25	30	40	50
l	22～90	22～120	26～160	32～180	40～200	45～200	50～200	55～200	60～200	65～200
a≈	0.8	1.0	1.2	1.6	2.0	2.5	3.0	4.0	5.0	6.3

注：1. 公称长度 l 系列为 2mm，3mm，4mm，5mm，6mm，8mm，10mm，12mm，14mm，16mm，18mm，20mm，22mm，24mm，26mm，28mm，30mm，32mm，35mm，40mm，45mm，50mm，55mm，60mm，65mm，70mm，75mm，80mm，85mm，90mm，95mm，100mm，120mm，140mm，160mm，180mm，200mm；

2. 圆锥销的公称直径 d 为小端直径。

22.2.6　内螺纹圆锥销

内螺纹圆锥销多用于经常拆卸场合，定位精度比圆柱销高且能自锁，可用于销孔为盲孔或拆卸困难的场合。其规格尺寸见表22.13。

表22.13　内螺纹圆锥销的规格尺寸（GB/T 118—2000）　mm

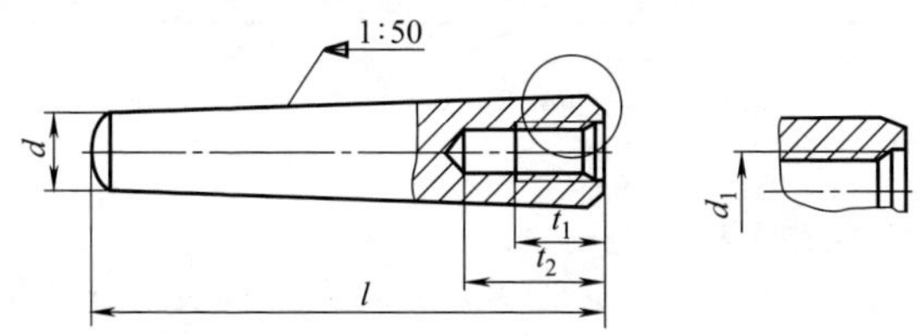

续表

d h11	6	8	10	12	16	20	25	30	40	50
d_1	M4	M5	M6	M6	M8	M10	M16	M20	M20	M24
P	0.7	0.8	1.0	1.0	1.25	1.5	2.0	2.5	2.5	3
t_1	6	8	10	12	16	18	24	30	30	36
t_2	10	12	16	20	25	28	35	40	40	50
l	16～60	18～80	22～100	26～120	32～160	40～200	50～200	60～200	80～200	100～200

注：公称长度 l 系列为 16mm，18mm，20mm，22mm，24mm，26mm，28mm，30mm，32mm，35mm，40mm，45mm，50mm，55mm，60mm，65mm，70mm，75mm，80mm，85mm，90mm，95mm，100mm，120mm，140mm，160mm，180mm，200mm。

22.2.7 开尾圆锥销

开尾圆锥销可防止销的松脱，用于有冲击、振动场合零件的连接。其规格尺寸见表 22.14。

表 22.14 开尾圆锥销（GB/T 877—1986） mm

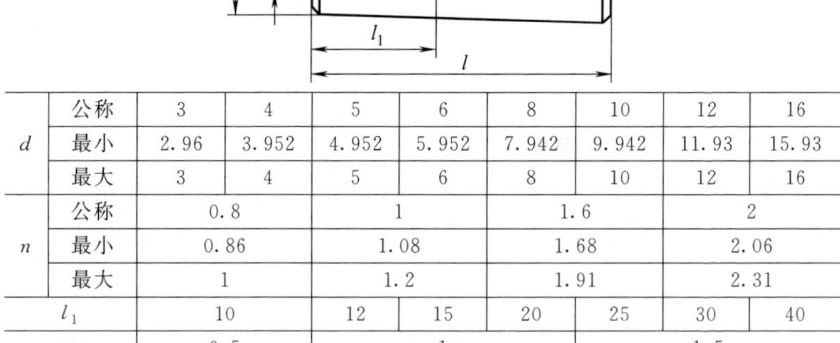

		3	4	5	6	8	10	12	16
d	公称	3	4	5	6	8	10	12	16
	最小	2.96	3.952	4.952	5.952	7.942	9.942	11.93	15.93
	最大	3	4	5	6	8	10	12	16
n	公称	0.8		1		1.6		2	
	最小	0.86		1.08		1.68		2.06	
	最大	1		1.2		1.91		2.31	
l_1		10		12	15	20	25	30	40
$c≈$		0.5		1			1.5		
l		30～55	35～60	40～80	50～100	60～120	70～140	80～200	100～200

注：公称长度 l 系列为 30mm，32mm，35mm，40mm，45mm，50mm，55mm，60mm，65mm，70mm，75mm，80mm，85mm，90mm，95mm，100mm，120mm，140mm，160mm，180mm，200mm。

22.2.8 螺尾锥销

螺尾锥销用于要求定位精度高又要经常拆装的连接部位（如中开泵的泵体和泵盖）。其规格尺寸见表 22.15。

表 22.15　螺尾锥销的规格尺寸（GB/T 881—2000）　mm

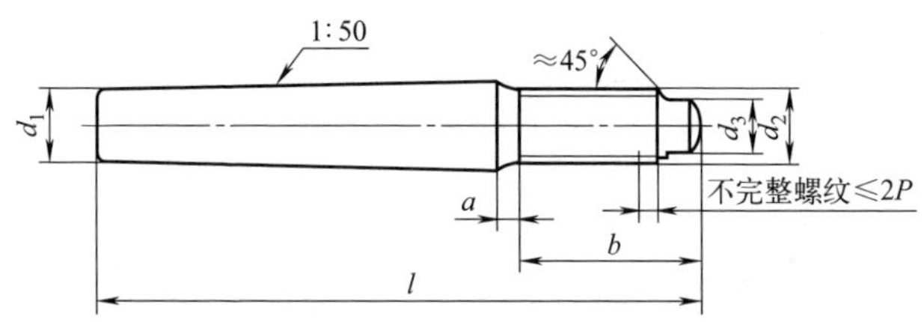

直径 d_1	长度 l	锥销螺纹直径 d_2	直径 d_1	长度 l	锥销螺纹直径 d_2
5	40～50	M5	20	120～220	M16
6	45～60	M6	25	140～250	M20
8	55～75	M8	30	160～280	M24
10	65～100	M10	40	190～360	M30
12	85～140	M12	50	220～400	M36
16	100～160	M16			

注：l 尺寸系列为 40mm，45mm，50mm，55mm，60mm，75mm，85mm，100mm，120mm，140mm，160mm，190mm，220mm，250mm，280mm，320mm，360mm，400mm。

22.2.9　槽销

槽销具有良好的自锁性，安装拆卸方便，主要用于不同设备连接中的定位工作，常安装于需要频繁拆卸部位。

分类：按形式分，有带导杆、带倒角、圆头和沉头几种；按槽长分，有全长、1/3 全长和 1/2 全长几种，按沟槽形状分，有平行沟槽和锥度沟槽。各种槽销的规格和尺寸见表 22.16～表 22.24。

表 22.16　带导杆及全长平行销槽槽销的规格和尺寸（GB/T 13829.1—2004）　mm

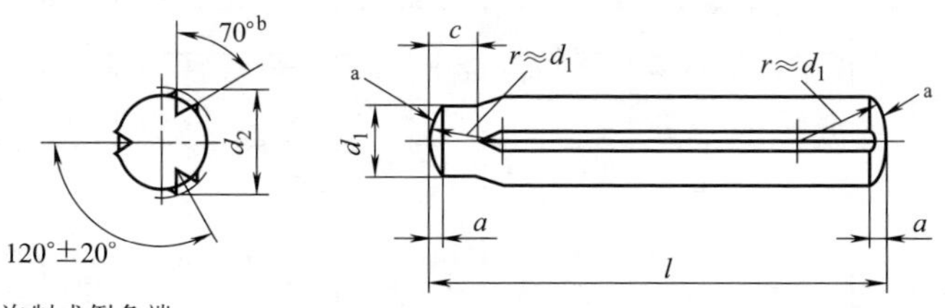

a—允许制成倒角端

b—70°角仅适用于本标准第 5 章给出的由碳钢制造的槽销，槽角应按材料的弹性进行修正

续表

d_1	公称	1.5	2	2.5	3	4	5	6	8	10	12	16	20	25
	公差	h9				h11								
c	最大	2	2	2.5	2.5	3	3	4	4	5	5	5	7	7
	最小	1	1	1.5	1.5	2	2	3	3	4	4	4	6	6
a ≈		0.2	0.25	0.3	0.4	0.5	0.63	0.8	1	1.2	1.6	2	2.5	3
最小双面剪切载荷①/kN		1.6	2.84	4.4	6.4	11.3	17.6	25.4	45.2	70.4	101.8	181	283	444
长度 l		8～20	8～30	10～30	10～40	10～60	14～60	14～80	14～100	14～100	18～100	22～100	26～100	26～100

①仅适用于由碳钢制造的槽销。表 22.17～表 22.22 同。

注：1. 扩展直径 d_2 由沟槽每边挤出的材料形成，且也大于 d_1，当槽销压入直径等于公称直径 d_1 的钻孔时，形成局部锁紧配合。

2. 长度 l 系列为 8mm，10mm，12mm，14mm，16mm，18mm，20mm，22mm，24mm，26mm，28mm，30mm，32mm，35mm，40mm，45mm，50mm，55mm，60mm，65mm，70mm，75mm，80mm，85mm，90mm，95mm，100mm。

表 22.17 带倒角及全长平行销槽槽销的规格和尺寸（GB/T 13829.2—2004）

mm

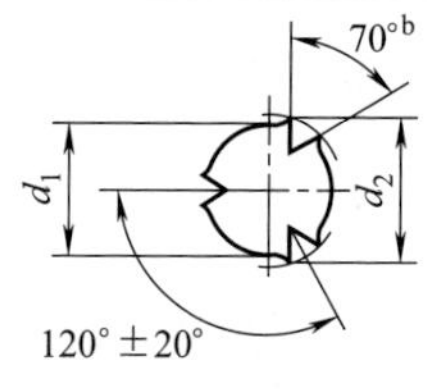

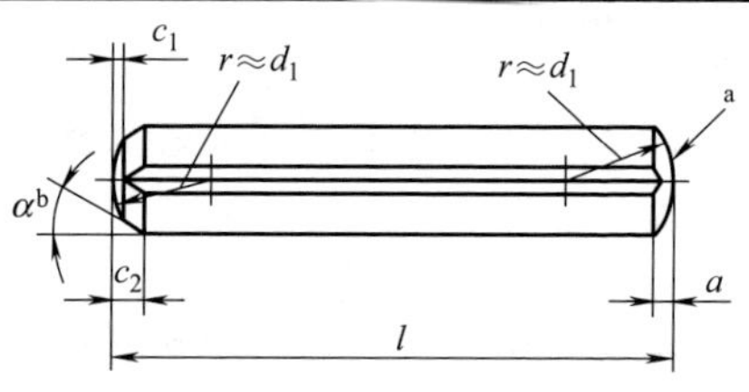

a—允许制成倒角端

b—70°角仅适用于本标准第 5 章给出的由碳钢制造的槽销，槽角应按材料的弹性进行修正

d_1	公称	1.5	2	2.5	3	4	5	6	8	10	12	16	20	25
	公差	h9				h11								
c_1		0.12	0.18	0.25	0.3	0.4	0.5	0.6	0.8	1	1.2	1.6	2	2.5
c_2		0.6	0.8	1	1.2	1.4	1.7	2.1	2.6	3	3.8	4.6	6	7.5
a ≈		0.2	0.25	0.3	0.4	0.5	0.63	0.8	1	1.2	1.6	2	2.5	3
最小双面剪切载荷/kN		1.6	2.84	4.4	6.4	11.3	17.6	25.4	45.2	70.4	101.8	181	283	444
长度 l		8～20	8～30	10～30	10～40	10～60	14～60	14～80	14～100	14～100	18～100	22～100	26～100	26～100

注：长度 l 系列同表 22.16。

表 22.18　中部槽长为 1/3 全长槽销的规格和尺寸（GB/T 13829.3—2004）

mm

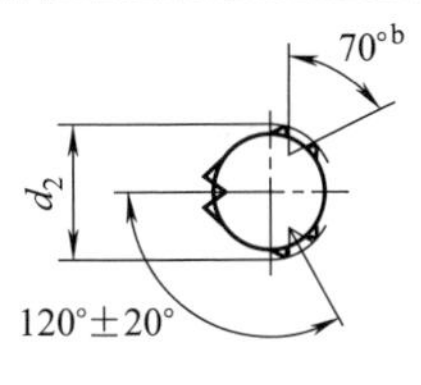

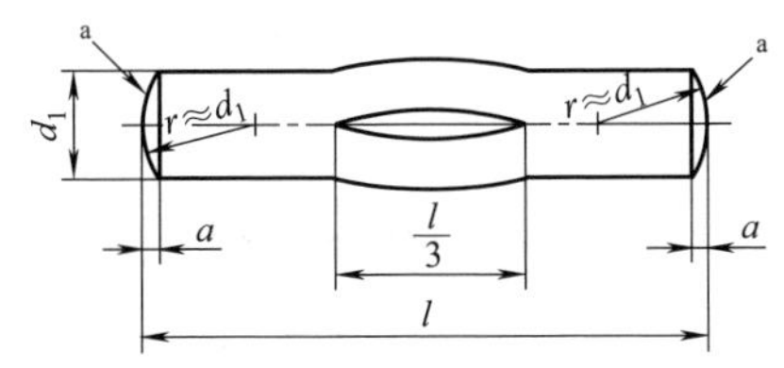

a—允许制成倒角端

b—70°角仅适用于本标准第 5 章给出的由碳钢制造的槽销，槽角应按材料的弹性进行修正

d_1	公称	1.5	2	2.5	3	4	5	6	8	10	12	16	20	25
	公差	h9				h11								
a	≈	0.2	0.25	0.3	0.4	0.5	0.63	0.8	1	1.2	1.6	2	2.5	3
最小双面剪切载荷/kN		1.6	2.84	4.4	6.4	11.3	17.6	25.4	45.2	70.4	101.8	181	283	444
长度 l		8～20	12～30	12～30	12～40	18～60	18～60	20～80	26～100	32～160	40～200	45～200	45～200	45～200

注：长度 l 系列为 8mm，10mm，12mm，14mm，16mm，18mm，20mm，22mm，24mm，26mm，28mm，30mm，32mm，35mm，40mm，45mm，50mm，55mm，60mm，65mm，70mm，75mm，80mm，85mm，90mm，95mm，100mm，120mm，140mm，160mm，180mm，200mm。

表 22.19　中部槽长为 1/2 全长槽销的规格和尺寸（GB/T 13829.4—2004）

mm

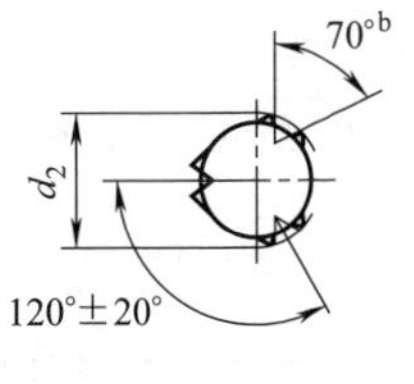

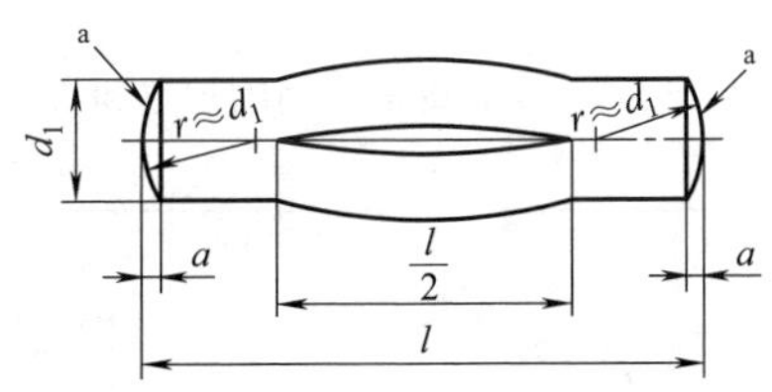

a—允许制成倒角端

b—70°角仅适用于本标准第 5 章给出的由碳钢制造的槽销，槽角应按材料的弹性进行修正

d_1	公称	1.5	2	2.5	3	4	5	6	8	10	12	16	20	25
	公差	h9				h11								
a	≈	0.2	0.25	0.3	0.4	0.5	0.63	0.8	1	1.2	1.6	2	2.5	3

续表

最小双面剪切载荷/kN	1.6	2.84	4.4	6.4	11.3	17.6	25.4	45.2	70.4	101.8	181	283	444
长度 l	8～20	12～30	12～30	12～40	18～60	18～60	20～80	26～100	32～160	40～200	45～200	45～200	45～200

注：长度 l 系列同表 22.18。

表 22.20 全长锥槽槽销的规格和尺寸（GB/T 13829.5—2004）

mm

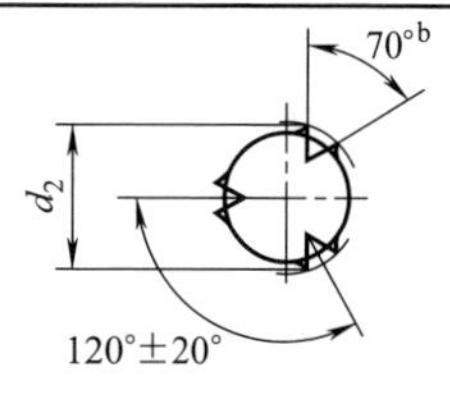

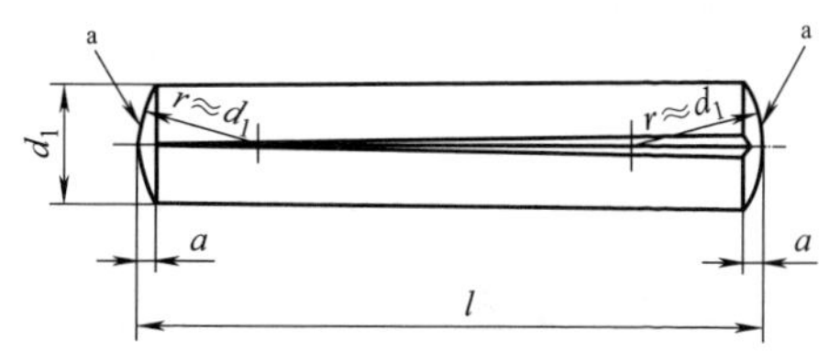

a—允许制成倒角端

b—70°角仅适用于本标准第 5 章给出的由碳钢制造的槽销，槽角应按材料的弹性进行修正

d_1	公称	1.5	2	2.5	3	4	5	6	8	10	12	16	20	25
	公差	h9				h11								
a	≈	0.2	0.25	0.3	0.4	0.5	0.63	0.8	1	1.2	1.6	2	2.5	3
最小双面剪切载荷/kN		1.6	2.84	4.4	6.4	11.3	17.6	25.4	45.2	70.4	101.8	181	283	444
长度 l		8～20	8～30	8～30	8～40	8～60	8～60	10～80	12～100	14～120	14～120	24～120	26～120	26～120

注：长度 l 系列为 8mm，10mm，12mm，14mm，16mm，18mm，20mm，22mm，24mm，26mm，28mm，30mm，32mm，35mm，40mm，45mm，50mm，55mm，60mm，65mm，70mm，75mm，80mm，85mm，90mm，95mm，100mm，120mm。

表 22.21 半长锥槽槽销的规格和尺寸（GB/T 13829.6—2004）

mm

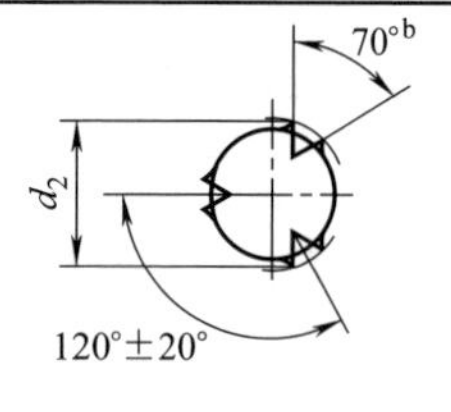

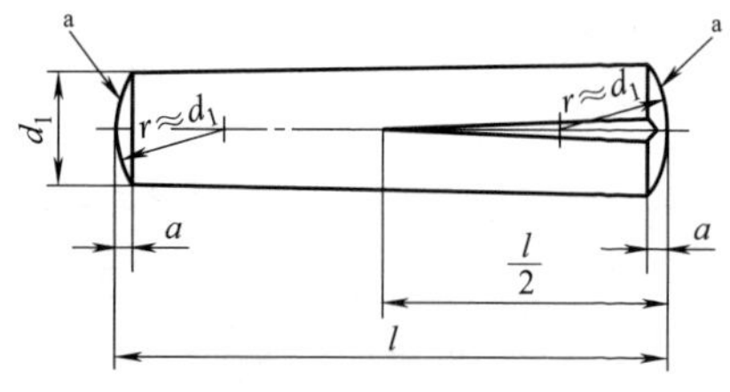

a—允许制成倒角端

b—70°角仅适用于本标准第 5 章给出的由碳钢制造的槽销，槽角应按材料的弹性进行修正

续表

d_1	公称	1.5	2	2.5	3	4	5	6	8	10	12	16	20	25
	公差	h9				h11								
a	≈	0.2	0.25	0.3	0.4	0.5	0.63	0.8	1	1.2	1.6	2	2.5	3
最小双面剪切载荷/kN		1.6	2.84	4.4	6.4	11.3	17.6	25.4	45.2	70.4	101.8	181	283	444
长度 l		8～20	8～30	8～30	8～40	10～60	10～60	10～80	14～100	14～200	18～200	26～200	26～200	26～200

注：长度 l 系列为8mm，10mm，12mm，14mm，16mm，18mm，20mm，22mm，24mm，26mm，28mm，30mm，32mm，35mm，40mm，45mm，50mm，55mm，60mm，65mm，70mm，75mm，80mm，85mm，90mm，95mm，100mm，120mm，140mm，160mm，180mm，200mm。

表 22.22 半长倒锥槽槽销的规格和尺寸（GB/T 13829.7—2004）

mm

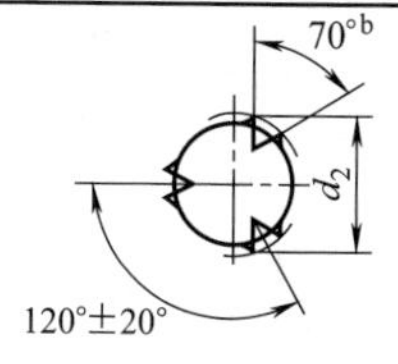

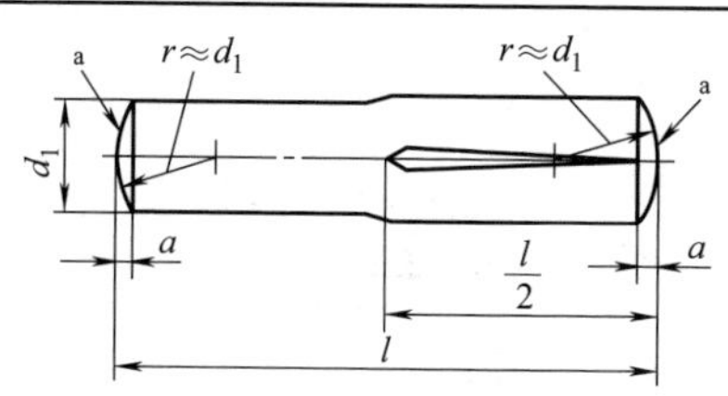

a—允许制成倒角端

b—70°角仅适用于本标准第5章给出的由碳钢制造的槽销，槽角应按材料的弹性进行修正

d_1	公称	1.5	2	2.5	3	4	5	6	8	10	12	16	20	25
	公差	h9				h11								
a	≈	0.2	0.25	0.3	0.4	0.5	0.63	0.8	1	1.2	1.6	2	2.5	3
最小双面剪切载荷/kN		1.6	2.84	4.4	6.4	11.3	17.6	25.4	45.2	70.4	101.8	181	283	444
长度 l		8～20	8～30	8～30	8～40	10～60	10～60	10～80	14～100	14～200	18～200	26～200	26～200	26～200

注：同表22.21。

表 22.23 圆头槽销的规格和尺寸（GB/T 13829.8—2004）mm

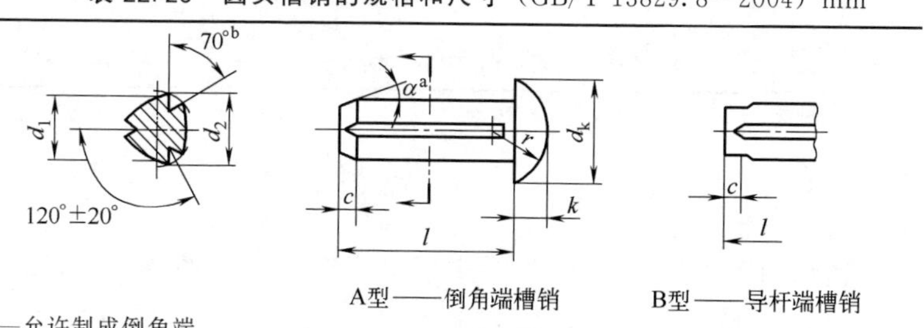

a—允许制成倒角端

b—70°角仅适用于本标准第5章给出的由碳钢制造的槽销，槽角应按材料的弹性进行修正

续表

d_1	公称	1.4	1.6	2	2.5	3	4	5	6	8	10	12	16	20
	最大	1.40	1.60	2.00	2.50	3.00	4.00	5.0	6.0	8.0	10.0	12.0	16.0	20.0
	最小	1.35	1.55	1.95	2.425	2.925	3.9	4.9	5.9	7.85	9.85	11.8	15.8	19.8
d_k	最大	2.6	3.0	3.7	4.6	5.45	7.25	9.1	10.8	14.4	16.0	19.0	25.0	32.0
	最小	2.2	2.6	3.3	4.2	4.95	6.75	8.5	10.2	13.6	14.9	17.7	23.7	30.7
k	最大	0.9	1.1	1.3	1.6	1.95	2.55	3.15	3.75	5.0	7.4	8.4	10.9	13.9
	最小	0.7	0.9	1.1	1.4	1.65	2.25	2.85	3.45	4.6	6.5	7.5	10.0	13.0
$r\approx$		1.4	1.6	1.9	2.4	2.8	3.8	4.6	5.7	7.8	8	9.5	13	16.5
c		0.42	0.48	0.6	0.75	0.9	1.2	1.5	1.8	2.4	3.0	3.6	4.8	6
长度 l		3～6	3～8	3～10	3～12	4～16	5～20	6～25	8～30	10～40	12～40	16～40	18～40	20～40

注：长度 l 系列为 3mm，4mm，5mm，6mm，8mm，10mm，12mm，16mm，20mm，25mm，30mm，35mm，40mm。

表 22.24　沉头槽销的规格和尺寸（GB/T 13829.9—2004）mm

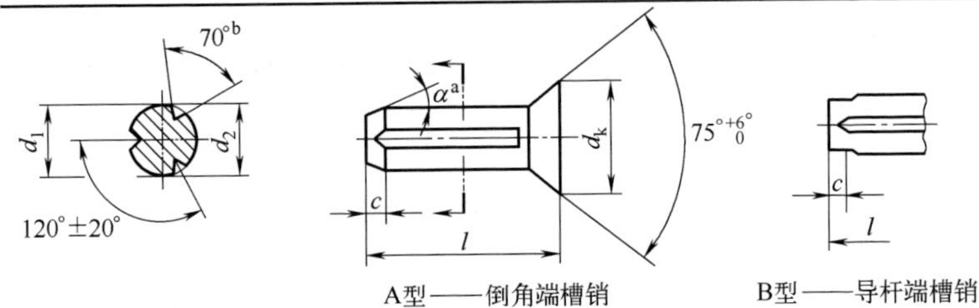

A型——倒角端槽销　　B型——导杆端槽销

a—α=15°～30°

b—70°角仅适用于本标准第5章给出的由碳钢制造的槽销，槽角应按材料的弹性进行修正

d_1	公称	1.4	1.6	2	2.5	3	4	5	6	8	10	12	16	20
	最大	1.40	1.60	2.00	2.50	3.00	4.00	5.0	6.0	8.0	10.0	12.0	16.0	20.0
	最小	1.35	1.55	1.95	2.425	2.925	3.9	4.9	5.9	7.85	9.85	11.8	15.8	19.8
d_k	最大	2.7	3.0	3.7	4.6	5.45	7.25	9.1	10.8	14.4	16.0	19.0	26.0	31.5
	最小	2.3	2.6	3.3	4.2	4.95	6.75	8.5	10.2	13.6	14.9	17.7	23.7	30.7
c		0.42	0.48	0.6	0.75	0.9	1.2	1.5	1.8	2.4	3.0	3.6	4.8	6
长度 l		3～6	3～8	4～10	4～12	5～16	6～20	8～25	8～30	10～40	12～40	16～40	20～40	25～40

注：同表 22.23。

22.2.10　销轴

（1）销轴

销轴用于铁路和在U形销中承受交变横向力的场合，推荐采用表 22.25 规定的下一挡较大的开口销及相应的孔径。分A、B型，后者有销孔，配合开口销使用。

表 22.25　销轴的规格和尺寸（GB/T 882—2008）　mm

A型(无开口销孔)　　B型(带开口销孔)

d　h11①	3	4	5	6	8	10	12	14	16
d_k　h14	5	6	8	10	14	18	20	22	25
d_1　H13②	0.8	1	1.2	1.6	2	3.2	3.2	4	4
c　最大	1	1	2	2	2	2	3	3	3
e　≈	0.5	0.5	1	1	1	1	1.6	1.6	1.6
k　js14	1	1	1.6	2	3	4	4	4	4.5
l_e　最小	1.6	2.2	2.9	3.2	3.5	4.5	5.5	6	6
r	0.6	0.6	0.6	0.6	0.6	0.6	0.6	0.6	0.6
l③	6～30	8～40	10～50	12～60	16～80	20～100	24～120	28～140	32～160
d　h11①	18	20	22	24	27	30	33	36	40
d_k　h14	28	30	33	36	40	44	47	50	55
d_1　H13②	5	5	5	6.3	6.3	8	8	8	8
c　最大	3	4	4	4	4	4	4	4	4
e　≈	1.6	2	2	2	2	2	2	2	2
k　js14	5	5	5.5	6	6	8	8	8	8
l_e　最小	7	8	8	9	9	10	10	10	10
r	1	1	1	1	1	1	1	1	1
l③	35～180	40～200	45～200	50～200	55～200	60～200	65～200	70～200	80～200
d　h11①	45	50	55	60	70	80	90	100	
d_k　h14	60	66	72	78	90	100	110	120	
d_1　H13②	10	10	10	10	13	13	13	13	
c　最大	4	4	6	6	6	6	6	6	
e　≈	2	2	3	3	3	3	3	3	
k　js14	9	9	11	12	13	13	13	13	
l_e　最小	12	12	14	14	16	16	16	16	
r	1	1	1	1	1	1	1	1	
l③	90～200	100～200	120～200	120～200	140～200	160～200	180～200	200～220	

① B 型销轴的其余尺寸、角度和表面粗糙度值见 A 型。

② 某些情况下，不能按 $l-l_e$ 计算 B 型销轴的 l_b 尺寸，所需要的尺寸应在标记中注明，但不允许 l_b 尺寸小于上表中规定的数值。

③ 其他公差，如 a11、c11、f8 应由供需双方协议。

注：1. 公称长度大于 200mm 时，按 20mm 递增。

2. 孔径 d_1 等于开口销的公称规格（见 GB/T 91）。

（2）无头销轴

无头销轴用于要求其不露出连接零件表面的场合。其规格和尺寸见表 22.26。

表 22.26 无头销轴的规格和尺寸（GB/T 880—2008） mm

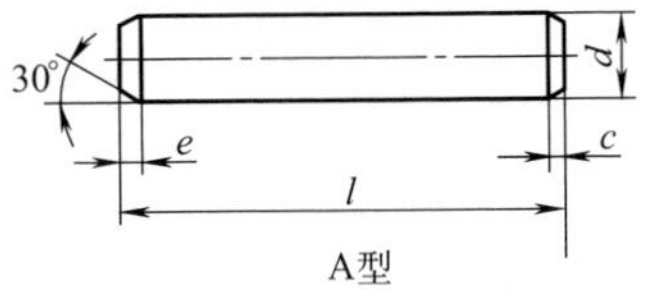

A型
(无开口销孔)

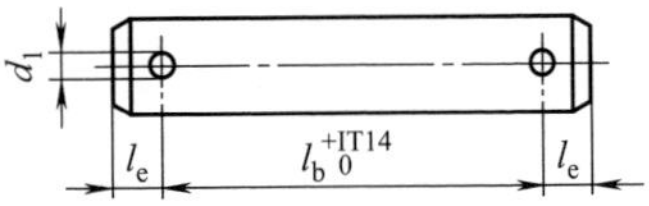

B型①,②
(带开口销孔)

d h11①	3	4	5	6	8	10	12	14	16
d_1 H13②	0.8	1	1.2	1.6	2	3.2	3.2	4	4
c 最大	1	1	2	2	2	2	3	3	3
l_e 最小	1.6	2.2	2.9	3.2	3.5	4.5	5.5	6	6
l	6～30	8～40	10～50	12～60	16～80	20～100	24～120	28～140	32～160

d h11①	18	20	22	24	27	30	33	36	40
d_1 H13②	5	5	5	6.3	6.3	8	8	8	8
c 最大	3	4	4	4	4	4	4	4	4
l_e 最小	7	8	8	9	9	10	10	10	10
l	35～180	40～200	45～200	50～200	55～200	60～200	65～200	70～200	80～200

d h11①	45	50	55	60	70	80	90	100
d_1 H13②	10	10	10	10	13	13	13	13
c 最大	4	4	6	6	6	6	6	6
e ≈	2	2	3	3	3	3	3	3
l_e 最小	12	12	14	14	16	16	16	16
l	90～200	100～200	120～200	120～200	140～200	160～200	180～200	200～220

① 其余尺寸、角度见 A 型。

② 某些情况下，不能按 $l-l_e$ 计算 l_b 尺寸，所需的尺寸应在标记中注明，但不允许尺寸小于表中规定的数值。

注：1. 用于铁路和开口销承受交变横向力的场合，推荐采用表中规定的下一挡较大的开口销及相应的孔径。

2. 公称长度 l 大于 200mm 时，按 20mm 递增。

第23章 传动件

传动件包括传动带、输送带、传动链和齿轮、蜗轮等。

23.1 传动带

传动带有平带、V带、多楔带、圆带和同步带等类型，见表23.1。

表 23.1 传动带的种类和结构

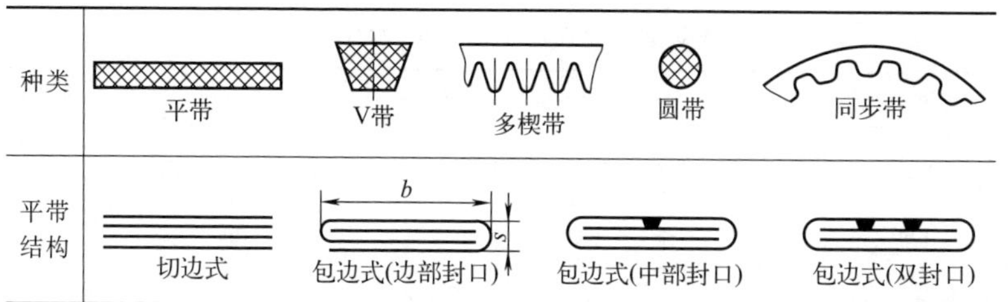

23.1.1 平带

平带（平型传动带）由纤维织物及织物黏合材料（如橡胶、塑料）制成（图23.1）。

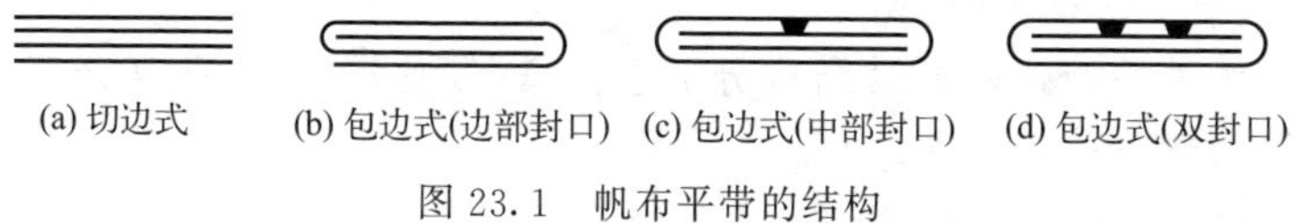

图 23.1 帆布平带的结构

其型号标记方法是：

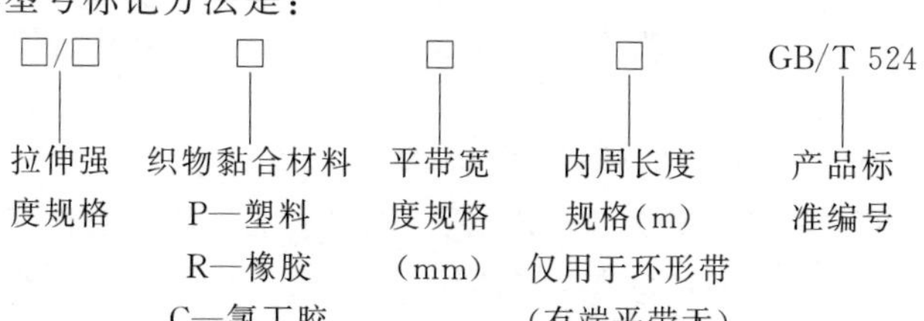

普通平带的种类、结构和规格型号见表 23.2。

表 23.2 普通平带的种类、结构和规格型号（GB/T 524—2007）

mm

公称带宽 *b*	轮宽荐用值	公称带宽 *b*	轮宽荐用值	公称带宽 *b*	轮宽荐用值	公称带宽 *b*	轮宽荐用值	公称带宽 *b*	轮宽荐用值
16	20	50	63	100	112	180	200	315	355
20	25	60	71	112	125	200	224	355	400
25	32	71	80	125	140	224	250	400	450
32	40	80	90	140	160	250	280	450	500
40	50	90	100	160	180	280	315	500	560

特别推荐的环形平带长度见表 23.3。

表 23.3 特别推荐的环形平带长度（GB/T 524—2007） mm

优选系列（R20 数系）	第二系列（R40 数系）	优选系列（R20 数系）	第二系列（R40 数系）	优选系列（R20 数系）	第二系列（R40 数系）
500	530	1120	1180	2500	—
560	600	1250	1320	2800	—
630	670	1400	1500	3150	—
710	750	1600	1700	3550	—
800	850	1800	1900	4000	—
900	950	2000	—	4500	—
1000	1060	2240	—	5000	—

23.1.2 V 带和窄 V 带

V 带的型式根据其结构分为包边 V 带和切边 V 带（分普通、有齿和夹布）等两种。

（1）一般传动用普通 V 带

一般传动用普通 V 带，适用于一般机械传动装置，不适用于帘布结构普通 V 带和汽车、农机、摩托车等机械传动装置。其规格尺寸见表 23.4。

普通 V 带应具有对称的梯形横截面，高与节宽之比约为 0.7，楔角为 40°，其型号分为 Y、Z、A、B、C、D、E 等七种（有齿切边带型号后面加 X），以 Y 型截面的尺寸最小，E 型截面的尺寸最大，中间依次递增。A、B、C 三种最常用（图 23.2）。

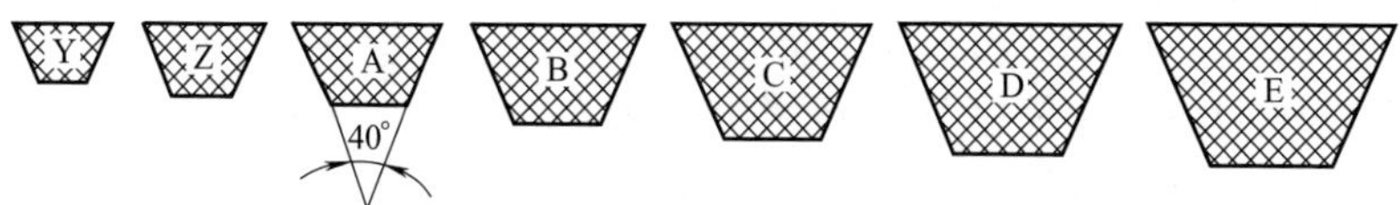

图 23.2　V 带的截面

V 带的型号标记方法是：

□　□　GB/T 1171

型号 Y、Z、A、B、C、D、E　基准长度（mm）　标准编号

表 23.4　一般传动用普通 V 带规格和尺寸（GB/T 11544—2012）

mm

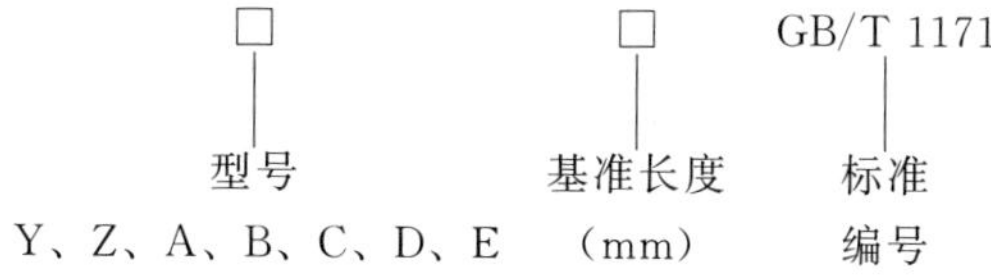

型号	截面尺寸			露出高度 h_r	基准长度 L_d
	b_p	b	h		
Y	5.3	6	4	+0.8～−0.8	200,224,250,280,315,355,400,450,500
Z	8.5	10	6	+1.6～1.6	405,475,530,625,700,780,820,1080,1330,1420,1540
A	11	13	8	+1.6～−1.6	630,700,790,890,990,1100,1250,1430,1550,1640,1750,1940,2050,2200,2300,2480,2700
B	14	17	11	+1.6～−1.6	930,1000,1100,1210,1370,1560,1760,1950,2180,2300,2500,2700,2870,3200,3600,4060,4430,4820,5370,6070
C	18	22	14	+1.5～−2.0	1565,1760,1950,2195,2420,2715,2880,3080,3520,4060,4600,5380,3100,3815,7600,9100,10700
D	27	32	19	+1.6～−3.2	2740,3100,3330,3730,4080,4620,5400,6100,6840,7620,9140,10700,12200,13700,15200
E	32	38	23	+1.6～−3.2	4660,5040,5420,6100,6850,7650,9150,12230,13750,15280,16800

注：各型号的楔角 $\alpha=40°$，当 V 带的节面与带轮的基准宽度重合时，基准宽度才等于节宽。

（2）一般传动用窄 V 带

一般传动用窄 V 带，适用于高速及大动力的机械传动，也适用于一般动力传递。有包边窄 V 带、普通切边窄 V 带、有齿切边窄 V 带和底胶夹布切边窄 V 带，其型号有 SPZ、SPA、SPB、SPC 和 9N、15N、25N 等 7 种。其规格见表 23.5、表 23.6。

表 23.5 SP 型窄 V 带的规格（GB/T 11544—2012） mm

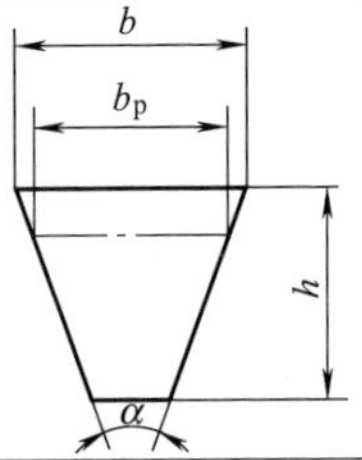

型号	截面尺寸			露出高度 h_r	基准长度 L_d(参考)
	b_p	b	h		
SPZ	8	10	8	+1.1～−0.4	630,710,800,900,1000,1120,1250,1400,1600,1800,2000,2240,2500,2800,3150,3550
SPA	11	13	10	+1.3～−0.6	800,900,1000,1120,1250,1400,1600,1800,2000,2240,2500,2800,3150,3550,4000,4500
SPB	14	17	14	+1.4～−0.7	1250,1400,1600,1800,2000,2240,2500,2800,3150,3550,4000,4500,5000,5600,6300,7100,8000
SPC	19	22	18	+1.5～−1.0	2000,2240,2500,2800,3150,3550,4000,4500,5000,5600,6300,7100,8000,9000,10000,11200,12500

注：各型号的楔角 $\alpha=40°$，当 V 带的节面与带轮的基准宽度重合时，基准宽度才等于节宽。

表 23.6 N 型窄 V 带的规格（GB/T 12730—2008） mm

型号	截面尺寸		公称有效长度
	b	h	
9N	9.5	8	630,670,710,760,800,850,900,950,1015,1080,1140,1205,1270,1345,1420,1525,1600,1700,1800,1900,2030,2160,2290,2410,2540,2690,2840,3000,3180,3350,3550
15N	16	13.5	1270,1345,1420,1525,1600,1700,1800,1900,2030,2160,2290,2410,2540,2690,2840,3000,3180,3350,3550,3810,4060,4320,4570,4830,5080,6000,6350,6730,7100,7620,8000,8500,9000

续表

型号	截面尺寸		公称有效长度
	b	h	
25N	25.5	23	2540,2690,2840,3000,3180,3350,3550,3810,4060,4320,4570,4830,5080,6000,6350,6730,7100,7620,8000,8500,9000,9500,10160,10800,11430,12060,12700

注：各型号的楔角 $\alpha=38°$，当V带的节面与带轮的基准宽度重合时，基准宽度才等于节宽。

23.1.3　同步带

同步带的传动精度高，价格也不贵，但负载能力弱，所以更适合转速低、功率传动小的场合。其型号由长度代号＋型号＋宽度代号组成。对于双面同步带，还应在最前面表示出型式代号DA或DB。

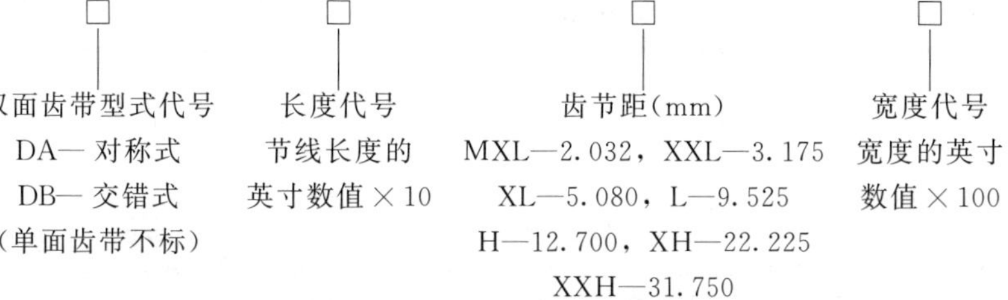

同步带的型号与尺寸见表23.7。

表23.7　同步带的型号与尺寸（GB/T 11616—2013）　　mm

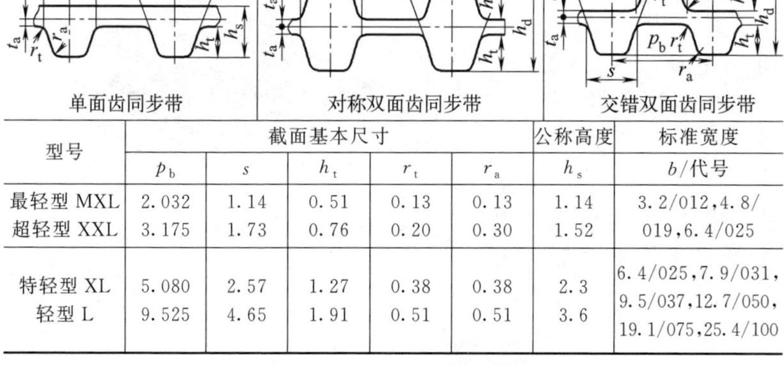

单面齿同步带　　对称双面齿同步带　　交错双面齿同步带

型号	截面基本尺寸					公称高度	标准宽度
	p_b	s	h_t	r_t	r_a	h_s	b/代号
最轻型MXL 超轻型XXL	2.032 3.175	1.14 1.73	0.51 0.76	0.13 0.20	0.13 0.30	1.14 1.52	3.2/012,4.8/019,6.4/025
特轻型XL 轻型L	5.080 9.525	2.57 4.65	1.27 1.91	0.38 0.51	0.38 0.51	2.3 3.6	6.4/025,7.9/031,9.5/037,12.7/050,19.1/075,25.4/100

续表

型号	截面基本尺寸					公称高度	标准宽度
	p_b	s	h_t	r_t	r_a	h_s	b/代号
重型 H	12.700	6.12	2.29	1.02	1.02	4.3	19.1/075,25.4/100,38.1/150,50.8/200,76.2/300
特型 XH	22.225	12.57	6.35	1.57	1.19	11.2	50.8/200,76.2/300,101.6/400
超重型 XXH	31.750	19.05	9.53	2.29	1.52	15.7	50.8/200,76.2/300,101.6/400,127/500

注：1. 表中 XXL、XL 型号的齿形角 $2\alpha=50°$，其余均为 $2\alpha=40°$。

2. XL、L、H、XH、XXH 型带长系列为 60mm、70mm、80mm、90mm、100mm、110mm、124mm、130mm、140mm、150mm、160mm、170mm、180mm、187mm、190mm、200mm、210mm、220mm、225mm、230mm、240mm、250mm、255mm、260mm、270mm、285mm、300mm、322mm、330mm、345mm、360mm、367mm、390mm、420mm、450mm、480mm、507mm、510mm、540mm、560mm、570mm、600mm、630mm、660mm、700mm、750mm、770mm、800mm、840mm、850mm、900mm、980mm、1000mm、1100mm、1120mm、1200mm、1250mm、1260mm、1400mm、1540mm、1600mm、1700mm、1750mm、1800mm。

3. MXL、XXL 型带长系列为 36.0mm、40.0mm、44.0mm、48.0mm、50.0mm、56.0mm、60.0mm、64.0mm、70.0mm、72.0mm、80.0mm、88.0mm、90.0mm、100.0mm、110.0mm、112.0mm、120.0mm、124.0mm、140.0mm、150.0mm、160.0mm、180.0mm、200.0mm、220.0mm。

23.1.4 橡胶多楔带

橡胶多楔带（图 23.3）传动功率大，空间相同时比普通 V 带的传动功率高 30%；传动系统结构紧凑，在相同的传动功率情况下，传递装置所占空间比普通 V 带小 25%；带体薄，富有柔软性，适应带轮直径小的传动，也适应高速传动，带速可达 40m/s；振动小，发热少，运转平稳；耐热、耐油、耐磨，使用伸长小，寿命长。其规格见表 23.8。

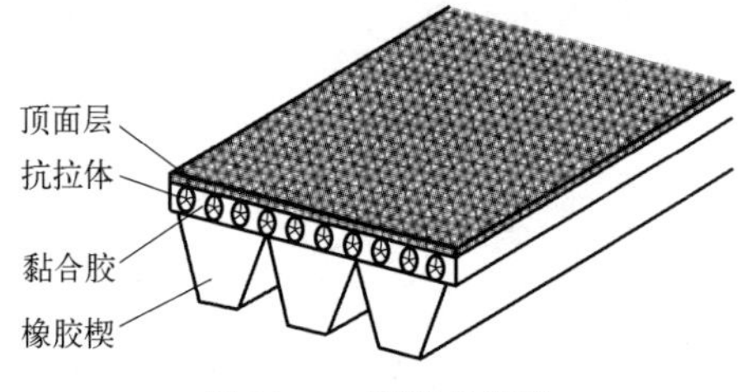

图 23.3 橡胶多楔带

表 23.8　多楔带规格（HB/T 4494—2013）　mm

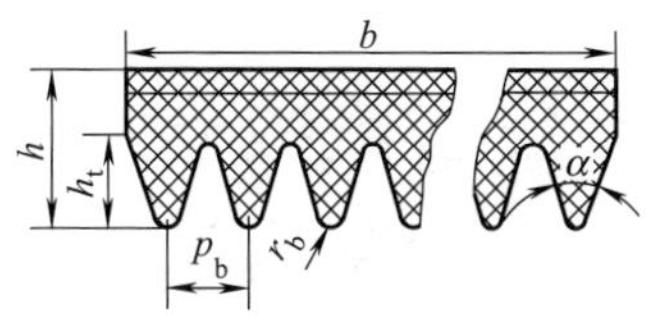

型号	楔距 p_b	楔顶圆角半径(最小)	带高 h	带长范围
PH	1.60	0.3	3	200～3000
PJ	2.34	0.4	4	370～3000
PK	3.56	0.5	6	200～3000
PL	4.70	0.4	10	750～8000
PM	9.40	0.75	17	2000～17000

23.2 输送带

23.2.1 普通用途织物芯输送带

普通用途织物芯输送带用于短距离、中等载物量场合输送物料，拉力比较低，承重有一定的限制。芯带的种类有多层芯带、双层芯带、单层芯带和整体织物芯带 4 种。其型号标记方法是：

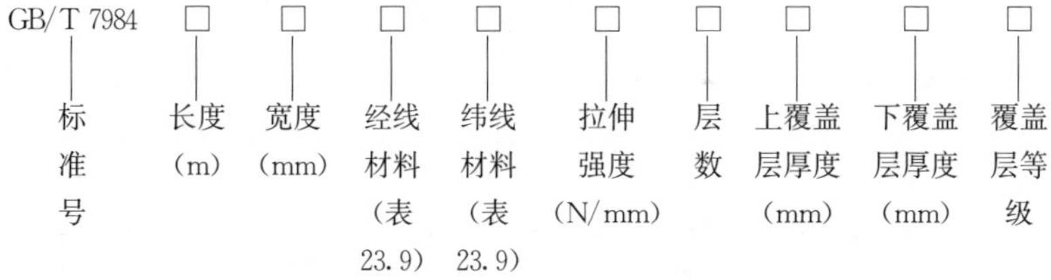

表 23.9　织物材料代号

织物材料	棉线	人造棉	人造丝	锦纶(聚酰胺纤维)	涤纶(聚对苯二甲酸乙二酯)	芳纶(芳香族聚酰胺纤维)	玻璃纤维
代号	B	Z	R	P	E	D	G

普通用途织物芯输送带参数见表 23.10。

表 23.10　普通用途织物芯输送带的参数（GB /T 4490—2021）

项目	参数值
有端输送带的公称宽度/mm	300、400、500、600、650、800、1000、1200、1400、1600、1800、2000、2200、2400、2600、2800、3000、3200

续表

项目	参数值
最小全厚度拉伸强度值/(N/mm)	150、200、250、315、400、500、630、800、1000、1250、1600、2000、2500、3150(等于指定带型号)

23.2.2 普通用途钢丝绳芯输送带

普通用途钢丝绳芯输送带用于工业上输送各种物料或工件，拉伸强度大、抗冲击好、寿命长、使用伸长小、成槽性好、耐曲挠性好，适于长距离、大运程、高速度输送物料。

工作环境温度：－20～40℃。

结构：由上覆盖层、下覆盖层、钢丝绳芯和黏合胶层构成（图 23.4）。

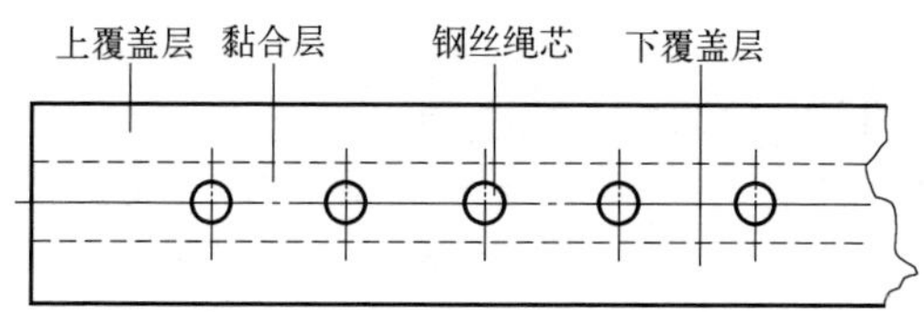

图 23.4 普通用途钢丝绳芯输送带的结构

标记方法是：

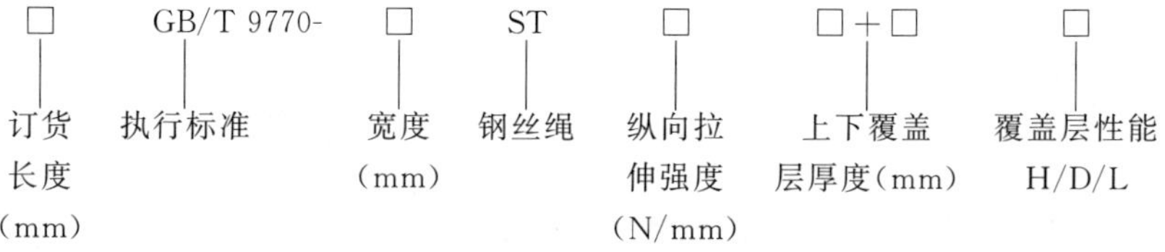

覆盖层性能：H 用于输送对带子有强烈损害的尖利磨损性物料；D 用于输送高磨损性物料；L 用于输送中度磨损物料。

宽度系列有 500mm、630mm、800mm、1000mm、1200mm、1400mm、1600mm、1800mm、2000mm、2200mm、2400mm、2600mm、2800mm、3000mm、3200mm 等规格。

材质：有碳素结构钢和不锈钢，可根据耐磨、耐温、耐蚀的要求选用。

带型系列见表 23.11。

表 23.11 普通用途钢丝绳芯输送带的带型系列（GB/T 9770—2013）

带型号		500	630	800	1000	1250	1400	1600	1800	2000	2250	2500
最小拉断强度 K_{Nmin}/Pa		500	630	800	1000	1250	1400	1600	1800	2000	2250	2500
钢丝绳最大直径 d_{max}/mm		3.0	3.0	3.5	4.0	4.5	5.0	5.0	5.6	6.0	5.6	7.2
钢丝绳最小拉断力 F_{bamin}/kN		7.6	7.0	8.9	12.9	16.1	20.6	20.6	25.5	25.6	26.2	40.0
钢丝绳间距 t/mm		14.0	10.0	10.0	12.0	12.0	14.0	12.0	13.5	12.0	11.0	15.0
覆盖层最小厚度 S_{min}/mm		4.0	4.0	4.0	4.0	4.0	4.0	4.0	4.0	4.0	4.0	5.0
带宽 B/mm	极限偏差/mm	钢丝绳根数 n										
500	+10/−5	33	45	45	39	39	34	39	N/A	N/A	N/A	N/A
650	+10/−7	44	60	60	51	51	45	51	56	52	56	41
800	+10/−8	54	75	75	63	63	55	63	57	63	69	50
1000	±10	68	95	95	79	70	68	79	71	79	86	64
1200	±10	83	113	113	94	91	82	94	85	96	104	76
1400	±12	96	133	133	111	111	97	111	100	111	122	89
1600	±12	111	151	151	126	126	111	126	114	126	140	101
1800	±14	125	171	171	143	143	125	143	129	143	159	114
2000	±14	139	191	191	159	159	139	159	159	159	177	128
2200	±15	153	211	211	176	176	151	176	159	176	195	141
2400	±15	167	231	231	193	193	168	193	174	193	213	155
2600	±15	181	251	251	209	209	182	209	189	209	231	168
2800	±15	196	271	271	226	226	197	226	203	226	249	181
3000	±15	210	291	291	243	243	211	243	218	243	268	195
3200	±15	224	311	311	260	260	225	260	233	260	286	208

带型号		2800	3150	3500	4000	4500	5000	5400	6300	7000	7500
最小拉断强度 K_{Nmin}/Pa		2800	3150	3500	4000	4500	5000	5400	6300	7000	7500
钢丝绳最大直径 d_{max}/mm		7.2	8.1	8.6	8.9	9.7	10.9	11.3	12.8	13.5	15.0
钢丝绳最小拉断力 F_{bamin}/kN		39.6	50.5	56.0	63.5	76.3	91.0	98.2	130.4	142.4	166.7
钢丝绳间距 t/mm		13.5	15.0	15.0	15.0	15.0	17.0	17.0	19.5	19.5	21.0
覆盖层最小厚度 S_{min}/mm		5.0	5.5	6.0	6.5	7.0	7.5	8.0	10.0	10.0	10.0
带宽 B/mm	极限偏差/mm	钢丝绳根数 n									
500	+10/−5	N/A	N/A	N/A	N/A	N/A	N/A	N1A	N/A	N/A	N/A
650	+10/−7	46	41	41	41	39	36	N/A	N/A	N/A	N/A
800	+10/−8	57	50	50	51	48	45	45	N/A	N/A	N/A
1000	±10	71	61	61	61	59	55	55	N/A	N/A	N/A
1200	±10	85	76	77	77	71	66	66	58	59	54
1400	±12	99	89	90	90	84	78	78	68	69	64
1600	±12	114	101	104	104	96	90	90	78	80	73
1800	±14	128	114	117	117	109	102	102	89	90	83
2000	±14	143	128	130	130	121	113	113	99	100	92

续表

带宽 B/mm	极限偏差/mm	钢丝绳根数 n									
2200	±15	158	111	111	111	131	125	125	109	110	102
2400	±15	173	155	157	157	146	137	137	119	119	110
2600	±15	188	168	170	170	159	149	149	129	129	120
2800	±15	202	181	183	183	171	161	161	139	139	129
3000	±15	217	195	195	195	183	172	172	149	149	139
3200	±15	232	208	208	208	196	184	184	160	160	149

注：N/A—由于成槽性的缘故而不适用。

23.2.3 金属丝编织输送网带

用于输送物料要求网面平整、强硬度高、抗腐蚀性强、抗拉强度大、透气性能好、不易变形、经久耐用等特殊功能的场合，特别是自动生产线上。

输送网带型号表示方法是：

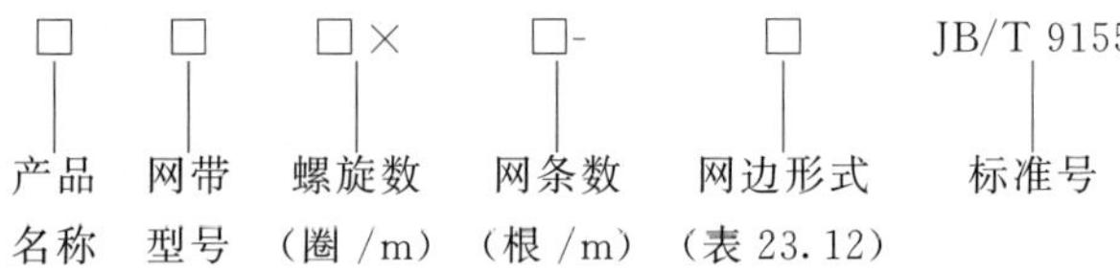

网带材料：结构钢（Q195、Q215、Q235），不锈钢、耐酸、耐热钢（1Cr13、1Cr18Ni9、1Cr18Ni9Ti、00Cr17Ni14Mo2、0Cr18Ni12Mo2Ti、1Cr23Ni18、00Cr18Ni14Mo2Cu2）和高电阻电热合金丝（Cr25Ni20、Cr20Ni80）。

编织形式见图 23.5。

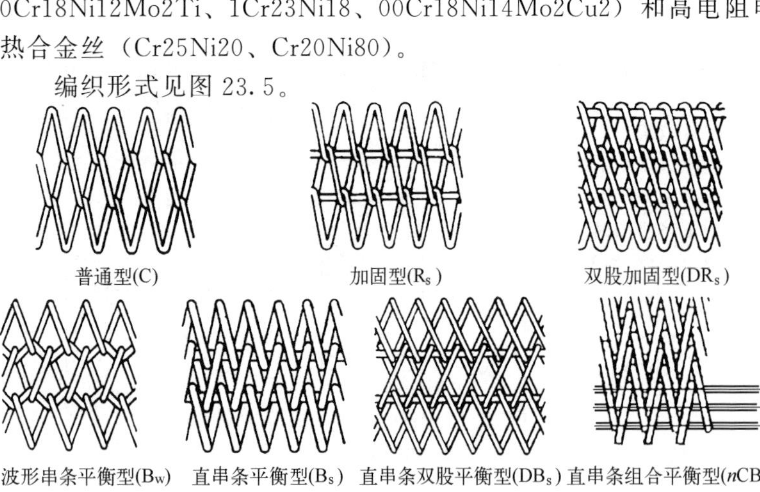

图 23.5 金属丝网带的编织形式

表 23.12　金属丝网带的编织

普通型(C)

网带型号	网条直径/mm	螺旋数/(圈/m)	网条数/(根/m)	网带厚度/mm	网边形式推荐
C2.8	2.8	84	63	10±0.5	
C2.2	2.2	100	76	8±0.4	
C1.6	1.6	69	80	7±0.4	
C1.2	1.2	100	150	6.5±0.4	
C1.1	1.1	182	175	6±0.4	
C0.9	0.9	153	158	6±0.4	

U型(代号为Ⅰ)

注：网带型号字母表示编织形式，数字表示网条直径。

加固型(R_s)

网带型号	网条直径/mm	串条直径/mm	螺旋数/(圈/m)	网条数/(根/m)	网带厚度/mm	网边形式推荐
R_s 3.5/4	3.5	4	25	29	14±0.6	
R_s 3.5/3.5	3.5	3.5	50	46	14±0.6	
R_s 2.8/2.8	2.8	2.8	50	46	11±0.5	
R_s 2.0/2.0	2.0	2.0	100	114	9±0.4	
R_s 1.6/1.6	1.6	1.6	100	80	7±0.4	
R_s 0.9/0.9	0.9	0.9	200	200	6±0.4	

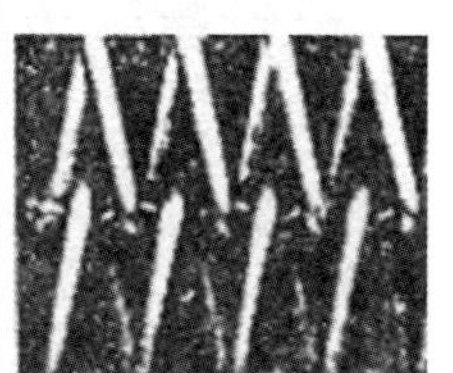

焊接型(代号为Ⅲ)

注：网带型号字母表示编织形式，下标字母表示直形串条，数字表示网条直径/串条直径。

双股加固型(DR_s)

网带型号	网条直径/mm	串条直径/mm	螺旋数/(圈/m)	网条数/(根/m)	网带厚度/mm	网边形式推荐
DR_s 3.5/3.5	3.5	3.5	100	46	14±0.6	
DR_s 2.8/3.5	2.8	3.5	132	71	12±0.5	
DR_s 2.8/2.8	2.8	2.8	118	60	11±0.5	
DR_s 2.0/2.0	2.0	2.0	200	125	9±0.4	
DR_s 1.6/1.6	1.6	1.6	250	200	7.5±0.4	

焊接型(代号为Ⅲ)　阶梯弯边型(代号为Ⅳ)

注：网带型号字母表示编织形式，下标字母表示串条，数字表示网条直径/串条直径。

续表

波形串条平衡型(B_w)						
网带型号	网条直径/mm	串条直径/mm	螺旋数/(圈/m)	网条数/(根/m)	网带厚度/mm	网边形式推荐
B_w 3.5/3.5	3.5	3.5	80	72	12.5±0.5	 焊接型(代号为Ⅲ) 阶梯弯边型(代号为Ⅳ)
B_w 3.0/3.0	3.0	3.0	71	57	11±0.5	
B_w 2.8/3.0	2.8	3.0	60	52	11±0.5	
B_w 2.0/2.5	2.0	2.5	118	62	9±0.4	
B_w 1.6/2.0	1.6	2.0	200	158	7.5±0.4	
B_w 1.2/1.6	1.2	1.6	227	94	6±0.4	
B_w 1.2/1.2	1.2	1.2	167	91	6±0.4	

注：网带型号字母表示编织形式，下标字母表示弯形串条，数字表示网条直径/串条直径。

直串条平衡型(B_s)						
网带型号	网条直径/mm	串条直径/mm	螺旋数/(圈/m)	网条数/(根/m)	网带厚度/mm	网边形式推荐
B_s3.5/4.0	3.5	4.0	118	50	$14^{+0.5}_{-0.7}$	 焊接型(代号为Ⅲ) 阶梯弯边型(代号为Ⅳ)
B_s3.5/3.5	3.5	3.5	118	49	$14^{+0.5}_{-0.7}$	
B_s2.5/3.0	2.5	3.0	132	69	10±0.5	
B_s2.2/2.8	2.2	2.8	154	75	9±0.4	
B_s2.0/3.0	2.0	3.0	227	69	10±0.5	
B_s1.6/2.2	1.6	2.2	132	66	7.5±0.4	
B_s1.2/1.6	1.2	1.6	200	170	6±0.4	

注：网带型号字母表示编织形式，下标字母表示直形串条，数字表示网条直径/串条直径。

直串条双股平衡型(DB_s)						
网带型号	网条直径/mm	串条直径/mm	螺旋数/(圈/m)	网条数/(根/m)	网带厚度/mm	网边形式推荐
DB_s2.8/3.5	2.8	3.5	100	50	12±0.5	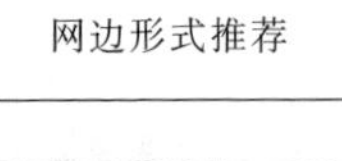 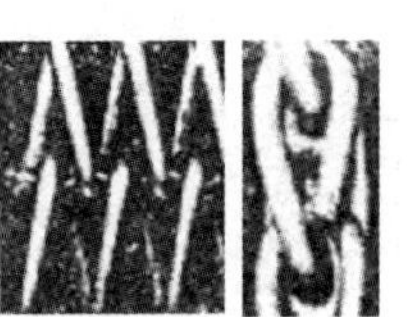 焊接型(代号为Ⅲ) 阶梯弯边型(代号为Ⅳ)
DB_s2.8/2.8	2.8	2.8	118	50	11±0.5	
DB_s2.6/3.2	2.6	3.2	139	54	12±0.5	
DB_s1.8/2.8	1.8	2.8	157	80	9±0.4	
DS_s1.5/1.8	1.5	1.8	143	95	7.5±0.4	
DB_s1.1/2.0	1.1	2.0	426	108	6.5±0.4	

注：网带型号字母表示编织形式，下标字母表示直形串条，数字表示网条直径/串条直径。

续表

直串条组合平衡型($n\mathrm{CB_s}$)						
网带型号	网条直径/mm	串条直径/mm	螺旋数/(圈/m)	网条数/(根/m)	网带厚度/mm	网边形式推荐
$n\mathrm{CB_s}$1.8/2.2	1.8	2.2	123	203	8.5±0.4	U型(代号为Ⅰ)　镦头型(代号为Ⅱ)
$n\mathrm{CB_s}$1.6/2.2	1.6	2.2	132	197	7.5±0.4	
$n\mathrm{CB_s}$1.6/2.2	1.6	2.2	133	200	7.5±0.4	
$n\mathrm{CB_s}$1.2/1.6	1.2	1.6	167	306	7.0±0.4	

注：网带型号字母表示编织形式，下标字母表示直形串条，数字表示网条直径/串条直径。

23.2.4　轻型输送带

轻型输送带是输送材料密度较小的固态物料带，其型号表示方法是：

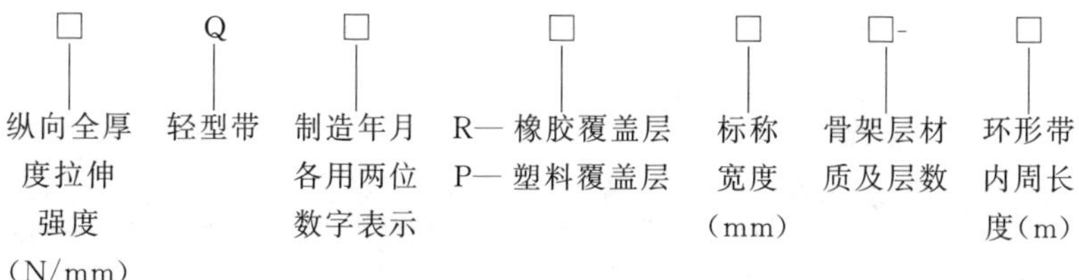

轻型输送带的主要技术数据见表23.13。

表23.13　轻型输送带的主要技术数据（23677—2009）

切割宽度极限偏差/mm					
带宽 b	含低吸湿性材料的带(如聚酯)	含高吸湿性材料的带(如棉、尼龙)	带宽 b	含低吸湿性材料的带(如聚酯)	含高吸湿性材料的带(如棉、尼龙)
$b\leqslant200$	±1	±2	$1000<b\leqslant2000$	±6	±6
$200<b\leqslant600$	±2	±3	$2000<b\leqslant400$	±7	±0.3%b
$600<b\leqslant1000$	±4	±5	$b>4000$	±8	±0.3%b

环形带和端部已作接头准备的有端带长度极限偏差			
长度 L/m	极限偏差/mm	长度 L/m	极限偏差/mm
$\leqslant2$	±10	$2<L\leqslant7$	±20
$L>7$	±0.3%L		

续表

全厚度拉伸强度/(N/mm)			
纵向全厚度拉伸强度（规格值）	横向全厚度拉伸强度 ≥	纵向全厚度拉伸强度（规格值）	横向全厚度拉伸强度 ≥
80	30	200	80
100	40	250	100
125	50	315	125
160	63	400	160

注：1. 橡胶型轻型带宽度小于600mm，极限偏差为±3.0mm。

2. 横向拉伸强度的规定不适用于棉帆布芯轻型带。

3. 全厚度纵向拉断伸长率应不小于10%，纵向参考力伸长率应不大于4%。

23.2.5 轻型输送带

用于纺织、轻工、食品和电子等行业的货物输送，其骨架材料由棉、尼龙、涤纶等织物构成。带芯外可有覆盖层（橡胶、橡塑或塑料，也可无覆盖层）。其型号表示方法是：

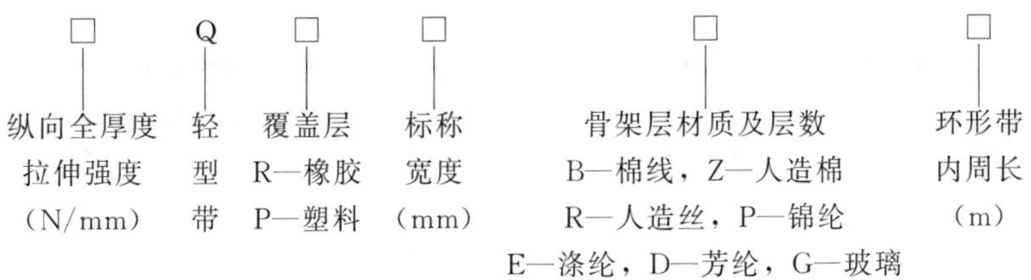

其参数见表23.14。

表23.14 轻型输送带的参数（GB/T 23677—2017） mm

项目		参数值							
总厚度		0.5,0.8,1.0,1.3,1.6,2.0,2.5,3.0,4.0,5.0,5.6,6.3,8.0							
宽度和长度		不限							
全厚度拉伸强度/(N/mm)	纵向①	80	100	125	160	200	250	315	400
	横向①	30	40	50	63	80	100	125	160

①横向和纵向全厚度拉伸强度必须对应。

23.2.6 帆布芯耐热输送带

帆布芯耐热输送带通常由帆布层和橡胶覆盖层组成，具有较好的耐高温性能。其型号表示方法是：

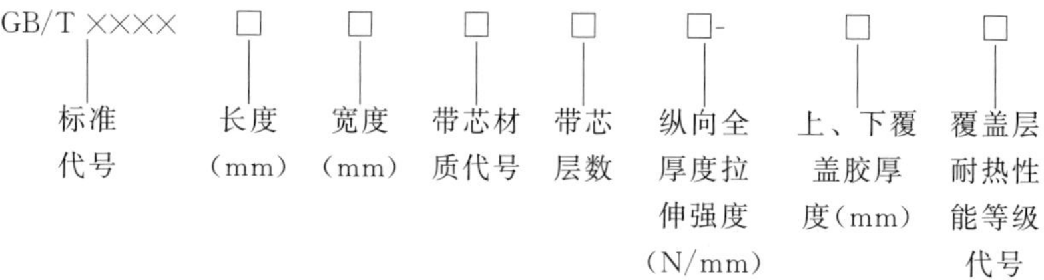

帆布芯耐热带覆盖层输送带的物理性能见表23.15。

表23.15　帆布芯耐热带覆盖层输送带的物理性能（GB/T 20021—2005）

项目		类型			
		T_1	T_2	T_3	T_4
		允许变化范围			
硬度	老化后与老化前之差(IRHD)	+20		±20	
	老化后的最大值(IRHD)	85			
拉伸强度	性能变化率/%	−25	−30	−40	−40
	老化后最低值/MPa	12	10	5	0
拉断伸长率	老化后变化率/%	−50		−55	
	老化后最低值/%	200		180	

带型号	纵向全厚度拉伸强度值/MPa≥	带型号	纵向全厚度拉伸强度值/MPa≥
160	160	800	800
200	200	1000	1000
250	250	1250	1250
315	315	1600	1600
400	400	2000	2000
500	500	2500	2500
630	630	3150	3150

注：T_1—可耐热≤100℃；T_2—可耐热≤125℃；T_3—可耐热≤150℃；T_4—可耐热≤175℃。

23.3　链条

链条有滚子链和齿形链两种。滚子链又有套筒滚子链、水平翼板滚子链、直立翼板滚子链、标准长节距输送链几种。

23.3.1　套筒滚子链

套筒滚子链有（普通系列）短节距精密滚子链和加重系列短节距精密滚子链两类。

（普通系列）传动用短节距精密滚子链见表23.16。

表 23.16 （普通系列）传动用短节距精密滚子链（GB/T 1243—2006）

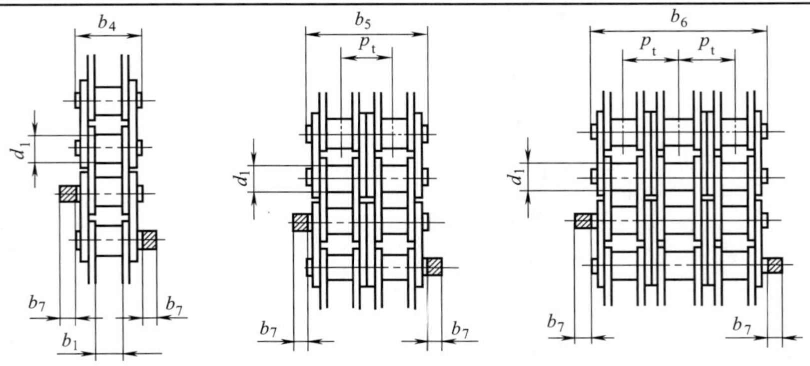

单排链 双排链 三排链

链号	节距 p（最小）	滚子直径 d_1（最大）	内节内宽 b_1（最小）	销轴直径 d_2（最大）	套筒孔径 d_3（最小）	链条通道高 h_1（最小）	内链板高 h_2（最大）	外或中链板高 h_3（最大）	过渡链节尺寸 l_1（最小）	过渡链节尺寸 l_2（最小）	过渡链节尺寸 c	排距 p_t
	mm											
04C	6.35	3.30	3.10	2.31	2.34	6.27	6.02	5.21	2.65	3.08	0.10	6.40
06C	9.525	5.08	4.68	3.60	3.62	9.30	9.05	7.81	3.97	4.60	0.10	10.13
05B	8.00	5.00	3.00	2.31	2.35	7.37	7.11	7.11	3.71	3.71	0.08	5.64
06B	9.525	6.35	5.72	3.28	3.33	8.52	8.26	8.26	4.32	4.32	0.08	10.24
08A	12.70	7.92	7.85	3.98	4.00	12.33	12.07	10.42	5.29	6.10	0.08	14.38
08B	12.70	8.51	7.75	4.45	4.50	12.07	11.81	10.92	5.66	6.12	0.08	13.92
081	12.70	7.75	3.30	3.66	3.71	10.17	9.91	9.91	5.36	5.36	0.08	—
083	12.70	7.75	4.88	4.09	4.14	10.56	10.30	10.30	5.36	5.36	0.08	—
084	12.70	7.75	4.88	4.09	4.14	11.41	11.15	11.15	5.77	5.77	0.08	—
085	12.70	7.77	6.25	3.60	3.62	10.17	9.91	8.51	4.35	5.03	0.08	—

续表

链号	节距 p（最小）	滚子直径 d_1（最大）	内节内宽 b_1（最小）	销轴直径 d_2（最大）	套筒孔径 d_3（最小）	链条通道高 h_1（最小）	内链板高 h_2（最大）	外或中链板高 h_3（最大）	过渡链节尺寸			排距 p_t
									l_1（最小）	l_2（最小）	c	
	mm											
10A	15.875	10.16	9.40	5.09	5.12	15.35	15.09	13.02	6.61	7.62	0.10	18.11
10B	15.875	10.16	9.65	5.08	5.13	14.99	14.73	13.72	7.11	7.62	0.10	16.59
12A	19.05	11.91	12.57	5.96	5.98	18.34	18.10	15.62	7.90	9.15	0.10	22.78
12B	19.05	12.07	11.68	5.72	5.77	16.39	16.13	16.13	8.33	8.33	0.10	19.46
16A	25.40	15.88	15.75	7.94	7.96	24.39	24.13	20.83	10.55	12.20	0.13	29.29
16B	25.40	15.88	17.02	8.28	8.33	21.34	21.08	21.08	11.15	11.15	0.13	31.88
20A	31.75	19.05	18.90	9.54	9.56	30.48	30.17	26.04	13.16	15.24	0.15	35.76
20B	31.75	19.05	19.56	10.19	10.24	26.68	26.42	26.42	13.89	13.89	0.15	36.45
24A	38.10	22.23	25.22	11.11	11.14	36.55	36.2	31.24	15.80	18.27	0.18	45.44
24B	38.10	25.40	25.40	14.63	14.68	33.73	33.4	33.40	17.55	17.55	0.18	48.36
28A	44.45	25.40	25.22	12.71	12.74	42.67	42.23	36.45	18.42	21.32	0.20	48.87
28B	44.45	27.94	30.99	15.90	15.95	37.46	37.08	37.08	19.51	19.51	0.20	59.56
32A	50.80	28.58	31.55	14.29	14.31	48.74	48.26	41.68	21.04	24.33	0.20	58.55
32B	50.80	29.21	30.99	17.81	17.86	42.72	42.29	42.29	22.20	22.20	0.20	58.55
36A	57.15	35.71	35.48	17.46	17.49	54.86	54.30	46.86	23.65	27.36	0.20	65.84
40A	63.50	39.68	37.85	19.85	19.87	60.93	60.33	52.07	26.24	30.36	0.20	71.55
40B	63.50	39.37	38.10	22.89	22.94	53.49	52.96	52.96	27.76	27.76	0.20	72.29
48A	76.20	47.63	47.35	23.51	23.84	73.13	72.39	62.49	31.45	36.40	0.20	87.83
48B	76.20	48.26	45.72	29.24	29.29	64.52	63.88	63.88	33.45	33.45	0.20	91.21
56B	88.90	53.98	53.34	34.32	34.37	78.64	77.85	77.85	40.61	40.61	0.20	106.60
64B	101.60	63.50	60.96	39.40	39.45	91.08	90.17	90.17	47.07	47.07	0.20	119.85
72B	114.30	72.39	68.58	44.48	44.53	104.67	103.62	103.62	53.37	53.37	0.20	136.27

续表

链号	内节外宽 b_2（最大）	外节内宽 b_3（最小）	销轴长度 单排 b_4（最大）	销轴长度 双排 b_5（最大）	销轴长度 三排 b_6（最大）	止锁件附加宽 b_7（最大）	测量力 单排	测量力 双排	测量力 三排	抗拉强度 F_u 单排（最小）	抗拉强度 F_u 双排（最小）	抗拉强度 F_u 三排（最小）	动载强度 单排 F_d（最小）
	mm						N			kN			N
04C	4.80	4.85	9.1	15.5	21.8	2.5	50	100	150	3.5	7.0	10.5	630
06C	7.46	7.52	13.2	23.4	33.5	3.3	70	140	210	7.9	15.8	23.7	1410
05B	4.77	4.90	8.5	14.3	19.9	3.1	50	100	150	4.4	7.8	11.1	820
06B	8.53	8.66	13.5	23.8	34.0	3.3	70	140	210	8.9	16.9	24.9	1290
08A	11.17	11.23	17.8	32.3	46.7	3.9	120	250	370	13.9	27.8	41.7	2480
08B	11.30	11.43	17.0	31.0	44.9	3.9	120	250	370	17.8	31.1	44.5	2480
081	5.80	5.93	10.2	—	—	1.5	125	—	—	8.0	—	—	—
083	7.90	8.03	12.9	—	—	1.5	125	—	—	11.6	—	—	—
084	8.80	8.93	14.8	—	—	1.5	125	—	—	15.6	—	—	—
085	9.06	9.12	14.0	—	—	2.0	80	—	—	6.7	—	—	1340
10A	13.84	13.89	21.8	39.9	57.9	4.1	200	390	590	21.8	43.6	65.4	3850
10B	13.28	13.41	19.6	36.2	52.8	4.1	200	390	590	22.2	44.5	66.7	3330
12A	17.75	17.81	26.9	49.8	72.6	4.6	280	560	840	31.3	62.6	93.9	5490
12B	15.62	15.75	22.7	42.2	61.7	4.6	280	560	840	28.9	57.8	86.7	3720
16A	22.60	22.66	33.5	62.7	91.9	5.4	500	1000	1490	55.6	111.2	166.8	9550
16B	25.45	25.58	36.1	68.0	99.9	5.4	500	1000	1490	60.0	106.0	160.0	9530
20A	27.45	27.51	41.1	77.0	113.0	6.1	780	1560	2340	87.0	174.0	261.0	14600
20B	29.01	29.14	43.2	79.7	116.1	6.1	780	1560	2340	95.0	170.0	250.0	13500
24A	35.45	35.51	50.8	96.3	141.7	6.6	1110	2220	3340	125.0	250.0	375.0	20500
24B	37.92	38.05	53.4	101.8	150.2	6.6	1110	2220	3340	160.0	280.0	425.0	19700
28A	37.18	37.24	54.9	103.6	152.4	7.4	1510	3020	4540	170.0	340.0	510.0	27300
28B	46.58	46.71	65.1	124.7	184.3	7.4	1510	3020	4540	200.0	360.0	530.0	27100
32A	45.21	45.26	65.5	124.2	182.9	7.9	2000	4000	6010	223.0	446.0	669.0	34800

续表

链号	内节外宽 b_2（最大）	外节内宽 b_3（最小）	销轴长度			止锁件附加宽 b_7（最大）	测量力			抗拉强度 F_u			动载强度单排 F_d（最小）
			单排 b_4（最大）	双排 b_5（最大）	三排 b_6（最大）		单排	双排	三排	单排（最小）	双排（最小）	三排（最小）	
	mm						N			kN			N
32B	45.57	45.70	67.4	126.0	184.5	7.9	2000	4000	6010	250.0	450.0	670.0	29900
36A	50.85	50.90	73.9	140.0	206.0	9.1	2670	5340	8010	281.0	562.0	843.0	44500*
40A	54.88	54.94	80.3	151.9	223.5	10.2	3110	6230	9340	347.0	694.0	1041.0	53600*
40B	55.75	55.88	82.6	154.9	227.2	10.2	3110	6230	9340	355.0	630.0	950.0	41800*
48A	67.81	67.87	95.5	183.4	271.3	10.5	4450	5900	13340	500.0	1000.0	1500.0	73100*
48B	70.56	70.69	99.1	190.4	281.6	10.5	4450	8900	13340	560.0	1600.0	1500.0	63600*
56B	81.33	81.46	114.6	221.2	327.8	11.7	6090	12190	20000	850.0	1600.0	2240.0	83900*
64B	92.02	92.15	130.9	250.8	370.7	13.0	7960	15920	27000	1120.0	2000.0	3000.0	106900*
72B	103.81	103.94	147.4	283.7	420.0	14.3	10100	20190	33500	1400.0	2500.0	3750.0	132700*

注：动载强度值是基于 5 个链节的试样，不适用于这些 3 个链节的试样。

下面介绍 ANSI 重载系列链条，见表 23.17。

表 23.17　ANSI 重载系列链条尺寸及性能（GB/T 1243—2006）

链号	节距 P（最小）	滚子直径 d_1（最大）	内节内宽 b_1（最小）	销轴直径 d_2（最大）	套筒孔径 d_3（最小）	链条通道高 h_1（最小）	内链板高 h_2（最大）	外或中链板高 h_3（最大）	过渡链节尺寸			排距 p_t
									l_1（最小）	l_2（最小）	c	
	mm											
60H	19.05	11.91	12.57	5.96	5.58	18.34	18.10	15.62	7.90	9.15	0.10	26.11
80H	25.40	15.88	15.75	7.94	7.96	24.39	24.13	20.83	10.55	12.20	0.13	32.59
100H	31.75	19.05	18.90	9.54	9.56	30.48	30.17	26.04	13.16	15.24	0.15	39.09
120H	38.10	22.23	25.22	11.11	11.14	36.55	36.2	31.24	15.80	18.27	0.18	48.87
140H	44.45	25.40	25.22	12.71	12.74	42.67	42.23	36.45	18.42	21.32	0.20	52.20
160H	50.80	28.58	31.55	14.29	14.31	48.74	48.26	41.66	21.04	24.33	0.20	61.90

续表

链号	节距 P（最小）	滚子直径 d_1（最大）	内节内宽 b_1（最小）	销轴直径 d_2（最大）	套筒孔径 d_3（最小）	链条通道高 h_1（最小）	内链板高 h_2（最大）	外或中链板高 h_3（最大）	过渡链节尺寸 l_1（最小）	过渡链节尺寸 l_2（最小）	过渡链节尺寸 c	排距 p_t
	mm											
180H	57.15	35.71	35.48	17.46	17.49	54.86	54.30	46.86	23.65	27.36	0.20	69.16
200H	63.50	39.68	37.85	19.85	19.87	60.93	60.33	52.07	26.24	30.36	0.20	78.31
240H	76.20	47.63	47.35	23.31	23.84	73.13	72.39	62.49	31.45	36.40	0.20	101.22

链号	内节外宽 b_2（最大）	外节内宽 b_3（最小）	销轴长度 单排 b_4（最大）	销轴长度 双排 b_5（最大）	销轴长度 三排 b_6（最大）	止锁件附加宽 $b_7$max	测量力 单排	测量力 双排	测量力 三排	抗拉强度 F_u 单排（最小）	抗拉强度 F_u 双排（最小）	抗拉强度 F_u 三排（最小）	动载强度单排 F_d（最小）
	mm						N			kN			N
60H	19.43	19.48	30.2	56.3	82.4	4.6	280	560	840	31.3	62.6	93.9	6330
80H	24.28	24.33	37.4	70.0	102.6	5.4	500	1000	1490	55.6	112.2	166.8	10700
100H	29.10	29.16	44.5	83.6	122.7	5.1	780	1560	2340	87.0	174.0	261.0	16000
120H	37.18	37.24	55.0	103.9	152.8	6.6	1110	2220	3340	125.0	250.0	375.0	22200
140H	38.86	38.91	59.0	111.2	163.4	7.4	1510	3020	4540	170.0	340.0	510.0	29200
160H	46.88	46.94	69.4	131.3	193.2	7.9	2000	4000	6010	223.0	446.0	669.0	36900
180H	52.50	52.55	77.3	146.5	215.7	9.1	2670	5340	8010	281.0	562.0	843.0	46900*
200H	58.29	58.34	87.1	165.4	243.7	10.2	3110	6230	9340	347.0	694.0	1041.0	58700*
240H	74.54	74.60	111.4	212.6	313.8	10.5	4450	8900	13340	500.0	1000.0	1500.0	84400*

注：动载强度值是基于 5 个链节的试样，不适用于这 3 个链节的试样。

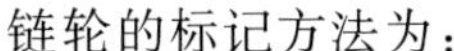
链轮的标记方法为：

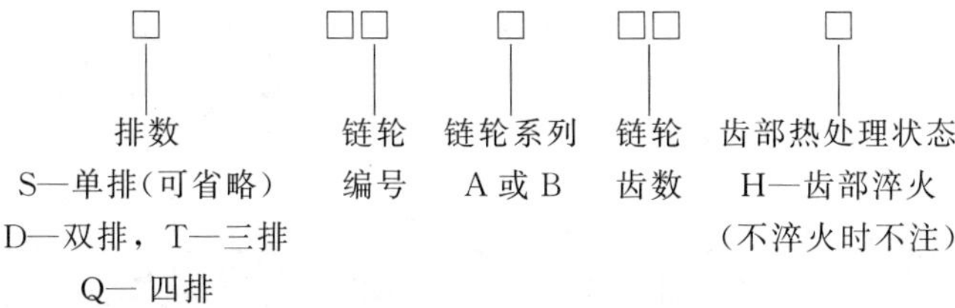

滚子链链轮主要尺寸见表 23.18。

表 23.18　滚子链链轮主要尺寸（GB/T 1243—2006）　mm

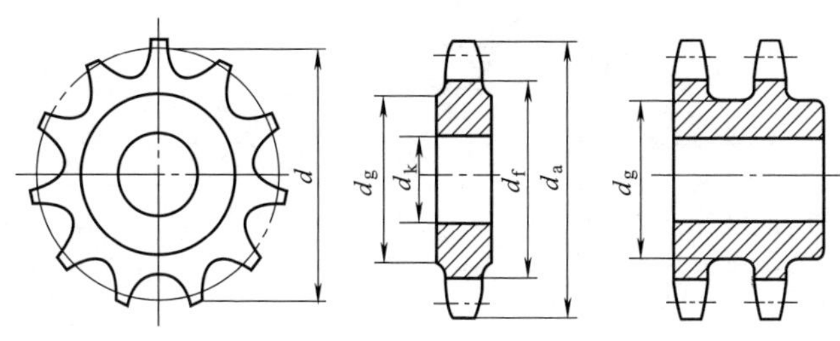

名称	代号	计算公式	注
分度圆直径	d	$d=p/\sin(180°/z)$	
齿顶圆直径	d_a	$d_{amax}=d+1.25p-d_1$ $d_{amin}=d+(1-1.6/z)p-d_1$	可在 d_{amax} 或 d_{amin} 范围内任意选取，但选用 d_{amax}，应考虑采用展成法加工时，有发生顶切的可能性
分度圆弦齿高	h_a	$h_{amax}=(0.625+0.8/z)-0.5d_1$ $h_{amin}=05(p-d_1)$	h_a 为简化放大齿形图的绘制而引入的辅助尺寸。h_{amax} 对应于 d_{amax}，h_{amin} 对应于 d_{amin}
齿根圆直径	d_f	$d_f=d-d_1$	d_1—滚子直径
齿侧凸缘直径	d_g	$d_g \leqslant p\cot(180/z)-1.04h-0.76$ h—内链板高度	

注：d_a、d_f 取整数，其他尺寸精确到 0.01mm。

链轮的几何尺寸参数见表 23.19。

表 23.19　链轮的几何尺寸参数

mm

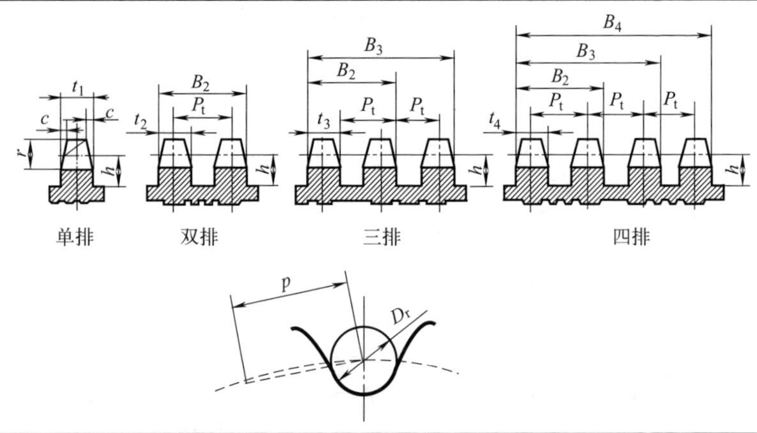

链轮号	节距 p	滚子直径	h	倒角高	倒角宽 c	倒角半径	排距 P_t	单排 齿厚 t_1	双排 齿厚	三排 齿厚 B_2	三排 齿厚 B_3	四排 齿厚 t_4	四排 齿厚 B_2	四排 齿厚 B_3	四排 齿厚 B_4
04	6	4	4.1	3	0.6	6	—	2.6	2.5	—	—	2.4	—	—	—
05	8	5	5.3	4	0.8	8	5.6	2.8	2.7	8.3	13.9	2.6	8.2	13.8	19.4
06	9.525	6.35	6.2	4.8	1.0	10	10.2	5.3	5.2	15.4	25.6	5.0	15.2	25.4	35.6
08	12.70	8.51	8.4	6.4	1.3	13	13.9	7.2	7.0	21.0	34.9	6.8	20.7	34.6	48.5
10	15.875	10.16	10.2	7.9	1.6	16	16.6	9.1	9.0	25.6	42.2	9.0	25.6	42.2	58.8
12	19.05	12.07	11.2	9.5	2.0	19	19.5	11.1	10.8	30.4	49.9	10.9	30.4	49.9	69.4
16	25.40	15.88	14.6	12.7	2.5	26	31.9	16.2	15.8	47.7	79.6	15.8	47.7	79.6	111.5
20	31.75	19.05	18.0	15.9	3.5	32	36.5	18.5	18.2	54.6	91.0	18.2	54.6	91.0	127.5
24	38.10	25.4	22.4	19.1	4	38	48.4	24.1	23.6	72.0	120.3	23.6	72.0	120.3	168.7
28	44.45	27.94	24.9	22.2	5	44	59.6	29.4	28.8	88.4	148.0	28.8	88.4	148.0	207.6
32	50.80	29.21	28.2	25.4	6	51	58.6	29.4	28.8	87.4	146.0	28.8	87.4	146.0	204.6

链轮号	节距 p	滚子直径	h	倒角高	倒角宽 c	倒角半径	排距 P_t	单排 齿厚 t_1	双排 齿厚	三排 齿厚 B_2	三排 齿厚 B_3	四排 齿厚 t_4	四排 齿厚 B_2	四排 齿厚 B_3	四排 齿厚 B_4
25	6.35	3.30	4.0	3.2	0.8	6.8	6.4	2.8	2.7	9.10	15.3	2.4	8.8	15.2	21.6
35	9.525	5.80	5.0	4.8	1.2	10.2	10.1	4.3	4.1	14.23	24.36	3.8	13.90	24.0	34.1
410	12.70	7.77	7.0	7.0	1.1	19.2	—	2.8	—	—	—	—	—	—	—
415	12.70	7.77	7.0	7.0	1.6	13.5	—	4.3	—	—	—	—	—	—	—
41	12.70	7.77	7.0	6.4	1.6	13.5	—	5.8	—	—	—	—	—	—	—
40	12.70	7.92	7.0	6.4	1.6	13.5	14.4	7.2	7.0	21.4	35.8	6.5	20.9	35.3	49.7
50	15.875	10.16	10.3	7.9	2.0	16.9	18.1	8.7	8.4	26.5	44.6	7.9	26.0	44.1	62.2

续表

链轮号	节距 p	滚子直径	h	倒角高	倒角宽 c	倒角半径	排距 P_t	单排	双排	三排		四排			
								齿厚 t_1	齿厚	齿厚		齿厚 t_4	齿厚		
										B_2	B_3		B_2	B_3	B_4
60	19.05	11.91	11.8	9.5	2.4	20.3	22.8	11.7	11.3	34.1	56.9	10.6	33.4	56.2	79.0
80	25.4	15.88	15.5	12.7	3.2	27.0	29.3	14.5	14.1	43.4	72.7	13.3	42.6	71.9	101.2
100	31.75	19.05	19.2	15.9	4.0	33.8	35.8	17.5	17.0	52.8	88.6	16.0	51.8	87.6	123.4
120	38.10	22.22	23.0	19.1	4.8	40.5	45.4	23.5	22.7	68.1	113.5	21.5	66.9	112.3	157.7
140	44.45	25.40	27.0	22.2	5.6	47.5	48.9	23.5	22.7	71.6	120.5	21.5	70.4	119.3	168.3
160	50.80	28.58	31.6	25.4	6.4	54.0	58.5	29.3	28.4	86.9	145.4	27.0	85.5	144.0	202.5
180	57.15	35.71	36.8	28.5	7.2	61.0	65.8	33.1	32.0	97.8	163.6	30.4	96.2	162.0	227.8
200	63.50	39.67	39.6	31.8	7.9	67.5	71.6	35.3	34.1	105.7	177.3	32.5	104.1	175.7	247.3

23.3.2　钢制滚子链

（1）国家标准（表23.20、表23.21）

表23.20　S型、C型钢制滚子链（GB/T 10857—2005）

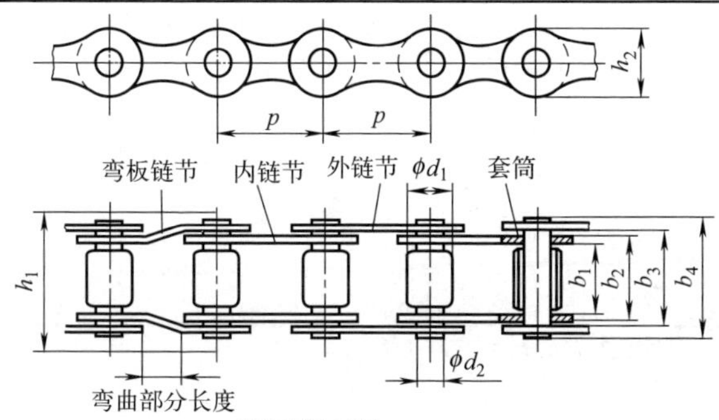

S型钢制滚子链

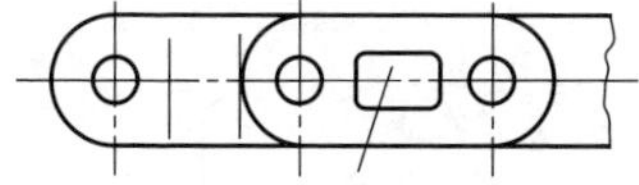

可供选择的凸台，其高度应大于销轴的长度b_4

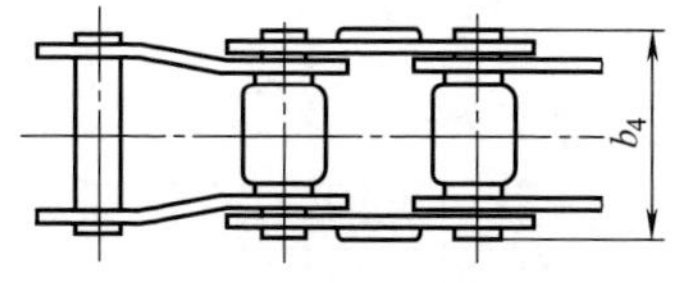

C型钢制滚子链

续表

链号	节距 p	滚子直径 d_1（最大）	内节内宽 b_1（最小）	外节内宽 b_3（最小）	链板高度 h_2（最大）	销轴直径 d_2（最大）	内节外宽 b_2（最大）	销轴长度 b_4（最大）	可拆链节外宽 h_1（最大）	测量力	抗拉强度（最小）
	mm									kN	
S32	29.21	11.43	15.88	20.57	13.5	4.47	20.19	26.7	31.8	0.13	8.0
S32-H	29.21	11.43	15.88	20.57	13.5	4.47	20.19	26.7	31.8	0.13	17.5
S42	34.93	14.27	19.05	25.65	19.8	7.01	25.4	34.3	39.4	0.22	26.7
S42-H	34.93	14.27	19.05	25.65	19.8	7.01	25.4	34.3	39.4	0.22	41.0
S45	41.4	15.24	22.23	28.96	17.3	5.74	28.58	38.1	43.2	0.22	17.8
S45-H	41.4	15.24	22.23	28.96	17.3	5.71	28.58	38.1	43.2	0.22	32.0
S52	38.1	15.24	22.23	28.96	17.3	5.74	28.58	38.1	43.2	0.22	17.8
S52-H	38.1	15.24	22.23	28.96	17.3	5.74	28.58	38.1	43.2	0.22	32.0
S55	41.4	17.78	22.23	28.96	17.3	5.74	28.58	38.1	43.2	0.22	17.8
S55-H	41.4	17.78	22.23	28.96	17.3	5.74	28.58	38.1	43.2	0.22	32.0
S62	41.91	19.05	25.40	32.0	17.3	5.74	31.8	40.6	45.7	0.44	26.7
S62-H	41.91	19.05	25.40	32.0	17.3	5.74	31.8	40.6	45.7	0.44	32.0
S77	58.34	18.26	22.23	31.5	26.2	8.92	31.17	43.2	52.1	0.56	44.5
S77-H	58.34	18.26	22.23	31.5	26.2	8.92	31.17	43.2	52.1	0.56	80.0
S88	66.27	22.86	28.58	37.85	26.2	8.92	37.52	50.8	58.4	0.56	44.5
S88-H	66.27	22.86	28.58	37.85	26.2	8.92	37.52	50.8	58.4	0.56	80.0
C550	41.4	16.87	19.81	26.16	20.2	7.19	26.04	35.6	39.7	0.44	39.1
C550-H	41.4	16.87	19.81	26.16	20.2	7.19	26.04	35.6	39.7	0.44	57.8
C620	42.01	17.91	24.51	31.72	20.2	7.19	31.6	42.2	46.8	0.44	39.1
C620-H	42.01	17.91	24.51	31.72	20.2	7.19	31.6	42.2	46.8	0.44	57.8

注 1. 最小套筒内径应比最大销轴直径 d_2 大 0.1mm。

2. 对于恶劣工况，建议不使用弯板链节。

表 23.21 一般用途链轮的齿沟角和齿形尺寸（GB/T 10857—2005）

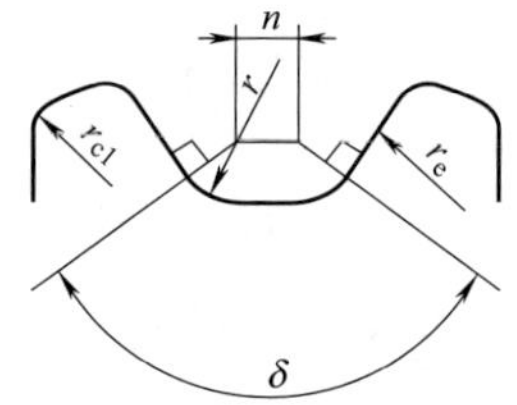

齿数 z	齿沟角 δ/(°)	齿数 z	齿沟角 δ/(°)	齿数 z	齿沟角 δ/(°)
6	100	8	110	10	120
7	105	9	115	≥11	125

续表

链号	齿形，6～8齿/mm				齿形，9齿及以上/mm			
	r_e	r①（最小）	s①（最大）	r_{c1}①	r_e	r①（最小）	s①（最大）	r_{c1}①
S32	18.5	5.1	6.4	2.5	21.6	5.1	6.4	2.5
S42	21.6	6.4	6.4	5.1	26.7	6.4	6.4	5.1
S45	26.7	6.4	10.2	5.1	29.2	6.4	10.2	5.1
S52	26.7	6.4	8.9	5.1	29.2	6.4	8.9	5.1
S50	29.2	7.6	8.9	5.1	33.0	7.6	8.9	5.1
S62	33.0	7.6	7.6	5.1	35.6	7.6	7.6	5.1
S77	35.6	7.6	14.0	5.1	34.3	7.6	14	5.1
S88	.34.3	10.2	15.2	7.6	43.2	10.2	15.2	7.6
C550	28.9	7.2	9.3	5.1	33.0	5.56	10.4	5.1
C620	30.0	7.6	7.6	5.1	35.6	5.89	10.4	5.1

① 应满足 $s+2r>d_1+0.05p$。

（2）机械行业标准

输送用钢制滚子链的链条由内链节和外链节交替连接组成，内链节由内链板、套筒和滚子组成，外链节由外链板和销轴组成，销轴通过与套筒配合组成铰链。链条、链轮参数见表23.22、表23.23。

表23.22　链条规格、基本参数和尺寸（JB/T 10703—2007）

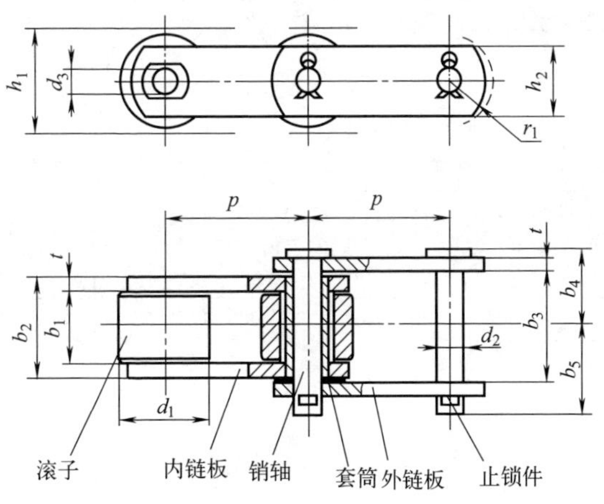

续表

链号	节距 p	滚子外径 d_1	内链节内宽 b_{1min}	销轴直径 d_2	链板高度 h_{2max}	链板厚度 t	抗拉强度 Q_{min}
	mm						kN
2915-10	76.20	38.1	25.4/24.4	11.13	28.7/30.0	4.8	48.95
2915-20	101.60	38.1	25.4/24.4	11.13	28.7/30.0	4.8	48.95
2915-30	101.60	50.8	28.7/27.7	11.13	31.8/33.3	4.8	62.30
2915-40	101.60	38.1	22.4/21.1	12.70	31.8/33.3	6.4	71.20
2915-50	101.60	57.2	33.3/32.0	15.88	38.1/39.6	9.7	106.80
2915-60	152.40	50.8	28.7/27.4	11.13	31.8/39.6	6.4	66.75
2915-70	152.40	63.5	31.8/30.5	14.30	38.1/39.6	6.4	89.00
2915-80	152.40	50.8	33.3/32.0	15.88	38.1/39.6	7.9	102.35
2915-90	152.40	76.2	35.1/33.8	19.05	50.8/52.3	9.7	146.85

表 23.23 链轮参数（JB/T 10703—2007） mm

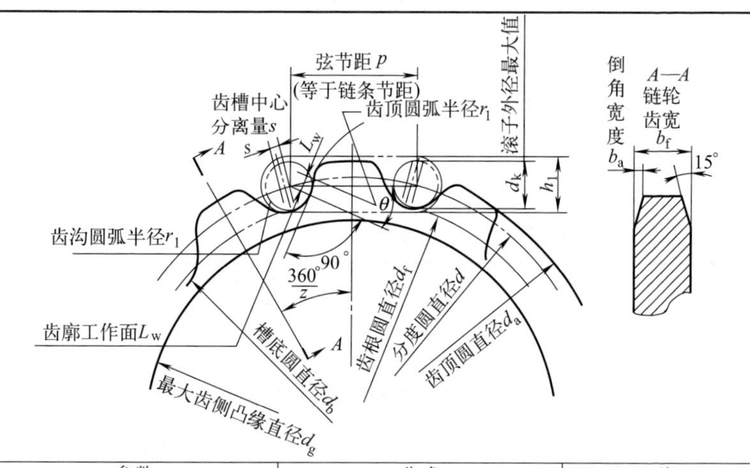

参数		公式	注
直径尺寸	分度圆直径	$d=p/[\sin(180°/z)]=p_k$	k 见表 21.24 1.5 为减差补偿
	齿根圆直径(max)	$d_f=p_k-d_{1max}$	
	槽底圆直径	$d_b=d_f-1.5$	
	齿顶圆直径	$d_{amax}=p[\cot(180°/z)]+h_{2max}$ $=p_{k1}+h_{2max}$	k_1 见表 23.24 h_{2max}： 2915-10、20—30.0 2915-30、40—33.3 2915-50、60—39.6 2915-70、80—39.6 2915-90—52.3
	最大齿侧凸缘直径	$d_{gmax}=p(k_1-0.05)-h_{2max}$	
齿槽形状	齿槽中心分离量	$s=(0.1\sim0.15)p$	
	齿沟圆弧半径(max)	$r_1<d_1/2$	
	齿顶圆弧半径	$r_1=0.5p$	
	齿廓工作面	$L_w=0.01p_z$	
	作用角 θ	—	见表 23.24

续表

参数		公式	注
轴向齿廓	齿　宽	$b_f=0.95b_{1min}$	
	倒角宽度	$b_a \approx 0.12b_f, \leq 9.6mm$	

表 23.24　分度圆直径系数、齿顶圆直径系数及作用角

齿数	分度圆直径系数 k	齿顶圆直径系数 k_1	作用角 $\theta/(°)$	齿数	分度圆直径系数 k	齿顶圆直径系数 k_1	作用角 $\theta/(°)$
6	2.000	1.73	9	22	7.026	6.95	22
7	2.304	2.07	10	23	7.343	7.27	22
8	2.613	2.41	11	24	7.661	7.59	23
9	2.923	2.74	12	25	7.978	7.91	23
10	3.236	3.07	13	26	8.296	8.23	23
11	3.549	3.40	14	27	8.613	8.55	23
12	3.863	3.73	15	28	8.931	8.87	24
13	4.178	4.05	16	29	9.249	9.19	24
14	4.494	4.38	17	30	9.566	9.51	24
15	4.809	4.70	18	31	9.884	9.83	24
16	5.125	5.03	19	32	10.202	10.15	24
17	5.442	5.35	20	33	10.520	10.47	25
18	5.758	5.67	20	34	10.837	10.79	25
19	6.075	5.99	21	35	11.155	11.11	25
20	6.392	6.31	21	36	11.473	11.43	25
21	6.709	6.63	22				

23.3.3　传动与输送用双节距精密滚子链

其规格尺寸见表 23.25。

表 23.25　传动与输送用双节距精密滚子链（GB/T 5269—2008）

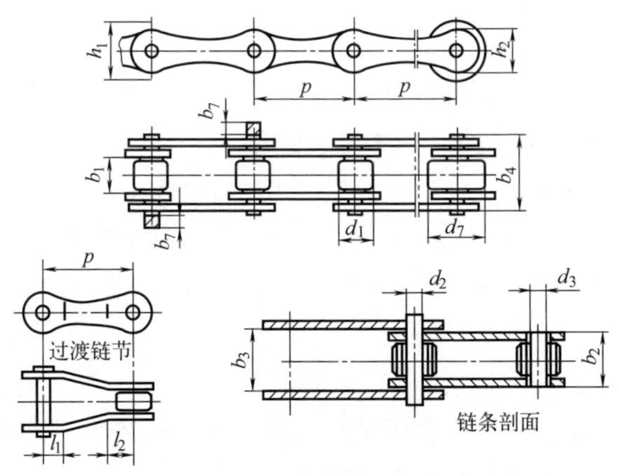

续表

链号	节距 p	滚子直径		销轴直径 d_{2max}	套筒内径 d_{3min}	过渡链板 l_{1min}	销轴全长 b_4	止锁件附加宽度 b_7	抗拉载荷
		d_{1max}	d_{7max}						
	mm								kN
208A	25.4	7.95	15.88	3.98	4.00	6.9	17.8	3.9	13.9
208B	25.4	8.51	15.88	4.45	4.50	6.9	17.0	3.9	17.8
210A	31.75	10.16	19.05	5.09	5.12	8.4	21.8	4.1	21.8
210B	31.75	10.16	19.05	5.08	5.13	8.4	19.6	4.1	22.2
212A	38.1	11.91	22.23	5.96	5.98	9.9	26.9	4.6	31.3
212B	38.1	12.07	22.23	5.72	5.77	9.9	22.7	4.6	28.9
216A	50.8	15.88	28.58	7.94	7.96	13	33.5	5.4	55.6
216B	50.8	15.88	28.58	8.28	8.33	13	36.1	5.4	60.0
220A	63.5	19.05	39.67	9.54	9.56	16	41.1	6.1	87.0
220B	63.5	19.05	39.67	10.19	10.24	16	43.2	6.1	95.0
224A	76.2	22.23	44.45	11.11	11.14	19.1	50.8	6.6	125
224B	76.2	25.40	44.45	14.63	14.68	19.1	53.4	6.6	160
228B	88.9	27.94	—	15.90	15.95	21.3	65.1	7.4	200
232B	101.6	29.21	—	17.81	17.86	24.4	67.4	7.9	250

注：1. 链号字首的 2 表示双节距，后两位数字是节距的代号，它约等于节距除以 3.175 mm，尾部的 A、B 分别表示链条所属系列。

2. 大滚子主要用在输送链上，但有时传动链上也用。大滚子链在链号后加“L”来表示。

3. 对于繁重工况，推荐不在链条上使用过渡链节。

4. 实际尺寸取决于止锁件形式，但不得超过该尺寸。

23.3.4 短节距传动用精密套筒链

适用于规定机械传动和类似应用的单排和多排结构的短节距精密套筒链，它仅有 6.35 mm 和 9.525 mm 两档节距，规定的链条尺寸保证了任意一种给定规格链条之间的完全互换。其规格尺寸见表 23.26。

23.3.5 摩托车链条

有滚子链和套筒链两种结构形式，其差别在于套筒链无滚子，尺寸相同。其主要尺寸见表 23.27。

表 23.26　短节距传动用精密套筒链（GB/T 6076—2003）

过渡链节　链条剖面　高度和节距　单排　双排　三排

链号	节距 p	套筒外径 d_{1max}	内链节内宽 b_{1min}	销轴直径 d_{2max}	套筒内径 d_{3min}	链条通道高度 h_{1min}	内链板高度 h_{2max}	外、中链板高度 h_{3max}	过渡链节尺寸① l_{1min}	过渡链节尺寸① l_{2min}	过渡链节尺寸① c	排距 p_t
	mm											
04C	6.35	3.30	3.10	2.31	2.34	6.27	6.02	5.21	2.64	3.06	0.08	6.40
06C	9.525	5.08	4.68	3.58	3.63	9.30	9.05	7.80	3.96	4.60	0.08	10.13

链号	内链节外宽 b_{2max}	外链节内宽 b_{3min}	销轴长度 单排 b_{4max}	销轴长度 双排 b_{5max}	销轴长度 三排 b_{6max}	接头紧固件增宽 b_{7max}	测量力 单排	测量力 双排	测量力 三排	最小抗拉强度 单排	最小抗拉强度 双排	最小抗拉强度 三排
	mm						N			kN		
04C	4.80	4.85	9.10	15.50	21.80	2.5	50	100	150	3.5	7.0	10.5
06C	7.47	7.52	13.20	23.40	33.50	3.3	70	140	210	7.9	15.8	23.7

①用于繁重工作条件下的链条，应尽量避免采用弯板链节。

注：套筒链链号字母C表示套筒链，数字表示链条节距代号，等于节距除以 1.5875 mm。

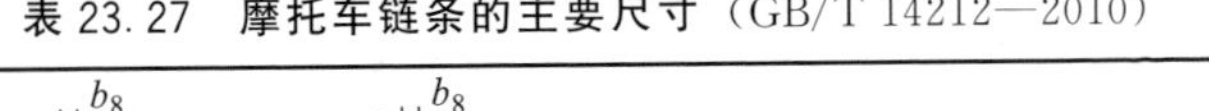

表 23.27　摩托车链条的主要尺寸（GB/T 14212—2010）

(a) 滚子链　(b) 套筒链　(c) 链条

链号	原链号（供参考）	节距 p	滚子直径 d_1（最大）	内节内宽 b_1（最小）	销轴直径[②] d_2（最大）	内链板高度 h_2（最大）	销轴长度 b_4（最大）	止锁件附加长度[③] b_7（最大）	链板厚度[②] b_8（最小）	测量力 F	抗拉强度 F_u（最小）	动载强度 F_d（最小）
		mm								N	kN	N
25H	04MA	6.35	3.30[①]	3.10	2.31	6.0	9.1	1.0	1.0	50	4.8	810
219	05MA	7.774	4.59[①]	4.68	3.17	7.6	12.0	1.7	1.2	70	6.6	1080
219H	—	7.774	4.59[①]	4.68	3.17	7.6	12.6	1.7	1.4	70	7.3	1260
05T	0SMB	8.00	4.73[①]	4.55	3.17	7.8	12.1	1.7	1.3	70	6.8	1190
270H	05MC	8.50	5.00[①]	4.75	3.28	8.6	13.3	—	1.6	70	10.8	1720
415M	083	12.70	7.77	4.68	3.97	10.4	11.8	1.9	1.3	120	11.8	1780
415	084	12.70	7.77	4.68	3.97	12.0	13.3	1.5	1.5	120	15.6	2860
415MH	—	12.70	7.77	4.68	3.97	12.0	13.5	1.9	1.5	120	17.7	2860
420	08MA	12.70	7.77	6.25	3.99	12.0	14.9	1.5	1.5	120	15.6	2860
420MH	—	12.70	7.77	6.25	3.99	12.0	17.5	1.5	1.8	120	18.0	3420
428	08MB	12.70	8.51	7.85	4.51	12.0	16.9	1.9	1.5	140	16.7	2860
428MH	08MC	12.70	8.51	7.85	4.51	12.0	18.9	1.9	2.0	140	20.5	3420
520	10MA	15.875	10.16	6.25	5.09	15.3	17.5	2.2	2.0	200	26.4	4840
520MH	—	15.875	10.22	6.25	5.25	15.3	19.0	2.2	2.2	200	30.5	5170
525	—	15.875	10.16	7.85	5.09	15.3	19.3	2.2	2.0	200	26.4	4840
525MH	—	15.875	10.22	7.85	5.25	15.3	21.2	2.0	2.2	200	30.5	5170
530	10MB	15.875	10.16	9.40	5.09	15.3	20.8	2.1	2.0	200	26.4	4840
530MH	—	15.875	10.22	9.40	5.40	15.3	23.1	2.0	2.4	200	30.4	5490
630	12MA	19.05	11.91	9.40	5.96	18.6	24.0	2.2	2.4	280	35.3	7290

① 系套筒链，其对应的 d_1 是最大套筒直径。

② 仅为参考值，不同商标的链条可以不同；不同厂家的产品不允许混用。

③ 仅为参考值，不推荐使用止锁件，在各种使用场合应尽可能将链条铆接成封闭形式。

23.3.6 自行车链条

其规格尺寸见表23.28。

表23.28 自行车链条（GB/T 3579—2006）

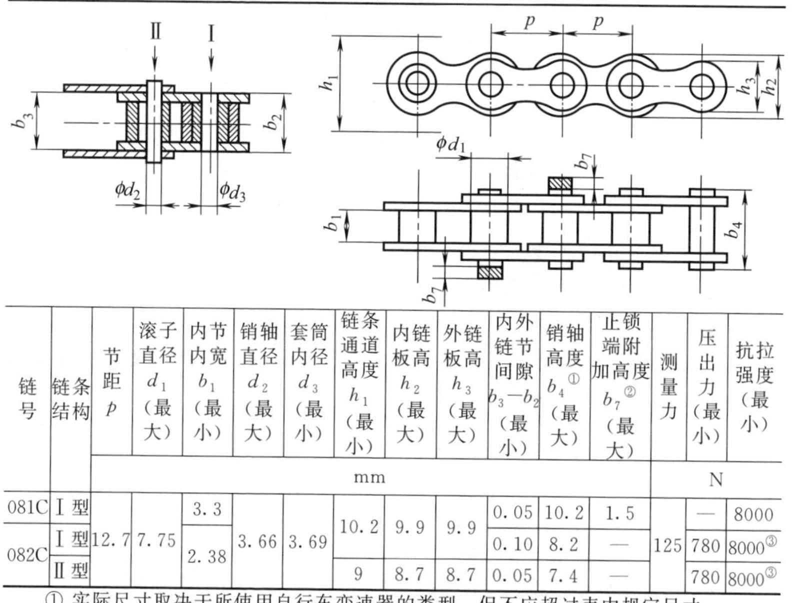

<table>
<tr><th rowspan="2">链号</th><th rowspan="2">链条结构</th><th>节距 p</th><th>滚子直径 d_1（最大）</th><th>内节内宽 b_1（最小）</th><th>销轴直径 d_2（最大）</th><th>套筒内径 d_3（最小）</th><th>链条通道高度 h_1（最小）</th><th>内链板高 h_2（最大）</th><th>外链板高 h_3（最大）</th><th>内外链节间隙 b_3-b_2（最小）</th><th>销轴高度 $b_4$①（最大）</th><th>止锁端附加高度 $b_7$②（最大）</th><th>测量力</th><th>压出力（最小）</th><th>抗拉强度（最小）</th></tr>
<tr><th colspan="11">mm</th><th colspan="3">N</th></tr>
<tr><td>081C</td><td>Ⅰ型</td><td rowspan="3">12.7</td><td rowspan="3">7.75</td><td>3.3</td><td rowspan="3">3.66</td><td rowspan="3">3.69</td><td rowspan="2">10.2</td><td rowspan="2">9.9</td><td rowspan="2">9.9</td><td>0.05</td><td>10.2</td><td>1.5</td><td rowspan="3">125</td><td>—</td><td>8000</td></tr>
<tr><td rowspan="2">082C</td><td>Ⅰ型</td><td rowspan="2">2.38</td><td>0.10</td><td>8.2</td><td>—</td><td>780</td><td>8000③</td></tr>
<tr><td>Ⅱ型</td><td>9</td><td>8.7</td><td>8.7</td><td>0.05</td><td>7.4</td><td>—</td><td>780</td><td>8000③</td></tr>
</table>

① 实际尺寸取决于所使用自行车变速器的类型，但不应超过表中规定尺寸。
② 实际尺寸取决于所使用止锁件的类型，但不应超过表中规定尺寸。
③ 如果用户与制造商之间协商同意，最小抗拉强度可以大于表中规定值。

23.3.7 重载传动用弯板滚子链

适用于低速重载、工况恶劣和有冲击载荷的传动场合，如矿山机械、建筑机械等。其规格尺寸见表23.29。

表23.29 重载传动用弯板滚子链（GB/T 5858—1997）

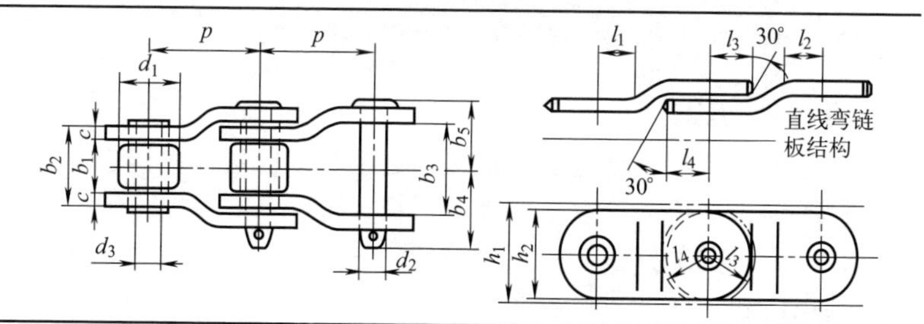

续表

链号	节距	滚子直径 d_{1max}	窄端名义内宽 b_1[①]	销轴直径 d_{2max}	套筒内径 d_{3min}	链条通道高度 h_{1min}	链板高度 h_{2max}	弯链板间隙尺寸[②]	
								l_{1min}	l_{2min}
	mm								
2010	63.5	31.75	38.1	15.90	15.95	48.3	47.8	22.4	23.9
2512	77.9	41.28	39.6	19.08	19.13	61.1	60.5	26.9	29.5
2814	88.9	44.45	38.1	22.25	22.33	61.6	60.5	31.8	33.3
3315	103.5	45.24	49.3	23.85	23.93	64.1	63.5	33.3	35.1
3618	114.3	57.15	52.3	27.97	28.07	80.0	79.2	39.6	41.2
4020	127.0	63.5	69.9	31.78	31.88	93.0	91.9	47.8	52.3
4824	152.4	76.2	76.2	38.13	38.25	105.7	104.6	55.6	58.7
5628	177.8	88.9	82.6	44.48	44.63	134.6	133.4	65.0	68.1

链号	窄端外宽 b_{2max}	宽端内宽 b_{3min}	销轴尾端至中线的距离 b_{4max}	销轴头端至中线的距离 b_{5max}	链板名义厚度	测量力 /N	抗拉载荷 /kN
	mm						
2010	54.38	54.51	47.8	42.9	7.9	900	250
2512	59.13	59.26	55.6	47.8	9.7	1300	340
2814	64.01	64.14	62.0	55.6	12.7	1800	470
3315	78.28	78.41	71.4	63.5	14.2	2200	550
3618	81.46	81.58	76.2	65.0	14.2	2700	760
4020	102.39	102.51	90.4	77.7	15.7	3600	990
4824	115.09	115.21	98.6	88.9	19.0	5000	1400
5628	127.79	129.91	114.3	101.6	22.4	6800	1890

① 最小宽度=$0.95b_1$。

② $l_{3max}=l_{1min}$；$l_{4max}=l_{2min}$。

注：连接链节总宽=b_4+b_5，两端都有止锁销的总宽=$2b_4$。

23.4 输送链

输送链包括一般输送链、倍速输送链、双铰接输送链、标准长节距输送链、平顶链、焊接弯板链、板式链。

23.4.1 一般输送链

其规格和主要尺寸见表 23.30。

表 23.30 输送链的规格和主要尺寸（GB/T 8350—2008）

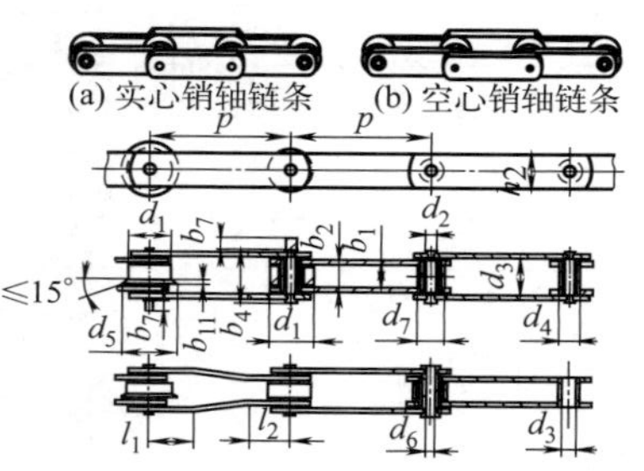

链号（基本）	抗拉强度 Q_{min} /kN	滚子外径 d_{1max} /mm	实心销轴链条 理论参考节距 40	50	63	80	100	125	160	200	250	315	400	500	630	800	1000
			mm														
M20	20	25	×														
M28	28	30		×													
M40	40	36															
M56	56	42			×			优									
M80	80	50							选								
M112	112	60				×				节							
M160	160	70					×				距						
M224	224	85						×									
M315	315	100		×规格仅用于套筒链条和小滚子链条					×								
M450	450	120															
M630	630	140															
M900	900	170									×						

续表

链号	销轴直径 d_{2max}	套筒孔径 d_{3min}	套筒外径 d_{4max}	链板高度 h_{2max}	内链节内宽 b_{1min}	内链节外宽 b_{2max}	外链节内宽 b_{3min}	销轴长度 b_{4max}	销轴止端加长量 b_{7max}	过渡链节尺寸 l_{1min}	边缘直径 d_{5max}	边缘宽度 b_{11max}	小滚子直径 d_{7max}	测量力 /kN
	mm													
M20	6.0	6.1	9	19	16	22	22.2	35	7	12.5	32	3.5	12.5	0.4
M28	7.0	7.1	10	21	18	25	25.2	40	8	14	36	4	15	0.56
M40	8.5	8.6	12.5	26	20	28	28.3	45	9	17	42	4.5	18	0.8
M56	10	10.1	15	31	24	33	33.3	52	10	20.5	50	5	21	1.12
M80	12	12.1	18	36	28	39	39.4	62	12	23.5	60	6	25	1.6
M112	15	15.1	21	41	32	45	45.5	73	14	27.5	70	7	30	2.24
M160	18	18.1	25	51	37	52	52.5	85	16	34	85	8.5	36	3.2
M224	21	21.2	30	62	43	60	60.6	98	18	40	100	10	42	4.5
M315	25	25.2	36	72	48	70	70.7	112	21	47	120	12	50	6.3
M450	30	30.2	42	82	56	82	82.8	135	25	55	140	14	60	9
M630	36	36.2	50	103	66	96	97	154	30	66.5	170	16	70	12.5
M900	44	44.2	60	123	78	112	113	180	37	81	210	18	85	18

空心销轴链条

链号	抗拉强度 Q_{min} /kN	滚子外径 d_{1max} /mm	理论参考节距									
			63	80	100	125	160	200	250	315	400	500
			mm									
M315	315	100			优							
M450	450	120				选						
M630	630	140					节					
M900	900	170						距				

续表

链号	销轴直径 d_{2max}	套筒孔径 d_{3min}	套筒外径 d_{4max}	链板高度 h_{2max}	内链节内宽 b_{1min}	内链节外宽 b_{2max}	外链节内宽 b_{3min}	销轴长度 b_{4max}	销轴止端加长量 b_{7max}	过渡链节尺寸 l_{1min}	边缘直径 d_{5max}	边缘宽度 b_{11max}	空心销轴内径 d_{6min}	小滚子直径 d_{7max}	测量力 /kN
	mm														
MC28	13	13.1	17.5	25	20	28	28.3	42	10	17.0	42	4.5	8.2	25	0.56
MC56	15.5	15.6	21.0	36	24	33	33.3	48	13	23.5	60	5	10.2	30	1.12
MC112	22	22.2	29.0	51	32	45	45.5	67	19	34.0	85	7	14.3	42	2.24
MC224	31	31.2	41.0	72	43	60	60.6	90	24	47.0	120	10	20.3	60	4.50

输送链链轮分度圆直径见表23.31。

表23.31 输送链链轮的分度圆直径 mm

齿数	分度圆直径 d/p	齿数	分度圆直径 d/p	齿数	分度圆直径 d/p	齿数	分度圆直径 d/p	齿数	分度圆直径 d/p
6	2.0000	13	4.1786	21	6.7095	28	8.9314	35	11.1558
6½	2.1519	13½	4.3362	21½	6.8681	28½	9.0902	35½	11.3148
7	2.3048	14	4.4940	22	7.0266	29	9.2491	36	11.4737
7½	2.4586	14½	4.6518	22½	7.1853	29½	9.4080	36½	11.6327
8	2.6131	15	4.8097	23	7.3439	30	9.5668	37	11.7916
8½	2.7682	15½	4.9677	23½	7.5026	30½	9.7256	37½	11.9506
9	2.9238	16	5.1258	24	7.6613	31	9.8845	38	12.1095
9½	3.0798	16½	5.2840	24½	7.8200	31½	10.0434	38½	12.2685
10	3.2361	17	5.4422	25	7.9787	32	10.2023	39	12.4275
10½	3.3927	17½	5.6005	25½	8.1375	32½	10.3612	39½	12.5865
11	3.5494	18	5.7588	26	8.2962	33	10.5201	40	12.7455
11½	3.7065	18½	5.9171	26½	8.4550	33½	10.6790		
12	3.8637	19	6.0755	27	8.6138	34	10.8380		
12½	4.0211	19½	6.2340	27½	8.7726	34½	10.9969		
		20	6.3925						
		20½	6.5509						

注：实际链轮的分度圆直径为表中值乘以链条节距值。

23.4.2 倍速输送链

其基本参数和尺寸见表 23.32。

表 23.32 倍速输送链的基本参数和尺寸（JB/T 7364—2014）

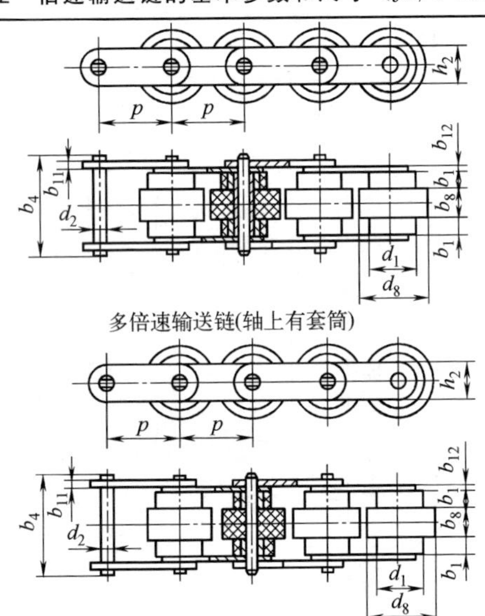

多倍速输送链(轴上有套筒)

单倍速输送链(轴上无套筒)

链号	p /mm	d_{1max} /mm	d_{8max} /mm	b_{1min} /mm	b_{8max} /mm	d_{2max} /mm	h_{2max} /mm	b_{11max} /mm	b_{12max} /mm	b_{4max} /mm	b_{7max} /mm	测量力 /N	抗拉强度 /kN
2.5 倍速和单倍速输送链													
BS25-C206B BS10-C206B(2.5)	19.05	11.91	18.3	4.0	8.0	3.28	8.26	1.3	1.5	24.2	27.5	70	8.9
BS25-C208A BS10-C208A(2.5)	25.40	15.88	24.6	5.7	10.3	3.96	12.07	1.5	2.0	32.6	36.5	120	13.9
BS25-C210A BS10-C210A(2.5)	31.75	19.05	30.6	7.1	13.0	5.08	15.09	2.0	2.4	40.2	44.3	200	21.8
BS25-C212A BS10-C212A(2.5)	38.10	22.23	36.6	8.5	15.5	5.94	18.08	3.0	4.0	51.1	55.7	280	31.3
BS25-C216A BS10-C216A(2.5)	50.80	28.58	49.0	11.0	21.5	7.92	24.13	4.0	5.0	66.2	71.6	500	55.6
3.0 倍速和单倍速输送链													
BS30-C206B BS10-C206B(3.0)	19.05	9.00	18.3	4.5	9.1	3.28	7.28	1.3	1.5	26.3	29.6	70	8.9
BS30-C208A BS10-C208A(3.0)	25.40	11.91	24.6	6.1	12.5	3.96	9.60	1.5	2.0	35.6	39.5	120	13.9

续表

链号	p /mm	d_{1max} /mm	d_{8max} /mm	b_{1min} /mm	b_{8max} /mm	d_{2max} /mm	h_{2max} /mm	b_{11max} /mm	b_{12max} /mm	b_{4max} /mm	b_{7max} /mm	测量力 /N	抗拉强度 /kN
BS30-C210A BS10-C210A(3.0)	31.75	14.80	30.6	7.5	15.0	5.08	12.2	2.0	2.4	43.0	47.1	200	21.8
BS30-C212A BS10-C212A(3.0)	38.10	18.00	37.0	9.75	20.0	5.94	15.0	3.0	4.0	58.1	62.7	280	31.3
BS30-C216A BS10-C216A(3.0)	50.80	22.23	49.0	12.0	25.2	7.92	18.6	4.0	5.0	71.9	77.3	500	55.6

注：1. 2.5 倍速和 3 倍速输送链的链号，是用相应的输送用双节距滚子链链号，在前面加字母“BS”和“10×倍速”的数字，并以“-”连接而成的。

2. 表中“(2.5)”和“(3.0)”分别表示单倍速输送链的结构外形尺寸与 2.5 倍速和 3.0 倍速输送链相同。

倍速输送链优选齿数链轮的主要参数见表 23.33。

表 23.33　倍速输送链优选齿数链轮的主要参数（JB/T 7364—2014）

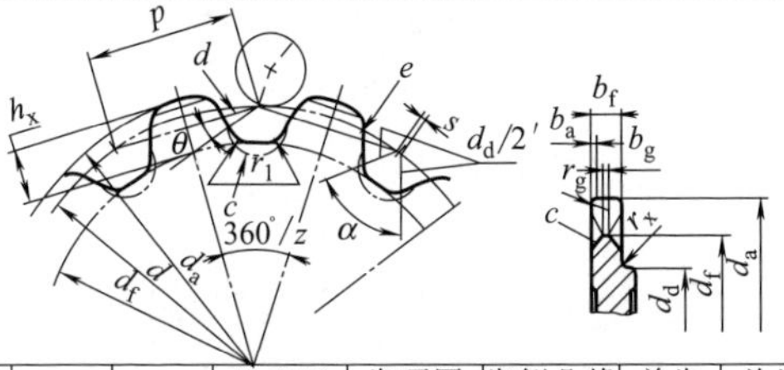

链号	节距 p /mm	齿数 z	分度圆直径 d	齿顶圆直径 d_a（最大）	齿侧凸缘直径 d_g（最大）	单齿宽 b_{f1}（最大）	总齿宽 b_{f2}（最大）	齿侧倒角宽 b_a	齿侧圆弧半径 r_x
			mm						
2.5 倍速和单倍速输送链									
BS25-C206B BS10-C206B(2.5)	19.05	8	49.78	56.0	28	3.0	14.9	1.2	10
		9	55.70	62.5	33				
		10	61.65	69.0	38				
		11	67.62	76.0	43				
		12	73.60	82.5	48.7				
		13	79.60	88.7	54.3				
BS25-C208A BS10-C208A(2.5)	25.4	8	66.37	74.5	37	4.3	20.2	1.6	13
		9	74.26	83.5	45				
		10	82.20	92.5	52				
		11	90.16	101.5	60				
		12	98.14	110.0	67.4				
		13	106.14	118.3	74.7				
BS25-C210A BS10-C210A(2.5)	31.75	8	82.97	93.5	48	5.3	25.3	2.0	16
		9	92.83	104.5	57				
		10	102.75	116.0	67				
		11	112.70	127.0	76				
		12	122.67	137.5	85.5				
		13	132.67	147.9	95.1				

续表

链号	节距 p /mm	齿数 z	分度圆直径 d	齿顶圆直径 d_a（最大）	齿侧凸缘直径 d_g（最大）	单齿宽 b_{f1}（最大）	总齿宽 b_{f2}（最大）	齿侧倒角宽 b_a	齿侧圆弧半径 r_x
			mm						
BS25-C212A BS10-C212A(2.5)	38.1	8 9 10 11 12 13	99.56 111.4 123.3 135.24 147.21 159.2	112.5 125.5 139.0 152.5 165.0 177.4	57 69 80 92 103.6 115.2	6.4	30.2	2.4	20
BS25-C216A BS10-C216A(2.5)	50.8	8 9 10 11 12 13	132.75 148.53 164.39 180.31 196.28 212.27	150.0 167.4 186.0 203.5 220.1 236.6	78 93 108 122 137.8 153.3	8.3	40.5	3.3	26
3.0倍速和单倍速输送链									
BS30-C206B BS10-C206B(3.0)	19.05	8 9 10 11 12 13	49.78 55.70 61.65 67.62 73.60 79.60	56.0 62.5 69.0 76.0 82.5 88.7	28 33 38 43 48.7 54.3	3.4	16.8	1.2	10
BS30-C208A BS10-C208A(3.0)	25.4	8 9 10 11 12 13	66.37 74.26 82.20 90.16 98.14 106.14	74.5 83.5 92.5 101.5 110.0 118.3	37 45 52 60 67.4 74.7	4.6	23.0	1.6	13
BS30-C210A BS10-C210A(3.0)	31.75	8 9 10 11 12 13	82.97 92.83 102.75 112.70 122.67 132.67	93.5 104.5 116.0 127.0 137.5 147.9	48 57 67 76 85.5 95.1	5.6	27.9	2.0	16
BS30-C212A BS10-C212A(3.0)	38.1	8 9 10 11 12 13	99.56 111.4 123.3 135.24 147.21 159.2	112.5 125.5 139.0 152.5 165.0 177.4	57 69 80 92 103.6 115.2	7.3	36.7	2.4	20
BS30-C216A BS10-C216A(3.0)	50.8	8 9 10 11 12 13	132.75 148.53 164.39 180.31 196.28 212.27	150.0 167.4 186.0 203.5 220.1 236.6	78 93 108 122 137.8 153.3	9.0	45.8	3.3	26

注：表中“(2.5)”和“(3.0)”分别表示单倍速输送链的主要参数与2.5倍速和3.0倍速输送链相同。

23.4.3　标准长节距输送链

其规格见表23.34。

表23.34　标准长节距输送链的规格

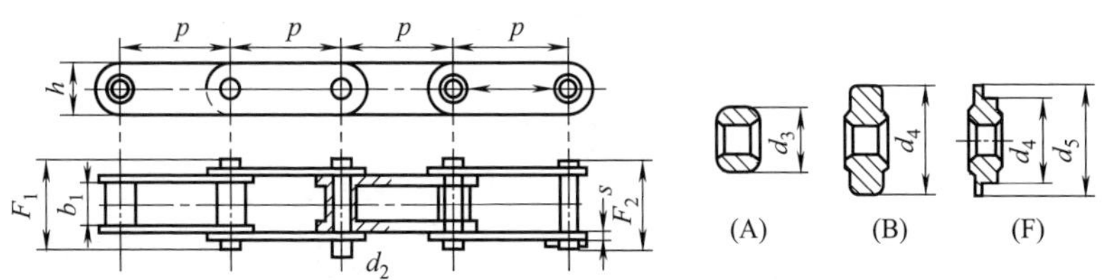

链号	选用范围	b_{min}	d_{2max}	d_3 (A)	d_4 (B)	d_4/d_5 (F)	F_{1max}	F_{2max}	h_{max}	H_{1max}	s	承载Q_{min}/kN
		mm										
M20	40,50,63,80,100,125,160	15	9.0	12.5	25	25/30	35	39	19	16	2.5	20
M28	50,63,80,100,125,160,200	17	10.0	15.0	30	30/36	40	56	21	20	3.0	28
M40	63,80,100,125,160,200,250	19	12.5	18.0	36	36/42	45	63	26	22.5	3.5	40
M56	63,80,100,125,160,200,250	23	15.0	21.0	42	42/50	52	72	31	30	4.0	56
M80	80,100,125,160,200,250,315	27	18.0	25.0	50	50/60	62	86	36	32.5	5.0	80
M112	80,100,125,160,200,250,315,400	31	21.0	30.0	60	60/70	73	101	41	40	6.0	112
M160	100,125,160,200,250,315,400,500	36	25.0	36.0	70	70/85	85	117	51	45	7.0	160
M224	125,160,200,250,315,400,500,630	42	30.0	42.0	85	85/100	98	134	62	60	8.0	224
M315	160,200,250,315,400,500,630	47	36.0	50.0	100	100/120	12	154	72	65	10.0	315
M450	200,250,315,400,500,630,800,1000	55	42.0	60.0	120	120/140	35	185	82	80	12.0	450
M630	250,315,400,500,630,800,1000	65	50.0	70.0	140	140/170	54	214	103	90	14.0	630
M900	250,315,400,500,630,800,	76	60.0	85.0	170	170/210	80	254	123	120	16.0	900

23.4.4 工程用钢制焊接弯板链

工程用钢制焊接弯板链用于输送大块或堆积材料装置。其规格见表 23.35。

表 23.35 工程用钢制焊接弯板链（GB/T 15390—2005）

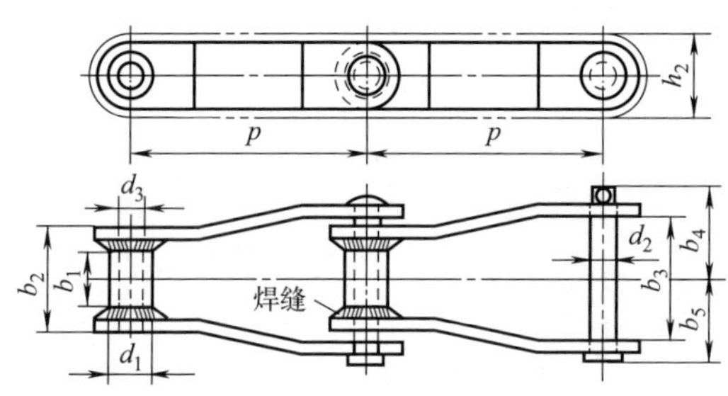

链号	节距 p	套筒外径 d_1	与链轮接触处宽度 b_1	连接销轴直径 d_2	套筒内径 d_3	链板高度 h_2	链节窄端外宽 b_2	链节宽端内宽 b_3	止锁轴全宽 b_4	止锁轴全宽 b_5	链板厚度 c	抗拉强度/kN 热处理 销轴	抗拉强度/kN 热处理 全部
	mm												
W78	66.27	22.9	28.4	12.78	12.9	28.4	51.0	51.6	45.2	39.6	6.4	93	107
W82	78.10	31.5	31.6	14.35	14.48	31.8	57.4	57.9	48.3	41.7	6.4	100	131
W106	152.40	37.1	41.2	19.13	19.25	38.1	71.6	72.1	62.2	56.4	9.6	169	224
W110	152.40	32.0	46.7	19.13	19.25	38.1	76.5	77.0	62.2	54.9	9.6	169	224
W111	120.90	37.1	57.2	19.13	19.25	38.1	85.6	86.4	69.8	63.5	9.6	169	224
W124	101.60	37.1	41.2	19.13	19.25	38.1	71.6	72.1	62.0	56.4	9.6	169	224
W124H	103.20	41.7	41.2	22.30	22.43	50.8	76.5	77.0	70.6	62.5	12.7	275	355
W132	153.67	44.7	69.85	25.48	25.60	50.8	111.8	112.3	88.1	79.2	12.7	275	378
W855	153.67	44.7	69.85	28.57	28.78	63.5	118.64	118.87	94.5	84.8	15.87	—	552

23.5 齿形链

齿形链是由一系列齿链板和导板交替装配且用销轴或组合的铰接元件连接组成，相邻节距间为铰链节。齿形链分外导式和内导式两种（图 23.6），前者的导板跨骑在链轮两侧，后者的导板嵌在链轮齿廓上圆周导槽中。

链号由字母 SC 与表示链条节距和链条公称宽度的数字组成。链条节距和公称链宽见表 23.36。

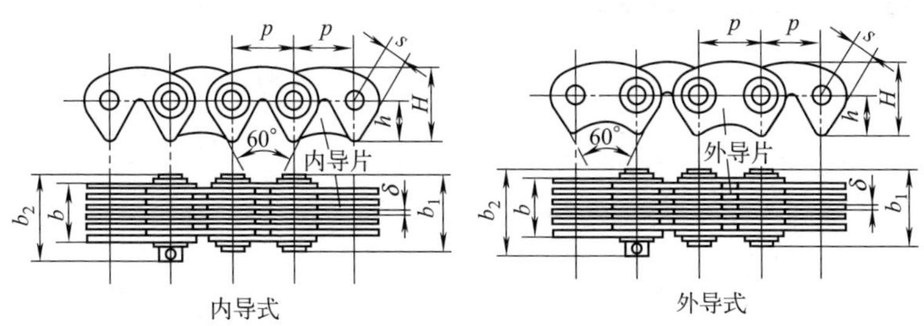

图 23.6　齿形链

表 23.36　链条节距和公称链宽

链条类别	链条节距	公称链宽
9.52mm 及以上节距	数字的前一位或前两位乘以 3.175mm(1/8in)	最后二位或三位数乘以 6.35mm(1/4in)
4.76mm 节距	0 后面的第一位数字乘以 1.5875mm(1/16in)	最后一位或两位数乘以 0.79375mm(1/32in)

9.52mm 及以上节距链条的链节参数见表 23.37。

表 23.37　9.52mm 及以上节距链条的链节参数（GB/T 10855—2016）

mm

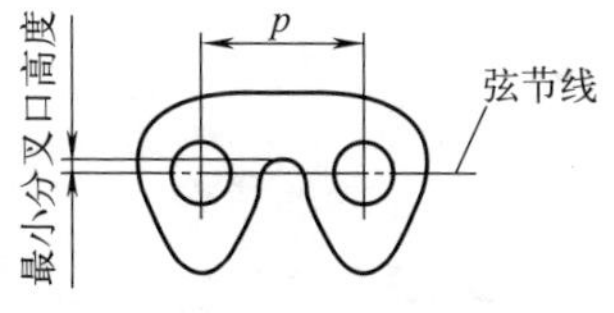

链号(6.35mm 单位链宽)	标记	节距 p	最小分叉口高度①
SC3	SC3 或 3	9.525	0.590
SC4	SC4 或 4	12.70	0.787
SC5	SC5 或 5	15.88	0.986
SC6	SC6 或 6	19.05	1.181
SC8	SC8 或 8	25.40	1.575
SC10	SC10 或 10	31.76	1.969
SC12	SC12 或 12	38.10	2.362
SC16	SC16 或 16	50.80	3.150

① 等于 $0.062p$。

23.6 齿轮和蜗轮

齿轮传动，可传递力矩和运动、变换运动的方向、指示读数及变换机构的位置等，是机械中应用最广泛、最常见的一种形式。传递功率最高可达几十万千瓦；速度最高可达 300m/s；齿轮的直径最大有好几米，而最小的纳米碳纤维齿轮直径为 0.2mm。

23.6.1 齿轮的种类

有圆柱齿轮（图 23.7）、锥齿轮（图 23.8）、齿轮-齿条（图 23.9）、蜗杆蜗轮（图 23.10）、鼓形齿轮（图 23.11）、行星齿轮（图 23.12）和非圆齿轮（图 23.13）等。按齿形可分为直齿、斜齿、人字齿和曲线齿轮等几种；按轮齿齿廓曲线，可分为渐开线、摆线、圆弧线、双圆弧线齿轮等。按其传动形式，又可分为平行轴传动、相交轴传动及交错轴传动。

图 23.7 圆柱齿轮

图 23.8 锥齿轮

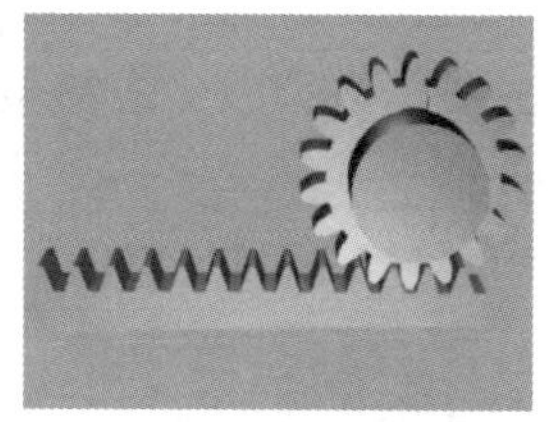
图 23.9　齿轮-齿条

图 23.10　蜗轮-蜗杆

图 23.11　鼓形齿轮

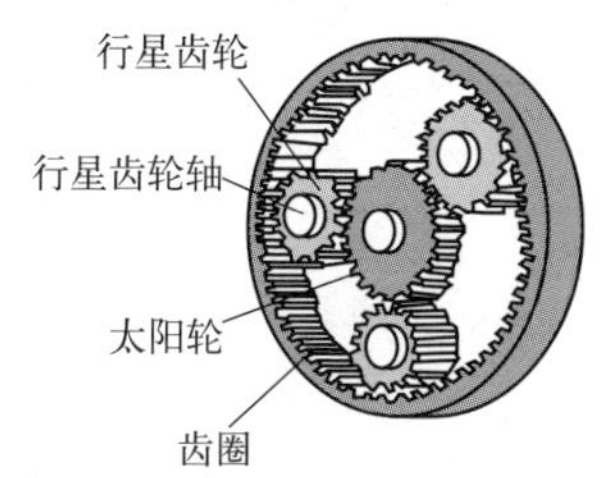

图 23.12　行星齿轮

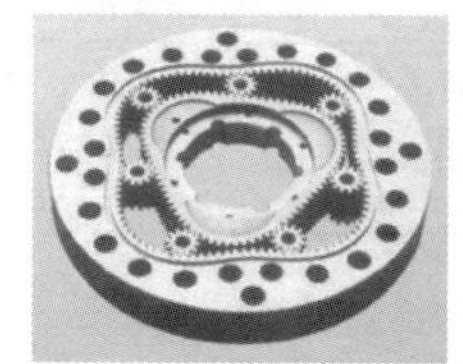

图 23.13　非圆齿轮

23.6.2　齿轮的模数系列

模数是表示齿轮轮齿大小的一个指针，一对咬合的齿轮其模数必须一致。模数是人为规定的一个基本参数，其值等于齿轮的分度圆直径 d 除以齿数 z，即 $m=d/z$，m 越大，则轮齿就越大，抗弯能力越强。

大部分齿轮的模数已经标准化。我国 GB/T 1357—2008 规定，通用机械和重型机械用圆柱齿轮的模数，有第一和第二两个系列，应优先选用第一系列。

（1）圆柱齿轮（表 23.38）

表 23.38 通用机械和重型机械用圆柱齿轮的模数（GB/T 1357—2008）

mm

第一系列	1	1.25	1.5	2	2.5	3	4	5	6
第二系列	1.125	1.375	1.75	2.25	2.75	3.5	4.5	5.5	(6.5)
第一系列	8	10	12	16	20	25	32	40	50
第二系列	7	9	11	14	18	22	28	35	45

注：1. 齿轮最小的模数可达 0.1mm，本表仅列出 1mm 以上者。

2. 该表不适用于汽车用传动齿轮。

（2）圆锥齿轮（表 23.39）

表 23.39 圆锥齿轮大端端面模数（GB/T 12368—1990）

0.1	0.35	0.9	1.75	3.25	5.5	10	20	36
0.12	0.4	1	2	3.5	6	11	22	40
0.15	0.5	1.125	2.25	3.75	6.5	12	25	15
0.2	0.6	1.25	2.5	4	7	14	28	50
0.25	0.7	1.375	2.75	4.5	8	16	30	—
0.3	0.8	1.5	3	5	9	18	32	—

（3）蜗杆和蜗轮（表 23.40）

表 23.40 蜗杆的模数系列（GB/T 10088—2018） mm

第一系列	0.1,0.12,0.16,0.2,0.25,0.3,0.4,0.5,0.6,0.8,1,1.25,1.6,2,2.5,3.15,4,5,6.3,8,10,12.5,16,20,25,31.5,40
第二系列	0.7,0.9,1.5,3,3.5,4.5,5.5,6,7,12,14

23.6.3 蜗杆分度圆直径

蜗杆分度圆直径系列见表 23.41。

表 23.41 蜗杆分度圆直径系列（GB/T 10088—2018） mm

第一系列	4,4.5,5,5.6,6.3,7.1,8,9,10,11.2,12.5,14,16,18,20,22.4,25,28,31.5,35.5,40,45,50,56,63,71,80,90,100,112,125,140,160,180,200,224,250,280,315,355,400
第二系列	6,7.5,8.5,15,30,38,48,53,60,67,75,85,95,106,118,132,144,170,190

23.6.4 蜗杆头数与蜗轮齿数

蜗杆头数与蜗轮齿数的推荐值见表23.42。

表23.42 蜗杆头数 z_1 与蜗轮齿数 z_2 的推荐值

$i=z_2/z_1$	z_1	z_2	$i=z_2/z_1$	z_1	z_2
7～8	4	28～32	25～27	2～3	50～81
9～13	3～4	27～52	28～40	1～2	28～80
14～24	2～3	28～72	≥40	1	≥40

第24章 轴承

轴承是机械设备中举足轻重的零部件，其类别和形式多种多样。

① 常见的分类方法是将其分为滚动轴承和滑动轴承两大类。前者靠滚动体的转动支撑转动轴，运动方式是滚动，接触部位是点；后者靠平滑面支撑转动轴，运动方式是滑动，接触部位是面。另外还有一些特种轴承，如关节轴承和直线轴承。前者是一种球面滑动轴承，其滑动接触表面是一个内球面和一个外球面，运动时可以在任意角度旋转摆动；后者是一种以低成本生产的直线运动系统，用于无限行程与圆柱轴配合使用。由于其承载球与轴呈点接触，故使用载荷小。钢球以极小的摩擦阻力旋转，从而能获得高精度的平稳运动。

② 滚动轴承按照所能承受的载荷方向或公称接触角不同，又可分为向心轴承和推力轴承（图 24.1），前者主要用于承受径向载荷（按公称接触角的不同，又分为径向接触轴承和角接触向心轴承）；后者主要用于承受轴向载荷（按公称接触角的不同，又分为轴向接触轴承和角接触推力轴承）。滚动轴承温度一般不宜超过 100℃。

③ 按滚动体的种类，又可分为球轴承和滚子轴承［后者又可分为圆柱滚子轴承（长径比小于或等于 3）、滚针轴承（长径比大于 3，但直径小于或等于 5mm）、圆锥滚子轴承（滚动体是圆锥滚子）和调心滚子轴承（滚动体是球面滚子）］。

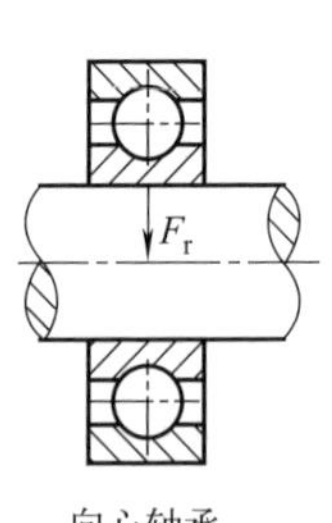

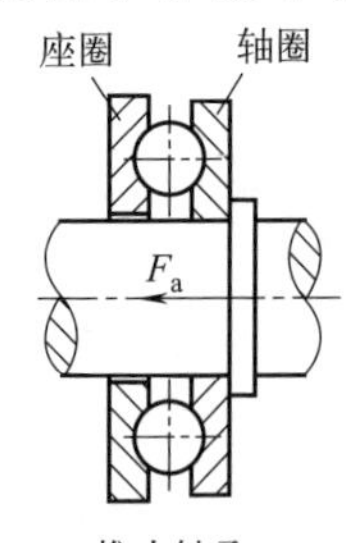

图 24.1 滚动轴承的类型

④ 按轴承工作时能否调心，可分为调心轴承（滚道是球面形的，能适

应两滚道轴心线间的角偏差及角运动的轴承）、非调心轴承（刚性轴承，能阻抗滚道间轴心线角偏移的轴承）。

⑤ 按轴承滚动体的列数，可分为单列轴承、双列轴承和多列轴承。

⑥ 按其公称外径尺寸大小分为微型轴承（直径小于或等于6mm）、小型轴承（直径26～60mm）、中小型轴承（直径大于或等于60mm但小于120mm）、中大型轴承（直径大于或等于120mm但小于200mm）、大型轴承（直径大于或等于200mm但小于440mm）和特大型轴承（直径大于440mm）。

同样，滑动轴承也可分为向心轴承和推力轴承（图24.2）。

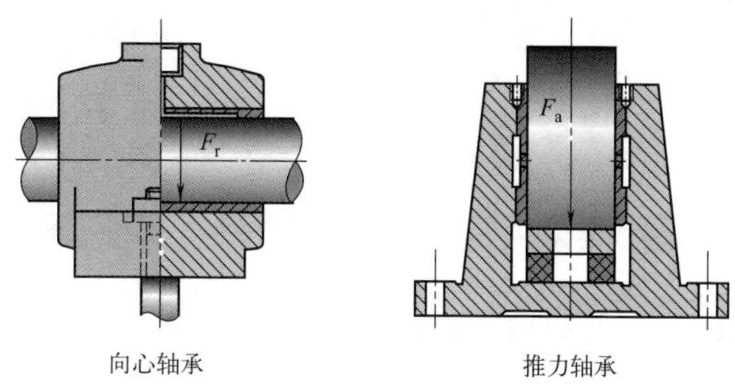

图24.2　滑动轴承的类型

滚动轴承通常情况下是轴旋转，但也有轴不动而外壳旋转的（如汽车轮毂轴承）。

24.1　滚动轴承的代号

滚动轴承的代号编制方法由GB/T 272规定（其中未包括的轴承代号则由JB/T2974作补充规定）。它们均由前置代号和基本代号及后置代号组成（表24.1）。

表24.1　滚动轴承的代号组成

前置代号	基本代号			后置代号
成套轴承分部件	轴承类型	尺寸(直径和宽度)系列	轴承内径	轴承在结构形状、尺寸、公差、技术要求等方面有所改变
用字母表示（表24.2）	用数字或字母表示（表24.3）	用数字表示（表24.4）	用数字表示（表24.5）	用字母或字母和数字表示（表24.6、表24.7）

表 24.2 成套轴承分部件代号

代号	表示意义	代号举例
L	可分离轴承的可分离内圈或外圈	LNU207,LN207
R	不带可分离内圈或外圈的轴承 （滚针轴承仅适用 NA 型）	RUN207 RNA6904
K	滚子和保持架组件	K81107
WS	推力圆柱滚子轴承轴圈	WS81107
GS	推力圆柱滚子轴承座圈	GS81107

表 24.3 滚动轴承类型代号

代号	轴承类型	代号	轴承类型
0	双列角接触球轴承	6	深沟球轴承
1	调心球轴承	7	角接触球轴承
2	调心滚子轴承 推力调心滚子轴承	8	推力圆柱滚子轴承
3	圆锥滚子轴承	N	圆柱滚子轴承 （双列或多列用字母 NN 表示）
4	双列深沟球轴承	U	外球面球轴承
5	推力球轴承	QJ	四点接触球轴承

注：轴承类型代号的前面或后面，还可加注字母或数字，表示该类型轴承中的不同结构。

表 24.4 向心轴承、推力轴承的尺寸（宽度和高度）代号

直径系列代号	向心轴承								推力轴承			
	宽度系列代号								高度系列代号			
	8	0	1	2	3	4	5	6	7	9	1	2
	尺寸系列代号											
7			17		37							
8		08	18	28	38	48	58	68				
9		09	19	29	39	49	59	69				
0		00	10	20	30	40	50	60	70	90	10	
1		01	11	21	31	41	51	61	71	91	11	
2	82	02	12	22	32	42	52	62	72	92	12	22
3	83	03	13	23	33				73	93	13	23
4		04		24					74	94	14	24
5										95		

注：轴承的直径系列（即结构相同、内径相同的轴承在外径和宽度方面的变化系列）用基本代号右起第三位数字表示。例如，对于向心轴承和向心推力轴承，0、1 表示特轻系列；2 表示轻系列；3 表示中系列；4 表示重系列。推力轴承除了用 1 表示特轻系列之外，其余与向心轴承的表示一致。

表 24.5　轴承内径的代号

轴承公称内径/mm	内径代号表示方法	举例
0.6～10（非整数）	直接用公称内径 mm 数值表示，尺寸系列代号与内径代号之间用“/”分开	深沟球轴承 625/2.5
1～9（整数）	直接用公称内径 mm 数值表示，对 7、8、9 直径系列的深沟球轴承及角接触球轴承，尺寸系列代号与内径代号之间需用“/”分开	深沟球轴承 625，618/5
10，12，15，17	分别用 00、01、02、03 表示	深沟球轴承 623
20～480（22，28，32 除外）	用公称内径 mm 数值除以 5 的商数表示，商数为 1 位数时，尚需在商数左边加“0”	调心滚子轴承 23208
≥500，以及 22，28，32	直接用公称内径 mm 数值表示，尺寸系列代号与内径代号之间用“/”分开	深沟球轴承 62/22 调心滚子轴承 230/500

表 24.6　轴承后置代号的分组

分组	后置代号（组）							
序号	1	2	3	4	5	6	7	8
表示意义	内部结构	密封与防尘套圈变型	保持架及其材料	轴承材料	公差等级	游隙	配置	其他

注：1. 后置代号用字母或字母加数字表示，置于基本代号右边（要空半个汉字距，代号中有符号“—”、“/”时除外）。当改变项目多、具有多组后置代号时，则按该表所列组次顺序从左至右顺序排列。

2. 如改变 4 组（含 4 组）以后的内容，则在其代号前用“/”符号与前面代号隔开。例：6205-2Z/P6。

3. 如改变内容为第 4 组后的两组，当前组与后组代号中的数字或字母表示含义可能混淆时，两代号之间应空半个汉字距。例：6208/P63 V1。

表 24.7　轴承后置代号的表示方法

项目	代号	表示意义及代号举例
内部结构组	A、B、C、D、E	①表示轴承内部结构改变 ②表示标准设计轴承，其含义随不同类型、结构而异。例： 7210B 表示公称接触角 $\alpha=40°$ 的角接触球轴承 33210B 表示触角加大的圆锥滚子轴承 7210C 表示公称接触角 $\alpha=15°$ 的角接触球轴承 23122C 表示调心滚子轴承 NU207E 表示加强型内圈无挡边圆柱滚子轴承
	AC、D、ZW	7210AC 表示公称接触角 $\alpha=25°$ 的角接触球轴承 K50×55×20D 表示剖分式滚针和保持架组件 K20×25×40ZW 表示双列滚针和保持架组件

续表

项目	代号	表示意义及代号举例
密封、防尘与外部形状变化	K K30	圆锥孔轴承，锥度 1∶12(外球面轴承除外)，例 1210K 圆锥孔轴承，锥度 1∶30。例 24122K30
	R	轴承外圈有止动挡边(凸缘外圈)(不适用于内径<10mm 向心球轴承)。例 30307R
	N	轴承外圈上有止动槽。例 6210N
	NR	轴承外圈上有止动槽，并带止动环。例 6210NR
	-RS	轴承一面带骨架式橡胶密封圈(接触式)。例 6210-RS
	-2RS	轴承两面带骨架式橡胶密封圈(接触式)。例 6210-2RS
	-RZ	轴承一面带骨架式橡胶密封圈(非接触式)。例 6210-RZ
	-2RZ	轴承两面带骨架式橡胶密封圈(非接触式)。例 6210-2RZ
	-Z	轴承一面带防尘盖。例 6210-Z
	-2Z	轴承两面带防尘盖。例 6210-2Z
	-RSZ	轴承一面带骨架式橡胶密封圈(接触式)，一面带防尘盖。例 6210-RSZ
	-RZZ	轴承两面带骨架式橡胶密封圈(非接触式)，一面带防尘盖。例 6210-RZZ
	-ZN	轴承一面带防尘盖，另一面外圈有止动槽。例 6210-ZN
	-2ZN	轴承两面带防尘盖，外圈有止动槽。例 6210-2ZN
	-ZNR	轴承一面带防尘盖，另一面外圈有止动槽，并带止动环。例 6210-ZNR
	U	推力球轴承，带球面座圈。例 53210U
保持架及其材料组 轴承材料组		参见 JB/T 2974—2004《滚动轴承代号方法的补充规定》中的规定
公差等级组	/P0	公差等级符合标准规定的 0 级(普通级)，代号中省略，例 6203
	/P6	公差等级符合标准规定的 6 级(高级)。例 6203/P6
	/P6X	公差等级符合标准规定的 6X 级。例:30210/P6X
	/P5	公差等级符合标准规定的 5 级(精密级)。例 6203/P5
	/P4	公差等级符合标准规定的 4 级(超精级)。例 6203/P4
	/P2	公差等级符合标准规定的 2 级(超精密)。例 6203/P2
游隙组	—	游隙符合标准规定的 0 组。例 6210
	/C1	游隙符合标准规定的 1 组。例 NN3006K/C1
	/C2	游隙符合标准规定的 2 组。例 6210/C2
	/C3	游隙符合标准规定的 3 组。例 6210/C3
	/C4	游隙符合标准规定的 4 组。例 NN3006K/C4
	/C5	游隙符合标准规定的 5 组。例 NNU4920K/C5
	注:公差等级代号与游隙代号同时表示时可简化，取公差等级代号加上游隙组合号(0 组不表示)组合表示。例/P63，/P52	

续表

<table>
<tr><th>项目</th><th>代号</th><th>表示意义及代号举例</th></tr>
<tr><td rowspan="3">配置组</td><td>/DB</td><td>成对背对背安装的轴承。例7210C/DB</td></tr>
<tr><td>/DF</td><td>成对面对面安装的轴承。例7210C/DF</td></tr>
<tr><td>/DT</td><td>成对串联安装的轴承。例7210C/DT</td></tr>
</table>

24.2 常用滚动轴承类型和尺寸系列代号

其见表24.8。

表24.8 常用滚动轴承类型和尺寸系列代号

<table>
<tr><th colspan="2">轴承名称</th><th>类型代号</th><th>尺寸系列代号</th><th>轴承代号</th><th>参见</th></tr>
<tr><td colspan="2">角接触
球轴承</td><td>7
7
7
7
7</td><td>19
(1)0
(0)2
(0)3
(0)4</td><td>71900
7000
7200
7300
7400</td><td>24.3.1节</td></tr>
<tr><td colspan="2">双列角接
触球轴承</td><td>(0)
(0)</td><td>32
33</td><td>3200
3300</td><td>24.3.2节</td></tr>
<tr><td colspan="2">三点和四点
接触球轴承</td><td>QJ
QJ</td><td>(0)2
(0)3</td><td>QJ200
QJ300</td><td>24.3.3节</td></tr>
<tr><td colspan="2">深沟
球轴承</td><td>6
6
6
6
16
6
6
6
6</td><td>17
37
18
19
(0)0
(1)0
(0)2
(0)3
(0)4</td><td>61700
63700
61800
61900
16000
6000
6200
6300
6400</td><td>24.3.4节</td></tr>
<tr><td colspan="2">调心
球轴承</td><td>1
1
1
1</td><td>02
03
22
23</td><td>1200
1300
2200
2300</td><td>24.3.5节</td></tr>
<tr><td rowspan="3">带座
外球
面球
轴承</td><td>带顶丝</td><td>UC
UC</td><td>2
3</td><td>UC200
UC300</td><td rowspan="3">24.3.6节</td></tr>
<tr><td>带偏心套</td><td>UEL
UEL</td><td>2
3</td><td>UEL200
UEL300</td></tr>
<tr><td>有圆锥孔</td><td>UK
UK</td><td>2
3</td><td>UK200
UK300</td></tr>
</table>

续表

轴承名称			类型代号	尺寸系列代号	轴承代号	参见
圆柱滚子轴承	内圈无挡边	单列	NU	10	NU1000	24.3.7节
			NU	(0)2	NU200	
			NU	22	NU2200	
			NU	(0)3	NU300	
			NU	23	NU2300	
			NU	(0)4	NU400	
		双列	NNU	49	NNU4900	
	内圈单挡边	无平挡圈	NJ	(0)2	NJ200	
			NJ	22	NJ2200	
			NJ	(0)3	NJ300	
			NJ	23	NJ2300	
			NJ	(0)4	NJ400	
		带平挡圈	NUP	(0)2	NUP200	
			NUP	22	NUP2200	
			NUP	(0)3	NUP300	
			NUP	23	NUP2300	
	外圈无挡边		N	10	N1000	
			N	(0)2	N200	
			N	22	N2200	
			N	(0)3	N300	
			N	23	N2300	
			N	(0)4	N400	
	外圈单挡边		NF	(0)2	NF200	
			NF	(0)3	NF300	
			NF	23	NF2300	
	双列		NN	30	NN3000	24.3.8节
调心滚子轴承			2	13	213000	24.3.9节
			2	22	222000	
			2	23	223000	
			2	30	230000	
			2	31	231000	
			2	32	232000	
			2	40	240000	
			2	41	241000	
推力调心滚子轴承			2	92	29200	24.3.10节
			2	93	29300	
			2	94	29400	
推力圆柱滚子轴承			8	11	81100	24.3.11节
			8	12	81200	

续表

轴承名称	类型代号	尺寸系列代号	轴承代号	参见
圆锥滚子轴承	3 3 3 3 3 3 3 3 3 3	02 03 13 20 22 23 29 30 31 32	30200 30300 31300 32000 32200 32300 32900 33000 33100 33200	24.3.12节
双列圆锥滚子轴承	3 3	51 52	35100 35200	
四列圆锥滚子轴承	3 3	81 82	38100 38200	
推力圆锥滚子轴承	9	—	90000	24.3.13节
滚针轴承	NA	48 49 69	NA4800 NA4900 NA6900	24.3.14节
推力滚针轴承	AXK	简单数字	AXK××××	24.3.15节
滚针和推力球组合轴承	NKX		NKX00 NKX00Z NKX00+IR NKX00Z+IR	24.3.16节
滚针和角接触球组合轴承	NKI		NKIA NKIB	24.3.17节

注：类型代号和尺寸系列代号栏内，带括号的数字在轴承代号中可省略。

24.3 滚动轴承

24.3.1 角接触球轴承

角接触球轴承可同时承受单向径向负荷和轴向负荷，转速较高。

名义接触角有15°、25°、40°三种，接触角越大轴向承载能力越高。高精度和高速轴承通常取15°接触角。

此类轴承适用于高速及高精度旋转。主要用途是：单列为机床主轴、高频马达、燃汽轮机、离心分离机、小型汽车前轮、差速器小齿轮轴；双列为油泵、罗茨鼓风机、空气压缩机、各类变速器、燃料喷射泵、印刷机械。

角接触球轴承有锁口内圈锁口外圈型、锁口外圈型以及锁口内圈型三种。其规格见表 24.9、表 24.10。

表 24.9 角接触球轴承的规格（Ⅰ，GB/T 292—2007） mm

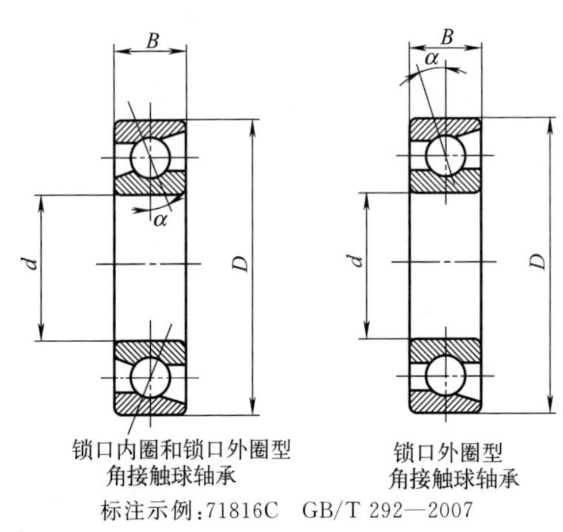

标注示例：71816C GB/T 292—2007

718 系列							
轴承型号	外形尺寸			轴承型号	外形尺寸		
α＝15°	d	D	B	α＝15°	d	D	B
71805C	25	37	7	71817C	85	110	13
71806C	30	42	7	71818C	90	115	13
71807C	35	47	7	71819C	95	120	13
71808C	40	52	7	71820C	100	125	13
71809C	45	58	7	71821C	105	120	13
71810C	50	65	7	71822C	110	140	16
71811C	55	72	9	71824C	120	150	16
71812C	60	78	10	71826C	130	165	18
71813C	65	85	10	71828C	140	175	18
71814C	70	90	10	71830C	150	190	20
71815C	75	95	10	71832C	160	200	20
71816C	80	100	10	71834C	170	215	22

续表

719系列									
轴承型号		外形尺寸			轴承型号		外形尺寸		
α=15°	α=25°	d	D	B	α=15°	α=25°	d	D	B
719/7C	—	7	17	5	71915C	71915AC	75	105	16
719/8C	—	8	19	6	71916C	71916AC	80	110	16
719/9C	—	9	20	6	71917C	71917AC	85	120	18
71900C	71900AC	10	22	6	71918C	71918AC	90	125	18
71901C	71901AC	12	24	6	71919C	71919AC	95	130	18
71902C	71902AC	15	28	7	71920C	71920AC	100	140	20
71903C	71903AC	17	30	7	71921C	71921AC	105	145	20
71904C	71904AC	20	37	9	71922C	71922AC	110	150	20
71905C	71905AC	25	42	9	71924C	71924AC	120	165	22
71906C	71906AC	30	47	9	71926C	71926AC	130	180	24
71907C	71907AC	35	55	10	71928C	71928AC	140	190	24
71908C	71908AC	40	62	12	71930C	71930AC	150	210	28
71909C	71909AC	45	68	12	71932C	71932AC	160	220	28
71910C	71910AC	50	72	12	71934C	71934AC	170	230	28
71911C	71911AC	55	80	13	71936C	71936AC	180	250	33
71912C	71912AC	60	85	13	71938C	71938AC	190	260	33
71913C	71913AC	65	90	13	71940C	71940AC	200	280	38
71914C	71914AC	70	100	16	71944C	71944AC	220	300	38
70系列									
轴承型号		外形尺寸			轴承型号		外形尺寸		
α=15°	α=25°	d	D	B	α=15°	α=25°	d	D	B
705C	705AC	5	14	5	7014C	7014AC	70	110	20
706C	706AC	6	17	6	7015C	7015AC	75	115	20
707C	707AC	7	19	6	7016C	7016AC	80	125	22
708C	708AC	8	22	7	7017C	7017AC	85	130	22
709C	709AC	9	24	7	7018C	7018AC	90	140	24
7000C	7000AC	10	26	8	7019C	7019AC	95	145	24
7001C	7001AC	12	28	8	7020C	7020AC	100	150	24
7002C	7002AC	15	32	9	7021C	7021AC	105	160	26
7003C	7003AC	17	35	10	7022C	7022AC	110	170	28
7004C	7004AC	20	42	12	7024C	7024AC	120	180	28
7005C	7005AC	25	47	12	7026C	7026AC	130	200	33
7006C	7006AC	30	55	13	7028C	7028AC	140	210	33
7007C	7007AC	35	62	14	7030C	7030AC	150	225	35
7008C	7008AC	40	68	15	7032C	7032AC	160	240	38
7009C	7009AC	45	75	16	7034C	7034AC	170	260	42
7010C	7010AC	50	80	16	7036C	7036AC	180	280	46
7011C	7011AC	55	90	18	7038C	7038AC	190	290	46
7012C	7012AC	60	95	18	7040C	7040AC	200	310	51
7013C	7013AC	65	100	18	7044C	7044AC	220	340	56

续表

72 系列											
轴承型号			外形尺寸			轴承型号			外形尺寸		
$\alpha=15°$	$\alpha=25°$	$\alpha=40°$	d	D	B	$\alpha=15°$	$\alpha=25°$	$\alpha=40°$	d	D	B
723C	723AC	—	3	10	4	7213C	7213AC	7213B	65	120	23
724C	724AC	—	4	13	5	7214C	7214AC	7214B	70	125	24
725C	725AC	—	5	16	5	7215C	7215AC	7215B	75	130	25
726C	726AC	—	6	19	6	7216C	7216AC	7216B	80	140	26
727C	727AC	—	7	22	7	7217C	7217AC	7217B	85	150	28
728C	728AC	—	8	24	8	7218C	7218AC	7218B	90	160	30
729C	729AC	—	9	26	8	7219C	7219AC	7219B	95	170	32
7200C	7200AC	7200B	10	30	9	7220C	7220AC	7220B	100	180	34
7201C	7201AC	7201B	12	32	10	7221C	7221AC	7221B	105	190	36
7202C	7202AC	7202B	15	35	11	7222C	7222AC	7222B	110	200	38
7203C	7203AC	7203B	17	40	12	7224C	7224AC	7224B	120	215	40
7204C	7204AC	7204B	20	47	14	7226C	7226AC	7226B	130	230	40
7205C	7205AC	7205B	25	52	15	7228C	7228AC	7228B	140	250	42
7206C	7206AC	7206B	30	62	16	7230C	7230AC	7230B	150	270	45
7207C	7207AC	7207B	35	72	17	7232C	7232AC	7232B	160	290	48
7208C	7208AC	7208B	40	80	18	7234C	7234AC	7234B	170	310	52
7209C	7209AC	7209B	45	85	19	7236C	7236AC	7236B	180	320	52
7210C	7210AC	7210B	50	90	20	7238C	7238AC	7238B	190	340	55
7211C	7211AC	7211B	55	100	21	7240C	7240AC	7240B	200	360	58
7212C	7212AC	7212B	60	110	22	7244C	7244AC	—	220	400	65

73 系列											
轴承型号			外形尺寸			轴承型号			外形尺寸		
$\alpha=15°$	$\alpha=25°$	$\alpha=40°$	d	D	B	$\alpha=15°$	$\alpha=25°$	$\alpha=40°$	d	D	B
7300C	7300AC	7300B	10	35	11	7316C	7316AC	7316B	80	170	39
7301C	7301AC	7301B	12	37	12	7317C	7317AC	7317B	85	180	41
7302C	7302AC	7302B	15	42	13	7318C	7318AC	7318B	90	190	43
7303C	7303AC	7303B	17	47	14	7319C	7319AC	7319B	95	200	45
7304C	7304AC	7304B	20	52	15	7320C	7320AC	7320B	100	215	47
7305C	7305AC	7305B	25	62	17	7321C	7321AC	7321B	105	225	49
7306C	7306AC	7306B	30	72	19	7322C	7322AC	7322B	110	240	50
7307C	7307AC	7307B	35	80	21	7324C	7324AC	7324B	120	260	55
7308C	7308AC	7308B	40	90	23	7326C	7326AC	7326B	130	280	58
7309C	7309AC	7309B	45	100	25	7328C	7328AC	7328B	140	300	62
7310C	7310AC	7310B	50	110	27	7330C	7330AC	7330B	150	320	65
7311C	7311AC	7311B	55	120	29	7332C	7332AC	7332B	160	340	68
7312C	7312AC	7312B	60	130	31	7334C	7334AC	7334B	170	360	72
7313C	7313AC	7313B	65	140	33	7336C	7336AC	7336B	180	380	75
7314C	7314AC	7314B	70	150	35	7338C	7338AC	7338B	190	400	78
7315C	7315AC	7315B	75	160	37	7340C	7340AC	7340B	200	420	80

表 24.10　角接触球轴承的规格（Ⅱ，GB/T 292—2007）　mm

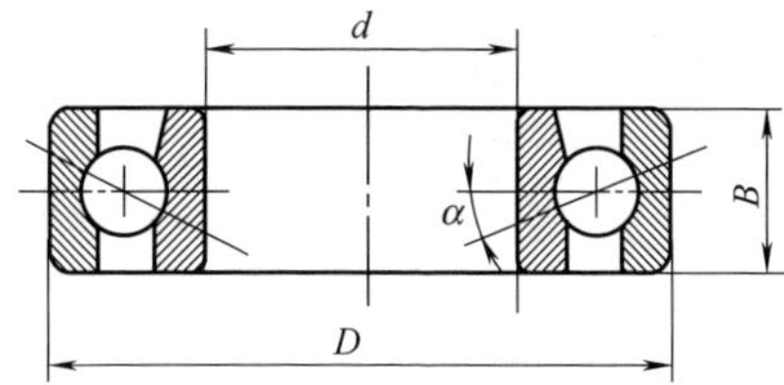

锁口内圈型角接触球轴承标注示例：B7005C　GB/T 292—2007

B70 系列									
轴承型号		外形尺寸			轴承型号		外形尺寸		
α=15°	α=25°	d	D	B	α=15°	α=25°	d	D	B
B705C	B705AC	5	14	5	B7010C	B7010AC	50	80	16
B706C	B706AC	6	17	6	B7011C	B7011AC	55	90	18
B707C	B707AC	7	19	6	B7012C	B7012AC	60	95	18
B708C	B708AC	8	22	7	—	B7013AC	65	100	18
B709C	B709AC	9	24	7	—	B7014AC	70	110	20
B7000C	B7000AC	10	26	8	—	B7015AC	75	115	20
B7001C	B7001AC	12	28	8	—	B7016AC	80	125	22
B7002C	B7002AC	15	32	9	—	B7017AC	85	130	22
B7003C	B7003AC	17	35	10	—	B7018AC	90	140	24
B7004C	B7004AC	20	42	12	—	B7019AC	95	145	24
B7005C	B7005AC	25	47	12	—	B7020AC	100	150	24
B7006C	B7006AC	30	55	13	—	B7021AC	105	160	26
B7007C	B7007AC	35	62	14	—	B7022AC	110	170	28
B7008C	B7008AC	40	68	15	—	B7024AC	120	180	28
B7009C	B7009AC	45	75	16					

24.3.2　双列角接触球轴承

双列角接触球轴承能承受较大的以径向负荷为主的径向、轴向联合负荷和力矩负荷，广泛用于小汽车的前轮轮毂中，特别适用于有高刚性要求的应用场合。其规格见表 24.11。

表 24.11　双列角接触球轴承（GB/T 296—2015）　　mm

双列角接触球轴承(基型)
00000A型(α=30°)

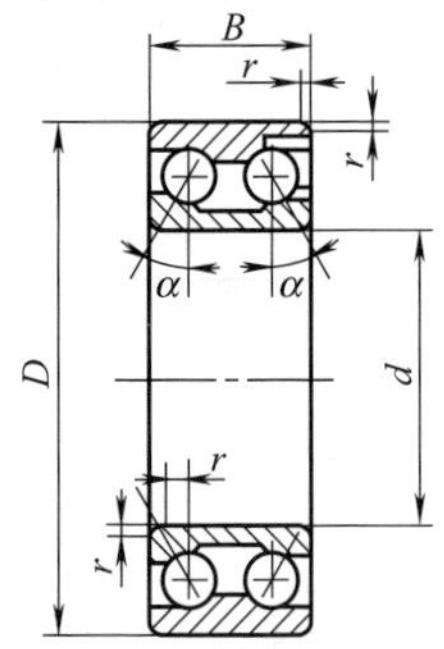

有装填槽的双列角接触球轴承
00000型(α=30°)

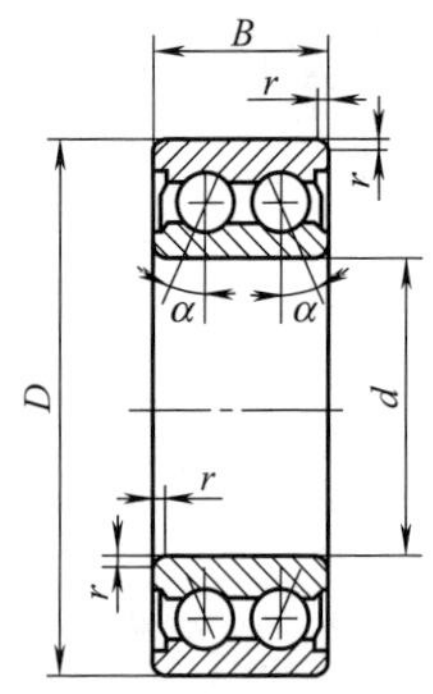

两面带防尘盖
00000A-2Z型(α=30°)

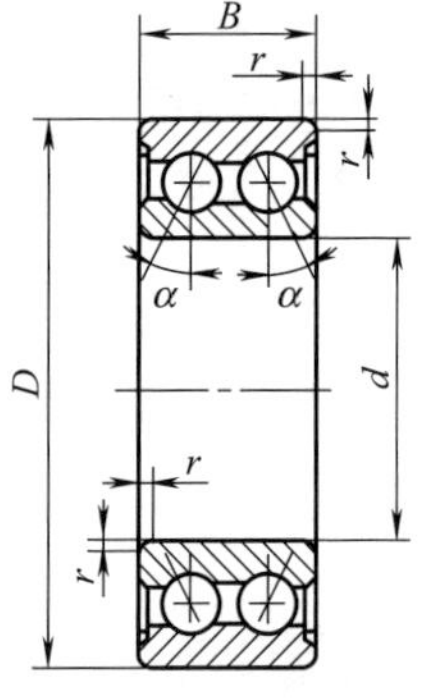

两面带密封圈
00000A-2RS型(α=30°)

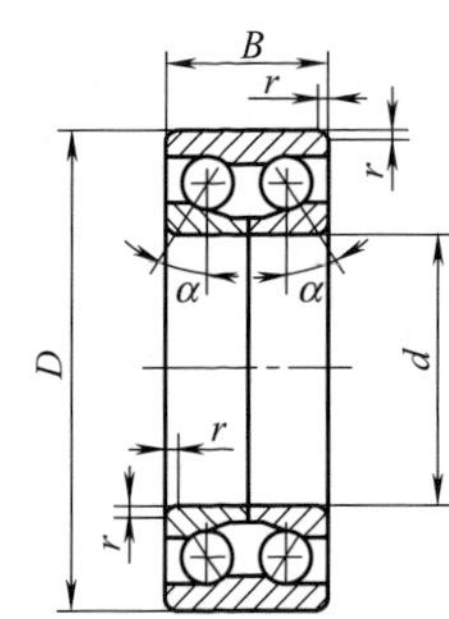

双内圈
00000D型(α=45°)

32 系列

轴承型号				外形尺寸			
00000A 型	00000 型	00000A-2Z 型	00000A-2RS 型	d	D	B	r_{smin}①
3200A	—	3200A-2Z	3200A-2RS	10	30	14.3	0.6
3201A	—	3201A-2Z	3201A-2RS	12	32	15.9	0.6
3202A	—	3202A-2Z	3202A-2RS	15	35	15.9	0.6
3203A	—	3203A-2Z	3203A-2RS	17	40	17.5	0.6
3204A	—	3204A-2Z	3204A-2RS	20	47	20.6	1.0
3205A	—	3205A-2Z	3205A-2RS	25	52	20.6	1.0
3206A	—	3206A-2Z	3206A-2RS	30	62	23.8	1.0
3207A	—	3207A-2Z	3207A-2RS	35	72	27.0	1.1
3208A	—	3208A-2Z	3208A-2RS	40	80	30.2	1.1

续表

32 系列							
轴承型号				外形尺寸			
00000A 型	00000 型	00000A-2Z 型	00000A-2RS 型	d	D	B	r_{smin}①
3209A	—	3209A-2Z	3209A-2RS	45	85	30.2	1.1
3210A	—	3210A-2Z	3210A-2RS	50	90	30.2	1.1
3211A	—	3211A-2Z	3211A-2RS	55	100	33.3	1.5
3212A	—	3212A-2Z	3212A-2RS	60	110	36.5	1.5
3213A	—	3213A-2Z	3213A-2RS	65	120	38.1	1.5
3214A	—	3214A-2Z	3214A-2RS	70	125	39.7	1.5
3215A	—	3215A-2Z	3215A-2RS	75	130	41.3	1.5
3216A	—	3216A-2Z	3216A-2RS	80	140	44.4	2.0
3217A	3217	3217A-2Z	3217A-2RS	85	150	49.2	2.0
3218A	3218	3218A-2Z	3218A-2RS	90	160	52.4	2.0
3219A	3219	3219A-2Z	3219A-2RS	95	170	55.6	2.1
3220A	3220	3220A-2Z	3220A-2RS	100	180	60.3	2.1
—	3221	—	—	105	190	65.1	2.1
—	3222	—	—	110	200	69.8	2.1
—	3224	—	—	120	215	76.0	2.1
—	3226	—	—	130	230	80.0	3.0
—	3228	—	—	140	250	88.0	3.0

33 系列								
轴承型号					外形尺寸			
00000A 型	00000 型	00000A-2Z 型	00000A-2RS 型	00000D 型	d	D	B	r_{smin}①
3302A	—	3302A-2Z	3302A-2RS	—	15	42	19.0	1.0
3303A	—	3303A-2Z	3303A-2RS	—	17	47	22.2	1.0
3304A	—	3304A-2Z	3304A-2RS	—	20	52	22.2	1.1
3305A	—	3305A-2Z	3305A-2RS	3305D	25	62	25.4	1.1
3306A	—	3306A-2Z	3306A-2RS	3306D	30	72	30.2	1.1
3307A	—	3307A-2Z	3307A-2RS	3307D	35	80	35.9	1.5
3308A	—	3308A-2Z	3308A-2RS	3308D	40	90	36.5	1.5
3309A	—	3309A-2Z	3309A-2RS	3309D	45	100	39.7	1.5
3310A	—	3310A-2Z	3310A-2RS	3310D	50	110	44.4	2.0
3311A	—	3311A-2Z	3311A-2RS	3311D	55	120	19.2	2.0
3312A	—	3312A-2Z	3312A-2RS	3312D	60	130	54.0	2.1
3313A	—	3313A-2Z	3313A-2RS	3313D	65	140	58.7	2.1
3314A	3314	3314A-2Z	3314A-2RS	3314D	70	150	63.5	2.1
3315A	3315	3315A-2Z	3315A-2RS	—	75	150	68.3	2.1
—	3311	—	—	—	80	170	68.3	2.1
—	3317	—	—	—	85	180	73.0	3.0
—	3318	—	—	—	90	190	73.0	3.0
—	3319	—	—	—	95	200	77.8	3.0
—	3320	—	—	—	100	215	82.6	3.0
—	3321	—	—	—	105	225	87.3	3.0
—	3322	—	—	—	110	240	92.1	3.0

① 对应的最大倒角尺寸规定在 GB/T 274—2000 中。

24.3.3 三点和四点接触球轴承

四点接触球轴承适用于承受纯轴向负荷或以轴向负荷为主的轴向、径向联合负荷，能限制两个方向的轴向位移，但比同规格的双列角接触球轴承占用的轴向空间少，具有较大的承载能力。单个轴承可代替正面组合或背面组合的角接触球轴承。

该类轴承承受任何方向的轴向负荷时都能形成其中的一个接触角 α，因此套圈与球总在任一接触线上的两面三点接触，与其他球轴承相比，当径向游隙相同时，轴向游隙较小，极限转速较高，主要用于飞机喷气式发动机、燃汽轮机。

三点和四点接触球轴承见表 24.12。

表 24.12 三点和四点接触球轴承（GB/T 294—2015） mm

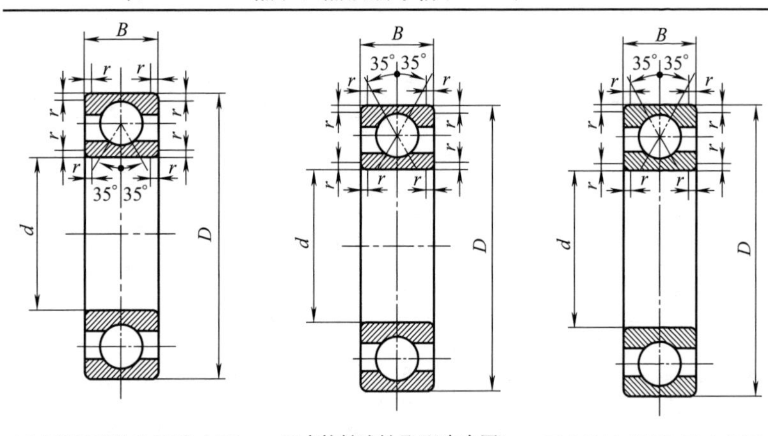

三点接触球轴承(双半内圈) QJS型　四点接触球轴承(双半内圈) QJ型　四点接触球轴承(双半外圈) QJF型

10 系列						
轴承型号			外形尺寸			
QJ 型	QJS 型	QJF 型	d	D	B	r_{smin}①
QJ1000	—	—	10	26	8	0.3
QJ1001	—	—	12	28	8	0.3
QJ1002	—	—	15	32	9	0.3
QJ1003	—	—	17	35	10	0.3
QJ1004	—	—	20	42	12	0.6
QJ1005	QJS1005	—	25	47	12	0.6
QJ1006	QJS1006	—	30	55	13	1.0
QJ1007	QJS1007	—	35	62	14	1.0

续表

10系列						
轴承型号			外形尺寸			
QJ型	QJS型	QJF型	d	D	B	r_{smin}①
QJ1008	QJS1008	—	40	68	15	1.0
QJ1009	QJS1009	—	45	75	16	1.0
QJ1010	QJS1010	—	50	80	16	1.0
QJ1011	QJS1011	—	55	90	18	1.1
QJ1012	QJS1012	—	60	95	18	1.1
QJ1013	QJS1013	—	65	100	18	1.1
QJ1014	QJS1014	QJF1014	70	110	20	1.1
QJ1015	QJS1015	QJF1015	75	115	20	1.1
QJ1016	QJS1016	QJF1016	80	125	22	1.1
QJ1017	QJS1017	QJF1017	85	130	22	1.1
QJ1018	QJS1018	QJF1018	90	140	24	1.5
QJ1019	QJS1019	QJF1019	95	145	24	1.5
QJ1020	QJS1020	QJF1020	100	150	24	1.5
QJ1021	0JS1021	QJF1021	105	160	26	2.0
QJ1022	QJS1022	QJF1022	110	170	28	2.0
QJ1024	QJS1024	QJF1024	120	180	28	2.0
QJ1026	QJS1026	QJF1026	130	200	33	2.0
QJ1028	—	QJF1028	140	210	33	2.0
QJ1030	—	QJF1030	150	225	35	2.1
QJ1032	—	QJF1032	160	240	38	2.1
QJ1034	—	QJF1034	170	260	42	2.1
QJ1036	—	QJF1036	180	280	46	2.1
QJ1038	—	QJF1038	190	290	46	2.1
QJ1040	—	QJF1040	200	310	51	2.1
QJ1044	—	QJF1044	220	340	56	3
QJ1048	—	QJF1048	240	360	56	3
QJ1052	—	QJF1052	260	400	65	4
QJ1056	—	QJF1056	280	420	65	4
QJ1060	—	QJF1060	300	460	74	4
QJ1064	—	QJF1064	320	480	74	4
QJ1068	—	QJF1068	340	520	82	5
QJ1072	—	QJF1072	360	540	82	5
QJ1076	—	QJF1076	380	560	82	5
QJ1080	—	QJF1080	400	600	90	5
QJ1084	—	QJF1084	420	620	90	5
QJ1088	—	QJF1088	440	650	94	6
QJ1092	—	QJF1092	460	680	100	6
QJ1096	—	QJF1096	480	700	100	6

续表

02 系列						
轴承型号			外形尺寸			
QJ 型	QJS 型	QJF 型	d	D	B	r_{smin} ①
QJ200	QJS200	QJF200	10	30	9	0.6
QJ201	QJS201	QJF201	12	32	10	0.6
QJ202	QJS202	QJF202	15	35	11	0.6
QJ203	QJS203	QJF203	17	40	12	0.6
QJ204	QJS204	QJF204	20	47	14	1.0
QJ205	QJS205	QJF205	25	52	15	1.0
QJ206	QJS206	QJF206	30	62	16	1.0
QJ207	QJS207	QJF207	35	72	17	1.1
QJ208	QJS208	QJF208	40	80	18	1.1
QJ209	QJS209	QJF209	40	85	19	1.1
QJ210	QJS210	QJF210	50	90	20	1.1
QJ211	QJS211	QJF211	55	100	21	1.5
QJ212	QJS212	QJF212	60	110	22	1.5
QJ213	QJS213	QJF213	65	120	23	1.5
QJ214	QJS214	QJF214	70	125	24	1.5
QJ215	QJS215	QJF215	75	130	25	1.5
QJ216	QJS216	QJF216	80	140	26	2.0
QJ217	QJS217	QJF217	85	150	28	2.0
QJ218	QJS218	QJF218	90	160	30	2.0
QJ219	QJS219	QJF219	95	170	32	2.1
QJ220	QJS220	QJF220	100	180	34	2.1
QJ221	QJS221	QJF221	105	190	36	2.1
QJ222	QJS222	QJF222	110	200	38	2.1
QJ224	QJS224	QJF224	120	215	40	2.1
QJ226	QJS226	QJF226	130	230	40	3
QJ228	—	QJF228	140	250	42	3
QJ230	—	QJF230	150	270	45	3
QJ232	—	QJF232	160	290	48	3
QJ234	—	QJF234	170	310	52	4
QJ236	—	QJF236	180	320	52	4
QJ238	—	QJF238	190	340	55	4
QJ240	—	QJF240	200	360	58	4
QJ244	—	QJF244	220	400	65	4
QJ248	—	QJF218	240	440	72	4
QJ252	—	QJF252	260	480	80	5
QJ256	—	QJF256	280	500	80	5
QJ260	—	QJF260	300	540	85	5
QJ264	—	QJF264	320	580	92	5

续表

03 系列						
轴承型号			外形尺寸			
QJ 型	QJS 型	QJF 型	d	D	B	r_{smin} ①
QJ302	QJS302	—	15	42	13	1.0
QJ303	QJS303	—	17	47	14	1.0
QJ304	QJS304	—	20	52	15	1.1
QJ305	QJS305	—	25	62	17	1.1
QJ306	QJS306	QJF306	30	72	19	1.1
QJ307	QJS307	QJF307	35	80	21	1.5
QJ308	QJS308	QJF308	40	90	23	1.5
QJ309	QJS309	QJF309	45	100	25	1.5
QJ310	QJS310	QJF310	50	110	27	2.0
QJ309	QJS311	QJF311	55	120	29	2.0
QJ312	QJS312	QJF312	60	130	31	2.1
QJ313	QJS313	QJF313	65	140	33	2.1
QJ314	QJS314	Q1F314	70	150	35	2.1
QJ315	QJS315	QJF315	75	160	37	2.1
QJ316	QJS316	Q1F316	80	170	39	2.1
QJ317	QJS317	QJF317	85	180	41	3
QJ318	QJS318	QJF318	90	190	43	3
QJ319	QJS319	QJF319	95	200	45	3
QJ320	QJS320	QJF320	100	215	47	3
QJ321	QJS321	QJF321	105	225	49	3
QJ322	—	QJF322	110	240	50	3
QJ324	—	QJF324	120	260	55	3
QJ326	—	QJF326	130	280	58	4
QJ328	—	QJF328	140	300	62	4
QJ330	—	QJF330	150	320	65	4
QJ332	—	QJF332	160	340	63	4
QJ334	—	QJF334	170	360	72	4
QJ336	—	QJF336	180	380	75	4
QJ338	—	—	190	400	78	5
QJ340	—	—	200	420	80	5

① 对应的最大倒角尺寸规定在 GB/T 274—2000 中。

24.3.4 深沟球轴承

深沟球轴承是最具代表性的滚动轴承，内外圈滚道都有圆弧状深沟，主要用于承受径向载荷，也可承受一定的轴向载荷。当轴承的径向游隙加大时，具有角接触球轴承的功能，可承受较大的轴向载荷，而且适用于高速旋转及要求低噪声、低振动的场合。有一般深沟球轴承和碳钢深沟球轴承两种。

(1) 一般深沟球轴承（表 24.13）

表 24.13　一般深沟球轴承的型号和外形尺寸（GB/T 276—2013）

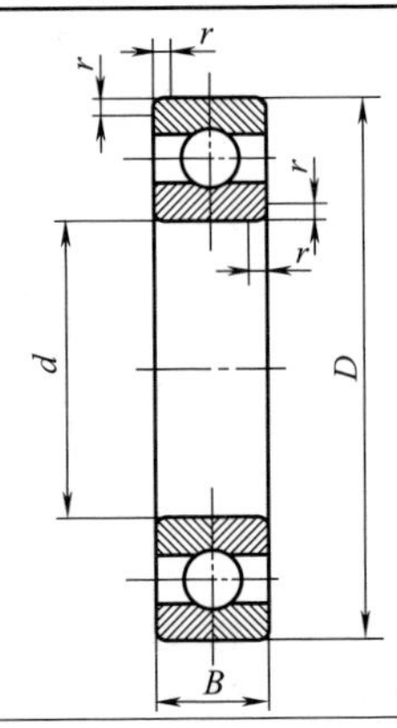

图为 60000 型深沟球轴承的尺寸，其他加后缀的型号分别表示：

—N　外圈有止动槽

—NR　外圈有止动槽并带止动环

—Z　一面带防尘盖

—2Z　两面带防尘盖

—RS　一面带密封圈（接触式）

—2RS　两面带密封圈（接触式）

—RZ　一面带密封圈（非接触式）

—2RZ　两面带密封圈（非接触式）

17 系列

轴承型号			外形尺寸/mm			
61700 型	61700-Z 型	61700-2Z 型	内径 d	外径 D	宽度 B	r_{smin}
617/0.6	—	—	0.6	2	0.8	0.05
617/1	—	—	1	2.5	1	0.05
617/1.5	—	—	1.5	3	1	0.05
617/2	—	—	2	4	1.2	0.05
617/2.5	—	—	2.5	5	1.5	0.08
617/3	√	√	3	6	2	0.08
617/4	√	√	4	7	2	0.08
617/5	√	√	5	8	2	0.08
617/6	√	√	6	10	2.5	0.1
617/7	√	√	7	11	2.5	0.1
617/8	√	√	8	12	2.5	0.1
617/9	√	√	9	14	3	0.1
61700	√	√	10	15	3	0.1

37 系列

轴承型号			外形尺寸/mm			
63700 型	63700-Z 型	63700-2Z 型	d	D	B	r_{smin}
637/1.5	—	—	1.5	3	1.8	0.05
637/2	—	—	2	4	2	0.05
637/2.5	—	—	2.5	5	2.3	0.08
637/3	√	√	3	6	3	0.08
637/4	√	√	4	7	3	0.08
637/5	√	√	5	8	3	0.08
637/6	√	√	6	10	3.5	0.1
637/7	√	√	7	11	3.5	0.1
637/8	√	√	8	12	3.5	0.1
637/9	√	√	9	14	4.5	0.1
63700	√	√	10	15	4.5	0.1

续表

18 系列													
轴承型号									外形尺寸/mm				
61800 型	61800 N 型	61800 NR 型	61800 -Z 型	61800 -2Z 型	61800 -RS 型	61800 -2RS 型	61800 -RZ 型	61800 -2RZ 型	d	D	B	r_{smin}	r_{1smin}
618/0.6	—	—	—	—	—	—	—	—	0.6	2.5	1	0.05	—
618/1	—	—	—	—	—	—	—	—	1	3	1	0.05	—
610/1.5	—	—	—	—	—	—	—	—	1.5	4	1.2	0.05	—
618/2	—	—	—	—	—	—	—	—	2	5	1.5	0.08	—
610/2.5	—	—	—	—	—	—	—	—	2.5	6	1.8	0.08	—
618/3	—	—	—	—	—	—	—	—	3	7	2	0.1	—
618/4	—	—	—	—	—	—	—	—	4	9	2.5	0.1	—
610/5	—	—	—	—	—	—	—	—	5	11	3	0.15	—
618/6	—	—	—	—	—	—	—	—	6	13	3.5	0.15	—
618/7	—	—	—	—	—	—	—	—	7	14	3.5	0.10	—
618/8	—	—	—	—	—	—	—	—	8	16	4	0.2	—
618/9	—	—	—	—	—	—	—	—	9	17	4	0.2	—
61800	—	—	√	√	√	√	√	√	10	19	5	0.3	—
61801	—	—	√	√	√	√	√	√	12	21	5	0.3	—
61802	—	—	√	√	√	√	√	√	15	24	5	0.3	—
61803	—	—	√	√	√	√	√	√	17	26	5	0.3	—
61804	√	√	√	√	√	√	√	√	20	32	7	0.3	0.3
61805	√	√	√	√	√	√	√	√	25	37	7	0.3	0.3
61806	√	√	√	√	√	√	√	√	30	42	7	0.3	0.3
61807	√	√	√	√	√	√	√	√	35	47	7	0.3	0.3
61808	√	√	√	√	√	√	√	√	40	52	7	0.3	0.3
61809	√	√	√	√	√	√	√	√	45	58	7	0.3	0.3
61810	√	√	√	√	√	√	√	√	50	65	7	0.3	0.3
61811	√	√	√	√	√	√	√	√	55	72	9	0.3	0.3
61812	√	√	√	√	√	√	√	√	60	78	10	0.3	0.3
61813	√	√	√	√	√	√	√	√	65	85	10	0.6	0.5
61814	√	√	√	√	√	√	√	√	70	90	10	0.6	0.5
61815	√	√	√	√	√	√	√	√	75	95	10	0.6	0.5
61816	√	√	√	√	√	√	√	√	80	100	10	0.6	0.5
61817	√	√	√	√	√	√	√	√	85	110	13	1	0.5
61818	√	√	√	√	√	√	√	√	90	115	13	1	0.5
61819	√	√	√	√	√	√	√	√	95	120	13	1	0.5
61820	√	√	√	√	√	√	√	√	100	125	13	1	0.5
61821	√	√	√	√	√	√	√	√	105	130	13	1	0.5
61822	√	√	√	√	√	√	√	√	110	140	16	1	0.5
61824	√	√	√	√	√	√	√	√	120	150	16	1	0.5
61826	√	√	√	√	√	√	√	√	130	165	18	1.1	0.5

续表

18系列													
轴承型号									外形尺寸/mm				
61800型	61800 N型	61800 NR型	61800 -Z型	61800 -2Z型	61800 -RS型	61800 -2RS型	61800 -RZ型	61800 -2RZ型	d	D	B	r_{smin}	r_{1smin}
61828	√	√	√	√	√	√	√	√	140	175	18	1.1	0.5
61830	√	√	—	—	—	—	—	—	150	190	20	1.1	0.5
61832	√	√	—	—	—	—	—	—	160	200	20	1.1	0.5
61834	—	—	—	—	—	—	—	—	170	215	22	1.1	—
61836	—	—	—	—	—	—	—	—	180	225	22	1.1	—
61838	—	—	—	—	—	—	—	—	190	240	24	1.5	—
61840	—	—	—	—	—	—	—	—	200	250	24	1.5	—
61844	—	—	—	—	—	—	—	—	220	270	24	1.5	—
61848	—	—	—	—	—	—	—	—	240	300	28	2	—
61852	—	—	—	—	—	—	—	—	260	320	28	2	—
61856	—	—	—	—	—	—	—	—	280	350	33	2	—
61860	—	—	—	—	—	—	—	—	300	380	38	2.1	—
61864	—	—	—	—	—	—	—	—	320	400	38	2.1	—
61868	—	—	—	—	—	—	—	—	340	420	38	2.1	—
61872	—	—	—	—	—	—	—	—	360	440	38	2.1	—
61876	—	—	—	—	—	—	—	—	380	480	46	2.1	—
61880	—	—	—	—	—	—	—	—	400	500	46	2.1	—
61884	—	—	—	—	—	—	—	—	420	520	46	2.1	—
61888	—	—	—	—	—	—	—	—	440	540	46	2.1	—
61892	—	—	—	—	—	—	—	—	460	580	56	3	—
61896	—	—	—	—	—	—	—	—	480	600	56	3	—
618/500	—	—	—	—	—	—	—	—	500	620	56	3	—
618/530	—	—	—	—	—	—	—	—	530	650	56	3	—
618/560	—	—	—	—	—	—	—	—	560	680	56	3	—
618/600	—	—	—	—	—	—	—	—	600	730	60	3	—
618/630	—	—	—	—	—	—	—	—	630	780	69	4	—
618/670	—	—	—	—	—	—	—	—	670	820	69	4	—
618/710	—	—	—	—	—	—	—	—	710	870	74	4	—
618/750	—	—	—	—	—	—	—	—	750	920	78	5	—
618/800	—	—	—	—	—	—	—	—	800	980	82	5	—
618/850	—	—	—	—	—	—	—	—	850	1030	82	5	—
618/900	—	—	—	—	—	—	—	—	900	1090	85	5	—
618/950	—	—	—	—	—	—	—	—	950	1150	90	5	—
618/1000	—	—	—	—	—	—	—	—	1000	1220	100	6	—
618/1060	—	—	—	—	—	—	—	—	1060	1280	100	6	—
618/1120	—	—	—	—	—	—	—	—	1120	1360	106	6	—
618/1180	—	—	—	—	—	—	—	—	1180	1420	106	6	—

续表

18系列													
轴承型号									外形尺寸/mm				
61800型	61800 N型	61800 NR型	61800 -Z型	61800 -2Z型	61800 -RS型	61800 -2RS型	61800 -RZ型	61800 -2RZ型	d	D	B	r_{smin}	r_{1smin}
618/1250	—	—	—	—	—	—	—	—	1250	1500	110	6	—
618/1320	—	—	—	—	—	—	—	—	1320	1600	122	6	—
618/1400	—	—	—	—	—	—	—	—	1410	1700	132	7.5	—
618/1500	—	—	—	—	—	—	—	—	1500	1520	140	7.5	—

19系列													
轴承型号									外形尺寸/mm				
61900型	61900 N型	61900 NR型	61900 -Z型	61900 -2Z型	61900 -RS型	61900 -2RS型	61900 -RZ型	61900 -2RZ型	d	D	B	r_{smin}	r_{1smin}
619/1	—	—	√	√	—	—	—	—	1	4	1.6	0.1	—
619/1.5	—	—	√	√	—	—	—	—	1.5	5	2	0.15	—
619/2	—	—	√	√	—	—	—	—	2	6	2.3	0.15	—
619/2.5	—	—	√	√	—	—	—	—	2.5	7	2.5	0.15	—
619/3	—	—	√	√	—	—	√	√	3	8	3	0.15	—
619/4	—	—	√	√	√	√	√	√	4	11	4	0.15	—
619/5	—	—	√	√	√	√	√	√	5	13	4	0.2	—
619/6	—	—	√	√	√	√	√	√	6	15	5	0.2	—
619/7	—	—	√	√	√	√	√	√	7	17	5	0.3	—
619/8	—	—	√	√	√	√	√	√	8	19	6	0.3	—
619/9	—	—	√	√	√	√	√	√	9	20	6	0.3	—
61900	√	√	√	√	√	√	√	√	10	22	6	0.3	0.3
61901	√	√	√	√	√	√	√	√	12	24	6	0.3	0.3
61902	√	√	√	√	√	√	√	√	15	28	7	0.3	0.3
61903	√	√	√	√	√	√	√	√	17	30	7	0.3	0.3
61904	√	√	√	√	√	√	√	√	20	37	9	0.3	0.3
61905	√	√	√	√	√	√	√	√	25	42	9	0.3	0.3
61906	√	√	√	√	√	√	√	√	30	47	9	0.3	0.3
61907	√	√	√	√	√	√	√	√	35	55	10	0.6	0.5
61908	√	√	√	√	√	√	√	√	40	62	12	0.6	0.5
61909	√	√	√	√	√	√	√	√	45	68	12	0.6	0.5
61910	√	√	√	√	√	√	√	√	50	72	12	0.6	05
61911	√	√	√	√	√	√	√	√	55	80	13	1	0.5
61912	√	√	√	√	√	√	√	√	60	85	13	1	0.5
61913	√	√	√	√	√	√	√	√	65	90	13	1	0.5
61914	√	√	√	√	√	√	√	√	70	100	16	1	0.5
61915	√	√	√	√	√	√	√	√	75	105	16	1	0.5
61916	√	√	√	√	√	√	√	√	80	110	16	1	0.5

续表

19系列													
轴承型号									外形尺寸/mm				
61900型	61900 N型	61900 NR型	61900 -Z型	61900 -2Z型	61900 -RS型	61900 -2RS型	61900 -RZ型	61900 -2RZ型	d	D	B	r_{smin}	r_{1smin}
61917	√	√	√	√	√	√	√	√	85	120	18	1.1	0.5
61918	√	√	√	√	√	√	√	√	90	125	18	1.1	0.5
61919	√	√	√	√	√	√	√	√	95	130	18	1.1	0.5
61920	√	√	√	√	√	√	√	√	100	140	20	1.1	0.5
61921	√	√	√	√	√	√	√	√	105	145	20	1.1	0.5
61922	√	√	√	√	√	√	√	√	110	150	20	1.1	0.5
61924	√	√	√	√	√	√	√	√	120	165	22	1.1	0.5
61926	√	√	√	√	√	√	√	√	130	180	24	1.5	0.5
61928	√	√	—	—	√	√	—	—	140	190	24	1.5	0.5
61930	—	—	—	—	√	√	—	—	150	210	28	2	—
61932	—	—	—	—	√	√	—	—	160	220	28	2	—
61934	—	—	—	—	√	√	—	—	170	230	28	2	—
61936	—	—	—	—	√	√	—	—	180	250	33	2	—
61938	—	—	—	—	√	√	—	—	190	260	33	2	—
61940	—	—	—	—	√	√	—	—	200	280	38	2.1	—
61944	—	—	—	—	√	√	—	—	220	300	38	2.1	—
61948	—	—	—	—	—	—	—	—	240	320	38	2.1	—
61952	—	—	—	—	—	—	—	—	260	360	46	2.1	—
61956	—	—	—	—	—	—	—	—	280	380	46	2.1	—
61960	—	—	—	—	—	—	—	—	300	420	56	3	—
61964	—	—	—	—	—	—	—	—	320	440	56	3	—
61968	—	—	—	—	—	—	—	—	340	460	56	3	—
61972	—	—	—	—	—	—	—	—	360	480	56	3	—
61976	—	—	—	—	—	—	—	—	380	520	65	4	—
61980	—	—	—	—	—	—	—	—	400	540	65	4	—
61984	—	—	—	—	—	—	—	—	420	560	65	4	—
61988	—	—	—	—	—	—	—	—	440	600	74	4	—
61992	—	—	—	—	—	—	—	—	460	620	74	4	—
61996	—	—	—	—	—	—	—	—	480	650	78	5	—
619/500	—	—	—	—	—	—	—	—	500	670	78	5	—
619/530	—	—	—	—	—	—	—	—	530	710	82	5	—
619/560	—	—	—	—	—	—	—	—	560	750	85	5	—
619/600	—	—	—	—	—	—	—	—	600	800	90	5	—
619/630	—	—	—	—	—	—	—	—	630	850	100	6	—
619/670	—	—	—	—	—	—	—	—	670	900	103	6	—
619/710	—	—	—	—	—	—	—	—	710	950	106	6	—
619/750	—	—	—	—	—	—	—	—	750	1000	112	6	—
619/800	—	—	—	—	—	—	—	—	800	1050	115	6	—

续表

00 系列								
轴承型号					外形尺寸/mm			
16000 型	16000 -Z 型	16000 -2Z 型	16000 -RS 型	16000 -2RS 型	d	D	B	r_{smin}
16001	√	√	√	√	12	28	7	0.3
16002	√	√	√	√	15	32	8	0.3
16003	√	√	√	√	17	35	8	0.3
16004	√	√	√	√	20	42	8	0.3
16005	√	√	√	√	25	47	8	0.3
1606	—	—	—	—	30	55	9	0.3
1607	—	—	—	—	35	62	9	0.3
1608	—	—	—	—	40	68	9	0.3
1609	—	—	—	—	45	75	10	0.6
16010	—	—	—	—	50	80	10	0.6
16011	—	—	—	—	55	90	11	0.6
16012	—	—	—	—	60	95	11	0.6
16013	—	—	—	—	65	100	11	0.6
16014	—	—	—	—	70	110	13	0.6
16015	—	—	—	—	75	115	13	0.6
16016	—	—	—	—	80	125	14	0.6
16017	—	—	—	—	85	130	14	0.6
16018	—	—	—	—	90	140	16	1
16019	—	—	—	—	95	145	16	1
16020	—	—	—	—	100	150	16	1
16021	—	—	—	—	105	160	18	1
16022	—	—	—	—	110	170	19	1
16024	—	—	—	—	120	180	19	1
16026	—	—	—	—	130	200	22	1.1
16028	—	—	—	—	140	210	22	1.1
16030	—	—	—	—	150	225	24	1.1
16032	—	—	—	—	160	240	25	1.5
16034	—	—	—	—	170	260	28	1.5
16036	—	—	—	—	180	280	31	2
16038	—	—	—	—	190	290	31	2
16040	—	—	—	—	200	310	34	2
16044	—	—	—	—	220	340	37	2.1
16048	—	—	—	—	240	360	37	2.1
16052	—	—	—	—	260	400	44	3
16056	—	—	—	—	280	420	44	3
16060	—	—	—	—	300	460	50	4
16064	—	—	—	—	320	480	50	4
16068	—	—	—	—	340	520	57	4
16072	—	—	—	—	360	540	57	4
16076	—	—	—	—	380	560	57	4

续表

(1)0 系列														
轴承型号									外形尺寸/mm					
6(1)000 型	60000 N 型	60000 NR 型	60000 -Z 型	60000 -2Z 型	60000 -RS 型	60000 -2RS 型	60000 -RZ 型	60000 -2RZ 型	d	D	B	r_{smin}	r_{1smin}
604	—	—	√	√	—	—	—	—	4	12	4	0.2	—
605	—	—	√	√	—	—	—	—	5	14	5	0.2	—
606	—	—	√	√	—	—	—	—	6	17	6	0.3	—
607	—	—	√	√	√	√	√	√	7	19	6	0.3	—
608	—	—	√	√	√	√	√	√	8	22	7	0.3	—
609	—	—	√	√	√	√	√	√	9	24	7	0.3	—
6000	—	—	√	√	√	√	√	√	10	26	8	0.3	—
6001	—	—	√	√	√	√	√	√	12	28	8	0.3	—
6002	√	√	√	√	√	√	√	√	15	32	9	0.3	0.3
6003	√	√	√	√	√	√	√	√	17	35	10	0.3	0.3
6004	√	√	√	√	√	√	√	√	20	42	12	0.6	0.5
60/22	√	√	√	√	—	—	—	√	22	44	12	0.6	0.5
6005	√	√	√	√	√	√	√	√	25	47	12	0.6	0.5
60/28	√	√	√	√	—	—	—	√	28	52	12	0.6	0.5
6006	√	√	√	√	√	√	√	√	30	55	13	1	0.5
60/32	√	√	√	√	—	—	—	√	32	58	13	1	0.5
6007	√	√	√	√	√	√	√	√	35	62	14	1	0.5
6008	√	√	√	√	√	√	√	√	40	68	15	1	0.5
6009	√	√	√	√	√	√	√	√	45	75	16	1	0.5
6010	√	√	√	√	√	√	√	√	50	80	16	1	0.5
6011	√	√	√	√	√	√	√	√	55	90	18	1.1	0.5
6012	√	√	√	√	√	√	√	√	60	95	18	1.1	0.5
6013	√	√	√	√	√	√	√	√	65	100	18	1.1	0.5
6014	√	√	√	√	√	√	√	√	70	110	20	1.1	0.5
6015	√	√	√	√	√	√	√	√	75	115	20	1.1	0.5
6016	√	√	√	√	√	√	√	√	80	125	22	1.1	0.5
6017	√	√	√	√	√	√	√	√	85	130	22	1.1	0.5
6018	√	√	√	√	√	√	√	√	90	140	24	1.5	0.5
6019	√	√	√	√	√	√	√	√	95	145	24	1.5	0.5
6020	√	√	√	√	√	√	√	√	100	150	24	1.5	0.5
6021	√	√	√	√	√	√	√	√	105	160	26	2	0.5
6022	√	√	√	√	√	√	√	√	110	170	28	2	0.5
6024	√	√	√	√	√	√	√	√	120	180	28	2	0.5
6026	√	√	√	√	√	√	√	√	130	200	33	2	0.5
6028	√	√	√	√	√	√	√	√	140	210	33	2	0.5
6030	√	√	√	√	√	√	√	√	150	225	35	2.1	0.5
6032	√	√	√	√	√	√	√	√	160	240	38	2.1	0.5

续表

(1)0系列													
轴承型号									外形尺寸/mm				
6(1)000型	60000 N型	60000 NR型	60000 -Z型	60000 -2Z型	60000 -RS型	60000 -2RS型	60000 -RZ型	60000 -2RZ型	d	D	B	r_{smin}	r_{1smin}
6034	—	—	—	—	—	—	—	—	170	260	42	2.1	—
6036	—	—	—	—	—	—	—	—	180	280	46	2.1	—
6038	—	—	—	—	—	—	—	—	190	290	46	2.1	—
6040	—	—	—	—	—	—	—	—	200	310	51	2.1	—
6044	—	—	—	—	—	—	—	—	220	340	56	3	—
6048	—	—	—	—	—	—	—	—	240	360	56	3	—
6052	—	—	—	—	—	—	—	—	260	400	65	4	—
6056	—	—	—	—	—	—	—	—	280	420	65	4	—
6060	—	—	—	—	—	—	—	—	300	460	74	4	—
6064	—	—	—	—	—	—	—	—	320	480	74	4	—
6068	—	—	—	—	—	—	—	—	340	520	82	5	—
6072	—	—	—	—	—	—	—	—	360	540	82	5	—
6076	—	—	—	—	—	—	—	—	380	560	82	5	—
6080	—	—	—	—	—	—	—	—	400	600	90	5	—
6084	—	—	—	—	—	—	—	—	420	620	90	5	—
6088	—	—	—	—	—	—	—	—	440	650	94	6	—
6092	—	—	—	—	—	—	—	—	460	680	100	6	—
6096	—	—	—	—	—	—	—	—	480	700	100	6	—
60/500	—	—	—	—	—	—	—	—	500	720	100	6	—

02系列													
轴承型号									外形尺寸/mm				
60200型	60200 N型	60200 NR型	60200 -Z型	60200 -2Z型	60200 -RS型	60200 -2RS型	60200 -RZ型	60200 -2RZ型	d	D	B	r_{smin}	r_{1smin}
623	—	—	√	√	√	√	√	√	3	10	4	0.15	—
624	—	—	√	√	√	√	√	√	4	13	5	0.2	—
625	—	—	√	√	√	√	√	√	5	16	5	0.3	—
626	√	√	√	√	√	√	√	√	6	19	6	0.3	0.3
627	√	√	√	√	√	√	√	√	7	22	7	0.3	0.3
628	√	√	√	√	√	√	√	√	8	24	8	0.3	0.3
629	√	√	√	√	√	√	√	√	9	26	8	0.3	0.3
6200	√	√	√	√	√	√	√	√	10	30	9	0.6	0.5
6201	√	√	√	√	√	√	√	√	12	32	10	0.6	0.5
6202	√	√	√	√	√	√	√	√	15	35	11	0.6	0.5
6203	√	√	√	√	√	√	√	√	17	40	12	0.6	0.5
6204	√	√	√	√	√	√	√	√	20	47	14	1	0.5

续表

02 系列													
轴承型号									外形尺寸/mm				
60200 型	60200 N型	60200 NR型	60200 -Z型	60200 -2Z型	60200 -RS型	60200 -2RS型	60200 -RZ型	60200 -2RZ型	d	D	B	r_{smin}	r_{1smin}
62/22	√	√	√	√	—	—	—	√	22	50	14	1	0.5
6205	√	√	√	√	√	√	√	√	25	52	15	1	0.5
62/28	√	√	√	√	—	—	—	√	28	58	16	1	0.5
6206	√	√	√	√	√	√	√	√	30	62	16	1	0.5
62/32	√	√	√	√	—	—	—	√	32	65	17	1	0.5
6207	√	√	√	√	√	√	√	√	35	72	17	1.1	0.5
6208	√	√	√	√	√	√	√	√	40	80	18	1.1	0.5
6209	√	√	√	√	√	√	√	√	45	85	19	1.1	0.5
6210	√	√	√	√	√	√	√	√	50	90	20	1.1	0.5
6211	√	√	√	√	√	√	√	√	55	100	21	1.5	0.5
6212	√	√	√	√	√	√	√	√	60	110	22	1.5	0.5
6213	√	√	√	√	√	√	√	√	65	120	23	1.5	0.5
6214	√	√	√	√	√	√	√	√	70	125	24	1.5	0.5
6215	√	√	√	√	√	√	√	√	75	130	25	1.5	0.5
6216	√	√	√	√	√	√	√	√	80	140	26	2	0.5
6217	√	√	√	√	√	√	√	√	85	150	28	2	0.5
6218	√	√	√	√	√	√	√	√	90	160	30	2	0.5
6219	√	√	√	√	√	√	√	√	95	170	32	2.1	0.5
6220	√	√	√	√	√	√	√	√	100	180	34	2.1	0.5
6221	√	√	√	√	√	√	√	√	105	190	36	2.1	0.5
6222	√	√	√	√	√	√	√	√	110	200	38	2.1	0.5
6224	√	√	√	√	√	√	√	√	120	215	40	2.1	0.5
6226	√	√	√	√	√	√	√	√	130	230	40	3	0.5
6228	√	√	√	√	√	√	√	√	140	250	42	3	0.5
6230	—	—	—	—	—	—	—	—	150	270	45	3	—
6232	—	—	—	—	—	—	—	—	160	290	48	3	—
6234	—	—	—	—	—	—	—	—	170	310	52	4	—
6236	—	—	—	—	—	—	—	—	180	320	52	4	—
6238	—	—	—	—	—	—	—	—	190	340	55	4	—
6240	—	—	—	—	—	—	—	—	200	360	58	4	—
6244	—	—	—	—	—	—	—	—	220	400	65	4	—
6248	—	—	—	—	—	—	—	—	240	440	72	4	—
6252	—	—	—	—	—	—	—	—	260	480	80	5	—
6256	—	—	—	—	—	—	—	—	280	500	80	5	—
6260	—	—	—	—	—	—	—	—	300	540	85	5	—
6264	—	—	—	—	—	—	—	—	320	580	92	5	—

续表

03系列													
轴承型号									外形尺寸/mm				
60300型	60300 N型	60300 NR型	60300 -Z型	60300 -2Z型	60300 -RS型	60300 -2RS型	60300 -RZ型	60300 -2RZ型	d	D	B	r_{smin}	r_{1smin}
633	—	—	√	√	√	√	√	√	3	13	5	0.2	—
634	—	—	√	√	√	√	√	√	4	16	5	0.3	—
635	√	√	√	√	√	√	√	√	5	19	6	0.3	0.3
6300	√	√	√	√	√	√	√	√	10	35	11	0.6	0.5
6301	√	√	√	√	√	√	√	√	12	37	12	1	0.5
6302	√	√	√	√	√	√	√	√	15	42	13	1	0.5
6303	√	√	√	√	√	√	√	√	17	47	14	1	0.5
6304	√	√	√	√	√	√	√	√	20	52	15	1.1	0.5
63/22	√	√	√	√	—	—	—	√	22	56	16	1.1	0.5
6305	√	√	√	√	√	√	√	√	25	62	17	1.1	0.5
63/28	√	√	√	√	—	—	—	√	28	68	18	1.1	0.5
6306	√	√	√	√	√	√	√	√	30	72	19	1.1	0.5
63/32	√	√	√	√	—	—	—	√	32	75	20	1.1	0.5
6307	√	√	√	√	√	√	√	√	35	80	21	1.5	0.5
6308	√	√	√	√	√	√	√	√	40	90	23	1.5	0.5
6309	√	√	√	√	√	√	√	√	45	100	25	1.5	0.5
6310	√	√	√	√	√	√	√	√	50	110	27	2	0.5
6311	√	√	√	√	√	√	√	√	55	120	29	2	0.5
6312	√	√	√	√	√	√	√	√	60	130	31	2.1	0.5
6313	√	√	√	√	√	√	√	√	65	140	33	2.1	0.5
6314	√	√	√	√	√	√	√	√	70	150	35	2.1	0.5
6315	√	√	√	√	√	√	√	√	75	160	37	2.1	0.5
6316	√	√	√	√	√	√	√	√	80	170	39	2.1	0.5
6317	√	√	√	√	√	√	√	√	85	180	41	3	0.5
6318	√	√	√	√	√	√	√	√	90	190	43	3	0.5
6319	√	√	√	√	√	√	√	√	95	200	45	3	0.5
6320	√	√	√	√	√	√	√	√	100	215	47	3	0.5
6321	√	√	√	√	√	√	√	√	105	225	49	3	0.5
6322	√	√	√	√	√	√	√	√	110	240	50	3	0.5
6324	—	—	√	√	√	√	√	√	120	260	55	3	—
6326	—	—	√	√	—	—	—	—	130	280	58	4	—
6328	—	—	—	—	—	—	—	—	140	300	62	4	—
6330	—	—	—	—	—	—	—	—	150	320	65	4	—
6332	—	—	—	—	—	—	—	—	160	310	68	4	—
6334	—	—	—	—	—	—	—	—	170	360	72	4	—

续表

03 系列													
轴承型号									外形尺寸/mm				
60300 型	60300 N 型	60300 NR 型	60300 -Z 型	60300 -2Z 型	60300 -RS 型	60300 -2RS 型	60300 -RZ 型	60300 -2RZ 型	d	D	B	r_{smin}	r_{1smin}
6336	—	—	—	—	—	—	—	—	180	380	75	4	—
6338	—	—	—	—	—	—	—	—	190	400	78	5	—
6340	—	—	—	—	—	—	—	—	200	420	80	5	—
6344	—	—	—	—	—	—	—	—	220	460	88	5	—
6348	—	—	—	—	—	—	—	—	240	500	95	5	—
6352	—	—	—	—	—	—	—	—	260	540	102	6	—
6356	—	—	—	—	—	—	—	—	280	580	108	6	—

04 系列													
轴承型号									外形尺寸/mm				
60400 型	60400 N 型	60400 NR 型	60400 -Z 型	60400 -2Z 型	60400 -RS 型	60400 -2RS 型	60400 -RZ 型	60400 -2RZ 型	d	D	B	r_{smin}	r_{1smin}
6403	√	√	√	√	√	√	√	√	17	62	17	1.1	0.5
6404	√	√	√	√	√	√	√	√	20	72	19	1.1	0.5
6405	√	√	√	√	√	√	√	√	25	80	21	1.5	0.5
6406	√	√	√	√	√	√	√	√	30	90	23	1.5	0.5
6407	√	√	√	√	√	√	√	√	35	100	25	1.5	0.5
6408	√	√	√	√	√	√	√	√	40	110	27	2	0.5
6409	√	√	√	√	√	√	√	√	45	120	29	2	0.5
6410	√	√	√	√	√	√	√	√	50	130	31	2.1	0.5
6411	√	√	√	√	√	√	√	√	55	140	33	2.1	0.5
6412	√	√	√	√	√	√	√	√	60	150	35	2.1	0.5
6413	√	√	√	√	√	√	√	√	65	160	37	2.1	0.5
6414	√	√	√	√	√	√	√	√	70	180	42	3	0.5
6415	√	√	√	√	√	√	√	√	75	190	45	3	0.5
6416	√	√	√	√	√	√	√	√	80	200	48	3	0.5
6417	√	√	√	√	√	√	√	√	85	210	52	4	0.5
6418	√	√	√	√	√	√	√	√	90	225	54	4	0.5
6419	√	√	√	√	√	√	√	√	95	240	55	4	0.5
6420	√	√	√	√	√	√	√	√	100	250	58	4	0.5
6422	—	—	√	√	√	√	√	√	110	280	65	4	—

注：r_{smin}—内、外圈的最小单一倒角尺寸。

r_{1smin}—外圈止动槽端的最小单一倒角尺寸。

（2）碳钢深沟球轴承

碳钢深沟球轴承的外形尺寸见表 24.14。

表 24.14　碳钢深沟球轴承的外形尺寸（JB/T 8570—2008）mm

轴承型号	02系列			轴承型号	02系列		
	d	D	B		d	D	B
6200/CS	10	30	9	6300/CS	10	35	11
6201/CS	12	32	10	6301/CS	12	37	12
6202/CS	15	35	11	6302/CS	15	42	13
6203/CS	17	40	12	6303/CS	17	47	14
6204/CS	20	47	14	6304/CS	20	52	15
6205/CS	25	52	15	6305/CS	25	62	17
6206/CS	30	62	16	6306/CS	30	72	19
6207/CS	35	72	17	6307/CS	35	80	21
6208/CS	40	80	18	6308/CS	40	90	23
6209/CS	45	85	19	6309/CS	45	100	25
6210/CS	50	90	20	6310/CS	50	110	27

注：$d>50$mm 轴承的外形尺寸按相关规定。

24.3.5　调心球轴承

外圈滚道面为球面，具有调心性能。因加工安装及轴弯曲造成轴与座孔不同心时适合用这种轴承。调整的偏斜角可在 3°以内。

轴承接触角小，在轴向力作用下几乎不变，轴向承载能力小，主要承受径向负荷，在承受径向负荷的同时，也可承受少量的轴向负荷，极限转速比深沟球轴承低，如木工机械、纺织机械传动轴、立式带座等。调心球轴承的规格尺寸见表 24.15。

表 24.15　调心球轴承的规格尺寸（GB/T 281—2013）　mm

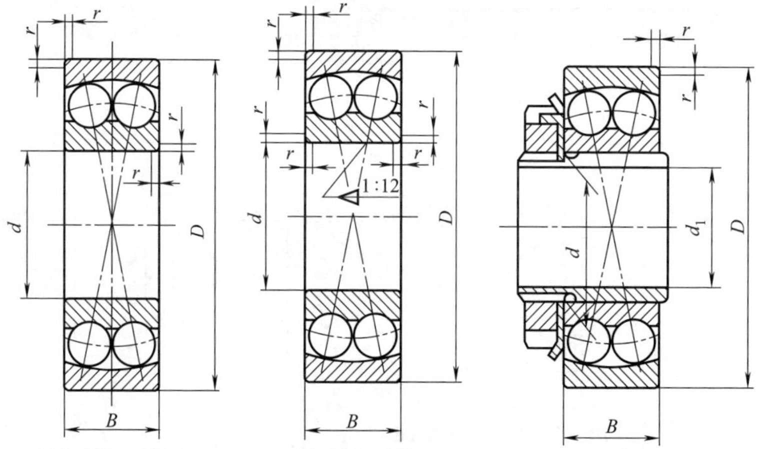

圆柱孔调心球轴承 10000型

圆锥孔调心球轴承 10000K型

带紧定套的调心球轴承 10000K+H型

续表

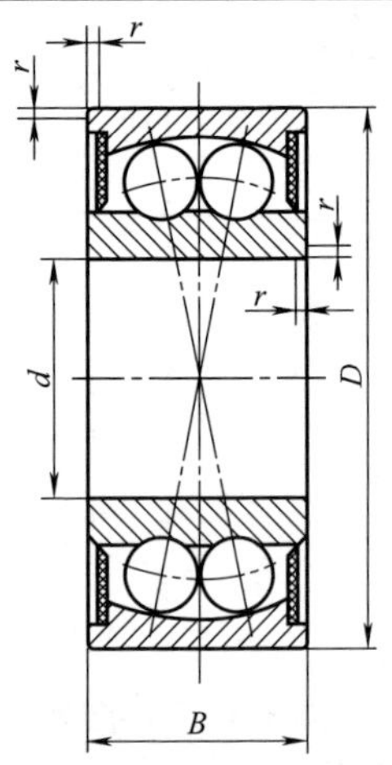

两面带密封圈的圆柱孔调心球轴承10000-2RS型

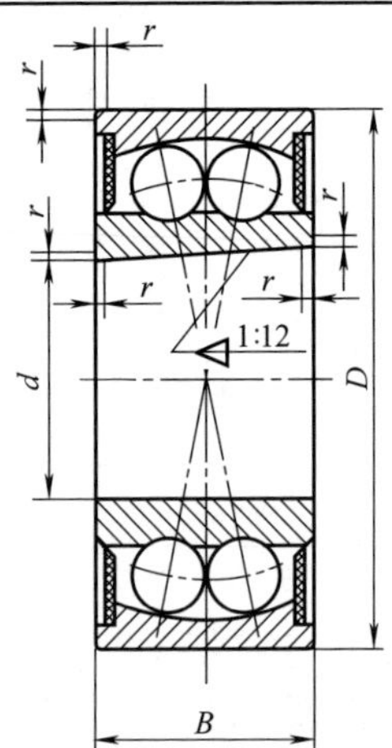

两面带密封圈的圆锥孔调心球轴承10000 K-2RS型

轴承型号	外形尺寸			
	d	D	B	r_{smin}①
39 系列				
13 940	200	280	60	2.1
13 944	220	300	60	2.1
13 948	240	320	60	2.1
10 系列				
108	8	22	7	0.3
30 系列				
13 030	150	225	56	2.1
13 036	180	280	74	2.1

02 系列

轴承型号			外形尺寸				
10000 型	10000K 型	10000K+H 型	d	d_1	D	B	r_{smin}①
126	—	—	6	—	19	6	0.3
127	—	—	7	—	22	7	0.3
129	—	—	9	—	26	8	0.3
1200	1200K	—	10	—	30	9	0.6
1201	1201K	—	12	—	32	10	0.6
1202	1202K	—	15	—	35	11	0.6
1203	1203K	—	17	—	40	12	0.6
1204	1204K	1204K+H204	20	17	47	14	1.0
1205	1205K	1205K+H205	25	20	52	15	1.0
1206	1206 K	1206K+H206	30	25	62	16	1.0

续表

02系列							
轴承型号			外形尺寸				
10000型	10000K型	10000K+H型	d	d_1	D	B	r_{smin} ①
1207	1207K	1207K+H207	35	30	72	17	1.1
1208	1208K	1208K+H208	40	35	80	18	1.1
1209	1209K	1209K+H209	45	40	85	19	1.1
1210	1210K	1210K+H210	50	45	90	20	1.1
1211	1211K	1211K+H211	55	50	100	21	1.5
1212	1212K	1212K+H212	60	55	110	22	1.5
1213	1213K	1213K+H213	65	60	120	23	1.5
1214	1214K	1214K+H214	70	60	125	24	1.5
1215	1215K	1215K+H215	75	65	130	25	1.5
1216	1216K	1216K+H216	80	70	140	26	2.0
1217	1217K	1217K+H217	85	75	150	28	2.0
1218	1218K	1218K+H218	90	80	160	30	2.0
1219	1219K	1219K+H219	95	85	170	32	2.1
1220	1220K	1220K+H220	100	90	180	34	2.1
1221	1221K	1221K+H221	105	95	190	36	2.1
1222	1222K	1222K+H222	110	100	200	38	2.1
1224	1224K	1224K+H3024	120	110	215	42	2.1
1226	—	—	130	—	230	46	3.0
1228	—	—	140	—	250	50	3.0

22系列									
轴承型号②					外形尺寸				
10000型	10000-2RS型	10000K型	10000K-2RS型	10000K+H型	d	d_1	D	B	r_{smin} ①
2200	2200-2RS	—	—	—	10	—	30	14	0.6
2201	2201-2RS	—	—	—	12	—	32	14	0.6
2202	2202-2RS	2202K	—	—	15	—	35	14	0.6
2203	2203-2RS	2203K	—	—	17	—	40	16	0.6
2204	2204-2RS	2204K	—	2204K+H304	20	17	47	18	1.0
2205	2205-2RS	2205K	2205K-2RS	2205K+H305	25	20	52	18	1.0
2206	2206-2RS	2206K	2206K-2RS	2206K+H306	30	25	62	20	1.0
2207	2207-2RS	2207K	2207K-2RS	2207K+H307	35	30	72	23	1.1
2208	2208-2RS	2208K	2208K-2RS	2208K+H308	40	35	80	23	1.1
2209	2209-2RS	2209K	2209K-2RS	2209K+H309	45	40	85	23	1.1
2210	2210-2RS	2210K	2210K-2RS	2210K+H310	50	45	90	23	1.1
2212	2212-2RS	2212K	2212K-2RS	2212K+H312	60	55	110	28	1.5
2213	2213-2RS	2213K	2213K-2RS	2213K+H313	65	60	120	31	1.5
2214	2214-2RS	2214K	2214K-2RS	2214K+H314	70	60	125	31	1.5
2215	—	2215K	—	2215K+H315	75	65	130	31	1.5

续表

22 系列									
轴承型号②					外形尺寸				
10000型	10000-2RS 型	10000 K 型	10000 K-2RS 型	10000K+H 型	d	d_1	D	B	r_{smin}①
2216	—	2216K	—	2216K+H316	80	70	140	33	2.0
2217	—	2217K	—	2217K+H317	85	75	150	36	2.0
2218	—	2218K	—	2218K+H318	90	80	160	40	2.0
2219	—	2219K	—	2219K+H319	95	85	170	43	2.1
2220	—	2220K	—	2220K+H320	100	90	180	46	2.1
2221	—	2221K	—	2221K+H321	105	95	190	50	2.1
2222	—	2222K	—	2222K+H322	110	100	200	53	2.1

03 系列							
轴承型号			外形尺寸				
10000 型	10000K 型	10000K+H 型	d	d_1	D	B	r_{smin}①
135	—	—	5	—	19	6	0.3
1300	1300K	—	10	—	35	11	0.6
1301	1301K	—	12	—	37	12	1.0
1302	1302K	—	15	—	42	13	1.0
1303	1303K	—	17	—	47	14	1.0
1304	1304K	1304K+H304	20	17	52	15	1.1
1305	1305K	1305K+H305	25	20	62	17	1.1
1306	1306K	1306K+H306	30	25	72	19	1.1
1307	1307K	1307K+H307	35	30	80	21	1.5
1308	1308K	1308K+H308	40	35	90	23	1.5
1309	1309K	1309K+H309	45	40	100	25	1.5
1310	1310K	1310K+H310	50	45	110	27	2.0
1311	1311K	1311K+H311	55	50	120	29	2.0
1312	1312K	1312K+H312	60	55	130	31	2.1
1313	1313K	1313K+H313	65	60	140	33	2.1
1314	1314K	1314K+H314	70	60	150	35	2.1
1315	1315K	1315K+H315	75	65	160	37	2.1
1316	1316K	1316K+H316	80	70	170	39	2.1
1317	1317K	1317K+H317	85	75	180	41	3.0
1318	1318K	1318K+H318	90	80	190	43	3.0
1319	1319K	1319K+H319	95	85	200	45	3.0
1320	1320K	1320K+H320	100	90	215	47	3.0
1321	1321K	1321K+H321	105	95	225	49	3.0
1322	1322K	1322K+H322	110	100	240	50	3.0

续表

23系列								
轴承型号[②]				外形尺寸				
10000型	10000-2RS型	10000K型	10000K+H型	d	d_1	D	B	r_{smin}[①]
2300	—	—	—	10	—	35	17	0.6
2301	—	—	—	12	—	37	17	1.0
2302	2302-2RS	—	—	15	—	42	17	1.0
2303	2303-2RS	—	—	17	—	47	19	1.0
2304	2304-2RS	2304K	2304K+H2304	20	17	52	21	1.1
2305	2305-2RS	2305K	2305K+H2305	25	20	62	24	1.1
2306	2306-2RS	2306K	2306K+H2306	30	25	72	27	1.1
2307	2307-2RS	2307K	2307K+H2307	35	30	80	31	1.5
2308	2308-2RS	2308K	2308K+H2308	40	35	90	33	1.5
2309	2309-2RS	2309K	2309K+H2309	45	40	100	36	1.5
2310	2310-2RS	2310K	2310K+H2310	50	45	110	40	2.0
2311	—	2311K	2311K+H2311	55	50	120	43	2.0
2312	—	2312K	2312K+H2312	60	55	130	46	2.1
2313	—	2313K	2313K+H2313	65	60	140	48	2.1
2314	—	2314K	2314K+H2314	70	60	150	51	2.1
2315	—	2315K	2315K+H2315	75	65	160	55	2.1
2316	—	2316K	2316K+H2316	80	70	170	58	2.1
2317	—	2317K	2317K+H2317	85	75	180	60	3.0
2318	—	2318K	2318K+H2318	90	80	190	64	3.0
2319	—	2319K	2319K+H2319	95	85	200	67	3.0
2320	—	2320K	2320K+H2320	100	90	215	73	3.0
2321	—	2321K	2321K+H2321	105	95	225	77	3.0
2322	—	2322K	2322K+H2322	110	100	240	80	3.0

① 最大倒角尺寸规定在GB/T 274—2023中。

② 类型代号“1”按GB/T 272—2017的规定省略。

24.3.6 带座外球面球轴承

外球面球轴承（外球面轴承），较一般的深沟球轴承使用方便，其特点主要为装卸简单、可以调心；另外是采用双层密封结构，保证可以在环境条件比较苛刻场合下使用。

外球面球轴承按照与轴的配合方式来分可以分为三大类：

① 带顶丝外球面球轴承　其代号为UC200系列（轻型系列）、UC300系列（重型系列）及变形产品UB（SB）200系列，广泛用

于纺织机械、陶瓷机械等各制造行业。

② 圆锥孔外球面球轴承　其代号为UK200系列、UK300系列。可以承受比带顶丝外球面球轴承更大的负荷。

③ 带偏心套外球面球轴承　其代号为UEL200系列和UEL300系列。主要是在农机（收割机、秸秆还田机、脱粒机等）上使用，也使用于跳动比较猛烈的结构上。

按型式分有带立式座轴承［图24.3（a）～（c）］、带方形座轴承［图24.3（d）～（f）］、带菱形座轴承［图24.3（g）～（i）］、带凸台圆形座轴承［图24.3（j）～（l）］。另外还有带滑块座轴承、带环形座轴承、带冲压立式座轴承、带冲压圆形座轴承、带冲压三角形座轴承和带冲压菱形座轴承等形式，因应用不多，不再一一列出示意图。

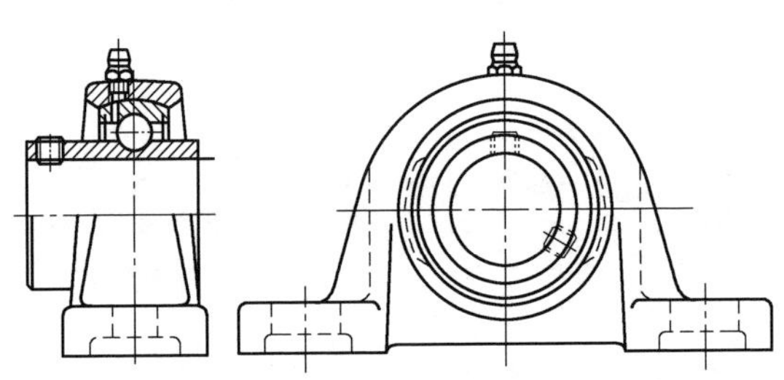

(a) 带立式座顶丝外球面球轴承(UCP型)

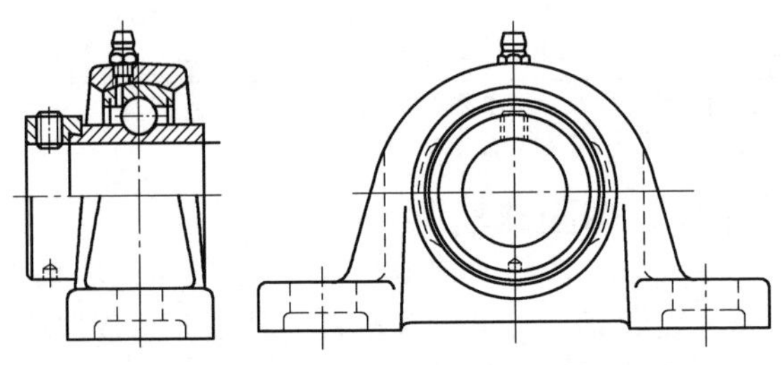

(b) 带立式座偏心套外球面球轴承(UELP型)

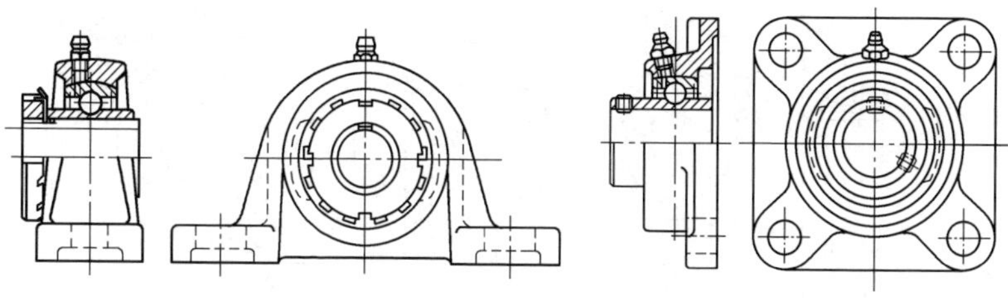

(c) 带立式座紧定套外球面球轴承(UKP+H型)　(d) 带方形座顶丝外球面球轴承(UCFU型)

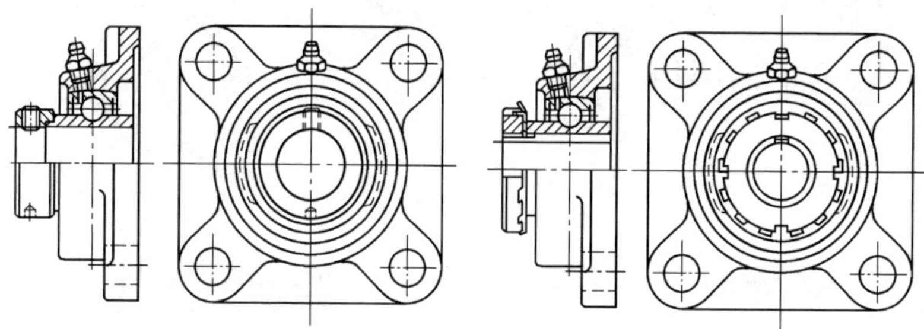

(e) 带方形座偏心套外球面球轴承(UELFU型)　(f) 带方形座紧定套外球面球轴承(UKFU+H型)

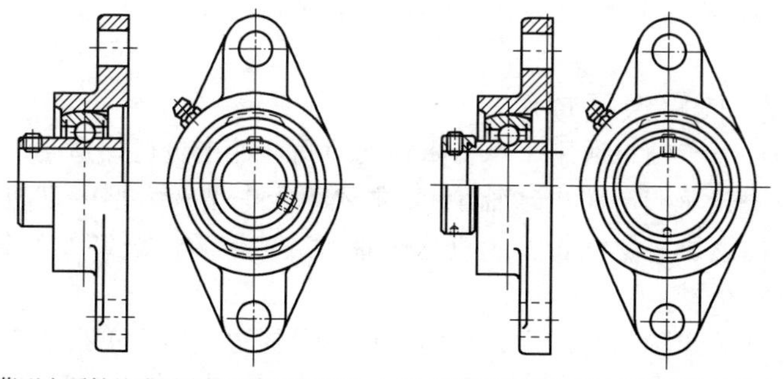

(g) 带菱形座顶丝外球面球轴承(UCFLU型)　(h) 带菱形座偏心套外球面球轴承(UELFLU型)

图 24.3

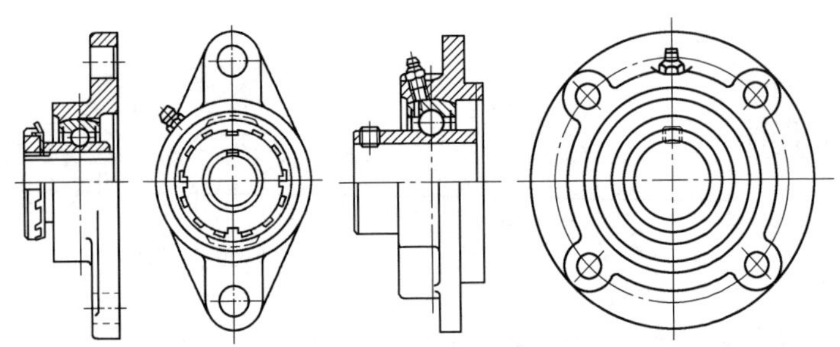

(i) 带菱形座紧定套外球面球轴承(UKFLU+H型)　(j) 带凸台圆形座顶丝外球面球轴承(UCFC型)

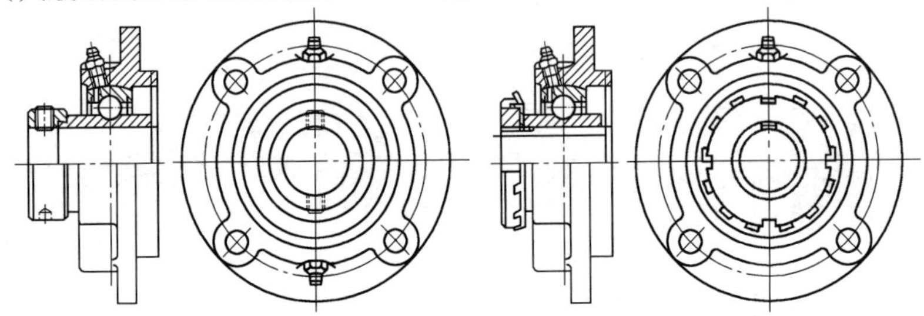

(k) 带凸台圆形座偏心套外球面球轴承(UELFC型)　(l) 带凸台圆形座紧定套外球面球轴承(UKFC+H型)

图 24.3　带座外球面球轴承（部分）

带座轴承由 GB/T3882 规定的外球面球轴承和 GB/T 7809 规定的外球面球轴承座组合而成。详细尺寸数据可查阅 GB/T 7810—2017。

24.3.7　圆柱滚子轴承

圆柱滚子轴承适用于承受重径向负荷与冲击负荷，适合高速运转（极限转速低于深沟球轴承），主要用于中型及大型电动机、发电机、内燃机、燃汽轮机、机床主轴、减速装置、装卸搬运机械、各类产业机械。

圆柱滚子轴承有内圈无挡边、内圈单挡边、内圈单挡边带单挡圈、内圈单挡边带斜挡圈和外圈无挡边、外圈单挡边，以及无内圈、无外圈共 8 种形式（图 24.4），详细尺寸数据可查阅 GB/T 283—2021。

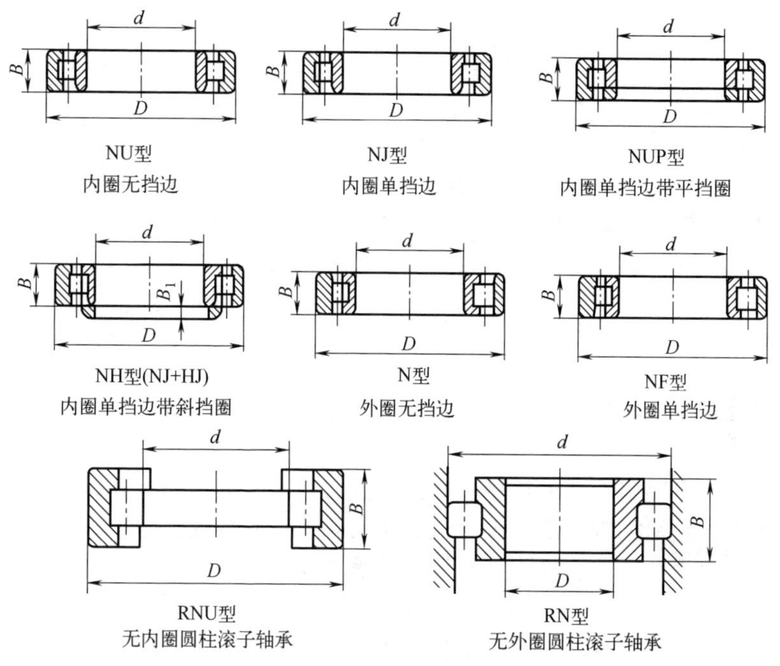

图 24.4　圆柱滚子轴承

24.3.8　双列圆柱滚子轴承

这种轴承有圆柱形内孔和圆锥形内孔两种结构。其特点是尺寸小，结构紧凑，刚性大，可以承受较大的径向载荷，受负荷后变形小，允许有较高的转速。圆锥形内孔与主轴的锥形轴颈相配合，有微量调整游隙的作用，甚至预紧轴承，既可以简化定位装置结构，又方便安装拆卸，主要用于机床、轧机架、塑料滚筒、磨床以及大型齿轮箱。

轴承有 NN 型（内圈双挡边，而外圈无挡边且可分离）和 NNU 型（外圈双挡边，而内圈无挡边且可分离）两种类型，见图 24.5。详细尺寸数据可查阅 GB/T 285—2013。

24.3.9　调心滚子轴承

调心滚子轴承具有内部调心性能，以适应轴与座孔的相对偏斜，可以承受径向重负荷和冲击负荷，也能承受一定的双向轴向负

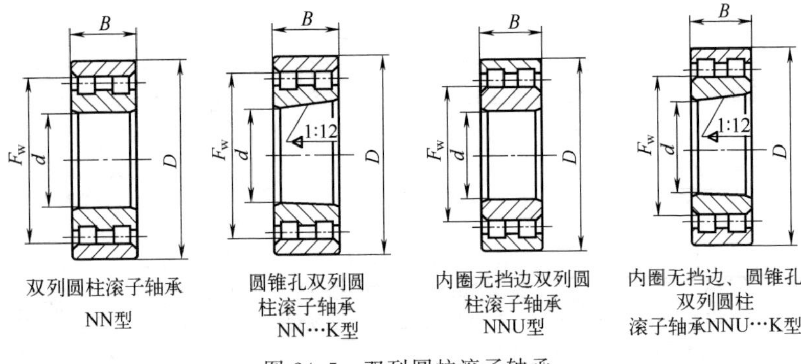

图 24.5 双列圆柱滚子轴承

荷。在负荷容量和极限转速许可的情况下，可以与调心球轴承相互代用。

其主要用于造纸机械、减速装置、铁路车辆车轴、轧钢机齿轮箱座、轧钢机辊道子、破碎机、振动筛、印刷机械、木工机械、各类产业用减速器、立式带座调心轴承。

调心滚子轴承有圆柱孔调心滚子轴承、圆锥孔（1∶12、1∶30）调心滚子轴承和带紧定套的调心滚子轴承5种形式（图24.6），详细尺寸数据可查阅GB/T 288—2013。

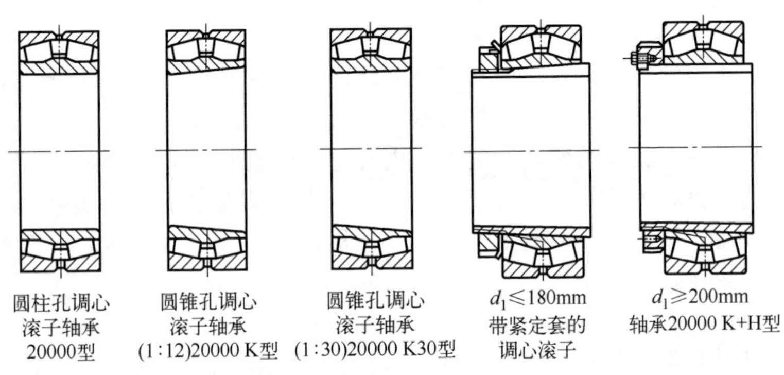

图 24.6 调心滚子轴承

24.3.10 推力调心滚子轴承

该类轴承轴向负荷能力非常大，在承受轴向负荷的同时还可承受小到中等的径向负荷，允许的转速较高，使用时一般采用油润滑，主要用于水力发电机、立式电动机、船舶用螺旋桨轴、轧钢机轧制螺杆用减速器、塔吊、碾煤机、挤压机、成形机等设备。

推力调心滚子轴承（图 24.7）有 92 系列、93 系列和 94 系列，详细尺寸数据可查阅 GB/T 5859—2008。

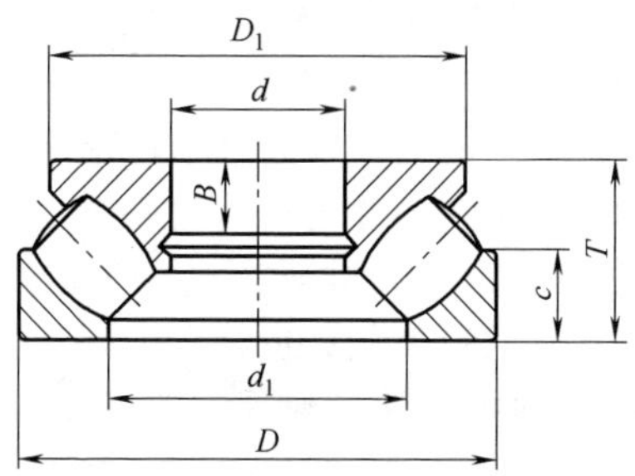

图 24.7 推力调心滚子轴承

24.3.11 推力圆柱滚子轴承

推力圆柱滚子轴承可承受单向轴向负荷，但不能限制轴的径向位移；轴承刚性大，轴向负荷能力大，对冲击负荷的敏感度低。主要用于低转速，推力球轴承无法适用的工作场合，如石油钻机、制铁制钢机械等。

推力圆柱滚子轴承有单向推力圆柱滚子轴承（分 11 系列和 12 系列）和双向推力圆柱滚子轴承（只有 22 系列）两种（图 24.8），详细尺寸数据可查阅 GB/T 4663—2017。

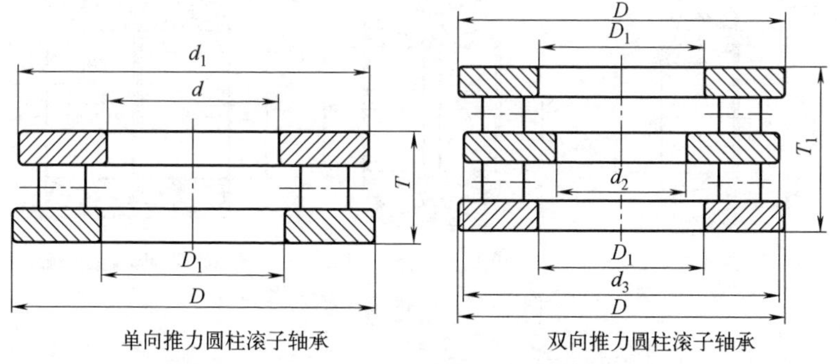

图 24.8 推力圆柱滚子轴承

24.3.12 圆锥滚子轴承

圆锥滚子轴承的内、外圈均具有锥形滚道，具有结构紧凑、承载能力强、内外圈可分离等优点。

分类：

① 按形式（圆锥列数）分，有单列圆锥滚子轴承、双列圆锥滚子轴承、四列圆锥滚子轴承（图 24.9）等。单列轴承可承受径向负荷与单向轴向负荷，双列和四列轴承可承受径向负荷与双向轴向负荷，适用于承受重负荷与冲击负荷的场合。

② 按接触角 α 的不同，又可分为小锥角、中锥角和大锥角三种形式，接触角越大轴向负荷能力也越大。

③ 按系列分，单列圆锥滚子轴承［图 24.9（a）］有 29、20、30、31、02、22、32、03、13、23 共 10 个系列，详细尺寸数据可查阅 GB/T 297—2015。

双列圆锥滚子轴承［图 24.9（b）］有 29、19、20、10、21、11、22、13 共 8 个系列，详细尺寸数据可查阅 GB/T 299—2008。

四列圆锥滚子轴承［图 24.9（c）］有 29、19、20、10、21、11 共 6 个系列，详细尺寸数据可查阅 GB/T 300—2008。

其主要用于汽车的前轮、后轮、变速器、差速器小齿轮轴；机床主轴、建筑机械、大型农业机械、铁路车辆齿轮减速装置、轧钢机辊颈及减速装置。

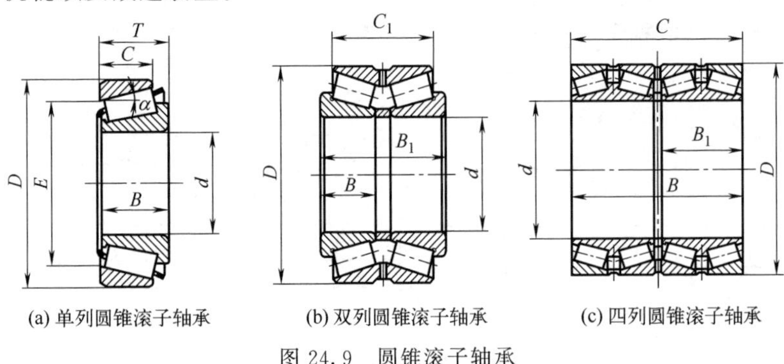

(a) 单列圆锥滚子轴承　(b) 双列圆锥滚子轴承　(c) 四列圆锥滚子轴承

图 24.9　圆锥滚子轴承

24.3.13 推力圆锥滚子轴承

推力圆锥滚子轴承中的滚动体为圆锥滚子，滚动表面可形成纯滚动，极限转速高于推力圆柱滚子轴承。它轴向非常紧凑，可承受很重的轴向载荷，对冲击载荷不敏感，而且刚性好，可用于轧钢机等场合。

分类：

① 按形式分，有单向推力圆锥滚子轴承和双向推力圆锥滚子轴承两种（图 24.10），小型单向推力圆锥滚子轴承几乎完全用于商业车辆的转向节轴承配置；双向型推力圆锥滚子轴承主要在轧钢机中同多列圆柱滚子轴承一起使用。

② 按系列分，有 11、12 和 21 共 3 个系列，详细尺寸数据可查阅 JB/T 7751—2016。

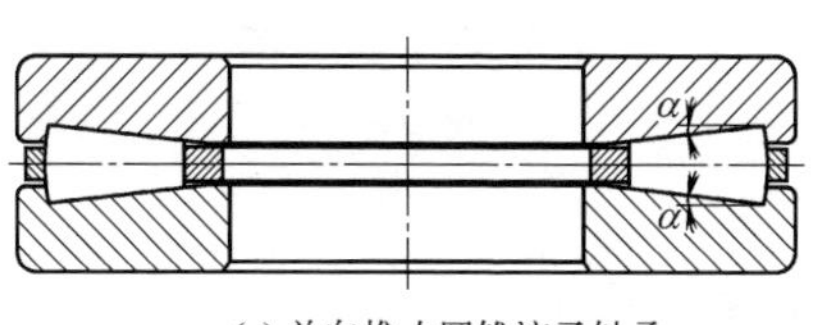

(a) 单向推力圆锥滚子轴承　(b) 双向推力圆锥滚子轴承

图 24.10　推力圆锥滚子轴承

24.3.14　滚针轴承

滚针轴承带有细长的圆柱滚子，具有较高的负荷承受能力，特别适用于径向安装尺寸受限制的支承结构。

滚针轴承的尺寸系列有 48、49 和 69 三个，各有成套滚针轴承（NA）和无内圈滚针轴承（RNA）两个型号（图 24.11），详细尺寸数据可查阅 GB/T 5801—2020。

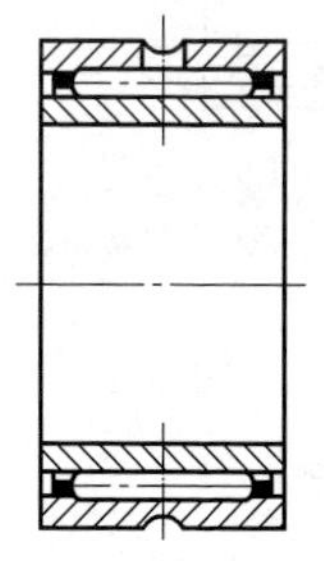

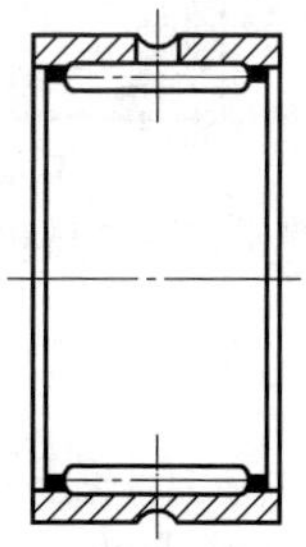

图 24.11　成套滚针轴承（NA）和无内圈滚针轴承（RNA）

24.3.15 推力滚针轴承

滚子长度（L）与滚子直径（D_w）之比 $L/D_w>2.5$ 及滚子直径（D_w）<6mm 的滚子轴承称为滚针轴承。虽其径向尺寸小，但径向承载能力很高，不能承受轴向载荷，仅作为自由端支承使用，且不适合较高的转速，主要用于汽车、耕耘机、机床等的变速装置。

推力滚针和保持架组件代号用 AXKd_cD_c 表示；推力垫圈代号由类型代号 AS 和表示垫圈配合安装特征的尺寸 d、D 构成，厚度为 1mm（系列 b）的推力垫圈用 ASdD 表示，厚度为 0.8mm（系列 a）的推力垫圈，用 ASAdD 表示（图 24.12），详细尺寸数据可查阅 GB/T 4605—2003。

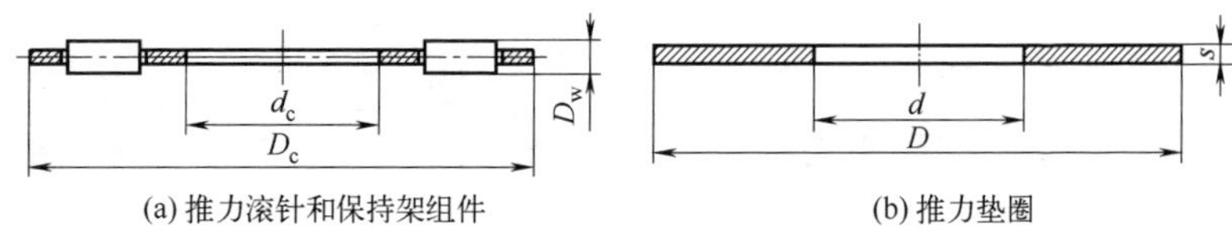

图 24.12 推力滚针轴承

24.3.16 滚针和推力球组合轴承

滚针和推力球组合轴承适用于在径向尺寸受限制并要求承受大的径向载荷和较大的单向轴向载荷的部件中安装使用，其形式有 4 种（图 24.13），详细尺寸数据可查阅 JB/T3122—2007。

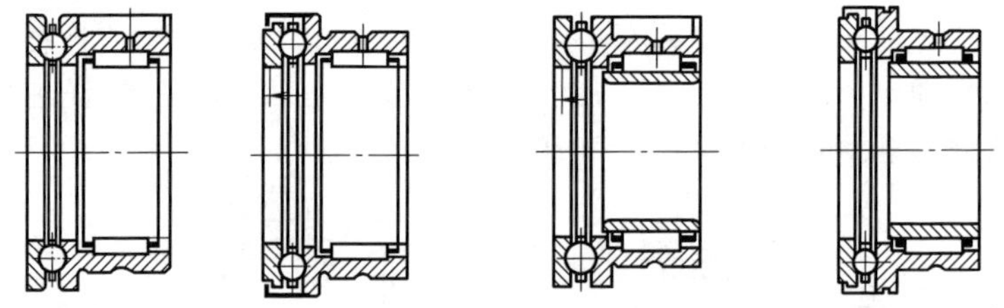

图 24.13 滚针和推力球组合轴承

24.3.17 滚针和角接触球组合轴承

滚针和角接触球组合轴承适用于在径向尺寸受限制并要求承受较大的径向载荷和较小的单向/双向轴向载荷的部件中安装使用，

其形式有2种（图24.14），其中NKIA0000型是滚针和角接触球组合轴承，NKIB0000型是滚针和三点接触球组合轴承。详细尺寸数据可查阅JB/T 3123—2007。

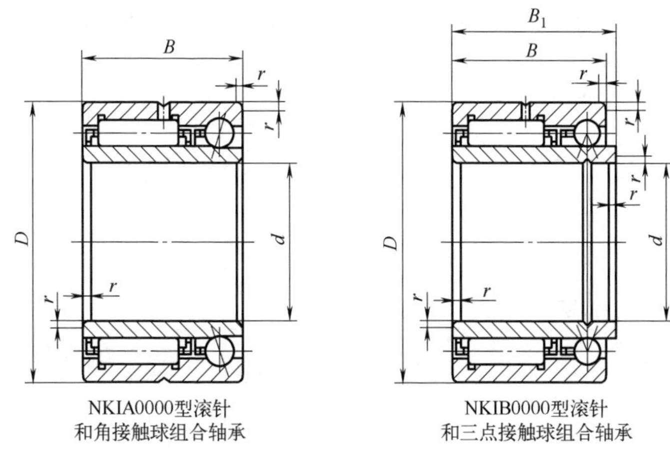

图24.14　滚针和角接触球组合轴承

24.3.18　滚动轴承座

滚动轴承座用于安装滚动轴承，一个轴承座同时可以选用不同类型的轴承，其材料可为灰口铸铁、球墨铸铁和铸钢、不锈钢、塑料等。其规格见表24.16。

表24.16　滚动轴承座的规格（GB/T 7813—2008）　mm

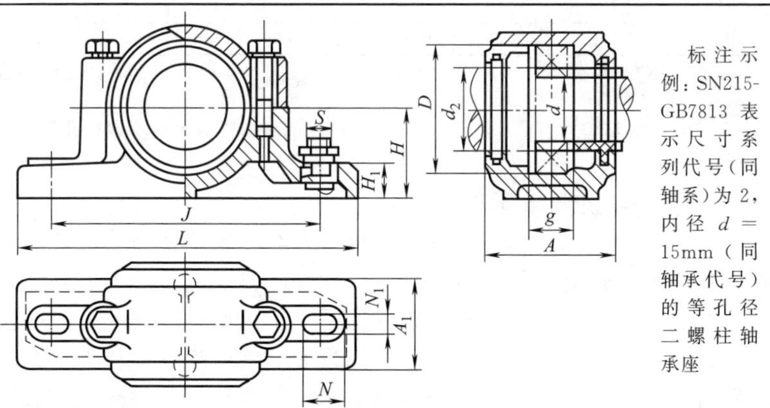

标注示例：SN215-GB7813 表示尺寸系列代号（同轴系）为2，内径 $d=15$mm（同轴承代号）的等孔径二螺柱轴承座

续表

型号	d	d_2	D	g	A_{min}	A_1	H	H_{1min}	L	J	$S_{螺栓}$	N_1	N	质量/kg
SN205	25	30	52	25	67	46	40	22	165	130				1.3
SN206	30	35	62	30	77	52	50	22	185	150	M12	15	20	1.8
SN207	35	45	72	33	82	52	50	22	185	150				2.1
SN208	40	50	80	33	85									2.6
SN209	45	55	85	31	85	60	60	25	205	170	M12	15	20	2.8
SN210	50	60	90	33	90									3.1
SN211	55	65	100	33	95	70	70	28	255	210				4.3
SN212	60	70	110	38	105	70	70	30	255	210	M16	18	23	5.0
SN213	65	75	120	43	110	80	80	30	275	230				6.3
SN214	70	80	125	44	115	80	80	30	275	230				6.1
SN215	75	85	130	41	115	80	80	30	280	230	M16	18	23	7.0
SN216	80	90	140	43	120	90	95	32	315	260				9.3
SN217	85	95	150	46	125	90	95	32	320	260	M20	22	27	9.8
SN218	90	100	160	62.4	145	100	100	35	345	290				12.3
SN220	100	115	180	70.3	160	110	112	40	380	320	M24	26	32	16.5
SN305	25	30	62	34	82	52	50	22	185	150				1.9
SN306	30	35	72	37	82	52	50	22	185	150	M12	15	20	2.1
SN307	35	45	80	41	90	60	60	25	205	170				3.0
SN308	40	50	90	43	95	60	60	25	205	170				3.3
SN309	45	55	100	46	105			28	255					4.6
SN310	50	60	110	50	115	70	70	30	255	210	M16	18	23	5.1
SN311	55	65	120	53	120	80	80	30	275	230				6.5
SN312	60	70	130	56	125			30	280					7.3
SN313	65	75	140	58	130	90	95	32	315	260	M20	22	27	9.7
SN314	70	80	150	61	130				320					11.0
SN315	75	85	160	65	140	100	100	35	345	290				14.0
SN316	80	90	170	68	145		112							13.8
SN317	85	95	180	70	155	110	112	40	380	320	M24	26	32	15.8

注：1. SN2 轴承座配用 02 轴承、02 和 22 系列圆柱孔调心球轴承以及圆柱孔调心滚子轴承。

2. SN3 轴承座配用 03 轴承、03 和 23 系列圆柱孔调心球轴承以及圆柱孔调心滚子轴承。

24.3.19 滚动轴承用球

装在各种滚动轴承或机件上，可大大减少摩擦阻力。除常用的碳钢球之外，还有不锈钢球、轴承钢球和陶瓷钢球等，他们分别应用于不同的领域。而碳钢球是钢球使用最早的一种，与其他钢球相比较，碳钢球的成本低，范围广，用量大。陶瓷钢球的特点是无油自润滑、耐腐蚀、不生锈、抗酸碱盐及气体侵蚀、无磁、电绝缘、抗高温低寒等。

（1）钢球

其规格见表24.17。

表24.17　钢球的规格（GB/T 308.1—2013）

米制钢球			英制钢球			
钢球直径/mm	钢球质量/g	钢球个数/(个/kg)	钢球直径		钢球质量/g	钢球个数/(个/kg)
			in	mm		
0.3	0.000111	9010896	1/64	0.39688	0.000257	3891832
0.4	0.000263	3801472	0.02	0.508	0.000539	1855840
0.5	0.000514	1946354	0.025	0.635	0.001028	972993.8
0.6	0.000888	1126362	1/32	0.79375	0.002056	486497.4
0.68	0.001292	773757.8	3/64	1.19062	0.006937	144149.2
0.7	0.001410	709312.5	1/16	1.5875	0.016444	60812.17
0.8	0.002104	4751840	5/64	1.98438	0.032118	31135.60
1	0.004110	243294.2	3/32	2.38125	0.055499	18018.42
1.2	0.007103	140795.3	7/64	2.77812	0.088129	11346.94
1.5	0.013872	72087.17	1/8	3.175	0.131553	7601.522
2	0.032882	30411.78	9/64	3.57188	0.187309	5338.769
2.5	0.064223	15570.83	5/32	3.96875	0.256939	3891.979
3	0.110977	9010.896	11/64	4.36562	0.341984	2924.112
3.5	0.176227	5674.500	3/16	4.7625	0.443990	2252.300
4	0.263056	3801.472	13/64	5.15938	0.564496	1771.492
4.5	0.374547	2669.895	7/32	5.55625	0.705040	1418.360
5	0.513781	1946.354	15/64	5.95312	0.867166	1153.182
5.5	0.683843	1462.324	1/4	6.35	1.052421	950.1902
6	0.887814	1126.362	17/64	6.74688	1.262343	792.1780
6.5	1.128777	885.9143	9/32	7.14375	1.498466	667.3489
7	1.409816	709.3125	19/64	7.54062	1.762339	567.4277
7.5	1.734012	576.6974	5/16	7.9375	2.055510	486.4974
8	2.104448	475.1840	21/64	8.33438	2.379513	420.2540
8.5	2.524207	396.1640	11/32	8.73125	2.735883	365.5127
9	2.996372	333.7369	23/64	9.12812	3.126168	319.8805
9.5	3.524026	283.7664	3/8	9.525	3.551920	281.5378
10	4.110250	243.2942	25/64	9.9188	4.010936	249.3184
10.5	4.758128	210.1667	13/32	10.31875	4.515954	221.4371
11	5.470743	182.7905	7/16	11.1125	5.640318	177.2950
11.5	6.251176	159.9699	29/64	11.50938	6.266486	159.5791
12	7.102512	140.7953	15/32	11.90625	6.937345	144.1474

续表

米制钢球			英制钢球			
钢球直径 /mm	钢球质量 /g	钢球个数 /(个/kg)	钢球直径		钢球质量 /g	钢球个数 /(个/kg)
			in	mm		
12.5	8.027832	124.5666	31/64	12.30312	7.654451	130.6429
13	9.030219	110.7393	1/2	12.7	8.419367	118.7738
14	11.27853	88.66407	17/32	13.49375	10.09872	99.02247
15	13.87209	72.08717	9/16	14.2875	11.98773	83.41862
16	16.83558	59.39800	19/32	15.08125	14.09874	70.92832
17	20.19366	49.52050	5/8	15.875	16.44408	60.81217
18	23.97098	41.71711	21/32	16.66875	19.03607	52.53184
19	28.19220	35.47080	11/16	17.4625	21.88707	45.68909
20	32.88200	30.41178	23/32	18.25625	25.00938	39.98499
20.5	35.41032	28.24036	3/4	19.05	28.41536	35.19223
21	38.06503	26.27084	25/32	19.84375	32.11734	31.13583
22	43.76594	22.84882	13/16	20.6375	36.12764	27.67964
22.5	46.81832	21.35916	27/32	21.43125	40.45859	24.71663
23	50.00941	19.99624	7/8	22.225	45.12255	22.16187
24	56.82010	17.59941	29/32	23.01875	50.13182	19.94741
25	64.22266	15.57083	15/16	23.8125	55.49876	18.01842
26	72.24175	13.84241	31/32	24.60625	61.23568	16.33035
28	90.22821	11.08301	1	25.4	67.35494	14.84672
30	110.9768	9.010896	$1\frac{1}{32}$	26.19375	73.86885	13.53751
32	134.6847	7.424750	$1\frac{1}{16}$	26.9875	80.78975	12.37781
33	147.7101	6.770020	$1\frac{1}{8}$	28.575	95.90185	10.42733
34	161.5493	6.190062	$1\frac{3}{16}$	30.1625	112.7899	8.866041
35	176.2270	5.674500	$1\frac{1}{4}$	31.75	131.5526	7.601522
36	191.7678	5.214640	$1\frac{5}{16}$	333,375	152.2886	6.566480
38	225.5376	4.433850	$1\frac{3}{8}$	34.925	175.0965	5.711136
40	263.0560	3.801472	$1\frac{7}{16}$	36.5125	200.0751	4.998124
45	374.5465	2.669895	$1\frac{1}{2}$	38.1	227.3229	4.399029
50	513.7813	1.946354	$1\frac{9}{16}$	39.6875	256.9387	3.891979
55	683.8428	1.462324	$1\frac{5}{8}$	41.275	289.0211	3.459955
60	887.8140	1.126362	$1\frac{11}{16}$	42.8625	323.6688	3.089578
65	1128.777	0.885914	$1\frac{3}{4}$	44.45	360.9804	2.770234
70	1409.816	0.709313	$1\frac{13}{16}$	46.0375	401.0546	2.493426
75	1734.012	0.576697	$1\frac{7}{8}$	47.625	443.9901	2.252303
80	2104.448	0.475184	$1\frac{15}{16}$	49.2125	489.8855	2.041293
85	2524.207	0.396164	2	50.8	538.8395	1.855840

续表

米制钢球			英制钢球			
钢球直径/mm	钢球质量/g	钢球个数/(个/kg)	钢球直径		钢球质量/g	钢球个数/(个/kg)
			in	mm		
90	2996.372	0.333737	2⅛	53.975	646.318	1.547226
95	3524.026	0.283766	2¼	57.15	767.2148	1.303416
100	4110.250	0.243294	2⅜	60.325	902.3193	1.108255
			2½	63.5	1052.421	0.950190
			2⅝	66.675	1218.309	0.820810
			2¾	69.85	1400.772	0.713892
			2⅞	73.025	1600.601	0.624765
			3	76.2	1818.583	0.549879
			3⅛	79.375	2055.510	0.486497
			3¼	82.55	2312.169	0.432494
			3⅜	85.725	2589.350	0.386197
			3½	88.9	2887.843	0.346279
			3⅝	92.075	3208.437	0.311678
			3¾	95.25	3551.920	0.281538
			3⅞	98.425	3919.084	0.255162
			4	101.6	4310.716	0.231980
			4⅛	104.775	4727.606	0.211524

注：表中钢球公称直径为 GB/T308—2013 中规定优先采用的数值，质量计算时，取钢球密度为 7.85g/cm^3。

(2) 陶瓷钢球

根据 GB/T 308.2—2013，陶瓷钢球的规格同表 24.17 中钢球直径小于或等于 55mm（英制为 2¼in，51.75mm）部分，陶瓷钢球的密度约为钢球的 56%，大约 4.4g/cm^3。

(3) 碳钢球

碳钢球应采用符合国家标准规定的 10、15 优质碳素结构钢或含碳量和力学性能与其接近的其他碳钢制造。其规格见表 24.18。

表 24.18　碳钢球的规格（JB/T 5301—2007）

球公称直径 D_w /mm	相应的英制尺寸(参考)/in	球公称直径 D_w /mm	相应的英制尺寸(参考)/in	球公称直径 D_w /mm	相应的英制尺寸(参考)/in
2		8		15.875	5/8
2.381	3/32	8.5		16	
2.5		8.731	11/32	16.669	21/32

续表

球公称直径 D_w /mm	相应的英制尺寸(参考) /in	球公称直径 D_w /mm	相应的英制尺寸(参考) /in	球公称直径 D_w /mm	相应的英制尺寸(参考) /in
3		9		17	
3.175	1/8	9.5		17.462	11/16
3.5		(9.525)	(3/8)	18	
(3.969)	(5/32)	10		18.256	23/32
4		10.319	13/32	19	
4.5		11		19.844	25/32
4.762	3/16	11.112	7/16	20	
5		11.5		20.638	13/16
5.5		(11.509)	(29/64)	21	
(5.556)	(7/32)	(11.906)	(15/32)	22	
(5.953)	(15/64)	12		22.225	7/8
6		12.303	31/64	23	
6.35	1/4	12.7	1/2	(23.019)	(29/32)
6.5		13		23.812	15/16
6.747	17/64	13.494	17/32	24	
7		14		25	
7.144	9/32	14.288	9/16	25.4	1
7.5		15			
(7.938)	(5/16)	(15.081)	(19/32)		

24.3.20 滚动轴承常见故障和排除

滚动轴承故障比一般机械零件要复杂得多，大部分是由于安装不当、润滑不良、密封不好，或者是使用不当、选型不适合、支承设计不合理等外部因素引起的。本部分总结了这些方面的问题，可以在缺乏监测仪器的情况下，比较准确找出问题的原因和排除故障的方法。

滚动轴承常见故障和排除

24.4 滑动轴承和关节轴承

滑动轴承主要部件为轴套和轴承座，某些大型设备使用的滑动轴承，轴套一般采用巴氏合金制成，软化点、熔化点较低，与轴的接触面积大，可承重载、冲击载荷，减振性好。滑动轴承温度不宜超过 70℃。

分类：根据所受载荷的方向，可分为向心滑动轴承和推力滑动轴承。常用向心滑动轴承的结构形式有整体式和剖分式两种。

（非法兰）滑动轴承的代号编制方法是：

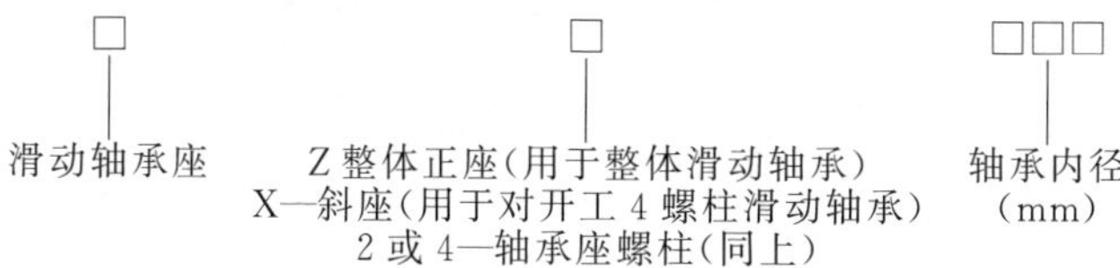

24.4.1　滑动轴承轴套

滑动轴承轴套分铜合金整体式和卷制式两种。

（1）整体式单层铜合金轴套（图 24.15）

这种轴套分 C 型（无油孔、油槽）和 F 型（有油孔、油槽）两种，其规格见表 24.19 和表 24.20。

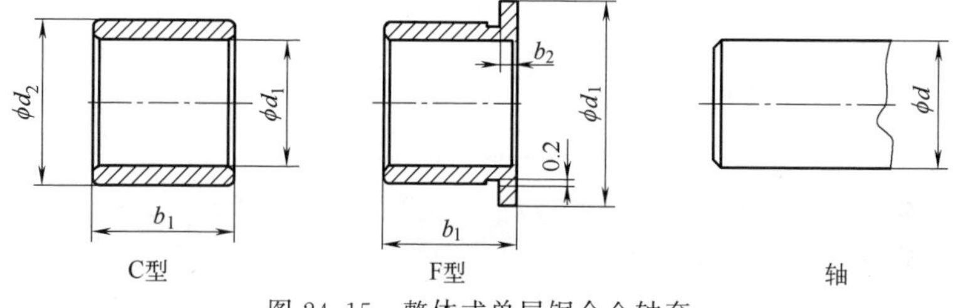

图 24.15　整体式单层铜合金轴套

表 24.19　C 型铜合金轴套的规格（GB/T 18324—2001）　mm

内径 d_1	外径 d_2			宽度 b_1		
6	8	10	12	6	10	—
8	10	12	14			
10	12	14	16			
12	14	16	18	10	15	20
14	16	18	20			
15	17	19	21			
16	15	20	22	12	15	20
18	20	22	24		20	30
20	23	24	26	15	20	30
22	25	26	28			
(24)	27	28	30			

内径 d_1	外径 d_2			宽度 b_1		
25	28	30	32	20	30	40
(27)	30	32	34			
28	32	34	36			
30	34	36	38			
32	35	38	40			
(33)	37	40	42			
35	38	41	45	30	40	50
(36)	40	42	46			
38	42	45	48			
40	44	48	50			60
42	46	50	52			
45	50	53	55			

续表

内径 d_1	外径 d_2			宽度 b_1		
48	53	56	58	40	50	60
50	55	58	60			
55	60	53	60		50	70
60	65	70	75		60	50
65	60	75	80	50	60	80
70	75	80	85		70	90
75	80	85	90			
80	85	90	95	60	80	100
85	90	95	100			
90	100	105	110		80	120
95	105	110	115			
100	110	115	120	80	100	120
105	115	120	125			
110	120	125	130			
120	130	135	140	100	120	150
130	140	145	150			
140	150	155	160		150	180
150	160	165	170	120	150	180
160	170	180	185			
170	180	190	105		180	200
180	100	200	200	150	180	250
190	200	210	220			
200	210	220	230	180	200	250

注：括号内的值仅作特殊用途，应尽可能避免使用。

表 24.20 F 型铜合金轴套的规格（GB/T 18324—2001） mm

内径 d_1	外径 d_2	翻边外径 d_3	翻边宽度 b_2	外径 d_2	翻边外径 d_3	翻边宽度 b_2	宽度 b_1		
	第一系列			第二系列					
6	8	10	1	12	14	3	—	10	—
8	10	12		14	18				
10	12	14		16	20				
12	14	16		18	22		10	15	20
14	16	18		20	25				
15	17	19		21	27				
16	18	20		22	28		12	15	20
18	20	22		24	30			20	30
20	23	26	1.5	26	32		15	20	30
22	25	28		28	34				
(24)	27	30		30	36				
25	28	31		32	38	4	20	30	40
(27)	30	33		34	40				
28	32	36	2	36	42				
30	34	38		38	44				
32	36	40		40	46				
(33)	37	41		42	48	5			
35	39	43		45	50	5	30	40	50
(36)	40	44		46	52				
38	42	46		48	54				
40	44	48		50	58				
42	46	50		52	60				

续表

内径 d_1	外径 d_2	翻边外径 d_3	翻边宽度 b_2	外径 d_2	翻边外径 d_3	翻边宽度 b_2	宽度 b_1		
	第一系列			第二系列					
45	50	55	2.5	55	63	5	30	40	50
48	53	58		58	66	5	40	50	60
50	55	60		60	68				
55	60	65		55	73	5		50	70
60	65	70		75	82	7.5		60	80
65	70	75		80	88	7.5	50	60	80
70	75	80		85	95			70	90
75	80	85		90	100				
80	85	90		95	105		60	80	100
85	90	95		100	110				
90	100	110	5	110	120	10		80	120
95	105	115		115	125			100	120
100	110	120		120	130		80	100	120
105	115	125		125	135				
110	120	130		130	110				
120	130	140		140	150		100	120	150
130	140	150		150	160				
140	150	160		160	170			150	180
150	160	170		170	180	10	120	150	180
160	170	180		185	200	12.5			
170	180	190		195	210	12.5		180	200
180	190	200		210	220	15	150	180	250
190	200	210		220	230				
200	210	220		230	240		180	200	150

注：括号内的值仅作特殊用途，应尽可能避免使用。

(2) 卷制轴套

卷制轴套可用单层或多层轴承材料，有圆柱轴套和法兰轴套两种。其尺寸见表24.21、表24.22。

表24.21　圆柱轴套的常用优选尺寸（GB/T 12613.1—2011）　mm

内径 D_1	外径 D_e	壁厚 s_3	宽度 B 3	4	5	6	8	10	12
2	3	0.5	a		a				
3	4		a		a	a			
4	5		a	a		a			
5	6				a		a	a	
6	7			a		a	a	a	
8	9					a	a	a	a
10	11						a	a	a

续表

内径 D_1	外径 D_e	壁厚 s_3	宽度 B						
			3	4	5	6	7	8	10
2	3.5	0.75	a		a				
3	4.5	0.75	a		a	a			
4	5.5	0.75	a	a		a			a

内径 D_1	外径 D_e	壁厚 s_3	宽度 B										
			3	4	5	6	7	8	10	12	15	20	25
3	5	1.0	a	a	a	a							
4	6	1.0	a	a		a							
6	8	1.0			a	a	a	a	a				
7	9	1.0			a		a		a	a			
8	10	1.0			a	a	a	a	a	a			
9	11	1.0							a				
10	12	1.0				a	a	a	a	a	b	b	
12	14	1.0				a	a	a	a	a	b	b	b
13	15	1.0							a		b	b	
14	16	1.0							a	a	b	b	b
15	17	1.0							a	a	b	b	b
16	18	1.0							a	a	b	b	b
17	19	1.0									b	b	
18	20	1.0							a		b	b	b

内径 D_1	外径 D_e	壁厚 s_3	宽度 B							
			8	10	12	15	20	25	30	40
8	11	1.5		b	b					
10	13	1.5		a	a	a	a			
12	15	1.5		b	b	b				
13	16	1.5		b	b	b	b			
14	17	1.5		b	b	b	b			
15	18	1.5		a	a	a	a	a		
16	19	1.5		a	a	a	b	a		
18	21	1.5				a	b	b		
20	23	1.5			a	a	b	b	b	
22	25	1.5				a	b	b	b	
24	27	1.5				a	b	b	b	
25	28	1.5				a	b	b	b	
28	31	1.5					b	b	b	

续表

内径 D_1	外径 D_e	壁厚 s_3	宽度 B								
			15	20	25	30	40	50	60	70	80
28	32		a	a	a	b		b			
30	31		a	a	a	b	b				
32	36			a		b	b				
35	39	2.0		a		b	b	b			
37	41			a		b	b				
38	42			a		b	b				
40	44			a		b	b	b			

内径 D_1	外径 D_e	壁厚 s_3	宽度 B									
			20	25	30	40	50	60	70	80	100	115
45	50		a		a	b	b					
50	55		a	a	a	b	b	b				
55	60		a		a	b		b				
60	65		a		a	b	b					
65	70				a		b		c			
70	75				a		b		c			
75	80					b		b		c		
80	85	2.5				b		b		c	c	
85	90					b		b		c	c	
90	95					b		b			c	
95	100							b			c	
100	105						b	b			c	c
105	110							b			c	c
110	115							b			c	c
115	120						b	b	b		c	
120	125						b	b			c	
125	130							b			c	
130	135							b			c	
135	140							b		b	c	
140	145							b			c	
150	155							b		b	c	
160	165							b		b	c	
170	175										c	
180	185										c	
200	205										c	
220	225										c	
250	255										c	
300	305										c	

注：宽度 B 的极限偏差：a—±0.25，b—±0.5，c—±0.75。

表 24.22 法兰轴套的优选公称尺寸和极限偏差 mm

内径 D_1	外径 D_e	壁厚 s_3	D_n 公称	D_n 极限偏差	S_n	r_{max}	宽度 B 4	5.5	7	7.5	8	9	9.5	11.5	12	16	16.5	17	21.5	22	26
6	8	1	12	+0.5 −0.8	1.05 0.80	1	a				a										
8	10		15					a		a			a								
10	12		18						a			a			a			b			
12	14		20						a			a			a			b			
14	16		22												a			b			
15	17		23									a			a			b			
16	18		24												a			b			
18	20		26												a			b		b	
20	23	1.5	30	+1.0 −0.8	1.6 1.3	1.5								a			a		b		
25	28		35											a			a		b		
30	34	2	42		2.1 1.8	2										a					b
35	39		47	+2.0 −0.8												a					b
40	44		52													a					b
45	50	2.5	58		2.6 2.3	2.5										a					b

注：宽度 B 的极限偏差：a—±0.25，b—±0.5，c—±0.75。

24.4.2 滑动轴承座

滑动轴承座有整体有衬正滑动式、对开两螺柱正滑动式、对开四螺柱正滑动式和对开四螺柱斜滑动式四种，分别见表 24.23～表 24.26。

表 24.23 整体有衬正滑动式滑动轴承（JB/T 2560—2007）mm

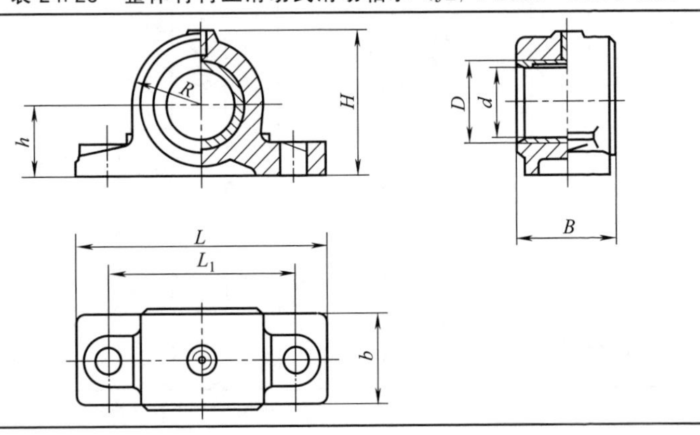

续表

型号	d(H8)	D	R	B	b	L	L_1	$H\approx$	h(h12)
HZ020	20	28	26	30	25	105	80	50	30
HZ025	25	32	30	40	35	125	95	60	35
HZ030	30	38	30	50	40	150	110	70	35
HZ035	35	45	38	55	45	160	120	84	42
HZ040	40	50	40	60	50	165	125	88	45
HZ045	45	55	45	70	60	185	140	90	50
HZ050	60	60	45	75	65	185	140	100	50
HZ060	70	70	55	80	70	225	170	120	60
HZ070	80	85	65	100	80	245	190	140	70
HZ080	50	95	70	100	80	255	200	155	80
HZ090	90	105	75	120	90	285	220	165	85
HZ100	100	115	85	120	90	305	240	180	90
HZ110	110	125	90	140	100	315	250	190	95
HZ120	120	135	100	150	110	370	290	210	105
HZ140	140	160	115	170	130	400	320	240	120

注：1. 轴承座推荐用HT200灰口铸铁，轴承衬推荐用ZQA19-4铝青铜，根据轴承的负荷，也可用ZQSn6-6-3锡青铜制造。

2. 适用于环境温度 $t\leqslant 80$℃的工作条件。

表24.24　对开两螺柱正滑动式滑动轴承座（JB/T 2561—2007）

mm

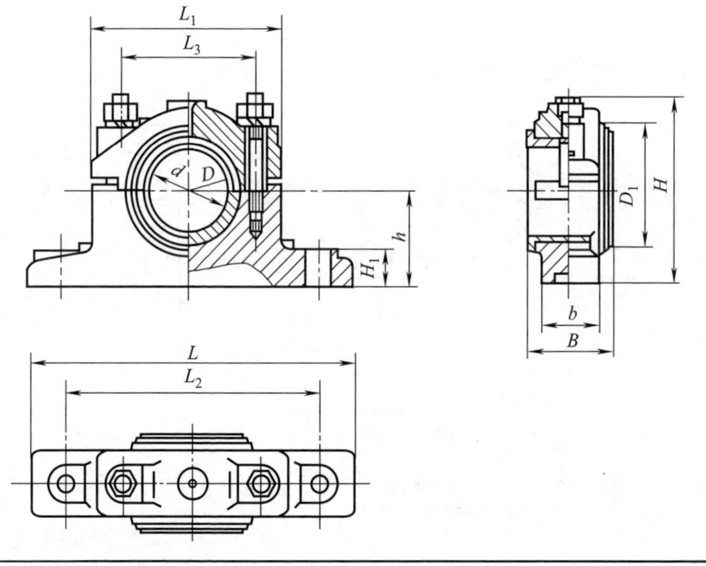

续表

型号	d(H9)	D	D_1	B	B	$H\approx$	h(h12)	H_1	L	L_1	L_2	L_3
H2030	30	38	48	34	22	70	35	15	140	85	115	60
H2035	35	45	55	45	28	87	42	18	165	100	135	75
H2040	40	50	60	50	35	90	45	20	170	110	140	80
H2045	45	55	65	55	40	100	50	20	175	110	145	85
H2050	50	60	70	60	40	105	50	25	200	120	160	90
H2060	60	70	80	70	50	125	60	25	240	140	190	100
H2070	70	85	95	80	60	140	70	30	260	160	210	120
H2080	80	95	110	95	70	160	80	35	290	180	240	140
H2090	90	105	120	105	80	170	85	35	300	190	250	150
H20100	100	115	130	115	90	185	90	40	340	210	280	160
H20110	110	125	140	125	100	190	95	40	350	220	290	170
H20120	120	135	150	140	110	205	105	45	370	240	310	190
H20140	140	160	175	160	120	230	120	50	390	260	330	210
H20160	160	180	200	180	140	250	130	50	410	280	350	230

注：1. 轴承座推荐用 HT200 灰口铸铁，轴承衬推荐用 ZQA19-4 铝青铜。

2. 适用于环境温度 $t\leqslant80$℃的工作条件。

表 24.25 对开四螺柱正滑动式滑动轴承座（JB/T 2562—2007）

mm

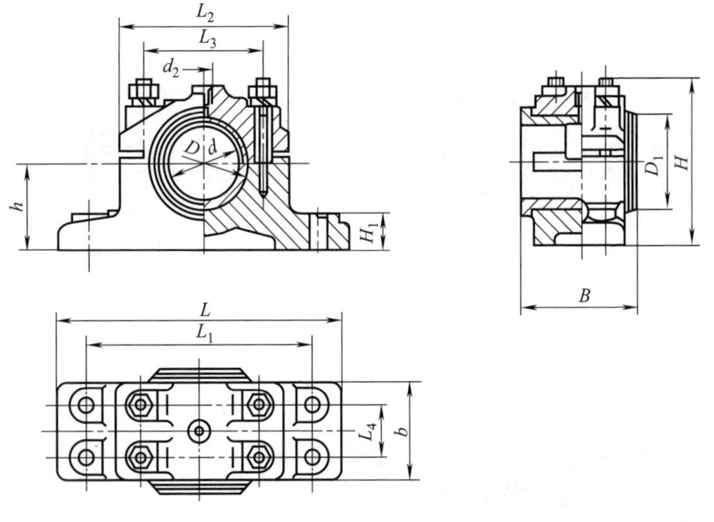

续表

型号	d(H9)	D	D_1	B	b	$H\approx$	h(h12)	H_1	L	L_1	L_2	L_3	L_4
H4050	50	60	70	75	60	105	50	25	200	160	120	90	30
H4060	60	70	80	90	75	125	60	25	240	190	140	100	40
H4070	70	85	95	105	90	135	70	30	260	210	160	120	45
H4080	80	95	110	120	100	160	80	35	290	240	180	140	55
H4090	90	105	120	135	115	165	85	35	300	250	190	150	70
H4100	100	115	130	150	130	175	90	40	340	280	210	160	80
H4110	110	125	140	165	140	185	95	40	350	290	220	170	85
H4120	120	135	150	180	155	200	105	40	370	310	240	190	90
H4140	140	160	175	210	170	230	120	45	390	330	260	210	100
H4160	160	180	200	240	200	250	130	50	410	350	280	230	120
H4180	180	200	220	270	220	260	140	50	460	400	320	260	140
H4200	200	230	250	300	245	295	160	55	520	440	360	300	160
H4220	220	250	270	320	265	360	170	60	550	470	390	330	180

注：同表 24.24。

表 24.26　对开四螺柱斜滑动式滑动轴承座（JB/T 2563—2007）

mm

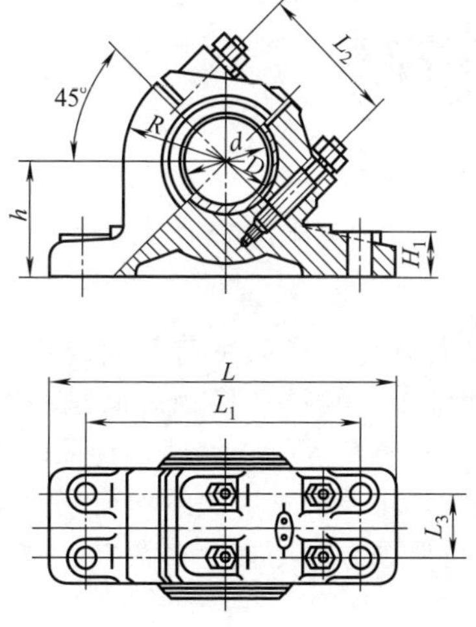

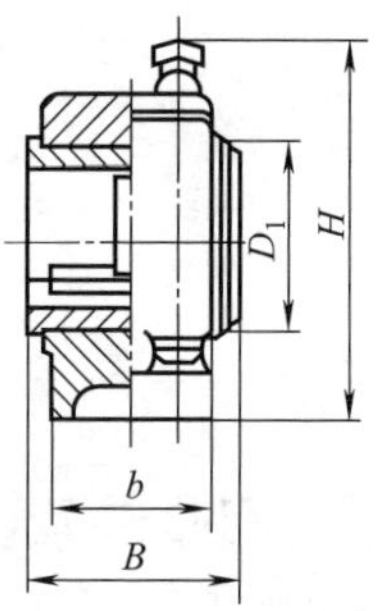

续表

型号	D(H9)	D	B	b	$H\approx$	h(h12)	H_1	L	L_1	L_2	L_3	R
HX050	50	60	75	60	140	65	225	200	160	90	30	60
HX060	60	70	90	75	160	75	25	240	190	100	40	70
HX070	70	85	105	90	185	90	30	260	210	120	45	80
HX080	80	95	120	100	215	100	35	290	240	140	55	90
HX090	90	105	135	115	225	105	35	300	250	150	70	95
HX100	100	115	150	130	250	115	40	340	280	160	80	105
HXI10	110	125	165	140	260	120	40	350	290	170	85	110
HX120	120	135	180	155	275	130	40	370	310	190	90	120
Hx140	140	160	210	170	300	140	45	390	330	210	100	130
HX160	160	180	240	200	335	150	50	410	350	230	120	140
HX180	180	200	270	220	375	170	50	460	400	260	140	160
HX200	200	230	310	245	425	190	55	521	440	300	160	180
HX220	220	250	320	265	440	205	60	550	470	330	180	195

注：同表 24.24。

滑动轴承的失效形式、特征和原因

滑动轴承常见故障与排除

24.4.3　向心关节轴承

关节轴承是一种能承受较大负荷（径向负荷、轴向负荷或径向-轴向复合负荷）的球面滑动轴承，其滑动接触表面是一个内球面和一个外球面，运动时可以在任意角度旋转摆动，它采用表面磷化、炸口、镶垫、喷涂等多种特殊工艺处理方法制作而成。关节轴承具有载荷能力大、抗冲击、抗腐蚀、耐磨损、自调心、润滑好等特点。

关节轴承分向心关节轴承、角接触关节轴承、推力关节轴承和杆端关节轴承。

向心关节轴承有 E、G、C、K、H 和 W 等 6 个系列（图 24.16），适用于不同滑动材料组合的推力关节轴承（不适用于飞机机架用推力关节轴承）。

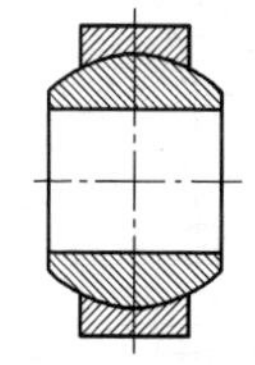

E、G、C、K、H系列向心关节轴承

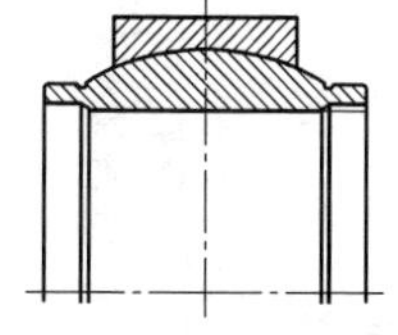

W系列带再润滑装置的宽内圈向心关节轴承

图 24.16　向心关节轴承

详细尺寸数据可查阅 GB/T 9163—2001。

24.4.4　角接触关节轴承

角接触关节轴承（图 24.17）适用于不同滑动材料组合的推力关节轴承，不适用于飞机机架用推力关节轴承。详细尺寸数据可查阅 GB/T 9164—2001。

24.4.5　推力关节轴承

推力关节轴承（图 24.18）适用于不同滑动材料组合的推力关节轴承（不适用于飞机机架用推力关节轴承）。详细尺寸数据可查阅 GB/T 9162—2001。

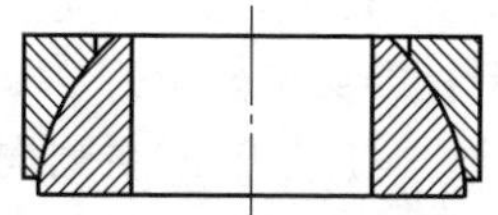

图 24.17　角接触关节轴承

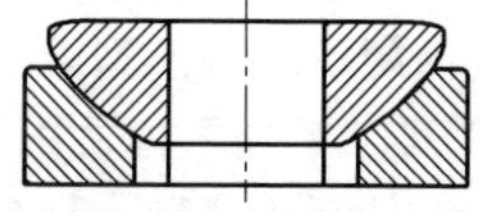

图 24.18　推力关节轴承

24.4.6　杆端关节轴承

杆端关节轴承适用于不同滑动材料组合的杆端关节轴承，包括 M 型外螺纹杆端关节轴承、F 型内螺纹杆端关节轴承、S 型焊接柄杆端关节轴承、装有向心关节轴承的杆端关节轴承、只带内圈的杆端关节轴承（整体结构）和符合 GB/T 9163 的向心关节轴承共 6

种（图 24.19），均不适用于飞机机架用杆端关节轴承和直接连接于液压缸上的专用杆端轴承）。

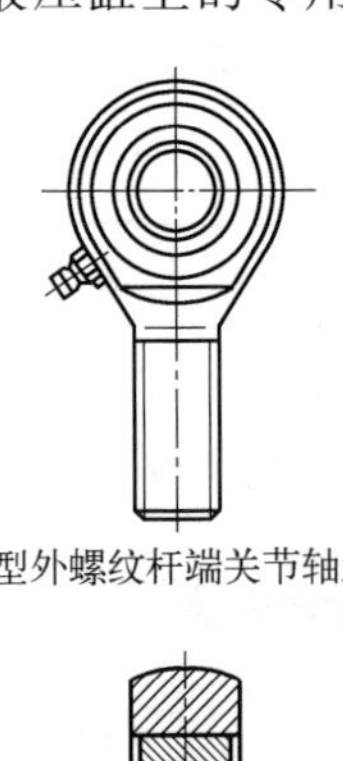
M型外螺纹杆端关节轴承

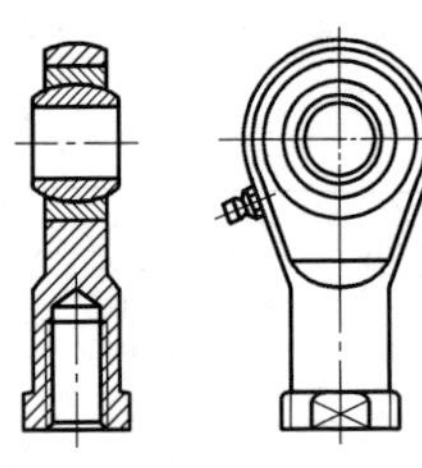
F型内螺纹杆端关节轴承

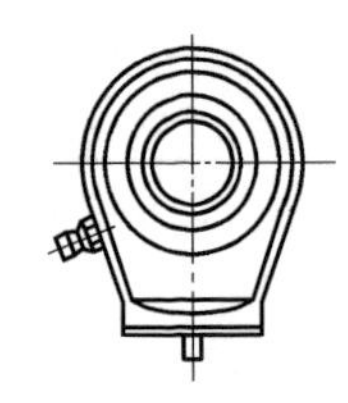
S型焊接柄杆端关节轴承

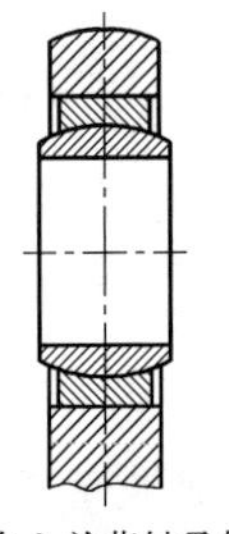
装有向心关节轴承的杆端关节轴承(组装结构)

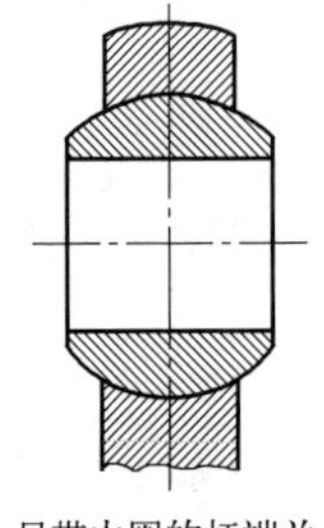
只带内圈的杆端关节轴承(整体结构)

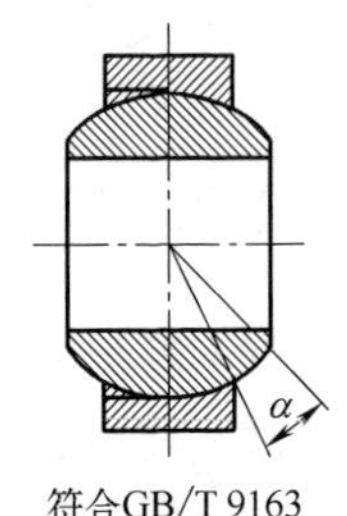

符合GB/T 9163的向心关节轴承

图 24.19 杆端关节轴承

杆端关节轴承的尺寸，有两个基本系列：

① 尺寸系列 E 和 G，适用于杆端眼圆柱形内孔装有 E 或 G 系列向心关节轴承的杆端关节轴承。根据柄部结构不同，还可分为外螺纹或内螺纹、普通型、加强型或焊接型杆端关节轴承。

② 尺寸系列 K，适用于杆端眼圆柱形内孔装有 K 系列向心关节轴承的杆端关节轴承。根据柄部结构不同，还可分为外螺纹或内螺纹杆端关节轴承。对于两件式（整体结构）杆端关节轴承，可选择一种滑动材料组合。详细尺寸数据可查阅 GB/T 9161—2001。

第25章 机床附件

机床附件是用于扩大机床的加工性能和使用范围的附属装置。

25.1 机床附件型号

机床附件型号，是按类、组、系划分的，每类产品分为 10 个组．每组又分为 10 个系列。其表示方式如下。

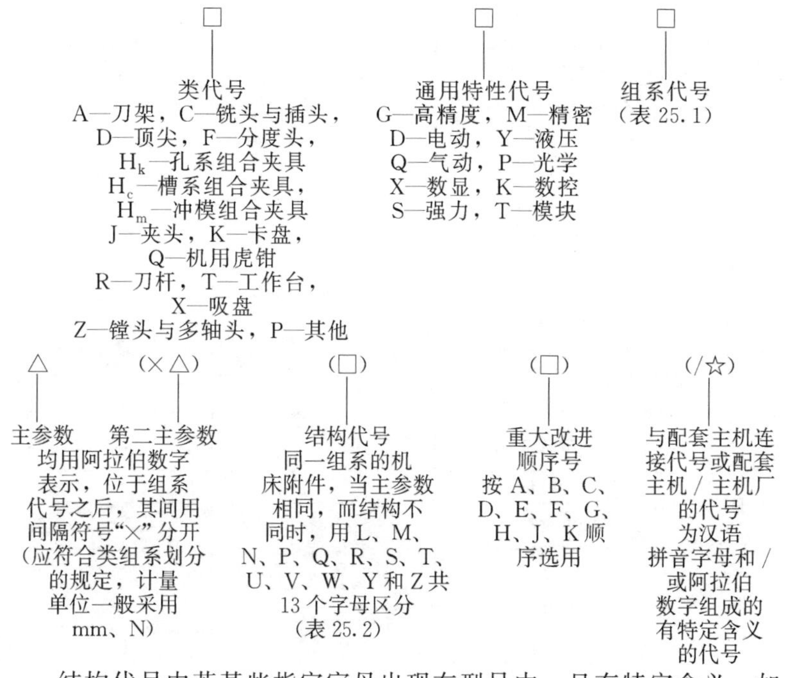

结构代号中若某些指定字母出现在型号中，且有特定含义，如顶尖类产品规定 M 代表以米制圆锥号作主参数，又如钻夹头类产品，规定 H、M、L 分别代表重型、中型和轻型三种情况，指定的这些字母均不能作为该系列产品一般意义上的结构代号（或重大改

进顺序号），但仍可有其他字母作为结构代号。

表 25.1　机床附件的类、组、系

类	组	主参数	现有组系代号
A类 刀架	卧式车床快换刀架	刀方高	11～14
	立式转塔刀架	刀台方宽度	21～23、27
	卧式转塔刀架	中心高	30～33、36
	其他刀架	刀尖高/中心高	91、92
C类 铣头与插头	万能铣头	主轴圆锥孔号	11、13、15
	立铣头		31、33～35
	高速铣头		41、43
	插头	最大行程	71、73、75
D类 顶尖	固定顶尖	圆锥柄号/圆锥大端直径	11～16
	拨动式固定顶尖	圆锥柄号	21、22、23
	轻型回转顶尖		31
	中型回转顶尖		41、42、43
	重型回转顶尖		51、56
	复合回转顶尖		62
	强应力定位固定顶尖		71～78
	其他顶尖		91、92
F类 分度头	蜗杆副分度头	中心高	11～15
	分度盘分度头		23、24
	孔盘分度头		31、33、34
	槽盘分度头		41、43、44
	端齿盘分度头		51、53～55
	其他分度头		93、94
H_k 类 孔系组合夹具	基础件	宽度/长度/直径/莫氏锥度号	10、11、13、14、16～19
	支承件	宽度/长度/直径	20～25、27、28
	定位件	长度/直径	30、31、34～36、38、39
	调整件	宽度/长度/直径	40～44、48、49
	压紧件	长度/直径	50～54
	紧固件	螺纹直径/孔径	60～63
	其他件	长度/直径	72、74、75
	合件	—	80～87
	组装工具	—	91
H_c 类 槽系组合夹具	基础件	宽度/长度/直径/莫氏锥度号	10、11、13～15、17、19
	支承件	宽度/长度	20、21、23、25、27
	定位件	宽度/长度/直径	30、31、33、34、36～38

续表

类	组	主参数	现有组系代号
H_c类 槽系组 合夹具	—	导向孔直径	40～43
	压紧件	长度	50、51、52
	紧固件	螺纹直径/孔径	60～63
	其他件	—	71、72
	合件	台面直径	80～87
	组装用具	—	90、91
H_m类 冲模组 合夹具	基础件	长度	10～14
	支承件	长度/—	21～25
	定位件	长度/导柱直径	30～36
	刃口件	长度/—	40～47
	卸压件	—	50～53
	紧固件	螺纹直径/孔径	60～63
	其他件	直径/—	70、71
	合件	直径/—	80～82
J类 夹具	自紧钻夹头	最大夹持直径	01、03、06～08
	手紧钻夹头		11、15
	非螺纹连接扳手钻夹头		21、27、28
	螺纹连接扳手钻夹头		31、32
	丝锥夹头		41～46、48
	快换夹头		52、54
	弹簧夹头	夹持直径	61～69
	铣夹头	最大夹持直径	71、73～77
K类 卡盘	手紧自定心卡盘	卡盘直径	00、01、02
	盘丝式自定心卡盘		10～15、18
	可调自定心卡盘		31～33、35
	动力卡盘		41
	楔式动力卡盘		50～55、57
	复合卡盘		60～62、65、66
	单动卡盘		72、75、78
	其他卡盘		92、93
Q类 机用虎钳 （简称虎钳）	通用虎钳	钳口宽度	11～14、18、19
	自定心虎钳		21、22
	快动虎钳		31、32、36
	可倾虎钳		41、44、46
	增力虎钳		52～55
	V形虎钳	—	61、62
	角度压紧虎钳	—	71、74、75、78
	组合虎钳	—	81～85
	其他虎钳	—	91、96～99

续表

类	组	主参数	现有组系代号
R类 刀杆	镗刀杆 铣刀杆	最小镗孔直径 定心轴直径	11～15、17、18 21～24、27
	钻铰刀杆	圆锥孔号/刀杆直径 /导柱直径	32～35、37、38
	接杆	钻夹头圆锥号/钻头直径 /圆锥孔号/连接孔直径 /丝锥直径	41～43、46、47
	变径套 车刀夹	外圆锥号 夹持车刀高度	51～55 60～65
	钻铣镗刀夹	圆柱孔直径/圆锥孔号 /最大夹持直径	70～75
	动力刀夹	圆锥孔号/最大夹持直径 /定心轴直径	52～54、86～88
T类 工作台	蜗杆副回转工作台 度盘回转工作台 槽盘回转工作台 端齿回转工作台	台面直径	11～16、18 21、23、24 41、43、44 51、53、54、56～58
	角度回转工作台 坐标工作台	台面宽度	71～73、76 81、82、83
	其他工作台	台面直径/台面宽度	91、92、93、95
X类 吸盘	矩形电磁吸盘 矩形永磁吸盘 矩形电永磁吸盘	台面宽度	11～16 41～46 61
	圆形电磁吸盘 圆形永磁吸盘 圆形电永磁吸盘	台面直径	21～27 51～57 71
	真空吸盘 其他吸盘	台面宽度/直径	81、85 91、93、96、97
Z类 镗头 与多轴头	镗头 多轴头	最大镗削直径 最大钻孔直径	11、13 61、62
P类 其他	车床中心架跟刀架 动力卡盘用缸 花盘与尾座 过滤、排屑器	中心高/回转直径 缸内径 花盘外径/中心高 流量/排屑量	11、16 20～25、28、29 31、35、36 51、53、55、57、58
	机床卡具与防护罩	最大卡紧力/导轨宽度 /丝杠直径	61～63、67～69
	动力卡盘用阀 砂轮修整器	通径 中心高/最大中心高	77、78 81～85

表 25.2　机床附件的结构代号

类	组系	机床附件名称	代号	特定含义
J	0X 1X 2X 3X	钻夹头	H M L	重型 中型 轻型
D		顶尖	M	米制圆锥号
	1X	固定顶尖	N P Q	7∶24 圆锥 1∶7 圆锥 1∶10 圆锥
R	5X	变径套	N P Q	7∶24 圆锥 1∶7 圆锥 1∶10 圆锥
X		吸盘 (描述磁极)	M F T Z	密极 放射状① 条状① 纵条状②
C	11,31	铣头	L	矩形导轨
K	1X 等	盘丝式自定心卡盘	A B C	键、槽配合型分离爪 弧形卡爪,三块爪 窄形键、槽配合型分离爪
	5X	楔式动力卡盘	A B C L Q R	90°梳齿分离爪(硬) 键、槽配合型分离爪(软) 90°梳齿分离爪(软) 键、槽配合型分离爪(硬) 60°梳齿分离爪(硬) 60°掘齿分离爪(软)

① 指圆形台面。

② 指矩形台面。

25.2　中心架和跟刀架

中心架和跟刀架用于车削中支持轴类零件，提高其刚度。中心架和跟刀架的规格见表 25.3。

表 25.3　中心架和跟刀架的规格　mm

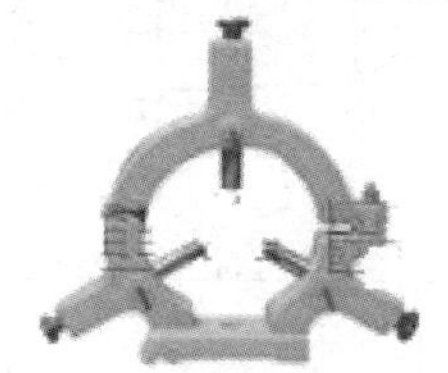
中心架

跟刀架

续表

配套机床型号	中心架		跟刀架	
	中心高	夹持直径范围	中心高	夹持直径范围
WF30	74.0	20～80	81	20～80
C616	79.0	20～120	320	20～120
C618K	95.0	20～120	388	20～80
C618K-2	95.0	20～120	348	15～80
C620	100.0	20～100	432	20～80
C620-1	100.0	20～100	432	20～80
C620B	100.0	10～100	396	20～80
C620-1B	100.0	20～100	396	20～80
C620-3	111.0	15～120	160	20～65
CW6140A	100.0	20～100	414	20～80
CA6140	110.0	20～125	455	20～80
CA6150	110.0	20～125	455	20～90
C630	142.5	20～200	500	20～80
CW6163	150.0	20～170	265	20～100
CW6180A	175.0	40～350	332	30～100

25.3 直柄和锥柄工具套

25.3.1 直柄工具弹性夹紧套

其规格见表 25.4。

表 25.4 直柄工具弹性夹紧套的规格（JB/T 3411.70—1999） mm

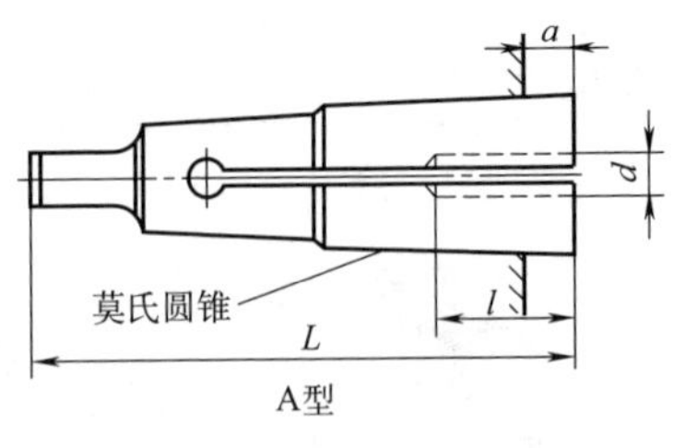

A型

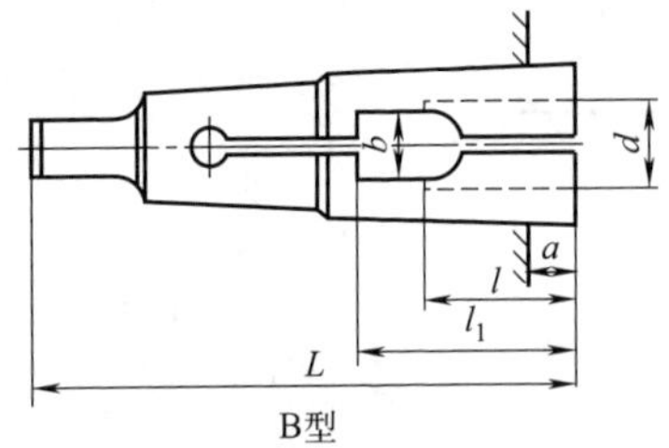

B型

续表

形式	d	b_{min}	l	l_1	莫氏圆锥									
					1		2		3		4		5	
					a	L	a	L	a	L	a	L	a	L
A	>1.50~2.00		11											
	>2.00~2.50		12											
	>2.50~3.00		14											
	>3.00~3.75	—	15	—										
	>3.75~4.75		16											
	>4.75~6.00		17											
B	>3.00~3.75	2.30	15	18										
	>3.75~4.75	2.90	16	20	4.5	66.5								
	>4.75~6.00	3.60	17	22										
	>6.00~7.50	4.50	19	25										
	>7.50~9.50	5.60	21	28			6.0	81.0						
	>9.50~11.80	7.00	23.5	32										
	>11.80~13.20	8.50	25	35					6.0	100				
	>13.20~15.00	8.50	25	35							9.5	127		
	>15.00~19.00	11.00	28	40										
	>19.00~23.60	13.00	31	45										
	>23.60~30.00	17.50	33	50									11	160.5

25.3.2 锥柄工具用快换套

其规格见表25.5。

表25.5 锥柄工具用快换套的规格（JB/T 3411.79—1999）mm

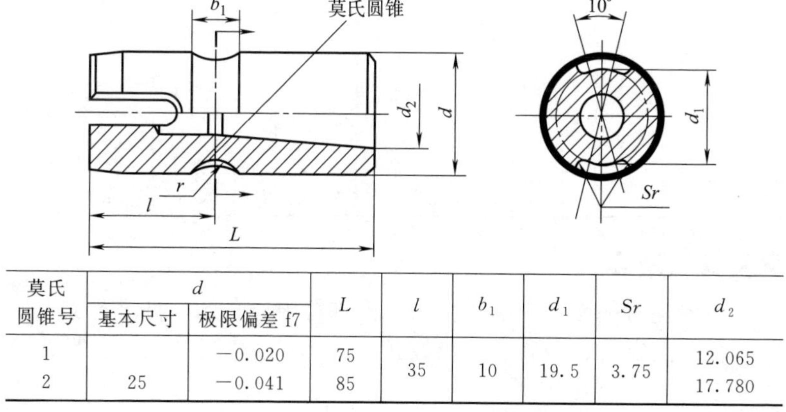

莫氏圆锥号	d		L	l	b_1	d_1	Sr	d_2
	基本尺寸	极限偏差f7						
1 2	25	−0.020 −0.041	75 85	35	10	19.5	3.75	12.065 17.780

续表

莫氏圆锥号	d 基本尺寸	d 极限偏差 f7	L	l	b_1	d_1	Sr	d_2
1 2 3	35	−0.025 −0.050	85 90 110	40	12	28.5	4.25	12.065 17.780 23.825
1 2 3 4	45	−0.025 −0.050	95 95 110 135	45	14	37.5	5.75	12.065 17.780 23.825 31.267
2 3 4 5	60	−0.030 −0.060	105 120 135 170	50	18	51.5	7.25	17.780 23.825 31.267 44.399

25.3.3 锥柄工具过渡套

用于车床、钻床和手电钻，固定不同锥度号的锥柄钻头。其规格见表25.6。

表 25.6 锥柄工具过渡套的规格（JB/T 3411.64—1999）

圆锥号				主要尺寸/mm			圆锥号				主要尺寸/mm		
外圆锥号		内圆锥号		大端直径		全长	外圆锥号		内圆锥号		大端直径		全长
莫氏		米制		外锥体	内锥体		莫氏		米制		外锥体	内锥体	
2	—	1	—	17.780	12.065	92	6	—	4	—	63.348	31.267	218
3	—	1	—	23.825	12.065	99	6	—	5	—	63.348	44.399	218
3	—	2	—	23.825	17.780	112	—	80	5	—	80	44.399	228
4	—	2	—	31.267	17.780	124	—	80	6	—	80	63.348	280
4	—	3	—	31.267	23.825	140	—	100	6	—	100	63.348	296
5	—	3	—	44.399	23.825	156	—	100	—	80	100	80	310
5	—	4	—	44.399	31.267	171	—	120	—	80	120	80	321
6	—	3	—	63.348	23.825	218	—	120	—	100	120	100	365

25.4 顶尖

顶尖是对端面复杂的零件和不允许打中心孔的零件进行支承的工具，有固定式、回转式、内拨式、外拨式、内锥孔式（包括普通式和夹持式）等几种。

25.4.1　固定式顶尖

其型号和规格见表 25.7。

表 25.7　固定式顶尖的型号和规格（GB/T 9204—2008）　mm

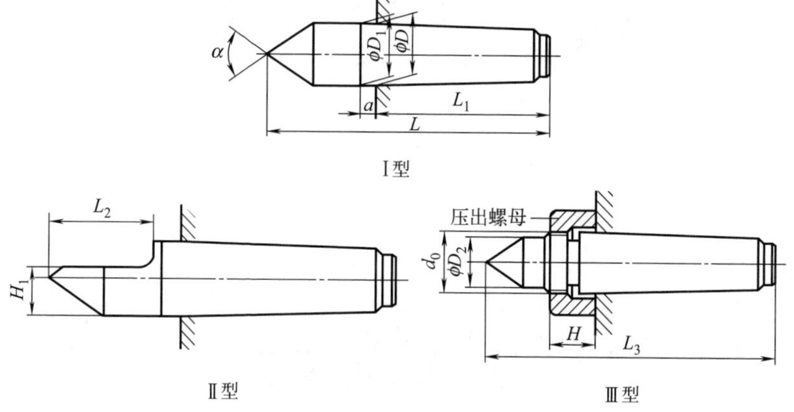

Ⅰ型　Ⅱ型　Ⅲ型

形式	号数	锥度	D	L_1（最大）	D_1（最大）	a	L	L_2	H_1	D_2	d_0	L_1	H（最大）	α
米制	4	1∶20＝0.05	4	23	4.1	2	33							60°
		1∶20＝0.05	6	32	6.2	3	47							
莫氏	0	0.6246∶12＝0.05205	9.045	50	9.2	3	70	16	6	9	M10×0.75	75	12	60°、75°或 90°
	1	0.59858∶12＝0.04988	12.065	53.5	12.2	3.5	80	22	8	12	M14×1	85	12	
	2	0.59941∶12＝0.04995	17.780	64	18.0	5	100	30	12	16	M18×1	105	15	
	3	0.60235∶12＝0.05020	23.825	81	24.1	5	125	38	15	22	M24×1.5	130	15	
	4	0.62326∶12＝0.05194	31.267	102.5	31.6	6.5	160	50	20	30	M33×1.5	170	18	
	5	0.63151∶12＝0.05263	44.399	129.5	44.7	6.5	200	63	28	42	M45×1.5	210	21	
	6	0.62565∶12＝0.05214	63.348	182	63.8	8	280		40	60	M64×1.5	290	24	
米制	80	1∶20＝0.05	80	196	80.4	8	315							
	100	1∶20＝0.00	100	232	100.5	10	360							

注：α 一般为 60°，根据需要可选用 75°或 90°。

25.4.2　回转式顶尖

其型号和规格见表 25.8。

表 25.8　回转式顶尖的型号和规格（JB/T 3580—2011）　mm

普通型回转顶尖

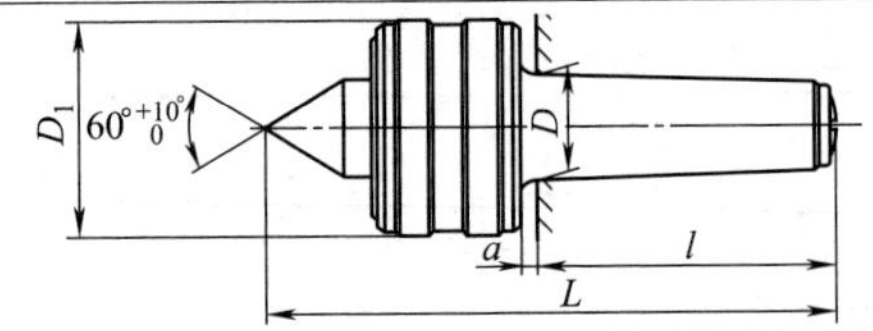

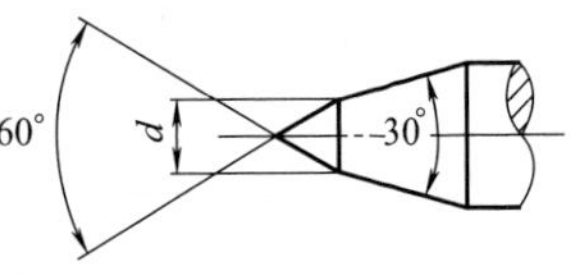

圆锥号	莫氏						米制			
	1	2	3	4	5	6	80	100	120	160
D	12.065	17.780	23.825	31.267	44.399	63.348	80	100	120	160
D_{1max}	40	50	60	70	100	140	160	180	200	280
L_{max}	115	145	170	210	275	370	390	440	500	680
l	53.5	64	81	102.5	129.5	182	196	232	268	340
a	3.5	5	5	6.5	6.5	8	8	10	12	16
d	—	—	10	12	18	—	—	—	—	—

中系列伞形回转顶尖

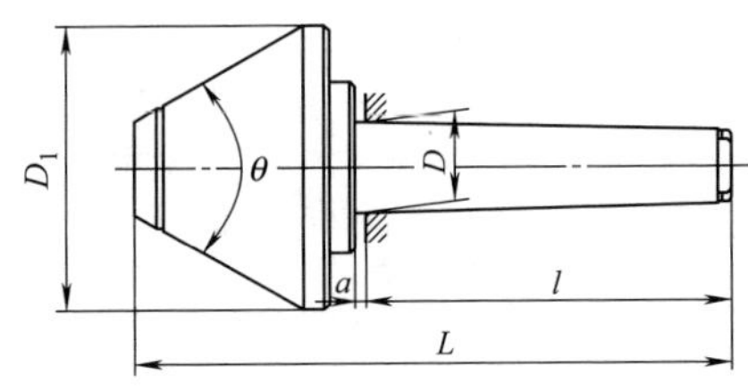

莫氏圆锥号	2	3	4	5	6
D	17.780	23.825	31.267	44.399	63.348
D_{1max}	80	100	160	200	250
L_{max}	125	160	210	255	325
l	64	81	102.5	129.5	182
a	5	5	6.5	6.5	8
θ	60°、75°、90°				

中系列替换型插入式回转顶尖

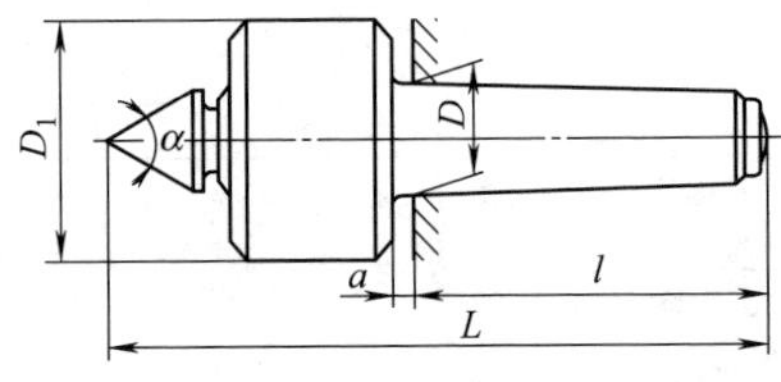

续表

莫氏圆锥号	2	3	4	5	6
D	17.780	23.825	31.267	44.399	63.348
D_{1max}	80	100	160	200	250
L_{max}	125	160	210	255	325
l	64	81	102.5	129.5	182
a	5	5	6.5	6.5	8
α	60°、75°			60°、75°、90°	

注：回转顶尖本体锥柄的尺寸和极限偏差按 GB/T1443 的规定。

25.4.3 内拨顶尖

其型号和规格见表 25.9。

表 25.9　内拨顶尖的型号和规格（JB/T 10117.1—1999）　mm

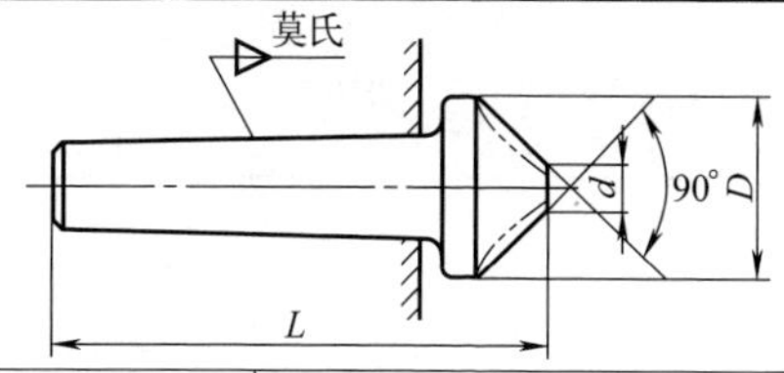

技术条件
材料：T8
热处理：55～60HRC (柄部40～45HRC)
其他：按JB/T 8044—1999规定

项目	莫氏圆锥				
	2	3	4	5	6
D	30	50	75	95	120
d	6	15	20	30	50
L	85	110	150	190	250

25.4.4 夹持式内拨顶尖

其型号和规格见表 25.10。

表 25.10　夹持式内拨顶尖的型号和规格（JB/T 10117.2—1999）

mm

技术条件
材料：T8
热处理：55～60HRC
其他：按JB/T 8044—1999规定

d		12	16	20	25	32	40	50	63	80	100
	基本尺寸	12	16	20	25	32	40	50	63	80	100
	极限偏差	0 −0.5									
D		35	40	45	50	55	63	75	90	110	125
d_1		20	20	25	30	30	45	45	50	50	60

25.4.5　外拨顶尖

其型号和规格见表 25.11。

表 25.11　外拨顶尖的型号和规格（JB/T 10117.3—1999）　mm

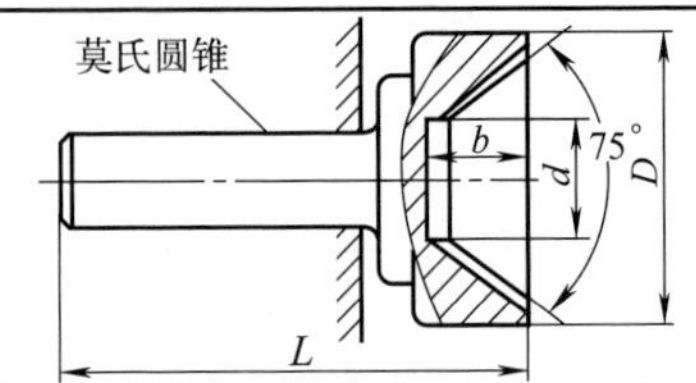

技术条件
材 料：T8
热处理：55～60HRC(柄部40～45HRC)
其他：按JB/T 8044—1999规定

项目	莫氏圆锥				
	2	3	4	5	6
D	34	64	100	110	140
d	8	12	40	40	70
L	86	120	160	190	250
b	16	30	36	39	42

25.4.6　内锥孔顶尖

其型号和规格见表 25.12。

表 25.12　内锥孔顶尖的型号和规格（JB/T 10117.4—1999）mm

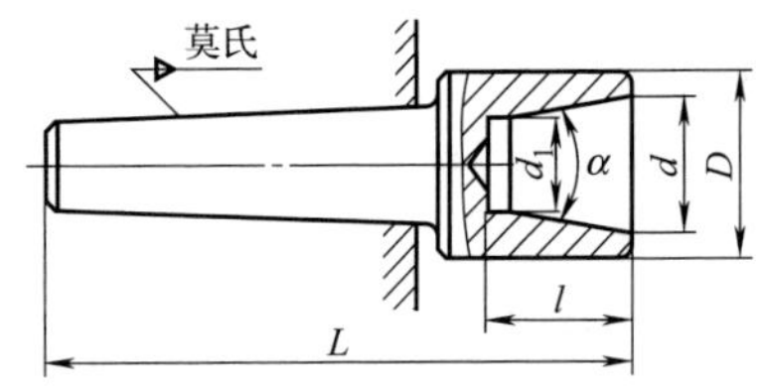

技术条件
材 料：T8
热处理：55～60HRC(柄部40～45HRC)
其他：按JB/T 8044—1999规定

公称直径（适用工件直径）	莫氏圆锥	d	D	d_1	α	L	l
8～16	4	18	30	6	16°	140	48
14～24		26	39	12		160	55
22～32		34	48	20		160	
30～40	5	42	56	28		200	
38～48		50	65	36		200	
46～56		58	74	44		210	
50～65		67	84	48	24°	220	60
60～75		77	95	58		220	
70～85		87	105	68		220	
80～95		97	116	78		220	

25.4.7　夹持式内锥孔顶尖

其型号和规格见表 25.13。

表 25.13　夹持式内锥孔顶尖的型号和规格（JB/T 10117.5—1999）

mm

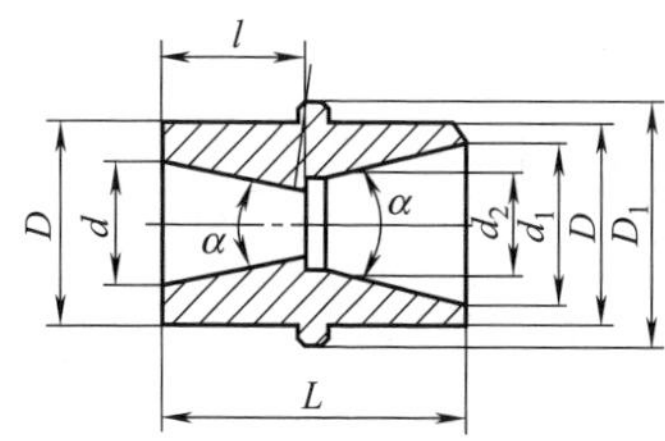

技术条件
材料：T8
热处理：55～60HRC
其他：按JB/T 8044—1999规定

公称直径（适用工件直径）	d	d_1	d_2	D	D_1	L	l	α/(°)
4～10	10	12	4	24	34	60	28.5	16
8～24	18	26	12	38	48	96	43	16
22～40	34	42	28	54	64	104	50	16
38～56	50	58	44	70	80	104	50	16
50～75	67	77	58	90	100	96	45	24
70～95	87	97	78	110	120	96	45	24

25.5　卡头和夹头

25.5.1　卡头

卡头有鸡心式、卡环式、夹板式和快换式等。其型号和规格见表 25.14～表 25.16。

表 25.14　鸡心卡头的型号和规格（JB/T 10118—1999）　mm

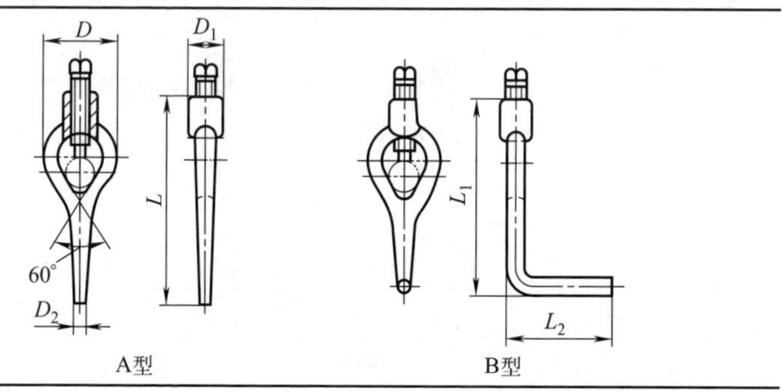

续表

公称直径（适用工件直径）	型号	D	D_1	D_2	L	L_1	L_2
3～16	A B	22	12	6	75 —	— 70	— 40
>6～12	A B	28	16	8	95 —	— 90	— 50
>12～18	A B	36	18	8	115 —	— 1110	— 60
>18～25	A B	50	22	10	135 —	— 130	— 70
>25～35	A B	65	28	12	155 —	— 150	— 75
>35～50	A B	85	28	14	180 —	— 170	— 80
>50～65	A B	100	28	16	205 —	— 190	— 85
>65～80	A B	120	34	18	230 —	— 210	— 90
>80～100	A B	150	34	22	260 —	— 240	— 95
>100～130	A B	180	40	25	290 —	— 270	— 100

表 25.15 卡环卡头的型号和规格（JB/T 10119—1999） mm

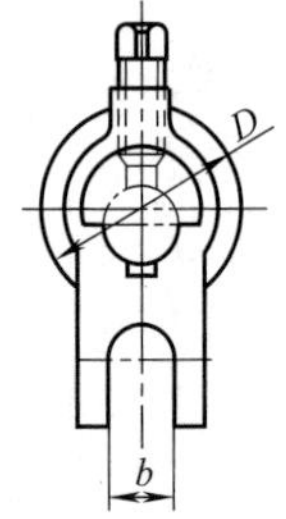

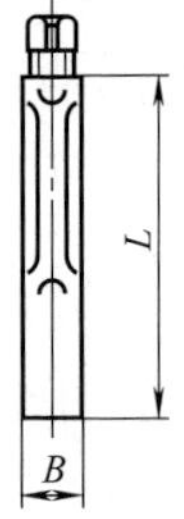

续表

公称直径（适用工件直径）	D	L	B	b	公称直径（适用工件直径）	D	L	B	b
5～10 10～15	26 30	40 50	10	12	50～60 60～70	95 105	110 125	18	16
15～20 20～25 25～32	45 50 56	60 67 71	13	12	70～80 80～90 90～100 100～110 110～125	115 125 135 150 170	140 150 160 165 190	20	16
32～40 40～50	67 80	90 100	18	16					

表 25.16　车床用快换卡头的型号和规格（JB/T 10121—1999）

mm

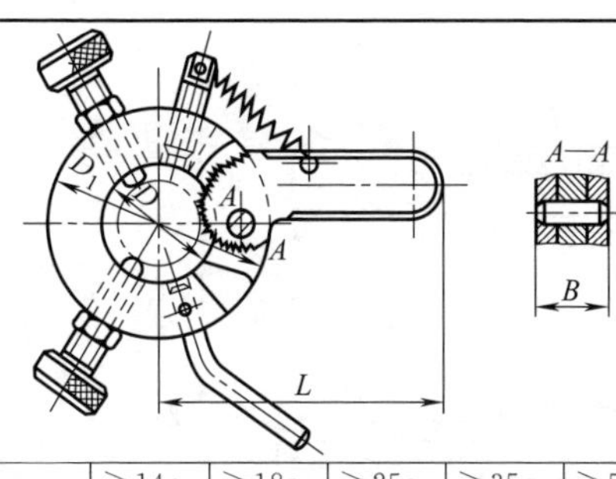

公称直径（适用工件直径）	8～14	＞14～18	＞18～25	＞25～35	＞35～50	＞50～65	＞65～80	＞80～100
D	22	25	32	45	60	75	90	110
D_1	45	50	65	80	95	115	140	170
B	15	18	20	20	24	24	24	28
L	77	79	85	91	120	130	138	150

25.5.2　夹头

（1）夹板卡头（表 25.17）

表 25.17　夹板卡头的型号和规格（JB/T 10120—1999）　mm

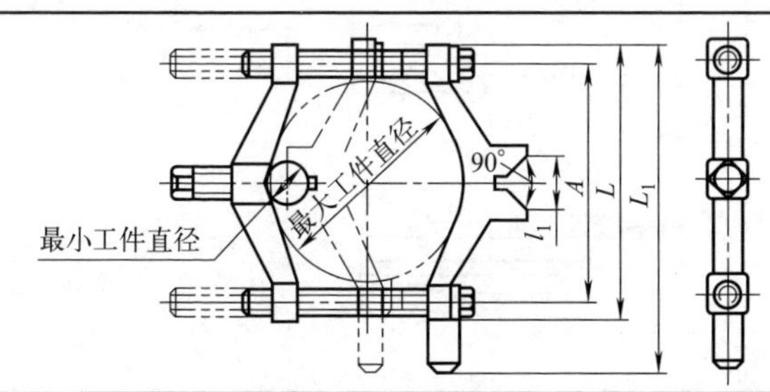

续表

公称直径 （适用工件直径）	L	L_1	A	l_1
20～100	140	170	120	30
30～150	200	270	172	42

（2）弹簧夹头（表 25.18）

表 25.18 弹簧夹头的形式和规格（JB/T 5556—1991）

名称	示意图	基本尺寸/mm
A 型：固定式弹簧夹头		1A 式：6、8、10、12、14、16、18、20、22、25、28、32、35、40、45、50 2A 式：18、22、28、32、35、42、48、56、66
B 型：内螺纹拉式弹簧夹头		6、8、10、12、14、16、18、20、22
C 型：外螺纹拉式弹簧夹头		1C、4C 式：6、8、10、12、14、16、18、20、22、25、28、32、35、40、45、50 2C 式：10、15、27 3C 式：50、60、70、80、93、100、110、140
D 型：卡簧		16、20、(22)、25、32、40
E 型：送料夹头		14、18、24、30、42、50、60、66、78、90、100、125
F 型：中心架夹套		1F 式：9、11、15、20、28 2F 式：9、12、16、18、25、32

续表

名称	示意图	基本尺寸/mm
J 型:长锥式弹簧夹头		12、16、20、25、35、45
Q 型:双锥式弹簧夹头		1Q 式:6、8、10、12、14、16、20、25、32、40、50 2Q 式:10、16、20、25、32、40 3Q 式:10、16、20、25、32、40
R 型:柔性夹头		R12 式: 6、9、12 R25 式: 12、15、18、21、25 R40 式:21、25、28、32、36、40

(3) 快换夹头

适用于钻床、车床等机床的钻孔和攻螺纹时。其形式和规格见表 25.19。

表 25.19　快换夹头的形式和规格 (JB/T 3481—2007)　mm

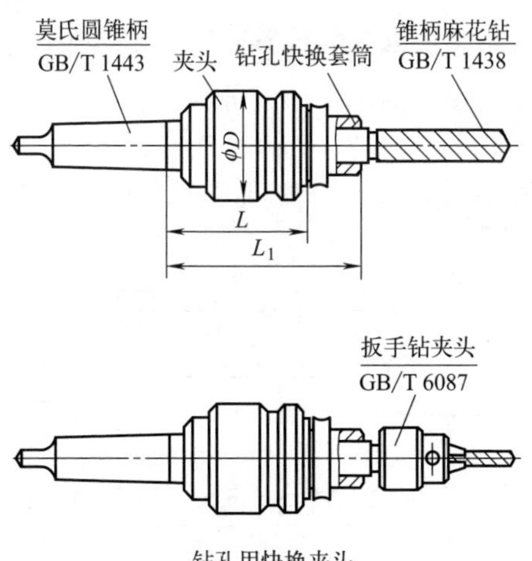

钻孔用快换夹头

续表

莫氏圆锥柄		2		3			4				5			
钻孔范围		3～23		3～31.5			3～50.5				14.5～75			
钻孔快换套筒莫氏锥孔		1	2	1	2	3	1	2	3	4	2	3	4	5
ϕD		52		66			78				90			
参考尺寸	L_{max}	90		103			129				159			
	L_{1max}	127	142	134	145	160	159	159	179	204	189	189	213	243

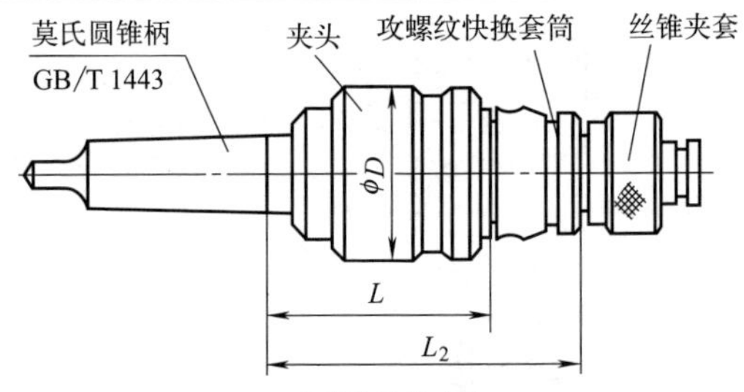

攻螺纹快换夹头

莫氏圆锥柄		3	4	5
攻螺纹范围		M3～M12	M12～M24	M12～M24
ϕD		66	78	90
参考尺寸	L_{max}	103	129	159
	L_{2max}	172	200	249

（4）丝锥夹头

丝锥夹头适用于安全过载保护机构，由夹头柄部和丝锥夹套两部分组成，按连接柄部的圆锥形式分为三种：形式Ⅰ——莫氏锥柄丝锥夹头，形式Ⅱ——7∶24 锥柄丝锥夹头，形式Ⅲ——自动换刀机床用 7∶24 锥柄丝锥夹头。丝锥夹头和夹套的参数见表 25.20、表 25.21。

表 25.20 丝锥夹头的参数（JB/T 9939—2013） mm

形式Ⅰ——莫氏锥柄丝锥夹头

续表

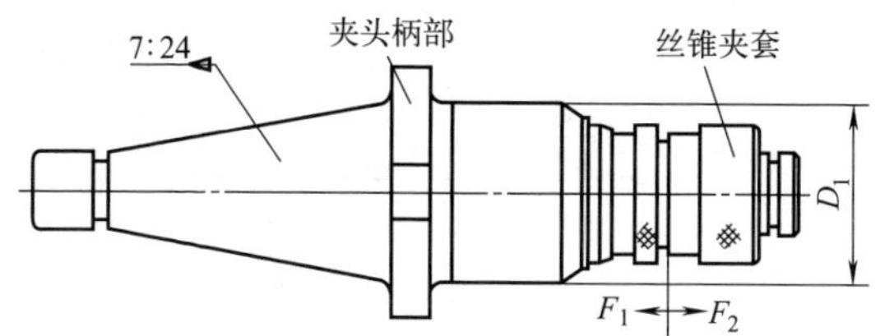

形式Ⅱ——7:24 锥柄丝锥夹头

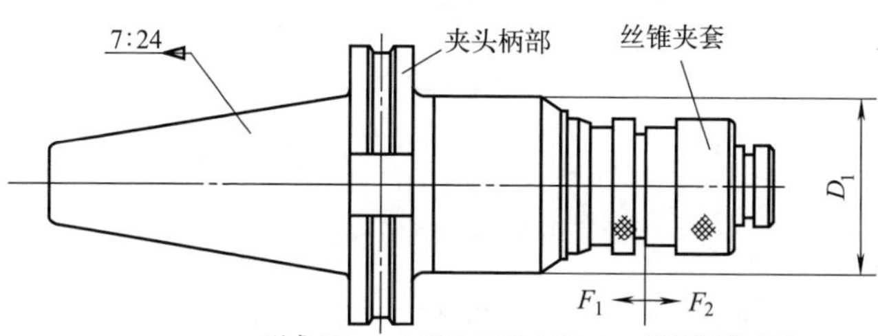

形式Ⅲ——自动换刀机床用 7:24 锥柄丝锥夹头

最大攻螺纹直径		M8	M12	M16	M24	M30	M42	M64	M80
攻螺纹范围		M2～M8	M3～M12	M5～M16	M12～M24	M16～M30	M24～M42	M42～M64	M64～M80
D_{1max}		40	45	55	65	80	95	115	135
螺距补偿量	F_1(压)方向	5		8	10		15		
	F_2(拉)方向	12	15	20		25		30	

表 25.21 丝锥夹套的参数

mm

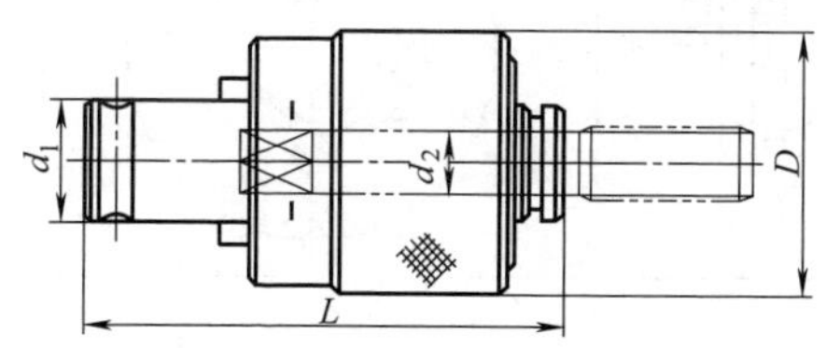

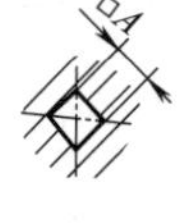

最大攻螺纹直径	M8	M12	M16	M24	M30	M42	M64	M80
d_1 g7	13	19	25	30	45	45	63	78
D_{max}	30	38	40	58	78	85	115	135
L_{min}	38	54	68	80	100	117	180	220

续表

攻螺纹直径		方孔□A		d_2	攻螺纹直径		方孔□A		d_2
第1系列	第2系列	公称尺寸	极限偏差D11		第1系列	第2系列	公称尺寸	极限偏差D11	
M2	—	2.0	+0.080 +0.020	2.5	M24	—	14.0	+0.160 +0.050	18.0
M3	—	1.8		2.24	—	M27	16.0		20.0
	—	2.5		3.15	M30	—			
M4	—		+0.105 +0.030		—	M33	18.0		22.4
	—	3.15		4.0	M36	—	20.0	+0.195 +0.065	25.0
M5	—				—	M39	22.4		28.0
	—	4.0		5.0	M42	—			
M6	—	3.55		4.5	—	M45	25.0	+0.195 +0.065	31.5
	—	5.0		6.3	M48	—			
M8	—			8.0	—	M52	28.0		35.5
M10	—	6.3	+0.130 +0.040	9.0	M56	—			
M12	—	7.1		11.2	—	M60	31.5	+0.240 +0.080	40.0
—	M14	9.0		12.5	M64	—			
M16	—	10.0		14.0	—	M68	35.5		45.0
—	M18	11.2	+0.160 +0.050		M72	—			
M20	—			16.0	—	M76	40.0		50.0
—	M22	12.5			M80	—			

25.6 拨盘

拨盘有C、D型两种。型号和规格分别见表25.22、表25.23。

表25.22 C型拨盘的型号和规格（JB/T 10124—1999） mm

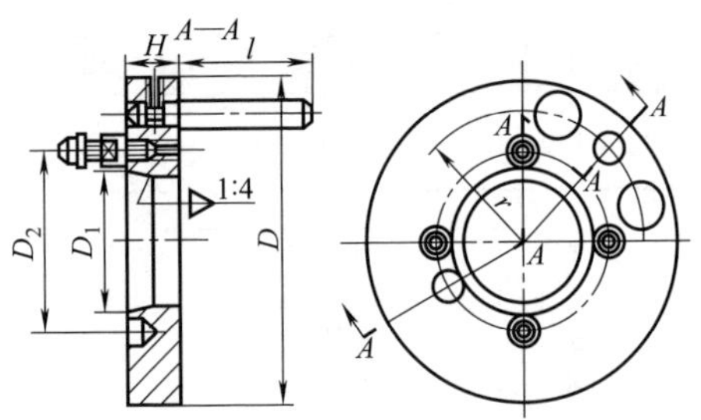

主轴端代号	3	4	5	6	8	11
D	125	160	200	250	315	400
D_1	53.975	63.513	82.563	106.375	139.719	196.869
D_2	75.0	85.0	104.8	133.4	171.4	235.0
H	20	20	25	30	30	35
r	45	60	72	90	125	165
l	60	60	75	85	85	90

表 25.23　D 型拨盘的型号和规格（JB/T 10124—1999）　mm

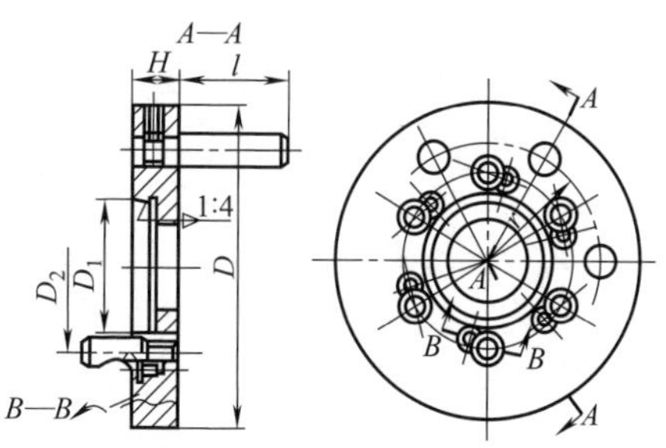

主轴端代号	3	4	5	6	8	11
D	125	160	200	250	315	400
D_1	53.975	63.513	82.563	106.375	139.719	196.869
D_2	70.6	82.6	104.8	133.4	171.4	235.0
H	25	25	28	35	38	45
r	45	60	72	90	125	165
l	50	50	65	80	80	90

25.7 卡盘

卡盘有短圆柱形三爪自定心式、短圆锥形三爪自定心式、短圆柱形四爪单动式、短圆锥形四爪单动式、精密可调手动自定心式等。其型号和规格分别见表 25.24～表 25.28。

表 25.24　短圆柱形三爪自定心卡盘的型号和规格（GB/T 4346—2008）

mm

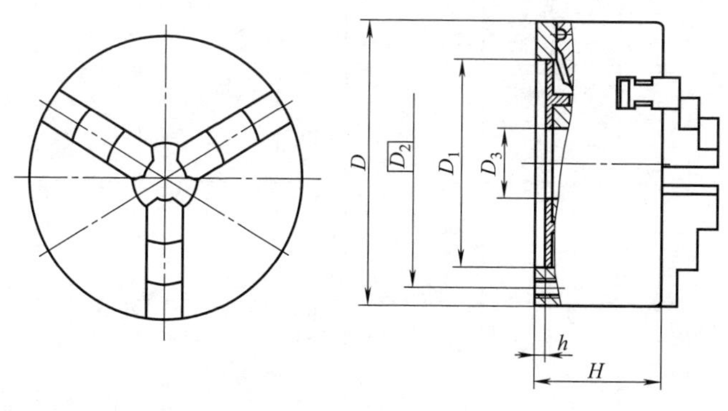

续表

卡盘直径D	80	100	125	160	200	250	315	400	500	630	800
D_1	55	72	95	130	165	206	260	340	440	560	710
D_2	66	84	108	142	180	226	285	368	465	595	760
$D_{3\min}$	16	22	30	40	60	80	100	130	200	260	380
$z \times d$	3×M6	3×M8			3×M10	3×M12	3×M16		6×M16		6×M20
t	0.30					0.40					
$h_{\min}$	3			5					6	7	8
$H_{\max}$	50	55	60	65	75	80	90	100	115	135	149
S	8		10		12		14	17		19	

表 25.25 短圆锥形三爪自定心卡盘的型号和规格（GB/T 4346—2008）

mm

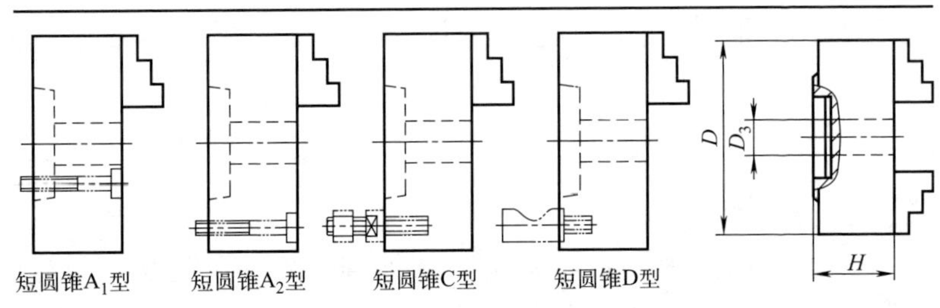

短圆锥A_1型　短圆锥A_2型　短圆锥C型　短圆锥D型

卡盘直径D	连接形式	代号3 $D_{3\min}$	3 $H_{\max}$	4 $D_{3\min}$	4 $H_{\max}$	5 $D_{3\min}$	5 $H_{\max}$	6 $D_{3\min}$	6 $H_{\max}$	8 $D_{3\min}$	8 $H_{\max}$
125	A_1	—	—	—	—						
	A_2	—	—	—	—						
	C	25	65	25	65						
	D	25	65	25	65						
160	A_1	—	—	—	—	—	—				
	A_2	—	—	—	—	—	—				
	C	40	80	40	75	40	75				
	D	40	80	40	75	40	75				
200	A_1			—	—	40	85	55	85		
	A_2			50	90	—	—	—	—		
	C			50	90	50	90	50	90		
	D			50	90	50	90	50	90		
250	A_1					40	95	55	95	75	95
	A_2					—	—	—	—	—	—
	C					70	100	70	100	70	100
	D					70	100	70	100	70	100

续表

卡盘直径 D	连接形式	代号									
		6		8		11		15		20	
		D_{3min}	H_{max}	D_{3min}	H_{max}	D_{3min}	H_{max}	D_{3min}	H_{max}	D_{3min}	H_{max}
315	A_1	55	110	75	110	—	—				
	A_2	100	110	—	—	—	—				
	C	100	110	100	110	100	110				
	D	100	115	100	115	100	115				
400	A_1			75	125	125	125	—	—		
	A_2			125	125	—	—	—	—		
	C			125	125	125	125	125	140		
	D			125	125	125	125	125	155		
500	A_1					125	140	190	140		
	A_2					190	140	—	—		
	C					190	140	200	140		
	D					190	145	200	145		
630	A_1					—	—	240	160	—	—
	A_2					190	160	240	160	—	—
	C					190	160	240	160	350	200
	D					190	160	240	160	350	200
800	A_1							—	—	—	—
	A_2							240	180	350	200
	C							240	180	350	200
	D							240	180	350	200

注：1. A_1 型、A_2 型、C 型、D 型短圆锥形卡盘连接参数分别见 GB/T 5900.1～5900.3 中图 2 和表 2。

2. 扳手方孔尺寸见表 25.24 短圆柱形三爪自定心卡盘的型号和规格。

表 25.26　短圆柱形四爪单动卡盘的型号和规格（JB/T 6566—2005）

mm

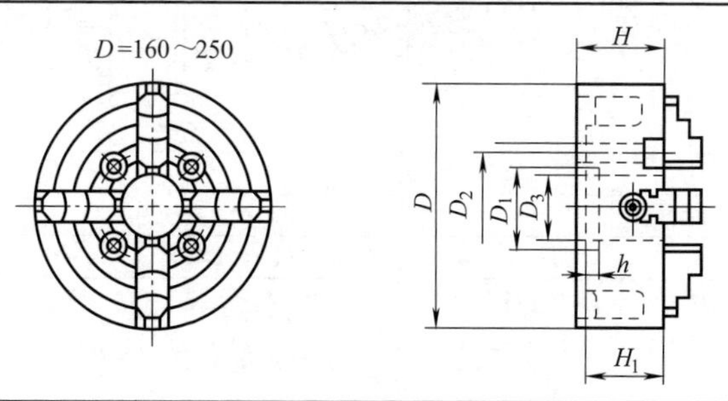

续表

卡盘直径 D	160	200	250	315	400	500	630	800	1000
D_1	53 (65)	75 (80)	110	140	160	200	220	250	320
D_2	71 (95)	95 (112)	130	165	185	236	258	300	370
$D_{3\min}$	45	56	75	95	125	160	180	210	260
$H_{\max}/H_{1\max}$	67	75	80	90	95	106	118	132	150
$h_{\min}$	4	6			8		10	12	15
d	11		14	18		22			
t	0.3		0.4				0.5		
S	10		12	14			17	19①	22①
b	—			14		18		22	

① 该 S 值为外方尺寸，其余为内方尺寸。

注：括号内尺寸尽量不采用。

表 25.27 短圆锥形四爪单动卡盘的型号和规格（JB/T 6566—2005）

mm

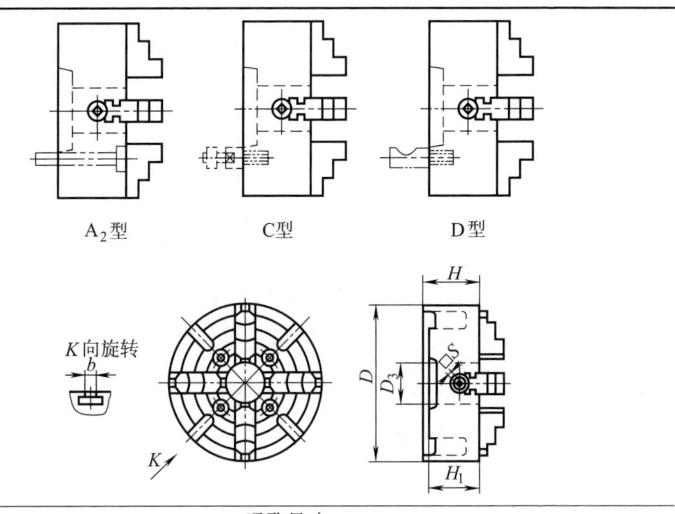

通孔尺寸

卡盘的连接代号	3	4	5	6	8	11	15	20
$D_{3\min}$	45	56	56	75	125	160	180	210

注：1. 短圆锥形卡盘的连接参数按 GB/T 5900.1～5900.3 的有关规定。

2. 短圆锥形卡盘的扳手方 S、T 形槽宽度 b 以及 H 和 H_1 尺寸见表 25.26 短圆柱形四爪单动卡盘。

表 25.28 精密可调手动自定心卡盘的基本参数（JB/T 11768—2014）

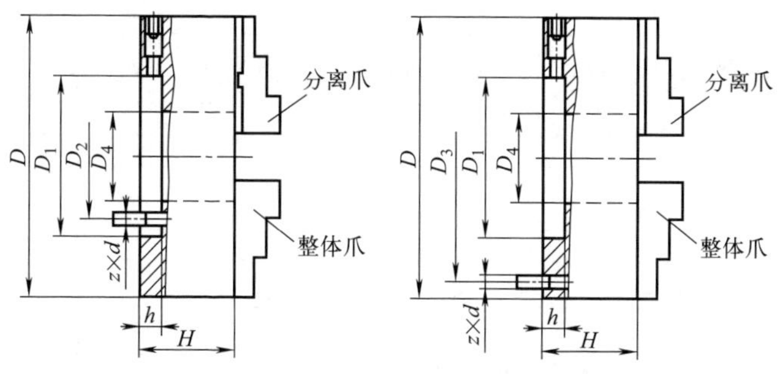

卡盘公称直径 D	D_1	D_2	D_3	D_{4min}	h	H_{max}	$z\times d$
米制卡盘/mm							
100	45	—	83	20	13	68	3×M8
125	55	—	108	30	15	71.5	3×M8
160	86	—	140	40	18	69	3×M10
200	110	—	176	55	20	78	3×M10
250	145	—	224	76	20	89	3×M12
315	180	—	286	100	20	97	3×M16
400	299.237	171.45	—	130	22	123	6×M16
500	407.160	235	—	190	30	144	6×M20
630	407.160	330.2	—	252	30	150	6×M20
英制卡盘/in							
4	2.125	—	3.530	1.020	0.657	2.35	6×10-24
5	2.375	—	4.438	1.296	0.657	2.35	3×1/4-20
6	3.125	—	5.343	1.520	0.689	2.35	6×1/4-20
8	4.750	—	7.50	2.250	0.752	3.15	6×3/8-16
10	6.375	4.375	—	2.810	0.803	3.5	6×7/16-14
12	7.906	5.250	—	3.257	0.803	4	6×1/2-13
15	11.781	6.750	—	4.250	1.063	5.78	6×5/8-11
21	16.030	9.250	—	5.275	1.185	6.25	6×3/4-10
24	16.030	9.250	—	7.025	1.185	6.53	6×3/4-10

精密可调手动自定心卡盘的夹持范围见表 25.29。

表 25.29 精密可调手动自定心卡盘的夹持范围

卡盘直径 D		三爪卡盘 /mm		六爪卡盘 /mm		卡盘直径 D		三爪卡盘 /mm		六爪卡盘 /mm	
米制/mm	英制/in	最小值	最大值	最小值	最大值	米制/mm	英制/in	最小值	最大值	最小值	最大值
100	4	3	87	4	87	250	10	10	250	16	250
		3	87	4	87	315	12	10	315	12	315
125	5	3	125	6	125			10	315	20	315
		3	125	6	125	400	15	10	400	15	400
160	6	3	160	8	160			15	380	28	380
		3	152	8	152	500	21	20	500	30	500
200	8	4	200	8	200			25	530	30	530
		5	200	8	200	630	24	30	630	40	630
250	10	5	250	12	250			30	610	40	610

25.8 卡盘用过渡盘

有 C 型三爪自定心卡盘用过渡盘、D 型三爪自定心卡盘用过渡盘、C 型四爪单动卡盘用过渡盘和 D 型四爪单动卡盘用过渡盘。其型号和规格分别见表 25.30～表 25.33。

表 25.30 C 型三爪自定心卡盘用过渡盘的型号和规格（JB/T 10126.1—1999）

mm

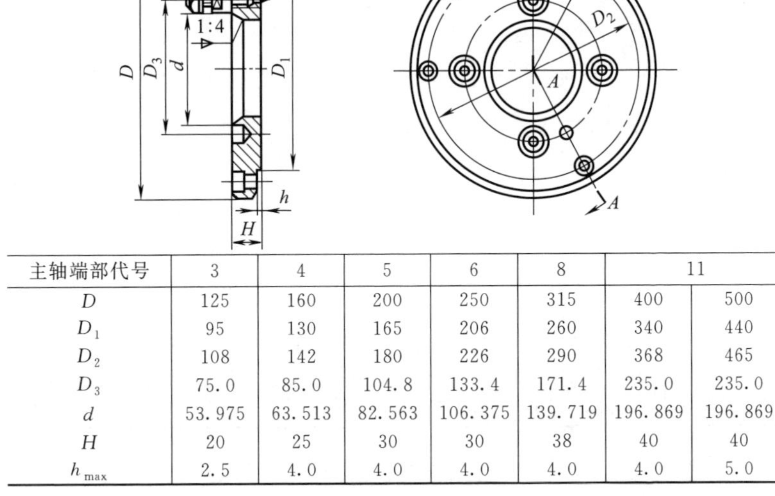

主轴端部代号	3	4	5	6	8	11	
D	125	160	200	250	315	400	500
D_1	95	130	165	206	260	340	440
D_2	108	142	180	226	290	368	465
D_3	75.0	85.0	104.8	133.4	171.4	235.0	235.0
d	53.975	63.513	82.563	106.375	139.719	196.869	196.869
H	20	25	30	30	38	40	40
h_{max}	2.5	4.0	4.0	4.0	4.0	4.0	5.0

表 25.31　D型三爪自定心卡盘用过渡盘的型号和规格（JB/T 10126.1—1999）

mm

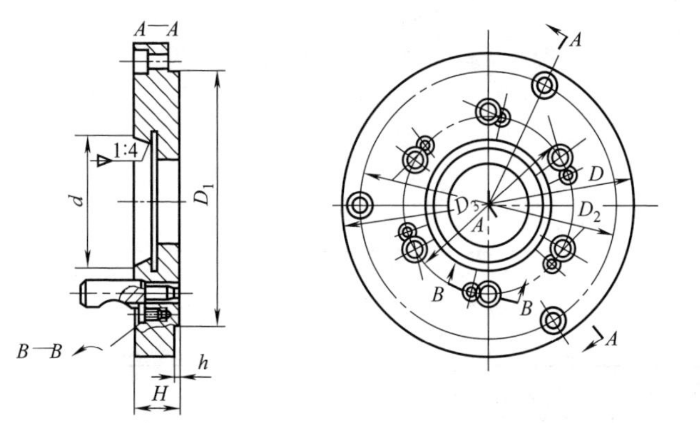

主轴端部代号	3	4	5	6	8	11	
D	125	160	200	250	315	400	500
D_1	95	130	165	206	260	340	440
D_2	108	142	180	226	290	368	465
D_3	70.6	82.6	104.8	133.4	171.4	235.0	235.0
d	53.975	63.513	82.563	106.375	139.719	196.869	196.869
H	25	25	30	35	38	45	45
h_{max}	2.5	4.0	4.0	4.0	4.0	4.0	5.0

表 25.32　C型四爪单动卡盘用过渡盘的型号和规格（JB/T 10126.2—1999）

mm

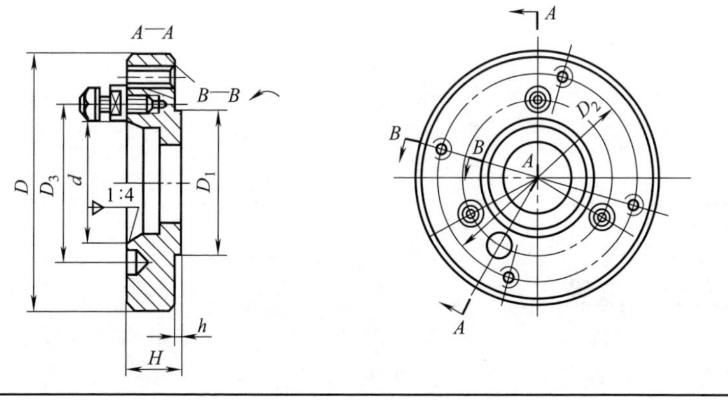

续表

主轴端部代号	4	5	6	8	11	
卡盘直径	200	250	315	400	500	630
D	140	160	200	230	280	320
D_1	75	110	140	160	200	220
D_2	95	130	165	185	236	258
D_3	85.0	104.8	133.4	171.4	235.0	235.0
d	63.513	82.563	106.375	139.719	196.869	196.869
H	30	35	35	45	50	60
h_{max}	5	5	5	7	7	9

注：用于卡盘与车床主轴连接，适用于 JB/T 6566—2005 规定的四爪单动卡盘。

表 25.33 D 型四爪单动卡盘用过渡盘的型号和规格（JB/T 10126.2—1999）

mm

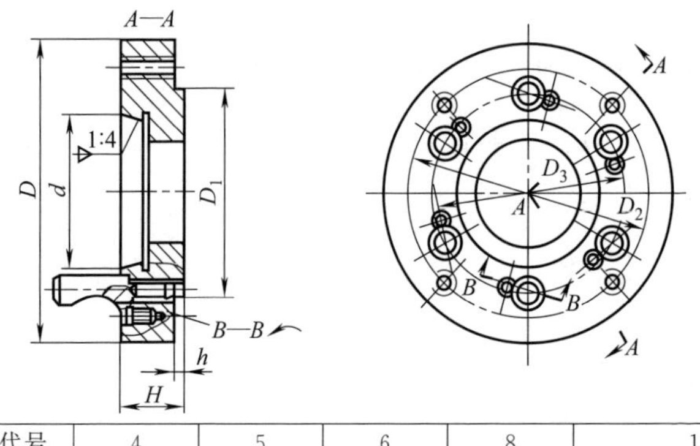

主轴端部代号	4	5	6	8	11	
卡盘直径	200	250	315	400	500	630
D	140	160	200	230	280	320
D_1	75	110	140	160	200	220
D_2	95	130	165	185	236	258
D_3	82.6	104.8	133.4	171.4	235.0	235.0
d	63.513	82.563	106.375	139.719	196.869	196.869
H	30	35	35	45	50	60
h_{max}	5	5	5	7	7	9

注：用于卡盘与车床主轴连接，适用于 JB/T 6566—2005 规定的四爪单动卡盘；适用于 GB/T 5900.1～5900.3 规定的主轴端部尺寸。

25.9 花盘

常用于在花盘上安装角铁，以车代镗加工轴承座、三通法兰平面和一些不规则的工件。其型号和规格见表 25.34。

表25.34　花盘的型号和规格（JB/T 10125—1999）　mm

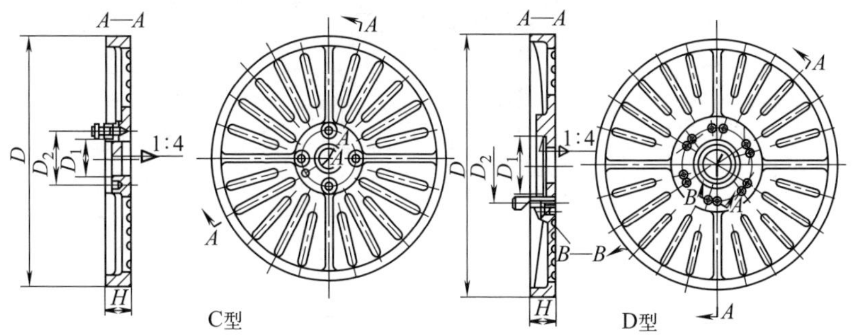

车床		D	D_1			D_2	H
规格	主轴端部代号		基本尺寸	极限偏差			
				C型	D型		
320	5	500	82.653	+0.010/0	+0.004/−0.006	104.8	50
400	6	630	106.375	+0.010/0	+0.004/−0.006	133.4	60
500	8	710	139.719	+0.012/0	+0.004/−0.008	171.4	70
630	11	800	196.869	+0.014/0	+0.004/−0.010	235.0	80

注：花盘尺寸按GB/T 5900.1～5900.3；选用时应注意新老车床主轴端部尺寸是否一致。

25.10　分度头

主要用于铣床，也常用于钻床和平面磨床，还可放置在平台上供钳工划线用。按种类来分有通用分度头（机械分度头、等分分度头）和光学分度头两类。

25.10.1　机械分度头

机械分度头型号及规格见表25.35。

表25.35　机械分度头型号及规格（GB/T 2554—2008）

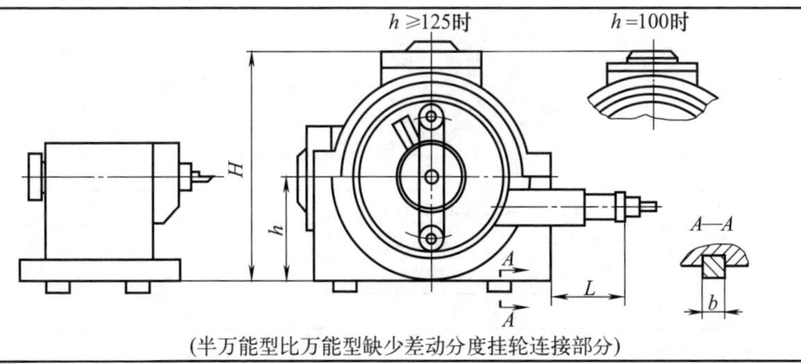

（半万能型比万能型缺少差动分度挂轮连接部分）

续表

中心高 h/mm			100	125	160	200	250
主轴端部	法兰式	端部代号（CB/T 5900.1—2021）	$A_0$2	$A_3$3		$A_1$5	
		莫氏锥孔号（GB/T 1443—2016）	3	4		5	
	7∶24 圆锥	端部锥度号（GB/T 3837—2001）	30	40		50	
定位键宽 b/mm			14	18		22	
主轴直立时，支承面到底面高度 H/mm			200	250	315	400	500
连接尺寸 L/mm			93	103		—	
主轴下倾角度/(°)			≥5				
主轴上倾角度/(°)			≥95				
传动比			40∶1				
手轮刻度指示值/(′)			1				
手轮游标分划示值/(°)			10				

25.10.2 等分分度头

等分分度头形式、参数及检验精度见表 25.36。

表 25.36 等分分度头形式、参数及检验精度（JB/T 3853—2013）

mm

	形式	参数
形式和参数		主参数：h 次参数：b （数值由生产厂家自定） 锁紧后主轴上的锁紧力矩应大于 120N·m
检验精度	项目	数值
	主轴定心轴径的径向跳动	0.010
	主轴轴肩支承面端面跳动	0.015
	两基准面的垂直度①	0.015
	主轴轴肩支承面对底面的平行度①	0.020
	主轴轴肩支承面对定位面侧面的垂直度①	0.020
	单个分度误差	±40″
	分度精度	2′

① 在 200mm 测量长度上。

25.10.3 光学分度头

用于精密加工和角度计量，主轴上装有精密的玻璃刻度盘或圆光栅，通过光学或光电系统进行细分、放大，再由目镜、光屏或数显装置读出角度值（精度可达±1″）。其基本参数和技术指标见表25.37、表25.38。

表 25.37 光学分度头的基本参数（GB/T 3371—2013）

SJJF-1数字式光栅光学分度头

JJ2光学分度头

项目	光学读数			数字显示	
	准确度级别				
	1″级	2″级	4″级	10″级	20″级
光学读数系统分格值/(″)	—		2	5	10
数字显示系统分辨力/(″)	0.1		1	—	
角度测量范围/(°)	0～360				
主轴轴线仰俯角度调节范围/(°)	0～90				
顶针中心高(≥)/mm	150				
顶针最大中心距(≥)/mm	700				
主轴锥孔规格	莫氏4号				
附件配置	主轴花盘、拨叉、鸡心夹、阿贝测量头、导程测量仪、指示器安装架				

表 25.38 光学分度头的主要技术指标（GB/T 3371—2013）

项目	准确度级别				
	1″级	2″级	4″级	10″级	20″级
准确度(≥)/(″)	1	2	4	10	20
回程差和封闭差的综合误差(≤)/(″)	0.5	1.0	1.5	2	3
工作台T形槽导向面与侧导向面在1000mm长度上的平行度(≤)/mm	0.01				

续表

项目	准确度级别				
	1″级	2″级	4″级	10″级	20″级
工作台台面的平面度(≤)/μm	5+L/200			10+L/100	
工作台侧导向面的直线度(≤)/μm	5+L/200				
工作台侧导向面与台面的垂直度(≤)/(′)	10				
主轴顶针锥面的斜向圆跳动(≤)/mm	0.002			0.003	
主轴轴线与工作台台面、侧导向面在100mm长度上的平行度(≤)/mm	0.003			0.005	
尾座顶针移动方向与工作台台面、侧导向面在30mm长度上的平行度(≤)/mm	0.005				
主轴顶针和尾座顶针连线与工作台台面、侧导向面在100mm长度上的平行度(≤)/mm	0.003			0.005	
主轴直立且限位机构处于触碰状态下，其轴线对工作台台面的垂直度(≤)/(″)	10			20	
主轴仰俯角度刻度盘的示值误差(≤)/(′)	6				

注：L 为工作台台面有效长度，mm。

25.11 中间套

常见的中间套规格见表25.39～表25.44。

表25.39 快换中间套的规格（JB/T 3411.121—1999） mm

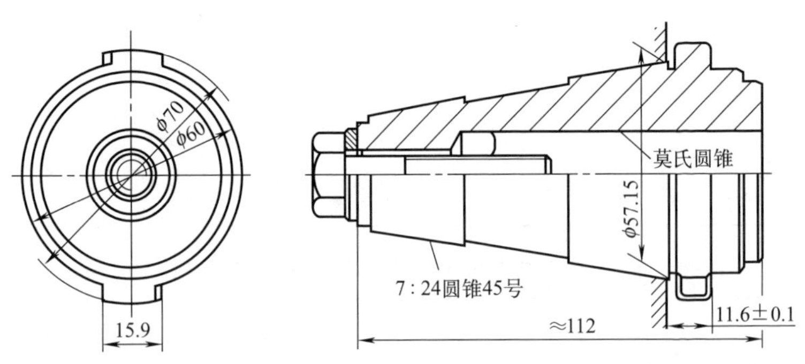

外锥	内锥
7∶24圆锥号	莫氏圆锥号
45	2、3、4

表 25.40 莫氏圆锥中间套的规格（JB/T 3411.109—1999）

mm

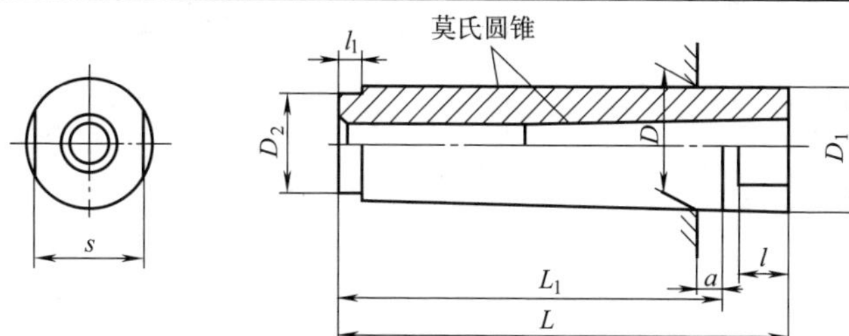

莫氏圆锥号		D	D_1 ≈	$D_{2\max}$	$L_{\max}$	L_1	a	l	$l_{1\max}$	s
外锥	内锥									
3	1	23.825	24.1	19.0	80	65	5	12	7	21
4	2、3	31.267	31.6	25.0	90	70	6.5	12	9	27
3	2、3	44.399	44.7	35.7	110	85	6.5	12	10	36
6	4、5	63.348	63.8	51.0	130	105	8	15	16	55

表 25.41 7∶24 圆锥/带扁尾莫氏圆锥中间套的规格（JB/T 3411.107—1999）

mm

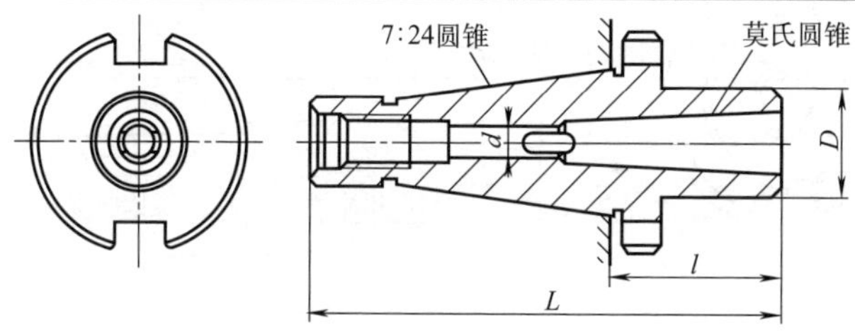

7∶24 圆锥号	莫氏圆锥号	D	d	$l_{\max}$ ≈	$L_{\max}$	t
30	1	25	6.2	50	118	0.012
	2	32	10.3	70	138	
	3	40	12.5	70	138	
40	1	25	6.2	50	143	
	2	32	10.3	50	143	
	3	40	12.5	66	158	
	4	48	17.0	95	188	
45	1	25	6.2	50	157	0.016
	2	32	10.3	50	157	
	3	40	12.5	66	172	
	4	48	17.0	75	182	
	5	63	21.0	125	232	

续表

7∶24 圆锥号	莫氏 圆锥号	D	d	l_{max} ≈	L_{max}	t
50	2	32	10.3	60	187	0.020
	3	40	12.5	66	192	
	4	48	17.0	70	197	
	5	63	21.0	105	232	
55	3	40	12.5	70	235	
	4	48	17.0	70	235	
	5	63	21.0	70	235	
60	3	40	12.5	70	277	
	4	48	17.0	70	277	
	5	63	21.0	70	277	
	6	80	25.0	100	307	

表 25.42　7∶24 圆锥/强制传动的莫氏圆锥长型中间套的规格

（JB/T 3411.105—1999）　mm

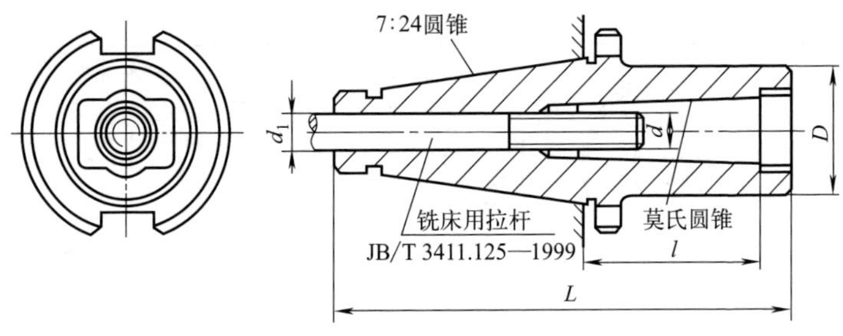

7∶24 圆锥号	莫氏 圆锥号	D	d	d_1	L_{max}	l_{max} ≈
40	4	63	M16	17	203	95
45				21	197	75
50				26	227	85
	5	78	M20		265	120
55	4	63	M16		240	60
60	5	78	M20		278	95
				32	310	85
	6	124	M24		352	120

表 25.43 7∶24 圆锥/强制传动的莫氏圆锥短型中间套的规格

(JB/T 3411.106—1999) mm

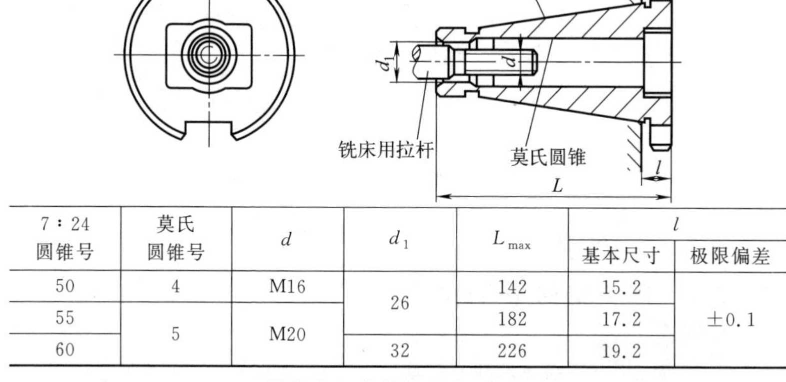

7∶24 圆锥号	莫氏圆锥号	d	d_1	L_{max}	l 基本尺寸	l 极限偏差
50	4	M16	26	142	15.2	±0.1
55	5	M20		182	17.2	
60			32	226	19.2	

表 25.44 7∶24 圆锥中间套的规格 (JB/T 3411.108—1999)mm

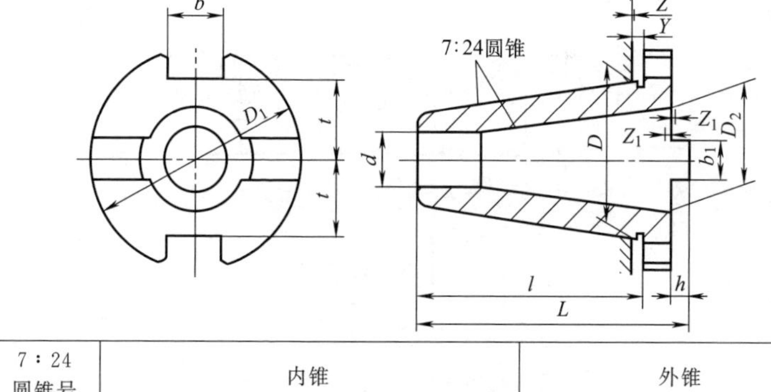

7∶24 圆锥号 外锥	7∶24 圆锥号 内锥	内锥 D	内锥 D_1	内锥 l_{max}	内锥 l_{min}	内锥 Y	内锥 Z	内锥 b	内锥 t_{max}	外锥 D_2	外锥 d	外锥 b_1	外锥 h_{max}	外锥 Z_1	外锥 t_1
40	30	44.45	63	85.0	67	1.6	±0.4	16.1	22.5	31.75	17.4	159	8.0	±0.4	0.016
45	40	57.15	80	104.0	86	3.2		19.3	29.0	44.45	253				
50	30	69.85	100	125.0	105			25.7	35.3	31.75	17.4				0.020
	40									44.45	253				
	45			126.5						57.15	324	190	95		
55	40	88.90	130	152.0	130	3.2		25.7	45.0	44.45	25.3	159	80		0.020
	45			153.5						57.15	32.4	190	95		
	50			156.5						69.85	39.6	254	125		

续表

7：24 圆锥号		内锥								外锥					
外锥	内锥	D	D_1	l_{max}	l_{min}	Y	Z	b	t_{max}	D_2	d	b_1	h_{max}	Z_1	t_1
60	40	107.95	160	189.0	165	3.2	±0.4	25.7	60.0	44.45	253	159	80	±0.4	0.020
	45			190.5						57.15	324	190	95		
	50			193.5						69.85	396	254	125		

注：1. Z 等于圆锥的大端和通过基本直径 D 的平面之间的最大允许偏差，适用于该平面的两侧面。

2. Z_1 等于在前端面的任何一边，基准平面 D_2 对前端面公称重合位置的最大允许偏差。

25.12 V形块

25.12.1 机床调整V形块

其规格见表25.45、表25.46。

表25.45 机床调整V形块（Ⅰ，JB/T 8018.1—1999） mm

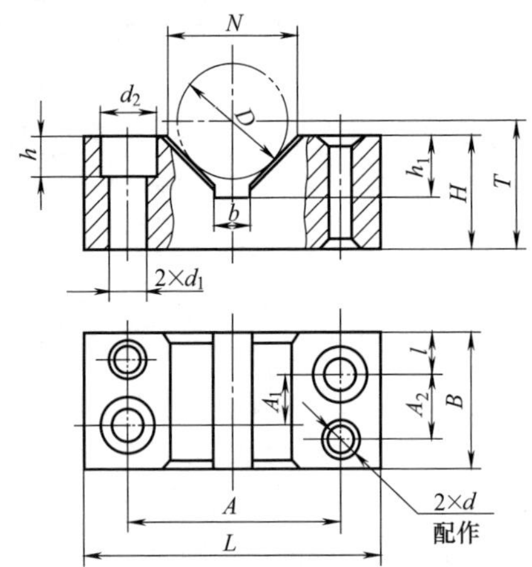

N	D	L	B	H	A	A_1	A_2	b	l	d 基本尺寸	d 极限偏差 H7	d_1	d_2	h	h_1
9	5～10	32	16	10	20	5	7	2	5.5	4	+0.012 0	4.5	5	4	5
14	>10～15	38	20	12	26	6	9	4	7			5.5	10	5	7
18	>15～20	46	25	16	32	9	12	6	8	5		6.6	11	6	9
24	>20～25	55		20	40			8							11
32	>25～35	70	32	25	50	12	15	12	10	6		9	15	8	14

续表

N	D	L	B	H	A	A_1	A_2	b	l	d 基本尺寸	d 极限偏差 H7	d_1	d_2	h	h_1
42 55	>35～45 >45～60	85 100	40	32 35	64 76	16	19	16 20	12	8	+0.015 0	11	18	10	18 22
70 85	>60～80 >80～100	125 140	50	42 50	96 110	20	25	30 40	15	10		13.5	20	12	25 30

注：$T=H+0.707D-0.5N$。

表 25.46　机床调整 V 形块（Ⅱ，JB/T 8018.3—1999）　mm

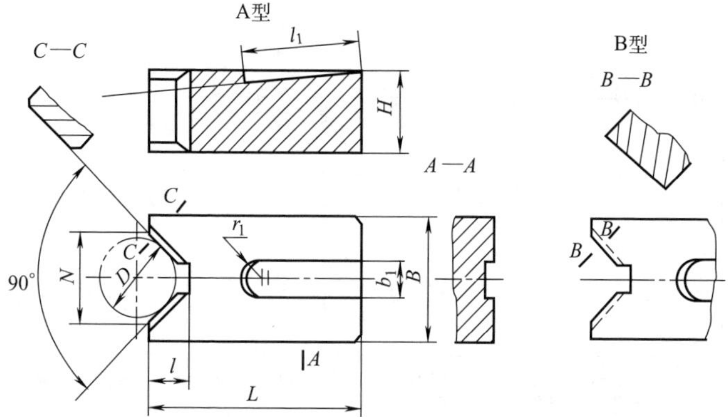

N	D	B 基本尺寸	B 极限偏差 f7	H 基本尺寸	H 极限偏差 f9	L	l	l_1	r_1
9	5～10	18	−0.016 −0.034	10	−0.013 −0.049	32	5	22	4.5
14 18	>10～15 >15～20	20 25	−0.020 −0.041	12 14	−0.016 −0.059	35 40	7 10	22 26	
24 32	>20～25 >25～35	34 42	−0.025 −0.050	16		45 55	12 16	28 32	5.5
42 55 70	>35～45 >45～60 >60～80	52 65 80	−0.030 −0.060	20 25	−0.020 −0.072	70 85 105	20 25 32	40 46 60	6.5

25.12.2　机床活动 V 形块

其规格见表 25.47。

表 25.47 机床活动 V 形块（JB/T 8018.4—1999） mm

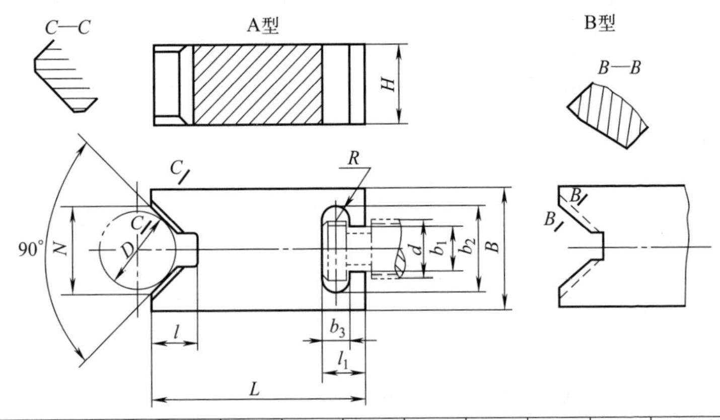

N	D	B	H	L	l	l_1	b_1	b_2	b_3	相配件 d
9	5～10	18	10	32	5	6	5	10	4	M6
14	>10～15	20	12	35	7	8	6.5	12	5	M8
18	>15～20	25	14	40	10	10	8	15	6	M10
24	>20～25	34	16	45	12	12	10	18	8	M12
32	>25～35	42	16	55	16	13	13	24	10	M16
42	>35～45	52	20	70	20	13	13	24	10	M16
55	>45～60	65	20	85	25	15	17	28	11	M20
70	>60～80	80	25	105	32	15	17	28	11	M20

25.12.3 机床固定 V 形块

其规格见表 25.48。

表 25.48 机床固定 V 形块（JB/T 8018.2—1999） mm

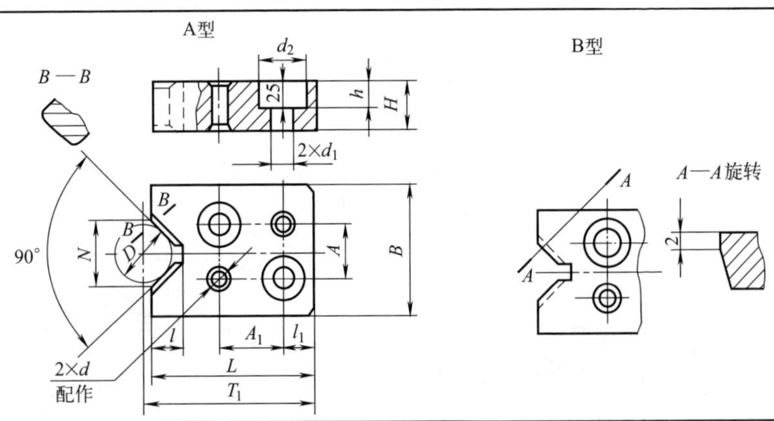

续表

N	D	B	H	L	l	l_1	A	A_1	d	d_1	d_2	h
9	5～10	22	10	32	5	6	10	13	4	4.5	8	4
14	>10～15	24	12	35	7	7	10	14	15	5.5	10	5
18	>15～20	28	14	40	10	8	12	14	15	6.6	11	6
24	>20～25	34	16	45	12	10	15	15	6	6.6	11	6
32	>25～35	42	16	55	16	12	20	18	8	9	15	8
42	>35～45	52	20	68	20	14	26	22	10	11	18	10
55	>45～60	65	20	80	25	15	35	28	10	11	18	10
70	>60～80	80	25	90	32	18	45	35	12	13.5	20	12

注：$T=L+0.707D-0.5N$。

25.13 回转工作台

回转工作台可以辅助加工各种曲线零件以及需要分度的零件，既可使零件做轴向移动和回转分度，又可进行一般的铣削加工，可扩大铣床加工的工艺范围，缩短加工的辅助时间，提高零件加工精度，有蜗杆副分度传动的卧式工作台、立卧式工作台和可倾式工作台三种。

26.13.1 回转工作台的形式及参数

见表25.49。

表25.49 回转工作台的形式及参数（JB/T 4370—2011） mm

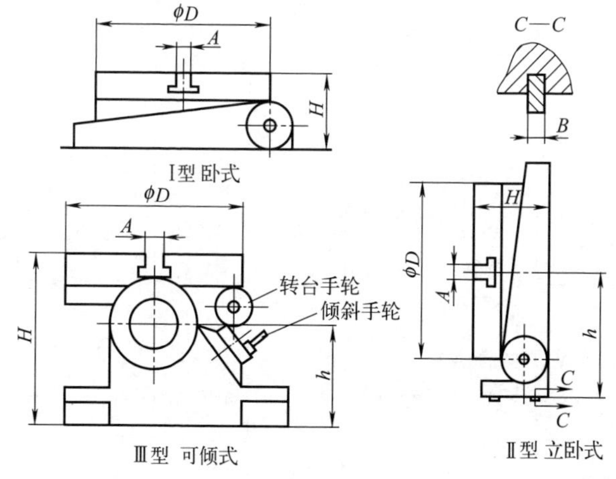

续表

D		200	250	315	400	500	630	800	1000
H_{max}	Ⅰ型	90	100	120	140	160	180	220	250
	Ⅱ型	100	125	140	170	210	250	300	350
	Ⅲ型	180	210	260	320	380	460	560	700
h_{max}	Ⅱ型	150	185	230	280	345	415	510	610
	Ⅲ型	130	160	200	250	300	360	450	550
中心孔莫氏锥度(GB1443)		3		4		5		6	
中心孔(直径×深度)		30×6		40×10		50×12		75×14	
A/mm(GB/T 158)		12		14		18		22	
B/mm(JB/T 8016)		14(12)		18(14)		22(18)		28(22)	
转台手轮刻度值		1′							
转台手轮游标刻度值		10″							
可倾角度		(Ⅲ型)0°～90°							

25.13.2　普通回转工作台

其规格见表 25.50。

表 25.50　普通回转工作台的规格　　mm

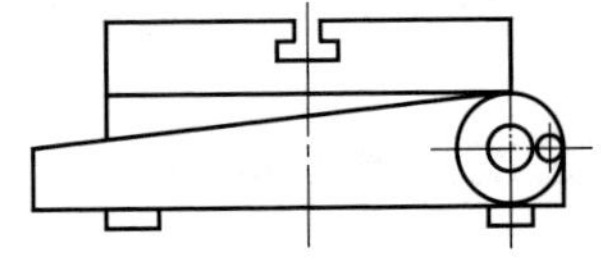

产品类型	型号	原型号	工作台台面直径	中心锥孔锥度(莫氏)	中心锥孔大端直径	定位孔直径	定位键宽度
机动	T11320 T11400	TJ320 TJ400	320 400	4	31.267	38、40	18
	T11500 T11630	TJ500 TJ630	500 630	5	44.399	50	
精密手动	TM12250C TM12320C TM12600	TS250C TS320C HCPZJ60 F1360	250 320 600	3 4 3 4	23.825 31.267 23.825 31.267	30 40	14
						手柄工作台转速比 1∶360	
手动	T12160A	TS160A	160	2	17.780	25	12
	T12200A	TS200A	200	3	23.825	30	14
	T12250A	TS250A	250	4	31.267	40	30
	T12320A	TS320A	320	2	17.780	30	12
	T12160	TS160	160				
	T12200 T12250	TS200 TS250	200 250	3	23.825	32	14

续表

产品类型	型号	原型号	工作台台面直径	中心锥孔锥度（莫氏）	中心锥孔大端直径	定位孔直径	定位键宽度
手动	T12320	TS320	320	3	23.825	32	18
	T12400	TS400	400				
	T12500	TS500	500	5	44.399	50	22
	T12630	TS630	630	5	44.399	50	22
	T12800	TS800	800	6	63.348	75	28
手动机械	T-12250-1	TS250-1	250	3	23.825	32	14

产品类型	技术规格						外形尺寸（长×宽×高）	净质量/kg
	T形槽宽度	刻划值	蜗轮副传动比	分度精度		重复精度		
				普通	精密			
机动	14	4°、2′	90	1′			586×450×132	77
	14	4°、2′	120				630×483×140	97
	14	3°、2′	120				669×538×140	125
	14	3°、2′	120				695×570×140	132
	18	3°、2′	120				748×627×150	173
	18	2°、1′	180				855×925×150	280
精密手动	12	1°、5′	180	30″		最大载荷75kg	413.5×413.5×370	
	14						494.5×450×146	
	T形槽槽数8	1°、1′		10″	4″	200	806×761×180	300
				4″		250	840×750×180	270
手动回转	10	1°、2′	90	1′	45″	蜗杆1转，转台4°	285×343×125	16.5
	12		120				303×382×125	22.5
	12						345×432×125	35.5
	14						410×469×140	65.0
	10			1′			315×240×85	14.0
	12						342×270×90	18.0
	12						430×330×95	32.0
	14						610×420×133	76.0
	14						640×520×133	100.0
	20						595×605×140	110.0
	20	1°、1′	180				823×750×145	130.0
	22						1100×800×200	800.0
手动机械	12	1°、2′	90	1′	—	335×435×100	31	—

25.13.3 重型回转工作台

适用于新设计最大承载质量 10～100t、工作台面宽度或直径 1250～5000mm 的一般用途的重型回转工作台规格见表 25.51。

表 25.51 重型回转工作台规格（JB/T 8603—2011） mm

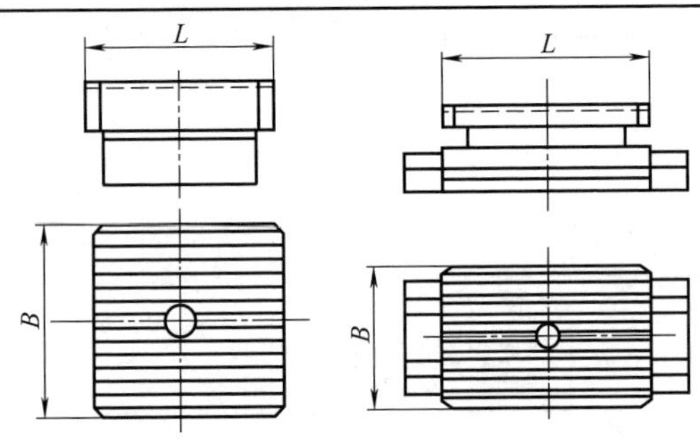

固定式重型回转工作台　　移动式重型回转工作台

工作面尺寸 $B \times L$/mm	1250×1600	1600×2000	2000×2500	2500×3000	3450×4000	4000×5000	5000×6000
最大承载质量/t	10	20	30	40	63	80	100
最小行程/mm	1500	1500	2000	2000	2500	2500	2500
T 形槽宽度/mm	28	28	36	36	42	48	54

注：T 形槽其余尺寸按 GB/T 158—1996 的规定。

第26章 起重工具

起重工具包括千斤顶、起重滑车、葫芦、起重夹钳和钢丝绳及附件等。

26.1 千斤顶

千斤顶是用于支承和找平工件（平台）的装置，它通过顶部托座或底部托爪，在行程内顶升重物。用于桥梁、铁道、运输、机械和建筑等行业，既可顶升重物，也可用钩脚提起较低位置的重物。按驱动方式可分为机械千斤顶（螺旋千斤顶、齿条千斤顶）、液压千斤顶和电动千斤顶等。

26.1.1 螺旋千斤顶

螺旋千斤顶是采用螺旋副传动及自锁，螺杆或螺母套筒作为刚性举升件，或采用螺杆和螺母作为传动件，驱动举升臂组成的刚性举升件，通过承载面在其行程内顶升重物的轻小型起重设备，主要用于支承中小型工件及找平面用。

螺旋千斤顶按头部形式分，有呆头（表 26.1）和活头（表 26.2）两种；按螺纹种类分，有普通螺纹和梯形螺纹两种；按其特征分，有普通型千斤顶（QL）、普通高型千斤顶（QLG）、普通低型千斤顶（QLD）、钩式千斤顶（QLG）、剪式千斤顶（QLJ）、自落式千斤顶（QLZ）；按结构形式分，有普通螺旋千斤顶和剪式螺旋千斤顶（图 26.1、图 26.2）；按驱动方式分，有手动螺旋千斤顶和其他动力源螺旋千斤顶。

① 呆头螺旋千斤顶　头部不能自由转动。

② 活头螺旋千斤顶　头部可以自由转动。

表 26.1 呆头螺旋千斤顶的形式和尺寸（JB/T 3411.58—1999）

mm

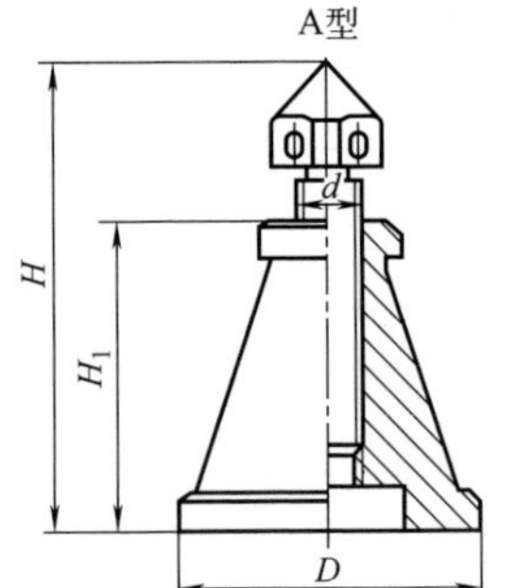

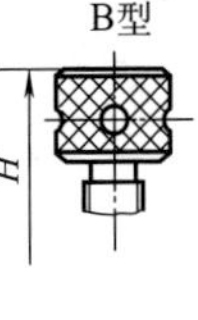

d	A 型		B 型		H_1	D
	H_{min}	H_{max}	H_{min}	H_{max}		
M6	36	50	36	48	25	30
M8	47	60	43	55	30	35
M10	56	70	50	65	35	40
M12	67	80	58	75	40	45
M16	76	95	65	85	45	50
M20	87	110	76	100	50	60
Tr 26×5	102	130	94	120	65	80
Tr 32×6	128	155	112	140	80	100
Tr 40×7	158	185	138	165	100	120
Tr 55×9	198	255	168	225	130	160

表 26.2 活头螺旋千斤顶的规格（JB/T 3411.59—1999） mm

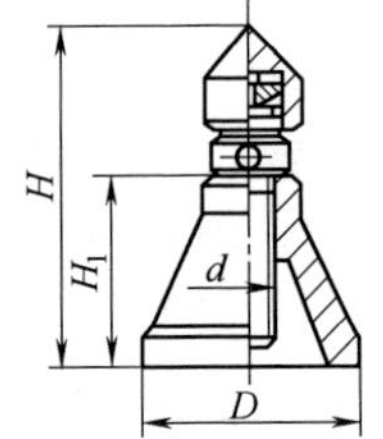

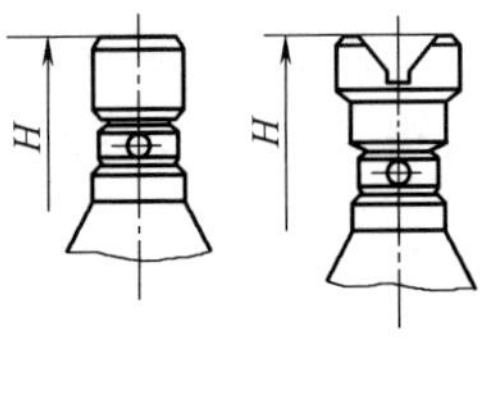

A型 B型 C型

d	D	A 型		B 型		C 型		H_1
		H_{min}	H_{max}	H_{min}	H_{max}	H_{min}	H_{max}	
M6	30	45	55	42	52	50	60	25
M8	35	54	65	52	62	60	72	30
M10	40	62	75	60	72	70	85	35
M12	45	72	90	68	85	80	95	40
M16	50	85	105	80	100	92	110	45

续表

d	D	A型		B型		C型		H_1
		H_{min}	H_{max}	H_{min}	H_{max}	H_{min}	H_{max}	
M20	60	98	120	94	115	108	130	50
T26×5	80	125	150	118	145	134	160	65
T32×6	100	150	180	142	170	162	190	80
T40×6	120	182	230	172	220	194	240	100
T55×8	160	232	300	222	290	252	310	130

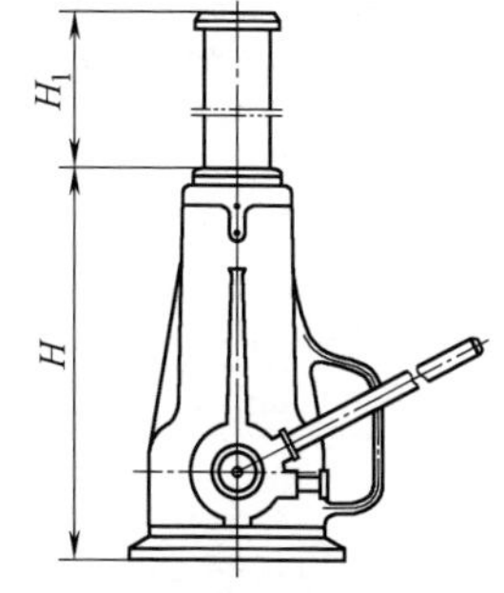

图 26.1　普通螺旋千斤顶

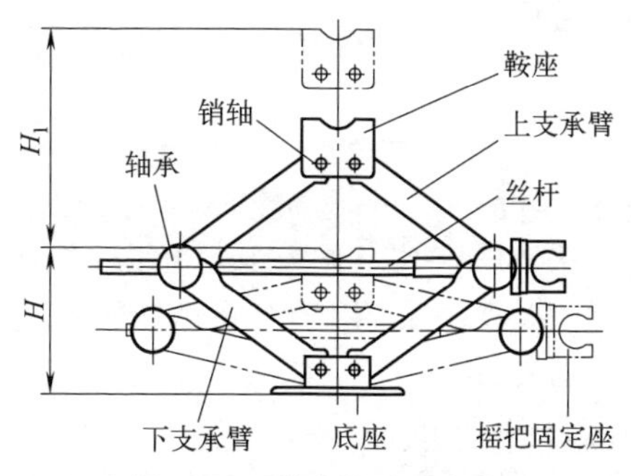

图 26.2　剪式螺旋千斤顶

千斤顶的基本参数应包括额定起重量 G_n、最低高度 H 和起升高度 H_1 等。

普通螺旋千斤顶的额定起重量 G_n（JB/T 2592—2017）推荐值为 1.5t、2t、3.2t、5t、8t、10t、16t、20t、25t、32t、50t、100t。剪式螺旋千斤顶的额定起重量 G_n 推荐如下：0.5t、1t、1.6t、2t。

常见 QL 系列螺旋千斤顶的规格和技术参数见表 26.3。

表 26.3 QL 系列螺旋千斤顶的规格和技术参数

型号	额定起重量/t	最低高度/mm	起升高度/mm	净重/kg	外形尺寸/mm
QL3.2	3.2	200	110	7	160×130×200
QL5	5	250	130	8	178×150×250
QL8	8	260	145	9	184×160×260
QL10	10	280	150	11	194×170×280
QL16	16	320	180	16	229×182×320
QLD16	16	225	90	12	229×182×225
QL20	20	325	180	17	243×194×325
QLD25	25	262	125	20	252×200×262
QL32	32	395	200	30	263×223×395
QLD32	32	270	110	23	263×220×270
QL50	50	452	250	52	245×317×452
QLD50	50	332	150	48	245×317×330
QL100	100	452	200	78	280×320×452

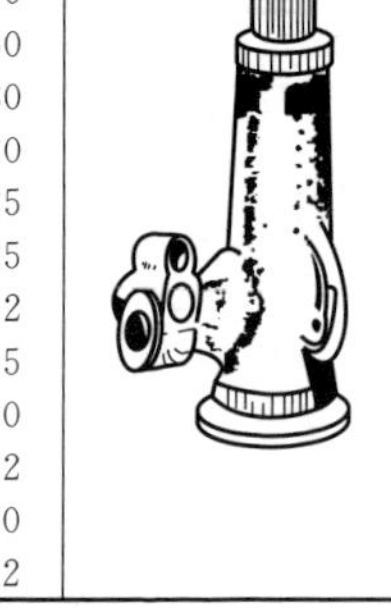

普通型螺旋千斤顶的使用方法和注意事项

剪式螺旋千斤顶的使用方法

26.1.2 齿条千斤顶

齿条千斤顶是采用齿轮-齿条作为刚性顶举件的千斤顶，有手摇式和手扳式之分，用于支承大中型物件。其规格和技术参数见表 26.4。

齿条千斤顶的使用方法和注意事项

26.1.3 手动液压千斤顶

手动液压千斤顶是依靠油压缸内压力顶升重物的千斤顶，有立式、卧式和立卧两用式三种，主要由千斤顶本体、油泵、油路和指示器等组成，广泛适用于起重高度不大的各种起重作业（桥梁维修、桥梁及船舶修造、机械校调、设备拆卸等）。

（1）立式液压千斤顶

立式液压千斤顶（图 26.3）是采用柱塞或液压缸作为刚性举升件，通过承载面在其行程内顶升重物的起重设备。

表 26.4　齿条千斤顶的规格和技术参数（JB/T 11101—2011）

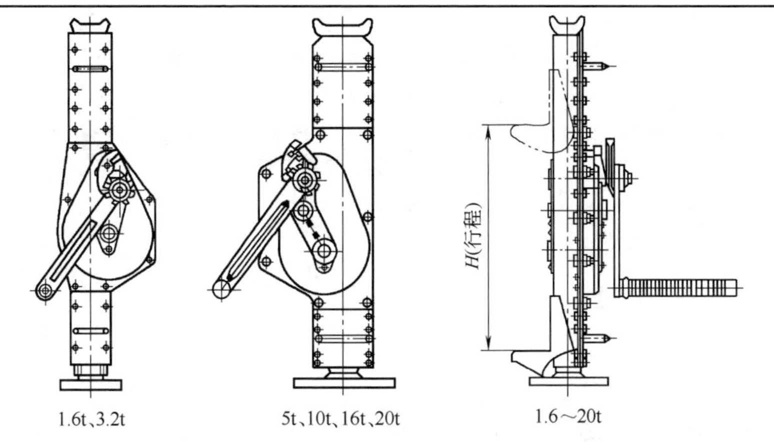

额定起重量 G_n/t	额定辅助起重量 G_r/t	行程 H /mm	平柄（扳手）力(max)/N	额定起重量 G_n/t	额定辅助起重量 G_r/t	行程 H /mm	平柄（扳手）力(max)/N
1.6	1.6	350	280	10	10	300	560
3.2	3.2	350	280	16	11.2	320	640
5	5	300	280	20	14	320	640

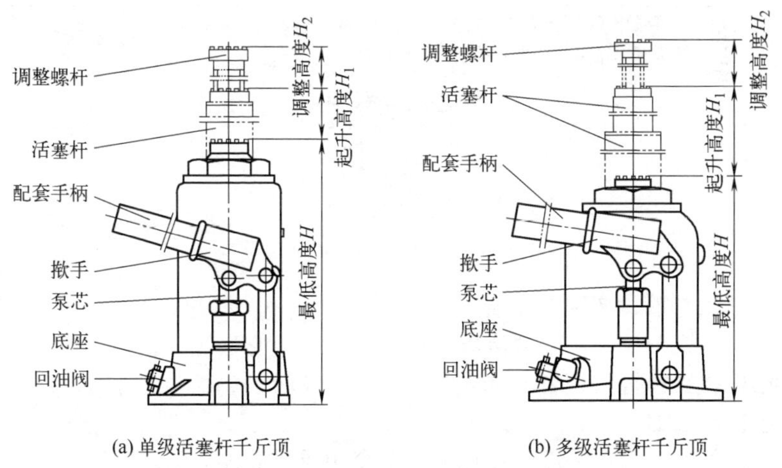

图 26.3　立式液压千斤顶的结构

立式液压千斤顶优先选用的额定起重量（G_n）推荐值是（GB/T 27697—2011）：2t、3t、5t、8t、10t、12t、16t、20t、32t、50t、70t、100t、200t、320t 和 500t。QYL 和 QW 系列液压千斤顶的规格和技术参数见表 26.5。

表 26.5 QYL 和 QW 系列液压千斤顶的规格和技术参数

型号		承载力/t	最低高度 H/mm	起升高度 H_1/mm	调整高度 H_2/mm	起升进程/mm	公称压力/MPa	净质量/kg
立式	QYL2	2	158	90	60	50	34.7	2.2
	QYL3.2	3.2	195	125	60	32	44.4	3.5
	QYL5G	5	232	150	80	22	—	4.6
	QYL5D	5	200	125	80	22	48.2	4.6
	QYL8	8	236	160	80	16	56.6	6.9
	QYL10	10	240	160	80	14	61.7	7.3
	QYL12.5	12.5	245	160	80	11	62.4	9.3
	QYL16	16	250	160	80	9	63.7	11.0
	QYL20	20	280	180	80	9.5	69.4	15.0
	QYL32	32	285	180	—	6	71	23.0
	QYL50	50	300	180	—	4	70	33.5
	QYL71	71	320	180	—	3	—	66.0
立卧两用式	QW100	100	360	200	—	4.5	63.7	120
	QW200	200	400	200	—	2.5	69.2	250
	QW320	320	450	200	—	1.6	69.3	435

注：1. 型号中 QYL—立式，QW—立卧式，G—高型，D—低型。

2. 起升进程为油泵工作 10 次的活塞上升距离。

手动液压千斤顶的使用方法和注意事项

（2）爪式液压千斤顶

爪式千斤顶是手动液压千斤顶的一种，它通过顶部托座或底部托爪，在小行程内顶升重物。摇杆可 360°旋转，到达高度极限时会自动回油。

用途：用在一般千斤顶无法配合顶重物高度时。

结构见图 26.4。

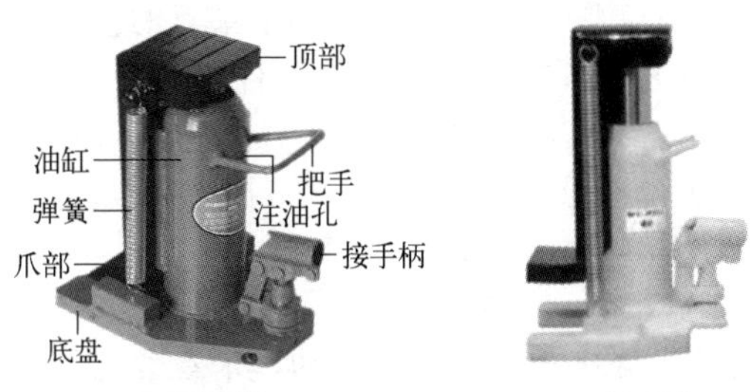

图 26.4　爪式液压千斤顶

产品数据见表 26.6。

表 26.6　爪式千斤顶的技术数据

型号	MHC-5	MHC-10	MHC-20	MHC-30	MHC-50
顶部吨位/t	5	10	20	30	50
爪部吨位/t	2.5	5	10	15	25
工作行程/mm	108	127	150	160	145
伸展总高/mm	240	290	335	350	350
主轴直径/mm	27	43	53	62	80
质量/kg	15	24	40	50	75
型号	SL-05S	SL-10S	SL-20S	SL-30S	SL-50S
顶部吨位/t	5	10	20	30	50
爪部吨位/t	2.5	5	10	15	25
工作行程/mm	110	135	150	150	150
本体高度 A/mm	230	277	317	335	370
伸展总高 B/mm	340	412	467	486	520
主轴直径 J/mm	32	42	55	62	85
底座尺寸 $L\times W$/mm	152×200	185×235	220×240	265×272	340×354
爪高 K/mm	16	22	25	28	40
爪块尺寸 $L_1\times W_1$/mm	78×47	98×55	132×48	149×60	190×75
质量/kg	8.5	20	31.5	44	88.5

爪式千斤顶的使用方法和注意事项

(3) 卧式液压千斤顶

卧式液压千斤顶是采用液压缸等装置驱动刚性举升件转动，通过承载面在其行程内顶升重物，带有可移动轮装置的轻小型起重设备。

卧式千斤顶主要由起重臂、油缸部件、操纵机构（包括手柄、揿手等）、墙板、轮子等组成（图 26.5）。按驱动方式可分为手动卧式液压千斤顶和/或其他动力源卧式液压千斤顶。

额定起重量 G_n 推荐值是（JB/T 5315—2017）：1t、1.25t、1.6t、2t、2.5t、3.2t、4.5t、6.3t、8t、10t、12.5t、16t、20t。

QK 系列卧式液压千斤顶的规格和技术参数见表 26.7。

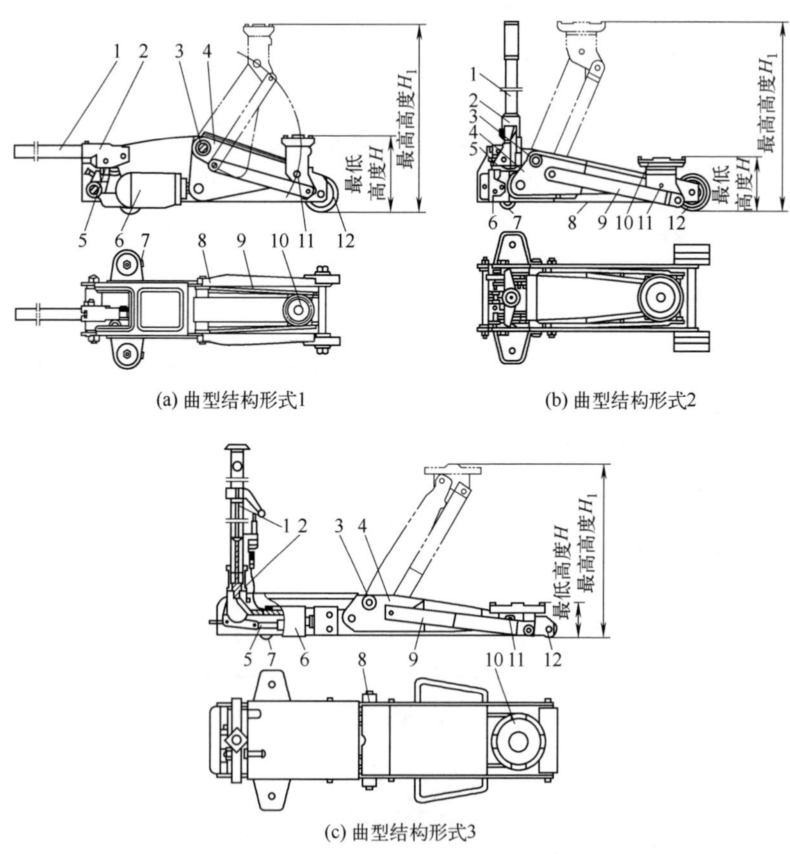

(a) 曲型结构形式1

(b) 曲型结构形式2

(c) 曲型结构形式3

图 26.5 卧式液压千斤顶的典型结构形式

1—手柄；2—揿手；3—中轴；4—起重臂；5—泵芯；6—油缸部件；7—后轮；8—墙板；9—连杆；10—托盘；11—托架销轴；12—前轮

表 26.7 QK系列卧式液压千斤顶的规格和技术参数

卧式液压千斤顶主要用于厂矿、交通运输等部门做车辆修理及其他起重、支撑等工作

型号	承载 /t	最低高度 /mm	最高高度 /mm	(毛/净质) /kg	包装尺寸 /cm
QK2-320	2	135	350	8.5/7.5	45×21×15
QK3-500-1	3	135	500	30.5/28.5	71×41×21
QK3.5-500-1	3.5	135	500	36/34	71×41×21
QK4-500	4	135	500	40/38	73×41×21
QK5-560	5	140	560	65/60	81×39×25
QK5-580(重型)	5	160	580	107/95	154×42×27
QK8-580	8	180	580	117/105	154×42×27
QK-10-580	10	180	580	158/140	166×52×32
QK20-580	20	200	580	170/150	166×52×32

液压千斤顶的工作原理和日常维护

液压千斤顶的故障与维修

(4) 车库用液压千斤顶(表 26.8)

表 26.8 车库用液压千斤顶的规格和技术参数

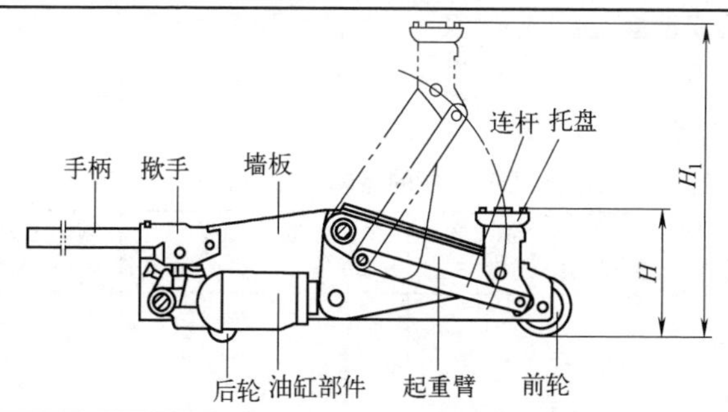

续表

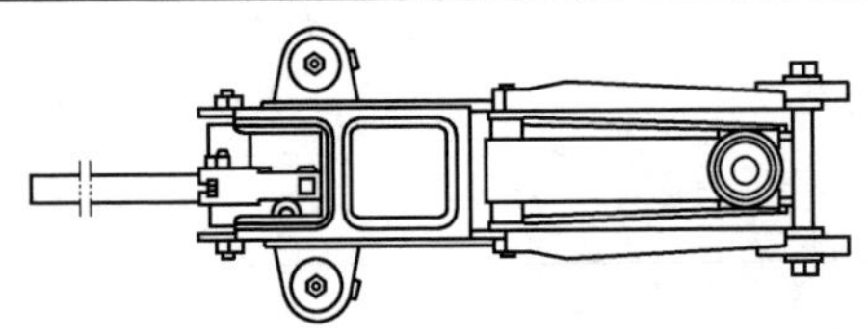

额定起载量 /t	最低高度 /mm	起升高度 /mm	额定起重量 /t	最低高度 /mm	起升高度 /mm
1.0	140	200	5.0	160	400
1.25		250	6.3	170	400
1.6		220,260	8.0	170	400
2.0		275,350	10	170	400,450
2.5		285,350	12.5	210	400
3.2	160	350,400	16	210	430
4.0		400	20		

26.1.4 气动液压千斤顶

气动液压千斤顶是利用压缩气体作为动力，液体增压与伸缩式液压缸组合而成的一种举升设备，广泛用于流动性起重，特别适用于汽车、拖拉机等交通运输业的修理行业。其形式代号表示方法是：

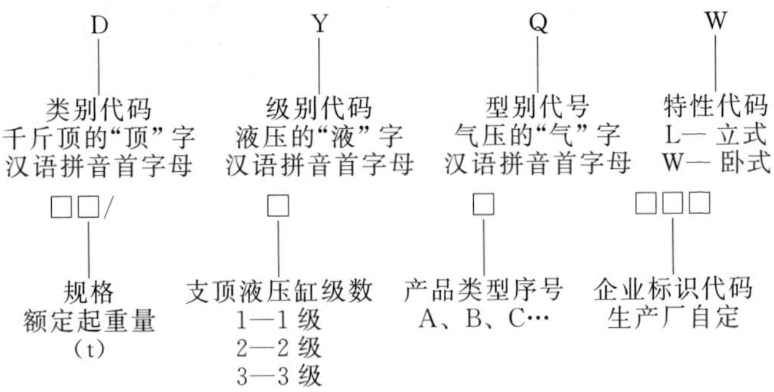

其基本参数见表 26.9。

表 26.9　气动液压千斤顶的基本参数（JB/T 11753—2013）

产品型号	额定起重量(≥)/t	加长顶高度/mm	起升高度(≥)/mm	最低高度/mm	额定压力(≥)/MPa	质量(≤)/kg
DYQL5/1	5	80	430	210	32	6
DYQL12/1	12		500	260		10
DYQL20/1	20		505	260		17

续表

产品型号	额定起重量(≥)/t	加长顶高度/mm	起升高度(≥)/mm	最低高度/mm	额定压力(≥)/MPa	质量(≤)/kg
DYQL20/1A	20	60	380	210	32	15
DYQL25/1	25	—	250	360		62
DYQL25/2	25/10	40/75	92/195	180		57
DYQL30	30	—	405	250		21
DYQL40/2	40	40	100	200		68
	20	75	210	200		68
DYQL50	50	—	430	270		34
DYQL50/2	50/25	40/75	117/225	230		79
DYQL50/3	50/25/10	40/75/100	60/113/182	160		65
DYQL80/2	80/50	40/75	110/210	240		105

注：1. 产品的额定验收气压为 0.63MPa。

2. “加长顶高度”是为增加举升高度而采用的多节举升的附加高度。

3. 表中“/”前后的参数一一对应。

JR 系列气动液压千斤顶的规格见表 26.10。

表 26.10　JR 系列气动液压千斤顶的规格

型号	JR30-1	JR50-1	JR50-2	JR50-3
起重量/t	30	50/35	50/25	50
使用气压/MPa	0.8～1.2	0.8～1.2	0.8～1.2	0.8～1.2
最低高度/mm	200	210	170	210
起升高度/mm	350	440	400	400
加长顶高度/mm	35/75	35/75	35/75	35/75
额定压力/MPa	31.2	31.2	31.2	31.2
净重/kg	59	81	75	75
型号	JR80-1	JR80-2	JR80-3	JR100-1
起重量/t	80/35	80/20	80	100/50
使用气压/MPa	0.8～1.2	0.8～1.2	0.8～1.2	0.8～1.2
最低高度/mm	220	210	210	230
起升高度/mm	460	430	440	490
加长顶高度/mm	55/75	35/75	35/75	70/70
额定压力/MPa	31.2	31.2	31.2	31.2
净重/kg	110	80	75	125

26.1.5　电动液压千斤顶

电动液压千斤顶是由电动泵驱动液压缸工作的千斤顶，特点是输出力大、重量轻、可远距离操作，配以超高压油泵站，可实现顶、推、拉、挤压等多种形式的作业，广泛应用于交通、铁路、桥梁、造船等各行各业。其吨位有 50t、100t、200t、320t、500t、630t、800t、1000t；举程有 125mm、160mm、200mm。DYG 电动液压千斤顶的规格和技术参数见表 26.11。

表 26.11　DYG 电动液压千斤顶的规格和技术参数

型号（或 TDYG）	吨位/t	行程	最低高度	伸展高度	油缸外径	活塞杆直径	油缸直径	压力/MPa	质量/kg
		mm							
DYG50-125	50	125	250	375	127	70	100	63	32
DYG50-160		160	285	445					35
DYG50-200		200	325	525					43
DYG100-125	100	125	275	400	180	100	140	63	56
DYG100-160		160	310	470					63
DYG100-200		200	350	550					78
DYG150-160	150	160	320	480	219	125	180	63	68
DYG150-200		200	360	560					78
DYG200-125	200	125	310	435	240	150	200	63	112
DYG200-160		160	345	505					118
DYG200-200		200	385	585					136
DYG320-200	320	200	410	610	330	180	250	63	235
DYG400-200	400		460	660	380	200	290		265
DYG500-200	500		460	660	430	200	320		430
DYG630-200	630		515	715	500	250	360		690
DYG800-200	800		598	798	560	300	400		940
DYG1000-200	1000		630	830	600	320	450		1200

电动液压千斤顶的使用注意事项

26.1.6　预应力用液压千斤顶

预应力千斤顶是用于张拉钢铰线等预应力筋的专用千斤顶，一般均为穿心式液压双作用千斤顶。预应力千斤顶需和高压油泵配合使用，张拉和回顶的动力均由高压油泵的高压油提供。由于其结构紧凑，张拉时工作平稳，油压高，张拉力大，故广泛应用于公路桥梁、铁路桥梁、水电坝体、高层建筑等预应力施工工程。其分类和代号、结构示意见表 26.12、图 26.6。型号表示方法是：

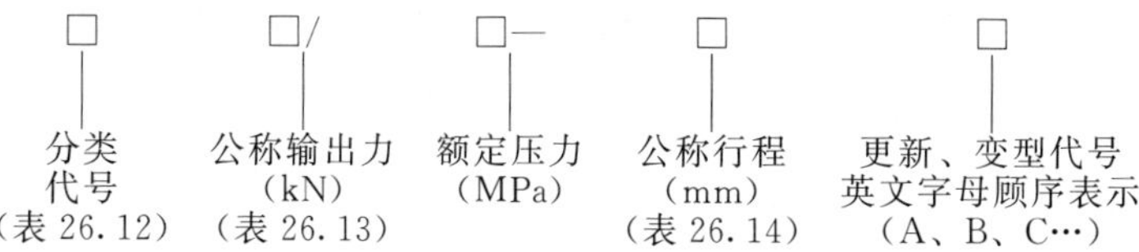

表 26.12　预应力用液压千斤顶的分类和代号

穿心式千斤顶		实心式千斤顶	
前卡式	YDCQ	顶推式	YDT
后卡式	YDC	机械自锁式	YDS
穿心拉杆式	YDCL	实心拉杆式	YDL

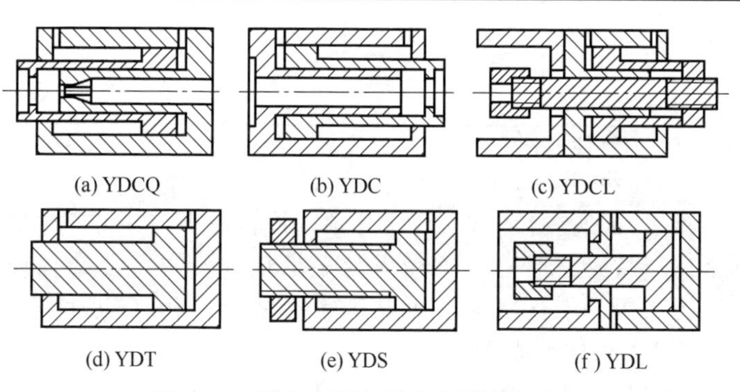

图 26.6　预应力用液压千斤顶结构示意

表 26.13　公称输出力优先选用系列（JG/T 321—2011）　kN

第1系列	100	—	250	350	—	600	—	1000	1500
第2系列	—	160	—	—	400	—	850	—	—
第1系列	—	2500	3000	—	4000	—	6500	9000	12000
第2系列	2000	—	—	3500	—	5000	—	—	—

表 26.14　公称行程优先选用系列　mm

第1系列	50	—	100	—	—	200
第2系列	—	80		150	180	—

续表

第 1 系列	—	—	—	500	—	—
第 2 系列	250	300	400	—	600	1000

YDC 穿心式千斤顶参数见表 26.15。

表 26.15　YDC 穿心式千斤顶参数表

型号规格	公称	张拉力/kN	公称液压/MPa	穿心孔径/mm	装限位板孔径/mm	直径×高度/mm
YDC650	650	48	72	99	95	200×385
YDC1000	1000	50	78	111	111	230×385
YDC1500	1500	52	94	150	150	270×390
YDC2000	2000	53	118	177	177	320×400
YDC2500	2500	52	128	210	185	345×400
YDC3000	3000	52	135	190	185	370×400
YDC3500	3500	51	160	232	232	420×400
YDC4000	4000	52	165	252	252	450×410
YDC5000	5000	52	196	260	265	500×410
YDC6500	6500	53	220	295	235	580×420
YDC10000	10000	50	270	440	415	740×570

注：山西万泽锦达机械制造有限公司产品。

26.1.7　薄型千斤顶

薄型千斤顶是分离式液压千斤顶，体积更小，并可产生更大的工作能力，特别适合在空间位置狭窄的地方使用，且具有轻便灵活、顶力大等功能。薄型千斤顶起重量为 5～150t，起重高度 6～64mm，最大工作压力 70MPa。

RSM 和 RCS 系列薄型千斤顶的规格见表 26.16、表 26.17。

表 26.16　RSM 系列薄型千斤顶的规格

续表

型号	吨位/t	行程/mm	本体高度 A/mm	伸展高度 B/mm	外径 D/mm
RSM-50	5	6	32	38	58×41
RSM-100	10	12	42	54	82×55
RSM-200	20	11	51	62	101×76
RSM-300	30	13	58	71	117×95
RSM-500	50	16	66	82	140×114
RSM-750	75	16	79	95	165×139
RSM-1000	100	16	85	101	178×153
RSM-1500	150	16	116	116	215×190

注：用于公路、铁路建设中及机械校调、设备拆卸等场合。

表 26.17 RCS 系列薄型千斤顶的规格

型号（或 TRCS）	吨位/t	行程/mm	缸面积/cm^2	油容量/cm^3	本体高/mm	伸展高/mm	外径/mm	质量/kg
RCS-101	10	38	14.4	55	88	126	70	4.1
RCS-201	20	44	28.6	126	99	143	92	5.0
RCS-302	30	62	41.9	260	118	179	102	6.8
RCS-502	50	60	62.1	373	122	182	124	10.9
RCS-1002	1002	57	126.9	723	141	198	165	22.7

注：特别适宜在空间位置狭窄的地方使用。

26.2 起重滑车

起重滑车与吊车或绞车配合使用，起吊笨重货物。按用途的不同可分为通用起重滑车和林业起重滑车；按滑车的顶端固定方式可分为吊钩式、链环式和吊环式 3 种（图 26.7）；按轮数的多少可分为单轮滑车、双轮滑车和多轮滑车；按所用轴承类型可分为滚针轴承起重滑车、滚动轴承起重滑车和滑动轴承起重滑车。一般中小型的滑车多属于吊钩式、吊环式和链环式，而大型滑车采用吊环式和吊梁式。

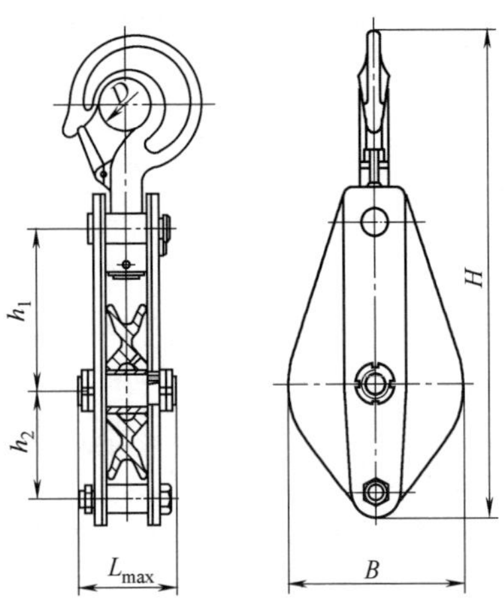

(a) 吊钩式

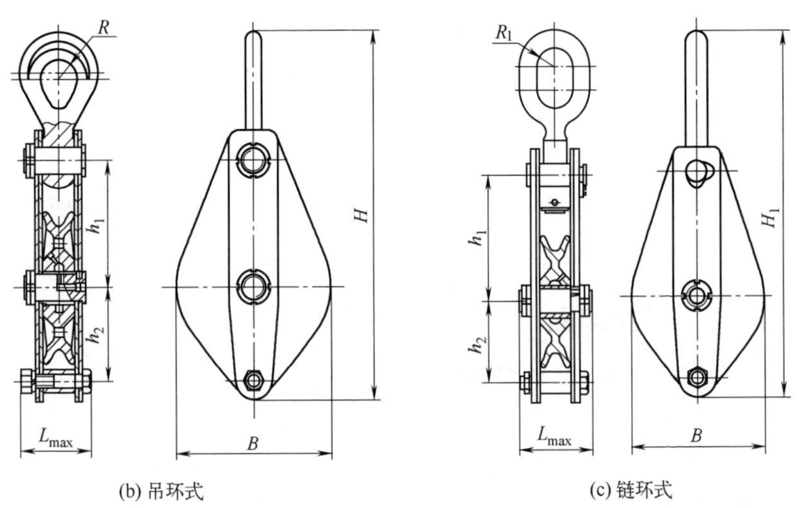

(b) 吊环式　　　　(c) 链环式

图 26.7　起重滑车的型式

26.2.1　型号表示方法

起重滑车的型号表示方法是：

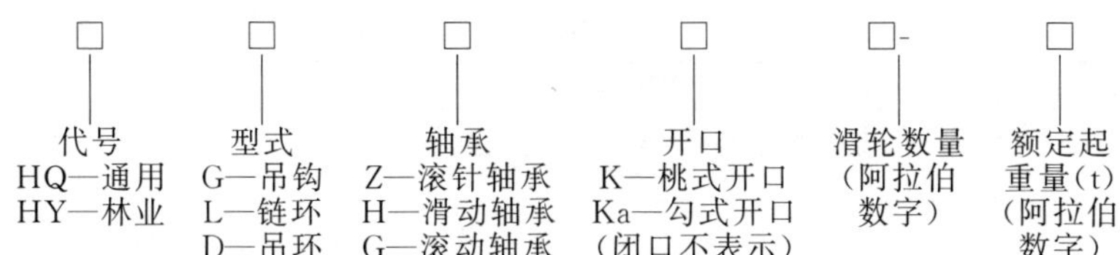

26.2.2　一些起重滑车的技术数据

见表26.18～表26.21。

表26.18　HQ系列（通用）起重滑车的基本参数（JB/T 9007—2018）

滑轮直径/mm	额定起重量/t																					钢丝绳直径范围/mm
	0.3	0.5	1	2	3.2	5	8	10	16	20	32	50	80	100	160	200	250	320	500	750	1000	
	滑轮数量																					
63	1																					6.2
71		1	2																			6.2～7.7
85			1	2	3																	7.7～11
112				1	2	3	4															11～14
132					1	2	3	4														12.5～15.5
160						1	2	3	4	5												15.5～18.5
180								2	3	4	6											17～20
210							1			3	5											20～23
240								1	2		4	6										23～24.5
280										2	3	5	8									26～28
315									1			4	6	8								28～31
355										1	2	3	5	6	8	10						31～35
400															6	8	10					34～38
450																	8	10				40～43
500																		8	10			47～50
500<～800																			10	12		47～50
800<～1246																					16	47～50

表26.19　HY系列（林业）起重滑车的基本参数（JB/T 9007—2018）

滑轮直径/mm	额定起重量/t										钢丝绳直径范围/mm
	1	2	3.2	5	8	10	16	20	32	50	
	滑轮数量										
85	1	2	3								7.7～11
112		1	2	3	4						11～14
132			1	2	3	4					12.5～15.5

续表

滑轮直径/mm	额定起重量/t										钢丝绳直径范围/mm
	1	2	3.2	5	8	10	16	20	32	50	
	滑轮数量										
160				1	2	3	4	5			15.5～18.5
180						2	3	4	6		17～20
210					1			3	5		20～23
240						1	2		4	6	23～24.5
280								2	3	5	26～28
315							1			4	28～31
355								L	2	3	31～35

表 26.20 一些 HQ 滑车的技术数据

轮数	形式			型号	
				型式代号	额定起重量/t
单轮	开口	滚针轴承	吊钩型	HQGZK1-	0.32,0.51,2,3.2,5,8,10
			链环型	HQLZK1-	0.32,0.51,2,3.2,5,8,10
		滑动轴承	吊钩型	HQGK1-	0.32,0.51,2,3.2,5,8,10,16,20
			链环型	HQLK1-	0.32,0.51,2,3.2,5,8,10,16,20
	闭口	滚针轴承	吊钩型	HQGZ1-	0.32,0.51,2,3.2,5,8,10
			链环型	HQLZ1-	0.32,0.51,2,3.2,5,8,10
		滑动轴承	吊钩型	HQG1-	0.32,0.51,2,3.2,5,8,10,16,20
			吊环型	HQD1-	1,2,3.2,5,8,10
			链环型	HQL1-	0.32,0.51,2,3.2,5,8,10,16,20
双轮	开口	滑动轴承	吊钩型	HQGK2-	1,2,3.2,5,8,10
			链环型	HQLK2-	1,2,3.2,5,8,10
	闭口		吊钩型	HQG2-	1,2,3.2,5,8,10,16,20
			链环型	HQL2-	1,2,3.2,5,8,10,16,20
			吊环型	HQD2-	1,2,3.2,5,8,10,16,20,32
三轮	闭口	滑动轴承	吊钩型	HQG3-	3.2,5,8,10,16,20
			链环型	HQL3-	3.2,5,8,10,16,20
			吊环型	HQD3-	3.2,5,8,10,16,20,32,50
四轮	闭口		吊环型	HQD4-	8,10,16,20,32,50
五轮				HQD5-	20,32,50,80
六轮				HQD6-	32,50,80,100
八轮				HQD8-	80,100,160,200
十轮				HQD10-	200,250,320

表 26.21 HY系列林业滑车的技术数据

品种	结构形式（采用滑动轴承）		型号	
			形式代号	额定起重量/t
单轮	开口	吊钩型	HYGK1-	1,2,3.2,5,8,10,16,20
		链环型	HYLK1-	1,2,3.2,5,8,10.16,20
		吊钩型	HYGKa1-	1,2,3.2,5,8,10,16,20
		链环型	HYLKa1-	1,2,3.2,5,8,10,16,20
	闭口	吊钩型	HYG1-	1,2,3.2,5,8,10,16,20
		链环型	HYL1-	1,2,3.2,5,8,10,16,20
双轮	闭口	吊环型	HYD2-	2,3.2,5,8,10,16,20,32
三轮			HYD3-	3.2,5,8,10,16,20,32,50
四轮			HYD4-	8,10,16,20,32,50
五轮			HYD5-	20,32,50
六轮			HYD6-	32,50

26.2.3 带电作业用绝缘滑车

绝缘滑车共分为16种型号，适用于在高压电气设备上进行带电作业时使用。其名称及种类见表26.22。

表 26.22 带电作业用绝缘滑车的性能（GB/T 13034—2008）

型号	名称	额定负荷/kN	滑轮个数
JH5-1B	单轮闭口型绝缘滑车	5	1
JH5-1K	单轮开口型绝缘滑车	5	1
JHS-1DY	单轮多用钩型绝缘滑车	5	1
JH5-2D	双轮短钩型绝缘滑车	5	2
JH5-2X	双轮导线钩型绝缘滑车	5	2
JH5-2J	双轮绝缘钩型绝缘滑车	5	2
JH5-3D	三轮短钩型绝缘滑车	5	3
JH5-3X	三轮导线钩型绝缘滑车	5	3
JH10-2D	双轮短钩型绝缘滑车	10	2
JH10-2C	双轮长钩型绝缘滑车	10	2
JH10-3D	三轮短钩型绝缘滑车	10	3
JH10-3C	三轮长钩型绝缘滑车	10	3
JH15-4D	四轮短钩型绝缘滑车	15	4
JH15-4C	四轮长钩型绝缘滑车	15	4
JH20-4D	四轮短钩型绝缘滑车	20	4
JH20-4C	四轮长钩型绝缘滑车	20	4
电气性能	应能通过交流工频30kV(有效值)1min耐压试验[绝缘钩型滑车应能通过交流工频44kV(有效值)1min耐压试验]，试验应不发热、不击穿		

续表

型号	名称	额定负荷/kN	滑轮个数
力学性能	a. 应分别满足5kN、10kN、15kN、20kN的系列额定负荷(吊钩的承载负荷)的要求 b. 应能通过2.0倍额定负荷,持续时间5min的机械拉力试验,无永久变形或裂纹 c. 破坏拉力不得小于3.0倍额定负荷		

26.3 手拉葫芦

手拉葫芦是用人力拉动葫芦达到提起重物目的的工具，适用于工厂、矿山、建筑工地、码头、仓库中起吊货物与设备，特别适宜在无电源场所使用。JB/T 7334适用于一般用途的渐开线直齿圆柱齿轮传动的手拉葫芦。其规格见表26.23。

表26.23 手拉葫芦的规格（JB/T 7334—2016）

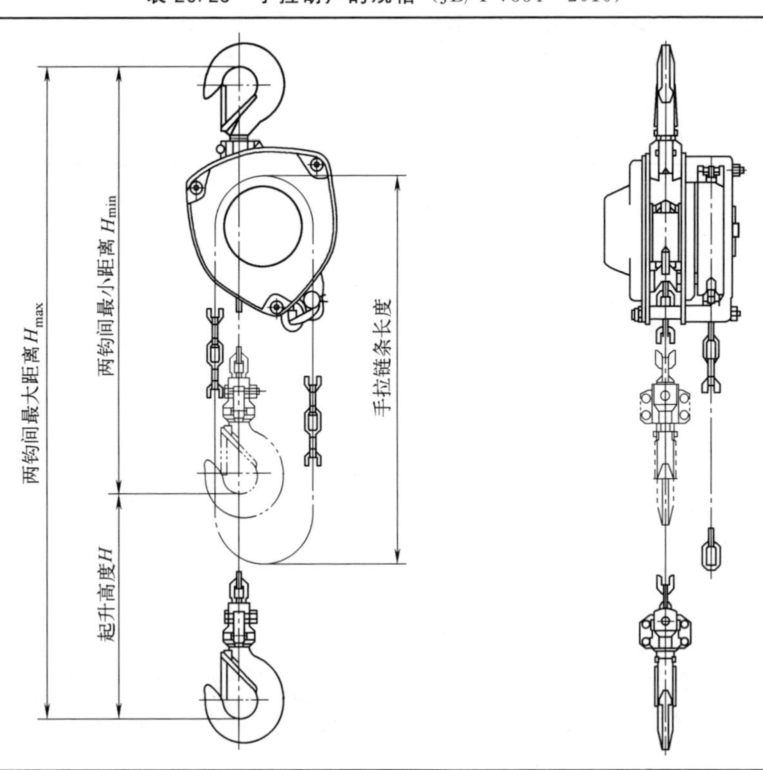

续表

额定起重量 G_n/t	标准起升高度/m	两钩间最小距离 H_{min}/mm	标准手拉链条长度/mm	额定起重量 G_n/t	标准起升高度/m	两钩间最小距离 H_{min}/mm	标准手拉链条长度/mm
0.25	2.5	240	2.5	8	3	850	3
0.5		330		10		950	
1		360		16		1200	
1.6		430		20		1350	
2		500		32		1600	
2.5		530		40		2000	
3.2	3	580	3	50		2200	
5		700					

常见手拉葫芦的规格和技术参数见表26.24～表26.27。

表26.24　KII系列手拉葫芦的规格和技术参数

型号KII-	0.5	1.0	1.5	2	3	5	10
起重量/t	0.5	1.0	1.5	2	3	5	10
标准起升高度/m	2.5	2.5	2.5	3	3	3	3.5
试验载荷/t	0.75	1.5	2.25	3	4.5	7.5	15
两钩间最小距离/mm	285	315	340	380	475	600	700
满载时手链拉力/N	25	33	34	34	35	39	41
起重链行数	1	1	1	1	2	2	4
起重链条直径/mm	1.6	7.1	7.1	8	7.1	9	9
净质量/kg	8.4	11	13.5	21	22	40	77
装箱毛质/kg	9.4	12	14.5	22	23	41.5	85
装箱尺寸（长×宽×高）/cm	30×17×32	30×17×32	30×17×32	28×19×23	30×17×32	40×20×34	62×50×26

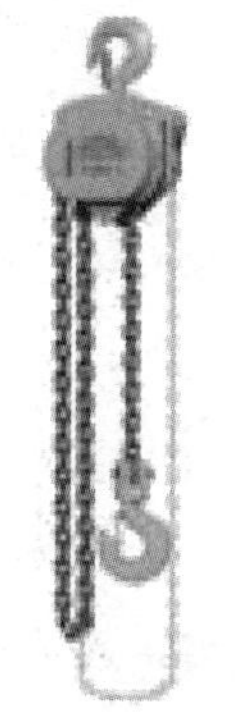

表26.25　HS-VT型系列手拉葫芦的规格和技术参数

型号HS-VT	0.5	1.0	1.5	2	3	5	10
起重量/t	0.5	1.0	1.5	2	3	5	10
标准起升高度/m	2.5	2.5	2.5	3	3	3	3.5
试验载荷/t	0.75	1.5	2.25	3	4.5	7.5	15
两钩间最小距离/mm	285	315	340	380	475	600	700
满载时手拉力/N	25	33	34	34	35	39	41
起重链行数	1	1	1	1	2	2	4
起重链条直径/mm	1.6	7.1	7.1	8	7.1	9	9
净质量/kg	8.4	11	13.5	21	22	40	77
装箱毛质/kg	9.4	12	14.5	22	23	41.5	85
装箱尺寸（长×宽×高）/cm	30×17×32	30×17×32	30×17×32	28×19×23	30×17×32	40×20×34	62×50×26

表 26.26 HS-VN 型系列手拉葫芦的规格和技术参数

型号 HS-VN	0.5	1	1.5	2	3	5	10	20
起重量/t	0.5	1	1.5	2	3	5	10	20
标准起升高度/m	2.5	2.5	2.5	2.5	3	3	3	3
运行试验载荷/kN	7.5	15	22.5	30	45	77	150	300
两钩间最小距离/mm	270	317	399	414	465	636	798	890
满载时手链拉力/N	231	309	320	360	340	414	414	828
起重链行数	1	1	1	1	2	2	4	8
起重链条直径/mm	6	6	8	8	8	10	10	10

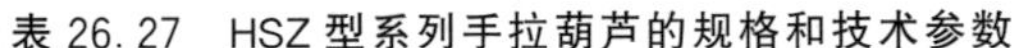

表 26.27 HSZ 型系列手拉葫芦的规格和技术参数

型号 HSZ-	0.5	1	1.5	2	3	5	10	20
起重量/t	0.5	1	1.5	2	3	5	10	20
标准起升高度/m	2.5	2.5	2.5	2.5	3	3	3	3
试验载荷/t	0.75	1.5	2.25	3	4.5	7.5	12.5	25
两钩间最小距离/mm	270	270	368	444	486	616	700	1000
满载手链拉力/N	225	309	343	314	343	383	392	392
起重链行数	1	1	1	2	2	2	4	8
起重链圆钢直径/mm	6	6	8	6	8	10	10	10
净质量/kg	9.5	10	16	14	24	36	68	155
每加 1m 提程的增重/kg	1.7	1.7	2.3	2.5	3.7	5.3	9.7	19.4

26.4 手扳葫芦

手扳葫芦是用人力扳动葫芦达到提起重物目的的设备，包括环链手扳葫芦、钢丝绳手扳葫芦和棘轮手扳葫芦。

26.4.1 环链手扳葫芦

环链手扳葫芦的特点是伸缩长度大，广泛用于工矿、运输、建筑、电力、造船及林业等部门的设备安装、散件捆绑、起重货物、拉紧线路及焊接对位等场合，尤其是在无电源及狭小场所。其规格和技术参数见表 26.28～表 26.31。

表 26.28 环链手扳葫芦的基本参数（JB/T 7335—2016）

额定起重量/t	0.25	0.5	0.8	1	1.6	2	3.2	5	6.3	9	12
标准起升高度/m	1	1.5									
两钩间最小距离 H_{min}/mm≤	250	300	350	380	400	450	500	600	700	800	850

表 26.29 HSH-A619 迷你型手扳葫芦的规格和技术参数

项目	HSH-0.5A	HSH-0.25A	项目		HSH-0.5A	HSH-0.25A
额定载荷/t	0.5	0.25	主要尺寸/mm	A	105	92
标准起升高度/m	1.5	1		B	78	72
试验载荷/kN	6.3	3.2		C	80	85
满载时手扳力/N	340	250		D	35	30
标准起升高度/m	1	1		H_{min}	260	230
起重链条直径/mm	5	4		L	300	160
				K	25	30
起升高度每增加1m增加质量/kg	0.52	0.41	装箱尺寸/cm		35.5×9.5×11.5	22×7×9.5
净质量/kg	4	1.8				

表 26.30 HSH-0.75、1.5、3、6 迷你型手扳葫芦的规格和技术参数

型号 HSH-	0.75	1.5	3	6
起重量/t	0.75	1.5	3	6
标准起升高度/m	1.5	1.5	1.5	1.5
两钩间最小距离/mm	310	370	485	600
满载时手扳力/N	196	220	325	343
起重链条行数	1	1	1	2
起重链条圆钢直径/mm	6.3	7.1	9	9
净质量/kg	7	11	20	30
起升高度每增加 1m 所增加的质量/kg	0.82	1.43	2.21	4.42
装箱尺寸(长×宽×高)/cm	30×17×32	43×18×17	50×20×19	53×21×21

表 26.31 HSH-A623 系列环链手扳葫芦的规格和技术参数

型号 HSH-	0.75A	1.5A	3A	6A	9A
额定载质量/t	0.75	1.5	3	6	9
标准起升高度/m	1.5	1.5	1.5	1.5	1.5
试验载荷/kN	11.0	22.5	37.5	75.0	112
满载时手扳力/N	140	220	320	340	360
起重链条行数	1	1	1	2	3
起重链条直径/mm	6	8	10	10	10
净质量/kg	7.5	11.5	21	31.5	47
起升高度每增加 1m 增加质量/kg	0.8	1.4	2.2	4.4	6.6
装箱尺寸(长×宽×高)/cm	36×12.5×16	50×13.5×19	54×17×21.5	54×18×21.5	82×32×21.5

26.4.2　钢丝绳手扳葫芦

钢丝绳手扳葫芦（图 26.8）具有起重、牵引、张紧三大功能，特别适用于野外无动力源状况下使用。其基本参数见表 26.32。

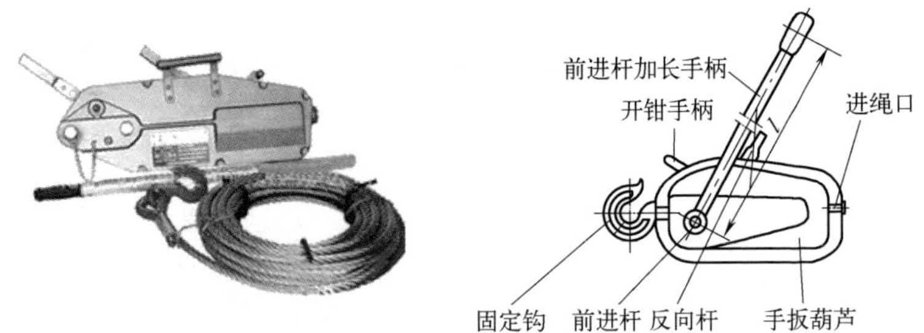

图 26.8　钢丝绳手扳葫芦的外形和结构

型号表示方法：

HSS- □ □

- HSS-：产品代号 钢丝绳手扳葫芦
- □：额定起重量（t×10 表示）
- □：制造商特定代号 制造商自行规定

表 26.32　钢丝绳手扳葫芦的基本参数（JB/T 12983—2016）

型号	额定起重量/t		额定起重量下的手扳力/N	钢丝绳直径/mm	手柄长度/mm	空载时手柄往复一次的钢丝绳行程/mm	额定起重量时手柄往复一次的钢丝绳行程/mm
	Ⅰ系列	Ⅱ系列					
HSS-08	0.8	—	≤343	≥8.0	800	≥55	≥45
HSS-15	—	1.5	≤441	≥9.0	1200	≥55	≥45
HSS-16	16	—	≤460	≥11.6	1200	≥45	≥45
HSS-30	—	3.0	≤470	≥13.5	1200	≥30	≥30
HSS-32	3.2	—	≤480	≥16.5	1200	≥25	≥20

HSS 和 NHSS 钢丝绳手扳葫芦的规格和技术参数见表 26.33、表 26.34。

表 26.33　HSS 钢丝绳手扳葫芦的规格和技术参数

产品型号	额定负荷/t	手柄往复一次钢丝绳最小行程/mm	钢丝绳直径/mm	手柄长度/mm	机体质量/kg	外形尺寸/mm
HSS0.8	0.8	50	7.7	800	5.5	
HSS1.5	1.5/1.75	50	9～9.3	1200	9	468×270×130
HSS3.0	3/3.5	25～30	13.2～13.5	1200	14	620×350×150

表 26.34　NHSS 钢丝绳手扳葫芦的规格和技术参数

型号 NHSS-	0.8	1.0	1.6	3.2
额定起重量/t	0.8	1.0	1.6	3.2
额定前进行程(≥)/mm	52	52	55	28
前进手柄有效长度/mm	825	825	1200	1200
传动级数	1	1	1	2
钢丝绳直径/mm	8	8	11	16
钢丝绳标准长度/m	10	20,10	20,10	20,10
净质量/kg	6	6	12	23
额定前进手扳力(≤)/N	284	353	412	441
装箱尺寸/mm	428×64×235	428×64×235	545×97×286	660×116×350

26.4.3　棘轮手扳葫芦

棘轮手扳葫芦通过与棘爪相互啮合实现手扳葫芦的制动功能；此外，棘轮还会因挤压作用而与摩擦片产生摩擦，从而与棘爪和制动器座轮协同实现制动器的制动性能。其适用于高空紧线作业及临时锚固用，规格见表 26.35。

表 26.35　棘轮手扳葫芦的规格

型号	牵引力/kN	链条长度/m	自重/kg	
LSJ-1	10	1.2	2.1	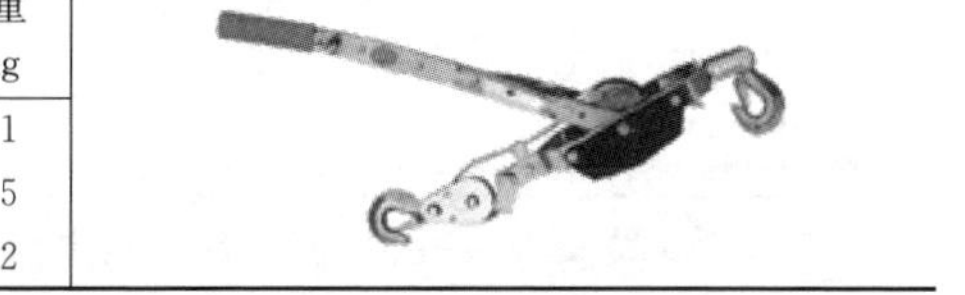
LSJ-2	15	1.3	2.5	
LSJ-3	20	1.5	3.2	

26.5　电动葫芦

电动葫芦是用电力驱动葫芦达到提升重物目的的设备，适合在有电源的各种场合使用，起重量 1t 以下。带急停开关及强制断开限位开关，防护等级 IP54，带热保护装置。其分类有钢丝绳电动葫芦、环链电动葫芦和防爆电动葫芦等几种。

26.5.1　钢丝绳电动葫芦

钢丝绳电动葫芦是卷放挠性件为钢丝绳，由电动机、减速器、制动器等等组合为一体，最后经卷筒卷放起重绳或由链轮卷放起重链条，以带动取物装置升降的起重葫芦。其可分为无运行机构和有运行机构两类，前者又可分为固定式电动葫芦和支承式电动葫芦，后者又可分为单梁小车式电动葫芦和双梁小车式电动葫芦。

其工作级别按照载荷状态级别及使用等级分为 M1～M8 共 8 个级别（表 26.36），额定起重量和起升高度、起升速度及运行速度优先数值分别见表 26.37～表 26.40。

表 26.36　钢丝绳电动葫芦起升机构的工作级别（JB/T 9008.1—2014）

载荷状态级别	机构载荷谱系数 K_m	使用等级 T									
		T_0	T_1	T_2	T_3	T_4	T_5	T_6	T_7	T_8	T_9
		总使用时间 t_T/h									
		$t_T \leqslant 200$	$200 < t_T \leqslant 400$	$400 < t_T \leqslant 800$	$800 < t_T \leqslant 1600$	$1600 < t_T \leqslant 3200$	$3200 < t_T \leqslant 6300$	$6300 < t_T \leqslant 12500$	$12500 < t_T \leqslant 25000$	$25000 < t_T \leqslant 50000$	$t_T > 50000$
L1	$K_m \leqslant 0.125$	M1	M1	M1	M2	M3	M4	M5	M6	M7	M8
L2	$0.125 < K_m \leqslant 0.250$	M1	M1	M2	M3	M4	M5	M6	M7	M8	M8
L3	$0.250 < K_m \leqslant 0.500$	M1	M2	M3	M4	M5	M6	M7	M8	M8	M8
L4	$0.500 < K_m \leqslant 1.000$	M2	M3	M4	M5	M6	M7	M8	M8	M8	M8

表 26.37　电动葫芦的额定起重量优先数值　t

0.1	0.125	0.16	0.20	0.25	0.32	0.4	0.5	0.63	0.8
1	1.25	1.6	2	2.5	3.2	4	5	6.3	8
10	12.50	16	20	25	32	40	50	63	80
100	125	160	—	—	—	—	—	—	—

表 26.38　起升高度优先数值　m

—	—	—	3.2	4	5	6.3	8	10	12.5
16	20	25	32	40	50	63	80	100	125

表 26.39　起升速度优先数值　m/min

—	—	—	0.25	0.32	0.4	0.50	0.63	0.80	1.0
1.25	1.60	2	2.50	3.20	4	5	6.3	8	10
12.5	16	20	25	32	40	50	63		

表 26.40　运行速度优先数值　m/min

3.2	4	5	6.3	8	10	12.5
16	20	25	32	40	50	63

26.5.2　环链电动葫芦

环链式电动葫芦可分为固定式（悬挂式、支承式）和运行式两种（图 26.9）。其工作级别按照载荷状态级别及使用等级分为 M1～

M8 共 8 个级别（表 26.41），额定起重量和起升高度、起升速度及运行速度优先数值分别见表 26.42～表 26.45。

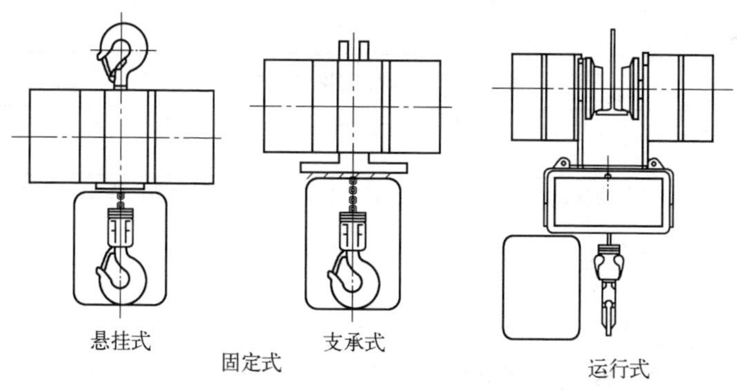

图 26.9 环链式电动葫芦

表 26.41 环链电动葫芦起升机构的工作级别（JB/T 5317—2016）

载荷状态级别	机构名义载荷谱系数 K_m	使用等级 T									
		T_0	T_1	T_2	T_3	T_4	T_5	T_6	T_7	T_8	T_9
		总使用时间 t_T/h									
		$t_T \leqslant 200$	$200 < t_T \leqslant 400$	$400 < t_T \leqslant 800$	$800 < t_T \leqslant 1600$	$1600 < t_T \leqslant 3200$	$3200 < t_T \leqslant 6300$	$6300 < t_T \leqslant 12500$	$12500 < t_T \leqslant 25000$	$25000 < t_T \leqslant 50000$	$t_T > 50000$
L1	$K_m \leqslant 0.125$	M1	M1	M1	M2	M3	M4	M5	M6	M7	M8
L2	$0.125 < K_m \leqslant 0.250$	M1	M1	M2	M3	M4	M5	M6	M7	M8	—
L3	$0.250 < K_m \leqslant 0.500$	M1	M2	M3	M4	M5	M6	M7	M8	—	—
L4	$0.500 < K_m \leqslant 1.000$	M2	M3	M4	M5	M6	M7	M8	—	—	—

表 26.42 额定起重量优先数值 t

0.1	0.125	0.16	0.2	0.25	0.32	0.4	0.5	0.63	0.8
1	1.25	1.6	2	2.5	3.2	4	5	6.3	8
10	12.5	16	20	25	32	40	50	63	80
100	—	—	—	—	—	—	—	—	—

表 26.43 起升高度优先数值 m

—	—	—	—	—	3.2	4	5	6.3	8
10	12.5	16	20	25	32	40	50	63	80
100	125	160	—	—	—	—	—	—	—

表 26.44 起升速度优先数值 m/min

—	—	—	—	0.25	0.32	0.4	0.5	0.63	0.8
1	1.25	1.6	2	2.5	3.2	4	5	6.3	8
10	12.5	16	20	25	32	—	—	—	—

表 26.45 运行速度优先数值 m/min

—	—	—	—	—	3.2	4	5	6.3	8
10	12.5	16	20	25	32	40	—	—	—

注：慢速推荐为快速的 1/2～1/6，无级调速产品由制造厂和用户协商。

26.5.3 防爆电动葫芦

防爆电动葫芦是一种用于特定危险环境下，而不致产生爆炸的电动吊装设备，其型号表示方法有两种。

（1）爆炸性气体环境用Ⅰ、Ⅱ类防爆葫芦：

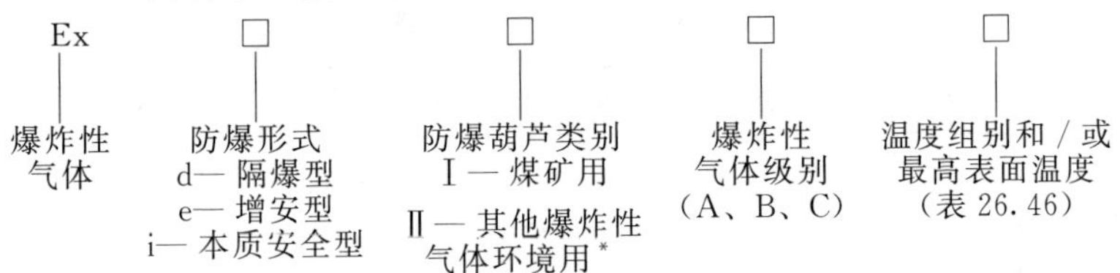

* Ⅱ类隔爆型“d”和本质安全型“i”的防爆葫芦，又分为ⅡA、ⅡB和ⅡC级防爆葫芦（ⅡB级防爆葫芦可适用于ⅡA级防爆葫芦的使用条件；ⅡC级则可适用于ⅡA和ⅡB级防爆葫芦使用条件）。

（2）可燃性粉尘环境用防爆葫芦：

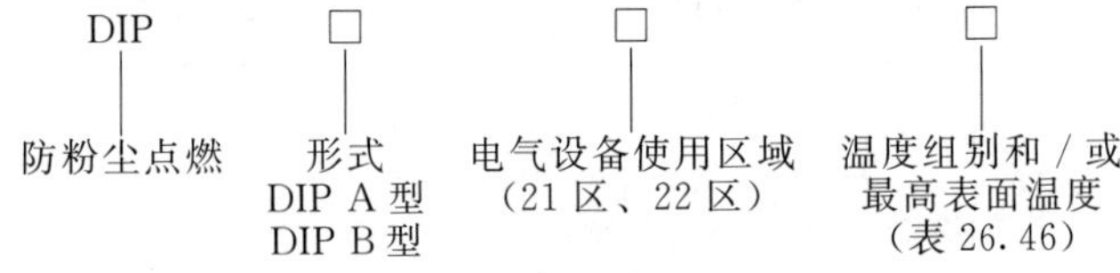

表 26.46 防爆电动葫芦的最高表面温度

Ⅰ类防爆葫芦	Ⅱ类和粉尘类防爆葫芦		电气设备最高表面温度/℃
	爆炸性气体环境	可燃性粉尘环境	
当电气设备表面可能堆积煤尘时为 150℃；当电气设备表面不会堆积或可以采取措施（密封防尘或通风）防止堆积煤尘时为 450℃	T_1		450
	T_2		300
	T_3		200
	T_4		135
	T_5		100
	T_6		85

防爆电动葫芦的工作级别、额定起重量和起升高度、起升速度及运行速度优先数值分别见表26.47～表26.51。

表26.47　环链葫芦起升机构的工作级别（JB/T 10222—2011）

载荷状态级别	名义载荷谱系数 K_m	使用等级和总使用时间						
		T_0	T_1	T_2	T_3	T_4	T_5	T_6
		总使用时间/kh						
		0.2	0.4	0.8	1.6	3.2	6.3	12.5
L1	$0.000<K_m\leqslant0.125$	—	—	M1	M2	M3	M4	M5
L2	$0.125<K_m\leqslant0.250$	—	M1	M2	M3	M4	M5	—
L3	$0.250<K_m\leqslant0.500$	M1	M2	M3	M4	M5	—	—
L4	$0.500<K_m\leqslant1.00$	M2	M3	M4	M5	—	—	—

注：在起重机械等级未知和载荷状态未知情况下，起重机的工作级别应和同类产品最低工作级别考虑，其次，起重机的电动葫芦部分工作级别应与起重机级别相当。

表26.48　额定起重量优先数值　t

—	—	—	—	—	—	—	—	—	0.08
0.1	0.125	0.16	0.2	0.25	0.32	0.4	0.5	0.63	0.8
1	1.25	1.6	2	2.5	3.2	4	5	6.3	8
10	12.5	16	20	25	32	40	50	63	80
100	—	—	—	—	—	—	—	—	—

表26.49　起升高度优先数值　m

1	1.25	1.6	2.0	25	3.2	4	5	6.3	8
10	12.5	16	20	25	32	40	50	63	80
100	125	—	—	—	—	—	—	—	—

表26.50　起升速度优先数值　m/min

—	—	—	—	0.25	0.32	0.4	0.5	0.63	0.8
1	1.25	1.6	2	2.5	3.2	4	5	6.3	8
10	12.5	16	20	25	—	—	—	—	—

注：慢速推荐为快速的1/2～1/6，无级调速产品由制造厂和用户协商。

表26.51　运行速度优先数值　m/min

—	—	—	—	—	3.2	4	5	6.3	8
10	12.5	16	20	25	—	—	—	—	—

26.5.4　智能电动葫芦

新型电动葫芦包括变频电动葫芦、伺服电动葫芦和工位提升机。

（1）变频电动葫芦

变频电动葫芦，可根据需要在高速和低速之间任意调速，且启动时无任何冲击晃动，特别适用于精密仪器、模具等吊装过程中不能有晃动的场合。其技术参数见表 26.52。

表 26.52 变频电动葫芦技术参数

起重量 /t	起升高度 /m	变频起升速度范围/(m/min)		起升电机			
		慢速	快速	功率 /kW	相数	电压 /V	频率 /Hz
1	3～120	2	6.8	1.5	3	380	50/60
2		2	6.8	3			
3		1	3.4	3			
5		0.7	2.8	3			
10		0.7	2.8	3×2			

注：上海科熙起重设备有限公司。

（2）伺服电动葫芦

伺服电动葫芦，是可根据需要物随心动、精准定位的提升设备。其技术参数见表 26.53。

表 26.53 变频电动葫芦技术参数

项目	K2C012	K2C025	K2C050	K2C100	K2C200
起重量/kg	125	250	500	1000	2000(双链)
起升速度/(m/min)	0～12	0～10	0～8	0～8	0～4
额定功率/kW	0.45	0.45	0.75	1.5	1.5
垂直最大行程/m	4				
控制模式	线控按钮/遥控按钮				
自重/kg	26	26	28	32	35
电源	标配 380V(可选配 220V)				
机构工作级别	M5	M5	M5	M4	M3

注：浙江金轴机电科技有限公司。

（3）工位提升机

工位提升机，是体现快、准、稳的搬运和装配设备，能像人的手臂那样搬运和移动重物。X3 型智能工位提升机技术参数见表 26.54。

表 26.54 X3 型智能工位提升机技术参数

项目	X3S010	X3S020	X3S030	X3S060
起重量/kg	100	200	300	600(双链)

续表

项目		X3S010	X3S020	X3S030	X3S060
起升速度 /(m/min)	手柄模式	44	44	35	17
	浮动模式	25	25	18	9
额定功率/kW		0.8	0.8	1.1	1.1
垂直最大行程/m		2.5	2.5	2.5	1.6
控制模式		同轴压力手柄			
自重/kg		40	43	45	47
电源		标配380V(可选配220V)			
机构工作级别		M5	M5	M5	M4

注：浙江金轴机电科技有限公司。

26.6 手动起重夹钳

手动起重夹钳用于钢板、圆钢、钢轨及丁字钢等一般用途的手动起重，包括竖吊钢板手动夹钳、横吊钢板手动夹钳、圆钢手动夹钳、钢轨手动夹钳和工字钢手动夹钳（图26.10）。

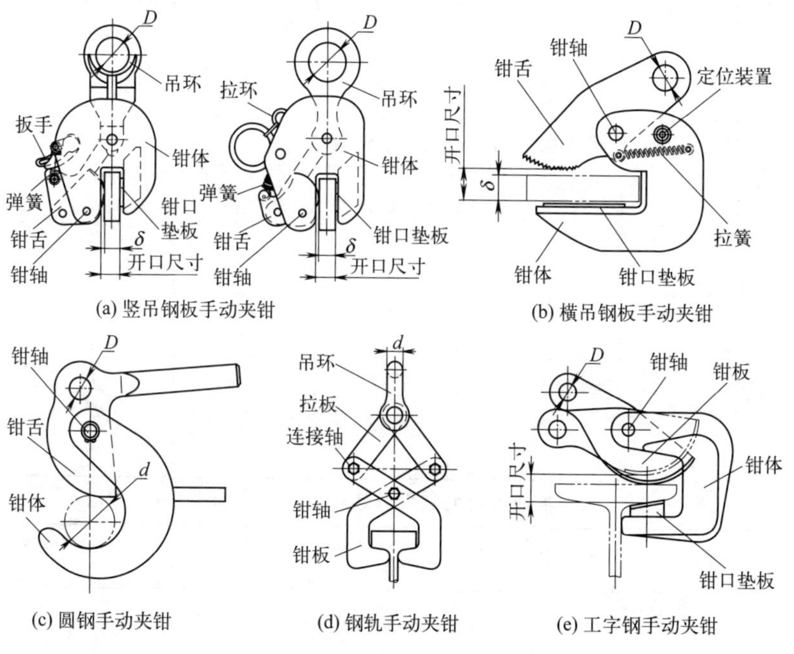

(a) 竖吊钢板手动夹钳

(b) 横吊钢板手动夹钳

(c) 圆钢手动夹钳

(d) 钢轨手动夹钳

(e) 工字钢手动夹钳

图26.10 手动起重夹钳

其型号标记方法是：

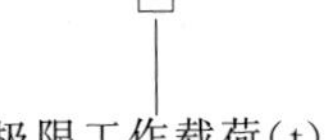

产品代号　　　　　　极限工作载荷(t)
DSQ—竖吊钢板手动夹钳
DHQ/2—横吊钢板手动夹钳(成对使用)
DYQ—圆钢手动夹钳，DGQ—钢轨手动夹钳
DZQ/2—工字钢手动夹钳(成对使用)

表 26.55～表 26.59 是基本参数和尺寸。

表 26.55　竖吊钢板手动夹钳的基本参数和尺寸（JB/T 7333—2013）

型号	极限工作载荷 /t	试验力 F_e /kN	最小直径 D /mm	最大夹持厚度 δ /mm≥
DSQ-0.5	0.5	10	28	15
DSQ-0.8	0.8	16	30	15
DSQ-1	1.0	20	40	20
DSQ-1.6	1.6	32	45	20
DSQ-2	2.0	40	55	20
DSQ-3.2	3.2	63	60	30
DSQ-5	5.0	100	60	40
DSQ-8	8.0	160	70	50
DSQ-10	10.0	200	80	60
DSQ-12.5	12.5	250	90	70
DSQ-16	16.0	320	100	80

表 26.56　横吊钢板手动夹钳的基本参数和尺寸（JB/T 7333—2013）

型号	极限工作载荷 /t	试验力 F_e /kN	最小直径 D /mm	最大夹持厚度 δ /mm≥
DHQ/2-0.5	0.5	10	16	25
DHQ/2-1	1.0	20	16	25
DHQ/2-1.6	1.6	32	20	25
DHQt2-2	2.0	40	22	25
DHQ/2-3.2	3.2	63	25	30
DHQ/2-5	5	100	30	40
DHQ/2-6	6	120	35	50
DHQ/2-8	8	160	40	60
DHQ/2-10	10	200	45	70

表 26.57　圆钢手动夹钳的基本参数和尺寸（JB/T 7333—2013）

型号	极限工作载荷 /t	试验力 F_e /kN	最小直径 D /mm	适用圆钢直径 d /mm
DYQ-0.16	0.16	3.2	16	30～60
DYQ-0.25	0.25	5	16	60～80
DYQ-0.4	0.40	8	16	80～100
DYQ-0.63	0.63	12.6	18	100～130

表 26.58　钢轨手动夹钳的基本参数和尺寸（JB/T 7333—2013）

型号	极限工作载荷 /t	试验力 F_e /kN	最小直径 d /mm	适用钢轨规格 /(kg/m)
DGQ-0.1	0.1	2	22.4	9～12
DGQ-0.25	0.25	5	22.4	15～22
DGQ-0.5	0.5	10	25.0	30～50

表 26.59　工字钢手动夹钳的基本参数和尺寸（JB/T 7333—2013）

型号	极限工作载荷 /t	试验力 F_e /kN	最小直径 D /mm	适用工字钢型号
DZQ/2-0.5	0.5	10	18	10～16
DZQD/2-1	1.0	20	20	18～22
DZQ/2-1.6	1.6	32	22	25～32
DZQ/2-2	2.0	40	24	36～45
DZQ/2-3.2	3.2	63	25	50～63

26.7 弹簧平衡器

弹簧平衡器（平衡吊、弹簧吊车等）是一种机械操作辅助工具，主要用在流水生产线上以及各种较重工具的使用等各个方面。它是借助拉簧的力量使所悬挂的被吊物体处于无重状态，从而减少劳动强度，提高工作效率，降低生产成本，是工厂流水线不可缺少的工具之一。其参数见表 26.60。

表 26.60　弹簧平衡器参数

型别	型号	平衡载荷 /kg	钢绳行程 /m	钢索直径 /mm	适用场合
轻型	EK-0	0.5～1.5	1.0	3.0	较轻的工具（如电动螺丝刀等）
标准型	EW-3 EW-5	1～3 3～5	1.5	3.0	最受欢迎，具有多项安全特点，适用于焊枪、气动工具等

续表

型别	型号	平衡载荷/kg	钢绳行程/m	钢索直径/mm	适用场合
标准型	EW-9 EW-15	5～9 9～15	1.5	4.2	最受欢迎,具有多项安全特点,适用于焊枪、气动工具等
	EW-22 EW-30 EW-40 EW-50 EW-60 EW-70	15～22 22～30 30～40 40～50 50～60 60～70	1.5	5.1	
重型	EW-80 EW-100 EW-120 EW-140 EW-160 EW-180 EW-200	70～80 80～100 100～120 120～140 140～160 160～180 180～200	1.5	5.1	沉重的工具
长行程	EWF-90 EWF-105 EWF-120 EWF-140	70～90 80～105 100～120 120～140	2.0	5.1	天花板较高的场合
粗钢丝绳	EWB-90 EWB-105 EWB-120 EWB-140	70～90 80～105 100～120 120～140	1.5	8.0	更加安全
自锁类	ZW1-3 ZW3-5	1～3 3～5	3.0	3.0	有棘轮系统,空载行程中吊钩也能固定,用于频繁装卸工具
	EWZ-9 EWZ-15	5～9 9～15	1.5	4.2	
无尘室级	SB-1.2 SB-2 SB-3	0.5～1.5 1～2 2～3	2.0	2.0	无尘室级设计,适用于3C产业

注：河北艾普达起重设备制造有限公司。

26.8 钢丝绳

钢丝绳是至少有两层钢丝围绕一个中心钢丝或多个股围绕一个钢芯螺旋捻制而成的结构，分为多股钢丝绳和单捻钢丝绳，用于提升、牵引、拉紧和传递载荷等。

26.8.1 钢丝绳的分类

① 按用途分有：一般用途（如起重设备用、电梯用等）和特种用途（架空索道用、飞机操纵用等等）。

② 按结构分有：单层股钢丝绳、阻旋转钢丝绳、平行捻密实钢丝绳、缆式钢丝绳、扁钢丝绳、单股钢丝绳、密封钢丝绳等。

③ 按表面状态分有：光面或无镀层（U）、镀锌（B、A）和锌合金镀层（BZn/Al、AZn/Al）钢丝绳。

④ 按股内钢丝接触状态分有：点接触、线接触、压实类和密封钢丝绳。

⑤ 按股断面形状分有：圆股和异型股（如三角股、椭圆股和扇形股等）钢丝绳。

⑥ 按捻法分有：右交互捻（ZS）、左交互捻（SZ）、右同向捻（ZZ）和左同向捻（SS）钢丝绳，国外还有混合捻（aZ 或 aS）钢丝绳。

⑦ 按绳芯种类分有：钢丝股芯（IWSC）、钢丝绳芯（IWRC）、天然纤维芯（NFC）、合成纤维芯（SFC）、天然纤维与合成纤维的复合芯钢丝绳。

⑧ 按材质分，有碳素钢、合金钢和不锈钢钢丝绳。

26.8.2 钢丝绳的结构

按结构分有单捻钢丝绳、多股钢丝绳和包覆和/或填充钢丝绳等，见表 26.61～表 26.63。

表 26.61 单捻钢丝绳的结构

名称	说明	图例
单股钢丝绳	仅由圆钢丝捻制而成的单捻钢丝绳	
半密封钢丝绳	外层由半密封钢丝(H 形)和圆钢丝相间捻制而成的单捻钢丝绳	

续表

名称	说明	图例
全密封钢丝绳	外层由全密封钢丝(Z 形)捻制而成的单捻钢丝绳	

表 26.62 多股钢丝绳的结构

名称	图例或说明
单层股钢丝绳	由一层股围绕一个芯螺旋捻制而成的多股钢丝绳 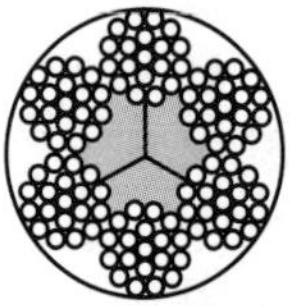  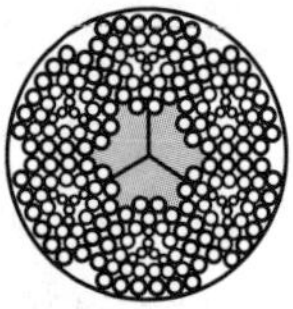
阻旋转钢丝绳	当承受载荷时能减小扭矩或旋转程度的多股钢丝绳  
平行捻密实钢丝绳	由至少两层平行捻股围绕一个芯螺旋捻制而成的多股钢丝绳 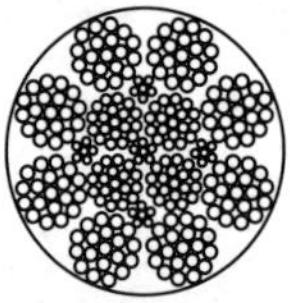
压实股钢丝绳	成绳之前,股经过模拔、轧制或锻打等压实加工的多股钢丝绳
压实钢丝绳	成绳之后,经过压实(通常是锻打)加工使钢丝绳直径减小的多股钢丝绳
缆式钢丝绳	由多个(一般六个)作为独立单元的圆股钢丝绳围绕一个绳芯紧密螺旋捻制而成的钢丝绳 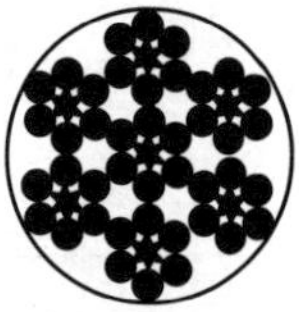
编织钢丝绳	由多个圆股成对编制而成的钢丝绳 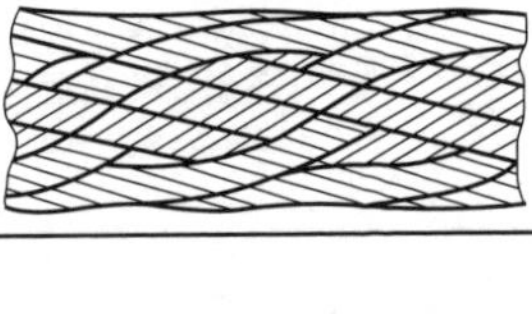

续表

名称	图例或说明
电力钢丝绳	带有电导线的单捻或多股钢丝绳
扁钢丝绳	由被称作子绳(每条子绳由4股组成)的单元钢丝绳制成。通常为6条、8条或10条子绳,左向捻和右向捻交替并排排列,并用缝合线(如钢丝、股缝合或铆钉铆接)。有单线缝合、双线缝合和铆钉铆接三种

表 26.63　包覆和/或填充钢丝绳的结构

名称	图例或说明
固态聚合物填充钢丝绳	固态聚合物填充到钢丝绳的间隙中,并延伸到或稍微超出钢丝绳外接圆的钢丝绳
固态聚合物包覆和填充钢丝绳	用固态聚合物包覆(涂)和填充的钢丝绳
衬垫芯钢丝绳	用固态聚合物包覆(涂)或填充和包覆(涂)的钢丝绳
衬垫钢丝绳	在钢丝绳内层、内层股或股芯上包覆聚合物或纤维,从而在相邻股或叠加层之间形成衬垫的钢丝绳

26.8.3　钢丝绳的标记

按 GB/T 8706—2017 规定，钢丝绳的标记方法是：

26.8.4　钢丝及钢丝绳的特征代号

钢丝及钢丝绳的特征代号见表 26.64。

表 26.64 钢丝及钢丝绳的特征代号（GB/T 8706—2017）

项目	代号	项目	代号
单层钢丝绳		横截面形状	
纤维芯	FC	圆形	无代号
天然纤维芯	NFC	三角形(钢丝及股)	V
合成纤维芯	SFC	组合芯(股)	B②
固态聚合物芯	SPC	矩形(钢丝)	R
钢芯	WC	梯形(钢丝)	T
钢丝股芯	WSC	椭圆形(钢丝及股)	Q
独立钢丝绳芯	IWRC	Z 形(钢丝)	Z
压实股独立钢丝绳芯	IWRC(K)	H 形(钢丝)	H
聚合物包覆独立绳芯	EPIWRC	扁形或带形	P
平行捻密实钢丝绳		压实形(股及钢丝绳)	K③
平行捻钢丝绳芯	PWRC	编织形(钢丝绳)	BR
压实股平行捻钢丝绳芯	PWRC(K)	扁形(钢丝绳)	P
填充聚合物的平行捻钢丝绳芯	PWRC(EP)	单线缝合	PS
阻旋转钢丝绳		双线缝合	PD
中心构件		铆钉铆接	PN
纤维芯	FC	外层钢丝的表面状态	
钢丝股芯	WSC	光面或无镀层	U
密实钢丝股芯	KWSC	B 级镀锌	B
股结构类型		A 级镀锌	A
单捻	无代号	B 级锌合金镀层	B (Zn/Al)
平行捻		A 级锌合金镀层	A (Zn/Al)
西鲁式	S	捻向	
瓦林吞式	W	右交互捻	SZ
填充式	F	左交互捻	ZS
组合平行捻	WS	右同向捻	ZZ
多工序捻(圆股)		左同向捻	SS
点接触捻	M	右混合捻	AZ
复合捻	N①	左混合捻	AS

① 代号 N 位于基本代号之后，表示复合，如 SN 表示复合西鲁式。

② 代号 B 位于股形代号之后，表示股芯由多根钢丝组合而成，如 V25B 表示由 25 根钢丝组成的带组合芯的三角股。

③ 代号 K 表示经压实加工，如 K26WS 表示由 26 根钢丝组成的西瓦式压实圆股。

26.8.5 一般用途钢丝绳的性能

一般用途钢丝绳的种类很多，下面仅举一些常用例子，见表 26.65～表 26.75。

表 26.65 6×7类钢丝绳的性能（GB/T 20118—2017）

典型结构图		钢丝绳结构	股结构	外层钢丝数 总数	外层钢丝数 每股	钢丝绳直径范围/mm
6×7-FC	6×7-WSC	6×7	1-6	36	6	2～44

钢丝绳公称直径/mm	参考质量/(kg/100m)		钢丝绳级 1570 钢丝绳最小破断拉力/kN		1770		1960	
	纤维芯	钢芯	纤维芯	钢芯	纤维芯	钢芯	纤维芯	钢芯
2	1.40	1.55	2.08	2.25	2.35	2.54	2.60	2.81
3	3.16	3.48	4.69	5.07	5.29	5.72	5.86	6.33
4	5.62	6.19	8.34	9.02	9.40	10.2	10.4	11.3
5	8.78	9.68	13.0	14.1	14.7	15.9	16.3	17.6
6	12.6	13.9	18.8	20.3	21.2	22.9	23.4	25.3
7	17.2	19.0	25.5	27.6	28.8	31.1	31.9	34.5
8	22.5	24.8	33.4	36.1	37.6	40.7	41.6	45.0
9	28.4	31.3	42.2	45.7	47.6	51.5	52.7	57.0
10	35.1	38.7	52.1	56.4	58.8	63.5	65.1	70.4
11	42.5	46.8	63.1	68.2	71.1	76.9	78.7	85.1
12	50.5	55.7	75.1	81.2	84.6	91.5	93.7	101
13	59.3	65.4	88.1	95.3	99.3	107	110	119
14	68.8	75.9	102	110	115	125	128	138
16	89.9	99.1	133	144	150	163	167	180
18	114	125	169	183	190	206	211	228
20	140	155	208	225	235	254	260	281
22	170	187	252	273	284	308	315	341
24	202	223	300	325	338	366	375	405
26	237	262	352	381	397	430	440	476
28	275	303	409	442	461	498	510	552
32	359	396	534	577	602	651	666	721
36	455	502	676	730	762	824	843	912
40	562	619	834	902	940	1020	1041	1130
44	680	749	1010	1090	1140	1230	1260	1360

注：1. 直径为2～7mm的钢丝绳采用钢丝股芯（WSC），破断拉力用K_3来计算。表中给出的钢芯是独立的钢丝绳芯（IWRC）的数据。

2. 钢丝最小破断拉力总和等于钢丝绳最小破断拉力×1.134（纤维芯）或1.214（钢芯）。

表 26.66　6×19M 类钢丝绳的性能（GB/T 20118—2017）

典型结构图	典型结构				钢丝绳直径范围/mm
	钢丝绳结构	股结构	外层钢丝数		
			总数	每股	
6×19M-FC　6×19M-IWRC	6×19M	1-6/12	72	12	3～52

钢丝绳公称直径/mm	参考质量/(kg/100m)		钢丝绳级					
			1570		1770		1960	
			钢丝绳最小破断拉力/kN					
	纤维芯	钢芯	纤维芯	钢芯	纤维芯	钢芯	纤维芯	钢芯
3	3.16	3.60	4.34	4.69	4.89	5.29	5.42	5.86
4	5.62	6.40	7.71	8.34	8.69	9.40	9.63	10.4
5	8.78	10.0	12.0	13.0	13.6	14.7	15.0	16.3
6	12.6	14.4	17.4	18.8	19.6	21.2	21.7	23.4
7	17.2	19.6	23.6	25.5	26.6	28.8	29.5	31.9
8	22.5	25.6	30.8	33.4	34.8	37.6	38.5	41.6
9	28.4	32.4	39.0	42.2	44.0	47.6	48.7	52.7
10	35.1	40.0	48.2	52.1	54.3	58.8	60.2	65.1
11	42.5	48.4	58.3	63.1	65.8	71.1	72.8	78.7
12	50.5	57.6	69.4	75.1	78.2	84.6	86.6	93.7
13	59.3	67.6	81.5	88.1	91.8	99.3	102	110
14	68.8	78.4	94.5	102	107	115	118	128
16	89.9	102	123	133	139	150	154	167
18	114	130	156	169	176	190	195	211
20	140	160	193	208	217	235	241	260
22	170	194	233	252	263	284	291	315
24	202	230	278	300	313	338	347	375
26	237	270	326	352	367	397	407	440
28	275	314	378	409	426	461	472	510
32	359	410	494	534	556	602	616	666
36	455	518	625	676	704	762	780	843
40	562	640	771	834	869	940	963	1041
44	680	774	933	1010	1050	1140	1160	1260
48	809	922	1110	1200	1250	1350	1390	1500
52	949	1080	1300	1410	1470	1590	1630	1760

注：1. 直径为 3～7mm 的钢丝绳采用钢丝股芯（WSC），破断拉力用 K_3 来计算。表中给出的钢芯是独立的钢丝绳芯（IWRC）的数据。

2. 钢丝最小破断拉力总和等于钢丝绳最小破断拉力×1.226（纤维芯）或 1.321（钢芯）。

表 26.67　6×12 类钢丝绳的性能（GB/T 20118—2017）

典型结构图	典型结构				钢丝绳直径范围/mm
	钢丝绳结构	股结构	外层钢丝数		
			总数	每股	
6×12FC-FC 典型结构图	6×12FC-FC	FC-12	72	12	6～52

钢丝绳公称直径/mm	参考质量/(kg/100m)	钢丝绳级		钢丝绳公称直径/mm	参考质量/(kg/100m)	钢丝绳级	
		1570	1770			1570	1770
		钢丝绳最小破断拉力/kN				钢丝绳最小破断拉力/kN	
6	9.04	11.8	13.3	16	64.3	84.0	94.7
7	12.3	16.1	18.1	18	81.3	106	120
8	16.1	21.0	23.7	20	100	131	148
9	20.3	26.6	30.0	22	121	159	179
10	25.1	32.8	37.0	24	145	189	213
11	30.4	39.7	44.8	26	170	222	250
12	36.1	47.3	53.3	28	197	257	290
13	42.4	55.5	62.5	32	257	336	379
14	49.2	64.3	72.5				

注：最小钢丝破断拉力总和等于钢丝绳最小破断拉力×1.226（纤维芯）或 1.321（钢芯）。

表 26.68　6×15 类钢丝绳的性能（GB/T 20118—2017）

典型结构图	典型结构				钢丝绳直径范围/mm
	钢丝绳结构	股结构	外层钢丝数		
			总数	每股	
6×15FC-FC 典型结构图	6×15FC-FC	FC-15	90	15	6～52

续表

钢丝绳公称直径/mm	参考质量/(kg/100m)	钢丝绳级		钢丝绳公称直径/mm	参考质量/(kg/100m)	钢丝绳级	
		1570	1770			1570	1770
		钢丝绳最小破断拉力/kN				钢丝绳最小破断拉力/kN	
8	12.8	18.1	20.4	18	64.8	91.6	103
9	16.2	22.9	25.8	20	80.0	113	127
10	20.0	28.3	31.9	22	96.8	137	154
11	24.2	34.2	38.6	24	115	163	184
12	28.8	40.7	45.9	26	135	191	215
13	33.8	47.8	53.8	28	157	222	250
14	39.2	55.4	62.4	30	180	254	287
15	45.0	63.6	71.7	32	205	289	326
16	51.2	72.3	81.6				

注：最小钢丝破断拉力总和等于钢丝绳最小破断拉力×1.136。

表 26.69　6×24M 类钢丝绳的性能（GB/T 20118—2017）

	典型结构				钢丝绳直径范围/mm
	钢丝绳结构	股结构	外层钢丝数		
			总数	每股	
6×24MFC-FC典型结构图	6×24MFC-FC	FC-9/15	90	15	8～44

钢丝绳公称直径/mm	参考质量/(kg/100m)	钢丝绳级		钢丝绳公称直径/mm	参考质量/(kg/100m)	钢丝绳级	
		1570	1770			1570	1770
		钢丝绳最小破断拉力/kN				钢丝绳最小破断拉力/kN	
8	20.4	28.1	31.7	20	127	176	198
9	25.8	35.6	40.1	22	154	213	240
10	31.8	44.0	49.6	24	183	253	285
11	38.5	53.2	60.0	26	215	297	335
12	45.8	63.3	71.4	28	249	345	389
13	53.7	74.3	83.8	30	286	396	446
14	62.3	86.2	97.1	32	326	450	507
15	71.6	98.9	112	36	412	570	642
16	81.4	113	127	40	509	703	793
18	103	142	161	44	616	851	959

注：最小钢丝破断拉力总和等于钢丝绳最小破断拉力×1.150。

表 26.70 6×37M 类钢丝绳的性能（GB/T 20118—2017）

典型结构图	钢丝绳结构	股结构	外层钢丝数 总数	外层钢丝数 每股	钢丝绳直径范围/mm
6×37M-FC 6×37M-IWRC	6×37M	1-6/12/18	108	18	5～60

钢丝绳公称直径/mm	参考质量/(kg/100m)		钢丝绳级 1570 钢丝绳最小破断拉力/kN		1770		1960	
	纤维芯	钢芯	纤维芯	钢芯	纤维芯	钢芯	纤维芯	钢芯
5	8.65	10.0	11.6	12.5	13.1	14.1	14.5	15.6
6	12.5	14.4	16.7	18.0	18.8	20.3	20.8	22.5
7	17.0	19.6	22.7	24.5	25.6	27.7	28.3	30.6
8	22.1	25.6	29.6	32.1	33.4	36.1	37.0	40.0
9	28.0	32.4	37.5	40.6	42.3	45.7	46.8	50.6
10	34.6	40.0	46.3	50.1	52.2	56.5	57.8	62.5
11	41.9	48.4	56.0	60.6	63.2	68.3	70.0	75.7
12	49.8	57.6	66.7	72.1	75.2	81.3	83.3	90.0
13	58.5	67.6	78.3	84.6	88.2	95.4	97.7	106
14	67.8	78.4	90.8	98.2	102	111	113	123
16	88.6	102	119	128	134	145	148	160
18	112	130	150	162	169	183	187	203
20	138	160	185	200	209	226	231	250
22	167	194	224	242	253	273	280	303
24	199	230	267	288	301	325	333	360
26	234	270	313	339	353	382	391	423
28	271	314	363	393	409	443	453	490
32	354	410	474	513	535	578	592	640
36	448	518	600	649	677	732	749	810
40	554	640	741	801	835	903	925	1000
44	670	774	897	970	1010	1090	1120	1210
48	797	922	1070	1150	1200	1300	1330	1440
52	936	1082	1250	1350	1410	1530	1560	1690
56	1090	1254	1450	1570	1640	1770	1810	1960
60	1250	1440	1670	1800	1880	2030	2080	2250

注：1. 直径为 5～7mm 的钢丝绳利用钢丝股芯（WSC），破断拉力用 K_3 来计算。表中给出的钢芯是独立的钢丝绳芯（IWRC）的数据。

2. 钢丝最小破断拉力总和等于钢丝绳最小破断拉力×1.249（纤维芯）或 1.336（钢芯）。

表 26.71 6×61M 类钢丝绳的性能（GB/T 20118—2017）

典型结构图	钢丝绳结构	股结构	外层钢丝数 总数	外层钢丝数 每股	钢丝绳直径范围/mm
6×61M-FC 6×61M-IWRC	6×61M	1-6/12/18/24	144	24	18～60

钢丝绳公称直径/mm	参考质量/(kg/100m)		钢丝绳级 1570 钢丝绳最小破断拉力/kN		1770		1960	
	纤维芯	钢芯	纤维芯	钢芯	纤维芯	钢芯	纤维芯	钢芯
18	117	129	144	156	162	175	180	194
20	144	159	178	192	200	217	222	240
22	175	193	215	232	242	262	268	290
24	208	229	256	277	288	312	319	345
26	244	269	300	325	339	366	375	405
28	283	312	348	377	393	425	435	470
32	370	408	455	492	513	555	568	614
36	468	516	576	623	649	702	719	777
40	578	637	711	769	801	867	887	960
44	699	771	860	930	970	1050	1070	1160
48	832	917	1020	1110	1150	1250	1280	1380
52	976	1080	1200	1300	1350	1460	1500	1620
56	1130	1250	1390	1510	1570	1700	1740	1880
60	1300	1430	1600	1730	1800	1950	2000	2160

注：钢丝最小破断拉力总和等于钢丝绳最小破断拉力×1.301（纤维芯）或 1.392（钢芯）。

表 26.72 6×19 类钢丝绳的性能（GB/T 20118—2017）

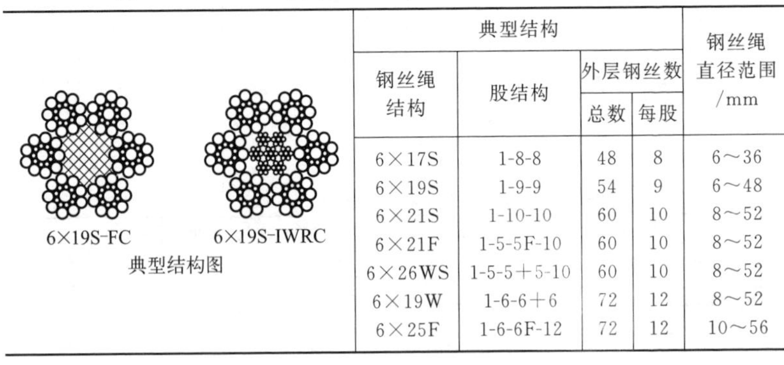

典型结构图	钢丝绳结构	股结构	外层钢丝数 总数	外层钢丝数 每股	钢丝绳直径范围/mm
6×19S-FC 6×19S-IWRC 典型结构图	6×17S	1-8-8	48	8	6～36
	6×19S	1-9-9	54	9	6～48
	6×21S	1-10-10	60	10	8～52
	6×21F	1-5-5F-10	60	10	8～52
	6×26WS	1-5-5+5-10	60	10	8～52
	6×19W	1-6-6+6	72	12	8～52
	6×25F	1-6-6F-12	72	12	10～56

续表

钢丝绳公称直径/mm	参考质量/(kg/100m)		钢丝绳级							
			1570		1770		1960		2160	
			钢丝绳最小破断拉力/kN							
	纤维芯	钢芯	纤维芯	钢芯	纤维芯	钢芯	纤维芯	钢芯	纤维芯	钢芯
6	13.7	15.0	18.7	20.1	21.0	22.7	23.3	25.1	25.7	27.7
7	18.6	20.5	25.4	27.4	28.6	30.9	31.7	34.2	34.9	37.7
8	24.3	26.8	33.2	35.8	37.4	40.3	41.4	44.7	45.6	49.2
9	30.8	33.9	42.0	45.3	47.3	51.0	52.4	56.5	57.7	62.3
10	38.0	41.8	51.8	55.9	58.4	63.0	64.7	69.8	71.3	76.9
11	46.0	50.6	62.7	67.6	70.7	76.2	78.3	84.4	86.2	93.0
12	54.7	60.2	74.6	80.5	84.1	90.7	93.1	100	103	111
13	64.2	70.6	87.6	94.5	98.7	106	109	118	120	130
14	74.5	81.9	102	110	114	124	127	137	140	151
16	97.3	107	133	143	150	161	166	179	182	197
18	123	135	168	181	189	204	210	226	231	249
20	152	167	207	224	234	252	259	279	285	308
22	184	202	251	271	283	305	313	338	345	372
24	219	241	298	322	336	363	373	402	411	443
26	257	283	350	378	395	426	437	472	482	520
28	298	328	406	438	458	494	507	547	559	603
32	389	428	531	572	598	645	662	715	730	787
36	492	542	671	724	757	817	838	904	924	997
40	608	669	829	894	935	1010	1030	1120	1140	1230
44	736	809	1000	1080	1130	1220	1250	1350	1380	1490
48	876	963	1190	1290	1350	1450	1490	1610	1640	1770
52	1030	1130	1400	1510	1580	1700	1750	1890	1930	2080
56	1190	1310	1620	1750	1830	1980	2030	2190	2240	2410

注：钢丝最小破断拉力总和等于钢丝绳最小破断拉力×1.214（纤维芯）或 1.308（钢芯）。

表 26.73　6×24 类钢丝绳的性能（GB/T 20118—2017）

	典型结构				钢丝绳直径范围/mm
	钢丝绳结构	股结构	外层钢丝数		
			总数	每股	
6×24SFC-FC 典型结构图	6×24SFC 6×24WFC	FC-12-12 FC-8-8+8	72 96	12 16	8～40 10～40

续表

钢丝绳公称直径/mm	参考质量/(kg/100m)	钢丝绳级		钢丝绳公称直径/mm	参考质量/(kg/100m)	钢丝绳级	
		1570	1770			1570	1770
		钢丝绳最小破断拉力/kN				钢丝绳最小破断拉力/kN	
8	21.2	29.2	33.0	20	132	183	206
9	26.8	37.0	41.7	22	160	221	249
10	33.1	45.7	51.5	24	191	263	297
11	40.1	55.3	62.3	26	224	309	348
12	47.7	65.8	74.2	28	260	358	404
13	55.9	77.2	87.0	30	298	411	464
14	64.9	89.5	101	32	339	468	527
15	74.5	103	116	36	429	592	668
16	84.7	117	132	40	530	731	824
18	107	148	167				

注：最小钢丝破断拉力总和等于钢丝绳最小破断拉力×1.150。

表 26.74 6×36 类钢丝绳的性能（GB/T 20118—2017）

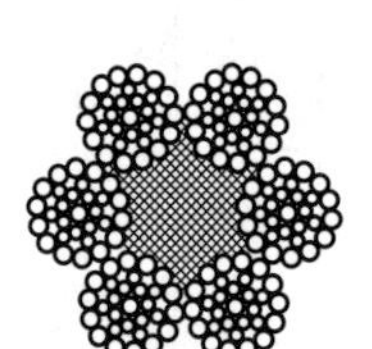

6×36WS-FC 6×36WS-IWRC

典型结构图

钢丝绳结构	股结构	外层钢丝数 总数	外层钢丝数 每股	钢丝绳直径范围/mm
6×31WS	1-6-6+6-12	72	12	8～60
6×29F	1-7-7F-14	84	14	8～60
6×36WS	1-7-7+7-14	84	14	8～60
6×37FS	1-6-6F-12-12	72	12	10～60
6×41WS	1-8-8+8-16	96	16	34～60
6×46WS	1-9-9+9-18	108	18	40～60
6×49SWS	1-8-8-8+8-16	96	16	42～60
6×55SWS	1-9-9-9+9-18	108	18	44～60

钢丝绳公称直径/mm	参考质量/(kg/100m)		钢丝绳级							
			1570		1770		1960		2160	
			钢丝绳最小破断拉力/kN							
	纤维芯	钢芯	纤维芯	钢芯	纤维芯	钢芯	纤维芯	钢芯	纤维芯	钢芯
8	24.3	26.8	33.2	35.8	37.4	40.3	41.4	44.7	45.6	49.2
9	30.8	33.9	42.0	45.3	47.3	51.0	52.4	56.5	57.7	62.3
10	38.0	41.8	51.8	55.9	58.4	63.0	64.7	69.8	71.3	76.9
11	46.0	50.6	62.7	67.6	70.7	76.2	78.3	84.4	86.2	93.0
12	54.7	60.2	74.6	80.5	84.1	90.7	93.1	100	103	111
13	64.2	70.6	87.6	94.5	98.7	106	109	118	120	130

续表

钢丝绳公称直径/mm	参考质量/(kg/100m)		钢丝绳级							
			1570		1770		1960		2160	
			钢丝绳最小破断拉力/kN							
	纤维芯	钢芯	纤维芯	钢芯	纤维芯	钢芯	纤维芯	钢芯	纤维芯	钢芯
14	74.5	81.9	102	110	114	124	127	137	140	151
16	97.3	107	133	143	150	161	166	179	182	197
18	123	135	168	181	189	204	210	226	231	249
20	152	167	207	224	234	252	259	279	285	308
22	184	202	251	271	283	305	313	338	345	372
24	219	241	298	322	336	363	373	402	411	443
26	257	283	350	378	395	426	437	472	482	520
28	298	328	406	438	458	494	507	547	559	603
32	389	428	531	572	598	645	662	715	730	787
36	492	542	671	724	757	817	838	904	924	997
40	608	669	829	894	935	1010	1030	1120	1140	1230
44	736	809	1000	1080	1130	1220	1250	1350	1380	1490
48	876	963	1200	1290	1350	1450	1490	1610	1640	1770
52	1030	1130	1400	1510	1580	1700	1750	1890	1930	2080
56	1190	1310	1620	1750	1830	1980	2030	2190	2230	2410
60	1370	1500	1870	2010	2100	2270	2330	2510	2570	2770

注：钢丝最小破断拉力总和等于钢丝绳最小破断拉力×1.214（纤维芯）或1.308（钢芯）。

表 26.75　6×V7 类钢丝绳的性能（GB/T 20118—2017）

典型结构图	典型结构				钢丝绳直径范围/mm
	钢丝绳结构	股结构	外层钢丝数		
			总数	每股	
6×V19-FC　6×V19-IWRC	6×V18 6×V19	/3×2-3/-9 /1×7-3/-9	54 54	9 9	18～40 18～40

钢丝绳公称直径/mm	参考质量/(kg/100m)		钢丝绳级					
			1570		1770		1960	
			钢丝绳最小破断拉力/kN					
	纤维芯	钢芯	纤维芯	钢芯	纤维芯	钢芯	纤维芯	钢芯
18	133	142	191	202	215	228	238	253
20	165	175	236	250	266	282	294	312
22	199	212	285	302	321	341	356	378

续表

钢丝绳公称直径/mm	参考质量/(kg/100m)		钢丝绳级					
			1570		1770		1960	
			钢丝绳最小破断拉力/kN					
	纤维芯	钢芯	纤维芯	钢芯	纤维芯	钢芯	纤维芯	钢芯
24	237	252	339	360	382	406	423	449
26	279	295	398	422	449	476	497	527
28	323	343	462	490	520	552	576	612
30	371	393	530	562	597	634	662	702
32	422	447	603	640	680	721	753	799
36	534	566	763	810	860	913	953	1010
40	659	699	942	1000	1060	1130	1180	1250

注：钢丝最小破断拉力总和等于钢丝绳最小破断拉力×1.156（纤维芯）或 1.191（钢芯）。

26.8.6 输送带用钢丝绳

输送带用钢丝绳用于钢丝绳芯输送带骨架增强材料。常见系列规格见表 26.76～表 26.78。

表 26.76 标准式 6×7-WSC 输送带用钢丝绳的规格（GB/T 12753—2020）

典型结构			
钢丝绳结构	股结构	外层钢丝数	
		总数	每股
6×7-WSC	1-6	36	6

公称直径/mm	最小破断拉力/kN				参考质量/(kg/hm)	公称直径/mm	最小破断拉力/kN				参考质量/(kg/hm)
	Ⅰ	Ⅱ	Ⅲ	Ⅳ			Ⅰ	Ⅱ	Ⅲ	Ⅳ	
2.5	5.9	6.1	6.4	6.6	2.5	3.5	11.5	12.0	12.5	13.0	4.9
2.6	6.3	6.6	6.9	7.2	2.7	3.6	12.2	12.7	13.2	13.8	5.2
2.7	6.8	7.1	7.4	7.7	2.9	3.7	12.8	13.4	14.0	14.5	5.5
2.8	7.4	7.7	8.0	8.3	3.1	3.8	13.5	14.1	14.7	15.3	5.8
2.9	7.9	8.2	8.6	8.9	3.4	3.9	14.3	14.9	15.5	16.2	6.1
3.0	8.4	8.8	9.2	9.6	3.6	4.0	15.0	15.7	16.3	17.0	6.4
3.1	9.0	9.4	9.8	10.2	3.8	4.1	15.8	16.5	17.2	17.9	6.7
3.2	9.6	10.0	10.5	10.9	4.1	4.2	16.5	17.3	18.0	18.7	7.1
3.3	10.2	10.7	11.1	11.6	4.4	4.3	17.3	18.1	18.5	19.6	7.4
3.4	10.8	11.3	11.8	12.3	4.6	4.4	18.2	19	19.8	20.6	7.7

续表

公称直径/mm	最小破断拉力/kN				参考质量/(kg/hm)	公称直径/mm	最小破断拉力/kN				参考质量/(kg/hm)
	Ⅰ	Ⅱ	Ⅲ	Ⅳ			Ⅰ	Ⅱ	Ⅲ	Ⅳ	
4.5	19.0	19.8	20.7	21.5	8.1	5.3	26.3	27.5	28.7	29.8	11.2
4.6	19.8	20.7	21.6	22.5	8.5	5.4	27.3	28.6	29.8	31.0	11.7
4.7	20.7	21.6	22.6	23.5	8.8	5.5	28.4	29.6	31.0	32.1	12.1
4.8	21.6	22.6	23.5	24.5	9.2	5.6	29.4	30.7	32.0	33.3	12.5
4.9	22.5	23.5	24.5	25.5	9.6	5.7	30.5	31.8	33.2	34.5	13.0
5.0	23.4	24.5	25.5	26.6	10.0	5.8	31.6	32.9	34.3	35.7	13.5
5.1	24.4	25.5	26.6	27.6	10.4	5.9	32.6	34.1	35.5	37.0	13.9
5.2	25.4	26.5	27.6	28.7	10.8	4.3	17.3	18.1	18.5	19.6	14.0

表 26.77 标准式 6×19-WSC 输送带用钢丝绳的规格（GB/T 12753—2020）

典型结构			
钢丝绳结构	股结构	外层股钢丝数	
		总数	每股
6×19-WSC	1-6/12	72	12

公称直径/mm	最小破断拉力/kN				参考质量/(kg/hm)	公称直径/mm	最小破断拉力/kN				参考质量/(kg/hm)
	Ⅰ	Ⅱ	Ⅲ	Ⅳ			Ⅰ	Ⅱ	Ⅲ	Ⅳ	
6.0	30.0	31.4	32.7	34.0	13.3	9.6	76.9	80.1	83.7	87.1	34.0
6.2	32.1	33.5	34.9	36.3	14.2	9.8	80.1	83.6	87.2	90.7	35.4
6.4	34.2	35.7	37.2	38.7	15.1	10.0	83.4	87.1	90.8	94.5	36.9
6.6	36.3	37.9	39.5	41.1	16.1	10.2	86.8	90.6	94.4	98.3	38.4
6.8	38.6	40.3	42.0	43.7	17.1	10.4	90.2	94.2	98.2	102	39.0
7.0	40.9	42.7	44.5	46.3	18.1	10.6	93.7	97.8	102	106	41.5
7.2	43.2	45.1	47.1	49.0	19.1	10.8	97.3	102	106	110	43.0
7.4	45.7	47.7	49.7	51.7	20.2	11.0	101	105	110	114	44.6
7.6	48.2	50.3	52.4	54.6	21.3	11.2	105	109	114	119	46.3
7.8	50.7	53.0	55.2	57.5	22.4	11.4	108	113	118	123	48.0
8.0	53.4	55.7	58.6	60.5	23.6	11.6	112	117	122	127	49.7
8.2	56.1	58.6	61.4	63.5	24.8	11.8	116	121	126	132	51.4
8.4	58.8	61.4	64.4	66.7	26.0	12.0	120	125	131	136	53.1
8.6	61.7	64.4	67.1	69.9	27.3	12.2	124	130	135	141	54.9
8.8	64.6	67.4	70.3	73.2	28.6	12.4	128	134	140	145	56.7
9.0	67.5	70.5	73.5	76.5	29.9	12.6	132	138	144	150	58.6
9.2	70.6	73.1	76.8	80.0	31.2	12.8	137	143	149	155	60.5
9.4	73.7	76.9	80.2	83.5	32.6	13.0	141	147	153	159	62.4

续表

公称直径/mm	最小破断拉力/kN				参考质量/(kg/hm)	公称直径/mm	最小破断拉力/kN				参考质量/(kg/hm)
	Ⅰ	Ⅱ	Ⅲ	Ⅳ			Ⅰ	Ⅱ	Ⅲ	Ⅳ	
13.2	145	152	158	164	64.3	14.0	164	171	178	185	72.3
13.4	150	156	163	169	66.3	14.5	175	183	191	198	77.6
13.6	154	161	167	174	68.3	15.0	188	196	204	212	83.0
13.8	159	166	173	180	70.3						

注：直径大于或等于12mm的钢丝绳中心股的中心丝也可以采用1×3结构钢丝股代替。

表 26.78 标准式 6×19W-WSC 输送带用钢丝绳的规格（GB/T 12753—2020）

典型结构			
钢丝绳结构	股结构	外层钢丝数	
		总数	每股
6×19W-WSC	1-6-6+6	72	12

公称直径/mm	最小破断拉力/kN				参考质量/(kg/hm)	公称直径/mm	最小破断拉力/kN				参考质量/(kg/hm)
	Ⅰ	Ⅱ	Ⅲ	Ⅳ			Ⅰ	Ⅱ	Ⅲ	Ⅳ	
6.0	31.4	32.8	34.2	35.6	14.7	10.4	94.4	98.5	103	107	44.1
6.2	33.5	35.0	31.5	38.0	16.7	10.6	98.0	102	107	111	45.8
6.4	35.7	37.3	38.9	40.5	16.7	10.8	102	106	111	115	47.6
6.6	38.0	39.7	41.4	43.0	17.8	11.0	106	110	115	120	49.4
6.8	40.3	42.1	43.9	45.7	18.9	11.2	109	114	119	124	51.2
7.0	42.7	44.6	46.5	48.4	20.0	11.4	113	118	123	128	53.0
7.2	45.2	47.2	41.2	51.2	21.2	11.6	117	123	128	133	54.9
7.4	47.8	49.9	52.0	54.1	22.3	11.8	121	127	132	138	56.8
7.6	50.4	52.6	54.8	57.1	23.6	12.0	126	131	137	142	58.8
7.8	53.1	55.4	57.8	60.1	24.8	12.2	130	136	141	147	60.7
8.0	55.8	58.3	60.8	63.2	26.1	12.4	134	140	146	152	62.7
8.2	58.7	61.3	63.8	66.4	27.4	12.6	138	145	151	157	64.8
8.4	61.6	64.3	67.0	69.7	28a	12.8	143	149	156	162	66.8
8.6	64.5	67.4	70.2	73.1	30.2	13.0	147	154	160	167	69.0
8.8	67.6	70.5	73.5	76.5	31.6	13.2	152	159	165	172	71.1
9.0	70.7	73.8	76.9	80.0	33.0	13.4	157	164	171	177	73.3
9.2	73.8	77.1	80.4	83.6	34.5	13.6	161	168	1n.	183	75.5
9.4	77.1	80.5	83.9	87.3	36.1	13.8	166	173	181	188	77.7
9.6	80.4	84.0	87.5	91.1	37.6	14.0	171	179	186	194	80.0
9.8	83.8	87.5	91.2	94.9	59.2	14.5	183	192	200	208	85.8
10.0	87.2	91.1	95.0	98.8	40.8	15.0	196	205	214	222	91.8
10.2	90.8	94.8	98.8	103	42.4						

注：直径大于或等于12mm的钢丝绳中心股的中心丝也可以采用1×3结构钢丝股代替。

26.8.7 电梯用钢丝绳

电梯用钢丝绳用作曳引驱动和液压驱动电梯用悬挂钢丝绳，乘客和载货电梯用补偿钢丝绳和限速器钢丝绳，货物、人员升降和在导轨间移动的人力电梯用钢丝绳。常见电梯用钢丝绳规格见表 26.79。

电梯用钢丝绳标记方法是：

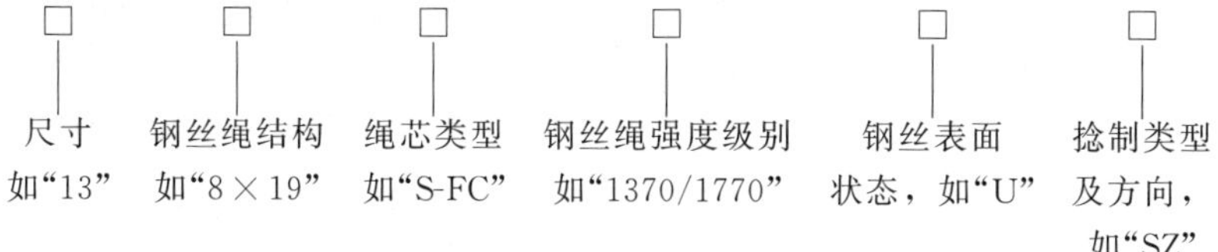

表 26.79 光面或镀锌钢丝 6×19 纤维芯、钢芯（WSC）类电梯用钢丝绳的规格（GB/T 8903—2018）

截面结构实例	钢丝绳结构			股结构	
	项目		数量	项目	数量
	股数 外股 股的层数		6 6 1	钢丝 外层钢丝 钢丝层数	19～25 9～12 2
	钢丝绳钢丝		114～150		
6×19S-FC	典型例子		外层钢丝的数量		外层钢丝系数①
	钢丝绳	股	总数	每股	a
	6×19S	1-9-9	54	9	0.0800
	6×19W	1-6-6+6	72	12 6	0.0738
6×19W-WSC				6	0.0556
	6×25F	1-6-6F-12	72	12	0.0640
	钢丝绳绳芯类型		纤维芯(FC)		钢芯(WSC)
	最小破断拉力系数		$K_1=0.330$		$K_2=0.356$
6×25F-FC	单位重量系数①		$W_1=0.359$		$W_2=0.418$
	金属截面积系数①		$C_1=0.384$		$C_2=0.438$

续表

钢丝绳公称直径/mm	参考质量①(kg/100mm)		最小破断拉力/kN								
			双强度/MPa			单强度/MPa					
	纤维芯	钢芯	1320/1620 1320/1770 纤维芯	1370/1770 纤维芯	1570/1770 1620/1770 纤维芯	1570 纤维芯	1620 纤维芯	1770 纤维芯	1770 钢芯	1960 纤维芯	1960 钢芯
6	12.9	15.0	16.8	17.8	19.5	18.7	19.2	21.0	22.7	23.3	25.1
6.3	14.2	16.6	—	—	21.5	—	21.2	23.2	25.0	25.7	27.7
6.5②	15.2	17.7	19.7	20.9	22.9	21.9	22.6	24.7	26.6	27.3	29.5
8②	23.0		29.8	31.7	34.6	33.2	34.2	37.4		41.4	
9	29.1	—	37.7	40.1	43.8	42.0	43.3	47.3	—	52.4	—
9.5	32.4		42.0	44.7	48.8	46.8	48.2	52.7		58.4	
10②	35.9		46.5	49.5	54.1	51.8	53.5	58.4		64.7	
11②	43.4	—	56.3	59.9	65.5	62.7	64.7	70.7	—	78.3	—
12	51.7		67.0	71.3	77.9	74.6	77.0	84.1		93.1	
12.7	57.9		75.0	79.8	87.3	83.6	86.2	94.2		104	
13②	60.7	—	78.6	83.7	91.5	87.6	90.3	98.7	—	109	—
14	70.4		91.2	97.0	106	102	105	114		127	
14.3	73.4		—	—	111	—	—	119		132	
15	80.8	—	—	111	122	117	—	131	—	146	—
16②	91.9		119	127	139	133	137	150		166	
17.5	110		—	—	166	—	—	179			
18	116	—	151	160	175	168	173	189	—	—	—
19②	130		168	179	195	187	193	211			
20	144		186	198	216	207	214	234			
20.6	152	—	—	—	230	—	—	248	—	—	—
22②	174		225	240	262	251	259	283			

① 只作参考。

② 对新电梯的优先尺寸。

另外还有光面或镀锌钢丝 8×19 纤维芯类电梯用钢丝绳、8×19 钢芯（IWRC）类电梯用钢丝绳、8×19（PWRC）类电梯用钢丝绳、8×19（CSC）类电梯用钢丝绳、9×19 钢芯（IWRC）类电梯用钢丝绳、9×19 钢芯（CSC）类电梯用钢丝绳、大直径补偿用钢丝绳等，需要时可参阅 GB/T 8903—2018。

26.8.8　不锈钢钢丝绳

不锈钢钢丝绳用于仪表、机械传动、拉索、吊索、减振器等要求清洁、耐腐蚀场合，其分类见表 26.80。

表 26.80　不锈钢钢丝绳分类

类别	结构		公称直径范围/mm
	钢丝绳	股绳	
1×3	1×3	0-3	0.15～0.65
1×7	1×7	1-6	0.15～6.0
1×19	1×19	1-6-12	0.6～6.0
3×7	3×7	1-6	0.7～1.2
6×7	6×7	1-6	0.45～8.0
6×19 (a)	6×19S 6×19W 6×25Fi	19-9-9 1-6-6+6 1-6-6F-12	6.0～35
6×19 (a)	6×26WS 6×31WS	1-5-5+5-10 1-6-6F+6-12	6.0～35.0
6×19 (b)	6×19	1-6-12	1.5～30.0
8×19	8×19S 8×19W 8×25Fi 8×26WS 8×31WS	19-9-9 1-6-6+6 1-6-6F-12 1-5-5+5-10 1-6-6+6-12	8.0～35.0

不锈钢钢丝绳的标记方法是：

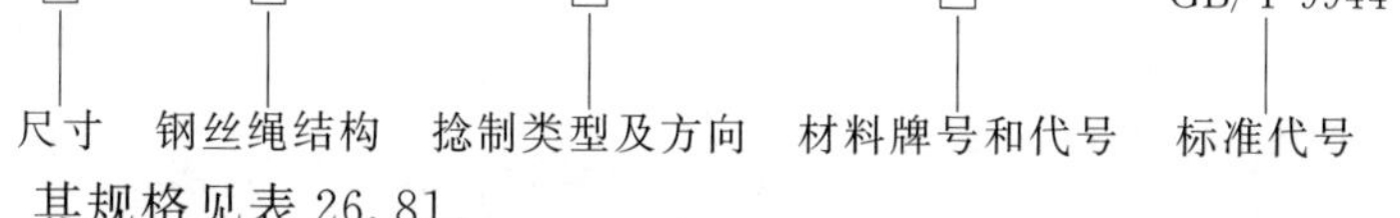

其规格见表 26.81。

表 26.81　不锈钢钢丝绳的规格（GB/T 9944—2015）

结构	公称直径/mm	最小破断拉力/kN		参考质量/(kg/100m)
		12Cr18Ni9	06Cr19Ni10	
1×3	0.15	0.022	—	0.012
	0.25	0.056	—	0.029
	0.35	0.113	—	0.055
	0.45	0.185	—	0.089
	0.55	0.284	—	0.135
	0.65	0.393	—	0.186
1×7	0.15	0.025	—	0.011
	0.25	0.063	—	0.031
	0.30	0.093	—	0.044
	0.35	0.127	—	0.061
	0.40	0.157	—	0.080
	0.45	0.200	—	0.100
	0.50	0.255	0.231	0.125
1×7	0.60	0.382	0.333	0.180
	0.70	0.540	0.445	0.245
	0.80	0.667	0.588	0.327
	0.90	0.823	0.736	0.400
	1.0	1.00	0.910	0.500
	1.2	1.32	1.21	0.70
	1.5	2.26	2.05	1.18
	2.0	4.02	3.63	2.10
	2.5	6.13	5.34	3.27
	3.0	8.83	7.70	4.71
	3.5	11.6	9.81	6.67
	4.0	15.1	12.7	8.34
	5.0	22.8	19.2	13.1

续表

结构	公称直径/mm	最小破断拉力/kN		参考质量/(kg/100m)
		12Cr18Ni9	06Cr19Ni10	
1×7	6.0	33.0	27.8	18.9
1×19	0.60	0.343	—	0.175
	0.70	0.470	—	0.240
	0.80	0.617	—	0.310
	0.90	0.771	0.814	0.390
	1.0	0.950	1.17	0.500
	1.2	1.27	1.81	0.70
	1.5	2.25	2.25	1.10
	2.0	3.82	3.24	2.00
	2.5	5.58	5.10	3.13
	3.0	8.03	7.31	4.50
	3.5	10.6	9.32	6.13
	4.0	13.9	12.2	8.19
	5.0	21.0	17.8	12.9
	6.0	30.4	25.5	18.5
3×7	0.70	0.323	—	0.182
	0.80	0.488	—	0.238
	1.0	0.686	—	0.375
	1.2	0.931	—	0.540
6×7-WSC	0.45	0.142	—	0.08
	0.5	0.176	—	0.12
	0.6	0.253	—	0.15
	0.7	0.345	—	0.20
	0.8	0.461	0.384	0.26
	0.9	0.539	0.485	0.32
	1.0	0.637	0.599	0.40
	1.2	1.2	0.915	0.65
	1.5	1.67	1.17	0.93
	1.6①	2.15	1.63	1.20
	1.8	2.25	1.04	1.35
	2.0	2.94	2.55	1.65
6×7-WSC	2.4	4.10	3.45	2.40
	3.0	6.37	5.39	3.70
	3.2	7.15	6.14	4.20
	3.5	7.64	6.81	5.10
	4.0	9.51	8.90	6.50
	4.5	12.1	11.3	8.30
	5.0	14.7	13.9	10.5
	6.0	18.6	18.6	15.1
	8.0	40.6	35.6	26.6
6×19-WSC	1.5	1.63	1.37	0.93
	1.6	1.85	1.56	1.12
	2.4	4.10	3.52	2.60
	3.2	7.85	6.08	4.30
	4.0	10.7	9.51	6.70
	4.8①	16.5	13.69	9.70
	5.0	17.4	14.9	10.5
	5.6①	22.3	18.6	12.8
	6.0	23.5	20.8	14.9
	6.4①	28.5	23.7	16.4
	7.2①	34.7	29.9	20.8
	8.0①	40.1	36.1	25.8
	9.5①	53.4	47.9	36.2
6-19-IWRC	11.0	72.5	61.3	53.0
	12.7	101	85.7	68.2
	14.3	127	109	87.8
	16.0	156	136	106
	19.0	221	102	157
	22.0	295	249	213
	25.4	380	321	278
	28.5	474	413	357
	30.0	499	448	396

① 适用于飞机操纵用和减振器。

26.8.9 钢丝绳附件

（1）套环（表 26.82、表 26.83）

表 26.82 钢丝绳用普通套环的规格（GB/T 5974.1—2006）

mm

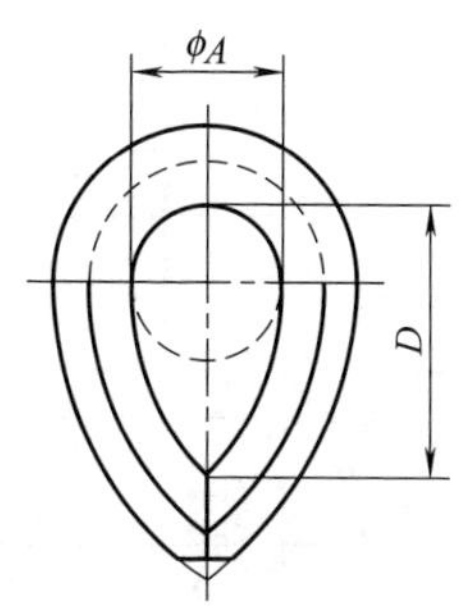

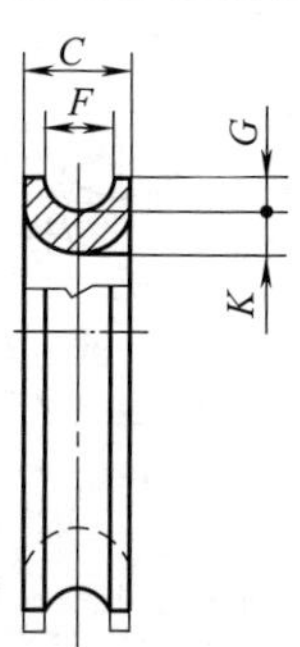

钢丝公称直径	F	C	A	D	G_{min}	K	质量/kg
6	6.7	10.5	15	27	3.3	4.2	0.032
8	8.9	14.0	20	36	4.4	5.6	0.075
10	11.2	17.5	25	45	5.5	7.0	0.150
12	13.4	21.0	30	54	6.6	8.4	0.250
14	15.6	24.5	35	63	7.7	9.8	0.393
16	17.8	28.0	40	72	8.8	11.2	0.605
18	20.1	31.5	45	81	9.9	12.6	0.867
20	22.3	35.0	50	90	11.0	14.0	1.206
22	24.5	38.5	55	99	12.1	15.4	1.563
24	26.7	42.0	60	101	13.2	16.8	2.015
26	29.0	45.5	65	117	14.3	18.2	2.620
28	31.2	49.0	70	126	15.4	19.6	3.250
32	35.6	56.0	80	141	17.6	22.4	4.854
36	40.1	63.0	90	162	19.8	25.2	6.972
40	44.5	70.0	100	180	22.0	28.0	9.624
44	49.0	77.0	110	196	24.2	30.8	12.81
48	53.4	84.0	120	216	26.4	33.6	16.60
52	57.9	91.0	130	231	28.6	36.4	20.95
56	62.3	98.0	140	252	30.8	39.2	26.32
60	66.8	105.0	150	270	33.0	42.0	31.31

表 26.83 钢丝绳用重型套环的规格（GB/T 5974.2—2006）

mm

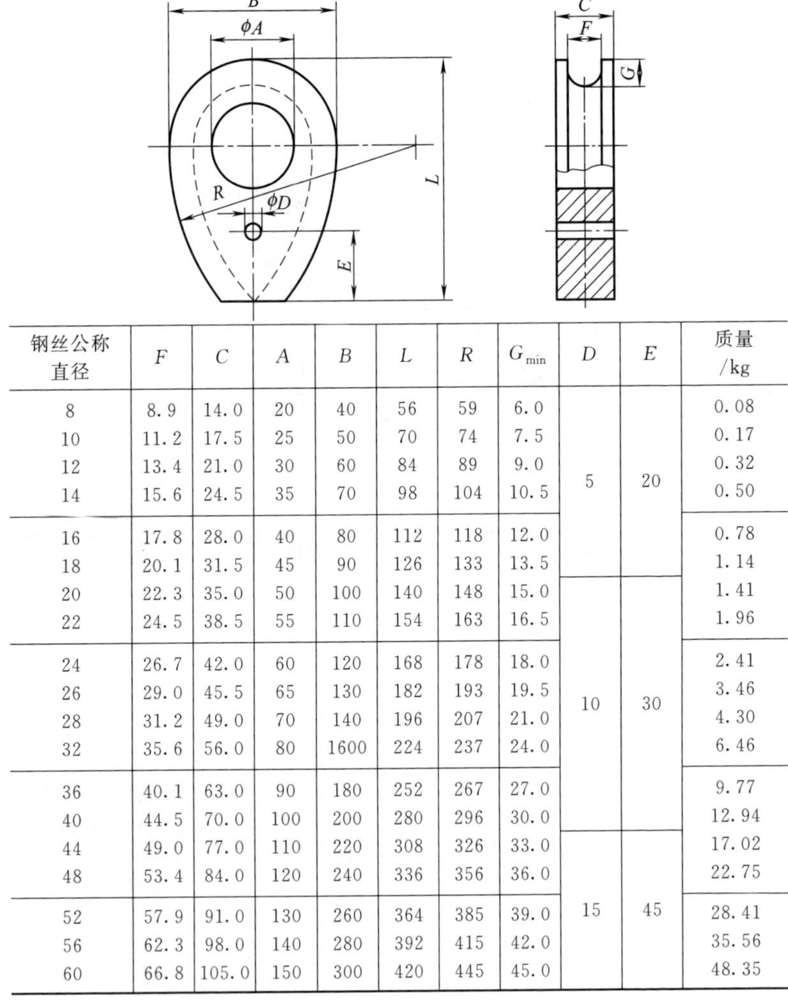

钢丝公称直径	F	C	A	B	L	R	G_{min}	D	E	质量/kg
8	8.9	14.0	20	40	56	59	6.0	5	20	0.08
10	11.2	17.5	25	50	70	74	7.5	5	20	0.17
12	13.4	21.0	30	60	84	89	9.0	5	20	0.32
14	15.6	24.5	35	70	98	104	10.5	5	20	0.50
16	17.8	28.0	40	80	112	118	12.0	5	20	0.78
18	20.1	31.5	45	90	126	133	13.5	5	20	1.14
20	22.3	35.0	50	100	140	148	15.0	10	30	1.41
22	24.5	38.5	55	110	154	163	16.5	10	30	1.96
24	26.7	42.0	60	120	168	178	18.0	10	30	2.41
26	29.0	45.5	65	130	182	193	19.5	10	30	3.46
28	31.2	49.0	70	140	196	207	21.0	10	30	4.30
32	35.6	56.0	80	1600	224	237	24.0	10	30	6.46
36	40.1	63.0	90	180	252	267	27.0	10	30	9.77
40	44.5	70.0	100	200	280	296	30.0	10	30	12.94
44	49.0	77.0	110	220	308	326	33.0	15	45	17.02
48	53.4	84.0	120	240	336	356	36.0	15	45	22.75
52	57.9	91.0	130	260	364	385	39.0	15	45	28.41
56	62.3	98.0	140	280	392	415	42.0	15	45	35.56
60	66.8	105.0	150	300	420	445	45.0	15	45	48.35

（2）卸扣

卸扣是由扣体和销轴两个易拆零件装配成的组合件，用于索具与末端配件之间，起连接作用。按强度级别可分为 4 级、6 级和 8 级。其规格见表 26.84、表 26.85。

表 26.84 一般起重用 D 形锻造卸扣（GB/T 25854—2010）

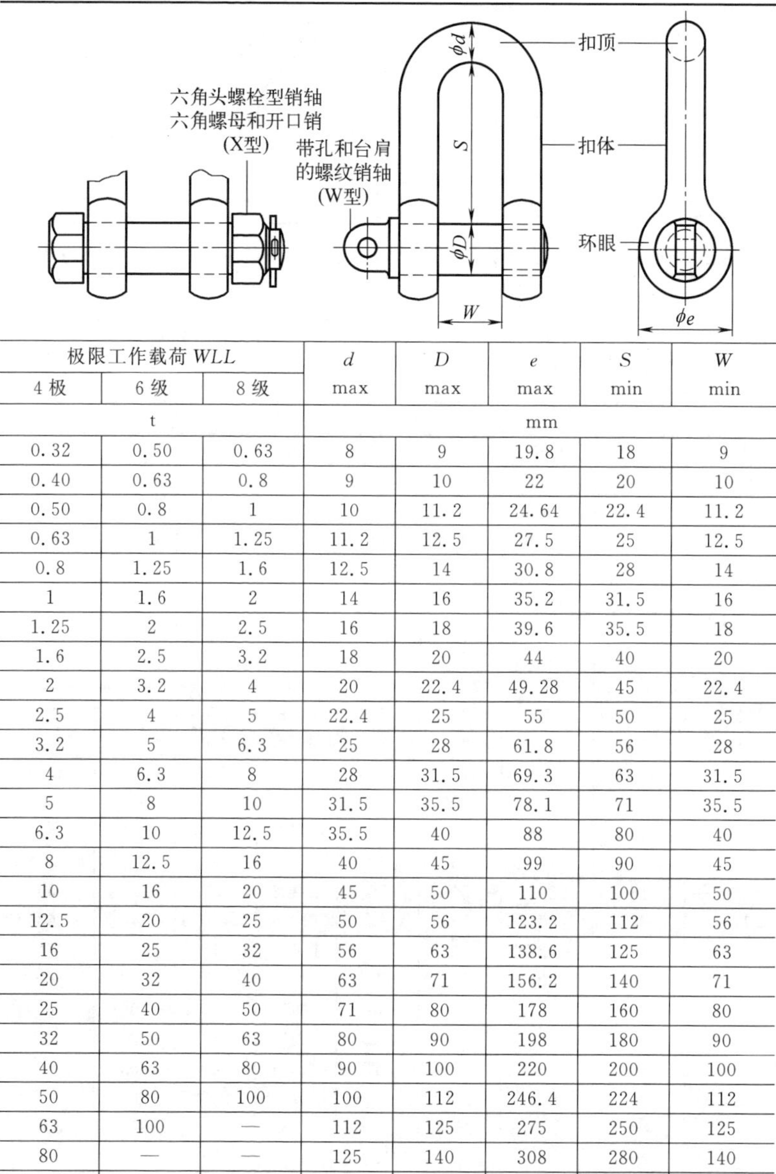

极限工作载荷 WLL			d	D	e	S	W
4 极	6 级	8 级	max	max	max	min	min
t			mm				
0.32	0.50	0.63	8	9	19.8	18	9
0.40	0.63	0.8	9	10	22	20	10
0.50	0.8	1	10	11.2	24.64	22.4	11.2
0.63	1	1.25	11.2	12.5	27.5	25	12.5
0.8	1.25	1.6	12.5	14	30.8	28	14
1	1.6	2	14	16	35.2	31.5	16
1.25	2	2.5	16	18	39.6	35.5	18
1.6	2.5	3.2	18	20	44	40	20
2	3.2	4	20	22.4	49.28	45	22.4
2.5	4	5	22.4	25	55	50	25
3.2	5	6.3	25	28	61.8	56	28
4	6.3	8	28	31.5	69.3	63	31.5
5	8	10	31.5	35.5	78.1	71	35.5
6.3	10	12.5	35.5	40	88	80	40
8	12.5	16	40	45	99	90	45
10	16	20	45	50	110	100	50
12.5	20	25	50	56	123.2	112	56
16	25	32	56	63	138.6	125	63
20	32	40	63	71	156.2	140	71
25	40	50	71	80	178	160	80
32	50	63	80	90	198	180	90
40	63	80	90	100	220	200	100
50	80	100	100	112	246.4	224	112
63	100	—	112	125	275	250	125
80	—	—	125	140	308	280	140
100	—	—	140	160	352	315	160

表 26.85　一般起重用弓形锻造卸扣（GB/T 25854—2010）

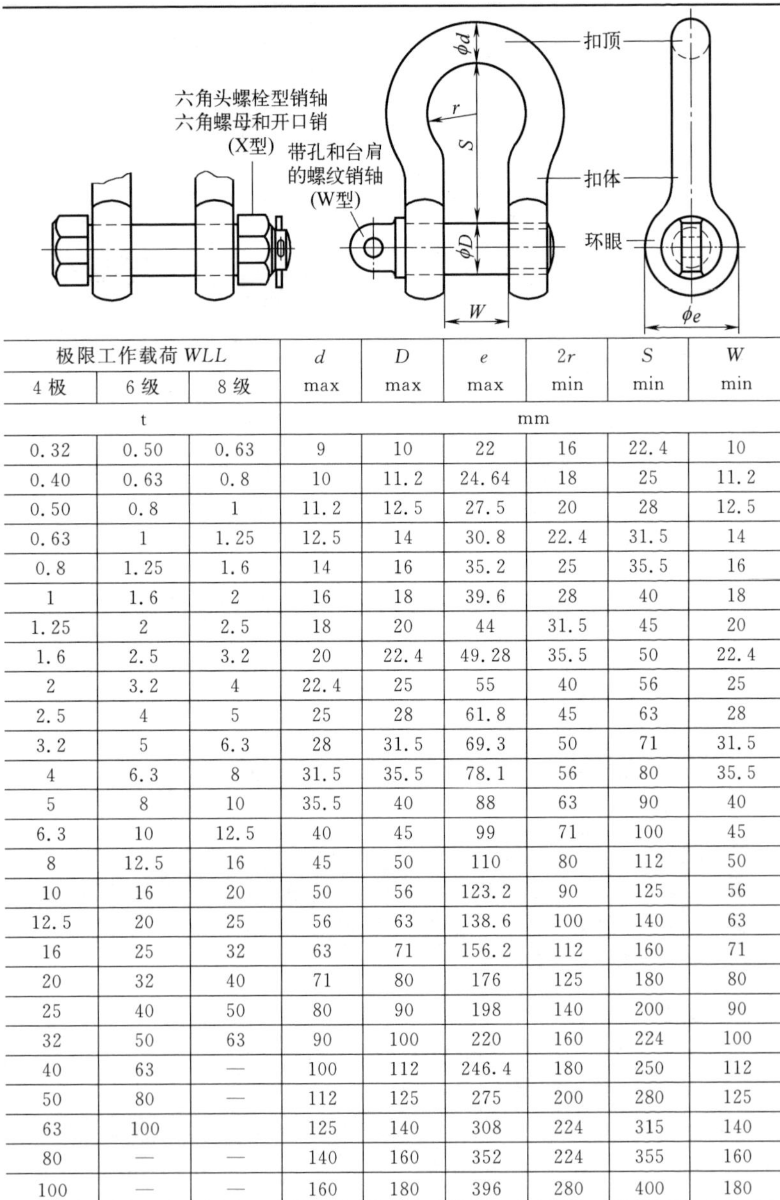

极限工作载荷 WLL			d	D	e	2r	S	W
4 极	6 级	8 级	max	max	max	min	min	min
t			mm					
0.32	0.50	0.63	9	10	22	16	22.4	10
0.40	0.63	0.8	10	11.2	24.64	18	25	11.2
0.50	0.8	1	11.2	12.5	27.5	20	28	12.5
0.63	1	1.25	12.5	14	30.8	22.4	31.5	14
0.8	1.25	1.6	14	16	35.2	25	35.5	16
1	1.6	2	16	18	39.6	28	40	18
1.25	2	2.5	18	20	44	31.5	45	20
1.6	2.5	3.2	20	22.4	49.28	35.5	50	22.4
2	3.2	4	22.4	25	55	40	56	25
2.5	4	5	25	28	61.8	45	63	28
3.2	5	6.3	28	31.5	69.3	50	71	31.5
4	6.3	8	31.5	35.5	78.1	56	80	35.5
5	8	10	35.5	40	88	63	90	40
6.3	10	12.5	40	45	99	71	100	45
8	12.5	16	45	50	110	80	112	50
10	16	20	50	56	123.2	90	125	56
12.5	20	25	56	63	138.6	100	140	63
16	25	32	63	71	156.2	112	160	71
20	32	40	71	80	176	125	180	80
25	40	50	80	90	198	140	200	90
32	50	63	90	100	220	160	224	100
40	63	—	100	112	246.4	180	250	112
50	80	—	112	125	275	200	280	125
63	100		125	140	308	224	315	140
80	—	—	140	160	352	224	355	160
100	—	—	160	180	396	280	400	180

(3) 索具螺旋扣

索具螺旋扣用于拉紧钢丝绳或钢拉杆并调节松紧程度，如船上起重部件、救生艇架、绑扎紧固用。常见系列螺旋扣的主要尺寸见表 26.86～表 26.91。

螺旋扣分类：按形式分为开式和旋转式两类；按两端连接方式分为 UU、OO、OU、CC、CU、CO 六种；按螺旋套形式分为模锻和焊接两类；按强度分为 M、P、T 三级。

其型号表示方法是：

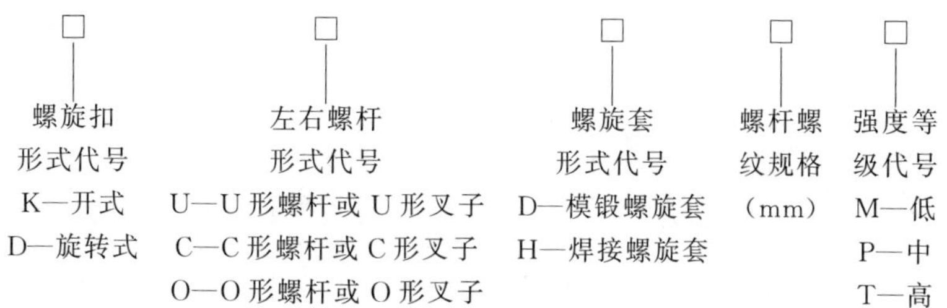

表 26.86　KUUD 和 KUUH 型螺旋扣的主要尺寸（CB/T 3818—2013）

mm

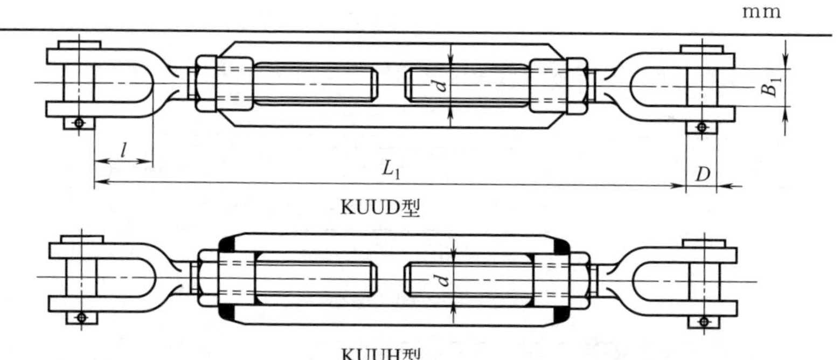

KUUD型

KUUH型

螺杆螺纹规格 d		B_1	D	l_1	L_1		质量/kg	
KUUD 型	KUUH 型				最短	最长	KUUD 型	KUUH 型
Mn	—	10	6	16	155	230	0.2	—
M8	—	12	8	20	210	325	0.4	—
M10	—	14	10	22	230	340	0.5	—
M12	—	16	12	27	280	420	0.9	—
M14	—	18	14	30	295	435	1.1	—
M16	—	22	16	34	335	525	1.8	—
M18	—	25	18	38	375	540	2.3	—
M20	—	27	20	41	420	605	3.1	—

续表

螺杆螺纹规格 d		B_1	D	l_1	L_1		质量/kg	
KUUD 型	KUUH 型				最短	最长	KUUD 型	KUUH 型
M22	M22	30	23	44	445	630	3.7	4.1
M24	M24	32	26	52	505	720	5.8	6.2
M27	M27	38	30	61	545	800	6.9	7.3
M30	M30	41	32	69	635	880	11.4	12.1
M36	M36	49	38	73	650	900	14.1	15.1
—	M39	52	41	78	720	985	—	21.3
—	M42	60	45	86	760	1025	—	24.4
—	M48	64	50	94	845	1135	—	35.9
—	M56	68	57	104	870	1160	—	43.8
—	M60	72	61	109	940	1250	—	57.2
—	M64	75	65	113	975	1280	—	65.8
—	M68	89	71	116	1289	1639	—	112.7
—	Tr70	85	90	—	1300	1700	—	135.0
—	Tr80	95	100	—	1400	1850	—	180.0
—	Tr90	106	110	—	1500	2000	—	244.0
—	Tr100	115	120	—	1700	2250	—	280.0
—	Tr120	118	123	—	1800	2400	—	330.0

表 26.87 KOOD 和 KOOH 型螺旋扣的主要尺寸（CB/T 3818—2013）

mm

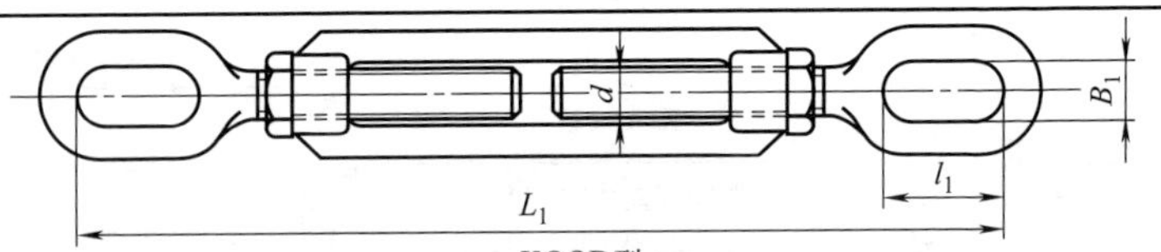

KOOD型

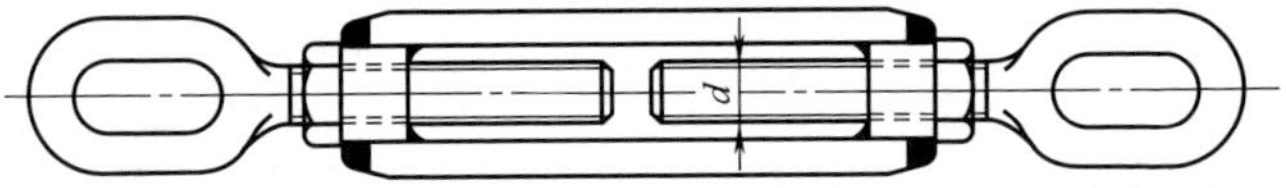

KOOH型

螺杆螺纹规格 d		B_1	l_1	L_1		质量/kg	
KOOD 型	KOOH 型			最短	最长	KOOD 型	KOOH 型
M6	—	10	19	170	215	0.2	—
M8	—	12	24	230	345	0.3	—
M10	—	M	28	255	365	0.4	—
M12	—	16	34	310	450	0.7	—
M14	—	18	40	325	465	0.9	—

续表

螺杆螺纹规格 d		B_1	l_1	L_1		质量/kg	
KOOD 型	KOOH 型			最短	最长	KOOD 型	KOOH 型
M16	—	22	47	390	560	1.6	—
M18	—	25	55	415	580	1.8	—
M20	—	27	60	470	655	2.6	—
M22	M22	30	70	495	680	2.9	3.4
M24	M24	32	80	575	785	4.8	5.2
M27	M27	36	90	610	820	5.5	6.0
M30	M30	10	100	700	950	9.8	10.5
M36	M36	44	105	730	975	11.6	12.5
—	M39	49	120	820	1085	—	18.1
—	M42	52	130	855	1120	—	19.1
—	M48	58	140	940	1230	—	29.9
—	M56	65	150	970	1260	—	35.9
—	M60	70	170	1085	1390	—	46.2
—	M64	75	180	1130	1435	—	57.3
—	M68	83	188	1447	1797	—	91.0
—	Tr70	85		1300	1700	—	105.0
—	Tr80	95		1400	1850	—	150.0
—	Tr90	106		1500	2000	—	220.0
—	Tr100	115		1700	2210	—	255.0
—	Tr120	118		1800	2400	—	295.0

表 26.88 KOUD 和 KOUH 型螺旋扣的主要尺寸（CB/T 3818—2013）

mm

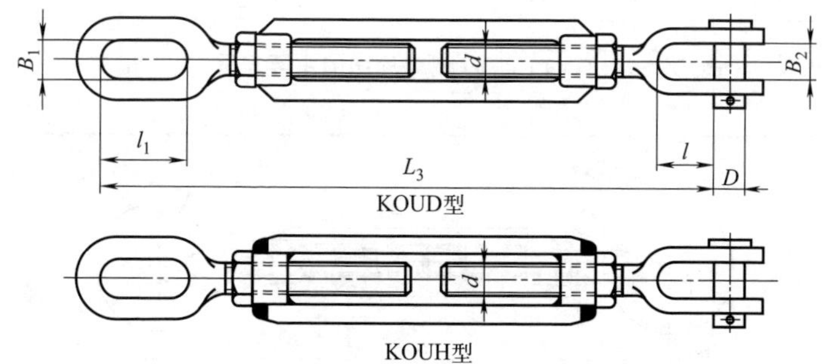

续表

螺杆螺纹规格 d		B_1	B_2	D	l	l_1	L_3		质量/kg	
KOUD 型	KOUH 型						最短	最长	KOUD 型	KOUH 型
M6	—	10	10	6	16	19	160	235	0.3	—
M8	—	12	12	8	20	24	220	335	0.4	—
M10	—	14	14	10	22	28	210	355	0.5	—
M12	—	16	16	12	27	34	295	435	0.8	—
M14	—	18	18	14	30	40	310	450	1.0	—
M16	—	22	22	16	34	47	375	540	1.7	—
M18	—	25＋	25	18	38	55	395	560	2.0	—
M20	—	27	27	20	41	60	445	630	2.8	—
M22	M22	30	30	23	44	70	470	655	3.3	3.8
M24	M24	32	32	26	52	80	540	775	5.3	5.7
M27	M27	38	36	30	61	90	575	790	6.2	6.7
M30	M30	44	40	32	60	100	665	915	10.6	11.3
M36	M36	49	41	38	73	105	690	940	12.8	13.7
—	M39	52	49	41	78	120	770	1035	—	19.3
—	M42	60	52	45	86	130	810	1075	—	21.8
—	M18	64	58	50	94	140	890	1180	—	32.9
—	M56	68	65	57	101	150	920	1210	—	40.9
—	M60	72	70	61	109	170	1010	1320	—	52.1
—	M64	75	75	65	113	180	1055	1360	—	61.5
—	M68	89	83	71	106	178	1369	1719	—	101.8
—	Tr70	85	85	90	—	—	1300	1700	—	115.0
—	Tr80	95	95	100	—	—	1100	1850	—	165.0
—	Tr90	106	106	110	—	—	1500	2000	—	235.0
—	Tr100	115	115	120	—	—	1700	2250	—	265.0
—	Tr120	118	118	123	—	—	1800	2100	—	315.0

表 26.89　KCCD、KCUD 和 KCOD 型螺旋扣的主要尺寸（CB/T 3818—2013）

mm

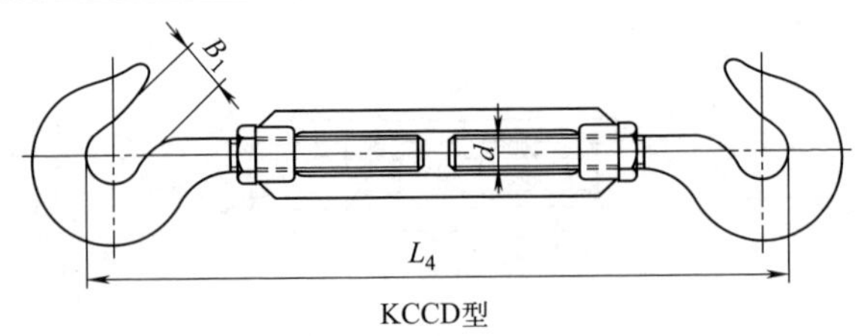

KCCD型

续表

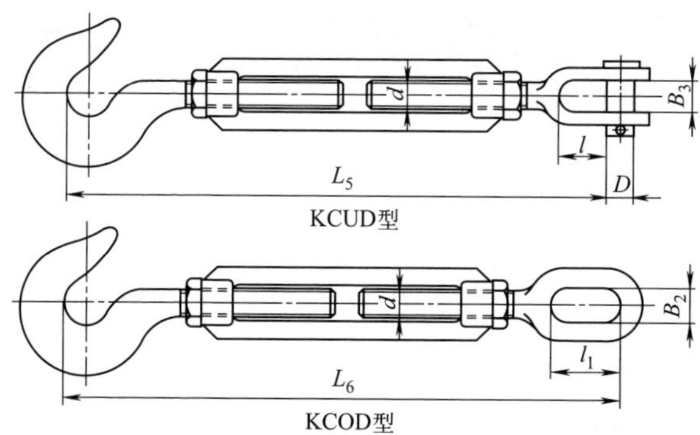

KCUD型

KCOD型

螺杆螺纹规格 d	B_1 B_2	B_3	D	l	l_1	L_4		L_5		L_6		质量/kg		
						最短	最长	最短	最长	最短	最长	KCCD	KCCD	KCOD
M6	10	8	6	16	19	160	235	160	235	165	240	0.2	0.2	0.2
M8	12	13	8	20	24	250	360	230	340	240	350	0.4	0.4	0.5
M10	14	16	10	22	28	270	385	250	365	260	375	0.6	0.5	0.7
M12	16	18	12	27	34	320	460	300	440	315	455	1.0	1.0	1.2
M14	18	20	14	30	40	330	470	315	455	330	470	1.2	1.1	1.3
M16	22	24	16	34	47	390	560	375	545	390	560	2.0	1.9	2.2

表 26.90　ZCUD 型螺旋扣的主要尺寸（CB/T 3818—2013）

mm

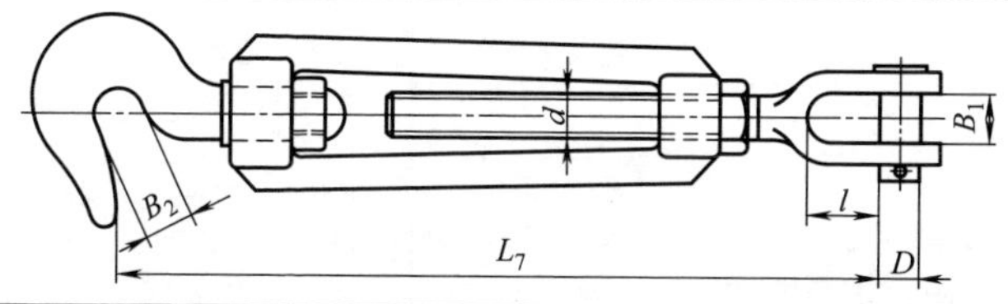

螺杆螺纹规格 d	B_2	B_1	D	l	L_7		质量/kg
					最短	最长	
M8	12	10	8	16	185	265	0.4
M10	14	11	10	20	200	285	0.5
M12	16	12	12	22	240	330	0.9
M14	18	16	1d	27	300	420	1.3
M16	22	20	16	30	315	440	1.8

表 26.91　ZUUD 型螺旋扣的主要尺寸（CB/T 3818—2013）　mm

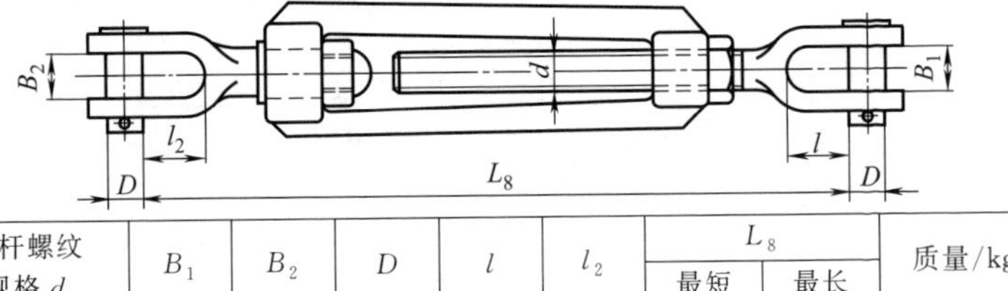

螺杆螺纹规格 d	B_1	B_2	D	l	l_2	L_8		质量/kg
						最短	最长	
M5	12	12	8	16	16	190	270	0.4
M10	14	14	10	20	20	210	295	0.5
1112	16	16	12	22	24	245	335	0.9
M14	18	18	14	27	29	305	425	1.2
M16	22	22	16	30	35	325	450	1.6

（4）钢丝绳夹

钢丝绳夹用于夹紧钢丝绳末端。其规格见表 26.92。

表 26.92　钢丝绳夹的规格（GB/T 5976—2006）　mm

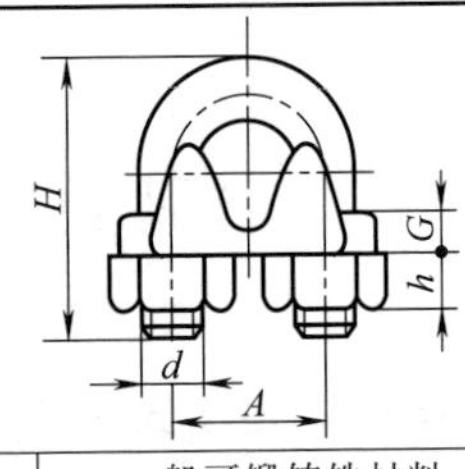

型号	适用钢丝绳最大直径	螺栓直径 d	螺母高度 h	一般可锻铸铁材料			高强度可锻铸铁材料		
				螺栓中心距 A	螺栓全高 H	底板厚度 S	螺栓中心距 A	螺栓全高 H	底板厚度 G
Y6	6	M6	5	14	35	8	13	30	5
Y8	8	M8	6	18	44	10	17	38	6
Y10	10	M10	8	22	55	13	21	48	7.5
Y12	12	M12	10	28	69	16	25	58	9
Y15	15	M14	11	33	83	19	30	69	11
Y20	20	M16	13	39	96	22	37	86	13
Y22	22	M18	14	44	108	24	41	94	14
Y25	25	M20	16	49	122	27	46	106	16.5
Y28	28	M22	18	55	137	31	51	119	18
Y32	32	M24	19	60	149	33	57	130	19
Y40	40	M24	19	67	164	35	65	148	19.5
Y45	45	M27	22	78	188	40	73	167	23
Y50	50	M30	24	88	210	44	81	185	25

（5）起重吊钩

起重吊钩是起重机起吊重物的钩子，常用于起吊重物。其分类方法有：

① 按钩子的数量，可分为单钩和双钩两种（图 26.11）。

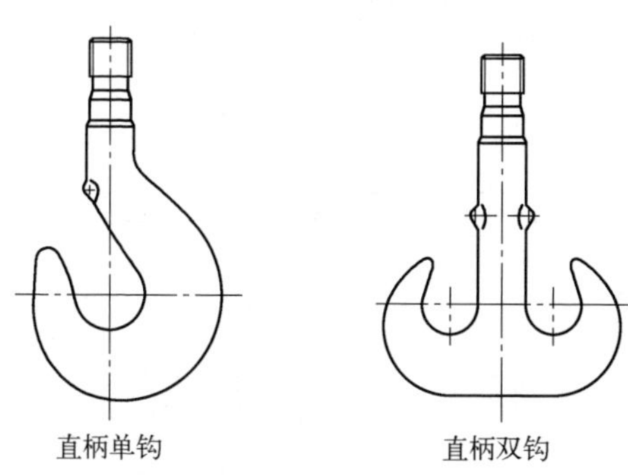

图 26.11　起重吊钩

② 按单钩的结构形式和锻造方式，可分为 LM 型、LMD 型、LY 型及 LYD 型四种。

③ 按起重吊钩的材料，可分为 5 个强度等级（表 26.93）。

表 26.93　起重吊钩的强度等级（GB/T 10051.1—2010）

<table>
<tr><th rowspan="4">强度等级</th><th colspan="5">结构钢</th><th colspan="3">合金钢</th></tr>
<tr><th rowspan="3">上屈服强度 R_{eH} 或延伸强度 $R_{p0.2}$ /MPa</th><th colspan="4">冲击吸收功 A_{kv}(ISO-V)/J</th><th rowspan="3">上屈服强度 R_{eH} 或延伸强度 $R_{p0.2}$ /MPa</th><th colspan="2">冲击吸收功 A_{kv}(ISO-V)/J</th></tr>
<tr><th colspan="2">+20℃</th><th colspan="2">−20℃</th><th>+20℃</th><th>−20℃</th></tr>
<tr><th>纵向</th><th>横向</th><th>纵向</th><th>横向</th><th>纵向</th><th>横向</th></tr>
<tr><td>M</td><td>235</td><td rowspan="3">(55)</td><td rowspan="3">(31)</td><td rowspan="3">39</td><td rowspan="3">21</td><td>—</td><td>—</td><td>—</td></tr>
<tr><td>P</td><td>315</td><td>—</td><td>—</td><td>—</td></tr>
<tr><td>(S)</td><td>390</td><td>390</td><td>(35)</td><td>27</td></tr>
<tr><td>T</td><td>—</td><td colspan="4">—</td><td>490</td><td>(35)</td><td>27</td></tr>
<tr><td>(V)</td><td>—</td><td colspan="4">—</td><td>620</td><td>(30)</td><td>27</td></tr>
</table>

注：1. 冲击功试验应在−20℃下进行，括号中所给的冲击吸收功值仅供参考。
2. 尽量避免采用括号内的强度等级。

吊钩起重量见表 26.94。

表 26.94 起重吊钩的起重量（GB/T 10051.1—2010）

强度等级	机构工作级别(按 GB/T 3811)										强度等级
M	—	—	—	—	M3	M4	M5	M6	M7	M8	M
P	—	—	—	M3	M4	M5	M6	M7	M8	—	P
(S)	—	—	M3	M4	M5	M6	M7	M8	—	—	(S)
T	—	M3	M4	M5	M6	M7	—	—	—	—	T
(V)	M3	M4	M5	M6	M7	—	—	—	—	—	(V)
钩号	起重量/t										钩号
006	0.32	0.25	0.2	0.16	0.125	0.1	—	—	—	—	006
010	0.5	0.4	0.32	0.25	0.2	0.16	0.125	0.1	—	—	010
012	0.63	0.5	0.4	0.32	0.25	0.2	0.16	0.125	0.1	—	012
020	1	0.8	0.63	0.5	0.4	0.32	0.25	0.2	0.16	0.125	020
025	1.25	1	0.8	0.63	0.5	0.4	0.32	0.25	0.2	0.16	0.25
04	2	1.6	1.25	1	0.8	0.63	0.5	0.4	0.32	0.25	04
05	2.5	2	1.6	1.25	1	0.8	0.63	0.5	0.4	0.32	05
08	4	3.2	2.5	2	1.6	1.25	1	0.8	0.63	0.5	08
1	5	4	3.2	2.5	2	1.6	1.25	1	0.8	0.63	1
1.6	8	6.3	5	4	3.2	2.5	2	1.6	1.25	1	1.6
2.5	12.5	10	8	6.3	5	4	3.2	2.5	2	1.6	2.5
4	20	16	12.5	10	8	6.3	5	4	3.2	2.5	4
5	25	20	16	12.5	10	8	6.3	5	4	3.2	5
6	32	25	20	16	12.5	10	8	6.3	5	4	6
8	40	32	25	20	16	12.5	10	8	6.3	5	8
10	50	40	32	25	20	16	12.5	10	8	6.3	10
12	63	50	40	32	25	20	16	12.5	10	8	12
16	80	63	50	40	32	25	20	16	12.5	10	16
20	100	80	63	50	40	32	25	20	16	12.5	20
25	125	100	80	63	50	40	32	25	20	16	25
32	160	125	100	80	63	50	40	32	25	20	32
40	200	160	125	100	80	63	50	40	32	25	40
50	250	200	160	125	100	80	63	50	40	32	50
63	320	250	200	160	125	100	80	63	50	40	63
80	400	320	250	200	160	125	100	80	63	50	80
100	500	400	320	250	200	160	125	100	80	63	100
125	—	500	400	320	250	200	160	125	100	80	125
160	—	—	500	400	320	250	200	160	125	100	160
200	—	—	—	500	400	320	250	200	160	125	200
250	—	—	—	—	500	400	320	250	200	160	250

注：1. 机构工作级别低于 M3 的按 M3 考虑。

2. T、V 级强度等级的吊钩不推荐用于冶金起重机。

型号表示方法是：

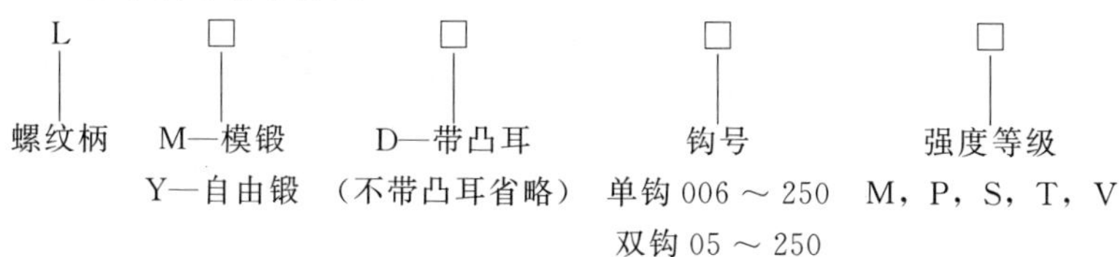

直柄单钩的钩号和主要尺寸见表26.95。

表26.95　直柄单钩的钩号和主要尺寸（GB/T 10051.5—2010）

钩号	d_1	D_2	钩号	d_1	D_2	钩号	d_1	D_2	钩号	d_1	D_2	钩号	d_1	D_2
006	14	10	05	24	20	5	53	45	20	106	90	80	212	180
010	16	12	08	30	24	6	60	50	25	118	100	100	236	200
012	16	12	1	30	24	8	67	56	32	132	110	125	265	225
020	20	16	1.6	36	30	10	75	64	40	150	125	160	300	250
025	20	16	2.5	42	36	12	85	72	50	170	140	200	335	280
04	24	20	4	48	42	16	95	80	63	190	160	250	375	320

直柄双钩的钩号和主要尺寸见表26.96。

表26.96　直柄双钩的主要尺寸（GB/T10051.7—2010）

钩号	d_1	d_2	钩号	d_1	d_2	钩号	d_1	d_2	钩号	d_1	d_2	钩号	d_1	d_2
05	24	20	4	48	42	12	85	72	40	150	125	125	265	225
08	30	24	5	53	45	16	95	80	50	170	140	160	300	250
1	30	24	6	60	50	20	196	90	63	190	160	200	335	280
1.6	36	30	8	67	56	25	118	100	80	212	180	250	375	320
2.5	42	36	10	75	64	32	132	110	100	236	200			

（6）手动起重设备用吊钩

分类：有无凸耳吊钩（SM）和带凸耳吊钩（SMD）两种（图26.12）。

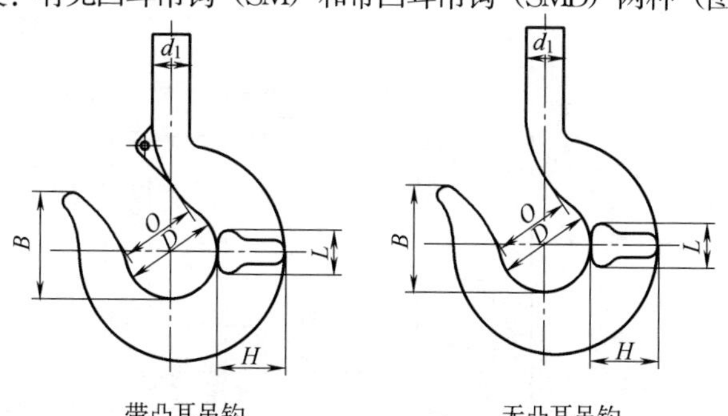

图26.12　手动起重设备用吊钩

型号表示方法是：

□ □ □

SM—不带凸耳模锻吊钩 极限工作 等级，M、P(Q345qD)
SMD—带凸耳模锻吊钩 载荷(t) S、T(35CrMo)

极限工作载荷、验证力及基本尺寸见表 26.97。

表 26.97 极限工作载荷、验证力及基本尺寸（JB/T 4207—2020）

M 级			P 级			S 级			T 级			B	d_1	D_{min}	O_{min}	H_{min}	L_{min}
极限工作载荷	验证力	极限强度	极限工作载荷	验证力	极限强度	极限工作载荷	验证力	极限强度	极限工作载荷	验证力	极限强度						
t	kN	kN	t	kN	kN	t	kN	kN	t	kN	kN	mm					
0.08	1.6	3.2	0.10	2	4	0.125	2.5	5	0.16	3.15	6.3	36.7	14	22.4	18.0	12.8	8.5
0.10	2	4	0.125	2.5	5	0.16	3.15	6.3	0.20	4	8	38.6	15	23.6	19.0	14	9.3
0.125	2.5	5	0.16	3.15	6.3	0.20	4	8	0.25	5	10	41	16	25	20.0	15.5	10
0.16	3.15	6.3	0.20	4	8	0.25	5	10	0.32	6.3	12.6	43.6	17	26.5	21.2	17	10.9
0.20	4	8	0.25	5	10	0.32	6.3	12.6	0.40	8	16	46	18	28.0	22.4	18.5	11.8
0.25	5	10	0.32	6.3	12.6	0.40	8	16	0.50	10	20	49	19	30.0	23.6	20	12.8
0.32	6.3	12.6	0.40	8	16	0.50	10	20	0.63	12.5	25	51.6	20	31.5	25.0	21.8	14
0.40	8	16	0.50	10	20	0.63	12.5	25	0.80	16	32	54.8	21.2	33.5	26.5	23.6	15.5
0.50	10	20	0.63	12.5	25	0.80	16	32	1.00	20	40	57.9	22.4	35.5	28.0	25.7	17
0.63	12.5	25	0.80	16	32	1.00	20	40	1.25	25	50	61.2	23.6	37.5	30.0	28	18.5
0.80	16	32	1.00	20	40	1.25	25	50	1.60	31.5	63	65	25	40.0	31.5	30.7	20
1.00	20	40	1.25	25	50	1.60	31.5	63	2.0	40	80	69.1	26.5	42.5	33.5	33.5	21.8
1.25	25	60	1.60	31.5	63	2.0	40	80	2.5	50	100	73	28	45.0	35.5	36.5	23.6

续表

M级			P级			S级			T级			B	d_1	D_{min}	O_{min}	H_{min}	L_{min}
极限工作载荷	验证力	极限强度	极限工作载荷	验证力	极限强度	极限工作载荷	验证力	极限强度	极限工作载荷	验证力	极限强度						
t	kN	kN	t	kN	kN	t	kN	kN	t	kN	kN	mm					
1.60	31.5	63	2.0	40	80	2.5	50	100	3.2	63	126	77.6	30	47.5	37.5	40	25.7
2.0	40	80	2.5	50	100	3.2	63	126	4.0	80	160	81.5	31.5	50.0	40.0	43.7	28
2.5	50	100	3.2	63	126	4.0	80	160	5.0	100	200	86.5	33.5	53.0	42.5	47.5	30.7
3.2	63	126	4.0	80	160	5.0	100	200	6.3	125	250	97.5	37.5	60.0	47.5	50	31.5
4.0	80	160	5.0	100	200	6.3	125	250	8.0	160	320	109.5	42.5	67	53	56	35.5
5.0	100	200	6.3	125	250	8.0	160	320	10.0	200	400	122.5	47.5	75	60	63	40
6.3	125	250	8.0	160	320	10.0	200	400	12.5	250	500	138	53	85	67	71	45
8.0	160	320	10.0	200	400	12.5	250	500	16	315	630	154.5	60	95	75	80	50
10.0	200	400	12.5	250	500	16	315	630	20	400	800	173	67	106	85	90	56
12.5	250	500	16	315	630	20	400	800	25	500	1000	193	75	118	95	100	63
16	315	630	20	400	800	25	500	1000				217	85	132	106	112	71
20	400	800	25	500	1000							245	95	150	118	125	80

第27章 焊割器材

焊割器材按用途分为焊炬、割炬、焊割两用炬和烤炬 4 种类型，按照结构形式（气体混合方式）分为射吸式和等压式，按照操作方式分为手工和机用。焊炬用来焊接金属工件；割炬则可用来切割低碳钢工件；烤炬用来预热工件。其型号表示方法是：

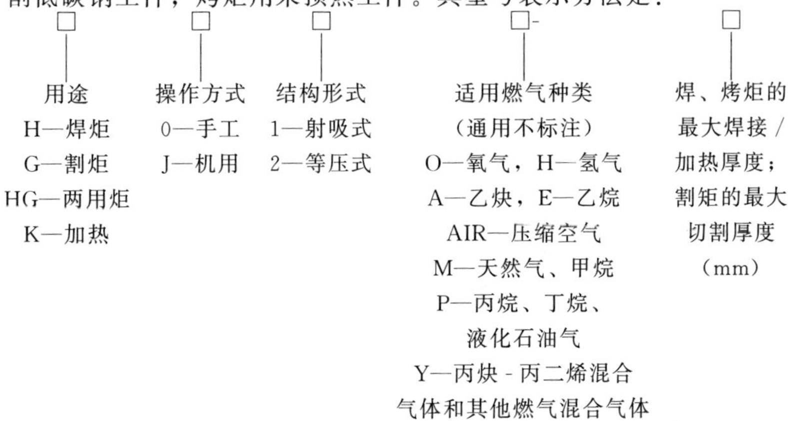

27.1 焊炬

焊炬是在弧焊、切割或类似工艺过程中，能提供维持电弧所需电流、气体、冷却液、焊丝等必要条件的装置；焊枪是一种手柄与焊炬（枪）主体基本垂直的焊炬。其用于焊接厚度小于 20mm 以内的工件。

27.1.1 焊炬分类

焊炬按可燃气体与氧气的混合方式，可分为射吸式焊炬和等压式焊炬两种。

① 射吸式焊炬（图 27.1）是依靠喷射氧气流的引射作用，将低压可燃气体吸入并与氧气混合，从而进行焊接或切割作业的设备，常用于氧-乙炔焊接。

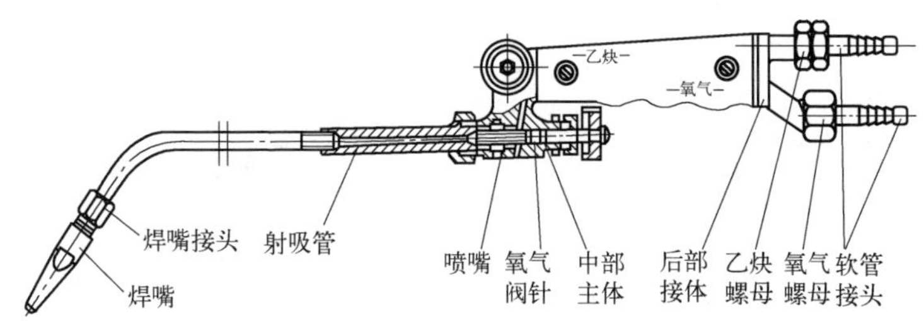

图 27.1 射吸式焊炬的结构

② 等压式焊炬（图 27.2）是用相等或接近相等的高压氧气与乙炔，在混合室内按体积比约为 1∶1 混合，从而进行焊接或切割作业的设备，常用于预热金属（由于不能用于低压乙炔，所以目前很少采用）。常用的手工等压式焊炬型号有 H02-12、H02-20。

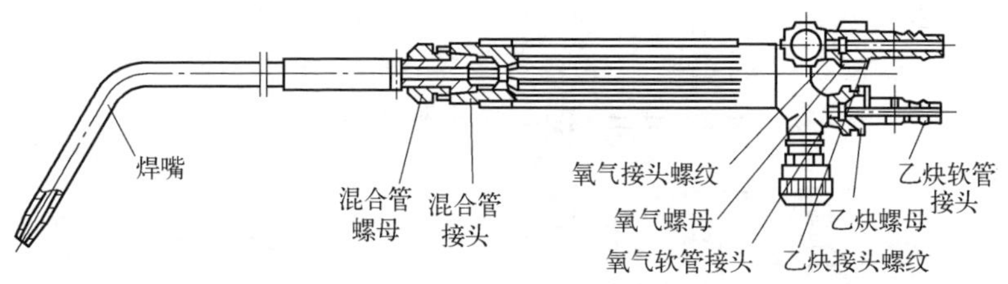

图 27.2 等压式焊炬的结构

27.1.2 焊炬的主要参数

焊炬的主要参数见表 27.1。

表 27.1 焊炬的主要参数（JB/T 7947—2017） mm

焊炬型号	射吸式				等压式	
	H01-2	H01-6	H01-12	H01-20	H02-12	H02-20
焊嘴号	1～5	1～5	1～5	1～5	1～5	1～7
焊嘴孔径	0.5～0.8（间隔 0.1）	0.9～1.3（间隔 0.1）	1.4～2.2（间隔 0.2）	2.4～3.2（间隔 0.2）	0.6～2.2（间隔 0.4）	0.6～3.0（间隔 0.4）
焊炬总长	300	400	500	600	500	600
焊接低碳钢厚度	0.5～2	2～6	6～12	12～20	0.5～12	0.5～20

27.1.3 便携式微型焊炬

便携式微型焊炬多用于厂外焊接，分整体式和分体式两种，由焊炬、氧气瓶、丁烷气瓶、压力表和回火防止器等组成（图 27.3）。

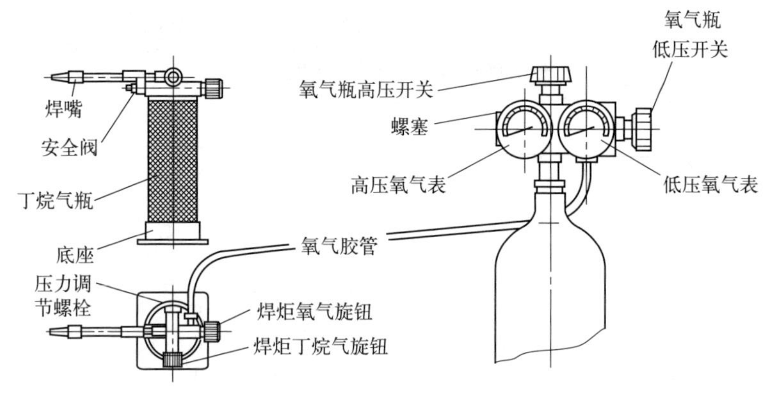

(a) 整体式焊炬

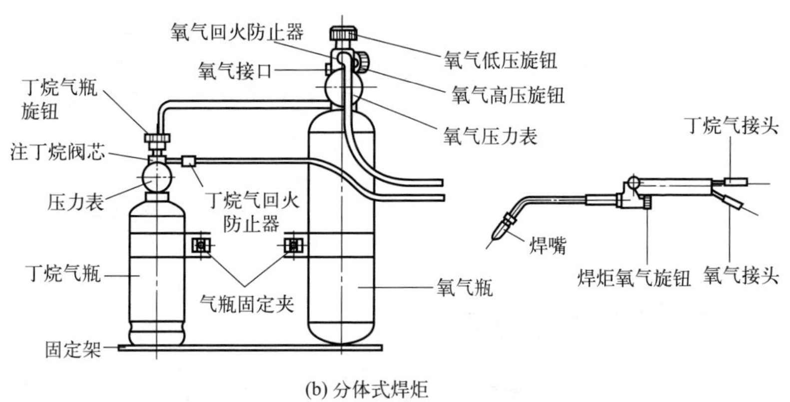

(b) 分体式焊炬

图 27.3　便携式微型焊炬的结构

型号表示方法由表示其特征的字母、序号数及规格等组成：

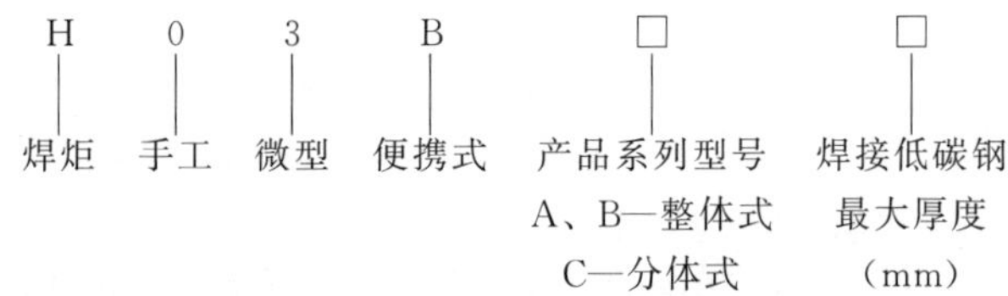

便携式微型焊炬的基本参数见表 27.2。

表 27.2 便携式微型焊炬的基本参数

型号	焊嘴号	氧气工作压力/MPa	丁烷工作压力/MPa	焰芯长度/mm	焊接厚度/mm
H03-BB-1.2	1	0.05～0.25	0.02～0.25	≥5	0.2～0.5
	2			≥7	0.5～0.8
	3			≥10	0.8～1.2
H03-BC-3	1	0.1～0.3	0.02～0.35	≥6	0.5～3.0
	2			≥8	
	3			≥11	

27.2 割炬

割炬是用来安装割嘴、调节预热火焰气体的流量，控制切割氧流量并进行气割的工具。按可燃气体和氧气混合方式的不同，同样分为射吸式和等压式两类，其中以射吸式割炬的使用最为普遍。等压式割炬以高压氧气为切割气流切割低碳钢（热源为氧气和中压乙炔）。其用于手工及切割机切割厚度范围在 300mm 以内的工件，主要参数见表 27.3。

表 27.3 割炬的主要参数（JB/T 7947—2017） mm

<table>
<tr><th colspan="2" rowspan="2">型号</th><th colspan="3">射吸式</th><th colspan="2">等压式</th></tr>
<tr><th>G01-30</th><th>G01-100</th><th>G01-300</th><th>G02-100</th><th>G02-300</th></tr>
<tr><td colspan="2">割嘴号</td><td>1～3</td><td>1～3</td><td>1～4</td><td>1～5</td><td>1～9</td></tr>
<tr><td rowspan="2">割嘴孔径</td><td>普通</td><td>0.7～1.1（间隔 0.2）</td><td>1.0～1.6（间隔 0.2）</td><td>1.8～3.0（间隔 0.4）</td><td>0.7,0.9,1.1 1.3,1.6</td><td>0.7,0.9,1.1,1.3,1.6,1.8,2.2,2.6,3.0</td></tr>
<tr><td>快速</td><td>0.6～1.0（间隔 0.2）</td><td>1.0～1.5（间隔 0.25）</td><td>1.75,2.0,2.3,2.6</td><td>0.6,0.8,1.0 1.25,1.5</td><td>0.6,0.8,1.0,1.25,1.5,1.75,2.0,2.3,2.6</td></tr>
<tr><td colspan="2">割炬总长</td><td>500</td><td>550</td><td>650</td><td>550</td><td>650</td></tr>
<tr><td colspan="2">切割低碳钢厚度</td><td>3～30</td><td>10～100</td><td>100～300</td><td>3～100</td><td>3～300</td></tr>
</table>

27.3 焊割两用炬

焊割两用炬是既可以用来焊接，又可以用来切割的设备。其仅为低压式，主要参数见表 27.4。

表 27.4　焊割两用炬的主要参数（JB/T 7947—2017）　mm

型号		HG02-12/100	HG02-20/200
HG02-12/100	焊嘴号	1,3,5	1,3,5
	焊嘴孔径	0.6,1.4,2.2	0.7,1.1,1.6
	焊接低碳钢厚度	0.5～12	0.5～20
	焊割炬总长	550	550
HG02-20/200	割嘴号	1,3,5,7	1,3,5,6,7
	割嘴孔径	0.6,1.4,2.2,3.0	0.7,1.1,1.6,1.8,2.2
	切割低碳钢厚度	3～100	3～200
	焊割炬总长	600	600

27.4　碳弧气刨机

碳弧气刨机是使用碳棒或石墨棒作电极，与工件间产生电弧将金属熔化，并用压缩空气将熔化金属吹除的一种表面加工沟槽的设备，主要用来刨槽、消除焊缝缺陷和背面清根。气刨机的型号编制方法是：

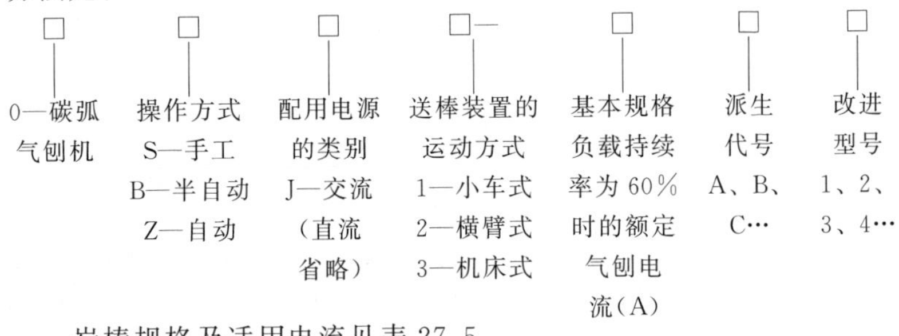

炭棒规格及适用电流见表 27.5。

表 27.5　碳棒规格及适用电流

断面形状	规格/mm	适用电流/A	断面形状	规格/mm	适用电流/A
圆形	3×355	150～180	扁形	3×12×355	200～300
	4×355	150～200		4×8×355	180～270
	5×355	150～250		4×12×355	200～400
	6×355	180～300		5×10×355	300～400
	7×355	200～350		5×12×355	350～450
	8×355	250～400		5×15×355	400～500
	9×355	350～450		5×18×355	450～550
	10×355	350～500		5×20×355	500～600

碳弧气刨机的基本参数见表 27.6。

表 27.6　碳弧气刨机的基本参数（JB/T 7108—1993）

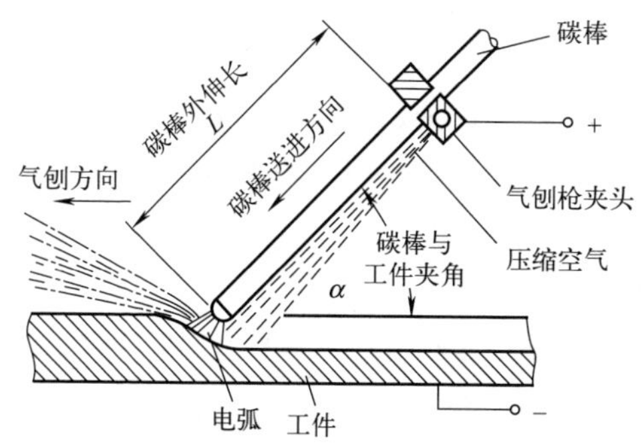

基本参数		数值
额定气刨电流/A		（R10 数系）400,500,630,800,1000,1250,1600……
额定负载持续率	手工碳弧气刨机	60%（工作周期 5min）
	自动、半自动碳弧气刨机	60%（工作周期 10min）、100%
气刨电流的调节范围		最大气刨电流应大于或等于额定气刨电流；最小气刨电流由企业标准规定
自动气刨机的气刨速度		0.3～1.5m/min 范围内连续可调

27.5　火焰割嘴

火焰割嘴是火焰切割枪上喷出火焰的零件，由预热氧、燃气和切割氧三个通道组成。按性能可分为普通割嘴和快速割嘴，按形式可分为等压式割嘴和射吸式割嘴。

普通割嘴的型号表示方法是：

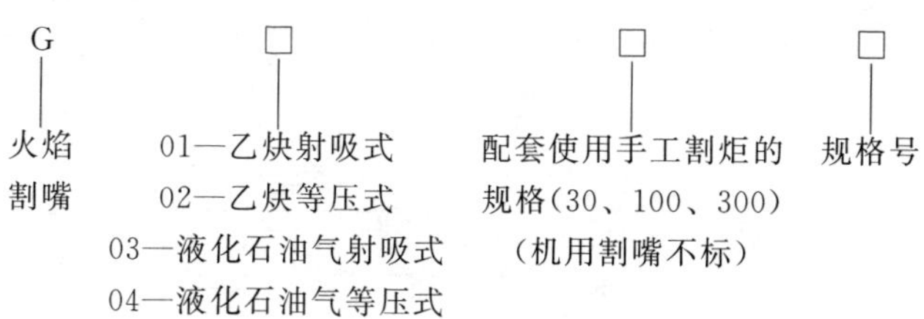

快速割嘴的型号表示方法是：

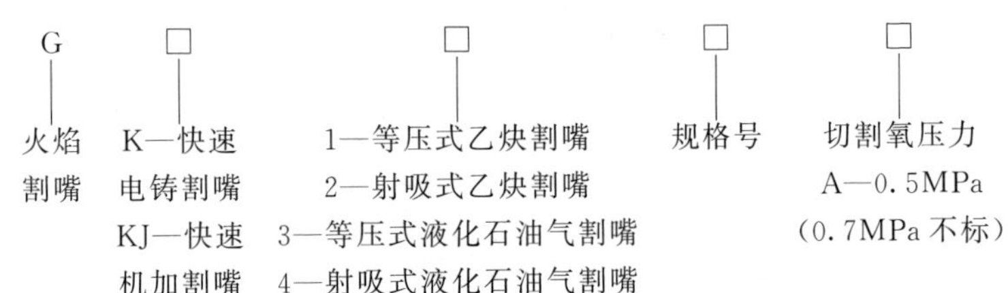

27.5.1 等压式割嘴

等压式普通割嘴的规格见表 27.7。

表 27.7 等压式普通割嘴的规格（JB/T 7950—2014）

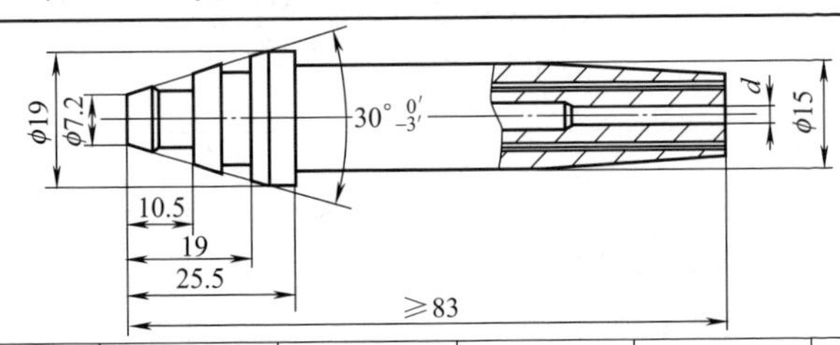

割嘴号	切割氧孔径/mm	切割钢板厚度/mm	切割速度/(mm/min)	切割氧压力/MPa	可见切割氧流长度/mm	切口宽度(≤)/mm
00	0.8	5～10	450～600	0.20～0.30	50	1.2
0	1.0	10～20	380～480	0.20～0.30	60	1.5
1	1.2	20～30	320～400	0.25～0.35	70	2.2
2	1.4	30～50	280～350	0.25～0.35	80	2.6
3	1.6	50～70	240～300	0.30～0.40	90	3.2
4	1.8	70～90	200～260	0.30～0.40	100	3.8
5	2.0	90～120	170～210	0.40～0.46	120	4.2
6	2.4	120～160	140～1800	0.50～0.80	130	4.5
7	3.0	160～200	110～150	0.60～0.90	150	4.8
8	3.2	200～270	90～120	0.60～1.00	180	5.2

27.5.2 射吸式割嘴

射吸式普通割嘴外形结构主要尺寸见表 27.8。

表 27.8 射吸式普通割嘴外形结构主要尺寸（JB/T 7950—2014）

mm

D
D_2
45° 0′ −3′
d
D_1
L_2
L_1
L

续表

割嘴型号	规格号	L	L_1	L_2	D	D_1	D_2
G01-30 G03-30	1、2、3	55	16	10	16	$13_{-0.260}^{-0.150}$	7
G01-100 G03-100	1、2、3	65	18	11.5	18	$15_{-0.260}^{-0.150}$	8
G01-300 G03-300	1、2、3	75	19	12	19	$16.5_{-0.260}^{-0.150}$	8

其切割氧孔径及主要技术参数见表 27.9。

表 27.9　射吸式普通割嘴切割氧孔径及主要技术参数（JB/T 7950—2014）

割嘴型号	规格号	切割氧孔径 d /mm	切割厚度 /mm	切割氧压力 /MPa	可见切割氧流长度/mm	切口宽度 /mm≤
G01-30 G03-30	1	0.7	4～10	0.2	60	1.7
	2	0.9	10～20	0.25	70	2.3
	3	1.1	20～30	0.3	80	2.7
G01-100 G03-100	1	1.0	10～25	0.3	80	2.7
	2	1.3	25～50	0.4	90	2.9
	3	1.6	50～100	0.5	100	3.9
G01-300 G03-300	1	1.8	100～150	0.5	100	4.5
	2	2.2	150～200	0.65	120	4.8
	3	2.6	200～250	0.8	130	5.3
	4	3.0	250～300	1.0	150	5.8

27.5.3　快速割嘴

其切割氧孔径及主要技术参数见表 27.10。

表 27.10　快速割嘴切割氧孔径及主要技术参数（JB/T 7950—2014）

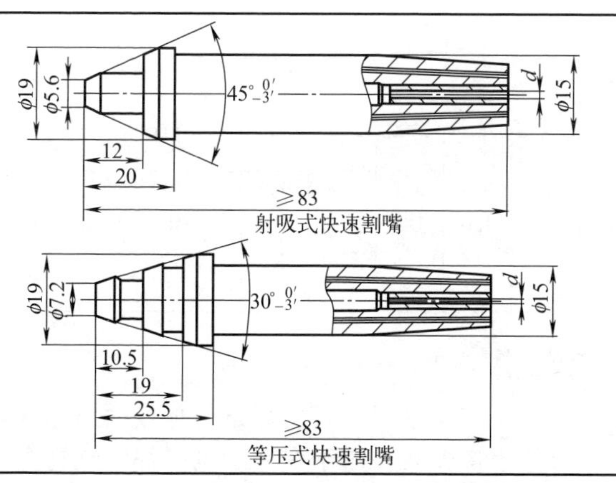

续表

规格号	切割氧孔径 d/mm	切割厚度 /mm	切割速度 /(mm/min)	切割氧压力/MPa	可见切割氧流长度/mm	切口宽度 /mm≤
1	0.6	5～10	600～750	0.7	60	1.0
2	0.8	10～20	450～600		70	1.5
3	1.0	20～40	380～450		80	2.0
4	1.25	40～60	320～380		90	2.3
5	1.5	60～100	250～320		100	3.4
6	1.75	100～150	160～250		120	4.0
7	2.0	150～180	130～160		130	4.5
1A	0.6	5～10	450～560	0.5	60	1.0
2A	0.8	10～20	340～450		70	1.5
3A	1.0	20～40	250～340		80	2.0
4A	1.25	40～60	210～250		90	2.3
5A	1.5	60～100	180～210		100	3.4

27.6 焊嘴

焊嘴是焊接用气体吹管的喷嘴，根据用途不同可以更换。H01系列工业燃气焊嘴的规格见表 27.11。

表 27.11 H01 系列工业燃气焊嘴的规格 mm

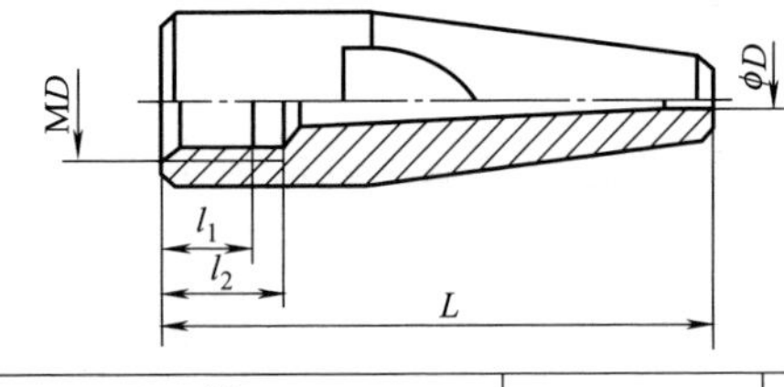

型号	D					MD	L	l_1	l_2
	1	2	3	4	5				
H01-2	0.5	0.6	0.7	0.8	0.9	M6×1	25	4	6.6
H01-6	0.9	1.0	1.1	1.2	1.3	M8×1	40	7	9.0
H01-12	1.4	1.6	1.8	2.0	2.2	M10×1.25	45	7.5	10
H01-20	2.4	2.6	2.8	3.0	3.2	M12×1.25	50	9.5	12

27.7 电焊钳

电焊钳是夹持和操纵焊条，使焊条与焊接回路相连，操作者与焊接回路绝缘的手持器具，用于在手工电弧焊时夹持电焊条，有 A

型和B型两种。其尺寸要求见表27.12，规格见表27.13。

表27.12　电焊钳的尺寸要求（GB 15579.11—2012）

60%负载持续率时的额定电流/A	焊条直径的最小范围/mm	可装配焊接电缆的最小截面积范围/mm^2
125	1.6～2.5	10～16
160(150)	2.0～3.2	10～16
200	2.5～4.0	16～25
250	3.2～5.0	25～35
315(300)	4.0～6.3	35～50
400	5.0～8.0	50～70
500	6.3～10.0	70～95

注：如果电焊钳在35%负载持续率下使用，电流可取表中下一行较高额定值，因此在35%负载持续率时的最大电流值为630A。

表27.13　电焊钳/接地钳的规格

型号规格	额定电流/A	电缆规格/mm	焊条规格/mm	型号规格	额定电流/A	电缆规格/mm	焊条规格/mm
DS-500	450～500	70	3.2～8	DG-300	300～350	50	2.5～6
DS-600	500～600	95	3.2～8	DG-500	450～500	70	3.2～8
DS-300	300～350	50	2.5～6	DY-300	300	50	—
KD-500	450～500	70	3.2～8	DY-500	500	60	—

27.8　焊接用阀门

焊接用阀门包括气瓶用气体减压阀、电磁气阀和安全气阀。

27.8.1　气瓶用气体减压阀

安装在气瓶或管道上，将其中的高压气调节成稳定的低压气，除氧气减压阀、乙炔减压阀外，还有丙烷、空气、二氧化碳、氩气和氢气等减压阀。常见气瓶用气体减压阀的规格见表27.14、表27.15。

表27.14　YQ系列气瓶用气体减压阀的规格

氧气减压阀

乙炔减压阀

续表

名称	型号	工作压力/MPa		压力表规格/MPa		公称流量/(m^3/h)	质量/kg
		输入≤	输出压力调节范围	高压表（输入）	低压表（输出）		
氧气减压阀	YQY-1A YQY-12 YQY-352	15	0.1～20 0.1～1.25 0.1～10	0～25	0～4 0～2.5 0～1.6	50 40 30	2.2 1.27 1.5
乙炔减压阀	YQE-213	3	0.01～0.15	0～4	0～0.25	6	1.75
丙烷减压阀	YQW-213	1.6	0～0.06	0～2.5	0～0.16	1.0	1.42
空气减压阀①	YQK-12	4	0.4～1.0	0～6	0～1.6	160	3.5
CO_2 减压阀	YQT-731L	15	0.1～0.6	0～25	—	1.5	2.0
氩气减压阀	YQAr-731L	15	0.15(调定)	0～25	—	1.5	1.0
氢气减压阀	YQQ-9	15	0.02～0.25	0～25	0～0.4	40	1.9

①管道用，其余为气瓶用。

表 27.15　其他气瓶用气体减压阀的规格

减压器型号	QD-1	QD-2A	QD-3A	DJ-6	SJ7-10	QD-20	QW2-16/0.6
名称	单级氧气减压器				双级氧气减压器	单级乙炔减压器	单级丙烷减压器
进气口最高压力/MPa	15	15	15	15	15	2	1.6
最高工作压力/MPa	2.5	1.0	0.2	2	2	0.15	0.06
工作压力调节范围/MPa	0.1～2.5	0.1～1.0	0.01～0.2	0.1～2	0.1～2	0.01～0.15	0.02～0.06
最大放气能力/(m^3/h)	80	40	10	180	—	9	—
出气口孔径/mm	6	5	3	—	5	4	—
压力表规格/MPa	0～25 0～4.0	0～25 0～1.6	0～25 0～0.4	0～25 0～4	0～25 0～4	0～2.5 0～0.25	0～2.5 0～0.16
安全阀泄气压力/MPa	2.9～3.9	1.15～1.6	—	2.2	2.2	0.18～0.24	0.07～0.12
进气口连接螺纹/mm	G15.875	G15.875	G15.875	G15.875	G15.875	夹环连接	G15.875
质量/kg	4	2	2	2	3	2	2
外形尺寸/mm	200×200×200	165×170×160	165×170×160	170×200×142	200×170×220	170×185×315	165×190×160

27.8.2　电磁气阀

电磁气阀是控制气体气压流方向的自动化基础元件。常见电磁气阀规格见表27.16～表27.18。

表27.16　BZG-TACK1E系列大流量用干式电磁阀

型号规格	工作压力/MPa	额定气体流量/(L/h)	阀体长度/mm	适用气体	质量/g
B1G-TACK1E-5	0.01～0.13	5000	182	乙炔、LPG、LNP(13A)	2800
B1G-TACK1E-10	0.01～0.13	10000	235		4700
B1G-TACK1E-30	0.01～0.13	30000	348		14100

表27.17　DF23系列电磁阀

规格	性能	规格	性能
DF23AC24V DF23AC110V DF23AC36V DF23AC220V	工作压力0～0.5MPa； 环境温度10～40℃； 线圈温升≤60℃； B级绝缘	DF23DC36V DF23DC24V GHDF23DC36V GHDF23DC24V	工作压力0～0.5MPa； 环境温度10～40℃； 线圈温升≤60℃； B级绝缘

表27.18　QXD系列电磁气阀

型号规格	工作压力/MPa	额定空气流量/(m^3/h)	额定电压/V		线圈温升
			交流	直流	
QXD-22(二位二通)	0.8	1～2.5	36,110,220	24	当环境温度不超过40℃时,温度小于80℃
QXD-23(二位三通)	0.8	1～2.5	36,110,220	24	

27.8.3　安全阀

安全阀是用弹簧、重锤或其他方式保持管道关闭状态，而在压力超过给定值时自动开启的阀门，对人身安全和设备运行有重要保护作用。GM系列干式安全阀见表27.19。

表27.19　GM系列干式安全阀

型号规格	适用气体	连接形式	阀体长度/mm	质量/g	保护功能
GM-1MK	氧气	M16×1.5右旋	75	210	内部温度达到95℃时自动切断供气
GM-2MK	乙炔	M16×1.5左旋	75	210	

27.9　电焊面罩

电焊面罩是焊割作业中，保护作业人员眼睛、脸部安全，预防尘肺职业病发生的工具，其规格见表 27.20。常见电焊面罩主要参数见表 27.21～表 27.24。

表 27.20 电焊面罩的规格

HM-1手持式

HM-2-A头戴式

型号	外形尺寸/mm			观察窗透光面积/mm	质量(≤)/g
	长度	宽度	深度		
HM-1	320	210	100	4×90	500
HM-2-A	340	210	120	40×90	500

表 27.21 AG-Ⅲ电焊面罩

型号规格	视窗尺寸/mm	红外紫外保护	遮光号	质量/g
AG-Ⅲ	90×40	15	4/9～13	465

表 27.22 HM/HTF 系列电焊面罩

型号规格	紫外线透过率(＜)/%	红外线透过率(＜)/%	质量/kg	外形尺寸($L\times W\times H$)/mm
HM-2-GYB/C	0.0002	0.027	0.120	120×94×11
HM-2-GYE	0.0006	0.003	0.100	110×90×9
HTF-A-02	0.0006	0.003	0.048	108×51×5

表 27.23 HZ 系列电焊面罩

型号规格	可配镜片尺寸(长×宽)/mm	观察窗/mm	面罩材质	质量/g	外形尺寸($L\times W\times H$)/mm	用途
HZ-1	110×50	40×90	红钢纸	260	310×240×130	供手工施焊
HZ-2	110×50	40×95	阻燃塑料	445	305×220×145	镜片框可开可闭，罩身可上下翻动，帽带可大小松紧
HZ-3	110×50	40×90	软全皮	300	300×220×120	镜片框可开可闭，适用于狭小或困难位置焊接

表 27.24 帽形电焊面罩

型号规格	材料	滤光片框	保护片	滤光片尺寸/mm	质量/g
FG-1	PP	可翻式	PC	玻璃 108×50.8	430
FG-2	PP	可翻式	PC	玻璃 108×50.8	430
WG-Ⅲ	PP	固定式	PC	玻璃 108×50.8	375

27.10 焊割设备

焊割设备包括各种气瓶、焊条保温筒、管路减压器和各种焊机、切割机等。

27.10.1 气瓶

用于储存压缩气体，供气焊、气割及其他方面使用。

(1) 型号的命名表示方法

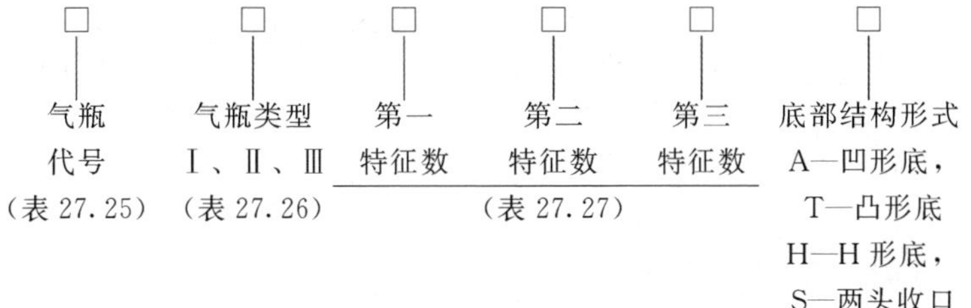

表 27.25 各种气瓶的代号 (GB/T 15384—2011)

气瓶类型	钢质焊接气瓶(含非重复充装气瓶)	溶解乙炔气瓶	液化石油气钢瓶	液化二甲醚钢瓶	铝合金无缝气瓶	钢质无缝气瓶
代表字母	HJ①	RYP	YSP	DME	LW	W②
代表字母	CRP	DP③	CNG	CHG	CDP	LPG

① HJL—立式使用焊接气瓶，HJW—卧式使用焊接气瓶。

② WM—碳锰钢制正火处理的无缝气瓶，WZ—碳锰钢制淬火处理的无缝气瓶，WG—铬钼铝钢制的无缝气瓶。

③ DPL—立式使用焊接气瓶，DPW—卧式使用焊接气瓶。

表 27.26 气瓶类型的含义 (GB/T 15384—2011)

气瓶类型	Ⅰ型	Ⅱ型	Ⅲ型
车用压缩天然气气瓶	钢质气瓶	钢质内胆环向缠绕复合气瓶	铝合金内胆全缠绕复合气瓶
钢质无缝气瓶	钢坯冲拔拉伸式钢质无缝气瓶	钢管旋压收底收口气瓶	钢板冲压式钢质无缝气瓶

续表

气瓶类型	Ⅰ型	Ⅱ型	Ⅲ型
钢质焊接气瓶	一道环焊缝	二道环焊缝	—
复合缠绕气瓶	—	环缠绕式气瓶	金属内胆全缠绕式气瓶

注：仅有一种制造方式的气瓶，气瓶类型代号可空缺，不得使用其他字母代替。

表 27.27 气瓶各特征数的含义及单位（GB/T 15384—2011）

<table>
<tr><th colspan="2">类别</th><th>第一特征数</th><th>第二特征数</th><th>第三特征数</th></tr>
<tr><td colspan="2">钢质焊接气瓶</td><td rowspan="3">气瓶的公称直径（内径，mm）</td><td rowspan="9">气瓶的公称容积(L)</td><td>气瓶的公称工作压力(MPa)</td></tr>
<tr><td colspan="2">溶解乙炔气瓶</td><td>气瓶在基准温度 15℃时的限定压力(MPa)</td></tr>
<tr><td colspan="2">液化石油气瓶</td><td>气瓶的公称工作压力(MPa)(可省略)</td></tr>
<tr><td colspan="2">铝合金无缝气瓶</td><td rowspan="2">气瓶的公称直径（外径，mm）</td><td rowspan="2">气瓶的公称工作压力(MPa)</td></tr>
<tr><td colspan="2">钢质无缝气瓶</td></tr>
<tr><td rowspan="2">车用压缩天然气瓶</td><td>Ⅰ型</td><td>气瓶的公称直径（外径，mm）</td><td rowspan="3">气瓶在 20℃时的公称工作压力(MPa)</td></tr>
<tr><td>Ⅱ/Ⅲ型</td><td rowspan="2">气瓶的内胆公称直径（外径，mm）</td></tr>
<tr><td colspan="2">复合缠绕气瓶</td></tr>
<tr><td colspan="2">焊接绝热气瓶</td><td rowspan="2">气瓶的内胆公称直径(mm)</td><td rowspan="2">气瓶的公称工作压力(MPa)</td></tr>
<tr><td colspan="2">汽车用液化天然气气瓶</td><td>气瓶的内胆公称容积(L)</td></tr>
</table>

（2）规格（表 27.28、表 27.29）

表 27.28 气瓶的规格

<table>
<tr><th rowspan="2">公称容积/L</th><th rowspan="2">瓶体材料</th><th colspan="3">主要尺寸/mm</th><th rowspan="2">工作压力/MPa</th><th rowspan="2">公称质量/kg</th></tr>
<tr><th>直径 ϕ</th><th>长度 L</th><th>壁厚 δ</th></tr>
<tr><td rowspan="2">40</td><td rowspan="5">锰钢</td><td>219</td><td>1360</td><td>5.8</td><td rowspan="2">15</td><td rowspan="2">58</td></tr>
<tr><td>232</td><td>1235</td><td>6.1</td></tr>
<tr><td rowspan="2">45</td><td>219</td><td>1515</td><td>5.8</td><td rowspan="2">15</td><td>63</td></tr>
<tr><td>232</td><td>1370</td><td>6.1</td><td>64</td></tr>
<tr><td>50</td><td>232</td><td>1505</td><td>6.1</td><td>15</td><td>69</td></tr>
<tr><td rowspan="2">40</td><td rowspan="4">铬钼钢</td><td>229</td><td>1250</td><td>5.4</td><td rowspan="2">15</td><td>54</td></tr>
<tr><td>232</td><td>1215</td><td>5.4</td><td>52</td></tr>
<tr><td rowspan="2">45</td><td>229</td><td>1390</td><td>5.4</td><td rowspan="2">15</td><td>59</td></tr>
<tr><td>232</td><td>1350</td><td>5.4</td><td>57</td></tr>
</table>

续表

公称容积/L	瓶体材料	主要尺寸/mm			工作压力/MPa	公称质量/kg
		直径 ϕ	长度 L	壁厚 δ		
50	铬钼钢	232	1480	5.4	15	62
40		229	1275	6.4	20	62
		232	1240	6.4		60
45		232	1375	6.4	20	66
50		232	1510	6.4	20	72

表 27.29 溶解乙炔气瓶的规格

公称容积/L	2	24	32	35	41
公称内径/mm	102	250	228	250	250
总长度/mm	380	705	1020	947	1030
最小壁厚/mm	1.3	3.9	3.1	3.9	3.9
公称质量/kg	7.1	36.2	48.5	51.7	58.2
储气量/kg	0.35	4.0	5.7	6.3	7.0
压力值/MPa	在基准温度 15℃时,限定压力 1.52MPa。				

注：外表为白色，标注红色“乙炔”“不可近火”字样。

27.10.2 焊接绝热气瓶

焊接绝热气瓶是内胆中可储存焊接用低温液体，外壁缠有多层绝热材料，中间有高真空夹层的压力容器。气瓶公称容积和内胆公称直径见表 27.30。

型号表示方法（GB 24159—2009）：

表 27.30 气瓶公称容积和内胆公称直径

公称容积 V/L	10～25	25～50	50～150	150～200	200～150
内胆公称直径 D/mm	220～300	300～350	350～400	400～460	460～800

27.10.3 钢制焊接气瓶

钢制焊接气瓶由封头和筒体（或两个封头）组成，可重复充装低压液化气体及其与压缩气体的混合物，也可重复充装 GB 11174 规定的其他工业用液化石油气。其公称容积和公称直径见表 27.31。

表 27.31　钢瓶公称容积和公称直径（GB/T 5100—2020）

公称容积 V/L	1～10	＞10～25	＞25～50	＞50～100	＞100～150	＞150～200	＞200～600	＞600～1000
公称直径 D /mm	70,100 150	200,230 217	250,300 314	300,350 314	400,350	400,500	600,700	800,900

27.10.4　焊条保温筒

焊条保温筒是可利用焊机二次电源加热，使已烘干的焊条免受空气中水分的影响，在现场使用时能维持其药皮的含水率不大于 0.4%，并保持药皮不老化剥裂，防止焊缝产生气孔裂缝的设备。其基本参数见表 27.32。

型号表示方法是：

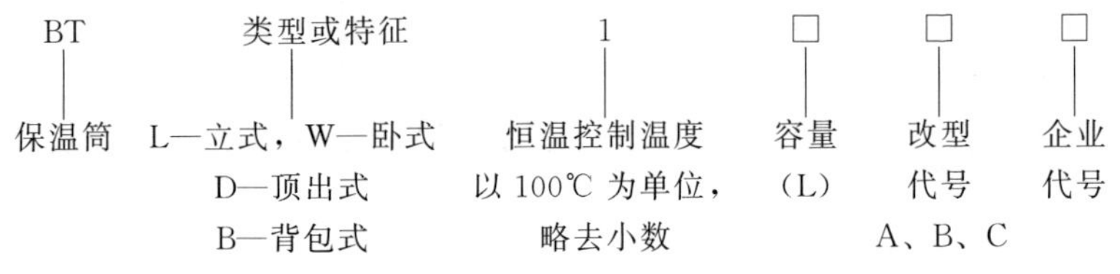

表 27.32　保温筒的基本参数（JB/T 6232—1992）

项目	参数值
容量	2.5kg、5kg
额定(发热)功率	≤120W
恒温控制温度	(135±15)℃
表面温升	≤40K
空筒升温时间	≤0.5h
内腔尺寸	$\phi60\pm2\times L^{+2}$mm(焊条容量 2.5kg,L 为焊条长度) $\phi80\pm2\times L^{+5}_{+10}$mm(焊条容量 5kg,$L$ 为焊条长度)
质量	≤3.5kg(容量 2.5kg 时) ≤4kg(容量 5kg 时)

27.10.5　管路减压器

管路减压器是把储存在氧气瓶内的高压氧气，减压为气焊工作需要的低压氧的装置。其规格见表 27.33。

表 27.33 焊割管路减压器规格

名称	型号	额定进口压力/MPa	额定出口压力/MPa	额定流量/(m^3/h)	进口螺纹	出口螺纹
氧气减压器	YQY-07/08	15	1.25/2	40/50	G5/8in-RH	M16×1.5-RH
乙炔减压器	YQE-03	1.6	0.15	5	M20×2-RH	M16×1.5-LH
丙烷减压器	YQW-02	1.5	0.08	1	M22×1.5-LH	M16×1.5-LH
氮气减压器	YQD-07	15	1.25	40	G5/8in	M16×1.5-RH
电热式 CO_2 减压器	YQT-731L	15	0.3	25	G5/8in	M14×1.5-RH
氨用减压器	YQA-401	3	0.08	15	G1/2in-RH(F)	M16×1.5-RH(M)
	YQA-441	3	0.4		G1/2in-RH(F)	M16×1.5-RH(M)

注：青岛振得焊割工具有限公司。

第28章 弹簧

弹簧用于需要在拉伸力作用下，多次重复地随外力大小而做相应的弹性变形之处。其分类的方法有很多：

① 按用途分：有拉伸弹簧、压缩弹簧、扭力弹簧等。

② 按工艺分：有冷卷和热卷。

③ 按形状分：有圆柱形弹簧、碟形弹簧、板形弹簧和其他形状弹簧等。

④ 按材质分：有碳钢弹簧、不锈钢弹簧、铜弹簧、合金钢弹簧、钛合金弹簧等。

28.1 普通圆柱螺旋弹簧

普通圆柱螺旋弹簧有普通圆柱螺旋拉伸弹簧、普通圆柱螺旋压缩弹簧和普通圆柱螺旋扭转弹簧三种。

28.1.1 普通圆柱螺旋拉伸弹簧

普通圆柱螺旋拉伸弹簧规格见表 28.1，表示如下：

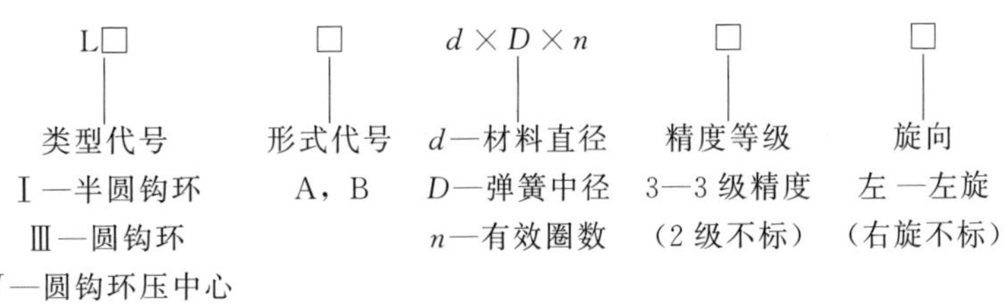

表 28.1 普通圆柱拉伸弹簧规格（GB/T 2088—2009） mm

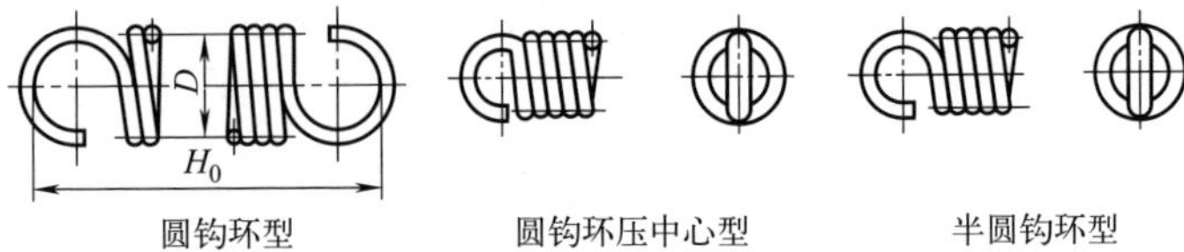

续表

弹簧丝直径 d	中径 D	有效圈数 n	有效高度 $H_{1.5}$
0.5	3.0、 3.5、 4.0、 5.0、 6.0	8.25/10.5/ 12.25/15.5/ 18.25/20.5/ 25.5/30.25/ 40.5	4.6/3.8/ 6.6/8.3/ 9.6/10.7/ 13.2/15.6/ 20.8
0.6	3.0、 4.0、 5.0、 6.0、 7.0	8.25/10.5/ 12.25/15.5/ 18.25/20.5/ 25.5/30.25/ 40.5	5.6/6.9/ 7.9/9.9/ 11.6/12.9/ 15.9/18.8/ 24.9
0.8	4.0、 5.0、 6.0、 8.0、 9.0	8.25/10.5/ 12.25/15.5/ 18.25/20.5/ 25.5/30.25/ 40.5	7.4/9.2/ 10.6/13.2/ 15.4/17.2/ 21.2/25.0/ 33.2
1.0	5.0、6.0、 7.0、 8.0、 10.0、 12.0、	8.25/10.5/ 12.25/15.5/ 18.25/20.5/ 25.5/30.25/ 40.5	9.3/11.5/ 13.3/16.5/ 19.3/21.5/ 26.5/31.3/ 41.5
1.2	6.0、7.0 8.0 10.0 12.0 14、0	8.25/10.5/ 12.25/15.5/ 18.25/20.5/ 25.5/30.25/ 40.5	11.1/13.8/ 15.9/19.8/ 23.1/25.8/ 31.8/37.5/ 49.8
1.6	8、10、 12、 14、 16、 18、	8.25/10.5/ 12.25/15.5/ 18.25/20.5/ 25.5/30.25/ 40.5	14.8/18.4/ 21.2/26.4/ 30.8/34.4/ 42.4/50.0/ 66.4
2.0	10、12、 14、 16、 18、 20	8.25/10.5/ 12.25/15.5/ 18.25/20.5/ 25.5/30.25/ 40.5	18.5/23.0 26.5/33.0 38.5/43.0 53.0/62.5 83.0
2.5	12、14、 16、 18、 20、 25	8.25/10.5/ 12.25/15.5/ 18.25/20.5/ 25.5/30.25/ 40.5	23.1/28.8 33.1/41.3 48.1/53.8 66.3/78.1 103.8
3.0	14、16、 18、 20、 22、 25	8.25/10.5/ 12.25/15.5/ 18.25/20.5/ 25.5/30.25/ 40.5	27.8/34.5 39.8/49.5 57.8/64.5 79.5/93.8 124.5
3.5	18、20、 22、 25、 28、 35	8.25/10.5/ 12.25/15.5/ 18.25/20.5/ 25.5/30.25/ 40.5	32.4/40.3 45.4/57.8 67.4/75.3 92.8/109.4 145.3
4.0	22、25、 28、32、 35、 40、 45	8.25/10.5/ 12.25/15.5/ 18.25/20.5/ 25.5/30.25/ 40.5	37.0/46.0 53.0/66.0 77.0/86.0 106/125.0 166
4.5	25、28、 32、35、 40、 45、 50	8.25/10.5/ 12.25/15.5/ 18.25/20.5/ 25.5/30.25/ 40.5	41.6/51.8/ 59.6/74.3/ 86.6/96.8/ 119.3/140.6/ 186.8
5.0	25、28、 32、35、 40、 45、 55	8.25/10.5/ 12.25/15.5/ 18.25/20.5/ 25.5/30.25/ 40.5	46.3/57.5/ 66.3/82.5/ 96.3/107.5/ 132.5/156.3/ 207.5
6.0	32、35、 40、45、 50、 60、 70	8.25/10.5/ 12.25/15.5/ 18.25/20.5/ 25.5/30.25/ 40.5	55.5/69.0/ 79.5/99.0/ 116/123/ 159/188/ 249
8.0	40、45、 50、55、 60、 70、 80	8.25/10.5/ 12.25/15.5/ 18.25/20.5/ 25.5/30.25/ 40.5	72/91/ 105/132/ 154/172/ 212/250 /332

注：表中有效圈数 n 与有效高度 $H_{1.5}$ 一一对应。

28.1.2 普通圆柱螺旋压缩弹簧

普通圆柱螺旋压缩弹簧（两端圈并紧磨平或制扁）用于需要多次重复地随外压力大小而做相应的弹性变形之处。其规格见表 28.2，表示方法是：

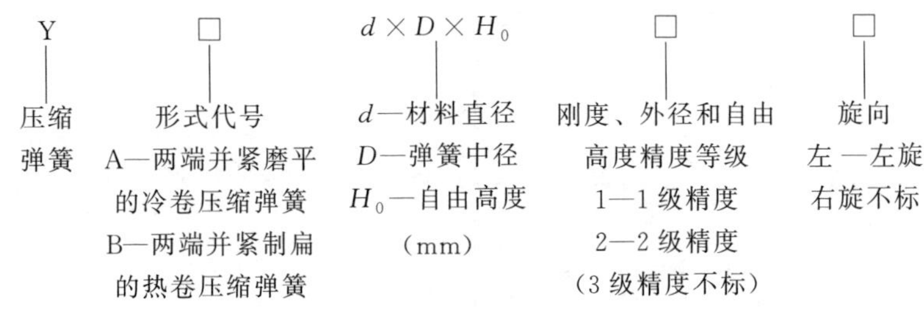

表 28.2 普通圆柱压缩弹簧规格（GB/T 2089—2009） mm

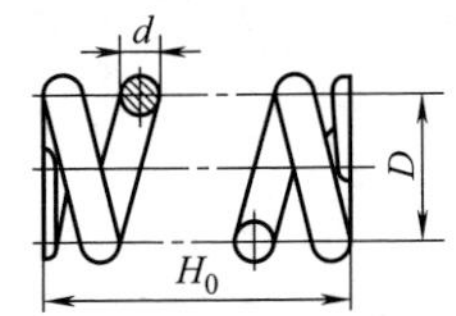

弹簧丝直径 *d*	中径 *D*	有效圈数 *n*	自由高度 H_0
0.5	3.0	4.0～14.5	6～18
	3.5	3.5～14.5	6～22
	4.0	3.0～14.5	7～28
	4.5	2.5～14.5	7～32
	5.0		8～40
	6.0	2.5～12.5	10～48
	7.0	2.5～14.5	13～70
0.6	3.0	4.0～14.5	6～18
	3.5	3.0～14.5	5～22
	4.0	2.5～14.5	5～25
	4.5		6～30
	5.0		7～35
	6.0		9～48
	7.0		11～60
	8.0	2.5～12.5	14～70
0.7	3.5	3.0～14.5	5～22
	4.0	2.5～14.5	5～25
	4.5		6～28
	5.0		7～32
	6.0		8～42
	7.0		10～55
	8.0	2.5～12.5	13～58
	9.0		16～75
0.8	4.0	3.0～14.5	6～25
	4.5	2.5～14.5	6～28
	5.0		7～30
	6.0		8～40
	7.0		10～50
	8.0		12～60
	9.0	2.5～12.5	14～75
	10.0		17～80

续表

弹簧丝直径 d	中径 D	有效圈数 n	自由高度 H_0
0.9	4.0	2.5～14.5	6～25
	4.5	3.0～14.5	7～28
	5.0	2.5～14.5	7～30
	6.0		8～38
	7.0		9～45
	8.0		11～58
	9.0		13～70
	10.0		15～85
1.0	4.5	3.0～14.5	7～28
	5.0	2.5～14.5	7～30
	6.0		8～35
	7.0		9～45
	8.0		11～52
	9.0		12～65
	10.0		14～75
	12.0		19～100
	14.0	2.5～12.5	25～115
1.2	6.0	2.5～14.5	8～35
	7.0		9～40
	8.0		10～48
	9.0		11～55
	10.0		13～65
	12.0		16～85
	14.0		22～115
	16.0	2.5～12.5	28～120
1.4	7.0	2.5～14.5	9～40
	8.0		10～45
	9.0		11～52
	10.0		12～60
	12.0		15～80
	14.0		19～100
	16.0		25～130
	18.0		28～150
	20.0	2.5～12.5	35～180
1.6	8.0	2.5～14.5	10～45
	9.0		11～50
	10.0		12～58
	12.0		15～70
1.6	14.0	2.5～14.5	17～90
	16.0		22～110
	18.0		25～140
	20.0		30～160
	22.0	2.5～12.5	35～170
1.8	9	2.5～14.5	11～50
	10		12～55
	12		14～70
	14		17～85
	16		20～100
	18		25～120
	20		28～150
	22		32～170
	25	2.5～12.5	40～190
2.0	10	2.5～14.5	12～55
	12		14～65
	14		16～80
	16		19～100
	18		22～115
	20		28～140
	22		30～160
	25		38～200
	28		45～240
2.5	12	2.5～14.5	14～65
	14		16～75
	16		18～85
	18		20～100
	20		25～115
	22		25～130
	25		30～160
	28		38～190
	30		40～220
	32		45～240
3.0	14	2.5～14.5	17～75
	16		18～85
	18		20～95
	20		22～110
	22		25～120

续表

弹簧丝直径 d	中径 D	有效圈数 n	自由高度 H_0
3.0	25	2.5～14.5	30～150
	28		35～170
	30		38～190
	32		40～220
	35		45～240
	38		52～280
3.5	16	2.5～14.5	19～85
	18		22～95
	20		22～105
	22		25～115
	25		28～130
	28		32～150
	30		35～170
	32		38～190
	35		40～220
	38		45～240
	40		50～260
4.0	20	2.5～14.5	25～105
	22		25～115
	25		28～130
	28		30～150
	30		32～160
	32		35～170
	35		38～190
	38		42～220
	40		45～240
	45		55～300
	50		65～340
4.5	22	2.5～14.5	25～110
	25		28～130
	28		30～140
	30		32～150
	32		35～160
	35		38～180
	38		40～200
	40		42～220
	45		50～260
	50		60～300
	55		65～360
5.0	25	2.5～14.5	28～130
	28		30～140
	30		32～150
	32		35～160
	35		38～170
	38		40～190
	40		42～220
	45		48～240
	50		55～280
	55		65～320
	60		70～380
6.0	30	2.5～14.5	35～150
	32		35～160
	35		38～170
	38		40～180
	40		42～190
	45		45～220
	50		52～260
	55		58～300
	60		65～280
	65		75～380
	70		80～420
8.0	32	2.5～14.5	40～170
	35		40～180
	38		42～190
	40		45～190
	45		48～220
	50		50～240
	55		55～260
	60		58～280
	65		65～320
	70		70～340
	75		75～380
	80		80～420
	85		90～450
	90		95～500

续表

弹簧丝直径 d	中径 D	有效圈数 n	自由高度 H_0
10.0	40	2.5～14.5	45～220
	45		50～240
	50		52～260
	55		58～280
	60		65～320
	65		70～340
	70		75～380
	75		80～420
	85		90～480
	90		100～520
	95		105～580
	100		115～620
12.0	50	2.5～14.5	58～280
	55		60～300
	60		65～320
	65		70～340
	70		75～360
	75		80～380
	80		85～420
	85		90～450
	90		95～480
	95		100～520
	100		105～550
	110		120～650
	120		140～720
14.0	60	2.5～14.5	65～320
	65		70～340
	70		75～360
	75		80～380
	80		85～420
	85		90～450
	90		95～480
	95		100～500
	100		105～520
	110		115～600
	120		115～680
	130		150～750
16.0	65	2.5～14.5	75～360
	70		80～380
	75		80～400
	80		85～420
	85		90～450
	90		95～480
	95		100～480
	100		105～520
	110		115～580
	120		130～650
	130		140～720
	140		150～800
	150		170～800
18.0	75	2.5～14.5	85～400
	80		90～420
	85		90～450
	90		95～480
	95		100～480
	100		105～520
	110		115～580
	120		130～650
	130		140～680
	140		150～750
	150		160～850
	160	2.5～14.5	170～780
	170		190～900
20.0	80	2.5～14.5	90～450
	85		95～450
	90		100～480
	95		100～500
	100		105～520
	110		115～580
	120		130～620
	130		140～680
	140		150～750
	150		160～800
	160	2.5～12.5	170～750
	170		180～850

续表

弹簧丝直径 d	中径 D	有效圈数 n	自由高度 H_0
20.0	180	2.5～10.5	200～750
	190		220～850
25.0	100	2.5～14.5	115～550
	110		120～580
	120		130～620
	130		140～680
	140		150～720
	150		160～780
	160		170～850
	170	2.5～14.5	180～780
	180	2.5～11.5	190～750
	190		200～800
	200		220～850
	220	2.5～9.5	240～850
30.0	120	2.5～14.05	140～650
	130		150～680
	140		150～720
	150		160～780
	160		170～850
	170		180～750
	180	2.5～12.5	190～780
	190	2.5～11.5	200～850
	200		220～850
	220	2.5～10.5	240～850
	240	2.5～9.5	260～900
	260.	2.5～8.5	280～900
35.0	140	2.5～14.5	160～750
	150		170～800
	160		170～850
	170	2.5～12.5	180～750
	180		190～800
	190		200～850
	200	2.5～11.5	220～850
	220	2.5～10.5	220～850
	240	2.5～9.5	240～850
	260	2.5～8.5	280～850
35.0	280	2.5～7.5	300～800
	300		320～900
40.0	160	2.5～12.5	190～750
	170		190～780
	180		200～850
	190	2.5～11.5	200～780
	200		220～850
	220	2.5～10.5	240～850
	240	2.5～9.5	260～850
	260	2.5～8.5	260～800
	280	2.5～7.5	300～780
	300	2.5～7.5	320～850
	320	2.5～6.5	340～800
45.0	180	2.5～11.5	220～780
	190		220～800
	200		220～850
	220	2.5～10.5	240～850
	240	2.5～9.5	260～850
	260	2.5～8.5	280～800
	280	2.5～7.5	280～780
	300		300～856
	320	2.5～6.5	340～780
	340		360～850
50.0	200	2.5～10.5	240～800
	220	2.5～9.5	240～780
	240		260～850
	260	2.5～8.5	280～800
	280	2.5～7.5	300～750
	300		320～850
	320	2.5～6.5	320～780
	340		360～850
55.0	200	2.5～8.5	310～760
	220		330～780
	240		350～800
	260		370～860
	280		390～900

续表

弹簧丝直径 d	中径 D	有效圈数 n	自由高度 H_0	弹簧丝直径 d	中径 D	有效圈数 n	自由高度 H_0
55.0	300 320 340	2.5～8.5	410～950 430～790 450～830	60.0	260 280 300 320 340	2.5～8.5	410～900 430～950 450～740 470～760 490～780
60.0	200 220 240	2.5～8.5	350～760 370～800 390～850				

注：1. 有效圈数 n 系列为 2.5，3，3.5，4，4.5，5，5.5，6.5，7.5，8.5，11.5，12.5，14.5。

2. 弹簧的旋向为右旋，否则应在标记中注明。

28.1.3　普通圆柱螺旋扭转弹簧

用于机构中承受扭转力矩之处。其规格见表 28.3。

表 28.3　普通圆柱螺旋扭转弹簧规格（GB/T 1239.3—2009）

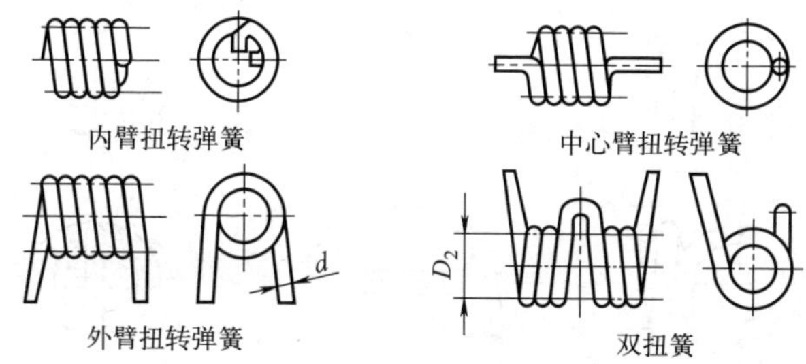

弹簧丝直径 d	0.5,0.6,0.8,1.0,1.2,1.6,2.0,2.5,3.0,3.5,4.0,4.5,5.0,6.0,8.0
中径 D	按 GB/T 1358—2009《圆柱螺旋弹簧尺寸系列》选取
有效圈数 n	≤30,根据用户需要
自由高度 H_0	根据用户需要
旋绕比 k	4～22,根据用户需要

28.2　小型圆柱螺旋弹簧

28.2.1　小型圆柱螺旋拉伸弹簧

小型圆柱螺旋拉伸弹簧是指弹簧材料的截面直径小于 0.5mm 的圆柱螺旋拉伸弹簧。其型号规格的表示方法是：

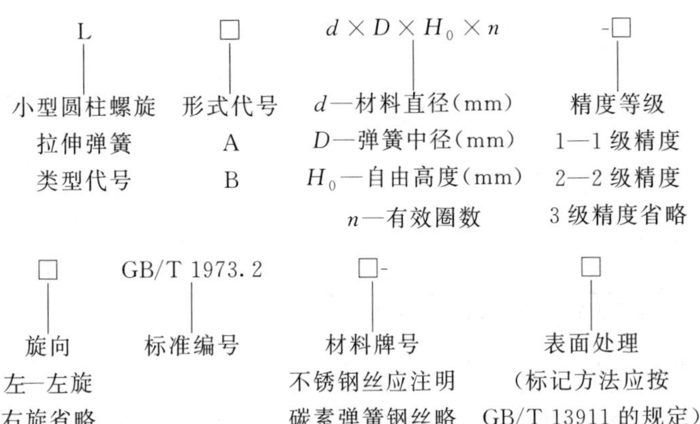

小型圆柱碳素弹簧钢拉伸弹簧的规格见表28.4。

表28.4　小型圆柱碳素弹簧钢拉伸弹簧规格（GB/T 1973.2—2005）

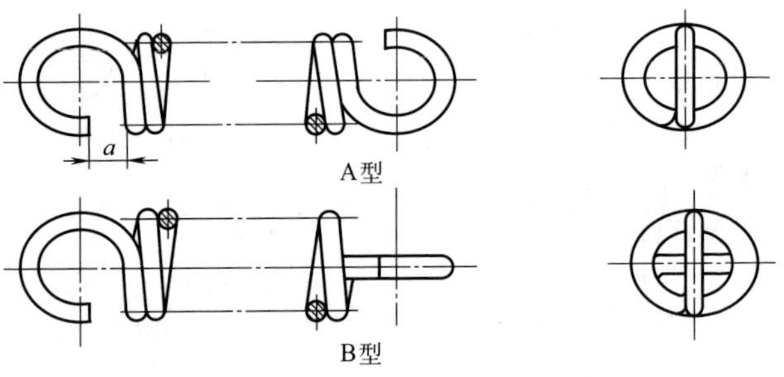

材料直径 d/mm	弹簧中径 D/mm	有效圈数 n	自由长度 H_0/mm	材料直径 d/mm	弹簧中径 D/mm	有效圈数 n	自由长度 H_0/mm
0.16	1.20	7.25/7.50	3.5	0.16	1.60	7.25/7.50	4.3
		9.25/9.50	3.8			9.25/9.50	4.6
		12.25/12.50	4.3			12.25/12.50	5.1
		15.25/15.50	4.8			15.25/15.50	5.6
		19.25/19.50	5.4			19.25/19.50	6.2
		24.25/24.50	6.2			24.25/24.50	7.0
		31.25/31.50	7.4			31.25/31.50	8.2
		39.25/39.50	8.6			39.25/39.50	9.4

续表

材料直径 d/mm	弹簧中径 D/mm	有效圈数 n	自由长度 H_0/mm
0.16	2.00	7.25/7.50	5.1
		9.25/9.50	5.4
		12.25/12.50	5.9
		10.25/15.50	6.4
		19.25/19.50	7.0
		24.25/24.50	7.8
		31.25/31.50	9.0
		39.25/39.50	10.2
	2.50	7.25/7.50	6.1
		9.25/9.50	6.4
		12.25/12.50	6.9
		15.25/15.50	7.4
		19.25/19.50	8.0
		24.25/24.50	8.8
		31.25/31.50	10.0
		39.25/39.50	11.2
0.20	1.60	7.25/7.50	4.6
		9.25/9.50	5.0
		12.25/12.50	5.6
		15.25/15.50	6.2
		19.25/19.50	7.0
		24.25/24.50	8.0
		31.25/31.50	9.4
		39.25/39.50	11.0
	2.00	7.25/7.50	5.4
		9.25/9.50	5.8
		12.25/12.50	6.4
		15.25/15.50	7.0
		19.25/19.50	7.8
		24.25/24.50	8.8
		31.25/31.50	10.2
		39.25/39.50	11.8
	2.50	7.25/7.50	6.4
		9.25/9.50	6.8
		12.25/12.50	7.4
		15.25/15.50	8.0
		19.25/19.50	8.8
		24.25/24.50	9.8
		31.25/31.50	11.2
		39.25/39.50	12.8
0.20	3.20	7.25/7.50	7.8
		9.25/9.50	8.2
		12.25/12.50	8.8
		15.25/15.50	9.4
		19.25/19.50	10.2
		24.25/24.50	11.2
		31.25/31.50	12.6
		39.25/39.50	14.2
0.25	2.00	7.25/7.50	5.8
		9.25/9.50	6.3
		12.25/12.50	7.1
		15.25/15.50	7.9
		19.25/19.50	8.9
		24.25/24.50	10.2
		31.25/31.50	12.1
		39.25/39.50	14.1
	2.50	7.25/7.50	6.8
		9.25/9.50	7.3
		12.25/12.50	8.1
		15.25/15.50	8.9
		19.25/19.50	9.9
		24.25/24.50	11.2
		31.25/31.50	13.1
		39.25/39.50	15.1
	3.20	7.25/7.50	8.2
		9.25/9.50	8.7
		12.25/12.50	9.5
		15.25/15.50	10.3
		19.25/19.50	11.3
		24.25/24.50	12.6
		31.25/31.50	14.5
		39.25/39.50	16.5
	4.00	7.25/7.50	9.8
		9.25/9.50	10.3
		12.25/12.50	11.1
		15.25/15.50	11.9
		19.25/19.50	12.9
		24.25/24.50	14.2
		31.25/31.50	16.1
		39.25/39.50	18.1

续表

材料直径 d/mm	弹簧中径 D/mm	有效圈数 n	自由长度 H_0/mm
0.30	2.00	7.25/7.50	6.0
		9.25/9.50	6.6
		12.25/12.50	7.5
		15.25/15.50	8.4
		19.25/19.50	9.5
		24.25/24.50	11.0
		31.25/31.50	13.0
		39.25/39.50	15.3
	2.50	7.25/7.50	7.0
		9.25/9.50	7.7
		12.25/12.50	8.5
		15.25/15.50	9.4
		19.25/19.50	10.5
		24.25/24.50	12.0
		31.25/31.50	14.0
		39.25/39.50	16.3
	3.20	7.25/7.50	8.4
		9.25/9.50	8.0
		12.25/12.50	9.9
		15.25/15.50	10.8
		19.25/19.50	11.9
		24.25/24.50	13.4
		31.25/31.50	15.4
		39.25/39.50	17.7
	4.00	7.25/7.50	10.0
		9.25/9.50	10.6
		12.25/12.50	11.5
		15.25/15.50	12.4
		19.25/19.50	13.5
		24.25/24.50	15.0
		31.25/31.50	17.0
		39.25/39.50	19.3
0.32	2.50	7.25/7.50	7.2
		9.25/9.00	7.9
		12.25/12.50	8.8
		15.25/15.50	9.8
0.32	2.50	19.25/19.50	11.1
		24.25/24.50	12.7
		31.25/31.50	14.9
		39.25/39.50	17.5
	3.20	7.25/7.50	8.6
		9.25/9.00	9.3
		12.25/12.50	10.2
		15.25/15.50	11.2
		19.25/19.50	12.5
		24.25/24.50	14.1
		31.25/31.50	16.3
		39.25/39.50	18.9
	4.00	7.25/7.50	10.2
		9.25/9.50	10.9
		12.25/12.50	11.8
		15.25/15.50	12.8
		19.25/19.50	14.1
		24.25/24.50	15.7
		31.25/31.50	17.9
		39.25/39.50	20.5
	5.00	7.25/7.50	12.2
		9.25/9.50	12.9
		12.25/12.50	13.8
		15.25/15.50	14.8
		19.25/19.50	16.1
		24.25/24.50	17.7
		31.25/31.50	19.9
		39.25/39.50	22.5
0.35	2.50	7.25/7.50	7.5
		9.25/9.50	8.2
		12.25/12.50	9.2
		15.25/15.50	10.3
		19.25/19.50	11.7
		24.25/24.50	13.4
		31.25/31.50	15.9
		39.25/39.50	18.7

续表

材料直径 d/mm	弹簧中径 D/mm	有效圈数 n	自由长度 H_0/mm
0. 35	3. 2	7. 25/7. 50	8. 9
		9. 25/9. 50	9. 6
		12. 25/12. 50	10. 6
		15. 25/15. 50	11. 7
		19. 25/19. 50	13. 1
		24. 25/24. 50	14. 8
		31. 25/31. 50	17. 3
		39. 25/39. 50	20. 1
	4. 00	7. 25/7. 50	10. 5
		9. 25/9. 50	11. 2
		12. 25/12. 50	12. 2
		15. 25/15. 50	13. 3
		19. 25/19. 50	14. 7
		24. 25/24. 50	16. 4
		31. 25/31. 50	18. 8
		39. 25/39. 50	21. 7
	5. 00	7. 25/7. 50	12. 5
		9. 25/9. 50	13. 2
		12. 25/12. 50	14. 2
		15. 25/15. 50	15. 3
		19. 25/19. 50	16. 7
		24. 25/24. 50	18. 4
		31. 25/31. 50	20. 9
		39. 25/39. 50	23. 7
0. 40	3. 20	7. 25/7. 50	9. 2
		9. 25/9. 50	10. 0
		12. 25/12. 50	11. 2
		15. 25/15. 50	12. 4
		19. 25/19. 50	14. 0
		24. 25/24. 50	16. 0
		31. 25/31. 50	18. 8
		39. 25/39. 50	22. 0
	4. 00	7. 25/7. 50	10. 8
		9. 25/9. 50	11. 6
		12. 25/12. 50	12. 8
		15. 25/15. 50	14. 0
		19. 25/19. 50	15. 6
		24. 25/24. 50	17. 6
		31. 25/31. 50	20. 4
		39. 25/39. 50	23. 6
	5. 00	7. 25/7. 50	12. 8
		9. 25/9. 50	13. 6
		12. 25/12. 50	14. 8
		15. 25/15. 50	16. 0
		19. 25/19. 50	17. 6
		24. 25/24. 50	19. 6
		31. 25/31. 50	22. 4
		39. 25/39. 50	25. 6
0. 40	6. 30	7. 25/7. 50	15. 4
		9. 25/9. 50	16. 2
		12. 25/12. 50	17. 4
		15. 25/15. 50	18. 6
		19. 25/19. 50	20. 2
		24. 25/24. 50	22. 2
		31. 25/31. 50	25. 0
		39. 25/39. 50	28. 2
0. 45	3. 20	7. 25/7. 50	9. 6
		9. 25/9. 50	10. 5
		12. 25/12. 50	11. 8
		15. 25/15. 50	13. 2
		19. 25/19. 50	15. 0
		24. 25/24. 50	17. 2
		31. 25/31. 50	20. 4
		39. 25/39. 50	24. 0
	4. 00	7. 25/7. 50	11. 2
		9. 25/9. 50	12. 1
		12. 25/12. 50	13. 4
		15. 25/15. 50	14. 8
		19. 25/19. 50	16. 5
		24. 25/24. 50	18. 8
		31. 25/31. 50	22. 0
		39. 25/39. 50	25. 6
	5. 00	7. 25/7. 50	13. 2
		9. 25/9. 50	14. 1
		12. 25/12. 50	15. 4
		15. 25/15. 50	16. 8
		19. 25/19. 50	18. 6
		24. 25/24. 50	20. 1
		31. 25/31. 50	24. 0
		39. 25/39. 50	27. 6
	6. 30	7. 25/7. 5	15. 8
		9. 25/9. 50	16. 7
		11. 25/12. 50	18. 0
		15. 25/15. 50	19. 4
		19. 25/19. 50	21. 2
		24. 25/24. 50	23. 4
		31. 25/31. 50	26. 6
		39. 25/39. 50	30. 2

28.2.2 小型圆柱螺旋压缩弹簧

小型圆柱螺旋压缩弹簧是指弹簧材料的截面直径小于 0.5mm 的圆柱螺旋压缩弹簧。其形式有 YⅠ型和 YⅡ型两种，前者两端圈并紧磨平，后者两端圈并紧不磨。其型号的标记由名称、形式、尺寸、标准编号、材料牌号以及表面处理组成：

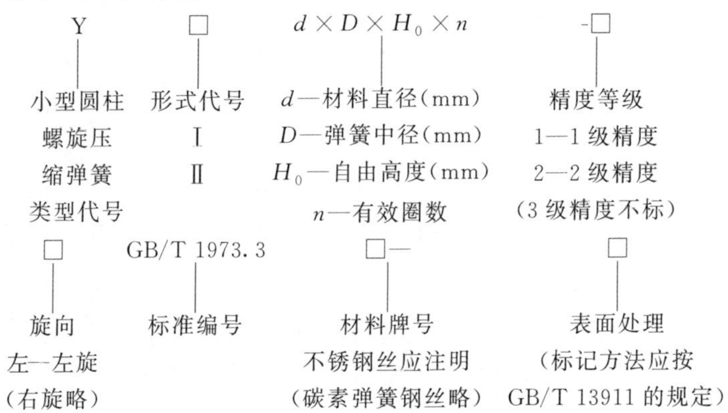

小型圆柱碳素弹簧钢螺旋压缩弹簧规格见表 28.5。

表 28.5 小型圆柱碳素弹簧钢螺旋压缩弹簧规格（GB/T 1973.3—2005）

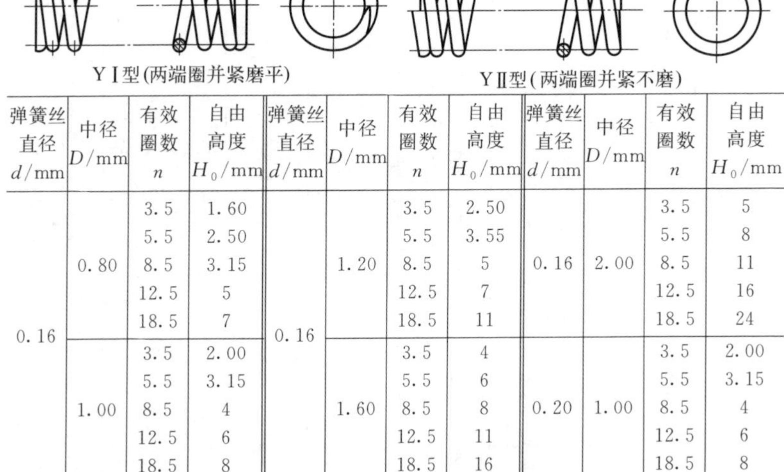

YⅠ型(两端圈并紧磨平)　　YⅡ型(两端圈并紧不磨)

弹簧丝直径 d/mm	中径 D/mm	有效圈数 n	自由高度 H_0/mm	弹簧丝直径 d/mm	中径 D/mm	有效圈数 n	自由高度 H_0/mm	弹簧丝直径 d/mm	中径 D/mm	有效圈数 n	自由高度 H_0/mm
0.16	0.80	3.5	1.60	0.16	1.20	3.5	2.50	0.16	2.00	3.5	5
		5.5	2.50			5.5	3.55			5.5	8
		8.5	3.15			8.5	5			8.5	11
		12.5	5			12.5	7			12.5	16
		18.5	7			18.5	11			18.5	24
	1.00	3.5	2.00		1.60	3.5	4	0.20	1.00	3.5	2.00
		5.5	3.15			5.5	6			5.5	3.15
		8.5	4			8.5	8			8.5	4
		12.5	6			12.5	11			12.5	6
		18.5	8			18.5	16			18.5	8

续表

弹簧丝直径 d/mm	中径 D/mm	有效圈数 n	自由高度 H_0/mm	弹簧丝直径 d/mm	中径 D/mm	有效圈数 n	自由高度 H_0/mm	弹簧丝直径 d/mm	中径 D/mm	有效圈数 n	自由高度 H_0/mm
0.20	1.20	3.5	2.50	0.25	2.5	3.5	6	0.32	1.60	3.5	3.15
		5.5	3.55			5.5	8			5.5	5
		8.5	5			8.5	12			8.5	6
		12.5	7			12.5	16			12.5	9
		18.5	10			18.5	24			18.5	12
	1.60	3.5	3.55		3.2	3.5	8		2.00	3.5	4
		5.5	5			5.5	12			5.5	6
		8.5	7			8.5	17			8.5	8
		12.5	10			12.5	26			12.5	11
		18.5	14			18.5	38			18.5	15
	2.00	3.5	5	0.30	1.2	3.5	2.50		2.50	3.5	5
		5.5	7			5.5	3.55			5.5	7
		8.5	10			8.5	5			8.5	10
		12.5	14			12.5	7			12.5	14
		18.5	20			18.5	10			18.5	22
	2.50	3.5	6		1.60	3.5	3.15		3.20	3.5	7
		5.5	10			5.5	5			5.5	10
		8.5	14			8.5	6			8.5	14
		12.5	20			12.5	9			12.5	22
		18.5	30			18.5	12			18.5	30
0.25	1.20	3.5	2.50		2.00	3.5	4		4.00	3.5	9
		5.5	3.55			5.5	6			5.5	14
		8.5	5			8.5	8			8.5	22
		12.5	7			12.5	11			12.5	30
		18.5	10			18.5	16			18.5	45
	1.60	3.5	3.15		2.50	3.5	5	0.35	1.60	3.5	3.15
		5.5	5			5.5	7			5.5	5
		8.5	7			8.5	11			8.5	7
		12.5	9			12.5	15			12.5	9
		18.5	13			18.5	22			18.5	12
	2.00	3.5	4		3.20	3.5	7		2.00	3.5	4
		5.5	6			5.5	11			5.5	6
		8.5	8			8.5	16			8.5	8
		12.5	12			12.5	22			12.5	11
		18.5	17			18.5	32			18.5	15

续表

弹簧丝直径 d/mm	中径 D/mm	有效圈数 n	自由高度 H_0/mm
0.35	2.50	3.5 5.5 8.5 12.5 18.5	5 7 10 14 20
	3.20	3.5 5.5 8.5 12.5 18.5	7 9 13 20 28
	4.00	3.5 5.5 8.5 12.5 18.5	9 12 20 28 42
0.40	2.00	3.5 5.5 8.5 12.5 18.5	4 6 8 11 15

弹簧丝直径 d/mm	中径 D/mm	有效圈数 n	自由高度 H_0/mm
0.40	2.50	3.5 5.5 8.5 12.5 18.5	5 7 10 13 19
	3.20	3.5 5.5 8.5 12.5 18.5	6 9 13 18 26
	4.00	3.5 5.5 8.5 12.5 18.5	8 12 18 26 38
	5.00	3.5 5.5 8.5 12.5 18.5	11 17 26 38 55

弹簧丝直径 d/mm	中径 D/mm	有效圈数 n	自由高度 H_0/mm
2.00	2.0	3.5 5.5 8.5 12.5 18.5	4 6 8 11 15
	2.50	3.5 5.5 8.5 12.5 18.5	5 7 9 13 18
	3.20	3.5 5.5 8.5 12.5 18.5	6 9 12 17 26
	4.00	3.5 5.5 8.5 12.5 18.5	8 11 16 24 35
	5.00	3.5 5.5 8.5 12.5 18.5	11 15 24 35 48

28.3　冷卷圆柱螺旋弹簧

28.3.1　冷卷圆柱螺旋拉伸弹簧

分类：按端部结构形式分，有LⅠ～LⅩ十种（表28.6）；按材料种类分，有碳素弹簧钢丝、铜及铜合金线材、油淬火-回火弹簧钢丝、弹簧用不锈钢丝、重要用途碳素弹簧钢丝和铍青铜线六种；按精度等级分，有1、2、3三种。

28.3.2　冷卷圆柱螺旋压缩弹簧

分类：按端部结构形式分，有YⅠ、YⅡ和YⅢ三种（表28.7）；按材料种类分，有碳素弹簧钢丝、铜及铜合金线材、油淬火-回火弹簧钢丝、弹簧用不锈钢丝、重要用途碳素弹簧钢丝和铍青铜线六种；按精度等级分，有1、2、3三种。

表 28.6　冷卷圆柱螺旋拉伸弹簧的端部结构形式（GB/T 1239.1—2009）

代号	端部结构形式	简图	代号	端部结构形式	简图
LⅠ	半圆钩环	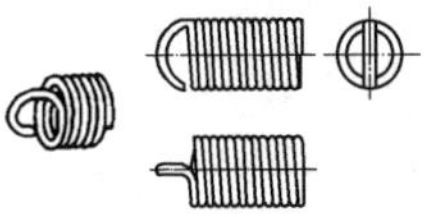	LⅥ	圆钩环压中心	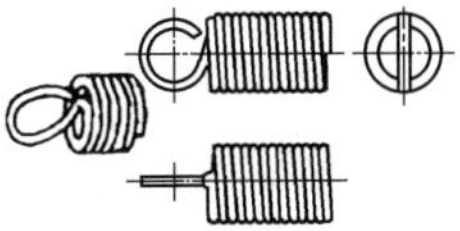
LⅡ	长臂半圆钩环	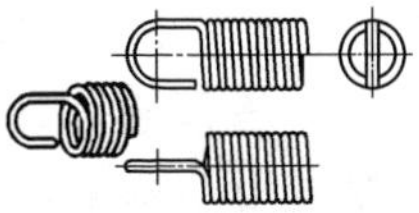	LⅦ	可调式拉簧	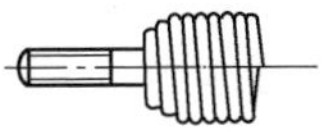
LⅢ	圆钩扭环中心（圆钩环）	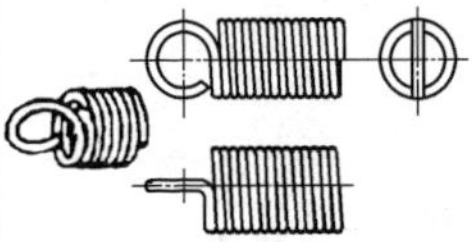	LⅧ	具有可转钩环	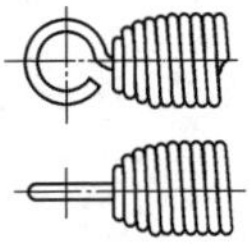
LⅣ	长臂偏心半圆钩环	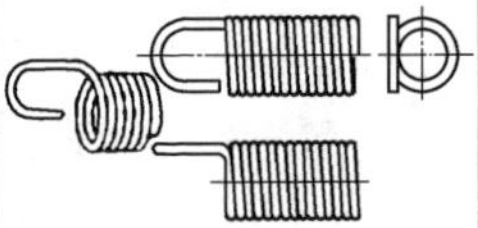	LⅨ	长臂小圆钩环	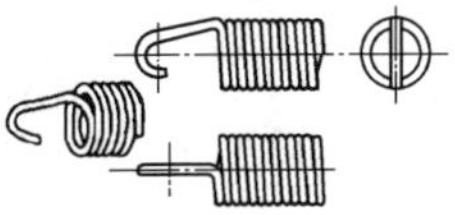
LⅤ	偏心圆钩环	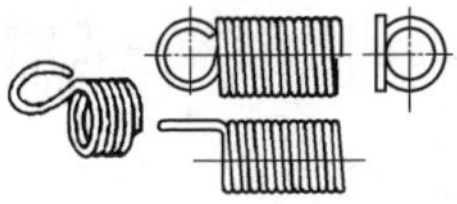	LⅩ	连接式圆钩环	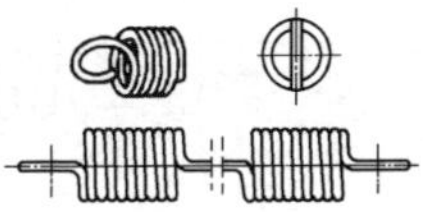

表 28.7　冷卷圆柱螺旋压缩弹簧的端部结构形式（GB/T 1239.2—2009）

代号	端部结构形式	简图
YⅠ	两端圈并紧磨平	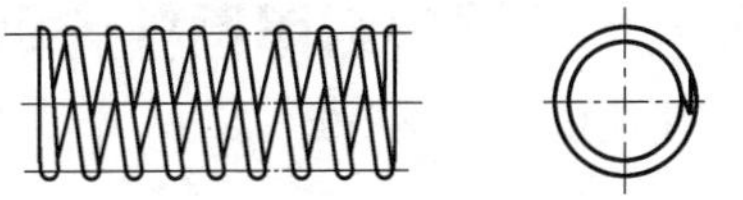
YⅡ	两端圈并紧不磨	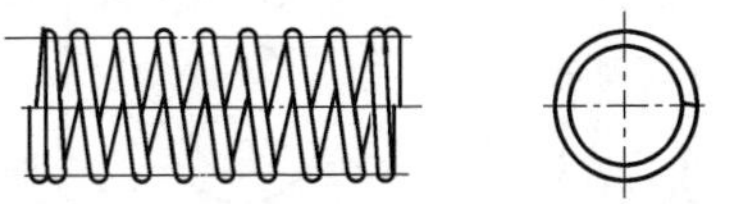

续表

代号	端部结构形式	简图
YⅢ	两端圈不并紧	

28.3.3 冷卷圆柱螺旋扭转弹簧

分类：按端部结构形式分，有NⅠ、NⅡ、NⅢ、NⅣ、NⅤ和NⅥ六种（表28.8）；按材料种类分，有碳素弹簧钢丝、铜及铜合金线材、油淬火-回火弹簧钢丝、弹簧用不锈钢丝、重要用途碳素弹簧钢丝和铍青铜线六种；按精度等级分，有1、2、3三种。

表28.8 冷卷圆柱螺旋扭转弹簧的端部结构形式（GB/T 1239.3—2009）

代号	端部结构形式	简图	代号	端部结构形式	简图
NⅠ	外臂扭转弹簧		NⅣ	平列双扭弹簧	
NⅡ	内臂扭转弹簧		NⅤ	直臂扭转弹簧	
NⅢ	中心距扭转弹簧		NⅥ	单臂弯曲扭转弹簧	

28.4 机械密封用圆柱弹簧

其规格见表28.9。

表28.9 机械密封用圆柱弹簧的规格（JB/T 11107—2011）

简图	型式
 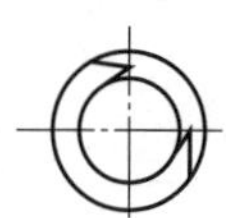	MyⅠ　两端圈并紧且磨平型

续表

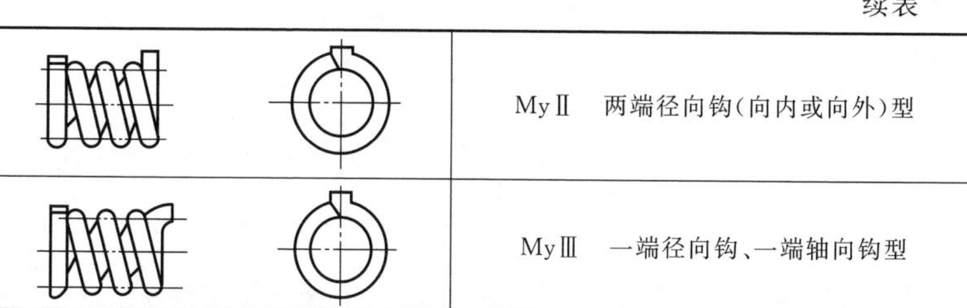

	MyⅡ 两端径向钩(向内或向外)型
	MyⅢ 一端径向钩、一端轴向钩型

项目	材料:YB/T 11 弹簧用不锈钢丝	
弹簧外径 D_2（或内径 D_1）的极限偏差/mm	旋绕比 $C(D/d)$	极限偏差
	≤4～8	$\pm0.10D_2$
	>8～15	$\pm0.15D_2$
弹簧在工作高度时的工作负荷 F 的极限偏差/N	弹簧外径 D_2	极限偏差
	≤10mm	$\pm0.08F$
	>10mm～50mm	$\pm0.10F$
	>50mm	$\pm(0.10\sim0.12)F$
弹簧自由高度 H_0 的极限偏差/mm	线径 d	极限偏差
	≤1.5	$\pm(0.5\sim0.7)$
	>1.5	

28.5 碟形弹簧

碟形弹簧多用于重型机械中，起缓冲或减振作用。根据厚度分为无支承面碟簧和有支承面碟簧（图 28.1），根据工艺方法分为 1、2、3 三类（表 28.10）。

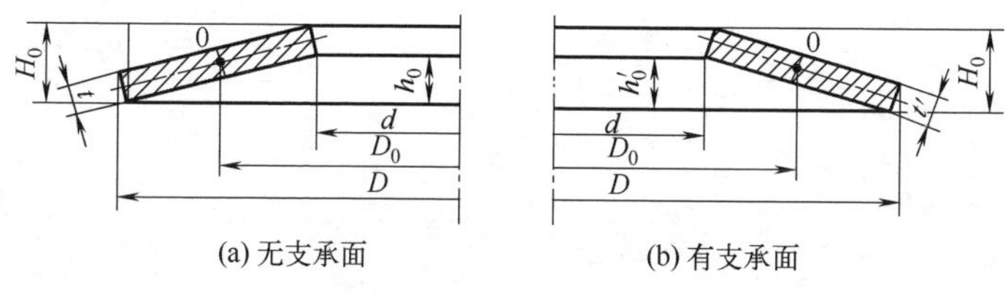

图 28.1 碟形弹簧

碟形弹簧型号标注方法是：

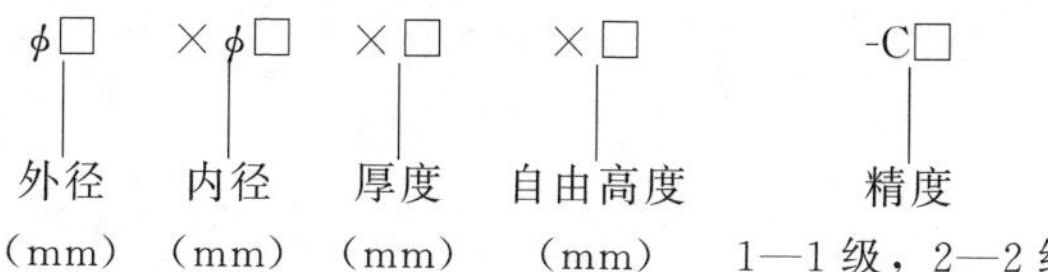

表 28.10　常用碟形弹簧规格（GB/T 1972—2023）

类别	碟簧外径 D/mm	碟簧内径 d/mm	公称碟簧厚度 δ/mm	碟簧极限行程 h_0/mm	自由高度 H_0/mm	千片质量 G/kg
系列 A：$D/\delta\approx 18.0, h/\delta\approx 0.40, E=206\text{kPa}, \mu=0.3$						
1	8	4.2	0.4	0.20	0.60	0.104
	10	5.2	0.5	0.25	0.75	0.225
	12.5	6.2	0.7	0.30	1.00	0.508
	14	7.2	0.8	0.30	1.10	0.711
	16	8.2	0.9	0.35	1.25	1.050
	18	9.2	1.0	0.40	1.40	1.480
	20	10.2	1.1	0.45	1.55	2.010
2	22.5	11.2	1.25	0.50	1.75	2.940
	25	12.2	1.5	0.55	2.05	4.400
	28	14.2	1.5	0.65	2.15	5.390
	31.5	16.3	1.75	0.70	2.45	7.840
	35.5	18.3	2.0	0.8	2.80	11.40
	40	20.4	2.25	0.9	3.15	16.40
	45	22.4	2.5	1.0	3.50	23.50
	50	25.4	3.0	1.1	4.1	34.30
	56	28.5	3.0	1.3	4.3	43.00
	63	31	3.5	1.4	4.9	64.90
	71	36	4.0	1.6	5.6	91.80
	80	41	5.0	1.7	6.7	145.0
	90	46	5.0	2.0	7.0	184.5
	100	51	6.0	2.2	8.2	273.7
	112	57	6.0	2.5	8.5	343.8
3	125	64	8(7.5)	2.6	10.6	533.0
	140	72	8(7.5)	3.2	11.2	666.6
	160	82	10(9.1)	3.5	13.5	1094
	180	92	10(9.4)	4.0	14.0	1387
	200	102	12(11.25)	4.2	16.2	2100
	225	112	12(11.25)	5.0	17.0	2640
	250	127	14(13.1)	5.6	19.6	3750
系列 B：$D/\delta\approx 28.0, h/\delta\approx 0.75, E=206\text{kPa}, \mu=0.3$						
1	8	4.2	0.3	0.25	0.55	0.086
	10	5.2	0.4	0.30	0.70	0.180
	12.5	6.2	0.5	0.35	0.85	0.363
	14	7.2	0.5	0.40	0.90	0.444
	16	8.2	0.6	0.45	1.05	0.698
	18	9.2	0.7	0.50	1.20	1.030
	20	10.2	0.8	0.55	1.35	1.460
	22.5	11.2	0.8	0.65	1.45	1.880
	25	12.2	0.9	0.70	1.60	2.640
	28	14.2	1.0	0.8	1.80	3.590
2	31.5	16.3	1.25	0.9	2.15	5.600
	35.5	18.3	1.25	1.0	2.25	7.130
	40	20.4	1.50	1.15	2.65	10.95
	45	22.4	1.75	1.3	3.05	16.40
	50	25.4	2.0	1.4	3.40	22.90
	56	28.5	2.0	1.6	3.60	28.70

续表

类别	碟簧外径 D/mm	碟簧内径 d/mm	公称碟簧厚度 δ/mm	碟簧极限行程 h_0/mm	自由高度 H_0/mm	千片质量 G/kg
2	63	31	2.5	1.75	4.25	46.40
	71	36	2.5	2.0	4.5	57.70
	80	41	3.0	2.3	5.3	87.30
	90	46	3.5	2.5	6.0	129.1
	100	51	3.5	2.8	6.3	159.7
	112	57	4.0	3.2	7.2	229.2
	125	64	5.0	3.5	8.5	355.4
	140	72	5.0	4.0	9.0	444.4
	160	82	6.0	4.5	10.5	698.3
	180	92	6.0	5.1	11.1	885.4
3	200	102	8(7.5)	5.6	13.6	1369
	225	112	8(7.5)	6.5	14.5	1761
	250	127	10(9.4)	7.0	17.0	2687
系列 C：$D/\delta\approx40.0$，$h/\delta\approx1.3$，$E=206$kPa，$\mu=0.3$						
1	8	4.2	0.20	0.25	0.45	0.057
	10	5.2	0.25	0.30	0.55	0.102
	12.5	6.2	0.35	0.45	0.80	0.251
	14	7.2	0.35	0.45	0.80	0.311
	16	8.2	0.40	0.50	0.90	0.466
	18	9.2	0.45	0.60	1.05	0.661
	20	10.2	0.5	0.65	1.15	0.912
	22.5	11.2	0.6	0.80	1.40	1.410

类别	碟簧外径 D/mm	碟簧内径 d/mm	公称碟簧厚度 δ/mm	碟簧极限行程 h_0/mm	自由高度 H_0/mm	千片质量 G/kg
1	25	12.2	0.7	0.90	1.60	2.060
	28	14.2	0.8	1.00	1.80	2.870
	31.5	16.3	0.8	1.05	1.85	3.580
	35.5	18.3	0.9	1.15	2.05	5.140
	40	20.4	1.0	1.30	2.30	7.300
2	45	22.4	1.25	1.60	2.85	11.70
	50	22.4	1.25	1.60	2.85	14.30
	56	28.5	1.5	1.95	3.45	21.50
	63	31	1.8	2.35	4.15	33.40
	71	36	2.0	2.60	4.6	46.20
	80	41	2.25	2.95	5.2	65.50
	90	46	2.5	3.2	5.7	92.20
	100	51	2.7	3.5	6.2	123.2
	112	57	3.0	3.9	6.9	171.9
	125	61	3.5	4.5	8.0	248.9
	140	72	3.8	4.9	8.7	337.7
	160	82	4.3	5.6	9.9	500.4
	180	92	4.8	6.2	11.0	708.4
	200	102	5.5	7.0	12.5	1004
3	225	112	6.5(6.2)	7.1	13.6	1456
	250	127	7.0(6.7)	7.8	14.8	1915

注：第3类第4列公称碟簧厚度 δ（）内的数值为实际厚度。

28.6 钢板弹簧

钢板弹簧是道路车辆上用来减振的重要部件，一般应采用符合GB/T 33164.1 和 ISO 683-14 的热轧扁钢制造。其类型见图 28.2。

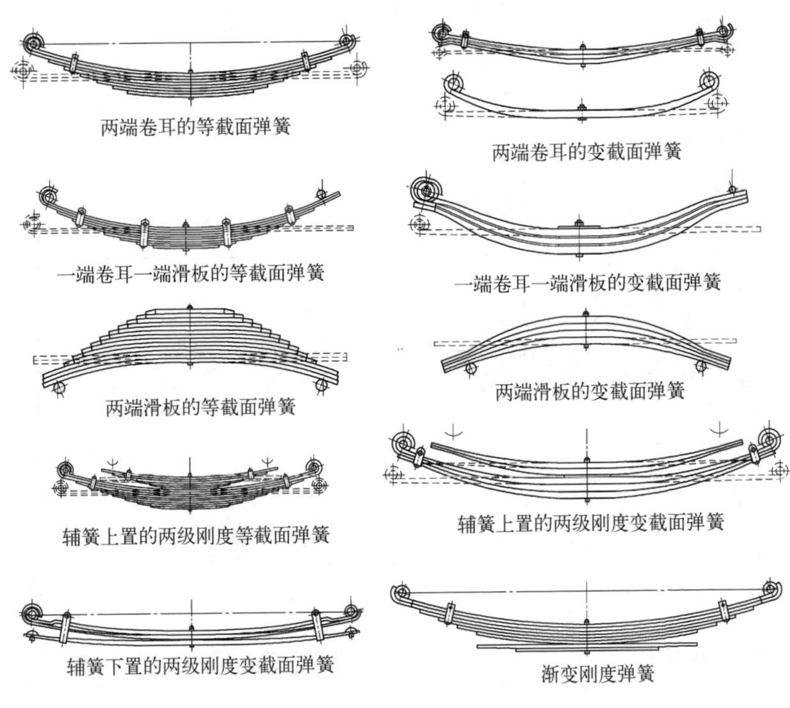

图 28.2 钢板弹簧的类型（GB/T 19844—2018）

28.7 减振弹簧

减振弹簧是常用的弹性元件，广泛应用于各种振动设备，具有稳定性好、噪声低、隔振效果好、使用寿命长等优点。减振弹簧有压缩弹簧、橡胶弹簧、复合弹簧、空气弹簧等。

（1）钢丝压缩弹簧

钢丝压缩弹簧材料截面多为圆形（28.2 节）。此外，还有圆锥形、中凸形和中凹形以及少量的非圆形、非等距弹簧等（图 28.3）。

离合器用的减振弹簧（JB/T 12792—2016），也属于这一类，其材料多为冷卷圆截面直径为 0.7～9.5mm 的特种钢丝（也可为

(a) 等距减振弹簧　　(b) 摩托车、越野车用非等距减振弹簧

(c) 中凸形弹簧

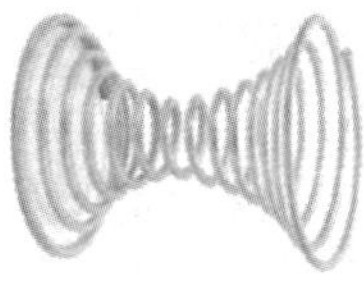

(d) 中凹形弹簧

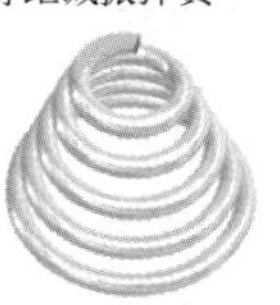

e) 圆锥形弹簧

图 28.3　各种钢丝压缩弹簧

非圆截面）。

弹簧旋向一般为右旋。当有内、外弹簧组合使用时，内弹簧与外弹簧旋向相反。两端面应磨平（图 28.4）。

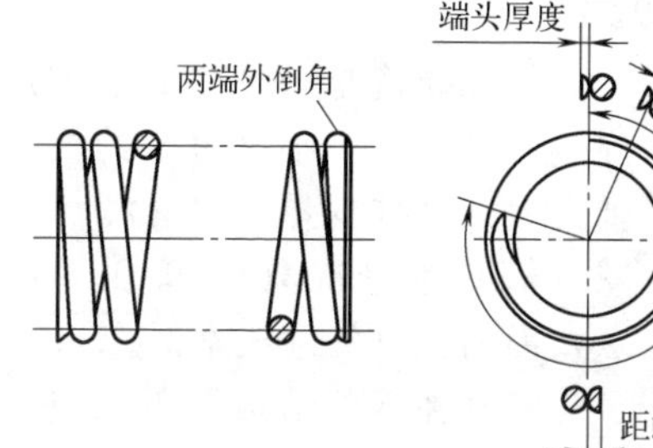

(a) 离合器用减振弹簧外弹簧

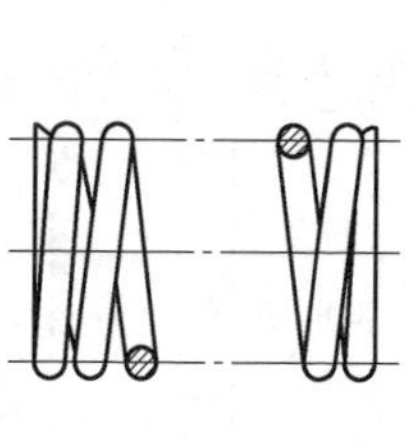

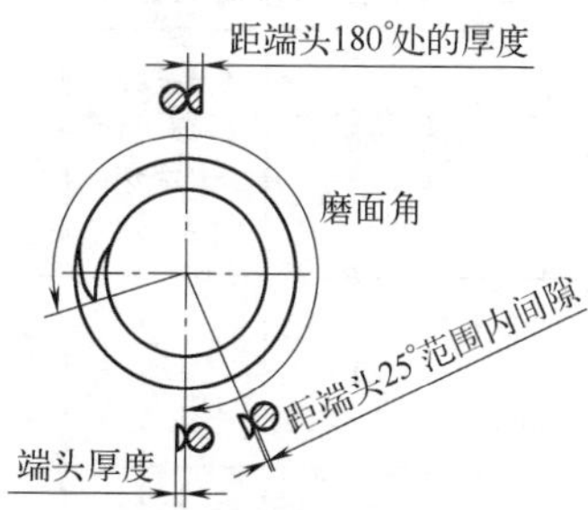

(b) 离合器用减振弹簧内弹簧

图 28.4　离合器用的减振弹簧

（2）橡胶弹簧

橡胶弹簧是一种高分子弹性体，具有自生热小、回弹性好、力学性能稳定、使用寿命长、成本低等优点。

（3）复合弹簧

复合弹簧是由金属螺旋弹簧和橡胶复合成的弹性体，集金属弹簧和橡胶弹簧的优点于一体，并克服两者的缺点，形状和力学性能稳定，能承受重载荷和大变形量，具有隔振降噪效果好、工作平稳、过共振区时间短等优点，尤其适用于矿山、冶金、煤炭等行业的大型振动设备。

（4）橡胶空气弹簧

橡胶空气弹簧（QB/T 2577—2002）也称空气弹簧、橡胶气囊，是由帘线层、内外橡胶层或钢丝圈经成形后硫化形成一种挠性体，利用充入空气的可压缩性实现弹性功能的一种橡胶元件。

28.8 冲模用氮气弹簧

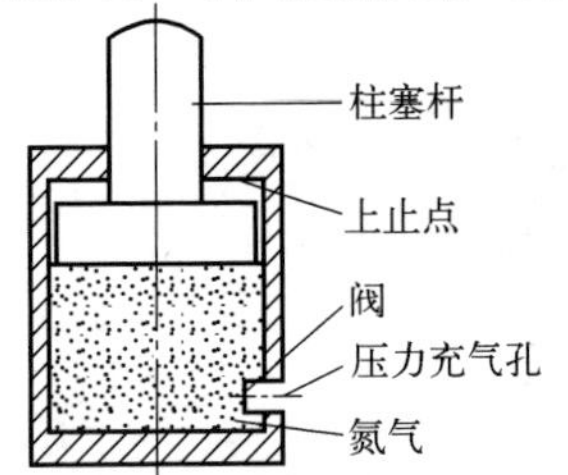

图 28.5　氮气弹簧的结构

氮气弹簧是一种用氮氧加压的自动弹簧，具有体积小（可节约模具空间）、弹力大（可减少弹簧数量）、寿命长（可减少模具维修次数）、弹压力恒定的特点，因而模具的总成本低。

氮气弹簧的结构见图 28.5，通用规格见表 28.11。

表 28.11　氮气弹簧的通用规格（GB/T 20914.1—2007）

型号	标称初始弹压力/N（±5%）	最大充气压力/MPa	行程终点标称工作力增加系数	型号	标称初始弹压力/N（±5%）	最大充气压力/MPa	行程终点标称工作力增加系数
900	900	18	1.5	15000	15000	15	1.5
1500	1700	15	1.3	30000	30000		
2000	2000	18	1.5	50000	50000		
2500	2600	15	1.3	75000	75000		
5000	4700		1.4	10000	1006000		
7500	7400						

28.9　电机用钢质波形弹簧

波形弹簧是一个金属薄片圆环上具有若干个波浪形峰谷的弹性元件，用于中小型异步电机的基本系列及其派生系列。其外形和安装尺寸见表28.12。

表28.12　电机用钢质波形弹簧的外形和安装尺寸（JB/T 7590—2005）

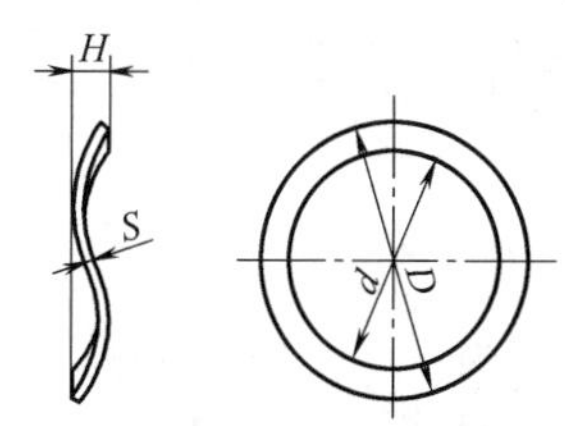

<table>
<tr><th>规格</th><th>外径
D/mm</th><th>内径
d/mm</th><th>自由高度
H/mm</th><th>厚度
S/mm</th><th>波形数</th><th>规格</th><th>外径
D/mm</th><th>内径
d/mm</th><th>自由高度
H/mm</th><th>厚度
S/mm</th><th>波形数</th></tr>
<tr><td>D16</td><td>15.4</td><td>11.7</td><td>2.0</td><td rowspan="5">0.3</td><td rowspan="8">3</td><td>D90</td><td>87.6</td><td>78.1</td><td>4.5</td><td rowspan="2">0.6</td><td rowspan="2">6</td></tr>
<tr><td>D19</td><td>18.6</td><td>14.7</td><td>2.7</td><td>D100</td><td>97.0</td><td>87.5</td><td>5.6</td></tr>
<tr><td>D22</td><td>21.4</td><td>15.3</td><td>3.0</td><td>D110</td><td>107.3</td><td>97.6</td><td>4.6</td><td rowspan="3">0.6</td><td rowspan="3">7</td></tr>
<tr><td>D26</td><td>25.0</td><td>18.7</td><td>4.0</td><td>D120</td><td>116.4</td><td>107.0</td><td>5.1</td></tr>
<tr><td>D28</td><td>27.2</td><td>20.8</td><td>4.1</td><td>D125</td><td>120.8</td><td>111.6</td><td>5.9</td></tr>
<tr><td>D30</td><td>29.0</td><td>22.6</td><td>3.1</td><td rowspan="3">0.5</td><td>D130</td><td>128.5</td><td>109.5</td><td>4.8</td><td>0.8</td><td rowspan="10">6</td></tr>
<tr><td>D32</td><td>31.0</td><td>26.6</td><td>4.0</td><td>D140</td><td>138.5</td><td>119.8</td><td>4.6</td><td rowspan="2">0.9</td></tr>
<tr><td>D35</td><td>34.0</td><td>27.8</td><td>4.3</td><td>D150</td><td>148.1</td><td>125.4</td><td>4.6</td></tr>
<tr><td>D40</td><td>38.6</td><td>32.8</td><td>3.1</td><td rowspan="3">0.5</td><td rowspan="3">4</td><td>D160</td><td>159.1</td><td>137.1</td><td>4.5</td><td rowspan="3">1.0</td></tr>
<tr><td>D42</td><td>40.6</td><td>34.1</td><td>3.3</td><td>D170</td><td>160.0</td><td>142.0</td><td>4.3</td></tr>
<tr><td>D47</td><td>45.5</td><td>38.4</td><td>4.0</td><td>D180</td><td>179.1</td><td>145.1</td><td>4.8</td></tr>
<tr><td>D52</td><td>50.5</td><td>41.0</td><td>3.2</td><td rowspan="3">0.5</td><td rowspan="3">5</td><td>D190</td><td>187.5</td><td>154.5</td><td>5.0</td><td rowspan="2">1.2</td></tr>
<tr><td>D62</td><td>60.2</td><td>50.2</td><td>3.9</td><td>D200</td><td>197.5</td><td>166.5</td><td>5.5</td></tr>
<tr><td>D72</td><td>69.1</td><td>59.1</td><td>5.5</td><td>D215</td><td>212.0</td><td>182.0</td><td>7.0</td><td rowspan="2">1.4</td></tr>
<tr><td>D80</td><td>78.0</td><td>70.0</td><td>3.9</td><td rowspan="2">0.6</td><td rowspan="2">6</td><td>D240</td><td>237.0</td><td>204.0</td><td>7.5</td></tr>
<tr><td>D85</td><td>83.1</td><td>73.1</td><td>4.0</td><td></td><td></td><td></td><td></td><td></td><td></td></tr>
</table>

28.10　橡胶-金属螺旋复合弹簧

其代号、名称和结构形式见表28.13。型号表示方法：

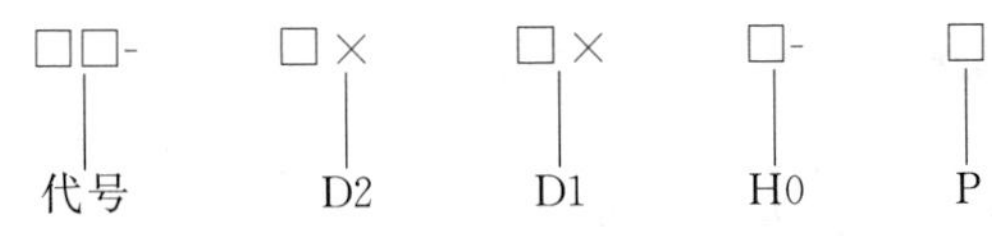

表 28.13 复合弹簧的代号、名称和结构形式

代号	名称	结构形式	图示	代号	名称	结构形式	图示
FA	直筒型	金属螺旋弹簧内外均被光滑筒型的橡胶所包裹		FTA	带铁板直筒型	代号为 FA 的复合弹簧的两端或一端硫化有铁板	
FB	外螺内直型	其外表面为螺旋型橡胶包裹，内表面为光滑筒型橡胶所包裹		FTB	带铁板外螺内直型	代号为 FB 的复合弹簧的两端或一端硫化有铁板	
FC	内外螺旋型	金属螺旋弹簧内外表面均为螺旋型橡胶所包裹		FTC	带铁板内外螺旋型	代号为 FC 的复合弹簧的两端或一端硫化有铁板	
FD	外直内螺型	弹簧内表面为螺旋型橡胶包裹，外表面为光滑筒型橡胶包裹		FTD	带铁板外直内螺型	代号为 FD 的复合弹簧的两端或一端硫化有铁板	

其尺寸系列见表 28.14。

表 28.14 复合弹簧的尺寸系列（JB/T 8584—1997）

序号	产品代号	外径	内径	自由高度	最大外径	静态负荷	静态刚度
		D_2	D_1	H_0	D_m	P	P^r
		mm	mm	mm	mm	N	N/mm
1	FB52	52	25	120	62	980	78
2	FB85	85	35	120	92	3530	196
3		85	35	150	92	3720	167
4		85	65	150	108	1860	59

续表

序号	产品代号	外径 D_2 mm	内径 D_1 mm	自由高度 H_0 mm	最大外径 D_m mm	静态负荷 P N	静态刚度 P^r N/mm
5	FC102	102	60	255	120	980	52
6		102	60	255	120	1470	64
7	FC102	102	60	255	120	1960	74
8		102	60	255	120	2450	98
9		102	60	255	120	2940	123
10	FA135	135	60	150	150	1960	74
11		135	60	150	150	2550	98
12	FC148	148	100	270	170	6370	1270
13		148	100	270	170	4410	147
14		148	100	270	170	8820	176
15		148	80	270	170	7840	196
16		148	80	270	170	2450	245
17		148	92	250	170	20090	342
18	FC155	155	62	290	180	6270	157
19		155	62	290	180	7450	186
20		155	62	290	180	8330	206
21		155	62	290	180	9800	235
22		155	62	290	180	10780	265
23		155	62	290	180	11760	294
24	FA196	196	80	290	220	9800	372
25		196	90	270	220	11760	392
26		196	100	250	220	13720	412
27	FC260	260	120	429	310	12740	230
28		260	120	429	310	14700	284
29		260	120	429	310	19600	392
30	FC310	310	150	400	370	29400	588

注：D_m 为复合弹簧受压缩时的最大外径。

第29章 润滑件及密封装置

29.1 润滑件

润滑件包括油杯、油标、油枪和润滑泵。

29.1.1 油杯

油杯有直通式、接头式、旋盖式、压配式、弹簧盖和针阀式等。

(1) 直通式压注油杯(表 29.1)

可用油杯内的润滑脂涂敷于需要润滑的机件表面。

表 29.1 直通式压注油杯(JB/T 7940.1—1995) mm

S	d	H	h	h_1
8	M6	13	8	6
10	M8	16	9	6.5
11	M10×1	18	10	7

(2) 接头式压注油杯(表 29.2)

由直通式压注油杯和螺纹接头组成,适用于场地狭窄而无法垂直注油的设备。

表 29.2 接头式压注油杯(JB/T 7940.2—1995) mm

S	d	d_1	α	直通式压注油杯(JB/T 9740.1—995)
11	M6	3	45°	M6
	M8×1	4	90°	
	M10×1	5		

(3) 旋盖式压注油杯(表 29.3)

一般用于转速不高的设备上,旋进旋盖即可压出润滑脂。

表 29.3 旋盖式压注油杯（JB/T 7940.3—1995） mm

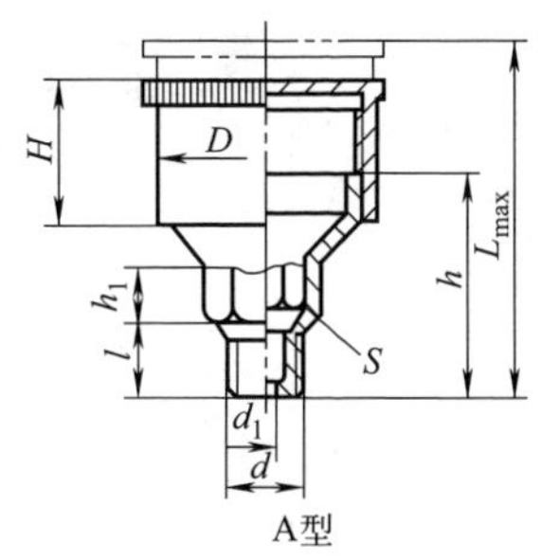

A型

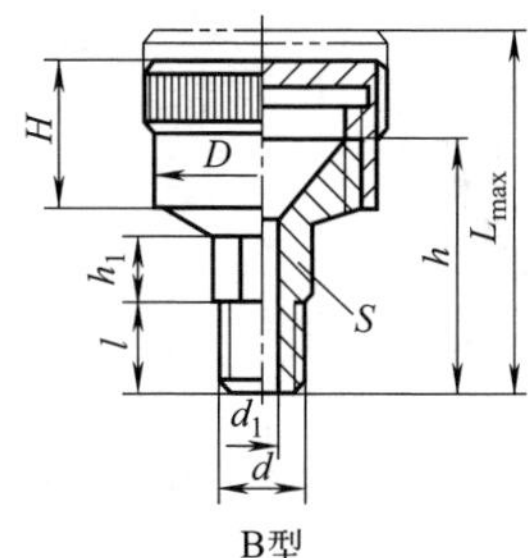

B型

S	最小容量/cm^3	d	l	H	h	h_1	d_1	D		L_{max}
								A型	B型	
10	1.5	M8×1	8	14	22	7	3	16	18	33
13	3	M10×1		15	23	8	4	20	22	35
	6			17	26			26	28	40
18	12	M14×1.5	12	20	30	10	5	32	34	47
	18			22	32			36	40	50
	25			24	34			41	44	55
21	50	M16×1.5		30	44			51	54	70
	100			38	52			68	68	85
30	200	M24×1.5	16	48	64	16	6	—	86	105

（4）压配式压注油杯（表 29.4）

用压力将润滑油注入油杯，对机器做间隙润滑。

表 29.4 压配式压注油杯（JB/T 7940.4—1995） mm

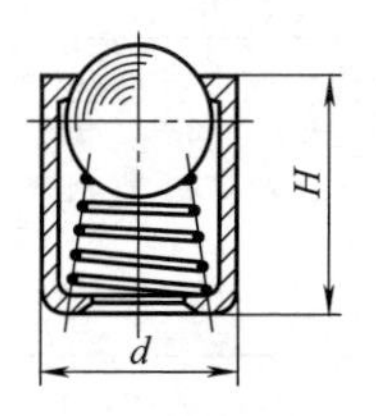

基本尺寸 d	6	8	10	16	25
H	6	10	12	20	30
钢球(GB/T 308)	4	5	6	11	12

（5）弹簧盖油杯（表 29.5）

用于低速、轻载摩擦副的机壳油孔。

（6）针阀式注油杯（表 29.6）

表 29.5 弹簧盖油杯（JB/T 7940.5—1995） mm

最小容量/cm^3	D	$H\leqslant$	$D\leqslant$	$l_2\approx$	l	S
1	M8×1	38	16	21	10	$10_{-0.22}$
2		40	18	23		
3	M10×1	42	20	25		$11_{-0.27}$
6		45	25	30		
12	M14×1.5	55	30	36	12	$18_{-0.27}$
18		60	32	38		
25		65	35	41		
50		68	45	51		

A型

表 29.6 针阀式注油杯的规格（JB/T 7940.6—1995）

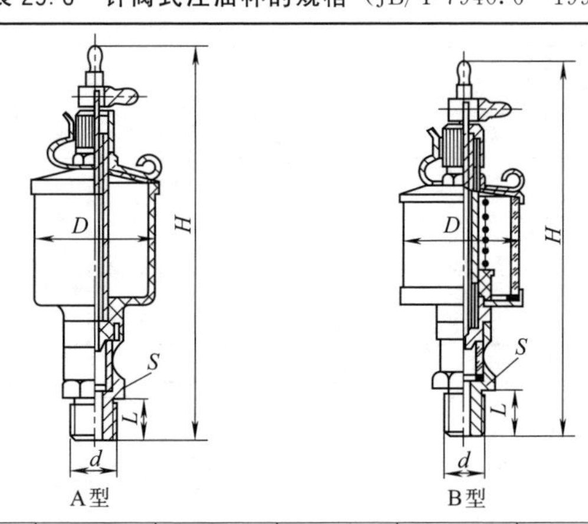

A型 B型

最小容量/cm^3	16	25	50	100	200	400
d/mm	M10×1	M14×1.5			M16×1.5	
L/mm	12				14	
H/mm	105	115	130	140	170	190
D/mm	32	36	45	55	70	85
S/mm	$13_{-0.27}^{0}$	$18_{-0.27}^{0}$			$21_{-0.33}^{0}$	
螺母 GB 6172	M8×1		M10×1			

29.1.2 油标

油标有压配式圆形油标（表 29.7）、旋入式圆形油标（表 29.8）、长形油标（表 29.9）和管状油标（表 29.10）。前者用于观察设备内润滑系统中润滑油的储存量；后三者用于指示油箱内的油面高度。

表 29.7 压配式圆形油标（JB/T 7941.1—1995） mm

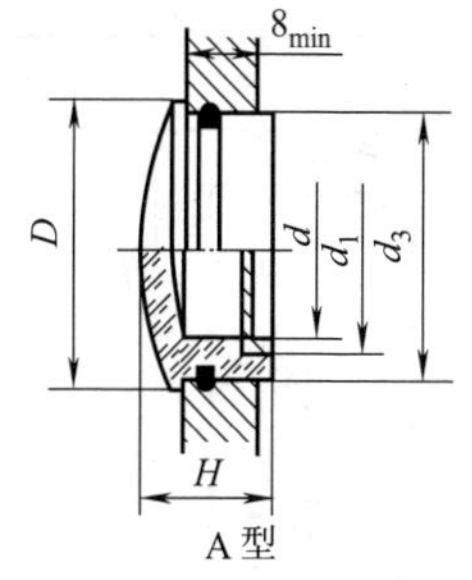

A型

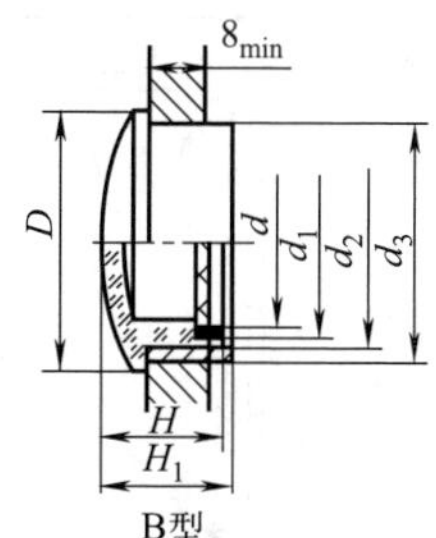

B型

d	D	d_1	d_2	d_3	H	H_1	密封圈 GB/T 3452.1—1992
12	22	12	17	20	14	16	15×2.65
16	27	18	22	25			20×2.65
20	34	22	28	32	16	18	25×3.35
25	40	28	34	38			31.5×3.55
32	48	35	41	45	18	20	38.7×3.55
40	58	45	51	55			48.7×3.55
50	70	55	61	65	22	24	—
63	85	70	76	80			

表 29.8 旋入式圆形油标（JB/T 7941.2—1995） mm

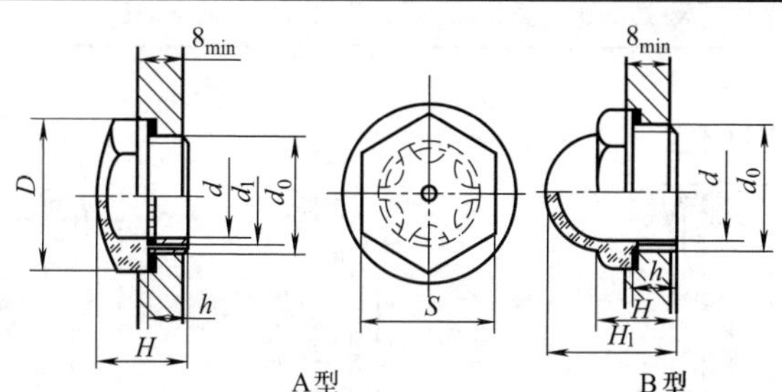

A型 B型

d	d_0	D	d_1	S	H	H_1	h
10	M16×1.5	22	12	21	15	22	8
20	M27×1.5	36	22	32	18	30	10
32	M42×1.5	52	35	46	22	40	12
50	M60×2	72	55	65	26	53	14

标记：视孔 d=32mm，B型旋入式圆形油标标注为“油标 B32JB/T 7941.2—1995”。

表 29.9 长形油标形式及尺寸长形油标（JB/T 7941.3—1995）

mm

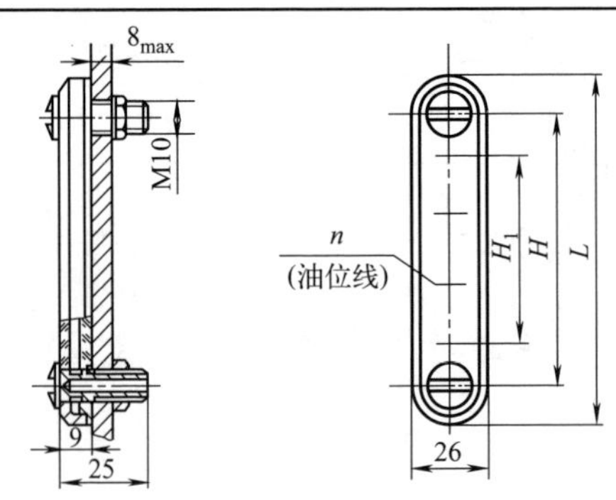

H		H_1		L		n		O 形密封圈 GB/T 3452.1—2005	六角螺母 GB/T 6172.1～6172.2—2016	弹性垫圈 GB/T 861—1987
A 型	B 型	A 型	B 型	A 型	B 型	A 型	B 型			
80		40		110		2		10×2.65	M10	10
100		60		130		3				
125		80		155		4				
160		120		190		6				
	250		210		280		8			

表 29.10 管状油标（JB/T 7941.4—1995）

mm

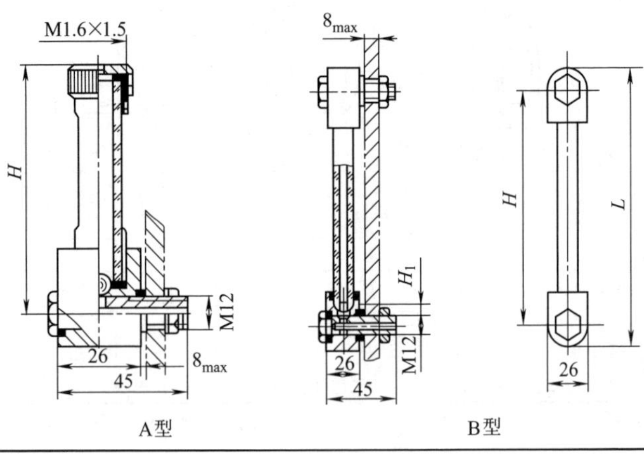

续表

类型	H	H_1	L	注
A型	80、100、125、160、200	—	—	O形密封圈：GB/T 3452.1—2005 11.8×2.65 六角螺母：GB/T 6172.1～6172.2—2016 M12 弹性垫圈：GB/T 861—1987 12
B型	200 250 320 400 500 630 800 1000	175 225 295 375 475 605 775 975	226 276 346 426 526 656 826 1026	

29.1.3　油枪

油枪的种类较多，有手推式、脚踏式、气动式和电动式等多种（图 29.1），用于对各种机械设备和车船上的油杯注入润滑油和脂（其中压杆式油枪适用于注入润滑脂）。压杆式和手推式规格和技术参数见表 29.11、表 29.12。

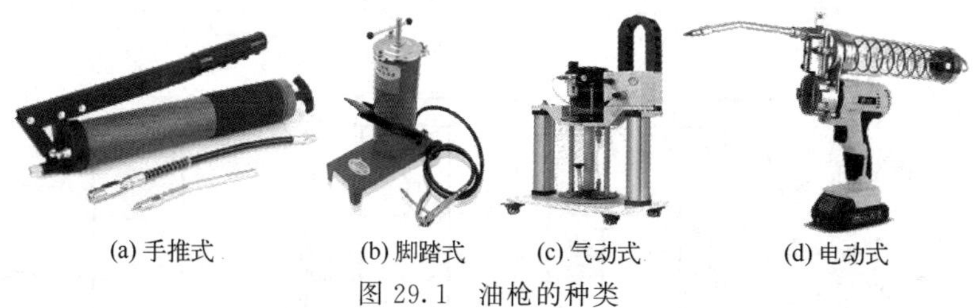

(a) 手推式　(b) 脚踏式　(c) 气动式　(d) 电动式

图 29.1　油枪的种类

表 29.11　压杆式油枪的规格和技术参数（GB/T 7942.1—1995）

mm

储油量 /cm³	公称压力 /MPa	出油量 /cm³	D	L	B	b	d
100	16	0.6	35	255	90	30	8
200		0.7	42	310	96		
400		0.8	53	385	125		9

注：表中 D、L、B、d 为推荐尺寸。

表 29.12 手推式油枪的规格和技术参数（GB/T 7942.2—1995）

mm

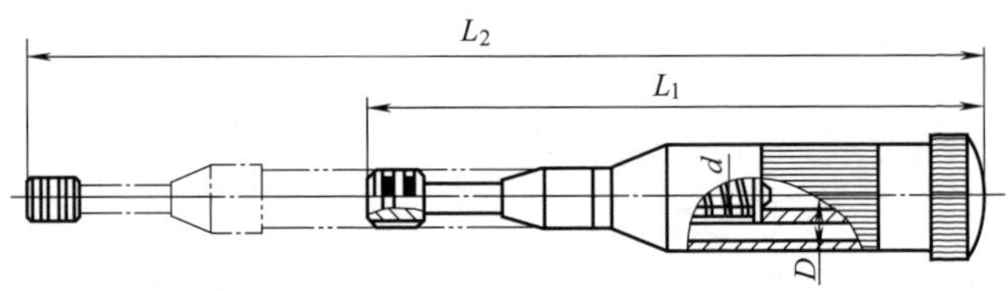

储油量/cm^3	公称压力/MPa	出油量/cm^3	D	L_1	L_2	d
50 100	63	0.3 0.5	33	230	330	5 6

注：表中 D、L_1、L_2、d 为推荐尺寸。

29.1.4 SRB 手动润滑泵

（1）结构（图 29.2）

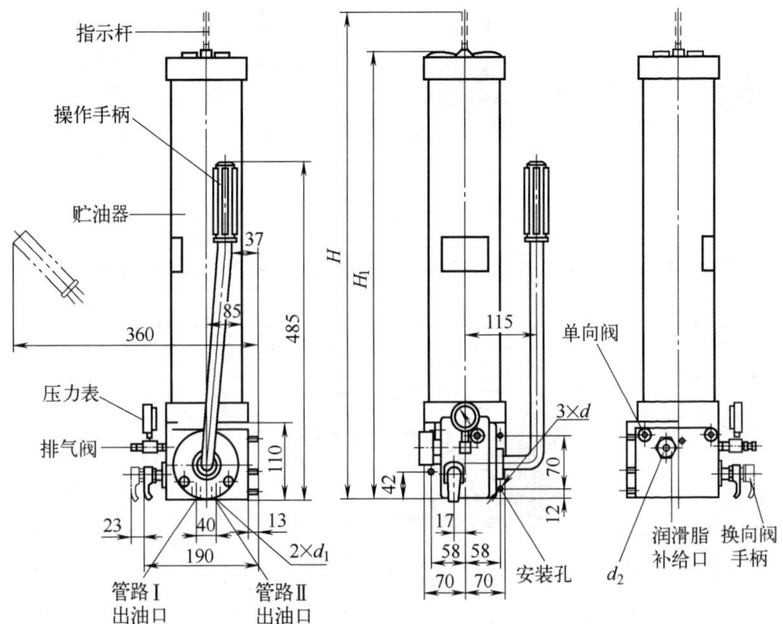

图 29.2 SRB 手动润滑泵

（2）型号表示方法

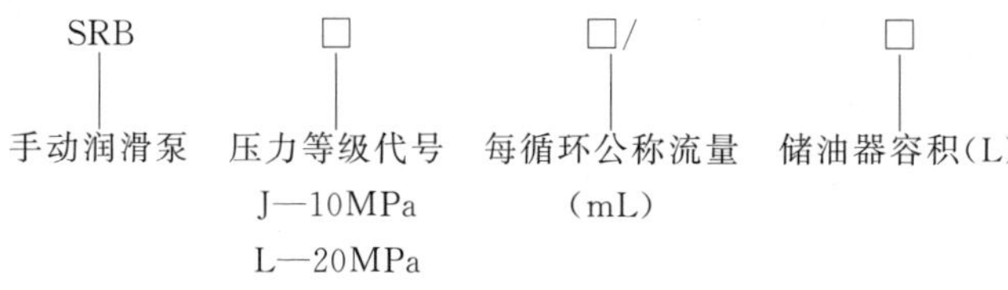

（3）基本参数和尺寸参数（表 29.13、表 29.14）

表 29.13　SRB 手动润滑泵的基本参数（JB/T 13321—2017）

型号	每循环公称流量/mL	公称压力/MPa	储油器容积/L	质量/kg	型号	每循环公称流量/mL	公称压力/MPa	储油器容积/L	质量/kg
SRB-J7/2	7	10	2	18	SRB-L3.5/2	3.5	20	2	18
SRB-J7/5			5	20	SRB-L3.5/5			5	21

表 29.14　SRB 手动润滑泵的尺寸参数（JB/T 13321—2017）　mm

型号	H	H_1	d	d_1	d_2	型号	H	H_1	d	d_1	d_2
SRB-J7/2 SRB-J7/5	576	370	ϕ11	Rc3/8	M32×3	SRB-L3.5/2 SRB-L3.5/5	1196	680	ϕ11	Rc3/8	M32×3

29.1.5　多点油脂泵

多点油脂泵（图 29.3）适用于冶金、矿山、锻压、石油、化工、电力、轻工等机械单机设备的干油集中润滑。

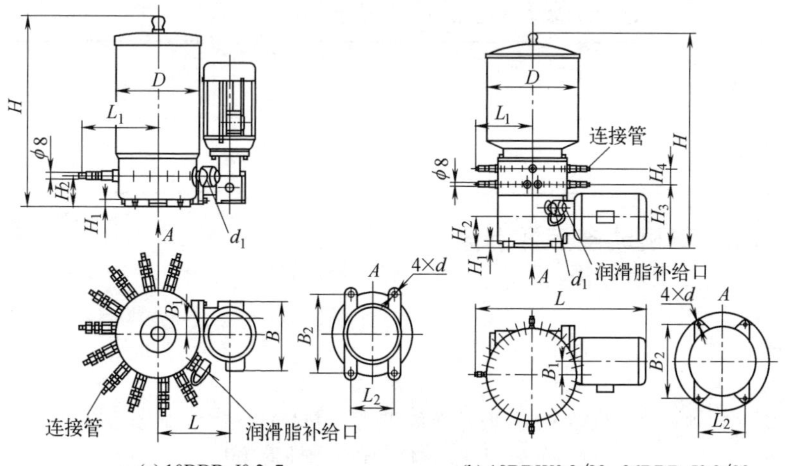

图 29.3　多点油脂泵

种类：有 10DDB-J0.2-7 和 18DDW0.2/23、36DDB-J0.2/23 三种。

型号表示方法：

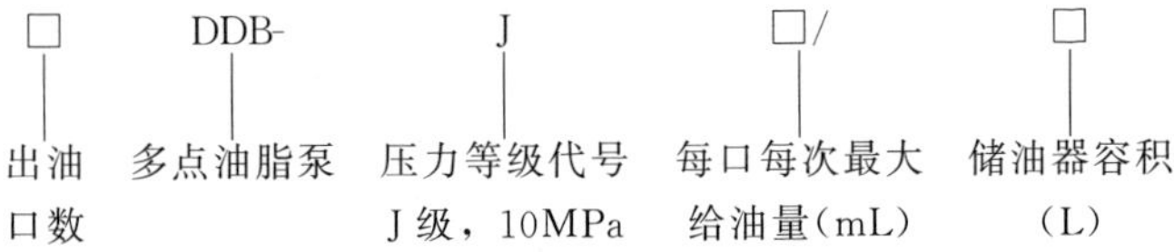

其基本参数和外形尺寸见表 29.15、表 29.16。

表 29.15　多点油脂泵的基本参数（JB/T 13317—2017）

<table>
<tr><th>型号</th><th>公称压力/MPa</th><th>每口每次最大给油量/mL</th><th>出油口数</th><th>柱塞直径/mm</th><th>每分钟给油次数</th><th>储油器容积/L</th><th>电动机功率/kW</th><th>质量/kg</th></tr>
<tr><td>10DDB-J0.2/7</td><td rowspan="3">10</td><td rowspan="3">0.2</td><td>10</td><td rowspan="3">8</td><td rowspan="3">14</td><td>7</td><td>0.37</td><td>19</td></tr>
<tr><td>18DDB-J0.2/23</td><td>18</td><td rowspan="2">23</td><td rowspan="2">0.55</td><td>72</td></tr>
<tr><td>36DDB-J0.2/23</td><td>36</td><td>75</td></tr>
</table>

表 29.16　多点油脂泵的外形尺寸（JB/T 13317—2017）　mm

<table>
<tr><th>型号</th><th>L</th><th>B</th><th>H</th><th>L_1</th><th>L_2</th><th>B_1</th><th>B_2</th><th>H_1</th><th>H_2</th><th>H_3</th><th>H_4</th><th>D</th><th>d</th><th>d_1</th></tr>
<tr><td>10DDB-J0.2/7</td><td>168.5</td><td>156</td><td>420</td><td>170</td><td>100</td><td>35</td><td>180</td><td>15</td><td>68</td><td>—</td><td>—</td><td>192</td><td>$\phi10$</td><td rowspan="3">M33×2</td></tr>
<tr><td>18DDB-J0.2/23</td><td rowspan="2">570</td><td rowspan="2">—</td><td rowspan="2">690</td><td rowspan="2">185</td><td rowspan="2">160</td><td rowspan="2">43</td><td rowspan="2">240</td><td rowspan="2">20</td><td rowspan="2">100</td><td rowspan="2">205</td><td rowspan="2">50</td><td rowspan="2">300</td><td rowspan="2">$\phi12$</td></tr>
<tr><td>36DDB-J0.2/23</td></tr>
</table>

29.1.6　机动多点润滑泵

型号表示方法：

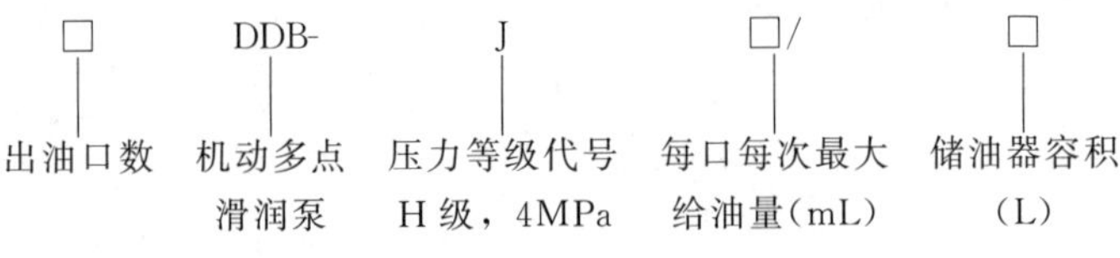

其基本参数见表 29.17。

表 29.17 基本参数（JB/T 13318—2017）

型号	公称压力/MPa	每口每次给油量/mL	出油口数	每口一次给油推杆动作往复次数	推杆动作行程/mm	储油器容积/L	推杆所需推力/N
12JDDB-H0.25/2.5	4	0～0.25	1～12	约 46	40	2.5	≤100

29.1.7 电动润滑泵及装置

（1）DRB-P 系列电动润滑泵（图 29.4）

适用于润滑频率高，配管长度大，润滑点密集的单、双线干稀油集中润滑系统中，作为供给润滑脂的输送装置，还可配备移动小车、胶管、油枪和电缆组成移动式电动润滑泵装置，适用于润滑频率低，润滑点少，给油量大，不便于采用集中润滑的单机设备，进行移动供脂润滑。

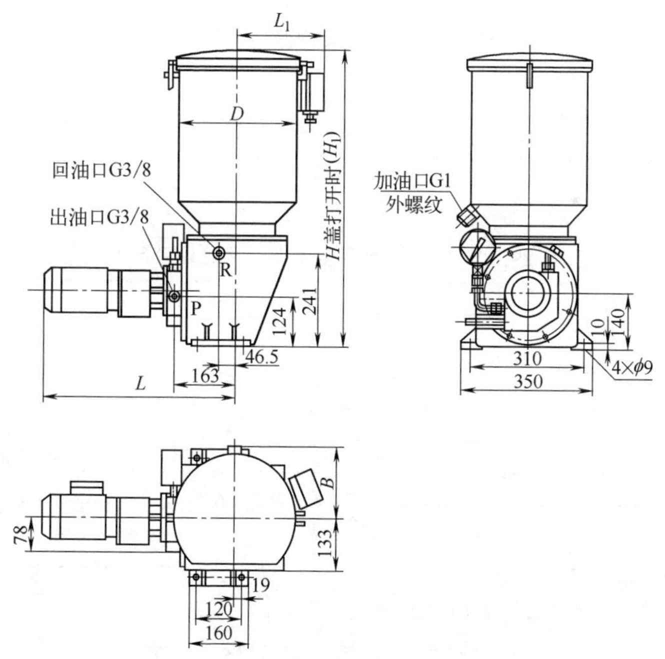

图 29.4 DRB-P 系列电动润滑泵的结构示意图

型号标注方法：

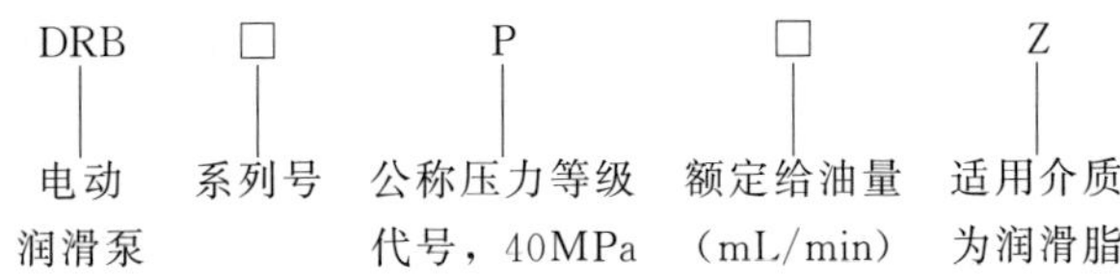

基本参数见表 29.18。

表 29.18 DRB-P 系列电动润滑泵的基本参数

型号	公称压力/MPa	适用介质	额定给油量/(mL/min)	储油桶容积/L	减速电动机		环境温度/℃	质量/kg
					功率/kW	电压/V		
DRB1-P120Z	40	锥入度(220～385)×0.1mm(25℃,150g)的润滑脂	120	30	0.37	380	0～80	56
DRB2-P120Z					0.75		－20～80	64
DRB3-P120Z				60	0.37		0～80	60
DRB4-P120Z					0.75		－20～80	68
DRB5-P235Z			235	30	1.5		0～80	70
DRB6-P235Z				60				74
DRB7-P235Z				100				82
DRB8-P365Z			365	60				74
DRB9-P365Z				100				82

外形尺寸见表 29.19。

表 29.19 DRB-P 系列电动润滑泵的外形尺寸 mm

规格		尺寸					
		D	H	H_1	B	L	L_1
储油桶	30 L	ϕ310	760	1140	200	—	233
	60 L	ϕ400	810	1190	230	—	278
	100 L	ϕ500	920	1200	280	—	328
电动机功率	0.37kW,80r/min	—	—	—	—	500	—
	0.75kW,80r/min	—	—	—	—	563	—
	1.5kW,160r/min	—	—	—	—	575	—
	1.5kW,250r/min	—	—	—	—	575	—

（2）DRB-L 系列电动润滑泵

DRB-L 系列电动润滑泵适用于润滑点多，分布范围广，给油频率高的双线式干油集中润滑系统。通过双线分配器向润滑部位供送润滑脂，可满足各种机器设备的需要，对于大型机组和生产线尤为适宜。

型号有 DRB-L60Z-H. YHF-L2、DRB-L60Z-Z. 24EJF-P、DRB-L60Z-Z. 34DF-L1、DRB-L60Z-S. YHF-N3、DRB-L195Z-H. YHF-L2、DRB-L195Z-Z. 24EJF-P、DRB-L195Z-Z. 34DF-L1、DRB-L195Z-S. YHF-N3、DRB-L585Z-H. YHF-L1、DRB-L585Z-Z. 24EJF-P、DRB L585Z-Z. 34DF-L1、DRB-L585Z-S. YHF-N3 共12个。

型号标注方法：

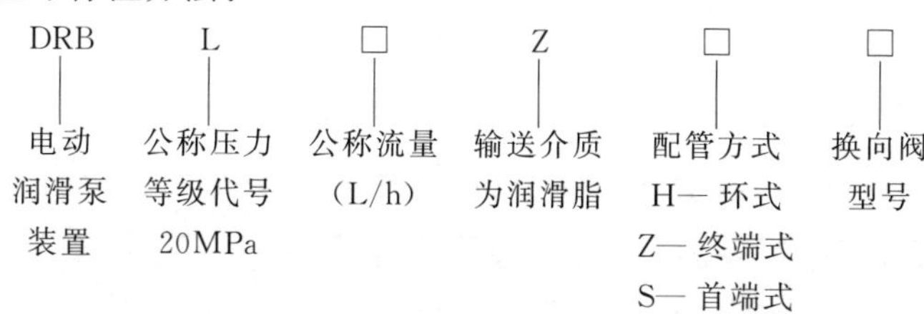

基本参数见表29.20。

表29.20　DRB-L系列电动润滑泵的基本参数（JB/T 13316—2017）

型号	公称流量/(mL/min)	公称压力/MPa	储油器容积/L	配管方式	电动机功率/kW	减速器传动比	减速器加油量/L	质量/kg
DRB-L60Z-H. YHF-L2	60	20	20	环式	0.37	15	1	140
DRB-L60Z-Z-24EJF-P				终端式				160
DRB-L60Z-Z. 34DF-L1								
DRB-L60Z-S. YHF-N3				首端式				
DRB-L195Z-H. YHF-L2	195		35	环式	0.75	20	2	210
DRB-L195Z-Z. 24EJF-P				终端式				230
DRB-L195Z-Z. 34DF-L1								
DRB-L195Z-S. YHF-N3				首端式				
DRB-L585Z-H. YHF-L1	585		90	环式	1.5		5	456
DRB-L585Z-Z. 24EJF-P				终端式				416
DRB-L585Z-Z. 34DF-L1								
DRB-L585Z-S. YHF-N3				首端式				

注：使用介质为锥入度不低于265（25℃，150g）1/10mm的润滑脂。

（3）SDRB系列双列式电动润滑脂泵

双列式电动润滑脂泵在同一底座上安装有两台电动润滑脂泵，

一台常用、一台备用（也可以同时工作），双泵可以自动切换，通过换向阀接通运转着的泵的回路，不影响系统的正常工作，润滑脂泵的运转由电控系统来操纵。

型号标注方法：

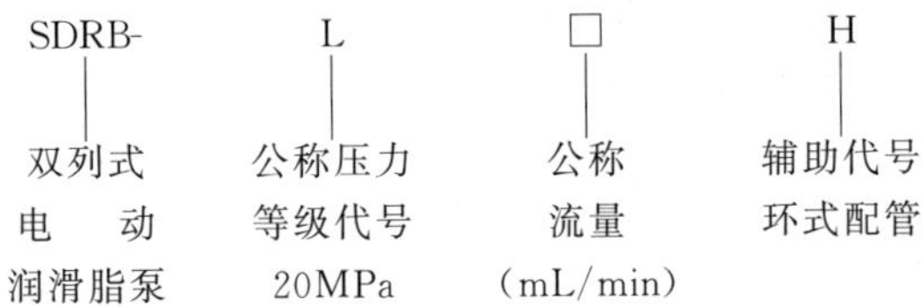

基本参数见表 29.21。

表 29.21　SDRB-L 系列双列式电动润滑脂泵基本参数（JB/T 13322—2017）

型号	公称流量/(mL/min)	公称压力/MPa	储油器容积/L	配管方式	电动机功率/kW	质量/kg
SDRB-L60H	60	20	20	环式	0.37	405
SDRB-L195H	195		35		0.75	512
SDRB-L585H	585		90		1.5	975

29.2 密封装置

密封装置包括油封皮圈、油封纸圈、毡封圈、O 形橡胶密封圈、U 形橡胶密封圈、Z 形橡胶密封圈和 V_D 形橡胶密封圈等。

29.2.1 油封皮圈、油封纸圈

其规格见表 29.22。

表 29.22　油封皮圈、油封纸圈

螺塞直径	mm	6	8	10	12	14	16	18	20	22	24	27	30	33	36	39	42	48	—	—
	in	—	—	1/8	—	1/4	3/8	—	—	1/2	—	3/4	—	1	—	—	11/4	11/2	13/4	2
D/mm		12	15	18	22	22	25	28	30	32	35	40	45	45	50	50	60	65	70	75
a/mm		6	8	10	12	14	16	18	20	22	74	27	30	34	36	40	41	48	55	60
H/mm	纸圈	2								3										
	皮圈	2									2.5				3					

29.2.2　毡封圈

毡封圈及槽的形式及尺寸见表29.23。

表29.23　毡封圈及槽的形式及尺寸（JB/ZQ 4606—1997）mm

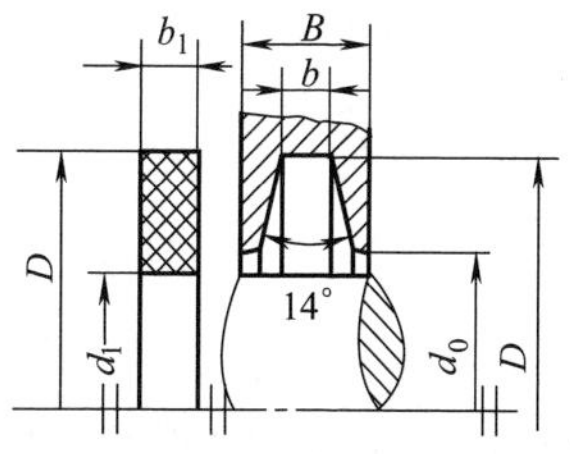

标记示例

轴径 d=40mm 的毡圈记为：毡圈 40 JB/ZQ 4606—1997

轴径 d	毡封圈 D	毡封圈 d_1	毡封圈 b_1	槽 D_0	槽 d_0	槽 b	槽 B_{min} 钢	槽 B_{min} 铸铁
16	29	14	6	28	16	5	10	12
20	33	19		32	21			
25	39	24	7	38	26	6	12	15
30	45	29		44	31			
35	49	34		48	36			
40	53	29		52	41			
45	61	44	8	60	46	7	12	15
50	69	49		68	51			
55	74	53		72	56			
60	80	58		78	61			
65	84	63		85	66			
70	90	68		88	71			
75	94	73		92	77			
80	102	78	9	100	82	8	15	18
85	107	83		105	87			
90	112	88		110	92			
95	117	93	10	115	97			
100	122	98		120	102			
105	127	103		125	107			
110	132	108		130	112			
115	137	113		135	117			

轴径 d	毡封圈 D	毡封圈 d_1	毡封圈 b_1	槽 D_0	槽 d_0	槽 b	槽 B_{min} 钢	槽 B_{min} 铸铁
120	142	118	10	140	122	8	15	18
125	147	123		145	127			
130	152	128	12	150	132	10	18	20
135	157	133		155	137			
140	162	138		160	143			
145	167	143		165	148			
150	172	148		170	153			
155	177	153		175	158			
160	182	158		180	163			
165	187	163		185	168			
170	192	168		190	173			
175	197	173		195	178			
180	202	178		200	183			
185	207	183		205	188			
190	212	188		210	193			
195	217	193	14	215	198	12	20	22
200	222	198		220	203			
210	232	208		230	213			
220	242	213		240	223			
230	252	223		250	233			
240	262	238		260	243			

注：毡圈材料有半粗羊毛毡和细羊毛毡，粗毛毡适用于速度 $v \leqslant 3$m/s，优质细毛毡适用于 $v \leqslant 10$m/s。

29.2.3　气动用O形橡胶密封圈

尺寸见表29.24。

表 29.24　气动用 O 形橡胶密封圈推荐使用的尺寸（JB/T 6659—2007）

mm

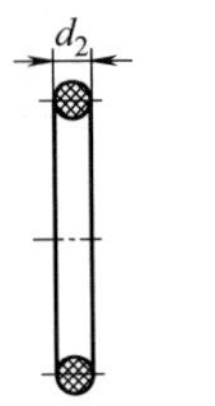

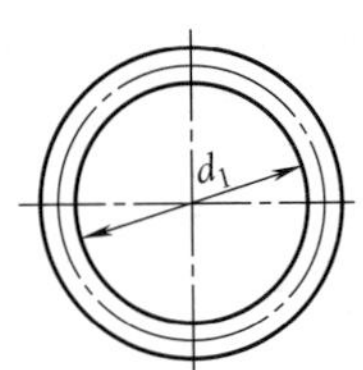

截面直径 d_2	内径系列 d_1
1.00±0.05 1.22±0.06	1.50,1.80,2.00,2.24,2.50,2.80,3.00,3.15,3.75,4.00,4.50,4.87,5.00,5.15,530,5.60,600,6.30,6.70,6.90,7.10,7.50,8.00,8.50,8.75,9.00,9.50,10.0,10.6,11.2,11.8,12.5,13.2,14.0,15.0,160,17.0,18.0,19.0,20.0,21.2,22.4,23.0
1.50±0.06 1.80±0.06	1.50～23.0(同上),23.6,25.0,25.8,26.5,28.0,30.0,31.5,32.5,33.5,34.5,35.5,36.5,38.7,40.0,41.2,42.5,43.7,45.0,46.2,47.5,48.7,50.0
2.00±0.08	4.50～50.0(同上),51.5,53.0,54.5,56.0,58.0,60.0,63.0,65.0,67.0,69.0,71.0,73.0,75.0
2.65±0.09	7.10～50.0(同上),51.5,53.0,54.5,56.0,58.0,60.0,63.0,65.0,67.0,69.0,71.0,73.0,75.0,80.0,85.0,90.0,95.0,100,106,112,118,122,125,132,140,150,160,170,180

29.2.4　液压气动用 O 形圈

尺寸见表 29.25。

表 29.25　液压气动用 O 形圈尺寸（GB/T 3452.1—2005）mm

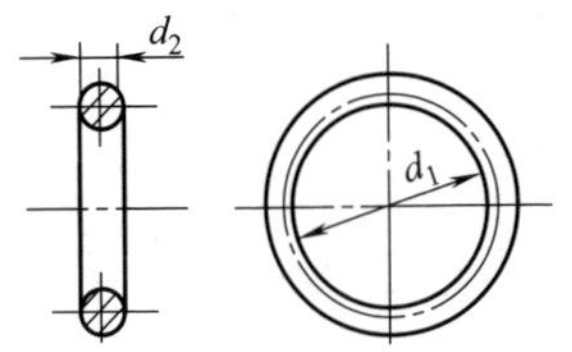

标记示例：内径 d_1＝5.00mm，截面直径 d_2＝1.80mm 的 O 形圈：O 形密封圈 5×1.8 GB/T 3452.1—2005

截面直径 d_2	内径系列 d_1
1.80±0.08	1.80、2.00、2.24、2.50、2.80、3.15、3.55、3.75、4.00、4.50、4.87、5.00、5.15、5.30、5.60、6.00、6.30、6.70、6.90、7.10、7.50、8.00、8.50、8.75、9.00、9.50、10.0、10.6、11.2、11.8、12.5、13.2、14.0、15.0、16.0、17.0、18.0、19.0、20.0、21.2、22.4、23.6、25.0、25.8、26.5、28.0、30.0、32.5、34.5、36.5、38.7、42.5、46.2、50.0

续表

截面直径 d_2	内径系列 d_1
2.65±0.09	10.6～33.5(同上)、34.5、35.5、36.5、37.5、38.7、40.0、41.2、42.5、43.7、45.0、46.2、47.5、48.7、50.0、51.5、53.0、54.5、56.0、58.0、60.0、61.5、63.0、67.0、71.0、75.0、80.0、85.0、90.0、95.0、100、106、112、118、125、132、140、150
3.55±0.10	18.0、19.0、20.0、21.2、22.4、23.6、25.0、25.8、26.5、28.0、30.0、31.5、32.5、33.5、34.5、35.5、36.5、37.5、38.7、40.0、41.2、42.5、43.7、45.0、46.2、47.5、48.7、50.0、51.5、53.0、54.5、56.0、58.0、60.0、61.5、63.0、65.0、69.0、71.0、73.0、75.0、77.5、80.0、82.5、85.0、87.5、90.0、92.5、95.0、97.5、100、103、106、109、112、115、118、122、125、128、132、136、140～200(间隔5)
5.30±0.13	40.0～65.0(同上)、67.0、69.0～200(同上)、206、212、218、224、230、236、243、250、258、265、272、280、290、300、307、315、325、335、345、355、365、375、387、400
7.00±0.15	109、112、115、118、122、125、128、132、136、140、145、150、155、160、165、170、175、180、185、190、195、200、206、212、218、224、230、236、243、250、258、265、272、280、290、300、307、315、325、335、345、365、375、387、400、417、425、437、450、462、475、487、500、515、530、545、560、580、600、615、630、650、670

29.2.5 机械密封用O形橡胶密封圈

其材料及尺寸见表29.26、表29.27。

表29.26 机械密封用O形橡胶密封圈材料

胶种	丁腈橡胶(NBR)		氢化丁腈橡胶(HNBR)		乙丙橡胶(EPDM)	硅橡胶(VMQ)	四丙氟橡胶(FEPM)	氟橡胶(FKM)		全氟醚橡胶(FFKM)
代号	N		H		E	S	A	V		K
亚胶种	中丙烯腈含量	高丙烯腈含量	中丙烯腈含量	高丙烯腈含量	三元	甲基乙烯基		26型	246型	

表29.27 机械密封用O形橡胶密封圈尺寸(JB/T 7757—2020)

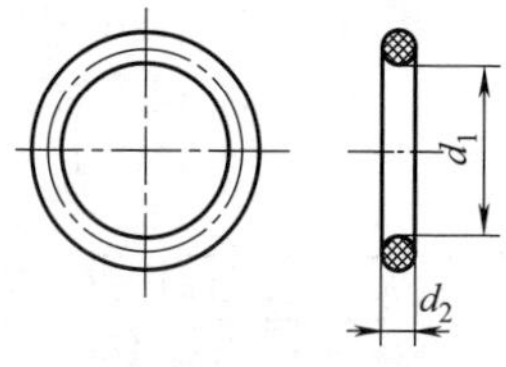

续表

截面直径 d_2	内径系列 d_1
1.6±0.08	6.0、6.9、8.0、9.0、10.0、10.6、11.8、13.2、15.0、16.0、17.0、18.0、19.0、20.0、21.2、22.4、23.6、25.0、25.8、26.5、30.0、30.0、31.5、32.5、34.5、37.5
1.8±0.08	6.0～32.5(同上)
2.1±0.08	6.0、8.0、10.0、11.8、13.2、15.0、18.0、20.0、22.4、25.0、28.0、30.0、32.5、34.5、37.5、38.7、40.0
2.65±0.08	10.6、11.8、13.2、15.0、16.0、17.0、17.0、18.0、19.0、20.0、21.2、22.4、23.6、25.0、25.8、26.5、28.0、30.0、31.5、32.5、34.5、37.5、38.7、40.0、42.5、43.7、45.0、47.5、48.7、50.0、53.0、54.5、56.0、58.0、60.0、61.5、63.0、65.0、67.0、70～145(间隔5)、150
3.10±0.10	17.0～56(同上)、60～145(间隔5)
3.55±0.10	18.0～56(同上)、60.0、65.0、70.0、71.0、75.0、77.5、80、82.5、85、90、92.5、95.0、97.0、100、103、105～250(间隔5)、258、265、272、280、290、300、307、315、325
4.10±0.10	47.5、48.7、50.0、53、54.5、56.0、60～120(间隔5)
4.30±0.10	30.0、31.5、32.5、34.5、37.5、38.7、40.0、42.5、43.7、45.0、47.5、48.7、50.0、53、54.5、56.0、60.0、65.0、70.0、71.0、75、77.5、80、82.5、85、90、92.5、95.0、97.0、100、103、105、110、115、120、125、130
4.50±0.10	45.0～120(同上)
4.70±0.10	同上
5.00±0.10	28.0、30.0、32.5、34.5、37.5、40.0、45.0、50.0、54.5、60、65、70、75、80
5.30±0.10	30.0、31.5、32.5、34.5、37.5、38.7、40.0、42.5、43.7、45.0、47.5、48.7、50.0、53、54.5、56.0、60.0、65.0、70.0、71.0、75.0、77.5、80.0、82.5、85.0、90.0、92.5、95.0、97.0、100、103、105～250(间隔5)、258、265、272、280、290、300、307、315、325、335、345、355、375、387、400
5.70±0.10	90、92.5、95、97、100、103、105～250(间隔5)
6.40±0.15	45.0、47.5、48.7、50.0、53.0、54.5、56.0、60.0、65.0、70.0、71.0、75.0、77.5、80.0、82.5、85.0、90.0、92.5、95.0、97.0、100.0、103.0、105～250(间隔5)、258、265、272、280、290、300
7.00±0.15	110～250(间隔5)、258、265、272、280、290、300、307、315、325、335、345、355、375、387、400、412、425、437、450、462、475、487、500、515、530、545、560
8.40±0.15	150～250(间隔5)、258～400(同上)
10.0±0.30	412、425、437、450、462、475、487、500、515、530、545、560

29.2.6 U形橡胶密封圈

其尺寸见表29.28。

表29.28 U形橡胶密封圈尺寸（JB/T 6997—2007） mm

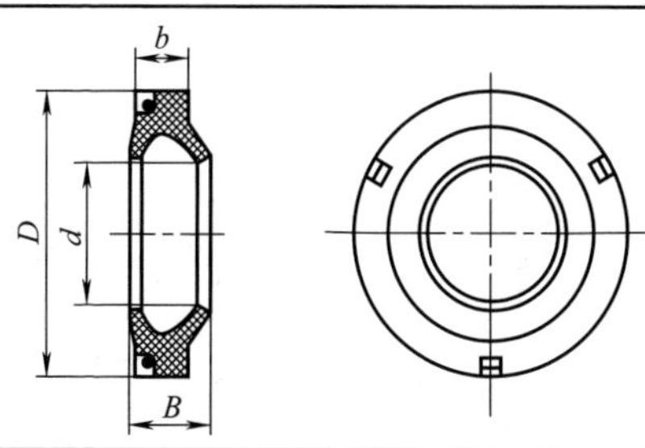

型式代号	公称通径	d		D		b		B		质量/(kg/100件)
		基本尺寸	极限偏差	基本尺寸	极限偏差	基本尺寸	极限偏差	基本尺寸	极限偏差	
UN25	25	25	+0.30 +0.15	50	+0.30 +0.15	0.5	0 −0.20	14.5	0 −0.30	2.7
UN32	32	32		57	+0.35 +0.20					3.0
UN40	40	40		65						3.5
UN50	50	50		73						4.1
UN65	60	60		90						4.9
UN80	80	80	+0.40 +0.15	105	+0.35 +0.20	9.5	0 −0.20	14.5	0 −0.30	7.6
UN100	100	100		125	+0.45 +0.25					9.2
UN125	125	125		150						11.1
UN150	150	150		175						13.1
UN175	175	175		200						15.0
UN200	200	200	+0.50 +0.20	225						17.0
UN225	225	225		250						18.9
UN250	250	250		275	+0.66 +0.30					20.9
UN300	300	300		325						24.8

29.2.7 U形内骨架橡胶密封圈

型号表示方法：

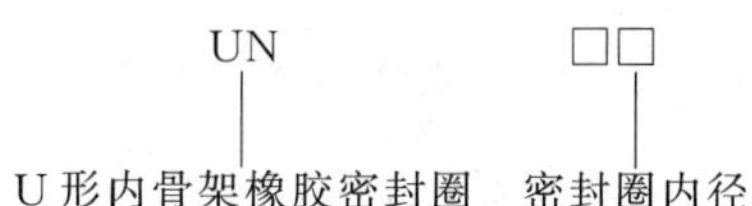

其形式和尺寸见表 29.29。

表 29.29 U 形内骨架橡胶密封圈的形式和尺寸（JB/T 6997—2007）

mm

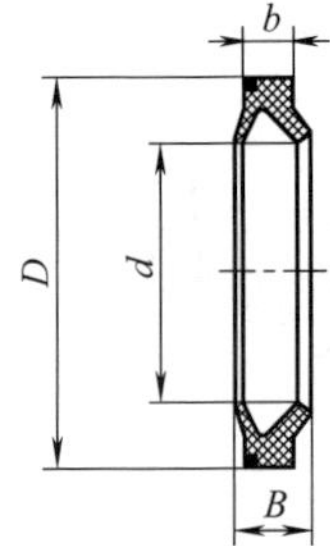

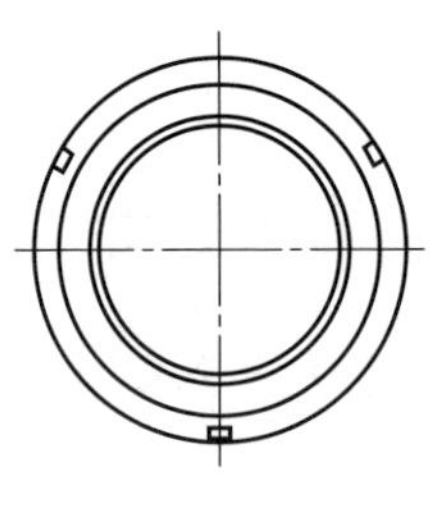

<table>
<tr><th rowspan="2">形式代号</th><th rowspan="2">公称通径</th><th colspan="2">d</th><th colspan="2">D</th><th colspan="2">b</th><th colspan="2">B</th><th rowspan="2">质量/(kg/100 件)</th></tr>
<tr><th>基本尺寸</th><th>极限偏差</th><th>基本尺寸</th><th>极限偏差</th><th>基本尺寸</th><th>极限偏差</th><th>基本尺寸</th><th>极限偏差</th></tr>
<tr><td>UN25</td><td>25</td><td>25</td><td rowspan="5">+0.30
+0.10</td><td>50</td><td>+0.30
+0.15</td><td rowspan="14">9.5</td><td rowspan="14">0
−0.20</td><td rowspan="14">14.5</td><td rowspan="14">0
−0.30</td><td>2.7</td></tr>
<tr><td>UN32</td><td>32</td><td>32</td><td>57</td><td rowspan="4">+0.35
+0.20</td><td>3.0</td></tr>
<tr><td>UN40</td><td>40</td><td>40</td><td>65</td><td>3.5</td></tr>
<tr><td>UN50</td><td>50</td><td>50</td><td>75</td><td>4.1</td></tr>
<tr><td>UN65</td><td>65</td><td>65</td><td>90</td><td>4.9</td></tr>
<tr><td>UN80</td><td>80</td><td>80</td><td rowspan="5">+0.40
+0.15</td><td>105</td><td>+0.30
+0.15</td><td>7.6</td></tr>
<tr><td>UN100</td><td>100</td><td>100</td><td>125</td><td rowspan="6">+0.45
+0.25</td><td>9.2</td></tr>
<tr><td>UN125</td><td>125</td><td>125</td><td>150</td><td>11.1</td></tr>
<tr><td>UN150</td><td>150</td><td>150</td><td>175</td><td>13.1</td></tr>
<tr><td>UN175</td><td>175</td><td>175</td><td>200</td><td>15.0</td></tr>
<tr><td>UN200</td><td>200</td><td>200</td><td rowspan="4">+0.50
+0.20</td><td>225</td><td>17.0</td></tr>
<tr><td>UN225</td><td>225</td><td>225</td><td>250</td><td>18.9</td></tr>
<tr><td>UN250</td><td>250</td><td>250</td><td>275</td><td rowspan="2">+0.55
+0.30</td><td>20.9</td></tr>
<tr><td>UN300</td><td>300</td><td>300</td><td>325</td><td>24.8</td></tr>
</table>

29.2.8 Z 形橡胶油封

适用于回转轴圆周速度不大于 6m/s 的滚动轴承及其他机械设备中，工作温度−25～+80℃条件下，起防尘和封油作用。材料为 XA7453。其形式和尺寸见表 29.30。

表 29.30　Z 形橡胶油封的形式和尺寸（JB/ZQ4075—2006）　mm

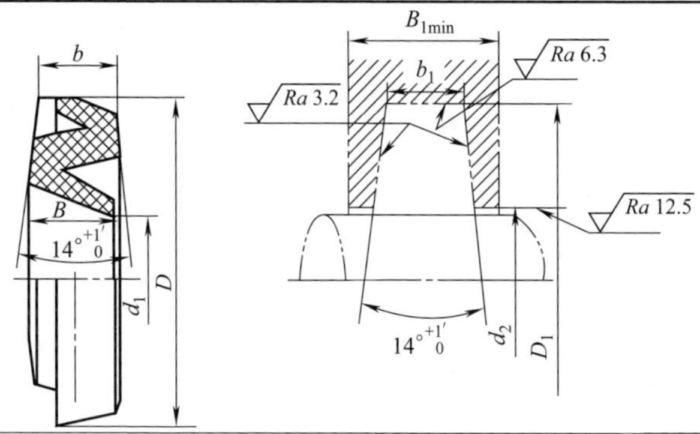

轴径 d	油封				沟槽				
	D	d_1	b	B	D_1	d_2	b_1	B_{1min} 用于钢	B_{1min} 用于铸铁
10	21.5	9			21	11			
12	23.5	11			23	13			
15	26.5	14	3	3.8	26	16	3	8	10
17	28.5	16			28	18			
20	31.5	19			31	21.5			
25	38.5	24			3.8	26.5			
30	43.5	29			43	31.5			
(35)	48.5	34	4	4.9	48	36.5	4		
40	53.5	39			53	41.5			
45	58.5	44			58	46.5		10	12
50	68	49			67	51.5			
(55)	73	53	5	6.2	72	56.5	5		
60	79	58			77	62			
(65)	83	63			82	67			
(70)	90	68			89	72			
75	95	73	6	7.4	94	77	6	12	15
80	100	78			99	82			
85	105	83			104	87			
90	111	88	7	8.4	110	92	7	12	15
95	117	93			116	97			
100	126	98			125	102			
105	131	103	8	9.7	130	107	8	16	18
110	136	108			135	113			
(115)	141	113			140	118			

续表

轴径 d	油封				沟槽				
	D	d_1	b	B	D_1	d_2	b_1	$B_{1\min}$ 用于钢	$B_{1\min}$ 用于铸铁
120	150	118	9	11	149	123	9	18	20
125	155	123			154	128			
130	160	128			159	133			
(135)	165	133			164	138			
140	174	138	10	12	173	143	10	20	22
145	1179	143			178	148			
150	184	148			183	153			
155	189	153			188	158			
160	194	158			193	163			
165	199	163			198	168			
170	204	168			203	173			
175	209	173			208	178			
180	214	178			213	183			
185	219	183			218	188			
190	224	188			223	193			
195	229	193			228	198	11	22	24
200	241	198			240	203			
210	251	208	11	14	250	213			
220	261	218			260	223			
230	271	228	12	15	270	233	12	24	26
240	287	238			286	243			
250	297	248			296	253			
260	307	258			306	263			
280	333	278	13	16	332	283	13	26	28
300	353	298			352	303			
320	373	318			372	323			
340	393	338			392	343			
360	413	358			412	363			
380	433	378			432	383			

注：1. 与Z形油封做相对旋转的，其轴径尺寸公差带推荐采用h11，表面粗糙度不大于0.8μm。

2. Z形油封在安装时，必须将与轴接触的唇边朝向所要进行防尘与油封的空腔内部。

29.2.9　V_D 形橡胶密封圈

V_D 形橡胶密封圈的形式分为 S 型和 A 型（图 29.5、图 29.6）。其主要尺寸见表 29.31、表 29.32。

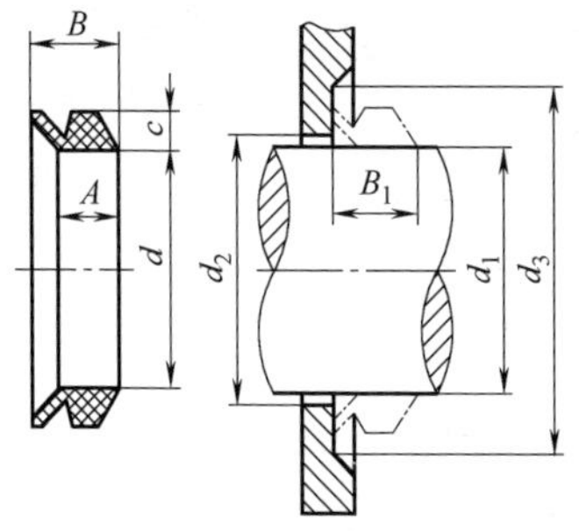

图 29.5　S 型 V_D 形橡胶密封圈

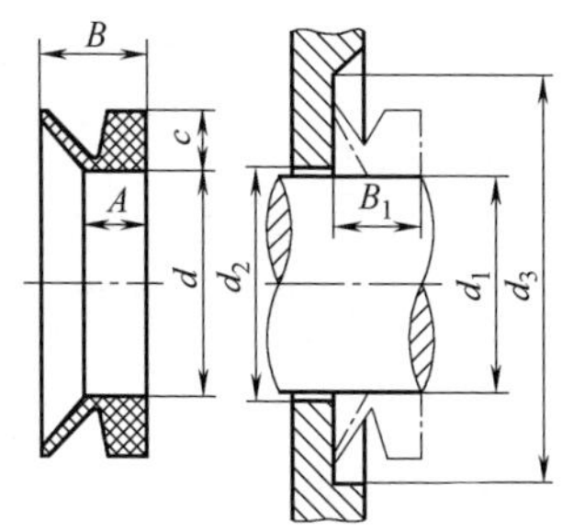

图 29.6　A 型 V_D 形橡胶密封圈

表 29.31　S 型 V_D 形橡胶密封圈的主要尺寸（JB/T 6994—2007）

mm

密封圈代号	公称轴径	轴径 d_1	d	密封圈代号	公称轴径	轴径 d_1	d
V_D5S	5	4.5～5.5	4	V_D56S	56	53～58	49
V_D6S	6	5.5～6.5	5	V_D60S	60	58～63	54
V_D7S	7	6.5～8.0	6	V_D63S	63	63～68	58
V_D8S	8	8.0～9.5	7	V_D71S	71	68～73	63
V_D10S	10	9.5～11.5	9	V_D75S	75	73～78	67
V_D12S	12	11.5～13.5	10.5	V_D80S	80	78～83	72
V_D14S	14	13.5～15.5	12.5	V_D85S	85	83～88	76
V_D16S	16	15.5～17.5	14	V_D90S	90	88～93	81
V_D18S	18	17.5～19.0	16	V_D95S	95	93～98	85
V_D20S	20	19～21	18	V_D100S	100	98～105	90
V_D22S	22	21～24	20	V_D110S	110	105～115	99
V_D25S	25	24～27	22	V_D120S	120	115～125	108
V_D28S	28	27～29	25	V_D130S	130	125～135	117
V_D30S	30	29～31	27	V_D140S	140	135～145	126
V_D32S	32	31～33	29	V_D150S	150	145～155	135
V_D36S	36	33～36	31	V_D160S	160	155～165	144
V_D38S	38	36～38	34	V_D170S	170	165～175	153
V_D40S	40	38～43	36	V_D180S	180	175～185	162
V_D45S	45	43～48	40	V_D190S	190	185～195	171
V_D50S	50	48～53	45	V_D200S	200	195～210	180

表 29.32 A型 V_D 形橡胶密封圈的主要尺寸（JB/T 6994—2007）

mm

密封圈代号	公称轴径	轴径 d_1	d	密封圈代号	公称轴径	轴径 d_1	d
V_D3A	3	2.7～3.5	2.5	V_D200A	200	195～210	180
V_D4A	4	3.5～4.5	3.2	V_D224A	224	210～235	198
V_D5A	5	4.5～5.5	4	V_D250A	250	235～265	225
V_D6A	6	5.5～6.5	5	V_D280A	280	265～290	247
V_D7A	7	6.5～8.0	6	V_D300A	300	290～310	270
V_D8A	8	8.0～9.5	7	V_D320A	320	310～335	292
V_D10A	10	9.5～11.5	9	V_D355A	355	335～365	315
V_D12A	12	11.5～12.5	10.5	V_D375A	375	365～390	337
V_D13A	13	12.5～13.5	11.7	V_D400A	400	390～430	360
V_D14A	14	13.5～15.5	12.5	V_D450A	450	430～480	405
V_D16A	16	15.5～17.5	14	V_D500A	500	480～530	450
V_D18A	18	17.5～19	16	V_D560A	560	530～580	495
V_D20A	20	19～21	18	V_D600A	600	580～630	540
V_D22A	22	21～24	20	V_D630A	630	630～665	600
V_D25A	25	24～27	22	V_D670A	670	665～705	630
V_D28A	28	27～29	25	V_D710A	710	705～745	670
V_D30A	30	29～31	27	V_D750A	750	745～785	705
V_D32A	32	31～33	29	V_D800A	800	785～830	745
V_D36A	36	33～36	31	V_D850A	850	830～875	785
V_D38A	38	36～38	34	V_D900A	900	875～920	825
V_D40A	40	38～43	36	V_D950A	950	920～965	865
V_D45A	45	43～48	40	V_D1000A	1000	965～1015	910
V_D50A	50	48～53	45	V_D1060A	1060	1015～1065	955
V_D56A	56	53～58	49	V_D1100A	(1100)	1065～1115	1000
V_D60A	60	58～63	54	V_D1120A	1120	1115～1165	1045
V_D63A	63	63～68	58	V_D1200A	(1200)	1165～1215	1090
V_D71A	71	68～73	63	V_D1250A	1250	1215～1270	1135
V_D75A	75	73～78	67	V_D1320A	1320	1270～1320	1180
V_D80A	80	78～83	72	V_D1350A	(1350)	1320～1370	1225
V_D85A	85	83～88	76	V_D1400A	1400	1370～1420	1270
V_D90A	90	88～93	81	V_D1450A	(1450)	1420～1470	1315
V_D95A	95	93～98	85	V_D1500A	1500	1470～1520	1360
V_D100A	100	98～105	90	V_D1550A	(1550)	1520～1570	1405
V_D110A	110	105～115	99	V_D1600A	1600	1570～1620	1450
V_D120A	120	115～125	108	V_D1650A	(1650)	1620～1670	1495
V_D130A	130	125～135	117	V_D1700A	1700	1670～1720	1540
V_D140A	140	135～145	126	V_D1750A	(1750)	1720～1770	1585
V_D150A	150	145～155	135	V_D1800A	1800	1770～1820	1630
V_D160A	160	155～165	144	V_D1850A	(1850)	1820～1870	1675
V_D170A	170	165～175	153	V_D1900A	1900	1870～1920	1720
V_D180A	180	175～185	162	V_D1950A	(1950)	1920～1970	1765
V_D190A	190	185～195	171	V_D2000A	2000	1970～2020	1810

第4篇

建筑和装潢五金

建筑和装潢五金篇包括门窗及家具配件、钉和金属网、水暖管路及消防器材三大部分。

第30章 门窗及家具配件

门窗及家具配件包括插销、合页、拉手、执手、锁闭器、门窗锁门控器和门窗小五金。

30.1 插销

插销是具有双扇平开门窗扇锁闭功能的装置。按功能分，有单动插销和联动插销两种（前者能实现单向锁闭，后者能同时实现双向锁闭）；按形状和用途分，有普通单动型、封闭单动型、蝴蝶型、暗插型和翻窗插销几种，其型号标记方法是（JG/T 214—2017）：

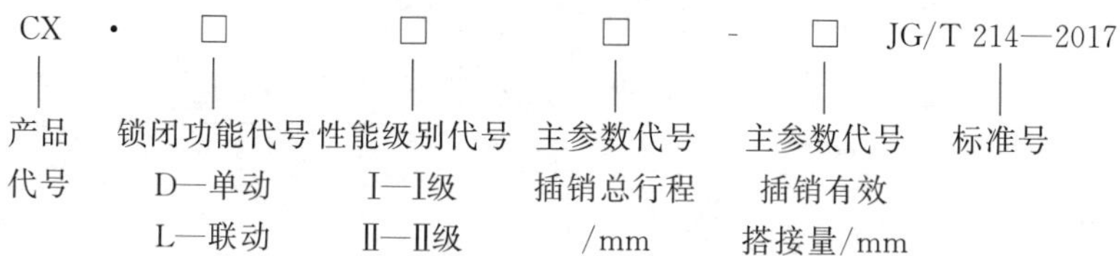

30.1.1 单动型钢插销

单动型钢插销的规格如表 30.1、表 30.2 所示。

表 30.1 普通单动型钢插销的规格（QB/T 2032—2013）

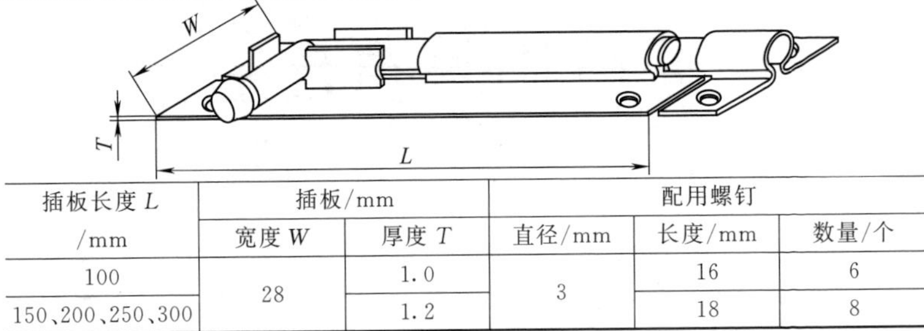

插板长度 L /mm	插板/mm		配用螺钉		
	宽度 W	厚度 T	直径/mm	长度/mm	数量/个
100	28	1.0	3	16	6
150、200、250、300		1.2		18	8

表 30.2 封闭单动型钢插销的规格（QB/T 2032—2013）

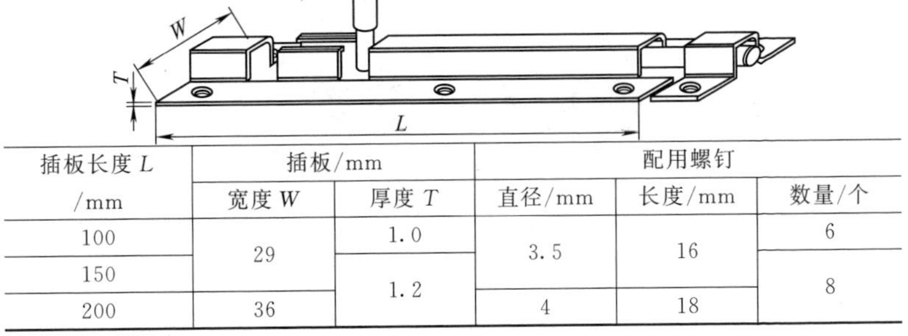

插板长度 L /mm	插板/mm		配用螺钉		
	宽度 W	厚度 T	直径/mm	长度/mm	数量/个
100	29	1.0	3.5	16	6
150		1.2			8
200	36		4	18	

30.1.2 蝴蝶型钢插销

蝴蝶型钢插销的规格如表 30.3 所示。

表 30.3 蝴蝶型钢插销的规格（QB/T 2032—2013）

插板长度 L /mm	插板宽度 W /mm	插板厚度 /mm	插杆直径 /mm	配用螺钉		
				直径/mm	长度/mm	数量/个
40	35	1.2	7	3.5	18	6
50	44	1.2	8			

30.1.3　暗插销

暗插销的规格如表 30.4 所示。

表 30.4　暗插销的规格（QB/T 2032—2013）

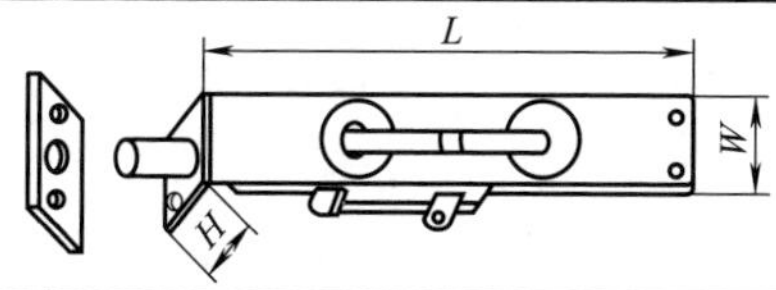

<table>
<tr><th rowspan="2">插板长度 L
/mm</th><th colspan="2">主要尺寸/mm</th><th colspan="2">配用螺钉</th></tr>
<tr><th>宽度 W</th><th>深度 H</th><th>直径×长度/(mm×mm)</th><th>数目</th></tr>
<tr><td>150</td><td>20</td><td>35</td><td>3.5×18</td><td>5</td></tr>
<tr><td>200</td><td>20</td><td>40</td><td>3.5×18</td><td>5</td></tr>
<tr><td>250</td><td>22</td><td>45</td><td>4.0×25</td><td>5</td></tr>
<tr><td>300</td><td>25</td><td>50</td><td>4.0×25</td><td>5</td></tr>
</table>

30.1.4　铝合金门插销

铝合金门插销的主要尺寸如表 30.5 所示。

表 30.5　铝合金门插销的主要尺寸（QB/T 3885—1999）　mm

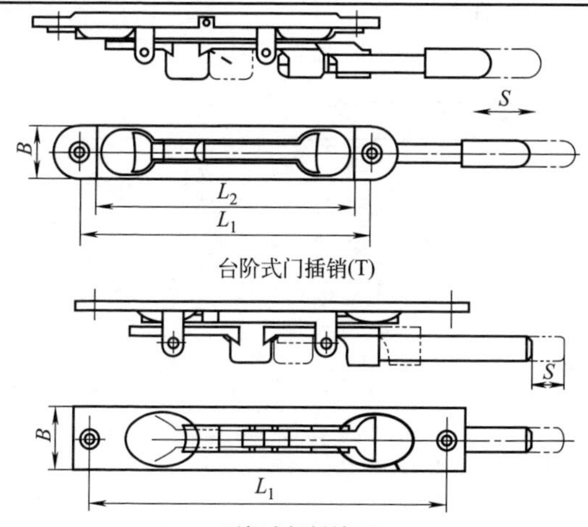

<table>
<tr><th>行程 S</th><th>宽度 B</th><th>孔距 L_1</th><th>极限偏差</th><th>台阶 L_2</th><th>极限偏差</th></tr>
<tr><td rowspan="2">>16</td><td>22</td><td>130</td><td rowspan="2">±0.20</td><td rowspan="2">110</td><td rowspan="2">±0.25</td></tr>
<tr><td>25</td><td>155</td></tr>
</table>

注：材料代号：铜—ZH；锌合金—ZZn。

30.2 合页

合页是用于连接门窗框和门窗扇，支承门窗扇，实现门窗扇向室内或室外产生旋转的装置。

分类：①按用途分，有门用（MJ）和窗用（CJ）两种。

② 按安装方式分，有明装（MZ）和隐藏（YC）两种。

③ 按承重级别分，以单扇门窗用1组（2个）合页承重进行分类时，取承重为10kg整数倍的质量表示承重级别（如承重为26kg时，以20kg的级别表示）。

④ 按使用频率分，其分类及代号应符合表30.6的规定：

表30.6 合页使用频率分类及代号

使用频率分类	用于使用频率较高场所的门合页(铰链)	用于使用频率较低场所的门合页(铰链)	用于窗的合页(铰链)
反复启闭次数	≥20万次	≥10万次	≥2.5万次
使用频率代号	Ⅰ	Ⅱ	Ⅲ

30.2.1 普通型合页

普通型合页用作各类建筑门窗、箱盖之类的连接件，使它们能绕合页轴线转动。普通型合页的型式和尺寸见表30.7。

表30.7 普通型合页的型式和尺寸（QB/T 4595.1—2013）

类别	系列编号	合页长度 L/mm		合页厚度 T/mm	每片页片最少螺孔数/个	适用门质量/kg
		Ⅰ组(英制)	Ⅱ组(公制)			
中型合页	A35	88.90	90.00	2.50	3	20
	A40	101.60	100.00	3.00	4	27
	A45	114.30	110.00	3.00	4	34
	A50	127.00	125.00	3.00	4	45
	A60	152.40	150.00	3.00	5	57
重型合页	B45	114.30	110.00	3.50	4	68
	B50	127.00	125.00	3.50	4	79
	B60	152.40	150.00	4.00	5	104
	B80	203.20	200.00	4.50	7	135

注：系列编号后面的数字表示长度10倍英寸值。

30.2.2　轻型合页

轻型合页作用同普通型合页，但一般窄而薄，承载能力小，适用于轻型门窗及橱柜类窗扇。轻型合页的型式和尺寸见表 30.8。

表 30.8　轻型合页的型式和尺寸（QB/T 4595.2—2013）

系列编号	合页长度 L/mm		合页厚度 T/mm	每片页片最少螺孔数/个	适用门质量/kg
	Ⅰ组(英制)	Ⅱ组(公制)			
C10	25.4		0.70	2	12
C15	38.10		0.80		
C20	50.80	50.00	1.00	3	15
C25	63.50	65.00	1.10		
C30	76.20	75.00	1.10	4	18
C35	88.90	90.00	1.20		20
C40	101.60	100.00	1.30		22

注：系列编号后面的数字表示长度 10 倍英寸值。

30.2.3　抽芯型合页

抽芯型合页作用同普通型合页，但其芯轴可以抽出，使两连接件易于分离，用于需要经常拆装的门窗上。抽芯型合页的型式和尺寸见表 30.9。

表 30.9　抽芯型合页的型式和尺寸（QB/T 4595.3—2013）

系列编号	合页长度 L/mm		合页厚度 T/mm	每片页片最少螺孔数/个	适用门质量/kg
	Ⅰ组(英制)	Ⅱ组(公制)			
D15	38.10		1.20	2	12
D20	50.80	50.00	1.30	3	12
D25	63.50	65.00	1.40		15
D30	76.20	75.00	1.60	4	18
D35	88.90	90.00	1.60		20
D40	101.60	100.00	1.80		22

30.2.4　H 型合页

H 型合页用于需要经常拆装而较薄、质量不大的门窗上。H 型合页的型式和尺寸见表 30.10。

30.2.5　T 型合页

T 型合页用作建筑门窗或家具类门使用的门框之间的连接件。T 型合页的型式和尺寸见表 30.11。

表 30.10 H型合页的型式和尺寸（QB/T 4595.4—2013）

系列编号	合页长度 L /mm	合页厚度 T/mm	每片页片最少螺孔数/个	适用门质量/kg
H30	80.00	2.00	3	15
H40	95.00		3	18
H45	110.00		3	20
H55	140.00		4	27

注：系列编号后面的数字表示长度10倍英寸值。

表 30.11 T型合页的型式和尺寸（QB/T 4595.5—2013）

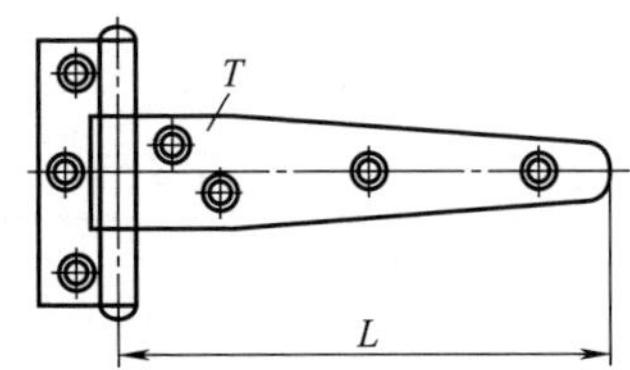

系列编号	合页长度 L/mm		合页厚度 T/mm	每片页片最少螺孔数/个	适用门质量/kg
	Ⅰ组(英制)	Ⅱ组(公制)			
T30	76.20	75.00	1.40	3	15
T40	101.60	100.00	1.40	3	18
T50	127.00	125.00	1.50	4	20
T60	152.40	150.00	1.50	4	27
T80	203.20	200.00	1.80	4	34

注：系列编号后面的数字表示长度10倍英寸值。

30.2.6 双袖型合页

双袖型合页一般用在需要经常拆卸的门窗上，分为左右两半。双袖型合页的型式和尺寸见表30.12。

表 30.12 双袖型合页的型式和尺寸（QB/T 4595.6—2013）

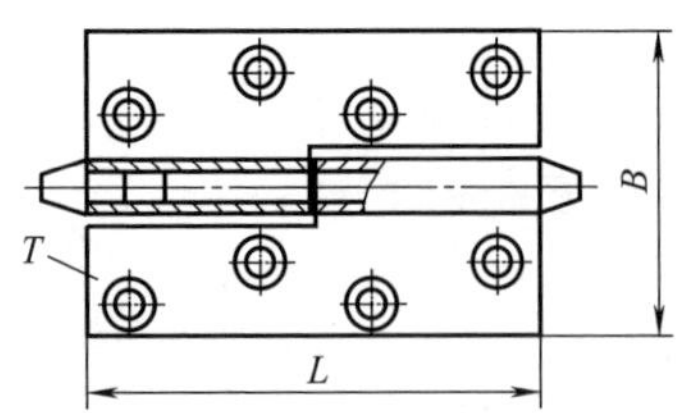

续表

系列编号	合页长度 L /mm	合页厚度 T /mm	每片页片最少螺孔数/个	适用门质量/kg
G30	75.00	1.50	3	15
G40	100.00	1.50	3	18
G50	125.00	1.80	4	20
G60	150.00	2.00	4	22

注：系列编号后面的数字表示长度 10 倍英寸值。

30.2.7　门窗合页

门窗合页用于建筑平开门、内平开窗，其型号标注方法是：

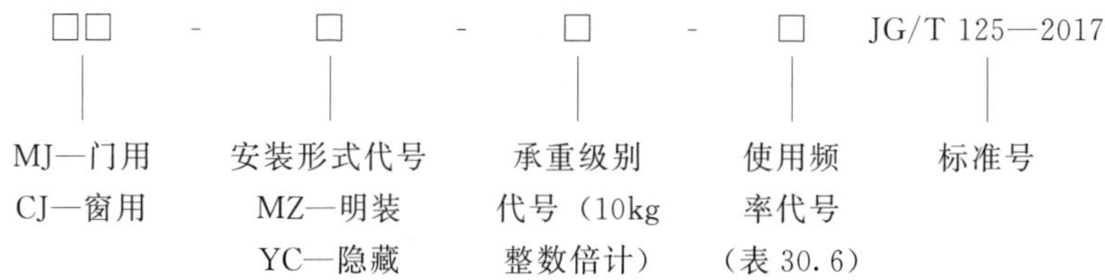

30.2.8　弹簧合页

用于经常开启的门窗上，在开启后能自行关闭。有单弹簧合页（D）和双弹簧合页（S）两种，前者适用于只单方向开启的场合，后者适用于内外两个方向开启的场合。弹簧合页的规格尺寸见表 30.13。

表 30.13　弹簧合页的规格尺寸（QB/T 1738—1993）

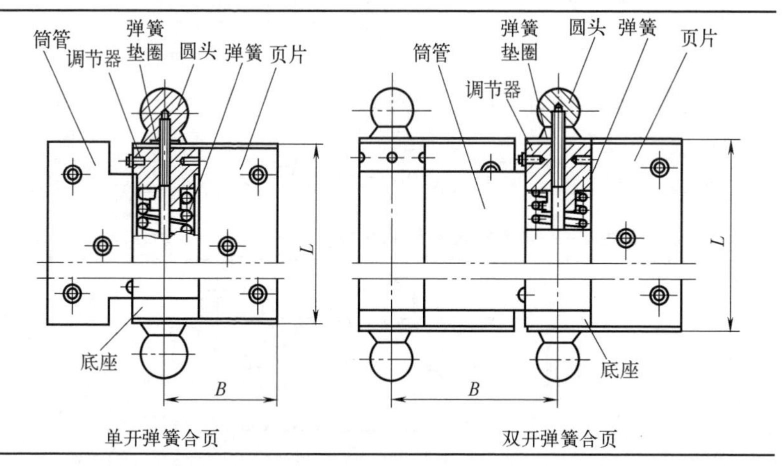

续表

规格/mm	页片材料尺寸/mm					配用木螺钉(参考)	
	长度 L		宽度 B		页片材料厚度 δ	直径×长度/(mm×mm)	数目/个
	Ⅰ型	Ⅱ型	单弹簧	双弹簧			
75	76	75	36	48	1.8	3.5×25	8
100	102	100	39	56	1.8	3.5×25	8
125	127	125	45	64	2.0	4×30	8
150	152	150	50	64	2.0	4×30	10
200	203	200	71	95	2.4	4×40	10
250	254	250	—	95	2.4	5×50	10

30.2.9 轴承合页

轴承合页是各活动部件之间轴承材料的合页，用于重型或特殊的钢框包金属皮的大门，使其转动轻便灵活。

轴承铰链的型号表示方法是：

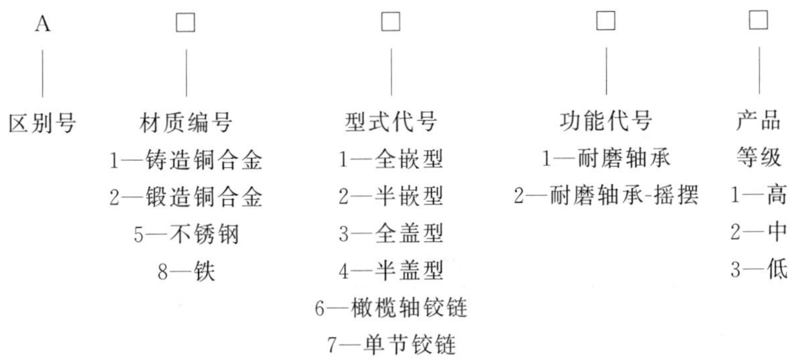

标记示例：A5412 表示不锈钢，半盖型，耐磨轴承，2 级产品的轴承铰链。

轴承铰链的型式尺寸见表 30.14。

表 30.14 轴承铰链的型式尺寸（QB/T 4063—2010）

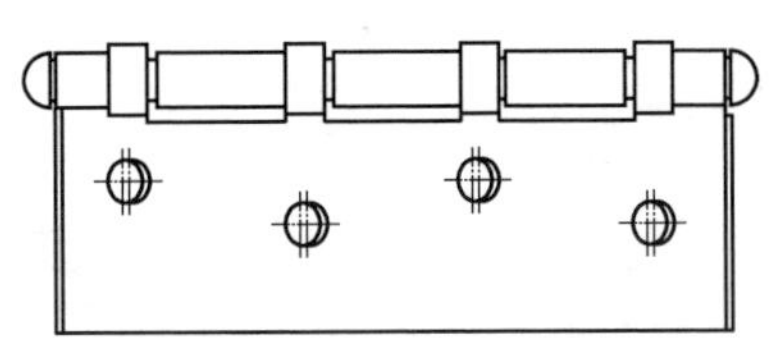

续表

承重类别	系列编号	铰链长度/mm	铰链厚度/mm	每片页片的螺孔数	承重类别	系列编号	铰链长度/mm	铰链厚度/mm	每片页片的螺孔数
A普通	A35	89	3.1	3	B重型	B45	114	4.6	4
	A40	102	3.3	4		B50	127	4.8	4
	A45	114	3.4	4		B60	152	5.2	5
	A50	127	3.7	4		B80	203	5.2	≥7
	A60	152	4.1	5					

注：第 1 个字母表示厚度，A 为普通铰链，B 为重型铰链；后面两个数字表示以英寸为单位的 10 倍铰链长度，如 35 表示 3.5in，40 表示 4.0in。

30.2.10　杯状暗合页

杯状暗合页用于家具和箱形物。

分类：有直臂式、曲臂式和大曲臂。

结构：见图 30.1。

相关标准：QB/T 2189—2013

产品数据：见表 30.15。

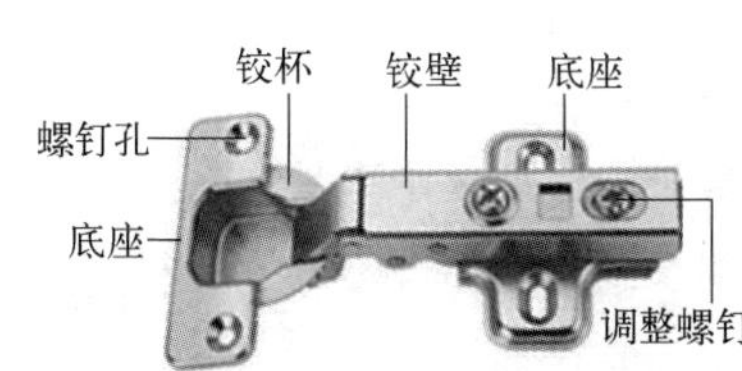

图 30.1　杯状暗铰链

表 30.15　杯状暗合页的规格尺寸　mm

带底座的合页				基座				
形式	底座直径	合页总长	合页总宽	形式	中心距	底板厚	基座总长	基座总宽
直臂式 曲臂式 大曲臂	35	95 90 93	66	K 型 V 型	28	4	42	45

30.2.11　玻璃门合页

玻璃门合页（铰链）及固定夹适用于无框平开玻璃门，其他型式玻璃门的合页及固定夹可参考使用。

合页是启闭玻璃门的关键部件，通常由活动座、连接轴、弹簧座、中心底板、面板和沉头螺钉组成。固定夹是夹持玻璃构件的连接件，用于玻璃之间或玻璃与墙体的连接。液压可调合页是液压缓冲、关闭角度可调的合页，通常由活动座、连接轴、滑块、液压油缸、弹簧、导向块、调节螺钉、中心底板、面板和沉头螺钉组成。

（1）型号表示方法（QB/T 5280—2018）

① 合页

A	□	□	□	□	□	□
合页代号	材料代号 1—黄铜 3—不锈钢 8—碳素结构钢 0—其他	安装方式 1—墙体-玻璃 2—玻璃-玻璃	复位型式 0—弹簧自动复位 4—液压自动复位 7—自由（无自动复位）	连接角度 1—90° 2—180° 3—135°	产品等级代号 1—1级 2—2级 3—3级	适用玻璃厚度/mm

② 固定夹

B	□	□	□	□
固定夹代号	材料代号 1—黄铜 3—不锈钢 8—碳素结构钢 0—其他	安装方式 1—墙体-玻璃 2—玻璃-玻璃	连接角度 1—90° 2—180° 3—135°	适用玻璃厚度/mm

（2）基本尺寸

玻璃门合页的基本尺寸见表30.16。

表30.16 玻璃门合页的基本尺寸（QB/T 5280—2018） mm

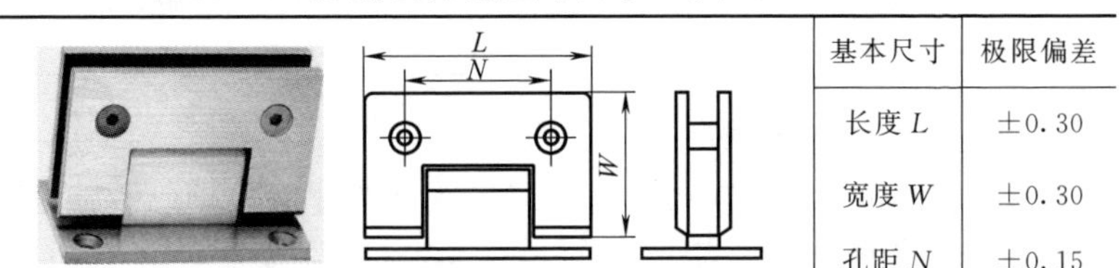

基本尺寸	极限偏差
长度 L	±0.30
宽度 W	±0.30
孔距 N	±0.15

（3）液压可调合页型式尺寸

液压可调合页型式尺寸见图30.2。

（4）性能要求：

① 启闭角度偏差：开启角度偏差不应大于±1.50°；液压可调合页关闭角度可调范围不应小于±3°。

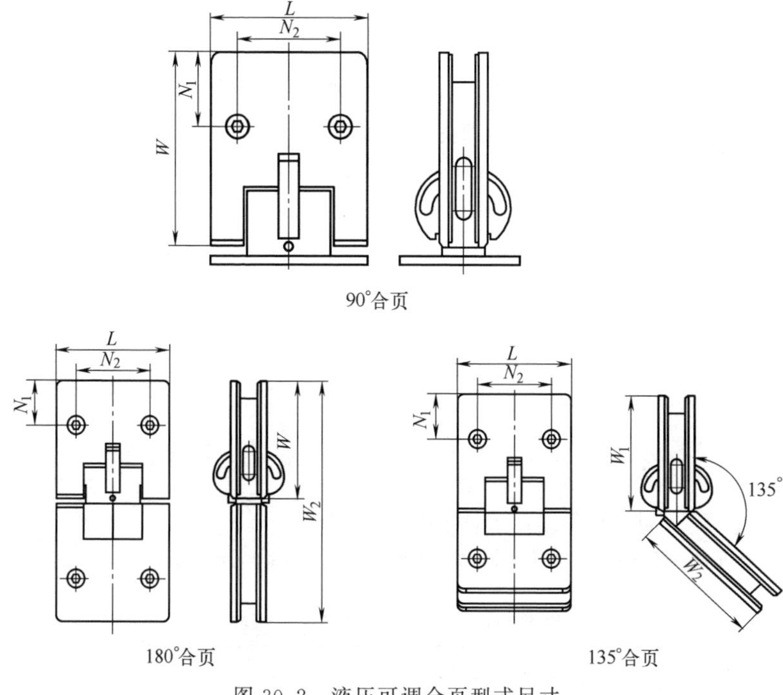

图 30.2　液压可调合页型式尺寸

② 自动复位：有自动复位功能的合页，其复位偏差不应大于±1.5°；有自动复位功能的合页应在 35°之内复位（液压式应在 85°之内复位）。

③ 力学性能：合页按规定配置开启试验门，门外侧转动力不应大于 25N。

④ 极限承重：产品承载 1.5 倍额定承重，应无可见脱落或破裂现象，门扇下沉量不超过 2mm。

⑤ 使用寿命：1 级、2 级和 3 级合页，分别为 15、10 和 5 万次。经寿命试验后应无变形或损坏，门扇下沉量不超过 3mm。

30.2.12　平开玻璃门用合页

平开玻璃门用合页用于支承门扇实现启闭。

型号表示方法是：名称代号＋特性代号＋主参数代号＋标准号。

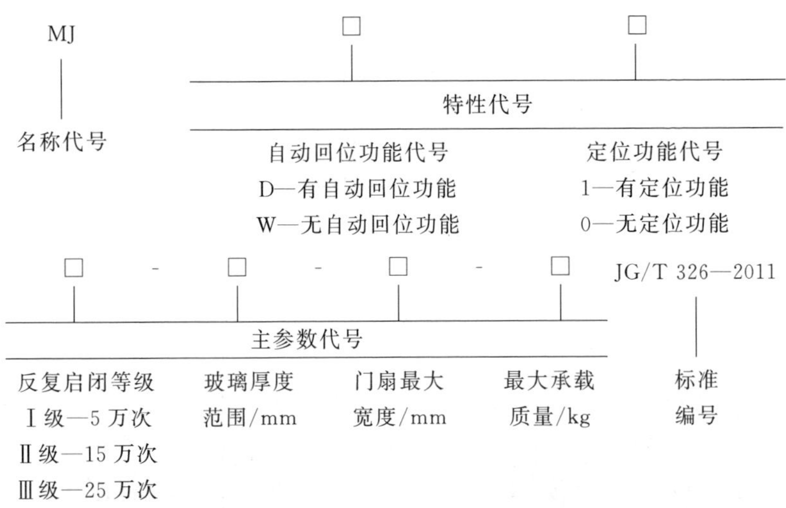

30.2.13 平开玻璃门用门夹

平开玻璃门用门夹用于与其他五金件配合夹持玻璃。

表 30.17 门夹分类及代号及等级

名称	下夹	上夹	顶夹	曲夹	锁夹	下长门夹	上长门夹
代号	M010	M020	M030	M040	M050	MC10	MC20
等级	反复启闭次数：Ⅰ级—10 万次，Ⅱ级—30 万次，Ⅲ级—50 万次						

型号表示方法是：名称代号＋主参数代号＋标准号。

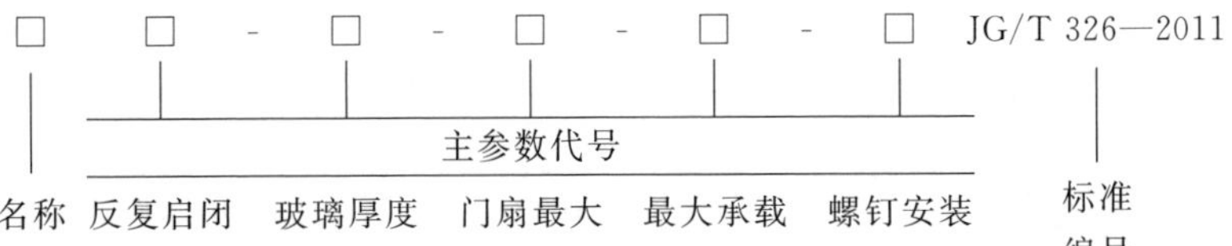

30.3 拉手

拉手是安装在门窗或抽屉上便于用手开关的金属物等。

30.3.1 小拉手

小拉手用于房门、箱子、橱柜及抽屉。一般为低碳钢，表面镀铬或喷漆；香蕉式拉手也有用锌合金制造的，表面镀铬。小拉手和蟹壳拉手的规格尺寸见表 30.18。

表 30.18　小拉手和蟹壳拉手的规格尺寸

<table>
<tr><td rowspan="9">小拉手</td><td colspan="9">普通式　　香蕉式</td></tr>
<tr><td colspan="2">拉手品种</td><td colspan="4">普通式</td><td colspan="3">香蕉式</td></tr>
<tr><td colspan="2">拉手规格(全长)/mm</td><td>75</td><td>100</td><td>125</td><td>150</td><td>90</td><td>110</td><td>130</td></tr>
<tr><td colspan="2">钉孔中心距(纵向)/mm</td><td>65</td><td>88</td><td>108</td><td>131</td><td>60</td><td>75</td><td>90</td></tr>
<tr><td rowspan="4">配用螺钉(参考)</td><td>品种</td><td colspan="4">沉头木螺钉</td><td colspan="3">盘头螺钉</td></tr>
<tr><td>直径/mm</td><td>3</td><td>3.5</td><td>3.5</td><td>4</td><td colspan="3">M3.5</td></tr>
<tr><td>长度/mm</td><td>16</td><td>20</td><td>20</td><td>25</td><td colspan="3">25</td></tr>
<tr><td>数目</td><td colspan="4">4 个</td><td colspan="3">2 个</td></tr>
<tr><td colspan="9"></td></tr>
<tr><td rowspan="4">蟹壳拉手</td><td colspan="9">普通型　　方型</td></tr>
<tr><td colspan="2">长度/mm</td><td colspan="2">65(普通)</td><td colspan="2">80(普通)</td><td colspan="3">90(方型)</td></tr>
<tr><td rowspan="2">配用木螺钉</td><td>直径×长度/mm×mm</td><td colspan="2">3×16</td><td colspan="2">3.5×20</td><td colspan="3">3.5×20</td></tr>
<tr><td>数量/个</td><td colspan="2">3</td><td colspan="2">3</td><td colspan="3">4</td></tr>
</table>

30.3.2　梭子拉手

梭子拉手用于工具箱、手提箱的提手或推拉立扇。梭子拉手的规格与尺寸见表 30.19。

表 30.19　梭子拉手的规格与尺寸　　mm

规格(全长)	管子外径	高度	桩脚底座直径	两桩脚中心距
200	19	65	51	60
350	25	69	51	210
450	25	69	51	210

30.3.3　管子拉手

管子拉手装在公共场所及车厢的大门上，供推拉开关门用。管子拉手的规格与尺寸见表 30.20。

表 30.20 管子拉手的规格与尺寸 mm

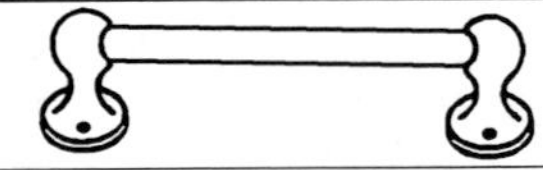

规格	长度	250,300,350,400,450,500,550,600,650,700,750,800,850,900,950,1000
	外径×壁厚	32×1.5
桩头	底座直径×圆头直径×高度:77×65×95	
总长	管子长度+40	

30.3.4 底板拉手

底板拉手是底部有一块底板，安装在宾馆、饭店、学校和医院等中型门扇上的拉手。底板拉手的规格见表 30.21。

表 30.21 底板拉手的规格 mm

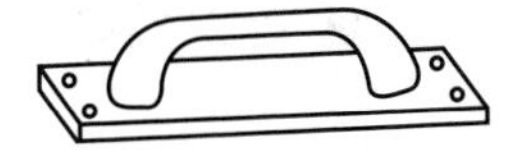

普通式

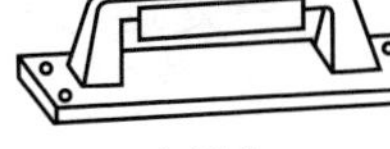

方柄式

底板全长	普通式				方柄式		
	底板宽度	底板厚度	底板高度	手柄长度	底板宽度	底板厚度	手柄长度
150	40	1.0	5.0	90	30	2.5	120
200	48	1.2	6.8	120	35	2.5	163
250	58	1.2	7.5	150	50	3.0	196
300	66	1.6	8.0	190	55	3.0	240

30.3.5 推板拉手

推板拉手装在大门上，供推拉开关门用。推板拉手的型号与规格见表 30.22。

表 30.22 推板拉手的型号与规格 mm

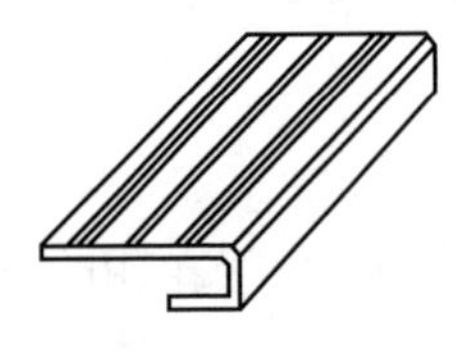

型号	长度	宽度	高度	螺栓孔数/中心距
X-3	200	100	40	2/140
	250			2/170
	300			3/110
228	300	100	40	2/270

30.3.6　大门拉手

大门拉手装在大门或车门上，除拉启外还兼有扶手及装饰作用和保护玻璃的作用。大门拉手规格见表 30.23、表 30.24。

表 30.23　玻璃大门圆拉手的规格　mm

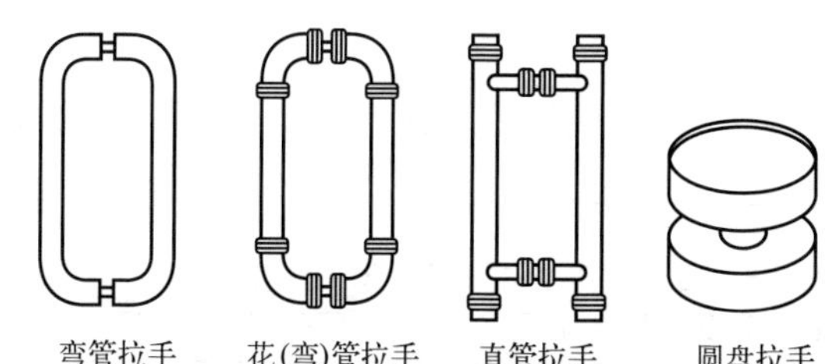

品种	代号	规格(管子全长×外径)
弯管拉手	MA113	600×51,457×38,457×32,300×32
花(弯)管拉手	MA112 MA123	800×51,600×51,600×32, 457×38,457×32,350×32
直管拉手	MA104 MA122	600×51,457×38,457×42,300×32 800×54,600×54,600×42,457×51
圆盘拉手		圆盘直径:160,180,200,220

表 30.24　方形大门拉手　mm

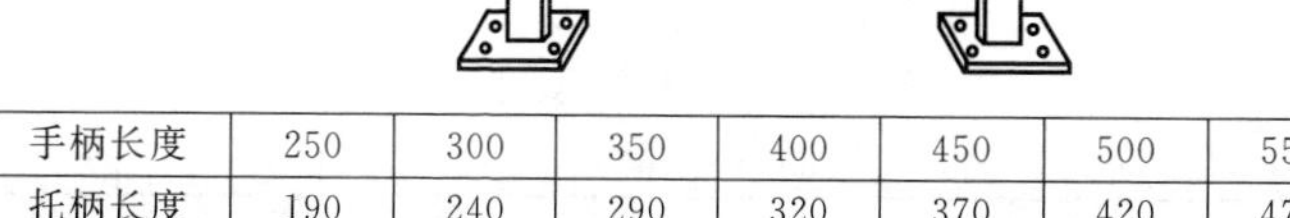

手柄长度	250	300	350	400	450	500	550	600
托柄长度	190	240	290	320	370	420	470	520
手柄长度	650	700	750	800	850	900	950	1000
托柄长度	550	600	650	680	730	780	830	880

注：手柄断面宽度×高度为 12mm×16mm；底板长度×宽度×厚度为 80mm×60mm×3.5mm；拉手总长为手柄长度+64mm；拉手总高为 54.5mm。

30.3.7　铝合金门窗拉手

铝合金门窗拉手安装在铝合金门窗上，供推拉开关门窗用。铝合金门窗拉手型式代号及规格见表 30.25、表 30.26。

表 30.25 门用拉手型式代号及规格（QB/T 3889—1999）

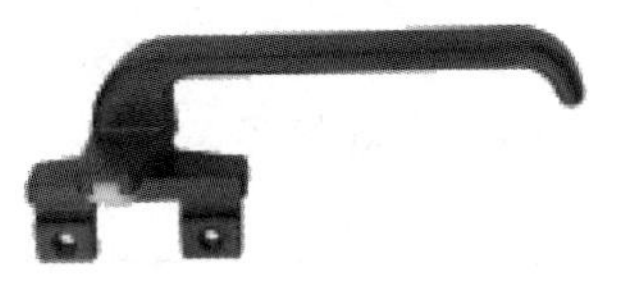

型式名称	杆式	板式	其他
代号	MG	MB	MQ
拉手长度规格系列/mm	200,250,300,350,400,450,500,550,600,650,700,750,800,850,900,950,1000		

表 30.26 窗用拉手型式代号及规格（QB/T 3889—1999）

型式名称	板式	盒式	其他
代号	CB	CH	CQ
拉手长度规格系列/mm	50,60,70,80,90,100,120,150		

30.3.8 不锈钢双管拉手和三排拉手

它们用作大型门窗的装饰和保护拉手。不锈钢双管拉手和三排拉手的规格尺寸见表 30.27。

表 30.27 不锈钢双管拉手和三排拉手的规格尺寸

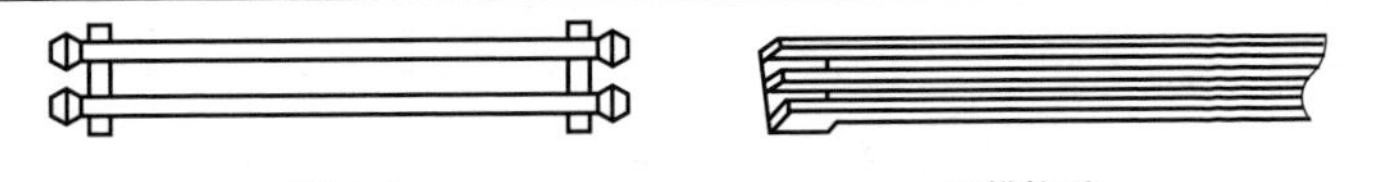

双管拉手　　三排拉手

种类	全长/mm	配用木螺母	
		直径/mm	个数
双管拉手	500,550,600,650,700,750,800	M4	6
三排拉手	600,650,700,750,800,850,900,950,1000		8

30.4 执手

30.4.1 平开铝合金窗执手

平开铝合金窗执手的规格尺寸见表 30.28。

30.4.2 旋压执手

用于建筑窗（单个旋压执手只能用于开启扇对角线不超过 0.7m 的建筑窗）。

表 30.28　平开铝合金窗执手的规格尺寸（QB/T 3886—1999）

mm

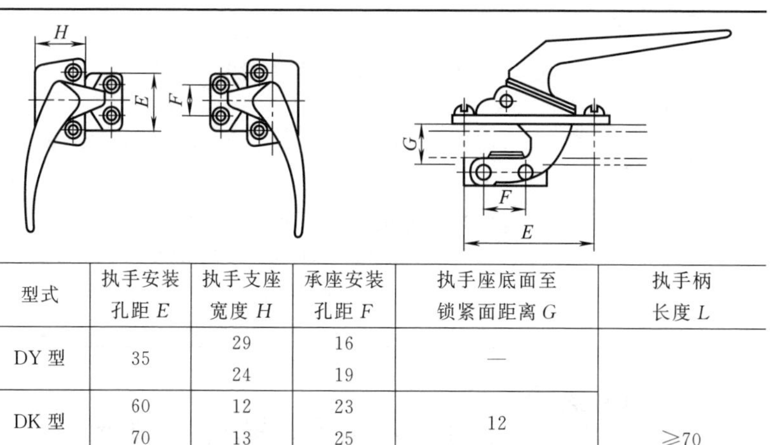

型式	执手安装孔距 E	执手支座宽度 H	承座安装孔距 F	执手座底面至锁紧面距离 G	执手柄长度 L
DY 型	35	29	16	—	≥70
		24	19		
DK 型	60	12	23	12	
	70	13	25		
DSK 型	128	22	—	—	
SLK 型	60	12	23	12	
	70	13	25		

(1) 型号标记方法

(2) 结构

见图 30.3 和图 30.4。

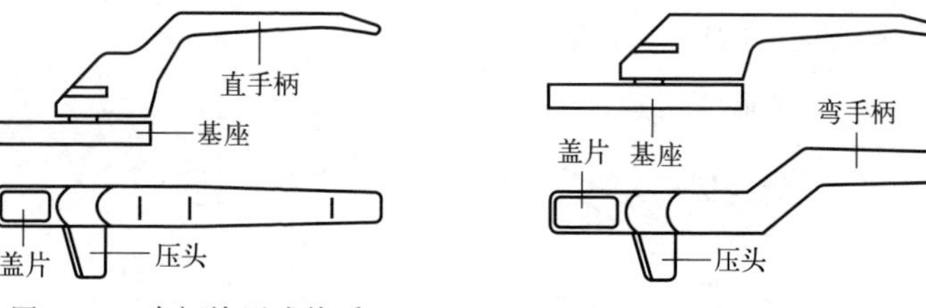

图 30.3　直柄旋压式执手　　图 30.4　弯柄旋压式执手

(3) 技术条件

见表 30.29。

表 30.29　旋压执手的技术条件（JG/T 213—2017）

项目	技术条件
常用材料	应满足 GB/T 32223 的要求
外观	应满足 GB/T 32223 的要求
耐蚀性、膜厚度及附着力	应满足 GB/T 32223 的要求
操作力矩	空载时，操作力矩不应大于 1.5N·m；负载时，操作力矩不应大于 4.0N·m
强度	旋压执手手柄承受 700N 作用力后，任何部件不能断裂；锁闭部位承受 700N 作用力后，任何部件不能断裂，且其锁闭部位最大永久变形量不大于 3 mm
反复启闭	反复启闭 1.5 万次后，旋压位置的变化不应超过 0.5mm

30.4.3　双面执手

双面执手是分别装在门扇的两面，且均可实现驱动锁闭装置的一套组合部件。

（1）分类

① 按适用环境分，有室内用（N）和室外用（W）两种。

② 按执手型式分，有双面为杆形的双面执手（G）、双面为球形的双面执手（Q）和一面为杆形，另一面为球形的混合型双面执手（H）三种。杆形执手与球形执手见表 30.5。

③ 按结构型式分，有两侧执手均带回位装置（JD）和两侧执手均无回位装置（JW）两种。

④ 按使用频率分，有宜用于民用建筑非公共区域或使用频率要求较低场所的门（Ⅰ级），和宜用于民用建筑公共区域或使用频率要求较高场所的门（Ⅱ级）两种。

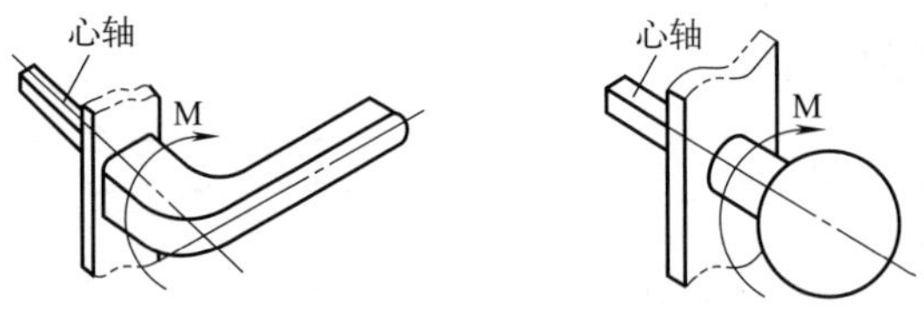

图 30.5　杆形执手和球形执手

（2）型号表示方法

（3）性能要求

材料：可选用挤压铝合金、不锈钢等。

此外，对外观、耐蚀性和耐候性、力学性能和抗破坏性能都有要求。其中对力学性能的操作力矩规定如表30.30所示。

表30.30　双面执手的操作力矩（JG/T 393—2012）

<table>
<tr><th rowspan="2">双面执手结构型式</th><th rowspan="2">操作过程</th><th colspan="2">指标</th></tr>
<tr><th>使用频率Ⅰ级</th><th>使用频率Ⅱ级</th></tr>
<tr><td>无回位装置的球形双面执手</td><td rowspan="2">双面执手旋转至不小于60°后，返回初始静止位置的过程</td><td rowspan="2">操作力矩不应大于0.6N·m</td><td>操作力矩不应大于0.6N·m</td></tr>
<tr><td>无回位装置的杆形双面执手</td><td>操作力矩不应大于1.5N·m</td></tr>
<tr><td>带回位装置的双面执手</td><td>双面执手从初始位置旋转到不小于40°或设计最大开启角度的过程</td><td>操作力矩不应大于1.5N·m，操作力矩测试后，静止时的位移偏差不应大于±2°</td><td>操作力矩不应大于2.4N·m，操作力矩测试后，静止时的位移偏差不应大于±1°</td></tr>
</table>

30.4.4　传动机构用执手

用于建筑门窗中与传动锁闭器、多点锁闭器等配合使用（不适用于双面执手）。

（1）分类

按结构形式名称代号分为方轴插入式执手（FZ）和拨叉插入式执手（BZ）。

按功能分为带定位功能（DD）和不带定位功能（BD）两种。

（2）主参数代号

执手基座宽度：以实际尺寸（mm）标记（图30.6）；

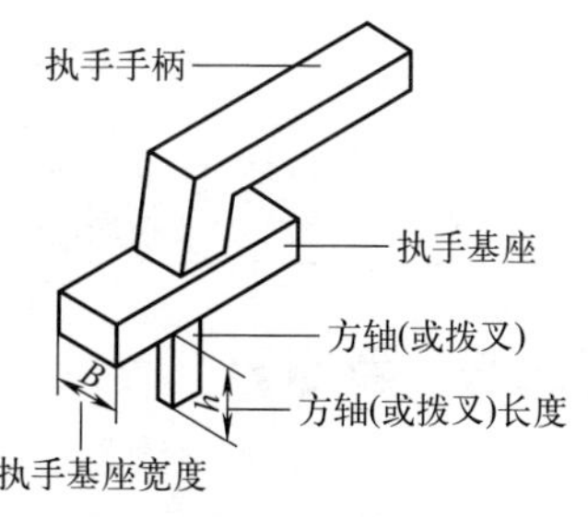

图30.6　执手示意图

方轴（或拨叉）长度，以实际尺寸（mm）标记（图30.6）。

（3）标记的方法

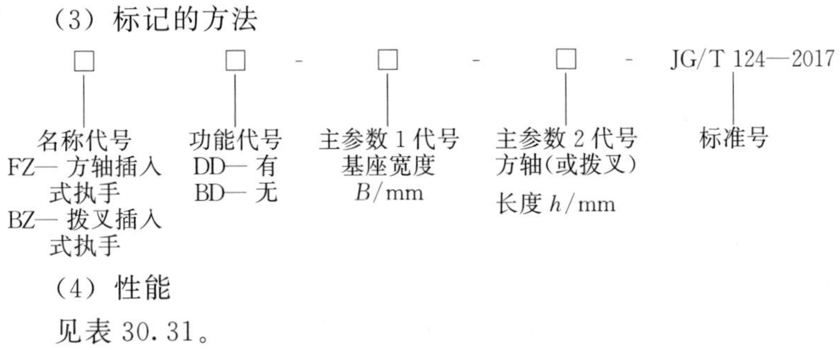

（4）性能

见表30.31。

表 30.31 传动机构用执手性能（JG/T 124—2017）

项目		要求
常用材料、外观、耐蚀性、膜厚度及附着力		满足GB/T 32223的要求
力学性能	操作力矩	① 带定位功能的执手：定位点的操作力矩应不大于4.0N·m，非定位点的操作力矩应不大于0.8N·m，且两者之差应不小于0.4N·m； ② 不带定位功能的执手，操作力矩应不大于2.0N·m
	反复启闭	① 带定位功能的执手，反复启闭2.5万次循环试验后，应满足上述操作力矩的要求，开启、关闭自定位位置与原设计位置偏差应小于5°； ② 不带定位功能的执手，反复启闭2.5万次循环试验后，应满足上述操作力矩的要求
强度	抗扭	① 带定位功能的执手，在25N·m力矩的作用下，各部件应不损坏，执手手柄轴线位置偏移应小于5°； ② 不带定位功能的执手，在17N·m力矩的作用下，各部件应不损坏，执手手柄轴线位置偏移应小于5°
	抗拉性能	① 带定位功能的执手，在承受600N拉力作用后不应损坏，且执手柄最外端最大永久变形量应小于5mm； ② 不带定位功能的执手，在承受600N拉力作用后不应损坏

30.5 锁闭器

锁闭器有单点锁闭器、多点锁闭器和传动锁闭器三种。

30.5.1 单点锁闭器

单点锁闭器是通过操作，实现推拉门窗单一位置锁闭的装置，用于建筑推拉窗、室内推拉门的锁闭，有Ⅰ、Ⅱ和Ⅲ三种形式。

型号表示方法：

TYB	□	JG/T 130—2017
单点锁闭器	结构形式代号	标准号

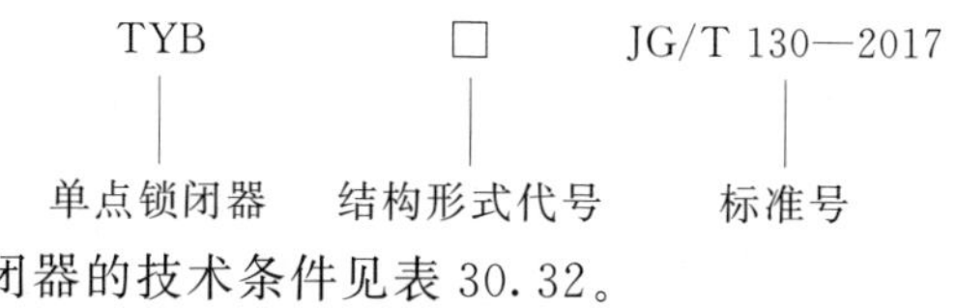

单点锁闭器的技术条件见表30.32。

表30.32　单点锁闭器的技术条件（JG/T 130—2017）

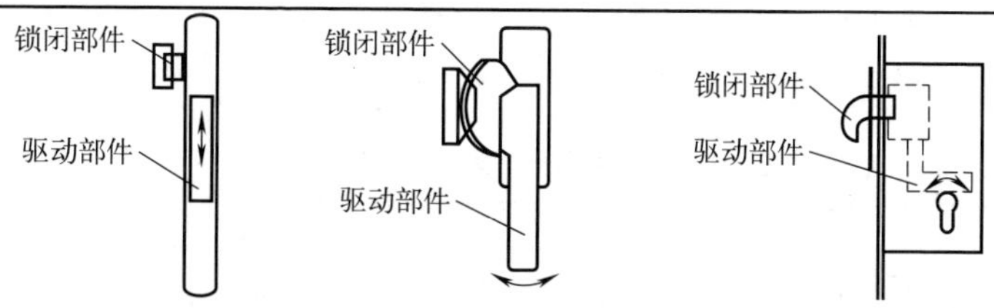

形式Ⅰ　　形式Ⅱ　　形式Ⅲ

项目			技术条件
常用材料和外观			应满足 GB/T 32223 的要求
耐蚀性、膜厚度及附着力			应满足 GB/T 32223 的要求
力学性能	操作力或操作力矩	形式Ⅰ	操作力应不大于20N
		形式Ⅱ	操作力矩应不大于2N·m
		形式Ⅲ	操作力矩应不大于1.5N·m
	抗破坏	锁闭部件	① 单点锁闭形式Ⅰ：锁闭部件在400N拉力作用后，不应损坏，卸载后操作力仍应不大于20N； ② 单点锁闭形式Ⅱ：锁闭部件在400N拉力作用后，不应损坏，卸载后操作力矩应不大于2N·m； ③ 单点锁闭形式Ⅲ：锁闭部件在1000N拉力作用后，不应损坏，卸载后操作力矩应不大于1.5N·m
		驱动部件	对驱动部件向锁闭方向施加120 N力，不应破坏，操作力应不大于20N；对驱动部件向开启方向施加120N力，不应破坏，操作力应不大于20N
	反复启闭	操作力	① 单点锁闭器形式Ⅰ，经过1.5万次反复启闭试验后，仍能启闭，操作力应不大于20N； ② 单点锁闭器形式Ⅱ，经过1.5万次反复启闭试验后，仍能启闭，操作力矩应不大于2N·m； ③ 单点锁闭器形式Ⅲ，经过5万次反复启闭试验后，仍能启闭，操作力矩应不大于1.5N·m

30.5.2　多点锁闭器

多点锁闭器是对推拉门窗实现多点锁闭功能的装置，用于建筑推拉门窗的锁闭，有齿轮驱动式和连杆驱动式两种型式。

型号标记方法是：

多点锁闭器的技术条件见表 30.33。

表 30.33 多点锁闭器的技术条件（JG/T 215—2017）

项目			技术条件
常用材料、外观、耐蚀性、膜厚度及附着力			应满足 GB/T 32223 的要求
力学性能	抗破坏	驱动部件	齿轮驱动部件承受 25N·m 力矩的作用后，各零部件不应有断裂等损坏；连杆驱动部件承受 1000N 静拉力作用后，各零部件不应断裂、脱落
		锁闭部件	单个锁点、锁座，承受轴向 1000N 静拉力后，所有零部件不应损坏
	反复启闭		反复启闭 2.5 万次后，操作正常，不影响正常使用。且应满足： ① 齿轮驱动式多点锁闭器操作力矩不应大于 1N·m，连杆驱动式多点锁闭器滑动力不应大于 15N； ② 锁点、锁座锁闭处工作面磨损量不大于 1mm

30.5.3 传动锁闭器

传动锁闭器是控制门窗扇锁闭和开启的杆形、带锁点的传动装置，能实现平开门窗、悬窗的多点锁闭功能。用于建筑门窗中平开门、平开窗、外开上悬窗，内开下悬窗、中悬窗、立转窗等。

分类：①按驱动原理，分为门（窗）用齿轮驱动式传动锁闭器［M（C）CQ］，和门（窗）用连杆驱动式传动锁闭器［M（C）LQ］。

② 按产品构造，分为无锁舌（WS）和有锁舌（YS）。

③ 按主参数，分为使用频次和锁点数。

型号标记方法是：

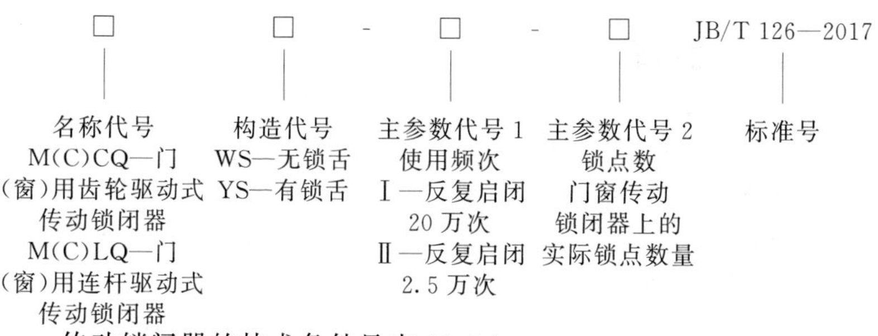

传动锁闭器的技术条件见表30.34。

表30.34　传动锁闭器的技术条件（JG/T 126—2017）

项目		技术条件
材料、外观、耐蚀性、膜厚度及附着力		应满足GB/T 32223的要求
操作力		① 无锁舌的齿轮驱动式传动锁闭器空载转动力矩应不大于3N·m；无锁舌的连杆驱动式传动锁闭器空载滑动驱动力应不大于15N。 ② 有锁舌的齿轮驱动式传动锁闭器应符合下列规定： a)由执手驱动锁舌的传动锁闭器驱动部件，操作力矩应不大于3N·m； b)由钥匙驱动锁舌的传动锁闭器驱动部件，操作力矩应不大于1.2N·m； c)碰舌回程力应不小于2.5N； d)能够使碰舌和扣板正确啮合的碰锁力应不大于25N
零部件抗破坏能力	驱动部件	① 无锁舌齿轮驱动式传动锁闭器承受25^{+1}_{0}N·m力矩的作用后，各零部件应不断裂、损坏。 ② 无锁舌连杆驱动式传动锁闭器承受1000^{+50}_{0}N静拉力作用后，各零部件应不断裂、脱落。 ③ 有锁舌的齿轮驱动式传动锁闭器应符合下列规定： a)使用频次Ⅰ有锁舌齿轮传动镇闭器：碰舌驱动部件承受60N·m扭矩后，呆舌驱动部件承受30N·m扭矩后，传动锁闭器应使用功能正常，且操作力仍满足上述规定的操作力要求； b)使用频次Ⅱ有锁舌齿轮传动锁闭器：碰舌驱动部件承受25^{+1}_{0}N·m扭矩后，呆舌或暗舌驱动部件承受20N·m扭矩后，传动锁闭器应使用功能正常，且操作力仍应满足上述规定的操作力要求
	锁闭部件	锁点、锁座承受1800^{+50}_{0}N破坏力后，各部件应无损坏
	锁舌	使用频次Ⅰ有锁舌的传动锁闭器的锁舌应符合下列要求： ① 碰舌：带碰舌齿轮驱动式传动锁闭器承受3kN侧向作用力后，碰舌应能正常伸缩，碰舌完全缩回位置与初始缩回位置的变化量应不大于1mm。 ② 呆舌：a)带呆舌齿轮驱动式传动锁闭器承受7kN侧向作用力后，呆舌应能保证完全伸缩；b)带呆舌齿轮驱动式传动锁闭器承受5kN轴向作用力后，呆舌回缩量应不大于3mm

30.6 门窗锁

30.6.1 外装门锁

外装门锁是锁体安装在门梃内表面上的锁，作锁闭门扇用。

① 分类：按锁体结构分为手动锁闭和自动锁闭，按结构分为双舌门锁和双扣门锁（图 30.7），按锁头阻止活动件种类分为弹子、叶片及弹子加叶片等。

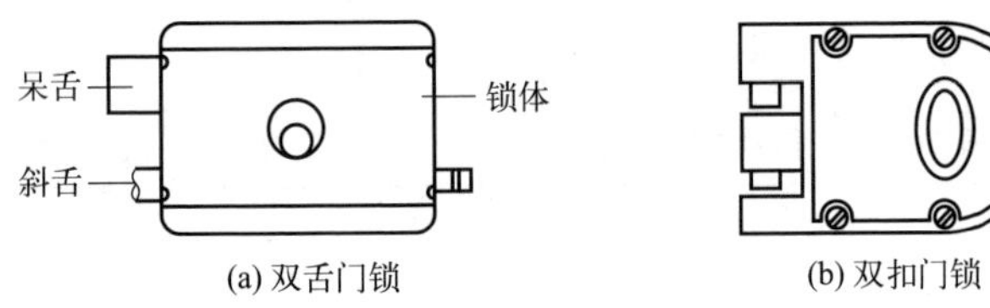

图 30.7 外装门锁

② 分级：按产品的保密度、牢固度、耐用度和耐腐蚀指标，分别按由高到低的顺序，分为 A、B、C 三个等级。

③ 标记方法：(具体划分见标准 QB/T 2473—2017)

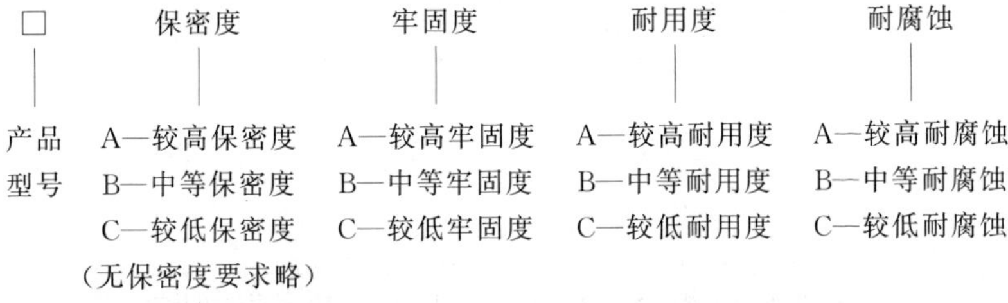

④ 外装门锁的互开率、锁舌伸出长度、安装中心距、适装门厚见表 30.35～表 30.37。

表 30.35 外装门锁的互开率（QB/T 2473—2017） %

保密度	A 级	B 级	C 级
互开率 ≤	0.021	0.082	0.205

注：双锁头以外锁头为准。

表 30.36 外装门锁锁舌伸出长度（QB/T 2473-2017） mm

项目	A 级	B 级	C 级
斜舌伸出长度 ≥	12	12	12

续表

项目		A 级	B 级	C 级
双扣门锁斜舌伸出长度	≥	4.5	4.5	4.5
呆舌伸出长度	≥	18	14.5	14.5
双扣门锁呆舌伸出长度	≥	8	8	8

表 30.37　外装门锁的安装中心距、适装门厚的推荐尺寸　mm

项目	安装中心距	适装门厚
数据	60、70	35～55

30.6.2　球形门锁

球形门锁（图 30.8）是锁体插嵌安装在门梃中，开、关机构安装在执手上的锁（包含固定锁），多用于较高档建筑物的门上。

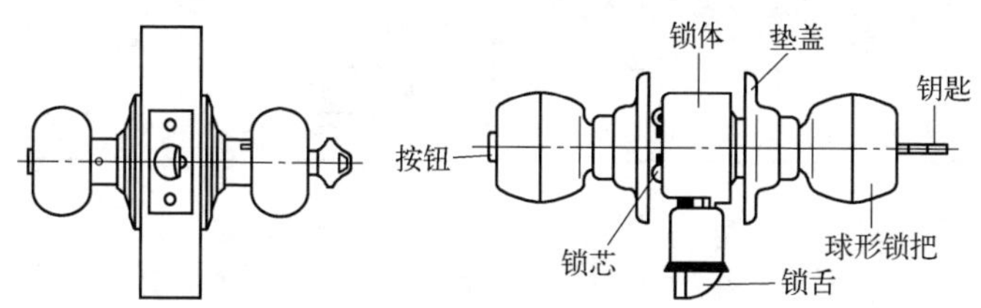

图 30.8　球形门锁的外形和结构

① 分类：按结构分为圆筒球形门锁、三杆球形门锁、固定锁、拉手套锁；按锁头阻止活动件种类分为弹子锁、叶片锁及弹子加叶片锁等；按保密度、牢固度、耐用度和耐腐蚀分为 A、B、C 三个等级。

② 标记方法：（具体划分见标准 QB/T 2476—2017）

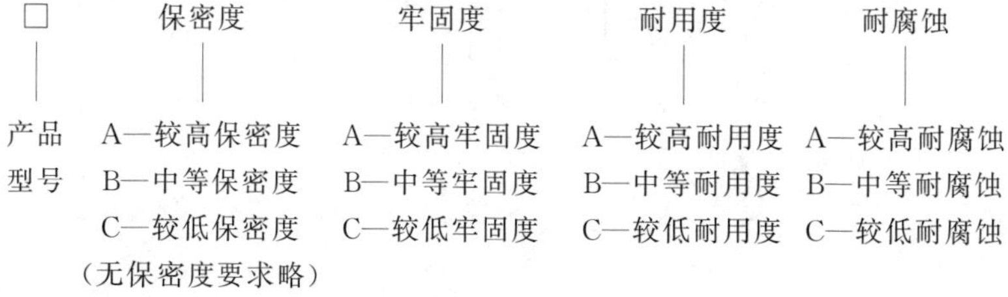

③ 球形门锁的保密度见表 30.38。

表 30.38　球形门锁的保密度（QB/T 2476—2017）

<table>
<tr><th rowspan="2" colspan="2">项目</th><th colspan="3">等级</th></tr>
<tr><th>A</th><th>B</th><th>C</th></tr>
<tr><td>钥匙齿数/个</td><td>≥</td><td>6</td><td>5</td><td>5</td></tr>
<tr><td>钥匙理论牙花数/种</td><td>≥</td><td>50000</td><td>14000</td><td>6000</td></tr>
<tr><td>钥匙牙花不同高度数/个</td><td>≥</td><td>3</td><td>3</td><td>3</td></tr>
<tr><td>同一牙花相邻数/个</td><td>≤</td><td>2</td><td>2</td><td>2</td></tr>
<tr><td>互开率/%</td><td>≤</td><td>0.021</td><td>0.082</td><td>0.205</td></tr>
<tr><td>锁头防拨安全装置/项</td><td>≥</td><td>3</td><td>2</td><td>1</td></tr>
</table>

④ 球形门锁的安装中心距、适装门厚的推荐尺寸见表 30.39。

表 30.39　球形门锁的安装中心距、适装门厚的推荐尺寸　mm

<table>
<tr><th>项目</th><th>圆筒球形门锁、三杆球形门锁</th><th colspan="2">固定锁</th><th>拉手套锁</th></tr>
<tr><td>安装中心距</td><td>51、60、70、80、90、100、110、120、127</td><td colspan="2">60、70</td><td>51、60、70、80、90、100、110、120、127</td></tr>
<tr><td rowspan="2">适装门厚</td><td rowspan="2">35～50</td><td>单锁头</td><td>双锁头</td><td rowspan="2">35～45</td></tr>
<tr><td>35～50</td><td>35～45</td></tr>
</table>

30.6.3　插芯门锁

插芯门锁（图 30.9）可安装在各类门上，其锁体插嵌安装在门梃中，附件组装在门上。

① 分类：按锁体与锁头配套形式，可分为有锁头插芯门锁和无锁头叶片插芯门锁两种（图 30.9）；按锁体与镇舌配套数量，可分为单舌插芯门锁和多舌插芯门锁；按锁头阻止活动件种类，可分为弹子、叶片及弹子加叶片等。

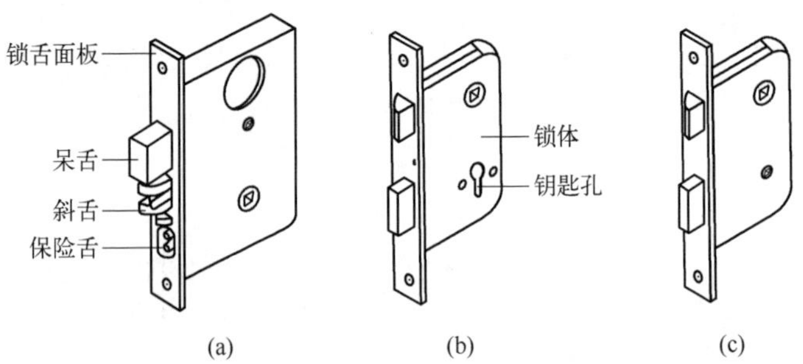

图 30.9　有锁头插芯门锁（a）、（b）和无锁头叶片插芯门锁（c）

② 标记：产品型号＋保密度＋牢固度＋耐用度＋耐腐蚀（QB/T 2474—2017）。

a）当无锁头叶片插芯锁的保密度低于 C 级时，保密度不分级，以“X”标记。

b）不需要用钥匙启、闭的特殊场所用锁，无保密度要求，保密度以“—”标记。

30.6.4 机械防盗锁

机械防盗锁依据安全级别分为 A、B 和 C 三级；A 级最低，依次递增。其型号表示方法是：

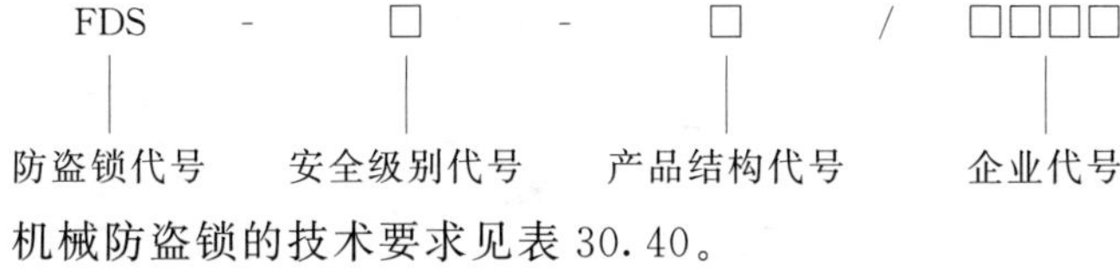

机械防盗锁的技术要求见表 30.40。

表 30.40　机械防盗锁的技术要求（GA/T 73—2015）

<table>
<tr><th colspan="2">项目</th><th colspan="7">技术要求</th></tr>
<tr><td rowspan="9">一般要求</td><td>锁体结构</td><td colspan="7">用钥匙开启的在锁定后，不应有不用钥匙能使主锁舌被开启的功能；主锁舌应有锁舌止动装置。采用双向锁头时，内、外开启的钥匙应相同。当钥匙插入锁头钥匙旋转时，主锁舌已伸出但未达到锁定状态时，钥匙应不能拔出</td></tr>
<tr><td>锁头结构</td><td colspan="7">用钥匙开启的应采用多排弹子、单排复合弹子、叶片或杠杆等具有一定防技术开启功能结构；弹子结构的锁头应配备不小于 4 颗异形弹子</td></tr>
<tr><td>传动操作机构</td><td colspan="7">锁具的拉手、执手或机械密码锁的操纵件当受外力破坏时，在结构上可使其失效或可与锁体脱离，但此时主锁舌应仍处于锁定状态</td></tr>
<tr><td>锁舌伸出长度</td><td colspan="7">主锁舌，A 级和 B 级应不小于 20mm，C 级应不小于 24mm；钩舌/爪舌应不小于 14mm，斜舌应不小于 11mm</td></tr>
<tr><td rowspan="4">锁体材料（锁体面板厚度允许由锁体面板与衬板组合而成）</td><td rowspan="2">级别</td><td colspan="2">锁体外壳</td><td colspan="2">锁舌面板</td><td colspan="2">锁扣盒（板）</td></tr>
<tr><td>冷轧板</td><td>热轧板</td><td>冷轧板</td><td>热轧板</td><td>冷轧板</td><td>热轧板</td></tr>
<tr><td>A 和 B</td><td>1.5±0.11</td><td>1.5±0.12</td><td>2.5±0.15</td><td>2.5±0.15</td><td>1.5±0.11</td><td>1.5±0.12</td></tr>
<tr><td>C</td><td>2.0±0.13</td><td>2.0±0.14</td><td>3.0±0.17</td><td>3.0±0.17</td><td>2.0±0.13</td><td>2.0±0.14</td></tr>
<tr><td>密码</td><td colspan="7">应操作容易，程序更换简单，保密可靠</td></tr>
</table>

续表

<table>
<tr><th colspan="2">项目</th><th>技术要求</th></tr>
<tr><td rowspan="3">一般要求</td><td>尺寸要求</td><td>1. 锁芯台肩与锁头体配合间隙应不小于 0.2mm，锁舌与锁舌孔配合间隙应不大于 0.5mm；机械密码锁的锁舌与锁舌孔配合间隙应不小于 1.5mm。
2. 锁舌缩回后，舌端面与锁舌面板表面的配合高出不大于 1mm，低于不大于 0.5mm；锁舌面板与锁壳的配合间隙应不大于 0.5mm。
3. 机械密码锁的转向片两相邻面之间的最小间隙为 0.64mm。
4. 机械密码锁转向片上应具有防止技术开启的浅槽，转向片的直径尺寸差异应不小于 1mm。
5. 三转向片机械密码锁的刻度盘在转动超过规定 1.25 分度格时，四转向片机械密码锁的刻度盘在转动超过规定 1.50 分度格时，锁不应被打开。</td></tr>
<tr><td>外观要求</td><td>1. 锁体上的各种铆接件应连接牢固，铆钉垂直于壳体，铆钉头光滑、平整。
2. 机械密码锁刻度盘字迹应清晰，线条粗细一致，基准线应有明显标志。
3. 拉手、把手、执手、旋钮和转向片等操纵件及锁头圈、覆板、锁舌面板、锁扣盒（板）等装饰件表面应平整光洁，无裂痕、缺角等缺陷；电镀或涂装层应色泽光洁、均匀，无烧焦、露底、起泡和划伤等瑕疵。刻度盘线条应均匀清晰，基准位置明显，不应有断线或模糊不清等瑕疵。
4. 锁具外露零件应使用黄铜、不锈钢或其他等效的材料制成，所有钢制零件应经过电镀或涂装等处理</td></tr>
<tr><td>永久性安全级别标记</td><td>锁具应按规定设有永久性安全级别标记。标记用大写英文字母和中文汉字宋体“级”字组成，并以不可涂改的方式印在产品本体明显位置</td></tr>
<tr><td>机械强度</td><td>主锁舌强度</td><td>1. 主锁舌抗侧向静压力：在承受 6 000N 的侧向静压力后，机械密码锁在承受 A 级 2kN，B 级 3kN 侧向静压力后，锁应可正常使用。
2. 主锁舌承受下列轴向静压力后，锁舌回缩量应不大于 5mm
<table><tr><th>锁体结构</th><th>级别</th><th>轴向静压力</th><th>锁体结构</th><th>级别</th><th>轴向静压力</th></tr><tr><td rowspan="3">插芯式</td><td>A</td><td>2kN</td><td rowspan="3">外装式</td><td>A</td><td>2kN</td></tr><tr><td>B</td><td>4kN</td><td>B</td><td>4kN</td></tr><tr><td>C</td><td>6kN</td><td></td><td></td></tr></table></td></tr>
</table>

续表

<table>
<tr><th colspan="2">项目</th><th>技术要求</th></tr>
<tr><td rowspan="9">机械强度</td><td>钩舌/爪舌强度</td><td>在承受以下规定的载荷后,应仍能正常使用
<table><tr><th>级别</th><th>钩舌/爪舌侧向静压力</th><th>钩舌轴向拉力</th><th>钩舌抗脱出力</th></tr><tr><td>A</td><td>3kN</td><td>2kN</td><td>2kN</td></tr><tr><td>B</td><td>5kN</td><td>4kN</td><td>4kN</td></tr><tr><td>C</td><td>7kN</td><td>6kN</td><td>6kN</td></tr></table></td></tr>
<tr><td>斜舌强度</td><td>在承受 A 级 2kN,B 级和 C 级 3kN 侧向静压力后,保险后在承受 A 级 0.5kN,B 级和 C 级 1kN 的轴向静压力后,应仍能正常使用</td></tr>
<tr><td>操纵件强度</td><td>1. 机械防盗锁的拉手、执手或机械密码锁刻度盘在承受 1.6kN 静拉力作用下,上述各零件以及转动芯轴应无明显损坏,传动机构仍能正常工作。
2. 拉手、执手或机械密码锁刻度盘抗扭性能:在承受 A 级 25N·m,B 级 50N·m 和 C 级 75N·m 扭矩作用下应可正常使用,转动芯轴应无明显损坏,传动机构仍能正常工作</td></tr>
<tr><td>锁扣盒(板)强度</td><td>锁扣盒(或板)在承受以下规定的载荷后,应仍能正常使用
<table><tr><th>结构</th><th>级别</th><th>锁扣盒轴向静压力/kN</th><th>锁扣板侧向静拉力/kN</th><th>锁扣板拉力/kN</th><th>锁扣板抗提力/kN</th></tr><tr><td rowspan="3">插芯式</td><td>A</td><td>3</td><td>3</td><td>3</td><td>1</td></tr><tr><td>B</td><td>5</td><td>5</td><td>5</td><td>3</td></tr><tr><td>C</td><td>7</td><td>7</td><td>7</td><td>4</td></tr><tr><td rowspan="2">外装式</td><td>A</td><td>4</td><td>5</td><td>5</td><td>1</td></tr><tr><td>B</td><td>6</td><td>7</td><td>7</td><td>3</td></tr></table></td></tr>
<tr><td>钥匙强度</td><td>在承受 3N·m 扭矩作用下,应无明显变形,并可正常使用</td></tr>
<tr><td>锁头连接螺钉和螺孔强度</td><td>锁头上的连接螺钉在承受 3kN 静拉力后,应无滑牙、脱扣现象</td></tr>
<tr><td>活装锁头连接强度</td><td>活装锁头与锁体连接后应牢固可靠,在 3kN 静压力作用下,锁头应不脱离锁体,并可正常使用</td></tr>
<tr><td>密码锁外壳强度</td><td>机械密码锁的防护外壳在 35kN 静压力作用下应不产生塑性变形和裂纹,并可正常使用</td></tr>
<tr><td>灵活度</td><td>主锁舌灵活度</td><td>用钥匙操作主锁舌的转动扭矩应不大于 1.5N·m,主锁舌启、闭应无阻滞现象</td></tr>
</table>

续表

<table>
<tr><th colspan="2">项目</th><th colspan="5">技术要求</th></tr>
<tr><td>灵活度</td><td>斜舌
灵活度</td><td colspan="5">用钥匙/执手操作斜舌的转动扭矩应不大于 1.5N・m/3N・m，斜舌启、闭应无阻滞现象；
斜舌轴向缩进静压力应在 2.5～9.8N 之间。
斜舌闭合静压力应不大于 49N。</td></tr>
<tr><td colspan="2">耐久性</td><td colspan="5">开启锁舌机构的相关传动部件耐久性应达到：A 级应不少于 6 万次，B 级和 C 级应不少于 10 万次</td></tr>
<tr><td colspan="2">耐腐蚀</td><td colspan="5">锁具外露的电镀或涂装件，A/B/C 级分别经过 24h/48h/72h 的中性盐雾试验后（电镀层按 GB/T 10125，涂层按 GB/T 1771 进行），电镀层的保护评级 R_P 应不低于 6 级或外观评级 R_A 应不低于 8 级；涂装件的起泡程度应不超过 ISO 4628-2 中规定的密度 2 和尺寸 3 的要求。</td></tr>
<tr><td colspan="2" rowspan="9">防破坏功能</td><td colspan="5">锁具按正常安装，使用规定的工具对机械防盗锁实施防钻、防锯、防撬、防拉、防冲击、防技术开启试验和机械密码锁的防技术开启试验，锁被破坏、被打开的净工作时间应不少于以下规定</td></tr>
<tr><td>级别</td><td>防钻</td><td>防锯</td><td>防撬</td><td>防拉</td></tr>
<tr><td>A</td><td>10</td><td>5</td><td>10</td><td>10</td></tr>
<tr><td>B</td><td>15</td><td>5</td><td>15</td><td>15</td></tr>
<tr><td>C</td><td>30</td><td>30</td><td>30</td><td>30</td></tr>
<tr><td>级别</td><td>防冲击</td><td colspan="2">防技术开启</td><td>密码锁防技术开启</td></tr>
<tr><td>A</td><td>10</td><td colspan="2">1</td><td>1200</td></tr>
<tr><td>B</td><td>15</td><td colspan="2">5</td><td>1440</td></tr>
<tr><td>C</td><td>30</td><td colspan="2">10</td><td>—</td></tr>
<tr><td rowspan="2">差异
密钥量</td><td>差异</td><td colspan="5">以长度变化为差异的，其差异数应不小于 0.5mm；以角度变化为差异的，其差异数应不小于 15°</td></tr>
<tr><td>密钥量</td><td colspan="5">1. 弹子锁的理论密钥量：A 级应不小于 6 万种，差异交换数为一个，B 级和 C 级应不小于 3 万种，差异交换数为两个。
2. 页片和杠杆锁的理论密钥量：A 级应不小于 2.5 万种，差异交换数为一个，B 级和 C 级应不小于 1 万种，差异交换数为两个。
3. 用钥匙开启的机械防盗锁，实际生产的可用密钥量应不小于理论密钥量的 40%。
4. 机械密码锁的理论密钥量：A 级应不小于 100 万种，B 级和 C 级应不小于 6000 万种，实际可变换的密钥量应不小于理论密钥量的 60%</td></tr>
<tr><td colspan="2">互开率</td><td colspan="5">用钥匙开启的机械防盗锁的互开率：A 级应不大于 0.03%，B 级和 C 级应不大于 0.01%</td></tr>
</table>

30.6.5　电子防盗锁

电子防盗锁分遥控式、键盘式、刷卡式和生物特征防盗锁几种（图 30.10）。

按机械强度、环境试验的严酷等级不同，电子防盗锁的安全级别由低到高分为 A、B 两级。

电子防盗锁的技术要求见表 30.41。

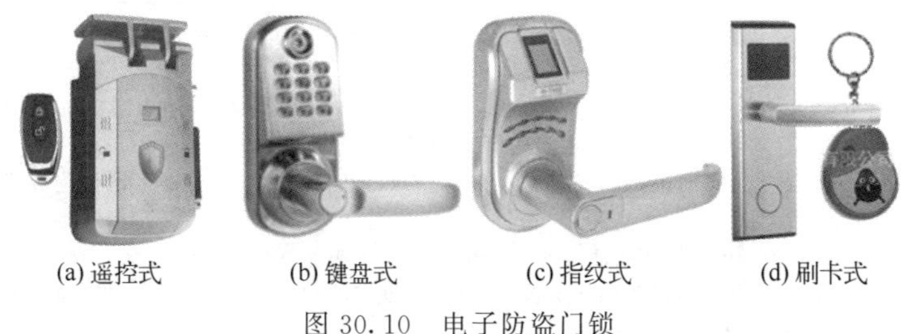

(a) 遥控式　(b) 键盘式　(c) 指纹式　(d) 刷卡式

图 30.10　电子防盗门锁

表 30.41　电子防盗锁的技术要求（GA 374—2019）

项目	技术要求
结构及外观	外形应符合图纸要求； 壳体表面应无明显的变形、裂纹、褪色，也不应有毛刺、砂孔、起泡、腐蚀、划痕、涂层脱落等缺陷； 控制机构灵活、无卡阻现象，手动部件手感良好，活动自如； 主锁舌伸出长度、锁身外壳、锁扣盒（板）要求符合 GA/T 73—2015 中相应规定； 各种标志应清晰、牢固
电源	使用电池供电时，电池容量应能保证电子防盗锁连续正常启、闭 3000 次以上； 当电子防盗锁的供电电压低于标称电压值的 80%时，应能给出欠压指示。给出欠压指示后的电子防盗锁应还能正常启、闭不少于 50 次； 当主电源电压在额定值的 85%～110%范围内变化时，电子防盗锁不需要做任何调整应能正常工作
信息保存	电子防盗锁在电源不正常、断电或更换电池时，锁内所存的信息不应丢失
误识率	电子防盗锁的误识率不大于 1%

续表

项目	技术要求
强度	锁壳：应有足够的机械强度和刚度，能够承受110N的压力及2.65J的冲击强度试验，试验后不应产生永久的变形和损坏； 主锁舌（栓）：A/B级电子防盗锁应分别能承受1000N/3000N的轴向静压力，所产生的缩进不应超过5mm，主锁舌（栓）承受1500N/6000N的侧向静压力后，锁应能正常使用； 手动部件：对A/B级电子防盗锁闭锁后位于防护面的手动部件施加1600N的静拉力和25/50N·m的扭矩时，锁具不得开启，手动部件不应产生变形或损坏； 锁扣盒（板）：A/B级电子防盗锁扣盒应能承受3000N/5000N的静压力而不产生明显的塑性变形； 识读装置：具有键盘盒和/或人体生物特征和/或读卡器识读装置的电子防盗锁，其外壳防护等级应符合GB 4208—2017中IP50规定，在识读装置上施加110N的静压力，作用60s±2s，不应产生永久变形和损坏，键盘的任一按键经过6000次的动作，该键不应产生故障和输入密码失效现象； 钥匙：分别经过1000次弯曲试验和扭曲试验（扭曲度为15°±1°），试验后卡的功能应完好，且不应出现任何破裂，具有防水、防污染的能力，在钥匙上任意点与地之间施加1500V静电电压，钥匙的性能不应受到影响，具有防复制的能力
密钥量	采用电子编码的电子防盗锁A/B级密钥量应不少于$10^5/10^6$； 采用识别生物特征的电子防盗锁，其特征信息的存储量A/B级应不少于256/512字节
环境适应性	气候环境适应性：在规定的严酷等级条件下，应能正常工作，且电子防盗锁内各机械零件、部件无松动，外壳不变形、机件不损坏； 机械环境适应性：在规定条件下，各项功能应正常，且电子防盗锁内各机械零件、部件无松动，外壳不变形、机件不损坏
抗干扰	抗静电放电干扰：应能承受8kV（接触）和/或15kV（空气）的静电放电试验。试验期间不应产生误动作或功能暂时丧失而能自动恢复，试验后工作应正常。 抗射频电磁场辐射干扰和抗电快速瞬变脉冲群干扰。 抗电快速瞬变脉冲群干扰：当采用交流电源供电时，应能承受0.5kV，重复频率为5kHz的电快速瞬变脉冲群干扰试验，不应产生误动作，试验后工作正常。 抗电压暂降干扰：当采用交流电源供电时，电子防盗锁电源应能承受电压降低30%、25个周期的试验要求，试验期间不应产生误动作，试验后工作正常

续表

项目	技术要求
安全性	绝缘电阻:电子防盗锁电源插头或电源引入端子与外壳裸露金属部件之间的绝缘电阻,在正常环境下不应小于100MΩ,湿热条件下不应小于10MΩ。 泄漏电流:采用交流电源供电的产品,受试样品在正常工作状态下,机壳对大地的泄漏电流应小于5mA。 抗电强度:电子防盗锁电源插头或电源引入端子与外壳裸露金属部件之间应能承受规定的50Hz交流电压的抗电强度试验,历时1min应无击穿和飞弧现象。 非正常操作:在最严酷的非正常电路故障状态下,应无燃烧和/或触电的危险。 阻燃:对于采用塑料材料作为电子防盗锁的外壳或配套装置,其塑料外壳经火焰燃烧5次,每次5s,不应起火。 过压运行:电子防盗锁在主电源电压为额定值的115%过压条件下,应能正常工作。 过流保护:用交流电源供电的电子防盗锁,在电源变压器初级应安装断路器或保险丝,其规格一般不大于产品额定工作电流的2倍;对要求用户安装的所有引线,应有明确的标识;当无标识时反接或错接引线,应能自动保护使产品不致于损坏
稳定性	在正常大气下连续加电7天,每天启、闭不少于30次,产品应能正常工作,不出现误动作
耐久性	在额定电压和额定负载电流的情况下,进行3000次的锁具启、闭操作,不应有电的器件损坏,也不应有机械零件的损毁粘连故障
防技术开启	在规定的强磁场和强电场的作用下,不能出现开启现象。 由专业技术人员采用技术手段实施技术开启,A/B级电子防盗锁在5min/10 min内不能被开启
防破坏报警	当连续3次实施错误操作时或防护面遭受外力破坏时,应能给出声/光报警指示和/或报警信号输出

30.6.6 指纹防盗锁

按机械强度、环境试验的严酷等级不同，指纹防盗锁的安全级别由低到高分为A、B两级，其技术要求见表30.42。

表30.42 指纹防盗锁的技术要求（GA 701—2007）

续表

项目	技术要求
灵活性、尺寸	机械传动机构传动灵活，无卡阻现象，执手转动灵活，能准确复位。 主锁舌的伸出长度，A级不小于14mm，B级不小于20mm；斜舌伸出长度不小于11mm
外观质量	壳体、执手、锁扣板表面应平整光洁，无起泡、脱漆、裂纹、缺角和明显划痕。 所有金属零件应进行表面防腐处理，经中性盐雾（NSS法）48h后应达到保护评级6级的要求
强度	识读装置机械强度：应符合GA 374—2019中相应条款规定。 锁壳强度：应能够承受8kN的压力而不产生永久变形和损坏。 主锁舌（栓）承受的轴向静载荷：A/B级分别承受2kN/3kN轴向静压力时，所产生的缩进不应超过8mm。A/B级主锁舌（栓）承受2kN/3kN的侧向静压力后，锁应能正常使用。 执手强度：在承受1200N的轴向静拉力或径向静载荷后，应能正常使用；A/B级执手在承受14N·m/20N·m转矩后应能正常使用。 锁扣盒（板）强度：A/B级电子防盗锁扣盒应能承受2kN/3kN静压力而不产生明显的塑性变形
功能	自检功能：开始工作时，应有表明其工作正常的指示或显示。 指纹登录功能：按照产品说明书中规定的步骤操作，应能登录用户指纹。 指纹删除功能：按照产品说明书中规定的步骤操作，应能删除已经登录的用户指纹。 信息保存功能：电源掉电或更换电池时，指纹防盗锁内已保存的信息不得丢失。 使用权限管理功能：具有用户使用权限分级管理功能，在指纹登录和删除过程中应具有相应授权机制。 指示/显示功能：应符合GA/T 394—2002中4.4.7的要求
报警功能	具有自动闭锁功能的指纹防盗锁，当门被关闭而不能自动闭锁时，应产生声/光报警指示和/或报警信号输出。 当连续5次实施错误操作时，或当强行拆除和打开锁体外壳时，或当外接供电的主电源被切断或短路时，B级指纹防盗锁应产生声/光报警指示和/或报警信号输出
应急开锁功能	可以使用制造厂特制的专用装置采取特殊方法进行应急开锁；采用机械方式应急开启时，机械锁头应符合GA/T 73—2015中相应条款的要求

续表

项目	技术要求
通信功能	受试样品应具有用于测试的 UART 或 USB 通信接口。 受试样品应能将采集到的指纹图像信息经通信接口传送给计算机，计算机也应能将保存的指纹图像信息经通信接口传送给受试样品。 受试样品应能与计算机通过通信接口进行指令传输与应答
技术性能	平均指纹匹配时间≤3s(1:N,N=10)；认假率≤0.001%；拒真率≤5%
电源	可使用电池或 AC-DC 电源供电。 电池供电要求：在正常工作状态，指纹防盗锁的平均工作电流应不于 500mA；在休眠状态，工作电流应不大于 50μA；电池的容量应能保证指纹防盗锁连续正常启、闭操作 3000 次而不出现欠压警告指示；应具有欠压警告指示功能，当出现欠压警告指示时，仍应能保证正常启、闭操作不少于 50 次。 AC-DC 电源供电要求：当电源电压在额定值的 85%～110%范围内变化时，指纹防盗锁应不需调整而能正常工作。在主电源断电后，应能保证指纹防盗锁正常工作不少于 24h，正常启、闭锁不少于 10 次
环境适应性	气候环境适应性：在规定的严酷等级条件下，应能正常工作，且电子防盗锁内各机械零件、部件无松动，外壳不变形、机件不损坏。 机械环境适应性：在规定条件下，各项功能应正常，且电子防盗锁内各机械零件、部件无松动，外壳不变形、机件不损坏
电磁兼容性	应能承受 GB/T 17626.2 中试验等级 4 所规定的静电放电干扰；应能承受 GB/T 17626.3 中试验等级 3 所规定的射频电磁场幅射干扰。 AC-DC 供电者，还应能承受 GB/T 17626.4 中试验等级 3 所规定的电快速瞬变脉冲群干扰和 GB/T 17626.11 中试验等级：40%U_T10 个周期的电压暂降及 0%U_T10 个周期的短时中断干扰
安全性	符合 GA 374—2019 中相应条款的要求
稳定性	在常压下连续加电 7 天，每天启、闭不少于 30 次，应能正常工作，不出现误动作

30.6.7　家具锁

家具锁安装在各类家具上，起到保护财物安全的作用。按结构分为弹子锁、叶片锁和密码锁三种，按类型分为 1 型和 2 型(图 30.11)，家具锁相关参数见表 30.43～表 30.45。

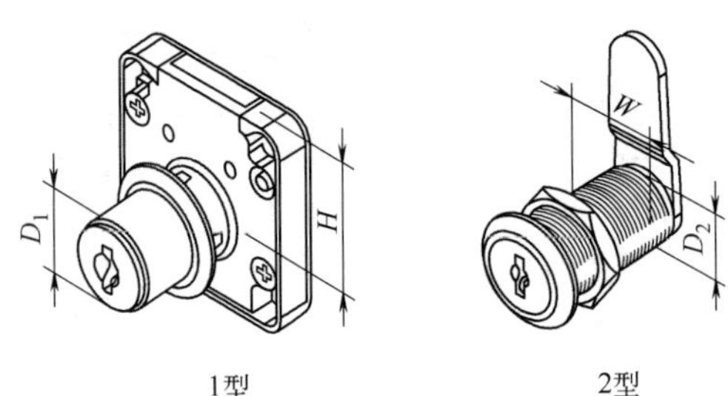

图 30.11 家具锁的型别

表 30.43 类型 1 锁的规格尺寸（QB/T 1621—2015） mm

项目	规格尺寸			
锁头直径 D_1	16	18	20	22
安装中心距 H	20、22.5			

表 30.44 类型 2 锁的规格尺寸（QB/T 1621—2015） mm

项目	规格尺寸					
锁头[①]直径 D_2	12	16	18	19	22	28
安装边距 W	10.6	13	16	16	18	26

① 表示螺纹，非螺纹相同。

表 30.45 弹子锁、叶片锁和密码锁的一些参数

项目		弹子锁				叶片锁		密码锁
		锁头直径<20mm		锁头直径≥20mm				
钥匙牙花数/个		4	5	4	5	5	6	编码数不少于900个
钥匙不同牙花数/种	≥	200	750	500	2500	150	500	
互开率/%	≤	0.575	0.612	0.327	0.245	1.379	0.612	

注：其他参数见原标准。

30.6.8 橱门锁

橱门锁用于各类钢、木家具橱门。玻璃橱门锁专用于玻璃柜橱门，移动橱门锁专用于横移式橱门。橱门锁规格见表 30.46。

表 30.46　橱门锁的规格　mm

品种	锁头直径	锁头高度
玻璃橱门锁	18,22	16,16.7
	椭圆形为 17×24	
弹子橱门锁	22.5	20
拉手橱门锁	14.5	20,16.7
	18	20
移动橱门锁	19,22	26,30

30.7 门控器

30.7.1 平开门闭门器

闭门器是安装在门的上部，用于自动关闭门扇，并可调节关闭速度的装置。按开关门的驱动装置分，有电动式（D）和液压式（Y）两种；按主机安装位置分，有外露式（WL）和隐藏式（YC）两种；按开门驻持分，有无驻持（W）和有驻持（Z）两种。

平开门闭门器由主机壳体、活塞、齿轮、连杆、摇杆、销轴和滑轨组成（图 30.12）。

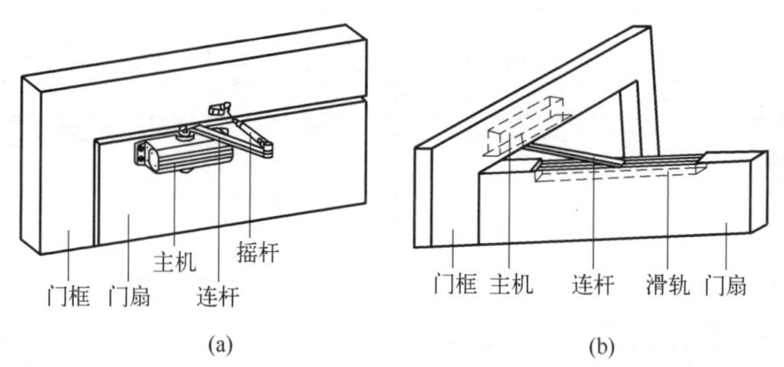

图 30.12　外露式（a）和隐藏式（b）闭门器

型号标记方法是（JG/T 268—2019）：

B - □ □ □ - □ □ JG/ 268—2019

- 产品代号：B
- 关门能力级别：1～7 级（表 30.47）
- 反复启闭次数：Ⅰ—≥20 万次；Ⅱ—≥50 万次；Ⅲ—≥100 万次
- 驱动形式：Y—液压；D—电动
- 开门驻持：W—无驻持型；Z—有驻持型
- 安装形式：WL—外露式；YC—隐藏式
- 标准号：JG/ 268—2019

表 30.47　平开门闭门器的关门能力级别

关门能力级别代号	性能要求					适用最大门扇质量/kg	适用最大门扇宽度/mm
	4°～0°最大关闭力矩/N·m		90°～0°最小关闭力矩/N·m	机械效率/%			
				Ⅰ、Ⅱ	Ⅲ		
1	⩾9	<13	⩾2	⩾40	⩾50	20	750
2	⩾13	<18	⩾3	⩾40	⩾50	40	850
3	⩾18	<26	⩾4	⩾45	⩾55	60	950
4	⩾26	<37	⩾6	⩾50	⩾60	80	1100
5	⩾37	<54	⩾8	⩾55	⩾65	100	1250
6	⩾54	<87	⩾11	⩾55	⩾65	120	1400
7	⩾87	<140	⩾18	⩾55	⩾65	160	1600

30.7.2　防火门闭门器

防火门闭门器安装在防火门和防火窗上，型号标记方法是：

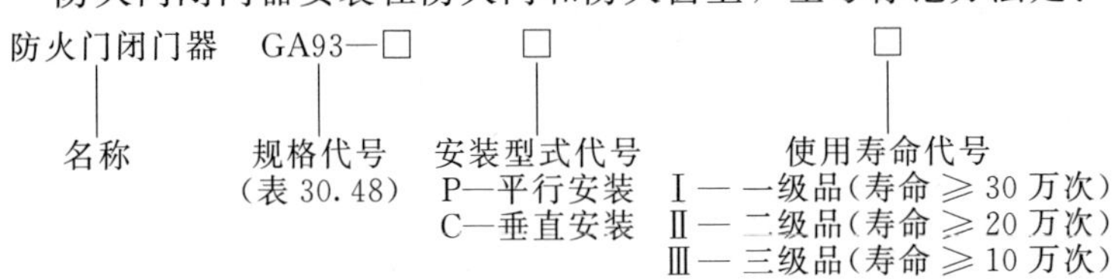

表 30.48　防火门闭门器的规格（XF 93—2004）

规格代号	开启力矩（N·m）	关闭门力矩（N·m）	适用门扇质量/kg	适用门扇最大宽度/mm
2	⩽25	⩾10	25～45	830
3	⩽45	⩾15	40～65	930
4	⩽80	⩾25	60～85	1030
5	⩽100	⩾35	80～120	1130
6	⩽120	⩾45	110～150	1330

防火门闭门器的技术要求见表 30.49。

表 30.49　防火门闭门器的技术要求

项目		技术要求
一般要求	外观	1. 产品外形完整、图案清晰。 2. 涂层均匀、牢固，不得有流挂、堆漆、露底、起泡等缺陷，有机涂层的附着力不低于 3 级。 3. 镀层致密、均匀，表面无明显色差，不得有露底、泛黄、烧焦等缺陷。 4. 在试验时间内（优等品和一级品为 24h，合格品 12h），金属镀层耐腐蚀级别不应低于 8 级

续表

项目		技术要求
一般要求	运转性能	运转平稳、灵活，其储油部件不应有渗漏油现象
	开启/关闭力矩	应符合表 30.48 的规定
	关闭时间	最大不应小于 20s，最小不应大于 3s
	闭门复位偏差	不应大于 0.15 度
使用寿命试验后	使用寿命	一级品≥30 万次，二级品≥20 万次，三级品≥10 万次；使用寿命试验中应无破损和漏油现象
	运转性能	与试验前相同
	开启力矩	应不大于表 30.48 规定值的 80%
	最大关闭时间	一级品、二级品和三级品应分别≥8s、9s、10s
	最小关闭时间	不应大于 3s
	关闭力矩	不应小于表 30.48 规定值的 80%
	闭门复位偏差	不应大于 0.15 度
高温下的性能	开启力矩	规格 2、3、4、5、6 的闭门器，应分别小于等于 20、36、64、80、96N·m
	最大关闭时间	一级品、二级品和三级品应分别≥6、7、8s
	最小关闭时间	不应大于 3s
	关闭力矩	规格 2、3、4、5、6 的闭门器，应分别大于等于 7、10、18、24、32N·m
	闭门复位偏差	不应大于 0.15 度
	完好性	试验过程中应无破损和漏油现象

30.7.3　地弹簧

地弹簧安装在平开门门头上方或下方，其作用是当门开启后能及时将门关闭，可用于单向或双向开启的各种关门或开门装置。按动力源分有液压地弹簧和电动地弹簧两大类。地弹簧一般分 90 度停、105 度停、无停三种。

地弹簧的型号表示的方法是（参考）：

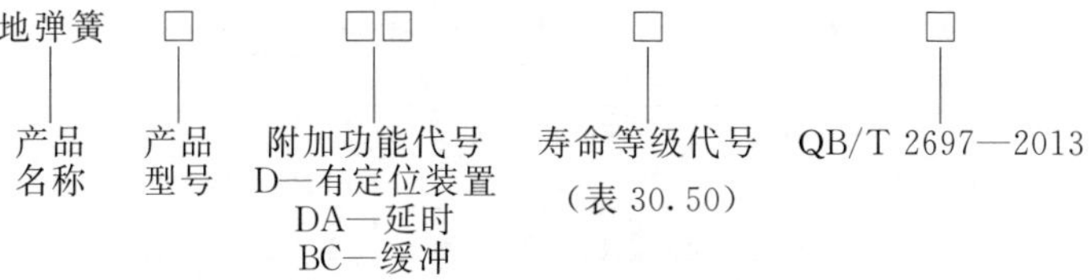

表 30.50 地弹簧寿命等级代号 ≥万次

等级	单向	双向
高	100	50
中	50	25
低	20	10

地弹簧的技术条件见表 30.51。

表 30.51 地弹簧的技术条件（QB/T 2697—2013）

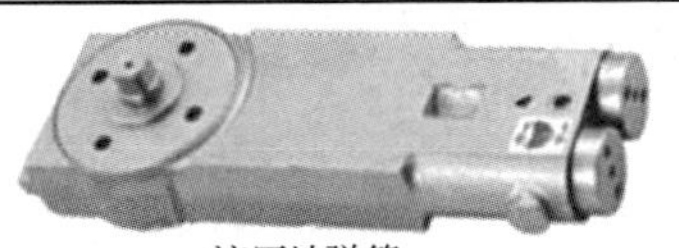
液压地弹簧

电动地弹簧

类别	项目	技术条件
液压闭门器	零位功能	零位偏差≤3mm
	负载性能	经负载性能测试后，地弹簧及附件应无渗漏、断裂和变形现象
	定位功能	有定位器装置者，门应能在规定的位置或区域停门并易于脱开
	关门时间	全关闭调速阀时，不应小于 40s；全打开调速阀时，不应大于 3s
	关门力矩、能效比	应符合表 30.52 规定
	渗漏	按规定的方法试验后，不应出现渗漏现象
	运转性能	使用时应运转灵活、无异常噪声
	闭锁功能	有此功能者，关门至 25°以下时，应可独立调节关门速度
	开门缓冲功能	有此功能者，开启至 65°之后应有明显减速现象，并能在 90°前停止
	延时关门功能	有此功能者，从开门角度 90°至延时末端的关门时间应大于 10s，且延时末端的角度应为 75°～60°
	温度变化对关闭时间的影响	温度为－15℃时，关闭时间应≤25s；温度为 40℃时，关闭时间应≥3s
	寿命	在完成相应的寿命试验后，地弹簧应能符合上述要求
电动闭门器	复位功能	复位偏差≤3mm
	关门力矩、能效比	应符合表 30.52 规定
	关门时间	从 90°关到 10°时，所用时间不应小于 3s
	开门时间	从 0°开启到 80°时，所用时间不应小于 3s
	常开门（停门）	应能在规定的位置或区域长时间停留

续表

类别	项目	技术条件
电动闭门器	环境适应性	在低温 −15℃时，试验 8h；在恒温 40℃±2℃、RH(93±2)%时，试验 48h（均不加电）能正常工作
	防障碍功能	在开门、关门过程中，试验门遇到不大于 116N・m 的力矩，应能停止或反向运转
	推门功能	门在关闭（未锁住）状态下，用不大于 58N・m 的力矩，应能推开门
	寿命	在完成相应的寿命试验后，复位偏差≤6mm，且应能符合上述其他要求

注：有防火要求的地弹簧应符合 GA93 的规定。

表 30.52　地弹簧的规格（QB/T 2697—2013）

系列编号	关门力矩 /N・m	能效比/%		规格	
		液压地弹簧	电动地弹簧	试验门质量 /kg	适用门最大宽度/mm
1	9≤M<13	≥45	≥65	15～30	750
2	13≤M<18	≥50		25～45	850
3	18≤M<26	≥55		40～65	950
4	26≤M<37	≥60		60～85	1100
5	37≤M<54	≥60		80～120	1250
6	54≤M<87	≥65		100～150	1400
7	87≤M<140	≥65		130～180	1600

地弹簧的安装步骤和注意事项

30.8　门窗小五金

30.8.1　窗钩

窗钩钩子的型式与尺寸见表 30.53。

表 30.53　钩子的型式与尺寸（QB/T 1106—1991）　mm

规格	P40	P50	P65	P75	P100	P125	P150	P200
钢丝直径 d	2.5	2.5	2.5	3.2	3.2	4.0	4.0	4.5
全长 L	40	50	65	75	100	125	150	200
外径 D	10	10	10	12	12	15	15	17
钩长 H	18	18	18	22	22	28	28	32

规格	P250	P300	C75	C100	C125	C150	C200
钢丝直径 d	5	5	4	4	4.5	4.5	5
全长 L	250	300	75	100	125	150	200
外径 D	18.5	18.5	15	15	17	17	18.5
钩长 H	35	35	28	28	32	32	35

30.8.2　羊眼

羊眼的型式尺寸见表 30.54。

表 30.54　羊眼型式尺寸（QB/T 1106—1991）　mm

规格	P40	P50	P65	P75	P100	P125	P150	P200
钢丝直径 d	2.5	2.5	2.5	3.2	3.2	4.0	4.0	4.5
外径 D	10	10	10	12	12	15	15	17
全长 L_1	22	22	22	25	30	35	35	40
螺纹长度 L_0	8	8	8	9	9	13	13	15

规格	P250	P300	C75	C100	C125	C150	C200
钢丝直径 d	5	5	4	4	4.5	4.5	5
外径 D	18.5	18.5	15	15	17	17	18.5
全长 L_1	45	45	35	35	40	40	45
螺纹长度 L_0	17	17	13	13	15	15	17

30.8.3　窗帘轨

装于窗扇上部作吊挂窗帘用，拉动一侧拉绳即可开闭窗帘（固定式向一侧移动，调节式向两侧移动）。窗帘轨的规格和尺寸如表 30.55 所示。

表 30.55　窗帘轨的规格和尺寸

固定式　　　　调节式

名称	规格/m	轨道长度/m	安装距离/m	名称	规格/m	轨道长度/m	安装距离/m
固定式窗帘轨	1.2	1.25	—	固定式窗帘轨	3.5	3.55	—
	1.6	1.65			3.8	3.85	
	1.8	1.85			4.2	4.25	
	2.1	2.15			4.5	4.5	
	2.4	2.45		调节式窗帘轨	1.5	—	1.0～1.8
	2.8	2.85			1.8		1.2～2.2
	3.2	3.25			2.4		1.9～2.6

30.8.4　滑撑

滑撑用于铝合金上悬窗、平开窗的定位和启闭。可分为外开上悬窗用滑撑和外平开窗用滑撑两大类。其型号标记的方法是：

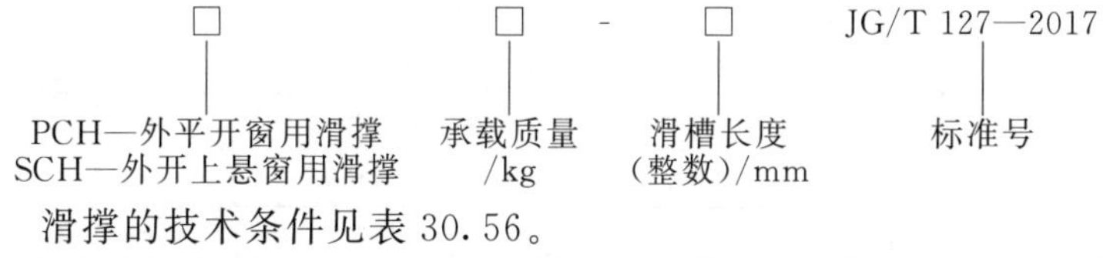

滑撑的技术条件见表 30.56。

表 30.56　滑撑的技术条件（JG/T 127—2017）

项目		技术条件
常用材料和外观		应满足 GB/T 32223 的要求
力学性能	自定位力	应可调整，调整时所有测点可调整到不小于 40N
	启闭力	1. 外平开窗用滑撑的启闭力不应大于 40N； 2. 外开上悬窗用滑撑的启闭力应符合表 30.57 的要求
	操作力	外平开窗用滑撑的操作力应大于 80N
	间隙	窗扇锁闭状态，在力的作用下，安装滑撑的窗角部，扇、框间密封间隙变化值不应大于 0.5mm
	刚性	在规定的试验状态下，承受 300N 作用力后： 1. 外平开窗用滑撑应满足上述自定位力、启闭力、操作力和间隙的要求； 2. 外开上悬窗用滑撑应满足上述启闭力和间隙的要求

续表

<table>
<tr><th colspan="2">项目</th><th>技术条件</th></tr>
<tr><td rowspan="3">力学性能</td><td>反复启闭</td><td>1. 外平开窗用滑撑反复启闭过程中应正常回位，3.5 万次后，各部件不应脱落，包角和滑槽不应开裂，启闭力和操作力不应大于 80N，扇、窗间密封间隙不应大于 1.5mm；
2. 外开上悬窗用滑撑反复启闭过程中应正常回位，3.5 万次后，各部件不应脱落，包角和滑槽不应开裂，启闭力仍应满足表 30.57 要求，扇、窗间密封间隙不应大于 1.5mm</td></tr>
<tr><td>搞破坏</td><td>滑撑开启到最大开启位置时，承受 1000N 的外力的作用后，所有部件不得脱落；
滑撑处于关闭位置时，承受 1500N 的外力的作用后，所有部件不得脱落</td></tr>
<tr><td>悬端吊重</td><td>外平开窗用滑撑在承受 1000N 的作用力后，滑撑所有部件不得脱落</td></tr>
</table>

表 30.57 外开上悬窗用滑撑的启闭力

承载质量 m/kg	启闭力/N	承载质量 m/kg	启闭力/N
$m \leqslant 40$	$F \leqslant 50$	$70 < m \leqslant 80$	$F \leqslant 100$
$40 < m \leqslant 50$	$F \leqslant 60$	$80 < m \leqslant 90$	$F \leqslant 110$
$50 < m \leqslant 60$	$F \leqslant 75$	$90 < m \leqslant 100$	$F \leqslant 120$
$60 < m \leqslant 70$	$F \leqslant 85$	$m > 100$	$F \leqslant 140$

铝合金不锈钢滑撑规格和基本尺寸见表 30.58。

表 30.58 铝合金不锈钢滑撑规格和基本尺寸（QB/T 3888—1999）

mm

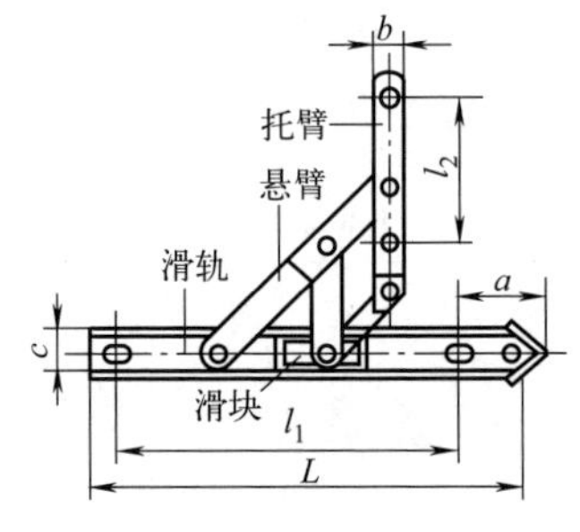

续表

规格	长度	滑轨安装孔距 l_1	托臂安装孔距 l_2	托臂悬臂厚度 δ	高度 h	开启角度/(°)
200	200	170	113	≥2.0	≤135	60±2
250	250	215	147			85±3
300	300	260	156	≥2.5	≤155	
350	350	300	195		≤165	
400	400	360	205	≥3.0		
450	450	410	205			

注：1. 规格 200mm 适用于上悬窗；

2. 滑轨宽度 a＝18～22mm。

30.8.5　窗撑挡

用于建筑内平开窗、外开上悬窗、内开下悬窗的定位和启闭。

分类：按固定方式分，有摩擦式撑挡和锁定式撑挡两大类；按用途分，有内平开窗（NP）用撑挡、外开上悬窗（WX）用撑挡和内开下悬窗（NX）用撑挡三种（图 30.13）；按锁定力产生原理分，有无可调功能锁定式（WTSD）、有可调功能摩擦式（KTMC）和无可调功能摩擦式（WTMC）三种。

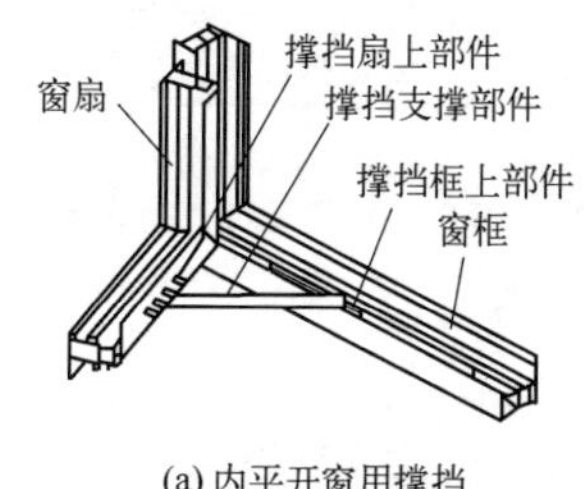

(a) 内平开窗用撑挡

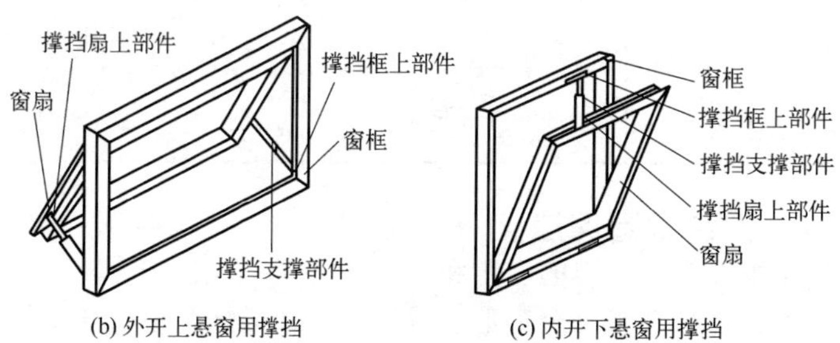

(b) 外开上悬窗用撑挡　(c) 内开下悬窗用撑挡

图 30.13　窗撑挡的分类

规格代号：外开上悬窗用锁定式撑挡以支承部件最小长度实际尺寸表示，其余撑挡以支承部件最大长度实际尺寸表示，单位均为mm。

其型号标记的方法是：

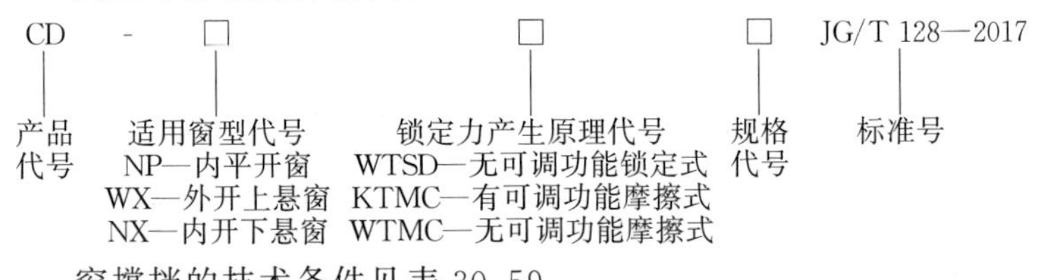

窗撑挡的技术条件见表30.59。

表30.59　窗撑挡的技术条件（JG/T 128—2017）

项目		技术条件
常用材料和外观		应满足GB/T 32223的要求
耐蚀性、膜厚度及附着力		应满足GB/T 32223的要求
力学性能	锁定力	锁定式撑挡的锁定力应不小于200N，摩擦式撑挡的锁定力应不小于40N
	反复启闭	1. 内平开窗用撑挡、外开上悬窗用撑挡： a)锁定式撑挡反复启闭1万次后，各部件不应损坏，且锁定力应不小于200N； b) 摩擦式撑挡反复启闭1.5万次后，各部件不应损坏，且锁定力应不小于40N。 2. 内开下悬窗用无可调功能锁定式撑挡反复启闭1.5万次后，各部件不应损坏，且锁定力应不小于200N
	抗破坏	1. 内平开窗用撑挡承受350N作用力，撑挡不应脱落。 2. 外开上悬窗用应满足： a)开启方向承受1kN作用力后，撑挡所有部件不应损坏； b)关闭方向承受600 N作用力后，撑挡所有部件不应损坏。 3. 内开下悬窗用无可调功能锁定式，撑挡承受1150N作用力后，拉杆不应脱落

30.8.6　铝合金窗撑挡

用于平开铝合金窗的启闭和定位。

型式：有平开铝合金窗上悬撑挡、平开铝合金窗内开撑挡、平开铝合金窗外开撑挡、平开铝合金窗带纱窗上撑挡和平开铝合金窗带纱窗下撑挡 5 种（表 30.60）。

表 30.60　铝合金窗撑挡代号

名称	平开窗			带纱窗			铜	不锈钢
	内开启	外开启	上撑挡	上撑挡	下撑挡			
					左开启	右开启		
代号	N	W	C	SC	Z	Y	T	G

型号表示方法：

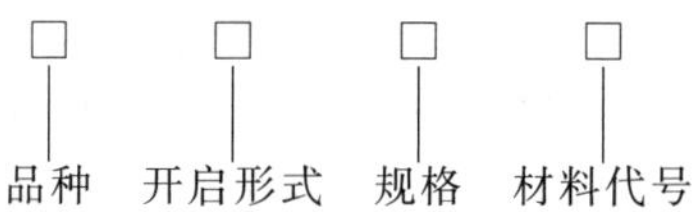

标记示例：1. PLCN—240—T GB 9299 表示平开铝合金内开窗规格为 240mm 铜质撑挡。

2. ALCY—280—G GB 9299 表示带纱铝合金右开窗规格为 280mm 的不锈钢撑挡。

铝合金窗撑挡的规格尺寸见表 30.61。

表 30.61　铝合金窗撑挡的规格尺寸（QB/T 3887—1999）　mm

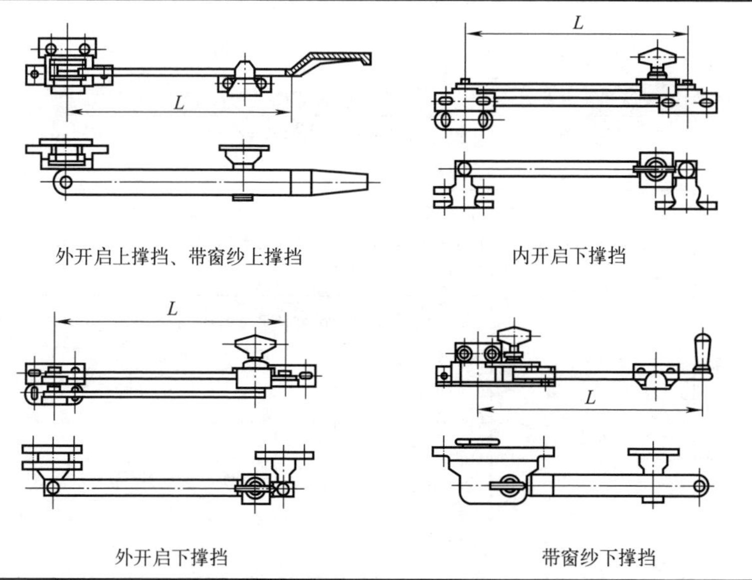

外开启上撑挡、带窗纱上撑挡　　内开启下撑挡

外开启下撑挡　　带窗纱下撑挡

续表

品种		基本尺寸 L						安装孔距	
								壳体	拉搁脚
平开窗	上	—	260	—	300	—	—	50	25
	下	240	260	280	—	310	—	—	
带纱窗	上撑挡	—	260	—	300	—	320	50	
	下撑挡	240	—	280	—	—	320	85	

30.8.7 滑轮

滑轮是承受门窗扇质量，并能在外力的作用下，通过滚动使门窗扇沿轨道往复运动的装置，可分为门用滑轮和窗用滑轮两大类。门窗滑轮的技术条件如表 30.62 所示。

其型号标记的方法是：

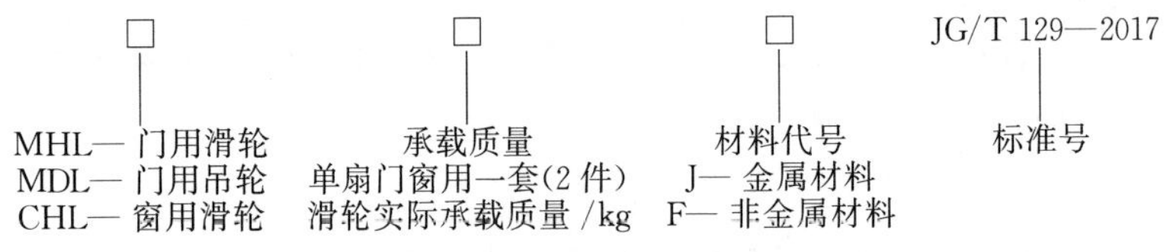

表 30.62 门窗滑轮的技术条件（JG/T 129—2017）

项目		技术条件
材料和外观		应满足 GB/T 32223 的要求
耐蚀性、膜厚度及附着力		应满足 GB/T 32223 的要求
力学性能	滑轮运转平稳性	轮体与滑轨外表面径向跳动量不应大于 0.3mm，轮体轴向窜动量不应大于 0.4mm
	操作力	承载质量 100kg 以下操作力应不大于 40N；承载质量 100～200kg 操作力应不大于 60N，承载质量 200kg 以上操作力应不大于 80N
	反复启闭	门用滑轮达到 10 万次后，门用吊轮达到 10 万次后，窗用滑轮达到 2.5 万次后，应满足下列要求： a)滑轮在承载质量作用下，竖直方向位移量应不大于 2mm；承受 1.5 倍的承载质量时，操作力应不大于标准规定值的 1.5 倍； b)吊轮在承受 1.5 倍的承载质量时，操作力应不大于标准规定值的 1.5 倍；2 倍承载质量作用下，不应有损坏、破裂

续表

项目		技术条件
耐温性能	耐高温	非金属轮体的一套滑轮，在 50℃ 的环境中，在承受 1.5 倍的承载质量后，操作力不应大于标准规定值的 1.5 倍
	耐低温	非金属轮体的一套滑轮或吊轮，在 −20℃ 的环境中，承受 1.5 倍的承载质量后，滑轮或吊轮体不破裂，且操作力不应大于标准规定值的 1.5 倍

第31章 钉和金属网

钉子可分为钢钉和木结构用钢钉两大类；金属网包括金属丝网和金属板网。

31.1 钉子

钢钉按照使用方式可分为手动工具捶击用和动力工具击打用钢钉两类。根据形状或使用用途，前者可分为普通钉、地板钉、水泥钉、托盘钉、鼓头形钉、油毡钉、石膏板钉和双帽钉；后者可分为普通卷钉用钉、塑排钉用钉、油毡卷钉用钉，纸排连接钉用钉、钢排连接钉用钉和 T 形头胶排钉。

钢钉的种类和形状标记，用中文种类、钢钉形状特征的汉语拼音字母与钢钉的规格数字组合（一般情况下，下面用黑体字表示的项目，标注时可以省略；钢钉表面处理方式，使用中文文字在种类前面注明）。

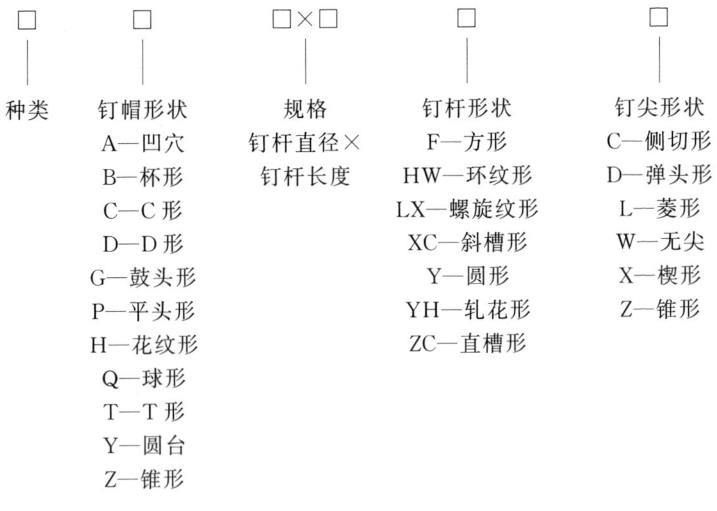

31.1.1　手动工具捶击用钉

（1）普通圆钉

普通圆钉用来钉木材，用的形状和代号见表 31.1，规格和尺寸见表 31.2。

表 31.1　普通钉的形状和代号

项目	符号	种类	示意图	项目	符号	种类	示意图
钉帽形状	H	花纹形帽		钉杆形状	Y	圆形杆	
					LX	螺旋纹形杆	
	P	平头形帽			HW	环纹形杆	
钉尖形状	L	菱形尖			XC	斜槽形杆	

表 31.2　普通钉的规格和尺寸（GB/T 27704—2011）

花纹帽、圆形杆

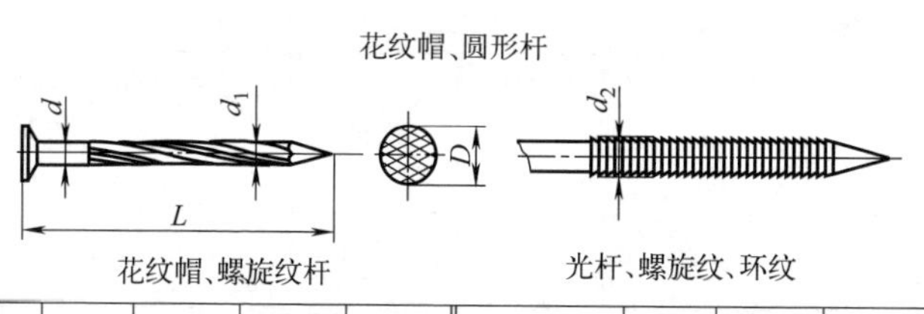

花纹帽、螺旋纹杆　　光杆、螺旋纹、环纹

规格	钉长 L/mm	光杆钉杆直径 d/mm	螺旋直径 d_1/mm	环纹直径 d_2/mm	规格	钉长 L/mm	光杆钉杆直径 d/mm	螺旋直径 d_1/mm	环纹直径 d_2/mm
1.20×16	16	1.20	—	—	1.80×30	30	1.80	2.05	2.00
1.20×20	20	1.20	—	—	1.80×35	35	1.80		
1.40×20		1.40	—	—	2.00×40	40	2.00	2.25	2.20
1.40×25	25	1.40	—	—	2.20×40		2.20	2.45	2.40
1.60×25		1.60	1.85	1.80	2.50×45	45	2.50	2.75	2.70
1.60×30	30	1.60			2.50×50	50	2.50		

续表

规格	钉长 L/mm	光杆钉杆直径 d/mm	螺旋直径 d_1/mm	环纹直径 d_2/mm	规格	钉长 L/mm	光杆钉杆直径 d/mm	螺旋直径 d_1/mm	环纹直径 d_2/mm
2.80×50	50	2.80	3.05	3.00	4.00×90	90	4.00	4.25	4.20
2.80×60	60	2.80			4.10×100	100	4.10	4.35	4.30
3.10×65	65	3.10	3.35	3.30	4.10×120	120	4.10		
3.10×70	70	3.10			4.50×110	110	4.50	—	—
3.10×75	75	3.10			4.50×130	130	4.50	—	—
3.40×75	75	3.40	3.65	3.60	5.00×130		5.00	—	—
3.40×80	80	3.40			5.00×150	150	5.00	—	—
3.70×90	90	3.70	3.95	3.90					

（2）地板钉

地板钉是连接固定实木地板与木龙骨的金属钉，其规格尺寸见表 31.3。

表 31.3 地板钉的规格和尺寸（GB/T 27704—2011）

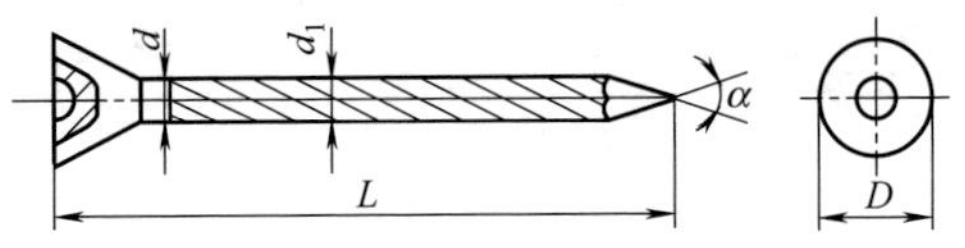

规格	钉长 L/mm	钉杆直径 d/mm	螺旋直径 d_1/mm	帽径 D /mm	规格	钉长 L/mm	钉杆直径 d/mm	螺旋直径 d_1/mm	帽径 D /mm
2.00×30	30	2.00	2.20	3.50	3.10×70	70	3.10	3.40	5.40
2.20×40	40	2.20	2.40	3.80	3.25×60	60	3.25	3.50	5.70
2.50×30	30	2.50	2.75	4.40	3.40×80	80	3.40	3.70	5.90
2.50×50	50			4.40	4.50×60	60	4.50	4.75	7.90
2.80×60	60	2.80	3.10	4.60					

注：钉尖角度 α 为 32°。

（3）水泥钉

水泥钉是直接钉入硬木、砖头、低标号的混凝土、矿渣砌块及薄钢板等硬质基体中的钉子，有平头型帽水泥钉和圆台帽水泥钉两种，其形状和代号见表 31.4，其规格和尺寸见表 31.5 和表 31.6。

表 31.4 水泥钉的形状和代号

项目	符号	种类	示意图
钉帽形状	P Y	平头形帽 圆台帽	
钉杆形状	Y XC ZC	圆形杆 斜槽形杆 直槽形杆	
钉尖形状	Z L	锥形尖 菱形尖	

表 31.5 平头型帽水泥钉的规格和尺寸（GB/T 27704—2011）

mm

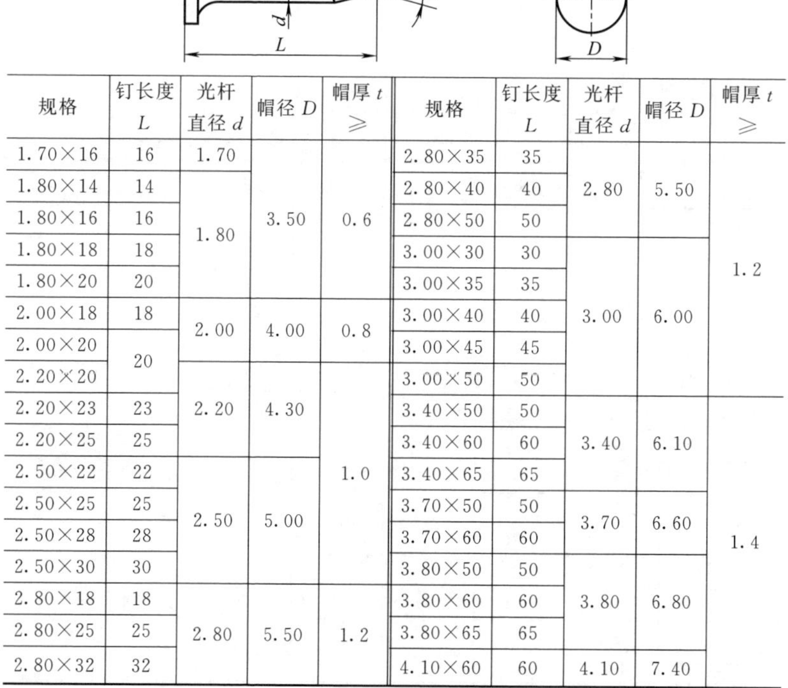

规格	钉长度 L	光杆直径 d	帽径 D	帽厚 t ≥	规格	钉长度 L	光杆直径 d	帽径 D	帽厚 t ≥
1.70×16	16	1.70	3.50	0.6	2.80×35	35	2.80	5.50	1.2
1.80×14	14	1.80			2.80×40	40			
1.80×16	16				2.80×50	50			
1.80×18	18				3.00×30	30	3.00	6.00	
1.80×20	20				3.00×35	35			
2.00×18	18	2.00	4.00	0.8	3.00×40	40			
2.00×20	20				3.00×45	45			
2.20×20		2.20	4.30	1.0	3.00×50	50			
2.20×23	23				3.40×50	50	3.40	6.10	1.4
2.20×25	25				3.40×60	60			
2.50×22	22	2.50	5.00		3.40×65	65			
2.50×25	25				3.70×50	50	3.70	6.60	
2.50×28	28				3.70×60	60			
2.50×30	30				3.80×50	50	3.80	6.80	
2.80×18	18	2.80	5.50	1.2	3.80×60	60			
2.80×25	25				3.80×65	65			
2.80×32	32				4.10×60	60	4.10	7.40	

续表

规格	钉长度 L	光杆直径 d	帽径 D	帽厚 t ≥
4.10×70	70	4.10	7.40	1.4
4.10×65	65			
4.50×65	65	4.50	8.10	1.4
4.50×70	70			
4.50×75	75			
4.50×80	80			
4.80×80	80	4.80	8.60	1.4
4.80×90	90			
5.00×90	90	5.00	9.00	
5.00×100	100			
5.50×100	100			
5.50×130	130	5.50	9.90	

注：钉尖角度 α 为 32°。

表 31.6 圆台帽水泥钉的规格和尺寸（GB/T 27704—2011）

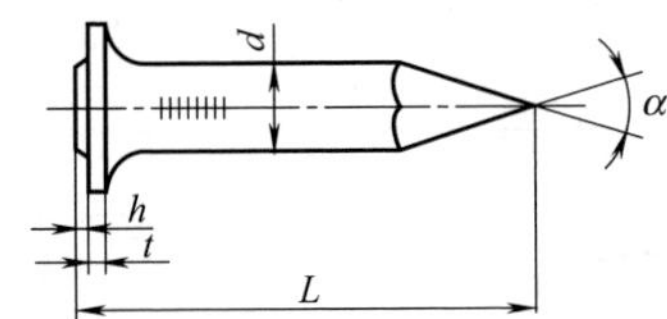

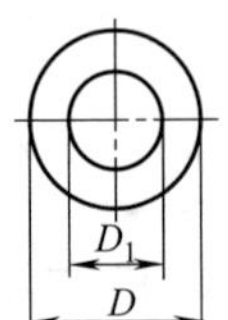

规格	长度 L /mm	直径 d /mm	钉尖角 α/(°)	帽径 D /mm	帽厚 t /mm ≥	台高 h① /mm	台径 $D_1$① /mm
1.70×20	20	1.70	32	3.50	0.60	0.3	1.70
1.80×20	20	1.80					1.80
2.00×25	25	2.00		4.00	0.80		2.00
2.20×30	30	2.20		4.30	1.00		2.20
2.50×30	30	2.50		5.00			2.50
2.50×35	35	2.50					
2.50×40	40	2.50					
2.80×40	40	2.80		5.50	1.20	0.5	2.80
2.80×50	50	2.80					
3.20×60	60	3.20	35	5.80			3.20
3.40×50	50	3.40		6.10	1.40		3.40
3.40×60	60	3.40					
3.70×60	60	3.70		6.40			3.60
3.80×70	70	3.80		6.50			3.80
3.80×80	80	3.80					
3.80×90	90	3.80					
3.80×100	100	3.80					

续表

规格	长度 L /mm	直径 d /mm	钉尖角 α/(°)	帽径 D /mm	帽厚 t /mm ≥	台高 h① /mm	台径 $D_1$① /mm
4.10×70	70	4.10	35	7.00	1.70	0.7	4.10
4.50×80	80	4.50		7.70			4.50
4.80×90	90	4.80	38	8.20			4.80
5.00×100	100	5.00		8.50			5.00

① 参考值。

（4）托盘钉

托盘钉是固定托盘垫块和铺板用的螺纹钉，其形状和代号见表 31.7，其规格和尺寸见表 31.8。

表 31.7　托盘钉的形状和代号

项目	符号	种类	示意图
钉帽形状	P	平光形帽	
钉杆形状	LX HW	螺旋纹形杆 环纹形杆	
钉尖形状	L W	菱形尖 无尖	钉尖角度40°、50°、60°

表 31.8　托盘钉的规格和尺寸（GB/T 27704—2011）　mm

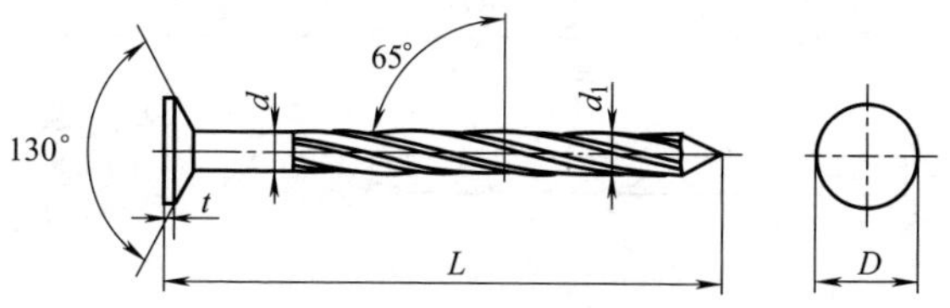

续表

规格	钉长 L	钉杆直径 d	螺旋、环纹直径 d_1		帽径 D	规格	钉长 L	钉杆直径 d	螺旋、环纹直径 d_1		帽径 D
2.68×38.10	38.10	2.68	3.00	2.95	6.40	2.87×63.50	63.50	2.87	3.17	3.12	7.05
2.68×44.50	44.50					2.87×76.20	76.20				
2.68×50.80	50.80					3.05×41.30	41.30	3.05	3.35	3.30	7.15
2.68×57.20	57.20					3.05×44.50	44.50				
2.87×38.10	38.10	2.87	3.17	3.12	7.05	3.05×50.80	50.80				
2.87×41.30	41.30					3.05×57.20	57.20				
2.87×44.50	44.50					3.05×60.30	60.30				
2.87×50.80	50.80					3.05×63.50	63.50				
2.87×57.20	57.20					3.05×76.20	76.20				
2.87×60.30	60.30										

注：帽厚 $t \geqslant 0.60$mm。

(5) 鼓头钉

鼓头钉用于要求钉头无棱角但可以外露的地方，其形状和代号见表 31.9，其规格和尺寸见表 31.10。

表 31.9 鼓头钉的形状和代号

项目	符号	种类	示意图	项目	符号	种类	示意图
钉帽形状	P	平头形		钉杆形状	Y	圆形杆	
	H	花纹形					
	A	凹穴		钉尖形状	L	菱形尖	

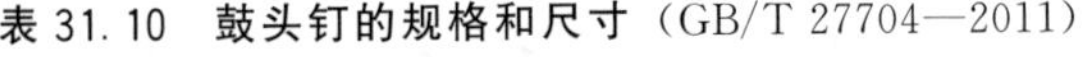

表 31.10 鼓头钉的规格和尺寸（GB/T 27704—2011） mm

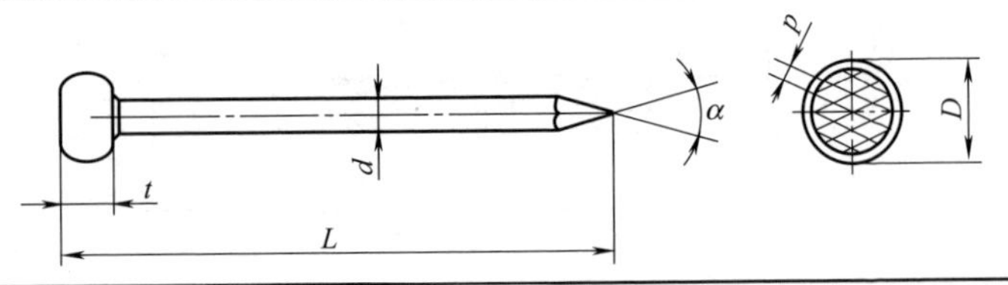

续表

规格	钉长 L	钉杆直径 d	帽径 D	帽厚 t	规格	钉长 L	钉杆直径 d	帽径 D	帽厚 t
1.00×12	12	1.00	1.40	1.00	2.50×50	50	2.50	3.60	2.30
1.00×15	15				2.50×65	65			
1.25×20	20	1.25	1.80		2.80×40	40	2.80	4.00	2.60
1.25×25	25				2.80×45	45			
1.40×20	20	1.40	2.00		2.80×50	50			
1.40×30	30				2.80×55	55			
1.60×25	25	1.60	2.30	1.80	2.80×60	60			
1.60×30	30				2.80×65	65			
1.60×40	40				3.15×50	50	3.15	4.50	3.00
1.80×25	25	1.80	2.60		3.15×65	65			
1.80×30	30				3.15×75	75			
1.80×40	40				3.75×75	75	3.75	5.30	3.50
2.00×30	30	2.00	2.80		3.75×90	90			
2.00×40	40				3.75×100	100			
2.00×45	45				4.50×100	100	4.50	6.30	4.30
2.00×50	50				5.60×125	125	5.60	7.80	5.00
2.50×40	40	2.50	3.60	2.30	5.60×150	150			
2.50×45	45								

注：1. 钉尖角度 α：钉杆直径 $d \leqslant 2.00$mm 时为 32°，钉杆直径 $d \geqslant 2.50$ 时为 35°。

2. 网纹 p（参考）：钉杆直径 $d \leqslant 2.00$mm 时无网纹，$d = 2.5 \sim 2.80$mm 时为 1.00mm，$d = 3.15$mm 时为 1.20mm，$d \geqslant 3.75$mm 时为 1.40mm。

（6）油毡钉

油毡钉多用于屋面防水油毡固定，其规格和尺寸见表 31.11。

表 31.11　油毡钉的规格和尺寸（GB/T 27704—2011）　mm

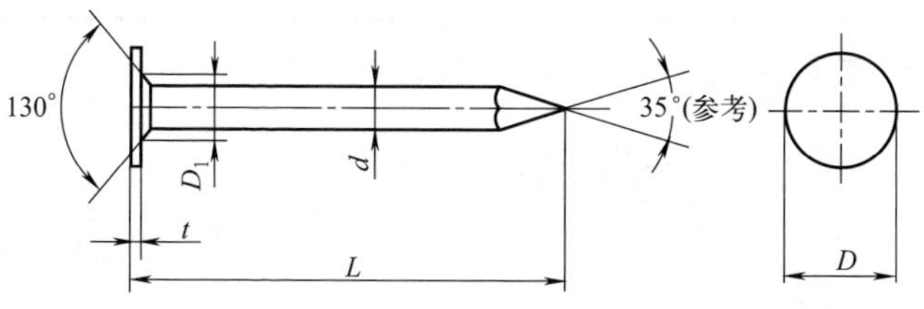

续表

规格	钉长 L	钉杆直径 d	帽径 D	帽厚 t(参考)	碟径 D_1(参考)	规格	钉长 L	钉杆直径 d	帽径 D	帽厚 t(参考)	碟径 D_1(参考)
3.05×12.70	12.70	3.05	9.5	0.70	5.60	3.05×31.80	31.80	3.05	9.5	0.70	5.60
3.05×15.90	15.90					3.05×38.10	38.10				
3.05×19.00	19.00					3.05×44.50	44.50				
3.05×22.20	22.20					3.05×50.80	50.80				
3.05×25.40	25.40					3.05×63.50	63.50				
3.05×28.60	28.60					3.05×76.20	76.20				

（7）石膏板钉

石膏板钉用于房屋吊顶时固定石膏板，其形状和代号见表31.12，其规格和尺寸见表31.13。

表 31.12 石膏板钉的形状和代号

项目	符号	种类	示意图
头部形状	B	杯形帽	
钉杆形状	Y	圆形杆	
	LX	螺旋纹形杆	
	H	环纹形杆	
钉尖形状	L	菱形尖	

表 31.13 石膏板钉的规格和尺寸（GB/T 27704—2011） mm

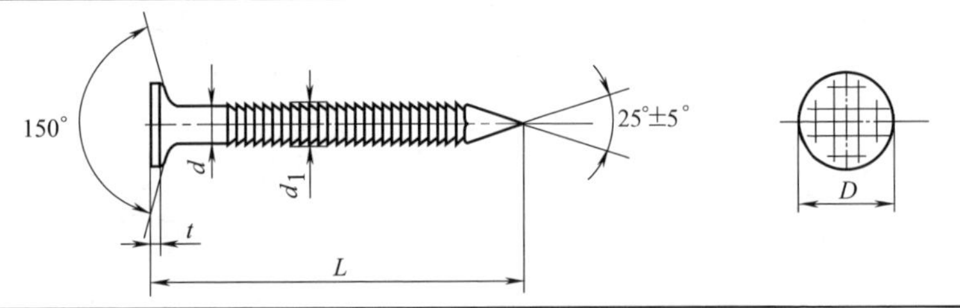

续表

规格	钉长 L	钉杆直径 d	螺旋、环纹直径 d_1	帽径 D	规格	钉长 L	钉杆直径 d	螺旋、环纹直径 d_1	帽径 D
2.32×31.80	31.80	2.32	2.60	7.20	2.50×34.90	34.90	2.50	2.80	7.50
2.32×34.90	34.90				2.50×38.10	38.10			
2.32×38.10	38.10				2.50×41.30	41.30			
2.32×41.30	41.30				2.50×44.50	44.50			
2.32×44.50	44.50				2.50×47.60	47.60			
2.32×47.60	47.60				2.50×50.80	50.80			
2.50×31.80	31.80	2.50	2.80	7.50	2.80×30.00	30.00	2.80	3.10	8.20

注：帽厚 $t=0.65$mm。

（8）双帽钉

双帽钉有紧固帽和起钉帽，用于固定工件。需要拆除工件时，把工具卡在两个帽之间，便可轻易取出双帽钉，且不损坏工件，其规格和尺寸见表 31.14。

表 31.14 双帽钉的规格和尺寸（GB/T 27704—2011） mm

规格	钉长度 L	钉杆直径 d	上帽		下帽		两帽间距 L_1
			帽径 D_1	帽厚 t_1	帽径 D_2	帽厚 t_2	
2.90×45	45	2.90	4.70	1.70	6.70	1.10	6.50
3.40×57	57	3.40	5.90	2.00	7.10	1.30	6.50
3.80×70	70	3.80	6.40	2.30	7.90	1.50	8.00
3.80×73	73	3.80	6.40	2.30	7.90	1.50	8.00
4.10×76	76	4.10	7.10	2.50	8.70	1.60	9.50
4.90×89	89	4.90	7.90	3.00	9.50	2.00	9.50
5.30×102	102	5.30	8.30	3.10	11.10	2.10	11.00

31.1.2 动力工具击打用钉

（1）普通卷钉

由一组形状相同等距排列的若干单个钉子和连接件组成，连接件可为镀铜铁丝，连接件在与各钉杆中心线呈 β 角度方向上，与各钉子相连接，将各钉串连在一起，然后卷成一卷。普通卷钉的形状和代号见表 31.15，规格和尺寸见表 31.16。

表 31.15　普通卷钉的形状和代号

项目	符号	种类	示意图
钉帽形状	PW	平头螺纹形帽	
	P	平头形帽	
钉杆形状	Y	圆形杆	
	HW	环纹形杆	
	LX	螺旋纹形杵	
钉尖形状	L	菱形尖	

表 31.16　普通卷钉的规格和尺寸（GB/T 27704—2011）　mm

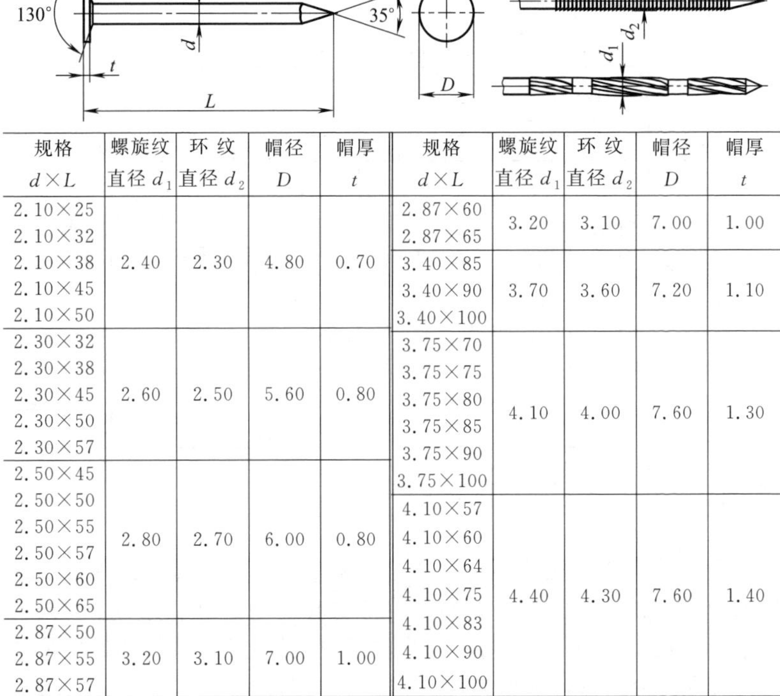

规格 $d\times L$	螺旋纹直径 d_1	环纹直径 d_2	帽径 D	帽厚 t
2.10×25 2.10×32 2.10×38 2.10×45 2.10×50	2.40	2.30	4.80	0.70
2.30×32 2.30×38 2.30×45 2.30×50 2.30×57	2.60	2.50	5.60	0.80
2.50×45 2.50×50 2.50×55 2.50×57 2.50×60 2.50×65	2.80	2.70	6.00	0.80
2.87×50 2.87×55 2.87×57	3.20	3.10	7.00	1.00
2.87×60 2.87×65	3.20	3.10	7.00	1.00
3.40×85 3.40×90 3.40×100	3.70	3.60	7.20	1.10
3.75×70 3.75×75 3.75×80 3.75×85 3.75×90 3.75×100	4.10	4.00	7.60	1.30
4.10×57 4.10×60 4.10×64 4.10×75 4.10×83 4.10×90 4.10×100	4.40	4.30	7.60	1.40

（2）塑排钉用钉

塑排钉用钉主要用于家具制作、装修、装饰、装潢、箱体包装等，其形状和代号见表 31.17，规格和尺寸见表 31.18。

表 31.17　塑排钉用钉的形状和代号（GB/T 27704—2011）

形状	种类	符号	图示	形状	种类	符号	图示
钉帽形状	花纹形	W		钉杆形状	圆形	Y	
	平头形	P			环纹形	HW	
钉尖形状	菱形	L			螺旋纹形	LX	

表 31.18　塑排钉用钉的规格和尺寸（GB/T 27704—2011）

规格 $d\times L$	螺旋纹直径 d_1 /mm	环纹直径 /mm	帽径 D /mm	帽厚 t /mm
2.87×50	3.20	3.10	7.00	1.00
2.87×57				
2.87×60				
2.87×64				
2.87×76				
3.05×50	3.30	3.20	7.00	1.20
3.05×57				
3.05×60				
3.05×64				
3.05×76				
3.05×83				
3.05×86				
3.05×90				
3.33×57	3.60	3.50	7.00	1.20
3.33×60				
3.33×64				
3.33×76				
3.32×83				
3.33×86				
3.33×90				

规格 $d\times L$	螺旋纹直径 d_1 /mm	环纹直径 /mm	帽径 D /mm	帽厚 t /mm
3.43×57	3.70	3.60	7.20	1.30
3.43×60				
3.43×64				
3.43×76				
3.43×83				
3.43×86				
3.43×90				
3.75×57	4.00	3.90	7.60	1.30
3.75×60				
3.75×64				
3.75×76				
3.75×83				
3.75×86				
3.75×90				
4.10×57	4.40	4.30	7.60	1.40
4.10×60				
4.10×64				
4.10×76				
4.10×83				
4.10×86				

注：钉尖角度（参考）α 为 35°。

（3）油毡卷钉用钉（表 31.19 和表 31.20）

表 31.19　油毡卷钉用钉的形状和代号

项目	符号	种类	示意图
钉帽形状	D	D 形帽	
钉杆形状	Y HW	圆形杆 环纹形杆	
钉尖形状	L	菱形尖	

表 31.20　油毡卷钉用钉的规格和尺寸（GB/T 27704—2011）

mm

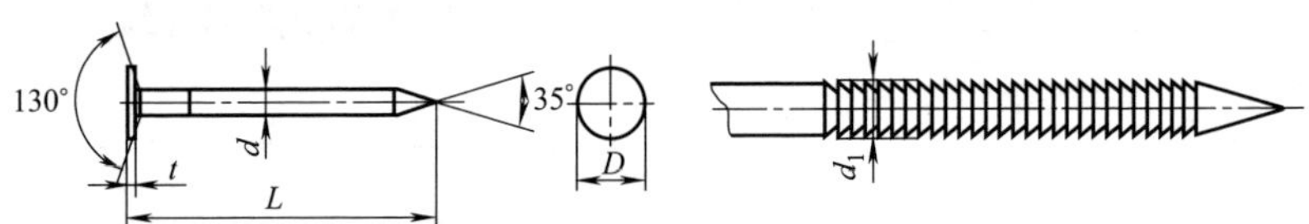

规格	钉长度 L	钉杆直径 d	环纹直径 d_1	帽径 D	帽厚 t
3.05×22	22	3.05	3.20	9.50	0.70
3.05×25	25				
3.05×32	32				
3.05×38	38				
3.05×45	45				

（4）纸排钉（表 31.21 和表 31.22）

表 31.21　纸排钉的形状和代号

项目	符号	种类	示意图
钉帽形状	D	D 形帽	
钉杆形状	Y HW	圆形杆 环纹形杆	
钉尖形状	L	菱形尖	

表 31.22　纸排钉的规格和尺寸（GB/T 27704—2011）　　mm

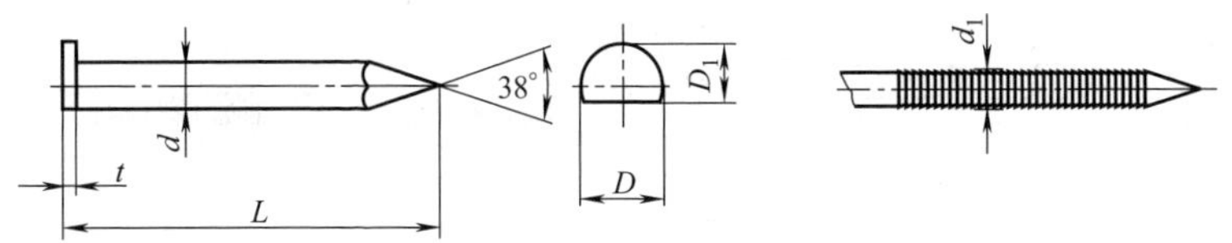

规格 $d \times L$	环纹直径 d_1	帽径 D	帽厚 t	规格 $d \times L$	环纹直径 d_1	帽径 D	帽厚 t
2.87×50	3.10	7.20	1.40	3.15×70	3.30	7.20	1.40
2.87×60				3.15×75			
2.87×65				3.15×80			
2.87×70				3.15×85			
2.87×75				3.15×90			
3.05×60	3.20	7.20	1.40	3.15×100			
3.05×65				3.33×60	3.50	7.20	1.40
3.05×70				3.33×65			
3.05×75				3.33×70			
3.05×80				3.33×75			
3.05×85				3.33×80			
3.05×90				3.33×85			
3.05×100				3.33×90			
3.15×60	3.30	7.20	1.40	3.33×100			
3.15×65							

（5）钢排钉（表 31.23 和表 31.24）

表 31.23　钢排连接钉用钉的形状和代号

项目	符号	种类	示意图
钉帽形状	C	C 形帽	
钉杆形状	Y HW	圆形杆 环纹形杆	
钉尖形状	L	菱形尖	

表 31.24 钢排钉的规格和尺寸（GB/T 27704—2011） mm

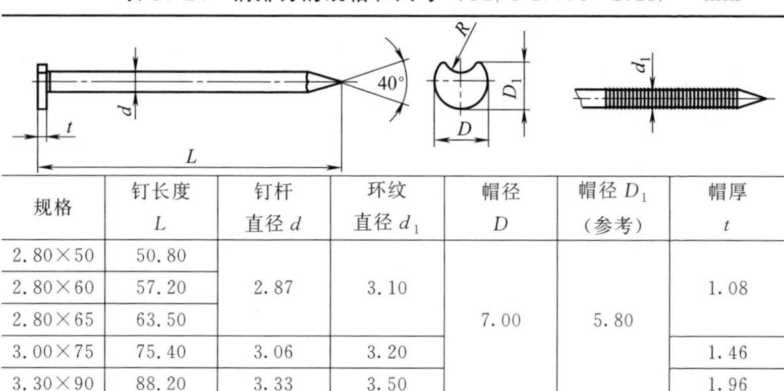

规格	钉长度 L	钉杆直径 d	环纹直径 d_1	帽径 D	帽径 D_1（参考）	帽厚 t
2.80×50	50.80	2.87	3.10	7.00	5.80	1.08
2.80×60	57.20					
2.80×65	63.50					
3.00×75	75.40	3.06	3.20			1.46
3.30×90	88.20	3.33	3.50			1.96

（6）T形头胶排钉（表 31.25 和表 31.26）

表 31.25 T形头胶排钉的形状和代号

项目	符号	种类	示意图
钉帽形状	P	平头形帽	
钉杆形状	Y	圆形杆	
钉尖形状	L	菱形尖	

表 31.26 T形头胶排钉的规格和尺寸（GB/T 27704—2011）mm

规格	钉长 L	钉杆直径 d	帽长 a	帽厚 t	规格	钉长 L	钉杆直径 d	帽长 a	帽厚 t
2.00×25	25	2.03	6.00	1.40	2.20×57	57	2.18	6.00	1.53
2.00×32	32				2.20×64	64			
2.20×18	18	2.18			2.50×32	32	2.51	8.12	1.59
2.20×25	25				2.50×38	38			
2.20×32	32				2.50×45	45			
2.20×38	38		6.00	1.53	2.50×50	50			
2.20×45	45				2.50×55	55			
2.20×50	50				2.50×65	65			

31.1.3 木结构用钉

木结构用钉主要用于木质覆板与木质支承构件、木质构件之间、木质构件与连接件的连接。

分类：按外形分，有普通圆钉、麻花钉和环纹钉；按使用方式分，有手动工具捶击用钉和动力工具击打用钉；按用途分，有结构用钉和非结构用钉。

原材料为低碳钢钢丝、优质碳素钢钢丝和不锈钢钢丝，其质量应分别符合 GB/T 701（或 YB/T 5294）、GB/T 4354 和 GB/T 4232 的规定。

（1）木结构框架用及结构用钢钉（表 31.27）

表 31.27　木结构框架用及结构用钢钉的规格（LY/T 2059—2012）

mm

L

钉长	钉杆直径	钉帽直径	钉长	钉杆直径	钉帽直径
47.6	2.34	5.94	82.6	3.76	7.92
50.8	2.51	6.76	82.6	3.76	8.74
50.8	2.87	6.76	88.9	3.43	8.74
54.0	2.51	6.35	88.9	4.11	8.74
57.2	2.51	6.76	95.3	4.50	9.53
57.2	2.87	6.76	101.6	3.76	9.53
60.3	2.87	6.76	101.6	4.88	10.31
63.5	2.87	7.54	108.0	4.88	10.31
63.5	3.33	7.14	114.3	3.76	9.53
69.9	2.87	7.54	114.3	5.26	11.13
69.9	3.33	7.14	120.7	5.26	11.13
73.0	3.05	7.14	127.0	4.11	10.31
76.2	3.25	7.92	127.0	5.74	11.91
76.2	3.76	7.92	139.7	6.20	12.70
79.4	3.43	7.92	146.1	6.20	12.70
82.6	3.25	7.92	152.4	6.65	13.49

注：外形为平头形钉帽，圆形、轧花形或螺旋纹钉杆，菱形钉尖的钢钉。对于动力工具击打用的钢钉，外形可以为圆形、偏心圆、C 形、D 形或 T 形的钉帽，圆形、轧花形或螺旋纹钉杆，菱形或楔形的钉尖。钢钉表面可镀锌或不涂锌。

（2）框架用环纹钉（表 31.28）

表 31.28 框架用环纹钉的规格（LY/T 2059—2012） mm

钉长	钉杆直径	钉帽直径	基本直径	钉长	钉杆直径	钉帽直径	基本直径
76.2	3.43	7.94	3.25	114.3	4.50	9.53	4.29
76.2	3.76	7.94	3.56	114.3	5.08	11.91	4.90
76.2	4.50	9.53	4.29	114.3	5.26	11.91	5.05
88.9	3.43	7.94	3.25	127.0	4.50	9.53	4.29
88.9	3.76	7.94	3.56	127.0	5.08	11.91	4.90
88.9	4.50	9.53	4.29	127.0	5.26	11.91	5.05
88.9	5.08	11.91	4.90	152.4	4.50	9.53	4.29
101.6	3.76	7.94	3.56	152.4	5.08	11.91	4.90
101.6	4.50	9.53	4.29	152.4	5.26	11.91	5.05
101.6	5.08	11.91	4.90	203.2	4.50	9.53	4.29
101.6	5.26	11.91	5.05	203.2	5.08	11.91	4.90
114.3	3.76	7.94	3.56	203.2	5.26	11.91	5.05

注：1. 平头形钉帽，环纹形钉杆，菱形钉尖。

2. 环纹杆长度要求：当 $L<110$ mm 时，$TL\geqslant 57$mm；当 $L\geqslant 110$ mm 时，$TL\geqslant 76$mm。

31.1.4 木螺钉

木螺钉用于木质材料上坚固金属零件（铰链、插销、门锁等）。

（1）普通木螺钉（表 31.29）

表 31.29 木螺钉的规格

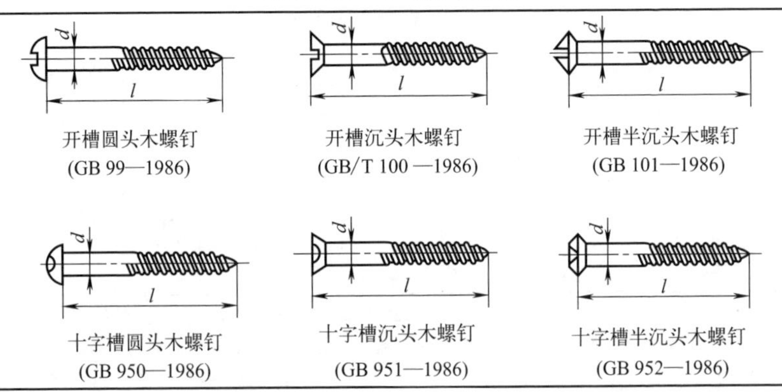

开槽圆头木螺钉 (GB 99—1986)

开槽沉头木螺钉 (GB/T 100—1986)

开槽半沉头木螺钉 (GB 101—1986)

十字槽圆头木螺钉 (GB 950—1986)

十字槽沉头木螺钉 (GB 951—1986)

十字槽半沉头木螺钉 (GB 952—1986)

续表

直径 d /mm	开槽木螺钉钉长 l/mm			十字槽木螺钉	
	沉头	圆头	半沉头	十字槽号	钉长 l/mm
1.6	6～12	6～12	6～12	—	—
2.0	6～16	6～14	6～16	1	6～16
2.5	6～25	6～22	6～25	1	6～25
3.0	8～30	8～25	8～30	2	8～30
3.5	8～40	8～38	8～40	2	8～40
4.0	12～70	12～65	12～70	2	12～70
(4.5)	16～85	14～80	16～85	2	16～85
5.0	18～100	16～90	18～100	2	18～100
(5.5)	25～100	22～90	30～100	3	25～100
6.0	25～120	22～120	30～120	3	25～100
(7)	40～120	38～120	40～120	3	40～120
8	40～120	38～120	40～120	3	40～120
10	75～120	65～120	70～120	4	70～120

注：1. 钉长系列（mm）：6，8，10，12，14，16，18，20，(22)，25，30，(32)，35，(38)，40，45，50，(55)，60，(65)，70，(75)，80，(85)，90，100，120。

2. 括号内的直径和长度尽可能不采用。

（2）六角头木螺钉（表 31.30）

表 31.30　六角头木螺钉（GB/T 102—1986）　mm

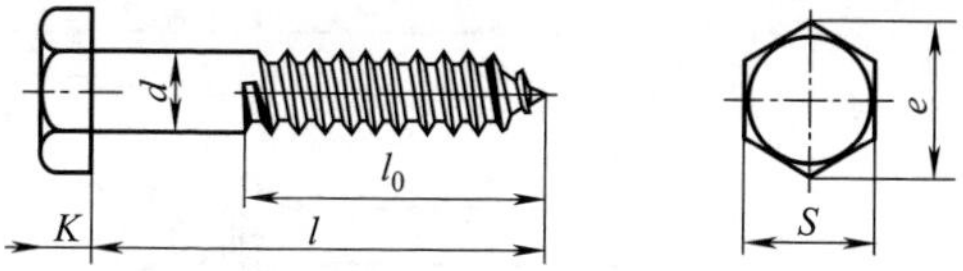

d	公称	6	8	10	12	16	20
	最小	5.7	7.64	9.64	11.57	15.57	19.48
	最大	6	8	10	12	16	20
e	最小	10.89	14.20	17.59	19.85	26.17	32.95
K	公称	4	5.3	6.4	7.5	10	12.5
	最小	3.62	4.92	5.95	7.05	9.25	11.6
	最大	4.38	5.68	6.85	7.95	10.75	13.4
S	最大	10	13	16	18	24	30
	最小	9.64	12.57	15.57	17.57	23.16	29.16
l		35～65	40～80	40～120	65～140	80～180	120～250

注：长度系列为 35，40，50，65，80，100，120，140，160，180，200，(225)，(250)。

31.1.5 射枪

与射钉器、射钉弹配合，射入被紧固零件或托架、门窗、墙壁、钢板之类基体中，用于紧固零件或吊挂其他物体。

射钉的种类有仅由钉体构成的射钉、由钉体和定位件构成的射钉和由钉体和定位件和附件构成的射钉三种。

射钉的品种有圆头钉（YD）、大圆头钉（DD）、小平头钉（PS）、平头钉（PD）、大平头钉（DPD）、6mm 平头钉（ZP）、6.3mm 平头钉（DZP）、球头钉（QD）、眼孔钉（KD）、螺纹钉（M）、专用钉（ZD）等。钉杆表面压花时，要加“压花”。射钉钉体的形状和尺寸见表 31.31。

表 31.31 射钉钉体的形状和尺寸（GB/T 18981—2008）

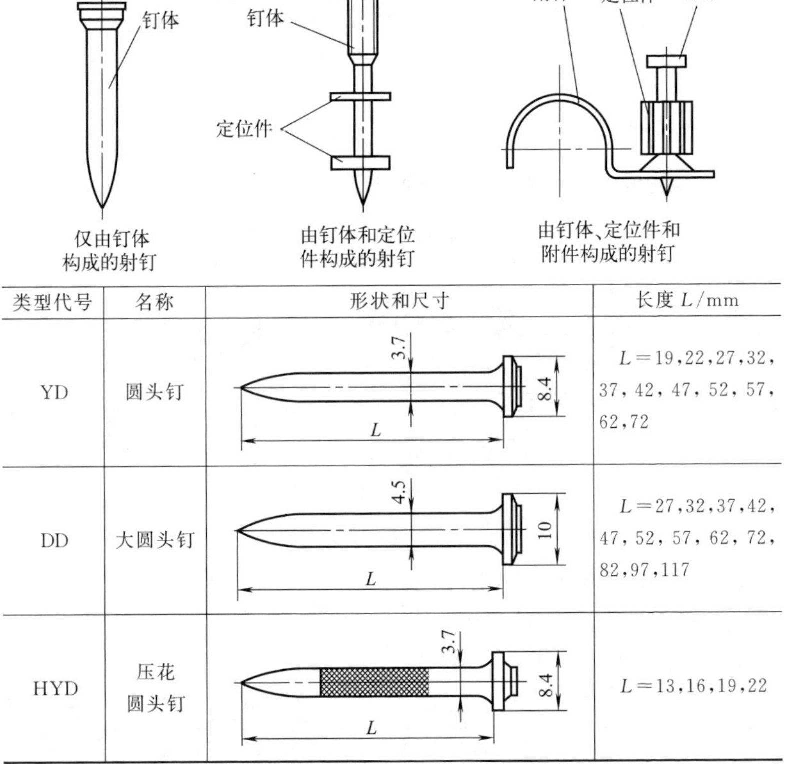

类型代号	名称	形状和尺寸	长度 L/mm
YD	圆头钉		L=19,22,27,32,37,42,47,52,57,62,72
DD	大圆头钉		L=27,32,37,42,47,52,57,62,72,82,97,117
HYD	压花圆头钉		L=13,16,19,22

续表

类型代号	名称	形状和尺寸	长度 L/mm
HDD	压花大圆头钉	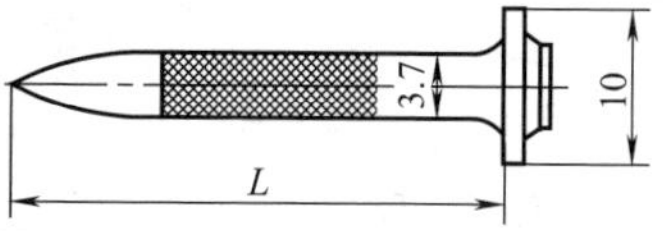 3.7　10　L	L=19,22
PD	平头钉	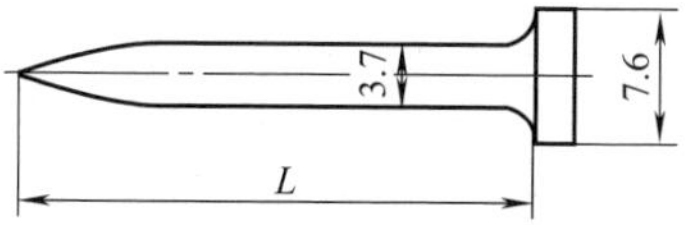 3.7　7.6　L	L=19,25,32,38,51,63,76
PS	小平头钉	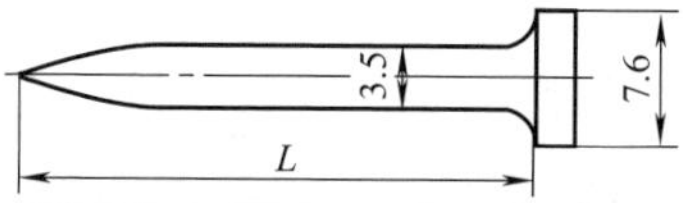 3.5　7.6　L	L=22,27,32,37,42,47,52,62,72
DPD	大平头钉	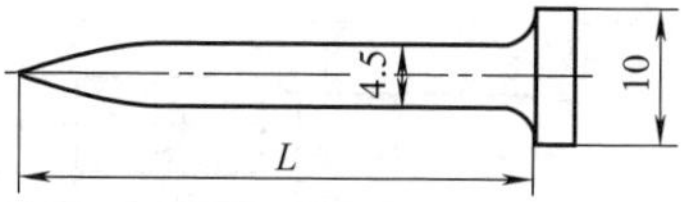 4.5　10　L	L=27,32,37,42,47, 52, 57, 62, 72,82,97,117
HPD	压花平头钉	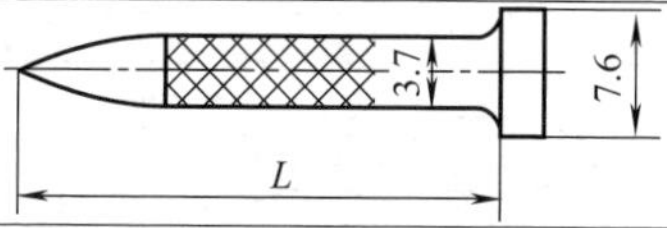 3.7　7.6　L	L=13,16,19
QD	球头钉	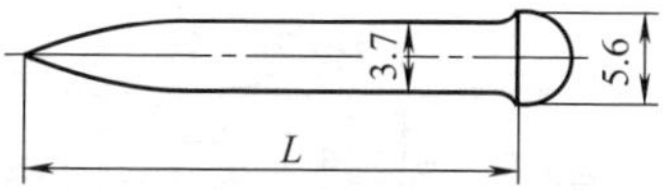 3.7　5.6　L	L=22,27,32,37,42, 47, 52, 62, 72,82,97
HQD	压花球头钉	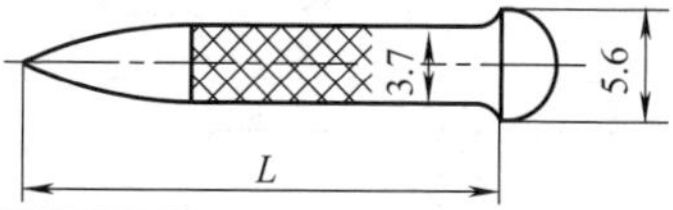 3.7　5.6　L	L=16,19,22
ZP	6mm平头钉	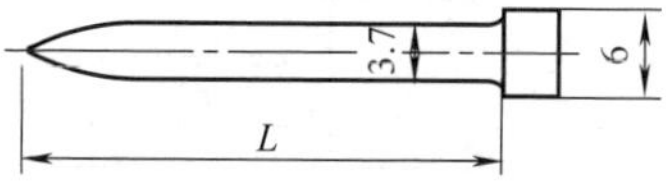 3.7　6　L	L=25,30,35,40,50,60,75
DZP	6.3mm平头钉	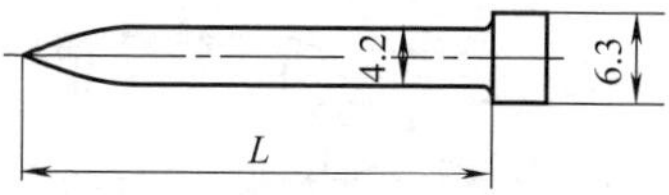 4.2　6.3　L	L=25,30,35,40,50,60,75
ZD	专用钉	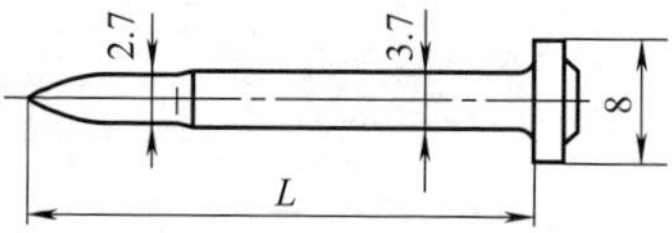 2.7　3.7　8　L	L=42,47,52,57,62

续表

类型代号	名　称	形状和尺寸	长度 L/mm
GD	GD钉	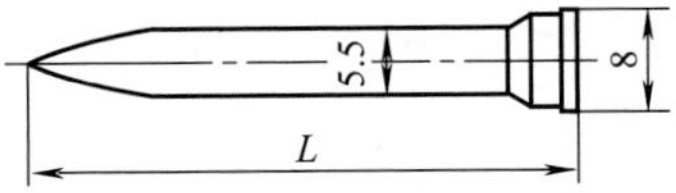	$L=45,50$
KD6	6mm眼孔钉	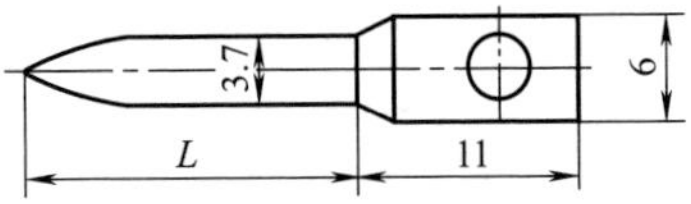	$L=25,30,35,40,45,50,60$
KD6.3	6.3mm眼孔钉	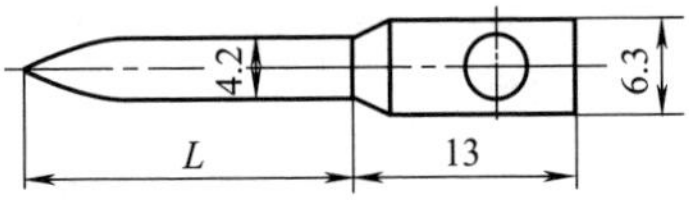	$L=25,30,35,40,50,60$
KD8	8mm眼孔钉	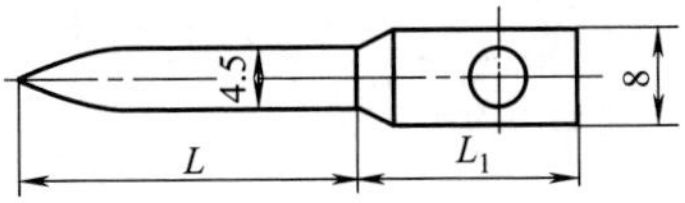	$L=22,32,42,52$ $L_1=20,25,30,35$
KD10	10mm眼孔钉	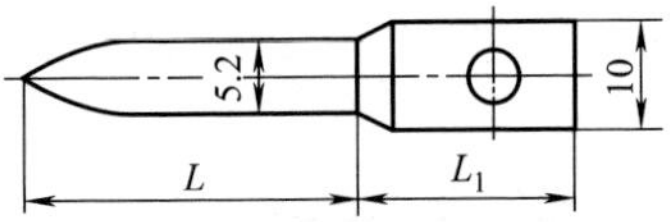	$L=32,42,52$ $L_1=24,30$
M6	M6螺纹钉	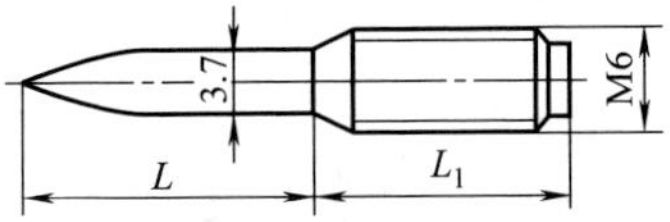	$L=22,27,32,42,52$ $L_1=11,20,25,32,38$
M8	M8螺纹钉	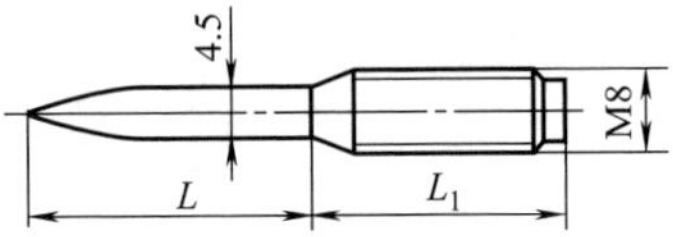	$L=27,32,42,52$ $L_1=15,20,25,30,35$
M10	M10螺纹钉	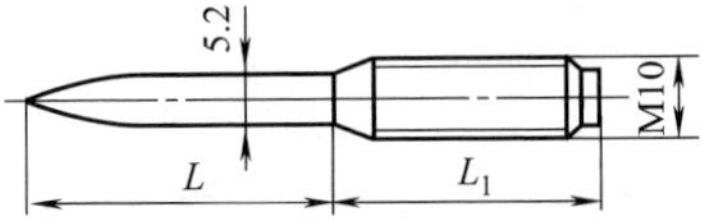	$L=27,32,42$ $L_1=24,30$
HM6	M6压花螺纹钉	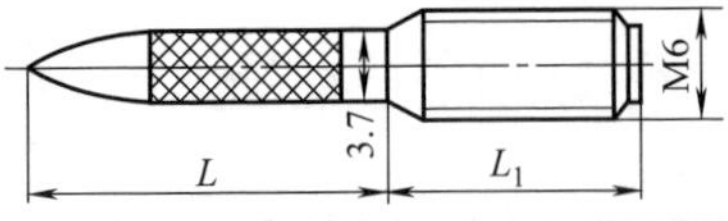	$L=9,12$ $L_1=11,20,25,32$

续表

类型代号	名称	形状和尺寸	长度 L/mm
HM8	M8 压花螺纹钉	15　4.5　L_1　M8	L_1 = 15，20，25，30，35
HM10	M10 压花螺纹钉	15　5.2　L_1　M10	L_1=24，30
HTD	压花特种钉	21　4.5　5.6	—

31.1.6 其他用钉

（1）拼合用圆钢钉

主要用途是供制造木箱、家具、门扇及其他需要拼合木板时用，其规格见表 31.32。

表 31.32　拼合用圆钢钉的规格

钉长/mm	25	30	35	40	45	50	60
钉杆直径/mm	1.6	1.8	2	2.2	2.5	2.8	2.8
质量/g	0.36	0.55	0.79	1.08	1.52	2.0	2.4

（2）瓦楞钉

有瓦楞钉、瓦楞螺钉和镀锌瓦楞螺钉几种。

① 瓦楞钉　用于固定屋面上的瓦楞铁皮，其规格见表 31.33。

表 31.33　瓦楞钉的规格

钉身直径/mm	钉帽直径/mm	长度(除帽)/mm			
		38	44.5	50.8	63.5
		质量/g			
3.73	20	6.30	6.75	7.35	8.35
3.37	20	5.58	6.01	6.44	7.30
3.02	18	4.53	4.90	5.25	6.17
2.74	18	3.74	4.03	4.32	4.90
2.38	14	2.30	2.38	2.46	—

② 镀锌瓦楞钉　用于木结构屋面上固定瓦楞铁皮及石棉瓦（加垫羊毛垫圈），其规格见表 31.34。

表 31.34　镀锌瓦楞螺钉的规格

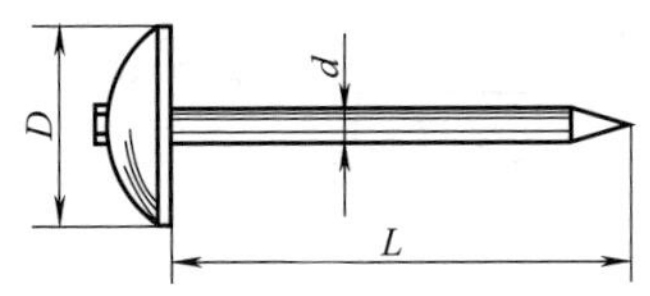

钉杆直径 d		钉帽	钉长/mm							
线规号	相当	直径 D	38.1	44.5	50.8	63.5	38.1	44.5	50.8	63.5
SWG	/mm	/mm	质量/g				每千克钉约数/个			
9	3.76	20	6.30	6.75	7.39	8.35	159	149	136	150
10	3.40	20	5.58	6.01	5.44	7.30	179	166	155	137
11	3.05	18	4.53	4.90	5.29	—	221	204	190	—
12	2.77	18	3.74	4.03	4.32	—	267	243	231	—
13	2.41	14	2.30	2.38	2.46	—	435	420	407	—

③ 瓦楞螺钉　作木结构屋面上固定石棉瓦或铁皮用，用于屋面上时，须加羊毛垫圈或瓦楞垫圈，其规格见表 31.35。

表 31.35　瓦楞螺钉的规格　mm

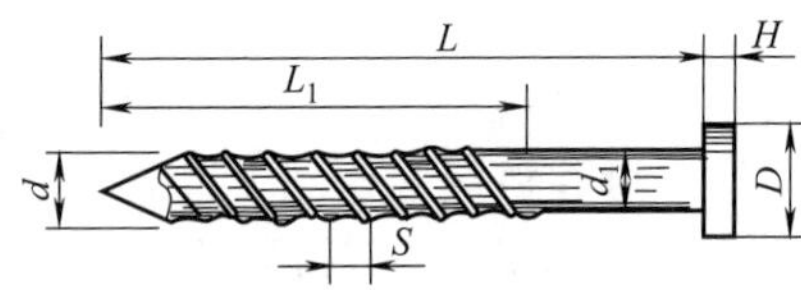

直径×长度	钉杆长 L	钉杆直径 d	螺纹长 L_1	螺纹直径 d_1	螺距 S	钉头直径 D	铁头厚 H
6×50	50	5	35	6	4	9	3
6×60	60		42				
6×65	65		46				
6×75	75		52				
6×85	85		60				
6×100	100		60				

续表

直径×长度	钉杆长 L	钉杆直径 d	螺纹长 L_1	螺纹直径 d_1	螺距 S	钉头直径 D	铁头厚 H
7×50	50		35				
7×60	60		42				
7×65	65		46				
7×75	75	6	52	7	5	11	3.2
7×85	85		60				
7×90	90		60				
7×100	100		70				

（3）鱼尾钉

鱼尾钉用于制造沙发、软坐垫、鞋、帐篷、纺织箱具、皮革箱具、面粉筛、玩具、小型农具等，其规格及质量见表 31.36。

表 31.36　鱼尾钉的规格及质量

种类	薄型(A 型)					厚型(B 型)					
全长/mm	6	8	10	13	16	10	13	16	19	22	25
钉帽直径/mm≥	2.2	2.5	2.6	2.7	3.1	3.7	4.0	4.2	4.5	5.0	5.0
钉帽厚度/mm≥	0.2	0.25	0.30	0.35	0.40	0.45	0.50	0.55	0.60	0.65	0.65
卡颈尺寸/mm≥	0.80	1.00	1.15	1.25	1.35	1.50	1.60	1.70	1.80	2.00	2.00
质量/g	44	69	83	122	180	132	278	357	480	606	800
每千克个数	22700	14400	12000	8200	5550	7600	3600	2800	2100	1650	1250

注：卡颈尺寸指近钉头处钉身的椭圆形断面短轴直径尺寸。

（4）骑马钉

骑马钉用于钉固沙发弹簧、金属板（丝）网等，其规格见表 31.37。

表 31.37　骑马钉的规格

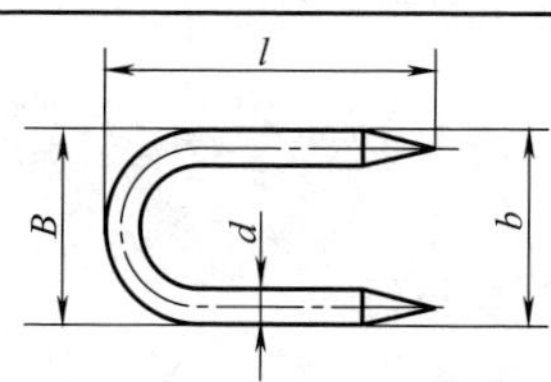

续表

钉长 l/mm	10	11	12	13	15	16	20	25	30
钉杆直径 d/mm	1.6	1.8	1.8	1.8	1.8	1.8	1.8/2.0	2.2	2.5/2.7
大端宽度 B/mm	8.5	8.5	8.5	8.5	10	10	10.5/12	11/13	13.5/14.5
小端宽度 b/mm	7	7	7	7	8	8	8.5	9	10.5
质量/g	0.37	—	—	—	0.56	—	0.89	1.36	2.19

31.2 金属丝网

31.2.1 金属丝网的目数和网号

金属丝网的目数和网号对照见表 31.38。

表 31.38 金属丝网的目数和网号对照

目数	网号	孔/cm^2	目数	网号	孔/cm^2	目数	网号	孔/cm^2
4	5	2.56	38	0.425	231	130	0.12	2704
5	4	4	40	0.4	256	140	—	3136
6	3.22	5.76	42	0.375	282	150	0.1	3600
8	2.5	10.24	44	—	310	160	0.088	—
10	2	16	46	0.345	339	180	0.077	5184
12	—	23.04	48	—	369	190	—	5776
14	1.43	31.36	50	0.325	400	200	0.076	6400
16	1.24	40.96	55	—	484	230	0.065	8464
18	1	51.84	60	0.301	576	240	—	9216
20	0.95	64	65	0.28	676	250	0.06	10000
22	—	77.44	70	0.261	784	275	0.052	12100
24	0.75	92.16	75	0.25	900	280	—	12544
26	0.71	108.16	80	0.2	1024	300	0.045	14400
28	0.63	125.44	85	0.18	—	320	0.044	16384
30	0.60	144	90	0.17	1296	350	0.042	19600
32	0.55	163.84	100	0.15	1600	400	0.034	25600
34	0.525	185	110	0.14	1936			
36	0.5	207	120	0.125	2304			

注：1. 网号系指筛网的公称尺寸，单位为 mm，如 1 号网的正方形网孔边长为 1mm；

2. 目数系指 1in 长度上的孔眼数目，单位为目/in，如 1in 长度上有 20 孔眼，即为 20 目。

31.2.2 一般用途金属丝网

一般用途金属丝网规格见表 31.39。

表 31.39　一般用途金属丝网规格

孔的大小		S. W. G	孔径	丝径	有效面积	质量
目/in	孔数/cm	丝号	/mm	/mm	/%	/(kg/m²)
3	1.18	14	6.27	2.200	62	7.0
	1.08	16	6.84	1.630	67	3.8
	1.20	18	7.25	1.219	70	2.5
3.5	1.40	20	6.34	0.914	66	1.8
4	1.57	16	4.72	1.630	58	5.0
	1.57	18	5.13	1.220	70	2.9
	1.60	20	5.45	0.914	76	2.1
4.5	1.80	22	4.93	0.711	71	1.2
5	1.97	18	3.86	1.220	57	3.6
	2.00	20	4.16	0.914	73	2.4
	2.00	22	4.36	0.711	76	1.3
6	2.36	18	3.04	1.220	50	4.3
	2.36	20	3.33	0.914	61	2.8
	2.36	22	3.52	0.711	63	1.6
8	3.15	20	2.26	0.910	43	3.2
	3.15	22	1.37	0.711	66	2.1
	3.15	24	2.50	0.599	67	1.5
10	3.94	20	1.63	0.910	41	4.0
	3.94	22	1.829	0.711	50	2.6
	3.94	24	1.981	0.559	55	1.9
	3.94	26	2.080	0.460	67	1.1
12	4.72	22	1.41	0.710	43	2.9
	4.72	26	1.74	0.457	68	1.4
14	5.52	26	1.36	0.460	57	1.4
	5.52	28	1.43	0.376	62	0.75
16	6.30	28	1.21	0.376	55	1.20
	6.30	30	1.27	0.315	67	0.85
18	7.09	30	1.10	0.315	60	0.85
20	7.87	30	0.95	0.315	58	0.95
	7.87	32	1.00	0.274	63	0.70
22	8.66	32	0.88	0.274	57	0.80
24	9.45	32	0.78	0.274	55	0.75
26	10.2	32	0.74	0.274	51	0.70
28	11.0	34	0.67	0.234	50	0.80
30	11.8	34	0.61	0.234	48	0.84
32	12.6	34	0.56	0.234	50	0.84

续表

孔的大小		S. W. G	孔径	丝径	有效面积	质量
目/in	孔数/cm	丝号	/mm	/mm	/%	/(kg/m²)
36	14.2	34	0.47	0.234	45	0.95
38	15.0	36	0.48	0.193	46	0.70
40	15.7	36	0.44	0.193	50	0.80
50	19.7	38	0.36	0.152	46	0.58
50	23.6	38	0.271	0.152	40	0.71
60	23.6	40	0.30	0.122	50	0.45
80	31.5	40	0.198	0.12	44	0.58
80	31.5	42	0.216	0.102	43	0.40
100	39.4	42	0.154	0.10	37	0.50
100	39.4	44	0.172	0.081	49	0.32
120	47.2	44	0.130	0.081	40	0.39
120	47.2	45	0.142	0.07	44	0.30
130	51.2	45	0.125	0.07	41	0.325
140	55.1	45	0.111	0.07	38	0.350
	55.1	46	0.121	0.06	45	0.252
150	59.1	46	0.108	0.061	38	0.29
	59.1	46.5	0.115	0.055	48	0.206
160	63.0	46	0.097	0.061	32	0.30
	63.0	47	0.109	0.050	43	0.20
170	66.9	47	0.09	0.050	41	0.213
180	70.9	47	0.09	0.051	40	0.24
190	74.8	47	0.083	0.051	40	0.24
200	78.7	47	0.077	0.051	37	0.27
	78.7	48	0.086	0.041	46	0.17
220	86.6	48	0.074	0.041	41	0.19
240	94.5	48	0.065	0.041	39	0.20
250	98.4	48	0.061	0.041	38	0.22
260	102.4	48	0.057	0.041	34	0.22
280	110.2	49	0.060	0.031	31	0.14
300	118.1	49	0.054	0.031	40	0.15
320	126.0	49	0.048	0.031	39	0.16
350	137.8	49	0.042	0.031	36	0.16
400	157.5	50	0.0385	0.025	39	0.13
450	177.2	50	0.0314	0.025	37	0.14
500	196.6	50	0.0258	0.025	35	0.156
630	250	50	0.022	0.018	30	0.103

31.2.3　镀锌低碳钢丝网

（1）一般用途镀锌低碳钢丝方孔网（表31.40）

表31.40　一般用途镀锌低碳钢丝方孔网规格（QB/T 1925.1—1993）

mm

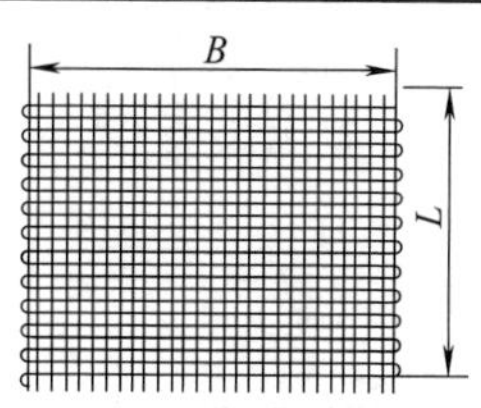

网孔尺寸 w	钢丝直径 d	净孔尺寸	网的宽度 B	相当英制目数	网孔尺寸 w	钢丝直径 d	净孔尺寸	网的宽度 B	相当英制目数
0.50	0.20	0.30	914	50	1.80	0.35	1.45	1000	14
0.55		0.35		46	2.10	0.45	1.65		12
0.60		0.40		42	2.55		2.05		10
0.64		0.44		40	2.80	0.55	2.25		9
0.66		0.46		38	3.20		2.65		8
0.70		0.50		36	3.60		3.05		7
0.75	0.25	0.50		34	3.90		3.35		6.5
0.80		0.55		32	4.25	0.70	3.55		6
0.85		0.60		30	4.60		3.90		5.5
0.90		0.65		28	5.10		4.40		5
0.95		0.70		26	5.65	0.90	4.75		4.5
1.05		0.80		24	6.35		5.45		4
1.15	0.30	0.85		22	7.25		6.35		3.5
1.30		1.00		20	8.46	1.20	7.26	1200	3
1.40		1.10		18	10.20		9.00		2.5
1.60	0.30	1.25	1000	16	12.70		11.50		2

注：每卷长度30m。

（2）镀锌低碳钢丝六角网

用于建筑门窗防护栏及工业设备上保温包扎材料等。按镀锌方式分有先编网后镀锌（B）、先电镀锌后织网（D）和先热镀锌后织网（R）三种；按编织形式分有单向搓捻式（Q）、双向搓捻式（S）和双向搓捻式有加强筋（J）三种，其规格见表31.41。

表 31.41 一般用途镀锌低碳钢丝六角网的规格（QB/T 1925.2—1993）

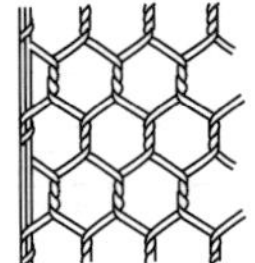
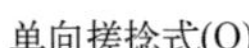
单向搓捻式(Q)

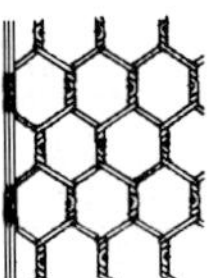
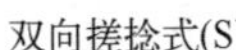
双向搓捻式(S)

双向搓捻式有加强筋(J)

类别	镀锌方式			编织形式					
	先编网后镀锌	先电镀锌后编网	先热镀锌后编网	单向搓捻式		双向搓捻式		双向搓捻式有加强筋	
网孔尺寸 W/mm	10	13	16	20	25	30	40	50	75
钢丝直径 d/mm	0.40～0.60	0.40～0.90	0.40～0.90	0.40～1.00	0.40～1.30	0.45～1.30	0.50～1.30	0.50～1.30	0.50～1.30

注：钢丝直径系列：0.40，0.45，0.50，0.55，0.60，0.70，0.80，0.90，1.00，1.10，1.20，1.30，单位为 mm；

网宽：0.5，1.0，1.5，2.0，单位为 m；网长：25，30，35，单位为 m。

（3）一般用途镀锌低碳钢丝编织波纹方孔网（表 31.42）

表 31.42 一般用途镀锌低碳钢丝编织波纹方孔网规格（QB/T 1925.3—1993）

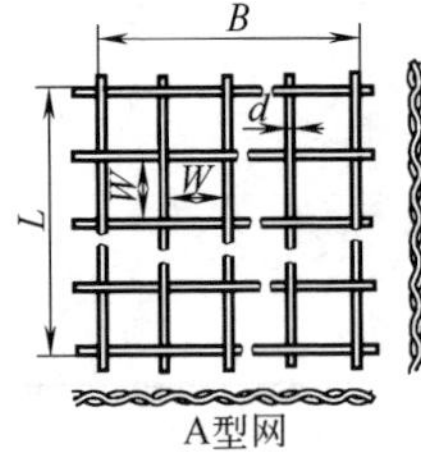

A型网

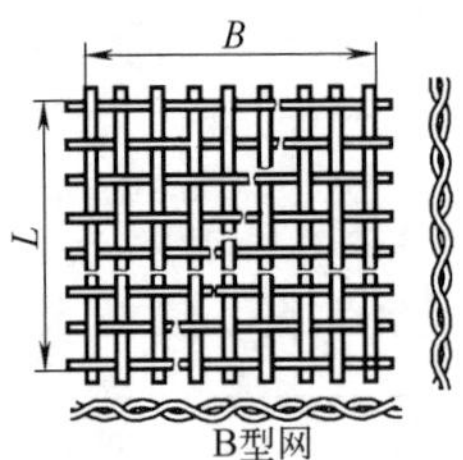

B型网

基本尺寸	L/mm	B/mm
片网	＜1000	900
	1000～5000	1000
	5001～10000	1500
卷网	10000～30000	2000

续表

丝径 d/mm	网孔尺寸 W/mm			
	A 型		B 型	
	Ⅰ系	Ⅱ系	Ⅰ系	Ⅱ系
0.70	—	—	1.5 2.0	—
0.90	—	—	2.5	—
1.20	6	8	—	—
1.60	8 10	12	3	5
2.20	12	15、20	4	6
2.80	15 20	25	6	10 12
3.50	20 25	30	6	8 10 15
4.00	20 25	30	8	12 16
5.00	25 30	28 36	20	22
6.00	30 40 50	28 35 45	20 25	18 22
8.00	40 50	40 50	30	35
10.00	80 100 125	70 90 110	—	—

注：Ⅰ系为优先选用规格；Ⅱ系为一般规格。

(4) 镀锌低碳钢丝斜方孔网

用于企业、事业单位或仓库、工地等的隔离网等，其规格见表 31.43。

表 31.43　一般用途镀锌低碳钢丝斜方孔网的规格

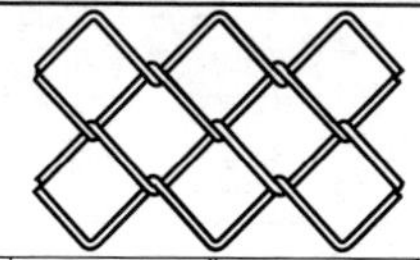

钢丝直径 /mm	网孔宽度 /mm	开孔率 /%	质量 /(kg/ m²)
1.2	12.5	82	1.9
1.6	12.5	76	3.4
	16	81	2.5
	20	85	2.0
	25.4	88	1.45
2.2	12.5	69	6.0
	16	74	5.0
	20	79	3.7
	25.4	83	2.8
2.2	32	87	2.2
	38	89	1.8
	40	89	1.7
2.8	20	74	6.4
	25.4	79	4.8
	32	83	3.7
	38	86	3.0
	40	86	2.9
	50	89	2.3

续表

钢丝直径/mm	网孔宽度/mm	开孔率/%	质量/(kg/ m²)	钢丝直径/mm	网孔宽度/mm	开孔率/%	质量/(kg/ m²)
3.0	25.4	78	5.6	3.5	40	83	4.5
	32	82	4.3		50	86	3.6
	38	85	3.5		64	89	2.7
	40	85	3.3		76	91	2.3
	50	88	2.6	4.0	50	85	4.7
3.5	32	81	5.9		64	88	3.5
	38	82	4.9		76	90	3.0

注：门幅宽度为 0.5～3m；卷长为 10～20m。

(5) 斜方眼网

斜方眼网用于建筑围栏及设备防护网，其规格见表 31.44。

表 31.44 斜方眼网规格 mm

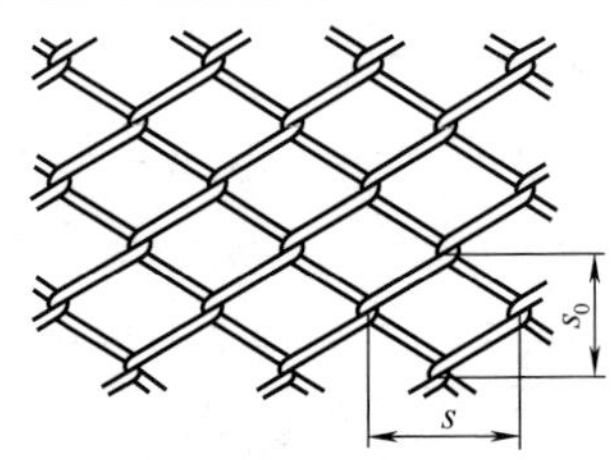

线径	网孔尺寸		线径	网孔尺寸	
	长节距 s	短节距 s_0		长节距 s	短节距 s_0
0.9	18	12	2.8	40	17
	16	8		60	30
1.25	20	10		100	50
	30	15	3.5	51	51
1.6	20	8		60	30
	30	15		70	35
	60	30		100	50
2.0	30	15	4.0	80	40
	40	20		240	120
	60	30	5	100	25
2.8	38	38	6、8		50

注：网面尺寸为长度 1000～5000mm，宽度 50～2000mm。

(6) 梯形网

梯形网用于保温墙或石棉瓦中的加强网，其规格见表 31.45。

表 31.45　梯形网的规格

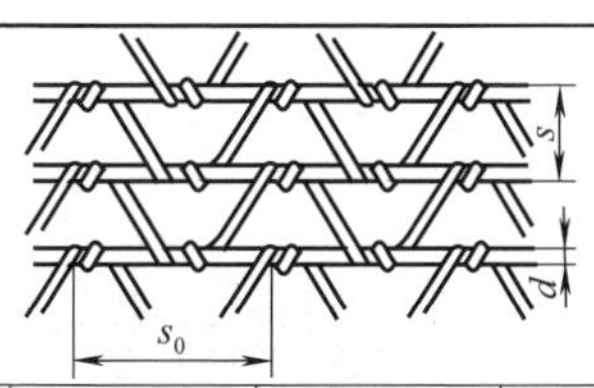

网孔尺寸 s /mm	绕缝箱距 s_0 /mm	绕丝抗拉强度/MPa	直线丝径 d /mm	直丝抗拉强度/MPa	网面尺寸/mm	
					长	宽
13 19	42	≥539	0.7～1.2 0.7～1.4	≥833	1840	880

(7) 镀锌电焊网

用于建筑、种植、养殖、围栏等，尺寸为 30480mm 的用于外销。

镀锌电焊网的代号是：

标记示例：DHW 0.70×12.70×12.70 表示丝径 0.70 mm，经向网孔长 12.7 mm，纬向网孔长 12.7 mm 的镀锌电焊网。

镀锌电焊网尺寸规格见表 31.46。

表 31.46　镀锌电焊网尺寸规格（GB/T 33281—2016）　mm

L/mm	B/mm
30000	1000
30480	914

网号	网孔尺寸 $J \times W$	丝径
20×20 10×20 10×10	50.80×50.80 25.40×50.80 25.40×25.40	1.80～2.50
04×10 06×06	12.70×25.40 19.05×19.05	1.00～1.80
04×04 03×03 02×02	12.70×12.70 9.53×9.53 6.35×6.35	0.50～0.90

31.2.4　窗纱

窗纱用于纱窗、纱门、菜橱、蜂房等处，以达到通风和防止蚊蝇和昆虫侵入的目的。也可作 50℃以下液体的过滤器材，其尺寸见表 31.47。

表 31.47　窗纱的尺寸

Ⅰ型窗纱

Ⅱ型窗纱

种类	窗纱长度 L /mm	窗纱宽度 B /mm	目数 /in^2	孔距 /mm	金属丝直径 /mm
低碳钢涂镀层窗纱	15000 25000 30000	1200 1000 914	14×14 16×16 18×18	1.8×1.8 1.6×1.6 1.4×1.4	0.25
铝窗纱	30480				0.28

品种		1in长目数		孔距/mm		宽度×长度/m×m		
						1×25	1×30	0.914×30.48
		经向	纬向	经向	纬向	每匹约重/kg		
金属丝编织涂漆、涂塑、镀锌窗纱		14	14	1.8	1.8	10.5	12.5	11.5
		16	16	1.6	1.6	12	14	13
		18	18	1.4	1.4	13	15	14.5
		14	16	1.8	1.6	11	13	12
玻璃纤维涂塑窗纱	4514A 4514B	14	14	1.8	1.8	3.9～4.1		
	4516	16	16	1.6	1.6	4.3～4.5		
塑料窗纱		16	16	1.6	1.6	—	—	3.6

31.2.5　编织网

编织网由网片钢丝和张力钢丝组成，共用三根张力钢丝将编织网串联成整体，底部一根靠近地面，顶部一根靠近网边，用于道路、机场、铁路、体育场等场所作栅栏，产品代号 Cw，其结构尺寸见表 31.48。

表 31.48　编织网的结构尺寸（GB/T 26941.5—2011）

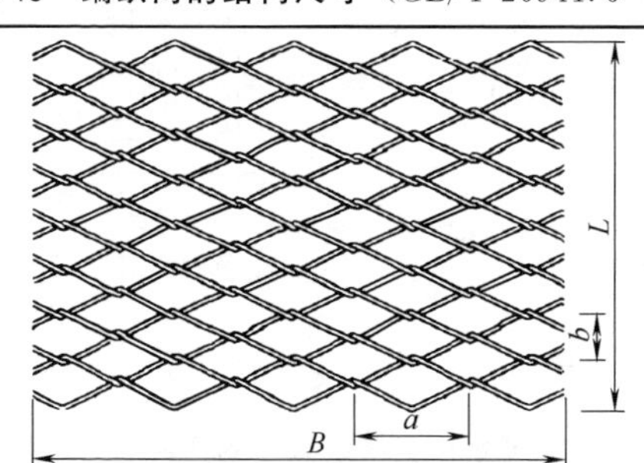

代号	钢丝直径/mm	网孔尺寸($a \times b$)/mm	网面长度 L/m	网面宽度 B/m
Cw-2.2-50	2.2	50×50	3,4,5,6,10,15或30	1.5～2.5
Cw-2.2-100		100×50		
Cw-2.2-150		150×75		
Cw-2.8-50	2.8	50×50		
Cw-2.8-100		100×50		
Cw-2.8-150		150×75		
Cw-3.5-50	3.5	50×50		
Cw-3.5-100		100×50		
Cw-3.5-150		150×75		
Cw-3.5-160		160×80		
Cw-4.0-50	4.0	50×50		
Cw-4.0-100		100×50		
Cw-4.0-150		150×75		
Cw-4.0-160		160×80		

31.2.6　金属丝编织方孔筛网

金属丝编织方孔筛网的代号为 GFW，丝材采用热处理后的软态黄铜（H80、H68、H65 和 H62）、锡青铜（QSn6.5-0.1、QSn6.5-0.4）、不锈钢（奥氏体型）或碳素结构钢（10、08F 和 10F）。网孔基本尺寸为 0.02～16.0mm。工业上用于过滤流体、油脂，筛选化工原料、淀粉和药物等；农业上用于筛选粮食、粉类。

金属丝筛网应为平纹编织（图 31.1），根据不同需要，亦可采用斜纹编织（图 31.2）。

金属丝筛网的网孔基本尺寸和金属丝直径的搭配见表 31.49。

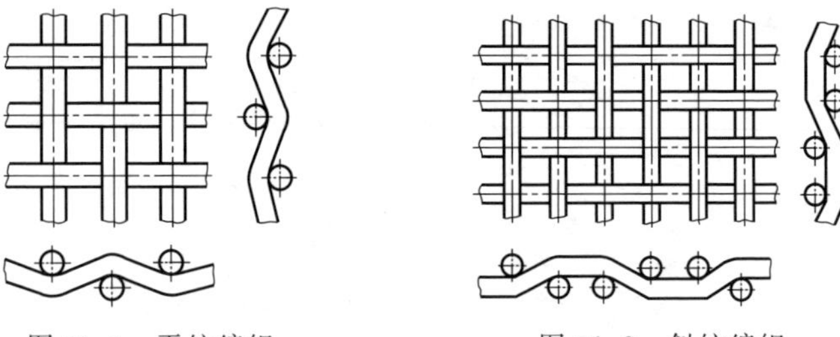

图 31.1 平纹编织　　图 31.2 斜纹编织

表 31.49 网孔基本尺寸和金属丝直径的搭配（GB/T 5330—2003）

mm

主要尺寸	补充尺寸		金属丝直径基本尺寸
R10 系列	R20 系列	R40/3 系列	
	16.0	16.0	3.15、2.24、2.00、1.80、1.60
	14.0		2.80、2.24、1.80、1.40
		13.2	2.80
12.5	12.5		2.80、2.24、2.00、1.80、1.60、1.25
11.2	11.2	11.2	2.50、2.24、2.00、1.80、1.60、1.12
10.0	10.0		2.50、2.24、2.00、1.80、1.60、1.12
		9.50	2.24、2.00、1.80、1.60、1.40、1.00
	9.00		2.24、2.00、1.80、1.60、1.40、1.00
8.00	8.00	8.00	2.24、2.00、1.80、1.60、1.40、1.25、1.00
	7.10		1.80、1.60、1.40、1.25、l.12
		6.70	1.80、1.60、1.40、1.25、1.12
6.30	6.30		1.80、1.40、1.12、1.00、0.800
	5.60	5.60	1.60、1.40、1.25、1.12、0.900、0.800
5.00	5.00		1.60、1.40、1.25、1.00、0.900
		4.75	1.60、1.40、1.25、0.900
	4.50		1.600、1.400、1.120、1.00、0.900、0.800、0.630
4.00	4.00	4.00	1.400、1.250、1.120、0.900、0.710
	3.55		1.25、1.00、0.900、0.800、0.630、0.560
		3.35	1.25、0.900、0.560
3.15	3.15		1.25、1.12、0.900、0.800、0.110、0.630、0.560、0.500
	2.8	2.8	1.120、0.900、0.800、0.710、0.630、0.560、0.500
2.50	2.50		1.000、0.800、0.710、0.630、0.560、0.500

续表

主要尺寸	补充尺寸		金属丝直径基本尺寸
R10 系列	R20 系列	R40/3 系列	
		2.36	1.800、1.000、0.800、0.710、0.630、0.560、0.500
	2.24		0.900、0.710、0.630、0.560、0.500、0.450、0.400
2.00	2.00	2.00	0.900、0.710、0.630、0.560、0.500、0.450、0.400、0.315
	1.80		0.800、0.630、0.560、0.500、0.400
		1.70	0.800、0.630、0.500、0.450、0.400
1.60	1.60		0.800、0.630、0.560、0.500、0.450、0.400、0.355
	1.40	1.40	0.710、0.560、0.450、0.400、0.355、0.315
1.25	1.25		0.630、0.560、0.500、0.400、0.315、0.280
		1.18	0.630、0.560、0.500、0.450、0.400、0.355、0.315
	1.12		0.300、0.500、0.450、0.400、0.355、0.315、0.250
1.00	1.00	1.00	0.560、0.500、0.450、0.400、0.355、0.315、0.280、0.250
	0.900		0.500、0.450、0.400、0.355、0.315、0.250、0.224
		0.850	0.500、0.450、0.400、0.355、0.315、0.280、0.250、0.224
0.800	0.800		0.450、0.355、0.315、0.280、0.250、0.224、0.200
	0.710	0.710	0.450、0.355、0.315、0.280、0.250、0.224、0.200
0.630	0.630		0.400、0.355、0.315、0.280、0.250、0.224、0.200、0.180
		0.600	0.400、0.355、0.315、0.280、0.224、0.250、0.200
	0.560		0.355、0.315、0.280、0.250、0.224、0.200、0.180、0.160
0.500	0.500	0.500	0.315、0.280、0.250、0.224、0.200、0.180、0.160
	0.450		0.280、0.250、0.224、0.200、0.180、0.160、0.140
		0.425	0.280、0.224、0.200、0.180、0.160、0.140
0.400	0.400		0.250、0.224、0.200、0.180、0.160、0.140、0.125
	0.355	0.355	0.224、0.200、0.180、0.140、0.125
0.315	0.315	0.315	0.200、0.180、0.160、0.140、0.125
		0.300	0.200、0.180、0.160、0.140、0.125、0.112
	0.280		0.180、0.160、0.140、0.125、0.112
0.250	0.250	0.250	0.180、0.160、0.140、0.125、0.112、0.100
	0.224		0.160、0.140、0.125、0.112、0.100、0.090
		0.212	0.140、0.125、0.112、0.100、0.090
0.200	0.200		0.140、0.125、0.112、0.100、0.090、0.080
0.180	0.180		0.125、0.112、0.100、0.090、0.080、0.071
	0.160		0.112、0.100、0.090、0.080、0.071、0.063
		0.150	0.100、0.090、0.080、0.071、0.063
	0.140		0.100、0.090、0.071、0.063、0.056
0.125	0.125	0.125	0.090、0.080、0.071、0.063、0.056、0.050
	0.112		0.080、0.071、0.063、0.056、0.050

续表

主要尺寸	补充尺寸		金属丝直径基本尺寸
R10 系列	R20 系列	R40/3 系列	
		0.106	0.080、0.071、0.063、0.056、0.050
0.100	0.100		0.080、0.071、0.063、0.056、0.050
	0.090	0.090	0.071、0.063、0.056、0.050、0.045
0.080	0.080		0.063、0.056、0.050、0.045、0.040
		0.075	0.056、0.050、0.045、0.040、0.036
	0.071		0.056、0.050、0.045、0.040、0.036
0.063	0.063	0.063	0.050、0.045、0.040、0.036
	0.056		0.045、0.040、0.036、0.032
		0.053	0.040、0.036、0.032、0.030
0.050	0.050		0.040、0.036、0.032、0.030、0.028
	0.045	0.045	0.036、0.032、0.030、0.028
0.040	0.040		0.036、0.032、0.030、0.028、0.025
		0.038	0.032、0.030、0.028、0.025
	0.036		0.030、0.028、0.025
0.032	0.032	0.032	0.028、0.025、0.022
	0.028		0.025、0.022
0.025	0.025		0.025、0.022
0.020	0.020		0.020

31.2.7 预弯成形金属丝编织方孔网

预弯成形金属丝编织方孔网的网孔基本尺寸 2～125mm，有五种形式：A—双向弯曲金属丝编织网、B—单向隔波弯曲金属丝编织网、C—双向隔波弯曲金属丝编织网、D—锁紧（定位）弯曲金属丝编织网和 E—平顶弯曲金属丝编织网（图 31.3），其网孔基本尺寸见表 31.50。

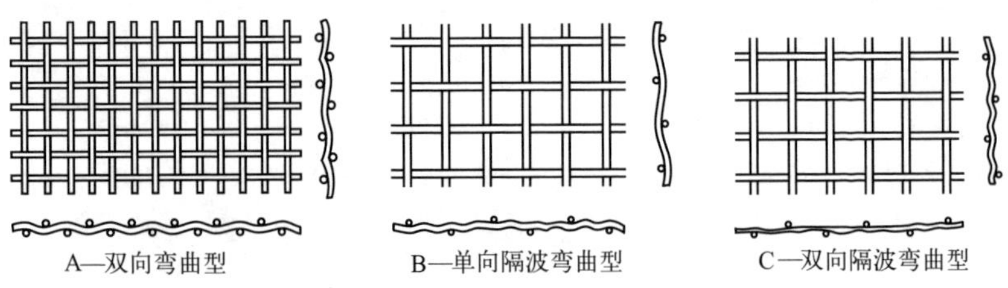

A—双向弯曲型　　B—单向隔波弯曲型　　C—双向隔波弯曲型

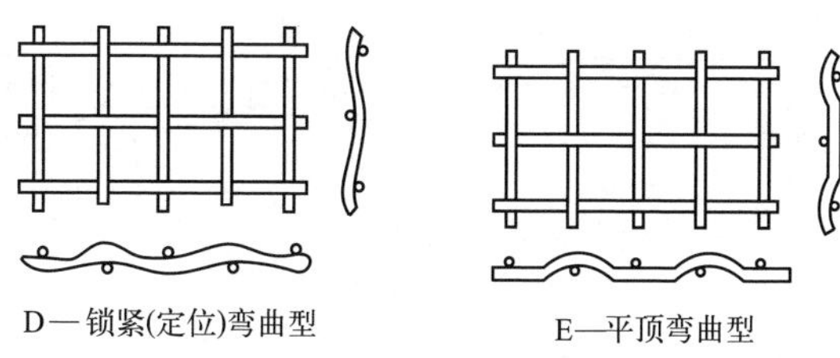

图 31.3　预弯成形金属丝编织方孔网

表 31.50　预弯成形金属丝编织方孔网的网孔基本尺寸（GB/T 13307—2012）

网孔基本尺寸 w/mm 主要尺寸 R10 系列	网孔基本尺寸 w/mm 补充尺寸 R20 系列	网孔基本尺寸 w/mm 补充尺寸 R40/3 系列	金属丝直径基本尺寸 d/mm	筛分面积百分率 A_e /%
125	125	125	10.0	86
			12.5	83
			16.0	79
			20.0	74
			25.0	69
	112		10.0	84
			12.5	81
			16.0	77
			20.0	72
		106	10.0	84
			12.5	80
			16.0	75
			20.0	71
			25.0	65
100	100		10.0	83
			12.5	79
			16.0	74
			20.0	69
			25.0	64
	90	90	10.0	81
			12.5	77
			16.0	72
			20.0	67
80	80		10.0	79
			12.5	75
			16.0	69
			20.0	64
		75	10.0	78
			12.5	73
			16.0	69
			20.0	62
	71		10.0	77
			12.5	72
			16.0	67
			20.0	61
63	63	63	8.00	79
			10.0	74
			12.5	70
			16.0	64
	56		8.00	77
			10.0	72
			12.5	67
			16.0	61
		53	8.00	75
			10.0	71
			12.5	65
			16.0	59

续表

网孔基本尺寸 w/mm			金属丝直径基本尺寸	筛分面积百分率	网孔基本尺寸 w/mm			金属丝直径基本尺寸	筛分面积百分率
主要尺寸	补充尺寸				主要尺寸	补充尺寸			
R10系列	R20系列	R40/3系列	d/mm	A_e/%	R10系列	R20系列	R40/3系列	d/mm	A_e/%
50	50		6.30	79	25	25		4.00	74
			8.00	74				5.00	69
			10.0	69				6.30	64
			12.5	64				8.00	57
			16.0	57				10.0	51
	45	45	6.30	77		22.4	22.4	4.00	72
			8.00	72				5.00	67
			10.0	67				6.30	61
			12.5	61				8.00	54
			16.0	54	20	20		3.15	75
40	40		6.30	75				4.00	69
			8.00	69				5.00	64
			10.0	64				6.30	58
			12.5	58				8.00	51
		37.5	6.30	74			19	4.00	68
			8.00	68				5.00	63
			10.0	63				6.30	56
			12.5	56				8.00	50
	35.5		5.00	77		18		3.15	72
			6.30	72				4.00	67
			8.00	57				5.00	61
			10.0	61				6.30	55
31.5	31.5	31.5	5.00	74				8.00	18
			6.30	69	16	16	16	2.50	75
			8.00	64				3.15	70
			10.0	58				4.00	64
	28		5.00	72				5.00	58
			6.30	67				6.30	51
			8.00	60		14		2.50	72
			10.0	54				3.15	67
		26.5	5.00	71				4.00	60
			6.30	65				5.00	54
			8.00	59				6.30	48
			10.0	53					

续表

网孔基本尺寸 w/mm			金属丝直径基本尺寸 d/mm	筛分面积百分率 A_e/%	网孔基本尺寸 w/mm			金属丝直径基本尺寸 d/mm	筛分面积百分率 A_e/%
主要尺寸	补充尺寸				主要尺寸	补充尺寸			
R10系列	R20系列	R40/3系列			R10系列	R20系列	R40/3系列		
		13.2	3.15	65		7.1		1.80	64
			4.00	59				2.00	61
			5.00	53				2.50	55
			6.30	46				3.15	48
12.5	12.5		2.50	69			6.7	1.80	62
			3.15	64				2.50	53
			4.00	57				3.15	46
			5.00	51				4.00	39
			6.30	44	6.3	6.3		1.60	64
	11.2	11.2	2.50	67				2.00	58
			3.15	61				2.50	51
			3.55	58				3.15	44
			4.00	54		5.6	5.6	1.60	60
			5.00	48				2.00	54
10	10		2.00	69				2.50	48
			2.50	64				3.15	41
			3.15	58	5	5		1.60	57
			4.00	51				2.00	51
			5.00	44				2.50	44
		9.5	2.24	65				3.15	38
			3.15	56			4.75	1.60	56
			4.00	50				1.80	53
			5.00	43				2.24	47
	9		1.80	69				3.15	36
			2.24	64		4.5		1.40	58
			2.50	61				1.80	51
			3.15	55				2.24	45
			4.00	48				2.50	41
8	8	8	2.00	64	4	4	4	1.25	58
			2.50	58				1.60	51
			3.15	51				2.00	45
			3.55	18				2.24	41
			4.00	44				2.50	38

续表

网孔基本尺寸 w/mm			金属丝直径基本尺寸 d/mm	筛分面积百分率 A_e/%	网孔基本尺寸 w/mm			金属丝直径基本尺寸 d/mm	筛分面积百分率 A_e/%
主要尺寸	补充尺寸				主要尺寸	补充尺寸			
R10系列	R20系列	R40/3系列			R10系列	R20系列	R40/3系列		
	3.55		1.25	55	2.5	2.5		1.00	51
			1.40	51				1.12	48
			1.60	48				1.25	44
			1.80	44				1.40	41
			2.00	41				1.60	37
		3.35	1.00	59			2.36	0.80	56
			1.25	53				1.00	49
			1.80	42				1.40	39
			2.24	36				1.80	32
3.15	3.15		1.12	54		2.24		0.71	58
			1.40	48				0.90	51
			1.60	44				1.12	44
			1.80	41				1.40	38
			2.00	37	2	2	2	0.71	54
	2.8	2.8	0.90	57				0.80	51
			1.12	51				0.90	48
			1.40	45				1.12	41
			1.80	37				1.25	38

31.2.8 金属丝编织密纹网

金属丝编织密纹网用于气体、液体过滤及其他介质分离，包括平纹编织网（MPW）、经全包斜纹编织网（MXW）和经不全包斜纹编织网（MBW），其名义孔径从 0.003～0.347mm，规格用“经向基本目数×纬向基本目数/经丝基本直径×纬丝基本直径”表示。网的宽度为 800mm、1000mm 或 1250mm。

金属丝编织密纹网的材料见表 31.51，平纹编织、经全包斜纹编织、经不全包斜纹编织网的规格及主要技术参数和结构参数分别见表 31.52 至表 31.57。

表 31.51　金属丝编织密纹网的材料（JB/T 7860—2000）

种类	材料牌号	密度/(kg/m³)	种类	材料牌号	密度/(kg/m³)
碳钢	Q195	7850	不锈钢	1Gr18Ni9	7800
铝合金	LF5	2650	镍　铜	NCu-2.5-1.5	8800
黄铜	H80 H65	8500	锡青铜	QSn6.5-0.1 QSn6.5-0.4	8830

表 31.52　平纹编织密纹网的规格和主要技术参数（GB/T 21648—2023）

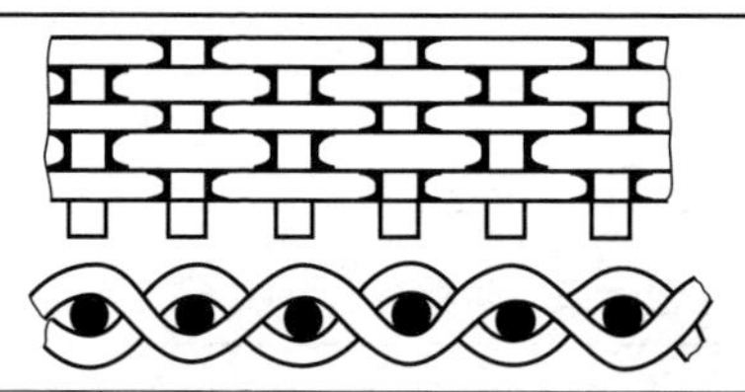
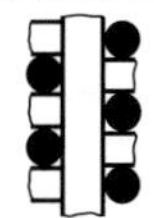

型号	规格	经丝间网孔尺寸		纬丝密度
		基本尺寸/mm	大网孔尺寸偏差范围/%	基本根数/(根/10mm)
MPW465/23	118×740/0.063×0.036	0.152	23～50	291
MPW315/32	80×430/0.125×0.063	0.192	23～45	157
MPW275/35	70×340/0.125×0.08	0.238	22～40	134
MPW275/37	70×390/0.112×0.071	0.251		154
MPW315/37	80×620/0.10×0.045	0.218	23～45	244
MPW240/39	60×270/0.14×0.10	0.283	22～40	106
MPW240/41	60×300/0.14×0.09	0.283		118
MPW255/42	65×400/0.125×0.071	0.266		157
MPW200/48	50×250/0.14×0.112	0.368	20～38	106
MPW200/55	50×300/0.16×0.09	0.348		110
MPW160/63	40×220/0.18×0.125	0.455	18～35	78.7
MPW140/69	35×170/0.224×0.16	0.502		66.9
MPW120/77	30×140/0.315×0.20	0.532	17～34	55.1
MPW120/82	30×150/0.25×0.18	0.597		59
MPW110/92	28×150/0.28×0.18	0.627	16～32	59
MPW95/97	24×110/0.355×0.25	0.703		43.3
MPW100/100	25×140/0.28×0.20	0.736	15～30	55.1
MPW80/126	20×110/0.355×0.25	0.915		43.3
MPW80/133	20×140/0.315×0.20	0.955	14～28	55.1
MPW65/145	16×120/0.28×0.224	1.308	13～26	47.2
MPW65/160	16×100/0.40×0.28	1.188		39.4

续表

型号	规格	经丝间网孔尺寸		纬丝密度
		基本尺寸/mm	大网孔尺寸偏差范围/%	基本根数/(根/10mm)
MPW55/173	14×76/0.45×0.355	1.364	13～24	29.9
MPW55/182	14×100/0.40×0.28	1.414		39.4
MPW50/192	12.7×76/0.45×0.355	1.550	12～23	29.9
MPW48/211	12×64/0.56×0.40	1.556		25.2
MPW40/248	10×76/0.50×0.355	2.040	11～22	29.9
MPW32/275	8×85/0.45×0.315	2.730	11～20	33.5
MPW32/310	8×45/0.80×0.60	2.370		17.7
MPW28/347	7×40/0.90×0.71	2.730		15.7

表 31.53 平纹编织金属丝密纹网的结构参数（GB/T 21648—2023）

型号	规格		名义孔径尺寸/μm	绝对孔径/μm	有效截面率/%	网重/(kg/m²)	网厚/mm
	英制	公制					
MPW465/23	118×740/0.063×0.036	465×2913/0.063×0.036	23	28～32	21.5	0.38	0.123
MPW315/23	80×430/0.125×0.063	315×1693/0.125×0.063	32	36～42	13.6	0.77	0.217
MPW275/35	70×340/0.125×0.08	276/1338/0.125×0.08	35	41～47	13.2	0.86	0.266
MPW275/37	70×390/0.112×0.071	276×1535/0.112×0.071	37	44～50	16.3	0.74	0.227
MPW315/37	80×620/0.10×0.045	315×2441/0.10×0.045		44～45	29.8	0.53	0.176
MPW240/39	60×270/0.14×0.10	236×1063/0.14×0.10	39	46～53	11.2	1.03	0.291
MPW315/40	80×700/0.125×0.04	315×2756/0.125×0.04	40	40	38.1	0.60	0.205
MPW240/41	60×300/0.14×0.09	236×1181/0.14×0.09	41	49～56	14.1	0.96	0.279
MPW255/42	65×400/0.125×0.071	256×1575/0.125×0.071	42	49～55	19.1	0.78	0.240
MPW200/48	50×250/0.14×0.112	197×984/0.14×0.112	50	66～72	12.5	1.05	0.360
MPW200/55	50×300/0.16×0.09	197×1181/0.16×0.09	55	64～72	20.0	0.98	0.307
MPW160/63	40×200/0.18×0.125	157×866/0.18×0.125	63	77～85	15.4	1.24	0.386
MPW140/69	35×170/0.224×0.16	138×669/0.224×0.16	69	84～93	12.8	1.62	0.475
MPW120/77	30×140/0.315×0.20	118×551/0.315×0.20	77	92～103	11.4	2.21	0.600
MPW120/82	30×150/0.25×0.18	118×591/0.25×0.18	82	100～110	13.5	1.79	0.610
MPW110/92	28×150/0.28×0.18	110×591/0.28×0.18	92	110～122	15.9	1.87	0.568
MPW95/97	24×110/0.355×0.25	94×433/0.355×0.25	97	117～131	11.3	2.60	0.855
MPW100/100	25×140/0.28×0.20	98×551/0.28×0.20	100	124～136	15.2	1.96	0.612
MPW80/126	20×110/0.355×0.25	79×433/0.355×0.25	126	155～170	15.3	2.47	0.768
MPW80/133	20×140/0.315×0.20	79×551/0.315×0.20	133	167～183	21.5	1.97	0.665
MPW65/145	16×120/0.28×0.224	63×472/0.28×0.224	145	199～216	19.2	1.97	0.607

续表

型号	规格		名义孔径尺寸/μm	绝对孔径/μm	有效截面率/%	网重/(kg/m²)	网厚/mm
	英制	公制					
MPW65/160	16×100/0.40×0.28	63×394/0.40×0.28	160	200～220	17.7	2.70	0.903
MPW55/173	14×76/0.45×0.355	55×299/0.45×0.355	173	218～240	14.3	3.33	1.054
MPW55/182	14×100/0.40×0.28	55×394/0.40×0.28	182	235～256	20.3	2.62	0.90
MPW50/192	12.7×76/0.45×0.355	50×299/0.45×0.355	192	246～269	15.9	3.26	1.072
MPW48/211	12×80/0.45×0.315	47×339/0.45×0.315	211	275～300	20.9	2.93	1.019
MPW40/248	10×76/0.50×0.355	39×394/0.50×0.355	248	331～355	21.8	3.24	1.149
MPW32/275	8×85/0.45×0.315	31×334/0.45×0.315	275	315	27.3	2.73	1.052
MPW32/310	8×45/0.80×0.60	31×177/0.80×0.60	310	388～426	15.5	5.70	1.822
MPW28/347	7×40/0.90×0.71	28×157/0.90×0.71	347	437～480	14.3	6.65	2.11

表 31.54　经全包斜纹编织密纹网的规格和主要技术参数（GB/T 21648—2023）

型号	规格	经丝间网孔尺寸		纬丝密度
		基本尺寸/mm	大网孔尺寸偏差范围/%	基本根数/(根/10mm)
MXW1970/3	500×3500/0.025×0.015	0.0258	48～80	1378
MXW1575/4	400×2700/0.028×0.02	0.0355		1063
MXW1280/4	325×2200/0.036×0.025	0.042		866
MXW/1250/5	317×2100/0.036×0.025	0.044		827
MXW1120/7	285×2100/0.036×0.025	0.053	8～70	827
MXW985/5	250×1700/0.05×0.0.32	0.052		699
MXW985/8	250×1900/0.04×0.028	0.062		748
MXW800/9	203×1500/0.056×0.036	0.069		591
MXW850/10	216×1800/0.045×0.03	0.073		709
MXW800/10	203×1600/0.05×0.032	0.075		630
MXW790/5	200×1400/0.071×0.04	0.077		551
MXW650/13	165×1400/0.063×0.04	0.091	33～60	551
MXW630/15	160×1500/0.063×0.036	0.096	30～50	591
MXW515/17	130×1100/0.071×0.05	0.124		433

续表

型号	规格	经丝间网孔尺寸		纬丝密度
		基本尺寸/mm	大网孔尺寸偏差范围/%	基本根数/(根/10mm)
MXW515/18	130×1200/0.071×0.045	0.124	30～50	472
MXW395/20	100×760/0.10×0.071	0.154		299
MXW515/21	130×1600/0.063×0.036	0.132		630
MXW395/22	100×850/0.10×0.063	0.154		335
MXW360/24	90.7×760/0.10×0.071	0.180		299
MXW360/26	90.7×850/0.10×0.063			335
MXW315/28	80×700/0.112×0.08	0.206	22～40	276
MXW310/29	78×700/0.112×0.08	0.214		276
MXW310/31	78×760/0.112×0.071			299
MXW275/31	70×600/0.14×0.09	0.223		236
MXW255/36	65×600/0.14×0.09	0.251		236
MXW200/47	50×500/0.14×0.112	0.368		197
MXW200/51	50×600/0.125×0.09	0.383		236
MXW160/63	40×430/0.18×0.125	0.455	20～36	169
MXW160/70	40×560/0.18×0.10			220
MXW120/77	30×270/0.28×0.20	0.567	17～33	109
MXW120/89	30×340/0.28×0.16			134
MXW95/110	24×300/0.28×0.18	0.778	15～30	118
MXW80/119	20×260/0.25×020	1.02	14～28	102

表 31.55 经全包斜纹编织金属丝密纹网的结构参数（GB/T 21648—2023）

型号	规格		名义孔径尺寸/μm	绝对孔径/μm	有效截面率/%	网重/(kg/m^2)	网厚/mm
	英制	公制					
MXW1970/3	500×3500/0.05×0.015	1969×13780/0.025×0.015	3	4～5	4.9	0.3	0.048
MXW1575/4	400×2700/0.028×0.02	1575×10630/0.028×002	4	5～6	4.7	0.36	0.06
MXW1280/4	325×2200/0.036×0.025	1280×8661/0.036×0.025	4	6～8	4.2	0.46	0.075
MXW1250/5	317×2100/0.036×0.025	1248×8268/0.036×0.025	5	6～8	4.7	0.46	0.075
MXW1120/7	285×2100/0.036×0.025	1122×8268/0.036×0.025	7	8～10	7.2	0.44	0.078
MXW985/5	250×1700/0.05×0.032	984×6693/0.05×0.032	5	9～11	3.8	0.63	0.10
MXW985/8	250×1900/0.04×0.028	984×7480/0.04×0.028	8	10～12	7.8	0.51	0.087
MXW800/9	203×1500/0.056×0.036	799×5906/0.056×0.036	9	10～13	6.2	0.67	0.114
MXW790/5	200×1400/0.071×0.04	787×5512/0.071×0.04	5	6～8	2.5	0.81	0.15
MXW850/10	216×1800/0.045×0.03	850×7087/0.045×0.03	10	12～14	9.4	0.53	0.096
MXW800/10	203×1600/0.05×0.032	799×6300/0.05×0.032	10	12～15	9.3	0.58	0.104

续表

型号	规格		名义孔径尺寸/μm	绝对孔径/μm	有效截面率/%	网重/(kg/m²)	网厚/mm
	英制	公制					
MXW650/13	165×1400/0.063×0.04	650×5512/0.063×0.04	13	15～18	8.8	0.73	0.10
MXW630/15	160×1500/0.063×0.036	630×5906/0.063×0.036	15	17～20	12.4	0.67	0.123
MXW515/17	130×1100/0.071×0.05	512×4330/0.071×0.05	17	20～23	9.4	0.87	0.157
MXW515/18	130×1200/0.071×0.045	512×4724/0.071×0.045	18	25～27	12.0	0.80	0.149
MXW395/20	100×760/0.10×0.071	394×2992/0.10×0.071	20	24～28	7.4	1.25	0.218
MXW515/21	130×1600/0.063×0.036	512×6299/0.063×0.036	21	25～27	18.6	0.64	0.128
MXW395/22	100×850/0.10×0.063	394×3346/0.10×0.063	22	26～30	10.0	1.14	0.207
MXW360/24	90.7×760/0.10×0.071	357×2992/0.10×0.071	24	39～34	9.6	1.23	0.223
MXW360/26	90.7×850/0.10×0.063	357×3346/0.10×0.063	26	31～36	12.7	1.12	0.211
MXW315/28	80×700/0.112×0.08	315×2756/0.112×0.08	28	33～38	9.8	1.38	0.251
MXW310/29	78×700/0.112×0.08	307×2756/0.112×0.08	29	35～40	10.3	1.37	0.252
MXW310/31	78×760/0.112×0.071	307×2992/0.112×0.071	31	37～42	13.5	1.25	0.238
MXW275/31	70×600/0.14×0.09	276×2362/0.14×0.09	31	47～50	10.1	1.61	0.294
MXW255/36	65×600/0.14×0.09	255×2362/0.14×0.09	36	51～55	12.0	1.59	0.298
MXW200/47	50×500/0.14×0.112	197×1969/0.14×0.112	47	58～65	12.0	1.83	0.344
MXW200/51	50×600/0.125×0.09	197×2362/0.125×0.09	51	63～70	17.2	1.47	0.293
MXW160/63	40×430/0.18×0.125	157×1693/0.18×0.125	63	77～86	15.4	2.09	0.410
MXW160/70	40×560/0.18×0.10	157×2205/0.18×0.10	70	84～94	23.5	1.73	0.366
MXW120/77	30×270/0.28×0.20	118×1063/0.28×0.20	77	94～104	11.2	3.41	0.634
MXW120/89	30×340/0.28×0.16	118×1339/0.28×0.16	89	105～116	17.9	2.84	0.570
MXW95/110	24×300/0.28×0.18	94×1181/0.28×0.18	110	136～150	19.6	3.01	0.616
MXW80/119	20×260/0.25×0.20	79×1024/0.25×0.20	119	158～172	17.6	3.14	0.632

注：网重是依据不锈钢材料（材料密度 7.93g/cm³）给出的。

表 31.56　经不全包斜纹编织网的规格和主要技术参数（GB/T 21648—2023）

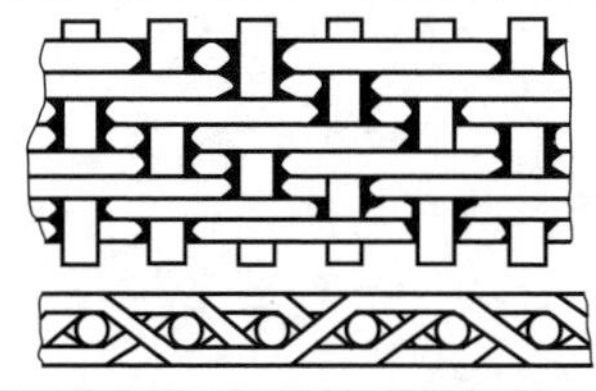
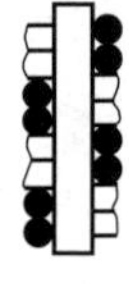

续表

型号	规格	经丝间网孔尺寸		纬丝密度
		基本尺寸/mm	大网孔尺寸偏差范围/%	基本根数/(根/10mm)
MBW1280/8	325×1900/0.036×0.025	0.042	48～80	748
MBW985/10	250×1250/0.056×0.036	0.046		492
MBW790/14	200×900/0.071×0.045	0.064	38～70	354
MBW650/19	165×800/0.071×0.05	0.083	33～60	315
MBW650/20	165×1000/0.071×0.04			394
MBW650/21	165×800/0.071×0.045			315
MBW790/22	200×600/0.063×0.045	0.064	38～70	236
MBW650/25Ⅰ	165×600/0.071×0.05	0.083	33～60	315
MBW650/25Ⅱ	165×800/0.071×0.04			315
MBW475/29	120×600/0.10×0.063	0.112	30～50	236
MBW475/35	120×400/0.10×0.071			157

表 31.57 经不全包斜纹编织金属丝密纹网的结构参数（GB/T 21648—2023）

型号	规格		名义孔径尺寸/μm	绝对孔径/μm	有效截面率/%	网重/(kg/m²)	网厚/mm
	英制	公制					
MBW1280/8	325×1900/0.036×0.025	1280×7480/0.036×0.025	6	8～10	5.2	0.43	0.075
MBW985/10	250×1250/0.05×0.036	984×4921/0.05×0.036	7	13～15	4.4	0.64	0.104
MBW790/14	200×900/0.063×0.045	787×3543/0.063×0.045	11	13～17	5.4	0.70	0.131
MBW650/19	165×800/0.071×0.05	650×3150/0.071×0.05	15	20～25	7.2	0.76	0.151
MBW650/20	165×1000/0.071×0.04	650×3937/0.071×0.04	18	21～25	12	0.65	0.138
MBW650/21	165×800/0.071×0.045	650×3150/0.071×0.045	19	23～27	11.4	0.658	0.138
MBW790/22	200×600/0.063×0.045	787×2362/0.063×0.045	23	27～31	12.8	0.53	0.135
MBW650/25Ⅰ	165×600/0.071×0.05	650×2362/0.071×0.05	15	20～25	7.2	0.62	0.153
MBW650/25Ⅱ	165×800/0.071×0.04	650×3150/0.071×0.04	25	28～31	13.5	0.562	0.139
MBW475/29	120×600/0.10×0.063	472×2362/0.10×0.063	24	30～36	10	0.96	0.202
MBW475/35	120×400/0.10×0.071	472×1575/0.10×0.071	37	43～48	14	0.86	0.216

注：网重是依据不锈钢材料（材料密度 7.93g/cm³）给出的。

31.2.9 焊接网

焊接网用于道路、机场、铁路、体育场等场所作栅栏，有片网、卷网和变孔网之分，代号为 Ww，其结构尺寸见表 31.58～表 31.60。

表 31.58　片网的结构尺寸（GB/T 26941.3—2011）

代号	钢丝直径/mm	网孔尺寸 (a×b)/(mm×mm)	网面长度 L/m	网面宽度 B/m
Ww-3.5-75	3.5	75×75	1.9～3.0	1.5～2.5
Ww-3.5-100		100×50		
Ww-3.5-150		150×75		
Ww-3.5-195		195×65		
Ww-4.0-150	4.0	150×75		
Ww-4.-195		195×65		
Ww-5.0-150	5.0	150×75		
Ww-5.0-200		200×75		

表 31.59　卷网的结构尺寸（GB/T 26941.3—2011）

代号	钢丝直径/mm	网孔尺寸 (a×b)/(mm×mm)	网面长度 L/m	网面宽度 B/m
Ww-2.5-50	2.5	50×50	20～50	1.5～2.5
Ww-2.5-100		100×50		
Ww-2.95-50	2.95	50×50		
Ww-2.95-100		100×50		
Ww-2.95-150		150×75		

表 31.60　变孔网的结构尺寸（GB/T 26941.3—2011）

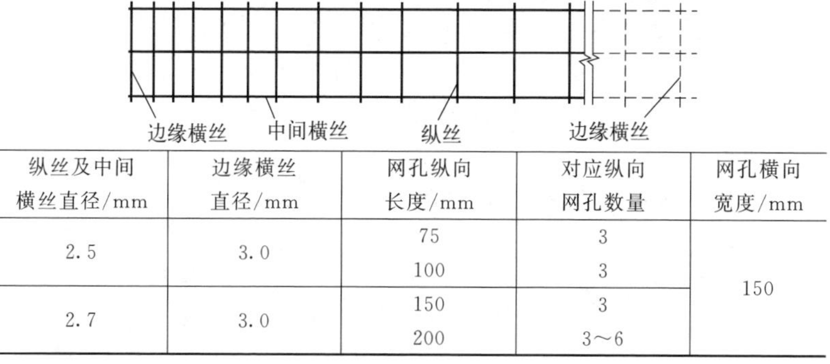

纵丝及中间横丝直径/mm	边缘横丝直径/mm	网孔纵向长度/mm	对应纵向网孔数量	网孔横向宽度/mm
2.5	3.0	75	3	150
		100	3	
2.7	3.0	150	3	
		200	3～6	

31.2.10 刺钢丝网

依据钢丝强度可分为普通型和加强型，代号为 Bw，其结构尺寸见表 31.61。

表 31.61 刺钢丝网的结构尺寸（GB/T 26941.4—2011）

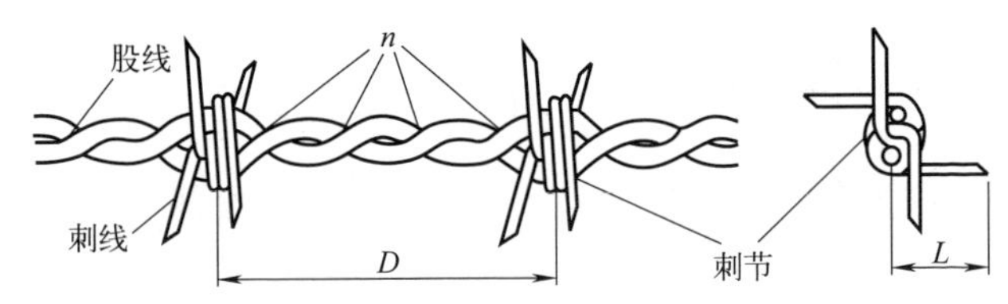

类型	代号	钢丝直径/mm	刺距 D/mm	捻数 $n\geqslant$
普通型	Bw-2.5-76	2.5	76	3
	Bw-2.5-102		102	4
	Bw-2.5-127		127	5
	Bw-2.8-76	2.8	76	3
	Bw-2.8-102		102	4
	Bw-2.8-127		127	5
加强型	Bw-1.7-102	1.7	102	7

31.3 金属板网

31.3.1 钢板网（GB/T 26941.6—2011）

用于建筑、防护、通风、造船、隔离、装备制造业、日用品等。

（1）分类

按类型分，有纵向扩张钢板网（ZW）和横向扩张钢板网（HW），后者又可分为有筋和无筋；按材料分，有低碳钢（非镀锌、镀锌）、不锈钢（B）和其他（Q）。镀锌用符号（D）表示，非镀锌不标注。

（2）产品标记方法

(3) 型式尺寸

① 纵向扩张钢板网（表 31.62）

表 31.62　纵向扩张钢板网型式尺寸　mm

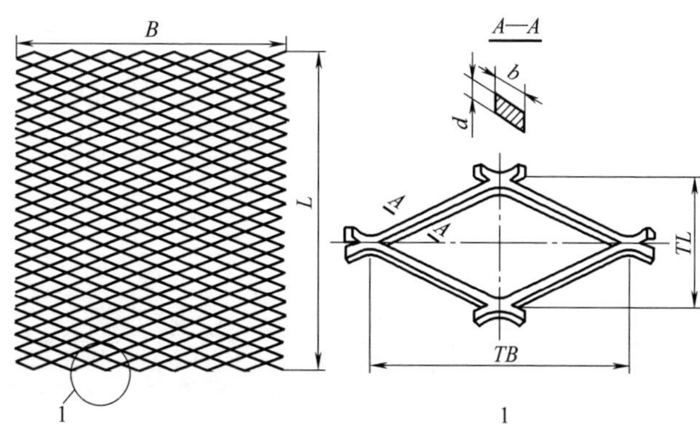

d	网格尺寸			网面尺寸		钢板网理论质量
	TL	TB	b	B	L	/(kg/m²)
0.3	2	3	0.3	500	2000	0.71
	3	4.5	0.4			0.63
0.4	2	3	0.4			1.26
	3	4.5	0.5			1.05
0.5	2.5	4.5	0.5	500	2000	1.57
	5	12.5	1.11	1000		1.74
	10	25	0.96	2000	4000	0.75
0.8	8	16	0.8	1000	5000	1.26
	10	20	1.0			1.26
	10	25	0.96	2000		1.21
1.0	10	25	1.10			1.73
	15	40	1.68			1.76
1.2	10	25	1.13			2.13
	15	30	1.35			1.7
	15	40	1.68			2.11

续表

d	网格尺寸			网面尺寸		钢板网理论质量（kg/m²）
	TL	TB	b	B	L	
1.5	15	40	1.69	2000	5000	2.65
	18	50	2.03			2.66
	24	60	2.47			2.42
2.0	12	25	2	2000	5000	5.23
	18	50	2.03			3.54
	24	60	2.47			3.23
3.0	24	60	3.0	2000	5000	5.89
	40	100	4.05		3500	4.77
	46	120	4.95		6000	5.07
	55	150	4.99		3500	4.27
4.0	24	60	4.5		3500	11.77
	32	80	5.0		4000	9.81
	40	100	6.0		4500	9.42
	50	100	4.0		4000	5.02
5.0	24	60	6.0		3000	19.62
	32	80	6.0		3500	14.72
	40	100	6.0		4500	11.78
	50	100	5.0		4000	7.85
	56	150	6.0		6000	8.41
6.0	24	60	6.0		3500	23.55
	32	80	7.0		3500	20.60
	40	100			4500	16.49
	56	150			6000	11.77
8.0	40	100	8.0		4000	25.12
			9.0		3500	28.26
	60	150			5000	18.84
10.0	45	100	10.0	1000	4000	34.89

注：0.3～0.5一般为卷网。钢板网长度和宽度根据用户需求作调整。

② 横向扩张钢板网（表31.63、表31.64）

表 31.63　有筋横向扩张钢板网型式尺寸

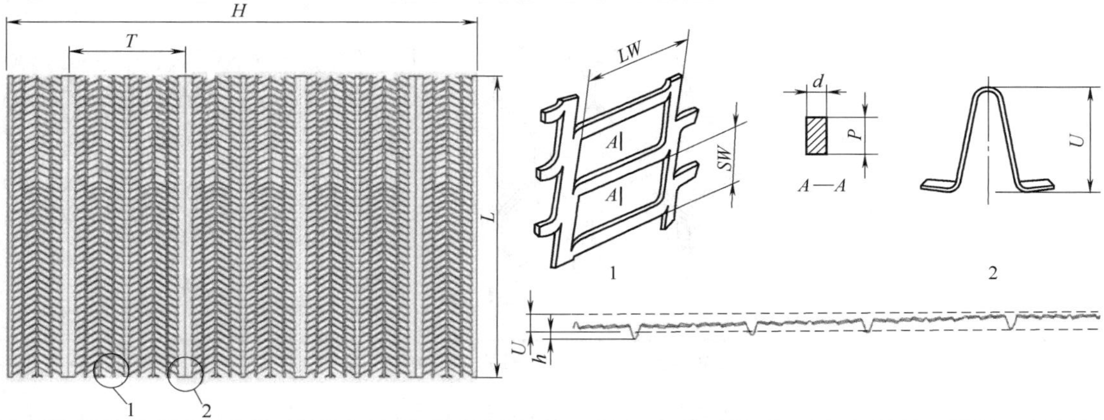

网格尺寸/mm			网面尺寸/mm				材料镀锌层双面质量/(g/m²)	钢板网理论质量/(kg/m²)					
								d					
SW	LW	P	U	T	B	L		0.25	0.3	0.35	0.4	0.45	0.5
6.5	9.5	1.28	9.5	97	686	2440	≥180	1.16	1.40	1.63	1.86	2.09	2.33
11	16	1.22	8	150	600		≥180	0.66	0.79	0.92	1.05	1.17	1.31
8	12	1.20	8	100	900		≥180	0.97	1.17	1.36	1.55	1.75	1.94
5	10	1.42	12	100	600		≥180	1.45	1.76	2.05	2.34	2.64	2.93
4	10.5	1.20	5	75	600		≥180	1.01	1.22	1.42	1.63	1.82	2.03
8	10.5	1.10	8	50	600		≥180	1.18	1.42	1.66	1.89	2.13	2.37
6	10	1.3	19	89.5	690		≥180	1.64	1.97	2.30	2.63	2.96	3.29

续表

网格尺寸/mm			网面尺寸/mm				材料镀锌层双面质量/(g/m²)	钢板网理论质量/(kg/m²)					
								d					
SW	LW	P	U	T	B	L		0.25	0.3	0.35	0.4	0.45	0.5
3.2	10	0.8	5	60	600	2440	≥180	0.99	1.19	1.38	1.58	1.78	1.98
6.8	9	1.05	5	100	600		≥180	0.99	1.19	1.38	1.58	1.78	1.98
9.7	15.5	1.48	5	75	750		≥180	1.91	1.10	1.28	1.46	1.65	1.83
11	13	1.4	8	75	750		≥180	0.86	1.03	1.21	1.38	1.55	1.72
10	23	0.8	3	98.5	590		≥180	0.51	0.62	0.72	0.83	0.93	1.03
7.1	22	1.15	5.7	100	600		≥180	0.88	1.05	1.23	1.40	1.58	1.76

注：宽度 B 可以是筋距 T 的倍数；长度 L、材料镀锌层质量可根据市场供求作调整。

表 31.64 无筋横向扩张钢板网型式尺寸

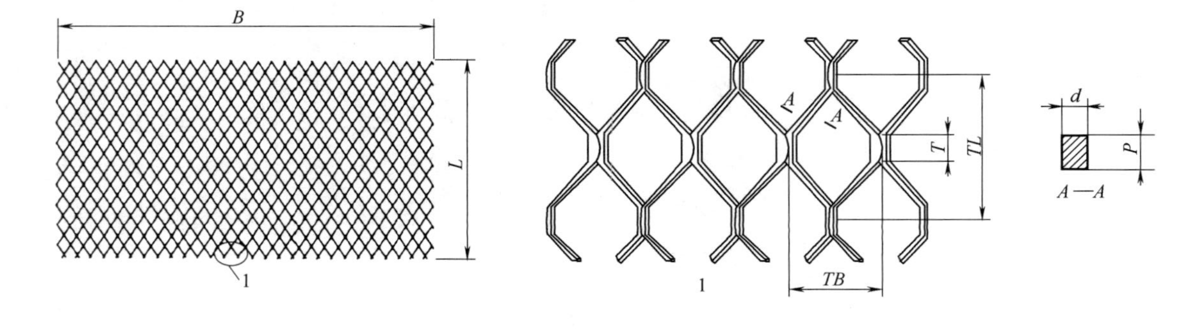

续表

d	P	网格尺寸			网面尺寸		材料镀锌层双面质量/(g/m²)	钢板网理论质量/(kg/m²)
		TL	TB	T	L	B		
		mm						
0.4	1.5	17	8.7	4	2440	690	≥180	0.95
0.5	1.5	20	9.5					1.36
0.6	1.5	17	8					1.84

注：宽度 B、长度 L、材料镀锌层双面质量可根据市场供求做调整。

31.3.2 铝板网

铝板网规格见表 31.65。

表 31.65　铝板网规格

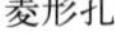
菱形孔

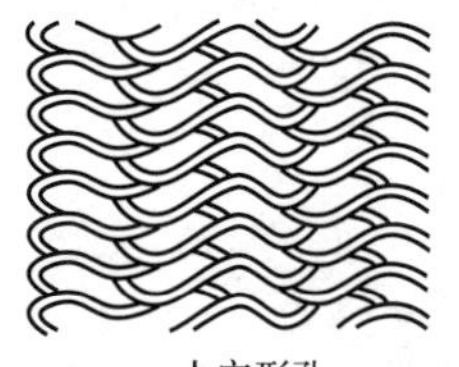
人字形孔

网孔形状	d	网格尺寸			网面尺寸		铝板网面理论质量
		TL	TB	b	B	L	
		mm					kg/m²
菱形	0.4	2.3	6	0.7	200～500	500 650 1000	0.657
	0.5	2.3	6	0.7			0.822
		3.2	8	0.8			0.675
		5.0	12.5	1.1			0.594
	1.0	5.0	12.5	1.1	1000	2000	1.188
人字形	0.4	1.7	6	0.5	200～500	500 650 1000	0.635
		2.2	8	0.5			0.491
	0.5	1.7	6	0.5			0.794
		2.2	8	0.6			0.736
		3.5	12.5	0.8			0.617
	1.0	3.5	12.5	1.1	1000	2000	1.697

注：TL 为短节距；TB 为长节距；d 为板厚；b 为丝梗宽；B 为网面宽；L 为网面长。

31.3.3 铝及铝合金花格网

用于建筑、通风、装饰、隔离等，亦可作踏板、防护等。

（1）化学成分

应符合 GB/T 3190 的规定。分析方法应符合 GB/T 20975 或 GB/T 7999 的规定。

（2）花格网形状

花格网的形状见表 31.66。

表 31.66 花格网形状

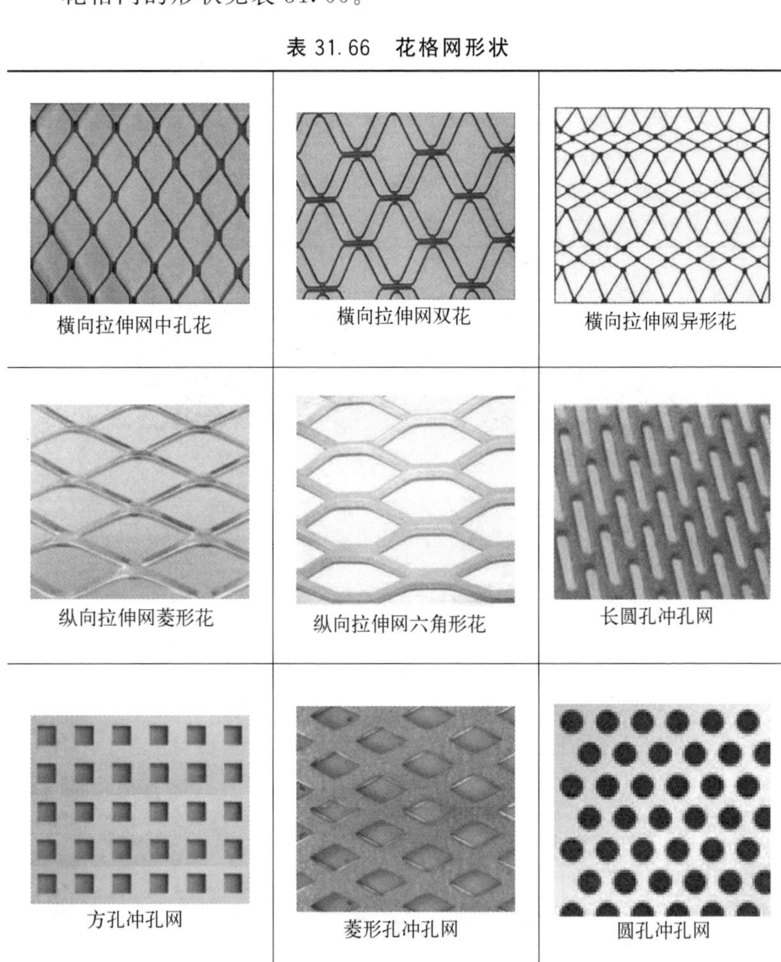

续表

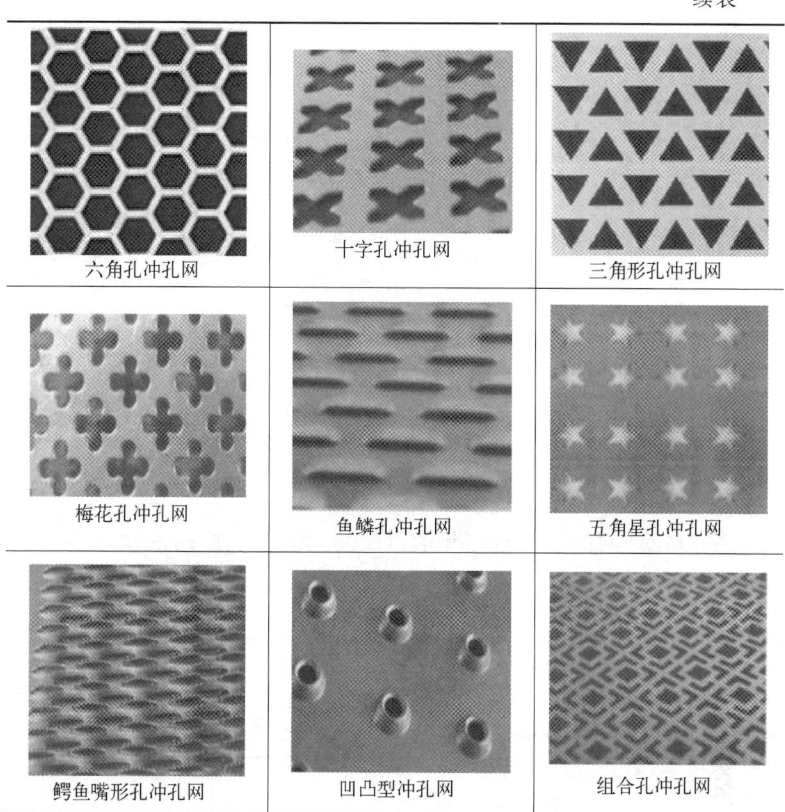

六角孔冲孔网　十字孔冲孔网　三角形孔冲孔网

梅花孔冲孔网　鱼鳞孔冲孔网　五角星孔冲孔网

鳄鱼嘴形孔冲孔网　凹凸型冲孔网　组合孔冲孔网

（3）类型、代号、牌号、状态、典型应用及常用孔形

花格网的类型、代号、牌号、状态、典型应用及常用孔形见表 31.67。

表 31.67　花格网的类型、代号、合金牌号、状态、典型应用及常用孔形

<table>
<tr><th colspan="2">产品类型</th><th>产品代号</th><th>牌号</th><th>状态</th><th>典型应用</th><th>常用孔形</th></tr>
<tr><td rowspan="2">拉伸网</td><td>横向拉伸网</td><td>HLW</td><td>6063</td><td>T2
T10</td><td rowspan="2">建筑装饰、室外幕墙、室内装饰、吊顶、隔断及其他工艺装饰</td><td>中孔花、双花、异形花等</td></tr>
<tr><td>纵向拉伸网</td><td>ZLW</td><td>1060、1100、3003、5052</td><td>H24</td><td>菱形、六边形等</td></tr>
</table>

续表

产品类型	产品代号	牌号	状态	典型应用	常用孔形
冲孔网	CKW	1050、1060、1100、3003、5005、5052、5754	H24①	建筑物墙体，装潢吸顶，装饰件，室内隔声，穿越城市地段的高速公路、铁路、地铁等交通市政设施中的环保噪声治理屏障，消声，粮库通风，机械防护，工作平台，设备平台，楼梯踏板，壕沟盖板，桥梁走道等	长圆孔，方孔、菱形孔、网孔、六角形孔、十字孔、三角形孔、梅花孔、鱼鳞孔、图案孔、五角星形孔、鳄鱼嘴形、凹凸型、不规则孔以及各种形状的组合孔

① H24 状态的冲孔网基材，经烘烤处理后，状态为 H44。

（4）拉伸网的尺寸规格

横向拉伸网的尺寸规格见表 31.68，纵向拉伸网的尺寸规格见表 31.69。

表 31.68 横向拉伸网的尺寸规格 mm

项目	尺寸规格	项目	尺寸规格
网面长度 网面宽度	≤6500 190～2000	丝梗厚度	≤6.00～30.00

表 31.69 纵向拉伸网的尺寸规格 mm

项目	尺寸规格		项目	尺寸规格	
	菱形网格	六角形网格		菱形网格	六角形网格
网面宽度	≤1000		长节距	25～300	57～200
	>1000～3000		丝梗宽度	5～30	2～30
短节距	15.0	11.0	丝梗厚度	>1.50～2.00	—
	—	20.0		>2.00～2.50	
	32.0、40.0、45.0	38.0		>2.50～3.00	
	68.0、75.0、95.0	80.0		>3.00	

（5）冲孔网的尺寸规格

网面长度、网面宽度、网面厚度和对角线长度均无限制。

（6）表面处理膜层类别、膜层代号及对应的典型产品代号

表面处理膜层类别、膜层代号及对应的典型产品代号见表 31.70。

表 31.70　表面处理膜层类别、膜层代号及对应的典型产品代号

<table>
<tr><th colspan="2">表面处理膜层类别</th><th>膜层代号</th><th>典型产品代号</th></tr>
<tr><td colspan="2">阳极氧化膜</td><td>AA10、AA15、AA20、AA25</td><td>HLW、ZLW</td></tr>
<tr><td colspan="2">阳极氧化复合膜</td><td>EA21、EB16、EC13</td><td>HLW、ZLW</td></tr>
<tr><td rowspan="2">有机聚合物膜</td><td>粉末涂膜</td><td>GA40、GA040、GF40、GV40、GU40、GO40、GAR40</td><td rowspan="2">HLW、ZLW、CKW</td></tr>
<tr><td>氟碳漆涂膜</td><td>LF2-25、LRF2-25、LF3-34、LRF3-34</td></tr>
</table>

第32章 水暖管路及消防器材

32.1 管路

32.1.1 公称尺寸

公称尺寸仅是与制造尺寸有关且引用方便的一个圆整数值，不适用于计算，它是管路系统中除了用外径或螺纹尺寸代号标记的元件以外的所有其他元件通用的一种规格标记。由字母 DN 和后跟的无量纲的整数数字组成。

优现选用的公称数值（GB/T 1047—2019）如下：

DN6	DN80	DN500	DN1000	DN1800	DN2800
DN8	DN100	DN550	DN1050	DN1900	DN2900
DN10	DN125	DN600	DN1100	DN2000	DN3000
DN15	DN150	DN650	DN1150	DN2100	DN3200
DN20	DN200	DN700	DN1200	DN2200	DN3400
DN25	DN250	DN750	DN1300	DN2300	DN3600
DN32	DN300	DN800	DN1400	DN2400	DN3800
DN40	DN350	DN850	DN1500	DN2500	DN4000
DN50	DN400	DN900	DN1600	DN2600	
DN65	DN450	DN950	DN1700	DN2700	

公称管子规格 NPS 与公称尺寸 DN 之间的关系见表 32.1。

表 32.1 公称管子规格 NPS 号与公称尺寸 DN 之间的关系

公称管子规格 NPS	1/8	1/4	3/8	1/2	3/4	1	1¼	1½	2	2½	3	4
公称尺寸 DN	6	8	10	15	20	25	32	40	50	55	80	100

32.1.2 元件的公称压力

公称压力是与管道系统元件的力学性能和尺寸特性相关的字母

和数字组合的标识，由字母 PN 或 Class 和后跟的无量纲数字组成。

要说明的是，除相关标准中另有规定外，无量纲数字不代表测量值，也不应用于计算；除与相关的管道元件标准有关联外，字母 PN 或 Class 不具有意义；管道元件的最大允许工作压力取决于管道元件的 PN 数值或 Class 数值、材料、元件设计和最高允许工作温度等；具有相同 PN 或 Class 和 DN 数值的管道元件，同与其相配合的法兰具有相同的连接尺寸。

公称压力包括 PN 和 Class 两个系列，如表 32.2 所示。

表 32.2　公称压力 PN 系列（GB/T 1048—2019）

PN 系列	PN2.5	PN6	PN10	PN16	PN25	PN40
Class 系列	Class25①	Class75	Class125②	Class150	Class250②	Class300
PN 系列	PN63	PN100	PN160	PN250	PN320	PN400
Class 系列	(Class400)	Class600	Class800③	Class900	Class1500	Class2000④
PN 系列	—	—	—	—	—	
Class 系列	Class2500	Class3000⑤	Class4500⑥	Class6000⑤	Class9000⑦	

注：带括号的公称压力数值不推荐使用。

① 适用于灰铸铁法兰和法兰管件。

② 适用于铸铁法兰、法兰管件和螺纹管件。

③ 适用于承插焊和螺纹连接的阀门。

④ 适用于锻钢制的螺纹管件。

⑤ 适用于锻钢制的承插焊和螺纹管件。

⑥ 适用于对焊连接的阀门。

⑦ 适用于锻钢制的承插焊管件。

32.1.3　工业管道涂色

工业管道的涂色（GB 7231—2003，民用管道的涂色目前尚无国家或行业标准）包括基本识别色、识别符号和安全标识，适用于工业生产中非地下埋设的气体和液体的输送管道。

（1）识别色

识别色用以识别管道内物质种类。管道内物质用八种基本识别色表示：水—艳绿，水蒸气—大红，空气—淡灰，气体—中黄，酸或碱—紫，可燃液体—棕，其他液体—黑，氧—淡蓝。可以在管道全长上标识；在管道上以宽为 150mm 的色环标识；在管道上以长方形的识别色标牌标识；在管道上以带箭头的长方形识别色标牌标识；在管道上以系挂的识别色标牌标识。

（2）识别符号

识别符号用以识别管道内的物质名称和状态，由物质名称（全称或分子式）、流向（用箭头表示）和主要工艺参数（压力、温度、流速等，可按需自行确定）等组成。

（3）安全标识

包括危险标识和消防标识。危险标识表示管道内的物质为危险化学品，消防标识表示工业管道内的物质专用于灭火。前者适用于 GB 13690 所列的危险化学品（在管道上涂 150 mm 宽黄色，两侧各涂 25 mm 宽黑色的色环或色带）；后者适用于工业生产中设置的消防专用管道，应遵守 GB 13495.1—2015 的规定，并在管道上标识“消防专用”符号。

32.2　管路连接件

内接头管路附件可分为同径管件、异径管件、接头、螺母、管帽和管堵等（图 32.1）。其材料大多用可锻铸铁。管件和接头用于连接管路、接出支管；螺母、管帽用于固定管件，管堵用于阻止杂物进入、介质泄漏或堵塞管路。

图 32.1　管路附件

32.2.1　管路连接件的标记

可锻铸铁管路连接件的标记（GB/T 3287—2011）

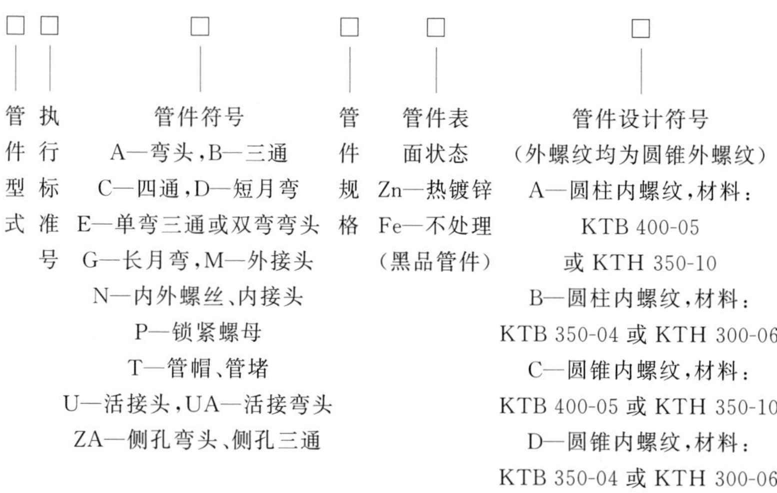

32.2.2 弯头

各类弯头的规格和技术参数见表 32.3～表 32.9。

表 32.3 弯头的规格和技术参数（GB/T 3287—2011）

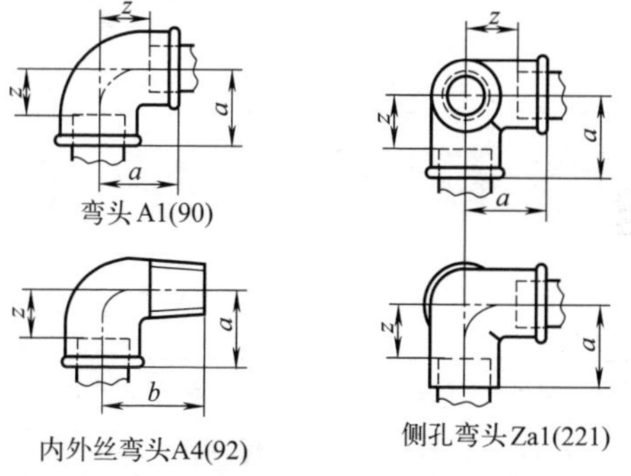

弯头A1(90)　侧孔弯头Za1(221)　内外丝弯头A4(92)

公称尺寸 DN			管件规格			尺寸/mm		安装长度 z/mm
A1	A4	Za1	A1	A4	Za1	a	b	
6	6	—	1/8	1/8	—	19	25	12
8	8	—	1/4	1/4	—	21	28	11
10	10	(10)	3/8	3/8	(3/8)	25	32	15
15	15	15	1/2	1/2	1/2	28	37	15
20	20	20	3/4	3/4	3/4	33	43	18
25	25	(25)	1	1	(1)	38	52	21

续表

公称尺寸 DN			管件规格			尺寸/mm		安装长度 z/mm
A1	A4	Za1	A1	A4	Za1	a	b	
32	32	—	1¼	1¼	—	45	60	26
40	40	—	1½	1½	—	50	65	31
50	50	—	2	2	—	58	74	34
65	65	—	2½	2½	—	69	88	42
80	80	—	3	3	—	78	98	48
100	100	—	4	4	—	96	118	60
(125)	—	—	(5)	—	—	115	—	75
(150)	—	—	(6)	—	—	131	—	91

表 32.4 45°弯头的规格和技术参数（GB/T 3287—2011）

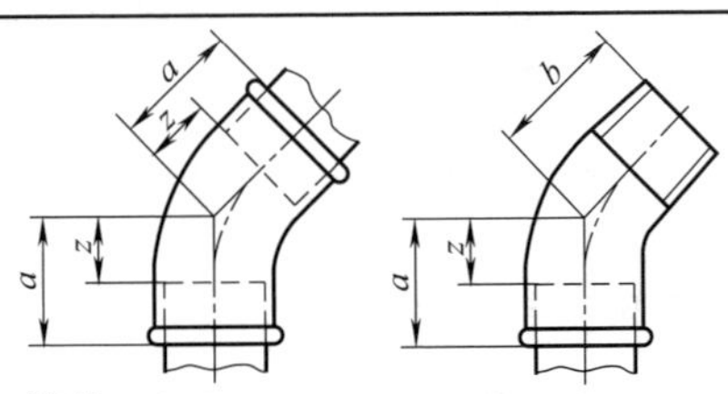

45°弯头A1/45°(120)　45°内外丝弯头A4/45°(121)

公称尺寸 DN		管件规格		尺寸/mm		安装长度 z/mm
A1/45°	A4/45°	A1/45°	A4/45°	a	b	
10	10	3/8	3/8	20	25	10
15	15	1/2	1/2	22	28	9
20	20	3/4	3/4	25	32	10
25	25	1	1	28	37	11
32	32	1¼	1¼	33	43	14
40	40	1½	1½	36	46	17
50	50	2	2	43	55	19

注：图中 a 对 45°弯头是两端轴线交点至任一端端面距离。

表 32.5 异径弯头的规格和技术参数（GB/T 3287—2011）

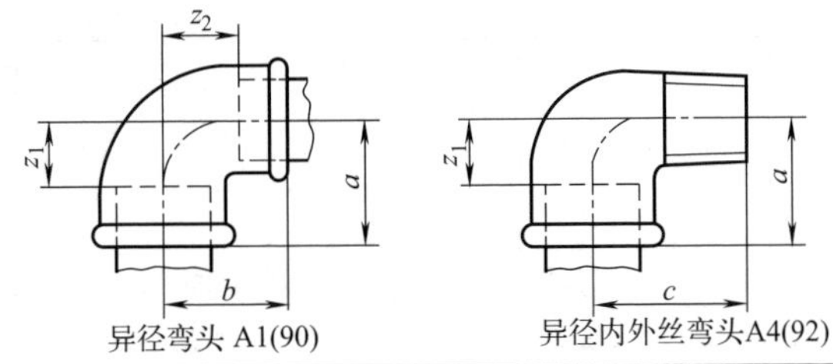

异径弯头 A1(90)　异径内外丝弯头A4(92)

续表

公称尺寸 DN		管件规格		尺寸/mm			安装长度/mm	
A1	A4	A1	A4	a	b	c	z_1	z_2
(10×8)	—	(3/8×1/4)	—	23	23	—	13	13
15×10	15×10	1/2×3/8	1/2×3/8	26	26	33	13	16
(20×10)	—	(3/4×3/8)	—	28	28	—	13	18
20×15	20×15	3/4×1/2	3/4×1/2	30	31	40	15	18
25×15	—	1×1/2	—	32	34	—	15	21
25×20	25×20	1×3/4	1×3/4	35	36	46	18	21
32×20	—	1¼×3/4	—	36	41	—	17	26
32×25	32×25	1¼×1	1¼×1	40	42	56	21	25
(40×25)	—	(1½×1)	—	42	46	—	23	29
40×32	—	1½×1¼	—	46	48	—	27	29
50×40	—	2×1½	—	52	56	—	28	36
(65×50)	—	(2½×2)	—	61	66	—	34	42

注：图中 a 是一端轴线至另一端面距离；b 是两端轴线交点至外螺纹端面距离；c 是另一端轴线至 90°夹角的一端端面距离。

表 32.6　异径双弯弯头的规格和技术参数（GB/T 3287—2011）

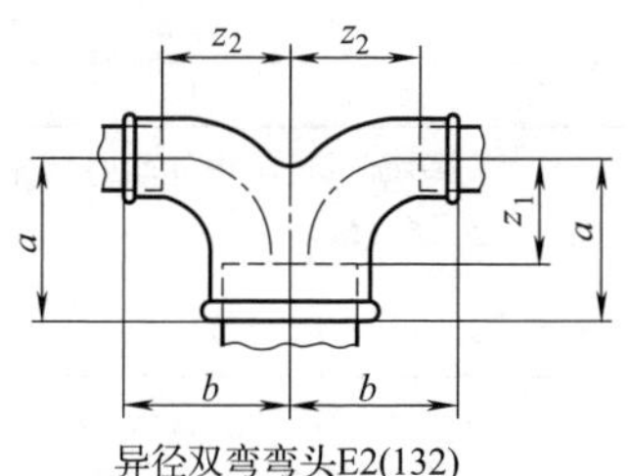

异径双弯弯头E2(132)

形式与双弯弯头类似，区别是从中间接出的两根管子公称尺寸相同，且略小于接出的管子公称尺寸

公称尺寸 DN	管件规格	尺寸/mm		安装长度/mm	
		a	b	z_1	z_2
(20×15)	(3/4×1/2)	47	48	32	35
(25 ×20)	(1×3/4)	53	54	36	39
(32 ×25)	(1¼×1)	66	68	47	51
(40 ×32)	(1½×1¼)	77	79	58	60
(50 ×40)	(2×1½)	91	94	67	75

注：图中 a 是小端轴线至大端面的距离；b 是大端轴线至小端面的距离。

表 32.7　长月弯头的规格和技术参数（GB/T 3287—2011）

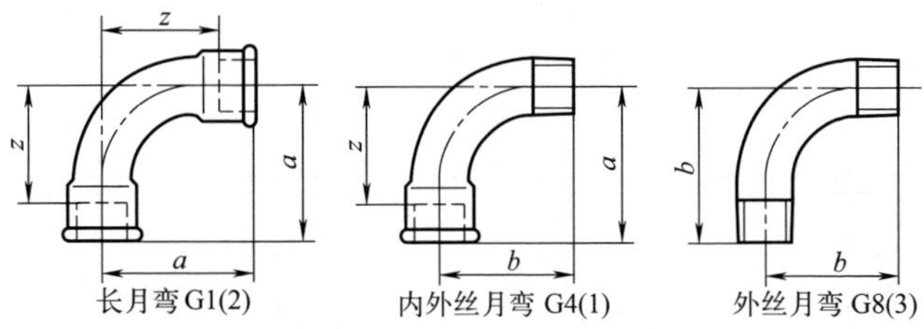

长月弯 G1(2)　内外丝月弯 G4(1)　外丝月弯 G8(3)

公称尺寸 DN			管件规格			尺寸/mm		安装长度 z /mm
G1	G4	G8	G1	G4	G8	a	b	
—	(6)	—	—	(1/8)	—	35	32	28
8	8	—	1/4	1/4	—	40	36	30
10	10	(10)	3/8	3/8	(3/8)	48	42	38
15	15	15	1/2	1/2	1/2	55	48	42
20	20	20	3/4	3/4	3/4	69	60	54
25	25	25	1	1	1	85	75	68
32	32	(32)	1¼	1¼	(1¼)	105	95	86
40	40	(40)	1½	1½	(1½)	116	105	97
50	50	(50)	2	2	(2)	140	130	116
65	(65)	—	2½	(2½)	—	176	165	149
80	(80)	—	3	(3)	—	205	190	175
100	(100)	—	4	(4)	—	260	245	224

注：长月弯，外丝月弯中 a，b 为一端轴线至另一端面距离。内外丝月弯中 a 为外螺纹端轴线至内螺纹端面距离，b 为内螺纹端轴线至外螺纹端面距离。

表 32.8　45°月弯头的规格和技术参数（GB/T 3287—2011）

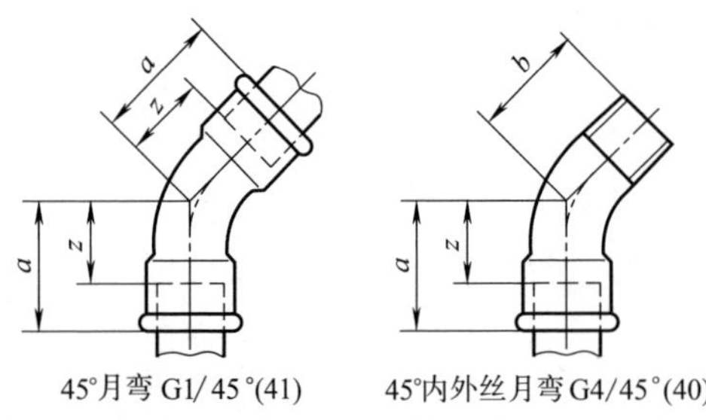

45°月弯 G1/45°(41)　45°内外丝月弯 G4/45°(40)

续表

公称尺寸 DN		管件规格		尺寸/mm		安装长度
G1/45°	G4/45°	G1/45°	G4/45°	a	b	z/mm
—	(8)	—	(1/4)	26	21	16
(10)	10	(3/8)	3/8	30	24	20
15	15	1/2	1/2	36	30	23
20	20	3/4	3/4	43	36	28
25	25	1	1	51	42	34
32	32	1¼	1¼	64	54	45
40	40	1½	1½	68	58	49
50	50	2	2	81	70	57
(65)	(65)	(2½)	(2½)	99	86	72
(80)	(80)	(3)	(3)	113	100	83

注：45°月弯中 a 为两端轴线交点至任一端面距离。45°内外丝月弯中 a 为两端轴线交点至内螺纹端面距离，b 为两端轴线交点至外螺纹端面距离。

表 32.9　短月弯、单弯三通、双弯弯头的规格和技术参数（GB/T 3287—2011）

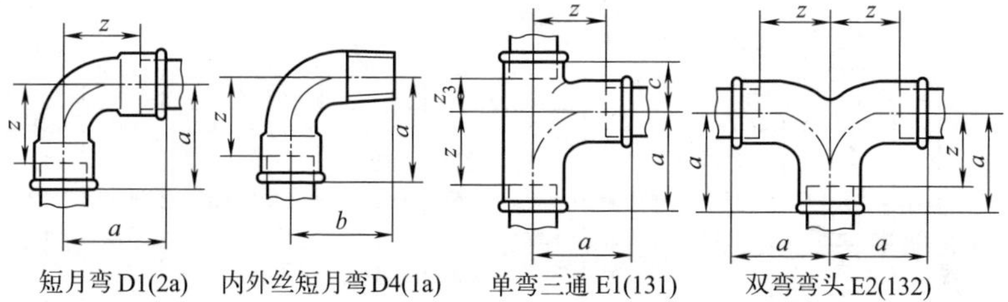

短月弯 D1(2a)　内外丝短月弯 D4(1a)　单弯三通 E1(131)　双弯弯头 E2(132)

公称尺寸 DN				管件规格				尺寸/mm		安装长度/mm	
D1	D4	E1	E2	D1	D4	E1	E2	$a=b$	c	z	z_3
8	8	—	—	1/4	1/4	—	—	30	—	20	—
10	10	10	10	3/8	3/8	3/8	3/8	36	19	26	9
15	15	15	15	1/2	1/2	1/2	1/2	45	24	32	11
20	20	20	20	3/4	3/4	3/4	3/4	50	28	35	13
25	25	25	25	1	1	1	1	63	33	46	16
32	32	32	32	1¼	1¼	1¼	1¼	76	40	57	21
40	40	40	40	1½	1½	1½	1½	85	43	66	24
50	50	50	50	2	2	2	2	102	53	78	29

注：图中 a 对短月弯、内外丝短月弯、双弯弯头，是一端轴线至另一端面的距离；对单弯三通，是一端轴线至 90°夹角的一端端面距离；c 是单弯三通另一端轴线至 90°夹角的一端端面距离。

32.2.3 排水弯管

承插连接排水栓与排水管件，用以排水和防止返味，其基本尺寸见表32.10。

表 32.10 排水弯管基本尺寸 mm

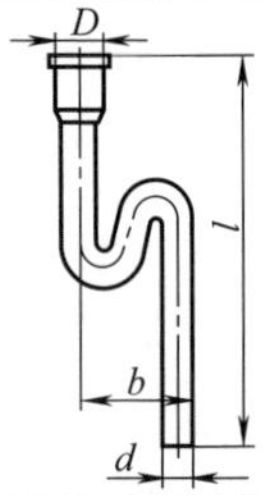

公称尺寸	l	b	D	d
32	445	90	55	33
40	500	105	58	39
50	500	128	68	52

32.2.4 三通

各类三通的规格和技术参数见表32.11～表32.19。

表 32.11 三通的规格和技术参数（GB/T 3287—2011）

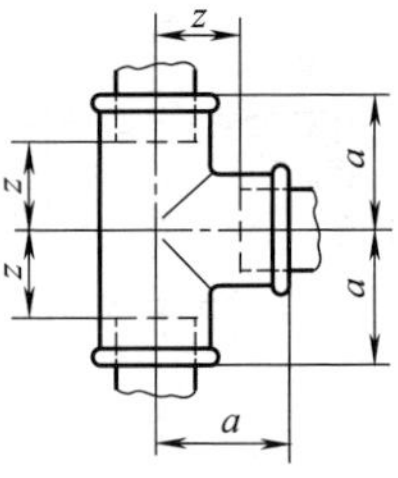

三通B1(130)

公称尺寸DN	管件规格	尺寸 a /mm	安装长度 z/mm	公称尺寸DN	管件规格	尺寸 a /mm	安装长度 z/mm
6	1/8	19	12	40	1½	50	31
8	1/4	21	11	50	2	58	34
10	3/8	25	15	65	2½	69	42
15	1/2	28	15	80	3	78	48
20	3/4	33	18	100	4	96	60
25	1	38	21	(125)	(5)	115	75
32	1¼	45	26	(150)	(6)	131	91

表 32.12 侧孔三通的规格和技术参数（GB/T 3287—2011）

公称尺寸DN	管件规格	尺寸 a /mm	安装长度 z /mm
(10)	(3/8)	25	15
(15)	(1/2)	28	15
(20)	(3/4)	33	18
(25)	(1)	38	21

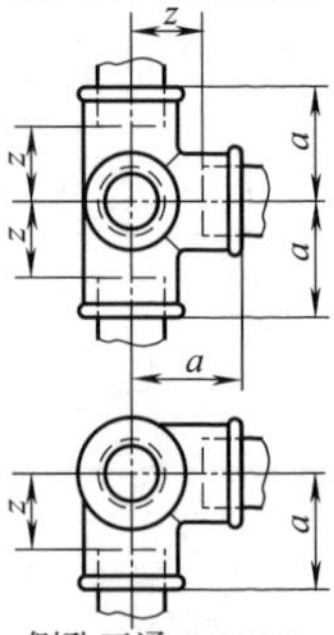

侧孔三通Za2(223)

表 32.13　异径三通的规格和技术参数（GB/T 3287—2011）

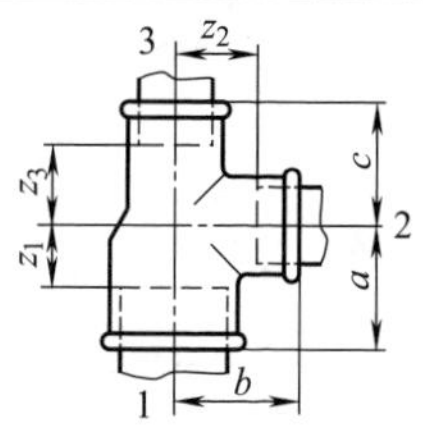

异径三通 B1(130)

形式与三通类似，区别是连接的三根管子公称尺寸各不相同

公称尺寸 DN	管件规格	尺寸/mm			安装长度/mm		
标记方法 1　2　3	标记方法 1　2　3	a	b	c	z_1	z_2	z_3
15×10×10	1/2×3/8×3/8	26	26	25	13	16	15
20×10×15	3/4×3/8×1/2	28	28	26	13	18	13
20×15×10	3/4×1/2×3/8	30	31	26	15	18	16
20×15×15	3/4×1/2×1/2	30	31	28	15	18	15
25×15×15	1×1/2×1/2	32	34	28	15	21	15
25×15×20	1×1/2×3/4	32	34	30	15	21	15
25×20×15	1×3/4×1/2	35	36	31	18	21	18
25×20×20	1×3/4×3/4	35	36	33	18	21	18
32×15×25	1¼×1/2×1	34	38	32	15	25	15
32×20×20	1¼×3/4×3/4	36	41	33	17	26	18
32×20×25	1¼×3/4×1	36	41	35	17	26	18
32×25×20	1¼×1×3/4	40	42	36	21	25	21
32×25×25	1¼×1×1	40	42	38	21	25	21
40×15×32	1½×1/2×1¼	36	42	34	17	29	15
40×20×32	1½×3/4×1¼	38	44	36	19	29	17
40×25×25	1½×1×1	42	46	38	23	29	21
40×25×32	1½×1×1¼	42	46	40	23	29	21
(40×32×25)	(1½×1¼×1)	46	48	42	27	29	25
40×32×32	1½×1¼×1¼	46	48	45	27	29	26
50×20×40	2×3/4×1½	40	50	39	16	35	19
50×25×40	2×1×1½	44	52	42	20	35	23
50×32×32	2×1¼×1¼	48	54	45	24	35	26
50×32×40	2×1¼×1½	48	54	46	24	35	27
(50×40×32)	(2×1½×1¼)	52	55	48	28	36	29
50×40×40	2×1½×1½	52	55	50	28	36	31

注：图中 a、c 分别是一径轴线至另两径端面的距离，b 是该端面至另两径轴线的距离。

表 32.14 中大异径三通的规格和技术参数（GB/T 3287—2011）

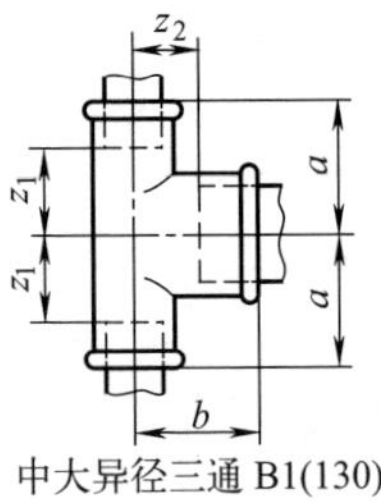

中大异径三通 B1(130)

形式与三通类似，区别是从中间接出的管子公称尺寸，大于从两端接出的管子公称尺寸

公称尺寸 DN	管件规格	尺寸/mm		安装长度/mm	
		a	b	z_1	z_2
10×15	3/8×1/2	26	26	16	13
15×20	1/2×3/4	31	30	18	15
(15×25)	(1/2×1)	34	32	21	15
20×25	3/4×1	36	35	21	18
(20×32)	(3/4×1¼)	41	36	26	17
25×32	1×1¼	42	40	25	21
(25×40)	(1×1½)	46	42	29	23
32×40	1¼×1½	48	46	29	27
(32×50)	(1¼×2)	54	48	35	24
40×50	1½×2	55	52	36	28

注：图中 a 是大径轴线至另两端端面距离；b 是大径端面至另两径轴线的距离。

表 32.15 中小异径三通的规格和技术参数（GB/T 3287—2011）

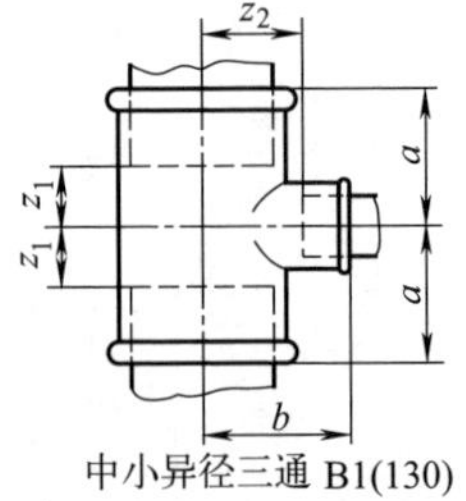

中小异径三通 B1(130)

形式与三通类似，区别是从中间接出的管子公称尺寸，小于从两端接出的管子公称尺寸

续表

公称尺寸 DN	管件规格	尺寸/mm		安装长度/mm	
		a	b	z_1	z_2
10×8	3/8×1/4	23	23	13	13
15×8	1/2×1/4	24	24	11	14
15×10	1/2×3/8	26	26	13	16
(20×8)	(3/4×1/4)	26	27	11	17
20×10	3/4×3/8	28	28	13	18
20×15	3/4×1/2	30	31	15	18
(25×8)	(1×1/4)	28	31	11	21
25×10	1×3/8	30	32	13	22
25×15	1×1/2	32	34	15	21
25×20	1×3/4	35	36	18	21
(32×10)	(1¼×3/8)	32	36	13	26
32×15	1¼×1/2	34	38	15	25
32×20	1¼×3/4	36	41	17	26
32×25	1¼×1	40	42	21	25
40×15	1½×1/2	36	42	17	29
40×20	1½×3/4	38	44	19	29
40×25	1½×1	42	46	23	29
40×32	1½×1¼	46	48	27	29
50×15	2×1/2	38	48	14	35
50×20	2×3/4	40	50	16	35
50×25	2×1	44	52	20	35
50×32	2×1¼	48	54	24	35
50×40	2×1½	52	55	28	36
65×25	2½×1	47	60	20	43
65×32	2½×1¼	52	62	25	43
65×40	2½×1½	55	63	28	44
65×50	2½×2	61	66	34	42
80×25	3×1	51	67	21	50
(80×32)	(3×1¼)	55	70	25	51
80×40	3×1½	58	71	28	52
80×50	3×2	64	73	34	49
80×65	3×1½	72	76	42	49
100×50	4×2	70	86	34	62
100×80	4×3	84	92	48	62

注：图中 a 是小径轴线至另两端端面距离；b 是小径端面至另两径轴线的距离。

表 32.16 中小异径单弯三通的规格和技术参数（GB/T 3287—2011）

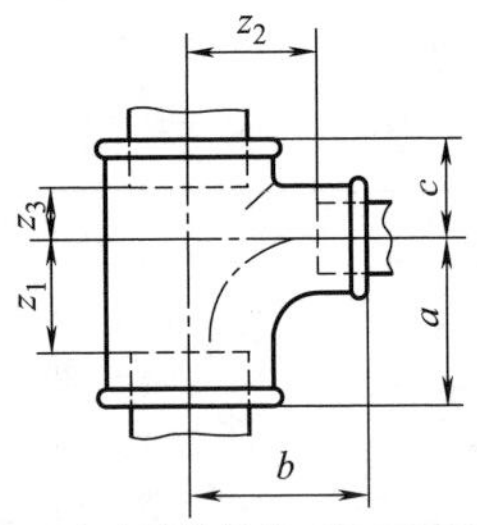

中小异径单弯三通 E1(131)

公称尺寸 DN	管件规格	尺寸/mm			安装长度/mm		
		a	b	c	z_1	z_2	z_3
20×15	3/4×1/2	47	48	25	32	35	10
25×15	1×1/2	49	51	28	32	38	11
25×20	1×3/4	53	54	30	36	39	13
32×15	1¼×1/2	51	56	30	32	43	11
32×20	1¼×3/4	55	58	33	36	43	14
32×25	1¼×1	66	68	36	47	51	17
(40×20)	(1½×3/4)	55	61	33	36	46	14
(40×25)	(1½×1)	66	71	36	47	54	17
(40×32)	(1½×1¼)	77	79	41	58	60	22
(50×25)	(2×1)	70	77	40	46	60	16
(50×32)	(2×1¼)	80	85	45	56	66	21
(50×40)	(2×1½)	91	94	48	57	75	24

表 32.17 侧小异径三通的规格和技术参数（GB/T 3287—2011）

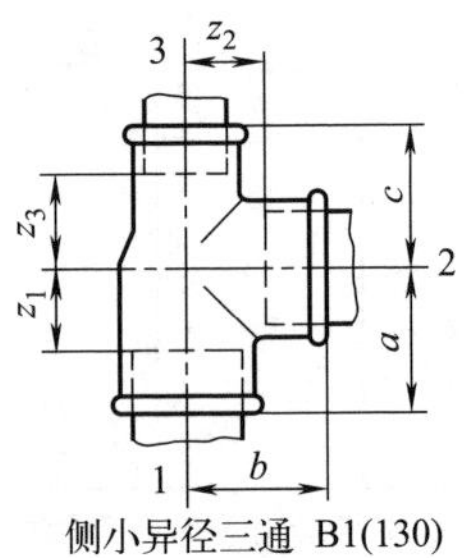

侧小异径三通 B1(130)

形式与三通类似，区别是从中间接出的管子公称尺寸与一端相同，另一端公称尺寸小于其他两端公称尺寸

续表

公称尺寸 DN	管件规格	尺寸/mm			安装长度/mm		
标记方法 1 2 3	标记方法 1 2 3	a	b	c	z_1	z_2	z_3
15×15×10	1/2×1/2×3/8	28	28	26	15	15	16
20×20×10	3/4×3/4×3/8	33	33	28	18	18	18
20×20×15	3/4×3/4×1/2	33	33	31	18	18	18
(25×25×10)	(1×1×3/8)	38	38	32	21	21	22
25×25×15	1×1×1/2	38	38	34	21	21	21
25×25×20	1×1×3/4	38	38	36	21	21	21
32×32×15	1¼×1¼×1/2	45	45	38	26	26	25
32×32×20	1¼×1¼×3/4	45	45	41	26	26	26
32×32×25	1¼×1¼×1	45	45	42	26	26	25
40×40×15	1½×1½×1/2	50	50	42	31	31	29
40×40×20	1½×1½×3/4	50	50	44	31	31	29
40×40×25	1½×1½×1	50	50	46	31	31	29
40×40×32	1½×1½×1¼	50	50	48	31	31	29
50×50×20	2×2×3/4	58	58	50	34	34	35
50×50×25	2×2×1	58	58	52	34	34	35
50×50×32	2×2×1¼	58	58	54	34	34	35
50×50×40	2×2×1½	58	58	55	34	34	36

注：图中 a、c 分别是一径轴线至另两径端面的距离，b 是该端面至另两径轴线的距离。

表 32.18　侧小异径单弯三通的规格和技术参数（GB/T 3287—2011）

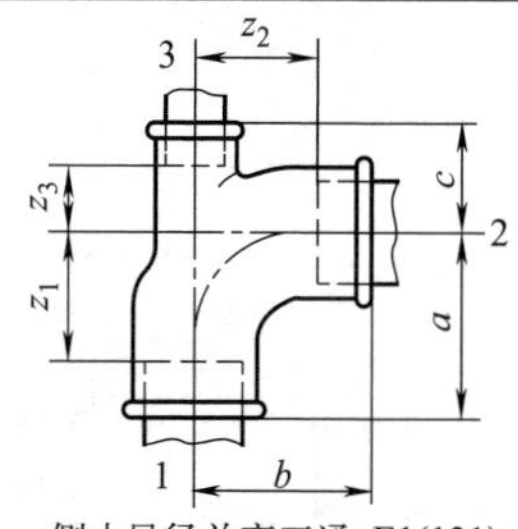

侧小异径单弯三通 E1(131)

形式与侧小异径三通类似，区别是从中间接出的管子与一端之间有弯道相通，另一端公称尺寸小于其他两端公称尺寸

公称尺寸 DN	管件规格	尺寸/mm			安装长度/mm		
标记方法 1 2 3	标记方法 1 2 3	a	b	c	z_1	z_2	z_3
20×20×15	3/4×3/4×1/2	50	50	27	35	35	14

注：图中 a 是中间大端轴线至大端端面的距离；b 是大端轴线至中间大端端面的距离；c 是中间大端轴线至小端端面的距离。

表 32.19 异径单弯三通的规格和技术参数（GB/T 3287—2011）

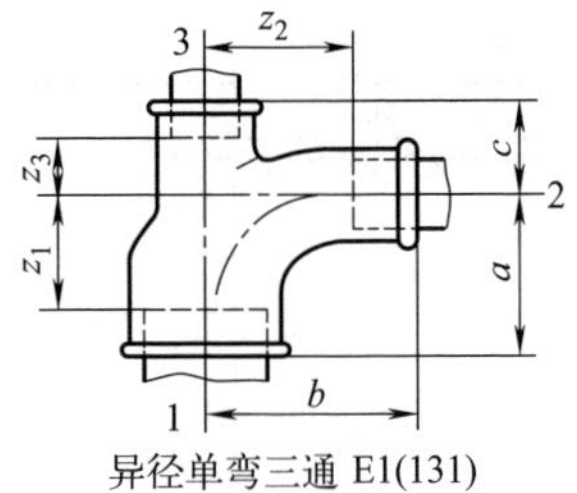

异径单弯三通 E1(131)

形式与三通类似，区别是从中间接出的管子公称尺寸，小于两端接出的管子公称尺寸

公称尺寸 DN	管件规格	尺寸/mm			安装长度/mm		
标记方法 1 2 3	标记方法 1 2 3	a	b	c	z_1	z_2	z_3
20×15×15	3/4×1/2×1/2	47	48	24	32	35	11
25×15×20	1×1/2×3/4	49	51	25	32	38	10
25×20×20	1×3/4×3/4	53	54	28	36	39	13

注：图中 a 是小端轴线至大端面的距离；b 是大端轴线至小端面的距离。

32.2.5 可锻铸铁四通

四通是将管道内的流体分成三个方向的管件，有等径四通（图 32.2）和异径四通（图 32.3）之分。

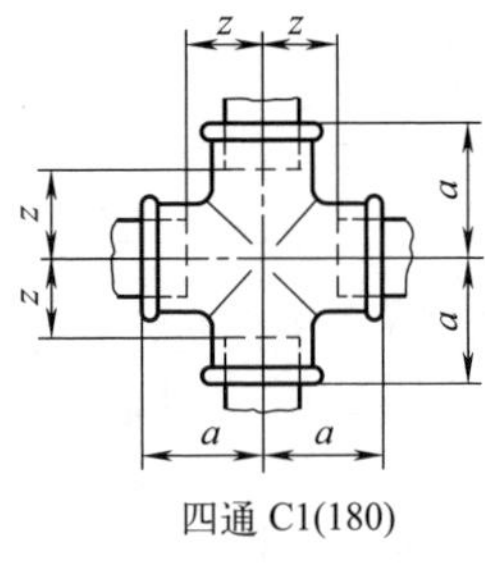

四通 C1(180)

图 32.2 可锻铸铁四通

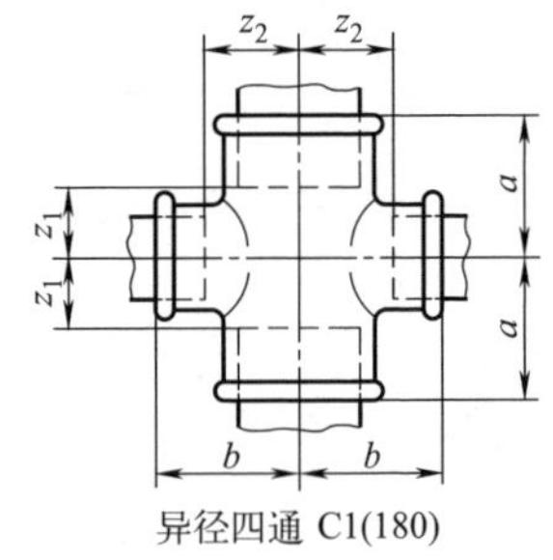

异径四通 C1(180)

图 32.3 可锻铸铁异径四通

表 32.20　可锻铸铁四通的规格和技术参数（GB/T 3287—2011）

公称尺寸 DN	管件规格	尺寸 a /mm	安装长度 z/mm	公称尺寸 DN	管件规格	尺寸 a /mm	安装长度 z/mm
—		19	12	40	1½	50	31
(8)	(1/4)	21	11	50	2	58	34
10	3/8	25	15	(65)	(2½)	69	42
15	1/2	28	15	(80)	(3)	78	48
20	3/4	33	18	(100)	(4)	96	60
25	1	38	21	—	—	115	75
32	1¼	45	26	—	—	131	91

表 32.21　可锻铸铁异径四通的规格和技术参数（GB/T 3287—2011）

公称尺寸 DN	管件规格	尺寸/mm		安装长度/mm	
		a	b	z_1	z_2
(15×10)	(1/2×3/8)	26	26	13	16
20×15	3/4×1/2	30	31	15	18
25×15	1×1/2	32	34	15	21
25×20	1×3/4	35	36	18	21
(32×20)	(1¼×3/4)	36	41	17	26
32×25	1¼×1	40	42	21	25
(40×25)	(1½×1)	42	46	23	29

注：a 是一端轴线至 90°夹角的一端端面距离；b 是另一端轴线至 90°夹角的一端端面距离。

32.2.6　可锻铸铁接头

水暖管路接头是连接两个管路的元件。

表 32.22　外接头的规格和技术参数（GB/T 3287—2011）

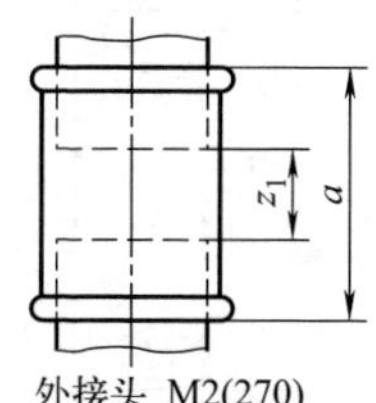

外接头 M2(270)
左右旋外接头M2R-L(271)

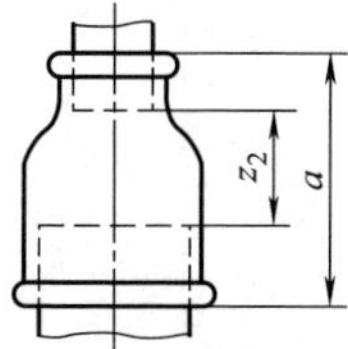

异径外接头 M2(240)

续表

公称尺寸 DN			管件规格			尺寸 a /mm	安装长度/mm	
M2	M2R-L	异径 M2	M2	M2R-L	异径 M2		z_1	z_2
6	—	—	1/8	—	—	25	11	—
8	—	8×6	1/4	—	1/4×1/8	27	7	10
10	10	(10×6)	3/8	3/8	(3/8×1/8)	30	10	13
		10×8			3/8×1/4			10
15	15	15×8	1/2	1/2	1/2×1/4	36	10	13
		15×10			1/2×3/8			13
20	20	(20×8)	3/4	3/4	(3/4×1/4)	39	9	14
		20×10			3/4×3/8			14
		20×15			3/4×1/2			11
25	25	25×10	1	1	1×3/8	45	11	18
		25×15			1×1/2			15
		25×20			1×3/4			13
32	32	32×15	1¼	1¼	1¼×1/2	50	12	18
		32×20			1¼×3/4			16
		32×25			1¼×1			14
40	40	(40×15)	1½	1½	(1½×1/2)	55	17	23
		40×20			1½×3/4			21
		40×25			1½×1			19
		40×32			1½×1¼			17
(50)	(50)	(50×15)	(2)	(2)	(2×1/2)	65	17	28
		(50×20)			(2×3/4)			26
		50×25			2×1			24
		50×32			2×1¼			22
		50×40			2×1½			22
(65)	—	(65×32)	(2½)	—	(2½×1¼)	74	20	28
		(65×40)			(2½×1½)			28
		(65×50)			2½×2			23
(80)	—	(80×40)	(3)	—	(3×1½)	80	20	31
		(80×50)			(3×2)			26
		(80×65)			(3×2½)			23
(100)	—	(100×50)	(4)	—	(4×2)	94	22	34
		(100×65)			(4×2½)			31
		(100×80)			(4×3)			28
(125)	—		(5)	—	—	109	29	—
(150)	—		(6)	—	—	120	40	—

注：a 为两个端面之间的距离。

表 32.23　内接头的规格和技术参数（GB/T 3287—2011）

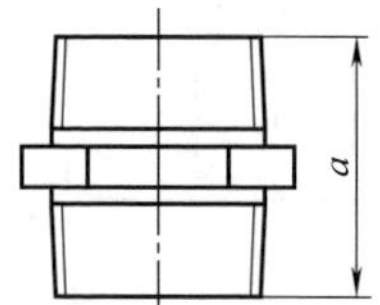

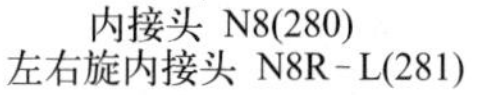
内接头 N8(280)
左右旋内接头 N8R-L(281)

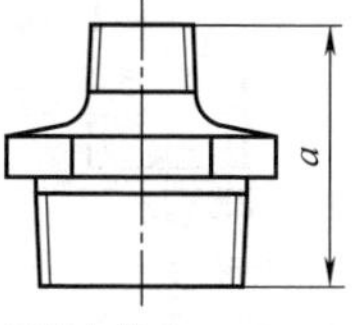

异径内接头 N8(245)

公称尺寸 DN			管件规格			尺寸 *a* /mm
内接头	左右旋内接头	异径内接头	内接头	左右旋内接头	异径内接头	
6	—	—	1/8	—	—	29
8	—	—	1/4	—	—	36
10	—	10×8	3×8	—	3/8×1/4	38
15	15	15×8 15×10	1/2	1/2	1/2×1/4 1/2×3/8	44
20	20	20×10 20×15	3/4	3/4	3/4×3/8 3/4×1/2	47
25	(25)	25×15 25×20	1	(1)	1×1/2 1×3/4	53
32	—	(32×15) 32×20 32×25	1¼	—	(1¼×1/2) 1¼×3/4 1¼×1	57
40	—	(40×20) 40×25 40×32	1½	—	(1½×3/4) 1½×1 1½×1¼	59
50	—	(50×25) 50×32 50×40	2	—	(2×1) 2×1¼ 2×1½	68
65	—	65×50	2½	—	(2½×2)	75
80	—	(80×50) (80×65)	3	—	(3×2) (3×2½)	83
100	—	—	4	—	—	95

表 32.24 内外丝接头的规格和技术参数（GB/T 3287—2011）

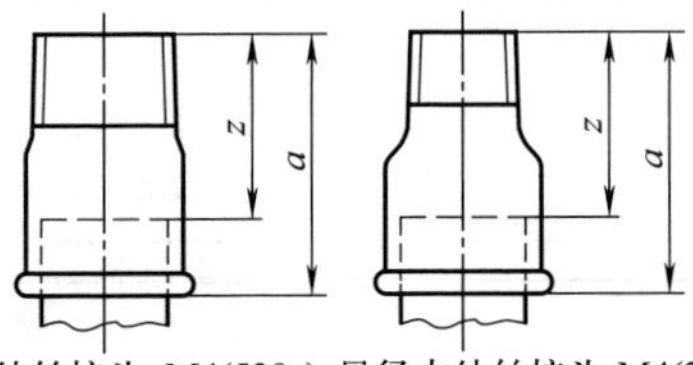

内外丝接头 M4(529a) 异径内外丝接头 M4(246)

公称尺寸 DN		管件规格		尺寸	安装长度
M4	异径 M4	M4	异径 M4	a/mm	z/mm
10	10×8	3/8	3/8×1/4	35	25
15	15×8 15×10	1/2	1/2×1/4 1/2×3/8	43	30
20	(20×10) 20×15	3/4	(3/4×3/8) 3/4×1/2	48	33
25	25×15 25×20	1	1×1/2 1×3/4	55	38
32	32×20 32×25	1¼	1¼×3/4 1¼×1	60	41
—	40×25 40×32	—	1½×1 1½×1¼	63	44
—	(50×32) (50×40)	—	(2×1¼) (2×1½)	70	46

注：a 为两个端面之间的距离。

表 32.25 活接头的规格和技术参数（GB/T 3287—2011）

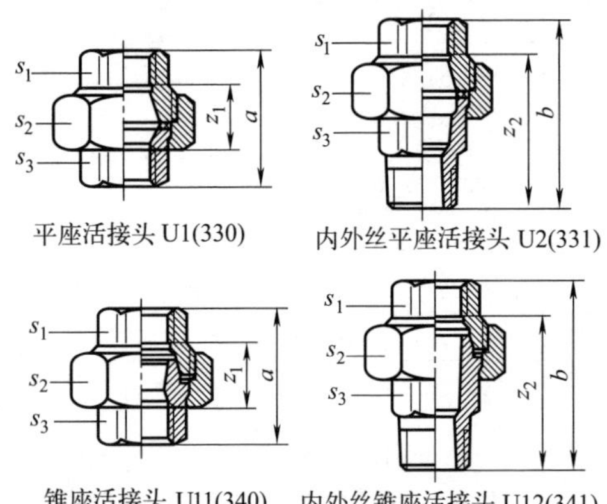

平座活接头 U1(330) 内外丝平座活接头 U2(331)

锥座活接头 U11(340) 内外丝锥座活接头 U12(341)

续表

公称尺寸 DN				管件规格				尺寸/mm		安装长度/mm	
U1	U2	U11	U12	U1	U2	U11	U12	a	b	z_1	z_2
—	—	(6)	—	—	—	(1/8)	—	38	—	24	—
8	8	8	8	1/4	1/4	1/4	1/4	42	55	22	45
10	10	10	10	3/8	3/8	3/8	3/8	45	58	25	48
15	15	15	15	1/2	1/2	1/2	1/2	48	66	22	53
20	20	20	20	3/4	3/4	3/4	3/4	52	72	22	57
25	25	25	25	1	1	1	1	58	80	24	63
32	32	32	32	1¼	1¼	1¼	1¼	65	90	27	71
40	40	40	40	1½	1½	1½	1½	70	95	32	76
50	50	50	50	2	2	2	2	78	106	30	82
65	—	65	65	2½	—	2½	2½	85	118	31	91
80	—	80	80	3	—	3	3	95	130	35	100
—	—	100	—	—	—	4	—	100	—	38	—

注：a、b 是两个端面之间的距离。

表 32.26　活接弯头的规格和技术参数（GB/T 3287—2011）

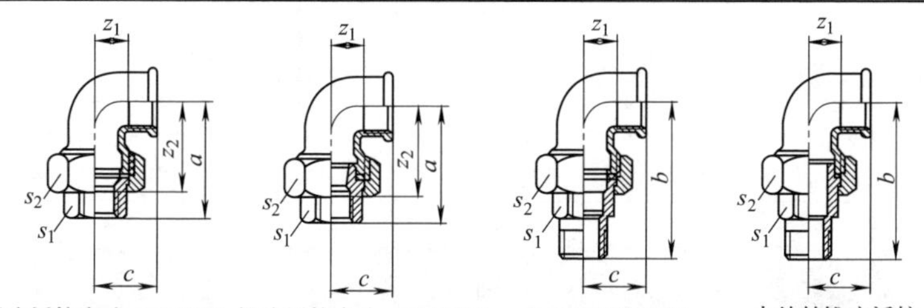

平座活接弯头 UA1(95)　锥座活接弯头 UA11(96)　内外丝平座活接弯头 UA2(97)　内外丝锥座活接弯头 UA12(98)

<table>
<tr><th colspan="4">公称尺寸 DN</th><th colspan="4">管件规格</th><th colspan="3">尺寸/mm</th><th colspan="2">安装长度/mm</th></tr>
<tr><th>UA1</th><th>UA2</th><th>UA11</th><th>UA12</th><th>UA1</th><th>UA2</th><th>UA11</th><th>UA12</th><th>a</th><th>b</th><th>c</th><th>z_1</th><th>z_2</th></tr>
<tr><td colspan="2">—</td><td colspan="2">8</td><td colspan="2">—</td><td colspan="2">1/4</td><td>48</td><td>61</td><td>21</td><td>11</td><td>38</td></tr>
<tr><td colspan="2">10</td><td colspan="2">10</td><td colspan="2">3/8</td><td colspan="2">3/8</td><td>52</td><td>65</td><td>25</td><td>15</td><td>42</td></tr>
<tr><td colspan="2">15</td><td colspan="2">15</td><td colspan="2">1/2</td><td colspan="2">1/2</td><td>58</td><td>76</td><td>28</td><td>15</td><td>45</td></tr>
<tr><td colspan="2">20</td><td colspan="2">20</td><td colspan="2">3/4</td><td colspan="2">3/4</td><td>62</td><td>82</td><td>33</td><td>18</td><td>47</td></tr>
<tr><td colspan="2">25</td><td colspan="2">25</td><td colspan="2">1</td><td colspan="2">1</td><td>72</td><td>94</td><td>38</td><td>21</td><td>55</td></tr>
<tr><td colspan="2">32</td><td colspan="2">32</td><td colspan="2">1¼</td><td colspan="2">1¼</td><td>82</td><td>107</td><td>45</td><td>26</td><td>63</td></tr>
<tr><td colspan="2">40</td><td colspan="2">40</td><td colspan="2">1½</td><td colspan="2">1½</td><td>90</td><td>115</td><td>50</td><td>31</td><td>71</td></tr>
<tr><td colspan="2">50</td><td colspan="2">50</td><td colspan="2">2</td><td colspan="2">2</td><td>100</td><td>128</td><td>58</td><td>34</td><td>76</td></tr>
</table>

注：平座活接弯头、锥座活接弯头中 a 为内螺纹端面轴线至另一端面距离；c 为另一端面轴线至内螺纹端面距离。内外丝平座活接头、内外丝锥座活接头中 b 为内螺纹端面轴线至另一端面距离；c 为另一端面轴线至内螺纹端面距离。

32.2.7 内外螺丝

表 32.27 内外螺丝的规格和技术参数（GB/T 3287—2011）

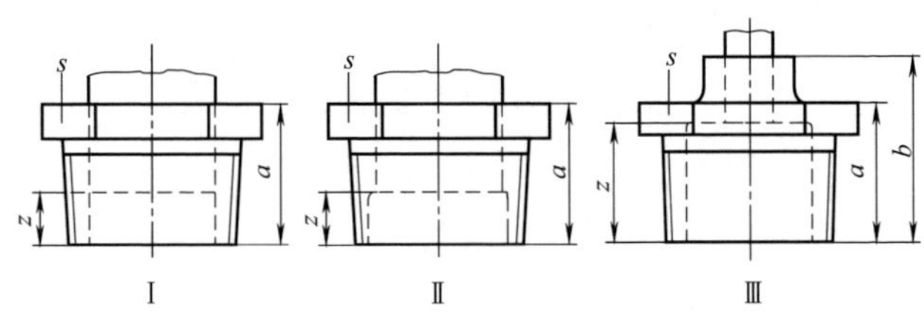

公称尺寸 DN	管件规格	类型	尺寸/mm		安装长度/mm
			a	b	z
8×6	1/4×1/8	Ⅰ	20	—	13
10×6	3/8×1/8	Ⅱ		—	13
10×8	3/8×1/4	Ⅰ		—	10
15×6	1/2×1/8	Ⅱ	24	—	17
15×8	1/2×1/4	Ⅱ		—	14
15×10	1/2×3/8	Ⅰ		—	14
20×8	3/4×1/4	Ⅱ	26	—	16
20×10	3/4×3/8	Ⅱ		—	16
20×15	3/4×1/2	Ⅰ		—	13
25×8	1×1/4	Ⅱ	29	—	19
25×10	1×3/8	Ⅱ		—	19
25×15	1×1/2	Ⅱ		—	16
25×20	1×3/4	Ⅰ		—	14
32×10	1¼×3/8	Ⅱ	31	—	21
32×15	1¼×1/2	Ⅱ		—	18
32×20	1¼×3/4	Ⅱ		—	16
32×25	1¼×1	Ⅰ		—	14
(40×10)	(1½×3/8)	Ⅱ	31	—	21
40×15	1½×1/2	Ⅱ		—	18
40×20	1½×3/4	Ⅱ		—	16
40×25	1½×1	Ⅱ		—	14
40×32	1½×1¼	Ⅰ		—	12
50×15	2×1/2	Ⅲ	35	48	35
50×20	2×3/4	Ⅲ		48	33
50×25	2×1	Ⅱ		—	18
50×32	2×1¼	Ⅱ		—	16
50×40	2×1½	Ⅱ		—	16

续表

公称尺寸 DN	管件规格	类型	尺寸/mm		安装长度/mm
			a	b	z
65×25	2½×1	Ⅲ	40	54	37
65×32	2½×1¼	Ⅲ		54	35
64×40	2½×1½	Ⅱ		—	121
65×50	2½×2	Ⅱ		—	16
80×25	3×1	Ⅲ	44	59	42
80×32	3×1¼	Ⅲ		59	40
80×40	3×1½	Ⅲ		59	40
80×50	3×2	Ⅱ		—	20
80×65	3×2½	Ⅱ		—	17
100×50	4×2	Ⅲ	51	69	45
100×65	4×2½	Ⅲ		69	42
100×80	4×3	Ⅱ		—	21

注：a 为两个端面之间的距离；b 为底端面至顶端面的距离。

32.2.8　锁紧螺母和垫圈

表 32.28　锁紧螺母的规格和技术参数（GB/T 3287—2011）

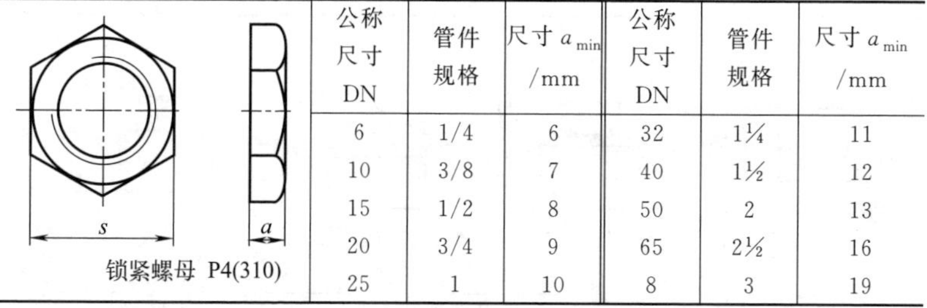

锁紧螺母 P4(310)

公称尺寸 DN	管件规格	尺寸 a_{min} /mm	公称尺寸 DN	管件规格	尺寸 a_{min} /mm
6	1/4	6	32	1¼	11
10	3/8	7	40	1½	12
15	1/2	8	50	2	13
20	3/4	9	65	2½	16
25	1	10	8	3	19

注：a 为锁紧螺母的高度；s 为对边之间的宽度。

表 32.29　垫圈的规格和技术参数（GB/T 3287—2011）

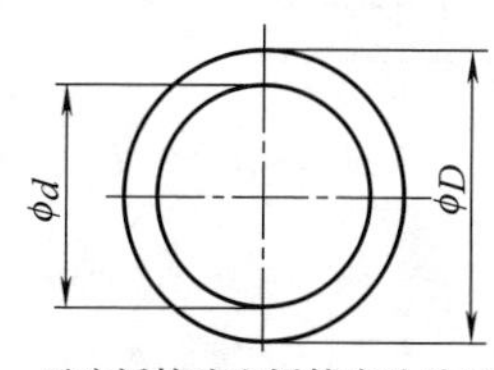

平座活接头和活接弯头垫圈
U1(330)、U2(331)、UA1(95)和UA2(97)

续表

活接头和活接弯头		垫圈尺寸/mm		活接头螺母的螺纹尺寸代号(参考)	活接头和活接弯头		垫圈尺寸/mm		活接头螺母的螺纹尺寸代号(参考)
公称尺寸DN	管件规格	d	D		公称尺寸DN	管件规格	d	D	
6	1/8	—	—	G1/2	25	1	32	44	G1½
8	1/4	13	20	G5/8	32	1¼	42	55	G2
		17	24	G3/4	40	1½	46	62	G2¾
10	3/8	17	24	G3/4	50	2	60	78	G2¾
		19	27	G7/8	65	2½	75	97	G3½
15	1/2	21	30	G1	80	3	88	110	G4
		24	34	G1⅛	100	4	—	—	G5
20	3/4	27	38	G1¼					

32.2.9 管帽和管堵

表 32.30 管帽和管堵的规格和技术参数（GB/T 3287—2011）

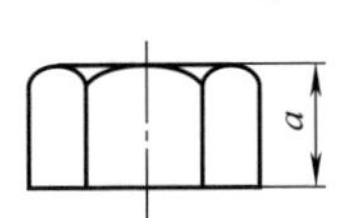

管帽 T1(300)

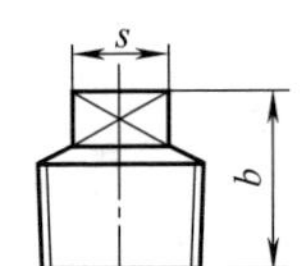

外方管堵 T8(291)

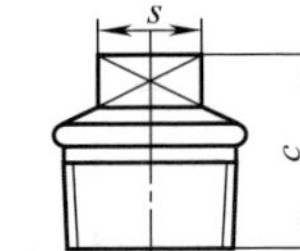

带边外方管堵 T9(290)

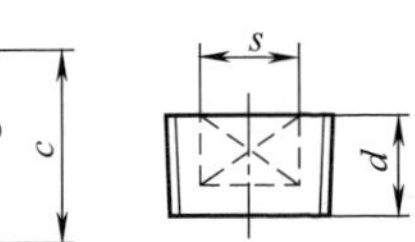

内方管堵 T11(596)

公称尺寸DN		管件规格		最小尺寸/mm			
管帽 外方管堵 带边外方管堵	内方管堵	管帽 外方管堵 带边外方管堵	内方管堵	a	b	c	d
(6)	—	(1/8)	—	13	11	20	—
8	—	1/4	—	15	14	22	—
10	(10)	3/8	(3/8)	17	15	24	11
15	(15)	1/2	(1/2)	19	18	26	15
20	(20)	3/4	(3/4)	22	20	32	16
25	(25)	1	(1)	24	23	36	19
32	—	1¼	—	27	29	39	—

续表

公称尺寸 DN		管件规格		最小尺寸/mm			
管帽 外方管堵 带边外方管堵	内方 管堵	管帽 外方管堵 带边外方管堵	内方 管堵	*a*	*b*	*c*	*d*
40	—	1½	—	27	30	41	—
50	—	2	—	32	36	48	—
65	—	2½	—	35	39	54	—
80	—	3	—	38	44	60	—
100	—	4	—	45	58	70	—

注：*a*—管帽高度；*b*、*c*、*d*—两个端面之间的距离。

32.3 钢制管法兰

钢制管法兰有 PN 和 Class 两个系列。

32.3.1 PN 系列

用于公称压力 PN2.5～PN400、公称尺寸 DN10～DN4000 钢制管法兰和法兰盖。

(1) 型式和参数

公称压力用 PN 标识的有 PN2.5、PN6、PN10、PN16、PN25、PN40、PN63、PN100、PN160、PN250、PN320、PN400 共 12 个压力级。

(2) 公称尺寸

公称尺寸用 DN 标识的有 DN10、DN15、DN20、DN25、DN32、DN40、DN50、DN65、DN80、DN100、DN125、DN150、DN200、DN250、DN300、DN350、DN400、DN450、DN500、DN600、DN700、DN800、DN900、DN1000、DN1200、DN1400、DN1600、DN1800、DN2000、DN2200、DN2400、DN2600、DN2800、DN3000、DN3200、DN3400、DN3600、DN3800、DN4000 共 39 个规格。

(3) 钢管外径

PN2.5～PN160 公称尺寸和钢管外径见表 32.31。

表 32.31 PN2.5～PN160 公称尺寸和钢管外径

用 PN 标记的法兰（PN2.5～PN160）					
公称尺寸	钢管外径		公称尺寸	钢管外径	
DN	系列Ⅰ	系列Ⅱ	DN	系列Ⅰ	系列Ⅱ
10	17.2	14	700	711	720
15	21.3	18	800	813	820
20	26.9	25	900	914	920
25	33.7	32	1000	1016	1020
32	42.4	38	1200	1219	1220
40	48.3	45	1400	1422	1420
50	60.3	57	1600	1626	1620
65	73.0	76	1800	1829	1820
80	88.9	89	2000	2032	2020
100	114.3	108	2200	2235	2220
125	141.3	133	2400	2438	2420
150	168.3	159	2600	2642	2620
200	219.1	219	2800	2845	2820
250	273.0	273	3000	3048	3020
300	323.9	325	3200	3251	3220
350	355.6	377	3400	3454	3420
400	406.4	426	3600	3658	3620
450	457	480	3800	3861	3820
500	508	530	4000	4064	4020
600	610	630	—	—	—

PN250、PN320、PN400 的公称尺寸和钢管外径见表 32.32。

表 32.32 PN250、PN320、PN400 的公称尺寸和钢管外径

公称	钢管外径			公称	钢管外径		
尺寸 DN	PN250	PN320	PN400	尺寸 DN	PN250	PN320	PN400
10	17.2	17.2	17.2	65	76.1	88.9	101.6
15	21.3	21.3	26.9	80	101.6	101.6	114.3
20	26.9	26.9	33.7	100	127.0	133.0	139.7
25	33.7	33.7	42.4	125	152.4	168.3	193.7
32	42.1	42.4	48.3	150	177.8	193.7	219.1
40	48.3	48.3	60.3	200	244.5	214.5	273.0
50	60.3	63.5	76.1	250	298.5	323.9	—

（4）法兰类型及适用范围

法兰类型及适用范围见表 32.33，表中“√”表示适用，“—”

表示不适用。

表 32.33　法兰类型及适用范围

法兰类型	公称尺寸 DN	公称压力 PN 2.5	6	10	16	25	40	63	100	160	250	320	400	法兰简图和密封面型式及适用范围
整体法兰(IF)	10	√	√	√	√	√	√	√	√	√	√	√	√	1）平面（FF）：PN2.5～PN40； 2）突面（RF）：PN2.5～PN400； 3）凹凸面（MF）：PN10～PN400； 4）榫槽面（TG）：PN10～PN400； 5）O 形圈面（OSG）：PN10～PN40； 6）环连接面（RJ）：PN63～PN400
	15	√	√	√	√	√	√	√	√	√	√	√	√	
	20	√	√	√	√	√	√	√	√	√	√	√	√	
	25	√	√	√	√	√	√	√	√	√	√	√	√	
	32	√	√	√	√	√	√	√	√	√	√	√	√	
	40	√	√	√	√	√	√	√	√	√	√	√	√	
	50	√	√	√	√	√	√	√	√	√	√	√	√	
	65	√	√	√	√	√	√	√	√	√	√	√	√	
	80	√	√	√	√	√	√	√	√	√	√	√	√	
	100	√	√	√	√	√	√	√	√	√	√	√	√	
	125	√	√	√	√	√	√	√	√	√	√	√	√	
	150	√	√	√	√	√	√	√	√	√	√	√	√	
	200	√	√	√	√	√	√	√	√	√	√	√	√	
	250	√	√	√	√	√	√	√	√	√	√	√	—	
	300	√	√	√	√	√	√	√	√	√	√	—	—	
	350	√	√	√	√	√	√	√	√	—	—	—	—	
	400	√	√	√	√	√	√	√	—	—	—	—	—	
	450	√	√	√	√	√	√	—	—	—	—	—	—	
	500	√	√	√	√	√	√	—	—	—	—	—	—	
	600	√	√	√	√	√	√	—	—	—	—	—	—	
	700	√	√	√	√	√	—	—	—	—	—	—	—	
	800	√	√	√	√	√	—	—	—	—	—	—	—	
	900	√	√	√	√	√	—	—	—	—	—	—	—	
	1000	√	√	√	√	√	—	—	—	—	—	—	—	
	1200	√	√	√	√	—	—	—	—	—	—	—	—	
	1400	√	√	√	√	—	—	—	—	—	—	—	—	
	1600	√	√	√	√	—	—	—	—	—	—	—	—	
	1800	√	√	√	√	—	—	—	—	—	—	—	—	
	2000	√	√	√	√	—	—	—	—	—	—	—	—	
带颈螺纹法兰(Th)	10	—	√	√	√	√	√	√	√	—	—	—	—	1)平面(FF):PN6～PN40； 2)突面(RF):PN6～PN100
	15	—	√	√	√	√	√	√	√	—	—	—	—	
	20	—	√	√	√	√	√	√	√	—	—	—	—	
	25	—	√	√	√	√	√	√	√	—	—	—	—	
	32	—	√	√	√	√	√	√	√	—	—	—	—	

续表

法兰类型	公称尺寸DN	公称压力PN												法兰简图和密封面型式及适用范围
		2.5	6	10	16	25	40	63	100	160	250	320	400	
带颈螺纹法兰（Th）	40	—	√	√	√	√	√	√	√	—	—	—	—	
	50	—	√	√	√	√	√	√	√	—	—	—	—	
	65	—	√	√	√	√	√	√	√	—	—	—	—	
	80	—	√	√	√	√	√	√	√	—	—	—	—	
	100	—	√	√	√	√	√	√	√	—	—	—	—	
	125	—	√	√	√	√	√	√	√	—	—	—	—	
	150	—	√	√	√	√	√	√	√	—	—	—	—	
对焊法兰（WN）	10	√	√	√	√	√	√	√	√	√	√	√	√	1）平面（FF）：PN2.5～PN40； 2）突面（RF）：PN2.5～PN400； 3）凹凸面（MF）：PN10～PN400； 4）榫槽面（TG）：PN10～PN400； 5）O形圈面（OSG）：PN10～PN40； 6）环连接面（RJ）：PN63～PN400
	15	√	√	√	√	√	√	√	√	√	√	√	√	
	20	√	√	√	√	√	√	√	√	√	√	√	√	
	25	√	√	√	√	√	√	√	√	√	√	√	√	
	32	√	√	√	√	√	√	√	√	√	√	√	√	
	40	√	√	√	√	√	√	√	√	√	√	√	√	
	50	√	√	√	√	√	√	√	√	√	√	√	√	
	65	√	√	√	√	√	√	√	√	√	√	√	√	
	80	√	√	√	√	√	√	√	√	√	√	√	√	
	100	√	√	√	√	√	√	√	√	√	√	√	√	
	125	√	√	√	√	√	√	√	√	√	√	√	√	
	150	√	√	√	√	√	√	√	√	√	√	√	√	
	200	√	√	√	√	√	√	√	√	√	√	√	√	
	250	√	√	√	√	√	√	√	√	√	√	√	—	
	300	√	√	√	√	√	√	√	√	√	—	—	—	
	350	√	√	√	√	√	√	√	√	—	—	—	—	
	400	√	√	√	√	√	√	√	—	—	—	—	—	
	450	√	√	√	√	√	√	—	—	—	—	—	—	
	500	√	√	√	√	√	√	—	—	—	—	—	—	
	600	√	√	√	√	√	√	—	—	—	—	—	—	
	700	√	√	√	√	√	—	—	—	—	—	—	—	
	800	√	√	√	√	√	—	—	—	—	—	—	—	
	900	√	√	√	√	√	—	—	—	—	—	—	—	
	1000	√	√	√	√	√	—	—	—	—	—	—	—	
	1200	√	√	√	√	—	—	—	—	—	—	—	—	
	1400	√	√	√	√	—	—	—	—	—	—	—	—	
	1600	√	√	√	√	—	—	—	—	—	—	—	—	
	1800	√	√	√	√	—	—	—	—	—	—	—	—	
	2000	√	√	√	√	—	—	—	—	—	—	—	—	

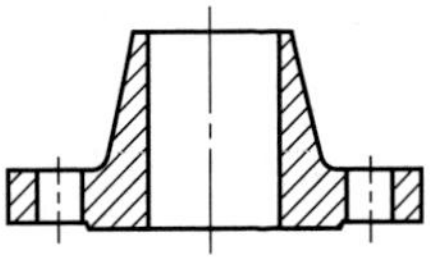

续表

法兰类型	公称尺寸 DN	公称压力 PN												法兰简图和密封面型式及适用范围
		2.5	6	10	16	25	40	63	100	160	250	320	400	
对焊法兰(WN)	2200	√	√	√	—	—	—	—	—	—	—	—	—	
	2400	√	√	√	—	—	—	—	—	—	—	—	—	
	2600	√	√	√	—	—	—	—	—	—	—	—	—	
	2800	√	√	√	—	—	—	—	—	—	—	—	—	
	3000	√	√	√	—	—	—	—	—	—	—	—	—	
	3200	√	√	—	—	—	—	—	—	—	—	—	—	
	3400	√	√	—	—	—	—	—	—	—	—	—	—	
	3600	√	√	—	—	—	—	—	—	—	—	—	—	
	3800	√	—	—	—	—	—	—	—	—	—	—	—	
	4000	√	—	—	—	—	—	—	—	—	—	—	—	
带颈平焊法兰(SO)	10	—	√	√	√	√	√	√	√	—	—	—	—	1)平面(FF):PN6～PN40; 2)突面(RF):PN6～PN100; 3)凹凸面(MF):PN10～PN100; 4)榫槽面(TG):PN10～PN100; 5)O形圈面(OSG):PN10～PN40
	15	—	√	√	√	√	√	√	√	—	—	—	—	
	20	—	√	√	√	√	√	√	√	—	—	—	—	
	25	—	√	√	√	√	√	√	√	—	—	—	—	
	32	—	√	√	√	√	√	√	√	—	—	—	—	
	40	—	√	√	√	√	√	√	√	—	—	—	—	
	50	—	√	√	√	√	√	√	√	—	—	—	—	
	65	—	√	√	√	√	√	√	√	—	—	—	—	
	80	—	√	√	√	√	√	√	√	—	—	—	—	
	100	—	√	√	√	√	√	√	√	—	—	—	—	
	125	—	√	√	√	√	√	√	√	—	—	—	—	
	150	—	√	√	√	√	√	√	√	—	—	—	—	
	200	—	√	√	√	√	√	—	—	—	—	—	—	
	250	—	√	√	√	√	√	—	—	—	—	—	—	
	300	—	√	√	√	√	√	—	—	—	—	—	—	
	350	—	—	√	√	√	√	—	—	—	—	—	—	
	400	—	—	√	√	√	√	—	—	—	—	—	—	
	450	—	—	√	√	√	√	—	—	—	—	—	—	
	500	—	—	√	√	√	√	—	—	—	—	—	—	
	600	—	—	√	√	√	√	—	—	—	—	—	—	
	700	—	—	—	√	—	—	—	—	—	—	—	—	
	800	—	—	—	√	—	—	—	—	—	—	—	—	
	900	—	—	—	√	—	—	—	—	—	—	—	—	
	1000	—	—	—	√	—	—	—	—	—	—	—	—	

续表

法兰类型	公称尺寸 DN	公称压力 PN												法兰简图和密封面型式及适用范围
		2.5	6	10	16	25	40	63	100	160	250	320	400	
带轴承插焊法兰（SW）	10	—	—	—	√	√	√	√	√	—	—	—	—	1)平面(FF):PN16～PN40； 2)突面(RF):PN16～PN100； 3)凹凸面(MF):PN16～PN100； 4)榫槽面(TG):PN16～PN100； 5)O形圈面(OSG):PN16～PN40； 6)环连接面(RJ):PN63～PN100
	15	—	—	—	√	√	√	√	√	—	—	—	—	
	20	—	—	—	√	√	√	√	√	—	—	—	—	
	25	—	—	—	√	√	√	√	√	—	—	—	—	
	32	—	—	—	√	√	√	√	√	—	—	—	—	
	40	—	—	—	√	√	√	√	√	—	—	—	—	
	50	—	—	—	√	√	√	√	√	—	—	—	—	
板式平焊法兰（PL）	10	√	√	√	√	√	√	√	√	—	—	—	—	1)平面(FF):PN2.5～PN40； 2)突面(RF):PN2.5～PN100
	15	√	√	√	√	√	√	√	√	—	—	—	—	
	20	√	√	√	√	√	√	√	√	—	—	—	—	
	25	√	√	√	√	√	√	√	√	—	—	—	—	
	32	√	√	√	√	√	√	√	√	—	—	—	—	
	40	√	√	√	√	√	√	√	√	—	—	—	—	
	50	√	√	√	√	√	√	√	√	—	—	—	—	
	65	√	√	√	√	√	√	√	√	—	—	—	—	
	80	√	√	√	√	√	√	√	√	—	—	—	—	
	100	√	√	√	√	√	√	√	√	—	—	—	—	
	125	√	√	√	√	√	√	√	√	—	—	—	—	
	150	√	√	√	√	√	√	√	√	—	—	—	—	
	200	√	√	√	√	√	√	√	√	—	—	—	—	
	250	√	√	√	√	√	√	√	√	—	—	—	—	
	300	√	√	√	√	√	√	√	√	—	—	—	—	
	350	√	√	√	√	√	√	√	√	—	—	—	—	
	400	√	√	√	√	√	√	√	—	—	—	—	—	
	450	√	√	√	√	√	—	—	—	—	—	—	—	
	500	√	√	√	√	√	—	—	—	—	—	—	—	
	600	√	√	√	√	√	—	—	—	—	—	—	—	
	700	√	√	√	√	√	—	—	—	—	—	—	—	
	800	√	√	√	√	√	—	—	—	—	—	—	—	

续表

法兰类型	公称尺寸DN	公称压力PN												法兰简图和密封面型式及适用范围
		2.5	6	10	16	25	40	63	100	160	250	320	400	
板式平焊法兰(PL)	900	√	√	√	√	—	—	—	—	—	—	—	—	
	1000	√	√	√	√	—	—	—	—	—	—	—	—	
	1200	√	√	√	—	—	—	—	—	—	—	—	—	
	1400	—	√	—	—	—	—	—	—	—	—	—	—	
	1600	—	√	—	—	—	—	—	—	—	—	—	—	
	1800	—	√	—	—	—	—	—	—	—	—	—	—	
	2000	—	√	—	—	—	—	—	—	—	—	—	—	
A型对焊环板式松套法兰(PL/W-A)	10	—	—	√	√	√	√	—	—	—	—	—	—	1)突面(RF):PN10～PN40; 2)凹凸面(MF):PN10～PN40; 3)榫槽面(TG):PN10～PN40; 4)O形圈面(OSG):PN10～PN40
	15	—	—	√	√	√	√	—	—	—	—	—	—	
	20	—	—	√	√	√	√	—	—	—	—	—	—	
	25	—	—	√	√	√	√	—	—	—	—	—	—	
	32	—	—	√	√	√	√	—	—	—	—	—	—	
	40	—	—	√	√	√	√	—	—	—	—	—	—	
	50	—	—	√	√	√	√	—	—	—	—	—	—	
	65	—	—	√	√	√	√	—	—	—	—	—	—	
	80	—	—	√	√	√	√	—	—	—	—	—	—	
	100	—	—	√	√	√	√	—	—	—	—	—	—	
	125	—	—	√	√	√	√	—	—	—	—	—	—	
	150	—	—	√	√	√	√	—	—	—	—	—	—	
	200	—	—	√	√	√	√	—	—	—	—	—	—	
	250	—	—	√	√	√	√	—	—	—	—	—	—	
	300	—	—	√	√	√	√	—	—	—	—	—	—	
	350	—	—	√	√	√	√	—	—	—	—	—	—	
	400	—	—	√	√	√	√	—	—	—	—	—	—	
	450	—	—	√	√	√	√	—	—	—	—	—	—	
	500	—	—	√	√	√	√	—	—	—	—	—	—	
	600	—	—	√	√	√	√	—	—	—	—	—	—	
B型对焊环板式松套法兰(PL/W-B)	10	√	√	√	√	√	√	—	—	—	—	—	—	突面(RF):PN2.5～PN40
	15	√	√	√	√	√	√	—	—	—	—	—	—	
	20	√	√	√	√	√	√	—	—	—	—	—	—	
	25	√	√	√	√	√	√	—	—	—	—	—	—	
	32	√	√	√	√	√	√	—	—	—	—	—	—	
	40	√	√	√	√	√	√	—	—	—	—	—	—	
	50	√	√	√	√	√	√	—	—	—	—	—	—	
	65	√	√	√	√	√	√	—	—	—	—	—	—	
	80	√	√	√	√	√	√	—	—	—	—	—	—	

续表

法兰类型	公称尺寸DN	公称压力PN												法兰简图和密封面型式及适用范围
		2.5	6	10	16	25	40	63	100	160	250	320	400	
B型对焊环板式松套法兰（PL/W-B）	100	√	√	√	√	√	√	—	—	—	—	—	—	
	125	√	√	√	√	√	√	—	—	—	—	—	—	
	150	√	√	√	√	√	√	—	—	—	—	—	—	
	200	√	√	√	√	√	√	—	—	—	—	—	—	
	250	√	√	√	√	√	√	—	—	—	—	—	—	
	300	√	√	√	√	√	√	—	—	—	—	—	—	
	350	√	√	√	√	√	√	—	—	—	—	—	—	
	400	√	√	√	√	√	√	—	—	—	—	—	—	
	450	√	√	√	√	√	—	—	—	—	—	—	—	
	500	√	√	√	√	√	—	—	—	—	—	—	—	
	600	√	√	√	√	√	—	—	—	—	—	—	—	
	700	√	√	√	√	√	—	—	—	—	—	—	—	
	800	√	√	√	√	√	—	—	—	—	—	—	—	
	900	√	√	√	√	—	—	—	—	—	—	—	—	
	1000	√	√	√	√	—	—	—	—	—	—	—	—	
	1200	—	√	√	—	—	—	—	—	—	—	—	—	
平焊环板式松套法兰（PL/C）	10	√	√	√	√	√	√	—	—	—	—	—	—	1）突面（RF）：PN2.5～PN40； 2）凹凸面（MF）：PN10～PN40； 3）榫槽面（TG）：PN10～PN40； 4）O型圈面（OSG）：PN10～PN40
	15	√	√	√	√	√	√	—	—	—	—	—	—	
	20	√	√	√	√	√	√	—	—	—	—	—	—	
	25	√	√	√	√	√	√	—	—	—	—	—	—	
	32	√	√	√	√	√	√	—	—	—	—	—	—	
	40	√	√	√	√	√	√	—	—	—	—	—	—	
	50	√	√	√	√	√	√	—	—	—	—	—	—	
	65	√	√	√	√	√	√	—	—	—	—	—	—	
	80	√	√	√	√	√	√	—	—	—	—	—	—	
	100	√	√	√	√	√	√	—	—	—	—	—	—	
	125	√	√	√	√	√	√	—	—	—	—	—	—	
	150	√	√	√	√	√	√	—	—	—	—	—	—	
	200	√	√	√	√	√	√	—	—	—	—	—	—	
	250	√	√	√	√	√	√	—	—	—	—	—	—	
	300	√	√	√	√	√	√	—	—	—	—	—	—	
	350	√	√	√	√	√	√	—	—	—	—	—	—	
	400	√	√	√	√	√	√	—	—	—	—	—	—	
	450	√	√	√	√	√	√	—	—	—	—	—	—	
	500	√	√	√	√	√	√	—	—	—	—	—	—	
	600	√	√	√	√	√	√	—	—	—	—	—	—	

续表

法兰类型	公称尺寸 DN	公称压力 PN												法兰简图和密封面型式及适用范围
		2.5	6	10	16	25	40	63	100	160	250	320	400	
管端翻边板式松套法兰(PL/P-A)	10	√	√	√	√	—	—	—	—	—	—	—	—	突面(RF):PN2.5～PN16
	15	√	√	√	√	—	—	—	—	—	—	—	—	
	20	√	√	√	√	—	—	—	—	—	—	—	—	
	25	√	√	√	√	—	—	—	—	—	—	—	—	
	32	√	√	√	√	—	—	—	—	—	—	—	—	
	40	√	√	√	√	—	—	—	—	—	—	—	—	
	50	√	√	√	√	—	—	—	—	—	—	—	—	
	65	√	√	√	√	—	—	—	—	—	—	—	—	
	80	√	√	√	√	—	—	—	—	—	—	—	—	
	100	√	√	√	√	—	—	—	—	—	—	—	—	
	125	√	√	√	√	—	—	—	—	—	—	—	—	
	150	√	√	√	√	—	—	—	—	—	—	—	—	
	200	√	√	√	√	—	—	—	—	—	—	—	—	
翻边短节板式松套法兰(PL/P-B)	10	√	√	√	√	—	—	—	—	—	—	—	—	突面(RF):PN2.5～PN16
	15	√	√	√	√	—	—	—	—	—	—	—	—	
	20	√	√	√	√	—	—	—	—	—	—	—	—	
	25	√	√	√	√	—	—	—	—	—	—	—	—	
	32	√	√	√	√	—	—	—	—	—	—	—	—	
	40	√	√	√	√	—	—	—	—	—	—	—	—	
	50	√	√	√	√	—	—	—	—	—	—	—	—	
	65	√	√	√	√	—	—	—	—	—	—	—	—	
	80	√	√	√	√	—	—	—	—	—	—	—	—	
	100	√	√	√	√	—	—	—	—	—	—	—	—	
	125	√	√	√	√	—	—	—	—	—	—	—	—	
	150	√	√	√	√	—	—	—	—	—	—	—	—	
	200	√	√	√	√	—	—	—	—	—	—	—	—	
	250	√	√	√	√	—	—	—	—	—	—	—	—	
	300	√	√	√	√	—	—	—	—	—	—	—	—	
	350	√	√	√	√	—	—	—	—	—	—	—	—	
	400	√	√	√	√	—	—	—	—	—	—	—	—	
	450	√	√	—	—	—	—	—	—	—	—	—	—	
	500	√	√	—	—	—	—	—	—	—	—	—	—	

32.3.2 钢制法兰 Class 系列

用于公称压力 Class150～Class2500、公称尺寸 DN15～DN600(NPS1/2～NPS24) 的钢制管法兰和法兰盖。

(1) 型式和参数

公称压力用 Class 标识的有 Class150、Class300、Class600、Class900、Class1500 和 Class2500 共 6 个压力级。

(2) 公称尺寸

公称尺寸用 Class 标识的有 DN15（NPS1/2）、DN20（NPS3/4）、DN25（NPS1）、DN32（NPS1 ¼）、DN40（NPS1 ½）、DN50（NPS2）、DN65（NPS2 ½）、DN80（NPS3）、DN100（NPS4）、DN125（NPS5）、DN150（NPS6）、DN200（NPS8）、DN250（NPS10）、DN300（NPS12）、DN350（NPS14）、DN400（NPS16）、DN450（NPS18）、DN500（NPS20）、DN550（NPS22）、DN600（NPS24）共 20 个规格。

(3) 钢管外径

钢管的公称尺寸和外径见表 32.34。

表 32.34 公称尺寸和钢管外径 mm

公称尺寸	钢管外径		公称尺寸	钢管外径		公称尺寸	钢管外径	
NPS	DN	系列Ⅰ	NPS	DN	系列Ⅰ	NPS	DN	系列Ⅰ
1/2	15	21.3	3	80	88.9	14	350	355.6
3/4	20	26.9	4	100	114.3	16	400	406.4
1	25	33.7	5	125	141.3	18	450	457
1¼	32	42.4	6	150	168.3	20	500	508
1½	40	48.3	8	200	219.1	22	550	559
2	50	60.3	10	250	273.0	24	600	610
212	65	73.0	12	300	323.9	—	—	—

(4) 法兰类型及适用范围

法兰类型及适用范围见表 32.35。

表 32.35 法兰类型及适用范围 mm

法兰类型	公称尺寸		公称压力 Class						法兰简图和密封面型式及适用范围
	DN	NPS	150	300	600	900	1500	2500	
整体法兰(IF)	15	1/2	√	√	√	√	√	√	
	20	3/4	√	√	√	√	√	√	
	25	1	√	√	√	√	√	√	
	32	1¼	√	√	√	√	√	√	
	40	1½	√	√	√	√	√	√	

续表

法兰类型	公称尺寸		公称压力 Class						法兰简图和密封面型式及适用范围
	DN	NPS	150	300	600	900	1500	2500	
整体法兰(IF)	50	2	√	√	√	√	√	√	1)平面(FF):Class150； 2)突面(RF):Class150～Class2500； 3)凹凸面(MF):Class300～Class2500； 4)榫槽面(TG):Class300～Class2500； 5)环连接面(RJ):Class150～Class2500
	65	2½	√	√	√	√	√	√	
	80	3	√	√	√	√	√	√	
	100	4	√	√	√	√	√	√	
	125	5	√	√	√	√	√	√	
	150	6	√	√	√	√	√	√	
	200	8	√	√	√	√	√	√	
	250	10	√	√	√	√	√	√	
	300	12	√	√	√	√	√	√	
	350	14	√	√	√	√	√	—	
	400	16	√	√	√	√	√	—	
	450	18	√	√	√	√	√	—	
	500	20	√	√	√	√	√	—	
	550	22	√	√	√	√	√	—	
	600	24	√	√	√	√	√	—	
带颈螺纹法兰(Th)	15	1/2	√	√	√	√	√	√	突面(RF):Class150～Class2500
	20	3/4	√	√	√	√	√	√	
	25	1	√	√	√	√	√	√	
	32	1¼	√	√	√	√	√	√	
	40	1½	√	√	√	√	√	√	
	50	2	√	√	√	√	√	√	
	65	2½	√	√	√	√	√	√	
	80	3	√	√	√	√	—	—	
	100	4	√	√	√	√	—	—	
	125	5	√	√	√	√	—	—	
	150	6	√	√	√	√	—	—	
	200	8	√	√	√	√	—	—	
	250	10	√	√	√	√	—	—	
	300	12	√	√	√	√	—	—	
	350	14	√	√	√	√	—	—	
	400	16	√	√	√	√	—	—	
	450	18	√	√	√	√	—	—	
	500	20	√	√	√	√	—	—	
	550	22	√	√	√	√	—	—	
	600	24	√	√	√	√	—	—	

续表

法兰类型	公称尺寸		公称压力 Class						法兰简图和密封面型式及适用范围
	DN	NPS	150	300	600	900	1500	2500	
对焊法兰(WN)	15	1/2	√	√	√	√	√	√	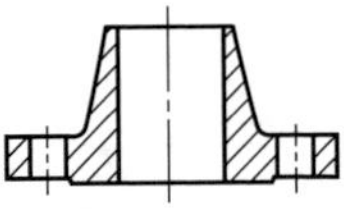 1)平面(FF):Class150; 2)突面(RF):Class150～Class2500; 3)凹凸面(MF):Class300～Class2500; 4)榫槽面(TG):Class300～Class2500; 5)环连接面(RJ):Class150～Class2500
	20	3/4	√	√	√	√	√	√	
	25	1	√	√	√	√	√	√	
	32	1¼	√	√	√	√	√	√	
	40	1½	√	√	√	√	√	√	
	50	2	√	√	√	√	√	√	
	65	2½	√	√	√	√	√	√	
	80	3	√	√	√	√	√	√	
	100	4	√	√	√	√	√	√	
	125	5	√	√	√	√	√	√	
	150	6	√	√	√	√	√	√	
	200	8	√	√	√	√	√	√	
	250	10	√	√	√	√	√	√	
	300	12	√	√	√	√	√	√	
	350	14	√	√	√	√	√	—	
	400	16	√	√	√	√	√	—	
	450	18	√	√	√	√	√	—	
	500	20	√	√	√	√	√	—	
	550	22	√	√	√	√	√	—	
	600	24	√	√	√	√	√	—	
带颈平焊法兰(SO)	15	1/2	√	√	√	√	√	—	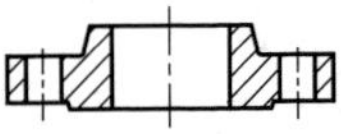 1)平面(FF):Class150; 2)突面(RF):Class150～Class1500; 3)凹凸面(MF):Class300～Class1500; 4)榫槽面(TG):Class300～Class1500; 5)环连接面(RJ):Class150～Class1500
	20	3/4	√	√	√	√	√	—	
	25	1	√	√	√	√	√	—	
	32	1¼	√	√	√	√	√	—	
	40	1½	√	√	√	√	√	—	
	50	2	√	√	√	√	√	—	
	65	2½	√	√	√	√	√	—	
	80	3	√	√	√	√	—	—	
	100	4	√	√	√	√	—	—	
	125	5	√	√	√	√	—	—	
	150	6	√	√	√	√	—	—	
	200	8	√	√	√	√	—	—	
	250	10	√	√	√	√	—	—	
	300	12	√	√	√	√	—	—	
	350	14	√	√	√	√	—	—	
	400	16	√	√	√	√	—	—	

续表

法兰类型	公称尺寸		公称压力 Class						法兰简图和密封面型式及适用范围
	DN	NPS	150	300	600	900	1500	2500	
带颈平焊法兰(SO)	450	18	√	√	√	√	—	—	
	500	20	√	√	√	√	—	—	
	550	22	√	√	√	√	—	—	
	600	24	√	√	√	√	—	—	
带颈承插焊法兰(SW)	15	1/2	1/2	√	√	√	√	—	1)平面(FF):Class150; 2)突面(RF):Class150～Class1500; 3)凹凸面(MF):Class300～Class1500; 4)榫槽面(TG):Class300～Class1500; 5)环连接面(RJ):Class150～Class1500
	20	3/4	3/4	√	√	√	√	—	
	25	1	1	√	√	√	√	—	
	32	1¼	1¼	√	√	√	√	—	
	40	1½	1½	√	√	√	√	—	
	50	2	2	√	√	√	√	—	
	65	2½	2½	√	√	√	√	—	
	80	3	3	√	√	—	—	—	
对焊环带颈松套法兰(LHL)	200	8	√	√	√	√	√	√	1)突面(RF):Class150～Class2500; 2)环连接面(RJ):Class150～Class2500
	250	10	√	√	√	√	√	√	
	300	12	√	√	√	√	√	√	
	350	14	√	√	√	√	√	—	
	400	16	√	√	√	√	√	—	
	450	18	√	√	√	√	√	—	
	500	20	√	√	√	√	√	—	
	550	22	√	√	√	√	√	—	
	600	24	√	√	√	√	√	—	
	15	1/2	√	√	√	√	√	√	
	20	3/4	√	√	√	√	√	√	
	25	1	√	√	√	√	√	√	
	32	1¼	√	√	√	√	√	√	
	40	1½	√	√	√	√	√	√	
	50	2	√	√	√	√	√	√	
	65	2½	√	√	√	√	√	√	
	80	3	√	√	√	√	√	√	
	100	4	√	√	√	√	√	√	

续表

法兰类型	公称尺寸		公称压力 Class						法兰简图和密封面型式及适用范围
	DN	NPS	150	300	600	900	1500	2500	
对焊环带颈松套法兰(LHL)	125	5	√	√	√	√	√	√	1）突面（RF）：Class150～Class2500； 2)环连接面(RJ)：Class150～Class2500
	150	6	√	√	√	√	√	√	
	200	8	√	√	√	√	√	√	
	250	10	√	√	√	√	√	√	
	300	12	√	√	√	√	√	√	
	350	14	√	√	√	√	√	—	
	400	16	√	√	√	√	√	—	
	450	18	√	√	√	√	√	—	
	500	20	√	√	√	√	√	—	
	550	22	√	√	√	√	√	—	
	600	24	√	√	√	√	√	—	
法兰盖(BL)	15	1/2	√	√	√	√	√	√	1)平面(FF)：Class150； 2）突面（RF）：Class150～Class2500； 3)凹凸面(MF)：Class300～Class2500； 4)榫槽面(TG)：Class300～Class2500； 5)环连接面(RJ)：Class150～Class2500
	20	3/4	√	√	√	√	√	√	
	25	1	√	√	√	√	√	√	
	32	1¼	√	√	√	√	√	√	
	40	1½	√	√	√	√	√	√	
	50	2	√	√	√	√	√	√	
	65	2½	√	√	√	√	√	√	
	80	3	√	√	√	√	√	√	
	100	4	√	√	√	√	√	√	
	125	5	√	√	√	√	√	√	
	150	6	√	√	√	√	√	√	
	200	8	√	√	√	√	√	√	
	250	10	√	√	√	√	√	√	
	300	12	√	√	√	√	√	√	
	350	14	√	√	√	√	√	—	
	400	16	√	√	√	√	√	—	
	450	18	√	√	√	√	√	—	
	500	20	√	√	√	√	√	—	
	550	22	√	√	√	√	√	—	
	600	24	√	√	√	√	√	—	

32.4 阀门

32.4.1 给排水用软密封闸阀

用途：利用螺旋控制给水，用于上水管路。

类别：分暗杆型闸阀和明杆型闸阀两类，各自又有整体式和分体式两种。

结构：见图 32.4 和图 32.5。

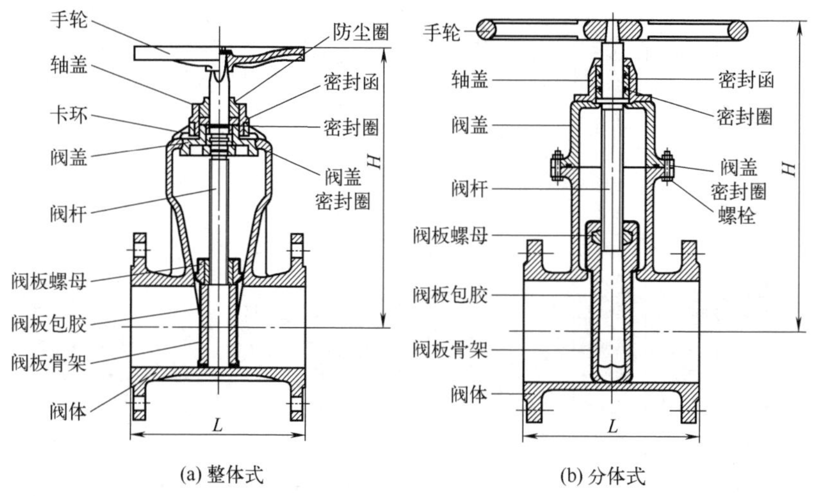

(a) 整体式　(b) 分体式

图 32.4　暗杆型闸阀

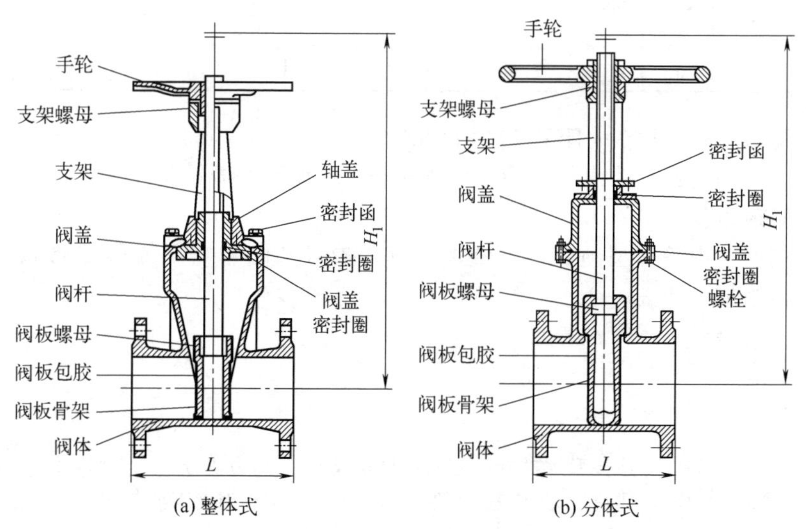

(a) 整体式　(b) 分体式

图 32.5　明杆型闸阀

给排水用软密封闸阀的主要结构尺寸见表 32.36。

表 32.36 给排水用软密封闸阀的主要结构尺寸（CJ/T 216—2013）

mm

公称尺寸DN	结构长度 L		阀体与阀盖最小壁厚			阀杆最小直径			最大高度	
	短系列	长系列	PN6 PN10	PN16	PN25	PN6 PN10	PN16	PN25	暗杆型 H	明杆型 H_1
50	178	250	6	6	7	18	18	18	380	420
65	190	270	6.5	6.5	7	18	18	18	410	500
80	203	280	6.5	6.5	8	20	20	20	460	570
100	229	300	7	8	8	20	24	24	540	670
125	254	325	7	8	9	22	28	28	610	820
150	267	350	7	8	10	24	28	28	670	920
200	292	400	8	9	11	28	32	32	780	1120
250	330	450	9	10	12	28	36	36	890	1380
300	356	500	9	11	14	36	38	40	990	1590
350	381	550	11	12	16	36	38	44	1110	1800
400	406	600	14	15	17	40	40	50	1240	1990
450	432	650	14	15	—	44	46	—	1350	2200
500	457	700	16	17	—	50	50	—	1450	2400
600	508	800	16	18	—	50	50	—	1700	2800
700	610	900	26	28	—	65	65	—	1850	3200
800	660	1000	27	28	—	65	65	—	2000	3700
900	710	1100	28	34	—	70	70	—	2400	4000

32.4.2 给排水用直埋式闸阀

用途：作为直接埋覆于深度小于 5m 地下的城镇给水排水系统管道组件。

结构：由暗杆型闸阀，配置加长杆、护管和阀盒、盒盖和 T 形扳手组成（图 32.6）。

型号表示方法是：

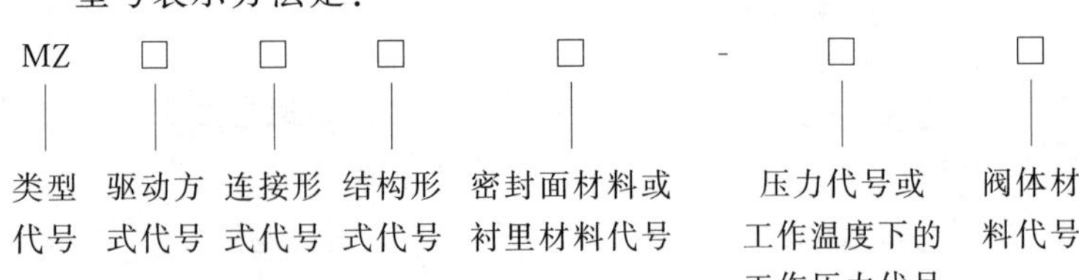

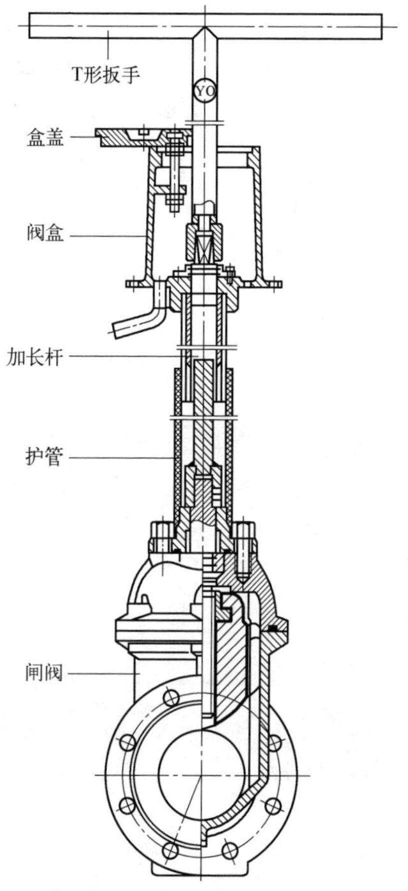

图 32.6　直埋式闸阀结构

32.4.3　供水系统用弹性密封闸阀

供水系统用弹性密封闸阀是供水系统管道组件，有明杆型和暗杆型两种结构（图 32.7 和图 32.8）。

32.4.4　液化天然气用闸阀

液化天然气用闸阀是工作介质为液态天然气的管道的系统组件，有锻钢闸阀和铸钢闸阀两种（图 32.9 和图 32.10）。

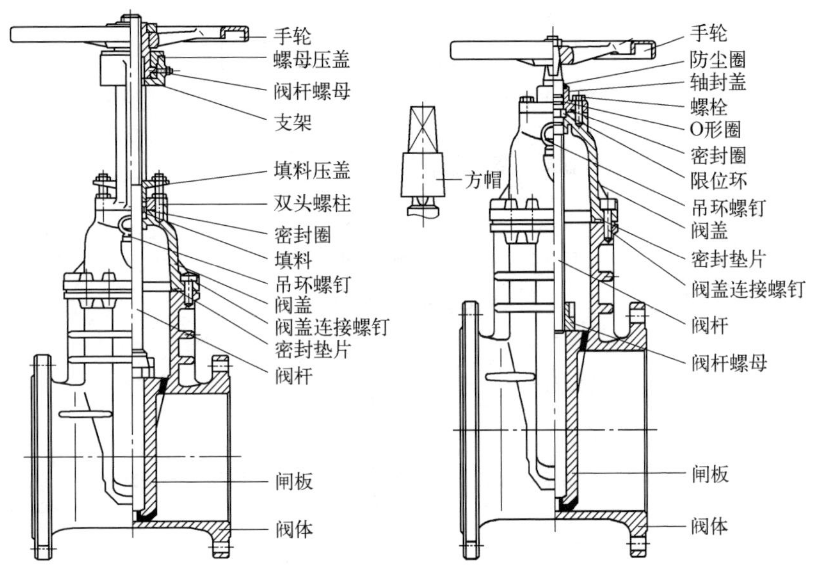

图 32.7 明杆型弹性密封闸阀结构

图 32.8 暗杆型弹性密封闸阀结构

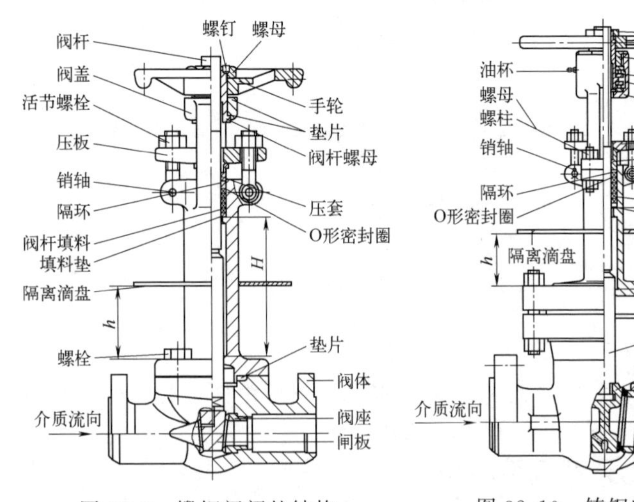

图 32.9 锻钢闸阀的结构

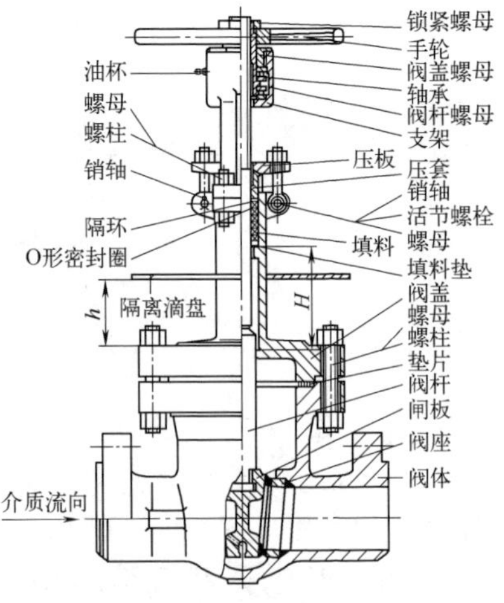

图 32.10 铸钢闸阀的结构

32.4.5　进水阀

进水阀利用螺旋控制给水，用于上水管路，其规格见表 32.37。

表 32.37　进水阀的规格

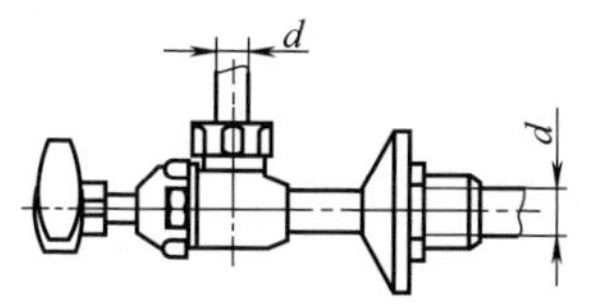

公称尺寸/mm	管螺纹规格尺寸/in	d/mm
15	Rp1/2	13

32.4.6　排水阀

用于控制下水排污。在弯管内存水形成水封，可减少污水气味，其规格见表 32.38。

表 32.38　排水阀的规格　mm

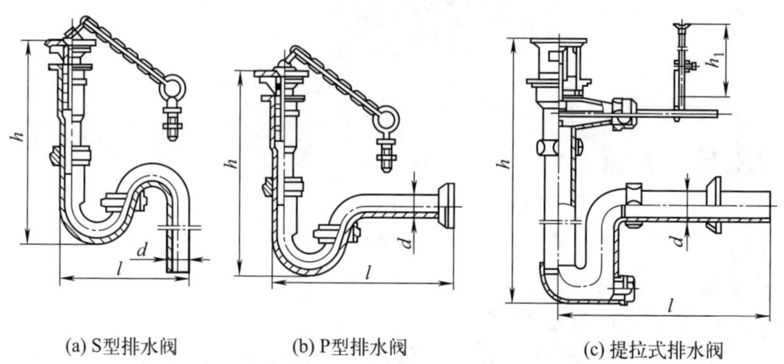

(a) S型排水阀　(b) P型排水阀　(c) 提拉式排水阀

型别	d	l	h	h_1	型别	d	l	h	h_1
S 型	30	128	623	—	提拉式	30	278	303	290
P 型		280	360	—				293	240

32.4.7　其他阀门

冲洗阀、踏阀和截止阀的规格见表 32.39。

表 32.39 冲洗阀、踏阀和截止阀的规格

名称	公称尺寸/mm	管螺纹规格/in	长度/mm	高度/mm
自闭冲洗阀	20	Rp3/4	—	157
延时自闭冲洗阀	25	Rp1	270	171
C21-4T 直流自闭冲洗阀	20、25	Rp3/4、Rp1	—	180
C12X-6 延时自闭冲洗阀	25	Rp1	335	250
C23T-5 延时自闭冲洗阀	—	Rp1/2、Rp3/4、Rp1	163、205	206、235
C73W-4T 型延时自闭冲洗阀	20、25	Rp3/4、Rp1	120	144
C711W-5 型隔膜式延时自闭冲洗阀	25	Rp1	168	138
JF1X-4 自闭式防污冲洗阀	20、25	Rp1/2	220	120
G724-4 节水自闭冲洗阀	20、25	Rp3/4、Rp1	87	44
踏阀	15	Rp1/2	132	136
全铜踏阀	15	Rp1/2	—	136
可锻铸铁踏阀	15	—	—	—
TF-Ⅰ灰铸铁踏阀	20、25	Rp1/2、Rp3/4	136	124
TF-Ⅱ灰铸铁踏阀	15、20、25	Rp1/2、G3/4、G1	270	126
截止阀	20、25	Rp1/2、Rp3/4	70	—
角型截止阀	15	Rp1/2	31.5	82、89

闸阀常见故障与维修

32.5 水嘴

适用于公称尺寸为 DN15、DN20、DN25，公称压力 1.0MPa，介质温度不大于 90℃，安装在盥洗室（洗手间、浴室等）、厨房和化验室等卫生设施上。

水嘴分类的方法很多：

① 按启闭控制方式分，有单柄式、双柄式、肘控式、手揿式、脚踏式、触控式、感应式、数控式和延时自闭式等。

② 按控制进水管路数量分，有单控和双控。

③ 按启闭结构分，有螺旋升降式、柱塞式、弹簧式、平面式、圆球式、铰链式等。

④ 按密封件种类分，有橡胶、工程塑料、铜合金、不锈钢、陶瓷等。

⑤ 按安装形式分，有台式明装、台式暗装、壁式明装、壁式暗装等。

⑥ 按阀体材料分，有铜合金、不锈钢、塑料等。

⑦ 按使用流量分，有节水型和普通型。

⑧ 按适用场合分，有普通水嘴、洗面水嘴、厨房水嘴、浴缸水嘴、淋浴水嘴、洗涤水嘴、便池水嘴、净身水嘴、接管水嘴、化验水嘴、洗衣房水嘴等。

32.5.1　普通水嘴

普通水嘴是用于一般清洗用途（洗手、清洗墩布等）的单柄单控水嘴，其规格尺寸见表 32.40、表 32.41。

表 32.40　壁式明装单控普通水嘴的规格

公称尺寸/mm	螺纹尺寸代号	螺纹有效长度 l_{min}/mm		L_{min}/mm
		圆柱管螺纹	圆锥管螺纹	
DN15	1/2	10	11.4	55
DN20	3/4	12	12.7	70
DN25	1	14	14.5	80

表 32.41　壁式明装接管单控式水嘴的规格尺寸　mm

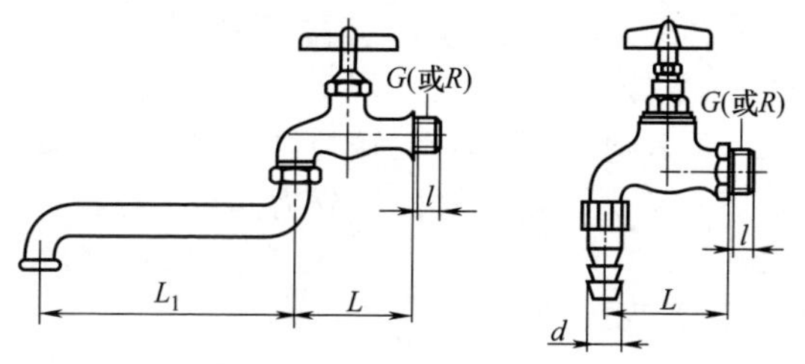

公称尺寸	螺纹尺寸代号	螺纹有效长度 l_{min}		L_{1min}	L_{min}	d
		圆柱管螺纹	圆锥管螺纹			
DN15	1/2	10	11.4		55	15
DN20	3/4	12	12.7	170	70	21
DN25	1	14	14.5		80	28

32.5.2 化验水嘴

单控化验水嘴的规格尺寸见表 32.42。

表 32.42 单控化验水嘴的规格尺寸 mm

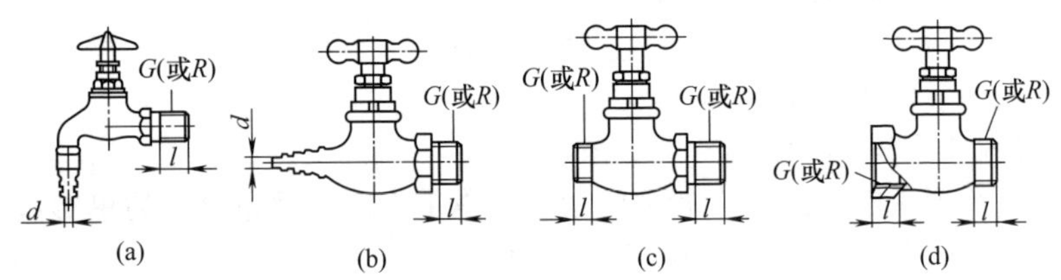

公称尺寸	螺纹尺寸代号	螺纹有效长度 d_{min}		d
		圆柱管螺纹	圆锥管螺纹	
DN15	1/2	10	11	12

32.5.3 洗涤用水嘴

（1）面盆水嘴

分类：按启用控制方式分为机械式和非接触式两类（JC/T 758—2008）。

① 机械式面盆水嘴：按启用控制部件数量分为单柄和双柄两类。

② 非接触式面盆水嘴：按传感器控制方式分为反射红外式（F）、遮挡红外式（Z）、热释电式（R）、微波反射式（W）、超声波反射式（C）和其他类型（Q）；按控制供水管路的数量分为单控（D）和双控（S）两类；按密封材料分为陶瓷（C）和非陶瓷（F）两类。

型号表示方法是：

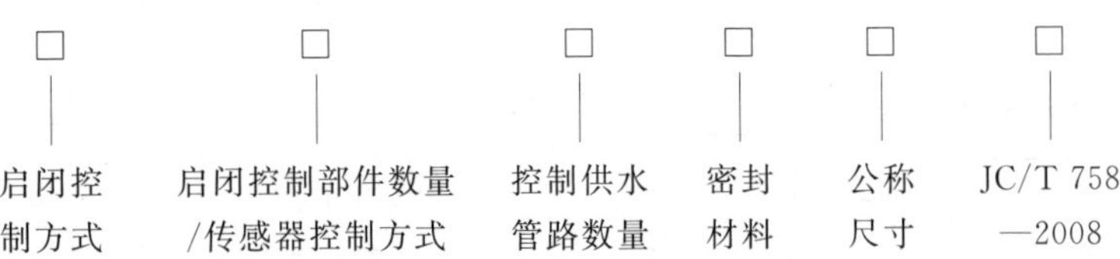

明装洗面器水嘴的规格见表 32.43。

表 32.43　明装洗面器水嘴的规格　mm

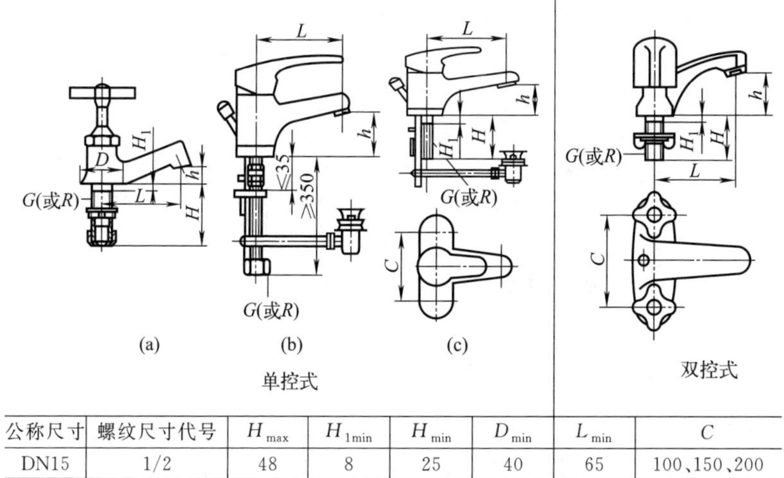

公称尺寸	螺纹尺寸代号	H_{max}	H_{1min}	H_{min}	D_{min}	L_{min}	C
DN15	1/2	48	8	25	40	65	100、150、200

（2）洗涤水嘴

洗涤水嘴的规格尺寸见表 32.44。

表 32.44　洗涤水嘴的规格尺寸　mm

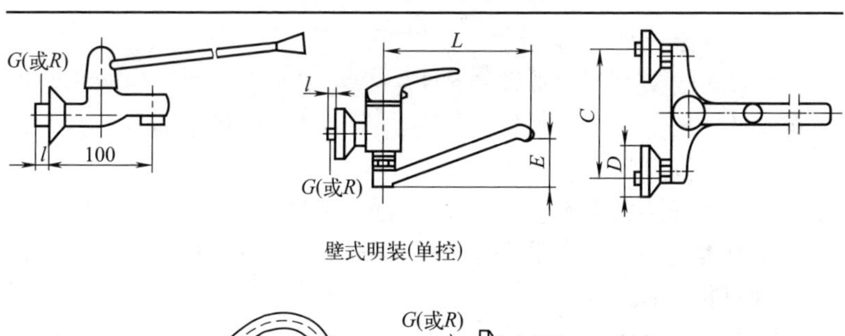

壁式明装(单控)

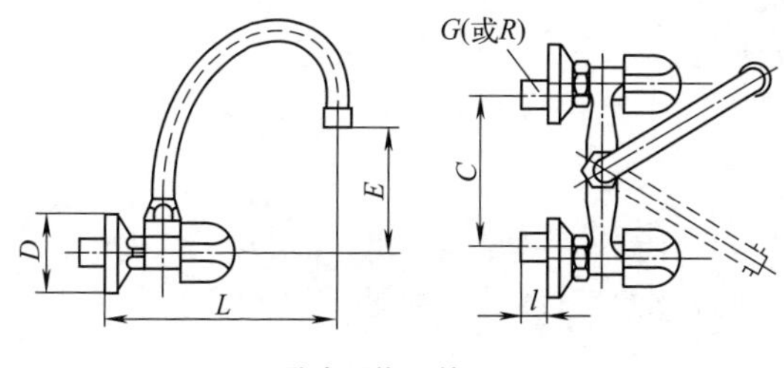

壁式明装(双控)

续表

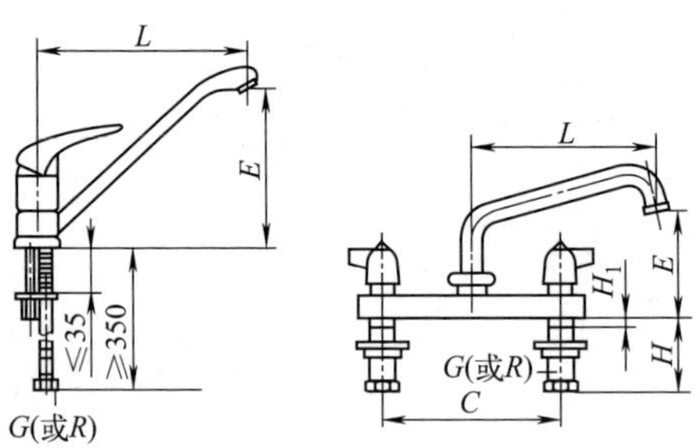

台式明装单控式和双控式

公称尺寸	螺纹尺寸代号	螺纹有效长度 L_{min}	C_{min}	L_{min}	D_{min}	H_{min}	H_{1max}	E_{max}
DN15	1/2	同浴缸水嘴	100、150、200	65	40	25	8	25

（3）淋浴水嘴

淋浴水嘴是安装在垂直壁板上，通过对水介质启、闭及控制出口水流量和水温度，使水流经过固定或手持花洒供水的一种装置。

分类：按启闭控制部件数量分为单柄（D）和双柄（S）两类；按控制供水管路的数量分为单控（D）和双控（S）两类；按密封材料分为陶瓷（C）和非陶瓷（F）两类；按使用功能分为浴盆（Y）和淋浴（L）两类。

型号表示方法是：

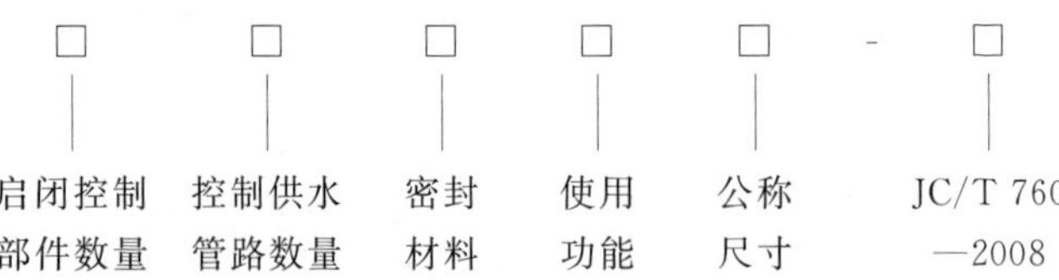

壁式明装淋浴水嘴的规格尺寸见表 32.45。

表 32.45　壁式明装淋浴水嘴的规格尺寸　mm

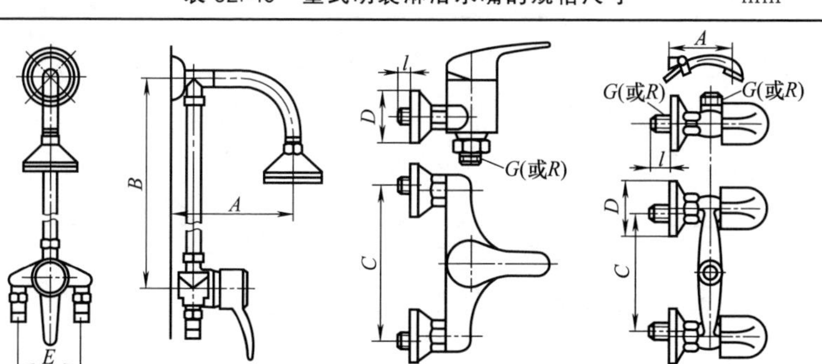

(a) 单控(正视和侧视)　(b) 单控　(c) 双控

A_{min}		B	C	D_{min}	l_{min}	E_{min}
移动喷头	非移动喷头					
120	395	1015	100、150、200	45	同浴缸水嘴	95

32.5.4　浴盆水嘴

浴盆水嘴是安装在垂直壁板上或水平壁板上，通过对水介质启、闭及控制出口水流量和水温度向浴盆供水的一种装置。

分类和型号表示方法同沐浴水嘴。

(1) 壁式单控浴盆水嘴

壁式单控浴盆水嘴的规格见表 32.46。

表 32.46　壁式单控浴盆水嘴的规格　mm

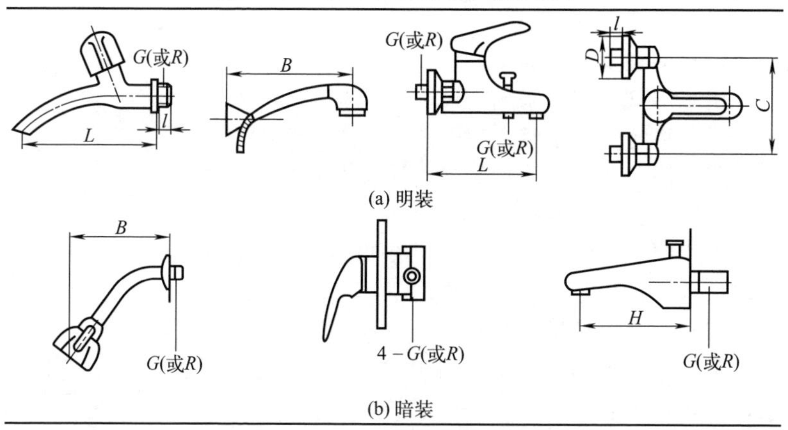

(a) 明装

(b) 暗装

续表

<table>
<tr><th rowspan="2">公称尺寸</th><th rowspan="2">螺纹尺寸代号</th><th rowspan="2">L_{min}</th><th colspan="3" rowspan="2">螺纹有效长度</th><th rowspan="2">D_{min}</th><th rowspan="2">C</th><th colspan="2">B_{min}</th><th rowspan="2">H_{min}</th></tr>
<tr><th>明装</th><th>暗装</th></tr>
<tr><td>DN15</td><td>1/2</td><td>120</td><td colspan="3">13</td><td>45</td><td>150</td><td>120</td><td>150</td><td>110</td></tr>
<tr><td rowspan="3">DN20</td><td rowspan="3">2/4</td><td rowspan="3">120</td><td rowspan="2">混合水嘴</td><td colspan="2">非混合水嘴</td><td rowspan="3">50</td><td rowspan="3">150</td><td rowspan="3">120</td><td rowspan="3">150</td><td rowspan="3">110</td></tr>
<tr><td>圆柱螺纹</td><td>圆锥螺纹</td></tr>
<tr><td>15</td><td>12.7</td><td>14.5</td></tr>
</table>

注：淋浴喷头软管长度不短于 1.35m。

（2）壁式双控（明装）浴盆水嘴（图 32.11）

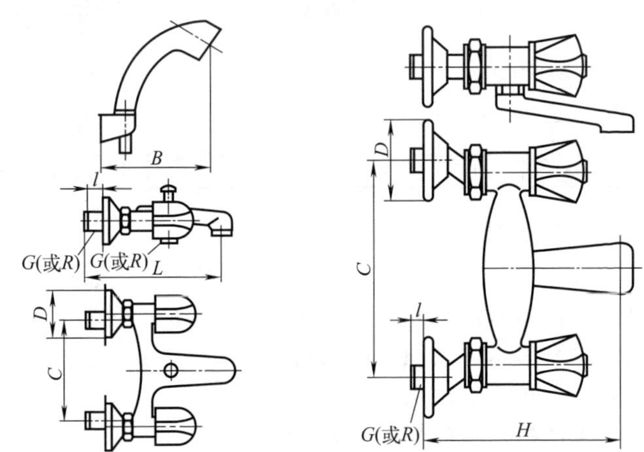

图 32.11 壁式双控（明装）浴盆水嘴

（3）浴盆单联水嘴

用于浴盆供水，采用螺旋升降结构，其规格尺寸见表 32.47。

（4）浴盆双联水嘴

用于浴盆调温，采用螺旋升降，其规格见表 32.48。

（5）浴盆三联水嘴

采用螺旋升降，带有连接淋浴喷头的接口及混合阀手柄，用以换向给水，其规格见表 32.49。

（6）三联单柄浴盆水嘴

陶瓷摩擦片结构，带淋浴喷头接口及混合阀手柄，便于换向给水，其规格见表 32.50。

表 32.47　浴盆单联水嘴规格

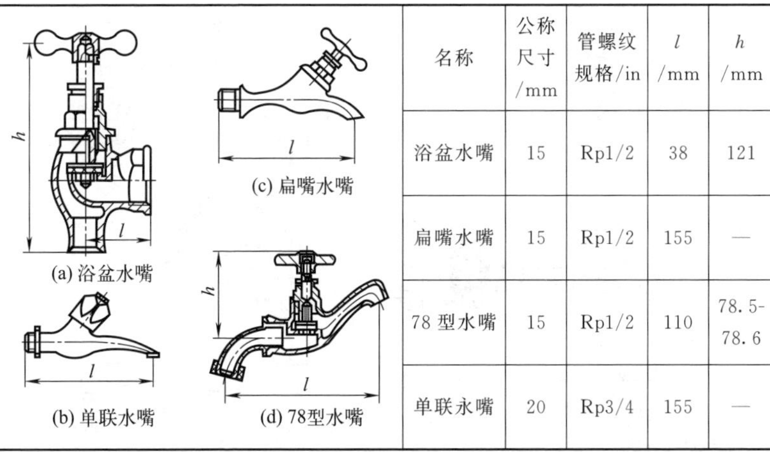

(a) 浴盆水嘴　(b) 单联水嘴　(c) 扁嘴水嘴　(d) 78型水嘴

名称	公称尺寸/mm	管螺纹规格/in	l/mm	h/mm
浴盆水嘴	15	Rp1/2	38	121
扁嘴水嘴	15	Rp1/2	155	—
78 型水嘴	15	Rp1/2	110	78.5-78.6
单联永嘴	20	Rp3/4	155	—

表 32.48　浴盆双联水嘴规格

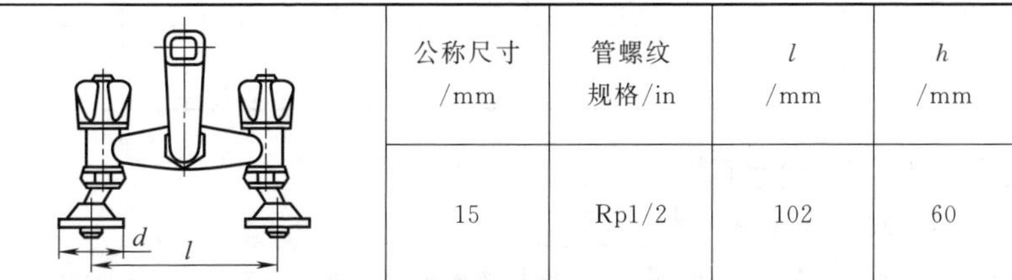

公称尺寸/mm	管螺纹规格/in	l/mm	h/mm
15	Rp1/2	102	60

表 32.49　浴盆三联水嘴规格

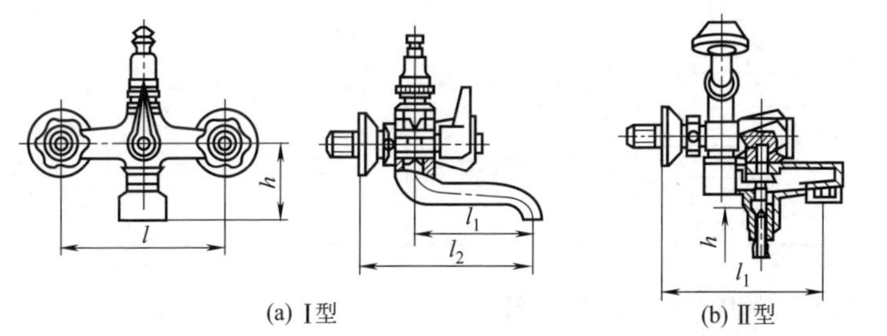

(a) Ⅰ型　(b) Ⅱ型

型号	公称尺寸/mm	管螺纹规格/in	l/mm	l_1/mm	l_2/mm	h/mm
Ⅰ型	20	Rp3/4	156	112	155	73
Ⅱ型	15、20	Rp1/2,Rp3/4	150	152	—	60

表 32.50　三联单柄浴盆水嘴的规格　mm

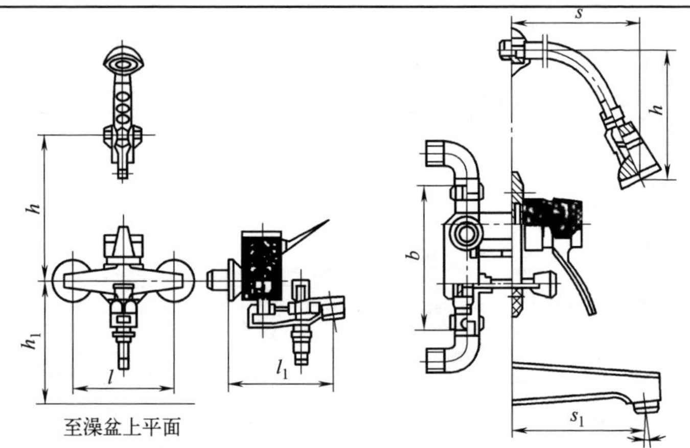

(a) 三联单柄水嘴　(b) 壁式单柄水嘴

名称	公称尺寸	管螺纹规格	h	h_1	l	l_1	s	s_1	b
三联单柄水嘴	20	Rp3/4	450	—	150	150	—	—	—
壁式单柄水嘴	20	Rp1/4	120	—	—		140 200	120 150	160

32.5.5　便池水嘴

便池水嘴规格见表 32.51。

表 32.51　便池水嘴的规格尺寸　mm

	公称尺寸	螺纹尺寸代号	螺纹有效长度 l_{min}	L
G(或R)	DN15	1/2	25	48～108

32.5.6　陶瓷片密封水嘴

陶瓷片密封水嘴是以陶瓷片为密封元件，利用陶瓷片的相对运动实现通水、关断及调节出水口流量和/或温度的一种终端装置。

GB 18145—2014 规定的陶瓷片密封水嘴规格如表 32.52～表 32.57 所示。

表 32.52　壁式明装单柄单控水嘴的规格　mm

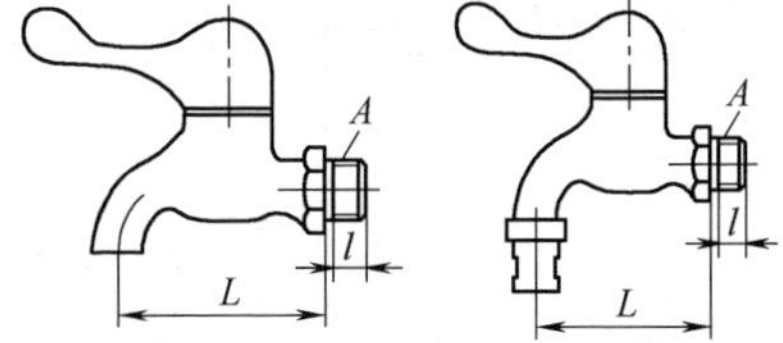

普通洗涤水嘴　　　　洗衣机水嘴

A	l(螺纹有效长度)		L
	圆柱管螺纹	圆锥管螺纹	
G 1/2 B或 R_1 1/2 或 R_2 1/2	≥10	≥11.4	≥55
G 3/4 B或 R_1 3/4 或 R_2 3/4	≥12	≥12.7	≥70
G1 B或 R_1 1 或 R_2 1	≥14	≥14.5	≥80

表 32.53　台式明装洗面器水嘴的规格　mm

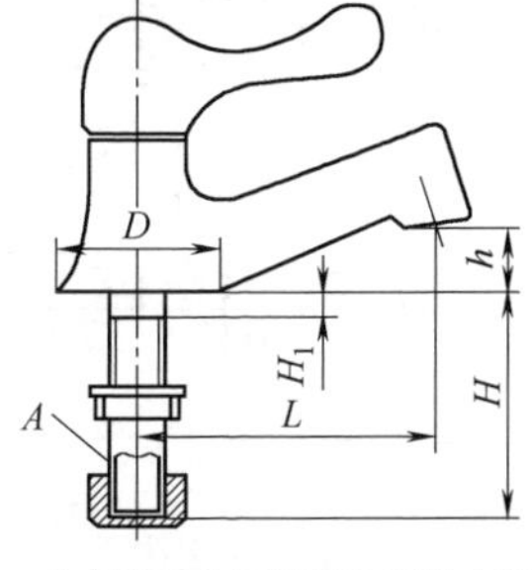

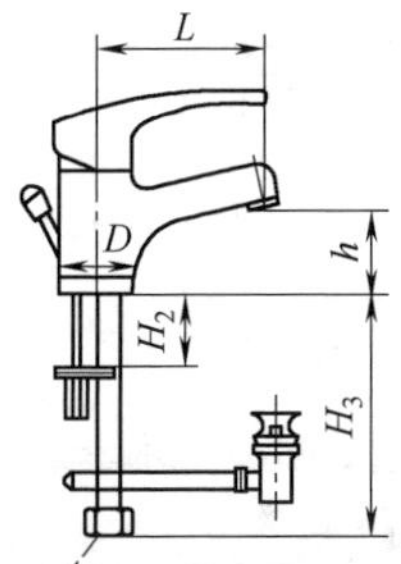

台式明装单柄单控洗面器水嘴 台式明装单柄双控洗面器水嘴(单孔)

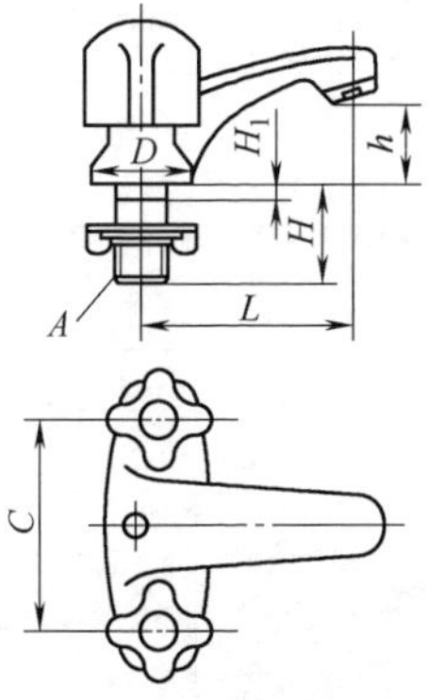

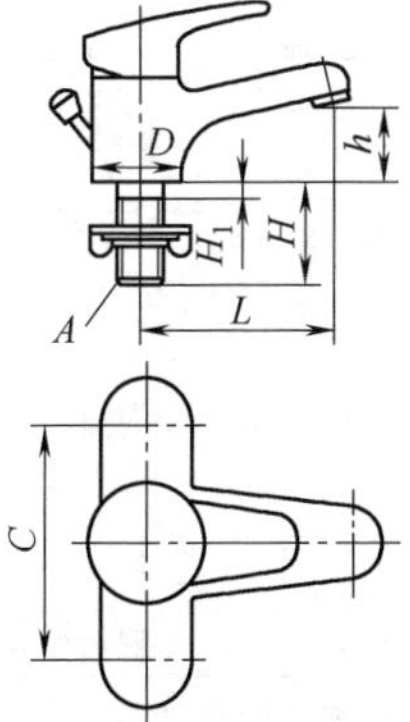

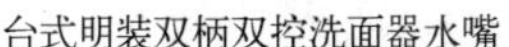

台式明装双柄双控洗面器水嘴　　台式明装单柄双控洗面器水嘴(双孔)

续表

A	H	H_1	H_2	H_3	h	D	L	C
G 1/2 B 或 R_1 1/2 或 R_2 1/2	≥48	≤8	≥35	≥350	≥25	≥40	≥65	102±1 150±1 200±1

表 32.54 浴缸水嘴的规格 mm

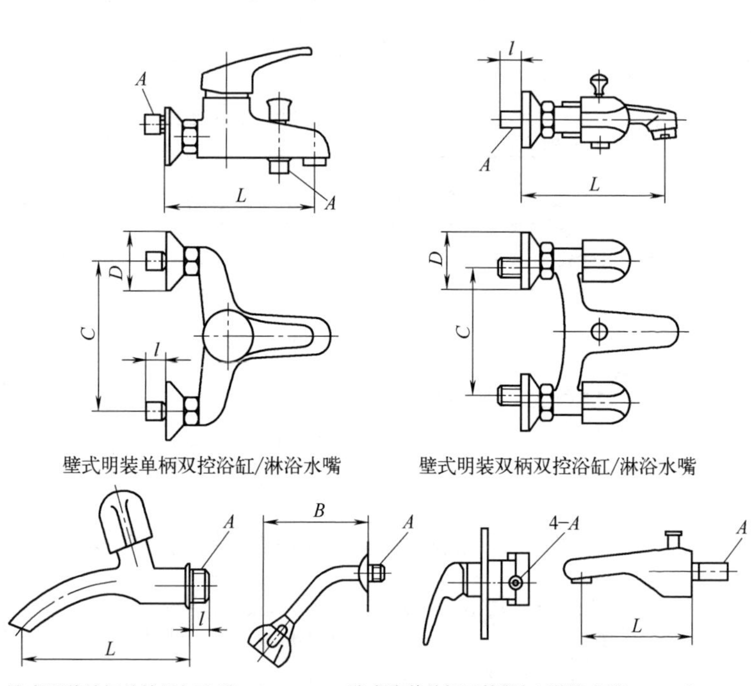

壁式明装单柄双控浴缸/淋浴水嘴　壁式明装双柄双控浴缸/淋浴水嘴

壁式明装单柄单控浴缸水嘴　壁式暗装单柄双控浴缸/淋浴水嘴

<table>
<tr><th rowspan="2">A</th><th rowspan="2" colspan="3">l（螺纹有效长度）</th><th rowspan="2">D</th><th rowspan="2">C</th><th colspan="2">B</th><th rowspan="2">L</th></tr>
<tr><th>明装</th><th>暗装</th></tr>
<tr><td>G 1/2 B或 R_1 1/2 或 R_2 1/2</td><td colspan="3">≥10</td><td>≥45</td><td rowspan="4">140～160（带偏心管，允许超出此范围）</td><td rowspan="4">≥120</td><td rowspan="4">≥150</td><td rowspan="4">≥110</td></tr>
<tr><td rowspan="3">G 3/4 B或 R_1 3/4 或 R_2 3/4</td><td rowspan="2">混合水嘴</td><td colspan="2">非混合水嘴</td><td rowspan="3">≥50</td></tr>
<tr><td>圆柱螺纹</td><td>圆锥螺纹</td></tr>
<tr><td>≥15</td><td>≥12</td><td>≥12.7</td></tr>
</table>

表 32.55　厨房水嘴的规格　mm

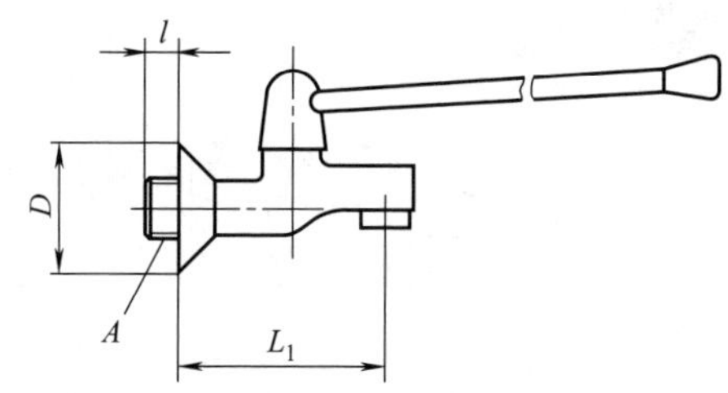

壁式明装单柄单控厨房水嘴

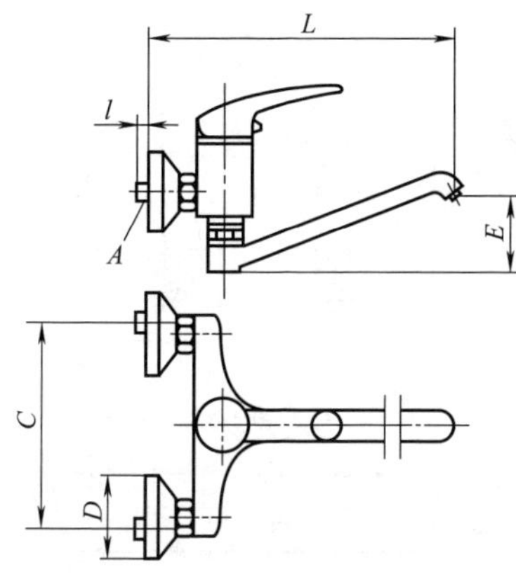

壁式明装单柄双控厨房水嘴

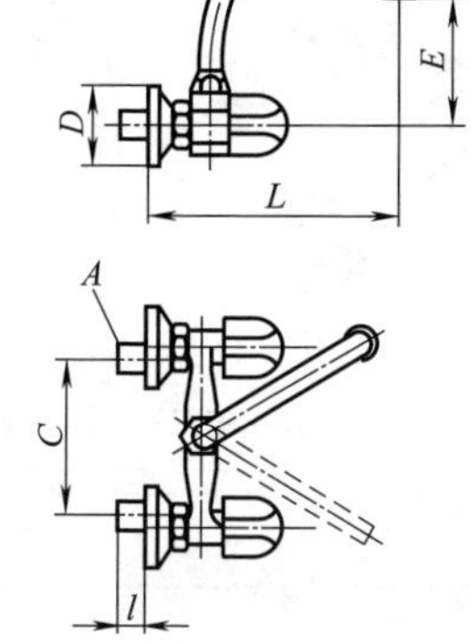

壁式明装双柄双控厨房水嘴

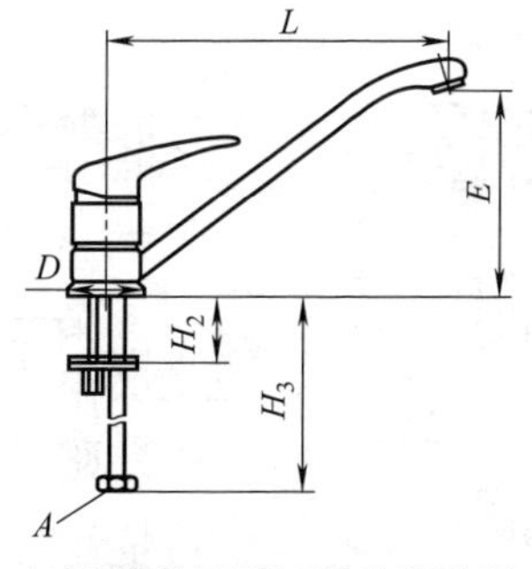

台式明装单柄双控厨房水嘴(单孔)

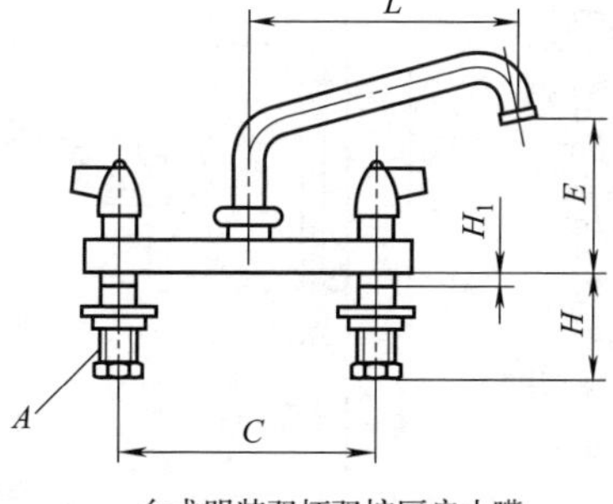

台式明装双柄双控厨房水嘴

续表

A	l	D	C		L	L_1	H	H_1	H_2	H_3	E
	（螺纹有效长度）		台式	壁式							
G1/2B	≥13	≥45	102±1 150±1 200±1	140～160（带偏心管，允许超出此范围）	≥170	≥100	≥48	≤8	≥35	≥350	≥25

表 32.56 净身水嘴的规格 mm

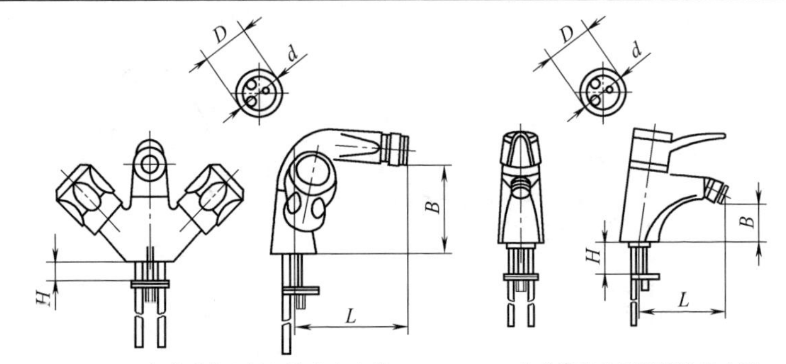

台式明装双柄双控净身水嘴　　台式明装单柄双控净身水嘴

L	B	D	d	H
≥105	≥25	≥40	≤33	≥35

表 32.57 净身水嘴的规格 mm

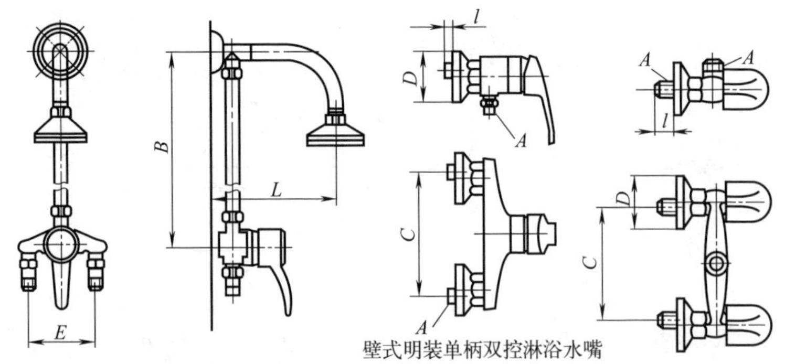

壁式明装单柄双控淋浴水嘴(立式进水管)　　壁式明装单柄双控淋浴水嘴(入墙式进水管)　　壁式明装双柄双控淋浴水嘴

续表

<table>
<tr><th>A</th><th colspan="3">l（螺纹有效长度）</th><th>L</th><th>B</th><th>C</th><th>D</th><th>E</th></tr>
<tr><td>G 1/2 B
或 R_1 1/2
或 R_2 1/2</td><td colspan="3">≥10</td><td rowspan="4">≥300</td><td rowspan="4">≥1000</td><td rowspan="4">140～160
（带偏心管，允许超出此范围）</td><td rowspan="4">≥45</td><td rowspan="4">≥95</td></tr>
<tr><td rowspan="3">G 3/4 B
或 R_1 3/4
或 R_2 3/4</td><td rowspan="2">混合水嘴</td><td colspan="2">非混合水嘴</td></tr>
<tr><td>圆柱螺纹</td><td>圆锥螺纹</td></tr>
<tr><td>≥15</td><td>≥12</td><td>≥12.7</td></tr>
</table>

32.6 消防器材

消防器材包括灭火器、消防炮、消防泵、消防水枪、消防水带、消防接口、分水器和集水器，以及消防斧、消防用开门器和消防梯等。

32.6.1 灭火器的名称和代号

灭火器的种类很多，按其移动方式可分为手提式和推车式；按驱动灭火器的压力型式分为贮气瓶式灭火器和贮压式灭火器；按所充装的灭火剂划分有干粉灭火器、水基型灭火器、二氧化碳灭火器、洁净气体灭火器等。

手提式灭火器的规格，按其充装的灭火剂量分：

水基灭火器为：2L、3L、6L、9L；

干粉灭火器为：1kg、2kg、3kg、4kg、5kg、6kg、8kg、9kg、12kg；

二氧化碳灭火器为：2kg、3kg、5kg、7kg；

洁净气体灭火器为：1kg、2kg、4kg、6kg。

灭火器的型号编制方法是：

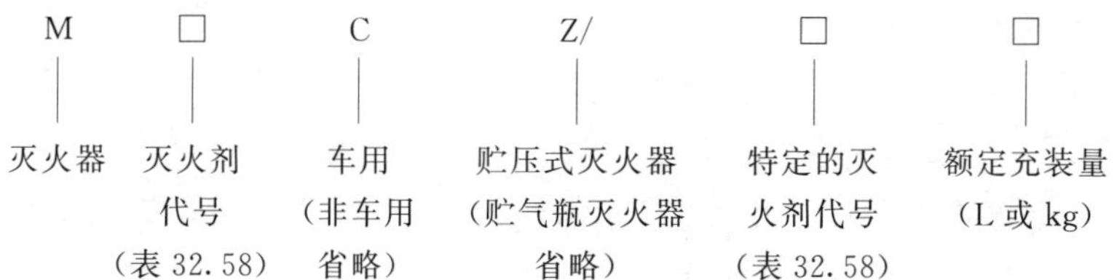

表 32.58 灭火器的名称和代号

名　称	填料组	代号	填料量单位
手提式水基型灭火器	水或带添加剂的水(S、P)	MS、MP	L
车用(C)水基型灭火器		MPC、MSC	L
推(T)车式水基型灭火器		MPT、MST、MFT	L
手提式干粉灭火器 车用(C)干粉灭火器 推(T)车式干粉灭火器	干粉(F)	MF MFC MFT	kg
手提式二氧化碳灭火器 车用(C)二氧化碳灭火器 推(T)车式二氧化碳灭火器	二氧化碳(T)	MT MTC MTT	kg
1211 灭火器	二氟一氯一溴甲烷	1211	kg

灭火器的灭火级别：由数字和字母组成，数字表示灭火级别的大小，字母表示火灾的类别。火灾的类别分为 5 类：

A 类：指固体有机物燃烧的火，如木材、棉、毛、麻、纸张等燃烧的火灾；

B 类：指液体或可融化固体燃烧的火，如汽油、煤油、甲醇、乙醚、丙酮等燃烧的火灾；

C 类：指气体燃烧的火，如煤气、天然气、甲烷、乙炔、氢气等燃烧的火灾；

D 类：指金属燃烧的火，如钾、钠、镁、钛、锆、锂、铝镁合金等燃烧的火灾；

E 类：指带电物体燃烧的火灾。

32.6.2 手提式灭火器

手提式灭火器分水基型、洁净气体型、二氧化碳型和干粉型几种，其规格和主要参数见表 32.59。

表 32.59　**手提式灭火器的规格和主要参数**（GB 4351.1—2005）

灭火器类型	灭火剂充装量（水基型/L 其余/kg）	最小喷射距离（20℃）/m		最小有效喷射时间（20℃）/s	
		灭A类火	灭B类火	灭A类火	灭B类火
水基型	$2_{-0.10}^{0}$	1A:3.0 2A:3.0 3A:3.0 4A:4.5 6A:5.0	3.0	2～3L:15 ＞3～6L:30 ＞6L:40	
	$3_{-0.15}^{0}$		3.0		
	$6_{-0.30}^{0}$		3.5		
	$9_{-0.45}^{0}$		4.0		
洁净气体型	$1_{-0.05}^{0}$		2.0	1A:8 ≥2A:13	21B～34B:8 55B～89B:9 (113B):12 ≥144B:15
	$2_{-0.10}^{0}$		2.0		
	$4_{-0.20}^{0}$		2.5		
	$6_{-0.30}^{0}$		3.0		
二氧化碳型	$2_{-0.10}^{0}$		2.0		
	$3_{-0.15}^{0}$		2.0		
	$5_{-0.25}^{0}$		2.5		
	$7_{-0.35}^{0}$		2.5		
干粉型	1±0.05		3.0		
	2±0.06		3.0		
	3±0.09		3.5		
	4±0.08		3.5		
	5±0.10		3.5		
	6±0.12		4.0		
	8±0.16		4.5		
	≥9±2%		5.0		

32.6.3　推车式灭火器

推车式灭火器的总质量大于 20kg，但不大于 450kg。

推车式灭火器的使用温度应取下列温度范围之一：5℃～60℃、－5℃～60℃、－10℃～60℃、－20℃～60℃、－30℃～60℃、－40℃～60℃和－50℃～60℃，其规格和主要参数见表 32.60。

型号编制方法是：

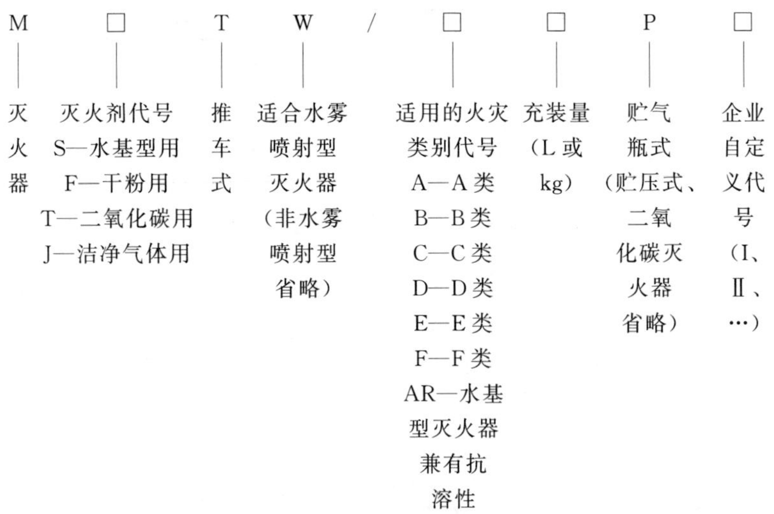

表 32.60　推车式灭火器的规格和主要参数（GB 8109—2023）

灭火器类型	灭火剂充装量（充装误差）	充装密度	有效喷射时间（20℃）	最小喷射距离（20℃）
水基型	20L、25L、30L、35L、45L、60L、65L、100L、125L和135L（－5%～0%）	通过设计计算确定	40s～210s	具有扑灭A类火能力者：≥6m（标准试验方法）有喷雾喷嘴的水基型灭火器：≥3m
二氧化碳型	10kg、20kg、24kg和30kg（－5%～0%）	≤0.74kg/L	具有扑灭A类火能力者：≥40s 没有扑灭A类火能力者：≥20s	
洁净气体型	10kg、20kg、30kg和50kg（－5%～0%）	≤筒体设计充装密度		
干粉型	20kg、30kg、35kg、50kg、70kg、100kg和150kg（－2%～＋2%）	通过设计计算确定		

注：喷射滞后时间≤5s；完全喷射后，喷射剩余率≤10%。

32.6.4　柜式气体灭火装置

由气体灭火剂瓶组、管路、喷嘴，信号反馈部件、检漏部件、驱动部件、减压部件（氯气、氩气灭火装置）、火灾探测部件、控制器组成，是能自动探测并实施灭火的柜式灭火装置。其型号表示方法是：

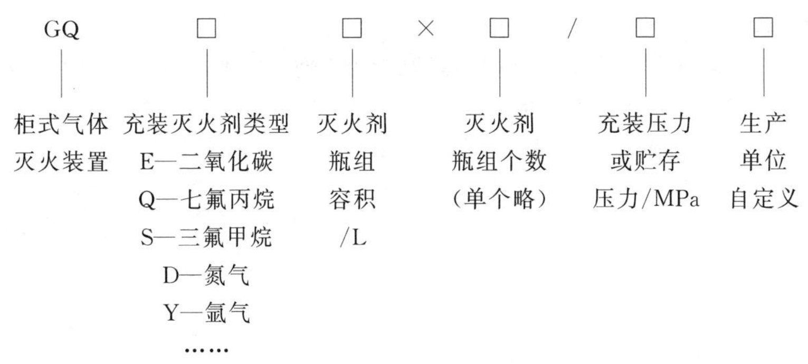

柜式气体灭火装置的主要参数见表 32.61。

表 32.61　柜式气体灭火装置的主要参数（GB 16670—2006）

装置类型	工作温度范围/℃	贮存压力/MPa	最大工作压力/MPa	泄压装置动作压力/MPa	最大充装密度/(kg/m³)	最大充装压力/MPa	喷射时间/s
柜式二氧化碳灭火装置	0～49	5.17	15.00	19±0.95	600	—	≤60
柜式七氟丙烷灭火装置	0～50	2.50	4.20	泄放动作压力设定值应不小于 1.25 倍最大工作压力，但不大于部件强度试验压力的 95%。泄压动作压力范围为设定值×(1±5%)	1150	—	≤10
柜式三氟甲烷灭火装置	−20～50	4.2	13.7		860	—	≤10
柜式氮气灭火装置	0～50	15	17.2		—	15	≤60
柜式氩气灭火装置	0～50	15	16.5		—	15	≤60

32.6.5　消防炮

消防炮是连续喷射时水、泡沫混合液流量大于 16L/s 或干粉平均喷射速率大于 8kg/s，脉冲喷射时单发喷射水、泡沫混合液量不低于 8L 的喷射灭火剂的装置。

分类方法有 5 种：①按喷射介质，可分为消防水炮、消防泡沫炮（含自吸式和非自吸式）和消防干粉炮。

② 按驱动方式，可分为手动消防炮、电动消防炮、液动消防炮和气动消防炮。

③ 按使用功能，可分为单用消防炮、两用消防炮和组合消

防炮。

④ 按安装方式，可分为移动式消防炮（含便携式、手抬式和拖车式）和固定式消防炮。

⑤ 按控制方式，可分为远控消防炮和非远控消防炮。

消防炮的型号表示方法：

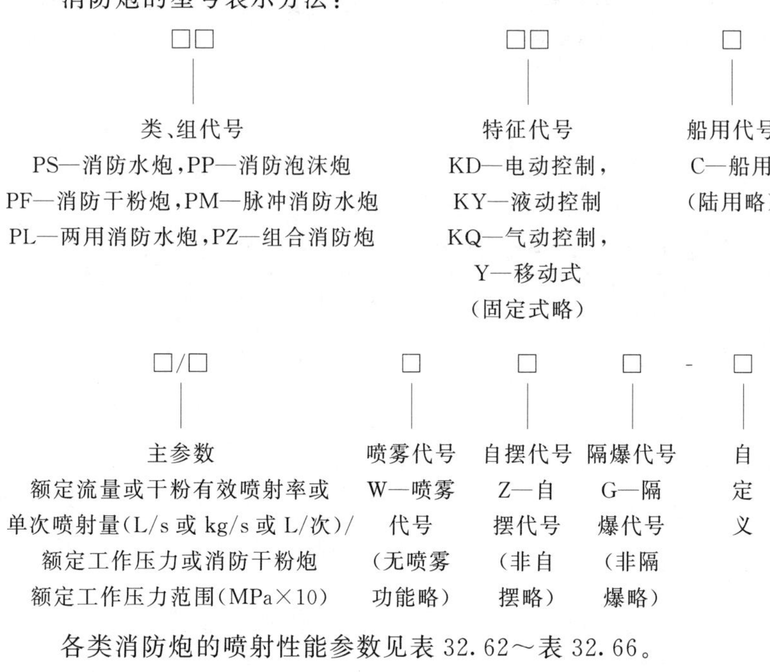

各类消防炮的喷射性能参数见表 32.62～表 32.66。

表 32.62　消防水炮的喷射性能参数（GB 19156—2019）

流量/(L/s)	额定工作压力/MPa	射程/m	流量/(L/s)	额定工作压力/MPa	射程/m
20		≥50	100	0.8	≥90
25	0.6	≥55	120	1.0	≥95
30	0.8	≥60		1.2	
40	1.0	≥65	150		≥100
50		≥70	180	1.0	≥105
60	0.8	≥75	200	1.2	≥110
70	1.0	≥80	250	1.4	≥115
80	1.2	≥85	≥300		≥120

表 32.63　消防泡沫炮的喷射性能参数（GB 19156—2019）

泡沫混合液流量/(L/s)	额定工作压力/MPa	射程/m	发泡倍数(20℃)	25%析液时间(20℃)/s	泡沫液混合比
24 32 40 48	0.6 0.8 1.0	≥42 ≥48 ≥55 ≥60	≥6	≥150	6%～7% 或3%～3.9% 或制造商公布值
64 70 80 100 120	0.8 1.0 1.2	≥70 ≥75 ≥80 ≥85 ≥90			
150 180 200 >200	1.0 1.2 1.4	≥95 ≥100 ≥105 ≥105			

表 32.64　消防干粉炮的喷射性能参数（GB 19156—2019）

平均喷射速率/(kg/s)	平均喷射速率 E 范围/(kg/s)	工作压力范围/MPa	有效射程/m	平均喷射速率/(kg/s)	平均喷射速率 E 范围/(kg/s)	工作压力范围/MPa	有效射程/m
10	$10 \leqslant E < 20$	0.5～1.7	≥18	35	$35 \leqslant E < 40$	0.5～1.7	≥38
20	$20 \leqslant E < 25$		≥20	40	$40 \leqslant E \leqslant 45$		≥40
25	$25 \leqslant E < 30$		≥30	45	$45 \leqslant E < 50$		≥45
30	$30 \leqslant E < 35$		≥35	≥50	$E \geqslant 50$		≥50

表 32.65　脉冲消防水炮的喷射性能参数（GB 19156—2019）

单次喷射/(L/次)	额定工作压力/MPa	射程/m	单次喷射/(L/次)	额定工作压力/MPa	射程/m
8,12,16,20	制造商公布值	≥制造商公布值	24,28 >28	制造商公布值	≥制造商公布值

表 32.66　两用消防炮的喷射性能参数（GB 19156—2019）

泡沫混合液流量/(L/s)	额定工作压力/MPa	射程/m		发泡倍数(20℃时)	25%析液时间(20℃)/s	混合比
		低倍泡沫	水			
24 32 40 48	0.6 0.8 1.0	≥42 ≥48 ≥55 ≥60	≥55 ≥60 ≥65 ≥70	≥6	≥150	6%～7%或3%～3.9%或制造商公布值

续表

泡沫混合液流量/(L/s)	额定工作压力/MPa	射程/m		发泡倍数(20℃时)	25%析液时间(20℃)/s	混合比
		低倍泡沫	水			
64	0.8 1.0 1.2	≥70	≥75	≥6	≥150	6%～7%或 3%～3.9%或 制造商 公布值
70		≥75	≥80			
80		≥80	≥85			
100		≥85	≥90			
120		≥90	≥95			
150	1.0 1.2 1.4	≥95	≥100			
180		≥100	≥105			
200		≥105	≥110			
>200		≥105	≥110			

32.6.6　消防泵

消防泵是安装在消防车、固定灭火系统或其他消防设施上，用于输送以清水、泡沫灭火剂或泡沫溶液为主要灭火剂的装置。

分类：①按是否有动力源分，有无动力消防泵和消防泵组。

② 无动力消防泵又可按使用场合分为：车用消防泵、船用消防泵、工程用消防泵和其他用消防泵；按出口压力等级分为低压消防泵、中压消防泵、中低压消防泵、高压消防泵和高低压消防泵；按用途分为供水消防泵、稳压消防泵和供泡沫液消防泵；按辅助特征分为普通消防泵、深井消防泵和潜水消防泵。

③ 消防泵组又可按动力源形式分为柴油机消防泵组、电动机消防泵组、燃气轮机消防泵组和汽油机消防泵组；按用途分为供水消防泵组、稳压消防泵组和手抬机动消防泵组；按泵组的辅助特征分为普通消防泵组、深井消防泵组和潜水消防泵组。

无动力消防泵的型号标注方法是：

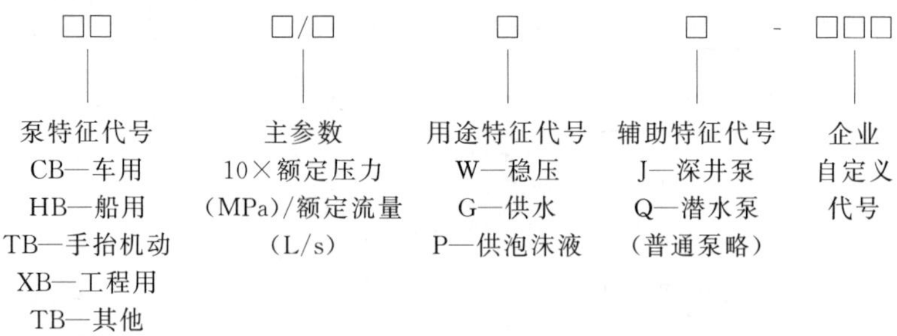

消防泵组的型号标注方法是：

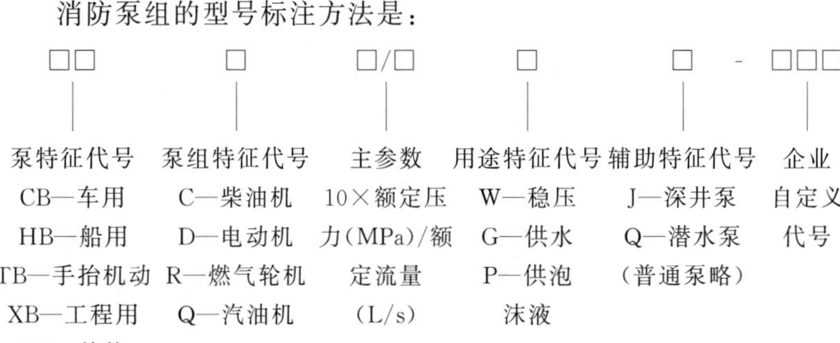

工程用消防泵主要技术参数见表 32.67。

表 32.67　工程用消防泵主要技术参数（GB 6245—2006）

主参数	参　数　值
额定流量/(L/s)	5,10,15,20,25,30,35,40,45,50,55,60,65,70,75,80,85,90,95,100,105,110,115,120,125,130,140,150,160,180,200
额定压力/MPa	0.3～3.0
吸深/m	深井泵、潜水泵为 0m,其余为 1.0m

32.6.7　消防水枪

与水带连接后会喷射密集充实的水流，成为灭火的射水工具。有直流水枪、开关直流水枪、可调式无后坐力多功能消防水枪和脉冲气压喷雾水枪等几种。适用于工作压力为 0.20～4.0MPa、流量不大于 16L/s 的场合，不适用于脉冲气压喷雾水枪。

（1）消防水枪的型号表示方法

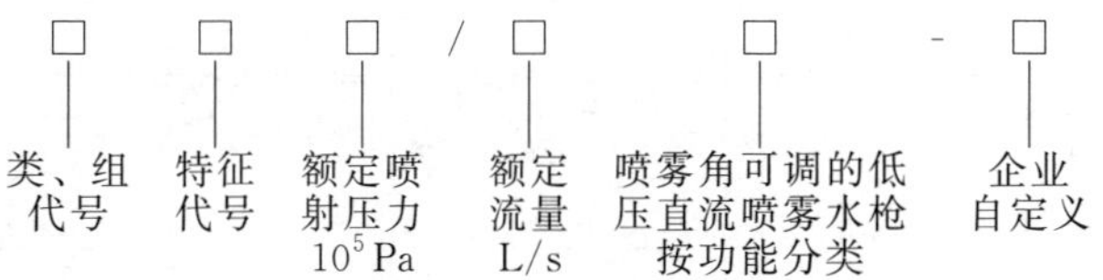

型号中的额定流量对喷雾水枪为喷雾流量，其余均为直流流量。对于第Ⅲ类低压直流喷雾水枪，最大流量刻度值示为额定流量；对于第Ⅳ类低压直流喷雾水枪，最大直流流量示为额定流量。

（2）水枪代号（表 32.68）

表 32.68 水枪代号（GB 8181—2005）

类别	组	特征	水枪代号	代号含义
枪 Q	直流水枪 Z(直)	— 开关 G(关) 开花 K(开)	QZ QZG QZK	直流水枪 直流开关水枪 直流开花水枪
	喷雾水枪 W(雾)	撞击式 J(击) 离心式 L(离) 簧片式 P(片)	QWJ QWL QWP	撞击式喷雾水枪 离心式喷雾水枪 簧片式喷雾水枪
	直流喷雾水枪 L(直流喷雾)	球阀转换式 H(换) 导流式 D(导)	QLH QLD	球阀转换式直流喷雾水枪 导流式直流喷雾水枪
	多用水枪 D(多)	球阀转换式 H(换)	QDH	球阀转换式多用水枪

（3）低压水枪的性能（表 32.69～表 32.71）

表 32.69 低压直流水枪的额定流量和射程（GB 8181—2005）

接口公称通径/mm	当量喷嘴直径/mm	额定喷射压力/MPa	额定流量/(L/s)	流量允差	射程/m
50	13	0.35	3.5	±8%	≥22
50、65	16		5.0		≥25
65	19		7.5		≥28
	22	0.20	7.5		≥20

表 32.70 低压喷雾水枪的额定喷雾流量和喷雾射程（GB 8181—2005）

接口公称通径/mm	额定喷射压力/MPa	额定喷雾流量/(L/s)	流量允差	喷雾射程/m
50	0.60	2.5	±8%	≥10.5
		4.0		≥12.5
		5.0		≥13.5
65		5.0		≥13.5
		6.5		≥15.0
		8		≥16.0
		10		≥17.0
		13		≥18.5

表 32.71　低压直流喷雾水枪的流量和射程及喷射压力（GB 8181—2005）

接口公称通径/mm	额定喷射压力/MPa	额定直流流量/(L/s)	流量允差	直流射程/m
50	0.60	25	±8%	≥21
		4		≥25
		5		≥27
65		5		≥27
		6.5		≥30
		8		≥32
		10		≥34
		13		≥37

(4) 中压水枪的性能（表 32.72）

表 32.72　中压水枪的额定直流流量和直流射程（GB 8181—2005）

接口公称通径/mm	额定喷射压力/MPa	额定直流流量/(L/s)	流量允差	直流射程/m
40①	2.0	3	±8%	≥17

① 或为进口外螺纹 M39×2。

注：1. 最大喷雾角时的流量应在本表额定直流流量的 100%～150%的范围内，流量允差为±8%。

(5) 高压水枪的性能（表 32.73）

表 32.73　高压水枪的额定直流流量和直流射程（GB 8181—2005）

进口外螺纹	额定喷射压力/MPa	额定直流流量/(L/s)	流量允差	直流射程/m
M39×2	3.5	3	±8%	≥17

注：最大喷雾角时的流量应在本表额定直流流量的 100%～150%的范围内，流量允差为±8%。

(6) 几种直流水枪规格和性能参数（表 32.74）

表 32.74　几种直流水枪规格和性能参数

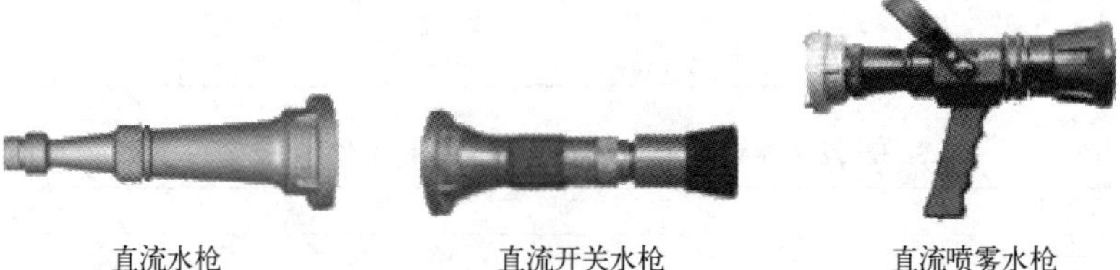

直流水枪　　直流开关水枪　　直流喷雾水枪

续表

类别	型号	进水口径/mm	工作压力/MPa	直流射程/m	喷雾面(宽×射程)/m×m	外形尺寸(长×宽×高)/(mm×mm×mm)
直流水枪	QZ16	50	0.6	>35		98×96×304
	QZ16A	50	0.6	>35		95×95×390
	QZ19	65	0.6	>38		111×111×337
	QZ19A	65	0.6	>38		110×110×520
开花水枪	QZH16	50	0.6	>30		115×100×325
	QZH19	65	0.6	>35		111×111×438
直流开关水枪	QZG16	50	0.6	>31		150×98×440
	QZG19	65	0.6	>35		160×111×465
直流喷雾水枪	QZW16	65	0.6	>30	(30°)	168×111×465
	QZW19	65	0.6	≥32	8×5	168×111×465
多功能水枪	QD16/19	50、65	0.2～0.7	≥25	(120°)	
	QDZ16/19	50、65	0.2～0.7	>30	5×1.7	

32.6.8 消防水带

消防水带分有衬里消防水带和消防湿水带等，其型号表示方法是：

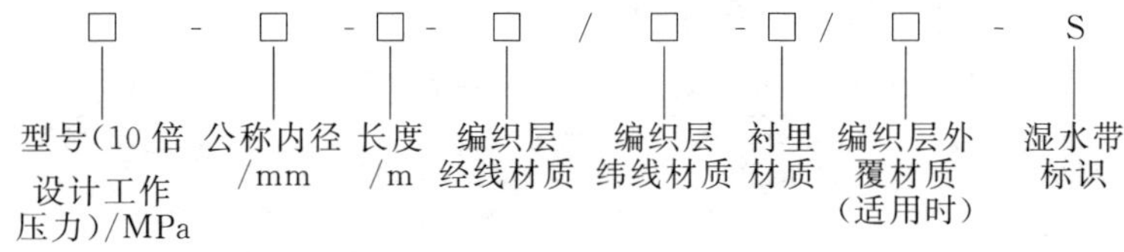

水带相关参数见表 32.75～表 32.78。

表 32.75 水带内径的公称尺寸（GB 6246—2011） mm

规格	公称尺寸	规格	公称尺寸	规格	公称尺寸
25	25.0	80	76.0	200	203.5
40	38.0	100	102.0	250	254.0
50	51.0	125	127.0	300	305.0
65	63.5	150	152.0		

表 32.76 水带的长度和压力参数（GB 6246—2011）

项目	系 列 尺 寸 /m
长度	15,20,25,30,40,60,200

续表

<table>
<tr><td>项目</td><td colspan="7">系　列　尺　寸　/m</td></tr>
<tr><td rowspan="3">压力</td><td>设计工作压力</td><td>0.8</td><td>1.0</td><td>1.3</td><td>1.6</td><td>2.0</td><td>2.5</td></tr>
<tr><td>试验压力</td><td>1.2</td><td>1.5</td><td>2.0</td><td>2.4</td><td>3.0</td><td>3.8</td></tr>
<tr><td>最小爆破压力</td><td>2.4</td><td>3.0</td><td>3.9</td><td>4.8</td><td>6.0</td><td>7.5</td></tr>
</table>

表 32.77　水带的单位长度质量（GB 6246—2011）　kg/m

规格	质量	规格	质量	规格	质量
25	0.18	80	0.60	200	3.4
40	0.28	100	1.10	250	4.6
50	0.38	125	1.60	300	5.8
65	0.48	150	2.20		

32.6.9　消防接口

用于水带、水枪和消火栓之间的连接，有内扣式、卡式和螺纹式消防接口 3 种。

（1）内扣式消防接口（表 32.78）

表 32.78　内扣式消防接口的规格

（公称压力：1.6、2.5MPa，适用介质为水、泡沫混合液）

<table>
<tr><td>名称</td><td>代号</td><td>公称通径/mm</td><td>名称</td><td>代号</td><td>公称通径/mm</td></tr>
<tr><td rowspan="2">水带接口</td><td>外箍式 KD</td><td rowspan="4">25、40、50、65、80、100、125、135、150</td><td>内螺纹固定接口</td><td>KN</td><td rowspan="3">25、40、50、65、80、100、125、135、150</td></tr>
<tr><td>内扩张式 KDN</td><td>外螺纹固定接口</td><td>地上用 KWS</td></tr>
<tr><td>管牙接口</td><td>KY</td><td rowspan="2">异径接口</td><td>地下用 KWA</td></tr>
<tr><td>闷盖</td><td>KM</td><td>KJ</td><td>任意组合</td></tr>
</table>

（2）卡式消防接口（表 32.79）

表 32.79　卡式消防接口的规格

（公称压力：1.6、2.5MPa，适用介质为水、水和泡沫混合液）

<table>
<tr><td>名称</td><td>代号</td><td>公称通径/mm</td><td>名称</td><td>代号</td><td>公称通径/mm</td></tr>
<tr><td>水带接口</td><td>KDK</td><td rowspan="3">40、50、65、80</td><td>闷盖</td><td>KMK</td><td>40、50、65、80</td></tr>
<tr><td>管牙雌接口</td><td>KYK</td><td rowspan="2">异径接口</td><td rowspan="2">KJK</td><td rowspan="2">任意组合</td></tr>
<tr><td>管牙雄接口</td><td>KYKA</td></tr>
</table>

（3）螺纹式消防接口（表 32.80）

表 32.80　螺纹式消防接口的规格

名称	代号	规　格		适用介质
吸水管接口	KG	公称通径/mm	公称压力/MPa	
闷盖	KA	90、100	1.0、1.6	水
同型接口	KT	125、150		

32.6.10　分水器和集水器

分水器和集水器都是消防车上的附件，前者的作用是把单股水分成二股或三股水；而后者的作用是把两个小口径的消防栓与大口径的消防车进口相连接，其性能与结构参数见表 32.81。

分水器和集水器型号的标记方法是：

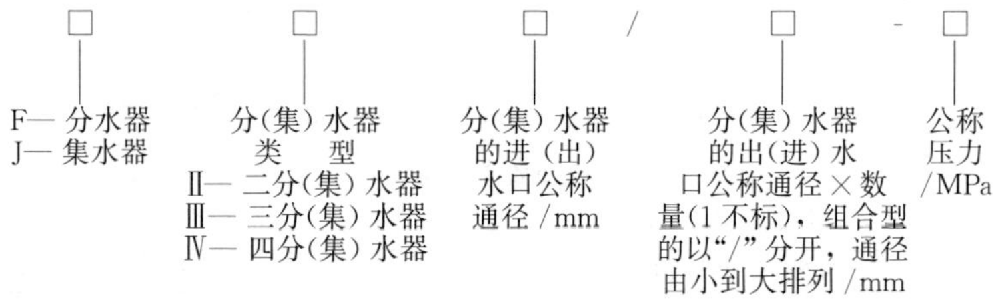

表 32.81　分水器和集水器的性能与结构参数（XF 868—2010）

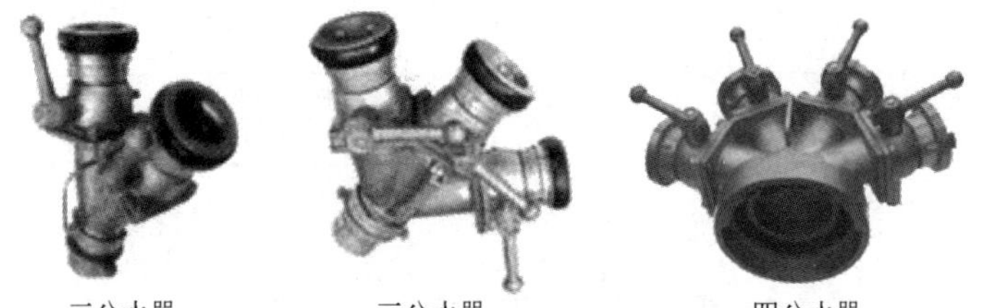

二分水器　　三分水器　　四分水器

名称	进水口		出水口		公称压力/MPa	开启力/N
	接口型式	公称通径/mm	接口型式	公称通径/mm		
二分水器	消防接口	65	消防接口	50	1.6 2.5	≤200
三分水器		80		65		
四分水器		100		80		
		125		100		
		150		125		

续表

二集水器

四集水器

名称	进水口		出水口		公称压力/MPa	开启力/N
	接口型式	公称通径/mm	接口型式	公称通径/mm		
二集水器	消防接口	65 80 100 125	消防接口	80 100 125 150	1.0 1.6 2.5	≤200
三集水器						
四集水器						

32.6.11　消防斧

消防斧有消防平斧、消防尖斧和消防腰斧之分，平斧和尖斧适用于消防抢险救援作业时破拆，消防腰斧则适用于消防员随身佩带、在灭火救援时用于手动破拆非带电障碍物，其规格见表 32.82。

表 32.82　消防斧的规格（XF 138—2010）

规格	平斧尺寸/mm								质量/kg
	斧全长 L	斧头长 A	斧顶宽 B	斧顶厚 C	斧刃宽 F	斧孔长	斧孔宽	孔位 H	
P610	610	164	68	24	100	55	16	115	≤1.8
P710	710	172	72	25	105	58	17	120	
P810	810	180	76	26	110	61	18	126	≤3.5
P910	910	188	80	27	120	64	19	132	

续表

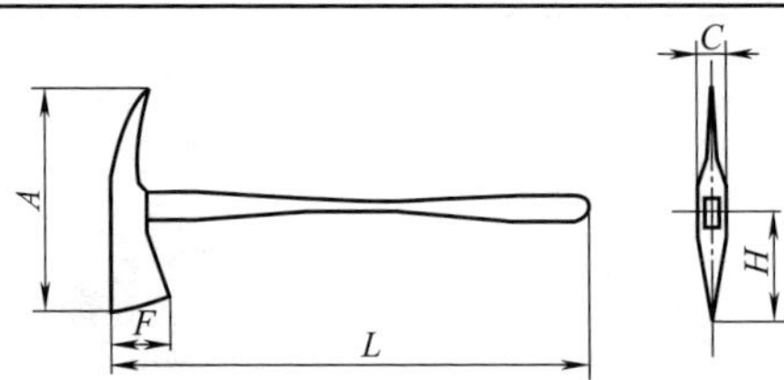

规格	尖斧尺寸/mm							质量/kg
	斧全长 L	斧头长 A	斧体厚 C	斧刃宽 F	斧孔长	斧孔宽	孔位 H	
J715	715	300	44	102	48	26	140～150	≤2.0
J815	815	330	53	112	53	31	155～166	≤3.5

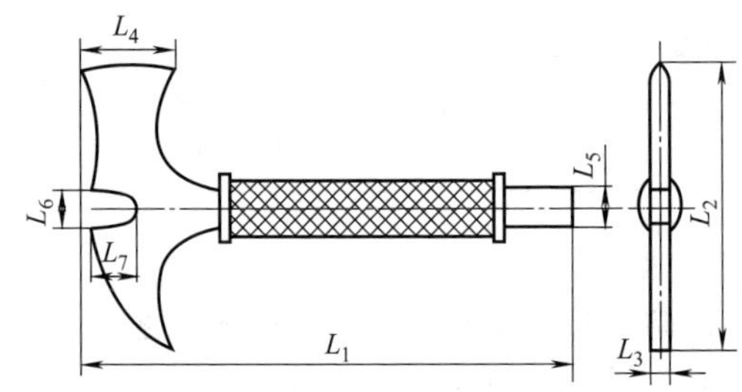

规格	腰斧全长 L_1	斧头长 L_2	斧头厚 L_3	平刃宽 L_4	柄刃宽 L_5	撬口宽 L_6	撬口深 L_7
265	265	150	10	56	22	30	25
285	285	160					
305	302	165					
325	325	175					

32.6.12 消防用开门器

消防用开门器是消防队员在灭火和应急救援中，用于破拆门体和门框结构的工具，其型号表示方法是：

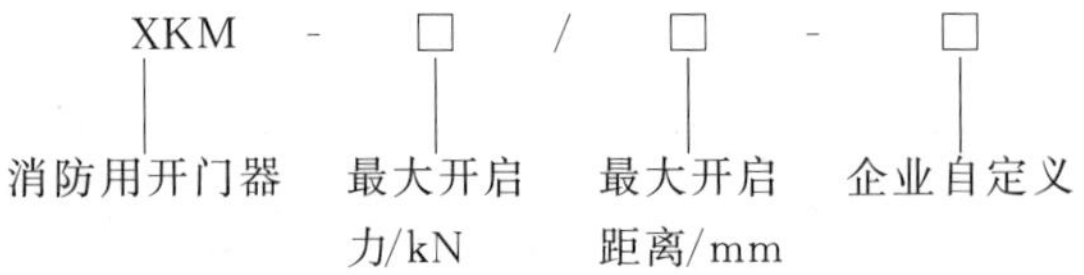

消防用开门器技术要求见表32.83。

表 32.83 消防用开门器技术要求（GB 28735—2012）

项目	技术要求
外观	外表面应光滑平整，无毛刺及加工缺陷，金属件表面应进行防腐蚀处理
开启力和开启距离	最大开启力不应小于 60kN，最大开启距离不应小于 60mm
开启性能	开启过程应平稳，开启试验后不应有泄漏和机械损坏现象
底脚回位性能	回位过程应平稳，回位后两底脚脚尖的距离不应大于 2mm
强度	开门器应能接受 1.5 倍工作压力的强度试验，试验后不应有泄漏和机械损坏现象
高低温性能	按标准规定的方法试验后，应动作正常，无异常现象
密封性能	按标准规定的方法试验后，其最大位移量不应大于 1mm
可靠性	按标准规定的方法试验后，应动作正常，无泄漏和机械损坏及异常现象

32.6.13 消防梯

消防梯是消防员在灭火、救援和训练时用的梯子。

分类：①按结构形式可分为单杠梯、挂钩梯、拉梯和其他结构消防梯。

② 按材质可分为竹质消防梯、木质消防梯、铝合金消防梯、铜质消防梯和其他材质消防梯。

型号标记方法是：

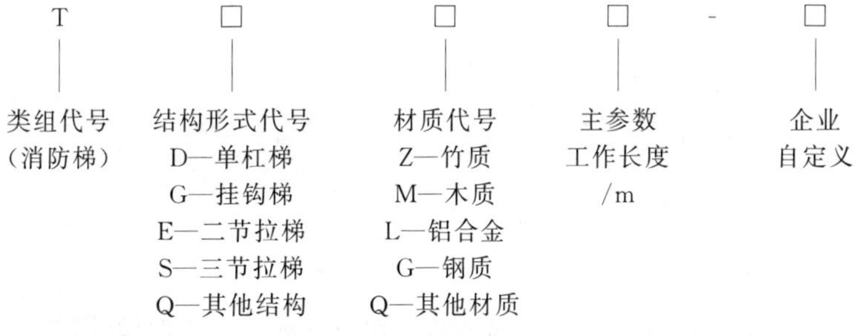

消防梯的基本参数见表 32.84。

表 32.84 消防梯的基本参数（XF 137—2007）

结构形式	工作长度/m	最小梯宽/mn	整梯质量/kg	梯蹬间距/mm	结构形式	工作长度/m	最小梯宽/mn	整梯质量/kg	梯蹬间距/mm
单扛梯	3	250	≤12	280 300 340	三节拉梯	12	350	≤95	280 300 340
挂钩梯	4		≤12			15		≤120	
二节拉梯	6	300	≤35		其他结构消防梯	3～15	300	≤120	
	9		≤53						

32.7 消防供水装置

消防供水装置是安装在消防管网上，与消防水带和水枪等配套使用的装置，有室内消火栓、室外消火栓和消防水鹤。

32.7.1 室内消火栓（表 32.85）

表 32.85 室内消火栓的基本尺寸（05）（GB 3445—2018）

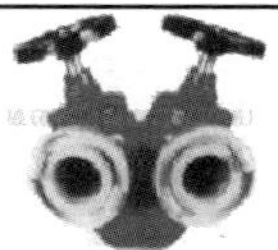

<table>
<tr><th rowspan="2">公称通径
DN/mm</th><th rowspan="2">型号</th><th colspan="2">进水口</th><th colspan="3">基本尺寸/mm</th></tr>
<tr><th>管螺纹</th><th>螺纹深度
/mm</th><th>关闭后
高度</th><th>出水口
中心高度</th><th>阀杆中心距
接口外沿距离</th></tr>
<tr><td>25</td><td>SN25</td><td>Rp 1</td><td>18</td><td>≤135</td><td>48</td><td>≤82</td></tr>
<tr><td rowspan="3">50</td><td>SN50</td><td rowspan="2">Rp 2</td><td rowspan="2">22</td><td>≤185</td><td>65</td><td rowspan="2">≤110</td></tr>
<tr><td>SNZ50</td><td>≤205</td><td>65～70</td></tr>
<tr><td>SNSS50</td><td>Rp 2½</td><td>25</td><td>≤230</td><td>100</td><td>≤120</td></tr>
<tr><td rowspan="5">65</td><td>SN65</td><td rowspan="4">Rp 2½</td><td rowspan="5">25</td><td>≤205</td><td>70</td><td rowspan="2">≤120</td></tr>
<tr><td>SNZ65</td><td rowspan="2">≤225</td><td rowspan="3">70～110</td></tr>
<tr><td>SNJ65
SNZJ65
SNW65
SNZW65</td><td rowspan="3">≤126</td></tr>
<tr><td>SN65-Y*</td><td>≤235</td></tr>
<tr><td>SNSS65
SNSSJ65
SNSSW65</td><td>Rp 3</td><td>≤270</td><td>110</td></tr>
</table>

32.7.2 室外消火栓

室外消火栓分地上式和地下式两种，是提供消防源的装置。地下消火栓安装于地下，不影响市容和交通。地上消火栓上部露出地面。适合介质：水、泡沫混合液（图 32.12）。

地上型消火栓　　地下型消火栓

图 32.12 室外消火栓

消火栓型号编制方法是：

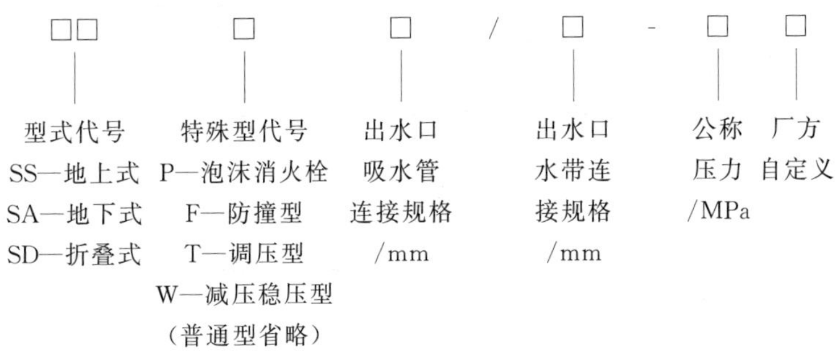

消火栓承插口连接尺寸见表 32.86、表 32.87。

表 32.86　法兰式消火栓承插口连接尺寸（GB 4452—2011）　mm

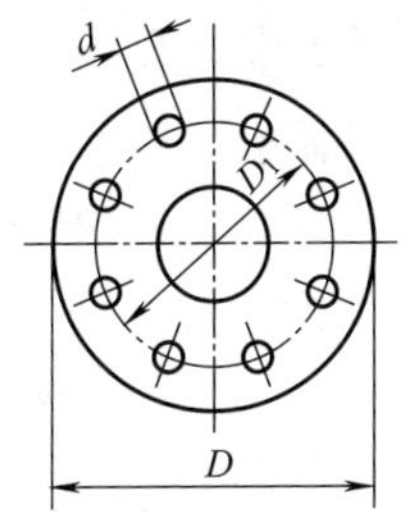

进水口公称内径	法兰外径 D		螺栓孔中心圆直径 D_1		螺栓孔直径 d		螺栓数/个
	基本尺寸	极限偏差	基本尺寸	极限偏差	基本尺寸	极限偏差	
100	220	±2.80	180	±0.50	17.5	+0.43 0	8
150	285	±3.10	240	±0.80	22.0	+0.52 0	

表 32.87　承插式消火栓承插口和连接尺寸（GB 4452—2011）　mm

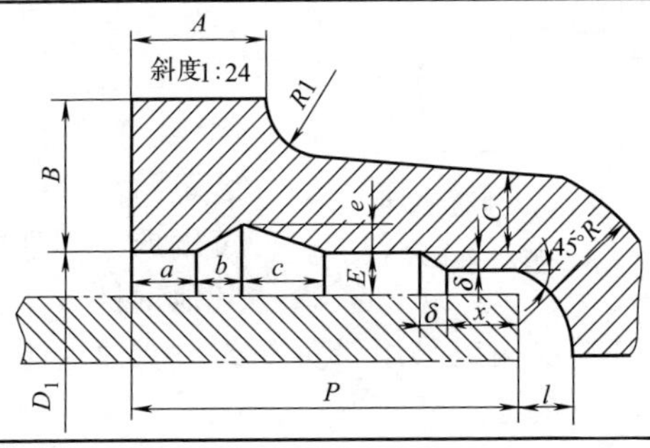

续表

进水口公称通径	各部位尺寸									
	a		*b*		*c*			*e*		
100～150	15		10		20			6		
进水口公称通径	承插口内径	*A*	*B*	*C*	*E*	*P*	*l*	*δ*	*x*	*R*
100	138.0	36	26	12	10	90	9	5	13	32
150	189.0	36	26	12	10	95	10	5	13	32

32.7.3 消防水鹤

消防水鹤（图 32.13）主要用于严寒地区给消防水车快速加水。

分类：按进水口连接方式可分为承插式（C）和法兰式（F）；按出水管调节方式可分为直通式（Z）和可伸缩式（S）。

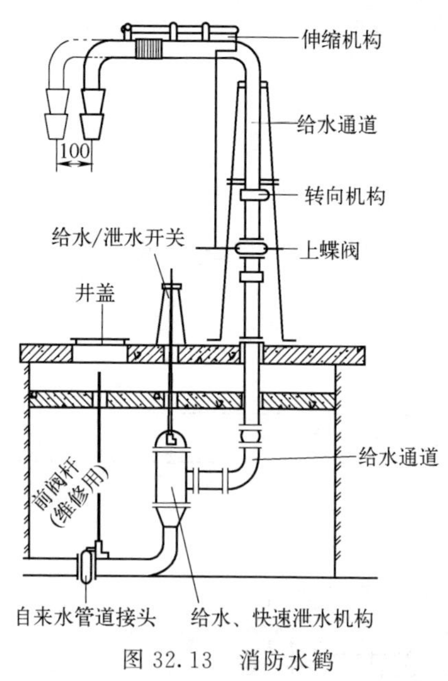

图 32.13 消防水鹤

结构：由地下部分（主控水阀、排放余水装置、启闭联动机构）和地上部分（引水导流管道和护套、消防水带接口、旋转机构、伸缩机构等）组成（出水口能手动摆动，主控水阀与排放余水装置启闭互锁）。

材料：①连接管件、阀体，应采用灰铸铁 HT200 或力学性能不低于它的其他金属。

② 地下部分控水闸阀的阀座、阀杆螺母及排放余水装置的泄水阀门，应采用铅黄铜或力学性能不低于它的其他钢材。

③ 旋转和伸缩机构应采用铅黄铜或耐腐蚀性能不低于它的其他材料。

④ 保护外壳应采用灰铸铁 HT150 或力学性能不低于它的其他金属材料。

尺寸（XF 821—2009）：①地上部分高度不应小于 4.0m，出水口距基座底部不应小于 3.8m，水鹤臂长不应小于 1.5 m，可伸缩式水鹤其伸缩长度不应小于 300mm。

② 启闭操纵开启角度不应大于 360°。

③ 出水口应能手动摆动，摆动角度不应小于 270°

规格：① 进水口公称通径有 100mm、150mm、200mm 三种。

② 消防接口有 65mm、80mm 两种。

③ 公称压力有 1.0 MPa、1.6 MPa 两种。

标记：XF 821—2009 规定的表示方法，由“水鹤”拼音首字母、类别型式代号、进水口直径、接口直径、公称压力等部分组成：

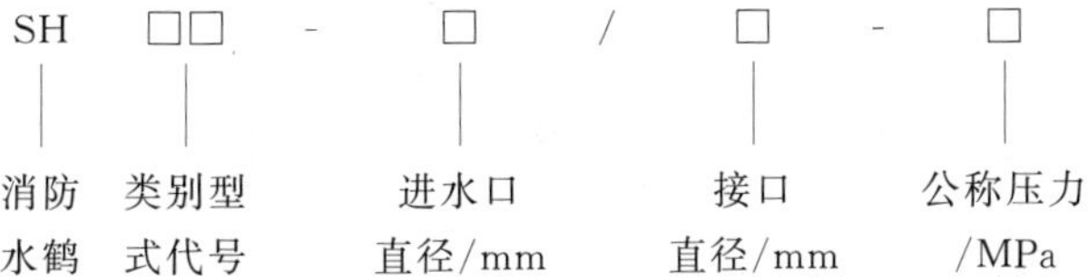

例：进水口直径 200mm，接口直径 65mm，公称压力 1.6MPa，出水口可伸缩的法兰连接的消防水鹤，标记为：SHFS-200/65-1.6。

32.7.4　消防水泵接合器

用途：作为消防队员用消防车从室外水源取水，向室内消防管网供水的接口，用于扑救火灾。

分类：① 按使用方式可分为地上式、地下式、墙壁式和多用式等（图 32.14）。

② 按连接方式可分为法兰式表 32.88 和螺纹式。

③ 按公称压力可分为 1.5MPa、2.5MPa 和 4.0MPa 等多种。

④ 按出口的公称通径可分为 100mm 和 150mm 两种。

结构：由泄水阀等部件组成，与止回阀、安全阀、闸阀和泄水阀配套。

型号标记方法是：

(a) 地上式

(b) 地下式

(c) 多用式

图 32.14 消防水泵接合器

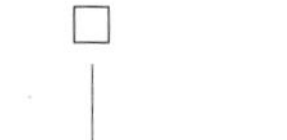

SQ □ □ □ □ □

接合器代号

安装型式代号 S—地上式，A—地下式 B—墙壁式，D—多用式

公称通径代号/mm

公称压力代号/MPa

连接形式代号 W—螺纹连接（法兰连接略）

企业自定义代号

表 32.88 法兰式连接的接合器的法兰尺寸（GB 3446—2013）

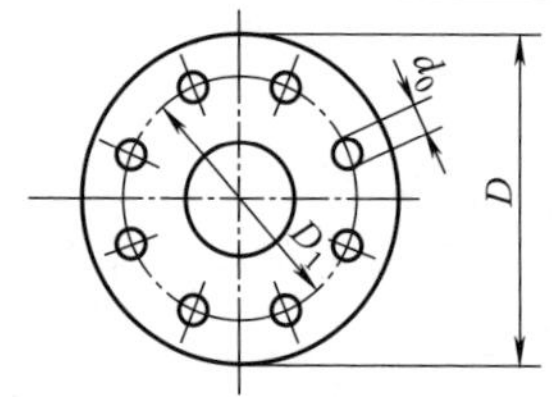

公称压力/MPa	出口公称通径	法兰外径 D/mm		螺栓孔中心圆直径 D_1/mm		螺栓孔直径 d_0/mm		螺栓数 n/个
		基本尺寸	极限偏差	基本尺寸	极限偏差	基本尺寸	极限偏差	
1.6	DN100	220	±2.80	180	±0.50	17.5	+0.43 0	8
	DN150	285	±3.10	240	±0.58	22.0	+0.52 0	
2.5 4.0	DN100	235	±2.80	190	±0.58	22.0	+0.52 0	
	DN150	300	±3.10	250	±0.58	26.0	+0.52 0	

附录 常用技术资料

附录1 金属材料力学性能名称和符号

（1）力学性能名称和符号

最大力 F_m—试样在屈服阶段之后所能抵抗的最大力；对于无明显屈服（连续屈服）的金属材料，为试验期间的最大力。

抗拉强度 R_m—相应最大力 F_m 时的应力。

屈服强度 R_e—当金属材料呈现屈服现象时，在试验期间达到塑性变形发生而力不增加的应力点，应区分上屈服强度和下屈服强度。

上屈服强度 R_{eH}—试样发生屈服而力首次下降前的最高应力。

下屈服强度 R_{eL}—试样在屈服期间，不计初始瞬时效应时的最低应力。

（上屈服力 F_{eH}，下屈服力 F_{eL}）

规定塑性延伸强度 R_p—塑性延伸等于规定的引伸计标距百分率时的应力，使用的符号应附以下脚注说明所规定的百分率，例如 $R_{p0.2}$，表示规定塑性延伸率为0.2%时的应力。

规定总延伸强度 R_t—总延伸等于规定的引伸计标距百分率时的应力，使用的符号应附以下脚注说明所规定的百分率，例如 R_t0.5表示规定总延伸率为0.5%时的应力。

（2）新旧标准变更名称和符号对照

GB/T 228.1—2021《金属材料 拉伸试验 第1部分：室温试验方法》中的金属材料力学性能名称和符号，与GB/T 228—2002《金属材料 室温拉伸试验方法》有一些变化，但与GB/T 228—1987《金属拉伸试验方法》相比，差别就非常大，现一并将相关变更的名称和符号对照列表如附表1所示。

附表 1　金属材料力学性能新旧标准变更名称和符号对照

新标准(据 GB/T 228.1—2021)		旧标准(据 GB/T 228—1987)	
性能名称	符　号	性能名称	符　号
最大力	F_{m}	最大力	F_{b}
断面收缩率	Z	断面收缩率	Ψ
断后伸长率	A(如 $A_{11.3}$、A_{80mm})	断后伸长率	δ(如 δ_{10}、δ_{xmm})
应力	R	应力	σ
抗拉强度	R_{m}	抗拉强度	σ_{b}
断裂总延伸率	A_{t}	—	—
最大力总延伸率	A_{gt}	最大力下的总伸长率	δ_{gt}
最大力塑性延伸率	A_{g}	最大力下的非比例伸长率	δ_{g}
屈服点延伸率	A_{e}	屈服点伸长率	δ_{s}
屈服强度	R_{e}	屈服点	σ_{s}
上屈服强度	R_{eH}	上屈服点	σ_{sU}
下屈服强度	R_{eL}	下屈服点	σ_{sL}
规定塑性延伸强度	R_{p}(如 $R_{p0.2}$)	规定非比例伸长应力	σ_{p}(如 $\sigma_{p0.2}$)
规定总延伸强度	R_{t}(如 $R_{t0.5}$)	规定总伸长应力	σ_{t}(如 $\sigma_{t0.5}$)
规定残余延伸强度	R_{r}(如 $R_{r0.2}$)	规定残余伸长应力	σ_{r}(如 $\sigma_{r0.2}$)

附录 2　金属材料的硬度

金属材料的硬度可分为布氏、洛氏、维氏等三种，都是用规定的工具、试验力压入试样表面，保持规定时间后，测量试样表面的压痕的方法测量。

（1）布氏硬度 HB

这种方法比较准确可靠，但一般只适用于布氏硬度在 450 以下的金属材料。在测试钢管时，往往以压痕直径 d 来表示该材料的硬度，既直观又方便。例如 120HB 10/1000 30 表示用直径 10mm 钢球在 1000kgf（9.807kN）试验力作用下，保持 30s 测得的布氏硬度为 120。

（2）洛氏硬度 HR

用于钢材硬度试验的标尺有 A、B、C 三种，即 HRA、HRB、HRC。其适用范围如下：HRA（金刚石圆锥压头）20～88，HRB（ϕ1.588mm 钢球压头）20～100，HRC（金刚石圆锥压头）20～70。这种方法应用很广，适用于测定由极软到极硬的金属材料。其值没有单位。

（3）维氏硬度 HV

这种方法可用于测定很薄的金属材料的表面层硬度，可测范围为 5～1000。例如 640HV30/20 表示用 30kgf（294.2N）保持 20s，测定的维氏硬度值为 640。它具有布氏、洛氏法的主要优点，而克服了它们的基本缺点，但不如洛氏法简便。

附录 3　钢的硬度与抗拉强度的关系

金属材料的各种硬度值之间，硬度值与强度值之间具有近似的相应关系。因为硬度值是由起始塑性变形抗力和继续塑性变形抗力决定的，材料的强度越高，塑性变形抗力越高，硬度值也就越高。

碳钢和合金钢的硬度与强度换算值见附表 2。

碳钢的硬度及强度换算值见附表 3。

黄铜的硬度与强度换算见附表 4。

铍黄铜的硬度与强度换算见附表 5。

铝合金的硬度与强度换算见附表 6。

附表 2　碳钢和合金钢的硬度及强度换算值（GB/T 1172—1999）

硬度								抗拉强度 R_m/MPa								
洛氏		表面洛氏			维 氏	布氏($F/D^2=30$)		碳钢	铬钢	铬钒钢	铬镍钢	铬钼钢	铬镍钼钢	铬锰硅钢	超高强度钢	不锈钢
HRC	HRA	HR15N	HR30N	HR45N	HV	HBS	HBW									
20.0	60.2	68.8	40.7	19.2	226	225		774	742	736	782	747		781		740
20.5	60.4	69.0	41.2	19.8	228	227		784	751	744	787	753		788		749
21.0	60.7	69.3	41.7	20.4	230	229		793	760	753	792	760		794		758
21.5	61.0	69.5	42.2	21.0	233	232		803	769	761	797	767		801		767
22.0	61.2	69.8	42.6	21.5	235	234		813	779	770	803	774		809		777
22.5	61.5	70.0	43.1	22.1	238	237		823	788	779	809	781		816		786
23.0	61.7	70.3	43.6	22.7	241	240		833	798	788	815	789		824		796
23.5	62.0	70.6	44.0	23.3	244	242		843	808	797	822	797		832		806
24.0	62.2	70.8	44.5	23.9	247	245		854	818	807	829	805		840		816
24.5	62.5	71.1	45.0	24.5	250	248		864	828	816	836	813		848		826
25.0	62.8	71.4	45.5	25.1	253	251		875	838	826	843	822		856		837
25.5	63.0	71.6	45.9	25.7	256	254		886	848	837	851	831	850	865		847
26.0	63.3	71.9	46.4	26.3	259	257		897	859	847	859	840	859	874		858
26.5	63.5	72.2	46.9	26.9	262	260		908	870	858	867	850	869	883		868
27.0	63.8	72.4	47.3	27.5	266	263		919	880	869	876	860	879	893		879
27.5	64.0	72.7	47.8	28.1	269	266		930	891	880	885	870	890	902		890
28.0	64.3	73.0	48.3	28.7	273	269		942	902	892	894	880	901	912		901
28.5	64.6	73.3	48.7	29.3	276	273		954	914	903	904	891	912	922		913
29.0	64.8	73.5	49.2	29.9	280	276		965	925	915	914	902	923	933		924
29.5	65.1	73.8	49.7	30.5	284	280		977	937	928	924	913	935	943		936
30.0	65.3	74.1	50.2	31.1	288	283		989	948	940	935	924	947	954		947
30.5	65.6	74.4	50.6	31.7	292	287		1002	960	953	946	936	959	965		959
31.0	65.8	74.7	51.1	32.3	296	291		1014	972	966	957	948	972	977		971
31.5	66.1	74.9	51.6	32.9	300	294		1027	984	980	969	961	985	989		983
32.0	66.4	75.2	52.0	33.5	304	298		1039	996	993	981	974	999	1001		996

续表

硬度								抗拉强度 R_m/MPa								
洛氏		表面洛氏			维氏	布氏($F/D^2=30$)		碳钢	铬钢	铬钒钢	铬镍钢	铬钼钢	铬镍钼钢	铬锰硅钢	超高强度钢	不锈钢
HRC	HRA	HR15N	HR30N	HR45N	HV	HBS	HBW									
32.5	66.6	75.5	52.5	34.1	308	302		1052	1009	1007	994	987	1012	1013		1008
33.0	66.9	75.8	53.0	34.7	313	306		1065	1022	1022	1007	1001	1027	1026		1021
33.5	67.1	76.1	53.4	35.3	317	310		1078	1034	1036	1020	1015	1041	1039		1034
34.0	67.4	76.4	53.9	35.9	321	314		1092	1048	1051	1034	1029	1056	1052		1047
34.5	67.7	76.7	54.4	36.5	326	318		1105	1061	1067	1048	1043	1071	1066		1060
35.0	67.9	77.0	54.8	37.0	331	323		1119	1074	1082	1063	1058	1087	1079		1074
35.5	68.2	77.2	55.3	37.6	335	327		1133	1088	1098	1078	1074	1103	1094		1087
36.0	68.4	77.5	55.8	38.2	340	332		1147	1102	1114	1093	1090	1119	1108		1101
36.5	68.7	77.8	56.2	38.8	345	336		1162	1116	1131	1109	1106	1136	1123		1116
37.0	69.0	78.1	56.7	39.4	350	341		1177	1131	1148	1125	1122	1153	1139		1130
37.5	69.2	78.4	57.2	40.0	355	345		1192	1146	1165	1142	1139	1171	1155		1145
38.0	69.5	78.7	57.6	40.6	360	350		1207	1161	1183	1159	1157	1189	1171		1161
38.5	69.7	79.0	58.1	41.2	365	355		1222	1176	1201	1177	1174	1207	1187	1170	1176
39.0	70.0	79.3	58.6	41.8	371	360		1238	1192	1219	1195	1192	1226	1204	1195	1193
39.5	70.3	79.6	59.0	42.4	376	365		1254	1208	1238	1214	1211	1245	1222	1219	1209
40.0	70.5	79.9	59.5	43.0	381	370	370	1271	1225	1257	1233	1230	1265	1240	1243	1226
40.5	70.8	80.2	60.0	43.6	387	375	375	1288	1242	1276	1252	1249	1285	1258	1267	1244
41.0	71.1	80.5	60.4	44.2	393	380	381	1305	1260	1296	1273	1269	1306	1277	1290	1262
41.5	71.3	80.8	60.9	44.8	398	385	386	1322	1278	1317	1293	1289	1327	1296	1313	1280
42.0	71.6	81.1	61.3	45.4	404	391	392	1340	1296	1337	1314	1310	1348	1316	1336	1299
42.5	71.8	81.4	61.8	45.9	410	396	397	1359	1315	1358	1336	1331	1370	1336	1359	1319
43.0	72.1	81.7	62.3	46.5	416	401	403	1378	1335	1380	1358	1353	1392	1357	1381	1339
43.5	72.4	82.0	62.7	47.1	422	407	409	1397	1355	1401	1380	1375	1415	1378	1404	1361
44.0	72.6	82.3	63.2	47.7	428	413	415	1417	1376	1424	1404	1397	1439	1400	1427	1383

续表

硬度								抗拉强度 R_m/MPa								
洛氏		表面洛氏			维 氏	布氏（$F/D^2=30$）		碳钢	铬钢	铬钒钢	铬镍钢	铬钼钢	铬镍钼钢	铬锰硅钢	超高强度钢	不锈钢
HRC	HRA	HR15N	HR30N	HR45N	HV	HBS	HBW									
44.5	72.9	82.6	63.6	48.3	435	418	422	1438	1398	1446	1427	1420	1462	1422	1450	1405
45.0	73.2	82.9	64.1	48.9	441	424	428	1459	1420	1469	1451	1444	1487	1445	1473	1429
45.5	73.4	83.2	64.6	49.5	448	430	435	1481	1444	1493	1476	1468	1512	1469	1496	1453
46.0	73.7	83.5	65.0	50.1	454	436	441	1503	1468	1517	1502	1492	1537	1493	1520	1479
46.5	73.9	83.7	65.5	50.7	461	442	448	1526	1493	1541	1527	1517	1563	1517	1544	1505
47.0	74.2	84.0	65.9	51.2	468	449	455	1550	1519	1566	1554	1542	1589	1543	1569	1533
47.5	74.5	84.3	66.4	51.8	475		463	1575	1546	1591	1581	1568	1616	1569	1594	1562
48.0	74.7	84.6	66.8	52.4	482		470	1600	1574	1617	1608	1595	1643	1595	1620	1592
48.5	75.0	84.9	67.3	53.0	489		478	1626	1603	1643	1636	1622	1671	1623	1646	1623
49.0	75.3	85.2	67.7	53.6	497		486	1653	1633	1670	1665	1649	1699	1651	1674	1655
49.5	75.5	85.5	68.2	54.2	504		494	1681	1665	1697	1695	1677	1728	1679	1702	1689
50.0	75.8	85.7	68.6	54.7	512		502	1710	1698	1724	1724	1706	1758	1709	1731	1725
50.5	76.1	86.0	69.1	55.3	520		510		1732	1752	1755	1735	1788	1739	1761	
51.0	76.3	86.3	69.5	55.9	527		518		1768	1780	1786	1764	1819	1770	1792	
51.5	76.6	86.6	70.0	56.5	535		527		1806	1809	1818	1794	1850	1801	1824	
52.0	76.9	86.8	70.4	57.1	544		535		1845	1839	1850	1825	1881	1834	1857	
52.5	77.1	87.1	70.9	57.6	552		544			1869	1883	1856	1914	1867	1892	
53.0	77.4	87.4	71.3	58.2	561		552			1899	1917	1888	1947	1901	1929	
53.5	77.7	87.6	71.8	58.8	569		561			1930	1951			1936	1966	
54.0	77.9	87.9	72.2	59.4	578		569			1961	1986			1971	2006	
54.5	78.2	88.1	72.6	59.9	587		577			1993	2022			2008	2047	
55.0	78.5	88.4	73.1	60.5	596		585			2026	2058			2045	2090	
55.5	78.7	88.6	73.5	61.1	606		593								2135	

续表

硬度								抗拉强度 R_m/MPa								
洛氏		表面洛氏			维 氏	布氏($F/D^2=30$)		碳钢	铬钢	铬钒钢	铬镍钢	铬钼钢	铬镍钼钢	铬锰硅钢	超高强度钢	不锈钢
HRC	HRA	HR15N	HR30N	HR45N	HV	HBS	HBW									
56.0	79.0	88.9	73.9	61.7	615		601								2181	
56.5	79.3	89.1	74.4	62.2	625		608								2230	
57.0	79.5	89.4	74.8	62.8	635		616								2281	
57.5	79.8	89.6	75.2	63.4	645		622								2334	
58.0	80.1	89.8	75.6	63.9	655		628								2390	
58.5	80.3	90.0	76.1	64.5	666		634								2448	
59.0	80.6	90.2	76.5	65.1	676		639								2509	
59.5	80.9	90.4	76.9	65.6	687		643								2572	
60.0	81.2	90.6	77.3	66.2	698		647								2639	
60.5	81.4	90.8	77.7	66.8	710		650									
61.0	81.7	91.0	78.1	67.3	721											
61.5	82.0	91.2	78.6	67.9	733											
62.0	82.2	91.4	79.0	68.4	745											
62.5	82.5	91.5	79.4	69.0	757											
63.0	82.8	91.7	79.8	69.5	770											
63.5	83.1	91.8	80.2	70.1	782											
64.0	83.3	91.9	80.6	70.6	795											
64.5	83.6	92.1	81.0	71.2	809											
65.0	83.9	92.2	81.3	71.7	822											
65.5	84.1				836											
66.0	84.4				850											
66.5	84.7				865											
67.0	85.0				879											
67.5	85.2				894											
68.0	85.5				909											

附表 3　碳钢的硬度及强度换算值（GB/T 1172—1999）

硬度							抗拉强度 R_m/MPa
洛氏	表面洛氏			维氏	布氏		
HRB	HR15T	HR30T	HR45T	HV	HBS		
					$F/D^2=10$	$F/D^2=30$	
60.0	80.4	56.1	30.4	105	102		375
60.5	80.5	56.4	30.9	105	102		377
61.0	80.7	56.7	31.4	106	103		379
61.5	80.8	57.1	31.9	107	103		381
62.0	80.9	57.4	32.4	108	104		382
62.5	81.1	57.7	32.9	108	104		384
63.0	81.2	58.0	33.5	109	105		386
63.5	81.4	58.3	34.0	110	105		388
64.0	81.5	58.7	34.5	110	106		390
64.5	81.6	59.0	35.0	111	106		393
65.0	81.8	59.3	35.5	112	107		395
65.5	81.9	59.6	36.1	113	107		397
66.0	82.1	59.9	36.6	114	108		399
66.5	82.2	60.3	37.1	115	108		402
67.0	82.3	60.6	37.6	115	109		404
67.5	82.5	60.9	38.1	116	110		407
68.0	82.6	61.2	38.6	117	110		409
68.5	82.7	61.5	39.2	118	111		412
69.0	82.9	61.9	39.7	119	112		415
69.5	83.0	62.2	40.2	120	112		418
70.0	83.2	62.5	40.7	121	113		421
70.5	83.3	62.8	41.2	122	114		424
71.0	83.4	63.1	41.7	123	115		427
71.5	83.6	63.5	42.3	124	115		430
72.0	83.7	63.8	42.8	125	116		433
72.5	83.9	64.1	43.3	126	117		437
73.0	84.0	64.4	43.8	128	118		440
73.5	84.1	64.7	44.3	129	119		444
74.0	84.3	65.1	44.8	130	120		447
74.5	84.4	65.4	45.4	131	121		451
75.0	84.5	65.7	45.9	132	122		455
75.5	84.7	66.0	46.4	134	123		459
76.0	84.8	66.3	46.9	135	124		463
76.5	85.0	66.6	47.4	136	125		467

续表

硬　　度							抗拉强度 R_m/MPa
洛氏	表面洛氏			维氏	布　　氏		
HRB	HR15T	HR30T	HR45T	HV	HBS		
					$F/D^2=10$	$F/D^2=30$	
77.0	85.1	67.0	47.9	138	126		471
77.5	85.2	67.3	48.5	139	127		475
78.0	85.4	67.6	49.0	140	128		480
78.5	85.5	67.9	49.5	142	129		484
79.0	85.7	68.2	50.0	143	130		489
79.5	85.8	68.6	50.5	145	132		493
80.0	85.9	68.9	51.0	146	133		498
80.5	86.1	69.2	51.6	148	134		503
81.0	86.2	69.5	52.1	149	136		508
81.5	86.3	69.8	52.6	151	137		513
82.0	86.5	70.2	53.1	152	138		518
82.5	86.6	70.5	53.6	154	140		523
83.0	86.8	70.8	54.1	156		152	529
83.5	86.9	71.1	54.7	157		154	534
84.0	87.0	71.4	55.2	159		155	540
84.5	87.2	71.8	55.7	161		156	546
85.0	87.3	72.1	56.2	163		158	551
85.5	87.5	72.4	56.7	165		159	557
86.0	87.6	72.7	57.2	166		161	563
86.5	87.7	73.0	57.8	168		163	570
87.0	87.9	73.4	58.3	170		164	576
87.5	88.0	73.7	58.8	172		166	582
88.0	88.1	74.0	59.3	174		168	589
88.5	88.3	74.3	59.8	176		170	596
89.0	88.4	74.6	60.3	178		172	603
89.5	88.6	75.0	60.9	180		174	609
90.0	88.7	75.3	61.4	183		176	617
90.5	88.8	75.6	61.9	185		178	624
91.0	89.0	75.9	62.4	187		180	631
91.5	89.1	76.2	62.9	189		182	639
92.0	89.3	76.6	63.4	191		184	646
92.5	89.4	76.9	64.0	194		187	654
93.0	89.5	77.2	64.5	196		189	662
93.5	89.7	77.5	65.0	199		192	670

续表

硬度							抗拉强度 R_m/MPa
洛氏	表面洛氏			维氏	布氏		
					HBS		
HRB	HR15T	HR30T	HR45T	HV	$F/D^2=10$	$F/D^2=30$	
94.0	89.8	77.8	65.5	201		195	678
94.5	89.9	78.2	66.0	203		197	686
95.0	90.1	78.5	66.5	206		200	695
95.5	90.2	78.8	67.1	208		203	703
96.0	90.4	79.1	67.6	211		206	712
96.5	90.5	79.4	68.1	214		209	721
97.0	90.6	79.8	68.6	216		212	730
97.5	90.8	80.1	69.1	219		215	739
98.0	90.9	80.4	69.6	222		218	749
98.5	91.1	80.7	70.2	225		222	758
99.0	91.2	81.0	70.7	227		226	768
99.5	91.3	81.4	71.2	230		229	778
100	91.5	81.7	71.7	233		232	788

附表 4 黄铜的硬度与强度换算（GB/T 3771—1983）

硬度								抗拉强度 R_m/MPa	
布氏		维氏	洛氏		表面洛氏				
HB ($30D^2$)	d_{10}、$2d_5$、$4d_{2.5}$/mm	HV	HRB	HRF	HR15T	HR30T	HR45T	板材	棒材
90.0	6.159	90.5	53.7	87.1	77.2	50.8	26.7	—	—
91.0	6.129	91.5	53.9	87.2	77.3	51.0	26.9	—	—
92.0	6.100	92.6	54.2	87.4	77.4	51.2	27.2	—	—
93.0	6.071	93.6	54.5	87.6	77.5	51.4	27.6	—	—
94.0	6.042	94.7	54.8	87.7	77.6	51.6	27.7	—	—
95.0	6.014	95.7	55.1	87.9	77.7	51.8	28.1	—	—
96.0	5.986	96.8	55.5	88.1	77.8	52.0	28.4	—	—
97.0	5.958	97.8	55.8	88.3	77.9	52.3	28.8	—	—
98.0	5.931	98.9	56.2	88.5	78.0	52.5	29.1	—	—
99.0	5.904	99.9	56.6	88.8	78.2	52.9	29.6	—	—
100.0	5.878	101.0	57.1	89.1	78.3	53.2	30.1	—	—
101.0	5.852	102.0	57.5	89.3	78.5	53.5	30.5	—	—
102.0	5.826	103.1	58.0	89.6	78.6	53.8	31.0	—	—

续表

硬　　度								抗拉强度 R_m /MPa	
布氏		维氏	洛氏		表面洛氏				
HB ($30D^2$)	d_{10}、$2d_5$、$4d_{2.5}$/mm	HV	HRB	HRF	HR15T	HR30T	HR45T	板材	棒材
103.0	5.801	104.1	58.5	89.9	78.8	54.2	31.5	—	—
104.0	5.775	105.1	58.9	90.1	78.9	54.4	31.9	—	—
105.0	5.751	106.2	59.4	90.4	79.1	54.8	32.4	—	—
106.0	5.726	107.2	60.0	90.7	79.2	55.1	32.9	—	—
107.0	5.702	108.3	60.5	91.0	79.4	55.5	33.4	—	—
108.0	5.678	109.3	61.0	91.3	79.6	55.8	33.9	—	—
109.0	5.654	110.4	61.5	91.6	79.7	56.2	34.4	—	—
110.0	5.631	111.4	62.1	91.9	79.9	56.5	35.0	372	384
111.0	5.608	112.5	62.6	92.2	80.1	56.9	35.5	374	387
112.0	5.585	113.5	63.2	92.6	80.3	57.4	36.2	375	389
113.0	5.563	114.6	63.7	92.8	80.4	57.6	36.5	377	392
114.0	5.541	115.6	64.3	93.2	80.6	58.1	37.2	379	395
115.0	5.519	116.7	64.9	93.5	80.8	58.4	37.7	380	398
116.0	5.497	117.7	65.4	93.8	81.0	58.8	38.2	382	400
117.0	5.476	118.8	66.0	94.2	81.2	59.3	38.9	384	403
118.0	5.454	119.8	66.6	94.5	81.4	59.6	39.4	385	406
119.0	5.433	120.9	67.1	94.8	81.5	60.0	40.0	388	409
120.0	5.413	121.9	67.7	95.1	81.7	60.3	40.5	390	412
121.0	5.392	122.9	68.2	95.4	81.9	60.7	41.0	392	414
122.0	5.372	124.0	68.8	95.8	82.1	61.2	41.7	394	417
123.0	5.352	125.0	69.4	96.1	82.3	61.5	42.2	396	420
124.0	5.332	126.1	69.9	96.4	82.5	61.9	42.7	399	423
125.0	5.313	127.1	70.5	96.7	82.6	62.2	43.2	401	426
126.0	5.293	128.2	71.0	97.0	82.8	62.6	43.7	404	429
127.0	5.274	129.2	71.5	97.3	83.0	63.0	44.3	406	431
128.0	5.255	130.3	72.1	97.7	83.2	63.4	44.9	409	434
129.0	5.236	131.3	72.6	97.9	83.3	63.7	45.3	411	437
130.0	5.218	132.4	73.1	98.2	83.5	64.0	45.8	414	440
131.0	5.199	133.4	73.6	98.5	83.6	64.4	46.3	417	443
132.0	5.181	134.5	74.1	98.8	83.8	64.7	46.8	420	447

续表

硬度								抗拉强度 R_m /MPa	
布氏		维氏	洛氏		表面洛氏				
HB ($30D^2$)	d_{10}、$2d_5$、$4d_{2.5}$/mm	HV	HRB	HRF	HR15T	HR30T	HR45T	板材	棒材
133.0	5.163	135.5	74.7	99.2	84.0	65.2	47.5	423	450
134.0	5.145	136.6	75.1	99.4	84.1	65.5	47.9	426	453
135.0	5.128	137.6	75.6	99.7	84.3	65.8	48.4	429	456
136.0	5.110	138.6	76.1	100.0	84.5	66.2	48.9	431	459
137.0	5.093	139.7	76.6	100.2	84.6	66.4	49.2	434	463
138.0	5.076	140.7	77.0	100.5	84.8	66.8	49.8	437	466
139.0	5.059	141.8	77.5	100.8	84.9	67.1	50.3	440	469
140.0	5.042	142.8	77.9	101.0	85.0	67.4	51.1	447	476
141.0	5.025	143.9	78.4	101.3	85.2	67.7	51.1	447	476
142.0	5.009	144.9	78.8	101.5	85.3	67.9	51.5	451	479
143.0	4.993	146.0	79.2	101.7	85.4	68.2	52.3	458	485
144.0	4.977	147.0	79.7	102.0	85.6	68.5	52.3	458	485
145.0	4.961	148.1	80.1	102.2	85.7	68.8	52.7	461	488
146.0	4.945	149.1	80.5	102.5	85.8	69.1	53.2	465	492
147.0	4.929	150.2	80.8	102.6	85.9	69.3	53.4	469	495
148.0	4.914	151.2	81.2	102.9	86.1	69.6	53.9	473	499
149.0	4.898	152.3	81.6	103.1	86.2	69.8	54.2	477	502
150.0	4.883	153.3	82.0	103.3	86.3	70.1	54.6	480	506
151.0	4.868	154.3	82.3	103.5	86.4	70.3	54.9	483	509
152.0	4.853	155.4	82.7	103.7	86.6	70.6	55.3	488	513
153.0	4.838	156.4	83.0	103.9	86.7	70.8	55.6	492	516
154.0	4.823	157.5	83.3	104.1	86.8	71.0	56.0	496	520
155.0	4.809	158.5	83.7	104.3	86.9	71.3	56.3	500	524
156.0	4.794	159.6	84.0	104.5	87.0	71.5	56.6	504	527
157.0	4.780	160.6	84.3	104.7	87.1	71.7	57.0	509	530
158.0	4.766	161.7	84.6	104.8	87.2	71.9	57.2	513	534
159.0	4.752	162.7	84.9	105.0	87.3	72.1	57.5	518	537
160.0	4.738	163.8	85.2	105.2	87.4	72.3	57.9	522	541
161.0	4.724	164.8	85.5	105.3	87.5	72.5	58.0	527	545
162.0	4.710	165.9	85.8	105.5	87.6	72.7	58.4	531	549
163.0	4.697	166.9	86.0	105.6	87.6	72.8	58.5	535	553
164.0	4.683	168.0	86.3	105.8	87.7	73.1	58.9	540	556
165.0	4.670	169.0	86.6	106.0	87.9	73.3	59.2	545	560
166.0	4.657	170.1	86.8	106.1	87.9	73.4	59.4	550	564

续表

硬　度								抗拉强度 R_m /MPa	
布氏		维氏	洛氏		表面洛氏				
HB ($30D^2$)	d_{10}、$2d_5$、$4d_{2.5}$/mm	HV	HRB	HRF	HR15T	HR30T	HR45T	板材	棒材
167.0	4.644	171.1	87.1	106.3	88.0	73.7	59.7	555	568
168.0	4.631	172.1	87.4	106.4	88.1	73.8	59.9	560	572
169.0	4.618	173.2	87.6	106.5	88.1	73.9	60.1	565	576
170.0	4.605	174.2	87.9	106.7	88.2	74.1	60.4	570	580
171.0	4.592	175.3	88.1	106.8	88.3	74.2	60.6	575	583
172.0	4.580	176.3	88.4	107.0	88.4	74.5	61.0	580	587
173.0	4.567	177.4	88.6	107.1	88.5	74.6	61.1	585	591
174.0	4.555	178.4	88.8	107.2	88.5	74.7	61.3	590	595
175.0	4.543	179.5	89.1	107.4	88.6	75.0	61.6	596	599
176.0	4.530	180.5	89.3	107.5	88.7	75.1	61.8	601	603
177.0	4.518	181.6	89.6	107.7	88.8	75.3	62.2	607	607
178.0	4.506	182.6	89.8	107.8	88.8	75.3	62.3	612	612
179.0	4.495	183.7	90.0	107.9	88.9	75.6	62.5	618	616
180.0	4.483	184.7	90.3	108.1	89.0	75.8	62.8	624	620
181.0	4.471	185.8	90.5	108.2	89.1	75.9	63.0	630	624
182.0	4.459	186.8	90.8	108.4	89.2	76.1	63.4	635	628
183.0	4.448	187.8	91.0	108.5	89.3	76.3	63.5	640	633
184.0	4.436	188.9	91.3	108.7	89.4	76.5	63.9	646	636
185.0	4.425	189.9	91.5	108.8	89.4	76.6	64.1	653	640
186.0	4.414	191.0	91.8	109.0	89.5	76.9	64.4	659	645
187.0	4.403	192.0	92.0	109.1	89.6	77.0	64.6	665	649
188.0	4.392	193.1	92.3	109.2	89.7	77.1	64.7	671	653
189.0	4.381	194.1	92.5	109.4	89.8	77.3	65.1	677	658
190.0	4.370	195.2	92.8	109.5	89.8	77.5	65.3	684	662
191.0	4.359	196.2	93.1	109.7	89.9	77.7	65.6	689	667
192.0	4.348	197.3	93.3	109.8	90.0	77.8	65.8	696	671
193.0	4.337	198.3	93.6	110.0	90.1	78.0	66.1	702	676
194.0	4.327	199.4	93.9	110.2	90.2	78.3	66.5	709	680
195.0	4.316	200.4	94.2	110.3	90.3	78.4	66.6	715	685
196.0	4.306	201.5	94.4	110.4	90.3	78.5	66.8	722	688
197.0	4.295	202.5	94.7	110.6	90.4	78.8	67.2	729	693
198.0	4.285	203.5	95.0	110.8	90.6	79.0	67.5	735	698
199.0	4.275	204.6	95.3	111.0	90.7	79.2	67.8	742	702
200.0	4.265	205.6	95.6	111.1	90.7	79.4	68.0	749	707

附表 5 铍青铜的硬度与强度换算（GB/T 3771—1983）

硬　度								抗拉强度 R_m/MPa					
布氏		维氏	洛氏		表面洛氏			板　材			棒　材		
HB ($30D^2$)	d_{10}、$2d_5$、$4d_{2.5}$/mm	HV	HRB	HRF	HR 15T	HR 30T	HR 45T	R_m	$R_{p0.1}$	$R_{p0.01}$	R_m	$R_{p0.1}$	$R_{p0.01}$
170.0	4.605	174.2	87.9	106.7	88.2	74.1	60.4	545	467	326	649	367	285
171.0	4.592	175.3	88.1	106.8	88.3	74.2	60.6	548	470	329	652	371	288
172.0	4.580	176.3	88.4	107.0	88.4	74.5	61.0	551	473	330	654	375	291
173.0	4.567	177.4	88.6	107.1	88.5	74.6	61.1	555	477	333	657	379	294
174.0	4.555	178.4	88.8	107.2	88.5	74.7	61.3	558	480	335	660	382	297
175.0	4.543	179.5	89.1	107.4	88.6	75.0	61.6	561	483	337	662	386	300
176.0	4.530	180.5	89.3	107.5	88.7	75.1	61.8	565	486	340	665	390	303
177.0	4.518	181.6	89.6	107.7	88.8	75.3	62.2	568	489	342	668	394	306
178.0	4.506	182.6	89.8	107.8	88.9	75.4	62.3	571	493	345	670	398	308
179.0	4.495	183.7	90.0	107.9	88.9	75.6	62.5	575	496	347	673	402	311
180.0	4.483	184.7	90.3	108.1	89.0	75.8	62.8	578	499	349	676	406	314
181.0	4.471	185.8	90.5	108.2	89.1	75.9	63.0	581	503	352	678	410	317
182.0	4.459	186.8	90.8	108.4	89.2	76.1	63.4	584	506	354	681	414	320
183.0	4.448	187.8	91.0	108.5	89.3	76.3	63.5	587	510	357	684	418	323
184.0	4.436	188.9	91.3	108.7	89.4	76.5	63.9	591	513	359	686	422	326
185.0	4.425	189.9	91.5	108.8	89.4	76.6	64.1	594	516	361	688	426	329
186.0	4.414	191.0	91.8	109.0	89.5	76.9	64.4	597	520	364	691	430	330
187.0	4.403	192.0	92.0	109.1	89.6	77.0	64.6	601	523	366	694	433	333
188.0	4.392	193.1	92.3	109.2	89.7	77.1	64.7	604	527	368	697	437	336
189.0	4.381	194.1	92.5	109.4	89.8	77.3	65.1	608	530	371	700	441	339
190.0	4.370	195.2	92.8	109.5	89.8	77.5	65.3	611	533	373	703	445	342
191.0	4.359	196.2	93.1	109.7	89.9	77.7	65.6	614	536	376	705	449	345
192.0	4.348	197.3	93.3	109.8	90.0	77.8	65.8	618	539	378	708	453	348
193.0	4.337	198.3	93.6	110.0	90.1	78.0	66.1	621	542	380	711	457	351
194.0	4.327	199.4	93.9	110.2	90.2	78.3	66.5	625	546	382	714	461	353
195.0	4.316	200.4	94.2	110.3	90.3	78.4	66.6	628	549	384	717	465	356
196.0	4.306	201.5	94.4	110.4	90.3	78.5	66.8	631	553	387	720	469	359
197.0	4.295	202.5	94.7	110.6	90.4	78.8	67.2	634	556	389	723	473	362
198.0	4.285	203.5	95.0	110.8	90.6	79.0	67.5	637	559	392	726	477	365
199.0	4.275	204.6	95.3	111.0	90.7	79.2	67.8	641	563	394	729	481	368
200.0	4.265	205.6	95.6	111.1	90.7	79.4	68.0	644	566	396	732	484	371
201.0	4.255	206.7	95.9	111.3	90.8	79.6	68.4	648	570	399	735	488	374
202.0	4.244	207.7	96.2	111.5	90.9	79.8	68.7	651	573	401	737	492	376

续表

硬度								抗拉强度 R_m/MPa					
布氏		维氏	洛氏		表面洛氏			板材			棒材		
HB ($30D^2$)	d_{10}、$2d_5$、$4d_{2.5}$/mm	HV	HRB	HRF	HR 15T	HR 30T	HR 45T	R_m	$R_{p0.1}$	$R_{p0.01}$	R_m	$R_{p0.1}$	$R_{p0.01}$
203.0	4.235	208.8	96.5	111.7	91.1	80.1	69.0	654	576	404	740	496	378
204.0	4.225	209.8	96.8	111.8	91.2	80.2	69.2	658	580	406	743	500	381
205.0	4.215	210.9	97.2	112.1	91.3	80.5	69.7	661	583	408	746	504	384
206.0	4.205	211.9	97.5	112.2	91.4	80.9	69.9	665	586	411	749	508	387
207.0	4.196	212.9	97.8	112.4	91.5	80.9	70.2	668	589	413	752	512	390
208.0	4.186	214.0	98.1	112.6	91.6	81.1	70.6	672	592	416	755	516	393
209.0	4.177	215.0	98.4	112.7	91.7	81.3	70.8	675	596	418	758	520	396
210.0	4.167	216.1	98.8	113.0	91.8	81.6	71.3	679	599	420	761	524	398
211.0	4.157	217.2	17.8	59.1	67.8	38.7	17.1	682	602	423	764	528	401
212.0	4.148	218.2	18.0	59.2	67.9	38.9	17.3	685	606	425	767	532	404
213.0	4.139	219.3	18.2	59.3	68.0	39.0	17.6	688	609	428	770	535	407
214.0	4.129	220.3	18.4	59.4	68.2	39.2	17.8	692	613	430	774	539	410
215.0	4.120	221.3	18.6	59.5	68.3	39.4	18.0	695	616	431	777	543	413
216.0	4.111	222.4	18.8	59.6	68.4	39.6	18.3	699	619	434	780	547	416
217.0	4.102	223.4	18.9	59.7	68.4	39.7	18.4	702	623	436	783	551	419
218.0	4.093	224.5	19.1	59.8	68.5	39.9	18.6	706	626	438	786	555	421
219.0	4.084	225.5	19.3	59.9	68.7	40.1	18.9	709	630	441	788	559	424
220.0	4.075	226.6	19.5	60.0	68.8	40.3	19.1	713	633	443	792	563	427
221.0	4.066	227.6	19.7	60.1	68.9	40.5	19.3	716	635	446	795	567	430
222.0	4.058	228.7	19.9	60.2	69.0	40.7	19.6	720	639	448	798	571	432
223.0	4.049	229.7	20.0	60.2	69.1	40.8	19.7	723	642	450	801	575	435
224.0	4.040	230.8	20.2	60.3	69.2	40.9	19.9	727	645	453	804	579	438
225.0	4.032	231.8	20.4	60.4	69.3	41.1	20.1	730	649	455	808	583	441
226.0	4.023	232.9	20.6	60.5	69.4	41.3	20.4	734	652	458	811	586	443
227.0	4.015	233.9	20.8	60.6	69.5	41.5	20.6	736	656	460	814	590	446
228.0	4.006	235.0	20.9	60.7	69.6	41.6	20.7	740	659	462	817	594	449
229.0	3.998	236.0	21.1	60.8	69.7	41.8	21.0	743	662	465	820	597	452
230.0	3.990	237.0	21.3	60.9	69.8	42.0	21.2	747	666	467	824	601	455
231.0	3.982	238.1	21.5	61.0	69.9	42.2	21.4	750	669	470	827	605	458
232.0	3.973	239.1	21.7	61.1	70.0	42.4	21.6	754	673	472	831	609	461
233.0	3.965	240.2	21.8	61.2	70.1	42.5	21.8	757	676	474	834	613	464
234.0	3.957	241.2	22.0	61.3	70.2	42.6	22.0	761	679	477	837	617	466
235.0	3.948	242.3	22.2	61.4	70.3	42.8	22.2	764	683	479	840	621	469
236.0	3.941	243.3	22.4	61.5	70.4	43.0	22.5	768	685	482	843	625	472

续表

硬度								抗拉强度 R_m/MPa					
布氏		维氏	洛氏		表面洛氏			板材			棒材		
HB ($30D^2$)	d_{10}、$2d_5$、$4d_{2.5}$/mm	HV	HRB	HRF	HR 15T	HR 30T	HR 45T	R_m	$R_{p0.1}$	$R_{p0.01}$	R_m	$R_{p0.1}$	$R_{p0.01}$
237.0	3.933	244.4	22.5	61.5	70.5	43.1	22.6	772	689	483	846	629	475
238.0	3.925	245.4	22.7	61.6	70.6	43.3	22.8	775	692	485	850	633	478
239.0	3.917	246.5	22.9	61.7	70.7	43.5	23.0	779	695	488	853	636	481
240.0	3.909	247.5	23.0	61.8	70.8	43.6	23.2	782	699	490	857	640	483
241.0	3.902	248.6	23.2	61.9	70.9	43.8	23.4	786	702	493	860	644	486
242.0	3.894	249.6	23.4	62.0	71.0	44.0	23.7	788	705	495	863	648	488
243.0	3.886	250.7	23.6	62.1	71.1	44.2	23.9	792	709	497	867	652	491
244.0	3.878	251.7	23.7	62.1	71.1	44.3	24.0	796	712	500	870	656	494
245.0	3.870	252.7	23.9	62.2	71.2	44.4	24.2	799	716	502	874	660	497
246.0	3.863	253.8	24.1	62.3	71.3	44.6	24.4	803	719	505	877	664	500
247.0	3.855	254.8	24.2	62.4	71.4	44.7	24.6	806	722	507	881	668	503
248.0	3.848	255.9	24.4	62.5	71.5	44.9	24.8	810	726	509	884	672	506
249.0	3.840	256.9	24.6	62.6	71.6	45.1	25.0	814	729	512	888	676	509
250.0	3.833	258.0	24.7	62.6	71.7	45.2	25.1	817	733	514	890	680	510
251.0	3.822	259.0	24.9	62.7	71.8	45.4	25.4	821	735	517	894	684	514
252.0	3.810	260.1	25.1	62.8	71.9	45.6	25.6	824	738	519	897	687	517
253.0	3.807	261.1	25.2	62.9	72.0	45.7	25.7	828	742	521	901	691	520
254.0	3.804	262.2	25.4	63.0	72.1	45.9	26.0	832	745	524	904	696	523
255.0	3.797	263.2	25.6	63.1	72.2	46.1	26.2	836	748	526	908	699	526
256.0	3.790	264.3	25.7	63.1	72.3	46.2	26.3	838	752	529	911	703	529
257.0	3.783	265.3	25.9	63.2	72.4	46.3	26.5	842	755	531	915	707	532
258.0	3.776	266.4	26.0	63.3	72.4	46.4	26.7	845	759	533	918	711	533
259.0	3.769	267.4	26.2	63.4	72.5	46.6	26.9	849	762	535	922	715	536
260.0	3.762	268.5	26.4	63.5	72.6	46.8	27.1	852	765	537	925	719	539
261.0	3.755	269.5	26.5	63.5	72.7	46.9	27.2	856	769	540	929	723	542
262.0	3.748	270.5	26.7	63.6	72.8	47.1	27.4	860	772	542	933	727	545
263.0	3.741	271.6	26.8	63.7	72.9	47.2	27.6	863	776	544	936	731	548
264.0	3.734	272.6	27.0	63.8	73.0	47.4	27.8	867	779	547	939	735	551
265.0	3.728	273.7	27.2	63.9	73.1	47.6	28.0	871	782	549	942	738	554
266.0	3.721	274.7	27.3	64.0	73.2	47.7	28.2	874	786	551	946	742	556
267.0	3.714	275.8	27.5	64.1	73.3	47.9	28.4	878	788	554	950	746	559
268.0	3.707	276.8	27.6	64.1	73.3	48.0	28.6	882	792	556	953	750	562
269.0	3.700	277.9	27.8	64.2	73.4	48.1	28.8	885	795	559	957	754	565
270.0	3.694	278.9	27.9	64.3	73.5	48.2	28.9	888	798	561	961	758	568

续表

硬　度								抗拉强度 R_m/MPa					
布氏		维氏	洛氏		表面洛氏			板　材			棒　材		
HB ($30D^2$)	d_{10}、$2d_5$、$4d_{2.5}$/mm	HV	HRB	HRF	HR 15T	HR 30T	HR 45T	R_m	$R_{p0.1}$	$R_{p0.01}$	R_m	$R_{p0.1}$	$R_{p0.01}$
271.0	3.687	280.0	28.1	64.4	73.6	48.4	29.1	892	802	563	964	762	571
272.0	3.681	281.0	28.2	64.4	73.7	48.5	29.2	895	805	566	968	766	574
273.0	3.674	282.1	28.4	64.5	73.8	48.7	29.4	899	808	568	972	770	577
274.0	3.668	283.1	28.6	64.6	73.9	48.9	29.6	903	812	571	975	774	580
275.0	3.661	284.2	28.7	64.7	74.0	49.0	29.8	907	815	573	979	778	582
276.0	3.655	285.2	28.9	64.8	74.1	49.2	30.0	910	819	575	983	782	584
277.0	3.649	286.2	29.0	64.8	74.1	49.3	30.1	914	822	578	986	786	587
278.0	3.643	287.3	29.2	64.9	74.2	49.5	30.3	918	825	580	989	789	590
279.0	3.636	288.3	29.3	65.0	74.3	49.6	30.5	921	829	583	993	793	593
280.0	3.630	289.4	29.5	65.1	74.4	49.8	30.7	925	832	584	997	797	596
281.0	3.624	290.4	29.6	65.1	74.5	49.9	30.9	929	836	586	1000	801	599
282.0	3.618	291.5	29.8	65.2	74.6	50.0	31.1	932	838	589	1004	805	602
283.0	3.612	292.5	29.9	65.3	74.6	50.1	31.2	936	841	591	1008	809	604
284.0	3.605	293.6	30.1	65.4	74.7	50.3	31.4	939	845	594	1012	813	607
285.0	3.599	294.6	30.2	65.4	74.8	50.4	31.6	943	848	596	1015	817	610
286.0	3.593	295.7	30.4	65.5	74.9	50.6	31.8	946	851	598	1019	821	613
287.0	3.587	296.7	30.5	65.6	75.0	50.7	31.9	950	855	601	1023	825	616
288.0	3.581	297.8	30.7	65.7	75.1	50.9	32.1	954	858	603	1027	829	619
289.0	3.575	298.8	30.8	65.7	75.1	51.0	32.3	958	862	606	1030	832	622
290.0	3.569	299.9	31.0	65.8	75.2	51.2	32.5	961	865	608	1034	836	625
291.0	3.563	300.9	31.1	65.9	75.3	51.3	32.6	965	868	610	1038	839	627
292.0	3.557	301.9	31.2	65.9	75.4	51.4	32.7	969	872	613	1041	843	630
293.0	3.551	303.0	31.4	66.0	75.5	51.6	32.9	973	875	615	1045	847	633
294.0	3.545	304.0	31.5	66.1	75.5	51.7	33.1	976	879	618	1049	851	635
295.0	3.540	305.1	31.7	66.2	75.6	51.8	33.3	980	882	620	1052	855	638
296.0	3.534	306.1	31.8	66.2	75.7	51.9	33.4	984	885	622	1056	859	642
297.0	3.528	307.2	32.0	66.3	75.8	52.1	33.6	988	888	625	1060	863	644
298.0	3.522	308.2	32.1	66.4	75.9	52.2	33.8	990	891	627	1064	867	647
299.0	3.517	309.3	32.3	66.5	76.0	52.4	34.0	994	895	630	1068	871	649
300.0	3.511	310.3	32.4	66.5	76.0	52.5	34.1	998	898	632	1072	875	652
301.0	3.505	311.4	32.5	66.6	76.1	52.6	34.2	1002	901	634	1075	879	657
302.0	3.500	312.4	32.7	66.7	76.2	52.8	34.4	1006	905	636	1079	883	658
303.0	3.494	313.5	32.8	66.8	76.3	52.9	34.6	1009	908	638	1083	887	661
304.0	3.489	314.5	33.0	66.9	76.4	53.1	34.8	1013	911	641	1087	890	664

续表

硬度								抗拉强度 R_m/MPa					
布氏		维氏	洛氏		表面洛氏			板材			棒材		
HB ($30D^2$)	d_{10}、$2d_5$、$4d_{2.5}$/mm	HV	HRB	HRF	HR 15T	HR 30T	HR 45T	R_m	$R_{p0.1}$	$R_{p0.01}$	R_m	$R_{p0.1}$	$R_{p0.01}$
305.0	3.483	315.6	33.1	66.9	76.4	53.2	34.9	1017	915	643	1090	894	667
306.0	3.478	316.6	33.2	67.0	76.5	53.3	35.0	1021	918	645	1094	898	670
307.0	3.472	317.7	33.4	67.1	76.6	53.5	35.2	1025	921	648	1098	902	672
308.0	3.467	318.7	33.5	67.1	76.7	53.6	35.4	1028	925	650	1102	906	675
309.0	3.461	319.7	33.7	67.2	76.8	53.7	35.6	1032	928	653	1105	910	678
310.0	3.456	320.8	33.8	67.3	76.8	53.8	35.7	1036	932	655	1109	914	681
311.0	3.450	321.8	33.9	67.3	76.9	53.9	35.9	1040	935	657	1113	918	684
312.0	3.445	322.9	34.1	67.4	77.0	45.1	36.1	1043	938	660	1117	922	686
313.0	3.440	323.9	34.2	67.5	77.0	54.2	36.2	1046	941	662	1121	926	689
314.0	3.434	325.0	34.3	67.5	77.1	54.3	36.3	1050	944	664	1125	930	692
315.0	3.429	326.0	34.5	67.6	77.2	54.5	36.5	1054	948	666	1129	934	694
316.0	3.424	327.1	34.6	67.7	77.3	54.6	36.7	1058	951	669	1133	938	697
317.0	3.419	328.1	34.8	67.8	77.4	54.8	36.9	1062	955	672	1137	941	700
318.0	3.413	329.2	34.9	67.8	77.4	54.9	37.0	1066	958	674	1140	945	703
319.0	3.408	330.2	35.0	67.9	77.5	55.0	37.2	1069	961	676	1144	949	706
320.0	3.403	331.3	35.2	68.0	77.6	55.2	37.4	1072	965	679	1148	953	709
321.0	3.398	332.3	35.3	68.0	77.6	55.3	37.5	1077	968	681	1152	957	712
322.0	3.393	333.4	35.4	68.1	77.7	55.4	37.6	1081	971	684	1156	961	715
323.0	3.388	334.4	35.6	68.2	77.8	55.5	37.8	1085	974	685	1160	965	717
324.0	3.383	335.4	35.7	68.2	77.9	55.6	38.0	1089	978	687	1164	969	720
325.0	3.378	336.5	35.8	68.3	78.0	55.7	38.1	1092	982	690	1168	973	723
326.0	3.372	337.5	36.0	68.4	78.1	55.9	38.3	1095	985	692	1172	977	726
327.0	3.367	338.6	36.1	68.4	78.1	56.0	38.4	1099	988	695	1176	981	729
328.0	3.363	339.6	36.2	68.5	78.2	56.1	38.5	1103	992	697	1180	985	732
329.0	3.358	340.7	36.4	68.6	78.3	56.3	38.8	1107	994	699	1183	989	735
330.0	3.353	341.7	36.5	68.6	78.3	56.4	38.9	1111	998	702	1187	992	737
331.0	3.348	342.8	36.6	68.7	78.4	56.5	39.0	1115	1001	704	1191	996	739
332.0	3.343	343.8	36.7	68.7	78.5	56.6	39.1	1119	1004	707	1194	1000	742
333.0	3.338	344.9	36.9	68.8	78.6	56.8	39.4	1123	1008	709	1199	1004	745
334.0	3.333	345.9	37.0	68.9	78.6	56.9	39.5	1127	1011	711	1203	1008	748
335.0	3.328	347.0	37.1	68.9	78.7	57.0	39.6	1130	1014	714	1207	1012	751
336.0	3.323	348.0	37.3	69.0	78.8	57.1	39.8	1134	1018	716	1211	1016	754
337.0	3.318	349.1	37.4	69.1	78.8	57.2	39.9	1138	1021	719	1215	1020	757
338.0	3.314	350.1	37.5	69.1	78.9	57.3	40.1	1141	1025	721	1219	1024	760
339.0	3.309	351.1	37.7	69.2	79.0	57.5	40.3	1145	1028	723	1223	1028	762
340.0	3.304	352.2	37.8	69.3	79.1	57.6	40.4	1149	1031	726	1227	1032	765

续表

硬　度								抗拉强度 R_m/MPa					
布氏		维氏	洛氏		表面洛氏			板　材			棒　材		
HB ($30D^2$)	d_{10}、$2d_5$、$4d_{2.5}$/mm	HV	HRB	HRF	HR 15T	HR 30T	HR 45T	R_m	$R_{p0.1}$	$R_{p0.01}$	R_m	$R_{p0.1}$	$R_{p0.01}$
341.0	3.300	353.2	37.9	69.3	79.1	57.7	40.5	1153	1035	728	1231	1036	768
342.0	3.295	354.3	38.0	69.4	79.2	57.8	40.6	1157	1038	731	1235	1040	771
343.0	3.290	355.3	38.2	69.5	79.3	58.0	40.9	1161	1041	733	1239	1043	774
344.0	3.286	356.4	38.3	69.5	79.3	58.1	41.0	1165	1044	735	1243	1047	777
345.0	3.281	357.4	38.4	69.6	79.4	58.2	41.1	1169	1047	737	1246	1051	780
346.0	3.276	358.5	38.5	69.7	79.5	58.3	41.2	1173	1051	739	1250	1055	783
347.0	3.271	359.5	38.7	69.8	79.6	58.5	41.5	1177	1054	742	1254	1059	785
348.0	3.267	360.6	38.8	69.8	79.6	58.6	41.6	1181	1058	744	1258	1063	787
349.0	3.262	361.6	38.9	69.9	79.7	58.7	41.7	1184	1061	746	1262	1066	790
350.0	3.258	362.7	39.0	69.9	79.8	58.8	41.8	1188	1064	749	1266	1070	793
351.0	3.254	363.7	39.2	70.0	79.9	58.9	42.0	1192	1068	751	1270	1074	796
352.0	3.249	364.8	39.3	70.1	79.9	59.0	42.2	1195	1071	754	1274	1078	799
353.0	3.245	365.8	39.4	70.1	80.0	59.1	42.3	1199	1074	756	1278	1082	802
354.0	3.240	366.9	39.5	70.2	80.1	59.2	42.4	1203	1078	758	1282	1086	805
355.0	3.236	367.9	39.8	70.3	80.2	59.5	42.7	1207	1081	761	1286	1090	807
356.0	3.231	368.9	39.9	70.4	80.2	59.6	42.9	1211	1085	763	1291	1093	810
357.0	3.227	370.0	40.0	70.4	80.3	59.7	43.0	1215	1088	766	1294	1097	813
358.0	3.223	371.0	40.2	70.5	80.4	59.9	43.2	1219	1090	768	1298	1101	816
359.0	3.218	372.1	40.3	70.6	80.5	60.0	43.3	1223	1094	770	1302	1105	819
360.0	3.214	373.1	40.4	70.6	80.5	60.1	43.4	1227	1097	773	1306	1109	822
361.0	3.209	374.2	40.5	70.7	80.6	60.2	43.5	1231	1101	775	1310	1113	825
362.0	3.205	375.2	40.6	70.7	80.7	60.3	43.7	1235	1104	777	1314	1117	828
363.0	3.201	376.3	40.8	70.8	80.8	60.5	43.9	1239	1107	780	1318	1121	830
364.0	3.197	377.3	40.9	70.9	80.8	60.6	44.0	1243	1111	782	1322	1125	833
365.0	3.193	378.4	41.0	70.9	80.9	60.7	44.1	1246	1114	785	1326	1129	836
366.0	3.188	379.4	41.1	71.0	80.9	60.8	44.2	1250	1117	786	1330	1133	838
367.0	3.184	380.5	41.2	71.0	81.0	60.8	44.4	1254	1121	788	1334	1137	841
368.0	3.180	381.5	41.3	71.1	81.0	60.9	44.5	1258	1124	791	1339	1141	844
369.0	3.175	382.6	41.4	71.1	81.1	61.0	44.6	1262	1128	793	1343	1144	847
370.0	3.171	383.6	41.5	71.2	81.1	61.1	44.7	1266	1131	796	1346	1148	850
371.0	3.167	384.6	41.6	71.2	81.2	61.2	44.8	1270	1134	798	1350	1152	852
372.0	3.163	385.7	41.7	71.3	81.3	61.3	44.9	1274	1138	800	1354	1156	855
373.0	3.159	386.7	41.9	71.4	81.4	61.5	45.2	1278	1141	803	1358	1160	858
374.0	3.155	387.8	42.0	71.4	81.4	61.6	45.3	1282	1144	805	1362	1164	861

续表

硬度								抗拉强度 R_m/MPa					
布氏		维氏	洛氏		表面洛氏			板材			棒材		
HB ($30D^2$)	d_{10}、$2d_5$、$4d_{2.5}$/mm	HV	HRB	HRF	HR 15T	HR 30T	HR 45T	R_m	$R_{p0.1}$	$R_{p0.01}$	R_m	$R_{p0.1}$	$R_{p0.01}$
375.0	3.151	388.8	42.1	71.5	81.5	61.7	45.4	1286	1147	808	1366	1168	864
376.0	3.147	389.9	42.2	71.5	81.5	61.8	45.5	1290	1150	810	1370	1172	867
377.0	3.144	390.9	42.3	71.6	81.6	61.9	45.6	1293	1154	812	1374	1176	870
378.0	3.138	392.0	42.4	71.6	81.7	62.0	45.8	1298	1157	815	1379	1180	872
379.0	3.134	393.0	42.6	71.7	81.8	62.2	46.0	1302	1161	817	1383	1184	875
380.0	3.130	394.1	42.7	71.8	81.8	62.3	46.1	1306	1164	820	1387	1188	878
381.0	3.126	395.1	42.8	71.8	81.9	62.4	46.2	1310	1167	822	1391	—	—
382.0	3.122	396.2	42.9	71.9	81.9	62.5	46.3	1314	1171	824	1395	—	—
383.0	3.118	397.2	43.0	71.9	82.0	62.6	46.5	1318	1174	827	1398	—	—
384.0	3.114	398.3	43.2	72.0	82.1	62.7	46.7	1322	1177	829	1402	—	—
385.0	3.111	399.3	43.3	72.1	82.2	62.8	46.8	1326	1181	832	1406	—	—
386.0	3.107	400.3	43.4	72.1	82.2	62.9	46.9	1330	1184	834	1410	—	—
387.0	3.103	401.4	43.5	72.2	82.3	63.0	47.0	1334	1188	836	1415	—	—
388.0	3.099	402.4	43.6	72.2	82.3	63.1	47.2	1338	1191	838	1419	—	—
389.0	3.095	403.5	43.7	72.3	82.4	63.2	47.3	1342	1193	840	1423	—	—
390.0	3.091	404.5	43.9	72.4	82.5	63.4	47.5	1345	1197	843	1427	—	—
391.0	3.087	405.6	44.0	72.4	82.6	63.5	47.6	1349	1200	845	1431	—	—
392.0	3.083	406.6	44.1	72.5	82.6	63.6	47.7	1354	1204	847	1435	—	—
393.0	3.079	407.7	44.2	72.6	82.7	63.7	47.9	1358	1207	850	1439	—	—
394.0	3.076	408.7	44.3	72.6	82.7	63.8	48.0	1362	1210	852	1443	—	—
395.0	3.072	409.8	44.4	72.7	82.8	63.9	48.1	1366	1214	855	1446	—	—
396.0	3.068	410.8	44.6	72.8	82.9	64.1	48.3	1370	1217	857	1451	—	—
397.0	3.065	411.9	44.7	72.8	82.9	64.2	48.4	1374	1220	859	1455	—	—
398.0	3.061	412.9	44.8	72.9	83.0	64.3	48.6	1378	1224	862	1459	—	—
399.0	3.057	414.0	44.9	72.9	83.1	64.4	48.7	1382	1227	864	1463	—	—
400.0	3.053	415.0	45.0	73.0	83.1	64.4	48.8	1386	1231	867	1467	—	—
401.0	3.050	416.0	45.1	73.0	83.2	64.5	48.9	1391	—	—	1471	—	—
402.0	3.046	417.7	45.3	73.1	83.3	64.7	49.1	1395	—	—	1475	—	—
403.0	3.042	418.1	45.4	73.2	83.3	64.8	49.3	1398	—	—	1479	—	—
404.0	3.038	419.2	45.5	73.2	83.4	64.9	49.4	1402	—	—	1483	—	—
405.0	3.034	420.2	45.6	73.3	83.5	65.0	49.5	1406	—	—	1488	—	—
406.0	3.031	421.3	45.7	73.3	83.5	65.1	49.6	1410	—	—	1492	—	—
407.0	3.027	422.3	45.8	73.4	83.6	65.2	49.7	1414	—	—	1496	—	—
408.0	3.024	423.4	45.9	73.4	83.6	65.3	49.8	1419	—	—	1499	—	—

续表

硬度								抗拉强度 R_m/MPa					
布氏		维氏	洛氏		表面洛氏			板材			棒材		
HB ($30D^2$)	d_{10}、$2d_5$、$4d_{2.5}$/mm	HV	HRB	HRF	HR 15T	HR 30T	HR 45T	R_m	$R_{p0.1}$	$R_{p0.01}$	R_m	$R_{p0.1}$	$R_{p0.01}$
409.0	3.020	424.9	46.0	73.5	83.7	65.4	50.0	1423	—	—	1503	—	—
410.0	3.017	425.5	46.2	73.6	83.8	65.6	50.2	1427	—	—	1507	—	—
411.0	3.013	426.5	46.3	73.6	83.8	65.7	50.3	1431	—	—	1511	—	—
412.0	3.009	427.6	46.4	73.7	83.9	65.8	50.4	1435	—	—	1515	—	—
413.0	3.005	428.6	46.5	73.7	84.0	65.9	50.5	1439	—	—	1519	—	—
414.0	3.002	429.7	46.6	73.8	84.0	66.0	50.7	1444	—	—	1523	—	—
415.0	2.998	430.7	46.7	73.8	84.1	66.1	50.8	1447	—	—	1528	—	—
416.0	2.995	431.8	46.8	73.9	84.1	66.2	50.9	1451	—	—	1532	—	—
417.0	2.991	432.8	46.9	73.9	84.2	66.3	51.0	1455	—	—	1536	—	—
418.0	2.988	433.8	47.0	74.0	84.3	66.4	51.1	1459	—	—	1540	—	—
419.0	2.985	434.9	47.2	74.1	84.4	66.6	51.3	1464	—	—	1544	—	—
420.0	2.981	435.9	47.3	74.1	84.4	66.6	51.5	1468	—	—	1547	—	—

附表 6　铝合金硬度与强度换算

硬度								抗拉强度 R_m/MPa						
布氏		维氏	洛氏		表面洛氏			退火、淬火人工时效				淬火自然时效		变形铝合金
$P=10D^2$														
HB	d_{10}，$2d_5$，$4d_{2.5}$/mm	HV	HRB	HRF	HR15T	HR30T	HR45T	2A11 2A12	7A04	2A50	2A14	2A11 2A12	2A50 2A14	
55.0	4.670	56.1	—	52.5	62.3	17.6	—	197	207	208	207	—	—	215
56.0	4.631	57.1	—	53.7	62.9	18.8	—	201	209	209	209	—	—	218
57.0	4.592	58.2	—	55.0	63.5	20.2	—	204	212	211	211	—	—	221
58.0	4.555	59.8	—	56.2	64.1	21.5	—	208	216	215	215	—	—	224
59.0	4.518	60.4	—	57.4	64.7	22.8	—	211	220	219	219	—	—	227
60.0	4.483	61.5	—	58.6	65.3	24.1	—	215	225	223	223	—	—	230
61.0	4.448	62.6	—	59.7	65.9	25.2	—	218	230	228	229	—	—	233
62.0	4.414	63.6	—	60.9	66.4	26.5	—	222	235	233	234	—	—	235
63.0	4.381	64.7	—	62.0	67.0	27.7	—	225	240	239	240	—	—	238
64.0	4.348	65.8	—	63.1	67.5	28.9	—	229	246	245	246	—	—	241
65.0	4.316	66.9	6.9	64.2	68.1	30.0	—	232	252	251	252	—	—	244
66.0	4.285	68.0	8.8	65.2	68.6	31.5	—	236	257	257	258	—	—	247
67.0	4.254	69.1	10.8	66.3	69.1	32.3	—	239	263	263	263	—	—	250

续表

硬度								抗拉强度 R_m/MPa						
布氏		维氏	洛氏		表面洛氏			退火、淬火人工时效				淬火自然时效		变形铝合金
$P=10D^2$														
HB	d_{10}，$2d_5$，$4d_{2.5}$ /mm	HV	HRB	HRF	HR15T	HR30T	HR45T	2A11 2A12	7A04	2A50	2A14	2A11 2A12	2A50 2A14	
68.0	4.225	70.1	12.7	67.3	69.6	33.4	—	243	269	269	269	—	—	253
69.0	4.195	71.2	14.6	68.3	70.1	34.4	—	246	274	274	275	—	—	256
70.0	4.167	72.3	16.5	69.3	70.6	35.5	—	250	279	280	280	—	—	259
71.0	4.139	73.4	18.2	70.2	71.0	36.5	0.8	253	284	285	285	—	—	263
72.0	4.111	74.5	20.0	71.1	71.5	37.4	2.3	257	289	291	290	—	—	266
73.0	4.084	75.6	21.9	72.1	72.0	38.5	3.9	260	294	295	295	—	—	269
74.0	4.058	76.7	23.4	72.9	72.3	39.3	5.2	264	298	300	299	—	—	272
75.0	4.032	77.7	25.1	73.8	72.8	40.3	6.7	267	302	305	303	—	—	275
76.0	4.006	78.8	26.8	74.7	73.2	41.3	8.2	271	306	309	307	—	—	278
77.0	3.981	79.9	28.3	75.5	73.6	42.1	9.5	274	310	312	310	—	—	281
78.0	3.957	81.0	29.8	76.3	74.0	43.0	10.8	278	313	316	314	—	—	285
79.0	3.933	82.1	31.3	77.1	74.4	43.8	12.1	281	316	319	317	—	—	288
80.0	3.909	83.2	32.9	77.9	74.8	44.7	13.4	285	319	322	319	—	—	291
81.0	3.886	84.2	34.2	78.6	75.2	45.4	14.6	288	322	325	322	—	—	294
82.0	3.863	85.3	35.5	79.3	75.5	46.2	15.7	292	325	327	324	—	—	298
83.0	3.841	86.4	36.9	80.0	75.8	46.9	16.9	295	327	329	326	—	—	301
84.0	3.819	87.5	38.2	80.7	76.2	47.7	18.0	299	330	331	328	—	—	304
85.0	3.797	88.6	39.5	81.4	76.5	48.4	19.2	302	332	333	330	—	—	307
86.0	3.776	89.7	40.8	82.1	76.9	49.2	20.3	306	334	334	332	—	—	311
87.0	3.755	90.7	42.0	82.7	77.2	49.8	21.3	309	336	336	334	—	—	314
88.0	3.734	91.8	43.1	83.3	77.5	50.4	22.3	313	337	337	335	—	—	317
89.0	3.714	92.9	44.3	83.9	77.8	51.1	23.3	316	339	338	337	—	—	321
90.0	3.694	94.0	45.4	84.5	78.1	51.7	24.2	320	341	339	338	351	414	324
91.0	3.675	95.1	46.5	85.1	78.3	52.4	25.2	323	342	340	340	357	417	328
92.0	3.655	96.2	47.7	85.7	78.6	53.0	26.2	327	344	341	341	363	421	331
93.0	3.636	97.2	48.6	86.2	78.9	53.5	27.0	330	346	342	343	368	425	335
94.0	3.618	98.3	49.6	86.7	79.1	54.1	27.9	334	347	343	345	374	429	338
95.0	3.599	99.4	50.7	87.3	79.4	54.7	28.8	337	349	345	346	379	433	341
96.0	3.581	100.5	51.7	87.8	79.7	55.2	29.7	341	350	346	348	385	436	345
97.0	3.563	101.6	52.6	88.3	79.9	55.8	30.5	344	352	347	350	390	440	349
98.0	3.545	102.7	53.4	88.7	80.1	56.2	31.1	348	354	349	352	396	444	352

续表

硬　度								抗拉强度 R_m/MPa						
布氏		维氏	洛氏		表面洛氏			退火、淬火人工时效				淬火自然时效		变形铝合金
$P=10D^2$														
HB	d_{10}，$2d_5$，$4d_{2.5}$/mm	HV	HRB	HRF	HR15T	HR30T	HR45T	2A11 2A12	7A04	2A50	2A14	2A11 2A12	2A50 2A14	
99.0	3.528	103.7	54.3	89.2	80.4	56.7	32.0	351	356	351	354	402	448	356
100.0	3.511	104.8	55.3	89.7	80.6	57.3	32.8	355	358	353	357	407	451	359
101.0	3.494	105.9	56.0	90.1	80.8	57.7	33.4	358	360	355	359	413	455	363
102.0	3.478	107.0	57.0	90.6	81.1	58.2	34.3	362	362	357	362	418	459	366
103.0	3.461	108.1	57.7	91.0	81.2	58.6	34.9	365	365	360	364	424	463	370
104.0	3.445	109.2	58.5	91.4	81.4	59.1	35.6	369	367	363	367	429	466	374
105.0	3.429	110.2	59.3	91.8	81.6	59.5	36.2	372	370	366	370	435	470	377
106.0	3.413	111.1	60.0	92.2	81.8	59.9	36.9	376	372	370	373	441	474	381
107.0	3.398	112.4	60.8	92.6	82.0	60.4	37.5	379	375	373	376	446	479	385
108.0	3.383	113.5	61.5	93.0	82.2	60.8	38.2	383	378	377	379	452	482	388
109.0	3.367	114.6	62.3	93.4	82.4	61.2	38.8	386	381	382	383	457	485	392
110.0	3.353	115.7	63.1	93.8	82.6	61.6	39.5	390	385	386	386	463	489	396
111.0	3.338	116.7	63.6	94.1	82.8	62.0	40.0	393	388	391	390	468	493	400
112.0	3.323	117.8	64.4	94.5	83.0	62.4	40.7	397	391	396	394	474	497	403
113.0	3.309	118.9	65.0	94.8	83.1	62.7	41.1	400	395	402	397	480	500	407
114.0	3.295	120.0	65.7	95.2	83.3	63.1	41.8	404	399	407	401	485	501	411
115.0	3.281	121.1	66.3	95.5	83.5	63.5	42.3	407	403	413	405	491	508	415
116.0	3.267	122.2	67.0	95.9	83.7	63.9	43.0	411	407	419	409	496	512	419
117.0	3.254	123.2	67.6	96.2	83.8	64.2	43.4	414	411	425	413	502	516	422
118.0	3.240	124.3	68.2	96.5	84.0	64.5	43.9	418	415	432	417	507	519	426
119.0	3.227	125.4	68.8	96.8	84.1	64.8	44.4	421	419	438	421	513	523	430
120.0	3.214	126.5	69.3	97.1	84.2	65.2	44.9	425	423	444	425	519	527	434
121.0	3.201	127.6	69.9	97.4	84.4	65.5	45.4	428	427	451	429	524	531	438
122.0	3.188	128.7	70.6	97.8	84.6	65.9	46.1	432	431	457	432	530	534	442
123.0	3.175	129.7	71.2	98.1	84.7	66.2	46.4	435	435	464	436	535	538	446
124.0	3.163	130.8	71.6	98.3	84.8	66.4	46.9	439	440	470	440	540	542	450
125.0	3.151	131.9	72.2	98.6	85.0	66.8	47.4	442	444	476	444	546	546	454
126.0	3.138	133.0	72.7	98.9	85.1	67.1	47.9	446	448	482	448	552	550	458
127.0	3.126	134.1	73.3	99.2	85.3	67.4	48.4	449	452	488	452	558	553	462
128.0	3.114	135.2	73.9	99.5	85.4	67.7	48.9	453	457	493	455	563	557	466
129.0	3.103	136.2	74.4	99.8	85.6	68.0	49.3	456	461	498	459	569	561	470

续表

硬度								抗拉强度 R_m/MPa						
布氏		维氏	洛氏		表面洛氏			退火、淬火人工时效				淬火自然时效		变形铝合金
$P=10D^2$														
HB	d_{10}，$2d_5$，$4d_{2.5}$ /mm	HV	HRB	HRF	HR15T	HR30T	HR45T	2A11 2A12	7A04	2A50	2A14	2A11 2A12	2A50 2A14	
130.0	3.091	137.3	74.8	100.0	85.7	68.3	49.7	460	465	503	463	574	565	474
131.0	3.079	138.4	75.4	100.3	85.8	68.6	50.2	463	469	507	467	580	—	478
132.0	3.068	139.5	76.0	100.6	86.0	68.9	50.7	467	473	511	471	585	—	482
133.0	3.057	140.6	76.3	100.8	86.1	69.1	51.0	470	477	514	474	591	—	486
134.0	3.046	141.7	76.9	101.1	86.2	69.4	51.5	474	480	517	478	597	—	491
135.0	3.035	142.7	77.3	101.3	86.3	69.6	51.8	477	484	519	483	602	—	495
136.0	3.024	143.8	77.9	101.6	86.5	70.0	52.3	481	488	521	487	608	—	499
137.0	3.013	144.9	78.2	101.8	86.6	70.2	52.6	484	491	522	491	613	—	503
138.0	3.002	146.0	78.8	102.1	86.7	70.5	53.1	488	495	523	496	619	—	507
139.0	2.992	147.1	79.2	102.3	86.8	70.7	53.5	491	498	—	501	—	—	512
140.0	2.981	148.2	79.8	102.6	87.0	71.0	53.9	495	502	—	506	—	—	516
141.0	2.971	149.2	80.1	102.8	87.1	71.2	54.3	498	505	—	511	—	—	520
142.0	2.961	150.3	80.5	103.0	87.2	71.5	54.6	502	509	—	517	—	—	524
143.0	2.951	151.4	81.1	103.3	87.3	71.8	55.1	505	512	—	524	—	—	529
144.0	2.940	152.5	81.5	103.5	87.4	72.0	55.4	509	515	—	530	—	—	533
145.0	2.931	153.6	81.9	103.7	87.5	72.2	55.7	512	519	—	538	—	—	537
146.0	2.921	154.7	82.2	103.9	87.6	72.4	56.1	516	522	—	546	—	—	542
147.0	2.911	155.7	82.6	104.1	87.7	72.6	56.4	519	526	—	555	—	—	546
148.0	2.901	156.8	83.0	104.3	87.8	72.8	56.7	523	529	—	564	—	—	550
149.0	2.892	157.9	83.4	104.5	87.9	73.1	57.1	526	533	—	575	—	—	555
150.0	2.882	159.0	83.9	104.8	88.0	73.4	57.6	530	537	—	586	—	—	559
151.0	2.873	160.1	84.3	105.0	88.1	73.6	57.9	533	541	—	—	—	—	—
152.0	2.864	161.2	84.7	105.2	88.2	73.8	58.2	537	545	—	—	—	—	—
153.0	2.855	162.2	85.1	105.4	88.3	74.0	58.5	540	550	—	—	—	—	—
154.0	2.846	163.3	85.5	105.6	88.4	74.2	58.9	544	554	—	—	—	—	—
155.0	2.837	164.4	85.8	105.8	88.5	74.4	59.2	547	559	—	—	—	—	—
156.0	2.828	165.5	86.2	106.0	88.6	74.7	59.5	551	564	—	—	—	—	—
157.0	2.819	166.6	86.6	106.2	88.7	74.9	59.9	554	570	—	—	—	—	—
158.0	2.810	167.7	86.8	106.3	88.8	75.0	60.0	558	576	—	—	—	—	—
159.0	2.801	168.7	87.2	106.5	88.9	75.2	60.3	561	582	—	—	—	—	—
160.0	2.793	169.8	87.5	106.7	89.0	75.4	60.7	565	588	—	—	—	—	—
161.0	2.784	170.9	87.9	106.9	89.1	75.6	61.0	—	595	—	—	—	—	—
162.0	2.776	172.0	88.3	107.1	89.2	75.8	61.3	—	602	—	—	—	—	—
163.0	2.767	173.1	88.7	107.3	89.3	76.0	61.7	—	610	—	—	—	—	—
164.0	2.759	174.2	89.3	107.6	89.4	76.4	62.1	—	617	—	—	—	—	—

附录 4 常用计量单位

常用计量单位见附表 7～附表 10。

附表 7 SI 单位制

量的名称	单位名称	单位符号	SI 制表示式
长度	米	m	
面积	平方米	m^2	
体积	立方米	m^3	
容积	立方米	m^3	$1m^3=1000L$
	升	L	
时间	秒	s	
速度	米/秒	m/s	
转速	转/分	r/min	1r/min=0.16667r/s
角加速度	弧度/秒²	rad/s^2	
频率	赫[兹]	Hz	1Hz=1/s
密度	千克/米³	kg/m^3	
力;重力	牛[顿]	N	$1N=1kg \cdot m/s^2$
力矩	牛·米	N·m	
压力、压强、应力	帕[斯卡]	Pa	$1Pa=1N/m^2$
体积流量	米³/秒	m^3/s	
质量	千克(公斤)	kg	
质量流量	千克/秒	kg/s	
能量、功、热量	焦[耳]	J	1J=1N·m
功率;辐射通量	瓦[特]	W	1W=1J/s
热容	焦/开	J/K	
比热容	焦/(千克·开)	J/(kg·K)	
传热系数	瓦/(米²·开)	$W/(m^2 \cdot K)$	
电位、电压、电动势	伏[特]	V	1V=1W/A
电场强度	伏/米	V/m	
电流密度	安/米²	A/m^2	
电阻	欧[姆]	Ω	1Ω=1V/A
电阻率	欧·米	Ω·m	
电容	法[拉]	F	1F=1C/V
电感	亨[利]	H	1H=1Wb/A
平面角	弧度	rad	
温度	开[尔文]	K	
电流	安[培]	A	
角度	度	°	

附表 8 可与国际单位制并用的法定单位

量的名称	单位名称	单位符号	与 SI 制的关系
时间	分	min	1min=60s
	时	h	1h=60min=3600s
	天	d	1d=24h=86400s
体　积	升	L(l)	1L=1dm^3=1m^3/1000
质　量	吨	t	1t=1000kg
温　度	摄氏度	℃	1℃=1K,0℃←→273.15K
平面角	度	°	1°=(π/180)rad=0.017453 rad
	分	′	1′=(1/60)°=(π/10800)rad
	秒	″	1″=(1/60)′=(π/648000)rad
转　速	转每分	r/min	1 r/min=0.16667r/s
线密度	特[克斯]	tex	1tex=1g/km
能量、功	瓦·时	W·h	1W·h=3600J
级差	分贝	dB	1dB=0.1B

附表 9 工业上常见的非法定单位

量的名称	单位名称	单位符号	与 SI 制的关系
重力	千克力	kgf	1kgf=9.807N
	吨力	tf	1tf=9807N
压力	工程大气压	at(kgf/cm^2)	1kgf/cm^2=98.07kPa
	标准大气压	atm	1atm=101325Pa
	毫米汞柱	mmHg	1mmHg=133.32Pa
	毫米水柱	mmH$_2$O	1mmH$_2$O=9.807Pa
热量	卡	cal	1cal=4.187J
能、功、热	千克力·米	kgf·m	1kgf·m=9.807J
功率	千克力·米/秒	kgf·m/s	1kgf·m/s=9.807W
	米制马力	HP	1HP=735.5W=75 kgf·m/s
温度	华氏度	°F	1K=5/9(°F+459.67)

附表 10 计量单位的词头

符号	名称	倍数	符号	名称	倍数	符号	名称	倍数
E	艾	10^{18}	—	万	10^4	m	毫	10^{-3}
P	拍	10^{15}	k	千	10^3	μ	微	10^{-6}
T	太	10^{12}	h	百	10^2	n	纳	10^{-9}
G	吉	10^9	da	十	10^1	p	皮	10^{-12}
—	亿	10^8	d	分	10^{-1}	f	飞	10^{-15}
M	兆	10^6	c	厘	10^{-2}	a	阿	10^{-18}

注：亿和万仅用于我国文字和口语中。

附录 5　常用单位换算

（1）长度单位

长度单位换算见附表 11 和附表 12。

附表 11　长度单位换算

单位	米 m	分米 dm	厘米 cm	毫米 mm	英尺 ft	英寸 in	码 yd
1m	1	10	100	1000	3.28084	39.3701	1.094
1dm	0.1	1	10	100	0.32808	3.93701	0.109
1cm	0.01	0.1	1	10	0.03281	0.39370	0.011
1mm	0.001	0.01	0.1	1	0.00328	0.03937	0.001
1ft	0.3048	3.048	30.48	304.8	1	12	0.3334
1in	0.0254	0.254	2.54	25.4	0.08333	1	0.0278
1yd	0.9144	9.144	91.44	914.4	3	36	1

单位	米 m	英尺 ft	码 yd	千米 km	英里 mile	海里 nmile
1m	1	3.28084	1.094	0.001	6.214×10^{-4}	5.4×10^{-4}
1ft	0.3048	1	0.3334	3.048×10^{-4}	1.894×10^{-4}	1.646×10^{-4}
1yd	0.9144	3	1	9.144×10^{-4}	5.682×10^{-4}	4.937×10^{-4}
1km	1000	3280.8	1094	1	0.6214	0.5400
1mile	1609	5280	1760	1.609	1	0.86898
1nmile	1852	6076	2025	1.852	1.1508	1

附表 12　英寸换算成毫米

英寸		毫米	英寸		毫米
分数	小数		分数	小数	
1/64	0.0156	0.3969	1/4	0.2500	6.3500
1/32	0.0313	0.7938	17/64	0.2656	6.7469
3/64	0.0469	1.1906	9/32	0.2813	7.1438
1/16	0.0625	1.5875	19/64	0.2969	7.5406
5/64	0.0781	1.9844	5/16	0.3125	7.9375
3/32	0.0938	2.3813	21/64	0.3281	8.3344
7/64	0.1094	2.7781	11/32	0.3438	8.7313
1/8	0.1250	3.1750	23/64	0.3594	9.1281
9/64	0.1406	3.5719	3/8	0.3750	9.5250
5/32	0.1563	3.9688	25/64	0.3906	9.9219
11/64	0.1719	4.3656	13/32	0.4063	10.319
3/16	0.1875	4.7625	27/64	0.4219	10.716
13/64	0.2031	5.1594	7/16	0.4375	11.113
7/32	0.2188	5.5563	29/64	0.4531	11.509
15/64	0.2344	5.9531	15/32	0.4688	11.906

续表

英寸		毫米	英寸		毫米
分数	小数		分数	小数	
31/64	0.4844	12.303	3/4	0.7500	19.050
1/2	0.5000	12.700	49/64	0.7656	19.447
33/64	0.5156	13.097	25/32	0.7813	19.844
17/32	0.5313	13.494	51/64	0.7969	20.241
35/64	0.5469	13.891	13/16	0.8125	20.638
9/16	0.5625	14.288	53/64	0.8281	21.034
37/64	0.5781	14.684	27/32	0.8438	21.431
19/32	0.5938	15.081	55/64	0.8594	21.828
39/64	0.6094	15.478	7/8	0.8750	22.225
5/8	0.6250	15.875	57/64	0.8906	22.622
41/64	0.6406	16.272	29/32	0.9063	23.019
21/32	0.6563	16.669	59/64	0.9219	23.416
43/64	0.6719	17.066	15/16	0.9375	23.813
11/16	0.6875	17.463	61/64	0.9531	24.209
45/64	0.7031	17.859	31/32	0.9688	24.606
23/32	0.7188	18.256	63/64	0.9844	25.003
47/64	0.7344	18.653	1	1.0000	25.400

（2）面积单位

面积单位换算见附表 13。

附表 13　面积单位换算

单位	平方米 m^2	平方厘米 cm^2	平方英寸 in^2	平方英尺 ft^2	平方码 yd^2
$1m^2$	1	10000	1550	10.764	1.1960
$1cm^2$	0.0001	1	0.155	0.00108	0.00012
$1in^2$	0.0006452	6.452	1	0.00694	0.00077
$1ft^2$	0.092903	929.03	144	1	0.1111
$1yd^2$	0.8361	8361	1296	9	1

单位	平方米 m^2	平方英尺 ft^2	公顷 ha	亩	平方公里 km^2	平方英里 $mile^2$
$1m^2$	1	10.764	0.0001	0.0015	1×10^{-6}	3.86×10^{-7}
$1ft^2$	0.092903	1	9.29×10^{-6}	0.0001394	9.29×10^{-8}	3.59×10^{-8}
1ha	10000	107639	1	15	0.01	3.86×10^{-3}
1 亩	666.7	7175.9	0.0667	1	6.667×10^{-4}	2.57×10^{-4}
$1km^2$	1000000	1.076×10^{7}	100	1500	1	0.386
$1mile^2$	2589988	2.788×10^{7}	259	3885	2.590	1

(3) 体（容）积单位

体（容）积单位换算见附表 14。

附表 14　体（容）积单位换算

单位	升 L	立方米 m^3	美加仑 USgal	英加仑 UKgal	立方英尺 ft^3	立方英寸 in^3
1L	1	0.001	0.26417	0.219969	0.035315	61.024
$1m^3$	1000	1	264.17	219.97	35.3147	61024
1USgal	3.78541	0.00379	1	0.83267	0.133681	231
1UKgal	4.54609	0.00455	1.20095	1	0.160544	277.42
$1ft^3$	28.3168	0.02832	7.4805	6.2288	1	1728
$1in^3$	0.016387	0.000016	0.004329	0.003605	0.000579	1

注：1 蒲式耳（bu）＝36.268 升。

(4) 速度单位

速度单位换算见附表 15。

附表 15　速度单位换算

单位	米/分 m/min	米/秒 m/s	英尺/分 ft/min	千米/时 km/h	英里/时 mile/h	海里/时 nmile/h
1m/min	1	0.0167	3.281	0.06	0.373	0.324
1m/s	60	1	196.85	3.6	2.237	1.9438
1ft/min	0.3048	0.0051	1	0.0183	0.0114	0.00988
1km/h	16.67	0.2778	54.68	1	0.6214	0.5400
1mile/h	26.82	0.4470	88	1.609	1	0.8688
1nmile/h	30.87	0.5145	101.3	1.852	1.151	1

(5) 质量单位

质量单位换算见附表 16。

附表 16　质量单位换算

单位	吨 t	千克 kg	英吨 UKton	磅 lb	盎司 oz	短吨 sh. ton	长吨 longton	司马担（港制）
1t	1	1000	0.9842	2205	3.527×10^4	1.102	0.984	16.57
1kg	0.001	1	9.842×10^{-4}	2.205	35.27	1.1×10^{-3}	9.842×10^{-4}	1.657×10^{-2}
1UKton	1.0161	1016.1	1	2240	35840	1.12	1	16.835
1lb	4.536×10^{-4}	0.4536	4.463×10^{-4}	1	16	5.0×10^{-4}	4.463×10^{-4}	7.51×10^{-3}

续表

单位	吨 t	千克 kg	英吨 UKton	磅 lb	盎司 oz	短吨 sh. ton	长吨 longton	司马担（港制）
1oz	2.835×10^{-5}	0.02835	2.79×10^{-5}	6.25×10^{-2}	1	3.124×10^{-5}	2.79×10^{-5}	4.70×10^{-4}
1sh. ton	0.907	907	0.893	2000	3.2×10^{4}	1	0.893	15.017
1longton	1.016	1016	1	2240	35840	1.12	1	16.835
1 司马担	0.0605	60.5	0.0594	133.4	2130	0.0667	0.0594	1

单位	焦耳 J	千卡 kcal	千克力·米 kgf·m	千瓦·时 kW·h	米制马力·时 hp·h	磅力·英尺 lbf·ft	英热单位
1J	1	2.389×10^{-4}	0.10204	2.778×10^{-7}	3.777×10^{-7}	0.7376	9.478×10^{-4}
1kcal	4185.85	1	426.957	1.163×10^{-3}	1.58×10^{-3}	3.087×10^{3}	3.967
1kgf·m	9.80392	2.342×10^{-3}	1	2.723×10^{-6}	3.702×10^{-6}	7.2314	9.292×10^{-3}
1kW·h	3.6×10^{6}	860.04	3.67×10^{5}	1	1.36	2.655×10^{6}	3412
1hp·h	2.648×10^{6}	632.56	2.701×10^{5}	0.7355	1	1.953×10^{6}	2510
1lbf·ft	1.35575	3.24×10^{-4}	0.1383	3.766×10^{-7}	5.12×10^{-7}	1	1.285×10^{-3}
1Btu	1055.06	0.252	107.616	3.1×10^{-4}	3.985×10^{-4}	778.21	1

注：1 克拉（car，宝石）＝0.2 克，1 金衡（oz. t）＝155.5 克拉。

(6) 密度单位

密度单位换算见附表 17。

附表 17 密度单位换算

单位	千克/米³ kg/m³	克/厘米³ g/cm³(t/m³)	英磅/英寸³ lb/in³	英磅/英尺³ lb/ft³
1 kg/m³	1	0.001	3.61273×10^{-5}	6.24280×10^{-2}
1g/cm³(t/m³)	1000	1	0.0361273	62.4280
1g/mL	999.972	0.999972	0.0361263	62.4262
1lb/in³	27679.9	27.6799	1	1728
1lb/ft³	16.0185	0.0160185	5.78704×10^{-4}	1

注：1lb/gal（磅/英加仑）＝99.776kg/m³；1lb/in³（磅/英寸³）＝27679.9kg/m³；1lb/gal（磅/美加仑）＝119.826kg/m³；1lb/bbl［磅/(石油) 桶］＝2.853kg/m³；API 度＝141.5/15.5℃时的相对密度－131.5；1 波美密度（B)＝140/15.5℃时的相对密度－130。

(7) 流量单位

流量单位换算见附表 18。

附表 18　流量单位换算

单位	米^3/秒 m^3/s	米^3/时 m^3/h	米^3/分 m^3/min	升/时 L/h	升/分 L/min	英尺^3/分 ft^3/min
$1m^3/s$	1	3.6×10^3	60	3.6×10^6	60×10^3	2.12×10^3
$1m^3/h$	0.28×10^{-3}	1	16.67×10^{-3}	10^3	16.67	0.59
$1m^3/min$	16.67×10^{-3}	60	1	60×10^3	10^3	35.31
1L/h	0.28×10^{-6}	10^{-3}	16.67×10^{-6}	1	16.67×10^{-3}	0.59×10^{-3}
1L/min	16.67×10^{-6}	60×10^{-3}	10^{-3}	60	1	35.31×10^{-3}
$1ft^3/min$	0.472×10^{-3}	1.699	28.32×10^{-3}	1.699×10^3	28.32	1

注：1UKgal/min＝0.273m^3/h；1USA gal/min＝0.227m^3/h。

（8）力单位

力单位换算见附表 19。

附表 19　力单位换算

单位	牛顿 N	千克力 kgf	达因 dyn	磅力 lbf
1N	1	0.1020	10^5	0.2248
1kgf	9.8067	1	9.8067×10^5	2.2046
1dyn	10^{-5}	0.102×10^{-5}	1	2.248×10^{-6}
1lbf	4.448	0.4536	4.45×10^5	1

（9）力矩单位

力矩单位换算见附表 20。

附表 20　力矩单位换算

单位	牛·米 N·m	公斤·米 kgf·m	磅·英尺 lbf·ft	磅·英寸 lbf·in
1N·m	1	0.102	0.7382	8.8585
1kgf·m	9.8067	1	7.2333	86.80
1lbf·ft	1.3546	0.1382	1	12
1lbf·in	0.1129	0.0115	0.0833	1

（10）压力（压强）单位

压力单位换算见附表 21。

附表 21　压力（压强）单位换算

单位	千帕 kPa	巴 bar	毫巴 mbar	千克力/厘米^2 kgf/cm^2	毫米水柱 mmH_2O	毫米汞柱 mmHg	磅力/英寸^2 lbf/in^2
1kPa	1	10^{-2}	10	10.2×10^{-3}	101.97	7.5	0.145
1bar	1.00×10^2	1	10^3	1.02	10.2×10^3	750.06	14.5
1mbar	10^{-1}	10^{-3}	1	1.02×10^{-3}	10.2	0.75	14.5×10^{-3}
$1kgf/cm^2$	98.07	0.981	980.67	1	10000	735.56	14.22

续表

单位	千帕 kPa	巴 bar	毫巴 mbar	千克力/厘米^2 kgf/cm^2	毫米水柱 mmH_2O	毫米汞柱 mmHg	磅力/英寸^2 lbf/in^2
$1mmH_2O$	9.807×10^{-3}	98.07×10^{-6}	98.07×10^{-3}	10^{-4}	1	73.56×10^{-3}	1.42×10^{-3}
1mmHg	133.32×10^{-3}	1.33×10^{-3}	1.33	1.36×10^{-3}	13.6	1	19.34×10^{-3}
$1lbf/in^2$	6.895	68.95×10^{-3}	68.95	70.31×10^{-3}	703.07	51.71	1

注：1 达因/厘米^2（dyn/cm^2）＝0.1 帕（Pa），1 托（Torr）＝133.322 帕（Pa）；
1 工程大气压＝98.0665 千帕（kPa）；
1 物理大气压（atm）＝101.325 千帕（kPa）＝14.696 磅力/英寸^2（psi）＝1.0333 巴（bar）。

（11）黏度单位

黏度单位换算见附表 22 和附表 23。

附表 22　运动黏度单位换算

单位	斯托克斯 St	米^2/秒 m^2/s	米^2/时 m^2/h	英尺^2/秒 ft^2/s	英尺^2/时 ft^2/h
1St	1	0.0001	0.36	1.076×10^{-3}	3.875
$1m^2/s$	10000	1	3600	10.76	38750
$1m^2/h$	2.778	2.778×10^{-4}	1	0.00299	10.76
$1ft^2/s$	929	0.0929	334.6	1	3600
$1ft^2/h$	0.258	2.58×10^{-5}	0.0929	2.78×10^{-4}	1

注：1St＝100cSt＝$1cm^2/s$；1cSt＝$10^{-6}m^2/s$＝$1mm^2/s$。

附表 23　动力黏度单位换算

单位	帕·秒 Pa·s	泊 P	千克/(米·时) kg/(m·h)	千克力·秒/米^2 $kgf\cdot s/m^2$	磅/(英尺·秒) lb/(ft·s)	磅力·秒/英尺^2 $lbf\cdot s/ft^2$
1Pa·s	1	10	3600	0.10197	0.6721	2.0885×10^{-2}
1P	0.1	1	360	0.010197	0.06721	2.0885×10^{-3}
1kg/(m·h)	2.778×10^{-4}	2.778×10^{-3}	1	2.833×10^{-5}	1.867×10^{-4}	5.801×10^{-6}
$1kgf\cdot s/m^2$	9.807	98.07	5.530×10^4	1	6.5919	0.20482
1lb/(ft·s)	1.488	14.882	5357	0.1518	1	0.03108
$1lbf\cdot s/ft^2$	47.88	478.8	1.724×10^5	4.882	32.174	1

注：1Pa·s＝$1N\cdot s/m^2$＝1kg/（m·s）。

（12）温度单位

温度单位换算见附表 24 至附表 26。

附表 24　温度单位换算

摄氏度与华氏度换算	开氏度与摄氏度、兰氏度与华氏度的关系
摄氏度(℃)=(℉－32)×5/9	开氏度(K)=(℃＋273.15)
华氏度(℉)=(℃×9/5)＋32	兰氏度(°R)=(℉＋459.67)

注:℃—摄氏度，℉—华氏度，°R—兰氏度。

附表 25　华氏度换算成摄氏度

华氏/℉	摄氏/℃	华氏/℉	摄氏/℃	华氏/℉	摄氏/℃	华氏/℉	摄氏/℃)
－40	－40.00	38	3.33	84	28.89	170	76.67
－30	－34.44	40	4.44	86	30.00	180	82.22
－20	－28.89	42	5.56	88	31.11	190	87.78
－10	－23.33	44	6.67	90	32.22	200	93.33
0	－17.78	46	7.78	92	33.33	210	98.89
2	－16.67	48	8.89	94	34.44	220	104.4
4	－15.56	50	10.00	96	35.56	230	110.0
6	－14.44	52	11.11	98	36.67	240	115.6
8	－13.33	54	12.22	100	37.78	250	121.1
10	－12.22	56	13.33	102	38.89	260	126.7
12	－11.11	58	14.44	104	40.00	270	132.2
14	－10.00	60	15.56	106	41.11	280	137.8
16	－8.89	62	16.67	108	42.22	290	143.3
18	－7.78	64	17.78	110	43.33	300	148.9
20	－6.67	66	18.89	112	44.44	310	154.4
22	－5.56	68	20.00	114	45.56	320	160.0
24	－4.44	70	21.11	116	46.67	330	165.6
26	－3.33	72	22.22	118	47.78	340	171.1
28	－2.22	74	23.33	120	48.89	350	176.7
30	－1.11	76	24.44	130	54.44	360	182.2
32	0.00	78	25.56	140	60.00	370	187.8
34	1.11	80	26.67	150	65.56	380	193.3
36	2.22	82	27.78	160	71.11	390	198.9

附表 26　摄氏度换算成华氏度

摄氏/℃	华氏/℉	摄氏/℃	华氏/℉	摄氏/℃	华氏/℉	摄氏/℃	华氏/℉
－40	－40.0	2	35.6	12	53.6	22	71.6
－35	－31.0	3	37.4	13	55.4	23	73.4
－30	－22.0	4	39.2	14	57.2	24	75.2
－25	－13.0	5	41.0	15	59.0	25	77.0
－20	－4.0	6	42.8	16	60.8	26	78.8
－15	5.0	7	44.6	17	62.6	27	80.6
－10	14.0	8	46.4	18	64.4	28	82.4
－5	23.0	9	48.2	19	66.2	29	84.2
0	32.0	10	50.0	20	68.0	30	86.0
1	33.8	11	51.8	21	69.8	31	87.8

续表

摄氏/℃	华氏/℉	摄氏/℃	华氏/℉	摄氏/℃	华氏/℉	摄氏/℃	华氏/℉
32	89.6	45	113.0	90	194.0	155	311.0
33	91.4	46	114.8	95	203.0	160	320.0
34	93.2	47	116.6	100	212.0	165	329.0
35	95.0	48	118.4	105	221.0	170	338.0
36	96.8	49	120.2	110	230.0	175	347.0
37	98.6	50	122.0	115	239.0	180	356.0
38	100.4	55	131.0	120	248.0	185	365.0
39	102.2	60	140.0	125	257.0	190	374.0
40	104.0	65	149.0	130	266.0	195	383.0
41	105.8	70	158.0	135	275.0	200	392.0
42	107.6	75	167.0	140	284.0	205	401.0
43	109.4	80	176.0	145	293.0	210	410.0
44	111.2	85	185.0	150	302.0	215	419.0

（13）比容热单位

比容热单位换算见附表 27。

附表 27 比容热单位换算

单位	焦耳/(千克·开) J/(kg·K)	焦耳/(克·开) J/(g·K)	卡/(千克·开) cal/(kg·K)	千卡/(千克·开) kcal/(kg·K)	英热单位/(磅·华氏度) Btu/(lb·°F)
1J/(kg·K)	1	0.0010	0.2388	0.0002388	0.0002388
1J/(g·K)	1000	1	238.85	0.2388	0.2388
1cal/(kg·K)	4.1868	0.0042	1	0.0010	0.0010
1kcal/(kg·K)	4186.8	4.1868	1000	1	1
1Btu/(lb·°F)	4186.8	4.1868	1000	1	1

（14）传热系数单位

传热系数单位换算见附表 28。

附表 28 传热系数单位换算

单位	瓦/(米²·开) W/(m²·K)	焦耳/(米²·秒·开) J/(m²·s·K)	千卡/(米²·时·摄氏度) kcal/(m²·h·℃)	卡/(厘米²·秒·摄氏度) cal/(cm²·s·℃)	英热单位/(英尺²·时·华氏度) Btu/(ft²·h·℉)
W/(m²·K)	1	1	0.8598	2.388×10^{-5}	0.1761
J/(m²·s·K)	1	1	1	2.778×10^{-5}	0.2048
cal/(cm²·s·℃)	4.187×10^{4}	4.187×10^{4}	3.6×10^{4}	1	7373
Btu/(ft²·h·℉)	5.678	5.678	4.882	1.356×10^{-4}	1

(15) 热导率单位

热导率单位换算见附表 29。

附表 29 热导率单位换算

单位	瓦/(米·开) W/(m·K)	千卡/(米·时·开) kCal/(m·h·K)	英热单位·英寸/(平方英尺·时·华氏度) Btu·in/(ft^2·h·°F)	英热单位/(英尺·时·华氏度) Btu/(ft·h·°F)	英热单位/(英寸·时·华氏度) Btu/(in·h·°F)
1W/(m·K)=1J/(m·s·K)	1	0.86	6.935	0.5779	0.04815
1kcal/(m·h·K)	1.163	1	8.064	0.6719	0.05599
1Btu·in/(ft^2·h·°F)	0.1442	0.124	1	0.08333	6.944×10^{-3}
1Btu/(ft·h·°F)	1.731	1.488	12	1	0.08333
1Btu/(in·h·°F)	20.77	17.86	144	12	1

(16) 热功单位

热功单位换算见附表 30。

附表 30 热功单位换算

单位	焦耳 J	千卡 kcal	千克力·米 kgf·m	千瓦·时 kW·h	米制马力·时 hp·h	磅力·英尺 lbf·ft	英热单位
1J	1	2.389×10^{-4}	0.10204	2.778×10^{-7}	3.777×10^{-7}	0.7376	9.478×10^{-4}
1kcal	4185.85	1	426.957	1.163×10^{-3}	1.58×10^{-3}	3.087×10^{3}	3.967
1kgf·m	9.80392	2.342×10^{-3}	1	2.723×10^{-6}	3.702×10^{-6}	7.2314	9.292×10^{-3}
1kW·h	3.6×10^{6}	860.04	3.67×10^{5}	1	1.36	2.655×10^{6}	3412
1hp·h	2.648×10^{6}	632.56	2.701×10^{5}	0.7355	1	1.953×10^{6}	2510
1lbf·ft	1.35575	3.24×10^{-4}	0.1383	3.766×10^{-7}	5.12×10^{-7}	1	1.285×10^{-3}
1Btu	1055.06	0.252	107.616	3.1×10^{-4}	3.985×10^{-4}	778.21	1

注：1W·s=1J=1N·m，1cal=4.1868J；

1hp·h=2.68452×10^{6}J。

（17）功率单位

功率单位换算见附表 31。

附表 31 功率单位换算

单位	千瓦 kW	米制马力 ps	英制马力 hp	公斤·米/秒 kg·m/s	千卡/秒 kcal/s	英热单位/秒 Btu/s	英尺·磅力/秒 ft·lbf/s
1kW	1	1.36	1.341	102	0.239	0.9478	737.6
1ps	0.7355	1	0.9863	75	0.1758	0.6971	542.5
1hp	0.7457	1.014	1	76.04	0.1782	0.7068	550
1kg·m/s	9.807×10^{-3}	1.333×10^{-2}	1.315×10^{-2}	1	2.344×10^{-3}	9.295×10^{-3}	7.233
1kcal/s	4.184	5.689	5.611	426.7	1	3.966	3086
1Btu/s	1.055	1.434	1.415	107.6	0.252	1	778.2
1ft·lbf/s	1.356×10^{-3}	1.843×10^{-3}	1.82×10^{-3}	0.1383	3.24×10^{-4}	1.285×10^{-3}	1

注：1W=1J/s=1N·m/s；1ft·lbf/s=1.356N·m/s；1kV·A=1kW。

附录 6 线规号码与线径

线规号码与线径单位换算见附表 32。

附表 32 常用线规号码与线径对照

中国线规			英国 SWG		美国 AWG		德国 DIN
线径/mm	实际截面/mm^2	标准截面/mm^2	线号	线径/mm	线号	线径/mm	线径/mm
—	—	—	7/0	12.700	—	—	12.50
—	—	—	6/0	11.786	4/0	11.684	—
11.20	98.52	100.00	5/0	10.973	3/0	10.404	11.20
10.00	78.54	80.00	4/0	10.160	—	—	10.00
9.00	63.62	63.00	3/0	9.449	2/0	9.266	9.00
—	—	—	2/0	8.839	—	—	—
8.00	50.27	50.00	0	8.230	0	8.253	8.00
—	—	—	1	7.620	—	—	—
7.10	39.59	40.00	2	7.010	1	7.348	7.10
6.30	31.17	31.50	3	6.401	2	6.544	6.30
—	—	—	4	5.893	3	5.827	—
5.60	24.63	25.00	5	5.385	4	5.189	5.60
5.00	19.64	20.00	6	4.877	—	—	5.00

续表

中国线规			英国 SWG		美国 AWG		德国 DIN
线径/mm	实际截面/mm^2	标准截面/mm^2	线号	线径/mm	线号	线径/mm	线径/mm
4.50	15.90	16.00	7	4.470	5	4.620	4.50
4.00	12.57	12.50	8	4.064	6	4.115	4.00
3.55	9.898	10.00	9	3.658	7	3.665	3.55
3.15	7.793	8.00	10	3.251	8	3.264	3.15
—	—	—	11	2.946	9	2.906	—
2.80	6.158	6.30	12	2.642	10	2.588	2.80
2.50	4.909	5.00	13	2.337	11	2.305	2.50
2.24	3.941	4.00	—	—	—	—	2.24
2.00	3.142	3.15	14	2.032	12	2.053	2.00
1.80	2.545	2.50	15	1.829	13	1.829	1.80
1.60	2.011	2.00	16	1.626	14	1.628	1.60
1.40	1.539	1.60	17	1.422	15	1.450	1.40
1.25	1.227	1.25	18	1.219	16	1.291	1.25
1.12	0.985	1.00	—	—	17	1.150	1.12
1.00	0.7854	0.80	19	1.016	18	1.024	1.00
0.90	0.6362	0.63	20	0.914	19	0.912	0.90
0.80	0.5027	0.50	21	0.813	20	0.812	0.80
0.71	0.3959	0.40	22	0.711	21	0.723	0.71
—	—	—	—	—	22	0.644	—
0.63	0.3117	0.315	23	0.610	—	—	0.63
0.56	0.2463	0.250	24	0.559	23	0.573	0.56
0.50	0.1964	0.20	25	0.508	24	0.511	0.50
0.45	0.1590	0.16	26	0.457	25	0.455	0.45
0.40	0.1257	0.125	27	0.4166	26	0.405	0.40
—	—	—	28	0.3759	—	—	—
0.355	0.0990	0.100	29	0.3454	27	0.361	0.36
—	—	—	30	0.3150	—	—	—
0.315	0.0779	0.08	31	0.2946	28	0.321	0.32
0.28	0.06158	0.063	32	0.2743	29	0.286	0.28
0.25	0.04909	0.050	33	0.2540	30	0.255	0.25
0.224	0.03941	0.040	34	0.2337	—	—	0.22
0.20	0.03142	0.032	35	0.2134	31	0.227	0.20
0.18	0.02545	0.025	36	0.1930	32	0.202	0.18
—	—	—	37	0.1727	33	0.180	—
0.16	0.02011	0.020	38	0.1524	34	0.160	0.16

续表

中国线规			英国 SWG		美国 AWG		德国 DIN
线径/mm	实际截面/mm^2	标准截面/mm^2	线号	线径/mm	线号	线径/mm	线径/mm
0.14	0.01539	0.016	39	0.1321	35	0.143	0.14
0.125	0.01228	0.012	40	0.1219	36	0.127	0.12
0.112	0.009849	0.010	41	0.1118	37	0.113	0.11
0.100	0.007854	0.008	42	0.1016	38	0.101	0.100
0.090	0.006362	0.0063	43	0.0910	39	0.090	—
—	—	—	—	—	40	0.080	—

附录 7　基本几何图形的面积和体积

基本几何图形的面积和体积见附表 33 至附表 35。

附表 33　基本几何图形的面积

名称	图形	符号	面积 S
任意三角形	A, B, C, a, b, c, h	a、b、c—三边长 h—a 边上的高 s—周长的一半 A、B、C—内角； 其中 $s=\frac{a+b+c}{2}$	$S=\frac{1}{2}ah=\frac{1}{2}ab\sin C$ $=\sqrt{s(s-a)(s-b)(s-c)}$ $=\frac{a^2\sin B\sin C}{2\sin A}$
直角三角形	a, b, c	a—直角边长 b—直角边长 c—斜边长 $c^2=a^2+b^2$	$S=\frac{1}{2}ab$
任意四边形	α, D, d	d，D—对角线长 α—对角线夹角	$S=\frac{1}{2}dD\sin\alpha$
平行四边形	a, b, h, α	a、b—边长 h—a 边上的高 α—两边夹角	$S=ah$ $=ab\sin\alpha$
菱形	α, D, d, a	a—边长 α—夹角 D—长对角线长 d—短对角线长	$S=\frac{Dd}{2}=a^2\sin\alpha$

续表

名称	图形	符号	面积 S
长方形	a, b	a—长边边长 b—短边边长	$S=ab$
正方形	a, a	a—边长	$S=a^2$
梯形	a, m, h, b	a—上底长 b—下底长 h—高 m—中位线长	$S=\frac{a+b}{2}h$ $=mh$
正多边形	a, a, s	a—边长 s—对边宽	$n=3\quad S=0.433a^2$ $n=4\quad S=1.000a^2=1.000s^2$ $n=5\quad S=1.720a^2$ $n=6\quad S=2.598a^2=0.866s^2$ $n=7\quad S=3.634a^2$ $n=8\quad S=4.282a^2=0.8284s^2$ $n=9\quad S=6.180a^2$ $n=10\quad S=7.694a^2=0.8123s^2$ $n=11\quad S=9.366a^2$ $n=12\quad S=11.20a^2=0.8041s^2$
圆	d, r	r—半径 d—直径	$S=\pi r^2=\frac{\pi}{4}d^2$
椭圆	D, d	D—长轴 d—短轴	$S=\frac{\pi Dd}{4}$
圆环	δ, R, r, d, D	R—外圆半径 r—内圆半径 D—外圆直径 d—内圆直径 δ—壁厚	$S=\pi(R^2-r^2)$ $=\frac{1}{4}\pi(D^2-d^2)$ $=\pi(d\delta+\delta^2)$

续表

名称	图形	符号	面积 S
扇形	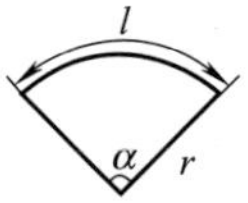	l—弧长 r—半径 α—圆心角的度数 其中 $l=\frac{\alpha}{180}\cdot\pi r$	$S=\frac{\alpha^{\circ}}{360^{\circ}}\pi r^2$ $=0.008727r^2\alpha$
抛物线形	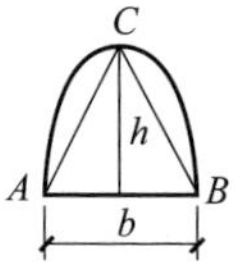	b—底边长 h—高 l—曲线长 F—$\triangle ABC$ 的面积 其中，$l=\sqrt{b^2+1.3333h^2}$	$S=\frac{2}{3}bh=\frac{4}{3}F$

附表 34　基本几何图形的表面积和体积

名称	图形	符号	表面积 S，体积 V
正方体	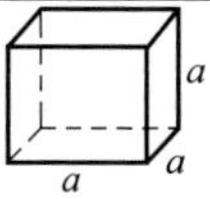	a—棱长	$S=6a^2$ $V=a^3$
长方体	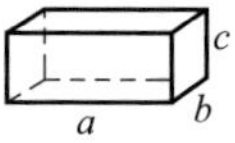	a—长度 b—宽度 c—高度	$S=2(ab+bc+ca)$ $V=abc$
棱柱	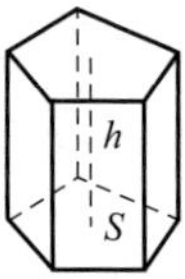	S—底面积 h—高	$V=Sh$
棱锥	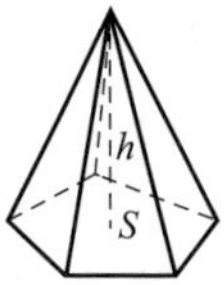	S—底面积 h—高	$V=\frac{1}{3}Sh$
棱台	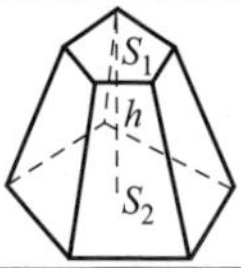	S_1—上底面积 S_2—下底面积 h—高	$V=\frac{1}{3}h(S_1+S_2+\sqrt{S_1S_2})$

续表

名称	图形	符号	表面积 S,体积 V
圆柱		r—底半径 h—高度 S—表面积 S′—侧面积	$S=\pi r(2h+2r)$ $V=\pi r^2h$ $S'=2\pi rh$
空心圆柱		R—外半径 r—内圆半径 h—高度	$V=\pi h(R^2-r^2)$
直圆锥		S—表面积 S′—侧面积 r—底半径 h—高度	$S=\pi r(r+l)$ $V=\frac{1}{3}\pi r^2h$ $S'=\pi rl$
圆台		r—上底半径 R—下底半径 h—高度 S—表面积 S′—侧面积 l—母线长	$S'=\pi l(r+R)$ $S=\pi(r^2+R^2)+S'$ $V=\frac{1}{3}\pi h(R^2+Rr+r^2)$ $l=\sqrt{(R-r)^2+h^2}$
球		r—半径 d—直径	$V=\frac{4}{3}\pi r^3=\frac{1}{6}\pi d^3$ $S=4\pi r^2$

附表 35　金属型材的截面积

金属型材	图形	符号	截面积 S
钢板、扁钢、带钢		b—宽度 δ—厚度	$S=b\delta$
圆角扁钢		a—宽度 δ—厚度 r—圆角半径	$S=a\delta-0.8584r^2$

续表

金属型材	图形	符号	截面积 S
圆角方钢	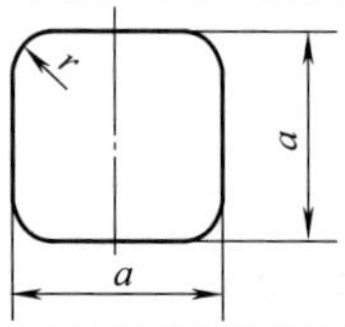	a—边宽 r—圆角半径	$S=a^2-0.8584r^2$
六角钢	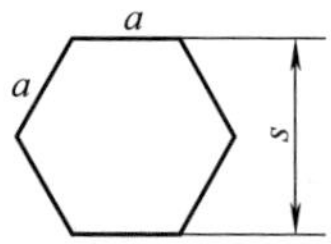	s—对边距离 a—边宽	$S=0.866s^2$ $=2.589a^2$
八角钢	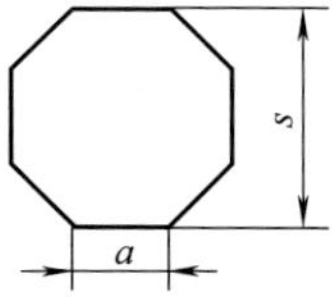	s—对边距离 a—边宽	$S=0.8284s^2$ $=4.8284a^2$
等边角钢	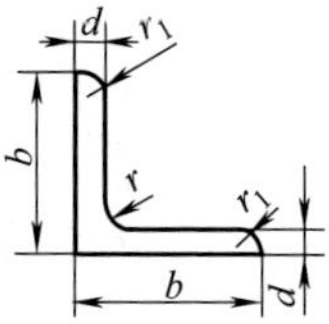	d—边厚 b—边宽 r—内圆角半径 r_1—边端圆角半径	$S=d(2b-d)$ $+0.2146(r^2-2r_1^2)$
不等边角钢	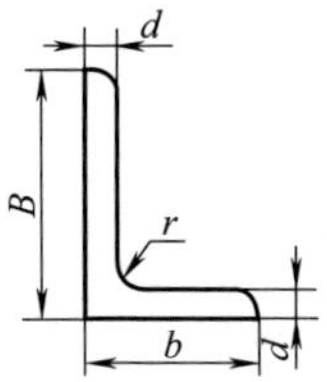	d—边厚 B—长边宽 b—短边宽 r—内圆角半径 r_1—端边圆角半径	$S=d(B+b-d)$ $+0.2146(r^2-2r_1^2)$
工字钢	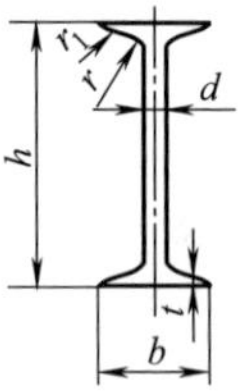	b—腿宽 h—高度 d—腰厚 t—平均厚度 r—内圆角半径 r_1—边端圆角半径	$S=hd+2t(b-d)$ $+0.8584(r^2-r_1^2)$

续表

金属型材	图形	符号	截面积 S
槽钢		b—腿宽 h—高度 d—腰厚 t—平均厚度 r—内圆角半径 r_1—边端圆角半径	$S=hd+2t(b-d)$ $+0.4292(r^2-r_1{}^2)$

附录 8　圆周的弧长、弓形的高度、弦长和面积

圆周的弧长、弓形的高度、弦长和面积见附表 36。

附表 36　圆周的弧长、弓形的高度、弦长和面积

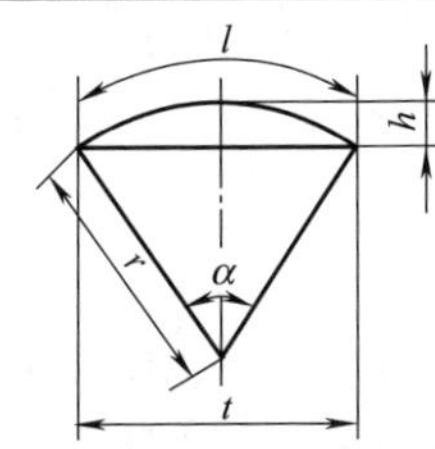

弦长 $t=2r\sin\dfrac{\alpha}{2}$

弧长 $l=\pi r\dfrac{\alpha}{180^\circ}=0.017453r\alpha\approx\sqrt{t^2+\dfrac{16}{3}h^2}$

弓形高 $h=r\left(1-\cos\dfrac{\alpha}{2}\right)=2r\sin^2\dfrac{\alpha}{4}=\dfrac{t}{2}\tan\dfrac{\alpha}{4}$

弓形面积 $S_1=\dfrac{r^2}{2}\left(\dfrac{\pi\alpha}{180^\circ}-\sin\alpha\right)$

圆心角 $\alpha/(°)$	弧长 l	弓形高 h	弦长 t	弓形面积 S_1	圆心角 $\alpha/(°)$	弧长 l	弓形高 h	弦长 t	弓形面积 S_1
1	0.0175	0.0000	0.0175	0.00000	16	0.2793	0.0097	0.2783	0.00181
2	0.0349	0.0002	0.0349	0.00000	17	0.2967	0.0110	0.2956	0.00217
3	0.0524	0.0003	0.0524	0.00001	18	0.3142	0.0123	0.3129	0.00257
4	0.0698	0.0006	0.0698	0.00003	19	0.3316	0.0137	0.3301	0.00302
5	0.0873	0.0010	0.0872	0.00006	20	0.3491	0.0152	0.3473	0.00352
6	0.1047	0.0014	0.1047	0.00010	21	0.3665	0.0167	0.3645	0.00408
7	0.1222	0.0019	0.1221	0.00015	22	0.3840	0.0184	0.3816	0.00468
8	0.1396	0.0024	0.1395	0.00023	23	0.4014	0.0201	0.3987	0.00535
9	0.1571	0.0031	0.1569	0.00032	24	0.4189	0.0219	0.4158	0.00607
10	0.1745	0.0038	0.1743	0.00044	25	0.4363	0.0237	0.4329	0.00686
11	0.1920	0.0046	0.1917	0.00059	26	0.4538	0.0256	0.4499	0.00771
12	0.2094	0.0055	0.2091	0.00076	27	0.4712	0.0276	0.4669	0.00862
13	0.2269	0.0064	0.2264	0.00097	28	0.4887	0.0297	0.4838	0.00961
14	0.2443	0.0075	0.2437	0.00121	29	0.5061	0.0319	0.5008	0.01067
15	0.2618	0.0086	0.2611	0.00149	30	0.5236	0.0341	0.5176	0.01180

续表

圆心角 α/(°)	弧长 l	弓形高 h	弦长 t	弓形面积 S_1	圆心角 α/(°)	弧长 l	弓形高 h	弦长 t	弓形面积 S_1
31	0.5411	0.0364	0.5345	0.01301	66	1.1519	0.1613	1.0893	0.11919
32	0.5585	0.0387	0.5513	0.01429	67	1.1694	0.1661	1.1039	0.12443
33	0.5760	0.0412	0.5680	0.01566	68	1.1868	0.1710	1.1184	0.12982
34	0.5934	0.0437	0.5847	0.01711	69	1.2043	0.1759	1.1328	0.13535
35	0.6109	0.0463	0.6014	0.01864	70	1.2217	0.1808	1.1472	0.14102
36	0.6283	0.0489	0.6180	0.02027	71	1.2392	0.1859	1.1614	0.14683
37	0.6458	0.0517	0.6346	0.02198	72	1.2566	0.1910	1.1756	0.15279
38	0.6632	0.0545	0.6511	0.02378	73	1.2741	0.1961	1.1896	0.15889
39	0.6807	0.0574	0.6676	0.02568	74	1.2915	0.2013	1.2036	0.16514
40	0.6981	0.0603	0.6840	0.02767	75	1.3090	0.2066	1.2175	0.17154
41	0.7156	0.0633	0.7004	0.02976	76	1.3265	0.2120	1.2313	0.17808
42	0.7330	0.0664	0.7167	0.03195	77	1.3439	0.2174	1.2450	0.18477
43	0.7505	0.0696	0.7330	0.03425	78	1.3614	0.2229	1.2586	0.19160
44	0.7679	0.0728	0.7492	0.03664	79	1.3788	0.2284	1.2722	0.19859
45	0.7854	0.0761	0.7654	0.03915	80	1.3963	0.2340	1.2856	0.20573
46	0.8029	0.0795	0.7815	0.04176	81	1.4137	0.2396	1.2989	0.21301
47	0.8203	0.0829	0.7975	0.04448	82	1.4312	0.2453	1.3121	0.22045
48	0.8378	0.0865	0.8135	0.04731	83	1.4486	0.2510	1.3252	0.22804
49	0.8552	0.0900	0.8294	0.05025	84	1.4661	0.2569	1.3383	0.23578
50	0.8727	0.0937	0.8452	0.05331	85	1.4835	0.2627	1.3512	0.24367
51	0.8901	0.0974	0.8610	0.05649	86	1.5010	0.2686	1.3640	0.25171
52	0.9076	0.1012	0.8767	0.05978	87	1.5184	0.2746	1.3767	0.25990
53	0.9250	0.1051	0.8924	0.06319	88	1.5359	0.2807	1.3893	0.26825
54	0.9425	0.1090	0.9080	0.06673	89	1.5533	0.2867	1.4018	0.27675
55	0.9599	0.1130	0.9235	0.07039	90	1.5708	0.2929	1.4142	0.28540
56	0.9774	0.1171	0.9389	0.07417	91	1.5882	0.2991	1.4265	0.29420
57	0.9948	0.1212	0.9543	0.07808	92	1.6057	0.3053	1.4387	0.30316
58	1.0123	0.1254	0.9696	0.08212	93	1.6232	0.3116	1.4507	0.31226
59	1.0297	0.1296	0.9848	0.08629	94	1.6406	0.3180	1.4627	0.32152
60	1.0472	0.1340	1.0000	0.09059	95	1.6580	0.3244	1.4746	0.33093
61	1.0647	0.1384	1.0151	0.09502	96	1.6755	0.3309	1.4863	0.34050
62	1.0821	0.1428	1.0301	0.09958	97	1.6930	0.3374	1.4979	0.35021
63	1.0996	0.1474	1.0450	0.10428	98	1.7104	0.3439	1.5094	0.36008
64	1.1170	0.1520	1.0598	0.10911	99	1.7279	0.3506	1.5208	0.37009
65	1.1345	0.1566	1.0746	0.11408	100	1.7453	0.3572	1.5321	0.38026

续表

圆心角 $\alpha/(°)$	弧长 l	弓形高 h	弦长 t	弓形面积 S_1	圆心角 $\alpha/(°)$	弧长 l	弓形高 h	弦长 t	弓形面积 S_1
101	1.7628	0.3639	1.5432	0.39058	136	2.3736	0.6254	1.8544	0.83949
102	1.7802	0.3707	1.5543	0.40104	137	2.3911	0.6335	1.8608	0.85455
103	1.7977	0.3775	1.5652	0.41166	138	2.4086	0.6416	1.8672	0.86971
104	1.8151	0.3843	1.5760	0.42242	139	2.4260	0.6498	1.8733	0.88497
105	1.8326	0.3912	1.5867	0.43333	140	2.4435	0.6580	1.8794	0.90034
106	1.8500	0.3982	1.5973	0.44439	141	2.4609	0.6662	1.8853	0.91580
107	1.8675	0.4052	1.6077	0.45560	142	2.4784	0.6744	1.8910	0.93135
108	1.8850	0.4122	1.6180	0.46695	143	2.4958	0.6827	1.8966	0.94700
109	1.9024	0.4193	1.6282	0.47844	144	2.5133	0.6910	1.9021	0.96274
110	1.9199	0.4264	1.6383	0.49008	145	2.5307	0.6993	1.9074	0.97858
111	1.9373	0.4336	1.6483	0.50187	146	2.5482	0.7076	1.9126	0.99449
112	1.9548	0.4408	1.6581	0.51379	147	2.5656	0.7160	1.9176	1.01050
113	1.9722	0.4481	1.6678	0.52586	148	2.5831	0.7244	1.9225	1.02658
114	1.9897	0.4554	1.6773	0.53807	149	2.6005	0.7328	1.9273	1.04275
115	2.0071	0.4627	1.6868	0.55041	150	2.6180	0.7412	1.9319	1.05900
116	2.0246	0.4701	1.6961	0.56289	151	2.6354	0.7496	1.9363	1.07532
117	2.0420	0.4775	1.7053	0.57551	152	2.6529	0.7581	1.9406	1.09171
118	2.0595	0.4850	1.7143	0.58827	153	2.6704	0.7666	1.9447	1.10818
119	2.0769	0.4925	1.7233	0.60116	154	2.6878	0.7750	1.9487	1.12472
120	2.0944	0.5000	1.7321	0.61418	155	2.7053	0.7836	1.9526	1.14132
121	2.1118	0.5076	1.7407	0.62734	156	2.7227	0.7921	1.9563	1.15799
122	2.1293	0.5152	1.7492	0.64063	157	2.7402	0.8006	1.9599	1.17472
123	2.1468	0.5228	1.7576	0.65404	158	2.7576	0.8092	1.9633	1.19151
124	2.1642	0.5305	1.7659	0.66759	159	2.7751	0.8178	1.9665	1.20835
125	2.1817	0.5383	1.7740	0.68125	160	2.7925	0.8264	1.9696	1.22525
126	2.1991	0.5460	1.7820	0.69505	161	2.8100	0.8350	1.9726	1.24221
127	2.2166	0.5538	1.7899	0.70897	162	2.8274	0.8436	1.9754	1.25921
128	2.2340	0.5616	1.7976	0.72301	163	2.8449	0.8522	1.9780	1.27626
129	2.2515	0.5695	1.8052	0.73716	164	2.8623	0.8608	1.9805	1.29335
130	2.2689	0.5774	1.8126	0.75144	165	2.8798	0.8695	1.9829	1.31049
131	2.2864	0.5853	1.8199	0.76584	166	2.8972	0.8781	1.9851	1.32766
132	2.3038	0.5933	1.8271	0.78034	167	2.9147	0.8868	1.9871	1.34487
133	2.3213	0.6013	1.8341	0.79497	168	2.9322	0.8955	1.9890	1.36212
134	2.3387	0.6093	1.8410	0.80970	169	2.9496	0.9042	1.9908	1.37940
135	2.3562	0.6173	1.8478	0.82454	170	2.9671	0.9128	1.9924	1.39671

续表

圆心角 $\alpha/(^\circ)$	弧长 l	弓形高 h	弦长 t	弓形面积 S_1	圆心角 $\alpha/(^\circ)$	弧长 l	弓形高 h	弦长 t	弓形面积 S_1
171	2.9845	0.9215	1.9938	1.41404	176	3.0718	0.9651	1.9988	1.50101
172	3.0020	0.9302	1.9951	1.43140	177	3.0892	0.9738	1.9993	1.51845
173	3.0194	0.9390	1.9963	1.44878	178	3.1067	0.9825	1.9997	1.53589
174	3.0369	0.9477	1.9973	1.46617	179	3.1241	0.9913	1.9999	1.55334
175	3.0543	0.9564	1.9981	1.48359	180	3.1416	1.0000	2.0000	1.57080

参考文献

[1] 郭玉林．五金速算手册．郑州：河南科学技术出版社，2008.

[2] 机械工业信息研究所，成都电焊机研究所．机电产品供应目录—焊接装备及材料．北京：机械工业出版社，2004.

[3] 顾纪清．实用焊接器材手册．上海：上海科学技术出版社，2004.

[4] 曾正明．实用工具便查手册．北京：中国电力出版社，2005.

[5] 上海电动工具研究所．电动工具应用手册．北京：机械工业出版社，2004.

[6] 机械工业信息研究院．机电产品供应目录—阀门．北京：机械工业出版社，2004.

[7] 潘家祯．实用五金手册．北京：化学工业出版社，2006.

[8] 李耀天．实用电动工具手册．北京：北京出版社，1999.

[9] 杨源泉．阀门设计手册．北京：机械工业出版社，1992.

[10] 祝燮权．实用五金手册．上海：上海科学技术出版社，2006.

[11] 曾正明．电工材料速查手册．北京：机械工业出版社，2006.

[12] 王志钧，吴炯．实用电线电缆手册．上海：上海科学技术出版社，2006.

[13] 邵彭年．实用管件与阀门手册．上海：上海科学技术出版社，2005.

[14] 叶卫平，张覃轶．热处理实用数据速查手册．北京：机械工业出版社，2005.

[15]《国际通用标准件丛书》编辑委员会．国内外轴承对照手册．南京：江苏科学技术出版社，2008.

[16] 范逸明．简明电工手册．北京：国防工业出版社，2006.

[17] 冯静．简明电工手册．北京：电子工业出版社，2009.

[18] 曾凡奎．新简明电工手册．北京：机械工业出版社，2005.

[19] 许天已．钢铁热处理实用技术．北京：化学工业出版社，2008.

[20] 曾凡奎．新简明电工手册．北京：机械工业出版社，2005.

[21] 步丰盛．高压电工实用技术问答．北京：机械工业出版社，2003.

[22] 上海电器科学研究所集团有限公司．低压电器产品手册．北京：机械工业出版社，2007.

[23] 王志钧，吴炯．实用电线电缆手册．上海：上海科学技术出版社，2006.

[24] 程隆贵．低压电器应用手册．福州：福建科学技术出版社，2007.

[25] 王信友．铣工速查速算手册．北京：化学工业出版社，2010.

[26] 廖灿戊．五金工具手册．南昌：江西科学技术出版社，2004.

[27] 赵启辉．常用非金属材料．北京：中国标准出版社，2008.